“十二五”国家重点图书出版规划项目
草业科学研究生创新教育系列丛书

草业科学概论(上卷)

任继周　主编

科学出版社
北京

内 容 简 介

本书根据草业科学的3类因子群(生物因子群、非生物因子群、社会因子群)、3个主要界面(植物-地境界面、草地-动物界面、草畜-市场界面)和4个生产层(前植物生产层、植物生产层、动物生产层、后生物生产层)的理论框架,对草业科学的理论体系进行了全面总结和系统梳理,揭示了草业科学发生发展的脉络,展示了草业科学的全貌及当前草业科学研究的现状。同时,本书针对生产实践的需求,对草业中某些重要的具体问题进行了深入分析,并提出了可操作性的技术方法。本书通过具体问题的分析,说明了草业科学的应用前景和未来发展方向。

本书涵盖了从草地资源到草地农业生产全过程的理论和技术,可供从事草业科学和畜牧学等研究领域的科研人员,以及相关领域的技术人员、管理人员和从业者参考使用,也可作为高等院校和科研院所的研究生教材或教学参考书。

图书在版编目(CIP)数据

草业科学概论(上、下卷)/任继周主编.—北京:科学出版社,2014.10
(草业科学研究生创新教育系列丛书)
ISBN 978-7-03-041869-2

Ⅰ.①草… Ⅱ.①任… Ⅲ.①草原学-概论 Ⅳ.①S812

中国版本图书馆CIP数据核字(2014)第210294号

责任编辑:李秀伟 付 聪/责任校对:桂伟利 郭瑞芝
责任印制:赵 博/封面设计:北京铭轩堂广告设计有限公司

科学出版社出版
北京东黄城根北街16号
邮政编码:100717
http://www.sciencep.com
北京厚诚则铭印刷科技有限公司印刷
科学出版社发行 各地新华书店经销
*
2014年10月第 一 版 开本:787×1092 1/16
2025年 1 月第三次印刷 印张:23 1/2 插页:1
字数:1 360 000

定价(上、下卷):228.00元

(如有印装质量问题,我社负责调换)

《草业科学概论》

编委会名单

自　序

这本书是献给我国关心草业人士的菲薄礼物。因为草业必将迎来自己的春天,成为我国农业的主流。草业科学也将应时而兴。但草业和草业科学的概念,还不大为社会所了解,本书将比较全面地介绍给大家。

草业科学,就是草地农业科学的简称,是探索草地农业系统发生与发展的学科。随着草地农业在我国的兴起,社会需要一本比较全面阐述草业科学的书。对于一个向来以农耕文明自诩的社会,我们对草业还比较生疏。从耕地农业到草地农业的发展趋势来看,我们更加需要对草业科学做一些必要的阐述。

草地农业与耕地农业相对称,是我国历史上两大农业系统之一。其中,耕地农业系统与儒家伦理系统相结合,以城乡二元结构为基础,创造了独特的农耕文明。这个农耕文明在中国居统治地位,长达两千多年而不曾中断,创造了人类文明的历史奇迹。她不但历史长久,而且实力强大。直到 18 世纪中叶,中国还是稳居世界一流的超级大国。她的 GDP 约占全球的 1/3。当今号称世界超级大国的美国,其 GDP 也不过占全球 GDP 的 12%。植根于耕地农业的农耕文明无异于人类发展史皇冠上的钻石,光辉绝顶。近代在工商文明的碰撞下,虽然屡遭败绩,窘相毕露,耕地农业仍然以其历史余热支撑着新中国克服重重险阻,完成新中国成立大业,贡献了最初的工业化积累。

但不可忽略,耕地农业落后于时代的隐患,在新中国成立以后已逐步显现。20 世纪 80 年代以前,或可将种种弊端归罪于政策多变,社会动荡。但 80 年代以后,国家改革开放,欣欣向荣,百业兴旺,GDP 每年以两位数增加,各种支农措施从未间断,而且力度大幅度增加,城乡差距反而越来越大,形成举国忧虑的“三农”问题。究其根源,在于耕地农业的结构性缺陷。

20 世纪 80 年代以来,正当我们为动物性食品是否应该大幅度提升争论不休的时候,社会前进的脚步却不曾停留,我国的动物性食物强势攀升。我们现在吃的食物,如折合为统一的“食物当量①”来算,为 1 份人吃的谷物,2.5 份畜吃的饲料。这是浑然不觉之间发生的一次食物革命。这样的食物结构,是以生产粮食为主的耕地农业无法满足的。尽管我们用尽解数,力求高产,大量使用化肥、农药、灌溉,以至引发了水土资源枯竭、水体污染、土壤污染、食物污染,其颓势仍然未得以遏制。我国所强调的农产品自给,已经大为缩水,如小麦和大米的自给。从 2008 年到 2012 年,玉米进口量增加了 104 倍,大豆进口量增加了 2.5 倍,苜蓿干草进口量增加了 22.5 倍,猪肉进口量增加了 1.4 倍,牛羊肉进口量

---

① 食物当量,即将人、畜食物折合为统一的食物营养单位。参见:任继周,侯扶江,改变传统粮食观,施行食物当量,草业学报(岩溶专辑),1999:55-75。

增加了1.8倍,奶品进口量增加了2.8倍①。可以看出,这些大量进口的农产品,都与饲料不足有关,而且进口势头来如潮涌,不可遏制。我国农业全面告急! 这是耕地农业结构与社会食物结构之间发生的严重系统性背离,这就是系统相悖。而这类结构性背离,不是枝枝节节的支农措施所能解决的。

解决之道在于,将耕地农业逐步改变为草地农业。草地农业是一个生态与生产兼顾,粮食与饲料兼顾的农业系统。它产业链长,科技容量大,生产效率高,就业人数多,富民富国,而且抗灾能力强。据初步测算,如果实现了草地农业,不但口粮自给有余,还可以生产足够的饲料,满足食物结构的改变。因此,草地农业是大多数现代化国家采取的,并力求不断完善的现代农业系统。

为了迎接势必到来的草地农业,我们必须及时把草业和草业科学介绍给社会。笔者等怀着一片赤诚,为迎接草地农业春天的到来,编著了这本书。祝我国农业结构改革乘风破浪,顺利前进!

笔者在前言中说将此书作为新中国成立60周年的献礼。但遗憾的是,由于编者自身工作的延误,竟然拖延到今天才出版。有些数据已经显得陈旧了,不过其基本道理还未失效。请读者阅读时斟酌使用,并恳请体谅。我作为主编向读者和出版社表示深深的歉意,同时也感谢兰州大学教材建设基金对本书出版的资助。

任继周

2014年3月21日于南京

① 任继周,我国农业结构不改革不行了——粮食九连增后的隐忧,草业学报,2013,22(3):1-5。

前　言

草业科学是研究草地农业生态系统的科学。草业科学涵盖从草地资源到草地农业生产全过程的理论和技术。概括说来,它含3类因子群(生物因子群、非生物因子群、社会因子群)、3个主要界面(植物-地境界面、草地-动物界面、草畜-市场界面)和4个生产层(前植物生产层、植物生产层、动物生产层、后生物生产层)。草业科学是一门新兴学科。它既有丰富而深邃的科学内涵,又涵盖漫长的产业链和广阔的生产领域。

笔者等深感有编著《草业科学概论》的必要。

首先,是满足教学的需要。年轻的草业科学谋求发展,就必须敞开大门,面向多学科招收研究生。广泛吸收多种学科背景的专业人才,壮大草业科学队伍,是当前草业科学的战略目标。对于这些来自不同专业的研究生,如何使他们在较短的时间内,以最便捷的方式,踏进草业科学的大门,挖掘其学科底蕴,激发其科学热情,引领他们奔赴草业科学的创新境界,需要《草业科学概论》的指引。

其次,我国传统的耕地农业历经数千年,对年轻的草业科学还缺乏理解和认同。草业科学在国内经过近百年的发展,由最初的几门专业课程,发展为草原科学,又进而发展为草业科学,最终与世界大农业潮流接轨。这种滚动地渐进式发展,先有局部后有整体,在发展过程中往往产生歧义和误解。因此需要对其科学框架不断整合完善。理清框架,明晰道路,展示全貌,以较为完善的形态把草业科学推向社会,避免误读和误导,这是我们草业科学工作者面临的另一重大任务。

根据上述任务,《草业科学概论》既要提供一个展示学科全貌的静态模式,又要揭示其发生与发展的动态脉络。这是一个挑战。经过多年的科研和教学实践,我们编著了本书。

《草业科学概论》分上、下两卷。上卷为总论,阐述草业科学的基本理论。它给学者以清晰的框架图像,使学者在踏入草业科学的门庭时,了解学科全貌。胸中有全局,才能找到各自的位点,激发从事草业科研的主动性。下卷为各论,依据生产和市场需求,对草业中的某些部门,提出可供检索或操作的基本途径,以启发学者就某些问题深入思考,积极探索。前者需精读,后者则应在概览的基础上,结合各自的学科背景和研究方向、专业需求,有选择地研究阅读,这是比精读更深入一层的阅读。

我们特别荣幸地邀请了金鉴明院士为本书撰写第二篇前植物生产层的第五章自然保护区概论和第六篇自然保护区和放牧地管理的第十八章自然保护区管理。对前植物生产层的关注,是草业科学面对草原生态、人居环境问题的新探索,也是本书的特色之一。

其他各个篇章的执笔人,也都是本专业的国内知名学者。本书所表述的观点您也许不尽赞同,但它客观地展现了当前的科学水平和生产面貌,为学者提供了继续前进的平台。这也是本书的基本目的。

本书各章的作者都已在相应章节的正文后列出,此处不再一一赘述。他们的辛勤劳动和杰出贡献,我们将永志不忘!

本书的出版承蒙兰州大学草地农业科技学院和科学出版社的鼎力支持,特别是科学出版社李秀伟编辑从多方面给予了具体支持和帮助,对此表示衷心感谢。

谨以此书作为新中国成立 60 周年的献礼。

任继周

2009 年 10 月于兰州

目　　录

上　卷　总　　论

第一篇　绪　　论

第二篇　前植物生产层

第三篇 植物生产层

第四篇　动物生产层

第五篇 后生物生产层

下 卷 各 论

第六篇 自然保护区和放牧地管理

第七篇 草坪建植与管理

第八篇　牧草调制与储藏

第九篇　草类植物种子

第十篇　草地有害生物防治

第一篇　绪　　论

第一章　草业科学的基本结构

第一节　草业科学发生的历史背景

草业科学是研究草地农业生态系统的科学。草业科学是涵盖从草地资源到草地农业生产的草地农业系统的全部生产过程的理论和技术。它包含草地生态系统的发生与发展、天然草地和栽培草地的建植与管理、种质资源的发掘与改良、草地与草食动物的关系,以及草畜产品的加工和流通。草业科学是大农业科学的一个分支,是整体农业不可替代的重要组分,也是农业的一种高级形态,因此草业科学也称为草地农业科学。

草地农业是人类社会发展的必然,更为中国所迫切需要①。在我国,人类与草地资源的关系主要经历了4个发展阶段(图1-1),这4个阶段是历史传承的自然过程,它们逐步发展,各自有独立的理念、科技系统和方法论特征(表1-1)。

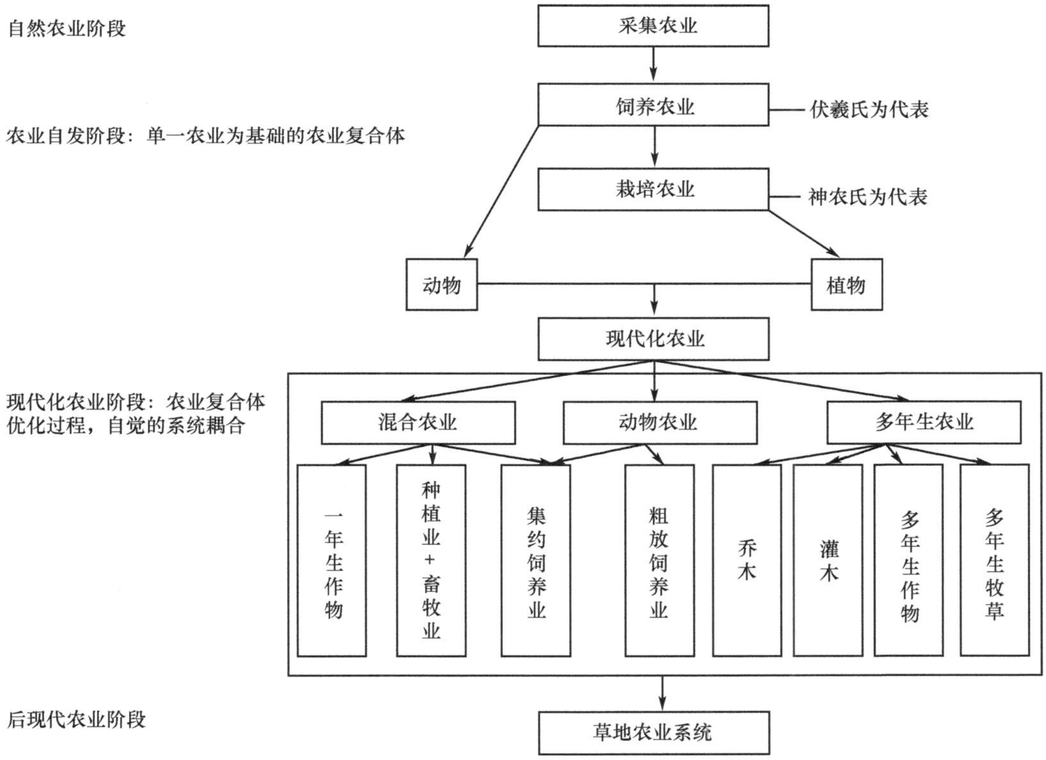

图1-1　农业系统进化示意

① 广义地说,草地农业生态系统普遍存在于人类社会发展的各个历史阶段。早期只是由于系统结构不健全、生产层次缺失,导致功能低下,没有成为当时人类生产的主流,不易为人们察觉。譬如我国农村种植谷物,地头零散草地和作物秸秆饲养畜禽,粪便返田,几千年来地力不衰。这种自给自足的小农经济曾一度促成了封建社会的繁荣,后期却没有适应社会进步,阻碍了社会生产力水平的进一步提高。本文所阐述的是狭义的草地农业,即现代草地农业。

表 1-1　农业生产 3 个阶段的理念、科技系统和方法论特征

	自然农业阶段	农业自发阶段	现代农业阶段	后现代农业阶段
理念	渔猎,采集利用。对资源不做任何加工	自给自足,开发自然资源,主要靠资源投入发展生产,发生对资源剥夺的短期行为,但为数有限	强力开发自然资源,追求最高利润,缺乏持续发展远见,与生存环境严重相悖	生态系统的观点明确,人类生产、生活与生态系统趋于协调、稳定的持续发展
科技系统	人力,简单工具	人、畜和简单的风力、水力为动力,使用简单技术开发农业资源	以石化为动力,借助机械,发展商品生产,短期效益可观,大生产的技术系统是其科技管理的最高成就	以智力通过信息网络驾驭传统动力与科技系统,高效低耗生产
方法论	适应自然,天人合一	利用自然资源,小规模,低效益,地区性、自给性生产系统,不强调规范,科技含量低,对生态系统的序茫然无知	利用当时达到的科技水平,不断创新、强化管理,大批量,高效益,强大的外延趋势。视自然生态系统为奴仆,剥夺严重,发现生态系统序的作用,但未予重视	集成、创新,系统耦合,创造高效益,服务人生,生产个性化,批量灵活,自然与人类和谐生存、发展,对于生态系统的序精心设计、管理

自然生态系统经过人类农业化劳动而产生农业系统。农业系统经过自然和人文环境的融合演变,产生了不同结构和功能的子系统,如林业系统、农田系统、畜牧系统等,或分布于不同的地域,或在同一地域组成农业复合体。农业复合体是两个或两个以上农业子系统的自然结合。参与复合体的各个子系统保持其特色而独立存在,虽然它们彼此之间不可避免地发生某些接触和能量交换,但并不引发更高一级新系统的进化(任继周和张自和,2003)。

最早的农业是采集农业(任继周,2001),或称之为自然农业系统,是以适应自然环境、利用自然资源为特色的综合性农业,人是生态系统的一个组分。采集农业除了利用部分自然资源以外,对自然生态系统的投入甚少,也不存在农业分工,农业系统内部没有完整意义的子系统,因而也就没有农业复合体。

随着人类农业生产活动的强化,农业发展为两个主要分支:动物生产系统与植物生产系统。在中国历史上,作为主流,以伏羲时代为特征的动物生产首先发生,以神农时代为特征的植物生产相继出现。但在一些特殊地域,也不排除动物生产和植物生产同时发生的情况。但无论两者是先后发生或是同时发生,它们都是作为单一系统而存在,各自独立发展,彼此缺乏有机联系和影响(任继周,2004)。从系统的角度来看,此时的农业属复合体农业的雏形。

社会生产手段不断进步,社会分工日益缜密,农业的分工和联系也随之趋向密切,于是出现了农业复合体和它所包含的子系统。经过多地区、长时间的演化,子系统的形态繁缛纷呈,如动物生产中的养牛、养羊、饲养家禽等农业子系统,植物生产中的种植小麦、棉花、果树等农业子系统,从而在农业复合体内部丰富了子系统的多样性。复合农业内部各个子系统之间存在自发的产品交换,实现子系统之间的互相补充,同时也互相干扰。它们在农业发展史上经历了漫长的时期,孕育了农业耦合系统,于是现代化农业诞生。

第 1 个阶段,农业萌芽于种植牧草和发展畜牧业,在中国历史上是伏羲时代。虽然人类还没有资源意识,但已经依赖于草地而取得自身发展。他们改变单一采集、狩猎以取得生活资料的方式,开始种植牧草、饲养家畜。人类与草地的关系相对和谐。

第2个阶段,人类开始将草地视为一种土地资源,为了生存,开垦草地,种植农作物,以增加生产效益。这在中国历史上始于神农时代。由于农具比较原始,人类只是小规模开垦居住点附近的草地,对资源的破坏有限。

第3个阶段,进入封建经济时代,以商鞅变法提出"垦草"政策为代表,从垦草造田,到全国推行"以粮为纲"政策,长达数千年,政府倡导,群众风从,大规模远征屯垦。譬如,汉朝张骞打通中西陆路通道,政府开始在河西、新疆沿"丝绸之路"屯垦,连续两千年,建立了连串绿洲,但草原也遭到严重破坏;元明时代海上"丝绸之路"开通后,陆上"丝绸之路"日渐没落,沿线农田弃耕,沙进人退。在河西走廊已经发现被黄沙掩埋的人类农业活动的遗址,属于汉唐两代的就有数十处之多(李并成,1998;宁可和郝春文,1993)。黄土高原7000年前还是一个植被茂密、野生动物资源丰富的地区,后来种植业与畜牧业经过11个阶段8次嬗替,历时近3000年,最终定位于种植业,生态环境恶化导致今日的经济落后(任继周,1997;朱士光,1998)。西南地区虽开发较晚,但从东晋开始,畬田开发随人类南徙进军川、黔等地区的深山老林,唐代以后,北方移民南移增多,垦荒加速,造成严重的生态灾难,长江水灾频率从唐代的1次/18年,增加到宋代的1次/5年(刘沛林,1998),遗患至今,几乎年年发生,后果严重。中国荒漠化,以大于2100km^2/年的规模发展,目前速度比20年前快34%,而且75%以上的荒漠化潜育面积分布于西部经济落后地区(慈龙骏和吴波,1997)。1949年到1989年,新疆、青海、甘肃3省区的草地面积分别减少64.8%、61.1%和65.5%,同期草地家畜数量却成倍增加,草地资源负重已经到了难以承受的地步(任继周,1998),随之而来的则是草地退化,荒漠化加速。到20世纪80年代前期,这种人为地割断草地农业各个生产层之间的有机联系,将人与草地的关系互相悖反的中国传统推进到了极致。

第4个阶段,改革开放以后,草地资源作为生态屏障和畜牧业的生产资料的双重意义,逐步显现。特别是《中华人民共和国草原法》颁布实施以来,逐步向依法治草的道路迈进。尽管"以粮为纲"的传统思想根深蒂固,草地农业的思想也在逐步发展,2007年农业部主持制定的《中国草业可持续发展战略》的出版,标志着草地农业已经逐步进入产业主流,草地农业的意义逐步为社会了解。

草地农业系统中栽培草地和天然草地的作用居主导地位,与之相对应的草食动物占有较大比例。以中国西部地区为例,栽培草地介入生产系统,可以提高日光能利用率30%,提高水分利用率17%~40%(任继周和侯扶江,1998)。对8个不同生产水平国家的分析表明,天然草地与栽培草地相结合,天然草地在适宜载畜量的情况下,栽培草地与天然草地的比例每增加1%,动物生产层的生产力水平就要在原来的基础上提高4%($P<0.001$)(图1-2)。目前,我国栽培草地只占天然草地总面积的1.9%左右,单位草地面积的动物生产水平仅为17APU①/hm^2,是美国的14.3%,新西兰的3.2%,不足荷兰的1%(任继周,1995),差距巨大,但潜力也可观。栽培草地建设不仅能够提高动物生产层的生产水平,而且能够解决植物营养供给与家畜营养需求之间的季节、年际、地区和种间的不平衡(黄文秀和田效文,1994)。

---

① APU为畜产品单位。

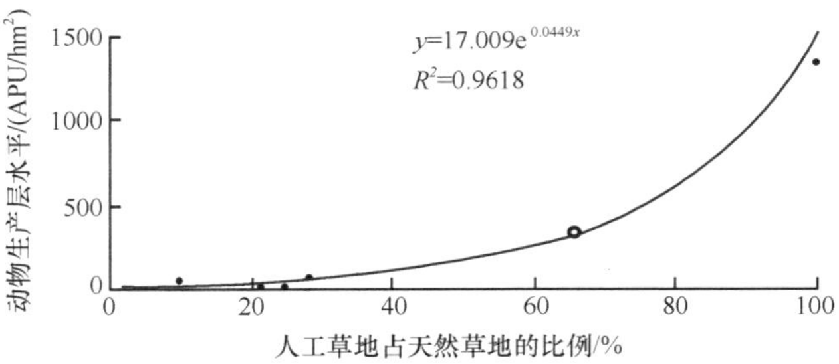

图 1-2　动物生产水平与人工草地的关系

健全的草地农业生态系统应由 3 类因子群、3 个主要界面和 4 个生产层组成。草地农业生态系统保持了植物生产层与动物生产层的有机联系,并向前植物生产层和后生物生产层扩展,草地农业生态系统的稳定发展,是人类与自然和谐共处的可持续发展模式。

第二节　草业系统的 3 类因子群

草地农业生态系统由生物因子群、非生物因子群和社会因子群构成(图 1-3)。每一个因子群有其特殊内涵因子。

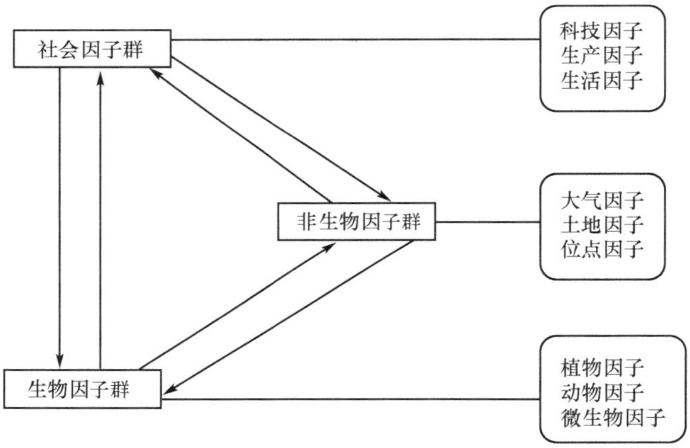

图 1-3　草地农业生态系统的 3 类因子群

在草业学科的 3 类因子群中,生物因子群居于核心地位。它是推动生态系统内涵发展的原动力,是任何生态系统存在的基本依据,包含植物因子、动物因子和微生物因子。这 3 种生物因子分别扮演着生态系统的生产者、消费者和分解者的角色,共同组成生态系统的动力系统。

非生物因子群是指生态系统的自然立地条件,包含大气因子、土地因子和位点因子。大气因子包含一切对生态系统发生作用的气象要素。其中,水热两项是基础,它们构成地带性格局。对一个生态系统来说,显然地带性格局至关重要。土地因子在地质构造的基础上,在大气因子的制约下发生、发展着。土地因子含有地形和土壤两大要素,地形影响局地的水热再分配,土壤是生物的载体,是在一定生物环境下形成的,因而土壤受生物因子的影响又作用于生物因子。位点因子是指该生态系统所处的地理坐标,是交通的通量评价和资源密度等的函数,是人类对生态系统实施干预时首先考虑的因素。在全球趋向一体化的商品经济时代,作为一个农业生态系统,位点因子往往居于系统发展的关键地位。

社会因子群是草地农业系统所处的社会立地条件,包含系统所处社会的科技水平、生产水平、生活水平、劳动力分布与素质等。它们影响草地资源的开发程度和生产效益。社会因子群既表征草地生态系统的品格现存量,也预示草地生态系统的发展趋势。这对判断该系统的发展前景及存在的风险至关重要。

非生物因子群决定系统的立地环境,是该生态系统能否生存的自然条件。社会因子群决定着该生态系统能否发展的社会环境。缺乏适当的自然立地条件,草地农业生态系统将无以生存;缺乏适当的社会立地条件,草地农业生态系统将失去其农业属性和发展前景。

因此,对这些因子群应该有相应的专业课程,以探讨其各个因子的基本内容和它们之间的相互关系。这些课程属于基础课,目标是掌握该门课程的基本理论和若干科学实验的基本方法。它们是草业科学不可缺少的基础,但一般难以成为草业科学专业的发展、研究方向。

以上 3 类因子群通过若干界面的复杂作用,导致草地农业系统的系统进化,完成草业科学的构建和发展。

第三节　草地农业系统的 3 个主要界面

草地农业生态系统含有许多子系统,这些子系统各有自己的界面。脱离界面,原来的生态系统即失去其原本内涵,系统即不复存在。因而界面是此系统与彼系统的分界线。但界面又是系统与外界联系的通道,能流、物流、信息流都要通过界面出入系统,以完成生态系统的开放功能,并与其他系统发生系统联系。界面具有分隔与联系的双重作用。界面是各个子系统之间相互作用的区域,是系统最活跃、最敏感、功能最密集的部分(任继周等,2000)。其中,最重要的界面有 3 个(图 1-4),草地农业发源于地境-植被界面(界面 A),经过草地-家畜界面(界面 B);达到草畜-市场界面(界面 C),草地农业生态系统于是最后完成。每一个界面都导致草地农业生态系统的进化,形成新的高一级的系统。

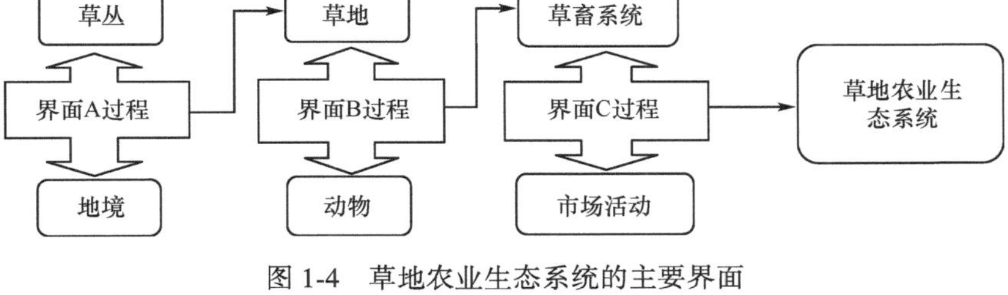

图 1-4　草地农业生态系统的主要界面

通过地境-植被界面(界面 A),植被系统和地境系统进化为草地系统。我们通常说草地是由牧草和地境构成,是对的,但不够确切。应该说,草地是由地境和牧草通过界面过程而形成的。对于草业来说,两种提法的区别在于:按照前者,所涉及的各个因子都可能成为我们的研究对象,如此我们将面对非生物因素中的大气因子、土地因子和位点因子,同时还要面对生物因子中的植物因子、动物因子、微生物因子等众多学科领域,从而迷失本学科的研究方向;按照后者的提法,我们聚焦于牧草与地境之间的关系过程,而不是去研究那些因子的本身,这对于草业科学的研究与教学来说,就要简洁、深入得多。

同样,通过草地-家畜界面(界面 B),系统进化为草地家畜生态系统,即草畜系统。这个系统的本质是自然生态系统农业化过程还没有完备的、半自然、半农业的草地生态系统。传统的草原学的触角基本到此为止。

草畜系统通过草畜-市场界面(界面 C),形成草地农业生态系统,即草业系统。至此,草业系统完成了进化的全过程,草地农业生态系统的属性已经完全具备,草业科学领域也发育完成了。

界面对规范学科性质、明确教学内容、决定研究方法、强化研究内涵、精选研究设计是至关重要的,这是草业科学方法论的关键所在。

上述 3 个界面的每一个都可能涵盖若干科学分支。界面 A 涵盖的分支学科可能是牧草育种学、饲用植物栽培学、草坪学、草地植物生态学等与饲用植物生产有关的各个学科。界面 B 涵盖的分支学科可能是放牧生态学、草地管理学、草地资源学、草原类型学、草地生态化学等与草地-家畜/野生动物相关的各个学科。界面 C 涵盖的分支学科可能是草地系统功能学、草地农业生态学、草业技术经济学、草地健康监测以及草地文化、历史、伦理等有关人文学科。

第四节　草地农业系统的 4 个生产层

草业包含 4 个生产层。①前植物生产层,其产品是草地景观,如风景、水土保持、自然保护区等,以草地资源这一综合体展现其生产价值,而不以取得植物或动物产品为主要目的。随着经济的高涨和文化的发展,这个生产层必将为社会带来以前难以想象的巨大效益。②植物生产层,以牧草等饲用植物为产品,传统的种植业生产手段(如育种、灌溉、施肥、耕作等)可以大幅度改变或提高其生产水平。③动物生产层,以草食动物,特别是反刍动物为主,把植物有机物转化为毛、肉、奶、皮、畜力及动物本身等,从而取得产品,这是草业生产的重要部分,它所蕴藏的经济效益一般不低于植物生产层。人类可以通过品种改良、科学饲养、种群组合等措施大幅度提高生产水平。④后生物生产层,为对草地植物、动物产品加工、流通的生产过程,这里蕴藏了比前 3 个生产层更为巨大的经济效益和社会效益。

从上述 4 个生产层来看,草业突破了传统农业中以植物生产为主的种植业模式,也突破了以动物生产为主的传统畜牧业生产模式。它将两者紧密结合起来,赋予了全新内容。它向前延伸,承担了环境保护和建设的任务;又向后延伸,加强了农业的整体社会经济功能。我们通常遇到的经济建设与环境建设难以协调的问题,在草业中得到圆满统一,这就为农业持续发展开拓了新途径。草业的 4 个生产层,好像系统的 4 个轮子,当它协调转动起来的时候,将推动我国农业快速、持续发展。

草业是一个流程长、产品多、内涵丰富、可以大量容纳高新科技的大产业。初步估计,它将为我国提供数以亿计的就业机会。它将以崭新的时代面貌和勃勃生机,创造良好的经济效益,同时发挥其不可代替的生态功能。

第五节　草业科学发展过程总结

草业科学作为大农业的一个组分,必然在大农业总体框架中得到孕育、发展。它有其自身的发展阶段。

关于草类植物与地境界面的问题,最早的文献是《管子·地员篇》有关草土构造的论述①,并列举了草土系统的演替规律②。后来春秋时期的"垦草"③(国学整理社,2006),将地境与植物的关系导向单一谷物生产。汉代的"辟土殖谷曰农"(贾谊,1976)的农业定义,将地境与植物的关系进一步推向偏颇。而近代以来的"以粮为纲"的政策,更将这一偏颇推向极致。

在这样的历史背景下,草业科学的发展经历了极其艰难曲折的过程。

草业科学的前身是草原科学。草原科学处理的科技问题是草类植物与地境界面和草地与草食动物界面这两个层次的问题。在中国历史上,动物生产层处于长久被忽略的状态,探讨草-地界面和草-畜界面的草原科学,不可避免地被冻结于严冬之中,难以发展。

但是历史的发展不以人们的主观意志为转移,如前所述,农业生产经历了漫长的历史过程,进入了后现代化阶段,并正在向草地农业系统的阶段迈进。

在社会经济发展较快的美国,从 1923 年 Arthur W. Sampson 所著的、作为第一本大学教科书的 *Range and Pasture Management* 的诞生开始(Arthur,1923),到现在已经有 70 年的历史了。在中国,从王栋教授 1946 年在中央大学开设草原管理学以来(王栋,1995),到有些院校开设有关草原学的课程有 60 年的历史。从大学里零星设立的几门课程,到 1958 年在内蒙古农牧学院成立草原专业,再到 1998 年将草原科学专业又发展为"草业科学"专业。这不仅是名称的改变,而且是学科的质的飞跃。草业科学由二级学科晋升为一级学科,与作物学、林学、植物保护学、畜牧学、兽医学、水产学 6 个学科并列。"草业"作为一个行业,是钱学森 1984 年首先提出的,因符合社会发展的规律,得到蓬勃发展和社会认同。既然草业是客观存在,为草业生产服务的草业科学自然应运而生。这是改革开放以来,生产发展、科学进步、视野开阔产生的硕果。

我国草业科学在教学计划、课程设置和教育体系等方面做了多方面探讨,也培养了大学本科生、硕士、博士及各个不同层次的各类草业科学专门人才。伴随时代的发展,我国广大的草业科学教育工作者经过半个多世纪的努力,不断探索前进,获得了丰富的教学积累,这是弥足珍贵的。

草业科学发展的历史本身,为我们昭示了草业科学与社会发展的紧密相关。草业科

①《管子·地员篇》:"凡草土之道,各有构造,或高或下,各有草土。"

②《管子·地员篇》:"凡彼草物,有十二衰,各有所归。"并列举了 12 个层次演替规律。

③ 商君书,垦令第二,"草必垦矣"出现 20 次,极言垦草务农的必要性。

学包含了3类因子群、3个主要界面和4个生产层，按照这个框架，循序探索，将可全面理解草业科学的内涵和草业科学为草业生产服务的实质。

（任继周）

主要参考文献

慈龙骏，吴波 . 1997. 中国荒漠化气候类型划分与潜在发生范围的确定 . 中国沙漠，17(2)：107-111

国学整理社 . 2006. 诸子集成五商君书 . 北京：中华书局：3-5

黄文秀，田效文 . 1994. 草地资源//孙晗 . 中国农业自然资源与区域发展 . 南京：江苏科学技术出版社：218-237

贾谊 . 1976. 论积贮疏 . 上海：上海人民出版社：201

李并成 . 1998. 河西走廊汉唐古绿洲沙漠化的调查研究 . 地理学报，53(2)：106-115

刘沛林 . 1998. 历史上人类活动对长江流域水灾的影响 . 北京大学学报(哲社版)，35(6)：144-151

宁可，郝春文 . 1993. 敦煌的历史和文化 . 北京：新华出版社

任继周 . 1995. 草地农业生态系统概述//任继周 . 草地农业生态学 . 北京：中国农业出版社：9-18

任继周 . 1997. 农耕文化圈与畜牧文化圈在黄土高原的嬗替//周光召，朱光亚 . 百名院士演讲集(中册). 北京：新华出版社

任继周 . 1998. 河西荒漠绿洲草地农业系统的特征及其优化模式探讨//任继周，朱兴运 . 河西走廊盐渍地的生物改良与优化生产模式 . 北京：科学出版社：147-183

任继周 . 2001. 草地农业西部可持续发展之路 . 科学新闻，13：5

任继周 . 2004. 中国农业史的起点与农业对草地农业系统的回归——有关我国农业起源的浅议 . 中国农史，3：3-7

任继周，侯扶江 . 1998. 中国西部草地资源及其发展战略//刘长缨 . 西部资源环境科学研究中心年报(1994~1996年). 兰州：兰州大学出版社：75-85

任继周，南志标，郝敦远 . 2000. 草业系统中的界面论 . 草业学报，9(1)：1-8

任继周，张自和 . 2003. 华夏农耕文化探源——兼论以粮为纲 . 世界科技研究与发展，25(2)：21-26

王栋 . 1995. 草原管理学 . 北京：畜牧兽医图书出版社

朱士光 . 1998. 略论历史时期青东、陇西黄土高原之经济开发及其经验教训//中国科学院黄土高原综合考察队 . 黄土高原地区综合治理开发研究(宁甘青部分). 北京：科学出版社：95-100

Arthur W. 1923. Range and pasture management. New York：John Wiley and Sons，Inc，London：Champan and Hall，Ltd

推荐阅读文献

任继周 . 1995. 草地农业生态系统概述//任继周 . 草地农业生态学 . 北京：中国农业出版社：9-18

任继周 . 2004. 中国农业史的起点与农业对草地农业系统的回归——有关我国农业起源的浅议 . 中国农史，3：3-7

任继周，南志标，郝敦远 . 2000. 草业系统中的界面论 . 草业学报，9(1)：1-8

王栋 . 1995. 草原管理学 . 北京：畜牧兽医图书出版社

Arthur W. 1923. Range and pasture management. New York：John Wiley and Sons，Inc，London：Champan and Hall，Ltd

John EM. 2009. Grassland：quietness and strength for a new American agriculture. California：American Society of Agronomy

第二章　草业经济生态区与基本草原划定

第一节　中国草业经济生态区划的历程和原则

草业是草地与农田、林地相结合，植物生产与动物生产相结合，物质生产与精神生产相结合，产品生产与流通生产相结合，包括前植物生产层、植物生产层、动物生产层、后生物生产层的多层次的现代化综合农业系统。草业生态系统以系统的能量、元素及信息流程为框架，通过社会的农业化投入，即对该系统的农业生产活动，使它形成了自己的结构、功能与机制，保持其农业生态优化趋势，不断取得更高的生态效益和经济效益，并实现可持续发展。因此，草业生态系统不能不具有地域特色。

区域是一个由自然环境-生物-社会经济共同形成并协调发生作用的复杂系统，是一个有序列、有结构的统一整体。草业生态经济区是由草地生态系统及在其上进行着草业生产的经济系统共同构成的复杂的生态经济系统区域。

我国幅员辽阔，自然环境复杂多样，具有众多的、各具特色的草地类型和草地生态系统。在不同的草地生态系统基础上，人们进行着相应的草业生产，形成了各具特征的草业生态经济系统，即草业生态经济区。

自然和经济条件的差异影响草业的结构、布局、利用方式、发展方向、集约化程度和生产水平等，必然呈现区域化的特征。尽管在较大的地区之间有明显的差异性，但在一定的区域范围内，又有基本的相似性或趋同性，这种客观存在的差异性和相似性，就是进行草业生态经济区划分的基础。

我国1979~1981年，由全国农业区划委员会组织完成了《中国综合农业区划》；1981~1982年，在农业部畜牧总局和中国农业科学院领导下组织编制了《中国畜牧业综合区划》；《中国饲料区划》课题组于1984年编写出版了《中国饲料区划》；1984~1987年，在农业部畜牧兽医司的组织领导下委托有关研究院所编制了《中国牧草区划》。这些区划的编制、出版，对发挥区域优势、因地制宜、科学有效地规划和指导农牧业生产有着十分重要的意义。

近来，随着草原建设利用的需要，又进行了一些专题研究。例如，2007年4月，由农业部公布的《全国草原保护建设利用总体规划》中，根据我国草原区的特点、存在的主要问题和保护建设利用的需要，提出了草原保护建设利用的区域布局，将我国草原划分为北方干旱半干旱草原区、青藏高寒草原区、东北华北湿润半湿润草原区和南方草地区4大区域，明确了不同区域的功能定位和主攻方向，提出了结合草原保护建设利用拟进行的重点工程分区治理的措施。

2006年由农业部部长杜青林主持完成的《中国草业可持续发展战略》一书，提出了“中国草原生态建设战略布局”与“中国草原生态功能区划”，依据自然与生产属性相结合、草原类型的区域性、草原经济特点的区域性、生态平衡与生态适宜性、兼顾行政区界等原则，将全国划分了9个功能区，即：（Ⅰ）东北草甸草原生态功能区；（Ⅱ）北方典型草原生态功能区；（Ⅲ）西北荒漠草原生态功能区；（Ⅳ）北方农牧交错带生态功能区；（Ⅴ）黄土高原暖温性灌草丛草原生态功能区；（Ⅵ）青藏高寒草原生态功能区；（Ⅶ）北方平原农区草原生态系统区；（Ⅷ）南方热带亚热带草原生态功能区；（Ⅸ）其他草原生态功能区。并就各功能区的范围、气候和草原植被特征、生态、生产功能和发展方向、保护建设措施等进行了论述。

总结以往经验，我们提出划分草业生态经济区的一般原则。

第一，草原类型的相似性。草原类型特征表达了生态条件的本质。不同的类型级别有不同的分级标准。对于地带性的大区规划，如省区和地级市，应以水、热特征为指标。较小的经营单元，如县和乡，可以以土地特征为指标加以分区。

第二，草业系统生产层的结构和生产内涵的趋同性。例如，当地生产现状和发展方向是作为前植物生产层的景观资源，还是作为植物或动物生产？同一区划单元之内，其生产现状，尤其是发展方向应该统一。

第三，草地生态系统的自然特征内涵与外延的相似性。这就是在上述生产方向确定之后，依据其具体自然条件，处理其内部干预和对外联系的相似程度。

第四，社会发展水平的趋同性，尤其是科技水平、经济结构和生活要求的相似性；不同区域的趋异性。同一区域，应该具有系统耦合的共性。各个规划区域内与区域间的组织与实施的时空的可操作性，即同一区域内部和不同区域之间的纵向和横向能流和物流的畅通性。

第五，草业发展对策和关键技术的相似性。当组织生产活动时，所采取的关键技术和政策应有较多的相似性才容易管理，可达到事半功倍的效果。

第六，在同一区域内的结构和生产内涵的趋同性，尤其是可能的方向性产品（常说的拳头产品）的相似性；不同区域的趋异性。

第七，草业生产区域规划应与一定级别上行政区划界限相对应的完整性。因为只有以一定行政单位为管理单元，才容易取得基本数据，也易于动态检测。

从以上原则可以看出，生态经济区划的划分主体系统是空间特性。但是，还必须指出，事物在不断运动之中，任何空间特征都有一定的时间属性。因此，生态经济区划是在一定空间范围内、特定时间规定下进行的。任何生态经济区划，都有其发展的时段特征。因此必须强调，泛时段的生态经济区划是不存在的。经济区划的时段特征的研究属于经济区划的发展历史，本章不再赘述。

第二节　中国的草业经济生态区

根据上述草业经济生态区的划分原则，可将中国草业生态经济区划分为 7 个一级区（图 2-1），它们是：蒙宁干旱草业生态经济区、西北荒漠灌丛草业生态经济区、青藏高寒草业生态经济区、东北森林草业生态经济区、黄土高原-黄淮海灌丛草业生态经济区、西南岩溶山地灌丛草业生态经济区、东南常绿阔叶林-丘陵灌丛草业生态经济区。

这里主要就各分区的自然环境、草业生产现状和发展对策进行概述。

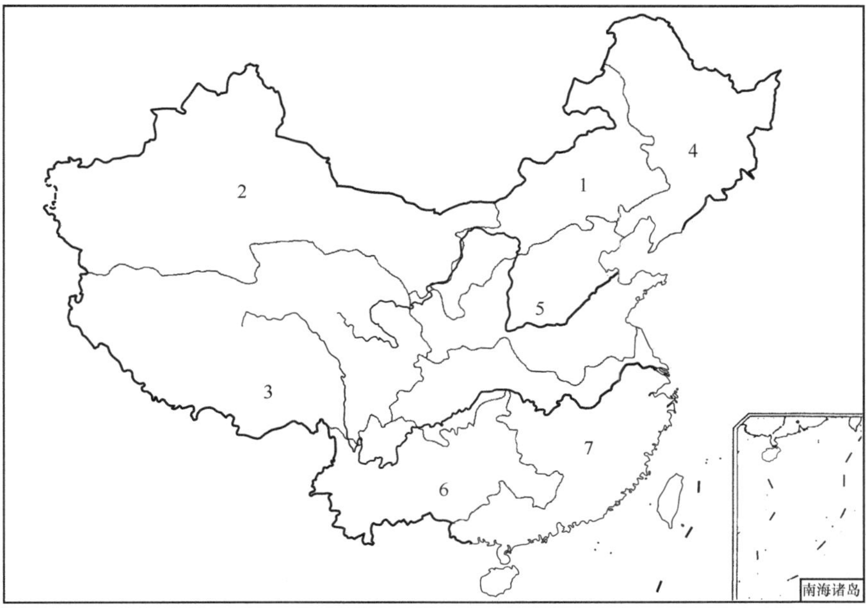

图 2-1　中国草业生态经济区

1. 蒙宁干旱草业生态经济区；2. 西北荒漠灌丛草业生态经济区；3. 青藏高寒草业生态经济区；4. 东北森林草业生态经济区；5. 黄土高原-黄淮海灌丛草业生态经济区；6. 西南岩溶山地灌丛草业生态经济区；7. 东南常绿阔叶林-丘陵灌丛草业生态经济区

一、蒙宁干旱草业生态经济区

该区是我国重要的草原畜牧区之一，包括内蒙古大部、河北北部和宁夏。土地面积约 69.77 万 km^2，1990 年人口 2038.87 万。1994 年，全区农林牧渔业总产值 271.39 亿元，其中，牧业 95.2 亿元，约占全区总产值的 35.1%。

（一）自然环境

该区经向地带性明显，以草原气候为主，以典型草原为主体，从东北到西南形成草甸草原→典型草原→荒漠草原过渡的特点。其自然环境有以下几方面特点。

气候温和，降水偏少，水资源短缺。该区年平均气温 -2～6℃，≥0℃ 年积温 2000～3000℃，无霜期 150～200d，年降水量为 250～400mm，从东南向西北递减。由于热量较少，该区湿润度仍可达 0.3～1.2，甚至 1.5。地面水资源缺乏，分布不平衡，80% 的地表径流集中在东部的辽河流域和呼伦贝尔高原，中部从锡林郭勒高原到鄂尔多斯高原均为波状或层状平原，地形高差小，加之降水偏少，无产生径流条件，因此，大部分地区缺少灌溉条件。

生态环境脆弱，土地沙漠化强烈。该区干旱、多大风，土壤基质较粗，加之过度放牧和不合理的垦殖，土地沙化严重。目前，沙地已占到该区土地面积的 11%，沙漠化土地占 18.4%，是我国沙漠化土地的集中地区，土地沙漠化是该区农牧业生态环境中最突出的问题之一。

(二) 草业生产现状

草地资源丰富,载畜量大,生产力较高。该区土地适于畜牧业利用,有天然草地5404.55万hm^2,约占该区土地面积的77.5%,而耕地面积只有731.6万hm^2,森林覆盖率仅4%左右,天然草地在农业土地结构中的比例很高。该区东部呼伦贝尔草原和科尔沁草原属温带草原和典型草原,主要牧草为羊草和针茅,干草产量900~1500kg/hm^2,载畜能力为0.7~1.2羊/(hm^2·年),是我国最优良的草原之一,适合马、牛、羊等的放牧饲养。西部的乌兰察布草原、鄂尔多斯草原和贺兰山东麓草原为荒漠草原和草原化荒漠,主要牧草为短花针茅(*Stipa breviflora*)、冷蒿(*Artemisia frigida*)和猪毛菜(*Salsola collina*),干草产量400~600kg/hm^2,载畜能力为0.25~0.40羊/(hm^2·年)。

放牧地季节不平衡,天然草地潜力可观。该区冷季放牧地仅为暖季放牧地的30%~60%,且冷季比暖季长5个月左右,因此,冷季牧地不足的问题甚为严重。除季节不平衡外,年际不平衡也十分突出,丰歉年的产草量可相差4倍。东部的羊草草原地势平坦,降水较多,是良好的天然刈割草地,羊草干草曾作为商品出口日本等。

半农半牧,农牧结合不紧密,矛盾尖锐。该区农业产值中,种植业约占50%,畜牧业近40%,接近农牧并重结构。但农牧业之间、农区与牧区之间没有很好地结合,农业用地挤占牧业用地,农区不断北移,矛盾渐趋尖锐。同时,滥垦、滥挖、滥牧导致草原退化加剧。

草地畜牧业经营方式单调,抗灾能力弱。该区的草地畜牧业以游牧或定居游牧为主,多年来牲畜增加很快,而草原建设滞后,超载过牧、草原退化严重。

(三) 发展对策

该区应坚持以生态保护优先,生产上以牧为主,为牧而农,退耕还牧还草,保护草原,培育栽培和半栽培草地,发展饲草和饲料工业,建立大型畜产品生产基地,加速草业生产机械化。

二、西北荒漠灌丛草业生态经济区

该区主要包括新疆、甘肃的河西走廊和内蒙古的阿拉善盟。土地面积222.35万km^2,人口为2000多万。

(一) 自然环境

该区属中温带至暖温带极端干旱的荒漠、半荒漠地带。降水稀少,光热丰富,具有独特的绿洲农业,但水资源分配不平衡。该区年降水量小于250mm,其中一半以上地区不到100mm。年辐射总量多为5680~6700kJ/m^2,年日照时数2600~3400h,日照百分率为60%~75%,是全国太阳辐射能量最丰富的地区之一。≥0℃年积温多在2100~4000℃,其中,新疆的塔里木盆地、吐鲁番盆地、哈密盆地及甘肃的安西县、敦煌地区达4000~5700℃。区内阿尔泰山、天山、昆仑山、祁连山等高山降水较丰富,如天山、祁连山区可达年降水量400~600mm,因其分布有永久积雪和现代冰川,夏季消融补给河川及浅层地下水，在下游形成独特的绿洲农业。水资源年变幅虽较平稳，但地区及季节分布很不均匀。在新疆的伊犁河、额尔齐斯河流域，河西走廊的黑河、疏勒河流域夏季降水量较多，其余地区严重不足。

自然灾害严重、频繁。该区极度干旱、多风，植被稀少，荒漠化、盐渍化强烈，生态环境十分脆弱。该区共有沙漠48.6万km^2，约占全区土地面积的21.9%，约占全国沙漠总面积的71.8%，盐渍地有17.37万km^2，约占全国盐渍地面积的47.5%。该区是我国黑风暴和沙尘暴的主要源地和受害最严重的地区。

（二）草业生产现状

该区有天然草地8854.77万hm^2，约占该区土地总面积的39.8%。其中，大多以山地、绿洲、荒漠相间分布，各地间气候差异很大，形成了丰富多彩的草地类型。

草地产量差异明显，生产潜力很大。荒漠类草地鲜草产量一般为300～1200kg/hm^2，山地草甸为3000kg/hm^2，平原低平草甸为4500kg/hm^2左右。伊犁地区天山西端一带高产草地可达6200kg左右。河西走廊绿洲灌区高产的苜蓿栽培草地每年可割2～3次，鲜草产量4500～6000kg/hm^2，生产潜力很大。

草畜供求季节不平衡。山区草地畜牧业是该区畜牧业的主体，其主要特点：一是季节性明显；二是草畜供求的季节不平衡，"夏活、秋肥、冬瘦、春死"现象比较普遍；三是草原放牧畜牧业与农区畜牧业未能有效结合，限制了畜牧业和种植业的优势互补和可持续发展。

（三）发展对策

干旱、荒漠化和盐渍化及草畜不平衡和山区、绿洲、荒漠间的相互脱节，是该区畜牧业发展中存在的主要问题。因此，在山区保护水源，建设草原，划区轮牧，建立抗灾保畜丰产栽培草地；在荒漠，严格控制载畜量，适度利用，控制风沙；在绿洲，注重发展粮食-饲料-经济作物三元结构种植模式，大力发展饲料生产。并加强农区与牧区结合，如实行山区、荒漠放牧，农区育肥，以绿洲为中心和支撑，建立山区-绿洲-荒漠耦合系统，将会大大地提高整个大系统的生产力和可持续发展能力。

三、青藏高寒草业生态经济区

该区包括西藏、青海、甘肃南部、四川西部和云南西北地区，土地面积212.5万km^2。1990年人口为612.8万。

（一）自然环境

该区草地海拔高，辐射强，热量不足。大部分地区海拔都在3000m以上，太阳辐射总量为58×10^5～$87\times10^5 kJ/m^2$，高出邻近地区50%以上。年均气温多在0℃以下，最暖月均气温不到10℃，甚至低于6℃，是世界上最为特殊的一类草地。降水分布不均，水资源丰富。喜马拉雅南坡、横断山区东南部年降水量达1000～2000mm，甚至3000～4000mm；柴达木盆地、羌塘高原西北部则在50mm以下，其余地区由西向东大致为500～700mm。青藏高原是许多大江大河的发源地,东南部江河多、水量大,年平均径流深1000~2000mm;西北部河流少、水量少,年径流深100mm以下。

(二)草业生产现状

草地占该区面积的58.3%,而且类型多,但初级生产力低,畜牧业抗灾能力弱。其中,高寒草甸占可利用草地的一半以上,广布于西藏东北部、青海东南部、四川西北部与甘肃南部等寒冷湿润的高山、沼泽与湖盆地带,生长季短,干草产量1000~1800kg/hm^2,草质柔软,营养价值高,特别适于牦牛和藏羊放牧。高寒草原占可利用草地面积的40%左右,分布在西藏中部、青海西南部等半干旱高原山地,干草产量为500~1000kg/hm^2,适口性好,营养价值高,是藏羊放牧的良好牧场。高寒荒漠主要分布在柴达木盆地和羌塘高原西北部干旱地区,草地产量为150~400kg/hm^2,质量中等,适于绵羊与山羊放牧。疏林灌丛草地零星分布于水热条件较好的边缘山地,干草产量为1200~2500kg/hm^2,变化很大,草质较差,适合于牛和山羊放牧。该区地处高寒,冷季长,雪灾、风灾、干旱时有发生,草畜供求的季节不平衡尤为突出。因长期超载过牧,以“黑土滩”和“沙漠化”为主要特征的草原退化正在加剧中,草地畜牧业的抗灾能力和生产力都较低。

(三)发展对策

该区拟在坚持生态优先的原则下,进一步落实草地有偿承包使用的基础上,严格控制家畜数量,坚持提高质量,实行草地生态保护与建设工程,坚持草地休牧、轮牧制度,建立巩固的抗灾保畜基地,大力发展季节畜牧业,逐步解决交通不便、科技发展滞后、草业建设投资不足等问题。并充分发挥该区草原辽阔、自然与民族风情独特等优势,将草业经营由传统的植物生产层和动物生产层向前植物生产层(如草原旅游、观光)和后生物生产层(如草原清洁、绿色食品等)延伸,加速草业的科技进步,促进该区社会、经济及环境的全面和可持续发展。

四、东北森林草业生态经济区

该区包括黑龙江、吉林、辽宁及内蒙古东北部,土地面积95.8万km^2,1990年末人口约1亿。

(一)自然环境

降水较丰富,热量不足,属温带季风型大陆气候,年降水量东西部山区为800~1000mm,中部平原地区500~750mm;≥0℃年积温2100~3900℃,≥10℃年积温1700~3500℃。除辽东半岛外,大部分地区热量不足。湿润度较大,绝大部分地区都在1.5以上。

(二)草业生产现状

该区有天然草地1369.8万hm^2,约占全区农业用地的16.9%,大部分是以羊草为主的草甸草原，是既可割草又可放牧大牲畜的优良草地。

草原质量好，生产力高，生产潜力大。天然草地主要是以羊草、贝加尔针茅、线叶菊、大叶樟等为主的草甸草原、典型草原、山地草甸和沼泽，牧草质量好，干草产量为1000~1500kg/hm^2，且产量稳定，是放牧饲养牛、马和绵羊的优良草地，载畜能力为1.5~2.0羊/(hm^2·年)。西部有大面积的天然草原，由于过度放牧而退化、沙化和碱化，经过改良，产草量可提高4倍以上。

饲料资源丰富，林业与草业、种植业与草业耦合潜力大。该区森林面积大，可供放牧利用的草本及木本饲料种类多、储量大。平原地区除有大面积稳产高产、品质优良的天然草地外，还有大面积的薹草沼泽和芦苇沼泽。农区秸秆多，特别是玉米产量高，但畜牧业比较薄弱。前些年，在“再造一个北大荒”的口号下，草原开垦十分严重。

(三) 发展对策

发挥土地资源优势、增加投入，深度改造开发，全面而充分地发挥草地、耕地和林地的牧草、农业饲料和枝叶饲料的生产潜力，优化农林草复合生产系统，共同支持和促进畜牧业的发展，建设生态型的肉、奶和特种畜产品为主的大型畜产品基地。

五、黄土高原-黄淮海灌丛草业生态经济区

该区是中国最古老的农业区，农牧历史悠久，包括山西、山东、河南、北京、天津等的全部地区及陕西、甘肃、河北、安徽和江苏等的部分地区，土地面积79.34万km^2，1990年末人口为33 680.18万。

(一) 自然环境

雨热同季，光热组合好，但降水变率大，干旱的威胁也较大。该区大部分是暖温带半湿润、湿润季风气候，≥0℃年积温3500~5000℃，≥10℃年积温3000~4800℃，大部分地区年降水量为400~900mm，从东南向西北递减，湿润度多在1.5以上。降水量的70%~80%集中在农作物生长季，对农业生产极为有利。但降水年际变化很大，季节变率更大，因而干旱发生的几率高，威胁严重。地面、地下水资源相对不足，河川径流干枯变化大，大部分地区缺水严重，开发利用困难。该区河川地表径流人均只有500m^3，仅相当于全国平均的1/5。黄土高原地下水埋藏量少且深，黄淮海地区地下水开发利用程度很高。由于补给不足，长期超量开采，已使很多地方形成沉降漏斗。

黄土高原水土流失严重，黄淮海平原盐渍土、风沙土、砂姜土面积大。黄土高原是中国水土流失面积最大和最严重的地区，也是世界上水土流失最强烈的地区。黄淮海平原北部的海河平原，东部沿渤海、黄海的滨海平原，地下为咸水，土壤多盐渍化；黄河故道地区风沙土较多；淮河平原多砂姜土，土质黏重。

(二) 草业生产现状

农区饲养业发达。该区苜蓿栽培历史悠久，种植面积不断扩大，已形成一定规模，需

要进一步巩固与发展、开辟并扩大国内外市场。农业饲料资源丰富,优良家畜地方品种多,河南、河北等利用青贮和氨化玉米秸补以精料和其他农业饲料肥育肉牛也已形成规模,取得了显著的经济效益。

该区盛产紫花苜蓿、草木樨、红豆草、沙打旺、苏丹草、结缕草等草种,是中国牧草与草坪草种子生产基地之一。

天然草地东部少、西部多,多为山地次生、暖性灌丛草地,分布零碎,牧草质量较差,产量较高。该区有天然草地 2126.29 万 hm^2,主要分布在鲁中南山地、胶东丘陵,冀鲁苏三省沿海,太行山、吕梁山、伏牛山、秦岭北坡及西部黄土高原的坡度较大的山地和梁峁。东部暖温带的山地灌丛草原是落叶阔叶林在长期放牧种植的影响下形成的稳定次生植被。由于热量较大,牧草生长迅速,快速变老,质量较差。西部海拔较高的黄土高原天然草地以草本为主,牧草质量较好。该区地处暖温带,全国暖性草原集中于该区,由于水热条件较好,产量较高,干草平均产量为 1600~2400kg/hm^2,载畜能力为 2.2~3.2 羊/(hm^2 · 年)。

天然草地生产潜力大,栽培草地前景可观。该区天然草地如能进行改良,其生产能力可提高 2~5 倍,其中,黄土高原的天然草地因利用过度,退化严重,若封山育草,其产量可提高 2~3 倍。东部黄淮海平原区绿肥牧草播种面积比例尚小,时空潜力尚大。西部黄土高原区坡耕地水土流失严重、产量很低,1/3 以上应退耕还草还牧,建立高产栽培草地,可获较高的产量。

(三)发展对策

以保持水土和建设水利工程为基础,综合治理水土流失及洪涝、干旱、盐碱,治理与开发并重,粮食-经济作物-牧草相结合,可大幅度提高生产水平。黄土高原退耕还草还牧,建立栽培草地,实行小流域综合治理,黄淮海平原开发利用沿海沿河荒滩及盐碱地种草,建立牧草和草种生产基地。充分利用农副产品及其他饲料资源,扩大加工规模和加工深度,发展以肉牛、奶羊和山羊为主的草食家畜,把该区建设成为干草、草种等草产品和肉、奶、板油等畜产品为主的生态农牧业生产基地。

六、西南岩溶山地灌丛草业生态经济区

该区包括贵州、重庆的大部分,以及四川、云南、广西、湖南、湖北等地区的一部分,是我国少数民族主要聚集区之一,土地面积 83.5 万 km^2,1990 年末总人口为 1 亿 1 千多万。

(一)自然环境

石灰岩及其他碳酸盐分布广泛,喀斯特地貌占比例很大。贵州有 12.95 万 km^2,占全省总面积的 73.6%;云南有 11.02 万 km^2,占 28.8%;广西有 8.95 万 km^2,占 37.8%;四川有 8.13 万 km^2,占 14.3%,其中,分布面积超过 50% 的共 140 个县、市。全区石灰岩地区总人口约 1 亿。在岩溶山区滥伐、过牧、开垦不当处,石漠化发展迅速。

水热资源丰富,光照不足。该区的年降水量多在 1000~2000mm,总体上能满足一般牧草的生长需要。大部分地区的年均气温都在 14~21℃,≥0℃ 的年积温在 5000℃

以上，南部的低平地带在8000℃以上，水热分布同步。但该地区校正云量后的总辐射约为42×10^5kJ/m^2，甚至更少。

生态环境脆弱，石漠化严重。近半个世纪以来，贵州石漠化面积以每25年增加1倍的速度扩展，云南的裸岩地面由新中国成立初期的7%发展到20世纪80年代的30%。另外，该区地形崎岖、土层浅薄，水土流失也相当严重。

（二）草业生产现状

草地较分散，利用水平低。该区草地面积29.19万km^2，主要分布在山地、丘陵和岩溶峰林峰丛间等崎岖不平之处，比较分散，交通不便，改造利用难度大；由于牧草的质量较差，草地植被中杂草、有毒有害植物和无用灌木多，可食性牧草一般只有30%～60%，优质豆科牧草更缺乏，加之株本较大易于老化，家畜难以利用，但豆科等灌木饲料资源丰富；草地资源利用中过牧和利用不充分双重现象都存在，有的利用过度，退化十分严重，有的则利用不足，造成资源浪费。

该区水热条件好，草地改良和栽培草地建植容易成功，潜在生产能力很大。牧草在一年之中可利用3～4次，有的可达6次，除当地众多的天然牧草和饲用灌木之外，红三叶、白三叶、黑麦草、鸭茅及柱花草、大翼豆等优良引进牧草都可生长。目前，天然草地的干草产量一般为3000～4500kg/hm^2，为北方天然草地的4～6倍，而栽培草地干草产量为8000～10 000kg/hm^2，为北方栽培草地的2～3倍。据甘肃省草原生态研究所在贵州威宁试验，所建栽培草地，干草产量都在10 000kg/hm^{2}左右，建立的2133hm^{2}草地，共饲养1.2万个羊单位的家畜，平均0.18hm^{2}可养一个羊单位，绵羊的净毛量为2.5～3.3kg，与畜牧发达国家草地的生产水平相当。

（三）发展对策

应将该区草山草坡作为我国重要的农业后备资源，通过有计划地开发，建成南方重要的草食商品畜牧业基地。国家给予必要的政策引导与经济支持；进一步明确草山草坡的权属，将对其开发作为山区脱贫致富奔小康的重要途径，农户拟发展相应规模的专业户或家庭牧场，在充分利用天然草地的同时，建立优质高产栽培草地，实行草畜配套，向草地经营规模化、专业化、商品化发展。

七、东南常绿阔叶林-丘陵灌丛草业生态经济区

该区包括四川、陕南、甘肃的陇南地区、广西东部、江苏淮河以南地区、湖北东部、湖南东部，以及浙江、江西、福建、广东、海南全部，土地面积155.52万km^2，1990年人口就达5亿多。

（一）自然环境

水热资源充沛，光、热、水配合好。该区自北向南，≥0℃年积温5300～9000℃，≥10℃年积温4500～7500℃，无霜期210～365d。年降水量由北向南递增，从1000mm左右增至2000～

2500mm,全年降水均匀。年日照时数 1800~2300h,生长季内充分。

(二) 草业生产现状

草地资源丰富,但面积相对较小。该区有草地 3751.44 万 hm^2,不少是热带、亚热带森林被破坏后的次生草地。

牧草产量高、质量差,生产潜力大。草地中有较多灌木,牧草干物质产量平均为 2000~3000kg/hm^2。野生牧草容易粗老,改良后可获得较当前大 5~8 倍的生产能力,有望成为我国独特的高产优质的热带畜牧业生产基地。

农区有种植绿肥牧草的传统,农闲田利用、建立高效的水稻-经济作物-牧草种植系统,提高草业的比例与整体效益潜力很大。

(三) 发展对策

该区不仅有良好的种植业基础和上佳的地理位置,而且自然条件优越,应利用现有的经济技术优势增加种植业中草业的比例,大力发展商品化养殖业,提高产品的科技含量。

第三节　中国基本草原划定与保护

一、基本草原划定的意义

我国草原资源丰富,类型复杂,但是自 20 世纪 50 年代以来,全国累计开垦草原 2000 万 hm^2,近几年还因开垦、占用等仍以每年 150 万 hm^2的速度继续减少。现有草原 90%存在不同程度的退化,草原生态“局部改善、总体恶化”的趋势没有根本扭转,“三化”(退化、沙化、盐渍化)日趋严重,退化草原每年还以 200 万 hm^2的速度增加(刘加文,2008)。今后随着人口增长与社会需求的增加,对草地的压力有增无减。为了扭转草原退化趋势,恢复与提高草原生态与生产功能,促进经济、社会与生态协调与可持续发展,划定基本草原是我国草原和草业发展史上一项重大的战略措施,也是将草原保护与建设确立为我国基本国策的重要步骤,意义重大,功在千秋,需要以高度的使命感和责任感下决心加以完成。

二、基本草原的概念,划定原则及其主要程序

(一) 基本草原的概念与保护重点

在《中华人民共和国草原法》中所称“草原,是指天然草原和栽培草地”。基本草原,是指在一定时期和一定范围,根据国家生态安全与社会经济发展对草地环境与草畜生产的需求,依据法律、土地利用与草原生态保护总体规划确定的不得占作他用的草地。划定基本草原时,要确保基本草原面积不减少,用途不改变,质量不下降,草原的生态与生产功能进一步提高。

对于基本草原划定的范围与规模,《农业部关于切实加强基本草原保护的通知》(农

牧发[2006]13号)中提出“各地划定的基本草原数量应当占其行政区域内草原总面积的80%以上,具体数量指标由省级人民政府批准,报我部备案”。

从国家生态安全、经济发展和社会稳定出发,基本草地不但应包括质量较好的各类草地,还应当包括环境较差、但生态保护意义重要的各类草地。需要确定基本草原保护“红线”,明确保护重点。从各试点旗县已划定的情况看,一般都为草地面积的80%~90%。

应当划入基本草原保护的草地,主要包括重要放牧草地、割草地、栽培草地、退耕还草草地、改良草地、草种基地,对调节气候、涵养水源、保持水土、防风固沙具有特殊作用的草原,国家重点保护野生动植物生存环境的草原,草地自然保护区,草业教学、科研试验基地,以及国务院规定应当划为基本草原的其他草地。

建议将下述草地优先列为基本草地:①中国著名草原:松嫩草原、呼伦贝尔草原、科尔沁草原、锡林郭勒草原、乌兰察布草原、甘南草原、阿坝草原、甘孜草原、环湖草原、阿勒泰草原、伊犁草原、那曲草原;②当地传统的主要放牧地;③经国家和省区确定的自然保护区;④江河源区和其他重点水源涵养区;⑤风沙前沿的荒漠化草地;⑥草业科研、教学试验草地。

(二) 基本草原管理原则

基本草原的划定、保护与管理,应按照统筹规划、分类指导、突出重点、保护优先、加强建设、可持续利用的总体要求,坚持以下几个原则:①依法划定、严格保护、重点建设、合理利用的原则;②“经济社会与生态目标兼顾,生态优先”的原则;③经营主体明确,责权利分明的原则;④各级政府对基本草原保护目标、责任、考核、问责明确的原则。

在基本草原划定时,尽可能使流域与行政区域兼顾,相对集中连片,便于保护,利于生态和生产功能的发挥。从脆弱生态系统保护的角度,年降水量200mm以下、年均气温0℃以下、北方海拔3500m以上、西南海拔4000m以上地区都应作为永久性生态保护地。

基本草地划定应遵循一定工作程序的原则:学习明确基本草地划定的目的和意义—编制实施计划与技术规程—现场勘察与划定—绘制图件—结果公示—设置界限与保护标志—建立档案与数据库—发证—验收。

三、实行有效的保护与管理

划定基本草原,目的在于加强保护、合理利用、实现可持续发展,重点是管理,需要制定、完善各种政策与管理制度,全面组织落实。

(一) 全面落实草地承包制和草原合理流转措施

落实草原承包制是明确草原权属的基本措施。2007年,全国累计落实草原承包面积2.46亿hm^2,为我国草原总面积的61.5%(张智山,2007)。还有不少边远草原,尤其是高山地区的夏牧场和部分农区草地,仍然边界不清、权属不明,没有承包,成了继续抢牧滥牧的主要对象,退化局势尤为严峻。

在草地承包制落实的基础上,应关注草地经营权的合理流转。草地合法承包,如无力经营草地,应及时转让草地经营权。建立严格草地经营的监督管理制度。否则,承包者放任不管和转租者掠夺式经营,都将严重损害草原资源。“人有恒产,则有恒心”,只有产权和使用权明晰,才有可能做到“管、用、建,责、权、利”的完全统一和真正落实。

草地承包与流转的实质是“谁承包,谁建设,谁受益,长期不变,允许继承,允许转让”。只有这样,草地-家畜-人的关系才能和谐相处,持续发展。

(二)实行草畜平衡制度

草畜平衡制度是为了保护、建设和合理利用草原,维护和改善生态环境,促进草畜业可持续发展、使草原可利用的饲草量与家畜的需要量保持供求动态平衡的制度。遵照农业部《草畜平衡管理办法》①,由省级行政主管部门负责本省区内草畜平衡的组织落实和技术指导工作,加强监督检查。县级行政主管部门具体管理,定期核定草原载畜量。原则是:加强保护,促进发展;以草定畜,增草增畜;优草优畜,动态平衡。尤其要对“以草定畜”全面理解。应在积极开发草地资源的基础上求得草畜平衡,不是简单的“有多少草养多少畜”的消极平衡。而是在保护与建设的基础上的动态平衡。

(三)建立完整的草地利用系统,推行划区轮牧

为了保护和合理有效利用草原,在牧区必须推行草原划区轮牧。划区轮牧内容丰富,包含可根据需要实施多种周期(从数小时到数月)的轮牧和轮牧小区之间的牧场轮换。通常所说的休牧,就是轮牧周期中的休闲牧场,根据轮牧周期设计,这种休闲牧场的休闲期可以从几天到数月或数年。为保护牧草正常生长和繁殖,在春季牧草返青期和秋季牧草结实期,使草地休闲以利于草地牧草萌生或结籽。当草地生产水平过低,载畜量在 $3hm^2$/羊以下的地区应实施禁牧,即任何年份、任何时段都不放牧,以保持其生态功能。

(四)建立草原生态补偿制度

草原生态补偿,是指草原使用者或受益者在利用草地资源或其服务功能的过程中,为了维持草地资源的健康发展,对草地资源的所有权个人或法人付出相应的费用。目的在于支持与鼓励草原地区更好地承担保护草原生态、改善草原环境的责任,实现草原的可持续发展与永续利用(陈佐忠和汪诗平,2006)。基本原则是“谁受益谁补偿,公平,公正”;公众受益的主要由政府给以必要的补偿。

为什么要建立草原生态补偿制度。一是草原区生态环境脆弱,是国家生态安全的薄弱环节,长期付出太多而保护建设太少,生态危机日益加深,需要救治、休养、恢复与建设;二是草原区的群众与政府顾全大局,放弃某些发展机会甚至作出一定的牺牲,难以全部承担生态修复与长期保护的重担;三是草原在国家生态安全、民族团结、经济与社会发展中,有着全局性和不可替代的战略地位,需要集国家和社会之力予以经济支撑。

对草原生态补偿可以通过以下途径加以实施:①政策性补偿,将现行农业补偿政策扩大到草原牧区,像保护基本农田和保护林业资源一样保护基本草原;②功能性补偿,按草

① 农业部《草畜平衡管理办法》,于 2005 年 1 月 19 日颁布,2005 年 3 月 1 日起实施。

原面积、流域水资源补给量、碳氧平衡、防风固沙、水土保持等功能与贡献大小；③建设性补偿，加大草原区工程建设与支持，如草原围栏，栽培草地，家畜棚圈，良种繁育，定居点及生态移民，其他生态、生产、生活基础设施建设；④激励、导向性补偿，像鼓励种粮一样鼓励种草，像支持优良作物种子生产一样支持牧草良种生产，像支持三峡库区移民一样支持草原生态脆弱区的生态移民，减轻草原的人口压力。

（五）实行严格的保护与管理制度

基本草地划定与保护关键在管理落实。

国家能源、交通、水利、军事设施等重点建设项目确实无法避开基本草原保护区，需要占用基本草原，涉及草地转用或者征用的，应依法经省市区或国务院批准。

禁止任何单位和个人在基本草原保护区内建窑、建房、建坟、挖砂、采石、采矿、取土、堆放固体废弃物或者进行其他破坏基本草原的活动。

非法改变基本草地使用方向、开垦、买卖、转让，非法批准征用、使用基本草原的都要改正，造成损失的，要依法承担相应的法律与经济责任，构成犯罪的，要依法追究刑事责任。

各级人民政府是做好本行政区域内基本草原的划定、保护和监督管理工作的主体，并坚持实行地方各级人民政府行政领导负责制和责任追究制。

（六）吸取国外草地退化的教训，借鉴管理经验

基本草原划定与保护是一项新的工作，他山之石可以攻玉。

可借鉴国外有关经验教训。例如，美国草原资源丰富，草原面积 3.7 亿 hm^2，有永久性草地 2.42 亿 hm^2，占国土总面积的 26.5%，占世界草原面积的 7.9%，居第三位，40% 为国有，60% 为私有（任继周和张自和，2004）。美国的牧区管理实践是从 20 世纪 30 年代的干旱与经济大萧条的经验教训中演进而来的，从使用工具控制放牧，追求多养家畜，导致草原退化与沙尘暴，转变到管理生态系统的结构和功能，推行可持续的牧场管理，实现了草地资源管理的变革（Dennil，2003）。美国在长期的草地管理实践中，建立并形成了关于草地管理的法律体系、组织机构、草地健康评价体系、以生态为重的理念，尽可能由政府与非政府组织（社区组织、放牧协会、小流域理事会等）协商解决相关问题，以及西部“草原带”的家畜放牧与中北部“玉米带”的快速育肥、农区与牧区的结合等，这些可持续的管理模式，对我们作好基本草原保护具有重要的借鉴意义。

澳大利亚也是一个幅员辽阔而人口较少的国家。国土面积为 768 万 km^2，约有 600 万 km^2 是干旱地区，荒漠及半荒漠占全国面积的 35%。澳大利亚东部为山区，中部为平原区，西部为高原区，年降水量 200～2000mm。澳大利亚的草地管理，在近 200 年的发展过程中，经历了关注绵羊生产为主（增加绵羊数量、提高质量，但未顾及草地，造成草地严重退化）、最大限度利用草地谋求最高生产率为主（引进牧草，大量施用化肥，追求高产高效，但造成土壤酸化、盐碱化、河流水质下降、物种多样性丧失等）两个掠夺式利用阶段，转变为近 20 年来关注生态的可持续性生产与管理。如今，他们在搞好畜牧业的同时，着重处理好生产-环境-社会之间错综复杂的关系，以最经济的手段，在维

持和保护自然生态环境的前提下,提高牧草的产量与质量及草畜转化率,控制载畜量,保持畜草之间的平衡等。特别关注恢复当地多年生植被,认为这是恢复并确保草地系统可持续性的关键。澳大利亚的经验还表明,在实行草地可持续管理、通向可持续发展的过程中,生产者的参与是实现变革与发展的关键,在变革的每个环节都与生产者结成合作伙伴,可大大提高可持续管理模式被采纳和应用的效率(David,2003)。

四、加快建设,促进保护与发展

基本草原的问题,“前提是界定,关键在管理,重点是发展”,需要将“国家要生态,领导要生产,牧民要生活”的不同目标有机地结合起来,这只有通过有效的投入、加强建设与管理,在发展中实现保护。

(一)加强天然草地围栏建设、培育与合理利用

草地围栏不仅是草地划界、保护的经典措施,尤其要作为草地合理利用、集约化管理、科学分配放牧日粮的重要手段。草地围栏后才能有效地实行保护、划区轮牧、培育改良,严格控制载牧量、实现“以草定畜、增草增畜、建设养畜”。

草地培育、改良与合理利用是保护与发展的基础,需要因地制宜、各有侧重,有效实施。例如,荒漠区:适应性利用,封育保护,退牧还草,休牧,禁牧,飞播种草;草原区:落实使用权,划区轮牧,培育改良,防治鼠虫与毒杂草危害,建立自然保护区;水土流失区:减牧、禁牧或舍饲,流域综合治理,封山育林育草,退耕还林还草,建立栽培草地。

对广大草原地区,有效恢复草地植被的基本方向,重在保护和依靠生态系统的自我恢复能力,而不是不切实际地建造人工植被。

草原退化的一个重要原因是连续、长期的过度放牧,而合理放牧则是对草原植被的更新与培育,要通过封育、轮牧、休牧、禁牧等手段,合理控制与调整家畜的放牧头数与时间,以保持草畜的动态平衡,其中,使草地牧草“吃一半留一半”,即保持50%左右的利用率是一项重要指标。

在草原地区,要改变以往将草原主要作为畜牧业生产基地、追求最大载畜量和经济效益的做法,要更多地关注草原的生态功能保护与发挥,并大力推行放牧与舍饲结合、牧区放牧与农区育肥结合,发展季节畜牧业,通过不同系统的耦合与优势互补实现可持续发展。

(二)建设栽培草地

栽培草地的产量一般为天然草地的5~10倍,其数量与质量是草业发展水平的重要标志,在畜牧业发达国家所占比例都较大,如西欧在50%以上,美国包括轮作草地占29%,新西兰为69.1%。在世界范围内栽培草地所占比例每增加1%,草地动物生产增加4%,其中美国增加10%。

目前,就全国而言,草畜业发展的“难点在牧区,重点在农区,突破点在栽培草地”。我国现有栽培草地保留面积840多万公顷,占草原总面积的2.1%,比例明显偏低。饲草料总量不足、质量较差,也是造成草原过牧、农区蛋白质饲料缺乏、营养不平衡、养畜效益

不高的直接原因。

如果在草原地区，从近50年来被开垦草原变为耕地的0.2亿hm^2中，若有50%退耕还草，建立栽培草地，就有0.1亿hm^2；在农区1.2亿hm^2耕地中有20%种草(包括轮作、复种、套种、填闲种草，特别是种植苜蓿)，就有0.24亿hm^2，二者合计可达0.34亿hm^2，为4亿hm^2天然草地的8.5%，是完全可以做到的。这不但是提高饲草产量与质量，解决冬春缺草、“营养搭配不平衡”和提高养畜效益的关键与突破点，还能以优质高产的栽培草地和培育改良草地，替代牧区严重退化的天然草地，实施“生态置换”，减轻草原压力，防止草原继续退化，达到草畜业发展与草原生态保护双赢的目的。

(三) 坚持不懈搞好草原基础设施与重大工程建设

加强以草原围栏、牧区水利、牲畜棚圈、饲草饲料储备、优良草种繁育体系、草原灾害防治、草原自然保护区建设、草地开发利用等基础设施及相关的支撑体系建设，是基本草原得以保护的基础与保障。

实施重大工程，则是集各方之力，全面推动基本草原保护、带动草业发展的龙头。已经国务院同意，由农业部会同有关部门编制的《全国草原保护建设利用总体规划》，在总结多年来草原保护建设成就的基础上，提出了加强退牧还草、沙化草原治理、西南岩溶地区草地治理、草业良种、草原防灾减灾、草原自然保护区建设、游牧民人草畜三配套、农区草地开发利用、牧区水利的草原保护建设9大工程，涉及1100多个县(旗)，为大规模开展草原保护建设奠定了基础，需要通过各方努力，逐步组织实施(张智山，2007)。

第四节　世界草业生态经济发展与区域概况

一、世界草业发展简况

草地和草业是世界上许多国家重要的生态屏障与农业基础，欧美国家和澳大利亚等对草业十分重视，将其视为“绿色黄金”，澳大利亚人更称其为“立国之本”。许多国家在农业总体发展中，将种植业和畜牧业两者视为并重的，而发达国家的畜牧业产值一般都超过了种植业，农业以畜牧业为主，而畜牧业又以草地畜牧业为主。畜牧业产值占农业总产值的比例，是衡量一个国家农业现代化水平的重要标志之一(表2-1)。

表2-1　部分国家畜牧业产值占农业总产值的比例

国家	国土面积/万km^2	草地面积/万km^2	畜牧业产值占农业总产值的比例/%
法国	55.16	18.38	74
德国	35.7	—	57
美国	937.26	247.7	62
新西兰	27	14	90
澳大利亚	768.23	404.9	55
中国	960	393	32

(一) 亚洲

据世界资源研究所1989年资料表明,亚洲的草原包括北极冻土带、温带草地、沙漠草地、半干旱灌丛草地和丛林、季雨林及沼泽地。它们分布在地理背景非常不同的发达国家和发展中国家,人们的经济和文化状况也极其不同。草地面积最多的是中国。中国大约有31%的土地(280万 km^2)是永久性草地,全国约有58%的土地被认为是草地;蒙古大约有120万 km^2的永久性草地。在亚洲的草地中,亚洲西部的国家草地问题尤为突出而处境严酷。

亚洲西部是一个气候干旱、地形崎岖及土壤贫瘠的地区,几个世纪以来土地一直是放牧利用。该地区也称西亚或中东,包括叙利亚、也门、伊朗、伊拉克、阿曼、科威特、土耳其、约旦、沙特阿拉伯和以色列等。这些国家过牧严重、牲畜过多、樵柴破坏等一系列的问题广泛存在。该地区的国家有很大一部分人口是游牧民,世界资源研究所1995年的资料表明,如在伊朗,总人口的6.1%及农村人口的15%为牧民。有些国家(如伊朗)的草地严重退化,大多数良好的多年生树种已消失。伊拉克和叙利亚干旱草原已经失去大量的原生植被,原生植物群落实际已消失。也门的草地严重退化。约旦侵蚀和干旱的牧地已经变得像人行道一样坚硬。总之,西亚草地的生产力正在下降,这些现象主要是过度放牧造成的。

(二) 北美洲

在北美洲,原始时代浓密的森林和高草草原覆盖着大面积的陆地,大群的野牛、羚羊和鹿,还有草原狗、兔等草食动物在那里吃草生活,当地印第安人衣、食方面的需要就是靠这些野生动物来解决的。人类这样利用森林、草原的方式在北美洲延续了数千年。随着欧洲殖民者的到来,牛羊相继引入北美洲,从那时起,野生动物逐渐被猎杀,以腾出草地来放牧牛羊。开始人们以为这里广大的草原生长的牧草是用之不竭的,随着牛羊数目无节制地增长,仅过了一百年,当初的林地和围栏中的草地面积已不能满足家畜增长的需要。到1865年,牛和绵羊已遍布北美洲西部(今加拿大西部及美国西北部)。草地再也维持不了庞大数量的家畜,牧草再也长不高大,草地逐渐退化。在19世纪下半叶,由于美国发现了金矿,大量移民的涌入使得对粮食和肉类的需求急剧增长,更多的草原被开垦种上粮食,养牛业迅速发展,草地严重超载过牧,草地植被覆盖率不断降低,使美国在20世纪30年代多次发生黑风暴。最严重的一次出现在1934年,那次罕见的黑风暴,致使新开垦的9000万 hm^2耕地一半被毁,西部草原十几万农牧民流离失所,风暴还席卷了美国大半国土,造成了巨大的财产损失。

由于破坏草地付出了惨痛的代价,美国政府于1934年制定了放牧条例,其核心是确定草地合理载畜量,加大草地管理力度。此后又实行了以水土保持、恢复植被为宗旨的“农业保护项目”,由政府出资选择重点区域进行治理与建设,经过几十年的努力,美国的草地沙化得到有效控制,草地畜牧业得到了高速稳定的发展。

加拿大20世纪初在农业领域同样经历了一个严重的牧场退化和相应的经济衰退时期。为了应对这一挑战,实施了许多变革:建立了一个承担恢复和经济任务的联邦机构——加拿大大草原恢复局,扩大了对可持续农业制度的研究,大大扩展了省级推广制度,直到 20 世纪 90 年代,退化草地面貌才明显恢复并稳定下来(布兰特·克瑞楚科等,2007)。

目前,北美洲国家的草地状况与处于同类地区其他地方的草地处于同一水平或稍好一些。北美洲的草地一般处于干旱或半干旱气候之下,最为显著的是美国西部地区,那里的年降水量为 50mm 或更少。该大陆东部的草地生产力比西部的大许多倍。

据世界资源研究所 1995 年的资料表明,北美洲的家畜有绵羊、山羊、马、牛和驯鹿,其中牛最多。美国牛(包括奶牛)的数量高达 1 亿头,加拿大的草地有 1300 万头。虽然现代草地几乎没有原始状态的了,但它们对野生生物仍然是极重要的。估计在美国发现的 84% 的哺乳动物物种和 74% 的鸟类均与草地生态系统有关。

北美洲草地的状况反映了养牛场和牧羊人早期滥用草地后又随着草原放牧和公有土地管理方法的改进而缓慢恢复的过程。如今,在基于生态和可持续管理思想的调控下,草地状况有所转好。美国约有 86% 的草地或是在走向顶极状况,或是处于稳定的趋势。加拿大的草地也基本类似。尽管北美洲的草地整体恢复得很好,但也有相当一部分草地仍在退化,如美国有 14% 的草地在退化。

1. 美国草业现状

在美国,草业被称为"绿色黄金产业",列为十大支柱产业之一。美国位于北美洲南部,草地资源丰富,在自然气候方面适于牧草生长的暖季短而冬春寒冷枯草期长,因此在草地畜牧业中存在着饲草的季节性不平衡问题,但由于草原建设工作开展较早,草原保护制度健全、草地管理水平高,因此草地畜牧业较发达。美国草地面积占国土总面积的 1/4 以上,其中改良和栽培草地约为 1.1 亿 hm^2,草地实现了围栏化,推行了划区轮牧制度。美国实行外向型与内向型产业相结合的发展模式,草产品出口增长迅速,已由 10 年前的 1500 万 t 增至目前的 5300 万 t。

种植业在美国农业中一定程度上是从属于畜牧业的,因为种植业的主要任务是保证畜牧业有可靠的饲料基地。尽管美国谷物饲料充足,但为保护生态环境,增加土壤肥力,从 20 世纪 50 年代起就在草原牧区提倡人工种草,不断提高优质牧草(特别是苜蓿)的播种比例,因为苜蓿的蛋白质质量和消化吸收率超过其他各类牧草,而且土壤保护作用也最好。美国国有草原由国家土地管理局和国家林业部管理,租给个人经营,租期一般 20 年,严格按规定的载牧量和有关规定进行管理,如利用不好造成草原退化或破坏,就给予处罚或收回,管理利用好的给予奖励。另外,70% 的面积由私人农牧场经营,由于产权明晰,一般能很好地管理和利用。在美国草地管理中目前比较突出的问题是火灾、入侵植物物种、当地种质资源的保护与重建。

美国的畜牧业是高度发达的产业,也是资金和技术密集的产业。畜牧业的分布与种植业有一定的关系,但并不十分明显。美国的东北地区饲养的奶牛头数约占全国的 1/3,生产的牛奶和奶制品几乎占全国的一半。玉米带提供玉米、豆饼等饲料,为当地养猪业提供了良好的条件,是美国最大的猪肉生产基地。美国西部的"草原带"以放牧为主,可以饲养牛、羊、马等。美国的肉牛在集约化育肥之前,通常是在草原带放牧,以充分发挥放牧区和农业区系统耦合的优势,既节省精料,又缩短饲养周期,从而大幅度提高家畜育肥的经济效益。美国西部"草原带"的家畜放牧与中北部"玉米带"的快速育肥相结合,是农区与牧区系统耦合的典范。

在美国农业特别是畜牧业生产中,苜蓿生产具有十分重要的意义。苜蓿多年来一直是美国种植最为广泛的四大作物之一,仅次于玉米、小麦和大豆。2006年已超过大豆,面积位居第三。2006年底,以洪绂曾为团长的中国农业考察团对美国苜蓿产业发展进行考察得知,2001~2006年美国的苜蓿种植面积平均为923.5万hm^2,每公顷产量8.23t,干草的年产值71.4亿美元,再加上奶、肉、毛和其他动物性产品的价值约为1300亿美元,其经济价值远远超过了所有其他经济作物的总产值。

苜蓿产业极大地推动了美国草业的发展。近年来,美国的草业发展非常迅速,美国用上千万公顷的土地种植的牧草和草坪植物,除满足自己饲养家畜和绿化需要外,其余部分则进入国际市场。据报道,目前约有50%的草产品和牧草种子市场份额为美国占有,草业已是美国农业中的重要支柱产业。

2. 加拿大草业现状

加拿大位于北美洲北半部,由于气候寒冷,土壤条件较差,在20世纪80年代初,农田仅占土地面积的7%,这其中耕地占2/3,其余1/3为永久性放牧地。

加拿大的草地资源丰富,天然草原集中在中西部且与美国北部草原连成一片,构成北美大草原(骆进仁,2004)。加拿大中西部大草原区属大陆性气候,冬冷夏热且干燥,年均降水量340~550mm,无霜期100d左右,气候条件与我国北方某些牧区相似,适宜发展草地畜牧业。

加拿大为农牧业并重国家,草业较发达。20世纪80年代初,其青贮玉米及牧草播种面积占耕地面积的1/5还多,为牲畜提供草地和越冬饲草料,同时为耕地提供绿肥和肥料,并增加覆盖物以保护土壤,控制风蚀和水蚀。该国畜牧业产值占农业总产值的50%以上,畜牧业总收入中草食牲畜及其产品(如牛肉、牛奶及牛奶制品)的收入占近70%,由此可见,在过于干燥、寒冷的地区或地形不宜生产农作物的地区,合理发展草食家畜农业,不但能较为合理的利用牧草资源,也更有利于环境保护。

加拿大地广人稀,劳动力缺乏,但由于其广泛采用大型、先进的牧草生产机械,劳动生产率很高,牧草收获加工技术先进,干草产品除供应本国市场外还出口到日本等,为牧草经营者带来可观收入(骆进仁,2004)。

加拿大还是牧草种子生产和出口大国。20世纪四五十年代,加拿大的苜蓿种子生产就相当兴旺。加拿大的阿尔伯达省从20世纪60年代初就已成为具有世界水平的牧草饲料种子生产基地(骆进仁,2004)。在20世纪70~80年代,该省生产的牧草饲料种子占加拿大的半数。牧草种子生产已成为该省的重要产业之一。

(三)拉丁美洲

拉丁美洲的草地占其陆地面积的1/3,为7亿hm^2。拉丁美洲有70%的草地为天然草原、林地或无树草原,那里生长的树受到干旱、水灾和贫瘠土壤的限制,草原的载畜能力较低,如巴西中部的塞拉多(Cerrado)和拉诺斯(Llanos)、巴拉圭、阿根廷的查科(Chao)、秘鲁、智利的马托拉尔(Matorral)及墨西哥中北部的干旱区的草原。这些草原需要15~

$25hm^2$才可养活一头牲畜。如果放牧过度，就会造成大面积的土壤侵蚀。

拉丁美洲草原约有20%地处安第斯山脉的高海拔地区，这里的很多草地过度放牧了牛、羊及无峰驼和羊驼，生态环境脆弱。但若减少放牧压力，一些草原的质量是可以恢复的。

与美国、澳大利亚和西欧地区的草地相比，拉丁美洲的草原管理不善，只有很少比例的草原引进高质量的草种，或进行轮流放牧，或采用限制放牧的办法来改善草原状况。在拉丁美洲，最常见的草地管理方法是焚烧。

（四）欧洲

欧洲就其草地总面积来说与其他几大洲相比是最小的，但欧洲许多国家的草业及草地畜牧业却是当今世界上最发达的，这与欧洲社会历史及自然条件有很大关系。

在距今1000多年前的中世纪欧洲，由于贵族大地主世袭，大面积的森林草地得以与农村公社的森林并存，且农田的面积都相对较大，所以有发展草地畜牧业的条件。另外，西欧及北欧寒冷地带生产谷物较困难，依当时的生产力条件，除了发展畜牧业外，别无生存之路。因此，欧洲自古就重视草地利用及牧草饲料的生产，以发展畜牧业。欧洲各国从历史上就能够有效利用各种饲草料及农副产品发展畜牧业，既为人们提供了充足的肉、奶、毛皮等畜产品，又很好地保护了天然草场。从欧洲农业发展史来看，由于一直重视畜牧业的生产，因此其草业生产比较发达。

欧洲国家的草地通常被用为永久性牧场，包括疏林和其他牧地，用于放牧的草地占土地总面积的33%，这些土地生产力很高。欧洲的草地管理十分精细，几乎近似作物用地。这些改善的牧草地比世界其他天然草地的生产力要高许多倍。欧洲家畜生产力很高，向许多国家出口畜产品。

欧洲许多国家的畜牧业产值占农业总产值的比例都较高，如英国和德国都在60%~70%，丹麦、瑞典则占到90%，在这些国家草地畜牧业对整个农业经济作出了巨大贡献。以法国为例，其草地面积占国土面积的1/3，而且已建成永久性高产改良栽培草地，该国非常重视栽培草地建设，栽培草地面积大、质量好、四季常青，并严格控制载畜量，实行科学放牧，对于凡是能够按本国和欧盟有关规定的要求载畜量指标放牧利用的，则按不同海拔及草地类型给予补贴，以进一步促进栽培草地建设和天然草场改良。合理的载畜量既保证了牛羊有足够的饲草满足营养需要，又使草地得到有效保护。法国除利用良好的人工草场放牧外，还同步发展牛羊饲草料工业。在牧草生产旺季将青草收割并晒成干草，或用地窖进行牧草和饲料作物的青贮，也有将牧草打捆进行塑料膜包裹青贮，所有这些保证了牛羊在冬季的饲草供给。社会化服务体系是法国畜牧业成功的保证，如饲料供应都以家庭式企业规模生产进入社会化大流通渠道，加上政策使草业生产有利可图，因此草地畜牧业得以健康发展（胡生富等，2009）。

俄罗斯是世界上幅员最为辽阔的国家之一，地跨欧亚两洲，南北宽2500~4000km，东西长9000km，国土面积1710万km^2，陆界长达1.7万km，人口约1.5亿。俄罗斯的土地资源极为丰富，辽阔平坦的平原和低地占国土总面积的70%，并拥有世界上面积最大的黑土带。

俄罗斯的牧场、割草地广阔。平均每人拥有牧草地约$1.41hm^2$，人均面积占世界第2

位,仅次于澳大利亚,而且分布较广,为发展不同类型的畜牧业提供了一定的条件。在北部苔原带与森林苔原带主要发展养鹿业;南部荒漠、半荒漠及山地以养羊为主;其他地带则以养牛(以乳牛为主)、猪为主。在泰加林带的河漫滩草地和林间草地草质较好,含碳水化合物多,是放牧和舍饲相结合的乳用及乳肉兼用畜牧业发展的良好场所,主要繁育各种牛和羊。俄罗斯多种多样的自然条件和广阔的草原,再加上民族生活习惯及历史传统的影响,使其畜牧业始终在农业中占有重要地位。

俄罗斯对草地资源的利用和管理相当重视。俄罗斯的栽培草地分为短期、中期和长期3种,前两种主要建立在草田轮作制中,而后者多数在轮作之外,利用长谷坡地或低洼沼泽地建成栽培草地,产草量比原来提高2~9倍。人工地多数播种禾本科和豆科的混播牧草,其组成比较简单。为了获得饲料作物的丰收,采用压缩低产作物的种植面积和扩大高产作物的种植面积的做法,如在高原带大量种植玉米,并采用工业化工艺生产。其中,研究成功和推广的高产饲料作物还有塞而费亚、鹿根、山羊豆等。另外,还增加高产的多年生牧草的播种面积,减少一年生牧草的播种面积,以取得较高的经济效益。

(五)非洲

非洲大陆自古被热带森林草原覆盖着。在那里人类早期草地的利用和管理是在天然草地上进行家畜放牧,这个地区的人类从狩猎转为游牧业的几千年间,草地一直是粗放利用的,随着部分热带森林被砍伐和火烧,茂密的森林逐渐演变成热带草原。到了近代由于人口的增加,人们又逐渐将草地开垦为农田,用来种植生产能力更高的谷物。由于大面积开垦草地,非洲草原的沙化面积不断扩大,食物生产随之减少,尽管直到20世纪非洲仍是世界上草原面积最大的一个洲,但过度的开垦已使大部分热带草原出现类似荒漠的景观,地球上最大的沙漠——撒哈拉沙漠就出现在那里。

在非洲由于人类生产过程中没能注意保护及合理利用森林草地资源,致使今日非洲许多地方土地成为沙漠,气候条件十分恶劣,给农牧业生产和人们的生活带来极大的不便,尤其在北非,饥饿时刻威胁着那里的人们,每年都会夺去很多人的生命。

(六)大洋洲

类似北美洲的教训在大洋洲也发生过。澳大利亚1860年时几乎没有牲畜,只有野生动物。但随着欧洲移民的到来,绵羊也被带来了;到1870年,澳大利亚的绵羊头数已达300万只;1880年,绵羊头数达700万只;而到1900年绵羊已超过1400万只。草地再也承受不了这样高的载畜量,于是牧草死亡了,绵羊也随之死亡了,到1905年绵羊仅剩下300万只。幸运的是,草地属于可再生资源,如果草地管理得好,是能够得到恢复的,认识到这点,澳大利亚也在1936年通过了《牧区法》,其中规定草地归政府所有,牧民租借使用,严禁超载过牧,否则必受重罚,甚至收回租用的草地,从此天然草地走上了合理利用的道路。

据世界资源研究所1983年的资料表明,大洋洲(澳大利亚和新西兰)土地面积的75%是草地,大部分是干旱和半干旱土地。永久性草地面积4.6亿 hm^2。澳大利亚草地的使用和美国相似,大部分草地曾被充分放牧及过牧,近年来管理、经营和恢复均较好。其牧地约3/4是天然干旱,它们对旱季尤其敏感。澳大利亚面临的一个独特问题是引进的欧洲兔过多,它们侵占了许多牧地。

1. 澳大利亚草业现状

澳大利亚是一个幅员辽阔而人口稀少的国家,人口大多为欧洲移民。其国土面积为768万km^2,约有600万km^2是干旱地区。澳大利亚是世界上畜牧业最发达的国家之一。尤其是绵羊,无论在数量上还是羊毛产量上均居世界首位。据统计,全澳现有牲畜1.85亿头,其中,绵羊1.56亿只,肉牛2500万头,奶牛280万头,马48万匹,山羊30万只。以人均计,人均羊毛约50kg,肉175kg,奶350kg,蛋15kg。

澳大利亚的草地是该国人和家畜、野生动物赖以生存的主要食物来源基地。澳大利亚始终把"土-草-畜"及市场作为不可分割的一个有机整体来对待。第二次世界大战后的压力促使澳大利亚改良草地和提高家畜产品。他们主要研究了植物品种改良、肥料的使用(尤其是过磷酸钙)、家畜产品的提高等。1950~1953年,澳大利亚的羊毛、小麦、奶油和牛的价格都创最高。此后,澳大利亚在微量元素、径流集蓄和补充灌溉方面进行了大量的田间试验,建立了经济高产的草地。如今,澳大利亚在搞好畜牧业的同时,着重处理好生产-环境-社会之间错综复杂的关系,以最经济的手段,在维持和保护自然生态环境的前提下,提高牧草的产量与质量及草-畜转化率,控制载畜量,保护畜草之间季节平衡等。

澳大利亚建立种质库,实行牧草种子质量标准化,经营专业化、商品化。澳大利亚已有国家级牧草种质库3个。各州也建有地方种质库。这些种质库的主要任务就是广泛收集世界各地不同类型、不同基因型的优良牧草品种,为改良和培育新品种提供各类种质资源。

2. 新西兰草业现状

新西兰位于太平洋西南部,西与澳大利亚隔海相望。该国四面环水,气候温和,冬无严寒,夏无酷暑,适宜的气候对牧草生长非常有利。

新西兰一向重视自然生态保护,并大力发展人工种草,全国有"一块绿毯"之称。新西兰由于牧草四季常青,主要靠四季放牧发展放牧型低成本的草地畜牧业,畜牧业产值在农业总产值中占到90%以上,畜产品出口也占到出口总值的90%以上。

草地利用方面基本实现围栏化,草地生产能力高。在20世纪80年代已达到平均每0.12hm^2草地养1只羊,每只羊产羊毛5kg,即每公顷产羊毛41.7kg的水平。新西兰草地经营的现代化水平及草原放牧畜牧业生产水平都是居世界前列的。

二、世界草业生态经济状况区分

全球草地面积约占陆地总面积的一半,但大部分集中于16个国家(表2-2)。

表 2-2　世界部分国家草原面积与耕地面积比及草地面积排序

国别	草原面积/万 hm^2	耕地面积/万 hm^2	草地面积：耕地面积	草地面积排序
澳大利亚	40 490	5 030.4	8.05 : 1	1
中国	40 000	12 667	3.16 : 1	2
美国	23 400	17 520.9	1.34 : 1	3
巴西	19 700	5 886.5	3.35 : 1	4
沙特阿拉伯	17 000	360	47.22 : 1	5
阿根廷	14 370	3445	4.1 : 1	6
蒙古	12 930	119.9	107.84 : 1	7
俄罗斯	9 114.3	12 386	0.74 : 1	8
南非	8 392.8	1 475.3	5.69 : 1	9
墨西哥	8 000	2 480	3.23 : 1	10
加拿大	2 900	4 574	0.63 : 1	11
秘鲁	2 710	370	7.32 : 1	12
新西兰	1 386.3	150	9.24 : 1	13
英国	1 125.1	565.2	1.99 : 1	14
法国	1 004.6	1 844.7	0.54 : 1	15
荷兰	99.3	90.5	1.10 : 1	16

注:除中国外,数据均引自联合国粮食及农业组织(FAO)公布的 2001 年数据

按不同国家的草地生态环境、畜牧业在农业中的比例、经济发展状况与草业经营水平等,可将世界的草业生态经济状况大致划分为如下几种类型。

(一) 国土面积狭小、农牧并举、草业高度集约化经营的国家

如法国和德国,草地面积小于耕地面积,但畜牧业产值却分别占农业总产值的 74% 和 57%,畜产品 60% 是由牧草转化而来的,每公顷草地生产 350~600 个畜产品单位。

法国草地面积占国土面积的 1/3,并且已建成永久性栽培草地,栽培草地面积大,质量好,四季常青。他们严格控制载畜量,对按载畜量指标放牧的,按照草地的海拔和草地类型给予补贴。合理的载畜量保证了牛羊足够的饲草,又使草地得到有效保护。法国还同步发展饲草料工业,在牧草生长旺季,将青草收割并晒制成干草,或者青贮,保证冬季的饲草供应。社会化服务体系也是法国畜牧业成功的保证,如饲料供应以家庭式企业规模生产进入社会化大流通渠道(胡生富等,2009)。

(二) 国土面积大、农牧并举、草业经营略为粗放的国家

如美国、加拿大,它们的畜牧业产值分别占农业总产值的 62% 和 65%,畜产品 65% 以上是由牧草转化而来的,这些国家平均每公顷草地生产 45~75 个畜产品单位。

美国草地面积占国土面积的 1/4 以上,其中改良草地和栽培草地约为 1.1 亿 hm^2,草地实现了围栏化,推行划区轮牧制度。美国实行外向型与内向型相结合的发展方向,草产品出口增长迅速,已由 10 年前的 1500 万 t 增加至目前的 5300 万 t,重点出口南亚、欧洲等

地，草种出口额已达8亿美元。美国草业具有布局区域化、生产专业化、经营集约化和产品标准化的特点，在全国范围内推行了草种认证制度和草颗粒等产品标准，农业部设立国家草种质检中心及认证办公室专门从事草种质检和认证工作。

（三）栽培草地发达、以牧为主的国家

如新西兰、英国、瑞士、丹麦等，草地畜牧业十分发达，其产值比种植业高1~8倍，畜产品80%是由牧草转化而来的，每公顷草地可生产300~900个畜产品单位。

以新西兰为例，畜牧业产值在农业总产值中占到90%以上，畜产品出口也占到出口总产值的90%以上。新西兰气候温和，适宜的气候对牧草生产十分有利。新西兰重视自然生态保护并大力发展人工种草，全国有“一块绿毯”之称，牧草常青，以四季放牧为主。草地基本实现了围栏化并进行划区轮牧，牧场生产能力高，在20世纪80年代已达到每公顷产羊毛41.7kg的水平。

（四）天然草地面积大、草业生产技术较为先进、以牧为主的国家

如澳大利亚，畜牧业产值占农业总产值的50%~60%，畜产品90%由牧草转化而来，每公顷草地生产约20个畜产品单位。

澳大利亚北部为热带牧场，草地管理相对粗放，以放牧为主，发展低成本草地畜牧业。在中雨、多雨地区建立优质栽培草地，牧场规模不大，但集约化程度高，单位面积的生产率很高。

澳大利亚草地分国有、私有两种所有制形式，国有草地大多贫瘠，政府以较低的费用租赁给牧业生产者，租赁期较长，以避免经营者掠夺式利用草地。澳大利亚政府通过制定严格的载畜量控制家畜数量，实行划区轮牧，使牧草有适当的恢复生长期。澳大利亚还有配套的政策法规，如对自愿植草保护草地、防止退化的牧场主减少税收，以保证草业的可持续发展。

（五）草地面积大、天然草地以原始放牧利用为主、草地畜牧业比较落后的国家

如中国、蒙古、沙特阿拉伯等，草地面积大，有的国家以经营草地畜牧业为主，但草地畜牧业的生产力和经营水平都比较低。中国虽然农牧业历史悠久，种植业精耕细作，土地产出和经营水平都很高，但草原牧区主要分布于寒、旱等气候恶劣、环境条件差、发展滞后的西部边远和边疆地区，放牧型的草地畜牧业生产力和经营水平都比较低，而且草原退化严重，生态环境状况普遍较差。

三、国外对草业发展的支持措施

国外草业发展迅速的一个主要原因是权属明晰，草地既是国家的也是明确租赁给个人经营的。法律明确规定人工草场属开发人所有，任何机构和个人不得侵犯草地所有人的合法权益。这就为草地的有效保护和合理经营奠定了可靠的基础。此外，各国为支持草业发展，还采取了其他一些措施。

(一) 补贴和税收优惠

在美国种草与种粮享有同样的优惠政策。美国 2002 年 5 月出台的农业法明确规定允许对饲用小麦、燕麦、大麦和小黑麦等进行贷款差额补贴。在“商品补贴”条款中，主要通过贷款差额补贴、固定直接补贴和反周期补贴等措施，对种植小麦、饲料谷物、棉花、大米、油籽的农民构建“三级收入安全网”，提供巨额收入补贴。对乳制品、食糖、花生生产者继续提供价格、贷款补贴和进口保护。法国严格控制载畜量，对符合每公顷载畜量指标的，按不同海拔及草地类型给予补贴。澳大利亚有配套的政策法规以保持草业可持续发展，如对自愿植草保护草原退化的牧场主以减少税收的办法给予扶持。

(二) 科学管理

美国通过半个多世纪的教训和成功实践，实现了草地管理的变革，最重要的是从使用工具进行牧场管理转变到管理生态系统的结构与功能，以此指导实践、改善环境。

澳大利亚草地分国有、私有两种所有制形式，国有草地大多贫瘠，政府以较低的费用租赁给牧业生产者，租赁期较长，以避免经营者掠夺式利用草地。澳大利亚以围栏放牧为主，合理安排草地利用强度，严格控制载畜量。围栏放牧，第一，可节省劳动力；第二，可控制载畜量，防止过牧；第三，可减少家畜疫病的传播；第四，可减少牲畜的游走，提高畜产品的转化率等。整个草地建设中，草地围栏供水及建筑的投资为总投资的 15%～21%，而机械设备仅为 7%～12%。草地的管理均以围栏放牧为主，通过实行划区轮牧、季节性休闲、混合放牧等手段达到合理利用的目的，让草地的留茬高度始终保持在 7～8cm，并通过各种牲畜的不同采食性来控制杂草。新西兰草地利用基本实现围栏化，草地生产能力居世界前列。日本在栽培草地利用方面尝试“超集约放牧”，实行划区轮牧，改大面积、长周期放牧为小面积、短周期轮牧，取得了很好的效果(骆进仁，2004)。

(三) 加大投入

在美国、丹麦、新西兰等，政府和种子公司每年投入大量的资金进行新品种的选育、品种适应性检验、种子田间管理技术、种子收获、加工和清选技术、种子检验和审定技术等方面的研究。研究成果均以最快的速度转化为实用技术应用于实践，大幅度地提高了牧草种子的产量和质量，在国际市场的竞争中处于领先地位。欧美草地普遍通过施肥提高产草量。澳大利亚通过施用锰、铜、钴、锌、钼等微量元素和种植耐旱的地三叶等改良南澳及西澳数万公顷干旱与荒漠化草地，取得了良好的效果。

(四) 设立专门机构

美国主管全国牧区事务的 3 家主要机构提供以下专业服务。美国林业局(USFS)的研究催生了延迟圈养轮牧体系的发展。在某种程度上，这一体系是美国林业局及其他有关机构高度推荐的一个体系。美国土地管理局(BLM，即原来的放牧局)不相信开放式牧场放牧，极为强调草地圈养方式。美国水土保持局(SCS)鼓励采取延迟轮牧，“休牧”体系在不同的草地和牲畜种类中引入了新的不同的轮牧类型。

加拿大在20世纪初为了应对严重的牧场退化和相应的经济衰退，建立了一个专门承担恢复和经济任务的联邦机构——加拿大大草原恢复局，加大了对可持续农业的研究和推广，通过上下努力，到20世纪90年代，草地退化面貌得以改变并走上稳定发展的道路。

（张自和　任继周）

主要参考文献

David M. 2003. 澳大利亚的草原：可持续目标管理//中国西部草地与畜牧业可持续发展政策国际研讨会会议材料：1-15

Dennil C. 2003. 可持续的牧区管理//中国西部草地与畜牧业可持续发展政策国际研讨会会议材料：1-12

布兰特·克瑞楚科，毕大德，比尔·休斯敦. 2007. 从加拿大草原恢复之路看中国草原之未来. 牧草·草坪，9：2-4

陈佐忠，汪诗平. 2006. 关于建立草原生态补偿机制的探讨. 草地学报. 14(1)：1-3

杜青林. 2006. 中国草业可持续发展战略. 北京：中国农业出版社：1-2

胡生富，施懿宏，胡旭. 2009. 攀枝花市草业发展现状、问题及对策. 攀枝花科技与信息，35(2)：53-55

刘加文. 2008. 从数字看草原. 草原与草坪，(4)：78-79

骆进仁. 2004. 美国等国家在土地开发利用中的经验、教训及启示. 甘肃农业，3：26

任继周，张自和. 2004. 草地农业系统通论. 合肥：安徽教育出版社

张智山. 2007. 2007年全国草原工作主要进展. 草业科学，25(7)：1-3

推荐阅读文献

杜青林. 2006. 中国草业可持续发展战略. 北京：中国农业出版社

胡自治. 1997. 草原分类学概论. 北京：中国农业出版社

刘秀琴，张自和. 2009. 基本草原划定与保护初探. 中国草地学报，31(4)：102-106

任继周. 2004. 草地农业系统通论. 合肥：安徽教育出版社

任继周. 2008. 草业大辞典. 北京：中国农业出版社

张英俊. 2009. 草地与牧场管理学. 北京：中国农业大学出版社

第三章　草业系统耦合

第一节　概念、理论依据及意义

在植物生产系统中加入动物生产是先进农业生态系统常用的、行之有效的重要优化手段。要保障国家的粮食安全，仅依靠籽实生产是远远不够的，必须在更大范围的资源上寻求粮食安全保障。藏粮于草的科学发展观突破了“以粮为纲”的思维定势，使草业有可能与林业生态系统、农田生态系统等其他农业系统耦合，成为更大的耦合系统，即大农业系统（任继周和万长贵，1994；任继周，1999，2002；任继周等，2007；林慧龙，2007；任继周和林慧龙，2009）。充分利用其外延优势，可能构建跨地区、跨国际、跨洲际的巨型耦合系统，从而建立全球农业发展战略（图 3-1）。

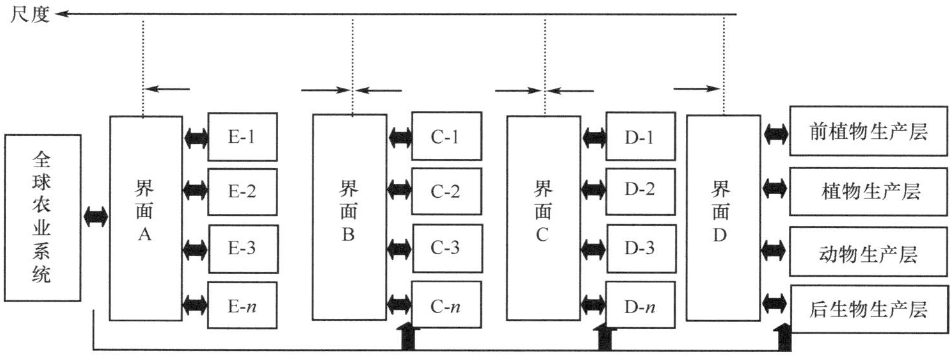

图 3-1　农业系统的自由能导致系统耦合

E-1、E-2、E-3、…、E-*n* 为经济合作体；C-1、C-2、C-3、…、C-*n* 为国家；D-1、D-2、D-3、…、D-*n* 为地区

当前，知识经济在 21 世纪成为日益重要的经济模式，这是人类在吸取过去失败的经验教训和文化素质提高后的必然产物。在农业生产方面由“自然农业→自发农业→现代农业→可持续发展农业”的过渡是必然趋势，主要表现形式为农业智能化、信息化和生物技术的广泛应用。这一历史演变过程是与现代科学技术发展同步进行的，是人类深受环境破坏之害，传统农业增长乏力，使人们领悟到环境建设必须与草地建设同步进行。这就要打破传统的农牧分割经营格局，通过系统耦合，扩大能流、物流规模，建立具有多种产业整合效应的现代大农业系统。现代大农业系统应包含前植物生产、植物生产、动物生产和后生物生产 4 个生产层，为农业发展与农业环境保护之间，以及农业资源开发与农业资源的永续利用之间找到良性耦合的切入点，把延长生物链和延长产业链结合起来，建立起高起点、高标准、高技术、高水平跨越式发展的未来新兴支柱产业。

从某种意义上讲，现代大农业之路就是一条农业系统耦合的系统创新（技术加体制）和产业升级之路，从农业的工业化，又进一步到智能化，以达到更高层次的农业（即草地农业），导入发达国家大农业的经营理念和高新技术进军草业，这是农业发展的趋势，也是中国农业结构调整的必然之路。耦合系统所提供的生态服务价值远胜于单纯追求经济效益的系统所能提供的产品价值，且较后者更稳定，更符合循环经济的时代命题，透过不同层次不同水平耦合模式的生态经济评价，将使我们看到草产业较之传统产业所表现出的新兴的、前所未有的巨大产业前景。

发达国家和地区无不走草地农业的道路(表 3-1)。

表 3-1　发达与发展中国家谷物消费用途和食物消费结构

国家	口粮消费量占总谷物消费量的比例/%	饲料粮消费量占总谷物消费量的比例/%	能量/[kJ/(人·d)]	源自淀粉类食物的能量占人均能量摄入总量的比例/%	蛋白质/[g/(人·d)]	人均摄入的蛋白质中来自动物性食物的比例/%	脂肪/[g/(人·d)]	人均摄入的脂肪中来自动物性食物的比例/%
发达国家平均	22.8	58.5	13 816	37	100	56	122	51
加拿大	12.2	73.2	14 909	31	106	56	146	49
美国	13.2	62.0	15 887	28	114	64	157	45
法国	18.8	67.5	15 215	29	119	66	169	64
德国	22.6	62.8	14 545	33	99	59	145	57
日本	41.1	47.0	11 652	43	92	56	86	40
发展中国家平均	68.1	20.0	11 124	60	68	31	64	41
巴西	34.0	53.3	12 602	35	81	52	92	50
中国	64.2	24.3	12 385	59	82	37	87	58

注：表中数据是根据 FAO 统计资料整理而来

一、系统耦合的概念

两个或两个以上性质相近的生态系统具有互相亲和的趋势。当条件成熟时，它们可以结合为一个新的、高一级的结构功能体，这就是系统耦合。系统耦合是生态系统内部经过自由能-系统会聚-超循环系统的发育而发生的高一层的新系统，即耦合系统。这一新系统的出现，为现代的系统分级管理提供了方便。新系统的驱动力为非平衡态系统的自由能的积累。系统的非平衡态和作为超循环驱动力的自由能是普遍存在的，因而超循环所形成的系统耦合的可能性也是普遍存在的(任继周和万长贵，1994)。

二、系统耦合的理论依据

一切系统，包含草业系统在内的农业系统都是一种结构-功能体。它的结构特征与功能特征相连属，其中结构比之功能较为恒常，而功能虽有一定特征，但比之结构较为多变。在农业生态系统中，这一多变特性尤为明显。其主要原因取决于能的动态。

系统内能的关系为 $F=E-TS$，其中，F 是自由能；E 是总能；T 是绝对温度；S 是熵。

在一定温度条件下，当能量投入较大而熵恒定时，自由能(F)值增大。自由能的积累可使系统进入非平衡态。自由能增加到一定限度就成为不稳定的势能,它需要寻找新的出路,或通过信息反馈,使系统降低自由能的积累,即表现为生态系统功能萎缩。在自然状态下,这一过程趋向于顶极群落。它以减少自由能的积累来取得生态系统的最大稳定。但是,在农业系统中,功能萎缩意味着生产水平下降,是我们所不愿看到的,因而不可避免地出现自由能积累现象。自由能积累造成的势能,促使生态系统延伸或扩大。我们通常说:能量是生态系统的驱动力,无疑也适用于系统耦合。

当条件参量适当时,促使生态系统延伸的势能,可使不同生态系统实现结构-功能的结合,这就形成不同生态系统的会聚(convergence),产生新的、较高层的生态系统。它不是原生态系统量的增大,而是产生了新质的、新的结构-功能体,新的较高层的生态系统。

这个具有新质的较高层的生态系统在能的驱动下,形成了新的能流、信息流及物质循环。这种循环称为超循环(hypercycle)。从而产生了一个重要现象:生态系统的进化。

系统耦合可以使新的系统所包含的生态系统组分之间的功能互相补充,更趋完善,呈现出耦合系统的特征。

自由能的积累和由此造成的生态系统的非平衡态是上述过程的总根据。

从自由能的积累到不同生态系统的会聚,又到超循环的形成,构成了生态系统的耦合。

生态系统的非平衡是绝对的。这种趋向于超循环的势能是普遍存在的,因而系统耦合的可能性是普遍存在的,生态系统的进化是不可避免的。

农业系统,作为一种自然-社会生态系统,其生态系统的进化应该在人为干预下,导致自由能的大量积累和高度产品化(任继周和万长贵,1994)。

系统耦合以自由能这一序参量为外接键,使系统之间发生相变,把系统 A 中的能量转移到系统 B,使系统 A 的自由能减少,熵值转移,系统 B 则吸收能量,授、受系统双方的开放性有所增益,因而系统 A 和系统 B 两者都同时大幅度提高了系统的生产水平。系统耦合使系统有序度不断提高的同时,也是使系统的生产水平相偕上涨的有效手段(任继周,1997)。

草地农业生态系统要可持续发展,即能够进行再生产,它的环境储存能值应当得到不断的补充和积累,即使某一亚系统有一定量的减少,也应当在不损害系统生产力的前提下由其他亚系统积累出等量或高于这个亚系统损失的量来加以调节,系统内一定的生态资产的存量(生态系统服务功能)可以保障能量的合理流动及获得最大的耦合产出,因此,改善生态环境、保障生态系统服务功能是实现系统耦合的前提条件。

三、系统耦合的一般意义——生产潜力的解放

系统耦合在生态系统进化的过程中,从多方面导致生态系统生产潜力的解放。

(一)系统耦合的催化潜势

催化作用最初被化学反应的理论所证实,后经 E. 拉兹洛(1988 年)用于系统研究,如在系统内部,能流(和它的载体元素)流程中,具有正向反应和逆向反应两种趋势(如$A \rightleftharpoons B$,$B \rightleftharpoons C$,$C \rightleftharpoons A$),这使它所积累的自由能能流阻滞不畅。如加以催化,使

其能流在农业化的生态系统中,加强反应的定向性($A \to B \to C \to A$),从而加速了反应速度,亦即增加了自由能的通量密度,其产品将相应增加。因此 Manfrad Eigen 等认为,催化循环是复杂结构存在的基础。在农业生产活动中最为常用而未被充分认识的催化手段就是在生态系统的适当环节上,以生产资料的形式投入能量或元素,如施肥、灌溉、耕作等农业措施,以增加其自由能的产生,是为正向催化;又如以农产品收获的方式取走能量和元素,以减少自由能在系统内部的积累,是为负向催化。催化作用保持农业生态系统中能量、元素有序而畅通地定向流动,从而获得较多数量的产品。

在草地农业生态系统中,动物生产特别是反刍动物的生产,不仅可以充分消耗植物生产系统中积累的自由能,以达到负向催化的目的,还可以将动物生产的粪便、食料废弃物等返回土壤,给以正向催化。不妨说,动物饲养业是现代草地农业生态系统的最简便、可以广泛使用的催化手段之一。

而系统耦合过程中,既有系统间的正向催化作用,又有负向催化作用,尤其应特别强调,这两种催化作用同时发生于耦合系统内部,其生产力的提高是显而易见的(任继周和万长贵,1994;任继周和朱兴运,1995a;张苏琼,2005)。

(二)系统耦合的位差潜势

系统 A 与系统 B 之间因自由能积累的不同,产生势能位差,即位差潜势。位差不论正或负,其潜势的强度效应是一样的(自生能的积累实际上无负值,但在生产设计中,与目标值比,就可能出现负值)。例如,系统 A 之某物质积累为正值($Pa>0$),系统 B 为负值($Pb<0$),其潜势为二者绝对值之积(P):$P=|Pa|\cdot|Pb|$。

任何系统,其非平衡态是绝对的,平衡态是相对的、偶存的,在人为农业生态系统中尤其如此,因而这种位差潜势总是存在的。从系统发生学的观点来看,系统之间的亲缘关系越远,其位差潜势也越大。如应用于生产,其系统耦合所致增产幅度也越大,这里的必要条件当然是不同系统之间具有耦合可能的同质性。例如,著名的美国西部放牧带与中西部的玉米带(实际还较干旱的高粱带)通过易地育肥养牛业加以耦合,使生产水平提高6~10 倍,就是这一理论的具体例证。中国东南部为农耕区,西北部为畜牧区,在两区交会的边缘,从西南到东北划一条斜线,在沿线地带,历史上曾分布着一系列"茶马市场",如云南的大理、四川的西昌、甘肃的临夏回族自治州(旧洮州)、陕北的榆林、河北的张家口等(任继周,1999)。这一系列古代富有传奇色彩的"淘金者"的乐园,曾经像一串明珠,璀璨照人。这就是利用农耕系统与畜牧系统这两个生态系统之间的位差势能发生系统耦合的效应,这种位差潜势往往表现为市场价格之差。这是农产品商品化过程中不同生态系统间能量位差的异化,它表示为系统 A 的产品优势(可简括为某些方面自由能廉价而大量地积累)与系统 B 的价格优势(可简括为某些方面自由能积累不足)。这种位差潜势只有在市场经济发展的基础上才能有所表现,价格或货币在这里是系统耦合的催化剂。历史的经验告诉我们,这个曾经炫耀一时的明珠,在中国市场经济萎缩的时代变得黯然失色,甚至不复存在。现在随着市场的发育又逐渐复苏。

(三)系统耦合的稳定潜势

我们都知道复杂的农业系统比简单的农业系统总体功能较为稳定。从超循环的系统耦合理论看,这种整体的稳定正是由于多种局部的不稳定成分的不断变化、调节形成的。超循环系统中组分复杂,其相对应的子系统中位差势能变化飘忽,但保持了全系统自由能总量较为恒常(万里强和李向林,2002)。例如,草原生态系统中,随着丰年牧草生物量增加,草食动物相应增加,消耗所摄取能量的 90%,只有 10%作为动物生物量积累;以草食动物为食料的肉食动物相继增加,也是以 9∶1 上的比率消耗其能量。因此,草原生态系统丰年的自由能的积累量经过两个营养级消耗,虽比欠年有所增加,但变幅大为缩小;如遇灾年,反之亦然,使自由能的波动幅度也较小。单链系统表现如此,多链的网状系统更为趋于稳定。稳定潜势是超循环耦合系统的特征之一,它随着转化阶的增加而使生产水平震荡衰减,这无异于农业生态系统中的安全阀,以维持生态系统高水平的平滑运转,避免大幅度起落的经济效益是显而易见的。

(四)系统耦合的管理潜势

系统耦合过程是生产过程,更是管理过程(赵星,2006;万里强和李向林,2002)。草地农业生态系统,本质上既然是在人为调控之下的自然-社会生态系统也就是说,生产水平越高,管理所作的贡献也越大。超循环的耦合系统可以使生态系统的管理水平大为简化,管理强度也明显增加。这里包涵一个重大原则,不同生态系统的耦合,实际上是在原有系统之上,把它所用以构建的低层系统简化。不同等级的系统耦合,产生不同等级的耦合系统,这就形成等级系统(任继周和万长贵,1994)。它既有其等级结构特性,也有其调控特性。高一层的调控,可以有选择地忽略下级系统的某些细节,以施行较为简约的控制。有选择地忽略下级系统的无关细节是等级调控的一般属性,这种管理简化而管理力度增加的事例在生产管理中多有体现。例如,地域特征的区域化管理、专业特征的行业管理、时间特征的阶段管理、综合层的分级管理、规模管理等都是有选择地忽略了下级系统的某些细节,而实现分级调控的具体应用。在现代大生产中,由此而解放出的生产潜力是十分可观的。甚至可以说,没有不同级别的系统耦合的分级管理,现代化的生产水平就无法实现。管理可以通过管理结构、生产层次、生产过程,以信息网络为中轴,从 4 个生产层全面介入草业系统。

笨拙的管理方法,往往使先进技术归于无用。譬如好的饲料,只有在科学饲养管理之下,才能充分发挥其生产效益。如果把好的饲料拿来饲养低产家畜或投给结构很不合理的畜群,其技术优势将化为乌有。至于更为复杂的不同生产层之间的系统耦合,它们有时需组织跨地区、跨国际、跨洲际的系统耦合,对于管理的要求就更为复杂、精致,需要高级的科学管理方法给以支持。

随着系统耦合过程的发生,系统内部的催化潜势、位差潜势、稳定潜势及管理潜势得以发挥,其一般意义是使系统生产潜力得以释放,从而可以显著提高系统的生产水平。草地农业生态系统,作为一个自然-社会系统的结构-功能体,人为的影响是重大的,其主要影响方式为管理系统及催化手段(任继周和万长贵,1994)。

第二节　草地农业系统耦合的类型

草地农业系统之间系统耦合可以分为纵向耦合和横向耦合两大类别。

一、纵向耦合

包含不同层次的耦合。例如,草地农业系统4个生产层之间存在系统耦合的可能:前植物生产层可能与植物生产层,或动物生产层,或后生物生产层耦合构成耦合系统。同样其他生产层也可以与任一生产层构成耦合系统。耦合系统内部各个子系统之间存在工序先后的关系,属于纵向耦合。

就构成系统耦合的内涵来看,可分为空间形态的耦合、时间形态的耦合、种间形态的耦合。

草地农业生态系统是自然生态系统特异农业化的结果,使它成为特定的自然-社会系统,超出了自然生态系统中通常含有的初级生产、次级生产的范畴。在草地农业生态系统中含有4个生产层:前植物生产层、植物生产层、动物生产层、后生物生产层。

在一定空间范围内,上述4个生产层内部及任何两个或两个以上生产层,都有可能进行系统耦合,如加以优化,可达到持久、稳产、丰产的目的。社会投入分别给予4个生产层,各生产层的产出效益分别输出为社会收益,社会收益又返回社会投入。各个生产层之间可能发生双相或多相联系,形成系统耦合。

这种组合具有空间特性,或时间特性,或同时具有空间-时间特性。不同地区的草地农业生态系统之间生产层的耦合属空间型的系统耦合;不同时间阶段的生产层耦合属时间型的系统耦合;但多数的系统耦合属时间-空间型耦合。譬如某一地区,进行区域规划与生产规划时是按照区域部署不同生产层的,并使之有机结合,这是空间型耦合。但生产规划无不具有时间属性,这一时间段完成什么任务,这一时间段与另一时间段如何更替,属时间型耦合。通常时间型与空间型的耦合难以分割,特别是在系统耦合这样的高层调控系统中更是如此。实际生产中往往充满着两者的交叉,譬如在同一地区,既进行植物生产,也进行动物生产,同时又作为景观资源加以利用,加工、流通的某些环节也可能同时进行,系统耦合的内在联系的蕴涵是非常丰富多彩的。草原季节畜牧业是时、空形态耦合的成功范例(任继周等,1978)。

草地农业生态系统作为一个有机整体,包含植物、动物的种和种群,为达成物质生产的目的,各种动物、植物的种和种群之间合理的优化、组合,即为种间形态的耦合。在此起关键作用的是生态场和生态位,种间耦合的一般形式有:作物与牧草、林木与牧草、一年生与多年生牧草、冷型与暖型牧草、禾本科与豆科牧草、畜种及种群内的耦合等(黄玉清等,2007)。系统耦合对农地生产潜力和农地承载力拓展的途径有:增强种间耦合,调整土地利用结构和农林牧渔复合经营等(任继周和林慧龙,2006;张灿强和王继军,2008)。

对于草地植物学组成来说,结构良好的天然群落,或不同品种的合理混播草地,可以创造良好的生态场,从而提高牧草产量,改善牧草品质,抑制病虫害,保持草地肥力,延长草地寿命(黄文娟等,2006)。

对于动物生产系统来说,若将某种家畜的放牧生产看作是一个系统,则各种年龄、性别的家畜即是该系统的不同结构单元,畜产品即是系统的输出。系统的结构不同,功能就不同,输出也不同;只有保持稳定合理的结构,才能保持高效、持久的输出。陈全功等(1995)对甘肃天祝藏族自治县永丰草地的畜牧业生产进行的系统分析结果表明:在保持原有牦牛、绵羊头数和栽培草地面积不变的情况下,仅调整畜群结构,可使纯收益增加20%。在生态系统中,不同的草食动物以其特有的食性和生态适应性,各有其特定的生态位和生态场的要求。动物种群不同,生态位各异。把有关动物生态位适当组合,利用生态位的重叠和分异,使各种家畜互相协调、补充,充分利用草地植物,可以生产较多的动物产品。例如,牛群在草丛中吃掉中等高度的草以后,再放牧羊群,可以使以禾本科为主的草地牧草得到充分利用,易于保持植被均匀生长,永续利用。实验证明,草地上不同草食动物的生态位适当组合,可提高动物生产水平40%~150%(Lesperance and Tueller,1969;Anderson and Scherzinger,1975)。

二、横向耦合

横向耦合中不同系统之间的耦合没有先后次序,而是平行的空间耦合。例如,西北山地-绿洲-荒漠复合系统各个子系统之间的耦合过程,不是依据时间先后的顺序,而是依据其空间位点的序参量进行的耦合,称为横向耦合。

就构成系统耦合的格局来看,横向耦合可分为:联片式、星散式、分支式的系统耦合。

按照一定的生态与经济分异规律,结合农牧业的条件和类型,划分为不同的生态经济区,按照区域特点和优势,分类规划和指导。以生态经济区为单元,从宏观和战略的高度,分析各生态经济区的特点和生产潜力,以系统耦合的理论为指导,探讨农业结构的合理布局、各种资源的有效配制、管理体制的改进,以促进不同区域草地农业的发展(任继周等,1999)。

(一)联片式-区域的系统耦合

农区和牧区两大经济生产系统间既存在显著差别,又相互依存、相互制约与相互促进,它们之间系统耦合可最大限度地提高和促进各自经济的全面健康发展,并加快产业化进程(万里强和李向林,2002)。因为粮食和饲料充足,农区是牲畜集中育肥的最优场所。美国中部玉米带和西部草原放牧带的结合及澳大利亚半干旱区小麦种植和畜牧业的结合,采取“牧区繁殖,农区育肥”的发展模式,都证明农牧耦合的必然性和巨大的经济效益。农牧业耦合的关键是要充分发挥农区和牧区的资源优势,按照生态经济发展模式,改革现行的畜群结构和牧业习惯,走高效畜牧业之路(周立华等,2005)。牧区以提高牲畜品质为主,加大牲畜品种改良力度,控制牲畜数量,调整畜群结构,由于育肥出栏缩短了家畜饲养周期,提高个体生产性能和出栏率,减少冬季掉膘损失,缓解了家畜对天然草地的压力,有利于保护脆弱的生态环境,恢复和重建遭受破坏的生态系统,同时以公司加农户的模式进行育肥有利于形成产业化运作。农区发挥饲料用粮和农作物秸秆丰富的优势,完善和推广农作物秸秆的饲料加工技术,大力发展以牛、羊为主的短期育肥养殖业,发展方向以肉用畜为主(周立华等,2005)。同时,利用农区农作物热量和光照“一季作物有余”的特点,可以在有条件的地区,将牧草引入农田耕作系统实行草田轮作和间作套种等,发展粮食-饲料-经济作物的三元结构种植模式,调整农业产业结构、优化农牧结构,培肥土壤,生产优质原料,发展饲料工业。同时还能实现藏粮于草,一旦粮食紧缺,可将草地改为粮田,保证粮食安全的同时,还能减轻政府和社会储粮压力。全年持续育肥有利于均衡经济收入和市场新鲜肉食供应,育肥畜生产的优质有机肥料是农区商品粮基地土壤有效养分循环和耕地永续利用的重要物质基础,它不仅可以促进农区和牧区两大经济生产系统全面健康发展、繁荣区域经济,而且在资源合理配置、改善生态环境方面都有很大作用。同时开发畜产品加工技术,发展后生物生产层(任继周等,1978;王宁等,2000a,2000b,2000c;郭正刚等,2002;任继周和侯扶江,1999a;万里强和李向林,2002; 张英俊,2003;樊胜岳等,2009;吕玉华和郑大玮,2009)。

牧区繁殖农区育肥是区域之间系统耦合最简约的耦合措施,理想的耦合格局可提高生产力:牧区约6倍,农区约10倍,我们已经达到的水平是2.5倍(任继周,1999)。

(二) 星散式-城乡的系统耦合

城乡之间的系统耦合是实现资源互补和优化配置的有效途径,可充分利用中心城市已有的技术优势,建立畜禽良种繁育基地,将富余劳动力引入草畜产品深加工工业,依托中心城市的辐射带动区域经济发展,从系统外引进物质、能量和信息,努力开辟新的就业渠道,扩大生计,以及合理调整农业产业结构,以畜牧业及畜产品加工为主导产业,带动第二、第三产业发展。城市向草地提供技术信息和市场,草地向城市提供奶、肉、蛋及其深加工产品(罗昆燕,2007)。

(三) 分支式-流域的系统耦合

具有同质耦合键的不同流域系统之间的耦合,如山地、荒漠、绿洲系统之间的耦合。内陆干旱地区分布有:平原荒漠-绿洲镶嵌状草地农业生态系统、辐射型荒漠-绿洲草地农业系统,而以山地-绿洲-荒漠草地农业生态系统最为普遍和典型。以甘肃河西走廊为例,巨大的山体给河西荒漠-绿洲以不可忽视的影响,纵深颇大的祁连山耸立于河西走廊的南侧,多项地理垂直分布因素,形成由高到低、由南到北的河西走廊的山地-荒漠-绿洲链状草地农业生态系统。对祁连山-临泽绿洲-荒漠耦合系统的研究表明,其生产水平比3个子系统单独与市场发生联系提高了6倍以上;而且家畜对高山草地的压力减小,退化的山地子系统得以恢复,脆弱的荒漠子系统得到保护,利用山地优质牧草养架子畜,然后到农区肥育,进一步深加工,建立上规模的外向型畜产品生产基地。绿洲子系统是山地-绿洲-荒漠复合生态系统的物流和能流枢纽,通过发展植物生产层,引草入田,厩肥返田,不仅谷物产量可以稳定上升,而且绿洲种植业系统也因为家畜的加入,系统多样性提高,系统稳定性加强,避免经济效益大幅度起落。生态与生产持续协调发展,因而是提高农业生态生产力、实现持续农业的有效途径(任继周和万长贵,1994;任继周等,1995;任继周和朱兴运,1995a,1995b;Ren and Lin,2006;Lin et al.,2007;袁榴艳等,2007;张军民等,2007;杨志龙等,2009)(图3-2)。

河西走廊的山地-绿洲-荒漠草地农业耦合系统对西北内陆有普遍意义。分别由武威绿洲、张掖绿洲、酒泉绿洲建立起的山地-绿洲-荒漠耦合系统,由于黑河在河西走廊内陆河水系的重要性及张掖绿洲形成发展历程及重要性,以张掖为中心,以草地农业为纽带逐渐将武威山地-绿洲-荒漠耦合系统、张掖山地-绿洲-荒漠耦合系统、酒泉山地-绿洲-荒漠耦合系统进一步耦合形成系统间的更大的耦合系统(图 3-3)。在山地-绿洲-荒漠草地农业耦合系统内部多层次耦合的基础上,积极寻找系统与外部其他系统的多途径耦合,势必将会产生更巨大生态效益和经济效益,将成为我们进行深入研究的动力。

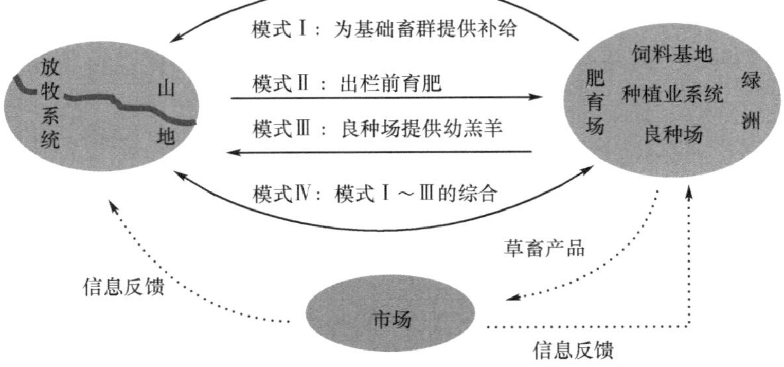

图 3-2 山地-绿洲-荒漠复合生态系统系统耦合的基本模式

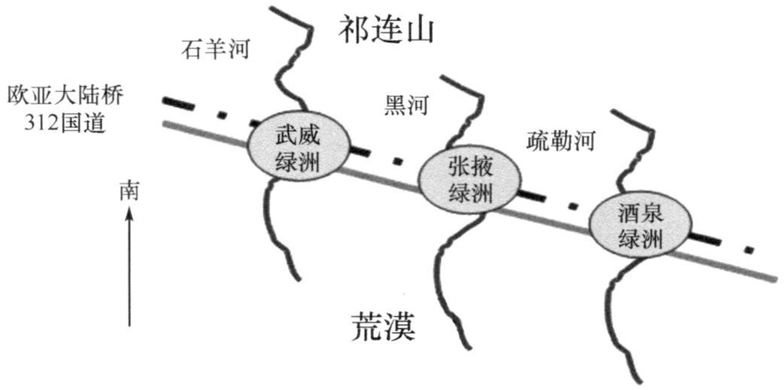

图 3-3 以张掖为中心草地农业的山地-绿洲-荒漠耦合系统(模式图)

随着对河西走廊山地-绿洲-荒漠耦合生态系统实行草地农业耦合系统研究的深入,探索多子系统共同作用与各子系统相互作用于整个系统的机制已经成为重要的研究方向。区域性的系统耦合的发生必然要归结到生态经济系统。而复杂多系统的系统耦合除了能流、物流外,还有经济流和信息流等。如何做到把各种不同类别的流统一和比较,则成为研究系统耦合的首要问题。在以往的生态经济系统的研究分析中,由于度量单位的不统一,各种来自不同系统的能流、物流和经济流等的功能和价值也就无法真正体现,实现系统耦合的理论基础也就显得有些薄弱(林慧龙等,2004,2005;林慧龙和侯扶江,2004;董孝斌和高旺盛,2005;张军民等,2007)。

多数耦合案例是纵向和横向耦合错综的立体耦合。因此制定经济区划时,必须考虑各个规划区域之间的立体耦合的复杂关系。从更大的范围来讲,系统耦合在草地农业生态系统中不同层次、不同时空尺度上应用的一些相关理论研究和实验研究还须进一步展开,这一理论的深入发展和耦合模式的推广必将会改变传统的草地利用方式和管理模式,使草地的利用更高效,更能满足可持续发展的需要。

三、系统耦合的时间地带性的大整合

（一）生物的时间地带性的涵义

地带性是一个完整的概念。以往对地带性特征的认识仅仅局限于其空间特征，并且地带性特指空间地带性，没有将热量在时间维度上的变化纳入地带性范畴，缺乏对热量及与热量有关的自然现象的时空分布格局之间内在联系的深入探讨与分析。任继周等（2002）通过对热量时空分布格局本质联系的讨论，结合生物适应这种时空分布格局形成的生态策略实例，提出了生物的时间地带性的概念，完善了地带性的理论体系。

生物的时间地带性（Bio-geological temporal zonation）可表述为生物有机体为谋求生存阈限的扩展，突破地理地带性的局限，对地理地带性加以剪裁、连缀，排除不适宜自身生存的环境时段，截取适宜自身生存的环境时段所构建的生存时空体；生物的时间地带性是生物对地球运动（自转与公转）造成的节律适应的结果。时间地带性依赖于空间地带性，不同的空间地带内，时间带谱的基带不同，并在空间地带性的基础上呈现为螺旋状往复循环，是生态要素的时间周期性变化规律的体现。时间地带性与空间地带性一样，都是依赖于尺度（时间尺度与空间尺度）的生态要素分布过程，带谱的成分、范围均随着尺度的变化而变化，生物通过不同的生态策略来适应这种变化。人类农业活动已经取得一些成效，但只能在小尺度上调节时间地带性，不能改变空间地带性（任继周等，2002）。

在自然界，无论植物界还是动物界，都有大量事例说明时间地带性的存在。在自然生态系统农业化过程中，人类运用许多手段，如从地膜覆盖到高智能温室，从简易棚圈到智能化厩舍，在不同的自然地带内创造了农业生物生存的条件，取得了丰硕成果。时间地带性为深入探索生态系统的能流模式、生态系统构建、生物的生态策略及农业生态系统中物种的引种等方面提供了新的视角。生物的时间地带性规律的发现，有可能为建立跨时空的草地农业体系，为建立农业生物的生存生态新指标，为优化农牧业产业结构，为草地农业产业化的系统耦合开拓新局面。

（二）生物的时间地带性与系统耦合

生物的时间地带性就是生物的物候谱与空间地带性的耦合。时间地带性有助于实现建立跨时空的农业系统。农业生物的分布和它们的产业化不是空间地带性可以简单概括的，其核心问题是它们在空间地带基础上的时间地带性的构建，是要把握它们的生物的时间地带性特点，满足它们的生存条件，扩展它们的生存阈限，规范它们的生产地域，从而打破空间地带性的局限，构建新的农业系统。

任何农业系统，必然含有建立农业生物的新的生态环境时空指标，越是先进的农业系统，其农业生物的生态环境时空指标作用越是显著。这种生态环境时空指标库不仅含有生物本身的生存阈限，也应包括各个地区时间地带性所可能提供的生态条件的动态资料。这是全新的命题。例如，对西北内陆山地地区大尺度畜牧业来说，一个放牧畜群，它们不是生活在单一的生态区，而是年周期内，从山麓开始，随着牧草生长节律，逐步放牧到山顶，然后又逐步放牧下山，要经历不同的放牧季节和放牧带，山麓是荒漠草原，往上逐步为高山草原、高山草甸、高山灌丛草地等不同类型。它们的生存环境指标应该是牧食过程中所截取的时间地带的生态时空特征,而不是它们所经历的全部地带性特征的平均值,或其中某一地段的特征。因此,过去把拉萨河谷的气象纪录作为牦牛的生存环境、把新疆半荒漠的巩乃斯的气象纪录作为新疆细毛羊的产地环境指标显然欠妥(图 3-4)。

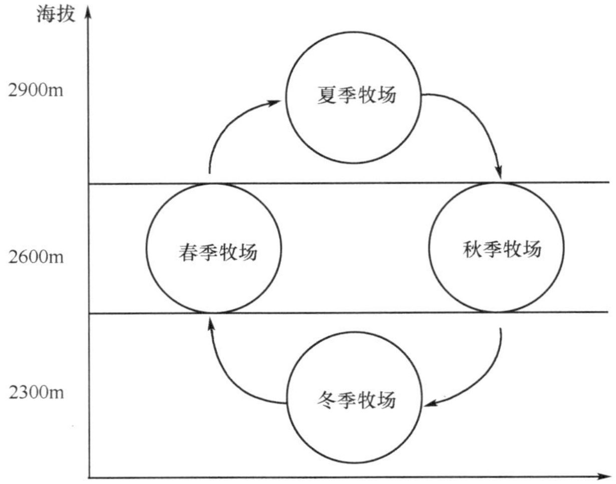

图 3-4　家畜放牧系统的时空地带性耦合模型(以祁连山北麓肃南裕固族自治县鹿场为例)
箭头既是家畜的运动方向,也是生态时段的变化趋势

放牧畜牧业尤应关注时间地带性,家畜与人的关系,由原来的人跟着家畜放牧的“畜-人”关系,已经颠倒为人可以主宰一切的“人-畜”关系。过去我们对时间地带性认识不足,在人为强力干预下,使草原遭受破坏,固然应该改正,但是如果矫枉过正,动辄不顾时间地带性规律,主观划分草原使用权,甚至过度地封闭饲养,严禁放牧,也带有很大的盲目性,这类鲁莽行为违反了时间地带性的科学规律,可能既不利于放牧地,也有害于草食动物。尽管过去我们对这些规律的认识还不够自觉,甚至没有认识,更没有依据时间地带性来优化放牧系统,但它的作用不容忽视。

时间地带性的组合,为我们提供了新的系统耦合的键合机遇。以动物生产为媒介和其他媒介,把不同的地带加以耦合而生成巨大的经济效益和生态效益。

时间地带性有助于实现建立跨时空的农业系统。农业生物的分布和它们的产业化不是空间地带性可以简单概括的,其核心问题是它们在空间地带基础上的时间地带性的构建,是要把握它们的生物时间地带性特点,满足它们的生存条件,扩展它们的生存阈限,规范它们的生产地域,从而打破空间地带性的局限,构建新的农业系统。在时间地带性的理论启示下,有可能为建立跨时空的农业体系,为建立农业生物的生存生态新指标,为优化农牧业产业结构,为农业产业化的系统耦合开拓新局面。

营养体农业是系统耦合理论与时间地带性精巧结合的事例。在雨量和相对湿度较高、日照相对缺乏的山区或因海拔过高、热量不足、年均气温低于或等于 0℃左右的高山地带,难以从事一般作物栽培,发展以生产植物茎叶等植物营养体为主,而不是以生产籽实为主的营养体农业,是持续发展和脱贫致富的重要途径。实行营养体农业可以减灾抗灾,其关键是水热节律与农业生物节律的相互协调使农业生物系统与生物生存环境系统全面耦合(任继周和侯扶江,1999a,1999b;任继周等,2000;Lin and Long,2008;李飞等,2007)。

发生于空间地带(即自然地带)基础上的时间地带性具有自己的特殊品格。时间地带性是空间地带满足生物或生态系统的生态阈的特殊集合,这一集合的单元或子集可暂定为生态时段。既然生态阈是生态时段的特殊集合,因此对于生态时段的确定、测度和表达是我们面临的不能回避的课题(任继周等,2002)。但不可否认,生物的时间地带性理论和营养体农业的实践,不仅在我国,乃至世界范围内都具有示范意义。

第三节 草地农业系统耦合中的系统相悖

一、系统相悖的概念

所谓系统相悖,就是两个或两个以上的系统,在进行系统耦合时,所发生的系统性的、不够协调的诸多问题,它们成为系列的"相悖群"。相悖群既是系统耦合的障碍,也是有待克服,解放系统耦合生产潜力的关键。系统相悖与系统耦合,是一个问题的两个方面。如果系统相悖的研究不足,系统耦合将难以深入理解,更不易有效地运行。同时,通过对系统相悖的研究,又可对生态危机,草原退化等问题,从本质上得到深入诠释(任继周等,1995;任继周,1997)。

二、系统相悖的本质

在草地农业系统中,只有当系统内各个子系统耦合过程中自由能的发生与输出接近平衡时,这种耦合才是可以永续存在的。否则,必将导致系统相悖而损害系统本身,成为持续发展的障碍。因此,我们在讨论这一问题时,对任何一对相悖因子,都要在能的生产和输出失衡中加以考虑。家畜(或野生动物)和草地的系统相悖,就是我们所常说的放牧过重,或放牧过轻,也就是放牧程(强)度失度。

放牧过重与过轻的深入一层的含义,是它不仅反映草地资源的负荷能力,也反映草地对于家畜放牧压力的负荷行为,亦即草地对于家畜牧食所做的反应对策,其中包含植物生物量的反应、植物学组成的反应、土壤肥力,特别是土壤有机质的反应等。放牧是动物对于草地的压迫行为,如采食高度、采食密度、采食频度、放牧密度、蹄压强度、粪便污染等对草地的作用。家畜对于草地的这一压迫行为,我们通常用"放牧程(强)度"来表示。

实际上放牧程(强)度是草地与草食动物相互关系的反应向量,两者的关系是互相对应的。放牧程(强)度是可以认识并且能够度量的。但必须明确,它仅仅是系统相悖而导致的草原退化的向量,而不是草原退化的本质,更不是系统相悖的本质。

草原生产系统是草地农业生产系统的雏形,也就是说,内容复杂的草地农业系统是由此衍生而来的,它的基本结构是动物生产系统与植物生产系统的耦合。实际上这两者的耦合,存在于整个农业系统之中,不过草原生产系统更为集中而突出。我们本该运用社会职能,以适当的经济、技术手段,从各个方面促使这一耦合完善建立、健康运行。遗憾的是,长久以来,中国由于传统的、以植物生产为主的农业格局,对于植物生产系统与动物生产系统两者的相悖行为理解不足,措施不力,以致问题愈演愈烈,几乎成为公认的、国家现代化建设的一条短腿。

动物生产与植物生产各有自己的节律。同一生态系统之内,动物生产系统与植物生产系统本来就是相互制约、协调发展的。从发生学的层次来说,动物生产是以植物生产为依据的,植物生产又是以环境因素为依据的,而环境是初始因素。因此,农业生产可以描述为:在一定环境的基础上,发生与之相关的植物生产系统,然后在植物生产系统前提下,发生与之相适应的动物生产系统。但草原生产作为农业生产系统的一部分,受到人为干预,在大多数情况下,或轻或重地违背了这一发生学规律(魏永胜等,2006)。根据人们的需要,建造了人们主观上认为"良好"的系统,但这些"良好"的系统往往与草业科学原理相左,因而发生了一系列植物生产系统与动物生产系统之间的相悖现象,造成难以估计的恶果,加重了生态脆弱地带的生态危机。虽然植物生产系统与动物生产系统之间的相悖群内容众多、关系复杂,但实质上可以归结为 3 个方面,即系统运行的时间相悖、空间相悖和种间相悖(魏永胜等,2006)。

(一) 动物生产系统与植物生产系统的时间相悖

在自然状态下,动物生产的能量年度波动较小;而植物生产的能量年度波动远较动物为大(图 3-5)。

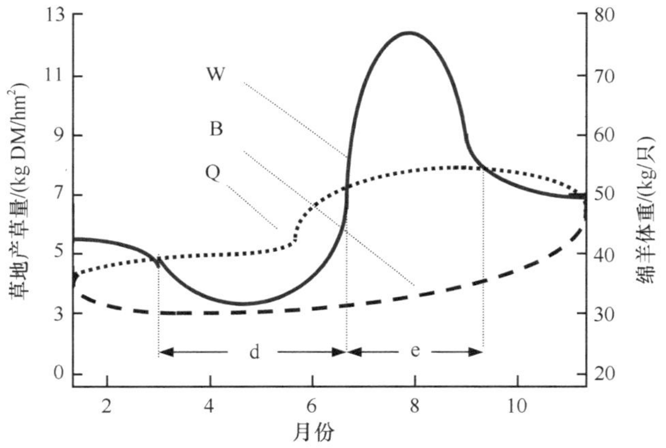

图 3-5　中国祁连山的高山草地植物储藏量与绵羊需要量年动态

W:草地植物储藏量动态;B:羊平均体重动态;Q:羊群饲料需要量动态;
d:牧草不足的"亏供"期;e:青草的"盈供"期。DM 表示干物质,下同

一年中植物生产峰值(P)与谷值(V)相比,可以是:$P:V\to\infty$,而动物生产的峰值与谷值相比,不会大于 60%。因此,以植物产品为食物的草食动物,每年在植物生长季节以外,有一度营养不足的亏供时段,而在植物的生长旺季,植物所生产的营养物质又有一度过剩时段,称为营养的盈供。中国牧区亏供时段可以长达 4~7 个月,即一年中 33%~84% 的时间,放牧家畜处于营养不足状态。这一时期家畜体重下降所造成的损失,一般高于全年总产值的 25%。另外,还有 6% 左右的冬春家畜死亡所造成的损失。两者相加,亏供造成的损失大约相当于牧业总产值的 30%。由亏供而招致的畜群羸弱、产品质量下降等损

失,还不包含在内。

植物生长旺季,植物有机物发生的盈供部分,不仅浪费了草地资源,还因为对于草地的利用不足,放牧过轻而使草地植被成分和土壤变坏,草地资源受到损害。为了调节植物生产系统与动物生产系统之间亏供与盈供之间的关系,各地自觉或不自觉地采取了一系列农业措施。其中,对于资源环境影响最大,也是最为普遍的是超负荷放牧造成的草地放牧过度。处于放牧过度状态的草原面积,曾经有过种种估计,据任继周等抽样调查,不会少于草原总面积的80%(任继周等,1989;王生耀和王堃,2006)。

这就是说,草地的时间相悖不仅危害动物生产,也普遍损害了草地本身。

(二) 动物生产系统与植物生产系统的空间相悖

草原生产系统由自然-社会环境所构成,其中包含植物生态系统、动物生态系统两个主要子生态系统。植物生态系统与动物生态系统之间的空间分布最本质的制约因素就是食物链(更广泛的范围是食物网),食物链的两端联系着植物生产系统与动物生产系统。我们所说的某一地区家畜数量过多,放牧过重;而另一些地区家畜不足,放牧过轻,所谓放牧过重或过轻,是草食动物对于草地压力行为和草地对于放牧负荷行为的综合反映。作为一种行为,总是一个系列过程,含有相互关联的因果关系群,其核心问题是草地与草食动物数量的关系。一定的草地面积上,草食动物数量的过大或过小,都是植物生产系统和动物生产系统之间的空间相悖。这主要表现在两个方面:一是地区间的差别;一是同一地区内的不同时段的(即季节放牧地之间的)差别。

1. 地区之间的空间相悖

地区之间的空间相悖是不同地区之间、一定草地面积上家畜负荷量的失调。简单地说就是:此处草少畜多,草地对于畜群呈现亏供现象;彼处草多畜少,草地对于畜群呈现盈供现象。不同地区之间的草地负荷畸重、畸轻,形成草原生产整体能力的不协调,影响草原生产能力的发挥。这一现象在20世纪50年代的中国牧区普遍存在。那时提倡打破传统的放牧疆界,施行"自由放牧",给牧民以自发调整畜群分布不合理状态的机会,克服地区之间的空间相悖,以充分利用草地资源发展生产。但是经过近半个世纪的发展,草地畜牧业长期强调以头数为指标,提高生产水平,全国各个牧区在草原面积不断下降的同时,家畜头数都在成倍增长,尽管仍然存在地区之间的家畜头数不平衡,但就整体看来,全国牧区多在"畸重"范围之内,"畸轻"之处已绝无仅有。当然在较小范围内,不能排除可能还有家畜数量不足的问题。

2. 季节放牧地的空间相悖

中国北方牧区,普遍存在自觉、不自觉地划分季节牧场的习惯。这种划分不论比较细致,还是比较粗放,一般都有冷季放牧地和暖季放牧地之分。由于地理环境、生活习惯、生产水平及科学知识的局限,中国牧区的冷季放牧地一般偏小,占草地总面积的20%~40%,而放牧时间偏长,一般为6~7个月,有时达到8~9个月,个别地区甚至长达10个月。冷季放牧地以较小的面积,承担较长时期的放牧,负荷畸重;而暖季放牧地以较大的面积,承担较短的放牧时间,负荷畸轻(有时在地区分布畸重而导致空间相悖的地区,暖季放牧地可能仍然放牧过重,并不偏轻)。以目前放牧系统来分析,冷季放牧地的放牧强度,可能是暖季放牧地的 1.5~6 倍(冷季放牧地与暖季放牧地放牧强度之比可表达为 $G=\frac{bh\times am}{bm\times ah}$。假设冷季放牧家畜与暖季放牧家畜头数相等,式中,$G$ 是冷季放牧地与暖季放牧地放牧强度之比;ah 是暖季放牧地所占的放牧地面积的百分比,%;am 是暖季放牧地所承担的放牧月数所占放牧季的百分比,%;bh 是冷季放牧地所占的放牧地面积百分比,%;bm 是冷季放牧地所承担的放牧月数占放牧季的百分比,%。

冷季季节放牧地的负荷远比暖季放牧地为重,是中国北方季节放牧地的空间相悖的主要表现。

还需说明的是,严重而普遍的季节空间相悖必然加重时间相悖,即季节的空间相悖集中表现为系统的时间相悖——冷季牧草不足而导致家畜营养缺乏和草地放牧过重;同样,时间相悖也加重了空间相悖,特别是季节的空间相悖,两者互为因果,使草资源的艰难处境愈演愈烈。

(三)动物生产系统与植物生产系统之间的种间相悖

草原生态系统作为一个有机整体,包含植物的种和种群、动物的种和种群,两者应该有其合理的组合。但是在草地农业生态系统中,不合理的农业经营管理,可能使它们的种群组合失常,从而难以保持原有生产水平,更谈不到生产水平地提高了。这就违背了在自然生态系统基础上,建立农业生态系统的根本目的。

对于草地植物学组成来说,草地结构紊乱或不合理的品种组合,将使牧草生长欠均匀,降低牧草产量,草丛中优良牧草减少,使牧草品质变坏,病虫害频发,毒害植物侵入比例增大,加速草地肥力丧失,缩短草地寿命。

草食动物生态位的分异特性,如加以适当组合,利用生态位的重叠和分异,可充分利用不同地境的饲料资源,发展动物生产,提高草地生产能力,但是如果重叠过分,就会导致放牧过重,使某些有益植物受到抑制,甚至逐渐被淘汰。

长期以来,我国对草地资源的利用中,在不同种群与相应的草地之间合理组合的这一问题注意不够,过分强调规模,盲目追求效益而不顾及耦合效应。经常见到的是在错误的地方,使用错误的组合,饲养错误的畜群,错上加错,错了又错,往往使草地与畜群两败俱伤,草原生态危机也由此加重。

至于野生动物的种间关系、野生动物与家养动物之间关系的研究和利用就更为薄弱。野生动物显然是家养动物的安全阀。在一定的区域范围内,当家养动物超量时,野生动物数量会被迫自行减少;家养动物不足时,野生动物的种群会自行恢复到适当的数量,以填补其缺额。中国近半个世纪以来,家养动物不断发展,以至超量,其生态位也持续扩张,以至“无地自容”,野生动物的活动余地也就日趋狭蹙了。由此可以说明一个问题,通常我们在忽略野生动物的前提下,设计的放牧地的负荷量是不够全面的,当野生动物数量多到一定限度时,这种设计可能归于无用。

草地农业系统在进行系统耦合时,往往伴随着系统相悖。系统相悖是使草地农业生态系统效益下降、草原退化的主要原因。任何形式的系统相悖,都有可能同时孕育着生产潜势和机遇,草地农业系统中既含有系统相悖的负因素,也含有系统耦合的正因素。应因势利导，利用和把握好系统耦合的大趋势，对草地农业生态系统自由能的调控，保持自由能的积累和输出基本相当，是防止系统相悖的根本出路。

（林慧龙　任继周）

主要参考文献

E 拉兹洛．1988．进化——广义综合理论．闵家胤译．北京：社会科学文献出版社：40

陈全功，毛玉林，朱兴运，等．1995．永丰草地畜牧业生产系统分析．草业学报，4（2）：20-29

董孝斌，高旺盛．2005．关于系统耦合理论的探讨．中国农学通报，21（1）：290-339

樊胜岳，琭婧，韦环伟．2009．西藏地区沟域经济系统耦合模式研究．西南民族大学学报（人文社科版），1：72-77

郭正刚，张自和，高淑兰．2002．河西绿洲区草畜间粗蛋白质和能量供求关系及其调控措施．草业学报，11（1）：22-28

黄文娟，于海多，赵兰坡．2006．松嫩羊草草原植被与土壤的耦合关系．草地学报，14（1）：62-66

黄玉清，何成新，王晓英，等．2007．西南喀斯特山区农果草系统耦合及生产效益分析．中国生态农业学报，15（6）：156-160

李飞，林慧龙，常生华．2007．农牧交错带种植模式与种养模式的能值评价．草地学报，15（4）：322-326

林慧龙．2007．草地农业：从结构性描述到精确化发展刍议．草业科学，24（6）：55-61

林慧龙，侯扶江．2004．草地农业生态系统中的系统耦合与系统相悖研究动态．生态学报，24（6）：1252-1258

林慧龙，任继周，傅华．2005．草地农业生态系统中的能值分析方法评介．草业学报，14（4）：1-7

林慧龙，肖金玉，侯扶江．2004．河西走廊山地-荒漠-绿洲复合生态系统耦合模式及耦合宏观经济价值分析．生态学报，24（5）：98-104

罗昆燕．2007．贵州喀斯特地区城乡生态经济复合系统耦合机制研究．黔西南民族师范高等专科学校学报，3：11-16

吕玉华，郑大玮．2009．内蒙古农牧交错带农牧系统耦合及相悖的机理及效应．草业学报，18（4）：217-223

任继周．1997．草地农业系统持续发展的原则理解．草业学报，6（4）：1-5

任继周．1999．系统耦合在大农业中的战略意义．科学，6：12-14

任继周．2002．藏粮于草施行草地农业系统．草业学报，11（1）：1-3

任继周．2004．草地农业生态系统通论．合肥：安徽教育出版社

任继周，葛文华，张自和．1989．草地畜牧业的出路在于建立草业系统．草业科学，5：1-3

任继周，贺汉达，王宁，等．1995．荒漠-绿洲草地农业系统的耦合与模型．草业学报，（2）：11-19

任继周，侯扶江．1999a．我国山区发展营养体农业是持续发展和脱贫致富的重要途径．大自然探索，18（67）：48-51

任继周，侯扶江．1999b．改变传统粮食观，试行食物当量．草业学报，8（专辑）：55-75

任继周，侯扶江，张自和．2000．发展草地农业推进我国西部可持续发展．地球科学进展，15（1）：19-24

任继周，胡自治，张自和，等．1999．中国草业生态经济区初探．草业学报，8（专辑）：12-22

任继周，林慧龙．2006．农田当量的涵义及其所揭示的我国土地资源的食物生产潜力——一个土地资源的食物生产能力评价的新量纲及其在我国的应用．草业学报，15（5）：1-10

任继周，林慧龙．2009．农区种草是改进农业系统、保证粮食安全的重大步骤．草业学报，18（5）：1-9

任继周，林慧龙，侯向阳．2007．发展草地农业　确保中国食物安全．中国农业科学，40（3）：614-621

任继周，刘学录，侯扶江．2002．生物的时间地带性及其农学涵义．应用生态学报，13（8）：1013-1016

任继周，万长贵．1994．系统耦合与荒漠-绿洲草地农业系统——以祁连山—临泽剖面为例．草业学报，3（3）：1-8

任继周，王钦，牟新待，等．1978．草原生产流程及草原季节畜牧业．中国农业科学，（2）：87-93

任继周，朱兴运．1995a．农业生态生产力及其生产潜势．草业学报，4（2）：1-5

任继周，朱兴运．1995b．中国河西走廊草地农业的基本格局和它的系统相悖．草业学报，4（1）：69-80

万里强，李向林．2002．系统耦合及其对农业系统的作用．草业学报，11（3）：1-7

王宁，李克昌，黄兆鸿，等．2000a．宁夏大农业内部系统耦合初探——Ⅰ牧区育成农区育肥畜牧业生产体制现状调查（以平罗县为例）．草业科学，17（4）：6-12

王宁，李克昌，黄兆鸿，等．2000b．宁夏大农业内部系统耦合初探——Ⅱ论系统内资源单一利用的后果及解决农业持

续发展的途径．草业科学,17(4):31-36
王宁,李克昌,黄兆鸿,等．2000c. 宁夏大农业内部系统耦合初探——Ⅲ两个市场的启示．草业科学,17(5):37-40
王生耀,王堃．2006. 青海草地农业生态系统内系统耦合性分析．草业与畜牧,7:5-6
魏永胜,梁宗锁,武永军,等．2006. 黄土丘陵区基于土壤水分平衡的草地建设策略．草业科学,23(10):1-7
杨志龙,牛玉凤,董朝阳．2009. 系统耦合:肃南县畜牧业发展的正确选择．兰州大学学报(社会科学版),37(2):121-124
袁榴艳,杨改河,冯永忠．2007. 干旱区生态与经济系统耦合发展模式评判．西北农林科技大学学报(自然科学版),35(11):41-47
张灿强,王继军．2008. 系统耦合对农地承载力的拓展分析．西南师范大学学报(自然科学版),33(6):39-43
张军民,张建龙,马玉香．2007. 玛纳斯河流域-绿洲生态耦合的理论、方法及机制研究．干旱区资源与环境,21(6):7-11
张苏琼．2005. 稀土元素对青藏高原高寒草地生态系统草地·动物界面耦合效应的研究．甘肃农业大学博士学位论文
张英俊．2003. 农田草地系统耦合生产分析．草业学报,1(6):10-17
赵星．2006. 贵阳市乌当区生态——经济系统耦合关系研究．贵州师范大学学报(自然科学版),24(3):111-115
周立华,王涛,樊胜岳,等．2005. 内陆河流域的生态经济问题与协调发展模式——以黑河流域为例．中国软科学,1:114-119
Anderson EW,Scherzinger RJ. 1975. Improving quality of winter forage for elk by cattler grazing. Range Management,28(2):120-125
Lesperance AL,Tueller PF. 1969. Competitive uses of Nevada's range forage by liveskstock and game. Renewable Resource Center,University of Nevada
Lin HL,Long RJ. 2008. Energy analysis for the sustainability of an agro-ecosystem in Ningxia Province,China//Organizing Committee of IGC/IRC Congress. Multifunctional Grasslands in a Changing Word. Guangdong People's Publishing House. Volume Ⅱ:234
Lin HL,Ren JZ,Fu H. 2007. Coupling patterns and ecological-economic benefits in Mountain-Oasis-Desert Systems (MODS),Gansu,China. Abstract of Eco Summit 2007:Ecological Complexity and Sustainability:Challenges and Opportunities for 21st-Century's Ecology. Beijing,China:6044
Ren JZ,Lin HL. 2006. System coupling of agro-grassland ecosystems to maximize eco-economic benefits—some examples from Northwestern China//Long PG,Nan ZB. Grassland agriculture:balancing production and environmental protection. Proceedings of the 2nd China-Japan-Korea Grassland Conference,Lanzhou University,Lanzhou,Gansu,China,31 July ~ 6 August,Acta Prataculturae Sinica,15(Suppl.):264-268

推荐阅读文献

任继周．1999. 系统耦合在大农业中的战略意义．科学,6:12-14
任继周,万长贵．1994. 系统耦合与荒漠-绿洲草地农业系统——以祁连山—临泽剖面为例．草业学报,3(3):1-8
任继周,朱兴运．1995a. 农业生态生产力及其生产潜势．草业学报,4(2):1-5
任继周,朱兴运．1995b. 中国河西走廊草地农业的基本格局和它的系统相悖．草业学报,4(1):69-80
Ren JZ,Lin HL. 2006. System coupling of agro-grassland ecosystems to maximize eco-economic benefits—some examples from Northwestern China//Long PG,Nan ZB.Grassland agriculture:balancing production and environmental protection. Proceedings of the 2nd China-Japan-Korea Grassland Conference,Lanzhou University,Lanzhou,Gansu,China,31 July ~ 6 August,Acta Prataculturae Sinica,15(Suppl.):264-268

第二篇　前植物生产层

第四章　前植物生产层及其生态服务

第一节　前植物生产层的涵义

一、前植物生产层的性质

前植物生产层是草地农业生态系统的原发生产层。在草地农业系统的4个生产层中,前植物生产层是草地农业系统发生的原发点,理论上假定是还没有被人类农业活动干扰的原始状态,也可以称为农业生态系统的本底。该生产层以发挥其生态效益为特征,而不以取得植物或动物产品为目标。但在维持其生态系统健康发展的基础上,不排除收获某些自然产品,如出于保持系统健康的目的,对草地的适当放牧或割草,对林木的健康伐除,以及不伤害其群体健康的有规律的狩猎、采摘等。

前植物生产层作为草地农业生态系统的本底,它是自然生态系统在接受人类农业活动干扰以后的剩余部分,即还未被人类活动干扰,或轻微干扰而未伤害其基本结构和功能的部分。这一剩余部分从概念上虽然已经从各生产层中剥离,但它很难绝对处于人类干扰的影响以外。作为草地农业系统的一个层次,其他系统仍然不可避免地经受着农业化过程的间接甚至是直接的某些干扰。例如,其他土地被开垦,一些野生植物、动物将移居前植物生产层,其必然会承受野生动物较大的压力。但无论如何,它更接近草地农业系统本底状态,这里保留了草地农业系统建立以前的、本体系统的最多信息,是认知该生态系统的主要材料,因而弥足珍贵。依据该生产层所蕴含的生态系统的功能特点,可将其归纳为自然保护区、水土恢复区、水源涵养区、生物资源多样性保护区等。其具体功能,将在另外章节专题论述,但这里要明确以下几点。

(1) 它是农业生态系统的4个生产层中的一个,不独立于生态系统之外。

(2) 它是草地农业生态系统的本底,但是已经接受了人类农业活动或多或少地干扰,而不应理解为生态系统的绝对原本面貌。

(3) 前植物生产层尽管接受着人类农业活动的干扰,但它仍然保持了生态系统最本质的特征,因而它具有稳定的、可以辨识的特征。

(4) 前植物生产层的期望产品就是它的生态系统价值本身,只有在保持其基本结构和功能(包括土地、气候、生物资源和它们所表现的景观)的前提下,人们才能加以适当利用。

(5) 前植物生产层具有时空特征。时空是生态系统能流程的要素。前植物生产层就是依照这一能流时空要素维持其稳定和发展的节律的。生态系统管理任务就是保持这一流程在整个生态系统中的健康节律。如前所述,前植物生产层并不能孤立于系统整体之外,前植物生产层应与生态系统整体保持时空同步和协调。

(6) 前植物生产层尽管不以取得产品为目标,但并不是不需要管理。其管理要旨就是保持与生态系统对环境适应性的发展节律,其实质是"不管理的管理"。这种"无为而治”的管理需要在生态系统理解更深的水平上,作出更高的管理水平。目前许多地方将前植物生产层交由旅游部门管理的方式值得商榷。

二、影响前植物生产层的因素

(一) 全球气候变化

全球气候变化是最普遍最直接的影响因素。主要因为湿润度①的变化,影响生态系统的植物学结构,导致初级生产力的变化;进而影响次级生产等一系列食物链的变化;通过植被的改变,影响土壤;土壤与植被的互作,又反馈于生态系统本身,进一步导致生态系统的改变等。综合顺序分类法明确指示了全球气候变化引发的草原发生学关系。

(二) 社会不合理的利用

社会对草地生态系统的利用如果违反科学规律,哪怕这些干预的动机是好的,也往往导致恶劣后果。目前,很多“生态开发”、“生态建设”、“生态旅游”等项目,由于缺乏对生态系统的本质认知,采取了粗暴干预,往往使生态系统难以持续存在。

(三) 人类对环境的认知

过去很长一段历史时期,人类迷恋于“改造自然”,向大自然索取无度。20 世纪中叶以后,人类才逐步建立对生态系统的认知和尊重、人与环境的友好相处的概念。在如此漫长的历史过程中,对前植物生产层的生态意义茫然无知,更不能理解其潜藏的巨大社会效益和经济效益。这自然导致对生态损害的补偿机制长期缺乏,致使前植物生产层伤痕累累,险象环生。

(四) 时空演替

时空演替是任何生态系统的基本规律,它们无不处于不断演替之中。即使不加任何人为干预,它们本身变化也从不停息。我们通常所说的生态恢复,只能是达到生态系统螺旋发展的某一片段,而不是简单恢复原状。那种追求保持原状,甚至恢复原状的管理措施,是徒劳的、无法实现的空想。

三、前植物生产层管理的关键

(一) 保持能流流程模式的基本稳定

任何生态系统,其基本特征都体现在能流和物流的特定流程模式。而能流是物流的载体,因而我们说能流是一切生态系统的驱动力。能流和物流两者之间,能流更能体现生

① 湿润度有多种解释,此处系根据任继周、胡自治的定义:湿润度(k)为全年降水量(r)与年积温($0.1\sum\theta$)之比。

态系统的本质。能流除承担生态系统内部有机物质的积累以外,它还能带动物流的运转。能流可由不同的量纲描述,如流量、流速和流程等。其中,流程是最本质的。生态系统的健康与否,其关键在于流程的有序性。能流的紊乱将导致生态系统的功能失常。能流紊乱到无序的程度时,必将导致生态系统的崩溃。因此,管理生态系统,必须了解并调控能流的有序运行。

(二)生态系统动态的监测

生态系统如前所说,由于多种原因而变动不定,那么要保持其持续发展而不致衰亡,必须进行常规监测。监测内容应从草地农业系统的三大群体因子(生物因子群、非生物因子群和社会生产劳动因子群)入手。至于监测项目,因系统的主客观条件而异。在覆盖上述3个因子群的原则下,监测项目应力求精练、准确、精度适当、监测时间的间距合理。监测的结果要及时反馈,并作出正确诠释。其中,监测项目的选择和监测结果的诠释,尤为关键,也体现管理者的科学素质。

总之,对前植物生产层适度管理是必要的。前植物生产层体现的是系统的本底状况,力求避免人为干扰,其管理方式也不同于一般管理。对于那些在生态系统发展过程中影响过量的因子,或影响日趋衰微的因子应加以局部调控或系统调控,促使其在原有结构和功能的状态下正常运行,以达到与环境相适应的目的。这样的管理,可以称为适应性管理,也就是我们所称的"不管理的管理"。这样的管理往往可以通过较少的投入,收到明显的效果,如猎取某些过分扩张的动物群的适量物种、砍伐某些过分拥挤的林木等。管理的关键应建立在长期、有效的动态监测上。以监测的资料和对它们的正确诠释为基础,作出慎重抉择,并反复核查反馈信息,及时调整。

第二节　前植物生产层生态系统服务概述

一、生态系统服务的概念和意义

生态系统服务(ecosystem services)就是由自然生态系统的生境、物种、生物学状态、性质和生态过程所产生的物质及维持的良好生活环境对人类提供的直接福利。生态系统服务主要包括3个方面:①向经济社会系统输入有用的能量和物质;②接受和转化来自经济社会系统的废弃物;③直接向人类社会成员提供广泛的服务,如人们普遍享用的清洁空气、水等舒适性资源等。传统的经济学意义上的服务,实际上是一种购买和消费同时进行的商品性服务,而生态系统服务只有一部分能够进入市场买卖,大多数生态系统服务是公共品或准公共品,无法进入市场,因此,在市场中很难发现对应的价格。生态系统服务以长期服务流的形式出现,而能够带来这些服务流的生态系统是自然资本(中国科学院可持续发展战略研究组,2003)。

生态系统服务的概念最早由Holdren和Ehrlich(1974)提出。1997年,Cairns、Daily、Costanza等分别出版和发表重要的著作和论文,将生态系统服务这一科学命题的研究推向新的高度。这一时期,我国的一些学者和组织也开展了这一科学领域的研究,取得了不少的科研成果,其中,2000年陈仲新和张新时评估了中国生态系统效益的价值,谢高地等(2001,2003)评估了中国天然草地生态系统服务的价值。生态系统服务的内容广泛而重要,已被全世界生态学、环境学、经济学和资源学等科学领域所重视并成为研究的热点。

二、自然资本

生态系统是生命支持系统,是人类经济社会赖以生存和发展的基础。自然资本是能够带来生态系统服务流的生态系统,更具体些说,就是生态系统在某一时间所具有的自然物质及信息存量。自然资本与人造资本(制造业资本)和人力资本相结合产生人类的福利。零自然资本意味着零人类福利或人类社会的终止(顺便提及:如果以全部土地都未被开垦,并且所有的压力都低于最小临界值状态的生态系统自然资本指数为100,那么据联合国环境规划署2002年报告,包括中国在内的西北太平洋和东亚地区的自然资本指数已经下降至42,澳大利亚、新西兰和南太平洋地区保持在75左右)。载人宇宙飞行和生物圈Ⅱ号实验的高昂代价表明,用纯粹的"非自然"资本代替自然资本是不可行的。人造资本和人力资本都需要依靠自然资本来构建。实际上生态系统服务和自然资本对人类提供的总价值是无限大的,我们的任务是对变动情况下的生态系统服务和自然资本进行评价,以便保证它不被过度破坏而影响人类的生存。

三、生态系统服务的基本特性

生态系统服务有它自己的服务方式和规律,其基本特性可以归纳为如下4点(蔡晓明,2000)。

(一)生态系统服务是客观的存在

生态系统服务不依赖于评价的主体而存在,不是随着人们对它的评价而表现其价值,相反,"它们并不需要人类,而人类却需要它们"。尽管一些生态系统服务的功能和福利可以被人和有感觉能力的动物感知,一些不被感知,但不能说感觉不到的服务就不存在、就没有意义。实际上在人类出现以前,自然生态系统就早已存在,在人类出现以后,生态系统服务的效能就与人类的利益联系在一起。

(二)生态系统服务与生态系统过程密不可分

这是由于服务和过程两者都是生态系统的属性。生态系统中的植物群落和动物群落、自养生物和异养生物的协同关系,以水为核心的物质循环,地球上各种生态系统的共同进化和发展等都充满了生态过程,也就产生了生态系统的功能和服务。

(三)大自然作为进化的整体是产生服务功能的源泉

生态系统是在大自然中不断进化和发展的,在此过程中产生更加完善的物种,演化出更加完善的生态系统。这样的生态系统是有价值的,能产生许许多多的功能和效益。生态系统在进化过程中维护着它产生出来的服务性能,并不断促进这些性能的进一步完善。

它的潜力非常巨大,并趋向更高、更复杂、更多功能和效益的方向发展。

(四) 自然生态系统是多种功能的转换器

在自然进化的过程中,生态系统产生越来越丰富的内在功能。个体、种群的功能是与其在生物群落共同体相联系的。这样,又使它自身的性能转变为集合性能。当绿色植物被植食动物取食,植食动物又被肉食动物所食,动植物死后又被分解者分解,最后进入土壤中。这些个体生命虽然不存在了,但其能量和物质转变成别的动物或者在土壤中储存起来。经过自然网络转换器的这种作用就会不断来回地在全球的部分或整体中运动。

四、生态系统服务的项目

生态系统不仅为人类提供了许多产品,如食品(植物、动物、微生物)、景观(名山大川、森林公园、草原公园等)、动力(风力、水力、畜力等)、娱乐(钓鱼、赛马等)、原材料(建筑材料、医药材料、工业材料等)、燃料(薪柴、化石燃料等)和其他产品(发酵生物、害虫天敌、传粉传种的媒介等),还创造与维持了地球生命支持系统,形成了人类生存所必需的环境条件。1997 年,美国马里兰大学生态经济研究所所长罗伯特 · 科斯坦扎(Robert Costanza)和其他 12 位科学家为了估算全球生态系统服务的价值,将生态系统服务划分为 17 大类(表 4-1)。

表 4-1　生态系统服务项目一览表(Costanza et al. ,1997)

序号	生态系统服务	生态系统功能	举例
1	气体调节	大气化学成分调节	CO_2/O_2平衡,O_3防紫外线,降低SO_2含量
2	气候调节	全球温度、降水及其他由生物媒介的全球及地区性气候调节	温室气体调节,影响云形成的硫化物二甲基硫产物
3	干扰调节	生态系统对环境波动容量、衰减和综合反应	生境对风暴防止、洪水控制、干旱恢复等主要受植物控制的环境变化的反应
4	水调节	水文流调节	为农业(如灌溉)、工业和运输提供用水
5	水供应	水的储存和保持	向积水区、水库和含水岩层供水
6	控制侵蚀和保持沉积物	生态系统内的土壤保持	防止土壤被风、水侵蚀,把淤泥保存在湖泊和湿地中
7	土壤形成	土壤形成过程	岩石风化和有机质积累
8	养分循环	养分的储存、内循环和获取	固 N、N、P 和其他元素及养分循环
9	废物处理	易流失养分的再获取、过多或外来养分、化合物的去除或降解	废物处理、污染控制、解除毒性
10	传粉	有花植物配子的运动	提供传粉者,以便使植物种群繁殖
11	生物防治	生物种群的营养动力学控制	关键捕食者控制被食者种群,顶位捕食者使草食动物减少
12	避难所	为定居种和迁徙种提供生境	育雏地、迁徙动物栖息地、定居物种栖息地或越冬场所
13	食物生产	总初级生产中可用于食物的部分	通过渔猎、采集和农作、畜牧收获的鱼、鸟兽、作物、坚果、水果、乳肉等

续表

序号	生态系统服务	生态系统功能	举例
14	原材料	总初级生产中可用于原材料的部分	木材、燃料和饲料产品等
15	基因资源	独一无二的生物材料和产品的来源	医药、材料科学产品,用于农作物抗虫和抗病的基因,家养宠物和植物品种
16	游憩娱乐	提供游憩娱乐的活动条件	使旅游、钓鱼运动及其他户外游憩活动
17	文化	提供非商业性用途的条件	生态系统的美学、艺术、教育、精神及科学价值

五、草地生态系统服务项目

在 Costanza 等(1997)划分的生态系统服务项目的基础上,将草地在前植物生产层的生态系统服务项目,根据其产品和功能的性质和特点划分为下列 5 个领域,共 14 项。

(一) 大气系统范畴的服务项目

1. 大气成分调节

生态系统服务对大气成分的调节有保持 CO_2/O_2平衡、维持 O_3的数量以防紫外线、降低 SO_x和其他有害气体水平的作用,其中最主要的是保持 CO_2/O_2平衡(图 4-1)。

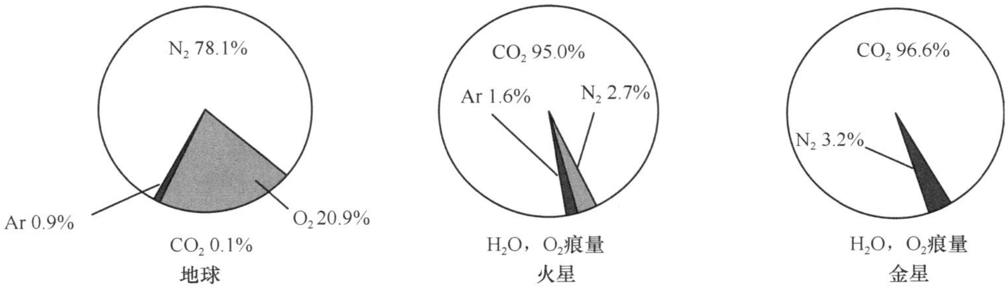

图 4-1　地球、金星、火星大气的气体相对浓度(Margulis and Hinkle,1991)

由于人类活动的影响,大气中的 CO_2浓度已由工业革命前的 280ppm(百万分之一,后同)增加到 20 世纪 90 年代的 350ppm;与此相对应,地球表面的年平均气温在一个世纪以来也上升了 0.6℃。2004 年初,美国科学家在海拔 3342m 的冒纳罗亚气象观测站观测到的数据表明,这里冬天空气中的 CO_2含量最高,徘徊在 379ppm 左右,而一年前为 376ppm。这些科学家指出,近年来大气中 CO_2浓度以每年 3ppm 递增,比过去 10 年的平均升高值(1.8ppm)高出了许多,相对于半个世纪前在此地首次观测时的年平均升高值(1ppm)来说,增速已明显加快(麦永金,2004)。CO_2浓度增加形成的温室效应,是全球气候向不利于人类生存的方向变化的最主要原因。

地球上的动物、植物和微生物在其生命代谢过程中要与大气进行气体交换,它们通过呼吸作用从大气中吸入 O_2,呼出 CO_2,只有植物在进行光合作用时吸收 CO_2,放出 O_2。地球上的植物每年大约向大气释放的 O_2为 2. 7×10^{22}t，使大气中的 O_2/CO_2值达到平衡并保持固定。动物，尤其是人类的正常生命活动需要一个相对固定的 O_2/CO_2值的环境。生态系统中的绿色植物在生物生产中同时调节着大气中 O_2和 CO_2的量，保证生命活动的基本大气成分条件，因此，地球上存在相对固定的植被面积和生物量对人类来说是极其重要的。

除了植物向大气提供 O_2外，生态系统中的植物和土壤生物还把碳储存在其组织中，这一碳存储的过程有助于减缓大气中 CO_2的积累和温室效应的增强。农业生产系统支持较少的植被总量，因而储存较少的碳，然而人类采取的增加生态系统的粮食生产和其他商品的步骤对于生态系统碳存储能力却是净的负影响。

土壤大约储存了陆地 C 总量的 75%。地球上草地储存碳的能力与森林相当(图 4-2，表 4-2)，森林尤其是热带森林的碳储量部位主要在它的地上部分，而草地的碳储量部位主要在地下，因而土壤平均碳密度草地大于森林。例如，南非一个热带稀树草原的土壤有机物的碳储量占其总碳储量(9kg C/m^2)的 2/3。全球草地土壤 C 密度平均为 14. 83kg C/m^2，森林土壤相应为 12. 37kg C/m^2(联合国开发计划署等，2002)。草地土壤 C 密度大，主要是因为草地多分布在干旱和寒冷的气候地区，大多数类型的草地根系密布，地下生物量大于或远大于地上生物量，如高寒草甸的地上与地下生物量之比在 1∶10 以上(胡自治等，1994)。

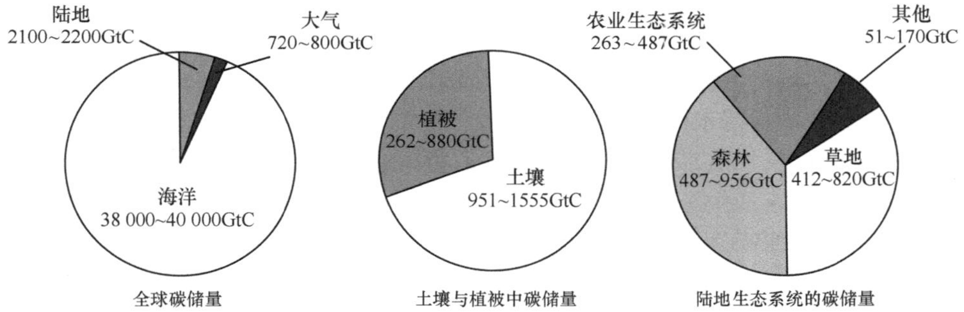

图 4-2　地球碳储量(联合国开发计划署等，2002)

表 4-2　陆地生态系统碳储量及比率(联合国开发计划署等，2002)

生态系统	碳储量/亿 t C	碳储量占陆地生态系统碳储总量的比例/%
草地生态系统	4120～8200	33～34
森林生态系统	4870～9560	39～40
农田生态系统	2630～4870	20～22
其他	510～1700	4～7

草地除对上述 CO_2具有储存的重要功能外，对 N_2O、CH_4也具有重要的储存功能。据 Mosier 等(1991)报道，美国科罗拉多州东北的矮草草原开垦后，N_2O 的释放量较临近的小麦地增加 0. 191kg/(hm^2·年)；与此相反，开垦后的矮草草地土壤对 CH_4的吸收量减少约 50%。德国海德堡大学利用欧洲航天局环境观测卫星 ENVISAT 在 2003 年 1 月至 2004 年 6 月对地球的扫描数据及扫描成像吸收光谱仪绘制的 NO_2浓度图显示，除了欧美的大城

市 NO_2浓度很高外,非洲的 NO_2浓度也很高,其主要原因是非洲的热带稀树草原频繁地被火烧的缘故(曹丽君,2004)。

2. 气候调节

草地和森林一样,可以对温度、降水、湿度、蒸发及其他由生物媒介的全球及地区性气候要素进行调节。植物在生长过程中,从土壤吸收水分,通过叶面蒸腾把水蒸气释放到大气中,提高环境的湿度、云量和降水,减缓地表温度的变幅,增加水循环的速度,从而影响太阳辐射和大气中的热交换,起到调节气候的作用。草地由于有草层覆盖,地面的热交换强度较小,温度较裸地低而稳定,积雪期较长,因而可使近地面大气层和土壤的温度变化较小。草地在促进降水方面还有另外的特殊作用。据 Schnell (1976)报道,草地的植物残体在腐烂以后可产生大量的微粒碎屑,这些肉眼难以看见的微粒散布到天空后,会在云层中形成生物源冰核,这种冰核比无机冰核在形成降水方面有效得多。草地植被繁茂的地方,产生的有机冰核就多,相应地降水也就多。这已被其他人的研究所证实。

3. 干扰调节

干扰调节是指生态系统对环境波动的容量、衰减和综合的反应,如风暴防治、洪水控制、干旱恢复等受植被结构控制的环境变化的反应。

植被参与水的大循环。森林和草地对降水具有截流、吸收、蒸腾等作用,在降水不太多的温带地区,草层的截流量可达到总降水量的 25%。植被破坏会改变局部地区的水分循环过程,大大减少对降水的蓄积和调节功能,造成一系列生态环境恶化问题,江河源草地植被破坏引起的长江洪水和黄河断流就是最明显的事例。

沙尘暴作为严重的生态环境问题和危害极大的气象灾害,早已引起全球性的注意。沙尘暴产生的根本原因之一就是因严重破坏了草原、荒漠尤其是草原的植被,土壤裸露,形成沙尘源,再加上频繁的大风将沙尘从空中吹向很远的地方而造成大面积的严重灾害。美国、哈萨克斯坦、中国,萨赫勒地区等的沙尘暴都是因此原因而产生,其沙尘源都是被开垦和过度放牧而受到严重破坏的草原和热带荒漠草原。治理风沙的方法和措施很多,对于由破坏草原而产生的风沙来说,治理风沙首先要从保护和建立以草灌为主,草灌乔相结合的植被为主的工作入手。草地植被抗风沙的作用主要有以下几点。①草原和荒漠植被低矮,每丛植株的背风面都能阻挡留下很多的流沙,能有效降低近地面的风沙流动。例如,甘肃民勤县没有植被的沙地,每年断面上通过的沙量平均为 $11m^3/m$,在盖度为 60%的有草地过沙量只有 $0.5m^3/m$,只占前者的 1/22。②减少和避免土壤破碎和吹蚀。③形成结皮,促进成土过程。风沙地区的干旱草地植被,通过降尘、枯枝落叶、分泌物、苔藓地衣等的作用,地面逐渐形成结皮,流沙成土过程加强,地表日益变得紧密,抗风沙能力就会增强。

草原植被是由耐干旱的植物群落形成的,对干旱的干扰具有很强的适应性,它可以在长期的干旱之后重新恢复生机而不死亡。例如,我国北方的草原植被经常要遭受春旱,有时到七八月才有第一次降水,然而,草地却可以在降水之后就立刻返青生长,这种抗旱能力是森林所不及的。

沼泽的草根层和泥炭层具有很高的持水能力，有助于一定区域内水的稳定性。巨大的水面有助于调节气候，增加空气的湿度，防止环境趋于干旱、形成旱灾。

（二）水系统范畴的服务项目

草地在水系统利用的服务主要是水文流的调节，如水源涵养、水资源供应等。草地的植物和土壤可以吸收和阻截降水，延缓径流的流速，渗入土中的水通过无数的小通道继续下渗转变成地下水，构成地下径流，逐渐补给江河的水流，起到了水源涵养的作用。具有大量苔藓的高寒灌丛草甸，植物的截流、持水量和土壤吸收水分的能力很强，在融冰期不断有水渗出，表现了很高的水源涵养能力（张德罡，2003）。沼泽具有很高的持水能力，是巨大的蓄水库，能够削减洪峰的形成和规模，为江河和溪流提供水源。我国的大江大河大都发源于高山地区的草甸和沼泽，就是草地这一生态功能的最好说明。甘肃甘南藏族自治州玛曲县土地面积 1.02 万 km^2，其中 82.27% 的土地是高寒草甸和高寒沼泽，是黄河上游重要的水源补充地。黄河在玛曲县入境时的流量为 38.9 亿 m^3，流经 433km 的第一曲出境时，水量达到 147 亿 m^3，也就是说，黄河的水量在玛曲段的流量增加了 108.1 亿 m^3，约占黄河源区总流量（184.13 亿 m^3）的 58.7%，由此可见，玛曲草地水资源的巨大供应能力（洛桑·灵智多杰，2005）。

湿地型草地植被能减缓地表水流速，使水中泥沙得以沉淀、各种有机和无机悬浮物和溶解物被截留，不仅具有水源涵养能力，而且还有净化水质的作用。

（三）土壤系统范畴的服务项目

1. 土壤形成和维持土壤功能

草地在土壤形成和维持土壤功能上的作用是在生态系统内促进岩石风化和有机质积累；保持水土，防止土壤风蚀和水蚀；保持和提高土壤的生态功能。

岩石在生物作用下的风化称为生物风化。岩石上的微生物都产生 CO_2，硝化细菌产生硝酸，硫细菌产生硫酸，这些微生物的代谢产物导致岩石风化。在低温干燥的草原区，生物风化具有重要的意义，如蓝绿藻、地衣使岩石表面变得疏松，成为成土母质，随着植物生长和有机质的积累，成土母质逐渐成为土壤。

草地植被的根系和凋落物给土壤增加有机质，形成团粒，改善土壤结构，增强成土作用，提高土壤肥力，使土壤向良性的方向发展。

草地生物是土壤的改良者。草地土壤中有数量极多、生物量很大的土壤微生物和土壤动物（表 4-3）。草地在良好的保护和科学的利用条件下，植物、土壤动物和微生物的遗体和排泄物可以使土壤有机质不断积累，提高有机质含量。土壤微生物和土壤动物是草地生态系统中的分解者，它们使有机质粉碎、腐烂和分解，成为植物可利用的矿质化状态。草原和草甸土壤的有机质一般高于森林土壤，如草原的黑土、黑钙土、暗栗钙土，稀树草原的燥红土，草甸的草甸土、高山草甸土，沼泽的沼泽土等有机质含量都在 4% 以上，高山草甸土和沼泽土的有机质甚至在 10% 以上。草地土壤有机质的不断积累和分解，使草地不同土壤类型的理化条件相应地达到最优，肥力相应地达到最高，生态功能相应地达到最强。

表 4-3 草原上层 $1m^2$ 土壤中微生物和土壤动物的数量及其生物量(蔡晓明,2000)

生物名称	数量/个	生物量/g
细菌	1×10^{15}	100.0
原生动物	5×10^{6}	38.0
线虫	1×10^{7}	12.0
蚯蚓	1000	120.5
蜗牛	50	10.0
蜘蛛	600	6.0
长脚蜘蛛	40	0.5
螨类	2×10^{5}	2.0
木虱	500	5.0
蜈蚣及马陆	500	12.5
甲虫	100	1.0
蝇类	200	1.0
跳虫	5×10^{4}	5.0

2. 养分获取和循环

在草地生态系统内,养分的获取和循环包括固氮,氮、磷和其他元素及养分的获取、储存和内循环,易流失养分的再获取等。

生态系统中的生命活动所必需的元素有 30~40 种,C、H、O、N 称为基本元素,P、K、Ca、Mg、S、Na、Cl、Fe 等称为大量元素,Cu、Zn、B、Mn、Mo、Co、Se、I、Ni、Cr、F、Sn、Si、V 称为微量元素。这些元素从不同的途径进入土壤后,土壤中带负电荷的颗粒可以吸附交换这些营养元素并将它们储存起来,以供植物不断吸收利用;反过来说,如果没有土壤微粒,营养物质将很快流失。与此同时,土壤还作为人工施肥的缓冲介质,将营养物质离子吸附在土壤中,供植物在需要时释放。

草地的固氮主要有非共生微生物固氮和共生微生物固氮两个途径。前者为许多种细菌、放线菌、真菌、酵母菌等的遗体增加土壤中的氮,好气型的固氮菌(*Azotobacter*)、厌氧型的梭菌(*Clostrdium*)能直接将空气中的氮合成蛋白质,蓝绿藻能使空气中的氮与氢结合供植物利用,非共生微生物的固氮量为 22~56kg/(hm^2·年)。后者是一些与豆科植物共生,在豆科植物根瘤内生活的根瘤菌,在钼的催化下和一种特殊形态的豆血红蛋白的参与下将分子氮同化为有机氮供给豆科植物利用,栽培的豆科牧草固氮量为 56~670kg/(hm^2·年)。草地农业生态系统中豆科植物根瘤菌的固氮,反刍家畜瘤胃微生物将无机氮转化为有机氮,是草地生态系统中特有的联系在一起的两个重要固氮机制,它比农田生态系统和森林生态系统有更高的固氮和氮转化效率。

在生态系统中因为各种营养元素各有各的作用,而且被不同的化学键牵制,因而每种营养元素都沿着它自己特有的途径前进和进行循环。草地农业生态系统由于有家畜的放牧,粪尿排泄物,草畜产品和活畜的运出等特殊的影响,它们能够改变元素循环的途径和因养分分解而释放的元素比率,通过长循环的途径使元素返回草地。在长循环中家畜通过采食、咀嚼、消化,将植物体粉碎、变小,使其容易分解,加速物质循环的速率。如果没有草食动物的采食或采食很少，植物的养分就直接淋溶到土壤中，或以死的植物有机物经过分解，使元素以短循环的途径回到土壤中。

3. 废物处理

草地生态系统可以将过多的和外来的养分、化合物去除或降解，从而解除毒性，控制和消除污染。

草地的植物和微生物在自然生长过程中，能够吸附周围空气中或水中的悬浮颗粒和有机与无机化合物，并把它们吸收、分解、同化或者排出。动物则通过采食对活的或死的有机物进行机械的粉碎和生物化学的消化分解。草地的生物在生态系统中进行新陈代谢，通过摄食、吸收、分解、组合，并伴随着氧化、还原作用，使化学元素进行不断的、各种各样的化合和分解。在不断的这种作用过程中，改变了外来物质的性状、构造，保证了物质的循环利用，有效地防止了生态系统内部的或外来的物质过度积累所形成的污染。同样，有毒物质经过空气、水和土壤中生物的吸收和降解后得以消除或减少，从而控制和消除环境的污染。

（四）生物系统范畴的服务项目

1. 传粉与传种

自然界的大多数显花植物需要动物传粉才能受精、结实和繁衍后代，促进种群的繁荣。植物靠动物传粉是互惠共生的一种特化形式，是人工所不能代替的。在已知繁殖方式的 24 万种植物中，大约有 22 万种植物需要动物帮助传粉，70% 的农作物和牧草需要动物传粉（表 4-4）。如果没有动物的传粉不仅会导致农作物和牧草大幅度减产，还会导致一些物种的灭绝。何亚平和刘建全（2004）的研究表明，青藏高原的高寒草甸植物麻花艽（*Gentiana straminea*）由于不具有无融合繁殖及克隆繁殖的能力，因此昆虫的传粉保证了它的有性繁殖和生存。

表 4-4　世界开花植物的授粉者及授粉植物数量（Buchmann and Nabhan，1996）

授粉者	估计授粉植物物种数量	占授粉植物物种的百分比/%
风	20 000	8. 30
水	150	0. 63
蜜蜂	40 000	16. 60
膜翅目昆虫	43 295	18. 00
蝴蝶/蛾	19 310	8. 00
双翅目昆虫	14 126	5. 90
甲虫	211 935	88. 30
牧草虫	500	0. 21
鸟类	923	0. 40
蝙蝠	165	0. 07
所有哺乳动物	298	0. 10
所有脊椎动物	1 221	0. 51
总计	351 923	—*

* 百分比之和不等于 100，因为授粉由不止一种授粉者完成

参与传粉的动物主要是野生动物,有 10 万种以上,从蜂、蝇、蝶、蛾、甲虫和其他昆虫,到蝙蝠和鸟类。传粉动物物种和种群数量的减少都会对农林草业生产带来巨大的损失。

动物传粉对植物生长非常重要,有些植物必须有动物的活动才能完成种子的扩散。例如,依靠蚂蚁传种的有花植物达 60 科 3000 种以上,而且这个数目仍在不断增加之中。鸟类的羽毛、脚趾和脚蹼,可把植物种子传播到数千千米以外的地方。美国白皮松(*Pinus albicaulis*)依赖星鸦将种子从松果中嗑出来,然后埋到别处,否则种子留在松果内,难以到达土壤中(盛连喜等,2002)。另有报道称,放牧的奶牛每天排出的粪便中有车前(*Plantago asiatica*)种子 8.5 万粒,母菊属(*Matricaria*)植物种子 19.8 万粒,奶牛粪堆成为这两者植物种子的集散地(联合国开发计划署等,2002)。

动物在为植物传粉传种的同时,也取得了自身生长繁殖所需要的食物和营养,因此,在长期的作用中,植物与传粉传种的动物之间形成了协同进化(coevalution)的关系。

2. 基因资源

具有种类极为丰富的生物是地球与其他星球的最大区别,生物的基因资源是地球最宝贵的财富,地球丰富的基因资源形成了生物多样性。生物多样性是生态系统生产和生命服务的基础和源泉,是维持生态系统稳定性的基本条件。生物多样性可以直接提供产品,如野生物种、药用植物、旅游资源为繁殖提供基因物质。草地的生物多样性仅次于森林,草地丰富的基因资源为人类提供了许多独特的生物材料和产品。据估计,地球上共有 1300 万种生物(U. N. Environment Program,1995)。每个物种都对生命和生态系统有独特的贡献。人类历史上大约有 3000 种植物被用作食物,几乎所有的谷类作物(玉米、小麦、燕麦、稻子、大麦、谷子、糜子、黑麦和高粱)都源自草地(联合国开发计划署等,2002)。绝大部分的栽培优良饲用植物品种来自草地。草地是有蹄类的故乡,几乎所有的家养草食畜禽(马、牛、牦牛、绵羊、山羊、骆驼、羊驼、驯鹿、鹿、猪、兔、鹅、鸵鸟等)都原产草地。

今后人类在培育新的医药和工业材料,新的农作物和家畜新品种时,草地仍是特殊性状的物种和基因的提供者。

3. 生存和避难场所

草地为植物提供从炎热到寒冷、从干旱到潮湿的生境,因而草地是面积最大、生存条件幅度最广的植物生境和动物栖息地。作为生物学上重要的植物和动物群的生境,据世界资源研究所的研究,草地占世界公认的植物生物多样性中心的 19%,特有鸟类区域(在相对较小的繁殖范围内包含两种以上的特有物种系列的区域)的 11%,具有显著生物特色的生态区域的 29%(White et al.,2000)。草地还为一些迁移动物(如天鹅、大雁、野鸭等水禽)提供特殊要求的育雏地和越冬场所。此外,山地草地为那些丧失了在平地和低地生境和栖息地的植物和动物提供了避难或庇护场所,使其免于灭绝。

4. 生物控制

天然草地生态系统中作为生产者的各种草本植物,主要通过作为食物与作为消费者的大小不同的植食性动物,进而与肉食性动物发生关系,这种关系以食物链和食物网的形式将各种植物与动物、动物与动物联系成为一个整体。食物网把生物与生物、生物与周围的环境成分连接成一个网状结构，网络上的各个环节彼此牵连，相互依赖，维护了生态系统的平衡。如果食物网上的某个环节发生障碍，则可以通过网络结构，由其他部分得到调节，起着自我调节的作用。例如，当草原上的鼠类由于传染病的流行而大量死亡后，依靠鼠类为生的鹰类只能面临饥饿的危机，但这却是暂时的现象，因为鼠类的数量减少之后，草类就会繁茂起来，给兔类提供了良好的繁殖环境。而野兔的大量增加给鹰类提供了新的食物源，鼠类被捕食的危险减少之后，就会逐渐恢复到原有的数量，使草原重新达到原有的状态和平衡。

从草原管理的角度看，在游牧状态下，冬春牧草不足，家畜因营养的原因而死亡，数量减少，从而维持草原生态平衡，以免草原彻底被破坏；在现代经营的条件下，当牧草不足时，经营者采取的最好办法就是将多余的家畜移出草地，避免牧草和家畜都受到损害。

现代的农作物和牧草生产多采用机械化、单一品种制、大量施用化肥和农药的方法。由于施用化肥和农药的方法简便、效果迅速，人们对化肥和农药的依赖性越来越强。农药在杀伤有害生物的同时，也杀灭了它们的天敌和有益生物，造成环境污染，引起人畜中毒和死亡，破坏了生态系统和谐的构建，导致病、虫、鼠、杂草的猖獗和更大的危害。由于食物链的存在，有害生物总要受到天敌的控制。据估计，农作物和牧草潜在的有害生物中，有99%的种类可以利用自然天敌得到有效控制，如1888年美国从澳大利亚引进澳洲瓢虫(*Rodolia candinalis*)以防治柑橘吹棉蚧(*Icerya purchasi*)的危害，从而挽救了年轻的加利福尼亚州的柑橘业，至今澳洲瓢虫在当地定居，建立了种群，控制作用已持续了一个世纪。我国广东于1957年在木麻黄(*Casuarina equisetifolia*)上释放瓢虫百余头，至今很好地控制了吹棉蚧的危害。古巴将生物控制作为农业革命的重要内容之一，他们用饲养的寄生蝇(*Lixophaga diatraeae*)防治甘蔗钻心虫；释放食肉蚁(*Pheidole megacephala*)控制番薯象鼻虫(*Cylas formicarious*)，有效率达99%；使用土壤细菌苏云金芽孢杆菌(*Bacillus thuringiensis*)制成的商品杀虫剂控制牧草、玉米等作物的鳞翅类害虫(联合国开发计划署等，2002)。因此，生物防治不仅有着广阔的前景，而且也是必须要走的一条科学的道路。

(五)文化与旅游范畴的服务项目

1. 游憩和娱乐

人与自然相互依存，生物多样性越多，生命进化的层次越高，社会发展越进步，这种依存关系就越强。长期单纯的城市环境和单调的室内生活，往往使人情绪低落、对外反应迟钝、性格扭曲与畸形，最终影响健康，降低生活质量和工作效率。如果离开长期生活的相对封闭的狭小环境到大自然中游憩和娱乐，可以得到美学和精神的满足，可以达到求美、求乐、求新、求放松、求健康、求知识等多种多样的目的。在大自然中游步换景，情景交融，可以获得德、智、体、美等多种效益。

草原和森林一样，能为人类最大限度地提供户外游憩和娱乐的特殊景观和绿色条件。草原游憩和娱乐包含观光旅游、度假休闲、科考探险3大部分。在草原上人们可以观光、疗养、漫步、骑乘、开车、爬山、游泳、划船、漂流、滑雪、滑冰、狩猎、钓鱼、观赏野生动物、探险、考察、参观宗教和庆典等多种游憩和娱乐活动(胡自治，2000)。

草原的游憩和娱乐资源丰富，全世界可供生态旅游的667个较大的自然保护区中，有一半是草地。草原具有美妙绮丽的自然风光,独特奇异的风俗人情,还有碧蓝的天空、灿烂的阳光、清新的空气、无垠的绿地。亚洲青藏高寒草原的藏羚羊、非洲热带稀树草原的角马、北美普列里草原的野牛、北极冻原地区的驯鹿,它们成千上万头的大群远距离迁徙,是世界上最宏伟、最雄壮、最自然、最令人激动的景象,这些都是只有草原才能给予人们的极大的精神和物质享受的情景和财富。

草原的游憩和娱乐服务可以产生很大的经济价值。拥有大面积草原的国家,旅游人数和旅游业收入的增长,显示了草原旅游业重要的经济意义。1987~1997 年,第三世界的一些国家从国际旅游的收入(从国外游客的身上所获的收入)大幅度增长,如坦桑尼亚的国际旅游收入增长了 14.41 倍,加纳和马达加斯加的国家旅游收入增长了 8 倍。当然,并不是所有的国际旅游收入的增长都来自草原旅游业,但上述非洲国家(包括肯尼亚)的热带稀树草原及其野生动物显然是最受欢迎的旅游项目。坦桑尼亚狩猎旅游产业的总收入 1992~1995 年平均为 1390 万美元,较 1988 年增加了 3 倍;津巴布韦的狩猎旅游产业的总收入 1984 年约为 300 万美元,到 1990 年也增加到 3 倍,达到 900 万美元(Honey,1999)。世界旅游业正在快速发展,生态旅游是旅游业最富活力和激情的部分,因此,游憩和娱乐今后将成为草原生态系统最重要的经济服务项目之一。

2. 文化艺术

自然生态环境深刻地影响着美学趋向、艺术创造和宗教信仰。自然是人的精神上高层次追求和发展的主要源泉。人类对自然的好奇心是科学技术发展的永恒动力。对大自然的崇拜和敬畏是宗教产生、发展和传播的无形力量。草地生态系统产生和养育了文化精神生活的多样性。

草原对人类的进化和文明发展具有特殊的贡献。首先,人猿从森林的树上下来到草原上直立行走,解放了手,使用工具,因而进化为现代人的祖先——直立行走的智人。据 2004 年法国《科学与生活》报道,190 万年以前出现的智人是第一种能够直立行走和长距离奔跑的人,他们生活在热带稀树草原,由于离开了阴湿的森林,人类进化的另一表现(毛发的退化也可能就是从智人开始的)。其次,由于草原便于牧业和农业生产——草地可以直接放牧家畜,垦草较垦林容易,因此,世界上的古代文明大多起源于大河两岸的草原和森林草原。地球上的许多重要的流域是草地生态系统分布的地区,如亚洲的黄河、幼发拉底河、底格里斯河、恒河,非洲的尼罗河、赞比西河、奥兰治河、尼日尔河,北美洲的科罗拉多河、格兰德河,南美洲的拉普拉塔河-巴拉那河等,草地占这些流域土地面积的一半以上,世界和各大洲著名的古代文明就起源于这里,如中华民族的黄河文明、美苏尔人的两河文明、埃及人的尼罗河文明和印度人的恒河文明等。

在漫长的文化发展过程中,草地独特的自然环境、动植物特点和生产条件,塑造了各游牧民族的特定习俗,生产、生活方式及性格特征等,从而形成各具特色的地方文化和民族文化。从这一点讲,草原是世界文明多样性的产生地和保护地。例如,生活在青藏高原的藏族人民,他们在高寒草原的环境下,形成了淳朴善良、乐天吃苦的民族性格;他们以放牧为生,对草原有着深厚的感情,对草原很少挖掘,也不随便攀折一草一木;他们在长期的放牧生产和藏传佛教传播影响的过程中,不滥猎野生动物,不捕食鱼类,养成了珍视自然、爱护生灵,与大自然和谐共处的生态伦理道德。青藏高寒草原的自然环境深刻地影响着藏族人民的美学趋向和艺术创造，在与佛教思想的自然结合下，他们创造了独具特色的包括建筑、雕塑、绘画、音乐、舞蹈和运动等在内的文化和艺术，成为世界文明的一朵奇葩。

草原作为世界一些宗教的起源地，或是举行盛典、祭祀、朝圣等文化活动的重要地点而获得保护。例如，我国牧区的寺院和宗教圣地附近的草原得到了很好的保护；美国大草原的许多地方由于是印地安人和当地移民的宗教、庆典和历史上的产生地或活动场所，才未被开垦而很好地保存了下来(Williams and Diebel，1996)。

第三节　前植物生产层生态系统服务价值评价原则

一、生态系统服务的价值分类

(一) 直接利用价值

直接利用价值主要是指生态系统产品所产生的价值，它包括食品、医药及其他生产原料、景观娱乐等带来的直接价值。直接使用价值可用产品的市场价值法来估计。

(二) 间接利用价值

间接利用价值主要是指无法商品化的生态系统服务功能，如维持生命物质的生物地化循环与水文循环，维持生物物种与遗传多样性、保护土壤肥力、净化环境、维持大气化学的平衡与稳定等支撑与维持地球生命支持系统的功能等。间接利用价值的评估常常需要根据生态系统功能的类型来确定，通常有恢复和保护费用法、替代花费法等。

(三) 选择价值

选择价值是人们为了将来能直接利用与间接利用某种生态系统服务功能的支付意愿。例如，人们为将来能利用生态系统的涵养水源、净化大气及游憩娱乐等功能的支付意愿。选择价值又可分为3类，即自己将来利用；子孙后代将来利用，又称之为遗产价值；为别人将来利用，也称之为替代消费。

遗产价值是为后代保留使用价值和非使用价值的价值，可分为两方面：当代人为了将某种资源留给子孙后代而自愿支出的费用和因受益于某种资源存在的知识而产生的效益或知识。

(四) 存在价值

存在价值亦称内在价值，是人们为确保某种生态系统服务功能能继续存在的支付意愿。存在价值是生态系统本身具有的价值，是一种与人类利用无关的经济价值。换句话说，即使人类不存在，存在价值仍然有，如生态系统中的物种多样性与涵养水源能力等。存在价值是介于经济价值与生态价值之间的一种过渡性价值，它可为经济学家和生态学家提供共同的价值观(欧阳志云等，1999a)。

二、生态系统服务价值评价的基本原则

生态系统服务对维持人类生存的重要性已得到了科学家们的广泛重视,但我们所面临的主要的问题包括:到底有多么重要;在怎样的时空尺度上;若它们在一定程度上是可替代的,那么人类能力的极限是什么;在多大的应力水平上它们将转变为其他状态(生态系统健康的阈限)等。所有这些问题要求我们要充分认识和模拟相互关联的人类和自然的协同进化系统,对这些问题的回答也许不是完全科学的。此外,以未来观点和社会目标定义的决定哪些是收益哪些是代价的“度”的本身也在发展和变化。因此,要评价生态系统服务的价值,我们必须考虑一个更大的目标集,在考虑传统的经济目标效率的同时,还要考虑生态可持续性(ecological sustainability)和社会公正性(social fairness)。

价值首先是指一个项目为满足一个特定目标所做的贡献。Daily(1992)给出了在持续发展“生命支持系统”内的管理经济系统的3个大的目标是:①确定和保证人类在生物圈内活动的尺度或量是生态可持续的;②在人类的当代和后代之间、人类和其他物种之间公正地分配资源和产权;③有效地分配由以上①和②所定义的资源,包括市场和非市场资源,特别是生态系统效益。

特殊形态的自然资本和生态系统服务价值的变化会改变维持人类福利的成本或利益。由于现在所采用的栖息地、食物生产、原材料等评价项目都涉及几个生产层。那种“纯天然”的“自然体”生态系统,现在几乎很难找到了,因此不同的生态系统应该有它各自的评价体系,如草地的,应该有不同的内涵。加之,生态系统服务的表达依赖于具体的生态系统,只有对具体生态系统的了解程度的不断完善,才能促进对整体生态系统服务的理解。并且不同的生态系统有其自身的功能和效益,功能效益的大小不仅与生态系统类型有关,而且与其自身质量等级密切相关,如草地生态系统,其质量与植被盖度和生境状态密切相关。

三、生态系统服务价值的评价方法

Costanza等(1997)在测算全球生态系统服务价值时,首先将全球生态系统服务分为17类子生态系统,然后根据生态经济学、环境经济学、资源经济学的综合方法,采用或构造了物质量评价法、能值分析法、市场价值法、机会成本法、影子价格法、影子工程法、费用分析法、防护费用法、恢复费用法、人力资本法、资产价值法、旅行费用法、条件价值法等一系列方法,分别对每一类子生态系统进行测算,最后进行加总求和,计算出全球生态系统每年能够产生的服务价值。他们计算出全球生态系统服务每年的价值为160 000亿~540 000亿美元,平均为330 000亿美元。330 000亿美元约为1997年全球国民生产总值(GNP)的1.8倍,可见全球生态系统服务价值之巨大。下面对几种计算方法的原理进行简单的介绍。

(一)市场价值法

市场价值法是指对有市场价格的生态系统产品和功能进行估价的一种方法,通过市

场来体现生态系统服务的价值。这种方法是在估算中最常使用的,也是最简单的方法。但是这种方法只适用于有市场价格的生态系统产品或服务,对于没有市场价格的服务只能通过其他方法进行转化才能适用,另外,还要结合考虑一系列经济指标,因此使用时常常受资料限制(辛琨和肖笃宁,2000)。

(二) 边际机会成本法

边际机会成本是由边际生产成本、边际使用成本和边际外部成本组成的。机会成本是指在其他条件相同时,把一定的资源用于生产某种产品时所放弃的生产另一种产品的价值,或利用一定的资源获得某种收入时所放弃的另一种收入。对于具有稀缺性的自然资源和生态资源而言,其价格不是由其平均机会成本决定的,而是由边际机会成本决定,它在理论上反映了收获或使用一单位自然和生态资源时全社会付出的代价(辛琨和肖笃宁,2000)。

边际机会成本法主要针对自然资源,在核算时既考虑使用者本人开发资源所付出的代价,也反映了资源开发对他人的影响及后代由于不能使用该种资源所需付出的代价,比较客观全面地体现了某种资源系统的生态价值。但这种方法只适用于稀缺性的生态类型,而且涉及的条件比较多,不易操作(辛琨和肖笃宁,2000)。欧阳志云等(1999b)对草地采用牧业生产机会成本,估算我国草地由于每年土壤侵蚀减少的土地面积的经济价值为16.81亿元。

(三) 费用支出法

费用支出法是用以生态系统服务功能的消费者所支出的费用来衡量生态系统服务价值的方法。这种方法常用于对旅游文化娱乐功能的估算,通过旅游者在旅游活动中交通、观赏、食宿等方面的花费,对生态系统的游憩功能进行评估。由于受许多社会因素的影响,这种方法并不能真正反映旅游者对于旅游区的支付意愿,而且这种方法也只适用于游客较多的地区(辛琨和肖笃宁,2000)。

(四) 条件价值法

条件价值法适用于缺乏实际市场和替代市场交换商品的价值评估,是公共商品价值评估的一种特有的重要方法,它能评价各种生态系统服务功能的经济价值,包括直接利用价值、间接利用价值、存在价值和选择价值。

对于公共商品而言,因公共商品没有市场交换和市场价格,因此支付意愿的两个部分(实际支出和消费者剩余)都不能求出,公共商品的价值也因此无法通过市场交换和市场价格估计。目前,西方经济学发展了假设市场方法,即直接询问人们对某种公共商品的支付意愿,以获得公共商品的价值,这就是条件价值法。

条件价值法属于模拟市场技术方法,它的核心是直接调查和咨询人们对生态服务功能的支付意愿,并以支付意愿和净支付意愿来表达生态服务功能的经济价值。在实际研究中,从消费者的角度出发,在一系列假设问题下,通过调查、问卷、投标等方式来获得消费者的支付意愿和净支付意愿,综合所有消费者的支付意愿和净支付意愿来估计生态系统服务功能的经济价值。但是由于这种方法的不确定因素较多,偏差较大,因此它不能准确地进行评价,只能得到一定的趋势和价值范围(欧阳志云等,1999a)。

(五) 替代花费法

替代花费法是用可以进入市场交换的物品替代无法进入市场的环境效益或服务价值,为没有市场价格的因素定价的方法。但是有一些服务功能是无法替代的,因此这种方法有一定的局限性(欧阳志云等,1999a)。欧阳志云等(1999b)用碳税法评估中国草地生态系统每年固定 CO_2 的总经济价值为 21 320 亿元;并根据有关统计资料,在 1985~1999 年,我国化肥平均价格为 2549 元/t,以此价格估计我国草地生态系统每年在固定氮、磷、钾等营养物质的循环中的作用创造的间接经济价值为 1360 亿元。

(六) 生产成本法

根据生产某种生态功能的产品成本进行定价的方法,或对某些可再生资源进行定价的方法。欧阳志云等(1999b)按造林成本法计算,我国草地生态系统每年固定 CO_2 的总经济价值为 4468 亿元;每年释放 O_2 的间接经济价值为 16 410 亿元。

(七) 影子工程法

以人工建造一个工程来替代原来被破坏的生态功能的费用,并进行功能估算的方法。欧阳志云等(1999b)按工业制氧影子价格法估计,中国草地生态系统每年释放 O_2 的间接经济价值为 19 535 亿元。

(八) 恢复和保护费用法

根据保护和恢复某些生态功能所需费用而进行的生态功能的评价,即:当某一生态系统遭到破坏后,恢复到原来状态所需的费用;或者为确保某一生态系统不被破坏的费用。以此来评价生态系统的价值,在对不同生态系统服务功能进行价值估算时,应针对生态系统的类型,对人类生产生活提供不同服务的类型来选择不同的估算方法(辛琨和肖笃宁,2000)。

由于对生态系统服务的项目分类、不同生态服务价值的重要性及权重的确定、价值评估方法的运用等诸多方面的不同认识和分歧,对同一生态系统的各种服务或生态系统的某一种生态服务的价值评估研究结果差别很大。一个重要原因是评估理论和方法还很不成熟和不标准。如果在生态系统服务的价值核算的理论完善与经济技术方法的标准化方面不能实现突破的话,就不可能有一个公认的标准评估结果,也就不可能实现生态-环境-经济的综合核算。因此,研究非市场化的生态系统服务的合理分类、生态系统服务的量化方法、数据标准化、完善生态系统服务价值评估的经济技术方法体系及提出符合生态系统服务价值评估要求的数据统计体系要求等是亟待解决的问题(张志强等,2001)。

四、草地前植物生产层的生态系统服务评价原则

生态系统功能是生态系统本身的存在所具备的基本性质,不以人的存在而存在,只是在人类干扰后而发生一定的胁迫反应。生态系统服务是生态系统功能的表现,代表着人类直接和间接地从生态系统中得到的利益。生态系统功能是生态系统服务的基础,生态系统服务的每一形式都有生态系统功能做支撑。草地生态系统功能的量和质的变化是具有价值的,它们改变了与人类活动相关的成本和收益,这些成本和收益的变化通过市场和非市场的活动对人类福利产生影响。

(一) 草地生态系统的发生因素

草地生态系统是一种资源。这种生态系统资源具有农业生产性质,即是农业生态系统之一。草地生态系统资源由社会(人文)因素、生物因素和非生物因素三者构成。在这里人文因素显然起着不可代替的作用。正是人文因素把草地生态系统这一自然体转化为草地资源,赋予草地以资源的属性。草地生态系统的评价可能就是对这些因素和因子之间的关系的测度(过程的测度量和最终的测度量)。目前,对生态系统服务与自然资本的价值只能评估而难以准确确定的一个重要原因是人们对生态系统的复杂结构、功能和过程及生态过程与经济过程之间的复杂关系等还缺乏准确的定量认识,生态系统的各种服务价值的定量化及各组成部分之间的可加性等仍存在问题。这需要理论推导,也需要实验测度(包含依据前人的实验资料加以归一化处理)。显然其工作量是巨大的。而人文因素的干预将为我们带来困难,也提供创新机遇。

(二) 草地前植物生产层生态系统服务价值评价的关键因素

草地前植物生产层的生态系统服务价值可分为两类。一类具有可交换性的价值,表现为市场价值。另一类不具交换性的价值,即非市场价值,该价值需要异化为市场价值,这需要解决以下 6 个方面的关键问题:①市场价值的时空稳定性、可比性如何表达;②非市场价值异化为市场价值的客观性如何保证;③市场价值与非市场价值的转换方式与比率如何合理确定;④科技、生产、人文生活水平的变化使资源的价值不断发展,此种动态如何量化;⑤草地生态系统服务价值的时空尺度和尺度转换;⑥生态系统的临界非线性或阈值。

现在见到的评价系统,在这一方面似乎没有充分体现。生态系统的服务功能评价应该是可以分层计量的,但生态系统的整体应该是各个生产层的综合,而不是简单累加。

(三) 草地前植物生产层生态系统服务价值评价的前提——生态系统的健康状态

在社会-经济-生态系统中,草地作为一种自然资本与科技水平、劳动力资本等有很大的关系。作为一个生态系统,它的服务功能的实现是有一个阈限的,当低于这个值时系统就会崩溃。如果草地生态系统的健康水平受到损害,生态系统的服务也将减弱甚至消失。

例如,一个受损的草地生态系统会出现过分的侵蚀、肥力丧失、荒漠化、某些物种非经常性的数量大爆发或莫名其妙的局域性灭绝等(Leopold,1941)。在过去很长一段时间内人类并未意识到生态系统服务对人类生产和生活的重要性,主要是人类活动对生态系统的影响仍然在生态系统健康范围之内,生态系统服务没有衰退,而随着人类影响的加剧,许多生态系统的健康受到侵害,服务功能下降,从而反过来影响到人类的生存和发展(阎水玉和王祥荣,2002)。因此,我们评价的前提应是保持生态系统的健康状态下的评价,其包含的意义是:保持生态系统本身特征的基本结构或不断完善;保持生态系统本身的基本功能或不断提高;生态系统所处的环境因素与生态系统保持稳定和谐(不产生或少产生有害物质,或导致某些有益的后果)的趋势。

总之,评价应根据生态系统的健康指标,不同的健康状态有不同的价值。目前我们所见到的评价体系似乎在这一方面不够全面和完善。

第四节　前植物生产层生态系统服务价值评价

一、生态系统服务的价值

地球上不同类型和不同大小的生态系统都是生命支持系统,对人类的生存和生活作出了巨大的贡献。人们早就试图利用各种方法来估算它的价值,但是,由于生态系统的复杂性和不确定性,困扰着这项工作的进行。直到 1997 年,Costanza 等 13 位科学家采用直接或间接的方法对 17 大类生态系统服务及其商品性产品(只包括可再生的服务的价值,不包括不可再生的燃料、矿物质及大气的价值)的意愿支付进行价值评估,再结合地球高级生物群落类型及其面积,估算出了各高级生物群落及其单位面积生态系统服务的价值和全球生态系统服务的总价值(表 4-5)。Costanza 等估算的全球生态系统服务的总价值为 332 680 亿美元/年,其中,海洋生态系统服务的价值为 209 490 亿美元/年,陆地为 123 190 亿美元/年。陆地生态系统中,森林的服务价值为 47 060 亿美元/年,草地为 9060 亿美元/年,湿地为4879 亿美元/年,农田为 1280 亿美元/年,荒漠和冻原的价值由于缺少相关的信息和参数而空缺。按草地资源学一般将沼泽和泛滥平原划归草地的规定,则草地的生态系统服务价值为12 291 亿美元/年。单位面积陆地生态系统的年服务价值,森林为 969 美元/hm^2,草地为 232 美元/hm^2,湿地为 14 785 美元/hm^2,农田为 92 美元/hm^2。如将湿地中的沼泽/泛滥平原划归草地,则草地的年服务价值增至 19 812 美元/hm^2。对于 Costanza 等的生态系统服务价值的估算,由于评估方法和使用的参数存在不少缺陷,作者认为表中估算的价值偏低,同时,还有不少学者认为湿地的估价过高,耕地的估价过低。

此后不久,陈仲新和张新时(2000)按照 Costanza 等(1997)方法对中国的生态系统服务价值进行了评估(图 4-3,表 4-6,表 4-7),得出我国 1994 年生态系统服务的总价值为 77 834. 48亿元/年,与我国 1994 年国内生产总值(GDP)45 006 亿元/年相比,估算出的生态系统服务价值为 GDP 的 1. 73 倍。我国陆地生态系统服务价值为 56 098. 46 亿元/年,其中,森林为 15 443. 98 亿元/年,约占 27. 53%;湿地面积虽小,服务的价值却甚高,达 26 763. 90 亿元/年,约占 47. 71%;草地的服务价值为 8697. 68 亿元/年,只约占 15. 50%,如将沼泽湿地划归为草地,则达 35 461. 58 亿元/年,所占百分比约上升至 63. 21%。

表 4-5　全球各类生态系统服务年平均价值(Costanza et al. ,1997)

生物群落	面积(×10^6)/hm^2	气体调节/[美元/(hm^2·年)]	气候调节/[美元/(hm^2·年)]	干扰调节/[美元/(hm^2·年)]	水调节/[美元/(hm^2·年)]	水供应/[美元/(hm^2·年)]	防止侵蚀/[美元/(hm^2·年)]	土壤形成/[美元/(hm^2·年)]	养分循环/[美元/(hm^2·年)]	废物处理/[美元/(hm^2·年)]	传粉/[美元/(hm^2·年)]	生物防治/[美元/(hm^2·年)]	栖息地/[美元/(hm^2·年)]	食物生产/[美元/(hm^2·年)]	原材料/[美元/(hm^2·年)]	基因资源/[美元/(hm^2·年)]	游憩娱乐/[美元/(hm^2·年)]	文化/[美元/(hm^2·年)]	价值/[美元/(hm^2·年)]	全球总价值/(亿美元/年)
海洋	36 302																		577	20 949
深海	33 200	38							118			5		15	0			76	252	8 381
近海	3 102			88					3 677			38	8	93	4		82	62	4 052	12 568
河口	180			567					21 100			78	131	521	25		381	29	22 832	4 110
海草海藻	200								19 002						2				19 004	3 801
珊瑚礁	62			2 750						58		5	7	220	27		3 008	1	6 075	375
大陆架	2 660								1 431			39		68	2			70	1 610	4 283
陆地	15 323																		804	12 319
森林	4 855		141	2	2	3	96	10	361	87		2		43	138	16	66	2	969	4 706
热带林	1 900		223	5	6	8	245	10	922	87				32	315	41	112	2	2007	3 813
温带/北方林	2 955		88		0			10		87		4		50	25		36	2	302	894
草地	3 898	7	0		3		29	1		87	25	23		67		0	2		232	906
沼泽	330	133		4 539	15	3 800				4 177			304	256	106		574	881	14 785	4 879
潮汐带/红树林	165			1 839						6 696			169	466	162		658		9 990	1 648
沼泽/泛滥平原	165	265		7 240	30	7 600				1 659			439	47	49		491	1 761	19 580	3 231
湖泊/河流	200				5	2 117				665				41			230		8 498	1 700
荒漠	1 925																			
冻原	743																			
冰层/岩石	1 640																			
农田	1 400										14	24		54					92	128
城市	332																			
合计/(亿美元/年)	51 625	1 341	684	1 779	1 115	1 692	576	53	17 075	227	117	417	124	1 386	721	79	815	3 015		33 268

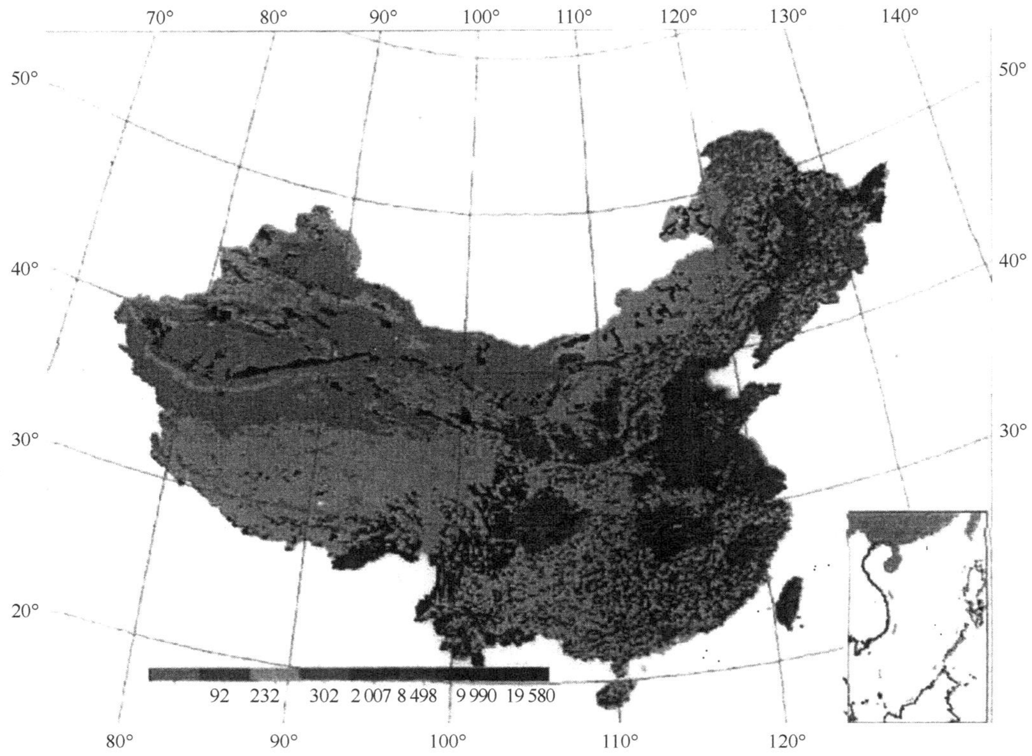

图 4-3　中国生态系统服务价值分布图(陈仲新和张新时,2000)

表 4-6　中国生态系统服务价值的总体评价(陈仲新和张新时,2000)

生态系统类型	面积/km^2	单位价值 /[亿美元/(hm^2·年)]	总价值 /(亿美元/年)	总价值 /(亿元/年)
陆地	9 600 000	678*	6 508.92	56 098.46
森林	1 291 177	1 387	1 790.75	15 433.96
热带亚热带森林	821 595	2 007	1 648.94	14 211.73
温带森林/泰加林	469 582	302	141.81	1 222.25
草地	4 349 844	232	1 009.16	8 697.68
红树林	575	9 990	5.74	49.51
沼泽湿地	158 597	19 580	3 105.33	26 763.90
河流/湖泊	50 843	8 498	432.06	3 723.83
荒漠	1 499 473	—	—	—
冻原	4 120	—	—	—
冰川/裸岩	442 461	—	—	—
耕地	1 802 910	92	165.87	1 429.56
海洋	4 730 000	533*	2 521.96	21 763.02
深海	4 380 000	252	1 103.76	9 512.98
近海	350 000	4 052	1 418.20	12 223.04
全国	1 433 000	630*	9 030.88	77 843.48

表 4-7　中国大陆 31 个省区生态系统服务的价值及其排序(陈仲新和张新时,2000)

省区	单位价值/[元/(hm^2·年)]	总价值/(亿元/年)	总价值排序	省区	单位价值/[元/(hm^2·年)]	总价值/(亿元/年)	总价值排序
黑龙江	17 399	7 864.0	2	广西	4 499	1 063.5	11
台湾	10 349	358.0	21	安徽	4 153	596.0	18
云南	8 766	3 364.3	7	甘肃	3 665	1 526.2	9
海南	8 484	265.2	24	贵州	3 619	652.1	16
湖南	8 167	1 739.5	8	西藏	3 602	4 424.6	4
江西	8 105	1 358.6	10	北京	2 251	37.2	29
福建	7 668	950.6	14	宁夏	2 239	118.3	28
四川	7 286	4 217.4	5	陕西	2 105	443.8	20
新疆	6 773	11 155.0	1	山东	1 840	290.9	22
内蒙古	6 262	7 225.5	3	山西	1 717	275.4	23
浙江	6 079	605.2	17	河南	1 535	261.4	25
广东	5 437	959.8	13	天津	1 509	17.8	30
吉林	5 195	1 007.9	12	辽宁	1 456	215.0	27
江苏	4 766	466.4	19	河北	1 356	256.0	26
湖北	4 733	887.2	15	上海	793	4.3	31
青海	4 730	3 456.4	6				

注:①价值按人民币计;②四川的数值包含重庆的;③广东的数值包含香港和澳门的

二、中国草地生态系统服务价值的构成

关于草地生态系统服务各项目的价值,谢高地等(2001)在 Costanza 等的 17 个项目分类的基础上,提出了中国草地生态系统服务各项目的价值和价值构成(表 4-8)。从这个表中可以看出,在草地生态系统服务的各项目中,废物处理的价值最高,占服务总价值的 31.78%,为 476.0 亿美元/年;干扰调节、水供应、食物生产次之,侵蚀控制再次之,其余的服务价值均低于 5%;气候调节、养分循环和基因资源的价值没有给出评估的数据,可能是没有得到相应的参数。谢高地等对草地生态系统服务价值的排序与 Costanza 等提供的数据大体相似,但后者因没有相关信息而没有对草地/草原给出干扰管理、水供应、栖息地、原材料和文化等项目的价值(参看表 4-1)。

表 4-8　中国草地生态系统服务各项目的价值及构成所占百分比(谢高地等,2001)

服务项目	服务价值/(亿美元/年)	服务价值构成所占百分比/%
气体调节	27.5	1.83
气候调节	0.0	0.00
干扰调节	240.7	15.98
水调节	9.6	0.64
水供应	210.5	13.97

续表

服务项目	服务价值/(亿美元/年)	服务价值构成所占百分比/%
侵蚀控制	84. 4	5. 60
土壤形成	2. 9	0. 19
养分循环	0. 0	0. 00
废物处理	476. 0	31. 60
传粉	73. 1	4. 85
生物控制	67. 3	4. 47
栖息地	16. 1	1. 07
食物生产	209. 6	13. 91
原材料	5. 6	0. 37
基因资源	0. 0	0. 00
娱乐	36. 3	2. 41
文化	46. 7	3. 10
合计	1506. 3	100. 00

(一) 草地生态系统服务的总价值

根据 Costanza 等(1997)估算的全球生态系统服务的年平均价值(表 4-5),世界草地/草原(grassland/rangeland,不包括湿地、荒漠)生态系统的自然资本与服务平均综合价值为 9060 亿美元/年;如果按中国对草地的概念,包括湿地中的沼泽/泛滥平原的草地价值则激增为 41 370 亿美元/年,这是由于 Costanza 等对沼泽/泛滥平原生态系统服务的估价非常高的缘故。

陈仲新和张新时(2000)按照 Costanza 等的估算方法得到的结果,我国草地生态系统的自然资本和服务平均综合价值为 1009. 16 亿美元(8697. 68 亿元),约为我国陆地生态系统服务总价值的 11. 17%,如果加上沼泽/湿地,则为 4114. 49 亿美元,占我国陆地生态系统服务总价值的 45. 56%(表 4-6)。

谢高地等(2001)参照 Costanza 等的估算方法,在草地生物量订正的基础上估算的结果是,中国包括沼泽、荒漠在内的草地生态系统自然资本和服务平均综合价值为 1497. 9 亿美元(约合人民币 12 387. 63 亿元,表 4-9),远较陈仲新和张新时(2001)估算的数值更低(加上沼泽湿地后的价值),但可能更符合实际。

表 4-9　中国不同草地类型生态系统服务价值及其构成(谢高地等,2001)

草地类型	单位面积服务价值 /[美元/(hm^2 · 年)]	服务总价值 /(亿美元/年)	服务价值构成的比例 /%
温性草甸草原	302. 2(9)	43. 9(8)	2. 93(8)
温性典型草原	183. 4(10)	75. 4(6)	5. 03(6)
温性荒漠草原	93. 8(13)	17. 8(13)	1. 19(13)
高寒草甸草原	63. 3(15)	4. 3(16)	0. 29(16)

续表

草地类型	单位面积服务价值 /[美元/(hm^2·年)]	服务总价值 /(亿美元/年)	服务价值构成的比例 /%
高寒典型草原	58.6(16)	24.4(11)	1.63(11)
高寒荒漠草原	40.2(17)	3.8(17)	0.26(17)
温性草原化荒漠	95.9(12)	10.2(14)	0.68(14)
温性荒漠	67.9(14)	30.6(10)	2.04(10)
高寒荒漠	24.1(18)	1.8(18)	0.12(18)
暖性草丛	338.9(8)	22.6(12)	1.51(12)
暖性灌草丛	364.9(5)	42.4(9)	2.83(9)
热性草丛	545.1(3)	77.6(5)	5.18(5)
热性灌草丛	521.2(4)	91.5(3)	6.11(3)
干热稀树灌草丛	560.8(2)	4.8(15)	0.32(15)
低地草甸	356.8(6)	90.0(4)	6.01(4)
山地草甸	339.9(7)	56.8(7)	3.79(7)
高寒草甸	181.9(11)	115.9(2)	7.74(2)
沼泽	27 282.9(1)	784.1(1)	52.34(1)

注:括号内数值为排序,为本章作者所加

(二) 各类型草地生态系统服务的价值

不同的草地类型在其大气、土地和生物等自然条件及其相互关系等方面有着很大的差异,因而不同草地类型生态系统服务的内涵和价值也有很大的不同。谢高地等(2001)在对不同草地类型的生物量订正的基础上,按照 Costanza 等的估算方法,得到的中国各草地类型的生态系统服务的单位面积价值、总价值和价值构成的比率见表 4-9。数据表明,中国各草地类型生态系统服务的单位面积价值有较大的差异,从最低的高寒荒漠的 24.1 美元/(hm^2·年),到最高的沼泽的 27 282.9 美元/(hm^2·年),相差 1131 倍。总体来讲,沼泽最高,热性灌草丛次之,低地草甸、山地草甸和暖性灌草丛又次之,再下是温性草甸草原、温性典型草原、高寒草甸、温性荒漠草原,而温性荒漠和高寒各类型最低。沼泽的单位面积生态系统服务价值最高,这是由于沼泽是由沼生或湿生植物为主构成的生态系统,地表全年或季节性积水,草群生长繁茂、稠密,高度大多超过 100cm,盖度在 80% 以上,在干扰调节、水调节、水供应、控制侵蚀、养分循环、废物处理、栖息地等方面都具有很高的服务功能的缘故。以谢高地等(2001)计算出来的各种草地类型单位面积价值量为经济参数,王瑞杰和覃志豪(2007)结合遥感技术,利用 2003 年 MODIS 数据估算出中国草原生态系统服务价值约折合 11.48 亿美元。并进行了区域分析,发现现阶段我国草原生态系统服务价值呈现出农牧交错带较高且逐渐向牧区递减的特征,说明牧区草原生态系统退化比较严重。姜立鹏等(2007)基于净初级生产力和植被覆盖率的草地生态系统服务价值估算方法,从 MODIS 数据反演净初级生产力和植被覆盖率,对 2003 年我国草地生态系统服务价值的估算结果表明,我国草地生态系统总服务价值是草地生产收益的 19 倍。石益丹等(2007)通过对呼伦贝尔草地生态系统的分析结果表明,呼伦贝尔草地生态系统每年提供的服务总价值为 2601.24 亿元,其中,有机物质生产价值为 70.82 亿元;调节大气价值为 429.58 亿元;涵养水源价值为 1230.17 亿元;土壤保持价值为 819.90 亿元;营养物质循环价值为 13.48 亿元;废弃物降解价值为 0.42 亿元;休闲旅游价值为 36.87 亿元。呼伦贝尔草地生态系统的生态价值远大于经济价值,在各种服务功能中,涵养水源和土壤保持价值所占比例最大。因此,提出加强呼伦贝尔草原生态环境建设对于维持区域生态安全具有重要意义。

三、草地为中国提供了最大的生态系统服务价值

陈仲新和张新时(2000)估算的中国生态系统服务价值(表 4-6),陆地生态系统服务的总价值为 6508.92 亿美元/年,森林生态系统服务的价值为 1790.75 亿美元/年,包括沼泽湿地在内(不包括荒漠和冻原)的草地为 4114.49 亿美元/年,农田为 165.87 亿美元/年;如以农田为 1,三者的价值之比为 10.8∶24.8∶1,草地生态系统服务的价值最大。

表 4-7 的数据表明,中国的新疆、内蒙古、西藏、青海、四川、甘肃和黑龙江草原牧业省区的生态系统服务价值排序处于前 9 位,分别为第 1、第 3、第 4、第 6、第 5、第 9、第 2 位,说明草地对我国的生态系统服务作出了巨大的贡献。另外,从表中还可看出,黑龙江、四川、新疆、内蒙古 4 省区的生态系统服务的单位面积价值分别位于第 1、第 8、第 9、第 10 位,说明草原牧业省区的草地具有较高的服务强度。草原牧业省区具有较大的生态系统服务价值主要原因有三:一是这些省区地处边远,生态环境破坏较轻,因而具有相对较高的价值,如新疆、内蒙古等;二是湿地单位面积的生态系统服务价值最高,湿地面积较大的黑龙江和四川因而具有较大的价值;三是耕地由于开垦损害了自然生态系统原有的功能,降低了服务的价值,而草原牧业省区的耕地面积相对较小,草地面积大,所以这些省区具有较大的生态系统服务的价值。

四、草地前植物生产层具有最大的生态系统服务价值

从 Costanza 等(1997)估算的全球生态系统服务的数据看,草地/草原的单位面积价值为 232 美元/(hm^2·年),其中,属于前植物生产层的非物质的各项生态功能服务的价值为 165 美元/(hm^2·年),约占 71.12%;属于植物生产层的物质产品服务项目的饲料食物价值为 67 美元/(hm^2·年),约占 28.88%。谢高地等(2001)估算的我国草地生态系统服务的总价值中,生态功能的价值占 85.63%,更高于全球草地的水平,经济价值为 14.37%,更低于全球水平。这里再举出一个实例来证实这个比率。我国甘肃武威天祝藏族自治县抓喜秀龙乡红疙瘩村是一个纯牧业村,海拔 3200~3800m,没有农业和林业生产,有高寒草甸草地 1.47 万 hm^2,1971 年时草地基况良好,当年草地牧业经济生产力为22.5 个畜产品单位/(hm^2·年),折合 22.5kg 带骨牛羊肉,按现价约合 55 美元/(hm^2·年)或 450 元/(hm^2·年)。如以 Costanza 等 232 美元/(hm^2·年)的平均价值作基础计,红疙瘩村高寒草甸植物生产层的物质产品服务价值占总价值的 23.71%,属于前植物生产层的

生态服务价值占总价值的 76.29%。后面的这一数值比前述 Costanza 等(1997)的数值高 5.17 个百分点,比谢高地等(2001)的数值低 9.34 个百分点。

五、草地前植物生产层生态系统服务价值评估的重要意义

(一)阐明了草地前植物生产层生态系统服务的具体项目及其不可代替性

评估研究从理论上阐明了草地有很多的生态系统服务功能,而以前这些重要功能的意义不够清楚,没有具体的价值。此外,还通过对各项服务内容的阐述,表明草地生态系统服务功能是其他生态系统无法代替的,即使是栽培草地,也无法代替自然草地的服务功能(如传粉、基因资源、栖息地、游憩和娱乐、文化等)。对草地前植物生产层生态系统服务价值的评估,提高了人们对草地生态系统服务及其自然资本的认识,并为提醒和警示人类必须对此问题给予足够的重视,为加大对草地的保护和建设提供了科学依据。

(二)确定了草地生态资本的价值

生态系统服务估价较好地反映了生态系统及其自然资本的价值。评估从实践上确定了草地生态系统自然资本的具体价值,使以前仅知道概念却难以回答具体数据的这一问题得以解决和明确。草地前植物生产层生态系统服务概念和价值的明确,给领导决策、发展和计划部门编制计划、财务和会计系统预算决算、审计部门检查核算,立法部门制定法律条例、监理部门严格执法等,提供了相关工作必需的依据,有助于提高草原宏观管理的科学化程度。

(三)促进环境核算和实现绿色 GDP

随着人类对生态系统的强化利用,生态资本的逐渐耗竭,生态系统服务的价值将越来越高。为此,从保护草地自然资本和可持续发展的需要出发,任何一个与草地有关的建设项目的规划和设计,都必须经过对生态环境影响价值的评估和核算。如果项目对草地生态系统服务造成较大的不利影响,则应慎重批准和执行,以免受到难以弥补的损失。以前由于草地自然资本和生态系统服务的边界不太清楚,评价有很大的弹性,难以统一认识和得出结论。草地生态系统服务价值的研究可为项目规划设计中有关草地生态环境的评估提供可操作的统一标准,促进环境核算,将其纳入国民经济核算体系,最终实现绿色 GDP。

六、草地前植物生产层生态系统服务价值评估中存在的问题

Costanza 等 13 位美国和阿根廷的科学家(1997 年)对全球生态系统服务价值进行了总的评估,这是全球生态系统综合性研究的重要成果,是对生态系统服务价值全面评估的有益尝试。在此基础上陈仲新和张新时(2000)对全国自然生态系统服务的价值进行了估算;谢高地等(2001,2003)对全国和青藏高原的草地生态系统服务价值作了估算,并对 Costanza 等在草地、沼泽/泛滥平原和荒漠的服务价值的缺项给出了价值,为全面评价草

地的功能和价值提供了重要依据。但正如 Costanza 等一再强调的那样,对生态系统服务的估算只是初步探索,存在一定的局限性和不足。主要的问题是:①冻原的整体服务项目空缺,而冻原占地球陆地面积的 5.3%,是极地和高山地带的重要生态系统,也是草地类型之一,为驯鹿的放牧地;②荒漠是十分重要的生态系统,Costanza 等未给出荒漠的服务价值,谢高地等提供的也是一个概略的数据;③沼泽的服务估价存在较大分歧,不少学者认为 Costanza 等对沼泽的单位面积服务价值估计过高,谢高地用生物量进行校正后估价更高;④生态系统服务价值是根据当前人们愿意支付的价格作出的,带有主观性,未必符合公正和可持续性;⑤整体评估方法是基于静态的评价方法,好似用一个静态的快照来代表一个复杂的动态系统,侧重于对生态系统的结构、功能、状态的研究,忽略了各要素之间和各种服务之间复杂的相互依存的关系,对生态过程的评价研究方法不多,而生态管理又必然是对生态过程的调控,因此包括生态过程的评价是必需的。此外,由于生态成因与生态结果具有不同步性,因而静态的评价结果往往滞后而难以应用。从发展来看,今后应注重探索一些基于动态的评价模型,如系统动力学模型(田永中和岳天祥,2003)。

总之,由于种种条件的限制,有关信息和参数难以获得,因此,草地生态系统服务价值的评估尚需更多和更深入的研究(王蕾等,2006)。

(林慧龙　胡自治)

主要参考文献

蔡晓明 . 2000. 生态系统生态学 . 北京:科学出版:39,40-41,43,47

蔡照光,黄葆宁,郎百宁,等 . 1989. 青藏高原草场及其主要植物图谱 . 北京:农业出版社:13

曹丽君 . 2004. 地区二氧化氮污染严重 . 中国环境报,10:19

陈仲新,张新时 . 2000. 中国生态系统效益的价值 . 科学通报,1:17-22

何亚平,刘建全 . 2004. 青藏高原高山植物麻花艽的传粉生态学研究 . 生态学报,2:215-220

胡自治 . 2000. 青藏高原的草业发展与生态环境 . 北京:中国藏学出版社:191-192

胡自治,孙吉雄,李洋,等 . 1994.甘肃天祝主要高山草地类型的生物量及光能转化率 . 植物生态学报,2:121-131

姜立鹏,覃志豪,谢雯,等 . 2007. 中国草地生态系统服务功能价值遥感估算研究 . 自然资源学报,22(2):161-170

联合国环境规划署 . 2002. 全球环境展望 3. 北京:中国环境出版社:355

联合国开发计划署,联合国环境规划署,世界银行,等 . 2002. 世界资源报告(2000 ~2001).北京:中国环境出版社

洛桑 · 灵智多杰 . 2005. 青藏高原甘南生态经济示范区研究.兰州:甘肃科学技术出版社:1

麦永金 . 2004. 大气中 CO_2 增速加快 . 中国环境报,4:9

农业部畜牧兽医司,北方草场资源调查办公室 . 1990. 中国草场资源图集 . 北京:中国农业科技出版社:10,82

欧阳志云,王如松,赵景柱 . 1999a. 生态系统服务功能及其生态经济价值评价 . 应用生态学报,10(5):635-640

欧阳志云,王效科,苗鸿 . 1999b. 中国陆地生态系统服务功能及其生态经济价值的初步研究 . 生态学报,19(5):607-613

任继周,侯扶江 . 2004. 草业科学框架纲要 . 草业学报,13(4):1-6

盛连喜,冯江,王娓 . 2002. 环境生态学导论 . 北京:高等教育出版社

石益丹,李玉浸,杨殿林,等 . 2007. 呼伦贝尔草地生态系统服务功能价值评估 . 农业环境科学学报,26(6):2099-2103

田永中,岳天祥 . 2003. 生态系统评价的若干问题探讨 . 中国人口资源与环境,13(2):17-23

王蕾,王宁,张逸 . 2006. 草地生态系统服务价值的研究进展 . 农业科学研究,27(4):50-53

王瑞杰,覃志豪 . 2007. 基于 MODIS 数据的中国草地生态体系价值估算研究 . 中国草地学报,29(1):50-54

谢高地,鲁春霞,冷永法,等 . 2003. 青藏高原生态资产的价值评估 . 自然资源学报,2:189-196

谢高地,张镱锂,鲁春霞,等 . 2001. 中国自然草地生态系统服务价值 . 自然资源学报,1:47-53

辛琨,肖笃宁.2000. 生态系统服务功能研究简述. 中国人口·资源与环境,10(3):20-22
阎水玉,王祥荣.2002. 生态系统服务研究进展. 生态学杂志,21(5):61-68
张德罡.2003. 东祁连山杜鹃灌丛生态系统研究. 兰州:甘肃教育出版社:149
张志强,徐中民,程国栋.2001. 生态系统服务与自然资本价值评估. 生态学报,21(11):1918-1926
《中国环境保护》编委会.2000. 中国环境保护. 北京:中国环境科学出版社:49
中国科学院可持续发展战略研究组.2003. 生态系统服务理论. http//www.china.org.cn[2003-03-19]
Buchmann SL, Nabhan GP. 1996. The forgotten pollinators. Washington: Island Press: 274
Cairns J. 1997. Protecting the delivery of ecosystem services. Ecosystem Health, 3: 185-194
Costanza R, d'Arge R, de Groot R, et al. 1997. The value of the world's ecosystem services and natural capital. Nature, 387: 253-260
Daily GC. 1992. Nature's services-social dependence on natural ecosystems. Washington: Island Press
Holdren J, Ehrlich P. 1974. Human population and the global environment. America Science, 62: 282-292
Honey M. 1999. Ecotourism and sustainable development: Who owns paradise? Washington: Island Press: 368-369
Leopold JC. 1941. Wilderness as a land laboratory. Living wilderness, 6: 3
Margulis L, Hinkle G. 1991. The biota and gaia: 150 years of support for environmental sciences//Stephen H, et al. Scientist on Gaia: 11-19
Mosier AD, Schimel D, Valentine D, et al. 1991. Methane and nitrous oxide fluxes in native, fertilized and cultivated grassland. Nature, 350: 330-333
Schnell RC. 1976. Biotic ice nucleus removal by overgrazing: a factor in the Sahelian drought? 第23届国际地理学大会,荒漠和半荒漠地区发展和保护问题会议会前论文集K26号.苏联:阿什哈巴德:43-47
UNEP. 1995. Global biodiversity assessment cambridge UK. Cambridge: Cambridge University Press: 181
White R, Murray S, Rohweder M. 2000. Pilot analysis of global ecosystem: grassland ecosystems technical report. Washington: World Resource Institute
Williams JR, Diebel PL. 1996. The economic value of the prairie//Samson FB, Knopt FL. Prairie conservation: preserving North America's most endangered ecosystem. Washington: Island Press: 19-35

推荐阅读文献

胡自治.2004. 草原的生态系统服务: Ⅰ.生态系统服务概述. 草原与草坪,(4):3-11
胡自治.2005a. 草原的生态系统服务: Ⅱ.草原生态系统服务的项目. 草原与草坪,(1):3-10
胡自治.2005b. 草原的生态系统服务: Ⅲ.价值和意义. 草原与草坪,(2):3-7
胡自治.2005c. 草原的生态系统服务: Ⅳ.降低服务功能的主要因素和关爱草原的重要意义. 草原与草坪,(3):3-8
谢高地,张镱锂,鲁春霞,等.2001. 中国自然草地生态系统服务价值. 自然资源学报,(1):47-53
Costanza R, d'Arge R, de Groot R, et al. 1997. The value of the world's ecosystem services and natural capital. Nature, 387: 253-260

第五章　自然保护区概论

自然保护区是指对代表性的自然生态区域、珍稀濒危野生动植物物种的天然集中分布区、有特殊意义的自然遗迹等保护对象所在的陆地、陆地水体或者海域，依法划出一定面积予以法定保护和管理的区域。随着全球生物多样性保护活动的兴起和人类环境保护意识的提高，自然保护区建设得到世界各国的普遍重视，并已成为一个国家文明和进步的标志。中国的自然保护区建设始于1956年，已经历经近60年风雨，特别是改革开放30多年来，党中央、国务院和地方各级政府及有关部门十分重视自然环境和自然资源的保护与持续利用，抢救性划建了一大批自然保护区，对于保护我国的自然资源和生态环境发挥了巨大的作用。

第一节　自然保护区的发展历程

据统计，截至2011年底，全国(不含香港、澳门和台湾地区，下同)共建立各种类型、不同级别的自然保护区2640个，面积14 971万hm^2(其中，陆域面积约14 333万hm^2，海域面积约638万hm^2)，陆地自然保护区面积约占国土面积的14.93%。在已建的自然保护区中，国家级自然保护区有335个。内蒙古锡林郭勒、吉林长白山、黑龙江丰林、福建武夷山、四川卧龙等26个自然保护区被列入联合国教科文组织“人与生物圈保护区网络”；内蒙古达赉湖、吉林向海、黑龙江扎龙、江苏盐城、广东惠东港口海龟、湛江红树林、广西山口红树林、香港米浦等27个自然保护区被列入《国际重要湿地名录》；福建武夷山、湖南张家界大鲵、四川九寨沟、云南高黎贡山等一批自然保护区被纳入世界自然遗产。自然保护区的建设，使得我国70%以上的自然生态系统类型、80%左右的高等植物和野生脊椎动物及绝大多数自然遗迹类型，特别是85%以上的国家重点保护野生动植物的主要栖息地得到了保护，大熊猫、朱鹮、亚洲象、扬子鳄、珙桐、苏铁等一些珍稀濒危物种的种群呈现了明显的恢复和发展趋势。

纵观中国自然保护区的发展历史，大体上可划分为创建阶段、停滞和缓慢发展阶段、快速发展阶段3个不同阶段(国家环境保护总局自然生态保护司，2006)。

一、创建阶段

自然保护区的创建阶段为1956~1965年。在1956年召开的第一届全国人民代表大会第三次会议上，一些著名科学家从加强自然资源保护的需要出发，对我国建立自然保护区的必要性和迫切性进行了科学论证，提出了“请政府在全国各省区划定天然禁伐区，保护自然植被以供科学研究的需要”的提案，引起了政府的重视，国务院将此案交林业部和中国科学院办理。同年10月，在第七次全国林业会议上，林业部拟定和发布了《天然森林禁伐区(自然保护区)划定草案》,该草案提出在云南、四川、贵州、黑龙江等十多个省区划定40余处自然保护区和森林禁伐区,这对我国自然保护区的建设起到重要的开拓和推动作用。1956年,鼎湖山自然保护区的建立标志着中国自然保护区建设的从无到有。继鼎湖山自然保护区后,福建、云南、黑龙江、吉林、广西等省区陆续建立了万木林、小勐养、勐仑、勐腊、大勐龙、丰林、长白山、花坪等自然保护区,到1965年底,全国正式建立自然保护区19处,保护区面积达64.9万hm^2。虽然与世界上自然保护区建设较早的国家相比差距很大,但为中国自然保护区事业的发展奠定了基础。

二、停滞和缓慢发展阶段

1966年"文化大革命"的暴发使中国刚刚起步的自然保护区建设受到严重摧残,不仅新的自然保护区建设被停止,一些已建的自然保护区也被破坏或撤销,这一阶段大致持续到1978年。虽然"文化大革命"后期,随着国际上环境保护问题的日益重视,自然保护区事业得到一定程度的恢复和发展,浙江、安徽、广东、四川等省相继建立了一批新的自然保护区,但发展比较缓慢,到1978年底,全国自然保护区总数仅34个,总面积126.5万hm^2,约占国土面积的0.13%。

三、快速发展阶段

1978年后,随着"文化大革命"的彻底终结,中国的自然保护区事业同各行各业一样,重新获得了新的生命力。特别是1978年新宪法的颁布实施,从法律上规定了"国家保障自然资源的合理利用,保护珍贵的动物和植物"。1979年相继颁布实施的《中华人民共和国森林法(试行)》和《中华人民共和国环境保护法(试行)》对自然保护区的建设作出了原则规定,从而使自然保护区建设有法可依。1984年后,随着《中华人民共和国森林法》、《中华人民共和国草原法》、《中华人民共和国环境保护法》、《森林和野生动物类型自然保护区管理办法》、《中华人民共和国野生动物保护法》、《中华人民共和国自然保护区条例》等一系列相关法律和行政法规的颁布实施,进一步促进了自然保护区事业逐步走向正轨,并由此走向一个蓬勃发展的新阶段。

到2011年底,全国共建立各种类型、不同级别的自然保护区2640个,面积14 971万hm^2。2002~2011年,全国自然保护区数量和面积的环比发展速度呈逐年下降的趋势。其中,2007~2009年,全国自然保护区面积甚至出现了负增长的现象。这充分反映了我国自然保护区建设正由数量规模型逐渐向质量效益型转变,同时展现了良好的发展前景。

各时期中国自然保护区建设状况见图5-1。

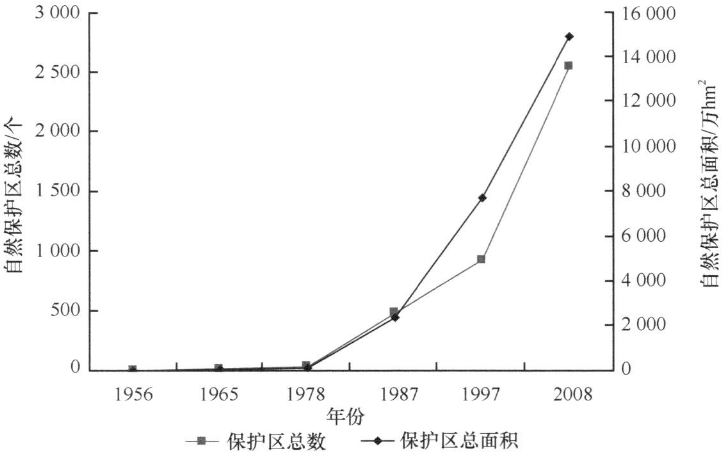

图 5-1　全国自然保护区发展动态

第二节　自然保护区分级状况及区域分布

一、自然保护区分级状况

我国的自然保护区划分为国家级和地方级(包括省级、市级、县级),在 2011 年底已建的 2640 个自然保护区中,国家级自然保护区 335 个,面积 9315 万 hm^2,数量仅占全国自然保护区总数的 12.69%,但面积占全国保护区总面积的 62.22%,国土面积的 9.7%;地方级自然保护区总数达 2305 个,总面积达 5656 万 hm^2。地方级自然保护区中,省级自然保护区 870 个,面积 4153 万 hm^2,分别占全国自然保护区总数和总面积的 32.95% 和 27.74%;地市级自然保护区 421 个,面积 472 万 hm^2,分别占全国自然保护区总数和总面积的 15.95% 和 3.16%;县级自然保护区 1014 个,面积 1031 万 hm^2,分别占全国自然保护区总数和总面积的 38.41% 和 6.89%(图 5-2)。

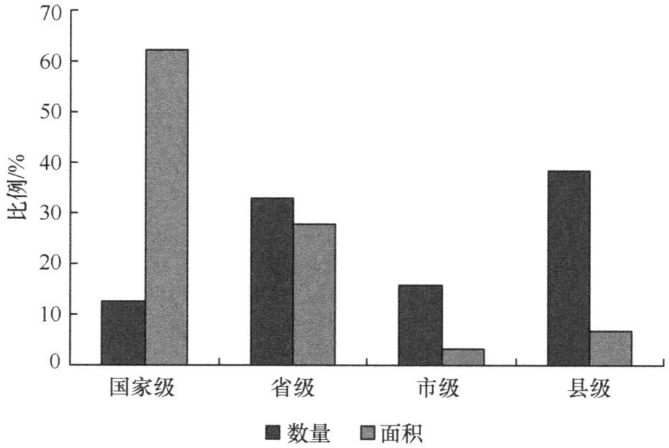

图 5-2　2011 年底全国自然保护区各级别比例

二、自然保护区区域分布

自然保护区的区域分布状况与各地区的自然资源丰富程度，经济、文化及科技的发展水平有着密切的关系。同时，一定程度上也与各地区对自然保护区建设的重视程度有关。20 世纪 80 年代前，我国仅在黑龙江、吉林、云南、四川、广东、广西、福建、浙江、陕西等十多个省区建立了自然保护区，全国半数以上的省区市自然保护区建设则处于空白状态，近年来，随着各地对自然保护区重视程度的普遍提高，自然保护区分布范围有了很大的扩展。

从 2011 年底全国自然保护区统计结果来看(表 5-1)，目前，我国自然保护区在数量方面集中分布在广东(368 个)、黑龙江(221 个)、江西(195 个)、内蒙古(184 个)、四川(167 个)、云南(163 个)、贵州(129 个)等，上述 7 个省区自然保护区总数达 1427 个，约占全国自然保护区总数的 54.05%。与 2010 年底相比，黑龙江、江西两省分别增加了 19 个和 17 个保护区，增加数量较多，这主要是由于这两个省开展了自然保护区基础调查，对保护区重新审核的结果。

表 5-1　全国自然保护区统计(2011 年底)

省区	数量/个					面积/hm^2					占土地面积的比例/%
	国家级	省级	市级	县级	合计	国家级	省级	市级	县级	合计	
北京	2	12	6	0	20	26 403	71 413	36 150	0	133 966	7.97
天津	3	5	0	0	8	37 862	53 253	0	0	91 115	8.06
河北	12	19	2	2	35	238 489	329 797	8 806	10 176	587 268	3.05
山西	5	41	0	0	46	82 936	1 074 489	0	0	1 157 425	7.42
内蒙古	24	60	25	75	184	395 000 7	698 369 1	315 783	2 555 257	13 804 738	11.67
辽宁	13	30	35	23	101	948 322	874 056	794 093	98 466	2 714 937	12.83
吉林	14	15	3	6	38	946 103	1 314 252	20 564	22 981	2 303 900	12.29
黑龙江	24	87	33	77	221	2 399 689	2 984 280	364 642	855 897	6 604 508	14.52
上海	2	2	0	0	4	66 175	27 646	0	0	93 821	5.22
江苏	3	10	10	7	30	33 6211	85 448	122 827	20 497	564 983	4.08
浙江	10	8	0	14	32	146 542	12 754	0	37 908	197 204	1.53
安徽	7	26	5	64	102	139 221	281 985	22 860	80 770	524 836	3.76
福建	12	26	10	44	92	205 521	130 628	37 652	71 677	445 478	2.96
江西	9	34	2	150	195	156 027	400 003	2 759	632 636	1 191 425	7.14
山东	7	33	24	22	86	219 828	498 690	244 476	134 922	1 097 916	4.80
河南	11	21	0	2	34	426 316	306 942	0	1 400	734 658	4.40
湖北	11	18	24	11	64	261 102	374 656	185 025	138 664	959 447	5.16
湖南	18	32	1	72	123	517 856	446 619	464	284 675	1 249 614	5.90
广东	11	66	114	177	368	225 534	598 189	379 811	2 349 124	3 552 658	6.73
广西	16	50	3	9	78	308 255	903 794	118 947	121 945	1 452 941	5.98

续表

省区	数量/个					面积/hm^2					占土地面积的比例/%
	国家级	省级	市级	县级	合计	国家级	省级	市级	县级	合计	
海南	9	24	12	5	50	106 526	2 614 554	13 395	845	2 735 320	6. 97
重庆	4	18	1	34	57	218 964	275 638	3 686	352 098	850 386	10. 32
四川	24	68	28	47	167	2 771 195	3 167 173	1 319 730	1 735 548	8 993 646	18. 58
贵州	8	4	16	101	129	243 539	56 965	215 109	436 153	951 766	5. 41
云南	17	42	60	44	163	1 443 531	866 976	450 738	216 369	2 977 614	7. 77
西藏	9	14	3	21	47	37 153 065	4 209 486	4 870	1 461	41 368 882	33. 91
陕西	14	34	4	3	55	466 550	609 429	61 534	34 602	1 172 115	5. 70
甘肃	16	39	0	4	59	4 825 358	2 406 503	0	114 900	7 346 761	16. 17
青海	5	6	0	0	11	20 252 490	1 569 711	0	0	21 822 201	30. 21
宁夏	6	8	0	0	14	426 916	108 654	0	0	535 570	10. 34
新疆	9	18	0	0	27	13 606 151	7 888 214	0	0	21 494 365	12. 95
合计	335	870	421	1 014	2 640	93 152 684	41 525 888	4 723 921	10 308 971	149 711 464	14. 93

注:①自然保护区总数量、总面积未包括香港、澳门和台湾;

②该表中自然保护区面积占土地面积的比例未包括自然保护区的海域面积;

③长江上游珍稀特有鱼类国家级自然保护区地跨四川、重庆、贵州、云南4省市,数量计入四川,但面积分别计入其所在省市

在自然保护区面积分布方面,目前仍集中分布在西藏(4136. 8882万hm^2)、青海(2182. 2201万hm^2)、新疆(2149. 4365万hm^2)、内蒙古(1380. 4738万hm^2)、四川(899. 36万hm^2)、甘肃(734. 6761万hm^2)等,上述6个省区自然保护区面积占全国自然保护区总面积的76. 71%。全国19个面积超过100万hm^2的特大型自然保护区中,有16个分布在上述6省区。

从自然保护区面积占国土面积的比例来看,2011年底,超过全国平均水平的有西藏(33. 91%)、青海(30. 21%)、四川(18. 58%)、甘肃(16. 17%)4个省区;达10%以上的还有内蒙古(11. 67%)、辽宁(12. 83%)、吉林(12. 29%)、黑龙江(14. 52%)、重庆(10. 32%)、宁夏(10. 34%)、新疆(12. 95%)7个省份。自然保护区面积占国土面积在5%以下的有浙江(1. 53%)、福建(2. 96%)、河北(3. 05%)、安徽(3. 76%)、江苏(4. 08%)、河南(4. 40%)、山东(4. 80%)7个省份。

第三节　自然保护区的分类及类型结构

一、我国自然保护区的类型划分

20世纪70年代后期到80年代初,随着中国自然保护区事业的不断发展,为适应管理工作的需要,有关部门和一些专家学者先后对自然保护区的分类进行了探索。但无论哪一种分类方法都仅仅停留在探索研究阶段,没有在自然保护区管理工作中得到真正的应用。

1993 年,薛达元、蒋明康、王献溥在总结前人研究的基础上,对自然保护区的分类和分级进行了进一步的研究,起草了《自然保护区类型与级别划分原则》,并被作为中华人民共和国国家标准(GB/T 14529—93)由原国家环境保护总局和原国家技术监督局联合发布。该标准根据自然保护区的主要保护对象,将自然保护区划分为 3 个类别 9 个类型(表 5-2)。这个标准在我国自然保护区申报、评审和管理实践中得到了具体实施,并对我国自然保护区的建设规划和信息统计起到了重要作用。但几年来的实际状况表明,该标准也存在一些问题,如分类系统与世界自然保护联盟(IUCN)保护区分类系统不接轨,一定程度上限制了与世界上许多国家保护区信息的交流和比较。这个问题有待于今后进一步探讨和研究。

表 5-2　中国自然保护区类型划分

类别	类型
自然生态系统类	森林生态系统类型 草原与草甸生态系统类型 荒漠生态系统类型 内陆湿地和水域生态系统类型 海洋和海岸生态系统类型
野生生物类	野生动物类型 野生植物类型
自然遗迹类	地质遗迹类型 古生物遗迹类型

(一) 自然生态系统类自然保护区

以具有一定代表性、典型性和完整性的生物群落和非生物环境共同组成的生态系统作为主要保护对象的一类自然保护区,分为 5 个类型(薛达元和蒋明康,1994)。

1. 森林生态系统类型自然保护区

该类型自然保护区是指以森林植被及其生境所形成的自然生态系统作为主要保护对象的自然保护区。

2. 草原与草甸生态系统类型自然保护区

该类型自然保护区是指以草原植被及其生境所形成的自然生态系统作为主要保护对象的自然保护区。

3. 荒漠生态系统类型自然保护区

该类型自然保护区是指以荒漠生物和非生物环境共同形成的自然生态系统作为主要保护对象的自然保护区。

4. 内陆湿地和水域生态系统类型自然保护区

该类型自然保护区是指以水生和陆栖生物及其生境共同形成的湿地和水域生态系统

作为主要保护对象的自然保护区。

5. 海洋和海岸生态系统类型自然保护区

该类型自然保护区是指以海洋、海岸生物与其生境共同形成的海洋和海岸生态系统作为主要保护对象的自然保护区。

(二) 野生生物类自然保护区

野生生物类自然保护区是指以野生生物物种,尤其是珍稀濒危物种种群及其自然生境为主要保护对象的一类自然保护区,分为两个类型。

1. 野生动物类型自然保护区

该类型自然保护区是指以野生动物物种,特别是珍稀濒危动物和重要经济动物种种群及其自然生境作为主要保护对象的自然保护区。

2. 野生植物类型自然保护区

该类型自然保护区是指以野生植物物种,特别是珍稀濒危植物和重要经济植物种种群及其自然生境作为主要保护对象的自然保护区。

(三) 自然遗迹类自然保护区

自然遗迹类自然保护区是指以特殊意义的地质遗迹和古生物遗迹等作为主要保护对象的一类自然保护区,分为两个类型。

1. 地质遗迹类型自然保护区

该类型自然保护区是指以特殊地质构造、地质剖面、奇特地质景观、珍稀矿物、奇泉、瀑布、地质灾害遗迹等作为主要保护对象的自然保护区。

2. 古生物遗迹类型自然保护区

该类型自然保护区是指以古人类、古生物化石产地和活动遗迹作为主要保护对象的自然保护区。

二、自然保护区的类型结构

20 世纪 80 年代前,我国的自然保护区类型比较单一,建立的自然保护区主要以森林生态系统类型和以陆生野生动物为主要保护对象的野生动物类型为主。20 世纪 80 年代中后期,我国逐步加强了其他类型自然保护区的建设,先后建立了一批以草原、荒漠、内陆湿地、海洋和自然遗迹为主要保护对象的自然保护区,从而使自然保护区的类型丰富多样,结构也逐步趋向合理(图 5-3)。

自然生态系统类自然保护区是指以具有一定代表性、典型性和完整性的生物群落和

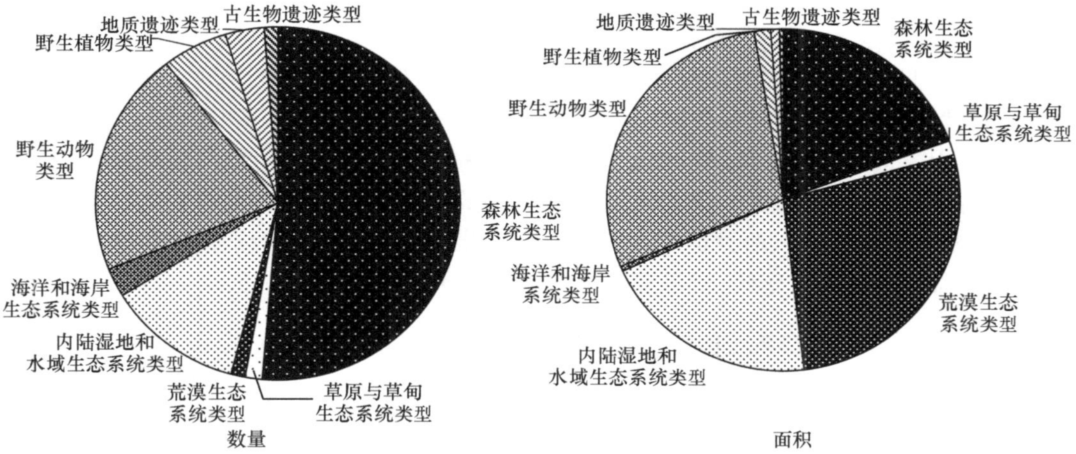

图 5-3　2011 年底各类型自然保护区数量、面积所占比例

非生物环境共同组成的生态系统作为主要保护对象的一类自然保护区(蒋明康等，2004)。目前，自然生态系统类自然保护区现有数量为 1819 个，面积 10 271 万 hm^2，分别约占自然保护区总数和总面积的 68.90% 和 68.61%。

(一) 自然生态系统类自然保护区

1. 森林生态系统类型自然保护区

森林生态系统类型自然保护区在我国自然保护区中占有极为重要的地位，2011 年底，该类型自然保护区总数达 1356 个，面积为 2906 万 hm^2。已建的森林生态系统类型自然保护区具有广泛的代表性和典型性，几乎遍布于全国所有的林区和各生物地理区域，代表着各种森林植被类型。比较典型和重要的有：

(1) 以寒温带原始针叶林为主要保护对象的黑龙江呼中、内蒙古汗马、新疆喀纳斯自然保护区；

(2) 以温带针叶、落叶阔叶混交林为主要保护对象的黑龙江丰林、黑龙江凉水、黑龙江牡丹峰、黑龙江镜泊湖、辽宁老秃顶子等自然保护区；

(3) 以暖温带落叶阔叶林为主要保护对象的北京松山、北京百花山、天津八仙山、河北雾灵山、山西历山、内蒙古大青山、辽宁仙人洞、辽宁医巫闾山等自然保护区；

(4) 以亚热带落叶、常绿阔叶混交林为主要保护对象的江苏宝华山、安徽鹞落坪、安徽天马、河南鸡公山、河南连康山等自然保护区；

(5) 以亚热带常绿阔叶林为主要保护对象的浙江临安清凉峰、浙江凤阳山-百山祖、安徽牯牛降、福建梅花山、福建龙栖山、江西井冈山、湖南壶瓶山、湖南莽山、湖南八大公山、广东鼎湖山、广东南岭、广西花坪、广西大明山、广西木论、四川龙溪-虹口、重庆缙云山、云南哀牢山、贵州习水、西藏察隅慈巴沟等自然保护区；

(6) 以热带雨林、季雨林为主要保护对象的广西弄岗、广西西大明山、海南尖峰岭、海南五指山、海南吊罗山、云南西双版纳、云南纳板河、云南铜壁关等自然保护区；

(7) 以荒漠地区特殊森林植被类型胡杨林、梭梭林为主要保护对象的内蒙古额济纳胡杨林、新疆塔里木胡杨林、新疆甘家湖梭梭林自然保护区;

(8) 以西部干旱地区水源涵养林为主要保护对象的内蒙古贺兰山、宁夏贺兰山、宁夏六盘山、甘肃祁连山等自然保护区;

(9) 以不同生物地理区域的山地森林垂直分布带为主要保护对象的吉林长白山(温带针叶、落叶阔叶混交林区)、陕西太白山(暖温带落叶阔叶林区)、湖北神农架(亚热带落叶、常绿阔叶混交林区)、西藏雅鲁藏布大峡谷(热带季雨林区),以及河南伏牛山(暖温带落叶阔叶林区和亚热带落叶、常绿阔叶混交林区过渡带)等自然保护区。

2. 草原与草甸生态系统类型自然保护区

我国草原与草甸生态系统类型自然保护区建设起步较晚,发展速度相对较慢。2011 年底,该类型自然保护区数量为 40 个,面积为 205 万 hm^2。这些自然保护区分布于河北、内蒙古、辽宁、吉林、黑龙江、甘肃、宁夏、新疆等省区,比较重要和典型的有:

(1) 以草甸草原为主要保护对象的吉林腰井子、内蒙古陈巴尔虎草甸草原等自然保护区;

(2) 以典型草原、草甸草原、沙地疏林草原为主要保护对象的内蒙古锡林郭勒自然保护区;

(3) 以亚高山草甸、山地草原为主要保护对象的河北红松洼、宁夏云雾山、新疆巩乃斯天山中部山地草甸类草地、新疆金塔斯山地草原等自然保护区;

(4) 以高寒草甸为主要保护对象的甘肃黄河首曲自然保护区。

3. 荒漠生态系统类型自然保护区

我国荒漠生态系统类型自然保护区大致相当于 IUCN 保护区分类系统中的原野地保护区,目前已建自然保护区 33 个,面积 4092 万 hm^2。虽然其数量仅为全国自然保护区总数的 1.25%,但面积却占全国自然保护区总面积的 27.34%。这 33 个自然保护区分布于内蒙古、甘肃、宁夏、新疆、西藏、陕西、青海 7 个省区,具代表性的有:

(1) 以原始状态的高寒荒漠生态系统和高原有蹄类珍稀野生动物为主要保护对象的新疆阿尔金山自然保护区;

(2) 以极旱荒漠生态系统为主要保护对象的甘肃安西极旱荒漠自然保护区;

(3) 以沙漠地区自然保护沙生植被、沙漠景观和人工治沙成果为主要保护对象的宁夏沙坡头自然保护区。

4. 内陆湿地和水域生态系统类型自然保护区

我国内陆湿地和水域生态系统类型自然保护区始建于 20 世纪 70 年代后期,2011 年底,该类型自然保护区有 320 个,面积 2998 万 hm^2。这些自然保护区分布于天津、内蒙古、辽宁、吉林、黑龙江、江苏、福建、河南、海南、四川、贵州、云南、陕西、青海、宁夏等 29 个省区,其中以黑龙江数量最多,达 94 个。在已建的该类型自然保护区中,比较具有代表性的有:

(1) 以原始沼泽生态系统及珍禽为主要保护对象的黑龙江洪河、黑龙江三江、黑龙江七星河等自然保护区；

（2）以原始高寒湿地及珍禽为主要保护对象的四川若尔盖湿地、青海隆宝自然保护区；

（3）以古泻湖湿地为主要保护对象的江苏九龙口自然保护区；

（4）以湖泊湿地生态系统和珍禽为主要保护对象的内蒙古达赉湖、吉林查干湖、吉林向海、黑龙江六峰湖、黑龙江莲花湖、贵州草海、云南茨碧湖、云南泸沽湖、陕西红碱淖等自然保护区；

（5）以河流生态系统为主要保护对象的海南文澜江、四川天全喇叭河自然保护区；

（6）以江河滩涂湿地及珍禽为主要保护对象的上海九段沙、河南黄河湿地、陕西三河湿地等自然保护区。

5. 海洋和海岸生态系统类型自然保护区

海洋和海岸生态系统类型自然保护区建设始于20世纪70年代，2011年底，已建自然保护区70个，面积70万hm^2。这些自然保护区分布于从鸭绿江口到北仑河口的海岸沿线和近海海域，涉及沿海的辽宁、天津、河北、山东、上海、浙江、福建、广东、广西、海南10个省区。但与我国拥有的约300万km^2的海域、18 000余千米的大陆海岸线和5100多个海洋岛屿相比，自然保护区数量、面积及其保护的对象都远远不够。海洋和海岸生态系统类型自然保护区中具代表性的有：

（1）以红树林生态系统为主要保护对象的福建龙海红树林、福建漳江口红树林、广东湛江红树林、广东内伶仃-福田、广西北仑河口红树林、广西山口红树林、海南东寨港等自然保护区；

（2）以珊瑚礁生态系统为主要保护对象的福建东山珊瑚礁、海南三亚珊瑚礁、海南临高珊瑚礁等自然保护区；

（3）以沿海滩涂湿地生成系统为主要保护对象的辽宁鸭绿江口滨海湿地、天津古海岸与湿地自然保护区；

（4）以新生湿地和河口生态系统为主要保护对象的山东黄河三角洲自然保护区；

（5）以沙质海岸为主要保护对象的河北昌黎黄金海岸自然保护区；

（6）以岛屿生态系统及珍稀物种为主要保护对象的浙江南麂列岛、海南大洲岛等自然保护区。

（二）野生生物类自然保护区

野生生物类自然保护区是指以野生生物物种，尤其是珍稀濒危物种种群及其自然生境为主要保护对象的一类自然保护区（薛达元和蒋明康，1994）。2011年底，野生生物类自然保护区总数为698个，面积为4527万hm^2，分别占全国自然保护区总数和总面积的26.44%和30.24%。

1. 野生动物类型自然保护区

我国野生动物类型自然保护区建设起步较早，20世纪60年代初，四川省建立的王朗、喇叭河等以大熊猫为主要保护对象的自然保护区就属于这种类型。80年代后，野生动物类型自然保护区发展比较迅速,到2011年底,野生动物类型自然保护区总数已达到544个,总面积达4300万hm^2,在各类型自然保护区中,其数量仅次于森林生态系统类型,面积仅次于荒漠生态系统类型,均列第二位。野生动物类型自然保护区分布范围也比较广泛,基本覆盖到全国各个省区,被保护的对象也从早期的少数陆栖哺乳动物发展到包括陆栖和水生的绝大多数国家重点保护野生动物。其中比较重要并具代表性的有:

(1) 以大熊猫为主的珍稀动物及森林生态系统为主要保护对象的四川卧龙、四川唐家河、四川蜂桶寨、四川马边大风顶、陕西佛坪、陕西长青、甘肃白水江等30多个自然保护区;

(2) 以华南虎及其生境为主要保护对象的江西宜黄华南虎自然保护区,以及以东北虎及其生境为主要保护对象的吉林珲春东北虎、黑龙江七星砬子等自然保护区;

(3) 以灵长类动物及其生境类为主要保护对象的四川金汤孔玉、四川白河、西藏芒康、陕西周至等金丝猴自然保护区,海南霸王岭长臂猿自然保护区,山西太行山、河南太行山、广东担杆岛、海南南湾等猕猴自然保护区,贵州麻阳河黑叶猴及广西崇左白头叶猴等自然保护区;

(4) 以有蹄类珍稀野生动物及其生境为主要保护对象的陕西牛背梁、海南大田坡鹿、西藏类乌齐马鹿、新疆罗布泊野骆驼、江西桃江岭梅花鹿及四川海子山、四川洛须、四川察青松多、甘肃小陇山、甘肃安南坝、甘肃盐池湾、新疆卡拉麦里山等自然保护区;

(5) 以水生哺乳动物为主要保护对象的安徽铜陵淡水豚、湖北长江新螺段白鳍豚、湖北长江天鹅洲白鳍豚、广西合浦儒艮、辽宁大连斑海豹、新疆布尔根河狸等自然保护区;

(6) 以爬行动物、两栖动物及其生境为主要保护对象的安徽扬子鳄、浙江尹家边扬子鳄、广东惠东海龟、新疆霍城四爪陆龟、广东四会鼋、江西潦河大鲵、河南卢氏大鲵、湖北忠建河大鲵、湖南张家界大鲵、贵州黔西大鲵、黑龙江黑金河林蛙及辽宁蛇岛老铁山等自然保护区;

(7) 以珍稀鸟类及其生境为主要保护对象的江苏盐城、黑龙江扎龙、吉林莫莫格、辽宁双台河口、内蒙古科尔沁、西藏雅鲁藏布江中游河谷、湖北龙感湖、云南会泽、云南大山包等鹤类自然保护区,山西运城天鹅、山东荣成大天鹅、新疆巴音布鲁克等天鹅自然保护区,山西庞泉沟等褐马鸡自然保护区,陕西汉中朱鹮自然保护区,黑龙江碧水中华秋沙鸭自然保护区,云南青华绿孔雀自然保护区,以及江西鄱阳湖候鸟、湖南东洞庭湖、青海青海湖、内蒙古达里诺尔、山东长岛、安徽安庆沿江等候鸟自然保护区;

(8) 以珍稀鱼类和其他珍贵水产资源为主要保护对象的吉林鸭绿江上游珍稀鱼类、黑龙江呼玛河、黑龙江逊别拉河、福建长乐海蚌、江西鄱阳湖鲤鲫鱼产卵场、湖北宜昌中华鲟、辽宁三山岛海珍品、广东北部湾白蝶贝、广东大亚湾水产资源、海南临高白蝶贝等自然保护区;

(9) 以经济昆虫及其生境为主要保护对象的黑龙江饶河东北黑蜂自然保护区;

(10) 以野生动物回归自然实验建立的江苏大丰麋鹿、湖北石首麋鹿等自然保护区。

2. 野生植物类型自然保护区

相对于野生动物类型自然保护区而言,野生植物类型自然保护区数量较少,已建保护区数量为154个,面积为226万hm^2,主要分布于黑龙江、湖北、湖南、广西、四川、贵州、新疆等19个省区，其中具代表性的有：

（1）以珍稀濒危野生植物及其生境为主要保护对象的湖北星斗山、湖南龙山洛塔等水杉自然保护区，广西花坪、重庆金佛山、贵州大沙河等银杉自然保护区，贵州赤水、广西底定、四川金花桫椤、四川大小兰沟等桫椤自然保护区，四川攀枝花、云南普渡河自然保护区，广西防城金花茶自然保护区，以及浙江天目山、湖北七姊妹山、内蒙古西鄂尔多斯、贵州桐梓柏箐等自然保护区；

（2）以珍贵用材树种为主要保护对象的吉林白河长白松、黑龙江鹤北红松母树林、福建萝卜岩楠木、海南礼纪青皮林、山西灵丘青檀、西藏巴结巨柏等自然保护区；

（3）以栽培作物野生亲缘种和野生花卉种质资源为主要保护对象的江西东乡野生稻、新疆巩留野核桃、新疆塔城巴旦杏、湖北保康野腊梅、黑龙江老山头荷花等自然保护区；

（4）以珍贵药用植物为主要保护对象的广西龙虎山、浙江大盘山等自然保护区；

（5）以珍贵经济植物为主要保护对象的湖北大洪山银杏、浙江顾渚山紫笋贡茶、云南水目山古茶树、黑龙江东宁松茸、黑龙江天佛指山松茸、海南琼海麒麟菜、海南文昌麒麟菜等自然保护区。

（三）自然遗迹类自然保护区

自然遗迹类自然保护区是指以特殊意义的地质遗迹和古生物遗迹等作为主要保护对象的一类自然保护区（蒋明康等，2004）。2011年，自然遗迹类自然保护区有123个，面积173万hm^2，仅占全国自然保护区总数和总面积的4.66%和1.16%。

1. 地质遗迹类型自然保护区

在已建的123个自然遗迹类型自然保护区中，地质遗迹类型自然保护区有91个，总面积118万hm^2，分布于天津、河北、内蒙古、浙江、福建、海南等24个省区。其中比较重要的有：

（1）以地质界线层型剖面为主要保护对象的天津中上元古界、吉林大阳岔、河北泥河湾、江苏雨花台、湖北峡东震旦系地质剖面、广西六景泥盆系地质剖面、云南梅树村、宁夏石峡沟等自然保护区；

（2）以特殊地质构造和地貌景观为主要保护对象的辽宁金石滩、辽宁成山头、浙江白岘洞、山东马山、湖南火岩溶洞群、广东丹霞山、四川光雾山、云南南涧土林等自然保护区；

（3）以泉水、瀑布等为主要保护对象的吉林靖宇矿泉水源、浙江承天氡泉、广东从化温泉等自然保护区；

（4）以地质灾害遗迹为主要保护对象的黑龙江五大连池、吉林伊通火山群、吉林龙湾等自然保护区。

2. 古生物遗迹类型自然保护区

古生物遗迹类型自然保护区现有数量较少，仅为32个，总面积也仅有55万hm^2。这些保护区有：北京朝阳寺木化石、辽宁北票鸟化石、黑龙江嘉荫恐龙化石、福建宁化古生物化石、福建深沪湾海底古森林遗迹、山东山旺古生物化石、河南南阳恐龙蛋化石、湖北青龙山恐龙蛋化石、云南帽天山古生物化石等自然保护区。

三、中国自然保护区 IUCN 保护区分类系统分类初探

自然保护区分类是自然保护区管理与信息交流的基础。1978 年,国际自然和自然资源保护联盟(IUCN,现称世界自然保护联盟)下设的国家公园和保护区委员会(CNPPA)出版了一份《保护区类型、目的和标准》的报告,该报告根据保护区的主要管理目标将保护区分为 10 个类型,并将该分类标准向全世界推广应用。1994 年,IUCN 经几次审议和修订后,出版了一份新的 IUCN 保护区分类系统——《保护区管理类型指南》,该指南将保护区划为 6 个类型。目前,这个新的 IUCN 保护区分类标准正越来越被世界各国所普遍使用,一些国家还将此分类标准纳入到国家的有关法规之中。此处,《联合国国家公园和保护区名录》(United Nations List of Protected Areas)也将此分类标准作为统计世界各国保护区数据的标准结构(蒋明康等,2004)。

现行的 GB/T 14529—93《自然保护区类型与级别划分原则》自实施以来,对于我国自然保护区的发展、规划及信息统计起到了重要作用。但由于该标准的分类体系与 IUCN 保护区分类系统不接轨,限制了我国自然保护区与国际上的自然保护区信息交流和对比研究。近年来,我国一些学者试探性地用 IUCN 保护区分类系统对我国的自然保护区进行了分类,如刘东来 1996 年对 480 个自然保护区的分类。此外,世界保护监测中心(WCMC)1997 年根据 IUCN 保护区分类系统对面积大于 1000hm^2的全球 12 754 个保护地进行了分类,其中也包括了对中国的 608 个自然保护区(含 34 个风景名胜区)的分类。但这些分类均全盘照搬 IUCN 保护区分类系统,且未提出具体的分类过程,其结果不被人们所认同。鉴于上述原因,有必要进行进一步的深入研究(王智等,2004)。

蒋明康、朱广庆等根据我国的国情,提出 IUCN 保护区分类系统中国化标准草案。该草案将我国自然保护区划分为 6 个类型,即:类型Ⅰ,严格自然保护区 $Ⅰ_a$/原野地自然保护区 $Ⅰ_b$;类型Ⅱ,国家公园;类型Ⅲ,自然遗迹自然保护区;类型Ⅳ,野生生物物种自然保护区(生境/物种管理自然保护区);类型Ⅴ,自然生态系统自然保护区(保护性陆地/海洋景观自然保护区);类型Ⅵ,资源管理自然保护区,并对 2005 年底已建立的 2349 个自然保护区进行初步分类,分类结果见表 5-3。

表 5-3　2005 年底 2349 个自然保护区 IUCN 保护区分类系统标准分类

类型	数量/个	占总数的比例/%	面积/万 hm^2	占总面积的比例/%
$Ⅰ_a$	25	1.06	378	2.52
$Ⅰ_b$	21	0.89	5 581	37.22
Ⅱ	15	0.64	603	4.02
Ⅲ	128	5.45	161	1.07
Ⅳ	697	29.67	2 748	18.33
Ⅴ	740	31.50	4 485	29.91
Ⅵ	723	30.78	1 040	6.93
合计	2 349	100	14 995	100

我国自然保护区IUCN保护区分类标准分类仍处于研究状态，无成功经验可借鉴。下文采用我国自然保护区新分类标准的建议方案，对2349个自然保护区进行了初步分类。各类型自然保护区简述如下（蒋明康等，2004）。

（一）类型I_a

数量25个，占总数的1.06%；面积378万hm^2，占总面积的2.52%。该类型自然保护区主要包括广东鼎湖山、四川卧龙、吉林长白山、云南西双版纳、浙江南麂列岛等加入联合国教科文组织"人与生物圈保护区网络"的自然保护区，以及东北林业大学科研、教学实习基地黑龙江凉水国家级自然保护区。

（二）类型I_b

数量21个，占总数的0.89%；面积5581万hm^2，占总面积的37.22%，该类型自然保护区数量最少，但面积在各类型中列第一位。这些自然保护区主要为我国西部地区以荒漠生态系统、高寒草原、高寒湿地及上述地区中以野生动物为主要保护对象的自然保护区，如西藏羌塘、新疆阿尔金山、青海可可西里、甘肃安西极旱荒漠、内蒙古乌拉特梭梭林-蒙古野驴等自然保护区。

（三）类型Ⅱ

数量15个，占总数的0.64%；面积603万hm^2，占总面积的4.02%。该类型自然保护区一部分为集国家级自然保护区、国家级风景名胜区为一体的自然保护区，如重庆缙云山、金佛山、四川贡嘎山、四姑娘山、黑龙江五大连池、广东丹霞山、青海青海湖等自然保护区；另一部分为具有丰富风景旅游资源的国家级自然保护区，如西藏珠穆朗玛峰、雅鲁藏布大峡谷、陕西太白山、新疆哈纳斯等自然保护区。

（四）类型Ⅲ

数量128个，占总数的5.45%；面积161万hm^2，占总面积的1.07%。该类型自然保护区主要为以地质遗迹、古生物遗迹为主要保护对象的自然保护区，如天津蓟县中上元古界、河北泥河湾、辽宁北票鸟化石、黑龙江嘉荫恐龙化石、江苏上黄水母山、云南元谋土林等自然保护区。

（五）类型Ⅳ

数量697个，占总数的29.67%；面积2748万hm^2，占总面积的18.33%。该类型自然保护区主要有内蒙古达里诺尔、辽宁大连斑海豹、吉林莫莫格、黑龙江碧水中华秋沙鸭、江西宜黄华南虎、湖北长江天鹅洲白鳍豚、四川攀枝花苏铁、喇叭河、新疆巩留野核桃、塔城巴旦杏等自然保护区。

（六）类型Ⅴ

数量740个，占总数的31.50%；面积4485万hm^2，占总面积的29.91%。该类型自然保护区数量在各类型中列第一位,主要有北京松山、天津八仙山、古海岸与湿地、山西庞泉沟、内蒙古贺兰山、黑龙江洪河、安徽金寨天马、江西庐山、湖北后河、广东车八岭、新疆西天山等自然保护区。

(七) 类型Ⅵ

数量 723 个,占总数的 30.78%;面积 1040 万 hm^2,占总面积的 6.93%。该类型自然保护区主要有河北红松洼、吉林天佛指山、辽宁大伙房水库水源、黑龙江东北黑峰、安徽砀山酥梨、四川会理软籽石榴、云南松华坝、宁夏云雾山等自然保护区。需要说明的是,该类型自然保护区中除了一部分以资源持续利用为目的的自然保护区(如草原生态系统、水源保护区、经济物种等)外,还包括了一些目前面积相对较小的以生物资源为主要保护对象的自然保护区,这合适与否,有待于进一步探讨。

第四节　自然保护区面积规模

自然保护区面积的大小,很大程度上反映了能否有效地发挥保护区的功能。相对而言,面积较小的自然保护区更容易受到外界的干扰。世界自然保护联盟在统计全球自然保护区数据时,一般仅统计面积在 100hm^2以上的自然保护区。我国由于在自然保护区最小面积方面没有法定的限制条件,已建自然保护区最小面积仅为 1hm^2,而最大面积则达到 2980 万 hm^2。根据我国自然保护区的面积大小,将其划分为小型、中小型、中型、中大型、大型、特大型 6 个等级,统计结果(表 5-4)显示,目前已建自然保护区数量规模以中小型、中型及中大型为主。但是大型、特大型自然保护区在面积上占绝对优势。其中,特大型自然保护区(>100 万 hm^2)数量为 19 个,仅占全国自然保护区总数的 0.72%,但其面积则约占全国自然保护区总面积 57.74%。小型自然保护区(≤100hm^2)数量虽占全国自然保护区总数的 4.39%,但其面积占全国自然保护区总面积的比例却不到万分之一。

表 5-4　2011 年底全国自然保护区面积结构

规模	数量/个	占总数的比例/%	面积/万 hm^2	占总面积的比例/%
小型≤100hm^2	116	4.39	0.47	0.00
中小型 101~1 000hm^2	446	16.89	21.89	0.15
中型 1 001~10 000hm^2	1 046	39.62	430.87	2.88
中大型 10 001~100 000hm^2	884	33.48	2 616.34	17.48
大型 100 001~1 000 000hm^2	129	4.89	3 257.16	21.76
特大型>100 万 hm^2	19	0.72	8 644.42	57.74
合计	2 640	100.00	14 971.15	100.00

在区域分布方面,大型、特大型自然保护区绝大多数分布在我国的西部地区,小型、中小型自然保护区则主要分布在东部或中部地区。这种格局主要与资源分布特点、人口密度等因素有关,东部地区因开发较早,人口密度过大,很难建立面积相对较大的自然保护

区,但今后在自然保护区建设中应充分考虑保护区之间的廊道建设问题,防止自然保护区形成“孤岛”。

（金鉴明　蒋明康　王　智）

主要参考文献

国家环境保护总局自然生态保护司 . 2006. 全国自然保护区名录(2005). 北京:中国环境科学出版社

环境保护部自然生态保护司 . 2012. 全国自然保护区名录 2011. 北京: 中国环境科学出版社

蒋明康, 王智, 朱广庆, 等 . 2004. 基于 IUCN 保护区分类系统的中国自然保护区分类标准研究 . 农村生态环境, 20(2):1-6, 11

王智, 蒋明康, 朱广庆, 等 . 2004. IUCN 保护区分类系统与中国自然保护区分类标准的比较 . 农村生态环境, 20(2): 72-76

薛达元, 蒋明康 . 1994. 中国自然保护区类型划分 . 中国环境科学, 14(4):246-250

推荐阅读文献

蒋明康,王智,朱广庆,等 . 2004. 基于 IUCN 保护区分类系统的中国自然保护区分类标准研究 . 农村生态环境, 20(2):1-6,11

金鉴明 . 1998. 中国的自然生态保护 . 世界科技研究与发展,20(2):21-31

金鉴明,王礼嫱,薛达元 . 1991. 自然保护概论 . 北京:中国环境科学出版社

王智,蒋明康,朱广庆,等 . 2004. IUCN 保护区分类系统与中国自然保护区分类标准的比较 . 农村生态环境,20(2): 72-76

薛达元,蒋明康 . 1994. 中国自然保护区建设与管理 . 北京:中国环境科学出版社

第六章　草坪与绿地

草坪与绿地是现代人类生态系统、特别是景观环境中的重要组成部分,草坪绿地的数量与质量已成为衡量现代城市和人居环境质量与文明程度的重要标志,对于崇尚自然、关注环境、追求健康的人们而言,草坪已成为不可或缺的部分。草坪绿地的广泛利用不但为人们创造了优美的学习生活和工作环境、对人类生存环境也起到了巨大的改善与保护作用,同时,它还传承着文化素养、自然关怀,塑造人们尊重自然、爱护自然、保护自然、与自然和谐相处的社会人文情感。随着社会经济的发展、生态文明和美丽中国建设的需要,草坪绿地日益为更多的人所关注。

第一节　草坪绿地概述

一、草坪绿地有关术语

草坪绿地是由草坪及草坪与其他绿化美化植物共同的绿地生态系统,其中草坪是该系统的主体。

(一) 草坪

关于草坪,有多种解释,在 1979 年出版的《辞海》一书中的解释为:“草坪是园林中用人工铺植草皮或播种草籽培养形成的整片绿色地面”。

草坪在 1988 年出版的《中国大百科全书 · 建筑 · 园林 · 城市规划卷》诠释:“用多年生矮小草本植株密植,并经人工修剪成平整的人工草地称为草坪,不经修剪的长草地域称为草地。用于城市和园林草坪的草本植物主要有结缕草、野牛草、狗牙根、地毯草、钝叶草、假俭草、黑麦草、早熟禾、翦股颖等。草坪一般设置在房屋前面,大型建筑物周围,广场或林间空地,供观赏、游憩或作为运动场之用。西方古代园林中已有规则式草地。18 世纪中叶,英国自然风景园出现后,园林中开始大面积使用自然式草坪。中国古代苑、囿有大片疏林草地,近代园林才有草坪”。

草坪在 2002 年出版的《简明不列颠百科全书》中是指:“在园艺学中指稠密植被的土壤表层,这种植被通常是为装饰或为供娱乐活动使用而专门培植的草。草皮草包括草地早熟禾、匍匐小糠草、细酥草或红酥油草和多年生黑麦草等大众喜爱的冷型草,百慕大草、结缕草和圣奥古斯丁草等暖型草。草皮草常种在草地和畜牧场上。将草皮切成楔形、大方形、小方形或条形块,移植到预定地方,草皮很快扎根生长形成一片‘速成’草地。草皮草应定期割短,使其形成稠密均匀的绿色覆盖层,以美化环境并提供运动场所,如用于网球、高尔夫球、滚木球以及赛马运动的草地”。

在 2001 年出版的《英汉植物群落名称词典》(胡自治,2001)和 2008 年出版的《草业大词典》中将草坪解释为："由草坪草的枝条系统、根系和土壤最上层（约 10cm）构成的整体。当它处于自然或原材料状态时称为草皮；在具有一定设计、建造结构和庭院、园林、公园、公共场所的美化、环境保护、运动场等使用目的时统称草坪"。

可见，草坪并没有一个统一的定义。综合各种情况，可以认为，草坪是为环保、绿化、美化和体育运动等由人工建植或天然形成并进行修剪等管理的低矮多年生草本植被。在这一含义中，主要包含了草坪为环保、绿化、美化和体育运动服务的功能，由人工建植或天然形成的来源，低矮、多年生、草本、需要修剪等特点。

草坪从不同的角度可以划分为不同的类别，如：

按功能或用途可分为观赏草坪、游憩草坪、运动场草坪、环保草坪和其他草坪；

按植物组成可分为单一草坪（同一个品种组成）、合播草坪（同一个种的不同品种组成）、混播草坪（不同种的草坪植物组成）、缀花草坪（草与花结合）和林间草坪等（草与树结合）；

按其处所可分为庭院草坪、公园草坪、道旁草坪、球场草坪、机场草坪、停车场草坪和屋顶草坪等。

（二）草坪草

草坪草也叫草坪植物。

草坪草有多种定义。胡叔良（1996）认为，草坪植物是用以建植草坪的植物总称。原属于地被植物的一部分，因草坪事业的发展而独立出来，所用植物材料要适合于机械化施工与管理，且适应室外生活的需要，已逐渐集中于禾本科与莎草科植物，如早熟禾属、狗牙根属、野牛草属、薹草属等单子叶植物。除少数双子叶植物（如马蹄金属、车轴草属植物）可用于草坪草外，大部分是禾草类，所以草坪植物也常称为草坪草。孙吉雄（1999）的认为，草坪草是指能够形成草皮或草坪，并能耐受定期修剪和人、物使用的一些草本植物品种或种。

2008 年任继周主编的《草业大辞典》中的释义是："草坪草（turfgrass）用于草坪建植的能忍受修剪、践踏、碾压的草本植物，主要是具扩展性的根茎型或匍匐型禾本科植物。是建植草坪最重要的基础材料。草坪草种类丰富，在禾本科中主要是羊茅亚科、画眉草亚科和黍亚科植物。其共同的特性在于：地上部生长点低位，并有叶鞘的保护；叶多数小型、细长和直立；多数为丛生型或者匍匐型，覆盖能力很强；适应性强；繁殖力强。根据不同的指标可以把草坪草进行不同的分类。例如，根据叶片的宽度分为宽叶草坪草和细叶草坪草；根据草坪草的高低分为低矮草坪草和高型草坪草；而最常用的是根据对温度适应的情况分为暖型草坪草和冷型草坪草。暖型草坪草种类较多，主要有野牛草属、结缕草属、狗牙根属、地毯草属、画眉草属、钝叶草属、蜈蚣草属等属的植物；冷型草坪草主要有早熟禾属、黑麦草属、羊茅属等属植物"。

需要明确的是，草坪植物绝大多数是禾本科草，但也包括一部分非禾本科植物。在英语中，"turfgrass"一般指能够经受一定修剪而形成草坪的禾本科植物。而在中国人的习惯中草坪不限于禾本科植物，近年来的草坪发展中，可用于草坪的植物有上百种，虽然主要是禾本科植物，但如豆科的白三叶、旋花科的马蹄金等非禾本科植物用于草坪建植的也很多。

因此,草坪植物或草坪草就是以禾本科植物为主,包括其他科耐修剪,较低矮、纤细,可以建植或形成草坪的各种草本植物。为了有所区别,最好将建植草坪的植物个体称草坪草,而将总体称为草坪植物。

草坪植物根据其特性、用途或功能等可划分为各种类型,具体见如下介绍。

按对气候或地域的适应性分为:暖型、冷型两类(以往一般称之为暖型、冷型,或暖型、冷型,"季"与"地"分别具有气候和地域的含义,为了兼顾二者的含义,且更为简捷、确切,本书省略了"季"与"地",而只用暖型、冷型。建议今后也最好能以此划分)为了方便,二者之间也可以加个"过渡型"。

按植物自然分类系统分为:禾本科草坪草、非禾本科草坪草。

按叶片宽窄分为:宽叶草坪草、细叶草坪草。

按草的高低分为:高型草坪草、低型草坪草。

按株丛形态分为:上繁草、下繁草、莲座丛草。

按分枝(分蘖)类型禾本科草坪草分为:匍匐茎型、根茎型、疏丛型、密丛型。

按分蘖类型分为:匍匐茎型、根茎型、疏丛型、密丛型、根蘖型(豆科等)。

按繁殖方式分为:种子繁殖型、营养(体)繁殖型等。

草坪草与草坪是既有联系又有区别的两个不同的概念。草坪草是指用于建坪或着生于地面的植物本身,而草坪则是包括草坪植物及其着生的土壤或其他基质共同构成的生态有机整体,它不仅包括草坪草,还包括草坪草生长的土壤或其他基质环境。

(三) 草坪绿地

草坪绿地是以草坪植物为主形成的草坪群落与其他观赏植物、自然地貌等综合构成的草坪绿地景观或者草坪绿地生态系统。

草坪绿地是城乡绿地中以草坪为主的绿地部分,存在于一般城乡公共绿地(各种公园、动物园、植物园、陵园及花园、游园和供游览休息用的林荫道绿地、广场绿地)、居住区绿地、交通绿地、附属绿地、生产防护绿地、风景区绿地(市内或城郊的风景游览区、休养区、疗养区等)等各类绿地之中,也存在于各种运动场绿地(足球场、高尔夫球场、赛马场等)和其他类型的绿化、美化、环保等各类绿地中,并发挥着日益重要的作用。

二、草坪绿地发展的简要历程

人类起源于自然,是自然的组成部分。人与草坪绿地的关系,实际上反映了人与草地、人与自然的关系,大致经历了如下所述的一些过程。

在最初漫长的历史过程中,人们只是就地利用天然草地休息、娱乐,之后随着城市建设、环境绿化、草坪种子与机具的发展,草坪在全世界范围内迅速发展,但与此同时,在不少地方出现了越来越依赖于国外引种,越来越"洋",品种不适应甚至造成有害生物入侵,建植和管理成本过高等一系列生态与经济问题。经过人们的反思,发展到现在,人们又趋向于更多的利用乡土植物、追求本土化、节约资源与环境友好。

（一）国外发展简历

国外，最早的草坪同样来自于天然草地，人们在天然草地上休息、娱乐，也用于庭院绿化。到中世纪，在欧洲特别是在英国，伴随着户外运动、娱乐、庭院绿化等，草坪得以较快地发展。

据文献记载，公元前354年，在罗马的庭院里就有小块草坪应用。

13世纪，英国产生了用禾草单播建立草坪的技术，并开始在园林中有限地应用草坪，主要是上流社会的绅士、贵族在自己居住地铺植草坪。在欧洲，草坪被用作打滚木球和板球的场地。

15世纪初，高尔夫球在英国流行，推动了草坪在体育和园林中的应用。当时主要用翦股颖和羊茅建植，而修剪主要是通过绵羊放牧或人工刈割来实现。

16世纪，随着工业革命和宫廷园林业的发展，英国率先在欧洲开始更多的建植草坪。

17世纪，意大利台地园和法国宫廷大量应用规则式草坪，与花卉、灌木、乔木结合使用形成了视角宽广、层次丰富的规则式植物景观。俄罗斯在1715年彼得大帝一世时，日本在18世纪时均已开始在园林中应用草坪。17～18世纪英国自然式风景园诞生，草坪开始得到大面积应用，形成了独立草坪、疏林草坪和林下草地等多种景观，出现了富有自然气息又适合活动的园林绿地。

19世纪，英国的布丁（Edwin Budding）于1830年发明了世界上第一台内燃收割机，1832年被应用于草坪修剪并开始批量生产，预示着以镰刀和绵羊放牧“修剪”草坪时代的结束和机械修剪时代的开始。在100年前，英国“花园城市运动”的创始人埃比泽·霍华就意识到绿色植物在城市的地位，并于1898年出版了《明日的花园城市》，生前还建起了两座花园城市，开了新型城市建设的先河，为草坪业的发展提供了更为广阔的空间。由于技术进步、管理手段的改革和应用，以英国为代表的欧洲草坪业当时居于世界的前列。

在美洲，17世纪初受英国移民的影响，如在美国，草坪业也开始发展，到19世纪高尔夫等草坪运动已普遍开展。特别是到第二次世界大战后，随着经济、房地产业的快速发展，生产效率的提高，人们有了钱，有了时间，有了对生活环境质量的更高要求，使以草坪为基础的户外运动和其他各种活动更加频繁，草坪业得到了更加长足的发展。例如，高尔夫球场、橄榄球场、足球场等不但数量倍增，种类繁多，而且建植、养护、管理等技术精细，各类研究工作也应运而生。草坪业的长足发展带动了涉及草坪草品种研发、种子生产、绿地建植、草皮生产及草坪农药、化肥、灌溉、机械等多种行业的崛起。美国逐渐成为全球草坪业最发达的国家之一，在100年前，只有贵族阶层才享受的庭园草坪，如今几乎遍布美国所有的城市与乡村，成为普遍的生态景观。到1982年，美国有草坪绿地约1215万hm^2，高尔夫球场12 000个，从业人员50万人，产值近250亿美元。到1994年，美国草坪的产值达到450亿美元。与草坪园林相关的美国风景园林师的需求，近年来正以每年20%的速度增长，未来10年还将继续，该专业已成为高中生升学择校的第二大受欢迎专业，仅次于IT咨询业。

澳大利亚联邦政府1911年在规划兴建首都堪培拉时，打破传统城市观念，确立采用绿地城市方案，绿地面积占城区总面积的58%，人均公共绿地70m^2。

在日本，根据草坪专家的研究，草坪利用大体上经历了草坪利用的摇篮时代、草坪以庭园利用为基础的时代、草坪多形式利用时期和草坪利用成熟发展时期4个阶段(孙吉雄,1999)。由于人多地少,日本不但十分重视绿化,而且在草坪绿地的建植和利用上,还有其独到的地方,如东京,1998年人均绿地3.4m^2,2000年计划达到6m^2。他们提出要由单纯保护环境变成积极创造舒适的环境。在大力发展一般公共绿地的同时,屋顶造园、壁面绿化、天井绿化、阳台绿化等十分盛行,可以说是“见缝插绿”,崇尚自然,美化环境,成为人们共同的追求。

(二)我国草坪绿地发展简历

我国是一个历史悠久的文明古国,草是牧草与农作物的先祖,草地是农业与畜牧业的摇篮。利用草地狩猎、娱乐和美化庭园,由来已久,草在人们的生产、生活和文化中无处不在。草和与草相关的园林绿化发展的历史十分悠久,可是,将草坪作为一业,不管古代还是近代,除了少量的宫廷园林之外,大面积服务于公众的园林绿化十分有限,而且在植物造景中所应用的主要是林木、花卉,有意识地应用草坪相对较少。

20世纪50年代,我国虽然开始了对野牛草的引种实验,但范围和规模依然很小。我国真正意义上的现代草坪业,较大规模和快速发展主要是改革开放以来30年左右的时间。

从我国草坪发展的时间过程和发展水平来看,我国草坪业的发展历史大体可划分为草坪萌芽与缓慢发展期、草坪崛起与快速发展期、草坪立业与稳定发展期3个不同的发展时期或阶段。

1. 草坪萌芽与缓慢发展期(20世纪80年代以前)

据《周礼·太宰》中记载:“以九职任万民,一曰三农生九谷,二曰园圃毓草木……”,说明在公元前2000多年的周朝,就把草列入农业和园艺的范围。

春秋战国时期,《诗经》中就有“绿草茵茵,芳草萋萋”描写草地的佳句,司马相如《上林赋》中“布结缕,攒戾莎”的记载可知,早在汉武帝的上林苑中就已开始栽植结缕草,《南史·齐东昏候本记》有“帝为芳乐园,划取细草来植阶庭”描述,公元5世纪末,就有人工建植草坪,公元6世纪南北朝梁元帝常吟咏细草之诗,当时已有呈绿毯状的草坪。13世纪中叶,元朝忽必烈不忘蒙古草原美景,在宫庭园林内种草。18世纪以来,草坪景观在园林中的应用进一步发展,同时具有相当规模,如皇家园林承德避暑山庄已有34hm^2疏林草地,形成大面积绿毯草坪景观。清朝乾隆二十九年、三十九年,北京北海北岸,南海瀛台土石相间的土山上,铺栽了28 000m^2草坪,乾隆曾赋诗以赞美草地景观。鸦片战争(1840年)以后,草坪进入我国,开始缓慢发展(蒋倩和孙吉雄,2009)。20世纪50年代,中国科学院胡叔良先生开始了对野牛草的引种、研究及其推广工作,可以说对我国现代意义的草坪具有启蒙和开拓的意义。但直至20世纪70年代,我国实行改革开放以前,草坪主要处于野生地被的利用和十分有限的引种或人工栽培,管理主要靠牛羊放牧或人工刈剪,技术与发展水平低下,一直处于萌芽与缓慢发展时期。

2. 草坪崛起与快速发展期(20世纪80年代至20世纪末)

直到20世纪80年代,我国实行改革开放政策,国门大开,国内外交流空前加强,改革经济体制，大力发展社会经济事业，人们的生活水平迅速提高，面对严峻的环境问题，环保意识明显增强，各项社会事业蓬勃发展，草坪业也迎来了迅速发展的春天。

20 世纪 70~80 年代，在任继周的倡导下，甘肃农业大学草原系开始了草坪学课程的准备，1983 年由孙吉雄率先给研究生开设了“草坪学”讲座，首开草坪学教育的先河。随后有多种专著出版。

1983 年中国草原学会草坪学术委员会成立，有力地推动了我国草坪业的发展和学术交流，不少地方的草坪研究陆续展开。

1985 年 7 月，在前几年实验研究的基础上，甘肃省草原生态研究所（现兰州大学草地农业科技学院）在兰州市七里河体育场建成了我国第一块用种子混合直播法建植的足球场草坪，拉开了快速直播建坪的序幕。

1988 年，经全国教材指导委员会审议，《草坪学》被确定纳入“高等学校农科本科“八五”教材建设规划”。1989 年，作为国内第一本《草坪学》由甘肃科学技术出版社作为甘肃高等学校教材出版，后经修改，又作为全国高校教材由中国农业出版社出版，草坪教育纳入高校教育体系，草坪学教育迅速发展。到 2004 年底，从事草坪和草业教育的高等院校已达 28 家①。

国内许多高校、研究院所或企业都在进行草坪的科学研究，并取得了一系列成果，结合草坪教学、草坪产业发展，草坪科研也在全国各地迅速开展，如草坪植物的引种选育，草坪生产、建植、管理技术，草坪植生带，地毯式草坪生产，液压喷播，壁面绿化，屋顶绿化等技术研究取得一定成果，并逐步应用，同时还带动了草坪机械、肥料、药剂、灌溉设备和养护设备的研发和生产，每年都有大量论文发表。

草坪运动场建植迅速发展。甘肃草原生态研究所于 1985 年在兰州建成我国第一块种子混合直播足球场草坪之后，接着于 1986~1989 年又为乌鲁木齐石化总厂、北京的总政八一体工大队红山口体育场、北京军区体工大队体育场、青海体委多巴体育场、辽宁省体育学校、中国奥林匹克体育中心、沈阳市体育中心、延吉市人民体育场、沈阳铁西区人民体育场、铁道部火车头体协等建植草坪运动场和曲棍球场 16 个。其中，为中国奥林匹克中心建设的草坪足球场，是作为农业部向亚运会的献礼。1990 年在北京举行的 11 届亚运会上受到国内外媒体及参赛各国运动员的好评。乘亚运会的东风，随后在全国范围内，各种草坪运动场和草坪绿地建设迅速扩大，形成了我国草坪发展的第一个高峰。而 1995~2000 年，以香港和澳门回归、新中国成立 50 周年大庆为契机，又形成了我国草坪业发展的第二个高峰。以草坪足球场建设为例，1990 年亚运会前全国不足 20 个，到2000 年约有 2000 个，10 年间增加了 80 多倍，年均增加 180 个以上。

高尔夫球场草坪建设逐步兴起。高尔夫球场草坪是草坪建设与管理水平的代表，1984 年在广东中山建成的中国第一个高尔夫球场——中山温泉高尔夫球场，连同北京十三陵国际高尔夫球场等，草坪都是由外国专家设计和组织建植的。直到 1995 年，由甘肃省草原生态研究所的科技人员，在福州登云完成了由中国人自己设计并承建的第一块高

① 甘肃农业大学、中国农业大学、北京林业大学、兰州大学（原甘肃省草原生态研究所）、内蒙古农业大学、新疆农业大学、四川农业大学、南京农业大学、山东农业大学、东北师范大学、中山大学、西北农林科技大学、辽宁大学、沈阳农业大学、华南农业大学、深圳大学高尔夫学院、仲恺农学院、中国科学院植物研究所、中国农业科学院、中国农业科学院畜牧研究所、江苏中国科学院植物研究所、吉林农业科学院、郑州牧业工程高等专科学校等。

尔夫球场草坪,表明我国的草坪技术已达到一个新的水平。此间,高尔夫草坪场从无到有,发展十分迅速,到 1999 年据《中国高尔夫球场指南》收录营运的高尔夫球场(未含香港、澳门、台湾)为 52 个,到 2000 年包括在建的共计约 100 个。

城乡绿化草坪迅速发展。在运动场草坪快速发展的同时,全国城乡草坪绿地建设同样有了长足的发展。以城市建成区绿化覆盖面积和城市人均公共绿地面积而言,从 1990 年的 21.76 万 hm^2 和 3.9m^2,到 2001 年分别达到 28.0 万 hm^2 和 6.3m^2。

草坪草种子用量大幅度增加。以我国进口草坪草种子的数量为例,从 1990 年的 50~60t,到 2000 年增加到 8000t 以上,增加了一百多倍。

草坪企业迅速发展。在草坪建植和应用的同时,草坪企业也迅速建立与发展。自 1985 年甘肃草原生态研究所成立"草原科技开发服务部"开始,1988 年在此基础上注册成立了国内第一家草坪企业——兰太草坪科技开发公司,之后,从事草坪或相关产业的企业如雨后春笋,到 2000 年有 5000 家以上,年营业额 500 万元以上的有 50 多家。草坪业年创产值不少于 30 亿元,从业人员数 10 万人。例如,北京克劳沃集团已栖身中国种业 50 强企业,形成了从科研、进口、储运、营销到售后服务的较为完整的产业化体系。在中国建立独资公司或设立办事处的外国草坪公司也不少,如百绿集团中国代表处等,它们作为龙头与桥梁,为保证草坪发展的种子与各种器材需要,加强草坪界的国际合作与交流、共同推动中国草坪业的发展,都起到了积极作用。

总体上说,20 世纪的最后 20 年,是我国草坪业迅速崛起、快速发展的 20 年,在这短短的 20 年里,我国草坪不论在较发达的东部还是广大的西部地区,不论绿化草坪,还是各类体育场草坪,都得到了迅速发展,草坪建植管理的技术水平、机械化、产业化和规模化程度大幅度提高,草坪企业和科技教育迅速发展,甚至出现了全国性的"草坪热"。我国草坪用 20 年左右的时间走过了国外半个多世纪的道路,不仅为城乡绿化作出了巨大贡献,大大缩短了与发达国家草坪业的差距,也为我国草坪业走向规模化、产业化,步入健康稳定发展奠定了坚实的基础。

3. 草坪立业与稳定发展期(21 世纪以来)

进入 21 世纪以来,随着我国经济和城市建设的持续发展,经济秩序和经济法规的出台与规范,草坪绿地建植与管理技术规程、质量标准的制定与颁布实施,特别是国际化和全球经济一体化的进一步加强,我国草坪业也逐步纳入国际化的轨道,参与到国际竞争的行列。草坪企业通过优胜劣汰、兼并重组,从业行为进一步规范和有序。经过多年的研究与技术创新,草坪业的科技进步也进一步加强。从而推动我国草坪向着真正立坪为业,进一步产业化、规范化和现代化的方向稳步、健康、持续发展。

据全国绿化委员会编制的《中国国土绿化状况公告》公布,2002 年全国城市绿化覆盖率和绿地率分别达到 28.15% 和 23.67%,人均公共绿地面积 6.83m^2。2003 年草坪面积 6000 多万平方米,2004 年增加到 7000 多万平方米。到 2005 年城市建成区绿化覆盖面积达到 96.3 万 hm^2、人均公共绿地面积 7.39m^2,城市绿化质量不断提高。

另据有关统计,我国 5000 个城市的近 70 万 hm^2 绿地面积,约有 1/7 为绿茵草坪。北京目前已植草坪 3000hm^2,每年还以 300hm^2 的速度增加。北京园林绿化建设,在新中国成立之初,森林覆盖率只有 1.3%;1994 年人均绿地面积 6.14m^2;2006 年人均绿地面积

$47m^2$，全市林木覆盖率达到了51%，森林覆盖率达到了35.5%，城市绿化覆盖率42.5%，城市人均公共绿地面积$12m^2$，形成了点、线、面、带、环相结合的城市绿地系统。上海和大连每年新增草坪分别达$400hm^2$和$250hm^2$。地处西部的兰州，2005年建成区绿化覆盖率达26.8%，建成区绿地率23.1%，人均公共绿地面积$8.1m^2$，以“山水城市”、“生态城市”为目标，初步形成南北两山绿化为屏障、城市主次干道绿化为骨架、黄河风情线为主线、单位庭院绿化为基础，公园、广场、游园为景点的城市绿化格局，绿地面积逐年扩大，其中草坪占有很大的比例。全国的草坪草种子进口继续增加，到2004年草坪种子进口量为10 000t。

截至2008年1月，全国已正式营业18洞及18洞以上高尔夫球场共302家（也有人估计在500家），练习场198家，在建18洞以上标准球场数量为100~200家。相关统计资料还表明，国内各省市高尔夫球洞数与当地GDP和实际利用外资情况高度相关。

从高尔夫球场的区域分布来看，主要分布于珠江三角洲、长江三角洲、福建沿海、山东半岛和京津地区，基本与经济发展程度一致。虽然海南和云南两省不属于经济发达地区，但是这两个省旅游资源丰富，在他们的发展战略中，旅游业都占有重要地位，而高尔夫球场对于吸引旅游者，发展旅游产业有很大的带动作用。因此，大力发展高尔夫旅游是促进当地经济发展的有力手段。

截至2003年，中国高尔夫球场（包括在建而没有完工的球场）的数量已达到219个①，比2001年141个球场的统计数据多出55.3%，假定球场的增长速度是匀速的话，每年增长速度为27.65%，这样的增长速度是超过同期GDP增长速度的两倍半，同时，对比2001年的统计数据，截至2003年夏季，中国已建和在建球场共计拥有3960个球洞，球洞数增长了29.8%。

随着国家生态文明建设的发展，2008年北京奥运会的成功举办，以及迎接2010年广州亚运会、2010年上海世界博览会等活动，特别是大面积国土绿化，如生态城市建设、新农村建设、绿色通道工程、沿河两岸及湖库区绿化等，我国草坪业将会迎来发展的又一次高峰，推动我国草坪业在国际化和更加健康的轨道上继续发展。

这个时期是我国草坪立业与稳定发展时期。

第二节　草坪绿地的主要功能

人类社会发展经历了靠自然生态系统谋生的游牧生活阶段，主要靠农田生态系统谋生的农业生活阶段和主要靠城市生态系统谋生的工业化、城市化阶段。

从社会经济、文化发展来看，城市化的发展在许多方面成为社会与经济发展、进步的龙头，由于城市在经济、文化、生活、娱乐、体育、卫生、交通、通讯、就业、收入方面的明显优势，使城市化的进程更为加快。

然而，在城市化加速发展的过程中，不但能源、淡水、燃料等的供应日趋紧张，尤其大气、水体、土壤及垃圾污染等问题日显突出，高楼林立、道路纵横，城市的绿色空间日益减少，人们在创造现代城市的同时，也为自己居住的城市环境带来了各种各样的隐患，城市

① Info You China Market Service于2004年11月在Tom体育频道发表的《中国高尔夫产业调查报告》。

环境的保护与改善成为人们十分关注的焦点。

草坪绿地是城市生态系统中自然生态亚系统的重要组成部分,以生物与环境的协同作用对城市环境起支持、容纳、缓冲和净化、美化的作用;也是城市社会生态亚系统和城市经济生态亚系统(包括越来越多的乡村)中不可缺少的部分。

在人类栖身的生态系统中,草坪的作用大体包括维护大自然的生态平衡,保护和美化人类活动的环境,提供工作、运动、休闲等各种场所。同时,草坪还是人类物质文明、环境文明和精神文明建设的重要组成部分,具有十分重要的生态、经济和社会效益服务功能。

一、生态功能

(一) 调节温度和湿度,改善小气候

在现代城市中,人口密集,道路交错,车流不断,工业相对集中,地面由于硬化,存在大量的不透水层,而空气中由于排放的二氧化碳等气体大量增加,人为释放的热量向高空和地下传递释放的减少,主要用在加热下层空气和下垫面的热量储存上,导致城市的温室效应或热岛效应增加,温度升高。如果在城区及周边有一定面积的草坪、行道树、公园和其他各种绿色植被,可以大量增加潜热通量,减少感热通量改变热量的传递方向,调节空气的温度与湿度,从而有效的调节城市小气候。

与裸地相比,草坪能显著地增加环境的湿度和减缓地表温度变化。在夏天,草坪绿地植物的蒸腾作用,将土壤底层的水分带到土表,可降低土表的温度;同时太阳辐射到地面的能量一部分被草坪所吸收,进行光合作用,合成有机物质,也使地面温度降低,如炎热的夏天,当水泥地温度高达 38℃时,草坪表面温度可保持在 24℃;也由于植被的覆盖而减少地表水分蒸发,使地表空气湿度高于裸露地面。根据 7 月同一时间测定,在大面积草坪地上空的大气湿度为 66%,温度为 32.5℃时,道路上空的大气湿度为 63.5%,温度为 35℃。在冬天,由于草坪植物的保护和较高的土壤湿度,土壤热容量较大,土壤降温较慢,能够保持地表较高的温度和湿度,所以草坪地具有“冬暖夏凉”的作用,是城市最好的“空调机”。

(二) 减少噪音与视觉污染

噪音过高和强光等污染,能引起人疲劳、头晕、头疼、记忆力和视力衰退,甚至更为严重的疾病。草坪地上部叶片交织形成的草坪可有效降低或吸收噪音,而达到减少或消除噪音的目的。例如,草坪的叶和茎,能在一定程度上吸收和减弱 125~8000Hz 的噪音。宽 40m 的乔、灌、草结合的复层绿地,能减低噪音 10~15dB。根据北京市园林研究所测定,20m 宽的草坪可减少噪音 2dB 左右;杭州植物园一块面积 250m^2、四周为 2~3m 高的多层桂花树的草坪,测定结果与同面积的石板路面相比,噪音减量为 10dB(孙彦等, 2001)。

在国外不少飞机场用草坪铺植地面,这样既可减少飞机场的扬尘,又能减缓噪声和延长发动机寿命。

在人们学习、工作和居住的建筑物附近建植草坪,能开阔空间、改善建筑物的通风和透光,绿色又能减轻视感疲劳、保护视力。因此,在校园、住宅区为减少噪音,可适当提高草坪的修剪高度,以增强吸音效果。在公园、建筑物周遍及道路和工厂区,建立缓冲绿带,

一方面是覆盖绿化地表、美化环境，另一方面也有减缓噪音和改善视觉效果的作用。地上部叶片交织形成的构造可改变太阳光反射的角度，从而减少反射太阳光的强度，进一步减少太阳光反射的炫光与阳光辐射，营造较为舒适的环境。

（三）净化空气，维持碳氧平衡

人们常说“无草不净，无树不绿，无花不美”。

茂密低矮的草坪，其叶面积为相应地面的20～80倍，既能阻尘，又能防止就地起尘，大片草坪更像一座庞大的天然“吸尘器”，连续不断地接收、吸附、过滤空气中的尘埃。北京市环境保护科研所于1975～1976年的测定结果表明，在3～4级风下，裸地空气中的粉尘浓度约为有草坪地空气中粉尘浓度的13倍。草坪足球场近地面的粉尘含量仅为黄土场的1/6～1/3。

大面积的草坪绿地在进行光合作用时可吸收大量二氧化碳，同时释放大量的氧气，净化空气，提高空气质量，提供人们健康舒适的生活环境。

根据光合作用原理，每公顷绿地年吸收 CO_2 48t，年释放 O_2 36t，通过呼吸作用年释放 CO_2 16t，年吸收 O_2 24t，两相抵消，年净吸收 CO_2 16t，年释放 O_2 12t。

一个成年人（按体重75kg算）平均每天呼出 CO_2 0.9kg，吸进 O_2 0.75kg，而 $1hm^2$ 绿地每天约吸收 CO_2 900kg，生产 $O_2$700kg，可供近1000人的需氧量。15m×15m面积的草坪释放的氧气，可满足四口之家的呼吸需要。

草坪能稀释、分解、吸收、固定大气中的有害、有毒气体，通过光合作用转害为利。草坪草能把氨、硫化氢合成为蛋白质，能把有毒的硝酸盐氧化成有用的盐类，能将二氧化碳转化为氧气。每千克羊胡子草的茎叶，每月能吸收4.5g的二氧化硫。

某些草坪草能分泌一定量的杀菌素。据测定，草坪上空的细菌含量，仅为公共场所的三万分之一。此外，有些草坪草还能起到环境污染的报警作用，如羊茅能指示空气被锌、铅、镉、铜和镍等污染的程度。因此，草坪还是空气的天然净化器，是人类生态环境的清道夫和卫士。

（四）保持水土，净化水源

通过草坪草所形成的植被覆盖和致密的根层，可减少降雨时雨滴对地表土壤的直接冲击，固结土壤，吸纳和保持更多的水分，减少地表径流造成的水土流失，保持水土，保持土壤肥力。

有研究表明，不同土地20cm表土层被雨水冲刷殆尽的时间，草地需3.2万年，而裸地仅为18年。

有人实验，在30°的坡地上，200mm/h的人工降雨强度下，随草坪盖度的增加相应的土壤侵蚀度明显降低：

草坪盖度　31%，　60%，　91%，　100%；

土壤侵蚀度　100%，49%，　11%，　0%。

草坪还能明显地减少地表日温差，减轻土壤因“冻胀”引起的土壤崩落，因此用草坪作梯田、路基、堤岸护坡，效果良好。

水源地的草坪,不但可以利用其致密的草层和根系保护水源地的环境,同时还可吸纳、过滤、降解各种颗粒或污染物,保护水源。

(五) 防风固沙,保护环境

“寸草遮丈风”,在风沙危害的地方,沙尘、特别是流沙的移动,主要是在贴近地表的滚动,草坪地上致密的草层,可减小风速,阻挡风沙,防止起尘,发挥减沙、滞沙、固沙、保护环境的功能。

二、美学功能

草坪的美学功能,主要反映在它对景观的营造与环境的美化、对文化艺术的影响与传承、对人们思想的陶冶与净化。

(一) 美化环境

草坪美化环境的功能是多方面的,通过构建城市绿地而发挥美化功能是最重要的方面之一。

城市绿地是城市规划区范围内,包括公共绿地、居住区绿地、交通绿地、附属绿地、生产防护绿地和风景区绿地等在内的各种类型的绿地。在不同的地方,草坪作为绿地的重要植物,可与多种景观要素配置,发挥其美化环境的作用。

为了更充分地发挥草坪在美化环境中的作用,在植物景观配置中应遵循一些原则,具体见如下介绍。

(1) 生态原则。根据地域特点、植物特性,互惠共生,美学与生态学结合,选择适合当地自然环境条件的植物,突出植物造景,少硬化、多绿化,少引进、多本土,以人为本,保护与节约自然资源,让自然做工并显露自然,营造更多、更好的绿化美化空间。

(2) 功能原则。公众绿地的功能很多,但各有侧重,如观赏、娱乐、休息、纳凉、净化、卫生防护、滞尘等,依据功能要求和植物特性,选择最能发挥功能的植物加以配置。

(3) 季相原则。植物景观中季相是极为重要的,讲究春花、夏叶、秋实、冬姿,所谓“春意早临花争艳,夏季浓苍翠不萧”,通过合理配植,达到四季有景。

(4) 文化艺术原则。根据地域、人文、自然特征及植物的文化内涵,使城市绿地与当地历史、文化、园林艺术相协调,体现城市的文化特征。

(5) 经济原则。进行植物配植,应综合考虑当地的经济发展状况和水平,城市绿地建设在满足实用功能、保护环境、美化城市的前提下,尽可能节地、节水、节能、便于维护、降低管护成本,适应生态城市与节约型社会建设的需要。

根据以上原则,采取合适的植物配植模式。对乔木和灌木的配植主要有孤植、丛植、群植、对植、列植和篱植等。将草坪植物与花、灌木、乔木更好地加以组合,可以形成草坪、缀花草坪、灌护草坪、疏林草坪(林间草坪)等适应不同特点与需要的配植模式,从而更好地发挥其生态与美学功能。

草灌乔模式(草坪+灌木+乔木),在城市绿化中应用较多,属于模拟自然的人工栽培群落,在种类搭配上除考虑生态习性、种间关系以外,草、灌、乔分层配置,能丰富景观层次,适应季相变化,春花、夏绿、秋实、冬姿各显特色,也可最大限度地提高叶面积指数和空间绿量,增加植物群落的稳定性和物种多样性。这种模式适宜在空间较大、人员流动较少或较大的公园、防护绿地配置,能够发挥最大的生态功能及良好的景观功能。

草乔模式(草坪+乔木),草坪等地被植物加乔木的配植模式,适宜在林荫道、小游园、公园大型绿地配置。有疏林草地的景观效果,层次分明,上有高大乔木,绿荫树冠,可供游人休闲或行人遮凉;下有草,特别是耐践踏的草坪植物,能充分覆盖与美化地面,供游人在草坪休息、娱乐。

草灌模式(草坪+灌木),此类模式的特点是植冠相对较低,对人多地少、城市楼群拥挤、道路狭窄地方的街心绿化带、分车带等地段,最好不用高大乔木,而选择以草坪+灌木的配植模式,既能起到隔离、安全保护作用,又可以给人以疏朗通透、一目了然的视觉效果。

草坪模式,在一些大型的活动场所(如城市中心广场),以大面积草坪为主,进行植物配置(如兰州的中心广场、美国白宫的南草坪等),给人以视野开阔、一目了然、轻松舒畅的感受。

通过因地制宜、科学地配植,草坪就能最充分的发挥它们的生态与美化功能。

(二)文化传承

草与人类的关系源远流长,与人类的生产、生活、文化密不可分。

远古的人类就在林地和草地上狩猎,驯养动物,开辟休息和游乐的空间,享受草地和大自然提供的服务。与草相关的文化也是伴随着人类的历史与前进的脚步不断发展的,草也成了文化传承的重要载体。

从南北朝传诵至今的《敕勒歌》:“敕勒川,阴山下,天似穹庐,笼盖四野。天苍苍,野茫茫,风吹草低见牛羊。”成为人们领悟草原壮美风光的千古绝唱。唐代诗人白居易“离离原上草,一岁一枯荣,野火烧不尽,春风吹又生。”则是赞美小草顽强生命、揭示自然规律的不朽诗句,既道出了小草默默无闻、无处不在的平凡,更显示了小草广袤而高洁的品格。人们以草写景、以草记事、以草喻人、以草寄情的诗词文章无处不有。

草坪,经受千百次的刈剪与践踏,绿色依然不减。现代的草坪学和草坪技术更成为人们利用草类、保护生态、崇尚自然和美化环境的重要学问,文化内涵极为丰富。小草真可谓是人类最忠实的朋友,小草成就大事业,小草之美遍及天涯。

(三)陶冶情操

当今社会,在高楼林立、车流不息、人头攒动的城市,茹茵的草坪弥足珍贵和令人神往。它可以给人们提供优美、安全、舒适的游览、休憩和运动场所,给人以静谧、舒心的感受,使人们忘记工作的疲劳,得到积极良好的休息,或者给人以走出尘嚣、回归自然,开阔心胸,陶冶情操的美感享受。绿色也是生命、青春与活力的象征,而茹茵的草坪更能给人以奋发进取、蓬勃向上的影响。草坪对人的身心健康和其所具有的美学功能是多方面的,也是难以替代的。

三、体育功能

草坪与体育,一直是良性互动、相得益彰、共同发展的。

(一) 草坪运动场为多种体育运动所必备

足球、橄榄球、高尔夫球、曲棍球、草地保龄球、草地网球、马球及赛马等,如果没有草坪,就无法进行或难以发展。过去,我国足球运动水平长期停滞不前,原因是多方面的,但一个不可忽视的重要原因是缺少优质的草坪运动场,影响和限制了足球比赛的发展。1985年以前,我国的草坪足球场寥寥无几,且都是由天然草地上的野生草移植而成。1985年,甘肃省草原生态研究所在兰州为甘肃省体工队建成我国第一块用种子直接播种的草坪足球场,并以其优美的质量,赢得了运动员的好评。正是由于有了草坪足球场,1986年在兰州举行黄河杯足球邀请赛。之后,特别是1990年北京第11届亚运会的召开,有力地推动了草坪运动场的发展,到1998年底仅甘肃省草原生态研究所兰太草坪公司在国内各地共建足球场120多块,高尔夫球场8块,加其他绿化地,总共建植绿地约1200万 m^2,相当于从兰州到北京铺就了一条5m宽的绿色彩带。这些草坪绿地遍及全国,从东北到新疆、从海南岛到延吉、从海拔数米的沿海城市到海拔2400m的高原城市西宁,此外还有在国外建植的草坪场。我国迅速发展的草坪事业有力地促进了体育事业的发展。草坪堪称运动健儿的摇篮,是体育事业健康发展的重要基础。

(二) 草坪是运动安全的需要

管理良好的草坪运动场具有良好的地面覆盖,质地均一并具弹性,对于运动员和体育爱好者有其特殊的感官效果与保护作用。运动员和体育爱好者只有在优质运动场上,才能全面培养各种技术动作,养成潜意识的动作习惯。同时好的草坪运动场,会引起运动员的兴趣或兴奋,显著提高运动员赛场情绪,充分发挥竞技状态。更为重要的是草坪运动场能够减少运动员可能的损伤,而延长运动员的运动寿命,对于体育事业和运动员都是极其重要的。

(三) 草坪与体育良性互动

体育需要草坪,而草坪业和草坪科技又得到了体育运动发展的巨大推动和引领。

在国外,人们最早对草坪的研究都是由于对高尔夫运动的重视而开始的,主要在美国和英国进行。现在随着足球、网球等各种草上体育运动的普及和发展,对运动场草坪的研究更加广泛而深入。运动场草坪始终是草坪科技发展的引领者。

国外早期的运动场地一般都建在学校和社区,用于举办集会、娱乐和体育竞技活动。随着时代的发展、竞技体育活动的普及和专业化程度的提高,场地的数量急剧增加,专用场地也越来越多。20世纪以来,越来越多的专业技术应用于运动场草坪的设计、建造和养护管理等方面,使得运动场草坪这一领域越来越专业化、越来越成熟。

专业体育运动的增长对体育设施的改善起了非常关键的作用,从事专业体育的人认识到体育的娱乐功能越来越重要。举办比赛可以娱乐,也可以赚钱,为了吸引更多的观众,主办者愿意增加投入以改进场地的景观效果和场地质量,这也成了运动场草坪迅速发展和提高的动力。

如何设计和建造场地以增加场地的使用并减少维护成本,需要专业技术作为支撑。另外,在训练和比赛中,运动员的身体安全也日益被重视起来,这也对运动场地提出了更高的质量要求。

所有这些因素都促使对运动场地的规划、设计和管理更加专业化,一些先进、成熟的理念与方法不断被采用,科学研究也不断深入,从而大大促进了运动场草坪和整个草坪行业的发展。

运动场及草坪产业协会组织的发展是促进草坪业很快发展的另一个重要原因,这些组织通过举办研讨会、展览、学习班和出版杂志,为研究者和业内人士提供了交流的平台,从而推动了草坪行业技术的不断进步和从业人员素质的不断提高,草坪的体育功能得以更大发挥,进而促进了草坪产业与体育事业的共同发展和繁荣。

四、社会功能

草坪的社会功能实际上是其生态功能、美学功能、体育功能等多种功能的综合与发挥。

草坪业是随着社会的进步与发展,特别是随着房地产业、体育事业和环境建设迅速发展而成长起来的新兴产业,在园林建设、城市建设、新农村社区建设、道路与各种环境建设中草坪都是不可或缺的部分。它带动了种子业、草坪施工与管理机具制造业、草坪肥料和农药生产,以及与此有关的一系列新兴产业与技术的发展。由此创造了巨大的经济与社会效益,也提供了广阔而充满诱惑力的就业空间。

美国曾研究园林绿化对居住地产评价是否有效益和作用,并考虑对地产价影响的其他变化因素时,发现理想的绿化环境地产价可提高6%,有的高至15%。欧洲的一些国家和澳大利亚对草坪也十分重视,把草坪看做是“绿色黄金”。德国10年来草坪的从业人数由65万人猛增到近200万人,表现出良好的增长势头。澳大利亚人更称其为“立国之本”。澳大利亚的草坪面积已达到110万 hm^2,草坪养护产值为50亿澳元(约合人民币250亿元),草皮生产产值1.4亿澳元,草坪种子销售额为1亿澳元,草坪从业人员8万人。

城市绿化可节省空调耗能,这在发达国家早有研究。1995年日本东京的研究表明,当气温超过35℃时,每再升高1℃,东京电力管辖范围内用于空调的耗电量就高达120万kW,如果利用绿地降低气温以节省能源则是十分有效的。

我国以从事草坪业为主成立的公司估计在5000家,年创产值不少于30亿元,从业人员数十万人,随着进一步产业化,草坪业今后将会成为国内重要的支柱产业之一。在发达国家草坪业从业人员约为总人口的8‰,我国草坪业从业人数以它们的1/2计,也将达到400万人,这个数字超过林业产业工人(《中国农业年鉴》编辑委员会,1996)。草坪业是一个充满生机与活力的产业,也是城乡劳动者就业的一个广阔的新领域。

另外,人们对城市草坪绿地提供的实物型、观赏型和运动型等产品及其服务都比较认可,但对草坪绿地在促进城市生态系统物质和能量平衡,改善城市环境,促进城市经济发展诸方面产生的直接或间接的经济价值即货币,由于难以量化而往往被忽视。但是其对城市卫生保健,环境与景观改善,土地资源、房地产价值及商务经营活动增值、提升等,所产生的经济效益都是十分可观的。例如,张文娟(2007)对兰州城市绿地系统生态价值研究与估算的结果表明,在研究区总面积4450hm^2中,园林绿地面积为2789hm^2,2004年绿地系统生态服务功能的货币价值超过了4.03亿元,其中维持碳氧平衡的价值为3.14亿元,所占比例较大,为78%。而兰州每年投入的绿地养护费用为4000多万元,其生态价值远远超过养护费用投入。

在2007年张文娟的估算中包括:①固定CO_2的价值(碳税率人民币328.789元/t,1hm^2绿地每天固定CO_2的经济价值为295.91元,兰州2004年城区园林绿地面积为2789hm^2,绿地一年的固碳价值约为3.01亿元);②释放O_2的价值(每公顷绿地年净放出$O_2$12t,工业制氧成本400元/t,年释放O_2的价值为0.1339亿元);③调节城市气候的价值(研究区绿地夏季降温和节省空调成本总价值0.8583亿元,冬季保温作用未计算);④涵养水源的价值(研究区绿地年涵养水源量722.04万t,平均水价0.2元/t,总价值为0.0144亿元);⑤净化空气降低大气污染的价值(吸收SO_2与滞尘减少大气污染的价值0.0120亿元)。

其他生态服务功能可能产生的经济价值,如房地产升值、吸引商业投资、促进大众消费、改善公众健康、减少噪音、减少交通事故、维持生物多样性等方面的价值,均未计算在内,实际上,这些都有很高的社会与经济价值。

简而言之,草坪是人类文明的象征,是生态环境的卫士,是运动与健康的保证,是充满活力的产业。人类在经历了农业文明时代,进入工业文明时代,迈向环境文明时代的过程中,草坪及其产业将发挥愈来愈重要的作用。

第三节　草坪绿地与环境的关系

这里所说的环境主要指植物环境,是植物个体或群体以外一切事物的总和,构成植物环境的各个因素称为环境因子,环境因子中对植物生长发育和分布有直接或间接影响的因子,称为生态因子,主要有光、温度、水分、空气、土壤、生物因子及人为因子等。

草坪作为一种特定的人工生态系统,既要适应所在地的生态环境条件,受特定环境对它的制约,同时人们更希望通过各种必要的管理措施与科学手段,协调草坪适应与改造环境的双重作用,更多的发挥其调节与改善环境的功能。

影响草坪的环境因子中,有的因子从总体或大的环境方面难以人为改变,如当地的光照、气温、降水等,但有些因子通过人工及管理可以有效地加以调控,如通过灌水、施肥等各种管理措施,就可以为草坪生长创造良好的小环境,从而使草坪发挥更多更好的作用。

了解草坪与环境的关系,人们就可以从大处着眼、小处着手,更为科学有效地去管理草坪,常说的草坪管理的“三要素”——“浇浇水、施施肥、剪剪草”,就是通过人为的调控手段,为草坪创造良好的环境条件,从而发挥更多更好的功能。

一、草坪绿地与太阳辐射

太阳辐射的能是生态系统的驱动力，生命活动必须有能量才能维持，而地球上的能量主要来自太阳辐射。地球表面每秒接受的太阳能总量相当于燃烧550万t煤。在太阳直射地球且地球的大气圈不起作用的情况下，地球表面所获得的太阳能为8.12J/(cm^2·min)，称之为太阳常数。由于纬度、地面状况等的不同，不同地区年光照强度差异很大，低纬度热带荒漠超过$8.38\times10^5 J/cm^2$；而高纬度的北极地区不足$2.93\times10^5 J/cm^2$；我国华南地区大约是$5.02\times10^5 J/cm^2$（李振基等，2007）。

绿色植物多利用可见太阳辐射光中部分光波进行光合作用，称为生理有效辐射。在生理有效辐射中，对多数植物而言，红光和橙光的光合活性最强，而绿光被吸收的最少。

太阳辐射能的作用，一是通过热能使环境和生物体保持一定的温度；二是通过光能形式被绿色植物吸收，经光合作用形成碳水化合物，储存在有机物中，成为植物自身或其他生物的能量来源。

光对植物的生长、发育、生物量、地理分布和植物类群的形成等都有着十分深刻的影响。根据植物对光的反应，通常将陆生植物分为阳生植物与阴生植物两大类。

阳生植物　适应于强光地区生活的植物称为阳生植物，这类植物光补偿点、光合速率和代谢速率都比较高，如杨树、柳树、槐树、白桦、马尾松、栎树，草原、荒漠和阳坡上生长的多数植物，一般农作物和草坪植物都是阳生植物。阳生植物一般生长在空旷、向阳的地方或植冠的上层。喜光照，冠层枝叶相对稀疏或开张，光线容易透入，生长较快，在北坡（阴坡）或阴湿地生长不良，草坪植物大多为阳生植物。阳生植物的茎秆生长健壮，分枝较多，在阳光充足的条件下生长良好。由于草坪植物多为阳生植物，一般要建植在光照条件良好的地方，如果与林木或灌木结合建植，林灌植物应尽可能稀疏，以保证草坪植物必需的光照。

阴生植物　适应于弱光地区生活的植物称为阴生植物，这类植物光补偿点、光合速率和代谢速率都比较低。与阳生植物相反，它们在弱光下才能正常生长发育。适宜在阴暗、北坡、密林底下生长。铁杉、红豆杉、云杉、冷杉、人参、黄连、三七、半夏、贝母、蕨类、苔藓和地衣等都是阴生植物，它们都具有耐阴能力。阴生植物一般茎秆细长，叶薄而密，机械组织不发达，但叶绿素颗粒大，叶片深绿。

也有人将陆生植物分为阳生植物、阴生植物和耐阴植物3个大类。实际上，就是将阳生植物中耐阴的和阴生植物中耐阳的部分划分为耐阴植物。耐阴植物是一个过渡性的类型。

使用阳生植物建坪时要尽可能选择光照条件较好的地方。如果在背阴条件下建植草坪，应该尽量选择紫羊茅、钝叶草、沿阶草、大叶油草等相对耐阴的草坪植物。若草坪要与树木或灌木混植，应通过控制乔灌木的密度或对树冠进行修剪、疏枝加以调整。如果草坪本身生长过高、过密或枯草层过厚，都会影响草坪的光照，需要采取相应的措施予以改善。

植物叶面积总和与植物所覆盖的土地面积的比称为叶面积指数，在一定范围内，叶面积指数越大，光合利用率、植物生产量和对地面的覆盖程度越大。但是，农作物最适宜的叶面积指数一般为 4 左右,而草坪由于叶多而密,叶面积指数远远超过农作物,茂密草坪的叶面积指数可以达到 20~80。对于环保型草坪,选择叶面积较大的品种或保持较多的草坪叶量,是提高其环保功能的重要途径。

二、草坪绿地与温度

地球表面的温度受昼夜、四季、纬度、地形、海拔和海陆位置的影响很大。通常纬度每增加 1°,年平均气温降低 0.5℃。海拔与地形对温度和气候的影响尤为明显,所谓“一日有四季,十里不同天”,“马前桃花马后雪”是高海拔山区气候的特点。一般海拔每升高 100m,气温会降低 0.4~0.7℃。温度无时无处不在影响植物的生长,植物在生长演化的过程中,都选择最适宜的温度,但有一定的温度适应范围,通常分为最适点、最低点、最高点,在生态学上称为温度三基点。在最适点范围内生长发育良好,偏离最适点,则生长发育缓慢甚至停滞,超出最高点和最低点则进入死亡。冷型草坪植物最适宜的生长温度范围是 15~25℃,暖型草坪草最适生长温度范围是 26~32℃。

在植物生态与植物生理学中常用一些指标来描述植物与环境的关系。

积温:日平均温度高出某一指标温度期间温度的累积总和,是衡量气候热状况的一个指标。

生物学最低温度:植物各发育期要求的最低温度,如 0℃、5℃、10℃等。

活动温度:凡高出生物学最低温度者称“活动温度”,其日活动积温的累积称“活动积温”。

有效温度=活动温度-生物学最低温度。

有效积温:有效温度的累积和。

例如,以生物学最低温度 10℃为准,假如有 3 天的日平均温度分别为 11℃、10℃和 13℃,则其活动积温等于:11+10+13=34℃,其有效积温等于:1+0+3=4℃。

在草坪生产中,冷型草坪草的活动积温指日平均温度在 0℃以上的积温,而暖型草坪草的活动积温指在 5℃以上的积温。

根据积温高低就可以大致确定草坪草的适宜种植范围。在寒冷地区 5~9 月的积温是确定冷型草坪草播种时期的重要依据。若积温较小,则为了确保越冬就应适当提前播种。

极端温度对植物有着更为明显的影响。低温对植物的伤害主要是冷害和冻害,冷害是指喜温植物在 0℃以上的温度条件下受害或死亡,这是温暖地区向较寒冷地区引种或扩展的主要障碍;冻害是指冰点以下的低温使植物体内(细胞内和细胞间隙)形成冰晶,使原生质膜发生破裂和使蛋白质失活与变性而造成的损害。高温对植物的伤害主要是使呼吸增加,继而破坏水平衡和酶的活性,蛋白质凝固变性,生长缓慢、停止甚至死亡。

气温是决定草坪草生存与分布的基本要素,对异地间草种的引入及其确定建植方法有很大关系,气温对草坪的修剪次数、灌水次数及灌溉量、病虫害、草坪的管理方式等都有直接影响。

气温影响地表温度,反过来地表温度也影响气温。草坪与裸地相比较,其近地表气温与地温的日较差和年较差都较小,故草坪能形成“冬暖夏凉”的小气候环境。

三、草坪绿地与水

围绕地球表面的各种类型的水构成了水圈，其水量总计约 1.41×$10^9$$km^3$（表 6-1）。

表 6-1　地球的水量估计（骆世明，2001）

类型	水量/km^3	占总水量的比例/%
淡水湖	125 000	0.0090
河流	1 250	0.0001
土壤水和渗流水	67 000	0.0050
地下水	8 350 000	0.5921
盐湖和内陆海	104 000	0.0070
冰盖和冰川	29 200 000	2.0740
大气水分	13 000	0.0010
海洋	1 370 000 000	97.3000

水因时间、空间和温度的变化而以固态、液态或气态 3 种形态存在。地球两极的水终年以固态形式存在，大海与江河的水多以液态而运动，气态水构成大气的湿度。对陆地环境影响最大的是降水。各种形态的水在不断的运动、更替，又保持总量的动态平衡。

中国淡水总量 28 000 万亿 m^3，居世界第 6 位，人均为世界的 1/4。根据联合国人口行为组织提出的水资源划分标准，缺水国家水资源量为 1000m^3/（年·人）；水资源紧迫国家为 1667m^3/（年·人）；中国平均为 2700m^3/（年·人），但北方地区仅 517m^3/（年·人），属于水资源紧迫地区。

全国年均降水量 628mm，为全球陆地平均降水（834mm）的 75%，但分配不均，南涝北旱，东多西少。年降水量的多少影响着当地的干湿程度，根据年平均降水量，我国对区域干湿的划分是：一般年降水量在 800mm 以上的地区为湿润地区，年降水量在 800mm 与 400mm 之间的地区为半湿润地区，年降水量在 400mm 与 200mm 之间的地区称为半干旱地区，年降水量在 200mm 以下的地区称为干旱地区。

水在地球生态系统中具有多种功能。第一，水是生物体的构成部分，水占植物体的 60%～90%，休眠的种子中水占 12%～14%；哺乳动物体内含水 55%～60%，昆虫体内含水 46%～92%。第二，生物的一切代谢活动必须以水为介质，水是光合原料、溶剂、运输载体，参与蒸腾，调节温度。第三，因水而构成不同的生境和相应的生物类型，如植物中有水生植物、湿生植物（包括阴性湿生植物和阳性湿生植物）、中生植物、旱生植物（分为少浆液旱生植物和多浆液旱生植物）、超旱生植物等。第四，水的侵蚀与运移作用，如对土壤的侵蚀、冲刷、运移；对土壤盐渍化的影响，盐分在环境和生物体内的运移都离不开水，盐随水来，盐随水去，可造成积盐或者洗盐、淋盐。第五，水与旱、涝，雹、洪、冻伤、冻拔等灾害直接有关。

草坪草组织中有 80%～95% 的水分，如果水分含量下降就会引起草坪草萎蔫，当含水量下降到 60% 时，草坪草就会死亡。水对草坪草的作用是多方面的，除了维持细胞膨压

外,水是光合作用和其他新陈代谢过程的必要物质,是草坪草对养分及其他物质吸收和运输的溶剂与载体,水还能保护草坪草免受不正常变温的危害,因此保证草坪水分的供给,是形成优质草坪的必要条件。

据测定,草坪草每产生 1g 干物质需消耗 500~700g 的水分。

我国各地降水量变化很大,且季节的分配也不尽平衡,在北方的干旱与半干旱地区,水分是限制草坪生长的主要环境因子,大多数情况下草坪草生长季蒸发量大于降水量,不仅造成草坪生长缺水,需要人工灌溉,而且由于蒸发量大于降水量,成为潜水蒸发、土壤盐分积累和浅层地下水浓缩矿化的重要因素,因此,灌溉也有利于防止土壤盐渍化。即使在湿润地区,也有干旱季节或少雨的时间,这时对草坪进行灌溉也是有益或必需的。灌水时间,可用植株观察法、土壤含水量检测法、仪器测定法等多种方法确定。一般当草坪表土 0~10cm 层含水量低于田间持水量的 50% 时,就需要及时灌水。灌水一般应当灌足,使水渗透到草坪根层。防止常见的每天喷洒一点,只湿润表面而下层仍然干燥的灌水方法,因为这样会使根系向表层集中,降低草坪的抗性,而且造成表面水分的大量蒸发浪费。应该尽可能少次足量,即每次灌透而减少灌溉次数,提高灌水效果。通常,在草坪草生长期的干旱季节,为保持草坪草的鲜绿,大概每周需补充 3~4cm 水。在炎热而严重干旱的条件下,旺盛生长的草坪每周需补充 6cm 或更多的水。

灌溉水的质量要求取决于溶解或悬浮在水中的物质类型及浓度。过高浓度的盐分、颗粒物质、微生物及其他最终引起草坪草直接危害或通过对土壤的作用间接危害草坪草的物质对草坪都是不利的。一般灌溉水的矿化度应该小于 1.7g/L,如果矿化度为 1.7~3.0g/L,则必须对其中的盐类进行具体分析,若矿化度超过 5g/L,就不能用于草坪的灌溉。另外,草坪草种对水质和土壤盐分的反应也是不同的,普通早熟禾、细弱翦股颖和紫羊茅对盐分反应敏感,多年生黑麦草不太敏感,高羊茅、狗牙根、钝叶草和某些品种的匍茎翦股颖则比较耐盐。

了解各类草坪的一般需水量,对进行合理灌溉是十分必要的。刘自学 2004 年对北京地区草坪草的研究表明,6 种草坪草生长季的耗水量依次是:3 种冷型草即草地早熟禾需水 862mm,高羊茅需水 852mm,多年生黑麦草需水 818mm;3 种暖型草即狗牙根需水 770mm,结缕草需水 759mm,野牛草需水 695mm。减去北京地区年降水量 644mm 之后,草坪草补灌量应是:冷型 300mm($3000m^3/hm^2$),暖型 200mm($1995m^3/hm^2$),即可保证草坪草正常生长的需要。补灌量越多,草坪草耗水越多,而灌水量每增加 1mm,草坪草的实际蒸散量相应增加 0.96~1.02mm,实际上超出应补灌之外的部分是浪费的。

在我国北方,草坪蒸散量一般为 3~8mm/d。草坪蒸散量分为:非常低<4.0mm/d,低 4.0~4.9mm/d,中偏低 5.0~5.9mm/d,中 6.0~6.9mm/d,中偏高 7.0~7.9mm/d,高 8.0~8.9mm/d,非常高>9mm/d。

随着草坪面积的日益扩大和管理要求的提高,草坪对水资源的需求与日俱增,灌溉成本也不断提高,因此,节水灌溉与水的科学管理使草坪灌溉与建立人与自然和谐发展、节水型经济与社会相协调。一方面,在全社会结构型节水、技术型节水、管理型节水方面给草坪以适当的位置;另一方面,草坪的拥有者或管理者必须树立节水意识,科学用水,节约用水,或者通过降水资源收集、城市污水处理及中水利用等,解决草坪用水的需要。

四、草坪绿地与水热综合作用

水和热是影响草坪最重要的生态因子,在水热交叉、综合作用的影响下,形成了草坪植物不同的生态类型,如冷型、暖型、过渡型、灌溉型、雨养型草坪等,有了草坪不同的种植区划和相应的草坪管理模式。草坪草的引种、选择,草坪的管理方式必须与当地的水热条件相适应。

依据中国的自然地理与气候特征,主要是根据水热条件的组合和对草坪草品种地域适宜性的研究成果,有人将中国草坪建植划分了9个带,即:①云贵高原带;②青藏高原带;③寒冷干旱带;④寒冷半干旱带;⑤寒冷潮湿带;⑥北过渡带;⑦南过渡带;⑧温暖潮湿带;⑨热带亚热带。推荐了适宜的草种、单播或混播配方。而百绿集团北京代表处主要也是依据水热的组合划分了17个草坪种植气候区:①寒温季风针叶林气候;②温带季风针叶阔叶混交林气候;③温带季风森林草原气候;④暖温带季风落叶阔叶林气候;⑤暖温带季风半旱生落叶阔叶林气候;⑥暖温带季风森林草原气候;⑦北亚热带季风落叶常绿阔叶林气候;⑧中亚热带季风常绿阔叶林气候;⑨南亚热带季风含季雨林的常绿阔叶林气候;⑩高原高山亚热带季风气候;⑪热带季风季雨林雨林气候;⑫温带草原气候;⑬温带荒漠草原气候;⑭温带高山气候;⑮暖温带荒漠气候;⑯高原高山寒带气候;⑰高原高山寒温带气候。

严昭(2007)则根据水热综合与各地大量的研究结果,将草地早熟禾、多年生黑麦草、高羊茅、翦股颖4种冷型草坪草的适应性数据进行了空间平均运算,得到冷型草坪的适应性数据库;以狗牙根适宜天数空间数据库作为暖型草坪适应性数据库;然后分别用自然间距进行生境分类,确定了几种常用草坪草的适宜区、较适区和不适区,同时对草坪过渡带的空间地理分布进行了模拟,为草坪草的合理选用提供了参考。

五、草坪绿地与土壤

了解土壤的有关特性,合理的利用与改良土壤,对草坪建植和管理有着十分重要的意义。

(一) 土壤质地与结构

土壤是由固体、液体和气体组成的三相系统,其中固相颗粒是构成土壤的基础,约占土壤重量的50%~85%。根据土壤颗粒的大小可把土壤分为粗砂(粒径0.2~2.0mm)、细砂(粒径0.02~0.2mm)、粉砂(粒径0.002~0.02mm)和黏粒(粒径0.002mm以下),由于不同颗粒机械成分所占比例的不同,而形成砂土、壤土和黏土三大类不同质地的土壤。

砂土类土壤中以粗砂和细砂为主,粉砂和黏粒所占比例不到10%,砂土通透性好,但黏性和蓄水保肥能力差。

黏土类土壤中以粉砂和黏粒为主,占60%以上,甚至可以超过85%,黏土类土壤质地黏重,结构致密,湿时黏,干时硬,通气透水性差。

壤土类土壤,界于前二者之间,其质地较均匀,是砂粒、粉砂和黏粒大致等量的混合物,通透性和蓄水保肥能力良好。

结构良好的土壤各主要成分所占体积比例大致为矿物质45%、空气和水各25%、有机质5%。

草坪一般适宜在壤土中生长,但是运动场草坪由于排水的需要,在土层中常常需要掺和一定的细沙,这样也能增加草层的弹性。如果土壤过于黏重,也可以增施有机肥或者泥炭加以改良。

(二)草坪与盐碱土壤的改良利用

内陆盐渍地水盐运动有如下几个规律。

季节规律:春季积盐—夏季脱盐—秋季盐分回升—深秋初冬积盐—冬季、早春土壤盐分重而稳定;

地形规律:在大地形下的盐分积累,山地 < 洪积冲积扇 < 冲积平原 < 盆地和终端;在微地形下,地形高处(高处毛细管作用强烈) > 地形低处;

植物与水盐运动规律:没有植物的地段可溶性盐向地表积累;有植物的地段可溶性盐既向根系(尤其排盐、聚盐植物)也向地表积累,蒸腾使盐分向根区,而蒸发使盐分向地表积累。

土壤盐碱的产生:与土壤母质、灌溉水的水质水量、施肥、耕作措施等有关。

土壤盐碱诊断:一般草坪土壤含盐量宜在0.2%以下,临界值为0.5%,极限值为0.7%。

农田与草坪草灌溉水的pH应在5.5~8.8,灌溉非盐碱土壤的水矿化度应小于1.5g/L。如果以土壤溶液电导率而言,电导率为2~3dS/m时,不会对植物产生影响;电导率为3~6dS/m时,对部分植物有影响;电导率为6~10dS/m时,对大部分植物有影响;而当电导率为10~15dS/m时,只有非常耐盐的植物才能耐受。

土壤盐碱的改良:可以通过水洗淋溶("盐随水来,盐随水去")、使用土壤改良剂、选用耐盐碱草种(如狗牙根、结缕草、高羊茅、碱茅等)。

用种植草坪植物或其他耐盐植物改盐的主要原理是利用植物的积盐或排盐效应、植被的覆盖效应、改土效应。植物改盐的优势还在于不需要大量优质水、不破坏土壤结构、可降低地下水位、增加腐殖质、提高土壤肥力。

(三)土壤有机质

土壤有机质是土壤的重要组成部分,也是土壤肥力的重要标志。土壤表层有机质的含量一般为3%~5%,森林和草原土壤有机质含量更高。土壤有机质能有效改善土壤的理化性质,形成良好的团粒结构,一般而言,土壤有机质含量越高,土壤肥力越高。

有机质可粗略地分为腐殖质和非腐殖质两类。前者是微生物分解有机质时重新组合的具有相对稳定性的多聚体化合物,是植物氮元素营养的主要来源,土壤中99%以上的氮元素是以腐殖质形式存在的。后者是原来的动植物组织和部分分解的组织,只有经过微生物的进一步分解才能成为腐殖质或植物可以利用的氮元素营养。草坪土壤中有机质的含量一般应在2%以上,如果不足,可以通过施用有机肥或泥炭加以补充。

（四）土壤中的矿质营养元素

环境中的各种元素，特别是营养元素是草坪草生长发育必不可少的。在生物的生命活动中必需元素有30~40种。其中，C、H、O占生物总量的95%以上，称为能量元素（或关键元素）；N、P、Ca、K、Mg、S、Fe、Na称为大量元素；而B、Cu、Zn、Mn、Mo、Co、I、Si、Se、Al、F需要很少，称为微量元素。它们有着不同的作用（表6-2），如作为构成生物体的原料、供给生物营养、调节生物生长等。

表6-2　植物必需营养元素及其主要功能

元素	主要功能
C	组成有机物质（如糖类、蛋白质和脂肪等）的主要元素之一
H	组成有机物质的主要元素之一
O	组成有机物质的主要元素之一
N	组成蛋白质和原生质的主要成分，也是合成叶绿素的必要元素
P	组成细胞核的成分之一，存在于磷脂、植素和核酸等化合物中，对细胞分裂和分生组织发展、糖类、蛋白质和脂肪的形成与转化有重要作用
K	虽不是有机物的重要组分，但对调节细胞胶体的理化特性，对光合作用、糖类和蛋白质的形成与转化都有促进作用
Ca	调节细胞胶体的理化特性和植物体内的酸碱反应，保持各种养分离子的生理平衡，是细胞壁的组成成分，对植物生长中的顶端伸展和芽的形成是必要的
Mg	组成叶绿素的成分之一，对植物的生命活动起调节作用，参与某些酶的反应，多存在于幼嫩组织中
S	组成蛋白质的元素之一，在叶绿素的合成和加速根的发展中起调节作用，对植物体内的氧化还原过程有作用
Fe	在叶绿素的合成过程中起促进作用，但不是叶绿素的组成部分，对植物体内的氧化还原过程有作用
B	改善根部氧的供应，提高根部吸收能力，对植物的开花结实有促进作用
Cu	参加植物体内的氧化还原作用，提高植物的呼吸强度
Zn	调节植物体内的氧化还原过程，在植物生长素的形成过程中有重要作用，是一些脱氢酶、蛋白酶和酚酞的组成成分
Mn	在光合作用中有重要作用，在硝酸还原过程中是催化剂，在植物体内糖分的积累和转移上起重要作用
Mo	是硝酸还原酶的组成部分，对豆科植物的固氮有重要作用
Cl	与糖类的代谢与合成有关
Si	增加细胞壁的强度，提高根系的氧化能力

改变土壤理化性质、施肥和促进有机物质分解、生物固氮、利用修剪、改进管理调节和控制矿质元素等，以调控土壤与草坪植物之间的关系。

对于草坪植物来说，各种营养元素不论在其体内含量多少，都是不可缺少的，如果缺少都会降低草坪的健康与质量。在多数情况下，土壤中的多数元素是可以满足草坪生长需要的，而N、P、K需要量较多，往往需要通过施肥来加以满足，所以称为肥料“三要素”。

据李晓光2005年在北京地区的研究表明，常见的3种草坪草——多年生黑麦草、草地早熟禾和高羊茅为研究对象，研究了施肥对它们的影响，测定了3种草坪草的年生长量，其中，高羊茅最大，为 1122.48g DW/m^2，草地早熟禾和多年生黑麦草分别为 863.58g DW/m^2和 808.31g DW/m^2，这些生长量基本上通过修剪的草屑被带出草坪地，草屑中 N、P、K 养分年带出量的顺序为 N>K>P。

韩建国等的研究表明，在北京主要冷型草坪草营养元素 N、P、K 的修剪带出比例为 9∶1∶5。

草坪是否缺素（肥），一般情况下可以通过外观是否有缺素症加以判断，但有时失绿等不正常现象常与病虫草害或其他因素胁迫有关，所以，最好的办法是将外观判断与草坪草和土壤养分测试结合加以确定。

施肥是草坪养护管理中补充营养元素的重要措施之一，植物生长对土壤中营养元素含量有一定的要求，如果低于所需要的下限，就必须通过施肥加以解决。表 6-3 列出了当植物出现缺素症时土壤养分含量的下限值，可以以此诊断土壤肥力或指导施肥。

表 6-3　植物缺素症的土壤养分含量（《中国农业百科全书》编委会等，1996）

元素类别	元素	缺素内容	缺素测定	缺素临界含量
大量元素	N	有效氮（N）	NO_3—N	<1.0mg/100g
			NH_4—N	<1.0mg/100g
	P	有效 P		<0.5～1.0mg/100g
	K	交换性 K		<5～6mg/100g
	Ca	交换性 Ca		<5～6mg/100g
	Mg	交换性 Mg		<6mg/100g
	S	有效 S		<1～1.5mg/100g
微量元素	Fe	交换性 Fe	1mol/L NH_4OAc 浸提	<4～8mg/100g
	Mn	易还原性 Mn	1mol/L NH_4OAc 浸提	<50～60mg/100g
		交换性 Mn	1mol/L NH_4OAc 浸提	<3～5mg/100g
	B	热水溶性 B		<0.3～0.4mg/100g
	Cu	有效 Cu	0.1mol/L HCl 浸提	<2mg/100g
	Mo	有效 Mo	草酸-草酸铵浸提	<0.1mg/100g
	Zn	有效性 Zn	DTPA 浸提	0.1mg/100g
			0.1mol/L HCl 浸提	<1.5mg/100g
特殊元素	Si	有效 Si	pH 4.8 乙酸钠缓冲溶液	<10mg/100g

最好根据测土施肥，一般施用全价化学肥料可获得满意的效果。N 是草坪草需要最多、最为关键的营养物质，除 C、H、O 外，草坪草需要的 N 比其他元素均多。据测定，正常草坪草的干物质中，N 均占总重的 3%～5%。较之而言，N 比其他 15 种主要元素更为缺乏，这是因为 N 不易被固定于土壤。当土壤中施加复合氮肥时，淋溶作用和挥发作用使大量 N 被损失，如硝酸根离子（NO_3^-）是能被草坪草吸收利用的最普通的化学形态，但它易受淋溶作用影响。此外，N 还易以气态的形式从毛管中散失。一般而论，草坪每年施肥两次，N∶P∶K=10∶6∶4（N 的 1/2 为缓效 N），一次施肥量为 7～9kg/100m^2。我国南方秋季施肥量为 4～5kg/100m^2，北方春季施肥量为 3～4kg/100m^2。例如，溶解追施无机肥料应控制适宜的浓度，否则会引起草坪的“灼伤”。一般硫酸钾、尿素的浓度不能高于

0.5%，过磷酸钙不超过3%。

对于冷型草坪草，每年施两次肥比较适宜（早春和早秋）。如在3月或4月的前期施肥，草坪将提前萌发、加速返青，也有利于提高草坪草对杂草的竞争优势。秋季在8~9月施肥，除了能延长绿色期至晚秋或早冬外，还能促进分蘖和第二年生长。

暖型草坪草一年也需施两次肥，施肥时间应在早春和仲夏（第一次施肥量基本耗尽时）。施肥同样可以促进草坪繁茂生长，提高对一年生杂草的竞争。

施肥对植物生长的贡献很大，特别是农业生产，如我国1998年仅农业氮肥施用量折合成纯氮达 2.47×10^7t，占世界同期农业用氮量的29.7%；粮食单产由50年前的1.0t/hm^2，提高到4.5t/hm^2，其中，化肥对粮食增产的贡献率在55%以上。肥料对草坪的维护有着不可替代的作用。但与此同时，由于化肥，特别是氮肥用量和使用范围的不断增加，化肥的负面效应也日益明显，肥料利用率下降，经营成本增加，土壤质量下降，水体富营养化，产品、地下水和大气污染加剧，治理难度加大，各种生态与经济问题不断出现，使人类健康、环境与经济的可持续发展面临严峻的挑战。如何在保持作物与草坪的良好生产与生长的同时，又能保证环境与人们生活的健康，是施肥中必须考虑的问题。

常智慧2008年关于氮磷耦合效应对新建果岭草坪硝态氮淋溶影响的研究表明，在北京的气候条件下，新建果岭草坪年纯氮施用量低于20g/m^2，月纯氮施用量控制在5.2g/m^{2}以内，就不会发生因硝酸盐淋溶污染水环境的现象。

六、草坪绿地与其他植物

当把草坪绿地以外的其他植物当做草坪的竞争对象或环境因子来看时，它们对草坪植物会产生各种各样的影响，如对周围植物生存资源（空间、光线、营养物质、水分）的竞争，他感作用等。特别是其他植物的形态，与草坪有很重要的关系。

首先是树木。树木与草本植物有明显的区别，一般来说，树木和草坪的地上部分或地下部分的分布范围是不同的，生长时相互间对土壤养分的竞争较小，主要是对光照的影响。因为树木的枝叶占据了上层的空间，遮挡了草坪的日照，阻碍了草坪草的生长，导致树冠下的草坪草生长不良，甚至死亡。这种情况与树木类型（常绿、落叶）、树高、分枝、种植密度等因素有关。建坪时要考虑林草或草、灌、乔的合理配置。当草坪与树木混植时，应尽量控制树木的密度，对过低过密的树枝要加以疏剪。为了疏朗通透，便于管理，应尽可能分植。

其次是杂草。在草坪草中生长的非草坪植物统称杂草。杂草既争夺草坪植物的养分与空间，抑制草坪草生长，还破坏草坪的景观，降低观赏、使用价值。杂草具有强烈的竞争作用，会与草坪植物争夺阳光、营养和水分。草坪区内的阔叶杂草与草坪植物明显不同，会破坏草坪外观的均匀一致性。一年生杂草（如马唐、蟋蟀草和早熟草禾等）死亡后会给草坪留下死草区。防治杂草就意味着增加管理成本，而如果化学防治，还会造成土壤与水环境的污染。

通常在草坪中，禾本科杂草占多数，豆科杂草次之，菊科杂草有时也较多。高大的草本杂草直接覆盖在草坪之上，抑制草坪的建植或草坪草的生长，可用简便的刈割法、特别是多次低刈割法来防除。攀援型和匍匐型的杂草用刈割法则达不到防除的目的，需要考虑使用化学防除。杂草的清除应多种环节共用,除了用人工、物理、化学的方法直接清除杂草外,播前的土壤处理、有机肥料的熟化等都是十分重要的环节,而且杂草的防除,宜早不宜迟,预防比清除更有效。

七、草坪绿地与微生物

土壤中的微生物多数是有益的,但也有些是对草坪有害的,如有的能使植物感病,反硝化细菌能把硝酸盐还原成氨散失到大气中,降低土壤肥力等。有些土壤微生物对草坪植物有直接影响,但更多的是通过对土壤的作用间接对草坪植物发挥作用。微生物对土壤的作用主要有如下几个方面。

(一) 固定氮元素,合成土壤腐殖质

N 在空气的组成中占 4/5,数量很大,而植物却不能直接利用。但通过土壤中的固氮微生物——固氮菌,植物便能利用空气中的 N 并经过转化而变成植物可以利用的养分。腐殖质的形成也是由一些异养的微生物(如某些腐生细菌),把土壤中的动物、植物残体和有机肥料分解,然后再重新合成的。当土壤温度较低,通气差时,嫌气性微生物活动旺盛,腐殖质合成速度加快,并得到积累。

(二) 增加土壤有机物质,改善土壤结构

在温暖多雨季节,潮湿的土壤表层藻类会大量繁殖。藻类具有光合色素,通过光合作用制造有机物,增加土壤中的有机物质。固氮菌能固定空气中的氮,成为自身的蛋白质,当这些细菌死亡和分解后,其氮元素即可被植物吸收利用,并使土壤中积累很多氮元素。

土壤不仅仅是由各种肥料和土壤颗粒组成,单纯的河沙+泥炭+蛭石+珍珠岩+化肥所构成的并不是真正意义上的土壤。有活性的土壤是由固态的土壤、液态的水和气态的空气共同组成的,因此当表土被碾压、夯实、践踏后就失去了土壤本身的意义,生土和过于紧实的土很难有植物生长。而在土壤中的微生物通过代谢活动中氧气和二氧化碳的交换及分泌的有机酸等有助于土壤粒子形成大的团粒结构,最终形成真正意义上的土壤。

(三) 分解有机质和矿物质,促进营养物质的转化

植物的残根败叶和施入土壤中的有机肥料只有经过土壤微生物的作用,才能腐烂分解,释放出营养元素,供植物再利用;形成腐殖质,改善土壤的理化性质。

在土壤温度高、水分适当、通气良好的条件下,土壤中的好气性微生物活动旺盛,腐殖质被分解,释放出其中的养分供植物吸收利用。硝化细菌能把有机肥料分解产生的氨转变为对植物有效的硝酸盐类。有些微生物也能分解矿物质,如磷细菌分解磷矿石和骨粉,钾细菌分解钾矿石,把植物不能直接利用的磷和钾转化为能被植物利用的形式。土壤中的原生动物吞食土壤中的细菌、单细胞藻类、真菌孢子和有机物残片等,对土壤中有机物的分解起着明显的作用,并促进物质的转化。

草坪由于植物密度大,多数有根茎或匍匐茎,根层致密,盘根错节,加之经常修剪,枯

枝落叶层大量积累,大量的死根与枯枝落叶更需要微生物的分解转化。

(四)其他作用

土壤中的微生物除了上述作用外,还有一些其他的有益之处,如土壤中的真菌有许多能分解纤维素、木质素和果胶等,对自然界物质循环起重要作用。真菌菌丝的积累,能使土壤的物理结构得到改善。放线菌能产生抗生素。总之土壤中的微生物对增加土壤肥力、改善土壤结构、促进自然界的物质循环具有多方面的重要作用。

草坪建植多在城市、工矿和人口密集的地方进行,这些地方的土壤一般质量较差,有的是失去了表层土壤的生土,有的其中混杂各种建筑或城市垃圾,有的土壤结构和肥力很差,这样的土壤环境既难形成良好的土壤微生物环境,也难长成像样的草坪。有时为了得到草坪,施用一些化肥,虽然短期内长出了草坪,但经过一段时间后,植物会因缺乏养分,缺乏共生的微生物对土壤的改良和调节,而衰落或死亡。所以,通过土地的选择、良好的耕作、增施有机肥料、调节土壤酸碱性、合理灌溉和排水,改良和配肥土壤,进而促进土壤中有益微生物的繁殖,充分发挥微生物提高土壤肥力的作用,是草坪建植和管理中十分重要的工作。

八、草坪绿地与动物

草坪生长的环境中有各种小动物,其中主要是昆虫与土壤动物。

天然草地和人工草地的昆虫要比耕地丰富得多,在草坪中从地上到地下有大量的昆虫栖生和活动,附近森林、耕地、荒地的昆虫也常常在草坪中出现。在这些昆虫中,有危害草坪的害虫,捕食害虫的益虫或无害也无益的其他昆虫。直接危害草坪的有害昆虫多为鳞翅目、鞘翅目、半翅目等类昆虫的成虫和幼虫,它们在地下吃食草坪草的根系,在地上吸取草坪草的汁液或采食茎叶,传播疾病。

在土壤中生活着各种各样的土壤动物,主要包括节肢动物和非节肢动物。非节肢动物主要有线虫和蚯蚓。蚯蚓对草坪土壤主要起疏松分解有机物质的作用。土壤中栖生着多种线虫,其中大半是自生的,余下部分是在动植物体上寄生的。寄生性线虫与草坪的关系密切,它们多分布于地表以下 5~10cm 的根层中。寄生性线虫包括由外部刺伤草坪草的草食牲(外寄生性)线虫和侵入草坪草体内的寄生性(内寄生性)线虫,以及肉食性线虫和腐生性线虫 4 类。线虫的活动一般在 18~23℃时旺盛,对草坪的危害在 3~6 月和 9~10 月较严重。

草坪草具有承受牛、马、绵羊等大型家畜放牧和践踏的能力,家畜的放牧可对草坪草起到控制高度、促进分蘖的作用,也可以除去大型草本植物或杂草,也会传播种子。鸟类捕食害虫,采食杂草种子,对草坪产生有利影响,但是在建坪时,它们捡食草坪草种子,破坏土壤表面,剥露出草坪草的营养繁殖体,这是有害于草坪的另一方面。鼹鼠往往将土推出地面,形成损害草坪外观的土丘。蚯蚓在草坪上的出入给人们造成恶感,但它吞食植物的残体,排出有肥力的粪便,又对草坪生长有益。因此,在谈到某种因素对草坪的影响时,要充分考虑有利和有害的两个方面,关键是看哪一方面占主导地位。一般而言,草坪是高度培养的景观植被,应尽可能减少其他生物的干扰。

九、草坪绿地与人

人与草坪绿地的关系,实际上是人与生态系统,或人与自然的关系。

人与自然的关系大致经历了依附自然—敬畏自然—依靠自然—利用自然—征服自然—回归自然—人与自然和谐的历史过程。

与此同时,研究生物(包括人类)与环境相互关系的生态学则经历了萌芽期—创立及发展期—巩固及学派分化期—生态系统生态学时期—人类生态学时期。

从上述两个过程,我们可以看出,人与自然的关系大致经历了"合—分—合"的发展轨迹。

在人类文明的早期,人们主要依附于自然,通过采集、狩猎、刀耕火种来生存,对自然充满神圣与敬畏,天人合一,自然相处,这就是狩猎时代,当时由于生产力低下、人口稀少,对自然环境没有多大影响。大约到公元1万年到1850年前后,此时中国农业技术也居于世界的领先地位,以中国为例,随着农业、畜牧业的分离,生产工具的改进,农业开垦增加,人类进入了农业文明时代,由于注重耕战、军屯民垦,人口相对增加,环境压力增加,生态破坏日渐显露。大约在1850年以后,由于以英国为代表的欧洲在工业革命之后机械的使用,煤、电、石油等动力和化肥、农药的大量利用,进而使欧洲工业经济占领了主导地位,使人类进入工业文明时代;到第二次世界大战后,各国经济得到恢复与迅速发展,特别是美国占据了世界经济的主导地位,科学技术飞速发展,生产力不断提高,人们以为自己是世界的主宰,可以改造自然、征服自然、为所欲为,与此同时,人类对生态系统影响与干扰不断加强,人类与环境之间的矛盾日益突出。到20世纪中期以来,全世界面临着人口爆炸、资源短缺、能源危机、粮食不足和环境污染等一系列严峻挑战,人与自然的关系,相悖、分离到了极致。人们在寻找这些问题发生的原因和解决办法的过程中,逐渐意识到,人类再也不能站在第三者或主宰世界的立场去对待自然界,而要将自己作为生态系统中的一员,全面看待人与环境、与整个生物圈的地位与作用,协调人类作为栖居者和能动者之间的关系,以求达到人类社会的经济生产与环境保护之间的协调。

人类社会经历了狩猎时代、农业文明时代、工业文明时代,正向生态文明时代迈进。

草坪是随着人类文明的发展和生态意识的提高而发展起来的,而草坪业的不断发展又推动了人类生态文明建设。所以,我们需要以更为广阔的视野去看待人与草坪的关系。

第一,要充分认识草坪在生态文明建设中的作用与地位。草坪在人类栖身的生态系统中,发挥着调节温度和湿度、改善小气候、减少噪音与视觉污染、净化空气、维持碳氧平衡、保持水土、净化水源、防风固沙、保护环境等生态作用,以及它的美学、体育、社会与经济等多种功能,真可谓是"人类文明的象征,生态环境的卫士,运动与健康的保证,充满活力的产业"。它是不可缺少的,也是难以替代的,人类需要给草坪应有的地位。

第二,要以生态学的理念建设与管理草坪。一方面,要充分认识草坪在生态文明建设中的作用,给它一定的地位,积极推进草坪业的发展,但同时,在具体的建设与管理工作中,必须遵循生态学原理,要有生态意识与生态责任,如在草种选择上,尽可能适应当地条件、本土化、防止盲目引进和有害生物入侵;化肥与除莠剂的使用,要选择合理、用量适当,防止污染；灌溉力求科学与节水，充分利用自然降水和再生与循环水；防止花很大成本建成的草坪，由于管理利用不当很快衰退，造成巨大浪费；从节约与环境友好的角度处理和解决草坪建设与管理中的各种问题。

第三，对草坪要爱惜有加、利用有度、保护有责。作为公众，每一个人都有享受草坪提供生态服务功能的权利，但是更要有爱惜、保护草坪的意识和责任，如不在草坪上乱扔杂物，不过度践踏，不损坏保护设施等。每一个人都能从大处着眼，小处着手，从我做起，寓生态保护于日常行动之中，人与草坪、人与自然就一定会和谐相处。

第四，防止过度利用与践踏造成的土壤紧实与草坪过早衰退。

在影响草坪的各种因素中，实际上作用最大的是人的因素。其中最直接的作用是不适当的管理、过度利用、过度践踏与磨损。诸如，修剪不及时，留茬过高过低，高压喷灌水头冲打，浇水或降雨后过早利用，冬季或盛夏长时间干旱，超过草坪所能承受的限度，高强度长时间的过度利用。

车辆机具的过度碾压，包括重力垂直压力、滚动水平压力和震动力，不但使土壤变得紧实，还造成地面凹凸不平。

各种运动场、公园、其他公共绿地受到伤害最多的是人的过度践踏。90kg 的人穿普通鞋，在静止状态，与地面接触面积为 109cm^2，对地面产生的压强为 0. 04MPa，而奔跑的运动员为 1. 52MPa，为前者的 38 倍；穿足球鞋，与地面接触面积为 4. 45cm^2，产生 1MPa 的静压强。所以，必须控制草坪运动场的使用强度，并尽可能训练场与比赛场交替使用，以减轻对场地践踏的压力。

高尔夫球场践踏重点区是入口→退场跑道→发球台，可以通过改变标桩和发球人位置，避免多次在同一地段多次践踏。

其他公共绿地，可以通过设置护栏、树立保护标示牌、更换通道和游憩地点的办法，防止对草坪的过度践踏与伤害。

过度的践踏与磨损可对草坪植物造成直接的机械损伤，同时也使土壤变得紧实，容重增加，孔隙度减少，土壤通气透水性变差，使草坪草生长的环境全面恶化，使草坪过早衰退，或者毁于一旦。

对于已遭受过分践踏与磨损的草坪，可通过各种管理措施，如适当提高修剪高度，保存较多的茎叶，加强施肥和灌溉管理，防止土壤潮湿时使用，采取打孔、松耙、垂直刈割、划破等措施，使草坪得以恢复、环境得到改善，以便发挥其更好更持久的使用与生态功能。

第四节　问题与展望

21 世纪，我国的奋斗目标是奔小康，努力在 21 世纪上半叶实现人们生活达到世界中等发达国家的水平。作为构成人们生活环境质量重要内容的草坪绿地，在创造适宜人居的环境、建设生态文明方面，将有更大的发展空间。为了适应这种发展，我们既要了解发展现状、存在的问题，更要展望未来，不断推动草坪事业持续、健康发展。

一、发展需求

(一) 本土、低养护与抗性草坪草种的选育与应用

环境及人们生活的多样性需要草坪草的种类和遗传多样性更加丰富多彩,随着人们环保和效益观念的加强、对草坪功能认识的提高,在不断改善和提高色泽、密度、质感等坪用特性的前提下,拓展品种的生态适应性,增强对逆境胁迫的耐受与抵抗能力,减少农药的施用量和管理投入,低成本养护,适应节约型与环境友好型社会需要,是未来发展对坪草新品种的必然要求。因此,充分利用本土地被植物资源、培育能适应环境变化,具有更强抗旱、抗寒、耐热、耐阴、耐磨损及对特定病虫害、杂草具有明显抵抗能力的品种,以及本土型、节水和环保型、种类更加丰富并能创造更高效益的草坪草新品种,将是未来选育和应用的主要方向。

(二) 养护管理与保护

科学的养护与管理是保证草坪健康、充分发挥草坪综合功能的重要前提和基本保证。随着草坪知识的普及和对草坪功能认识的加强,人们对草坪绿地的欣赏与要求,也将会由过去的单一绿化到绿化、美化、生态安全与健康的更高要求。涉及合理修剪、节水灌溉、安全施肥、科学防治病虫和杂草危害等各种有效的方法和技术,以及疏草、打孔、补播改良等草坪持久性维护的管理,将有更大的社会需求,出现许多新的服务门类,草坪业专业化分工趋势加强,加速机械、肥料、农药、灌溉等多种行业向草坪绿化事业的加盟,由此壮大我国草坪业的基础并加快发展速度。

草坪营养诊断研究与应用要求现有的方法进一步定量和准确,并研制和引用新的更方便的测试手段,如应用高光谱遥感法、叶绿素荧光诊断法用于草坪草氮元素水平检测,通过草坪植物体内氮元素水平与草坪表观质量指标和草坪功能质量指标之间的关系,确定不同的草坪草在不同的土壤、不同的气候条件下的最佳氮元素水平和肥料的施用量,建立草坪营养诊断与施肥系统软件,指导不同地区不同草坪草的科学施肥。

在施肥及技术方面,根据草坪草生理生长特性,可望利用计算机及监测传感系统,实现定点、定时、精确精量自动施肥,提高施效,减少环境污染。

生理生长调节剂在过去的数十年间得到了广泛的应用和发展,应用生理生长调节剂在降低植物个体的生长高度,改变形态结构,调节种群内不同个体间的生长发育水平等诸多方面,仍然具有潜在的发展空间。此外,在增强植物分蘖能力、促进根系发育、减缓衰老、提高抗逆境能力等方面的生长调节剂及其施用技术,将有待新的突破。

在植物根系层及生长基质方面,针对运动场、停车场及娱乐区草坪常因频繁的践踏,导致根系层土壤板结,土壤通透性降低等情况,未来将有可能研制出某种相互交织连锁的网状基质层,即使遭受频繁践踏,草坪根系层土壤仍然能保持有效的通透性,确保植物根系生长发育,延长草坪的使用期。

草坪建植管理中涉及多领域技术,其中计算机技术的开发应用将可以使人们实现对草坪的精量、定位、动态管护,由此可从根本上提高草坪的建植和养护管理水平,创建更好

的环境条件。

草坪绿地的功能在于绿化美化人们的环境,尽可能减少防病、杀虫、除草剂用量,防止造成新的污染,将更为人们所关注。

杂草防除一直是草坪维护最重要的内容之一。适时修剪和选择抗杂草的草坪草品种是其中重要的手段。因此,培育高抗品种、采取合理的建植密度、增强草坪的健康状况、抑制杂草入侵仍将是杂草防治的最有效途径。同时,选择性、高效除草剂的开发应用,也将发挥重要的作用。

未来的防病杀虫剂、除草剂有可能是一种针对性很强的高效农药。应用计算机和信息技术,依据病虫害、杂草发生规律的预测预报模型,通过自动监测和传感装置,动态了解和掌握发生情况;一旦有病虫害、杂草发生,带有自动示踪系统的设备可以自动识别,并针对具体症状实施定位、定时、定量施药,提高防治效果,最大限度地减少对环境的不良影响。

随着能源资源的减少和能量消耗的增加,在草坪业的发展中,能源的节约与使用也将显得十分重要。例如,通过选用适应性更强的本土品种或生长相对缓慢的草坪草新品种,减少修剪频率与养护成本;研制和推广使用高效节能型的草坪绿化车辆、机械;制定最佳的行车路线与作业程序;推广使用低压喷灌和节能型草坪灌溉系统;研发能源再生技术等,以实现对能源的保存和节约利用。

水资源日益紧缺是人类将面临的又一重大挑战。尤其是在干旱、半干旱地区,水的供应将越来越受到限制,用水成本将会变得越来越高,对草坪维护中节约用水问题必须给予高度重视,如应用和培育抗旱性更强的草坪草新品种;改进喷灌设计、设施和设备;通过草坪的设计和建植方式改进,不灌、少灌或节灌,增加和提高草坪对天然降水资源收集与利用,以及再生水的循环利用;应用土壤水分蒸发蒸腾模型,降低草坪草的蒸发蒸腾强度、指导喷灌等。

二、存在的主要问题

在我国,随着改革开放的推进,特别是20世纪90年代以来的经济快速发展,极大地推动了草坪业的发展。以草坪绿地建植为例,到1998年全国城市平均绿地率达到21.81%,人均公共绿地面积为6.1m^2;到了2005年,全国城市绿地覆盖率已达到31.66%,人均公共绿地面积增加到了7.39m^2。然而,从全国总体发展形势和水平来看,草坪业的发展仍然存在不少问题与差距,如:①草坪绿地建植所需要的品种、种子、草坪养护管理方面的机械设备等基本上依靠进口,国内育成的品种、特别是大规模进行种子生产和占领市场的品种很少;②在草坪绿地的建植与管理上,注重建植,忽视养护管理的倾向较为普遍,草坪绿地的有效使用期短,资金投入效益不高;③在草坪养护管理上,各单位自行其是,缺乏设备与技术人员的配套,没有形成社会化、专业化的服务体系,不但影响管理质量,也造成设备、经费的缺乏或浪费;④草坪专业人才不足,从业者的技术素质不高,草坪科研投入少并且远远滞后于实践活动的需要等。

三、发展建议

研究认为,为保证城市居民的正常呼吸,每人需绿地30~40m^2,发达国家一般都达到或超过这一标准。我国“七五”末(1990 年)人均绿地为 3.9m^2,“八五”末(1995 年)要求达到 4.6m^2,2001 年和 2004 年分别也只有 6.3m^2 和 7.38m^2,为发达国家的 1/10~1/5。我国人口多,城市人均绿地偏少,这不仅影响环境质量,也有损市民的健康。社会要向经济发达、文明富裕、环境优美的方向迈进,城市绿地亟待继续快速发展。此外,体育运动、交通护坡、水土保持和其他环境治理等都有待草坪业迅速发展。为保证我国草坪业健康、快速、持续发展,建议对下述有关问题给予必要的重视。

(1) 我国有十分丰富的草坪植物资源,应尽早开展全面系统的调查、评价和开发利用,加强草坪草的驯化和选育,形成我国草坪草选育及新品种供应体系。

(2) 认真开展草坪草种子生产、清选、储存技术研究,建立专业化、规模化的种子生产、营销体系,解决目前种子几乎全靠进口的被动局面。

(3) 在建坪方面,目前尚缺少权威的质量标准、严格的工程施工质量控制与监管制度,有的也缺少必要的技术和设备,施工质量难以保证,给使用方和国家造成巨大浪费。因此,应与其他工程一样,实行施工许可证制和质量验收制度,规范市场竞争,严把草坪建植质量关。

(4) 在草坪管理方面,目前普遍存在“重建轻管”的倾向,不仅影响了草坪的使用与观赏价值,而且使草坪很快衰退甚至报废,造成巨大损失。另外,因有不少草坪属于街区、小单位或个人庭院,比较零星、分散,管理上无专人、无技术、无机具,难于有效进行,或有人力、机具的单位因养护管理面积不足而造成浪费。使草坪管理远远滞后于草坪发展的需要。在这种情况下,如能建立一些专业化、社会化的草坪修剪服务组织,连片承揽修剪管理业务,实行社会化服务,这样既可解决管理中的许多困难,又能形成新的开发行业,促进草坪及其管理向产业化方向更好的发展。

(5) 我国草坪种质—种子—建植—管理相配套的新型产业链的形成和相应的技术及服务体系建立都有赖于草坪科技的支持和专门人才的培养。以前我国草坪专业技术人才主要在农业院校草原、城市园林绿化等专业培养,从事草坪科研、教学、产业开发和管理的主要由草原、牧草、园林、环保等方面的人所组成,而“草坪业是我国全民共有、全民共建、全民共享的伟大事业”,目前需要向更大的范围扩展。

(6) 草坪绿地作为人居环境的重要组成部分,在美化环境、促进体育事业发展、提供多种生态服务、陶冶人们的情操、建设生态文明诸方面有着不可替代的作用。随着经济发展、科技进步、人们环保意识的提高,通过业界的努力和全社会的关注,草坪业和草坪科学将步入更加广阔的发展道路。

(张自和)

主要参考文献

胡叔良 . 1996. 草坪植物//杨廷宝,戴念慈 . 中国大百科全书:建筑、园林、城市规划卷 . 北京:中国大百科全书出版社

胡自治 . 2001. 英汉植物群落名称词典 . 兰州:甘肃科学技术出版社

蒋倩,孙吉雄 . 2009. 草坪景观在园林中的功能及设计应用 . 农业科技通讯,10:71-74

李振基,陈小麟,郑海雷 . 2007. 生态学 . 北京:科学出版社:75

骆世明 . 2001. 农业生态学 . 北京:中国农业出版社

任继周 . 2008. 草业大辞典 . 北京:中国农业出版社:81

孙吉雄．1999. 草坪绿地规划设计与建植管理．北京:科学技术文献出版社
孙彦,周禾,杨青川．2001. 草坪实用技术生产．北京:化学工业出版社
严昭．2007. 草坪过渡带的空间分布及交播技术研究．兰州大学硕士学位论文
张文娟．2007. 兰州市绿地景观格局及其生态价值分析．兰州大学硕士学位论文
中国农业百科全书总编辑委员会,畜牧业卷编辑委员会,中国农业百科全书编辑部．1996. 中国农业百科全书·农业化学卷．北京:中国农业出版社
中国农业年鉴编辑委员会．1996. 中国农业年鉴1996. 北京:中国农业出版社

推荐阅读文献

爱蒙斯．1992. 草坪科学与管理．冯钟粒等译．北京:中国林业出版社
孙彦,周禾,杨青川．2001. 草坪实用技术手册．北京:化学工业出版社
张自和,柴琦．2009. 草坪学通论．北京:科学出版社

第三篇　植物生产层

第七章　植物生产层的生态系统行为

第一节　植物生产层是草地农业生态系统的原发点

植物生产层是草业系统初始的物质基础,没有植物生产层其他各生产层也无从发生。因此,我们称植物生产层是草业系统的原发点,具有十分重要的地位。

植物利用日光能和土壤中的矿物元素,通过光合作用制造有机物,为生态系统制造了最初的有机物质,我们称为初级生产、初级产品或第一性生产(primary production)。扣除植物生产过程中自身消耗的能量,得到的能量积累,称为净初级生产(net primary production),即植物地上和地下组织及其储藏的物质(Molles,1999)。

初级生产过程从多方面对环境发生影响。它通过光合作用吸收大气中的二氧化碳,释放氧气,改善生物的大气环境;多种植物构成的植被,作为地被物,死亡凋落的地被物与成土母质结合,形成土壤,构成生态系统的立地条件。地被本身形成的土地下垫面,可调节大气的温度和湿度;它所制造的植物有机物质,作为次级生产者的营养源,即人类和草食动物的食物。同时,这些有机物质也进一步成为高级生产者的食物营养源。其中前两者已在前植物生产层章节中论述,本节只就其营养源特性加以探讨。

生态系统的驱动力来自能流。其实质就是以初级生产的有机物的营养源为载体的能流转化过程。能流由流程网络构成。流程网络的基本结构为生物群体之间的食物链,多条食物链构成食物网。食物网系统的横断面就是营养级。我们所说的初级生产,就是营养级的第一级,由植物产品构成。草食动物以植物产品为食物,为初级消费者,形成二级生产,也称为次级生产者。以草食动物为食物的肉食动物,是二级消费者,也是三级生产者。如此逐级发展,构成能量金字塔。在自然界的营养级转化过程中,大约每升高一级,就要消化前一级营养物质的90%以维持自身生存,而只有10%转入下一营养级。我们称为十分之一法则。

简言之,草业系统的主旨就是在这一自然法则基础上,充分节约资源,发挥能流的转化效率,以较少的资源投入,换取较多、较好的产品;同时将其转化过程中的废弃物再加利用,以加强物质的循环利用效益,减少环境污染。其实质就是将自然生态系统加以农业科技改造,以营造可持续发展的食物系统和生存环境。

第二节　栽培草地的意义及功能

草地农业系统由天然草地和栽培草地构成,其中天然草地已经在本书其他章节中有所论述,本章仅就栽培草地加以阐述。栽培草地在草地农业系统中对整体生产水平的提高至关重要,具有不可代替的特殊功能。

一、栽培草地的一般意义

栽培草地(cultivated grassland)是利用综合农业技术,通过人为播种建植的栽培草本群落。栽培草地是特殊的农业用地,它是农业文明和牧业文明结合的产物。

苜蓿栽培草地主要是东方农牧业文明的产物。中国是最早引种紫花苜蓿(*Medicago sativa*),建植苜蓿栽培草地的国家之一。公元前 115 年汉武帝时,张骞出使西域将苜蓿带到长安,从此,苜蓿在我国西北和华北地区广泛栽培,成为我国最古老、最重要的栽培草地类型。自古以来,我国黄河流域的苜蓿栽培草地和农田实行轮作,对提高土壤肥力和作物产量,对育成秦川牛、晋南牛、早胜牛、南阳牛、关中驴、早胜驴等著名家畜品种都起到了直接的、十分重要的作用。

栽培和建植大面积的三叶草-黑麦草(*Trifolium* spp. -*Lolium perenne*)栽培草地,主要是西方农牧业文明的产物(Heath et al. ,1974)。19~20 世纪是欧洲各国和北美地区栽培草地的大发展时期,它们使栽培草地和作物轮换,并进一步把这种轮换制度发展成为现代的草田轮作制(ley farming)。对欧洲许多著名家畜品种的育成,栽培草地也起到了极为重要的作用。

栽培草地是牧业用地中集约化经营程度最高的类型之一,也是草地畜牧业发展程度的质量指标之一,发达国家栽培草地的面积通常占全部草地面积的 10%~15%,西欧、北欧各国和新西兰更达 40%~70%或更多。

栽培草地对草地畜牧业生产的推动力,据任继周等(2001)的分析,在世界范围内栽培草地占天然草地的比例每增加 1%,草地动物生产水平就增加 4%,而美国能增加 10%。

二、栽培草地在草地农业系统中的功能

(一) 建立丰产稳产草食动物营养源

栽培草地是利用土质良好的地段,以人工播种、扦插、移苗等方式建立的草地。这类草地产量和营养物质往往数倍于同一生态区区域的天然草地,对草地农业系统全局稳定和生产力提高具有不可取代的作用。

(二) 提高草原整体生产水平

研究资料表明(任继周等,2000),栽培草地对天然草地的比例每提高 1%,草畜系统整体生产水平提高 4%。当栽培草地达到天然草地的 1/10 时,草地生产力整体水平可能会提高一倍。

(三) 调节季节间的草-畜供求不平衡

草类植物生产有明显的季节性,而家畜的营养需要则较为稳定,两者之间的季节性不平衡,往往成为草地畜牧业发展的限制因子,这就是系统相悖。栽培草地则可根据牧草轮供计划,建植放牧地或割草地,在利用青草的同时,割储干草或青贮饲料,来调剂牧草季度

平衡。在丰年与歉年之间,也可以调剂年度间的不平衡。

(四) 调剂地区间的牧草不平衡

由于市场、农业结构、人口密度等原因,草地与家畜之间常常存在这里草多畜少,那里草少畜多而导致的草畜供求之间的不平衡。栽培草地所生产的牧草可以加工运输,调节地区之间的有无。

(五) 满足畜牧生产的特殊需要

不同的家畜品种及其畜产品,对饲料的要求各异。因此,草-畜系统的生产过程中,不仅可能存在数量的不平衡,也经常发生质量的不平衡。例如,这里能量饲料有余而蛋白质饲料不足,那里蛋白质饲料有余而能量饲料不足,以及其他营养成分的地区不平衡。这类地区间的饲料数量和质量的不平衡,可以通过特殊目的的栽培草地来调剂。例如,奶牛需要含蛋白质较多的豆科-禾本科混播草地,而绵羊则适应禾本科牧草较多的禾本科-豆科混播草地。为了满足家畜对高产青贮的需要,则应建立栽培饲用玉米这类一年生牧草为主的草地。

(六) 建立集约化畜牧业的必要手段

集约化畜牧业的特色之一,是草畜耦合,投入的产出比较高。在饲料生产层面,建立高产优质、供需耦合严密的栽培草地是最为经济有效的措施。

(七) 栽培草地可以创造新的草地生产力,可以促进草地的集约经营

与天然草原相比,栽培草地是技术密集、资金密集、劳动密集、商品密集和流通密集的草业用地,它可以大幅度提高草地的植物生产水平和草产品的多样化(鲜草、干草捆、干草块、脱水嫩干草、草粉、草种等)与商品化程度,能够有效地解决草地牧草营养供给与家畜营养需求之间的时间、空间和种间的不平衡。

(八) 栽培草地的发展可以促进牧区生产的分化,劳动力的分流,推动牧区社会经济进步

栽培草地面积的扩大、集约化的经营及草产品的加工和流通,必然需要一部分人专门从事这一生产,这样,草原畜牧业以放牧为主的单一生产,必然分化为植物生产和动物生产两部分,劳动力也必然会随之分流。当栽培草地的规模达到一定程度后,就会使以长期有偿承包经营为基础的家庭牧场,一些以牧草生产为主,一些以家畜生产为主,他们可以相互让出一部分家畜或栽培草地,使双方的经营规模扩大,效益提高,这样,也就必然会推动牧区社会经济的进步与发展。

(九) 栽培草地的建设可促进牧民定居

栽培草地需要常年的田间管理和多次刈割及加工调制,因此它需要长年的劳动者,这

种需要可以促进牧民的定居。在夏秋暖季,部分劳力和半劳力可以在栽培草地进行劳动,部分牧民可随畜进入夏秋放牧地,既有利于定居轮牧的真正实现,也有利于提高牧民的生活质量。

(十)栽培草地可以迅速改善退化草原的生态环境

当前牧区、半牧区草原退化最严重的地段是冷季草地,这里地势较为低平,温度条件较好,是建植栽培草地的良好地段,用以围建栽培草地可迅速获得良好的植被覆盖,恢复生态环境。与此同时,生产的栽培牧草使家畜有可能冷季舍饲、半舍饲,从而可以降低放牧家畜对天然草地,尤其是冷季草地的压力,也有助于退化草地的自然恢复。

(十一)栽培草地的发展有助于优化我国农牧业的生产结构

在北方农业地区,栽培草地可以促进形成农业的农、经、饲三元结构,改善农业系统和农业产品的结构性缺陷;在南方水稻区,冬季闲田建植超短期栽培草地,可以使传统的热带、亚热带水稻生产与牧草和草食家畜生产相结合,进一步提高复种指数、光能转化率、产品多样性,从而提高经济效益;在云贵高原光照不足地区和青藏高原热量不足地区,栽培草地可以充分利用这些地区独特的气候资源和土地潜力,发展以生产茎叶产品为目的的营养体农业,达到草业的持续发展,生态环境的优化,农牧民脱贫致富。

(十二)栽培草地是建立现代化草地农业系统的必需条件

在草地农业生态系统中,栽培草地是将牧业生产、农业生产、林业生产联系为一个整体的纽带,是不同生产部门系统耦合的必需条件。栽培草地与天然草地和饲料地结合,可以组成饲料轮作系统,从而使饲料生产在产量、质量和供应的时间上达到稳定和平衡,使饲料的种类达到多样化,保证家畜能获得全面和平衡的营养物质;与农田结合,可以构成更高级的草田轮作系统,保证牧草和作物优质高产、种类平衡,保持和提高土壤肥力;与林地结合,可以建立林间栽培草地,发展林地牧业,提高林地的经济收入。

总的来看,栽培草地在草地农业系统中既是参与生产的物质基础,又是草畜耦合,使草-畜系统达到高产、丰产的催化剂,为现代草业所不可或缺。

第三节　栽培草地的类型

栽培草地因利用方式、植被的差异、地区的异质等多种因素的不同,而分为不同的类型。每一类型有其独特的混播草种。

(一)利用特征类型

因利用目的不同,将栽培草地分为割草地类、放牧地类和刈牧兼用草地类。割草地应为株体较高的上繁草,生长较快、品质较好的一年生或耐刈割的多年生草地。放牧地类应为株体较低、品质较好、较为耐牧的下繁草。刈牧兼用类草地则介于两者之间,多在刈割收获后,利用再生草放牧;也可以在牧草抽穗拔节以前,轻度放牧,然后待其生长达到适宜割草的高度时，再刈割收获干草或青贮。

（二）植被特征类型

以植被组成为标志，划分草地类型。可分为单播草地和混播草地两大类。例如，豆科牧草草地，依据其播种的草类，又可分为苜蓿草地、三叶草草地、野豌豆草地等；禾本科草牧草地，又可分为黑麦草草地、鸭茅草地、无芒雀麦草地等。混播草地为两种或两种以上的牧草混合播种的草地。混播草地多由禾本科和豆科牧草混播，以求获得适口性较好，营养成分较为均衡，产量较高，如白三叶-多年生黑麦草混播草地，紫花苜蓿-无芒雀麦混播草地等。混播草地的草种组合多为2～3种，也有3种以上，甚至多达五六种的，但已属少见的特例。混播草地的优点颇多：较易保持并提高土壤肥力；产量较单播草地高；牧草品质较高、适口性好、营养较为均衡；抗病虫害能力较强；维持青草期较长。因此草地混播，已经成为草地栽培的常规手段。

（三）地区特征类型

每一地区都有属于自己的主要草地类型。因草地类型的差异，其栽培草地的牧草混播配方也各有特色，因此产生了以地区为特征的草地类型，其中包括单播草地和混播草地。可以将全球主要地区混播草地归纳为几个基本类型，下面仅列举同类牧草的代表种。具体运用时，可以增加、置换相应牧草，完善混播牧草配方。每一模式都指出其≥0℃年积温及其湿润度指数，以便读者据此计算选择牧草的适宜度。初步将栽培草地分为五大类型，即欧亚大陆紫花苜蓿-无芒雀麦型、亚热带三叶草-鸭茅型、热带注花草-卡松古鲁狗尾草型、北欧红三叶-猫尾草型、地中海三叶草-黑麦草型。在具体实践中，还可能细分为若干亚类或类组。

1. 欧亚大陆紫花苜蓿-无芒雀麦型

我国华北地区绝大部分属于这一类型。可供选择的草种有黄花苜蓿、羊草、冰草等。在草原综合顺序分类法中，属于斯太普类组和温带湿润草地类组。其≥0℃年积温为2300～3700℃，湿润度为0.9～1.2。

2. 亚热带三叶草-鸭茅型

我国秦岭、淮河以南，长江以北地区大部分属于这一类型。可供选择的豆科牧草有多种三叶草、百脉根，禾本科牧草有黑麦草、牛鞭草等。在草原综合顺序分类法中，属于从微温微润到暖温潮湿草地类组。其≥0℃年积温为3700～6200℃，湿润度为1.2～1.5。

3. 热带柱花草-卡松古鲁狗尾草型

此型栽培草地分布于南北回归线之间，我国岭南一带，包括广东、广西、海南及福建部分地区。在草原综合顺序分类法中，属于萨旺纳草地和热带森林草地。≥0℃年积温为6200～8000℃。湿润度：萨旺纳为0.3～1.2，热带森林草地为1.2～2.0。

4. 北欧红三叶-猫尾草型

该型原发于北欧斯堪的纳维亚为主的北纬 55°以北，到 60°N 左右地区，包括北欧国家、俄罗斯(北部)、加拿大(北部)及日本(北海道)，中国黑龙江北部也属此区。其典型种植豆科为红三叶，禾本科为猫尾草。在草原综合顺序分类法中，≥0℃年积温为 1300～3200℃，湿润度为 2.0 左右。

5. 地中海三叶草-黑麦草型

该型原发于地中海周边地区，以及澳大利亚亚热带地区。我国云南干热河谷及海南岛部分地区属此类栽培草地型。

上述 5 大类型混播草地，其所选草种和混播比例、产量构成和季度与年度的生长发育曲线，以及它们所适应的草食动物和管理方式都有相应的特色。

(四) 依据综合顺序分类法划分类型

该分类法也称栽培草地的系统分类法，这是从科学的目的出发，具有分类普遍的意义和周延性的分类方法，在实践上不仅适用于局部地区，也适用于全世界，可以对全世界的栽培草地进行统一的分类。它的分类体系有类、亚类、型 3 级。

1. 类

根据热量条件划分。热量指标使用>0℃年积温，共分 5 级，即热带、亚热带、温带、寒温带、(高)寒带。各热量带与>0℃年积温的对应关系见表 7-1。类的名称用热量带命名，共分为热带栽培草地、亚热带栽培草地、温带栽培草地、寒温带栽培草地和(高)寒带栽培草地 5 类。类的特征可以指示栽培草地的热量条件及其地带性，有助于我们对分类的栽培草地最基本特性的了解。

表 7-1　栽培草地的热量带划分及其>0℃年积温　(单位:℃)

热量带	>0℃年积温
(高)寒带	<1300
寒温带	1300～2300
温带	2300～5300
亚热带	5300～8000
热带	>8000

2. 亚类

在划分了类的基础上，以土壤类型的土类作为指标划分栽培草地的亚类。亚类的名称用土壤类的名称命名，为了明确亚类的全面特性，可用类的热量带和亚类的土类名称连续命名，如热带砖红壤栽培草地、温带黑钙土栽培草地、高寒带高山草甸土栽培草地等。亚类的特征，可以指示对栽培草地有关土壤改良及施肥等管理工作。

3. 型

在划分了亚类的基础上,以饲用植物种作为指标划分栽培草地的型。型以饲用植物种或其组合名称命名,如苏丹草栽培草地、绿叶山蚂蝗栽培草地、紫穗槐栽培灌丛草地、金合欢栽培乔林草地、燕麦+箭筈豌豆栽培草地、紫花苜蓿+无芒雀麦栽培草地、多年生黑麦草+红三叶+白三叶栽培草地、蝴蝶豆+葛藤+圭亚那柱花草+大黍栽培草地、禾本科+豆科栽培草地等。型的特征可以指示制定栽培草地具体的培育和利用等管理措施。

第四节　建立栽培草地的几项原则

一、选定适宜的草类品种

选定适宜品种是栽培草地成功的关键,也是草地建植的难点。草类植物各有其适宜生长的环境。所谓优良牧草,其实质就是牧草与其生存地境良好和谐的草类。因此,选择建立草地的适宜牧草,需依据草原类型学原理,确定各类牧草的适宜度指数分级。依据草原类型之间的亲缘关系可以以类型指数 ω 来度量。设 a 类草原类型的 K 值(湿润度)为 K_a,b 类草原 K 值为 K_b,则草原类型指数为 K_a 与 K_b 之比 ω,可用于表达草原类型亲疏。例如,将原生于 a 类草原的牧草引入 b 类草原,可用下式估算其相似程度。

$$\omega = \begin{cases} \text{如果 } K_a \geqslant K_b, \dfrac{K_b}{K_a} \\ \text{如果 } K_a \leqslant K_b, \dfrac{K_a}{K_b} \end{cases}$$

ω 的取值范围是 0~1,为类型相似程度的矢量量纲。当 $\omega=1$ 则表明 a 类与 b 类草原类型相同。

以草原类型指数 ω 来计量草类生境适宜度指标(表 7-2)。ω 在 0 与 1 之间的分布见表 7-2。某种牧草从原生地到引入地,查得拟引入牧草种 a 生存中心地境的 K 值和拟引入地区生境的 K' 值,然后求算得类型指数 ω 值。

表 7-2　草类生境适宜度分级(任继周,1998)

ω 的分级值	适宜度分级	生长表现
0.9~1.0	Ⅰ. 最适生境	生长繁殖正常
0.7~0.9	Ⅱ. 良好生境	生长有不适应表现,繁殖正常
0.5~0.7	Ⅲ. 不良生境	生长有不适应表现,繁殖不正常
0.3~0.7	Ⅳ. 边缘生境	生长不正常,不能繁殖
0.3	Ⅴ. 生存禁区	营养体严重不正常,不能繁殖或不能建植

二、确定适当的栽培面积

依据生产、市场需要,制订栽培草地优化模式,确定栽培草地的面积。其关键因素有二,一为目标畜产品产量和品质,一为市场需求。关键因素的过多或过少,都影响栽培草地的效益。

三、选择适宜的种草用地

依据土地状况和生产要求,选定建立栽培草地的地块。一般选择土层较厚,地块较大,土壤肥沃,易于灌溉、施肥、播种、收割,交通便利,便于产品运输的地块。

第五节 混播草地草层结构的时空分布

混播草地中的不同牧草,为了充分利用阳光、水分和养分,呈现一定的时空结构。这在草地管理中有重要意义。

一、栽培草地的营养源特征的时空结构

(一) 基于光营养源的分层结构

混播草地中不同的牧草以其株高和叶片分布高度而分为上繁草、中繁草和下繁草,来充分利用不同高度的空间的光源。在三者合理组合的状态下,可以充分利用有效光照,进行光合作用。

(二) 基于矿物营养源特征的分层结构

混播草地中不同牧草的地下部分,如多种形态的地下茎和根分布于土层不同的深度,以充分利用土层的矿物质营养。它们分布的深度从地面可以一直下伸到数米,十几米,甚至几十米。我们通常所说的浅根草类和深根草类,就是表述植物地下部分的分布层。

(三) 基于水营养特征的结构

因生境的水分状况分布不同,而有不同的植物类型。一般分为超旱生植物、旱生植物、中生植物、湿生植物和水生植物等多种类型。

1. 中生植物

该类植物适宜生长在水分适中的土壤,其水分适应能力在旱生植物与湿生植物之间。大多数栽培草类植物和农作物属此类。

2. 湿生植物

该类植物生长在潮湿环境中,土壤水分常在饱和状态。湿生植物又分阴生湿生植物和阳性湿生植物。前者生长在林下或阴坡阴湿的土壤或郁闭热带雨林中树干上(附生植物);后者生长在日照充分的开阔地段,如饲用水稻、红花苕子、灯心草等。

3. 旱生植物

该类植物为适应干旱环境的植物。这类植物能借助于生理和形态学的某些特征,在干旱环境中保持植物体内适宜的含水量,具有较强的水应激能力。根据其适应方式,常把旱生植物分为短命植物(short-life plant)、避旱植物(drought-evaing plant)、耐旱植物(drought-enduring plant)与抗旱植物(drought-resisting plant)等①。

我们可在不同生境、不同时段和不同地段中,将各类水营养特征的植物加以组合,建立所需要的栽培草地。

二、栽培草地生育时间特征结构

草地的生育周期,包含生育节律的迟早和生育周期历时的长短两项含义。例如,利用牧草早熟、常熟、晚熟特性,设计牧草轮供系统;利用草类青草期的时段,如冷型、暖型草坪草的互补来设计常绿草坪等。

(任继周)

主要参考文献

任继周.1998. 草业科学研究方法. 北京:中国农业出版社:124

任继周,侯扶江,张自和.2000. 草地农业推进我国西部可持续发展. 地球科学进展,15(1):19-24

Molles MC. 1999. Ecology:concepts and application//沈允纲. 中国科学院研究生教学丛书(影印本). 北京:科学出版社:342-360

推荐阅读文献

任继周.1998. 草业科学研究方法. 北京:中国农业出版社

任继周,侯扶江,张自和.2000. 草地农业推进我国西部可持续发展. 地球科学进展,15(1):19-24

① 短命植物:某些沙漠中的当年生植物,种子可在干旱环境中长期存活,当降水来临时迅速萌发生长,在最短时间内完成生命周期(4~8 周),完成生活史。避旱植物:多年生植物,干燥时呈休眠状态,水分合适时可正常生长。有时可连续几年休眠,如荒漠中的地衣、藻类、蕨类和落叶小灌木。耐旱植物:以其形态和生理特征保持体内水分,如形态上呈现叶片缩小变厚,角质层发达,表皮上毛密集,气孔下陷,栅栏组织发达,根系发达等;生理上为提高细胞液浓度,降低叶细胞水势,干旱时能继续开放气孔进行光合作用等。抗旱植物:肉质植物,体内薄壁细胞可储存大量水分,减少蒸腾以适应干旱环境,如仙人掌等。

第八章　草地的植物生产管理

第一节　草地的植物生产意义

一、草地植物生产是生物圈初级生产的最重要组成部分之一

人类和其他全部异氧生物的生命都依靠生物圈的植物生产即初级生产而生活。因此,没有植物生产,人类和其他异氧生物就没有了生活和生存的食物和有机营养物质保证。

生物圈进行植物生产的三大陆地生态系统是草地、森林和耕地。草地是生物圈最大的陆地生态系统,总面积为5354.40万km^2,占地球陆地面积的41.03%;处于第二位的森林总面积为3510.73万km^2,占地球陆地面积的26.91%(联合国开发计划署等,2002);第三位的耕地总面积为1324.05km^2(中国农业年鉴编辑委员会,2002),占地球陆地面积的10.15%;草地面积为森林的1.52倍,耕地的4.04倍。在生物圈的三大陆地生态系统中,森林的净初级生产力最大,为64.5×10^9t/年,草地次之,为25.6×10^9t/年,耕地第三,为9.1×10^9t/年;如以固定的能量计,森林为1158.41×10^5MJ,草地为447.89×10^5MJ,耕地为158.08×10^5MJ(里思和惠特克,1985)。草地的面积很大,但净初级生产力仅及森林的40%,主要是多分布在干旱和寒冷地区,生态环境较差,植物量较低的缘故。

草地与森林、耕地也是我国三大植物生产基地。与地球生物圈的情况一样,草地是我国最大的植物生产基地。我国草地面积3.99亿hm^2,占国土总面积的42.05%(中华人民共和国农业部畜牧兽医司等,1994);森林次之,总面积为1.75亿hm^2(国务院新闻办公室,2007),占国土总面积的18.44%;耕地第三,总面积1.22亿hm^2(中国国土资源部,2007),占国土总面积的12.86%。据农业部全国草原监测报告,2006年我国天然草地鲜草总产量达94 313万t,折合干草29 587万t;2007年我国天然草地鲜草总产量达95 214万t,折合干草29 865万t。

二、草地植物生产是草地农业系统功能的基础

在生态系统中,作为生产者——绿色植物,利用太阳能、水和无机物,通过光合作用,生产出可供消费者——动物利用的植物性饲料;枯萎的植物与动物的粪便和遗体,通过分解者——土壤微生物的分解,使营养物质回到土壤中,再被植物重复利用。这个能量流动和物质循环过程,就是生态系统功能的集中体现。生态系统的这个过程在草地农业生态系统中体现的最为完整和典型。草地的植物生产为草地的动物生产提供了饲料这一能量和物质基础,支持了动物的生命活动和肉、奶、蛋、皮毛及役力等动物产品。饲料和动物产品又可以进行后生物生产——加工的流通生产。此外,草地的植物生产使草地具有特殊

的生态功能和景观，可以进行前初级生产。草地的植物生产支持推动了动物生产和后生物生产，同时也是前植物生产的基础，如果没有草地的植物生产，则草地的其他生产就不能进行，因此，草地植物生产是草地农业系统功能的基础。

三、草地植物生产是人类食物安全的重要保证

人类的食物主要包括植物性食物和动物性食物两部分，植物性食物一般指的是粮食，动物性食物主要有肉、奶、蛋等。在过去的很长时期，我国农村和城市人民食物构成中，肉、奶、蛋等所占的比例很小，因此，我国习惯上把食物等同于粮食，自然也就形成了食物安全就是粮食安全的错误认识（任继周和侯扶江，1999）。

粮食只是食物安全的组成部分之一，因此，粮食安全问题准确地说就是食物安全。我国作为世界上人口最多的国家，解决全民吃饭问题任务艰巨，在今后的二三十年中，又会面临人口增多、耕地减少和居民消费水平提高三大趋势，食物安全问题将日渐突出。据测算，至2020年食物总需求量将达到7亿t左右。其中，口粮需求为2亿t，饲料粮需求5亿t，构成我国粮食需求的“2+5”模式，这应该是我国食物中的长期规划目标。即口粮占30%，饲料粮占70%，显然口粮需求我国自给无虑，数量巨大的饲料用粮需求是对我国食物安全的真正严重威胁（任继周等，2005）。为了解决此问题，需要树立大食物观（任继周等，2007b），要转变粮食观念，把动物性食品纳入食物安全系统，使食物来源多样化，优化食物结构，藏粮于草（任继周，2002），提高农业用地的食物生产潜力（任继周和林慧龙，2006），保证食物安全（任继周等，2005，2007a）。事实上，近20年来，我国人民膳食结构中肉、蛋、奶的比例不断增加，带动了动物性食品的消费扩张，促进了膳食营养结构的改善，对口粮消费的替代作用将进一步增大（图8-1）。2006年中国草食家畜产品中，牛肉产量达到750万t，羊肉产量为469.7万t，分别比2000年增长了40.8%和71.4%；奶类总产量3302.5万t，是2000年的3.86倍（图8-1）。国外的情况也是如此，据de Hann等（1997）报道，在20世纪90年代，世界牛肉的生产增长率超过5%，羊肉和山羊肉的增长率更高，超过26%，牛羊肉产量的88%是通过草地放牧生产的，其余12%是由圈养方式生产，但圈养的饲料相当大的部分还是饲草。若适度扩大我国草原区和农区的饲草料初级生产，即耕地面积的20%施行草田轮作和现有可用草地的5%建立丰产栽培草地，不仅可确保我国食物安全，解放巨大食物资源潜力，实现人-畜分粮，而且还有相当数量的食物产品参与国际粮食贸易，可用来调剂粮食品种，调控国家储备，这时我国将进入一个粮食生产稳定并有余粮和饲料出口的新时代（任继周等，2005，2007a）。

四、草地植物生产是草地生态屏障功能的基础

草地和森林一样，有许多重要的生态功能，如气体调节、气候调节、干扰调节、水调节、防止侵蚀、土壤形成、养分循环、废物处理、传粉传种、生物防治、栖息地等，因而是与森林同等重要的生态屏障。

我国的主要自然生态问题集中在西北干旱地区，如水资源匮乏、干旱、湿地萎缩、水土流失、土地荒漠化、盐渍化、沙尘暴、洪涝、泥石流、生物多样性严重破坏等，这些问题导致

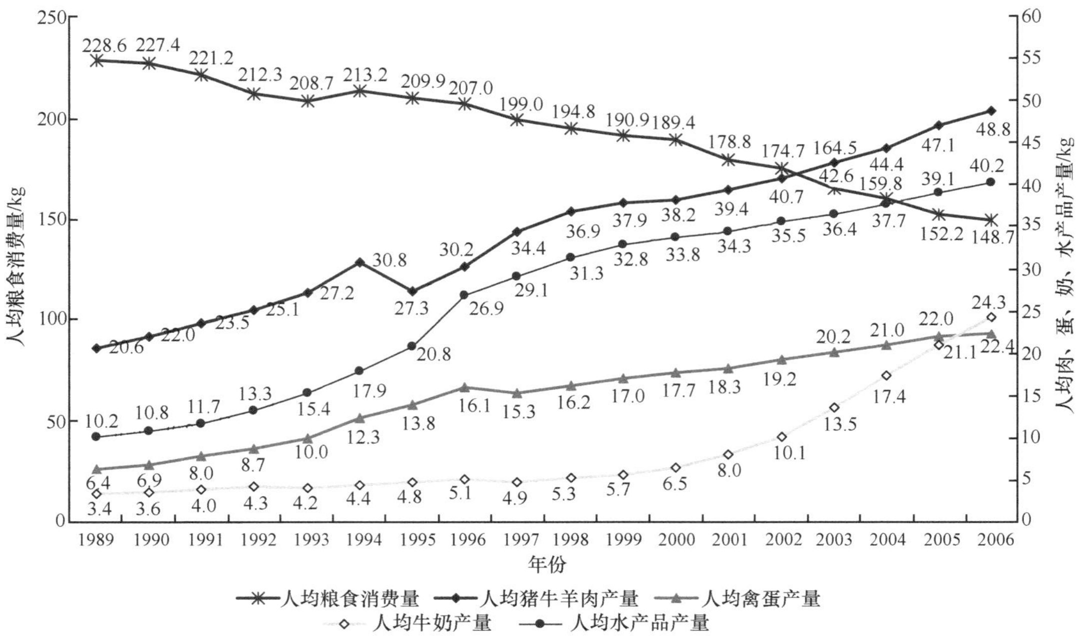

图 8-1　1989~2006 年中国粮食、肉、蛋、奶的消费动态

了自然灾害频繁,造成了严重的生态问题。由于气候条件的限制,在这里现实的生态屏障是草地,而不是森林,草地植被是这里理想的生态屏障,它既可保护西北干旱地区的土地、水源,改善气候,又可惠及东部湿润地区的生态环境。

草地生态屏障功能的基础是草地植被及其数量。草地的植物量越大,生态屏障的功能种类就越多,强度就越大,反之则小。如果草地没有了植被,也就不成其为草地,也就没有了生态屏障的功能。因此,保护草地、增加草地的植物生产,是提高草地生态屏障功能的基础。这里顺便需要提及的是,与森林相比,草地植物量分布的特点是地下植物量较大,往往是地上植物量的一倍到数十倍,地下植物量大,对碳储存和与土壤有关的生态功能具有重要的意义,因此,草地植被的地上和地下部分都有重要的生态屏障的功能。

第二节　草地植物生产力的测定

一、光合效率

绿色植物的光合作用是生命最基本的光化学反应形式,它可用下列化学反应式表示:

$$CO_2+H_2O \xrightarrow{\text{叶绿素和其他色素(477kJ)}} (CH_2O)+O_2$$

这个反应式表示光合作用每还原 1g 分子 CO_2 所固定的自由能为 477kJ(114kcal),而这一过程一般需要 8 个光量子,即 8 个爱因斯坦单位。每一爱因斯坦单位所含的能量与太阳辐射的波长有关,绿色植物利用的太阳辐射波长为 380~710nm(光合有效辐射),这一波段内每一爱因斯坦单位的能量加权平均值为 227.10kJ,所以理论上有效辐射的最大

利用效率为

$$\frac{477\text{kJ}}{277.10\text{kJ}\times 8}\approx 26.25\%$$

光合最大效率是指植物在不受温度、水分、土壤、地形、病虫鼠害和 CO_2 的限制下，较好地利用实际光合有效辐射能所能达到的效率。为了得到在自然条件下的最大利用效率，需考虑叶片冠层结构、对辐射的反射率和呼吸的消耗等。在自然条件下，对光合有效辐射的最大利用效率约为 5%，相应地对总辐射的最大利用效率约为 2.5%（朱志辉和张福春，1985）。

植物的光合效率在短期内可以很高，如草地对总辐射的转化率可以达到 4%～10%（Blackman et al.，1959）①，因此在计算光合效率时应考虑时间因素。一般按年或生长季计算，这样可以得到 4 个特定内容的光合效率，下面举例说明。甘肃天祝高山珠芽蓼（*Polygonum viviparum*）草地 1981 年的太阳总辐射量为 5 779 432.64kJ/(m^2·年)，生理有效辐射量为 2 812 345.82kJ/(m^2·年)，日平均气温≥0℃与≤0℃期间的生长季总辐射量为 2 634 362.13 kJ/(m^2·年)，生长季生理有效辐射量为 1 281 880.62kJ/(m^2·年)，草地全草层（即地上部分+地下部分）固定的辐射能为 26 680.52 kJ/(m^2·年)，这样：

$$\text{用全年总辐射量计算的光合效率}=\frac{26\ 680.52}{5\ 779\ 432.64}\approx 0.46\%$$

$$\text{用全年有效辐射量计算的光合效率}=\frac{26\ 680.52}{2\ 812\ 345.82}\approx 0.95\%$$

$$\text{用生长季总辐射量计算的光合效率}=\frac{26\ 680.52}{263\ 462.13}\approx 1.01\%$$

$$\text{用生长季有效辐射量计算的光合效率}=\frac{26\ 680.52}{1\ 281\ 880.62}\approx 2.08\%$$

关于地球陆地植被对太阳总辐射的平均转化率，里思和惠特克（1985）计算为 0.24%。在同等条件下多年生草地的转化率要高一些，这是因为牧草的叶片全年都能进行同化作用，而且地上部分全部都可计入产量。一些大量施肥的多年生黑麦草草地，每年可刈割 6～7 次，干草产量可达 25t/hm^2，对总辐射的转化率为 3%～4%，在夏季生长最迅速的时期可达 5%。

计算光合效率的意义并不是说太阳辐射是有限的资源，相反，这是为了说明用于增产的光能还有极大的潜力，因此光合效率通常用单位面积上的太阳辐射量作基数计算。如果需要更直接地了解植物通过光合作用积累干物质的效率则可用生长率来说明。绝对生长率（AGR）说明单位面积单位时间的光合物质净积累，相对生长率（RGR）说明单位植物量单位时间光合物质净积累，它们都需要在连续的瞬间测定植物量，但可用一段时间的平均值。它们的计算公式如下

$$AGR=\frac{W_2-W_1}{t_2-t_1} \tag{8-1}$$

$$RGR=\frac{\ln W_2-\ln W_1}{t_2-t_1} \tag{8-2}$$

① 转引自 CRW 斯佩丁，1980，草地生态学，贾慎修等译，北京：科学出版社：31。

式中,ARG 为绝对生长率,$g/(m^2 \cdot d)$;RGR 为相对生长率,$g/(g \cdot d)$;W_2 和 W_1 为 t_2 和 t_1 时的植物量干生重,g/m^2,下同;ln 为自然对数。

由于植物干重的增加是进行光合作用的叶面积的函数,因此可用 t_2 和 t_1 时的叶面积 A_2 和 A_1 计算单位叶面积生产干物质的速率,即单位叶面积的光合效率。由于它是光合作用的净积累,因此也称净同化率(NAR)。

$$NAR = \frac{W_2 - W_1}{t_2 - t_1} \times \frac{\ln W_2 - \ln W_1}{A_2 - A_1} \tag{8-3}$$

二、草地净初级生产力的测定与计算

草地净初级生产力(net primary productivity)也称净第一性生产力,即草地的生物学产量,它多在草地生态学研究中使用,测定方法较为复杂,但更为准确。它是在下列术语的基础上形成的概念和测定方法。

(一)植物量

植物量(phytomass)是生态系统中生物量的 3 个组分之一[另外两个是动物量(zoomass)和微生物量(micromass)],是生态系统中全部植物有机物的量,它既包括活的部分,也包括死的部分(迪维诺,1987)。这样,地上部分(或空气中)的植物量包括绿色活的现存量(standing crop 或 standing green)、直立的死植物体和尚未从活植物体上脱落下来的立枯物量(standing dead),以及死亡并脱落到地面的凋落物量(litter)3 部分。地下部分(或土壤中)的植物量包括活根和死根两部分,死根还可区分为未脱离根系的死根和脱离根系并处于不同分解阶段的死根(即根的凋落物)。

(二)总初级生产力

生产系统中生产者在一定面积和一定时间内通过光合作用固定的总太阳能或总有机物称为总初级生产力(P_g)。植物在进行初级生产的同时还通过呼吸消耗掉一部分有机物(R),剩余的部分才是以植物组织或储藏的营养物质的形态表现的净初级生产力(P_n),因此:

$$P_g = R + P_n \tag{8-4}$$

(三)净初级生产力

1. 净初级生产力的测定和计算

由于总初级生产力在测定上的难度及在生态学实践中净初级生产力更为重要,因此净初级生产力是生态系统生产力研究的中心。净初级生产力是生产者在单位面积和单(元)位时间内除去呼吸后剩余的有机物生产量,它可以用干物质或有机物质(去灰分物质)表示,也可以用能量表示。在进行生态效率的计算时,以干物质或它的能量为基础;在进行能量的转移和生长分析时,则应以有机物质或它的能量为基础。

计算净初级生产力的一些参数可以用数字符号表示，这是在国际生物学计划（IBP）中测定草地生产力的基本方法（稍有改变）。B_1 为在时间 t_1 时植物群落的现存量；B_2 为在时间 t_2 时植物群落的现存量；$\Delta B = B_2 - B_1$，为在时间 $t_1 \sim t_2$ 期间现存量的增量；L 为在 $t_1 \sim t_2$ 时群落由死亡和脱落损失的死植物量，即立枯物量和凋落物量；G 为在 $t_1 \sim t_2$ 时被消费者（主要为草食兽）采食的植物量；P_n 为 $t_1 \sim t_2$ 时该群落的净初级生产力。如能很好地测定 ΔB、L 和 G，则地上部分或空气中的净初级生产力可用下列公式表示：

$$P_n = \Delta B + L + G \tag{8-5}$$

根据上述一般原理，需要在一定期间内测定两次以上的上述植物量，才能计算出定期间的净初级生产力。

现存量的测定　将样方内的牧草植物齐地面剪下，拣出立枯物和凋落物后，在草地上立即称重，然后带回实验室在65℃或105℃下烘干至恒重，得现存量的鲜重和干重。现存量按种或经济类群分别称重，也可按茎、叶、花序、种子等分别称重。

立枯物量的测定　立枯物量的测定是与现存量的测定同时平等进行的。将测定现存量时拣出的立枯物在草地上称得鲜重，再烘干得干重。在活的枝条上的个别死的小枝、死叶或叶片的枯死部分应剪下算作立枯物。立枯物量具有明显的季节动态，随着生长季的推移，立枯物量逐渐增大，到生长季末，牧草植物枯死后，现存量等于零，除凋落物外，全部都是立枯物。对于以十分低矮的草地或座垫植物、莲座丛植物为主的草地，立枯物难以和凋落物区别，则可将两者合并统计。

凋落物量的测定　测定凋落物量需用专门的凋落物收集器。收集器必须能将凋落物在到达地面前截留并保存下来，防止凋落物被风吹走，此外还必须将水从收集器内排出，以减少凋落物因破碎、溶解、分解等造成的损失。收集器的大小及重复次数视所需精度要求而定。一般常用的收集器有漏斗状、盘状和网状几种。漏斗状和盘状收集器多用于灌木凋落物的收集；网状收集器用于株本较高的草本植物凋落物的收集，并需在植物长出地面前将网铺在地面。收集的凋落物应在较短时间内自收集器中取出，一般每周收集一次。收集的凋落物在室内烘干称重即得凋落物量。

在草地上利用收集器收集凋落物比较困难，花费劳动很多。一般可在较长的一定间隔时间（如一个月一次）在草地的样方中直接收集凋落物（可在测定现存量和立枯物的同时进行）。直接采集因间隔时间较长，应考虑凋落物在草地放置过久因分解等造成的损失（在湿热条件下这种损失很大），因此需要通过测定凋落物的平均消失率（r），然后再根据下式计算一定间隔期（$t_1 \sim t_2$）样方中凋落物量（L）：

$$L = L_2 - L_1 + \frac{L_1 + L_2}{2} \times r(t_2 - t_1) \tag{8-6}$$

式中：L_1 为 t_1 的样方中凋落物量，g/m^2；L_2 为 t_2 的样方中凋落物量，g/m^2。

动物采食量的估测　动物采食量包括家畜、野生大型草食兽和植食性昆虫的采食。昆虫的采食量目前尚未有简便可行的测定方法，据木村允（1981）的研究，昆虫在草地上的采食量在净初级生产力的1%～2%或以下，因此在一般的研究中可以忽略不计。家畜的放牧采食量可以根据放牧家畜的头数、放牧时间、家畜的增重和产品的数量，按照家畜营养物质逆算为牧草干物质量，也可按家畜体重换算或直接按家畜平均放牧采食量计算，见表8-1和表8-2。

表 8-1　放牧家畜日采食量与其活重关系　(单位:kg)

放牧家畜类别	每 100kg 活重的牧草干物质牧食量	放牧家畜类别	每 100kg 活重的牧草干物质牧食量
牛	2.0~2.4	马	3.3~3.5
牦牛	3.2~3.6	羊	3.4~4.2

表 8-2　我国各种放牧家畜每日正常牧食量　(单位:kg)

放牧家畜类别	牧食量	放牧家畜类别	牧食量
绵羊		新藏高代杂种成年母羊	1.8
新疆细毛羊成年母羊	2.1	新藏杂种一岁育成羊	1.7
蒙古羊		滩羊成年母羊	1.7
成年母羊	1.8	山羊成年母羊	1.6
成羊羯羊	2.1	牦牛	
一岁育成羊	1.3	混合群	5.3
西藏羊(混合群)	2.0	带犊母牛	10.0
蒙藏杂种一岁育成羊	1.6		

从式(8-5)中可以看出,如果试验草地是用围栏保护,没有家畜和野生草食兽的采食,则 $G=0$,$P_n=\Delta B+L$。

草地地下部分净初级生产力测定所依据的原理仍然是式(8-5):$P_n=\Delta B+L+G$,不过执行起来更困难一些。式中,ΔB 是地下现存量即活根在 $t_1 \sim t_2$ 时的增量;L 是 $t_1 \sim t_2$ 时地下部分枯死和脱落而损失的植物量,即死根量及其分解量;G 是 $t_1 \sim t_2$ 时土壤动物对活根和死根的采食量。

由于死根的分解量和 G 至今无法测定,因此计算出的地下净初级生产力只是偏小的近似值。目前,一般采用一年内地下植物量(即活根加死根量)的最大值和最小值的差来估测地下部分的净初级生产力,因此需要在一年的周期内数次或每月一次测定地下植物量。一般的多年生草地,地下部分最小植物量出现在开花结实及地温最高的时期,最大植物量出现在返青时或生长季末。

在较精确的实验中,需要将根样中的活根和死根分开,但死活根的分离目前尚无迅速、便捷的方法,一般采用的有肉眼分离法和比重分离法。肉眼分离法是根据根的形态解剖特征,从外表上判断、分离死根的方法。活根一般呈白色、乳白色或表皮为褐色,但根的截面仍为白色或浅色,鲜嫩有汁。死根颜色变深,多萎缩、干枯。肉眼分离费工时,准确性较差,但在取得一定经验后,可获得较好结果。比重分离法是根据死根和活根的比例不同进行分离的方法。先将冲洗干净的总根样,用肉眼分离法拣出大的、明显的死根、活根和非死根,其中,悬浮在水中和沉在容器底部的为活根,另外还有一部分半分解的死根也沉淀在容器底,需反复淘洗与活根分离。这一方法比较简单快速,经用红四氮(TTC)染色区分法比较,两种方法无显著差异(李光棣,1986)。

全草层净初级生产力的测定　在同时测定草地地上和地下植物量的条件下,如能在一年的数次测定中,找出地上和地下植物量总量的最大值和最小值,那么它们的差就是全草层(草层的地上部分+地下部分)的年净初级生产力。这里需要说明,不在同一时期取样测定的地上净初级生产力与地下净初级生产力之和,不一定就是草层的净初级生产力,因为地上部分的最大和最小植物量并不一定相应地与地下部分最大和最小植物量同期出现。

对于一年生草地，如果生长季末可以得到下列各个成分植物量，一次测定也就可以得到全草层的净初级生产力(P_n)：

$$P_n = P_{花序} + P_{绿色部分} + P_{枯死部分} + P_{根} \tag{8-7}$$

2. 净初级生产力的模型估算

草地植物净初级生产力的研究对于合理利用草地资源，充分发挥草地气候生产潜力，最大限度地提高草地产量及对草地农业生态系统中的碳循环研究都具有重要的指导意义而备受重视（周广胜和张新时，1995；林慧龙等，2005）。

然而，在草地净初级生产力建模的诸多问题中，对于不同时空尺度上的现象与过程的处理是最为棘手的。将微观过程应用到对宏观过程的模拟，许多微观过程，如光合作用对温度、水分及 CO_2 的反应等，是在实验室条件下进行的，与实际生态系统往往有较大差异。而将这些过程应用到宏观模型中，温度、水分等数据往往直接取自气象资料，环境条件的不同往往导致模型结果出现误差（王宗明和梁银丽，2002）。以下对净初级生产力的模型估算作一概述。

1）气候生产力模型　净初级生产力对气候（温度、降水等）因子及营养元素（C、N、P等）具有很强的依赖性。

（1）气候生产力统计相关模型　利用气候因子等已知量同实测净初级生产力进行统计分析，建立回归模型进行外推。优点是建立在大范围上的观测数据更适合于描述大区域以至全球尺度上的情况，其不足之处是对特定的地区、特殊情况下的净初级生产力估计值与实测结果可能相差较大。统计模型在实际应用中得到广泛应用的主要原因是所需因子比较少，使用方便。其中的 Miami 模型和 Chikugo 模型是常用的两种。

Miami 模型　Lieth（1972）分别拟合了净初级生产力（NPP）与年平均气温及降水之间的经验关系：

$$NPP_t = \frac{3000}{1 + e^{1.315 - 0.1196t}} \tag{8-8}$$

$$NPP_r = 3000(1 - e^{-0.000\,664r}) \tag{8-9}$$

式中，NPP_t 为根据年均气温计算的净初级生产力；t 为年均气温，℃；NPP_r 为根据年降水量计算的净初级生产力，g/(m^2·年）干物质；r 为降水量，mm。根据 Liebig 最小因素定律，在选择温度和降水计算所得的两个植被净初级生产力中较低者即为某地自然植被的净初级生产力 NPP_{tr}。

该模型仅考虑了环境因子中的温度和降水，实际上植物的净初级生产力还受其他气候因子的影响，用该模型估计的结果可靠性仅为66%～75%（周广胜和张新时，1995）。我国草原大多干旱，草地净初级生产力远低于此模型计算值。

Thornthwaite 纪念模型　Thornthwaite 和 Rosen-zweig 都研究了蒸腾蒸发量（ET）与气温、降水和植被之间的关系，并据此建立了净初级生产力（NPP）和蒸腾蒸发量（ET）之间的统计关系。Lieth 和 Box（1972）基于 Thornthwaite 发展的可能蒸散量模型及世界五大洲50个地点植被净生产力资料，于1972年提出了 Thornthwaite 纪念模型：

$$NPP = 3000[1 - e^{-0.000\,969\,5(E-20)}] \tag{8-10}$$

其中,E 为实际蒸散量,mm。

该模型中的实际蒸散量受太阳辐射、温度、降水等一系列气候因素的影响,包含的因子较全面,因而对植物的净初级生产力的估算较 Miami 模型合理。但是,一方面,Thornthwaite 纪念模型的最佳使用范围为实际蒸散量为 200~750mm 的地区,即超出此范围时误差会加大,在一般情况下,蒸散量在比较干旱的地区不超过降水量的 50%,在比较湿润的地区不超过降水量的 75%(任继周,1995);另一方面,Miami 模型和 Thornthwaite 纪念模型仅仅是植被生产力与环境因子的回归,都缺乏理论基础(周广胜和张新时,1995)。

(2) 半经验半理论模型:这类模型以生理生态学模型为基础,在某些参数的选定上则采用经验方法,目前比较成熟的主要有筑后模型、周广胜模型等。

Chikugo 模型　内岛善兵卫和清野豁 1985 年以日本岛内十分繁茂的植被的二氧化碳通量方程与水汽通量方程之比确定植被对水的利用效率为基础,而后利用了国际生物计划(IBP)研究期间,取得的世界各地自然植被净初级生产力数据和相应的气候要素进行相关分析,建立了根据净辐射和辐射干燥度计算植被净初级生产力的 Chikugo 模型:

$$NPP = 0.29e^{-0.216RDI^2}R_n \tag{8-11}$$

式中,NPP 为自然植被净初级生产力;RDI 为辐射干燥度$\left(RDI = \frac{R_n}{Lr}\right)$,其中 L 为蒸发潜热;r 为年降水量,mm,下同;R_n 为净辐射量,kJ/(cm^2 · 年)。

该模型是植物生理生态学和统计相关方法相结合的产物,综合考虑了诸因子的作用,是估算自然植被净初级生产力的较好方法。但是,该模型是在土壤水分供给充分、植物生长茂盛条件下的蒸发量来计算植物净初级生产力的,对于世界大多数地区该条件并不满足,因而在干旱、半干旱的草原地区应用时估算值偏高。

北京模型　朱志辉(1993)为弥补 Chikugo 模型对于草原及荒漠考虑的不足,以 Chikugo 模型为基础,建立了 Chikugo 改进模型:

$$NPP=6.93e(-0.224RDI^{1.82})R_n,RDI<2.1 \tag{8-12}$$

$$NPP=8.26e(-0.498RDI)R_n,RDI<2.1 \tag{8-13}$$

综合模型　周广胜和张新时(1995,1996)根据植物的生理生态学特点及联系能量平衡方程和水量平衡方程的区域蒸散模式,建立了联系植物生理生态学特点和水热平衡关系的植物净初级生产力模型:

$$NPP = RDI^2 \times \frac{r(1 + RDI + RDI^2)}{(1 + RDI)(1 + RDI^2)}e^{-\sqrt{9.87+6.25RDI}} \tag{8-14}$$

朱志辉、周广胜模型比 Chikugo 模型更能准确地反映自然植被的净初级生产力,在干旱、半干旱草原区应用时效果要明显优于 Chikugo 模型,是对 Chikugo 模型的较好改进。但相关参数不易获得。

草地分类指数模型　张新时(1995)对我国各植被地带的可能蒸散率(potential evapotranspiration rate,PER)与年辐射干燥度(RDI)进行分析得到 RDI 与 PER 的回归方程为

$$RDI = 0.58802 + 0.31401PER - 0.0098624PER^2 + 0.0001227PER^3 \quad (8\text{-}15)$$

由被广泛地应用于陆地生态系统的 Holdridge(1947)的生命地带系统中 PER 的计算公式：

$$PER = BT \times \frac{58.93}{r} \quad (8\text{-}16)$$

式中，BT 为生物温度，是出现植物营养生长范围内的平均温度，即 $BT = \frac{\sum t}{365}$，其中，$t \in (0,30℃)$，t 是日平均气温。而≥0℃年积温($\sum\theta$)中>30℃的积温所占比例很小，故可假设 $\sum t \approx \sum\theta$，于是 $BT \approx \frac{\sum\theta}{365}$，$PER = \frac{\sum\theta}{365} \times \frac{58.93}{r} = \frac{1.614521}{K}$($K$为湿润度)，将该式代入张新时(1995) RDI 与 PER 的回归方程，得 RDI 与 K 的回归方程：

$$RDI = 0.58802 + \frac{0.50698}{K} - \frac{0.0257081}{K^2} + \frac{0.0005163874}{K^3} \quad (8\text{-}17)$$

将式(8-17)代入周广胜和张新时模型，得草地净初级生产力与湿润度(K)指标之间的关系模型(简称草地分类指数模型)(林慧龙等，2005)：

$$NPP = L^2(K)\frac{0.1\sum\theta(K^6 + L(K)K^3 + L^2(K))}{(K^6 + L^2(K))(K^5 + L(K)K^2)}e^{-\sqrt{13.55+\frac{3.17}{K}-\frac{0.16}{K^2}+\frac{0.0032}{K^3}}} \quad (8\text{-}18)$$

式中，$L(K) = 0.58802K^3 + 0.50698K^2 - 0.0257081K + 0.0005163874$。

草原湿润度(K)指标和≥0℃年积温($\sum\theta$)的组合既可表示水分平衡又可表示热量因素和由此衍生的多项生境因子，而热量状况和水分条件的组合是草原现象和过程的最本质的因素(任继周等，1965)，因此用草原湿润度(K)指标和≥0℃年积温($\sum\theta$)的组合来表示草地净初级生产力，更能揭示草原类型与其净初级生产力的内在联系，为进一步研究地带性草地类型的生产潜力、草地净初级生产力的区域分布和全球分布提供了可能(林慧龙等，2005；Lin，2009；Lin et al.，2012，2013)。

ⅠA(1)寒冷极干寒带荒漠、高山荒漠类是草原湿润度 0.3 以下，≥0℃年积温为 1300℃以下范围所指示的草原类型，气候异常寒冷，且极为干燥，寒暑变化剧烈，辐射极强。年均气温在 0℃以下，年降水量小于 30mm，无绝对无霜期，野生植物生长季节为 100d 左右。植被主要是矮小、垫状的半灌木和灌木。物种丰富度最低，净初级生产力最低(表 8-3)。由于ⅦF(42)炎热潮湿雨林类是草原湿润度 2 以上，≥0℃年积温为 8000℃以上的范围所指示的草原类型。气候炎热潮湿。年平均气温度在 23~24℃及以上，1 月平均气温在 14℃以上，无霜冻。年降水量不少于 1400mm，分配较均匀。植被为高大(30~50m)多层的热带常绿阔叶乔木，没有优势种，树干基部有气根和板状根，有些树在茎上开花。林下藤本和灌木丰富，常茂密交结在树干和枝条上，蕨类和附生植物极为丰富。草本植物高大、肉质、多浆，物种丰富度相对最高，净初级生产力最高(表 8-3)。

表 8-3　由草地分类指数模型预测的草地类的净初级生产力

草地类别*	$\sum \theta$/℃	K值	净初级生产力 /[kg DM/(hm² · 年)]
ⅠA(1)寒冷极干寒带荒漠、高山荒漠类	<1 300	<0.3	<641.09
ⅡA(2)寒温极干山地荒漠类	1 300~2 300	<0.3	<1 134.23
ⅢA(3)微温极干温带荒漠类	2 300~3 700	<0.3	<1 824.63
ⅣA(4)暖温极干暖温带荒漠类	3 700~5 300	<0.3	<2 613.66
ⅤA(5)暖热极干亚热带荒漠类	5 300~6 200	<0.3	<3 057.49
ⅥA(6)亚热极干亚热带荒漠类	6 200~8 000	<0.3	<3 945.15
ⅦA(7)炎热极干热带荒漠类	>8 000	<0.3	>3 945.15
ⅠB(8)寒冷干旱寒带半荒漠、高山半荒漠类	<1 300	0.3~0.9	<1 703.56
ⅡB(9)寒温干旱高山半荒漠类	1 300~2 300	0.3~0.9	641.09~3 013.99
ⅢB(10)微温干旱温带半荒漠类	2 300~3 700	0.3~0.9	1 134.23~4 848.59
ⅣB(11)微温干旱暖热带半荒漠类	3 700~5 300	0.3~0.9	1 824.63~6 945.27
ⅤB(12)暖热干旱亚热带半荒漠类	5 300~6 200	0.3~0.9	2 613.66~8 124.66
ⅥB(13)亚热干旱亚热带荒漠灌丛类	6 200~8 000	0.3~0.9	3 057.49~10 483.43
ⅦB(14)炎热干旱热带荒漠灌丛类	>8 000	0.3~0.9	>3 945.15
ⅠC(15)寒冷微干极地干冻原、高山草原类	<1 300	0.9~1.2	<2 098.58
ⅡC(16)寒温微干山地草原类	1 300~2 300	0.9~1.2	1 703.56~3 712.86
ⅢC(17)微温微干温带典型草原类	2 300~3 700	0.9~1.2	3 013.99~5 972.87
ⅣC(18)暖温微干暖温带典型草原类	3 700~5 300	0.9~1.2	4 848.59~8 555.73
ⅤC(19)暖热微干亚热带禾草-灌木草原类	5 300~6 200	0.9~1.2	6 945.27~10 008.58
ⅥC(20)亚热微干亚热带灌木草原类	6 200~8 000	0.9~1.2	8 124.66~12 914.3
ⅦC(21)炎热微干稀树草原类	>8 000	0.9~1.2	>10 483.43
ⅠD(22)寒冷微润少雨冻原、高山草甸草原类	<1 300	1.2~1.5	<2 460.84
ⅡD(23)寒温微润山地草甸草原类	1 300~2 300	1.2~1.5	2 098.57~4 353.79
ⅢD(24)微温微润草甸草原类	2 300~3 700	1.2~1.5	3 712.86~7 003.93
ⅣD(25)暖温微润森林草原类	3 700~5 300	1.2~1.5	5 972.87~10 032.65
ⅤD(26)暖热微润落叶阔叶林类	5 300~6 200	1.2~1.5	8 555.73~11 736.31
ⅥD(27)亚热微润硬叶林类	6 200~8 000	1.2~1.5	10 008.58~15 143.63
ⅦD(28)炎热微润热带干旱森林类	>8 000	1.2~1.5	>12 914.30
ⅠE(29)寒冷湿润冻原、高山草甸类	<1 300	1.5~2.0	<3 028.59
ⅡE(30)寒温湿润山地草甸类	1 300~2 300	1.5~2.0	2 460.84~5 358.28
ⅢE(31)微温湿润森林草原、落叶阔叶林类	2 300~3 700	1.5~2.0	4 353.79~8 619.83
ⅣE(32)暖温湿润落叶阔叶林类	3 700~5 300	1.5~2.0	7 003.93~12 347.33
ⅤE(33)暖热湿润常绿-落叶阔叶林类	5 300~6 200	1.5~2.0	10 032.65~14 444.05
ⅥE(34)亚热湿润常绿-落叶阔叶林类	6 200~8 000	1.5~2.0	11 736.31~18 637.48
ⅦE(35)炎热湿润季雨林类	>8 000	1.5~2.0	>15 143.63

续表

草地类别*	$\sum\theta/℃$	K 值	净初级生产力 /[kg DM/(hm^2·年)]
Ⅰ F(36)寒冷潮湿多雨冻原、高山草甸类	<1 300	>2.0	<3 028.59
Ⅱ F(37)寒温潮湿寒温性针叶林类	1 300~2 300	>2.0	>3 028.59
Ⅲ F(38)微温潮湿针叶阔叶混交林类	2 300~3 700	>2.0	>5 358.28
Ⅳ F(39)暖温潮湿落叶阔叶林类	3 700~5 300	>2.0	>8 619.83
Ⅴ F(40)暖热潮湿落叶-常绿阔叶林类	5 300~6 200	>2.0	>12 347.33
Ⅵ F(41)亚热潮湿常绿阔叶林类	6 200~8 000	>2.0	>14 444.05
Ⅶ F(42)炎热潮湿雨林类	>8 000	>2.0	>18 637.48

* 草地类别是依照综合顺序分类法分类的

2）过程模型　该模型包括了光合作用、有机物分解及营养元素的循环等生理过程，从而可用于详细研究各种因素对净初级生产力的影响。但过程模型的建立一般是基于有限范围上的观测结果和实验室中所得到的数据，因此对特定的植被类型或在有限区域范围内可以给出较精确的估计值，但外推到各种情况或全球范围其结果值得研究。由于过程模型所用到的环境因子较多，具体使用时有很大限制，且所采用的许多参数在外推到另外一个地区时需要做进一步检验和修正(Melillo et al. ,1993)。

(1) 牧草生长模拟模型　牧草生长模拟模型是指能定量和动态地描述牧草生长、发育和产量形成过程及其对环境反应的计算机模拟程序。建立模型过程中的重要性常常由模型是否为机理型还是经验型来决定的。Logistic 方程之所以有吸引力是因为它给出了生物学解释，其他的方程(如多项式)虽然给出了完美的统计结果，但是它们缺少生物学涵义。国外植物模拟研究以美国和荷兰开始最早(20 世纪 60 年代)，研究水平最高。

(2) 景观和区域生理生态仿真模型　随着 IGBP(international geography and biologyprogram)研究计划的进展，以描述草地生态系统的功能为主的仿真模型正成为研究热点。

CENTURY 草地生态系统模型：该模型对牧草生长的机理及能量的内在转换机制进行深入的研究。通过对太阳能转化为化学能的过程和植物冠层蒸散与光合作用相伴随的植物体及土壤水分散失的过程进行模拟，对评价初级生产力、模拟生长、研究草地与气候的相互作用和预测生态环境的变化等方面起到了极大的促进作用。但由于尺度扩展而带来生理与环境的相互作用的反馈机制的变化，机理异常复杂，且研究涉及的领域广泛，很难得到推广，国内在这方面的研究较少(陈利军等，2002)。

肖向明等(1996)将 CENTURY 草地生态系统模型应用到内蒙古典型草原生态系统，在利用实测资料检验该模型的基础上，模拟了未来气候变化对羊草草原和大针茅草原的生物量和土壤有机质含量的可能影响。

3）光能利用率模型　随着遥感和计算机技术的发展，利用遥感信息和 GIS 技术进行净初级生产力的研究成为一种全新手段，它不仅免去了许多烦琐的实验工作，还实现了区域尺度净初级生产力估算的可能。

绿色植被对太阳可见光有很强的吸收能力，对近红外光有很强的反射能力。卫星遥感获得植被这两个通道的信息后，便获得绿色植被生长的差异与动态变化信息，由于植物叶子的叶绿素含量、水分含量、组织结构、叶层构造等存在差异,使植物光合作用的能力、植物干物质积累和叶面积的大小均有不同,同时造成植被反射和吸收太阳光谱特征的差异。即植被遥感信息中包含了叶子及其生长状况等综合信息,这些信息直接指示植物干物质的积累及生物量的多少。实践证明多个通道综合运算获得的遥感量比单个通道能更好地反映植被生物量,通常使用所谓标准化差植被指数。

所谓植被指数是将多光谱(通道)数据,经线性和非线性组合构成的对植被有一定指示意义的各种数值。通常使用可见光波段和近红外波段。近红外波段是叶子健康状况最灵敏的标志,它对植被差异及植被长势反应灵敏,指示着植物光合作用能力是否正常;叶绿素吸收可见光的红光波段的能力很强,用它进行光合作用制造干物质,它是光合作用的代表性波段。这两个波段的组合是构成植被指数的关键。由于不同植被指数与叶面积指数、叶重、种群数量、生物量、叶绿素含量等都有很好的相关关系。植被的长势、盖度、季相动态变化等直接对应着植被指数的数量变化,因而采用植被指数便于植被专题研究及生物量估算,并且应用植被指数在一定程度上减少了太阳高度角、大气状况、斜视观测带来的误差(肖乾广等,1996)。

随着遥感技术的发展,以卫星遥感数据作为信息源的植被净初级生产力研究已显示出其优越性。其中,比值植被指数(VI, $VI=NIR/VIS$), NIR 表示近红外波段的反射率, VIS 表示可见光或红外波段的反射率)和归一化差值植被指数 $\left(\text{NDVI}, NDVI=\dfrac{NIR-VIS}{NIR+VIS}\right)$ 可确定植被对光合有效辐射的吸收比例(FPAR),光能利用率模型就是由植被指数来确定FPAR,并通过光能利用率获得植被干物质的增长。光能利用率模式简单,且可直接利用遥感数据,使得其成为净初级生产力模型的一个主要发展方向(王宗明和梁银丽,2002)。

利用遥感数据进行生物量和净初级生产力的估算,主要是采用光能利用率模型,即通过净初级生产力与植物吸收的光合有效辐射(APAR)和植被将所吸收的光合有效辐射转化为有机物的转化率(ε)的关系来实现的。用数学公式可表达为

$$NPP = APAR\times\varepsilon=(FPAR\times PAR)[\varepsilon\sigma_{\mathrm{T}}\sigma_{\mathrm{E}}\sigma_{\mathrm{S}}(1-Y_{\mathrm{m}})(1-Y_{\mathrm{g}})] \tag{8-19}$$

式中, ε 为植物最大光合利用率; σ_{T} 为空气温度对植物生长的影响系数; σ_{E} 为大气水汽对植物生长的影响系数; σ_{S} 为土壤水分缺失对植物生长的影响系数; Y_{m} 为植物生活呼吸消耗系数; Y_{g} 为植物生长呼吸消耗系数。

遥感模型能够以面代点,比较真实地反映陆地植被净初级生产力的时空分布状况,与植被分布的地理规律性相符,这是其他统计模型所无法比拟的。

王兮之等(2001)基于RS和GIS技术确立了甘肃省甘南藏族自治州草地生产力估测模型及其降水量空间分布模式。江玉林等(2003)利用遥感技术对喜马拉雅山西北部高寒草地的24个卫星光谱参数与不同草地类型上观测到的地面生物量进行了相关分析,建立了正规化植被指数与草地生物量之间的相关模型。

利用NDVI等参数估算净初级生产力具有方便快捷的优点,可以实现对各种植被的快速监测。目前,我国各草原区域净初级生产力的测定还存在部分空白,我国地形复杂多样,即使在同一地区,受局部小地形的影响,植被净初级生产力水平仍有较大差异,从而降低了模型的精度。在我国草原生产力测定精度与地区密度提高的情况下,利用NDVI测定净初级生产力将会显示出更大的优势(王宗明和梁银丽,2002)。

三、草地经济生产力的测定与计算

草地经济生产力即草地植物生产中可用于饲养家畜的牧草产量,是经济学范畴的产量,它多在草地管理学的研究中使用,测定方法较为简单,准确性较差。

(一) 不同概念的牧草产量

牧草产量是单位面积的草地在单位时间内生产的可供家畜牧食或刈割后采食的牧草重量。由于牧草生长具有明显的季节性,在不同的时间它的营养价值具有很大的差别,因此,同一块草地在不同时间测定的牧草产量,在质量和数量上(即在经济意义上)就有较大的差别。在草地管理的实践中,根据测定的时间,牧草产量有适宜利用时期产量和实际产量(利用前产量)两种概念,此外,在科学研究中还有动态产量的概念。

1. 适宜利用时期产量

这是在牧草适宜利用的时期测定的产量。牧草适宜利用的时期对割草地是禾本科牧草抽穗、豆科牧草 1/3 开花的时期;对放牧地是禾本科牧草分蘖-拔节,豆科牧草分枝-孕蕾的时期。在第一次产量测定之后,当牧草再次生长到适宜利用的时期和高度时,可测定再生草的产量。由于气候条件的不同,再生草可以测定一至多次,各次产量相加,就是全年的适宜利用时期产量。

2. 实际产量

这是在草地实际利用时期测定的产量。对于低草草地和中草草地在放牧前 3 天以内测定,对于高草草地应在放牧或刈割的当天或第二天测定。各次产量之和,就是全年的实际产量。

3. 动态产量

这是按照设计下列测产样方,在不同的时期测定的一组牧草产量。测定的时期可以是不同的生长发育期,也可以是一定的间隔时期,如每 10 天、15 天、1 个月、1 个季度。动态产量的资料主要用于了解牧草产量随时间的变化和比较分析不同时期的利用对草地牧草产量及其他方面的影响。

(二) 牧草产量测定的方法

牧草产量是通过在草地上取样,测定了样方的产量后计算出来的。为了准确地设定样方并符合统计学的要求,在测定样方产量时需要注意下列事项。

1. 样方的大小、形状和重复次数

在草地牧草产量测定中,样方越大,重复次数越多,准确度也就越高。但在时间、人力、物力等的限制下,样方的大小和重复次数总得有个符合统计学要求的限度,以便以较

少的人力和物力，获得最大可信度的测定数据。

干旱草原（斯太普草地）类组用 1m×1m 的正方形样方重复测定 3 次，甚或 10 次，对于生长均匀的羊草和小禾草草地，可用 1m×0.5m 的长方形样方重复 6 次。对于生长稠密而均匀的草甸类草地，用 1m×0.5m 的长方形样方重复 6 次，其中，高寒草甸的蒿草属草地可用 0.5m×0.5m 的样方重复 6 次。在荒漠类组的草地中，对于一般的草本、半灌木和小灌木占优势的类型，可在典型地段采用 50m×1m、25m×2m、10m×5m 的样带，重复 1～5 次；对于生长较为稠密和均匀的蒿属草地，可以采用 1m×1m 的正方形样方重复测定 3 次；对于高大的灌丛和草本草地，可用 300～400m^2（2m×150m，2m×200m）的样带测定一次，不做重复，如果株丛特别高大或十分稀疏时，需在典型地段用 1200～1600m^2［4m×（300～400）m］的大样带测定一次，不作重复。

用割草机割草测定产量时，割草宽幅应是割草机刀片宽幅的倍数，取样面积为 100～200m^2，重复 4～5 次，即割草总面积 400～1000m^2。例如，割草机刀片宽幅为 1.2m，重复 4 次，它的宽度就是 4.8m，假若样方长 20m，样方面积即为 96m^2。用割草机割草测定牧草产量时，需特别注意选择地面十分平整的地段，否则会有大量牧草漏割，影响产量精度，地面平整牧草高度在 60～80cm 的草地，割草机可以割取 80%～90% 的牧草，能够达到产量测定精度的要求。

关于样方的形状，如前所述，可以是正方形、长方形和带形 3 种，正方形适用于草层生长均匀、株本不太高大的草地；长方形适用于草层不太均匀，生长稀疏，或株丛较大的草地，而带形对这样的草地更为合适。至于圆形样方（也称样圆），虽然取样面积较前 3 种样方更为准确，但由于在割草时不易严格遵守圆的边界，圆面积越小越如此，因此在产量测定中较少使用。

2. 留茬高度

测产剪草或割草时，为了准确测定实际可以用于放牧家畜采食的经济产量，需要根据不同类型牧草的再生能力和放牧家畜的种类确定留茬高度。一般规定，对于绵羊、山羊、马和牦牛的放牧草地留茬高度为 3～5cm，牛的放牧地留茬高度为 4～5cm。割草地留茬高度为 5～7cm。对于高草草地留茬高度取决于利用的茎秆高度，一般不低于 8cm。对于再生草的留茬高度，放牧地同上，割草地取上限。

3. 样本处理和产量表示的不同方法

将样方剪下或刈割的新鲜样本装袋登记鲜重；阴干后登记风干重（即干草重）；再取 100g 左右的风干小样在 100～105℃ 下烘干至恒重，登记干物质重。如有必要，再取 2～3g 干物质样本，在茂福炉内灰化，登记灰分量，干物质重量－灰分重量＝有机物质重量。再进一步，取 2g 左右的干物质，用测热仪可测定单位牧草干物质的热量。这样，牧草的产量就可以用鲜重、风干重、干物质重、有机物质重和能量等不同单位表示，其表示的精度越往后越准确。

4. 草地牧草经济产量和生物学产量的关系

产量是草地管理中的重要指标。从上述产量的测定方法可以清楚地看出，经济产量与生物学产量（净初级生产力）在概念和测定上有很大的不同。经济产量是指一定时期草地牧草可供家畜利用的那部分产量，净初级生产力是在一定时期植物光合作用的产物减去呼吸消耗后剩余的有机物。两者虽然都属于净生产力的范畴，但在内涵上有较大的差异。经济产量既不是净初级生产力的全部，却也可能包括了一定时期以前的立枯物和凋落物产量，而净初级生产力是一定时期内的全部净有机物质的生产力，却不管有无经济价值；经济产量主要是为生产的目的而测定，概念较粗放，多用于草地生产管理，生物学产量主要是为科学研究的目的而测定，概念较精准，多用于草地生态学实验研究；经济产量在概念上不包括地下部分的产量（块根、块茎类饲料除外），因而在实践上也不测定，而生物学产量在概念中包括了地下部分的产量，一般需要测定。

第三节　天然草地的特性及其植物生产的管理

天然草地即草原，不论在全世界还是在中国，它都是草地农业生态系统中面积最大、类型最多、意义最重要的土地类型之一，它与牧草是植物生产管理的两个最重要、内容最复杂的对象。

一、天然草地的属性

天然草地的属性是指草地作为农业自然资源所固有的、本质方面的外在和内在的特征、特性状态和关系等。人类在利用天然草地的过程中，必然要对草地进行加工，所以草地的属性不仅包括了其组分构成属性、自然属性和经济属性，也包括了功能开发属性等。研究天然草地的属性，其目的是为了在深入、全面了解其外在和内在的特征特性的基础上，更科学、更合理、更充分地管理草地生产，将资源转化为生产力，将生产发展为产业，使草地和草地生产成为我国国民经济的重要支柱之一。

（一）天然草地的自然属性

1. 资源数量的巨大性

（1）面积最大：在全世界和中国的三大农业自然资源中，都是天然草地面积最大，森林次之，农田最小。我国草地面积为3.99亿hm^2（中华人民共和国农业部畜牧兽医司等，1994），森林面积为1.75亿hm^2（国家林业局，2005），耕地面积为1.22亿hm^2（中国国土资源部，2007），分别占全国面积的42.05%、18.21%和1.27%；天然草地分别是森林和耕地的2.28倍和3.27倍。

（2）分布最广：与草地畜牧业相比，林业和农业生产对水热条件有一定的要求，由于受水热条件的限制，森林和耕地在地球上的分布有一定的范围，太冷、太干的地方都难以发展林业和农业生产。草地畜牧业由于利用的主要是当地生长的野生饲用植物，而在世界的各个自然地带都存在可供家畜和野生动物放牧采食的天然植物群落，因而在任何地方都可发展不同类型的草地畜牧业生产。

（3）类型繁多：由于天然草地具有复杂的环境条件，因而也产生了众多的草地类型，根据天然草地的综合顺序分类法的草地类型检索图（图8-2），全世界有天然草地的类型一级类型42个，我国有38个，我国是世界上天然草地类型最繁多的国家之一。

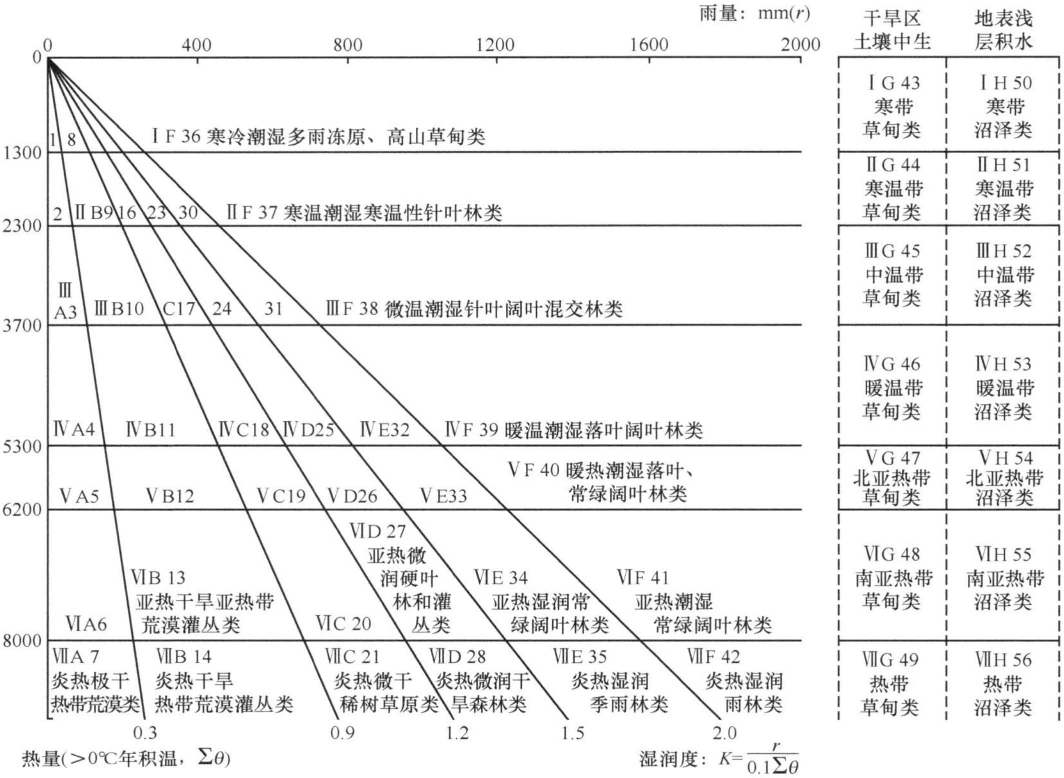

图 8-2　天然草原和人工草地综合顺序分类法第一级类的检索

图为表达综合顺序分类法草原各类的分类系统及其发生学关系的图谱。采用简单二维坐标图表达 6 个热量级和 7 个湿润度级相互作用下可能形成的 42 个地带性天然草原类、14 个非地带性天然草地类(图中一些只有代号没有中文名称的类,其中文名称参见表 8-3)

(4) 植物量和碳储量很大:全世界的植物量(植物生物量)为 $1.17\times10^{12}\sim1.27\times10^{12}$t/年,其中,森林约占 55%,草地约占 45%,德国索灵生态系统试验站对橡树林和草地植物量的 10 年研究结果证明,在水热条件接近的情况下,两者的植物量几乎相等。尽管单位面积的草地碳储量较森林为低,但由于世界草地面积约为森林的 2 倍,因此,世界草地碳储量的绝对量和相对量都与森林的差距不大(表 8-4)。

表 8-4　陆地生态系统碳储量及比率(据联合国开发计划署等,2002)

生态系统	碳储量/亿 t 碳	碳储量比率/%
草地生态系统	4120~8200	33~34
森林生态系统	4870~9560	40~39
农田生态系统	2630~4870	22~20
其他	510~1700	4~7

2. 天然草地资源质量的差异性

由于太阳和地球的空间位置关系(日地关系)及地球本身为球形的一些特点,在地球上形成了许多不同的环境区,并因此形成了许多地域特性的天然草地。例如,在世界范围内,热带草地以稀树草原为主,亚热带草地以荒漠为主,温带草地以草原和草甸为主,寒带草地以冻原为主,高寒带草地以高寒草甸为主等。我国的天然草地,在东南部地区以热性和暖性灌草丛为主,在东北和内蒙古地区以温带草原和草甸草原为主,在西北地区以温带荒漠为主,在青藏高原地区以高寒草甸为主等。天然草地的地域性分布造成了草地质量的巨大自然差异性,这种差异性不仅存在于一个国家或一个地区的范围之内,也存在于范围更小的基层生产单位。天然草地资源质量的差异性是因地制宜地利用和管理草地的基础条件。

3. 天然草地类型空间分布的有序性和位置的固定性

天然草地的类型是由水热条件的不同而决定的,地球上的水热条件分布是有序的、固定的。因此,天然草地类型在空间上的分布是有序的。在这种情况下,每一块天然草地及其类型都有其特定的空间位置和形态特征,都有其明显的边界,人们可以在一定程度和范围内改变其形态,但它的面积不可能任意延展,它的位置包括地理坐标位置、类型排序位置和行政位置,不可能任意移动。天然草地类型空间分布的有序性和位置的固定性,是决定其区位差异、生产力差异及经济价值的内在因素,是经营管理草地需要了解的基本的条件。

4. 天然草地生产发展的阶段性

天然草地作为活的和不断变化的农业自然资源,在一定的时间范围内,必然处于一定的发展和开发阶段。当草地的能量和物质输入量与输出量(草畜产品)大体相等时,草地处于平衡的稳态阶段。当能量与物质的输入大于输出时,利用不足,草地就处于能量与物质富化和集聚的正向发展阶段。当草地的能量与物质输入小于输出时,草地就处于能量与物质贫化和消耗的负向发展阶段。若后一阶段长期延续并且强度很大时,如长期滥牧,草地的能量和物质贫化,丧失了自我恢复的能力时,就会发生质变,使草地退化基线不复存在。天然草地生产发展的阶段性是正确掌握草地开发利用强度的科学依据。

(二)天然草地的经济属性

1. 天然草地资源的有限性与生产潜力的可发展性

地球上的陆地面积、水的数量是有限的,在一定时期到达地面的太阳辐射也是有限的,因此,地球上的草地面积是有限的,一定面积上由光、热、水等决定的草地植物的自然生产力是有限的。同时,在一定的社会发展和技术水平下,人们能够开发利用的草地资源的范围、类型和形式也是有限的。另外,各种草地类型由于其本身的自然和经济条件的差异性,又决定了一定的草地类型只能采用一定的利用方式和建立某一生产层的生产和产业。因此,地球各自然要素的有限和草地资源在利用上的局限,是天然草地资源有限性的根据。

2. 天然草地的易退化性与可更新性

由于天然草地大多存在于干旱和寒冷地区,生态系统比较脆弱,因此是容易退化和破坏的农业自然资源,也是全世界各地都普遍存在草地退化的基本原因之一。但从另一角度看,草地是开放的生态系统,是活的农业自然资源,它有自我恢复的能力,也就是具有发展的可逆性和资源的可更新性。这种可更新性的根据是,气候在一年之中周而复始的变化,土壤肥力消耗之后可以恢复,植物被采食之后可以再生,只要外界的不利因素减少或消除,草地就可以逐渐积累能量和物质,进行自我恢复和达到健康的状态,如果人类给予培育措施,则这个自我恢复过程和正向发展的速度会加快。草地的易退化性可提醒人们要科学地管理草地,不可过度利用草地;草地的可更新性可鼓励人们对其进行投资,以获得草地积极的反应和回馈。

3. 草地的资产性与增值性

我国在一定的历史时期内,天然草地被作为公地,每个人都有利用的权利,就不可避免地和大量地发生了“公地的悲剧”——草地的退化和破坏。当前,根据《中华人民共和国草原法》第十三条,我国集体所有的草原或者依法确定给集体经济组织使用的国家所有的草原,可以由本集体经济组织内的家庭或者联户承包经营,草地已成为个人或法人的固定资产,不仅避免了“公地的悲剧”,而且可以按规定租赁或出售,使草地的资产性十分完整和明确,这是经营管理上的重要改革。在草地具有了资产性的基础上,由于有效的投入、区位的变好、需求的增加、利用方式的集约化、生态环境意识的增强等因素,产生了草地资产的增值。草地的资产性和增值性特点,是鼓励经营者提高管理水平的积极因素。

4. 天然草地用途和功能的多样性

长期以来,天然草地主要用于放牧饲养家畜,为人类提供畜产品。但随着社会的发展和进步,人们对生活需求的增多,草地可以为人类提供更多的用途,显示出更多、更重要的功能,也就是草地生态系统服务功能的多样性。草地具有气体调节、气候调节、干扰调节、水调节、水供应、控制侵蚀和保持沉积物、土壤形成、养分循环、废物处理、传粉、生物防治、避难所、食物生产、原材料生产、基因资源、游憩娱乐、文化 17 项重要的服务功能(Costanza et al. ,1997;胡自治,2005a)。正是由于草地具有用途和功能的多样性,任继周院士将以草地为生产资料的草业,从其资源开发和产业方向划分为 4 个层次——前植物生产层、植物生产层、动物生产层、后生物生产层,草地从只用于放牧家畜的单一生产,成为具有物质生产、环境生产和工贸生产的多层次综合性产业。

二、降低和破坏天然草地植物生产层功能的最主要的因素

当前,绝大多数天然草地植物生产层的功能受到很大的破坏和威胁,生态和生产水平不断降低,原因很多,但从范围的大小和影响深远的程度来说,主要有下述的 4 个方面的影响。

（一）改变草原生态系统的用途

由于天然草地是人类最早的文明发源地和活动中心，因而是农田和城市的主要开发对象。当前，农业、城市化和道路建设的发展，进一步地改变着草地的范围、组成和结构，因此天然草地已失去了它的大部分领域，如世界温带草原的25%被改变为农田，北美高草草原只剩下了10%的面积，亚洲、非洲和大洋洲的草原地区的情况要好一些，至少还保存了60%的面积（White et al.，2000）。我国草地被改变用途的主要去向是耕地、林地、水域、城镇工矿用地及退化为难以利用的沙地和盐碱地（国家环境保护总局和国家测绘总局，2002）。从20世纪初至今，我国北方草原向北退缩约200km，向西退缩约100km（新华，2004）。1995～2003年，中国西部迅速增加的、难利用的沙漠化土地和盐碱地面积，草原的贡献率为83.1%（国家环境保护总局和国家测绘总局，2002）。天然草地被改变为农田、城市和道路等用途后，就改变了草地的生境，改变了草地生态系统的结构和运行方式，也就从根本上丧失了草地生态系统服务的功能。

（二）草原破碎化

大面积的草原在被分割为小块后，就会对生态系统服务的质量和数量造成不利的影响。农业、城市化和道路建设是造成草原破碎化的主要原因，草原围栏和木本植物向草原蔓延也能造成严重的破碎化。据2000年遥感快查显示，我国$25hm^2$以上的成片草原仅剩3.3亿hm^2，比20世纪80年代全国草原统一普查时减少2623万hm^2，每年平均减少150万hm^2。也就是说，由于农业、城镇化和道路建设等多种原因，我国的草原每年有150万hm^2破碎为$\leqslant 25hm^2$的小片草原（新华，2004）。美国的大草原地区，大量的道路建设加剧了草地的破碎化程度。如果不考虑公路网，美国90%的草地是由每块面积为10 000km^2甚至更大的地块构成，但是，由于道路的因素，这种大面积的草地块没有继续保留下来，造成美国70%的草地是由小于1000km^2的地块组成的（图8-3）。草原破碎化影响生态系统服务的原因是：增加人为火灾的频率而使生境退化；破坏草原性质的一致性；降低草原保持生物多样性的能力（图8-4）。

（三）草原退化

草地和草食动物已经相互依存了几百万年，动物是草地生态系统功能不可缺少的部分。放牧刺激了草本植物的再生，去除了光合效率低下的老组织，使阳光更多的到达幼嫩的组织，从而促进植物生长，提高草地植物的水分利用率。

家畜放牧可以重复这些有利的影响，但是群牧的家畜管理方法，由于其影响集中，会对草地造成不良的后果。例如，由于有兽医卫生系统、兽害预防、供水和补饲等良好条件，因此，牛、绵羊和山羊等畜群没有重复野生动物群的放牧方式，在一定草地上放牧的家畜数量大大高于原有野生动物的数量，并且对生态系统形成更强烈的影响。饮水系统和刺铁丝围栏的使用，导致了家畜的定居和更加集中地利用草地。数量多、密度大的家畜放牧及其繁殖方式，会破坏草地植被，改变成分和平衡，减少草原支持生物多样性能力，踩实土壤，加速水土流失，最终造成草原退化。人口增长、贫困，对畜产品尤其是对肉类需求的增加,对草地适宜承载力认识不足等,都是导致畜群大量增加,引起草地退化的直接原因。由于这些原因的普遍性,草地退化成为世界各国的天然草地最容易出现的和最普遍的现象,不仅我国,而且亚洲、非洲和拉丁美洲的众多发展中国家的草地退化也很普遍和严重,甚至发达国家也普遍是这样,只是程度上有所差别而已。

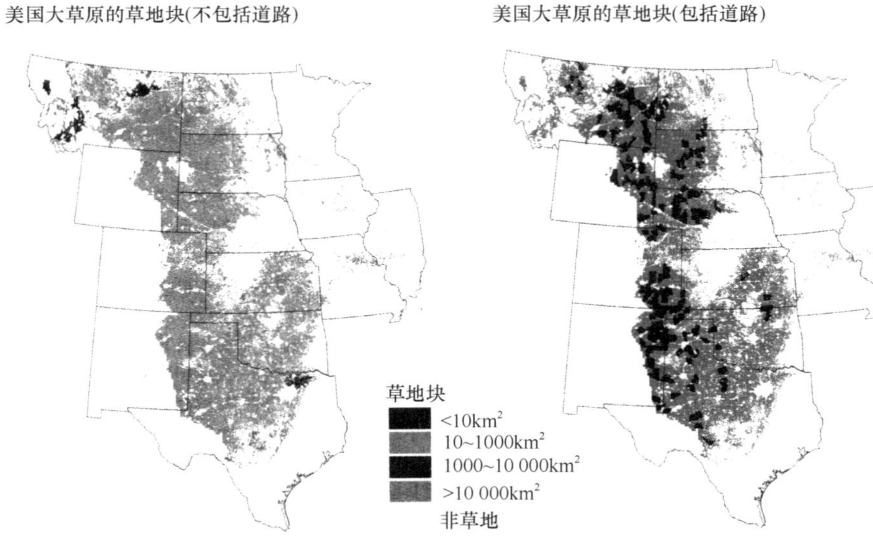

图 8-3　美国草原破碎化情况(联合国开发计划署等,2002)(另见图版)

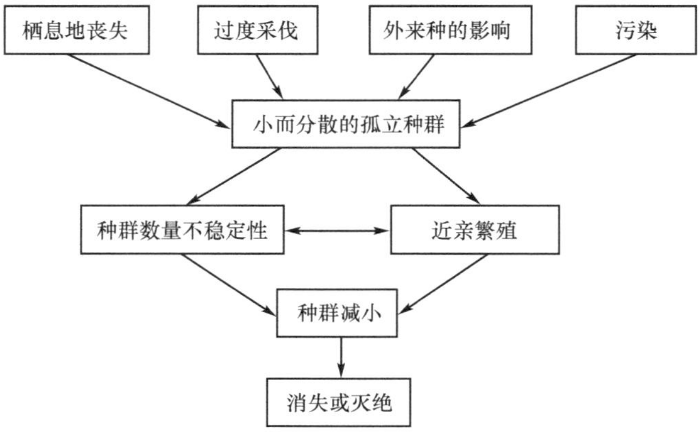

图 8-4　全球物种濒于灭绝涡流(钱易和唐孝炎,2000)

我国草原退化的情况十分严重,据 2007 年中华人民共和国农业部关于全国草原监测的报告,虽然国家通过全面落实禁牧休牧制度,大规模开展草原保护工程建设,部分地区草业生态状况有所改善,但是草原生态环境“局部改善,总体恶化”的态势没有从根本上改变。2007 年,我国 90% 的草原存在不同程度的退化,牲畜超载率为 33%,全国 266 个牧区、半农半牧区县(旗)中,牲畜超载率大于 20% 的有 178 个县(旗);六大草原牧区的内蒙古、青海、甘肃、新疆、四川和西藏的牲畜超载率分别为 20%、38%、38%、39%、39% 和 40%。草原退化的表现类型在北方草原区和青藏高原草原区主要为植被退化和土壤沙化，在东北草原区主要为土壤盐渍化，在西南岩溶地区主要为石漠化。造成我国草原严重退化的最主要的原因是对草地资源管理不当，其中最主要的是超载过牧，其次为鼠虫灾害、干旱、开垦、乱征滥占、乱采滥挖等。

退化草地的深层次表现是生态系统的基本结构和固有的功能被毁坏或丧失，生物多样性减少，稳定性和抗逆性减弱，生产力下降，成为受损生态系统。草地退化是相对于草地健康而言，所以退化草地生态系统就是病态生态系统。受损的和病态的草地生态系统不可能提供完全的和有效的生态系统服务，并且随着受损和病态程度的增加，最后会完全丧失生态系统服务的能力。

（四）草原火灾

草原火灾是指在失控条件下发生发展，并给草地植物生产、畜牧业生产及生态环境等带来不可预料损失的草地可燃物（牧草枯落物、家畜粪便等）的燃烧行为。草原辽阔，一旦发生火灾蔓延不熄，可使极大面积的草原牧草化为灰烬，牲畜大量死亡，生态遭受严重破坏，景象惨不忍睹，损失巨大。

火是大多数天然草地自然发生的现象。在人类干扰很少的情况下，一定草地由于闪电而引发的典型自然火灾频率很低，在热带稀树草原的湿润地区一般 1～3 年发生一次（Frost，1985），而在干旱地区 1～20 年发生一次（Walker，1985）。但是，如今自然火灾次数与在人类干扰下引发的火灾次数相比微不足道（Livine et al.，1999）。火是人类用来管理放牧草原的重要手段之一。火能阻止灌木入侵，去除干枯、粗硬的植物枝条，加速营养物质的循环。没有火，世界上许多草原木本植物的密度会增加，最终会将草原转变为灌丛或森林。此外，草原的火还可帮助猎人追捕猎物，帮助牧民控制牧草的病害和虫害。尽管火能帮助牧民管理草原并带来很多的好处，但是它也损害草地，尤其是在频率较自然火高出许多而成为火灾的时候。草原火灾是高能量、大面积、燃烧猛烈、蔓延迅速、破坏性很强的火，它不仅烧掉植物和土壤上层的有机质，烧死土壤动物和微生物，造成水土流失，彻底毁坏草地，还可烧毁大量的国家和人民的财产，直接危及人畜安全。此外，还有一点十分重要，那就是草原火灾释放污染物，污染大气，影响人类和动植物的正常生活。

我国是草原火灾频发并且灾情严重的国家之一。容易发生草原火灾的占全国草原总面积的 1/3，1949 年以来共发生草原火灾 5 万多次，累计受害草原面积 2 亿多公顷，造成经济损失 600 多亿元，平均每年损失 10 多亿元。近 10 年来，草原火灾受害面积是同期森林火灾受害面积的 10 倍左右。草原火灾的发生原因有自然因素和人为因素两类，但以人为因素为主，此外，蒙古、俄罗斯和哈萨克斯坦的境外草原火灾蔓延到我国形成灾害的也占有一定比例（图 8-5），并且往往造成重大和特大草原火灾。由于国家对草原防火的高度重视，2006 年全国共发生草原火灾 342 起，特大草原火灾一起，受害草原面积 4.73 万 hm^2，受灾情况处于历史低位水平；2007 年的情况更好，全国草原火灾发生次数及受灾草原面积较上年大幅下降，全国共发生草原火灾 248 起，无特大草原火灾，受灾草原面积 1.14 万 hm^2，较上年减少 76%；而 2003 年草原火灾受害面积曾达 9 万 hm^2（据农业部在 2006 年和 2007 年关于全国草原监测的报告）。

图 8-5　2005 年 10 月 26 日内蒙古全力扑救蒙古人境草原火(张云龙等,2005)

2005 年 10 月 25 日,蒙古草原火越境进入中国内蒙古锡林郭勒盟、兴安盟和呼伦贝尔境内,威胁草原和森林安全。武警森林部队出动 900 余人,在内蒙古呼伦贝尔连夜扑和堵截草原火

三、天然草地植物生产管理的原则

植物生产是草地作为资源的存在和进行系列生产的物质基础。天然草地虽然单位面积的植物生产力低,但由于面积大,整体生产力大,其植被的状况不仅对生产而且对局部和全国甚至更大范围的生态环境,都具有重要和全面的影响,因此,天然草地植物生产管理的原则应从宏观和长远出发,兼顾国家、集体和个人生产单位的利益。

(一) 生态效益、经济效益、社会效益相结合,生态效益优先

许多研究表明,在天然草地给人类提供的利益和服务价值中,生态价值高于经济价值(Costanza et al. ,1997;胡自治,2005b)。根据谢高地等(2001,2003)的估算,在我国草原生态系统服务的总价值中,生态价值占 79. 99% ,经济价值占 16. 44% ,生态价值远高于经济价值。草原生态系统服务的生态项目远多于经济项目,生态服务的价值远高于经济价值,这是客观的存在。当前我国的生态环境形势十分严峻,这是客观的现实,而草原是我国北方地区最大的生态屏障,从长远和整体的利益出发,应首先考虑草原的生态屏障作用,其次才是草原的牧草经济效益,不能本末倒置。草原良好的经济效益依赖于草原良好的生态环境,草原被破坏了,不仅没有了经济效益,而且会给国家和人民带来无穷无尽的生态灾难和祸害。政府强调生态优先,道理就在这里。这里还需要指出,生态效益优先属于公益行为,为了草原的经营者和使用者能够真正和长久地落实生态效益优先的方针,同时也需要在政府的主导下,给他们落实生态补偿的政策。

(二) 认真落实草畜平衡制度,保证草原可持续发展

草畜平衡是国家有关草业的重要法规之一,其目的是为了保持草原生态系统良性循

环,在一定时间内,草原使用者或承包经营者通过草原和其他途径获取的可利用饲草饲料总量与其饲养的牲畜所需的饲草饲料量保持动态平衡。因此草畜平衡是保护、建设和合理利用草原,维护和改善生态环境,促进畜牧业可持续发展的最重要的基础。开展草畜平衡工作应当坚持以下原则:加强保护,促进发展;以草定畜,增草增畜;因地制宜,分类指导;循序渐进,逐步推行。加强草原资源动态监测,每年对草畜平衡情况进行检查,如果草原保护良好,利用合理,草地的植物生产有所改善,牧草产量有所增加,则可以在原定的载畜量基础上,相应增加牲畜饲养量;反之,应减少牲畜饲养量,以保护草原的植物生产力不致降低,生态功能不被破坏。

(三) 发挥多用途的功能,积极发展前植物生产层的产业

草地农业生态系统具有4个生产层(参见第二篇第四章第一节),前植物生产层与后面3个生产层不同的是,它不进行物质生产,不消耗草地的植物和动物,而是以草地的景观和生态环境功能为生产资料,发展游憩、草坪绿化、水土保持、自然保护区、防风固沙等环境产业,在不破坏草地植物生产的基础上,取得可观的经济效益。北美已经在这方面取得了很大的成功,获得了显著效果,据美国国际环境与发展研究所和世界资源研究所(1989)报道,美国和加拿大政府立法规定,流域水土保持、野外游憩和放牧是草原的三大用途。在草原利用的实践上,它们不仅把放牧与区域水土保持和游憩结合起来,而且把传统的最主要的用途——放牧降为用途的第三位,美国著名的草原学家 Heady 和 Child(1994)指出,这是由于草原只用于放牧时很容易造成草原退化,而用于多种用途,发挥其多种功能时,这种不良后果可能不发生。

(四) 大幅度提高草原的植物生产,需要走生产转型的途径

在自然条件下,草原的植物生产力反映的是在当地自然水热条件下的自然生产力,是有限度的生产力。此外,草原生态系统内的物质循环相对封闭,输入系统和输出系统外的量较少,因而它的自然生产力也是处于比较低级状态的生产力。在这种特定的条件下,如果由于过牧等管理失误而使草原退化,就会使草原的环境不具可持续性、草原的生态不具可持续性、草原的经济模式也不具可持续性,这些不可持续性必然导致草原植物生产的不断衰退甚至枯竭。为了使草原植物的自然生产力得到有效地和持续地提高,在草地管理上,一方面必须要给草原输入更多的能量和物质,即水、肥和高产的草种;另一方面必须实现草原的功能转型,即从传统、粗放、落后的天然草地放牧型畜牧业,全面地向以优质高产栽培草地/饲料地为基础的现代化舍饲畜牧业转型。这样,天然草原的植物生产才能在集约化的产前措施的推动和产后需求的拉动下,持续和稳定地得到提高。

第四节 饲料地的特性及其植物生产管理

一、饲料地

饲料地是用于栽培一年生或越年生饲料作物的土地,目的是为家畜提供高产的青饲

料、精饲料、多汁饲料、干草、青贮饲料等多样化的饲料,提高饲养水平。饲料地可以是轮作系统以外的专用牧业用地,也可以是草田轮作系统内的耕地,后者是草地农业生产系统中最普遍的形式。

(一) 饲料作物的类型

1. 禾谷类饲料作物

主要有玉米、燕麦、大麦、高粱、谷子、黑麦等。主要用于精饲料和青贮饲料,也用于青饲料和干草。燕麦和黑麦很耐寒,适于高寒地区栽培。

2. 豆类饲料作物

主要有饲用大豆、豌豆、蚕豆、鹰嘴豆等。主要用于精饲料,也用于青饲料和干草。

3. 块根块茎类和瓜类饲料

主要有块根块茎类的饲用甜菜、胡萝卜、芜菁、菊芋、马铃薯等;瓜菜类的饲用南瓜、饲用甘蓝、苦荬菜等。主要用于多汁饲料,也用于青贮饲料。芜菁很耐寒,适于高寒地区栽培。

4. 水生饲料植物

这是一类在水域生长的饲料植物,主要有水浮莲、水花生、绿萍、水竹叶、菰等;个别的种也可水陆两栖,如水花生等。水生饲料植物生长快,生物量大,体内含有大量水分,因而干物质含量低。水生饲料植物茎叶柔嫩,可以青饲草食家畜、家禽和鱼,或打浆后喂猪,也可制作发酵饲料和青贮饲料。

(二) 饲料地的土地占有形式

在草地农业系统中,饲料地土地占有的形式有下列几种类型。

1. 填闲饲料地

利用农作物特别是粮食作物土地的剩余光热资源进行生产。例如,甘肃河西走廊等地的小麦地,光热资源特点是一季有余两季不足,因此,为了集约用地,可在收割小麦后,填闲种植收获茎叶的饲料作物,特别是豆科饲料作物,既可获优质饲料又能改良土壤。

2. 草田轮作饲料地

在饲料生产过程中,有计划地将饲料地纳入轮作系统,使饲料作物与粮食作物、牧草等在一定的时期和一定的空间进行轮换种植,即同一块饲料地与其他作物在一定的年份轮换种植,达到农牧结合、用地养地、减轻病虫草害和降低生产成本的目的。它是饲料地管理的高级形式。

3. 专用饲料地

不栽培粮油作物,只用于栽培饲料作物的土地。一些地方由于气候条件的特点和限制,如温度不足的青藏高原和光照不足的云贵高原,这种情况都是有利于营养器官生长而不利于繁殖器官生长,籽实不能成熟,不利于粮食作物生长,而有利于生产茎叶的饲料作物和牧草生长。因此,可将这类土地作为专门生产营养体的饲料地,而饲料作物的种子在外地繁殖生产。

二、饲料地植物生产管理的要点

(一)饲料地应以高度集约化的方式进行生产

饲料地是人类通过劳动创造的农业资源,它的建植、存在和生产都取决于栽培条件,当栽培措施增强时,它的植物生产力可以达到很高;当栽培措施减弱时,生产力会迅速下降;如果停止了栽培措施,则会逐渐恢复为原来的天然植被。因此,饲料地在高度集约化管理的条件下才能发挥其特殊的功能,应像管理农田一样地精耕细作,以便获得高产优质的牧草与饲料。

(二)饲料地要以长期栽培草地为主

我国北方的一年生草地(如燕麦草地)虽然有高产和管理简单的优点,但在一年中有七八个月的时间土壤裸露,容易形成水土流失,对保护环境不利。长期栽培草地是以长寿多年生牧草建植而成,它具有一次播种之后至少可利用6~7年或更多,不需要年年耕作,地面全年得到覆盖,可用作规模化的干草生产基地,以及管理成本较低等优点,因此,建植饲料地应尽可能多建多年生牧草的长期草地。

(三)建植饲料地应尽可能地采用混播牧草

植物多样性是天然草原和栽培草地群落的特点,牧草混播是栽培草地生态-生产稳定性的基础,是草地建植和管理的最重要的技术原理之一。多种牧草特别是多种禾本科和豆科牧草混播,是建立在牧草植株形态类型互补、生长发育的时间互补、营养成分特点互补及生长环境的生态位互补等的原理基础之上,从而具有减轻杂草和病虫危害,提高单位面积产量和稳定性,改善牧草营养价值,易于收获,便于加工,恢复和提高土壤肥力等。因此,从饲料地的管理中应尽可能利用混播牧草的长处,获得更好和更全面的生态和生产效益。

(四)饲料地应纳入草田轮作系统或饲料轮作系统

轮作就是在牧草、饲料作物和谷类作物栽培的过程中,有计划地按照它们的生长特性和对后茬作物的影响,结合栽培体制,以平衡生产和维持与提高地力为目的,在时间和空间上排列成一定顺序,分别种植在一定的地块上,保证每块地和每种作物都能按照这个顺序,周而复始地轮换种植的栽培制度。实行轮作具有下列重要的功能:有效地发挥禾本科与豆科植物在利用氮和固氮的互补作用;增加土壤有机质含量,更新土壤结构;提高土壤养分的有效性;促使病虫草害的自然消亡;平衡年度间的各类牧草饲料和作物产量的平衡等。

与栽培草地和饲料作物有关的轮作的类型有草田轮作和饲料轮作两大类。草田轮作是在生产粮棉油为主要任务的轮作中,加入较大比例的多年生牧草的轮作系统,目的是粮棉油和牧草同时生产,养地和养畜并举。饲料轮作是以生产青刈牧草、放牧牧草、干草、青贮饲料和多汁饲料等为主要目的的轮作系统,它又可分为近畜牧场饲料轮作和远畜牧场饲料轮作两类。前者的土地在畜牧场附近是以生产体积和重量大、不便运输的多汁饲料、青刈牧草、青贮作物和饲用瓜类等为主的轮作系统;后者的土地远离畜牧场,是为家畜建立放牧地割草地的饲料轮作系统。草田轮作和饲料轮作都是科学和现代化的牧草饲料生产方式,为草地农业系统中植物生产的高级形式。

(五)重视豆科牧草的固氮作用和培育新的豆科牧草品种

在草地的植物生产中,豆科牧草具有特殊的重要作用。首先,豆科牧草的根系与根瘤菌结合成为共生系统,为土壤积累大量氮元素,再通过土壤供给禾本科牧草利用;其次,它本身含有较其他牧草经济类群更为丰富的粗蛋白,供给家畜的营养需要。因此,豆科牧草对草地生产中的土-草-畜都有更为重要的作用,是栽培混播草地中不可缺少和不可替代的重要成分。

当前,在饲料地建植的实践中,温带地区由于栽培草地历史悠久,有许多优良豆科牧草品种可供选用,建植和管理技术成熟,但在热带、亚热带和(高)寒带,豆科牧草的种和品种、建植技术都还存在一些重大问题。热带地区虽然有一些可供利用的豆科牧草品种,但是它们在混播草地中的竞争力和持久性较差,同时也缺少或不能利用相应的根瘤菌株;亚热带地区由于气候的特点,要求牧草既能耐受夏季的高温,又能抵御冬季的霜冻,但在生产中只能选用热带或温带的豆科牧草,因此就存在亚热带栽培草地的热带豆科牧草不能越冬,温带豆科牧草难以越夏的困难;(高)寒带地区在全世界的范围内缺乏可利用的多年生豆科牧草品种,建植禾本科-豆科混播草地还存在根本的困难,因此,培育适应性强的优良豆科牧草品种是提高饲料地生产水平的重要事情。

(六)在生长季要做到青饲料轮供

不同的牧草、饲料作物和多汁饲料能够及合适的利用时间是不同的,为了使家畜在生长季的任何时候都能吃到合适的青饲料,需要对种植的牧草、饲料作物和多汁饲料在种类组成,播种的时间和面积上进行设计,以便从早春到晚秋都能够给家畜轮流和平衡供应不同种类的青饲料,使饲料生产和家畜生产都达到更高的效率,这种饲料生产体系就是青饲料轮供。

第五节　影响草地农业系统植物生产的因素

光合作用是形成初级生产的基础,因此简单地说,影响光合作用的因素都影响初级生产。但在实际中往往表现的更为广泛和复杂,下面就几个最重要的因素加以说明。

一、气候条件

气候是影响草地植物生产的最重要因素。大气候决定一个大范围或大地区草地植被的类型与分布，小气候则有力地影响草地群落在局部地段的分布，而气候的温度、降水和光照是影响草地植物生产的最主要的单项因子。这里需要强调的是，气候对植物生产影响的大小和明显程度与所考虑的时间长短和空间大小有关。在较长的历史时期内，或纬度距离较大的地区之间，气候对植物生产的影响才表现得比较明显。在较短的时期或较小的范围内，气候往往不比土壤或草地群落对植物生产的影响大，因为在这种情况下，土壤和群落是在气候的基础上起作用，并且是与植物生产更为直接和密切的因素。

二、土地条件

土地对植物生产的影响是土壤和地形的综合作用。土壤通过土壤水分、CO_2 的流通和养分的供给与周转影响植物生产。地形则通过对局部地区的水热进行再分配作用而施加影响。例如，在平地的条件下是由地带性的气候提供适宜的热量，而在有起伏的条件下，也可以是由于南向坡而得到改善；同样，合适的土壤湿度可能因北向坡蒸发较小或土壤的植被生长层接近地下水面而形成，从而提高生产，山地植被的镶嵌性是这种作用的典型体现。

三、种的特征

草地可能由一个或多个牧草种形成。牧草种的光合类型、生长速度与模式、竞争能力、繁殖方式与季节性、茎的生长习性、叶和根的衰老与分解，都与植物量的形成有着直接的关系，因而影响植物生产力。

四、群落特征

种类组成、外貌和结构是天然草地群落最显著的特征，它们对植物生产具有最重要的影响。我国天然草地各草地型植物生产力已有详细的数据资料（中华人民共和国农业部畜牧兽医司等，1994）。对于栽培草地来说，除了种类组成、外貌和结构这些最重要的特征外，影响植物生产的最重要因素是在培育条件下的叶面积指数、密度和平均分蘖率。很多研究表明，在叶面积指数为最适时，牧草的生长率最大；亚热带禾草的生长对叶面积的依赖性比对碳水化合物更大。密度不仅是对空间有效利用程度的指标，而且也是决定叶面积指数的首要因素。平均分蘖率是禾草在单位时间内单位枝条生出的分蘖枝数，它是在自然因素、利用条件和牧草本身生物学特性的基础上表现出的茎的营养繁殖能力，不会因单项因素的变化而有大的改变。平均分蘖率和开花节律的结合是决定草地牧草生长模式的主要因素。

五、利用方式

草地的利用方式有放牧和刈割两种。

放牧是影响草地植物生产的最强大因素，它通过大群牲畜长时期地采食而作用于草地,影响更为深远和复杂。放牧利用有刺激牧草分蘖和分枝、排泄粪尿给牧草施肥、清除枯枝落叶以利于牧草的生长发育等有利因素;与此同时,放牧还有对牧草采食的不均匀性、选择性和对草原的践踏等不利因素。不合理的过牧,能够在很短的时期内彻底破坏草原;合理的放牧能够维持草原植物生产的稳定性,甚至是草原本身存在的必要条件。由于通过畜产品从放牧的草地带走的土壤营养元素数量相对很少,因此在不过牧的情况下,放牧的草原不会退化,植物生产也不会降低,天然草原的植物生产在过去的历史时期内能保持稳定,就是基于这个原因。

刈割对草层的不利影响比放牧要大许多。刈割除了对草层有物理破坏作用和影响植物的有性繁殖外,还能通过被刈割的牧草大量带走土壤营养元素,导致草地土壤肥力迅速降低和贫瘠化,刈割对草地的破坏性与刈割的强度和频率成正比。为了维持割草地的植物生产水平和牧草正常的营养价值,需要经常地和适量地施用肥料。

放牧或刈牧兼用的草地其植物生产力较单纯的刈割草地稳定,因此,放牧地可以配合割草,割草地需要放牧,任何草地都要尽可能地刈牧结合利用。

六、管理条件

良好的管理是在成本最低的情况下,使牧草在生长季中满足其需要,保证家畜有足够的牧草而又不浪费,保持其植物生产能力。没有良好的管理制度,任何良好的天然或栽培草地都不会长时期地维持其植物生产力。

天然草原和放牧用的栽培草地最重要的管理条件就是控制家畜放牧不过度,这样就不会导致植被退化、土壤沙化和盐碱化。任何草地都不能在全年内连续不断地放牧,即使在牧草全年能够生长的热带草地也要如此。要根据草地的健康状况实行禁牧和休牧;在全年放牧饲养家畜的条件下,要做到“季带完整,大致平衡”,即草地要有四季的划分,每个季带(季节放牧地)的牧草产量(生长季)或储存量(非生长季)要与家畜的需求量大致平衡,不足部分应以干草等补饲饲料补充;要在季带的基础上设计和实行划区轮牧。

第六节　提高草地植物生产水平的途径

提高草地初级生产水平的方法和技术措施很多,概括地说可从下列几个方面着手。

一、科学利用水热资源

天然草地的植物群落是经过长期的自然选择与演替而形成的,群落与其水热条件是相适应和配对的,在无能力大面积地改善其水热状况的条件下,合理利用是最基本的手段。对于栽培草地,从水资源考虑,中生牧草的蒸腾系数最小,水的利用效率高,因此,使草地土壤水分保持中生状态,选用中生牧草建立栽培草地是最合适的选择。当前绝大部分优良的禾本科和豆科牧草培育品种都是中生型的,如多年生黑麦草、猫尾草、鸡脚草、无芒雀麦、红三叶、白三叶和苜蓿等,均可以选择采用。从热量方面考虑,热带和温带牧草都有它生物的适宜温度。一般热带牧草对温度的要求是15~35℃,30℃是最适温度,可以产生最大的生物量;温带牧草的最适温度20℃。除了平均温度外,还要考虑积温,积温不足,难以结实,牧草完不成生活史。在天然草地中往往有早春和晚秋型喜冷牧草的参与,它们在早春和晚秋较凉的热量条件下生长良好,能提供一定的植物量供家畜采食。据美国的研究,在天然草地中秋播喜冷牧草,当其比例占到8%时,可有效地解决早春牧草不足的问题,我国新疆西部地区的短命植物即具有这种作用。在高山湿润或寒冷湿润地区,延迟播种一年生牧草,使牧草在生长季充分生长营养体,越冬前只达到抽穗或开花,以获得高产的优质牧草。

二、科学利用土地资源

土地资源是有限的资源,科学利用更为重要。不合理的利用必然造成草地水土流失,破坏土地。10°以下的草地,只要有充分的降水或灌溉条件,便可以适度建立饲料轮作地或栽培草地以获得高产;10°~30°的土地不宜开垦,即使开垦了也不可种植一年生作物,而应建立多年生草地,利用的方式是割草或放牧;30°以上的草地应以保持水土为主,不宜放牧,必要时可割草或轻牧。通过对建植栽培草地的土地加工,使地面平整,坡度变小,土壤pH适中、肥力提高,可有效提高草地初级生产和改善利用条件。

三、科学利用种质资源

由于家畜和野生草食兽类能采食多种植物,因此牧草种质资源远较农作物种质资源丰富。开发利用新的牧草种,利用新的生物技术培育和创造新的牧草品种特别是豆科牧草品种。进一步研究不同牧草种和品种的混播组合,也是提高草地植物生产力和品质的重要的、有效的措施之一。

四、采用合理的农业技术措施

草地与农田相比,经营较粗放。在一般情况下,天然草原利用的是自然生产力,生产水平较低。由于草地植物生产的目的是增产茎叶,因此农业技术更能奏效,一般可提高几倍到十几倍,超过农田种子产量的增产幅度。在天然草地可以利用的农业技术措施有围栏、封育、补播、排灌、除莠、火烧、划破草皮、防治病虫鼠害等;栽培草地有播种、轮作、灌溉、施肥、除莠、施用生长素及防治病虫鼠害等。不管是天然草地还是栽培草地,都要注意将农业技术措施和合理利用相结合,否则不能发挥应有的效益。

五、科学加工储藏

由于牧草生长的季节性和家畜需要的常年性,因此加工牧草是提高草地植物生产效率的不可缺少的一个环节。对牧草进行加工不仅便于其保存和运输,而且还可提高牧草的适口性和消化率。牧草加工最主要的形式是干草、青贮和半干贮,干草还可进一步粉碎后加工成草粉和颗粒及块状的成型饲料。牧草在加工过程中有田间损失和储存损存(图 8-6),应视具体情况采用合适的加工方法,减少损失。叶蛋白是近年来发展起来的一种牧草深加工产品,它是将鲜草磨碎、压榨出含蛋白的绿色液体,然后用加热、加酸或发酵的方法使绿色液体中的蛋白质凝固,然后分离得到叶蛋白,它是含粗蛋白约 50% 的浓缩物,可作为儿童食品或猪、鸡精饲料。压榨后的剩余物——草饼,可作牛、羊和马的粗饲料。离析出蛋白质的剩余液体为棕色液,可进一步浓缩为糖蜜,也可直接用作肥料或生产醇类的原料。

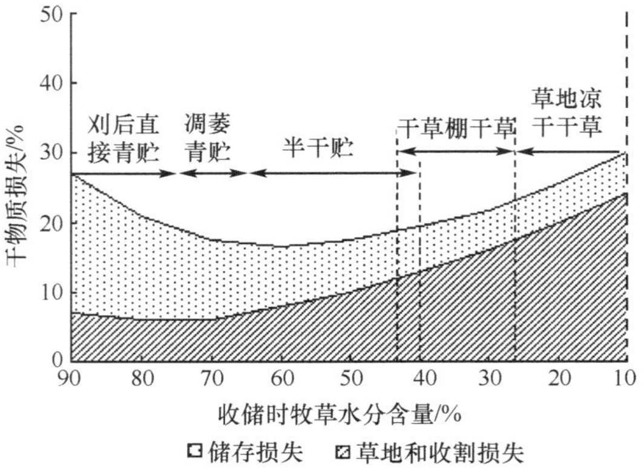

图 8-6　禾本科-豆科牧草不同调制方法的损失比较(Noller,1974)

(胡自治　林慧龙　牟新待)

主要参考文献

CRW 斯佩丁 . 1980. 草地生态学 . 贾慎修等译 . 北京:科学出版社:5
H 里思,RH 惠特克 . 1985. 生物圈的第一性生产力 . 北京:科学出版社:192-193
陈利军,刘高焕,冯险峰 . 2002. 遥感在植被净初级生产力研究中的应用 . 生态学杂志,21(2):3-57
迪维诺 . 1987. 生态学概论 . 李耶波译 . 北京:科学出版社:70-71
国家环境保护总局,国家测绘总局 . 2002. 中国西部地区生态环境现状遥感调查图集 . 北京:科学出版社:217
国家林业局 . 2005. 全国森林面积 1. 75 亿公顷 . www. china. com. cn[2005-01-18]
国务院新闻办公室 . 2007. 中国年增森林面积 405. 8 万公顷增速世界最快 . www. china. com. cn[2007-12-04]
胡自治 . 2005a. 草原的生态系统服务:Ⅱ. 草原生态系统服务的项目 . 草原与草坪,1:3-10
胡自治 . 2005b. 草原的生态系统服务:Ⅳ. 降低服务功能的主要因素和关爱草原的重要意义 . 草原与草坪,3:3-8
江玉林,任继周,PSROY. 2003. Alpine pasture study in the North Western Himalayas using GIS and remote sensing. 草业学报,12(5):106-116
李光棣 . 1986. 辨别死活根的 TTC 染色法 . 中国草原与牧草,1:34-36
联合国开发计划署,联合国环境规划署,世界银行,等.2002.世界资源报告(2000~2001).北京:中国环境出版社,15:89,121,122-125,130
林慧龙,王军,徐震 . 2005. 草地净初级生产力与>0℃年积温、湿润度指标间的关系 . 草业科学,22(6):8-10
[美]国际环境与发展研究所,世界资源研究所 . 1989. 世界资源 1987. 北京:能源出版社:92
木村允 . 1981. 陆地植物群落生产量测定法 . 姜恕,陈乃全,焦振家译 . 北京:科学出版社:23-27
钱易,唐孝炎 . 2000. 环境保护与可持续发展 . 北京:高等教育出版社:124
任继周 . 1995. 草地农业生态学 . 北京:中国农业出版社:51-84

任继周 . 2002. 藏粮于草，施行草地农业系统 . 草业学报，11(1)：1-4
任继周，侯扶江 . 1999. 改变传统粮食观，试行食物当量 . 草业学报，8(专辑)：55-75
任继周，胡自治，牟新待 . 1965. 我国草原类型第一级分类的生物气候指标 . 甘肃农业大学学报，(2)：33-40
任继周，林慧龙 . 2006. 农田当量的涵义及其所揭示的我国土地资源的食物生产潜力——一个土地资源的食物生产能力评价的新量纲及其在我国的应用 . 草业学报，15(5)：1-10
任继周，林慧龙，侯向阳 . 2007a. 发展草地农业，确保中国食物安全 . 中国农业科学，40(3)：614-621
任继周，南志标，林慧龙 . 2005. 以食物系统保证食物(含粮食)安全——实行草地农业，全面发展食物系统生产潜力 . 草业学报，14(3)：1-11
任继周，南志标，林慧龙，等 . 2007b. 建立新的食物系统观 . 中国农业科技导报，9(4)：17-21
王兮之，杜国桢，梁天刚，等 . 2001. 基于 RS 和 GIS 的甘南草地生产力估测模型构建及其降水量空间分布模式的确立 . 草业学报，10(2)：95-102
王宗明，梁银丽 . 2002. 植被净第一性生产力模型研究进展 . 西北林学院学报，17(2)：22-25
肖乾广，陈维英，盛永伟，等 . 1996. 用 NOAA 气象卫星的 AVHRR 遥感资料估算中国的净初级生产力 . 植物学报，38(1)：35-39
肖向明，王义凤，陈佐忠 . 1996. 内蒙古锡林河流域典型草原初级生产力和土壤有机质的动态及其对气候变化的反应 . 植物学报，38(1)：45-52
谢高地，鲁春霞，冷永法，等 . 2003. 青藏高原生态资产的价值评估 . 自然资源学报，2：189-196
谢高地，张镱锂，鲁春霞，等 . 2001. 中国自然草地生态系统服务价值 . 自然资源学报，1：47-53
新华 . 2004-09-05. 我国草原面积不断缩水 . 中国畜牧报
张新时 . 1995. 研究全球变化的植被——气候分类系统 . 第四纪研究，2：157-169
张云龙，孙杰，郑威 . 2005. 我国全力阻截蒙古草原入境火大火全部被扑灭 . 中国政府门户网站 www. gov. cn[2005-11-01]
中国国土资源部 . 2007. 2006 年度全国土地利用变更调查结果报告 . www. people. com. cn[2007-04-13]
中国农业年鉴编辑委员会 . 2002. 中国农业年鉴 . 北京：中国农业出版社：426
中华人民共和国农业部畜牧兽医司，中国农业科学院草原研究所，中国科学院自然资源综合考察委员会 . 1994. 中国草地资源数据 . 北京：中国农业科学技术出版社：2，10-75
周广胜，张新时 . 1995. 自然植被净初级生产力模型初探 . 植物生态学报，19(3)：193-200
周广胜，张新时 . 1996. 全球气候变化的中国自然植被的净初级生产力研究 . 植物生态学报，20(1)：11-19
朱志辉 . 1993. 自然植被净初级生产力估计模型 . 科学通报，38(15)：1422-1426
朱志辉，张福春 . 1985. 我国陆地生态系统的植物太阳能利用率 . 生态学报，4(5)：343-356
Costanza R, d'ArgeR, de Groot R, et al. 1997. The value of the world's ecosystem services and natural capital. Nature, 387: 253-260
de Hann C, Steinfeld H, Blackburn H. 1997. Livestock and the environment: finding a balance. Brussels, Belgium. European Commission Directorate-General for Development Policy Sustainable Development and Nature Resource
Frost PGH. 1985. The responses of savanna organisms to fire. see eds//Tothill JC, Mott JJ. Ecology and management of world's savanna. Canberra: Australian Academy of Science: 232-237
Heady HF, Child RD. 1994. Rangeland ecology and management. Boulder, San Francisco, Oxford: Westview Press: 466-468
Heath ME, Metcalfe DS, Barnes RF. 1974. Forages: the science of grasslang agriculture. Third edition. Iowa: The Iowa State University Press: 3-4
Holdridge LR. 1947. Determination of world plant from simple climatic data. Science, 105: 367-368
Lieth H. 1972. Modeling the primary productivity of the world. Nature and Resources, 8(2): 5-10
Lieth H, Box XE. 1972. Evapotranspiration and primary productivity. Publications in Climatology, 25(2): 37-46
Lin HL. 2009. A new model of grassland net primary productivity (NPP) based on the integrated orderly classification system of grassland//Chen YX, Deng HP, Zhang DG, et al. The sixth international conference on fuzzy systems and knowledge discovery. Vol. 1. IEEE Computer Society Conference Publishing Services, Tianjing: 52-56. DOI: 10. 1109/FSKD.2009. 705
Lin HL, Feng QS, Liang TG, et al. 2013. Modelling global-scale potential grassland changes in spatio-temporal patterns to global climate change. International Journal of Sustainable Development & World Ecology, 20 (1): 83-96. DOI:

10. 1080/13504509. 2012. 749815

Lin HL,Zhao J,Liang TG,et al. 2012. A classification indices-based model for net primary production (NPP) and potential productivity of vegetation in China. International Journal of Biomathematics,5(3):1-12. DOI:10. 1142/S1793524512600091

Livine JS,Bobbe T,Ray N,et al. 1999. Wildland fires and the environment:a globe synthesis. UNEP/DEIAEW/TR:99-1. UNEP Nairobi

Melillo JM,Mcguire AD,Kicklighter DW,et al. 1993. Global climate change and terrestrial net primary production. Nature,363:234-240

Noller CH. 1974. Grass-legume silage//Heath ME,Metcalfe DS,Barnes RF. Forages:the scienc of grasslang agriculture. 3th Edition. Iowa:The Iowa State University Press:563

Walker BH. 1985. Structure and function of savanna:a review//Tothill JC, Mott JJ. Ecology and management of world's savanna. Canberra:Australian Academy of Science:85-92

White R,Murray S,Rohweder M. 2000. Pilot analysis of global ecosystem:grassland ecosystems technical report. Washington D. C. World Resource Institute

推荐阅读文献

H 里思,RH 惠特克 . 1985. 生物圈的初级生产力 . 北京:科学出版社:192-193

周广胜,张新时 . 1996. 全球气候变化的中国自然植被的净初级生产力研究 . 植物生态学报,20(1):11-19

朱志辉 . 1993. 自然植被净初级生产力估计模型 . 科学通报,38(15):1422-1426

Lieth H. 1972. Modeling the primary productivity of the world. Nature and Resources,8(2):5-10

Lin HL,Feng QS,Liang TG,et al. 2013.Modelling global-scale potential grassland changes in spatio-temporal patterns to global climate change. International Journal of Sustainable Development & World Ecology, 20 (1): 83-96. DOI:10. 1080/13504509. 2012. 749815

Lin HL,Zhao J,Liang TG,et al. 2012. A classification indices-based model for net primary production (NPP) and potential productivity of vegetation in China. International Journal of Biomathematics,5(3):1-12. DOI:10. 1142/S1793524512600091

第九章　草地健康评价

过去 20 余年,草地生态系统健康是草业科学发展最快的分支之一(侯扶江等,2002),以概念框架为特色的理论体系构建和以评价指标及其定量为特征的方法论体系构建取得重要进展。它主要研究系统健康的维持、恢复与调控机制,建立和发展生态系统健康的监测体系与管理手段。在生态系统的日常管理、退化生态系统的恢复与重建、生态环境建设,以及农业结构调整、工业布局、城市规划、生态旅游管理等领域应用广泛。同时,也深刻地影响着世界政治与经济格局,如全球变化与《京都议定书》。

随着人口迅猛增加和经济快速发展,草地退化成为全球性问题,由于草地退化、动物生产受损、进而导致人类健康受到的威胁与日俱增。因此,迫切需要对退化的草地生态系统开展健康诊断,找出病因,量化退化过程中的人文与自然因素,预测全球变化背景下的发展趋势,建立预警机制,为草地生态系统健康的恢复与可持续管理提供科学依据。

第一节　草地健康评价的发展历程

草地健康的研究历史,根据学术思想的突破与创新,以及学会、协会等专业学术群体的形成与壮大、专业学术刊物等学术阵地的建设,有 3 个明显的阶段(表 9-1)。

表 9-1　生态系统健康研究的发展阶段

年份	主要阶段	亚阶段	标志
1935 1941	健康思想的萌芽	环境健康与生态系统的知识积累 生态系统健康的思想萌芽	“生态系统”的概念 环境“健康”的思想 “新西兰土壤与健康学会”成立
1982 1992	生态系统健康学的形成	理论构建 方法论构建	“生态系统健康”术语的出现 VOR 评价指标
1999	生态系统健康评价的实践	建立各种评价方法,分析系统健康状态	CVOR 的理论与实践

一、生态系统健康思想的萌芽阶段

1982 年以前,又可分为两个亚阶段。

(一) 第 1 个亚阶段,环境健康与生态系统的知识积累

1788 年,苏格兰人 James Hutton 最早提到“自然健康”(肖风劲和欧阳华,2002)。

1935 年,英国生态学家 Arthur Tansley 提出“ecosystem”(生态系统)一词,并定义为生物复合体与环境复合体形成的自然系统,为生态系统研究提供了最初的理论基础。科学家开始研究生态系统的结构与功能。

1941 年,美国生态学家 Aldo Leopold 参照医学术语定义了土地健康(land health),用一些土地疾病(land sickness)的指标描述土地功能的紊乱(dysfunction);他还从土地管理的需要出发,预测了健康评价的学科前景(Leopold,1941)。自此,科学家开始研究生态系统的组分及其健康。

(二)第 2 个亚阶段,生态系统健康的思想萌芽

1941 年,新西兰土壤与健康协会(The Soil & Health Association of New Zealand Inc, S&HA)成立,是世界上第一个为生态系统健康而建立的专业学术团体;1942 年,S&HA 出版发行了 *Soil and Health*,提出"健康的土壤→健康的食物→健康的人",倡导有机农业。新西兰栽培草地超过农业用地的 90%,占国土面积的一半以上,草地主要用于放牧,提供了反刍家畜 90% 的营养需求(Hodgson,1990)。因此,新西兰的土壤健康主要指放牧地的健康。这是从生态系统功能的角度理解其健康水平。

1948 年,William Vogt 提出自然资本的概念(Vogt,1948)。生态系统的价格化评价由此发轫。

1952 年伦敦烟雾事件和 1956 年日本水俣病事件充分体现了第二次世界大战后经济高速发展对生态系统、进而对人类健康的威胁。

1960 年,任继周依据放牧草地的植被和土壤特征,把草地退化分为 5 个阶段(甘肃农业大学,1961),是对生态系统结构与功能的定性分级。

1962 年,美国海洋学家 Rachel Carson 出版了《寂静的春天》,展示了化学污染对生态系统的危害,指出农业杀虫剂与昆虫的抗药性协同发展,这场"军备竞赛"的最终受害者是人类自身(Carson,1962)。人类开始关注自身行为与生态系统的关系。

1966 年,美国国家环境健康科学研究所(National Institute of Environmental Health Sciences)成立,主要研究与环境相关的(人类)疾病。与 S&HA 一脉相承,构架了自然健康与人类健康的"桥梁"。

20 世纪 60 年代,在国际生物学计划(International Biological Programme,IBP)(1964~1974 年)的框架内,草地基况的分级指标超越了植被,涵盖了放牧管理、草地野生动物等(Smith,1978)。生态系统评价的"系统"观加强。

1971 年,人与生物圈计划(Man and the Biosphere Programme,MABP)启动,重点研究人类活动对生态系统的作用,同时生态系统对人类的影响也逐渐受到重视。生态系统评价开始与人类的需求联系起来。1972 年,罗马俱乐部发表《增长的极限》(Meadows,1984),联合国通过《人类环境宣言》,警醒人类重视自身发展对环境的影响。科学家、政治家和公众认真思考人口、资源与环境问题。生态系统研究与人类发展需求自发地结合起来,孕育着生态系统健康这一崭新的研究领域。

20 世纪 70 年代,胁迫生态学(stress ecology)诞生并迅速发展(Barrett and Rosenberg,1981;Barrett,1976;Woodwell,1970),胁迫生态系统的管理得到广泛关注(曾德慧等,1999)。同时,还产生了生态系统服务(ecosystem services)的概念,提出了服务功能清单,并开展定量评价的研究(Heal,2000)。生态系统健康与生态系统服务都要定量评价生态系统的状态,两者自发地结合。

这一时期,社会、经济和人口迅猛发展,人类面临着资源、环境、人口、社会、经济五大

问题,科学家开始关注人与自然的和谐。生态系统组分健康(如土地健康)的研究,联合国 IBP 和 MABP 两个计划,使人类深刻体会到自身活动对生态系统的作用,以及生态系统的发展对于人类生存与发展的影响。生态系统研究与人类发展需求相结合,最终催生了生态系统健康这一新学科方向,并对其发展产生巨大的推动作用。

二、生态系统健康学的形成阶段

理论与方法论是一个学科的基础。这一阶段分为两个亚阶段。

(一) 第 1 个亚阶段,理论构建

1982 年,加拿大多伦多大学环境研究所 Lee 的论文中出现"ecosystem health"(生态系统健康)一词,把生态系统的健康与恢复力、持久力联系起来(Lee,1982)。术语和概念是基础,生态系统健康研究开始进入学科方向的形成阶段,构建理论与方法论,最初以厘清概念、拓展内涵为主,建立方法为辅。

1984 年,美国生态学会在生物科学联合会年会上举办"胁迫生态系统描述与管理的整体方法"研讨会。胁迫常常导致生态系统"生病",研究生态系统对胁迫的响应,有助于探测生态系统健康的行为轨迹。Kerr 和 Dickie(1984)认为优势种数量减少是生态系统受到扰动的标志之一,其分布面积可以评价生态系统健康,这是评价生态系统健康的第一个具体指标。科学家从此探讨生态系统健康的内涵、标准与测度。

1985 年,Rapport 把生态系统营养库、初级生产力、物种多样性等功能的突变看做是生态系统紊乱综合征(ecosystem distress syndrome,EDS)的表现,并把它们作为生态系统不健康的指标(Rapport et al.,1985)。英国科学家 Aber 和 Jordan 1985 年提出恢复生态学(restoration ecology)(余作岳和彭少麟,1996)。生态恢复的目标之一是维护生态系统健康(Ehrenfeld,2000),两者紧密地结合起来。

1986 年,Holling 认为生态系统的抵抗力和恢复力越大就越健康(刘建军等,2002)。Karr 等(1986)阐述一个状态稳定、对干扰具有自我修复能力、管理投入少的生态系统是健康的,指出生态系统健康就是生态完整性(ecological integrity),并提出评价水资源质量的生物完整性指标。将生态系统的健康与抵抗力、恢复力相联系,是在传承基础上的创新,拓宽了研究思路,推动了评价指标的研制;生态系统完整性思想对健康评价产生了深远影响,此后很多学者将其等同于生态系统健康。

1987 年,世界环境与发展委员会(World Commission on Environment and Development)发表 *Our Common Future*(《我们的共同未来》),明确了可持续发展的概念。迅速成为生态系统健康研究的指导思想之一。

1988 年,Schaeffer 把生态系统健康定义为没有疾病(absence of disease),探讨了生态系统健康的度量问题。Well 和 Cote(1988)从生态毒理学的角度阐述了土地污染与生态系统健康的关系。任继周(1988)以草地农业生态系统的物质和能量流向为核心,在生态系统水平提出各个生产层的效益评价体系,这体现了系统健康以组分健康为基础、具有层次性的思想。

1989 年,水生生态系统健康和管理学会(Aquatic Ecosystem Health and Management

Society,AEHMS)在加拿大成立,是第一个国际性的生态系统健康专业学术团体,会刊 *Aquatic Ecosystem Health and Management* 于1998年出版发行。Rapport(1989)认为健康的生态系统可以为人类提供持续和良好的生态系统服务功能,把生态系统健康定义为生态系统的稳定性和可持续性,即在时间上具有维持其组织结构、自我调节和对胁迫的恢复能力;把生态系统健康与系统功能联系了起来。Norton(1989)阐述了生态系统健康的可持续内涵,标志着可持续发展的理念与生态系统健康正式结合,逐渐固定为生态系统健康的标准。

1990年10月和1991年2月,产(企业)、学、研、管(政府官员)各方人士分别在美国马里兰州和华盛顿召开了生态系统健康专门会议,提出通过环境管理,保持和维护生态系统结构和功能的可持续性,以维护生态系统健康(蔡晓明,2000)。为这一时期迅速发展起来的生态系统管理(ecosystem management)提供了新思路和新方法。

这个阶段主要是生态系统的概念及其内涵的发展。生态系统健康的评价方法起源于生态系统的环境评价,绝大多数研究滞留于概念讨论,以单项评价为主,操作性不强。

(二) 第2个亚阶段,方法论构建

1992年,在里约热内卢召开的世界环境与发展大会提出“国家间应加强合作,以保护和恢复地球生态系统的健康和完整性”,联合国认可了生态系统健康。美国国会通过了《森林生态系统健康和恢复法》,是全球第一部生态系统健康的立法。反映出生态系统健康的研究具有广阔的应用前景和巨大的社会需求,成为该学科方向迅速发展的社会推动力。

同时,Norton(1992)指出外界干扰超出生态系统的承受能力时会导致系统崩溃。Schaeffer和Cox(1992)也萌生了生态系统阈值的思想。Costanza提出用活力(vigor,V)、组织力(organization,O)和恢复力(resilience,R)组装生态系统健康指数(healthy index,HI),即VOR,$HI=VOR$;开创了生态系统健康评价指标综合化之先河。此后,生态系统健康的研究除了继续重视理论基础,加强健康评价方法的研究之外,进入二者并重的阶段,一段时期内的研究重点是建立评价指标。

1993年,Cairns等认为健康的生态系统要有利于人类的健康,把生态系统的健康指标分为预警(early warning indictor)、适宜度(compliance indictor)和诊断(diagnostic indictor)3类(Cairns et al.,1993);在时间尺度上划分了生态系统的健康水平。

1994年,澳大利亚科学家提出以土壤为主的草地生态系统评价体系(Tongway,1994)。美国草原学会出版的 *Range Health* 认为,草地土壤、系统内营养和能流等是评价草地生态系统健康的重要指标,把生态系统健康分为健康域、警戒域、不健康域和崩溃域4个层次(Committee on Rangeland Classification,National Research Council,1994);表明生态系统健康状态具有阶段性、相邻状态之间存在相变阈值。31个国家、900名科学家在加拿大渥太华举行“第一届国际生态系统健康与医学研讨会”,成立了国际生态系统健康学会(International Society for Ecosystem Health,ISEH),一支较为稳固的、从事全面生态系统健康研究的专业学术队伍从此诞生。

1995年,ISEH创刊 *Ecosystem Health*,标志着生态系统健康成为生态学研究的重要分支领域。*Ecosystem Health* 与 *Journal of Aquatic Ecosystem Health*(1992年创刊)、*Journal of Ecosystem Health and Medicine*(1995年创刊)共同构筑生态系统健康研究的重要学术阵

地。任继周和朱兴运(1995)围绕系统的4个生产层提出具体的评价方法,阐述了生态生产力(ecological productivity)的概念和系统健康的3项特征,生态生产力是生态系统本身在保持其健康的状况下所表现的生产能力或生产水平,系统健康状况指保持生态系统本身特征的基本结构或不断完善、保持生态系统的基本功能或不断提高、生态系统所处的环境因素与生态系统保持稳定和谐的趋势。这是中国学者第一次系统论述生态系统健康。

1996年,任继周在中国草原学会(现更名为中国草学会)的厦门年会上阐述了草地健康评价指标的几项原则:指标精而少,易于观察和区分,考虑土壤和营养元素,兼顾地上、地下部分及新鲜部分、枯死部分,注意系统的恢复机制;提出以系统能量随草地有序的变化确定生态系统的健康状态,以及草地健康、警戒、不健康3个阶段的定性评价表(任继周,1997)。在美国召开的第一届国际恢复生态学与可持续发展学术大会提出,受损生态系统的恢复与社会、政治、经济等因素密切相关,应予关注;契合任继周(1985)早先提出的三因素说。澳大利亚学者进一步提出包括环境、植被和经济收益等在内的流域健康评价指标(Walker and Reuter,1996)。第二届国际生态系统健康学研讨会与96生态峰会(Ecological Summit'96)在丹麦首都哥本哈根联合召开;后者由国际生态模型学会(The International Society for Ecological Modeling,ISEM)、国际生态工程学会(International Ecological Engineering Society,IEES)和国际生态经济学会(International Society for Ecological Economics,ISEE)共同组织;组织形式反映出生态系统健康的多学科综合与交叉特性。

1996年,Parrotta等认为森林皆伐后,生态系统健康和生产力恢复取决于土地撂荒和随后的自然演替过程;把生产力与生态系统健康分割开来(Parrotta et al.,1997)。生产力形成是生态系统的关键行为,是人与自然的重要纽带;生产力作为系统健康评价指标反映出对关键生态过程的关注,标志着生态系统健康研究从理论向实践转变,方法论开始走向成熟。Costanza等(1997)在*Nature*发表文章,把生态系统的服务功能归纳为17种,建立了货币化评价方法。为生态系统健康的社会、经济评价开辟了新途径。

1998年,Costanza归纳生态系统健康的6项特征:内稳定,没有疾病,多样性或复杂性,有活力或增长空间,稳定性或可恢复性,系统要素之间的平衡;VOR作为系统健康指数的理论基础基本完善(Mageau et al.,1998)。任继周和侯扶江(1998)提出草地退化的3个阶段:牧草产量降低、植物学成分变坏和土壤侵蚀,其根本原因是农业系统错误。Rapport等(1998)图示了生态系统健康与人类活动和社会需求之间的密切关系,把生态系统健康解释为"以满足适宜的目标为标准来定义的一个生态系统的状态";与人类需求紧密联系,体现了系统健康评价的"功利性"(主观性);引申这个定义,可以推论自然生态系统不是生态系统健康的唯一形式,人类的管理与生态系统健康密切相关。

Vilchek(1998)认为,生态系统健康评价是对生态系统稳定性、恢复力和脆弱性等指标的综合。健康评价指标的整合方法分为两类:地球中心论方法(geocentric approach)和人类中心论方法(anthropocentric approach),前者以自然生态(地球)系统为核心,后者更加注重系统健康对人类自身及其环境的影响。Mageau等提出具有综合性和可操作性的生态系统健康评价模型,综合性表现以生态演替为基础,可操作性体现在定量表征生态演替的指数(Costanza et al.,1997)。Kay等(1998)在放牧强度梯度上,分析了土壤小节肢动物的变化规律及其与土壤紧实度、植物地下生物量和杀虫剂残留物的关系,提出土壤小节肢动物是Chihuahua荒漠放牧生态系统健康的敏感指标。Soyza等(1998)通过比较了美国 Chihuahuan 荒漠草地的几项指标对荒漠化的敏感性,筛选出荒漠化的预警指标。用生态系统的组分指示整个系统的健康状态,准确性取决于指标在系统不同层次之间的转化率;通过分析多指标之间的定量关系,将大量参数的属性映射到系统少数或某一参数上,筛选出健康评价的重要(敏感、关键或指示)指标,这是生态系统健康指标综合化的一种思路。

1999 年,Fairweather 认为学科交叉是生态系统健康评价的基础(Fairweather,1999)。生态系统健康的学术带头人 Rapport 博士是加拿大圭尔夫大学环境设计学院和西安大略大学医学院的教授,具有生态学、公共健康学等多学科背景。他认为生态退化的时空扩散模式具有传染病的一些特征,动植物的发病率是生态系统病理学的关键指标之一(Rapport,1999a);提出充分理解传染病学、植物病理学和系统生态学之间的联系,提高各学科健康诊断和风险评价的精度;在研究芬兰、美国和墨西哥的水生生态系统时,他用初级生产力、次级生产力、营养循环、物种多样性、生物组成等指示生态系统健康(Rapport,1999b)。

Whitford 等(1999a,1999b)在美国新墨西哥州荒漠草地用多年生禾草和小灌木对家畜放牧的抵抗力和恢复力测度生态系统的适合度(fitness),并用作生态系统健康的预警指标。Bardgett 和 McAlister(1999)在英格兰北部草甸草原研究了人类活动梯度上的土壤生物,认为土壤真菌/细菌生物量比例和微生物生物量是指示生态系统自我调节能力的指标。土壤微生物指标也进入了生态系统健康评价的指标体系。Costanza 和 Mageau(1999)指出健康的生态系统当面对外部胁迫(恢复力)时,具有维持自身结构(组织力)和功能(活力)的能力,定量这 3 个属性有助于建立具备可操作性的生态系统健康评价指数。Cairns(1999)认为健康的自然系统所提供人类社会所需的各种服务和生命支持系统,强调生态系统健康是人类社会的福祉。这是对人类健康与生态系统健康关系大讨论的总论断。

1999 年 8 月,国际生态系统健康大会——生态系统健康的管理在美国加利福尼亚召开,会议采纳 VOR 作为生态系统健康诊断的指标。这标志着生态系统健康评价的方法论体系基本构建,进入实践阶段。从此,生态系统健康的方法论在继续研究评价指标的同时,开始重视指标的综合化,这是指标适用性的基础。

以 Costanza 和 Mageau(1999)提出的 VOR 的评价指数为标志,生态系统健康的研究在研讨概念内涵的基础上发展到方法论构建,重点探索评价指标综合化的途径。理论指导方法论,方法进步又推动理论发展。生态系统健康的评价方法广泛借鉴胁迫生态学、污染生态学、恢复生态学等生态学分支学科,以及医学的分支学科(如预防医学、传染病学、公共健康等)。而社会的需求也对方法论构建产生了难以想象的推动力。尽管 1996 年 Schaeffer 就认为一系列国际研讨会的举办、新杂志和学术团体的出现、环境项目与健康评价接轨标志着生态系统健康和医学(Ecosystem Health and Medicine)这一学科方向的诞生(Schaeffer,1996)。事实上,根据基础理论与方法论的完备程度的角度看,1999 年 VOR 接纳为生态系统健康评价的指标更适宜作为学科方向正式确立的标志。在这个发展阶段,通过学科交叉,综合了生态学、生物学、医学和社会科学的相关理论和方法,研究生态健康的诊断、预警和健康丧失的行为轨迹,阐明生态系统健康的维持机制,建立生态系统健康的评价方法,揭示生态系统健康对人类健康的作用,通过生态系统健康实现人类健康。此后,我国相关研究蓬勃发展起来。

三、生态系统健康评价的实践阶段

生态系统健康的基础理论和方法论虽然有基本框架,但内容尚不充实,评价方法的理论基础还很薄弱,多数方法缺乏实践检验。研制具有理论依据的评价方法,并在实践中完善成为当务之急。这是生态系统健康学的成熟阶段。

2000 年,任继周等提出草业系统的界面论,并以此为依据,将草地基况(condition,C)纳入 VOR 指标体系,提出健康评价的 CVOR 概念(任继周等,2000)。Tait 等(2000)也认为罗列生态系统各组分的评价指数难以展示多样的生态系统类型,应该以关键生态过程的驱动力和可测定的系统属性为基础,建立以系统过程为基础的自然资源数据整合方法和多属性综合评价框架。欧阳毅和桂发亮(2002)用工程模糊集理论建立生态系统健康综合评价的数学模型。澳大利亚科学家 Robertson 等(2000)建议把生态(或环境)叙述(environmental narratives)的方法用于生态系统健康的恢复;自然科学与社会科学相结合生态系统健康评价的社会需求,关键是指标的量化。Soyza 等(2000)在研究美国大平原草原健康时,提出了土地与植被完整性的指标,用于荒漠草原的健康预警。Calver(2000)认为生态系统健康的预警原则(precautionary principle)可以借鉴预防医学(preventive medicine),主张只要发觉征兆、不需确定原因就可以采取保护行动,但是最好能够说明在环境遭受严重破坏之前采取保护行动的理由;又“警”又“防”,体现应用研究的特征。

2001 年,李香真等发现内蒙古典型草原旱黄梅衣(*Xanthoparmelia camtschadalis*)的生物量和化学组成与放牧率关系密切,可以指示生态系统的健康(李香真等,2001)。王金叶等(2001)建议河西地区森林可持续经营的 5 项标准包括生态系统健康与活力维持。Xu 等(2001)用生态模型方法(Ecological Modeling Method,EMM)评价巢湖生态系统的健康。Harris 和 Hobbs(2001)借鉴临床医学,把生态系统健康比喻为受损生态系统管理的“诊断工具箱”(diagnostic toolbox),把生态系统恢复比作“治疗工具箱”(treatment toolbox);形象地区分了生态系统健康、生态系统恢复和生态系统管理。Welsh 和 Droege(2001)把森林生态系统的完整性视为健康,认为大陆火蜥蜴(*Plethodontid salamanders*)是指示北美森林生物多样性和生态系统完整性的较好指标,因为该物种具有对干扰敏感、采样成本低等生物学特性,受水分循环、系统演替等生态系统过程影响的生态学特性。以往选择生态系统健康的评价指标多约定成俗,不求理论解释;Welsh 等选择指示物种作为评价指标且明确其标准,考虑取样成本,实用性强。

2002 年,侯扶江等把放牧生态系统的健康定义为植物生产和动物生产的质量和数量长期稳定或有所提高的状态,并建立家畜轮牧生态系统健康评价的阈限双因子法(侯扶江等,2002)。Blamey 等(2002)建议把社会需求、政策和测度作为选择评价指标的标准。欧洲水标准指导委员会(European Water Framework Directive,WFD)提出用水文学、化学和生物学特性作为水域生态系统健康评价的标准;Oberdorff 等(2002)认为鱼类特征综合反映各类空间尺度的环境变异,应作为首要指标,提出健康指标快速、有效、适用的选择标准。强调健康评价指标的应用前景,突出实用性。

2003 年,刘国彬等(2003)、杨建强等(2003)和刘惠清等(2003)分别用层次分析法分析了陕北安塞纸坊沟小流域生态系统、莱州湾西部海域生态系统和西藏乃东县 86 类生态系统的健康现状与时空分布格局。陆凡和李自珍(2003)运用 VOR 分别评价了沙坡头人工林生态系统和全国森林生态系统的健康。尹华军和刘庆(2003)提出评价亚高山针叶林生态系统健康的植被、凋落物、土壤和社会经济指标。余树全等(2003)用组织力、活力、土壤健康、服务功能、环境效应和人类健康影响力 6 项指标评价了浙江临安雷竹(*Phyllostachys praecox*)林生态系统的健康。丛沛桐等(2003)建立了东灵山辽东栎(*Quercus liaotungensis*)生态系统健康评价的人工神经网络仿真体系。胡会峰等(2003)用浮游动植物生物量及其比例、大型和小型浮游动物生物量及其比例、能质和结构能质等指标,评价青海湖生态系统健康的季节动态,得出该系统秋季和夏季健康的结论。我国生态系统健康的研究起步较晚,在基础理论方面有一定差距,但是评价方法及其应用在较短时间内与国际水平接轨。

美国野生动物管理学家 Krebs(2003)出版的《生态学》(第 5 版),新列"生态系统健康"一章,阐述人口压力对地球承载力、全球碳循环、全球变化、土地利用变化、生物入侵和生态系统服务的影响;体现出生态系统健康与功能相关的思想。2003 年 6 月,美国可持续草地圆桌会议(Sustainable Rangelands Roundtable,SRR)组织草原学家、管理者、生态学家、社会学家、经济学家、政策与法律专家、环保主义者及企业界代表制定了天然草原可持续管理的 5 项标准共 64 个指标(第 1 稿),包括社会、经济和生态指数(SRR,2003)。这一时期的研究强调指标的可操作性,淡化其理论基础。

2004 年,Harrison 等用物种多样性、物种丰富度、营养完整性等指标合成河口鱼群落指数(Estuarine fish community index,EFCI),评价了南非水生生态系统(Harrison and Whitfield,2004)。Dangles 等(2004)把底栖无脊椎动物的丰富度作为水生生态系统健康的测度指标,把叶片凋落物的分解速率作为主要生态过程,用以评价酸化污染物沉积对瑞典北部溪流生态系统的影响。Xu 等(2004)用能值评价了大亚湾的海岸生态系统健康;本质上是,通过能值计算对诸多指标综合化,是功能评价的体现。侯扶江等(2004)以草业系统的界面论为指导,把基况评价与植被评价相结合,用地境关键指标和关键生态过程的重要参数建立草地健康评价的 CVOR 综合指数的测算模型,用于评价阿拉善草地,并认为生态系统健康依赖于管理水平;用系统重要组分与关键生态过程对多指标进行综合化是界面过程法的重要特征之一。

2005 年,Xu 等首先选择评价指标,然后计算次级健康指数并确定各权重因子,计算综合健康指数,用于评价 30 个湖泊生态系统健康(Xu et al. ,2005)。陈高等(2005)对社会指标定量,综合了自然、经济和社会系统的诸多指标,评价了长白山阔叶红松林的生态系统的健康。谢花林等(2005)从 VOR 的思路出发选取 17 个指标评价西部 6 个区域农业生态系统,分解出亚健康、不健康、恶化 3 个状态。多数研究开始以单因子复合法为基础,尝试指标综合化。

2006 年,Fellows 等用总初级生产力和呼吸表征河流生态系统健康。Udy 等(2006)用 7 种指标评价澳大利亚昆士兰州东南部 53 条河流的健康状况,发现河底沉积物的 $\delta^{15}N$ 最好,而且取样成本低。Vugteveen 等(2006)建议河流生态系统健康评价的指标包括系统活性、代谢(活力)、恢复力、结构和系统组分间相互作用(组织力)。戴全厚等(2006)选择环境、社会、生态 3 方面 17 个指标建立综合健康指数,评价了不同时期小流域系统的健康动态。一些研究自发地用界面过程(组分互作)指示系统健康。

2007年，Hodge等用蜘蛛作为森林生态系统健康的指标，评价了新西兰基督城附近的自然保护区；这是用关键种评价系统健康的延续(Hodge et al.,2007)。Bunn等(2007)认为用生物指标评价河流健康不能反映能量和营养循环等重要生态过程，而总初级生产力和呼吸关系到系统有机碳的生产和消耗(周萍等,2009)，适宜作为评价指标。Haynes等(2007)在评价澳大利亚大堡礁时提出，不同尺度上生态系统健康的关键响应过程可以作为长期观测的健康指标。可见，关键种和关键生态过程始终是生态系统健康指标综合化的重要选项。

这一时期的研究不再满足于讨论生态系统健康概念、内涵与方法，而是选择或组合评价指数，并运用于具体生态系统的健康评价；评价指标不再局限于生物指标，而是以重要系统过程为依据，涵盖自然、生物和社会经济等诸多领域；评价的方式也逐渐摒弃多指标罗列，而是通过一系列数学过程，获取综合指标。但是，综合化过程中对界面过程仍然重视不够。

第二节　草地健康评价的原则与方法

一、草地健康评价的原则

(一) 学科交叉的原则

学科交叉是新学科的生长点，草地健康评价也不例外。生态系统健康起源于医学与生态学的交叉(Schaeffer,1996)，在发展过程中，又整合了生态学、经济学、哲学、社会学和传染病学等诸多学科(Koren and Crawford-Brown,2004;Patil and Taillie,2004;Belaoussoff and Kevan,2003;Blamey et al.,2002)(表9-2)。生态系统健康的学术带头人Rapport博士具有生态学、公共健康学等多学科交叉的学术背景，对于这门交叉学科的发展和进一步交叉起到重要的推动作用。Rapport等(1998)认为评价生态系统健康应该用生物物理过程去整合人类价值观，只有积极有效地联合生态学、社会学和健康科学，在深入理解人类活动、地区与全球环境变化、生态服务减少及其对人类健康的影响、经济发展、人类社会之间相互作用的基础上，把它们有机地结合在一起，才能推动生态系统健康评价的发展。生态系统健康的研究目的、研究领域和研究手段都反映出学科交叉的特点。

表9-2　生态系统健康的相关学科交叉举例

学科	分支学科	相关内容
医学	传染病学	生态系统退化的时空分布模式类似于传染病的发生与传播
	预防医学	预警，采取措施预防可预见灾害的发生
	临床医学	生态系统健康是受损生态系统的“诊断工具箱”
	保健医学	建立生态系统病史档案，作为生态系统健康初检的重点，以排除假象，确诊病情
	公共健康医学	人口增加、人类发展、自然资源利用、环境保护、人类健康和生态系统健康之间的相互关系是科学研究与环境政策分析的重要内容

续表

学科	分支学科	相关内容
生态学	恢复生态学	恢复生态系统的健康而非原貌
	胁迫生态学	生态系统经常为物理因子、生物因子、化学因子所胁迫,胁迫常常导致生态系统失去健康
	生态病理学	动植物发病常常导致生态系统失去健康,发病率是生态系统健康的关键指标
	生态系统生态学	通过环境管理,保持生态系统结构和功能的可持续性,以维护生态系统健康
	生态系统管理	生态系统健康是生态系统管理的目标,生态系统管理是生态系统健康的实现途径
社会经济学		人类社会依赖于自然系统健康所提供的各种服务和生态支持系统,生态系统健康首先与人类社会的幸福相关联

对生态系统健康持消极态度的学者认为有 3 个主要障碍:生态系统健康术语、缺少可验证的假设、绝大多数研究倾向于社会科学(Belaoussoff and Kevan,2003)。尽管如此,生态系统健康力求解决环境退化、可持续性、人类长期生存等环境问题,环境问题由于内在的复杂性,依靠一两门学科是无法解决的,所以生态系统健康的未来发展依然需要通过学科交叉寻求突破。

(二) 阈值的原则

生态系统的演替具有显著的阶段性特征(任继周等,1982)。在不同的阶段,系统表现出明显差异的物流和能流特征(任继周等,1982)。生态系统在特定的演替阶段对外界输入较为敏感,转化到另外一个阶段,存在临界值(图 9-1)(Hamilton et al.˙,1998;任继周和侯扶江,1998)。同时,生态系统内部各子系统之间的协同作用,也可以发生相变,存在阈限值(任继周和侯扶江,1998;任继周,2003;杨士尧,1986)。内因和外因都可能导致生态系统在不同健康阶段转换,不同状态之间存在健康阈值(图 9-1)。

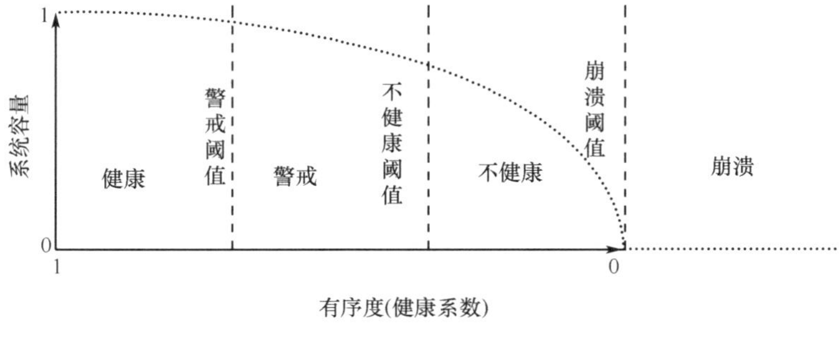

图 9-1　草地健康的阈值(任继周,1998)

生态系统健康的阈值最初是指生态系统在外界干扰超出其承受能力时将崩溃(Norton,1992;Schaeffer,1991),显然这仅仅是崩溃阈值。生态系统健康的预警指标则是在时间尺度上划分生态系统健康的肇始。NRC(1994)和任继周(1995)把生态系统健康分为健康、警戒、不健康和崩溃 4 个状态,标志着生态系统健康的阈值思想已经成熟。

生态系统的退化可以看做是健康的丧失过程。我国以往的研究一般划分为 3~5 个退化阶段,平均为 4 个阶段(许鹏,1998;李博,1997;任继周等,1982)。显然,除了生产管理的需要,它反映了科学家对生态系统演替长期观测的结果,与草地生态系统健康的4个阶段的划分绝非偶然巧合,多则复杂,少则失真,但是其内在的关联机制尚不十分清楚。健康阶段的划分,既要有客观性,符合生态系统演替规律;也要有主观性,便于日常管理。

有重点地在系统健康的阈值附近加强管理要比不分轻重地管理整个生态系统的演替过程要经济和可行得多。可以说,根据生态系统的演替过程,划分生态系统的健康阶段,有针对性地制订的管理策略,是生态系统健康管理最经济和可行的途径。阈值的确认、根据阈值划分生态系统健康的不同阶段是重中之重。

(三)草地健康具有层次性的原则

草地生态系统由若干子系统组成,具有层级结构。它与子系统存在明显的行为差异,主要表现在时空尺度、复杂性、分辨率和过程速率等。人类对生态系统的认识和管理,一般输入到系统或子系统,检验系统或子系统的输出,判断子系统之间及其与生态系统之间的关系。受限于科技水平,生态系统多数条件下还是灰色系统,因此,通过关键生态过程认识系统整体健康与子系统健康的关系,是生态系统健康评价与管理的关键和便捷途径。

目前,关于生态系统整体与部分健康的关系主要有两种对立的观点,具体体现在对于健康评价指数的选择和使用上。一种观点认为,生态系统的健康依赖于子系统的健康(胡自治,1998;任继周,1988),健康评价对象以子系统及其组分为主,如群落水平、种群和个体水平的指标,常用指标是指示种和物种多样性(田梅和侯扶江,2009;袁航和侯扶江,2009;赵哈林等,2008;Gidman et al.,2006;Belaoussoff and Kevan,2003;Joanna,2003;Welsh and Droege,2001)。另一种观点认为,子系统的评价指数难以表现不同类型的生态系统之间的关系,主张在生态系统水平发展综合评价指数(韩天虎等,2008;Tait et al.,2000),常用指标如生态效率、完整性指数、能量指数、生态系统服务功能、VOR等(Xu et al.,2004;Jorgensen et al.,1995;Heitschmidt,1993;Karr,1993;Costanza,1992),构建模型是实现这一思路的重要手段(Lu and Li,2003;Xu et al.,2001;Schaeffer,1996)。层次分析法经常用于评价生态系统健康(刘国彬等,2003),自上而下对问题的分解体现了生态系统整体健康的重要性,自下而上确定最低层(提供决策的方案、措施等)对于最高层(生态系统健康)的相对重要性反映了子系统健康的关键地位,是介于两种观点之间的一种方法。

子系统之间及其与环境之间相互作用构成生态系统,生态系统的健康以子系统健康为基础,而且更加依赖于子系统之间相互关系的健康,这是界面论的思想(任继周等,2000)。

二、草地健康评价的方法

方法进步始终是学科发展的主要内容,生态系统健康也不例外。草地生态系统健康的评价方法主要经历了4个发展阶段(图9-2)。

(一)单因子罗列法

第1阶段,主要以环境、生物或社会等某一类因素的指标评价系统健康,以土地健康评价最具代表性。由于从不同视角或层次审视生态系统,孤立地分析数据,指标虽多,但

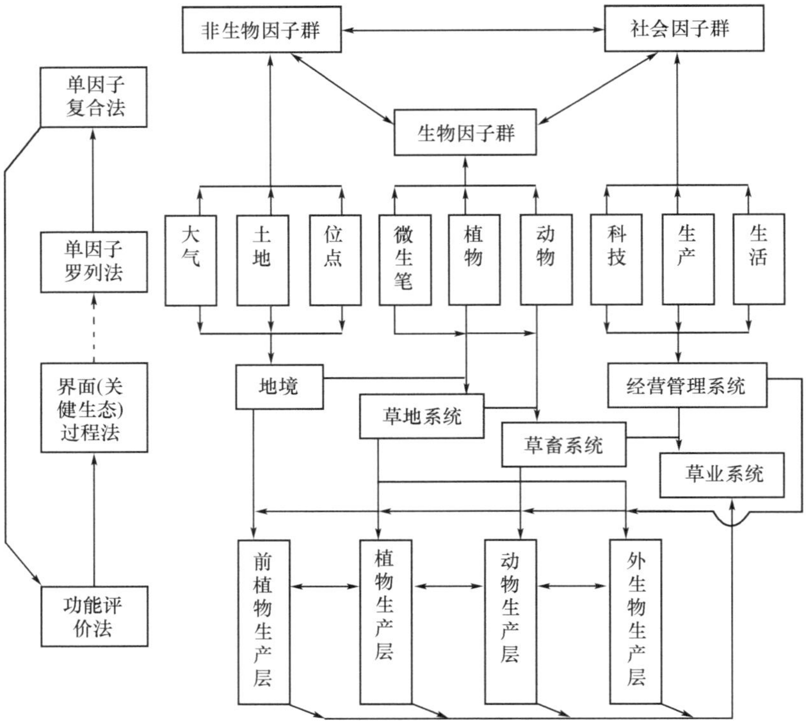

图 9-2　草地健康评价的方法

相互之间或独立或重叠,缺乏有机地整合。“只见树木,不见森林”,仅反映生态系统的局部,严重受限于当时的认识论和方法论。

这种方法风险高,各类指标之间缺乏准确的定量关系。但是,针对性强,若使用恰当,则简单、明确、快捷地指示系统健康,当前仍然普遍使用。

(二) 单因子复合法

第 2 阶段,在单因子罗列法的基础上发展起来的单因子复合法,是评价指标综合化的雏形和早期发展。由于不同生态系统各自独立地发展了评价指标体系,有些是具备各自学科特点的个性指标,有些指标则具有多学科的共性;共性指标也可能因为学科特点而有所侧重。在评价实践中,诸多指标常常放在一起比较,可以根据内在属性加以归纳、分门别类,便是最初的单因子复合法。可以说,单因子罗列法在多学科之间广泛使用,催生了单因子复合法,是学科交叉与社会需要的共同产物。

根据分类指标的学科属性,各单因子指标可以分为 3 类(郭颖杰等,2002)。①生态学指标,生态系统的生物特征、生境特征和生态功能(田梅和侯扶江,2009;袁航和侯扶江,2009)。②生物物理指标,主要是生态系统的大气、水和土壤等地境特征,与生态学指标有重叠,没有涉及位点因素,生态系统的位点常常是制约系统健康的关键因素(任继周等,2002)。③社会经济指标,主要是人口数量、质量(健康与文化水平)、经济状况和生态意识,也有人分为自然、经济和社会 3 类(桑燕鸿等,2006)。有两个主要优点:①兼顾多个单项因子之间的有机联系；②生态系统服务功能列入指标体系，体现了生态系统健康与功能的关系。也有两个主要缺陷。①指标量化缺乏齐整性。主要原因有三：指标属性使然，一般生态学指标与生物物理指标容易定量，社会经济指标则比较困难；指标没有确定的上下限，难以把握指标的行为特征（如经济指标），数据标准化困难；指标综合时，不易确定权重。②容易重复评价。主要原因有二：指标体系的评价项目相互交叉，如生态学的生境与生物物理指标，生物物理指标的水资源总量、土壤污染与社会经济指标等；系统的功能取决于系统结构，但评价结构的指标常常与评价功能的指标并列；同一属性、高度相关的指标并列。

单因子复合法打破类群界限，以内在特质为标准综合多项单项因子，从某一层面去阐释生态系统的健康特征，具有一定的深度，但是“横看成岭侧成峰”，不能对生态系统“立体成像”而得到其健康状态的综合多维影像，主要原因在于多项因子的分类标准不够全面。生物因子群（植物、动物、微生物）、非生物因子群（大气、土地、位点）和社会劳动因子群（生产水平、科技水平、生活水平）是生态系统的3个组分（任继周，1985）（图9-2），也是制约生态系统起源与发展的因素，决定着生态系统的结构与功能，它们的相互作用也决定了生态系统的健康状态，可以用作生态系统健康指标的分类标准。

（三）功能评价法

第3阶段。维持生态系统的健康状态，获得持续、稳定的服务功能是生态系统健康研究的根本目的。一般，健康的生态系统提供全价服务，崩溃的生态系统丧失服务功能，健康与服务存在对应关系（侯扶江等，2002，2004；任继周等，2002）。生态系统服务与生态健康的研究同期发展，两者的内在关系不断被挖掘，外在联系愈加紧密，越来越多的功能指标纳入健康评价的指标体系。VOR是这个阶段的重要特征。

生态系统健康包括结构健康，也包括功能健康，前者是基础，后者是外在表现，结构健康只有透过功能表现来判断，两者有映射关系。过去的评价实践，常常并列结构参数与功能参数，有重复评价之嫌。

功能评价替代结构评价，是一种通过现象透视本质的方法（侯扶江等，2002）。但是，结构与功能并非一一对应，功能指标只有指示生态系统最本质、对结构变化最敏感的功能，才能真实反应生态系统的结构健康。能流与物流是生态系统的重要功能，也是功能评价的常用指标（Fellows et al.，2006；Xu et al.，2005）。

功能评价法本质上是一种多指标的综合方法，具有直接、明确，具有明显的“功利性”和实用价值。健康评价综合指数是这一阶段的典型特征，包括选择与计算单因子健康指数、确定各单因子权重、组装综合指数3个步骤。目前，功能评价的指标综合性尚不足，主要因为对功能所依赖的生态过程及多个功能之间的关系并不十分清楚，诸多因子的综合较为牵强，缺乏对生态过程合理解释的支撑。

（四）界面过程评价

第4阶段，界面过程法或关键生态过程法，是生态系统健康评价指标综合化的必然趋势。界面是生态系统不同子系统之间相互作用的区域，是功能敏感区和信息的集中区，刻画了生态系统的行为过程(任继周等,2000,2002)。因此,一些科学家建议通过阐明关键生态系统过程,整合生态系统的各类属性特征,以组分之间相互作用为依据,建立综合性的评价指标(Pascual et al. ,2007;侯扶江等,2004;任继周等,2002)。以草业系统界面论和 VOR 方法为基础(任继周等,2002;Costanza,1992),对生态系统 CVOR 方法的探索和应用是这个阶段的重要特征(Dangles et al. ,2004)。

第三节　问题与展望

草地健康及其评价的研究需要在几个关键问题上有所突破。

一、草地健康与草业系统可持续发展的关系

可持续发展是草地健康的关键判据。

20 世纪 60～80 年代,国际合作的 3 个项目国际生物计划(IBP)、人与生物圈计划(MABP)和国际地圈-生物圈计划(IGBP)部分地形成了生态系统健康起源的实践基础和思想基础。生态系统健康与可持续发展的研究基本同步,二者不可避免地相互影响,共同发展,以至于在里约热内卢召开的以可持续发展为主题的世界环境与发展大会(1992 年)提出"国家间应加强合作,以保护和恢复地球生态系统的健康和完整性"。这一指导思想直接推动了生态系统健康研究的快速发展:①研究内容,由概念内涵的讨论进入方法探索的实质性阶段;②工作方式,由思想萌动进入生态系统管理的实践阶段;③学术队伍和阵地,ISEH(1994 年)这一专业学术团体及其会刊 *Ecosystem Health*(1995 年)的诞生不仅标志着生态系统健康研究正式登上国际学术舞台,更重要的是以学会为依托的专业学术队伍和以学刊为依托的学术阵地是该领域研究可持续发展的人力保证和力量来源。

草地健康的可持续发展有两层涵义。①草地健康研究与管理要遵循可持续发展的原则,健康的生态系统应该满足后代的基本需求。②人类面临着两类草地:一类尚未退化,草地只有在相当长的时间内保持稳定和良好的结构与功能(可持续)才是健康的(Whitford et al. ,1998);另一类是已经退化(不健康)的草地,它们需要相当长的时间才能恢复到健康状态。因此,草地健康的研究除了注重空间尺度上的生态系统层级结构,还要强调时间尺度上的可持续性。

二、草地健康与退化和恢复的关系

(一) 与退化的关系

退化草地是一类病态的生态系统,是系统相悖的结果(任继周和朱兴运,1995),也称为受损的生态系统(damaged ecosystem),它们在结构和功能上属于健康生态系统之外的一类生态系统,两者之间可以有条件地相互转化。草地健康是一个动态过程,具有内在的周期性变化,它可以由非生物因素(如气候)、生物因素(如牧草的生长周期)或社会劳动因素(如轮牧)引起,相对于定向运动的草地退化,草地健康的波动是一个随机过程。但

是，草地健康的波动也存在许多健康临界点，尤其在一定的外界条件下，稍微超限的干扰都可能引起草地健康由波动转化为退化。譬如，干旱年份的草原生态系统对利用较为敏感，我国冷季草地要比暖季草地退化严重即是最好的证明（汪诗平，2003）。因此，这是生态系统健康管理过程中需要高度关注的时段，通过研究生态系统的生理性不健康，我们往往比较容易发现它的健康阈值。

（二）与恢复的关系

退化草地通过“3R”［restoration（恢复），reconstruction（重建），rehabilitation（改建）］工程可以恢复健康，但不一定恢复到退化前的健康状态。当草地发生系统相悖，健康状态与气候、土壤等非生物因素不协调时，只有连续地输入能量才能维持其健康状态，它可能满足社会的需求，却不一定是生态健康的草地。波动也可能导致生态系统暂时丧失健康，但是它可以在一个内在的变化周期（如动植物种群的变化周期）、一个生长季（如草原）或一个生产周期（如轮牧周期）内恢复，因此在合理的时间尺度上它是健康的。

草地退化及其恢复与草地健康维护不能等同于同一事物的不同变化方向。草地健康有更加广泛的内涵。辩证地说，草地健康是相对的，没有绝对健康的草地，草地健康管理的任务就是寻求健康与不健康这两个状态之间的平衡点，这个过程就是草地的退化与恢复。

三、草地健康的模板与评价指标的综合化

草地健康标准是生态系统健康研究的关键命题。在很多地区已经很难找到一块完全健康的草地，恢复这样一块草地又需要较长时间。由于气候相对于生态系统具有更持久的稳定性，生态系统的生物学行为可以看作气候的函数，用气候参数可以构建其主要的生物学特征，如生产力及其种间分布格局，并作为评价现有草地健康的参照指标（侯扶江等，2004）。

有效的草地健康管理和相关的政策决策需要高度集中的草地状态、基况和变化趋势的信息，因此，草地健康的评价指标必须是综合化的（Andreasen et al.，2001）。应满足3点要求：①对环境胁迫敏感；②预警草地退化的风险；③与草地的生态功能相联系（Whitford et al.，1998；侯扶江等，2004）。根据关键生态过程确定草地健康的评价指标，可以避免因概全生态系统健康的诸多生物学特征而又不能正确综合这些特征所产生的误差，在相同尺度和起点上比较不同类型草地的健康状况，体现出草地健康主要取决于草地管理水平，这样的健康评价指数也就具有较大的适用范围，即不同气候区域的生态系统虽然生物学表现各异，但如果管理水平相同，就可能具有相同的健康状态。该方法具备简单、准确、适用和综合的特点。

四、展望

当前，生态系统健康研究广泛涉及各类生态系统。但是，根据研究的广度和深度、评价指标的完备性、评价方法的综合化，以及报道的强度，森林生态系统和水生态系统有数量优势（Niyogi et al.，2003；Oberdorff et al.，2002；Allen，2001；Fairweather，1999）。

生态系统健康既是可持续发展的途径,也是生态系统管理的目标。科学家已经分别从医学、生态学、社会学、经济学等多学科各有侧重地定义了生态系统健康,提出概念模型,对各类生态系统开展了大量的健康评价,建立了诸多健康指标。尽管不同学科对生态系统健康的理解各有千秋,但是都无一例外地把它作为环境管理的终极目标(侯扶江,2008;Costanza and Mageau,1999;Rapport et al.,1998)。

生态系统健康(学)的产生与发展,既是生态学发展的必然,也是人类解决诸多环境问题、实现可持续发展的必需。一开始,生态系统健康学就面临着激烈的争论,但是,它在热议中走到今天,并将在争执中继续前行,鼓励的和质疑的诸多见解推动这一学科方向获得了前所未有的发展。当然,社会发展对健康的需求是最根本动力。

(侯扶江)

主要参考文献

Meadows DH. 1984. 增长的极限. 成都:四川人民出版社

蔡晓明. 2000. 生态系统生态学. 北京:科学出版社:20-38

陈高,邓红兵,代力民,等. 2005. 森林生态系统健康评估Ⅱ. 案例实践. 应用生态学报,16(1):1-6

丛沛桐,王瑞兰,王珊林,等. 2003. 东灵山辽东栎林生态系统健康仿真与评价研究. 系统仿真学报,15(5):640-642

戴全厚,刘国彬,田均良,等. 2006. 侵蚀环境小流域生态经济系统健康定量评价. 生态学报,26(7):2219-2228

甘肃农业大学. 1961. 草原学. 北京:农业出版社:161-179

郭颖杰,张树深,陈郁. 2002. 生态系统健康评价研究进展. 城市环境与城市生态,15(5):11-13

韩天虎,花立民,许国成. 2008. 高原鼠兔危害级别划分. 草业学报,17(5):130-137

侯扶江. 2008. 岁末寄语. 草业科学,25(12):封二

侯扶江,李广,常生华. 2002. 放牧草地健康管理的生理指标. 应用生态学报,13(8):1049-1053

侯扶江,于应文,傅华,等. 2004. 阿拉善草地健康评价的 CVOR 指数. 草业学报,13(4):117-126

胡会峰,徐福留,赵臻彦,等. 2003. 青海湖生态系统健康评价. 城市环境与城市生态,16(3):71-75

胡自治. 1998. 草地植被特征的研究//任继周. 草业科学研究方法. 北京:中国农业出版社:1-29

李博. 1997. 中国北方草地退化及其防治对策. 中国农业科学,30(6):1-9

李香真,刑雪荣,陈佐忠. 2001. 不同放牧率对旱黄梅衣生物量和化学元素组成的影响. 应用生态学报,12(3):369-373

刘国彬,胡维银,许明祥. 2003. 黄土丘陵区小流域生态经济系统健康评价. 自然资源学报,18(1):44-49

刘惠清,许嘉巍,吴秀芹. 2003. 西藏自治区乃东县生态系统的健康评价. 地理科学,23(3):366-371

刘建军,王文杰,李春来. 2002. 生态系统健康研究进展. 环境科学研究,15(1):41-45

陆凡,李自珍. 2003. 沙坡头地区人工林生态系统健康的评价分析. 西北植物学报,23(10):1731-1734

欧阳毅,桂发亮. 2002. 浅议生态系统健康诊断数学模型的建立. 水土保持研究,7(3):194-197

任继周. 1985. 草原调查与规划. 北京:中国农业出版社

任继周. 1988. 草原资源的草业评价指标体系刍议//农牧渔业部经济政策研究中心. 中国畜牧业发展战略研究. 北京:中国展望出版社:242-261

任继周. 1997. 草地资源的属性、结构与健康评价//王培. 中国草地科学进展. 北京:中国农业大学出版社:3-7

任继周. 2003. 羊年谈禁牧. 草业科学,20(3):1-3

任继周,侯扶江. 1998. 中国西部草地资源及其发展战略//刘长缨. 西部资源环境科学研究中心年报(1994~1996). 兰州:兰州大学出版社:75-85

任继周,李向林,侯扶江. 2002. 我国草地农业生态学的研究前沿和发展趋势. 应用生态学报,13(4):1017-1021

任继周,南志标,郝敦元. 2000. 草业系统中的界面论. 草业学报,9(1):1-8

任继周,朱兴运. 1995. 农业生态生产力及其生产潜势. 草业学报,4(2):1-5

任继周,朱兴运,王钦.1982. 高山草原草地有效生产能力以前诸转化阶生产能力动态的研究. 生态学杂志,2:1-8
桑燕鸿,陈新庚,吴仁海,等.2006. 城市生态系统健康综合评价. 应用生态学报,17(7):1280-1285
田梅,侯扶江.2009.3 种植物枯落物水提液对达乌里胡枝子幼苗生长的作用. 草业科学,26(1):45-49
汪诗平.2003. 青海省"三江源"地区植被退化原因及其保护策略. 草业学报,12(6):1-9
王金叶,车克均,常宗强,等.2001. 张掖地区森林可持续经营标准与指标. 西北林学院学报,16(增刊):74-79
肖风劲,欧阳华.2002. 生态系统健康及其评价指标和方法. 自然资源学报,17(2):203-209
谢花林,李波,王传胜,等.2005. 西部地区农业生态系统健康评价. 生态学报,25(11):3028-3036
许鹏.1998. 新疆荒漠区草地与水盐植物系统及优化生态模式. 北京:科学出版社
杨建强,崔文林,张洪亮,等.2003. 莱州湾西部海域海洋生态系统健康评价的结构功能指标法. 海洋通报,22(5):58-63
杨士尧.1986. 系统科学导论. 北京:农业出版社:90-126
尹华军,刘庆.2003. 森林生态系统健康诊断研究进展及亚高山针叶林健康诊断的思考. 世界科技研究与发展,25(5):56-61
余树全,姜春前,周国模,等.2003. 雷竹林生态系统健康的研究. 北京林业大学学报,25(5):15-19
余作岳,彭少麟.1996. 热带亚热带退化生态系统植被恢复生态学研究. 广州:广东科学技术出版社:1-35
袁航,侯扶江.2009. 农牧交错带天然草地植物种枯落物对小麦幼苗生长的影响. 草业科学,26(5):110-115
曾德慧,姜凤歧,范志平,等.1999. 生态系统健康与人类可持续发展. 应用生态学报,10(6):751-756
赵哈林,大黑俊哉,李玉霖,等.2008. 人类放牧活动与气候变化对科尔沁沙质草地植物多样性的影响. 草业学报,17(5):1-8
周萍,刘国彬,薛萐.2009. 草地生态系统土壤呼吸及其影响因素研究进展. 草业学报,18(2):184-193
Allen E. 2001. Forest health assessment in Canada. Ecosystem Health,7(1):28-34
Andreasen JK,O'Neill RV,Noss R,et al. 2001. Considerations for the development of a terrestrial index of ecological integrity. Ecological Indicators,1(1):21-35
Bardgett RD,McAlister E. 1999. The measurement of soil fungal:bacterial biomass ratios as an indicator of ecosystem selfregulation in temperate meadow grasslands. Biology and Fertility of Soils,29:282-290
Barrett GW. 1976. Stress ecology. BioScience,26(3):192-194
Barrett GW,Rosenberg R. 1981. Stress effects on natural ecosystems. London:John Wiley& Sons Ltd
Belaoussoff S,Kevan PG. 2003. Are there ecological foundation for ecosystem health? The Environmentalist,23:255-263
Blamey RK, Bennett JW, Louviere JJ, et al. 2002. Attribute causality in environmental choice modeling. Environmental and Resource Economics,23(2) :167-186
Bunn SE,Davies PM,Mosisch TD. 2007. Ecosystem measures of river health and their response to riparian and catchment degradation. Freshwater Biology,52:333-345
Cairns J. 1999. Exexptionalism vs environmentalism: the crucial debate on the value of ecosystem health. Aquatic Ecosystem Health and Management,2(3):331-338
Cairns J, McCormick PV, Niederlehner BR. 1993. Aproposed framework for developing indicators of ecosystem health. Hydrobiologia,263:1-44
Calver MC. 2000. Lessons from preventive medicine for the precautionary principle and ecosystem health. Ecosystem Health, 6(2):99-107
Carson R. 1962. Silent spring. Boston:Honghton Mifflin Company
Committee on Rangeland Classification,National Research Council (NRC). 1994. Rangeland health—new methods to classify, inventory and monitor rangelands. USA:National Academy Press
Costanza R. 1992. Toward an operational definition of ecosystem health//Costanza R, Norton BG, Haskell BD. Ecosystem health:new goals for environmental management. Washinton DC:Island Press:239-256
Costanza R,Arge R,Groot R. 1997. The value of the world's ecosystem services and natural capital. Nature,386:253-260
Costanza R,Mageau M. 1999. What is a healthy ecosystem? Aquatic Ecology,33(1):105-115
Dangles O,Malmqvist B,Laudon H. 2004. Naturally acid freshwater ecosystems are diverse and functional:evidence from boreal

streams. Oikos, 104(1): 149-155

de Soyza AG, van Zee JW, Whitford WG, et al. 2000. Indicators of Great Basin rangeland health. Journal of Arid Environments, 45(4): 289-304

de Soyza AG, Whitford WG, Herrick JE, et al. 1998. Early warning indicators of desertification: examples of tests in the Chihuahuan Desert. Journal of Arid Environments, 39(2): 101-112

Ehrenfeld JG. 2000. Defining the limits of restoration: the need for realistic goals. Restoration Ecology, 8(1): 1-2

Fairweather PG. 1999. Determining the 'health' of estuaries: priorities for ecological research. Australian Journal of Ecology, 24(4): 441-448

Fellows CS, Clapcott JE, Udy JW, et al. 2006. Benthic metabolism as an indicator of stream ecosystem health. Hydrobiologia, 572: 71-87

Gidman EA, Tevens CJ, Goodacre R, et al. 2006. Using metabolic fingerprinting nitrogen deposition impacts on the landscape level. Global Change Biology, 12(8): 1460-1465

Hamilton EW, Giovannini MS, Moses SA, et al. 1998. Biomass and mineral element responses of a Serengeti short-grass species to nitrogen supply and defoliation: compensation requires a critical. Oecologia, 116(3): 407-418

Harris JA, Hobbs RJ. 2001. Clinical pratice for ecosystem health: the role of ecological restoration. Ecosystem Health, 7(4): 195-206

Harrison TD, Whitfield AK. 2004. A multi-metric fish index to assess the environmental condition of estuaries. Journal of Fish Biology, 65: 683-710

Haynes D, Brodie J, Waterhouse J. 2007. Assessment of the water quality and ecosystem health of the Great Barrier Reef (Australia): conceptual models. Environmental Management, 40(6): 993-1003

Heal G. 2000. Valuation ecosystem services. Ecosystems, 3: 24-30

Heitschmidt RK. 1993. The ecology of grazing management//Baker MJ. Grasslands for our world. New Zealand: Sir Publishing: 477-480

Hodge S, Vink CJ, Banks JC. 2007. The use of tree-mounted artificial shelters to investigate arboreal spider communities in New Zealand nature reserves. Journal of Arachnology, 35(1): 129-136

Hodgson J. 1990. Grazing management: science into practice. New York: Longman Scientific & Technical: 1-2

Joanna B. 2003. Assessing perceptions about ecosystem health and restoration options in three east coast. Environmental Monitoring and Assessment, 83(2): 145-162

Jorgensen SE, Nielson SN, Mejer H. 1995. Emergy, environ, exergy and ecological modeling. Ecological Modelling, 77: 99-109

Karr JR. 1993. Defining and assessing ecological integrity: beyond water quality. Environmental Toxicology and Chemistry, 12: 1521-1531

Karr JR, Fausch KD, Angermeier PL. 1986. Assessing biological integrity in running water waters: a method and its rational. Champaign: Illinois Natural History Survey

Kay FR, Sobhy HM, Whitford WG. 1998. Soil microarthropods as indicators of exposure to environmental stress in Chihuahuan Desert rangelands. Biology and Fertility of Soils, 28(2): 121-128

Kerr SR, Dickie LM. 1984. Measuring the health of aquatic ecosystem//Levin SA. Ecotoxicology: problems and approaches. New York: Springer-Verlag

Koren HS, Crawford-Brown D. 2004. A framework for the integration of ecosystem and human in public policy: two case studies with infectious agents. Environmental Reseach, 95(1): 92-105

Krebs CJ. 2003. Ecology: the experimental analysis of distribution and abundance. 5th Edition. 北京:科学出版社: 583-608

Lee BJ. 1982. An ecological comparison of the McHarg method with other planning initiatives in the Great Lakes Basin. Landscape and Planning, 9(2): 147-169

Leopold A. 1941. Wilderness as a land laboratory. Living Wilderness, 6(July): 3

Lu F, Li ZZ. 2003. A model of ecosystem health and its application. Ecological Modelling, 170(1): 55-59

Mageau MT, Costanza R, Ulanowicz RE. 1998. Quantifying the trends expected in developing ecosystem. Ecological Modelling, 112(1): 1-22

Niyogi DK, Simon KS, Townsend CR. 2003. Breakdown of tussock grass in streams along a gradient of agricultural development in New Zealand. Freshwater Biology: 1698-1708

Norton BG. 1989. Intergenerational equity and environmental decisions: a model using Rawls' of ignorance. Ecological Economics, 1(2): 137-159

Norton BG. 1992. A new paradigm for environmental management//Costanza R, Norton BG, Haskell BD. Ecosystem health: new goals for environmental management. Washinton DC: Island Press

Oberdorff T, Pont D, Hugueny B, et al. 2002. Development and validation of a fish-based index for the assessment of ' river health' in France. Freshwater Biology, 47(9): 1720-1734

Parrotta JA, Turnbull JW, Jones N. 1997. Catalyzing native forest regeneration on degraded tropical lands. Forest Ecology and Management, 99(1-2): 1-7

Pascual S, Gonzáalez ÁF, Guerra Á. 2007. Parasite recruitment and oceanographic regime: evidence suggesting a relationship on a global scale. Biological Reviews, 82(2): 257-263

Patil GP, Taillie C. 2004. Upper level set scan statistic for detecting arbitrarily shaped. Environmental and Ecological Statistics, 1(2): 183-197

Rapport DJ. 1989. What constitutes ecosystem health? Perspectives in Biology and Medicine, 33: 120-132

Rapport DJ. 1999a. Epidemiology and ecosystem health: natural bridges. Ecosystem Health, 5(3): 174-179

Rapport DJ. 1999b. On the transformation from healthy to degraded aquatic ecosystems. Aquatic Ecosystem Health and Management, 2(2): 97-103

Rapport DJ, Costanza R, McMichael AJ. 1998. Assessing ecosystem health. Trends in Ecology & Evolution, 13(10): 397-402

Rapport DJ, Regier HA, Hutchinson TC. 1985. Ecosystem behavior under stress. The American Naturalist, 125: 617-640

Robertson M, Nichols P, Horwitz P, et al. 2000. Environmental narratives and the need for multiple perspectives to restore degraded landscape in Australia. Ecosystem Health, 6(2): 119-130

Schaeffer DJ. 1991. A toxicological perspective on ecosystem characteristics to track sustainable development Ⅷ. Ecosystem health. Ecotoxicology and Environmental Safety, 22(2): 225-239

Schaeffer DJ. 1996. Diagnosing ecosystem health. Ecotoxicology and Environmental Safety, 34(1): 18-34

Schaeffer DJ, Cox DK. 1992. Establishing ecosystem threshold criteria//Costanza R, Norton BG, Haskell BD. Ecosystem health: new goals for environmental management. Washinton DC: Island Press: 157-169

Smith EL. 1978. A critical evaluation of the range condition concept//Hyder DN. Proceedings of the first international rangeland congress: 266-267

Tait JTP, Cresswell ID, Lawson R, et al. 2000. Auditing the health of Australia's ecosystems. Ecosystem Health, 6(2): 149-158

The Sustainable Rangelands Roundtable (SRR). 2003. The criteria and indicators for sustainable rangelands, the first approximation, http://SustainableRangelands. cnr. colostate. edu

Tongway D. 1994. Rangeland soil condition assessment manual. Australia: CSIRO Division of Wildlife and Ecology

Udy JW, Fellows CS, Bartkow ME, et al. 2006. Measures of nutrient processes as indicators of stream ecosystem health. Hydrobiologia, 572: 89-102

Vilchek GE. 1998. Ecosystem health, landscape vulnerability and environmental risk assessment. Ecosystem Health, 4(1): 52-60

Vogt W. 1948. Road to survival. New York: William Sloan

Vugteveen P, Leuven RSEW, Huijbregts MAJ, et al. 2006. Redefinition and elaboration of river ecosystem health: perspective for river management. Hydrobiologia, 565: 289-308

Walker J, Reuter DI. 1996. Indicators of catchment health. CSIRO Australia

Well PG, Cote RP. 1988. Protecting marine environmental quality from land-based pollutants, the strategic role of ecotoxicology. Marine Policy, 12(1): 9-21

Welsh HHJR, Droege S. 2001. A case for using Plethodontid salamanders for monitoring biodiversity and ecosystem integrity of North American forests. Conservation Biology, 15(3): 558-569

Whitford WG, de Soyza AG, van Zee JW, et al. 1998. Vegetation, soil and animal indicators of rangeland health. Environmental

Monitoring and Assessment, 51: 179-200

Whitford WG, Rapport DJ, de Soyza AG. 1999a. Using resistance and resilience measurements for 'fitness' tests in ecosystem health. Journal of Environmental Management, 57(1): 21-29

Whitford WG, van Zee JW, Nash WE, et al. 1999b. Ants as indicators of ecposure to environmental stressors in North American desert grasslands. Environmental Monitoring and Assessment, 54(2): 143-171

Woodwell GM. 1970. Effects of pollution on the structure and physiology of ecosystems. Science, 168: 429-433

World Commission on Environment and Development. 1987. Our common future. Oxford: Oxford University Press

Xu FL, Dawson RW, Tao S, et al. 2001. A method for lake ecosystem health assessment: an ecological modeling method (EMM) and its application. Hydrobiologia, 443(1/3): 159-175

Xu FL, Lam KC, Zhao ZY, et al. 2004. Marine coastal ecosystem health assessment: a case study of the Tolo Harbour, Hong Kong, China. Ecological Modelling, 173(4): 355-370

Xu FL, Zhao ZY, Zhan W. 2005. An ecosystem health index methodology (EHIM) for lake ecosystem health assessment. Ecological Modelling, 188: 327-339

推荐阅读文献

侯扶江,于应文,傅华,等. 2004. 阿拉善草地健康评价的 CVOR 指数. 草业学报,13(4):117-126

任继周,朱兴运. 1995. 农业生态生产力及其生产潜势. 草业学报,4(2):1-5

Costanza R. 1992. Toward an operational definition of health//Costanza R, Norton B, Haskell B. Ecosystem health: new goals for environmental management. Washington DC: Island Press: 239-256

Costanza R, Mageau M. 1999. What is a healthy ecosystem? Aquatic Ecology, 33(1): 105-115

Rapport DJ. 1989. What constitutes ecosystem health? Perspectives in Biology and Medicine, 33: 120-132

第四篇　动物生产层

第十章　动物生产层的草业科学涵义

动物是草业系统物流与能流的中转站，种类包括家畜，如牛（含奶牛）、马、驴、骡、骆驼、鹿、猪、羊（绵羊，山羊）、兔、袋鼠等；禽类，如鸡、鸭、鹅、鸵鸟、鹌鹑等；鱼类等。动物生产通过浓缩和提纯草业系统的植物物质与能量，生产人类需要的物质和精神产品，同时维持自身与其他组分、乃至整个草地农业系统的健康。动物生产与人类同时诞生、协同进化，是地球上最古老的生产活动之一（Diamond，1997；任继周，2004a）。它的发展和完善既是人类活动的结果，又加速了人类的进化。

第一节　草业科学中动物生产层的涵义

一、动物生产层的草业科学涵义

在草业系统中，动物生产层的基本涵义在于以下方面。①草业科学的传统构件。传统草原学向前溯源至前植物生产层，向后延伸到后生物生产层，产生了现代草业科学（任继周，2004）。动物生产层和植物生产层是现代草业科学的传统构件。②草业系统的标志性组分。草业、草业科学、草业系统并不拘于“草”，动物生产层的客观存在是根本原因。③现代化农业的标准。农业现代化的标志之一就是动物生产在农业生产中占主导地位。新西兰畜牧业 GDP 占农业的 80%，英国和加拿大的占 65%，美国和澳大利亚畜牧业 GDP 占农业的 60% 左右，法国占 57%，德国占 54%（王思明，2001；苏志彪等，2003），东欧一些准发达国家，如俄罗斯、捷克也在 50% 以上，保加利亚和罗马尼亚在 45% 左右（朱丕荣，2009）。农业现代化已完成的国家中，动物生产的比例总体上不低于 60%，简而言之，现代化农业就是“有畜”农业（任继周和朱兴运，1995）。④草业系统核心生产力的表达途径。尽管草业系统通过景观生产、植物生产、动物生产和动植物产品的加工、储运为人类创造财富，但是对人类生存和发展具有根本作用的草业系统产品主要来自动物生产，现阶段畜产品是草业系统核心生产力的表现（任继周和朱兴运，1995）。⑤多组分的耦合系统。较其他生产系统拥有更高的农业多样性，至少是植物生产与家畜生产相耦合的系统。⑥多途径的耦合系统。植物与家畜互作途径多样，在空间上分为两类：植物生产与家畜生产同时发生在同一个农场系统中，农场内耦合，即综合生产系统；或在一定空间范围内，不同区域分别开展植物生产和家畜生产，然后协作，即农场外耦合（Entz et al.，2005），典型代表为内陆干旱区的山地-绿洲-荒漠耦合系统（任继周等，2000）。⑦多功能系统。至少具有生产和生态两种功能。如果动物生产层疏于管理，不仅生产力低下，而且会威胁食品安全，造成严重环境污染，直接威胁人类健康（任继周和侯扶江，2009）。⑧可控的资源循环系统。动物生产所涉及的植物和动物两个基本组分构成系统的营养级，形成完整的物质循环与能量流动通路，一个组分的产出常常是另一个组分的输入，资源利用水平可以人为调控（任继周和朱兴运，1995；侯扶江等，2009）。⑨可持续的生态农业系统。

在草业系统中,动物生产层更容易与植物生产层或其他生产系统发生系统耦合,从而克服系统相悖、提升生态生产力。集约化的作物-家畜综合生产系统是当前世界生产水平最高和生态效益最好的动物生产系统(侯扶江等,2009),成为各国农业结构调整的趋向。

二、草业科学中动物生产层涵义的发展

动物生产层在草业科学的涵义不是一成不变的。相反,它始终随着草业学科自身的发展、动物生产的进步和社会需求的变化而不断充实和完善(任继周和朱兴运,1995)。因为动物生产力是科技、资本、农业文明等因素的综合体现,所以动物生产层涵义的发生与发展较为完整地展现于发展中国家和发达国家对于动物生产层理解的分异和趋同。

(一) 功能多样性增加

功能多样性增加有两层含义:一是群体水平动物生产层的功能增加;二是个体水平,某一动物生产系统的功能多样化。总体上,动物生产层的功能可以划分为3个类型:生产功能型,以生产畜产品(包括医药保健等功能食品)为唯一目的;生产与生态环境保护的双功能型,重视动物生产在物种保护、生态系统管理中的作用;生产、生态与精神文化多功能型,动物生产的功能已经由单一的食物生产向食物生产、物种保护、生态系统管理、狩猎运动、观光休闲、医药保健等综合功能拓展(任继周,2004)。后两者也是传统的草业系统的前植物生产。一般随着社会发展水平的提高,社会对动物生产层的功能需求将趋向多样化(图10-1),但是生产功能是其他所有功能的基础。发达国家对于草业系统中动植物生产的比例有较为明确的数量要求,在此基础上,注重系统的多功能性,尤其是生态功能。发展中国家更加关注生产力,甚至以牺牲环境为代价,满足对食物数量的需求。发展中国

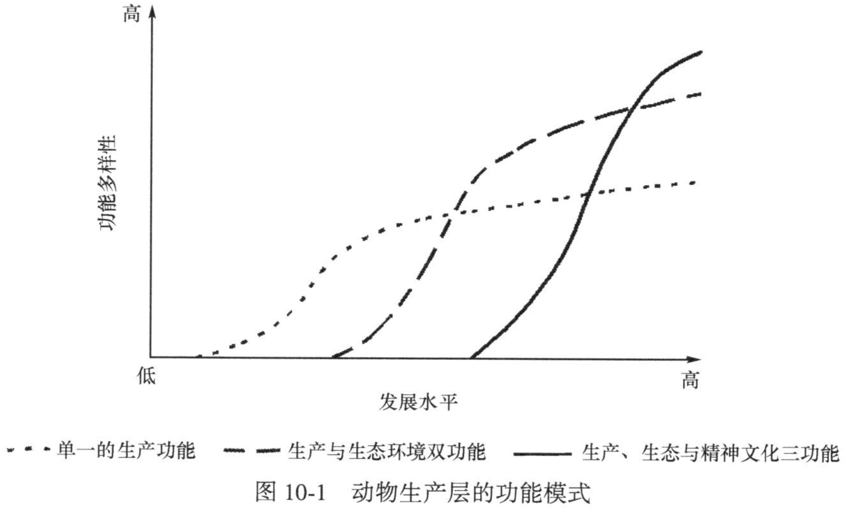

图10-1　动物生产层的功能模式

家与发达国家对于动物生产功能的分歧在于,所处历史阶段和面临的社会、经济、生态问题不同草业系统变革(包括动物生产变革在内)就是要解决这些问题。发达国家的草业生产水平早已解决温饱,所以多强调环境的可持续性。发展中国家首先要解决吃饭问题,其次才是可持续性。然而,从单一的食物生产功能向食物生产、生态系统管理等综合功能拓展,是草业科学动物生产层不可逆转的发展方向。

(二) 集约性增加

动物生产方式更加集约化。许多发展中国家,现阶段的集约化动物生产等同于专门化,贬抑放牧,注重舍饲(侯扶江等,2009)。而在发达国家,专门化的动物生产系统趋于衰落或向发展中国家转移,集约化的综合系统正在崛起,从舍饲回归放牧是重要特征(任继周,2003)。动物生产层的总体发展趋势:发展中国家由粗放指向集约化,而且一些中等偏上的发展中国家正在由劳动力密集型向资本(含土地)密集型、技术密集型转变;发达国家动物生产的集约性已经抛弃了劳动力密集型,并且正在由资本和技术密集型向单一的技术密集型转变(图 10-2),在这个过程中,管理的作用日益重要,一定程度上也可认作是管理密集型。虽然集约化的综合农业系统是全球农业系统发展的最新阶段,也是世界各国动物生产系统的演变方向(侯扶江等,2009),但是在发展中国家,现阶段由于人口压力巨大、技术短缺和资金不足,尚需因地制宜,既搞专门化生产,也搞综合农业系统,而且跨越式发展(任继周,2004)。

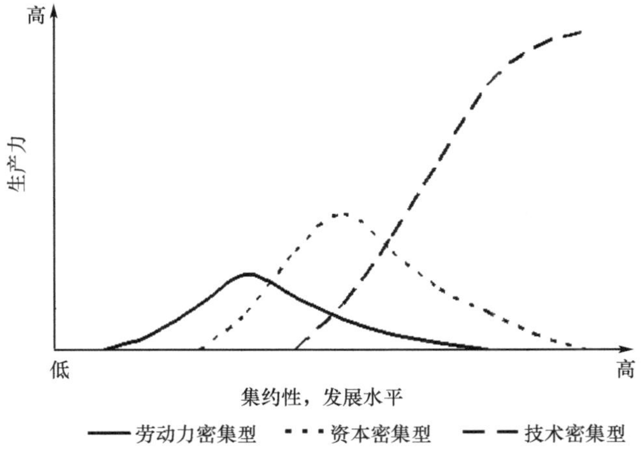

图 10-2　动物生产层集约化模式

(三) 耦合强度增加

动物生产层与草业系统内部其他生产层之间的纵向耦合,尤其与植物生产层,以及与其他生产系统的横向耦合强度均增强,表现为系统之间的物流与能流通量增大(任继周等,2000),主要因为动物生产层的系统开放性扩大、规模化程度提高和畜产品生产周期缩短。动物生产与植物生产的耦合增强趋势同时存在于发展中国家和发达国家,但耦合机制有本质区别。发达国家在人口与环境双重压力之下,通过放牧,甚至加强天然草地的放牧管理,植物生产与家畜生产的耦合不断增强(任继周,2004),以解决专门化动物生产系统造成能源浪费和污染严重等问题(Matson et al. ,1997)。美国甚至成立了专门的科研机构、搭建专门的学术交流平台以支持耦合系统的发展,如威斯康星国立大学 1989 年成立了作物-家畜综合农业系统中心,美国作物学会(CSSA)、农学会(ASA)与土壤学会(SSSA)的联合年会连续设有作物-家畜综合农业系统专题,农学杂志(*Agronomy Journal*)设有综合农业系统专栏。发展中国家主要依赖栽培草地发展舍饲,天然草地放牧日渐式微。

(四) 耦合途径单一化

以往,动物生产层与植物生产层的耦合途径丰富多样(图 10-3):①天然草地放牧;②栽培草地放牧、割草或两者兼有;③天然林地放牧(林牧复合系统);④林地种植作物(含饲料作物),放牧、割草舍饲家畜或作物收获后茬地放牧(农林牧复合系统);⑤粮食作物和经济作物茬地放牧,作物因自然或市场灾害而放弃收获后放牧;⑥作物籽实、块茎饲喂家畜,多用作补饲;⑦家畜厩肥返还作物地和农林牧复合系统;⑧家畜为作物生产提供畜力;⑨畜产品(作为食品或生产资料等)支撑作物生产或天然草地。这种复杂的耦合机制至少有以下优点:①提高了动物生产层的多样性,增加了系统冗余度和稳定性;②通过家畜放牧,天然草地系统与作物生产系统耦合;③物质在植物生产与动物生产之间双向循环;④管理方式多样化;⑤为动物生产层创造更多的与其他系统耦合的机会。这种系统常常是历史磨合的产物,主要缺点是管理复杂和系统对资金、管理、技术等各种投入延迟响应。当前,以舍饲为基础的草畜耦合途径趋于简单,主要表现为家畜专门化系统的扩展,“以粮为纲”的农业系统更是把草畜相悖发展到了极致(任继周和朱兴运,1995)。虽然简化的管理程序加快了生产节奏,满足了规模化大生产的需要,但是也产生了一系列问题:①物质和能量从植物生产向动物生产单向流动,增加动物生产的环境风险;②系统的生产力和稳定性高度依赖于管理、资金、物资和技术投入;③作物生产与天然草地的联系被切断。

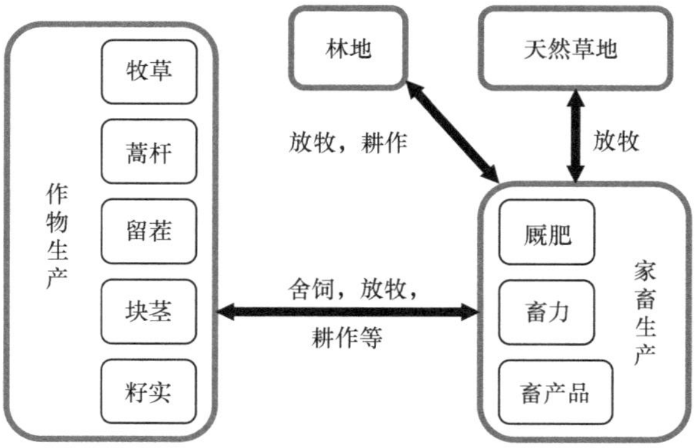

图 10-3　植物生产与动物生产的耦合途径

(五) 重要性增加

动物生产壮大了农户、地区和国家的综合实力,并且体现了农户、地区和国家综合实力,它对草业科学和社会的重要性增加,发展中国家尤其如此。一般,家畜数量与农牧民收入有着较为直接的关系(图 10-4)。根据统计资料(中华人民共和国农业部,2008),农村动物生产水平与农牧民收入呈极显著正相关($P<0.001$),人均动物产值增加 1 元,农民人均收入也相应提高 1 元(图 10-5)。对于我国大陆 31 个省区的分析表明,动物产值与 GDP 总量也呈极显著正相关($P<0.001$)(图 10-6)。世界、美国和中国,GDP 总量随肉类产量呈指数增长(图 10-7),抽样全球 16 个国家,发展中国家与发达国家各半,通过分析 1990~2007 年 GDP 与肉类产量的关系,发达国家中美国、澳大利亚、新西兰和所有发展中国家均表现出指数上升的趋势,发展中国家里面巴西、阿根廷等中等接近发达国家水平的国家相关系数呈下降趋势。第二次世界大战前日本的畜牧业只占农业 GDP 的 0.5%,日本经济腾飞时期,畜牧业产值在大农业中的比例直线上升(图 10-8)。这些都说明,动物生产大发展是一个国家迈进富裕之门不可绕避的门槛。

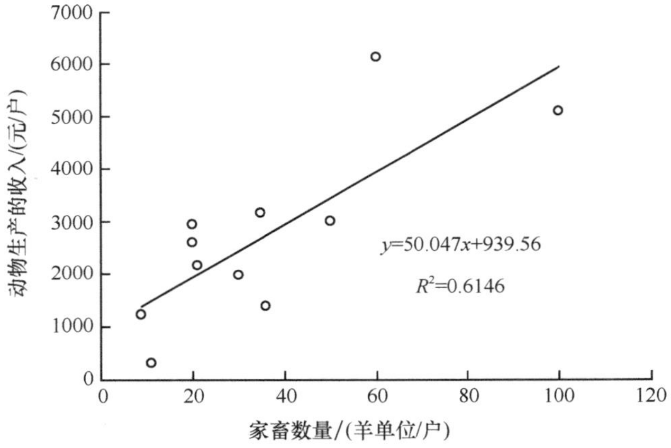

图 10-4　甘肃环县梁洼村家畜饲养与动物生产收入的关系

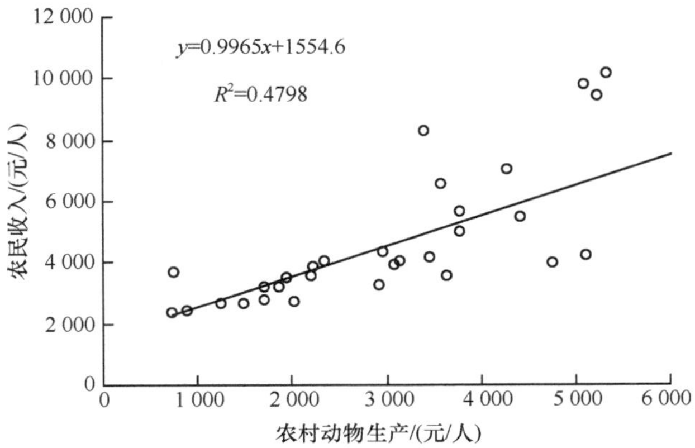

图 10-5　2007 年,我国 31 个省、自治区、直辖市农村人均动物生产总值与农民人均收入的关系

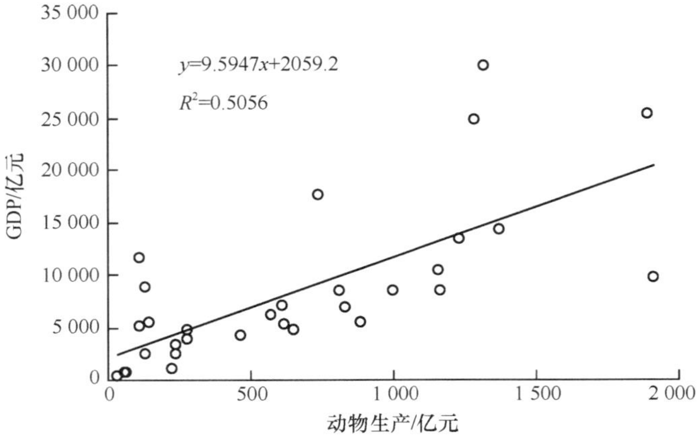

图 10-6　2007 年,我国 31 个省、自治区、直辖市动物生产与 GDP 的关系

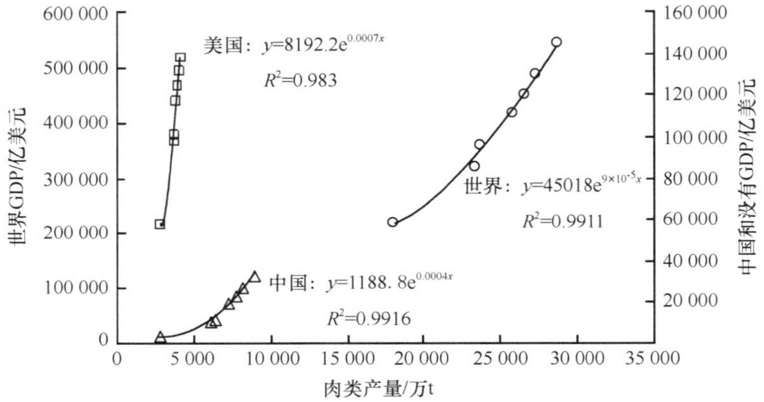

图 10-7　肉类产量与 GDP 的关系

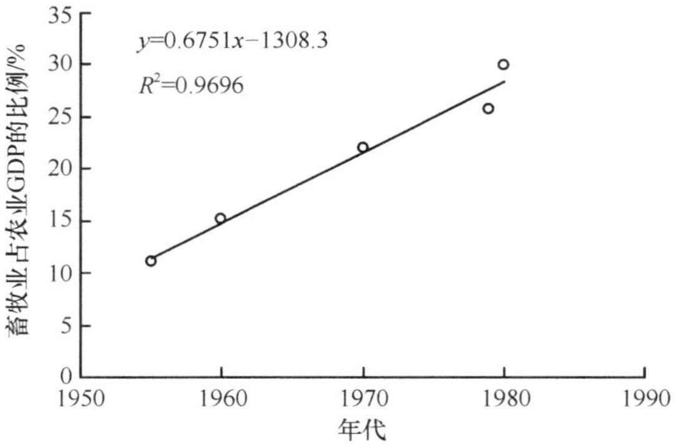

图 10-8　日本经济腾飞时期畜牧业占农业 GDP 的比例

第二节　动物生产层在草业生产中的作用

动物生产首要目的是提供食物和毛、皮等生活用品，近年来食物生产功能呈现两极分化趋势，发展中国家不断强化，而在欧洲的一些发达国家则表现产量弱化、品质加强的趋向。既有人口急剧膨胀、食物结构改善和环境保护的需求，也是科学技术进步的重大贡献。

一、家畜存栏量动态

动物生产持续发展首先体现在家畜饲养量的增加，这是满足人类对动物性食物需求的关键基础之一。1962～2002 年，全世界家畜存栏量增加 2 倍，其中，家禽年存栏量增加 3 倍，目前约 160 亿只；猪和山羊年存栏数分别提高 1.2 倍和 1 倍，当前分别接近 10 亿头和 8 亿只；水牛和牛（肉牛和奶牛）年饲养量分别上升 87.6% 和 42.8%，分别为 1.7 亿头和 14 亿头（Sims et al.，2005）。我国 1995～2005 年，牛、羊和猪的年末存栏量分别增加 14.8%、54.9% 和 21.4%（表 10-1），分别超过 3 种家畜全球存栏总量的 1/10、1/5 和 1/2（任继周等，1999；国家统计局，2006）；2002 年，鸡饲养量约占全球总量的 26.2%，马科动物（马、驴、骡）饲养量占 17.1%。

表 10-1　中国 1995 年和 2005 年主要家畜存栏量比较

年份	牛/百万头	羊/百万只	猪/百万只
1995	123.32	240.52	414.62
2005	141.58	372.66	503.34
增加/%	14.8	54.9	21.4

发达国家和发展中国家家畜饲养量呈现不同的变化趋势（图 10-9）。过去近 50 余年，发展中国家各类家畜存栏量连续增加，发达国家除禽类存栏缓慢上升外，其余家畜存栏在 1970～1980 年达到峰值，开始缓慢下降（图 10-9b）。这可能有两个主要原因。①虽然世界人口急剧膨胀，但许多发达国家人口不升反降，对动物性食物的需求下降。譬如，法国国家人口研究所统计 52 个发达国家和发达候选国（candidate countries，如东欧国家）2005 年和 2006 年人口情况，17 个国家死亡率高于出生率，占 1/3 左右；19 个国家基本持平；只有 16 个国家出生率略高于死亡率。②产业转移，因为家畜集约化饲养造成严重的环境污染和对资源的高强度需求（Hou et al.，2008），一部分动物生产从发达国家转移到发展中国家。目前，中国、越南和泰国 3 个国家饲养全球一半以上的猪和 1/3 左右的鸡（Naylor et al.，2005），发展中国家越来越多地承担着为世界生产廉价动物性食物的责任。2005 年，我国出口禽蛋 12.1 亿个，冻鲜禽肉 1.2 亿 kg，而且贡献了发展中国家 57% 的肉类增量。

二、动物个体生产水平动态

提高动物生产，除了依靠动物存栏总量的增加（图 10-9），还要依托动物个体生产水平的提

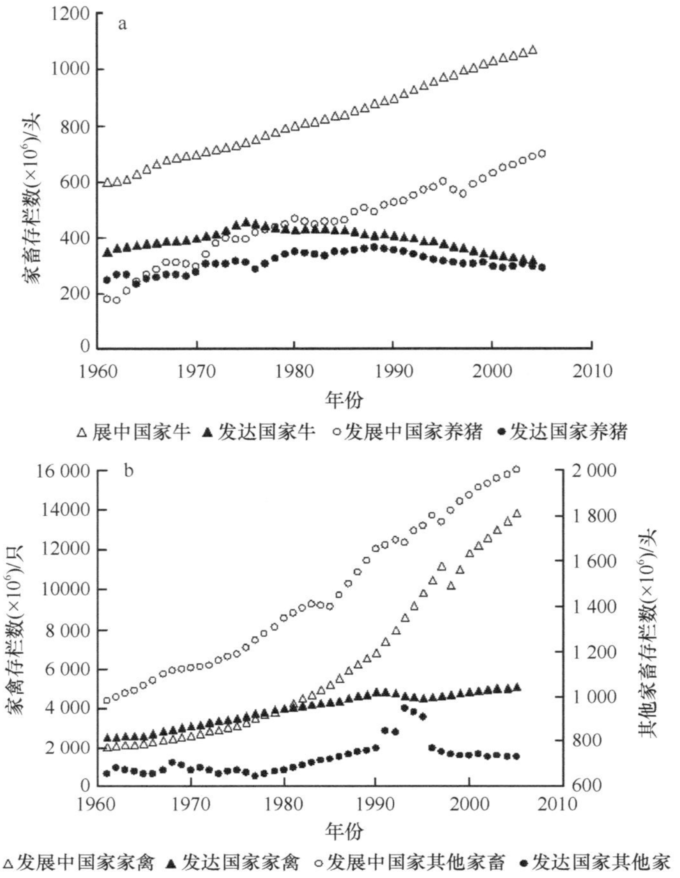

图 10-9　家畜存栏动态(据 Sims et al. ,2005 的数据整理绘图)

升。2005 年,发展中国家鸡肉、猪肉和牛肉生产的年均饲料报酬分别为 1.98kg 产出/kg 生物量、0.33kg 产出/kg 生物量和 0.09kg 产出/kg 生物量,分别相当于发达国家的 55.8%、27.5% 和 42.9%;蛋鸡年均产蛋量 8.8kg,奶牛年均产奶量 1015kg,分别只有发达国家饲养水平的 58.9% 和 21.8%;小反刍动物的饲料转化效率基本相当,约 0.26kg 产出/kg 生物量(Steinfeld et al. , 2006)。但是,与 1980 年相比(图 10-10),发达国家和发展中国家的家畜生产力水平均显著增加,发展中国家增幅基本在 50% 以上,生产力提升水平总体上高于发达国家。2005 年,我国猪肉生产报酬约 0.28 kg 产出/kg 生物量(国家统计局,2006),略低于发达国家平均水平。

动物生产力水平飞跃发展主要是工厂化生产的产物,因为单胃家畜对浓缩饲料的转化效率高于反刍动物,而且生活史短、加速品种改良。这也是 1978 年后全球猪肉产量超过牛肉的主要原因。1995 年,美国肉鸡的平均生产时间从 1960 年的 72d 缩短到 48d,屠宰重量却从 1.8kg 上升到 2.2kg。目前,集约化的家畜生产系统生产了全球 3/4 的禽肉、40% 的猪肉和 2/3 的蛋类(Naylor et al. ,2005)。

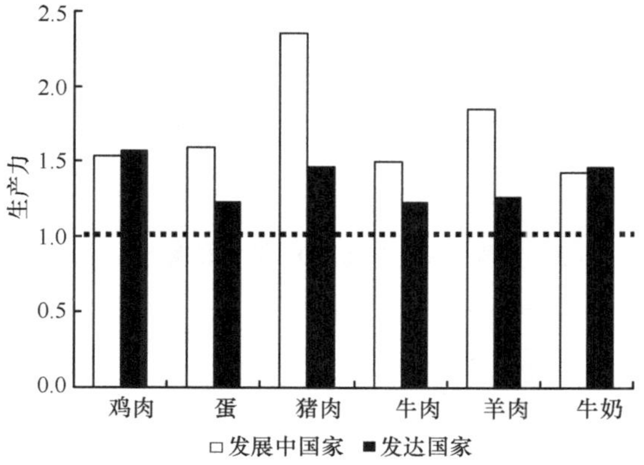

图 10-10　2005 年全球家畜生产水平(以 1980 年发展家畜生产力水平为基数 1)

三、肉类产量动态

20 世纪末、21 世纪初,全球年均生产 2.29 亿 t 肉和 5.8 亿 t 奶。2005 年,肉类中 39%为猪肉,31%为禽肉,24%为牛肉,5%为羊肉(Gill and Smith,2008);而在 1995 年,全球 2.15 亿 t 肉类中,猪肉、牛肉和禽肉分别占 40.3%、26.8%和 27.0%(FAO,2008)。自 1960 年开始,全球猪肉、禽肉和牛肉生产能力年均分别增加 174 万 t、135 万 t 和 65 万 t(Meeker,1999)(图 10-11)。预计 2020 年,发展中国家肉消费量占世界肉消费总量的比例将从目前的 52%上升到 63%(Delgado,2003),全世界的肉需求量将翻一番(Heitschmidt et al.,2004),2050 年肉和奶产量将分别达到 4.65 亿 t 和 10.43 亿 t(Gill and Smith,2008)。这已经导致了动物生产企业规模大幅度扩张,如美国过去 14 年,动物生产企业规模,牛增加 1.6 倍,猪增加 2.3 倍,蛋增加 2.8 倍,肉鸡增加 2.5 倍;加拿大 1990~2000 年,每个猪场的规模增加 2.6 倍(Tilman et al.,2002)。

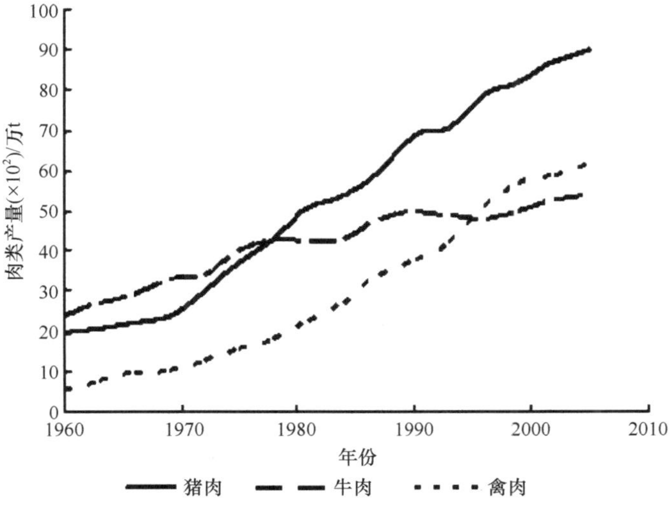

图 10-11　全球主要肉类产量动态(Meeker,1999)

2005 年,我国猪肉、禽肉和牛肉产量分别占全球总产量的 55.7%、23.6% 和 13.2%(FAO,2008),主要畜产品产量比 1995 年有大幅度上升(任继周等,1999;国家统计局,2006)。牛奶产量增加 4.4 倍,羊肉和牛肉产量分别增加 1.7 倍和 1.2 倍,禽蛋、禽肉和猪肉产量分别升高 71.8%、59.0% 和 56.3%(表 10-2);其中,禽蛋和禽肉产量比 1985 年分别增加 4.4 倍和 8.2 倍。

表 10-2　中国 1995 年和 2005 年主要畜产品生产比较

年份	牛肉/万 t	羊肉/万 t	猪肉/万 t	禽肉/万 t	牛奶/万 t	禽蛋/万 t
1995	327.0	160.9	3204.8	920.7	528.8	1675.9
2005	711.5	435.5	5010.6	1464.3	2864.8	2879.5
增加/%	117.6	170.7	56.3	59.0	441.8	71.8

四、动物性食物消费动态

自 1960 年以来,世界人均谷物产量在 1984 年达到峰值(370~380kg/人),此后呈持续下降趋势;但是,人均肉类产量继续上升(Tilman et al.,2002),2008 年比 1961 年增加 90.9%;发达国家与发展中国家趋势相同。1984 年以前的肉类和谷物产量比徘徊于 0.081 左右,2008 年的约为 0.134(图 10-12)。人均谷物生产平均波动幅度(距平值)6.6%,肉类生产为 4.2%。近 50 年来,全球食物供给基本稳定,即使在极端气候或病虫灾害下,也未发生全球性饥荒,动物生产功不可没。

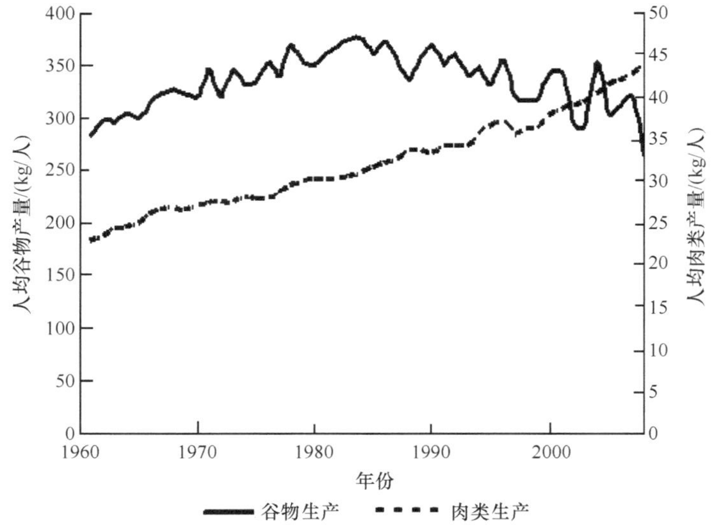

图 10-12　全球谷物生产与肉类生产动态(根据 Tilman et al.,2002;FAO,2008 数据绘图)

全球 1/3 以上人口以肉食为主(Pimentel,2003)。目前,全世界平均 30% 的食物蛋白质产自家畜,工业化国家约 53%(Gill and Smith,2008)。1990 年左右,发展中国家谷物等植物性食物的人均消费水平达到高峰,此后持续下降(Steinfeld et al.,2006)(图 10-13)。

与此同时,全球肉和奶的人均消费量却不断上升,发展中国家肉类和奶类消费年均增幅分别为0.43kg/人和0.57kg/人,发达国家分别为0.28kg/人和0.25kg/人(图10-13)。当前,发展中国家人均肉类和奶类的消费量只有发达国家的35.9%和22.8%,预计到2030年将分别为发达国家平均消费水平的41.6%和31.6%(Steinfeld et al.,2006)。

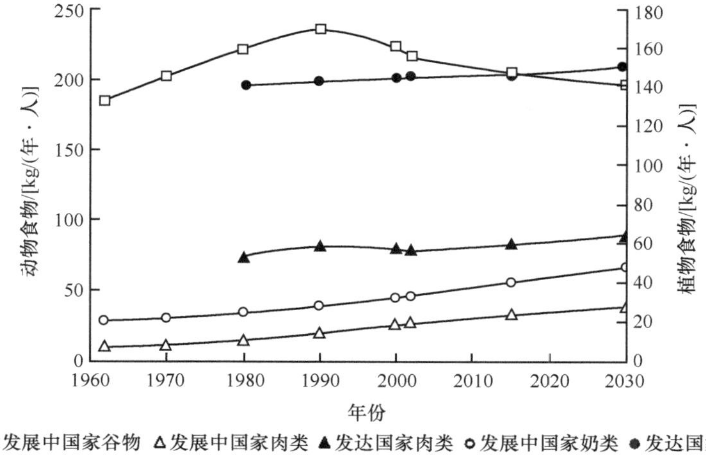

图10-13　全球食物消费动态与趋势

在我国,2002年人均肉类消费高于1992年69.6%(Naylor et al.,2005)(图10-14)。据中国中长期食物发展研究组(1993)调查,20世纪50年代,中国人食物中只有5.7%的热量和7.7%的蛋白质来自动物生产,80年代末分别增加到10%和12.4%;目前则分别超过20%和37%(Naylor et al.,2005),超过全球发展中国家的平均水平,但与发达国家的平均水平还有一定差异,尤其是动物性蛋白(图10-15)。

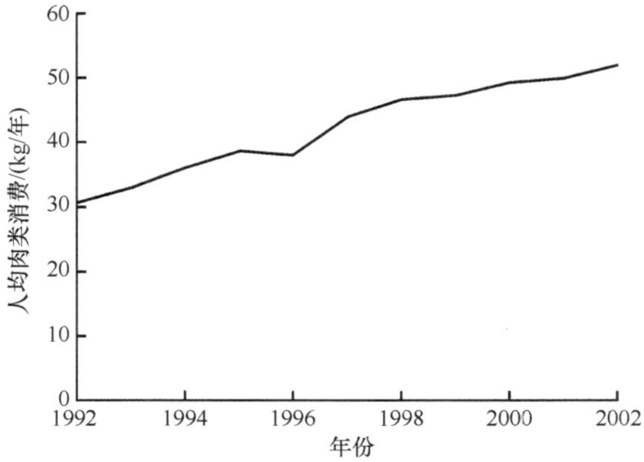

图10-14　中国人均肉类消费动态(Naylor et al.,2005)

五、动物生产的饲草料消耗

近50年,全球家畜存栏量和畜产品产量增加1倍以上(图10-9,图10-11),不同家畜的饲草料利用总量也不断增加(图10-16)。但是,根据畜产品单位测算(任继周,2004),

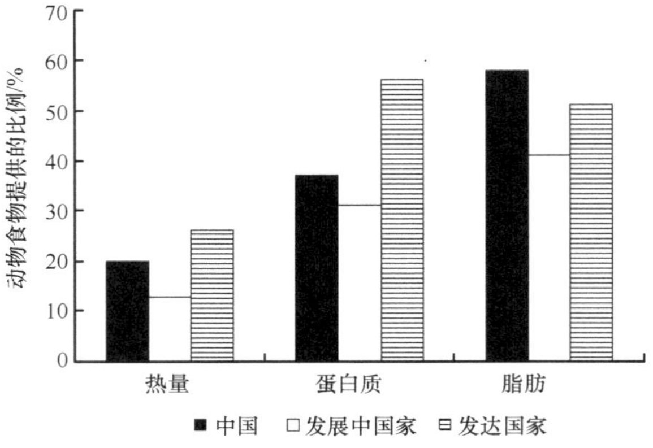

图 10-15 动物性食物提供的热量、蛋白质和脂肪
(据 Steinfeld et al. ,2006 数据整理绘图)

饲草料年均消耗总量只增加 66% 左右,目前约 98 亿 t 干物质;其中,牛、猪、禽和羊的饲草料消耗分别占 48. 9%、16. 8%、12. 5% 和 10. 6%。这也从侧面说明为什么饲料转化效率较高的猪和禽类饲养量迅速增加,但是牛和羊等反刍家畜更多地利用单胃动物难以利用或转化效率很低的牧草资源,其系统地位不可替代。全球放牧系统生产 24. 1% 的牛肉和 31. 9% 的羊肉,发展中国家则分别为 31. 7% 和 27. 1%,另有 67. 6% 牛肉和 71. 8% 羊肉依赖于作物秸秆和少量栽培牧草(Steinfeld et al. ,2006)。如果以饲草料生产所需的土地计算(任继周和林慧龙,2006),猪和禽类则分别占 31. 7% 和 23. 6% 的良田,牛和羊分别只占 30. 7% 和 6. 7% 的总饲草料生产用地,且多为垦殖困难的劣质土地,如天然草地。

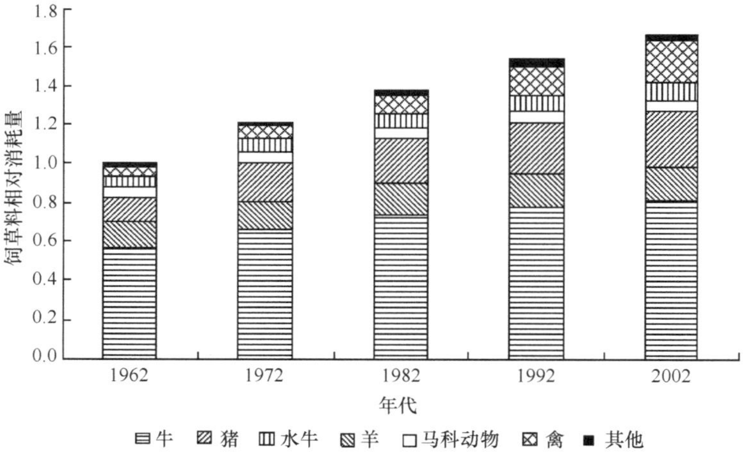

图 10-16 各类家畜的饲草料消耗动态(以 1962 年所有家畜饲料消耗总量为基数 1)
牛包括肉牛和奶牛,羊包括山羊和绵羊,其他包括骆驼、兔子等

家畜生产的首要目的是提供食物,其次才是毛、皮等生活用品,以及畜力、燃料(如干粪)和肥料。近 50 年来,食物生产功能呈现两极分化的趋势,发展中国家不断强化,欧洲的一些发达国家却表现产量弱化、品质加强(如功能食品)的趋向。其中原因既有

人口急剧膨胀、食物结构改善和环境保护的需求拉动，又因为科学技术进步的重大推动作用。

但是，家畜生产的革命性发展（家畜革命，livestock revolution）不可避免地带来了一系列负面问题，如禽流感、疯牛病等恶性传染病等，但主要问题还是环境污染和食物安全（Hou et al. ,2008）。它使全球农业系统乃至整个人类面临前所未有的威胁与挑战，也成为农业科学家乃至全球科技工作者所面临的重大研究命题和科技发展的动力。

第三节 动物生产层在草业科学中的环境功能

在草业科学中，现阶段动物生产层的主要环境议题：一是环境污染；二是温室气体排放与调控；三是对全球气候变化的适应性。

一、动物生产的环境污染

随着人类，特别是发展中国家人群对肉、蛋、奶等畜禽产品的消费量日趋增大，刺激世界性的动物生产专门化的同时，也带来了不容忽视的环境污染问题（侯扶江等，2009），主要有3个方面：排泄物污染波及面广且危害大；动物传染病日益肆虐，损害动物生产，并威胁人类生命安全；有害添加剂通过“饲料-家畜-畜产品-人”这一物流链进入人体。

（一）排泄物污染

家畜排泄污染物包括从畜禽体内排出的有害气体、粪便及其分解产生的臭气等（陈素华等，2003），这些有害物质（如重金属、病原微生物、寄生虫卵、有害气体等）如若处置不当，会造成大气、水体、土壤、生物等多方面的污染，成为疾病传播与发展的温床。据估计，荷兰粪便年产量约9500万t，过剩1500万t；比利时粪便年产量4100万t，800万t过剩（张明峰，1995）。2002年，我国畜禽粪便年产量达27.5亿t，是工业废物的2.7倍，超过全国工业废渣和城市生活废弃物排放量之和。并且，全国90%的专门化动物生产企业未能通过环境评价，60%的养殖场缺乏必要的污染防治措施（赵晨曦等，2003）。

1. 土壤和水源污染

畜禽粪便中含有大量的N和P（表10-3），未经处理的粪便随意堆放，会导致N、P流失，污染土壤、水体和空气。畜禽排泄物经不完全降解和厌氧腐解，会转化为硝酸盐和磷酸盐，改变土壤的物化组成，造成引起地表水和地下水的污染，或成为病菌的载体，充当疫病传播的媒介。畜禽粪便未经处理排入水体中，消耗水体中的溶解氧、使地下水中的硝态氮或亚硝态氮浓度迅速增高、水体富营养化、造成鱼类等水生动植物的死亡，导致湖泊的衰退与沼泽化、沿海港湾出现赤潮等。

表 10-3 家畜年排泄物中的 N 和 P 量(焦桂枝等,2003) [单位:kg/头(只)]

元素	牛粪	牛尿	猪粪	猪尿	羊粪	家禽粪
N	8.61	1.46	1.36	0.34	0.45	0.115
P	31.90	29.20	2.34	2.17	2.28	0.275

注:家禽指鸡、鸭

我国畜禽粪便每年流失至水体的总 N、总 P、BOD、COD 分别为 87 万 t、34.5 万 t、600 万 t 和 647 万 t(高定等,2006)。法国列塔尼省,由于动物生产的水污染,20 世纪 80 年代初有一个地区的饮用水硝酸盐超标,90 年代中期,6 个区域饮用水超标,21 个区域硝酸盐含量高于 40mL/L(张明峰,1995)。一些养殖场附近,距地面 100m 深的地下水中的氨、N 含量已超出正常值的 2~3 倍(陈素华等,2003)。黄浦江流域畜禽粪便年污染负荷量约占污染物总负荷的 36%;广州 1996 年禽畜粪便的化学需氧量占全市废水中化学需氧量总量的 67%;北京 20 世纪 90 年代初畜禽排泄物的生化需氧量已相当于工业和生活污水生化需氧量总量的 2 倍,表明动物生产对水体的污染已扩展为流域环境问题。家畜粪便排放对流域水体 N 富营养化的贡献率达到 10%~30%(李洁和周应恒,2007),引发湖泊、河口、近海海域“赤潮”(胡雪华,1999;李芳柏等,1999)。

2. 空气污染

畜禽粪便在腐烂发酵过程中产生胺、硫化物、苯酚、挥发性有机酸等上百种有毒有害物质。年出栏 10 万头的猪场,每天可向大气排放菌体 360 亿个、$NH_3$381.6kg、H_2S 348kg、粉尘 621.6kg,污染半径可达 4.5~5.0km(徐伟朴等,2004)。日本在《恶臭防止法》中确定了 8 种恶臭物质,6 种与畜禽粪便有关。

家畜排泄物还大量排放 CH_4、N_2O 等温室气体。

(二)传染病

畜禽粪便中含大量病原微生物及寄生虫卵。10%~40% 的动物粪便携带破伤风梭菌,各种畜禽粪便中几乎都能检出沙门氏菌属、志贺氏菌属、埃希氏菌属及各种曲霉属的致病菌型。一旦家畜传染病暴发,大量牲畜将被屠宰,并严重威胁人类生命、财产安全,造成严重的社会、经济问题(表 10-4)。

表 10-4 主要畜禽传染病简表

病名	疫情时间	主发国	波及国家	病源	死亡人数	损失家畜	经济损失
禽流感	2007 年		美国和亚洲部分国家	禽类	63 人	>1.5 亿只	>100 亿美元
口蹄疫	2001 年	英国	北美洲东南亚,澳大利亚及一些欧洲国家	牛		>700 万头	>70 亿英镑
疯牛病		英国	加拿大及欧洲国家	牛	1156 人	>75 万头	>10 亿美元

续表

病名	疫情时间	主发国	波及国家	病源	死亡人数	损失家畜	经济损失
西班牙流感	1918~1919 年	西班牙	全世界	鸟类	4000 万~5000 万人		
猪流感	2009 年	墨西哥	欧洲,加拿大、澳大利亚及亚洲部分国家	猪	152 人		>3 万亿美元
黑死病	14~17 世纪	亚洲、欧洲及非洲北部	亚洲、欧洲及非洲北部	黑鼠蚤波及家畜	2500 多万人		

禽流感(aavian influenza,AI)由 A 型流感病毒引起,是禽类烈性传染病,传播速度快、发病率和病死率高,世界动物卫生组织(OIE)将其列为必须报告的传染病。高致病力禽流感病毒 H5N1 亚型毒株能够直接感染人并导致死亡,死亡率几乎达到 80%。1983~1984 年美国禽流感大流行导致 1700 万只鸟被杀,耗资 6500 万美元疫情才被控制(王卉,2004)。

口蹄疫(foot-and-mouth disease,FMD)是一种高传染性、高死亡率的家畜烈性传染病,主要侵害偶蹄类家畜和野生动物。2001 年英国暴发的口蹄疫,捕杀了 400 万牲畜,历经 7 个月疫情才被扑灭。据英国国家审计署(NAO)统计:此次疫情造成公共产业 30 多亿、私人产业 50 多亿英镑的损失(林甘和李杰,2005),而且迫使当年的英国大选推迟(杨晓伟和姜平,2005)。

疯牛病即牛海绵状脑病(Bovine Spongiform Encephalopathy,BSE)是一种由朊蛋白感染引起的非炎性致死性的脑退化性疾病,可通过进食病牛骨髓和脑部传染给人,引起人类的新型克雅氏病。疯牛病导致英国在 1980~1996 年有 75 万头牛被焚化处理,给英国养牛业造成了数百亿美元的直接经济损失,美国经济也遭遇到高达数十亿美元的损失(Berg,2004)。更为严重的是,因食用病牛,英国和美国已有 1156 人感染新型克罗伊茨费尔特-雅各布氏病(Variant Creutzfeldt-Jakob disease,vCJD)死亡(Mabbott,2004),至今仍有许多国家和地区限制进口美国牛肉。

(三)畜产品污染

随着人们对畜产品需求量的日益增多,部分片面追求经济利益的畜禽养殖者加大了畜禽疫苗注射和抗生素服用的量,并在饲料及兽药加工时添加过量 Cu、Zn、Pb、Cd、As、Hg 等。家畜摄入体内的镉,最后主要从粪便和尿液排出,其中 80% 经粪便排出,约 20% 随尿液排出(张彩英等,2004)。这些饲料添加物很难被畜禽完全吸收,而囤积在畜禽体内,以肉、蛋、奶等畜产品形式被人体直接食用。“苏丹红”事件、“三聚氰胺”事件等都给人类生命造成巨大损失,甚至对动物生产造成毁灭性打击。

二、动物生产层的温室气体排放与调控

家畜生产排放的温室气体约占全球温室气体排放总量的 18%,其中包括 9% 的 CO_2、

37% 的 CH_4 和 65% 的 N_2O 等(Howden and Reyenga,1999;Soussana,2008)。全球 CH_4 排放贡献了 20% 的温室气体效应(Howden and Reyenga,1999),其中 35% ~40% 的 CH_4 来自家畜生产,肉牛和奶牛的排放量占到 73%,水牛、羊和骆驼分别占 8%、13% 和 1%,(McCrabb and Hunter,1999);肠道发酵占 80%,其余来自排泄物分解(Wall et al.,2008)。澳大利亚家畜是最大的温室气体排放源,约占全国净排放的 12%,包括 99% 的 CH_4;新西兰家畜温室气体排放占全国排放总量的 46%,美国、英国、加拿大和日本分别为 3.3%、4%、3.8% 和 0.8%(Howden and Reyenga,1999)。从牧草、饲料、家畜和草-畜关系等环节改进草-畜耦合机制,提高系统生产力和畜产品品质、减少温室气体排放,是全球温室气体减排的关键之一(McCarl and Schneider,2001;Tilman et al.,2002;Reay,2002;Naylor et al.,2005)。

(一) 家畜温室气体排放的种间、品种间和性别间差异

家畜种或品种存在解剖学和生理学的差异,所以 CH_4 的生产能力不同。

一般,反刍动物的 CH_4 排放量高于单胃动物,奶牛 CH_4 年排放量高于公牛(表 10-5)(Environment Canada,2002)。奶牛的 CH_4 年排放量为 109 ~ 126kg,比肉牛高 1.1 倍(Johnson and Johnson,1995)。新西兰的弗里生(Freisian)的 CH_4 产量比荷斯坦(Holstein)奶牛高 8% ~11%,给两种奶牛饲喂不同品质牧草或高浓缩饲料依然如此,差异随奶牛产量的增加而增大(Robertson and Waghorn,2002)。奶牛的 CH_4 日排放量比公牛高 1.14 倍,单位代谢体重的 CH_4 排放量则高于公牛 65%,但是单位干物质采食量的 CH_4 排放量却是公牛高于母牛 31%;母羊 CH_4 日排放量、单位干物质采食量和单位代谢体重的 CH_4 日排放量分别高于公羊 51.7%、29.3% 和 13.3%(Machmller and Clark,2006)。肉猪生产系统单位肉品的温室气体排放量显著高于奶牛系统生产单位牛奶(表 10-6)(Dourmad et al.,2008),饲料生产是最重要的诱因,其次是排泄物管理;肉猪系统以 N_2O 排放为主,而奶牛系统主要是 CH_4(Dourmad et al.,2008)。但是 Boadi 等(2004)也发现,年龄和体重相近的荷斯坦奶牛与夏洛来-西门塔尔杂交肉牛在 3 种饲料水平,无论是自由采食,还是限制采食,CH_4 产量并无差异。

表 10-5 不同家畜的 CH_4 排放参数(Environment Canada,2002)

家畜	肠道发酵/[kg /(头 · 年)]	粪肥管理/[kg/(头 · 年)]
公牛	75	1
奶牛	118	36
肉牛	72	1
去势公牛	47	1
牛犊	47	1
绵羊	8	0.19
山羊	8	0.12
马	13	1.4

表 10-6　不同动物生产系统的温室气体排放比较(据 Dourmad et al. ,2008 的数据整理)

	肉猪生产系统		奶牛生产系统	
	排放量/kg CO_2	占系统排放总量比例/%	排放量/kg CO_2	占系统排放总量比例/%
温室气体排放量/kg 产品	2.47		0.88	
其中:				
肠道发酵	0.08	3.2	0.35	40
厩肥管理	0.68	27.6	0.16	18.0
饲料生产	1.67	67.6	0.32	36.0
其他	0.04	1.6	0.05	6.0
温室气体种类:				
CH_4	0.49	19.9	0.46	52.8
N_2O	1.03	41.8	0.26	29.2
CO_2	0.95	38.3	0.16	17.9
温室气体年排放量/hm^2	4240		5080	

(二) 放牧系统温室气体排放与调控机制

一般情况下,放牧系统的温室气体排放量比相同规模的舍饲系统低(Casey and Holden, 2005)。草地牧草组成、放牧率及放牧方法都会影响家畜肠道 CH_4 排放。在加拿大曼尼托巴省,放牧奶牛在紫花苜蓿-禾草混播草地中摄入的干物质为 11.4kg/d,比禾草单播草地多 1.4kg/d,但奶牛的 CH_4 日排放量为 0.53g/kg BW,比单播草地低 0.05g/kg BW,并且混播草地放牧奶牛产 CH_4 耗能占总摄入能的 7.1%,而单播草地为 9.5%,主要原因是混播草地牧草的结构性碳水化合物含量,豆科牧草通过瘤胃的速度较快(McCaughey et al., 1999)。在新西兰,绵羊采食百脉根,CH_4 排放量为 11.5g/kg DMI,而采食黑麦草-白三叶混播草地的牧草,CH_4 产量为 25.7 g/kg DMI(Waghorn et al. ,2002)。1 岁龄去势公牛连续放牧,2.2 头/hm^2 的家畜 CH_4 排放量低于 1.1 头/hm^2 21%,但家畜单位活体增重的 CH_4 产量没有差异(McCaughey et al. ,1999)。禾草地放牧,无论是单位采食量的 CH_4 排放还是家畜单位增重的 CH_4排放均显著高于豆科牧草的草地(表 10-7),主要与禾草中可溶性碳水化合物浓度较高有关(Waghorn and Clark,2005)。一般情况下,与舍饲相比,放牧家畜有较高的选择采食能力,草地组成对放牧家畜 CH_4 产量的影响应该更大。

表 10-7　不同类型放牧草地的 CH_4 排放量(据 Waghorn and Clark,2005 的数据整理)

草地类型	代谢能/(kJ/kg DMI)	CH_4排放量/(g/kg DMI)	CH_4排放量/(g/kg 增重)
黑麦草	11.0	22.0	210
苜蓿	11.5	20.0	130
百脉根	12.0	12.0	70
白三叶	12.0	16.0	100

注:DMI 表示干物质采食量,下同

放牧系统在土-草-畜相互作用下,是活跃的 C 汇,且减源增汇潜力巨大(Davidson et al.,2000;任继周,2004;于贵瑞等,2006),取决于放牧系统的管理水平(Hou and Nan, 2006)。①草地开垦导致 C 量减少(王艳芬和陈佐忠,1998),CO_2 和 N_2O 排放大幅提高(耿远波等,2001;王跃思等,2001)。Guo 和 Gifford(2002)的研究表明,天然草地开垦后,种树和种作物土壤 C 平均分别下降 10% 和 59%;农田逆转为草地,土壤 C 量则增加 19%(侯扶江等,2002)。②适度放牧可维持草地 C 库(侯扶江和任继周,2003;侯扶江和杨中艺,2006),放牧地储藏了全球 10%~30% 的土壤 C(Schuman et al.,2002)。美国年降水量 333mm 以下的天然草地由过牧退化改为适度放牧,C 量增幅可达 0.1~0.3mg C/(hm^2·年)(Schuman et al.,2002)。中国内蒙古羊草和大针茅草地,放牧区牧草生物量虽然只有封育 20 年草地的 21%~35%,但土壤有机 C 差异不显著(Cui et al.,2005)。③栽培草地是不容忽视的 C 汇。美国中西部干旱区,新建草地可以储存 0.6mg C/(hm^2·年)(Schuman et al.,2002)。加拿大 Saskatchewan 中东部一年生作物更替为多年生禾草,0~15cm 土壤 SOC 积累速率也可达 0.6~0.8mg C/(hm^2·年)(Mensah et al.,2003)。④适量施肥可以提高草地 SOC,过量则加速有机质矿化,降低土壤 C 量(Loiseau and Soussana,1999)。⑤放牧家畜本身是重要的 CH_4 和 N_2O 排放源,合理放牧可以有效减少温室气体的排放水平。

(三)舍饲系统的温室气体收支平衡

不同饲料由于消化率、过瘤胃时间、采食水平、碳源类型和瘤胃发酵模式的差异,影响家畜肠道 CH_4 产量。自由采食下,饲料的体外消化率由 61.5% 下降到 38.5% 时,肉牛和奶牛产生的 CH_4 能耗占采食总能量的比例分别为 6% 和 7%,而在限制采食时(家畜活体重的 2%),则分别为 7.1% 和 7.6%(Boadi and Wittenberg,2002)。加拿大肉牛家畜肠道 CH_4 的 28% 是因为饲料过瘤胃时间过长(Okine et al.,1989),可以通过缩短饲料过瘤胃时间抑制瘤胃微生物活动、降低瘤胃中乙酸盐和丙酸盐的比例,以减少 CH_4 产生。一般来说,高淀粉含量的饲料促进多丙酸盐生成,能够降低 CH_4 能耗占采食总能的比例(Christophersen et al.,2008)。CH_4 产量与饲料消化率有较大关系,去势公牛在自由采食或限制采食条件下,采食高质量的饲料 CH_4 日产量均高于劣质饲料,只是单位干物质采食量的 CH_4 产量略低于劣质饲料(表 10-8)(Boadi et al.,2004)。饲料的物理形态影响瘤胃过程,进而影响 CH_4 产量,粗大的饲草比碎小的饲草、干草比青贮料的 CH_4 耗能占总采食能的比例高(Bhandari et al.,2007)。在寒冷环境中,绵羊 CH_4 产量能够减少 30%,这是由于环境温度低,瘤胃丙酸发酵增加,并且饲草的过瘤胃速度加快(Pelchen and Peters,1998)。

表 10-8　牧草有机物质可消化性对于肠道 CH_4 排放的影响(据 Boadi et al.,2004 的数据整理)

指标	高	中	低
体外有机物消化率/%	61.5	50.7	38.5
自由采食			
采食量/(kg/d)	9.7	8.9	6.3
CH_4 排放量/(kg/d)	281.7	289.8	203.5
CH_4 排放量/(L/kg DMI)	29.0	32.6	32.3

续表

指标	高	中	低
CH_4 占摄入总能/%	6.0	7.1	6.9
限制采食(2%体重)			
采食量/(kg/d)	6.4	6.1	6.1
CH_4 排放量/(kg/d)	224.6	193.3	195.6
CH_4 排放量/(L/kg DMI)	35.1	31.7	32.1
CH_4 占摄入总能/%	7.6	7.1	7.1

舍饲系统温室气体的调控有两个关键环节:①通过改进饲料、环境调控,减少家畜单位畜产品的 CH_4 产量;②加强排泄物的管理,降低 N_2O 的产生,提高 CH_4 的收集能力和再利用水平。

三、动物生产对气候变化的响应

全球气候变暖的情形下,由于降水的响应性变化,一些地区可能向暖干化发展,另一些区域可能向暖湿化演变。在我国西北地区乃至毗邻的中亚地区,气候变化有 3 种情况(图 10-17):显著转型区,即气温持续攀升、降水显著增加、冰川萎缩、河川径流增加、湖泊水位上升、洪水灾害频繁、植物覆盖有增加迹象、沙尘暴日趋减少;轻度转型区,降水少量增加、植被局部改善或未改善、沙尘暴日数有相当减少;未转型区(施雅风和沈永平,

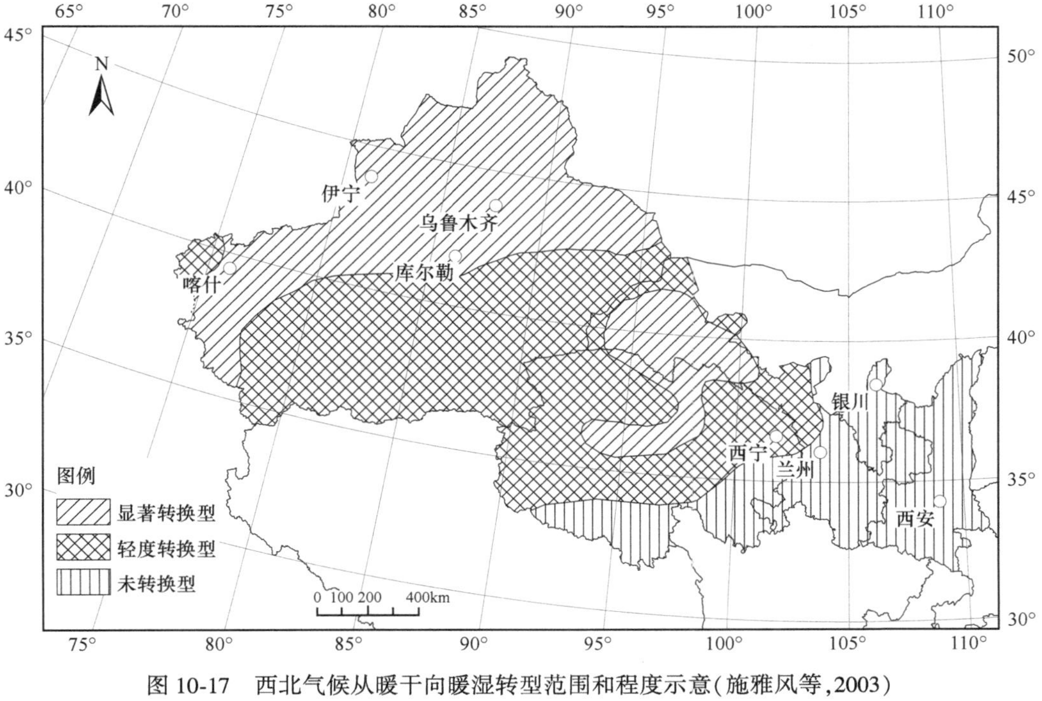

图 10-17　西北气候从暖干向暖湿转型范围和程度示意(施雅风等,2003)

2003)。在转型区,不同区域的升温与降水变化幅度也不同(表 10-9)(施雅风和沈永平,2003)。下面主要根据暖干和暖湿两种变化趋势,结合大气 CO_2 浓度倍增分析动物生产的响应。

表 10-9　综合预测新疆、甘肃、青海等省区气温和降水的变化(施雅风和沈永平,2003)

气候指标	年代	新疆	青海	甘肃
气温变化/℃	2010	-0.1~0.3	-0.3~0.1	-0.1~0.3
	2030	0.8~1.2	0.8~1.2	0.9~1.3
	2050	1.9~2.3	2.2~2.6	1.9~2.3
降水变化/%	2010	1~21	13~22	3~13
	2030	8~18	9~19	11~21
	2050	4~34	6~15	29~38

(一)放牧系统对气候变化的响应

气候是控制放牧系统的关键因子群之一(任继周和侯扶江,2004),因此,全球气候变化必将对其产生重大影响,包括对放牧系统生产力和分布区域两个方面。在干旱、半干旱地区,降水是牧草生长的主要限制因子,全球气候变化对放牧系统的作用,取决于升温及其与降水的时空配置。如果升温伴随降水增加,则各类放牧地生产都将提高,干旱的放牧系统尤其明显(孙睿和朱启疆,2001),这将提高动物生产水平(表 10-10)。在我国东北地区,升温将扩大草地面积,如果降水增加 20%,效果更加明显,干旱的荒漠增加幅度最大(表 10-11)(唐海萍等,1998)。全球气候变化,CO_2 浓度倍增,如果降水和温度相应变化,喻梅等(2001)预测典型禾草草原的分布区域将扩大,但灌丛草地和高寒草甸的面积显著减少,我国 33°N 以南草地生产力将显著增加,33°N 以北增加较少。但是,周广胜和张新时(1996)预测,几乎所有类型草地的生产力都将升高(表 10-12)。但是,也有人预测(裘国旺等,2001;山仑和陈培元,1998;廖允成等,1996),在近 30 年气候变化情景下,即温度升高 3℃、降水不变,我国北方农牧交错带草地气候生产力将下降 0%~10%,不同区域,降幅不同。全球气候变化,一些林地可能转变为草地,放牧生态系统面积将可能扩大,但是增温将加剧荒漠草原土壤的干旱化(李晓兵等,2002)。

表 10-10　气温升高 1.5℃,降水增加 5%的净初级生产力(据孙睿和朱启疆,2001 的数据整理)

草地类型	当前 NPP/[g/(m²·年)]	变化后 NPP/[g/(m²·年)]	相对增加量/%
常绿灌丛	555.42	574.44	3.42
落叶灌丛	290.17	313.85	8.16
草甸草原	191.41	221.90	15.93
典型草原	116.03	131.23	13.10
荒漠	15.74	18.56	17.90

表 10-11 温度升高 2℃,中国东北样带草地面积的变化(据唐海萍等,1998 的数据整理)

(单位:m^2)

草地类型	当前气候	降水不变	降水增加 10%	降水增加 20%
典型草原	40.1	40.7	38.2	46.4
荒漠灌丛	14.0	17.6	11.0	23.3
荒漠草原	2.5	8.0	8.5	6.9

表 10-12 CO_2 倍增和降水增加 20%的净初级生产力(据周广胜和张新时,1996 的数据整理)

(单位:t/hm^2)

草地类型	目前	+2℃	+4℃
草原	4.0	5.4	5.6
荒漠	1.9	2.7	2.7
高寒草甸	7.1	9.8	10.3
高寒草原	5.2	7.3	7.7

总之,气候变化对放牧系统可能有两种作用效果:①雨季升温,水热同步可能促进牧草生长,提高系统生产力,增强稳定性;②升温,若降水不增加,湿润度下降,将加重牧草的干旱胁迫,降低系统生产力,增加其对利用的敏感性。

(二) 畜种分布对气候变化的响应

全球气候变化的趋势如果向暖干转变,受气候和草地变化的双重作用,各种家畜的水平分布界限都会向东移,适于暖干气候的山羊、驴、骆驼的分布区域可能扩大,而以马、牛、绵羊的自然分布区将萎缩(樊锦沼和张传道,1993;樊锦沼,1991)。滩羊、内蒙古白绒山羊等一些地域性的优良畜种,在较为严格的气候条件下才能保持优质的生产力,如滩羊集中分布区的气候条件是年总辐射量 $58.6\times10^5\sim63.2\times10^5$kJ/$m^2$,年平均气温 7.3~8.1℃,年降水量 230~376.7mm;白绒山羊分别为 $65.3\times10^5\sim67.2\times10^5$kJ/$m^2$,6~8℃,100~200mm(樊锦沼和张传道,1993;樊锦沼,1991;郑丕留,1985),由于对气候的敏感性和严格性,这些畜种的分布对全球气候变化可能产生强烈的响应,有随着暖干区域而扩大的趋势。而在变暖湿的情况下,则分布变化趋势可能相反(表 10-13)。

表 10-13 气候变暖干或暖湿对几种动物生产的可能影响

家畜	变暖干			变暖湿		
	分布区	毛、绒、皮	肉	分布区	毛、绒、皮	肉
山羊	扩大	品质提高,生产力下降	品质提高,生产力下降	缩小	品质下降,生产力提高	品质下降,生产力提高
骆驼	扩大	品质提高,生产力下降	品质提高,生产力下降	缩小	品质下降,生产力提高	品质下降,生产力提高
绵羊	缩小	品质提高,生产力下降	品质提高,生产力下降	扩大	品质下降,生产力提高	品质下降,生产力提高
肉牛	缩小	品质提高,生产力下降	品质提高,生产力下降	扩大	品质下降,生产力提高	品质下降,生产力提高

(三) 畜产品对气候变化的响应

一般来说,寒冷地区的家畜体格大,产肉量高,脂肪多。全球升温,可能会使牲畜体格趋于变小,产肉量减少,但瘦肉率提高。在我国,黑白花奶牛在10~20℃时,奶的产量和品质变化很小,20~27℃时产量缓慢下降,且乳脂率降低,超过27℃时,产奶量明显下降(程纯枢,1991);世界优质奶牛品种大都产于气候温和、降水量多、饲料条件好的温带海洋气候区,全球升温后可能对奶牛生产力和牛奶品质有负面影响。在潮湿地区,家畜皮、毛、绒质量差,优质的绒毛、裘皮多产于干燥的荒漠地带,两个区域之间是细毛羊产区(赵艳霞和裘国旺,1999),未来气候变得干暖时,将有利于扩大优质绒毛、裘皮生产。但是,我国优良的细毛羊品种都是在寒冷的气候条件下育成的,因此温暖的气候将对牲畜的毛、绒品质有不利影响。但在降水也相应增加,且超过蒸发的增加幅度,暖湿的气候可能提高畜产品产量。

需要指出的是,气候变化是一个渐变过程,通过气候变化过程中的自然选择之后,家畜生产的响应尚不得而知。而且,全球气候变化的另一个显著特征是异常气候概率的增加(施雅风等,2003;秦大河和罗勇,2008),极端天气严重威胁动物生产,而且难以预测,加强植物生产与动物生产的系统耦合是较为经济、可靠的确保动物生产健康有序发展的预防之策。

(侯扶江　侯扶琴　袁　航)

主要参考文献

陈素华,孙铁珩,耿春女. 2003. 我国畜禽养殖业引致的环境问题及主要对策. 环境污染治理技术与设备,4(5):5-8
程纯枢. 1991. 中国的气候与农业. 北京:气象出版社:362-366
春辉,李宝珍. 1993. 关于发展京郊畜牧业与环境保护的几点建议. 中国饲料:129
樊锦沼. 1991. 内蒙古白绒山羊生产性能与气候条件//湖春. 畜牧气象文集. 北京:气象出版社:80-120
樊锦沼,张传道. 1993. 气候变化对牧区畜牧业生产的影响//邓根云. 气候变化对中国农业的影响. 北京:北京科学技术出版社:406-416
高定,陈同斌,刘斌,等. 2006. 我国畜禽养殖业粪便污染风险与控制策略. 地理研究,2:311-319
耿远波,章中,董云社,等. 2001. 草原土壤的碳氮含量及其与温室气体通量的相关性. 地理学报,56(1):44-53
国家统计局. 2006. 中国农业统计年鉴2006. 北京:中国统计出版社
侯扶江,南志标,任继周. 2009. 作物-家畜综合生产系统. 草业学报,18(5):211-234
侯扶江,任继周. 2003. 甘肃马鹿冬季放牧践踏作用及其对土壤理化性质影响的评价. 生态学报,23(3):486-495
侯扶江,肖金玉,南志标. 2002. 黄土高原退耕地的生态恢复. 应用生态学报,13(8):923-929
侯扶江,杨中艺. 2006. 放牧对草地的作用. 生态学报,26(1):244-264
胡雪华. 1999. 培育商品有机肥市场、发展商品有机肥产业、解决上海畜禽业粪便污染. 上海农学院学报,15(1):73-75
焦桂枝,典平鸽,马照民. 2003. 养殖场畜禽粪便的污染及综合利用. 天中学刊,18(2):53-54
李芳柏,钟继洪,谭军. 1999. 广东集约化养猪业的环境影响及其防治对策. 土壤与环境,8(4):245-250
李洁,周应恒. 2007. 农村环境教育在控制农村面源污染中的作用. 南京农业大学学报(社会科学版),7(3):89-93
李晓兵,陈云浩,张云霞,等. 2002. 气候变化对中国北方荒漠草原植被的影响. 地球科学进展,17(2):254-261
廖允成,王立祥,温晓霞. 1996. 黄土高原苜蓿草业基地组建的可行性分析. 草业科学,13(6):45-49
林甘,李杰. 2005. 我们对口蹄疫预测及扑灭措施看法点滴. 畜牧兽医科技信息,10:32

秦大河,罗勇.2008. 全球气候变化的原因和未来变化趋势. 科学对社会的影响,2:16-21
裘国旺,赵艳霞,王石立.2001. 气候变化对我国北方农牧交错带及其气候生产力的影响. 干旱区研究,18(1):23-28
任继周.2003. 羊年谈禁牧. 草业科学,20(3):1-3
任继周.2004a. 草地农业系统通论. 合肥:安徽教育出版社
任继周.2004b. 中国农业史的起点与农业对草地农业的回归—我国农业起源的浅议. 中国农史,23(3):3-7
任继周,侯扶江.2004. 草业科学框架纲要. 草业学报,13(4):1-6
任继周,侯扶江.2009. 草地农业系统是食品安全的重要保证——关于"三聚氰胺奶粉"事件的反思. 草业科学,26(8):6-9
任继周,胡自治,张自和,等.1999. 中国草业生态经济区初探. 草业学报,8(专辑):12-22
任继周,林慧龙.2006. 农田当量的含义及其所揭示的我国土地资源的食物生产潜力——一个土地资源的食物生产能力评价的新量纲及其在我国的应用. 草业学报,15(5):1-5
任继周,南志标,郝敦元.2000. 草业系统中的界面论. 草业学报,9(1):1-8
任继周,朱兴运.1995. 农业生态生产力及其生产潜势——兼论"有动物农业"的重要意义. 草业学报,4(2):1-5
山仑,陈培元.1998. 旱地农业生理生态基础. 北京:科学出版社:194-211
施雅风,沈永平.2003. 西北气候由暖干向暖湿转型的信号、影响和前景初探. 科技导报,(2):54-57
施雅风,沈永平,李栋梁,等.2003. 中国西北气候由暖干向暖湿转型的特征和趋势探讨. 第四纪研究,23(2):152-164.
苏志彪,张瑞霞,牛敏,等.2003. 围绕奶业产业化加快优质饲料农作物及牧草基地的建设. 现代农业,11:32-33
孙睿,朱启疆.2001. 气候变化对中国陆地植被净第一性生产力影响的初步研究. 遥感学报,5(1):58-61
唐海萍,陈旭东,张新时.1998. 中国东北样带生物群区及其对全球气候变化响应的初步探讨. 植物生态学报,22(5):428-433
王卉.2004. 禽流感病毒的真相. 青年科学,5:6-7
王思明.2001. 中国近代农业生产结构的变化及其动因分析. 南京农业大学学报(社会科学版),1(1):91-100
王艳芬,陈佐忠.1998. 人类活动对锡林郭勒地区主要草原土壤有机碳分布的影响. 植物生态学报,22(6):545-551
王跃思,记宝明,黄耀,等.2001. 农垦与放牧对内蒙古草原 N_2O、CO_2 排放和 CH_4 吸收的影响. 环境科学,22(6):7-13
徐伟朴,陈同斌,刘俊良,等.2004. 规模化畜禽养殖对环境的污染及防治策略. 环境科学,25(增刊):105-108
杨晓伟,姜平.2005. 口蹄疫的流行新动态. 畜牧与兽医,37(9):53-54
于贵瑞,伏玉玲,孙晓敏,等.2006. 中国陆地生态系统通量观测研究网络(China FLUX)的研究进展及其发展思路. 中国科学 D 辑地球科学,36(增刊):1-21
喻梅,高琼,许红梅,等.2001. 中国陆地生态系统植被结构和净第一性生产力对未来气候变化响应. 第四纪研究,21(4):281-293
张彩英,胡国良,曾志明,等.2004. 镉对畜禽的毒性作用及防制. 江西畜牧兽医杂志,3:3-4
张明峰.1995. 世界畜牧业污染及其防治概述. 家畜生态,16(3):45-49
赵晨曦,肖波,禹逸君.2003. 畜禽粪便污染和处理技术现状与发展趋势. 湖南农业科学,(6):52-55
赵艳霞,裘国旺.1999. 气候变化对北方农牧交错带的可能影响. 气象,27(5):3-7
郑丕留.1985. 中国家畜品种及其生态特征. 北京:农业出版社:102-111
中国中长期食物发展研究组.1993. 中国中长期食物发展战略. 北京:农业出版社
中华人民共和国农业部.2008. 中国农业统计资料(2007). 北京:中国农业出版社
周广胜,张新时.1996. 全球气候变化的中国自然植被净第一性生产力研究. 植物生态学报,20(1):11-19
朱丕荣.2009. 世界畜牧业发展趋向. 农业展望,6:19-21
Berg L. 2004. Trust in food in the age of mad cow disease: a comparative study of consumers' evaluation of food safety in Belgium, Britain and Norway. Appetite, 42(1): 21-32
Bhandari SK, Ominski KH, Wittenberg KM, et al. 2007. Effects of chop length of alfalfa and corn silage on milk production and rumen fermentation of dairy cows. Journal of Dairy Science, 90: 2355-2366
Boadi DA, Wittenberg KM. 2002. Methane production from dairy and beef heifers fed forages differing in nutrient density using the sulphur hexafluoride (SF6) tracer gas technique. Can. J. Anim. Sci. 82: 201-206

Boadi DA, Wittenberg KM, Scott S, et al. 2004. Effect of low and high forage diet on enteric and manure pack greenhouse gas emissions from a feedlot. Canadian Journal of Animal Science, 84(3): 445-453

Casey JW, Holden NM. 2005. The relationship between greenhouse gas emissions and the intensity of milk production in Ireland. Journal of Environmental Quality, 34: 429-436

Christophersen CT, Wright ADG, Vercoe PE. 2008. *In vitro* methane emission and acetate: propionate ratio are decreased when artificial stimulation of the rumen wall is combined with increasing grain diets in sheep. Journal of Animal Science, 86: 384-389

Cui XY, Wang YF, Niu HS, et al. 2005. Effect of long-term grazing on soil organic carbon content in semiarid steppe in Inner Mongolia. Ecological Research, 20(5): 519-527

Davidson EA, Verchot LV, Cattanio JH. 2000. Effects of soil water content on soil respiration in forests and cattle pastures of eastern Amazonia. Biogeochemistry, 48: 53-69

Delgado CL. 2003. Rising consumption of meat and milk in developing countries has created a new food revolution. The Journal of Nutrition, 133: 3907-3910

Diamond J. 1997. Location, location, location: the first farmers. Science, 278: 1243-1244

Dourmad JY, Rigolot C, van der Werf H. 2008. Emission of greenhouse gas, developing management and animal farming systems to assist mitigation//Prolinson P, Steele M, Nefzaoui. Proceedings of international conference: livestock and global climate change 2008. Cambridge: Cambridge University Press: 36-39

Entz MH, Bellotti WD, Powell JM, et al. 2005. Evolution of integrated crop-livestock production systems//McGilloway DA. Grassland: a global resource. Wageningen: Wageningen Academic Publications: 137-148

Environment Canada. 2002. Canada's greenhouse gas inventory 1990-2000 greenhouse gas division, environment Canada. http://www.ec.gc.ca/pdb/ghg/1990_00_report/acknow_e.cfm. [2012-05-18]

FAO. 2008. Statistics. http://www.fao.org/corp/statistics/[2008-08-13]

Gill M, Smith P. 2008. Mitigating climate change: the role of livestock in agriculture//Prolinson P, Steele M, Nefzaoui. Proceedings of international conference: livestock and global climate change 2008. Cambridge: Cambridge University Press: 29-30

Guo LB, Gifford RM. 2002. Soil carbon stocks and land use change: a meta analysis. Global Change Biology, 8: 345-360

Heitschmidt RK, Vermeire LT, Grings EE. 2004. Is rangeland agriculture sustainable? Journal of Animal Science, 82(Suppl.): 138-146

Hou FJ, Nan ZB. 2006. Improvements to rangeland livestock production on the Loess Plateau: a case study of Daliangwa village, Huanxian county. Invited keynote presentations by the 2nd China-Japan-Korea Grassland Conference. 草业学报, 15(suppl.): 104-110

Hou FJ, Nan ZB, Xie YZ, et al. 2008. Integrated crop-livestock production systems in China. The Rangeland Journal, 30(2): 221-231

Howden SM, Reyenga PJ. 1999. Methane emissions from Australian livestock: implications of the Kyoto Protocol. Australian Journal of Agricultural Research, 50(8): 1285-1292

Johnson KA, Johnson DE. 1995. Methane emissions from cattle. Journal of Animal Science, 73: 2483-2492

Loiseau P, Soussana J. 1999. Elevated CO_2, temperature increase and N supply effects on the accumulation of below-ground carbon in a temperate grassland ecosystem. Plant and Soil, 212(2): 123-131

Mabbott NA. 2004. The complement system in prion diseases. Current Opinion in Immunology, 16(5): 587-593

Machmller A, Clark H. 2006. First results of a meta-analysis of the methane emission data of New Zealand ruminants. International Congress Series, 1293: 54-57

Matson PA, Parton WJ, Power AG, et al. 1997. Agricultural intensification and ecosystem properties. Science, 277: 504-509

McCarl BA, Schneider UA. 2001. Greenhouse gas mitigation in U. S. agriculture and forestry. Science: 2481-2482

McCaughey WP, Wittenberg K, Corrigan D. 1999. Impact of pasture type on methane production by lactating beef cows. Canadian Journal of Animal Science, 79: 221-226

McCrabb GJ, Hunter RA. 1999. Prediction of methane emissions from beef cattle in tropical production systems. Australian Journal of Agricultural Research,50:1335-1339

Meeker DL. 1999. What are the livestock industries doing, and what do they need from us? Journal of Animal Science, 77: 361-366

Mensah F, Schoenau JJ, Malhi SS. 2003. Soil carbon changes in cultivated and excavated land converted to grasses in east-central Saskatchewan. Biogeochemistry, 63(1): 85-92

Naylor R, Steinfeld H, Falcon W, et al. 2005. Losing the links between livestock and land. Science, 310: 1621-1622

Okine EK, Mathison GW, Hardin RT. 1989. Fluid and particulate passage rates in cattle effects of changes in frequency of reticular contractions. Journal of Animal Science, 67: 3388-3396

Pelchen A, Peters KJ. 1998. Methane emissions from sheep. Small Ruminant Research, 27: 137-150

Reay DS. 2002. Intensive farming, US-style, is not sustainable worldwide. Nature, 417: 15

Robertson LR, Waghorn GC. 2002. Dairy industry perspectives on methane emissions and production from cattle fed pasture or total mixed rations in New Zealand. Proceedings of the New Zealand Society of Animal Production, 62: 213-218

Schuman GE, Reeder JD, Hart RH. 2002. Soil carbon dynamics and potential carbon sequestration by rangelands. Environmental Pollution, 116(3): 391-396

Sims JT, Bergström L, Bowman BT, et al. 2005. Nutrient management for intensive animal agriculture: policies and practices for sustainability. Soil Use and Management, 21: 141-151

Soussana JF. 2008. The role of the carbon cycle for the greenhouse gas balance of grasslands and of livestock production systems//Prolinson P, Steele M, Nefzaoui. Proceedings of international conference: livestock and global climate change 2008. Cambridge: Cambridge University Press: 12-15

Steinfeld H, Gerber P, Wassenaar T, et al. 2006. Livestock's long shadow. FAO, Rome

Tilman D, Cassman KG, Matson PA, et al. 2002. Agricultural sustainability and intensive production practices. Nature, 418: 671-677

Waghorn GC, Clark DA. 2005. Greenhouse gas mitigation opportunities with immediate application to pastoral grazing for ruminants. International Congress Series, 1293: 107-110

Waghorn GC, Tavendale MH, Woodfield DR. 2002. Methanogenesis from forages fed to sheep. Proceedings of the New Zealand Society of Animal Production, 64: 167-171

Wall E, Bell MJ, Simm G. 2008. Developing breeding schemes to assist mitigation//ProlinsonP, SteeleM, Nefzaoui. Proceedings of international conference: livestock and global climate change 2008. Cambridge: Cambridge University Press: 44-47

推荐阅读文献

侯扶江,南志标,任继周. 2009. 作物-家畜综合生产系统. 草业学报,18(5):211-234

任继周. 2004. 草地农业系统通论. 合肥:安徽教育出版社

任继周,朱兴运. 1995. 农业生态生产力及其生产潜势-兼论“有动物农业”的重要意义. 草业学报,4(2):1-5

Hou FJ, Nan ZB. 2006. Improvements to rangeland livestock production on the Loess Plateau: a case study of Daliangwa village, Huanxian county. Invited keynote presentations by the 2nd China-Japan-Korea Grassland Conference. 草业学报, 15(suppl.): 104-110

Hou FJ, Nan ZB, Xie YZ, et al. 2008. Integrated crop-livestock production systems in China. The Rangeland Journal, 30(2): 221-231

第十一章　动物生产层的生态系统行为

动物生产层的生态系统行为具有明显的组织层次性。在中观尺度直接作用于牧草，并在微观尺度和宏观尺度产生响应，形成一系列复杂的多组分、交叉互作过程，不仅引发系统内部结构与功能震荡，而且改变系统整体的行为表现。为了清晰阐述动物生产的系统行为，本章将重点在宏观尺度以下说明放牧家畜的作用，尤其是草畜互作这一关键生态过程；而在“动物生产层的结构类型”一章分析中观尺度以上的家畜系统行为，集中展示动物生产的农学意义及其现代内涵。

第一节　草食动物对牧草生长的作用

一、对牧草地上部分的作用

关于放牧对牧草地上部分生长的作用有大量研究。譬如（图 11-1），禾本科植物分蘖和双子叶类植物生长点增加（Sibbald et al. ，2004），牧草小型化（Pavlu et al. ，2006），刺激多年生牧草无性繁殖（Sibbald et al. ，2004），促进营养物质积累（Pavlu et al. ，2006）。

在适宜的牧草生长阶段放牧，不仅对家畜生产有利，而且促进植物生长。一般情况下，在禾草抽穗前或豆科牧草现蕾前，单位草地面积的营养物质的产量最高（图 11-2），这是保持牧草前成熟状态的原因。

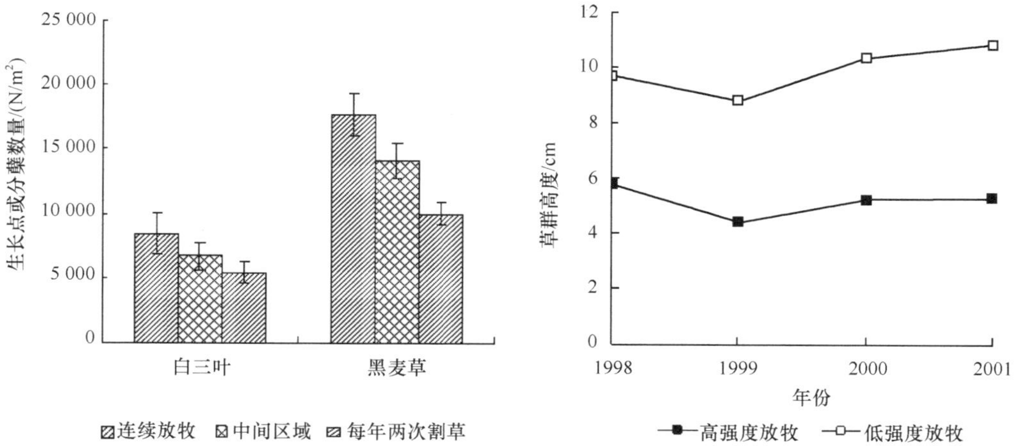

图 11-1　放牧对植物生长的影响（改绘自 Sibbald et al.，2004；Pavlu et al.，2006）

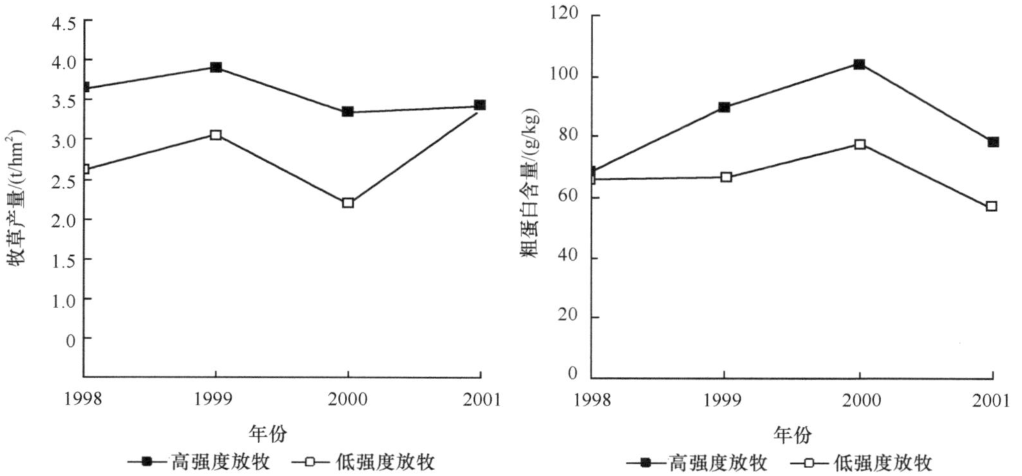

图 11-1(续)　放牧对植物生长的影响(改绘自 Sibbald et al.,2004;Pavlu et al.,2006)

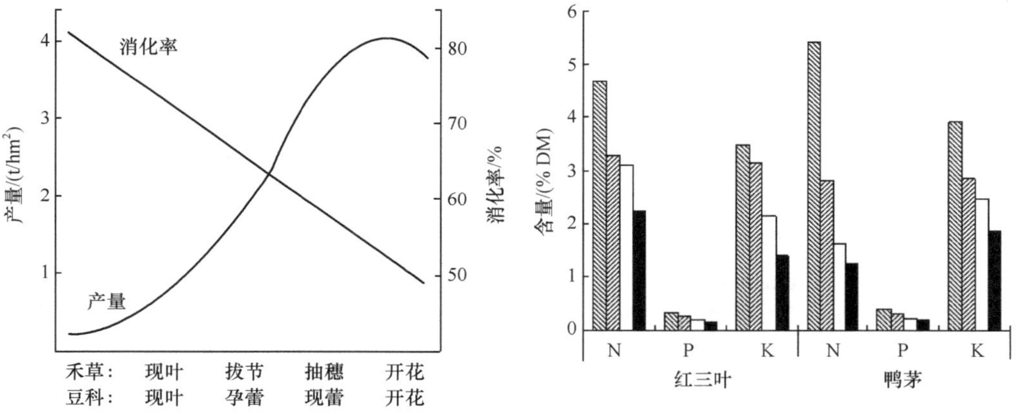

图 11-2　牧草不同生长发育阶段的产量与营养成分

二、对牧草地下部分的作用

牧草地下部分生长所需的碳水化合物主要来自于地上部的光合作用,所以地下部分生物量基本反映牧草地下与地上部分之间物质与能量分配的总体特征。家畜对地下部分的作用主要有 3 方面特征。

(一) 牧草地下部分总量的变化

放牧后,牧草地下部分生物量可能增加(Pucheta et al.,2004),也可能减少(Ford and Grace,1998),取决于放牧强度。地上部分采食比例小于 35%,主要光合器官叶片的采食比例小于 40%,根系生长基本不受影响(Dietz,1989);地上部分采食比例超过 50%,根量积累迅速下降;地上部分采食超过 80%,根系更新受抑制(图 11-3)。地下生物量减少会对土壤生态过程产生消极作用,同时根系吸收矿质营养的面积减少,也会抑制牧草地上部分的生长。深层根系减少,不可避免地制约干旱、半干旱地区牧草对深层水分的吸收利用。

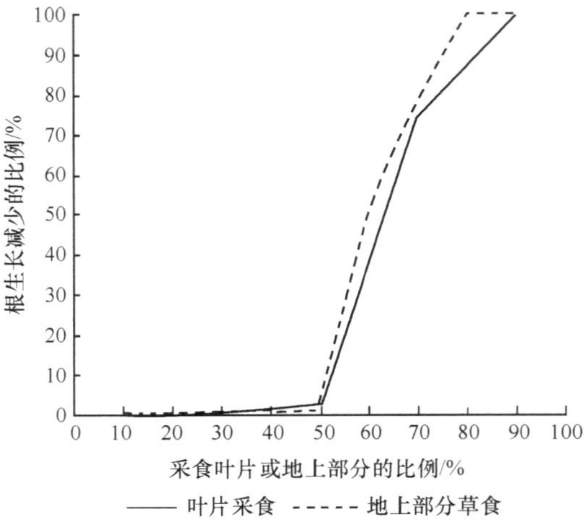

图 11-3 家畜采食地上部分对根系生长的影响(据 Dietz,1989 数据绘图)

(二) 地下部分垂直分布格局的变化

放牧促使澳大利亚新南威尔士球茎草芦(*Phalaris aquatica*)-白三叶混播(*Trifolium repens*)草地根系向土壤上层集中,尤其是细根,而且减少深层根系,放牧越重,效果越明显(Greenwood and Hutchinson,1998)(图 11-4)。矮草草地 99% 的根量集中在 20cm 土层,在混合(中草)草地和高草地分别为 86% 和 78%(McNaughton et al. ,1998)。

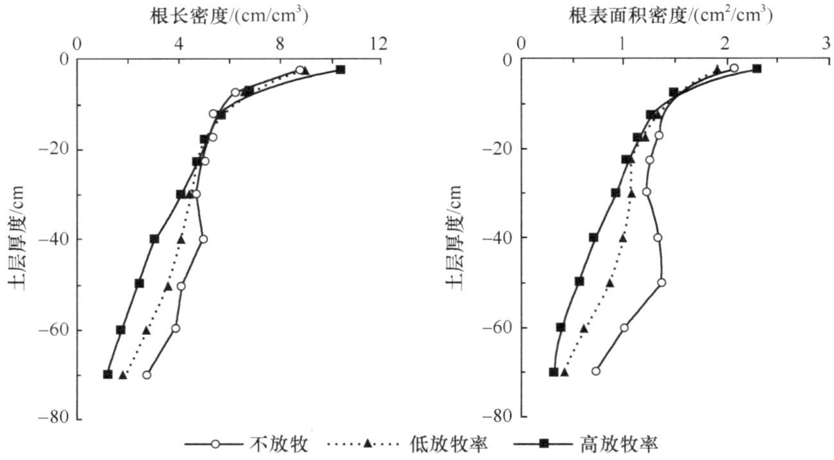

图 11-4 放牧对牧草地下部分垂直分布的影响(Greenwood and Hutchinson,1998)

根冠比的变化　适度放牧的草地,地上部分再生长充分,速度高于根系,相对更多的同化产物分配给地上部分,根冠比降低(Jatimliansky et al. ,1997)。牧草营养生长期间,地上部分(S)与地下部分(R)之间的异速生长可表达为:$\mathrm{Ln}S = a + b\mathrm{Ln}R$,若 $b>1$,放牧后分配给地上部分的同化产物增多，牧草地上部分生长快于根系（Blaikie and Mason，1990）。连续放牧草地的根冠比增大，原因是地上部分不能获得充分生长的机会，生长损失常常高于地下部分，并非向地下部分的物质分配增多。牧草各器官相关生长的变化是放牧改变牧草体内物质与能量分配模式的直接结果。

（三）牧草生长影响因素分析

牧草生长的影响因素有以下 6 个方面。①放牧制度。绵羊放牧强度相同，连续放牧的白三叶（*Trifolium repens*）草地 4 个品种的叶面积均比轮牧草地大幅度减小（Champman and Lemaire，1993），说明连续放牧不利于牧草的生长。②放牧家畜的种类。山羊放牧白三叶，叶/叶柄高于绵羊放牧（Del et al.，1997），家畜嗜食性存在种间差异。③放牧强度。王德利等发现牧草株高的异质性在高放牧率下较低，在低放牧率下较高，在生长季中期最高，原因是家畜在高强度放牧中对牧草的选择性采食较弱，而在低放牧强度下有较高的择食性（王德利等，2003）；有时，放牧强度对地上现存量和基径盖度的作用效果比放牧制度更显著（Ortega et al.，1997；Guevara et al.，1996）。④放牧时期。晚秋放牧对来年春季菊苣（*Cichorium intybus*）的生长有不利影响，这是由于不同生育期的牧草对放牧的敏感性有所差异，一般牧草在春季返青期和秋季结籽期较为脆弱，放牧抗性较低，有专门的放牧方法避开这两个时期。⑤放牧周期。在 0 周、1 周、2 周、4 周间隔 4 个放牧周期中，菊苣的产量随放牧周期的延长而升高（Li et al.，1997）。适度的放牧间隔有利于牧草恢复生长。⑥草地植被与土壤特征。栽培草地的混播牧草组合，如绵羊在黑麦草（*Loliun perenne*）-白三叶混播草地放牧 1 年，白三叶比例从 18.2% 下降到 8.5%，茎长从 120m/m^2 下降到 58m/m^2（Vipond et al.，1997）；对于绒毛草（*Holcus lanatus*）-白三叶混播草地，白三叶的叶面积、叶柄长度、节间长度和节间重量显著增加，而且留茬高度与白三叶生长正相关（Barthaam，1997），说明牧草的放牧抗性因种而异。牧草的生长表现是诸多因素的综合效应。

牧草可以通过 3 种途径改变生长方式提高自身的放牧抗性（Aide，1993）：①加速叶扩展，拥有更多的光合面积；②叶片生产与家畜采食同步；③在放牧强度低时生长叶片，即在采食较少的季节生长叶片。前两个途径为牧草启动再生长机制以补偿家畜采食造成的损失，即耐牧性；第 3 个途径为牧草通过调整生育期以减少采食，即避食性。

三、牧草的补偿性生长

牧草的补偿和超补偿生长（compensatory growth，over-compensatory growth）是草地管理的直接目标之一。Ellison 于 1960 年提出"采食有益于牧草"观点以来，直到 20 世纪 80 年代"放牧优化假说"形成，争论一直激烈：①牧草是否有补偿能力，有是、否和中立 3 种观点；②制约补偿生长的形态、生理和环境因素；③超补偿生长是否对牧草有利无害；④提高种群补偿生长能力的内在因素。目前比较认同：①适度放牧，牧草补偿或超补偿生长，主要原因是放牧加速营养循环、改善冠层辐射状况、提高牧草光合能力、促进资源再分配（Oesterheld and McNaughton，1991）；②不利用或过度放牧，牧草低补偿或等补偿生长。超补偿生长可以表现在营养器官、生殖器官或整株水平（Mclntire and Hik，2002），也表现在地下部分(Pucheta et al.,2004)。在陇东黄土高原天然草地,一般降水年景,暖季(6~9月)滩羊轮牧,放牧率低于 5.7 羊/hm^2,引发牧草超补偿生长(图 11-5)。

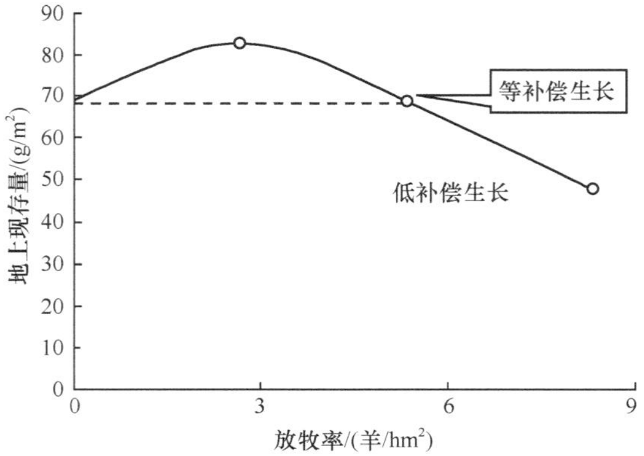

图 11-5　陇东黄土高原放牧草地超补偿生长

(Hou and Nan,2006)

关于食草动物优化(对植物生产来说是超补偿生长)的机理有很多假说,如竞争与顶端优势、放牧促进营养再循环、动物唾液的诱导和生活史进化理论等(Leriche et al.,2001)。当牧草 N 含量高于临界点,才能补偿生长,即放牧与施 N 肥相耦合才能引发补偿生长(Hamilton et al.,1998);牧草地上补偿性生长主要受 N 转化效率与根/冠分配模式控制(Leriche et al.,2001)。Tuomi 等(1994)认为,牧草要有足够的分生组织和营养库才能维持补偿生长,休眠芽是潜在的分生组织,是补偿生长的物质基础,可以被采食激活;休眠芽少则只能补偿低强度的采食,休眠芽多则能补偿高强度采食。他提出的判断超补偿生长的模型为:$B_{DG}=b_0N(1-cD)[(1-D)(1-h)+h^2D]$,$B_{DN}=b_0N(1-cD)(1-D)$,$B_{DG}$和 B_{DN}分别是牧草在放牧条件下和无放牧条件下的种子产量;b_0 是每个分生组织开花产生的生存种子数量即生殖能力;N 是无放牧条件下分生组织和休眠芽数量;D 是无放牧条件下休眠芽的比例;c 是 D 对生殖功能的影响;h 是被采食的分生组织的比例;h^2 是休眠芽被放牧激活的可能性。$B_{DG}=B_{DN}$时,等补偿生长;$B_{DG}>B_{DN}$时,超补偿生长。这是一个基于生殖生长的超补偿生长的假说。

第二节　草食动物对种群动态的作用

一、对种间竞争的影响

选择性采食是家畜牧食特性之一(图 11-6)。家畜对于不同牧草,或同一牧草的不同部位,或不同季节,表现出各异的嗜食性。总体上,鹿和山羊偏爱灌木,牛和绵羊喜食禾草(任继周,1995)。

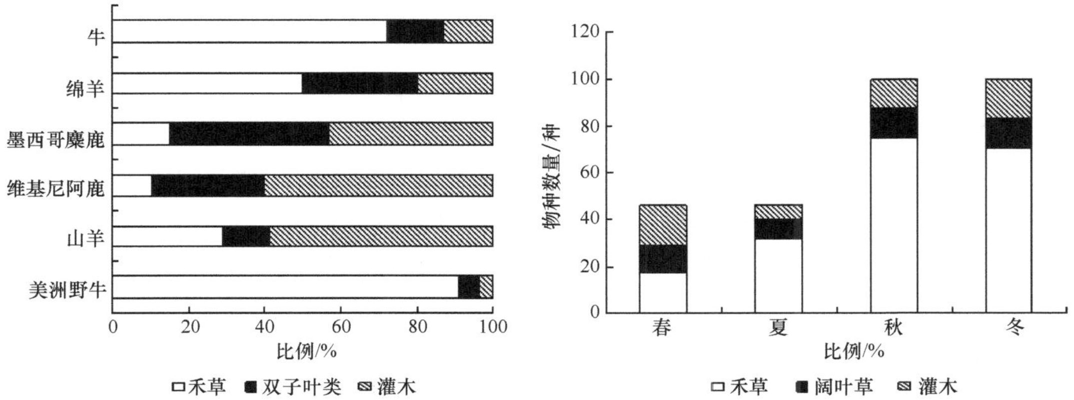

图 11-6 家畜选择性采食

左图为牛的食性变化

一般来说,采食削弱被采食牧草种的竞争力,增强未采食或少采食牧草种的竞争力(Muller-Scharer,1991),这是一个随放牧持续变化的动态过程,其中家畜因草地结构连续变化而不断改变其择食性是重要的驱动因素。在一定的放牧强度下,牧草种间竞争最终稳定在一个相应的水平。牧草竞争强度与生境生产力(habit productivity)的关系有 3 种观点(Grace,1995):①R-C-S(ruderal-competition-stress tolerator)模型认为竞争强度随生境生产力增加而增强;②RR(resources ratio)模型认为竞争强度不受以地上部分比地下部分生长比率表达的生境生产力的影响;③HT(habitat templet)模型认为竞争强度与生境生产力无关,受干扰强度控制。Bonser 和 Reader(1995)发现,初级生产力高时,由于竞争,放牧对加拿大早熟禾(*Poa comressa*)的地上现存量影响较大,初级生产力低时则影响较小(Bonser and Reader,1995),这支持了 Grime 的基于三角模型的最大生长率理论。

牧草获得竞争优势是多途径的。①采食的直接作用,包括家畜和其他动物。绵羊连续放牧的黑麦草-白三叶混播草地,白三叶贴近地表生长,能够逃避采食,黑麦草叶片未充分生长就被采食,加上白三叶的凋落速率低于黑麦草,它的生物量和相对生长速率高于黑麦草,逐渐在草地中占据优势,导致混播草地不稳定,趋向于单种群草地(Louault et al.,1997)。土壤动物对地下部分的采食也能帮助牧草获得竞争优势,如沼泽大蚊(*Tipula paludosa*)采食黑麦草根系,刺激其地上部分生长,对钝叶酸模(*Rumex obtusifolius*)的竞争能力增强(Ramsell et al.,1993);②地境变化的间接作用。在内蒙古典型草原,放牧导致退化草地土壤贫瘠化,糙隐子草(*Cleistogenes squarrosa*)对 N、S 的利用效率较高,从而在退化植物群落中处于竞争优势(汪诗平等,2003)。但当前研究很少考虑践踏和排泄物对牧草的作用。

二、对种群更新的影响

从利用的角度讲,退化草地的恢复是优质牧草种群加速更新的过程,草地退化则是劣质牧草种群的更新相对较快直至所有牧草种群不可更新的过程。

(一) 一般作用

牧草无性繁殖和有性生殖是其更新的两个重要途径。一般认为,放牧促进牧草无性繁殖,不利于有性生殖。

分蘖是最普通的无性繁殖方式,耐牧性高的牧草,其分蘖会对放牧作出积极响应(Frank and Hofmann,1994),所以分蘖能力强的植物常常成为放牧地的优势种。羊草(*Leymus chinensis*)是一种营养繁殖能力较强的无性系根茎禾草,放牧可促进其分蘖节再生、存活,并且产生较多的向上生长的芽,削弱根茎的延伸(杨允菲等,1998)。在青海海北高寒草甸,矮嵩草(*Kobresia humilis*)分株种群的数量与放牧强度正相关(朱志红,1994)。

放牧对有性生殖的影响有 4 个环节。①种子生产。西班牙东南部的圣栎(*Quercus ilex*)林放牧绵羊和山羊,虽然植物的果实生产与放牧强度不相关,但果实长度和重量等质量指标和放牧强度显著负相关,败育的果实和被采食的果实比例与放牧强度显著正相关(Cierjacks and Hensen,2004)。②土壤种子库。在巴塔哥尼亚的羊茅(*Festuca pallescens*)草地,坡地上放牧显著抑制多年生牧草的种子库,但是在春末缩短放牧时间能够丰富土壤种子库(Bertiller,1996)。在阿根廷,小苜蓿(*Medicago minima*)种子库在放牧区要比无放牧区丰富(Mayor et al.,1999)。③种子萌发。在南非的那马夸兰,重牧显著抑制了 *Ruschia robusta* 和 *Cheiridopsis denticulata* 种子的萌发(Riginos and Hoffman,2003)。④实生苗生长。放牧通过降低冬季地表覆盖而减少 *Trifolium balansae* 和波斯三叶草(*Trifolium resupinatum*)的土壤种子库的种子数量和实生苗数量(Jansen and Ison,1995)。

也有放牧不影响、甚至促进牧草有性生殖的报道。在英国的威滕汉姆自然保护区,绵羊放牧不影响欧洲蓟(*Cirsium vulgare*)的每花种子数量、种子扩散后的生存率及种子年际间的生存率,并且冬季或春季放牧有助于提高欧洲蓟实生苗的成活率(Bullock et al.,1994)。中度放牧下,放牧也可以通过增加牧草果实数量而增加种子产量(Paige,1992)。

(二) 作用途径

以往研究较为关注家畜采食对牧草更新的作用机理,而对践踏和排泄物的作用认识不足。家畜喜欢采食鲜嫩(如牧草的生长点、叶片和幼苗)和营养价值较高的部分(如叶片和生殖器官)。因此,采食对有性繁殖甚至有较强的抑制作用。譬如在南非,当 *Pteronia empetrifolia* 花发育时放牧绵羊,采食可导致开花和种子数量分别减少 80%~90% 和 40%(Milton,1995)。鹿采食春香豌豆(*Lathyrus vernus*)的分生组织,其果实产量也会降低(Ehrlen,1995)。

家畜践踏的作用 ①对有性生殖的直接作用,可以浅埋种子、破碎地表草絮层和土壤生物结皮有利于种子接触土壤而吸水萌发(Weigel et al.,1990;Winkei and Roundary,1991;Eldridge and Koen,1998);②对无性繁殖的作用,破碎牧草株丛,加速分株形成;③间接作用,通过改变土壤理化性状、草地动物和冠层结构等,影响牧草的种子活力(Hunt,2001)及营养繁殖能力,受降水等气候因素限制(Weigel et al.,1990)。可见,适宜的践踏对于牧草更新是必要的,在某些时期(如种子成熟后),甚至重度践踏也可以促进牧草更新。

家畜的排泄物的作用　畜粪影响种子扩散、萌发、实生苗的生长和营养繁殖。牧草种子通过家畜粪的扩散在草地上是不均匀分布的，这是草地地上现存量存在小尺度空间异质性的主要原因之一(Shiyomi et al.,1998)。虽然，牛粪中的牧草种子存在较大的季节差异，但放牧梯度之间的变化很小(Jones and Bunch,1999)。家畜补饲和饮水很容易导致外来物种通过畜粪而入侵放牧地。近些年来，畜尿影响牧草更新的资料不多，分析认为畜尿可能影响种子萌发、实生苗生长和营养繁殖，从而控制牧草更新，但需要实验证实。

放牧还通过影响授粉者而控制牧草种子生产(Devoto and Medan,2004)。

家畜的践踏、排泄、采食等行为既密切相关，一定程度上又相互独立，可以分别调控，阐明三者对牧草更新的作用机理对于优化放牧管理技术具有生产意义。

第三节　草食动物对草地群落的作用

一、影响群落结构的因素

群落结构的变化主要有二：①冠相变化，家畜采食削弱冠层，光合作用恢复引发冠层重建，两者此消彼长导致冠相变化，轮牧地的草丛高度、盖度等呈周期性变化，连续放牧地在生长季则相对稳定；②物种组成的变化，因为家畜选择性地去除牧草种或器官，改变牧草的种间竞争力与群落环境，引起物种侵入或迁出，导致群落物种地位变化，是冠相变化的基础之一。

影响放牧草地群落结构的因素可以归为生物、非生物、社会经济3类。生物因子在牧场尺度起作用，非生物和社会因子的作用尺度要大得多，尤其是经济因素(如放牧技术)，常常对全球放牧草地产生影响。

(一)植物因子

主要是牧草的抗牧性存在种间差异，与植物的起源、生活型、更新途径的丰富程度等有关。Noy-Meir根据牧草种的相对多度与放牧的关系，把牧草种对放牧反应概括为3类：①保护增加者，在围封和轻度放牧下相对多度增加的种；②中立者，对放牧强度变化不敏感的种；③放牧增加者，相对多度随放牧强度而增加的种。Mcintyre等(2003)对澳大利亚东部191个样点的调查表明，放牧增加种和减少种的数量接近，但是增加种多为外来种，减少种多为乡土种；在中度放牧草地，物种数量最多(图11-7)。在南非萨王纳，重牧区域主要是适口性较差的短命牧草，轻牧区多为适口性好的多年生长命牧草(O'Cornor and Pickett,1992)。北美混合普列里放牧近80年，格兰马草(*Bouteloua gracilis*)的盖度在重牧下由15%上升到86%，中牧下变化不大(Frank et al.,1995)，是一个放牧增加种。

(二)动物因子

放牧强度直接影响群落结构。Connel提出中度干扰假说(intermediate disturbance hypothesis)，认为中等程度的干扰能够维持最高的生物多样性。在内蒙古典型草原，中度放牧削弱建群牧草层片的竞争排斥，又不抑制其他层片的发育，导致羊草草原和大针茅(*Stipa*

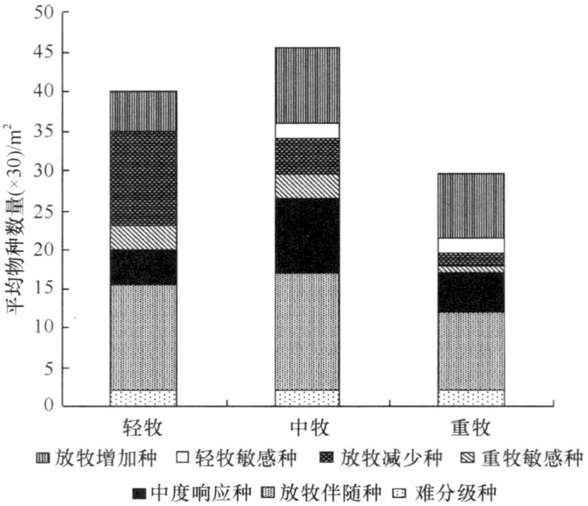

图 11-7　植物种对放牧的响应(Mcintyre et al. ,2003)

grandis)草原的均匀度和多样性最高(李永宏,1993)。在放牧强度分别为 0 只绵羊/hm²、1.5 只绵羊/hm²、3 只绵羊/hm²、4.5 只绵羊/hm² 和 10 只绵羊/hm² 的草地,紫羊茅(*Festuca rubra*)群落的物种多样性在 3 只绵羊/hm² 时最高(Berg et al. ,1997)。在东非高地,中度放牧地的物种丰富度要高于重牧和不放牧的样地(Taddese et al. ,2002)。在西欧盐沼地,绵羊中度放牧增加物种丰富度和多样性,不放牧和过牧导致多样性和丰富度下降(Bouchard et al. ,2003)。一般情况下,适度放牧,草地一年生物种和多年生物种均增加,但一年生物种更明显(图 11-8)(任继周,1995)。

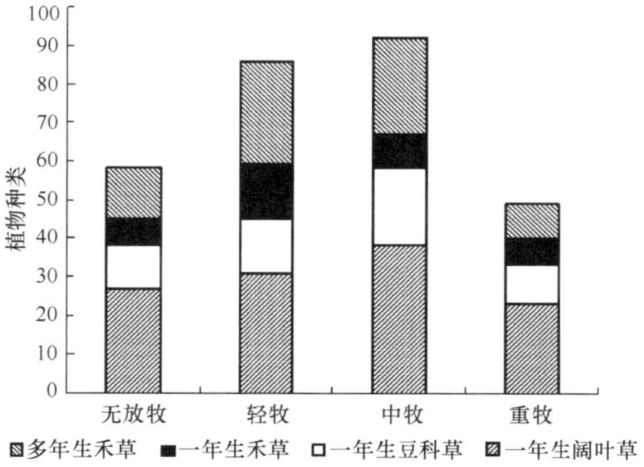

图 11-8　放牧梯度上的牧草种类

放牧减少生物多样性也符合中度干扰假说。在墨西哥 Zacatecas 草地,封育两年后,牧草种的数目显著增加(Luno et al. ,1997),即放牧减少物种多样性,但这个实验时间太短。Gopson 和 Whinam(1998)发现,随着放牧压力下降,2~3 年时草地群落丰富度增加,8~10年后,一些新的物种开始出现,同时另外一些物种则消失,说明放牧退化草地在恢复过程中,群落结构调整的顺序是从物种关系的内部优化到群落内外的物种交换。

也有生物多样性在重度放牧地最高的报道。在德克萨斯 Edward 高原，虽然中草在中牧下多度最大，但是矮草的多度在重牧下最大（Fuhlendorf and Smeins，1997）。澳大利亚昆士兰东南部的草地，物种丰富度在中度和重度放牧下最大（Fensham，1998）。放牧的轻度、中度和重度是半定量指标，严格地说属于定性指标；而且多样性的测定指标也很多，对放牧的敏感性有较大差异；无形之中放大了中度干扰假说的适用性。

放牧对物种多样性的影响还有以下机理。①放牧史说。放牧草地的群落物种多样性不仅取决于放牧强度，而且取决于放牧史，长期放牧提高草地群落结构的稳定性，长放牧史的草地对放牧有较高的适应能力，因此其物种多样性随放牧强度的变化比短放牧史草地缓慢（West，1993；Adler et al.，2004）。②排泄物有利说。在家畜的尿斑上，牧草物种多度普遍增加（Steinauer and Collins，1995）；而且家畜排泄物常常携带植物种子，并在草地上形成营养斑块，促进植物分布与生长。③放牧时间说。绵羊春季放牧有利于外来种和一年生植物；秋季放牧对多年生禾草乡土种有利，而不利于一年生双子叶类；常年禁牧对多年生双子叶类乡土种有利，而对外来种极为不利（Seefeldt and McCoy，2003）。英国低地草地在 12 年放牧处理下，群落物种丰富度因绵羊春季放牧而增加，随夏季重牧而减少，不受冬季放牧的影响（Bullock et al.，2001）。体现了家畜的营养需求与牧草抵抗力的时间关系。④土壤动物促进说。土壤无脊椎动物是放牧生态的重要生物组分，它的生物量在热带占次级生物量的 90% 左右，在温带也高于大脊椎动物（任继周，1995），它们通过采食、分解和其他活动影响天然植被组成，加速系统物质循环，促进草地的次生演替，提高植物的物种多样性（de Deyn et al.，2003）。但是，目前对土壤动物的采食等行为特征及其与草地植被的关系尚缺乏必要的了解。

一个地区与放牧有关的植物进化史也影响着该系统对放牧的反馈（Miller et al.，1994），与有长期放牧进化历史的系统相比，只有短期放牧历史的系统更容易受到放牧家畜的影响（Milchunas et al.，1988）。尽管多数人认为草原生态系统主要受大家畜和野生偶蹄动物等大型食草动物的影响，但是昆虫、鸟类、啮齿动物、小哺乳动物及其他小型食草动物等也对草原生态系统产生同等重要的影响（Brown and McDonald，1995）。家畜与野生动物的互作是一个复杂的问题，主要是通过食物资源、生境结构、改变养分循环及其他方式进行互作影响，如家畜与野生动物进行食物、水源和空间的竞争等。家畜放牧对野生动物食物资源的影响因素包括牧草的可利用性、品质和可选择性等（Noss and Cooperrider，1994）。家畜也能将疾病和寄生虫传播给野生动物，由于野生动物缺乏对家畜所携带病菌或寄生虫的遗传抗性或尚未获得这种抗性，因此在某种情况下往往导致整个种群的灭亡，在北美地区的家养绵羊与野生盘羊之间就曾经发生过类似的情况。然而，在北美地区，也有人利用家畜放牧，通过管理从而为野生动物创造合适的生境条件，如通过改变植物种类组成提高某种植物的生产力、品质和生境的多样性等措施创造野生动物生存的最佳生境条件（Severson and Urness，1994）。相对于一个静态的保护一个物种或群落而言，认识草原景观相互依赖的模式和过程更能保护生物多样性（Noss and Cooperrider，1994）。

（三）微生物因子

放牧系统中，微生物通过对植物、动物及其残体的作用影响群落结构，虽然是间接的，但却是重要的。

放牧生态系统中的微生物分为 3 类,腐生微生物是放牧生态系统的分解者;共生微生物与牧草和家畜互相依存、互换生命活动的产物、创造相互有利的营养和生活条件;寄生微生物依赖于动物和植物获取营养和能量。共生微生物主要有:与植物固 N 有关的根瘤菌(刘默涵等,2003),与植物利用 P 有关的菌根菌(段廷玉等,2003),与禾草抗性有关的内生真菌(南志标和李春杰,2004),与家畜 N 代谢有关的瘤胃微生物。菌根菌通过提高寄主植物的 P 和水分利用效率、增强抗病性、改善土壤营养状况,影响牧草的生殖模式、种群结构、抗牧性,最终改变草地群落的结构(Hartnett and Wilson,2002)。牧草体内的丛枝菌根菌(arbuscular mycorrhizal fungi,AMF)的多样性还能够维持草地植物多样性和生态系统功能(Marcel et al. ,1998)。

(四) 非生物因素

放牧对群落结构的影响与土壤、地形、气候等关系密切(图 11-9),甚至有观点认为土壤类型对放牧草地物种丰富度的影响甚于放牧(Welch and Scott,1995)。在阳生环境中,夏季践踏会降低土壤水势,种的丰富度和多样性也会下降,而在荫生环境中,践踏对土壤有效水分的影响很小,物种多样性变化不大(Kobayashi et al. ,1997)。砂壤和黏土的理化性质不同,着生其上的植被对放牧和降水波动的反应也不同(Rietkery et al. ,1997):植被生长若是水分限制,砂壤中的植被对放牧和降水表现出较高的弹性,黏土则不同,如果植被是营养限制,当营养输出大于输入,生长在砂壤中的植被对放牧和降水波动的弹性消失,依赖于牧草群落储存营养的能力。地中海地区的牛放牧草地,草群的年际变化与放牧压力或降水没有明显关系,而与有效 N 和根际有效土壤湿度的季节变化显著相关(Gutman et al. ,1990)。牧草对气候、土壤等非生物因素的适应历史一般长于牧草-家畜的互作历史,这对于牧草放牧恢复具有决定性作用,所以天然草地常常表现出较强的恢复能力,而栽培草地则对放牧管理有更高要求,需要更多的辅助措施(如施肥、灌溉、灭虫等)才能恢复。

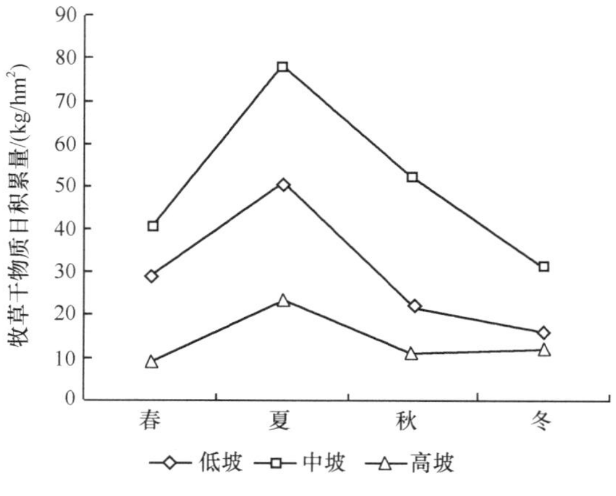

图 11-9　放牧地不同坡度牧草产量(改绘自 López et al.,2003)

(五)社会因子的作用

社会因子包括科技水平、生产水平和生活水平(任继周和侯扶江,2004)。科技发达国家的退化草地较少,天然放牧地和人工放牧地的群落结构稳定性相当高,越来越多的土地开始放牧管理,甚至有放牧上百年的栽培草地,体现了社会因子的重要性。Sankhayan 和 Hofstad(2001)在村落水平的研究表明,人口压力加速放牧地的退化,先进的农业技术、较高的棉花价格和较低的木炭价格能够延缓退化过程,并强调经济政策的重要性。公共放牧地的退化程度远高于私有放牧地,催生了"公地悲剧"理论,尽管目前争论较大,但是生产关系严重滞后于生产力的发展需求可能是草地放牧退化的政策诱因。在我国,草地退化与人口密度高度相关,主要原因是超载过牧,人口密度超过 150 人/km^2 的地区,80% 以上的天然草地退化(图 11-10)。社会因子能够通过提高放牧技术、改进农户决策方法、改善农村经济结构、改变落后的自然观影响放牧草地的群落结构(Conner,1991)。对社会因子的作用机理缺乏深入研究是草地退化的主要科技因素之一,是需要大力改进的方面。

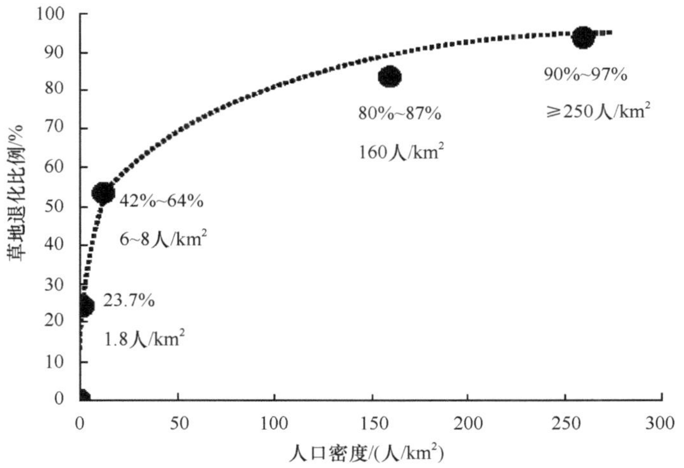

图 11-10　中国草地退化与人口密度的关系

二、对群落功能的影响

生产力是群落功能最重要的体现,生理生长活动是形成生产力的基础。

划区轮牧(rotational stocking)是草地放牧管理的发展方向。根据牧草生长动态,一个轮牧周期可以分为放牧期(grazing stage,G 期)和再生长期(regrowth stage,R 期)两个阶段。在放牧期,牧草的地上现存量、凋落物量、草丛高度、地上现存量 N 和 C,以及叶面积指数急剧降低,残留器官以老叶居多,光合产物的分配模式急变(侯扶江等,2002b)。适度放牧下,草地放牧产生一个植物生理生长的低限(physiological low limit,PLL)(图 11-11),即放牧期草地维持可持续功能和健康所能承受的最低生理生长阈值,对应着草地最低高度、盖度或现存量。再生长期的草地生理生长活动又可以分为两个时期:调整期(revision stage,R_1 期),牧草主要修复受损生理机构,重新分配储藏物质,为冠层重建和再生长作必要的生理生长准备(侯扶江等,2002b);恢复期(recovery stage,R_2 期),牧草的生理生长功能逐渐恢复到放牧前的健康水平,并产生一个生理生长的高限(physiological ultimate limit,PUL)(图11-11),即再生长期牧草生理生长活动能够恢复的最高阈值,对应着草地最大现存量或储草量。

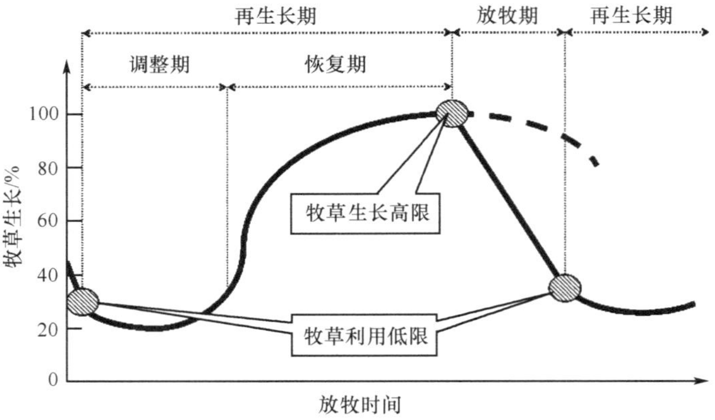

图 11-11 轮牧草地牧草生理生长模式(侯扶江等,2002a)

放牧期牧草的生理生长指标接近于正常的 PLL,继续放牧,则草地难以恢复,PLL 可作为放牧结束的指标。再生长期牧草生长达到 PUL,若草地仍不利用,牧草过成熟(over-maturity),草群变坏,资源浪费,PUL 可作为放牧开始的指标。所以,通过试验确定适宜的 PLL 和 PUL,可以指导草地的健康管理,这就是草地健康管理的双因子阈限法(method of double-factor threshold,MDFT)。牧草在器官、个体、种群和群落等各个组织层次都存在 PLL 和 PUL。在天然草地,由于家畜的择食性和牧草抗牧性的种间差异,牧草种之间的生理生长变化不同步,各项指标变异率很高,因此确定双因子的群体阈限值更具实践价值。

三、对群落演替的影响

(一)稳定态-过渡态假说

依据群落演替的单元顶级论,放牧对群落演替的影响有 3 种情况(Gibson and Brown,1992):①放牧可能产生一个亚气候;②放牧可能使演替逆转;③放牧可能导致偏途演替,直到一个偏气候顶级群落(plagioclimax)。放牧偏途顶级群落的稳定性取决于放牧的持续性,它是否健康则依赖于放牧管理水平,这是当前生态学研究的热点之一。威尔士北部传统的绵羊放牧草地,封育 24 年后,植被演替明显依赖于土壤和初始的植被状况(Hill et al.,1992),符合多元顶级论和顶级-格局假说。

1989 年,Mark Westoby 基于 Climents 的气候顶级学说,提出了放牧草地演替的稳定态-过渡态假说(Westoby et al.,1989):无牧草地向气候顶级演替的趋势是稳定的,放牧压力能够维持或改变草地的演替方向,一定的放牧强度对应一个群落稳定态,群落的稳定态之间存在一系列过渡态,环境对过渡态有选择作用,草地管理寻求在放牧压力与演替趋势之间长期平衡的载畜量,以获得持续的畜产品产量(图 11-12)。实质上,这个假说的理论基础已经超出气候顶级学说，而是3个演替顶级理论的综合，该学说正在得到广泛的实验验证（图11-13）。例如，我国典型草原的冷蒿群落就是过度放牧下的群落稳定态（Hamilton et al.，1998）。一些退化甚至严重退化的放牧稳定群落，其优势种具有较高的经济价值，如结缕草（*Zoysia japonica*）人工繁育较为困难，是演替早期的优势种，也是优良的草坪草（董厚德和宫莉君，2001），采用大草食家畜重牧维持其在群落中的优势地位要比其他方法经济、有效。放牧能够把群落控制在人类需要的稳定态。

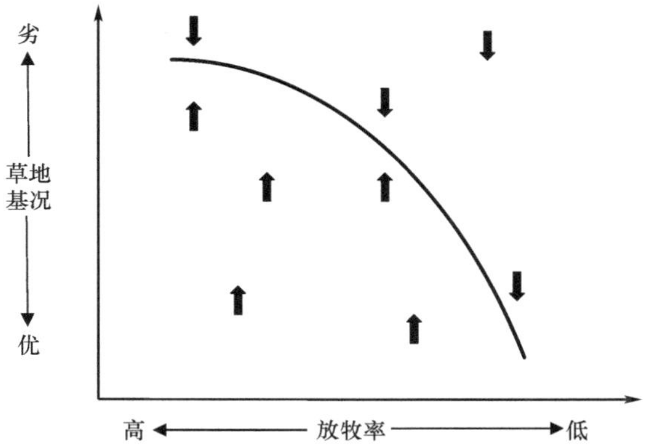

图11-12　草地演替序列中草地基况与放牧的关系

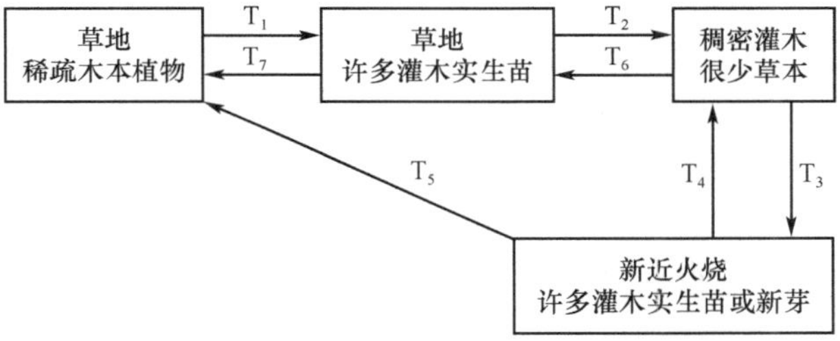

图11-13　稳定态-过渡态假说举例（Westoby et al.，1989）

澳大利亚东部半干旱草地/林地：T_1：2年以上降水充沛年景，产生许多灌木实生苗，发生频率2~5次/百年；T_2：在没有火烧的条件下，10~20年灌木实生苗生长，并建立种子库；T_3：火烧后，降水充沛；T_4：在没有火烧的条件下，灌木更新、成熟自然演替的产物，如果灌木无性繁殖，此过程需5年左右，建立灌木种子库，则需10~15年；T_5：在灌木种子库建立前火烧，然后降水充沛；T_6：火烧后；T_7：火烧后

（二）草地的灌丛化

温带、热带草地和萨旺纳的灌丛化是另一个备受关注的问题。在干旱地区和半干旱地区，草本对放牧的敏感性高于灌木和乔木，重牧有利于维持灌木在群落中的优势地位，灌丛化甚至被认为是退化的标志（张宏等，2001）。博茨瓦纳的萨王纳，牛放牧5年，灌木的密度、盖度、总生物量、叶生物量和叶面积在重牧区明显高于轻牧区或无放牧区（Skarpe，1990）。我国典型草原也有因过牧而灌丛化的报道（熊小刚等，2003）。但是，在美国亚利桑那州的卡帕拉草地，山羊重牧降低灌木盖度，而多年生牧草不受影

响(Severson and Debano,1991);在我国甘肃南部高山草地,甘肃马鹿(*Cervus elaphus kansuensis*)的卧息反刍地、金露梅(*Potentilla fruticosa*)与箭叶锦鸡儿(*Caragana jubata*)灌丛逐渐演替为以线叶嵩草(*Koresia capillifolia*)或粘毛香青(*Anaphalis bulleyana*)为优势种的草甸(侯扶江,2000)。在苏格兰高地,草地封育25年后,植被高度增加,以矮小灌木为优势种的群落斑块扩大,牧草斑块减少,说明绵羊放牧是维持草本植被、矮灌木和林地之间平衡的关键因素。在巴塔哥尼亚南部,4个强度放牧10年,灌木盖度不变,群落PCA分析也未检测出高强度放牧导致草地灌丛化的迹象(Oliva et al.,1998)。显然,放牧并不一定导致草地灌丛化,草地灌丛化是一个复杂过程,它还取决于局地的气候、土壤等非生物因素。

保持草地的非成熟状态是放牧系统农业生产的需要。家畜放牧可以维持草地群落的亚顶级状态,它有顶级植被的基本结构和发展趋向,有较高的植物生产力,还有动物生产能力,显然,这是草地的健康生产形式。

第四节 草食动物对土壤的作用

在放牧生态系统中,土壤是地境-牧草-家畜相互作用的产物,展示了放牧生态系统的历史。它又是植物和家畜营养的重要供给源,一定程度上又预示着放牧生态系统的未来。

放牧能够多途径地增加土壤微生物的生产力、提高硝化酶和反硝化酶活性及硝化酶活性与反硝化酶活性比例、促进N矿化、提高N的有效性,同时抑制N流失(Frank et al.,2000;Le Roux et al.,2003)。也有研究显示,放牧降低土壤C、N含量(Frank et al.,1995)。一般认为,土壤对放牧的响应迟滞于植被,但有时土壤对放牧的敏感性要高于植被(Dormaar et al.,1997)。除了所选指标的敏感性外,放牧对土壤的作用较为复杂,影响土、草、畜的各种因素都有可能对放牧的土壤效应产生一定的影响。

一、影响土壤反应的放牧因素

放牧的直接作用:放牧压力越高,羊茅草地土壤中的NH_4^+-N和NO_3^--N含量越高,轻牧导致土壤pH从5.7升至6.2、有机质和总P降低,以及土壤温度增加;重度放牧下,土壤湿度下降、颜色变浅、总N和总P含量降低且侵蚀加重(Dormaar et al.,1990a,1990b)。在陇东典型草原和祁连山高山草原,0~40cm土层全N含量和有机质含量随放牧压力下降而逐渐升高(图11-14)(侯扶江等,2002b)。在绵羊放牧系统中,土壤微生物生物量在轻牧与中牧之间最大,微生物群落的多样性随放牧增强而下降(Bardgett et al.,2001)。宿营地是放牧草地牧压最强的地段之一,营养和有机质通过排泄物向宿营区转移,局部有机C、有机P、有机S和可溶性盐积累,土壤生物活性增强(Haynes and Williams,1999),草地土壤肥力随绵羊夜间宿营强度的增加而提高。也有实验结果表明,放牧草地0~30cm土层有机C、有机N含量明显高于未放牧草地,放牧制度和放牧强度(不到50%的采食率)均未对土壤有机C和有机N产生决定性影响(Manley et al.,1995)。可见,土壤贫瘠化不是放牧的必然结果,重牧区域(如饮水点附近、放牧地出入口等)具有较高的土壤肥力储备,可能构成重牧草地垂而不死和迅速恢复的物质基础。

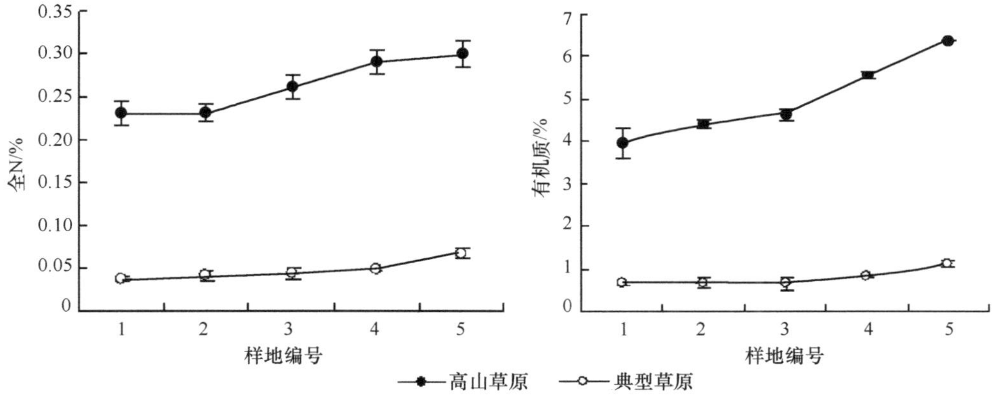

图 11-14　牧压梯度上土壤全 N 和有机质变化(侯扶江等,2002b)

1~5 号样地,距牧场出入口的距离是从 0m 至 1500m,由近及远的,放牧压力是逐渐下降的

放牧的土壤效应随季节而变化。研究表明,冬季土壤微生物活性和有效微生物的生物量不受放牧影响,微生物有效生物量与双子叶牧草生物量正相关,夏季土壤微生物活动受放牧影响,与单子叶牧草关系密切(Wardle and Barker,1997)。

地形因素也影响土壤的理化性质。在 700~1000mm 降水区,绵羊放牧(1.6 只/hm^2)14 年,阳坡土壤中的 Ca、K 和 Mg 等可交换阳离子增加,而阴坡没有变化(Mcintosh et al.,1996a,1996b)。

二、家畜对土壤的作用途径

家畜通过采食、践踏、排泄物直接影响土壤,或者通过三者对植被和微生物的作用间接影响土壤。但是,土壤的表现是三者综合作用的结果。

(一) 采食

采食土壤也是土壤元素直接进入家畜体内的途径之一,即土→畜途径,这是一个主动过程。在英国威尔士中部的绵羊放牧系统,流经矿区的洪水带来大量的金属元素,家畜在冬春季摄取的土壤最多,3 月绵羊摄取的土壤超过干物质采食量的 30%,是 Pb 进入家畜体内的主要途径,3 月和 5 月分别有 80% 和 82.9% 的 Pb 通过土→畜途径进入家畜,有时土→草转移率较高的 Cu 和 Zn 也有 60% 以上通过土→畜途径进入家畜(Abrahams and Steigmajer,2003)。然而。Andersson 在瑞典北部分析了畜体及其排泄物中的^{137}Cs,认为羔羊摄取土壤作为元素转移的途径可以被忽略,而摄取高^{137}Cs 含量的真菌却不容忽视,因为羔羊的粪样中有大量的真菌孢子(Andersson et al.,2001)。Roberts 和 Longhurst(2002)也认为绵羊采食土壤对其体内 Cd 的贡献率只有 3%~6%。

另一个土→畜途径是牧草上粘连的尘土通过家畜采食进入家畜体内。某些情况下,牧草上的土壤干重甚至占植被样品的 46%(Beresford and Howard,1991)。这个途径一般可看作是家畜被动采食,但是,家畜如果因为牧草粘连尘土而嗜食性增加,则又可视为主动过程,需要实验验证。

土→畜途径对于家畜吸收土壤元素的有效性少有研究，家畜采食土壤的动因并不清楚，这也增加了家畜消化代谢实验和以此为基础的采食量测定的不准确性。就家畜的营养元素需求和畜产品的金属污染而言，土→畜途径有重要的研究价值。

（二）践踏

一般情况下，家畜践踏增加表土紧实度，减少土壤孔隙度和水稳性团聚体，引起土壤透水性、透气性和水导率下降，导致土壤结皮破碎（侯扶江等，2004b）。家畜的践踏效应与土壤水分密切相关。土壤含水量高时，践踏有压实效应（Taddese et al.，2002），上层土壤紧实，容易产生地表径流，根系缺氧。土壤水分匮缺时，践踏对表土有"蹄耕"效应，引起土表疏松，容易风蚀（侯扶江等，2004b），由于切断了土壤毛细管，蒸发也会下降。因此，家畜践踏有调节土壤水分的作用，土壤元素多随水分运动，水分变化必然全面影响土壤的其他属性。在有些情况下，"蹄耕"和压实效应不仅损害土壤，也伤害植物，最终损伤整个生态系统。所以，仅仅关注土壤水分的植物效应远不足以管理放牧系统，还需要结合家畜的践踏作用，但该类研究报道很少。

（三）排泄物

在放牧生态系统中，家畜排泄物对土壤的一般作用是调节元素平衡。尿的植物效应是即时的，可以持续数月；粪的植物效应约半年后才能表现出来。从分布面积上讲，一年中草地最多只有20%和5%的面积分别被家畜的尿和粪覆盖，并且排泄物不均匀分布（任继周，1995），排泄物中大量的营养物质常常形成局部活跃的营养循环，产生营养富集斑块，是草地植被空间异质性分布的促因之一。在牧压梯度上，轻度放牧草地的植被异质性较高，重度放牧草地植被均匀度较高，除了家畜的选择性采食这一因素（王德利等，2003），排泄物分布所导致的土壤营养异质性也是不容忽视的原因。

（四）间接作用

放牧家畜也可以通过植被、地形等间接影响土壤理化性质。①种群结构。放牧可以通过调整牧草的放牧抗性、竞争力和种群结构影响植冠下土壤的营养积累。在北美大草原，Derner等（1997）发现植冠下土壤有机C和全N的积累速度不一样，而且不同牧草之间也存在差异，放牧通过调整种群的个体大小、等级，间接调控植冠下土壤营养积累，一般大个体植株多的种群有更多的生物量返还土壤，并且能更有效地捕获植物间的再分配有机质。②群落结构。在混合普列里，重牧通过改变植被组成、减少凋落物积累和增加裸地面积来降低土壤营养与有机质积累（Fuhlendorf et al.，2002）。在南非的纳马夸兰，重牧引起灌丛密度下降和灌丛组成变化，导致土壤贫瘠化（Allsopp，1999）。③肥岛效应。加利福尼亚的蓝橡树（*Quercus douglasii*）植冠下富集植物残体，通过营养循环产生肥岛（Dahlgren et al.，1997）。④地形。在北美奇瓦瓦（Chihuahuan）荒漠草地，放牧改变土壤微地形，小土墩数量和起伏程度随放牧增强而上升，与长命的多年生牧草的盖度极显著相关（Nash et al.，2003）。

但是，Le Roux等（2003）认为，长期高强度放牧的生态系统，植物种的变化不是半天然草地硝化作用和反硝化作用发生变化的驱动因子，即间接作用不重要，而家畜践踏、排泄物 N 返还、频繁采食对 N 吸收的调节等直接作用，可提高土壤微生物活性。

三、对土壤 C 储量的影响

草地 90% 的碳储藏在土壤中，对全球 C 平衡有不可估量的作用。

土壤呼吸(含土壤生物呼吸)是 C 输出的主要方式，主要受土壤温度和水分限制(Derner et al.，1997)。在海北高寒草甸，放牧主要通过改变土壤温度影响土壤呼吸，当放牧增强 1 倍，生长季的土壤呼吸速率也上升 1 倍左右(Cao et al.，2004)。在甘肃南部高山草原，土壤白天的呼吸强度随放牧增强而减弱，与土壤温度和群落盖度的关系较为密切(侯扶江，2000)。

凋落物是土壤 C 的主要输入源之一。全球过度放牧草地只有 20%～50% 的地上生物量以凋落物和家畜粪便的形式返还土壤(李凌浩，1998)，而且随着放牧增强，凋落物 C 库逐渐减少(Mapfumo et al.，2002)。在陇东黄土高原天然草地，滩羊夏季轮牧强度增加一个羊单位，植物枯死物 C 库就会减少 4.9kg/hm^2(图 11-15)(Hou and Nan，2006)。

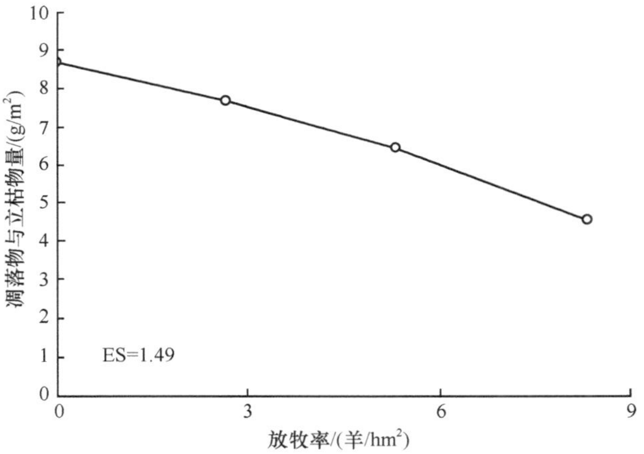

图 11-15　陇东黄土高原天然草地凋落物与立枯物 C 库的变化(改绘自 Hou and Nan，2006)

土壤微生物 C 是土壤碳库中最活跃的部分。一些研究认为放牧可减少微生物 C。在我国内蒙古羊草草原，放牧显著降低 0～10cm 土壤 C 储量，土壤微生物 C 量最低值也出现在放牧最强的样地(李香真和陈佐忠，1998)。在澳大利亚昆士兰北部的热带草地，重牧减少对土壤有机质和 C 投入，限制土壤微生物生长(Northup et al.，1999)。在澳大利亚东北部，林地重牧 6 年和 8 年后，土壤微生物 C 分别降低 24% 和 51%，但是土壤有机 C 变化甚微，Holt(1997)认为微生物 C 比土壤总 C 更适宜作为土壤有机质变化的预警指标。Stark 等(2003)发现微生物的 C 底物减少导致微生物对有机质的分解速率下降，土壤 C 矿化速率和微生物活性降低。但是在印度 Savanna，放牧导致土壤微生物的 C 储量上升 15%～18%(Singh et al.，1991)。

放牧生态系统存在增加土壤 C 的机制。北美大草原的混合普列里放牧近 80 年，中度放牧地的 0～107cm 土层有机 C 比无放牧地减少 17%，但重牧草地没有变化，Frank 等

(1995)认为物种组成变化补偿了天然草地放牧所引发的潜在的土壤 C 损失。Reeder 和 Schuman(2002)也发现,放牧 12 年和 56 年的草地的土壤 C 显著高于未放牧地,而且重牧 56 年的草地土壤 C 最高,他们认为主要原因是封育草地地上凋落物过多而 C 流不畅,封育导致群落中一年生牧草增加,而其根系太少不利于土壤有机质的形成和积累。可见,放牧地有 C 库的作用,但机理尚不清楚。

第五节　草食动物对生态系统的作用

一、对系统生产力的影响

放牧系统的植物生产和动物生产可以通过人为的优化调控实现多途径耦合,多途径地释放放牧系统的生产潜力(任继周,1995;任继周和侯扶江,2004)。通俗地讲,草-畜耦合就是在适当的时间、适当的地点、放牧适当的家畜,即时间、空间和种间与种内耦合。

(一) 时间耦合

实践中常常根据牧草的生育期和生长状况,调整家畜的放牧强度和放牧时期,传统意义上的以草定畜更多地属于时间耦合的范畴,如延迟放牧(deferred grazing)、中止放牧、辅助放牧等(甘肃农业大学,1961),季节畜牧业可以部分地看做是草-畜时间耦合的成功范例(任继周等,1978)。生长季早期在淡白色羊茅(*Festuca pallescens*)放牧,可以提高草地产草量,生长季晚期(生殖期)放牧则相反(Bertiller and Defosse,1990)。冬季放牧马鹿(*Cerbus elaphus*),第 1 年和第 2 年草原上分别有 1/4 和 1/3 样地的地上生物量减少(Coughenour,1991),这是时间相悖的结果,它与系统耦合是同一事物相反的两个发展方向。据估测,仅仅因为草地营养亏供所造成的家畜损失约为牧业总产值的 30%(任继周和朱兴运,1998),时间相悖的另一种形式是草地赢供,它所造成的牧草损失尚未计算,反映出时间耦合蕴藏巨大的生产潜力。

(二) 空间耦合

空间耦合主要是根据草地地形、牧草的空间分布特征和家畜的行为、代谢等特性,优化家畜的空间配置。划区轮牧有着草-畜空间耦合的合理内涵,还有顺序放牧(sequence grazing)、条带放牧(strip grazing)、趋前放牧(frontal grazing)、系留放牧、就地宿营放牧、宿营法等(甘肃农业大学,1985)。在地势起伏较大的草地放牧山羊和绵羊可以取得较好的生产效果,而放牧牛、马等则不太适合。在我国肃南鹿场的高山草地,灌丛多分布于坡顶和陡坡,草甸多分布于坡谷和较缓的坡下部,甘肃马鹿一般在灌丛中采食,绵羊主要在莎草草甸上采食,草-畜的空间耦合使地形与植被复杂的高山草地得到充分利用①。在美国落基山,牛、马鹿和黑尾鹿(*Odocoileus hemionus*)混合放牧(mixed grazing)中,牛逐渐选择高海拔和陡坡草地,马鹿选择休闲牧场以避免与牛争夺生境,黑尾鹿在冬季则选择牛放牧

① 侯扶江. 2000. 草地-马鹿系统的草地表现. 甘肃农业大学博士学位论文。

过的草地(Yeo et al.,1993)。混合放牧中,家畜自觉形成的空间耦合既充分利用了草地资源,又避免了畜种之间过分的资源竞争,也是家畜种间耦合的表现。

(三)种间与种内耦合

种间与种内耦合主要是根据牧草的适口性和家畜的嗜食性和营养需求,利用植物种生态位的分异与耐牧性,根据牧草数量和品质的变化调整家畜的数量和种类,科学组织畜群,充分利用草地,经济地生产畜产品,如增减放牧(put-and-take stocking)、限制放牧(limit grazing)等。栽培草地的混播组合是利用牧草生物学特性和营养价值的互补性,与家畜一起组成稳定的草-畜系统。天然草地牧草的种间耦合更为精妙,健康的放牧系统,牧草茂盛、牛羊肥壮;即使退化的放牧草地也常常垂而不死,若遇良机,迅速恢复,牧草的种间耦合提供了放牧生态系统的可持续性的基础。

家畜的种间耦合,如先后放牧(first-last grazing)、更替放牧,两类畜群逐次利用同一草地,前一畜群不喜食或不能采食的剩余牧草被下一畜群利用,可提高载牧量 5%~40%。先后放牧中,先放牧家畜一般为幼畜、产奶期的母牛或急需营养的其他家畜(图 11-16)。混合放牧,即不同畜种有机组合,各取所需。在苏格兰东北部帚石楠(*Calluna vulgaris*)草地,马鹿和绵羊的生态位重叠幅度很小,混合放牧,彼此几乎无影响(甘肃农业大学,1961)。在法国西部的草地,牛和马混合放牧已有几个世纪,与单一畜种放牧相比,混合放牧地物种和草群结构最为丰富(Loucougaray et al.,2004)。羔羊和小母牛混合放牧地的物种多样性也高于羔羊单独放牧地(Giudici et al.,1999),混合放牧的母羊羔日增重比单独放牧增加 37.5%,提前 10 天断奶(Allen,1993)。说明混合放牧不仅提高动物生产,也改善草地植被。小牛和小猪混合放牧和更替放牧中,两种家畜的增重分别高于两种家畜单独放牧(与牛单独放牧的差异显著),放牧地的牧草质量也优于两种家畜的单独放牧地(与牛的单独放牧地差异不显著),单位草地面积的畜产品产量显著高于两种家畜单独放牧(Sehested et al.,2004)。同种家畜还可以根据体况、年龄、生产目标和营养需求等的差异进行种内耦合(intraspecific coupling),如隔栏放牧(creep grazing)可满足幼畜对高品质牧草的需求。

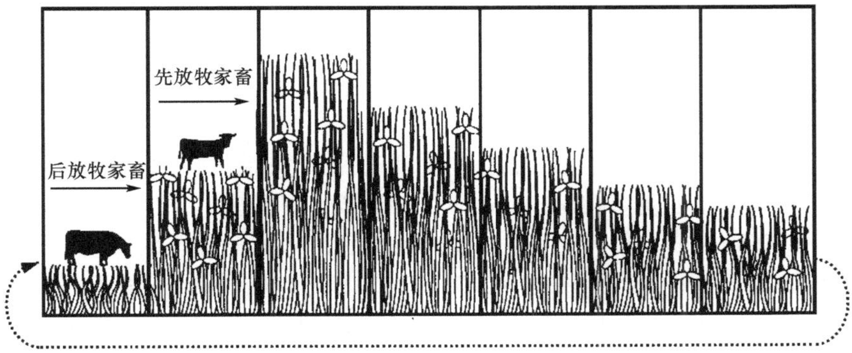

图 11-16　先后放牧模式

放牧系统中,种间和种内耦合常常表现出空间耦合和时间耦合,三种耦合,相互促进、相互包涵,不能严格的区别,只是各有侧重(任继周和朱兴运,1998)。譬如,在加利福尼亚以栎(*Quercus* spp.)和沙滨松(*Pinus sabiniana*)为优势种、禾草和双子叶植物类为伴生种的草地,牛与黑尾鹿混合放牧的情况下,秋季和早冬牧草有限,黑尾鹿的采食随着牛放牧率的增加而减少,但是,春夏季牧草充足,牛放牧率的增加不再影响鹿的采食时间(Kim,1996)。

草畜耦合不是简单的家畜采食与牧草被采食,而是草畜双方主动的相互适应的过程,它可生产高品质的畜产品,同时又维护着高质量的草地。

二、对系统物质循环的影响

物质循环是放牧生态系统可持续的基础。家畜和牧草是系统营养循环链的两个节点,草畜关系的协调性对物质循环有举足轻重的影响,物流失调导致草地元素衰竭,是草地退化的主要原因。草地系统多数物质存留于牧草,只有少部分被家畜同化为畜产品(图 11-17),因此,刈割对草地元素平衡的负面影响远远大于收获畜产品。Ritchie 等(1998)认为牧草对营养循环的正反馈是家畜调节牧草的重要途径。

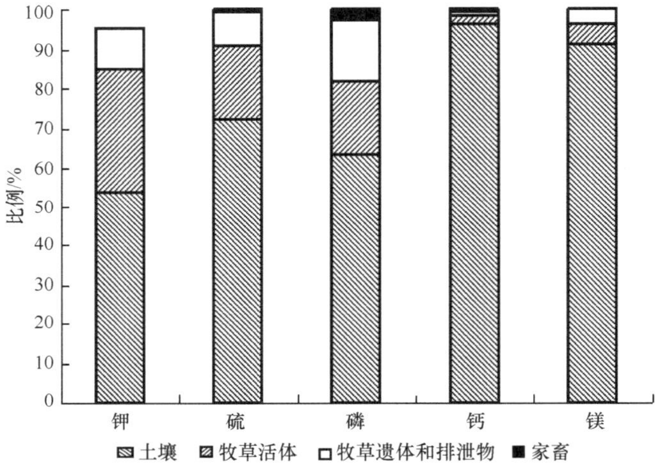

图 11-17　草地物质留存状态

(一) C 循环

放牧生态系统的 C 循环模式与放牧强度有密切关系。轻牧(24 只/hm^2)和重牧(47 只/hm^2)的多年生黑麦草(*Lolium perenne*)-绵羊放牧系统中,植物日固碳速率分别为 300kg/hm^2 和 209kg/hm^2,其中 12. 7% 和 25. 4% 分别进入家畜子系统,植物子系统自我维持分别消耗的 45. 3% 和 48. 8% 中,有 42. 0% 和 25. 8% 分别进入分解者亚系统(Parsons et al. ,1983c),重牧系统通过畜产品输出的 C 比轻牧高 39. 4%,通过分解者返回系统的 C 则减少 67. 1%,入不敷出将导致系统不可持续。与此相反的是,在放牧和无放牧条件下,丹麦盐沼生态系统的年净生产分别为 17 ~ 38mol C/(m^2 · 年)和 5 ~ 38mol C/(m^2 · 年),冠层呼吸分别为 21mol C/(m^2 · 年)和 28mol C/(m^2 · 年),分别占冠层总光合作用的 22% ~ 29% 和 28% ~ 41%,土壤呼吸差异不显著,均为 36mol C/(m^2 · 年),冠层呼吸的下降补偿了因采食而损失的冠层部分(Morris and Jensen,1998)。

(二) N 循环

放牧加速 N 循环,主要有以下几方面(Frank and Evans,1997;Le et al. ,2003):①家畜践踏翻转凋落物层;②促进牧草和微生物对 N 的利用;③降低落叶层和土壤 C/N 值,增加微生物活性;④排泄物返还直接加速 N 循环。Whitehead 和 Bristow(1990)将 ^{15}N 标记的牛尿施入 30cm 深的黑麦草草地(相当于 74g N/m^2 的施肥量),16 天内,37% 的 N 因灌溉而流失,18% 的 N 挥发,留存的 N 多数转化为土壤 N 肥,21% 的 N 被牧草吸收;随后的几个月中,又有 6.7% 的 N 参与反硝化作用。绵羊重牧和轻牧系统对 N_2 固定速率分别为 153kg/hm^2 和 131kg/hm^2,其中地三叶(*Trifolium subterraneum*)固 N 比例分别为 78% 和 84%,牧草吸收的土壤 N 分别为 96kg/hm^2 和 147kg/hm^2,地三叶吸收的土壤 N 分别为 40kg/hm^2 和 18kg/hm^2(Unkovich et al. ,1998a,1998b)。

(三) 其他元素循环

在肉牛-高羊茅(*Festuca arundinacea*)放牧系统中,家畜体内 P、K、S、Ca 及 Mg 的含量分别为 3.28kg/hm^2、1.11kg/hm^2、0.76kg/hm^2、5.59kg/hm^2 和 0.22kg/hm^2,牧草中分别为 38.1kg/hm^2、318.4kg/hm^2、28.0kg/hm^2、33.6kg/hm^2 和 22.4kg/hm^2,如果收获牧草,5 种元素的流失速度分别是收获畜产品的 11.6 倍、236.8 倍、36.8 倍、6.01 倍和 101.8 倍。从系统元素平衡的角度而言,适度放牧是最经济和持续的方式。

风尘对于全球陆地与海洋生态系统的元素平衡具有举足轻重的作用(Griffin et al. ,2001)。降尘是天然放牧地较为固定的元素补给途径,它与放牧系统土、草、畜之间的耦合机制形成于漫长的地质年代和历史时期,它对放牧生态系统的精致调控远非施肥等元素补给的农业措施所能比拟。这方面的研究与草原多风尘现象联系起来可能更有利于揭示降尘或风的生态功能。

(四) 全球变化对放牧系统元素循环的影响

一般情况下,CO_2 倍增促进草地 C 吸收,增加凋落物积累,提高地下部分的 C 分配和呼吸排放(Hungate et al. ,1997)。但是 Hu 等(2001)认为,CO_2 倍增能够延缓微生物的分解,增加生态系统的 C 积累。显然,仅仅研究少数组分难以阐明全球变化对放牧生态系统作用的整体格局,甚至会得到相互矛盾的结论,要在研究内容的系统性和整体性上下工夫。

在绵羊放牧系统中,CO_2 浓度升高(475μL/L)改变草地物种组成、植株的化学成分和同化产物在地上/地下部分的分配,植物残体分解加速,无放牧草地物质损失上升 15%,N 损失增加 18%。如果放牧,由于羊粪的物质再循环,物质损失仅上升 11%,N 损失却下降 9%(Allard et al. ,2004)。由于家畜食物组成及其营养成分的变化,羊粪的分解速率在夏季显著下降,但冬季不变。说明,放牧加速生态系统物质循环,增强放牧系统对全球变化的正面响应。放牧把植物生产延伸到动物生产,大幅度消除了前者随气候的波动,说明家畜起到了“减震器”的作用。这方面除了获取更多的实验数据验证外,还要有针对性地研究优化调控技术。

三、对系统能量流动的影响

放牧生态系统通过生物、非生物(土地、气候、位点)和社会3类因子相互作用,在太阳能的驱动下不断运动和发展着。植物生产的光能量转化效率约为0.5%,其中1/5固定在地上部分;动物生产的能量转化效率约2.0%,畜产品所含的太阳能约为0.002%(图11-18)。集约化放牧管理(intensive grazing management)的生产系统主要依靠资源、资金、劳动力的投入,提高载畜量,获得较高产出。一个施肥和种植白三叶的集约化放牧系统比粗放放牧管理(extensive grazing management)的放牧系统,太阳能的转化效率提高1.9倍(Heitschmidt,1993),因此,农业系统的集约化管理被认为是解决人类食物需求的重要技术途径。但是,它的能量产出/投入表征的生态效率比粗放管理系统下降71.5%,所以,也证明了集约化的农业系统不可持续的观点。

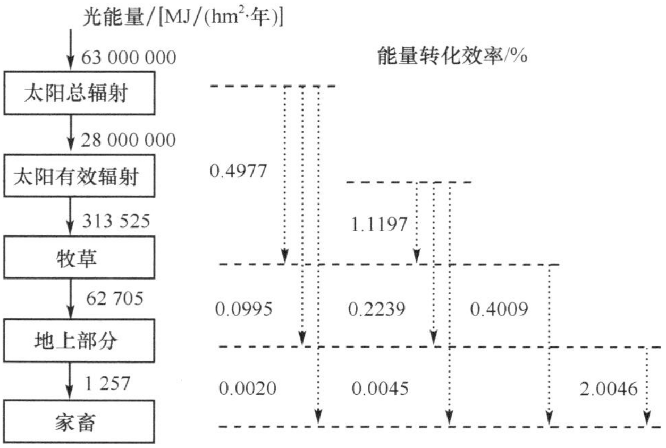

图11-18　草业系统能量转化效率(改绘自Heitschmidt,1993)

放牧生态系统的能量平衡分析是判断系统可持续性的基础,也是放牧生态研究最为薄弱之处。

第六节　放牧的社会经济作用

草地是地球陆地上面积仅次于森林的第二个绿色覆被层,约占全球植被生物量的36%,约占陆地面积的24%。它在生态与经济上的意义与作用十分重大,与森林和农田一起是地球上3个最重要的绿色光合物质的来源。

自上个冰期以来,放牧一直是许多生态系统的天然利用方式,适当的放牧活动是满足人类需求和生态可持续性的农业生产方式之一。事实上,许多(如果不是全部)持续久远的人类文明,特别是在干旱半干旱气候地区,如亚洲典型草原地区生活的蒙古族和哈萨克族、亚北极的拉普兰族和爱斯基摩族,还有北美大平原的印第安族,都一直利用放牧活动作为农业生产的主要方式。辽阔的草原,是我国远古先民长期繁衍生息的地方。位于大青山南麓的大窑遗址,距今约有50万年,记述了原始先民狩猎为主、采集为辅的生活。匈奴建立的草原上第一个统一政权，创造了草原游牧文化的雏形，而后的鲜卑族、突厥族、回鹘族、契丹族、女真族、蒙古族等演变出了北方草原上朝代更迭、民族兴衰、文化相承、融合的沧桑岁月。草原文化以其鲜明的地域特色和独特的民族特色，极大地丰富和充实了中华文明。作为中国文化的重要组成部分，草原文化同黄河文化、长江文化一样，是中华文明的三大主源之一。草原文化同黄河文化、长江文化交相辉映，相互促进，共同造就了博大精深、源远流长的中华文明。贺卫光(2001)比较系统地研究了我国古代游牧民族经济社会文化，他发现如果将中原内地的汉族和周边地区少数民族间的关系发展与整个中国古代历史的发展进程相联系，就很容易看到对中国古代历史发展进程产生重大影响的主要是北部、西部地区的游牧民族(以下简称西北游牧民族)。这是因为：第一，西北游牧民族在西北地区建立了许多大大小小的国家(汗国)或政权；第二，常常深入中原内地，建立起庞大的统一王朝；第三，中国古代历史上所谓的边疆危机或"边患"，主要是指西北地区游牧民族的不断侵扰；第四，举世瞩目的万里长城，是中华民族的一个精神象征，历代王朝所不断修筑的长城与抵御北方游牧民族的进攻有很大关系，等。这就说明，与我国南方和西南少数民族相比，西北地区的古代少数游牧民族对中国古代历史发展进程所产生的影响要大得多。从类型上看，蒙古高原的游牧文化是一种典型的草原游牧文化。在经济结构上，畜牧业和狩猎经济在整个社会经济中所占的比例高，经济结构的单一性比较突出，游牧经济是历史上游牧民族赖以生存的一种生计方式。游牧经济有其自身的产生、发展演变过程，一般来说，它是随着游牧民族的产生而产生，并随游牧民族的发展而发展，当然在最终也会随着游牧民族的消亡而衰落。在我国，虽然目前有一些少数民族仍然被称为"游牧民族"，如蒙古族、哈萨克族、藏族、裕固族、柯尔克孜族等，应该是属于从事草原畜牧业经济的民族，而并非历史意义上典型的游牧民族。商业贸易对我国历史上的游牧民族具有特别重要的意义，游牧畜牧业经济的不稳定性和非自足性，要求游牧民族必须要通过其他方式来维持生存。因此，历史上的游牧民族大都十分重视商业贸易活动的开展。古代东西方交通线路的开辟，就与游牧民族有关。据有关学者的研究显示，最早的丝绸之路就是横贯欧亚大陆北部的"草原丝绸之路"，这条东西方贸易之路的开辟就与活动在蒙古高原和西域北部的游牧民族有关。古代西南丝绸之路的开辟与生活在青藏高原上的游牧民族有关。总之，历史上的陆路丝绸之路基本上都与各地游牧民族的商业贸易活动关系重大。从一定程度上说，东西方的贸易之路是游牧民族的一个十分重要的生存保障线。因为，一旦遭受了严重的天灾人祸，使游牧经济发生危机，游牧民族就可以利用东西方贸易之路来很快地获得他们所赖以生存的物资。历史上许多游牧民族的迁徙活动，大都沿东西方交通路线进行，如古代匈奴的西迁、突厥人的向西发展、蒙古人的西征活动等，都可以看做是游牧民族在东西方贸易之路上的有目的的活动(贺卫光，2001)。

19世纪40年代，随着工业革命的兴起，大约经历了近一个世纪的发展，在草原畜牧业发达的国家基本上实现了现代化。我国的草原畜牧业随着生产关系发生深刻的变革，草原畜牧业生产力水平也有了很大的提高，畜牧业经济有了长足的发展，以草原为依托的牧区畜牧业成为我国国民经济的重要组成部分。20世纪90年代以后，尽管随着农区畜牧业生产的快速发展及草原生态系统的进一步退化，使得草原畜牧业在我国整体畜牧业的地位有所下降，但我国草原牧区大多属边疆少数民族居住区，边境线长度占我国内陆边境线的2/3，境内蒙古族、藏族、哈萨克族、柯尔克孜族、塔吉克族、裕固族和鄂温克族以经营草原畜牧业为主,维吾尔族、回族、大翰尔族、锡伯族、门巴族、珞巴族、彝族、羌族和东乡族兼营草原畜牧业,草原畜牧业是这些民族的传统经济和主体产业,是物质生活和经济收入的主要来源。在这些地区,草原畜牧业具有不可替代性,草原畜牧业的兴旺发达与否,直接关系到当地少数民族地区的进步和繁荣,关系到边疆的巩固和国家的统一。因此,大力发展草原畜牧业,对于促进边疆地区经济繁荣、政治稳定、民族团结和社会进步具有极其重要而深远的战略意义。

然而,不合理的放牧管理、气候干旱等原因导致草原资源受损,畜牧业发展受阻。游牧是蒙古人保持了几千年的生活传统,是人、牲畜和草原的3个层面生态适应的结果。他们利用传统的土地利用方式来适应由于气候波动、降水变化的自然过程,如牧民利用天然牧场,逐水草而居。在人类历史的绝大部分时段内,牧民通过游牧,充分利用天然草地的多样性和季节性的临时积水,使牲畜及时获得食物,充分利用天然草地的再生能力和土壤物理化学特性的恢复能力,协调了土地利用和生态环境自然恢复之间的关系,避免了草地的过度放牧,从而达到了一种原始的可持续发展。其实质就是人类活动尚未超越自然资源的负荷限度,在天然植被自我恢复能力的调节下,生态系统保持着动态的平衡,环境相对稳定。在传统的游牧时代,技术条件落后,这种适应是一种简单的适应——“逐水草而居”。传统游牧民的粮食消费很少,摄取的能量主要源自畜群提供的肉和奶制品,燃料能量也依赖牲畜粪便。现代牧民多依赖粮食、化石能源和其他现代生活资料,牧民开始更多地通过参与商品生产和草原外部打交道。这种生存环境的改变要求牧民相对定居,因为只有定居才能更多地得到许多外部资料和能量供给。但在定居的同时,如果草原维护技术和畜牧业生产技术不能同步提高,必然会引起草原的退化(王建革,2003)。18世纪中叶以后,特别是进入20世纪以来,北方地区的人口随着几次大规模的移民拓荒而迅速增长。20世纪50年代以来,又经历了合作化、大跃进和“文化大革命”期间的几次拓荒高潮,使人口的年增长率在2.5%~3.0%。例如,农牧交错的沙漠化地区人口平均年增长率在20世纪50~80年代曾达到3.08%,平均人口密度从10~15人/km^2增加到40~60人/km^2,高者可达80人/km^2。人口的增长和社会需求的扩大,加大了土地资源利用的压力,也破坏了传统土地利用的合理性。

第七节　我国草原放牧存在的问题

目前,我国草原限于严重退化之中。例如,内蒙古锡林郭勒盟,1949~1999年,人口由20.52万人增加到92.37万人,翻了两番还多;同期内的牲畜总头数,也由302.17万羊单位增长到2446.02万羊单位,翻了三番;然而,每头羊可占有的草地却从5.88hm^2下降到0.73hm^2。据分析,2000年锡林郭勒盟实际养畜量与理论载畜量相比,超载130%以上。目前,锡林郭勒盟的草原沙化面积已占到64%以上,而浑善达克沙地中的流沙面积也扩展到2969km^2,比40年前翻了四番。由于供养的人口规模太大,不可避免地要导致对草地资源的过度利用,草原生态受损。尤其是在改革开放后,受市场的刺激,经济发展很快,对牧区的资源和环境产生了更大的冲击和压力,加剧了生态危机。据牧民反映,现在草原上的沙尘暴,比过去猛烈多了,也频繁多了,几乎一年四季都可以见到。

许多人正逐渐开始关注家畜对环境的影响。草地畜牧业的发展,必须不仅要保护或改善自然资源(生态可持续性),而且还必须满足人们生活的需求和社会可持续性。因此,放牧生态系统的可持续性可以假设为满足以下3个标准:可以提供社会所需的高蛋白质和毛纤维;对于生产者有合理的利润;对生态环境没有不利的影响(如退化、侵蚀、污染和多样性丧失等)。

在草原退化日益严重的大背景下,人们对草原的管理有从一个极端走向另一个极端的趋势,曾经何时,"游牧"被认为是最原始最落后的生产方式,随之被"定居定牧"所取代,现在又实行"围封转移"和"退牧还草"等生态工程,这其中的科学合理性仍然值得商榷!

(一)草原文化

由于人口压力的增大,特别是20世纪80年代草地承包或"私有化"后,使游牧失去了物质基础——游动的畜群,而植根于游牧生活方式之上的草原文化必将受到极大的冲击。草原文化与长江文化和黄河文化一起构成了整个中华文化。人类不同的文化不能仅以落后和先进来划分,随着时间的推移,工业文明越来越暴露出它的许多弊病,它充满了自私、贪婪、冷漠及由此而派生的种种形形色色的社会犯罪,而草原牧人的情感是丰富的,精神是充实的,偷盗与抢劫离他们很远。与自然融为一体的生活方式,因为牧人们本身就是草原生态系统中的一个环节,不存在孰优孰劣之分。

不懂得当地生态的特点,不了解在这种生态条件下世代传承的土著文化和民族文化的丰富内涵,即便出于发展经济的良好愿望,也会适得其反,导致既破坏了生态,又破坏了文化。20世纪七八十年代,巴西政府为了加速亚马逊地区的经济发展、使当地土著印第安人尽快融入现代社会,实施了一项巨大工程,把印第安人从原始森林中大批迁出,让他们进入工厂成为文明社会中的工人,从动机上看没有什么不好,但他们帮助土著居民脱贫致富的行动恰恰毁灭了印第安人的传统文化。从亚马逊原始森林进入工厂的印第安人就像被捉进鸟笼中的小鸟。在丛林中他们是自由的,是大自然中受尊敬的成员,但在工厂里他们成了机器和白人管理者的奴隶。两种文化的巨大反差,引起了印第安人的精神崩溃。结果年轻人纷纷自杀,妇女拒绝生孩子。因为妇女们不愿意看到他们的后代生活在城市和工厂的牢笼之中。与此同时,把印第安人赶出了森林,木材商和不法之徒却乘虚而入。亚马逊原始森林遭到空前浩劫。这种情况引起了国际社会的极大关注。后来巴西政府采纳了学者们的意见,纠正了这种强制移民进行同化的做法,这样既保护了印第安人的传统文化,又保护了亚马逊原始森林。

王建革(2003)报道,1949~1980年,呼盟草原提倡的是定居游牧。"定居对'人旺'好,但因天然牧场、草地产草量有一定限度,对牲畜发展与繁殖不利。游牧能使牲畜吃到好草,对牲畜繁殖有好处,但全家老小一年四季随着牲畜搬家,对'人旺'来说极为不利"。定居游牧将部分人,一般是老弱妇幼,长年定居,男劳力则随牲畜流动。1980年以后,情况又发生了变化,草地承包后,长期以来草原的公共使用的属性发生了变化,而这种属性一直是大范围游牧制度的基础,失去了这种基础,而定居定牧便快速实现了。但定居定牧必须有先进的草原技术和畜牧技术相配套。在游牧时代,草原不是被终年放牧,而是季节性地利用,草原自身可以在非放牧时期自然恢复。而定牧之后,草地在长期处于放牧压力下,迅速被破坏,牲畜也因吃不到好草而衰弱,尽管数量在增多,但其单体产量却在下降。

所以,定居和草原维持必须同步。就目前的状况分析,在某些地区,可让部分牧民保留冬、夏营地转场轮牧方式。这样做既可以保护草原,又可以保持传统的游牧文化,也为草原保留了一项重要的旅游资源——由大群的牛马羊和一队队车辆组成的移营景观(王建革,2003)。

当然,说游牧生活方式有其科学、合理的一面,并不是说要牧民都退回到原来的游牧社会中去,而是要针对现行生活方式中的某些弊端进行变革,使其更有利于草地资源的合理利用和保护。目前,我国牧区仍面临着草地-家畜-人的尖锐矛盾。

(二) 围封转移和退牧还草等生态工程

所谓围封转移就是把生态极度恶化、失去生产生活条件的草原地区围封起来,彻底禁牧。所谓退牧还草,就是不再放牧,把牧业经济活动退却下来,让退牧的草地休养生息,逐渐恢复草原植被和自然生机,使现有草地的生产功能转变为生态功能,让草原逐步恢复其原有的自然面貌。要做到这一点,必须退人减畜,降低草地的生态负荷。估计牧区纯牧民人口需压缩到现在的1/5或更少。与以往相比,当前实施的生态建设过程中将对被围封转移和退牧还草的草地和牧户实施现金补偿政策,是一项全新的举措,尊重和支持当地牧民生存和发展的需求,从而较大限度地保证了当地牧民的参与感。然而,在调查中也发现尚有许多理论和实际操作等问题亟待解决,如什么程度的退化草地要围封,要围封多久,围封多年后的草地怎么利用,怎样确定补偿的标准及如何补偿,多余人口如何安置。对这些问题的探讨和回答,无疑将决定着该项措施是否能顺利进行和能进行多久,以及能否避免以往的"建设-破坏-再建设-再破坏"的恶性循环的管理怪圈。要达到生态建设的最终目的,不只是牲畜和人口的双减少,更重要的是牧区社会、经济与环境的协调发展。

第八节　研究展望

放牧生态学研究放牧生态系统诸要素的相互关系,揭示物质与能量沿土、草、畜这一主干的流动规律,以调控诸因子、优化管理措施,在维持系统健康的原则下,提高草地利用率和畜产品的转化率,以及整个系统的生态服务价值。根据放牧生态研究的发展趋势和我国放牧管理的需要,建议在以下方面加强研究。

一、拓展放牧管理的对象

放牧可以生产动物产品、丰富土地利用模式,适宜放牧提高草地产草量,防治草原病虫鼠害,有利于物种保护与繁育,维持草地群落的稳定,加速系统物质循环与能量流动。在自然保护区,家畜可以替代灭绝野生草食动物管理植被(Sahu and Jana,1996)。当前,放牧动物超越家畜和家禽,扩展到狩猎观赏的野生动物,特别是珍稀野生动物,这就将放牧与草地资源保护结合起来了。水域是草地之外的另一个肉品生产基地,需要发展水域-水生动物的划区轮牧体系。无脊椎动物(如蝗虫)具有家畜不可比拟的生物转化效率,还有啮齿类、鸟类等,其中有些常常"危害"草原,人类竭尽所能而不可根除。通过放牧肉食动物或家禽,发展特定的放牧技术和收获技术,可以把水域和草原其他动物纳入草-动物-

(家畜、家禽、食肉动物)-人类的生产体系。在家畜放牧管理的深厚知识积累的基础上,发展水域放牧和草原(有害)动物放牧是可行的。

二、发挥补偿性生长的生产潜力

补偿性生长是草畜之间相互适应及其适应环境的结果,这是草畜在漫长的地质时期进化的一种能力。补偿性生长发生于器官、个体、种群和群落等组织层次(Guevara et al.,1996;Mclntire and Hik,2002),在其中一个层次采食有益的牧草,并不说明在另一个组织层次也是这样。以往的研究多集中于器官、个体和种群水平,实验结果因尺度差异难以相互推绎。实际上,群落的超补偿生长更具放牧价值,尤其是天然草地,是更需加强的研究方向。在草地-家畜生产(态)系统中,一定的营养匮乏之后,家畜也能像牧草一样补偿性生长(任继周,1995)。这意味着在一定的生产时段,草地过度采食、家畜体况下降可以刺激系统的植物生产和动物生产。据估测,仅仅利用草畜的补偿性生长就可以提高放牧系统生产力35%左右。

三、完善和丰富"以草定畜"的科学内涵

草畜互作是放牧生态系统的关键生态过程,系统管理应该草畜兼重。"以草定畜"是以草为主,把家畜置于随从的地位,难以管理一个土、草、畜互作的复杂系统。从草地的角度分析,牧草的营养价值、对放牧的抗性随生育期而有所不同,牧草与土壤的表现在多数情况下不同步,有时甚至出现相反的趋势(Beresford and Howard,1991)。采食、践踏和排泄物是家畜作用于草地的三大途径,其中践踏可能在草地退化和健康维护中起主导作用(Betteridge et al.,1996;侯扶江等,2004)。Betteridge等发现在同一草地上放牧的牛和羊的体重相同时,前者的践踏对土壤的影响是后者的两倍(甘肃农业大学,1961),这意味着相同的牧草采食量或出产同量的畜产品,不同畜种对土壤的践踏效应相去甚远。排泄物在草地施肥、控制牧草生长和种子传播等方面也有不容忽视的作用(Devoto and Medan,2004)。更何况还存在土→畜的元素转移途径和系统耦合的效益放大。因此,仅仅根据草-畜的供求关系管理放牧系统是远远不够的,科学管理放牧系统还需要以土定畜、兼顾排泄物的作用,还要从草畜耦合的角度"以畜定草",极大地丰富"以草定畜"的科学内涵。

四、改进放牧强度的测度

家畜还要适度运动,践踏草地。放牧家畜的行走时间越长、步数越多,对草地的践踏越严重。据测算(侯扶江等,2004),在内蒙古荒漠草原和典型草原,畜群践踏强度随放牧强度的增幅约为采食量的3倍,并且,家畜个体的践踏和采食量分别与放牧强度呈现正相关和负相关关系。说明践踏作用对放牧强度的敏感性高于采食,两者时空变化不同步,存在非线性关系;放牧压力超过某一阈值时,两者呈负相关,即畜群践踏增强,而采食减少,甚至可以忽略(如雪地放牧和极度过牧)。可见,用采食量和以采食定义的放牧强度既不

能准确定性也不可能定量家畜的践踏作用。所以,研究家畜践踏对于改进放牧强度这一放牧系统基础测度指标具有重要的理论价值。

五、放牧草地的施肥管理

放牧生态系统主要依赖于物质和能量输出获得经济效益,对于集约化管理的放牧系统、尤其是栽培草地,施肥是维护系统物质平衡的主要管理措施,可以弥补草畜产品输出引发的物质亏缺和土壤贫瘠化,诱发补偿性生长,提高系统生产力(Huthta et al.,2000);也可以修正家畜择食性和牧草抗牧性差异所改变的牧草种间竞争关系,减缓或遏止群落结构恶化,提高放牧草地的稳定性(Huthta et al.,2000;万里强等,2000);还可以改善草畜产品的品质(Arthington et al.,2002)。从生产的角度讲,放牧管理是以营养为核心,其中包括草和畜的营养。当前,放牧地施肥的主要目的是提高草地生产力,较少涉及畜产品品质,基本没有考虑市场的特殊需要。放牧系统的畜产品既要满足社会的一般需求,也应该满足特殊需求。选择适宜的放牧畜种、结合施肥管理可能是生产特殊畜产品的便捷途径。

六、全球变化背景下的放牧生态系统管理

需要注意放牧系统生产力的响应和放牧地面积的变化,尤其要研究家畜对全球变化的响应机理。

多数研究认为 CO_2 浓度升高可提升草地生产力。CO_2 浓度升高(≤550μmol/mol)增加 C_3 和 C_4 牧草的光合速率及根系、叶片和根颈中的 C/N 值,不影响土壤 C 储量,但降低了 N 矿质化速率(Gill et al.,2002)。CO_2 浓度升高 52% 的同时施 N 肥,草地增产幅度显著高于单一的 CO_2 浓度升高或施 N 肥(Reich et al.,2001)。尽管 CO_2 浓度提高微生物生物量 C,通过改善植物-微生物的相互作用增加植物 N 吸收,但是降低土壤速效 N、限制微生物的 N 资源、降低微生物呼吸(Hu et al.,2001)。草地生产力提高的潜在威胁是系统的元素流失加速,除了 C、N 等少数元素外,其他元素缺少固定补给源,需要特别关注。目前,CO_2 浓度升高对放牧系统作用机理的实验持续时间短,很少有家畜参与,关于草-畜关系的变化(如牧草消化率)也缺少研究,为数不多的几项实验结果还需要在更大的时空尺度上进一步验证。

无论放牧地扩大还是缩小,全球变化都将增加放牧管理系统的不确定性。全球变化主要通过放牧生态系统诸要素而对系统结构与功能产生影响,而且全球变化虽是一个渐变过程,但引发的气象灾难却愈加频繁和难以预测。因此,研究重点还是要探明放牧系统关键生态过程,以研发和改进放牧管理技术,应对全球变化背景下放牧系统行为的不确定性。

七、放牧生态系统的健康管理

生态系统健康是在人类的适当管理下(包括封育、放牧、补播、灌溉、刈割等),生态系统与当地环境尤其是气候条件保持协调和平衡所达到的稳定状态,生态系统健康主要取决于管理水平(侯扶江等,2004)。放牧生态系统健康是植物生产和动物生产的质量和数量长期

稳定或有所提高的状态。它取决于系统的自然属性、经济属性和社会属性，自然属性是基础，经济属性是系统存在的依据，社会属性决定着系统的发展方向，然而以往对社会属性的作用认识不充分，如放牧系统的产品质量和数量满足市场需求的程度。脱离家畜的草原与离开草原的家畜一样，都会在生长、繁殖的一系列环节中出现这样或那样的问题，其生产出来的畜产品很难保证人体的健康。放牧生态系统的畜产品质量远非其他动物生产系统所能匹及的，它的可持续性在于寻求产品质量与数量的平衡，这需要加强放牧系统自身诸要素的耦合，还需要与农耕系统等其他生产系统全方位耦合（任继周和朱兴运，1998）。

稳定态-过渡态假说的另一层面含义是：放牧是维持草地健康的途径，同时有加速退化草地恢复的作用。人类对草原上万年的管理历史也说明了这一点。当前，亟须建立放牧生态系统健康的评价体系，指导生产实践。

草地农业发达的国家放牧管理的土地类型和面积及动植物种类要丰富得多，包括生长于林地、草地、耕地、湿地和水域等地的植物，能够放牧植食性动物，或具有潜在放牧价值的土地，这是广义的放牧地。放牧的目的日益扩展，既为了获得经济收益，也为了恢复与维护生态系统健康。在一些国家，放牧对森林和农田的管理精度不亚于种植业，既生产畜产品，又不影响谷物产量，还能防治病虫鼠害、防除杂草、培肥地力、提高籽实产量、加速系统营养物质循环且维护森林生态健康（Torbit et al.，1993；Redmon et al.，1995；Allsopp，1999；Binkley et al.，2003）。放牧技术多种多样，处于持续的发展与革新中。放牧家畜有一半时间是在夜间度过的，但目前对土-草-畜关系的认识绝大多数是在白天获得，而夜牧（night grazing）有利于家畜保持好的体况、加快生长、提高产奶量、防止病害、减少家畜活动等作用（Ayantunde et al.，2000），是需要深入研究、改进的放牧技术，虽然我国早有学者注意到（甘肃农业大学，1961），但未作进一步发展。

总之，放牧通过动物与生态系统其他组分的耦合，尤其是动物-植物耦合，获得生态系统的产品与服务，实现生态系统健康，可以看作生态系统的一种利用方式和管理过程。放牧生态学（grazing ecology）是研究这个系统及其组分的特征、动态与相互作用机制，探索系统健康管理的途径。放牧不当，会造成生态系统退化，这是世界性的问题，而我国尤其严重。这说明我们掌握的放牧生态学理论和管理技术与我国草地农业系统健康管理要求相去甚远（栽培草地尤其如此），这是需要我们努力的方向。

（侯扶江　汪诗平）

主要参考文献

董厚德，宫莉君．2001. 中国结缕草生态学及其资源开发与应用．北京：中国林业出版社

段廷玉，南志标，李春杰．2003. 丛枝菌根菌在草地农业生态系统中的作用//南志标，李春杰．中国草类作物病理学研究．北京：海洋出版社：223-230

甘肃农业大学．1961. 草原学．北京：农业出版社：161-179

甘肃农业大学．1985. 草原生态化学．北京：农业出版社

贺卫光．2001. 中国古代游牧民族经济社会文化研究．兰州：甘肃人民出版社

侯扶江．2000. 草地-马鹿系统的草地表现．甘肃农业大学博士学位论文

侯扶江，常生华，于应文，等．2004. 放牧家畜的践踏作用研究评述．生态学报，24（4）：133-139

侯扶江，李广，常生华．2002. 放牧草地健康管理的生理指标．应用生态学报，13（8）：1049-1053

侯扶江,南志标,肖金玉,等 . 2002. 重牧退化草地的植被、土壤及其耦合特征 . 应用生态学报,13(8):915-922

侯扶江,于应文,傅华,等 . 2004. 阿拉善草地健康评价的 CVOR 指数 . 草业学报,13(4):117-126

李凌浩 . 1998. 土地利用变化对草原生态系统土壤碳贮量的影响 . 植物生态学报,22(4):300-302

李香真,陈佐忠 . 1998. 不同放牧率对草原牧草与土壤 C、N、P 含量的影响 . 草地学报,6(2):90-98

李永宏 . 1993. 放牧影响下羊草草原的大针茅草原牧草多样性的变化 . 植物学报,35(11):877-884

刘默涵,阮维斌,宁忠,等 . 2003. 内蒙古中东部地区几种豆科牧草根瘤菌的表型多样性及水分梯度对其分布的影响 . 应用与环境生物学报,9(4):391-394

南志标,李春杰 . 2004. 禾草-内生真菌共生体在草地农业系统中的作用 . 生态学报,24(3):605-616

任继周 . 1995. 草地农业生态学 . 北京:中国农业出版社:51-84

任继周,侯扶江 . 2004. 草业科学框架纲要 . 草业学报,13(4):2

任继周,王钦,牟新待,等 . 1978. 草原生产流程及草原季节畜牧业 . 中国农业科学,2:87-92

任继周,朱兴运 . 1998. 河西走廊盐渍地的生物改良与优化生产模式 . 北京:科学出版社:147-183

万里强,李向林,白静仁 . 2000. 放牧和施肥对亚热带山区栽培草地质量的影响(简报). 草地学报,8(2):150-154

汪诗平,王艳芬,陈佐忠 . 2003. 气候变化和放牧活动对糙隐子草种群的影响 . 植物生态学报,27(3):337-343

王德利,滕星,王涌鑫,等 . 2003. 放牧条件下栽培草地植物高度的异质性变化 . 东北师大学报(自然科学版),35(1):102-109

王建革 . 2003. 游牧方式与草原生态—传统时代呼盟草原的冬营地 . 中国历史地理论丛,18(2):5-16

熊小刚,韩兴国,白永飞,等 . 2003. 锡林合流域草原小叶锦鸡儿分布增加的趋势、原因和结局 . 草业学报,12(3):57-62

杨允菲,郑慧莹,李建东 . 1998. 不同生态条件下羊草无性系种群分蘖植株的年龄结构的比较研究 . 生态学报,18(3):302-308

张宏,史培军,郑秋红 . 2001. 半干旱地区天然草地灌丛化与土壤异质性关系研究进展 . 植物生态学报,25(3):366-370

朱志红 . 1994. 不同放牧强度下高寒草甸矮嵩草无性系分株种群的动态与调节 . 生态学报,14(1):40-45

Abrahams PW, Steigmajer J. 2003. Soil ingestion by sheep grazing the metal enriched floodplain soils of Mid-Wales. Environmental Geochemistry and Health,25(1):17-24

Adler PB, Milchunas DG, Lauenroth WK, et al. 2004. Functional traits of graminoids in semi-arid steppes: a test of grazing histories. Journal of Applied Ecology,41(4):653-663

Aide TM. 1993. Patterns of development and herbivory in a tropical undestory community. Ecology,74(2):455-466

Allard V, Newton PCD, Lieffering M, et al. 2004. Elevated CO_2 effects on decomposition processes in a grazed grassland. Global Change Biology,10:1-12

Allen VG. 1993. Managing replacement stock within the environment of the south plant, soil and animal interactions: a review. Journal of Animal Science,71:3164-3171

Allsopp N. 1999. Effects of grazing and cultivation on soil patterns and processes in the Paulshoek area of Namaqualand. Plant Ecology:179-187

Andersson I, Lönsjö H, Rosén K. 2001. Long-term studies on transfer of ^{137}Cs from soil to vegetation and to grazing lambs in a mountain area in Northern Sweden. Journal of Environmental Radioactivity,52(1):45-66

Arthington JD, Rechcigl JE, Yost GP, et al. 2002. Effects of ammonium sulfate fertilization on bahiagrass quality and copper metabolism in grazing beef cattle. Journal of Animal Science,80(10):2507-2512

Ayantunde AA, Williams TO, Udo HMJ, et al. 2000. Herders' s perceptions, practice and problems of night grazing in the Sahel: case studies from Niger. Human Ecology,28(1):109-129

Bardgett RD, Jones AC, Jones DL, et al. 2001. Soil microbial community patterns related to the history and intensity of grazing in sub-montane ecosystems. Soil Biology and Biochemistry,33(12-13):1653-1664

Barthaam GT. 1997. Shoot characteristics of *Trifolium repens* grown in association with *Lolium perenne* or *Holcus lanatus* in pastures grazed by sheep. Grass and Forage Science,52:336-339

Beresford NA, Howard BJ. 1991. The importance of soil adhered to vegetation as a source of radionuclides ingested by grazing animals. The Science of the Total Environment, 107: 237-254

Berg G, Esselink P, Groeneweg M, et al. 1997. Micropattern in *Festuca rubra*-dominated salt-marsh vegetation induced by sheep grazing. Plant Ecology, 132(1): 1-14

Bertiller MB. 1996. Grazing effects on sustainable semiarid rangelands in Patagonia: the state and dynamics of the soil seed bank. Environmental Management, 20(1): 123-132

Bertiller MB, Defosse GE. 1990. Grazing and plant growth interactions in a semiarid *Festuca pallescens* grassland (Patagonia). Journal of Range Management, 43(4): 300-303

Betteridge K, Mackay AD, Shepherd TG, et al. 1999. Effect of cattle and sheep treading on surface configuration of a sedimentary hill soil. Australian Journal of Soil Research. 37(4): 743-760

Binkley D, Singer F, Kaye M, et al. 2003. Influence of elk grazing on soil properties in Rocky Mountain national Park. Forest Ecology and Management, 185(3): 239-247

Blaikie SJ, Mason WK. 1990. Correlation of growth of the root and shoot systems of white clover after a period of water shortage and or/defoliation. Australian Journal of Agricultural Research, 41: 891-900

Bonser SP, Reader RJ. 1995. Plant competition and herbivory in relation to vegetation biomass. Ecology, 76(7): 2176-2183

Bouchard V, Tessier M, Digaire F, et al. 2003. Sheep grazing as management tool in Western European saltmarsh. Comptes Rendus Biologies, 326(Supplement 1): 148-157

Brown JH, McDonald W. 1995. Livestock grazing and conservation on southwestern rangelands. Conservation Biology, 9(6): 1644-1647

Bullock JM, Franklin J, Stevenson MJ, et al. 2001. A plant trait analysis of responses to grazing in a long-term experiment. Journal of Applied Ecology, 38(2): 253-267

Bullock JM, Hill CB, Silvertown J. 1994. Demography of *Cirsium vulgare* in a grazing experiment. Journal of Ecology, 82: 101-111

Cao GM, Tang YH, Mo WH, et al. 2004. Grazing intensity alters soil respiration in an alpine meadow on the Tibetan plateau. Soil Biology and Biochemistry, 36(2): 237-243

Champman DF, Lemaire G. 1993. Morphogenetic and structural determinants of plants regrowth after defoliation. In: Baker MJ. Grassland for our world. New Zealand: Sir Publishing: 168-174

Cierjacks A, Hensen I. 2004. Variation of stand structure and regeneration of Mediterranean holm oak along a grazing intensity. Plant Ecology, 173(2): 215-223

Conner JR. 1991. Social and economic influences on grazing management//Heitschmidt RK, Stuth JW. Grazing management: an ecological perspective. Portland, Timber Press: 191-199

Coughenour MB. 1991. Biomass and nitrogen responses to grazing of upland steepe on Yellowstone' northern wintering range. Journal of Applied Ecology, 28: 71-82

Dahlgren RA, Singer MJ, Huang X. 1997. Oak tree and grazing impacts on soil properties and nutrients in a California oak woodland. Biogeochemistry, 39(1): 45-64

de Deyn GB, Raaijmakers CE, Zoomer HR, et al. 2003. Soil invertebrate fauna enhances grassland succession and diversity. Nature, 422: 711-713

del Pozo M, Wright IA, Whyte TK. 1997. Diet selection by sheep and goats and sward somposition changes in a ryegrass/white clover sward previously grazed by cattle, sheep or goats. Grass and Forage Science, 52: 278-290

Derner JD, Briske DD, Boutton TW. 1997. Does grazing mediate soil carbon and nitrogen accumulation beneath C_4 perennial grasses along an environmental gradient? Plant and Soil, 191(2): 147-156

Devoto M, Medan D. 2004. Effects of grazing disturbance on the reproduction of a perennial herb, *Cypella herbertii* (Lindl.) Herb. (Iridaceae). Plant Systematics and Evolution, 243(3-4): 163-173

Dietz HE. 1989. Grass: the stockman's crop—how to harvest more of it. Lindsborg, KS: Sunshine Unlimited, Inc.

Dormaar JF, Adams BW, Willims WD. 1997. Impacts of rotational grazing on mixed prairie soils and vegetation. Journal of Range Management, 50(6): 647-651

Dormaar JF, Smoliak S, Willms WD. 1990a. Distribution of nitrogen fractions in grazed and ungrazed fescue grassland Ah horizons. Journal of Range management, 44(1): 6-9

Dormaar JF, Smoliak S, Willms WD. 1990b. Distribution of nitrogen fractions in grazed and ungrazed fescue grassland Ah horizons. Journal of Range Management, 43(1): 6-9

Ehrlen J. 1995. Demography of the perennial herb *Lathyrus vernus*. 2. Herbivory and population dynamics. Journal of Ecology, 83: 297-308

Eldridge DJ, Koen TB. 1998. Cover and floristics of microphytic soil crusts in relation to indices of landscape health. Plant Ecology, 137(1): 101-114

Fensham RJ. 1998. The grassy vegetation of the Darling Downs, south-eastern Queenland, Australia, Floristics and grazing effects. Biological Conservation, 84(3): 301-310

Ford MA, Grace JB. 1998. Effects of vertebrate herbivores on soil processes, plant biomass, litter accumulation and soil elevation changes in a coastal marsh. Journal of Ecology, 86(6): 974-982

Frank AB, Hofmann L. 1994. Light quality and stem number in cool-season forage grasses. Crop Science, 35: 479-484

Frank AB, Tanaka DL, Lofmann, et al. 1995. Soil carbon and nitrogen of Northern Great Plains grasslands as influenced by long-term grazing. Journal of Range Management, 48: 470-474

Frank DA, Evans RD. 1997. Effects of native grazers on grassland N cycling in Yellowstone National Park. Ecology, 78(7): 2349-2359

Frank DA, Groffman PM, Evans RD, et al. 2000. Ungulate stimulation of nitrogen cycling and retention in Yellowstone Park grasslands. Oecologia, 123(1): 116-121

Fuhlendorf SD, Smeins FE. 1997. Long-stem vegetation dynamics mediated by herbivores, weather and fire in *Juniperus-Quercus* savanna. Journal of Vegetation Science, 8(6): 819-828

Fuhlendorf SD, Zhang HL, Tunnell TR, et al. 2002. Effects of grazing on restoration of southern mixed prairie soils. Restoration Ecology, 10(2): 401-407

Gibson CWD, Brown VK. 1992. Grazing and vegetation changes: deflected or modified succession? Journal of Applied Ecology, 29: 120-131

Gill RA, Polley HW, Johnson HB, et al. 2002. Nonlinear grassland responses to past and future atmospheric CO_2. Nature, 417: 279-282

Giudici C, Aumont G, Mahieu M, et al. 1999. Changes in gastro-intestinal helminth species diversity in lambs under mixed grazing on irrigated pastures in the tropics (French West Indies). Vegetation Research, 30(6): 573-581

Gopson G, Whinam J. 1998. Response of vegetation on subantartic Macquarie Island to reduced rabbit grazing. Australian Journal of Botany, 46(1): 15-24

Grace JB. 1995. On the measurement of plant competieiton intensity. Ecology, 76(1): 305-308

Greenwood KL, Hutchinson KJ. 1998. Root characteristics of temperate pasture in New South Wales after grazing at three stocking rates for 30 years. Grass and Forage Science, 53(2): 120-128

Griffin DW, Kellogg CA, Shinn EA. 2001. Dust in wind: long range transport of dust in the atmosphere and its implications for global public and ecosystem health. Global Change & Human Health, 2(1): 20-33

Guevara JC, Stasi CR, Estevez OR. 1996. Effect of cattle grazing on range perennial grasses in the Mendoza plain, Argentina. Journal of Arid Environments, 34(2): 205-213

Gutman M, Seligman NG, Noy-Meir I. 1990. Herbage production of Mediterranean grassland under seasonal and yearlong grazing systems. Journal of Range Management, 43(1): 64-68

Hamilton III EW, Giovannini MS, Moses SA, et al. 1998. Biomass and mineral element responses of a Serengeti short-grass species to nitrogen supply and defoliation: compensation requires a critical. Oecologia, 116(3): 407-418

Hartnett DC, Wilson WT. 2002. The role of mycorrhizas in plant community structure and dynamics: lessons from grasslands. Plant and Soil, 244: 319-331

Haynes RJ, Williams PH. 1999. Influence of stock camping behaviour on the soil microbiological and biochemical properties of grazed pastoral soils. Biology and Fertility of Soils, 28(3): 253-258

Heitschmidt RK. 1993. The ecology of grazing management//Baker MJ. Grasslands for our world. New Zealand, Sir Publishing:

477-480

Hester AJ, Gordon IJ, Baillie GJ, et al. 1999. Foraging behavior of sheep and red within natural heather/grass mosaics. Journal of Applied Ecology, 36: 133-146

Hill MO, Evans DF, Bell SA. 1992. Long-term effects of excluding sheep from hill pastures in North Wales. Journal of Ecology, 80: 1-13

Hodgson J. 1990. Grazing Management: Science into Practice. New York: Longman Scientific & Technical: 1-2

Holt JA. 1997. Grazing pressure and soil carbon, microbial biomass and enzyme activities in semi-arid northeastern Australia. Applied Soil Ecology, 5(2): 143-149

Hou FJ, Nan ZB. 2006. Improvements to rangeland livestock production on the Loess Plateau: a case study of Daliangwa village, Huanxian county. Invited keynote presentations by the 2nd China-Japan-Korea Grassland Conference. Acta Prataculturae Sinica, 15(suppl.): 104-110

Hu S, Chapin III FS, Firestone MK, et al. 2001. Nitrogen limitation of microbial decomposition in a grassland under elevated CO_2. Nature, 409: 188-191

Hungate BA, Hollard EA, Jackson RB, et al. 1997. The fate of carbon in grasslands under carbon dioxide enrichment. Nature, 288: 576-579

Hunt LP. 2001. Low seed availability may limit recruitment in grazed Atriplex vesicaria and contribute to its local extinction. Plant Ecology, 157(1): 53-67

Huthta AP, Hellstrom K, Rautio P, et al. 2000. A test of the compensatory continuum fertilization increases and below-ground competition decreases the grazing tolerance of tall wormseed mustard (*Erysimum strictum*). Evolutionary Ecology, 14(4-6): 353-372

Jansen PI, Ison RL. 1995. Factors contributing to the loss of seed from the seed-bank of *Trifolium balansae* and *Trifolium resupinatum* over summer. Australian Journal of Ecology, 20(2): 248-256

Jatimliansky JR, Gimenez DO, Bujan A. 1997. Herbage yield, tiller number and root system activity after defoliation of prairie grass (*Bromus cathartics* Vahl). Grass and Forage Science, 52: 52-62

Jones RM, Bunch GA. 1999. Levels of seed in faeces of cattle grazing speargrass (*Heteropogon contortus*) pastures oversown with legumes in southern subcoastal Queensland. Tropical Grasslands, 33(1): 11-17

Kim JG. 1996. The effects of cattle grazing on optimal foraging in mule deer (*Odocoileus hemionus*). Forest Ecology and Management, 88(1/2): 131-138

Kobayashi T, Hori Y, Nomoto N. 1997. Effects of trampling and vegetation removal on species diversity and microenvironment under different shade conditions. Journal of Vegetation Science, 8(6): 873-880

Leriche H, LeRoux X, Gignoux J, et al. 2001. Which functional processes control the short-term effect of grazing on net primary production in grasslands. Oecologia, 129(1): 114-124

LeRoux X, Bardy M, Loiseau P, et al. 2003. Stimulation of soil nitrification and denitrification by grazing in grasslands: do changes in plant species composition matter? Oecologia, 137(3): 417-425

Li GD, Kemp PD, Hodgson J. 1997. Regrowth, morphology and persistence of Grassland Puna Chicory (*Cichorium intybus* L.) in response to grazing frequency and intensity. Grass and Forage Science, 52(1): 33-41

Louault F, Garrere P, Soussana JF. 1997. Efficiencies of ryegrass and white clover herbage utilization in mixtures continuously grazed by sheep. Grass and Forage Science, 52: 288-400

Loucougaray G, Bonis A, Bouzille JB. 2004. Effects of grazing by horses and/or cattle on the diversity of coastal grasslands in western France. Biological Conservation, 116(1): 59-71

Luno CM, Gcia ME, Vazquez HB. 1997. Changes in the botanical composition of two rangelands in Zacatecas, Mexico, under exclusion and grazing. Agrociencia, 31(3): 313-321

L6pez IF, Hodgson J, Hedderley DI, et al. 2003. Selective defoliation by sheep according to slope and plant species in the hill country of New Zealand. Grass and Forage Science, 58: 339-349

Malcolm B, Sale P, Egan A. 1998. Agriculture in Australia: an introduction. Melbourne: Oxford University Press

Manley JT, Schuman GE, Reeder JD, et al. 1995. Rangeland soil carbon and nitrogen responses to grazing. Journal of Soil and

Water Conservation,50(3):294-298

Mapfumo E,Naeth MA,Baron VS,et al. 2002. Grazing impacts on litter and roots:perennial versus annual grasses. Journal of Range Management,55:16-22

Marcel GA,van der Heijden,Klironomos JN,et al. 1998. Mycorrhizal fungal diversity determines plant biodiversity,ecosystem variability and productivity. Nature,396(5):69-72

Mayor MD,Bóo RM,Peláez DV,et al. 1999. Seasonal variation of the seed bank of Medicago minima and Erodium cicutarium as related to grazing history and presence of shrubs in central Argentina. Journal of Arid Environments,43(3):205-212

Mcintosh PD,Ogle GI,Patterson RG,et al. 1996a. Changes of surface soil nutrients and sustainability of pastoralism on grazed hilly and steep land,South Island. New Zealand Journal of Range Management,50:372-378

Mcintosh PD,Ogle GI,Patterson RG,et al. 1996b. Changes os surface soil nutrients and sustainability of pastoralism on grazed hilly and steep land,South Island. New Zealand Journal of Range Management,49:361-367

Mcintyre S,Heard KM,Martin TG. 2003. The relative importance of cattle grazing in subtropical grasslands:does it reduce or enhance plant biodiversity? Journal of Applied Ecology,40(3):445-457

Mclntire EJB,Hik DS. 2002. Grazing history versus current grazing:leaf demography and compensatory growth of three alpine plants in response to a native herbivore (*Ochotona collaris*). Journal of Ecology,90(2):348-359

McNaughton SJ, Banyikwa FF, McNaughton MM. 1998. Root biomass and productivity in a grazing ecosystem: the Serengeti. Ecology,79(2):587-592

Milchunas DG,Sala OE,Lauenroth WK. 1988. A generalized model of the effects of grazing by large herbivores on grassland community structure. American Naturalist,132:87-106

Miller RF,Svejcar TJ,West NE. 1994. Implications of livestock grazing in the intermountain sagebrush region:plant composition// Vavra M,Laycock WA,Pieper RD. Ecological implications of livestock herbivory in the West. Society for Range Management, Denver,Co:101-146

Milton SJ. 1995. Effects of rain,sheep and tephritid flies on seed production of two karoo shrubs in South Africa. Journal of Applied ecology,32:137-144

Morris JT,Jensen A. 1998. The carbon balance of grazed and non-grazed Spartina anglica saltmarshes at Skallingen,Denmark. Journal of Ecology,86(2):229-242

Muller-Scharer H. 1991. The impact of root herbivory as a function of plant density and competition:survival,growth and fecundity of *Centaurea maculasa* in field plots. Journal of Applied Ecology,28:759-776

Nash MS,Jackson E,Whitford WC. 2003. Soil microtopography on grazing gradients in Chihuahuan desert grasslands. Journal of Arid Environments,55(1):181-192

Northup BK,Brown JR,Holt JA. 1999. Grazing impacts on the spatial distribution of soil microbial biomass around tussock grasses in a tropical grassland. Applied Soil Ecology,13(3):259-270

Noss RF,Cooperrider AY. 1994. Saving nature's legacy,protecting and restoring biodiversity. Washington:Island Press, Washington,DC

O'Cornor CWD,Pickett GA. 1992. The influence of grazing on seed production and seed banks of some African savanna grasslands. Journal of Applied Ecology,29:247-260

Oesterheld M,McNaughton SJ. 1991. Effects of stress and time for recovery on the amount of compensatory growth after grazing. Oecologia,85:305-313

Oliva G,Cibils A,Borrelli P,et al. 1998. Stable states in relation to grazing in Patagonia:a 10-year experimental trial. Journal of Arid Environments,40(1):113-131

Ortega IM,Soltero-Gardea S,Bryant FC,et al. 1997. Evaluating grazing strategies for cattle:deer forage dynamics. Journal of Range Management,50:615-621

Paige KN. 1992. Overcompensation in response to mammalian herbivory:from mutualistic to antagonistic interactions. Ecology, 73(6):2076-2085

Parsons AJ,Johnson IR,Harvey A. 1988. Use of a model to optimize the interaction between frequency and severity of intermittent defoliation and to provide a fundamental somparison of the continuous and intermittent defoliation of grass. Grass and

Forage Science, 44: 50-60

Parsons AJ, Leafe EL, Collett B, et al. 1983a. The physiology of grass production under grazing. Ⅰ. Characteristics of leaf and canopy photosynthesis of continuously-grazed swards. Journal of Applied Ecology, 21: 118-127

Parsons AJ, Leafe EL, Collett B, et al. 1983b. The physiology of grass production under grazing. Ⅱ. Photosynthesis, crop growth and animal intake of continuously-grazed swards. Journal of Applied Ecology, 21: 128-150

Parsons AJ, Leafe EL, Collett B, et al. 1983c. The physiology of grass production under grazing. Ⅱ. Photosynthesis, crop growth and animal intake of continuously-grazed swards. Journal of Applied Ecology, 20: 127-139

Pavlu V, Hejcman M, Pavlu L, et al. 2006. Effect of contiunous grazing on forage quality, quantity and animal performance. Agriculture, Ecosystems and Environment, 113: 349-355

Pucheta E, Bonamici I, Cabido M, et al. 2004. Below-ground biomass and productivity of grazed site and a neighbouring ungrazed exclosure in a grassland in central Argentina. Austral Ecology, 29(2): 201-208

Ramsell J, Malloch AJC, Whittaker JB. 1993. When grazed by *Tipula paludosa*, *Lolium perenne* is a stronger competitor of *Rumex obtusifolius*. Journal of Ecology, 81: 777-786

Redmon LA, Horn GW, Krenzer EG, et al. 1995. A review of livestock grazing and wheat grain yield: boom or bust? Agronomy-Journal, 87(2): 137-147

Reeder JD, Schuman GE. 2002. Influence of livestock grazing on C sequestration in semi-arid mixed-grass and short-grass rangelands. Environmental Pollution, 116(3): 457-463

Reich PB, Knops J, Tilman D, et al. 2001. Plant diversity enhances ecosystem responses to elevated CO_2 and nitrogen deposition. Nature, 410: 809-812

Rietkery M, Bosch F Van Den, Koppel J Van De. 1997. Site-specific properties and irreversible vegetation changes in semi-arid grazing systens. Oikos, 80(2): 241-252

Riginos C, Hoffman MT. 2003. Changes in population biology of two succulent shrubs along a grazing gradient. Journal of Applied Ecology, 40(4): 615-625

Ritchie ME, Tilman D, Knops JMH. 1998. Herbivore effects on plant and nitrogen dynamics in oak savanna. Ecology, 79(1): 165-177

Roberts AHC, Longhurst RD. 2002. Cadmium cycling in sheep-grazed hill-country pasture. New Zealand Journal of Agricultural Research, 45: 103-112

Sahu SN, Jana BB. 1996. Manipulation of stocking ratios between surface-and bottom-grazing fishes as a strategy to increase the fertilizer value of rockphosphate in a carp polyculture system. Aquaculture Research, 27(12): 931-936

Sankhayan PL, Hofstad O. 2001. A village-level economic model of land clearing, grazing and wood harvesting for sub-Saharan Africa: with a case study in southern Senegal. Ecological Economics, 38(3): 423-440

Seefeldt SS, McCoy SD. 2003. Measuring plant diversity in the Tall Threetip Sagebrush Steppe: influence of previous grazing management practices. Environmental Management, 32(2): 234-245

Sehested J, Soegaard K, Danielsen V, et al. 2004. Grazing with heifers and sows alone or mixed: herbage quality, sward structure and animal weight gain. Livestock Production Science, 88(3): 223-238

Severson KE, Debano LF. 1991. Influence of Spanish goats on vegetation and soils in Arizona chaparral. Journal of Range Management, 44(2): 111-117

Severson KE, Urness PJ. 1994. Livestock grazing: a tool to improve wildlife habitat//Vavra M, Laycock WA, Pieper RD. Ecological implications of livestock herbivory in the West. Society for Range Management, Denver, Co: 232-249

Shiyomi M, Okada M, Takahashi S, et al. 1998. Spatial pattern changes in aboveground plant biomass in a grazing pasture. Ecological Research, 13(3): 313-322

Sibbald AR, Marriott CA, Agnew RDM, et al. 2004. The implications of controlling grazed sward height for the operation and productivity of upland sheep systems in the UK: 7. Sustainability of white clover in grass/clover swards with reduced levels of fertilizer nitrogen. Grass and Forage Sicence, 59: 264-273

Singh RS, Srivastava SC, Raghubanshi AS, et al. 1991. Microbial C, N and P in dry tropical savanna effects of burning an dgrazing. Journal of Applied Ecology, 28: 869-878

Skarpe C. 1990. Shrub layer dynamics under different herbivore densities on an arid savanna, Bostswana. Journal of Applied Ecology, 27:873-885

Stark S, Tuomi J, Strommer R, et al. 2003. Non-parallel changes in soil microbial carbon and nitrogen dynamic due to reindeer grazing in northern boreal forests. Ecography, 26(1):51-59

Steinauer EM, Collins SL. 1995. Effects of urine deposition on small-scale patch structure in prairie vegetation. Ecology, 76(4): 1195-1205

Taddese G, Saleem MAM, Abyie A, et al. 2002. Impact of grazing on plant species richness, plant biomass, plant attribute and soul physical and hydrological properties of Vertisol in East African Highlands. Environmental Management, 29(2):279-289

The Forage and Grazing Terminology Committee. 1992. Terminology for Grazing Lands and Grazing Animals. Blacksburg: Pocahontas Press, Inc: 8

Thornton B, Millard P. 1996. Nitrogen uptake by grasses: changes induced by competing neighbour plants differing in frequency of defoliation. Grass and Forage Science, 52:253-260

Torbit SC, Gill RB, Alldredge AW, et al. 1993. Impacts of pronghorn grazing on winter wheat in Colorado. Journal of Wildlife Management, 57(1):173-181

Tuomi J, Nilson P, Astrom M. 1994. Plant compensatory responses: bud domancy as an adaptation to herbivory. Ecology, 75(5): 1429-1436

Unkovich M, Sanford P, John P, et al. 1998. Effects of grazing on plant and soil nitrogen relations of pasture-crop rotations. Australian Journal of Agricultural Research, 50(3):485-495

Unkovich M, Sanford P, Pate J, et al. 1998. Effects of grazing on plant and soil nitrogen relations of pasture-crop rotations. Australian Journal of Agricultural Research, 49(3):475-485

Vipond JE, Swift G, Cleland AT, et al. 1997. Acomparison of diploid and tetraploid perennial ryegrass and tetraploid ryegrass/white clover seards under continuous sheep stocking at controlled swards heights. 3. Sward characteristics and animal output, year 4-8. Grass and Forage Science, 52:99-109

Wardle DA, Barker GM. 1997. Competition and herbivory inestablishing grassland communities: implications for plant biomass, species and soil microbial activity. Oikos, 80(3):470-480

Weigel JR, Britton CM, Mcpherson GR. 1990. Trampling effects from short-duration grazing on tobo sagrass range. Journal of Range Management, 43(2):92-95

Welch D, Scott D. 1995. Studies in the grazing of heather moorland in morteast scotland. 6. 20 year trends in botantical composition. Journal of Applied ecology, 32:596-611

West NE. 1993. Biodiversity of rangland. Journal of Range Management, 48(1):2-13

Westoby M, Walker B, Noy-meir I. 1989. Opportunistic management for rangelands not at equilibrium. Journal of Range Management, 42(4):266-274

Whitehead DC, Bristow AW. 1990. Transformations of nitrogen following the application of ^{15}N-labelled cattle urine to an established grass sward. Journal of Applied Ecology, 27:667-678

Winkei VK, Roundry BA. 1991. Effects of cattle trampling and mechanical seedbed preparation on grass seedling emergence. Journal of Range Management, 44(2):176-180

Yeo JJ, Peek JM, Wittinger WT, et al. 1993. Influence of rest-rotation cattle grazing on mule deer and elk habitat use in east-central Idaho. Journal of Range management, 46(3):245-250

推荐阅读文献

侯扶江,常生华,于应文,等. 2004. 放牧家畜的践踏作用研究评述. 生态学报,24(4):133-139

任继周. 1995. 草地农业生态学. 北京:中国农业出版社:51-84

任继周,侯扶江. 2004. 草业科学框架纲要. 草业学报,13(4):2

Heitschmidt RK, Stuth JW. 1996. Grazing management: an ecological perspective. Portland: Timber Press

Hodgson J. 1990. Grazing management: science into practice. New York: Longman Scientific & Technical

第十二章　动物生产层的结构类型

第一节　动物生产层的类型与草畜互作

一、动物生产系统的类型

全球动物生产的结构类型多种多样，根据动物生产与依赖于土地的作物生产的关系可以划为两个基本类型：专门化的家畜生产系统和作物-家畜综合生产系统(integrated crop-livestock production system)(表12-1)。

表12-1　动物生产的结构类型

类型	名称	特点
专门化的家畜生产系统	游牧系统	完全依赖天然放牧地(含天然林地)
	工厂化家畜生产系统	依赖工业饲料
作物-家畜综合生产系统	传统的作物-家畜综合系统	与粮食作物、经济作物和牧草作物结合
	作物/天然草地-家畜综合系统	依赖天然草地放牧和作物副产品补饲
	作物-栽培草地综合系统	依赖栽培草地放牧
	作物-家畜/池塘综合系统	水稻等作物种植与池塘养鱼、其他家畜生产相结合
	农林牧复合系统	林草结合，种树

专门化的家畜生产系统包括完全依赖天然草地放牧的游牧系统，以及完全依赖工业饲料的工厂化家畜生产系统。严格地说，后一类专门化系统并不能完全脱离作物生产而存在。发达国家的专门化的家畜生产系统，在某一阶段甚至依赖于天然草地放牧。

作物-家畜综合生产系统是作物生产与家畜生产相耦合的草地农业系统，过去以“混合系统”(mixed system)为常用术语，又称作物-家畜综合农业系统(integrated crop-livestock agricultural system)、作物-家畜混合系统(mixed crop-livestock system)、混合农业系统(mixed farming system)、作物-家畜系统(crop-livestock system)或综合农业系统(integrated agricultural system，IAS)。它是世界最重要的食物生产系统，在全球占绝对优势。拥有耕地面积约13.5亿hm^2，占世界耕地的89.7%；从业人口54.7亿，占地球总人口的84.1%(Seré and Steinfeld，1996)。生产全球一半以上的肉类，包括88.5%的牛肉、61.0%的猪肉和26.0%的禽肉；年产牛奶5.4亿t，占全球的87.7%，饲养全世界70%的绵羊(*Ovis aries*)和山羊(*Capra aegagrus hircus*)(Blackburn，1998；Thornton et al.，2002)。

人口迅猛增长，能源与环境压力日益增大，世界各国均不遗余力地调整农业结构，试图通过改善作物与家畜的耦合机制，提高系统生产力，降低环境与市场风险，满足人们对食物数量和质量的需求，这是世界性的农业科学命题(Daily et al.，1998)。然而，由于对作物-家畜综合系统缺乏足够的理论认识与管理技术，各国农业结构调整均出现了这样或那样的问题,集中表现为难以协调食物安全与生态安全。因此,把握家畜生产系统的内涵、进化与类型,明确系统内部各种要素的互作机制,是不同生态区域农业系统结构调整、可持续农业系统建设的基础。

二、动物生产系统的草畜互作

家畜生产系统的行为特征主要体现在系统内部各组分的作用方式与强度。专门化的家畜生产系统组分单一,作用途径相对固定,家畜与其他组分的作用强度则取决于投入水平。作物-家畜综合生产系统的行为特征较为复杂,而且始终处于高速的连续变革之中,以满足人口迅速膨胀产生的食物需求。根据作物与家畜的相互作用,综合系统的结构内涵可分为以下 6 类。①突出作物生产与家畜生产空间共存,但不强求两者之间存在必然联系。Mortimore(1991)把家畜生产和作物生产发生在相同地点的农业系统看作混合农业系统。不排除两者"混"而不"合"("合"即系统耦合)。②强调作物生产与家畜生产的联系,却不刻意强调二者空间共容。畜牧与环境发展政策工具箱(livestock, environment and development toolbox, LEAD)认为,作物栽培与家畜饲养整合后就是混合系统,包括依靠附近农场提供饲料的家畜生产系统。认同"合"而不"混"。③重视作物与家畜的空间共容与互作。国际农业研究磋商组织(Consultative Group on International Agricultural Research, CGIAR)把作物与家畜整合在同一个农场的生产系统称为混合农业系统。作物生产与家畜生产"混"且"合",但不强调两者的互作强度,或许只有微弱联系。④确定作物生产与家畜生产的互作强度。Seré 和 Steinfeld(1996)认为混合系统中家畜饲料 10% 以上来自于作物副产品、留茬,或者 10% 以上的系统产值来自家畜以外的农业活动。强调"合"的强度,重视"合"的平衡,作物生产和家畜生产不能畸轻或畸重,但不关心"合"的机制。⑤明确作物生产与家畜生产的互作机制。Aguliar 和 Botero(2001)认为作物、树木和动物等组分相互作用形成综合系统,各子系统之间协同互惠,一个子系统的产出(主要是废弃物)常常作为另一个子系统的投入。譬如,家畜排泄物促进作物生产,作物秸秆发展家畜生产。专门化系统的物流与能流容易阻滞、累积(Hou et al., 2008),综合系统作物与家畜互作构成完整的营养物质循环网络(Aguliar and Botero, 2001),资源利用效率高,废弃物排放少,环境负面效应小,具备有机农业(organic agriculture)的主要特征(Reganold et al., 2001; Hermansen, 2003)。⑥确认放牧是作物与家畜的互作途径。Carr(2005)认为在北美大平原作物-家畜综合系统占不到 10% 的农业用地,放牧与否为主要判据。放牧是重要的有蹄类动物-植物互作方式,作物-家畜的物质循环通过放牧自然发生(Gates, 2003; 侯扶江和杨中艺, 2006)。由于放牧缺失,工业化农业生产威胁环境与食品安全(Meeker, 1999; Steinfeld, 2004)。

显然,作物-家畜综合系统至少包含作物生产和家畜生产两种基本成分,通过二者相互作用发生与发展,两种生产子系统之间构成循环的物流与能流网络,一个子系统的废弃物可以用作另一个子系统的原料,以维持系统营养物质与能量平衡。研究综合农业系统,主要揭示作物、家畜及其与环境(自然与社会环境)的互作过程,明确系统行为的生产与生态效应,发展生产与生态"双赢"的调控技术。综合系统的对立面是作物或家畜专门化生产系统。

第二节　动物生产系统的演化

动物生产系统的类型既具有时代特征,也是历史演化的产物。农业自1万多年前在肥沃新月形带(Fertile crescent)和中国起源以后(Diamond,1998),加速了人类经济、政治和科技发展(Diamond,1997;Lev-Yadun et al.,2000)。社会进步又强化了作物与家畜互作,推动了动物生产系统的演化(Vitousek et al.,1997;Lev-Yadun et al.,2000)。不同的地理区域,动物生产系统的演化存在时间不齐整性与行为差异,但表现出相似的序列。

一、不同地域的演化路线

(一)亚洲

任继周等(2000)对比世界农业系统演化,认为中国农业经历4个阶段。①自然农业阶段,采集、渔猎。②农业的自发阶段,始于伏羲时代,种草养畜。③现代农业阶段,种植业生产亚阶段始于神农时代,垦草造田数千年延续至今(任继周,1997);机械生产亚阶段,农业逐渐步入工业化阶段,作物与家畜的联系被斩断。④农业持续发展阶段,即草地农业阶段,可持续发展的理念指导农业系统自觉地开展植物生产与动物生产的耦合,重要判据之一是动物生产占农业系统的60%以上(任继周和侯扶江,2004)。我国农业系统发展的特点在于畜牧文明与种植业文明历史上长期对抗与融合(侯扶江和李广,2001),专门化系统(自由放牧)与综合系统在粗放的管理水平上频繁更替,发展脉络稍显错杂。

Pingali(1993)主要以亚洲为例,指出农业系统经历了4个发展阶段。

前集约化阶段(preintensification phase)　人口压力小,土地资源丰富,农业生产依赖于劳动力投入,外部投入很少。作物生产和家畜生产独立进行,专门化系统占优势。

集约化阶段(intensification phase)　作物和家畜通过牧草、畜力和粪肥相联系。物物交换,作物种植者获得畜产品和粪肥(Devendra and Thomas,2002),家畜饲养者获得作物产品和饲草料,系统耦合简单却有效。与现代集约化农业相比,这个阶段粗放得多:农业机械依靠畜力;交通不发达,动物生产规模受限于周围农田的饲料供给(Hou et al.,2008),本质上是松散而粗放的综合生产系统。

收入多样化阶段(income diversification phase)　外部投入增加,以提高牧草质量,保证牧草供应。农牧之间传统的物物交换依然存在,但草田轮作盛行(Hou et al.,2008),家畜厩肥或豆科作物的生物固氮推动综合系统发展。

专门化阶段(specialization phase)　特点是工厂化生产。由于石油化工、交通运输、农业育种等领域的科技进步,作物与家畜异地规模化生产具备技术与经济可行性(Koelsch and Powell,2006)。人口压力和利润诱惑之下,作物与家畜的耦合破裂,专门化生产系统迅猛发展(Hou et al.,2008)。1960年,韩国奶牛饲养量不足1000头,1993年超过55.3万头(Lee,1995)。21世纪初,中国、越南和泰国已经生产全球一半以上的猪肉和1/3的鸡肉(Naylor et al.,2005)。

Pingali 的体系实际上只有 3 个农业阶段:低水平的专门化生产、综合系统和集约化的专门化生产。驱动力主要是人口压力(Powell et al. ,2004)。

(二) 非洲

基于联合国食物与农业组织(FAO)和国际家畜研究所的研究,Steinfeld(1998a)认为西非农业系统有 4 个发展阶段。

最初,采摘是主要的植物生产(Gates,2003),渔猎是主要的动物生产方式(Brothwell,1975),共同支撑人类生存(Bettinger,2001)。后来,分化为作物系统(crop systems)和放牧系统(grazing systems),各自独立演进。

随着生产发展,作物系统和家畜系统营养匮乏,相互之间产生需求。放牧家畜需要作物副产品作补充饲料;作物生产需要家畜粪便提高土壤肥力、改善营养循环,需要畜力提升种植能力(Gebregziabher et al. ,2006)。两个生产系统整合为混合系统,系统生产力提高。

由于人口“爆炸”,食物需求猛增,家畜数量飙升(Steinfeld,2004)。部分混合系统开始解体,转向专门化的作物生产系统(specialized crop systems)和工厂化的家畜生产系统(industrial livestock systems)(Blackburn,1998),化石原料高强度投入。

专门化系统引发严重的能源与环境危机(Bailis et al. ,2005),如耕地退化(Meadows,2007;Murgai et al. ,2001),不可再生资源过量、低效利用(Sainz,1999),水源污染,生物多样性丧失(Chapin III et al. ,2000),为集约化的作物-家畜综合系统提供了发展机遇。该系统对科技、经济与社会服务系统要求高,只有发达地区才有能力建设和管理。

(三) 美洲、欧洲与大洋洲

土地利用变化是农业系统演化的表现。Mustard 等(2005)透过森林覆盖的历史轨迹,把土地利用变化分为 4 个阶段。

荒地阶段(wildland)　人类文明早期,人口少,对土地压力小,多数土地处于原始状态,采摘和渔猎是重要的生产方式(Erickson,2000;Bettinger,2001),并已经开始驯化种植作物(Bray,2000;Araus et al. ,2007;Balter,2007),最初种植作物很可能是为了饲养家畜(Diamond,1997)。

先锋开发阶段(frontier clearings)　北美 79% 的草原因人类开垦和城市拓展而消失,高草草原(tall grass prairie)水热条件较好,开垦殆尽,逐渐形成玉米(*Zea mays*)带(Bidwell and Falconer,1926;Richardson,1940;White et al. ,2000)。巴西圣保罗周围的森林自欧洲人定居至 20 世纪 80 年代几乎砍完(Moffat,2002),通过“游耕”或长期休闲维持耕地肥力(Bidwell and Falconer,1926)。比利时西部的伊内姆林地(Ename Wood),在 19 世纪前期人口密度大约为 100 人/km^2,耕地面积的比例不足 10%;20 世纪末,人口密度增加到 250~340 人/km^2,耕地占土地总面积的 80% 左右(Verheyen et al. ,1999)。1800 年以前,新西兰森林基本覆盖全国,自欧洲人开始定居到 1990 年,森林覆盖率下降到 23%(White and Hodgson,1999)。

自足(小农场)农业阶段(subsistence and small scale farms)　大多数人从事食物生

产,供应自己和当地人需求,属区域性自给自足的小农经济(Ashby and Evans,1945)。但是,国家之间的食物贸易逐渐频繁(Strail,1927),引导农场开始根据市场预期调整种植结构(Richardson,1940;Russell,1942)。这一阶段,由于过度种植经济作物,土壤侵蚀严重,肥力衰竭(Richardson,1940)。发达国家建立了较为完整的农业科学研究与示范推广体系。

集约化农业阶段(intensive agriculture)　工业革命启动了农业工厂化生产,以支持庞大的城市消费,第二次世界大战后逐渐成为发达国家农业主流模式,并于1980年后向发展中国家转移(Hou et al.,2008)。以新的作物和家畜品种为基础(Matson et al.,1997;Huang et al.,2002;Hazell,2003),作物种植依赖机械、化肥、农药(Wilkins,2000;Tilman et al.,2002),家畜饲养大量使用合成饲料、激素、抗生素等(Wilkins,2000;Naylor et al.,2005),生产力飞速提升。英国小麦单产从0.5t/hm^{2}上升到2t/hm^{2}用了将近1000年,20世纪不到40年产量就飞跃到6t/hm^2(Hazell,2003);1940年以前,科罗拉多州东北部玉米产量不足2.5t/hm^2,现在已超过10.0t/hm^2(Matson et al.,1997)。

专门化农业生产降低系统多样性(Matson et al.,1997;Macllwain,2004),增加环境风险(Vitousek et al.,1997;Buttler et al.,2007)。巴西喜拉多(Cerrado)曾是世界最大的热带萨王纳,面积达186万km^2,50年前几乎是原始状态,目前70%的土地已开垦,主要种植水稻(*Oryza satiua*)和大豆(*Glycine max*)(Moffat,2002)。1952年,瑞典农场有马(*Equus caballus*)、奶牛、猪(*Sus domesticus*)、鸡(*Gallus domesticus*)等家畜,有籽实作物、根系作物、纤维作物、饲草作物;1992年,主要是奶牛和猪、籽实作物和牧草作物,农场线元素(渠、田埂等)和点元素(树岛、草地、湿地)明显减少,作物主产区和家畜主产区分隔在全国不同生态区域,生态系统服务功能降低或丧失(Björklund et al.,1999)。

工厂化家畜生产造成严重的环境污染(Steinfeld et al.,2006)。据不完全统计,1988~1998年,加拿大安大略省西南部报告229起粪泄露污染,46起毒死鱼的事件;2001年,加拿大全国家畜排泄1.64亿t粪,排放出大量的氨、硫化氢、甲烷等有毒或温室气体(Vitousek et al.,1997;Sanchez et al.,2004)。在美国中西部,作物系统是N_2O最大的排放源(Robertson et al.,2000),显然是因为过量施用N肥的缘故。而且,专门化家畜系统容易爆发人畜共患传染病,严重威胁人类健康(Zinsstag and Weiss,2001)。

这个体系中,农业系统实际上只有3个发展阶段:原始农业、混合农业和专门化农业。当前,为了解决专门化农业系统的环境污染,发达国家土地利用出现"逆转"趋势。一部分农田开始转变为林地或多年生草地(White and Hodgson,1999;Grau et al.,2003),欧洲从20世纪80年代初重新加强以草地为基础的家畜生产或发展混合农业系统(Oomena et al.,1998),并倡导建立豆科放牧草地或草田轮作加强草畜耦合,以提高整个系统的资源使用效率(Rochon et al.,2004;Wilkins,2008)。

(四) 全球

van Keulen和Schiere(2004)通过空间替代时间分析认为全球混合农业系统经历了4个阶段。

扩张农业(expansion agriculture,EXPAGR)　采集农业与狩猎农业自发耦合,但作物与家畜两个系统保持高度独立性,相互作用微弱,通过物物交换发生联系(Powell et al.,

2004)。家畜提供部分粪肥,作物提供谷物、作物副产品和残留物。

低(外部)投入农业(low external input agriculture,LEIA) 作物生产者饲养家畜,家畜生产者经营耕地,两个系统实现真正意义上的(自觉)耦合(任继周等,2000)。作物生产借助畜力扩大种植面积,由于缺少外部投入,粮食只能自给自足。动物养殖生产畜产品,也支持作物种植,改善了农场的营养循环和土壤碳平衡,家畜的系统地位提升。这一时期,全球32%的陆地被开垦(Wood et al.,2000),其中包括1/4的天然草地(Defries et al.,2004),过去200多年世界森林覆盖率降低20%~50%(Mattews et al.,2000)。与此相反,1700~1980年,全球耕地增加4.66倍(Matson et al.,1997);食物生产系统已经覆盖1/4的陆地表面(Mooney et al.,2005)。作物种植、有作物生产辅助的天然草地放牧是主要生产方式,存在于发展中国家,大约养活世界一半人口(Borlaug,2007;Gill and Smith,2008)。

高(外部)投入农业(high external input agriculture,HEIA) 最初,土壤肥力通过系统内部高强度营养循环维持,生产力达到一定阈值后,依靠外部投入(化肥、农药和机械等)提高产能。人口压力、利益诱惑,使系统趋向于专门化。1991~1993年,专门化家畜系统生产的肉类占全球总产量的37%,1996年上升到43%(Heitschmidt et al.,2004),鸡肉已经占全球产量的一半以上,牛肉超过10%,蛋类占2/3(Heitschmidt et al.,2004)。在发展中国家,这个过程被冠之"绿色革命"和"家畜革命"(livestock revolution)(Murgai et al.,2001;Poštrk,2003),20世纪50年代末始发于墨西哥,60年代后席卷亚洲,世界饥饿人口由1960年的60%下降到2000年的17%(Borlaug,2007)。

但是,高投入导致资源利用效率下降和废弃物增加,加速了水土流失(Macllwain,2004),大量有害物质进入食物链(Daily et al.,1998;Palumbi,2001),生物多样性减少(Hails,2002),环境灾难频繁(Tilman et al.,2001)。目前,全球N肥用量是1950年的8倍左右,2030年预计超过13.5倍(Vitousek et al.,1997),但N肥利用效率不足40%(Tilman et al.,2002);杀虫剂使用量是1945年的40倍左右,2020年预计还将增加75%(Daily et al.,1998;Tilman et al.,2001);地球一半的淡水被开发(Tilman et al.,2001),抽提的地下水70%用于灌溉,全球1/5的水浇地盐渍化,而且仍以150万hm^2/年的速度增加(Wood et al.,2000);当前,美国玉米带土壤C储量只有1907年的一半左右(Matson et al.,1997)。20世纪70年代到90年代中期,发展中国家肉和奶消费量的增幅分别高出发达国家3倍和2倍(Allen et al.,2006);预计2020年,发展中国家肉消费量占世界总量的比例将从目前的52%上升到63%(Delgado,2003),全世界的肉需求量将翻一番(Heitschmidt et al.,2004);必将刺激发展中国家家畜专门化生产,须高度警惕环境灾难。

新保护农业模式(new conservation agriculture mode,NCA) 废弃物作为资源再次利用,作物生产与家畜生产在集约化水平上整合,强化系统营养循环。有机农业(organic farming)为代表性模式之一,起源于20世纪40年代,使用免耕、覆盖作物等替代技术管理作物和家畜(Macllwain,2004),以避免或减少使用化肥、除草剂、杀虫剂、激素、抗生素及合成饲料,目前全球有机农产品销售以每年20%的速度递增(Nelson,2004)。

显然在这一体系中,作物与家畜的系统耦合是农业演化的方向,食物安全和生态安全是农业系统进步的"平台",外部投入则是"推进剂"。

二、动物生产系统演化的共性特征

（一）主要阶段

作物与家畜的关系构成动物生产系统演化的主线。从原始食物收集(hunting and foraging system,HF),农业系统演化经历了6个稳定阶段,有2次专门化和3次整合,整体上沿着生产力提升与农业多样性增加的方向螺旋式上升,有3个明显的跃升(图12-1)。

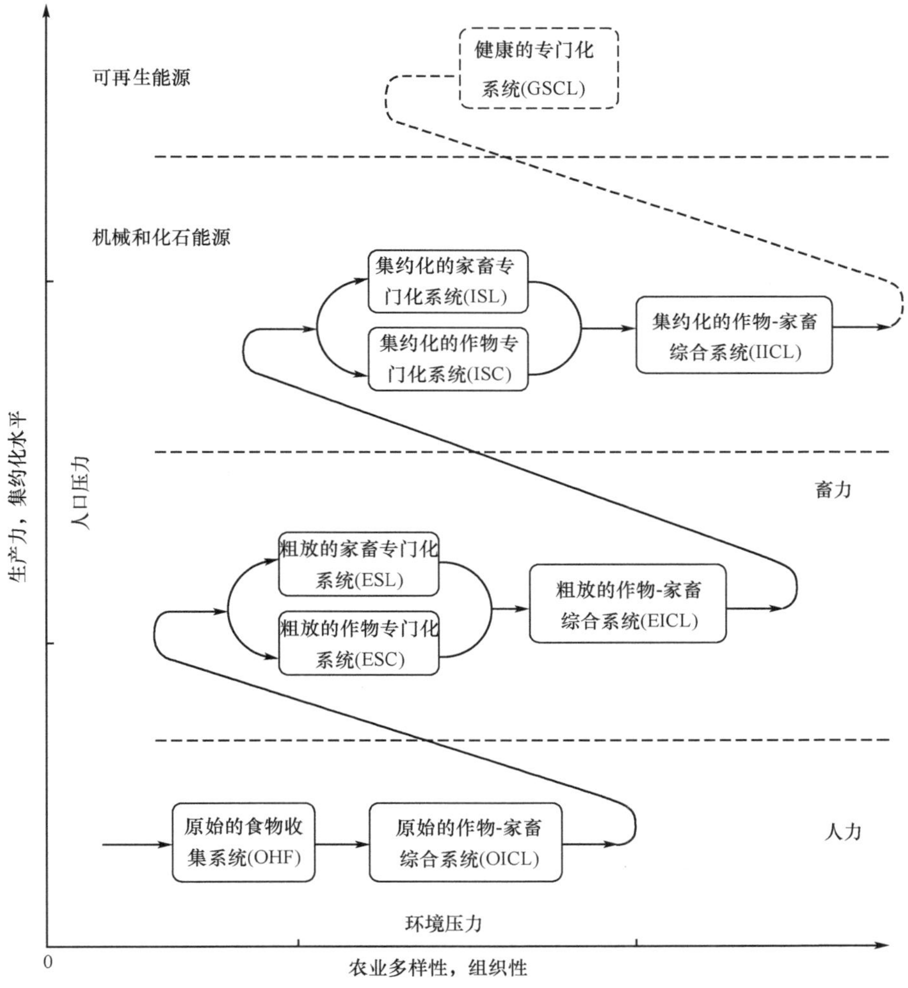

图12-1　动物生产系统的演化

OHF:Originally hunting and foraging system;OICL:originally integrated crop-livestock production system; ESC:extensively specialized crop production system; ESL:extensively specialized livestock production system;EICL:extensively integrated crop-livestock production system;ISC:intensively specialized crop production system;ISL:intensively specialized livestock production system; IICL:intensively integrated crop-livestock production system;GSCL:greenly specialized crop (livestock) production system

1. 原始的食物收集系统

从人类起源持续到1万多年前,旧石器时代,渔猎与采集主导人类食物“生产”(Bettinger,2001;Diamond and Bellwood,2003)。“找到什么吃什么”(eat whatever is found,EWF),但是开始有意识地蓄养动物、撒播种子。原始的食物“生产”系统,时间以十万年计(表12-2)。

表12-2　作物-家畜综合生产系统的特征

	原始的食物收集系统	原始的作物-家畜综合系统	粗放的专门化生产系统	粗放的作物-家畜综合系统	集约化的专门化生产系统	集约化的作物-家畜综合系统
动力	人力	人力	畜力	畜力	机械	机械
生产目标	自给不足	自给不足	自给自足	自给自足	市场	市场与环境
时间尺度/年	10^5	10^4	10^3	$10^2 \sim 10^3$	$10^1 \sim 10^2$	10^1
经营规模/(hm^2/农场)		<1	$10^0 \sim 10^1$	$10^0 \sim 10^1$	$10^1 \sim 10^3$	$10^2 \sim 10^3$
外部投入	无	无	+	++	++++	+++
产出		+	++	++	++++	++++
风险	++++[a]	+++[a]	+++[b]	++[c]	++++[d]	++[e]
生产效率	+	+	++	++	+++	+++
生态效率	++++		++	++++	+	+++
农业多样性	++	++	++	+++	++	++++

注:a. 主要是生命威胁,如猛兽、火灾、洪水等;b. 主要是管理(如病虫害)、气候和环境风险(如沙漠化,盐渍化);c. 主要是气候风险;d. 主要是气候风险、市场风险与管理风险;e. 主要是市场风险。

+:很低;++:低;+++:中;++++:高

2. 原始的作物-家畜综合系统

新石器时代,原始社会末期,农业起源后人类社会发展加速(Denham et al.,2003)。作物与家畜品种逐渐驯化,作物生产供给人畜(Diamond,1998),“驯化什么种(养)什么”(raise whatever is domesticated,RWD)。时间以万(千)年计。

3. 粗放的专门化生产系统

该系统包括粗放的作物生产系统(extensive crop production system,ESC)和粗放的家畜生产系统(extensive livestock production system,ESL)。新石器时代末期,第一次社会大分工,家畜生产、作物生产先后从原始农业“剥离”,人类进入金属时代(Denham et al.,2003),奴隶社会,依靠畜力,生产力迅速提升,“种(养)什么吃什么”(eat whatever is raised,EWR)。时间以千年计。

4. 粗放的作物-家畜综合系统

封建社会,生产力依赖于精耕细作,自给自足的小农经济,外部投入少。“吃什么种

(养)什么”(raise whatever is edible,RWE)。时间以(千)百年计。

5. 集约化的专门化生产系统

该系统包括集约化的作物专门化生产系统(intensively specialized crop production system,ISC)和集约化的家畜专门化生产系统(intensively specialized livestock production system,ISL)。发达国家始于工业革命,发展中国家第二次世界大战后推行。家畜生产逐渐独立出来,依赖城镇附近的交通、储藏、市场条件,与作物生产一道开展机械化大生产。解决温饱,开始“什么挣钱种(养)什么”(raise whatever is profitable,RWP)。时间以百(十) 年计。

6. 集约化的作物-家畜综合系统

第二次世界大战后,可持续发展的思想起源,首先在欧美推行。注重生产与环境双赢,“什么健康吃什么”(eat whatever is healthy,EWH)。时间以十年计。

(二) 系统演化的驱动力与生产特征

粗放型及其以前的农业系统演化,气候因素和人口压力不可忽视(Sandweiss et al.,1999;Diamond and Bellwood,2003;Zhang et al.,2008);集约化系统演化则主要依靠人口压力与科技推动。原始和粗放的农业系统属自给型,集约化系统从市场输入生产资料、向市场输出产品。主要因为人口压力和科技推动,加之气候的不确定性(Sandweiss et al.,1999;Zhang et al.,2008),专门化过程驱动农业系统生产力上升了 3 个层次(图 12-1):原始农业依靠人力,粗放农业依靠畜力,集约农业以化石燃料驱动机械(表 12-2)。但是,专门化农业系统常常陷入生态“窘境”:粗放型常引起荒漠化、地力衰竭等;集约型主要是环境污染问题(表 12-2)。环境压力之下,作物生产与家畜生产整合为综合系统,以加强农业系统的物质循环。粗放与集约是相对的,工厂化生产只是集约化的形式之一,人口压力的内涵也经历了食物数量、质量和生活质量的变化。农业系统每一次质跃,都是为了满足人类进步的需求。

粗放的综合系统也称“三低”系统(“3L”系统,“3L” system):低投入(low input)、低产出(low output)及低风险(low risk),劳动效率也低;广泛存在于发展中国家,生产水平远不能满足人口高速增长和人民急切致富的需要,正在向集约化的专门化生产系统急速推进。集约化的专门化生产是“三高”系统(“3H”系统,“3H” system):高投入(high input)、高产出(high output)及高风险(high risk),劳动力效率也高;畅行于发达国家和地区。“3H”系统主要缺陷是:结构简单,线性物流与能流模式,系统弹性小,抵抗力和恢复力低,外界干扰容易阻滞物流和能流;产品单一,收入来源单调,市场风险大;环境污染严重和资源消耗迅速,尤其是化石能源消耗。欧美率先发展集约化专门化生产系统,在付出了沉重的能源与环境代价后,30 年前开始整合作物与家畜生产,发展集约化的综合农业系统,投入和产出较高、风险较小。

目前,全世界存在从原始到集约化所有类型的动物生产系统。相对稳定的演化阶段之间,也存在各式各样的过渡类型。一些极端的动物生产系统,如作物生产或家畜生产畸轻或畸重的综合农业系统,普遍存在于人口与资源压力巨大的发展中国家和地区。在巨大的社会需求和科学技术推动下,农业系统常常在某一阶段短暂过渡,甚至跳跃式地发展到更高级的阶段。农业系统也可能因为特定的历史条件,发生倒退。根据农业系统演化的方向,下一个演化阶段可能是生态与生产双赢的专门化生产系统,生产力更高,环境效益更好,即健康的专门化生产系统[greenly specialized crop (livestocks) production system, GSCL](图 12-1),这既是人类发展的紧迫需求,也为科技进步力所能及的。

第三节 动物生产系统的分布特征

动物生产系统在环境(气候、土地等)、生物(植物、动物等)和社会(管理、科技等)3 类因素的共同作用下发生与发展(任继周,2004a)。区域性分布的农业资源,支配着农业系统中植物与动物的成分及其互作机制,加之生产力水平与社会需求的差异,不同农业生态区域形成较为稳定的动物生产系统类型(图 12-2,图 12-3)。不同类型的动物生产系统之间沿着一定的环境、生物与社会经济梯度演替(图 12-2),水、热是关键。根据草原的综合顺序分类法(任继周等,1980;胡自治和高彩霞,1995),主要以水、热因素及其相互关系为基础,确定各类系统分布的模式图(图 12-3)。实质上,各类系统的分布区也存在一定交叉。

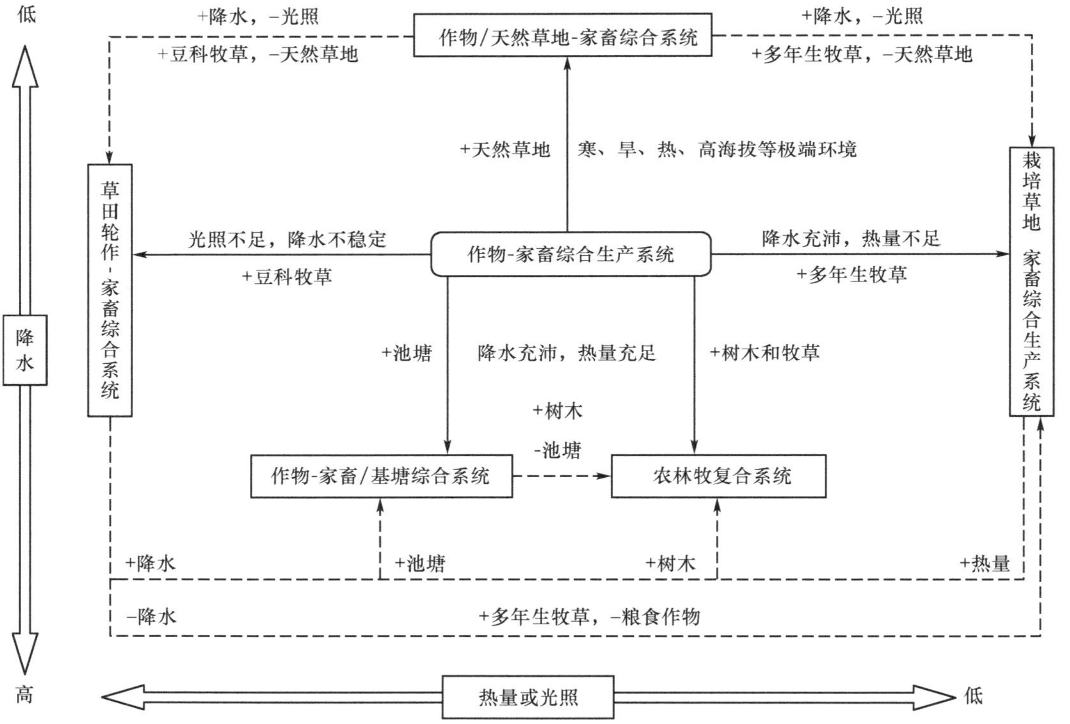

图 12-2 作物-家畜综合生产系统的演替

由于受到种植业的挤压,以天然草地(含天然林地)为基地的专门化动物生产系统的范围已大大缩小,主要存在于各类作物-家畜综合生产系统的边缘,主要是作物/天然草地-家畜综合系统和农林牧复合系统的边远地区。这些地方由于旱、寒等极端气候或海拔较高,无法满足作物生产的需求,家畜生产只能独立地发展。同时,独特的自然条件也创

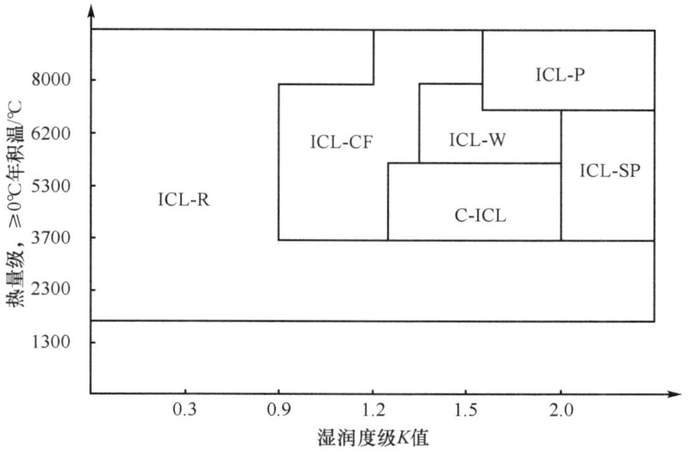

图 12-3　作物-家畜综合生产系统的分布

$K=\frac{r}{0.1\sum\theta}$；$r$ 为年均降水量，mm；θ≥0℃年积温，℃

C-ICL：传统的作物-家畜综合生产系统，classically integrated crop-livestock production system；ICL-R：作物/天然草地-家畜综合生产系统，integrated crop-livestock production system based on rangeland；ICL-CF：草田轮作-家畜综合生产系统，integrated crop-livestock production system based on crop/forage rotation；ICL-SP：栽培草地-家畜综合生产系统，integrated crop-livestock production system based sown pasture；ICL-W：农林牧复合系统，integrated crop-livestock production system based on woodland（agro-silvopastoral system）；ICL-P：作物-家畜/基塘综合生产系统，integrated crop-livestock production system based on pond

造了优质的动物产品和极具特色的畜牧文化，如北欧的驯鹿、南美的羊驼、东亚的牦牛、西亚的单峰驼等。并且，社会文化与动物生产的耦合，对此类生产系统发挥着作物生产不可替代的放大作用。虽然工厂化的动物生产系统较少受到自然条件的限制，但是家畜对气候有一定的适应性，因而也具有较强的区域分布特征，如温带潮湿地区的奶牛生产，干旱、半干旱地区的肉牛与绵羊育肥，温暖地区的禽类生产等。

专门化的动物生产系统与综合生产系统在动物种类上高度相似，两者的空间分布区域交叉或邻近，工厂化的动物生产系统尤其如此。为此，下文主要阐述作物-家畜综合生产系统的分布，同时对相对应的专门化动物生产系统作简单叙述。

一、作物-家畜综合生产系统的分布

（一）传统的作物-家畜综合生产系统

这里，作物不包括牧草作物。存在于温带、亚热带或热带的季风区（图 12-3），降水和热量相对充沛、水热匹配好，旱涝等自然灾害少，地形起伏小、易于田间管理和放牧家畜。作物与家畜互作有 3 条主要途径：覆盖作物或作物残茬地提供家畜放牧的机会；作物副产品饲喂家畜；家畜为作物生产提供粪肥，有时提供少部分畜力。放牧之外，部分谷物用作精料补饲家畜。

传统的作物-家畜综合生产系统主要存在于发展中国家和地区，且越来越少。为了实现收入来源多样化、增加农业多样性,以应对市场和环境风险,提高农业资源的利用效率,农业系统的组分及其配置比例会发生变化(Allen et al.,2006;Hou et al.,2008)。传统的综合系统,作物生产与家畜生产在农场内耦合(coupling inside farm);在发达地区,变型为农场外耦合(coupling outside farms)的松散系统(Entz,2005;Hou et al.,2008),逐渐发展为作物或家畜专门化生产系统。发展中地区,传统的综合农业系统因为组分变更发展为其他类型(图 12-2)(Hou et al.,2008)。

(二)作物/天然草地-家畜综合生产系统

该系统主要在温带大陆性气候、热带草原气候、热带沙漠气候、苔原气候和高原气候区域,寒、旱、热等极端气候(图 12-3),天然草地面积广大,此类系统占地球陆地面积的一半左右(Suttie et al.,2005)。我国传统牧区较为典型,作物地虽少,但为家畜生产提供重要支撑(山仑和徐炳成,2009)。干旱区作物生产依靠灌溉,除绿洲外,均为以天然草地为基础的综合农业系统。

家畜、作物和天然草地的互作方式:家畜放牧天然草地、休闲地、作物茬地;家畜为作物生产提供粪肥和畜力;作物副产品或饲草作物补饲家畜。水热条件较好的天然草地,收获干草,非生长季饲喂家畜。家畜生产畜产品,还要提供畜力和粪肥,旱区是山羊、骆驼(*Camelus* spp.)、绵羊,寒区是牦牛(*Bos grunniens*)和绵羊,条件稍好则有肉牛(*Bos primigenius*),驴(*Equus asinus*)。落后地区,大家畜一般役、肉、粪兼用,畜产品生产甚至居次要地位,如驴,主要提供畜力,其次是积肥,平时放养,作物播种和收获季节补饲精料、频繁使用(Ndlovu et al.,2004)。

养分通过家畜在天然草地和作物地之间流动,以天然草地向作物地的净输出为主,天然草地成为作物生产的"肥料工厂"(Hou and Nan,2006)。途径一,家畜白天在天然草地放牧,夜晚宿营休闲的作物地,营养物质通过家畜排泄物从天然草地转移到农田(Harris,1999)。途径二,较为普遍,家畜夜晚归牧于畜圈,农户收集粪肥,施于农田。天然草地与农田的面积比越高,作物地的厩肥施用量就越大(Hiernaux et al.,1997)。在尼泊尔,3hm^{2}天然草地可以维持 1hm^2 耕地的营养需求;在西非,10~40hm^2 的旱季放牧地或 3~10hm^{2}的雨季放牧草地可以提供 1hm^2 谷物生产所需的营养物质(Blackburn,1998)。由于营养循环体系完整,30~40 年连续种植作物,地力不会衰竭(Tarawali,1999)。天然草地输出的N、P 可由植物固 N 和大气沉降部分补偿(Turner,1998a,1998b;侯扶江和杨中艺,2006)。

粗放系统多存在于发展中国家,外部投入少,生产力低,依靠低成本获取效益(Hou and Nan,2006),综合系统生产 1t 玉米的化石能源消耗只有专门化系统的 1/4(Kaushik,1999)。但是系统的生态效率不低(Reganold et al.,2001;Heitschmidt et al.,2004),役畜投入到作物生产的能量效率高于机械(Kaushik,1999)。在我国,主要分布于传统牧区和农牧交错带北部(Hou et al.,2008)。

集约化系统存在于天然草地面积广大的发达地区。北美大平原西部(短草草原,Short grass prairie)及落基山脉与海岸山脉之间柏-蒿荒漠是小麦/天然草地-肉牛生产系统,家畜在天然草地放牧,开垦少部分草地种植冬小麦(*Triticum aestivum*)、黑麦(*Secale cereale*)等,用于调制干草或放牧。水热条件好的地区,天然草地灌溉或补播改良,割草或放牧利用。外部投入多,机械化程度高,作物生产很少使用畜力。

（三）草田轮作-家畜综合生产系统

该系统是世界上最普遍的综合系统，粮食作物、经济作物与饲草轮作，或播种失败后种植饲草，家畜介入丰富了作物轮作模式与作物-家畜互作途径，主要分布于季风区（温带、亚热带和热带）、地中海气候区和山地气候区，降水季节和年变率大（图 12-3）。由于干旱或低温，多数作物生长有明显的季节性，系统在作物非生长季通过牧草-家畜生产维持。作物与豆科牧草轮作是该系统的特色，生物固 N 维持地力，牧草的营养体生产度过旱季或冷季（曲涛和南志标，2008）。

作物-家畜互作模式：饲草作物和作物残茬地放牧家畜；饲草作物或粮食作物（小谷物）刈割后饲喂家畜，粮食作物或经济作物的副产品、残余物饲喂家畜或调制干草；粮食作物在收获失败（遭遇旱涝、病虫等灾害）或畜产品价格好的年景放牧家畜；家畜为作物生产提供畜力和厩肥（Hou et al.，2008）。自然条件较为优越，家畜主要是肉牛、绵羊和奶牛，丘陵地区主要是山羊。北方以小麦、南方以水稻为主，普遍种植玉米。系统多样性较高，收入来源多，抵御气候和市场风险的能力强。

发展中国家是粗放型，家畜生产是轮作体系的附庸，少有专为家畜种植的作物，家畜粪肥运送到耕地，作物生产只有种子、化肥等必需的外部投入，大家畜为系统提供畜力。我国西南岩溶地区热量和水分充裕，光照不足，利用冬闲田种植牧草；黄土高原在夏季作物收获后或因为春旱不能播种其他作物时，利用其余季节的热量和降水生产饲草。

发达国家是集约化系统，技术密集型。北美大平原中东部地带性植被是草原，19 世纪大规模开垦后，黑风暴肆虐，粮食生产停滞不前，引入饲草作物和家畜后，环境明显改善，作物生产稳定（Bogue，1981）；高草草原年降水量为 750mm 以上，是玉米带，有玉米-大豆-冬小麦、玉米-大豆-春大麦（*Hordeum vulgare*）、玉米-大豆-高粱（*Sorghum bicolor*）和玉米-鸭茅（*Dactylis glomerata*）等轮作模式，玉米或高粱收获后作家畜饲料，饲草作物或小谷物放牧家畜（Sanchez et al.，2004），家畜主要是奶牛和肉牛；混合草原（mixed grass prairie）年均降水量为 375～525mm，是传统小麦带，有小麦-高粱-休闲、春小麦-玉米-大豆、大麦-冬小麦-玉米和棉花（*Gossypium hirsutum*）-冬小麦-休闲-黑麦等轮作模式（Padgitt et al.，2000），小谷物常放牧肉牛，也调制干草。澳大利亚年均降水量为 250～600mm 区域也是世界著名的小麦带（Moore and Grace，1998；Bhathal and Loughman，2001），1940 年以前，谷物连作或谷物/休闲制，土壤有机质下降，产量上不去；第二次世界大战后引入白三叶（*Trrifolium repens*）和苜蓿（*Medicago sativa*），草田轮作，生物固 N，草畜结合，系统产出大幅提升（Hamblin，1995），轮作模式有小麦（或大麦）-地三叶（*Trifolium subterraneum*）（或苜蓿）、苜蓿-大麦-苜蓿-小麦-休闲等，家畜主要是肉牛和绵羊；近年来，农业系统配置适当比例的多年生禾草单播或禾-豆混播草地作为永久放牧地。

（四）栽培草地-家畜综合生产系统

该系统为世界上以放牧为主的综合系统，集约化生产，主要分布在温带海洋性和山地气候区（图 12-3）。降水充沛，热量尚可，但光照不足，不利于籽实生产；兼或地形复杂，耕作不便。历史上，林地开垦后，种植牧草。

作物与家畜的互作模式:家畜在多年生栽培草地上轮牧;栽培草地轮流放牧和刈割,或种植一些高产牧草,割草后青贮,少部分晾制干草,冷季补饲家畜;热量条件稍好、人口密度高的地区,种草,零放牧;家畜粪便放牧期间直接返还作物地,作物生产依赖化肥和机械,基本不用畜力。家畜以奶牛、肉牛和绵羊为主;奶牛主要生产牛奶和奶酪;绵羊生产以羊羔肉为主,也产毛。多年生饲草主要是黑麦草、白三叶和红三叶(*Trifolium pratense*),放牧为主;一年生牧草主要是玉米和燕麦,多作青贮。

普遍存在于发达国家,欧洲西北部地区和新西兰最为典型,亚洲主要是日本和韩国。新西兰最具代表性,放牧系统的产出与投入比高,依靠较低投入和较高产出获得效益;全国有栽培草地 940 万 hm^2,主要是黑麦草或白三叶-黑麦草草地(Lancashire,1990),常年划区轮牧(White and Hodgson,1999);养羊近 5000 万只,牛近 500 万头,65% 为奶牛,鹿 120 万头;生产力虽只有专门化家畜系统的 1/2~2/3,但投入少,质量上乘,肉、奶等畜产品在国际市场少有竞争对手。英国 60% 以上耕地是永久放牧地,多年生黑麦草单播或与白三叶混播,主要放牧奶牛、肉牛和绵羊;多年生黑麦草、白三叶、红三叶青贮,以及小麦、燕麦和大麦秸秆调制干草,冷季补饲。法国 60% 的栽培草地放牧,豆科牧草以三叶草为主,禾草主要有多年生黑麦草(*Lolium perenne*)和羊茅(*Festuca ovina*)(周禾,1995),牛羊比约为 2。荷兰 70% 的栽培草地放牧奶牛。日本 12% 左右的栽培草地为玉米、高粱和燕麦(*Avena sativa*)等一年生牧草,收获后饲喂家畜(丁成龙等,2003);60% 为混播草地放牧利用,豆科主要是白三叶,禾草以多花黑麦草(*Lolium multiflorum*)、鸭茅和猫尾草(*Phleum pratense*)为主;肉牛与奶牛比约为 1. 5。加拿大的栽培草地,20% 为苜蓿,其余是无芒雀麦(*Bromus inermis*)、鸭茅等,一半以上放牧利用,兼有割草,家畜主要是奶牛和肉牛。

发展中国家,巴西、阿根廷和南非均有分布,其他地区也在实验、推广。我国云贵高原,绵羊、山羊或奶牛轮牧栽培草地,生产与生态效益优异(蒋文兰和付照武,1995;李向林,2002)。

(五) 农林牧复合系统

这里“农”的涵义是作物生产。热带雨林气候区、热带季风气候区、温带季风气候区、亚寒带针叶林气候区或山地气候区(图 12-3),乔木(含果树)、作物和家畜相互作用形成农林综合系统(agroforestry)(Beetz,2002),发展中国家主要分布在丘陵地带。地形复杂区域,家畜直接放牧林下草本层;地势平缓区域,种树,林间种植粮食或经济作物。乔木产出木材、果树等产品前,系统效益主要来自家畜和作物。干旱地区,绿洲种植防风林,冷季放牧林下草本或落叶。

作物与家畜互作途径:林间饲草作物或其他作物残茬供家畜放牧;树木为作物和家畜提供遮阴、避雨条件;林间饲草作物、作物残茬收获后调制干草或青贮,补饲家畜;家畜排泄物还田,大家畜提供畜力。管理原则:林木种植 6 年以上(Arevalo et al. ,1998),一般 8~9 年后(Sibbald et al. ,1997),开始放牧利用;果树生长期间,林下牧草刈割利用,非生长季可放牧;多年生饲草作物播种后 1~2 年不放牧(Husak and Grado,2000),适度刈割,直到草地稳定。

发达国家多为技术和能量集约型的农林牧综合系统。种植树木和作物,或在天然林下种植经济作物,发展作物、木材和家畜生产;有时在林下播种牧草,但作为乡土种,主要发挥水土保持功能,适度开展家畜和木材生产。美国东南部 112 万 km^2 土地,55% 为林地,收获木材前,家畜放牧是主要生产方式(Husak and Grado,2000)。林间饲草作物有百喜草(*Paspalum notatum*)、毛花雀稗(*Paspalum dilatatum*)、狗牙根(*Cynodon dactylon*)、地三叶、黑麦草等,也播种大豆、玉米等,但以耐阴湿、耐牧的多年生牧草为主。家畜主要有牛、鹿、野牛(*Bos gaurus*)、绵羊、山羊、马、火鸡(*Meleagris gallopavo*)、鸡等,一些作为狩猎或观赏动物,牛的放牧密度达到 0. 7 头/hm^2;林木速生、深根、耐旱。加拿大不列颠哥伦比亚省南部,近 70% 的放牧系统是农林牧综合生产系统(Krzic et al. ,2001),林间播种鸭茅和杂三叶(*Trifolium hybridum*),每年随家畜输出的 N 量低于 2. 4kg/hm^2,由生物固 N 补充(Thompson et al. ,2000)。

发展中国家多在林区放牧,利用木本幼嫩枝叶、林中天然牧草和落叶,林下很少种草或其他作物,生产木材和畜产品,另外也开垦林地种植作物。在农户尺度上,作物生产与木材、家畜空间上隔离,但通过放牧或补饲耦合。不丹 74% 的国土覆盖天然林,阔叶林、针叶林和灌丛分别占 52%、35% 和 11%,林地放牧历史悠久(Norbu,2002);家畜也经常放牧作物茬地(Blackburn,1998),或利用作物残余物,为作物生产提供畜力;90% 的农户养牛,温带和亚热带地区养肉牛,高寒地区养牦牛,1996 年畜牧业生产占农业 GDP 的 21%(Norbu,2002)。我国南方丘陵山区,林地开垦后种植作物,家畜放牧天然林地和作物残茬地,秸秆补饲(Hou et al. ,2008)。发达国家暗针叶林区放牧绵羊或驯鹿(*Rangifer tarandus*),没有种植业,是林牧综合系统(silvopastoral system)。

(六) 作物-家畜/基塘综合生产系统

该系统起源并分布于降水丰富的热带雨林气候区和亚热带季风气候区(图 12-3),常位于江河的三角洲上。作物以水稻、甘蔗(*Saccharum officinarum*)等为主,基塘通过营养物质循环融入作物-家畜系统。

作物-家畜互作模式:作物副产品和残余物饲养家畜,或与单胃畜粪一起,作为鱼的饲料;基塘淤泥,或与家畜粪便,是作物生产的肥料;大家畜常常为作物生产提供畜力。以单胃家畜猪、禽为主,反刍家畜主要是水牛(*Bubalus bubalis*)和山羊,但居次要地位。作物有水稻、木薯(*Manihot esculenta*)、玉米、花生(*Arachis hypogaea*)、甘薯(*Ipomoea batatas*)、甜菜(*Beta vulgaris*)等(Herenda et al. ,1994)。农业多样性高,有水生畜禽,网状互作,系统成分和景观显著区别于其他系统。

印度泰米尔纳德邦,综合系统类型有水稻-山羊(猪、水牛、鸡)-鱼、水稻-山羊/水牛(猪)-鱼-树木、水稻-鱼-蔬菜-树木(Jayanthi et al. ,2003;Shekinah et al. ,2005;Rautaray et al. ,2005),土地 60% ~80% 种植作物,20% 左右种蔬菜,5% ~20% 开挖基塘养鱼,其余种植树篱(Shekinah et al. ,2005)。猪/鸭-鱼-蔬菜系统广泛分布于中国南方、越南和柬埔寨(Devendra,1993)。该系统通过作物-家畜(禽)-鱼之间构成营养网(Shekinah et al. ,2005),分布于世界人口与家畜密度最高的区域,地处热带、亚热带,排泄物易分解,通过沼气池可以转化为能源和鱼的饲料,保持物流与能流通畅,而不至于拥堵滞留于生产者与分解者之间,污染环境,沼气池在系统中具重要地位(Herenda et al. ,1994;任继周,2004b)。因为该系统物质循环经过水体,成为基塘子系统的投入,所以管理不当则污染水体。

我国南方沿海塘基系统有600多年的发展历史(聂呈荣等,2003)。20世纪80年代,该系统研究曾是我国生态学与科研亮点之一(郑建初等,2005),后来随着农业经济转型,逐渐没落。

发达国家较少分布于该气候区,而且发达国家专心致志发展草食家畜,塘基系统没有发展。

二、发达国家和发展中国家动物生产系统的比较

热量允许,水资源充分保证的区域,农业生产所面临的自然风险较小,专门化的作物与动物生产系统分布广泛。作物-家畜互作能够化解农业生产的自然与市场风险,在农业气候资源贫乏(如降水较少)或配制不平衡(如降水季节变化与年变率较大)的区域,综合农业系统得到发展。

集约化系统主要分布在发达国家,表现为资金和技术的密集投入,而非成本较高的劳动力。发达国家也残留一些原始或粗放的农业系统,如美国一些印第安人部落的渔猎与采集,仅为旅游服务(Bettinger,2001)。发展中国家多是粗放的农业系统,劳动力密集型,多为以自给自足为前提的较为初级的商品生产。发展中国家也有集约化系统,如阿根廷养牛业、中国南方的养猪业和养鸡业等,一些欠发达国家,正在从劳动力密集型向资金和技术密集型过渡。发达国家的农业系统与发展中国家有一些区别(表12-3)。①系统结构。发达国家的综合系统中,作物与家畜品种在国家尺度上相对丰富,但是在农场尺度贫乏;美国2/3的农场只生产1~2种农产品(Sulc,2005)。由于土地集约化经营(围栏圈地,高强度施用化肥、农药,田间活动频繁等),大型野生哺乳动物减少,鸟类和啮齿类增多。发展中国家,作物与家畜品种在国家和农户尺度上都很丰富,但农业生物多样性过高,分散了有限的农业资源;野生动植物资源丰富,生物多样性高。②作物与家畜互作模式。发达国家作物地放牧较为普遍,家畜补饲主要来自饲草作物,作物机械化种植。发展中国家,家畜主要放牧天然草地、作物茬地和地角边地,作物副产品和残余物补饲家畜(Ramaswamy,1998);53%的耕地依靠家畜耕种,50%的农肥来自家畜排泄物(Fresco and Steinfeld,1998)。③外部投入与生产力水平。发达国家是资本、能量、技术集约型,高产出获取收益。发展中国家是劳动力密集型,低投入赢得效益。④生产目的。发达国家商品化生产,追求经济效益最大化,正在向生态与经济双赢转变。发展中国家以自我维持为基础。

表12-3 发展中国家和发达国家综合农业系统比较

类型	发展中国家(粗放型)	发达国家(集约型)
作物或家畜品种	农场尺度和国家尺度均丰富	农场尺度贫乏,国家尺度丰富
作物-家畜互作模式	复杂:家畜放牧作物残茬或休闲地,或者补饲作物副产品,家畜为作物生产提供畜力和粪肥	单调:家畜放牧或补饲饲草作物
作物/天然草地-家畜综合生产系统	天然草地与作物地面积比高,饲草作物面积小,草地连续放牧	饲草作物面积大,轮牧
草田轮作-家畜综合生产系统	农田休闲或播种失败后种草,饲草作物收割后饲喂家畜	草田轮作;饲草作物供家畜轮牧

续表

类型	发展中国家(粗放型)	发达国家(集约型)
栽培草地-家畜综合生产系统	很少分布	优势生产系统
农林牧复合系统	天然林,林下很少有作物	林下常种植作物
作物-家畜/基塘综合生产系统	热带、亚热带地区盛行	没有发展
投入	劳动力密集型,技术与资本含量低	技术与资本密集型,劳动力投入低
产出	低	高
目的	自给自足为前提	以市场为导向,商品化生产

三、动物生产系统时空分布的趋同与趋异

动物生产系统在两个方向演化。纵向演化,即演化的时间序列。横向演化,即演化的空间序列(分布)。

演化表现出明显的时空趋同与趋异特征。趋异性:①空间趋异性,气候、作物、家畜等农业资源配置及管理方式的空间差异,作物-家畜互作形成具有区域特色的适应性系统(图 12-2),环境因素起关键作用;②时间趋异性,系统目标、发展阶段和管理水平的差异,同一区域内的系统,虽然家畜与作物组分相同,但互作模式差异很大,甚至是不同的系统发展阶段(图 12-1),社会因素起关键作用。趋异性是农业多样性的根源之一。趋同性:①空间趋同性,不同地域之间的动物生产系统,由于社会发展阶段和管理水平相近,形成相似的生产需求和作物-家畜互作机制,社会因素是关键;②时间趋同性,同一区域内,虽然动物生产系统中家畜与作物组分不同,但是由于农业资源、生产目标和管理手段相似,家畜与作物互作模式相同,系统也表现为相近的发展阶段,人类社会因素起关键作用。

(侯扶江)

主要参考文献

丁成龙,顾洪如,常志州 . 2003. 日本粗饲料生产及调制加工 . 世界农业,(1):45-47
董孝斌,高旺盛,隋鹏,等 . 2006. 北方农牧交错带典型农户系统的能值分析 . 干旱区资源与环境,20(4):78-82
侯扶江,李广 . 2001. 河西地区生态景观的演变 . 水土保持学报,15(6):51-57
侯扶江,杨中艺 . 2006. 放牧对草地的作用 . 生态学报,26(1):244-264
胡自治,高彩霞 . 1995. 草原综合顺序分类法的新改进 I 类的划分指标及其分类检索图 . 草业学报,4(3):1-7
蒋文兰,付照武 . 1995. 栽培草地绵羊放牧系统优化生产模式研究 . 草业学报,4(3):55-63
李向林 . 2002. 中国亚热带地区的草地农业系统 . 中国农区草业发展论文集 . 北京:中国农业大学出版社:46-52
聂呈荣,骆世明,章家恩,等 . 2003. 现代集约农业下基塘系统的退化与生态恢复 . 生态学报,23(9):1851-1860
曲涛,南志标 . 2008. 作物和牧草对干旱胁迫的响应及机理研究进展 . 草业学报,17(2):126-135
任继周 . 1997. 农耕文化圈与畜牧文化圈在黄土高原上的嬗替//周光召,朱光亚 . 共同走向科学:百名院士科技系列报告集(中册). 北京:新华出版社:157-166
任继周 . 2004a. 草地农业生态系统通论 . 合肥:安徽教育出版社
任继周 . 2004b. 从“澳大利亚式敬礼”说到沼气 . 草业科学,21(2):57-58
任继周,侯扶江 . 2004. 草业科学框架纲要 . 草业学报,13(4):1-6
任继周,侯扶江,张自和 . 2000. 发展草地农业推进我国西部可持续发展 . 地球科学进展,15(1):19-24

任继周,胡自治,牟新待,等. 1980. 草原的综合顺序分类法及其草原发生学意义. 中国草原,1:12-24
山仑,徐炳成. 2009. 黄土高原半干旱地区建设稳定人工草地的探讨. 草业学报,18(2):1-2
郑建初,谭淑豪,刘华周,等. 2005. 中国稻鸭共作系统的理论与技术现状及其发展策略. 江苏农业科学,5:1-5
周禾. 1995. 法国的草地农业. 世界农业,11:19-20
Aguliar F, Botero R. 2001. Integrated agricultural systems: options for sustainable production in the tropics//electronic seminar on "How to install a polyethylene biogas plant" organized by Integrated Bio-Systems Network International Organization of Biotechnology and Bioengineering
Allen VG, Hou FJ, Brown P, et al. 2006. Integrated crop and livestock systems in the Texas High Plains. Invited keynote presentations by the 2nd China-Japan-Korea Grassland Conference. Acta Prataculturae Sinica, 15(suppl.): 3-38
Araus JL, Ferrio JP, Buxo R, et al. 2007. The historical perspective of dryland learned from 10000 years of wheat. Journal of Experimental Botany, 58(2): 131-145
Arevalo LA, Alegre JC, Bandy DE, et al. 1998. The effects of cattle grazing on soil physical and chemical properties in a silvopastoral system in the Peruvian Amazon. Agroforestry Systems, 40(2): 109-124
Ashby AW, Evans IL. 1945. Welsh farming-the agriculture of Wales and Monmouthshire. Nature, 155: 31-32
Bailis R, Ezzati M, Kammen DM. 2005. Mortality and greenhouse gas impacts of biomass and petroleum energy futures in Africa. Science, 308: 98-103
Balter M. 2007. Seeking Agriculture's Ancient Roots. Science, 316: 1830-1835
Beetz A. 2002. Agroforestry overview. Appropriate Technology Transfer for Rural Areas. http://www.attra.ncat.org
Bettinger RL. 2001. Echoes from the dreamtime: analyzing hunter-gatherer societies past, present and might-have-been. Nature: 567-568
Bhathal JS, Loughman R. 2001. Ability of retained stubble to carry-over leaf diseases of wheat in rotation crops. Australian Journal of Experimental Agriculture, 41(5): 649-653
Bidwell PW, Falconer JI. 1926. History of agriculture in the northern United States, 1620 ~1860. Nature, 117: 506-508
Björklund J, Limburg KE, Rydberg T. 1999. Impact of production intensity on the ability of the agricultural landscape to generate ecosystem services: an example from Sweden. Ecological Economics, 29: 269-291
Blackburn H. 1998. Mixed farming systems and the environment: livestock production, the environment and mixed farming systems//Nell AJ. Proceedings of the international conference on Livestock and the Environment. International Agricultural Centre, Wageningen, the Netherlands: 113-123
Bogue AG. 1981. Farming in the north American grasslands: a survey of publications, 1947 ~1980. The Great Plains Quarterly: 105-131
Borlaug N. 2007. Feeding a hungry world. Science, 318: 359
Bray W. 2000. Ancient food for thought. Nature, 408: 145-146
Brothwell D. 1975. Early history of agriculture. Nature, 255: 368-370
Buttler SJ, Vickery JA, Norris K. 2007. Farmland biodiversity and the footprint of agriculture. Science, 315: 381-384
Carr PM. 2005. Integrating crops and livestock by ley farming in North Dakota. In ASA-CSSA-SSSA Annual Meeting abstract (CDROM). Salt Lake City, Utah.
Chapin III FS, Zavaleta ES, Eviner VT, et al. 2000. Consequences of changing biodiversity. Nature, 405: 234-242
Daily G, Dasgupta P, Bollin B, et al. 1998. Global food supply: food production, population growth, and the environment. Science, 281: 1291-1292
Defries RS, Foley JA, Asner GP. 2004. Land-use choices: balancing human needs and ecosystem function. Frontiers in Ecology and the Environment, 2(5): 249-257
Delgado CL. 2003. Rising consumption of meat and milk in developing countries has created a new food revolution. The Journal of Nutrition, 133: 3907-3910
Denham TP, Haberle SG, Lentfer C, et al. 2003. Origins of agriculture at Kuk swamp in the highlands of New Guinea. Science, 301: 189-193
Devendra C. 1993. The development of integrated systems//Canagasby Devendra. Sustainable animal production from small farm

systems in South-East Asia. FAO. Rome, Italy

Devendra C, Thomas D. 2002. Crop-animal systems in Asia: importance of livestock and characterisation of agro-ecological zones. Agricultural Systems, 71: 5-15

Diamond J. 1997. Location, location, location: the first farmers. Science, 278: 1243-1244

Diamond J. 1998. Ants, crops, and history. Science, 281: 1974-1975

Diamond J, Bellwood P. 2003. Farmers and their languages: the first expansions. Science, 300: 597-603

Entz MH. 2005. Integrated crop-livestock systems in nonittigated, semiarid and sub-humid environments. In ASA-CSSA-SSSA Annual Meeting abstract (CDROM). Salt Lake City, Utah.

Entz MH, Barson VS, Carr DW, et al. 2002. Potential of forages to diversify cropping systems in the northern Great Plains. Agronomy Journal, 94: 240-250

Erickson CL. 2000. An artificial landscape-scale fishery in the Bolivian Amazon. Nature, 408: 190-193

Fresco LO, Steinfeld H. 1998. A food security perspective to livestock and the environment//Nell AJ. Proceedings of the international conference on Livestock and the Environment. International Agricultural Centre, Wageningen, the Netherlands

Gates RN. 2003. Integration of perennial forages and grazing in sod based crop rotations. Proceedings of Sod Based Cropping Systems Conference, North Florida Research and Education Center-Quincy, University of Florida

Gebregziabher S, Mouazen AM, Van Brussel H, et al. 2006. Animal drawn tillage, the Ethiopian and plough, maresha: a review. Soil & Tillage Research, 89: 129-143

Gill M, Smith P. 2008. Mitigating climate change: the role of livestock in agriculture//Prolinson P, Steele M, Nefzaoui. Proceedings of international conference: livestock and global climate change 2008. Cambridge University Press: 29-30

Grau HR, Aide TM, Zimmerman JK, et al. 2003. The ecological consequences of socioeconomic and land-use changes in post-agriculture, Puerto Rico. BioScience, 53(12): 1159-1168

Hails RS. 2002. Assessing the risks associated with new agricultural practices. Nature, 418: 685-688

Hamblin A. 1995. Poor soils and erratic markets: sustainability issues for Australian grain and cane farming. Food & Fertilizer Technology Center. CRC Soil and Land Management Glen Osmond. South Australia, Australia

Harris F. 1999. Nutrient management strategies of small-holder farmers in a short-fallow farming system in north-east Nigeria. Geographical Journal, 165: 275-285

Hazell PBR. 2003. Green revolution, curse or blessing? //Mokyr J. Encyclopedia of economic history. Oxford University Press

Heitschmidt RK, Vermeire LT, Grings EE. 2004. Is rangeland agriculture sustainable? Journal of Animal Science, 82(Suppl.): 138-146

Herenda D, Chambers PG, Ettriqui A, et al. 1994. Manual on meat inspection for developing countries. FAO Animal Production and Health Paper 119. Rome, Italy

Hermansen JE. 2003. Organic livestock production systems and appropriate development in relation to public expectations. Livestock Production Science, 80: 3-15

Hiernaux P, Fernάndez-Rivera S, Schlecht E, et al. 1997. Livestock-mediated nutrient transfers in Sahelian agro-ecosystems//Renard G, Neef A, Becker K, et al. Soil fertility management in West African land use systems. Margraf Verlag, Weikersheim, Germany: 339-347

Hou FJ, Nan ZB. 2006. Improvements to rangeland livestock production on the Loess Plateau: a case study of Daliangwa village, Huanxian county. Invited keynote presentations by the 2nd China-Japan-Korea Grassland Conference. 草业学报, 15 (Suppl.): 104-110

Hou FJ, Nan ZB, Xie YZ, et al. 2008. Integrated crop-livestock production systems in China. The Rangeland Journal, 30(2): 221-231

Huang JK, Pray C, Rozelle S. 2002. Enhancing the crops to feed the poor. Nature, 418: 678-684

Husak AL, Grado SC. 2000. Monetary and wildlife benefits in a silvopastoral systems//Proceeding of the 2001 Southern Forest Economics Workshop. Lexington, KY, US: 167-175

Jayanthi C, Balusamy M, Chinnusamy C, et al. 2003. Integrated nutrient supply system of linked components in lowland integrated farming system. Indian Journal of Agronomy, 48(4): 241-246

Kaushik SJ. 1999. Animals for work, recreation and sports. Livestock Production Science, 59: 145-154

Koelsch R, Powell M. 2006. Whole farm environmental accountability. The John M. Airy Symposium: Visions for Animal Agriculture and the Environment. Kansas City, Missouri, USA

Krebs JR, Wilson JD, Bradbury RB, et al. 1999. The second silent spring? Nature, 400: 611-612

Krzic M, Ballard TM, Broersma K, et al. 2001. Lodgepole pine nutrition and growth on grazed forest cutblocks in southern British Columbia. BC Journal of Ecosystems and Management, 1(2): 1-8

Lancashire JA. 1990. Special address: 150 years of grassland development in New Zealand. Proceedings of the New Zealand Grassland Association, 52: 9-15

Lee KJ. 1995. Integrated crop-livestock production on slopelands in Korea. Extension Bulletin ASPAC, Food and Fertilizer Technology Center

Lev-Yadun S, Gopher A, Abbo S. 2000. Enhanced: the cradle of agriculture. Science, 288: 1602-1603

Macllwain C. 2004. Organic: is it the future of farming? Nature: 791-792

Matson PA, Parton WJ, Power AG, et al. 1997. Agricultural intensification and ecosystem properties. Science, 277: 504-509

Mattews E, Payne R, Rohweder M, et al. 2000. Pilot analysis of global ecosystems: forest ecosystem. Washington DC. World Resources Institute

Meadows ME. 2007. Soil erosion in the Swartland, Western Cape Province, South Africa: implications of past and present policy and practice. Environmental Science and Policy, 6: 17-28

Meeker DL. 1999. What are the livestock industries doing, and what do they need from us? Journal of Animal Science, 77: 361-366

Moffat AS. 2002. South American landscapes: ancient and modern. Science, 296: 1959-1961

Mooney H, Cropper A, Reid W. 2005. Confronting the human dilemma. Nature, 434: 561-562

Moore AD, Grace PR. 1998. Effects of annual pasture composition on subsequent wheat yields in the Waite Permanent Rotation Trial, South Australia. Australian Journal of Experimental Agriculture, 38(1): 55-59

Mortimore M. 1991. A review of mixed farming systems in the semi-arid zone of Sub-Saharan Africa. Livestock economics division working 17. International Livestock Centre for Africa (ILCA), Addis Ababa, Ethiopia

Murgai R, Ali M, Byerlee D. 2001. Productivity growth and sustainability in post-green revolution agriculture: the case of the Indian and Pakistan Punjabs. The World Bank Research Observer, 16(2): 199-218

Mustard JF, Defries RS, Fisher T, et al. 2005. Land use and land cover change pathways and impacts//Gutman G, Janetos AC, Justice CO, et al. Land change science: observing, monitoring, and understanding trajectories of change on the earth's surface. Dordrecht, The Netherlands: Kluwer Academic Publishers: 441-429

Naylor R, Steifeld H, Falcon W, et al. 2005. Losing the links between livestock and land. Science, 310: 1621-1622

Ndlovu LR, Bwakura T, Topps JH. 2004. The role of donkeys in integrated crop-livestock systems in semi-arid areas of Zimbabwe//Starkey P, Fielding D. Donkeys, people and development. The Netherlands: Wageningen: 188-191

Nelson L. 2004. What is organic farming? Nature: 796

Norbu L. 2002. Grazing management in broadleaf forests. Journal of Bhutan Studies, 7(winter): 99-129

Oomena GJM, Lantingab EA, Goewiea EA, et al. 1998. Mixed farming systems as a way towards a more efficient use of nitrogen in European Union agriculture. Environmental Pollution, 102: 697-704

Padgitt M, Newton D, Penn R, et al. 2000. Production practices for major crops in us agriculture, 1990 ~ 1997. ERS/USDA. Washington DC, US

Palumbi SR. 2001. Humans as the world's greatest evolutionary force. Science, 293: 1786-1790

Pingali PL. 1993. Crop-livestock systems for tomorrow's Asia: from Integration to Specialization//Devendra C, illa C. Crop-animal interaction international rice research institute discussion paper series No 6. Manila: 481-500

Powell JM, Pearson RA, Hiernaux PH. 2004. Crop-livestock interactions in the west African drylands. Agronomy Journal, 96: 469-483

Ramaswamy NS. 1998. Draught animal welfare. Applied Animal Behaviour Science, 59: 73-84

Rautaray SK, Dash PC, Sinhababu DP. 2005. Increasing farm income through rice (*Oryza sativa*)—fish based integrated farming system in rainfed lowlands of Assam. Indian Journal of Agricultural Sciences,75(2):79-82

Reganold JP,Glover JD,Andrews PK,et al. 2001. Sustainability of three apple production systems. Nature,410:926-929

Richardson LA. 1940. Changes in livestock production in the South. Journal of Animal Science:367-371

Robertson GP,Paul EA,Harwood RR. 2000. Greenhouse gases in intensive agriculture:contributions of individual gases to the radiative forcing of the atmosphere. Science,289:1922-1925

Rochon JJ,Doyle CJ,Greef JM,et al. 2004. Grazing legumes in Europe:a review of their status,management,benefits,research needs and future prospects. Grass and Forage Science,59:197-214

Russell J. 1942. Agriculture after the war. Nature,149:12-14

Sainz RD. 1999. Framework for calculating fossil fuel use in livestock systems. Technical Report. Food and Agriculture Organization. Rome.

Sanchez JE,Harwood RR,Willson TC,et al. 2004. Managing soil carbon and nitrogen for productivity and environmental quality. Agronomy Journal,96:769-775

Sandweiss DH,Maasch KA,Anderson DG. 1999. Transitions in the mid-holocene. Science,22:499-500

Seré C,Steinfeld H. 1996. World livestock production systems: current status, issues and trends. Rome: Food and Agriculture Organization of the United Nations

Shekinah DE,Jayanthi C, Sankaran N. 2005. Physical indicators of sustainability—a farming systems approach for the small farmer in the rainfed vertisols of the western zone of Tamil Nadu. Journal of Sustainable Agriculture,25(3):43-65

Sibbald AR,Clements V,Campero V,et al. 1997. Soil-plant-animal interactions in the establishment phase of a silvopastoral system in NE Scotland. Agroforestry Forum,8(3):23-26

Steinfeld H. 1998a. Livestock and their interaction with the environment:an overview//Gill M,Smith T,Pollott GE,et al. Food, lands and livelihoods—setting agendas for animal science. British Society of Animal Science Occasional Publication, 21: 67-76

Steinfeld H. 1998b. Livestock-environment interactions in industrial production systems//Nell AJ. Proceedings of the international conference on Livestock and the Environment. International Agricultural Centre,Wageningen,the Netherlands

Steinfeld H. 2004. The livestock revolution—veterinary mission. Veterinary Parasitology,125:19-41

Steinfeld H,Gerber P,Wassenaar T,et al. 2006. Livestock's long shadow. FAO,Rome

Strail DM. 1927. Trends in the export of livestock products. Journal of Animal Science:248-255

Sulc RM. 2005. Integrated crop-livestock systems in humid,cool temperate environments of North America. In ASA-CSSA-SSSA Annual Meeting abstract (CDROM). Salt Lake City,Utah

Suttie JM, Reynolds SG, Batello C. 2005. Grasslands of the world. Rome: Food and Agriculture Oraganization of the United Nations

Tarawali G. 1999. A synthesis of the crop-livestock production systems of the dry savannas of West and Central Africa. Improving Crop-Livestock Systems in West and Central Africa

Thompson DJ,Newman RF,Hope G,et al. 2000. Nitrogen cycling in silvopastoral systems in the Pacific Northwest:a review. Canadian Journal of Plant Science,80:21-28

Thornton PK,Kruska RL,Henninger N,et al. 2002. Mapping poverty and livestock in the developing world. Addis Ababa:International Livestock Research Institute

Tilman D,Fargione J,Wolff B,et al. 2001. Forecasting agriculturally driven global environmental change. Science,292:281-284

Tilman D,Gassmand KG,Matson PA,et al. 2002. Agricultural sustainability and intensive production practices. Nature,418: 671-677

Turner MD. 1998a. Long term effects of daily grazing orbits on nutrient availability in Sahelian West Africa:1. Gradients in the chemical composition of rangeland soils and vegetation. Journal of Biogeography,25(4):669-682

Turner MD. 1998b. Long term effects of daily grazing orbits on nutrient availability in Sahelian West Africa:2. Effects of a phosphorus gradient on spatial patterns of annual grassland production. Journal of Biogeography,25(4):683-694

van Keulen H,Schiere H. 2004. Crop-livestock systems:old wine in new bottles? //New directions for a diverse planet:proceedings of the 4th international crop science congress. Brisbane,Australia

Verheyen K, Bossuyt B, Hermy M, et al. 1999. The land use history (1278~1990) of a mixed hardwood forest in western Belgium and its relationship with chemical soil characteristics. Journal of Biogeography, 26:1115-1128

Vitousek PM, Mooney HA, Lubchenco J, et al. 1997. Human domination of earth's ecosystems. Science, 277:494-499

White J, Hodgson J. 1999. New Zealand pasture and crop science. Oxford University Press

White R, Murray S, Rohweder M. 2000. Pilot analysis of global ecosystems: grassland ecosystem. Washington DC. World Resources Institute

Wilkins RJ. 2000. Grassland in the Twentieth Century. IGER Innovations:25-33

Wilkins RJ. 2008. Eco-efficient approaches to land management: a case for increased integration of crop and animal production systems. Philosophical Transactions of the Royal Society, 36:517-525

Wood S, Sebastian K, Scherr SJ. 2000. Pilot analysis of global ecosystems: agroecosystems. Washington DC. World Resources Institute

Zhang PZ, Cheng H, Edwards RL, et al. 2008. A test of climate, sun, and culture relationships from an 1810-year Chinese cave record. Science, 322:940-942

Zinsstag J, Weiss MG. 2001. Livestock diseases and human health. Science, 294:477

推荐阅读文献

侯扶江,杨中艺. 2006. 放牧对草地的作用. 生态学报,26(1):244-264

Hou FJ, Nan ZB. 2006. Improvements to rangeland livestock production on the Loess Plateau: a case study of Daliangwa village, Huanxian county. Invited keynote presentations by the 2nd China-Japan-Korea Grassland Conference. 草业学报, 15 (Suppl.):104-110

Hou FJ, Nan ZB, Xie YZ, et al. 2008. Integrated crop-livestock production systems in China. The Rangeland Journal, 30(2): 221-231

Steinfeld H. 1998a. Livestock and their interaction with the environment: an overview//Gill M, Smith T, Pollott GE, et al. Food, lands and livelihoods—setting agendas for animal science. British Society of Animal Science Occasional Publication, 21: 67-76

Steinfeld H. 1998b. Livestock-environment interactions in industrial production systems//Nell AJ. Proceedings of the international conference on Livestock and the Environment. International Agricultural Centre, Wageningen, the Netherlands

第十三章 放牧与全球变化

放牧对草原生态系统的作用是综合性的，放牧家畜对草原生态系统的影响包括采食、践踏和排泄物归还3个方面。由于以前已经有有关的专著就不同的放牧制度对植物和植被特征、土壤、土壤动物、土壤微生物、野生动物和放牧家畜等草原生态系统重要组成成分的影响进行了较为系统的研究和阐述（陈佐忠和汪诗平，2000；汪诗平等，2003），所以这里主要是在此基础上结合目前放牧生态学的研究进展，着重阐述以前有关专著中尚未提到，但在放牧生态系统管理中又非常重要的内容，即放牧家畜及其排泄物对全球变化的贡献及调节，以便较全面地了解放牧的社会和生态经济功能。

第一节 家畜 CH_4 排放及其调控

由于目前大气中的 N_2O 和 CH_4 的浓度分别以每年0.25%和1.1%的速度增长，随着全球变化及其区域响应研究的升温，人类活动干扰下陆地生态系统温室气体源与汇的研究及其影响因素越来越受到关注。据估计，目前全球每年排放的 CH_4 和 N_2O 的量分别为535t和17.7t（Kroeze et al.，1999），其中天然系统排放的量分别为160t和9.6t，而人为活动排放的约为375t和8.1t（Houghton et al.，1996；Kroeze et al.，1999）。Subak等（1993）和Kroeze等（1999）估计在人为活动排放的 CH_4 和 N_2O 中分别有103t和6.2t来源于家畜生产，即排放总量中有20%的 CH_4 和55%的 N_2O 由家畜产生（Johnson et al.，1993；Khalil and Shearer，1993），可见家畜生产对温室气体贡献的重要性（Lockyer and Jarvis，1995；Flessa et al.，1996；Lassey et al.，1997）。许多人都提到温室气体排放量数据的不确定性主要是缺乏对不同源或汇的各方面数据，尤其是对家畜（特别是反刍动物）及其排泄物对温室气体的贡献认识不足（林而达和李玉娥，1998；Monteny et al.，2001；Boeckx and Cleemput，2001；Rossi et al.，2001）。在温室气体研究中，CH_4 的重要性仅次于 CO_2，据估计，CH_4 对全球增温效应大约占18%（Murray et al.，2001）。在全球范围内，水稻和反刍动物生产是人为活动所产生 CH_4 的两大主要来源，尽管每个方面在总量中所占的份额现在还不清楚，但据估计这两个主要来源占全球 CH_4 总释放量的40%（FAO and IAEA，1992；Topp and Pattey，1997）。CH_4 在其他动物和昆虫的肠道及海洋和水底厌氧条件下都能产生，但反刍动物的瘤胃每单位产品产量所产生的 CH_4 量比这些系统要高得多（FAO and IAEA，1992）。

我国是动物饲养量最多的国家之一，同时随着经济的发展、人民生活水平的提高及膳食结构的改变，动物饲养量特别是食草家畜的数量将不可避免的增加，根据我国农业发展目标，再过30~40年，动物 CH_4 的绝对排放量超过稻田排放量是不可避免的（林而达和李玉娥，1998）。因此，了解反刍动物 CH_4 排放量及其影响因素对于认识全球气候变化及寻找减缓措施都具有重要的社会、经济和生态学意义。

一、家畜 CH_4 排放量及其影响因素

(一) 舍饲家畜和模拟技术的研究

反刍家畜 CH_4 排放量的研究最早是从家畜能量代谢的角度进行的,至今已有近百年的历史,其传统的研究方法是在室内可控条件下利用呼吸箱进行估测(Blaxter and Clapperton,1965;Moss,1992;Leng,1993;Johnson and Johnson,1995;McAllister et al.,1996)。后来在此基础上发展了体外发酵模拟技术进行了许多机理性的研究(Minson,1998;Tamminga and Williams,1998),但有人认为由于原生动物和产 CH_4 菌的丢失,体外模拟技术估测的 CH_4 生产量只有体内产量的 20% 左右(Frumholtz et al.,1989)。人们首先认识到的是瘤胃 CH_4 的生产降低了反刍动物的能量利用效率,只是在 20 世纪 80 年代才开始意识到对全球温室气体排放和大气臭氧层的消耗产生的较大影响(林而达和李玉娥,1998)。

家畜所采食的总可消化物质的 10% 或总消化能的 5.5% 以 CH_4 能的形式被损失了(Corre and Oenema,1998;Pelchen et al.,1998),其损失的多少取决于微生物生长的效率和日粮类型(刘敏雄,1991;Murray et al.,2001;Rossi et al.,2001)。不同的微生物种群产生不同的发酵终产物(Rossi et al.,2001)。一般情况下,当日粮中 N、P、S 的含量而不是能量限制了瘤胃微生物生长时,每生产单位重量的奶或肉所产生的 CH_4 量就特别高(FAO and IAEA,1992)。CH_4 的生产量与日粮的发酵类型(可挥发性脂肪酸中乙酸和丙酸的比例)紧密相关,当日粮中淀粉含量高时,分解淀粉的瘤胃微生物占优势,因而发酵产物中丙酸含量显著增加,属丙酸发酵类型;而当日粮中粗饲料纤维素含量高时,纤维素分解菌占优势,发酵产物中乙酸产量就上升,属乙酸发酵类型,后者比前者能生产更多的甲烷。伴随发酵类型的变化,CH_4 产量随之发生变化,如以粗饲料和精料为主的饲料,其每摩尔已糖的发酵产物分别为(FAO and IAEA,1992;Rossi et al.,2001)

粗饲料:1mol 已糖→1.34mol 乙酸+0.45mol 丙酸+0.1mol 丁酸+0.61mol 甲烷

精饲料:1mol 已糖→0.90mol 乙酸+0.70mol 丙酸+0.2mol 丁酸+0.38mol 甲烷

显然,CH_4 的生产与丙酸呈反比(刘敏雄,1991)。饲草中粗纤维含量越高,甲烷生产就越多(Rossi et al.,2001)。Corre 和 Oenema(1998)认为提高家畜生产性能和饲草料利用效率是降低 CH_4 释放的有效途径之一。因此,根据这个理论,就可以通过调整反刍动物的日粮组成达到降低甲烷生产的目的。Rossi 等(2001)曾用瘤胃体外发酵技术进行了不同饲料组成对 CH_4 生产影响的实验,研究表明,CH_4 生产可以利用可挥发性脂肪酸(VFA)生产的化学计量学方法,即:葡萄糖 + $2H_2 \longrightarrow$ 2 乙酸 + $2CO_2+4H_2$,葡萄糖 + $2H_2 \longrightarrow$ 2 丙酸 + $2H_2O$,葡萄糖 $\longrightarrow$ 1 丁酸 + $2CO_2+2H_2$ 和 $CO_2+4H_2 \longrightarrow CH_4+2H_2O$,并根据美国康奈尔大学的模型和饲料稀释倍数进行计算(Sniffen et al.,1992;Jouany,1994a,1994b),如果以干物质为基础,则能量丰富的饲料产生 CH_4 的量较多,可能是饲料较高的可发酵性的缘故,因为淀粉分解细菌(如 *Prevotella ruminicola* 和 *Butyrivibrio fibrisolvens*)合成乙酸和丙酸最终形成 H_2 和 CO_2。如果以可发酵有机物质为基础,则以纤维性饲料产生的 CH_4 量较多,因为最终纤维的降解可以产生较多的乙酸。而蛋白质型饲料产生的 CH_4 量低的

原因可能是蛋白质代谢的能量效率较低之故。Rossi 等(2001)认为一头奶牛(体重 650kg,年泌乳 7550kg,乳脂率 3.8%)全年可释放 183kg 左右 CH_4,占其总摄入能量的 8.5%左右,比 IPCC(1996)推荐的 6%的比例要高,特别是在高纤维性饲料基础上,此值更是低估了 CH_4 能释放的比例,因为纤维饲料发酵时,不仅产生可挥发性脂肪酸,还生产 CH_4 形成的底物 H_2 和 CO_2(Rossi et al.,2001)。意大利有人分别单独用青贮玉米、意大利黑麦草和苜蓿干草作为饲料进行研究,结果表明,CH_4 能占总能量的比例为 7%~8.5%(Succi et al.,1992,1995;Crovetto et al.,1996)。尽管体外消化技术在研究瘤胃微生物生态和饲料价值上是很有用的工具(Minson,1998;Tamminga and Williams,1998),但如果应用到估测气体的排放可能还存在一些问题(Frumholtz et al.,1989;Newbold and Chamberlain,1988;Rossi et al.,2001),如微生物的组成、空间结构、发酵底物及其比例及饲料颗粒的大小等都与瘤胃中真实的环境存在很大差距。Jungbluth 等(2001)认为对于舍饲奶牛而言,文献中有关 CH_4 排放量的数据相对较准确,但缺乏 N_2O 排放的准确数据,因为其浓度太低很难度量。他们认为要想获得整个畜舍(包括家畜和排泄物,甚至厩肥)温室气体排放的可信数据,就必须满足以下条件:①连续观测畜舍的通风速率和气体浓度;②进行长期实验,包括日变化和季节变化及其影响;③利用非常精确的观测仪器。通过对整个奶牛畜舍温室气体排放的监测,每个家畜单位(500kg 体重)排放的 CH_4(主要来源于奶牛消化道)为 223g/d(200~250g/d),CO_2 和 N_2O 分别为 6.5kg/d(5.5~7.5kg/d)和 1.6g/d(0.3~2.9g/d),排放量主要与日粮采食量和季节变化有关(Jungbluth et al.,2001)。

(二)放牧家畜的研究

1. 观测方法和技术

近年来有人曾对反刍家畜 CH_4 生产的诸多影响因素,如日粮、环境和微生物生态等方面进行了综述(Johnson and Johnson,1995;McAllister et al.,1996),但主要是对舍饲家畜研究的较多,而对在自由放牧条件下影响放牧家畜 CH_4 生产的信息了解只是最近几年才开始(Johnson et al.,1994;McCaughey et al.,1997,1999;Murray et al.,2001;Judd et al.,2002),主要原因是受到研究方法和技术发展的限制。与舍饲家畜不同,首先舍饲家畜环境可控,家畜对饲草料几乎无可选择,活动少,而放牧家畜面临的草地具有很大的选择性采食,其采食行为影响因素很多,每天的采食时间也很长(8~12h)(Richards et al.,1976;Penning et al.,1991,1994;Popp et al.,1997;汪诗平,1997;汪诗平和李永宏,1997a,1997b,1997c;汪诗平等,1999,2000,2001)。现在更多的人开始关注在自然放牧条件下观测放牧家畜 CH_4 的释放量,目前有 3 种研究方法:SF_6 示踪法(Johnson et al.,1994;Lassey et al.,1997)、微气象法(Denmead,1991;Judd et al.,1999)和隧道系统法(Lockyer and Jarvis,1995;Murray et al.,2001)。SF_6 示踪法的应用使得估测单个放牧家畜 CH_4 释放量成为可能(Johnson et al.,1994;林而达和李玉娥,1998),约有 90%的 CH_4 是在瘤胃中产生并通过嗳气从口鼻中排出体外,剩下 10%的 CH_4 是在大肠中产生,但其中的绝大部分(90%左右)又被吸收进入血液循环到肺部,最终通过呼吸排出体外,因此 SF_6 示踪法可以估测放牧家畜生产 CH_4 量的 93%~98%(Lassey et al.,1997;McCaughey et al.,1999)。与 SF_6 示踪法相比,微气象法有许多优点,如节省劳动力、较少打扰家畜及能观测较大的畜群等,该方法在尺度上介于“由下到上”(bottom-up)和“由上到下”(top-down)之间,因此在估计温室气体排放清单的编制上是非常有用的方法。Judd 等(1999)对这两种方法进行了比较研究,认为在估测放牧家畜 CH_4 释放量上没有显著性差异。Murray 等(2001)认为隧道系统法是可行的,CH_4 的回收率达 102.3%±4.41%,这种方法介于传统的限制家畜活动的呼吸箱法和允许家畜自由采食的 SF_6 示踪法和微气象法之间。这种方法的优点是在一定的范围内允许家畜自由采食和相互作用,这是呼吸箱法无法实现的;同时,与自由放牧技术相比,很容易观测 CH_4 释放的日变化和其他释放模式(Murray et al.,2001)。更为重要的是,该方法以放牧生态系统为研究对象,所观测的结果是包括土壤-植物-放牧家畜在内,而不仅仅是放牧家畜的 CH_4 释放量,但如果与 SF_6 气体示踪技术相结合,就能更好地将放牧家畜本身及其对系统 CH_4 释放的影响区分开来。

2. 不同草原类型和管理措施对放牧家畜甲烷释放量的影响

由于豆科牧草比禾草具有较高的消化率和瘤胃通过率,所以在以豆科牧草为基础的草原上放牧,放牧家畜的随意采食量一般大于仅仅由禾草组成的家畜采食量(Minson and Wilson,1994;McCaughey et al.,1999)。Blaxter 和 Clapperton(1965)在可控条件下利用呼吸箱技术的研究表明,饲料采食量和消化率是影响 CH_4 生产的重要因素。McCaughey 等(1999)研究发现,苜蓿混合草地中牧草的粗蛋白、体外有机质消化率、酸性洗涤纤维和中性洗涤纤维等品质明显比禾草草原的高,放牧奶牛平均干物质(DM)、有机质(OM)和总能(GE)摄入量显著或极显著的较高(DMI:11.4kg/d vs 9.7kg/d;OMI:10.3kg/d vs 8.7kg/d;GEI:11.90MJ/d vs 10.18MJ/d),但放牧 69 天期间不同处理对奶牛的体重没有显著的影响,而每头奶牛每天 CH_4 生产量、每天单位体重和代谢体重 CH_4 生产量及占总能量摄入量的比例均极显著的小于($P<0.01$)放牧于禾草草原的奶牛释放量(平均值分别为 373.8L/d vs 411.0L/d;0.74L/kg BW vs 0.81L/kg BW;3.49L/kg $BW^{0.75}$ vs 3.83L/kg $BW^{0.75}$ 和 7.1% vs 9.5%)(McCaughey et al.,1999);同时放牧在苜蓿混合草原上的奶牛这些 CH_4 排放指标随季节后移而显著下降(8 月 9 日除外),而在禾草草原上各种 CH_4 排放指标季节性变化不明显。但由于影响放牧家畜的采食行为很多,即使也观察到了牧草品质、随意采食量和 CH_4 生产量随草地类型的不同而存在显著性差异,然而却没法应用这些变量建立一个理想的方程来预测 CH_4 的排放量(McCaughey et al.,1999)。与其他研究结果一致,平均体重为(511.2±5.2)kg 的奶牛在不同草原类型上甲烷能损失占总能摄入量的比例为 7.1%~9.5%(Holter and Young,1992)。因此,增加草原中豆科牧草的比例可以有效地降低放牧家畜 CH_4 排放量 10%左右(McCaughey et al.,1999)。

Murray 等(2001)用隧道系统法研究了自由放牧条件下放牧绵羊在 3 种处理条件下(施 N 肥 70kg/hm^2 和 270kg/hm^2 的黑麦草草地及不施肥的白三叶草地)CH_4 释放量的差异(在 45m^2 草地内连续放牧 4 天),结果表明,3 种处理的草地牧草干物质的可利用性没有显著性差异,如果以家畜单位体重所产生的 CH_4 量进行比较,无论是每天还是整个放牧期间(4 天),各处理 CH_4 释放量均没有显著性差异(每天平均值为 265~360mg/kg);然而如果以单位可利用干物质所释放的 CH_4 量相比,则白三叶草地显著地高于前两种施 N 肥的黑麦草草地(白三叶草地平均为 12.7g/kg DM,两种施 N 肥水平的黑麦草草地为 4.5~6.3g/kg DM)。但如果以家畜单位体重单位干物质量为基础进行比较,则施 N

肥 270kg/hm^2 的处理 CH_4 释放量显著最低(0.12 g/(kg DM · kg 体重),其他两种处理为 0.19~0.20g/(kg DM · kg 体重)。

整个放牧生态系统 CH_4 释放量存在明显的日变化,在下午 3~5 点 CH_4 的释放速率达到最高峰,然后渐渐下降,直到早晨 8 点太阳升起时再次上升,但以白三叶比例较高的草地变化幅度最小,夜里下降的幅度不大。该研究与其他许多研究结果相一致,在观测的第一天每只羊平均 CH_4 释放量最大(20.5g/d)(Moss,1992;Lockyer and Jarvis,1995),这可能与随着放牧时间的延长,草丛结构的茎叶比上升有关(Penning et al.,1994)。放牧家畜 CH_4 的释放与牧草采食量密切相关,并在消化后立即快速上升(Mathers and Walters,1982;Murray et al.,1999)。Penning 等(1991)发现绵羊采食时间的 72% 发生在白天,特别是在太阳降落的前 4 个小时集中采食。Judd 等(1999)也发现绵羊集中采食的时间在太阳升起后的 3h 和降落前的 3h,而在中午绵羊相对活动较少,主要以反刍为主,这个时期与 CH_4 释放量最大值相对应,夜间 CH_4 释放量随着采食活动的下降而下降。但草原群落结构可以改变 CH_4 释放量的日变化模式,如在白三叶为主的草地,从午夜到中午所产生的 CH_4 量占全天总量的 48%,而以禾草为主的草地,尽管可利用的干物质相当,但这段时间所产生的 CH_4 量只有全天释放总量的 41%(Murray et al.,2001)。因此,放牧家畜的牧食行为与 CH_4 排放的相互关系有待于进一步研究。同时,Jungbluth 等(2001)通过对室内奶牛畜舍 CH_4 和 CO_2 的排放量的研究表明,其排放量也存在明显的日变化,清晨温室气体排放量最低,而喂料期间其排放量增加 30%~50%。

6 月龄的羯羊(40kg)平均每天的采食量为(1.68±0.18)kg DM/d,通过对 99d · 羊的观测,平均每天 CH_4 释放量为(19.5±4.8)g/d,CH_4 释放量与牧草采食量和家畜体重关系不大,CH_4 释放量占牧草总采食能量的 3.6%(Judd et al.,1999),略低于 Lassey 等(1997)的比例(4.6%)。家畜之间 CH_4 释放量的变异性较大,可能与个体遗传特性或瘤胃微生物群落的差异有关,因此在用 SF_6 气体示踪技术观测家畜 CH_4 释放量时,需要一定数量的家畜(Judd et al.,1999)。按放牧率 20 羊/hm^2 计算,则单位面积内家畜 CH_4 共释放(39.0±9.6)mg/(m^2 · d),因此,与土壤甲烷吸收量相比[66μg/(m^2 · d)],两者相差 500 多倍(Judd et al.,1999)。与体内指示剂技术相比,微气象技术观测的该草地系统甲烷净通量为 41(中间值)~46(平均值)mg/(m^2 · d),白天甲烷释放速率比晚上高 40%,这主要由绵羊日代谢状况变化引起的。因此,“由下到上”和“由上到下”两种观测方法所得到的结果相当一致(Judd et al.,1999),但利用微气象技术可以观测更大的范围。按放牧率 20 羊/hm^2 和两种方法所观测的每只羊平均净 CH_4 释放量[43mg/(m^2 · d)]计算,在新西兰白三叶和黑麦草混合草地上每年每公顷每只绵羊放牧系统净甲烷释放量为 155kg/(hm^2 · 年)(两个小区轮牧)。

二、降低甲烷排放量的措施

(一) 日粮养分平衡

科学上降低家畜系统温室气体排放量最简单和最有效的办法就是降低家畜饲养数量,尤其是在工业化国家,动物食品的供给某种程度上是过剩的。然而,从政治和伦理的角度,这种措施很难实现。因此,必须考虑提高饲养和营养技术来达到预防性的目的。总体上,饲草料的营养状况和家畜的生长性能很大程度上决定着 C 和 N 的排出量,CH_4 的释放量与日粮中粗纤维的量高度正相关,而与粗脂肪的含量高度负相关。就反刍动物营养而言,家畜维持和生长所需的日粮组成不能进行无限制地调整(Clemens and Ahlgrimm,2001),日粮的组成和供给量通常与家畜的生产性能相适应,如较低产量的奶牛日粮中粗饲粮的比例高,这样 CH_4 释放量也较高;相反,增加日粮中精料的比例就可以降低 CH_4 的释放(FAO and IAEA,1992;Clemens and Ahlgrimm,2001;Rossi et al. ,2001)。由于在发达国家饲料系统已经高度优化,因此这种措施对于发达国家而言可调节的余地不大,但对于发展中国家而言仍有很大潜力。同时,高生产性能的家畜品种的应用也可以有效降低 CH_4 的释放,因为尽管每头奶牛 CH_4 的绝对释放量随产奶量的增加而增加,但生产单位重量的牛奶所释放的 CH_4 量却随着降低(Clemens and Ahlgrimm,2001),这样在满足一定牛奶产量的基础上就可以降低饲养的奶牛数,从而达到降低甲烷释放量的目的。另外,任何提高饲草料利用效率的措施多有助于降低 CH_4 的释放(Clemens and Ahlgrimm,2001)。因此,在发展中国家通过这些措施降低 CH_4 释放量潜力巨大,特别是在我国,草原牧区放牧家畜基本上完全依赖于草原,牧草品质较差,营养不均衡,单位畜产品所释放的 CH_4 量可能比舍饲家畜尤其是奶牛的要高得多。IPCC(1996)估计通过改善日粮品质和营养平衡、提高日粮消化率及应用生长促进剂等措施,全球范围内分别能降低 CH_4 排放量 25×10^6t/年、2×10^6t/年和 2×10^6t/年。另外,增加天然草原中豆科牧草的含量也是有效的措施(Judd et al. ,1999),同时单一禾草草地比有豆科混播的草地其 N_2O 的排放量也高(Kaiser et al. ,1998)。

(二)油脂类饲料添加剂

1. 椰子油对 CH_4 排放量的影响

由于 CH_4 的排放受饲料水平、日粮组成、日粮能量表观消化率等的影响,摄入总能量的 2%~15%以 CH_4 能形式损失了(Blaxter and Clapperton,1965;Johnson et al. ,1993),合适的饲养策略能降低 CH_4 的释放,如有人认为除了利用较低的纤维饲料,特别是多淀粉精料的日粮组成外(Kreuzer et al. ,1986;van Nevel and Demeyer,1996),脂肪酸似乎是唯一的 CH_4 合成抑制剂(Jouany, 1994a, 1994b; McAllister et al. , 1996)。Blaxter 和 Czerkawski(1966)总结了不同脂肪酸对绵羊 CH_4 排放的影响,发现,以中链脂肪酸(MCFA)的抑制效果最好,后来人们又专门研究了长链聚酯脂肪酸抑制效果(Broudiscou et al. ,1990a,1990b)。Dong 等(1997)通过体外研究发现在日粮中添加属于中链脂肪酸的椰子油的比例达到 10%时,对 CH_4 排放量有明显的抑制作用。Machmuller 等(1998)通过体外实验发现,甚至低得多的椰子油比例(3%和 6%)也比整个压榨的含油种子(如油菜籽、葵花籽和亚麻籽)能更有效的抑制 CH_4 的生产。Machmuller 和 Kreuzer(1999)用绵羊代谢实验也表明,在饲料中添加 3. 5%和 7%椰子油,瘤胃液中纤毛原虫的数量分别下降了 88%和 97%,而细菌的数量显著增加;同时 CH_4 排放量也分别降低了 28%和 73%;与对照相比,CH_4 能占总能摄入的比例从 7. 5%分别下降到 5. 7%和 2. 5%;除了椰子油的作用外,在 7%的椰子油处理中用精料部分替代干草对降低 CH_4 的释放也有重要的作用。

然而，椰子油的添加对日粮消化率及能量和蛋白质平衡等没有显著的影响，绵羊代谢能的摄入量为 0.44～0.47MJ/kg $BW^{0.75}$，总能的 94%～96% 通过粪尿能、甲烷能和体增热能形式排出体外。

无论是通过瘤胃模拟技术(体外培养)还是动物代谢技术进行的实验都表明，在饲料中添加不同比例的油脂可以显著降低 CH_4 的排放量(Machmuller et al.,1998; Machmuller and Kreuzer,1999)。模拟研究发现在饲料中添加椰子油 3% 和 5% 时，CH_4 排放量分别下降 40% 和 60%(Machmuller et al.,1998)。由于通过降解纤维所释放的 CH_4 量是降解淀粉所排放 CH_4 量的两倍，所以在饲料中添加椰子油的同时再改变日粮中可发酵的碳水化合物的种类(如纤维和淀粉)就可以更好地调控 CH_4 的排放量(Machmuller and Kreuzer,1999)。瘤胃 CH_4 生产菌和纤毛原虫是瘤胃中生产 CH_4 的两类主要微生物类群(Finlay et al.,1994)，瘤胃纤毛原虫生产的 CH_4 量占瘤胃中 CH_4 总产量的 9%～25%(Newbold et al.,1995)，而椰子油对它们似乎都有较大的抑制作用(Machmuller and Kreuzer,1999)。

2. 椰子油的作用主要影响了瘤胃微生物群落

许多研究者都发现在饲料中添加椰子油显著降低了纤毛原虫的数量(Sutton et al.,1983)，椰子油作为瘤胃脱共栖剂(rumen-defaunating agent)比蓖麻油效果更好(Kreuzer et al.,1986)，其中，瘤胃纤毛原虫对椰子油中普遍存在的与月桂酸($C_{12:0}$)相关的中链脂肪酸($C_{10:0}$～$C_{14:0}$)特别敏感(Matsumoto et al.,1991)。椰子油对纤毛原虫的作用也间接影响着其他瘤胃微生物的范围、类型和活性，伴随原虫数量下降而补偿性增加的细菌数量这一现象表明，椰子油抗原虫并不是缺乏可发酵有机物造成的(Machmuller and Kreuzer,1999)。另外，Sutton 等(1983)认为在饲料中添加椰子油时微生物蛋白质合成的较高效率与微生物蛋白氮流进十二指肠量的增加有关，然而，Machmuller 和 Kreuzer(1999)却发现，作为瘤胃微生物蛋白质合成和十二指肠中微生物蛋白质供给指示剂的尿中尿囊素含量并没有随椰子油的添加而增加(Chen et al.,1990)，这可能是椰子油的添加影响了瘤胃中细菌物种比例的变化。Galbraith 等(1971)通过体外实验表明，$C_{10:0}$～$C_{14:0}$脂肪酸抑制了革兰氏阳性细菌的生长，而革兰氏阴性细菌不太敏感(Sheu and Freese,1973)。也有人发现，$C_{10:0}$～$C_{14:0}$脂肪酸对水解纤维的瘤胃细菌菌株 *Butyrivibrio* spp. 和 *Ruminococcus* spp. 有抑制作用(Henderson,1973)。体外实验还表明，在日粮中添加 10% 的椰子油可以完全抑制瘤胃液中水解纤维的细菌并显著降低淀粉分解细菌的数量(Dong et al.,1997)。此外，产甲烷菌对中链脂肪酸特别敏感，体外实验表明，当在日粮中添加 10% 的椰子油时，产甲烷菌几乎全部消失(Dong et al.,1997)。

3. 椰子油对家畜采食量和消化代谢的影响

当在日粮中添加高比例的椰子油时(每天采食 70g/d)会引起部分家畜厌食，甚至采食 50g/d 也会引起干物质采食量下降(Newbold and Chamberlain,1988)，所以 Sutton 等(1983)认为日粮中椰子油的供给量不能超过 40g/d。但 Machmuller 和 Kreuzer(1999)发现，在日粮中添加 7% 的椰子油(每天采食 63g/d)并没有影响绵羊的采食量及干物质、有机质和能量的消化率，然而粗纤维的消化率大幅度下降($P<0.1$)。McAllan 等(1983)研究表明，绵羊每天采食 40g/d 椰子油几乎完全抑制了半纤维素和纤维素的消化，而 Sutton

等(1983)发现每只绵羊补饲 40g/d 椰子油使瘤胃前胃中的酸性洗涤纤维的消化率下降了 76%,但整个消化道中的消化率却只下降了 30%,这说明添加椰子油后可能使饲料细胞壁成分的消化地点从瘤胃转移到后肠。

总体上,目前的研究结果表明,椰子油是一种降低反刍动物 CH_4 排放量高效而对营养代谢负作用又小的天然添加剂,只有聚酯脂肪酸和合成的 CH_4 抑制剂能有类似的效果,但大量利用聚酯脂肪酸往往导致纤维素消化率的大大降低(Broudiscou et al. ,1990a,1990b),而消费者难以接受化学合成的 CH_4 抑制剂。更有甚者,这些抑制剂对 CH_4 的生产只有短期的抑制作用,往往导致相等量的 H 产生(van Nevel and Demeyer,1996),而 H 在大肠中很快就被转化成 CH_4;相反,椰子油在降低 CH_4 生产的同时,H 的生产并没有大幅度增加(Machmuller et al. ,1998)。因此,当供给同等能量水平的日粮时,在饲料中适量添加椰子油对营养代谢并没有产生系统的影响,但由于饲料适口性的降低而导致的部分采食量的下降可能会影响家畜的生产性能(Machmuller and Kreuzer,1999),而目前对这方面的研究还较少;同时,还应该研究椰子油与其他养分代谢的互作作用,以及怎样提高其适口性。

第二节　排泄物温室气体的排放及其调节

除了家畜本身消化代谢过程中排放大量的甲烷外,家畜排泄物储藏过程及作为厩肥所产生的甲烷也是甲烷的重要来源;同时,由于微生物的活动,排泄物是几乎所有种类的温室气体的主要来源(CO_2、CH_4、N_2O、NO)(Amon et al. ,2001;Clemens and Ahlgrimm,2001)。温室气体 CH_4 和 N_2O 是在 C、N 循环过程中产生的,CH_4 是厌氧细菌对饲料和排泄物中容易降解的有机成分厌氧发酵的初级反应产物,在这一过程中,饲料和排泄物中基本的氮化物不会生成 N_2O,但在有氧条件下会产生 N_2O。因此,N_2O 是基本的氮化物的次级反应产物(Monteny et al. ,2001)。这说明 CH_4 和 N_2O 生产过程的基本差异,但过去低估了家畜排泄物中 N_2O 的排放量(Berges and Crutzen,1996;Brown et al. ,2000)。

一、储藏过程温室气体的排放

家畜排泄物产生于畜舍(放牧家畜除外),然后转移到储藏地,最终以肥料的形式施到农田或草地。在储藏过程中一般达数个月,期间厩肥被分解,而温室气体以副产品的形式排放到大气。储藏期间产生的气体很大程度上取决于分解过程是在有氧(通风)或厌氧(不通风)条件下进行的(Kirchmann and Lundvall,1998),也就是取决于怎样处理厩肥(液态或固态)(Brown et al. ,2000)。固态和液态厩肥中 N_2O 的排放量占全 N 量的比例变化很大(从小于厩肥全 N 含量的 0. 01% 到大于厩肥全 N 含量的 15%)(Mosier et al. ,1998)。碳水化合物是微生物产生 CH_4 的最重要的底物,CH_4 生产的关键因子就是影响微生物生长和代谢的那些因子,如在储藏和堆肥过程中,微生物的活动取决于排泄物的养分可利用性、温度、pH、储藏的时间、氧化还原势和抑制化合物(如氨)的存在与否等(Zeeman,1991;Huther et al. ,1997;Hellebrand and Kalk,2001)。实际上,由于底物和微生物都是充分的,所以温度和储藏的时间是决定 CH_4 生产的关键因素,在室内外储藏厩肥所产

生的 CH_4 与在瘤胃中食物消化过程中所产生的 CH_4 过程是类似的(Zeeman,1991),如生产 CH_4 的细菌都是一样的,但也存在一些差异,如温度、发酵底物的混合程度及碳水化合物的可利用性等,瘤胃中的条件均比储藏厩肥的条件好。

家畜本身很少产生 N_2O,或者说可以忽略不计,但家畜的排泄物却对 N_2O 的生产有很大的影响(Monteny et al.,2001)。与 CH_4 生产相比,N_2O 并不是直接由可发酵底物产生的,其产生过程可能比 CH_4 的生产要复杂得多,人们对该过程还了解甚少(Ambus et al.,2001)。在 N_2O 从储藏的厩肥中排放以前,尿素的氨化作用就已经发生了(Monteny et al.,1998),并从家畜体内排出体外,在氧气充足的条件下,铵被硝化细菌转化为硝酸盐(NO_3^-),在此过程中并没有立即产生 N_2O,而是在低氧条件下,被氧化的氮化物经过还原才生成 N_2O(Monteny et al.,2001),尤其是在高 NH_3 浓度和低 C/N 的情况下,铵向亚硝酸盐/硝酸盐的生物化学转化受到抑制,因此也就抑制了 N_2O 的生成。在已经硝化的储藏厩肥和土壤中,反消化过程同时发生,在这个过程中,N_2O 是即刻产生的反应产物之一($NO_3^- \rightarrow NO_2^- \rightarrow NO \rightarrow N_2O \rightarrow N_2$)。Sibbesen 和 Lind(1993)首次进行了猪的厩肥中 N_2O 排放研究,结果表明,厩肥全 N 的 0.8% 以 N_2O 排放到大气中,从此以后,一些人对液态厩肥储藏(Oenema et al.,1993;Burton et al.,1993)和固态厩肥储藏(Berges and Crutzen,1996;Brown et al.,2002)等方式对温室气体排放的影响进行了研究,从液态储藏形式所排放的 N_2O 要比从固态形式所排放的量少得多,总体上厩肥中全 N 含量的 0.5%~5.4% 以 N_2O 形式排放到大气(Berges and Crutzen,1996)。Sibbesen 和 Lind(1993)报道,过去干的老厩肥堆比湿的新鲜厩肥堆能释放更多量的 N_2O。在北美、西欧和东欧地区,每年奶牛的排泄物以固态形式储藏的厩肥比例(以 N 含量计)分别约为总量的 23%、21% 和 67%(Mosier et al.,1998),在加拿大这个数约有 28kt N/年(Brown et al.,2000)。

在我国现实生活中特别是在广大牧区,除奶牛场外,基本上全是以固态方式储藏厩肥,这种储藏方式有许多优点,如经过压实以后,排泄物的体积大大降低,便于运输到田间,同时通过发酵能降低难闻的气味、消灭病菌及杂草种子活性等(Larney et al.,2000)。然而,在厩肥堆积过程中 C 和 N 的损失不仅降低了作为土壤改良剂的厩肥农艺价值,而且会排放大量温室气体(Eghball et al.,1997;Hellmann et al.,1997)。Hao 等(2001)研究表明,堆肥实际上是一个有机物转化为类似腐殖质的生物学过程,在微生物分解(氧化)有机质时所产生的热量使厩肥堆中的温度升高,当一直不翻动厩肥而被动通风时,由于一开始时较高的有机质分解速率使得厩肥堆中的温度快速升高,从而导致较高的温室气体排放,但随后由于氧气含量的降低和有机质含量的下降,微生物活动也随之降低,因而温室气体也随之下降;而对于经常翻动的厩肥堆而言(主动通风),情况完全不同,周期性的翻动不仅补充了新鲜氧气,而且使经过不同发酵程度的厩肥有相互混合,从而加速了温室气体的排放。两种处理方式相比,前者 CO_2 和 CH_4 的排放量分别为 73.8g C/kg 和 6.3g C/kg,后者分别为 168.0g C/kg 和 8.1g C/kg,加上翻动厩肥所消耗的燃料折合为 4.4 g C/kg;两者 N_2O 排放的量分别为 0.11g C/kg 和 0.19g/kg(Hao et al.,2001)。由于 CH_4 和 N_2O 的增温效应分别是 CO_2 的 21 倍和 310 倍,因此,这两种厩肥堆放处理所产生的总温室气体分别相当于 CO_2 的量为 240.2g C/kg 和 401.4g C/kg,差异非常明显。当将这两种处理的厩肥作为肥料施到田间时所释放的 N_2O 量没有显著性差异(Eichner,1990;Chang et al.,1998)。造成这种差异的主要原因是前者没有完全分解(Hao et al.,2001)。

因此,如果没有必要使厩肥完全分解的话,则被动通风的处理方式可以大大降低温室气体的排放。通风和 C/N 决定了厩肥堆积过程中 N 的排放形式,良好的通风和低的碳含量导致亚硝酸盐的积累(高达厩肥原材料全 N 含量的 33%)和不完全氨的氧化;相反,通风不良和高 C 含量的厩肥原料提高了硝化和反硝化作用,因而 N_2O 的排放量增加(Beline et al. ,1999)。

在畜舍及其院落里堆积的粪肥,在有氧和缺氧条件下,粪堆发热导致 N_2O 的排放,而在厌氧的中心部位,产生 CH_4 并释放出去(Amon et al. ,2001;Ellis et al. ,2001;Brown et al. ,2002);高温还导致 NH_3 的产生和释放。然而,对于厌氧条件下畜舍院落中的厩肥(不通风),虽然 NH_3 的排放比通风条件下的低,但却增加了 CH_4 和 N_2O 的排放量。这种有氧、缺氧和厌氧环境的转换变化很难控制。Sneath 等(1997)建议将固态粪肥的储藏方式改变为液态方式储藏,最好是在封闭的系统中储藏,这样在厌氧条件下几乎没有 N_2O 生成(Groenestein and van Faassen,1996),却有利于 CH_4 的生产(Monteny et al. ,2001),所产生的 CH_4 可以作为能源而被利用。CH_4 的生产量随排泄物中的有机质(不稳定的固体物)含量的增加而增加(如牛粪浆≪猪粪浆≪鸡粪浆),但由于牛产生的粪浆量较大,因而所产生的 CH_4 量也较多。与家畜肠道发酵产生的 CH_4 量相比[奶牛 63~102kg/(头·年),肉牛 87~102kg/(头·年)],其排泄物所生产的 CH_4 量[奶牛 21kg/(头·年),肉牛 15kg/(头·年)]约占总排放量的 20%(Monteny et al. ,2001)。只有在封闭厌氧条件下才能控制微生物过程。因此,家畜排泄物最好的储藏方式应该是尽可能快的将排泄物从畜舍运到沼气池中。保持低温也有利于控制温室气体的释放(Clemens and Ahlgrimm, 2001)。在欧洲一些国家,建议在室外用粪浆的形式储藏排泄物(如英国和丹麦),甚至以法律的形式强制执行(如荷兰),以便降低温室气体的排放量,经常性彻底清除粪浆可以有效降低 CH_4 排放量的 10%(Monteny et al. ,2001)。在封闭的系统中没有氨的挥发,但铵态氮依然存在,当将厩肥施到土壤中时,如果不采取一些措施,则氨化过程还会发生,因此有人建议在粪浆中添加 $CaSO_4$ 或使粪浆发酵液酸化能有效地降低氨的释放(Vandre and Clemens,1997)。对于开放式的粪浆池,应该在阴凉的地方储藏或者在其表面进行覆盖,因为覆盖可以改变粪浆表面的氧化还原状态(Clemens and Ahlgrimm,2001),如以麦秆作为覆盖物时,利用周围环境氧气的好氧微生物的定居使粪浆中产生的氨发生硝化反应,而缺氧微生物则利用所生成的硝酸盐进行反硝化,但由于增加了外源性 C,用麦秆覆盖可能导致较高 CH_4 的排放。

无论是从降低温室气体排放还是降低环境污染的角度,降低家畜排泄物中 C、N 含量都是有效的控制措施。由于 NH_3、CH_4 和 N_2O 等气体的排放受许多因素的影响,一种气体排放的降低可能导致另一种气体排放的增加,且这些气体的排放源存在许多互作(Jarvis and Pain,1994;Amon et al. ,2001;Ellis et al. ,2001;Jungbluth et al. ,2001)。因此,需要一种系统的方法进行长期的野外监测(Amon et al. ,2001)。有人用密闭的实验容器(0. 05~1. 5m^3)或不同大小的开方式动态监测箱研究厩肥储藏时温室气体的排放及其影响因素,这些箱子或者置于整个排放源之上,或者覆盖部分释放源,如用 0. 5m^3 的实验容器度量用麦秆覆盖的厩肥 N_2O 和 CH_4 排放量时,发现其排放量戏剧性的增加,其原因可能是任何麦秆的覆盖都造成硝化和反硝化过程的次优状态,从而导致 N_2O 和 CH_4 排放量的增加(Jungbluth et al. ,2001),但在对农场厩肥坑的野外观测中却发现,用麦秆覆盖的厩肥 N_2O 和 CH_4 的排放量有所降低,这种差异可能是度量方法的差异和精度引起的。

Brown 等(2002)用微气象质量平衡法对整个厩肥堆 N_2O 排放的研究表明,虽然其排放量略高于在实验室中用气体流动箱的观测结果(Brown et al.,2000),但基本上在一个数量级上,这从另一个侧面也说明实验室中气体流动箱法对于监测厩肥温室气体排放的可行性。

二、施用厩肥对温室气体排放的影响

透气性的农业土壤是大气 N_2O 重要的源,是 CH_4 重要的汇(Duxbury et al.,1993),N_2O 生产和 CH_4 吸收的量受农业管理措施的影响很大,如矿物氮肥的利用是提高土壤 N_2O 释放和降低 CH_4 吸收的主要原因(Eichner,1990;Mosier et al.,1991)。当厩肥施到田间或草地上时,土壤中的养分状况则发生了改变。在头几个小时内,土壤中的 N_2O 和 CO_2 的释放可能在短期内有一个大爆发(Christensen,1983;Flessa et al.,1996;Clemens et al.,1997),几天后,其释放速率可能降到与其他矿物肥料施肥土壤的释放范围,但 CH_4 短期爆发性排放并不大(Chadwick and Pain,1997)。硝化抑制剂可以保护厩肥中的 NH_4-N 以 NH_4^+ 形式存在于土壤中,并降低 N_2O 的排放(Comfort et al.,1990),但 Dendooven 等(1998)认为硝化抑制剂并不能总是降低 N_2O 的排放。Petersen(1999)的田间实验发现,与未经发酵处理的粪浆相比,经过厌氧发酵的粪浆能降低 N_2O 的排放。其排放量取决于放牧家畜所食牧草的品质和排泄物的管理措施,一般与排泄物中有机质的丧失密切相关。也有人报道,氮肥降低土壤甲烷的氧化速率(Steudler et al.,1989;Mosier et al.,1991;Hutsch et al.,1994;Willison et al.,1995a,1995b,1996;Conrad,1996),他们认为在 N 富集的地方,土壤表层的 NH_4-N 很高,这些高铵浓度限制了土壤微生物与甲烷的接触而降低了甲烷的氧化(Powlson et al.,1997),这种作用主要与 CH_4 和 NH_3 对甲烷-单氧酶和铵-单氧酶的相同活性位点的竞争有关,Flessa 等(1996)对放牧草地粪尿斑的研究结果并没有支持这种结论。但无论是从温室气体的角度,还是从养分管理的角度,将粪肥施到田间以前,降低养分损失的措施都是非常重要的(Brown et al.,2002)。

三、粪尿斑对温室气体排放的影响

对于草地而言,放牧家畜对养分的循环影响很大,因为放牧家畜所采食的养分有80%左右或更高比例以粪尿的形式排出体外(Jarvis et al.,1989;Wang et al.,2002)。与农田施肥不同,农田施肥一般都撒施或条施,而放牧家畜的粪尿则以斑块状高度聚集,因而局部可溶性 N 的浓度非常高,这些斑块可能是影响 N_2O 生产和 CH_4 吸收的敏感地点(Granli and Bockman,1994)。但目前有关方面的研究还很少。

粪尿斑块 N_2O 和 CH_4 的释放量通过一定时期内粪尿斑块累计释放通量与没有粪尿的土壤累计释放量的差值进行估测(Flessa et al.,1996)。鲜牛粪、尿中的全 N 含量分别为 0.34%和 0.6%,体重为 600kg(一个家畜单位)的肉牛一天每头从粪、尿排出 N 19.86g/d 和 90.00g/d(共 109.86g/d),相当于每年每个家畜单位排出 40.07kg(Flessa et al.,1996),而全球每个非奶牛家畜单位排放 41.5kg/年(Bouwman et al.,1995),其中有 82%的 N 是通过尿液排出体外的。肉牛粪、尿斑上土壤 N 的施加量分别相当于施肥量1270kg N/hm^2 和

700 kg N/hm^2,放牧结束时,分布有粪尿斑的草地面积只有 1% ~ 2.4% (Flessa et al., 1996)。因此,粪尿斑上的养分转移和有效性对于放牧草地土壤肥力和生产力状况是非常重要的(Richards et al., 1976;Saunders, 1984)。同时,由于养分的富集使得 N 的淋溶和挥发对环境也造成了较大的污染(Jarvis et al., 1989)。

Flessa 等(1996)报道在放牧草地上,新鲜的牛粪粪斑是甲烷强烈的源,排泄当天甲烷最大排放速率达 30mg/(m^2 · h)(可能是新鲜牛粪本身释放的,研究者未予以考虑,也没有分析)。然而,当粪便变干后,其甲烷排放速率很快降下来,大约 20 天后,当有氧分解过程占主导地位时,甲烷的通量变为净吸收;而尿斑则是甲烷的汇,没有尿斑影响的土壤甲烷吸收率为 3 ~ 27μg CH_4-C/(m^2 · h),有尿斑的土壤为 11 ~ 74μg CH_4-C/(m^2 · h),两者的变异系数分别高达 65% 和 68% (Flessa et al., 1996)。尽管放牧期间(7 天)粪尿斑分布的面积只有整个草地的 1%,但却导致放牧期间草原系统甲烷的净释放,甚至在放牧结束后的 70 天内,99% 没有粪尿分布的草地所吸收的甲烷量也没有完全补偿抵消放牧期间粪斑所释放的净甲烷量,在包括放牧的 7 天在内的 78 天时间里,在综合考虑没有粪尿分布的土壤吸收量、尿斑吸收量和粪斑释放量的基础上,草地甲烷的净释放量为 84.5g/hm^2,这个结果表明,从粪斑上释放的甲烷量对草地甲烷通量影响的重要性。但是总体上,若与反刍动物瘤胃甲烷产生量相比,这种来源的甲烷释放量则可以忽略不计(Crutzen et al., 1986;Judd et al., 1999;McCaughey et al., 1999;Murray et al., 2001)。

没有粪尿分布的草原土壤 N_2O 的释放量很低,只有 16 ~ 65μg N_2O-N/(m^2 · h),而粪尿斑,特别是尿斑大大地增加了 N_2O 的释放速率,在粪尿排泄的 10 天左右达到最大值,分别为 1250μg N_2O-N/(m^2 · h)和 25 700μg N_2O-N/(m^2 · h)(Flessa et al., 1996),但变异系数都很大,分别为 65% 和 72%。第一个影响因素是施尿时间,不同施尿的时间是影响 N_2O 释放的最大因素,如 5 月施尿有 1.4% ~4.2% 的尿氮以 N_2O 的形式释放,而 9 月施尿则只有 0.3% ~0.9% 的尿氮以 N_2O 的形式释放;第二个影响因素为施尿量,以及两者的互作影响(Anger et al., 2003)。一般地,尿斑土壤中硝化、反硝化和化学反硝化等过程提高了 N_2O 的生产和排放(Monaghan and Barraclough, 1993),但各个过程对 N_2O 生产量的重要性还不清楚。粪斑中以 N_2O 形式释放的 N 占总粪 N 排出量的 3.2%,而尿斑中为 3.8%。尽管放牧的 7 天内尿斑分布面积只有草地总面积的 2.4%,但从草地释放的总 N_2O 中主要来源于粪尿斑(N 高度富集地点)。包括放牧的 7 天在内的 78 天时间里,整个草地 N_2O 释放量为 1.86kg N_2O-N/hm^2,其中 63% 来源于占草地面积 2.4% 的尿斑,1.7% 来源于占草地面积 1% 的粪斑(Flessa et al., 1996)。从施尿后 N_2O 释放量的缓慢增加到 10 天后达到最大值这种现象表明,N_2O 的生产可能开始受硝化作用控制,而后来受反硝化作用控制(Flessa et al., 1996),但也有不同的报道,有人认为施尿后 N_2O 的释放立即有一个大爆发(Sherlock and Goh, 1983),这种差异可能与降水和温度有关(Flessa et al., 1996)。

第三节　结论和建议

草原生态系统温室气体的研究,不仅在中国起步较晚,在全球范围内也只是近一二十年的事情,且这些工作大都集中在欧美地区和澳大利亚(Mosier et al., 1981, 1996;Lassy et al., 1992;Bronson and Mosier, 1993;Lassey et al., 1997;Corre and Pennock, 1999;Judd et al.,1999)。我国的内蒙古草原作为欧亚大陆草原的重要组成部分,是目前温带地区保存较好的天然草原之一,也是全球变化研究的关键地区之一。真正在此区域开展有关温室气体的研究始于20世纪90年代中后期(杜睿等,1997a,1997b,1998;王庚辰等,1998;王艳芬等,1998;王艳芬,2001;纪宝明等,2001)。这些研究基本上都得出类似的结论,即总体上认为内蒙古天然草原是 CH_4 的汇。根据模型研究(吴文静,2008),我国黄土高原丘陵沟壑区作物生产系统中,除苜蓿地外其他作物地均吸收 CH_4,而苜蓿地向大气释放 CH_4,其中,降水充沛、温度高的地区释放甲烷最多。然而,这些研究无一例外的都是从土壤-植被系统进行研究的,虽然也意识到放牧家畜的重要性,但由于种种原因很少涉及这一研究领域。根据国外放牧生态系统(包括放牧家畜)温室气体的研究成果,不难发现,目前内蒙古典型草原放牧生态系统有关温室气体地-气交换中的 CH_4 源与汇的初步结论是片面的。例如,根据有关研究报道(杨盛行等,2001),每只山羊和每头荷斯坦牛每年排放 CH_4 量分别为5.18~8.28kg和72~149.47kg(包括瘤胃发酵和排泄物处理的总排放量)。而Judd等(1999)报道,在新西兰白三叶-黑麦草混播的天然草地放牧条件下,体重为40kg的绵羊每天 CH_4 排放量为195g,而土壤每天每公顷只吸收0.9g,这还不包括绵羊排泄物释放的量。由此可以看出即使羊放牧率为1只/hm^2,土壤吸收的量几乎也可以忽略不计。类似地,根据杜睿(1997a,1997b,1998)和王艳芬(2001)的研究结果,我国内蒙古典型草原每天每公顷 CH_4 吸收量约为1.5g,虽然比新西兰的结果高,但如果考虑放牧家畜的排放量,即使放牧率为1只/hm^2,可能仍然改变不了天然放牧地是 CH_4 的源的结论。这样的结论已经有人在英国和新西兰等天然草地放牧实验研究中证实(Lockyer and Jarvis,1995;Lassey et al.,1997;Judd et al.,1999;Murray et al.,2001)。

目前大多数研究都集中在欧美等国家,且主要对集约化程度高的牧场,尤其是奶牛场的粪尿处理的研究上;同时由于国外的放牧家畜(绵羊和肉牛等)常年都自由放牧在草地上,因而,对放牧家畜粪尿斑对温室气体排放影响也进行了一些研究,但总体上都处在探讨阶段,体现在实验方法和研究结果上,就是方法的不一致性很难进行研究结果的相互比较,且研究数据变异性很大,到目前为止,也还没有建立切实可行的模型对不同家畜、不同饲养管理制度、不同厩肥处理方式等一系列过程进行模拟和预测。因此,还不太可能全面认识家畜排泄物及其处理方式对温室气体排放的真正影响。更有甚者,由于一种措施在降低一种气体排放量的同时,可能会增加另一种气体的排放,还有 NH_3 和亚硝酸盐/硝酸盐等产物对大气环境的污染等因素交叉在一起,使问题更加复杂化。因此,必须综合考虑处理措施,才能得出科学合理的结论。

在估测 CO_2 的排放量方法上,国际上的争议较少,但对 CH_4 和 N_2O 的估测方法争议较大(林而达和李玉娥,1998;杨盛行等,2001),因为影响它们排放量的因素很多。IPCC(1996)建议在推估温室气体排放时最好应用本国的实测数据。而我国目前在这方面的研究很少,甚至是空白。在我国牧区,与国外最大的不同之处在于,放牧家畜有夜晚赶回露天营盘(宿营地)的习惯,这样便有近40%的排泄物移出草地(汪诗平和李永宏,1997a,1997b),这些排泄物日积月累长达半年,加上家畜的践踏,造成排泄物干湿交替的缺氧发酵状态,在每年6月左右,这些经发酵的厩肥又堆积起来,或作为燃料或撒施到农田里,因此这些实际情况给研究当地厩肥处理方式对温室气体排放的影响带来更复杂的因素。Clemens和Ahlgrimm(2001)将缓解家畜释放温室气体的措施分为"预防性"(preventive measures)和“输送末端”(end of pipe)措施,前者可以通过优化日粮配方达到降低消化和代谢过程中 CH_4 的释放量及 C、N 排出量;后者则可以通过改善家畜排泄物的管理技术达到降低温室气体释放量的目的。

在国家自然科学基金委员会重大研究计划和全球变化及其区域响应重点项目“典型草原土-草-畜系统温室气体交换特征及其调控”(2003~2006)和中国科学院知识创新工程重要方向项目“典型草原生态系统主要功能群相互关系及服务功能的研究”的资助下(2002~2005),我们围绕放牧家畜(绵羊)个体及单位面积内温室气体的通量与草原群落种类组成、品质和体内代谢过程的关系,以及与放牧率大小之间的关系,并从瘤胃微生物功能群与草原植物功能群变化间的关系等一系列关系中,寻找合适的放牧管理制度。由于随着放牧率增大,草原群落中禾草比例和粗纤维含量的降低(汪诗平等,1998,2001;王艳芬和汪诗平,1999),单个放牧家畜的 CH_4 排放量可能随之降低,但由于牧草利用效率的降低和放牧率的增大,单位面积内 CH_4 的排放量与放牧率间并非呈线性关系。通过改善放牧绵羊的营养水平(如饲料添加剂、增加日粮中蛋白质水平等措施),提高其生产性能,从而达到降低单位畜产品生产 CH_4 的量。此外,还将在以下方面对厩肥处理方式、厩肥施肥效果及粪尿斑等对温室气体排放的影响进行系统研究:①由于牧草品质和瘤胃发酵类型的变化,排泄物中 C、N 含量也随放牧率的变化而变化(汪诗平,1997a,1997b),因此通过不同放牧率下放牧家畜粪便的化学组成及其影响因素的研究,可望寻找到降低粪便温室气体排放量的前期措施;②作为厩肥施到草原上时对土壤-植被系统温室气体排放影响的研究;③粪尿斑对温室气体排放影响的研究;④由于 CH_4 和 N_2O 的产生过程似乎总是相反的,降低一种气体的排放量可能会增加另一种的排放量,因此,根据它们对大气增温潜值的差异,将各种处理下温室气体换算成 CO_2-C,从而进行比较分析,通过调整综合措施以达到二者总释放量的最低水平;⑤在以上研究的基础上,阐明内蒙古草原放牧生态系统 CH_4 和 N_2O 的源或汇,该地区放牧生态系统 C、N 循环和平衡状况等科学问题及人为调控措施的可能性,最终实现草原生态保护、家畜生产和温室气体排放综合考虑的折中管理方案,从而为我国在有关国际公约中的国家立场提供科学依据。

(汪诗平)

主要参考文献

陈佐忠,汪诗平. 2000. 中国典型草原生态系统. 北京:科学出版社:412

杜睿,陈冠雄,吕达仁,等. 1997a. 内蒙古草原生态系统——大气间 N_2O 和 CH_4 排放通量研究的初步结果. 气候与环境研究,2:264-272

杜睿,陈冠雄,吕达仁,等. 1997b. 土壤含水量与温度对羊草、大针茅典型草原 N_2O 和 CH_4 排放通量研究的初步结果. 气候与环境研究,2:273-279

杜睿,王庚辰,刘广仁,等. 1998. 内蒙古羊草草原温室气体收支日变化的研究. 草地学报,6:258-264

纪宝明,王艳芬,李香真,等. 2001. 内蒙古锡林河流域主要草原类型土壤甲烷和二氧化碳浓度变化. 植物生态学报,22:545-551

林而达,李玉娥. 1998. 全球气候变化和温室气体清单估测方法. 北京:气象出版社:61-82

刘敏雄. 1991. 反刍动物消化生理. 北京:北京农业大学出版社

汪诗平. 1997. 不同放牧率对绵羊牧食行为的影响. 草业学报,6(1):10-17

汪诗平. 2000a. 放牧率与绵羊增重间的关系. 草业学报,9(2):10-16

汪诗平. 2000b. 不同放牧季节内蒙古细毛羊食性变化及其与草原植物多样性间的关系. 生态学报,20(6):951-957

汪诗平. 2001. 不同放牧率下内蒙古细毛羊食性变化及其与草原植物多样性间的关系. 生态学报,21:237-243

汪诗平,李永宏. 1997a. 不同放牧季节对绵羊牧食行为的影响. 草业学报,6(2):7-13

汪诗平,李永宏. 1997b. 牧食行为参数间的关系. 草业学报,6(3):8-14

汪诗平,李永宏. 1997c. 牧食行为参数与草场状况间的关系. 草业学报,6(4):31-38

汪诗平,李永宏,王艳芬. 1999. 放牧绵羊牧食路线与草场资源空间异质性之间的关系. 生态学报,19(3):431-434

汪诗平,李永宏,王艳芬,等. 1998. 不同放牧率下内蒙古冷蒿草原放牧演替规律和数量分析. 草地学报,6:299-305

汪诗平,李永宏,王艳芬,等. 2001. 不同放牧率对内蒙古冷蒿小禾草草原植物多样性的影响及其机理的研究. 植物学报,43(1):89-96

汪诗平,王艳芬,陈佐忠. 2003. 放牧生态系统管理. 北京:科学出版社:262

王庚辰,杜睿,王艳芬,等. 1998. 内蒙古典型草原 N_2O 和 CH_4 通量特征及季节性变化. 草地学报,6:306-311

王艳芬. 2001. 人类活动对内蒙古典型草原温室气体通量和碳平衡的研究. 中国科学院植物研究所博士学位论文

王艳芬,陈佐忠,Tieszen LT. 1998. 内蒙古主要草原类型土壤有机碳的分布. 植物生态学报,22:545-551

王艳芬,汪诗平. 1999. 不同放牧率对内蒙古典型草原牧草地上现存量和净初级生产力的影响. 草业学报,8(1):15-20

吴文静. 2008. 陇东黄土高原草地农业系统物质平衡与温室气体排放. 兰州大学硕士学位论文

杨盛行,柳中明,刘彦兰. 2001. 台湾家畜甲烷和氧化亚氮排放量估测. 中华农学会报,2:450-462

Ambus P, Jensen JM, Priemee K, et al. 2001. Assessment of CH_4 and N_2O fluxes in a Danish beech (*Fagus sylvatica*) forest and adjacent N-fertilised barley (*Hordeum vulgare*) field: effects of sewage sludge amendments. Nutrient Cycling in Agroecosystem, 60: 15-21

Amon B, Amon Th, Boxberger J, et al. 2001. Emissions of NH_3, N_2O and CH_4 from dairy cows housed in a farmyard manure tying stall (housing, manure storage, manure spreading). Nutrient Cycling in Agroecosystems, 60: 103-113

Anger M, Hoffman C, Kühbauch W. 2003. Nitrous oxide emissions from artificial urine patches applied to different N-fertilized swards and estimated annual N_2O emissions for differently fertilized pastures in an upland location in Germany. Soil Use and Management, 19: 104-111

Beline F, Martinez J, Chadwick D, et al. 1999. Factors affecting nitrogen transformations and related nitrous oxide emissions from aerobically treated piggery slurry. J. Agric. Eng. Res. 73: 235-243

Berges MG, Crutzen PJ. 1996. Estimates of global N_2O emissions from cattle, pig and chicken manure, including a discussion of CH_4 emissions. J. Atmos. Chem, 24: 241-269

Blaxter KL, Clapperton JL. 1965. Prediction of the amount of methane produced by ruminants. Br. J. Nutr., 19: 511-522

Blaxter KL, Czerkawski J. 1966. Modification of the methane production of the sheep by supplementation of its diet. J. Sci. Food Agric, 17: 417-421

Boeckx P, Cleemput OV. 2001. Estimates of N_2O and CH_4 fluxes from agricultural lands in various regions in Europe. Nutrient Cycling in Agroecosystem, 60: 35-47

Bouwman AF, van der Hoek KW, Olivier JG. 1995. Uncertainties in the global source distribution of nitrous oxide. J. Geophys. Res., 100: 2785-2800

Bronson KF, Mosier AR. 1993. Nitrous oxide emission and methane consumption in wheat and corn-cropped systems. ASA Special Publication number. ASA, Madison: 133-144

Broudiscou L, van Nevel CJ, Demeyer DI. 1990a. Incorporation of soya oil hydrolysate in the diet of defaunated and refaunated sheep: effect on rumen fermentation *in vitro*. Arch. Anim. Nutr., 40: 329-337

Broudiscou L, van Nevel CJ, Demeyer DI. 1990b. Effect of soya oil hydrolysate on rumen digestion in defaunated and refaunated sheep. Anim. Feed Sci. Tech., 30: 51-67

Brown HA, Wagner-Riddle C, Thurtell GW. 2000. Nitrous oxide flux from solid dairy manure in storage as affected by water content and redox potential. J. Enviro. Qual., 29: 630-638

Brown HA, Wagner-Riddle C, Thurtell GW. 2002. Nitrous oxide flux from a solid dairy manure pile measured using a micrometeorologyical mass balance method. Nutrient Cycling in Agroecosystems, 62: 53-60

Burton CH, Sneath RW, Farrent JW. 1993. Emissions of nitrogen oxide gases during aerobic treatment of animal slurries. Biores Tech, 45: 233-235

Chadwick DR, Pain BF. 1997. Methane fluxes following slurry applications to grassland soils: laboratory experiments. Agric. Eco. Environ, 63: 51-60

Chang C, Cho CM, Janzen HH. 1998. Nitrous oxide emission from long-term manured soils. Soil Sci. Soc. Am. J, 62: 677-682

Chen XB, Hovell FDD, Brown DS, et al. 1990. Excretion of purine derivatives by ruminants: effect of exogenous nucleic acid supply on purine derivative excretion by sheep. Br. J. Nutr., 63: 131-142

Christensen S. 1983. Nitrous oide emission from a soil under permanent grass: seasonal and diurnall fluctuations as influenced by manuring and fertileization. Soil Biol. Biochem, 5: 531-536

Clemens J, Ahlgrimm HJ. 2001. Greenhouse gases from animal husbandry: mitigation options. Nutrient Cycling in Agroecosystems, 60: 287-300

Clemens J, Vandree R, Kaupenjohann M, et al. 1997. Ammonia and nitrous oxide emissions after landspreading of slurry as influenced by application techniques and dry matter-reduction. Z Pflanzenernaehr Bodenk, 160: 491-496

Comfort SD, Kelling KA, Keeney R, et al. 1990. Nitrous oixde production from injected dairy manure. Soil Sci. Soc. Am. J., 54: 421-427

Conrad R. 1996. Soil microorganisms as controllers of atmospheric trace gases (H_2, CO, CH_4, OCS, N_2O and NO). Microbiological Reviews, 60: 609-640

Corre MD, Pennock DJ. 1999. Estimation of annual nitrous oxide emissions from a transitional grassland-forest region in Saskatchewan, Canada. Biogeochemistry, 44: 29-49

Corre W, Oenema O. 1998. Methane from animals and animal waste//Freibauer A, Kaltschmitt M. Proceedings of the workshop on biogenic emissions of greenhouse gases caused by arable and animal agriculture-measurment technology and emisiion factors. University of Stuttgart, Stuggert: 86-93

Crovetto G. M, Tamburini A, Rapetti L, et al. 1996. Nutritive value of Italian ryegrasss (*Lolium multiflorum*) silage: comparison between double and unique cut. Zoot. Nutri. Anim., 22: 50-67

Crutzen PJ, Aseimann I, Seiler W. 1986. Methane production by domestic animals, wild ruminants, and other herbivorous fauna, and humans. Tellus., 38B: 271-284

Dendooven L, Bonhomme E, Merckx R, et al. 1998. N dynamics and source of N_2O production following pig slurry application to a loamy soil. Biol. Fertil. Soils, 26: 224-228

Denmead OT. 1991. Sources and sinks of greenhouse gases in the soil-plant environment. Vegetatio., 91: 73-86

Dong Y, Bae HD, McAllister TA, et al. 1997. Lipid-induced depression of methane production and digestibility in the artificial rumen system (Rusitec). Can. J. Anim. Sci., 77: 269-278

Duxbury JM, Harper AL, Mosier AR. 1993. Contribution of agroecosystems to global climate change. 1-18. In Agricultural ecosystem effects on trace gases and global climate change. ASA Spec. Publ. 55. ASA, CSSA, and SSA. Madison, WI

Eghball B, Power JF, Gilley JE, et al. 1997. Nutrients, carbon, and mass loss during composting of beef cattle feedlot manure. J. Environ. Qual., 26: 189-193

Eichner M. 1990. Nitrous oxide emissions from fertilized soils: summary of available data. J. Environ. Qual., 19: 272-280

Ellis S, Webb J, Misselbrook T, et al. 2001. Emission of ammonia, nitrous oxide and methane from a dairy hardstanding in the UK. Nutrient Cycling in Agroecosystems, 60: 115-122

FAO, IAEA. 1992. Manual on measurement of methane and nitrous oxide emissions from agriculture. IAEA-TeCDOC-674

Finlay BJ, Esteban G, Clarke KJ, et al. 1994. Some rumen cilistes have endosymbiotic methanogen. FEMS Microbiol. Lett., 117: 157-162

Flessa H, Dorsch P, Beese F, et al. 1996. Influence of cattle wastes on nitrous oxide and methane fluxes in pasture land. J. Environ. Qual., 25: 1366-1370

Frumholtz PP, Newbold CJ, Wallace RJ. 1989. Influence of *Aspergillus oryzae* fermentation extract on the fermentation of a basal ration in the rumen simulation technique (Rusitec). J. Agri. Sci. (Camb.)., 113: 169-172

Galbraith H, Miller TB, Paton AM, et al. 1971. Antibacterial activity of long chain fatty acids and the reversal with calcium, magnesium, ergocalciferol and cholesterol. J. Appl. Bact., 34:803-813

Granli T, Bockman OC. 1994. Nitrous oxide from agriculture, concluding discussion: N_2O emissions from agriculture and ways to decrease them through good agricultural practice. Norw. J. of Agri. Sci., 12(Suppl.):78-84

Groenestein CM, van Faassen HG. 1996. Volatilization of ammonia, nitrous oxide and nitric oxide in deep-litter systems for fattening pigs. J. Agric. Eng. Res, 65:269-274

Hao XY, Chang C, Francis JL, et al. 2001. Greenhouse gas emissions dyring cattle feedlot manure composting. J. Environ. Qual., 30:376-386

Hellebrand HJ, Kalk WD. 2001. Emission of methane, nitrous oxide, and ammonia from dung windrows. Nutrient Cycling in Agroecosystems, 60:83-87

Hellmann B, Zelles L, Palojarvi A, et al. 1997. Emission of climate-relevant trace gases and succession of microbial communities during open-windrow composting. Appl. Environ. Microbiol, 63:1011-1018

Henderson C. 1973. The effects of fatty acids on pure cultures of rumen bacteria. J. Agric. Sci. (Camb.)., 81:107-112

Holter JB, Young AJ. 1992. Methane prediction in dry and lactating Holstein cows. J. Dairy Sci., 75:2165-2175

Houghton JT, Meira Filho LG, Callander BA. 1996. Climate Change 1995. The Science of Climate Change. Intergovernmental Panel on Climate Change. Cambridge Univ. Press

Huther L, Schuchardt F, Willke T. 1997. Emissions of ammonia and greenhouse gases during storage and composting of animal manures//Voermans JAM, Monteny GJ. Ammonia and odour control from animal production facilityies. Resrarch Station for Pig Husbandry, Rosmalen:327-334

Hutsch BW, Webster CB, Powlson DS. 1994. Methane oxidation in soil as affected by land use, soil pH and N fertilization. Soil Biol. Biochem., 26:1613-1622

IPCC. 1996. Revised guildlines for national greenhouse gas inventories. Vol. 3 Reference Manual. UK Meterorological Office, Bracknell

Jarvis SC, Hatch DJ, Roberts DH. 1989. The effects of grassland management on nitrogen loses from grazed swards through ammonia volatilization: the relationship to excretal N returns from cattle. J. Agri. Sci. (Camb.), 112:205-216

Jarvis SC, Pain B. 1994. Greenhouse gas emissions from intensive livestock system: their estimation and technologies for reduction. Climate Changes, 27:27-38

Johnson DE, Hill TM, Ward GM, et al. 1993. Principle factors varying methane emissions from ruminants and other animals// Khalil MAK. Atmospheric methane: sources, sinks, and role in global change. NATO AD1 Series Vol. 113, Springer-Verlag, Berlin, Germany

Johnson KA, Huyler MT, Westberg HH, et al.1994. Measurement of methane emissions from ruminant livestock using a SF6 tracer technique. Environ. Sci. & Technol., 28:359-362

Johnson KA, Johnson DE. 1995. Methane emissions from cattle. J Anim. Sci., 73:2483-2492

Jouany JP. 1994a. Methane production from ruminants: its contribution to greenhouse effect and how to control emission//Piva G. Proc. 3rd Feed Production Conference, Piacenza, Italy:269-287

Jouany JP. 1994b. Manipulation of microbial activity in the rumen. Arch. Anim. Nutr., 46:133-153

Judd AG, Hovland M, Dimitrov LI, et al. 2002. The geological methane budget at continental margins and its influence on climate. Geofluids, 2:109-126

Judd MJ, Kellier FM, Ulyatt MJ, et al. 1999. Net methane emissions from grazing sheep. Global Change Biology., 5:647-657

Jungbluth T, Hartung E, Brose G. 2001. Greenhouse gas emissions from animal houses and manure stores. Nutrient Cycling in Agroecosystems, 60:133-145

Kaiser EA, Kohrs K, Kucke M, et al. 1998. Nitrous oxide release from arable soil: importance of a perennial forage crop. Biol. Fertil. Soils., 28:36-43

Khalil NAK, Rasmussen RA, Moraes F. 1993. Atmospheric methane at Cape Meares: analysis of a high-resolution data base and its environmental implications. J. Geophys. Res., 98:14753-14770

Kirchmann H, Lundvall A. 1998. Treatment of solid animal manures. Identification of low NH_3

Kreuzer M, Kirchgessner M, Muller HL. 1986. Effect of defaunation on the loss of energy in wethers fed different quantityties of cellulose and normal of steamedflaked maize starch. Anim. Feed Sci. Tech. ,16:233-241

Kroeze C,Mosier A,Bouwman L. 1999. Closing the global N_2O budget:a retrospective analysis 1500~1994. Global Biogeochem Cycles,13(1):1-8

Larney FJ,Olson AF,Carcamo AA,et al. 2000. Physical changes during active and passive composting of beef feedlot manure in winder and summer. Bioresource Tech. ,75:139-148

Lassey KR,Ulyatt MJ, Martin RJ, et al. 1997. Methane emissions measured directly from grazing livestock in New Zealand. Atmospheric Environ,31:2905-2914

Lassy KR,Lowe DC,Manning MR,et al. 1992. A source inventory for atmospheric methane in New Zealand and its global perspective. J. Geophysical Res. ,97:3751-3765

Leng RA. 1993. Quantitative ruminant nutrition—a green science. Aust. Res. ,44:363-380

Lockyer DR,Jarvis SC. 1995. The measurement of methane losses from grazing animals. Environ. Pollut. ,90:383-390

Machmuller A,Kreuzer M. 1999. Methane suppression by coconut oil and associated effects on nutrient and energy balance in sheep. Can. J. Anim. Sci. ,79:65-72

Machmuller A,Ossowski DA,Wanner M,et al. 1998. Potential of various fatty feeds to reduce methane release from rumen fermentation *in vitro* (Rusitec). Anim. Feed Sci. Tech. ,71:117-130

Mathers JC, Walters DF. 1982. Variation in methane production by sheep fed every two hours. J. Agric. Sci. (Camb). ,98:633-638

Matsumoto M,Kobayashi T,Takenaka A,et al. 1991. Defaunation effects of medium-chain fatty acids and their derivatives on goat rumen protozoa. J. Gen. Appl. Microbiol. ,37:439-445

McAllan AB,Knight R,Sutton JD. 1983. The effect of free and protected oils on the digestion of dietary carbohydrates between the mouth and duodenum of sheep. Br. J. Nutr. ,49:433-440

McAllister TA,Okine EK,Cheng KJ,et al. 1996. Dietary,environmental and microbialogical aspects of methane production in ruminants. Can. J. Anim. Sci. ,76:231-243

McCaughey WP,Wittenberg K,Corrigan D. 1997. Methane production by steers on pasture. Can. J. Anim. Sci. ,77:519-524

McCaughey WP, Wittenberg K, Corrigan D. 1999. Impact of pasture type on methane production by lactating beef cows. Can. J. Ainm. Sci. ,79:221-226

Minson DJ. 1998. A history of *in vitro* techniques. Proc. Intern. Symp. *In vitro* techniques for measuring nutrient supply to ruminants. BSAS,Edinburgh,UK:13-20

Minson DJ,Wilson JR. 1994. Prediction of intake as an element of forage quality//Fahey GC. Froage quality,evaluation and utilization. ASA,Madison,WI:533-563

Monaghan RM,Barraclough D. 1993. Nitrous oxide and dinitrogen emissions from urine-affected soil under controlled conditions. Plant Soil,151:127-138

Monteny GJ,Groenestein CM,Hilhorst MA. 2001. Interactions and coupling between emissions of methane and nitrous oxide from animal husbandry. Nutrient Cycling in Agroecosystems,60:123-132

Monteny GJ,Schulte D,Elzing A,et al. 1998. A conceptual mechanistic model for the ammonia emissions from freestall cubicle dairy cow houses. Trans. ASABE,41(1):193-202

Mosier AR,Duxbury JM,Freney JR,et al. 1996. Nitrous oxide emissions from agricultural fields:Assessment,measurement and mitigation//Cleemput OV,Hofman G,Vermoesen A. Progress in Nitrogen Cycling Studies. London:Kluwer Academic:95-108

Mosier AR,Kroeze C,Nevison C,et al. 1998. Closing the global N_2O budget:nitrous oxide emissions through the agricultural nitrogen cycle. OECD/IPCCIEA phase Ⅱ development of IPCC guildlines for national greenhouse gas inventory methodology. Nutr. Cycl. in Agroecosys. ,52:225-248

Mosier AR,Schimel D,Valentine D,et al. 1991. Methane and nitrous oxide fluxes in native,fertileized and cultivated grasslands. Nature (London),350:330-332

Mosier AR,Stillwell M,Parton WJ,et al. 1981. Nitrous oxide emission from a native Shortage Prairie. Soil Sci. Soc. Am. J. ,45:617-619

Moss A. 1992. Methane from ruminants in relation to global warming. Chem. Indust. ,38:334-336

Murray PJ, Gill E, Balsdon SL, et al. 2001. A comparison of methane emissions from sheep grazing pastures with differing management intensities. Nutrient Cycling in Agroecosystems, 60: 93-97

Murray PJ, Moss A, Lockyer DR, et al. 1999. A comparison of systems for measuring methane emissions from sheep. J. Agric. Sci. (Camb.): 133

Newbold CJ, Chamberlain DG. 1988. Lipids as rumen-defaunating agents. Proc. Nutr. Soc., 47: 154

Newbold CJ, Lassalas B, Jouany JP. 1995. The importance of methanogens associated with ciliate protozoa in ruminal methane production in *vitro*. Lett. Appl. Microbiol., 21: 230-234

Oenema O, Velthof GL, Bussink DW. 1993. Emissions of ammonia, nitrous oxide and methane from cattle slurry//Oremland RS. Biogeochemistry of global change: radiatively active trace gases. London: Chapman & Hall Inc.: 419-432

Pelchen A, Peters KJ, Holter JB. 1998. Prediction of methane emissions from lactating dairy cows. Arch. Tierz. Dummerstorf, 41: 553-563

Penning PD, Parsons AJ, Orr RJ, et al. 1994. Intake and behavior responses by sheep to changes in sward characteristics under rotational grazing. Grass and Forage Sci., 49: 476-486

Penning PD, Rook AJ, Orr RJ. 1991. Patterns of ingestive behavior of sheep continuously stocked on monocultures of ryegrass or white clover. Appl. Anim. Behav. Sci., 31: 237-250

Petersen SO. 1999. Nitrous oxide emissions from manure and inorganic fertileizers. J. Environ. Qual., 28: 1610-1618

Popp JD, McCaughey WP, Cohen RDH. 1997. Effect of grazing system, stocking rate and seson of use on herbage intake and grazing behavior of stocker cattle grazing alfalfa-grass pastures. Can. J. Anim. Sci., 77: 677-682

Powlson PH, Goulding KWT, Willison TW, et al. 1997. The effect of agriculture on methane oxidation in soil. Nutrient Cycling in Agriculture, 49: 59-70

Richards IR, Wolton KM, Ivins JD. 1976. A note on the effect of sheep grazing on the yield of grass swards. J. Agri. Sci. (Camb.), 87: 337-340

Rossi F, Vecchia P, Masoero F. 2001. Estimate of methane production from rumen fermentation. Nutrient Cycling in Agroecosystems, 60: 89-92

Saunders WM. 1984. Mineral composition of soil and pasture from areas of grazed paddocks, affected and unaffected by dung and urine. New Zealand J. Agri. Res., 27: 405-412

Sherlock RR, Goh KM. 1983. Initial emission of nitrous oxide from sheep urine applied to pasture soil. Soil. Biol. Biochem., 15: 615-617

Sheu CW, Freese E. 1973. Lipopolysaccharide layer protection of gram-negative bacteria against inhibitation by long-chain fatty acids. J. Bateriol., 115: 869-875

Sibbesen E, Lind AM. 1993. Loss of nitrous oxide from animal manure in dungheaps. Acta Agric. Scand. Sect. B: Soil Plant Sci., 43: 16-20

Sneath RW, Chadwick DR, Phillips VR, et al. 1997. A U. K. inventory of nitrous oxide emissions from farmed livestocks. Silsoe Research Institute, IGER, Silsoe

Sniffen CJ, O'Conner JD, van Soest PJ, et al. 1992. A net carbohydrate and protein availability. J. Anim. Sci., 70: 3562-3577

Steudler PA, Bowden RD, Melillo JM, et al. 1989. Influence of nitrogen fertilization on methane uptake in temperate forest soils. Nature, 341: 314-316

Subak S, Raskin P, von Hippel D. 1993. National greenhouse gas accounts: current anthropogenic sources and sinks. Climate Change, 25: 15-58

Succi G, Crovetto GM, Tamburini A, et al. 1992. Determination of net energy of Italian ryegrass (*Lolium multiflorum*) silage and hay. Zoot. Nutri. Anim., 18: 271-283

Succi G, Crovetto GM, Tamburini A, et al. 1995. Nutritive value of maize silages cut at different height from soil. Zoot. Nutri. Anim., 21: 13-24

Sutton JD, Knight R, McAllan AB, et al. 1983. Digestion and synthesis in the rumen of sheep given diets supplemented with free and protected oils. Br. J. Nutr., 49: 419-432

Syväsalo E, Regina K, Pihlatie M, et al. 2004. Emissions of nitrous oxide from agricultural clay and loamy sand soils in Finland

Nutr. Cycl. Agroecosyst. ,69:155-165

Tamminga S,Williams BA. 1998. *In vitro* techniques as tools to predict nutrient supply in ruminants. Proc. Intern. Symp. *In vitro* techniques for measuring nutrient supply to ruminants. BSAS Edinburgh,UK:1-12

Topp E,Pattey E. 1997. Soils as sources and sinks for atmospheric methane. Can. J. Soil Sci. ,77:167-178

van Nevel CJ,Demeyer DI. 1996. Control of rumen methanogenesis. Environ. Monit. Assess. ,42:73-97

Vandre R,Clemens J. 1997. Studies on the relationship between slurry pH,volatileization processs and the influencee of acidifying additives. Nutr. Cycl. Agroecosyst. ,47:157-165

Wang SP,Wang YF,Schnug E,et al. 2002. Effects of nitrogen and sulphur fertilization on oats yield and quality and digestibility, nitrogen and sulphur metabolism by sheep in the Inner Mongolia steppes of China. Nutrient Cycling in Agroecosystems,62:195-202

Willison TW,Cook R,Muller A,et al. 1996. Methane oxidation in soils fertilized with organic and inorganic-N:differential effects. Soil Biology and Biochem. ,28:135-136

Willison TW,Goulding KWT,Powlson DS. 1995a. Effect of land-use change and methane mixing ratio on methane uptake from United Kingdom soil. Global Change Biology,1:209-212

Willison TW,Webster CP,Goulding KWT,et al. 1995b. Methane oxidation in temperature soils:effects of land use and the chemical form of nitrogen fertilizer. Chemosphere,30:539-546

Zeeman G. 1991. Mesophilic and psychrophilic digestion of liquid manure. Ph. D. thesis, Wageningen Agricultural University. Wageningen:116

推荐阅读文献

杜睿,王庚辰,刘广仁,等. 1998. 内蒙古羊草草原温室气体收支日变化的研究. 草地学报,6:258-264

纪宝明,王艳芬,李香真,等. 2001. 内蒙古锡林河流域主要草原类型土壤甲烷和二氧化碳浓度变化. 植物生态学报,22:545-551

汪诗平,王艳芬,陈佐忠. 2003. 放牧生态系统管理. 北京:科学出版社

王庚辰,杜睿,王艳芬,等. 1998. 内蒙古典型草原 N_2O 和 CH_4 通量特征及季节性变化. 草地学报,6:306-311

王艳芬,汪诗平. 1999. 不同放牧率对内蒙古典型草原牧草地上现存量和净初级生产力的影响. 草业学报,8(1):15-20

第十四章　动物生产管理的原则

第一节　地境适应性原则

地境因素包含气候、土地和位点（任继周和侯扶江，2004），动物生产中的地境健康指地境要素符合动物生产的要求，有利于提高畜产品的品质和产量，增强市场竞争力，减少市场、自然与疾病风险。

一、气候适应性原则

（一）动物生产的区域布局与气候相适应

家畜总是分布在特定的气候区域，超出了这个范围，家畜不能生存、不能正常繁殖或生产性能降低。目前，人类虽然能够创造出适应特定家畜生存的人工环境，但由于技术和经济的限制，还不能大范围普及，经济效益差。在我国，水牛、黄牛和牦牛分别分布在热带、亚热带、温带和青藏高原地区（表 14-1）。鹿科动物的分布从南到北依次为海南坡鹿（*Cervus eldi hainanus*）、水鹿（*Cervus unicolor*）、麋鹿（*Elaphurus davidianus*）、梅花鹿（*Cervus nippon*）、马鹿（*Cervus elaphus*）、驯鹿（*Rangifer tarandus*）和白唇鹿（*Cervus albirostris*）（表 14-2）。马鹿，由于地理隔断，形成了一系列亚种（表 14-3），它们分布在不同的地理区域，相互之间虽没有杂交繁殖的障碍，但是如果交叉引进，生产性能还是会受到一定影响。因此，动物生产的布局首先要符合家畜分布的自然规律，在适宜的地区养殖适宜的家畜，将事倍功半。

表 14-1　主要牛科家畜的分布

家畜	分布区	生境
水牛	热带，亚热带	水网，沼泽
黄牛	温带，亚热带	地势平缓，湿润和半干旱
牦牛	青藏高原及其周边地区	高寒草甸（含灌丛草甸）

表 14-2　我国几种鹿科动物的分布（根据自侯扶江等，2003 的数据整理）

鹿科动物	分布区	生境
海南坡鹿	热带	低丘、平原地区，灌木林、草坡边缘和湿润有水的坡田
水鹿	热带，亚热带	海拔 1400~3500m 的阔叶林、针叶林或针阔混交林
麋鹿	暖温带	湿润的平原、沼泽、水域
梅花鹿	温带，亚热带	山麓到海拔 3000m 的针阔叶混交林边缘和山地草原
马鹿	温带，青藏高原	山地河谷林地、针阔混交林和针叶林、高山灌丛、高山草甸、森林草原，干旱地区的灌丛、胡杨林、疏林草地、农田防护林，低地次生灌丛和河谷灌丛

续表

鹿科动物	分布区	生境
驯鹿	寒带,寒温带	海拔 1000m 以上的亚寒带针叶林
白唇鹿	青藏高原	海拔 3000~5000m 的高山荒漠、高山草甸和灌丛

表 14-3 我国 8 个马鹿亚种的分布(侯扶江等,2003)

亚种名	分布区	生境
甘肃马鹿(*Cervus elaphus kansuensis*)	祁连山海拔 2400~3800m 的北坡	高山草原
东北马鹿(*Cervus elaphus xanthopygus*)	大兴安岭、小兴安岭和长白山地区	森林草地,针阔混交林,河谷林地
阿尔泰马鹿(*Cervus elaphus sibiricus*)	阿尔泰山山地,海拔 1000~2500m	针阔混交林,针叶林,针叶灌丛,森林草地
天山马鹿(*Cervus elaphus songaricus*)	天山,东部海拔 1800~3200m,中西部海拔 1400~3000m	灌丛草地,森林草地
塔里木马鹿(*Cervus elaphus yarkandensis*)	罗布泊西部	胡杨林,柽柳灌丛草地,芦苇草甸,农田防护林
西藏马鹿(*Cervus elaphus wallichi*)	西藏东南郎县、米林及墨脱交界处海拔 3500~5000m	灌丛草地,河谷林灌带
四川马鹿(*Cervus elaphus macnerlli*)	四川西北部和西藏东北部,海拔 3500~5000m	高山灌丛草甸,森林-灌丛草地
阿拉善马鹿(*Cervus elalphus alashanmicus*)	宁夏贺兰山山区,海拔 1700~3000m	森林草地

(二) 畜舍设计有利于发挥动物的生产性能,减少负面环境效应

家畜生产性能在环境梯度上存在三基点:最低、最适和最高。家畜的代谢活动能够随着环境而变化,表现出一定的适应能力,但是当环境变化超越了家畜的适应能力,家畜就会遭受胁迫,导致动物生产力降低,甚至造成动物死亡。以温度为例(图 14-1),在等热区,家畜可以通过物理调节机能维持体温稳定,温度超越等热区的下限临界温度或上限临界温度时,家畜将动用化学调节机能(李震中,1985)。这会损害动物生产,因此畜舍在设计上要防止气候因子大的波动,避免家畜受到环境胁迫,或帮助家畜提升应对环境胁迫的能力。

在最适宜的环境范围内,家畜的饲料报酬高、生长速度快,动物生产的经济效益和综合效益好。反之,如果环境因子超越了这个范围,会造成动物生产不必要的损失。一般幼年家畜的适宜范围比成年家畜窄。环境温度超过 26℃,蛋鸡的摄入能量和产蛋能都会迅速下降(图 14-2)(李震中,1985)。猪的日增重随环境温度呈凸抛物线变化(图 14-3),年龄不同,最适温度也有差异,当温度超过 35℃,大猪的活体重将下降(李震中,1985)。同样,温度也影响奶牛的产奶量(图 14-4)(古少鹏等,2001),且奶牛产奶量的最适温度随品种而变化(李震中,1985)。就温度适应性而言,羊的适应幅度比猪和牛的较为宽泛,鸡较为严格,幼年家畜的适宜范围最窄(图 14-5)(李玉娥等,1999)。而且,随着环境温度升高,家畜粪便分解释放的温室气体也会迅速增加(图 14-6)(陆日东等,2008)。

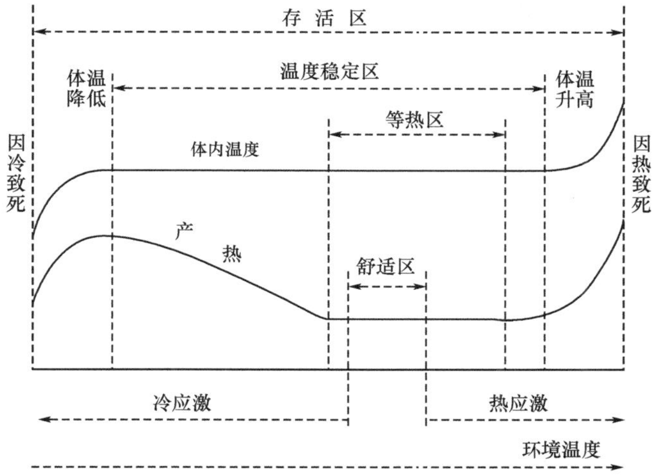

图 14-1　环境温度对动物体产热和体温的影响(模式图)(改绘自李震中,1985)

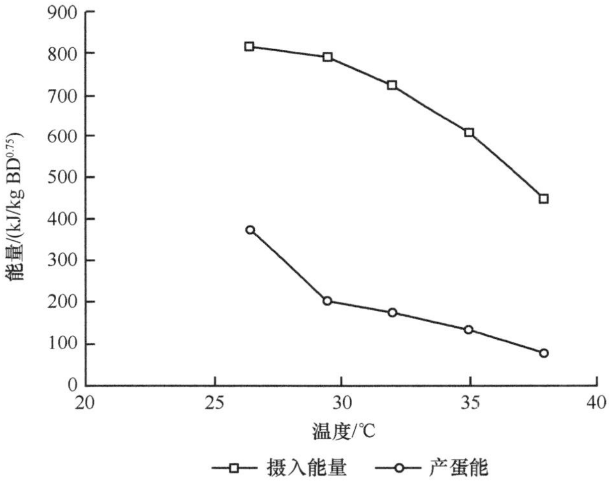

图 14-2　温度对鸡能量代谢的影响(根据李震中,1985 的数据绘图)

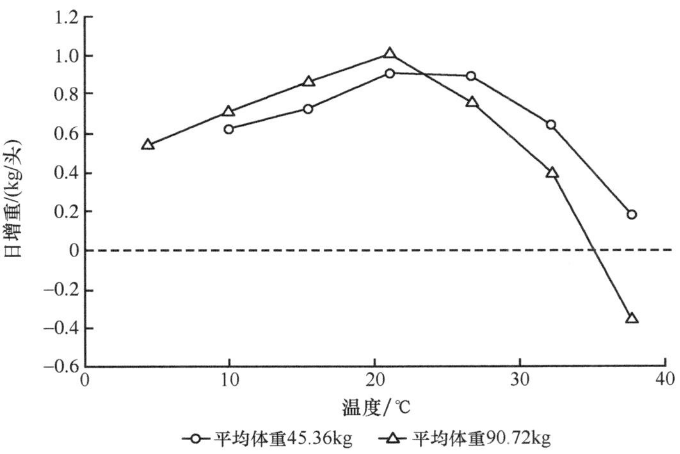

图 14-3　环境温度对不同体重的猪日增重的影响(根据李震中,1985 的数据绘图)

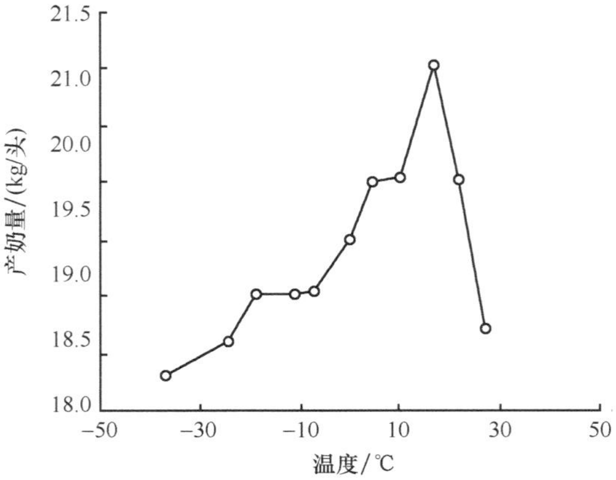

图 14-4　温度对产奶奶牛产奶量的影响(根据古少鹏等,2001 数据绘图)

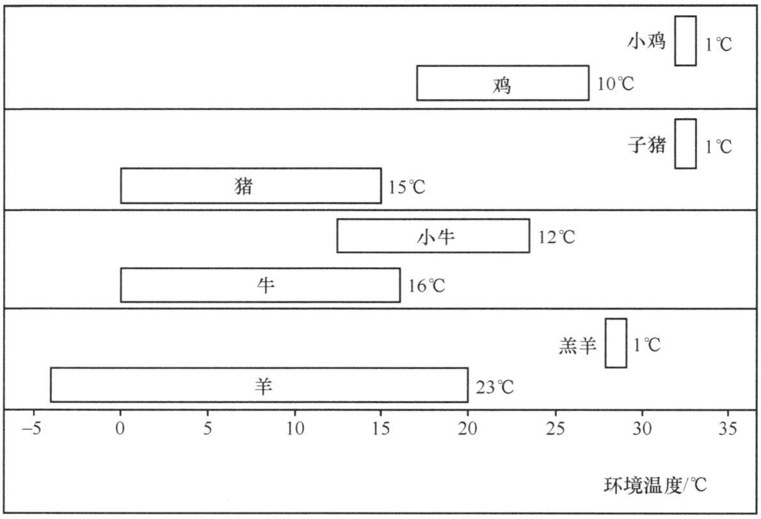

图 14-5　家畜生产适宜的温度范围(李玉娥等,1999)

在畜舍设计中,大小家畜、雌雄家畜要区别对待,既要方便母畜与幼畜的联系,也要避免大畜对幼畜的负面影响(如疾病传播),还要防止家畜之间的争斗、相互伤害和疾病传染。同时,畜舍的整体设计也要有利于排泄物的管理。

二、土地适应性原则

土地因素包括地形(坡度、坡向和坡位)和土壤。

大空间尺度上,地形是气候的控制性因素之一,也制约着植被与动物的分布,决定着动物生产系统的类型(侯扶江等,2009)。青藏高原隆升影响整个东亚的气候与植被格局,与黄土高原的形成关系密切(刘东生等,1994;李吉均等,2001;刘东生,2002),并且在东亚版图上刻画出不同的农业生态区。

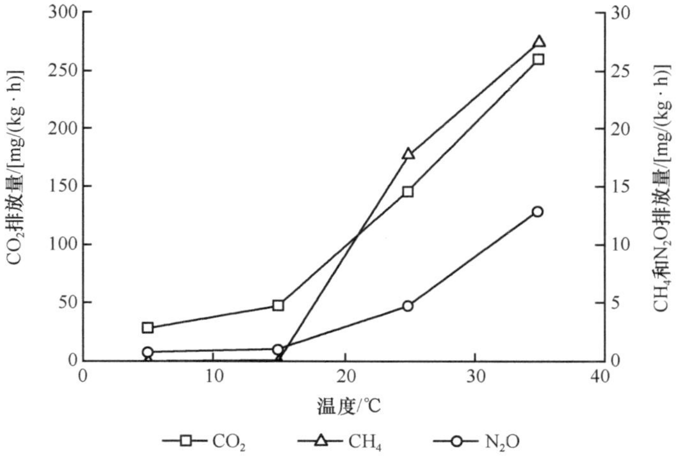

图 14-6　奶牛粪便温室气体排放与温度的关系(根据陆日东等,2008 数据绘图)

中等空间尺度上,地形影响局部的水、热再分配,形成小气候(朱新胜和张耀存,2005)。阴坡和阳坡的植被和动物的差异即源于此(张锡成,1999)。我国西北内陆的高山地区,季节性放牧的场地轮换也依地形而变化,与气候、植被匹配,冬季牧场常常布局于逆温层(任继周等,2002)。在天山北坡,冬季牧场(俗称冬窝子)一般为绿洲周边的荒漠或山地荒漠草原;春季和秋季牧场则移到海拔较高的山地草原,有时也利用灌丛草甸;夏季放牧地位于高山和亚高山草甸,大家畜经常放牧森林灌丛草甸(图 14-7)。这些都依赖于大地形控制下的坡向、坡位。

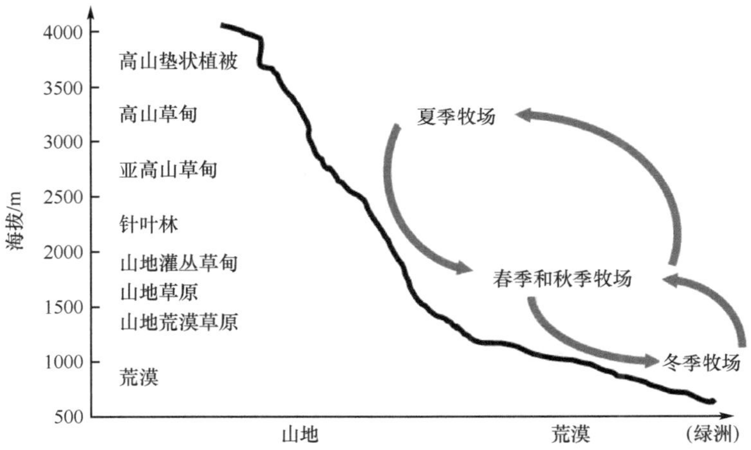

图 14-7　天山北坡地形、植被与放牧地的关系

小空间尺度上,地形仍然控制着植被和家畜的分布。较为普遍的是,地形控制山风、谷风、焚风等(任继周,1985),对家畜的放牧行为有重要作用。家畜因为身体结构的差异,尤其是四肢,适宜的地形不同。牛、马等大家畜重心高、四肢关节灵活性不足,适宜于平缓地带和地面较为均一的区域,而山羊的放牧活动区域则复杂得多(表 14-4)。

表 14-4 土地因素与家畜放牧分布的关系

家畜	坡度	地面
牛	适宜于平地和平缓的山坡	起伏小,砾石,无尖锐的大石
绵羊	适宜于平地和平缓的山坡	起伏小,砾石,无尖锐的大石
山羊	适宜复杂的地形,甚至陡坡	可以在地形起伏大的区域,甚至可在尖锐的岩石间活动

即便是在生境尺度上,地形也对植被有影响(任继周,1985),并对动物行为产生作用(万秀莲等,2008)。

三、位点适应性原则

位点因子是系统所处的地理坐标,是交通的通量评价和资源密度等的函数,表征着该系统与其他系统的关联程度,在高强度的人类活动下,位点往往居于系统发展的关键地位(任继周和侯扶江,2004)。它是各级政府和企业制定和实施动物产业布局首先需要考虑的因素。

在巨尺度上(国家和国际)(侯扶江,2000),世界四大农牧交错带均分布于半干旱半湿润区,位点因子决定了该区域的发生与发展(图 14-8)。我国古代沿农牧交错带形成一系列的“茶马市”,也是农耕文化与畜牧文化相互作用的区域(任继周和侯扶江,1998)。黄土高原巨型畜牧业基地的发生与发展,从大时空尺度的位点上看,主要原因是黄土高原位于河西走廊、华北平原、内蒙古高原和青藏高原的“十字路口”,具有利用畜牧区和农耕区优势资源,建设耦合系统的位点条件(图 14-9)(任继周等,2000)。

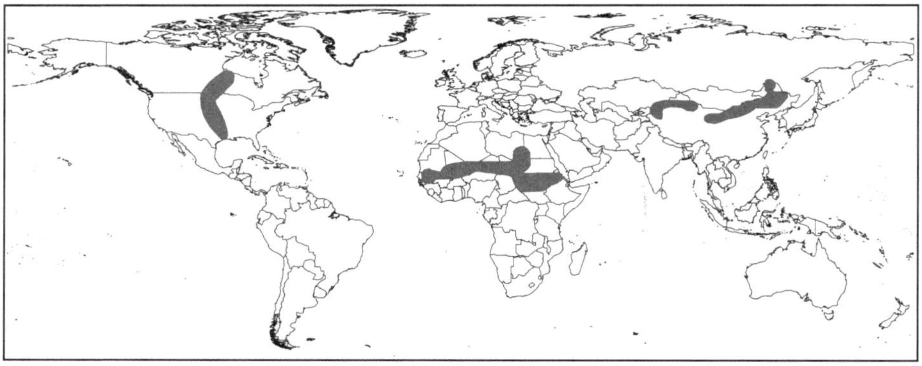

图 14-8 世界四大农牧交错带(深色区域)(赵学勇,2006)

在大地区尺度上(生态区),河西走廊山地-荒漠-绿洲耦合系统的发生与发展,其位点因素主要是发源于祁连山地的石羊河、黑河、疏勒河等水系,在河西走廊台地上哺育了一系列绿洲,并最终消失于荒漠,在人类活动和自然过程的共同作用下,高山、绿洲、荒漠分别为各个河流所串联,形成现今的耦合系统格局(图 14-10)(任继周和万长贵,1994)。

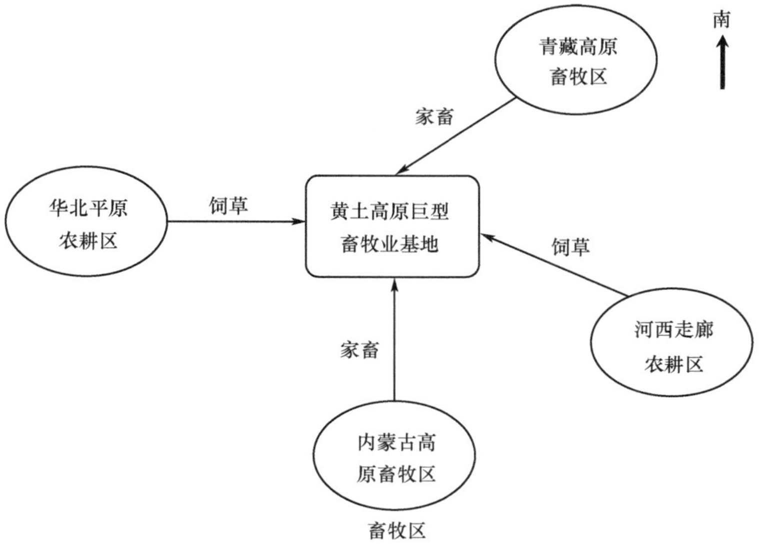

图 14-9　黄土高原巨型畜牧业基地模式

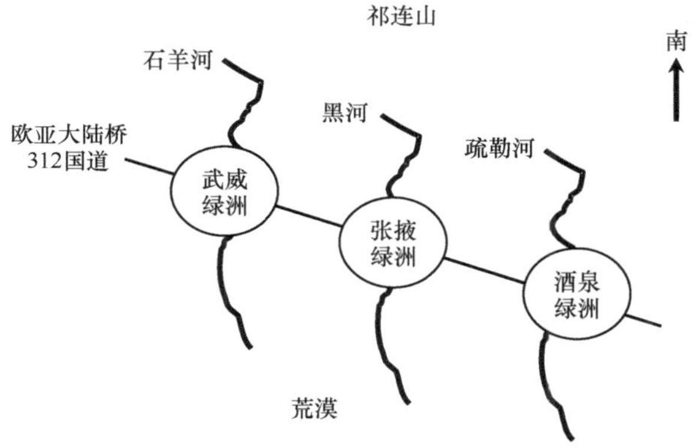

图 14-10　河西走廊生态格局模式

在中等地区尺度上(城市),动物生产企业的布局,一要靠近交通要道,便于接近市场,最方便获取利益;二要临靠原料基地,最有效地降低收购与运输成本;三要远离城市的水源,最大限度地保证生态安全。

在小地区尺度上(农场、企业),动物生产的布局和设计要做到方便管理、利于防疫、保证安全、符合卫生,在此基础上,生产单元的设置要促进生产力提高,减少排泄物污染。专门化的动物生产系统,可以分为生产区、饲草储藏和配置区、产品储存区、辅助区、排泄物堆放和处理区、生活区、办公区,各区要分开、隔离。生产畜舍的安排是公畜舍在上风向、母畜舍在下风向、幼畜舍居中,这样可以避免发情母畜的气味刺激公畜爬跨和顶斗(石民鹿业,2009)。病畜隔离舍要远离生产畜舍,并且在下风向,并注意防火安全。排泄物堆积和处理区既要远离其他区域,又要在地势最低处。整体设计要有利于防灾、救灾。

地境因子群中,气候、土地与位点的作用相互促进、相互融合,不能严格区别,只是各有侧重。

第二节　土-草-畜系统耦合原则

在以草定畜、天然草地草畜平衡的前提下,以畜定草、发展草地农业是农业现代化的必由之路(任继周,2004a)。以畜定草的主要特征是系统耦合:不同生产层之间的系统耦合;不同地区生态系统之间的系统耦合;不同行业之间的系统耦合(任继周,2004b)。这三者的市场-生产流程组成了新时代草地畜牧业的主要特征,根据市场需求发展动物生产,是系统耦合的驱动力,农田种草是关键措施(任继周,2004b)。其思想基础是草地农业生态系统的理论(任继周,2004a),核心是营养体农业和"藏粮于草"的思想(任继周和侯扶江,1999;任继周,2002)。具体路线是:根据市场需求,发展动物生产,根据家畜需求,种植饲用作物,通过作物-家畜互作,实现草-畜耦合、土-草-畜互惠。这里,作物以牧草为主,也包括可以发展动物生产的其他作物。

一、土壤改良的原则

一般情况下,家畜粪便肥沃土壤。作物-家畜互作维护土壤生物多样性,减少土壤侵蚀,通过调控土-草-畜营养循环,维持土壤肥力(Blackburn,1998)。家畜与作物互作,能够增加土壤有机质,提高通透性,促进根系生长(Franzluebbers,2007)。美国得克萨斯州放牧管理的棉花/小谷物轮作系统,与棉花连作相比,土壤有机 C、微生物 C 和酶活性均有上升,原生动物和真菌增加,土壤可持续性提高(Acosta-Martŕnez et al. ,2004;Allen et al. ,2006)。美国北卡罗来纳州的综合系统土壤微生物 C/N 值高于传统谷物系统和有机农业系统,土壤微生物活性高于传统谷物系统、免耕谷物系统、有机农业系统、撂荒地和林地 (Zhang et al. ,2004,2005)。美国东南部,草田轮作-家畜综合系统引入深根系的多年生禾草,降低了土壤 N 淋溶损失,增加了蚯蚓数量,改善了土壤通透性(Wright et al. ,2005)。美国东北部综合系统中,作物残茬的多样性与家畜粪肥中 P 含量高度相关,增加了土壤 N 量和矿质化速率(Franco-Vizcaíno,1997);作物-家畜综合系统豆科牧草和禾草饲喂家畜、家畜粪便返田,15 年中,土壤有机碳和 N 的含量及其增量均高于使用豆科绿肥或化肥的专门化作物生产系统(Drinkwater et al. ,1998;Tilman,1998),至少不降低(王俊明和张兴昌,2009)。西非作物生长季,家畜在耕地宿营 1~3 个晚上,排出的尿 N 对此后 3 年的谷子有增产作用(Powell et al. ,1998)。作物生产和家畜生产隔离将降低耕地质量(Norton et al. ,1995;Sulc,2005),增施化肥则加重土壤污染(Naylor et al. ,2005;李毓堂,2009),甚至导致整个流域严重污染(Hou et al. ,2008)。

二、作物增产的原则

粮食作物、饲草作物、经济作物和树木等通过家畜而组合,农业生物多样性、作物残留物多样性和经营管理方式多样性等农业多样性增加(Brookfield and Stocking,1999),作物残留物和副产品利用率提高(Blackburn,1998),作物生产增产增效。美国得克萨斯州西部,棉花/小麦/休闲/黑麦轮作,小麦和黑麦为冬季覆盖作物,放牧肉牛,黑麦干草产量和棉花产量分别增加33%和29%(Hou et al.,2005)。美国密执根州中部,作物与家畜的综合系统生物多样性与玉米产量正相关,作物根的存活时间延长(Franco-Vizcaíno,1997)。北美大平原,在专门化作物系统中,春小麦收获籽实不创造效益,而在禾本科/豆科轮作-家畜综合系统中经济效益显著(Carr,2005)。

以作物生产为基础的动物生产系统常常有覆盖作物,它们除了作为饲料、联系家畜生产之外(Anghinoni et al.,2005),还通过以下途径促进作物生长:保持水土,阻止肥力流失;豆科牧草生物固N,培肥地力;小谷物或生长速度快的豆科牧草,对杂草有竞争优势(Entz et al.,2002);小谷物分泌的他感物质抑制杂草(Mattner and Parbery,1999)。美国阿拉巴马州连续110年的棉花/豆科作物轮作系统,豆科牧草作为冬季覆盖作物,对棉花的增产作用等效于氮肥(Mitchell et al.,2008)。热带、亚热带或暖温带地区,主要作物生长间隙播种一年生小谷物或豆科牧草,可作为覆盖作物保护农田免受风、水侵蚀,抑制杂草生长(Sulc,2005),为下茬作物生长提供肥力(Drinkwater et al.,1998),通过土-草-畜互作,提升整个系统的生产水平(任继周和万长贵,1994;Franzluebbers,2007)。

家畜放牧通过抑制毒害草、降低作物蒸腾、促进作物分蘖和灭除病虫害,实现作物生产增产增收。美国得克萨斯州的综合系统,蓝茎冰草(*Bothriochloa bladhii*)栽培草地若每年刈割1次,杂草盖度为40%,而适度放牧地杂草盖度不到2%(Hou et al.,2005)。澳大利亚东南部,小麦营养生长晚期或生殖生长早期放牧绵羊,放牧率25只/hm^2,旱季放牧20天,小麦大幅增产,原因是土壤水分增加,作物灌浆期水分利用效率提高(Angus et al.,2005)。家畜放牧可切断毒害草和病虫害的生活史(侯扶江和杨中艺,2006),破坏害虫的生境(袁庆华和蒋文兰,1995),减少除草剂和杀虫剂用量(Tilman,1998;Allen et al.,2005),是农田毒害草与病虫害的生态防治手段(Angus et al.,2005;侯扶江和杨中艺,2006),从而帮助作物生产增产增收。

在农林牧复合系统中,放牧抑制林下草本植物竞争资源,改善林地营养循环,促进林木更新①(Krzic et al.,2001)。苏格兰东北部,欧洲落叶松(*Larix eurolepis*)下播种多年生黑麦草,第6~第9年放牧绵羊,幼树成材率达到88%~99%(Sibbald et al.,1997)。

三、家畜生产增效的原则

家畜生产可通过促进作物生产,改善饲草供给,提高自身生产水平。在印度,种植金合欢(*Acacia tortilis*)和亚尼安苏木(*Hardwickia binata*),小牛秋季放牧林下草地,日增重可达67~83g(Fresco and Steinfeld,1998)。

家畜生产是综合系统的稳定阀。畜产品可全年生产,受气候影响比作物生产小;家畜产品可以在需要时进入市场,比籽实生产灵活;畜产品便于加工、储运;因此,当综合系统面对自然与市场风险时,家畜生产比作物生产稳定,能减少整个系统损失。所以,家畜生产对于

---

① 栽种的乔木可以看作木本作物。

发展中国家脆弱的农业系统和农户脱贫有特殊的意义。东南亚 6.0% ~ 11.3% 的农场是作物-家畜综合系统,农户 60% 的收入来自动物(Fresco and Steinfeld,1998);1992 年,印度尼西亚和菲律宾的家畜生产分别占其 GDP 的 2.1% 和 2.5%①(Roxas et al.,1997)。在 1974~1975 年和 1982~1983 年两次全球食物危机中,谷物供应虽大幅度减少,但动物生产部分缓解了食物短缺(Fresco and Steinfeld,1998)。

反刍家畜能够利用作物残留物和副产品生产肉、奶等畜产品,它们很少与人竞争食物资源(Gates,2003),有助于构建综合系统的弹性和可持续性(Allen et al.,2006),系统地位更为重要。全世界反刍家畜消耗 37% 的饲料,提供了 61% 的食物能量;而家禽和猪等消耗了 59% 的饲料,只生产了 39% 的食物能量。据估测,美国作物残留物和副产品如果通过反刍动物转化,能够生产 45 亿 kg 牛肉,7.5 亿 t 牛奶(Oltjen and Beckett,1996)。

第三节　物质与能量平衡原则

一、物质平衡的原则

动物生产能够保证植物生产系统与家畜之间物流通畅,放牧管理尤其如此,牧草吸收的营养有 70% ~90% 通过家畜排泄物返还土壤。一定范围内,营养物质再循环与放牧强度正相关(Mapfumo et al.,2000)。牧草刈割后饲喂家畜,则加速营养物质枯竭。澳大利亚新南威尔士州 1920~1990 年的实验表明(Norton et al.,1995),红三叶草田轮作系统,刈割替代放牧,后茬作物减产。与此相反,专门化作物生产系统的营养物质随作物产品输出系统后将导致资源枯竭;专门化家畜生产系统的营养物质载体——粪便输出无门,拥堵于系统内,物质循环阻滞,且导致环境污染。牧草刈割后出售干草,系统营养物质的流失速率要高于收获畜产品 10 倍以上(侯扶江和杨中艺,2006)。

农业生产始于 C(CO_2),止于 C(有机碳),作物-家畜综合生产系统的 C 循环模式与家畜管理密切相关。在多年生黑麦草-绵羊系统中(Parsons et al.,1983),放牧率 24 只/hm^2和 47 只/hm^2的草地固 C 速率分别为 300kg/(hm^2 · d)和 209kg/(hm^2 · d),牧草自我维持耗 C 分别占 45.3% 和 48.8%,进入分解者的 C 分别占 42.0% 和 25.8%,绵羊收获的 C 分别占 12.7% 和 25.4%。然而,高放牧率系统输出的畜产品 C 比低放牧率系统高 39.4%,通过分解者返还的 C 减少 67.1%。我国大农业系统固定的碳中,53.0% 以饲料的形式进入动物生产,排出的碳有 22.9% 来自家畜生产(图 14-11)(刘允芬,1998)。仅此而言,动物生产尚不是我国主要的 C 源。

家畜生产排放的温室气体约占全球温室气体排放总量的 18%,包括 9% 的 CO_2、37% 的 CH_4和 65% 的 N_2O 等(Howden and Reyenga,1999;Soussana,2008)。因此,从牧草、饲料、家畜和草畜关系等各个环节改进草-畜耦合机制,提高系统生产力和畜产品品质,同时减少温室气体排放,是当前国际上作物-家畜综合系统研究的难点、热点和前沿(McCarl and Schneider,2001;Tilman et al.,2002;Naylor et al.,2005),需要引起高度重视。

① 家畜生产高度发达的英国整个农业 GDP 占不到全国的 1%。

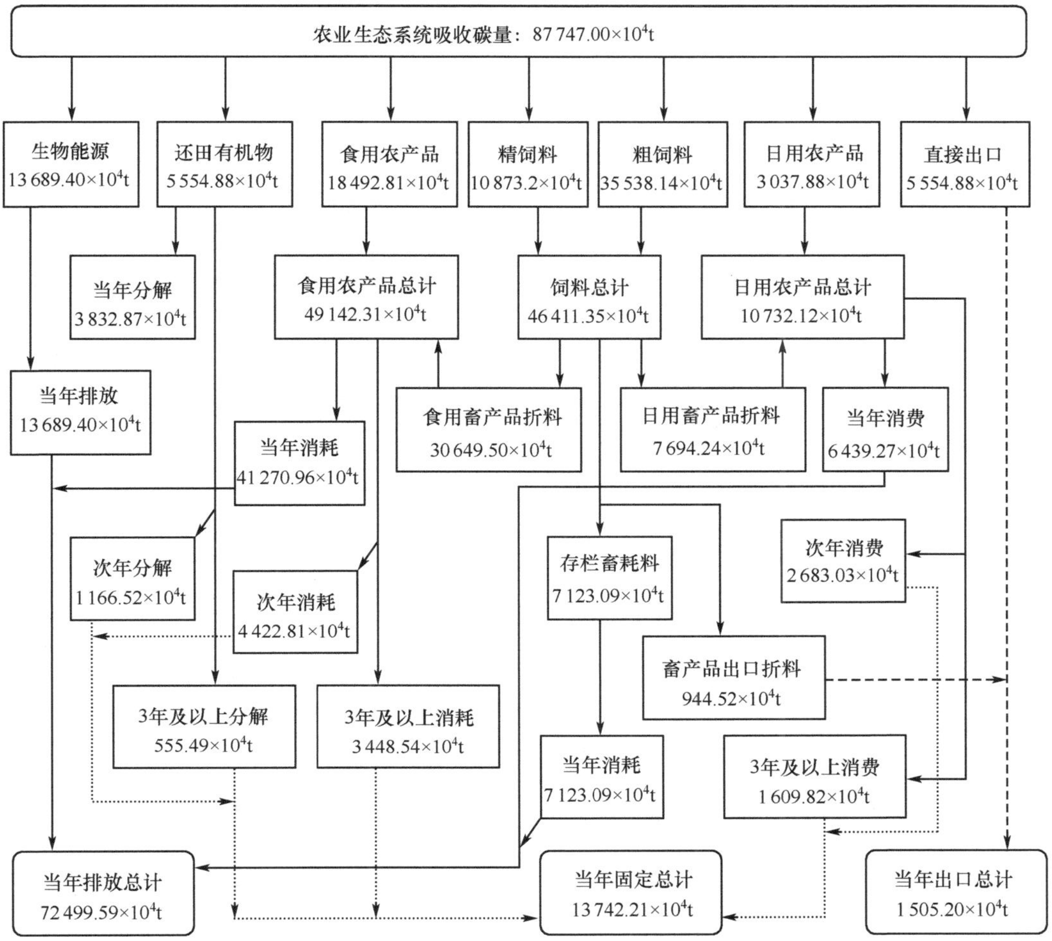

图 14-11　中国农业系统碳平衡(刘允芬,1998)

二、能量平衡的原则

草畜互作提高动物生产的能量效率。Entz(2005)在北美大平原北部 12 年的实验表明,与谷物专门化系统相比,作物-家畜综合农业系统的能量产出变化不显著,但因为能量投入减少,能量使用效率高 50%左右。德国南部的奶牛专门化生产系统饲料的能量投入高于放牧系统 2.2 倍,牛奶生产的能量效率低 55.6%(Haas et al.,2001)。1975~2000 年,土耳其农业系统的能量效率呈下降趋势(Ozkan et al.,2004),显然与专门化生产系统高速发展有密切关系。

不同类型的生产系统,能量平衡特征各异。意大利东北部的农业系统,化石能源的使用效率依次为:2 年草田轮作系统>5 年草田轮作系统>粗放的多年生草地>4 年草田轮作系统,其中,2 年草田轮作系统和粗放的多年生草地的能量效率分别与肥料和机械能投入关系最密切(Ceccon et al.,2002)。印度西北部不同海拔的自然村,家畜粪肥占作物生产能量总投入的 77% ~90% ,传统作物的能量产投比为 0. 6~6. 1,高于经济作物的 0. 9(马铃薯)~2. 8(豌豆)(Kuniyal et al. ,2004)。

我国黄土高原北部的家畜生产既依赖于天然草地放牧,也利用作物生产的秸秆,通过家畜的转移,能量在天然草地和作物地之间流动(Hou and Nan,2006)。每年,放牧的人力投入和作物秸秆补饲进入天然草地的能量约 1502. 6MJ/hm^2(图 14-12),但是通过家畜输出天然草地的能量中畜产品占 46. 6%,从草地流向作物地的厩肥占 30. 5%,其次是畜力的能量,主要用于作物生产。输出的能量比人工输入的能量多 9. 3 倍,这将导致天然草地子系统能量衰竭,失去驱动力而退化。因此,家畜生产应该维持生态系统的能量平衡,保持系统可持续发展所需的能量通量。

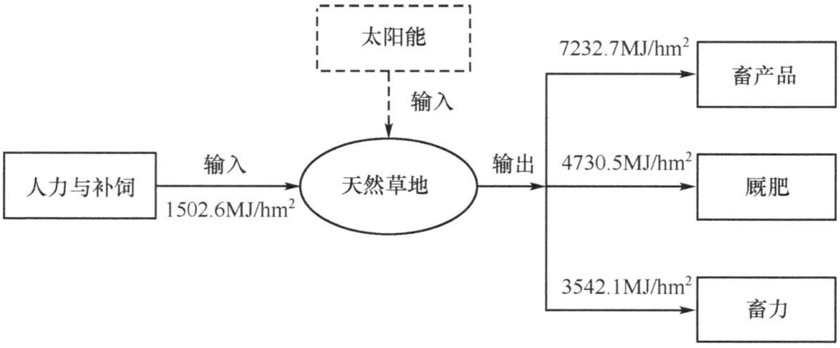

图 14-12　黄土高原作物-家畜生产系统的能流过程(Hou and Nan,2006)

第四节　克服系统相悖与经济优化原则

一、遵循生态生产力的原则

动物生产的生态生产力就是在系统健康状态下所表现的生产水平(任继周和朱兴运,1995a),只有符合生态生产力的原则,动物生产才能持续。

(一) 生态生产力的三种品格内涵

向社会系统输入有用的产品并接受来自系统以外的(自然的、社会的)投入。

消纳整合系统本身和系统外部输入的废弃物。有时候,需要通过草畜耦合系统净化家畜生产的排泄物。

直接向人类社会提供广泛的可以货币化或难以货币化的环境福利。家畜生产需要维持清洁的空气、水源及优美景观等。

三种品格一体出现,这是生态系统本质所决定的。在生产层面很难区分哪些是生态效益,哪些是生产效益,两者总是形影相随。动物生产系统通过有效的管理保持自身的品格。

(二) 生态生产力的特征

生态生产力是健康生态系统的生产力(任继周和朱兴运,1995a),有 3 种表现:保持生态系统本身特征的基本结构，或使其不断完善；保持生态系统本身的基本功能，或使其不断提高；生态系统所处的环境因子与生态系统保持稳定和谐的趋势。现代动物生产系统具有3H特征：高投入、高产出、高风险（侯扶江等，2009），需要外部高强度的投入才能获取生态生产力，尤其是管理的投入。

二、克服系统相悖的原则

两个或两个以上的系统，在进行系统耦合时，所发生的系统性的不协调称为系统相悖（任继周和万长贵，1994）。它们成为系列的相悖群。系统相悖往往造成重大而持久的损失。我们通常所说的放牧地退化，实质就是草畜系统相悖的结果。系统相悖的克服蕴藏着巨大潜力。我国北方草原畜牧业问题丛集，牵连甚广，涉及复杂的自然环境、社会经济及管理体制等众多方面。从理论上看，草业科学中的系统相悖似可主要地归结为动物生产系统与植物生产系统之间的系统相悖。动物生产与植物生产各有自己的节律，两者很多时候并不契合，原始的放牧系统中，牧草供给冷季不足而暖季盈余就是草畜相悖的一种体现，在高山放牧系统中全年的草畜不平衡常常超过30%（图14-13）（Hou et al.，2008）。从发生学的层次来说，动物生产是以植物生产为依据的，植物生产又是以环境因素为依据的。环境是初始因素，在一定环境基础上，发生与之相关的植物生产系统，在植物生产系统前提下，发生与之相适应的动物生产系统。但草原生产作为农业生产系统的一部分，受到人为干预，大多数情况下，或轻或重地违背了这一系列植物生产系统与动物生产系统之间的发生学原理，导致了相悖，造成难以估计的恶果，加重了这一生态脆弱地带的生态危机（任继周和朱兴运，1995b）。克服系统相悖是动物生产可持续发展的基础之一。

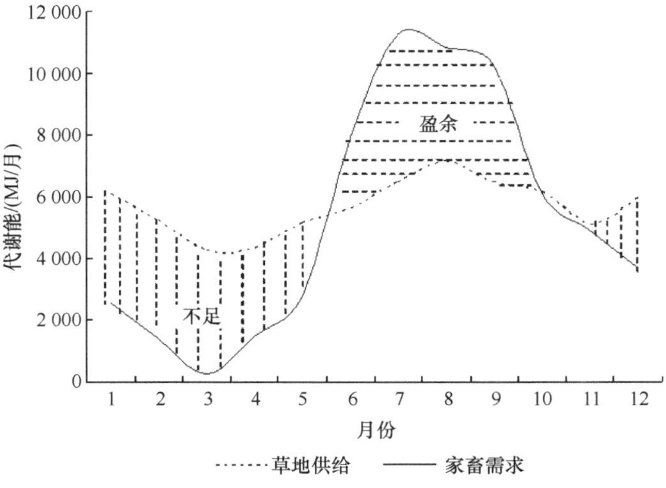

图14-13 祁连山高山草原草-畜能量平衡的季节动态（Hou et al.，2008）

三、经济效益优化的原则

草畜耦合能够提高农业系统的经济效益。在美国东南部，作物-家畜综合系统的经济效益显著高于棉花/花生轮作的专门化系统(Wright et al. ,2005)。澳大利亚东南部,作物-家畜综合系统中绵羊和小麦籽实的收入总和超过小麦专门化生产(Angus et al. ,2005)。在印度,基塘-作物-家畜综合系统净收入比单纯种植水稻高 23%(Rautaray et al. ,2005)。

耦合系统经济效益好的原因有 4 个方面。一是生产风险低。综合系统收入来源多样化,一定程度上规避了专门化生产的市场风险(Powell et al. ,2004;张富忠和侯桂凤,2009);综合系统组分多,可以根据市场需求,灵活地调整产品输出种类、数量和时间,系统收益随时满足临时性投资的需求。二是作物-家畜互作增加了农业系统的弹性,尤其是放牧管理,减少了系统对不可更新资源和能量的依赖(Allen et al. ,2006),系统应对自然与社会风险的能力增强。三是综合系统提供了农户从事多种生产的机会。在塞内加尔、尼日尔、布基纳法索和冈比亚 4 个西非国家,农户非农业收入与作物收入负相关($P<0.01$),却与家畜收入在一定范围内正相关($P<0.01$)(von Braun and Pandya-Lorch,1991)。

在我国黄土高原丘陵沟壑区,耕地种植小麦等粮食作物,纯收入要比种植牧畜出售干草低 32. 1%,比种草养畜少 80% 以上。牧草进入作物生产系统,在植物生产与动物生产之间构筑了能流与物流通道,延长了产业链,扩大了经济通量(图 14-14)(任继周等,2000)。草畜耦合成为农业系统经济优化的简便途径。

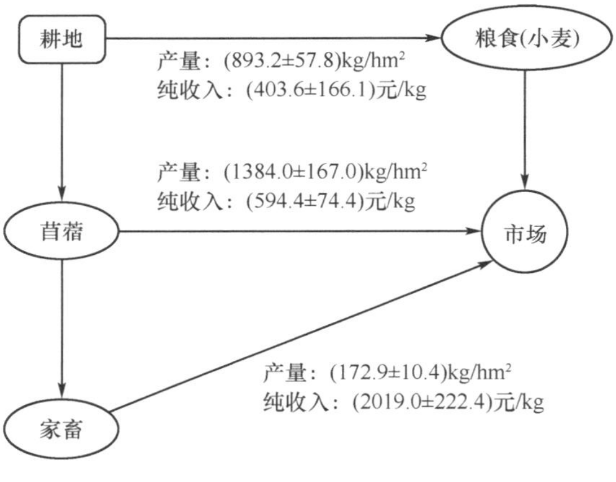

图 14-14　黄土高原北部农业系统生产效益模式(2002~2008 年平均)

(侯扶江)

主要参考文献

董孝斌,高旺盛,隋鹏,等 . 2006. 北方农牧交错带典型农户系统的能值分析 . 干旱区资源与环境,20(4):78-82
古少鹏,高斌战,袁建琴,等 . 2001. 温度风速对奶牛产乳量的影响 . 当代畜牧:10-11
侯扶江 . 2000. 河西景观类型初探 . 水土保持学报,14(6):18-22,26-32
侯扶江,常生华,于应文 . 2003. 我国鹿况简介 . 草业科学,20(11):47-50
侯扶江,南志标,任继周 . 2009. 作物-家畜综合生产系统 . 草业学报,18(5):211-234
侯扶江,杨中艺 . 2006. 放牧对草地的作用 . 生态学报,26(1):244-264
黄子蔚,杨德刚,李秀萍,等 . 2004. 塔里木河中下游农户能流分析及生态经济分形特征 . 干旱区研究,21(3):308-312

李吉均,方小敏,潘保田,等. 2001. 新生代晚期青藏高原强烈隆起及其对周边环境的影响. 第四纪研究,21(5):381-391
李玉娥,董红敏,林而达. 1999. 气候变化对畜牧业生产的影响. 农业工程学报,13(增刊):20-23
李毓堂. 2009. 确保我国粮食安全的战略途径——发展牧草绿色蛋白,减少饲料用粮. 草业科学,26(2):1-4
李震中. 1985. 家畜生态学. 郑州:河南科学技术出版社:17-33
林慧龙,肖金玉,侯扶江. 2004. 河西走廊山地-荒漠-绿洲复合生态系统耦合模式及耦合宏观经济价值分析——以肃南山地-张掖北山地区荒漠-临泽绿洲为例. 生态学报,24(5):965-971
刘东生. 2002. 六次破译黄土高原的密码. 学会月刊,10:38-39
刘东生,郭正堂,吴乃琴,等. 1994. 史前黄土高原的自然植被景观. 地球学报,3-4:226-234
刘允芬. 1998. 中国农业系统碳汇功能. 农业环境保护,17(5):197-202
陆日东,李玉娥,万运帆,等. 2008. 温度对奶牛粪便温室气体排放的影响. 生态与农村环境学报,24(1):29-31
任继周. 1985. 草原调查与规划. 北京:农业出版社
任继周. 2002. 藏粮于草施行草地农业系统——西部农业结构改革的一种设想. 草业学报,11(1):1-3
任继周. 2004a. 草地农业生态系统通论. 合肥:安徽教育出版社
任继周. 2004b. 从"以草定畜"到"以畜定草". 草业科学,21(8):78-79
任继周,侯扶江. 1998. 中国西部草地资源及其发展战略//刘长缨. 西部资源环境科学研究中心年报(1994 ~1996). 兰州:兰州大学出版社
任继周,侯扶江. 1999. 我国山区发展营养体农业是持续发展和脱贫致富的重要途径. 大自然探索,18(1):48-52
任继周,侯扶江. 2004. 草业科学框架纲要. 草业学报,13(4):1-6
任继周,侯扶江,张自和. 2000. 发展草地农业,推进我国西部可持续发展. 地球科学进展,15(1):19-24
任继周,刘学录,侯扶江. 2002. 生物的时间地带性及其农学涵义. 应用生态学报,13(8):1013-1016
任继周,万长贵. 1994. 系统耦合与荒漠绿洲草地农业系统——以祁连山临泽剖面为例. 草业学报,3(3):1-8
任继周,朱兴运. 1995a. 农业生态生产力及其生产潜力——兼论有动物农业的重要意义. 草业学报,4(2):1-5
任继周,朱兴运. 1995b. 中国河西走廊草地农业的基本格局和它的系统相悖——草原退化的机理初探. 草业学报,4(1):69-79
石民鹿业. 2009. 梅花鹿养殖场的合理布局. http://www.51deer.com/html/lm_59/20090923053634.htm[2009-09-23]
万秀莲,江小雷,张卫国. 2008. 鼢鼠鼠丘不同坡位和坡向对植被恢复的影响. 西北植物学报,28(4):812 -818
王俊明,张兴昌. 2009. 退耕草地演替过程中的碳储量变化. 草业学报,18(1):1-8
袁庆华,蒋文兰. 1995. 羊群宿营对蛴螬控制及草地恢复的影响. 中国草地,2:15-19
张富忠,侯桂凤. 2009. 环县草畜产业现状. 草业科学,26(4):159-160
张锡成. 1999. 伊犁果子沟山地植被的坡向分布. 兵团教育学院学报,9(3):5-7
赵学勇. 2006. 农牧交错带荒漠化生态系统评估. http://www.cern.ac.cn/ftp/[2006-06-09]
朱新胜,张耀存. 2005. 次网格地形坡度坡向参数化及其对区域气候模拟的影响. 高原气象,24(2):136-142
Acosta-Martínez V, Zobeck TM, Allen VG. 2004. Soil microbial, chemical and physical properties in continuous cotton and integrated crop-livestock systems. Agronomy Journal, 68:1875-1884
Allen VG, Brown CP. 2006. Using grazing animals to restore resilience in our agricultural systems. The John M Airy Symposium: Vision for Animal Agriculture and the Environment. Kansas City, Missouri: 1
Allen VG, Brown CP, Rellison R, et al. 2005. Integrating cotton and beef production to reduced water withdrawal from the Ogallala Aquifer in the Southern High Plains. Agronomy Journal, 97:556-567
Allen VG, Hou FJ, Brown P, et al. 2006. Integrated crop and livestock systems in the Texas High Plains. Invited keynote presentations by the 2nd China-Japan-Korea Grassland Conference. Acta Prataculturae Sinica, 15(Suppl.):3-38
Anghinoni I, Flores JPC, Carvalho PCF, et al. 2005. Soil chemical properties of a rhodic hapludox soil after surface application in an integrated crop-livestock system. In ASA-CSSA-SSSA Annual Meeting abstract (CDROM). Salt Lake City, Utah
Angus J, Gummer F, Virgona. 2005. Increased yield of winter wheat by grazing. In ASA-CSSA-SSSA Annual Meeting abstract (CDROM). Salt Lake City, Utah
Blackburn H. 1998. Mixed farming systems and the environment: livestock production, the environment and mixed farming sys-

tems//Nell AJ. Proceedings of the international Conference on Livestock and the Environment. International Agricultural Centre, Wageningen, the Netherlands: 113-123

Brookfield H, Stocking M. 1999. Agrodiversity: definition, description and design. Global Environmental Change, 9: 77-80

Carr PM. 2005. Integrating crops and livestock by ley farming in North

Ceccon P, Coiutti C, Giovanardi R. 2002. Energy Balance of Four Farming Systems in North-Eastern Italy. Italian Journal of Agronomy, 6(1): 73-83

Dakota. In ASA-CSSA-SSSA Annual Meeting abstract (CDROM). Salt Lake City, Utah

Drinkwater LE, Wagoner P, Sarrantonio M. 1998. Legume-based cropping systems have reduced carbon and nitrogen losses. Nature, 396: 262-265

Entz MH. 2005. Integrated crop-livestock systems in nonittigated, semiarid and sub-humid environment. In ASA-CSSA-SSSA Annual Meeting abstract (CDROM). Salt Lake City, Utah

Entz MH, Barson VS, Carr DW, et al. 2002. Potential of forages to diversify cropping systems in the northern Great Plains. Agronomy Journal, 94: 240-250

Franco-Vizcaíno E. 1997. Comparative soil quality in maize rotations with high or low residue diversity. Biology and Fertility of Soils, 24(1): 32-38

Franzluebbers AJ. 2007. Integrated crop-livestock systems in the southern USA. Agronomy Journal, 99: 361-372

Fresco LO, Steinfeld H. 1998. A food security perspective to livestock and the environment//Nell AJ. Proceedings of the international conference on Livestock and the Environment. International Agricultural Centre, Wageningen, the Netherlands

Gates RN. 2003. Integration of perennial forages and grazing in sod based crop rotations. Proceedings of Sod Based Cropping Systems Conference, North Florida Research and Education Center-Quincy, University of Florida

Haas G, Wetterich F, Kopke U. 2001. Comparing intensive, extensified and organic grassland farming in southern Germany by process of life cycle analysis. Agriculture, ecosystems & Environment, 83: 43-53

Hou FJ, Allen VG, Brown P, et al. 2005. Growth of rye and cotton in a rye-cotton-wheat rotation as affected by cattle grazing. In ASA-CSSA-SSSA Annual Meeting abstract (CDROM). Salt Lake City, Utah

Hou FJ, Nan ZB. 2006. Improvements to rangeland livestock production on the Loess Plateau: a case study of Daliangwa village, Huanxian county. Invited keynote presentations by the 2nd China-Japan-Korea Grassland Conference. 草业学报, 15 (Suppl.): 104-110

Hou FJ, Nan ZB, Xie YZ, et al. 2008. Integrated crop-livestock production systems in China. The rangeland Journal, 30: 221-231

Howden SM, Reyenga PJ. 1999. Methane emissions from Australian livestock: implications of the Kyoto Protocol. Australian Journal of Agricultural Research, 50(8): 1285-1292

Krzic M, Ballard TM, Broersma K, et al. 2001. Lodgepole pine nutrition and growth on grazed forest cutblocks in southern British Columbia. BC Journal of Ecosystems and Management, 1(2): 1-8

Kuniyal JC, Vishvakarma SCR, Singh GS. 2004. Changing crop biodiversity and resource use efficiency of traditional versus introduced crops in the cold desert of the northwestern Indian Himalaya: a case of the Lahaul valley. Biodiversity and Conservation, 13: 1271-1304

Mapfumo E, Chanasyk DS, Baron VS, et al. 2000. Grazing impacts on selected soil parameters under short-term forage sequences. Journal of Range Management, 53: 466-470

Mattner SW, Parbery DG. 1999. Rust-enhanced allelopathy of perennial ryegrass against white clover. Agronomy Journal, 42 (1): 19-26

McCarl BA, Schneider UA. 2001. Greenhouse gas mitigation in U. S. agriculture and forestry. Science, 294: 2481-2482

Mitchelll CC, Delaney DP, Balkcom KS. 2008. A historical summary of Alabama's Old Rotation (circa 1896): the world's oldest, continuous cotton experiment. Agronomy Journal, 100: 1493-1498

Naylor R, Steifeld H, Falcon W, et al. 2005. Losing the links between livestock and land. Science, 310: 1621-1622

Norton MR, Murison R, Holford ICR, et al. 1995. Rotation effects on sustainability of crop production: the Glen Innes rotation experiments. Australian Journal of Experimental Agriculture, 35: 893-902

Oltjen JW, Beckett JL. 1996. Role of ruminant livestock in sustainable agriculture systems. Journal of Animal Science, 74:

1406-1409

Ozkan B, Alcaoz H, Fert C. 2004. Energy input-output analysis in Turkish agriculture. Renewable Energy, 29(1): 39-51

Parsons AJ, Leafe EL, Collett B, et al. 1983. The physiology of grass production under grazing. Ⅱ. Photosynthesis, crop growth and animal intake of continuously-grazed swards. Journal of Applied Ecology, 20: 127-139

Powell JM, Ikpe FN, Sonda ZC, et al. 1998. Urine effects on soil chemical properties and impact of dung and urine on pearl millet yield. Experimental Agriculture, 34: 259-276

Powell JM, Pearson RA, Hiernaux PH. 2004. Crop-livestock interactions in the west African drylands. Agronomy Journal, 96: 469-483

Rautaray SK, Dash PC, Sinhababu DP. 2005. Increasing farm income through rice(*Oryza sativa*)—fish based integrated farming system in rainfed lowlands of Assam. Indian Journal of Agricultural Sciences, 75(2): 79-82

Roxas DB, Wanapat M, Winugroho M. 1997. Dynamics of feed resources in mixed farming systems in Southeast Asia//Renard C. Crop residues in sustainable mixed crop/livestock farming systems. CAB International

Sibbald AR, Clements V, Campero V, et al. 1997. Soil-plant-animal interactions in the establishment phase of a silvopastoral system in NE Scotland. Agroforestry Forum, 8(3): 23-26

Soussana JF. 2008. The role of the carbon cycle for the greenhouse gas balance of grasslands and of livestock production systems//Prolinson P, Steele M, Nefzaoui. Proceedings of international conference: livestock and global climate change 2008. Cambridge University Press: 12-15

Sulc RM. 2005. Integrated crop-livestock systems in humid, cool temperate environments of North America. In ASA-CSSA-SSSA Annual Meeting abstract(CDROM). Salt Lake City, Utah

Suttie JM, Reynolds SG, Batello C. 2005. Grasslands of the world. Rome: Food and Agriculture Oraganization of the United Nations

Tilman D. 1998. The greening of the green revolution. Nature, 396: 211-212

Tilman D, Gassmand KG, Matson PA, et al. 2002. Agricultural sustainability and intensive production practices. Nature, 418: 671-677

von Braun J, Pandya-Lorch R. 1991. Income sources of malnourished people in rural areas: micro-level information and policy implications. Working Papers on Commercialization of Agriculture and Nutrition No. 5, International Food Policy Research Institute. Washington DC

Wright D, Marois JJ, Katsvairo T, et al. 2005. Livestock integration into cotton/peanut rotations: a tri-state project. In ASA-CSSA-SSSA Annual Meeting abstract(CDROM). Salt Lake City, Utah

Zhang WJ, Feng JX, Wu J, et al. 2004. Difference in soil microbial biomass and activity for six agroecosystems with a management disturbance gradient. Pedosphere, 14(4): 441-447

Zhang WJ, Rui WY, Tu C, et al. 2005. Responses of soil microbial community structure and diversity to agricultural deintensification. Pedosphere, 15(4): 440-447

推荐阅读文献

侯扶江，南志标，任继周. 2009. 作物-家畜综合生产系统. 草业学报，18(5): 211-234

任继周. 2004a. 草地农业生态系统通论. 合肥：安徽教育出版社

任继周. 2004b. 从“以草定畜”到“以畜定草”. 草业科学，21(8): 78-79

任继周，万长贵. 1994. 系统耦合与荒漠绿洲草地农业系统——以祁连山临泽剖面为例. 草业学报，3(3): 1-8

任继周，朱兴运. 1995. 农业生态生产力及其生产潜力——兼论有动物农业的重要意义. 草业学报，4(2): 1-5

第五篇　后生物生产层

第十五章　后生物生产层的内涵

第一节　后生物生产层

后生物生产层就是对植物生产层和动物生产层产品（草、畜）的加工、流通和分配的全过程。草业系统从初级生产到次级生产，其能量转化效率是由大到小的过程，呈金字塔形，而后生物生产可以通过产品加工和流通而出现经济效益放大的倒金字塔模式。因为社会投入把粗产品变成加工产品，再进一步加工，常常可以提高经济价值几倍到几十倍（图15-1）。生产实践证明，如果把用于种草的产值假设为1，则发展畜牧业后增值为3，后期的肉、奶、蛋、皮毛简单深加工增值为10（杜青林，2006）。从粗产品、精产品到分配、交换、流通都在创造价值，增加社会财富。这一生产层需要社会科学和经济科学的参与。如果避开这一环节，前3个生产层在生态系统中的效益就很难发挥，或不能充分发挥（任继周，2004）。在草业发展中后生物生产层有多重意义。

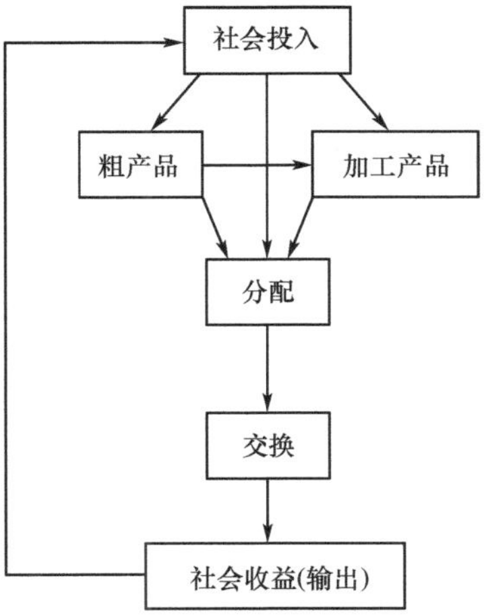

图15-1　后生物生产层结构图解

一、解决小生产与大市场脱节的问题

精心组织的后生物生产层将解决小生产与大市场脱节的问题。打破家庭分散经营的局限性和空间区域壁垒，为农牧民走向市场架起桥梁，通过龙头企业一体化经营，一头联结市场，一头联结千家万户，实现主导产业专业化、规模化、一体化发展。使种养有指导、生产有服务、销售有门路、价格有保证，减少盲目性，增强生产经营预见性，使经济行为从无序走向有序，市场竞争本领和抗御风险能力将显著提高。

二、有利于提高草业比较效益①，形成草业内部的利益补偿

传统的单纯粮、棉、油等种植业，把草业与农产品加工、流通环节割裂开来，产品增值没有回到草业中去，使得草业比较效益低，农牧民收入增长缓慢，是制约草业发展的瓶颈。如果把产品的加工、运销、综合利用等环节有机地结合起来，产业化可以使产业链高度延伸，实现草产品加工、储藏、运输多次转化增值。每个环节均起双重作用，前一个环节是后

① 比较效益指一个国家内部地区之间、行业之间、企业之间、个人之间的成本比较。例如，地区之间因为资源条件等不同形成了不同的区域优势，是中央和地方制定发展战略时很重要的参考。

一个环节的原草料基地,后一个环节是前一个环节的销售市场,这种稳定的供求关系,在宏观上可以减少供求矛盾,抗御市场风险,在微观上可以降低商品生产成本,提高产品附加值,提高草业比较效益(李新文,2000)。加强循环经济在草业中的作用,草业的综合效益将大大提高。

三、有利于提高农牧民经济地位,增产增收

农牧民与龙头企业之间通过合同、股份制,将主要产权纽带联系起来,在一定程度上形成新的利益共同体。形成利益共享、风险共担的激励和约束机制,把经济实体和农牧民利益联合起来,减少了农牧民进入市场的风险,降低了工农产品价格剪刀差。例如,草产品初加工可增值15%~50%,通过畜产品转化和进一步加工,增值同样可达几倍至几十倍(丁连生,2008)。可解决农牧民收入增长缓慢的问题,为农牧民打开致富之路。

四、有利于促进城乡一体化,加快草业现代化进程

后生物生产层一方面按市场趋向组织大规模的农副产品生产,提供稳定的加工产品,促进加工业的发展;另一方面,在经营环节中不断吸收人才、资金、技术,形成草业和农牧区较强的吸引力,从而使城市的先进技术、人才、资金、设备等生产要素向农牧区流动或辐射延伸,并与农牧区土地、劳动力、原料资源结合起来,形成群体优势,促进城乡生产要素双向流动,优化配置,城乡经济融合,加快城乡一体化进程,促进草业现代化的发展。

五、有利于促进草业产业结构调整和优化

长期以来,农牧民一家一户分散经营,往往由于不了解市场,生产带有盲目性,种什么,养什么,往往一哄而上,结果往往增产不增收,严重挫伤了农牧民的生产积极性。发展后生物生产层,能够实现生产要素优化配置。作为龙头企业,对于应当发展什么,不发展什么,对发展品种、质量、数量,应该能按照市场需求进行调整、合理配置。由于一体化经营,农牧民按加工企业的需要组织生产、提供原料,为后续产业发展创造条件。由于后生物生产层经营要求,实现产品生产的专业化、规范化、批量化,从而推动草业和农牧区经济结构调整和优化。

六、有利于培养社会化服务的新载体,便于草业科学技术的推广和应用

发展后生物生产层在促进规模经营、集约经营,大幅度提高经济效益的同时,为多种科技投入提供切入点。随着产品质量提高、市场扩大,社会服务新体系,如金融、科技、文教卫生等支撑系统,必将应运而生。这将带来就业结构的调整,主导产业和重点产业迅速发展,进而带动相关产业的发展,带来产业结构优化和升级。

总之,发展后生物生产层意味着自给自足的传统草业向国际化现代草业的转变。

第二节　后生物生产层的评价方法

后生物生产层包括加工和流通两大部分,具有不同的加工层次和流通层次,实际上是若干生产亚层次的综合,可简略概括出下列模型(任继周,1988):

$$Y_n = Y_0 \prod_{i=1}^{n} (1 + a_i) \tag{15-1}$$

式中,Y_n 为最终生产水平;Y_0 为初始生产水平;a_i 为加工、流通各级生产率;n 为加工、流通次数。例如,绵羊出售为 1 单位;绵羊屠宰肉、皮分别出售为 1. 3 单位和 1. 7 单位;皮毛加工为 2. 0 单位;则最终生产水平:

$$Y_n = 1\times2\times1.3\times1.7 = 4.42 \text{ 单位}$$

即增长 4. 42 倍。

后生物生产层是指从粗产品到加工产品,再到流通等生产层的全过程。因情况复杂,需有一套完整的评价体系,才能较全面地反映各项生产活动的经济效益、生态效益和社会效益。评价项目主要有以下几个方面。

一、技术方案的评价

主要指标,即经济效益指标(Si)、资料物质消耗指标(Bi)、成本费用指标(Ci)、劳动力占用指标(Ri)、投资占用指标(Ti)、土地(草地)资源占用指标(Di)。这些指标应满足以下条件:

$$Si \geqslant S; Bi \leqslant B; Ci \leqslant C; Ri \leqslant R; Ti \leqslant T; Di \leqslant D$$

上述条件中,S 代表预期的经济效益;B、R、T、D 代表可能供给企业的资源物质、劳动力、投资和土地(草地)数量;C 是预期的成本费用。如果拟采用的加工方案不能满足上述条件,则该加工技术方案是不可取的;如果符合上述条件,该加工方案可以考虑,但在最后选择之前必须再进行下一步计算。

优化方案必须符合:Si 的数值为最大;Bi、Ci、Ri、Ti、Di 的数值为最小。凡符合上述条件的方案,即是最优方案,就可入选。

如果被比较的加工方案,没有一个完全符合上述约束条件,并且相互矛盾,如甲方案的 Si、Bi、Ci 3 个条件符合要求,乙方案的 Ri、Ti、Di 3 个条件不符合要求,又没有其他更好的加工技术方案来替代,出现无法作出抉择的局面时,则需要进行综合效益计算。计算公式如下

$$E = \frac{S}{L} \text{或} F = S - L \tag{15-2}$$

式中,S 为加工技术方案所能实现的全部劳动成果;L 为加工方案的全部劳动消耗,它们的表示形式是价值量、实物量或能量;E 和 F 可统称为加工技术方案的综合经济效益,但其间有一定区别;E 是代表单位投入所取得的劳动成果,一般称为产投比或投入产出率;F 表示新创造的财富,一般称其为最终产品。

二、动物产品深度加工增值系数

这一指标是动物产品深度加工的新增价值同动物产品原料价值之间的比较,即单位动物产品原料浓度加工新增加的价值,是反映动物产品加工利用深度和加工技术水平的综合性指标。计算公式如下

$$K=\frac{\text{单位动物产品加工产品价值}-\text{单位动物产品原料价值}}{\text{单位动物产品原料价值}} \tag{15-3}$$

式中,K 为动物产品深度加工增值系数。

这一指标数值越大,说明动物产品加工深度越深,综合利用程度越好,工艺技术水平越高。

三、产品加工增值量

这一指标是单位动物产品经多次(复杂)加工后的价值量同单位动物产品一次(简单)加工后的价值量的比较,也是反映动物产品加工利用深度和加工技术水平的综合性指标。其计算公式如下

动物产品浓度加工增值量=单位动物产品深度(多次)加工产品价值量-单位动物产品简单(一次)加工产品价值量　(15-4)

这一指标数值越大,说明产品加工深度越深,工艺技术水平越高。

四、年最终产品数量或年加工产品价值总量

该指标是指加工企业一年内动物产品加工的最终产品产出量,或最终产品的价值量。它既可以反映企业的生产规模,又可以反映企业的技术水平。计算公式如下

年最终产品数量(价值量)=(365 天-节假日)×日班次×单班平均最终产品产出量(价值量)

=最终产品月平均产量(价值量)×12　(15-5)

这一指标运用在不同的情况下,可以反映不同的内容。如果被比较的两个加工企业的工艺技术设备相同,而年最终产品数量不同,则数量大的企业生产规模大或生产管理水平较高;如果被比较的两个加工企业的规模相同,而年终产品数量不等,则年终产品数量高的,加工企业工艺技术设备先进或经营管理水平较高。

五、投入产出率或投入产出纯增量

这一指标是评价动物产品加工技术经济效益最重要的综合性指标。具体计算公式为

$$\text{投入产出率}(\%)=\frac{\text{产出产品总价值(或实物量能量)}}{\text{投入产品总价值(或实物量能量)}}\times 100\%$$

或

投入产出纯增量=产出产品总价值-投入产品总价值　(15-6)

这一指标数值越大,说明产品加工的技术经济效益越好,企业的经营管理水平越高。

六、投资回收期

这一指标是加工企业建设投资总额同企业投产后年平均税利收入额(或可能达到的税利额)之间的比较,反映了加工企业的投资效果。计算公式为

$$投资回收期=\frac{加工企业基本建设投资总额}{企业年上缴税收额+企业年利润留成额} \tag{15-7}$$

这一指标数越大,说明投资回收期短,投资资金回收的快,加工企业的经济效益便越好。

七、资金利税率

这一指标是劳动占用同劳动成果之间的比较。也是加工企业生产和经营效果最重要的综合性指标,同时也反映了企业对国家和社会的贡献。计算公式是

$$资金利税率(\%)=\frac{利润+税金}{固定奖金+流动奖金平均占用额}\times100\% \tag{15-8}$$

这一指标数值越大,说明加工企业的生产经营成果越好,对国家和社会的贡献越多。

八、全员劳动生产率

这一指标是全部劳动成果同全部活劳动占用之间的比较,公式如下

$$全员劳动生产率(\%)=\frac{最终产出产品总价值}{加工企业职工总人数}\times100\% \tag{15-9}$$

这一指标数值越大,说明加工企业的劳动生产效益越高,经济效益越好,职工的技术素质越好,创造的社会财富越多。

九、工资赢利率

这一指标是劳动生产率的一个特殊表现形式,部分地反映了企业的经济效益。其计算公式是

$$工资赢利率(\%)=\frac{税收+利润}{工资总额}\times100\% \tag{15-10}$$

这一指标数值越大,反映企业经济效益越好,职工创造的财富越多。

十、最终产品社会增长率

该指标反映了加工企业生产发展对社会物质财富增长的影响。计算公式为

$$R=\frac{企业计算期产品加工最终产品生产量-基期产品加工最终产品量}{企业基期产品加工最终产品生产量}\times100\% \tag{15-11}$$

这一指标数值越大,反映企业新创造的社会财富越多,社会效果越好。

十一、产品市场预测

利用下列数学模型,把 i 期的 X 值依次代入,即可求得该期的销售额预测值(Y),即

$$Y = Y + \frac{(X_i - X)(Y_i - Y)}{X_i - X} \times (X_i - X) = 7 + 30/58 + (X_i - 14) = 0.517X_i - 0.238 \tag{15-12}$$

例如,计算 1993 年的乳品销售额趋势值 Y,只要把 1993 年度幼儿园等需求乳品的基建单位规模的数据(比如为 24 万 m^2)代入,即可求得

$$Y = 0.517 \times 24 - 0.238 = 12.17\text{(万元)}$$

十二、产品市场转移预测

假设某地区承销 A、B、C 三种牌号的动物产品。通过市场调查,获得以下两方面的信息资料。

(1) 初始市场的占有率情况　购买 A、B、C 三种牌号产品所占的比例为 40%、30% 和 30%。

(2) 市场占有率的转移概率　从已使用过三种牌号产品的用户中,各抽样调查的结果如下:

原来购买 A 牌产品的用户,计划年度仍然购买 A 牌产品的有 40%,想转购 B 牌产品的有 30%,想转购 C 牌产品的有 30%;

原来购买 B 牌产品的用户,计划年度仍然购买 B 牌产品的有 30%,想转购 A 牌产品的有 60%,想转购 C 牌产品的有 10%;

原来购买 C 牌产品的用户,计划年度仍然购买 C 牌产品的有 30%,想转购 A 牌产品的有 60%,想转购 C 牌产品的有 10%。

根据上述信息资料,可利用简捷表解决法求出以下结果(表 15-1)。

表 15-1　计划年度三种牌号产品市场占有率　(%)

同类产品	去年市场占有率	计划年度用户转移概率			计划年度市场占有率		
	(1)	A (2)	B (3)	C (4)	A (1)	B (2)	C (3)
A 牌	40	(40)	30	30	16	12	12
B 牌	30	60	(30)	10	18	9	3
C 牌	30	60	10	(30)	18	3	9
合计	100	—	—	—	52	24	24

各种产品计划年度市场占有率求得之后,就可根据市场预计总销售额 480 000 元,测算出每种产品销售额的预测值:

A 牌销售额预测值为 480 000×52% = 249 600(元)

B 牌销售额预测值为 480 000×24% = 115 200(元)

C 牌销售额预测值为 480 000×24% = 115 200(元)

第三节　目前我国后生物生产层的发展现状与存在的问题

一、现状

改革开放以来,我国草业经济不断发展,形成了草类种子业、草坪业、草产品加工业、畜产品初加工业、草地旅游业和其他相关产业。草业(涉草)企业已达近万家。草业及其所带动的相关产业年产值超过 5000 亿元(刘加文,2008)。涌现了畜产品初加工业的草原兴发、绒毛类产业的鄂尔多斯、奶类产业的伊力和蒙牛等一批问鼎世界的大型企业。但我国后生物生产层的发展一直处在艰难中兴起的过程,大部分处于中间状态和原始状态,年产值在百万元以下的占 90%(刘加文,2008),发展速度不快,产业落后于市场。究其原因有如下几个方面。一是对动植物产品加工的重要性认识不足,重视不够,通过加工使农牧产品增值的观念不强,农牧产品的加工转化率低下。例如,我国畜禽肉产品加工转化率仅有 3%～4%,奶为 10%左右,而禽蛋的产品加工转化率不到 1%;皮毛加工转化率仅占 1/3,羊毛加工利用率仅有 30%左右。而发达国家肉制品的比例一般为 30%～40%,甚至高达 70%,乳制品的比例高达 80%以上,蛋制品的比例超过 40%(宾冬梅和易诚,2001;黎锦等,2002)。二是对流通的重要性认识不足,通过流通使农牧产品增值的意识不强。例如,河西走廊的山地-绿洲-荒漠复合生态系统研究的地区——张掖地区肃南裕固族自治县,畜牧业收入是农牧民经济收入的主要来源。但由于牧区大部分牧民长期分散居住,交通不便利,与外界的市场联系不强,形成了在原地等待上门收购的封闭式产品销售形式,造成了利益分配对卖方不利的局面,农牧民经济收入增长缓慢。三是由于经济发展的不平衡,特别是草业经济受自然条件的约束较大,生产与产业发展不平衡。农业生产是季节性的,产业的生产经营是常年性的。生产旺季时产品供给集中,而产业的加工能力有限,往往容易造成产品丰收时产品卖难,所以农牧民会增产不增收或少增收。再加之生产水平较低,易受自然条件的影响,产品产出和产品成本不稳定,相对地说产业对自然的依赖性比较小。所以没有农牧产品的转化和加工增值的产业,就谈不上农牧业增收、增效。上述情况说明,我国后生物生产层的发展整体水平还十分低下,这既有生产的原因,也有管理的原因(丁连生,2008)。

二、存在的问题

目前我国草业经济面临许多问题,普遍不重视草与畜的联系,系统耦合被严重忽略,如三鹿奶粉事件就是忽略草业经济导致的直接后果(任继周,2009)。

(一) 产业化程度低

由于农牧民文化程度和科技水平普遍较低,草业生产方式以分散的个体劳动为主,自给自足的自然经济仍然占主导地位,皮、肉、蛋加工仍处于作坊式的初级阶段,产业链短,质量不稳定,加工转化率较低。由于经营分散,生产规模小,产品加工严重不足,导致草畜产品产业化程度低下,难以与大市场衔接。广大牧区仍以传统牧业生产方式为主,加之牧民分散居住在偏远山区,交通不便,与外界市场联系不紧密,因而农牧业生产经济效益较低,资源优势未能变成经济优势。

1. 机械化程度低

我国大部分地区牧草都种植在山坡地,地块小,种植分散,规模化程度低,大型机械无法作业,而适合山地作业的草业机械还未普遍应用。优质牧草生产过程中为保证产品质量,刈割、翻晒、打捆、运输等作业要求的时间很紧,在规模生产的条件下,没有相适应的机械显然是无法完成的(牧文,2000)。

2. 加工销售企业发展缓慢

由于牧区条件差,生产落后,规模化生产程度低,产品质量得不到保证,产品加工销售的大型龙头企业,尤其是跨地域的大型龙头企业发展缓慢。

3. 管理体系不健全

产业开发才刚刚开始,还没有形成一套规范有效的行业指导和管理体系,尤其是草产品质检配套体系尚未形成。

4. 良种繁育未形成规模

牧草良种生产中规模小,标准化、规范化程度较低,牧草种子质量或数量均难以保证。

(二) 资金投入难度大

农牧业投资风险大,回报率低,因此,在经济发达的国家,都是以政府补贴的形式进行农牧业生产,我国是发展中的草业大国,农牧业投入资金不足一直是困扰农牧业发展的重要因素,而作为非粮食作物的草业资金投入更显不足。据调查,草产品加工企业一次性投入大,其中的一个重要原因是草产品加工设备基本依赖进口,国产牧草机械存在技术含量低、品种少、性能差等问题。大部分厂家只能生产割草机、粉碎机等简单机械,胶辊、打结器等关键部件制造技术不过关,刈割压扁机、打捆机等高档机械完全依赖进口,机械售后服务差,配件难买、价格贵。有些农区尤其是山区虽然在退耕还草项目中种了大量的牧草,但由于企业缺乏流动资金,收购牧草有困难。农民缺乏配套购畜资金使牧草得不到转化而造成浪费。

（三）基地规模小，原料供应短缺

近几年，草产品加工业虽然发展迅速，但尚未建立起科学合理的利益共享、风险共担体系，企业没有或自有基地规模小，导致原料供应不足和不稳。另外，受国家粮食直补政策的影响，农民的种草积极性，种草效益下滑。还有些地方在苜蓿生产过程中，由于刈割晾晒时常遇到雨淋，储藏过程中常常发生霉变等原因使草产品质量下降，使草产品加工业原料供应短缺。

（四）信息和技术服务体系不完善

广大牧区地处边远山区，交通不便，电信业、商业、医疗卫生、农机服务业等相对落后，除一些基本的兽医服务外，其他信息和技术服务体系不完善，措施不到位，科技、市场信息不畅，运输距离远，运输成本高，影响草产品的市场份额和草产业的经济效益。农牧民科技文化程度低，生产盲目性大，造成生产方式和生产水平落后。

（五）国家扶持政策相对滞后

草业是一个公益性产业，更是弱质产业，其发展需要国家相关政策的大力扶持，但目前国家在草业方面的具体扶持政策较为缺乏。一是未能享受农业的相关补贴政策。近年来，国家高度重视粮食安全，实施了种粮补贴一系列政策，种粮效益明显提高。与此同时，种草则未纳入补贴范围，导致不少地方出现了翻草种粮的情况。二是草产品没有被纳入大宗农产品范畴，流通渠道不畅，运输成本居高不下，草业企业经营困难，不少草业企业举步维艰（刘加文，2008）。

草业经济的发展涉及国家多个部门和多项政策，需要各级政府和科研部门的配合。只有各方给予大力扶植，草业经济才能做大做强。尽管面对许多困难和问题，但相信我国的草业经济一定会有一个美好的未来。

（任继周）

主要参考文献

宾冬梅，易诚．2001. 我国畜禽产品加工业存在的问题及发展对策．中国家禽，23（7）：1-2
丁连生．2008. 甘肃草业可持续发展战略研究．北京：科学出版社
杜青林．2006. 中国草业可持续发展战略．北京：中国农业出版社
黎锦，罗劲梅，符敏．2002. 发展果蔬产品加工 促进海南农业经济发展．热带农业研究，22（2）：39-43
李昌桂．2007. 从战略高度认识湖北草业发展．湖北畜牧兽医，10：7-10
李新文．2000. 充分发挥比较优势，促进推进甘肃草业产业化．草业科学，1：17
刘加文．2008. 中国草业现状及当前的主要任务．草业科学，25（2）：1-5
牧文．2000-07-25. 农业机械草产品加工设备落后亟待解决．中国机电日报
任继周．1988. 草原资源的草业评价指标体系刍议//农牧渔业部经济政策研究中心．中国畜牧业发展战略研究．北京：中国展望出版社：242-262
任继周．2004. 草地农业生态系统通论．合肥：安徽教育出版社
任继周．2009. 三鹿奶粉事件是忽略草业的直接后果．草业科学，26（7）：1

推荐阅读文献

杜青林 . 2006. 中国草业可持续发展战略 . 北京:中国农业出版社
任继周 . 1988. 草原资源的草业评价指标体系刍议//农牧渔业部经济政策研究中心 . 中国畜牧业发展战略研究 . 北京:中国展望出版社:242-262
任继周 . 2004. 草地农业生态系统通论 . 合肥:安徽教育出版社
任继周,南志标,林慧龙,等 . 2007. 建立新的食物系统观 . 中国农业科技导报,9(4):17-21
许鹏 . 1997. 论草业产业化 . 中国草地,2:63-66

第十六章 后生物生产层的结构类型

后生物生产层从产业构成上可概括为：草类种子业、草产品加工业、畜产品初加工业和其他相关产业（杜青林，2006；郝诚之，2007；丁连生，2008），已成为我国后生物生产层的主体部分，成为近年来我国农业经济发展最活跃的部分，而且将成为我国农业新的经济增长点，是我国21世纪的朝阳产业。

第一节 草类种子业

作为发展相对较早的草类种子业，是草产业的基础。世界上草业发达的国家都十分重视草类种子业。每年都投入大量的资金进行新品种的选育、种子田间管理技术、种子检验和审定技术等方面的研究。研究成果均以最快的速度转化为实用技术应用于生产实践，大幅度地提高了牧草种子的产量和质量，在国际市场的竞争中处于优势地位。目前，全世界进入国际种子市场的牧草种子每年大约有20万t，贸易额约为4.6亿美元（张英俊等，2006）。

一、国外草类种子业现状

世界草地畜牧业发达国家，如美国、丹麦、荷兰和新西兰等，都形成了强大的包括牧草良种选育与种子生产在内的草类种子业，是国际上重要的牧草种子生产和输出国。世界主要草类种子业发达国家的生产经营特点可概括为以下几个方面。

（一）具有较为完善的草类种子产业化生产和经营体系

作为发展相对较早的草类种子业，经过多年发展，各主要的牧草种子生产国的重要草种的生产、市场和贸易情况基本稳定，各国均具有较为完善的草类种子产业化生产和经营体系。

美国是世界上牧草种子年产量最高的国家，建植栽培草地和草坪的草种大部分是由早期移民从欧洲带入，或先后从世界各地引进种植的具有广泛适应性的一些草种。产业化生产的主要牧草种包括高羊茅、黑麦草、紫花苜蓿、无芒雀麦等；主要的冷型草坪草有草地早熟禾、翦股颖属和羊茅属草坪草，暖型草坪草包括狗牙根、结缕草、地毯草、雀稗属草坪草等。美国专业化牧草种子生产田面积为27万hm^2，禾本科和豆科牧草种子平均年产量分别为41.57万t和4.94万t，分别占世界年产量的69%和55%。禾本科牧草与草坪草种子中高羊茅种子年产量为11.5万t，一年生黑麦草种子年产量为13.5万t，多年生黑麦草年产量为9.5万t，草地早熟禾年产量为3.3万t，紫羊茅年产量为1.5万t。豆科牧草种子中苜蓿种子年产量为3.5万t，红三叶种子年产量为0.65万t，白三叶种子年产量为0.44万t（杜青林，2006）。美国生产的牧草与草坪草种子除满足国内市场外，部分出口到欧洲、南美洲、亚洲,以及澳大利亚、加拿大等国家和地区。

丹麦是世界上禾本科牧草与草坪草种子集约化生产水平最高的国家,也是国际市场上冷型禾本科牧草、草坪草种子的重要出口国。丹麦的农业用地面积约 270 万 hm^2,牧草种子生产田的面积占 2%(约 5.5 万 hm^2)。丹麦良好的牧草种子生产条件吸引了大量该国以外的禾本科牧草品种到丹麦进行扩繁,种植国外牧草品种的种子田占丹麦牧草种子田总面积的 1/3~1/2。丹麦禾本科牧草种子年平均产量 8.1 万 t,其中多年生黑麦草 3.4 万 t,紫羊茅 2.7 万 t,草地早熟禾 0.7 万 t,一年生黑麦草和杂交黑麦草 0.5 万 t(杜青林,2006)。在丹麦,牧草种子主要是通过农场与种子经销商之间签订产品订单的方式组织生产的。从良种选育到良种的推广与种植,种子生产与经销公司起到至关重要的作用。种子生产合同中,种子生产与经销公司明确种子生产面积,并为农场提供基础种子,负责种子的加工清选与销售。丹麦现有专业从事牧草种子生产的企业有 7 家,其中丹农公司(DLF-TRIFOLIUM A/S)的规模最大,经销的禾本科牧草和三叶草种子量占丹麦的 70%。丹麦国内对牧草种子的年需求量约占年生产量的 10%,其余 90% 用于出口,欧盟其他国家是主要出口市场。

新西兰是世界上白三叶种子生产效率和产量最高的国家,白三叶种子产量占世界总产量的 60%。新西兰牧草种子生产主要集中在南岛的坎特布雷省平原,专业化牧草种子生产田的面积接近 3.5 万 hm^2,平均年产禾本科牧草种子 1.8 万 t,其中多年生黑麦草种子 1.2 万 t;一年生黑麦草和杂交黑麦草种子产量为 0.5 万 t。新西兰豆科牧草种子年平均产量为 3870t,其中白三叶种子占 93%(杜青林,2006)。

在上述发达国家的草类种子生产过程中,牧草种子订单生产模式逐渐成为主流。由于牧草种子生产对于生产技术具有特殊要求,在美国、加拿大、丹麦和新西兰等这些世界牧草种子的主要生产国,在牧草种子的集中生产区域内,种子公司通过与有生产经验的农户签订生产与收购合同的方式组织牧草种子的生产,保证了为市场和购买者提供数量和质量稳定的牧草种子。

与牧草种子的生产一样,草种的销售也是草类种子业的重要环节。世界各国的牧草种子主要通过销售网络,特别是一些区域合作机构进行销售。这些销售机构同时也为牧草种植农户提供技术指导服务,大型种子公司及独立的经营性推广服务机构为销售商提供技术培训和技术来源支持。20 世纪 60 年代后,随着草坪草种子市场的逐渐形成,由于草坪草种子的使用和生产特点存在差异,导致其经销形式与牧草种子有所不同。草坪草种子的经销市场销售链进一步缩短,甚至是育种公司直接将种子销售到客户手中。

总体而言,牧草与草坪草种子的生产与经营大致可以划分为 3 个环节:育种公司或机构—种子公司与生产者—销售机构。随着世界各国植物育种者权利保护制度的日益普及,牧草种子生产的品种及来源是确定种子生产效益的关键。专业从事牧草种子生产的公司获得品种的方式包括建立自己的育种机构和从专业化的育种机构或公司获得转让或生产经营权。在牧草种子生产收益中,品种已占据越来越重要的地位,自主选育优良品种的能力、释放品种的数量和推广已经成为跨国大型牧草种子公司市场竞争的核心竞争力。

(二) 重视牧草种质资源的收集、评价与利用

世界畜牧业发达国家对牧草种质资源的搜集、保存和评价都十分重视。美国本土的

农作物种质资源贫乏，其农作物种质资源主要从国外引进，为了加强国外种质资源的收集，不仅建有中北部、东北部、南部和西部4个植物引种站，还建立了国家种子储藏实验室，累计引入牧草种质材料205万份；俄罗斯瓦维洛夫植物栽培研究所搜集保存的牧草种质材料约2.8万份；新西兰保存牧草种质资源2.5万余份；澳大利亚以堪培拉联邦科工组织（CSIRO）植物研究所种质中心为核心对全国进行分片管理，昆士兰州布里斯班市的热带作物和草地研究所保存的种质资源达2万份，其中以热带牧草为主；南澳大利亚阿德雷德市帕拉菲尔德植物引种中心保存的种质材料有1.2万份，主要是引自地中海地区的一年生苜蓿；西澳大利亚佩斯市的西澳大利亚田间试验站，仅三叶草种质资源就保存有6000份，都是从地中海地区搜集引进的。许多国际农业机构也保存有从各国搜集到的大量牧草种质资源，如设在哥伦比亚卡利市的国际热带农业中心（CIAT）搜集保存热带牧草种质资源1.8万份（杜青林，2006）。这些国家对搜集到的牧草种质材料均进行了有效的开发和创新性研究，并培育出大量优质高产的牧草新品种。

（三）具备高水平的专业品种选育机构

国外牧草与草坪草作为重要的产业，具有很高的生产和经济价值，在农业生产中占据重要地位，是作物育种的重要组成部分。从事牧草新品种选育与研制的机构包括大学、公立与私立的科研机构及种子生产企业等。以美国为例，现有的130多家农业大学不仅开展牧草育种方向的基础研究，而且也进行牧草新品种育种。各大学根据所在州草地农业生产的特点和产业政策方向，有重点地开展牧草育种研究与品种培育工作。除公立机构外，许多私立机构和种子生产企业也是美国进行牧草品种选育的重要力量，农业部对它们的管理主要通过合作立项、提供贷款和经济担保等方式来实施。美国非常重视育成品种适应性和生产表现的评价，最具代表性的机构包括负责苜蓿品种测试的北美权威改良协会（North American Alfalfa Improvement Conference）和草坪草品种测试的权威机构——国家草坪草评价计划（National Turfgrass Evaluation Program）等，对各种品种或育种材料的生产表现开展权威公正的多年多点测试，对良种选育和推广的重要作用表现在3个方面：一是为育种者提供种质材料适应性和利用价值数据；二是为研究与推广人员在进行品种的推广应用提供参考；三是为种子生产者提供生产和经营依据。正是建立了高水平的品种选育理论与应用研究及品种评价等体系，美国才能每年都有大量的牧草与草坪草品种上市，优良品种的多选择性和迅速更新，给草类种子业注入强大的动力。20世纪60年代，美国每年登记的苜蓿新品种平均为8个；而90年代，年登记新品种的数量提高到55个，一年登记的新品种数量为我国现有苜蓿育成品种总数的2倍还多。1963~2004年，美国登记的苜蓿品种就达到1198个（杜青林，2006）。

（四）制定完善的牧草品种审定与品种保护制度

世界草种业发达国家都实行了严格的牧草品种审定登记制度。美国、加拿大、德国、英国、澳大利亚和新西兰等由官方农业机构负责牧草品种的审定登记和发布，并对新品种和引进品种的出售和推广有较为严格的规定，从制度上对市场销售的牧草品种和种子来源进行有效控制。在品种审定、登记和释放过程中，建立了客观公正的品种生产性能评价体系,为确定品种的性能和推广适应性提供了科学依据。自 20 世纪中期以来,随着知识产权保护思想的不断普及和深入,发达国家先后在植物育种领域实行了类似知识产权的保护制度,即植物新品种育种者权利保护制度,目的是有效地保护植物育种者的经济利益,使得育种这项耗时长、投入大的基础性工作取得必要的回报,吸引和促进有关研究机构、公司和个人投资牧草育种的积极性,从而促进品种选育,加快良种更新,最终推动农业生产的发展。牧草新品种保护制度的实施对于牧草良种选育与推广也产生了显著的推动作用。以美国的苜蓿品种选育为例,20 世纪 60 年代以前,紫花苜蓿品种选育主要由公立研究机构承担,新品种选育成功后,激发了一些私人机构投资新品种选育的积极性,每年新品种登记数量迅速增加,主要选育单位由公立研究机构为主转变为以私立机构为主,极大地促进了牧草品种选育方面的投资,选育水平和效率显著提高(杜青林,2006)。

(五) 形成草类种子集中生产区

20 世纪 50 年代以后,随着专业化牧草育种计划的实施及专业化种子生产的发展,温带牧草种子的生产方式和生产区域发生了明显的改变,牧草种子生产逐渐由牧草生产的副产品转变为区域性的专业化生产方式。目前,世界上牧草种子的生产地主要集中在美国西北部、加拿大西南部、新西兰南岛、澳大利亚北部,以及欧洲丹麦西部和荷兰的 Polder(围海造的低田)地区等。区域化的牧草种子生产方式以美国西部的俄勒冈州最为典型。俄勒冈州是世界上最重要的禾本科牧草和草坪草种子生产基地,年产牧草和草坪草种子 30 余万吨,直接产值为 3 亿~4 亿美元,加上肥料、除草剂、机械等服务于牧草种子产业部门的收入,每年为俄勒冈州增加 10 亿~12 亿美元 GNP。俄勒冈州的威拉米特谷地具有专业牧草种子生产田 18.2 万 hm^2,每年生产 28 万 t 禾本科牧草和草坪草种子,被誉为世界“禾本科牧草种子之都”(杜青林,2006)。威拉米特谷地的气候属典型的地中海气候,冬季降水量高,有利于植物地下部分的发育和生长;秋季降水量高有利于种子田的建植;夏季干旱有利于种子的成熟和收获,种子收获后的干旱使牧草进入休眠。该区只靠天然降水的季节分布特点就能满足牧草种子生产对气候的特殊要求,因而形成了世界上牧草种子产量最高、质量最好的集中生产区。由于气候条件非常适合于牧草种子的生产,在威拉米特谷地分布有 800 个专门进行牧草种子生产的农场,平均土地面积为 280hm^2。这一地区聚集了 50 个地区性、全国性或国际性的牧草种子公司,荷兰、日本、丹麦、德国、澳大利亚等牧草种子生产大国的种子公司均在威拉米特谷地建立了种子生产基地,以充分利用该地区的气候资源,生产高产优质的牧草种子,降低种子生产成本,增强在国际市场上的竞争能力(杜青林,2006)。

(六) 具备严格的草类种子质量管理制度和完善的管理机构

牧草种子质量检验的历史可追溯到 19 世纪中叶,当时欧美一些国家牧草种子的交换和贸易日益增加,牧草种子商品化的过程中,以假充真、以次充好的现象屡见不鲜,最常见的是掺杂价格低廉、外形相似的无生命种子、不易识别的其他种子、染色的石英砂、秕种子和杂质等。针对以上不道德的行为,欧美一些国家相继颁布了种子管理法令,成立了种子检验机构,发布统一的检验操作规程和技术标准,对规范市场行为、实现公平交易,起到积极的作用。随着人们对牧草种子质量重要性认识的逐步提高,种子质量研究的不断深入,种子质量控制已经成为牧草种子生产和贸易当中不可缺少的环节。牧草种子质量评价指标已由传统的只对种子进行净度和发芽率测定,转变为在生产环节进行质量控制与采用多个指标对种子进行更为全面和准确地评价相结合的方法。经过100多年的发展,草类种子业发达国家的牧草种子生产与贸易形成了健全的法律制度和完善的种子质量管理机构,凡牧草种子产业发达的国家都有种子法、种子检验规程、种子认证规程、植物新品种保护条例等法律条规及相应的执法或监督机构,如种子质量检验中心(站)、种子审定局(站)、植物检疫站等,使牧草种子在生产、贸易和使用中有法可依。依法进行种子质量的管理,保护了育种者、种子生产者和种子消费者的利益,促进了牧草种子市场的繁荣和健康发展。牧草和草坪草种子认证制度是草类种子生产过程中的一项必不可少的质量保证体系,目的是保证所生产种子的基因纯度和一致性。经过近百年的时间,草类种子产业发达的国家均建立了相应的种子认证标准(杜青林,2006)。联合国的经济协作与发展组织(OECD)制定的《牧草和油料作物品种种子认证规程》,自1973年制定后经过近10次修改和完善,成为世界各国国际贸易当中种子质量要求的最低参照标准。其他区域性组织如欧洲经济协作组织制定的《国际贸易中牧草品种种子认证规程》,北美官方(美国、加拿大)种子认证机构协会(AOSCA)制定的《种子认证手册(1971、2003)》等,对国际牧草种子贸易影响比较大。此外,美国主要牧草种子生产州也制定了更为详细的牧草种子认证法规和标准。

二、我国草类种子业的生产经营特点和发展趋势

改革开放以来,我国草种业发展较快,年产牧草种子5万t(毛培胜和韩建国,2003;张英俊等,2006)。但种子产量和质量不高,平均产量只有100~300kg/hm^2,仅为美国的1/10~1/5(宋冬林和刘大志,2002),加之经营方式落后,使得草种产业一直处于劣势,大部分草种依然依赖进口,严重影响了我国草类种子产业的自主发展(杜青林,2006)。我国草类种子业生产经营特点和发展趋势可概括为以下几个方面。

(一)开展了牧草种子资源收集与品种选育

虽然我国拥有丰富的牧草种质资源,但新中国成立后我国才开始较为系统的进行牧草种子资源收集工作。我国已建成中国农业科学院作物品种资源研究所的种质资源保存长期库,承担包括牧草饲料作物在内的农作物种质资源的长期保存任务,建成全国畜牧兽医总站畜禽牧草种质资源保存利用中心的牧草种质资源中期库和中国农业科学院草原研究所温带牧草备份中期库。截至2002年,已搜集到国内外牧草种质资源材料近9000份,其中入国家长期库保存的约3000份,入中期库保存的有4048份(杜青林,2006)。对各地搜集到的无性繁殖的牧草种质材料,已在内蒙古呼和浩特、北京、吉林公主岭、甘肃兰州、新疆乌鲁木齐、青海西宁、四川成都、湖北武汉、江苏南京、海南儋州分别建了牧草种质资源圃,在田间繁殖保存。

20世纪50年代开始,我国的牧草育种者采用野生引种驯化、地方品种整理、国外优良品种引进、选择育种及杂交育种等方法培育出一批新品种。据全国草品种审定委员会

数据显示,截至2005年我国已经通过审定登记的牧草、饲料作物、绿肥作物、水土保持植物和草坪草品种共320个,其中育成品种为218个(杜青林,2006),代表性的苜蓿品种有吉林农业科学院通过系统选育培育出的高产、抗寒、适应性广的'公农1号'、'公农2号'苜蓿新品种;内蒙古农业大学通过杂交培育出的抗寒、抗旱的'草原1号'、'草原2号'、'草原3号'杂花苜蓿品种;甘肃农业大学培育的'甘农1号'、'甘农2号'、'甘农3号'苜蓿品种;新疆农业大学培育出的'新牧1号'、'新牧2号'、'新牧3号'苜蓿新品种;黑龙江畜牧研究所以扁蓿豆和苜蓿杂交培育出的'龙牧801'、'龙牧802'、'龙牧803';中国农业科学院畜牧研究所培育出耐盐碱的'中苜1号'和'中苜2号'苜蓿品种;兰州畜牧研究所培育出抗霜霉病的'中兰1号'苜蓿品种等。其他牧草品种包括江苏农业科学院应用雄性不育系培育出的杂交狼尾草;南京农业大学利用远缘杂交培育出的羊茅黑麦草。此外,我国在杂交青饲玉米、杂交饲用高粱、狗尾草、王草、冰草、羊草、柱花草育种方面也取得了良好的进展。

(二)草种生产与草种需求日益扩大

2005年底我国有兼用牧草种子田45万hm^2,年产牧草种子约11万t,单位面积的产量为244kg/hm^2,与美国的年产种子40万t、平均种子单产为1480kg/hm^2差距很大(杜青林,2006)。我国牧草种子的生产主要集中在北方地区,南方部分省区主要生产多花黑麦草和部分热带牧草种子。

我国牧草种子基地建设以生产我国自主选育的牧草优良品种,以及抗旱、抗寒的生态治理用的野生驯化为主,以集中连片的专业化生产为原则,配套机械化耕作、收获和清选加工设备,并有重点地加强或增建了具有地区代表性的牧草种子质量检验中心(站)8个,带动并促进了牧草种子产业的发展。

近年来,公司介入投资兴建牧草种子生产企业,以“公司+基地+农产”的模式组织农户生产牧草种子,加快了牧草种子产业化的步伐。

我国草种年需求量约30万t,目前国内生产能力不足10万t,年缺口量在20万t左右。但是从国内现有基础条件分析,短期内只能生产普通牧草草种,市场需求量大的草坪草草种和优质牧草草种还需从国外进口。目前,我国每年进口草种量在1.5万t左右,其中草坪草种占60%以上。我国现有的牧草种子生产规模和种子质量远不能满足未来优质饲用牧草和生态用草种市场的需求,草种培育和产业化水平与国外相比差距很大,国内草业企业在草种这块“奶酪”的争夺中仍缺乏竞争力(吴序卉,2008)。

(三)初步形成草种质量检验体系

我国牧草种子检验工作起步较晚,1982年制定了《牧草种子检验规程》,1985年制定了《豆科主要栽培牧草种子质量分级标准》和《禾本科主要栽培牧草种子质量分级标准》,2001年发布了修订后的《牧草种子检验规程》。我国的牧草种子检验规程在主要技术内容上等效采用了国际种子检验规程的内容,并将国际规程未列入的、但在我国又具有重要经济价值且有适宜检验方法的牧草种列入,使标准既具有国际标准的先进性,又满足我国牧草种子检验工作的实际需要。20世纪80年代以来,农业部立项在北京、内蒙古、新疆、青海、江西、山东、甘肃、四川、黑龙江、湖北、贵州等省区市筹建了 18 个专业从事牧草种子质量监督检验的机构。1990 年以来,呼和浩特、兰州、乌鲁木齐和北京先后经过部级质量和计量双认证,成立农业部牧草与草坪草种子质量监督检验测试中心。1989 年,中国农业大学牧草种子实验室(即农业部北京中心)加入国际种子检验协会(ISTA),是中国内地唯一的会员实验室。我国目前每年各级牧草种子检验机构的检验样品数量约 2000 份,按照每年所生产的牧草种子量计算,最高仅占生产总量的 1/3,为进入市场的牧草种子数量的 22%,检验机构在草种生产和贸易当中的质量监督与控制的作用远未能得到应有的发挥。

进入 21 世纪以来,随着牧草种子产业化及国家草种基地建设项目的实施,建成了一批专业化的牧草种子清选、加工生产线,生产的牧草种子质量水平显著提高,达到或接近进口同类种子的质量水平。

(四) 草种生产的技术支撑研究发展迅速

新中国成立后全国建立了 20 多个草籽繁殖场,然而我国牧草种子生产的科学技术研究相对滞后,特别是缺乏牧草种子生产的基本原理和关键技术的研究,是制约我国牧草种子生产水平的关键因素之一。20 世纪 90 年代末,随着牧草种子产业化的发展和国家草种基地建设项目的实施,种子生产的产业化技术研究发展迅速,在牧草种子生产地域,施肥、灌溉、生长调节剂的应用、收获时间及收获后的田间管理等牧草种子生产的关键技术上取得重大突破,为我国牧草种子生产水平的提高提供了有益的技术探索和支撑。

第二节　草产品加工业

草产品在国际和国内具有广阔的市场和发展前景。草产品加工业主要是指以加工草捆、草颗粒、草块等商品草为标准,以生产商品草为目的的产业。产品形态可分为:草捆、草颗粒、草块、青贮饲料、草粉及新鲜饲草 6 类(胡跃高,2003)。加工流程包括简单的干草捆到颗粒、条块饲料压制,以及氨化、微储、青贮与添加剂利用和混合、配合饲料的生产等。由于牧草收获后加工方法多样,如青贮、氨化、打捆、调制干草、提取叶蛋白和草汁等,使得草产品也呈现出多样化,且给远距离运输带来很多方便。草产品除了作为饲料外,叶蛋白质可做食品和饲料添加剂,叶纤维素还可加工成纤维饮料和保健品等功能性食品(周禾等,2004)。

一、国外草产品加工业现状

目前,全球生产加工的草产品主要包括干草、青贮饲料、草块与草颗粒、草粉、秸秆和叶蛋白六大类(韩建国等,2008)。其中,干草产品又可分为高密度草捆和普通草捆;按体积和形状分为小型方草捆、大型圆草捆,以及大型方草捆等。根据牧草原料的不同,草产品又分为紫花苜蓿、猫尾草、燕麦、黑麦草、高羊茅、苏丹草、狗牙根,以及豆科和禾本科混合干草等产品。北美地区主要以自然干燥和调制加工为主、欧洲多以快速烘干脱水苜蓿生产为主。从牧草种植、收获到成型加工、包装入库等全部环节实现了机械化和标准化(杜青林,2006)。草产品主要是作为家畜或家畜饲料利用,因而大部分草产品的生产通常与当地的养殖业相结合,从饲喂对象看,有适于各种动物如奶牛、肉牛、马、绵羊、山羊、猪、家禽和骆驼等日粮配合的草产品。

美国、加拿大和澳大利亚是草产品主产国,生产的草产品主要是就地销售或供给国内市场,只有一小部分以草块、草颗粒和高密度草捆的形式出口,出口量占世界贸易量的 80%。2008 年,美国各类牧草总产量达到 1.48 亿 t,其中紫花苜蓿和其他牧草干草总产量分别为 7094.4 万 t 和 7701.0 万 t;青贮玉米总产量达到 1.06 亿 t。澳大利亚生产各类牧草产品 902 万 t,其中苜蓿 121 万 t,青贮饲料 210.8 万 t(韩建国等,2008)。2008 年,加拿大各类牧草总产量为 3024.5 万 t,出口各类草产品 74.6 万 t,其中苜蓿草颗粒 16.7 万 t,价值 3574.5 万加元;苜蓿草块为 6.8 万 t,价值 1716.3 万加元;高密度苜蓿草捆 49.9 万 t,价值 1.4 亿加元。加拿大草产品的主要出口国依次为日本(占出口量的 67%)、美国(占 25%)、韩国(占 4%)。2008 年,美国出口苜蓿草产品总值达 1.64 亿美元,其中日本是第一大市场,出口额为 1.21 亿美元,约占美国草产品出口份额的 73.8%;韩国是第二大市场,出口额为 2538 万美元,约占 15.5%;中国台湾是第三大市场,出口额为 1065 万美元,约占 6.5%(韩建国等,2008)。

非饲用草产品(食用草产品、工业用草产品和草制工艺品等)国外已研究和推广多年,如美国 1999 年仅芽菜产业产值就高达 25 亿美元(杨富裕,2006)。目前,国际市场上每年牧草产品需求的缺口在 1000 万 t 左右。其中,北美 200 万 t,欧盟 100 万 t,东南亚地区 250 万 t,中国台湾地区 250 万 t,日本 100 万 t,韩国 100 万 t(宋冬林和刘大志,2002)。

二、未来世界草产品加工业发展趋势

(一) 普通草产品加工继续稳步发展,草产品精深加工得到更多重视

在继续发展草捆、草块、草颗粒等一般草产品的基础上,发达国家对草产品深加工给予了更多支持。美国、英国、澳大利亚、俄罗斯等十分重视从栽培牧草中提取蛋白质、纤维素、叶绿素、不饱和脂肪酸、β 胡萝卜素、黄酮等有效物质的技术研究和产品开发,对苜蓿等进行多层次加工和综合利用,已工厂化生产出叶蛋白质、纤维素等,并以此为基料,用于饲料业、食品业和医药业,取得了较高的经济效益。

(二) 草产品集中生产进一步加强,区域化特色明显

受土地面积的限制及气候、经济条件、机械设备水平等因素的影响,草产品生产继续向北美、南美和欧洲集中,其中北美地区的美国和加拿大将继续保持干草产品最大生产国和出口国的地位。欧洲则继续保持以牧草青贮为主、干草为辅的草产品生产格局,但基本以自用为主。南美和亚洲饲草发展势头良好,将来有可能成为草产品的重要生产区域和潜在的出口地区。亚洲的日本、韩国及富有的阿拉伯仍将是主要的草产品进口地区。

(三) 草产品生产机械化水平将得到进一步提高,生产工艺进一步优化

新兴国家(如印度和中国)正在加速发展饲草产业,牧草机械在这些国家得到充分重视(杜青林,2006)。

（四）草产品国际贸易趋于活跃，贸易壁垒进一步加剧

受“疯牛病”事件的影响，优质牧草产品在世界范围内将继续成为热销产品。同时，各国更加重视牧草的质量安全（杜青林，2006）。例如，韩国就以安全为由一度中断了与我国的草产品贸易。

（五）草产品生产与草食家畜生产结合更为紧密，形成若干优势区域

例如，美国奶牛所需总饲料的10%来自天然草地，17%～50%来自收割的牧草，40%来自精料。在美国中部和湖区等地区形成了世界著名的奶牛带和牧草带。又如加拿大牧草因抗寒、抗旱能力强而闻名于世，牧草种植集中在不列颠哥伦比亚、阿尔伯达、萨斯克彻温和马尼托巴等西部省份，84%的加拿大肉牛养殖分布在这些地区（杜青林，2006），而安大略、魁北克、新不伦瑞克和新斯科舍等东部省份汇集了73%的奶牛养殖。这样分布的结果是使加拿大各地都可以提供高品质的牧草。这些高品质牧草及在其基础上发展起来的养殖业为加拿大经济作出了巨大贡献。

三、我国草产品加工业的生产经营特点和发展空间

我国草产品加工业尚属起步阶段，但发展速度快，企业总设计生产能力超过500万t/年，产业化格局雏形已初步形成。据不完全统计，2008年，全国牧草生产加工企业近400个，且90%以上是在近10年内组建的，其中，设计加工能力5万t以上的有33个，约占8%，设计加工能力1万t以下的有91个，约占23%，设计加工能力10万t以上的有9个，但实际生产能力大都远低于设计能力。总设计加工能力500多万吨，而总实际生产加工量仅180多万吨，占设计生产能力的36%。其中规模较大的企业有成都大业、宁夏农垦、北京绿田园等草业公司（晁德林和张少平，2008）。2008年，我国干草产量2100万～2300万t，商品草产品生产量为300多万吨，其中国内省区间销售100余万吨，进口1.4万t，出口日韩30余万吨，仅占国际市场销售量的3.5%左右（吴凯锋等，2008；韩建国等，2008）。牧草产品品种主要是紫花苜蓿，占90%以上。目前，全世界苜蓿种植面积约4000万hm^2，我国约有100万hm^2。我国生产加工条件差，没有形成自己的产业，而国内配合饲料及畜牧养殖业对苜蓿的年需求量高达6000多万吨。因此苜蓿草产品目前的国际、国内市场价格较高，效益十分可观（吴序卉，2008）。我国草产品结构中，77%左右的草产品为草捆，2%左右为草块，8%左右为草颗粒，7%左右为草粉，6%左右为其他草产品，产品结构不合理，缺乏竞争力。产品质量上，我国80%以上的苜蓿草产品的质量仍为三级品，粗蛋白含量14%～16%，而美国的一级品苜蓿干草占其苜蓿干草产品的70%以上，粗蛋白含量18%以上（韩建国等，2008）。

目前，甘肃河西走廊的张掖、酒泉、玉门一带，山东东营、滨州地区，河北沧州、吴桥地区，陕西陕北、关中地区，北京顺义区、昌平区，内蒙古河套和东部地区，辽宁阜新、大连、沈阳等的苜蓿草产品加工业已初具规模。山西、天津、吉林、黑龙江的草产品加工业正在迅速崛起，江苏、安徽、上海、浙江、湖北、福建、云南等南方省市正在尝试发展草产品加工业。

各级政府积极支持,成百家公司注入资金,群众踊跃参与,使我国草产品加工业建设呈现出良好的发展势头。从产业化发展程度、生产数量和商品率水平、地理位置和物流成本等综合竞争能力的比较,国内草产品加工企业可以分为4个优势群(杜青林,2006):第一优势群由华北平原,如北京、河北和山东的企业组成,其草产品数量大、质量好、商品化率高,市场占有率很高,综合竞争力最强;第二优势群由辽宁、内蒙古和山西的企业组成,其价格低、质量较好,产业化发展水平较低,但具有强劲的发展势头;第三优势群由宁夏和甘肃等地的企业组成,其气候和土壤非常适合苜蓿生长,雨水少,产品质量很好,产业化水平较高,生产数量大,仅在运输能力和销售成本上处于劣势;第四优势群由新疆的企业组成,其气候和土壤非常适合苜蓿生长,雨水少,属灌溉农业区,产品质量很好,但长期没有企业化生产的意识,种植管理较粗放,商品化率在全国属最低。

目前,国际市场上每年牧草产品需求缺口的70%集中在我国周边的日本、韩国及东南亚等国家和地区。对国际市场的调查分析,近10年来,国际上普遍禁用动物蛋白添加剂,而苜蓿产品成为替代品(丁连生,2008)。苜蓿产品贸易量不断增长,全球草料年进出口额已达10^9美元。美国苜蓿草商品生产产值一项就达110亿美元,是仅次于玉米、小麦、大豆的第四大作物(洪绂曾,2006)。进入20世纪90年代,亚洲东部和东南亚地区对苜蓿草产品的需求量大幅度增加,已成为世界最大的苜蓿贸易产品进口地区(胡跃高,2003),主要从美国和加拿大进口苜蓿草粉和颗粒饲料,但跨海运输,费用昂贵,每吨苜蓿颗粒饲料的价格在250美元左右。与它们相比,我国具有先天的区位和劳动力资源优势,自然条件也十分有利于发展草产品,如加拿大每加工生产1t苜蓿草产品,仅烘烤费用就需200~300元的成本,而我国西部干旱地区干燥的气候条件有利于草产品的自然干燥,可使加工成本大大地降低,提高其市场竞争力。开发苜蓿草产业,迅速培育草产品生产与加工基地和市场,可使西部干旱地区成为重要的创汇产业(李卫和刘爱平,2004;朱进忠,2006)。

据有关专家分析,在各类畜禽的饲喂标准中,草产品在牛、羊饲料中可占到60%,猪饲料中可占到10%~15%,鸡饲料中可占到3%~5%。我国可用于配合饲料的草产品潜在需求为650万~800万t,同时,随着我国配合饲料的产量以每年10%左右的速度增加,对草产品的需求量也将以78万t的速度增长。目前,我国每年生产草产品200万t左右,主要用于规模较大的奶牛、赛马及特种动物养殖场,配合饲料和出口草产品数量很少。因此,今后我国配合饲料用草和规模化养殖场用草数量至少应在1000万t左右(李卫和刘爱平,2004)。

从我国目前饲料资源的结构和未来发展要求看,我国每年将需要1亿t的绿色饲料来填补5000万t的精饲料(包括蛋白质饲料2000万t)的缺口。据有关部门估计,在近期国内市场,每年对苜蓿产品需求量将达到6170万t(其中,养牛业需3540万t,养羊业需1500万t,猪、禽及水产配合饲料1130万t),而目前国内苜蓿总产量约为500万t,不足需求量的10%(朱进忠,2006),有很大的发展空间。我国牧区需要建设2000万~3500万hm^2的栽培草地,才能满足冬春家畜和育肥家畜对草料的要求。今后我国配合饲料用草和规模化养殖场用草数量至少在1000t左右,而年产仅200万t;我国蛋白质饲料资源需求分别为6000万t和7200万t,如果我国人均摄入动物蛋白质达到世界平均水平,畜牧业蛋白质饲料总需求量为6000万t,届时将短缺50%。而这种巨大的供求缺口,将为草产品企业带来巨大的利润空间(宋冬林和刘大志,2002;张英俊等,2010)。

第三节 畜产品初加工业

畜产品初加工业是以生产可供市场流通的畜加工产品为目标的产业,其中原料生产包括栽培饲草料种植、天然草地刈割、各类可供饲用的农林牧渔等产业的副产品收集、架子畜肥育等,经过加工增值,投放市场。加工流程包括简单的畜肉的分割、皮毛处理加工等。其中奶业即奶类生产与加工业,具有节粮、经济、高效等特征,是畜产品初加工业的重要组成部分。

一、国外畜产品初加工业现状

1990 年世界肉类需求量大约是 1.5 亿 t,2003 年约增加到了 2.5 亿 t,需求量的增加几乎都来自新兴国家,其中仅中国就增加了约 5000 万 t。从国际市场分析,发达国家的肉食消费中,牛肉的比例较高,如美国、法国、澳大利亚肉食消费中,牛羊肉比例分别高达 39%、36%和 77%。从 1997 年起,国际市场牛肉的需求量逐年增加。在生产体制上,专业化分工合作是畜牧业发达国家肉牛生产的基本方式。在美国,按照肉牛生长发育的不同阶段和牧场的生产目的,按种牛场、商品牛繁殖场、育成牛场和育肥场来区分,按照这种专业化的分工,各类型牧场的饲养管理都是单一和阶段性的,从而使得饲养标准和管理措施都便于实行标准化作业和机械化作用,降低了人工成本和饲料消耗,而且使产品的质量容易整齐划一。养牛业的生产结构形式依各国牧业环境和科技水平的不同可基本分为美国型、西欧型和澳洲型的发展模式。美国由于地广人稀,所以大、中型牛场占多数,养 2000~5000 只肉牛只能算中等规模,饲养大户的规模都在 30 万~50 万头,生产的牛肉占美国市场的 75%以上。这种现代集约化大牛场的日常操作已实现工厂化生产,从投喂饲料,供给饮水,清洗粪便,疾病诊断与预防到饲料配合、营养分析、配方制定和日常管理等已实现自动化或机械化,广泛使用微型电脑操作,从事畜牧生产的人员已不再是普通的农民,而是受到高等教育的专业人员。与美国畜牧业环境不同的是西欧大陆各国人口稠密、土地有限、工业发达、都市云集,且西欧人喜爱养牛具有悠久的历史,因此以家庭为单位的小规模养牛比较盛行,如荷兰牛场规模多为 30~50 头,也有达 100 头的;德国平均 43 头;比利时和法国的牛群规模稍大些。近年的特点是生产集约化、大型化,牛肉的增产主要是靠提高活牛宰前体重、增加胴体重。其饲养方式可分为 3 类。一是中年放牧加补饲的方式,放牧地多为栽培草地,补饲料不仅包括精料,还有青贮,优质青干草。其中,后两种饲草多为养牛户自种、自收、自加工、自储。牛犊从出生到出栏始终处于营养水平满足的饲养条件下,饲养的牛种都是欧洲的优良品种,因而生产率、生产效益和牛肉质量都比较高。二是阶段性饲养法,牛犊在牧地放牧至 8~10 月龄阶段,体重达 230~250kg 时,转入肥育场育肥,育肥阶段牛采食牧草和饲料粮都不受限制,日增重高的可达 1350g。在日本和加拿大也是采用这种方式,不过日本肥育场的犊牛是来源于自繁和直接从市场购入 8 月龄左右的犊牛,育肥 24 个月后,牛体重达 700~750kg 时售出屠宰;而加拿大则只肥育 12~14 个月,牛体重达 455~544kg 时屠宰,如果肉牛用于贸易,则继续用精料肥育 90~120d,使体重达到

544kg。三是犊牛饲养体制,这种生产体制主要是向其他国家提供肥育用犊牛,同时提供市场需要的犊牛肉,饲养的品种一般均为纯种肉用牛。澳大利亚由于人少地广,劳动力价格昂贵,加上全国53%的国土面积为草地,栽培草地仅约占草地面积的5%,且以饲养奶牛为主(丁连生,2008)。全国大部分地区为干旱和半干旱地区,因此澳大利亚的肉牛业生产采用的是全天候放牧生产模式,优点是生产成本低廉。其肉牛生产体系大致可分为种畜场、农场和育肥场。目前,澳大利亚的肉牛生产组织结构多为复合型。

世界各国发展实践表明,在人均 GNP 占有量 300~5000 美元阶段,人均动物性产品的消费提高较快,平均每增加 100 美元 GNP,人均日膳食动物蛋白质增加 1. 18g(胡跃高和李国辉,2000)。由于我国未来一段时间,经济发展水平刚好落在以上区间内,且现实的畜产品消费基础较低,城乡差别较大,随着经济水平的进一步发展,动物产品的社会需求必定迅速上升(胡跃高和李国辉,2000)。

二、我国畜产品初加工业现状

2007 年,我国草食家畜牛羊肉产量达到 996 万 t、绵羊毛 36. 3 万 t、牛奶 3525. 2 万 t(中华人民共和国国家统计局,2008),分别是 1979 年的 16. 3 倍、2. 2 倍、32. 7 倍。但目前我国单位面积草地的畜产品生产水平只相当于新西兰的 1/80,美国的 1/20,澳大利亚 1/10(宋冬林和刘大志,2002)。高档牛肉大都从美国、加拿大进口,50%以上的优质羊毛市场被澳大利亚所占据(李志强,2006)。畜产品初加工业产业化程度低,体现在以屠宰加工和销售为主的龙头企业,以草食肥育家畜为主的规模化肥育场、专业户和提供架子畜的万千饲养户,以畜产品流通为主的市场还没有形成具有经济利益关系的紧密共同体(丁连生,2008)。

2006 年,猪鸡等耗粮较多的畜禽生产的畜产品占 67. 5%,直接耗用的饲料粮已经占我国粮食总产量的 38%,对粮食安全造成直接威胁。耗粮较少的草食畜禽生产的畜产品所占比例偏少,牛羊肉的比例仅为 9. 4%,奶类为 23. 1%。全国草食畜禽每年缺少优质牧草 2 亿 t,单产和畜产品质量长期得不到提高,缺乏国际竞争力(韩建国等,2008)。我国牛奶的人均年占有量位居世界第 148 位,仅相当于世界平均水平的 1/13,发达国家先进水平的 3%左右。美国年奶业产值 210 亿美元(洪绂曾,2006)。

近年来,苏丹红、二恶英、禽流感、疯牛病、三鹿奶粉事件等畜产品质量安全事件的频频发生,使得消费者对畜产品质量的关注度越来越高,优质安全的畜产品日益受到消费者青睐。然而,相对于需求来说,优质安全的畜禽产品供给还有巨大的需求空间。

据 FAO 调查资料,发达国家的畜产品需求弹性指数一般是 0. 1~0. 5(即人均收入每增加 1%,对畜产品的需求提高 0. 1%~0. 5%);而发展中国家的畜产品需求弹性指数却高达 2~3. 8(道尔吉帕拉木,1996)。我国是最大的发展中国家,人均食物消费水平与世界平均水平尚有很大的差距(表 16-1)。随着人民生活水平的提高,对绒毛、皮革制品的需求也将日益旺盛,而且逐步向高档化方向发展。由此可见,在今后一个相当长的时期内,国内对畜产品的需求必将是上升的,总的趋势仍然是求大于供。

表 16-1　发达国家与发展中国家食物消费结构

国家	能量/[kJ/(人·d)]	源自淀粉类食物的能量占人均能量摄入总量的比例/%	蛋白质/[g/(人·d)]	人均摄入的蛋白质中来自动物性食物的比例/%	脂肪/[g/(人·d)]	人均摄入的脂肪中来自动物性食物的比例/%
发达国家平均	13 816	37	100	56	122	51
加拿大	14 909	31	106	56	146	49
美国	15 887	28	114	64	157	45
法国	15 215	29	119	66	169	64
德国	14 545	33	99	59	145	57
日本	11 652	43	92	56	86	40
发展中国家平均	11 124	60	68	31	64	41
巴西	12 602	35	81	52	92	50
中国	12 385	59	82	37	87	58

资料来源:根据 FAO 统计资料整理

第四节　其他相关产业

其他相关产业主要指草地药用植物开发、草地能源植物开发、草编制品、草原野生花卉业和工业原料植物开发等多种利用开发、生产产品,获得经济效益的产业。

一、草地药用植物开发

草地药用植物开发指以草原地区丰富的具有特色的药用植物为资源而发展起来的,包括药用植物采集、运输、加工等环节的现代化产业。我国草原上的野生药用植物有 200 种以上。草原是我国中药材生产的主要基地(杨富裕,2006)。目前,国际市场中药材年成交额约为 300 亿美元,而我国只占到 3% 的市场份额,大部分被日本、韩国所占据。无论是资源拥有还是生产规模,都有理由相信:在不久的将来,中药产业都有望成为我国新的经济增长点。

草地药用植物开发产业的特点是摆脱以往农户自种、自加、自销的分散模式,而代之以社会化分工、集约化操作和市场化运营。也就是说要在中药材的田间栽培管理、收获加工、储存运输等方面有足够的资金投入,经营策略上能应对市场不同的变化和要求。并最终形成龙头企业+中药材生产基地+农户+市场运营的模式,延伸产业链条,从而实现产加销一条龙、贸工研一体化,即真正意义的产业化(杜青林,2006)。

二、草地能源植物开发

发展生物能源是全球化学能源渐趋枯竭、人们追求保护环境与可持续发展和循环经济的大背景下出现的能源战略。一些草本植物(如甜高粱、象草等),和灌木植物具有生产和转化生物燃料(乙醇、生物柴油等)的前景,值得关注。

近年来,我国能源出现严重短缺。2007年,我国生产原油1.86亿t,进口原油1.63亿t,对外依赖度达到46.7%,创历史新高(韩建国等,2008)。相关研究表明,利用牧草生产燃料乙醇比玉米生产更经济,也不会危及粮食安全。作为美国能源部首选的能源牧草柳枝稷每公顷可产乙醇5000L,而玉米仅为3270L。我国制定了发展生物能源"不与民争粮"的原则,牧草生产乙醇的研究在我国得到越来越多的重视(韩建国等,2008)。能源草作为生物质能源的原料具有成本低、效率高的特质,能源草开发是推动我国生物质能发展的重要途径(张蕴薇等,2006)。牧草植物是最易获得、生产力高、储量丰富的木质纤维素生物质之一,作为生物质转化利用的原料潜力巨大。牧草产量可观,并且能够长期高产。种植能源牧草短时间内能够获得最大产量,随后每年都产生可观收益,且在无需求时可非常灵活地调整或停止生产。据初步测算,如果在全国建设3000万hm^2能源植物生产基地,每年可产生12亿t生物质,转化后可相当于6.5亿t标准煤(刘霞和孙娟,2008)。

三、草编制品

草原地区有许多种植物,如生长于沙地的各种柳及分布广泛、资源丰富的芨芨草,是很好的编织材料,有计划地开发和利用这些植物材料发展编织业,对于繁荣农村经济、丰富市场、增加农牧民收入很有好处。

我国草编制品因制作精细、品种多样而享誉海内外,目前年出口创汇已达8亿美元(魏小兰和张蕴薇,2008)。随着人们对草本植物认知的深入,草编制品市场逐渐扩大(魏小兰和张蕴薇,2008)。

四、草原野生花卉业

随着我国人民生活水平的提高,城乡绿化事业的快速发展,不断引进和驯化野生花卉植物资源引起人们的日益关注。草原野生花卉植物有着很大的潜力和特色,其中不少可以作为干花材料,如何有计划地开发和保护非常值得重视。

五、工业原料植物开发

草原地区有许多草本植物,如芦苇、芨芨草等,生长速度快、生产力高,是很好的纤维织物和造纸原料,而且分布面积大,有计划地保护和开发这些植物,十分重要。

另外,一个领域是通过基因工程从牧草中提取酶制剂,以及采用转基因技术生产基因工程药物等。例如,美国威斯康星大学生物技术中心通过基因工程从苜蓿中生产出数量可观的植酸酶。种植1hm^2这种转基因苜蓿可以提取价值12~2500美元的植酸酶(杨富裕,2006)。

第五节　我国后生物生产层主要经营模式

一、小规模大群体模式

这种模式以一个或多个带动能力强的肥育或屠宰企业为龙头，农牧户为龙尾，形成“市场牵龙头，龙头带基地，基地连农牧户”的经营格局。建立稳固的养畜基地，保障龙头企业所需的优质畜源是该模式实施的基础。各生产阶段之间以经济合同为纽带，保证龙头企业和生产基地稳固的利益关系，形成稳定的利益共享、风险共担的共同体。这种模式虽然每一个投资个体户饲养数量少，但可以以村为单位实行统一规划、统一建场、统一技术服务、统一防疫、统一组织销售，实行分别投资、自主经营，把集体的优越性和个人的主动性较好地结合，既便于先进技术的传播应用，又减少了集资难、风险大、管理费用高等集体办厂的弊端，同时便于农村规划，减少环境污染（丁连生，2008）。

二、出资参股型模式

草畜企业运用股份合作经营机制，通过吸收广大农牧户入股，使企业与入股户以股份为纽带，结成“互利互惠，配套联动”的经济共同体。企业演化成为股份合作式的法人实体，农牧户成为企业的股东，农牧户经营成为企业的一个基础车间，可凭借股权分得红利（刘忠宽等，2009）。

三、龙头企业带动模式

通常是以草畜产品加工、冷藏、销售企业为龙头，外连国内外市场，内连草畜产品生产基地，基地连农户，龙头企业通过与牛饲养户签订产销合同，提供配套技术服务等办法，形成松散型或紧密型的经济利益共同体，实行生产、加工、销售一体化经营。这种模式的形式有“供销社（流通企业）+农牧户”、“加工企业+农牧户”、“专业大户+农牧户”、“基地+农牧户”等。其中，“基地+农牧户”模式主要是龙头企业派生出的子公司，形成基地化生产。通过市场连龙头，龙头带基地，基地连农户的形式，用利益纽带把农牧户联系起来形成大面积专业化生产。其主要特点：①拥有规模较大、布局集中的农副产品原料生产基地；②拥有实力雄厚、前后辐射能力强大的工、贸龙头企业；③拥有稳定的、不断拓展的终端产品市场；④企业、基地、农牧户之间形成以产品为龙头，以资产为纽带的一体化运行机制。该模式的形式还有“企业（公司）+基地+农牧户”、“企业（公司）+基地+科技人员+农牧户”等。企业以合同的形式将农牧户组织起来，形成一定规模的基地，由公司为他们提供基础设施建设资金、科技服务，并收购他们的产品，从而实现产加销、贸工牧一体化，形成完整的产业链条。此模式为农牧民发展养畜、对促进养畜业发展具有积极的作用（丁连生，2008）。

四、优势资源互补模式

这种模式又称农牧结合、农牧互补模式。在农牧交错地区要鼓励专业化分工，牧区繁育,农区育肥。农区和牧区完全可以利用各自的资源和分工优势,来缓解草场的压力,最终达到农牧结合,农牧互补,以农养牧,共同发展的目的。家畜肥育多采用此方式,即在饲草料条件较好,具有先进的饲养管理技术、交通便利、宜于销售的地区建立规模较大的肥育场,从繁育基地购买肥育畜源进行集中肥育,进而加工、销售。该模式的优点在于,在不增加基础设施条件下可增加肥育场饲养规模、出栏规模,提高饲养水平,实施标准化生产(丁连生,2008)。

五、"市场+农牧户"模式

市场是生产经营活动的载体和沟通生产及销售的渠道,它具有集散商品、实现价值、汇集信息、引导生产等功能。市场带农牧户这种模式主要是当地政府部门或农牧民自筹资金在本地或外地开辟专业调节市场,把千家万户联系起来形成专业化联片生产,解决单家独户生产与市场需求脱节的矛盾,以市场需求组织生产,以市场为纽带将农牧户与客户连接起来,及时提供质量合格、数量充足的牛产品,从而起到办一个市场、兴一项产业、富一方百姓的作用(丁连生,2008)。

六、"中介组织+农牧户"模式

"中介组织+农牧户"模式是以中介组织为媒体,将畜产品的生产、加工、储运、销售等环节在市场机制下紧密地结合起来,实现各类生产要素的优化组合和资源的合理配置,逐步形成区域性和跨区域性的一体化企业集团。中介组织是连接农牧户与市场的经济组织,完全以市场行为发挥作用,以产品或经过加工产品为货源,通过向农牧户发放资金,赊销饲料,提供产前、产中、产后服务和科技信息,签订订货合同等形式与农牧户建立紧密的合作关系。中介组织有企业、公司、农牧户、专业协会等。它便于农牧户与市场的联结,可降低农牧户分散加入市场的成本和生产的盲目性,协调企业之间的关系,克服无序竞争,建立比较稳定的购销渠道,既可增加农牧户的收入,又可保证企业的原料供应(丁连生,2008)。

七、"专业技术协会+农牧户"模式

扶持或组织专业协会,依此为依托,围绕草畜产品生产,按照自愿、互利、方便的原则,把从事同一产品生产的农牧民组织起来,为协会会员提供产前、产中、产后服务。涉及从良种供应、养殖到加工、服务各个领域,对农牧户提供科技信息、生产资料、管理技术及运输销售的全过程、全方位的服务,引导农牧民稳步进入市场(丁连生,2008)。

八、"合作社+农牧户"模式

"合作社加农牧户"模式是在农牧户家庭经营的基础上,建立一系列跨户、跨村、跨乡的农村经济合作社,它是市场经济发展的产物,是一种新型的合作组织。大多以农村专业技术人员、能手为骨干，与从事养殖业的农牧户自发组织联合起来，无明显的牵头单位，在自然资源分布状况而形成的经济区域里，逐步形成自己的优势产品。它们之间常开展技术交流、信息传递、资金流通、销售服务等合作，自发组织生产、自行推销(丁连生，2008)。

（林慧龙　任继周）

主要参考文献

白音查干. 2006. 草原文化与旅游开发研究. 内蒙古师范大学学报(哲学社会科学版)，35(6)：11-26
曹文侠，温媛. 2009. 草原旅游产业现状的认知度调研及产业文化提升//农业部草原监理中心，中国草学会. 2009 中国草原发展论坛论文集. 2009 年 10 月安徽合肥
晁德林，张少平. 2008. 甘肃省草产品加工业现状及发展对策. 草业科学，25(3)：93-96
道尔吉帕拉木. 1996. 集约化草原畜牧业. 北京：中国农业科技出版社
丁连生. 2008. 甘肃草业可持续发展战略研究. 北京：科学出版社
杜青林. 2006. 中国草业可持续发展战略. 北京：中国农业出版社：169-170
高生珠，赵宏，韩占军，等. 2006. 草地旅游业与草地可持续发展. 农业科学研究，27(3)：93-96
韩建国，李志强，杨富裕，等. 2008. 现代牧草产业技术体系建设//中国草学会青年工作委员会. 农区草业论坛论文集：12-16
郝诚之. 2007. 钱学森知识密集型草产业理论对西部开发的重大贡献. 草业科学，24(8)：1-8
洪绂曾. 2006. 草业发展的新里程//农业部草原监理中心，中国草学会. 2006 中国草业发展论坛论文集：13-17
胡跃高. 2003. 知识密集型苜蓿产业建设理论与技术研究. 北京：中国农业科学技术出版社
胡跃高，李国辉. 2000. 青刈黑麦产业化生产技术. 北京：中国科学技术出版社
晋铭鸿. 2009. 呼伦贝尔草原旅游业发展的文化定位. 呼伦贝尔学院学报，17(2)：11-13
李彪，赵瑾. 2007. 如何实现内蒙古中西部草原旅游业的生态化. 财经界，7：155-156
李卫，刘爱平. 2004. 吉林省生态草业经济发展概论. 吉林畜牧兽医，9：18-20
李远，李安云，应晓跃. 2006. 略论我国草原旅游业和谐发展的思路. 企业经济，12：82-83
李志强. 2006. 论现代草地畜牧业//农业部草原监理中心，中国草学会. 2006 中国草业发展论坛论文集：102-105
刘丽丹，苏杰. 2008. 宁夏马兰花草原生态旅游的开发与研究. 内蒙古农业科技，4：69-71
刘霞，孙娟. 2008. 生物质能源的利用现状及发展对策//中国草学会青年工作委员会. 农区草业论坛论文集：142-146
刘忠宽，秦文利，刘振宇，等. 2009. 河北省饲草产业发展现状及对策研究//农业部草原监理中心，中国草学会. 2009 中国草原发展论坛论文集. 2009 年 10 月安徽合肥
吕君，刘丽梅. 2006. 草原旅游发展的实践及空间格局研究. 世界地理研究，15(4)：100-106
毛培胜，韩建国. 2003. 牧草种子生产技术. 北京：中国农业科学技术出版社
任继周. 1988. 草原资源的草业评价指标体系刍议//农牧渔业部经济政策研究中心. 中国畜牧业发展战略研究. 北京：中国展望出版社：242-262
任继周. 2009. 草原文化是华夏文化的活泼元素//农业部草原监理中心，中国草学会. 2009 中国草原发展论坛论文集. 2009 年 10 月安徽合肥
宋冬林，刘大志. 2002-10-28. 草业经济：生态与经济效益双赢的朝阳产业. 瞭望，(43)：41-42
卫智军，杨静，韩国栋. 1999. 草原旅游对草地影响与管理. 内蒙古草业，3：34-37
魏小兰，张蕴薇. 2008. 草本植物的非典型应用//中国草学会青年工作委员会. 农区草业论坛论文集：586-589
吴凯锋，杨富裕，王晓彬. 2008. 对我国草产品加工业发展的浅显思考//中国草学会青年工作委员会. 农区草业论坛论文集：36-38
吴序卉. 2008. 草产业的 3 块"奶酪". 草业科学，25(4)：140
杨富裕. 2006. 非饲用草产品的开发与利用//农业部草原监理中心，中国草学会. 2006 中国草业发展论坛论文集：120-124
杨富裕，陈佐忠，张蕴薇. 2007. 草原旅游理论与管理实务. 北京：中国旅游出版社

张岩 . 2003. 新源草原旅游业发展的理性思考 . 新疆教育学院学报,19(2):128-130
张英俊,吴维群,闫敏,等 . 2006. 白三叶种子生产与管理 . 昆明:云南出版集团公司云南科技出版社
张英俊,杨春华,常书娟 . 2010. 草地建植与管理利用 . 北京:中国农业出版社
张蕴薇,杨富裕,吴凯峰 . 2006. 能源草的开发与利用//农业部草原监理中心,中国草学会 . 2006 中国草业发展论坛论文集:146-149
赵雪 . 2000. 草地旅游在草地生态系统中的作用及其持续发展 . 中国草地,5:68-73
中华人民共和国国家统计局 . 2008. 中国统计年鉴 2008. 北京:中国统计出版社
周禾,董宽虎,孙洪仁 . 2004. 农区种草与草田轮作技术 . 北京:化学工业出版社
朱进忠 . 2006. 对新疆草业发展的思考(一). 新疆农业科学,43(3):195-199
Ren JZ, Hu ZZ, Zhao J, et al. 2008. A grassland classification system and its application in China. The Rangeland Journal, 30: 199-209
Shoji A, Suyama T, Sasaki H. 1999. Valuing economic benefits of semi-natural grassland landscape by contingent valuation method. Grassl Science, 45(1): 88-91

推荐阅读文献

杜青林 . 2006. 中国草业可持续发展战略 . 北京:中国农业出版社:169-170
郝诚之 . 2007. 钱学森知识密集型草产业理论对西部开发的重大贡献 . 草业科学,24(8):1-8
洪绂曾 . 2006. 草业发展的新里程//农业部草原监理中心,中国草学会 . 2006 中国草业发展论坛论文集:13-17
刘加文 . 2008. 中国草业现状及当前的主要任务 . 草业科学,25(2):1-5
任继周 . 1988. 草原资源的草业评价指标体系刍议//农牧渔业部经济政策研究中心 . 中国畜牧业发展战略研究 . 北京:中国展望出版社:242-262

第十七章　后生物生产层管理战略

草业系统是一个复杂的自然-社会系统，可以概括为生产域、管理域和市场域(图 17-1)。管理将生产和市场联系起来。

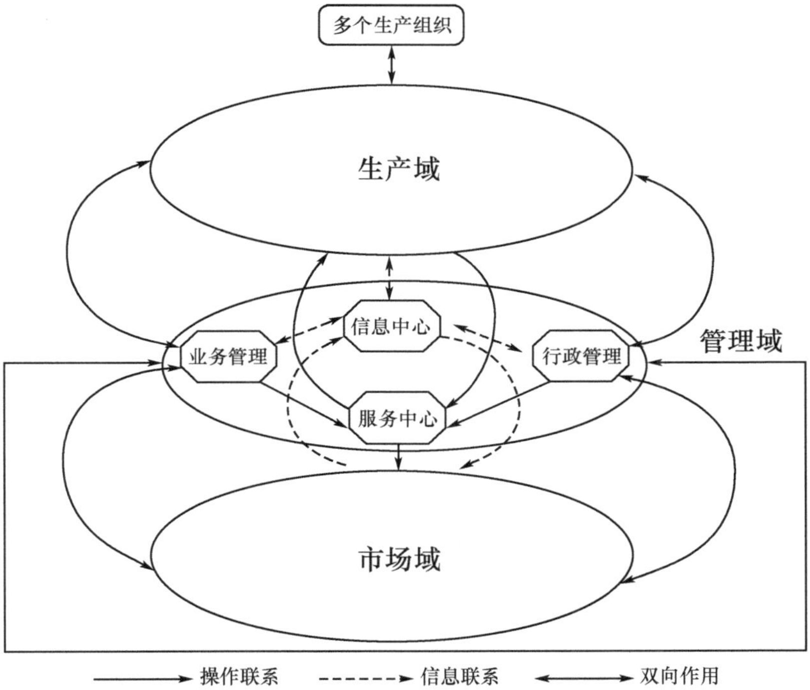

图 17-1　后生物生产层生产管理流程

本章所说的管理既包括狭义的市场与生产者之间的管理，也包括从生产基地到生产系统之间的组织，如农户、合作社、企业或生产联合体到市场交易的众多环节。

管理是后生物生产层的切入点，主要是管理结构的切入、生产层次的切入和生产过程的切入(任继周和侯扶江，2002)。

管理结构的切入以信息网络为中轴联系各个有关管理系统(图 17-1)。业务管理可能是龙头企业、经济实体的协会、合作组织等团体法人。行政管理相当于政府部门，实施分级管理、全面调控整个草业系统运营，但不直接介入市场。生产域是直接从事生产的个人或组织，可能包含几个层次和各个生产层次的若干生产单位，如农牧场、专业户等。信息中心是整个系统的神经中枢，它将信息输出给行政管理和业务管理及生产域和市场域，并从它们那里取得反馈，以实现信息资源的无限往复、不断更新。服务中心从行政管理和业务管理取得指令，作出对生产域和市场域的服务贡献。实质上从生产域到业务管理系统，又到市场域是 3 个不同的企业化层次。

后生物生产层涉及动植物产品的加工和营销,更需要现代管理方法的介入。

第一节　市场需求原则

首先要考虑市场需要哪些产品,只有选择适销对路的产品,生产才具有可行性。根据当前社会发展进步所带来的各种市场需求,以龙头企业或农牧民自主决策的合作社和中介组织为纽带,把分散的农牧民与市场联系起来。以草地资源为生产基地,通过将产前、产中、产后各环节联结为一个完整的产业系统,经加工生产出标准草产品、畜产品或环境产品等商品来满足市场,提高草地生产能力和农牧民的经济收入。认真调研当地市场经济发育程度、区域经济特点、当地相关产业政策、生产专业化情况和社会化服务水平等,不断提高市场竞争力。遵循市场经济规律,制定近期和长期生产规划目标。进行成本分析和风险分析。当然,在市场经济不够发达的自然或半自然经济地区,家庭或企业自身的需求,也可作为参考。

市场需求原则是以市场需求为导向、商品生产为目的、加工销售为纽带、原料基地为基础,使生产布局区域化、加工集约化、产品标准化、经营一体化、管理企业化。

第二节　效 率 原 则

生产的效率原则是现代化农业的精髓和核心(任继周,1981)。

对生产效率尽管有各种不同的理解和计算方法,但从农业生态系统的理论来看,生产效率的最基本的概念只能是生产某项农牧产品时输入物质(所耗费的生产资料)与输出物质(所收获的产品)之比。因此,它的基本计算公式是

$$生产效率=\frac{产品的生产量}{生产该产品投入的物质量} \tag{17-1}$$

根据不同的研究目的,在保持基本结构不变的前提下,式(17-1)的分子部分和分母部分可以有许多变化,但它的基本结构不变。生产效率受诸多因子的影响,如科技投入水平等。

生产效率的基本含意是在农业生态系统中输入物质与输出产品之比。

将生产效率体现于生产,就是生产能力。生产能力是生产单位在最有效地利用生产工具、先进生产方法和劳动组织的条件下,在一定时间内生产某种产品的最大限度的能力。生产能力的计算公式是

$$生产能力=生产效率\times物化手段 \tag{17-2}$$

生产效率和生产能力所不同的是前者为一比值,即相对值,后者为生产效率的总体表现。

对于畜牧业生产来说,水、肥、时间、土地,饲料、药物、种畜、基础畜群等都可以作为物化手段。

当生产效率高时,以较小的物化手段,就能形成较大的生产能力,生产较多的产品;相反,当生产效率低时,投以较多的物化手段,只能形成较小的生产能力,生产较少的产品。在很低的生产效率的条件下追求很大的生产能力,就需要投入很多的物化手段,才会得不

偿失。在极端的情况下,当生产效率为0时,不管投入多少物化手段,都不可能形成生产能力,这就是无效劳动。过去我们出现过许多高产穷队,原因即在于此。

生产的效率原则是现代化农牧业生产的精髓和核心,而畜牧业生产的生产效率问题更多、潜力更大。

生产效率需投入物化手段,才能形成生产能力。当生产效率较低时,投入大量物化手段也只能形成较少的生产能力,在极端情况下,甚至全无收获。

第三节　适度规模与分区经营原则

不同规模发展起来的草业经济,尽管已经取得了很大成绩,但也存在着一定的隐患,就是时常出现的某种产品滞销、大量积压、价格下降甚至严重到血本无归的问题。避免这一问题的出现就需要在全方位周密调查分析的基础上,以适度的经营规模来抵御市场风险。

草业经济产品不具有工业产品的耐存储、耐运输,没有时间、地域、气候等条件限制的属性,因此不能无限扩大规模,只能适度规模经营。应高度注重市场信息和产业链的功能及作用,按市场信息和市场环境及时扩大或缩小规模,努力将规模调整适度。

从草业经济生产企业来讲,适度规模经营成为未来的主流模式。

我国地域宽阔,经济生态类型千差万别,农业资源丰富多样,是因地制宜、发展区域性草地农业系统的良好场所。改变牧区以粗放型草原畜牧业为主的单一的草业经济结构,使牧区走上集约型草地畜牧业发展道路;对农牧交错区采取因地制宜,分类指导,分区进行保护和建设,力争将半农半牧区建设成为我国草地畜牧业产业化加工基地,成为草原地区畜牧业可持续发展的保障基地;同时,通过合理规划农区草业经济发展布局、适度开发南方草地区、重点发挥农区草食动物比较优势和规模优势的途径,建立和完善农区草业经济可持续发展体系,使草业经济成为牧区的支柱产业、半农半牧区的主导产业、农区的重要经济增长点。通过系统耦合,将三者紧密联系起来,使其经济效益、社会效益和生态效益提高到一个新的水平。

现阶段,我国草业发展区域化格局初步形成,可以分为三大区域,即西部草原畜牧区、传统农耕地带与畜牧地带之间的农牧业过渡区和东部农耕区。

西部草原畜牧区包括我国西北和西南传统草原畜牧地带。本区以生态保护为主,在适应性利用原则下,建立草地畜牧业系统。其要点是将草原使用权合理划归牧民,在保障牧民草原土地资源物权的同时,组织联户或合作化生态单元。每一单元应在保证实施划区轮牧的原则下,形成完整的牧业经营系统。部分水热资源适宜处建立栽培草地,以弥补天然草地资源的不足。

农牧业过渡区应设计以建立强大草食家畜为主的草地农业系统,促进农耕区和畜牧区系统耦合,建成现代化畜牧业基地。目前切实可行的方式就是发展优质栽培牧草和草料基地,与邻近农耕地区和畜牧区进行饲料交流和牛羊异地育肥,建立适度规模的商品化生产基地。

东南农耕区应在实施草地农业系统的原则下,以草田轮作为基础,建设高产优质栽培草地。对过度开垦的农田应退耕还草,实行草粮轮作、草果轮作、草烟轮作等多种类型的轮作系统,建成高产草地,发展集约高效草地畜牧业。尤其要着重发展营养体农业,发掘水热、土地资源,开发以草食家畜为主的畜牧业。

发展与栽培草地相适应的草类种子产业。依据草原类型的原理,将全国划分为若干种子产区,发展种子产业,以满足我国草类种子的巨大需求。建立种子基地,加快草种生产的国产化,形成新型产业。

根据草业生产层的需求,因地制宜,分别发展草、畜产品的加工业和流通产业。对前植物生产层发展适当的自然保护区、生态旅游业。

第四节 经济、社会和生态效益协调原则

草业具有较高的公益性、高度综合性和环境建设的重任。因此,草业应为经济效益、社会效益和生态效益的统一体,草业应在三者协调之下得到发展。其中,经济效益决定着草业经营实体和草业体系的经济地位,是草业发展的驱动力。它是草业生命力和竞争力的体现者,应为草业系统的近期发展目标。社会效益体现为表达草业社会功能,注重的是基本建设、对基本需求的供应和草业发展的可持续性,体现为社会的富裕程度和生活幸福指数的稳定发展,应是草业系统的中期发展目标。生态效益则体现草业生产的长期发展潜力,是社会效益和经济效益发展的背景,并提供保障,应是草业系统的长远发展目标。社会效益是经济效益的基础,经济效益是实现社会效益的手段,而生态效益为两者提供生存和发展的基础,两者又为生态效益提供动力。尽管生态效益是现在投资、未来收获,但实践证明如果生态效益保证不了,将来付出的经济代价会更大。因此,草业应在保证生态健康的基础上,以创造社会效益、满足社会需求为第一目标,而当一部分社会效益以经济的形式表现出来后,经济效益也就成为草业系统运行的另一个目标。草业的社会效益、经济效益和生态效益三者之间在本质上是相互依存、相互渗透、相互制约的关系,任何一个效益都不可能离开另外两个效益存在,任何一个效益都会对另外两个效益产生正面或负面影响。

一般来说,生态效益是国家的需求,社会效益是地方的需求,而经济效益是经营者要的,所以正确处理草业社会效益、经济效益和生态效益的关系问题,实质上就是正确处理国家、地方和经营者的整体利益、局部利益和个人利益的关系问题。为了达到上述 3 个效益的和谐统一,草业的政府决策和管理体制都要力求兼顾三者(任继周和朱兴运,1995;任继周,1997;任继周和侯扶江,2004;刘天明等,2005;龙瑞军,2007;李毓堂,2009)。但在实际工作中,由于对这三大效益的关系缺乏足够的认识,不是将经济效益与生态效益或社会效益对立起来,就是单纯强调某一效益,结果往往适得其反,使生态系统蒙受损伤,最终导致三败俱伤。

当前,我们必强调生态效益的重大意义。草原牧区与农耕区的生态系统唇齿相依,忽视两个生态系统之间的相关性,则会唇亡齿寒或两败俱伤。长期以来,我国草原牧区与农耕区草地的生态作用和生态健康被严重忽视,出现不同程度地水土流失、植被退缩、草地退化、耕地质量下降等生态环境问题。目前,全国草原牧区 90% 的可利用天然草地出现不同程度地退化,沙化、盐渍化达到中度以上的退化草地面积已占半数以上。草地退化导致沙尘暴频繁发生,掩埋农田,毁坏农业设施,已殃及农耕区,造成草原牧区与农耕区生态

环境的严重破坏和巨大的经济损失，产生了一系列严重的生态经济问题。对国家生态安全和国家经济发展构成严重威胁，并直接威胁到人类的可持续发展（杜青林，2006；赵萌莉等，2009）。我国农耕区“资源-粮食-污染”的“石油”农业系统已经难以为继，在水土流失最严重和退耕还草最迫切的农耕区，要扭转这种不利局面，唯一可行的途径是加强栽培草地建设，维护生态健康（任继周和林慧龙，2009）。

长期以来由于环境投入、产出难以货币化（如水资源和草地退化、沙漠化等），不能表示生态效益，国民生产总值无法计量自然资源方面出现的稀缺和环境质量的下降，没有反映自然资源、环境资源的流量与价值变化，缺乏生态补偿机制，导致盲目生产，对自然资源的开发利用过程中的短期行为造成了对生态环境的严重破坏，使生态系统向人类提供的福利减少，直接威胁到人类可持续发展。自然资源的生产价值与生态价值急剧背离。越是到近代，当人口增长的压力和人类欲望的非理性需求逾越其临界阈值时，人类会无情地掠夺自然资源去满足自己的需要，近乎自杀式地毁坏养育自己的自然生态基础。这种状况如不加以调整和克服，人类赖以生存的地球将难以支撑可持续的社会发展。目前，对环境容量的无偿占有与对环境质量的自觉养护之间出现了严重的失衡状态。不同区域或多或少地都在“环境赤字”状态下运营自己的经济。环境质量的保持与建设，基本上处于非自觉状态。说明人类至少尚未形成自觉地、主动地、自动互助式地投入养护环境和保持自己家园的行动之中。

在草业经济发展方面，要坚持经济发展和环境保护协调并重，适度开发草地资源，发挥区域优势，加强草业市场经济体系建设，积极推进草业生产方式转变，建立和完善草业经济可持续发展体系。

（林慧龙）

主要参考文献

杜青林 . 2006. 中国草业可持续发展战略 . 北京：中国农业出版社

李毓堂 . 2009. 草产业和牧区畜牧业改革发展 30 年 . 草业科学，26（1）：3-7

刘天明，赵爱桃，冯玉玺 . 2005. 中国草业可持续发展几个问题的探讨 . 内蒙古草业，17（4）：26-28

龙瑞军 . 2007. 青藏高原草地生态系统之服务功能 . 科技导报，25（9）：26-28

任继周 . 1981. 关于甘肃畜牧业现代化起步问题的四项建议 . 社会科学，3：13-18

任继周 . 1997. 草地农业系统持续发展的原则理解 . 草业学报，6（4）：1-5

任继周，侯扶江 . 2002. 要正确对待西部种草 . 草业科学，19（2）：1-6

任继周，侯扶江 . 2004. 草地资源管理的几项原则 . 草地学报，12（4）：261-263

任继周，林慧龙 . 2009. 农区种草是改进农业系统、保证粮食安全的重大步骤 . 草业学报，18（5）：1-9

任继周，朱兴运 . 1995. 农业生态生产力及其生产潜力，兼论有动物农业的重要意义 . 草业学报，4（2）：1-5

赵萌莉，韩冰，红梅，等 . 2009. 内蒙古草地生态系统服务功能与生态补偿 . 中国草地学报，31（2）：10-13

推荐阅读文献

郝诚之 . 2007. 钱学森知识密集型草产业理论对西部开发的重大贡献 . 草业科学，24（8）：1-8

李毓堂 . 2009. 草产业和牧区畜牧业改革发展 30 年 . 草业科学，26（1）：3-7

钱学森 . 1997. 关于草业的论述 . 草业科学，14（4）：17-20

任继周 . 2002. 钱学森先生为草业科学开辟了一条新路 . 草业科学，19（1）：1-3

中国草业协会 . 1992. 国家杰出贡献科学家钱学森关于草业的论述 . 草业科学，4：11-19

国家出版基金项目
NATIONAL PUBLICATION FOUNDATION

“十三五”国家重点出版物出版规划项目

中国陆地生态系统碳收支研究丛书

中国灌丛生态系统碳收支研究

谢宗强　唐志尧　刘　庆　徐文婷 等　著

科 学 出 版 社
龍 門 書 局
北 京

内 容 简 介

本书是“中国陆地生态系统碳收支研究”丛书的一个分册。本书基于全国3600余个灌丛样方调查资料，针对灌丛生态系统碳收支研究领域的热点和空白，分析了中国灌丛植被的分布格局及其控制因素，系统论述了中国灌丛生态系统全组分碳密度的分布格局及其与环境的关系，在此基础上，采用尺度推演和模型模拟手段估算了中国灌丛生态系统碳库现状、固碳速率与潜力，并按照自然分区详述了温带暖温带灌丛、热带亚热带灌丛和西南山地灌丛的碳循环特征。

本书可供生态学、地球化学、土壤学、环境学等领域的科研和教学人员阅读参考，对农林牧业和环保部门的管理人员也有参考价值。

审图号：GS（2019）2945号

图书在版编目（CIP）数据

中国灌丛生态系统碳收支研究/谢宗强等著. —北京：龙门书局, 2019.11
（中国陆地生态系统碳收支研究丛书）
国家出版基金项目 “十三五”国家重点出版物出版规划项目
ISBN 978-7-5088-5676-6

Ⅰ. ①中…　Ⅱ. ①谢…　Ⅲ. ①灌木林–森林生态系统–碳循环–研究–中国
Ⅳ. S718.55

中国版本图书馆CIP数据核字（2019）第242319号

责任编辑：王　静　李　迪 / 责任校对：严　娜
责任印制：徐晓晨 / 封面设计：北京铭轩堂广告设计有限公司

科学出版社出版
北京东黄城根北街16号
邮政编码：100717
http://www.sciencep.com
北京九州迅驰传媒文化有限公司印刷
科学出版社发行　各地新华书店经销
*
2019年11月第 一 版　开本：787×1092　1/16
2025年 1 月第三次印刷　印张：20 1/2
字数：499 000

定价：198.00元

(如有印装质量问题，我社负责调换)

前　言

生态系统固碳是目前最经济可行和环境友好的减缓大气中 CO_2 浓度升高的途径。计量和估算陆地生态系统碳储量和固碳能力，既是近年来全球变化领域研究的热点，又是当前国际社会广泛关注的焦点。因此，2011 年 1 月，中国科学院率先启动了战略性先导科技专项“应对气候变化的碳收支认证及相关问题”（以下简称碳专项），并设置了“生态系统固碳现状、速率、机制和潜力”项目（以下简称固碳项目）。固碳项目共有 350 多名研究人员参加，按照统一的实验设计和调查方法，系统调查了中国陆地生态系统 17 000 多个样方，是继国际生物圈计划（International Biosphere Program，IBP）之后世界范围内最大的野外调查计划，为研究中国植被生产力、碳收支及生物多样性的宏观格局提供了大量的野外实测数据。

灌丛是我国陆地生态系统的重要组成部分，占全国国土面积的 7.7%。灌丛的生态适应范围极为广泛，是中国山地和干旱地区极为常见的植被类型，成为我国乃至地球上独具特色的植被景观类型之一。在全球气候变化的背景下，我国灌丛生态系统的碳汇功能日益显著，其碳储量的增加被认为是我国陆地生态系统碳储量增加的主要原因之一。据估计，灌丛碳汇为森林碳汇的 1/3 左右。但由于对灌丛植被的定位存在偏差及不同行业部门对其认识存在偏差，既往的灌丛调查资料属于森林、草地调查资料的一部分内容，一直未专门针对灌丛开展系统性的调查工作。相对于森林和草地植被部分，我国灌丛碳汇只有非常粗略的估计，其结果具有较大的不确定性，这成为我国陆地生态系统碳计量研究中不确定性最大的因素。

中国科学院战略性先导科技专项的固碳项目专门设置“中国灌丛生态系统的固碳现状、变化和机制”课题（XDA05050300）。该课题由谢宗强和唐志尧共同主持，按照灌丛生态系统固碳研究的调查与分析技术规范进行野外样点布设及采样，共调查代表性灌丛样方 3600 多个，采集 2.3 万份植物样品、3.4 万份土壤样品。通过调查、测试分析与模型模拟，建成了“中国灌丛生态系统碳储量数据库”。该数据库共有 31.3 万条记录，主要指标有样地的位置、气候环境、坡度坡向、物种组成，优势种和常见物种的分器官生物量及碳、氮、磷含量，以及土壤深度、土壤容重、土壤 pH、土壤总碳、土壤有机碳及氮、磷含量等，为研究我国灌丛生态系统碳循环及其变化奠定了基础。

本书是“中国灌丛生态系统的固碳现状、变化和机制”课题的重要研究成果之一，全书共 20 章，每章由各位著者分工执笔完成。第 1 章由谢宗强、唐志尧完成，第 2 章由唐志尧、谢宗强完成，第 3 章由李家湘、唐志尧、谢宗强完成，第 4 章由徐文婷、谢宗强、唐志尧完成，第 5 章由赵霞、唐志尧完成，第 6～10 章由唐志尧、杨弦、郭焱培、张建华、马文红、刘鸿雁等完成，第 11～15 章由谢宗强、李家湘、张蔷、王杨、葛结林等完成，第 16～20 章由刘庆、胡君、赵春章、郭婉玑、赵文强、李丹丹等完成。统稿由谢宗强完成。

方精云和于贵瑞对“中国陆地生态系统碳收支研究”丛书做了精心策划与组织，中国科学院战略性先导科技专项（XDA05050300 和 XDA19050402）为本书的编写和出版提供了资金支持。特别感谢“中国灌丛生态系统的固碳现状、变化和机制”课题的每一位参与者，他们在野外调查和数据整理方面做出了重要贡献，为本书的编写奠定了坚实的基础。

由于我国灌丛生态系统类型复杂、分布广泛，书中遗漏和不足在所难免，敬请读者批评指正。

著　者

2018 年 12 月

目　　录

第1章 绪　论

1.1 灌丛生态系统

灌丛指由荒漠以外的中生或中旱生灌木占优势所组成的植被类型，群落高度一般在5m以下，盖度大于30%（吴征镒，1980）。灌丛与森林的区别不仅在于群落高度不同，更主要的是灌丛建群种多为簇生的灌木生活型；灌丛与草地的区别在于草地是由低矮的非木本物种占优势的植物群落组成；灌丛与草丛的区别在于草丛中灌木种类分布稀疏而不形成背景，而且也起不到制约环境的作用（谢宗强和唐志尧，2015）。

灌丛是我国陆地生态系统的重要组成部分，分布面积达74.3万km^2（Tang，2018），占全国国土面积的7.7%。灌丛的生态适应范围极为广泛，是中国山地和干旱地区极为常见的植被类型。近年来，由于退化植被的恢复及重建，中国灌丛植被的分布面积增长迅速，灌丛成为独具特色的植被类型之一。虽然灌丛植被分布广泛且类型复杂多样，但它在中国植被水平分布带中不占有显著地位；在青藏高原和云贵高原的山地垂直带上常有原生灌丛分布，在全国各地有许多次生灌丛类型，并有明显的地区性和生物生态学差异（谢宗强和唐志尧，2017）。在全球气候变化的背景下，我国灌丛生态系统的碳汇功能日益显著，其碳储量的增加被认为是我国陆地生态系统碳储量增加的主要原因之一（胡会峰等，2006）。

1.2 研究现状

陆地生态系统生物量是评价生态系统结构和碳汇功能的关键指标，准确估算其储量、组分分配和空间分布是研究生态系统生产力、碳动态及碳汇潜力的必要前提。有关陆地生态系统生产力、生物量、碳储量及其分布与动态的研究大多集中在森林、草地、

本章执笔人：谢宗强，唐志尧

农田和荒漠生态系统，且估算灌木或灌丛生物量的途径也极其有限。

对于木本植物而言，生物量方程是准确估算陆地生态系统生物量、碳储量的重要手段。我国灌木生物量方程的相关研究较为薄弱，相对于我国丰富的灌丛类型和灌木树种，现有的灌木生物量方程远远不足，并且部分方程的适用范围存在很大的局限性（Zhou et al.，2007），难以实现不同尺度上生物量的准确估算。在进行个体、局域及区域尺度上灌丛生物量估算、组分分配和空间分布等方面的研究中，缺乏样地生物量调查数据和系统的研究（Zhou et al.，2007）。由于缺乏区域尺度上灌丛生物量估算的方法和充分的数据，我国陆地生态系统碳计量研究存在很大的不确定性（Piao et al.，2009）。

方精云等(2007)通过两种方法间接地估算出我国灌丛的碳汇量为0.014～0.024Pg C/a。第一种方法是通过建立植被类型的植被净初级生产力（NPP）和碳汇之间的关系来估算灌丛的碳汇量；第二种方法是利用“碳汇效率”来估算，碳汇效率是某一类型的植被每单位 NPP 所产生的碳汇量，主要利用已经发表的 NPP 和碳汇数据来计算森林的碳汇效率，将其平均值作为灌丛的碳汇效率求得其碳汇量。Ni（2001）利用灌丛生态系统的全球平均植被碳密度，结合中国灌丛分布面积估算出中国灌丛生态系统碳密度，为 45.6Mg C/hm^2，总碳储量为 8.02Pg C。胡会峰等（2006）在广泛收集资料的基础上，采用植被平均碳密度方法，粗略地估算了中国 6 种主要灌丛植被的碳储量，认为这些灌丛的碳储量分别相当于中国森林、草地碳储量的 27%～40%和 36%～55%，云南、贵州、四川是主要储库。

尽管我国灌丛植被碳汇潜力非常乐观，据估计其碳汇为森林植被碳汇的 1/3 左右，但相对于森林和草地植被，在全球气候变化的背景下，灌丛植被生物量及其空间分布的不确定性已成为我国陆地生态系统碳计量研究中不确定性最大的因素（Piao et al.，2009）。

1.3 存在的问题

作为陆地生态系统中最重要的自然植被类型之一，灌丛在群落演替和生物固碳等方面扮演着不可替代的角色（Piao et al.，2009）。以往有关中国灌丛碳汇的研究主要还是通过植被 NPP 和碳汇之间的关系、植被平均碳密度法来粗略估计（胡会峰等，2006；方精云等，2007），相对于森林和草地生态系统而言，灌丛固碳已经成为我国陆地生态系统固碳研究的一个瓶颈，主要存在以下问题：①研究测量数据极为缺乏，远远少于其他生态系统；②研究多局限于某些灌丛类型地上生物量测定，缺少地下根系生物量、凋落物生物量和土壤碳库的测定；③由于对灌丛植被的定位及不同行业部门对其认识存在偏差，历史时期的灌丛调查资料属于森林、草地调查资料的一部分内容，一直未专门针对灌丛开展系统性的调查工作，缺少单独的灌丛生物量调查资料；④在我国包括中国生态系统研究网络（CERN）在内的众多野外科学观测研究台站中，目前还没有专门针对灌丛植被的定位观测站，缺乏灌丛固碳机制及其对气候变化响应的研究；⑤灌丛生物量碳库估算有待制定统一、规范的方法和操作指南，尤其是地下生物量的估算。

最近的研究表明，灌丛碳储量评估的不确定性在技术层面上至少还来自如下两个方面：①由于统计面积和其他指标的差异，对灌丛生态系统碳储量的估算具有明显的不确定性；②受气候变化和人类活动的影响，灌丛生态系统的不同发展阶段、利用方式改变所引起的生态系统类型的转变将会严重影响其碳收支评估的准确性。

国际上对生态系统固碳速率和潜力计量的研究已经向“可测量、可检验、可核查”方向发展，这就需要更为详细、准确的基础数据和科学合理的计量方法，达到“三可”新要求。

1.4　研究思路

生态系统碳循环主要过程的精确计量对于区域尺度碳循环的评估和模型校验至关重要，是精度检验和不确定性分析的主要途径。本研究采用统一的调查方法和技术规范，集成灌丛生态系统碳循环定位观测、环境控制实验、植被/土壤调查、资源清查、卫星遥感等多源数据，构建灌丛碳循环数据平台；对我国不同灌丛生态系统类型的碳循环各组分进行精细计量，构建国家尺度灌丛碳源汇估算校验基准点网络，建立一套完整、标准化的灌丛碳循环参数体系；根据灌丛的特点，通过一系列控制实验及野外采样分析，研究灌丛生态系统碳库各组分的变化、各组分间的碳转换速率及其与环境因子、生物因子和人为管理的相关关系，据此阐明灌丛碳源汇形成机制，并重点解决以下关键问题。

（1）发展灌丛碳源汇测定的方法体系。应用地面与遥感观测、模型模拟等多种方法和多源数据，促进灌丛生态系统碳源汇评估方法体系的发展，为全球其他地区灌丛碳源汇的测定提供方法体系。

（2）全面系统地测定我国灌丛的碳源汇特征。通过研究我国灌丛生态系统碳源汇的年际变化和区域差异，探明我国灌丛生态系统碳源汇的时空变化规律及不同区域在我国碳循环中的贡献。

（3）加深对中国陆地碳源汇形成机制的理解。通过对我国代表性地区灌丛生态系统碳库各组分的精细测定，结合施肥等控制实验，深入理解生态系统碳库各组分的转换与流通机制、碳源汇转化机制及其环境响应机制。

1.5 主要研究内容

1.5.1 灌丛及其生物多样性的分布格局

本研究基于《中华人民共和国植被图 1∶1 000 000》（以下简称 1∶100 万中国植被图）对灌丛分布的记载，采用分层随机抽样方法，对我国灌丛物种组成、植被类型、物种丰富度等进行系统调查；结合气候要素、生境异质性和人类活动因子，开展灌丛物种组成及区系特征、灌丛分布格局与环境变化、物种丰富度随环境的空间变化等研究；探讨灌丛结构特征的空间格局及其驱动因子，揭示物种丰富度空间分异的潜在过程机制，为区域生物多样性保护和退化生态系统的恢复提供重要的科学参考。

1.5.2 碳、氮、磷化学计量

碳（C）、氮（N）、磷（P）化学计量特征对生态系统生产力、功能和养分循环有重要的影响。依据 1∶100 万中国植被图，采用分层随机抽样方法布设灌丛样地，选择其中的典型灌木为对象，采集其叶、茎、根器官样品，测定其 C、N、P 含量；分析 C、N、P 在灌木器官间的分配策略；研究灌木 C、N、P 化学计量特征和空间分异规律，阐明环境和生物因素对其 C、N、P 含量的影响机制。

1.5.3 碳储量

为了对中国灌丛生态系统碳密度及碳储量开展系统性的研究，依据 1∶100 万中国植被图，采用分层随机抽样方法，选择具有代表性的灌丛样地，对中国灌丛生态系统进行野外调查与估算，精确测定灌丛生态系统各组分的碳密度。依据各省各类型灌丛面积，按面积权重分别计算得到全国各省地上生物量、地下生物量、凋落物量、土壤及生态系统碳储量，估算出中国灌丛生态系统的总碳储量。依据灌丛占中国陆地自然生态系统面积的比例和其总碳储量占中国自然生态系统总碳储量的比例，评估灌丛对中国陆地生态系统碳储量的贡献。

1.5.4　固碳速率与潜力

利用灌丛地面样方数据，结合过去 30 年不同分辨率的卫星遥感影像，分析中国陆地植被碳库及其时空变化特征，并对其影响因素和灌丛生态系统固碳速率遥感反演中的不确定性进行探讨。研究包括以下方面：①建立每种灌丛群落类型地上生物量和生长季增强型植被指数（EVI）的经验模型，以及 EVI 和归一化植被指数（NDVI）的关系；②估算灌丛植被类型像元尺度上的生物量碳密度，同时基于植被指数的时间序列数据进一步估算过去 30 年间我国灌丛生态系统地上生物量碳储量的时间变化；③基于地上、地下生物量的经验关系，估算灌丛植被的总固碳速率及其潜力。

1.5.5　碳循环影响机制

选取具有代表性的灌丛如杜鹃、窄叶鲜卑花、红花岩生忍冬等灌丛为研究对象，开展氮添加控制实验，氮添加浓度由低到高依次为：0g N/（m^2·a）、2g N/（m^2·a）、5g N/（m^2·a）、10g N/（m^2·a），同时测定与碳循环相关的植物光合特性、凋落物生成与分解、根系周转、呼吸作用、生态系统碳库等指标，定量研究灌丛生态系统各组分的碳转移规律，估算不同氮沉降水平下灌丛生态系统的碳源汇效应，揭示灌丛植被–土壤碳固存的机制和途径。

1.6　术　　语

凋落物：也可称为枯落物或有机碎屑，是指在生态系统内由地上植物组分产生并归还地表面，作为分解者的物质和能量来源，借以维持生态系统功能的所有有机质的总称。

它包括林内乔木和灌木的枯叶、枯枝、落皮及繁殖器官、野生动物残骸及代谢产物，以及林下枯死的草本植物与枯死植物的根。

多度：是对样方中物种个体数量的一种目测估计指标，主要用于快速获得数据的野外调查，常采用 Drude 的七级制进行分级，可用于密集草本植物的描述。

盖度：指植物地上部分垂直投影面积占样地面积的百分比，又称投影盖度。群落调查时，可以记载每个优势种的盖度（称种盖度或分盖度）；任何单个物种的盖度都不会超过 100%，但所有种的盖度之和可能超过 100%。

个体密度：指样方中的植物个体数量。每种植物有各自的个体数量，称种群密度。所有物种的种群密度之和即群落的个体密度。

基径：植株（本课题指灌木）贴近地面并平行于地面的茎秆直径。在实际测量时，一般选取离地面 5cm 处的位置测量其周长后进行计算得到。

片区：为了本课题的有效执行，在较高层次的区域划分单元。在同一片区内，植被、气候相对一致。本课题主要依据灌丛的地带性特征将中国划分为三个片区：温带暖温带灌丛片区、热带亚热带灌丛片区、西南山地灌丛片区。

群系：植物群落的分类单位。凡是建群种或共有种相同的植物群落联合为群系。由于建群种或共有种相同，一个群系的结构、区系组成、生物生产力及动态特点都是相似的。因此，建群种这一指标反映了群系最本质的特征。

生态系统的现存碳储量：是生态系统长期碳蓄积的结果，是生态系统现存的植被生物量有机碳、凋落物有机碳和土壤有机碳储量的总和。

生态系统固碳潜力：指生态系统在某些目标和特定环境之下可以达到的最大固碳能力。

生态系统固碳速率：指生态系统净固碳速率，即在单位时间内单位土地面积上的植被和土壤从大气中吸收并储存的碳或 CO_2 的物质量。

生态系统生产力：指单位时间内单位土地面积上的植被通过光合作用形成的可利用生物量的能力。

生物量：指某一特定时刻单位空间的有机物质鲜重或干物质量（包括地上和地下，活的和死的）；可用于指某个种群、某类群生物或整个生物群落的生物现存量。本研究中特指灌丛生态系统的生物现存量。

碳密度：指单位土地面积的碳储量。一般将单位土地面积生态系统碳储量、植被碳储量和土壤碳储量分别定义为生态系统碳密度、植被碳密度和土壤有机碳密度。

第2章　中国灌丛生态系统固碳现状调查

灌丛生态系统是陆地生态系统的重要组成部分，其固碳现状、速率和潜力是估算陆地生态系统固碳现状、速率和潜力不可或缺的重要研究内容。由于我国灌丛生态系统的特点及研究历史等，开展灌丛生态系统的固碳研究难度大、任务重，是一项艰巨的挑战。

根据我国灌丛植被的分布特征，将我国灌丛划分为温带暖温带灌丛、热带亚热带灌丛、西南山地灌丛三个片区，根据各片区灌丛植被的分布面积和演替序列，选择1000～1200个代表性样地，每个样地设3个样方，采取统一的标准和方法对我国灌丛生态系统碳储量及其空间分布进行系统调查；并拟复查其中的30%，以精确计量我国灌丛生态系统碳汇及其变化，通过遥感反演、模型模拟及与实测数据相结合等手段，准确估算区域和全国尺度灌丛生态系统碳汇的大小、分布、潜力及理论固碳潜力，并阐明其可能机制，为区域生态系统的管理和气候变化的国际谈判提供切实可靠的科学依据。

2.1　样 地 布 设

2.1.1　布设原则

样地布设需综合考虑以下原则：地带性（纬度地带性、垂直地带性）、代表性（灌丛类型、地域特点与人为干扰）、可操作性。基于以上原则，样地布设过程中采用了分层随机抽样方法。

2.1.2　调查范围及划分

调查范围为全国灌丛生态系统，涉及140种群系类型。根据灌丛植被类型的区划特

本章执笔人：唐志尧，谢宗强

点，将我国灌丛划分为三个片区（表 2-1，图 2-1）。

表 2-1　片区划分及各片区主要灌丛植被类型

片区名称	省区市	特征灌丛
温带暖温带灌丛片区	黑龙江、辽宁、吉林、北京、天津、河北、山西、陕西、宁夏、甘肃、内蒙古、新疆、山东、河南	以温带落叶阔叶灌丛为主，同时包含灌木荒漠
热带亚热带灌丛片区	上海、江苏、安徽、福建、江西、湖南、湖北、重庆、广东、广西、海南	以热带亚热带常绿灌丛为主
西南山地灌丛片区	青海、西藏、四川、云南、贵州	以亚高山灌丛为主

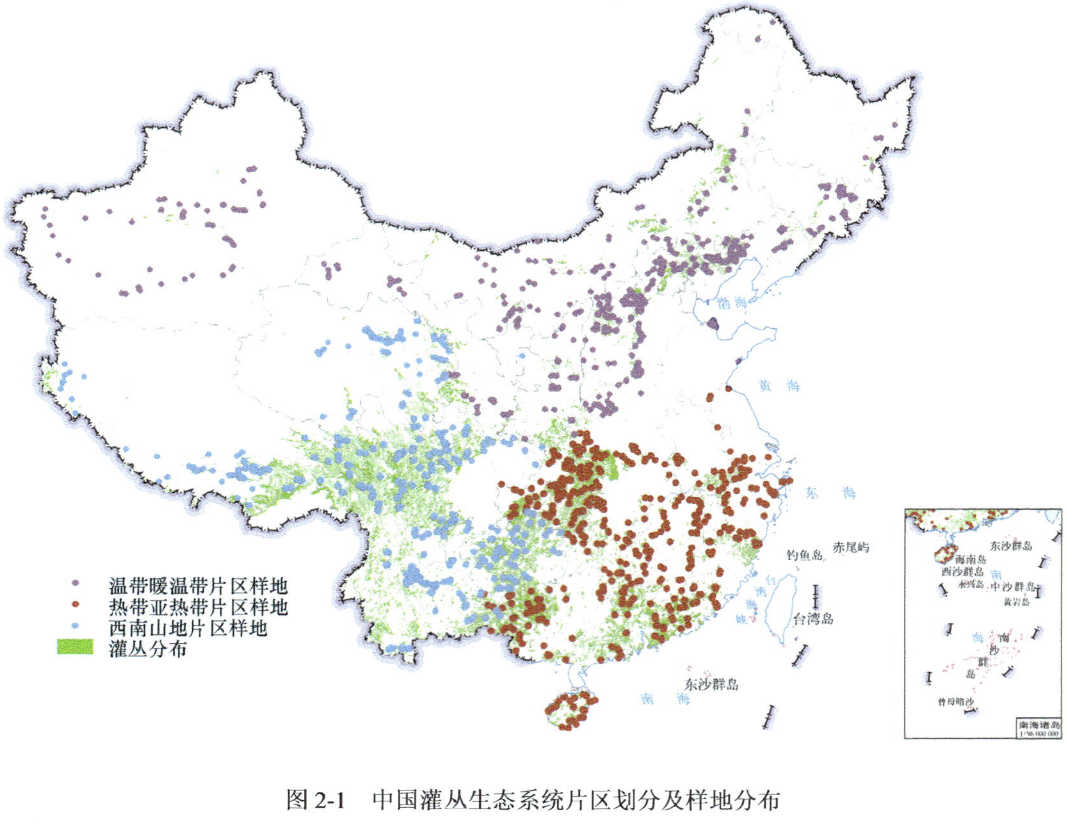

图 2-1　中国灌丛生态系统片区划分及样地分布

2.1.3　调查网格划分与样地数量

以 1∶100 万中国植被图为基础，依据不同群系灌丛的面积分布比例取样。按照 1∶5

万地形图标准分幅（网格面积为 15′×10′）将全国划分为 26 293 个网格。将这些网格与 1∶100 万中国植被图中的灌丛（含灌木荒漠）进行叠加，灌丛对应的网格数为 8575 个，选取其中灌丛覆盖率>30%的网格 3855 个。为便于全国尺度的模型模拟，依据《2006 年 IPCC 国家温室气体清单指南》（IPCC，2006），需要随机选取其中 3%的网格用于校验，因此样地应该落在不少于 257 个（8575×3%）网格中。依据 1∶100 万中国植被图记载的灌丛群落的类型和面积，各片区选择 60%以上的群落类型，根据各群落类型的面积权重分层随机设定样地数并选取样地。在各省区市内，根据不同灌丛类型的面积权重布设样地，同时适当减少面积较大、分布连续的灌丛类型的样地数量，增加面积较小、分布零散的灌丛类型的样地数量，以兼顾灌丛类型和面积，并满足各自调查抽样的样地数量和面积。

依据以上方法，最终共设置样地 1200 个（含 3600 个样方），其中温带暖温带落叶灌丛片区共 28 个类型，热带亚热带灌丛片区共 23 个类型，西南山地灌丛片区共 39 个类型，三个片区分别设置约 400 个样地（具体样地见图 2-1）。

2.2 样 地 设 置

2.2.1 样地选择及设置

在以上选定的网格中，选择合适的位置开展灌丛生物量调查。因植被变化，在实地调查过程中，部分按照计划设置但难以找到的类型，可选择该区域分布最广的灌丛递补。调查时应区分寒性、温性、暖性、热性灌丛类型的物候节律，选择适宜的季节进行调查。

（1）样地选择原则

调查中，选择适当的样地是调查的关键。在样地选择时应遵循以下原则：①群落内部的物种组成、结构和生境相对均匀；②群落面积足够，原则上样地所在斑块至少 1hm^2 以上，使样地四周能够有 10m 以上的缓冲区；③除依赖于特定生境的群落外，一般选择平（台）地或缓坡上相对均一的坡面，避免坡顶、沟谷或复杂地形。

（2）样地设置

样地位置选好后，在有代表性的地段设置坡面面积为 5m×5m（灌木荒漠为 10m×10m）的样方。每个样地设置 3 个重复样方，重复样方边缘两两之间最小距离 5m，最大距离不超过 50m（图 2-2）。

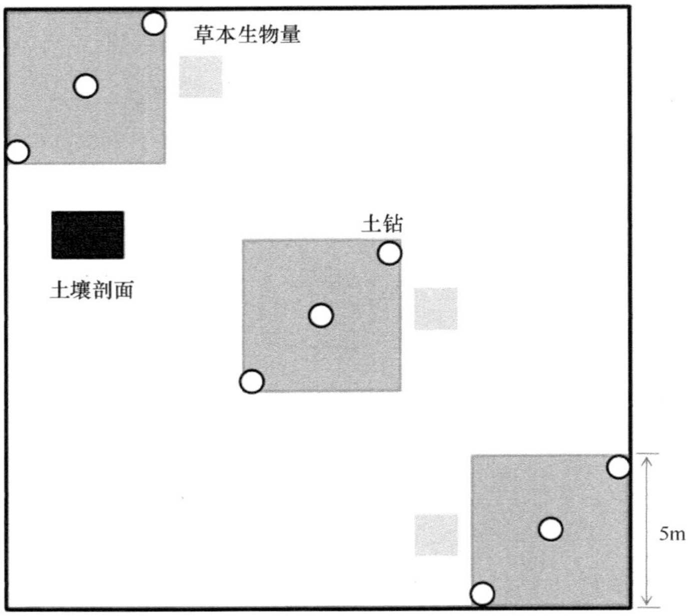

图 2-2 样地设置及调查项目分布

每个样地挖取土壤剖面 1 个，设置 3 个调查样方（5m×5m），在每个样方利用土钻取样 3 个，样方内土钻样品分层混合

（3）复查样地

调查样地总数的 30%需在项目执行后期进行复查。以硬材质木桩或 PVC 管标记样地的四角，标桩地上部分留 30cm 左右（如条件允许，需以金属埋在标桩位置以防人为破坏，复查时以金属探测器探测）。

2.2.2 群落调查表及说明

群落调查的内容和测定项目需通过填写群落调查表来实现，因此设计合理、可行的群落调查表是实现使用统一调查方法完成群落清查的关键途径。群落调查表包括样方基本信息表和群落调查记录表。

2.2.3　群落和土壤剖面照片

除调查表所记载的项目外，还需对群落进行拍照，应该包括以下要素的照片：①群落外貌；②群落垂直结构；③土壤剖面；④优势种（多张植物特写）。数码照片的分辨率应在 800 万像素以上，照片应该包含地理坐标信息（经纬度）。

2.2.4　样地环境因子调查

（1）利用 GPS、海拔表、罗盘测定经纬度、海拔、坡度、坡向等。

（2）群落概况记录包括群落类型、优势种、干扰和生长期等。

2.3　样地调查与取样

灌丛类型划分：灌丛在外貌上介于森林和草地之间，其结构复杂。为了对灌丛群落进行有针对性的调查，我们将灌丛划分为 3 种类型（图 2-3）。

图 2-3　几种主要的灌丛类型

类型 A（森林型）：由分枝明确、枝干离散可数的灌木构成的灌丛，如杜鹃灌丛（图 2-3A）。

类型 B（草地型）：由分枝不明确、枝干混杂蔓生的灌木构成的灌丛，如胡枝子灌丛、荆条-酸枣灌丛（图 2-3B）。

类型 C（荒漠型）：由分枝不明确、枝干成簇成团的灌木构成的灌丛，如小蓬荒漠灌丛（图 2-3C）。

对于上述不同类型的灌丛，其群落及生物量调查方法有差别。

灌丛样品包括植物样品和土壤样品。

植物样品主要包括植物地上、地下和凋落物部分。植物活体样品（地上、地下部分）需要分器官（根、茎秆、叶、当年生小枝、花果等）分别获取。在取样过程中，茎秆和根系样品需根据不同大小级按比例获取。样品在采取后应装入布袋中，尽快在恒温烘箱中烘干，一般直接在 65℃下使样品干燥至适于研磨或粉碎为止（一般为 24～48h）。如条件不允许，可用简易吹风机吹风 10h 后尽快运回实验室；在有电力供应的条件下，可以利用微波炉杀青。凋落物一般在 1m×1m 的小样方收集后尽快风干，挑除杂质，再按粗大枝条、枝条、叶、皮、花果等进行归类，分别称重和取样。每个植物样品质量要求相当于干重约 100g，总量不够 100g 时全量取样。

土壤样品包括土壤环刀样品和土壤土柱/土钻样品。所有土壤样品都按 0～10cm、10～20cm、20～30cm、30～50cm、50～70cm、70～100cm 分层取样。土壤环刀样品取样后直接装入塑料自封袋，称重，风干并及时运回实验室。土钻样品需分层混合均匀后取样，总量超过 100g 时，取相当于干重 100g 的土样，装入塑料自封袋或布袋，称重，风干并及时运回实验室。所有分层样品取样前需尽量挑除大的石砾、根系及其他杂质。注意混合过程中勿过度挤压而使土壤过度破碎，而应轻轻沿土壤原有纹理分开，以尽量保持土壤结构。

2.3.1　植物群落调查

植物群落调查包含灌木层和草本层调查。调查需要记录所有的维管植物，对于不能当场鉴定的植物采集标本要进一步确认。

（1）灌木层

1）类型 A

在每个 5m×5m 或 10m×10m 的样方内，对灌木层的全部灌木进行每木调查，逐株（从）

逐枝记录其种名、高度、枝下高、基径、胸径、冠幅，并记录其物候期，物候期包括花前营养期、花蕾期、开花期、果期、果后营养期、枯死期等。

2）类型 B

在每个 5m×5m 或 10m×10m 的样方内，对全部灌木进行分种调查。将每种灌木按其最大高度划分高度等级（2.5m 以内每 0.5m 划分一个高度级；共 3～5 个高度等级，以实际高度值标识）。对于每个灌木种的同一高度级，逐丛记录其种名、最大高度、高度级（实际高度范围）、枝下高、冠幅，估算其茎秆数量和平均基径，并记录其物候期。

3）类型 C

在每个 5m×5m 或 10m×10m 的样方内，对全部灌木进行分种调查。对于每个灌木植株，记录其种名、高度（最大高、平均高）、冠幅和物候期。

（2）草本层

所有类型草本层群落调查方式一致。在每个 5m×5m 或 10m×10m 的样方四角设置 1m×1m 的小样方进行调查，记录草本层总盖度，并记录所有草本维管植物的种名、平均高、盖度、多度等级和物候期。

2.3.2 地上生物量调查

（1）灌木层

1）类型 A

此类型灌丛外貌与森林较为类似，其地上生物量由标准株法获得。在样方外的邻近位置，对优势种（在此处优势种是指从最优势开始排序，累积基面积达到 90%的物种）按照不同基径级选取 3～5 株标准株测量其基径、高度、枝下高和冠幅，在收割后按器官分别称重、取样（图 2-4）。如样地优势种在其他样地已经采集足够多的标准株，则每个省份每种的标准株数量不应少于 30 株。

图 2-4　灌木标准株挖取和植株分器官采集

挖取标准株后，将植株按照不同的器官进行分解称重

2）类型 B

此类型群落类似于草地类型，其地上生物量由收获法获得。在每个样方中，选取不小于 1m×1m 的代表性小样方，收割其生物量，将优势种分种、分器官称重并取样，带回实验室烘干称重（图 2-5）。

图 2-5　灌木层地上生物量收获

下图示收获后地表状况

3）类型 C

此类型生物量调查采用标准丛法。取样方式与类型 A 相似，但主要测量指标有所差异。按不同冠幅等级每个等级选取 3～5 丛标准丛测量其高度和冠幅。

（2）草本层

对于所有类型的草本层，其生物量获取的方式一致。在每个样方中，选取其中 1m×1m 的小样方进行收获，对优势种进行分种称重并采样，带回实验室烘干称重。对草本层生物量极低且分布均匀的灌丛，草本层生物量的收获面积可适当减小到 0.5m×0.5m。

2.3.3　地下生物量调查

（1）灌木层

1）类型 A

灌木层地下生物量通过地上、地下生物量之间的相关生长来估算。收获时根系尽量收集完整，并记录各标准株的根深和根长；如根系过深（超过 2m），采 2m 深并估算剩余根系生物量后进行校正。根系挖出后，清除所有非根系物质，称重并取样，装入布袋中保存，带回实验室烘干称重，以构建地上生物量与地下生物量之间的关系。利用标准株（丛）建立地上、地下生物量之间的关系，以此推算地下生物量。

2）类型 B

此类型群落的灌木层地下生物量由收获法获得。在收割地上生物量的样方（1m×1m）中，挖取同一范围内的所有根系，并区分优势种与其他种的根系，称重并取样，带回实验室烘干称重。

3）类型 C

此类型灌木层地下生物量通过标准丛地上、地下生物量的相关生长来估算。标准丛地下生物量的收获同类型 A。

（2）草本层

在收获草本层地上生物量的小样方（1m×1m）中同时收获草本植物根系，称重、取样装入布袋，用于测干重。

2.3.4　凋落物调查

在样地内每个样方外邻近样方的位置选取一个 1m×1m 的小样方收集全部地表凋落物，称重后取样。风干后，对凋落物按粗大枝条、枝条、叶、小枝条、皮、花果等归类后分别称重。

2.3.5 土壤调查

土壤调查采用剖面法与土钻法相结合的方法，其中土壤剖面主要用于测量土壤容重和砾石含量，土钻取样主要用于测量土壤有机碳。

（1）土壤剖面取样

在每个样地邻近其中一个样方的位置，垂直于地面挖取一个代表性土壤剖面，剖面规格为长 1.5m、宽 0.8m、深 1m，如果土层较薄，挖至土壤母质层即可。未分解和半分解凋落物层不计在土壤剖面内，对土壤剖面进行环刀取样和土铲取样，环刀取样用于测量土壤容重和砾石含量，土铲取样用于测量土壤 pH、有机质及营养元素含量（图 2-6）。

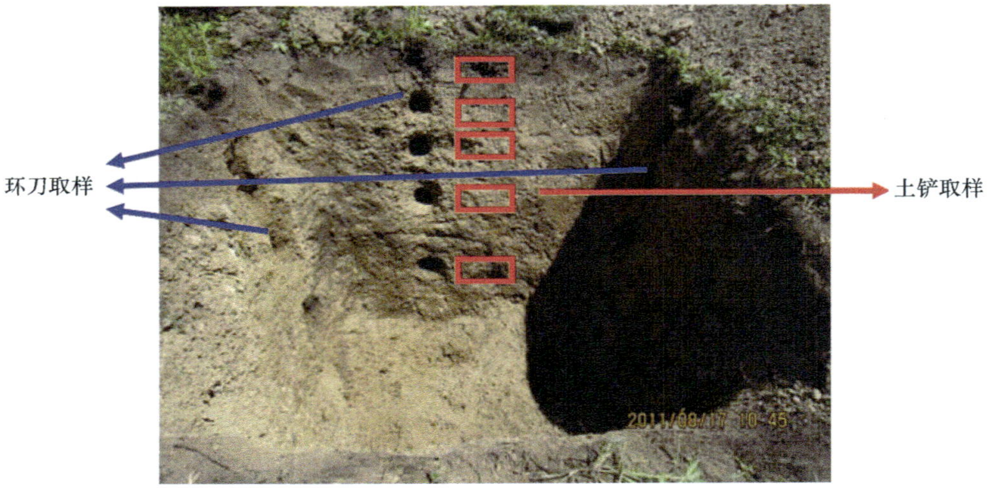

图 2-6　土壤剖面中环刀与土铲获取

1）环刀取样

将土壤剖面按照以下层次进行划分：0～10cm、10～20cm、20～30cm、30～50cm、50～70cm、70～100cm。采用直径为 5.3cm 的环刀，在每个土层中段的侧壁、正面各取样品 1 个。如果样地坡度较大，可在剖面正面左、中、右采取 3 个土壤样品（如有条件挖多个剖面时，在不同剖面分层取样），封装到塑料自封袋，并称取鲜重（土壤+塑料自封袋重）。为了获取土壤样品净重，应该先对塑料自封袋称重。对于石质山地或其他砾石含量较高的土壤剖面，可选用较大直径的环刀。

2）土铲取样

在土壤剖面每层平行于环刀取样的位置，采取相当于干重 100g 的土壤样品装入塑料自封袋或布袋，用于测量土壤有机质、营养元素含量及 pH。所有分层样品取样时除去大的树根和石砾。取样完毕将底土和表土按原层回填到土壤剖面坑中。

（2）土钻取样

在每个样方内，选择合适的地段，采用直径不小于 5cm 的土钻钻取至少 3 钻（图 2-7）。将钻取的土柱按剖面分层方式进行分割后再进行分层混合，每层采取相当于干重约 100g 的样品装入塑料自封袋或布袋。

图 2-7　土钻取样示例

2.3.6 特殊问题的处理

（1）灌木荒漠面积

灌木荒漠样地面积可设置为 50m×50m，样方面积（坡面面积）为 10m×10m。

（2）同时存在不同分枝结构的灌丛类型

根据灌丛不同特点进行调查和取样，对于分枝明显的灌木部分（类型 A），按照标准株法建立生物量与灌木生长参数之间的关系来获取其生物量；对于密集型分枝不明显的灌木部分（类型 B），采用收获法调查生物量。

（3）土壤测量

1）土壤剖面砾石含量较高的类型

对砾石含量较多且分布不均匀的土壤剖面，可以通过以下两种方式获取砾石含量：①先尽量采用直径较大的环刀进行取样（大环刀可包含更大的砾石），以便环刀样品能客观反映土壤中的砾石含量；②如果砾石过大，可在采用土壤环刀的同时，分层估算各层砾石含量。

2）喀斯特地区的土壤采样

部分灌丛分布在石质山地和喀斯特地区，因土壤瘠薄且分布不连续或无成层土壤，土壤环刀和土钻无法打入土体，这种情况下应使用土铲收集土壤并采样，记录样地内的土壤深度、土壤表面积（以估算土壤体积）。如因石质过多，无法使用环刀进行容重测定，则收集足够样品，轻轻填满土壤环刀以获取体积量，测定其总质量，并带回实验室内测定含水量，依此计算出样地内土壤干重。

2.3.7 灌丛氮添加实验方案

（1）主要内容

开展不同梯度 N 添加的控制实验，以探讨不同生态系统碳循环各组分对养分含量和养分循环的响应及其机制，揭示养分对如下不同生态系统结构和功能的调控机制。

A. 群落结构（幼苗更新，灌木生长等）。

B. 草本层（林下植物）物种组成、结构。

C. 地上-地下生物量。

D. 优势植物生理生态特性，如植物化学元素含量、光合生理（最大光合能力和 N 利用效率）、物质生产和分配、种间竞争等。

E. 凋落物产量与分解，如凋落物产量、养分含量、分解速率等。

F. 土壤呼吸，如呼吸强度、季节变化、温湿度响应曲线等。

G. 土壤微生物与土壤动物的含量、群落结构、活性等。

H. 根系生长、周转与分解。

I. 土壤理化性质，如 pH、有机碳、可溶性碳及不同形态的氮、磷含量；净氮矿化速率及累计净氮矿化速率等。

J. 植物养分在不同组分（土壤微生物、根系、凋落物、植物茎和叶等）之间的分配。

（2）实验处理与指标测定

1）实验处理：采用随机区组设计（图 2-8），每种处理至少重复 3 次，样地面积为 5m×5m。

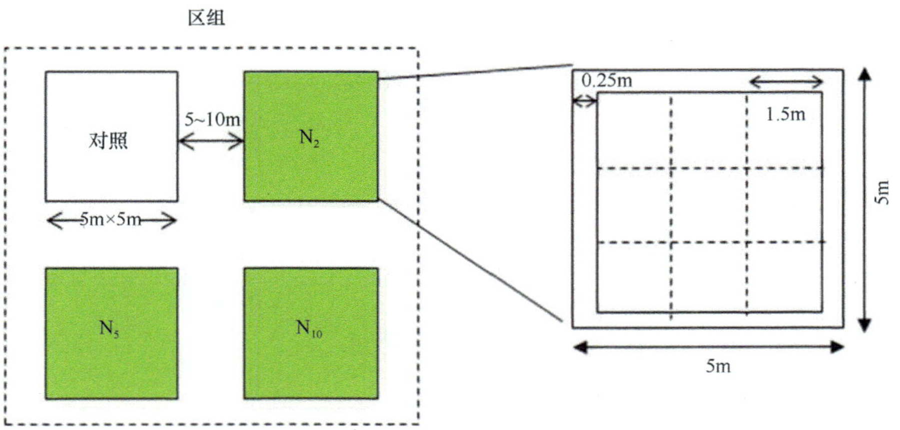

图 2-8　灌丛生态系统施肥实验处理（左）与采样小区划分（右）

2）肥料的种类：硝酸铵（NH_4NO_3）或尿素[$CO(NH_2)_2$]。

3）施肥浓度和频度：对照（施等量水）、N_2 [2g N/（m^2·a）]、N_5 [5g N/（m^2·a）]、N_{10} [10g N/（m^2·a）]。每年在植物生长季节内每个月施肥一次，将硝酸铵或尿素溶于 20L 水混合均匀，在降雨前或傍晚用背式喷雾器均匀地喷洒到对应样方，对照区则喷洒相同量的水。非生长季有雪覆盖期间不作任何处理。

4）测定指标：灌丛生态系统测定指标和方法见表 2-2。

表 2-2 灌丛生态系统指标测定时间及频率

编号	内容	指标	调查时间	测定周期
1	草本生物量、多样性	种类、盖度、丛数、高度	8 月	每年
2	灌木生物量、多样性	基围、盖度、高度、株数	8 月	每年
3	根系生物量	根系生物量	8 月	每年
4	土壤呼吸	土壤呼吸速率	生长季	2 周
5	土壤温湿度	土壤温度、含水量	全年	自动监测
6	土壤可利用氮	土壤中 NH_4^+、NO_3^- 含量		每年生长季
7	土壤可利用磷	土壤磷酸盐含量		每年生长季
8	土壤酸度	土壤 pH、Al^{3+}/Ca^{2+}		每年生长季结束
9	土壤活性碳	微生物量碳、可溶性有机碳	根据需要	
10	土壤酶含量	根据研究需要测定特定土壤酶含量	根据需要	
11	凋落物氮含量	凋落物总氮含量		每年生长季结束
12	凋落物产量	凋落物产量	全年	每月
13	凋落物分解	凋落物分解速率	全年	生长季开始、结束
14	叶片大小、叶干物质含量、比叶面积	每种植物 3 个重复，每个重复测定 10～20 个叶片（根据叶片大小确定）	7 月	每年生长季
15	叶 C、N、P 含量、^{13}C、^{15}N	每种植物 3 个重复/样方，用茎叶样品测定	7 月	每年生长季

2.4 实验室分析

2.4.1 样品的制备

植物和土壤样品经预处理后在中国科学院植物研究所分析测试中心进行集中分析。

对从野外取回的进行过初步处理的植物和土壤样品进行编号登记核对后，都需要经过一个制备过程供各项测定。样品制备的目的包括：①剔除污染物；②粉碎；③混匀，使分析时所称取的少量样品具有较高代表性，并使样品分析时的反应能够完全和彻底，使样品可以长期保存，不致腐坏。

（1）样品干燥

将植物地上部分和洗净的根系样品在 65℃的恒温烘箱中烘干至恒重并适于研磨或粉碎为止（一般为 24～48h）。

土壤样品先剔除其中明显的根系和石子，在阴凉处风干备用。

土壤环刀样品在风干后用擀面杖轻轻碾压，过 2mm 筛；将筛出的石子称重以测定土壤砾石含量，并利用量杯水柱测定砾石的体积；过筛后的样品放到已称重的铝盒中用电子天平称量风干样品重；继而在 105℃烘箱中烘干 48h 后称重，用于计算土壤含水率。

土钻样品置于阴凉处并尽快运回实验室去除可见的植物根系和残体，过 8mm 筛后风干，将各部分（>8mm 根、>8mm 石砾、<8mm 土壤）分别称重（总质量）。

（2）样品粉碎

1）植物样品

植物烘干样品（>1g）先用杯式粉碎机进行粗粉（木质坚硬的灌木样品可先用木锤敲碎后再粗粉），过 10 目筛混匀，随后用冷冻混合球磨仪磨碎，过 80～100 目筛后装袋标号，用于实验分析。

2）土壤样品

风干土壤样品先挑选出粗根和砾石，经研磨过 2mm 筛后采用静电吸附的方法（一般用经摩擦过的塑料卡片或玻璃棒）去除细根以减少毛细根对土壤碳含量测定的影响，进一步研磨过 60 目筛（颗粒较大的土粒可以先用擀面杖碾碎后再过筛），随后使用冷冻混合球磨仪磨碎过 80～100 目筛后装袋标号，用于实验分析。

（3）样品保存

及时有效地保存样品是保证样品室内化验分析取得准确结果的前提条件。样品的保存方法和保存时间随实验、观测目的不同而不同，也因样品特性不同而各异。

经过自然干燥或烘干后的干燥样品一般较新鲜样品容易保存，在室温下，只要保持干燥、避光和防止霉变、虫蛀等就能使样品保存较长时间。

植物干燥样品在烘干后粉碎保存。短时间保存的样品经粉碎后装入透气的纸袋或信封内，标明样品名称、采样地点、时间等，然后放入干燥器中保存。每次精密分析前在65℃下再烘12～24h称重。

2.4.2 土壤容重、砾石含量、pH

（1）土壤容重、砾石含量

对于土壤环刀样品，在制备过程中挑选砾石称重并测量体积，以此计算土壤砾石含量和土壤容重。

（2）土壤 pH

pH经以下三个步骤测定，①水溶液提取：过2mm筛的风干土10g，加入25ml除CO_2的去离子水（将去离子水煮沸、冷却即得），剧烈振荡或搅动2min；②静置平衡30min；③pH计插入土壤清液中读数。如样品量大，可在静置后先将上述土壤悬液过滤，但须尽快读数。

2.4.3 植物和土壤全碳、全氮

称10mg重（过100目筛，精确到0.001mg）的植物和土壤样品，采用C/N元素分析仪（PE-2400 II）测定其全碳、全氮含量。其原理是在高温条件下，通过氧化剂和催化剂的共同作用，土壤中有机碳被燃烧氧化转化成CO_2，无机碳直接产生CO_2，通过测定产生的CO_2的量来换算出待测土样中的全碳含量，将其减去无机碳含量即可得到土壤有机碳含量。该方法直接测定CO_2，其结果不受土壤中还原物质的影响。由于样品用量小，测定快速，该方法被广泛用于大量植物、土壤样本碳含量测定，因而在土壤固碳研究中得到越来越广泛的应用，尤其是在大规模的碳库调查计量中。同时，随机选取 5%的样品利用湿烧法测定其有机碳含量。分析过程中设定氧化炉

950℃，次级炉 640℃。

2.4.4　植物和土壤全磷含量分析

按照 LY/T 1232—2015 标准，以硫酸-高氯酸溶解土壤或植物中的磷，用钼锑抗比色法测定植物和土壤样品的全磷含量。

第 3 章　中国灌丛生物多样性分布格局及其控制因素

灌丛是灌木占优势的植被类型，群落高度一般在 5m 以下，盖度大于 30%。灌木荒漠同样是灌木作为建群层片的植被型，它与典型灌丛的区别在于盖度较低。碳专项灌丛课题的调查对象是广义的灌丛，不仅包括典型灌丛，还包含了盖度>10%的灌木荒漠，即荒漠灌丛。

灌丛在维持区域多样性和生态系统功能方面发挥着重要作用，中国是全球灌丛分布面积最大的国家之一（胡会峰等，2006；Piao et al.，2009）。由于数据缺乏，对灌丛大尺度地理格局的认识极为不足。本章基于全国 1122 个灌丛样地的调查数据，依据群落灌木层建群种划分出 22 种不同的群落类型。通过综合分析，阐明了以下几方面：中国灌丛的主要类型、分布及其气候限制；灌丛物种组成及区系特点；灌丛物种丰富度的空间格局。

3.1　中国主要灌丛类型及其分布

基于全国 1122 个灌丛样地的调查数据，我们筛选出样地数量超过 15 的常见灌丛类型，共 22 种，它们是荆条灌丛、杜鹃灌丛、栎灌丛、榛灌丛、绣线菊灌丛、马桑灌丛、檵木灌丛、桃金娘灌丛、虎榛子灌丛、白刺灌丛、锦鸡儿灌丛、云南杨梅灌丛、火棘灌丛、亚高山柳灌丛、柽柳荒漠灌丛、黄荆灌丛、金露梅灌丛、盐肤木灌丛、岗松灌丛、山杏灌丛、余甘子灌丛和黄栌灌丛，各种灌丛群落具有不同的水热需求（表 3-1）。

表 3-1　中国主要灌丛类型的建群种及其分布区气候特征

灌丛名称	样地数	主要建群种	分布省区市	年均温（℃）	年降水量(mm)
荆条灌丛	92	荆条	北京、河北、河南、内蒙古、辽宁、山西、陕西	10.5 ± 2.4	541.8 ± 83.0

本章执笔人：李家湘，唐志尧，谢宗强

续表

灌丛名称	样地数	主要建群种	分布省区市	年均温（℃）	年降水量(mm)
杜鹃灌丛	83	马缨杜鹃、千里香杜鹃、头花杜鹃、草原杜鹃、腋花杜鹃、雪层杜鹃、腺房杜鹃、单色杜鹃、密枝杜鹃、钟花杜鹃	安徽、贵州、黑龙江、青海、四川、西藏、云南	2.4 ± 6.0	709.5 ± 188.5
栎灌丛	77	短柄枹栎、槲栎、白栎、栓皮栎、麻栎	安徽、重庆、广东、广西、贵州、湖北、湖南、江西、四川、云南、浙江	15.6 ± 1.7	1290.8 ± 210.9
榛灌丛	47	榛、毛榛	河北、黑龙江、内蒙古、吉林、辽宁、四川	5.1 ± 2.6	635.6 ± 133.9
绣线菊灌丛	35	绣线菊、三裂绣线菊、土庄绣线菊、楼斗菜叶绣线菊、中华绣线菊、疏毛绣线菊、细枝绣线菊、绢毛绣线菊	北京、河北、内蒙古、吉林、山西、陕西	5.3 ± 4.5	599.6 ± 294.8
马桑灌丛	34	马桑	重庆、甘肃、湖北、湖南、陕西、四川	13.1 ± 2.9	1132.7 ± 238.8
檵木灌丛	33	檵木	安徽、重庆、福建、广东、广西、贵州、湖北、湖南、江西、四川、云南、浙江	17.4 ± 1.2	1483 ± 175.0
桃金娘灌丛	33	桃金娘	福建、广东、广西、海南、江西、云南	21.4 ± 1.3	1611.2 ± 226.7
虎榛子灌丛	31	虎榛子	甘肃、河北、黑龙江、内蒙古、山西、陕西	5.8 ± 2.0	452.6 ± 84.2
白刺灌丛	25	白刺、小果白刺、泡泡刺	甘肃、内蒙古、宁夏、青海、新疆	9.0 ± 2.4	95.6 ± 66.9
锦鸡儿灌丛	24	鬼箭锦鸡儿、小叶锦鸡儿、中间锦鸡儿、柠条锦鸡儿、西藏锦鸡儿	甘肃、内蒙古、青海、山西、陕西、西藏	5.6 ± 3.2	320.5 ± 117.9
云南杨梅灌丛	24	云南杨梅	云南	14.3 ± 0.7	878 ± 100.8
火棘灌丛	22	火棘	广东、贵州、湖北、湖南、四川、云南	14.7 ± 1.7	1207.2 ± 148.0
亚高山柳灌丛	21	硬叶柳、山生柳、杯腺柳、吉拉柳、巴郎柳、迟花矮柳、秋华柳	甘肃、青海、四川、西藏	–0.6 ± 3.0	557.5 ± 127.4
柽柳荒漠灌丛	18	柽柳、刚毛柽柳、多枝柽柳、短穗柽柳、长穗柽柳、多花柽柳	甘肃、青海、新疆	11.2 ± 1.8	44.6 ± 26.3
黄荆灌丛	18	黄荆、牡荆	重庆、广西、贵州、湖北、湖南、四川	16.9 ± 1.5	1191.9 ± 241.4
金露梅灌丛	18	金露梅、小叶金露梅、银露梅	吉林、青海、四川、西藏	–1.2 ± 2.4	489.1 ± 169.2

续表

灌丛名称	样地数	主要建群种	分布省区市	年均温（℃）	年降水量(mm)
盐肤木灌丛	18	盐肤木	安徽、重庆、湖北、湖南、四川、云南、浙江	15.7 ± 2.3	1245.8 ± 175.1
岗松灌丛	16	岗松	福建、广东、广西、海南、云南	21.7 ± 1.7	1668.8 ± 261.3
山杏灌丛	16	山杏	北京、河北、黑龙江、内蒙古	5.7 ± 2.1	444.0 ± 52.8
余甘子灌丛	16	余甘子	广西、贵州、四川、云南	18.8 ± 1.9	1151.8 ± 376.3
黄栌灌丛	16	黄栌	重庆、甘肃、湖北、四川	14.7 ± 2.1	1023.9 ± 190.9

注：年均温和年降水量表示为平均值±标准差

将灌丛建群种以属为单位归类，但是某些属或种分布范围极广，能生长在气候差异巨大的不同生境中，为了区分这种生境的差异，我们并没有直接将以某属或某种灌木为建群种的灌丛划为一类。例如，荆条灌丛的建群种荆条是黄荆的变种之一，但是因为黄荆分布在长江以南，而荆条广泛分布在中国北方，所以荆条灌丛和黄荆灌丛被分开作为不同的灌丛类型。以栎属植物为建群种的栎灌丛广泛分布在我国的亚热带气候区，不包括亚高山地区以高山栎组物种为建群种的亚高山灌丛植被。与此类似，亚高山柳灌丛指的是亚高山地区以柳属物种为建群种的灌丛，不包含温带的柳灌丛。锦鸡儿灌丛不包括西部的锦鸡儿荒漠灌丛。柽柳荒漠灌丛则是特指荒漠植被，不包含我国东部沿海滩涂的柽柳灌丛。上述提到的被排除在外的灌丛类型，在野外调查中均有发现并记录，但由于它们样地数量较少，因此没有单独列出。

3.2 中国主要灌丛分布的气候限制

以 WorldClim 2.0（Fick and Hijmans，2017）数据库中的 19 个生物气候变量（bioclimatic variable）作为气候指标来探究气候对灌丛的影响。

由于中国灌丛分布的温度和降水在空间上具有极高的共线性（图 3-1），将这些变量标准化（转化成均值为 0、方差为 1 的变量）后进行主成分分析（principle component analysis，PCA），以减少数据的冗余。PCA 前三个主成分共同解释了 90.2%的总体变异（图 3-2），其中第一主成分（PCA1）与表示温度、降水的变量正相关，而与表示温度、降水变化的变量负相关，它的数值增加表示水热条件的改善及气候季节波动的降低；第二主成分（PCA2）与年均温、最暖月均温、最湿季均温和夏季均温负相关，而与最湿月降水、最湿季降水和夏季降水正相关，但相关性较低，它的数值增加表明生长季温度降低；第三主成分（PCA3）与温度变量正相关，而与降水变量负相关，其数值增加暗示干旱的加剧（表 3-2）。

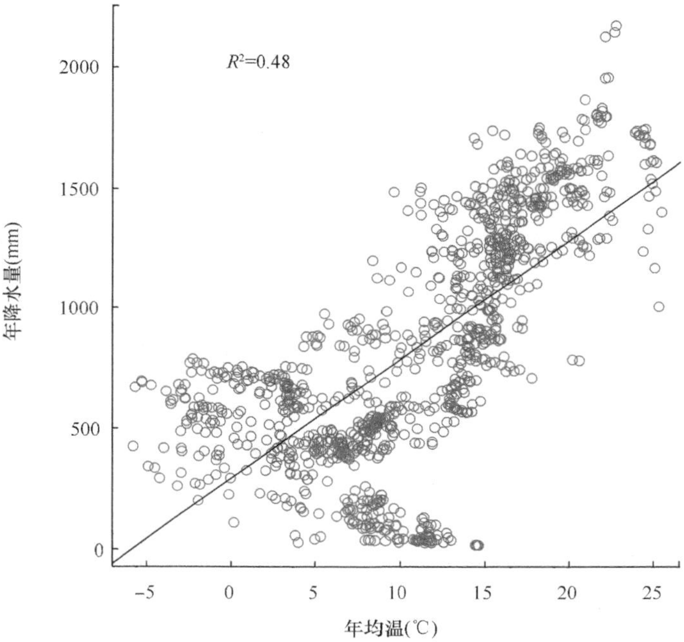

图 3-1　中国灌丛分布区年均温与年降水量关系

利用典范对应分析（canonical correspondence analysis，CCA）对群落灌木层物种组成进行排序，结果表明，生境的总体水热条件与生长季的温度是影响中国灌丛群落组成的主要因子（图 3-3）。

灌丛群落结构随着水热条件的变化，一方面表现为随着纬度的升高，物种丰富度逐渐减小；另一方面是优势种的改变。在水热条件优越的低纬度地区，气候胁迫较低，因此种间竞争能力较强的灌木可能更容易在群落中占据优势。但随着气候限制的增强，即温度的降低和降水量的减少，环境的筛选可能偏好于抗胁迫能力更强的物种，如荒漠或高山生境会筛选出耐旱植物如白刺或耐寒植物如山生柳等（成为优势物种）。生长季温

表 3-2　主成分载荷

	PCA 1	PCA 2	PCA 3	PCA 4	PCA 5
累计解释量	0.62	0.81	0.90	0.95	0.98
BIO1	0.26	−0.17	0.26		
BIO2	−0.25		0.11	−0.19	−0.55
BIO3		0.39	0.41	−0.21	−0.47
BIO4	−0.19	−0.37	−0.21	0.11	
BIO5	0.14	−0.45	0.17		−0.20
BIO6	0.28		0.21		
BIO7	−0.22	−0.31	−0.14		−0.22
BIO8	0.15	−0.40	0.25	0.19	
BIO9	0.26		0.29	−0.14	
BIO10	0.18	−0.39	0.16		
BIO11	0.27		0.27		
BIO12	0.28		−0.18		
BIO13	0.25	0.10	−0.17	0.35	−0.20
BIO14	0.25		−0.29	−0.23	−0.16
BIO15	−0.20		0.13	0.55	−0.38
BIO16	0.26	0.12	−0.15	0.28	−0.17
BIO17	0.25		−0.30	−0.25	−0.19
BIO18	0.24	0.16	−0.12	0.39	
BIO19	0.25		−0.29	−0.27	−0.28

注：BIO1，年均温；BIO2，平均日温差；BIO3，均温性；BIO4，温度季节性；BIO5，最暖月均温；BIO6，最冷月均温；BIO7，温度年较差；BIO8，最湿季均温；BIO9，最旱季均温；BIO10，夏季均温；BIO11，冬季均温；BIO12，年降水；BIO13，最湿月降水；BIO14，最旱月降水；BIO15，降水季节性；BIO16，最湿季降水；BIO17，最旱季降水；BIO18，夏季降水；BIO19，冬季降水

度对灌木群落结构的主要影响可能在于植物生长对温度的响应，如生长季温度的升高有利于植物快速生长，因此内禀生长速率较高的物种可能更加适应较高的生长季温度并通过竞争排斥内禀生长速率较低的物种。

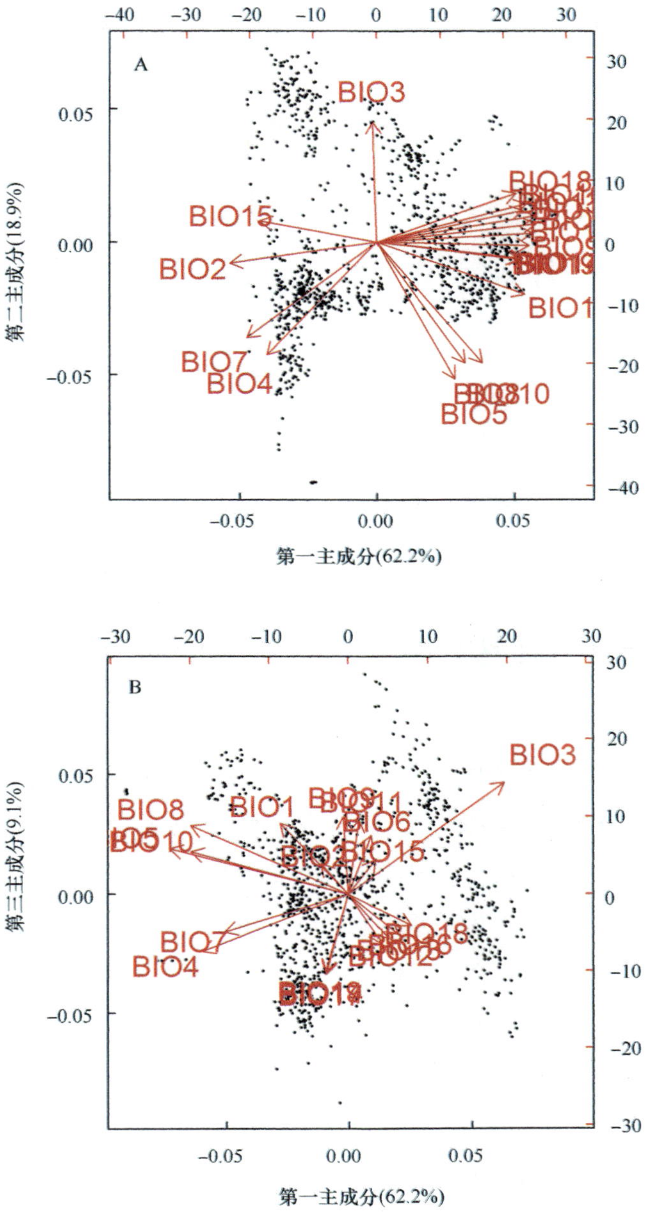

图 3-2　主成分与生物气候变量关系

数字代表样地，红色箭头代表各个生物气候变量

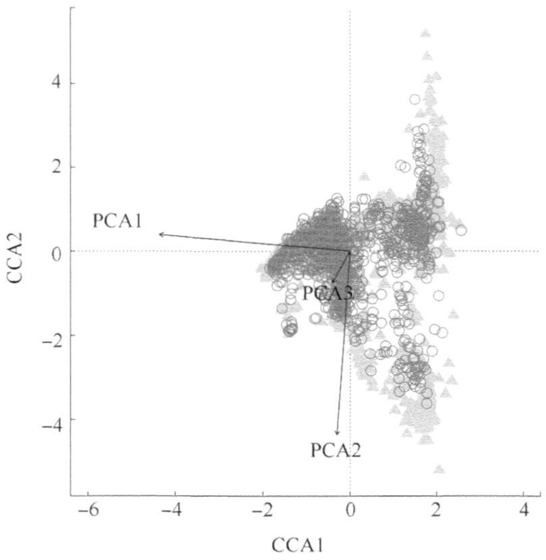

图 3-3　中国灌丛灌木层物种组成的 CCA 排序

灰色三角形表示样地，灰色圆圈表示灌丛物种

3.3　灌丛植物物种丰富度的空间格局

以各样点维管植物的种数作为灌丛物种丰富度指标（TR），根据 1∶100 万中国植被图中的植被区划，分析灌丛物种丰富度与环境因子的关系。基于世界气候数据栅格图（Fick and Hijmans，2017）提取并计算 1 月均温（MCT）、7 月均温（MWT）、年均温（MAT）、年降水量（MAP）、生长季降水量（GSP）、潜在蒸散量（PET）、实际蒸散量（AET）、湿润指数（MI）、温度季节性（TSN）和降水季节性（PSN）等气候变量；生境的异质性通过地理、地形和植被区域等指标反映，选用了各样点的经度、纬度、海拔、坡位、坡度、坡向等；人类活动因子通过国内生产总值（GDP）和人口密度（PD）体现。

3.3.1　物种丰富度的地理格局

中国灌丛样点物种丰富度为 21，变幅在 1～71，呈右偏正态分布（表 3-3）。物种丰富度沿经、纬度有自南向北和自西向东逐渐增加的趋势，沿海拔升高呈下降趋势。各植被区丰富度差异明显，总体上，森林植被区（I～IV）高于温带草原区、温带荒漠区和青藏高原高寒植被区；在东部森林区呈现出自南向北逐渐增加的趋势，最高值出现在温带针叶、落叶阔叶混交林区，达 36 种；非森林区中以温带草原区丰富度最高，达 24 种（表 3-3，图 3-4）。

表 3-3　中国各植被区内灌丛物种丰富度

植被区	样点数	平均丰富度	标准差	变化范围	偏度	峰度
I.热带雨林、季雨林区	49	18	9.71	5～39	0.47	–0.89
II.亚热带常绿阔叶林区	582	20	10.62	1～70	0.86	0.9
III.暖温带落叶阔叶林区	145	26	14.09	1～69	0.50	–0.27
IV.温带针叶、落叶阔叶混交林区	54	36	12.23	5～66	–0.31	–0.08
V.温带草原区	60	24	13.46	6～71	1.33	1.76
VI.温带荒漠区	59	13	12.92	1～52	1.25	0.73
VII.青藏高原高寒植被区	78	14	15.18	1～59	1.6	1.43
全国范围内	1027	21	12.82	1～71	0.81	0.4

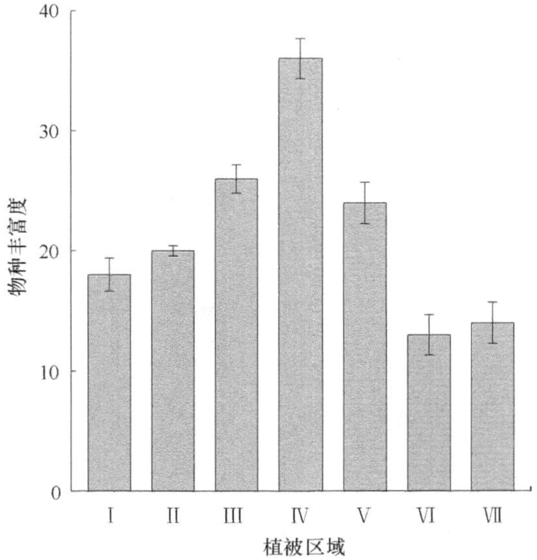

图 3-4　不同植被区内灌丛物种丰富度

3.3.2 物种丰富度与环境因子的关系

物种丰富度与各环境因子的单因素相关分析结果显示（表 3-4）：在全国范围内，物种丰富度与湿润指数、温度季节性和坡度显著正相关，与 1 月均温、海拔显著负相关。

表 3-4 中国各植被区内灌丛物种丰富度与环境因子之间的关系

环境因子	I	II	III	IV	V	VI	VII	全国灌丛
年均温（℃）	**–0.52**	**0.21**	**–0.38**	0.33	**–0.46**	**–0.72**	–0.38	–0.06
1 月均温（℃）	–0.33	**0.19**	**–0.29**	0.35	**–0.45**	**–0.75**	**–0.40**	**–0.14**
7 月均温（℃）	**–0.62**	**0.22**	**–0.37**	0.13	–0.32	**–0.64**	–0.33	0.06
潜在蒸散量（mm）	**–0.54**	**0.26**	**–0.43**	0.34	**–0.52**	**–0.49**	–0.26	–0.1
实际蒸散量（mm）	–0.36	**0.21**	**–0.39**	0.29	0.23	**0.64**	0.11	0.09
年降水量（mm）	0.09	**0.21**	**–0.37**	0.21	0.29	**0.70**	0.34	0.07
生长季降水量（mm）	0.16	**0.21**	**–0.39**	0.23	0.32	**0.72**	0.32	0.09
湿润指数	0.19	0.07	0.15	0.12	0.42	**0.70**	**0.45**	**0.16**
温度季节性	–0.19	0.08	–0.02	–0.37	0.2	–0.39	0.24	**0.21**
降水季节性	–0.01	**–0.19**	–0.11	0.02	0.23	0.14	**–0.41**	–0.07
经度（°）	–0.43	**0.15**	**–0.33**	–0.04	0.36	0.25	**0.48**	**0.34**
纬度（°）	0.28	–0.04	0.03	**–0.52**	0.31	–0.22	**0.44**	**0.19**
海拔（m）	**0.59**	**–0.22**	**0.44**	0.16	0.07	0.50	0.06	**–0.17**
坡向	–0.08	–0.03	–0.24	–0.22	0.31	–0.05	–0.17	–0.04
坡度（°）	–0.17	0.11	0.23	–0.07	**0.49**	**0.53**	**0.70**	**0.18**
坡位	–0.14	0.02	0.03	–0.15	0.33	0.2	–0.01	–0.01
人口密度（人/km^2）	–0.36	0.05	–0.16	0.08	0.16	–0.09	–0.30	0.01
国民生产总值（元）	0.04	–0.04	–0.09	0.06	0.02	–0.12	–0.18	0.00

注：显著性水平由改进的 t 检验方法计算。粗体数值表示相关系数 t 检验达到显著性水平（$P \leqslant 0.05$）

热带雨林、季雨林区的灌丛物种丰富度与年均温（r=–0.52，P=0.02）、7 月均温（r=–0.62，P<0.01）和潜在蒸散量（r= –0.54，P= 0.01）显著负相关；亚热带常绿阔叶林区

的灌丛物种丰富度与温度（年均温、1 月均温、7 月均温）、降水量（年降水量和生长季降水量）、潜在蒸散量和实际蒸散量均呈显著正相关（$P<0.05$）；暖温带落叶阔叶林区的灌丛物种丰富度与温度和降水因子之间均呈显著的负相关关系，其中受潜在蒸散量的影响最为强烈（$r=-0.43$，$P<0.01$），而与 1 月均温的关系最弱（$r=-0.29$，$P=0.04$）；在温带针叶、落叶阔叶混交林区，灌丛物种丰富度与环境因子无显著关系；在温带草原区，灌丛物种丰富度与坡度显著正相关（$r=0.49$，$P=0.01$），与潜在蒸散量（$r=-0.52$，$P<0.01$）、年均温（$r=-0.46$，$P=0.03$）和 1 月均温（$r=-0.45$，$P=0.05$）之间存在显著负相关关系；在温带荒漠区，灌丛物种丰富度与温度相关的因子显著负相关，而与降水量相关的因子显著正相关，其中 1 月均温（$r=-0.75$，$P<0.001$）和生长季降水量（$r=0.72$，$P<0.001$）是相关性最强的水热因子，同时也与坡度间存在显著正相关关系（$r=0.53$，$P<0.01$）；在青藏高原高寒植被区，灌丛物种丰富度与降水季节性（$r=-0.41$，$P=0.02$）和 1 月均温（$r=-0.40$，$P=0.03$）显著负相关，而与湿润指数（$r=0.45$，$P<0.01$）和坡度显著正相关。

3.3.3　物种丰富度空间格局的控制因素

广义线性回归结果显示，气候、生境异质性和人类活动三类因素共同解释了灌丛物种丰富度变异的 35.58%，各自的解释量分别为 22.21%、22.96%和 3.05%；生境异质性的独立解释量最高，达 12.94%，其次为气候（11.78%），两者的共同解释量为 7.80%（图 3-5）。同时，三类因素中的单个变量对物种丰富度的影响多能达到显著性水平，其

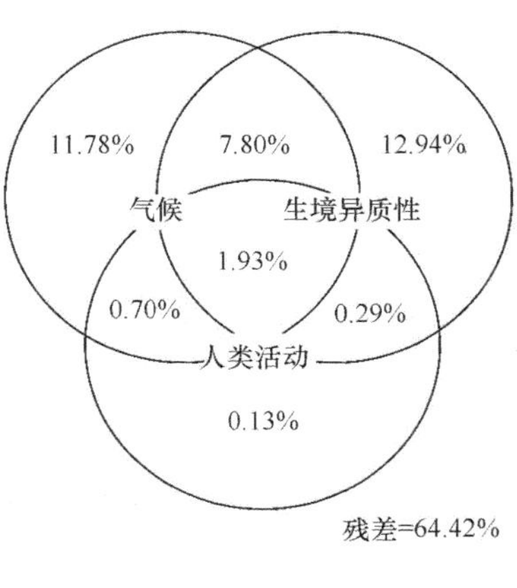

图 3-5　气候、生境异质性和人类活动对灌丛物种丰富度格局的相对贡献

中独立解释量高于 1%的单个变量有植被区域、海拔、坡度、7 月均温、年降水量，尤以植被区域的解释量最高，达 13.54%（表 3-5），主要反映了生境异质性和气候条件对物种丰富度的影响；而人口密度对物种丰富度的影响也可达到显著水平，但其独立解释量不足 1%（表 3-5）。

表 3-5 气候、生境异质性和人类活动对灌丛物种丰富度的广义线性回归结果

因子	df	*P*	SS（%）
植被区域	6	< 0.001	13.54
经度	1	< 0.001	0.86
纬度	1	< 0.001	0.00
海拔	1	< 0.001	2.64
坡向	1	< 0.001	0.53
坡度	1	< 0.001	5.34
人口密度	1	0.003	0.82
国民生产总值	1	0.51	0.01
年均温	1	< 0.001	0.32
1 月均温	1	< 0.001	0.01
7 月均温	1	< 0.001	5.97
年降水量	1	0.68	2.73
生长季降水量	1	< 0.001	0.64
实际蒸散量	1	< 0.001	0.47
潜在蒸散量	1	< 0.001	0.72
温度季节性	1	< 0.001	0.39
降水季节性	1	< 0.001	0.47
湿润指数	1	0.04	0.05

以上分析表明，灌丛物种丰富度的地理变异受多种因素影响，能量（1 月均温、7 月均温、年均温和温度季节性）、水分（年降水量、生长季降水量和降水季节性）及水热动态（实际蒸散量、潜在蒸散量和湿润指数）与物种丰富度在全国范围和不同植被区域

内有着不同程度的相关性，共同驱动灌丛物种丰富度格局。

全国灌丛物种丰富度与 1 月均温显著负相关，与温度季节性显著正相关（表 3-4），解释量最高的单个气候因子也为温度指标，表明能量假说（王志恒等，2009）是全国尺度上灌丛物种丰富度格局的重要解释机制之一。植被区域贡献率最高（13.54%），说明区域生境异质性对灌丛物种丰富度的影响重大。变差分解显示，生境异质性指标和气候指标的独立解释量均较高（图 3-5），说明生境异质性（假说）和环境能量（假说）共同决定灌丛物种丰富度格局；此外，人类干扰的影响也不容忽视。

第 4 章　中国灌丛生态系统碳储量

灌丛是陆地生态系统的重要组成部分，在全球陆地生态系统碳循环中起着非常重要的作用，近 30%的陆地生态系统碳储存在灌丛生态系统中（Bechtold and Inouye，2007）。同时，在全球气候变化的影响下，灌丛的分布面积也不断增加（Sturm et al.，2001），其引起的碳储量增加被认为是陆地生态系统碳储量增加的主要原因之一，也是陆地生态系统碳汇研究中最不确定的因素之一（Goodale and Davidson，2002）。灌丛占中国国土面积超 7%（吴炳方等，2014），研究其碳储量对于精确估算中国陆地生态系统的碳储量有着重要的意义。

碳储量是指植被通过光合作用将游离的 CO_2 固定在植物体内、枯落物、土壤中的总有机碳。为了正确评价中国陆地生态系统在全球气候变化和碳循环中的作用，许多研究估算了中国植被的碳储量，其中大部分是对森林和草地生态系统碳储量的估算，对灌丛生态系统碳储量的研究较少，估算数据也存在极大的差异。胡会峰等（2006）利用植被平均碳密度方法，估算了我国 6 种灌丛植被（总面积为 15 462.64×10^{4}hm^2）的平均碳密度，为（10.88±0.77）Mg C/hm^2，碳储量为（1.68±0.12）Pg C，云南、贵州、四川是主要储库。

为了对中国灌丛生态系统碳密度及碳储量开展系统性的研究，在中国科学院战略性先导科技专项“应对气候变化的碳收支认证及相关问题”的支持下，依据 1∶100 万中国植被图，采用分层随机抽样的方法，选择具有代表性的 1200 个灌丛样地，“灌丛”课题组对中国灌丛生态系统进行了野外调查，精确测定了灌丛生态系统各组分的碳密度，估算出中国灌丛生态系统的总碳储量，为 6713.26 Tg，以西南各省碳储量最高。

4.1　中国灌丛生态系统面积及分布

中国灌丛总面积为 74.3 万 km^2（中华人民共和国土地覆被地图集编辑委员会，2017），分为常绿针叶灌丛、常绿阔叶灌丛、落叶阔叶灌丛和稀疏灌丛四大类型，分布面积从大

本章执笔人：徐文婷，谢宗强，唐志尧

到小依次为落叶阔叶灌丛（$45.64\times10^4km^2$）、常绿阔叶灌丛（$16.58\times10^4km^2$）、稀疏灌丛（$11.1\times10^4km^2$）、常绿针叶灌丛（$1.02\times10^4km^2$）。全国各省区市灌丛分布面积差异较大，以新疆、四川、西藏、贵州、云南等西部各省区分布较广，占全国灌丛总面积的 53.08%；中西部及南部次之，占全国灌丛总面积的 41.7%；各类型灌丛面积分布见图 4-1。

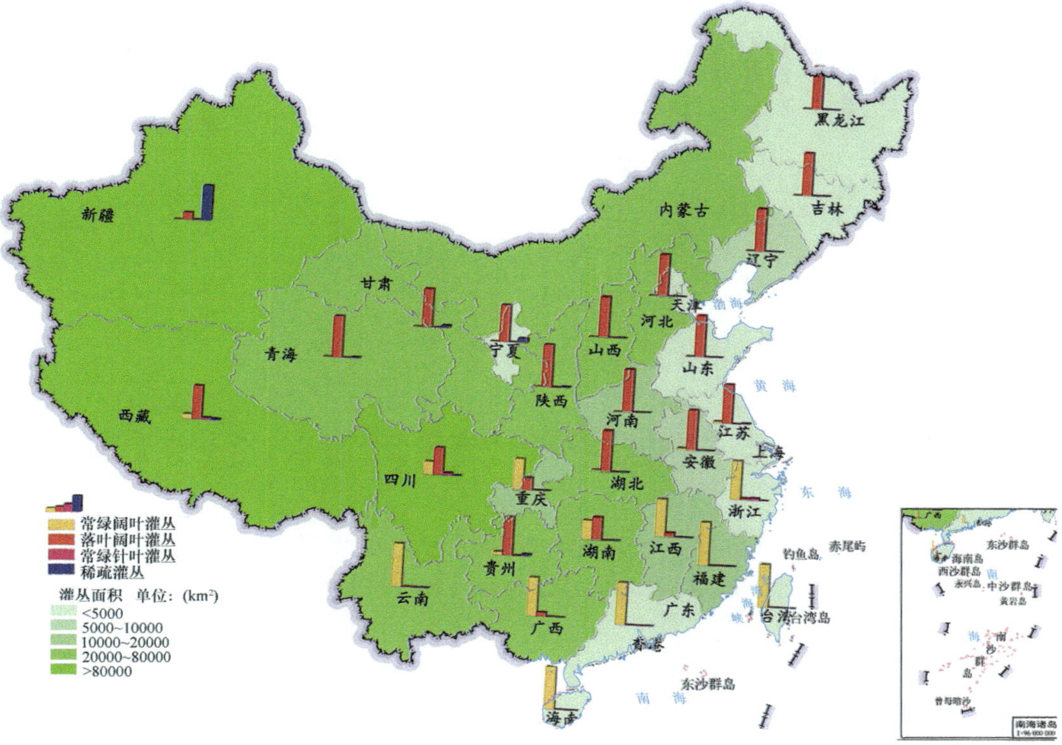

图 4-1　各类型灌丛面积

4.2　中国灌丛生态系统碳密度分析

4.2.1　分省区市碳密度分析

中国灌丛生态系统平均总碳密度为 $90.3Mg/hm^2$。其中，地上生物量碳密度为

5.5Mg/hm^2，地下生物量碳密度为 4.1Mg/hm^2，凋落物碳密度为 0.8Mg/hm^2，土壤有机碳密度为 79.9Mg/hm^2。各省区市生物量碳密度差异较大，地下生物量碳密度以青海、云南较高；地上生物量碳密度以西南、热带亚热带各省区市较高，西北、东北各省区市较低（图 4-2）。

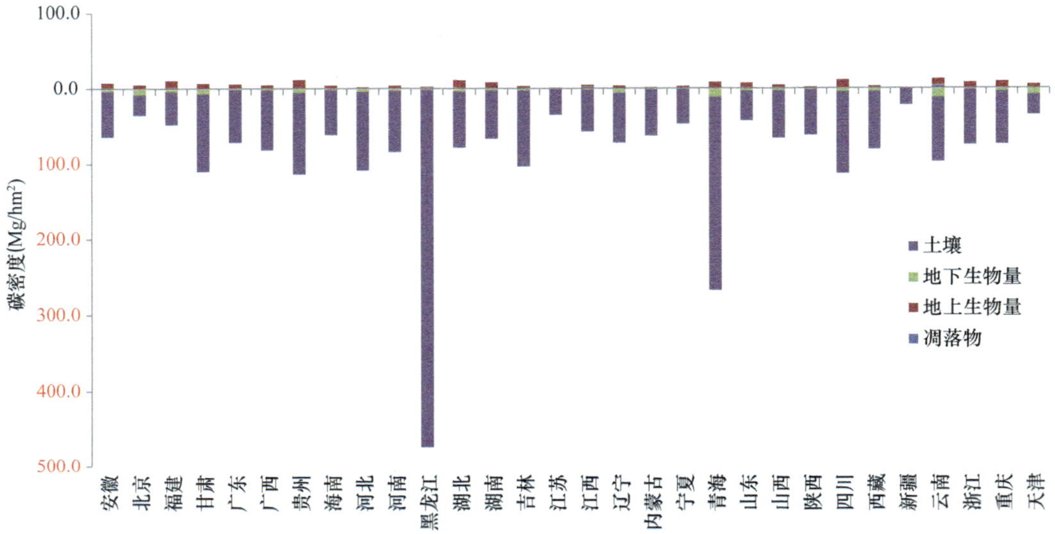

图 4-2　中国灌丛分省区市生态系统碳密度

上海、香港、澳门无大面积灌丛分布，台湾未调查

黑龙江、青海为土壤有机碳密度较高的区域，其主要原因是该区域灌丛主要分布在泥炭土和海滨沼泽土中。全国各省区市平均生态系统碳密度为 90.3Mg/hm^2；以黑龙江碳密度最高（471.3Mg/hm^2），新疆最低（22.0Mg/hm^2）（图 4-2）。

4.2.2　不同灌丛类型碳密度分析

不同灌丛类型的生物量碳密度大小顺序依次为稀疏灌丛<常绿针叶灌丛<落叶阔叶灌丛<常绿阔叶灌丛，其平均值分别为 4.3Mg/hm^2、9.3Mg/hm^2、9.4Mg/hm^2 和 15.6Mg/hm^2，呈现出阔叶大于针叶的趋势（图 4-3）。

不同灌丛类型的土壤碳密度值由大到小依次为常绿针叶灌丛、常绿阔叶灌丛、落叶阔叶灌丛和稀疏灌丛，分别为 105.6Mg/hm^2、98.4Mg/hm^2、92.7Mg/hm^2、23.8Mg/hm^2。

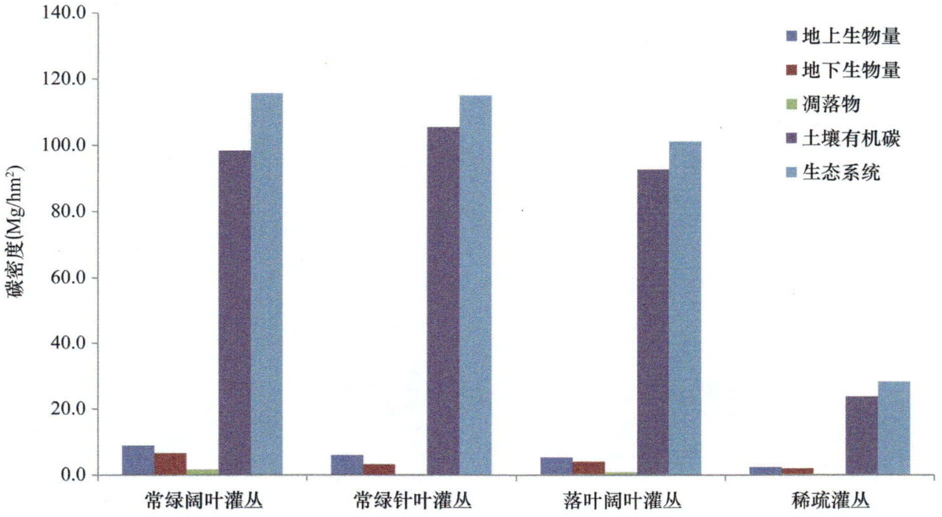

图 4-3　不同灌丛类型各组分碳密度

土壤碳密度表现为常绿大于落叶、针叶大于阔叶，稀疏灌丛远小于其他三种灌丛类型。4 种灌丛类型的凋落物碳密度平均值均不高，其中常绿阔叶灌丛凋落物碳密度最高，为 1.7Mg/hm^2，稀疏灌丛凋落物碳密度最低，为 0.2Mg/hm^2。生物量碳密度与土壤碳密度均表现为常绿阔叶灌丛最高、稀疏灌丛最低的趋势。

中国灌丛生态系统各组分碳密度与气候因子（年均温、年降水量）和海拔均具有极显著的相关性（P<0.01）（图 4-4）。降水量与生态系统及其各组分碳密度呈极显著正相关关系；凋落物和生物量碳密度随年均温的增加而增加，土壤和生态系统碳密度则相反。海拔与土壤碳密度、生物量碳密度、生态系统碳密度均呈正相关，与凋落物碳密度呈负相关。

不同灌丛类型各组分碳密度的影响因素不同。常绿阔叶灌丛的各组分碳密度显著受到降水量、海拔和温度的影响，随着海拔的升高，碳密度增加；随着温度和降水量的增加，碳密度降低。对常绿针叶灌丛来说，除生物量碳密度受降水量的影响外，其他各组分碳密度均不受环境因子的影响。落叶阔叶灌丛的凋落物碳密度随着海拔的升高而降低。落叶阔叶灌丛的生物量碳密度与降水量呈正相关，土壤和生态系统碳密度与海拔呈正相关、与温度呈负相关。稀疏灌丛的生态系统碳密度与降水量和海拔呈正相关，其原因是稀疏灌丛主要分布于西部地区，其生长限制因子是降水。

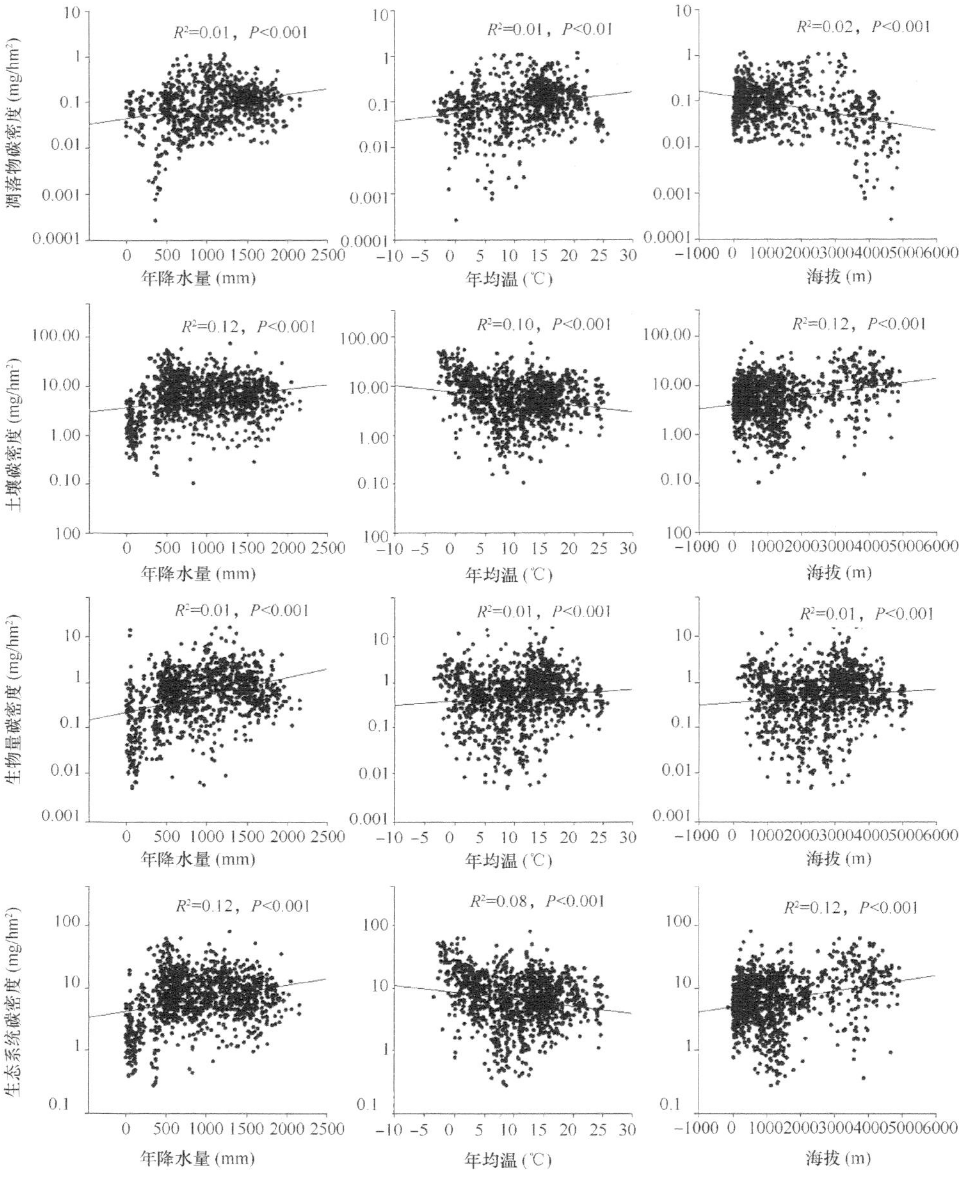

图 4-4　中国灌丛生态系统各组分碳密度与环境因子的关系

4.3　中国灌丛生态系统碳储量分配格局

4.3.1　分省区市碳储量分配

依据各省区市各类型灌丛面积，按面积权重，分别计算得到全国各省区市地上生物量、地下生物量、凋落物、土壤及生态系统碳储量（图 4-5，图 4-6）。

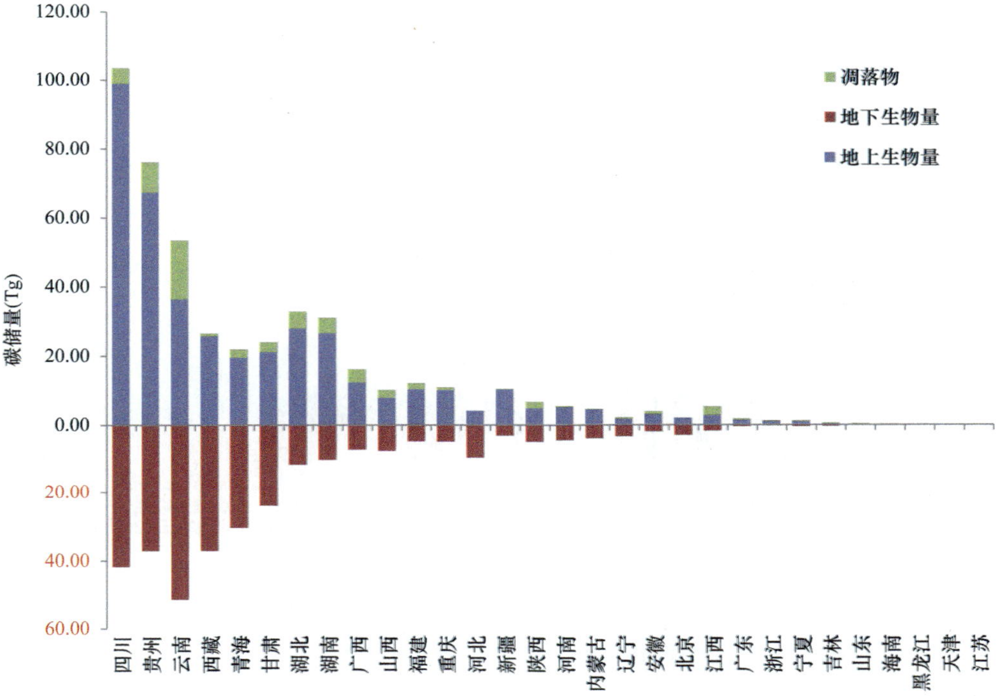

图 4-5　全国分省区市灌丛生物量碳储量

上海、香港、澳门无大面积灌丛分布，台湾未调查

省水平上，凋落物碳储量最大为 17.01Tg，分布在云贵高原；全国 30 个省区市平均为 2.13Tg，总量为 61.89Tg。地上生物量碳储量变动范围较大，在 0.01～98.94Tg 之间，全国平均为 13.59Tg，总量为 407.61Tg；中国西部各省（四川、贵州、云南等）地上生物量碳储量较高，占全国地上生物量碳储量的 49.6%；各省区市地下生物量碳储量在 0.01～51.37Tg，全国平均为 10.21Tg，总量为 306.41Tg；地下与地上生物量碳储量趋势基本一致，中国西部各省碳储量较高，东部各省较低。灌丛生态系统的碳储量主要在土壤中，各省区市值在 0.4～973.5Tg，平均为 197.91Tg；受灌丛面积的影响，土壤碳储量在各省区市有显著差异，全国总量为 5937.35Tg。生态系统碳储量在 0.6～1118.9Tg，平均为 223.78Tg，全国总量为 6713.26Tg。生态系统碳储量与土壤碳储量趋势一致，以四川、贵州、青海、西藏等西部各省区最高，占全国总碳储量的 12.6%。山东、海南、浙江、吉林、广东、安徽等省较低，仅占全国灌丛总碳储量的 1.3%。

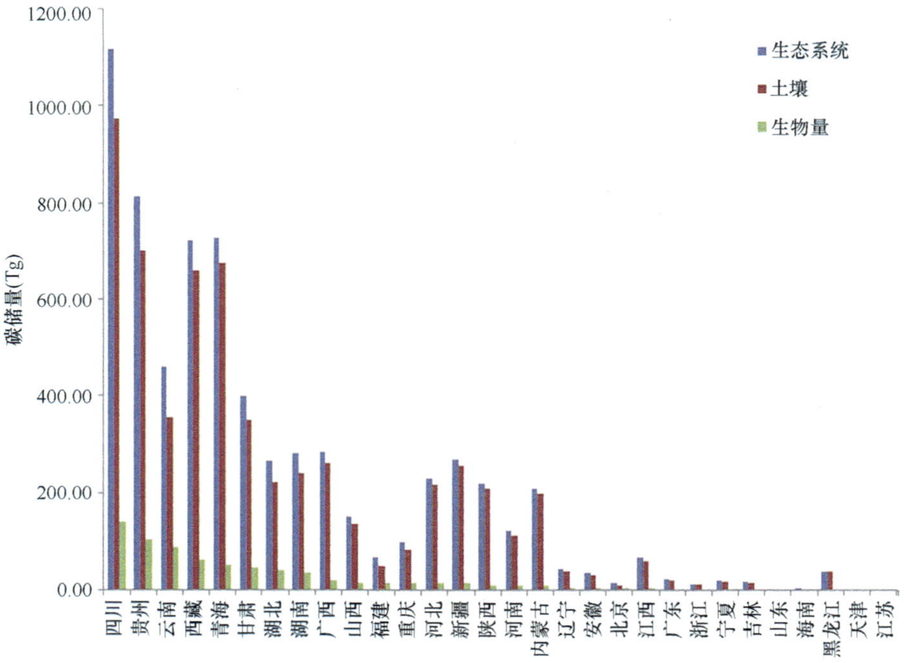

图 4-6　全国各省区市灌丛全组分碳储量

上海、香港、澳门无大面积灌丛分布，台湾未调查

4.3.2　不同灌丛类型碳储量分析

灌丛生态系统碳储量的大小因各自分布面积的多少而差异较大，从大到小依次为落叶阔叶灌丛（4704.24Tg）、常绿阔叶灌丛（1681.01Tg）、稀疏灌丛（209.89Tg）及常绿针叶灌丛（118.12Tg）。生物量碳储量、凋落物碳储量和土壤碳储量在落叶阔叶灌丛中分别为 439.26Tg、30.56Tg、4234.42Tg，分别占生态系统碳储量的 9.34%、0.65%、90.01%；在常绿阔叶灌丛中，三种组分碳储量分别为 250.14Tg、30.75Tg、1400.12Tg，分别占生态系统碳储量的 14.88%、1.83%、83.29%；在稀疏灌丛中，三种组分碳储量分别为 12.91Tg、0.34Tg、196.64Tg，分别占生态系统碳储量的 6.15%、0.16%、93.69%；在常绿针叶灌丛中，三种组分碳储量分别为 11.72Tg、0.25Tg、106.15Tg，分别占生态系统碳储量的 9.92%、0.21%和 89.87%（图 4-7）。

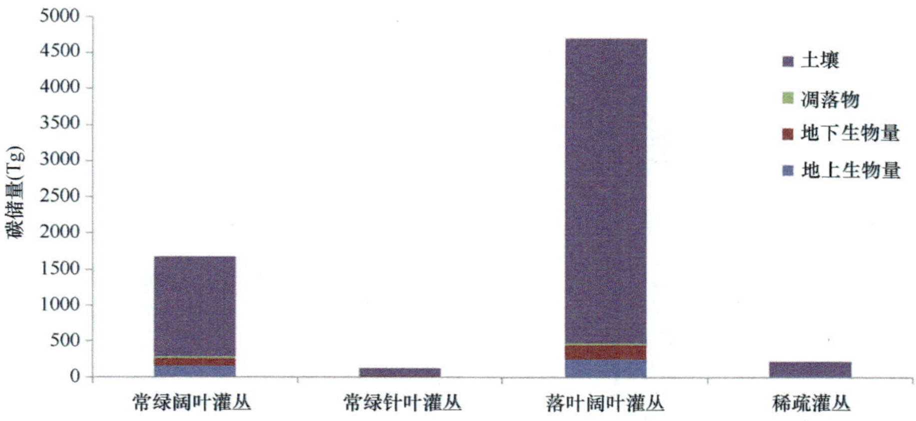

图 4-7　不同灌丛类型各组分的碳储量

在灌丛生态系统中，生态系统碳储量以土壤碳储量为主，平均占总生态系统碳储量的 89.22%，其次为生物量碳储量，约占总生态系统碳储量的 10%，凋落物碳储量最小，不到 1%。这与国际灌丛生态系统碳储量的组分分配结果一致。欧洲灌丛生态系统的研究表明，土壤碳是灌丛生态系统碳的主要组成部分，占整个灌丛生态系统碳储量的 95%（Beier，2009）；Alías（2015）对西班牙西南部的两种灌丛进行研究，土壤碳储量是灌丛总生态系统碳储量的 60%～80%。Fonseca 等（2012）对葡萄牙东北部灌丛的研究也表明，灌丛碳 80%存储在土壤中，不同群系类型生物量碳储量差异显著。

4.4　灌丛对中国陆地生态系统碳储量的贡献

灌丛占中国陆地生态系统总面积的 13.7%，其总碳储量占中国陆地生态系统总碳储量的 10.72%。灌丛生态系统碳密度为 90.07Mg/hm^2，低于森林生态系统的 163.8Mg/hm^2 而与草地生态系统的 90.25Mg/hm^2 基本持平（Tang et al.，2018）。中国灌丛生态系统多为次生，其固碳潜力为 0.9Pg C，虽然低于森林（Tang et al.，2018），但远高于草地生态系统的固碳潜力（0.24Pg C）（庄洋，2013）。灌丛是中国陆地生态系统碳汇不可忽略的组成部分。

第 5 章　中国灌丛生态系统植被固碳速率与潜力

陆地生态系统是重要的碳汇，其中生物量的累积对陆地生态系统碳汇有重要贡献。早期国家尺度上的生物量估算主要基于国家森林资源清查资料（Fang et al.，2001）。尽管这些研究有助于我们了解中国植被在区域甚至全球碳收支中的重要作用，但其多基于省区或某种植被类型，缺乏对空间分布特征的认识。随着遥感技术的发展，研究人员将遥感数据与地面观测数据尤其是与国家森林资源清查资料相结合，以实现大尺度植被生物量时空格局的反演（Piao et al.，2005；Sun et al.，2015）。但是，由于区域尺度上缺乏统一有效的地面实测数据，研究结果具有很大的不确定性。特别是我国的灌丛生态系统，样地尺度的第一手资料十分匮乏（胡会峰等，2006；Fang et al.，2007）。

因此，为了弄清过去几十年我国灌丛生态系统生物量碳储量的变化和现状，本研究利用碳专项在 2011～2015 年进行的系统、密集的 3600 个灌丛地面样方数据，结合过去 30 年不同分辨率的卫星遥感影像，分析了中国灌丛植被碳库及其时空变化特征，并对其影响因素进行了探讨。首先，我们建立了每种植被类型地上生物量和生长季增强型植被指数（EVI）的经验模型，以及 EVI 与归一化植被指数（NDVI）的关系。基于上述经验关系，我们估算了灌丛植被类型像元尺度上的生物量碳密度，同时基于植被指数的时间序列数据，进一步估算了 1982～2011 年我国灌丛生态系统地上生物量碳储量的时序变化。最后，基于地上、地下生物量的经验关系，计算得到灌丛植被总固碳速率及其潜力。此外，本研究分析了气候因子对灌丛植被生物量碳储量时空格局的影响。

5.1　中国灌丛生态系统植被固碳速率遥感反演方法

灌丛生态系统植被碳储量的遥感反演包括以下四个步骤：首先，基于遥感数据与实地观测数据建模的一个常见问题是二者在空间分辨率上不匹配（Baccini et al.，2008），为了最大限度地减少这种影响，将灌丛样地按物种组成归类到群落尺度。其次，建立群落尺度同期（2011～2013 年）地上生物量采样数据与生长季（5～9 月）EVI 之间的关

本章执笔人：赵霞，唐志尧

系（图 5-1A），再根据 EVI 与 NDVI 之间的关系（图 5-1B），得到 1982～2011 年中国灌丛地上生物量碳储量的变化速率。最后，利用地上、地下生物量的相关关系（图 5-1C），估计总生物量碳。这里使用 0.5 的转换系数将生物量转化为碳。

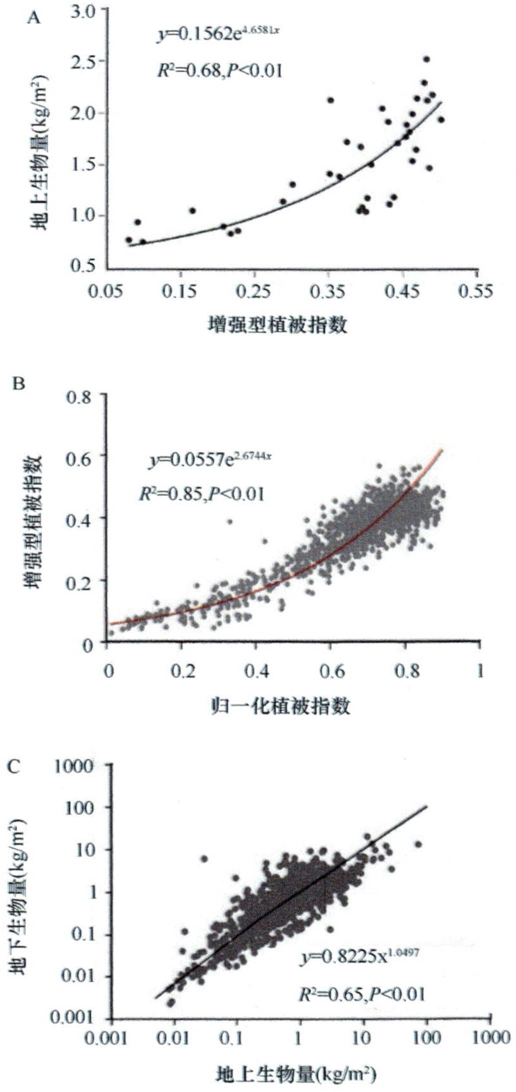

图 5-1　群落尺度灌丛植被生物量和植被指数的关系

A. 地上生物量与增强型植被指数的关系；B. 增强型植被指数与归一化植被指数的关系；C. 地上生物量与地下生物量的相关关系

本文所使用NDVI时间序列数据是由GIMMS工作组提供的1982～2011年NDVI3g数据，其空间分辨率为1/12°，时间分辨率为15天。EVI为MODIS提供的16天合成数据产品（MOD13Q1），分辨率为250m。

5.2 中国灌丛生态系统的固碳现状和速率

5.2.1 中国灌丛生态系统的固碳现状

中国灌丛生物量碳密度的空间格局表现出较大的异质性，呈现由东南向西北减少的趋势（图5-2）。碳密度的空间格局与背景气候特征相一致，即在年均降水量、年均温较高的我国中东部地区，灌丛生物量碳密度也较高。整体而言，1982～2011年中国灌丛植被平均生物量碳密度为（0.73±0.49）kg C/m^2，总生物量碳储量为（0.54±0.05）Pg C。

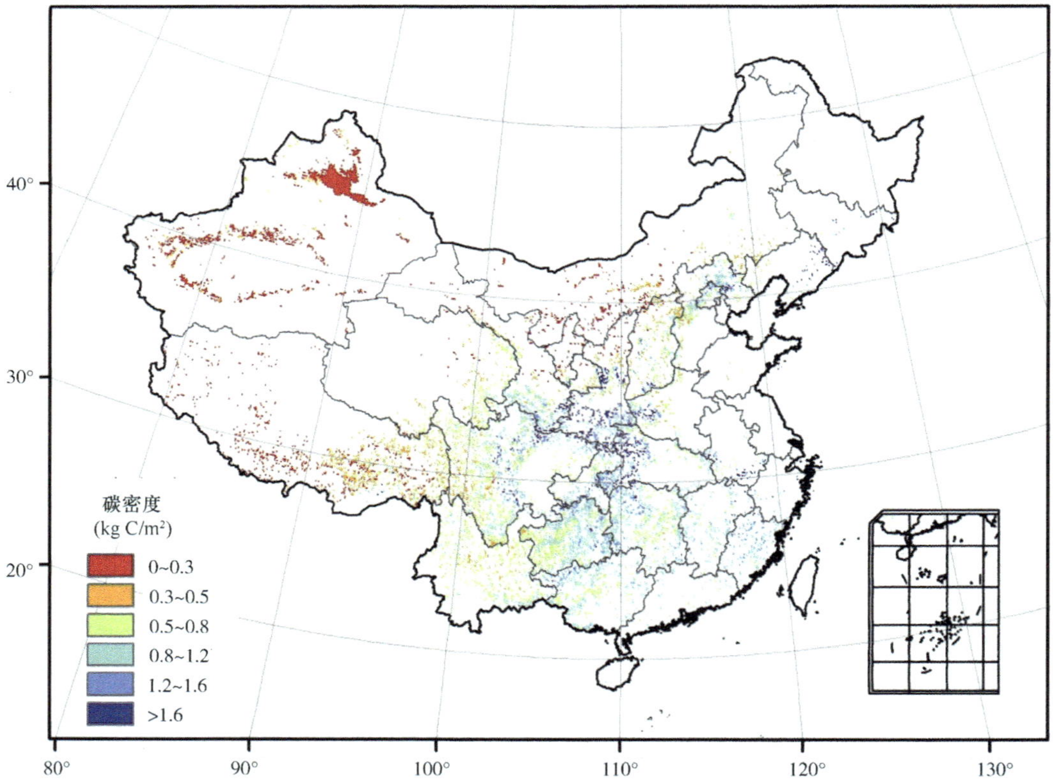

图5-2 中国灌丛植被生物量碳密度的空间分布

5.2.2　中国灌丛生态系统的固碳速率

中国灌丛生态系统的生物量碳储量在过去的30年中略有增加，但波动较大（图5-3）。1982～2011 年，灌丛生态系统总生物量碳储量每年增加 2.7Tg C，总累积量为 81Tg C（表 5-1）。然而固碳速率的空间格局表现出较大的异质性，从东南向西北大致呈减少趋势。具体表现为西北荒漠灌丛固碳速率显著降低，而我国中部和南部的灌丛固碳速率明显增加（图 5-4）。进一步分析表明，灌丛生物量碳储量的变化趋势在我国四大主要的气候区（分别为青藏高原气候区、温带大陆性气候区、温带季风气候区及亚热带和热带季风气候区）存在显著差异。灌丛的增长仅发生在亚热带和热带季风气候区及温带大陆性气候区（图 5-5）。

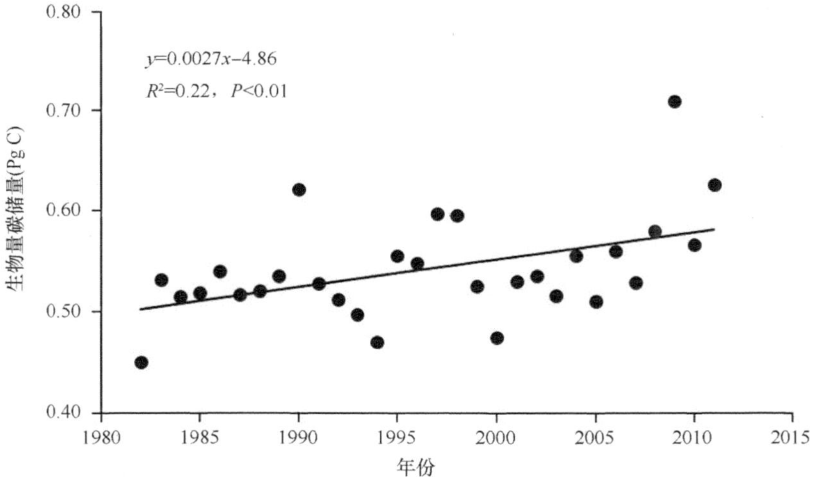

图 5-3　1982～2011 年中国灌丛生态系统植被生物量碳储量的变化趋势

表 5-1　中国灌丛生态系统不同时期地上生物量碳储量（ABC，Tg C）和总生物量碳储量（TBC，Tg C）及其在过去 30 年中的变化速率

面积 ($10^4 km^2$)	不同时期生物量碳储量(Tg C)								固碳速率(Tg C/a)	
	1982～1990 年		1991～2000 年		2001～2011 年		1982～2011 年		1982～2011 年	
	ABC	TBC	ABC	TBC	ABC	TBC	ABC	TBC	ABC	TBC
74.3	290±23	527±44	291±24	530±44	310±31	565±58	297±27	542±51	1.4	2.7

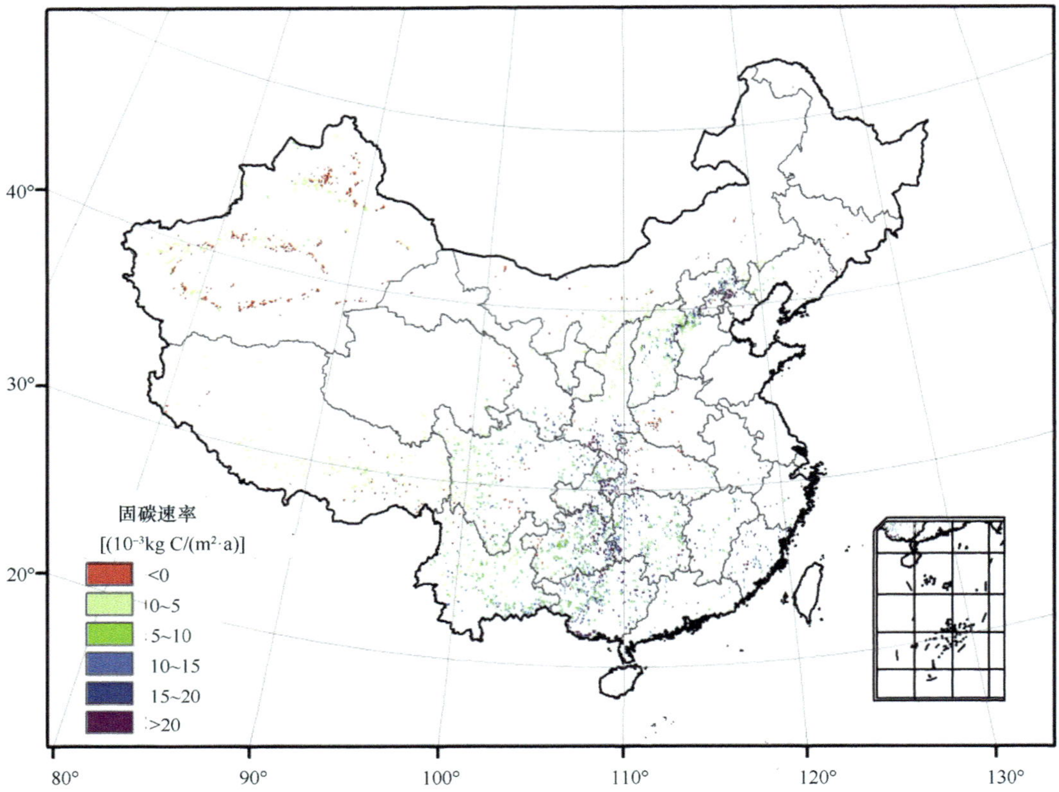

图 5-4 1982～2011 年中国灌丛生态系统植被固碳速率的空间分布

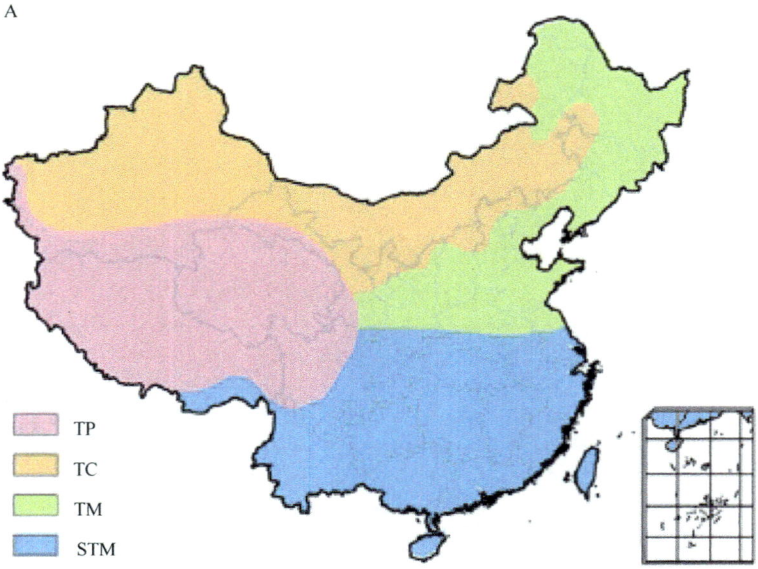

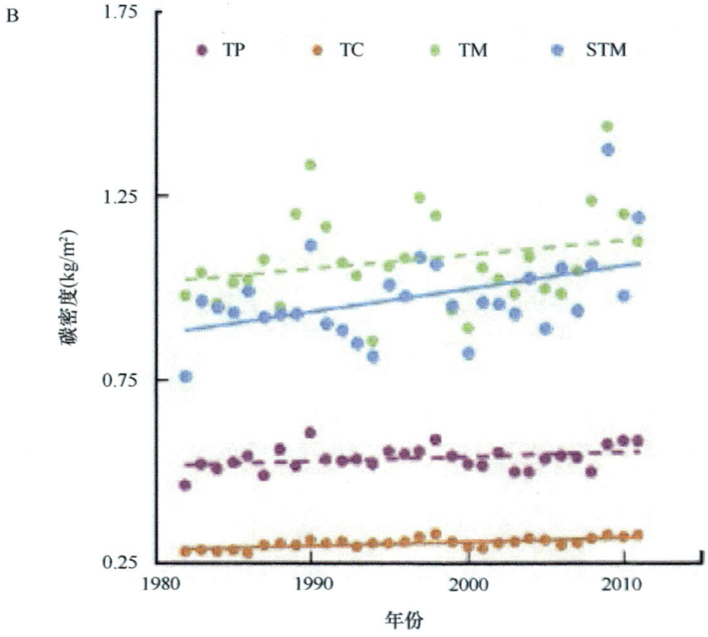

图 5-5　我国灌丛生物量碳密度在四大气候区的变化

A. 四大气候区的范围；B. 四大气候区碳密度变化

TP. 青藏高原气候区；TC. 温带大陆性气候区；TM. 温带季风气候区；STM. 亚热带和热带季风气候区

5.3　中国灌丛生态系统的固碳潜力

利用图 5-1A 所建立的群落尺度同期（2011～2013 年）地上生物量采样数据与生长季（5～9 月）EVI 之间的统计关系，计算得到我国灌丛生态系统固碳上限（95%置信区间），进一步计算固碳上限和固碳现状的差值，得到我国灌丛生态系统固碳潜力的空间分布（图 5-6）。结果表明：按照中国灌丛面积 74.3 万 km^2（Tang et al.，2018）推算，灌丛植被生物量碳汇上限是 1.61Pg C，固碳现状为 0.70Pg C（2011～2013 年平均值），因而碳汇潜力为 0.91Pg C。从固碳潜力的空间分布来看，平均碳密度越高的地区固碳潜力越大。

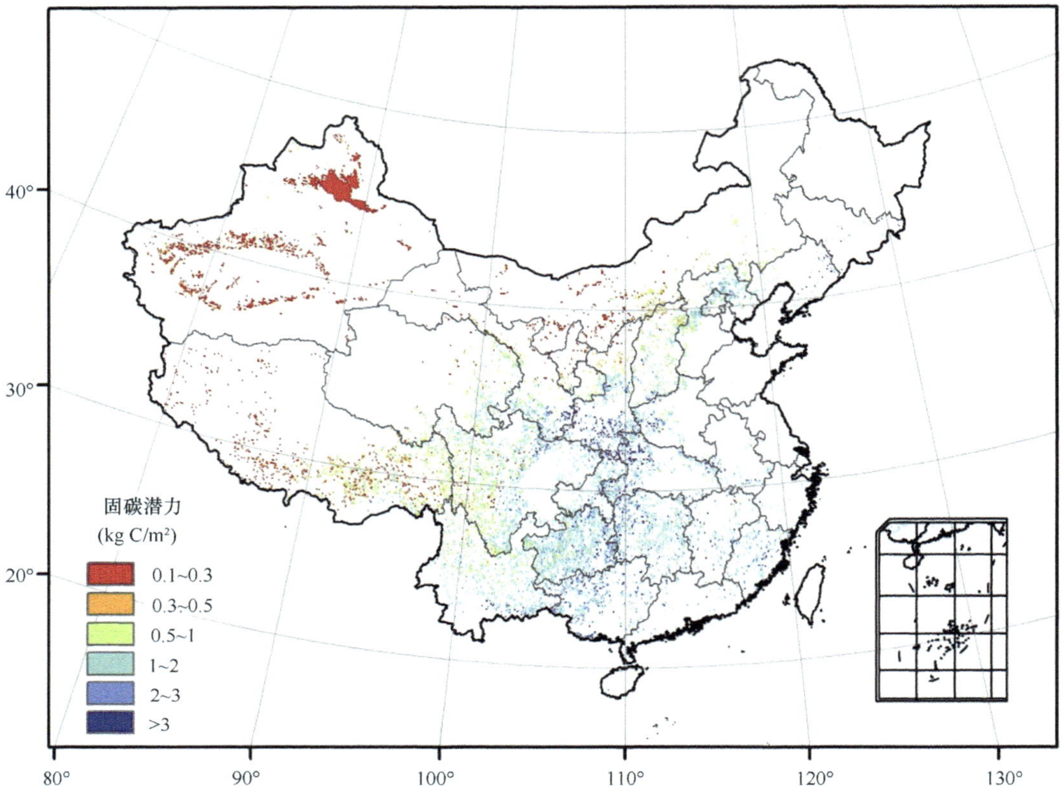

图 5-6 中国灌丛生态系统植被固碳潜力的空间分布

5.4 讨 论

5.4.1 中国灌丛生态系统固碳速率与气候因子的关系

灌丛生态系统植被固碳速率随背景气候特征呈现出一定的规律性（图 5-7）。一般而言，年降水量越多且年均温越高的地区，其固碳速率越快。然而，灌丛固碳速率随温度梯度的变化受到背景降水的调控。当年降水量>400mm 时，固碳速率随着年均温增加而增加；而当年降水量<400mm 时，固碳速率在温度梯度上没有一致的变化规律。在年均温>5℃且年降水量>400mm 的区域，灌丛植被固碳速率超过 0.05Mg C/（$hm^2·a$）。另外，气候变化对固碳速率的影响在不同气候区存在较大差异。结果表明，固碳速率对温度升高的正响应仅发生在亚热带和热带季风气候区，在该区域降水不是限制因子。而在温带大陆性气候区，降水则是主导因素。上述结果表明，区域和国家尺度上的生态工程应考虑背景气候特征，尤其是在干旱地区。

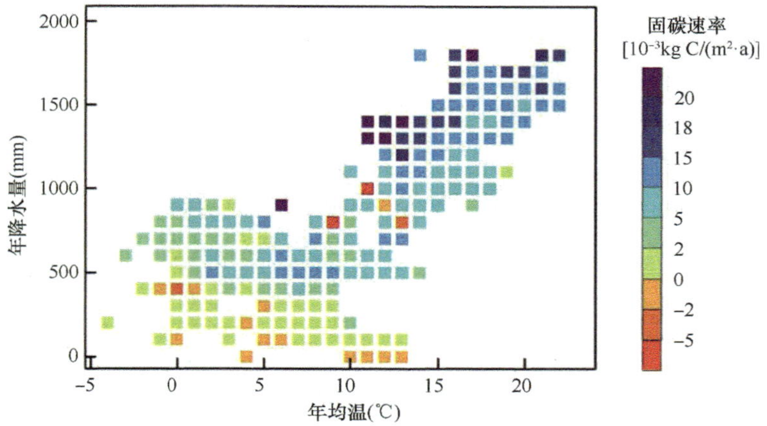

图 5-7 中国灌丛生态系统植被固碳速率与气候因子的关系

5.4.2 中国灌丛生态系统固碳速率遥感反演中的不确定性

本研究通过建立群落尺度的灌丛生物量样方调查数据和中、低分辨率遥感影像数据的经验关系，结合最新灌丛植被分布数据（Tang et al.，2018），估算了我国灌丛生态系统植被碳储量。与之前基于文献收集的结果相比，本研究结果更为准确，但仍然存在一定的不确定性：①基于群落尺度建立统一的生物量方程，并不能包含我国所有的灌丛类型，可能会给生物量反演结果带来一定的误差。②多源遥感数据的融合也可能会引入一部分系统误差。下一步工作可尝试分区域建立样地尺度遥感反演模型，同时考虑地形等辅助因子，实现对灌丛生物量碳储量更为准确的估算。

第 6 章　温带暖温带灌丛多样性及其分布格局

中国温带暖温带在东部湿润地区属于季风气候区，西部内陆地区属于大陆性气候区。这两种不同气候区的典型灌丛植被分别是温带落叶阔叶灌丛和荒漠灌丛，前者主要以落叶阔叶灌木为建群种，可划分出灌木层和草本层，盖度较高，而后者主要以旱生或强旱生灌木为建群种，下层草本稀少，少有两层结构，盖度较低。

在全球尺度上，生物多样性的研究主要关注物种丰富度由赤道向两极逐渐降低的纬度格局，适宜的水热条件可能是热带生态系统能够支撑极高物种丰富度的基础（Gaston，2000；Gillman et al.，2015）。中国的温带暖温带区域跨越了极大的经度范围，从东到西，年降水随着与海洋距离的增加而逐渐减少，灌丛的物种组成随之发生着巨大的变化。在相对湿润的温带季风气候下，东部灌丛能支撑更高的生物多样性，而在干旱的温带大陆性气候下，西部灌丛只能维持极少数旱生植物。已有研究表明，降水对中国温带草地植物生长和生物多样性的限制作用比温度更为严重（Bai et al.，2008；Ma et al.，2010）。因此，我们可以推断，位于同一区域的中国温带暖温带灌丛的生物多样性很可能同样面临较强的水分限制，而温度限制较弱，因此会表现出由东向西递减的经度格局。

6.1　温带暖温带主要灌丛类型

研究调查了 434 个典型灌丛样地，纬向约跨越 20°（32.6°N～52.4°N），经向约跨越 57°（75.6°E～132.8°E）。调查涉及的灌丛类型基本涵盖了 1∶100 万中国植被图（中国植被图编委会，2007）中的温带暖温带灌丛植被类型，此外还发现了一些书中没有记录的灌丛类型，如蚂蚱腿子灌丛和河朔荛花灌丛等。依据各群落的灌木层建群种划分出不同群落类型，并筛选出样地数量超过 15 的常见灌丛类型共 8 种，其中有 6 种典型温带落叶阔叶灌丛：荆条灌丛、榛灌丛、虎榛子灌丛、绣线菊灌丛、锦鸡儿灌丛和山杏灌丛；2 种荒漠灌丛：白刺荒漠灌丛和柽柳荒漠灌丛（表 6-1）。前者主要分布于东部温带季风

本章执笔人：郭焱培，唐志尧，杨弦，马文红，刘鸿雁，于顺利，安尼瓦尔·买买提

气候区，后者主要分布于西部温带大陆性气候区，因此，两种荒漠灌丛所处生境具有最高的生长季均温与最低的生长季降水。

表 6-1　中国温带暖温带主要灌丛类型及其主要分布区与气候

灌丛名称	样地数	建群种	样地分布省区市	生长季均温（℃）	生长季降水量（mm）
荆条灌丛	92	荆条	北京、河南、河北、山西、陕西、内蒙古、辽宁	19.1±1.5	493.7±56.9
榛灌丛	44	榛、毛榛	河北、内蒙古、辽宁、吉林、黑龙江	15.5±1.5	558±91.6
虎榛子灌丛	31	虎榛子	河北、山西、陕西、内蒙古、甘肃、黑龙江	14.9±1.6	422.4±49.4
绣线菊灌丛	23	绣线菊、三裂绣线菊、土庄绣线菊、楼斗菜叶绣线菊	北京、河北、山西、陕西、内蒙古、吉林	14.0±2.5	440.2±91.2
白刺荒漠灌丛	22	白刺、小果白刺、泡泡刺	甘肃、内蒙古、宁夏、新疆	19.3±1.5	80.5±58.6
锦鸡儿灌丛	22	鬼箭锦鸡儿、小叶锦鸡儿、中间锦鸡儿、柠条锦鸡儿、西藏锦鸡儿	甘肃、内蒙古、山西、陕西	16.0±2.0	276.3±104.1
柽柳荒漠灌丛	17	柽柳、刚毛柽柳、多枝柽柳、短穗柽柳、长穗柽柳	甘肃、新疆	20.9±1.8	34.7±15.7
山杏灌丛	16	山杏	北京、河北、黑龙江、内蒙古	15.3±2.2	433.2±61.9

6.2　温带暖温带主要灌丛分布的气候限制

利用 WorldClim 2.0（Fick and Hijmans，2017）数据库中的 19 个生物气候指标来探究气候对灌丛的影响。由于中国北方灌丛的温度和降水共线性较低（R=0.12），因此同时关注两者的影响。根据其含义，这 19 个生物气候指标可以被分为 4 类（表 6-2），表示温度的指标，包括年均温、最暖月均温、最冷月均温、最湿季均温、最旱季均温、夏季均温、冬季均温；表示降水的指标，包括年降水、最湿月降水、最旱月降水、最湿季降水、最旱季降水、夏季降水、冬季降水；表示温度变异的指标，包括平均日温差、均温性、温度季节性、温度年较差；表示降水变异的指标，为降水季节性。前三类指标都包含了多个具有共线性的变量，需要分别将这些变量标准化后进行主成分分析（PCA）以去除共线性的影响。温度指标和降水指标的第一主成分与各变量的方向相反（图 6-1，表 6-2），温度变异指标的第一主成分与平均日温差、温度季节性、温度年较差方向相反，与均温性方向相同，即三类指标第一主成分（PCA1）的数值越大分别表示温度、降水和温度变异越小。三类指标的 PCA1 分别解释了 75.6%、83.8%和 60.2%方差（图 6-1），因此在分析中采用了这三个 PCA1 分别作为温度指数、降水指数和温度变异指数，并直接使用降水季节性作为降水变异指数。

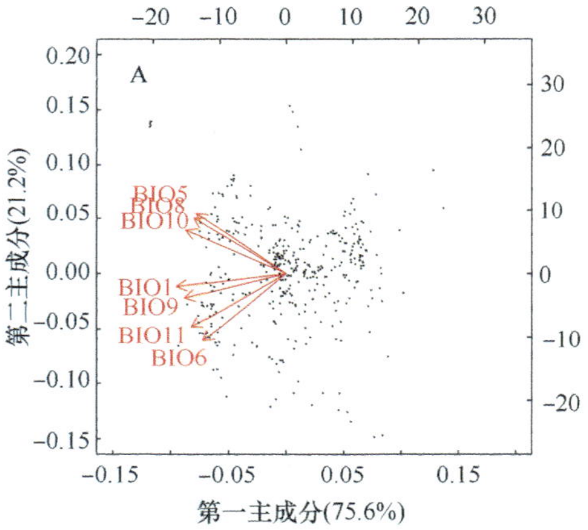

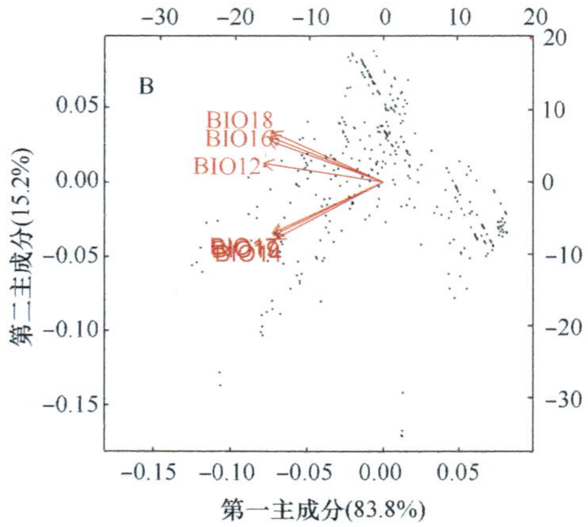

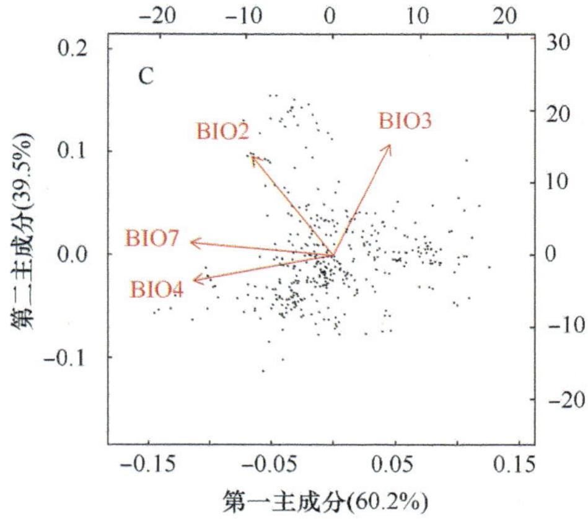

图 6-1　温度变量（A）、降水变量（B）及温度变异变量（C）的主成分与变量关系图

表 6-2　主成分载荷表

	温度指标			降水指标				温度变异指标		
	PCA1	PCA2	PCA3		PCA1	PCA2	PCA3		PCA1	PCA2
累计解释量	0.76	0.97	0.99		0.84	0.99	1.00		0.60	1.00
BIO1	–0.43	–0.10	–0.11	BIO12	–0.40	0.15	–0.79	BIO2	–0.36	0.66
BIO5	–0.35	0.46	0.25	BIO13	–0.37	0.40	0.46	BIO3	0.25	0.73
BIO6	–0.33	–0.52	–0.38	BIO14	–0.36	–0.46	0.34	BIO4	–0.63	–0.17
BIO8	–0.36	0.43	–0.29	BIO16	–0.39	0.34		BIO7	–0.64	0.76
BIO9	–0.40	–0.19	0.79	BIO17	–0.37	–0.42				
BIO10	–0.39	0.33	–0.25	BIO18	–0.38	0.37	0.21			
BIO11	–0.37	–0.42		BIO19	–0.37	–0.43				

注：BIO1，年均温；BIO2，平均日温差；BIO3，均温性；BIO4，温度季节性；BIO5，最暖月均温；BIO6，最冷月均温；BIO7，温度年较差；BIO8，最湿季均温；BIO9，最旱季均温；BIO10，夏季均温；BIO11，冬季均温；BIO12，年降水；BIO13，最湿月降水；BIO14，最旱月降水；BIO16，最湿季降水；BIO17，最旱季降水；BIO18，夏季降水量；BIO19，冬季降水

对灌木层物种的典范对应分析（CCA）排序的结果显示，第一排序轴（CCA1）与降水方向几乎一致，第二排序轴（CCA2）和温度变化方向几乎一致且和温度有较好的关系，分别体现了水分和热量对群落组成的影响（图 6-2）。对影响全国灌丛的气候因子

的排序表明，温度是较为重要的灌丛群落组成影响因子（见第 3 章），而中国北方的结果则表明水分的作用相对较大，这说明随着地理区域的改变，灌丛群落组成的气候限制因子发生了改变。中国北方比南方的气候更加干燥，而且北方的经度跨度更大，形成了更强烈的水分梯度，这两个因素可能导致了降水因子主导温带暖温带灌丛群落构建的现象。

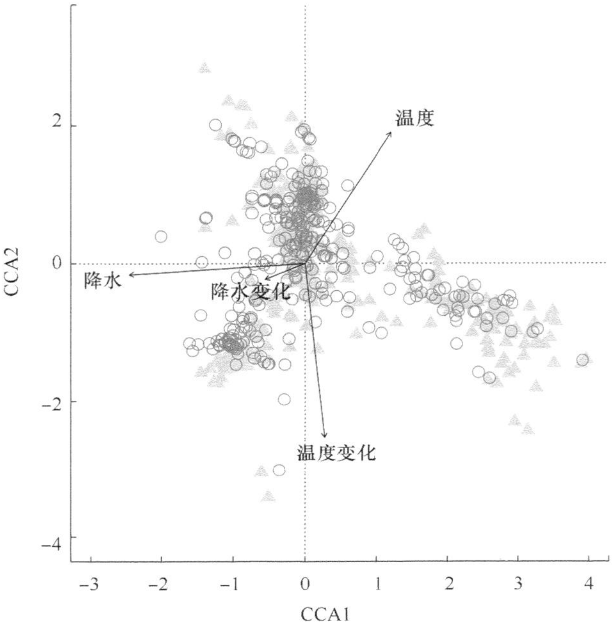

图 6-2　温带暖温带灌丛样地及灌木层物种组成的 CCA 排序

灰色三角形表示样地，灰色圆圈表示灌木物种

CCA 的结果表明，温度与降水指标较好地表达了群落的物种组成差异，因此可以直接使用温度与降水对温带暖温带灌丛进行排序。正如图 6-3 所示，温带暖温带主要灌丛类型在生长季均温和生长季降水的二维空间中可以被很好地区分开来：荆条灌丛分布于较温暖、降水适中的生境中；榛灌丛分布于温度适中、较湿润的生境中；虎榛子、绣线菊和山杏灌丛均分布于温度较低、降水适中的生境中；锦鸡儿灌丛则是常见温带落叶阔叶灌丛中对水分需求最低的植被类型，分布在温度适中、降水较低的生境中；白刺荒漠灌丛和柽柳荒漠灌丛都分布在更加炎热干旱的气候下，而后者面临的水分胁迫更加严重。

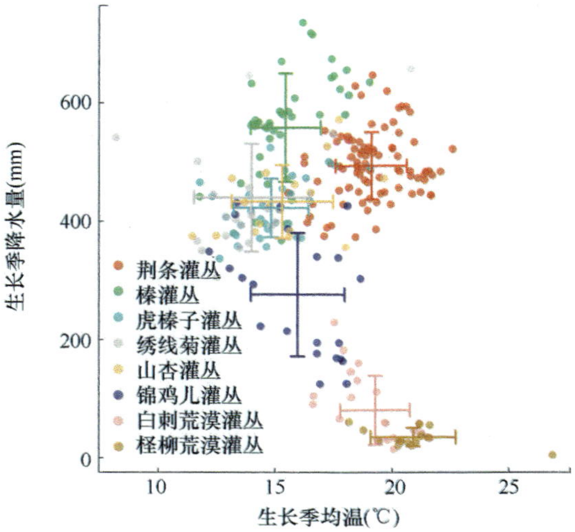

图 6-3　温带暖温带主要灌丛样地的生长季降水量和生长季均温

图中十字误差线表示该类型的气候均值（中心）±标准差

6.3　温带暖温带常见灌丛的物种组成

中国温带暖温带灌丛具有极高的生物多样性，调查共记录了 300 多种木本植物及 1000 多种草本植物。327 个落叶阔叶灌丛样地的灌木层平均盖度是 63%，平均物种丰富度是 5.7；草本层的平均盖度是 44%，平均物种丰富度是 22.0。最常见的前 5 种灌木分别是荆条（107 个样地）、胡枝子（98 个样地）、酸枣（69 个样地）、榛（53 个样地）和虎榛子（47 个样地）（图 6-4A）。最常见的前 5 种草本植物是白莲蒿（181 个样地）、狗尾草（107 个样地）、披针薹草（104 个样地）、委陵菜（100 个样地）和茜草（97 个样地）（图 6-4C）。

107 个荒漠灌丛灌木层的平均盖度是 31%，平均物种丰富度是 2.1；草本层的平均盖度为 9.4%，平均物种丰富度为 3.5。最常见的前 5 种灌木为红砂（25 个样地）、白刺（18 个样地）、泡泡刺（15 个样地）、沙拐枣（10 个样地）和合头草（10 个样地）（图 6-4B）。只有 42 个荒漠灌丛中有草本植物生存，在这些样地中，最常见的前 5 种草本植物分别是猪毛菜（24 个样地）、碱蓬（13 个样地）、沙蓬（12 个样地）、雾冰藜（12 个样地）和沙葱（10 个样地）（图 6-4D）。

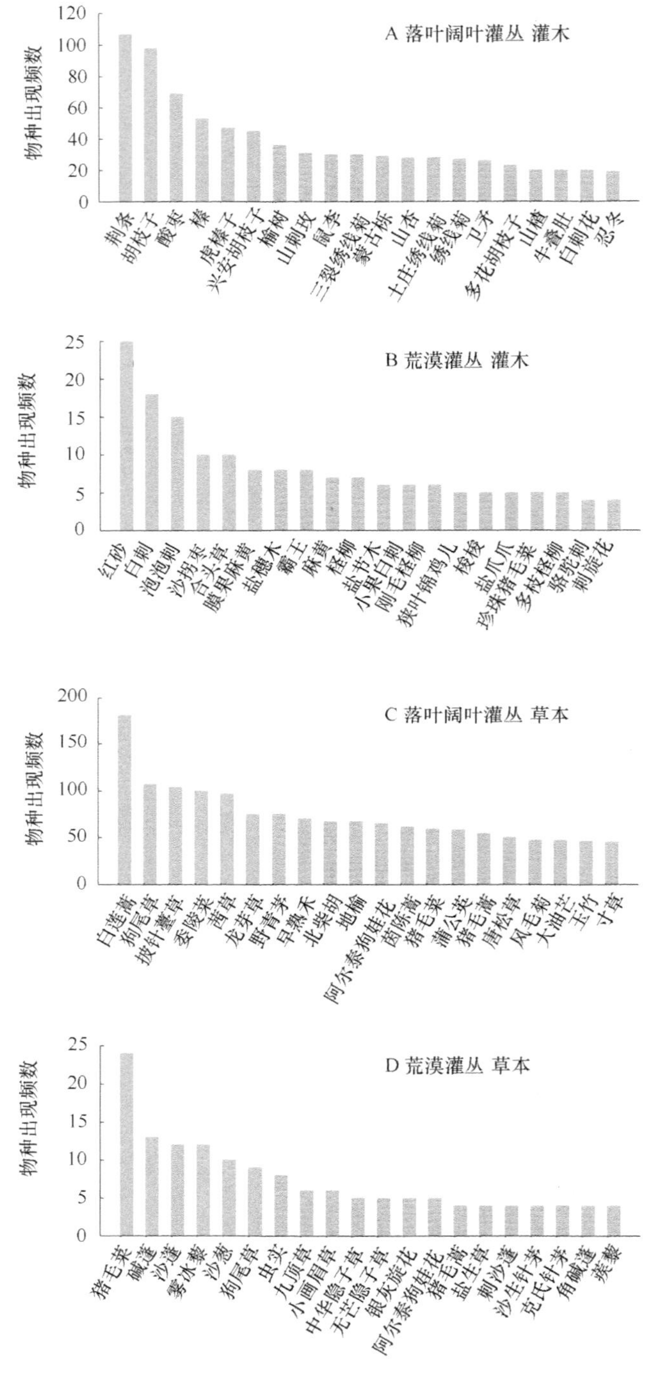

图 6-4 两种灌丛类型样地中出现频数排名前 20 的灌木（A，B）和草本（C，D）物种

频数为有该物种出现的样地个数

6.4　温带暖温带灌丛植物多样性分布格局及其与环境的关系

灌木丰富度无显著的纬度格局，而草本丰富度沿纬度升高而增加（图 6-5A，B）。灌木、草本的丰富度沿经度由西往东逐渐升高（图 6-5C，D）。

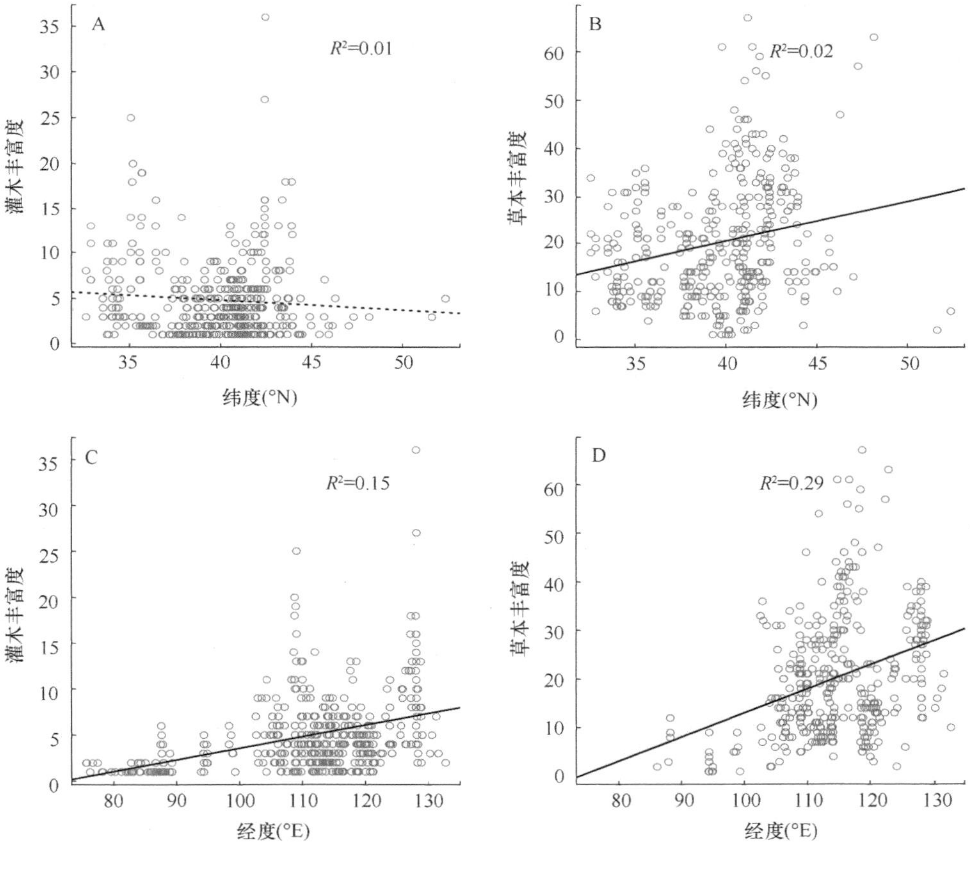

图 6-5　灌木、草本物种丰富度沿纬度（A，B）和经度（C，D）的格局

实线表示在 P<0.05 水平下关系显著，虚线表示关系不显著

与温带草地的研究结果（Ma et al.，2010）不同，灌丛生物多样性除与降水量呈正相关外（图 6-6C，D），还与温度呈负相关（图 6-6A，B）。以往研究常常发现生物多样

性与温度呈正相关，然而在中国北方干旱限制较为严重的情况下，温度升高会加快土壤水分蒸散，加剧水分胁迫，所以水分很可能是中国温带暖温带灌丛生物多样性分布格局的主要限制因素。

除气候的影响外，土壤氮含量与生物多样性（灌木、草本物种丰富度）呈显著的正相关关系（图 6-7A，B），土壤磷含量与生物多样性无显著关系（图 6-7C，D），这也意味着中国北方灌丛的生物多样性主要受到土壤 N 限制，而非 P 限制。土壤 pH 与生物多样性呈显著负相关（图 6-7E，F）。但是，在我们的调查样地中，生长季降水量与土壤氮含量及 pH 有较强相关性（*R* 分别为 0.64 和–0.63），前者可能是因为降水增加导致的 N

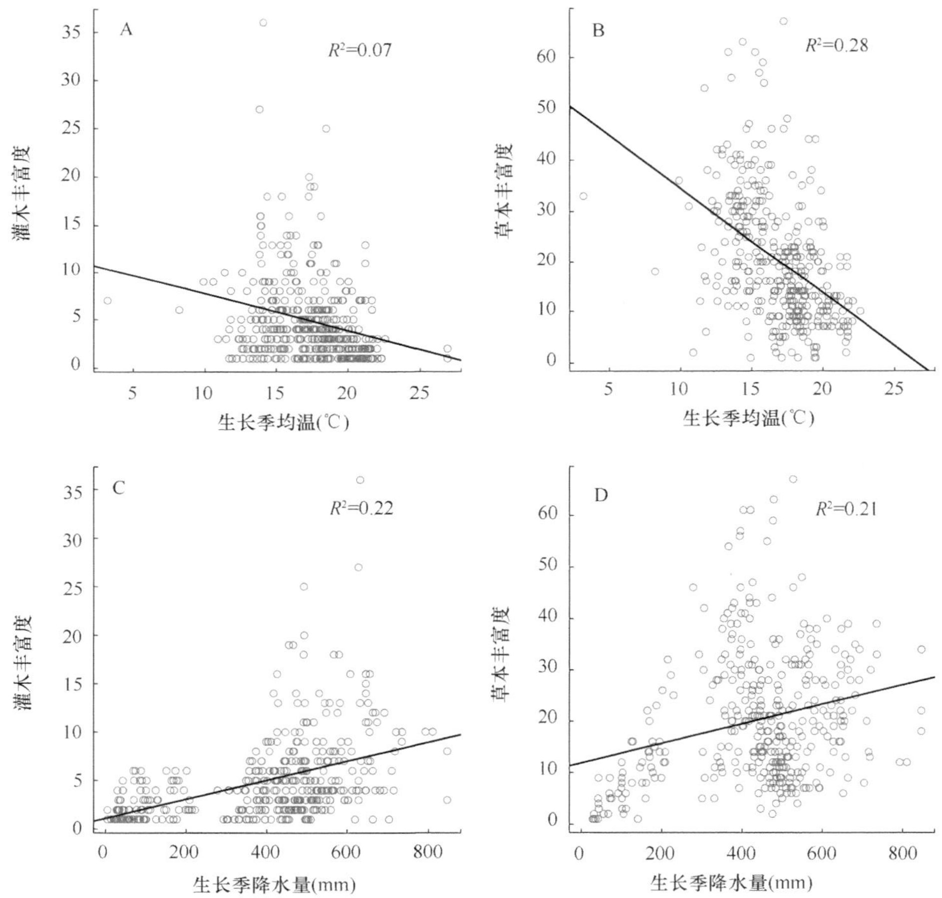

图 6-6　灌木、草本物种丰富度与生长季均温（A，B）和生长季降水量（C，D）的关系

实线表示在 $P<0.05$ 水平下关系显著

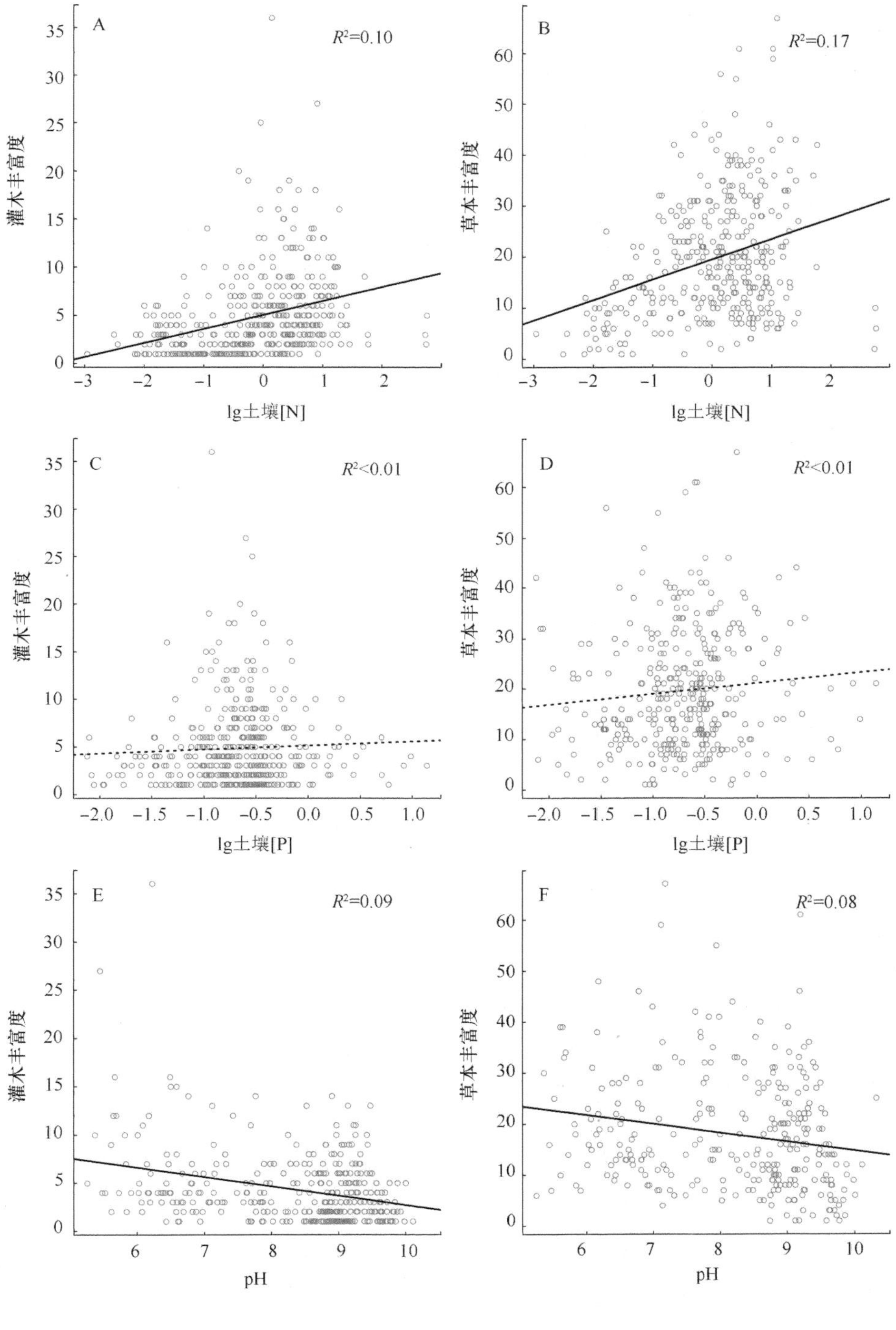

图 6-7　灌木、草本物种丰富度与土壤[N]（A，B）、土壤[P]（C，D）及土壤 pH（E，F）的关系

实线表示在 $P<0.05$ 水平下关系显著，虚线表示关系不显著

沉降或凋落物输入增加（Brooks，2003；Zhou et al.，2009）；后者可能是因为在干旱条件下蒸散较高使得阳离子在土壤表层聚集，从而使 pH 上升。

如果用一般线性模型拟合灌丛的物种丰富度来排除生长季降水量与土壤因子的共线性，即首先拟合生长季降水量，土壤氮含量、pH 对丰富度的 R^2 会大大降低，或是变得不显著（表 6-3，表 6-4），所以在中国北方灌丛中，气候是生物多样性的主要影响因子，土壤的作用较弱。

表 6-3　灌木丰富度的控制因素

	自由度	平方和	*P*（*F* 检验）
生长季降水量	1	1221.8	< 0.001
lg 土壤[N]	1	26.0	0.13
pH	1	2.6	0.63
残差	349	3910.8	

表 6-4　草本丰富度的控制因素

	自由度	平方和	*P*（*F* 检验）
生长季降水量	1	12 492.1	< 0.001
lg 土壤[N]	1	733.0	0.01
pH	1	210.4	0.17
残差	332	36 843.2	

β 多样性反映了不同群落之间物种的空间更替速率。群落构建的生态位理论和中性理论对 β 多样性的影响因素有不同的解释。前者认为不同物种具有不同的生态位，物种组成的差异反映的是生境的环境差异，因此 β 多样性随环境差异增加而增加（Chesson，2000）。后者不考虑物种的生态位分化，并认为物种分布取决于其扩散能力，物种的扩散限制决定了物种组成，因此 β 多样性随距离的增加而增加。两种机制在不同的研究中都得到了支持，大量研究也发现生态位理论的环境筛选和中性理论的扩散限制可能同时影响群落构建与 β 多样性（Gaston and Chown，2005；Soininen et al.，2007；Legendre et al.，2009）。这两种机制的相对强度表现出区域的差异，如对热带森林的研究常常发现中性过程的作用大于生态位过程（Condit et al.，2002；Duivenvoorden et al.，2002；Tuomisto et al.，2003），而在温带结果则常常正好相反（Laliberté et al.，2009；Tang et al.，2012；Liu et al.，2014），这可能是因为温带植被更容易受到较强烈的气候限制。

本研究采用 Jaccard 相似度度量 β 多样性，Jaccard 相似度越大则 β 多样性越低。样地的地理距离通过样地经纬度计算得到。样地之间的气候差异基于生长季均温（MGT）和生长季降水量（GP）两个气候指标计算。因为两者的变化幅度及单位不同，首先用如下公式对它们进行标准化：

$$X' = [X - \min(X)] / [\max(X) - \min(X)] \tag{6-1}$$

式中，X'表示标准化数值，max（X）和 min（X）分别表示气候指标最大值、最小值。通过这一转化，气候指标标准化成最小值为 0、最大值为 1 的变量。两个样地之间的气候差异即由转化后的 MGT 和 GP 构成的二维气候空间中两点的欧氏距离。

据此将所有的样地分别两两配对，计算出了 Jaccard 相似度及与之对应的地理距离和气候差异，并利用偏回归方法分解地理距离与气候差异对 Jaccard 相似度的单独作用。结果表明，样地之间的灌木和草本植物 β 多样性随气候差异和地理距离的增加而增加（图 6-8），地理距离和气候差异的联合作用解释了最多的灌木、草本植物 Jaccard 相似度方差（图 6-9），说明生态位筛选和扩散限制可能共同影响灌丛的群落构建。然而，群落构建的主导机制在不同生活型植物中可能存在差异。对灌木而言，气候差异单独效应的解释量高于地理距离单独效应，说明生态位筛选是决定灌木物种组成的主要机制；草本物种则相反，扩散限制是决定草本物种组成的主要机制。对中国草地和温带落叶阔叶林的研究发现，环境筛选是比空间过程更加重要的群落构建机制（Tang et al.，2012；Liu et al.，2014），这与温带灌丛灌木的结果相一致。环境筛选是温带植被中普遍主导的群

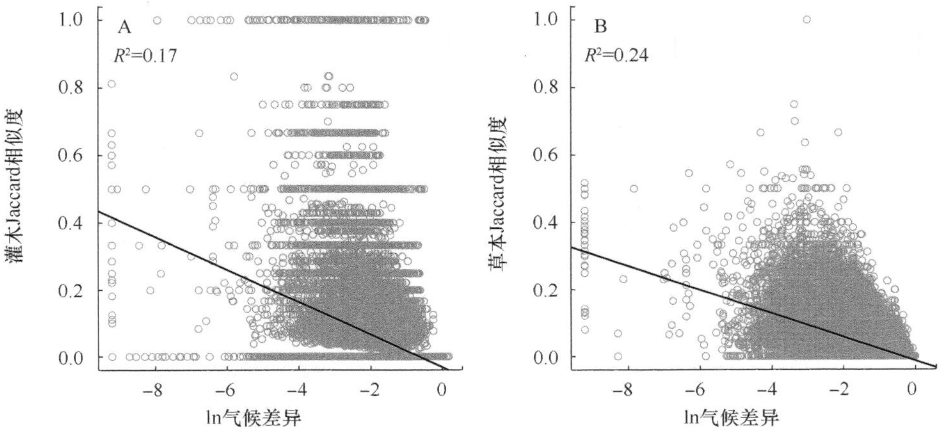

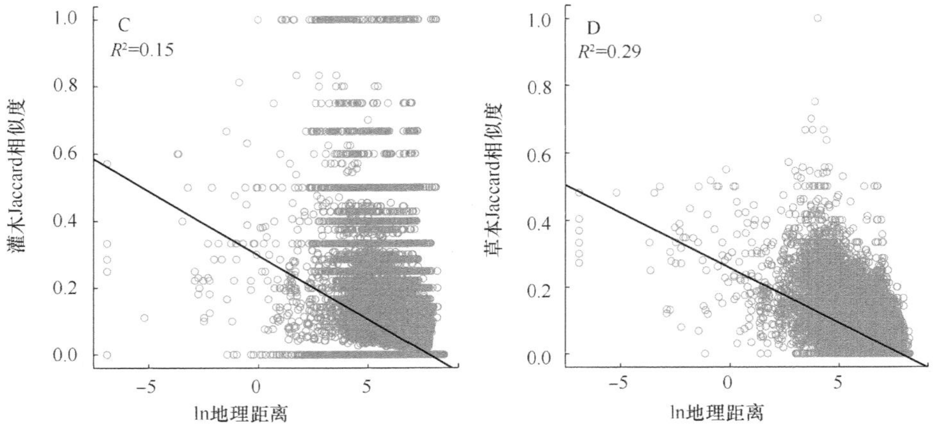

图 6-8　灌木、草本物种的 Jaccard 相似度与气候差异及地理距离的关系

实线表示关系显著（$P<0.05$）

落构建机制，这可能是由温带气候限制较强造成的（Liu et al.，2014）。灌丛草本植物受到的环境筛选作用的影响强度与灌木相似，但是扩散限制对它们的影响更强，这反映出草本植物的扩散能力较弱。灌丛的草本植物高度较低、种子较小且多是一年生，这导致了它们相对于灌木较弱的扩散能力（Moles and Westoby，2004）。

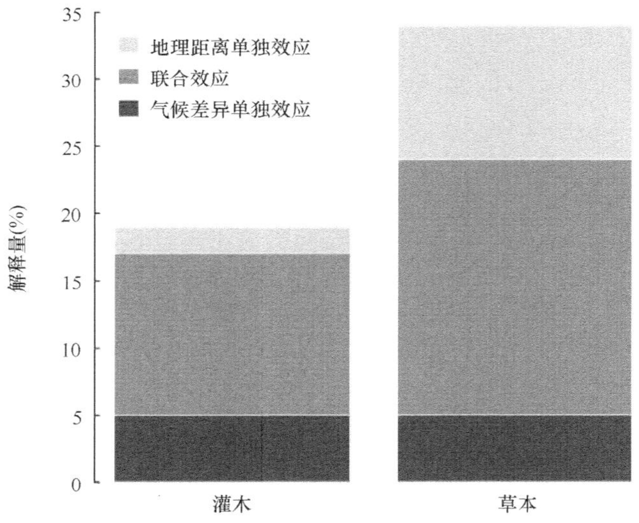

图 6-9　地理距离和气候差异对灌木、草本物种的 Jaccard 相似度的影响

6.5　温带暖温带灌丛植物多样性与生物量的关系

生物多样性-生态系统功能（biodiversity-ecosystem functioning，BEF）关系是生物多样性研究的另一热点。虽然以往的研究发现过不同类型的 BEF 关系（正、负、单峰、U 型、无关系）（Adler et al.，2011），但大尺度研究和控制实验证明正相关的 BEF 关系是较为普遍的结果（Gillman et al.，2015）。解释这种正相关关系的机制主要有两种：生态位互补和抽样效应（Loreau and Hector，2001）。前者认为生物多样性越高，群落中包含高产物种的概率越高，因此正相关 BEF 关系只是一个统计学现象（Huston，1997）；后者认为生物多样性越高的群落能更充分地利用各种资源，表现出更高的生产力（Tilman et al.，1997）。有研究表明，在长时间尺度上，生态位互补是主导因子。中国北方跨越了较大的经度范围且水分梯度明显，是检验生物多样性受环境影响的绝佳区域。中国温带暖温带灌丛是北方典型植被，对它的研究同时关注两种生活型植物（灌木和草本）的生物多样性格局，是对中国温带植被的生物多样性研究的重要补充。

研究分别采用线性模型和二次函数模型拟合丰富度（多样性）-生物量关系，若二次函数模型的二次项显著（P<0.05）则说明丰富度与生物量可能具有非线性关系。结果发现，多样性-生物量关系的线性模型与二次函数模型均显著，但是后者具有更高的拟合优度（图 6-10）。抛物线型的灌丛生物多样性-生物量关系说明了随着生物多样性的增加，生物多样性-生物量关系的斜率从正逐渐减弱为负。前面已经提到，植物丰富度主要受水分限制，随着水分条件的改善，物种多样性增加，同时生物多样性-生物量关系的斜率也逐渐从正减弱为负，因此水分条件的变化很可能是灌丛抛物线型生物多样性-生物量关系的成因，环境改善导致生物多样性-生物量关系减弱的机制可能包括两点：①生态位互补效应的减弱，因为生物多样性随着环境适宜度增加而增加，物种的生态位重叠及功能冗余也会增加，增加的物种难以占据空白生态位来增加生产力（Paquette and Messier，2011）；②竞争增加，生态位重叠增加使得种间竞争加强，所以在较适宜的生境中，可能会出现高产优势种排斥其他物种使群落生产力提高的情况（Bond and Chase，2002；Warren et al.，2009）。

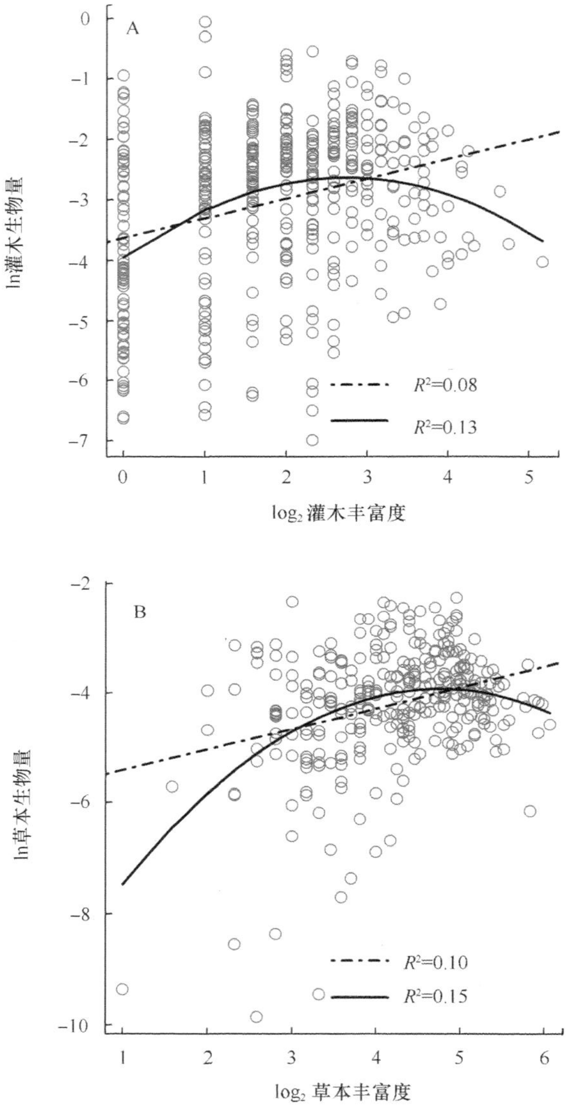

图 6-10　灌木（A）、草本（B）物种的丰富度-生物量关系

第7章　温带暖温带灌丛生物量分布格局及其与环境的关系

灌丛广泛分布于我国北方地区，占据了大量森林和草地无法发育的生境。研究北方灌丛的生物量分布格局和分配策略能够加深对环境胁迫下植物群落状况的认识。一方面，中国北方灌丛中的灌木植物基本为落叶灌木，将其作为研究对象能排除常绿和落叶生活型差异造成的误差；另一方面，干旱是中国北方植物生长的主要限制因子（Bai et al.，2008），研究中国北方的植被有助于深入理解水分对灌丛植被生物量及其分配策略的影响。

7.1　植被生物量密度

温带暖温带灌丛平均生物量为 12.5Mg/hm^2，其中灌木层地上、地下平均生物量分别为（4.5±0.3）Mg/hm^2 和（5.4±0.4）Mg/hm^2，草本层地上、地下平均生物量分别为（0.8±0.0）Mg/hm^2 和（1.8±0.1）Mg/hm^2。不同区域生物量变异较大，东部温带落叶灌丛生物量高于西部荒漠灌丛，东部温带落叶灌丛生物量一般高于 10Mg/hm^2，而西部荒漠区低于 5.0Mg/hm^2（图 7-1）。其中温带落叶灌丛、荒漠灌丛平均生物量分别为 14.4Mg/hm^2 和 5.0Mg/hm^2，其中平均地上生物量分别为 6.0Mg/hm^2 和 2.5Mg/hm^2；平均地下生物量分别为 8.4Mg/hm^2 和 2.5Mg/hm^2；平均凋落物量分别为（2.6±0.2）Mg/hm^2 和（1.4±0.2）Mg/hm^2（表 7-1）。

灌木层和草本层植物地下生物量（图 7-2B，D，F）均高于地上生物量（图 7-2A，C，E）。东部温带落叶灌丛灌木层植物地上生物量（>5.2Mg/hm^2 vs <2.0Mg/hm^2）和地下生物量（>6.5Mg/hm^2 vs <2.0Mg/hm^2）均略高于西部荒漠区（图 7-2A，B）。草本层生物量在东、西部差异较大，草本层地上生物量和地下生物量都小于 0.2Mg/hm^2 的灌丛大部分出现在西部荒漠区，而草本层地上生物量超过 0.9Mg/hm^2、地下生物量超过 1.0Mg/hm^2 的灌丛大部分出现在东部（图 7-2C，D）。草本层生物量远低于灌木层，但草本层在空间分布上的差异加大了东、西部地上、地下总生物量的差异（图 7-2E，F）。

本章执笔人：杨弦，唐志尧，郭焱培，马文红，刘鸿雁，于顺利，安尼瓦尔·买买提

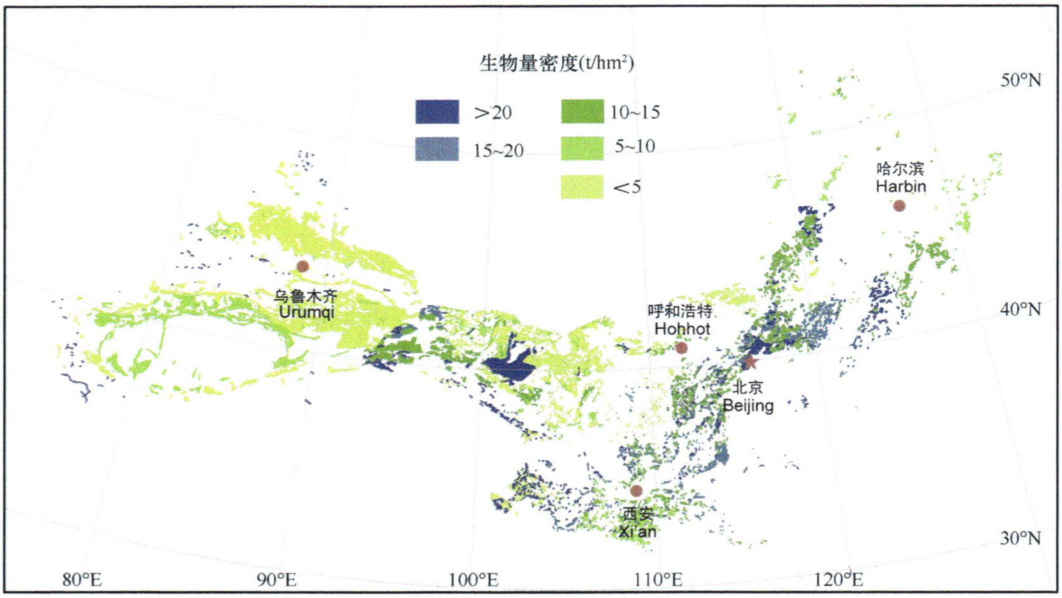

图 7-1 温带暖温带灌丛植被总生物量空间分布格局

$1Mg/hm^2=1t/hm^2$

表 7-1 温带暖温带主要灌丛植被型的生物量（均值±标准误差）

项目	温带落叶灌丛	荒漠灌丛	所有灌丛*
样地数	321	108	433
生物量（Mg/hm^2）	14.4	4.9	12.5
地上生物量（Mg/hm^2）	6.0	2.4	5.3
灌木层（Mg/hm^2）	5.2±0.3	2.0±0.3	4.5±0.3
草本层（Mg/hm^2）	0.8±0.0	0.4±0.1	0.8±0.0
地下生物量（Mg/hm^2）	8.4	2.5	7.2
灌木层（Mg/hm^2）	6.5±0.4	2.0±0.5	5.4±0.4
草本层（Mg/hm^2）	1.9±0.1	0.5±0.1	1.8±0.1
凋落物量（Mg/hm^2）	2.6±0.2	1.4±0.2	2.5±0.2

* 除温带落叶灌丛与荒漠灌丛外，还包含了 4 个亚高山落叶灌丛样地

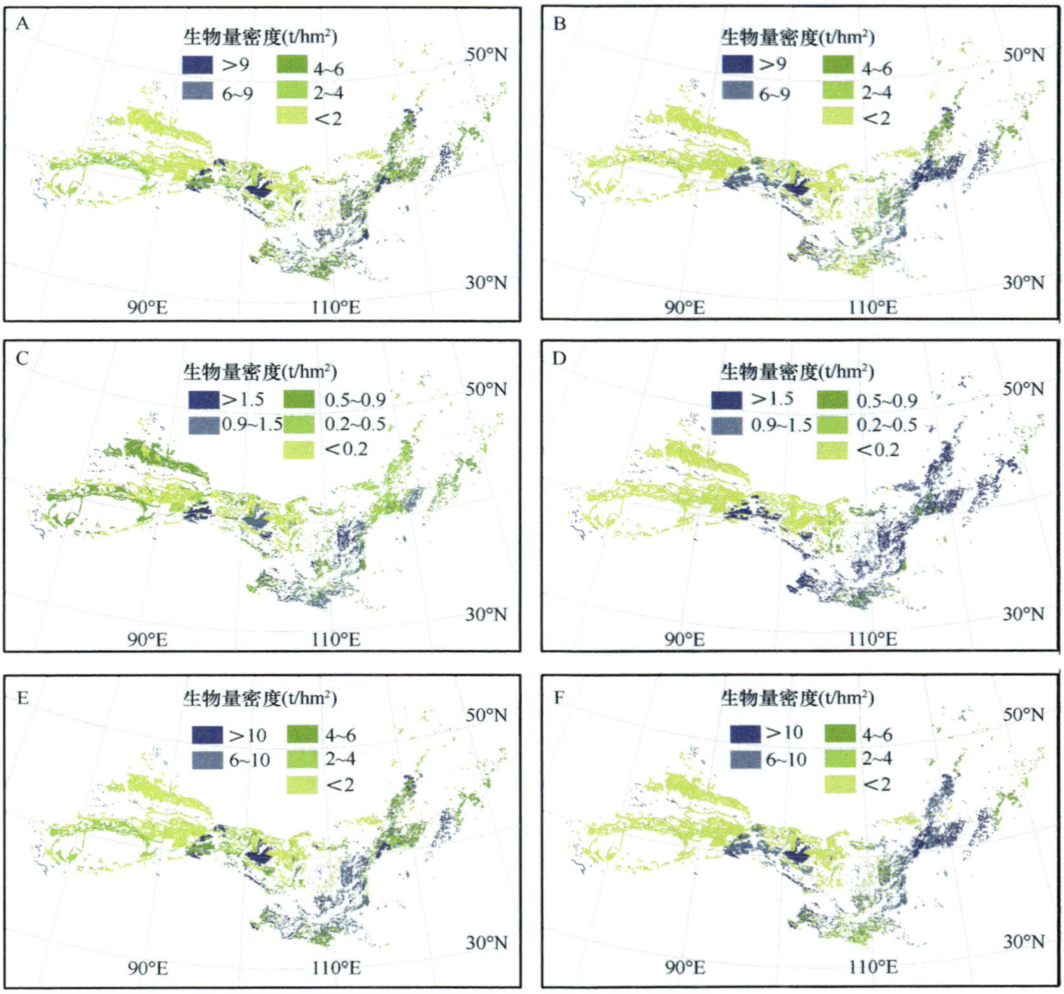

图 7-2　温带暖温带灌丛灌木层（A）地上与（B）地下生物量，草本层（C）地上与（D）地下生物量，以及（E）地上与（F）地下总生物量分布

7.2　生物量地下-地上及叶-枝分配格局

温带落叶灌丛灌木的地下-地上生物量比和叶-枝生物量比变异比荒漠灌丛大。温带落叶灌丛灌木的平均地下-地上生物量比为（1.33±0.06），平均叶-枝生物量比为（0.47±0.02），荒漠灌丛的平均地下-地上生物量比为（1.22±0.07），平均叶-枝生物量比为（0.47±0.04）（图 7-3）。

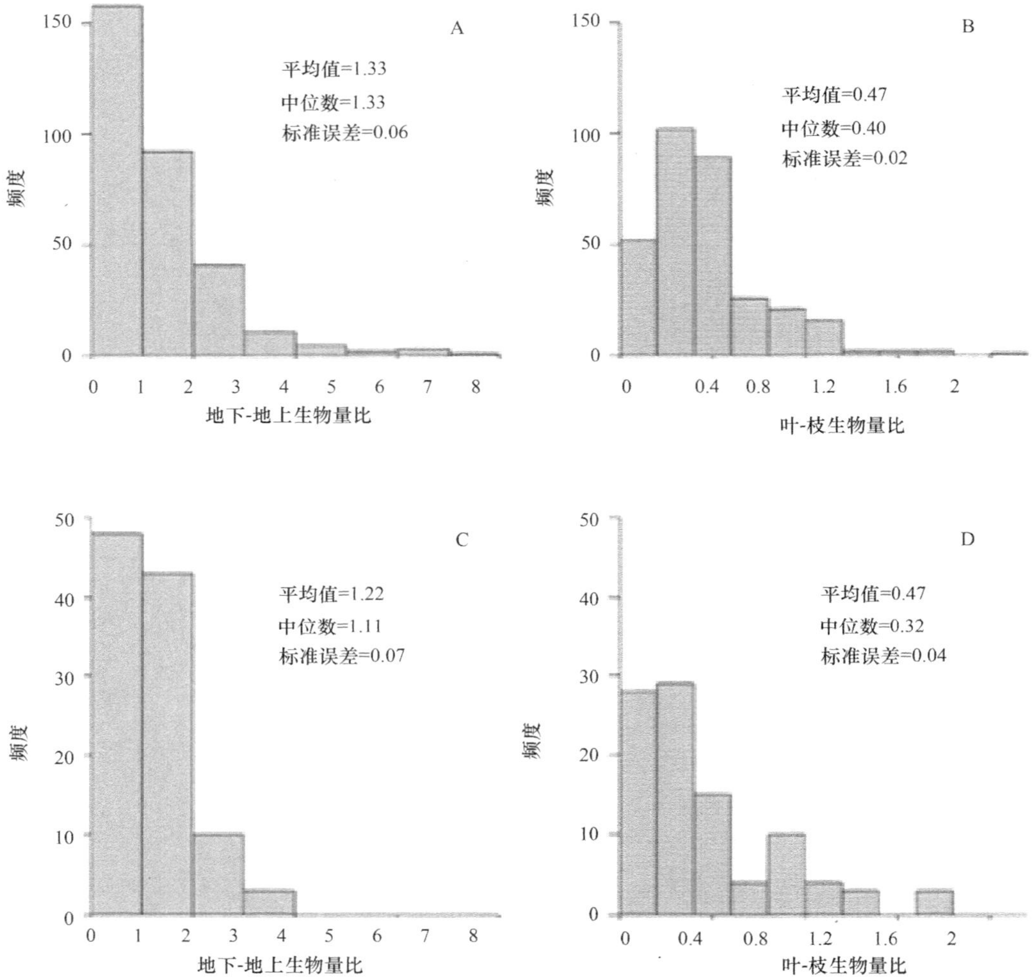

图 7-3 温带落叶灌丛（A）地下-地上生物量比与（B）叶-枝生物量比及（C）荒漠灌丛地下-地上生物量比和（D）叶-枝生物量比频度分布

研究区域内，灌木地下-地上生物量比随年平均气温、年降水量增加而显著减少（年平均气温，$P<0.001$；年降水量，$P=0.002$），但随土壤氮和磷含量的变化无显著变化规律（$P>0.05$）。灌木层叶-枝生物量比随年平均气温和土壤磷增加而显著降低（$P<0.001$），但随年降水量的增加趋势较弱（$P=0.024$），随土壤氮含量无显著的变化趋势（$P>0.05$）（图 7-4）。

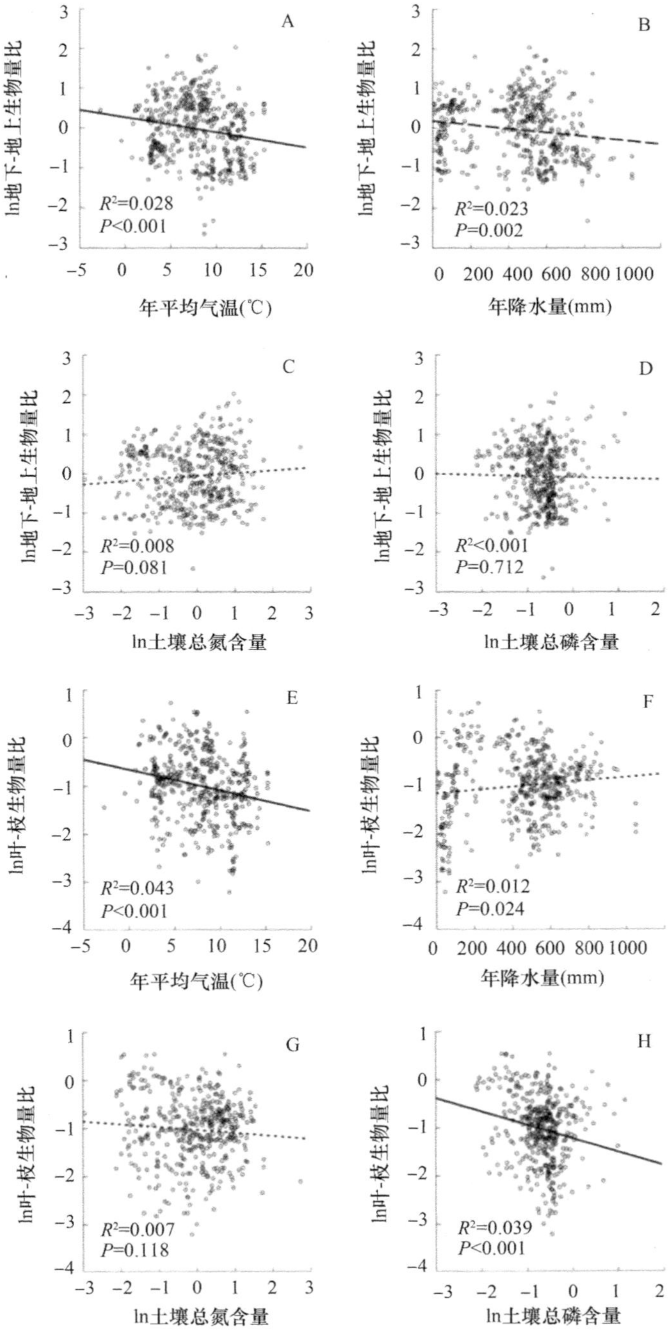

图 7-4　中国温带暖温带灌丛地下-地上生物量比（A～D）和叶-枝生物量比（E～H）与环境的关系

研究区域内，灌丛植被生物量变异较大，这种差异在不同层次均有所体现，但其地上-地下生物量分配较为一致。灌木地下-地上生物量比受土壤营养的影响不显著（$P>0.05$），受水分影响显著（$P=0.002$）。这一结果与 Yang 等（2009）对青藏高原高寒草地地下-地上生物量比的研究结果一致。根据平衡生长假说，植物会权衡生物量在各个器官间的分配来适应不同的水分、光照或养分条件，使其生长速率达到最大值。例如，在水分、养分缺乏的条件下，植物的生物量将更多分配到地下部分。本研究对地下-地上生物量比的研究结果不能支持这一假说。McCarthy 和 Enquist（2007）利用全球森林的生物量数据对平衡生长假说进行了验证，认为该假说只适用于种内生物量分配，而不适用于种间生物量分配的比较。在种间，不同植物可能通过其他方式来适应环境，如改变各器官间的元素分配。灌木叶-枝生物量比随年平均气温升高而显著降低，却随年降水量增加而增加，可能是由于随着温度增加蒸腾作用增强，植物为了减少水分的丧失，通过调整生长分配模式来减少叶生物量以适应干旱。另外，还有很多旱生灌木的叶片退化，利用绿色的同化枝或叶轴进行光合作用。因此，随着降水的减少，植物叶-枝生物量比降低。

第 8 章　温带暖温带常见灌木氮、磷含量及其影响因素

对有限资源的分配是植物具有的一个重要生活策略，N 和 P 在自然界中常处于受限制状态，因此研究植物对 N 和 P 的分配对于了解植物的生活策略有重要意义。灌木植物与其他生活型植物具有不同的生活策略，研究灌丛生态系统灌木植物 N、P 含量对于全面了解植物 N、P 含量及其影响因素很有必要。本章通过调查取样及测试研究中国温带暖温带灌丛植物不同器官的 N、P 化学计量特征及其分布格局。

8.1　各器官氮、磷含量统计

所有器官 N、P 含量均呈右偏分布（表 8-1，图 8-1），因此在进行数据分析之前都将对各器官 N、P 含量进行对数转换。灌木植物各器官 N、P 含量差异很大，其中叶 N、P 含量最高（表 8-1），叶 N 含量几何均值约为茎 N 含量的 3.0 倍、根 N 含量的 2.5 倍；叶 P 含量几何均值约为茎 P 含量的 2.7 倍、根 P 含量的 2.4 倍。

表 8-1　温带暖温带灌丛常见灌木植物氮、磷含量统计

	几何均值(mg/g)	算术均值（mg/g）	中位数(mg/g)	标准差（mg/g）	变异系数	峰度系数	偏度系数
叶 N 含量	20.79	21.88	20.9	6.91	0.32	3.12	0.60
叶 P 含量	1.20	1.29	1.20	0.51	0.40	8.18	1.65
茎 N 含量	7.20	8.36	6.50	4.90	0.59	4.09	1.27
茎 P 含量	0.44	0.48	0.45	0.22	0.46	8.20	1.57
根 N 含量	8.19	9.66	7.79	5.73	0.59	3.66	1.11
根 P 含量	0.49	0.58	0.47	0.36	0.62	8.26	1.91

本章执笔人：杨弦，唐志尧，郭焱培，马文红，刘鸿雁，于顺利，安尼瓦尔·买买提

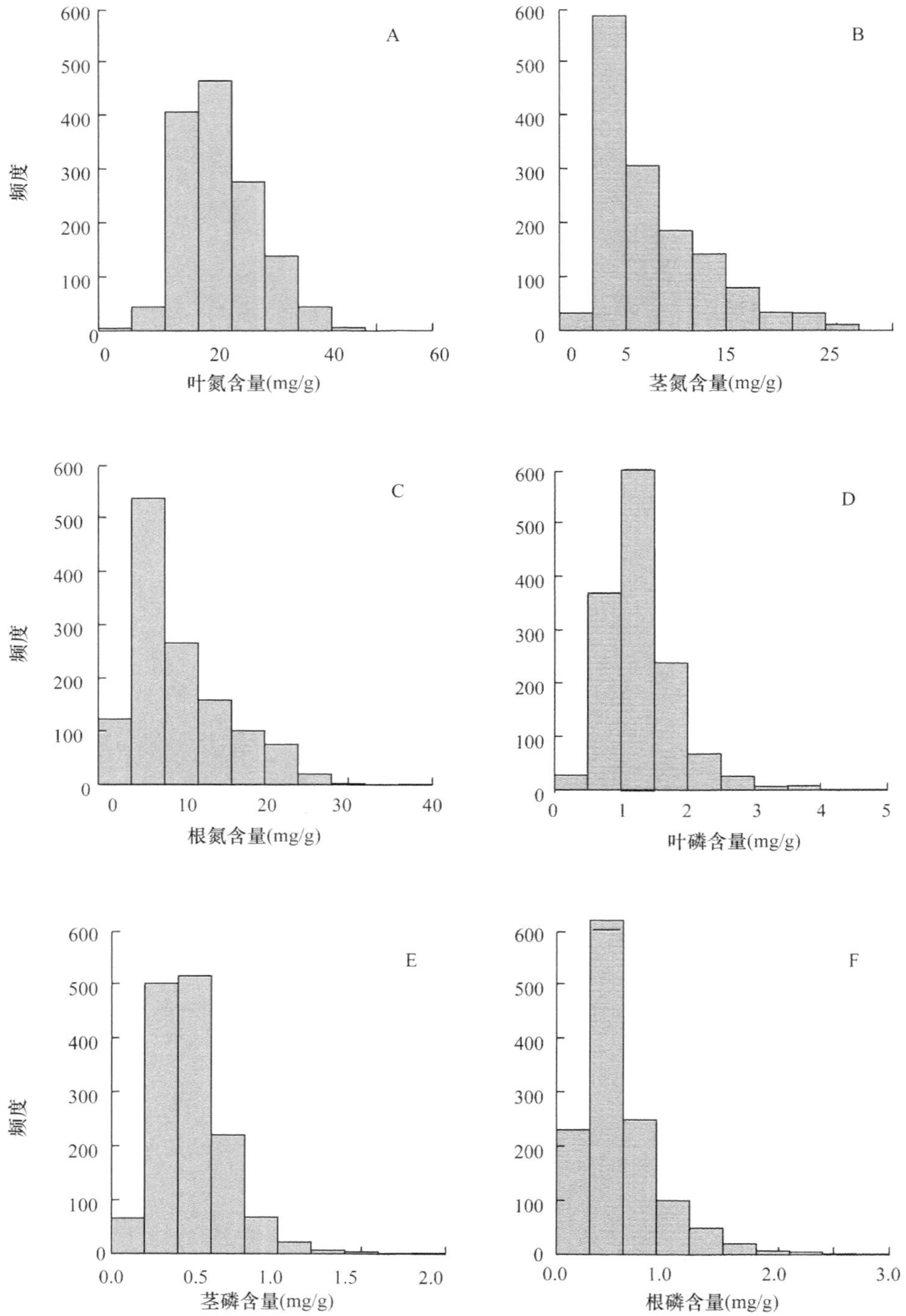

图 8-1　温带暖温带灌丛常见灌木植物叶、茎、根的氮（N）、磷（P）含量频度分布

灌木植物叶与中国其他生态系统植物叶 N、P 含量差异很大（图 8-2A）。一般而言，灌木叶 P 含量低于草本植物，而高于乔木；本研究的灌木植物 P 含量与其他研究的灌木植物（Han et al.，2005）没有显著差异。灌木 N 含量同样低于草本植物而高于乔木；本研究的灌木 N 含量略高于其他研究（Han et al.，2005）。本研究中灌丛生态系统的灌木叶 N、P 含量和其他研究中森林和灌丛（Han et al.，2005；He et al.，2006）灌木叶片 N 和 P 含量也存在差异（图 8-2B），森林中灌木叶 P 含量高于灌丛中的灌木，叶 N 含量略低于灌丛中的灌木。

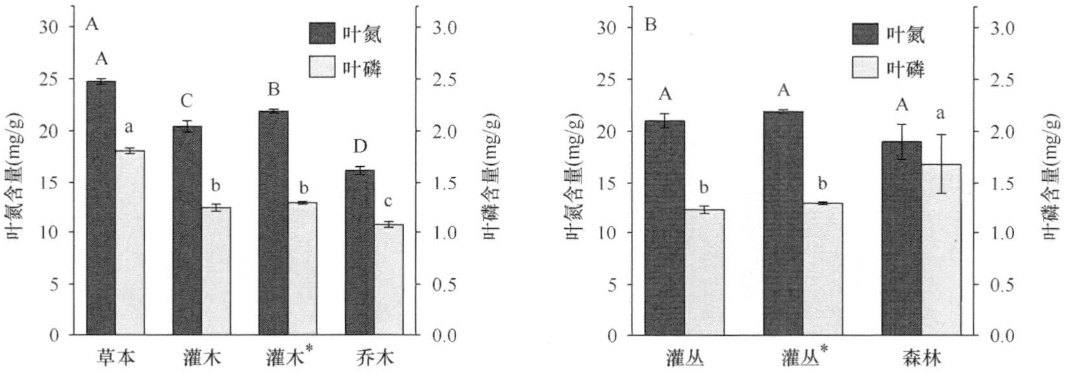

图 8-2　中国不同生活型植物（A）及不同植被类型（B）灌木叶 N、P 含量比较

误差线上具有相同字母的生活型或植被类型之间叶 N、P 含量没有显著差异，反之则有显著差异。*代表本研究数据，（A）中乔木和灌木、（B）中森林和灌丛数据来自 Han 等（2005），（A）中草本数据来自 Han 等（2005）和 He 等（2006）

8.2　各器官氮、磷含量的地理格局及其与环境的关系

8.2.1　各器官氮、磷含量的地理格局

各器官 N、P 含量随经度变化的趋势基本相同，叶、茎和根 N 含量均由西向东显著下降，P 含量均有增加趋势；叶 N 含量随着纬度的增加有下降趋势，而茎和根 N 含量随纬度的增加没有显著的变化趋势；叶 P 含量随着纬度的增加没有显著的变化趋势，而茎和根 P 含量随着纬度的增加而显著上升（图 8-3～图 8-5）。

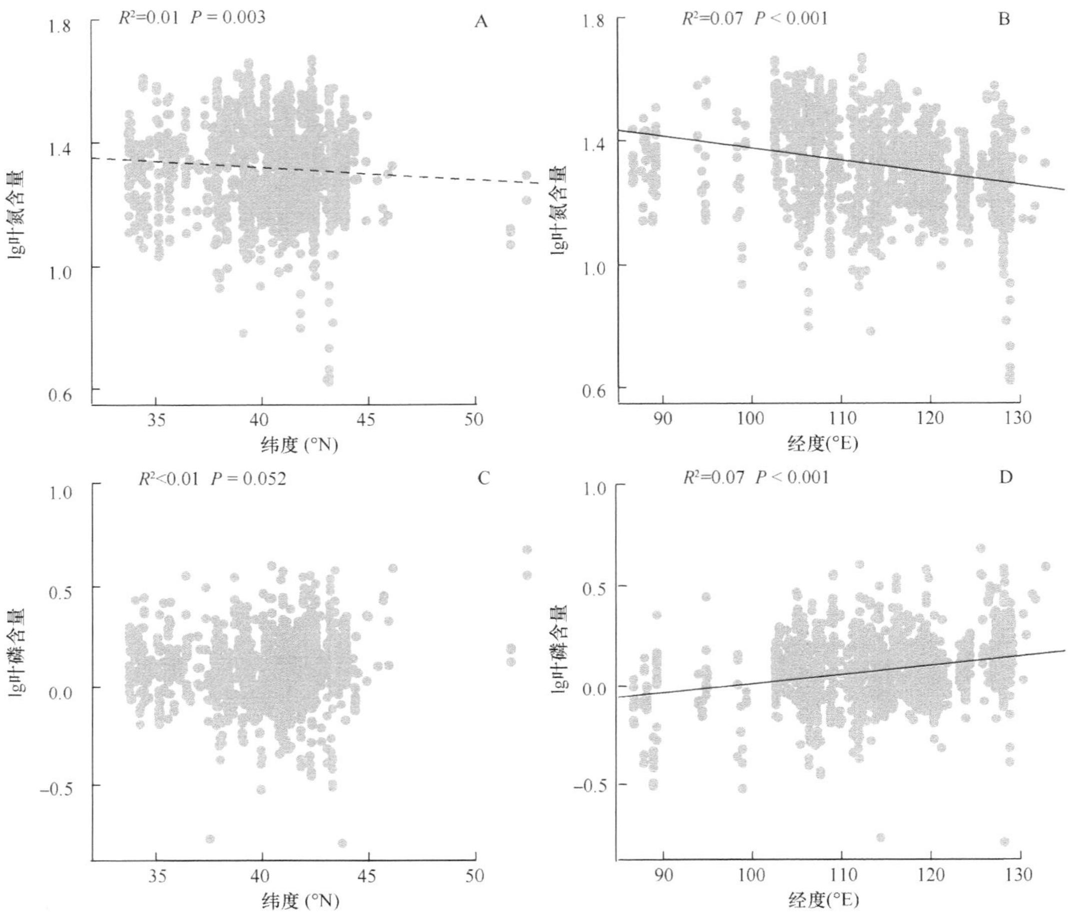

图 8-3 温带暖温带灌丛常见灌木叶 N、P 含量沿纬度、经度的变化规律

8.2.2 各器官氮、磷含量与环境因子的关系

叶 N、P 含量与年均温、年降水量和土壤养分含量均显著相关，且 N、P 含量随环境因子的变化趋势相反（图 8-6）。随着年均温的升高，叶 N 含量增加（图 8-6A），而 P 含量降低（图 8-6D）；随着年降水量的增加，叶 N 含量显著降低（图 8-6B），而 P 含量增加（图 8-6E）。叶 N 含量随土壤 N 含量的增加而降低（图 8-6C），叶片 P 含量随土壤 P 含量的增加而增加（图 8-6F）。

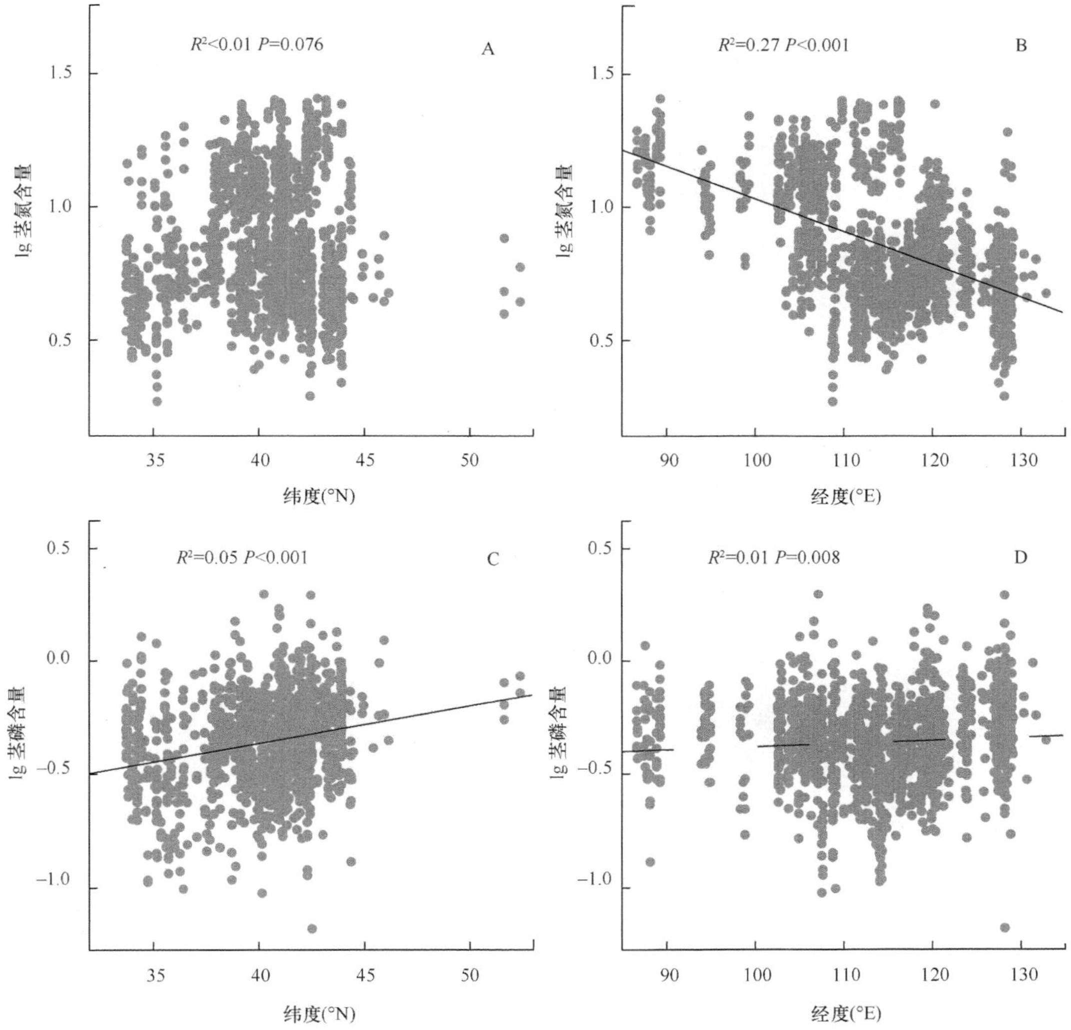

图 8-4　温带暖温带灌丛常见灌木茎 N、P 含量沿纬度、经度的变化规律

茎和根的 N、P 含量随气候和土壤的变化趋势与叶相似。随着年均温的升高，茎 N 含量增加（$P<0.001$）（图 8-7A），而茎 P 含量下降（$P<0.001$）（图 8-7D）；随着年降水量的增加，茎 N 含量降低（$P<0.001$）（图 8-7B），而茎 P 含量无显著变化趋势（$P>0.05$）（图 8-7E）；茎 N 含量随土壤 N 含量的增加而降低（$P<0.001$）（图 8-7C），茎 P 含量随土壤 P 含量的增加无显著趋势（$P>0.05$）（图 8-7F）。

随着年均温的升高，根 N 含量显著增加（$P<0.001$）（图 8-8A），而根 P 含量显著降低（$P<0.001$）（图 8-8D）；随年降水量的增加，根 N 含量显著降低（$P<0.001$）（图 8-8B），

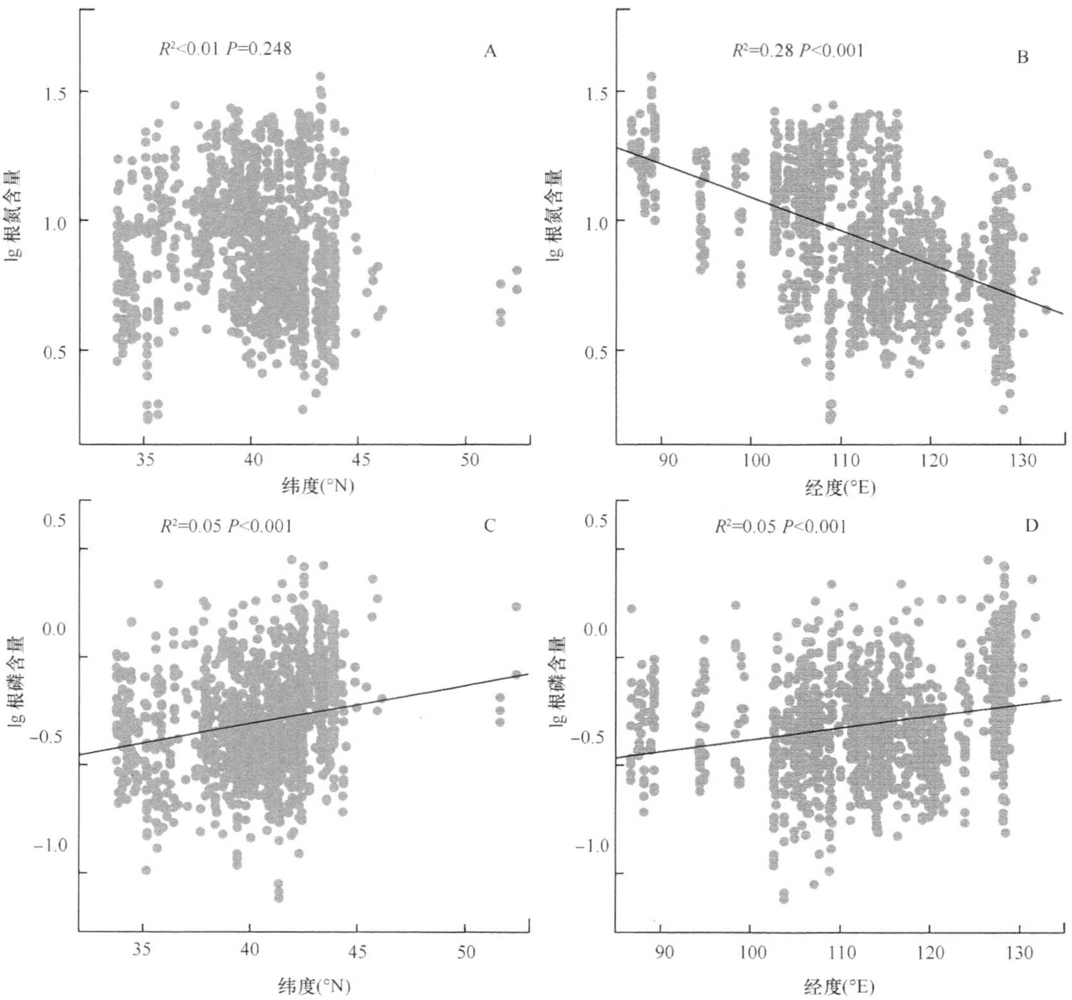

图 8-5 温带暖温带灌丛常见灌木根 N、P 含量沿纬度、经度的变化规律

而根 P 含量显著增加（图 8-8E）；随土壤 N 含量的增加，根 N 含量显著降低（P<0.001）（图 8-8C），而根 P 含量随土壤 P 含量的增加显著增加（P<0.001）（图 8-8F）。

植物的 N 和 P 含量对气候因子的响应方式不同。随着年均温的升高，各器官的 P 含量均降低，这与叶 N、P 含量的温度-植物生理假说对 P 含量的预测一致，即在寒冷的地区，植物会通过提高叶 P 含量来弥补低温导致的代谢速率的下降（Reich and Oleksyn，2004）。但与之前很多研究（Han et al.，2005；Chen et al.，2013b）不同的是，各器官的 N 含量随年均温的变化呈现与 P 含量相反的趋势，不符合温度-植物生理假说的预测。

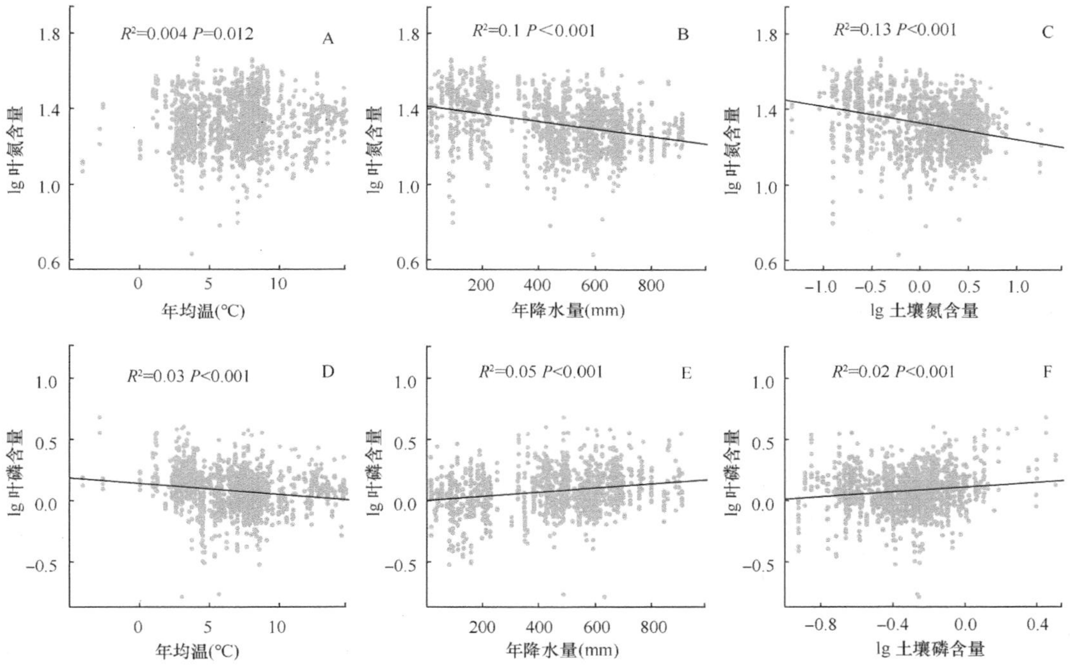

图 8-6　温带暖温带灌丛常见灌木叶 N、P 含量与环境因子的关系

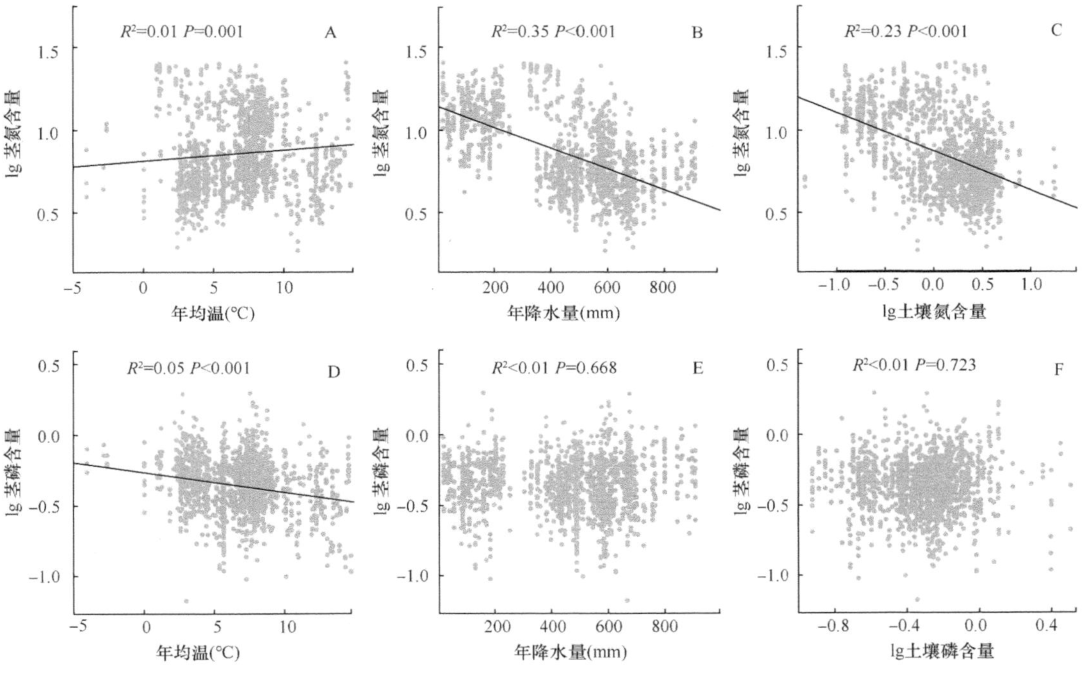

图 8-7　温带暖温带灌丛常见灌木茎 N、P 含量与环境因子的关系

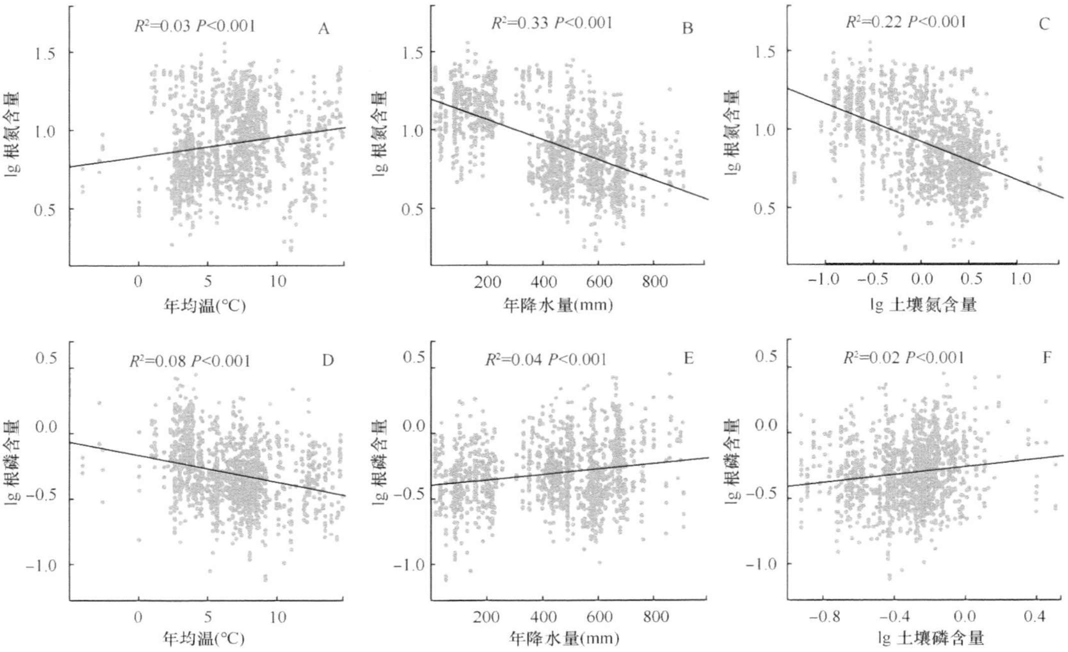

图 8-8　温带暖温带灌丛常见灌木根 N、P 含量与环境因子的关系

随着年降水量的增加，叶、茎和根的 N 含量均下降，而叶和根的 P 含量增加。有研究表明，干旱地区的植物往往具有较高的叶 N 含量，作为其适应干旱区环境的一种策略（Cunningham et al.，1999；Wright et al.，2003）。干旱区往往光照较强且水分较少，较高的叶 N 含量可以适应这种光照条件提高光合速率（Cunningham et al.，1999），并且能在保持光合速率的前提下降低气孔导度，从而降低蒸腾作用导致的水分散失（Wright et al.，2003）。本研究的结果验证了这一理论，并且证明了植物除叶外，其他器官在干旱条件下 N 含量也较高。植物 P 含量随降水量的变化机制与 N 不同。植物 P 的主要来源是土壤中有机质的矿化和岩石的风化（Aerts and Chapin，2000），降水的增加可以加快这两种过程，从而增加土壤中 P 的可利用性，导致植物体内 P 含量的增加。

叶和根的 P 含量与土壤 P 含量都具有显著的正相关，这可能由土壤缺磷导致。虽然中国北方灌丛植被的土壤 P 含量高于南方森林（Han et al.，2005），但与世界水平相比（Reich and Oleksyn，2004）仍然处于磷缺乏的状态。除此以外，这与植物对 P 的利用方式也有关，植物会在土壤 P 充足的情况下吸收 P 并以无机态的形式贮藏在体内。这些原因导致了植物体内 P 含量与土壤 P 含量的正相关。

与 P 不同，植物各器官的 N 含量与土壤 N 含量都不存在正相关，反而呈现显著的负相关。与土壤 P 相比，中国植被的土壤 N 不受限制（Han et al.，2005），因此植物的 N 含量可能受土壤影响较小。而植物 N 与土壤 N 含量呈显著负相关可能是由于在研究区域内土壤 N 含量与降水呈显著正相关（R^2=0.54；P<0.001）。土壤年龄假说（Reich and Oleksyn，2004）认为，降水较多的地区土壤淋溶作用强，导致土壤中养分含量降低。在本研究区域，气候相对干旱，淋溶作用对土壤养分含量影响较小，降水增加可以加快土壤有机质的分解与矿化，从而提高土壤养分含量。

8.2.3　各器官之间氮、磷含量的关系

在个体水平，所有器官两两组合的 N 或者 P 含量约化主轴分析（RMA）回归都显著（P<0.001），且斜率都与 1 有显著差异。各器官 N 含量关系显著，根对叶、茎对叶的斜率明显大于根对茎的斜率，根对茎的斜率与 1 接近；各器官 P 含量 RMA 回归关系显著，根对叶、根对茎的斜率明显大于茎对叶的斜率，茎对叶的斜率与 1 更为接近。在物种水平，所有器官两两组合的 N、P 含量 RMA 回归也都显著（P<0.001），且斜率与个体水平相差不大，茎对叶 P 含量的斜率与 1 没有显著差异（图 8-9，表 8-2）。

表 8-2　中国温带暖温带灌丛常见灌木各器官之间 N、P 含量的 RMA 回归结果

	个体水平				物种水平				谱系独立差 PIC				P
	b_{indi}	95% CI	R^2	样本数	b_{sp}	95% CI	R^2	样本数	b_{PIC}	95% CI	R^2	样本数	b_{sp} vs b_{PIC}
根 vs 叶													
N	**1.72**	1.64～1.80	0.31***	1232	**2.04**	1.80～2.31	0.47***	135	**1.87**	1.62～2.16	0.29***	135	0.380
P	**1.42**	1.35～1.49	0.17***	1232	**1.27**	1.1～1.47	0.32***	135	**1.51**	1.31～1.75	0.27***	135	0.092
茎 vs 叶													
N	**1.65**	1.58～1.73	0.26***	1356	**1.79**	1.57～2.04	0.37***	145	**1.82**	1.56～2.13	0.12***	145	0.857
P	**1.20**	1.14～1.26	0.12***	1357	0.91	0.79～1.05	0.26***	146	0.94	0.80～1.10	0.10***	146	0.765
根 vs 茎													
N	**1.04**	1.01～1.07	0.68***	1257	**1.12**	1.04～1.21	0.80***	135	1.02	0.92～1.13	0.64***	135	0.122
P	**1.24**	1.19～1.30	0.30***	1258	**1.46**	1.26～1.69	0.26***	136	**1.50**	1.28～1.76	0.18***	136	0.799

b. RMA 回归斜率；加粗的斜率值表示与 1 有显著差异；95% CI. 95%置信区间；***表示 P<0.001 水平显著

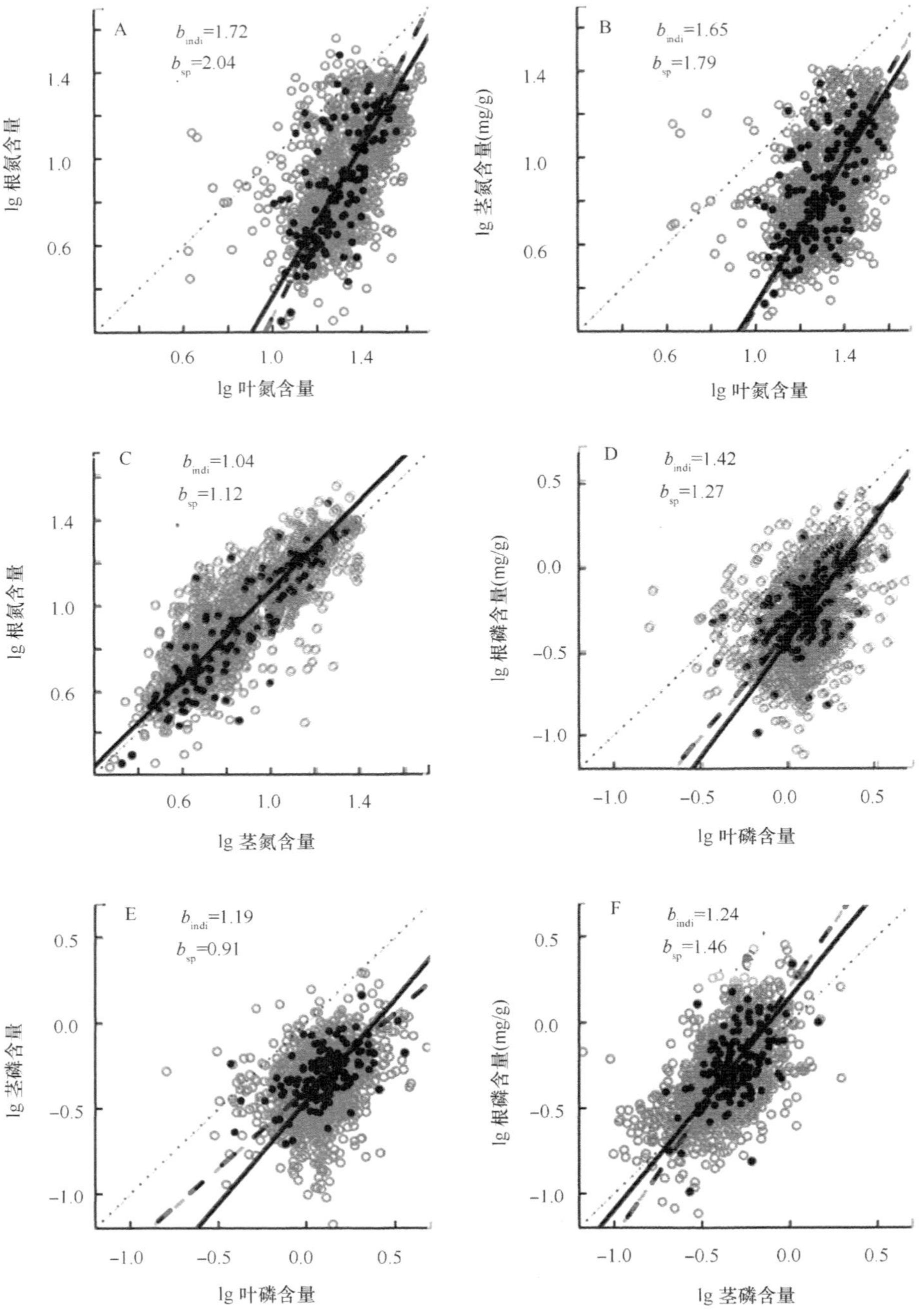

图 8-9 温带暖温带灌丛常见灌木个体（灰色圆圈）和物种（黑色点）水平各器官之间 N（A～C）、P（D～F）含量的 RMA 回归关系

个体水平 RMA 回归线用黑色实线表示，物种水平 RMA 回归线用黑色虚线表示。所有 RMA 回归均显著（$P<0.001$）。灰色虚线为 1∶1 线。b_{indi}、b_{sp} 分别表示个体水平、物种水平的回归斜率

各器官的 N 或者 P 含量 RMA 回归斜率表明，各器官中靠近底部的器官 N 或者 P 含量与其上部器官的 N 或者 P 含量存在幂函数关系，符合 Brouwer 假说的预测，即各器官在植物生长过程中对资源存在竞争，而更靠近资源来源的器官在竞争中占有优势（Brouwer，1983；Yang and Midmore，2005）。植物 N 和 P 的主要来源是土壤，因此靠近土壤的器官在养分竞争中占优势，养分在满足了底部器官需求后再被运输到上部的器官。

N 和 P 含量在器官间表现出不同的 RMA 回归关系。N 含量在各器官间的 RMA 回归规律与 Kerkhoff 等（2006）提出的规律相似，即在光合器官与非光合器官之间为异速变化（RMA 回归斜率显著区别于 1），而在非光合器官之间等速变化（RMA 回归斜率与 1 无显著差异）。其中，非光合器官中 N 含量的增加速率高于叶片，原因之一是叶片更远离 N 的来源（Brouwer，1983；Yang and Midmore，2005），另一原因可能是维管组织的活动。当叶片 N 含量较高时，光合速率响应也会较高，此时维管束可能会有更多的 N 投入及更快的 N 周转来满足光合产物的运输和光合作用的需要（Kerkhoff et al.，2006）。与 Kerkhoff 等（2006）研究中的规律略有不同的是，根和茎之间的 N 含量并不严格为等速变化，可能是由于根比茎更靠近 N 的来源（Brouwer，1983；Yang and Midmore，2005）。

与 N 不同，P 含量在茎和叶间更接近等速变化，而在根与非根之间为异速变化，可能由于根更靠近 P 的来源——土壤（Brouwer，1983；Yang and Midmore，2005）。N 和 P 分配的差异可能与不同器官执行不同功能时对 N 和 P 有着不同需求有关，因此，在没有测定与器官功能有关的其他生理指标（如光合速率、呼吸速率、养分吸收和运输速率及其他能代表植物生理功能的性状值）时，这种差异的具体原因还需要进一步的研究来揭示。

用谱系独立差（PIC）方法计算物种水平各器官的谱系独立差之后，所有器官组合的 N、P 含量独立差的 RMA 回归依然显著。与个体水平和物种水平相似，N 含量独立差在各器官两两组合的 RMA 回归斜率中，根对叶、茎对叶的斜率明显大于根对茎的斜率，根对茎的斜率与 1 没有显著差异。P 含量独立差在各器官两两组合的 RMA 回归斜率中，根对叶、根对茎的斜率明显大于茎对叶的斜率，茎对叶的斜率与 1 没有显著差异（图 8-10，表 8-2）。

通过似然比检验（likelihood ratio test），物种水平所有器官组合的 N、P 含量 RMA 回归斜率与对应的 N、P 含量独立差的 RMA 回归斜率均没有显著差异（$P>0.05$）。

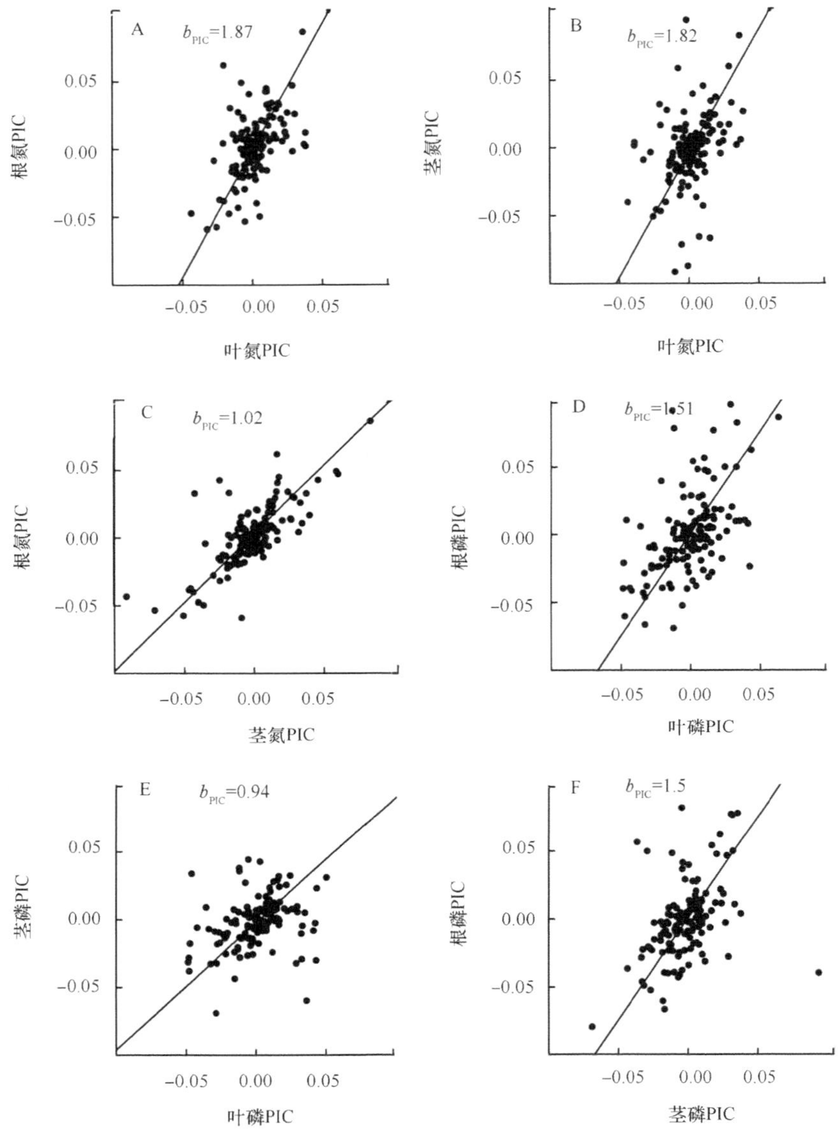

图 8-10 温带暖温带灌丛常见灌木各器官之间 N（A～C）、P（D～F）含量谱系独立差的 RMA 回归关系
所有 RMA 回归均显著（$P<0.001$）

8.3 各器官氮、磷含量与系统进化的关系

各器官的 N、P 含量不同程度地表现出在亲缘关系近的物种间较为相似的特点（图 8-11）。例如，豆科植物的各器官 N 含量都较高，杨柳科植物的各器官 P 含量都较

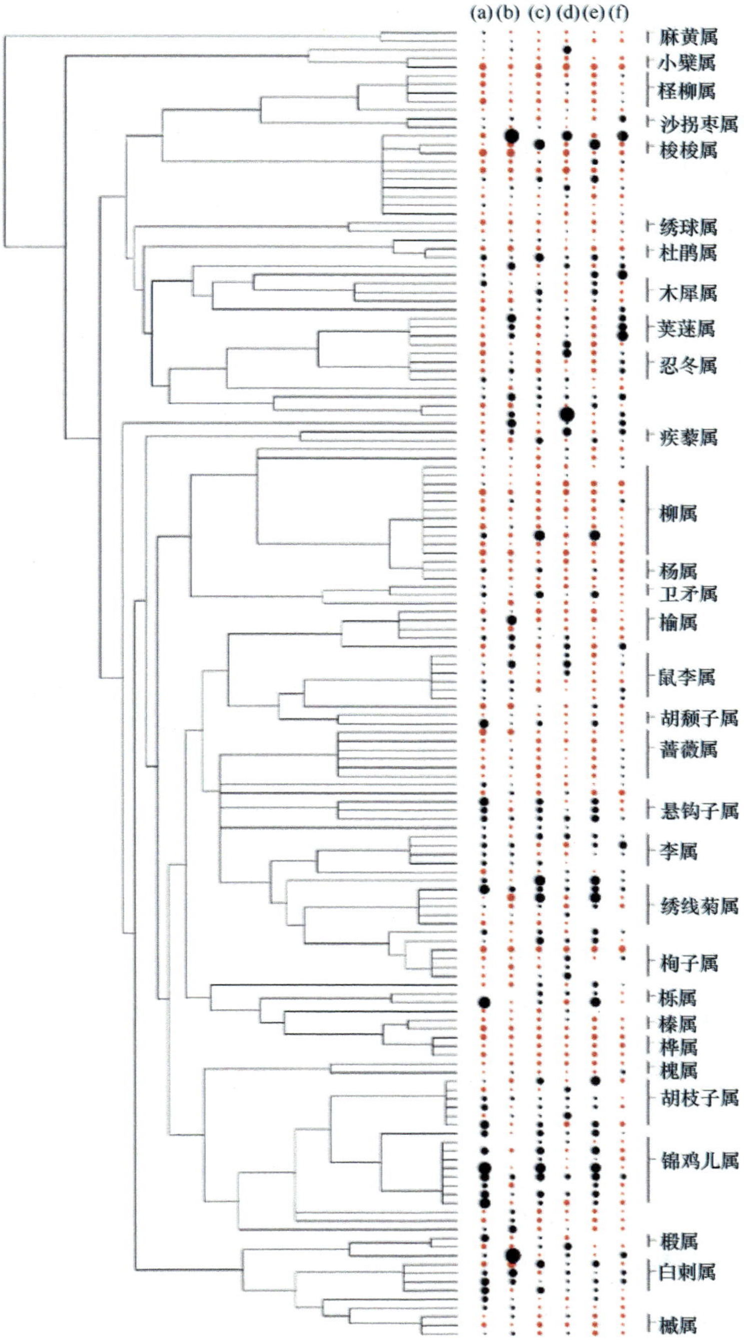

图 8-11　温带暖温带灌丛常见灌木各器官 N、P 含量

(a) 叶 N 含量、(b) 叶 P 含量、(c) 茎 N 含量、(d) 茎 P 含量、(e) 根 N 含量、(f) 根 P 含量在系统进化树中的排布。分支后的圆点大小代表标准化的某器官 N 或 P 含量与所有物种平均值的差异（红色为低于平均值，黑色为高于平均值）

低。然而，也有很多分支不符合这一规律，如榆科和鼠李科，各器官 N、P 含量变化较大。

除根 P 含量以外，各器官 N、P 含量均能检测到显著的谱系信号（表 8-3）。叶 N 含量、茎 P 含量和根 N 含量谱系信号显著性很强，与植物进化历史有紧密联系；叶 P 含量和茎 N 含量谱系信号显著性稍弱。同时，所有器官 N、P 含量的 *K* 值都小于 1，说明各物种 N、P 含量的差异比按照布朗运动方式进化的差异更大。

表 8-3　温带暖温带灌丛常见灌木各器官 N、P 含量和环境因子的谱系信号

项目	*K* 值	项目	*K* 值
叶 N	0.30***	年均温	0.23***
叶 P	0.24**	年降水量	0.61***
茎 N	0.24**	土壤全 N	0.24NS
茎 P	0.25***	土壤全 P	0.16NS
根 N	0.35***		
根 P	0.18NS		

***表示 $P<0.001$ 水平显著，**表示 $P<0.01$ 水平显著，NS 表示 $P<0.05$ 水平不显著

所有器官的 N 含量都表现出显著的谱系信号；根 P 含量没有显著的谱系信号，叶 P 含量的谱系信号弱于叶 N 含量。物种进化历史对于植物 P 含量的影响略大于 N 含量。

结合环境因子对植物 N、P 含量的影响，可以得出植物 N 含量与植物进化历史关系紧密，而受环境因子（主要是降水）的影响较小。植物 P 含量与植物进化历史关系稍弱，而主要受气候和土壤的影响。植物 N、P 含量这种差异可能与植物对 N 和 P 的吸收利用方式不同有关。根据生态位保守性理论，物种在进入新环境时，易受环境影响的性状容易发生变化，因此在进化过程中，对环境依赖性大的性状保守性会比较弱（Crisp and Cook，2012）。植物 P 含量就是这样的性状，一方面，植物吸收 P 的唯一来源是土壤，且中国土壤 P 含量又较低（Han et al.，2005），所以植物 P 含量更依赖于土壤养分；另一方面，大部分植物吸收 P 主要通过与菌根真菌共生的方式，菌根真菌对根的侵染主要受环境影响，而非宿主植物种类。因此，植物 P 含量受环境影响程度更大，受进化历史影响程度小。植物 N 含量则不同，它的来源比 P 广泛，植物可以同时利用土壤和大气中的 N，因此对环境的依赖性比较小。此外，豆科植物独特的固氮功能使豆科植物的 N 含量明显高于其他类群植物，也使植物 N 含量表现出与植物进化历史更显著的相关性。

8.4　群落叶氮、磷含量的差异及其影响因子

群落内叶 N、P 含量的一般线性模型表明，环境对叶 N 含量总差异的解释量为 6.48%，对叶 P 含量总差异的解释量为 19.09%（图 8-12）。4 个环境因子中，只有年降水量和土壤总 N 含量显著影响叶 N 含量的总差异，而年均温、年降水量和土壤总 N 含量和土壤 P 含量都显著影响叶 P 含量的总差异（表 8-4）。

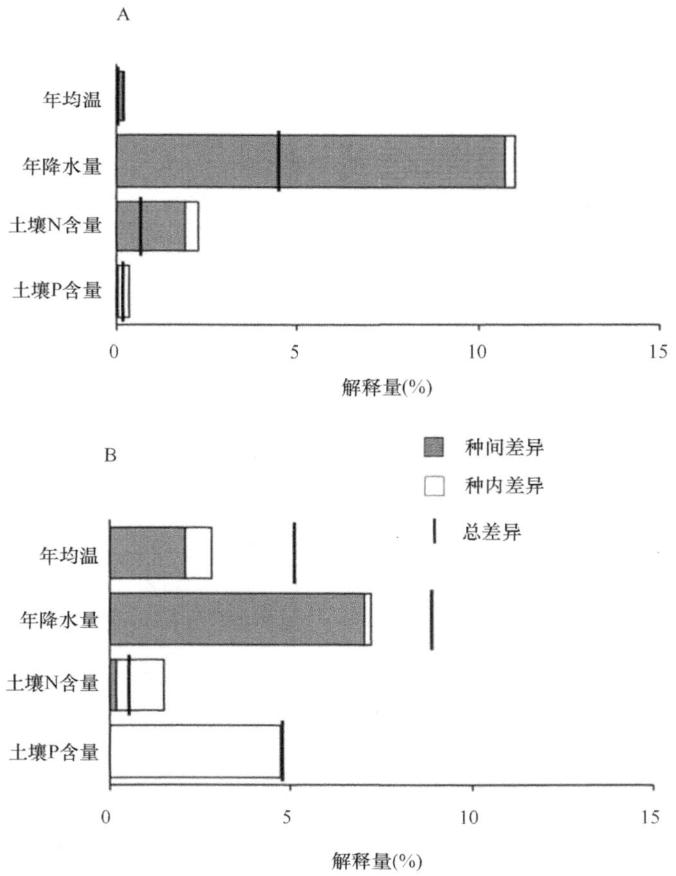

图 8-12　气候、土壤因子对温带暖温带灌丛群落内叶（A）N、（B）P 含量种内差异、种间差异和总差异的解释量

表 8-4 温带暖温带灌丛群落内叶 N（a）和 P（b）含量差异的一般线性模型

	种间差异		种内差异		种内+种间差异	
	F	SS	F	SS	F	SS
（a）						
年均温	0.30	5.9^{NS}	0.13	1.8^{NS}	0.05	1.6^{NS}
年降水量	41.44	818.9^{***}	1.89	25.9^{NS}	18.20	615.9^{***}
土壤总 N 含量	10.99	217.2^{**}	2.63	36.2^{NS}	2.15	72.9^{NS}
土壤总 P 含量	0.20	4.0^{NS}	2.66	36.6^{NS}	0.52	17.7^{NS}
残差		6 066.5		4 148.7		10 221.5
总量		7 112.5		4 249.2		10 929.6
（b）						
年均温	20.91	1.58^{***}	4.59	0.55^{*}	19.09	3.84^{***}
年降水量	70.0	5.29^{***}	1.18	0.14^{*}	32.80	6.60^{***}
土壤总 N 含量	1.90	0.14^{NS}	8.13	0.98^{**}	1.89	0.38^{NS}
土壤总 P 含量	0.003	0.00^{NS}	29.47	3.56^{***}	17.48	3.52^{***}
残差		23.16		36.46		60.8
总量		30.17		41.69		75.14

***表示 P<0.001 水平显著，**表示 P<0.01 水平显著，NS 表示 P<0.05 水平不显著

叶 N、P 含量的总差异包含了种内差异和种间差异，N 含量的种间差异受年降水和土壤 N 含量的显著影响，其解释量分别为 10.69%和 2.10%；4 个环境因子对 N 含量的种内差异均没有显著影响。年均温和年降水显著影响叶 P 含量的种间差异，其解释量分别为 2.1%和 7.03%；土壤 N 含量、P 含量显著影响叶 P 含量的种内差异，两个气候因子的解释量为 0.93%（年均温，0.74%；年降水，0.19%），两个土壤因子的解释量为 6.04%（土壤 N 含量，1.31%；土壤 P 含量，4.73%）（表 8-4，图 8-12）。

环境因子对植物叶 P 含量总差异的解释量约为叶 N 含量总差异的 3 倍，说明群落水平叶 P 含量受环境因子的影响更大。群落叶 N、P 含量的种间差异反映了群落物种组成的影响，种内差异反映了群落环境的影响。因此，气候因子对叶 P 含量的影响主要是通过影响群落的物种组成，而土壤因子对叶 P 含量的影响是通过对群落环境的直接影响；叶 N 含量主要受降水的影响，且降水主要通过影响群落物种组成起作用。

第 9 章　温带暖温带灌丛生态系统氮、磷密度及其与环境的关系

作为生态系统养分循环的重要部分，N、P 在生态系统各组分间的分配受到多种因素的影响，同时也对植物生长和生态系统功能有重要作用。本章基于温带暖温带灌丛生态系统各组分样品的测定获得植物、凋落物及土壤的 N、P 密度，然后提取研究区内各省、自治区、直辖市的各灌丛类型的总面积来计算中国温带暖温带灌丛的 N、P 储量。

9.1　温带暖温带灌丛生态系统氮、磷密度

温带暖温带灌丛调查样地的平均 N、P 密度分别为（7.3±0.3）Mg/hm^2、（4.2±0.2）Mg/hm^2。其中，生物量 N、P 密度分别为（$11.5\times10^{-2}\pm0.5\times10^{-2}$）$Mg/hm^2$、（$8.6\times10^{-3}\pm0.4\times10^{-3}$）$Mg/hm^2$；凋落物 N、P 密度分别为（$3.8\times10^{-2}\pm0.3\times10^{-2}$）$Mg/hm^2$、（$2.5\times10^{-3}\pm0.2\times10^{-3}$）$Mg/hm^2$；1m 深以内的土壤 N、P 密度分别为（7.1±0.3）Mg/hm^2、（4.2±0.2）Mg/hm^2（表 9-1）。与 Tian 等（2006）、Yang 等（2007）及 Zhang 等（2005）的结果相比，温带暖温带灌丛的土壤 N 密度略低于全国平均，而土壤 P 密度不到全国平均的 1/2，说明温带暖温带灌丛土壤较为贫瘠。

表 9-1　温带暖温带主要灌丛 N、P 密度（平均值±标准误差）

项目	落叶阔叶灌丛	荒漠灌丛	所有灌丛*
样地数	321	108	433
生态系统氮密度（Mg/hm^2）	8.1±0.3	2.6±0.3	7.3±0.3
生物量氮密度（$10^{-2}Mg/hm^2$）	12.9±0.6	6.4±0.7	11.5±0.5
凋落物氮密度（$10^{-2}Mg/hm^2$）	4.0±0.4	1.8±0.2	3.8±0.3
土壤氮密度（Mg/hm^2）	7.9±0.4	2.5±0.3	7.1±0.3
生态系统磷密度（Mg/hm^2）	4.3±0.2	3.7±0.3	4.2±0.2
生物量磷密度（$10^{-3}Mg/hm^2$）	9.9±0.5	3.6±0.3	8.6±0.4
凋落物磷密度（$10^{-3}Mg/hm^2$）	2.7±0.2	0.9±0.2	2.5±0.2
土壤磷密度（Mg/hm^2）	4.3±0.2	3.7±0.3	4.2±0.2

* 除温带落叶灌丛与荒漠灌丛外，还包含了 4 个亚高山落叶灌丛样地

本章执笔人：郭焱培，唐志尧，杨弦，马文红，刘鸿雁，于顺利，安尼瓦尔·买买提

9.2 温带暖温带灌丛生态系统氮、磷密度与环境的关系

生物量N、P密度与年降水量、土壤养分含量都呈显著正相关关系，尤其与年降水量和土壤N含量的相关性较高；它们与年均温的关系相对较弱，只有P密度与年均温显著相关（图9-1）。凋落物N、P密度与年均温显著负相关，与年降水量呈显著正相关（图9-2）。1m深范围内土壤N、P密度随年均温升高而降低，而且N密度随年降水增加而增加（$P<0.001$），P密度随年降水变化趋势较弱（图9-3）。

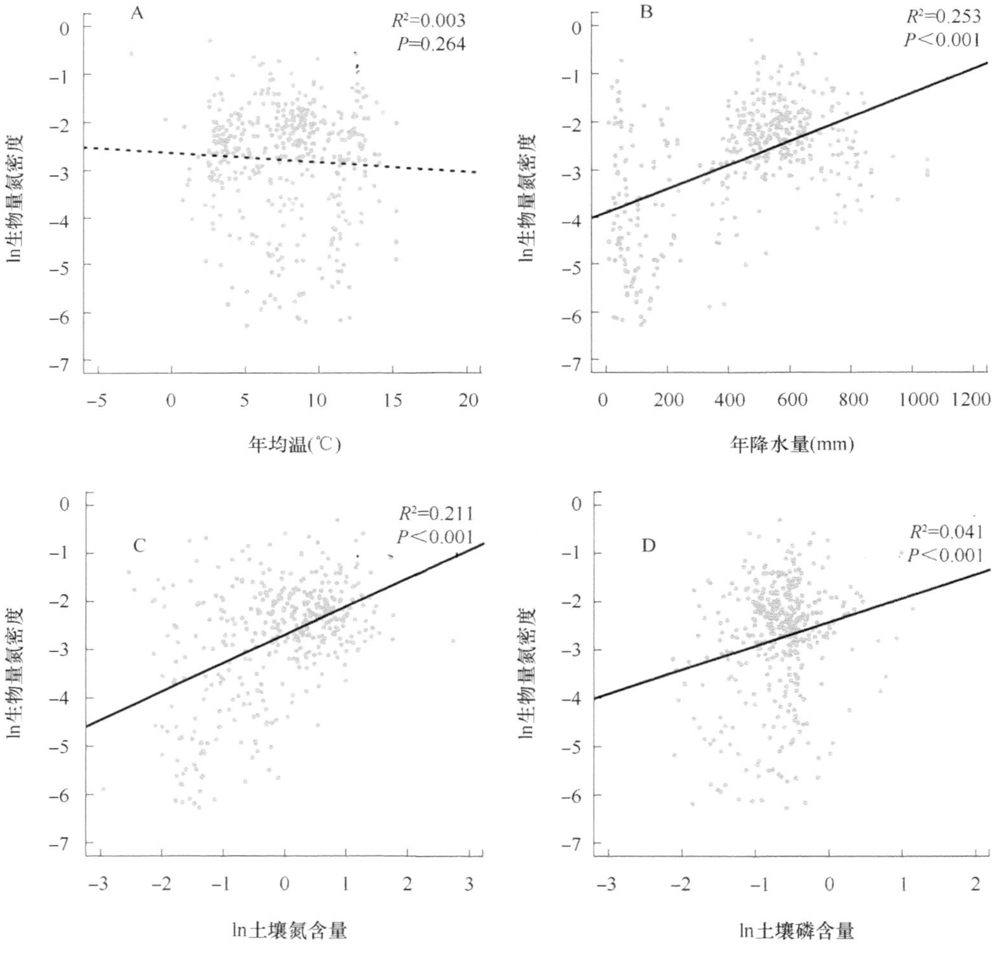

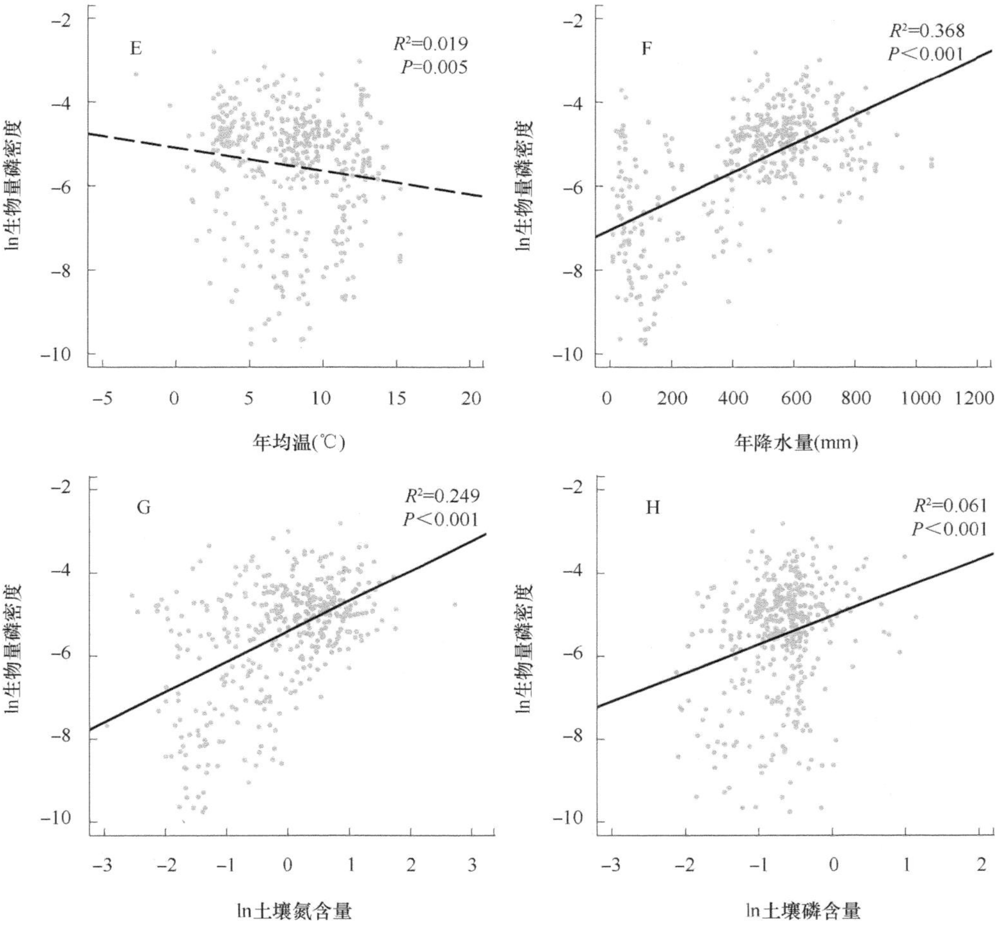

图 9-1　温带暖温带灌丛生物量 N（A～D）、P（E～H）密度与环境的关系

点线. P>0.01；短划线. 0.001<P<0.01；实线. P<0.001

生物量 N、P 密度随年降水量和土壤 N、P 含量增加显著升高，其中年降水量的拟合优度最高。水分是中国北方植被分布和生长的限制因素，水分的增加促进植物的生长（Bai et al.，2008）。作为生物量的一部分，N、P 密度也与生物量密度一起随降水量增加而增加。除水分以外，土壤养分含量的增加也会促进植物的生长，所以生物量及 N、P 密度也会相应增加。而土壤 N 含量与生物量 N、P 密度的拟合优度都比土壤 P 含量更高，这可能是由于研究区内降水量与土壤 N 含量有较强的相关性（r = 0.62），降水可能会带来更多的 N 输入（N 沉降和凋落物）（Brooks，2003；Zhou et al.，2009）。

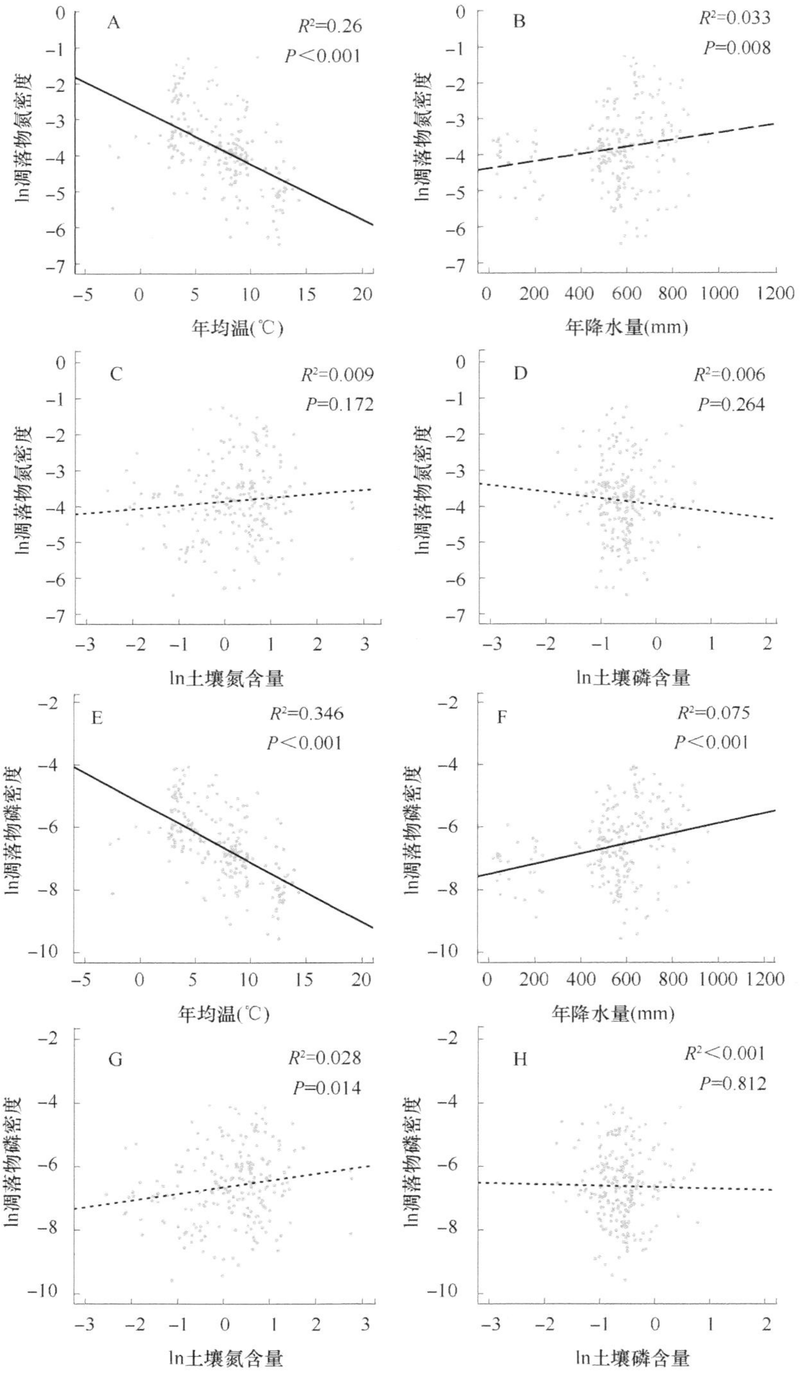

图 9-2 温带暖温带灌丛凋落物 N（A～D）、P（E～H）密度与环境的关系

点线. $P>0.01$；短划线. $0.001<P<0.01$；实线. $P<0.001$

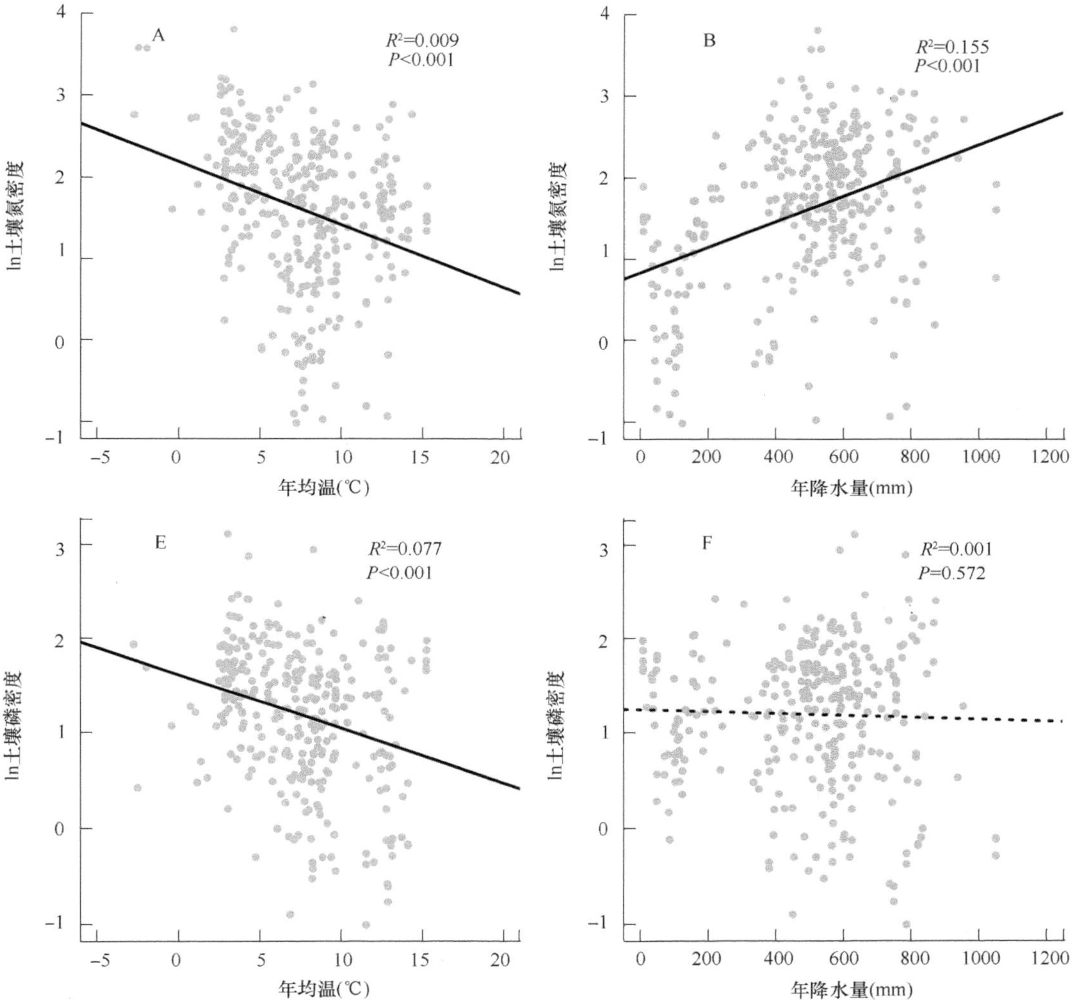

图 9-3　温带暖温带灌丛土壤 N（A、B）、P（C、D）密度与气候的关系

短划线. 0.001<P<0.01；实线. P<0.001

与生物量不同，凋落物 N、P 密度都与年均温负相关，而与年降水正相关，这可能是因为温度升高促进了微生物的分解作用，减少了凋落物量，从而减小了凋落物 N、P 密度；而降水促进了凋落物输入，所以增加了凋落物的 N、P 密度（Zhou et al.，2009）。

土壤中的 N 主要存在于土壤有机质中，温度升高促进了土壤有机质的分解，增加了土壤 N 流失，所以土壤 N 密度随着年均温升高而下降。降水增加则促进了植物生长，加速了有机质的积累，所以提高了土壤 N 密度（Post et al.，1982；Clevel and Liptzin，2007）。

9.3 温带暖温带灌丛生态系统氮、磷储量

基于2010年中国土地覆被图（中国土地覆被图编委会，2017），研究区域灌丛总面积为$2.89\times10^7hm^2$，约占研究区陆地总面积的5.7%，其中，落叶阔叶灌丛和稀疏灌丛的总面积约为 $2.88\times10^7hm^2$。中国温带暖温带灌丛生态系统 N、P 储量分别为 164.9Tg、124.8Tg，其中，生物量 N、P 储量分别为 3.1Tg、0.2Tg；凋落物 N、P 储量分别为 0.45Tg、0.027Tg；土壤 N、P 储量分别为 161.3Tg、124.6Tg（表 9-2），分别占生态系统总 N、P 库的 97.8%和 99.8%。

表 9-2　温带暖温带主要灌丛的 N、P 储量

项目	落叶阔叶灌丛	荒漠灌丛	所有灌丛
面积（10^4hm^2）	1828.6	1050.4	2879.0
生态系统氮储量（Tg N）	137.1	27.8	164.9
生物量氮储量（Tg N）	2.8	0.3	3.1
凋落物氮储量（Tg N）	0.45	0.0	0.45
土壤氮储量（Tg N）	133.8	27.5	161.3
生态系统磷储量（Tg P）	80.7	44.1	124.8
生物量磷储量（Tg P）	0.2	0.0	0.2
凋落物磷储量（Tg P）	0.027	0.0	0.027
土壤磷储量（Tg P）	80.5	44.1	124.6

注：储量由各省、自治区、直辖市不同类型灌丛面积与该省区市相应类型灌丛 N、P 平均密度的乘积加和得到，因此该数据不简单等同于表 9-1 的密度与总面积的乘积

第 10 章　温带典型灌丛生态系统碳循环及其对氮添加的响应

人类活动所引起的大气 N 沉降增加已显著地改变了全球氮循环（Vitousek et al.，1997），这一问题在未来数十年将进一步加剧。持续增加的氮沉降导致了一系列生态问题，如土壤酸化、土壤营养元素储存失衡和水体富营养化等，氮沉降及其生态后果已成为全球变化研究的热点内容之一。

灌丛是陆地生态系统的重要组成部分，但在陆地生态系统碳循环研究中，灌丛因其生物量较低而很少受到重视。同时，灌丛处于比较贫瘠的土壤中，通常为 N 限制，生态系统脆弱，更易受环境变化的影响（Gorissen and Beier，2004；Wessel et al.，2004）。在全球气候变化背景下，尤其是大气 N 沉降显著增加的情况下，灌丛碳循环一旦发生变化，会对全球气候变化产生深刻的影响。目前，关于大气氮沉降对灌丛生态系统的影响的研究还十分缺乏，故灌丛生态系统对 N 沉降的响应方式还不清楚。为此，本研究选择北京东灵山的典型灌丛——荆条灌丛和绣线菊灌丛，通过施氮的方式模拟 N 沉降，探讨灌丛生长、呼吸及凋落物生产、分解对 N 沉降的响应规律，以期揭示灌丛生态系统碳循环对全球变化的响应机制。

10.1　研 究 地 点

东灵山（39°48′～40°02′N，115°24′～115°36′E）位于北京市门头沟区西部，地理上属太行山系、小五台山东部余脉，主峰海拔 2303m。从低山丘陵到山顶，该山的植被垂直带依次划分为：在 400～1100m 的低山丘陵地区，以荆条、绣线菊等灌丛为主；在海拔 1100～1700m，是由油松林、华北落叶松林、辽东栎林、核桃楸林和落叶阔叶混交林组成的典型森林植被；在海拔 1700～2303m，主要是由蒿草、薹草和多种亚高山成分的杂类草组成的亚高山草甸（刘贤赵等，2009）。研究区背景氮沉降为 15kg N/（hm^2·a）（Du et al.，2013），

本章执笔人：张建华，唐志尧，方精云，沈海花

基本未受污染。实验样地分别选取低海拔的荆条灌丛和绣线菊灌丛，两灌丛的样地情况见表 10-1。各样地灌木的初始平均基径（*D*）和株高（*H*）无显著差异（表 10-2）。

表 10-1 实验样地地形、土壤和植被特征

项目	荆条灌丛	绣线菊灌丛
地形气候		
海拔（m）	791	1170
坡向	S	S
坡度（°）	28	25
年均温（℃）	12.3	9.2
表层土壤特征		
土壤 pH	8.7	8.9
总碳含量（mg/g）	28.88±2.10	39.5±5.03
总氮含量（mg/g）	2.72±0.32	2.29±0.36
总磷含量（mg/g）	0.47±0.04	0.48±0.03
无机氮含量（mg/kg）	6.01±2.38	2.51±2.88
速效磷含量（mg/kg）	1.03±0.09	1.38±0.77
群落特征		
灌木高度（cm）	78.1±12.37	79.8±7.43
平均基径（cm）	0.77±1.77	0.56±0.04
灌木密度（stems/hm^2）	1.6×10^5	3.6×10^5

表 10-2 各氮添加处理样地灌木的初始平均基径和株高

灌丛类型	项目	对照（N_0）	低氮（N_1）	中氮（N_2）	高氮（N_3）
荆条灌丛	平均基径（cm）	0.7±0.1	0.9±0.2	0.7±0.0	0.7±0.1
	株高（cm）	78.3±7.8	84.2±10.1	74.6±3.0	75.4±9.0
绣线菊灌丛	平均基径（cm）	0.53±0.0	0.57±0.0	0.57±0.0	0.54±0.0
	株高（cm）	76.4±0.6	78.8±4.0	81.4±7.1	82.8±4.7

10.2 温带典型灌丛生长及其对氮添加的响应

10.2.1 灌木基径、株高及生物量生长对氮添加的响应

施肥 2 年后，N_0、N_1、N_2 和 N_3 处理的荆条灌丛基径相对增长率分别为 1.69%、2.78%、2.51%、1.80%，相应处理中绣线菊灌丛基径相对增长率分别为 1.38%、1.37%、1.59%、

2.05%（图 10-1A）；不同处理中，荆条灌丛株高相对增长率分别为 8.36%、8.48%、9.49%、9.83%，相应处理中绣线菊灌丛株高相对增长率分别为 2.12%、2.86%、2.36%、2.52%（图 10-1B）。氮添加对荆条和绣线菊灌丛中灌木基径和株高相对增长率均无显著影响。

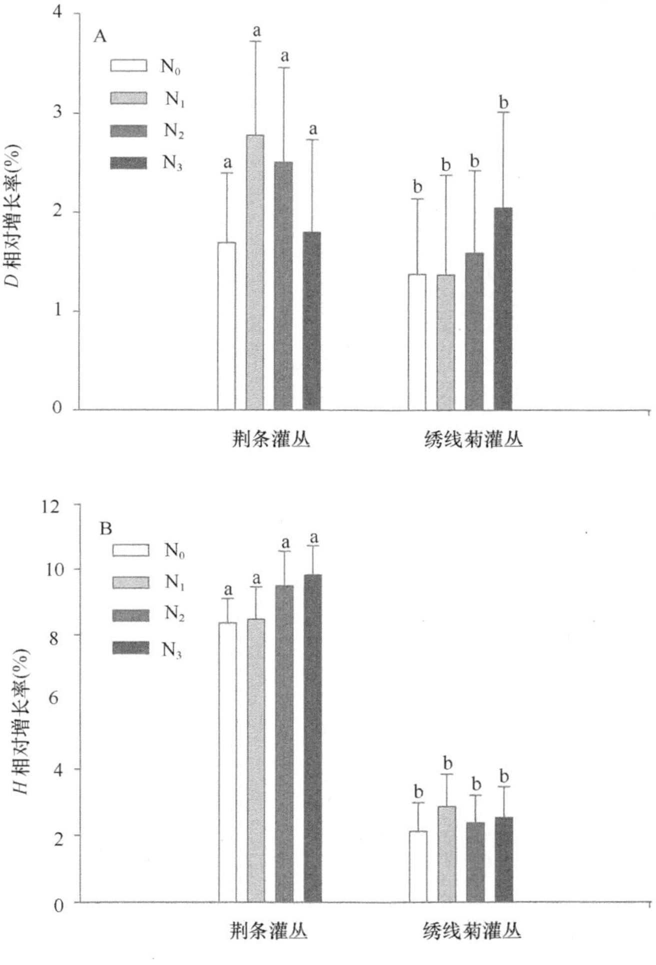

图 10-1　氮添加对灌木基径（*D*）和株高（*H*）相对增长率的影响

相同字母表示各处理间无显著差异

施肥 2 年后，各处理中荆条灌丛灌木层地上生物量增长量分别为 0.19t C/（hm^2·a）、0.23t C/（hm^2·a）、0.14t C/（hm^2·a）、0.15t C/（hm^2·a），相应处理中绣线菊灌丛灌木层地上生物量增长量分别为 0.027t C/（hm^2·a）、0.025t C/（hm^2·a）、0.032t C/（hm^2·a）、0.041t C/(hm^2·a)(图 10-2A)；荆条和绣线菊灌丛各处理样地总生物量增长量分别为 0.29t

C/（hm^2·a）、0.36t C/（hm^2·a）、0.22t C/（hm^2·a）、0.22t C/（hm^2·a）和 0.043t C/（hm^2·a）、0.046t C/（hm^2·a）、0.048t C/（hm^2·a）、0.047t C/（hm^2·a）（图 10-2B）。氮添加对荆条和绣线菊灌丛灌木层的生物量无显著影响。

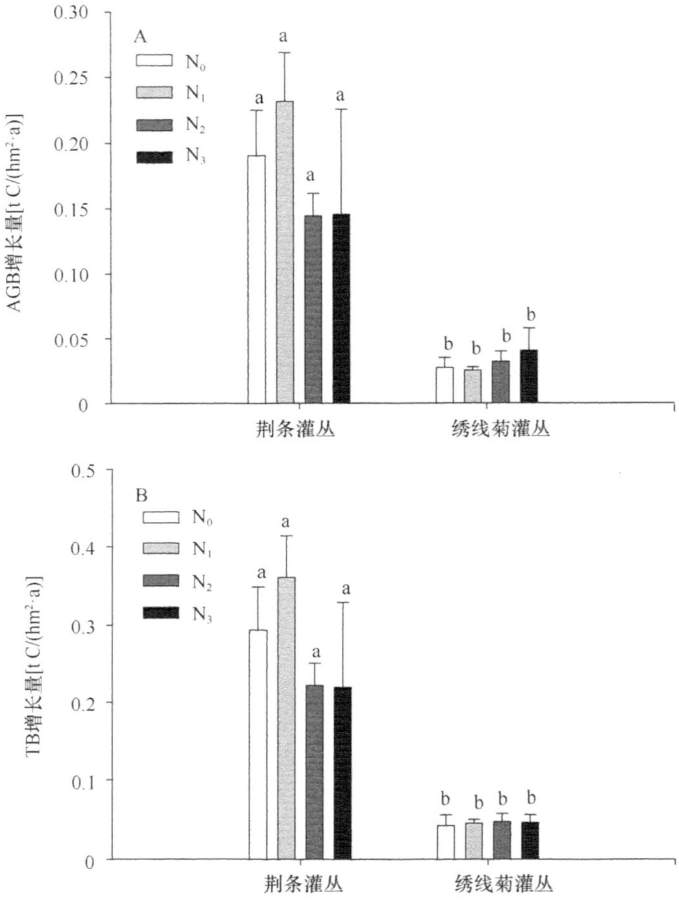

图 10-2　氮添加对灌木层地上生物量（AGB）和总生物量（TB）增长量的影响

相同字母表示各处理间无显著差异

10.2.2　凋落物产量对氮添加的初期响应

2012 年，N_0、N_1、N_2 和 N_3 处理水平荆条灌丛凋落物总量分别为 89.1g/m^2、87.3g/m^2、119.2g/m^2、99.7g/m^2，绣线菊灌丛分别为 104.9g/m^2、133.7g/m^2、117.1g/m^2、138.7g/m^2；2013 年荆条灌丛凋落物总量分别为 135.7g/m^2、148.4g/m^2、155.9g/m^2、153.4g/m^2，绣线

菊灌丛分别为 129.6g/m^2、191.5g/m^2、156.4g/m^2、182.2g/m^2。在凋落物的组成中，叶占大部分，约 80%，其次为花果和枝，两者约占 20%（图 10-3）。2012 年，N_2 和 N_3 处理增加了荆条灌丛凋落物量；各 N 处理均提高了绣线菊灌丛凋落物量；2013 年，各 N 处理对两灌丛凋落物量均有促进作用，但均未达到统计上的显著差异（图 10-3）。各 N 处理对各组分凋落物量无显著影响。

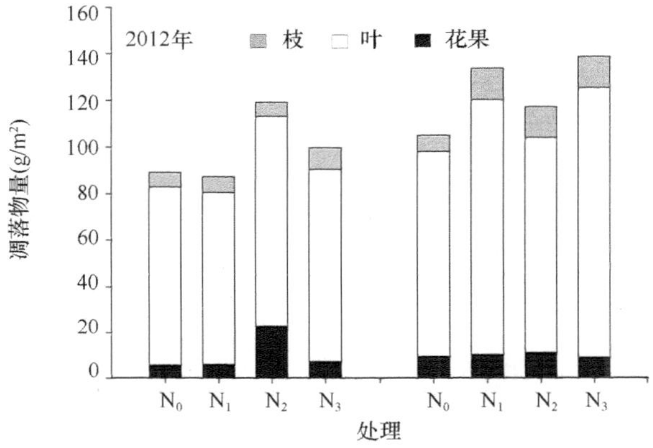

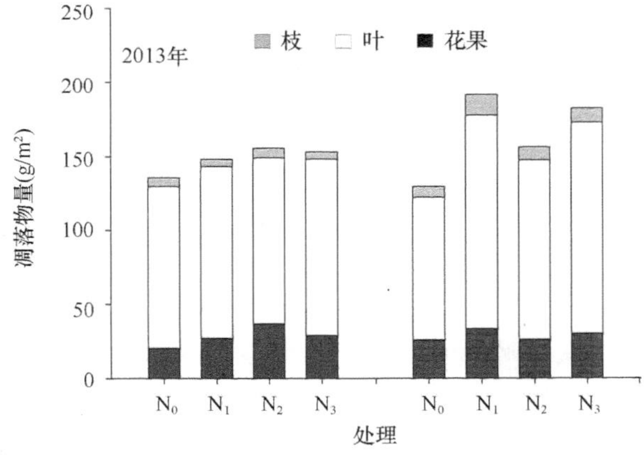

图 10-3　氮添加对 2012 年、2013 年荆条灌丛和绣线菊灌丛凋落物总量及各组分凋落物量的影响

在荆条样地，凋落叶量的月动态变化特征与凋落物总量的变化趋势相吻合。凋落物总量和凋落叶量在 5 月至同年 10 月表现为逐渐增加的趋势，在 10 月达到峰值，年际存在波动。花果凋落量的峰值在 2012 年、2013 年分别出现在 8 月和 7 月；凋落枝量的变化则相对复杂，2012 年波动规律不明显，在 2013 年 5 月出现一个峰值（图 10-4A～D）。

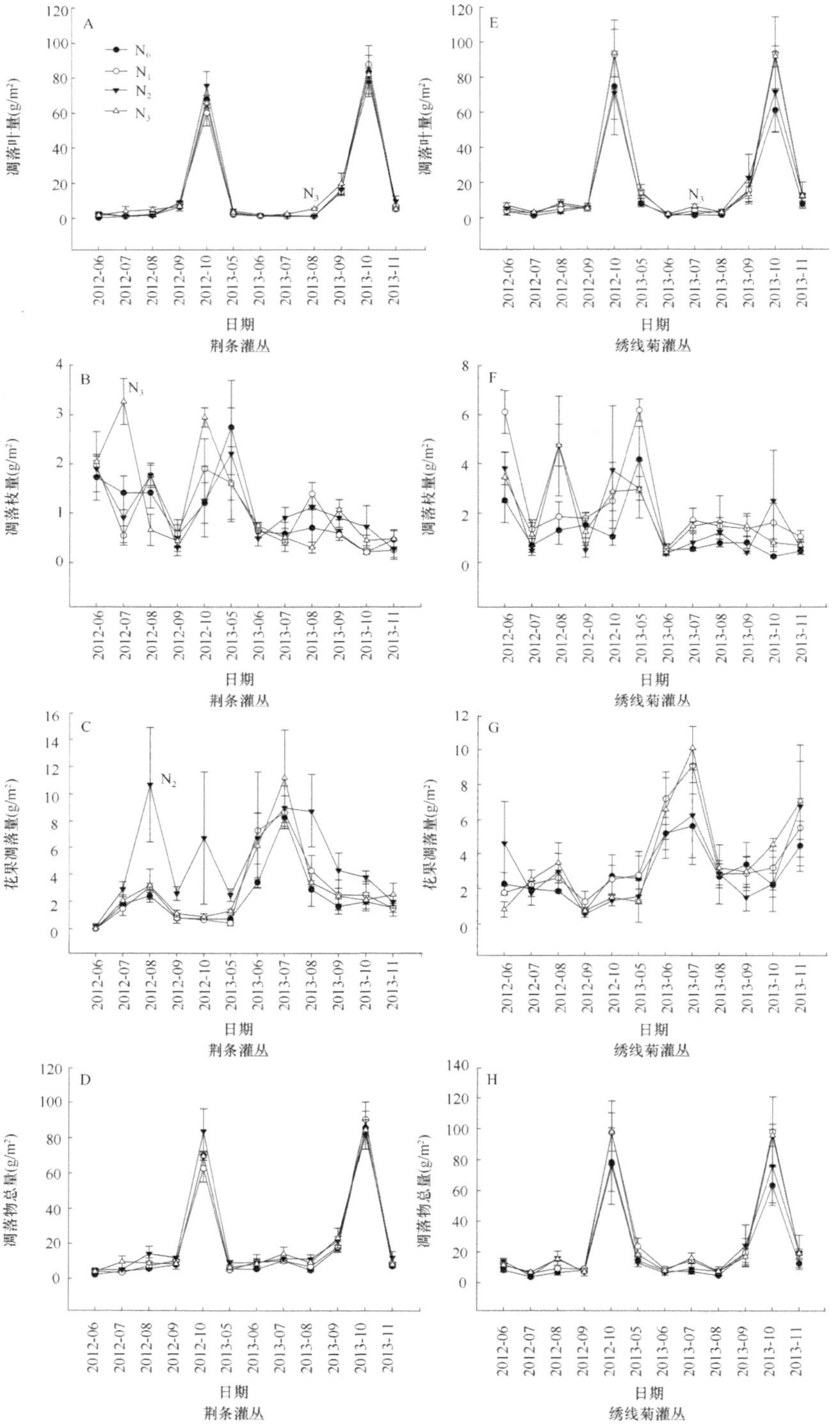

图 10-4　氮添加对荆条灌丛和绣线菊灌丛凋落物总量及各组分凋落物量季节变化的影响

在绣线菊灌丛样地，凋落物总量和凋落叶量季节动态曲线相似，高峰期均出现在 10 月。花果凋落量和凋落枝量在 2012 年变化规律不明显，2013 年两者的最大值分别在 7 月和 5 月（图 10-4E～H）。N_0、N_1、N_2和 N_3处理的花果凋落量在 7 月的产量分别为 5.61g/m^2、9.06g/m^2、6.26g/m^2 和 10.07g/m^2；相应处理的凋落枝在同年 5 月的产量分别为 4.16g/m^2、6.18g/m^2、2.99g/m^2 和 2.95g/m^2。重复测量方差分析表明，N_3 处理显著增加了荆条灌丛叶凋落量和枝凋落量，N_2 处理显著增加了荆条灌丛花果凋落量。N_3 处理增加了绣线菊灌丛叶凋落量（图 10-4）。

在不同 N 水平处理下，叶凋落量和凋落物总量表现出明显的季节动态，在 10 月出现明显的单峰。因为落叶占总凋落物的绝大部分，凋落物总量和凋落叶量季节动态曲线相似。与叶凋落量相比，花果和凋落枝的波动规律不明显，可能是因为凋落枝量和花果凋落量动态与气象条件特别是降水、雨季末期强风干扰及冬季积雪有关。

10.3　温带灌丛生态系统呼吸及其对氮添加的响应

10.3.1　土壤总呼吸季节变化及其对氮添加的响应

荆条灌丛和绣线菊灌丛的土壤总呼吸存在明显的季节格局（表 10-3，$P<0.001$）。2012 年的峰值均出现在 8 月，2013 年的峰值出现在 7 月（图 10-5A，D）。方差分析结果显示，施肥对荆条灌丛和绣线菊灌丛土壤生长季总呼吸均无显著影响（$P>0.05$）（表 10-3）。

表 10-3　时间和氮添加处理对荆条灌丛和绣线菊灌丛土壤总呼吸（Rs）、异养呼吸（Rh）及自养呼吸（Ra）影响的双因子方差分析

项目		Rs		Rh		Ra	
	df[a]	*F*	*P*	*F*	*P*	*F*	*P*
荆条灌丛							
处理	3	1.512	0.218	0.325	0.807	3.329	0.024
时间[b]	9	52.494	<0.001	33.183	<0.001	14.598	<0.001
交互作用	27	0.416	0.994	0.451	0.989	0.881	0.631
绣线菊灌丛							
处理	3	1.49	0.224	4.429	0.006	0.419	0.74
时间	9	88.648	<0.001	42.9	<0.001	7.254	<0.001
交互作用	27	0.392	0.996	0.49	0.98	0.32	0.999

注：a. 自由度；b. 土壤总呼吸、异养呼吸和自养呼吸的测量时间

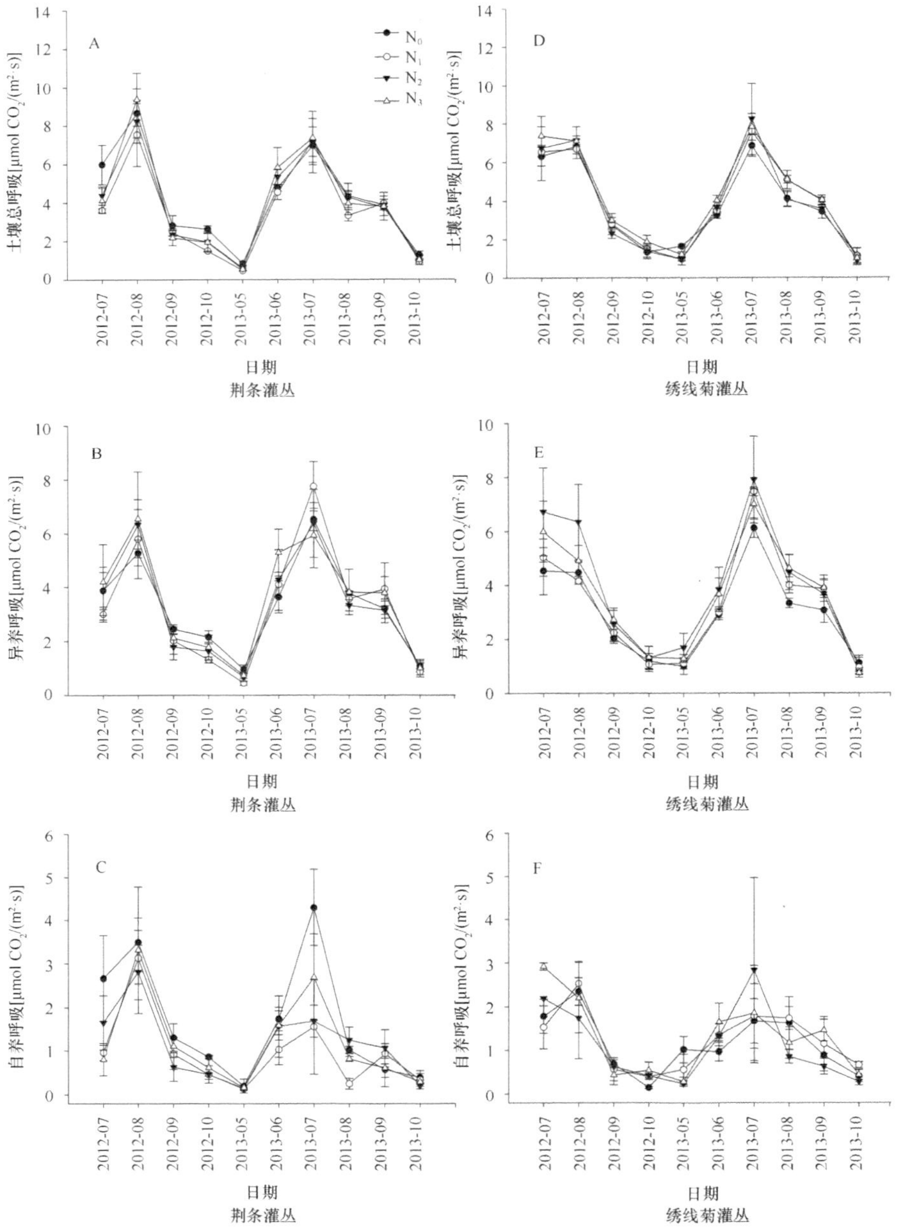

图 10-5　氮添加对荆条灌丛和绣线菊灌丛土壤总呼吸（Rs）、自养呼吸（Ra）及异养呼吸（Rh）的影响

荆条灌丛和绣线菊灌丛土壤总呼吸与土壤温度呈显著的指数关系（图 10-6）。N_0、N_1、N_2、N_3 处理下荆条灌丛土壤总呼吸的 Q_{10} 分别为 1.52、1.58、1.44、1.55，绣线菊灌丛土壤总呼吸的 Q_{10} 分别为 1.54、1.43、1.98、1.44（表 10-4）。两种灌丛的 Q_{10} 对氮

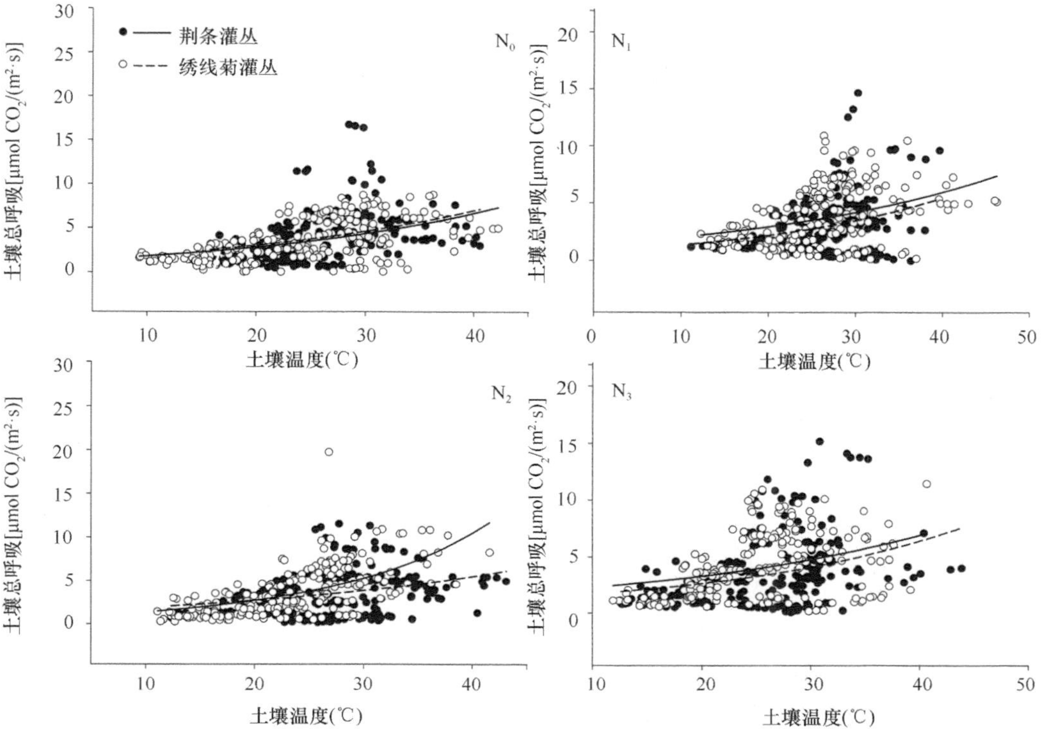

图 10-6　荆条灌丛和绣线菊灌丛土壤总呼吸（Rs）与土壤温度的关系

表 10-4　土壤呼吸组分（R）与 5cm 土壤温度（T，℃）的指数关系模型（$R=ae^{KT}$）

灌丛类型	呼吸组分	处理	n	R^2	模型参数		
					a	K	Q_{10}
荆条灌丛	总呼吸	N_0	217	0.13	1.322	0.042	1.52
		N_1	227	0.08	0.878	0.046	1.58
		N_2	231	0.13	1.296	0.036	1.44
		N_3	234	0.12	1.109	0.044	1.55
	异养呼吸	N_0	220	0.20	1.183	0.035	1.42
		N_1	221	0.26	0.327	0.075	2.11
		N_2	224	0.14	1.137	0.032	1.38
		N_3	242	0.18	0.594	0.058	1.78

续表

灌丛类型	呼吸组分	处理	n	R^2	模型参数		
					a	K	Q_{10}
绣线菊灌丛	总呼吸	N_0	228	0.28	1.192	0.043	1.54
		N_1	218	0.16	1.445	0.036	1.43
		N_2	232	0.39	0.678	0.069	1.98
		N_3	216	0.15	1.609	0.037	1.44
	异养呼吸	N_0	224	0.33	0.753	0.049	1.63
		N_1	221	0.22	1.003	0.040	1.49
		N_2	234	0.39	0.666	0.063	1.88
		N_3	213	0.31	0.942	0.047	1.59

添加的响应不同，具体表现在，低高氮（N_1、N_3）处理、中氮（N_2）处理在一定程度上分别提高和降低了荆条灌丛的土壤呼吸 Q_{10}，但绣线菊灌丛在相应氮处理的土壤呼吸 Q_{10} 的变化中表现出相反趋势。施肥没有显著改变 Q_{10}。各处理水平的土壤总呼吸与土壤含水量均显著正相关（图 10-7）。

10.3.2 土壤异养呼吸对氮添加的响应

荆条灌丛和绣线菊灌丛的异养呼吸存在明显的季节格局，总体呈单峰型。荆条灌丛的土壤异养呼吸在 2012 年、2013 年的峰值分别出现在 8 月和 7 月（图 10-5B，E），而绣线菊灌丛的峰值均出现在 7 月。各处理对荆条灌丛的异养呼吸无显著影响(图 10-5B)，在生长季，N_2 和 N_3 处理促进了绣线菊灌丛的异养呼吸，而 N_1 处理效果不显著(图 10-5E，表 10-4)。

各氮处理水平下，荆条灌丛和绣线菊灌丛土壤异养呼吸与土壤温度呈显著的指数关系（图 10-8，表 10-4）。N_0、N_1、N_2、N_3 处理下荆条灌丛的 Q_{10} 分别为 1.42、2.11、1.38、1.78，N_1 和 N_3 处理提高了荆条灌丛土壤异养呼吸 Q_{10}，而 N_2 处理降低了 Q_{10}（图 10-8，表 10-4）。N_0、N_1、N_2、N_3 处理下绣线菊灌丛 Q_{10} 分别为 1.63、1.49、1.88、1.59，N_1 和 N_3 处理降低了绣线菊灌丛土壤异养呼吸 Q_{10}，而 N_2 处理提高了 Q_{10}。各氮处理水平下，荆条灌丛和绣线菊灌丛的土壤异养呼吸与土壤含水量均显著正相关（图 10-9）。

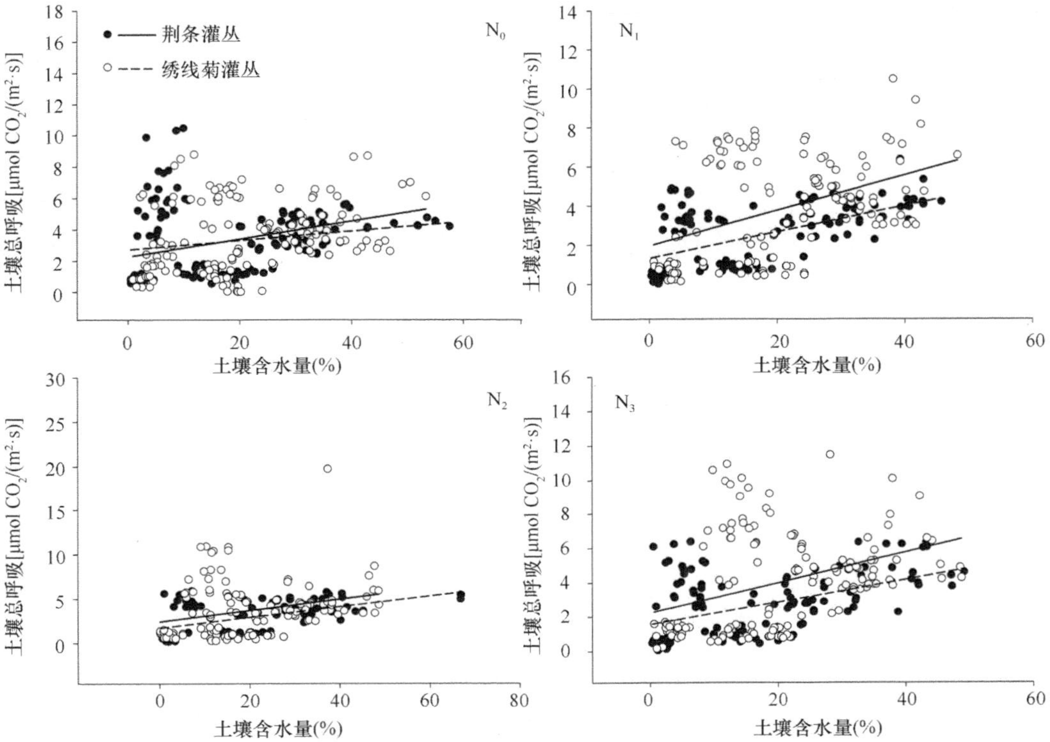

图 10-7　不同处理的荆条灌丛和绣线菊灌丛土壤总呼吸（Rs）与土壤含水量的关系

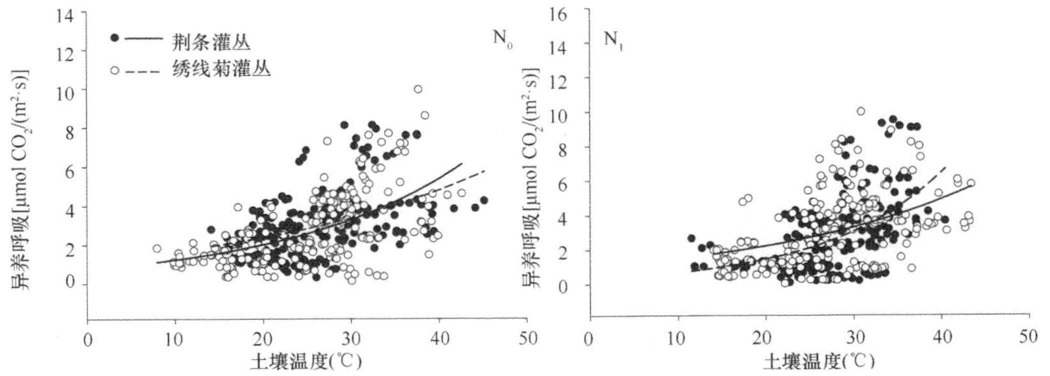

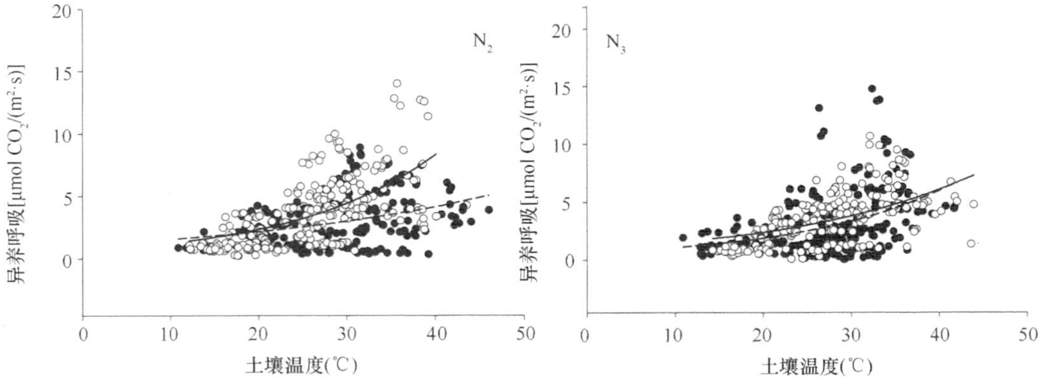

图 10-8　荆条灌丛和绣线菊灌丛土壤异养呼吸与土壤温度的关系

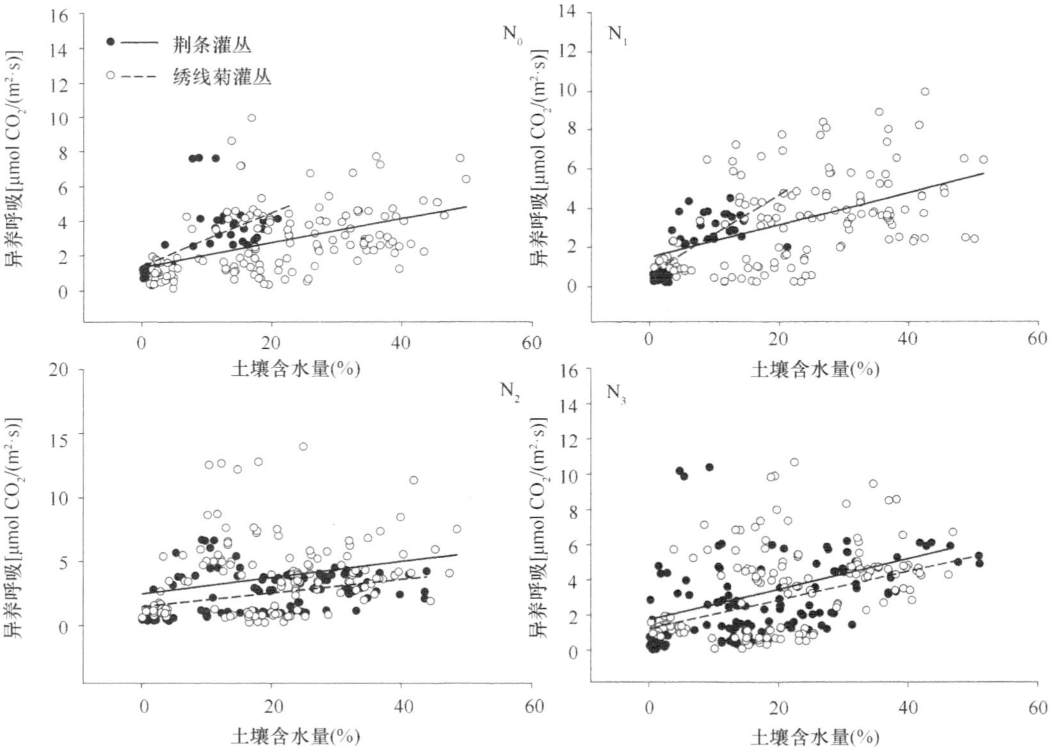

图 10-9　荆条灌丛和绣线菊灌丛土壤异养呼吸与土壤含水量的关系

10.3.3　土壤自养呼吸对氮添加的响应

荆条灌丛和绣线菊灌丛的土壤自养呼吸存在相似的季节格局，总体呈单峰型；2012 年、2013 年的峰值分别出现在 8 月和 7 月（图 10-5C，F）。N_1 处理抑制荆条灌丛的土壤自养呼吸；氮添加对绣线菊灌丛的土壤自养呼吸无明显的影响（图 10-5C，F）。

土壤表面 CO_2 的通量表征的是一种表观土壤呼吸，它反映的是地下微生物、植物根系、土壤动物的代谢作用所释放的 CO_2，因此影响以上过程的因素都将影响土表 CO_2 通量。

10.3.4　土壤呼吸年通量对氮添加的响应

在荆条样地，N_0、N_1、N_2 和 N_3 处理的土壤总呼吸年通量分别为 5.91t C/（hm^2·a）、7.93t C/（hm^2·a）、5.30t C/（hm^2·a）和 5.09t C/（hm^2·a），低氮处理的年通量比对照高出 34.2%，中氮和高氮处理的年通量低于对照，约降低了 10.4%；氮添加降低了异养呼吸，各氮处理的异养呼吸年通量分别为 5.76t C/（hm^2·a）、3.56t C/（hm^2·a）、5.04t C/（hm^2·a）和 4.25t C/（hm^2·a）（图 10-10A，B）。方差分析结果表明，氮添加对荆条土壤总呼吸、异养呼吸年通量均无显著影响。

在绣线菊样地，各氮添加样地的土壤总呼吸年通量分别为 4.23t C/（hm^2·a）、3.60t C/（hm^2·a）、3.60t C/（hm^2·a）和 5.99t C/（hm^2·a）；高氮处理的排放比对照高出 41.6%；中氮和低氮处理的年通量无显著区别；各氮添加样地的异养呼吸与对照组很接近(图 10-10)。氮添加对绣线菊土壤总呼吸、异养呼吸年通量均无显著影响。

由于气候带和植被类型的不同，土壤呼吸具有很大差异，并与净初级生产力密切相关（涂利华等，2011）。本研究结果表明，东灵山荆条灌丛和绣线菊灌丛土壤总呼吸的年通量分别为 5.91t C/（hm^2·a）和 4.23t C/（hm^2·a），均显著低于南亚热带鼎湖山季风常绿阔叶林[10. 80t C/（hm^2·a）]、北亚热带-南暖温带过渡区锐齿栎老林[7.79t C/（hm^2·a）]、北亚和热带北缘锐齿栎林[7.71t C/（hm^2·a）]（胡正华等，2010），但与当地白桦林[5.74t C/（hm^2·a）]、辽东栎林[4.55t C/（hm^2·a）]和油松林[4.14t C/（hm^2·a）]（姚辉等，2015）的土壤总呼吸相差不大。这说明不同植被类型土壤呼吸与纬度地带性的温度变化有一定的相关性，土壤呼吸的差异可能与气候状况、植被类型、树龄和立地条件等因素有关（胡正华等，2010）。

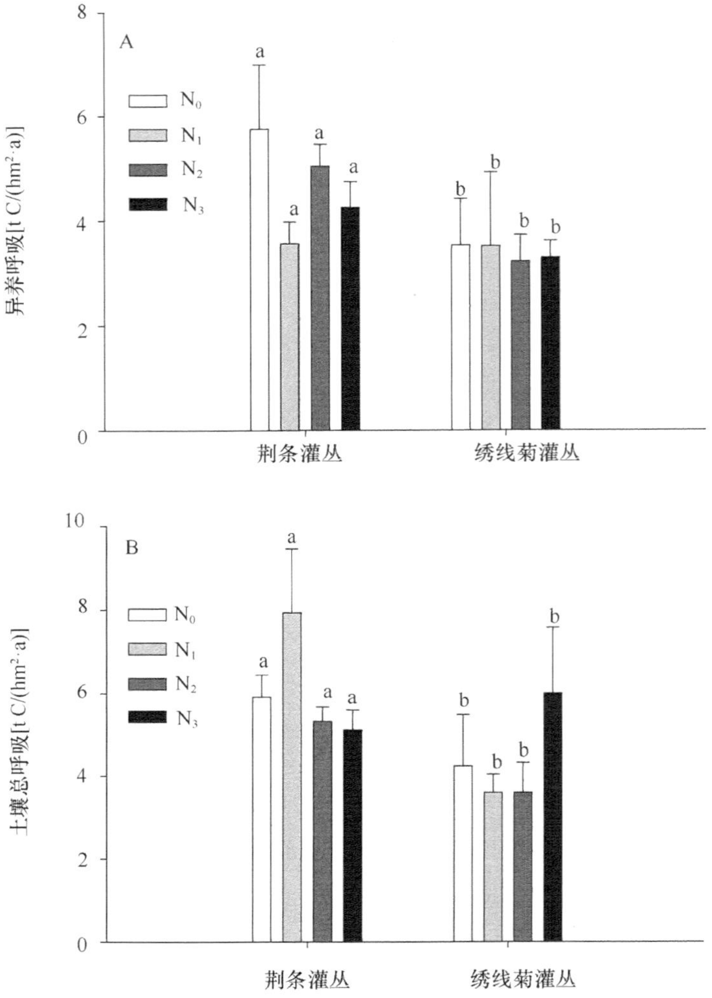

图 10-10　氮添加对荆条灌丛和绣线菊灌丛异养呼吸（Rh）和土壤总呼吸（Rs）年通量的影响

相同字母表示各处理间无显著差异

从图 10-11 和表 10-5 可知，荆条样地对照组中异养呼吸占总呼吸的比例最高(97.5%)；中氮处理（N_2）下异养呼吸所占比例与对照组的接近；低氮处理（N_1）下异养呼吸占总呼吸的比例最低（44.9%）。在绣线菊样地，中氮（N_2）处理样地的异养呼吸占总呼吸的比例最高（89.2%），高氮（N_3）处理的异养呼吸贡献率最低（54.9%）。

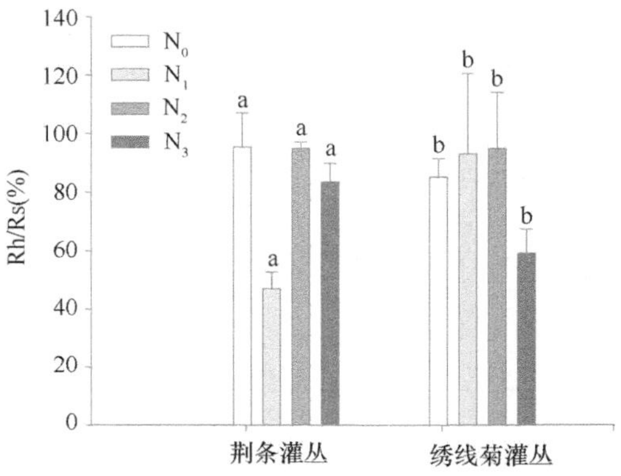

图 10-11　氮添加对荆条灌丛和绣线菊灌丛异养呼吸组分贡献率（Rh/Rs）的影响

图中相同字母表示各处理间差异不显著

表 10-5　不同氮处理下土壤总呼吸和异养呼吸的年通量　[单位：t C/（hm^2·a）]

灌丛类型	处理	土壤总呼吸	异养呼吸
荆条灌丛	N_0	5.91±0.54^a	5.76±1.24^a
	N_1	7.93±1.52^a	3.56±0.42^a
	N_2	5.30±0.36^a	5.04±0.42^a
	N_3	5.09±0.49^a	4.25±0.49^a
绣线菊灌丛	N_0	4.23±1.23^a	3.53±0.88^a
	N_1	3.60±0.43^a	3.51±1.41^a
	N_2	3.60±0.71^a	3.21±0.51^a
	N_3	5.99±1.57^a	3.29±0.32^a

注：表中相同字母表示各处理间差异不显著

10.3.5　灌丛地上部分净初级生产力对氮添加的响应

不同氮处理下荆条样地内地上净初级生产力（ANPP）顺序为 N_1>N_2>N_3>N_0，其中低氮、中氮和高氮处理样地的 ANPP 比对照样地分别增加了 11.5%、5.75%和 4.6%，其中凋落物的贡献高达 60%以上（表 10-6）。

表 10-6 不同氮处理下的各组分生产力

C 分量[t C/（$hm^2 \cdot a$）]	N_0	N_1	N_2	N_3
荆条灌丛				
地上净初级生产力	0.87（0.06）	0.97（0.07）	0.92（0.08）	0.91（0.57）
地上生物量净增量	0.19（0.03）	0.23（0.04）	0.14（0.02）	0.15（0.08）
凋落物生产量	0.68（0.02）	0.74（0.04）	0.78（0.07）	0.77（0.03）
绣线菊灌丛				
地上净初级生产力	0.68（0.10）	0.98（0.19）	0.81（0.19）	0.95（0.09）
地上生物量净增量	0.03（0.01）	0.03（0.003）	0.03（0.008）	0.04（0.02）
凋落物生产量	0.65（0.09）	0.96（0.19）	0.78（0.20）	0.91（0.11）

注：括号内数据表示标准差

ANPP 对氮沉降表现为微弱的正响应过程，荆条灌丛每年每公顷增加 1kg 氮，其 ANPP 增加 0.1kg 碳。氮添加同样促进了绣线菊灌丛地上活生物量或凋落物量的生产。不同氮处理下绣线菊样地的 ANPP 顺序为 $N_1>N_3>N_2>N_0$，其中低氮、中氮和高氮处理样地的 ANPP 比对照样地分别增加了 44.1%、19.1%和 39.7%，但无显著差异。绣线菊灌丛的 ANPP 对氮沉降表现为微弱的正响应过程（图 10-12），绣线菊灌丛每年每公顷增加 1kg 氮，其 ANPP 增加 1.8kg 碳。

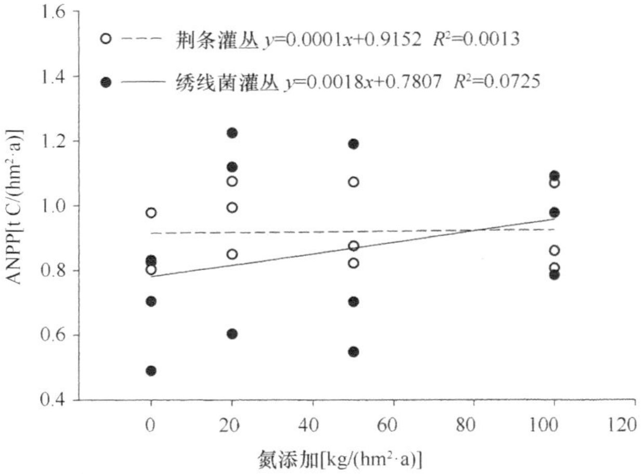

图 10-12 氮添加对荆条灌丛和绣线菊灌丛地上净初级生产力（ANPP）的影响

10.4　温带典型灌丛凋落叶分解对氮添加的响应

两种凋落叶的初始化学性质具有很大的差异（表 10-7），使得其在分解过程中对氮沉降表现出不同的响应过程。在实验实施 10 个月后，荆条和绣线菊凋落叶质量均随着时间推移不断减少（图 10-13A，B）。配对 T 检验表明，凋落叶质量随时间变化显著（P<0.05），N 处理显著影响了凋落叶质量损失（P<0.05）（表 10-8）。

表 10-7　两种凋落叶的 C、N、P 初始含量

物种	N（%）	C（%）	C/N
绣线菊	0.87(0.04)[a]	46.63(0.87)[a]	54.31(1.82)[a]
荆条	1.11(0.07)[b]	46.56(0.26)[a]	42.27(2.67)[b]

注：不同字母表示差异显著（one-way ANOVA with Fisher's LSD test，P <0.05）

表 10-8　不同氮处理下凋落叶分解的时间序列配对 T 检验

物种	N 处理	df	干物质残留率（%）	N 残留率（%）	C 残留率（%）
荆条	对照-N_1	44	–1.20[NS]	–4.25[**]	–1.77[NS]
	对照-N_2	44	2.43[*]	–4.65[**]	0.58[NS]
	对照-N_3	44	–0.13[NS]	–6.84[**]	–1.23[NS]
绣线菊	对照-N_1	44	2.92[**]	0.33 [NS]	2.67[**]
	对照-N_2	44	1.47[NS]	–1.04 [NS]	1.93[NS]
	对照-N_3	44	3.20[**]	–4.62[**]	1.76[NS]

**表示 P<0.01 水平显著，*表示 P<0.05 水平显著，NS 表示 P<0.05 水平不显著

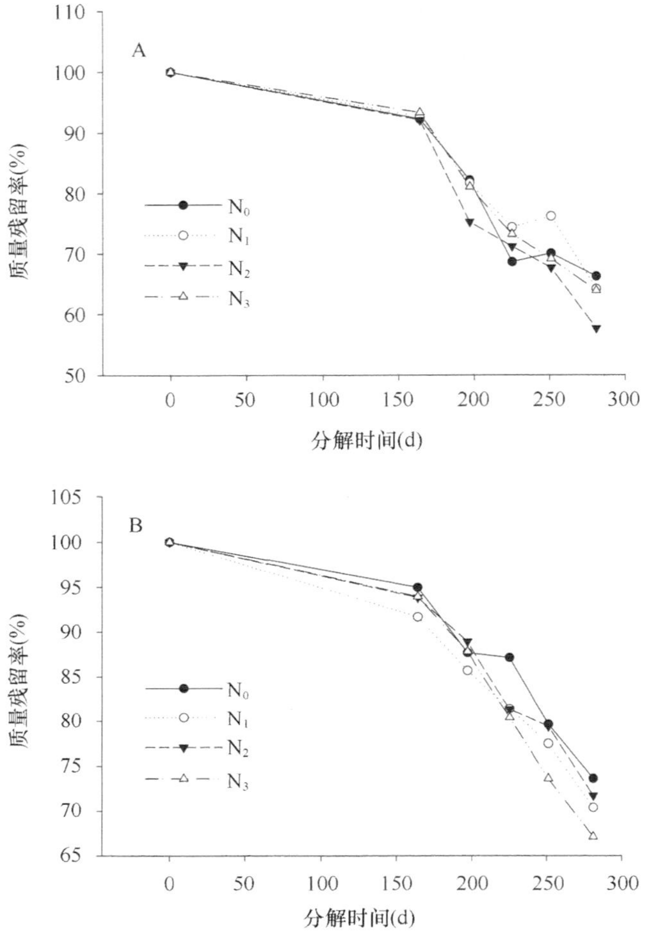

图 10-13　荆条（A）和绣线菊（B）凋落叶分解过程中质量残留率变化

荆条在分解 282 天后，N_0、N_1、N_2 和 N_3 处理质量残留率（平均值±标准差）分别为 66.2%±2.5%、64.2%±2.3%、57.6%±2.2%和 63.9%±2.6%，N_2 处理中凋落叶质量残留率显著低于对照。

绣线菊在经过 282 天分解后，N_0、N_1、N_2 和 N_3 处理质量残留率分别为 73.6%±2.5%、70.4%±2.3%、71.7%±2.2%和 67.1%±2.6%，表明各氮处理促进了绣线菊凋落叶的分解。其中，N_1、N_3 处理显著促进了凋落叶的分解，且 N_3 的促进作用最大（表 10-9），N_2 处理也有轻微的促进作用。

利用 Olson（1963）提出的指数衰减模型拟合不同氮沉降处理下凋落叶残留率（y）

与分解时间（t）的关系（表 10-9）。方差分析表明，两物种间的分解速率差异不显著，氮添加对凋落物分解速率的影响显著，但氮沉降和物种间有交互作用（表 10-10）。

表 10-9　不同氮添加处理下凋落叶的分解速率

	处理	分解方程	分解速率 k（y^{-1}）	95%周转期（a）	相关系数
荆条	N_0	$y=105.07e^{-0.0015x}$	0.56	5.35	0.81**
	N_1	$y=105.3e^{-0.0014x}$	0.52	5.73	0.81**
	N_2	$y=106.07e^{-0.0018x}$	0.67	4.48	0.82**
	N_3	$y=106.18e^{-0.0016x}$	0.58	5.13	0.82**
绣线菊	N_0	$y=104.22e^{-0.001x}$	0.37	8.21	0.78**
	N_1	$y=103.92e^{-0.0011x}$	0.43	7.03	0.86**
	N_2	$y=104.46e^{-0.0011x}$	0.40	7.46	0.80**
	N_3	$y=106.2e^{-0.0013x}$	0.47	6.31	0.77**

**表示 P<0.01 水平显著

表 10-10　不同氮处理和物种及其交互作用对凋落叶分解速率的影响

	df	*MS*	*F*	*P*
处理	3	0.008	1.418	0.008
物种	1	0.168	28.538	0.168
处理×物种	3	0.01	1.619	0.01

荆条 N_0、N_1、N_2和 N_3 各处理分解速率系数 k 值分别为 0.56、0.52、0.67、0.58，绣线菊分别为 0.37、0.43、0.40、0.47。以 95%凋落叶被分解所需的时间用于表示凋落叶的周转期，则荆条在 N_0、N_1、N_2、N_3 处理下的周转期分别为 5.35 年、5.73 年、4.48 年、5.13 年，绣线菊分别为 8.21 年、7.03 年、7.46 年、6.31 年（表 10-9），除荆条凋落叶在 N_1 处理下周转速率减慢外，其他处理均不同程度地加快了荆条和绣线菊凋落叶叶片的周转速度。

第 11 章　亚热带灌丛分布格局及其控制因素

中国亚热带是全球中纬度地区面积最大的湿润地区，有着复杂的地形、地貌和多样的土壤类型，并造就了剧烈的生态环境梯度，孕育着全球该纬度带高水平的物种多样性（祁承经和肖育檀，2002；吴征镒，1980）。其显著的环境梯度变异和丰富的植被类型，为研究区域尺度上植被与环境的关系提供了一个天然实验场。本章基于 688 个样点 2064 个样方数据，对亚热带区域内灌丛植被进行系统分类和排序，旨在揭示灌丛植被的主要类型和空间分布格局，探讨灌丛植被空间格局形成的主要环境驱动力。

11.1　亚热带灌丛分类

通过层次聚类法，我们划分出 3 个具有明显生态意义的灌丛类型（图 11-1），根据其物种组成、分布特征、生境特征等将这 3 个灌丛聚类组定义为：低山丘陵灌丛、石灰岩山地灌丛和亚高山中山山地灌丛，相当于植被型或植被亚型（吴征镒，1980），既反映了地形、地貌和土壤基岩类型的差异，同时又体现了植物区系成分的相对一致性。其中低山丘陵灌丛分布于海拔 1000m 以下的山地或丘陵地带，石灰岩山地灌丛分布在土壤母质具石灰岩性的地区，而亚高山中山山地灌丛分布于海拔较高的山区。各类型的指示种及群落结构、环境变量及物种丰富度特征分别见表 11-1～表 11-4。

11.1.1　低山丘陵灌丛

低山丘陵灌丛共 266 个样点 798 个样方，包括 38 个群系，如檵木灌丛、白栎灌丛、桃金娘灌丛等；由 899 种维管植物组成，隶属于 136 科 444 属，灌木层种类较多的科有壳斗科、山茶科、冬青科、山矾科、越橘科、樟科和大戟科；每样方（25m^2）的平均灌木和草本物种丰富度分别为（9±5）种和（4±2）种。能达到显著性水平（$P<0.05$）的指

本章执笔人：李家湘，谢宗强，徐文婷，熊高明，赵常明

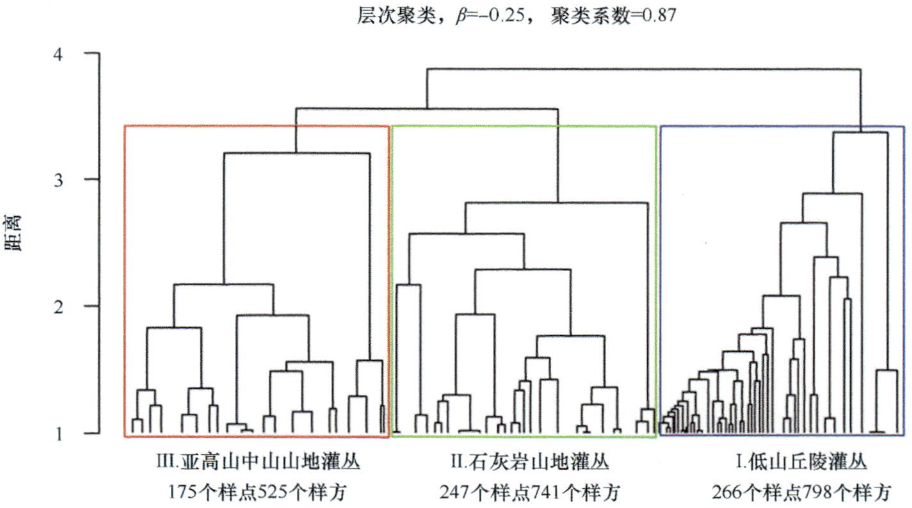

图 11-1　亚热带灌丛层次聚类树状图

示种共 108 种，隶属于 36 科 69 属；多是喜温暖湿润气候的中生或速生树种，如檵木、杜鹃、盐肤木、油茶、南烛、白栎、桃金娘、岗松、杨桐等（表 11-1）。

表 11-1　低山丘陵灌丛的指示种

物种	指示值	频度	*P*	物种	指示值	频度	*P*
檵木	0.583	176	0.001	樟	0.041	11	0.001
栀子	0.387	97	0.001	苏木蓝	0.039	9	0.001
杜鹃	0.333	115	0.001	楤木	0.039	23	0.008
长叶冻绿	0.317	87	0.001	野桐	0.038	18	0.001
石斑木	0.310	73	0.001	楮	0.037	14	0.003
盐肤木	0.303	224	0.001	野牡丹	0.037	17	0.005
油茶	0.266	95	0.001	玉叶金花	0.037	11	0.001
乌药	0.221	54	0.001	野山楂	0.036	19	0.003
南烛	0.220	150	0.001	乌桕	0.036	23	0.018
杨桐	0.219	57	0.001	檫木	0.036	10	0.002
柃木	0.209	58	0.001	贵州连蕊茶	0.035	8	0.001
白栎	0.199	146	0.001	钟花樱桃	0.035	8	0.001
桃金娘	0.191	51	0.001	水竹	0.035	8	0.001
野漆	0.171	64	0.001	江南越橘	0.035	8	0.002

续表

物种	指示值	频度	*P*	物种	指示值	频度	*P*
算盘子	0.167	83	0.001	榕树	0.034	12	0.003
白檀	0.162	43	0.001	圆叶鼠李	0.032	9	0.001
冬青	0.155	53	0.001	杉木	0.031	23	0.038
赤楠	0.149	49	0.001	毛果算盘子	0.031	9	0.001
短柄枹栎	0.148	53	0.001	山茶	0.031	9	0.004
枫香树	0.131	50	0.001	小叶栎	0.031	7	0.001
山鸡椒	0.119	59	0.001	酸藤子	0.028	8	0.001
大青	0.117	34	0.001	象鼻藤	0.028	11	0.008
黄檀	0.112	84	0.001	短柱柃	0.026	6	0.003
野柿	0.108	36	0.001	港柯	0.026	6	0.004
小果珍珠花	0.107	35	0.001	石楠	0.026	6	0.003
岗松	0.104	25	0.001	浙皖荚蒾	0.026	6	0.003
华山矾	0.092	23	0.001	老鼠矢	0.026	12	0.015
野茉莉	0.092	21	0.001	越橘	0.025	10	0.008
金樱子	0.091	51	0.001	山芝麻	0.025	14	0.05
豆腐柴	0.082	24	0.001	鼠刺	0.024	7	0.006
荚蒾	0.081	36	0.001	荛花	0.024	7	0.01
米碎花	0.079	18	0.001	朝天罐	0.024	7	0.006
茅栗	0.078	48	0.001	白木乌桕	0.023	7	0.009
山胡椒	0.074	74	0.018	黄牛木	0.023	7	0.008
满山红	0.073	20	0.001	山油麻	0.023	12	0.043
满树星	0.069	23	0.001	尖连蕊茶	0.022	10	0.032
苦槠	0.069	25	0.001	寄生藤	0.022	5	0.009
野鸦椿	0.067	19	0.001	鹿角杜鹃	0.022	5	0.004
毛冬青	0.067	19	0.001	常绿荚蒾	0.022	5	0.009
山桂花	0.066	15	0.001	钝叶木姜子	0.022	5	0.012
秤星树	0.066	15	0.001	中华石楠	0.019	6	0.023
茶	0.063	20	0.001	矩叶鼠刺	0.019	6	0.027
山槐	0.057	40	0.001	硃砂根	0.018	7	0.023
山矾	0.056	22	0.001	叶萼山矾	0.018	6	0.023
马尾松	0.054	38	0.005	流苏树	0.018	7	0.035

续表

物种	指示值	频度	*P*	物种	指示值	频度	*P*
白花灯笼	0.052	12	0.001	水团花	0.017	4	0.03
了哥王	0.050	21	0.003	尾叶樱桃	0.017	4	0.022
格药柃	0.050	21	0.002	红淡比	0.017	4	0.027
槲栎	0.049	19	0.001	绿叶甘橿	0.017	4	0.026
短尾越橘	0.048	11	0.001	豺皮樟	0.017	4	0.016
六月雪	0.047	41	0.031	润楠	0.017	4	0.021
变叶榕	0.044	10	0.001	鸡眼藤	0.017	4	0.013
篌竹	0.042	11	0.001	蝶花荚蒾	0.017	4	0.02
木荷	0.042	28	0.007	楠木	0.013	3	0.05

该类灌丛灌木层平均高（2.3±1.1）m，最高个体达 6m，平均盖度 73.7%±18.6%，株密度（4±4）株/m^2，最高可达 35 株/m^2，主要分布在亚热带东部及东南部海拔较低的低山或丘陵地带，分布区平均海拔（312.6±317.6）m；中等坡度，为（21.9±12.1）°；气候温暖湿润，年均温（17.9±2.1）℃，年降水（1522.2±248.7）mm；土层深厚，达（75.2±33.8）cm，土壤养分含量较低，土壤全碳、全氮、全磷的含量分别为（20.71±16.13）mg/g、（1.72±1.15）mg/g 和（0.46±0.51）mg/g，土壤 pH 偏低，为 5.04±0.88（表 11-2）。

表 11-2　灌丛类型群落结构及环境基本特征

参数	I. 低山丘陵灌丛	II. 石灰岩山地灌丛	III. 亚高山中山山地灌丛	亚热带灌丛
样点数	266	247	175	688
物种数	899	1088	658	1863
总体丰富度	13（5）^{a}	14（6）^{a}	10（6）^{b}	12（6）
灌木丰富度	9（5）^{a}	8（4）^{a}	4（2）^{b}	7（5）
草本丰富度	4（2）^{b}	6（3）^{a}	7（4）^{a}	6（3）
盖度	73.7（18.6）^{a}	72.0（16.1）^{a}	68.0（17.0）^{a}	71.6（17.4）
高度（m）	2.3（1.1）^{a}	2.5（1.4）^{a}	1.2（1.0）^{b}	2.2（3.2）
灌木层密度（株/m^2）	4（4）^{a}	4（2）^{a}	2（4）^{b}	3（3）
经度（°）	114.79（4.23）^{a}	109.08（3.3）^{b}	102.07（2.59）^{c}	109.5（6.12）
纬度（°）	27.46（2.38）^{a}	29.11（2.69）^{a}	28.47（2.72）^{a}	28.31（2.67）
海拔（m）	312.6（317.6）^{a}	716. 7（522.9）^{b}	2847.4（1094.4）^{c}	1102.4（1229.2）

续表

参数	I. 低山丘陵灌丛	II. 石灰岩山地灌丛	III. 亚高山中山山地灌丛	亚热带灌丛
坡度（°）	21.9（12.1）[a]	26.3（12.4）[ab]	21.0（12.5）[a]	23.3（12.5）
年均温（℃）	17.9（2.1）[a]	16.6（1.8）[a]	11.9（4.9）[ab]	15.9（3.9）
年降水量（mm）	1522.2（248.7）[a]	1176.5（220.3）[b]	833.0（184.9）[c]	1222.8（352.2）
土层深度（cm）	75.2（33.8）[a]	58.7（33.8）[b]	67.8（27.21）[c]	67.35（32.98）
土壤容重（g/m^3）	1.06（0.28）[a]	1.06（0.34）[a]	0.77（0.3）[ab]	0.99（0.33）
土壤全碳（mg/g）	20.71（16.13）[a]	32.15（23.35）[b]	47.93（36.14）[c]	31.87（27.24）
土壤全氮（mg/g）	1.72（1.15）[a]	2.48（1.53）[b]	3.86（2.81）[c]	2.56（2.35）
土壤全磷（mg/g）	0.46（0.51）[a]	0.66（0.59）[a]	1.03（0.62）[b]	0.64（0.53）
土壤碳氮比	11.49（2.68）[a]	14.63（13.28）[ab]	12.87（3.33）[b]	12.98（8.41）
土壤碳磷比	61.11（37.44）[a]	60.08（48.77）[a]	52.27（24.89）[b]	58.48（39.53）
土壤氮磷比	5.07（2.39）[b]	4.29（2.1）[a]	4.12（1.85）[a]	4.54（2.2）
土壤 pH	5.04（0.88）[a]	7.25（1.36）[b]	5.73（1.15）[a]	6.02（1.5）

a、b、c 及其组合表示类型间差异，显著性水平为 $P<0.05$

低山丘陵灌丛因森林群落乔木层被砍伐导致灌木层裸露，或乔木树种被频繁樵采而呈灌木状，或在连续火烧、放牧干扰及荒山、弃耕地和建筑废弃地等环境下发展而来。其分布区域内水热条件非常优越，一旦经过长时间封禁，这类灌丛可能快速地演替成森林。

11.1.2 石灰岩山地灌丛

石灰岩山地灌丛共 247 个样点 741 个样方，包括 35 个群系，如马桑灌丛、火棘灌丛、黄栌灌丛等；由 1088 种维管植物组成，隶属于 161 科 535 属，灌木层种类较多的有壳斗科、鼠李科、山茶科、樟科、山茱萸科、大戟科、蝶形花科和蔷薇科等；每样方的灌木和草本物种丰富度分别为（8±4）种和（6±3）种。能达到显著性水平（$P<0.05$）的指示种共 98 种，隶属于 49 科 73 属（表 11-3），主要是一些喜钙质土的植物，如火棘、马桑、黄荆、黄栌、黄连木、铁仔、小果蔷薇、烟管荚蒾、马棘、化香树等（表 11-3）。

该类灌丛灌木层平均高（2.5±1.4）m，最高个体达 8m，平均盖度 72.0%±16.1%，株密度（4±2）株/m^2，最高达 14 株/m^2，主要分布在亚热带以石灰岩性基岩为土壤母质的地带，平均海拔（716.7±522.9）m；坡度较大，为（26.3±12.4）°；气候温暖湿润，年

表 11-3 石灰岩山地灌丛的指示种

物种	指示值	频度	P	物种	指示值	频度	P
火棘	0.424	138	0.001	铁线莲	0.030	9	0.002
马桑	0.406	108	0.001	中华绣线菊	0.030	19	0.03
荆条	0.322	124	0.001	香叶子	0.030	9	0.002
小果蔷薇	0.291	116	0.001	八角枫	0.029	7	0.002
马棘	0.198	66	0.001	耐寒栒子	0.029	7	0.002
铁仔	0.177	85	0.001	崖花子	0.029	7	0.001
悬钩子蔷薇	0.170	53	0.001	缫丝花	0.029	7	0.003
烟管荚蒾	0.137	36	0.001	异叶花椒	0.029	7	0.002
栓皮栎	0.136	39	0.001	巴东醉鱼草	0.029	7	0.003
野花椒	0.127	40	0.001	圆果化香树	0.029	7	0.002
黄栌	0.116	32	0.001	蜡莲绣球	0.028	10	0.011
柏木	0.100	24	0.001	地桃花	0.026	8	0.002
菝葜	0.098	60	0.001	软条七蔷薇	0.026	10	0.007
化香树	0.096	52	0.001	直角荚蒾	0.026	9	0.005
球核荚蒾	0.092	24	0.001	楝	0.025	9	0.004
竹叶花椒	0.086	51	0.001	忍冬	0.025	14	0.025
雀梅藤	0.086	34	0.001	红果山胡椒	0.025	10	0.011
小黄构	0.086	24	0.001	大金刚藤	0.025	6	0.005
红背山麻杆	0.071	22	0.001	桑	0.024	8	0.008
女贞	0.068	23	0.001	绣球	0.024	13	0.045
糯米条	0.065	22	0.001	李	0.023	9	0.024
石岩枫	0.060	19	0.001	三裂蛇葡萄	0.022	7	0.013
苎麻	0.060	16	0.001	白叶莓	0.022	9	0.019
刺槐	0.058	16	0.001	湖北鹅耳枥	0.022	7	0.011
云实	0.056	19	0.001	猫儿刺	0.021	9	0.022
朴树	0.055	17	0.001	来江藤	0.021	5	0.006
灰毛浆果楝	0.054	16	0.001	扩展女贞	0.021	5	0.019
金佛山荚蒾	0.052	17	0.001	苦树	0.021	5	0.017
香叶树	0.051	20	0.001	青篱柴	0.021	5	0.013
野蔷薇	0.050	12	0.001	华中枸骨	0.021	5	0.014
构树	0.048	30	0.003	扁担杆	0.046	17	0.001

续表

物种	指示值	频度	*P*	物种	指示值	频度	*P*
乌泡子	0.046	13	0.001	三叶木通	0.021	7	0.022
探春花	0.046	11	0.001	醉鱼草	0.020	8	0.028
亮叶桦	0.046	11	0.001	野核桃	0.019	6	0.019
插田泡	0.045	14	0.001	栾树	0.018	6	0.03
木姜子	0.043	29	0.008	白簕	0.017	6	0.039
毛葡萄	0.042	12	0.001	小舌紫菀	0.017	4	0.034
牯岭勾儿茶	0.042	14	0.001	尖叶黄杨	0.017	4	0.042
香椿	0.042	10	0.001	鹅耳枥	0.017	4	0.04
红麸杨	0.039	21	0.008	网脉酸藤子	0.017	4	0.042
紫弹树	0.038	17	0.003	冬青叶鼠刺	0.017	4	0.033
宜昌荚蒾	0.037	11	0.001	苦糖果	0.017	4	0.04
油桐	0.035	22	0.017	桂野桐	0.017	4	0.044
小果珍珠花	0.035	10	0.001	刺茶美登木	0.017	4	0.042
异叶梁王茶	0.034	10	0.001	南天竹	0.017	4	0.043
小叶女贞	0.033	16	0.004	鸡矢藤	0.017	4	0.039
复盆子	0.032	9	0.003	地锦	0.017	4	0.04
异叶鼠李	0.031	9	0.001	川莓	0.017	4	0.032
响叶杨	0.030	11	0.002	梾木	0.017	4	0.038

均温（16.6±1.8）℃，年降水量（1176.5±220.3）mm；土层较浅薄，平均（58.7±33.8）cm，土壤全碳、全氮、全磷含量较高，分别为（32.15±23.35）mg/g、（2.48±1.53）mg/g 和（0.66±0.59）mg/g，土壤 pH 也较高，为 7.25±1.36（表 11-2）。

石灰岩山地灌丛是因石灰岩山地受强烈的人为干扰，水土流失严重，多数地区具有岩石裸露、土层浅薄的生态环境，从而发展起来的一类次生灌丛植被。如果放牧、采伐等活动长期存在，这类灌丛将处于较为稳定的状态而长期存在。

11.1.3 亚高山中山山地灌丛

亚高山中山山地灌丛共 175 个样点 525 个样方，包括 36 个群系，如草原杜鹃灌丛、雪层杜鹃灌丛、窄叶鲜卑花灌丛等；由 685 种维管植物组成，隶属于 119 科 365 属，灌木层种类以杜鹃花科、壳斗科和蔷薇科最多，其次为杨柳科、蝶形花科、苏木科、壳斗科、山茶科和忍冬科等；每样方的灌木和草本物种丰富度分别为（4±2）种和（7±4）种。能达到显著性水平（P<0.05）的指示种共 69 种，隶属于 30 科 44 属；多是喜冷凉气候条件的中生或慢生植物，如云南杨梅、草原杜鹃、雪层杜鹃、矮高山栎、黄背栎、匍匐栒子、金露梅、绢毛蔷薇、杯腺柳、山生柳和薄皮木等（表 11-4）。

表 11-4 亚高山中山山地灌丛的指示种

物种	指示值	频度	P	物种	指示值	频度	P
云南杨梅	0.151	33	0.001	绢毛蔷薇	0.025	7	0.007
草原杜鹃	0.132	29	0.001	薄皮木	0.024	7	0.007
石香薷	0.130	30	0.001	麻栎	0.024	15	0.048
滇白珠	0.093	22	0.001	云南油杉	0.024	7	0.008
豆梨	0.086	25	0.001	地檀香	0.023	5	0.002
金露梅	0.073	16	0.001	雪层杜鹃	0.023	5	0.004
腋花杜鹃	0.073	16	0.001	小鞍叶羊蹄甲	0.023	5	0.004
金丝桃	0.070	50	0.001	车桑子	0.023	5	0.004
窄叶鲜卑花	0.068	15	0.001	沙针	0.023	5	0.002
矮高山栎	0.064	14	0.001	地盘松	0.023	5	0.001
余甘子	0.059	22	0.001	银露梅	0.023	5	0.004
千里香杜鹃	0.055	12	0.001	迟花矮柳	0.023	5	0.007
云南松	0.050	11	0.001	水锦树	0.023	5	0.004
华西小石积	0.046	10	0.001	云南含笑	0.022	7	0.01
白刺花	0.046	10	0.001	美丽马醉木	0.020	6	0.008
高山绣线菊	0.046	10	0.001	亮毛杜鹃	0.020	6	0.014
厚皮香	0.044	11	0.001	巴豆藤	0.018	4	0.004
腺房杜鹃	0.041	9	0.001	高原黄檀	0.018	4	0.014
杯腺柳	0.041	9	0.001	锥连栎	0.018	4	0.014
腺柳	0.040	17	0.003	峨眉蔷薇	0.018	4	0.005
匍匐栒子	0.038	11	0.001	绢毛绣线菊	0.018	4	0.018
尖叶铁仔	0.037	14	0.004	展枝斑鸠菊	0.018	4	0.015
白柯	0.027	9	0.006	金花小檗	0.037	8	0.001

续表

物种	指示值	频度	P	物种	指示值	频度	P
木犀榄	0.037	8	0.001	清香木	0.016	5	0.022
柯	0.033	19	0.021	白薇	0.014	3	0.034
玉兰	0.032	7	0.001	扶芳藤	0.014	3	0.036
黄背栎	0.032	7	0.003	香柏	0.014	3	0.024
头花杜鹃	0.032	7	0.001	黄丹木姜子	0.014	3	0.027
密枝杜鹃	0.032	7	0.001	毛叶杜鹃	0.014	3	0.021
土茯苓	0.032	7	0.001	山生柳	0.014	3	0.03
爆杖花	0.027	6	0.001	四川山矾	0.014	3	0.035
一把香	0.027	6	0.003	白花杜鹃	0.014	3	0.031
仙人掌	0.027	6	0.002	乌鸦果	0.014	3	0.038
平枝栒子	0.027	13	0.017	刺柏	0.012	4	0.045
大白杜鹃	0.017	5	0.019				

该类灌丛灌木层多低矮，平均高（1.2±1.0）m，最高个体达 7m，平均盖度 68.0%±17.0%；灌木层一般较为稀疏，株密度为（2±4）株/m^2，最高达 23 株/m^2，主要分布在亚热带西部云贵高原和青藏高原东缘亚高山地区，以及中部地区的中山山顶，平均海拔（2847.4±1094.4）m；坡度中等，为（21.0±12.5）°；气候冷凉干燥，年均温（11.9±4.9）℃，年降水量（833.0±184.9）mm；土层中等，达（67.8±27.21）cm，土壤养分含量高，土壤全碳、全氮、全磷的含量分别为（47.93±36.14）mg/g、（3.86±2.81）mg/g 和（1.03±0.62）mg/g，土壤 pH 为 5.73±1.15（表 11-2）。

亚高山中山山地灌丛为冷凉干燥的高原气候下发育起来的植被类型，大多属于较为稳定的原生植被，如矮高山栎灌丛、草原杜鹃灌丛、雪层杜鹃灌丛，即便是因放牧、火烧等干扰起源的次生群落，也可维持相当长时间的稳定，如山生柳灌丛、金露梅灌丛。

从以上分析可以看出，各类灌丛指示种对其所在的生境和类群都表现出特殊的偏好，体现了环境梯度在决定灌丛植被组成和分布格局上的重要性。亚热带灌丛分布东–西差异明显，主要与区域内地形、地貌的分布格局相关。东部地区以低山和丘陵为主，气候温暖、降水充沛、土层发育良好，是低山丘陵灌丛的主要分布区；西部地区主要位于云贵高原和青藏高原的东缘，以中山、亚高山为主，气候凉爽、降水相对较少，土壤发育不良，是亚高山中山山地灌丛的主要分布区。

11.2　亚热带灌丛分布格局的控制因素

11.2.1　环境驱动因素

聚类分析（图 11-1）首先根据海拔梯度将低山丘陵灌丛分开，然后根据土壤基岩的性质分出了亚高山中山山地灌丛和石灰岩山地灌丛，反映了灌丛对不同气候、土壤、海拔梯度的适应特点（表 11-2）；各类型指示种仅在其最适生境中占优势地位，反映了在区域尺度上生境特化程度是决定群落类型空间变异的关键因素。PCoA 排序分析（图 11-2）

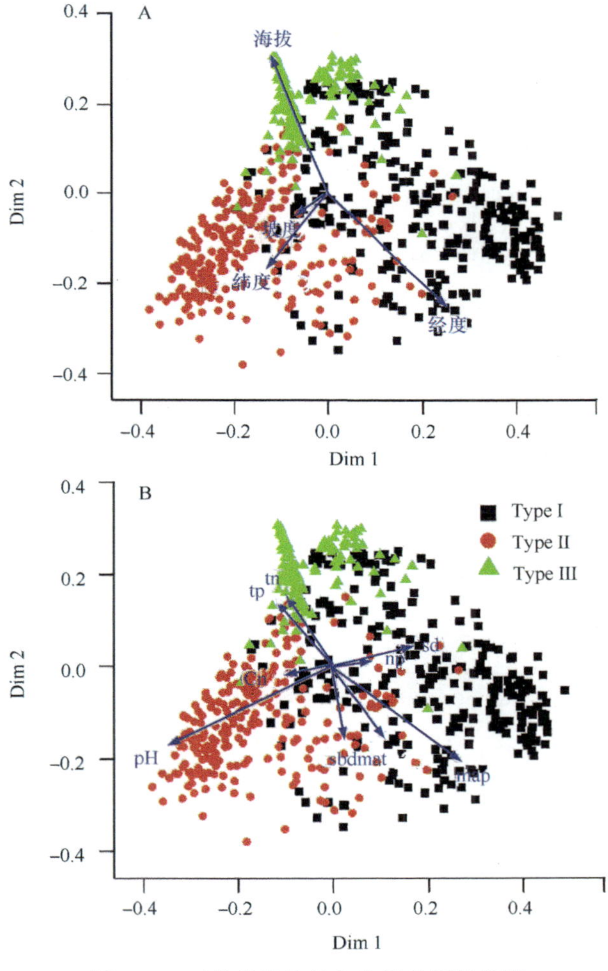

图 11-2　亚热带灌丛的主坐标分析排序图

A 表示地理和地形指标的排序结果；B 表示气候和土壤指标的排序结果。仅 999 次置换检验显著（$P<0.05$）的因子才用箭头显示。Type I、Type II 和 Type III分别表示低山丘陵灌丛、石灰岩山地灌丛和亚高山中山山地灌丛

也支持这一结果，3 个类型清晰地分布在不同的环境梯度上。第一轴（Dim 1）主要反映的是土壤梯度，与土层深度（*r*=0.96）和土壤碳氮比（*r*=0.99）显著正相关，而与土壤碳磷比（*r*= –0.99）、氮磷比（*r*= –0.93）及 pH（*r*= –0.90）显著负相关；第二轴（Dim 2）则主要反映了温度和养分梯度，与海拔（*r*=0.93）、土壤全氮（*r*=0.85）显著正相关，而与年均温（*r*= –0.82）、土壤容重（*r*= –0.99）显著负相关。经度、年降水量与两轴的相关系数接近，说明从左上到右下的对角线反映了明显的降水梯度。低山丘陵灌丛排列于图的右边，主要与高的年降水量和年均温、深厚的土层及高的土壤氮磷比，以及较低的土壤 pH、海拔和土壤养分相联系。石灰岩山地灌丛排列在图的左下部，主要与高的纬度、pH、容重、坡度、碳氮比及较低的氮磷比、土层厚度有关。亚高山中山山地灌丛排列在图的右上部，主要与高的海拔、土壤养分含量及较低的经度、年降水量、年均温、土壤容重联系紧密。

从单个变量对亚热带灌丛群落组成的影响来看，地理、地形因子中经度和海拔都能对其产生较大的影响（表 11-5），两者分别解释了 49.5%和 42.9%的排序变异，这两个因子主要反映的是降水和温度的变化梯度。研究区域内，东西部受不同季风气候的影响，降水量差异显著；由西向东地势逐渐降低，受海洋性气候影响逐渐增强，年降水量增加，年均温升高；年降水量对排序变异的解释量达 43.8%，但年均温仅解释了 13.9%，因此，年降水是影响灌丛组成最重要的气候因子。土壤因子中（表 11-6）以 pH 最为重要，其解释了 57.3%的变异，而土壤全碳、全氮、全磷含量分别解释了 13.7%、12.7%和 12.1%的变异。

表 11-5　地理、地形因子与 PCoA 排序轴之间的相关关系

因子	Dim 1	Dim 2	R^2	*Pr*（>*r*）
纬度	–0.62	–0.78	0.15	<0.001
经度	0.71	–0.71	0.50	<0.001
海拔（m）	–0.37	0.93	0.43	<0.001
坡度（°）	–0.76	–0.66	0.02	0.004
坡向	0.66	–0.75	0.00	0.61

注：基于 999 次置换检验拟合因子的显著性，*Pr* 表示相关系数的显著性水平

表 11-6　气候、土壤因子与 PCoA 排序轴之间的相关关系

因子	Dim 1	Dim 2	R^2	*Pr*（>*r*）
年均温（℃）	0.57	–0.82	0.14	<0.001
年降水（mm）	0.794	–0.61	0.44	<0.001
土壤容重（g/cm³）	0.147	–0.99	0.09	<0.001
土层深度（cm）	0.964	0.27	0.09	<0.001
土壤全碳（mg/g）	–0.634	0.77	0.14	<0.001
土壤全氮（mg/g）	–0.523	0.85	0.13	<0.001
土壤全磷（mg/g）	–0.648	0.76	0.12	<0.001
土壤碳氮比	0.989	0.15	0.03	<0.001
土壤碳磷比	–0.988	–0.16	0.04	<0.001
土壤氮磷比	–0.925	0.38	0.00	0.776
土壤 pH	–0.898	–0.44	0.57	<0.001

注：基于 999 次置换检验拟合因子的显著性，*Pr* 表示相关系数的显著性水平

在区域尺度上，影响亚热带灌丛物种组成空间变异的最主要因子是土壤 pH（R^2=0.57）（图 11-2，表 11-6）。同样，在温带草地中，pH 能够解释 53.0%的物种变异（Ejrnæs，2000）；在中国南方低山退化森林尤其是早期阶段，pH 通过限制土壤养分有效性来影响物种组成（Duan et al.，2008）；Gough 等（2000）亦发现在相对同质的环境中 pH 能解释物种分布的大量变异。此外，土壤物理条件（土层深度和土壤容重）亦是影响灌丛物种组成的重要因子（图 11-2），该类因子亦是决定亚马孙盆地森林结构和动态的主要因子（Quesada et al.，2012）。土层深度、土壤容重主要与土壤持水能力和养分含量有关，并影响了多地的物种分布，如热带地区（Markesteijn et al.，2010；Toledo et al.，2012）。在我国亚热带区域分布着大面积的石灰岩，尤其是中部、南部和西部的云贵高原及广西等地，土壤易受侵蚀、土层浅薄、岩石裸露，具有 pH 和容重较高的特点；而在东部的低山、丘陵区域土壤风化程度高，土层深厚，具有 pH 和土壤养分含量较低的特点。因此在区域内构成了较宽的土壤 pH 梯度（3.9～9.5），其中喜钙植物集中分布于 pH 较高的区域，成为石灰岩山地灌丛的优势种，如马桑、火棘等；喜酸植物则集中分布在 pH 较低的区域，并成为低山丘陵灌丛的优势种，如盐肤木、油茶等。因此，土壤 pH 在区域内起到重要的环境筛的作用，通过控制土壤养分的有效性来影响物种的分布和群落组

成（Sims，1986）。

年降水（R^2=0.44）是影响灌丛群落物种组成空间格局变异最重要的气候因子（图 11-2，表 11-6）。亚热带主要受湿润季风气候所控制，在东–西方向上表现出显著的降水梯度，研究结果显示，降水对灌丛的分布格局有较大影响，符合区域内的气候特点；同时，该结果表明，亚热带灌丛的经度地带性分异主要是因为由东向西降水量逐渐减少。但是，降水并不是区域内影响灌丛物种组成和分布最强的因子，这可能与研究尺度有关。在全球或者亚洲尺度上，植被分布和物种组成主要由因纬度变化引起的温度梯度所决定（Quesada et al.，2012）；在区域尺度上，水热条件相对一致，植被分布通常受地形、土壤养分、干扰等因素的强烈影响（Toledo et al.，2012）。本研究中土壤 pH 的解释量最大，降水次之，两者相关关系较弱（r=0.04），说明 pH 和降水通过不同方式影响灌丛的物种组成和分布，两者分别与土壤基岩、地形存在较强的相关性，表明在区域尺度上，主要通过土壤基岩、地形影响土壤属性及水热条件来决定灌丛的物种组成和空间分布。

11.2.2 环境变化对灌丛的潜在影响

环境条件的改变将导致物种分布范围和数量的变化。一些研究已发现，由于植物的生理特征原因，土壤酸化对物种分布的影响存在正效应或者负效应（Guo et al.，2010；Yang et al.，2012；Chen et al.，2013）。土壤 pH 已经被证明是影响灌丛群落物种组成的最重要的因子，目前，因较高的氮、硫沉降，在世界范围内土壤持续酸化已是不争的事实（Liu et al.，2011），在今后几十年中土壤酸化都可能维持较高水平（Yang et al.，2012）。土壤 pH 改变能够改变物种组成（Duan et al.，2008），持续的土壤酸化必将影响物种在灌丛中的分布，甚至是那些分布于石灰岩山地的灌丛（Guo et al.，2010）。因此，本研究结果可以推测大尺度的大气氮沉降将会有利于喜酸性环境的灌丛群落的分布，从而改变当前灌丛的组成、结构和功能。但要深入研究环境变化对灌丛的影响，需要进行长期的观察或者开展人工模拟氮、硫沉降的长期实验，并从多个方面来验证灌丛生态系统对土壤酸化的响应。

第 12 章 亚热带灌丛植物多样性及其分布格局

物种多样性是理解生态系统功能、保护生物多样性和管理生态系统的重要指标，对生态系统的功能和稳定性起决定性作用（Ceballos and Ehrlich，2006；Visser et al.，2014）。物种多样性沿纬度和海拔的格局及其解释机制长期以来备受生态学家的关注，但也一直有争议（Field et al.，2009）。贺金生和陈伟烈（1997）总结了 5 种海拔格局：线性负相关、中间膨胀型、线性正相关、中间下凹型和不相关，近年来亦有发现更为复杂的变化规律。中国亚热带地区有着连续的陆地，不仅表现出强烈的地形和地貌变化，还表现出全世界少有的降水梯度格局，由此也会导致物种多样性的经度格局。

12.1 物种组成和区系

12.1.1 维管植物组成

亚热带 688 个灌丛样点共有维管植物 1863 种，隶属于 183 科 741 属（表 12-1）。其中蕨类植物 25 科 47 属 87 种，分别占中国蕨类植物（臧得奎，1998）总科数、总属数、总种数的 39.7%、20.6%和 2.9%；裸子植物相对较少，共 5 科 9 属 16 种（种数不到维管植物的 1%），分别占中国裸子植物（杨永，2015）总科数、总属数、总种数的 50.0%、20.0%和 6.1%。被子植物共 153 科 685 属 1760 种，分别占中国被子植物（王利松等，2015）总科数、总属数、总种数的 59.1%、22.8%和 5.9%。

表 12-1 亚热带灌丛维管植物组成

	蕨类植物	裸子植物	被子植物			总计
			双子叶植物	单子叶植物	小计	
科	25（13.7）	5（2.7）	134（73.2）	19（10.4）	153（83.6）	183
属	47（6.3）	9（1.2）	559（75.4）	126（17.0）	685（92.4）	741
种	87（4.7）	16（0.9）	1489（79.9）	271（14.6）	1760（94.5）	1863

注：括号内的数字表示所占总数的百分比

本章执笔人：李家湘，谢宗强，徐文婷，熊高明，赵常明在亚热带灌丛维管植物科的组成中，50 种以上的特大科有蔷薇科、禾本科、菊科和蝶形花科（表 12-2），共含有 24.4%的属和 24.9%的种。20～50 种的大科共 19 科，占总科数的 10.4%，共含有 25.0%的属和 34.9%的种，有较多的种为灌木层优势类群，如壳斗科、杜鹃花科、杨柳科、山茶科等；草本层常见的有莎草科、茜草科、唇形科等科的植物。10～20 种的中等科共 18 科，占总科数的 9.8%，共含有 11.6%的属和 14.0%的种，灌木层较为优势科有越橘科、卫矛科、山矾科、小檗科等；草本层该类科较为常见，如鳞毛蕨科、蓼科、堇菜科等。5～10 种的少种科共 35 科，占总科数的 19.1%，共含有 16.7%的属和 13.9%的种，能成为灌木层优势种的有金缕梅科、胡颓子科、桃金娘科、绣球花科等，草本层较为丰富，常见的有柳叶菜科、景天科、石竹科等。2～5 种的寡种科共 61 科，占总科数的 33.3%，共含有 16.1%的属和 9.8%的种，除胡桃科、鼠刺科、番荔枝科、楝科的一些种类外，极少能在灌木层中成为优势种；草本层中常见的科有十字花科、酢浆草科、里白科等。单种科共 46 科，科数、属数、种数分别占总科数、总属数和总种数的 25.1%、6.2%和 2.5%，极少成为优势种，灌木层中仅千屈菜科和桤叶树科偶尔可见优势，其余科多见于草本层。

表 12-2　亚热带灌丛科属种组成

科名	属：种	科名	属：种	科名	属：种	科名	属：种
特大科（≥51 种）	181：464						
蔷薇科	36：137	禾本科	63：124	菊科	50：122	蝶形花科	32：81
大科(>20 种，≤50 种)	185：651						
莎草科	13：49	大戟科	20：49	茜草科	22：49	樟科	7：46
壳斗科	5：40	忍冬科	6：40	杜鹃花科	5：40	山茶科	7：39
百合科	17：36	唇形科	18：35	毛茛科	9：29	鼠李科	6：27
伞形科	17：27	冬青科	1：26	桑科	4：25	杨柳科	2：24
芸香科	8：24	玄参科	11：23	马鞭草科	7：23		
中等科（>10 种，≤20 种）	86：261						
木犀科	7：20	蓼科	7：19	卫矛科	4：18	苏木科	7：17
紫金牛科	5：17	龙胆科	4：17	小檗科	4：16	堇菜科	1：14
山矾科	1：14	榆科	6：13	荨麻科	7：13	越橘科	1：13
山茱萸科	6：12	五加科	8：12	菝葜科	1：12	水龙骨科	5：12
兰科	9：11	鳞毛蕨科	3：11				

续表

科名	属∶种	科名	属∶种	科名	属∶种	科名	属∶种
少种科（>5种，≤10种）	124∶259						
爵床科	8∶9	桔梗科	7∶9	茄科	5∶9	绣球花科	4∶9
葡萄科	4∶9	安息香科	3∶9	榛科	2∶9	海桐花科	1∶9
金缕梅科	7∶8	柳叶菜科	5∶8	桃金娘科	5∶8	漆树科	4∶8
瑞香科	2∶8	金丝桃科	2∶8	胡颓子科	2∶8	凤尾蕨科	2∶8
槭树科	1∶8	石竹科	7∶7	旋花科	7∶7	萝藦科	4∶7
防己科	3∶7	报春花科	2∶7	薯蓣科	1∶7	卷柏科	1∶7
紫草科	6∶6	锦葵科	5∶6	中国蕨科	5∶6	景天科	3∶6
野牡丹科	3∶6	含羞草科	3∶6	柏科	3∶6	桦木科	2∶6
杜英科	2∶6	松科	2∶6	柿科	1∶6		
寡种科（≥2种，≤5种）	119∶182						
虎耳草科	4∶5	椴树科	4∶5	胡桃科	4∶5	十字花科	3∶5
姜科	3∶5	陵齿蕨科	2∶5	大风子科	4∶4	无患子科	4∶4
夹竹桃科	4∶4	天南星科	3∶4	石松科	3∶4	乌毛蕨科	3∶4
木兰科	2∶4	猕猴桃科	2∶4	败酱科	2∶4	鸭跖草科	2∶4
金星蕨科	2∶4	牻牛儿苗科	1∶4	鼠刺科	1∶4	马钱科	1∶4
鸢尾科	1∶4	楝科	3∶3	棕榈科	3∶3	蹄盖蕨科	3∶3
罂粟科	2∶3	苋科	2∶3	梧桐科	2∶3	仙茅科	2∶3
远志科	1∶3	酢浆草科	1∶3	杨梅科	1∶3	虎皮楠科	1∶3
铁线蕨科	1∶3	番荔枝科	2∶2	木通科	2∶2	藜科	2∶2
檀香科	2∶2	苦木科	2∶2	清风藤科	2∶2	白花丹科	2∶2
苦苣苔科	2∶2	紫葳科	2∶2	石蒜科	2∶2	杉科	2∶2
槲蕨科	2∶2	里白科	2∶2	膜蕨科	2∶2	马兜铃科	1∶2
胡椒科	1∶2	紫堇科	1∶2	茅膏菜科	1∶2	茶藨子科	1∶2
旌节花科	1∶2	黄杨科	1∶2	大麻科	1∶2	八角枫科	1∶2
车前科	1∶2	灯心草科	1∶2	海金沙科	1∶2	木贼科	1∶2
紫萁科	1∶2						
单种科(1种)	46∶46						
五味子科	1∶1	三白草科	1∶1	金粟兰科	1∶1	白花菜科	1∶1
商陆科	1∶1	亚麻科	1∶1	千屈菜科	1∶1	安石榴科	1∶1
小二仙草科	1∶1	山龙眼科	1∶1	马桑科	1∶1	葫芦科	1∶1

续表

科名	属：种	科名	属：种	科名	属：种	科名	属：种
秋海棠科	1：1	仙人掌科	1：1	使君子科	1：1	红树科	1：1
古柯科	1：1	蜡梅科	1：1	杜仲科	1：1	茶茱萸科	1：1
橄榄科	1：1	省沽油科	1：1	牛栓藤科	1：1	蓝果树科	1：1
桤叶树科	1：1	川续断科	1：1	狸藻科	1：1	胡麻科	1：1
泽泻科	1：1	谷精草科	1：1	芭蕉科	1：1	美人蕉科	1：1
香蒲科	1：1	鹿蹄草科	1：1	透骨草科	1：1	八角科	1：1
三尖杉科	1：1	红豆杉科	1：1	姬蕨科	1：1	裸子蕨科	1：1
肾蕨科	1：1	石杉科	1：1	铁角蕨科	1：1	燕尾蕨科	1：1
阴地蕨科	1：1	蚌壳蕨科	1：1				

在属的组成上（表 12-3），741 属所含种数 1～33 种不等。其中 20 种以上的特大属有 5 属，占总属数的 0.7%，含有 7.3%的种；其中杜鹃属种类最多，达 33 种，分布广泛，优势地位显著，在东部沿海地区以杜鹃灌丛最为常见，西部的青藏高原高山、亚高山区域则以雪层杜鹃、草原杜鹃等最占优势。其次为悬钩子属，有 29 种，该属植物在世界范围内广布，多生长于林缘或在群落中处于伴生地位，一般不形成优势群落。冬青属和荚蒾属各有 26 种，其所含种类在亚热带灌丛中极为常见，多处于伴生地位，如四川冬青、荚蒾等，偶尔也成为灌木层优势种，如壶花荚蒾、烟管荚蒾等。此外，薹草属共 24 种，多是草本层优势种，如穹隆薹草、十字薹草等。11～19 种的大属共 17 属，占总属数的 2.3%，共含有 13.5%的种，多灌木层优势成分，如栎属、柳属、越橘属、柃木属等，草本属仅 3 属，即蒿属、蓼属和堇菜属。4～10 种的中型属和少型属共 104 属，占总属

表 12-3 亚热带灌丛属的大小及种数组成

等级	属数	占总属数的比例（%）	所含种数	占总种数的比例（%）
特大属（20 种以上）	5	0.7	134	7.3
大属（11～19 种）	17	2.3	246	13.5
中型属（7～10 种）	33	4.4	266	14.5
少型属（4～6 种）	71	9.6	333	18.2
寡种属（2～3 种）	186	25.1	423	23.1
单种属（1 种）	429	57.9	429	23.4
合计	741	100.0	1831	100.0

数的 14.0%，共含有 32.7%的种，通常为灌木层优势种，如栒子属、小檗属、木蓝属、胡颓子属等，还有乔木习性的属，是经频繁干扰而呈灌木状生长的类群，如青冈属、栲属、杜英属、桦木属等。单寡种属共 615 属，占总属数的 83.0%，共含有 46.5%的种，多处于伴生地位或为草本种类。

12.1.2　维管植物区系

亚热带灌丛维管植物中，世界广布科属共 52 科 63 属，分别占总科数、总属数的 28.4%和 8.5%（表 12-4），有蔷薇科、菊科、禾本科、蝶形花科、莎草科等大科和特大科，是灌丛区系中的重要组成，但其中多为草本，极少在灌木层中占据优势，不能表征灌丛的区系性质，分析时不统计在内。

表 12-4　亚热带灌丛维管植物科、属地理成分组成

地理成分	科数	占非世界分布总科数的比例（%）	属数	占非世界分布总属数的比例（%）
1.世界广布	52	/	63	/
2.热带、亚热带成分	87	66.4	312	46.0
3.温带成分	43	32.8	343	50.6
4.中国特有	1	0.8	23	3.4
合计	183	100.0	741	100.0

热带、亚热带成分共 87 科 312 属，分别占非世界分布总科数、总属数的 66.4%和 46.0%（表 12-4），其中以泛热带成分最占优势，分别占非世界分布总科数和总属数的 48.9%、17.8%；代表科有樟科、山茶科、冬青科、桃金娘科、杜英科等；代表属有新木姜子属、常山属、黄杞属、牡荆属、山矾属、桃金娘属、岗松属等。

温带成分共 43 科 343 属，分别占非世界分布总科数、总属数的 32.8%和 50.6%(表 12-4)，主要来源于北温带成分，分别占总科数、总属数的 22.1%和 18.6%；灌丛灌木层和草本层优势成分多集中于该类型，代表科有壳斗科、忍冬科、杨柳科、桦木科、小檗科、槭树科等；代表属有杜鹃属、荚蒾属、柳属、栎属、越橘属、栒子属、小檗属等。温带分布属中，13.2%的非世界分布属属于东亚分布成分，包括 2.7%来自中国–喜马拉雅区系和 3.5%来自中国–日本区系的属；另有 7.2%的属属于东亚–北美间断分布成分。

中国特有成分共 1 科 23 属，分别占非世界分布总科数、总属数的 0.8%和 3.4%

（表 12-4），其中木本属有藤山柳属、蜡梅属、牛筋条属、青檀属、鸡仔木属、巴豆藤属、枳属等 12 属，且多为单种、单型属。

12.2 生活型组成及影响因子

12.2.1 亚热带灌丛植物生活型谱

木本（乔木、灌木、亚灌木和木质藤本）、草本植物（草质藤本和草本）分别有 1050 种和 813 种，分别占总种数的 56.4%和 43.6%（表 12-5）。其中落叶木本（631 种）和常绿木本（419 种）分别占 33.9%和 22.5%。乔木（282 种）占总种数的 15.1%；灌木（692 种）占 36.5%；木质藤本植物（76 种）占 4.1%，其中不乏大型木质藤本，如崖豆藤属、瓜馥木属、羊蹄甲属等。草本种以多年生草本最丰富，占总种数的 35.2%（包括草质藤本 2.1%）。生活型以高位芽植物为主，占总种数的 54.8%；其次为地面芽植物，占 31.0%；一年生植物、隐芽和地上芽植物分别占 8.8%、4.1%和 1.3%（图 12-1）。

表 12-5 亚热带灌丛维管植物生长型

生长型	常绿性	落叶性	多年生	一年生	合计
乔木	128（6.9）	154（8.3）			282（15.1）
灌木	268（14.4）	411（22.1）			679（36.5）
亚灌木		13（0.7）			13（0.7）
木质藤本	23（1.2）	53（2.8）			76（4.1）
草质藤本			31（1.7）	8（0.4）	39（2.1）
草本			624（33.5）	150（8.1）	774（41.5）
合计	419（22.5）	631（33.9）	655（35.2）	158（8.5）	1863（100）

注：括号内数字为各生长型占总种数的比例（%）

12.2.2 生活型的地理格局

灌丛中生活型谱呈现出不同程度的纬度、经度和海拔格局，总体上各生活型与经度

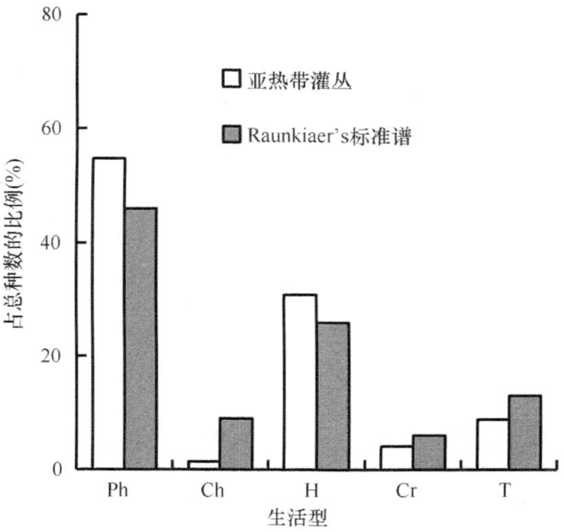

图 12-1　亚热带灌丛植物生活型谱

Ph：高位芽植物；Ch：地上芽植物；H：地面芽植物；Cr：隐芽植物；T：一年生植物

和海拔的相关性均显著大于纬度（表 12-6）。其中，高位芽植物与经度显著正相关（r=0.42，P<0.001），与纬度（r=–0.13，P<0.001）和海拔（r=–0.18，P<0.001）显著负相关；地上芽植物和一年生植物与经度和海拔均呈显著负相关关系（P<0.001），但前者未表现出显著的纬度相关性（P>0.05），后者则与纬度显著正相关（P<0.001）；地面芽植物与经度显著负相关（P<0.001），而与纬度（P<0.05）和海拔（P<0.001）显著正相关；隐芽植物仅与海拔显著正相关（r= 0.39，P<0.001），而与纬度和经度没有显著相关关系（P>0.05）。尽管高位芽植物、地面芽植物和一年生植物也都表现出一定的纬度相关性，但其相关系数（依次为–0.13、0.08 和 0.15）显著低于经度（分别为 0.42、–0.27 和–0.33）和海拔（分别为–0.18、0.25 和–0.17）。

表 12-6　各生活型比例与经纬度和海拔的相关关系

生活型	纬度	经度	海拔
高位芽植物	–0.13***	0.42***	–0.18***
地上芽植物	–0.05	–0.26***	–0.25***
地面芽植物	0.08*	–0.27***	0.25***
隐芽植物	0.00	0.02	0.39***
一年生植物	0.15***	–0.33***	–0.17***

***表示 P< 0.001 水平显著，*表示 P< 0.05 水平显著

12.3 物种丰富度格局

亚热带灌丛物种丰富度有着显著的空间异质性，主要表现为：总丰富度随纬度升高而显著降低，灌木层和草本层丰富度在纬度梯度上（整个区域内）没有显著的变化趋势（图 12-2A～C）；总丰富度、灌木层和草本层丰富度在整个区域内表现出显著的经度和海拔格局，其中总丰富度和灌木丰富度随经度而增加，随海拔升高而逐渐减少，草本丰富度与灌木呈相反的格局（图 12-2D～I）。从偏相关结果来看（表 12-7），各层次的丰富度与纬度、经度、海拔的相关性均呈降低趋势，与纬度和海拔的相关关系降低最为明显，总丰富度在纬度梯度上的显著趋势消失，仅与海拔呈显著负相关；灌木层和草本层丰富度与经度依然显著相关，相关系数分别为 0.26（$P<0.001$）和–0.33（$P<0.001$），表明亚热带灌丛丰富度格局在区域尺度上主要表现为经度格局，亦有一定的海拔梯度格局。其原因主要有两点：其一，亚热带地区西有喜马拉雅山脉、南有南岭山地、北有秦巴山地，仅东部临海，受太平洋季风和西南季风湿润气候的影响，降水格局自东向西逐渐减少，与经度存在显著的相关关系，且由于地形地貌的影响，温度和降水随纬度的变化较小；其二，亚热带东部为低山、丘陵地貌，西部为云贵高原，毗连青藏高原的东缘，自东向西海拔逐渐升高，因此也带动温度的降低。此外，灌木和草本表现出相反的地理格局是因为不同生活型的植物对环境的响应方式不同，而且群落下层物种的生长受优势层片的生长状态所控制。

表 12-7　灌丛丰富度与纬度、经度、海拔的偏相关系数即各层次间丰富度的相关性

丰富度	纬度	经度	海拔	总丰富度	灌木层丰富度
总丰富度	–0.06	<0.002	–0.13***		
灌木层丰富度	–0.03	0.26***	–0.08*	0.81***	
草本层丰富度	0.01	–0.33***	–0.05	0.50***	–0.05

***表示 $P<0.001$ 水平显著，*表示 $P<0.05$ 水平显著

灌木层、草本层丰富度与总体丰富度的相关性较大（r 分别为 0.81 和 0.50，$P<0.001$），说明总丰富度的地理格局受灌木层和草本层的格局的控制；但灌木层和草本层丰富度之间几乎不相关（$r=-0.05$），说明这两类生活型植物受不同因子影响。

在不同灌丛类型中，由于其分布的生态系统梯度差异较大，总丰富度、灌木层和草本层丰富度格局差异显著。

低山丘陵灌丛：总丰富度、灌木层丰富度随经度和纬度的增加而升高（图 12-2A，B，D，E），但没有显著的海拔梯度格局（图 12-2G，H）；草本层丰富度随经度增加而减少，随海拔升高而增加（图 12-2F，I）。该类灌丛主要分布于亚热带低海拔地区，东部多地紧邻海洋，植被受海洋气候的影响较多，随着经度的增加，大陆度指数呈增加趋势，物种丰富度与大陆度指数往往呈负相关关系（Liu et al.，2015），因此该类灌丛表现出随经度增加而增加的格局；同时也随纬度的增加而增加，而没有显著的海拔格局，这与分布区内水热条件所表现的纬度（与年均温和年降水的相关系数分别为–0.79 和–0.36，P<0.001）

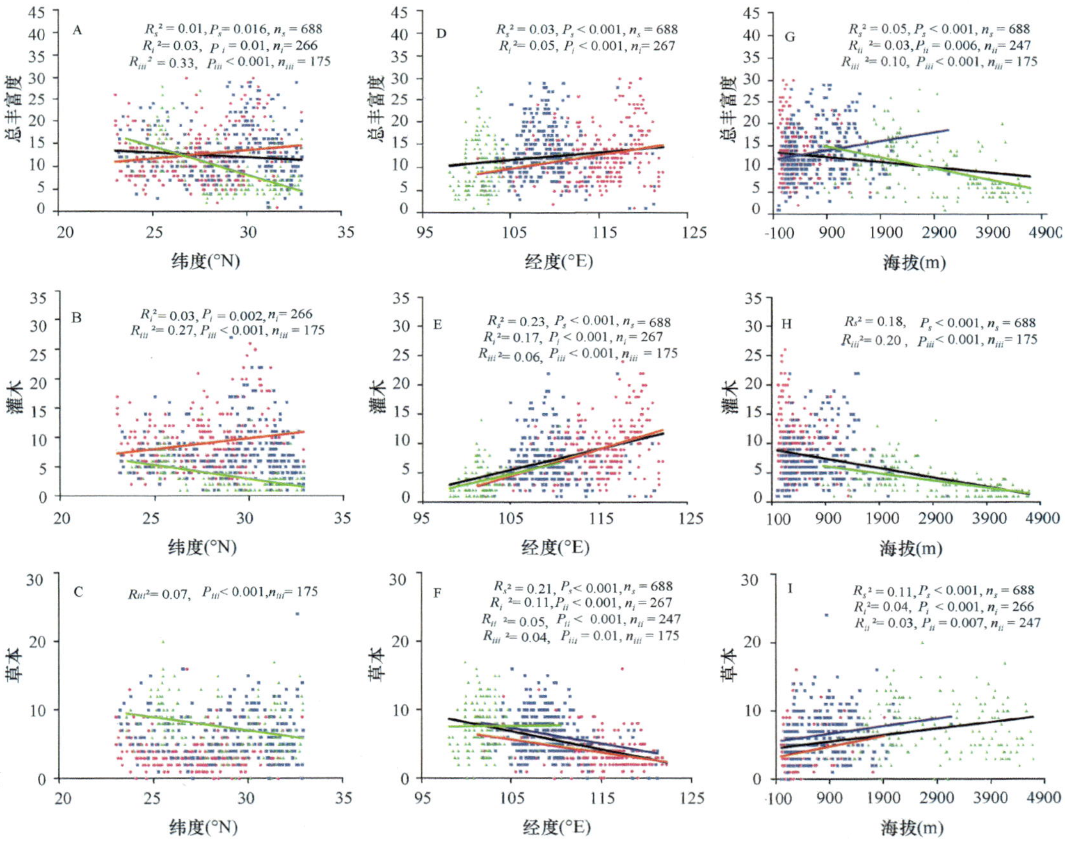

图 12-2　亚热带灌丛主要类型丰富度随经度、纬度、海拔的变化

图中红色代表低山丘陵灌丛；蓝色代表石灰岩山地灌丛；绿色代表亚高山中山山地灌丛；黑色线条代表所有灌丛的趋势线。R^2、P、n 分别代表回归决定系数、显著性水平和拟合用的样本数，其下标中的 s、i、ii、iii 依次代表所有灌丛、低山丘陵灌丛、石灰岩山地灌丛及亚高山中山山地灌丛

和海拔（分别为–0.23 和–0.41）梯度不吻合，表明低山丘陵灌丛丰富度格局除受气候影响外，更多的是受其他因素（如干扰）所控制。

石灰岩山地灌丛：总丰富度仅表现出显著的海拔格局（R^2=0.03，P=0.006，图 12-2G），灌木丰富度无显著的经度、纬度、海拔格局（图 12-2B，E，H）；草本层丰富度随经度增加而显著减少（R^2 = 0.05，P< 0.001，图 12-2F），随海拔升高而有增加的趋势（R^2 = 0.03，P= 0.01，图 12-2G），说明气候不是该类灌丛丰富度变异的主导因子。

亚高山中山山地灌丛：总丰富度、灌木层和草本层丰富度都随纬度的增加而减少（R^2 分别为 0.328、0.271 和 0.071，P<0.001，图 12-2A～C）；灌木层丰富度随经度增加而增加（R^2 = 0.06，P<0.001，图 12-2E），草本层丰富度则随经度增加而减少（R^2=0.06，P=0.01，图 12-2F）；在海拔梯度上，总丰富度和灌木层丰富度都显著降低（R^2 分别为 0.102 和 0.204，P<0.001，图 12-2G，H），草本层丰富度却没有显著的变化趋势（图 12-2I）。该类灌丛集中分布于亚热带的西部，大陆性气候较强，有近 3000m 的海拔梯度，由此而带来的强烈的水热变异导致了丰富度的地理格局。

12.4 物种丰富度的影响因素

亚热带灌丛丰富度的地理分异受多种环境因子的影响。各环境因子与物种丰富度的关系见表 12-8。在区域水平上，年均温对总丰富度的影响最大，可解释其格局的 9.42%；年降水是灌木层和草本层丰富度最大的影响因子，分别解释了 23.25%和 13.13%的变异。表征水分（年降水）和能量（年均温）的单个气候因子，特别是年降水对丰富度解释量最高，表明降水是影响亚热带灌丛丰富度地理分异的主要因素，支持物种丰富度格局的水-热动态假说（O’Brien，1998，2006；Vetaas，2006）。同时，灌木层和草本层丰富度与多种局域异质性因子之间也有显著的相关关系，说明局域异质性对丰富度格局亦有重要影响，从而支持生境异质性假说（Kerr and Packer，1997；Holl et al.，2013）。局域地形因子对各层丰富度的影响均较小，解释量不到 3.0%。

土壤 pH 与灌木层丰富度没有显著关系（表 12-8），但对草本层丰富度格局的解释量最大（7.14%）；土壤全碳、全氮、全磷含量对灌木层和草本层丰富度格局的影响显著，其中全磷对灌木层的影响最大（7.35%）；碳磷比和氮磷比对灌木层的影响亦显著，尤其是氮磷比（8.34%）。灌木层高度、盖度和密度对各层次的丰富度都有显著影响，其中密

表 12-8　各灌丛类型总体、灌木层及草本层丰富度与环境因子的关系

指标	总丰富度				灌木层				草本层			
	亚热带	类型 I	类型 II	类型 III	亚热带	类型 I	类型 II	类型 III	亚热带	类型 I	类型 II	类型 III
年均温	9.42***	0.88	1.07	32.32***	14.01***	0.94	0.20	36.11***	1.85***	0.16	0.82	5.22**
年降水	5.45***	1.35	4.97***	6.96***	23.25***	6.80***	4.51***	17.78***	13.13***	7.54***	0.47	0.04
坡度	1.69***	2.87*	2.01*	0.57	2.13***	2.99**	3.49**	0.33	0	0.05	0.04	1.04
坡向	0.98**	0.08	4.00**	0.27	0.16	0.02	0.87	0.63	1.56**	0.53	4.11**	0.45
土壤 pH	1.30**	0.71	1.86*	1.74	0.52	0.84	0.01	1.22	7.14***	11.67***	7.21***	3.62*
土壤容重	0.69*	4.85***	0.03	6.00**	0.92*	6.63***	0.25	8.60***	0.79*	0.01	0.33	0.00
土层深度	0.05	3.10**	0.19	0.09	1.80***	6.58***	0.16	0.52	1.50**	0.81	0.93	0.03
土壤全碳	0.40	1.42	1.13	2.91*	2.58***	0.76	1.96*	7.28***	3.44***	0.86	0.01	0.07
土壤全氮	0.37	1.55*	4.35**	3.73*	2.63***	1.20	4.18**	8.28***	4.19***	0.49	1.22	0.04
土壤全磷	1.43**	0.00	0.05	4.97**	7.35***	0.71	0.28	11.96***	4.81***	2.96**	1.25	0.22
土壤碳氮比	0.00	1.86*	0.30	0.03	0.10	1.19	0.25	0.01	0.04	0.44	0.28	0.37
土壤碳磷比	0.96*	2.72**	0.17	0.04	2.95***	4.85***	1.14	0.23	0.46	0.52	0.59	0.63
土壤氮磷比	2.59***	3.53**	3.84**	0.05	8.34***	7.11***	9.11***	0.45	1.17**	1.06	0.23	0.73
灌木层盖度	0.71*	1.81*	0.06	0.00	2.67***	4.13***	0.34	0.03	1.34**	1.50*	0.27	0.36
灌木层高度	0.96*	0.64	0.24	0.04	5.06***	0.09	2.25*	4.09**	4.05***	1.16	0.83	6.61***
灌木层密度	4.58***	9.08***	4.22**	0.39	13.31***	14.81***	9.91***	0.44	2.74***	0.57	1.19	1.36

注：数字表示解释量（%），亚热带代表整个研究区，类型 I、II、III 分别代表低山丘陵灌丛、石灰岩山地灌丛和亚高山中山山地灌丛。***表示 $P< 0.001$ 水平显著，*表示 $P< 0.05$ 水平显著

度对总丰富度和灌木层丰富度的影响较大，分别为 4.58%和 13.31%，草本层则主要受灌木层高度的影响（4.05%）。对各灌丛类型而言，丰富度与单个环境因子的关系存在显著差异。

低山丘陵灌丛：气候因子对各层丰富度格局的影响都不是最大的，温度和降水与总丰富度没有相关关系，灌木层和草本层丰富度仅与降水的关系显著。与总丰富度、灌木层丰富度关系最密切的因子为灌木层密度，分别解释了其空间变异的 9.08%和 14.81%。土壤氮磷比、容重和土层深度分别解释了灌木层丰富度变异的 7.11%、6.63%和 6.58%，而土壤全碳、全氮、全磷含量对灌木层没有显著影响。土壤 pH 与草本层丰富度的关系最为密切，可解释其空间变异的 11.7%，磷含量与灌木层盖度亦有显著影响。

石灰岩山地灌丛：年降水、坡度、坡向、土壤 pH、全氮、氮磷比和灌木层密度均

与总丰富度显著相关，但解释量均不足 5.0%。对灌木层影响较大的是氮磷比和灌木层密度，分别解释其格局变异的 9.11%和 9.91%。草本层丰富度仅与土壤 pH、坡向存在显著的相关关系，分别解释了格局变异的 7.21%和 4.11%，与其他诸多因子关系均不显著。

亚高山中山山地灌丛：气候因子对总丰富度和灌木层丰富度的影响最大，尤其是年均温，分别解释了总丰富度、灌木层丰富度变异的 32.32%和 36.11%。草本层丰富度仅与年均温、土壤pH 和灌木层高度显著相关，分别解释了其格局变异的5.22%、3.62%和6.61%。

12.5 环境因子对物种丰富度空间变异的贡献

与局域生境异质性相关的因子前 8 个主成分累计解释了 86%的生境变异（表 12-9），其中第一和第二主成分反映了土壤养分的供应情况，第三主成分反映了土壤 pH 和土层深度的异质性，第四主成分反映了物种间相互作用，第六和第八主成分反映了光照的异质性，第七主成分主要与土壤水分有关。这 8 个主成分共反映了土壤理化性质、水分和养分、光照及植物间相互作用的局域异质性特征，其构成的主成分矩阵见表 12-10。

表 12-9 局域生境异质性指标主成分的特征值和贡献率

成分	特征值	方差贡献率（%）	方差累计贡献率（%）
PC1	2.75	20	20
PC2	1.97	14	34
PC3	1.42	10	44
PC4	1.41	10	54
PC5	1.27	9	63
PC6	1.07	8	71
PC7	1.07	8	79
PC8	1.02	7	86

表 12-10 局域异质性因子的主成分矩阵

指标	PC1	PC2	PC3	PC5	PC4	PC7	PC6	PC8
坡度	0.05	0.02	0.03	0.03	0.03	**0.96**	0.07	–0.03
坡向	–0.04	–0.06	–0.03	0.06	0.00	–0.03	0.03	**0.98**
土壤 pH	0.04	–0.17	**0.71**	0.35	0.09	0.28	0.01	–0.03

续表

指标	PC1	PC2	PC3	PC5	PC4	PC7	PC6	PC8
土壤容重	–0.70	–0.04	0.24	–0.22	0.13	–0.10	–0.03	–0.06
土层深度	–0.12	–0.06	**–0.82**	0.03	0.13	0.10	–0.03	0.01
土壤全碳	**0.89**	0.26	0.17	0.17	–0.02	–0.01	–0.04	–0.07
土壤全氮	**0.92**	0.20	0.14	–0.15	–0.04	–0.02	–0.03	–0.08
土壤全磷	**0.73**	–0.44	0.21	–0.11	–0.04	0.01	–0.03	0.03
土壤碳氮比	0.12	**0.95**	–0.05	–0.10	0.04	–0.01	0.06	–0.06
土壤碳磷比	0.05	0.11	0.13	**0.94**	–0.01	0.02	–0.04	0.06
土壤氮磷比	0.13	**0.82**	0.05	0.50	0.01	0.04	0.02	–0.01
灌木层盖度	–0.05	0.08	0.05	–0.04	0.03	0.08	**0.94**	0.04
灌木层高度	–0.20	0.17	0.09	–0.12	**0.80**	0.16	–0.22	0.11
灌木层密度	0.02	–0.11	–0.21	0.12	**0.76**	–0.12	0.34	–0.12

注：数字加粗表示显著性水平 $P<0.05$

方差分解结果显示（图 12-3），气候和局域异质性因子分别解释了亚热带灌丛总丰富度、灌木层和草本层丰富度格局的 15.8%、37.6%和 22.2%；生境异质性因子对总丰富度的独立影响（6.3%）略大于单独的气候因子（5.4%），对灌木层丰富度的解释量（13.9%）显著大于气候因子（9.19%），对草本层丰富度的解释量（6.9%）略低于气候因子（7.1%）；两者的耦合作用对总丰富度的贡献最小，仅 4.1%，对灌木层丰富度（14.5%）和草本层丰富度（8.2%）变异的贡献均大于两者独立的作用。变差分解结果表明：所有表征局域异质性的主成分可解释总丰富度和草本层丰富度变异的 10.4%和 15.1%，与气候因子的解释量基本持平（分别为 9.6%和 15.3%），对于优势层片灌木层丰富度的解释量分别为 28.4%和 23.7%，说明在区域尺度上亚热带灌丛丰富度格局由水-热动态和生境异质性两种机制共同驱动。同时局域异质性对优势层片灌木层丰富度格局的贡献高于气候因子，说明生境异质性在决定亚热带灌木层丰富度格局中更为重要，该结果支持 Kerr 和 Packer（1997）的结果：在中低纬度地区，生境异质性是决定物种丰富度空间分布更为重要的因子。

气候和局域异质性对丰富度格局的解释量因类型、层次而存在显著差异。局域生境异质性是决定低山丘陵灌丛、石灰岩山地灌丛灌木层和草本层丰富度的主要因素，环境能量是亚高山中山山地灌丛灌木层和总丰富度格局的决定因素。两类因子共分别解释了低山丘陵灌丛、石灰岩山地灌丛、亚高山中山山地灌丛总丰富度变异的 22.2%、16.1%

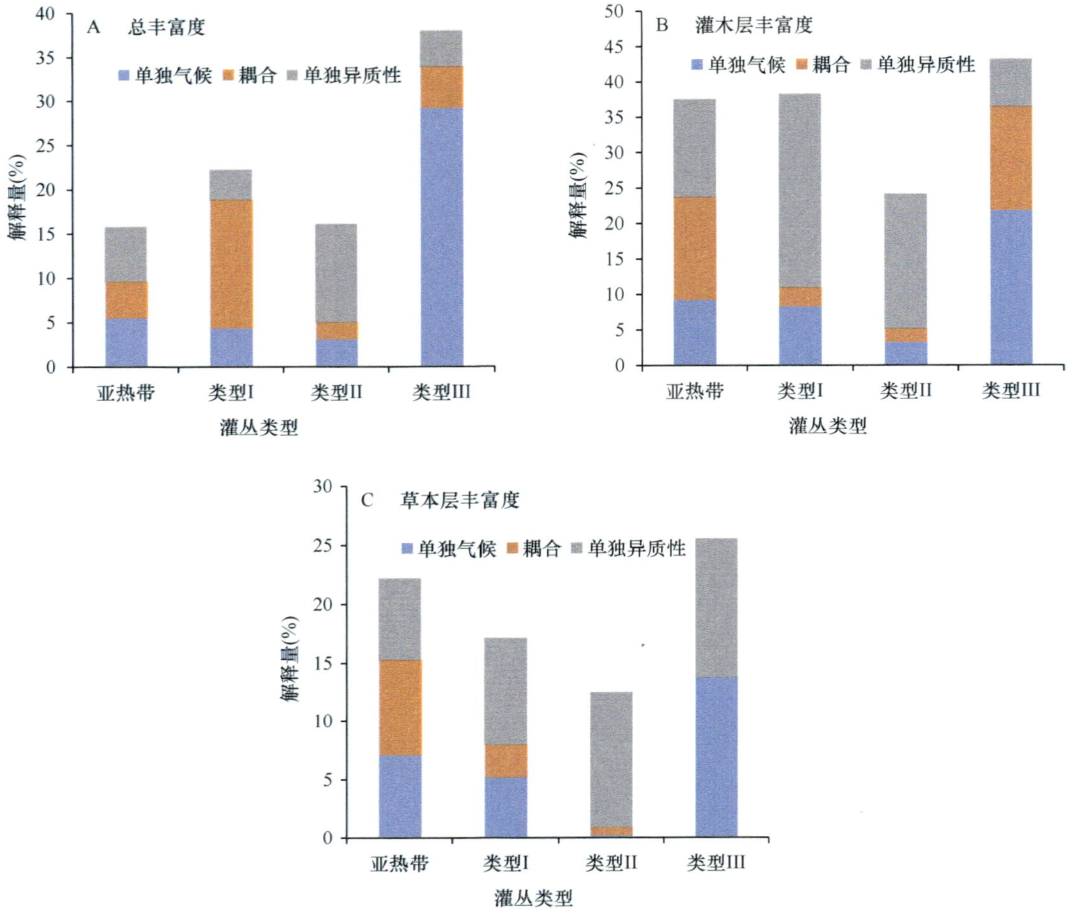

图 12-3 气候和局域生境异质性对灌丛物种丰富度格局的解释

亚热带及类型 I、II、III 的含义同表 12-8

和 37.0%；低山丘陵灌丛主要由两者的耦合作用所贡献（14.5%，占总解释量的 65.5%）；石灰岩山地灌丛总丰富度则主要来自局域异质性因子的独立贡献（11.1%，占 69.0%）；而单独气候因子对亚高山中山山地灌丛总丰富度具有更显著的贡献，解释了 29.1%的格局变异，占总解释量的 78.7%（图 12-3A）。气候因子对低山丘陵灌丛、石灰岩山地灌丛灌木层和草本层丰富度格局的影响较生境异质性小得多，但在亚高山中山山地灌丛灌木层和总丰富度中则以气候因子最占优势（表 12-8，图 12-3）。这与前两类灌丛多分布于较低海拔区域、气候条件优越、人类活动频繁且持续时间长从而形成了较高的局域生境异质性有关；而亚高山、中山山地通常地形破碎，人类干扰少，植被与环境之间长期互作而形成较为稳定的关系，且分布区达到亚热带气候的极端水平（Mahdavi et al.，2012）。值得一提的是，海拔梯度引起的光、温、水等多种环境梯度变化较纬度快 1000 倍，丰富度的海拔梯度格局和纬度格局往往类似，这主要由环境能量所决定（唐志尧和方精云，2004）。在亚高山中山山地灌丛中，表征环境能量的年均温对总丰富度和灌木层丰富度解释量分别达 32.3%和 36.1%，分别占总气候解释量的 95.5%和 99.2%，从而支持环境能量假说，这与国家尺度和全球尺度上的结论一致（Evans et al.，2005；王志恒等，2009）。

景观尺度上占优势的决定因素的解释量均高于区域尺度，说明较小尺度上的环境梯度在大的地理格局上会被弱化，从而体现了丰富度格局的尺度依赖性。表征环境能量的因子在亚高山中山山地灌丛丰富度格局中最为重要，表征局域异质性的因子在低山丘陵灌丛和石灰岩山地灌丛中占主导地位，但在区域尺度上，这两类因子各自解释量和总的解释量大幅度减少，表明决定丰富度的环境因子随着尺度的增大而改变。两类因子在区域尺度上的总解释量不到40.0%，而内蒙古草原仅年均温就可以达到48.6%的解释量（Liu et al.，2015），气候对全国木本植物丰富度格局的解释量达到 66.50%（Shen et al.，2012），说明亚热带灌丛物种丰富度格局与环境关系较为复杂，单一的丰富度格局假说不适用于该地区。

两类因子共解释了三类灌丛灌木层丰富度 38.3%、24.1%和 43.2%的变异；低山丘陵灌丛和石灰岩山地灌丛的解释量主要由局域异质性单独贡献，分别为 27.4%和 19.0%；而亚高山中山山地灌丛则主要由气候因子独立贡献（21.8%），加上两者的耦合作用，气候因子共解释了该类灌丛灌木层丰富度 36.4%的变异（图 12-3B）。

两类因子共解释了三类灌丛草本层丰富度 17.1%、12.5%和 25.5%的变异；局域异质性对低山丘陵灌丛和石灰岩山地灌丛的独立贡献大于单独的气候或两者的耦合作用；亚高山中山山地灌丛由气候和局域异质性因子独立解释，分别为 13.7%和 11.8%，而两者耦合作用的贡献为 0（图 12-3C）。

气候因子和局域异质性因子对总丰富度、灌木层丰富度和草本层丰富度都不能解释的部分分别占 84.19%、62.45%和 77.81%。较多的变异不能被解释，这可能要归结于干扰、地质历史、生活型及统计等几个方面。亚热带地区人居历史悠久，对自然资源的开发利用时间长、强度较高，众多灌丛是因频繁樵采或火烧所形成的，局域群落内的生境异质性较高，与水热因子间尚不能形成非常稳定的依赖关系，因此，干扰的方式和强度可能是影响灌丛丰富度格局的又一重要原因。已有研究表明，干扰是决定物种丰富度格局的重要因素（Wilson and Tilman，2002），但由于这种干扰的历史和方式极难调查与衡量，以往的研究中，表征干扰的指标有人口密度（Barbosa et al.，2010）、国民生产总值及公路密度等（Liu et al.，2005），本研究亦尝试过该类指标，但均不显著或影响非常小，因此分析中没有选择干扰因子。生物多样性的大尺度分布格局是现代环境与地史过程共同作用的结果（唐志尧等，2009），区域物种的形成和扩散过程受历史过程和环境的影响，进而影响大尺度上的物种丰富度格局（Guo，1999）。本研究所划分的三类灌丛类型分布区域的植物区系和土壤母质都有很大差异，反映了区域内的地质历史差异，研究结果显示，三类灌丛物种丰富度受不同环境因子主导，表明地史成因对区域内灌丛丰富度格局有重要影响。不同生活型植物对环境的响应方式不同（Qiao et al.，2012），从而降低了群落总丰富度对相同环境因子的响应，进而改变了总丰富度格局，如灌木与年降水显著正相关，而草本与降水却显著负相关，因此环境因子对不同尺度上总丰富度的解释量多低于单一生活型。物种丰富度对环境因子的响应模式主要有线性、钟形、U 形或不相关等（唐志尧和方精云，2004），因线性关系最容易解释，本研究将所有因子对物种丰富度格局的影响视为线性模式，研究结果不一定能完整反映其中的关系，因此导致了大量的格局变异不能被解释。

综上所述，亚热带灌丛丰富度在区域尺度上主要表现为显著的经度格局，生境异质性和水-热动态在区域尺度上对格局有着重要的作用。在景观尺度上，低山丘陵灌丛和石灰岩山地灌丛丰富度格局主要受生境异质性控制，亚高山中山山地灌丛主要受环境能量影响。生境异质性假说、能量假说、干扰假说、地史成因假说等多种机制共同决定了亚热带灌丛物种丰富度格局。此外，能量假说中的生产力假说也是解释大尺度物种多样性格局的重要机制（王志恒等，2009），在进一步研究中值得深入分析和讨论。

第 13 章　中国亚热带灌木碳、氮、磷含量及其影响因素

作为植物生长的必需元素，C、N、P 在生态系统功能中发挥着重要的作用。已有的研究报道了不同地理尺度上植物养分含量的变化规律，并揭示了气候、土壤、植物生长阶段和植物功能型等生物与非生物因素的影响（Han et al.，2011；Ågren，2008）。但是，以往关于陆生植物生态化学计量的研究大多集中于森林和草地（Fortunel et al.，2012；Li et al.，2010；He et al.，2008），人们对于灌丛化学计量特征及其影响因素的认识仍然十分有限。不同植物器官具有不同的功能，植物需要合理地进行器官间的养分分配，以最大限度地促进植物生长并保证其在环境胁迫的条件下可以进行正常的代谢活动。

与乔木相比，灌木植株一般较小且个体大小更均匀，植株之间结构上的异质性更小。以中国南方灌木为对象，通过大面积的野外调查取样试验，研究灌木根、茎、叶器官的 C、N、P 含量及其影响因素。采用单因素方差分析（One-way ANOVA）检验灌木器官之间的化学计量特征的差异显著性，当差异显著时，使用 Tukey 检验进行多重比较；采用 *t*-检验（*t*-test）比较不同功能型灌木的化学计量特征是否存在差异。利用减主轴（RMA）回归分析的方法研究不同灌木器官间养分含量的相关关系，并采用幂函数 $Y=aX^b$ 来研究不同器官间养分含量的协同变化（Kerkhoff et al.，2006；Wright et al.，2004）。分析过程中，通过对数转换，将幂函数转化为线性回归方程，其中系数 a 代表截距，指数 b 代表斜率，将靠近植物顶端的器官养分含量设置为变量 X，靠近植物底端的器官养分含量设置为变量 Y。利用似然比检验（likelihood ratio test）比较不同功能型植物的 RMA 回归斜率，分析植物功能型对养分在植物器官间分配的影响。采用一般线性模型（GLM）量化气候、土壤和物种因素对灌木养分含量变化的解释量（Borcard et al.，1992）。通过对 GLM 分析的结果进行方差分解，将多种因素的共同影响分解为每个因素的单独影响和不同因素的交互影响（Han et al.，2011）。

本章执笔人：张蔷，谢宗强，李家湘，徐文婷，熊高明，赵常明

13.1 不同器官的碳、氮、磷含量

在所有灌木中，叶、茎、根的C含量分别为455.8mg/g、452.2mg/g、438.2mg/g，N含量分别为16.4mg/g、5.93mg/g、6.49mg/g，P含量分别为1.04mg/g、0.44mg/g、0.47mg/g（表13-1）。叶、茎、根C∶N分别为32.7、102.2、92.6，C∶P分别为569.3、1618.0、1519.0，N∶P在器官间的变化较小，分别为17.9、17.8、18.6。C含量在器官间相差不大，茎和叶的C含量都显著大于根；光合器官（叶）的N和P含量要显著大于非光合器官（茎和根），但是N∶P在不同器官之间的差异不显著；茎和根的C∶N和C∶P都远大于叶。另外，茎和根的N、P、N∶P的变异系数（CV）都高于叶（表13-1）。

表13-1 不同器官C、N、P含量（mg/g）与比值的统计值

器官	*n*	平均值						变异系数					
		C	N	P	C∶N	C∶P	N∶P	C	N	P	C∶N	C∶P	N∶P
叶	710	455.8^{a}	16.4^{a}	1.04^{a}	32.7^{c}	569.3^{b}	17.9^{a}	0.06	0.42	0.57	0.49	0.62	0.42
茎	710	452.2^{b}	5.93^{b}	0.44^{b}	102.2^{a}	1618.0^{a}	17.8^{a}	0.04	0.62	0.81	0.52	0.79	0.83
根	710	438.2^{c}	6.49^{b}	0.47^{b}	92.6^{b}	1519.0^{a}	18.6^{a}	0.07	0.61	0.79	0.57	0.74	0.83

注：不同字母表示器官间养分含量、各比值差异显著（$P<0.05$）

通过比较不同生活型的灌木物种，发现落叶灌木叶和根的C含量显著低于常绿灌木，茎的C含量相差不大，落叶灌木各器官的N、P含量显著高于常绿灌木，C∶N和C∶P显著低于常绿灌木（图13-1）。常绿灌木叶和茎的N∶P显著高于落叶灌木，但根的N∶P差异不显著。比较不同固氮类型的灌木物种，发现茎和根的C含量相差不大，豆科灌木各器官的N、P含量都显著高于非豆科灌木，C∶N和C∶P显著低于非豆科灌木（图13-2）。豆科灌木叶的N∶P高于非豆科灌木，茎和根的N∶P在不同固氮类型灌木间则没有显著差异。

N和P是植物生长过程中的主要限制元素（LeBauer and Treseder，2008；Niklas et al.，2005），N∶P可以反映植物是受N的限制还是P的限制（一般来说，N∶P <14时植物受N限制，N∶P>16时植物受P限制）（Güsewell，2004；Koerselman and Meuleman，1996）。本研究结果显示，中国南方灌木叶的N、P含量低于全球陆生植物（Elser et al.，

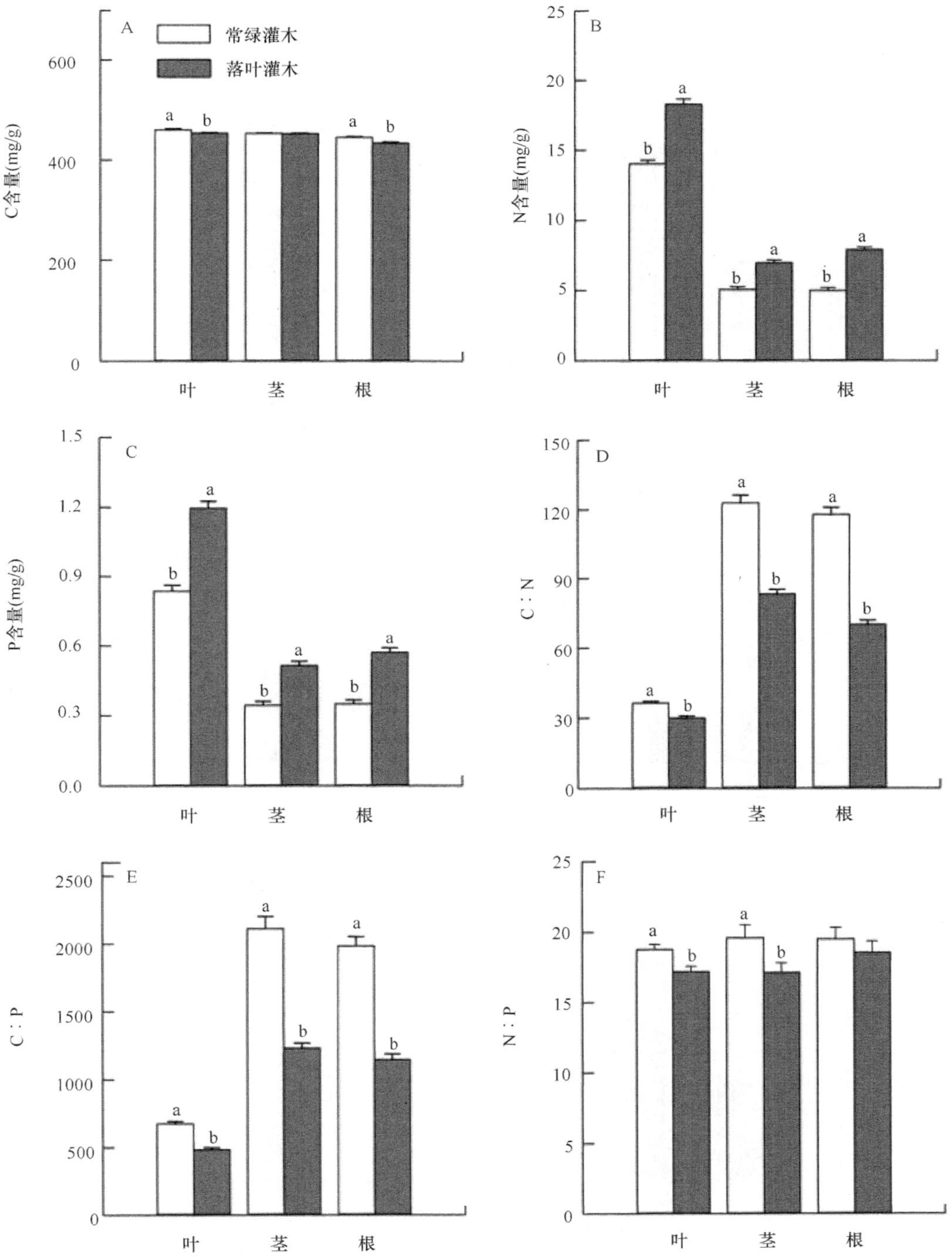

图 13-1　常绿灌木和落叶灌木不同器官的 C、N、P 化学计量特征

不同字母表示养分含量、各比值差异显著（$P<0.05$）

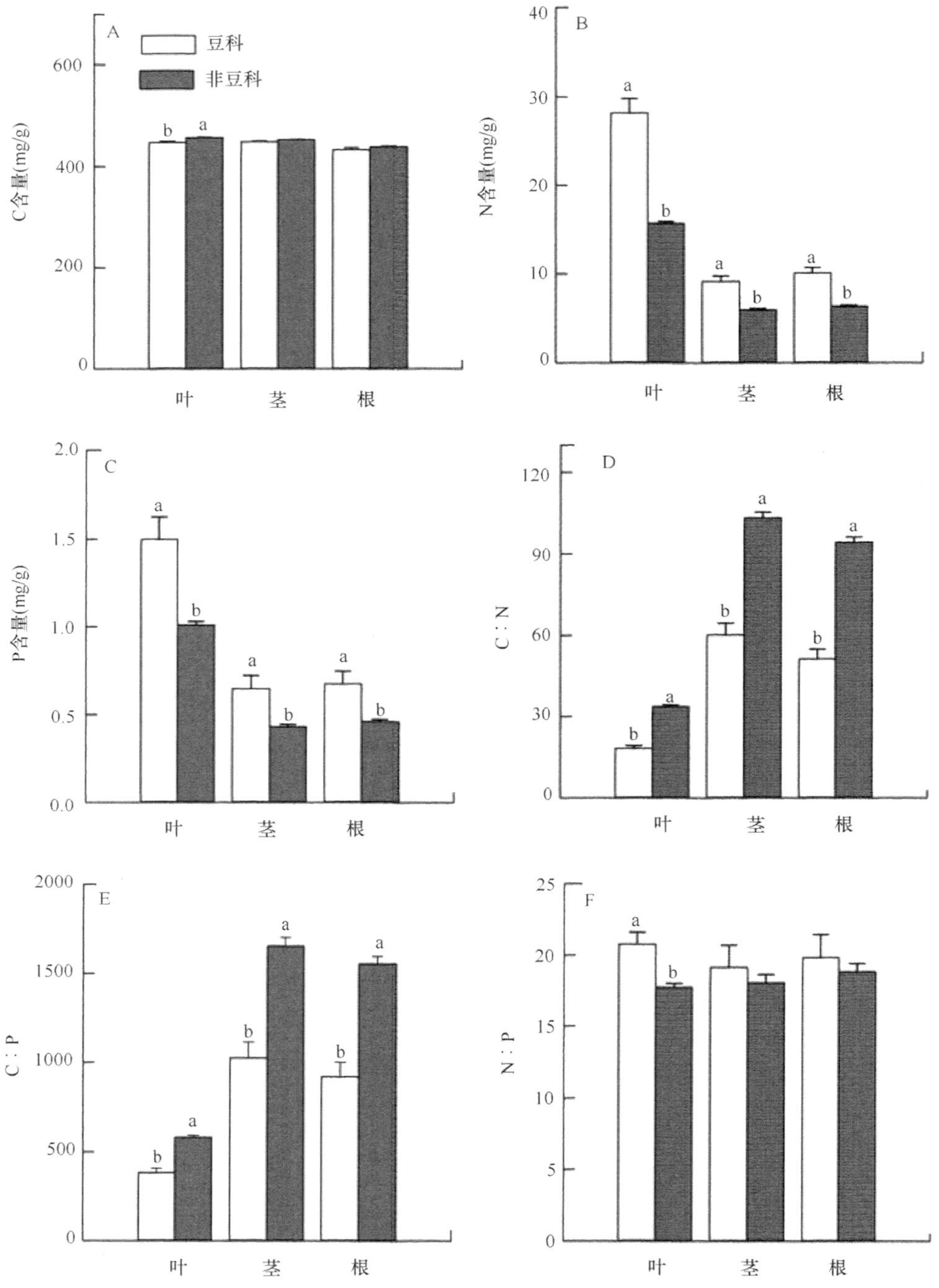

图 13-2　豆科灌木和非豆科灌木不同器官的 C、N、P 化学计量特征

不同字母表示养分含量、各比值差异显著（$P<0.05$）

2000；Reich and Oleksyn，2004）、中国陆生植物（Zhang et al.，2012；Han et al.，2005）及中国东部森林（Chen et al.，2013b），说明中国南方灌木的 N、P 水平相对较低。本研究中叶 N∶P（17.9）比温带灌木（He et al.，2016）、中国灌木（Han et al.，2005）和全球陆生植物（Reich and Oleksyn，2004）分别高出 49%、22%和 51%；而茎和根的 N∶P（分别为 17.8 和 18.6）则比温带灌木（He et al.，2016）分别高出 90.7%和 90.8%，表明中国南方灌木植物更易受到 P 的限制，这也许是因为热带亚热带地区的土壤 P 含量较低。

灌木叶的养分含量显著高于非叶器官，这与在森林和草地中进行的研究结果一致（Yu et al.，2017；Zhao et al.，2016）。不同器官具有不同的功能，叶通常比结构器官具有更高的养分含量以进行一系列的生理活动，如光合和呼吸作用（Kerkhoff et al.，2006；Minden and Kleyer，2014），而结构器官主要起支撑、吸收和运输的作用，参与的新陈代谢活动较少，因此需要的养分含量较低。

植物生活型和固氮类型都对 N、P 化学计量有显著影响。与前人的研究结果相似（Chen et al.，2013），中国南方地区落叶灌木的 N、P 含量高于常绿灌木。已有的研究发现，与常绿植物相比，落叶植物具有更短的叶寿命和更高的生长速率（Wright et al.，2004；Antúnez et al.，2001）。根据生长速率假说，生长速率高的植物 N、P 养分含量较高（Ågren，2004；Elser et al.，2003），因此落叶灌木的养分含量更高。豆科灌木比非豆科灌木拥有更高的 N 含量，这是因为豆科植物可以通过共生菌根利用大气中的氮气（Vitousek et al.，2002）。但是，与前人对森林的研究结果（Townsend et al.，2007）不同的是，本研究发现豆科灌木的 P 含量也高于非豆科灌木，这可能是因为豆科灌木中高的 N 含量可以促进细胞外磷酸酶的生成，从而提高了植物对 P 的获取能力（Venterink，2011；Houlton et al.，2008）。

N∶P 在器官间没有表现出显著差异。N∶P 的相对稳定性反映了灌木不同器官间基本生化过程的协调性（Minden and Kleyer，2014）。本研究发现常绿灌木叶和茎的 N∶P 显著高于落叶灌木，说明中国南方地区的常绿灌木更易受到 P 限制，这一结果与在中国东部森林进行的研究结果一致（Chen et al.，2013）。生长速率假说认为，生长速率高的植物（本研究中即落叶灌木）倾向于将更多的 P 分配到富含 P 的核糖体中用于蛋白质的合成，从而导致 P 含量的增加（Elser et al.，2010；Kerkhoff et al.，2006；Ågren，2004）。

13.2 不同器官间碳、氮、磷含量的关系

RMA 分析表明，不同灌木器官间的C、N、P 含量都呈现出显著的相关关系（图 13-3）。从图 13-3 可以看出，C 与 N、P 在器官间的分配规律有所不同。C 在茎对叶的斜率小于 1，在根对茎的斜率大于 1，表明叶和根中 C 的增加速率大于茎；C 在根对叶的斜率和 1 没有显著差异，表明 C 在叶和根中是等速增加的。对于 N 和 P 而言，二者在茎对叶和根对叶中的 RMA 回归分析斜率都显著大于 1，表明茎和根中的 N、P 增加速率大于叶（图 13-3）。N 在根对茎的斜率（1.02）和 1 没有显著差异，表明 N 在茎和根中是等速增长的，而 P 的斜率（1.05）则比 1 稍大。

RMA 分析结果显示，对于常绿灌木和落叶灌木，茎对叶和根对叶中 N、P 的斜率都显著大于 1（图 13-4），并且除根 P 对叶 P 外（P= 0.07），常绿灌木的斜率都显著大于

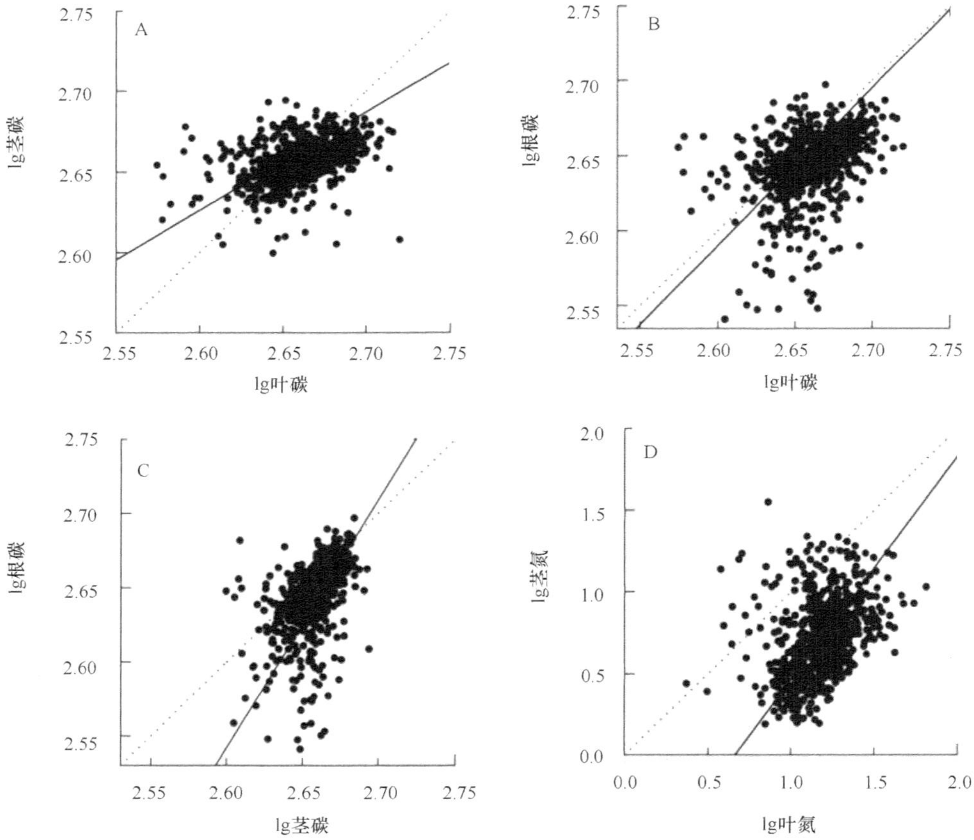

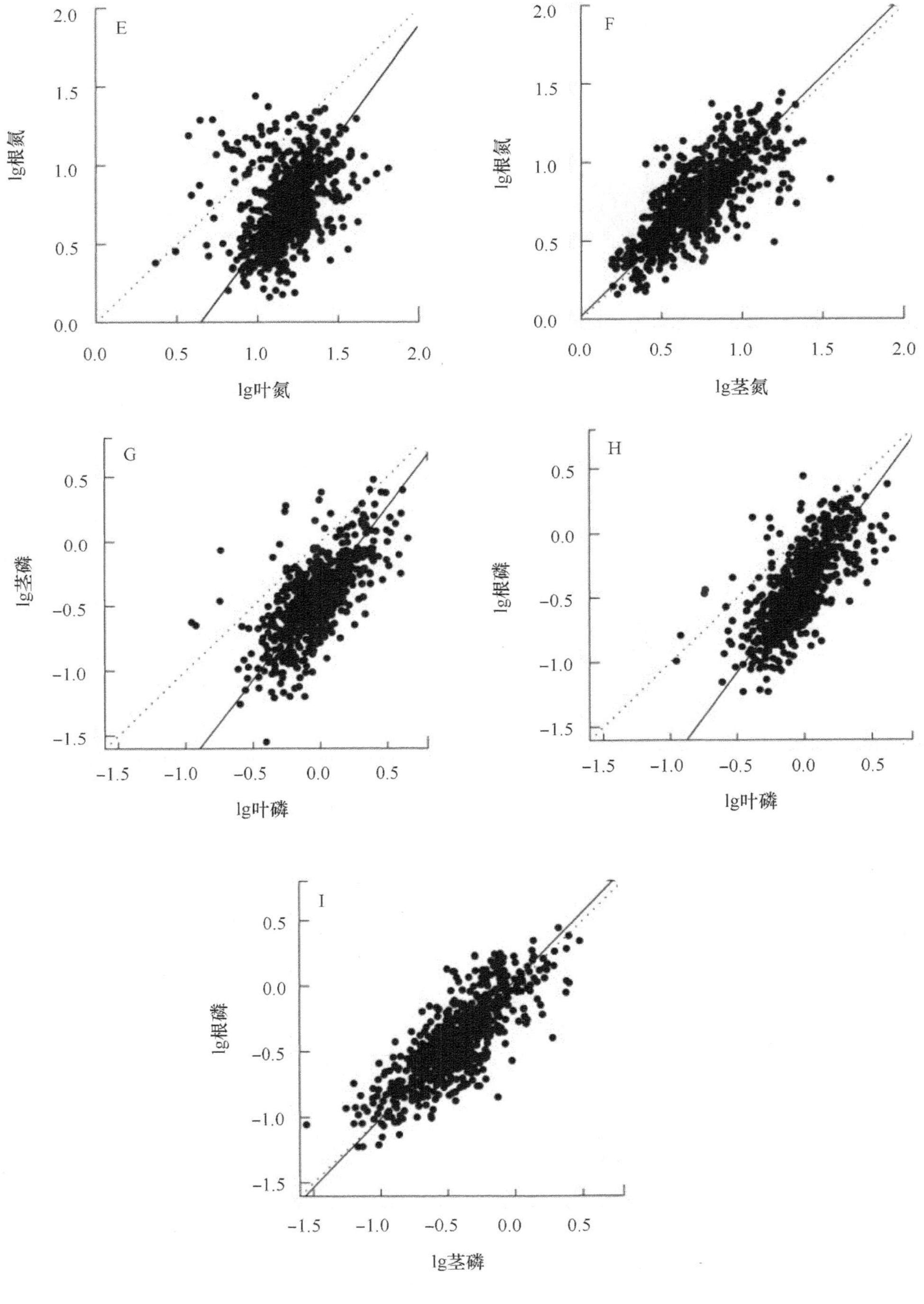

图 13-3　中国南方灌木不同器官间 C、N、P 的关系

虚线代表斜率为 1

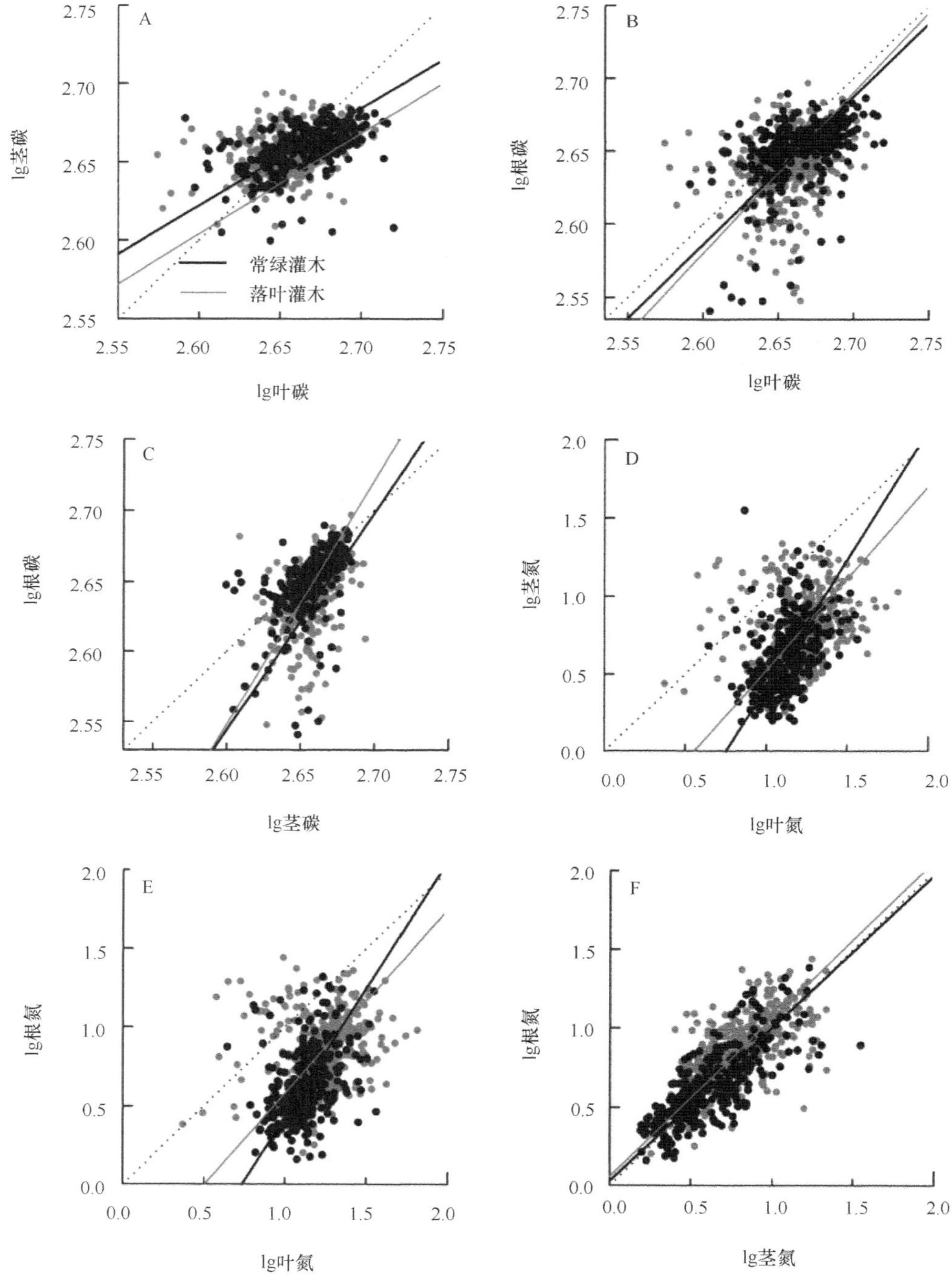

A
B
C
D
E
F
常绿灌木
落叶灌木
lg茎碳
lg叶碳
lg根碳
lg叶碳
lg根碳
lg茎碳
lg茎氮
lg叶氮
lg根氮
lg叶氮
lg根氮
lg茎氮
2.55
2.60
2.65
2.70
2.75
0.0
0.5
1.0
1.5
2.0

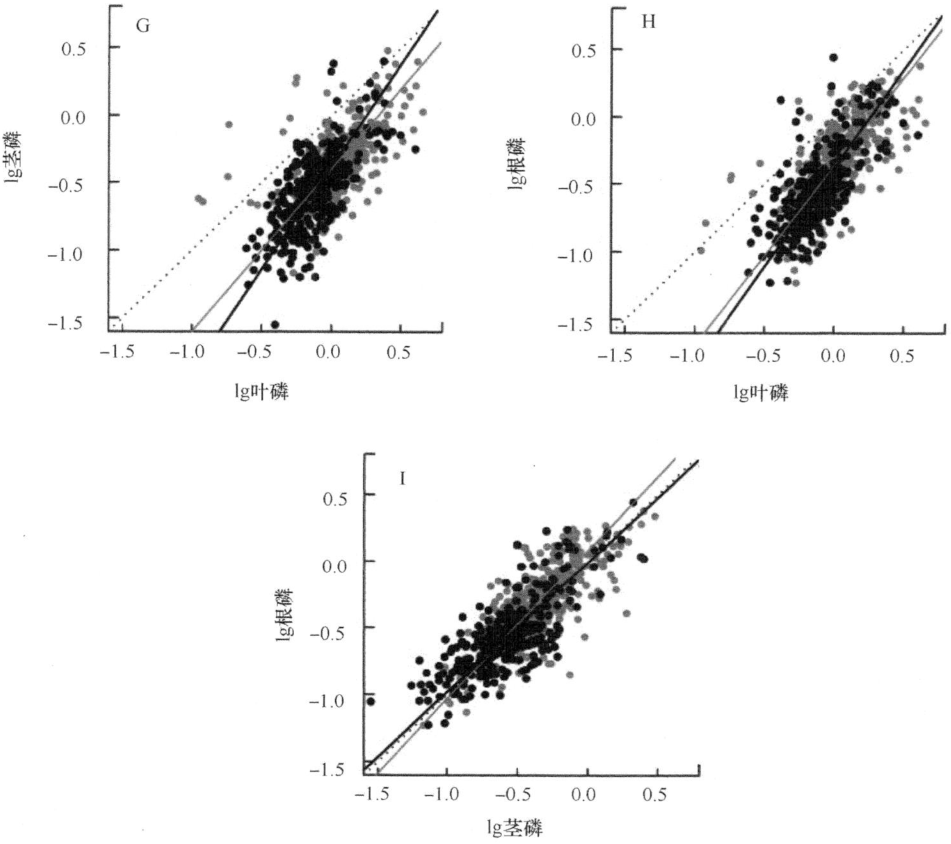

图 13-4 常绿灌木和落叶灌木不同器官间 C、N、P 分配的 RMA 分析

斜率为 1 的线用虚线代表

落叶灌木（$P<0.01$）。在根 N 对茎 N 中，常绿灌木和落叶灌木的斜率都和 1 差异不显著；在根 P 对茎 P 中，常绿灌木的斜率和 1 差异不显著，落叶灌木的斜率则稍大于 1。经显著性检验，发现 C 在不同生活型灌木器官间的分配没有显著差异。

除根 N 和叶 N 外（$P=0.03$），豆科灌木与非豆科灌木的 C、N、P 在器官间的分配没有显著差异（$P>0.05$）。但是，豆科灌木 N、P 在器官间的斜率和 1 差异不显著；而非豆科灌木在茎对叶和根对叶中 N、P 的斜率都显著大于 1（图 13-5）。

茎和根中 N、P 含量的增加速率高于叶，这一结果与 Kerkhoff 等（2006）的研究一致，即在养分竞争中，与营养源（土壤）更接近的器官比远处的器官更有优势。一个可能的解释是养分丰富的叶通常具有较高的光合和代谢速率，所以需要茎和根中具有更高

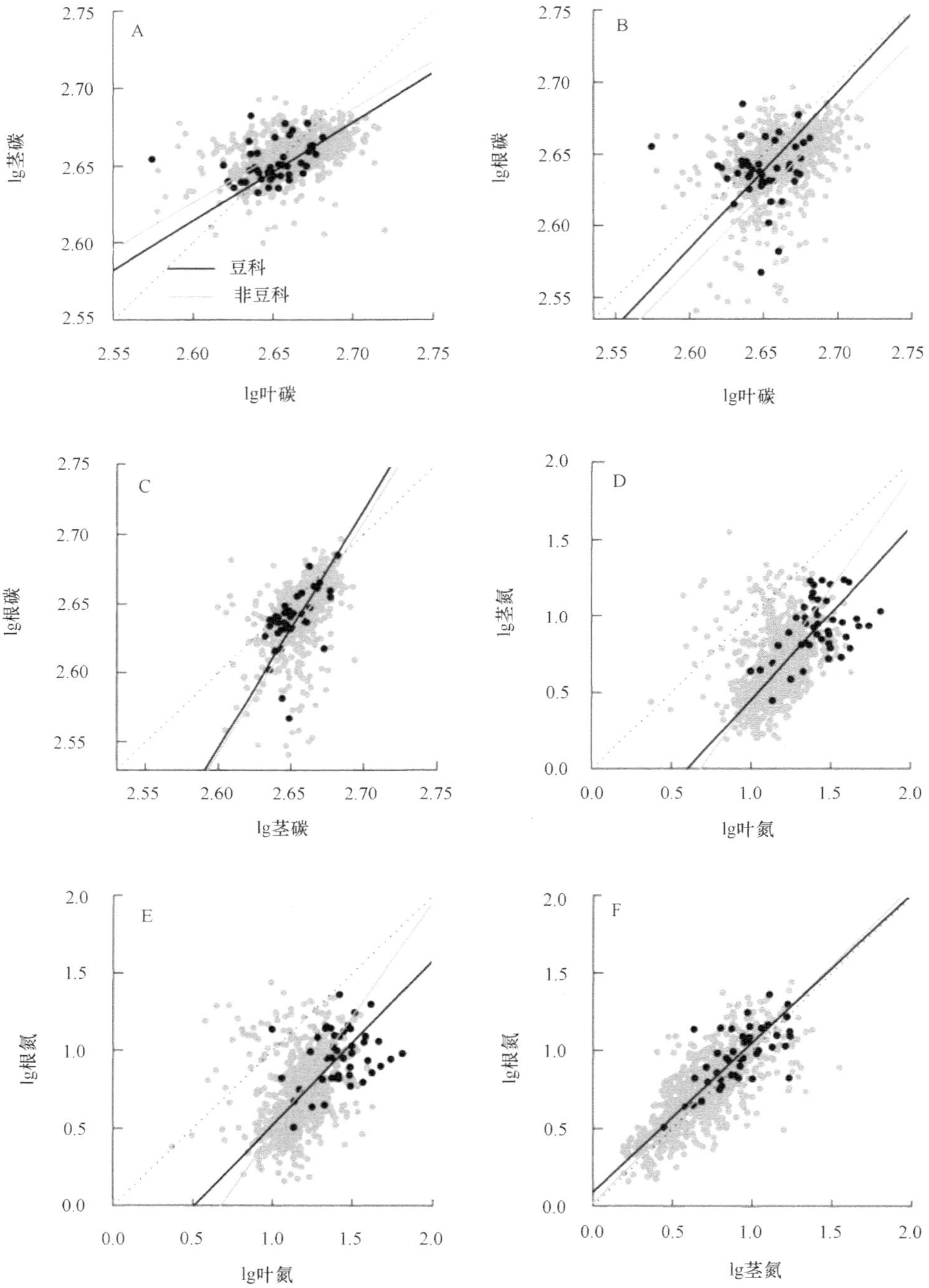
A
B
C
D
E
F
豆科
非豆科
lg茎碳
lg根碳
lg叶碳
lg茎氮
lg根氮
lg叶氮
2.55
2.60
2.65
2.70
2.75
0.0
0.5
1.0
1.5
2.0

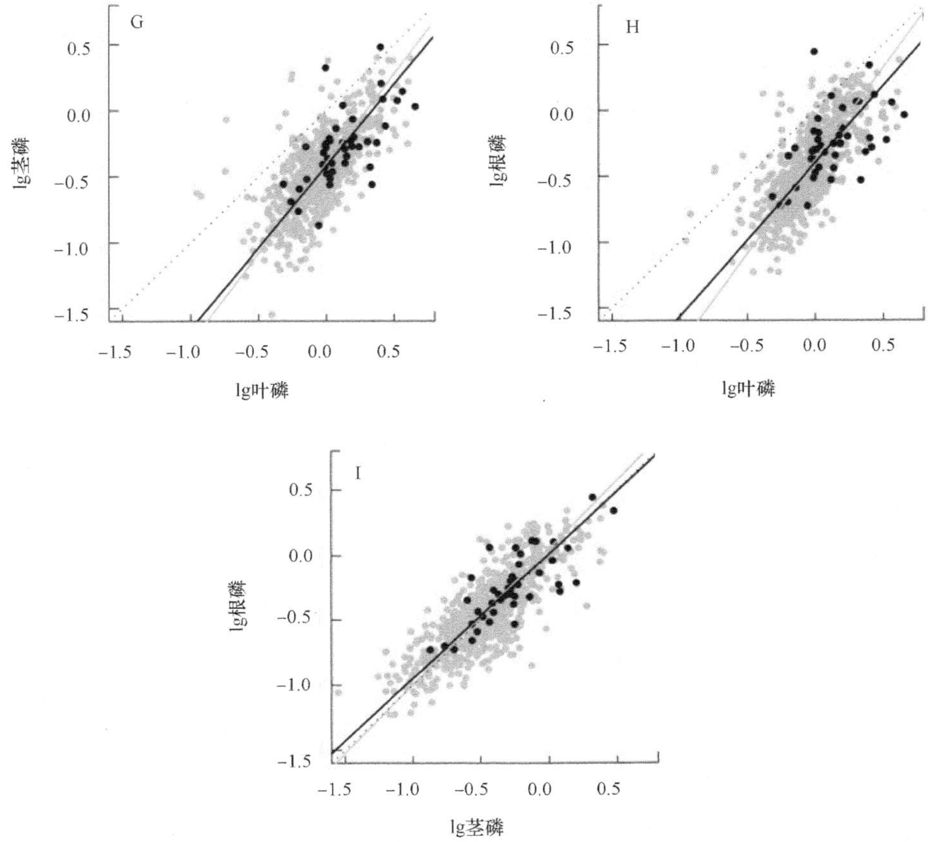

图 13-5　豆科灌木和非豆科灌木不同器官间 C、N、P 的关系

虚线代表斜率为 1

的养分增加韧皮部装载和运输光合产物的能力。He 等（2016）在温带荒漠灌木中进行的研究显示叶养分的增加速率高于茎和根。Yang 等（2014）对中国北方灌木的研究发现，当茎或根的养分含量一定时，干旱地区的灌木叶养分含量要高于湿润地区。这些研究表明，在不同的环境条件下，植物养分的分配策略和生存策略会发生改变：在适宜的环境条件下，植物会将更多的养分和光合产物分配到茎和根，以促进植物生长和提高竞争力（Fortunel et al.，2012）；当受到环境胁迫时，作为一种抗逆性策略，植物会将更多的养分分配到叶，以维持叶中重要的生理功能的正常运行（Yan et al.，2016；Fortunel et al.，2012）。

不同于叶与非叶器官间 N、P 含量的异速增长，本研究发现茎和根之间的 N、P 含量倾向于等速增加，这一结果与对中国北方灌木（Yang et al.，2014）和全球种子植物（Kerkhoff et al.，2006）的研究结果一致。此外，本研究还表明茎和根的 N、P 含量之间也没有显著差异，而且茎和根之间的养分含量（尤其是 N 含量）的相关性也强于二者与叶养分的相关性。这是因为叶是光合器官，而茎和根都是木质器官，并具有相似的结构和功能（Fortunel et al.，2012）。

在茎对叶和根对叶中，常绿灌木 N、P 的斜率显著大于落叶灌木，说明当植物养分增加时，落叶灌木比常绿灌木向叶中分配的养分多，这一结果与在中国东部森林中进行的研究结果一致（Yan et al.，2016）。因为与常绿植物相比，落叶植物的叶寿命更短，因此需要向叶中分配更多的养分来提高光合作用速率（Reich et al.，1992）。另外，本研究还发现，在非叶 N（或 P）对叶 N（或 P）中，豆科灌木的养分增加是等速的，而非豆科灌木的养分增加是异速的，这一结果不同于在中国东部森林的研究（Yan et al.，2016），但是与在中国北方灌丛中进行的研究结果一致（Yang et al.，2014），表明豆科植物的生物固氮模式改变了养分在器官间的分配策略。当植物养分增加时，豆科灌木比非豆科灌木向叶中分配更多的养分以增强光合作用并合成更多的碳水化合物，因为生物固氮所消耗的能量比直接从土壤中吸收硝态氮或氨态氮要高。经过上述讨论我们可以得知，植物功能型会显著影响灌木器官间的养分分配，从而影响植物功能。考虑到气候变化会改变物种的分布和组成，如会导致常绿和落叶树种的组成发生转变（Seddon et al.，2016；Woodward et al.，2004），这一研究结果有助于我们理解未来气候变化下生态系统养分循环的改变。

13.3　气候、土壤和物种因素对各器官碳、氮、磷含量的影响

通过 GLM 分析，得到气候、土壤和物种因素对灌木不同器官养分含量变化的解释量（表 13-2），三种因素对灌木各器官 C、N、P 含量变化的共同解释平均为 61.8%。通过进行方差分解，本研究将多种因素的共同影响分解为每个因素的单独影响和多个因素的交互影响。结果表明，物种因素对灌木养分含量的影响要远大于气候和土壤的影响。对于灌木叶而言，这三种因素共同解释了 C、N、P 含量变化的 66.5%，其中气候、土壤和物种因素分别解释了 0.4%、2.0%和 53.6%。对于灌木茎和根来说，这三种因素共同解释了 C、N、P 含量变化的 58.1%和 60.7%。与叶相似，物种因素对茎和根养分变化的解

释量最大，分别平均为 44.6%和 43.5%；土壤因素的解释量分别平均为 2.6%和 3.8%；气候因素的解释量最小，分别平均为 0.3%和 0.1%。另外，与 N、P 相比，灌木 C 含量受物种因素的影响更大，而受土壤因素的影响更小。

表 13-2　气候、土壤和物种因素对不同器官 C、N、P 含量变化的解释量

器官	元素	共同影响（R^2，%）				独立影响和交互影响（R^2，%）						
		总体	气候	土壤	物种	a	b	c	ab	ac	bc	abc
叶	C	66.8	0.81	4.09	65.7	0.47	0.38	62.6	0.28	–0.33	3.04	0.39
	N	60.9	0.79	7.04	59.4	0.35	1.42	53.3	–0.27	0.21	5.40	0.50
	P	71.9	2.66	26.5	66.7	0.48	4.24	45.0	0.47	–0.03	20.1	1.74
茎	C	57.9	0.57	2.11	56.1	0.21	1.51	54.6	0.06	0.90	1.14	–0.60
	N	51.6	6.60	12.7	47.8	0.20	2.84	36.9	0.76	1.89	5.30	3.75
	P	64.8	4.52	21.6	59.9	0.45	3.56	42.2	0.92	0.61	14.6	2.53
根	C	55.0	1.57	4.53	52.7	0.16	2.24	49.6	–0.13	0.66	1.54	0.88
	N	58.5	8.26	15.0	54.4	0.03	3.68	40.6	0.46	2.86	5.97	4.91
	P	68.7	4.46	27.6	62.4	0.12	5.44	40.2	0.71	0.75	18.6	2.88

注：a、b 和 c 分别代表气候、土壤和物种因素的独立效应；ab、ac、bc 和 abc 分别代表气候与土壤、气候与物种、土壤与物种及三者之间的交互作用

气候因子、土壤性状和物种组成都以复杂的方式影响着植物各器官的化学计量特征。以往关于环境因子和物种因素对植物化学计量特征的影响的研究大多集中于叶（Hao et al.，2015；Han et al.，2011；Ordoñez et al.，2009）。本研究分析了不同器官的养分含量变化，发现上述三种因素对不同灌木器官 C、N、P 含量变化的总解释量相差不大：对叶、茎和根中三种元素含量变化的解释量分别为 66.5%、58.1%和 60.7%。这是因为不同器官间的养分紧密相连且具有明显的正相关关系。在本研究中，物种因素的解释量大于环境因素，支持物种组成假说（Reich and Oleksyn，2004）。以往在区域和全球范围内的研究也发现养分含量的变化很大一部分是发生在物种之间（Kerkhoff et al.，2006；Wright et al.，2004）。但是，He 等（2016）对荒漠灌木的研究发现，土壤因素对元素含量变化的解释量要高于物种因素。这些不同的研究结果表明，环境和物种因素对植物养分的影响会随着调查区域的不同而发生改变。

土壤因素对灌木 C、N、P 含量的影响要大于气候因素，因为陆生植物的养分大多来自于土壤，所以土壤中的养分供给是决定植物养分含量的重要因素，高的土壤养分供给可以促进植物生长并影响植物养分含量（Chapin et al.，2011）。土壤特征对灌木 P 含量的影响要大于对 N 含量的影响，这种差异是由 N 和 P 的来源不同所导致的：N 主要是通过多种固氮机制固定大气中的 N_2，来源充足；P 主要来源于岩石的风化作用，在土壤中的迁移受到气候的显著影响（Aerts and Chapin，2000）。中国大部分地区的植物生长受 P 限制的情况更严重，特别是在中国南方地区，土壤淋溶严重，土壤 P 的可获取性在全球范围内处于较低水平（Han et al.，2005）。另外，中国南方地区属于高 N 沉降区域，一些生态系统已经达到 N 饱和（郑丹楠等，2014；Mo et al.，2006），含量较低的 P 对环境变化更为敏感，对植物生长的限制作用也更加突出。

通过前面的讨论可知，常绿灌木和落叶灌木具有不同的养分含量与养分分配策略。气候、土壤和物种三种因素对不同生活型植物养分变化的解释量略有差异：对常绿灌木的解释量平均为 62.5%（49.0%～75.1%），对落叶灌木的解释量平均为 55.4%（45.5%～67.1%）。三种因素中，物种因素的解释量最大（表 13-3）。考虑到豆科植物与非豆科植物固氮方式的差异，我们推测豆科灌木的 N 含量对土壤养分的依赖性更低。分析结果与假设一致：豆科灌木各器官的 N、P 含量与土壤 N、P 没有显著相关关系，但是非豆科灌木的 N、P 含量与土壤 N、P 含量呈显著正相关（图 13-6）。这是因为豆科植物的共生菌根为其提供了额外的 N，这些 N 来源于大气，与土壤 N 库无关（土壤全 P 中的有效 P 含量低，促使植物合成富 N 的磷酸酶来获取 P）（Olander and Vitousek，2000）。豆科灌木具有充足的 N，可以产生更多的磷酸酶来分解含 P 的有机物，从而释放出更多的磷酸盐（PO_4^{3-}）（Nasto et al.，2014），缓解了土壤 P 对豆科植物生长的限制。因此，豆科灌木对土壤养分的依赖性较低，可以保持相对稳定的 N、P 含量。

表 13-3　气候、土壤和物种因素对不同生活型灌木器官 C、N、P 含量变化的解释量

器官	元素	生活型	共同影响（R^2，%）				独立影响和交互影响（R^2，%）						
			总体	气候	土壤	物种	a	b	c	ab	ac	bc	abc
叶	C	D	58.0	0.12	2.70	56.3	0.76	0.62	55.1	0.35	–0.55	2.17	–0.44
		E	75.1	0.68	4.56	73.6	0.67	0.57	70.4	0.21	–0.58	3.40	0.38
	N	D	52.6	3.45	4.50	50.5	0.55	1.87	44.0	–0.30	3.62	3.36	–0.42
		E	68.3	2.24	8.43	66.8	0.30	1.09	59.1	0.11	0.38	5.78	1.45

续表

器官	元素	生活型	共同影响（R^2，%）				独立影响和交互影响（R^2，%）						
			总体	气候	土壤	物种	a	b	c	ab	ac	bc	abc
叶	P	D	67.1	1.35	24.4	59.4	0.55	6.76	41.4	0.37	0.75	17.57	–0.32
		E	70.2	3.88	21.8	65.8	0.66	2.88	46.3	0.84	1.43	17.12	0.95
茎	C	D	57.7	1.23	0.66	55.8	0.60	1.47	55.6	–0.19	0.86	–0.59	–0.03
		E	59.7	0.36	5.64	56.4	0.31	2.75	52.6	0.26	1.14	3.98	–1.35
	N	D	46.2	2.41	6.08	42.3	0.05	3.53	39.1	0.31	0.99	1.17	1.06
		E	49.0	8.07	13.6	41.1	1.73	4.10	32.3	2.10	1.44	4.59	2.80
	P	D	56.3	0.89	12.7	51.3	0.00	4.82	42.3	0.18	1.35	8.30	–0.64
		E	65.7	8.06	24.0	56.5	2.62	4.21	37.9	2.35	1.17	15.56	1.92
根	C	D	53.3	0.18	3.20	50.8	0.37	2.47	50.0	–0.33	–0.27	0.65	0.41
		E	53.9	1.22	5.55	51.5	0.02	2.32	47.9	0.03	0.44	2.46	0.73
	N	D	45.5	3.60	8.15	39.5	0.16	5.82	35.1	0.02	2.05	0.94	1.37
		E	55.0	3.67	13.5	49.5	0.22	4.05	41.4	1.28	–0.12	5.89	2.29
	P	D	62.2	0.38	23.7	51.5	0.05	10.33	37.9	0.32	0.46	13.54	–0.45
		E	65.8	4.14	24.3	60.8	0.89	2.77	40.4	1.41	0.27	18.52	1.57

注：a、b 和 c 分别代表气候、土壤和物种因素的独立效应；ab、ac、bc 和 abc 分别代表气候与土壤、气候与物种、土壤与物种及三者之间的交互作用。D. 落叶灌木，E. 常绿灌木

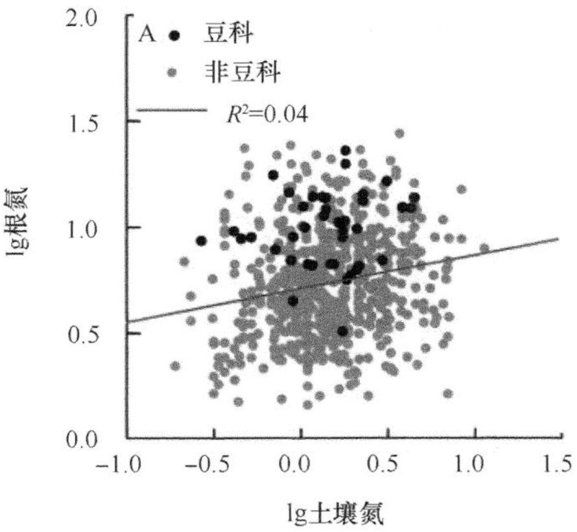

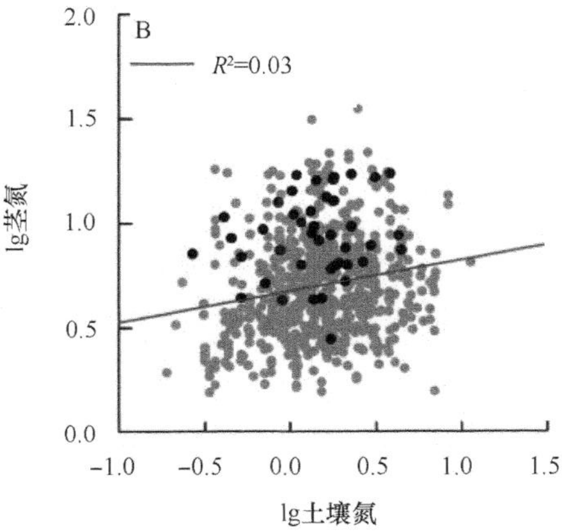

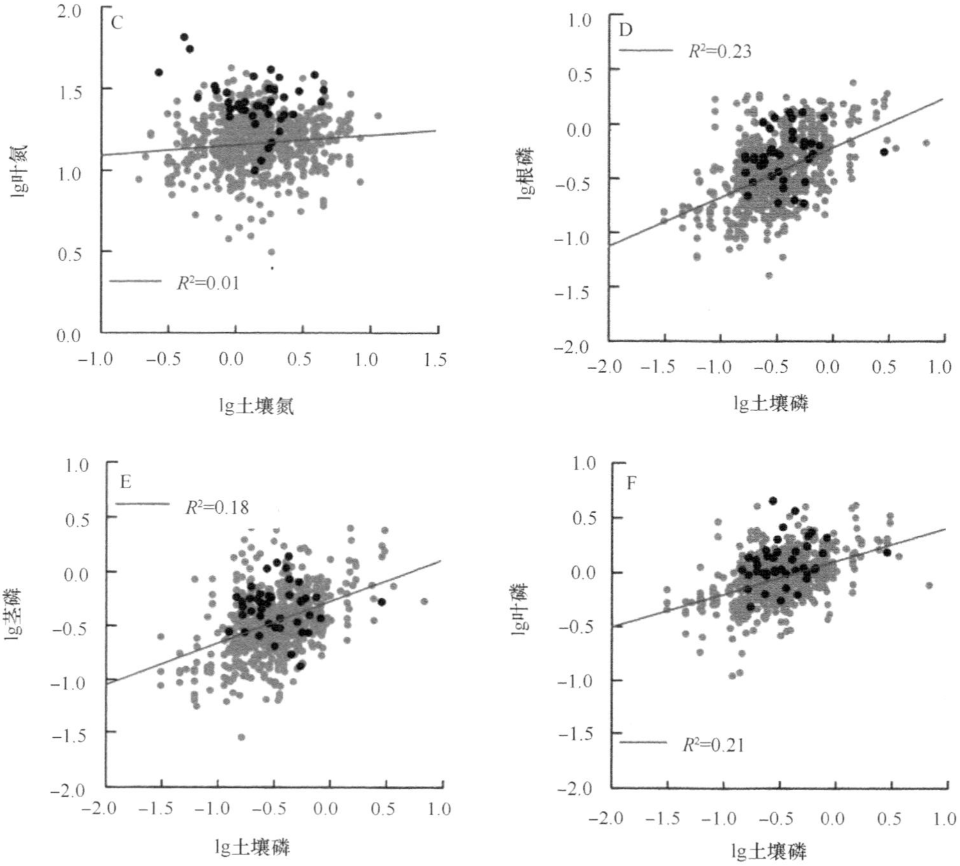

图 13-6　豆科灌木和非豆科灌木的 N、P 含量与土壤 N、P 含量的关系

拟合线代表相关关系显著（$P < 0.05$）

第 14 章　热带、亚热带常见灌丛生物量分布格局

当前对我国热带、亚热带灌丛生物量的认识还十分匮乏，仅在样点尺度上针对特定的物种或灌丛类型进行了生物量的相关研究，研究内容以优势种生物量方程构建和生物量分配为主，而缺乏区域尺度上灌丛生物量和凋落物现存量的空间分布的研究。热带、亚热带灌丛是我国灌丛生态系统的重要组成部分，其生物量和凋落物现存量的分布格局是研究气候变化背景下灌丛植被生长和分布规律的基础，是生态系统碳循环研究的核心问题。生物量在不同器官中的分配反映了不同的生态策略（Weiner，2004），是植物对环境长期适应的结果（Poorter et al.，2012），对个体生长、物种共存、植被恢复具有重要作用。分析我国热带、亚热带灌丛生物量和凋落物现存量的分布规律及其与环境的关系，对于认识全球气候变化背景下灌丛生态系统的物种多样性维持和碳循环过程具有重要意义（Enquist and Niklas，2001；Domke et al.，2016）。

14.1　热带、亚热带常见灌丛生物量的地理分布及其与环境的关系

热带、亚热带灌丛植被的生物量在地理分布上存在较大的变异，华中地区亚热带灌丛和西南地区山地灌丛的生物量密度较高，一般超过 10Mg/hm^2，最高可达 100Mg/hm^2 以上；华南地区灌丛生物量较低，大多在 10Mg/hm^2 以下。灌丛总生物量及各组分的生物量在不同的灌丛类型（常绿阔叶灌丛和落叶阔叶灌丛）之间没有显著差异（表 14-1）。

热带、亚热带灌丛地上生物量和地下生物量的地理分布格局与总生物量一致，地上生物量普遍高于地下生物量。常绿阔叶灌丛和落叶阔叶灌丛生物量的平均值分别为

本章执笔人：王杨，葛结林，谢宗强，徐文婷，熊高明，赵常明

表 14-1 热带、亚热带主要灌丛的生物量

	常绿阔叶灌丛	落叶阔叶灌丛	总灌丛
样地数	163	318	481
生物量（Mg/hm^2）	19.29	19.03	19.11
地上生物量（Mg/hm^2）	13.63	12.62	12.96
灌木层（Mg/hm^2）	11.26±1.17	11.28±0.78	11.27±0.65
草本层（Mg/hm^2）	2.37±0.35	1.34±0.35	1.69±0.26
地下生物量（Mg/hm^2）	5.66	6.41	6.15
灌木层（Mg/hm^2）	4.23±0.27	5.54±0.12	5.09±0.12
草本层（Mg/hm^2）	1.43±0.14	0.87±0.08	1.06±0.07
凋落物现存量（Mg/hm^2）	3.17±0.17	2.94±0.16	3.02±0.12

19.29Mg/hm^2 和 19.03Mg/hm^2，两类灌丛之间无显著差异。其中地上生物量平均值分别为 13.63Mg/hm^2 和 12.62Mg/hm^2；地下生物量平均值分别为 5.66Mg/hm^2 和 6.41Mg/hm^2。两类灌丛凋落物现存量平均值分别为 3.17Mg/hm^2 和 2.94Mg/hm^2（表 14-1）。

地上生物量、地下生物量的空间变异及其与环境的关系见图 14-1、图 14-2。地上生物量随经度升高而下降，随纬度、海拔和坡度的升高而上升，随年均温、年降水的增加而降低，随土壤氮密度的增加而增加，与土壤磷密度无显著相关性；地下生物量与地上生物量的变化规律一致。

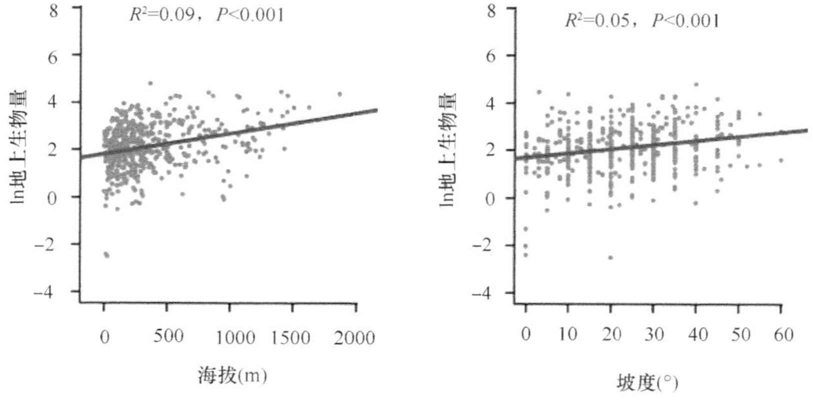

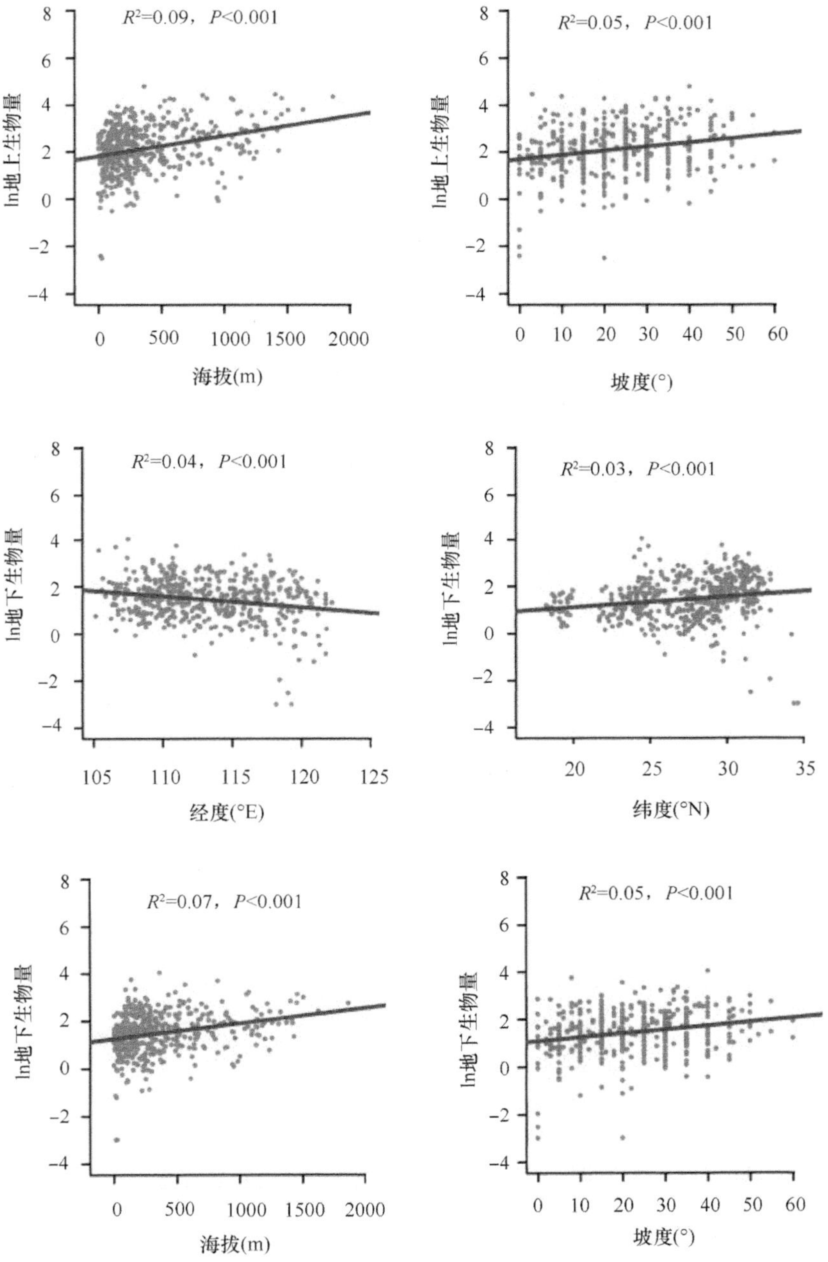

图 14-1　热带、亚热带灌丛地上生物量、地下生物量随经纬度及海拔、坡度的变化规律

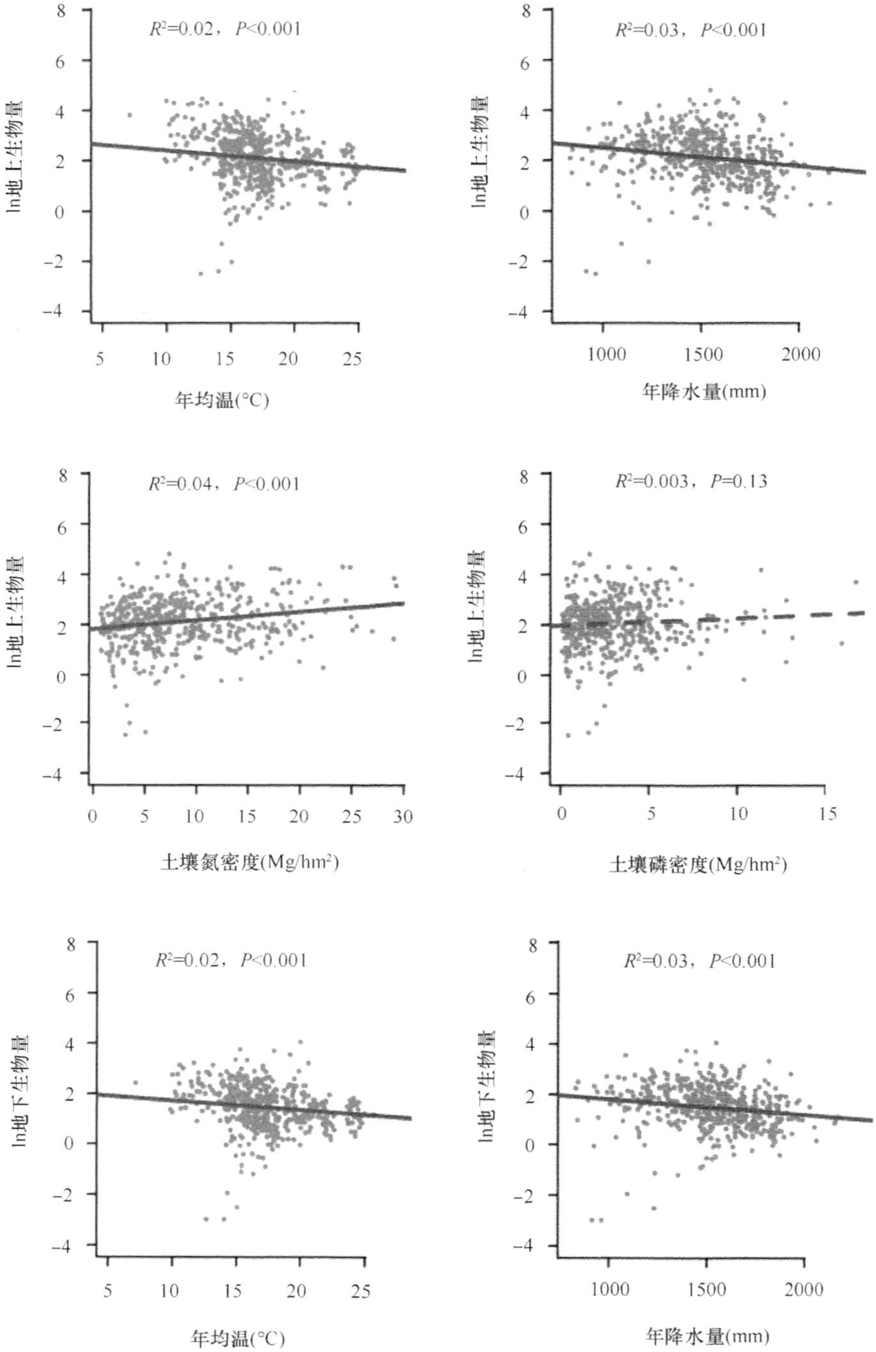
R²=0.02，P<0.001
ln地上生物量
年均温(°C)
R²=0.03，P<0.001
ln地上生物量
年降水量(mm)
R²=0.04，P<0.001
ln地上生物量
土壤氮密度(Mg/hm²)
R²=0.003，P=0.13
ln地上生物量
土壤磷密度(Mg/hm²)
R²=0.02，P<0.001
ln地下生物量
年均温(°C)
R²=0.03，P<0.001
ln地下生物量
年降水量(mm)

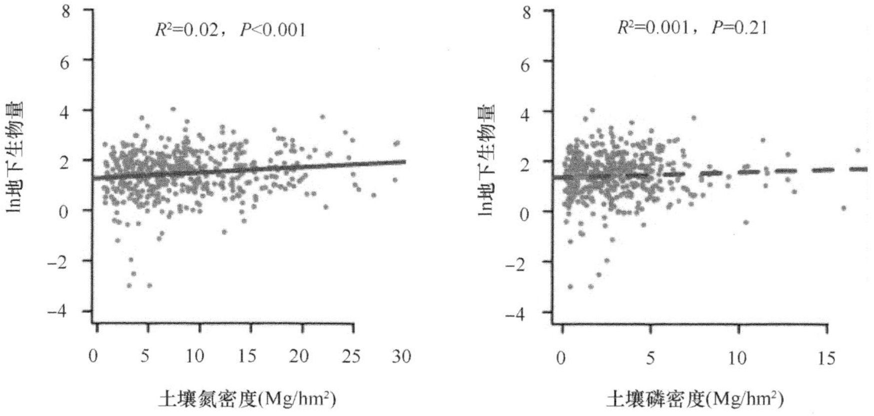

图 14-2　热带、亚热带灌丛地上生物量、地下生物量与气候和土壤的关系

与本研究中灌丛生物量和海拔之间的显著正相关关系不同，分布于云南省的云南杨梅灌丛生物量与海拔之间无显著相关性，规律的差异可能来源于两个方面：一是空间尺度的不同，相对于中国热带、亚热带区域，云南省 9 个县的空间范围相对较小；二是灌丛类型的差异，本研究中包含了大量的灌丛群系，其生物量变化规律更加复杂。该区域灌丛生物量的变化规律与森林生物量的变化规律不同，森林地上生物量沿海拔变化无显著规律，地下生物量沿海拔升高而下降（Luo et al.，2005）。水热条件是影响地下生物量的主要因素，地下生物量与年均温正相关，随年降水量增加呈先升高后降低的单峰曲线变化，在 1400mm 年降水量处地下生物量最大（Luo et al.，2005）。

14.2　热带、亚热带常见灌丛地下-地上生物量分配格局

中国热带、亚热带区域落叶阔叶灌丛和常绿阔叶灌丛地下-地上生物量比（地下/地上）的频数分布特征见图 14-3。可以看出，落叶阔叶灌丛的地下-地上生物量比变异较大，常绿阔叶灌丛的地下-地上生物量比均值为 0.55，落叶阔叶灌丛的地下-地上生物量比均值为 0.61。

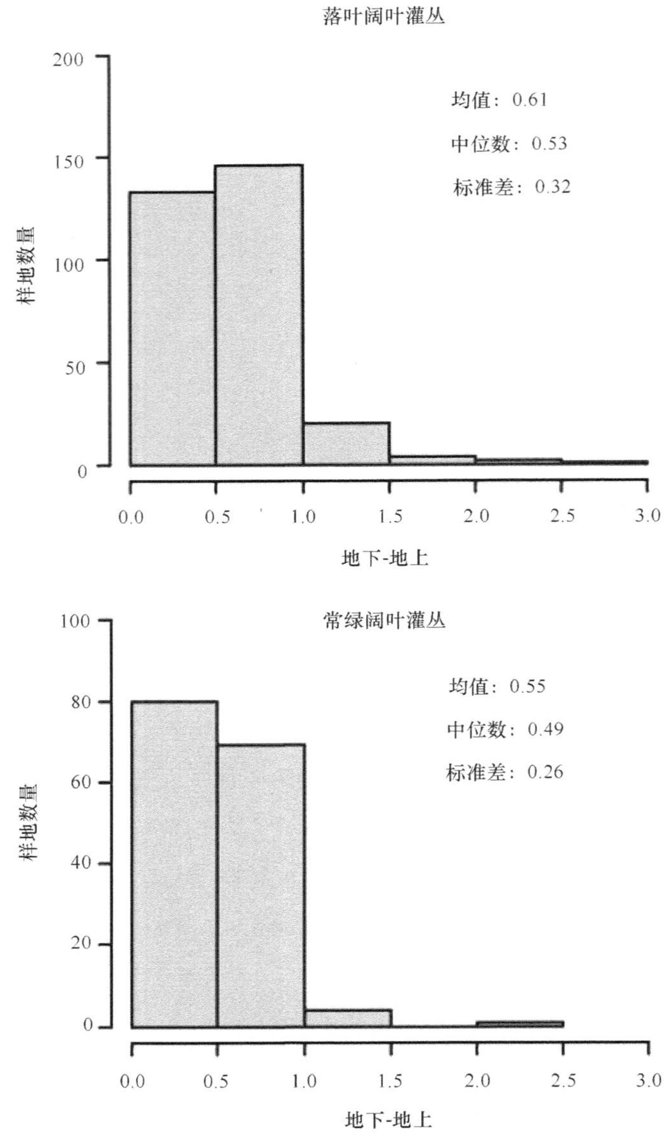

图 14-3　不同类型灌丛地下-地上生物量比的频数分布

环境对灌丛生物量分配的影响较为复杂，灌丛地下-地上生物量比随经度增加而增加，与海拔和土壤氮密度负相关，与纬度、坡度、年均温、年降水量和土壤磷密度等均无显著相关性（图 14-4，图 14-5）。

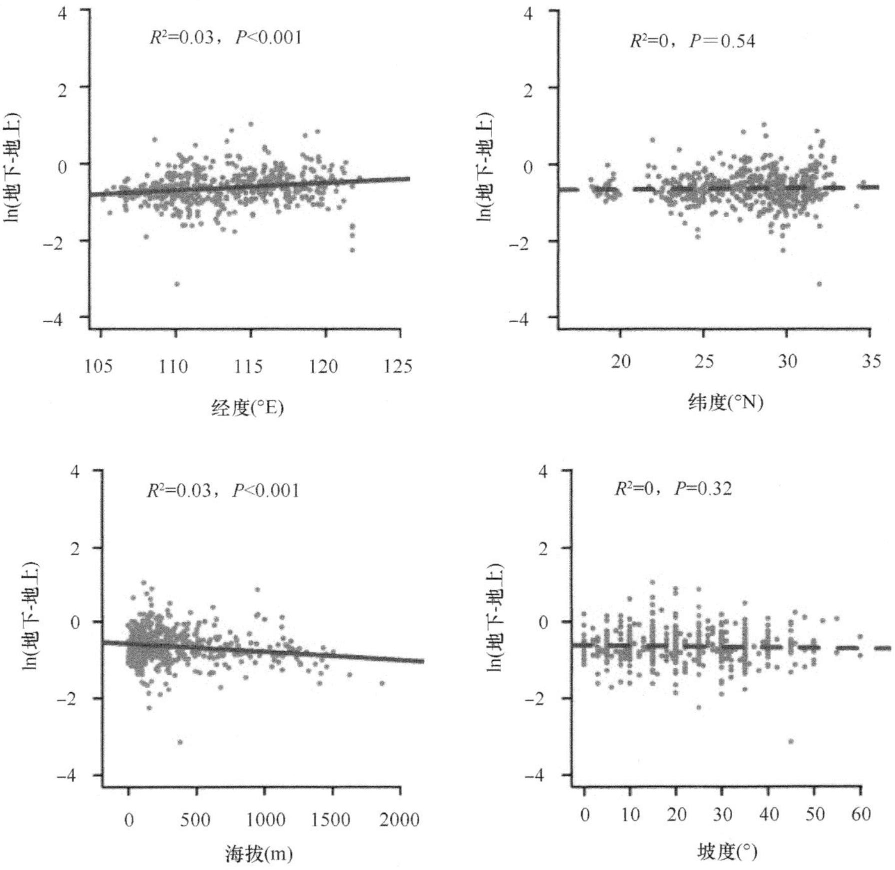

图 14-4　热带、亚热带灌丛地下-地上生物量比沿地理和地形的变化规律

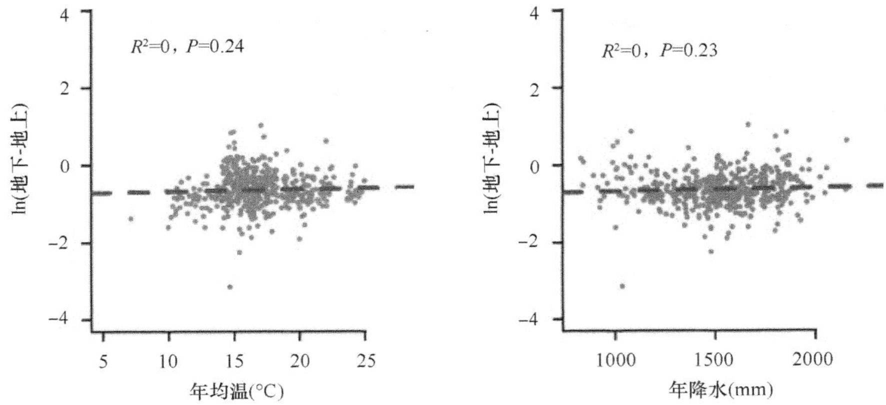

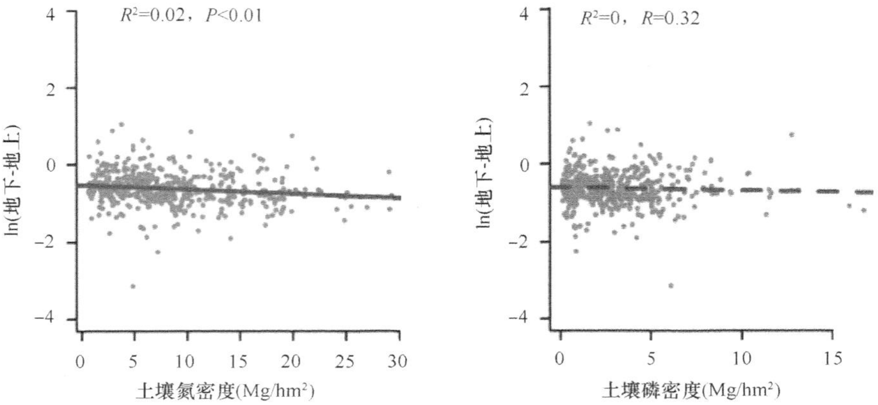

图 14-5　热带、亚热带灌丛地下-地上生物量比与气候和土壤因子的关系

该地区灌丛生物量分配相关的研究大多针对单一的灌丛群系，同时缺乏环境因素对生物量分配影响的详细分析。云南昆明滇石栎灌丛的生物量向叶、茎、根的分配比例分别为 13.3%、30.6%、56.1%，根冠比均值为 1.28，在灌丛萌生早期根冠比较大，随着生物量积累根冠比逐渐减小。云南杨梅灌丛具有较强的抗寒、抗旱、耐瘠薄的特性，其生物量向叶、茎、根的分配比例分别为 5.9%、21.5%、72.6%，根冠比高达 2.65，表现出对干旱环境的高度适应（巩合德等，2012）。在对桂林西部喀斯特地区 3 种常见灌丛（黄荆灌丛、红背山麻杆灌丛、灰毛浆果楝灌丛）生物量的研究中发现，生物量分配既表现出对贫瘠生境的适应，又反映了人为干扰对地上生物量积累的不利影响，生物量向地上部分的分配比例（61.2%～69.9%）高于向地下部分的分配比例（30.1%～38.8%）（庞世龙等，2014）。亚热带区域的水热条件良好，广泛分布于该区域的檵木常绿灌丛，根冠比平均值为 0.65，在生长初期根冠比较大，随着生物量积累根冠比逐渐减小；灌丛的更新起源对根冠比有显著影响，原生灌丛根冠比（0.76）显著高于次生灌丛（0.59），人为干扰并没有显著减少地上生物量的积累；檵木灌丛根冠比与年均温和坡度呈正相关关系，与年降水量的相关关系不显著（王杨等，2017）。湖南大围山区域水热条件良好，杜鹃和白檀占优势的灌丛根冠比为 0.37（张蕾等，2017），而分布于西藏雅鲁藏布江流域干旱河谷的砂生槐灌丛，根冠比为 1.10（崔光帅等，2017）。

通过以上比较和分析可知，在该区域环境因素对灌丛植被生物量分配的影响较复杂，相对于该区域丰富的灌丛类型和复杂的地形地貌及气候条件，当前关于灌丛生物量分配的研究还极为缺乏，尚难在不同尺度上总结出灌丛生物量分配的一般性规律，今后应加强局域和区域尺度上对不同类型灌丛生物量分配的研究。

14.3　热带、亚热带常见灌丛凋落物现存量

凋落物，也称枯落物，是指由植被地上部分产生并归还到地表的所有有机物质的总称（彭少麟和刘强，2002；Parsons et al.，2014；Domke et al.，2016）。凋落物的生产、积累及分解是凋落物研究的重要内容（Parsons et al.，2014）。凋落物现存量，又称凋落物的累积量，通常指一定面积上特定生态系统地表堆积的凋落物的质量，反映的是植被凋落层在时间和空间上现存凋落物的多少，是凋落物输入和输出（分解）后的净积累量，可以被看作不同分解阶段和状态的凋落物的复合体（阎恩荣等，2008；Hilli et al.，2010；Domke et al.，2016）。当凋落物从植物体脱落进入地表时就开始了物理、化学和生物的分解过程。通过这些过程释放出生态系统所需要的养分及二氧化碳，参与陆地生态系统的物质循环和能量流动过程。

中国热带、亚热带 11 个省（区、市）灌丛样地的地理位置、气候和土壤状况的详细信息汇总于表 14-2。中国南方灌丛生态系统凋落物现存量存在较大的标准偏差和变异系数，呈现出正偏态分布（图 14-6）。

表 14-2　各研究省（区、市）的地理位置、气候和土壤养分概况

省（区、市）	调查年份	样点数	纬度（°N）	经度（°E）	海拔（m）	年均温（℃）	年降水量（mm）	土壤全 C（%）	土壤全 N（%）	土壤全 P（mg/g）
江苏	2012～2013	5	31.6～34.6	118.1～120.3	18～388	16.1	1019.6	1.4	0.1	0.5
浙江	2011～2013	26	27.5～31.1	118.4～122.3	27～631	18.2	1784.3	1.8	0.2	0.3
安徽	2011～2012	20	29.7～31.6	115.9～119.4	47～553	17.2	1692.1	2.1	0.2	0.5
湖北	2011～2013	74	29.1～32.9	108.7～115.8	61～1865	16.3	1375.2	2.3	0.2	0.6
江西	2011～2013	49	25.0～29.6	113.9～117.5	28～601	20	1641	1.7	0.2	0.4
福建	2011～2013	39	24.1～27.9	116.4～120.2	42～1132	20.3	1795.1	1.3	0.1	0.2
广东	2011～2014	35	21.7～25.0	111.3～116.5	0～678	22.6	2009.2	2.2	0.2	0.3
湖南	2011～2013	70	25.1～29.7	109.6～113.9	61～1405	18.6	1547.3	2.5	0.2	0.4
重庆	2011～2013	50	28.5～32	105.9～110.0	173～1506	16.8	1355.3	2.9	0.2	0.6
广西	2011～2014	44	21.7～25.0	105.2～111.4	33～1259	22	1669.8	3	0.3	0.8
海南	2011～2012	20	18.3～20.0	108.7～111.0	4～147	26.1	1569.3	0.9	0.1	0.4

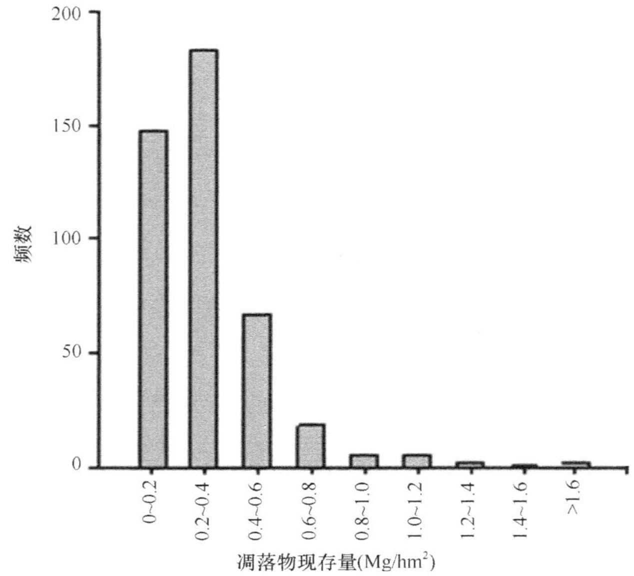

图 14-6　中国南方灌丛凋落物现存量的频数分布图

在所有的调查样地中，灌丛凋落物现存量的最小值为 0.3Mg/hm^2，最大值为 29.0Mg/hm^2，平均值为 3.2Mg/hm^2，是中国灌丛植被生物量的 14.7%。该地区灌丛生态系统的凋落物现存量显著低于中国森林（4.7Mg/hm^2），是中国森林凋落物现存量的 68%，是中国草地凋落物现存量（0.6Mg/hm^2）的 5 倍多（温丁和何念鹏，2016）。因此南方灌丛凋落物现存量是中国陆地生态系统的重要组成部分，应引起更多的关注。单因素方差分析发现，常绿灌丛和落叶灌丛的凋落物现存量差别不显著（P>0.05）。该地区灌丛生态系统凋落物现存量的碳转换系数为 0.41，低于前人研究的灌丛生态系统的植被活体碳转换时所采用的系数 0.50（胡会峰等，2006）。因此在研究灌丛生态系统碳储量时，采用常用的植被活体碳转换系数会高估灌丛生态系统凋落物碳储量（比例达 22%）。凋落物现存量的碳转换系数与碳浓度相关，受环境因子、凋落物类型（叶、小枝、花果等）、凋落物分解程度的制约（陈莎莎等，2010）。在不同的环境梯度下，灌丛生态系统生产的凋落物的种类和组成差异明显，进而造成凋落物在进入地表时碳浓度发生改变。一般而言，在温度较低时，植物为响应低温环境会产生较高碳含量的有机物，而碳元素在器官凋落时一般很少被重新吸收（Vergutz et al.，2012；Schreeg et al.，2013），因此导致进入地表前凋落物中碳含量保持稳定，进入地表的凋落物的含量随着分解进行而下降。上述过程相互作用，使得凋落物现存量中碳浓度低于植被活体碳含量，从而造成区域尺度上凋落物现存量的碳转换系数低于植被活体。

中国南方灌丛生态系统凋落物现存量存在较弱的线性空间分布格局，为了更清楚地探讨它们的空间分布格局，本研究将数据按照 2°的经度和纬度间隔进行整合，以揭示凋落物现存量随经纬度之间的变化趋势。结果发现：中国南方灌丛凋落物的现存量在不同纬度和经度间表现出较大的变异特征；灌丛凋落物现存量存在显著的纬度格局（F=4.96，P<0.001），随着纬度的增加而增加（P<0.001），但经度格局不明显（P>0.05）（图 14-7）。

灌丛生态系统的凋落物现存量随纬度增加而增加，该研究结果与对中国森林的研究结论一致，而与对中国草地的研究结论相反（温丁和何念鹏，2016）。该结果表明，灌丛生态系统凋落物现存量的控制因子与森林生态系统相似，与中国草地生态系统不一致。因此，本研究认为凋落物现存量的主控因子在以木本植物为主的生态系统（如森林和灌丛）和以草本植物为主的生态系统（如草地）间差异明显。

中国南方灌丛凋落物现存量表现出了较明显的纬度格局，经度格局不明显。由于同一地区不同样点间凋落物现存量存在较大的变异，即局域尺度上存在较大的取样效应，降低了区域尺度上凋落物现存量的纬度格局，表现出显著的线性关系但解释量较低（R^2较小）的现象，该现象在森林和草地生态系统中同样存在（温丁和何念鹏，2016）。本研究中所采用的不同样点的数据均是采用统一规范的方法进行采样的，取样时间和方法不是造成局部地点凋落物现存量出现较大变异的主要原因。造成同一地区不同样点间变

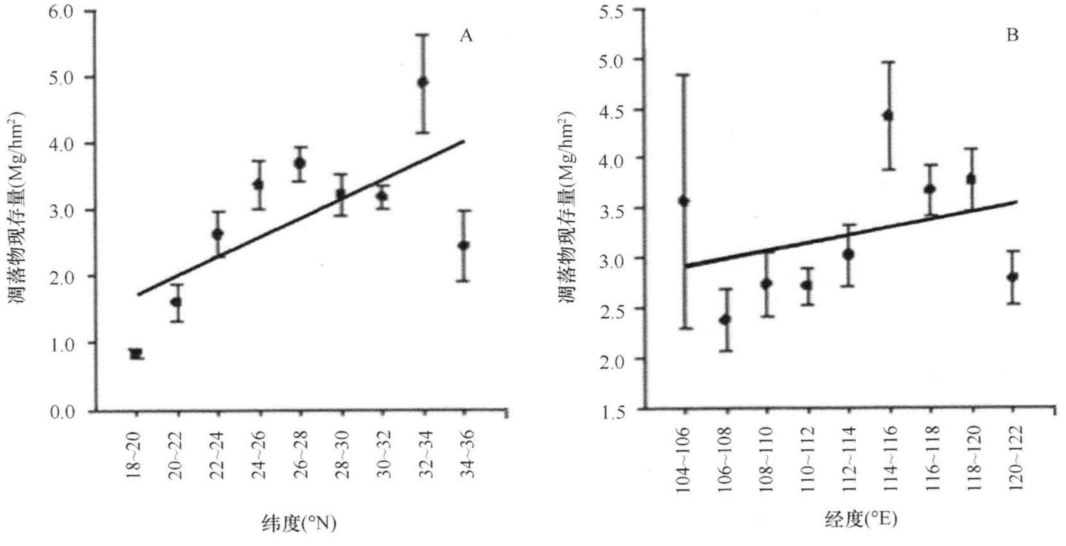

图 14-7　中国南方灌丛凋落物现存量随经纬度的变化

异的原因可能包括：①同一地点地形和地貌的差异，不同地形和地貌环境下灌丛的物种组成差异较大，其凋落物的产量和分解速率差异明显，因此造成地表凋落物现存量变异较大；②灌丛所处的演替阶段的不同，在中国南方地区，其地带性植被是森林，灌丛一般是该地区森林演替过程中的一个重要阶段（吴征镒，1980）。人为和自然干扰强度的差异，使同一地点内灌丛生态系统经常处于不稳定的状态，其物种组成和多样性随之不稳定，因此其凋落物现存量变异较大（Domke et al.，2016）。该研究结果也说明，开展局域尺度上灌丛凋落物现存量的研究很有必要。

简单线性回归分析发现，凋落物现存量与年均温、土壤 P 含量、pH 和土壤容重显著负相关（$P<0.05$），与干燥度正相关（$P<0.05$），而与其他环境因子（年降水、土壤 C、N 及有机碳含量）的相关性不显著（$P>0.05$）（图 14-8）。逐步向后回归分析表明，凋落物现存量与年均温、土壤全 P 和土壤 pH 显著负相关（$P<0.05$）。方差分解发现，年均温对凋落物现存量变异的解释量最大，占上述多元线性模型解释量的 67.3%。

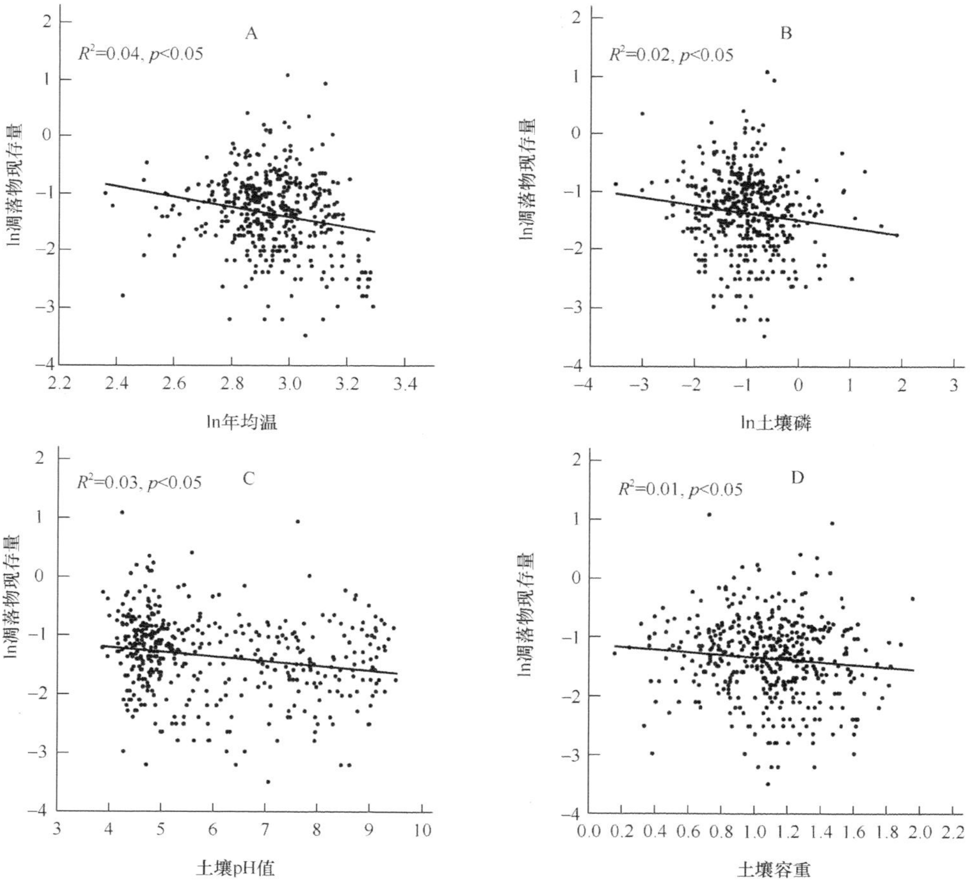

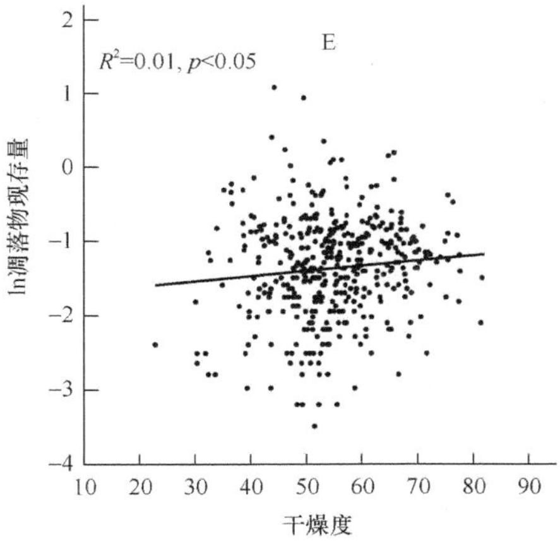

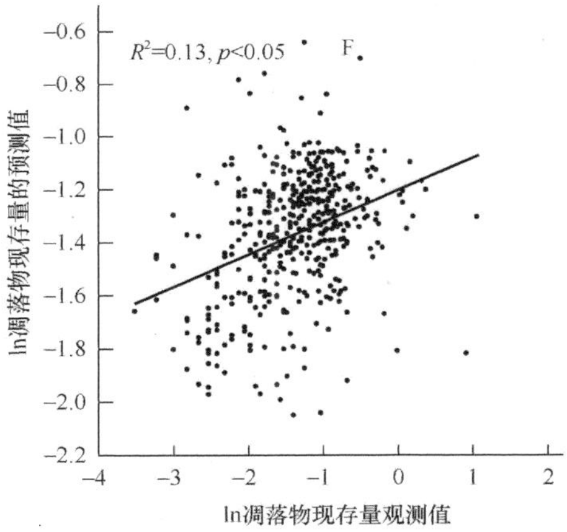

图 14-8 中国南方灌丛凋落物现存量与环境因子的关系

本图仅为显示凋落物现存量与环境因子关系显著的图；图 A～E 表示凋落物现存量与单个环境因子（年均温、土壤 P 含量、土壤 pH、土壤容重和干燥度）的关系，图 F 表示凋落物现存量与年均温、土壤全 P 和土壤 pH 之间的多元线性回归关系

中国南方灌丛生态系统的凋落物现存量地理格局受到年均温、土壤 pH 及土壤全 P 含量等因子的制约，但最重要的环境因子是年均温。前人对凋落物的产量和分解的研究结果也证实了本研究的结论（Descheemaeker et al.，2006；Pitkänen et al.，2012）。年均温是植物生长所需要的基本环境条件，其年际变化影响植物的物候变化，从而制约着凋落物的产量。大量研究发现，凋落物的产量与年均温显著正相关（吕国红等，2014；张新平等，2008），不考虑凋落物的分解时，凋落物现存量应该与年均温正相关，这与本研究结果相反。因此，凋落物的快速分解可能是影响中国南方灌丛凋落物现存量空间分异的关键过程。众多增温和自然气候梯度研究发现，温度升高可以显著加快不同生态系统中地表凋落物的分解。例如，Salinas 等（2011）发现年均温是陆地生态系统凋落物分解速率的控制因子；Wu 等（2011）通过整合分析（meta-analysis）发现增温普遍增加了生态系统地表凋落物的周转速率。本研究区位于热带和亚热带地区，温度不是凋落物产量的限制因子，但对凋落物分解的影响程度突出，因此年均温对凋落物生产和分解之间作用的差异性是导致中国南方灌丛生态系统凋落物现存量空间分异的主要原因。

第 15 章 亚热带典型灌丛碳循环过程及其机制研究

生物量是量化生态系统碳循环和植被碳储量的重要指标，反映了生态系统生产力水平的高低和生态系统功能的强弱（方精云和陈安平，2001）。生物量在植物中的分配策略是植物对环境长期适应的结果，对植物的生长、发育和繁殖有巨大的作用（Cairns et al.，1997）。由于不同层片和不同植物器官中碳含量的差异，研究生物量的分配规律对提高生态系统碳储量的评估精度具有重要价值。陆地生态系统的大部分碳储存于土壤中，土壤呼吸是 CO_2 从陆地生态系统返回到大气中的主要途径（Schlesinger and Andrews，2000）。土壤呼吸每年向大气中释放的碳量高达 68～98Pg（Bond-Lamberty and Thomson，2010；Raich et al.，2002），其轻微变化就会对全球的气候和环境产生剧烈的影响（Davidson and Janssens，2006）。导致全球气候和环境变化的主要因子（如氮沉降的增加和 CO_2 浓度的上升）在很大程度上影响了土壤呼吸速率（Deng et al.，2010）。在陆地生态系统中，90%以上的地上部分净生产量通过凋落物的方式返回地表，是分解者物质和能量的主要来源（Loranger et al.，2002）。大气氮沉降作为全球变化的重要现象之一，也影响着凋落物的分解过程（Rabalais，2002；Matson et al.，2002）。氮沉降增加了环境中营养物质的含量，促进了微生物的活动；但与此同时，氮元素可能与凋落物分解过程中的某些物质聚合形成更难降解的物质，从而阻滞了凋落物的分解（Berg et al.，2001），表现出的结果往往体现了促进与阻滞这两个过程的相对强弱。

灌丛作为一种分布广泛的陆地生态系统类型，在全球碳循环和气候调节中起着重要的作用（方精云等，2007）。在全球变暖的影响下，灌丛的分布范围有所扩大（Sturm et al.，2001），并引起了北半球局部区域碳储量的变化（Goodale and Davidson，2002）。但目前对灌丛生态系统生产力和碳汇的研究相对缺乏，尤其缺少对地下根系部分和凋落物的研究（Vourlitis et al.，2007），导致对灌丛碳储量的估算存在极大的不确定性。中国

本章执笔人：张蔷，李家湘，谢宗强，徐文婷，熊高明，赵常明

灌丛约一半分布在亚热带区域，已有的对其生物量的报道主要集中在地上部分（李轩然等，2006；张光富和宋永昌，2001），对于地下部分生物量和地上、地下生物量相关关系的研究较少。对灌丛碳密度的估算也多采用转换因子法（胡会峰等，2006），缺乏实际测量，使得估算结果与实际值相差较大。目前关于氮沉降对土壤呼吸的影响的研究大多是在森林和草原进行的，灌丛生态系统植被组成不同于森林和草原，其本底土壤呼吸及其对氮沉降的响应值得研究。

杜鹃在我国亚热带大部分地区均有生长，以其为优势的群落是亚热带最为常见的山地灌丛类型之一（吴征镒，1980）。本研究以中国中亚热带山地杜鹃灌丛为对象，研究其碳循环的主要过程。研究地位于湖南浏阳大围山国家森林公园，研究区的植被为中山山地灌丛，建群种主要有杜鹃、湖南白檀、四川冬青等，其中以杜鹃为主的灌丛最占优势（李家湘等，2015）。试验样地的土壤理化性质见表 15-1。本研究通过建立生物量回归模型研究群落生物量分配规律和碳密度特征，以期为估算灌丛碳储量提供依据。此外，通过进行氮添加试验，探讨不同施氮水平下土壤呼吸通量和季节动态的响应，研究氮添加对杜鹃灌丛凋落物产量和分解的影响，探索大气氮沉降对灌丛生态系统碳循环过程的影响。

表 15-1 不同土层的土壤理化性质（平均值±标准误差）

土壤深度（cm）	全碳（%）	全氮（%）	C/N	全磷（mg/g）	pH	土壤容重（g/cm^3）
0～10	4.22±0.16^a	0.36±0.01^a	11.63±0.14^a	0.77±0.02^a	5.11±0.01^b	0.88±0.01^b
10～20	2.72±0.13^b	0.26±0.01^b	10.42±0.19^b	0.75±0.02^a	5.17±0.02^b	0.98±0.02^a
20～30	2.03±0.13^c	0.21±0.01^c	9.48±0.25^c	0.75±0.03^a	5.31±0.03^a	1.01±0.03^a

注：不同字母表示土层间差异显著（P<0.05）

15.1 中国亚热带典型灌丛生物量现存量及其碳密度估算

15.1.1 灌木层生物量及其在不同器官和物种间的分配

根据 27 个样方的灌木层群落学调查数据和灌木各器官生物量回归方程，可推算出灌木层生物量（图 15-1）。27 个样方的灌木层平均生物量为（20.78±1.58）Mg/hm^2，各器官生物量从大到小的排序为茎、根、叶、当年枝。其中，茎、根、叶和当年枝的生物量分别为（13.66±1.08）Mg/hm^2、（5.07±0.46）Mg/hm^2、（1.38±0.11）Mg/hm^{2}和（0.67±0.11）Mg/hm^2，分别占灌木层总生物量的65.7%、24.4%、6.7%和3.2%。

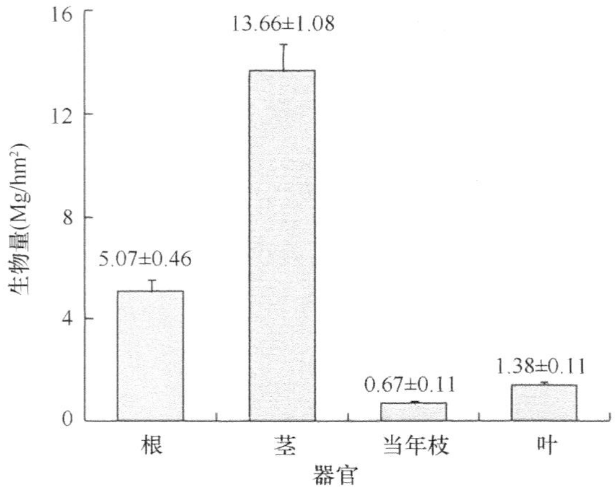

图 15-1　杜鹃灌丛灌木层生物量（平均值±标准误差）及其分配

灌木层的根冠比为0.32，小于青藏高原高寒地区杜鹃群系的根冠比（0.66）（高巧等，2014）和云南老君山地区杜鹃灌丛的根冠比（0.47～0.63）（李云龙和巩合德，2015），即本地区灌木层植物将更多的生物量分配到地上部分的光合器官。另外，不同物种在相似的环境条件下也会具有不同的生物量分配策略，反映了植物对生长、繁殖和防御等功能的优先选择次序（Weiner，2004）。在本研究区域的灌丛植被中，白檀根冠比为0.67，杜鹃根冠比为0.28，二者相差1.4倍，反映了二者生态特性的不同。

15.1.2　群落生物量及其在不同层片间的分配

如图15-2所示，杜鹃灌丛群落平均总生物量为（26.26±1.63）Mg/hm^2，灌木层、草本层和凋落物层生物量依次为（20.78±1.58）Mg/hm^2、（2.00±0.19）Mg/hm^{2}和（3.48±0.23）Mg/hm^2，分别占群落总生物量的79.1%、7.6%和13.3%。其中，灌木层、草本层根冠比分别为0.32和1.27。不同样方的群落生物量在各层片的分配规律相对一致，灌木层生物量占主导地位，灌丛群落的根冠比为0.37。进一步分析灌木层和草本层地上生物量与地下生物量、总生物量的相关关系，发现地上生物量与地下生物量、总生物量之间显著正相关（图 15-3）。利用这种相关关系，可以由地上生物量的测定数据来推算研究区域内杜鹃灌丛植被的地下生物量和总生物量。

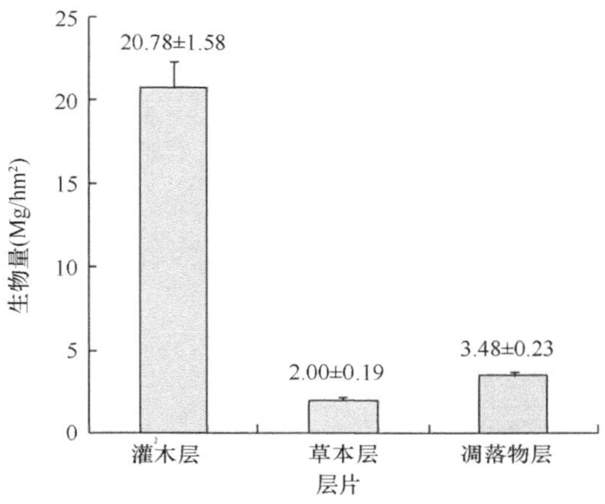

图 15-2　杜鹃灌丛群落生物量在层片间的分配（平均值±标准误差）

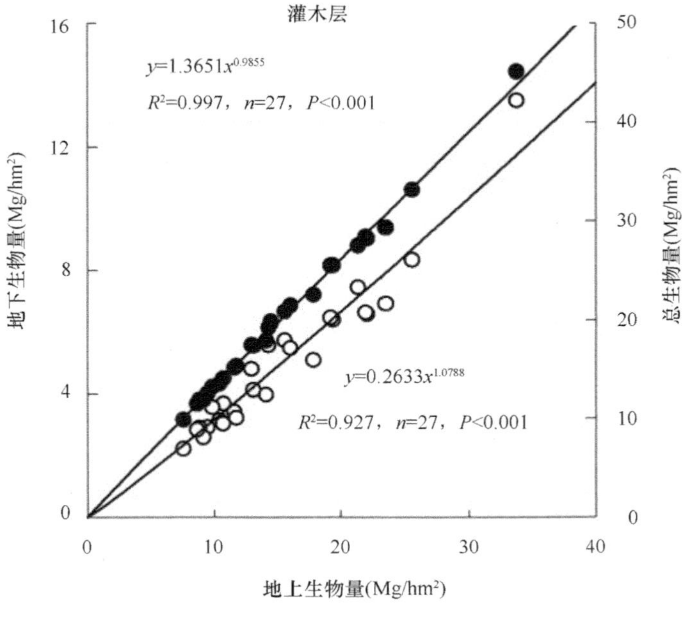

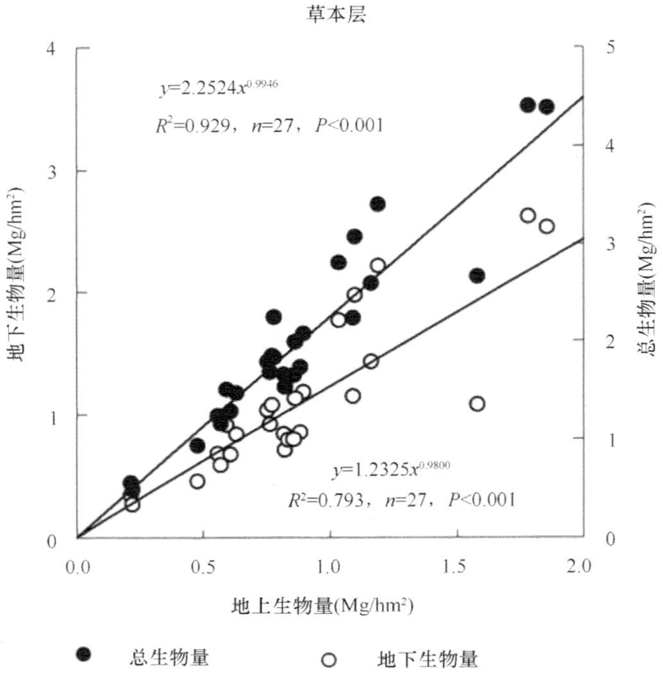

图 15-3　杜鹃灌丛灌木层和草本层地上生物量与地下生物量、总生物量之间的相关关系

本研究区域内的杜鹃灌丛以落叶灌木占优势，以常绿灌木为伴生种，其群落生物量为（26.26±1.63）Mg/hm^2，高于全国灌丛生物量平均值（21.76Mg/hm^2）（胡会峰等，2006）和全球灌丛生物量平均值（21.00Mg/hm^2）（Woodwell et al.，1978），与我国亚热带地区灌丛生物量平均值（25.73Mg/hm^2）（李家湘等，2015）相当。本研究中的杜鹃灌丛生物量还高于同属于亚热带气候区的马桑灌丛、铁仔灌丛和檵木灌丛等典型灌丛群落的生物量（贺金生等，1997），但低于卧龙自然保护区的川滇高山栎灌丛生物量（刘兴良等，2006），说明在相似的气候条件下，单位面积生物量在不同灌丛类型之间也会存在差异。

灌丛群落生物量在不同层片间的分配受到群落特性和物种组成等因素的综合影响。在已有的亚热带灌丛生物量研究中，生物量在植被层片上的分配多表现为灌木层>草本层>凋落物层，如王玲（2009）对川西北地区 4 种主要灌丛类型生物量的研究。但在本地区，群落生物量在各层片的分配表现为灌木层>凋落物层>草本层。

15.1.3　群落生物量碳密度的估算

根据不同物种各器官的生物量和碳含量，可以推算出各器官和不同层片的碳密度（表 15-2）。调查样方的灌丛群落平均生物量总碳密度为（11.70±0.74）Mg/hm^2。从不同层片的分布来看，灌木层碳密度最大，为（9.48±0.77）Mg/hm^2；凋落物层碳密度次之，为（1.56±0.11）Mg/hm^2；草本层碳密度最小，为（0.66±0.06）Mg/hm^2。从地上、地下的分布来看，灌丛群落地上和地下部分的总碳密度分别为（7.65±0.57）Mg/hm^2 和（2.49±0.18）Mg/hm^2。其中，灌木层地上、地下部分的碳密度分别为（7.30±0.58）Mg/hm^2 和（2.18±0.19）Mg/hm^2；草本层地上、地下部分的碳密度分别为（0.35±0.03）Mg/hm^2 和（0.31±0.03）Mg/hm^2。杜鹃灌丛群落平均碳含量为 44.55%，其中灌木层、草本层和凋落物层的碳含量分别为 45.62%、33.00%和 44.83%。

表 15-2　杜鹃灌丛生物量碳密度的估算　　（单位：Mg/hm^2）

	灌木层碳密度				草本层碳密度	凋落物层碳密度	总碳密度
	根	茎	叶	当年枝			
地上部分		6.38（0.50）	0.62（0.05）	0.30（0.05）	0.35（0.03）		7.65（0.57）
地下部分	2.18（0.19）				0.31（0.03）		2.49（0.18）
总碳密度	9.48（0.77）				0.66（0.06）	1.56（0.11）	11.70（0.74）

注：括号里表示标准差

不同物种、不同器官中的碳元素含量都存在差异，且含碳率通常达不到 50%，这与侯琳（2009）对秦岭地区多种灌木树种各器官含碳率的测定结果一致。在以往的研究中，碳密度大多简单地通过生物量乘以转换系数 0.5 来获取，并没有区分物种和器官进行实际的测量，因此会产生较大偏差，以本研究为例，若以生物量乘以 0.5 来估算碳密度则会导致对群落碳密度的估计值比实测值高 12.2%。扩展到区域尺度上，对碳密度的错误估算会导致对我国植被碳储量和碳汇能力的估测产生严重偏差。因此，有必要对主要植被类型的碳含量进行实际的测定以最大程度地减少估算误差。

15.2 中国亚热带典型灌丛土壤呼吸及其对氮添加的响应

15.2.1 氮添加对根系生物量生长的影响

经过一年的施氮处理，4 种不同氮添加样地的根系生物量增量分别为 0.73Mg/（hm^2·a）、0.87Mg/（hm^2·a）、1.00Mg/（hm^2·a）和 1.19Mg/（hm^2·a）（图 15-4）。低 N、中 N 和高 N 处理样地的根系生物量增量分别比对照样地高出 19.2%、37.0%和 63.0%，说明氮添加对植物根系的生长有促进作用，并且氮添加浓度越高，促进作用越明显。单因素方差分析结果显示，各处理之间的差异未达到显著水平（P= 0.53）。

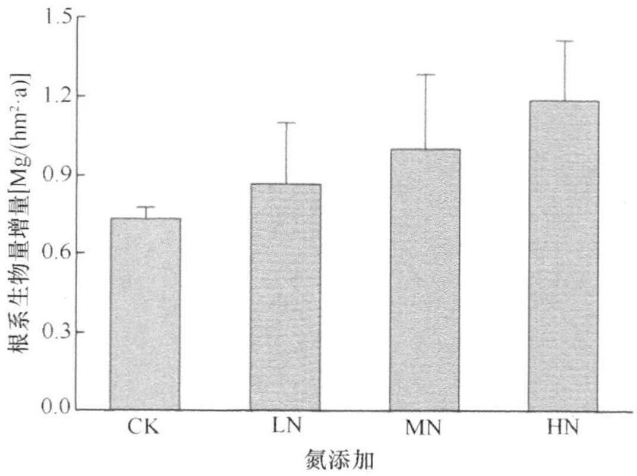

图 15-4　不同氮处理下的根系生物量增量

CK、LN、MN 和 HN 为 4 种施氮水平，分别代表的氮添加浓度为 0g/（m^2·a）、2g/（m^2·a）、5g/（m^2·a）和 10g/（m^2·a）

氮添加对根系生物量增量的影响在一定程度上反映了其对植物群落生产力的影响。大量研究显示，氮沉降对陆地生态系统的植物生长有促进作用（Högberg，2007；Hyvonen et al.，2008）。LeBauer 和 Treseder（2008）对 126 个氮添加试验进行整合分析的结果表明，大多数陆地生态系统生产力受到氮素的限制，且不同生态系统类型受氮素限制的程度不同。本研究结果显示，氮添加对杜鹃灌丛群落的根系生长有促进作用，但没有达到显著水平，可能有以下两个原因：①本研究区域土壤氮含量较高（表 15-1），且氮沉降处于较高水平[27.06kg/（hm^2·a）]（Lü and Tian，2007），进行氮添加对植物生长的促进作用有限；②土壤中其他养分的限制会导致植物生长对氮添加的响应减弱，如在氮输入不断增加的情况下，磷会成为限制生长的主要因素（Elser et al.，2009），随着土壤氮含量的增加，还会出现碳限制的情况（Aber et al.，1989）。

15.2.2　氮添加对土壤呼吸季节动态和通量的影响

CK、LN、MN 和 HN 处理下土壤呼吸的月平均速率均呈现出明显的季节动态，且变化趋势相同。夏季 7 月、8 月土壤呼吸速率达到最高，此时各处理之间的差异较明显；冬季 11 月至次年 1 月土壤呼吸速率达到最低，此时各处理之间的差异较小（图 15-5）。LN 处理样地的各月土壤呼吸速率均高于其他样地。

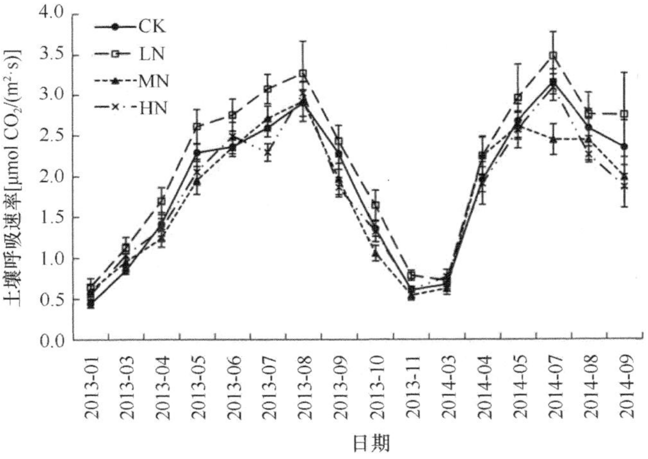

图 15-5　不同氮添加浓度下土壤呼吸的季节动态（平均值±标准误差）

CK、LN、MN 和 HN 为 4 种施氮水平，分别代表的氮添加浓度为 0g/（m^2·a）、2g/（m^2·a）、5g/（m^2·a）和 10g/（m^2·a）

根据对照样地 2013 年的土壤呼吸值计算得出，研究区域年均土壤呼吸速率为（1.71±0.28）μmol CO_2/（m^2·s），相当于每年释放 CO_2（2.37 ± 0.39）kg/m^2。4 种氮处理中，LN 处理的土壤呼吸速率在 2013 年生长季和 2014 年生长季均高于对照样地，CO_2 排放量分别增加了 15.5%和 11.3%（图 15-6）。MN 和 HN 处理的土壤呼吸速率比对照样地低。进行重复测量的方差分析显示，氮处理对土壤呼吸的影响在 2013 年全年和 2013 年生长季均接近显著水平（P 分别为 0.06 和 0.08），在 2014 年生长季不显著（P=0.27）。测定时间对土壤呼吸的影响显著（P<0.01），而测定时间和氮添加的交互作用并不显著

（2013 年和 2014 年生长季的 P 分别为 0.73 和 0.58）。

不同氮处理下的土壤呼吸呈现出相似的季节变化模式，夏季最大，冬季最低，这与在中国亚热带其他地区得到的研究结果相符（Tang et al.，2006；Mo et al.，2007）。土壤呼吸的季节变化主要受温度等气候因子和植物生长的调控影响（韩广轩和周广胜，2009）。2013 年在对照样地测得的杜鹃灌丛年 CO_2 释放量低于 Deng 等（2010）在中国南亚热带森林测得的值，但高于中国暖温带森林的年 CO_2 释放量（Sun et al.，2014）。试验结果显示，低氮处理对土壤呼吸有促进作用，而中氮和高氮处理则有轻微的抑制效应。综合前人的研究可知，研究区域和施氮浓度不同，土壤呼吸的响应也不同，这受到土壤本身养分状况的影响（Mo et al.，2007）。在氮含量丰富的环境中氮添加会抑制土壤呼吸，而在氮限制的地区氮添加则会促进土壤呼吸（Cusack et al.，2011；Hyvonen et al.，2007）。

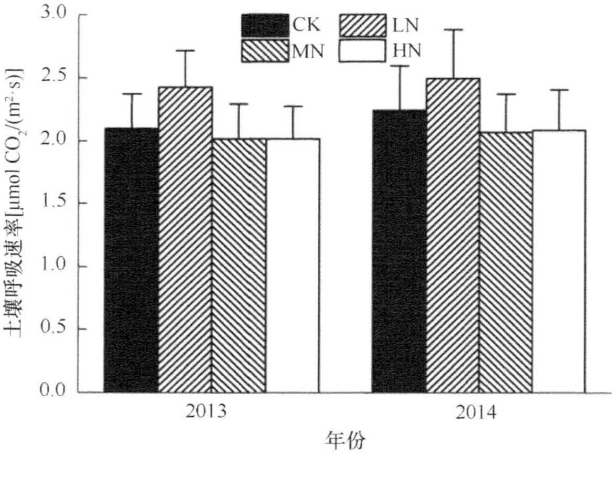

图 15-6 不同氮添加浓度下的生长季土壤呼吸速率

CK、LN、MN 和 HN 为 4 种施氮水平，分别代表的氮添加浓度为 0g/（m^2·a）、2g/（m^2·a）、5g/（m^2·a）和 10g/（m^2·a）

15.2.3 土壤呼吸与土壤温度和含水量的关系

不同氮处理下，杜鹃灌丛的土壤呼吸与 5cm 深土壤温度均呈极显著的指数相关关系（P<0.01）（图 15-7），土壤温度可以解释土壤呼吸变化的 76.5%～82.2%，CK、LN、MN 和 HN 处理下的 Q_{10} 值分别为 3.96、3.60、3.71 和 3.51。与对照样地相比，施氮降低了土壤呼吸的温度敏感性（Q_{10}）。土壤呼吸与 5cm 深土壤含水量呈显著线性相关关系（P<0.05）（图 15-7），土壤含水量可以解释土壤呼吸变化的 9.9%～15.2%。与土壤温度

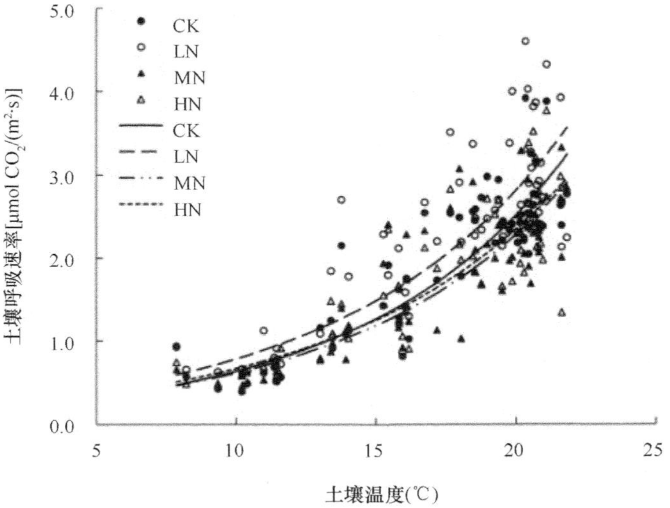

CK　$y=0.161e^{0.138x}$，$R^2=0.82$，$P<0.01$，$Q_{10}=3.96$

LN　$y=0.217e^{0.128x}$，$R^2=0.77$，$P<0.01$，$Q_{10}=3.60$

MN　$y=0.166e^{0.131x}$，$R^2=0.80$，$P<0.01$，$Q_{10}=3.71$

HN　$y=0.190e^{0.126x}$，$R^2=0.81$，$P<0.01$，$Q_{10}=3.51$

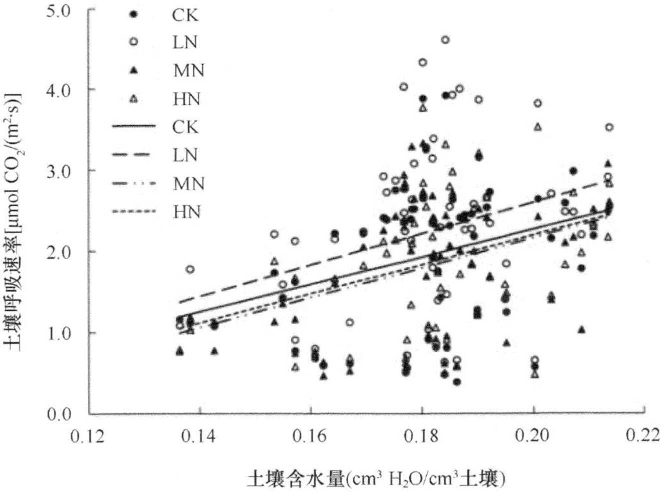

CK　$y=16.918x-1.117$，$R^2=0.11$，$P<0.05$

LN　$y=19.221x-1.245$，$R^2=0.10$，$P<0.05$

MN　$y=18.322x-1.504$，$R^2=0.15$，$P<0.05$

HN　$y=17.918x-1.389$,，$R^2=0.14$，$P<0.05$

图 15-7　不同氮添加水平下 5cm 深度土壤呼吸与土壤温度和土壤含水量的关系

CK、LN、MN 和 HN 为 4 种施氮水平，分别代表的氮添加浓度为 0g/（$m^2·a$）、2g/（$m^2·a$）、5g/（$m^2·a$）和 10g/（$m^2·a$）

相比，土壤含水量对土壤呼吸变化的解释量较低。氮处理下土壤温度与土壤呼吸的相关性与对照相比有所下降，而土壤含水量与土壤呼吸的相关性与对照相比有上升的趋势。

在本研究区域，土壤呼吸与土壤温度和土壤水分显著正相关，这一结果与已有的报道一致（Mo et al.，2007，2008；Tang et al.，2006）。本地区温度的季节变化明显，降水丰富，土壤水分含量较高，不是土壤呼吸的主要限制因子。氮处理下土壤呼吸与土壤含水量的相关性与对照相比有所上升，我们推测是由于氮添加对植物生长的促进会加强植物对土壤水分的消耗（段洪浪等，2009），同时氮添加会增加叶片扩散导度和气孔导度（Deng et al.，2010），加剧了水分的散失，从而降低土壤含水量。当土壤含水量降低时，土壤含水量与土壤呼吸的相关性会更高（Dilustro et al.，2005）。

作为反映土壤呼吸与土壤温度间关系的重要指标，Q_{10} 值反映了土壤呼吸的温度敏感性，对于量化和预测未来气候变化下的全球碳循环具有重要意义（Davidson and Janssens，2006）。本研究中，氮添加使得 Q_{10} 值与对照相比有所降低，这与前人的研究结果相似（Sun et al.，2014；Tu et al.，2013；Mo et al.，2008）。一个可能的原因是氮添加通过形成难利用有机质增强了土壤有机碳的稳定性，氮与土壤有机质结合会产生高度耐微生物酶降解的化合物（Janssens et al.，2010），使得微生物异养呼吸的底物可利用性降低。当底物供应下降时，土壤呼吸的温度敏感性也会下降（Deng et al.，2010）。同时氮添加也会降低微生物酶活性（Ma et al.，2014）。这些改变会降低分解作用对温度变化的敏感性，从而降低土壤呼吸的 Q_{10}。

15.3 中国亚热带典型灌丛凋落物及其对氮添加的响应

15.3.1 氮添加对凋落物产量的影响

对不同施氮处理的杜鹃灌丛进行连续监测，收集从 2013 年 5 月到 2014 年 5 月产生的凋落物，烘干后测其干质量，得到年平均总凋落物产量（图 15-8）。结果显示，4 种处理样地的年平均凋落物产量大小顺序为 LN（2.7Mg/hm^2）> MN（2.43Mg/hm^2）> HN（2.29Mg/hm^2）> CK（1.99Mg/hm^2）。LN、MN 和 HN 处理样地的凋落物产量分别比对照样地高出 35.7%、22.1%和 15.1%，表明氮添加处理增加了凋落物产量。单因素方差分析结果

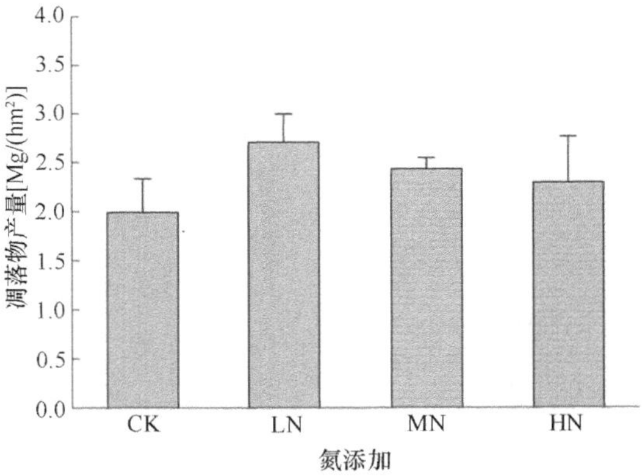

图 15-8　氮添加对年平均总凋落物产量的影响

CK、LN、MN 和 HN 为 4 种施氮水平，分别代表的氮添加浓度为 0g/（m^2·a）、2g/（m^2·a）、5g/（m^2·a）和 10g/（m^2·a）

表明，施氮对杜鹃灌丛年平均总凋落物产量的影响不显著（P=0.52）。

大围山杜鹃灌丛的凋落物主要由叶、枝、花果及其他部分组成，不同组分的凋落物产量具有不同的季节变化动态（图 15-9）。总的来看，总凋落量（图 15-9A）和凋落叶（图 15-9B）具有比较一致的变化趋势，在每年的 10～11 月达到峰值，在其他月份的凋落量则较少。凋落枝（图 15-9C）的产量在每年的 10 月达到最大值，最小值出现在 11～12 月。花果凋落物（图 15-9D）的产量具有明显的季节动态，在每年的 5 月达到峰值，在其他月份的产量则很少或者没有。剩余其他部分（图 15-9E）的凋落物产量变化规律不明显，在 2013 年 10 月达到最大值，但在 2012 年 10 月产量为零。从图 15-9 可以看出，氮添加对总凋落量和凋落叶的促进作用较为明显，其中低氮添加的促进作用最强。对总凋落量和各凋落物组分进行重复测量的方差分析，结果显示氮添加对凋落物产量的影响没有达到显著水平。

本研究区域对照样地的凋落物年产量为 1.99Mg/hm^2，远高于一些亚热带森林的凋落物年产量（阎恩荣等，2008），这是因为本研究群落落叶物种的生物量占灌木层的 95%以上（张蔷等，2017），会产生大量的枯枝落叶。凋落叶作为凋落物的主要组成成分，决定了凋落物产量的季节动态模式，其主要受到凋落叶的影响，在每年的秋季（10～11 月）达到峰值。花果的凋落量在每年的 5 月达到峰值，原因是本群落的优势树种杜鹃的花期在 4～5 月，在 5 月的中下旬会产生大量的繁殖器官凋落物。

氮添加在一定程度上使凋落物产量升高，说明施氮提高了植物生产力，这反映出大气氮沉降也许会增加植被的碳汇功能。氮添加对凋落物年产量和季节动态的影响均没有达到显著水平，这与其他的一些研究结果一致（张驰等，2014；Smaill et al.，2008），

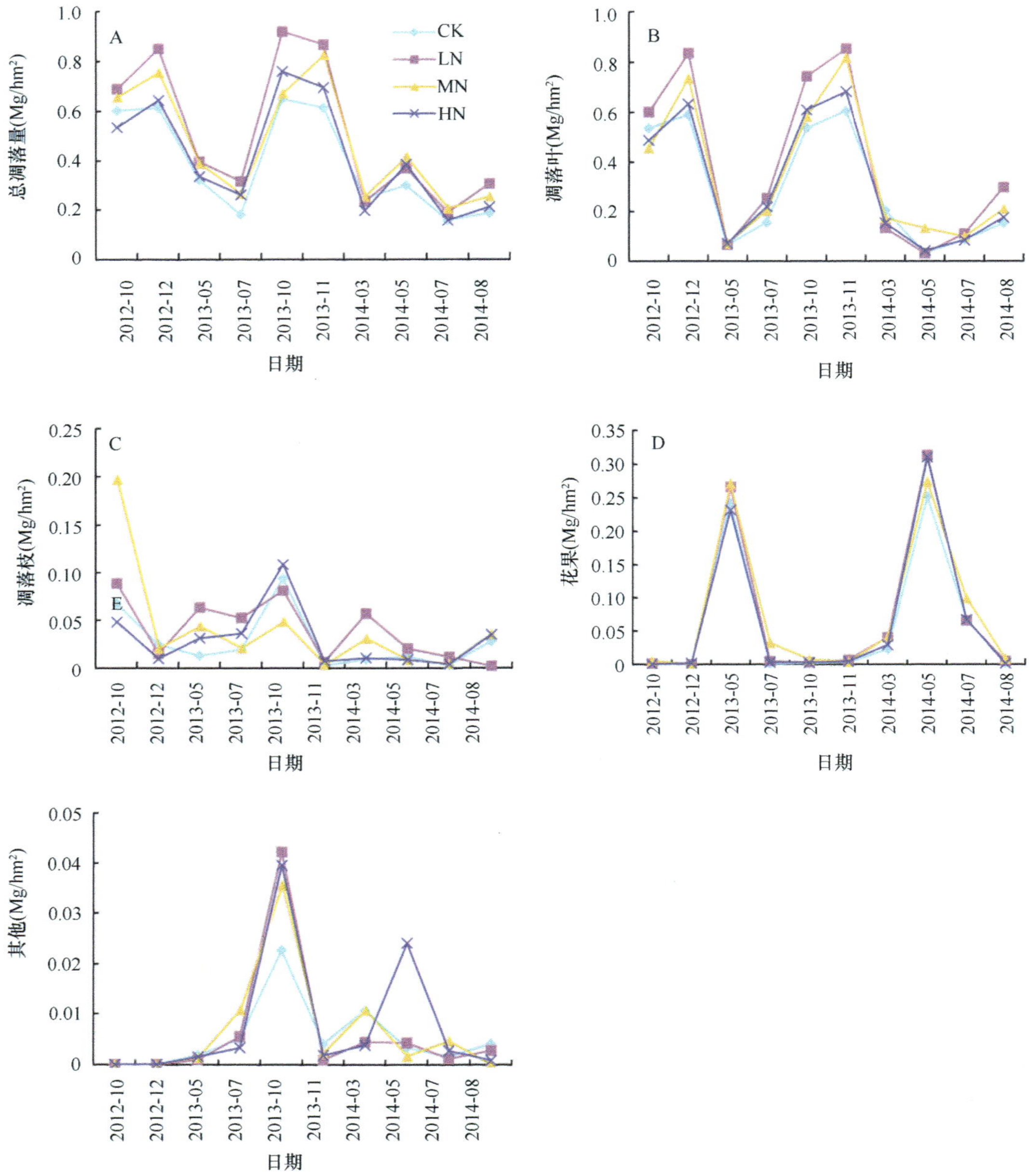

图 15-9　氮添加对杜鹃灌丛凋落物各组分产量季节变化的影响

CK、LN、MN 和 HN 为 4 种施氮水平，分别代表的氮添加浓度为 0g/（m^2·a）、2g/（m^2·a）、5g/（m^2·a）和 10g/（m^2·a）

说明灌丛对外源氮输入的响应需要一定时间，从氮输入到被植物根系吸收，再到应用于光合作用，是一个复杂的机制，短期内可能难以表现出显著的效应（樊后保等，2007；

Högberg et al.，2006）。

15.3.2 氮添加对凋落叶分解的影响

对杜鹃和白檀的凋落叶初始化学组分进行测量，结果表明二者具有很大差异(表 15-3)。凋落叶分解过程中的干物质残留率随时间表现出下降的趋势，其中杜鹃凋落叶分解较慢，干物质残留率高（图 15-10A）；白檀凋落叶分解快，干物质残留率低（图 15-10B）。氮添加促进了凋落叶的分解。重复测量的方差分析表明，施氮对二者的分解均没有表现出显著的影响。

表 15-3　杜鹃和白檀凋落叶的初始化学性状

物种	C（%）	N（%）	P（%）	C/N	C/P	N/P
杜鹃	45.229	1.628	0.092	27.779	492.174	17.718
白檀	43.259	2.262	0.153	19.121	282.737	14.787

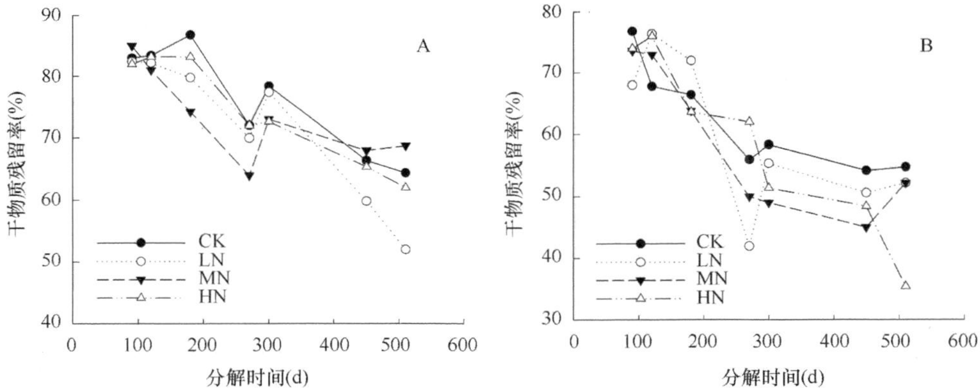

图 15-10　杜鹃（A）和白檀（B）凋落叶分解过程中干物质残留率的变化

CK、LN、MN 和 HN 为 4 种施氮水平，分别代表的氮添加浓度为 0g/（m^2·a）、2g/（m^2·a）、5g/（m^2·a）和 10g/（m^2·a）

如图 15-11 所示，杜鹃和白檀的凋落叶 C 含量在分解过程中均表现出先下降后上升的趋势，在整个实验阶段 C 含量变化比较平缓；随着分解的进行，两种凋落叶的 N 含量呈现出先上升后下降随后比较平稳的趋势；凋落叶的 P 含量随着分解的进行呈上升的趋势。两种凋落叶的 C、N、P 含量均随时间变化表现出显著差异（杜鹃 C 含量除外）（$P<0.05$），白檀的 P 含量受时间和施氮处理交互作用的影响不显著（表 15-4）。白檀凋

落叶分解过程中的 N、P 含量受施氮处理的影响显著，氮添加使白檀分解过程中 N、P 含量与对照相比显著下降。

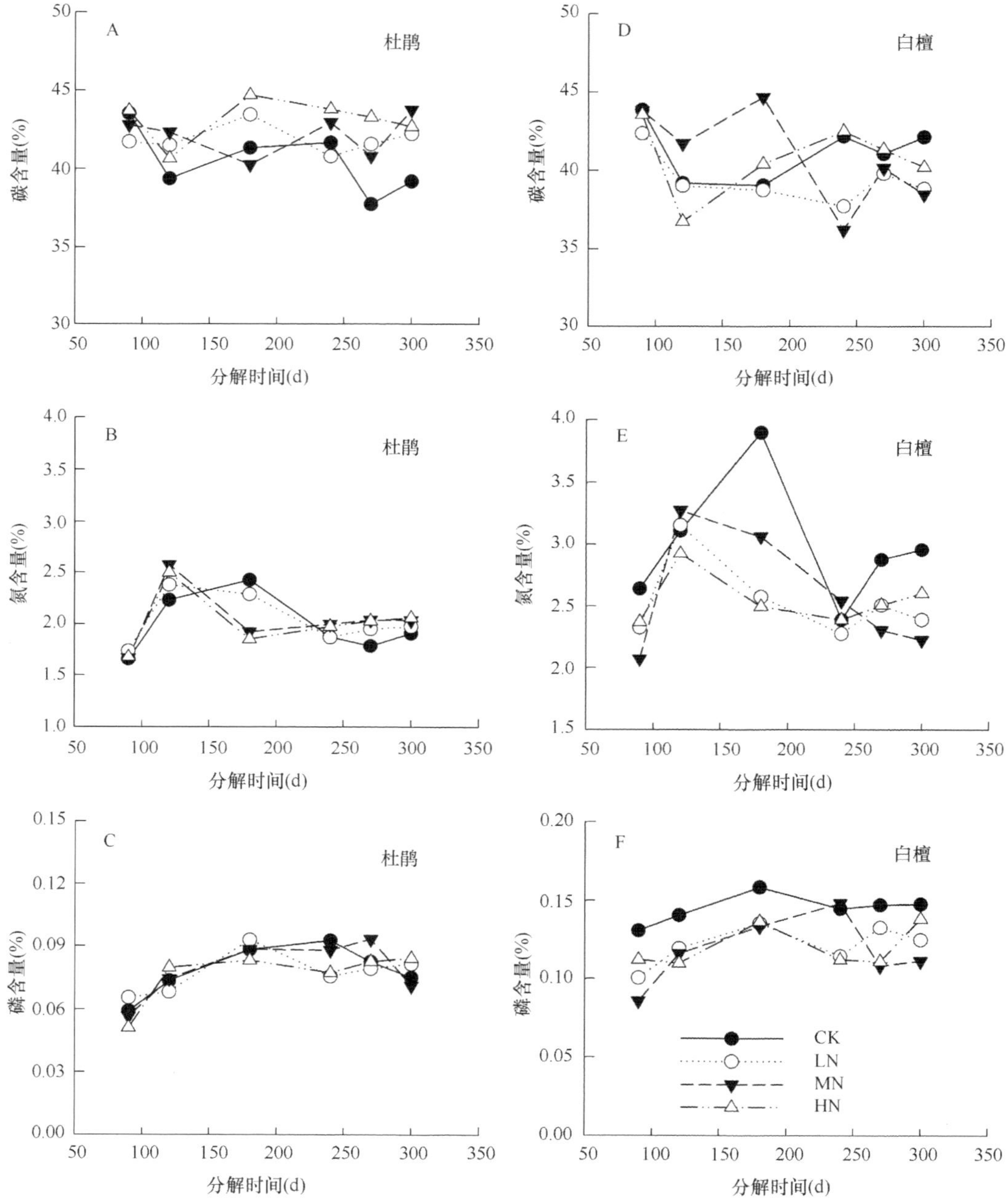

图 15-11　杜鹃和白檀分解过程中 C、N、P 含量的变化

CK、LN、MN 和 HN 为 4 种施氮水平，分别代表的氮添加浓度为 0g/（m^2·a）、2g/（m^2·a）、5g/（m^2·a）和 10g/（m^2·a）

表 15-4　不同氮添加处理下凋落叶 C、N、P 含量的重复测量方差分析

元素	因子	杜鹃凋落叶		白檀凋落叶	
		F 值	*P*	*F* 值	*P*
C	T	0.37	0.869	3.16	**0.014**
	N	1.07	0.402	0.82	0.510
	T×N	0.29	0.995	1.45	0.157
N	T	11.27	**<0.001**	11.63	**<0.001**
	N	0.33	0.803	5.87	**0.012**
	T×N	1.34	0.213	2.68	**0.004**
P	T	7.67	**<0.001**	5.22	**<0.001**
	N	0.30	0.824	15.88	**<0.001**
	T×N	0.75	0.728	1.20	0.300

T. 时间；N. 氮添加；粗体表示差异显著

氮添加可以通过以下几条途径对凋落物分解产生影响：改变凋落物的化学元素含量，改变植被组成和植物生长状况，改变土壤微生物群落等（Berg and Matzner，1997）。本研究中氮添加对凋落叶干物质残留率的影响不显著，与其他的一些研究结果相同（Prescott，1995），原因可能是氮素不是本区域凋落物分解的限制因子，或者短期氮添加难以对凋落物分解产生直接影响。但是总体来看施氮促进了杜鹃和白檀凋落叶的分解，外源氮添加可以使微生物可利用氮增加，促进微生物的生长，增强其活性，有利于凋落物的分解。

本研究发现氮添加对凋落叶分解过程中 C 的释放没有显著影响。在美国东北部 Harvard 森林开展的氮沉降试验发现，氮沉降处理使凋落物中的木质素含量明显增加，但对纤维素含量的影响不明显（Magil and Aber，1998）。在某些森林、草地和湿地生态系统中的研究发现，氮沉降促进了微生物的活性（Neff et al.，2002），而其他一些研究发现氮沉降抑制了微生物的活性（Carreiro et al.，2000），或者影响不明显（Hobbies，2000）。这些结果不一致的原因可能是微生物群落的组成差异及其酶系统对氮添加的响应差异。氮添加对凋落物 C 含量的影响是非常复杂的，既取决于生态系统分解者的种类和活性，又受到气候、树种及立地条件等诸多因素的影响。此外，氮添加显著促进了白檀凋落叶分解过程中 N、P 养分的释放，而对杜鹃凋落叶 N、P 的释放没有显著影响。两种凋落物的分解环境相同，造成结果不同的主要原因应该是二者理化性质的差异，白檀的 N、P 含量都比杜鹃高，但是其 N/P 低于杜鹃，施氮也许会改善其周围氮缺乏的状况，促进白檀凋落叶周围微生物的生长，加快其 N、P 的释放。

第 16 章　西南山地灌丛分布格局及其控制因素

中国西南地区在行政区划上通常包括重庆、四川、贵州、云南、西藏等省区，但考虑到青藏高原东部地区的完整性与灌丛分布的连续性，将青海省归入本研究所指的西南山区。本区域分布有世界第三极——青藏高原，并拥有海拔梯度上从热带雨林到永久冰雪带的完整植被垂直带谱。由于地形复杂、海拔差异悬殊、山脉走向各异、水热条件分配差异较大，同时由于人为活动的影响，西南山地灌丛类型多样性丰富、分布格局复杂多变。

16.1　西南山地灌丛的分类体系

2011～2013 年，调查组对四川、云南、贵州、西藏、青海 5 个区域进行灌丛植被调查，共计 415 个样地、1245 个样方（图 16-1）。根据《中国植被》（吴征镒，1980）和《中国植被及其地理格局》（中国科学院中国植被图编辑委员会，2007a）对群系的定义：凡是建群种或共建种相同（在热带或亚热带有时是标志种相同）的植物群落联合称为群系。同时，参考本研究区域相关的地方植被专著研究成果，如《四川植被》（四川植被协作组，1980）、《云南植被》（云南植被编写组，1987）、《贵州植被》（黄威廉等，1988）、《西藏植被》（中国科学院青藏高原综合科学考察队，1988）及《青海植被》（周兴民等，1986），将本次调查结果划分为 103 种群系。由于在国内相关专著的植被分类系统中，只对群系一级分类单位有相对统一的定义，对更高一级的植被分类单位处理不尽相同，为此以下将对其分别进行叙述（表 16-1）。

16.1.1　按照《中国植被》的分类系统

根据《中国植被》的分类系统，将所调查的 1245 个灌丛样方按照群落结构特征、

本章执笔人：胡君、李丽、李婷、赵文强、程新颖、刘庆

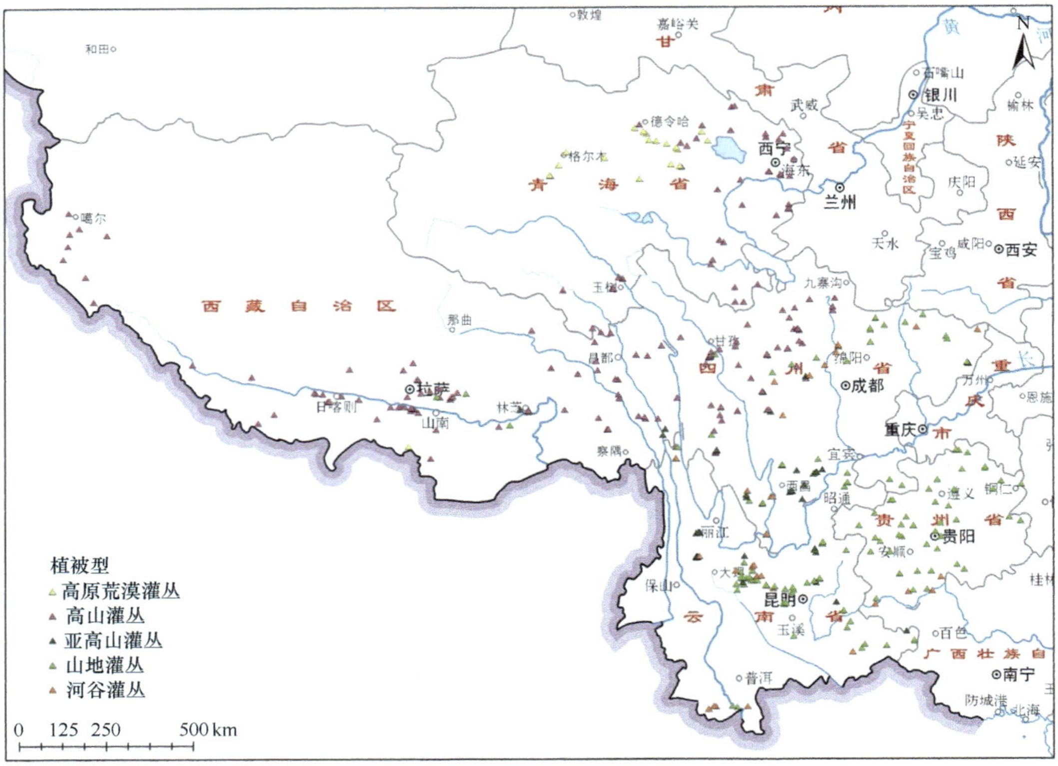

图 16-1　西南山地灌丛调查样地分布

表 16-1　西南山地主要灌丛植被分类体系

序号	群系名称	参考《中国植被》		参考《中国植被及其地理格局》		本研究			样方数量
		植被型	植被型组	植被型	植被型组	群系组	植被型	植被型组	
1	白刺花、小鞍叶羊蹄甲灌丛	落叶阔叶灌丛	灌丛和灌草丛	亚热带、热带常绿阔叶、落叶阔叶灌丛	灌丛	河谷白刺花灌丛	河谷灌丛	灌丛	15
2	黄栌灌丛	落叶阔叶灌丛	灌丛和灌草丛	温带落叶阔叶灌丛	灌丛	河谷黄栌灌丛	河谷灌丛	灌丛	12
3	牛奶子灌丛	落叶阔叶灌丛	灌丛和灌草丛	温带落叶阔叶灌丛	灌丛	河谷黄栌灌丛	河谷灌丛	灌丛	3
4	剑麻灌丛	灌草丛	灌丛和灌草丛	亚热带、热带草丛	草丛	河谷仙人掌、金合欢灌丛	河谷灌丛	灌丛	3
5	金合欢灌丛	落叶阔叶灌丛	灌丛和灌草丛	亚热带、热带常绿阔叶、落叶阔叶灌丛	灌丛	河谷仙人掌、金合欢灌丛	河谷灌丛	灌丛	6

续表

序号	群系名称	参考《中国植被》		参考《中国植被及其地理格局》		本研究			样方数量
		植被型	植被型组	植被型	植被型组	群系组	植被型	植被型组	
6	梨果仙人掌灌丛	肉质刺灌丛	荒漠（包括肉质刺灌丛）	亚热带、热带旱生常绿肉质多刺灌丛	灌丛	河谷仙人掌、金合欢灌丛	河谷灌丛	灌丛	15
7	车桑子灌丛	常绿阔叶灌丛	灌丛和灌草丛	亚热带、热带常绿阔叶、落叶阔叶灌丛	灌丛	河谷余甘子、车桑子灌丛	河谷灌丛	灌丛	3
8	胡枝子、清香木灌丛	落叶阔叶灌丛	灌丛和灌草丛	亚热带、热带常绿阔叶、落叶阔叶灌丛	灌丛	河谷余甘子、车桑子灌丛	河谷灌丛	灌丛	3
9	余甘子灌丛	落叶阔叶灌丛	灌丛和灌草丛	亚热带、热带常绿阔叶、落叶阔叶灌丛	灌丛	河谷余甘子、车桑子灌丛	河谷灌丛	灌丛	42
10	黄荆灌丛	落叶阔叶灌丛	灌丛和灌草丛	亚热带、热带常绿阔叶、落叶阔叶灌丛	灌丛	山地黄荆、马桑灌丛	山地灌丛	灌丛	18
11	马桑灌丛	落叶阔叶灌丛	灌丛和灌草丛	亚热带、热带常绿阔叶、落叶阔叶灌丛	灌丛	山地黄荆、马桑灌丛	山地灌丛	灌丛	18
12	牡荆灌丛	落叶阔叶灌丛	灌丛和灌草丛	亚热带、热带常绿阔叶、落叶阔叶灌丛	灌丛	山地黄荆、马桑灌丛	山地灌丛	灌丛	3
13	火棘灌丛	落叶阔叶灌丛	灌丛和灌草丛	亚热带、热带常绿阔叶、落叶阔叶灌丛	灌丛	山地火棘灌丛	山地灌丛	灌丛	51
14	檵木灌丛	常绿阔叶灌丛	灌丛和灌草丛	亚热带、热带常绿阔叶、落叶阔叶灌丛	灌丛	山地檵木、南烛灌丛	山地灌丛	灌丛	12
15	南烛、矮杨梅灌丛	常绿阔叶灌丛	灌丛和灌草丛	亚热带、热带常绿阔叶、落叶阔叶灌丛	灌丛	山地檵木、南烛灌丛	山地灌丛	灌丛	90
16	白栎灌丛	落叶阔叶灌丛	灌丛和灌草丛	亚热带、热带常绿阔叶、落叶阔叶灌丛	灌丛	山地栎类灌丛	山地灌丛	灌丛	51
17	短柄枹栎灌丛	落叶阔叶灌丛	灌丛和灌草丛	亚热带、热带常绿阔叶、落叶阔叶灌丛	灌丛	山地栎类灌丛	山地灌丛	灌丛	3
18	茅栗灌丛	落叶阔叶灌丛	灌丛和灌草丛	亚热带、热带常绿阔叶、落叶阔叶灌丛	灌丛	山地栎类灌丛	山地灌丛	灌丛	12
19	栓皮栎灌丛	落叶阔叶灌丛	灌丛和灌草丛	亚热带、热带常绿阔叶、落叶阔叶灌丛	灌丛	山地栎类灌丛	山地灌丛	灌丛	12
20	圆果化香灌丛	落叶阔叶灌丛	灌丛和灌草丛	亚热带、热带常绿阔叶、落叶阔叶灌丛	灌丛	山地栎类灌丛	山地灌丛	灌丛	3
21	绢毛绣线菊灌丛	落叶阔叶灌丛	灌丛和灌草丛	亚高山落叶阔叶灌丛	灌丛	山地蔷薇灌丛	山地灌丛	灌丛	3
22	豪猪刺灌丛	落叶阔叶灌丛	灌丛和灌草丛	亚热带、热带旱生常绿肉质多刺灌丛	灌丛	山地蔷薇灌丛	山地灌丛	灌丛	3

续表

序号	群系名称	参考《中国植被》		参考《中国植被及其地理格局》		本研究			样方数量
		植被型	植被型组	植被型	植被型组	群系组	植被型	植被型组	
23	小果蔷薇、火棘灌丛	落叶阔叶灌丛	灌丛和灌草丛	亚热带、热带常绿阔叶、落叶阔叶灌丛	灌丛	山地蔷薇灌丛	山地灌丛	灌丛	6
24	小叶栒子灌丛	落叶阔叶灌丛	灌丛和灌草丛	亚高山落叶阔叶灌丛	灌丛	山地蔷薇灌丛	山地灌丛	灌丛	3
25	毡毛栒子灌丛	落叶阔叶灌丛	灌丛和灌草丛	温带落叶阔叶灌丛	灌丛	山地蔷薇灌丛	山地灌丛	灌丛	3
26	中华绣线菊灌丛	落叶阔叶灌丛	灌丛和灌草丛	温带落叶阔叶灌丛	灌丛	山地蔷薇灌丛	山地灌丛	灌丛	6
27	岗松灌丛	常绿阔叶灌丛	灌丛和灌草丛	亚热带、热带常绿阔叶、落叶阔叶灌丛	灌丛	山地桃金娘灌丛	山地灌丛	灌丛	3
28	桃金娘灌丛	常绿阔叶灌丛	灌丛和灌草丛	亚热带、热带常绿阔叶、落叶阔叶灌丛	灌丛	山地桃金娘灌丛	山地灌丛	灌丛	3
29	红背山麻杆、灰毛浆果楝灌丛	常绿阔叶灌丛	灌丛和灌草丛	亚热带、热带常绿阔叶、落叶阔叶灌丛	灌丛	山地盐肤木灌丛	山地灌丛	灌丛	3
30	山蜡梅灌丛	常绿阔叶灌丛	灌丛和灌草丛	亚热带、热带常绿阔叶、落叶阔叶灌丛	灌丛	山地盐肤木灌丛	山地灌丛	灌丛	3
31	盐肤木灌丛	落叶阔叶灌丛	灌丛和灌草丛	亚热带、热带常绿阔叶、落叶阔叶灌丛	灌丛	山地盐肤木灌丛	山地灌丛	灌丛	21
32	滇榛灌丛	落叶阔叶灌丛	灌丛和灌草丛	温带落叶阔叶灌丛	灌丛	山地榛子灌丛	山地灌丛	灌丛	6
33	中平树灌丛	常绿阔叶灌丛	灌丛和灌草丛	亚热带、热带常绿阔叶、落叶阔叶灌丛	灌丛	山地中平树灌丛	山地灌丛	灌丛	6
34	山鸡椒灌丛	常绿阔叶灌丛	灌丛和灌草丛	亚热带、热带常绿阔叶、落叶阔叶灌丛	灌丛	山地竹叶椒灌丛	山地灌丛	灌丛	3
35	铁仔灌丛	常绿阔叶灌丛	灌丛和灌草丛	亚热带、热带常绿阔叶、落叶阔叶灌丛	灌丛	山地竹叶椒灌丛	山地灌丛	灌丛	6
36	竹叶椒灌丛	常绿阔叶灌丛	灌丛和灌草丛	亚热带、热带常绿阔叶、落叶阔叶灌丛	灌丛	山地竹叶椒灌丛	山地灌丛	灌丛	21
37	地盘松灌丛	常绿针叶灌丛	灌丛和灌草丛	亚高山常绿针叶灌丛	灌丛	亚高山地盘松灌丛	亚高山灌丛	灌丛	9
38	大白杜鹃、腋花杜鹃灌丛	常绿革叶灌丛	灌丛和灌草丛	亚高山硬叶常绿灌丛	灌丛	亚高山杜鹃灌丛	亚高山灌丛	灌丛	6
39	淡黄杜鹃灌丛	常绿革叶灌丛	灌丛和灌草丛	亚高山硬叶常绿灌丛	灌丛	亚高山杜鹃灌丛	亚高山灌丛	灌丛	3

续表

序号	群系名称	参考《中国植被》		参考《中国植被及其地理格局》		本研究			样方数量
		植被型	植被型组	植被型	植被型组	群系组	植被型	植被型组	
40	黄毛杜鹃、陇蜀杜鹃灌丛	常绿革叶灌丛	灌丛和灌草丛	亚高山硬叶常绿灌丛	灌丛	亚高山杜鹃灌丛	亚高山灌丛	灌丛	3
41	马缨杜鹃灌丛	常绿革叶灌丛	灌丛和灌草丛	亚高山硬叶常绿灌丛	灌丛	亚高山杜鹃灌丛	亚高山灌丛	灌丛	6
42	腺房杜鹃灌丛	常绿革叶灌丛	灌丛和灌草丛	亚高山硬叶常绿灌丛	灌丛	亚高山杜鹃灌丛	亚高山灌丛	灌丛	21
43	腋花杜鹃灌丛	常绿革叶灌丛	灌丛和灌草丛	亚高山硬叶常绿灌丛	灌丛	亚高山杜鹃灌丛	亚高山灌丛	灌丛	27
44	峨眉蔷薇灌丛	落叶阔叶灌丛	灌丛和灌草丛	亚高山落叶阔叶灌丛	灌丛	亚高山蔷薇、栒子灌丛	亚高山灌丛	灌丛	3
45	绢毛蔷薇、匍匐栒子灌丛	落叶阔叶灌丛	灌丛和灌草丛	亚高山落叶阔叶灌丛	灌丛	亚高山蔷薇、栒子灌丛	亚高山灌丛	灌丛	18
46	蔷薇、栒子灌丛	落叶阔叶灌丛	灌丛和灌草丛	温带落叶阔叶灌丛	灌丛	亚高山蔷薇、栒子灌丛	亚高山灌丛	灌丛	9
47	矮高山栎灌丛	常绿阔叶灌丛	灌丛和灌草丛	亚高山硬叶常绿灌丛	灌丛	亚高山硬叶栎类灌丛	亚高山灌丛	灌丛	15
48	川滇高山栎灌丛	常绿阔叶灌丛	灌丛和灌草丛	亚高山硬叶常绿灌丛	灌丛	亚高山硬叶栎类灌丛	亚高山灌丛	灌丛	15
49	毛脉高山栎灌丛	常绿阔叶灌丛	灌丛和灌草丛	亚高山硬叶常绿灌丛	灌丛	亚高山硬叶栎类灌丛	亚高山灌丛	灌丛	3
50	黄背栎灌丛	常绿阔叶灌丛	灌丛和灌草丛	亚高山硬叶常绿灌丛	灌丛	亚高山硬叶栎类灌丛	亚高山灌丛	灌丛	6
51	长穗高山栎灌丛	常绿阔叶灌丛	灌丛和灌草丛	亚高山硬叶常绿灌丛	灌丛	亚高山硬叶栎类灌丛	亚高山灌丛	灌丛	3
52	千里香杜鹃灌丛	常绿革叶灌丛	灌丛和灌草丛	亚高山硬叶常绿灌丛	灌丛	高山杜鹃灌丛	高山灌丛	灌丛	45
53	裂毛雪山杜鹃灌丛	常绿革叶灌丛	灌丛和灌草丛	亚高山硬叶常绿灌丛	灌丛	高山杜鹃灌丛	高山灌丛	灌丛	6
54	草原杜鹃灌丛	常绿革叶灌丛	灌丛和灌草丛	亚高山硬叶常绿灌丛	灌丛	高山杜鹃灌丛	高山灌丛	灌丛	57
55	单色杜鹃灌丛	常绿革叶灌丛	灌丛和灌草丛	亚高山硬叶常绿灌丛	灌丛	高山杜鹃灌丛	高山灌丛	灌丛	6
56	栎叶杜鹃灌丛	常绿革叶灌丛	灌丛和灌草丛	亚高山硬叶常绿灌丛	灌丛	高山杜鹃灌丛	高山灌丛	灌丛	3

续表

序号	群系名称	参考《中国植被》		参考《中国植被及其地理格局》		本研究			样方数量
		植被型	植被型组	植被型	植被型组	群系组	植被型	植被型组	
57	密枝杜鹃灌丛	常绿革叶灌丛	灌丛和灌草丛	亚高山硬叶常绿灌丛	灌丛	高山杜鹃灌丛	高山灌丛	灌丛	3
58	绵毛杜鹃灌丛	常绿革叶灌丛	灌丛和灌草丛	亚高山硬叶常绿灌丛	灌丛	高山杜鹃灌丛	高山灌丛	灌丛	3
59	凝毛杜鹃灌丛	常绿革叶灌丛	灌丛和灌草丛	亚高山硬叶常绿灌丛	灌丛	高山杜鹃灌丛	高山灌丛	灌丛	3
60	青海杜鹃灌丛	常绿革叶灌丛	灌丛和灌草丛	亚高山硬叶常绿灌丛	灌丛	高山杜鹃灌丛	高山灌丛	灌丛	3
61	髯花杜鹃灌丛	常绿革叶灌丛	灌丛和灌草丛	亚高山硬叶常绿灌丛	灌丛	高山杜鹃灌丛	高山灌丛	灌丛	3
62	头花杜鹃灌丛	常绿革叶灌丛	灌丛和灌草丛	亚高山硬叶常绿灌丛	灌丛	高山杜鹃灌丛	高山灌丛	灌丛	15
63	雪层杜鹃灌丛	常绿革叶灌丛	灌丛和灌草丛	亚高山硬叶常绿灌丛	灌丛	高山杜鹃灌丛	高山灌丛	灌丛	63
64	永宁杜鹃灌丛	常绿革叶灌丛	灌丛和灌草丛	亚高山硬叶常绿灌丛	灌丛	高山杜鹃灌丛	高山灌丛	灌丛	3
65	紫背杜鹃灌丛	常绿革叶灌丛	灌丛和灌草丛	亚高山硬叶常绿灌丛	灌丛	高山杜鹃灌丛	高山灌丛	灌丛	3
66	金露梅灌丛	落叶阔叶灌丛	灌丛和灌草丛	亚高山落叶阔叶灌丛	灌丛	高山金露梅灌丛	高山灌丛	灌丛	51
67	小叶金露梅灌丛	落叶阔叶灌丛	灌丛和灌草丛	亚高山落叶阔叶灌丛	灌丛	高山金露梅灌丛	高山灌丛	灌丛	12
68	银露梅灌丛	落叶阔叶灌丛	灌丛和灌草丛	亚高山落叶阔叶灌丛	灌丛	高山金露梅灌丛	高山灌丛	灌丛	6
69	变色锦鸡儿灌丛	落叶阔叶灌丛	灌丛和灌草丛	亚高山落叶阔叶灌丛	灌丛	高山锦鸡儿灌丛	高山灌丛	灌丛	24
70	毛刺锦鸡儿灌丛	落叶阔叶灌丛	灌丛和灌草丛	亚高山落叶阔叶灌丛	灌丛	高山锦鸡儿灌丛	高山灌丛	灌丛	3
71	川滇野丁香灌丛	落叶阔叶灌丛	灌丛和灌草丛	亚高山落叶阔叶灌丛	灌丛	高山锦鸡儿灌丛	高山灌丛	灌丛	3
72	青甘锦鸡儿灌丛	落叶阔叶灌丛	灌丛和灌草丛	亚高山落叶阔叶灌丛	灌丛	高山锦鸡儿灌丛	高山灌丛	灌丛	3
73	鬼箭锦鸡儿灌丛	落叶阔叶灌丛	灌丛和灌草丛	亚高山落叶阔叶灌丛	灌丛	高山锦鸡儿灌丛	高山灌丛	灌丛	3

续表

序号	群系名称	参考《中国植被》		参考《中国植被及其地理格局》		本研究			样方数量
		植被型	植被型组	植被型	植被型组	群系组	植被型	植被型组	
74	小叶锦鸡儿灌丛	落叶阔叶灌丛	灌丛和灌草丛	亚高山落叶阔叶灌丛	灌丛	高山锦鸡儿灌丛	高山灌丛	灌丛	3
75	巴郎柳灌丛	落叶阔叶灌丛	灌丛和灌草丛	亚高山落叶阔叶灌丛	灌丛	高山柳灌丛	高山灌丛	灌丛	3
76	迟花矮柳灌丛	落叶阔叶灌丛	灌丛和灌草丛	亚高山落叶阔叶灌丛	灌丛	高山柳灌丛	高山灌丛	灌丛	3
77	杯腺柳灌丛	落叶阔叶灌丛	灌丛和灌草丛	亚高山落叶阔叶灌丛	灌丛	高山柳灌丛	高山灌丛	灌丛	3
78	秋华柳灌丛	落叶阔叶灌丛	灌丛和灌草丛	亚高山落叶阔叶灌丛	灌丛	高山柳灌丛	高山灌丛	灌丛	3
79	山生柳灌丛	落叶阔叶灌丛	灌丛和灌草丛	亚高山落叶阔叶灌丛	灌丛	高山柳灌丛	高山灌丛	灌丛	36
80	硬叶柳灌丛	落叶阔叶灌丛	灌丛和灌草丛	亚高山落叶阔叶灌丛	灌丛	高山柳灌丛	高山灌丛	灌丛	9
81	沙棘灌丛	落叶阔叶灌丛	灌丛和灌草丛	温带落叶阔叶灌丛	灌丛	高山沙棘灌丛	高山灌丛	灌丛	3
82	拉萨小檗灌丛	落叶阔叶灌丛	灌丛和灌草丛	亚高山落叶阔叶灌丛	灌丛	高山砂生槐灌丛	高山灌丛	灌丛	3
83	砂生槐灌丛	落叶阔叶灌丛	灌丛和灌草丛	亚热带、热带常绿阔叶、落叶阔叶灌丛	灌丛	高山砂生槐灌丛	高山灌丛	灌丛	63
84	鲜卑花灌丛	落叶阔叶灌丛	灌丛和灌草丛	亚高山落叶阔叶灌丛	灌丛	高山鲜卑花灌丛	高山灌丛	灌丛	9
85	窄叶鲜卑花灌丛	落叶阔叶灌丛	灌丛和灌草丛	亚高山落叶阔叶灌丛	灌丛	高山鲜卑花灌丛	高山灌丛	灌丛	42
86	滇藏方枝柏灌丛	常绿针叶灌丛	灌丛和灌草丛	亚高山常绿针叶灌丛	灌丛	高山香柏灌丛	高山灌丛	灌丛	3
87	高山柏灌丛	常绿针叶灌丛	灌丛和灌草丛	亚高山常绿针叶灌丛	灌丛	高山香柏灌丛	高山灌丛	灌丛	3
88	香柏灌丛	常绿针叶灌丛	灌丛和灌草丛	亚高山常绿针叶灌丛	灌丛	高山香柏灌丛	高山灌丛	灌丛	30
89	高山绣线菊灌丛	落叶阔叶灌丛	灌丛和灌草丛	亚高山落叶阔叶灌丛	灌丛	高山绣线菊灌丛	高山灌丛	灌丛	6
90	红花岩生忍冬灌丛	落叶阔叶灌丛	灌丛和灌草丛	亚高山落叶阔叶灌丛	灌丛	高山绣线菊灌丛	高山灌丛	灌丛	3
91	细枝绣线菊灌丛	落叶阔叶灌丛	灌丛和灌草丛	亚高山落叶阔叶灌丛	灌丛	高山绣线菊灌丛	高山灌丛	灌丛	15
92	沙蒿灌丛	荒漠灌丛	荒漠（包括肉质刺灌丛）	温带半灌木、矮半灌木荒漠	荒漠	高原荒漠白刺灌丛	高原荒漠灌丛	灌丛	3

续表

序号	群系名称	参考《中国植被》		参考《中国植被及其地理格局》		本研究			样方数量
		植被型	植被型组	植被型	植被型组	群系组	植被型	植被型组	
93	白刺灌丛	灌木荒漠	荒漠（包括肉质刺灌丛）	温带灌木荒漠	荒漠	高原荒漠白刺灌丛	高原荒漠灌丛	灌丛	9
94	多花柽柳灌丛	灌木荒漠	荒漠（包括肉质刺灌丛）	温带灌木荒漠	荒漠	高原荒漠柽柳灌丛	高原荒漠灌丛	灌丛	3
95	具鳞水柏枝灌丛	落叶阔叶灌丛	灌丛和灌草丛	温带落叶阔叶灌丛	荒漠	高原荒漠柽柳灌丛	高原荒漠灌丛	灌丛	9
96	蒿叶猪毛菜灌丛	灌木荒漠	荒漠（包括肉质刺灌丛）	温带半灌木、矮半灌木荒漠	荒漠	高原荒漠藜类灌丛	高原荒漠灌丛	灌丛	6
97	合头草灌丛	灌木荒漠	荒漠（包括肉质刺灌丛）	温带半灌木、矮半灌木荒漠	荒漠	高原荒漠藜类灌丛	高原荒漠灌丛	灌丛	3
98	木本猪毛菜灌丛	灌木荒漠	荒漠（包括肉质刺灌丛）	温带半灌木、矮半灌木荒漠	荒漠	高原荒漠藜类灌丛	高原荒漠灌丛	灌丛	3
99	琐琐灌丛	灌木荒漠	荒漠（包括肉质刺灌丛）	温带矮半乔木荒漠	荒漠	高原荒漠藜类灌丛	高原荒漠灌丛	灌丛	3
100	驼绒藜灌丛	灌木荒漠	荒漠（包括肉质刺灌丛）	温带半灌木、矮半灌木荒漠	荒漠	高原荒漠藜类灌丛	高原荒漠灌丛	灌丛	9
101	盐爪爪灌丛	灌木荒漠	荒漠（包括肉质刺灌丛）	温带多汁盐生矮半灌木荒漠	荒漠	高原荒漠藜类灌丛	高原荒漠灌丛	灌丛	9
102	膜果麻黄灌丛	灌木荒漠	荒漠（包括肉质刺灌丛）	温带灌木荒漠	荒漠	高原荒漠麻黄灌丛	高原荒漠灌丛	灌丛	3
103	山岭麻黄灌丛	灌木荒漠	荒漠（包括肉质刺灌丛）	温带灌木荒漠	荒漠	高原荒漠麻黄灌丛	高原荒漠灌丛	灌丛	3

种类组成、外貌特点及生态地理分布的特点等划分为灌丛和灌草丛及荒漠（包括肉质刺灌丛）2 个植被型组。灌丛和灌草丛植被型组包含常绿针叶灌丛、常绿革叶灌丛、落叶阔叶灌丛、常绿阔叶灌丛和灌草丛等 5 种植被型，其中落叶阔叶灌丛类型最为丰富，达到 50 种群系；荒漠（包括肉质刺灌丛）植被型组包含荒漠灌丛和肉质刺灌丛 2 种植被型，其中肉质刺灌丛仅包含梨果仙人掌群系 1 种（表 16-1）。

16.1.2 按照《中国植被及其地理格局》的分类系统

根据《中国植被及其地理格局》的分类系统，将所调查的 1245 个灌木样方划分为灌丛、荒漠、草丛 3 个植被型组。灌丛植被型组包含亚热带、热带常绿阔叶、落叶阔叶灌丛，亚高山硬叶常绿灌丛，亚高山落叶阔叶灌丛，亚高山常绿针叶灌丛，温带落叶阔叶灌丛和亚热带、热带旱生常绿肉质多刺灌丛等 6 种植被型，其中亚热带、热带常绿阔叶、落叶阔叶灌丛所含群系类型最为丰富，达到 28 种；亚高山落叶阔叶灌丛和亚高山硬叶常绿灌丛所含群系类型次之，为 25 种。荒漠植被型组包括温带灌木荒漠，温带多汁盐生矮半灌木荒漠，温带半灌木、矮半灌木荒漠和温带矮半乔木荒漠等 4 种植被型，其中温带半灌木、矮半灌木荒漠所含群系类型为 5 种；温带矮半乔木荒漠、温带多汁盐生矮半灌木荒漠均仅含 1 种群系。草丛植被型组包括亚热带、热带草丛 1 种植被型，含剑麻灌丛 1 种群系（表 16-1）。

16.1.3 本研究中的分类情况

植物群落是在一定的气候、基质、生物等因素的综合作用下经过长期发展而形成的，植被本身总是和一定的生境条件联系在一起，必然在某种程度上和生态系统中其他组成成分相关联。但是纵观以上两套植被分类系统，都是在大范围内进行的植被分类，主要采用生态外貌和植物区系或者以植物种属地理分布为基础。由于西南山地地形复杂、海拔差异悬殊、山脉走向各异、水热条件分配差异较大，在面对这种植物区系相对复杂的区域内进行植被分类时，上述分类系统已不能较好地展现西南山地区域内特殊的地形地貌差异。在本研究中，为了便于从山地植被垂直带的角度揭示灌丛碳库的分布规律，结合区域的地理特点，本研究对灌丛类型进行了重新划分。

西南山地最为明显的植被变化主要体现在垂直海拔梯度区域，由于水热条件等多方面的影响，不同的海拔区域有不同且稳定的植被类型，且这个植被类型能够充分反映所处地带的自然环境条件。本研究在进行植被类型分类时根据群落的种类组成、生态外貌特征、生态地理分布及动态特点，结合《四川植被》（四川植被协作组，1980）、《云南植被》（云南植被编写组，1987）、《贵州植被》（黄威廉等，1988）、《西藏植被》（中国科学院青藏高原综合科学考察队，1988）及西南山地灌丛研究的实际调查情况，同时参考国际上关于山地植物群落分类的相关文献（Ward et al.，2014），将调查的 103 种群系归分为 5 个植被型，分别是高原荒漠灌丛、高山灌丛、亚高山灌丛、山地灌丛和河谷灌丛（图 16-2）。在植被型与群系之间，根据建群种的亲缘关系或者第二优势种和伴生种或者生境相对一致的群系进行了相当于群系组的归类，共计 31 个植被类型（相当于群系组）（表 16-1）。

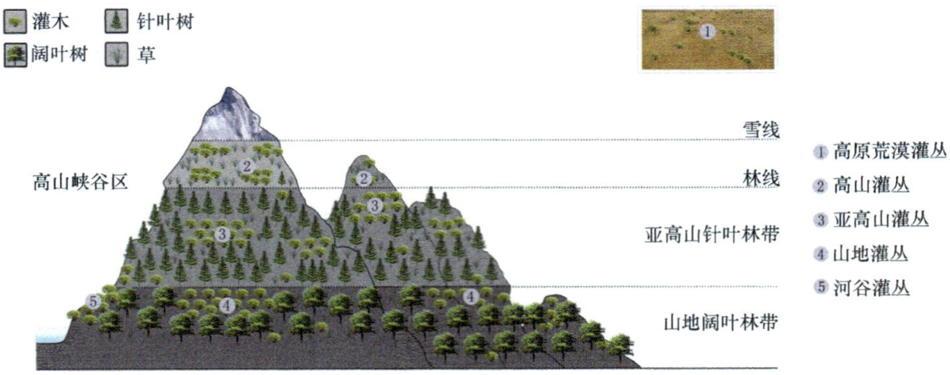

图 16-2　本研究针对西南山地采用的灌丛植被分类系统示意图①

16.2　西南山地主要灌丛类型及分布

16.2.1　西南山地主要灌丛类型

（1）河谷灌丛

河谷灌丛是以中生性耐旱植物为主的适应干旱河谷气候的灌丛植被类型，主要分布于四川、云南、贵州等地区的河谷特殊生境中。由于河谷深切，焚风效应显著，形成干旱的谷地隐域性气候，降水量少、蒸发量大是限制植被发育的主要控制因子，加上有些河谷地段基质为石灰岩、页岩等，土壤少而石块多，地表冲刷严重，更使生境趋于旱化（图 16-3）。

由于其干旱的生境，河谷灌丛群落总体上呈现比较稀疏的外貌，并且组成种类多具有适应旱生（如叶小、多肉质、多刺、多毛绒、多具挥发性油等）的形态，但西南山地的河谷灌丛从贵州南部、云南北部的热带、亚热带一直到四川西北部温带均有分布，因此河谷灌丛的群落结构与种类组成随分布地区的不同而有差异。

河谷灌丛灌木层常见的物种有梨果仙人掌、白刺花、小鞍叶羊蹄甲、小叶菠子梢、黄栌、余甘子、金合欢、清香木、三花莸等。草本层常见的物种有垫状卷柏、针叶帚菊、毛蕊花、芸香草、双药芒、西藏珊瑚苣苔、黄茅、臭蒿等。

① 本图由王晓胡绘

研究中共计调查了102个河谷灌丛样方，按照建群种的不同，划分为9种群系（表16-1）。

小鞍叶羊蹄甲灌丛　四川得荣　阳小成提供

黄栌灌丛　四川旺苍　黎云祥提供

梨果仙人掌灌丛　四川得荣　阳小成提供

余甘子灌丛　云南姚安　巩合德提供

图 16-3　河谷灌丛

（2）山地灌丛

山地灌丛是指常绿阔叶林和常绿、落叶阔叶混交林分布范围内的灌丛植被类型，在云南中部地区、四川盆地盆周地区、贵州全省的低山、丘陵及部分中山地区分布极为广泛，是一种常见的灌丛类型。其分布的海拔一般在 2500m 以下，少数适应性较广的山地灌丛可分布至 3000m，与亚高山灌丛相连。不同山地灌丛类型适应不同的土壤，小果蔷薇、火棘、豪猪刺、南天竹灌丛多生于钙质土；铁仔、竹叶椒、盐肤木灌丛多生于酸性土壤上；黄荆、马桑、白栎、短柄枹栎灌丛对土壤要求不严，分布比较广泛（图 16-4）。

山地灌丛从起源上看既有在干旱贫瘠生境上分布的原生性灌丛（如马桑灌丛、火棘灌丛、小果蔷薇灌丛等），又有长期处于干扰之下的次生性灌丛（如白栎灌丛、短柄枹栎灌丛、茅栗灌丛、栓皮栎灌丛等），群落结构杂乱，物种组成复杂。

山地灌丛灌木层常见的常绿阔叶植物有南烛、矮杨梅、檵木、铁仔、竹叶椒、杨叶木姜子、灰毛浆果楝、桃金娘等；落叶阔叶物种主要有滇榛、盐肤木、火棘、小果蔷薇、白栎、槲栎、栓皮栎、豪猪刺、金丝梅、薄叶鼠李、小叶栒子、毡毛栒子、中华绣线菊等。草本层常见的物种有芒萁、金星蕨、蕨、芒、白茅、矛叶荩草、竹叶草、打破碗花花、地榆、苦苣菜、饭包草等。一些灌丛中藤本植物也较丰富，常见的有小木通、绣球藤、鸡屎藤、白首乌、西南菝葜、钩吻等。

本研究共调查了 372 个山地灌丛样方，分属于 27 种群系（表 16-1）。

火棘灌丛　四川通江　黎云祥提供

白栎灌丛　贵州毕节　廖昕荣提供

马桑灌丛　四川盐源　阳小成提供

南烛、矮杨梅灌丛　云南姚安　巩合德提供

图 16-4　山地灌丛

（3）亚高山灌丛

亚高山灌丛是山地垂直带中亚高山针叶林带内的灌丛植被类型，主要分布于四川西部、云南西北部高山峡谷区域及向高原的过渡地带，垂直分布的海拔一般为 2500～4000m。灌丛生长环境多样，可见于沟谷、谷坡、山脊、阴坡、阳坡等区域，在阴坡、半阴坡分布的灌丛多是针叶林破坏后形成的次生灌丛，以杜鹃属、蔷薇属植物为主。而在四川西部、云南西北部高山峡谷区的部分阳坡、半阳坡及贵州西北部海拔 2500m 左右的石灰岩山地，由于立地条件较差，水分蒸发较快，形成了呈较大面积分布的高山栎类灌丛，有时超越林线以上，为西南山地较为典型的一种现象（图 16-5）。

亚高山灌丛中，各类灌丛的外貌与盖度差异也很显著。以杜鹃为主的灌丛盖度比较大，丛冠整齐，常与云、冷杉林镶嵌分布；落叶阔叶灌丛外貌通常由于种类复杂而显得参差不齐，盖度差异也比较大。地盘松与高山栎类灌丛通常形成较大的盖度，前者外貌呈绿色，后者外貌呈黄褐色，两者的丛冠均很平整。

亚高山灌丛灌木种类组成比较多样、复杂。常见的常绿阔叶种类有大白杜鹃、黄毛杜鹃、腺房杜鹃、马缨杜鹃、绒毛杜鹃、腋花杜鹃、矮高山栎、川滇高山栎、灰背栎等；常绿针叶灌木仅地盘松 1 种；落叶阔叶灌木主要有滇榛、川榛、刺红珠、陕西绣线菊、中华绣线菊、匍匐栒子、木帚栒子、绢毛蔷薇、峨眉蔷薇、华西小石积、云南勾儿茶等。组成亚高山灌丛的主要草本层植物种类有四川嵩草、牛毛毡、密花早熟禾、糙野青茅、垂穗披碱草、羊茅、二裂委陵菜、偏翅唐松草、西南草莓、四川堇菜、双花堇菜、甘青老鹳草、椭圆叶花锚、茅膏菜、大叶碎米荠、川滇槲蕨等。藤本植物仅在部分灌丛样方中出现，常见的有绣球藤、毛茛铁线莲、杯柄铁线莲、茜草等。

本研究共调查了 147 个亚高山灌丛样方，按照建群种的不同，分属于 15 种群系（表 16-1）。

（4）高山灌丛

高山灌丛是指山地垂直带中，生长于森林线以上，主要层片的建群种为灌木的植被类型。在本研究区域中高山灌丛主要分布于四川西部、云南西北部、西藏东部和青海南部，海拔 3500～4800m，常与高山草甸镶嵌分布，并形成稳定的类型。高山灌丛的上限直至寒冻风化带即高山流石滩，下限与亚高山针叶林相接。同时，由于地形等条件的影响，高山灌丛与亚高山灌丛的一些类型常在森林线附近形成交错分布的现象（图 16-6）。

地盘松灌丛　四川布拖　阳小成提供

马缨杜鹃灌丛　贵州大方　廖昕荣提供

川滇高山栎灌丛　四川稻城　阳小成提供

绢毛蔷薇灌丛　四川新龙　阳小成提供

图 16-5　亚高山灌丛

由于高山灌丛所处的环境高寒多风、霜冻严重、全年无夏，组成物种通常具有叶片角质层增厚，排列紧密、被毛或具鳞片，侧枝和根系发达，植株密集呈丛状或垫状等形态特性。

高山灌丛灌木层中常绿阔叶种类主要由革质叶的杜鹃属植物组成，头花杜鹃、千里香杜鹃、草原杜鹃、密枝杜鹃、雪层杜鹃、紫背杜鹃、髯花杜鹃等通常组成单优势群落，常生于阴坡及宽谷地区；常绿针叶灌木有香柏、高山柏、滇藏方枝柏等，常生于阳坡的中性或偏碱性土壤上；落叶阔叶灌木分属于蔷薇科、豆科、忍冬科、杨柳科等，主要种类有柳属（迟花矮柳、山生柳、硬叶柳、杯腺柳、川滇柳）、窄叶鲜卑花、高山绣线菊、金露梅、银露梅、鬼箭锦鸡儿、二色锦鸡儿、红花岩生忍冬、冰川茶藨子等。草本层主要种类有高山嵩草、线叶嵩草、甘肃嵩草、羊茅、双叉细柄茅、双花堇菜、东方草莓、淡黄香青、尼泊尔香青、川西小黄菊、圆穗蓼、珠芽蓼、叉枝蓼、大萼蓝钟花、萎软紫菀、钟花垂头菊、褐毛垂头菊、禾叶风毛菊、星状雪兔子、草玉梅、瘤果棱子芹、条叶银莲花等。

高山灌丛物种组成多种多样，分布范围广，本研究共调查 561 个样方，分属于 40 种群系（表 16-1）。

（5）高原荒漠灌丛

高原荒漠是指在高原面上出现的荒漠，是在山地隆起和气候大陆性加强过程中的年轻形成物，它们是温带荒漠在高山和高原条件下形成的变体。高原荒漠灌丛是荒漠中以

香柏灌丛　四川稻城　阳小成提供

草原杜鹃灌丛　四川新龙　阳小成提供

金露梅灌丛　青海门源　周国英提供

砂生槐灌丛　西藏贡嘎　张林提供

图 16-6　高山灌丛

小乔木、灌木、半灌木为建群种的植被类型，以稀疏性、有大面积裸露的地面为其显著特征。荒漠灌丛的物种组成者是一系列特别耐旱的植物，以超旱生的小半灌木与灌木的种类最为普遍，它们适应于荒漠中的各种严酷条件，构成多样的荒漠植物群落（图 16-7）。

高原荒漠灌丛灌木层的物种主要由藜科的琐琐、驼绒藜、盐爪爪及猪毛菜属的一些种类，柽柳科的柽柳属、水柏枝属植物及一些退化叶或特化叶的灌木、半灌木物种组成，如膜果麻黄、山岭麻黄、白刺、泡泡刺、裸果木等。草本层几乎不形成盖度，稀疏散生于灌丛中，由多年生旱生草本植物、一年生短命植物和多年生类短命植物组成，主要物种有盐生草、羽毛针禾、黄花补血草、雾冰藜、硬阿魏、芦苇、芨芨草、蛔果芥、圆头蒿等。

本研究共调查 63 个荒漠灌丛样方，分属于 12 种群系（表 16-1）。

白刺灌丛　青海乌兰　周国英提供

驼绒藜灌丛　青海德令哈　周国英提供

盐爪爪灌丛　青海德令哈　周国英提供

山岭麻黄灌丛　西藏措美　张林提供

图 16-7　高原荒漠灌丛

16.2.2　西南山地主要灌丛分布

西南山地 5 省区均为多山区域，但每个区域又有其独特的特点，如四川省多高山峡谷区域，云南省山地包含热带地区到青藏高原地区，贵州省多石灰岩山地，青海省与西藏自治区大部分处于青藏高原腹地，形成强烈的高寒、水分缺乏的气候条件。不同省区的地形地貌差异及气候条件形成了不同的灌丛类型。本节中不同省区灌丛分布面积是用中国科学院资源环境科学数据中心的资源环境数据云平台（http://www.resdc.cn）的中国土地利用现状遥感监测数据（2010 年）与《中华人民共和国植被图（1∶1000000）》（中国科学院中国植被图编辑委员会，2007b）进行叠加（图 16-8），结合野外实地调查样点重新进行遥感解译和面积计算，本研究列出每个省区分布面积排在前 8～10 位的群系类型（表 16-2）。

四川省共有 52 种灌丛群系，集中分布于四川西部地区，分属于河谷灌丛、山地灌丛、亚高山灌丛、高山灌丛 4 种植被型。其中分布面积较大的灌丛有高山灌丛中的草原杜鹃灌丛，窄叶鲜卑花灌丛，乌饭叶矮柳灌丛，头花杜鹃、千里香杜鹃灌丛，亮鳞杜鹃灌丛；亚高山灌丛中的腋花杜鹃灌丛、矮高山栎灌丛及绢毛蔷薇、匍匐栒子灌丛；山地灌丛中的马桑灌丛和栓皮栎、麻栎灌丛。高山灌丛中的草原杜鹃灌丛面积达 $10.62\times10^3km^2$，亚高山灌丛中的腋花杜鹃灌丛面积达 $3.25\times10^3km^2$，山地灌丛中的马桑灌丛垂直分布幅度较宽，面积达 $8.50\times10^3km^2$。

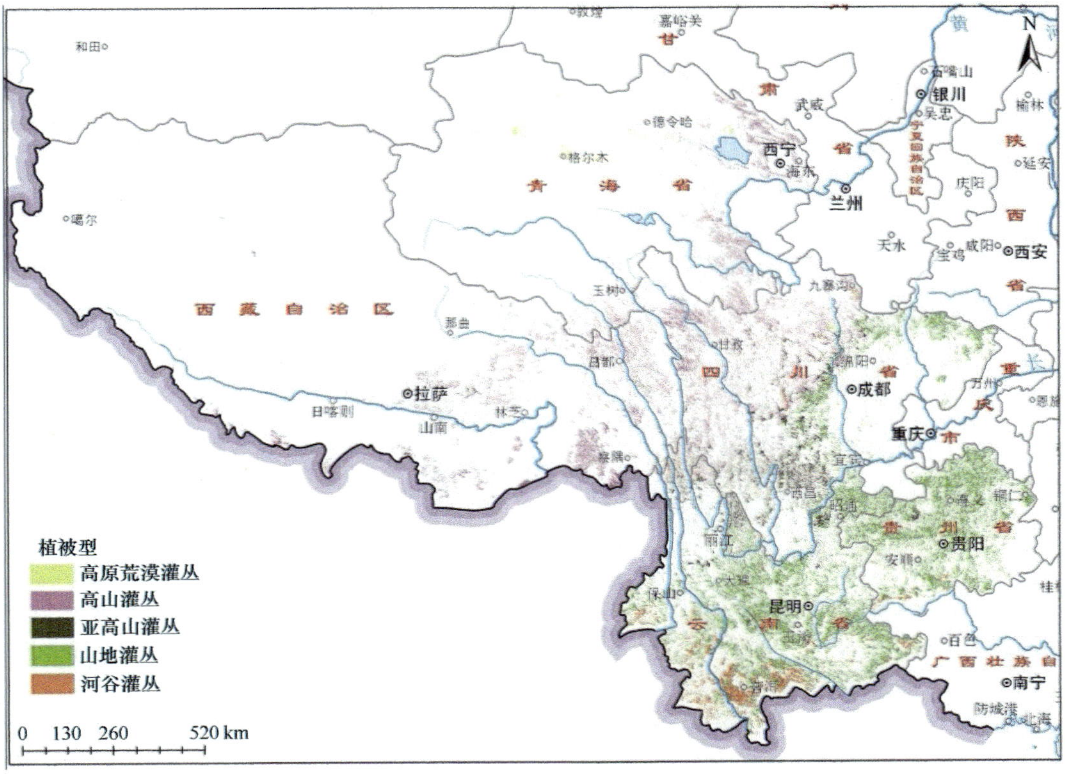

图 16-8　西南山地灌丛分布图

表 16-2　西南山地各省区主要灌丛类型分布面积

省区	序号	群系	植被型	面积（km²）
四川省	1	草原杜鹃灌丛	高山灌丛	$10.62×10^3$
	2	马桑灌丛	山地灌丛	$8.50×10^3$
	3	窄叶鲜卑花灌丛	高山灌丛	$4.74×10^3$
	4	乌饭叶矮柳灌丛	高山灌丛	$3.92×10^3$
	5	腋花杜鹃灌丛	亚高山灌丛	$3.25×10^3$
	6	头花杜鹃、千里香杜鹃灌丛	高山灌丛	$3.24×10^3$
	7	亮鳞杜鹃灌丛	高山灌丛	$3.02×10^3$
	8	绢毛蔷薇、匍匐栒子灌丛	亚高山灌丛	$2.66×10^3$

续表

省区	序号	群系	植被型	面积（km^2）
四川省	9	矮高山栎灌丛	亚高山灌丛	2.40×10^3
	10	栓皮栎、麻栎灌丛	山地灌丛	2.13×10^3
云南省	1	南烛、矮杨梅灌丛	山地灌丛	49.09×10^3
	2	余甘子灌丛	河谷灌丛	17.38×10^3
	3	腺房杜鹃灌丛	亚高山灌丛	3.29×10^3
	4	杨叶木姜子、盐肤木灌丛	山地灌丛	3.15×10^3
	5	竹叶椒灌丛	山地灌丛	2.80×10^3
	6	腋花杜鹃灌丛	亚高山灌丛	2.74×10^3
	7	中平树灌丛	山地灌丛	2.40×10^3
	8	铁仔、金花小檗灌丛	山地灌丛	1.82×10^3
	9	白刺花、小鞍叶羊蹄甲灌丛	河谷灌丛	0.77×10^3
	10	密枝杜鹃灌丛	高山灌丛	0.66×10^3
贵州省	1	茅栗、白栎灌丛	山地灌丛	18.39×10^3
	2	雀梅藤、小果蔷薇、火棘、龙须藤灌丛	山地灌丛	16.54×10^3
	3	檵木、南烛、杜鹃灌丛	山地灌丛	2.43×10^3
	4	竹叶椒灌丛	山地灌丛	1.69×10^3
	5	南烛、矮杨梅灌丛	山地灌丛	0.86×10^3
	6	铁仔、金花小檗灌丛	山地灌丛	0.79×10^3
	7	量天尺、单刺仙人掌灌丛	河谷灌丛	0.78×10^3
	8	马缨杜鹃灌丛	亚高山灌丛	0.35×10^3
西藏自治区	1	雪层杜鹃、髯花杜鹃灌丛	高山灌丛	19.78×10^3
	2	香柏、高山柏、滇藏方枝柏灌丛	高山灌丛	3.47×10^3
	3	白刺花、小鞍叶羊蹄甲灌丛	河谷灌丛	0.88×10^3

续表

省区	序号	群系	植被型	面积（km^2）
西藏自治区	4	砂生槐灌丛	高山灌丛	0.69×10^3
	5	绢毛蔷薇、匍匐栒子灌丛	亚高山灌丛	0.53×10^3
	6	金露梅灌丛	高山灌丛	0.47×10^3
	7	变色锦鸡儿灌丛	高山灌丛	0.20×10^3
	8	头花杜鹃、千里香杜鹃灌丛	高山灌丛	0.11×10^3
	9	雪层杜鹃灌丛	高山灌丛	0.03×10^3
	10	山生柳灌丛	高山灌丛	0.03×10^3
青海省	1	山生柳灌丛	高山灌丛	8.85×10^3
	2	头花杜鹃、千里香杜鹃灌丛	高山灌丛	4.02×10^3
	3	金露梅灌丛	高山灌丛	4.01×10^3
	4	积石柳灌丛	高山灌丛	1.34×10^3
	5	多花柽柳灌丛	高原荒漠灌丛	0.74×10^3
	6	小叶金露梅灌丛	高山灌丛	0.25×10^3
	7	水柏枝灌丛	高原荒漠灌丛	0.19×10^3
	8	膜果麻黄灌丛	高原荒漠灌丛	0.16×10^3
	9	小叶金露梅荒漠	高山灌丛	0.11×10^3
	10	琐琐荒漠	高原荒漠灌丛	0.11×10^3

云南省共有 27 种灌丛群系，分属于河谷灌丛、山地灌丛、亚高山灌丛、高山灌丛 4 种植被型。其中山地灌丛中的南烛、矮杨梅灌丛面积最大，达到 $49.09\times10^3km^2$。此外，亚高山灌丛中的腺房杜鹃灌丛、腋花杜鹃灌丛；山地灌丛中的铁仔、金花小檗灌丛，杨叶木姜子、盐肤木灌丛，中平树灌丛，竹叶椒灌丛；河谷灌丛中的余甘子灌丛，白刺花、小鞍叶羊蹄甲灌丛也占有一定面积。总的来说，由于云南省特殊的地形地貌，山地灌丛分布比较广，面积也最大。

贵州省共有 16 种灌丛群系，广泛分布于全省各区域，分属于河谷灌丛、山地灌丛、亚高山灌丛 3 个植被型。其中山地灌丛中的茅栗、白栎灌丛分布面积最大，达 $18.39\times10^3km^2$。山地灌丛中其余的雀梅藤、小果蔷薇、火棘、龙须藤灌丛，檵木、南烛、杜鹃灌丛，竹叶椒灌丛，南烛、矮杨梅灌丛，铁仔、金花小檗灌丛，河谷灌丛中的量天尺、单刺仙人掌灌丛和亚高山灌丛中的马缨杜鹃灌丛也占有一定面积。贵州虽然也是一个多山的地区，但由于多为喀斯特地貌，而少有亚高山、高山区域，因此灌丛多样性集中在山地灌丛中。

西藏自治区共有 21 种灌丛群系，集中分布于东南部地区，分属于河谷灌丛、亚高山灌丛、高山灌丛和高原荒漠灌丛 4 种植被型。其中高山灌丛中的雪层杜鹃、髯花杜鹃灌丛分布面积最大，达 $19.78\times10^3km^2$。高山灌丛中其他灌丛分布面积则要小很多，香柏、高山柏、滇藏方枝柏灌丛仅 $3.47\times10^3km^2$，砂生槐、金露梅灌丛等其他高山灌丛则面积更小，除高山灌丛外，河谷灌丛中的白刺花、小鞍叶羊蹄甲灌丛面积达 $0.88\times10^3km^2$，亚高山灌丛中的绢毛蔷薇、匍匐栒子灌丛面积达 $0.53\times10^3km^2$。

青海省共有 24 种灌丛群系，分属于亚高山灌丛、高山灌丛和高原荒漠灌丛 3 个植被型。其中分布面积最大的是高山灌丛中的山生柳灌丛，达到 8.85×10^3km。头花杜鹃、千里香杜鹃灌丛和金露梅灌丛分布面积均约达 $4\times10^3km^2$，其余高山灌丛类型面积较小。在青海省西北部高原面有大量干旱少水的荒漠地区，分布着稀疏灌木形成的荒漠植被，这些荒漠灌丛类型的面积虽有一定比例，但面积均不大，最大面积的多花柽柳灌丛，也仅 $0.74\times10^3km^2$，其余则更小。

16.3 西南山地主要灌丛分布的气候限制因子

西南山地灌丛分布主要受海拔、温度、水分等环境因素的影响，本研究基于灌丛试验样地的年平均气温（mean annual temperature，MAT）、年平均降水量（mean annual precipitation，MAP）、干旱侦测指数（reconnaissance drought index，RDI）等数据，分析西南山地主要灌丛分布的气候限制条件。其中，年平均气温和年平均降水量的具体数值从 China Meteorological Forcing Dataset 数据库（http://dam.itpcas.ac.cn/data/User_Guide_for_China_Meteorological_Forcing_Dataset.htm）获取，时间分辨率为 3 小时（1981～2008 年），空间分辨率为经纬度 0.1°×0.1°（Yang et al.，2010）。干旱侦测指数属于干旱指数的一种，基于降水量和潜在蒸散量计算得出，相比于 Palmer drought severity index、standardized precipitation index 等其他干旱指数，RDI 具有数据需求量少、适应范围广、敏感度高等优势，目前在国际气象学上已被广泛用于表征干旱和半干旱区域的干燥程度（Tsakiris and Vangelis，2005；Khalili et al.，2011；周丹等，2014）。RDI 正值越高反映气候条件越湿润，负值越低越干燥。RDI 数值大小分为以下几类：极端干旱（小于–2.0）、重度干旱（–2.0～–1.5）、中度干旱（–1.5～–1.0）、轻度干旱（–1.0～–0.5）、正常（–0.5～0.5）。

同时，本研究采用 SigmaPlot 14 软件将西南山地灌丛调查样点所在区域的年平均气温、年平均降水量制作散点图（图 16-9），将干旱侦测指数制作了箱式图（图 16-10），对灌丛分布的气候条件进行表征。

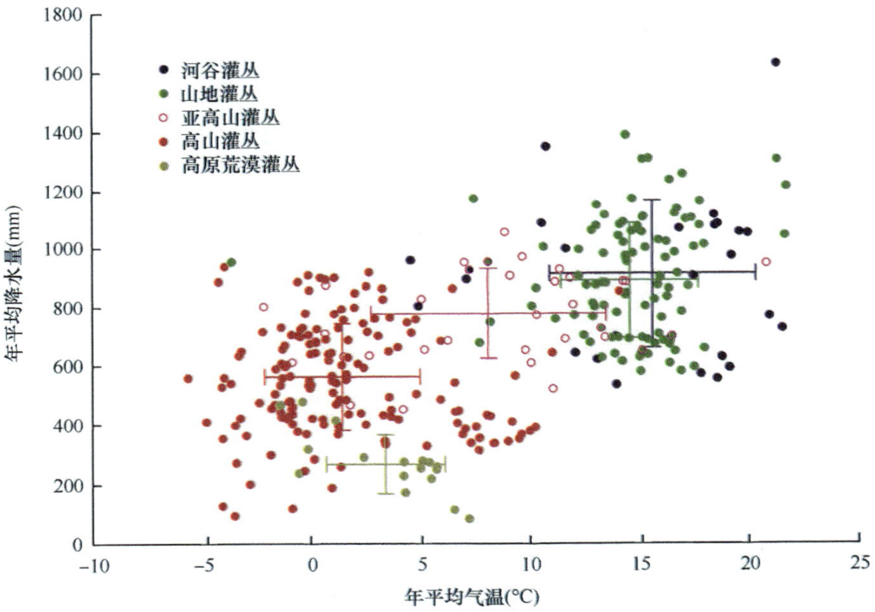

图 16-9　西南山地灌丛的年平均气温和年平均降水量散点图

图中十字中点为每个类型均值，线段长短表示标准差

16.3.1　河谷灌丛分布的气候条件

对调查样点所在区域的年平均气温数据进行统计分析，河谷灌丛分布于年平均气温 5～21℃的地区，温度范围比较大。河谷灌丛在西南地区是一个特殊地形条件下的非地带性植被（隐域植被），余甘子灌丛、仙人掌灌丛主要分布于云南、贵州及四川南部中亚热带以南区域河谷，年均温高于 15℃，而白刺花灌丛、黄栌灌丛主要分布于四川西北部

岷江流域、大渡河上游等北亚热带区域河谷，年均温低至 5℃。

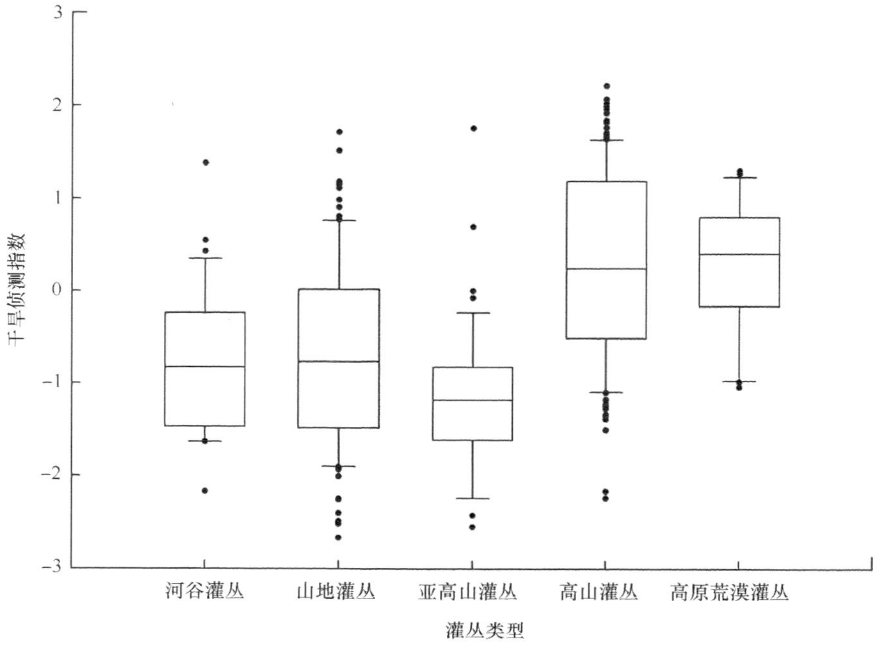

图 16-10　西南山地灌丛的干旱侦测指数箱式图

白刺花灌丛分布区域的年平均降水量在 803～959mm，黄栌灌丛分布区域的年平均降水量在 897～1352mm，仙人掌灌丛分布区域的年平均降水量在 770～1165mm，余甘子灌丛分布区域的年平均降水量在 555～1631mm。从降水量来看，河谷灌丛分布区域的降水量比较丰富，除白刺花灌丛外，其余灌丛分布区间的降水量均超过 1000mm。

对河谷灌丛调查样点的干旱侦测指数进行统计分析，河谷灌丛分布区的干旱侦测指数为–2.18～1.38，整体较为干旱。

16.3.2　山地灌丛分布的气候条件

山地灌丛中各灌丛类型分布在年均温相对一致的区域，集中在 10～20℃。其中南烛灌丛、盐肤木灌丛、竹叶椒灌丛分布的年均温在 12～20℃，其余灌丛分布区域的年均温也不过相差 5℃。

山地灌丛分布区域年平均降水量区间分布比较平稳，集中在 600～1300mm，其中蔷薇灌丛、盐肤木灌丛、竹叶椒灌丛的年平均降水量区间上限小于 1200mm。

山地灌丛可以适应从干旱到湿润的多种环境，其干旱侦测指数为–2.68～1.71。

16.3.3　亚高山灌丛分布的气候条件

亚高山灌丛分布区域的年均温在–4～20℃，其中蔷薇灌丛和高山栎灌丛部分样点的年均温已是 0℃以下。

年平均降水量在 45～1050mm，亚高山灌丛的年平均降水量区间上限基本在 1000mm，不同类型的灌丛区间下限有一定差异，但区间范围差异性不大，分布区域年平均降水量的一致性比较高。

亚高山灌丛适应的干旱幅度也比较广，其分布区域的干旱侦测指数为–2.5～1.75，分布于阳坡的高山栎灌丛、蔷薇灌丛多呈现较为干旱的生境特征，而杜鹃灌丛分布的阴坡却比较湿润。

16.3.4　高山灌丛分布的气候条件

高山灌丛分布区域的年均温在–5～14℃，大部分类型分布区域的年均温集中在 0℃左右，介于高山和青藏高原过渡地区的砂生槐灌丛年均温区间在 0℃以上。

高山灌丛分布区域的年平均降水量集中在 100～900mm，大部分高山灌丛年平均降水量的上限可达 900mm，但锦鸡儿灌丛、砂生槐灌丛由于大部分分布于高山峡谷区向青藏高原的过渡区域，年平均降水量上限在 600mm 以下。

高山灌丛分布区域的干旱侦测指数在–2.3～2.2，适应干旱的幅度也比较宽。

16.3.5　高原荒漠灌丛分布的气候条件

高原荒漠灌丛分布区域的年均温在–1～7℃，区间变幅较小，这可能与高原高寒环境相对均一、温度变化不明显有关。

高原荒漠灌丛分布区域的年平均降水量在 80～500mm，其中荒漠白刺灌丛分布区域的年平均降水量上限不足 300mm，是所有灌丛中降水量上限最小的类型。

高原荒漠灌丛分布区域的干旱侦测指数整体在–1～1.3，幅度比较窄。

第 17 章　西南山地灌丛生物量分布格局

西南山地灌丛主要分布于青藏高原及周边地区的四川、云南、贵州、西藏、青海等省（自治区），作为该区域的重要生态系统之一，在区域生态安全与经济发展等方面具有重要意义。关于该区域灌丛群落生物量的研究主要集中在部分点位或类型上（Zhang et al.，2016；Tian et al.，2014；聂秀青等，2018），而缺乏区域尺度上灌丛植被生物量分配及其分布规律的系统性研究。因此，摸清该区域灌丛生态系统植被生物量及分配的地理分布规律，对于准确估算该区域灌丛生态系统碳储量与碳分配，以及分析其与降水、气温等环境因子的关系具有重要意义。

17.1　西南山地常见灌木的生物量方程

灌丛生物量一般通过直接收获法、回归方程估算法和遥感数据间接得到（Návar et al.，2004；Foroughbakhch et al.，2005）。就现有研究来看，直接收获法主要集中在范围较小的某一区域的某种灌丛生物量，而且大多只是地上生物量；大尺度范围的灌丛生物量很难直接收获全部生物量，大多通过间接方法估算，如收获一定数量的某物种个体，建立易测形态学指标（如株高、冠幅、基径）和器官干重的函数关系来估算植物生物量。而已有的研究也发现植物形态学特征参数如株高、基径、冠幅与生物量具有较高的相关关系（Návar et al.，2004）。因此，本研究中选择部分灌木种类建立生物量方程来估测其生物量。每种灌木至少选择 30 株不同大小的标准株，测量株高、基径、冠幅等指标后整株采集，分为根、茎、叶三个器官分别称重，并建立生物量方程。

17.1.1　生物量方程

分别采用线性、指数、对数及幂函数模型建立各器官生物量与调查指标（*A*、*B* 分

本章执笔人：赵春章、李婷、尹春英、张林、巩合德、高巧、刘美、刘庆

别为冠幅的长、宽，D 为基径，H 为株高）及其组合（生物量 y）的回归方程，并依据 R^2 的大小评价方程的优劣，选出拟合度好且具有生物学意义的模型来估算调查样地内灌木层各器官的生物量。通过筛选及计算为西南山地灌丛群落 40 种灌木建立了生物量方程，采用的方程主要有 $y=a+b$（D^2H）、$y=a+b$（ABH）两种（表 17-1）。其中，A 类型灌木物种形态学特性与乔木类似，各器官生物量多适合以基径与株高构建的线性模型 $y=a+b$（D^2H），如黄栌、麻栎、白栎、山鸡椒、栓皮栎、短柄枹栎、川滇高山栎、中平树、余甘子，其 R^2 为 0.59～0.98。C 类型灌木物种则与冠幅、株高具有较好的拟合度，生物量适合模型为 $y=a+b$（ABH），如矮高山栎、地盘松、金露梅、砂生槐、腋花杜鹃，各器官与冠幅、株高的 R^2 为 0.66～0.97。还有一些分类学上亲缘关系较近的灌木，由于单种植物标准株数量不够，将生活型相同或相近的植物种标准株合并进行拟合，也具有较好的拟合度，其 R^2 为 0.83～0.99，如属于 A 类型灌木的大白杜鹃、白背杜鹃、栎叶杜鹃与小鞍叶羊蹄甲，千里香杜鹃、海绵杜鹃、密枝杜鹃、草原杜鹃、头花杜鹃与金背杜鹃，千果榄仁、岗柃、香合欢、盐肤木、胡颓子与潺槁木姜子，银叶锥、锐齿槲栎、川梨、一担柴与银柴，小果蔷薇与绢毛蔷薇；属于 C 类型灌木的高山柏与香柏，雪层杜鹃与单色杜鹃。

表 17-1　西南山地常见灌木生物量方程

1. $y=a+b$（D^2H）：D 为基径，H 为株高，a、b 为系数，所有方程 $P<0.001$

物种	器官	a	b	R^2	物种	器官	a	b	R^2
黄栌	根	0.086	0.057	0.88	余甘子	根	0.144	0.012	0.59
	茎	0.154	0.015	0.77		茎	0.108	0.016	0.66
	叶	0.011	0.004	0.65		叶	0.065	0.002	0.61
白栎	根	0.119	0.010	0.86	山鸡椒	根	0.057	0.003	0.60
	茎	0.085	0.013	0.98		茎	0.013	0.008	0.87
	叶	0.015	0.002	0.96		叶	0.030	0.002	0.68
栓皮栎	根	4.088	0.007	0.64	短柄枹栎	根	0.093	0.003	0.65
	茎	3.590	0.019	0.84		茎	0.161	0.020	0.76
	叶	0.241	0.002	0.87		叶	0.002	0.002	0.80

续表

1. $y=a+b$（D^2H）：D 为基径，H 为株高，a、b 为系数，所有方程 $P<0.001$									
物种	器官	a	b	R^2	物种	器官	a	b	R^2
川滇高山栎	根	0.070	0.040	0.76	中平树	根	0.495	0.020	0.92
	茎	–0.64	0.103	0.84		茎	3.539	0.101	0.84
	叶	–0.141	0.025	0.94		叶	0.901	0.026	0.87

生活型相同或相近的 A 类型灌木，采用合并标准株的方法进行拟合，即 $y=a+b$（D^2H）：D 为基径，H 为株高，a、b 为系数，所有方程 $P<0.001$

物种	器官	a	b	R^2
大白杜鹃、白背杜鹃、栎叶杜鹃、小鞍叶羊蹄甲	根	–0.216	0.082	0.97
	茎	–0.211	0.064	0.89
	叶	0.043	0.004	0.83
千里香杜鹃、密枝杜鹃、海绵杜鹃、草原杜鹃、头花杜鹃、金背杜鹃	根	0.393	0.061	0.97
	茎	0.199	0.037	0.93
	叶	0.095	0.020	0.98
千果榄仁、香合欢、岗柃、胡颓子、潺槁木姜子、盐肤木	根	–0.226	0.070	0.97
	茎	0.260	0.096	0.90
	叶	0.089	0.011	0.90
小果蔷薇、绢毛蔷薇	根	0.083	0.028	0.96
	茎	0.170	0.060	0.92
	叶	–0.001	0.027	0.93
一担柴、银柴、银叶锥、锐齿槲栎、川梨	根	0.237	0.015	0.87
	茎	0.064	0.018	0.99
	叶	0.054	0.003	0.91

续表

2. $y=a+b$（ABH）：A、B 分别为冠幅的长和宽，H 为株高，a、b 为系数，所有方程 $P<0.001$									
物种	器官	a	b	R^2	物种	器官	a	b	R^2
矮高山栎	根	0.032	4.544	0.96	砂生槐	根	0.136	1.020	0.79
	茎	0.054	1.757	0.96		茎	0.082	0.920	0.79
	叶	0.014	1.083	0.90		叶	0.027	0.282	0.73
金露梅	根	0.021	1.527	0.96	腋花杜鹃	根	0.142	9.153	0.66
	茎	0.009	1.755	0.90		茎	–0.026	2.832	0.97
	叶	0.000	0.497	0.95		叶	–0.008	0.679	0.68
地盘松	根	0.126	0.421	0.92					
	茎	0.096	1.328	0.86					
	叶	0.099	0.322	0.78					

生活型相同或相近的 C 类型灌木，采用合并标准株的方法进行拟合，即 $y=a+b$（ABH）：A、B 分别为冠幅的长和宽，H 为株高，a、b 为系数，所有方程 $P<0.001$				
物种	器官	a	b	R^2
高山柏、香柏	根	0.065	6.265	0.90
	茎	–0.466	3.86	0.91
	叶	0.283	1.466	0.91
雪层杜鹃、单色杜鹃	根	–0.050	1.970	0.98
	茎	–0.027	3.150	0.93
	叶	0.012	0.181	0.86

17.1.2　常见灌丛生物量研究

（1）砂生槐灌丛生物量研究

砂生槐灌丛是西藏雅鲁藏布江流域分布最广、最具代表性的灌丛类型，主要分布在雅鲁藏布江流域中游的宽谷、两侧低山及拉萨河、年楚河等主要支流的宽谷内，作为典型的河谷灌丛，砂生槐具有良好的防风固沙、涵养水源等重要生态作用，以往研究主要集中在砂生槐的种群和群落结构、繁殖特性、固沙特性及物种多样性等方面（赵文智，1998；郭其强等，2009；李海东等，2011；王文娟等，2011；杨兆平等，2011；赵垦田等，2013），还尚未见到有关群落生物量的报道。

本研究选择了 18 个砂生槐灌丛调查样点，每个样点设置一个 20m×20m 的代表性样地，在样地内沿其中一条对角线设置 3 个 5m×5m 的样方，测量样方内每一株灌木的冠幅长、宽和株（丛）高（H），将每丛灌木的垂直投影面积视为一个标准椭圆，利用冠幅长、宽计算冠幅（C）。每个样点选取 3～5 株不同大小的标准株，共获取 52 株标准株，将每株标准株分别取枝、叶、根称鲜重，取样后带回实验室测含水率以推算各器官干重。分别采用线性、指数、对数及幂函数模型建立各器官生物量与调查因子（H、C）及其组合（生物量体积，$V=CH$）的回归方程，依据 R^2 选出拟合度好且具有生物学意义的数学模型来最终描述各器官生物量各调查因子或其组合的关系，进而利用该关系模型估算调查样地内灌木层各器官生物量。

砂生槐灌丛不同器官干重均与调查因子显著相关，幂函数方程较其他方程能更好地描述各器官干重与调查因子的关系（表 17-2）。比较不同器官的幂函数模型，发现植株冠幅（R^2=0.86～0.94）或生物量体积（R^2=0.82～0.92）对器官生物量的预测能力远高于植株高度（R^2=0.53～0.75），其中冠幅能更好地预测灌木的地上生物量，而生物量体积对于地下部分的预测能力较强，因此，我们选用关系最好的三个模型——W_b=0.0046$C^{1.2794}$、W_1 = 0.01$C^{1.0388}$、W_r=0.0237$V^{0.7894}$来计算样地中砂生槐灌丛的生物量，其中 W_b、W_1、W_r 分别表示枝、叶及根生物量，C 和 V 分别表示冠幅与生物量体积。

表 17-2　砂生槐灌丛各器官生物量回归模型

器官	高度（H）		冠幅（C）		生物量体积（V）	
	回归方程	相关系数	回归方程	相关系数	回归方程	相关系数
枝	W_b=19.213H–317.6	0.56	W_b=0.07C–40.861	0.89	W_b = 0.0009V+79.98	0.83
	W_b=547.73ln$H$–1519.4	0.44	W_b= 250ln$C$–1634.1	0.55	W_b = 187.5ln$V$–1775.1	0.56
	W_b =0.0183$H^{2.5647}$	0.63	W_b= 0.0046$C^{1.2794}$	0.94	W_b = 0.0028$V^{0.9377}$	0.92
	W_b = 8.3174$e^{0.0752H}$	0.56	W_b = 32.188$e^{0.0002C}$	0.59	W_b = 52.298e^{3E-06V}	0.40

续表

器官	高度 H		冠幅 C		生物量体积 V	
	回归方程	相关系数	回归方程	相关系数	回归方程	相关系数
叶	$W_l = 5.412H–91.095$	0.5	$W_l = 0.0183C–5.9493$	0.69	$W_l = 0.0003V+18.963$	0.78
	$W_l = 145.97\ln H–401.71$	0.35	$W_l = 64.62\ln C–416.64$	0.41	$W_l = 48.868\ln V–457.58$	0.43
	$W_l = 0.0408H^{1.9993}$	0.53	$W_l = 0.01C^{1.0388}$	0.86	$W_l = 0.0074V^{0.7537}$	0.82
	$W_l = 4.5053e^{0.0605H}$	0.50	$W_l = 13.075e^{0.0002C}$	0.55	$W_l = 19.174e^{2E–06V}$	0.41
根	$W_r = 23.689H–389.38$	0.61	$W_r = 0.0779C–5.2729$	0.82	$W_r = 0.0011V+125.47$	0.8
	$W_r = 457.85\ln H–1817.5$	0.47	$W_r = 289.76\ln C–1882.4$	0.53	$W_r = 220.28\ln V–2076.3$	0.56
	$W_r = 0.0694H^{2.3134}$	0.75	$W_r = 0.446C^{1.0461}$	0.87	$W_r = 0.0237V^{0.7894}$	0.91
	$W_r = 17.132e^{0.0684H}$	0.65	$W_r = 64.966e^{0.0002C}$	0.56	$W_r = 95.376e^{2E–06V}$	0.41

基于 18 个样点的估算结果表明，西藏雅鲁藏布江流域典型地段砂生槐灌丛灌木层平均生物量为 4.08Mg/hm^2（变化范围：1.63～7.71Mg/hm^2），其中枝的平均生物量为 1.57Mg/hm^2（0.62～3.16Mg/hm^2），占灌木层生物量的 38.48%；叶的平均生物量为 0.43Mg/hm^2（0.17～0.76Mg/hm^2），占 10.54%；根的平均生物量为 2.08Mg/hm^2（0.84～4.12Mg/hm^2），占 50.98%（表 17-3）。灌木层生物量主要分布于根和枝，两者共占约 90%，地下生物量与地上生物量之比为 1.04。各器官生物量大小顺序为根>枝>叶。

表 17-3　砂生槐灌丛灌木层生物量　　（单位：Mg/hm^2）

样点	地上部分			根	合计
	枝	叶	小计		
1	0.62±0.17	0.17±0.04	0.79	0.84±0.16	1.63
2	0.62±0.17	0.22±0.03	0.84	1.03±0.07	1.87
3	1.07±0.04	0.39±0.02	1.46	2.14±0.19	3.60
4	1.58±0.28	0.41±0.08	1.99	1.75±0.24	3.74
5	0.72±0.09	0.19±0.02	0.91	1.00±0.06	1.91
6	1.34±0.21	0.33±0.04	1.67	1.71±0.30	3.38
7	1.63±0.32	0.41±0.08	2.04	1.92±0.52	3.96

续表

样点	地上部分			根	合计
	枝	叶	小计		
8	1.07±0.17	0.32±0.04	1.39	1.28±0.06	2.67
9	1.74±0.14	0.48±0.04	2.22	2.32±0.18	4.54
10	1.30±0.32	0.35±0.06	1.65	1.78±0.33	3.43
11	2.17±0.09	0.64±0.02	2.81	3.21±0.02	6.02
12	2.20±0.38	0.57±0.10	2.77	2.98±0.60	5.75
13	1.03±0.13	0.31±0.03	1.34	1.05±0.15	2.39
14	3.16±0.37	0.71±0.05	3.87	3.35±0.38	7.22
15	1.59±0.55	0.40±0.10	1.99	2.17±0.66	4.16
16	2.92±0.55	0.67±0.10	3.59	4.12±0.90	7.71
17	2.07±0.25	0.76±0.08	2.83	3.06±0.47	5.89
18	1.46±0.18	0.37±0.04	1.83	1.66±0.19	3.49
平均值	1.57±0.17	0.43±0.04	2.00	2.08±0.22	4.08

（2）高寒矮灌丛生物量估算

鉴于青藏高原灌丛植被的独特地位，以青藏高原东缘地区由分枝明显且不可数的灌木种类组成、高度分布在 1.5m 以下的高寒矮灌丛群落为研究对象，开展高寒矮灌丛生物量分配的研究。根据该区域灌丛生态系统的分布面积，兼顾灌丛群系类型，选择群落内部物种组成、群落结构和生境相对均匀的区域布置样点，共调查了不同区域的 14 个灌丛群落样地，分属于窄叶鲜卑花灌丛、柳灌丛及杜鹃灌丛。

14 个灌丛群落样地灌木层平均生物量为（5.38±0.33）Mg/hm^2，其中叶、茎和根生物量分别为（0.68 ± 0.39）Mg/hm^2、（2.15 ± 1.33）Mg/hm^2 和（2.55 ± 2.13）Mg/hm^2（图 17-1）。窄叶鲜卑花灌丛灌木层生物量与柳灌丛、杜鹃灌丛灌木层生物量之间存在显著差异，分别为 10.15Mg/hm^2、3.03Mg/hm^2 和 4.36Mg/hm^2，而这三种灌丛类型灌木层叶生物量差异并不显著，灌木层总生物量差异主要是由茎与根生物量的差异引起的，窄叶鲜卑花灌丛茎与根的生物量分别为 3.32Mg/hm^2、5.95Mg/hm^2，而柳灌丛与杜鹃灌丛茎与根的生物量差异并不大，柳灌丛茎与根的生物量分别为 1.51Mg/hm^2、1.24Mg/hm^2，而杜鹃灌丛茎与根的生物量为 1.95Mg/hm^2、1.76Mg/hm^2。

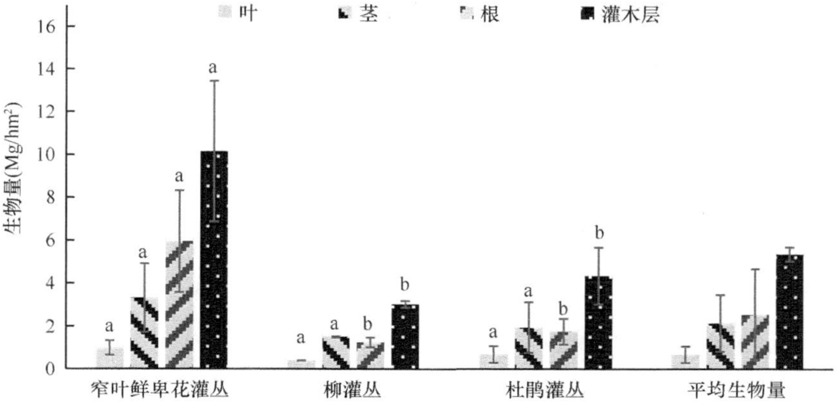

图 17-1　不同灌丛类型灌木层生物量及其分配

不同字母表示不同灌丛类型之间差异显著（P<0.05）

按照中国科学院中国植被图编辑委员会（2007b）编制的 1∶100 万中国植被图二级分类，结合中国植被分类系统（宋永昌，2001），在调查的 14 个灌丛群落样地中，有 5 个是具有代表性的典型亚高山落叶阔叶灌丛，有 9 个是具有代表性的典型亚高山革叶灌丛类型。经分析发现，亚高山革叶灌丛灌木层平均生物量为（4.32±1.36）Mg/hm^2，叶、茎和根的生物量分别为（0.67±0.39）Mg/hm^2、（1.93±1.24）Mg/hm^2 和（1.72 ± 0.65）Mg/hm^2；亚高山落叶阔叶灌丛灌木层生物量为（0.728±0.496）Mg/hm^2，其中叶、茎和根的生物量分别为（0.69 ± 0.43）Mg/hm^2、（2.56±1.53）Mg/hm^2 和（4.03 ± 3.09）Mg/hm^2。对各器官生物量进行回归分析，结果表明，亚高山革叶灌丛叶生物量与茎生物量、叶生物量与灌木层生物量、茎生物量与灌木层生物量、灌木层地上生物量与灌木层生物量均存在极显著相关关系（P<0.01），而亚高山落叶阔叶灌丛灌木层根生物量、茎生物量、叶生物量之间及与总灌木层生物量之间均存在显著相关关系（P<0.05）（表 17-4）。

（3）矮杨梅灌丛生物量

矮杨梅为杨梅科杨梅属常绿灌木，为中国特有种，属于野生稀有物种，树高在

表 17-4 灌木层各器官生物量之间的线性相关关系

自变量	因变量	*n*	模型	R^2	*F*	*P*
亚高山革叶灌丛						
叶生物量 LB	茎生物量 SB	9	SB = –0.058 + 2.959 × LB	0.86	44.363	< 0.001
叶生物量 LB	根生物量 RB	9	RB = 2.271 – 0.817 × LB	0.24	2.209	0.181
叶生物量 LB	灌木层生物量 SLB	9	SLB = 2.213 + 3.142 × LB	0.82	31.288	0.001
茎生物量 SB	根生物量 RB	9	RB = 2.305 – 0.302 × SB	0.33	3.486	0.104
茎生物量 SB	灌木层生物量 SLB	9	SLB = 2.414 + 0.990 × SB	0.82	32.340	0.001
灌木层地上生物量 SAGB	根生物量 RB	9	RB = 2.314 – 0.228 × SAGB	0.32	3.250	0.114
灌木层地上生物量 SAGB	灌木层生物量 SLB	9	SLB = 2.314 + 0.772 × SAGB	0.84	37.457	< 0.001
根生物量 RB	灌木层生物量 SLB	9	SLB = 5.001 – 0.393 × RB	0.04	0.259	0.626
亚高山落叶阔叶灌丛						
叶生物量 LB	茎生物量 SB	5	SB = 0.153 + 3.464 × LB	0.93	38.572	0.008
叶生物量 LB	根生物量 RB	5	RB = –0.947 + 7.167 × LB	0.98	122.690	0.002
叶生物量 LB	灌木层生物量 SLB	5	SLB = –0.793 + 11.631 × LB	0.99	1597	< 0.001
茎生物量 SB	根生物量 RB	5	RB = –0.690 + 1.845 × SB	0.84	15.345	0.030
茎生物量 SB	灌木层生物量 SLB	5	SLB = –0.681 + 3.113 × SB	0.93	36.742	0.009
灌木层地上生物量 SAGB	根生物量 RB	5	RB = –0.808 + 1.487 × SAGB	0.88	21.374	0.019
灌木层地上生物量 SAGB	灌木层生物量 SLB	5	SLB = –0.808 + 2.487 × SAGB	0.95	59.773	0.004
根生物量 RB	灌木层生物量 SLB	5	SLB = 0.877 + 1.590 × RB	0.98	155.382	0.001

0.5～2.0m，雌雄异株，分布区域性强，仅分布在我国云南、贵州、西藏和四川等省区的部分地区，生长在海拔 1500～3500m 的山坡上。

在矮杨梅分布比较广的 9 个县共调查了 23 个标准样地。在调查的 69 个 5m×5m 的样方中，0～0.5m 高度级的矮杨梅有 166 丛，0.5～1.0m 高度级的矮杨梅有 180 丛，1.0～1.5m 高度级的矮杨梅有 48 丛，1.5～2.0m 高度级的矮杨梅有 16 丛，2.0～2.5m 高度级的矮杨梅有 3 丛。每个样方矮杨梅的平均盖度为 54.75%±21.80%，平均高度为（0.80±0.45）m。由收获法得到的矮杨梅总生物量为 73.68Mg/hm^2，其中根生物量为 53.48Mg/hm^2，茎生物量为 15.86Mg/hm^2，叶生物量为 4.34Mg/hm^2。矮杨梅各器官生物量的分配大小依次为根>茎>叶。

17.2　西南山地常见灌丛生物量的地理分布及其与环境的关系

17.2.1　西南山地灌丛平均灌木层、草本层及总生物量

400 个样点生物量研究结果显示，西南山地不同灌丛类型平均生物量差异较大，灌丛植被平均总生物量为 31.21Mg/hm^2（范围区间为 0.62～266.37Mg/hm^2），其中草本层平均生物量为 5.40Mg/hm^2（0.00～49.5Mg/hm^2），约占总生物量的 17%，灌木层平均生物量为 25.90Mg/hm^2（0.52～26.70Mg/hm^2），约占总生物量的 83%（图 17-2）。

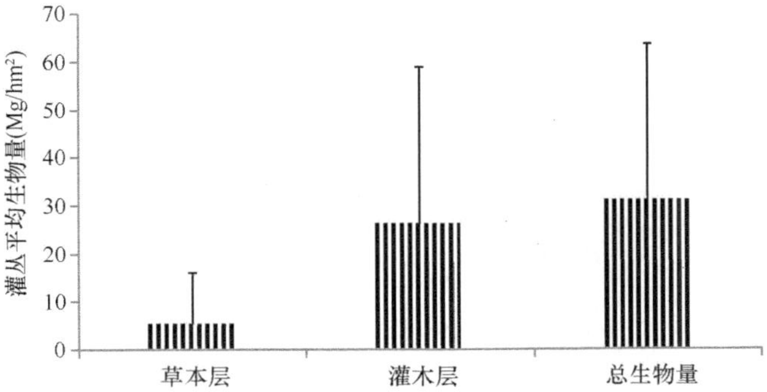

图 17-2　西南山地灌丛平均灌木层、草本层及总生物量

17.2.2　西南山地灌丛生物量分布格局

西南山地灌丛的海拔分布范围较广（400～5000m），总生物量、灌木层生物量及草本层生物量沿海拔梯度呈现显著的线性相关关系（$P<0.001$），总生物量及灌木层生物量随海拔升高逐渐降低，草本层生物量随海拔升高而增加（图 17-3）。

温度是植物生长的关键因子，西南山地处于横断山区，海拔变化较大，其年均温变化也很大，变化范围为–5～23℃，年均温显著影响灌丛植被生长及生物量。总生物量、灌木层生物量及草本层生物量与年均温显著相关（$P<0.001$）。总生物量及灌木层生物量随年均温的增加而增加（R^2 分别为 0.05、0.07），草本层生物量随温度升高而下降（R^2=0.10）（图 17-3）。年均温的变化还改变群落中灌木层及草本层生物量的比重，温度降低则明显地促进了群落中草本植物的生长。

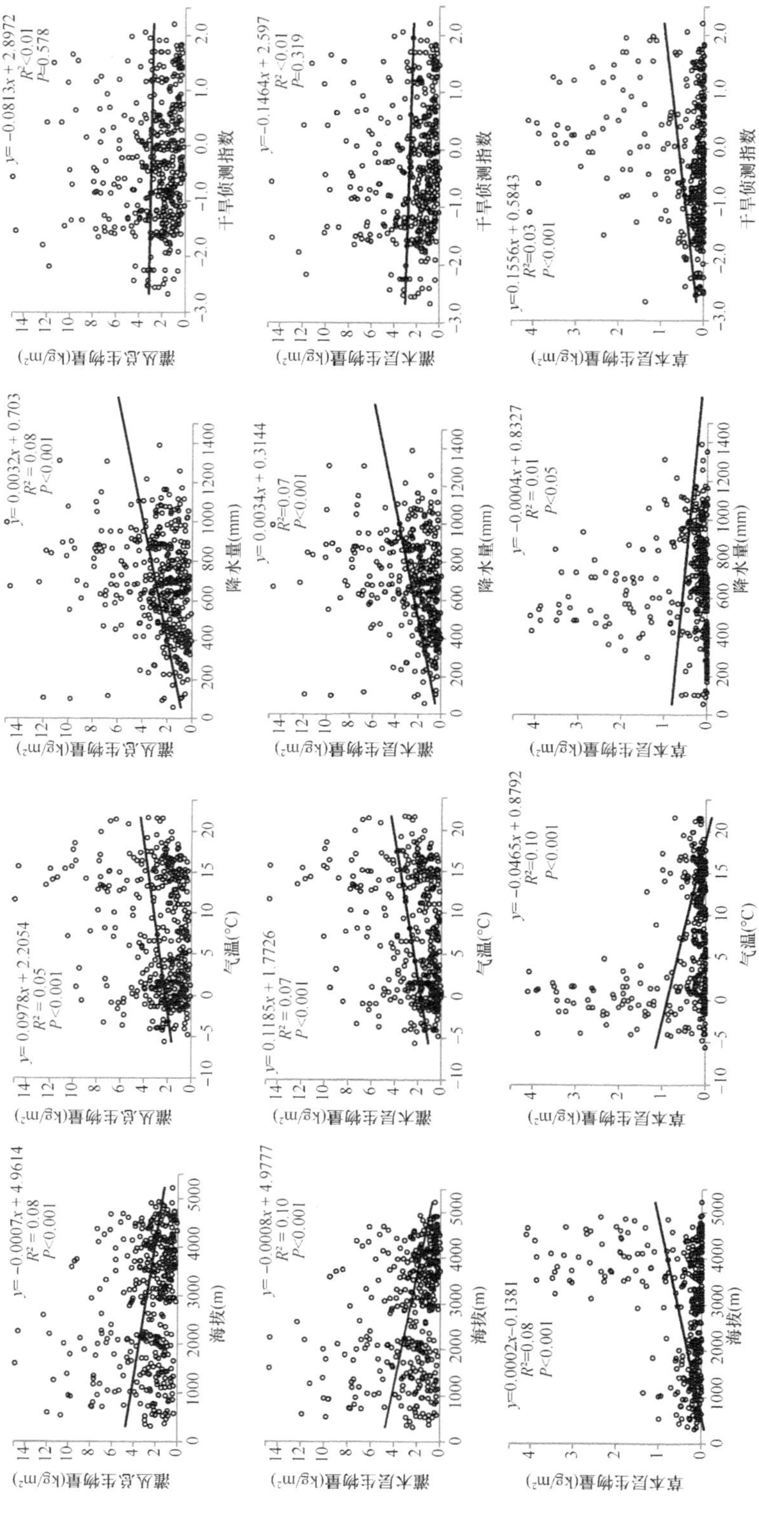

图17-3 西南山地灌丛植被总生物量、灌木层生物量、草本层生物量与海拔、气温、降水量及干旱侦测指数的回归分析

400 个样地的年均降水量最低值为 90mm，最高值为 1700mm，降水量与总生物量、灌木层生物量及草本层生物量显著相关（P<0.05）（图 17-3）。总的说来，总生物量及灌木层生物量均随降水量的增加而增加（R^2 分别为 0.08、0.07），但是草本层生物量随着降水量的增加而下降（R^2=0.01）。

干旱侦测指数能更好地反映灌丛植物群落立地环境的干旱程度，西南山地干旱侦测指数最高值为 2.21，最低值为–2.67。对 400 个样地的分析研究表明，灌丛总生物量、灌木层生物量与干旱侦测指数并没有显著相关关系（P>0.05）（图 17-3），只有草本层生物量随干旱侦测指数增加而增加（R^2=0.03），与干旱侦测指数显著相关（P<0.001）。

17.2.3　西南山地 4 种灌丛类型生物量及其与环境因子的关系

（1）西南山地 4 种灌丛类型平均生物量

高山灌丛、亚高山灌丛、山地灌丛、河谷灌丛总生物量分别为 19.94Mg/hm²、32.63Mg/hm²、38.77Mg/hm²、45.95Mg/hm²，灌木层生物量分别为 15.33Mg/hm²、31.75Mg/hm²、37.38Mg/hm²、44.32Mg/hm²，4 种灌丛总生物量及灌木层生物量均表现为河谷灌丛>山地灌丛>亚高山灌丛>高山灌丛（图 17-4）。高山灌丛、亚高山灌丛、山地

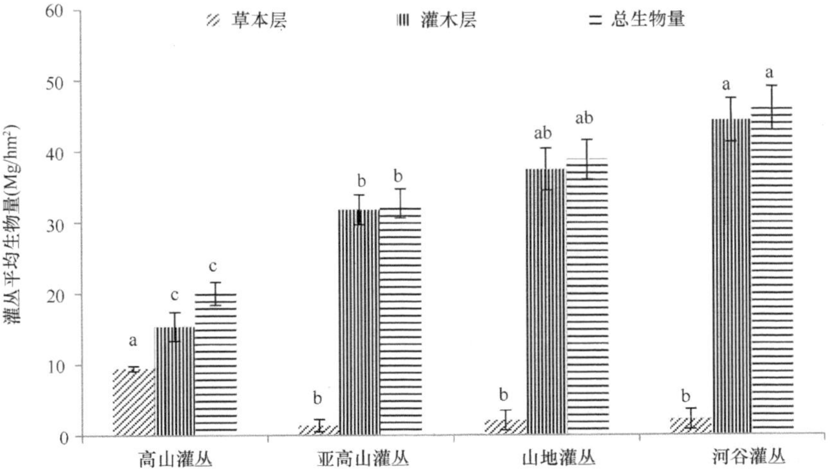

图 17-4　西南山地 4 种灌丛类型平均灌木层、草本层及总生物量

不同字母表示不同灌丛类型之间差异显著（P<0.05）

灌丛及河谷灌丛 4 种灌丛草本层生物量分别为 9.44Mg/hm^2、1.37Mg/hm^2、2.09Mg/hm^2、2.22Mg/hm^2，高山灌丛中草本层生物量在 4 个灌丛群落类型中最高，灌木层生物量与草本层生物量差别最小。

（2）西南山地 4 种灌丛类型生物量与降水、平均气温等因子的相关关系

4 种灌丛类型总生物量及灌木层生物量与海拔均无显著相关关系，但与年均温、年均降水及干旱侦测指数等 3 个气候因子具有不同相关关系（表 17-5）。高山灌丛总生物量与年均降水显著正相关（$P<0.01$），与年均温显著负相关（$P<0.05$），与干旱侦测指数相关不显著；灌木层生物量与年均温及干旱侦测指数相关不显著，与年均降水显著正相关（$P<0.01$）；草本层生物量与海拔、年均降水及干旱侦测指数相关不显著，但与年均温之间呈显著负相关（$P<0.05$）。亚高山灌丛总生物量及灌木层生物量与 3 个气候因子相关不显著；草本层生物量与海拔、年均降水及干旱侦测指数相关不显著，但与年均温显著负相关（$P<0.05$）。山地灌丛总生物量及灌木层生物量与年均温、年均降水相关不

表 17-5　西南山地 4 种灌丛类型生物量与降水、平均气温等因子的相关关系

灌丛类型	生物量	海拔	年均温	年均降水	干旱侦测指数
高山灌丛	灌木层	−0.054	−0.113	0.230**	0.084
	草本层	0.071	−0.160*	0.057	0.019
	总生物量	−0.013	−0.170*	0.239**	0.081
亚高山灌丛	灌木层	0.085	−0.143	0.064	−0.037
	草本层	0.100	−0.436*	0.258	−0.016
	总生物量	0.089	−0.158	0.072	−0.039
山地灌丛	灌木层	−0.066	−0.025	0.075	0.245**
	草本层	−0.181*	−0.035	0.158	−0.075
	总生物量	−0.073	−0.026	0.080	0.244**
河谷灌丛	灌木层	−0.125	0.185	0.017	0.008
	草本层	−0.126	0.011	0.633***	−0.069
	总生物量	−0.128	0.186	0.029	0.007

***表示 $P<0.001$ 水平显著，**表示 $P<0.01$ 水平显著，*表示 $P<0.05$ 水平显著

显著，但与干旱侦测指数显著正相关（$P<0.01$）；草本层生物量与海拔之间显著负相关（$P<0.05$），与其余 3 个环境因子间相关不显著。河谷灌丛总生物量及灌木层生物量与 3 个气候因子相关不显著；草本层生物量与海拔、年均温及干旱侦测指数相关不显著，与年均降水之间具有显著正相关关系（$P<0.001$）。

17.3　西南山地常见灌丛地上-地下生物量分配及其与环境因子的关系

17.3.1　西南山地常见灌丛地上-地下生物量分配

西南山地灌丛的不同群系平均生物量地上-地下分配差异较大，总生物量地上-地下平均值为 2.31，其中灌木层地上-地下为 2.64，而草本层地上-地下为 0.82（图 17-5）。灌木层平均地上生物量远远大于地下生物量，植物将更多的生物量分配到地上光合器官以促进生长，而草本植物则将更多的光合产物储存于根系。

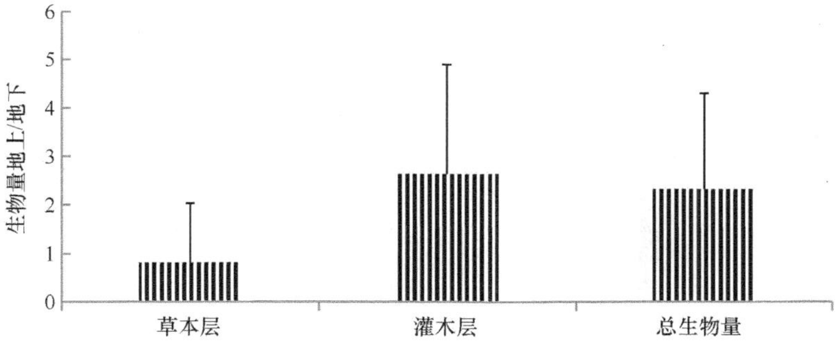

图 17-5　西南山地灌丛地上-地下生物量分配

17.3.2　西南山地灌丛生物量分配的分布格局

总生物量、灌木层及草本层生物量地上-地下（*S*/*R*）在不同海拔的分布上表现出随海拔升高而降低的趋势（$P<0.001$）。灌木层生物量、草本层生物量及灌丛总生物量 *S*/*R* 随着海拔升高都逐渐降低（R^2 分别为 0.06、0.17、0.12）（图 17-6）。

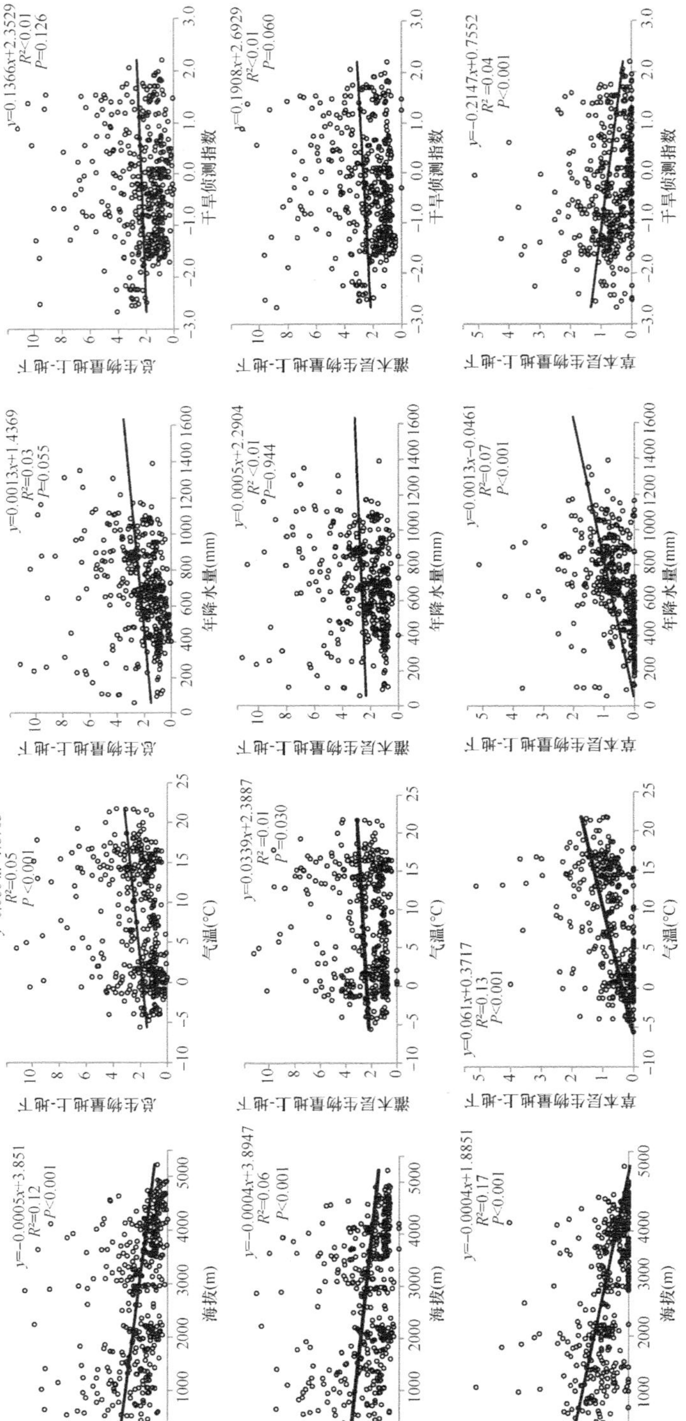

图17-6 西南山地灌丛植被、灌木层、草本层生物量地上-地下分配与海拔、气温、降水量和干旱侦测指数的回归分析

环境温度直接影响植物的光合作用及生物量分配，较低的环境温度将降低植物地上部分的生长以促进根系生长，而较适宜的环境温度将促进植物地上部分的生长。总生物量、灌木层生物量及草本层生物量 *S*/*R* 均随年均温增高而增加（R^2 分别为 0.05、0.01、0.13）（图 17-6）。

年降水量会显著影响土壤含水量，而土壤含水量是植物根系发育的关键因素。研究结果显示，水分充足区域的植物具有高的地上生物量，而干旱区域的植物根系更为发达而导致根冠比增加。但是，在西南山地，灌木层生物量及总生物量 *S*/*R* 与年降水量关系不显著（P=0.944，P=0.055）（图 17-6）。这说明在西南山地灌丛分布区域，降水并不是调整灌木生物量分配的关键因子。虽然土壤含水量能够显著地影响根系生长，但是土壤含水量除受降水影响外，水分蒸发作用也会改变土壤含水量。但是在调查的灌丛群落中草本层生物量地上-地下随着年降水量增加而增加（R^2=0.07，P<0.001），说明在该区域草本植物生物量分配对降水更加敏感。

与降水量相似，干旱侦测指数与灌丛总生物量、灌木层 *S*/*R* 无显著相关关系（P>0.05），但是草本层 *S*/*R* 则与干旱侦测指数显著相关（P<0.001），随干旱侦测指数增加而减小（R^2=0.04）。

17.3.3　西南山地 4 种灌丛类型生物量地上-地下分配及其与环境因子的关系

（1）西南山地 4 种灌丛类型生物量地上-地下分配

在西南山地 4 种灌丛植物群落类型中，河谷灌丛、山地灌丛植被总生物量地上-地下、灌木层生物量地上-地下均显著高于高山灌丛及亚高山灌丛。河谷灌丛植被总生物量地上-地下、灌木层生物量地上-地下及草本层生物量地上-地下分别为 3.02、3.06、1.43，山地灌丛三者生物量分配分别为 2.81、2.96、1.39，亚高山灌丛三者生物量分配分别为 2.05、2.11、0.87，高山灌丛则为 1.59、2.03、0.36。4 种灌丛类型中灌丛植被总生物量地上-地下由大到小排序依次为河谷灌丛、山地灌丛、亚高山灌丛、高山灌丛；灌木层生物量地上-地下由大到小排序依次为河谷灌丛与山地灌丛（差别不大）、亚高山灌丛与高山灌丛（差别不大）；草本层生物量地上-地下由大到小排序依次为河谷灌丛与山地灌丛（差别不大）、亚高山灌丛、高山灌丛（图 17-7）。

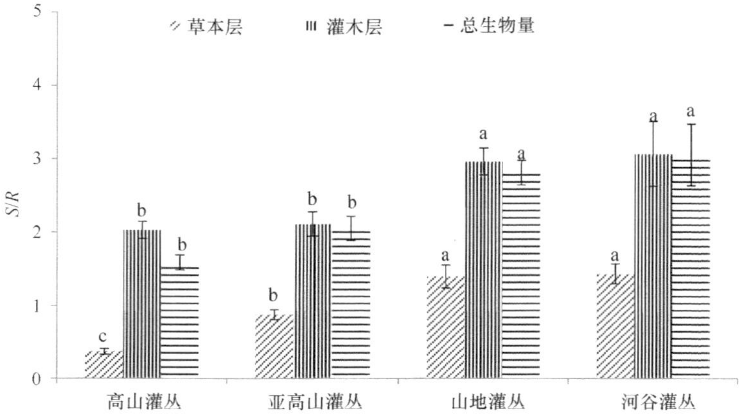

图 17-7 西南山地 4 种灌丛类型植被、灌木层、草本层生物量地上-地下分配

不同字母表示不同灌丛类型之间差异显著（$P<0.05$）

（2）西南山地 4 种灌丛类型生物量分配与环境因子的相关关系

高山灌丛总生物量地上-地下与海拔显著负相关（$P<0.001$），与年均温及干旱指数显著正相关（$P<0.01$），与年均降水量之间相关不显著；灌木层生物量地上-地下与海拔显著负相关（$P<0.001$），与年均温显著正相关（$P<0.01$），与其余 2 个气候因子相关不显著；草本层生物量地上-地下与海拔显著负相关（$P<0.05$），与年均降水量、干旱指数极显著正相关（$P<0.001$），与年均温相关不显著。亚高山灌丛总生物量地上-地下及灌木层生物量地上-地下与海拔、年均降水量及干旱指数相关不显著，与年均温显著正相关（$P<0.05$）；草本层生物量地上-地下与海拔及其他 3 个气候因子相关不显著。山地灌丛总生物量地上-地下及灌木层生物量地上-地下与海拔显著负相关（$P<0.001$），与干旱指数显著正相关（分别为 $P<0.01$、$P<0.05$），与其余 2 个气候因子相关不显著；草本层生物量地上-地下与海拔及 3 个气候因子相关不显著。河谷灌丛总生物量地上-地下、灌木层生物量地上-地下与海拔及 3 个气候因子相关不显著；草本层生物量地上-地下与海拔及年均降水量、干旱指数相关不显著，但与年均温显著正相关（$P<0.05$）（表 17-6）。

表 17-6 西南山地 4 种灌丛类型生物量与降水、平均气温等因子的相关关系

灌丛类型	地上-地下	海拔	年均温	年均降水量	干旱指数
高山灌丛	灌木层	-0.291^{***}	0.209^{**}	-0.029	0.138
	草本层	-0.151^{*}	-0.001	0.255^{***}	0.324^{***}
	总生物量	-0.270^{***}	0.214^{**}	0.066	0.216^{**}

续表

灌丛类型	地上-地下	海拔	年均温	年均降水量	干旱指数
亚高山灌丛	灌木层	−0.066	0.417*	−0.111	0.198
	草本层	0.137	−0.191	−0.251	−0.148
	总生物量	−0.051	0.405*	−0.125	0.197
山地灌丛	灌木层	−0.358***	0.114	0.102	0.192*
	草本层	−0.102	−0.038	0.029	−0.022
	总生物量	−0.372***	0.170	0.094	0.228**
河谷灌丛	灌木层	0.057	−0.267	−0.092	0.146
	草本层	0.054	0.330*	−0.099	−0.169
	总生物量	−0.012	−0.216	0.012	0.144

***表示 $P<0.001$ 水平显著，**表示 $P<0.01$ 水平显著，*表示 $P<0.05$ 水平显著

第 18 章　西南山地灌丛土壤有机碳分布格局

在全球气候变化背景下，陆地生态系统的碳循环过程将发生很多未知的变化，特别是高寒生态系统土壤碳密度对气候变化的响应更是值得关注。土壤有机碳库是陆地生态系统中最大的有机碳库，超过植被碳库与大气碳库总和，土壤有机碳库的细微变化都可能会对大气 CO_2 浓度产生显著影响（Schipper et al.，2007；Piao et al.，2012），因此准确估算土壤有机碳含量，分析其分布格局，不仅有利于评价土壤在陆地生态系统碳循环中的重要作用，还有利于理解陆地生态系统与全球气候变化之间的反馈关系（Post et al.，1982；Callesen et al.，2003；Wynn et al.，2006；Zhao et al.，2014）。西南山地具有独特的地形、地貌、气候等特征，研究西南山地灌丛土壤有机碳含量及其碳密度对于准确评估我国土壤碳含量与碳密度具有十分重要的现实意义。

18.1　西南山地灌丛土壤有机碳含量的分布格局

本节对西南山地灌丛土壤进行调查取样，分析土壤有机碳的空间分布，并进一步探讨灌丛土壤有机碳在西南山地不同省份、不同海拔梯度及不同灌丛类型下的分布特征，最终揭示西南山地灌丛土壤有机碳含量的分布格局。

18.1.1　土壤有机碳含量的分层分布

西南山地灌丛 0～10cm、10～20cm、20～30cm、30～50cm、50～70cm、70～100cm 土层的土壤有机碳含量分别为 36.96mg/g、24.79mg/g、17.62mg/g、12.97mg/g、8.87mg/g、5.44mg/g（图 18-1）。随着土层深度增加，土壤有机碳含量逐渐降低，由凋落物分解、根系周转、根系分泌物等活动输入土壤的有机碳主要聚集在土壤表层，0～10cm 土层有

本章执笔人：李丹丹、廖昕荣、何林、刘庆

机碳含量约为 70～100cm 土层有机碳含量的 6.8 倍。

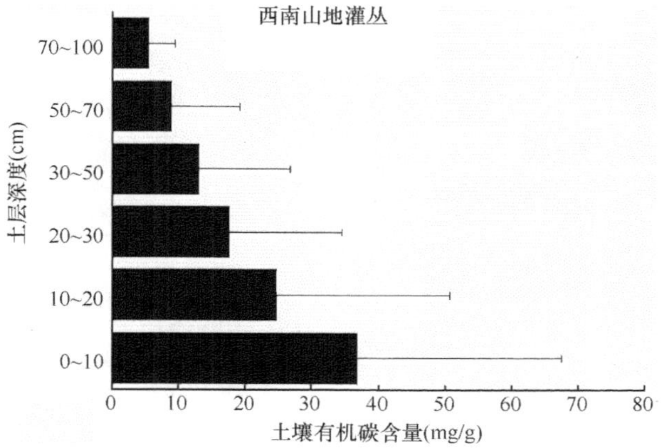

图 18-1　土壤有机碳含量在不同土层的分布

18.1.2　土壤有机碳含量的区域分布

对四川、云南、贵州、西藏 4 省区内山地灌丛土壤有机碳在不同土层进行分析，结果表明，四川省内灌丛 0～10cm、10～20cm、20～30cm、30～50cm、50～70cm、70～100cm 土层土壤有机碳含量分别为 45.48mg/g、34.08mg/g、24.14mg/g、16.68mg/g、11.63mg/g、5.56mg/g；云南省不同土层土壤有机碳含量分别为 25.29mg/g、14.63mg/g、9.17mg/g、7.98mg/g、5.36mg/g、4.29mg/g；贵州省不同土层土壤有机碳含量分别为 40.26mg/g、23.52mg/g、14.99mg/g、11.16mg/g、7.29mg/g、6.08mg/g；西藏自治区不同土层土壤有机碳含量分别为 32.58mg/g、19.88mg/g、16.30mg/g、12.28mg/g、4.09mg/g、2.79mg/g（图 18-2）。四川灌丛土壤有机碳含量最高，其次是贵州、西藏，云南灌丛土壤有机碳含量最低。

18.1.3　土壤有机碳含量的类型分布

对高山灌丛、亚高山灌丛、山地灌丛及河谷灌丛四大类西南山地主要灌丛土壤有机碳在不同土层进行分析，结果表明，山地灌丛 0～10cm、10～20cm、20～30cm、30～50cm、50～70cm、70～100cm 土层土壤有机碳含量分别为 29.34mg/g、17.85mg/g、

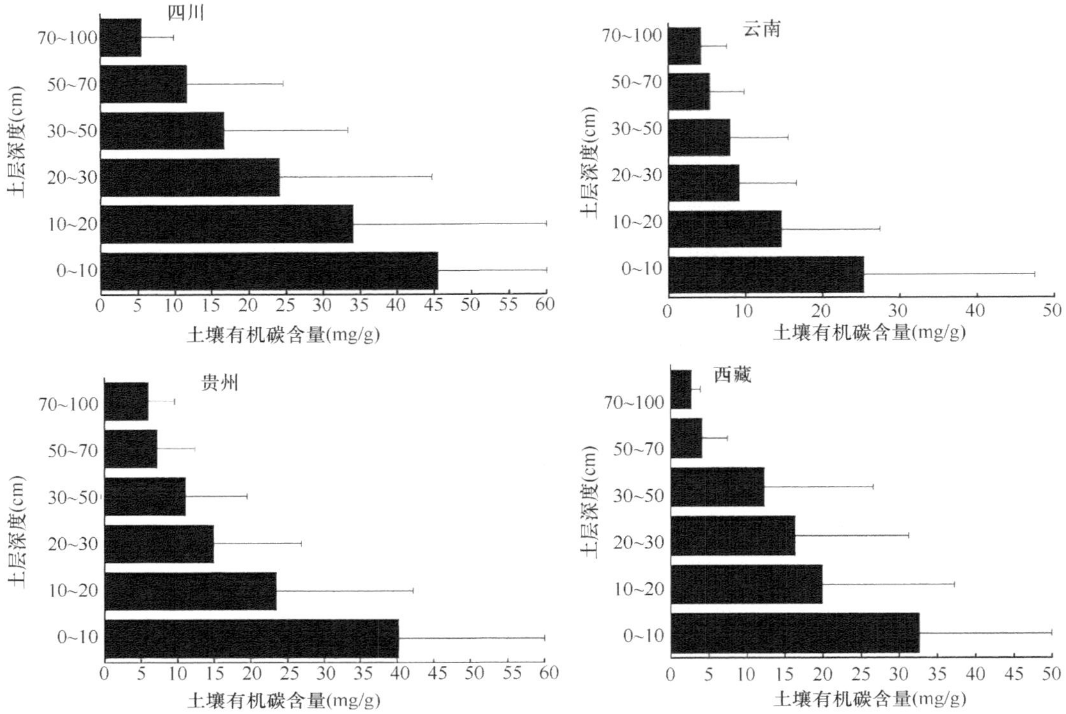

图 18-2 土壤有机碳含量分层分布的区域差异

13.73mg/g、8.86mg/g、5.97mg/g、4.63mg/g；河谷灌丛不同土层土壤有机碳含量分别为28.29mg/g、15.05mg/g、46.22mg/g、10.35mg/g、7.70mg/g、5.16mg/g；高山灌丛不同土层土壤有机碳含量分别为45.06mg/g、33.56mg/g、23.66mg/g、17.50mg/g、12.28mg/g、5.96mg/g；亚高山灌丛不同土层土壤有机碳含量分别为 51.18mg/g、37.20mg/g、24.90mg/g、18.80mg/g、10.48mg/g、7.23mg/g（图 18-3）。高山灌丛和亚高山灌丛土壤有机碳含量较高，山地灌丛和河谷灌丛土壤有机碳含量较低。

本次在西南山地共调查到103个灌丛群系，从中选取了分布较广的13个灌丛群系，分析土壤有机碳含量在不同土层的分布情况（表 18-1）。结果表明，不同灌丛群系类型土壤剖面有机碳含量表现为千里香杜鹃灌丛>窄叶鲜卑花灌丛>草原杜鹃灌丛>雪层杜鹃灌丛>腋花杜鹃灌丛>香柏灌丛>腺房杜鹃灌丛>火棘灌丛>白栎灌丛>余甘子灌丛>南烛灌丛>马桑灌丛>砂生槐灌丛。其中，杜鹃类（包括千里香杜鹃、草原杜鹃、雪层杜鹃、腋花杜鹃、腺房杜鹃）灌丛和窄叶鲜卑花灌丛土壤有机碳含量较高，而砂生槐灌丛土壤有机碳含量较低。千里香杜鹃灌丛在0～10cm、10～20cm、20～30cm、30～50cm、50～

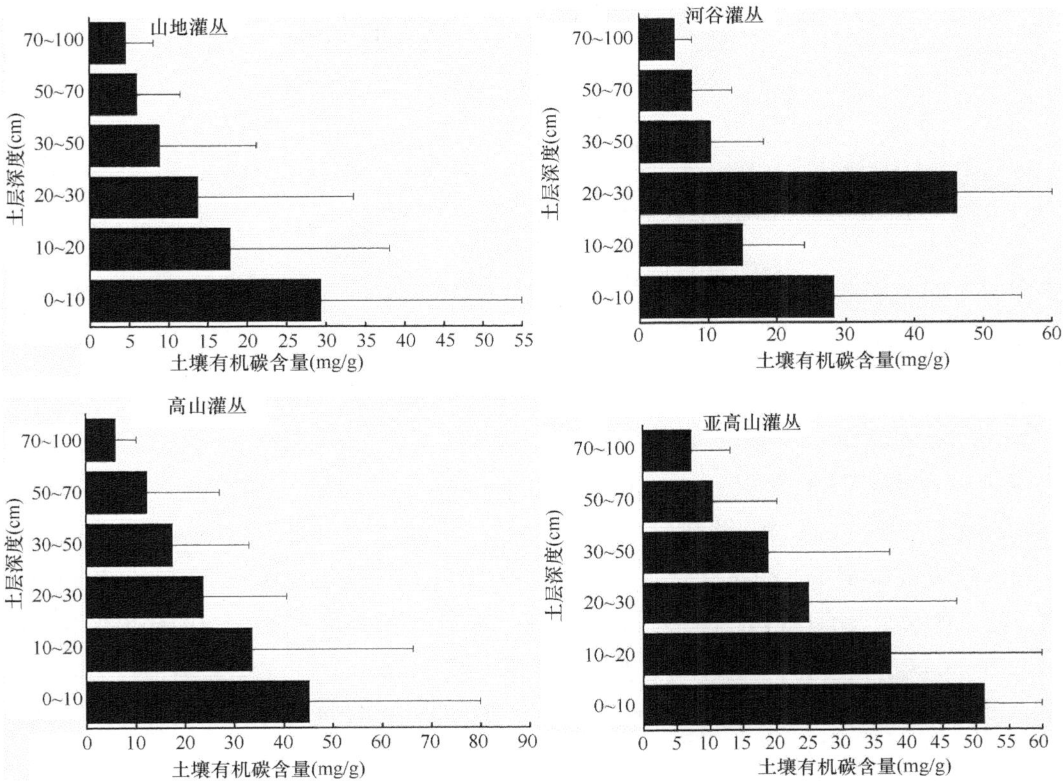

图 18-3　土壤有机碳含量分层分布的类型差异

表 18-1　西南山地常见灌丛不同土层土壤有机碳含量

群系类型	不同土层土壤有机碳含量（mg/g）					
	0～10cm	10～20cm	20～30cm	30～50cm	50～70cm	70～100cm
千里香杜鹃灌丛	98.43	88.47	41.06	31.16	36.73	4.62
窄叶鲜卑花灌丛	65.84	50.81	34.67	21.49	13.21	5.52
草原杜鹃灌丛	57.17	49.92	28.97	19.34	13.76	8.68
雪层杜鹃灌丛	56.59	32.39	28.35	19.82	8.36	3.79
腋花杜鹃灌丛	53.42	41.62	24.47	15.26	10.92	5.22
香柏灌丛	44.63	27.53	20.89	14.74	8.42	0.00
腺房杜鹃灌丛	42.50	31.18	13.99	11.00	7.61	3.52
火棘灌丛	35.91	21.29	12.62	9.44	7.42	7.25
白栎灌丛	25.25	13.65	9.74	8.33	5.94	5.63
余甘子灌丛	21.36	17.10	13.68	11.37	10.34	6.36

续表

群系类型	不同土层土壤有机碳含量（mg/g）					
	0～10cm	10～20cm	20～30cm	30～50cm	50～70cm	70～100cm
南烛灌丛	20.91	11.00	6.82	5.20	3.50	3.26
马桑灌丛	14.10	13.33	24.92	30.33	1.34	3.32
砂生槐灌丛	4.13	3.72	3.91	2.80	2.09	1.43

70cm、70～100cm 土层中土壤有机碳含量分别为 98.43mg/g、88.47mg/g、41.06mg/g、31.16mg/g、36.73mg/g、4.62mg/g；窄叶鲜卑花灌丛土层中土壤有机碳含量分别为 65.84mg/g、50.81mg/g、34.67mg/g、21.49mg/g、13.21mg/g、5.52mg/g；砂生槐灌丛土层中土壤有机碳含量分别为 4.13mg/g、3.72mg/g、3.91mg/g、2.80mg/g、2.09mg/g、1.43mg/g。常见群系土壤有机碳含量均随着土层深度增加而降低，且土壤有机碳含量在 0～10cm 土层是 70～100cm 土层含量的 2.89～21.31 倍。表层土壤有机碳含量越高的灌丛，其与深层土壤有机碳含量的差值越大。例如，千里香杜鹃灌丛 0～10cm 土层有机碳含量为 98.43mg/g，是 70～100cm 土层有机碳含量（4.62mg/g）的 21.31 倍；而表层土壤有机碳含量较低的砂生槐灌丛 0～10cm 土层有机碳含量（4.13mg/g）仅为 70～100cm 土层有机碳含量（1.43mg/g）的 2.89 倍。

18.1.4 土壤有机碳含量的海拔分布

在 0～1000m、1000～2000m、2000～3000m、3000～4000m、4000～5000m 海拔梯度下，灌丛土壤有机碳含量在 0～100cm 各土层的变化范围分别为 4.97～18.31mg/g、5.05～32.40mg/g、4.97～32.16mg/g、4.95～37.76mg/g 和 7.58～44.03mg/g（表 18-2），

表 18-2 西南山地灌丛土壤剖面有机碳含量在海拔梯度上的分布

海拔梯度（m）	不同土层土壤有机碳含量（mg/g）					
	0～10cm	10～20cm	20～30cm	30～50cm	50～70cm	70～100cm
0～1000	18.31	16.64	8.16	7.94	5.65	4.97
1000～2000	32.40	21.55	13.42	9.47	6.34	5.05
2000～3000	32.16	17.72	12.89	9.46	8.21	4.97
3000～4000	37.76	27.57	20.37	13.64	7.74	4.95
4000～5000	44.03	38.24	27.63	22.90	17.85	7.58

随土壤深度增加而减小。各土层有机碳含量均随海拔升高而增加（图 18-4），表明土壤有机碳的累积随海拔升高而增加。此外，相关性分析结果表明，随着土层深度增加，土壤有机碳含量与海拔的相关系数（即斜率）逐渐变小，其斜率在 0～10cm、10～20cm、

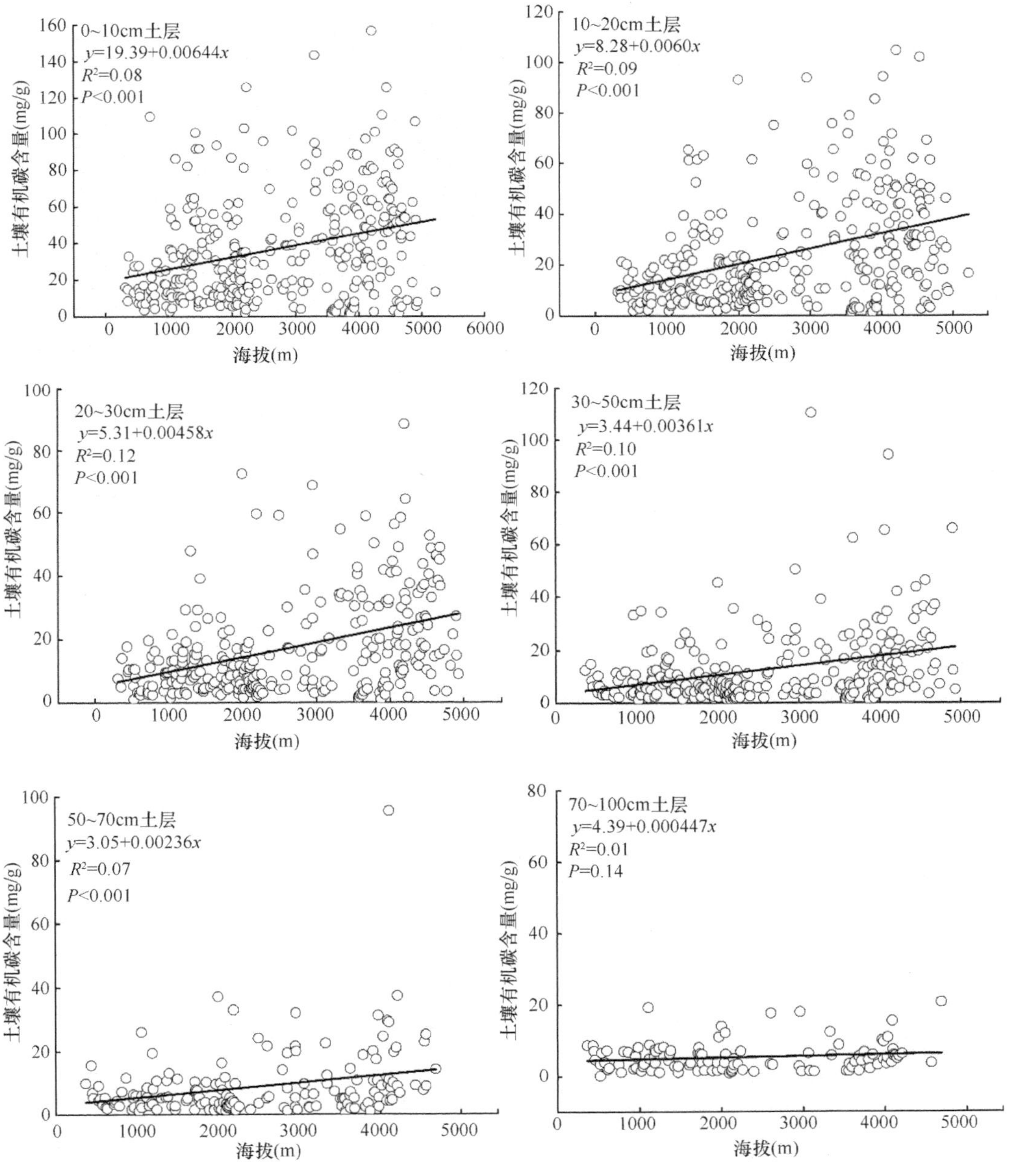

图 18-4　西南山地灌丛不同土层有机碳含量与海拔的相关性分析

20～30cm、30～50cm、50～70cm、70～100cm 土层分别为 0.00644、0.0060、0.00458、0.00361、0.00236、0.000447。该结果表明，随土壤深度增加，海拔梯度之间土壤有机碳含量差值减小。例如，0～10cm 土层有机碳含量在海拔 4000～5000m 是 0～1000m 的 2.4 倍，70～100cm 土层有机碳含量在海拔 4000～5000m 是 0～1000m 的 1.5 倍。

18.2 西南山地灌丛土壤有机碳密度的分布格局

本节主要从西南山地灌丛土壤有机碳密度在不同省份、不同海拔梯度的分布格局，以及不同灌丛类型土壤碳密度与海拔的线性关系等方面来准确评估西南山地灌丛土壤有机碳密度的地理垂直分布特征。

18.2.1 土壤有机碳密度的区域分布

西南 4 省区灌丛土壤有机碳密度平均值为 87.04Mg/hm^2，其变异范围为 1.12～352.30Mg/hm^2，土壤有机碳密度的空间变异较大。不同分布省区土壤有机碳密度的统计结果表明，四川、云南、贵州、西藏 4 省区灌丛土壤有机碳密度平均值分别为 102.23Mg/hm^2、86.51Mg/hm^2、84.43Mg/hm^2、63.99Mg/hm^2，四川灌丛土壤有机碳密度平均值最高，其次是贵州、云南，西藏最低（表 18-3）。

表 18-3　西南山地灌丛土壤有机碳密度地理分布（Mg/hm^2）

省区	样本数	平均值	标准差	中位数	最小值	最大值
贵州	48	84.43	42.82	73.76	14.80	176.60
四川	127	102.23	63.76	94.67	5.25	352.31
西藏	76	63.99	52.33	52.73	1.12	198.27
云南	82	86.51	66.84	61.60	13.19	307.22
总计	331	87.04	60.85	72.45	1.12	352.30

西南山地灌丛土壤有机碳密度在 0～1000m、1000～2000m、2000～3000m、3000～4000m、4000～5000m 海拔梯度上的平均值分别为 57.70Mg/hm^2、80.05Mg/hm^2、

70.65Mg/hm^2、100.62Mg/hm^{2}和 108.78Mg/hm^2（表 18-4），表现出随海拔升高土壤有机碳密度增大的趋势，高海拔促进土壤有机碳的积累。此外，在低海拔区有机碳密度变异较小，高海拔区有机碳密度变异范围较大。

表 18-4　西南山地灌丛土壤有机碳密度沿海拔分布统计表（Mg/hm^2）

海拔（m）	样本数	平均值	标准差	中位数	最小值	最大值
0～1000	39	57.70	33.46	45.91	14.30	147.30
1000～2000	80	80.05	45.21	67.12	16.70	176.60
2000～3000	61	70.65	50.81	55.72	5.20	307.20
3000～4000	71	100.62	76.35	96.35	1.10	279.50
4000～5000	80	108.78	66.61	97.01	9.50	352.30

18.2.2　土壤有机碳密度的类型分布

高山灌丛、亚高山灌丛、山地灌丛、河谷灌丛的土壤有机碳密度平均值分别为 100.31Mg/hm^2、112.92Mg/hm^2、74.38Mg/hm^2 和 73.71Mg/hm^2，高山灌丛、亚高山灌丛土壤有机碳密度平均值较高（表 18-5）。不同灌丛类型土壤有机碳密度在不同省区的分布结果如表 18-6 所示，四川、云南灌丛类型丰富，高山灌丛、亚高山灌丛、山地灌丛和河谷灌丛在该省均有分布；而西藏主要分布有高山灌丛、亚高山灌丛和山地灌丛，贵州主要分布有山地灌丛和河谷灌丛。高山灌丛、亚高山灌丛和河谷灌丛土壤有机碳密度均在云南分布最高，其平均值为分别为 209.35Mg/hm^2、133.10Mg/hm^{2}和 92.81Mg/hm^2；而山地灌丛土壤有机碳密度在贵州最高，其平均值为 86.94Mg/hm^2。

表 18-5　西南山地不同灌丛类型土壤有机碳密度（Mg/hm^2）

灌丛类型	样本数	平均值	标准差	中位数	最小值	最大值
高山灌丛	131	100.31	70.51	95.86	1.10	352.30
亚高山灌丛	38	112.92	70.81	90.28	9.40	307.22
山地灌丛	131	74.38	53.69	58.82	5.25	341.47
河谷灌丛	36	73.71	48.17	59.36	16.70	173.62

表 18-6　西南山地不同灌丛类型土壤有机碳密度地理分布（Mg/hm^2）

灌丛类型	省区	样本数	平均值	标准差	中位数	最小值	最大值
高山灌丛	四川	58	136.89	63.52	127.26	9.22	352.31
	西藏	70	65.33	54.03	52.52	1.12	198.27
	云南	3	209.35	89.37	239.77	108.74	279.54
亚高山灌丛	四川	20	107.73	51.93	95.25	41.35	194.38
	西藏	2	65.24	13.20	65.24	55.91	74.57
	云南	15	133.10	89.52	111.75	13.19	307.22
山地灌丛	贵州	44	86.94	43.59	77.86	14.80	176.56
	四川	31	59.38	39.79	44.82	5.25	149.76
	西藏	3	50.01	7.14	52.47	41.97	55.60
	云南	50	60.72	36.05	49.65	17.61	168.84
河谷灌丛	贵州	4	56.86	19.67	63.33	29.48	71.29
	四川	17	51.44	21.62	53.54	16.70	94.44
	云南	13	92.81	56.83	117.62	25.46	167.67

对不同灌丛类型土壤有机碳密度在不同海拔梯度上的统计表明，高山灌丛主要分布在海拔 3000～5000m，在海拔 3000～4000m 和 4000～5000m 上土壤有机碳密度平均值分别为 86.77Mg/hm^2 和 110.08Mg/hm^2；亚高山灌丛主要分布在海拔 2000～4000m，在海拔 2000～3000m 和 3000～4000m 上土壤有机碳密度平均值分别为 104.93Mg/hm^2 和 136.83Mg/hm^2；山地灌丛主要分布在 0～4000m，在海拔 3000～4000m 上土壤有机碳密度平均值最高，为 118.81Mg/hm^2；河谷灌丛主要分布在 0～3000m，其土壤有机碳密度在海拔 1000～2000m 最高，平均值为 72.76Mg/hm^2（表 18-7）。

表 18-7　西南山地不同灌丛类型土壤有机碳密度沿海拔分布（Mg/hm^2）

灌丛类型	海拔	样本数	平均值	标准差	中位数	最小值	最大值
高山灌丛	3000～4000m	52	86.77	74.08	88.85	1.10	279.50
	4000～5000m	77	110.08	67.49	99.79	9.50	352.30
亚高山灌丛	2000～3000m	19	104.93	66.66	82.51	13.19	307.22

续表

灌丛类型	海拔	样本数	平均值	标准差	中位数	最小值	最大值
亚高山灌丛	3000～4000m	16	136.83	70.76	115.67	43.44	251.64
山地灌丛	0～1000m	33	57.31	35.87	44.82	14.30	147.30
	1000～2000m	54	83.12	42.56	69.88	17.85	176.56
	2000～3000m	37	56.90	35.97	52.47	5.25	157.14
	3000～4000m	5	118.81	74.98	120.10	41.97	226.65
河谷灌丛	0～1000m	6	59.81	16.28	65.67	29.48	71.29
	1000～2000m	24	72.76	49.45	55.99	16.70	167.67
	2000～3000m	4	50.85	16.98	46.06	36.77	74.52

18.2.3　土壤有机碳密度的海拔分布

西南山地灌丛土壤有机碳密度与海拔的相关性分析表明，土壤有机碳密度随着海拔升高逐渐增大（图 18-5）。分别将西南山地 4 种灌丛类型的土壤有机碳密度与海拔进行线性拟合，发现各灌丛类型土壤有机碳密度与海拔梯度无显著相关关系（图 18-6）。该结果表明，虽然灌丛土壤有机碳密度在大尺度海拔梯度中随海拔升高有逐渐增大的趋势，但是在局部区域海拔梯度中并无明显规律。

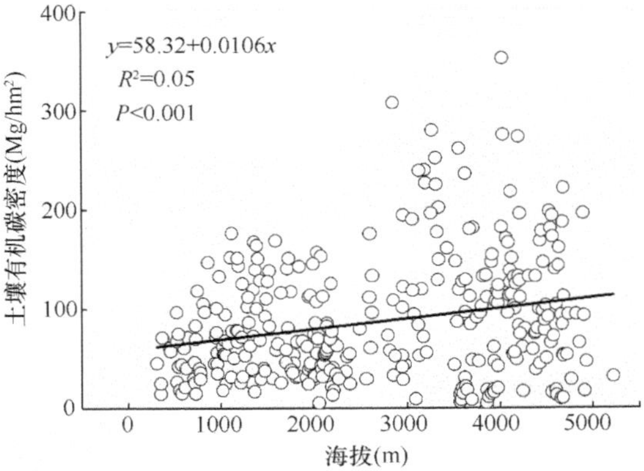

图 18-5　土壤有机碳密度与海拔的相关关系

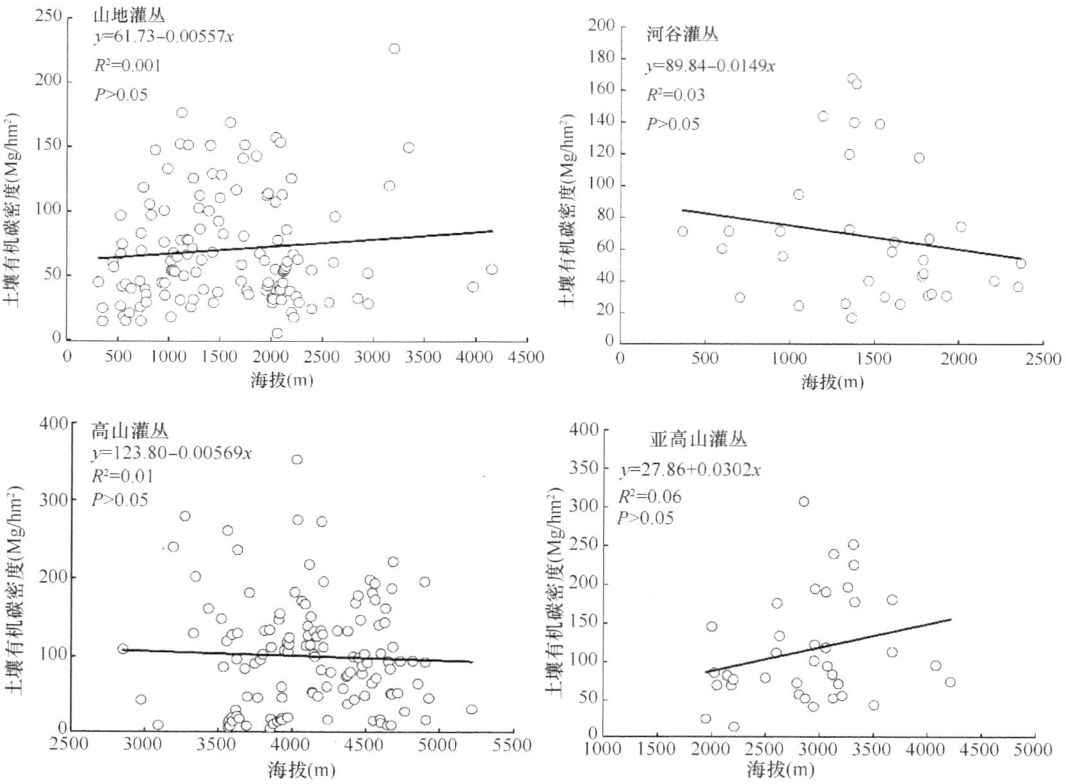

图 18-6　不同灌丛类型土壤有机碳密度沿海拔变化的分布

18.3　西南山地灌丛土壤有机碳密度与环境的关系

为准确理解灌丛土壤有机碳密度对环境因子变化的响应机制，本节主要分析不同类型灌丛土壤有机碳密度与环境因子的相关性，为预测未来气候持续变化条件下西南山地碳循环模式提供科学依据。

18.3.1　土壤有机碳密度与环境因子的相关性

土壤有机碳密度与年平均气温呈负相关，与干旱侦测指数和年平均降水量呈显著正相关，该结果表明湿润的气候条件更能促进灌丛植被的生长和碳的固定；同时低温有利于土壤有机碳的积累（图 18-7）。

18.3.2　不同灌丛类型土壤有机碳密度与年平均气温的关系

4 种灌丛类型中，仅高山灌丛的土壤有机碳密度与年平均气温显著负相关（图 18-8），即土壤有机碳密度随年平均气温升高而降低。这主要是由于高山灌丛主要分布在高海拔区域，该区域年平均气温较低，温度是该区域生态系统碳积累的限制因子。因此，随着温度升高，土壤有机质分解速率提高，进而降低土壤有机碳积累和土壤有机碳密度。而亚高山灌丛、山地灌丛和河谷灌丛这三类灌丛土壤有机碳密度与年平均气温无显著关系，表明低海拔区域的气温变化并不是灌丛生态系统碳积累的限制因子，其有机碳密度受其他环境因子调控。

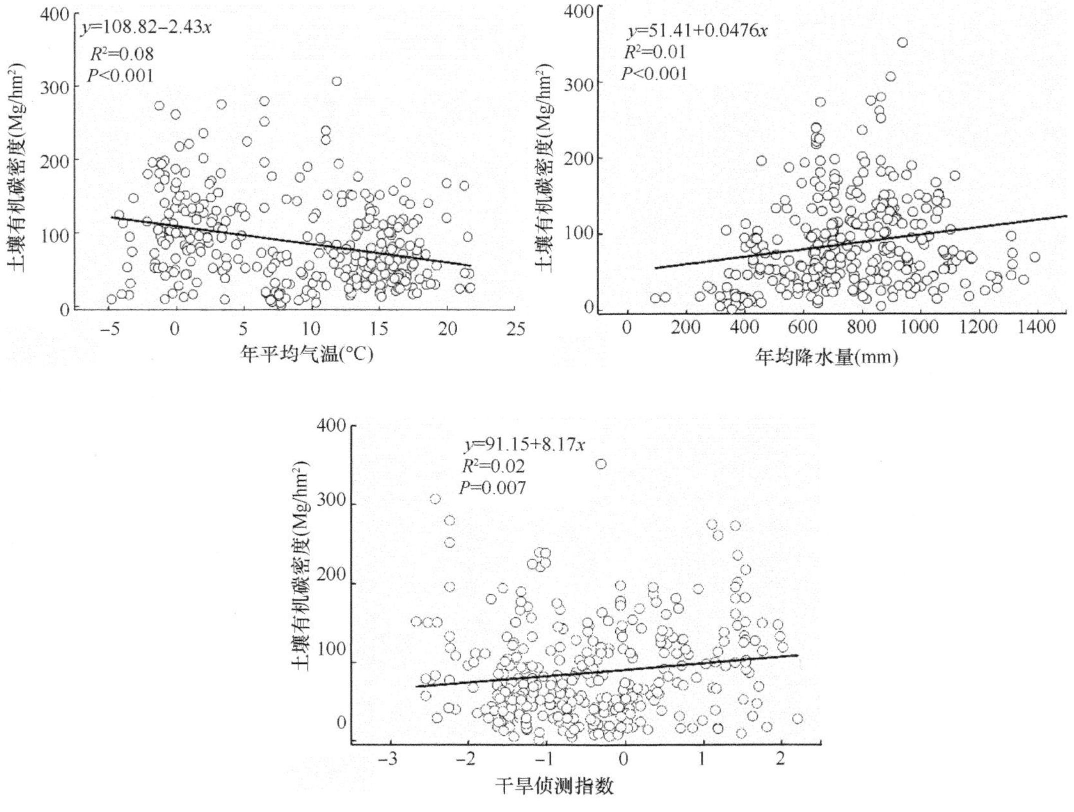

图 18-7　土壤有机碳密度与温度、降水和干旱侦测指数的相关性

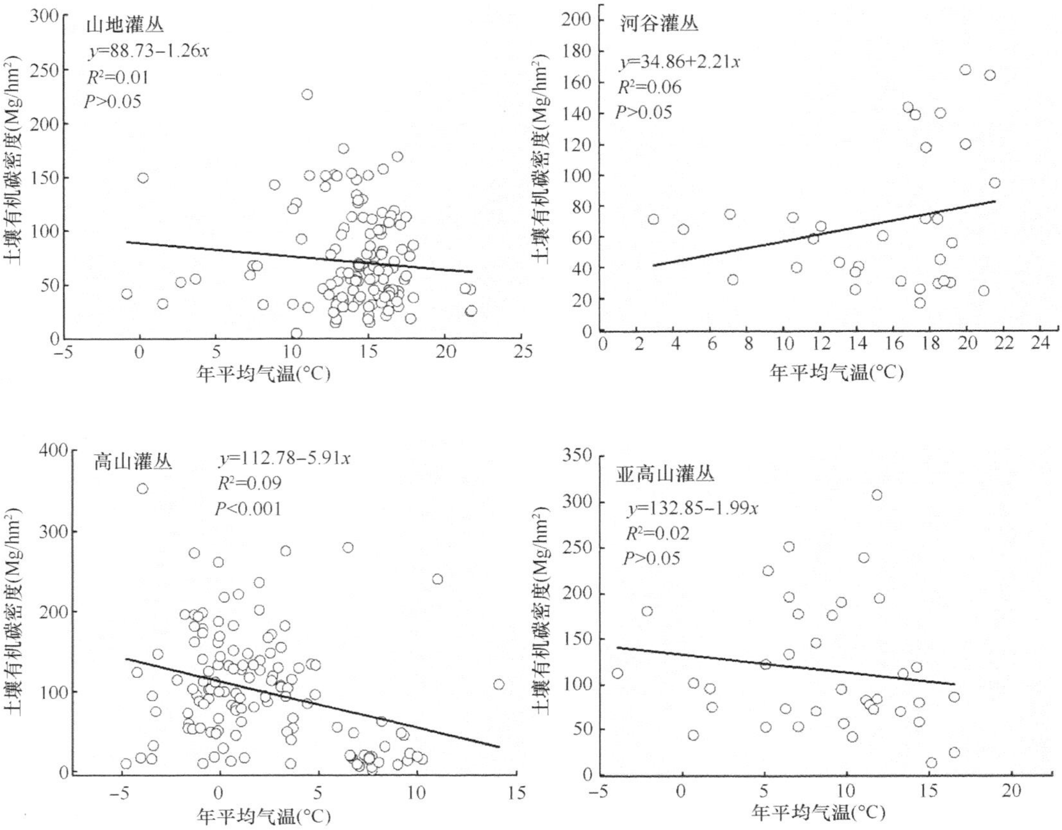

图 18-8　不同灌丛类型土壤有机碳密度与年平均气温的相关性

18.3.3　不同灌丛类型土壤有机碳密度与年平均降水量的关系

高山灌丛和河谷灌丛土壤有机碳密度与年平均降水量显著正相关（图 18-9）。一方面，随着年平均降水量增加，土壤有机质分解降低而促进土壤有机碳积累；另一方面，年平均降水量增加促进植物生长，进而促进植物向土壤碳输入。与此不同，亚高山灌丛和山地灌丛土壤有机碳密度与年降水量并没有显著相关性。

18.3.4　不同灌丛类型土壤有机碳密度与干旱侦测指数的关系

不同灌丛类型中，仅高山灌丛的土壤有机碳密度与干旱侦测指数显著正相关，亚高山灌丛、山地灌丛和河谷灌丛与干旱侦测指数无显著相关性（图 18-10），即随着干旱侦测指数升高，高山区域的湿润程度逐渐增大，促进灌丛植被生长及土壤有机碳密度的累积；而其他三种灌丛类型的土壤有机碳密度很可能受多种环境因子共同调控。

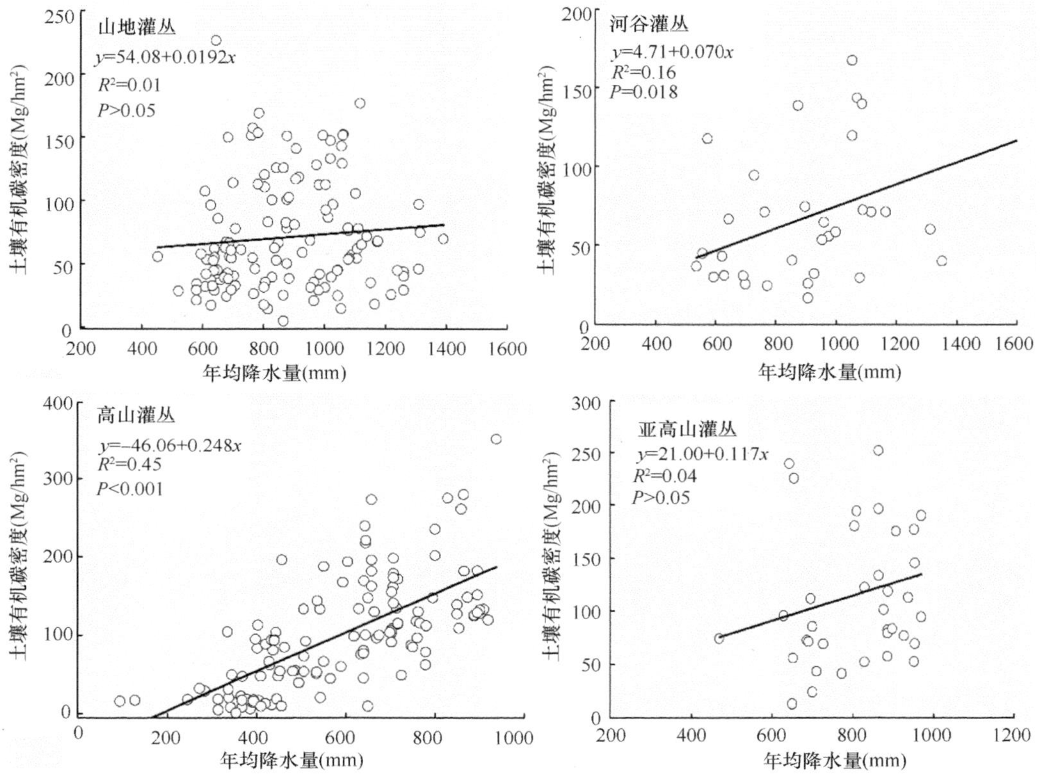

图 18-9　不同灌丛类型土壤有机碳密度与年平均降水量的相关性

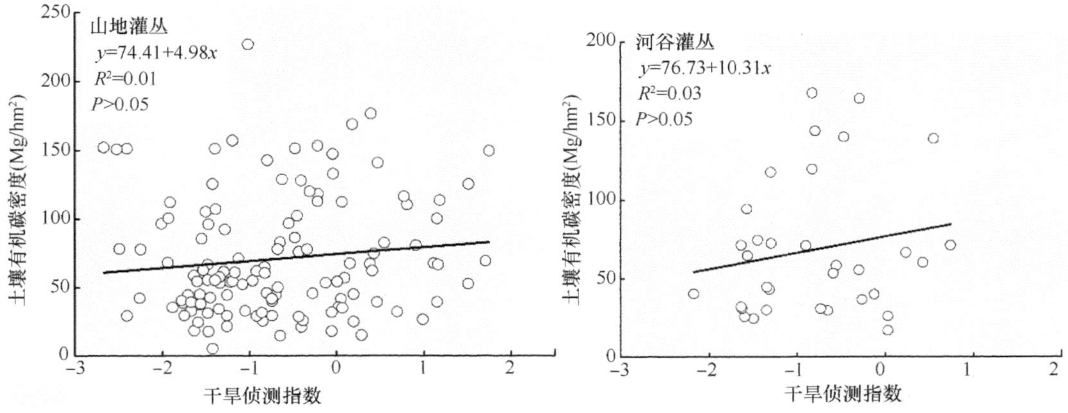

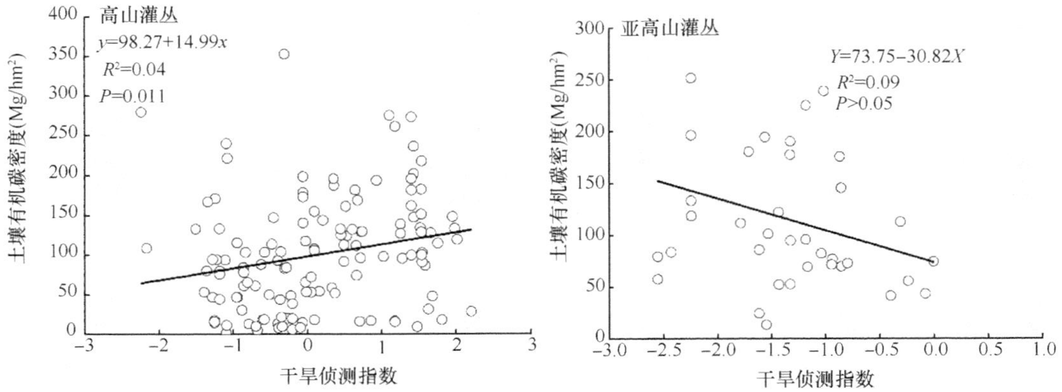

图 18-10　不同灌丛类型土壤有机碳密度与干旱侦测指数的相关性

第19章　西南山地灌丛生态系统碳密度和碳储量的分布格局

西南山地为我国灌丛分布类型最丰富的区域，仅四川、云南、贵州三省灌丛面积就占全国灌丛总面积的 23.5%（胡会峰等，2006）；同时该区域也是全球气候变化的敏感区。开展西南山地灌丛生态系统碳储量的准确评估、不同组分碳密度分布及其对环境变化响应规律的研究对于认识我国陆地生态系统碳循环和碳平衡具有重要意义。本研究以西南 4 省区（四川、云南、贵州、西藏）灌丛为对象，选择不同的典型灌丛类型，通过地面调查获得样地水平上植被生物量碳密度、灌丛凋落物碳密度及土壤碳密度大小，结合卫星遥感和土地利用方式资料，获取不同灌丛群系类型的分布面积，旨在精确估算西南山地主要灌丛生态系统碳储量大小、探究西南山地灌丛生态系统碳储量/不同组分碳密度与海拔梯度及其伴随的环境要素（温度、降水量及干旱指数）之间的内在关系。

19.1　西南山地灌丛生态系统碳密度

19.1.1　主要灌丛群系的生态系统碳密度分析

（1）高山灌丛生态系统

在本研究中，高山灌丛共有 34 种群系（表 19-1）。这些灌丛生态系统的生物量碳密度平均值为 15.1Mg/hm^2，其中最大的为凝毛杜鹃灌丛（约 36.3Mg/hm^2），最小的为巴郎柳灌丛（仅为 1.5Mg/hm^2）。凋落物碳密度平均值整体较小（0.8Mg/hm^2），其中最高的为雪层杜鹃、髯花杜鹃灌丛（6.6Mg/hm^2），较小的为高山绣线菊灌丛、砂生槐灌丛、滇藏方枝柏灌丛、秋华柳灌丛、杯腺柳灌丛及草原杜鹃、头花杜鹃灌丛，其碳密度都为

本章执笔人：郭婉玑、尹华军、阳小成、刘庆

0.1Mg/hm^2 左右。土壤碳密度和生态系统碳密度平均值分别为 149.7Mg/hm^2 和 166.1Mg/hm^2，各灌丛类型间差异较大，其中金露梅灌丛土壤碳密度和生态系统碳密度最大，分别为 343.1Mg/hm^2 和 374.6Mg/hm^2，秋华柳灌丛土壤碳密度和生态系统碳密度最小，分别为 9.2Mg/hm^2 和 12.2Mg/hm^2。

表 19-1　高山灌丛面积、生物量碳密度、凋落物碳密度、土壤碳密度、生态系统碳密度和生态系统碳储量统计表

群系	面积（$\times 10^2$hm^2）	生物量碳密度（Mg/hm^2）	凋落物碳密度（Mg/hm^2）	土壤碳密度（Mg/hm^2）	生态系统碳密度（Mg/hm^2）	生态系统碳储量（Tg）
高山绣线菊灌丛	5	9.7	0.08	124.0	133.7	0.067
细枝绣线菊灌丛	6	19.7	0.51	85.2	105.5	0.063
细枝绣线菊、高山绣线菊灌丛	36	19.7	0.51	85.2	105.5	0.380
砂生槐灌丛	692	3.9	0.10	43.8	47.8	3.310
乌饭叶矮柳灌丛	3 929	12.0	0.21	168.5	180.7	70.999
山生柳灌丛	71	23.1	1.03	283.6	307.7	2.185
柽柳灌丛	135	5.9	0.65	167.7	174.3	2.353
鬼箭锦鸡儿灌丛	83	21.5	0.89	161.7	184.1	1.528
滇藏方枝柏灌丛	1	28.6	0.12	59.1	87.8	0.009
草原杜鹃灌丛	10 637	5.9	0.65	167.7	174.3	185.367
髯花杜鹃灌丛	24	17.6	0.67	178.3	196.6	0.472
头花杜鹃、千里香杜鹃灌丛	3 349	9.5	0.22	126.1	135.8	45.475
秋华柳灌丛	2	2.8	0.12	9.2	12.2	0.002
凝毛杜鹃灌丛	1	36.3	0.60	138.7	175.6	0.018
红花岩生忍冬灌丛	5	28.2	0.30	119.4	148.0	0.074
川滇野丁香灌丛	32	19.7	0.50	85.2	105.5	0.337
密枝杜鹃灌丛	1 544	10.8	3.90	279.5	294.1	45.416
积石柳灌丛	1	23.1	1.00	283.6	307.7	0.031
亮鳞杜鹃灌丛	3 015	12.9	0.70	294.7	308.4	92.968
金露梅灌丛	724	11.8	0.60	343.1	374.6	25.742

续表

群系	面积（$\times10^2hm^2$）	生物量碳密度（Mg/hm^2）	凋落物碳密度（Mg/hm^2）	土壤碳密度（Mg/hm^2）	生态系统碳密度（Mg/hm^2）	生态系统碳储量（Tg）
杯腺柳灌丛	11	13.4	0.10	261.1	274.6	0.302
雪层杜鹃灌丛	28	15.6	0.20	172.7	188.6	0.528
香柏、高山柏、滇藏方枝柏灌丛	3 543	19.7	0.90	61.4	81.9	29.029
窄叶鲜卑花灌丛	4 739	22.0	0.30	156.3	178.7	84.675
千里香杜鹃灌丛	9	12.9	0.70	294.7	308.4	0.278
永宁杜鹃灌丛	2	6.1	0.50	133.1	139.7	0.028
变色锦鸡儿灌丛	203	9.7	0.10	22.0	31.8	0.646
硬叶柳灌丛	784	12.0	0.20	168.5	180.7	14.167
雪层杜鹃、髯花杜鹃灌丛	20 310	25.9	6.60	108.7	141.3	286.961
绣线菊灌丛	11	19.7	0.50	85.2	105.5	0.116
草原杜鹃、头花杜鹃灌丛	1	2.8	0.10	111.9	114.7	0.011
小叶金露梅灌丛	1	9.1	0.70	201.5	211.3	0.021
香柏灌丛	3	19.7	0.90	61.4	81.9	0.025
巴郎柳灌丛	11	1.5	0.2	48.1	49.8	0.055

（2）亚高山灌丛生态系统

亚高山灌丛共有 17 种群系类型（表 19-2），其中生物量碳密度平均值为 23.9Mg/hm^2，最大的为川滇高山栎灌丛（83.6Mg/hm^2），最小的为黄背栎灌丛（9.6Mg/hm^2）；凋落物碳密度平均值为 2.0Mg/hm^2，最大的为马缨杜鹃灌丛，其密度为 7.2Mg/hm^2，地盘松灌丛几乎没有凋落物。在 17 种群系类型中，地盘松灌丛的土壤碳密度最大，达到 149.4Mg/hm^2，毛脉高山栎灌丛的土壤碳密度最小，仅为 3.7Mg/hm^2，17 种群系类型土壤碳密度平均值为 81.8Mg/hm^2。生态系统碳密度平均值为 107.7Mg/hm^2，其中川滇高山栎灌丛因其较高的植被生物量碳密度而具有最大的生态系统碳密度，约为 196.9Mg/hm^2，腺房杜鹃灌丛的生态系统碳密度最小，仅为 42.6Mg/hm^2。

表 19-2　亚高山灌丛面积、生物量碳密度、凋落物碳密度、土壤碳密度、生态系统碳密度和生态系统碳储量统计表

群系	面积（$\times 10^2$ hm^2）	生物量碳密度（Mg/hm^2）	凋落物碳密度（Mg/hm^2）	土壤碳密度（Mg/hm^2）	生态系统碳密度（Mg/hm^2）	生态系统碳储量（Tg）
矮高山栎灌丛	2625	17.1	0.2	130.9	148.1	38.880
腋花杜鹃灌丛	5990	11.6	1.7	88.6	101.9	61.030
黄毛杜鹃、陇蜀杜鹃灌丛	847	26.6	6.9	83.8	117.3	9.935
黄背栎灌丛	3	9.6	0.7	95.8	106.1	0.032
地盘松灌丛	795	12.5	0.0	149.4	161.9	12.870
长穗高山栎灌丛	20	20.0	0.5	73.0	93.5	0.187
灰背栎灌丛	1	12.0	0.2	74.8	86.7	0.009
川滇高山栎灌丛	6	83.6	0.5	112.8	196.9	0.118
大白杜鹃、腋花杜鹃灌丛	49	21.9	0.2	56.5	78.6	0.385
大白杜鹃灌丛	25	21.9	0.2	56.5	78.6	0.197
淡黄杜鹃灌丛	1884	16.0	4.3	133.4	153.7	28.956
马缨杜鹃灌丛	429	22.5	7.2	69.4	99.1	4.253
毛脉高山栎灌丛	27	45.5	1.9	3.7	51.9	0.138
腺房杜鹃灌丛	3494	23.8	7.1	11.7	42.6	14.881
绢毛蔷薇、匍匐栒子灌丛	3209	23.9	0.5	55.6	79.9	25.649
绢毛蔷薇灌丛	3	23.9	0.5	52.5	76.8	0.023
蔷薇、栒子灌丛	1900	13.6	0.6	142.8	157.0	29.821

（3）山地灌丛生态系统

山地灌丛中，共调查到 33 种群系类型（表 19-3）。其中生物量碳密度平均值为 26.7Mg/hm^2。由于栓皮栎、麻栎灌丛在局部区域已经表现出明显的向森林演替的趋势，该类型植被生物量碳密度最大，达到 140.4Mg/hm^2，而植被生物量碳密度最小的灌丛类型为岗松灌丛，仅为 2.1Mg/hm^2。凋落物碳密度，其平均值为 3.1Mg/hm^2，其中桃金娘灌丛凋落物碳密度最大，为 11.4Mg/hm^2，滇榛灌丛、榛灌丛凋落物最小，仅 0.1Mg/hm^2。土壤碳密度、生态系统碳密度平均值分别为 75.5Mg/hm^2 和 105.2Mg/hm^2，其中最高的是山鸡椒灌丛，分别为 341.5Mg/hm^2 和 367.7Mg/hm^2，最小的是铁仔、金花小檗灌丛，分别为 6.3Mg/hm^2 和 15.0Mg/hm^2。

表 19-3　山地灌丛面积、生物量碳密度、凋落物碳密度、土壤碳密度、生态系统碳密度和生态系统碳储量统计表

群系	面积（×10^{2}hm^2）	生物量碳密度（Mg/hm^2）	凋落物碳密度（Mg/hm^2）	土壤碳密度（Mg/hm^2）	生态系统碳密度（Mg/hm^2）	生态系统碳储量（Tg）
矮黄栌、云南山蚂蝗灌丛	430	12.9	4.5	39.5	56.9	2.448
檵木灌丛	230	23.8	2.5	66.2	92.5	2.128
檵木、南烛、杜鹃灌丛	3408	23.8	2.5	66.2	92.5	31.527
白栎、短柄枹栎灌丛	2012	12.4	1.7	29.3	43.3	8.711
火棘灌丛	223	8.8	1.4	107.4	117.6	2.622
黄荆灌丛	556	47.1	0.3	53.7	101.1	5.621
短柄枹栎灌丛	68	15.0	6.7	77.8	99.5	0.676
岗松灌丛	616	2.1	3.4	39.4	44.9	2.763
白栎灌丛	264	27.1	2..0	88.4	117.5	3.103
成凤叶下珠、毛桐、马棘灌丛	214	14.3	1.2	18.2	33.8	0.722
滇榛灌丛	12	16.0	0.1	78.6	94.6	0.114
栓皮栎灌丛	28	120.7	1.6	67.9	190.2	0.533

续表

群系	面积（$\times10^2hm^2$）	生物量碳密度（Mg/hm^2）	凋落物碳密度（Mg/hm^2）	土壤碳密度（Mg/hm^2）	生态系统碳密度（Mg/hm^2）	生态系统碳储量（Tg）
中平树灌丛	2399	24.3	0.6	7.2	32.1	7.699
榛灌丛	970	16.0	0.1	78.6	94.6	9.177
毡毛枸子灌丛	1	11.5	0.2	60.7	72.4	0.007
圆果化香灌丛	6	15.0	1.8	128.1	144.8	0.087
杨叶木姜子、盐肤木灌丛	3965	55.3	5.5	100.3	161.1	63.890
盐肤木灌丛	175	25.2	3.0	118.3	146.6	2.565
盐肤木、云南山蚂蝗灌丛	1	12.9	4.5	39.5	56.9	0.006
小叶枸子灌丛	1	6.4	0.2	92.4	98.9	0.010
铁仔灌丛	5	6.8	1.9	6.3	15.0	0.007
铁仔、金花小檗灌丛	2632	6.8	1.9	6.3	15.0	3.939
桃金娘灌丛	366	14.4	11.4	45.1	70.9	2.594
栓皮栎、锐齿槲栎灌丛	18	71.4	2.0	31.7	105.1	0.189
栓皮栎、麻栎灌丛	2601	140.4	3.4	60.5	204.3	53.137
茅栗灌丛	16	19.3	7.2	151.3	177.8	0.284
山鸡椒灌丛	16	15.1	11.1	341.5	367.7	0.588
雀梅藤、小果蔷薇、火棘、龙须藤灌丛	18699	8.8	1.4	107.4	117.6	219.868
绢毛绣线菊灌丛	7	23.9	0.5	55.6	79.9	0.056
马桑灌丛	8496	28.2	0.6	53.4	82.1	69.771
南烛、矮杨梅灌丛	50256	24.8	3.1	17.5	45.4	228.231
茅栗、白栎灌丛	19670	19.3	7.2	151.3	177.8	349.734
竹叶椒灌丛	4724	11.2	4.4	104.4	120.0	56.691

（4）河谷灌丛生态系统

河谷灌丛共有 11 种群系类型（表 19-4）。11 种灌丛群系类型生物量碳密度平均值为 25.0Mg/hm^2，其中密度最大的是牛奶子灌丛，为 79.6Mg/hm^2，最小的为胡枝子、火棘灌丛，仅为 6.9Mg/hm^2。凋落物碳密度平均值为 2.1Mg/hm^2，其中仙人掌、金合欢灌丛的凋落物碳密度最大，为 9.1Mg/hm^2，小鞍叶羊蹄甲灌丛凋落物密度较小，仅 0.1Mg/hm^2。土壤碳密度平均值为 47.9Mg/hm^2，其中白刺花、小鞍叶羊蹄甲灌丛土壤碳密度在 11 种群系类型中最大，达到 87.8Mg/hm^2，剑麻灌丛的土壤碳密度最小，仅为 24.5Mg/hm^2。生态系统碳密度平均值为 74.9Mg/hm^2，其中牛奶子灌丛由于具有较高的植被生物量碳密度，其生态系统碳密度高达 125.6Mg/hm^2，生态系统碳密度最小的为胡枝子、火棘灌丛，仅为 37.9Mg/hm^2。

表 19-4　河谷灌丛面积、生物量碳密度、凋落物碳密度、土壤碳密度、生态系统碳密度和生态系统碳储量统计表

群系	面积（×10^{2}hm^2）	生物量碳密度（Mg/hm^2）	凋落物碳密度（Mg/hm^2）	土壤碳密度（Mg/hm^2）	生态系统碳密度（Mg/hm^2）	生态系统碳储量（Tg）
量天尺、仙人掌灌丛	779	11.6	0.9	51.6	64.0	4.986
胡枝子、火棘灌丛	137	6.9	0.2	30.8	37.9	0.519
剑麻灌丛	12	23.6	0.2	24.5	48.3	0.058
白刺花、小鞍叶羊蹄甲灌丛	2743	18.0	3.1	87.8	108.8	29.843
余甘子灌丛	17934	14.1	1.1	38.5	53.7	96.238
霸王鞭、仙人掌灌丛	21	11.6	0.9	51.6	64.0	0.134
小鞍叶羊蹄甲灌丛	8	12.9	0.1	64.7	77.7	0.062
金合欢灌丛	19	18.9	0.5	44.6	64.0	0.122
梨果仙人掌灌丛	7	11.6	0.9	51.7	64.0	0.045
仙人掌、金合欢灌丛	269	65.9	9.1	40.6	115.6	3.110
牛奶子灌丛	46	79.6	6.0	40.1	125.6	0.578

19.1.2　4 种灌丛类型生态系统碳密度比较

4 种灌丛生物量碳密度平均值大小顺序依次为高山灌丛<亚高山灌丛<河谷灌丛<山地灌丛，其平均值分别为 15.1Mg/hm^2、23.9Mg/hm^2、25.0Mg/hm^2 及 26.7Mg/hm^2。此外，生物量碳密度的最大值以高山灌丛最低，山地灌丛中因川滇高山栎灌丛呈现森林化的演替趋势，其生物量碳密度的最大值在 4 种灌丛中最高；4 种灌丛类型生物量碳密度的最小值未表现出明显规律（图 19-1A）。

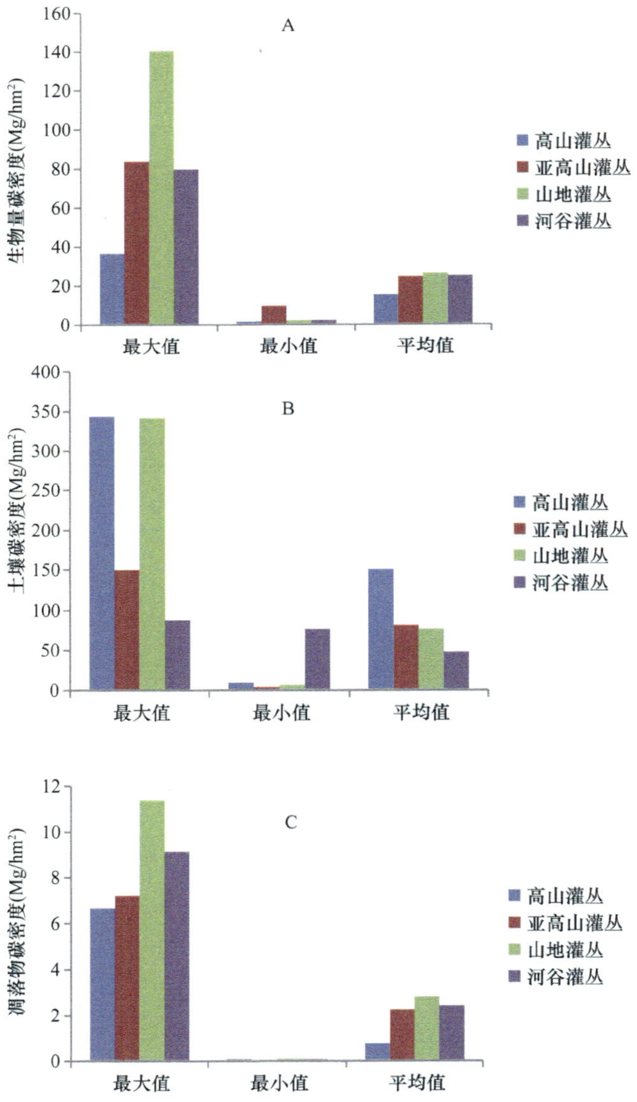

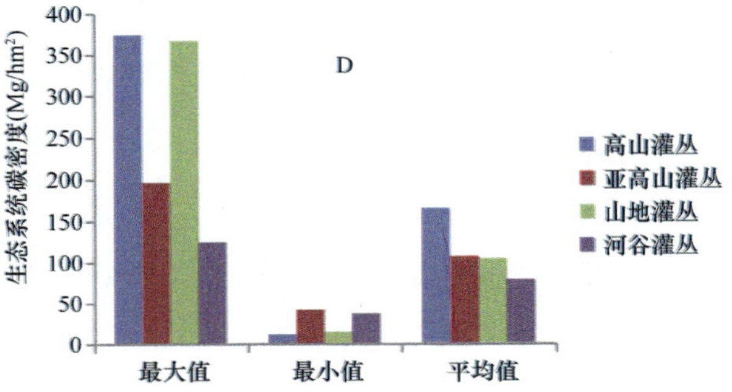

图 19-1　西南山地 4 种灌丛类型生物量碳密度（A）、土壤碳密度（B）、凋落物碳密度（C）与生态系统碳密度（D）分析

与灌丛生物量碳密度的分布规律相反，4 种灌丛土壤碳密度平均值由大到小依次为高山灌丛、亚高山灌丛、山地灌丛、河谷灌丛，平均值分别为 149.7Mg/hm^2、81.8Mg/hm^2、75.5Mg/hm^2、47.9Mg/hm^2。土壤碳密度最大值在 4 种灌丛类型中无明显规律，河谷灌丛土壤碳密度最小值远远高于另外三种灌丛类型（图 19-1B）。

高山灌丛凋落物碳密度平均值最低，仅为 0.8 Mg/hm^2，其他三种灌丛凋落物碳密度在 2.0～3.1Mg/hm^2。凋落物碳密度最小值介于 0～0.08Mg/hm^2，少量灌丛未收集到相应的凋落物，如地盘松灌丛（表 19-2）。山地灌丛凋落物碳密度最大值最高，为 11.4Mg/hm^2，其余三种灌丛的凋落物碳密度均小于 10Mg/hm^2（图 19-1C）。

4 种灌丛类型生态系统碳密度平均值与土壤碳密度平均值变化趋势一致，即高山灌丛>亚高山灌丛>山地灌丛>河谷灌丛，而生态系统碳密度最大值和最小值在 4 种灌丛类型中未表现出明显的分布规律（图 19-1D）。

19.2　西南山地 4 种灌丛碳储量

高山灌丛生态系统碳储量平均值为 26.28Tg（图 19-2），其中雪层杜鹃和髯花杜鹃灌丛由于分布面积较大（达到 2.03×10^{6}hm^2），其生态系统碳储量最大，约为 286.96Tg；秋华柳灌丛由于较小的生态系统碳密度和分布面积（约 200hm^2），其生态系统碳储量较小，仅约为 0.002Tg（表 19-1）；亚高山灌丛生态系统碳储量平均值约为 13.37Tg（图 19-2），且在各灌丛间表现出明显的差异，其中腋花杜鹃灌丛因分布面积较大（约 5.99×10^{5}hm^2），其生态系统碳储量高达 61.030Tg，灰背栎灌丛生态系统碳储量最小，不足 0.01Tg(表 19-2)；山地灌丛生态系统碳储量平均值为 34.23Tg（图 19-2），在各灌丛间差异明显，其中南烛、矮杨梅灌丛的分布面积较大（约 $5.03\times10^6hm^2$），但其土壤和生态系统碳密度并不高，生态系统碳储量仅约 228.23Tg，其中碳储量最高的为茅栗、白栎灌丛，约达到 349.73Tg，盐肤木、云南山蚂蝗灌丛生态系统碳储量最小，不足 0.01Tg（表 19-3）；河谷灌丛生态系统碳储量平均值为 12.34Tg（图 19-2），其中余甘子灌丛由于分布面积最大（$1.79\times10^6hm^2$），其生态系统碳储量在 11 种灌丛群系类型中最高，约达到 96.24Tg，仙人掌灌丛生态系统碳储量最小，约为 0.05Tg（表 19-4）。

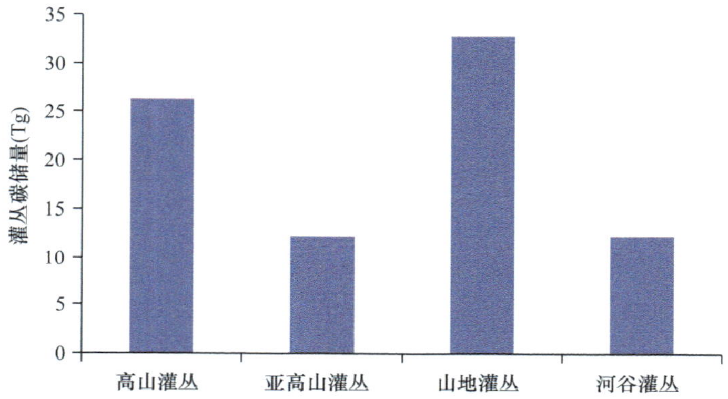

图 19-2　西南山地 4 种灌丛类型碳储量平均值

4 种灌丛类型分布总面积约为 $22.03\times10^6hm^2$，分布面积从大到小依次为山地灌丛（$12.31\times10^6hm^2$）、高山灌丛（$5.39\times10^6hm^2$）、河谷灌丛（$2.20\times10^6hm^2$）、亚高山灌丛（$2.31\times10^6hm^2$）（图 19-3）。4 种灌丛类型碳储量的大小与各自分布面积多少稍有不同，从大到小依次为山地灌丛（1129.50Tg）、高山灌丛（893.69Tg）、亚高山灌丛（227.36Tg）、河谷灌丛（136.82Tg）。生物量碳储量、凋落物碳储量和土壤碳储量在山地灌丛中分别为 293.24Tg、40.95Tg、795.31Tg，分别占生态系统碳储量的 25.96%、3.63%、70.41%；在高山灌丛中，三种组分碳储量分别为 92.67Tg、15.71Tg、785.31Tg，分别占生态系统碳储量的 10.37%、1.76%、87.87%；在亚高山灌丛中，三种组分碳储量分别为 37.62Tg、5.54Tg、184.27Tg，分别占生态系统碳储量的 16.54%、2.43%、81.03%；在河谷灌丛中，三种组分碳储量分别为 34.14Tg、3.22Tg、99.46Tg，分别占生态系统碳储量的 24.95%、

2.35%和 72.70%（图 19-3）。

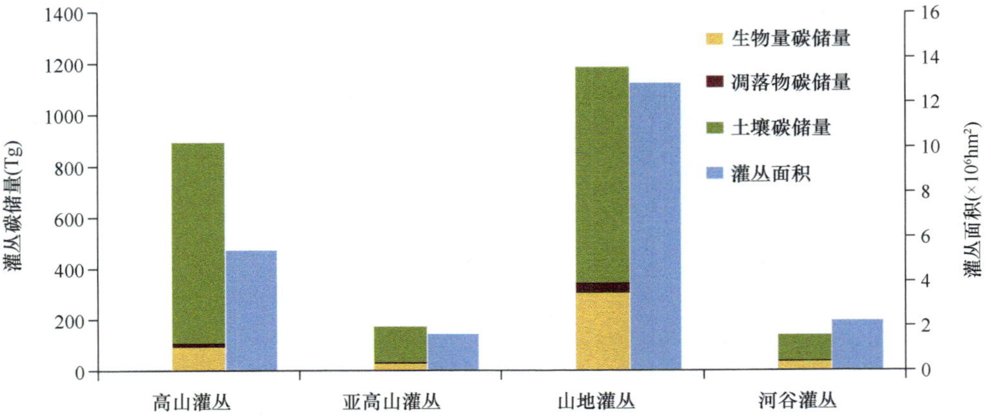

图 19-3　西南山地不同灌丛类型碳储量与分布面积

总体而言，在 4 种灌丛类型中，土壤碳储量占主导（介于 70.41%～87.87%），其次为生物量碳储量（介于 10.37%～25.96%），凋落物碳储量最小（介于 1.76%～3.63%）。

19.3　西南山地灌丛碳密度与环境的关系

19.3.1　西南山地灌丛生态系统不同组分碳密度与海拔、经度和纬度的关系

对于西南山地灌丛生态系统而言，除植被生物量碳密度与纬度未表现出显著相关性外，各组分（生物量、凋落物和土壤）碳密度及生态系统碳密度均与地理参数（海拔、经度和纬度）呈显著的线性相关关系（图 19-4）。同时，由于土壤碳密度常占灌丛生态系统碳密度的 80%以上，灌丛生态系统碳密度与土壤碳密度表现出同样的规律。与此同时，随着海拔升高温度降低，该区域高山低温一定程度上限制了植物的生长（潘红丽等，2009），从而导致凋落物碳密度和生物量碳密度均与海拔呈显著的负相关关系。有趣的是，我们发现西南山地灌丛生态系统碳密度及各组分碳密度与经度均呈显著正相关关系（$P<0.01$），具体原因还有待进一步深入分析；生物量碳密度与纬度的相关关系不显著（$P>0.05$），凋落物碳密度随纬度增加而减小，而土壤碳密度和生态系统碳密度随纬度增加而增加（$P<0.001$）。

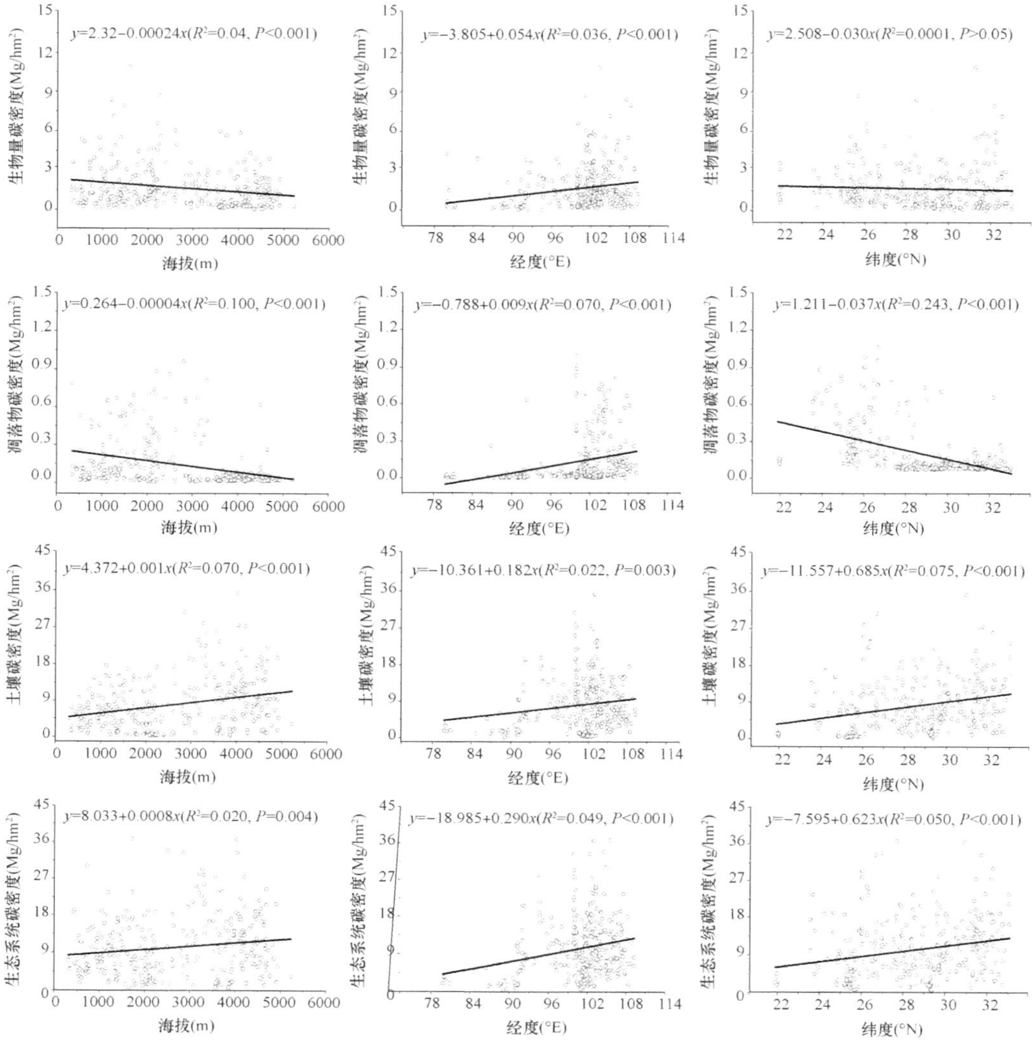

图 19-4　灌丛生态系统不同组分碳密度与地理参数的相关关系

19.3.2　西南山地灌丛生态系统不同组分碳密度与气候要素的关系

除生物量碳密度与干旱侦测指数（RDI）的相关性不显著外，各组分（生物量、凋落物和土壤）碳密度及生态系统碳密度与气候因子（MAT、AMP 和 RDI）均具有显著的相关性。其中，随年平均气温的增加，生物量碳密度和凋落物碳密度均显著增加，相反，土壤碳密度和生态系统碳密度则显著降低（$P<0.001$）。这一变化规律同灌丛生态系

统各组分碳密度对海拔的响应规律相反，进一步证实了各组分碳密度与温度间的关系。有趣的是，在研究中我们发现随着年平均降水量的增加，西南山地灌丛生态系统各组分及生态系统总碳密度均显著增加（P<0.01）（图 19-5）。此外，除生物量碳密度外，西南山地灌丛土壤碳密度和生态系统碳密度与干旱侦测指数呈显著的正相关关系（P<0.01），表现出与降雨较一致的响应趋势。但与预期相反的是，在研究中我们发现凋落物碳密度与干旱侦测指数却表现出显著的负相关性，其内在机制有待深入研究。

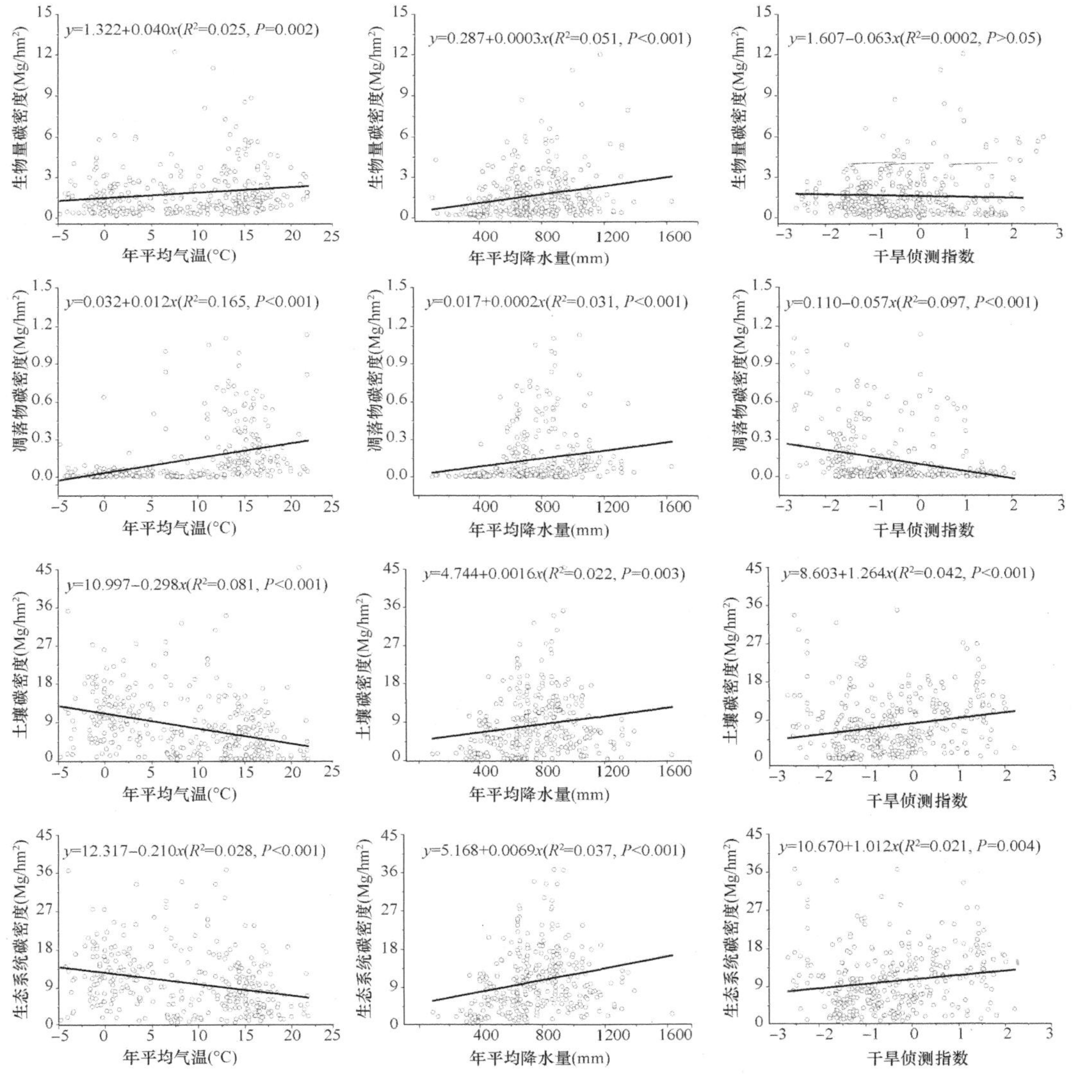

图 19-5　灌丛生态系统不同组分碳密度与气候参数的相关关系

第 20 章　西南山地典型灌丛碳循环过程

陆地生态系统碳循环过程是近年国际生态学界、地学界和环境学界共同关注的科学热点，同时也是国际地圈-生物圈计划（IGBP）框架内 Global Carbon Project、PAGES、IHDP 及 GCTE 等一系列核心项目的科学内容（潘根兴等，2000）。碳循环不仅是生态系统对全球变化响应的综合标线，还直接和大气 CO_2 浓度相关，并影响全球气候稳定，因而成为全球变化研究的重要内容之一（於琍和朴世龙，2014）。

陆地生态系统的碳汇功能，被认为是减缓和控制全球大气 CO_2 浓度升高的最有效途径。全球大气氮沉降背景下，氮添加如何影响陆地生态系统的碳汇功能一直是全球变化生态学研究的热点（Fowler et al.，2013）。陆地生态系统碳循环过程和 CO_2 源汇效应的转变取决于区域生态系统类型、环境因素的变化。陆地生态系统碳汇与碳源受诸多因素的影响，主要包括两类：一是影响植被光合作用、呼吸作用、生长及凋落物生成和分解的生理代谢机制，包括 CO_2 施肥作用、氮沉降作用、污染及气候变化等；二是干扰和恢复机制，包括自然和人为干扰等（Houghton，2001）。作为陆地生态系统的重要组成部分，灌丛生态系统在陆地生态系统碳汇中扮演着重要角色。

本章选取西南山地代表性的优势灌丛如窄叶鲜卑花、红花岩生忍冬为研究对象，开展控制试验和氮添加试验，氮肥种类为硝酸铵（分析纯，$NH_4NO_3 \geqslant 99.0\%$），氮添加浓度由低到高依次为 0g N/（$m^2 \cdot a$）、2g N/（$m^2 \cdot a$）、5g N/（$m^2 \cdot a$）、10g N/（$m^2 \cdot a$），同时测定与碳循环相关的植物光合特性、凋落物生成与分解、根系周转、呼吸作用、生态系统碳库等指标，定量研究灌丛生态系统各组分的碳转移规律，估算不同氮沉降水平下灌丛生态系统的碳源汇效应，揭示灌丛植被-土壤碳固存的机制和途径，为调节西南山地灌丛生态系统碳平衡、延缓该区域气候变化速率提供理论依据。

20.1　西南山地典型灌丛的光合作用

研究区域位于四川省松潘县川主寺镇卡卡沟（北纬 32°48′、东经 103°31′，海拔

本章执笔人：赵文强、王东、高巧、李娇、尹春英、刘庆

3432m），地势低平，坡度约 20°，气候类型为高原山地气候，昼夜温差大，年平均气温为 4.8°C，年平均降水量为 693.2mm。

20.1.1　施氮对灌丛叶面积指数的影响

窄叶鲜卑花、红花岩生忍冬叶面积指数具有明显的月变化趋势（表 20-1，F_M，$P<0.05$），7 月、8 月叶面积指数较高，9 月较低。整个试验期间，施氮对窄叶鲜卑花、红花岩生忍冬叶面积指数无显著影响（F_N，$P>0.05$）。此外，施氮对窄叶鲜卑花叶面积指数的影响随时间变化而不同（$F_{N\times M}$，$P<0.05$），但施氮对红花岩生忍冬叶面积指数的影响在不同月份没有显著差异（$F_{N\times M}$，$P>0.05$）。

表 20-1　施氮和时间对灌丛植被叶面积指数的影响

物种	处理	叶面积指数			平均值	$P>F_N$	$P>F_M$	$P>F_{N\times M}$
		7 月	8 月	9 月				
窄叶鲜卑花	N_0	1.04	1.20	0.74	0.99	>0.05	<0.001	<0.05
	N_2	1.25	0.99	0.73	0.99			
	N_5	1.15	1.17	0.76	1.03			
	N_{10}	1.31	1.02	0.76	1.03			
红花岩生忍冬	N_0	1.14	1.23	0.93	1.10	>0.05	<0.001	>0.05
	N_2	1.21	1.19	0.93	1.11			
	N_5	1.13	1.32	1.15	1.20			
	N_{10}	1.21	1.19	0.96	1.12			

注：N_0、N_2、N_5 和 N_{10} 分别代表 4 种氮添加水平[0g N/（m^2·a）、2g N/（m^2·a）、5g N/（m^2·a）、10g N/（m^2·a）]，$P>F_N$ 为施肥效应；$P>F_M$ 为时间效应；$P>F_{N\times M}$ 为施肥和时间交互效应

20.1.2　施氮对灌丛单位叶面积净光合速率的影响

窄叶鲜卑花、红花岩生忍冬单位叶面积净光合速率在 7 月、8 月较高，9 月较低（表 20-2，F_M，$P<0.05$）。整个试验期间，施氮对窄叶鲜卑花、红花岩生忍冬单位叶面积净光合速率无显著影响（F_N，$P>0.05$）。此外，施氮对灌丛单位叶面积净光合速率

的影响不随时间变化而不同（$F_{N\times M}$，P>0.05）。

表 20-2　施氮和时间对灌丛植被净光合速率的影响

物种	处理	净光合速率[μmol/（m^2·s）]			P>F_N	P>F_M	P>$F_{N\times M}$
		7 月	8 月	9 月			
窄叶鲜卑花	N_0	11.24	11.86	9.10	>0.05	<0.01	>0.05
	N_2	10.78	11.63	9.55			
	N_5	11.37	10.93	8.94			
	N_{10}	11.43	12.41	10.35			
红花岩生忍冬	N_0	14.72	12.11	12.62	>0.05	<0.05	>0.05
	N_2	12.37	12.36	10.80			
	N_5	12.79	12.55	10.47			
	N_{10}	14.77	13.34	10.57			

注：N_0、N_2、N_5和N_{10}分别代表 4 种氮添加水平[0g N/（m^2·a）、2g N/（m^2·a）、5g N/（m^2·a）、10g N/（m^2·a）]，P>F_N为施肥效应；P>F_M为时间效应；P>$F_{N\times M}$为施肥和时间交互效应

施氮对植物净光合速率、叶面积指数的影响十分复杂，与物种类型、环境条件、营养结构等有关，如干旱胁迫会导致植物水分亏缺，加快组织、器官和个体的衰老、脱落或死亡，并通过抑制叶片伸展、影响或降低叶绿体光化学及生化活性等途径，抑制植物光合作用（李娜，2014）。本研究中施氮对灌丛单位叶面积净光合速率的影响不随时间变化，可能是研究区域其他养分有效性受到了限制，只有在其他养分有效性不受影响的情况下，光合速率和叶片氮含量之间才密切相关。窄叶鲜卑花、红花岩生忍冬单位叶面积净光合速率、叶面积指数在 7 月、8 月较高，可能与不同月份光照强度的差异性有关，同时叶面积指数与净光合速率的变化趋势一致，说明两者之间可能存在一定的相关性。

20.2　西南山地典型灌丛的凋落物产量与分解过程

20.2.1　凋落物产量

凋落物是植物在生长发育过程中的新陈代谢产物，作为分解者的物质和能量来源，它是维持生态系统持续稳定的因子。研究结果表明，不同年份凋落物产量具有显著性差

异（P<0.01），N_0 对照条件下凋落物产量从 2012 年的 164g/m^2 增加到 2015 年的 177g/m^2（图 20-1）。重复测量方差分析表明，施氮对凋落物产量并无显著影响（P>0.05），但施氮和年份的交互作用对凋落物产量有显著影响（P<0.05）。

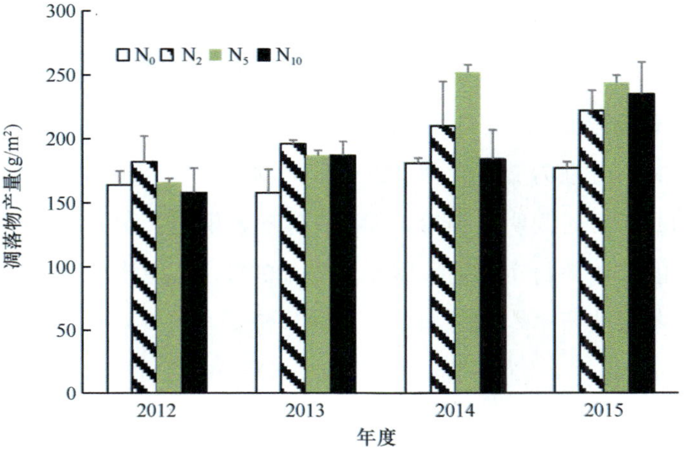

图 20-1　不同年度施氮对凋落物产量的影响

N_0、N_2、N_5 和 N_{10} 分别代表 4 种氮添加水平[0g N/（m^2·a）、2g N/（m^2·a）、5g N/（m^2·a）、10g N/（m^2·a）]

20.2.2　凋落物分解对施氮处理的响应

试验进行一年后，各施氮处理的凋落物残留量为 1.55～2.33g，即失重率为 53.50%～69.02%。对不同处理凋落物残留量进行差异性检验，N_0、N_2、N_5、N_{10} 处理之间均不存在显著差异。利用指数衰减模型对凋落物残留率（$X_t{\cdot}X_0^{-1}$）与时间（t）进行拟合，得到不同处理下指数衰减模型的相关系数，且均达到显著水平（表 20-3），说明拟合效果较

表 20-3　不同施氮处理下的分解方程与分解系数

处理	分解方程	分解系数	分解 50%所需时间（天）	分解 95%所需时间（天）	P
N_0	$X_t{\cdot}X_0^{-1}=e^{0.60-1.45{\cdot}t}$	$-0.60{\cdot}t^{-1}+1.45$	326	906	<0.001
N_2	$X_t{\cdot}X_0^{-1}=e^{0.34-1.09{\cdot}t}$	$-0.34{\cdot}t^{-1}+1.09$	346	1117	<0.001
N_5	$X_t{\cdot}X_0^{-1}=e^{0.63-1.57{\cdot}t}$	$-0.63{\cdot}t^{-1}+1.57$	308	843	<0.001
N_{10}	$X_t{\cdot}X_0^{-1}=e^{0.84-1.92{\cdot}t}$	$-0.84{\cdot}t^{-1}+1.92$	291	729	<0.001

注：N_0、N_2、N_5 和 N_{10} 分别代表 4 种氮添加水平[0g N/（m^2·a）、2g N/（m^2·a）、5g N/（m^2·a）、10g N/（m^2·a）]

好。不同处理下凋落物分解系数分别为$-0.60 \cdot t^{-1}+1.45$、$-0.34 \cdot t^{-1}+1.09$、$-0.63 \cdot t^{-1}+1.57$、$-0.84 \cdot t^{-1}+1.92$。试验第一年，N_0、N_2、N_5、N_{10}处理凋落物的分解系数分别为 0.85、0.75、0.94、1.08。在指定分解时间为一年的前提下，N_5、N_{10}处理对凋落物分解过程有不同程度的促进作用，N_2处理对凋落物分解过程有一定程度的抑制作用。

表 20-3 显示，N_0处理分解 50%和 95%初始凋落物质量所需的时间分别为 326 天和 906 天；N_2处理分解 50%和 95%初始质量所需的时间分别为 346 天和 1117 天；N_5处理分解 50%和 95%初始质量所需的时间分别为 308 天和 843 天；N_{10}处理分解 50%和 95%初始质量所需的时间分别为 291 天和 729 天。可见，经 N_5、N_{10}氮添加处理后，窄叶鲜卑花灌丛凋落物的分解时间明显缩短，而 N_2 处理表现出一定的抑制作用。通过比较试验期间模型拟合的残留率与实际的残留率（表 20-4），发现模型的拟合效果很好，4 种施氮处理下的凋落物残留率均随时间延长而逐步降低。

表 20-4 不同施氮处理下的凋落物质量残留率

时间（年）	N_0（%）		N_2（%）		N_5（%）		N_{10}（%）	
	模型	实际	模型	实际	模型	实际	模型	实际
0.5	88.25	85.00	81.46	77.75	85.64	81.64	88.69	84.05
0.58	78.21	84.80	74.39	80.64	75.14	79.60	75.58	79.76
0.67	69.30	68.74	67.93	67.38	65.92	65.84	64.40	57.03
0.75	61.42	63.30	62.03	55.71	57.84	57.39	54.88	59.33
0.83	54.43	50.84	56.65	59.56	50.75	51.46	46.77	53.31
0.92	48.23	44.74	51.73	52.40	44.52	47.23	39.85	39.42
1	42.74	46.50	47.24	46.17	39.06	37.00	33.96	30.98

注：N_0、N_2、N_5和N_{10}分别代表 4 种氮添加水平[0g N/（$m^2 \cdot a$）、2g N/（$m^2 \cdot a$）、5g N/（$m^2 \cdot a$）、10g N/（$m^2 \cdot a$）]

20.2.3 凋落物分解途径的土壤碳输入量估算

试验进行半年后（表 20-5），N_0、N_2、N_5、N_{10} 处理下单位质量凋落物的碳释放量分别为 0.08g/g、0.11g/g、0.09g/g、0.08g/g，对应的土壤碳输入量分别为 0.05g/g、0.07g/g、0.06g/g、0.05g/g，彼此之间无显著差异；试验进行一年后，N_0、N_2、N_5、N_{10}处理下单

位质量凋落物的碳释放量分别为 0.27g/g、0.27g/g、0.31g/g、0.35g/g，对应的土壤碳输入量分别为 0.18g/g、0.18g/g、0.21g/g、0.23g/g，彼此之间无显著差异（$P>0.05$），表明短期施氮处理对凋落物分解无直接影响（方华和莫江明，2006）。

表 20-5　不同施氮处理下凋落物残留量与单位质量凋落物分解过程的碳释放量

时间（年）	施氮处理	残留量（g）	单位质量凋落物的碳释放量（g/g）
0.5	N_0	4.25 ± 0.33	0.08 ± 0.03
	N_2	3.89 ± 0.31	0.11 ± 0.03
	N_5	4.08 ± 0.24	0.09 ± 0.02
	N_{10}	4.20 ± 0.36	0.08 ± 0.04
1	N_0	2.33 ± 0.43	0.27 ± 0.04
	N_2	2.31 ± 0.48	0.27 ± 0.05
	N_5	1.85 ± 0.71	0.31 ± 0.07
	N_{10}	1.55 ± 0.93	0.35 ± 0.09

注：N_0、N_2、N_5和N_{10}分别代表 4 种氮添加水平[0g N/（m^2·a）、2g N/（m^2·a）、5g N/（m^2·a）、10g N/（m^2·a）]

从凋落物残留量的整体变化趋势来看，经凋落物分解途径向土壤输入碳的过程是一个持续过程。最开始凋落物分解受到低温抑制，分解缓慢，向土壤输入碳的量较小；到第一个生长季，随着温度上升，凋落物分解加快，而且以分解水溶性物质和易分解的碳水化合物为主，土壤碳输入量迅速升高。

20.3　西南山地典型灌丛的细根生物量与分解过程

20.3.1　施氮对细根生物量及周转率的影响

0～30cm 土层中，N_0对照条件下活细根生物量、死细根生物量、总细根生物量、年细根死亡量和年细根生产量分别为 816g/m^2、523g/m^2、1339g/m^2、1343g/（m^2·a）和 993g/（m^2·a）（图 20-2）；其中，0～20cm 土层分别占 85%、87%、82%、72%和 78%。施氮对活细根生物量、总细根生物量并无显著影响，但显著增加了死细根生物量、年细根生产量、年细

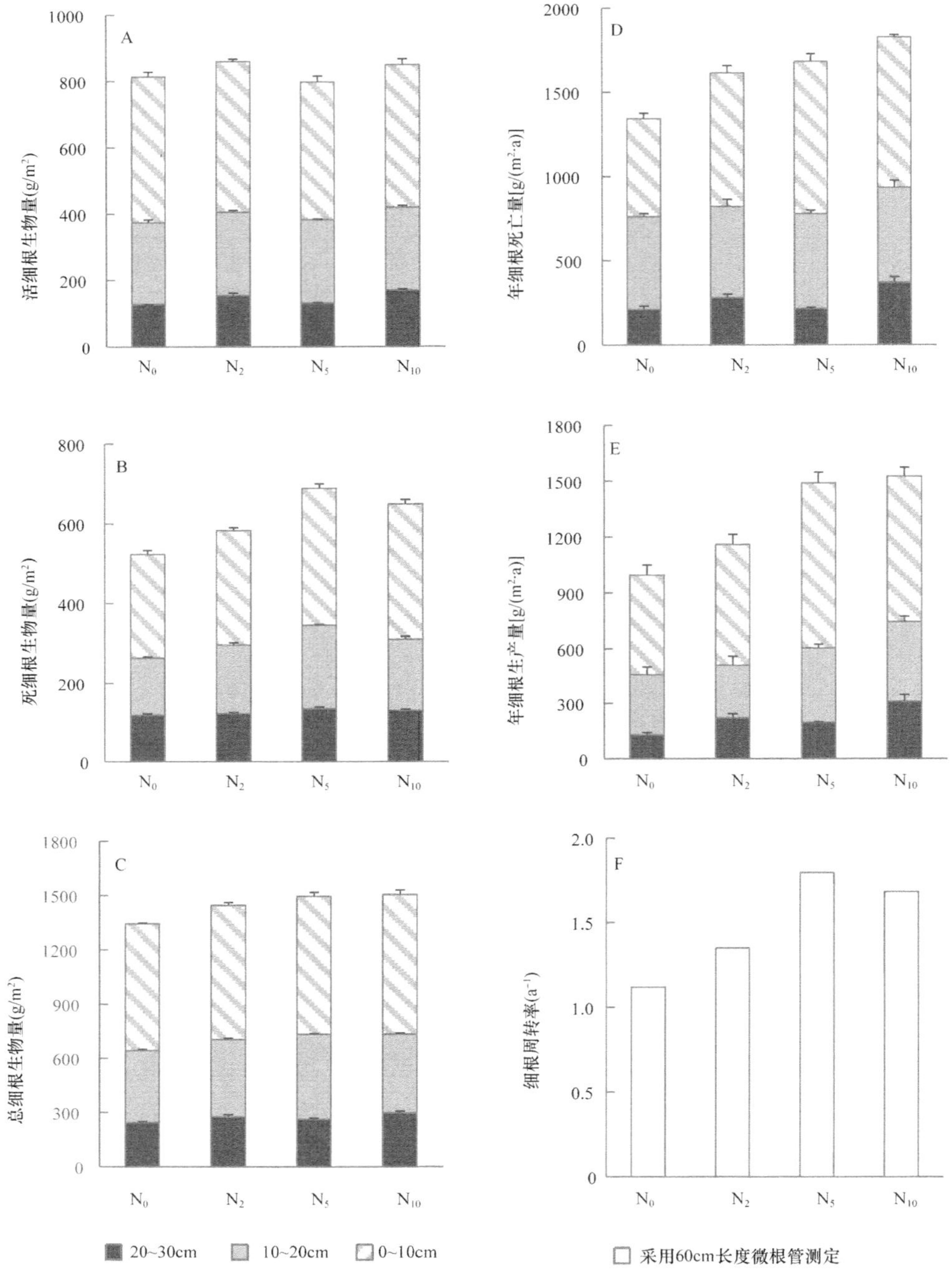

图 20-2　施氮对不同土层活细根生物量、死细根生物量、总细根生物量、年细根生产量、年细根死亡量及细根周转率的影响

N_0、N_2、N_5和N_{10}分别代表 4 种氮添加水平[0g N/（m^2·a）、2g N/（m^2·a）、5g N/（m^2·a）、10g N/（m^2·a）]

根死亡量及细根周转率（$P<0.05$）。

20.3.2　细根残留率与分解系数

由图 20-3 可看出，试验第四年细根的平均残留率为 46%，其中第 1 年的质量损失占全部损失的 37%。细根的分解系数为 0.23，施氮对细根残留率及分解系数无显著影响，试验前 2 年的细根残留率比后 2 年降低更快。前人结果表明，分解初期是快速分解阶段，随后是相对较慢的分解阶段（Sun et al.，2013），该结果与前人对细根分解的认识保持一致。

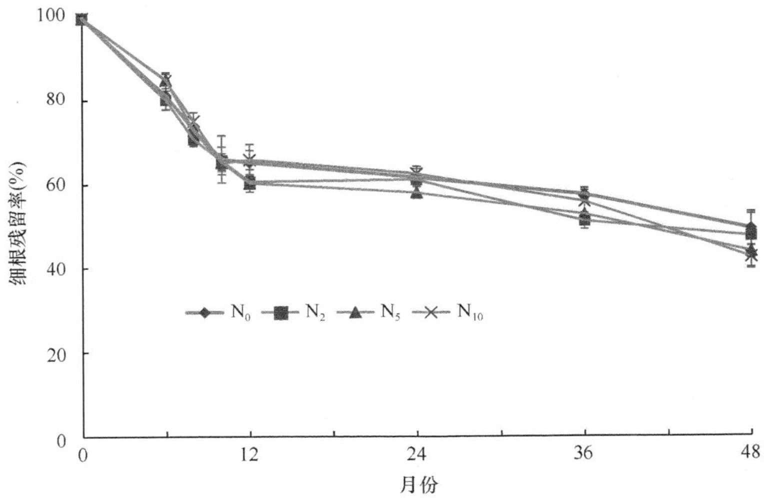

图 20-3　施氮对不同月份细根残留率的影响

N_0、N_2、N_5和 N_{10} 分别代表 4 种氮添加水平[0g N/（m^2·a）、2g N/（m^2·a）、5g N/（m^2·a）、10g N/（m^2·a）]

利用 Olson 指数衰减模型对细根残留率（$X_t \cdot X_0^{-1}$）与时间（t）进行拟合，发现不同施氮处理下指数衰减模型的相关系数均达到显著水平（表 20-6），拟合效果较好。N_0、N_2、N_5、N_{10} 处理下细根分解系数分别为$-0.06 \cdot t^{-1} + 0.52$、$-0.08 \cdot t^{-1} + 0.49$、$-0.05 \cdot t^{-1} + 0.54$、$-0.07 \cdot t^{-1} + 0.57$。试验第一年，$N_0$、$N_2$、$N_5$、$N_{10}$ 处理细根的分解系数分别为 0.46、0.41、0.49、0.50。在指定分解时间为一年的前提下，试验期间，N_5、N_{10} 处理对细根分解过程有不同程度的促进作用，N_2 处理对细根分解过程有一定程度的抑制作用。

表 20-6 不同施氮处理下的细根分解系数

处理	分解方程	分解系数	分解 50%所需时间（天）	分解 95%所需时间（天）	P
N_0	$X_t \cdot X_0^{-1}=e^{0.06-0.52 \cdot t}$	$-0.06 \cdot t^{-1}+0.52$	529	2145	<0.001
N_2	$X_t \cdot X_0^{-1}=e^{0.08-0.49 \cdot t}$	$-0.08 \cdot t^{-1}+0.49$	576	2291	<0.001
N_5	$X_t \cdot X_0^{-1}=e^{0.05-0.54 \cdot t}$	$-0.05 \cdot t^{-1}+0.54$	502	2059	<0.001
N_{10}	$X_t \cdot X_0^{-1}=e^{0.07-0.57 \cdot t}$	$-0.07 \cdot t^{-1}+0.57$	489	1963	<0.01

注：N_0、N_2、N_5和 N_{10} 分别代表 4 种氮添加水平[0g N/（$m^2 \cdot a$）、2g N/（$m^2 \cdot a$）、5g N/（$m^2 \cdot a$）、10g N/（$m^2 \cdot a$）]

将不同处理的细根分解系数作为指数衰减模型的 k 值，获取不同细根分解 50%和95%初始质量所需的时间。根据细根平均分解系数变量（模型 $Y=e^{-kt}$ 中的 k 值）计算的结果，N_0 处理分解 50%和 95%初始质量所需的时间分别为 529 天和 2145 天；N_2 处理分解 50%和 95%初始质量所需的时间分别为 576 天和 2291 天；N_5 处理分解 50%和 95%初始质量所需的时间分别为 502 天和 2059 天；N_{10} 处理分解 50%和 95%初始质量所需的时间分别为 489 天和 1963 天。可见，N_5、N_{10} 施氮处理能够促进窄叶鲜卑花灌丛细根的分解，而 N_2 处理表现出一定的抑制作用。通过比较模型拟合得到的残留率和实际残留率（表 20-7），发现模型拟合效果较好。

表 20-7 不同施氮处理下细根质量残留率

时间（年）	N_0（%）		N_2（%）		N_5（%）		N_{10}（%）	
	模型	实际	模型	实际	模型	实际	模型	实际
0.5	81.87	85.70	84.79	81.00	80.25	82.70	80.65	86.30
0.58	78.40	75.90	81.40	75.40	76.72	76.30	76.91	74.20
0.67	75.08	75.31	78.14	72.92	73.34	71.48	73.34	72.94
0.75	71.89	71.50	75.01	66.60	70.12	68.80	69.94	66.40
0.83	68.84	65.54	72.01	66.01	67.03	65.14	66.70	66.25
0.92	65.92	66.90	69.13	63.34	64.08	65.34	63.60	67.75
1	63.13	65.02	66.37	64.13	61.26	62.02	60.65	60.98

注：N_0、N_2、N_5和 N_{10} 分别代表 4 种氮添加水平[0g N/（$m^2 \cdot a$）、2g N/（$m^2 \cdot a$）、5g N/（$m^2 \cdot a$）、10g N/（$m^2 \cdot a$）]

20.3.3　细根分解途径的土壤碳输入量

细根分解途径的土壤碳输入量是通过细根失重量乘以 Bemmelen 转换系数 0.58 得到的（Wang et al.，2001）。试验前半年，N_0、N_2、N_5、N_{10} 处理下单位质量碳输入量大小分别为 0.08g/g、0.11g/g、0.10g/g、0.08g/g，彼此之间无显著差异（表 20-8）。试验进行一年后，N_0、N_2、N_5、N_{10} 处理下单位质量细根向土壤输入碳的量分别为 0.20g/g、0.21g/g、0.22g/g、0.23g/g，彼此之间也无显著差异，这表明短期施氮处理对细根分解没有直接影响（方华和莫江明，2006）。

表 20-8　不同施氮处理下单位质量细根分解过程的碳输入量

时间（年）	施氮处理	残留量（g）	单位质量碳输入量（g/g）
0.5	N_0	1.71 ± 0.11	0.08 ± 0.03
	N_2	1.62 ± 0.09	0.11 ± 0.03
	N_5	1.65 ± 0.19	0.10 ± 0.05
	N_{10}	1.73 ± 0.11	0.08 ± 0.03
1	N_0	1.30 ± 0.09	0.20 ± 0.02
	N_2	1.28 ± 0.14	0.21 ± 0.04
	N_5	1.24 ± 0.09	0.22 ± 0.02
	N_{10}	1.22 ± 0.13	0.23 ± 0.04

注：N_0、N_2、N_5 和 N_{10} 分别代表 4 种氮添加水平[0g N/（$m^2 \cdot a$）、2g N/（$m^2 \cdot a$）、5g N/（$m^2 \cdot a$）、10g N/（$m^2 \cdot a$）]

从细根残留量的整体变化趋势来看，经细根分解途径向土壤输入碳的过程也是一个持续的过程。最开始细根分解受低温抑制，分解缓慢，向土壤输入碳的量较小；到第一个生长季，随着温度上升，凋落物分解加快，加之待分解的细根中易分解成分含量较高，土壤碳输入量有所增大。

20.4　西南山地典型灌丛的土壤呼吸作用

20.4.1　施氮对土壤呼吸季节变化的影响

土壤总呼吸、异养呼吸和自养呼吸月平均速率均呈明显的季节动态变化（表 20-9）。

总体上，夏季 7 月、8 月土壤呼吸速率较高，春季 5 月、6 月或秋季 9 月、10 月较低，主要是由于夏季水热条件最佳且配置较好（金钊等，2006）。在整个生长季中，施氮对土壤总呼吸、异养呼吸无显著影响（$P>0.05$），而对自养呼吸有显著的抑制作用（F_N，$P<0.05$），具体表现为：N_2、N_{10} 处理的自养呼吸速率平均分别较对照低 0.31μmol/（$m^2·s$）、0.23μmol/（$m^2·s$），而 N_5 与对照差异不明显。此外，施氮对土壤呼吸及其组分的影响不随季节变化而不同（$F_{N×M}$，$P>0.05$），可能是水分等其他因子限制了氮素作用的发挥（Allison et al.，2008）。

表 20-9　施氮和季节变化对土壤呼吸速率的影响

呼吸组分	处理	土壤呼吸速率[μmol/（$m^2·s$）]						平均值	$P>F_N$	$P>F_M$	$P>F_{N×M}$
		5 月	6 月	7 月	8 月	9 月	10 月				
土壤总呼吸	N_0	2.57	3.11	3.78	3.50	2.43	1.94	2.89[a]	>0.05	<0.001	>0.05
	N_2	2.83	3.04	3.53	3.33	2.26	2.08	2.84[a]			
	N_5	2.84	3.31	3.67	3.41	2.54	2.03	2.97[a]			
	N_{10}	2.81	2.91	3.38	3.45	2.42	2.18	2.86[a]			
异养呼吸	N_0	1.78	2.08	2.54	2.47	1.45	1.51	1.97[a]	>0.05	<0.001	>0.05
	N_2	2.07	2.21	3.11	2.74	1.58	1.71	2.24[a]			
	N_5	2.39	2.49	2.37	2.41	1.61	1.63	2.15[a]			
	N_{10}	1.82	2.10	2.78	2.67	1.89	1.76	2.17[a]			
自养呼吸	N_0	0.79	1.03	1.24	1.03	0.98	0.43	0.92[a]	<0.05	<0.01	>0.05
	N_2	0.76	0.83	0.42	0.60	0.68	0.37	0.61[b]			
	N_5	0.45	0.82	1.31	1.00	0.94	0.40	0.82[ab]			
	N_{10}	1.03	0.81	0.59	0.78	0.53	0.42	0.69[b]			

注：N_0、N_2、N_5 和 N_{10} 为 4 种施氮水平，$P>F_N$ 为施肥效应；$P>F_M$ 为季节效应；$P>F_{N×M}$ 为施肥和季节交互效应。不同字母表示同一呼吸组分在不同施氮水平之间差异显著（$P<0.05$）

整个试验期间，土壤呼吸各组分在整个碳释放过程中所占的比例是不一样的。异养呼吸占土壤总呼吸比例较大，为 60%～88%；自养呼吸较少，为 12%～40%。这说明异养呼吸是土壤总呼吸的重要组成部分，其变化可能影响土壤呼吸在陆地生态系统碳循环中的作用。

20.4.2 土壤呼吸组分与温度的相关性

5cm 深处土壤温度逐渐上升，土壤异养呼吸速率、总呼吸速率均呈指数上升（图 20-4），且高施氮处理下土壤异养呼吸速率的增长趋势更为明显，表明高氮条件下土壤表层微生物活性对温度变化更为敏感。与此相反，土壤总呼吸速率对于低氮条件下的温度变化更为敏感，说明低氮条件下植物根系的自养呼吸受到 5cm 深处土壤温度的剧烈影响。Q_{10} 一般用来表示土壤呼吸对温度变化反应的敏感程度，指在 5～20℃每增加 10℃呼吸增加的倍数。土壤异养呼吸、总呼吸的 Q_{10} 分别为 2.24～2.69 和 2.34～2.77，短期施氮对土壤呼吸各组分呼吸速率及相关指数模型并无显著影响（表 20-10）。

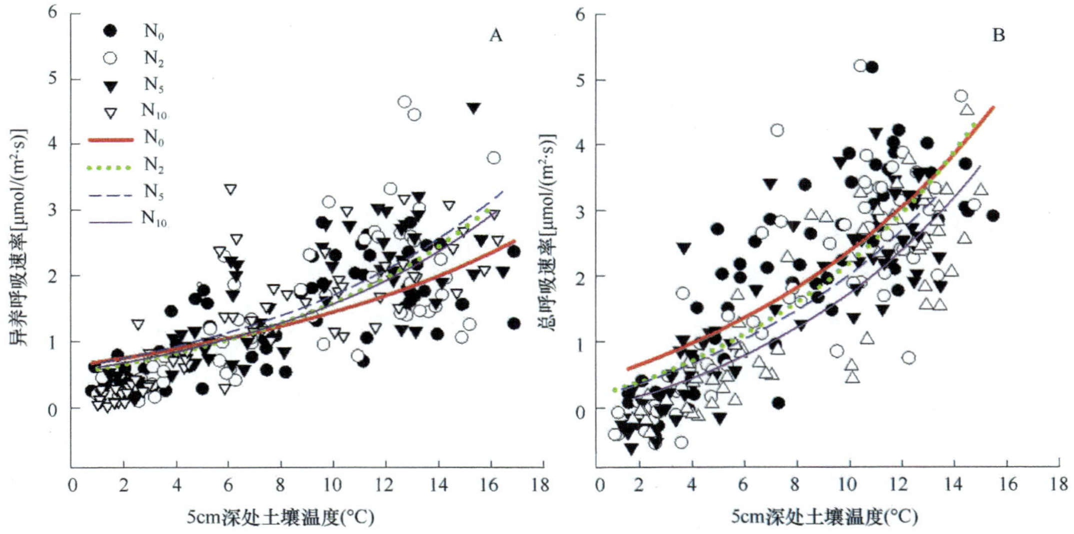

图 20-4 土壤异养呼吸速率、总呼吸速率与 5cm 深处土壤温度的指数关系

表 20-10 土壤异养呼吸速率、总呼吸速率与 5cm 深处土壤温度的指数方程（平均值±标准偏差）

组分	处理	*a*	*b*	Q_{10}	*P*	R^2
土壤异养呼吸速率	N_0	0.74（0.02）	0.080（0.003）	2.24（0.06）	<0.01	0.55
	N_2	0.74（0.02）	0.090（0.001）	2.46（0.02）	<0.01	0.69
	N_5	0.67（0.04）	0.098（0.003）	2.68（0.09）	<0.01	0.59
	N_{10}	0.69（0.06）	0.098（0.007）	2.69（0.18）	<0.01	0.58

续表

组分	处理	a	b	Q_{10}	P	R^2
土壤总呼吸速率	N_0	1.31（0.04）	0.085（0.003）	2.34（0.06）	<0.01	0.49
	N_2	1.13（0.02）	0.093（0.002）	2.53（0.08）	<0.01	0.54
	N_5	1.11（0.06）	0.101（0.006）	2.77（0.16）	<0.01	0.55
	N_{10}	1.13（0.05）	0.096（0.003）	2.60（0.07）	<0.01	0.58

注：$Y=ae^{bt}$，Y 为土壤呼吸速率，t 为土壤温度；Q_{10} 为土壤呼吸的温度敏感性

20.4.3 施氮对土壤排放 CO_2 通量的影响

从表 20-11 可看出，不同季节条件下施氮对土壤总呼吸、异养呼吸及自养呼吸排放 CO_2 通量的影响是不同的。总体上，施氮对土壤总呼吸、异养呼吸平均每月排放 CO_2 通量无显著影响（$P>0.05$），而对自养呼吸平均每月排放 CO_2 通量有显著的抑制作用（$P<0.05$），具体表现为：N_2、N_{10} 处理下排放 CO_2 通量分别比对照低 11.75kg/（$hm^2\cdot d$）、8.50kg/（$hm^2\cdot d$），可能与地上部生物量积累有关。就不同月份而言，仅 5 月施氮对异养呼吸排放 CO_2 通量有显著的促进作用（$P<0.05$），表现为 N_5 处理较对照高 23.05kg/（$hm^2\cdot d$），此时气温回升，有效光辐射增加，施氮对土壤微生物活性的影响更显著，从而使有机质分解加快。施氮在 5 月和 7 月对自养呼吸排放 CO_2 通量产生显著影响，但不同施氮浓度对其影响的规律并不明显。其中，5 月 N_5 处理下自养呼吸排放 CO_2 通量较对照低 12.94kg/（$hm^2\cdot d$）（$P<0.05$），而 N_2、N_{10} 处理与对照无显著差异。7 月，N_2 处理自养呼吸排放 CO_2 通量较对照低 31.06kg/（$hm^2\cdot d$）（$P<0.05$），另外两个处理与对照差异不显著（$P>0.05$）。

表 20-11 施氮对土壤排放 CO_2 通量的影响

呼吸类型	处理	CO_2 排放通量[kg/（$hm^2\cdot d$）]						平均值
		5 月	6 月	7 月	8 月	9 月	10 月	
土壤总呼吸	N_0	97.87[a]	118.19[a]	143.68[a]	133.09[a]	92.33[a]	73.68[a]	109.80[a]
	N_2	107.55[a]	115.60[a]	134.02[a]	126.65[a]	85.86[a]	78.93[a]	108.10[a]
	N_5	107.97[a]	125.64[a]	139.66[a]	129.80[a]	96.58[a]	77.08[a]	112.78[a]
	N_{10}	108.37[a]	110.56[a]	128.41[a]	131.02[a]	92.05[a]	82.69[a]	108.85[a]

续表

呼吸类型	处理	CO_2 排放通量[kg/（hm^2·d）]						平均值
		5 月	6 月	7 月	8 月	9 月	10 月	
异养呼吸	N_0	67.71^b	78.89^a	96.69^a	93.79^a	55.17^a	57.35^a	74.93^a
	N_2	78.65^{ab}	84.05^a	118.08^a	104.00^a	60.18^a	64.93^a	84.98^a
	N_5	90.76^a	94.67^a	89.96^a	91.67^a	61.04^a	62.05^a	81.69^a
	N_{10}	69.28^b	79.73^a	105.81^a	101.36^a	71.83^a	66.91^a	82.49^a
自养呼吸	N_0	30.16^a	39.30^a	47.00^{ab}	39.30^a	37.16^a	16.33^a	34.87^a
	N_2	28.90^{ab}	31.55^a	15.94^c	22.65^a	25.68^a	13.99^a	23.12^c
	N_5	17.22^b	30.97^a	49.70^a	38.14^a	35.54^a	15.03^a	31.10^{ab}
	N_{10}	39.09^a	30.83^a	22.60^{bc}	29.66^a	20.23^a	15.78^a	26.37^{bc}

注：N_0、N_2、N_5和 N_{10} 为 4 种施氮水平，不同字母表示同一呼吸类型在不同施氮水平之间差异显著（P<0.05）

20.4.4　土壤呼吸与土壤温度、含水量的相关性

从表 20-12 可以看出，试验期间土壤总呼吸、异养呼吸与土壤温度之间有较好的指数关系（P<0.001）。在青藏高原，土壤微生物活动是在高寒环境下进行的，一旦温度稍

表 20-12　土壤呼吸速率与 5cm 深处土壤温度的相关关系

土壤呼吸类型	处理	指数关系	R^2	P	Q_{10}
土壤总呼吸	N_0	$y = 1.36e^{0.076x}$	0.49	<0.001	2.14^{ab}
	N_2	$y = 1.18e^{0.083x}$	0.59	<0.001	2.29^a
	N_5	$y = 1.57e^{0.066x}$	0.57	<0.001	1.94^{ab}
	N_{10}	$y = 1.61e^{0.059x}$	0.35	<0.001	1.80^b
异养呼吸	N_0	$y = 1.00e^{0.060x}$	0.41	<0.001	1.82^{ab}
	N_2	$y = 1.06e^{0.065x}$	0.52	<0.001	1.92^a
	N_5	$y = 1.08e^{0.059x}$	0.35	<0.001	1.80^{ab}
	N_{10}	$y = 1.31e^{0.041x}$	0.26	<0.001	1.51^b

注：N_0、N_2、N_5和 N_{10} 为 4 种施氮水平，不同字母（a 和 b）表示同一呼吸类型在不同施氮水平之间差异显著（P<0.05）

微升高，微生物代谢活动便会急剧加强（郑度和姚檀栋，2006）。施氮显著影响了土壤总呼吸的温度敏感性（$P<0.05$），尽管三种施氮处理与对照之间无显著差异，但就不同施氮处理而言，N_2 处理的 Q_{10} 值最大（2.29），显著高于 N_{10} 处理的 Q_{10} 值。同样，施氮显著影响了异养呼吸的温度敏感性（$P<0.05$），三种施氮处理与对照之间无显著差异，但比较不同施氮处理，N_2 处理的 Q_{10} 值最大（1.92），显著高于 N_{10} 处理的 Q_{10} 值。总体上，各施氮处理下土壤总呼吸的 Q_{10} 值均大于异养呼吸，说明土壤总呼吸对温度变化的敏感度高于异养呼吸。

从表 20-13 可以看出，N_5、N_{10} 处理的土壤总呼吸与 5cm、10cm 深处土壤含水量之间呈显著负相关（$P<0.05$）。此外，N_0、N_2、N_{10} 处理的异养呼吸与 5cm 深处土壤含水量之间呈显著负相关（$P<0.05$），N_0、N_5、N_{10} 处理的异养呼吸与 10cm 深处土壤含水量之间也呈显著负相关（$P<0.05$）。总体上，土壤总呼吸、异养呼吸随地下 5cm、10cm 深处土壤含水量的变化趋势在不同施氮水平下差异不显著（$P>0.05$），说明土壤含水量对土壤呼吸的影响不随施氮浓度而变化。

表 20-13　土壤呼吸速率与土壤含水量的线性相关关系（$y=\alpha x+\beta$）

呼吸类型	处理	5cm 深处土壤含水量			10cm 深处土壤含水量		
		α	β	P	α	β	P
土壤总呼吸	N_0	−0.047	3.83	<0.05	−0.045	4.41	>0.05
	N_2	−0.040	3.69	>0.05	−0.001	2.92	>0.05
	N_5	−0.064	4.23	<0.05	−0.050	4.69	<0.05
	N_{10}	−0.056	4.04	<0.05	−0.036	4.14	<0.05
异养呼吸	N_0	−0.039	2.67	<0.05	−0.060	3.88	<0.05
	N_2	−0.043	2.98	<0.05	−0.019	2.81	>0.05
	N_5	−0.029	2.73	>0.05	−0.080	4.68	<0.05
	N_{10}	−0.054	3.17	<0.05	−0.085	4.82	<0.05

注：N_0、N_2、N_5 和 N_{10} 为 4 种施氮水平；α 为线性回归系数，β 为线性方程的截距。其中，对土壤呼吸速率与土壤含水量之间呈显著相关的线性回归系数（α）进行单因素方差分析

同土壤呼吸与温度的相关性相比，土壤呼吸与土壤含水量的相关性较弱，其线性方程的 R^2 值均小于 0.28，说明本区域土壤含水量对土壤呼吸的作用小于土壤温度的作用。土壤含水量过高，水分取代了土壤中 CO_2 占据的位置，使土壤通透性变差，CO_2 在土壤中的扩散受到阻碍（Kursar，1989）。此外，O_2 是植物根系和土壤微生物进行有氧呼吸

的必要条件，过高的土壤含水量会限制土壤中 O_2 的扩散，从而抑制土壤微生物和植物根系呼吸。

20.5　西南山地典型灌丛生态系统碳库

研究表明，不同氮添加处理下，窄叶鲜卑花灌丛生态系统碳库为 36～41kg C/m^2（图 20-5），高于中国草地生态系统碳库（5.74～12.21kg C/m^2）（Ma et al.，2016）和森林生态系统碳库（14.3～31.5kg C/m^2）（Peng et al.，2016）。与中国草地生态系统和森林生态系统相比，窄叶鲜卑花灌丛的生态系统碳库较高，主要是由于其土壤具有较高的碳库（本研究，32～36kg C/m^2；中国草地土壤碳库 5.62～11.63kg C/m^2；中国森林土壤碳库 0.99～21.6kg C/m^2）。高寒地区较低的土壤温度对微生物分解的抑制作用可能使窄叶鲜卑花灌丛具有较高的土壤碳库（Hobbie and Vitousek，2000；Yang et al.，2007）。同时，我们的研究也支持青藏高原东南缘是我国土壤碳密度最高的两个区域之一这一结论。

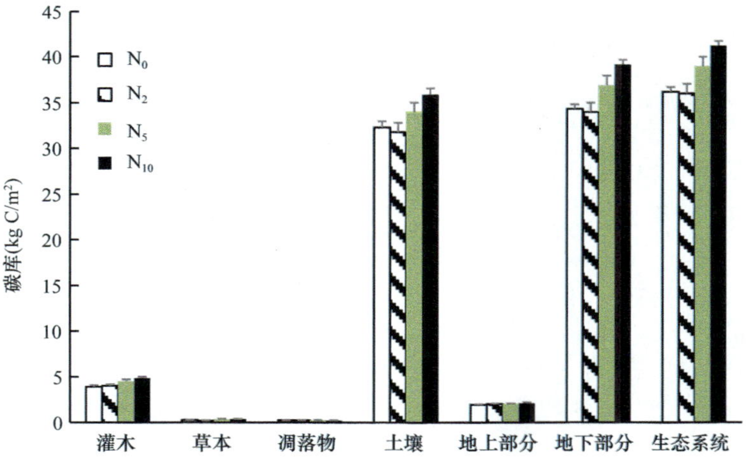

图 20-5　不同施氮处理下窄叶鲜卑花灌丛生态系统各组分碳库

窄叶鲜卑花灌丛生态系统各组分碳库的顺序依次是：土壤>灌木>草本>凋落物，且灌木中的碳库以地下部分为主，说明窄叶鲜卑花大部分碳和生物量都积累在根部，有助于在较短的生长季内吸收更多养分（图 20-5）。施氮处理显著影响了灌木、草本、土壤和灌木地下部分的碳库，而对凋落物、地上部分碳库无显著影响（表 20-14）。窄叶鲜卑花在高寒气候条件下生长受到限制，短期内其茎叶对施氮表现并不敏感。随着施氮浓度的增加，灌木、草本、土壤、灌木地下部分和整个生态系统碳库均呈显著的线性增加。因此，氮添加处理下生态系统碳库的增加主要是由于氮添加促进了植物地下根系和土壤的碳库积累。不同施氮处理下，窄叶鲜卑花灌丛生态系统的平均碳库为 38kg C/m^2，0～100cm 土壤、灌木、草本及凋落物分别占生态系统碳库的 88%、11%、0.6%和 0.2%。

表 20-14　不同施氮处理下窄叶鲜卑花灌丛生态系统各组分碳库的单因素方差分析

生态系统组分	平方和	自由度	均方	*F*	*P*
灌木	1.71	3	0.57	6.13	<0.05
草本	0.10	3	0.03	16.56	<0.01
凋落物	0	3	0	3.36	>0.05
土壤	32.93	3	10.98	4.94	<0.05
地上部分	0.04	3	0.01	0.95	>0.05
地下部分	50.96	3	16.99	7.84	<0.05
生态系统	53.36	3	17.79	8.45	<0.05

注：$P<0.05$ 表示 4 种施氮处理的同一组分碳库之间有显著性差异

参 考 文 献

曹丛丛, 齐玉春, 董云社, 等. 2014. 氮沉降对陆地生态系统关键有机碳组分的影响. 草业学报, 23(2): 323-332.

陈浩, 莫江明, 张炜, 等. 2012. 氮沉降对森林生态系统碳吸存的影响. 生态学报, 32(21): 6864-6879.

陈莎莎, 刘鸿雁, 郭大立. 2010. 内蒙古东部天然白桦林的凋落物性质和储量及其随温度和降水梯度的变化格局. 植物生态学报, 34: 1007-1015.

崔高阳, 陈云明, 曹杨, 等. 2015. 陕西省森林生态系统碳储量分布格局分析. 植物生态学报, 39(4): 333-342.

崔光帅, 张林, 沈维, 等. 2017. 西藏雅鲁藏布江流域中段砂生槐灌丛生物量分配及碳密度. 植物生态学报, 41: 53-61.

邓小文, 张岩, 韩士杰, 等. 2007. 外源氮输入对长白山红松凋落物早期分解的影响. 北京林业大学学报, 29(6): 16-22.

杜恩在. 2013. 氮添加对兴安落叶松原始林碳收支主要过程的影响. 北京大学博士学位论文.

段洪浪, 刘菊秀, 邓琦, 等. 2009. CO_2 浓度升高与氮沉降对南亚热带森林生态系统植物生物量积累及分配格局的影响. 植物生态学报, 33: 570-579.

樊后保, 刘文飞, 裘秀群, 等. 2007. 杉木人工林凋落物量对氮沉降增加的初期响应. 生态学杂志, 26: 1335-1338.

方华, 莫江明. 2006. 氮沉降对森林凋落物分解的影响. 生态学报, 26(9): 3127-3136.

方精云, 陈安平. 2001. 中国森林植被碳库的动态变化及其意义. 植物学报: 英文版, 43: 967-973.

方精云, 郭兆迪, 朴世龙, 等. 2007. 1981～2000 年中国陆地植被碳汇的估算. 中国科学(D 辑 地球科学), 37(6): 804-812.

方精云, 刘国华, 朱彪, 等. 2006. 北京东灵山三种温带森林生态系统的碳循环. 中国科学 (D 辑 地球科学), 36 (6): 533-543.

高巧, 阳小成, 尹春英, 等. 2014. 四川省甘孜藏族自治州高寒矮灌丛生物量分配及其碳密度的估算. 植物生态学报, 38(4): 355-365.

葛晓改, 曾立雄, 肖文发, 等. 2015. 三峡库区森林凋落叶化学计量学性状变化及与分解速率的关系. 生态学报, 35(3): 779-787.

巩合德, 程希平, 马月伟. 2012. 云南杨梅灌丛生物量的分配特征. 经济林研究, 30: 106-108.

郭其强, 罗大庆, 方江平, 等. 2009. 西藏砂生槐的研究现状及其利用与保护对策. 西北林学院学报,

24(1): 98-101.
韩广轩, 周广胜. 2009. 土壤呼吸作用时空动态变化及其影响机制研究与展望. 植物生态学报, 33: 197-205.
贺金生, 陈伟烈. 1997. 陆地植物群落物种多样性的梯度变化特征. 生态学报, 17: 91-99.
贺金生, 王其兵, 胡东. 1997. 长江三峡地区典型灌丛的生物量及其再生能力. 植物生态学报, 21: 512-520.
侯琳. 2009. 秦岭火地塘林区天然次生油松林碳平衡研究. 西北农林科技大学博士学位论文.
胡红玲, 张健, 刘洋, 等. 2011. 模拟氮沉降对华西雨屏区巨桉林凋落叶分解的影响. 林业科学, 47(8): 25-30.
胡会峰, 王志恒, 刘国华, 等. 2006. 中国主要灌丛植被碳储量. 植物生态学报, 30: 539-544.
胡正华, 李茂涵, 杨燕萍, 等. 2010. 模拟氮沉降对北亚热带落叶阔叶林土壤呼吸的影响. 环境科学, 31(8): 1726-1732.
黄威廉, 屠玉麟, 杨龙. 1988. 贵州植被. 贵阳: 贵州人民出版社.
金钊, 董云社, 齐玉春. 2006. 综论土壤呼吸各组分区分方法. 地理科学进展, 25: 22-33.
李德军, 莫江明, 方运霆, 等. 2003. 氮沉降对森林植物的影响. 生态学报, 23(9): 1891-1900.
李海东, 沈渭寿, 方颖, 等. 2011. 雅鲁藏布江中游河岸带几种主要沙生植物种群点格局分析. 植物生态学报, 35(8): 834-843.
李家湘, 熊高明, 徐文婷, 等. 2017. 中国亚热带灌丛植物生活型组成及其与水热因子的相关性. 植物生态学报, 41(1): 147-156.
李家湘, 张旭, 谢宗强, 等. 2015. 湖南大围山杜鹃灌丛的群落组成及结构特征. 生物多样性, 23: 815-823.
李克让, 王绍强, 曹明奎. 2003. 中国植被和土壤碳贮量. 中国科学, 33(1): 72-80.
李娜. 2014. 落叶松幼苗对干旱胁迫及氮添加的生理生态响应. 东北林业大学硕士学位论文.
李轩然, 刘琪璟, 陈永瑞, 等. 2006. 千烟洲人工林主要树种地上生物量的估算. 应用生态学报, 17: 1382-1388.
李燕, 张建国, 段爱国, 等. 2010. 杉木人工林生物量估算模型的选择. 应用生态学报, 21: 3036-3046.
李英年, 关定国, 赵亮, 等. 2005. 海北高寒草甸的季节冻土及在植被生产力形成过程中的作用. 冰川冻土, 27(3): 311-319.
李玉宁, 王关玉, 李伟. 2002. 土壤呼吸作用和全球碳循环. 地学前缘, 9(2): 351-357.
李云龙, 巩合德. 2015. 云南老君山腺房杜鹃灌丛群落特征及生物量分配特征研究. 西部林业科学, 44: 121-124.
刘庆福, 刘洋, 孙小丽, 等. 2015. 气候假说对内蒙古草原群落物种多样性格局的解释. 生物多样性, 23(4): 463-470.
刘贤赵, 王国安, 李嘉竹, 等. 2009. 北京东灵山地区现代植物氮同位素组成及其对海拔梯度的响应. 中国科学: 地球科学, 39(10): 1347-1359.
刘兴良, 郝晓东, 杨冬生, 等. 2008. 卧龙巴郎山川滇高山栎灌丛地上生物量及其模型. 生态学杂志, 25:

487-491.

刘兴良, 刘世荣, 宿以明, 等. 2006. 巴郎山川滇高山栎灌丛地上生物量及其对海拔梯度的响应. 林业科学, 42(2): 1-7.

吕国红, 李荣平, 温日红, 等. 2014. 森林凋落物组分的气象影响分析. 中国农学通报, 30: 1-6.

马琪, 刘康, 张慧. 2012. 陕西省森林植被碳储量及其空间分布. 资源科学, 34(9): 1781-1789.

莫江明, 薛璟花, 方运霆. 2004. 鼎湖山主要森林植物凋落物分解及其对 N 沉降的响应. 生态学报, 24(7): 1413-1420.

聂秀青, 熊丰, 李长斌, 等. 2018. 青藏高原高寒灌丛生态系统草本层生物量分配格局. 生态学报, 38(18): 6664-6669.

潘根兴, 曹建华, 周运超. 2000. 土壤碳及其在地球表层系统碳循环中的意义. 第四纪研究, 20(4): 325-334.

潘红丽, 李迈和, 蔡小虎, 等. 2009. 海拔梯度上的植物生长与生理生态特性. 生态环境学报, 18(2): 722-730.

庞世龙, 欧芷阳, 莫汉宁, 等. 2014. 桂西喀斯特地区 3 种典型灌丛生物量及生产力研究. 中南林业科技大学学报, 34: 86-90.

彭少麟, 刘强. 2002. 森林凋落物动态及其对全球变暖的响应. 生态学报, 22: 1534-1544.

祁承经, 肖育檀. 2002. 湖南植被. 长沙: 湖南科学技术出版社.

四川植被协作组. 1980. 四川植被. 成都: 四川人民出版社.

宋永昌. 2001. 植被生态学. 上海: 华东师范大学出版社.

唐志尧, 方精云. 2004. 植物物种多样性的垂直分布格局. 生物多样性, 12: 20-28.

唐志尧, 王志恒, 方精云. 2009. 生物多样性分布格局的地史成因假说. 生物多样性, 17: 635-643.

涂丽华, 胡庭兴, 张健, 等. 2011. 模拟氮沉降对华西雨屏区苦竹林土壤有机碳和养分的影响. 植物生态学报, 35 (2): 125-136.

涂利华, 戴洪忠, 胡庭兴, 等. 2011. 模拟氮沉降对华西雨屏区撑绿杂交竹林土壤呼吸的影响. 应用生态学报, 22(4): 829-836.

汪涛, 杨元合, 马文红. 2008. 中国土壤磷库的大小、分布及其影响因素. 北京大学学报(自然科学版), 44(6): 549-556.

王晶苑, 张心昱, 温学发, 等. 2013. 氮沉降对森林土壤有机质和凋落物分解的影响及其微生物学机制. 生态学报, 33(5): 1337-1346.

王利松, 贾渝, 张宪春, 等. 2015. 中国高等植物多样性. 生物多样性, 23: 217-224.

王玲. 2009. 川西北地区主要灌丛类型生物量及其模型的研究. 四川农业大学硕士学位论文.

王清奎. 2011. 碳输入方式对森林土壤碳库和碳循环的影响研究进展. 应用生态学报, 22(4): 1075-1081.

王文娟, 贺达汉, 唐小琴, 等. 2011. 不同温度和沙埋深度对砂生槐种子萌发及幼苗生长的影响. 中国沙漠, 31(6): 1437-1442.

王相娥, 薛立, 谢腾芳. 2009. 凋落物分解研究综述. 土壤通报(6): 1473-1478.

王杨, 徐文婷, 熊高明, 等. 2017. 檵木生物量分配特征. 植物生态学报, 41: 105-114.
王志恒, 唐志尧, 方精云. 2009. 物种多样性地理格局的能量假说. 生物多样性, 17: 613-624.
温丁, 何念鹏. 2016. 中国森林和草地凋落物现存量的空间分布格局及其控制因素. 生态学报, 36: 2876-2884.
吴炳方, 苑全治, 颜长珍, 等. 2014. 21 世纪前十年的中国土地覆盖变化. 第四纪研究, 34: 723-731.
吴宁. 1998. 川西北窄叶鲜卑花灌丛的类型和生物量及其与环境因子的关系. 植物学报, 40(9): 860-870.
吴征镒. 1980. 中国植被. 北京: 科学出版社.
谢宗强, 唐志尧. 2015. 灌丛生态系统固碳研究的野外调查与室内分析技术规范//生态系统固碳项目技术规范编写组. 生态系统固碳观测与调查技术规范. 北京: 科学出版社: 145-191.
谢宗强, 唐志尧. 2017. 中国灌丛生态系统碳储量的研究. 植物生态学报, 41: 1-4.
徐小锋, 田汉勤, 万师强. 2007. 气候变暖对陆地生态系统碳循环的影响. 植物生态学报, 31(2): 175-188.
阎恩荣, 王希华, 周武. 2008. 天童常绿阔叶林不同退化群落的凋落物特征及与土壤养分动态的关系. 植物生态学报, 32: 1-12.
杨丽丽, 龚吉蕊, 刘敏, 等. 2017. 氮沉降对草地凋落物分解的影响研究进展. 植物生态学报, 41(8): 894-913.
杨万勤, 邓仁菊, 张健. 2007. 森林凋落物分解及其对全球气候变化的响应. 应用生态学报, 18(12): 2889-2895.
杨永. 2015. 中国裸子植物的多样性和地理分布. 生物多样性, 23: 243-246.
杨兆平, 沈渭寿, 孙明, 等. 2011. 雅鲁藏布江中游河谷风沙化土地砂生槐群落结构特征. 应用生态学报, 22(5): 1121-1126.
姚辉, 胡雪洋, 朱江玲, 等. 2015. 北京东灵山 3 种温带森林土壤呼吸及其 20 年的变化. 植物生态学报, 39(9): 849-856.
冶民生, 吴斌, 关文彬, 等. 2009. 岷江上游植物群落稳定性研究. 水土保持研究, 16(1): 259-263.
于海英, 许建初. 2009. 气候变化对青藏高原植被影响研究综述. 生态学杂志, 28(4): 747-754.
于雯超, 宋晓龙, 王慧, 等. 2013. 氮沉降对草原凋落物分解的影响. 农业资源与环境学报, (6): 14-19.
於琍, 朴世龙. 2014. IPCC 第五次评估报告对碳循环及其他生物地球化学循环的最新认识. 气候变化研究进展, 10(1): 33-36.
云南植被编写组. 1987. 云南植被. 北京: 科学出版社.
臧得奎. 1998. 中国蕨类植物区系的初步研究. 西北植物学报, 18: 459-465.
张驰, 张林, 李鹏, 等. 2014. 亚热带常绿阔叶林凋落物生产及季节动态对模拟氮沉降增加的响应. 生态学杂志, 33: 1205-1210.
张光富, 宋永昌. 2001. 浙江天童苦槠+白栎灌丛群落的生物量研究. 武汉植物学研究, 19: 101-106.
张蔷, 李家湘, 谢宗强. 2017. 氮添加对中亚热带山地杜鹃灌丛土壤呼吸的影响. 植物生态学报, 41: 95-104.

张蔷, 李家湘, 徐文婷, 等. 2017. 中国亚热带山地杜鹃灌丛生物量分配及其碳密度估算. 植物生态学报, 41: 43-52.

张伟, 张宏, 泽柏. 2006. 我国高寒草甸碳循环研究进展. 山地学报, 24: 266-274.

张笑鹤, 张远东, 顾峰雪, 等. 2011. 西南地区灌丛归一化植被指数动态及其与气候因子的相关性. 生态学杂志, 30(11): 2577-2583.

张新平, 王襄平, 朱彪, 等. 2008. 我国东北主要森林类型的凋落物产量及其影响因素. 植物生态学报, 32: 1031-1040.

赵垦田, 杨小林, 马和平, 等. 2013. 拉萨半干旱河谷砂生槐灌丛生态恢复过程的群落特征与土壤微生物动态分析. 林业科学, 49(2): 15-20.

赵文智. 1998. 砂生槐沙生适应性初步研究. 植物生态学报, 22(4): 379-384.

郑丹楠, 王雪松, 谢绍东, 等. 2014. 2010 年中国大气氮沉降特征分析. 中国环境科学, 34(5): 1089-1097.

郑度, 姚檀栋. 2006. 青藏高原隆升及其环境效应. 地球科学进展, 21(5): 451-458.

郑俊强, 郭瑞红, 李东升, 等. 2016. 氮沉降和干旱对阔叶红松林凋落物分解的影响. 北京林业大学学报, 38(4): 21-28.

中国科学院青藏高原综合科学考察队. 1988. 西藏植被. 北京: 科学出版社.

中国科学院中国植被图编辑委员会. 2007a. 中国植被及其地理格局. 北京: 地质出版社.

中国科学院中国植被图编辑委员会. 2007b. 中华人民共和国植被图 (1∶100 万). 北京: 地质出版社.

中华人民共和国土地覆被地图集编辑委员会. 2017. 中华人民共和国 1∶100 万土地覆被地图集. 北京: 中国地图出版社.

周丹, 张勃, 沈彦俊. 2014. 潜在蒸散量估算方法对干旱侦测指数计算的影响. 中国农业气象, 35(3): 258-267.

周世兴, 黄从德, 向元彬, 等. 2016. 模拟氮沉降对华西雨屏区天然常绿阔叶林凋落物木质素和纤维素降解的影响. 应用生态学报, 27(5): 1368-1374.

周兴民, 王质彬, 杜庆. 1986. 青海植被. 西宁: 青海人民出版社.

庄洋, 赵娜, 赵吉. 2013. 内蒙古草地碳汇潜力估测及其发展对策. 草业科学, 30(9): 1469-1474.

Aber J D, Melillo J M. 2011. Nitrogen immobilization in decaying hardwood leaf litter as a function of initial nitrogen and lignin content. Canadian Journal of Botany, 60: 2263-2269.

Aber J D, Nadelhoffer K J, et al. 1989. Nitrogen saturation in northern forest ecosystems. Bioscience, 39: 378-386.

Adler P B, Seabloom E W, Borer E T, et al. 2011. Productivity is a poor predictor of plant species richness. Science, 333: 1750-1753.

Aerts R, Chapin F S. 2000. The mineral nutrition of wild plants revisited: a re-evaluation of processes and patterns. Advances in Ecological Research, 30: 1-67.

Ågren G I. 2004. The C∶N∶P stoichiometry of autotrophs-theory and observations. Ecology Letters, 7(3): 185-191.

Ågren G I. 2008. Stoichiometry and nutrition of plant growth in natural communities. Annual Review of

Ecology, Evolution, and Systematics, 39: 153-170.

Alías J C, García M, Sosa T, et al. 2015. Carbon storage in the different compartments of two systems of shrubs of the southwestern Iberian Peninsula. Agroforestry Systems, 89(4): 1-11.

Allison S D, Czimczik C I, Treseder K K. 2008. Microbial activity and soil respiration under nitrogen addition in Alaskan boreal forest. Global Change Biology, 14: 1156-1168.

Antúnez I, Emilio C R, Rafael V. 2001. Relative growth rate in phylogenetically related deciduous and evergreen woody species. Oecologia, 128: 172-180.

Baccini A, Laporte N, Goetz S, et al. 2008. A first map of tropical Africa's above-ground biomass derived from satellite imagery. Environmental Research Letters, 3: 045011.

Bai Y F, Wu J G, Xing Q, et al. 2008. Primary production and rain use efficiency across a precipitation gradient on the Mongolia plateau. Ecology, 89: 2140-2153.

Barbosa A M, Fontaneto D, Marini L, et al. 2010. Is the human population a large-scale indicator of the species richness of ground beetles? Anim Conserv, 13: 432-441.

Bechtold H A, Inouye R S. 2007. Distribution of carbon and nitrogen in sagebrush steppe after six years of nitrogen addition and shrub removal. Journal of Arid Environments, 71: 122-132.

Beier C, Emmett B A, Tietema A, et al. 2009. Carbon and nitrogen balances for six shrublands across Europe. Global Biogeochemical Cycles, 23: 206-221.

Berg B, Matzner E. 1997. Effect of N deposition on decomposition of plant litter and soil organic matter in forest systems. Environmental Reviews, 5: 1-25.

Berg B, McClaugherty C, Santo A V D, et al. 2001. Humus buildup in boreal forests: effects of litter fall and its N concentration. Canadian Journal of Forest Research, 31: 988-998.

Bertness M D, Leonard G H. 1997. The role of positive interactions in communities: lessons from intertidal habitats. Ecology, 78: 1976-1989.

Bond E M, Chase J M. 2002. Biodiversity and ecosystem functioning at local and regional spatial scales. Ecology Letters, 5: 467-470.

Bond-Lamberty B, Thomson A. 2010. A global database of soil respiration data. Biogeosciences, 7: 1915-1926.

Borcard D, Legendre P, Drapeau P. 1992. Partialling out the spatial component of ecological variation. Ecology, 73: 1045-1055.

Brooks M L. 2003. Effects of increased soil nitrogen on the dominance of alien annual plants in the Mojave Desert. Journal of Applied Ecology, 40: 344-353.

Brouwer R. 1983. Functional equilibrium: sense or nonsense? Netherlands Journal of Agricultural Science, 31: 335-348.

Cairns M A, Brown S, Helmer E H, et al. 1997. Root biomass allocation in the world's upland forests. Oecologia, 111: 1-11.

Callesen I, Liski J, Raulund-rasmussen K, et al. 2003. Soil carbon stores in Nordic well-drained forest soils-relationships with climate and texture class. Global Change Biology, 9: 358-370.

Carreiro M M, Sinsabaugh R L, Repert D A, et al. 2000. Microbial enzyme shifts explain litter decay responses to simulated nitrogen deposition. Ecology, 81: 2359-2365.

Ceballos G, Ehrlich P R. 2006. Global mammal distributions, biodiversity hotspots, and conservation. Proceedings of the National Academy of Sciences of the United States of America, 103: 19374-19379.

Chapin III F S, Matson P A, Vitousek P. 2011. Principles of Terrestrial Ecosystem Ecology. New York: Springer Science and Business Media.

Chapin III F S. 1980. The mineral nutrition of wild plants. Annual Review of Ecology and Systematics, 11: 233-260.

Chen D M, Lan Z C, Bai X, et al. 2013a. Evidence that acidification-induced declines in plant diversity and productivity are mediated by changes in below-ground communities and soil properties in a semi-arid steppe. Journal of Ecology, 101: 1322-1334.

Chen Y H, Han W, Tang L, et al. 2013b. Leaf nitrogen and phosphorus concentrations of woody plants differ in responses to climate, soil and plant growth form. Ecography, 36: 178-184.

Chesson P. 2000. Mechanisms of maintenance of species diversity. Annual Review of Ecology and Systematics, 31: 343-366.

Cleveland C C, Liptzin D. 2007. C∶N∶P stoichiometry in soil: is there a "Redfield ratio" for the microbial biomass? Biogeochemistry, 85: 235-252.

Conant R T, Dalla-Betta P, Klopatek C C, et al. 2004. Controls on soil respiration in semiarid soils. Soil Biology & Biochemistry, 36: 945-951.

Condit R, Pitman N, Leigh E G, et al. 2002. Beta-diversity in tropical forest trees. Science, 295: 666-669.

Cornelissen J H C, Castro-Díez P, Hunt R. 1996. Seedling growth, allocation and leaf attributes in a wide range of woody plant species and types. Journal of Ecology, 84: 755-765.

Cox P M, Betts R A, Jones C D, et al. 2000. Acceleration of global warming due to carbon-cycle feedbacks in a coupled climate model. Nature, 408: 184-187.

Craine J M, Wedin D A, Reich P B. 2001. Grassland species effects on soil CO_2 flux track the effects of elevated CO_2 and nitrogen. New Phytologist, 150: 425-434.

Crisp M D, Cook L G. 2012. Phylogenetic niche conservatism: what are the underlying evolutionary and ecological causes? New Phytologist, 196: 681-694.

Cunningham S A, Summerhayes B, Westoby M. 1999. Evolutionary divergences in leaf structure and chemistry, comparing rainfall and soil nutrient gradients. Ecological Monographs, 69: 569-588.

Cusack D F, Silver W L, Torn M S, et al. 2011. Effects of nitrogen additions on above- and below-ground carbon dynamics in two tropical forests. Biogeochemistry, 104: 203-225.

Davidson E A, Janssens I A. 2006. Temperature sensitivity of soil carbon decomposition and feedbacks to climate change. Nature, 440: 165-173.

Deng Q, Zhou G, Liu J, et al. 2010. Responses of soil respiration to elevated carbon dioxide and nitrogen addition in young subtropical forest ecosystems in China. Biogeosciences, 7: 315-328.

Descheemaeker K, Muys B, Nyssen J, et al. 2006. Litter production and organic matter accumulation in exclosures of the Tigray highlands, Ethiopia. Forest Ecology and Management, 233: 21-35.

Díaz S, Kattge J, Cornelissen J H C, et al. 2016. The global spectrum of plant form and function. Nature, 529: 167-171.

Dieleman W, Venter M, Ramachandra A, et al. 2013. Soil carbon stocks vary predictably with altitude in tropical forests: Implications for soil carbon storage. Geoderma, 204: 59-67.

Dilustro J J, Collins B, Duncan L, et al. 2005. Moisture and soil texture effects on soil CO_2 efflux components in southeastern mixed pine forests. Forest Ecology and Management, 204: 85-95.

Domke G M, Perry C H, Walters B F, et al. 2016. Estimating litter carbon stocks on forest land in the United States. Science of the Total Environment, 557-558: 469-478.

Du E Z, Zhou Z, Li P, et al. 2013. NEECF: a project of nutrient enrichment experiments in China's forests. Journal of Plant Ecology, 6: 428-435.

Duan W J, Ren H, Fu S L, et al. 2008. Pathways and determinants of early spontaneous vegetation succession in degraded lowland of South China. Journal of Integrative Plant Biology, 50: 147-156.

Duivenvoorden J F, Svenning J C, Wright S J. 2002. Beta diversity in tropical forests. Science, 295: 636-638.

Ejrnæs R. 2000. Can we trust gradients extracted by detrended correspondence analysis? Journal of Vegetation Science, 11: 565-572.

Elser J J, Acharya K, Kyle M, et al. 2003. Growth rate—stoichiometry couplings in diverse biota. Ecology Letters, 6: 936-943.

Elser J J, Andersen T, Baron J S, et al. 2009. Shifts in lake N∶P stoichiometry and nutrient limitation driven by atmospheric nitrogen deposition. Science, 326: 835-837.

Elser J J, Fagan W F, Denno R F, et al. 2000. Nutritional constraints in terrestrial and freshwater food webs. Nature, 408: 578-580.

Elser J J, Fagan W, Kerkhoff A, et al. 2010. Biological stoichiometry of plant production: metabolism, scaling and ecological response to global change. New Phytologist, 186: 593-608.

Enquist B J, Niklas K J. 2001. Invariant scaling relations across tree-dominated communities. Nature, 410: 655-660.

Evans K L, Warren P H, Gaston K J. 2005. Species-energy relationships at the macroecological scale: a review of the mechanisms. Biological Reviews, 80: 1-25.

Fang J Y, Chen A P, Peng C H, et al. 2001. Changes in forest biomass carbon storage in China between 1949 and 1998. Science, 292: 2320-2322.

Fang J Y, Guo Z D, Piao S L, et al. 2007. Terrestrial vegetation carbon sinks in China, 1981–2000. Science in China Series D: Earth Sciences, 50: 1341-1350.

Fick S E, Hijmans R J. 2017. WorldClim 2: new 1-km spatial resolution climate surfaces for global land areas. International Journal of Climatology, 37: 4302-4315.

Field R, Hawkins B A, Cornell H V, et al. 2009. Spatial species-richness gradients across scales: a meta-analysis. Journal of Biogeography, 36: 132-147.

Fonseca F, de Figueiredo T, Ramos M B. 2012. Carbon storage in the Mediterranean upland shrub communities of Montesinho Natural Park, northeast of Portugal. Agroforestry Systems, 86(3): 463-475.

Foroughbakhch R, Reyes G, Alvarado-Vázquez M A, et al. 2005. Use of quantitative methods to determine leaf biomass on 15 woody shrub species in northeastern Mexico. Forest Ecology & Management, 216: 359-366.

Fortunel C, Fine P V, Baraloto C. 2012. Leaf, stem and root tissue strategies across 758 Neotropical tree species. Functional Ecology, 26: 1153-1161.

Fowler D, Coyle M, Skiba U, et al. 2013. The global nitrogen cycle in the twenty-first century: introduction. Philosophical Transactions of the Royal Society B: Biological Sciences, 368: 20130164.

Freedman Z B, Upchurch R A, Zak D R, et al. 2016. Anthropogenic N deposition slows decay by favoring bacterial metabolism: insights from metagenomic analyses. Frontiers in Microbiology, 7: 259.

Fridley J D. 2003. Diversity effects on production in different light and fertility environments: an experiment with communities of annual plants. Journal of Ecology, 91: 396-406.

Gallardo A, Schlesinger W H. 1994. Factors limiting microbial biomass in the mineral soil and forest floor of a warm-temperate forest. Soil Biology and Biochemistry, 26: 1409-1415.

Gaston K J, Chown S L. 2005. Neutrality and the niche. Functional Ecology, 19: 1-6.

Gaston K J. 2000. Global patterns in biodiversity. Nature, 405: 220-227.

Gillman L N, Wright S D, Cusens J, et al. 2015. Latitude, productivity and species richness: Latitude and productivity. Global Ecology and Biogeography, 24: 107-117.

Goodale C L, Davidson E A. 2002. Carbon cycle: uncertain sinks in the shrubs. Nature, 418: 593-594.

Gorissen A, Beier C. 2004. Climate change affects carbon allocation to the soil in shrublands. Ecosystems, 7: 650-661.

Gough L, Shaver G R, Carroll J, et al. 2000. Vascular plant species richness in Alaskan arctic tundra: the importance of soil pH. Journal of Ecology, 88: 54-66.

Graefe S, Hertel D, Leuschner C. 2010. N, P and K limitation of fine root growth along an elevation transect in tropical mountain forests. Acta Oecologica, 36: 537-542.

Guo J H, Liu X J, Zhang Y, et al. 2010. Significant acidification in major Chinese croplands. Science, 327: 1008-1010.

Guo Q F. 1999. Ecological comparisons between Eastern Asia and Northern America: Historical and geographical perspectives. Journal of Biogeography, 26: 199-206.

Guo Y P, Yang X, Schöb C, et al. 2017. Legume shrubs are more nitrogen-homeostatic than non-legume shrubs. Frontiers in Plant Science, 8: 1662.

Güsewell S. 2004. N : P ratios in terrestrial plants: variation and functional significance: Tansley review. New Phytologist, 164: 243-266.

Han W X, Fang J Y, Guo D L, et al. 2005. Leaf nitrogen and phosphorus stoichiometry across 753 terrestrial plant species in China. New Phytologist, 168: 377-385.

Han W X, Fang J Y, Reich P B, et al. 2011. Biogeography and variability of eleven mineral elements in plant leaves across gradients of climate, soil and plant functional type in China. Ecology Letters, 14: 788-796.

Hao Z, Kuang Y W, Kang M. 2015. Untangling the influence of phylogeny, soil and climate on leaf element concentrations in a biodiversity hotspot. Functional Ecology, 29: 165-176.

He J S, Bazzaz F A, Schmid B. 2002. Interactive effects of diversity, nutrients and elevated CO_2 on experimental plant communities. Oikos, 97: 337-348.

He J S, Fang J Y, Wang Z H, et al. 2006. Stoichiometry and large-scale patterns of leaf carbon and nitrogen in the grassland biomes of China. Oecologia, 149: 115-122.

He J S, Wang L, Flynn D F B, et al. 2008. Leaf nitrogen: phosphorus stoichiometry across Chinese grassland biomes. Oecologia, 155: 301-310.

He M Z, Dijkstra F A. 2014. Drought effect on plant nitrogen and phosphorus: a meta-analysis. New Phytologist, 204: 924-931.

He M Z, Song X, Tian F P, et al. 2016. Divergent variations in concentrations of chemical elements among shrub organs in a temperate desert. Scientific Reports, 6: 20124.

He M Z, Zhang K, Tan H J, et al. 2015. Nutrient levels within leaves, stems, and roots of the xeric species *Reaumuria soongorica* in relation to geographical, climatic, and soil conditions. Ecology and Evolution, 5: 1494-1503.

Henry H A L, Moise E R D. 2015. Grass litter responses to warming and N addition: temporal variation in the contributions of litter quality and environmental effects to decomposition. Plant and Soil, 389: 35-43.

Hilli S, Stark S, Derome J. 2010. Litter decomposition rates in relation to litter stocks in boreal coniferous forests along climatic and soil fertility gradients. Applied Soil Ecology, 46: 200-208.

Hobbie S E, Gough L. 2004. Litter decomposition in moist acidic and non-acidic tundra with different glacial histories. Oecologia, 140: 113-124.

Hobbie S E, Vitousek P M. 2000. Nutrient limitation of decomposition in Hawaiian forest. Ecology, 81: 1867-1877.

Hobbie S E. 2000. Interactions between litter lignin and nitrogenitter lignin and soil nitrogen availability during leaf litter decomposition in a Hawaiian montane forest. Ecosystems, 3: 484-494.

Högberg P, Fan H, Quist M, et al. 2006. Tree growth and soil acidification in response to 30 years of experimental nitrogen loading on boreal forest. Global Change Biology, 12: 489-499.

Högberg P. 2007. Environmental science: Nitrogen impacts on forest carbon. Nature, 447: 781-782.

Holl K D, Stout V M, Reid J L, et al. 2013. Testing heterogeneity-diversity relationships in tropical forest restoration. Oecologia, 173: 569-578.

Houghton R A. 2001. Magnitude, distribution and causes of terrestrial carbon sinks and some implications for policy. Climate Policy, 2: 71-88.

Houlton B Z, Wang Y P, Vitousek P M, et al. 2008. A unifying framework for dinitrogen fixation in the terrestrial biosphere. Nature, 454: 327-330.

Huston M A. 1997. Hidden treatments in ecological experiments: re-evaluating the ecosystem function of biodiversity. Oecologia, 110: 449-460.

Hyvonen R, Agren G I, Linder S, et al. 2007. The likely impact of elevated CO_2, nitrogen deposition, increased temperature and management on carbon sequestration in temperate and boreal forest ecosystems: A literature review. New Phytologist, 173: 463-480.

Hyvonen R, Persson T, Andersson S, et al. 2008. Impact of long-term nitrogen addition on carbon stocks in trees and soils in northern Europe. Biogeochemistry, 89: 121-137.

IPCC. 2006. IPCC Guidelines for National Greenhouse Gas Inventories. Hayama: IGES.

Janssens I A, Dieleman W, Luyssaert S, et al. 2010. Reduction of forest soil respiration in response to nitrogen deposition. Nature Geoscience, 3: 315-322.

Jones D L, Nguyen C, Finlay R D. 2009. Carbon flow in the rhizosphere: carbon trading at the soil-root interface. Plant and Soil, 321: 5-33.

Keeler B L, Hobbie S E, Kellogg L E. 2009. Effects of long-term nitrogen addition on microbial enzyme activity in eight forested and grassland sites, implications for litter and soil organic matter decomposition. Ecosystems, 12: 1-15.

Kerkhoff A J, Fagan W F, Elser J J, et al. 2006. Phylogenetic and growth form variation in the scaling of nitrogen and phosphorus in the seed plants. The American Naturalist, 168: E103-E122.

Kerr J T, Packer L. 1997. Habitat heterogeneity as a determinant of mammal species richness in high-energy regions. Nature, 385: 252-254.

Khalili D, Farnoud T, Jamshidi H, et al. 2011. Comparability analyses of the SPI and RDI meteorological drought indices in different climatic zones. Water Resource Management, 25: 1737-1757.

Knorr M, Frey S D, Curtis P S. 2005. Nitrogen additions and litter decomposition, A meta-analysis. Ecology, 86: 3252-3257.

Koerselman W, Meuleman A F. 1996. The vegetation N∶P ratio: a new tool to detect the nature of nutrient limitation. Journal of Applied Ecology, 33: 1441-1450.

Kursar T A. 1989. Evaluation of soil respiration and soil CO_2 concentration in a lowland moist forest in Panama. Plant and Soil, 113: 21-29.

Kuzyakov Y, Domanski G. 2000. Carbon input by plants into the soil. Review. Journal of Plant Nutrition and Soil Science, 163: 421-431.

Laliberté E, Paquette A, Legendre P, et al. 2009. Assessing the scale-specific importance of niches and other spatial processes on beta diversity: a case study from a temperate forest. Oecologia, 159: 377-388.

LeBauer D S, Treseder K K. 2008. Nitrogen limitation of net primary productivity in terrestrial ecosystems is globally distributed. Ecology, 89: 371-379.

Legendre P, Mi X C, Ren H B, et al. 2009. Partitioning beta diversity in a subtropical broad-leaved forest of China. Ecology, 90: 663-674.

Li A, Guo D L, Wang Z Q, et al. 2010. Nitrogen and phosphorus allocation in leaves, twigs, and fine roots across 49 temperate, subtropical and tropical tree species: a hierarchical pattern. Functional Ecology, 24: 224-232.

Limpens J, Berendse F. 2003. How litter quality affects mass loss and N loss from decomposing *Sphagnum*. Oikos, 103: 537-547.

Liu J, Liang S C, Liu F H, Wang R Q, et al. 2005. Invasive alien plant species in China: regional distribution patterns. Divers Distrib, 11: 341-347.

Liu J L, Li F R, Liu C A, et al. 2012. Influences of shrub vegetation on distribution and diversity of a ground beetle community in a Gobi desert ecosystem. Biodiversity and Conservation, 21: 2601-2619.

Liu Q, Liu Y, Sun X, et al. 2015. The explanation of climatic hypotheses to community species diversity patterns in Inner Mongolia grasslands. Biodiv Sci, 23: 463-470.

Liu W F, Fan H B, Yuan Y H, et al. 2011. Macronutrient fluxes of the litterfall in Chinese Fir plantation in response to simulated nitrogen deposition. Journal of Soil and Water Conservation, 25: 137-141.

Liu X J, Zhang Y, Han W X, et al. 2013. Enhanced nitrogen deposition over China. Nature, 494: 459-462.

Liu Y N, Tang Z Y, Fang J Y. 2014. Contribution of environmental filtering and dispersal limitation to species turnover of temperate deciduous broad-leaved forests in China. Applied Vegetation Science, 18: 34-42.

Loehle C. 1998. Height growth tradeoffs determines northern and southern range limits for trees. Journal of Biogeography, 25: 735-742.

Loranger G, Ponge J F, Imbert D, et al. 2002. Leaf decomposition in two semi-evergreen tropical forests: influence of litter quality. Biology and Fertility of Soils, 35: 247-252.

Loreau M, Hector A. 2001. Partitioning selection and complementarity in biodiversity experiments. Nature, 412: 72-76.

Lü C Q, Tian H Q. 2007. Spatial and temporal patterns of nitrogen deposition in China: Synthesis of observational data. Journal of Geophysical Research—Atmospheres, 112: D22S05.

Luo T X, Brown S, Pan Y D, et al. 2005. Root biomass along subtropical to alpine gradients: global implication from Tibetan transect studies. Forest Ecology Management, 206: 349-363.

Ma A, He N, Yu G, et al. 2016. Carbon storage in Chinese grassland ecosystems: Influence of different integrative methods. Scientific Reports, 6: 21378.

Ma W H, He J S, Yang Y H, et al. 2010. Environmental factors covary with plant diversity–productivity relationships among Chinese grassland sites. Global Ecology and Biogeography, 19: 233-243.

Ma Y C, Zhu B, Sun Z Z, et al. 2014. The effects of simulated nitrogen deposition on extracellular enzyme activities of litter and soil among different-aged stands of larch. Journal of Plant Ecology, 7: 240-249.

Mack M C, Schuur E A G, Bret-Harte M S, et al. 2004. Ecosystem carbon storage in arctic tundra reduced by long-term nutrient fertilization. Nature, 431: 440-443.

Magill A H, Aber J D. 1998. Long-term effects of experimental nitrogen additions on foliar litter decay and humus formation in forest ecosystems. Plant and Soil, 203: 301-311.

Mahdavi P, Akhani H, Van der Maarel E. 2012. Species diversity and life-form patterns in steppe vegetation along a 3000m altitudinal gradient in the Alborz Mountains, Iran. Folia Geobot, 48: 7-22.

Markesteijn L, Iraipi J, Bongers F, et al. 2010. Seasonal variation in soil and plant water potentials in a Bolivian tropical moist and dry forest. J Trop Ecol, 26: 497-508.

Marquard E, Weigelt A, Roscher C, et al. 2009. Positive biodiversity–productivity relationship due to increased plant density. Journal of Ecology, 97: 696-704.

Masto R E, Chhonkar P K, Singh D, et al. 2006. Changes in soil biological and biochemical characteristics in a long-term field trial on a sub-tropical inceptisol. Soil Biology and Biochemistry, 38: 1577-1582.

Matson P, Lohse K A, Hall S J. 2002. The globalization of nitrogen deposition: consequences for terrestrial ecosystems. AMBIO: A Journal of the Human Environment, 31: 113-119.

McCarthy M C, Enquist B J. 2007. Consistency between an allometric approach and optimal partitioning theory in global patterns of plant biomass allocation. Functional Ecology, 21: 713-720.

McGroddy M E, Daufresne T, Hedin L O. 2004. Scaling of C∶N∶P stoichiometry in forests worldwide: Implications of terrestrial redfield-type ratios. Ecology, 85: 2390-2401.

Minden V, Kleyer M. 2014. Internal and external regulation of plant organ stoichiometry. Plant Biology, 17: 897-907.

Mo J M, Brown S, Xue J H, et al. 2006. Response of litter decomposition to simulated N deposition in disturbed, rehabilitated and mature forests in subtropical China. Plant and Soil, 282: 135-151.

Mo J M, Zhang W, Zhu W X, et al. 2007. Response of soil respiration to simulated N deposition in a disturbed and a rehabilitated tropical forest in southern China. Plant and Soil, 296: 125-135.

Mo J M, Zhang W, Zhu W X, et al. 2008. Nitrogen addition reduces soil respiration in a mature tropical forest in southern China. Global Change Biology, 14: 403-412.

Moles A T, Westoby M. 2004. Seedling survival and seed size: a synthesis of the literature. Journal of Ecology, 92: 372-383.

Moore T R, Trofymow J A, Prescott C E, et al. 2006. Patterns of carbon, nitrogen and phosphorus dynamics in decomposing foliar litter in Canadian forests. Ecosystems, 9: 46-62.

Nadelhoffer K J, 2000. The potential effects of nitrogen deposition on fine - root production in forest ecosystems. New Phytologist, 147: 131-139.

Nadelhoffer K J, Emmett B A, Gundersen P, et al. 1999. Nitrogen deposition makes a minor contribution to carbon sequestration in temperate forests. Nature, 398: 145-148.

Nasto M K, Alvarez-Clare S, Lekberg Y, et al. 2014. Interactions among nitrogen fixation and soil phosphorus acquisition strategies in lowland tropical rain forests. Ecology Letters, 17: 1282-1289.

Návar J, Méndez E, Nájera A, et al. 2004. Biomass equations for shrub species of Tamaulipan thornscrub of North-eastern Mexico. Journal of Arid Environments, 59: 657-674.

Neff J C, Townsend A R, Gleixner G, et al. 2002. Variable effects of nitrogen additions on the stability and turnover of soil carbon. Nature, 419: 915-917.

Ni J. 2001. Carbon storage in Chinese terrestrial ecosystems: approaching a more accurate estimate. Climatic Change, 119(3-4): 905-917.

Niklas K J, Owens T, Reich P B, et al. 2005. Nitrogen/phosphorus leaf stoichiometry and the scaling of plant growth. Ecology Letters, 8: 636-642.

O'Brien E M. 1998. Water-energy dynamics, climate, and prediction of woody plant species richness: an interim general model. Journal of Biogeography, 25: 379-398.

O'Brien E M. 2006. Biological relativity to water-energy dynamics. J Biogeogr, 33: 1868-1888.

Olander L P, Vitousek P M. 2000. Regulation of soil phosphatase and chitinase activity by N and P availability. Biogeochemistry, 49: 175-191.

Olson J S. 1963. Energy storage and the balance of producers and decomposers in ecological systems. Ecology, 44: 322-331.

Ordoñez J C, Van Bodegom P M, Witte J P M, et al. 2009. A global study of relationships between leaf traits, climate and soil measures of nutrient fertility. Global Ecology and Biogeography, 18: 137-149.

Paquette A, Messier C. 2011. The effect of biodiversity on tree productivity: from temperate to boreal forests. Global Ecology and Biogeography, 20: 170-180.

Parsons S A, Congdon R A, Lawler I R. 2014. Determinants of the pathways of litter chemical decomposition in a tropical region. New Phytologist, 203: 873-882.

Parton W, Silver W L, Burke I C, et al. 2007. Global-scale similarities in nitrogen release patterns during long-term decomposition. Science, 315: 361-364.

Peng S L, Ding W, He N P, et al. 2016. Carbon storage in China's forest ecosystems: estimation by different integrative methods. Ecology and Evolution, 6: 3129-3145.

Peterson A G, Participants C. 1999. Reconciling the apparent difference between mass- and area-based expressions of the photosynthesis-nitrogen relationship. Oecologia, 118: 144-150.

Piao L, Ciais P, Friedlingstein P, et al. 2009. Spatiotemporal patterns of terrestrial carbon cycle during the 20th century. Global Biogeochemical Cycles, 23: GB4026.

Piao S L, Fang J Y, Zhu B, et al. 2005. Forest biomass carbon stocks in China over the past 2 decades: Estimation based on integrated inventory and satellite data. Journal of Geophysical Research: Biogeosciences, 110. DOI: 10.1029/2005JG000014.

Piao S L, Tan K, Nan H J, et al. 2012. Impacts of climate and CO_2 changes on the vegetation growth and carbon balance of Qinghai-Tibetan grasslands over the past five decades. Global and Planetary Change, 98-99: 73-80.

Pitkänen A, Simola H, Turunen J. 2012. Dynamics of organic matter accumulation and decomposition in the surface soil of forestry-drained peatland sites in Finland. Forest Ecology and Management, 284: 100-106.

Poorter H, Niklas K J, Reich P B, et al. 2012. Biomass allocation to leaves, stems and roots: meta-analyses of interspecific variation and environmental control. New Phytologist, 193: 30-50.

Post W M, Emanuel W R, Zinke P J, et al. 1982. Soil carbon pools and world life zones. Nature, 298: 156-159.

Prescott C E, Blevins L L. 2004. Litter decomposition in British Columbia forests influences of forestry activities. Journal of Ecosystems and Management, 5: 30-43.

Prescott C E. 1995. Dose nitrogen availability control rates of litter decomposition in forest? Plant and Soil, 168: 83-88.

Qiao X J, Tang Z Y, Shen Z H, et al. 2012. What causes geographical variation in the species-area relationships? A test from forests in China. Ecography, 35: 1110-1116.

Quesada C A, Phillips O L, Schwarz M, et al. 2012. Basin-wide variations in Amazon forest structure and function are mediated by both soils and climate. Biogeosciences, 9: 2203-2246.

Rabalais N N. 2002. Nitrogen in aquatic ecosystems. AMBIO: A Journal of the Human Environment, 31: 102-112.

Raich J W, Potter C S, Bhagawati D. 2002. Interannual variability in global soil respiration, 1980-1994. Global Change Biology, 8: 800-812.

Raich J W, Potter C S. 1995. Global patterns of carbon dioxide emission from soils. Global Biogeochemical Cycles, 9: 23-36.

Raich J W, Tufekciogul A. 2000. Vegetation and soil respiration: Correlations and controls. Biogeochemistry, 48: 71-90.

Reich P B, Oleksyn J. 2004. Global patterns of plant leaf N and P in relation to temperature and latitude. Proceedings of the National Academy of Sciences of the United States of America, 101: 11001-11006.

Reich P B, Walters M, Ellsworth D. 1992. Leaf life-span in relation to leaf, plant, and stand characteristics among diverse ecosystems. Ecological Monographs, 62: 365-392.

Rubino M, Dungait J A J, Evershed R P, et al. 2010. Carbon input belowground is the major C flux contributing to leaf litter mass loss: Evidences from a ^{13}C labelled-leaf litter experiment. Soil Biology and Biochemistry, 42: 1009-1016.

Rustad L E, Femandez I J. 1998. Experimental soil warming effect son CO_2 and CH_4 flux from a low elevation spruce-fir forest soil in Maine, USA. Global Change Biology, 4: 597-605.

Salinas N, Malhi Y, Meir P, et al. 2011. The sensitivity of tropical leaf litter decomposition to temperature: results from a large-scale leaf translocation experiment along an elevation gradient in Peruvian forests. New Phytologist, 189: 967-977.

Sardans J, Janssens I A, Alonso R, et al. 2015. Foliar elemental composition of European forest tree species associated with evolutionary traits and present environmental and competitive conditions: Biogeochemical niche of European forest trees. Global Ecology and Biogeography, 24: 240-255.

Schipper L A, Baisden T, Parfitt R L, et al. 2007. Large losses of soil C and N from soil profiles under pasture in New Zealand during the past 20 years. Global Change Biology, 13: 1138-1144.

Schlesinger W H, Andrews J A. 2000. Soil respiration and the global carbon cycle. Biogeochemistry, 48: 7-20.

Schreeg L A, Mack M C, Turner B L. 2013. Nutrient-specific solubility patterns of leaf litter across 41 lowland tropical woody species. Ecology, 94: 94-105.

Schreeg L A, Santiago S, Wright S J, et al. 2014. Stem, root, and older leaf N∶P ratios are more responsive indicators of soil nutrient availability than new foliage. Ecology, 95: 2062-2068.

Schuur E A G, Vogel J G, Crummer K G, et al. 2009. The effect of permafrost thaw on old carbon release and net carbon exchange from tundra. Nature, 459: 556-559.

Seddon A W, Macias-Fauria M, Long P R, et al. 2016. Sensitivity of global terrestrial ecosystems to climate variability. Nature, 531: 229-232.

Shen Z H, Fei S L, Feng J M, et al. 2012. Geographical patterns of community-based tree species richness in Chinese mountain forests: the effects of contemporary climate and regional history. Ecography, 35: 1134-1146.

Silver W L, Miya R K. 2001. Global patterns in root decomposition: comparisons of climate and litter quality effects. Oecologia, 129: 407-419.

Sims J T. 1986. Soil pH effects on the distribution and plant availability of manganese, copper, and zinc. Soil Sci. Soc. Amer. J., 50: 367-373.

Smaill S J, Clinton P W, Greenfield L G. 2008. Nitrogen fertilizer effects on litter fall, FH layer and mineral soil characteristics in New Zealand *Pinus radiata* plantations. Forest Ecology and Management, 256: 564-569.

Sogn T A, Abrahamsen G. 1998. Effects of N and S deposition on leaching from an acid forest soil and growth of Scots pine (*Pinus sylvestris* L.) after 5 years of treatment. Forest Ecology and Management, 103: 177-190.

Soininen J, McDonald R, Hillebrand H. 2007. The distance decay of similarity in ecological communities. Ecography, 30: 3-12.

Song C C, Liu D Y, Yang G S, et al. 2011. Effect of nitrogen addition on decomposition of *Calamagrostis angustifolia* litters from freshwater marshes of Northeast China. Ecological Engineering, 37: 1578-1582.

Sturm M, Holmgren J, Mcfadden J P, et al. 2001. Snow-shrub interactions in Arctic Tundra: a hypothesis with climatic implications. Journal of Climate, 14: 336-344.

Sun T, Dong L L, Mao Z J. 2015. Simulated atmospheric nitrogen deposition alters decomposition of ephemeral roots. Ecosystems, 18: 1-13.

Sun T, Mao Z J, Dong L L, et al. 2013. Further evidence for slow decomposition of very fine roots using two methods: litterbags and intact cores. Plant and Soil, 366: 633-646.

Sun Z Z, Liu L L, Ma Y C, et al. 2014. The effect of nitrogen addition on soil respiration from a nitrogen-limited forest soil. Agricultural and Forest Meteorology, 197: 103-110.

Sun Z Z, Peng S S, Li X R, et al. 2015. Changes in forest biomass over China during the 2000s and implications for management. Forest Ecology and Management, 357: 76-83.

Taft J B, Phillippe L R, Dietrich C H, et al. 2011. Grassland composition, structure, and diversity patterns along major environmental gradients in the central Tien Shan. Plant Ecol., 212: 1349-1361.

Tang X L, Liu S G, Zhou G Y, et al. 2006. Soil-atmospheric exchange of CO_2, CH_4, and N_2O in three subtropical forest ecosystems in southern China. Global Change Biology, 12: 546-560.

Tang X L, Zhao X, Bai Y F, et al. 2018. Carbon pools in China's terrestrial ecosystems: new estimates based on an intensive field survey. Proceedings of the National Academy of Sciences of the United States of America, 115: 4021-4026.

Tang Z Y, Fang J Y, Chi X L, et al. 2012. Geography, environment, and spatial turnover of species in China's grasslands. Ecography, 35: 1103-1109.

Tape K E N, Sturm M, Racine C. 2006. The evidence for shrub expansion in Northern Alaska and the Pan-Arctic. Global Change Biology, 12: 686-702.

Tian H Q, Wang S Q, Liu J Y, et al. 2006. Patterns of soil nitrogen storage in China. Global Biogeochemical Cycles, 20(1).

Tian Y, Jia Z, Yang X. 2014. Improving shrub biomass estimations in the Qinghai-Tibet Plateau: Age-based Caragana intermedia allometric models. The Forestry Chronicle, 90: 154-160.

Tilman D, Lehman C L, Thomson K T. 1997. Plant diversity and ecosystem productivity: theoretical considerations. Proceedings of the National Academy of Sciences of the United States of America, 94: 1857-1861.

Townsend A R, Cleveland C C, Asner G P, et al. 2007. Controls over foliar N∶P ratios in tropical rain forests. Ecology, 88: 107-118.

Tsakiris G, Vangelis H. 2005. Establishing a drought index incorporating evapotranspiration. European Water, 9/10: 3-11.

Tu L H, Hu T X, Zhang J, et al. 2013. Nitrogen addition stimulates different components of soil respiration in a subtropical bamboo ecosystem. Soil Biology and Biochemistry, 58: 255-264.

Tuomisto H, Ruokolainen K, Yli-Halla M. 2003. Dispersal, environment, and floristic variation of western Amazonian forests. Science, 299: 241-244.

Venterink H O. 2011. Legumes have a higher root phosphatase activity than other forbs, particularly under low inorganic P and N supply. Plant and Soil, 347: 137-146.

Vergutz L, Manzoni S, Porporato A, et al. 2012. Global resorption efficiencies and concentrations of carbon and nutrients in leaves of terrestrial plants. Ecological Monographs, 82: 205-220.

Vetaas O R. 2006. Biological relativity to water-energy dynamics: a potential unifying theory? J Biogeogr, 33:

1866-1867.

Visser V, Clayton W D, Simpson D A, et al. 2014. Mechanisms driving an unusual latitudinal diversity gradient for grasses. Global Ecology and Biogeography, 23: 61-75.

Vitousek P M, Cassman K, Cleveland C, et al. 2002. Towards an ecological understanding of biological nitrogen fixation. Biogeochemistry, 57: 1-45.

Vitousek P M, Howarth R W, Likens G E, et al. 1997. Human alteration of the global nitrogen cycle: sources and consequences. Ecological Application, 7: 737-750.

Vourlitis G L, Zorba G, Pasquini S C, et al. 2007. Carbon and nitrogen storage in soil and litter of southern Californian semi-arid shrublands. Journal of Arid Environments, 70: 164-173.

Wang G X, Ran F, Chang R Y, et al. 2014. Variations in the live biomass and carbon pools of *Abies georgei* along an elevation gradient on the Tibetan Plateau, China. Forest Ecology and Management, 329: 255-263.

Wang S Q, Zhou C H, Li K R, et al. 2001. Estimation of soil organic carbon reservoir in China. Journal of Geographical Sciences, 11: 3-13.

Ward A, Dargusch P, Thomas S, et al. 2014. A global estimate of carbon stored in the world's mountain grasslands and shrublands, and the implications for climate policy. Global Environmental Change, 28: 14-24.

Warren J, Topping C J, James P. 2009. A unifying evolutionary theory for the biomass-diversity-fertility relationship. Theoretical Ecology, 2: 119-126.

Weiner J. 2004. Allocation, plasticity and allometry in plants. Perspectives in Plant Ecology, Evolution and Systematics, 6: 207-215.

Wessel W W, Tietema A, Beier C, et al. 2004. A qualitative ecosystem assessment for different shrublands in western Europe under impact of climate change. Ecosystems, 7: 662-671.

Wilkinson S C, Anderson J M, Scardelis S P, et al. 2002. PLFA profiles of microbial communities in decomposing conifer litters subject to moisture stress. Soil Biology and Biochemistry, 34: 189-200.

Wilson S D, Tilman D. 2002. Quadratic variation in old-field species richness along gradients of disturbance and nitrogen. Ecology, 83: 492-504.

Woods H A, Makino W, Cotner J B, et al. 2003. Temperature and the chemical composition of poikilothermic organisms. Functional Ecology, 17: 237-245.

Woodward F, Lomas M, Kelly C. 2004. Global climate and the distribution of plant biomes. Philosophical Transactions of the Royal Society of London B: Biological Sciences, 359: 1465-1476.

Woodwell G M, Whitaker R H, Reiners W A, et al. 1978. Biota and the world carbon budget. Science, 199: 141-146.

Wright I J, Reich P B, Westoby M, et al. 2004. The worldwide leaf economics spectrum. Nature, 428: 821-827.

Wright I J, Reich P B, Westoby M. 2003. Least-cost input mixtures of water and nitrogen for photosynthesis. The American Naturalist, 161: 98-111.

Wu X, Wang X P, Tang Z Y, et al. 2015. The relationship between species richness and biomass changes from boreal to subtropical forests in China. Ecography, 38: 602-613.

Wu Z, Dijkstra P, Koch G W, et al. 2011. Responses of terrestrial ecosystems to temperature and precipitation change: a meta-analysis of experimental manipulation. Global Change Biology, 17: 927-942.

Wynn J G, Bird M I, Vallen L, et al. 2006. Continental-scale measurement of the soil organic carbon pool with climatic, edaphic, and biotic controls. Global Biogeochemical Cycles, 20: GB1007.

Xu M, Ye Q. 2001. Soil-surface CO_2 efflux and its spatial and temporal variations in a young ponderosa pine plantation in northern California. Global Change Biology, 7: 667-677.

Yan Z, Li P, Chen Y, et al. 2016. Nutrient allocation strategies of woody plants: an approach from the scaling of nitrogen and phosphorus between twig stems and leaves. Scientific Reports, 6: 20099.

Yang K, He J, Tang W, et al. 2010. On downward shortwave and longwave radiations over high altitude regions: observation and modeling in the Tibetan Plateau. Agricultural and Forest Meteorology, 150: 38-46.

Yang X, Chi X L, Ji C J, et al. 2016. Variations of leaf N and P concentrations in shrubland biomes across northern China: phylogeny, climate, and soil. Biogeosciences, 13: 4429-4438.

Yang X, Tang Z Y, Ji C J, et al. 2014. Scaling of nitrogen and phosphorus across plant organs in shrubland biomes across Northern China. Scientific Reports, 4: 5448.

Yang Y H, Fang J Y, Ji C J, et al. 2009. Above- and belowground biomass allocation in Tibetan grasslands. Journal of Vegetation Science, 20(1): 177-184.

Yang Y H, Ji C J, Chen L, et al. 2015. Edaphic rather than climatic controls over ^{13}C enrichment between soil and vegetation in alpine grasslands on the Tibetan Plateau. Functional Ecology, 29: 839-848.

Yang Y, Ji C, Ma W, et al. 2012. Significant soil acidification across northern China's grasslands during 1980s-2000s. Global Change Biol., 18: 2292-2300.

Yang Y, Mohammat A, Feng J, et al. 2007. Storage, patterns and environmental controls of soil organic carbon in China. Biogeochemistry, 84: 131-141.

Yang Z J, Midmore D J. 2005. Modelling plant resource allocation and growth partitioning in response to environmental heterogeneity. Ecological Modelling, 181: 59-77.

Yu H, Fan J, Harris W, et al. 2017. Relationships between below-ground biomass and foliar N: P stoichiometry along climatic and altitudinal gradients of the Chinese grassland transect. Plant Ecology, 218: 661-671.

Zhang C H, Li S G, Zhang L M, et al. 2013. Effects of species and low dose nitrogen addition on litter decomposition of three dominant grasses in Hulun Buir Meadow Steppe. Journal of Resources and Ecology, 4: 20-26.

Zhang C, Tian H Q, Liu J Y, et al. 2005. Pools and distributions of soil phosphorus in China. Global Biogeochemical Cycles, 19(1).

Zhang D, Hui D, Luo Y et al. 2008. Rates of litter decomposition in terrestrial ecosystems: global patterns and controlling factors. Journal of Plant Ecology, 1: 85-93.

Zhang L, Cui G S, Shen W, et al. 2016. Cover as a simple predictor of biomass for two shrubs in Tibet. Ecological Indicators, 64: 266-271.

Zhang S B, Zhang J L, Slik J, et al. 2012. Leaf element concentrations of terrestrial plants across China are influenced by taxonomy and the environment. Global Ecology and Biogeography, 21: 809-818.

Zhao N N, Guggenberger G, Shibistova O, et al. 2014. Aspect-vegetation complex effects on biochemical characteristics and decomposability of soil organic carbon on the eastern Qinghai-Tibetan Plateau. Plant and Soil, 384: 289-301.

Zhao N, Yu G R, He N P, et al. 2016. Invariant allometric scaling of nitrogen and phosphorus in leaves, stems, and fine roots of woody plants along an altitudinal gradient. Journal of Plant Research, 129: 647-657.

Zhao X, Zhou D, Fang J Y. 2012. Satellite-based studies on large-scale vegetation changes in China. Journal of Integrative Plant Biology, 54: 713-728.

Zhou X H, Talley M, Luo Y Q. 2009. Biomass, litter, and soil respiration along a precipitation gradient in southern great plains, USA. Ecosystems, 12: 1369-1380.

Zhou X, Brandle J R, Schoeneberger M M, et al. 2007. Developing above-ground woody biomass equations for open-grown, multiple-stemmed tree species: shelterbelt-grown Russian-olive. Ecological Modelling, 202: 311-323.

Zimov S A, Schuur E A G, Chapin F S III. 2006. Permafrost and the global carbon budget. Science, 312: 1612-1613.

附录：本书中出现的植物名录

种中文名	种拉丁名	属中文名	科中文名	科拉丁名
矮高山栎	*Quercus monimotricha* Hand.-Mazz.	栎属	壳斗科	Fagaceae
矮黄栌	*Cotinus nana* W. W. Sm.	黄栌属	漆树科	Anacardiaceae
八角枫	*Alangium chinense* (Lour.) Harms	八角枫属	八角枫科	Alangiaceae
巴东醉鱼草	*Buddleja albiflora* Hemsl.	醉鱼草属	马钱科	Loganiaceae
巴豆藤	*Craspedolobium schochii* Harms	巴豆藤属	豆科	Leguminosae
巴郎柳	*Salix sphaeronymphe* Goerz	柳属	杨柳科	Salicaceae
菝葜	*Smilax china* L.	菝葜属	百合科	Liliaceae
霸王鞭	*Euphorbia royleana* Boiss.	大戟属	大戟科	Euphorbiaceae
白背杜鹃	*Rhododendron leucaspis* Tagg	杜鹃属	杜鹃花科	Ericaceae
白刺	*Nitraria tangutorum* Bobrov	白刺属	蒺藜科	Zygophyllaceae
白刺花	*Sophora davidii* (Franch.) Skeels	槐属	豆科	Leguminosae
白花杜鹃	*Rhododendron mucronatum* (Bl.) G. Don	杜鹃属	杜鹃花科	Ericaceae
白簕	*Acanthopanax trifoliatus* (L.) Merr.	五加属	五加科	Araliaceae
白栎	*Quercus fabrei* Hance	栎属	壳斗科	Fagaceae
白莲蒿	*Artemisia sacrorum* Ledeb.	蒿属	菊科	Compositae
白茅	*Imperata cylindrica* (L.) P. Beauv.	白茅属	禾本科	Gramineae
白木乌桕	*Sapium japonicum* (Sieb. & Zucc.) Pax & K. Hoffm.	乌桕属	大戟科	Euphorbiaceae
白柯	*Lithocarpus dealbatus* (Hook. f. et Thoms. ex DC.) Rehd.	柯属	壳斗科	Fagaceae
白首乌	*Cynanchum bungei* Decne.	鹅绒藤属	萝藦科	Asclepiadaceae
白檀	*Symplocos paniculata* Miq.	山矾属	山矾科	Symplocaceae
白薇	*Cynanchum atratum* Bunge	鹅绒藤属	萝藦科	Asclepiadaceae
白叶莓	*Rubus innominatus* S. Moore	悬钩子属	蔷薇科	Rosaceae
柏木	*Cupressus funebris* Endl.	柏木属	柏科	Cupressaceae
半边月	*Weigela japonica* Thunb. var. *sinica* (Rehd.) Bailey	锦带花属	忍冬科	Caprifoliaceae
薄皮木	*Leptodermis oblonga* Bunge	野丁香属	茜草科	Rubiaceae
薄叶鼠李	*Rhamnus leptophylla* C. K. Schneid.	鼠李属	鼠李科	Rhamnaceae
爆杖花	*Rhododendron spinuliferum* Franch.	杜鹃属	杜鹃花科	Ericaceae

续表

种中文名	种拉丁名	属中文名	科中文名	科拉丁名
杯柄铁线莲	*Clematis trullifera* (Franch.) Finet & Gagnep.	铁线莲属	毛茛科	Ranunculaceae
杯腺柳	*Salix cupularis* Rehder	柳属	杨柳科	Salicaceae
扁担杆	*Grewia biloba* G. Don	扁担杆属	椴树科	Tiliaceae
变色锦鸡儿	*Caragana versicolor* Benth.	锦鸡儿属	豆科	Leguminosae
变叶榕	*Ficus variolosa* Lindl. ex Benth.	榕属	桑科	Moraceae
冰川茶藨子	*Ribes glaciale* Wall.	茶藨子属	虎耳草科	Saxifragaceae
毛刺锦鸡儿	*Caragana tibetica* Kom.	锦鸡儿属	豆科	Leguminosae
糙野青茅	*Deyeuxia scabrescens* (Griseb.) Munro ex Duthie	野青茅属	禾本科	Gramineae
草玉梅	*Anemone rivularis* Buch.-Ham. ex DC.	银莲花属	毛茛科	Ranunculaceae
草原杜鹃	*Rhododendron telmateium* Balf. f. & W. W. Sm.	杜鹃属	杜鹃花科	Ericaceae
叉枝蓼	*Polygonum tortuosum* D. Don	蓼属	蓼科	Polygonaceae
插田泡	*Rubus coreanus* Miq.	悬钩子属	蔷薇科	Rosaceae
茶	*Camellia sinensis* (L.) Kuntze	山茶属	山茶科	Theaceae
檫木	*Sassafras tzumu* (Hemsl.) Hemsl.	檫木属	樟科	Lauraceae
豺皮樟	*Litsea rotundifolia* Hemsl. var. *oblongifolia* (Nees) Allen	木姜子属	樟科	Lauraceae
潺槁木姜子	*Litsea glutinosa* (Lour.) C. B. Rob.	木姜子属	樟科	Lauraceae
常绿荚蒾	*Viburnum sempervirens* K. Koch	荚蒾属	忍冬科	Caprifoliaceae
朝天罐	*Osbeckia opipara* C. Y. Wu & C. Chen	金锦香属	野牡丹科	Melastomataceae
车桑子	*Dodonaea viscosa* (L.) Jacq.	车桑子属	无患子科	Sapindaceae
柽柳	*Tamarix chinensis* Lour.	柽柳属	柽柳科	Tamaricaceae
秤星树	*Ilex asprella* (Hook. & Arn.) Champ. ex Benth.	冬青属	冬青科	Aquifoliaceae
迟花矮柳	*Salix oreinoma* C. K. Schneid.	柳属	杨柳科	Salicaceae
赤楠	*Syzygium buxifolium* Hook. & Arn.	蒲桃属	桃金娘科	Myrtaceae
臭蒿	*Artemisia hedinii* Ostenf. & Pauls.	蒿属	菊科	Compositae
川滇高山栎	*Quercus aquifolioides* Rehd. & E. H. Wils.	栎属	壳斗科	Fagaceae
川滇槲蕨	*Drynaria delavayi* H. Christ	槲蕨属	槲蕨科	Drynariaceae
川滇柳	*Salix rehderiana* C. K. Schneid.	柳属	杨柳科	Salicaceae
川滇野丁香	*Leptodermis pilosa* Diels	野丁香属	茜草科	Rubiaceae
川莓	*Rubus setchuenensis* Bureau & Franch.	悬钩子属	蔷薇科	Rosaceae
川西小黄菊	*Pyrethrum tatsienense* (Bur. & Franch.) Ling ex Shih	匹菊属	菊科	Compositae

续表

种中文名	种拉丁名	属中文名	科中文名	科拉丁名
川榛	*Corylus heterophylla* Fisch. var. *sutchuenensis* Franch.	榛属	桦木科	Betulaceae
垂穗披碱草	*Elymus nutans* Griseb.	披碱草属	禾本科	Gramineae
刺柏	*Juniperus formosana* Hayata	刺柏属	柏科	Cupressaceae
刺茶美登木	*Maytenus variabilis* (Hemsl.) C. Y. Cheng	美登木属	卫矛科	Celastraceae
刺红珠	*Berberis dictyophylla* Franch.	小檗属	小檗科	Berberidaceae
刺槐	*Robinia pseudoacacia* L.	刺槐属	豆科	Leguminosae
楤木	*Aralia chinensis* L.	楤木属	五加科	Araliaceae
打破碗花花	*Anemone hupehensis* Lemoine	银莲花属	毛茛科	Ranunculaceae
大白杜鹃	*Rhododendron decorum* Franch.	杜鹃属	杜鹃花科	Ericaceae
大萼蓝钟花	*Cyananthus macrocalyx* Franch.	蓝钟花属	桔梗科	Campanulaceae
大金刚藤	*Dalbergia dyeriana* Harms	黄檀属	豆科	Leguminosae
大青	*Clerodendrum cyrtophyllum* Turcz.	大青属	马鞭草科	Verbenaceae
大叶碎米荠	*Cardamine macrophylla* Willd.	碎米荠属	十字花科	Cruciferae
单刺仙人掌	*Opuntia monacantha* (Willd.) Haw.	仙人掌属	仙人掌科	Cactaceae
单色杜鹃	*Rhododendron tapetiforme* Balf. f. & Kingdon-Ward	杜鹃属	杜鹃花科	Ericaceae
淡黄杜鹃	*Rhododendron flavoflorum* Ming	杜鹃属	杜鹃花科	Ericaceae
淡黄香青	*Anaphalis flavescens* Hand.-Mazz.	香青属	菊科	Compositae
地盘松	*Pinus yunnanensis* Franch. var. *pygmaea* Hsueh	松属	松科	Pinaceae
地檀香	*Gaultheria forrestii* Diels	白珠树属	杜鹃花科	Ericaceae
地桃花	*Urena lobata* Linn.	梵天花属	锦葵科	Malvaceae
地榆	*Sanguisorba officinalis* L.	地榆属	蔷薇科	Rosaceae
滇白珠	*Gaultheria leucocarpa* Bl. var. *crenulata* (Kurz) T. Z. Hsu	白珠树属	杜鹃花科	Ericaceae
滇藏方枝柏	*Sabina wallichiana* (Hook. f. & Thomson ex Parl.) Kom.	圆柏属	柏科	Cupressaceae
滇榛	*Corylus yunnanensis* (Franch.) A. Camus	榛属	桦木科	Betulaceae
蝶花荚蒾	*Viburnum hanceanum* Maxim.	荚蒾属	忍冬科	Caprifoliaceae
东方草莓	*Fragaria orientalis* Losinsk.	草莓属	蔷薇科	Rosaceae
冬青	*Ilex chinensis* Sims	冬青属	冬青科	Aquifoliaceae
冬青叶鼠刺	*Itea ilicifolia* Oliv.	鼠刺属	虎耳草科	Saxifragaceae
豆腐柴	*Premna microphylla* Turcz.	豆腐柴属	马鞭草科	Verbenaceae
豆梨	*Pyrus calleryana* Decne.	梨属	蔷薇科	Rosaceae

续表

种中文名	种拉丁名	属中文名	科中文名	科拉丁名
杜鹃	*Rhododendron simsii* Planch.	杜鹃属	杜鹃花科	Ericaceae
短柄枹栎	*Quercus serrata* Thunb. var. *brevipetiolata* (A. DC.) Nakai	栎属	壳斗科	Fagaceae
短穗柽柳	*Tamarix laxa* Willd.	柽柳属	柽柳科	Tamaricaceae
短尾越橘	*Vaccinium carlesii* Dunn	越橘属	杜鹃花科	Ericaceae
短柱柃	*Eurya brevistyla* Kobuski	柃木属	山茶科	Theaceae
钝叶木姜子	*Litsea veitchiana* Gamble	木姜子属	樟科	Lauraceae
多花柽柳	*Tamarix hohenackeri* Bunge	柽柳属	柽柳科	Tamaricaceae
多枝柽柳	*Tamarix ramosissima* Ledeb.	柽柳属	柽柳科	Tamaricaceae
峨眉蔷薇	*Rosa omeiensis* Rolfe	蔷薇属	蔷薇科	Rosaceae
鹅耳枥	*Carpinus turczaninowii* Hance	鹅耳枥属	桦木科	Betulaceae
二裂委陵菜	*Potentilla bifurca* L.	委陵菜属	蔷薇科	Rosaceae
二色锦鸡儿	*Caragana bicolor* Kom.	锦鸡儿属	豆科	Leguminosae
饭包草	*Commelina benghalensis* L.	鸭跖草属	鸭跖草科	Commelinaceae
枫香树	*Liquidambar formosana* Hance	枫香树属	金缕梅科	Hamamelidaceae
扶芳藤	*Euonymus fortunei* (Turcz.) Hand.-Mazz.	卫矛属	卫矛科	Celastraceae
钟花樱桃	*Cerasus campanulata* (Maxim.) Yu et Li	樱属	蔷薇科	Rosaceae
复盆子	*Rubus idaeus* L.	悬钩子属	蔷薇科	Rosaceae
甘青老鹳草	*Geranium pylzowianum* Maxim.	老鹳草属	牻牛儿苗科	Geraniaceae
甘肃嵩草	*Kobresia kansuensis* Kük.	嵩草属	莎草科	Cyperaceae
刚毛柽柳	*Tamarix hispida* Willd.	柽柳属	柽柳科	Tamaricaceae
岗柃	*Eurya groffii* Merr.	柃木属	山茶科	Theaceae
岗松	*Baeckea frutescens* L.	岗松属	桃金娘科	Myrtaceae
港柯	*Lithocarpus harlandii* (Hance) Rehd.	柯属	壳斗科	Fagaceae
高山柏	*Sabina squamata* (Buch.-Ham. ex D. Don) Antoine	圆柏属	柏科	Cupressaceae
高山嵩草	*Kobresia pygmaea* C. B. Clarke	嵩草属	莎草科	Cyperaceae
高山绣线菊	*Spiraea alpina* Pall.	绣线菊属	蔷薇科	Rosaceae
高原黄檀	*Dalbergia yunnanensis* Franch. var. *collettii* (Prain) Thoth.	黄檀属	豆科	Leguminosae
格药柃	*Eurya muricata* Dunn var. *muricata*	柃木属	山茶科	Theaceae
狗尾草	*Setaria viridis* (L.) P. Beauv.	狗尾草属	禾本科	Gramineae
构树	*Broussonetia papyrifera* (L.) L'Hér. ex Vent.	构属	桑科	Moraceae
牯岭勾儿茶	*Berchemia kulingensis* C. K. Schneid.	勾儿茶属	鼠李科	Rhamnaceae

续表

种中文名	种拉丁名	属中文名	科中文名	科拉丁名
白花灯笼	*Clerodendrum fortunatum* L.	大青属	马鞭草科	Verbenaceae
鬼箭锦鸡儿	*Caragana jubata* (Pall.) Poir.	锦鸡儿属	豆科	Leguminosae
贵州连蕊茶	*Camellia costei* H. Lév.	山茶属	山茶科	Theaceae
桂野桐	*Mallotus conspurcatus* Croizat	野桐属	大戟科	Euphorbiaceae
海绵杜鹃	*Rhododendron pingianum* Fang	杜鹃属	杜鹃花科	Ericaceae
蒿叶猪毛菜	*Salsola abrotanoides* Bunge	猪毛菜属	藜科	Chenopodiaceae
豪猪刺	*Berberis julianae* C. K. Schneid.	小檗属	小檗科	Berberidaceae
禾叶风毛菊	*Saussurea graminea* Dunn	风毛菊属	菊科	Compositae
合头草	*Sympegma regelii* Bunge	合头草属	藜科	Chenopodiaceae
河朔荛花	*Wikstroemia chamaedaphne* Meisn.	荛花属	瑞香科	Thymelaeaceae
胡桃楸	*Juglans mandshurica* Maxim.	胡桃属	胡桃科	Juglandaceae
褐毛垂头菊	*Cremanthodium brunneopiloesum* S. W. Liu	垂头菊属	菊科	Compositae
红背山麻杆	*Alchornea trewioides* (Benth.) Müll. Arg.	山麻杆属	大戟科	Euphorbiaceae
红淡比	*Cleyera japonica* Thunb.	红淡比属	山茶科	Theaceae
红麸杨	*Rhus punjabensis* Stewart var. *sinica* (Diels) Rehd. et Wils.	盐肤木属	漆树科	Anacardiaceae
红果山胡椒	*Lindera erythrocarpa* Makino	山胡椒属	樟科	Lauraceae
红花岩生忍冬	*Lonicera rupicola* Hook. f. et Thoms. var. *syringantha* (Maxim.) Zabel	忍冬属	忍冬科	Caprifoliaceae
红砂	*Reaumuria soongarica* (Pall.) Maxim.	红砂属	柽柳科	Tamaricaceae
篌竹	*Phyllostachys nidularia* Munro	刚竹属	禾本科	Gramineae
厚皮香	*Ternstroemia gymnanthera* (Wight & Arn.) Bedd.	厚皮香属	山茶科	Theaceae
胡颓子	*Elaeagnus pungens* Thunb.	胡颓子属	胡颓子科	Elaeagnaceae
胡枝子	*Lespedeza bicolor* Turcz.	胡枝子属	豆科	Leguminosae
湖北鹅耳枥	*Carpinus hupeana* Hu	鹅耳枥属	桦木科	Betulaceae
槲栎	*Quercus aliena* Bl.	栎属	壳斗科	Fagaceae
虎榛子	*Ostryopsis davidiana* Decne.	虎榛子属	桦木科	Betulaceae
华北落叶松	*Larix principis-rupprechtii* Mayr	落叶松属	松科	Pinaceae
华山矾	*Symplocos chinensis* (Lour.) Druce	山矾属	山矾科	Symplocaceae
华西小石积	*Osteomeles schwerinae* C. K. Schneid.	小石积属	蔷薇科	Rosaceae
华中枸骨	*Ilex centrochinensis* S. Y. Hu	冬青属	冬青科	Aquifoliaceae
化香树	*Platycarya strobilacea* Sieb. & Zucc.	化香树属	胡桃科	Juglandaceae

续表

种中文名	种拉丁名	属中文名	科中文名	科拉丁名
黄背栎	*Quercus pannosa* Hand.-Mazz.	栎属	壳斗科	Fagaceae
黄丹木姜子	*Litsea elongata* (Nees) Hook. f.	木姜子属	樟科	Lauraceae
黄花补血草	*Limonium aureum* (L.) Hill	补血草属	白花丹科	Plumbaginaceae
黄荆	*Vitex negundo* L.	牡荆属	马鞭草科	Verbenaceae
黄栌	*Cotinus coggygria* Scop.	黄栌属	漆树科	Anacardiaceae
黄毛杜鹃	*Rhododendron rufum* Batal.	杜鹃属	杜鹃花科	Ericaceae
黄茅	*Heteropogon contortus* (L.) P. Beauv. ex Roem. & Schult.	黄茅属	禾本科	Gramineae
黄牛木	*Cratoxylum cochinchinense* (Lour.) Blume	黄牛木属	藤黄科	Guttiferae
黄檀	*Dalbergia hupeana* Hance	黄檀属	豆科	Leguminosae
灰背栎	*Quercus senescens* Hand.-Mazz.	栎属	壳斗科	Fagaceae
灰毛浆果楝	*Cipadessa cinerascens* (Pellegr.) Hand.-Mazz.	浆果楝属	楝科	Meliaceae
火棘	*Pyracantha fortuneana* (Maxim.) H. L. Li	火棘属	蔷薇科	Rosaceae
芨芨草	*Achnatherum splendens* (Trin.) Nevski	芨芨草属	禾本科	Gramineae
鸡矢藤	*Paederia scandens* (Lour.) Merr.	鸡矢藤属	茜草科	Rubiaceae
鸡眼藤	*Morinda parvifolia* Bartl. ex DC.	巴戟天属	茜草科	Rubiaceae
积石柳	*Salix jishiensis* C. F. Fang et J. Q. Wang	柳属	杨柳科	Salicaceae
吉拉柳	*Salix gilashanica* C. Wang & P. Y. Fu	柳属	杨柳科	Salicaceae
寄生藤	*Dendrotrophe frutescens* (Champ. ex Benth.) Danser	寄生藤属	檀香科	Santalaceae
檵木	*Loropetalum chinense* (R. Br.) Oliver	檵木属	金缕梅科	Hamamelidaceae
荚蒾	*Viburnum dilatatum* Thunb.	荚蒾属	忍冬科	Caprifoliaceae
尖连蕊茶	*Camellia cuspidata* (Kochs) Wright ex Gard.	山茶属	山茶科	Theaceae
尖叶黄杨	*Buxus sinica* (Rehd. et Wils.) Cheng subsp. *aemulans* (Rehd. et Wils.) M. Cheng	黄杨属	黄杨科	Buxaceae
尖叶铁仔	*Myrsine africana* L. var. *acuminata* C. Y. Wu & C. Chen	铁仔属	紫金牛科	Myrsinaceae
碱蓬	*Suaeda glauca* (Bunge) Bunge	碱蓬属	藜科	Chenopodiaceae
剑麻	*Agave sisalana* Perr. ex Engelm.	龙舌兰属	石蒜科	Amaryllidaceae
江南越橘	*Vaccinium mandarinorum* Diels	越橘属	杜鹃花科	Ericaceae
金背杜鹃	*Rhododendron clementinae* Forrest subsp. *aureodorsale* Fang	杜鹃属	杜鹃花科	Ericaceae
陇蜀杜鹃	*Rhododendron przewalskii* Maxim.	杜鹃属	杜鹃花科	Ericaceae

续表

种中文名	种拉丁名	属中文名	科中文名	科拉丁名
金佛山荚蒾	*Viburnum chinshanense* Graebn.	荚蒾属	忍冬科	Caprifoliaceae
金合欢	*Acacia farnesiana* (L.) Willd.	金合欢属	豆科	Leguminosae
金花小檗	*Berberis wilsonae* Hemsl.	小檗属	小檗科	Berberidaceae
金露梅	*Potentilla fruticosa* L.	委陵菜属	蔷薇科	Rosaceae
金丝梅	*Hypericum patulum* Thunb. ex Murray	金丝桃属	藤黄科	Guttiferae
金丝桃	*Hypericum monogynum* L.	金丝桃属	藤黄科	Guttiferae
金星蕨	*Parathelypteris glanduligera* (Kze.) Ching	金星蕨属	金星蕨科	Thelypteridaceae
金樱子	*Rosa laevigata* Michx.	蔷薇属	蔷薇科	Rosaceae
荆条	*Vitex negundo* L. var. *heterophylla* (Franch.) Rehd.	牡荆属	马鞭草科	Verbenaceae
矩叶鼠刺	*Itea oblonga* Hand.-Mazz.	鼠刺属	虎耳草科	Saxifragaceae
具鳞水柏枝	*Myricaria squamosa* Desv.	水柏枝属	柽柳科	Tamaricaceae
绢毛蔷薇	*Rosa sericea* Lindl.	蔷薇属	蔷薇科	Rosaceae
绢毛绣线菊	*Spiraea sericea* Turcz.	绣线菊属	蔷薇科	Rosaceae
蕨	*Pteridium aquilinum* (L.) Kuhn var. *latiusculum* (Desv.) Underw. ex Heller	蕨属	蕨科	Pteridiaceae
苦苣菜	*Sonchus oleraceus* L.	苦苣菜属	菊科	Compositae
苦树	*Picrasma quassioides* (D. Don) Benn.	苦树属	苦木科	Simaroubaceae
苦糖果	*Lonicera fragrantissima* Lindl. et Paxt. subsp. *standishii* (Carr.) Hsu et H. J. Wang	忍冬属	忍冬科	Caprifoliaceae
苦槠	*Castanopsis sclerophylla* (Lindl.) Schottky	锥属	壳斗科	Fagaceae
扩展女贞	*Ligustrum expansum* Rehder	女贞属	木犀科	Oleaceae
拉萨小檗	*Berberis hemsleyana* Ahrendt	小檗属	小檗科	Berberidaceae
蜡莲绣球	*Hydrangea strigosa* Rehd.	绣球属	虎耳草科	Saxifragaceae
来江藤	*Brandisia hancei* Hook. f.	来江藤属	玄参科	Scrophulariaceae
梾木	*Swida macrophylla* (Wall.) Sojak	梾木属	山茱萸科	Cornaceae
老鼠矢	*Symplocos stellaris* Brand	山矾属	山矾科	Symplocaceae
了哥王	*Wikstroemia indica* (L.) C. A. Mey.	荛花属	瑞香科	Thymelaeaceae
梨果仙人掌	*Opuntia ficus-indica* (L.) Mill.	仙人掌属	仙人掌科	Cactaceae
李	*Prunus salicina* Lindl.	李属	蔷薇科	Rosaceae
栎叶杜鹃	*Rhododendron phaeochrysum* Balf. f. & W. W. Sm.	杜鹃属	杜鹃花科	Ericaceae
楝	*Melia azedarach* L.	楝属	楝科	Meliaceae
亮鳞杜鹃	*Rhododendron heliolepis* Franch.	杜鹃属	杜鹃花科	Ericaceae

续表

种中文名	种拉丁名	属中文名	科中文名	科拉丁名
亮毛杜鹃	*Rhododendron microphyton* Franch.	杜鹃属	杜鹃花科	Ericaceae
亮叶桦	*Betula luminifera* H. Winkl.	桦木属	桦木科	Betulaceae
量天尺	*Hylocereus undatus* (Haw.) Britton & Rose	量天尺属	仙人掌科	Cactaceae
辽东栎	*Quercus wutaishanica* Mayr	栎属	壳斗科	Fagaceae
裂毛雪山杜鹃	*Rhododendron aganniphum* Balf. f. et K. Ward var. *schizopeplum* (Balf. f. et Forrest) T. L. Ming	杜鹃属	杜鹃花科	Ericaceae
柃木	*Eurya japonica* Thunb.	柃木属	山茶科	Theaceae
流苏树	*Chionanthus retusus* Lindl. & Paxton	流苏树属	木犀科	Oleaceae
瘤果棱子芹	*Pleurospermum wrightianum* H. Boissieu	棱子芹属	伞形科	Umbelliferae
六月雪	*Serissa japonica* (Thunb.) Thunb.	白马骨属	茜草科	Rubiaceae
龙须藤	*Bauhinia championii* (Benth.) Benth.	羊蹄甲属	豆科	Leguminosae
耧斗菜叶绣线菊	*Spiraea aquilegifolia* Pall.	绣线菊属	蔷薇科	Rosaceae
芦苇	*Phragmites australis* (Cav.) Trin. ex Steud.	芦苇属	禾本科	Gramineae
鹿角杜鹃	*Rhododendron latoucheae* Franch.	杜鹃属	杜鹃花科	Ericaceae
栾树	*Koelreuteria paniculata* Laxm.	栾树属	无患子科	Sapindaceae
裸果木	*Gymnocarpos przewalskii* Bunge ex Maxim.	裸果木属	石竹科	Caryophyllaceae
绿叶甘橿	*Lindera fruticosa* Hemsl. var. *fruticosa*	山胡椒属	樟科	Lauraceae
麻栎	*Quercus acutissima* Carruth.	栎属	壳斗科	Fagaceae
马棘	*Indigofera pseudotinctoria* Matsum.	木蓝属	豆科	Leguminosae
马桑	*Coriaria nepalensis* Wall.	马桑属	马桑科	Coriariaceae
马尾松	*Pinus massoniana* Lamb.	松属	松科	Pinaceae
马缨杜鹃	*Rhododendron delavayi* Franch.	杜鹃属	杜鹃花科	Ericaceae
蚂蚱腿子	*Myripnois dioica* Bunge	蚂蚱腿子属	菊科	Compositae
满山红	*Rhododendron mariesii* Hemsl. et Wils.	杜鹃属	杜鹃花科	Ericaceae
满树星	*Ilex aculeolata* Nakai	冬青属	冬青科	Aquifoliaceae
芒	*Miscanthus sinensis* Andersson	芒属	禾本科	Gramineae
芒萁	*Dicranopteris dichotoma* (Thunb.) Bernh.	芒萁属	里白科	Gleicheniaceae
猫儿刺	*Ilex pernyi* Franch.	冬青属	冬青科	Aquifoliaceae
毛冬青	*Ilex pubescens* Hook. & Arn.	冬青属	冬青科	Aquifoliaceae
毛茛铁线莲	*Clematis ranunculoides* Franch.	铁线莲属	毛茛科	Ranunculaceae
毛果算盘子	*Glochidion eriocarpum* Champ. ex Benth.	算盘子属	大戟科	Euphorbiaceae

续表

种中文名	种拉丁名	属中文名	科中文名	科拉丁名
毛脉高山栎	*Quercus rehderiana* Hand.-Mazz.	栎属	壳斗科	Fagaceae
毛葡萄	*Vitis heyneana* Roem. & Schult.	葡萄属	葡萄科	Vitaceae
毛蕊花	*Verbascum thapsus* L.	毛蕊花属	玄参科	Scrophulariaceae
毛桐	*Mallotus barbatus* (Wall.) Müll. Arg.	野桐属	大戟科	Euphorbiaceae
毛叶杜鹃	*Rhododendron radendum* Fang	杜鹃属	杜鹃花科	Ericaceae
毛榛	*Corylus mandshurica* Maxim.	榛属	桦木科	Betulaceae
茅膏菜	*Drosera peltata* Sm. ex Willd.	茅膏菜属	茅膏菜科	Droseraceae
茅栗	*Castanea seguinii* Dode	栗属	壳斗科	Fagaceae
矛叶荩草	*Arthraxon lanceolatus* (Roxb.) Hochst.	荩草属	禾本科	Gramineae
美丽马醉木	*Pieris formosa* (Wall.) D. Don	马醉木属	杜鹃花科	Ericaceae
蒙古韭	*Allium mongolicum* Regel	葱属	百合科	Liliaceae
米碎花	*Eurya chinensis* R. Br.	柃木属	山茶科	Theaceae
密花早熟禾	*Poa pachyantha* Keng ex Shan Chen	早熟禾属	禾本科	Gramineae
密枝杜鹃	*Rhododendron fastigiatum* Franch.	杜鹃属	杜鹃花科	Ericaceae
绵毛杜鹃	*Rhododendron floccigerum* Franch.	杜鹃属	杜鹃花科	Ericaceae
膜果麻黄	*Ephedra przewalskii* Stapf	麻黄属	麻黄科	Ephedraceae
牡荆	*Vitex negundo* L. var. *cannabifolia* (Sieb. et Zucc.) Hand.-Mazz.	牡荆属	马鞭草科	Verbenaceae
木本猪毛菜	*Salsola arbuscula* Pall.	猪毛菜属	藜科	Chenopodiaceae
木荷	*Schima superba* Gardner & Champ.	木荷属	山茶科	Theaceae
木姜子	*Litsea pungens* Hemsl.	木姜子属	樟科	Lauraceae
木犀榄	*Olea europaea* L.	木犀榄属	木犀科	Oleaceae
木帚栒子	*Cotoneaster dielsianus* E. Pritz. ex Diels	栒子属	蔷薇科	Rosaceae
耐寒栒子	*Cotoneaster frigidus* Wall. ex Lindl.	栒子属	蔷薇科	Rosaceae
南天竹	*Nandina domestica* Thunb.	南天竹属	小檗科	Berberidaceae
南烛	*Lyonia ovalifolia* (Wall.) Drude	珍珠花属	杜鹃花科	Ericaceae
楠木	*Phoebe zhennan* S. K. Lee & F. N. Wei	楠属	樟科	Lauraceae
尼泊尔香青	*Anaphalis nepalensis* (Spreng.) Hand.-Mazz.	香青属	菊科	Compositae
柠条锦鸡儿	*Caragana korshinskii* Kom.	锦鸡儿属	豆科	Leguminosae
凝毛杜鹃	*Rhododendron phaeochrysum* Balf. f. et W. W. Smith var. *agglutinatum* (Balf. f. et Forrest) Chamb. ex Cullen et Chamb.	杜鹃属	杜鹃花科	Ericaceae

续表

种中文名	种拉丁名	属中文名	科中文名	科拉丁名
牛毛毡	*Eleocharis yokoscensis* (Franch. & Sav.) Tang & F. T. Wang	荸荠属	莎草科	Cyperaceae
牛奶子	*Elaeagnus umbellata* Thunb.	胡颓子属	胡颓子科	Elaeagnaceae
糯米条	*Abelia chinensis* R. Br.	六道木属	忍冬科	Caprifoliaceae
女贞	*Ligustrum lucidum* Aiton	女贞属	木犀科	Oleaceae
地锦	*Parthenocissus tricuspidata* (S. et Z.) Planch.	地锦属	葡萄科	Vitaceae
泡泡刺	*Nitraria sphaerocarpa* Maxim.	白刺属	蒺藜科	Zygophyllaceae
披针薹草	*Carex lancifolia* C. B. Clarke	薹草属	莎草科	Cyperaceae
偏翅唐松草	*Thalictrum delavayi* Franch.	唐松草属	毛茛科	Ranunculaceae
平枝栒子	*Cotoneaster horizontalis* Decne.	栒子属	蔷薇科	Rosaceae
匍匐栒子	*Cotoneaster adpressus* Bois	栒子属	蔷薇科	Rosaceae
朴树	*Celtis sinensis* Pers.	朴属	榆科	Ulmaceae
千果榄仁	*Terminalia myriocarpa* Van Heurck & Müll. Arg.	诃子属	使君子科	Combretaceae
千里香杜鹃	*Rhododendron thymifolium* Maxim.	杜鹃属	杜鹃花科	Ericaceae
茜草	*Rubia cordifolia* L.	茜草属	茜草科	Rubiaceae
青甘锦鸡儿	*Caragana tangutica* Maxim.	锦鸡儿属	豆科	Leguminosae
青海杜鹃	*Rhododendron qinghaiense* Ching ex W. Y. Wang	杜鹃属	杜鹃花科	Ericaceae
青篱柴	*Tirpitzia sinensis* (Hemsl.) Hallier	青篱柴属	亚麻科	Linaceae
清香木	*Pistacia weinmanniifolia* J. Poiss. ex Franch.	黄连木属	漆树科	Anacardiaceae
秋华柳	*Salix variegata* Franch.	柳属	杨柳科	Salicaceae
球核荚蒾	*Viburnum propinquum* Hemsl.	荚蒾属	忍冬科	Caprifoliaceae
雀梅藤	*Sageretia thea* (Osbeck) M. C. Johnst.	雀梅藤属	鼠李科	Rhamnaceae
髯花杜鹃	*Rhododendron anthopogon* D. Don	杜鹃属	杜鹃花科	Ericaceae
芫花	*Daphne genkwa* Sieb. & Zucc.	瑞香属	瑞香科	Thymelaeaceae
忍冬	*Lonicera japonica* Thunb.	忍冬属	忍冬科	Caprifoliaceae
绒毛杜鹃	*Rhododendron pachytrichum* Franch.	杜鹃属	杜鹃花科	Ericaceae
榕树	*Ficus microcarpa* L. f.	榕属	桑科	Moraceae
软条七蔷薇	*Rosa henryi* Boulenger	蔷薇属	蔷薇科	Rosaceae
锐齿槲栎	*Quercus aliena* Bl. var. *acuteserrata* Maxim. ex Wenz.	栎属	壳斗科	Fagaceae

续表

种中文名	种拉丁名	属中文名	科中文名	科拉丁名
润楠	*Machilus pingii* W. C. Cheng ex Yen C. Yang	润楠属	樟科	Lauraceae
三花莸	*Caryopteris terniflora* Maxim.	莸属	马鞭草科	Verbenaceae
三裂蛇葡萄	*Ampelopsis delavayana* Planch.	蛇葡萄属	葡萄科	Vitaceae
三裂绣线菊	*Spiraea trilobata* L.	绣线菊属	蔷薇科	Rosaceae
三叶木通	*Akebia trifoliata* (Thunb.) Koidz.	木通属	木通科	Lardizabalaceae
桑	*Morus alba* L.	桑属	桑科	Moraceae
缫丝花	*Rosa roxburghii* Tratt.	蔷薇属	蔷薇科	Rosaceae
沙拐枣	*Calligonum mongolicum* Turcz.	沙拐枣属	蓼科	Polygonaceae
沙蒿	*Artemisia desertorum* Spreng.	蒿属	菊科	Compositae
沙棘	*Hippophae rhamnoides* L.	沙棘属	胡颓子科	Elaeagnaceae
沙蓬	*Agriophyllum squarrosum* (L.) Moq.	沙蓬属	藜科	Chenopodiaceae
沙针	*Osyris wightiana* Wall. ex Wight	沙针属	檀香科	Santalaceae
砂生槐	*Sophora moorcroftiana* (Benth.) Baker	槐属	豆科	Leguminosae
山茶	*Camellia japonica* L.	山茶属	山茶科	Theaceae
山矾	*Symplocos sumuntia* Buch.-Ham. ex D. Don	山矾属	山矾科	Symplocaceae
山桂花	*Osmanthus delavayi* Franch.	木犀属	木犀科	Oleaceae
山胡椒	*Lindera glauca* (Siebold & Zucc.) Blume	山胡椒属	樟科	Lauraceae
山槐	*Albizia kalkora* (Roxb.) Prain	合欢属	豆科	Leguminosae
山鸡椒	*Litsea cubeba* (Lour.) Pers.	木姜子属	樟科	Lauraceae
山蜡梅	*Chimonanthus nitens* Oliv.	蜡梅属	蜡梅科	Calycanthaceae
山岭麻黄	*Ephedra gerardiana* Wall. ex C. A. Mey. var. *gerardiana*	麻黄属	麻黄科	Ephedraceae
山生柳	*Salix oritrepha* C. K. Schneid.	柳属	杨柳科	Salicaceae
山杏	*Armeniaca sibirica* (L.) Lam.	杏属	蔷薇科	Rosaceae
山油麻	*Trema cannabina* Lour. var. *dielsiana* (Hand.-Mazz.) C. J. Chen	山黄麻属	榆科	Ulmaceae
山芝麻	*Helicteres angustifolia* L.	山芝麻属	梧桐科	Sterculiaceae
杉木	*Cunninghamia lanceolata* (Lamb.) Hook.	杉木属	杉科	Taxodiaceae
陕西绣线菊	*Spiraea wilsonii* Duthie	绣线菊属	蔷薇科	Rosaceae
石斑木	*Rhaphiolepis indica* (L.) Lindl. ex Ker	石斑木属	蔷薇科	Rosaceae
柯	*Lithocarpus glaber* (Thunb.) Nakai	柯属	壳斗科	Fagaceae
石楠	*Photinia serrulata* Lindl.	石楠属	蔷薇科	Rosaceae
石香薷	*Mosla chinensis* Maxim.	石荠苎属	唇形科	Labiatae

续表

种中文名	种拉丁名	属中文名	科中文名	科拉丁名
石岩枫	*Mallotus repandus* (Rottler) Müll. Arg.	野桐属	大戟科	Euphorbiaceae
疏毛绣线菊	*Spiraea hirsuta* (Hemsl.) C. K. Schneid.	绣线菊属	蔷薇科	Rosaceae
鼠刺	*Itea chinensis* Hook. & Arn.	鼠刺属	虎耳草科	Saxifragaceae
栓皮栎	*Quercus variabilis* Bl.	栎属	壳斗科	Fagaceae
双叉细柄茅	*Ptilagrostis dichotoma* Keng ex Tzvelev	细柄茅属	禾本科	Gramineae
双花堇菜	*Viola biflora* L.	堇菜属	堇菜科	Violaceae
双药芒	*Diandranthus nudipes* (Griseb.) L. Liu	双药芒属	禾本科	Gramineae
水锦树	*Wendlandia uvariifolia* Hance	水锦树属	茜草科	Rubiaceae
水团花	*Adina pilulifera* (Lam.) Franch. ex Drake	水团花属	茜草科	Rubiaceae
水竹	*Phyllostachys heteroclada* Oliver	刚竹属	禾本科	Gramineae
四川冬青	*Ilex szechwanensis* Loes.	冬青属	冬青科	Aquifoliaceae
四川堇菜	*Viola szetschwanensis* W. Beck. & H. de Boiss.	堇菜属	堇菜科	Violaceae
四川山矾	*Symplocos setchuensis* Brand	山矾属	山矾科	Symplocaceae
四川嵩草	*Kobresia setschwanensis* Hand.-Mazz.	嵩草属	莎草科	Cyperaceae
苏木蓝	*Indigofera carlesii* Craib	木蓝属	豆科	Leguminosae
酸藤子	*Embelia laeta* (L.) Mez	酸藤子属	紫金牛科	Myrsinaceae
酸枣	*Ziziphus jujuba* Mill. var. *spinosa* (Bunge) Hu ex H. F. Chow	枣属	鼠李科	Rhamnaceae
算盘子	*Glochidion puberum* (L.) Hutch.	算盘子属	大戟科	Euphorbiaceae
琐琐	*Haloxylon ammodendron* (C. A. Mey.) Bunge	梭梭属	藜科	Chenopodiaceae
探春花	*Jasminum floridum* Bunge	素馨属	木犀科	Oleaceae
川梨	*Pyrus pashia* Buch.-Ham. ex D. Don	梨属	蔷薇科	Rosaceae
桃金娘	*Rhodomyrtus tomentosa* (Ait.) Hassk.	桃金娘属	桃金娘科	Myrtaceae
条叶银莲花	*Anemone trullifolia* Hook. f. et Thoms. var. *linearis* (Bruhl) Hand.-Mazz.	银莲花属	毛茛科	Ranunculaceae
铁线莲	*Clematis florida* Thunb.	铁线莲属	毛茛科	Ranunculaceae
铁仔	*Myrsine africana* L.	铁仔属	紫金牛科	Myrsinaceae
头花杜鹃	*Rhododendron capitatum* Maxim.	杜鹃属	杜鹃花科	Ericaceae
土茯苓	*Smilax glabra* Roxb.	菝葜属	百合科	Liliaceae
土庄绣线菊	*Spiraea pubescens* Turcz.	绣线菊属	蔷薇科	Rosaceae
驼绒藜	*Ceratoides latens* (J. F. Gmel.) Reveal & N. H. Holmgren	驼绒藜属	藜科	Chenopodiaceae
椭圆叶花锚	*Halenia elliptica* D. Don	花锚属	龙胆科	Gentianaceae

续表

种中文名	种拉丁名	属中文名	科中文名	科拉丁名
网脉酸藤子	*Embelia rudis* Hand.-Mazz.	酸藤子属	紫金牛科	Myrsinaceae
尾叶樱桃	*Cerasus dielsiana* (C. K. Schneid.) T. T. Yu & C. L. Li	樱属	蔷薇科	Rosaceae
委陵菜	*Potentilla chinensis* Ser.	委陵菜属	蔷薇科	Rosaceae
萎软紫菀	*Aster flaccidus* Bunge	紫菀属	菊科	Compositae
乌饭叶矮柳	*Salix vaccinioides* Hand.-Mazz.	柳属	杨柳科	Salicaceae
乌桕	*Sapium sebiferum* (L.) Roxb.	乌桕属	大戟科	Euphorbiaceae
乌泡子	*Rubus parkeri* Hance	悬钩子属	蔷薇科	Rosaceae
乌鸦果	*Vaccinium fragile* Franch.	越橘属	杜鹃花科	Ericaceae
乌药	*Lindera aggregata* (Sims) Kosterm.	山胡椒属	樟科	Lauraceae
雾冰藜	*Bassia dasyphylla* (Fisch. & C. A. Mey.) Kuntze	雾冰藜属	藜科	Chenopodiaceae
西藏锦鸡儿	*Caragana spinifera* Kom.	锦鸡儿属	豆科	Leguminosae
西藏珊瑚苣苔	*Corallodiscus lanuginosus* (Wall. ex DC.) B. L. Burtt	珊瑚苣苔属	苦苣苔科	Gesneriaceae
西南菝葜	*Smilax bockii* Warb. ex Diels	菝葜属	百合科	Liliaceae
西南草莓	*Fragaria moupinensis* (Franch.) Cardot	草莓属	蔷薇科	Rosaceae
细枝绣线菊	*Spiraea myrtilloides* Rehder	绣线菊属	蔷薇科	Rosaceae
鲜卑花	*Sibiraea laevigata* (L.) Maxim.	鲜卑花属	蔷薇科	Rosaceae
线叶嵩草	*Kobresia capillifolia* (Decne.) C. B. Clarke	嵩草属	莎草科	Cyperaceae
腺房杜鹃	*Rhododendron adenogynum* Diels	杜鹃属	杜鹃花科	Ericaceae
腺柳	*Salix chaenomeloides* Kimura	柳属	杨柳科	Salicaceae
香柏	*Sabina pingii* (Cheng ex Ferre) Cheng et W. T. Wang var. *wilsonii* (Rehd.) Cheng et L. K. Fu	圆柏属	柏科	Cupressaceae
香椿	*Toona sinensis* (Juss.) M. Roem.	香椿属	楝科	Meliaceae
香合欢	*Albizia odoratissima* (L. f.) Benth.	合欢属	豆科	Leguminosae
香叶树	*Lindera communis* Hemsl.	山胡椒属	樟科	Lauraceae
香叶子	*Lindera fragrans* Oliv.	山胡椒属	樟科	Lauraceae
响叶杨	*Populus adenopoda* Maxim.	杨属	杨柳科	Salicaceae
象鼻藤	*Dalbergia mimosoides* Franch.	黄檀属	豆科	Leguminosae
小鞍叶羊蹄甲	*Bauhinia brachycarpa* Wall. var. *microphylla* (Oliv. ex Craib.) K. et S.S.L	羊蹄甲属	豆科	Leguminosae
楮	*Broussonetia kazinoki* Sieb.	构属	桑科	Moraceae

续表

种中文名	种拉丁名	属中文名	科中文名	科拉丁名
小果白刺	*Nitraria sibirica* Pall.	白刺属	蒺藜科	Zygophyllaceae
小果蔷薇	*Rosa cymosa* Tratt.	蔷薇属	蔷薇科	Rosaceae
小果珍珠花	*Lyonia ovalifolia* (Wall.) Drude var. *elliptica*	珍珠花属	杜鹃花科	Ericaceae
小黄构	*Wikstroemia micrantha* Hemsl.	荛花属	瑞香科	Thymelaeaceae
小木通	*Clematis armandii* Franch.	铁线莲属	毛茛科	Ranunculaceae
小舌紫菀	*Aster albescens* (DC.) Wall. ex Hand.-Mazz.	紫菀属	菊科	Compositae
小叶莸子梢	*Campylotropis wilsonii* Schindl.	莸子梢属	豆科	Leguminosae
小叶金露梅	*Potentilla parvifolia* Fisch. ex Lehm.	委陵菜属	蔷薇科	Rosaceae
小叶锦鸡儿	*Caragana microphylla* Lam.	锦鸡儿属	豆科	Leguminosae
小叶栎	*Quercus chenii* Nakai	栎属	壳斗科	Fagaceae
小叶女贞	*Ligustrum quihoui* Carrière	女贞属	木犀科	Oleaceae
小叶栒子	*Cotoneaster microphyllus* Wall. ex Lindl.	栒子属	蔷薇科	Rosaceae
针叶帚菊	*Pertya phylicoides* J. F. Jeffrey	帚菊属	菊科	Compositae
星状雪兔子	*Saussurea stella* Maxim.	风毛菊属	菊科	Compositae
绣球	*Hydrangea macrophylla* (Thunb.) Ser.	绣球属	虎耳草科	Saxifragaceae
绣球藤	*Clematis montana* Buch.-Ham. ex DC.	铁线莲属	毛茛科	Ranunculaceae
悬钩子蔷薇	*Rosa rubus* Lévl. et Vant.	蔷薇属	蔷薇科	Rosaceae
雪层杜鹃	*Rhododendron nivale* Hook. f.	杜鹃属	杜鹃花科	Ericaceae
崖花子	*Pittosporum truncatum* Pritz.	海桐花属	海桐花科	Pittosporaceae
烟管荚蒾	*Viburnum utile* Hemsl.	荚蒾属	忍冬科	Caprifoliaceae
盐肤木	*Rhus chinensis* Mill.	盐肤木属	漆树科	Anacardiaceae
盐生草	*Halogeton glomeratus* (M. Bieb.) Ledeb.	盐生草属	藜科	Chenopodiaceae
盐爪爪	*Kalidium foliatum* (Pall.) Moq.	盐爪爪属	藜科	Chenopodiaceae
羊茅	*Festuca ovina* L.	羊茅属	禾本科	Gramineae
杨桐	*Adinandra millettii* (Hook. & Arn.) Benth. & Hook. f. ex Hance	杨桐属	山茶科	Theaceae
杨叶木姜子	*Litsea populifolia* (Hemsl.) Gamble	木姜子属	樟科	Lauraceae
钩吻	*Gelsemium elegans* (Gardner & Chapm.) Benth.	钩吻属	马钱科	Loganiaceae
野核桃	*Juglans cathayensis* Dode	胡桃属	胡桃科	Juglandaceae
野花椒	*Zanthoxylum simulans* Hance	花椒属	芸香科	Rutaceae
野茉莉	*Styrax japonicus* Siebold & Zucc.	安息香属	安息香科	Styracaceae
野牡丹	*Melastoma candidum* D. Don	野牡丹属	野牡丹科	Melastomataceae

续表

种中文名	种拉丁名	属中文名	科中文名	科拉丁名
野漆	*Toxicodendron succedaneum* (L.) Kuntze	漆属	漆树科	Anacardiaceae
野蔷薇	*Rosa multiflora* Thunb.	蔷薇属	蔷薇科	Rosaceae
野山楂	*Crataegus cuneata* Siebold & Zucc.	山楂属	蔷薇科	Rosaceae
野柿	*Diospyros kaki* Thunb. var. *silvestris* Makino	柿属	柿科	Ebenaceae
野桐	*Mallotus japonicus* (Thunb.) Muell. Arg. var. *floccosus* S. M. Hwang	野桐属	大戟科	Euphorbiaceae
野鸦椿	*Euscaphis japonica* (Thunb.) Kanitz	野鸦椿属	省沽油科	Staphyleaceae
叶萼山矾	*Symplocos phyllocalyx* C. B. Clarke	山矾属	山矾科	Symplocaceae
腋花杜鹃	*Rhododendron racemosum* Franch.	杜鹃属	杜鹃花科	Ericaceae
一把香	*Wikstroemia dolichantha* Diels	荛花属	瑞香科	Thymelaeaceae
一担柴	*Colona floribunda* (Wall.) Craib.	一担柴属	椴树科	Tiliaceae
宜昌荚蒾	*Viburnum erosum* Thunb.	荚蒾属	忍冬科	Caprifoliaceae
异叶花椒	*Zanthoxylum ovalifolium* Wight	花椒属	芸香科	Rutaceae
异叶梁王茶	*Nothopanax davidii* (Franch.) Harms ex Diels	梁王茶属	五加科	Araliaceae
异叶鼠李	*Rhamnus heterophylla* Oliv.	鼠李属	鼠李科	Rhamnaceae
银柴	*Aporosa dioica* (Roxb.) Müll. Arg.	银柴属	大戟科	Euphorbiaceae
银露梅	*Potentilla glabra* Lodd.	委陵菜属	蔷薇科	Rosaceae
银叶锥	*Castanopsis argyrophylla* King ex Hook. f.	锥属	壳斗科	Fagaceae
蚓果芥	*Torularia humilis* (C. A. Mey.) O. E. Schulz	念珠芥属	十字花科	Cruciferae
硬阿魏	*Ferula bungeana* Kitag.	阿魏属	伞形科	Umbelliferae
硬叶柳	*Salix sclerophylla* Andersson	柳属	杨柳科	Salicaceae
永宁杜鹃	*Rhododendron yungningense* Balf. f. ex Hutch.	杜鹃属	杜鹃花科	Ericaceae
油茶	*Camellia oleifera* Abel	山茶属	山茶科	Theaceae
油松	*Pinus tabuliformis* Carr.	松属	松科	Pinaceae
油桐	*Vernicia fordii* (Hemsl.) Airy-Shaw	油桐属	大戟科	Euphorbiaceae
余甘子	*Phyllanthus emblica* L.	叶下珠属	大戟科	Euphorbiaceae
羽毛针禾	*Stipagrostis pennata* (Trinius) De Winter	针禾属	禾本科	Poaceae
玉兰	*Magnolia denudata* Desr.	木兰属	木兰科	Magnoliaceae
玉叶金花	*Mussaenda pubescens* W. T. Aiton	玉叶金花属	茜草科	Rubiaceae
圆果化香树	*Platycarya longipes* Y. C. Wu	化香树属	胡桃科	Juglandaceae
圆穗蓼	*Polygonum macrophyllum* D. Don	蓼属	蓼科	Polygonaceae

续表

种中文名	种拉丁名	属中文名	科中文名	科拉丁名
圆头蒿	*Artemisia sphaerocephala* Krasch.	蒿属	菊科	Compositae
圆叶鼠李	*Rhamnus globosa* Bunge	鼠李属	鼠李科	Rhamnaceae
圆锥绣球	*Hydrangea paniculata* Sieb.	绣球属	虎耳草科	Saxifragaceae
越橘	*Vaccinium vitis-idaea* L.	越橘属	杜鹃花科	Ericaceae
云贵叶下珠	*Phyllanthus franchetianus* H. Lév.	叶下珠属	大戟科	Euphorbiaceae
云南勾儿茶	*Berchemia yunnanensis* Franch.	勾儿茶属	鼠李科	Rhamnaceae
云南含笑	*Michelia yunnanensis* Franch. ex Finet & Gagnep.	含笑属	木兰科	Magnoliaceae
云南山蚂蝗	*Desmodium yunnanense* Franch.	山蚂蝗属	豆科	Leguminosae
云南松	*Pinus yunnanensis* Franch. var. *yunnanensis*	松属	松科	Pinaceae
云南杨梅	*Myrica nana* A. Chev.	杨梅属	杨梅科	Myricaceae
云南油杉	*Keteleeria evelyniana* Mast.	油杉属	松科	Pinaceae
云杉	*Picea asperata* Mast.	云杉属	松科	Pinaceae
云实	*Caesalpinia decapetala* (Roth) Alston	云实属	豆科	Leguminosae
芸香草	*Cymbopogon distans* (Nees ex Steud.) Will.Watson	香茅属	禾本科	Gramineae
窄叶鲜卑花	*Sibiraea angustata* (Rehder) Hand.-Mazz.	鲜卑花属	蔷薇科	Rosaceae
毡毛栒子	*Cotoneaster pannosus* Franch.	栒子属	蔷薇科	Rosaceae
展枝斑鸠菊	*Vernonia extensa* (Wall.) DC.	斑鸠菊属	菊科	Compositae
樟	*Cinnamomum camphora* (L.) J. Presl	樟属	樟科	Lauraceae
长穗柽柳	*Tamarix elongata* Ledeb.	柽柳属	柽柳科	Tamaricaceae
长穗高山栎	*Quercus longispica* (Hand.-Mazz.) A. Camus	栎属	壳斗科	Fagaceae
长叶冻绿	*Rhamnus crenata* Siebold & Zucc.	鼠李属	鼠李科	Rhamnaceae
浙皖荚蒾	*Viburnum wrightii* Miq.	荚蒾属	忍冬科	Caprifoliaceae
榛	*Corylus heterophylla* Fisch.	榛属	桦木科	Betulaceae
栀子	*Gardenia jasminoides* J. Ellis	栀子属	茜草科	Rubiaceae
直角荚蒾	*Viburnum foetidum* Wall. var. *rectangulatum* (Graebn.) Rehd.	荚蒾属	忍冬科	Caprifoliaceae
中华石楠	*Photinia beauverdiana* C. K. Schneid.	石楠属	蔷薇科	Rosaceae
中华绣线菊	*Spiraea chinensis* Maxim.	绣线菊属	蔷薇科	Rosaceae
中间锦鸡儿	*Caragana intermedia* Kuang & H. C. Fu	锦鸡儿属	豆科	Leguminosae
中平树	*Macaranga denticulata* (Bl.) Müll. Arg.	血桐属	大戟科	Euphorbiaceae
钟花垂头菊	*Cremanthodium campanulatum* (Franch.) Diels	垂头菊属	菊科	Compositae
钟花杜鹃	*Rhododendron campanulatum* D. Don	杜鹃属	杜鹃花科	Ericaceae

续表

种中文名	种拉丁名	属中文名	科中文名	科拉丁名
珠芽蓼	*Polygonum viviparum* L.	蓼属	蓼科	Polygonaceae
硃砂根	*Ardisia crenata* Sims	紫金牛属	紫金牛科	Myrsinaceae
猪毛菜	*Salsola collina* Pall.	猪毛菜属	藜科	Chenopodiaceae
竹叶草	*Oplismenus compositus* (L.) P. Beauv.	求米草属	禾本科	Gramineae
竹叶椒	*Zanthoxylum armatum* DC.	花椒属	芸香科	Rutaceae
苎麻	*Boehmeria nivea* (L.) Gaudich.	苎麻属	荨麻科	Urticaceae
锥连栎	*Quercus franchetii* Skan	栎属	壳斗科	Fagaceae
紫背杜鹃	*Rhododendron forrestii* Balf. f. ex Diels	杜鹃属	杜鹃花科	Ericaceae
紫弹树	*Celtis biondii* Pamp.	朴属	榆科	Ulmaceae
醉鱼草	*Buddleja lindleyana* Fortune	醉鱼草属	马钱科	Loganiaceae
仙人掌	*Opuntia stricta* (Haw.) Haw. var. *dillenii* (Ker-Gawl.) Benson	仙人掌属	仙人掌科	Cactaceae

中国科学院科学出版基金资助出版

"十二五"国家重点图书出版规划项目
草业科学研究生创新教育系列丛书

草业科学概论(下卷)

任继周　主编

科学出版社
北　京

内 容 简 介

本书根据草业科学的3类因子群(生物因子群、非生物因子群、社会因子群)、3个主要界面(植物-地境界面、草地-动物界面、草畜-市场界面)和4个生产层(前植物生产层、植物生产层、动物生产层、后生物生产层)的理论框架,对草业科学的理论体系进行了全面总结和系统梳理,揭示了草业科学发生发展的脉络,展示了草业科学的全貌及当前草业科学研究的现状。同时,本书针对生产实践的需求,对草业中某些重要的具体问题进行了深入分析,并提出了可操作性的技术方法。本书通过具体问题的分析,说明了草业科学的应用前景和未来发展方向。

本书涵盖了从草地资源到草地农业生产全过程的理论和技术,可供从事草业科学和畜牧学等研究领域的科研人员,以及相关领域的技术人员、管理人员和从业者参考使用,也可作为高等院校和科研院所的研究生教材或教学参考书。

图书在版编目(CIP)数据

草业科学概论(上、下卷)/任继周主编. —北京:科学出版社,2014.10
(草业科学研究生创新教育系列丛书)
ISBN 978-7-03-041869-2

Ⅰ.①草… Ⅱ.①任… Ⅲ.①草原学-概论 Ⅳ.①S812

中国版本图书馆CIP数据核字(2014)第210294号

责任编辑:李秀伟 付 聪/责任校对:桂伟利 郭瑞芝
责任印制:赵 博/封面设计:北京铭轩堂广告设计有限公司

科学出版社出版
北京东黄城根北街16号
邮政编码:100717
http://www.sciencep.com
北京厚诚则铭印刷科技有限公司印刷
科学出版社发行 各地新华书店经销
*
2014年10月第 一 版 开本:787×1092 1/16
2025年 1 月第三次印刷 印张:35 3/4
字数:1 360 000

定价(上、下卷):228.00元
(如有印装质量问题,我社负责调换)

《草业科学研究生创新教育系列丛书》

总 编 委 会

《草业科学概论》

编委会名单

自　序

这本书是献给我国关心草业人士的菲薄礼物。因为草业必将迎来自己的春天,成为我国农业的主流。草业科学也将应时而兴。但草业和草业科学的概念,还不大为社会所了解,本书将比较全面地介绍给大家。

草业科学,就是草地农业科学的简称,是探索草地农业系统发生与发展的学科。随着草地农业在我国的兴起,社会需要一本比较全面阐述草业科学的书。对于一个向来以农耕文明自诩的社会,我们对草业还比较生疏。从耕地农业到草地农业的发展趋势来看,我们更加需要对草业科学做一些必要的阐述。

草地农业与耕地农业相对称,是我国历史上两大农业系统之一。其中,耕地农业系统与儒家伦理系统相结合,以城乡二元结构为基础,创造了独特的农耕文明。这个农耕文明在中国居统治地位,长达两千多年而不曾中断,创造了人类文明的历史奇迹。她不但历史长久,而且实力强大。直到18世纪中叶,中国还是稳居世界一流的超级大国。她的GDP约占全球的1/3。当今号称世界超级大国的美国,其GDP也不过占全球GDP的12%。植根于耕地农业的农耕文明无异于人类发展史皇冠上的钻石,光辉绝顶。近代在工商文明的碰撞下,虽然屡遭败绩,窘相毕露,耕地农业仍然以其历史余热支撑着新中国克服重重险阻,完成新中国成立大业,贡献了最初的工业化积累。

但不可忽略,耕地农业落后于时代的隐患,在新中国成立以后已逐步显现。20世纪80年代以前,或可将种种弊端归罪于政策多变,社会动荡。但80年代以后,国家改革开放,欣欣向荣,百业兴旺,GDP每年以两位数增加,各种支农措施从未间断,而且力度大幅度增加,城乡差距反而越来越大,形成举国忧虑的“三农”问题。究其根源,在于耕地农业的结构性缺陷。

20世纪80年代以来,正当我们为动物性食品是否应该大幅度提升争论不休的时候,社会前进的脚步却不曾停留,我国的动物性食物强势攀升。我们现在吃的食物,如折合为统一的“食物当量①”来算,为1份人吃的谷物,2.5份畜吃的饲料。这是浑然不觉之间发生的一次食物革命。这样的食物结构,是以生产粮食为主的耕地农业无法满足的。尽管我们用尽解数,力求高产,大量使用化肥、农药、灌溉,以至引发了水土资源枯竭、水体污染、土壤污染、食物污染,其颓势仍然未得以遏制。我国所强调的农产品自给,已经大为缩水,如小麦和大米的自给。从2008年到2012年,玉米进口量增加了104倍,大豆进口量增加了2.5倍,苜蓿干草进口量增加了22.5倍,猪肉进口量增加了1.4倍,牛羊肉进口量

---

① 食物当量,即将人、畜食物折合为统一的食物营养单位。参见:任继周,侯扶江,改变传统粮食观,施行食物当量,草业学报(岩溶专辑),1999:55-75。

增加了1.8倍,奶品进口量增加了2.8倍①。可以看出,这些大量进口的农产品,都与饲料不足有关,而且进口势头来如潮涌,不可遏制。我国农业全面告急! 这是耕地农业结构与社会食物结构之间发生的严重系统性背离,这就是系统相悖。而这类结构性背离,不是枝枝节节的支农措施所能解决的。

解决之道在于,将耕地农业逐步改变为草地农业。草地农业是一个生态与生产兼顾,粮食与饲料兼顾的农业系统。它产业链长,科技容量大,生产效率高,就业人数多,富民富国,而且抗灾能力强。据初步测算,如果实现了草地农业,不但口粮自给有余,还可以生产足够的饲料,满足食物结构的改变。因此,草地农业是大多数现代化国家采取的,并力求不断完善的现代农业系统。

为了迎接势必到来的草地农业,我们必须及时把草业和草业科学介绍给社会。笔者等怀着一片赤诚,为迎接草地农业春天的到来,编著了这本书。祝我国农业结构改革乘风破浪,顺利前进!

笔者在前言中说将此书作为新中国成立60周年的献礼。但遗憾的是,由于编者自身工作的延误,竟然拖延到今天才出版。有些数据已经显得陈旧了,不过其基本道理还未失效。请读者阅读时斟酌使用,并恳请体谅。我作为主编向读者和出版社表示深深的歉意,同时也感谢兰州大学教材建设基金对本书出版的资助。

任继周

2014年3月21日于南京

---

① 任继周,我国农业结构不改革不行了——粮食九连增后的隐忧,草业学报,2013,22(3):1-5。

前　　言

草业科学是研究草地农业生态系统的科学。草业科学涵盖从草地资源到草地农业生产全过程的理论和技术。概括说来,它含 3 类因子群(生物因子群、非生物因子群、社会因子群)、3 个主要界面(植物-地境界面、草地-动物界面、草畜-市场界面)和 4 个生产层(前植物生产层、植物生产层、动物生产层、后生物生产层)。草业科学是一门新兴学科。它既有丰富而深邃的科学内涵,又涵盖漫长的产业链和广阔的生产领域。

笔者等深感有编著《草业科学概论》的必要。

首先,是满足教学的需要。年轻的草业科学谋求发展,就必须敞开大门,面向多学科招收研究生。广泛吸收多种学科背景的专业人才,壮大草业科学队伍,是当前草业科学的战略目标。对于这些来自不同专业的研究生,如何使他们在较短的时间内,以最便捷的方式,踏进草业科学的大门,挖掘其学科底蕴,激发其科学热情,引领他们奔赴草业科学的创新境界,需要《草业科学概论》的指引。

其次,我国传统的耕地农业历经数千年,对年轻的草业科学还缺乏理解和认同。草业科学在国内经过近百年的发展,由最初的几门专业课程,发展为草原科学,又进而发展为草业科学,最终与世界大农业潮流接轨。这种滚动地渐进式发展,先有局部后有整体,在发展过程中往往产生歧义和误解。因此需要对其科学框架不断整合完善。理清框架,明晰道路,展示全貌,以较为完善的形态把草业科学推向社会,避免误读和误导,这是我们草业科学工作者面临的另一重大任务。

根据上述任务,《草业科学概论》既要提供一个展示学科全貌的静态模式,又要揭示其发生与发展的动态脉络。这是一个挑战。经过多年的科研和教学实践,我们编著了本书。

《草业科学概论》分上、下两卷。上卷为总论,阐述草业科学的基本理论。它给学者以清晰的框架图像,使学者在踏入草业科学的门庭时,了解学科全貌。胸中有全局,才能找到各自的位点,激发从事草业科研的主动性。下卷为各论,依据生产和市场需求,对草业中的某些部门,提出可供检索或操作的基本途径,以启发学者就某些问题深入思考,积极探索。前者需精读,后者则应在概览的基础上,结合各自的学科背景和研究方向、专业需求,有选择地研究阅读,这是比精读更深入一层的阅读。

我们特别荣幸地邀请了金鉴明院士为本书撰写第二篇前植物生产层的第五章自然保护区概论和第六篇自然保护区和放牧地管理的第十八章自然保护区管理。对前植物生产层的关注,是草业科学面对草原生态、人居环境问题的新探索,也是本书的特色之一。

其他各个篇章的执笔人,也都是本专业的国内知名学者。本书所表述的观点您也许不尽赞同,但它客观地展现了当前的科学水平和生产面貌,为学者提供了继续前进的平台。这也是本书的基本目的。

本书各章的作者都已在相应章节的正文后列出,此处不再一一赘述。他们的辛勤劳动和杰出贡献,我们将永志不忘!

本书的出版承蒙兰州大学草地农业科技学院和科学出版社的鼎力支持,特别是科学出版社李秀伟编辑从多方面给予了具体支持和帮助,对此表示衷心感谢。

谨以此书作为新中国成立60周年的献礼。

任继周

2009年10月于兰州

目　　录

上　卷　总　　论

第一篇　绪　　论

第二篇　前植物生产层

第三篇 植物生产层

第四篇　动物生产层

第五篇 后生物生产层

下 卷 各 论

第六篇 自然保护区和放牧地管理

第七篇 草坪建植与管理

第八篇　牧草调制与储藏

第九篇　草类植物种子

第十篇　草地有害生物防治

第六篇　自然保护区和放牧地管理

第十八章　自然保护区管理

第一节　管理体制和部门分管状况

一、管理体制

《中华人民共和国自然保护区条例》第八条规定“国家对自然保护区实行综合管理和分部门管理相结合的管理体制”，即“国务院环境保护行政主管部门负责全国自然保护区的综合管理。国务院林业、农业、地质矿产、水利、海洋等有关行政主管部门在各自的职责范围内，主管有关的自然保护区”。根据上述规定，目前国务院组成部门和直属机构中主管自然保护区的行政部门主要有：①国家林业局，主要负责森林生态系统类型，以陆生野生动物、湿地珍禽为主要保护对象的野生动物类型及森林珍稀野生植物为主要保护对象的野生植物类型自然保护区的建设与管理；②农业部，主要负责草原与草甸生态系统类型，以水生野生动物植物及驯化物种野生亲缘种和遗传资源为主要保护对象的野生动物类型和野生植物类型自然保护区的建设与管理；③国土资源部，主要负责地质遗迹类型和古生物遗迹类型自然保护区的建设与管理；④国家海洋局，主要负责海洋与海岸生态系统类型及部分海洋珍稀生物为主要保护对象的野生动物、植物类型自然保护区的建设与管理。

环境保护部作为全国自然保护区的综合管理部门，主要负责全国自然保护区规划和区划的编制；组织起草和制定自然保护区的有关法规、标准和政策；制定自然保护区的管理指南和评价指标；负责组织对已建自然保护区的监督检查；负责国家级自然保护区的评审和报批等。省级和省级以下地方政府自然保护区的管理分工，根据《中华人民共和国自然保护区条例》第八条的有关规定，由省、自治区、直辖市人民政府根据当地具体情况确定，大致上类似于中央政府对有关部门的分工。

多年来，林业、农业、国土资源、海洋等有关自然保护区行政主管部门先后建立和管理了一大批自然保护区，确实发挥了主力军的作用。同时，环保部门从强化自然保护区监督管理和建立示范的目的出发，也建立和直接管理了一批自然保护区。

除了林业、农业、地质矿产、海洋、水利和环境保护部门外，我国尚有不少其他部门也建立并管理了一批自然保护区，如中国科学院建立并管理的我国第一个自然保护区——鼎湖山自然保护区；东北林业大学建立并管理的黑龙江凉水自然保护区；住建部门、旅游部门建立和管理的一批具有风景名胜资源和重要旅游价值的自然保护区；中药材部门建立并管理的一些以珍贵药用植物为主要保护对象的自然保护区等。这些部门参与自然保护区的建立与管理，对我国自然保护区事业的发展起到了重要的补充和推动作用。

二、部门分管状况

20 世纪 80 年代前,我国已建的自然保护区大多分布在林区,主要由林业部门负责管理。20 世纪 80 年代后,随着国家对自然资源保护的日益重视,环保、农业、国土资源、海洋、住建等部门也加强了自然保护区的建设和管理,但由于各部门开展自然保护区建设的时间不一,自然保护区建设和管理的水平也参差不齐。

至 2011 年底,我国建立并管理自然保护区的部门有林业、环保、农业、国土资源、海洋、水利、住建、旅游、中医药等 10 多个部门,一些科研院所、高等院校、国家直属大型森工企业及部分省的省属农垦、森工企业也建立并管理了一些自然保护区。此外,一些乡村社区也建立了一些自然保护区和自然保护区小区(未列入统计范围)。这种状况一定程度上突破了过去自然保护区由相关资源行政主管部门建立和管理的格局,同时也反映了自然保护区建设逐步得到了全社会的重视。但根据分部门统计结果(表 18-1,图 18-1),林业、农业、国土资源、海洋等自然保护区行政主管部门和环保部门(综合管理部门)管理的自然保护区数量仍占绝对多数。

表 18-1　2011 年底全国自然保护区分部门分级统计

部门	数量/个					面积/hm^2				
	国家级	省级	市级	县级	合计	国家级	省级	市级	县级	合计
环保	47	68	50	88	253	16 536 205	4 076 134	428 736	1 484 656	22 525 731
林业	251	664	271	772	1 958	74 904 463	31 965 083	3 598 079	5 577 235	116 044 860
农业	10	40	16	34	100	1 066 563	573 357	64 812	868 594	2 573 326
海洋	13	23	30	37	103	301 465	2 708 706	69 848	2 022 379	5 102 398
国土资源	11	46	8	6	71	271 865	924 890	116 741	4 604	1 318 100
住建	0	4	4	2	10	0	81 409	9 042	7 801	98 252
水利	2	9	7	21	39	70 990	788 819	279 203	136 930	1 275 942
其他	1	16	35	54	106	1 133	407 490	157 460	206 772	772 855
合计	335	870	421	1 014	2 640	93 152 684	41 525 888	4 723 921	10 308 971	149 711 464

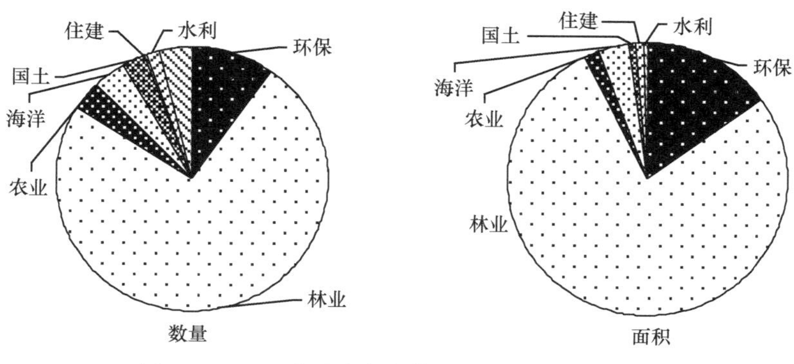

图 18-1　2011 年底各部门管理自然保护区的比例

作为我国自然保护区综合管理部门,从自然保护区试点示范出发,环保部门共建立并管理253个自然保护区(其中国家级自然保护区47个),保护区总面积为22 525 731hm²,分别占全国自然保护区总数和总面积的9.58%和15.05%,均列所有部门的第二位。环保部门归口管理的自然保护区类型齐全,涵盖了我国自然保护区分类系统中的全部9种类型。目前,除北京、山西、福建、江西、广东5个省市外,其余26个省区的环保部门均归口管理着数量不等的自然保护区,其中以内蒙古(51个)、黑龙江(47个)、四川(30个)等数量较多。需要指出的是,环保部门归口管理的253个自然保护区仅是统计数据,部分省区环保部门已将不少自然保护区移交给其他部门管理,实际管理数量低于该数。

林业部门目前归口管理的自然保护区达1958个(其中国家级自然保护区251个),保护区总面积达116 044 860hm²,分别占全国自然保护区总数和总面积的74.17%和77.51%,均列各部门之首。与2010年相比,林业部门归口管理的自然保护区数量增加了40个,面积增加了18.51万hm²。

农业部门归口管理的自然保护区为100个(其中国家级自然保护区10个),保护区总面积为2 573 326hm²,分别占全国自然保护区总数和总面积的3.79%和1.72%。与2010年相比,农业部门归口管理的自然保护区数量增加了6个,面积几乎没有变化。

海洋部门归口管理的自然保护区为103个(其中国家级自然保护区13个),保护区总面积为51 024 398hm²,分别占全国自然保护区总数和总面积的3.90%和3.41%。

国土资源部门归口管理的自然保护区为71个(其中国家级自然保护区11个),保护区总面积为1 318 100hm²,分别占全国自然保护区总数和总面积的2.69%和0.88%。

水利部门归口管理的自然保护区有39个,总面积1 275 942hm²,分别占全国自然保护区总数和总面积的1.48%和0.85%。

住建部门归口管理的自然保护区有10个,总面积98 252万hm²。

除上述部门外,科研院所、高等院校、旅游等归入其他部门管理的自然保护区为106个(其中国家级自然保护区1个),保护区面积772 855hm²,分别占全国自然保护区总数和总面积的4.02%和0.52%,但在一定程度上反映了自然保护区建设已逐步得到社会各界的重视。

第二节　自然保护区法制建设

自1978年实行改革开放政策以来,我国政府在集中精力促进经济和社会发展的同时,将保护环境作为一项基本国策。过去的20多年时间里,国家先后制定和实施了一系列相关的法律和法规,各省区市人民政府根据国家的法律和法规,也相继颁布和实施了一批地方性行政法规。目前,我国已初步形成由宪法、国家法律、国家行政法规、地方行政法规和规章组成的自然资源与自然生态环境保护的立法体系。

一、相关法律

我国的法律是由全国人民代表大会或其常务委员会制定的。在目前已制定的法律中,与自然保护区建设和管理相关的法律有:《中华人民共和国海洋环境保护法》(2013 年)、《中华人民共和国森林法》(1998 年)、《中华人民共和国草原法》(2002 年)、《中华人民共和国矿产资源法》(1996 年)、《中华人民共和国渔业法》(2000 年)、《中华人民共和国环境保护法》(2014 年)、《中华人民共和国野生动物保护法》(2004 年)等。

《中华人民共和国环境保护法》第二十九条　各级人民政府对具有代表性的各种类型的自然生态系统区域,珍稀、濒危的野生动植物自然分布区域,重要的水源涵养区域,具有重大科学文化价值的地质构造、著名溶洞和化石分布区、冰川、火山、温泉等自然遗迹,以及人文遗迹、古树名木,应当采取措施予以保护,严禁破坏。

《中华人民共和国森林法》第二十四条　国务院林业主管部门和省、自治区、直辖市人民政府,应当在不同自然地带的典型森林生态地区、珍贵动物和植物生长繁殖的林区、天然热带雨林区和具有特殊保护价值的其他天然林区,划定自然保护区,加强保护管理。自然保护区的管理办法,有国务院林业主管部门指定,报国务院批准执行。对自然保护区以外的珍贵树木和林区内具有特殊价值的植物资源,应当认真保护;未经省、自治区、直辖市林业主管部门批准,不得采伐和采集。

《中华人民共和国海洋环境保护法》第二十一条　国务院有关部门和沿海省级人民政府应当根据保护海洋生态的需要,选划、建立海洋自然保护区。

《中华人民共和国大气污染防治法》第十六条　在国务院和省、自治区、直辖市人民政府划定的风景名胜区、自然保护区、文物保护单位附近地区和其他需要特别保护的区域内,不得建设污染环境的工业生产设施;建设其他设施,其污染物排放不得超过规定的排放标准。在本法施行前企业事业单位已经建成的设施,其污染物排放超过规定的排放标准的,依照本法第四十八条的规定限期治理。

二、行政法规与部门规章

在国务院或经国务院批准,由国务院有关部门颁布实施的行政法规中,与自然保护区相关的行政法规有:《中华人民共和国自然保护区条例》(1994 年)、《森林和野生动物类型自然保护区管理办法》(1985 年)、《国务院关于严格保护珍贵稀有野生动物的通令》(1983 年)、《中华人民共和国森林法实施细则》(2000 年)、《野生药材资源保护管理条例》(1987 年)、《中华人民共和国陆生野生动物保护实施条例》(1992 年)、《中华人民共和国水生野生动物保护实施条例》(1993 年)、《中华人民共和国野生植物保护条例》(1996 年)、《国家级自然保护区调整管理规定》(2013 年)等。其中,《中华人民共和国自然保护区条例》是我国第一部对所有类型自然保护区均具有法律约束力的行政法规,对我国自然保护区的建设和管理作出了明确的规定。十余年来的实践表明,该条例对促进我国自然保护区事业的发展作出了重大贡献。

由国务院有关部门制定并发布施行的与自然保护相关的部门规章有:《地质遗迹保护管理规定》(1995 年)、《海洋自然保护区管理办法》(1995 年)、《自然保护区土地管理办法》(1995 年)等。

三、地方性法规与规章

我国各省区人大和政府为了切实保护本地区的自然资源和自然生态环境，根据国家相关法律，结合本地区的实际情况，陆续制定并颁布实施了一些地方性法规和规章，如《四川省自然保护区管理条例》、《贵州省自然保护区管理条例》、《浙江省自然保护区管理条例》、《广东省森林管理实施办法》、《内蒙古自治区自然保护区实施办法》、《黑龙江省自然保护区管理办法》等。尤其是1994年，《中华人民共和国自然保护区条例》颁布实施后，进一步促进了地方性自然保护区法规的制定和发布。据不完全统计，目前全国已有大多数省、自治区、直辖市制定了地方性自然保护区管理法规或规章。

第三节　管理机构建设

一、行政主管机构建设

为加强自然保护区建设、管理的组织和领导工作，国务院的一些有关自然保护区行政主管部门已建立了自然保护区专门管理机构，并在中央和地方政府中形成上下有序的管理体系。

环境保护部在自然生态保护司中下设了自然保护区与物种管理处，负责全国自然保护区的综合管理和行使国家级自然保护区评审委员会办公室的职能。各省区环境保护局普遍设立了自然生态保护处，负责本地区自然保护区的综合管理及本部门自然保护区的建设和行政管理。

国家林业局在野生动植物保护司中下设了自然保护区处，各省区的林业厅(局)也都建立或落实了专门的自然保护区行政管理机构，负责林业系统内自然保护区的建设和行政管理。

国家海洋局在海洋环境保护司中下设了自然保护区处，负责海洋自然保护区的建设和行政管理。部分沿海省区的海洋厅(局)也建立或落实了有关的自然保护区行政管理机构。

农业部和国土资源部等部门虽还未建立专门的自然保护区管理机构，但都指定了某些机构负责本部门的自然保护区建设与管理。

二、自然保护区管理机构建设

自然保护区管理机构是自然保护区开展资源保护、科学研究、宣传教育和日常管理的常设机构。随着我国自然保护区建设事业的不断发展，管理机构建设也日益得到重视。据统计，2011年底全国自然保护区已建立管理机构的有1384个，占总数的52.42%。虽然自然保护区管理机构数量较多，但总体状况仍不理想，这说明我国自然保护区“批而不建、建而不管、管而不力”的问题未能得到根本扭转。

自然保护区管理机构与内部职能部门的设置与保护区的级别、面积大小有着一定的关系。国家级自然保护区一般设立管理局(处),下设资源保护、科研、宣传教育、办公室等职能机构和公安派出所,并下设若干管理站。地方级自然保护区的管理机构一般为管理站(处),但下设的职能机构则有所区别,面积较大的省级自然保护区的管理机构下设的职能机构类似于国家级自然保护区;面积一般的地方级自然保护区的管理机构下设的职能机构较少,但也都设有资源保护管理的专门职能部门;面积较小的市、县级自然保护区的管理机构往往不再下设职能部门。

从图 18-2 可以看出,不同级别自然保护区管理机构建设存在比较明显的差异。335 个国家级自然保护区,除了四川长沙贡玛、西藏色林错、雅鲁藏布江中游河谷黑颈鹤、陕西陇县秦岭细鳞鲑 4 个保护区由相关部门代管,尚未建立专门的管理机构之外,其他 331 个均已建立相应的管理机构,已建机构的国家级自然保护区约占国家级自然保护区总数的 98.81%;省级自然保护区中有 604 个建立管理机构,约占省级自然保护区总数的 69.43%;市级自然保护区有 162 个建立管理机构,约占市级自然保护区总数的 38.48%;县级自然保护区中有 287 个建立管理机构,约占县级自然保护区总数的 28.30%。以上数据表明,自然保护区级别越高,管理机构越健全。

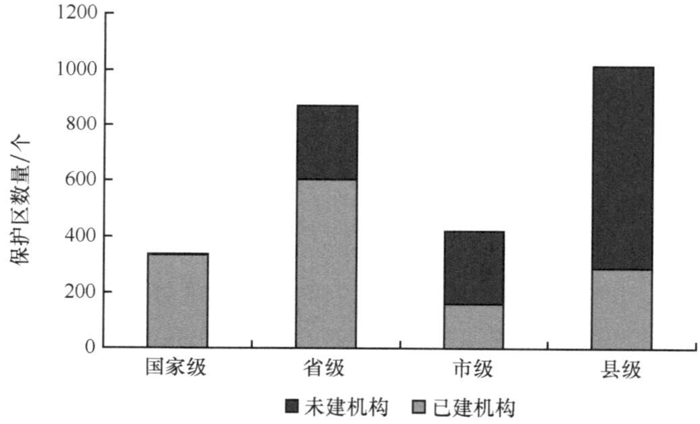

图 18-2 不同级别自然保护区管理机构建设状况

不同部门管理的自然保护区,管理机构建设状况也存在较大差异。其中环保(65%)、林业(53%)、农业(45%)、住建(60%)等部门超过或接近全国平均水平,但国土资源(27%)和海洋(29%)两个部门自然保护区管理机构建设与全国平均水平尚有一定差距。

2011 年底,我国 2640 个自然保护区中,共有 1702 个自然保护区配备了管理人员,约占我国自然保护区总数的 64.47%。据统计(表 18-2),全国共有自然保护区管理人员 39 823 人,平均每个保护区配备的管理人员为 23 人。虽然管理人员总数略有增加,但是与保护区实现有效管理所需的人员仍有较大差距,说明 2011 年新建自然保护区建而未管的现象仍十分严重。

表 18-2　不同级别自然保护区管理人员配备情况

级别	保护区数/个		管理人员		专业技术人员		
	总数/个	有管理人员的保护区	总数/人	平均每个保护区配备人数/人	总数/人	平均每个保护区配备人数/人	占管理人员/%
国家级	335	328	16 785	51	5 052	15	30.10
省级	870	663	14 484	22	4 490	7	31.00
市级	421	254	3 383	13	1 186	5	35.06
县级	1 014	457	5 171	11	1 686	4	32.60
合计	2 640	1 702	39 823	23	12 414	7	31.17

管理人员中,专业技术人员 12 414 人,约占管理人员总数的 31.17%,平均每个自然保护区配备的专业技术人员为 7 人。不同级别的自然保护区,平均每个保护区拥有的管理人员及专业技术人员相差较大。国家级自然保护区平均有管理人员 51 人,其中专业技术人员 15 人;省级保护区平均有管理人员 22 人,其中技术人员 7 人;市级保护区平均有管理人员 13 人,其中技术人员 5 人;县级保护区平均有管理人员 11 人,其中技术人员 4 人。各级别自然保护区管理人员和专业技术人员数量的差异,主要是由于各级别自然保护区平均面积差异所致。

第四节　存在的问题及对策建议

近年来,中国自然保护区的管理工作也已从过去的看护式管理逐步走向科学化的有效管理,在保护自然环境和自然资源的同时,还在很大程度上促进了我国对自然资源的合理开发利用和国民经济的可持续发展,取得了令世界瞩目的成绩。例如,福建武夷山、辽宁蛇岛——老铁山、江苏盐城等自然保护区的管理不仅在国内具有领先水平,而且在国际上也具有一定的知名度。

一、主要存在的问题

纵观近年来自然保护区的建设和管理状况,成绩是显著的,也存在一些急需解决的问题。

(一)法制建设严重滞后

我国涉及自然保护区的法律众多,规定不尽相同,甚至出现相互矛盾,同时许多方面未能适应认识的深入和社会发展的要求,形成无法进行规范管理的法律缺位。1994 年颁布实施的《中华人民共和国自然保护区条例》对我国自然保护区事业的发展发挥了巨大作用,但该条例起草于 20 世纪 80 年代,很多条款已不能适应新形势下自然保护区发展的需求。同时,自然保护区相关标准较少,现行的分类标准与国际不接轨,不便于对外交流。

(二) 经费投入严重不足

由于各级政府投入自然保护区经费不足,严重制约着自然保护区职能的发挥,也是自然保护区保护效率下降的主要原因之一。自然保护区作为社会公益性事业,理应由政府安排自然保护区的建设和管理经费,但至今我国尚未建立自然保护区经费投入主渠道,所需基本建设经费大多由地方政府解决或由其主管部门从部门经费中解决,大多数保护区管理经费虽然列入地方政府的财政预算,但仍远远不能满足管理的需求。由于经费不足,大多数自然保护区缺乏必要的基础设施,管理工作也停留在看护的水平上。近两年来经费投入虽有所好转,但不同级别、不同部门主管的自然保护区差异较大。近来国家加大了对国家级自然保护区的投入,但国家计委批准列项的国家级自然保护区均属于林业部门,其他部门主管的国家级自然保护区的基本建设仍缺乏投资主渠道,另外,地方级自然保护区投资总体上不如国家级。

(三)"批而不建、建而不管、管而不力"现象未得到根本改变

自然保护区管理机构是自然保护区开展资源保护、科学研究、宣传教育和日常管理的常设机构。近两年来,机构建设问题虽得到重视,但全国仍有 58% 的自然保护区未建立管理机构,超过 35% 的自然保护区未配备专门人员管理。与 2002 年底相比,保护区管理机构及人员比例均有所下降,说明我国自然保护区"批而不建、建而不管、管而不力"的问题不仅未能得到根本扭转,反而有下降的趋势,需要引起各级政府和有关部门的高度重视。机构建设是管理工作的关键之一,今后一定时期内,如果不能从根本上予以解决,将很难扭转自然保护区管理工作落后的局面,势必将影响我国自然保护区事业的全面发展。

(四) 资源开发利用与自然保护的矛盾呈上升趋势

保护区大多处在经济发展相对落后地区,人民生活水平基本维持温饱,还有一部分人生活在贫困线以下,农民对于发展的渴望已积聚很久,总是最先把眼光盯在自然保护区内有限的资源上,靠山吃山,靠水吃水。社区经济发展的需求对于资源的依赖十分明显,也给自然资源和生态环境的保护带来了巨大的压力。与此同时,保护区由于经费不足,需要依赖开发区内资源创收,也是造成保护区与社区矛盾紧张的原因之一。许多保护区擅自草率地进行资源开发利用,如新疆哈纳斯自然保护区等开放核心区旅游,四川贡嘎山自然保护区在核心区内进行水电开发等。

另外,随着国民经济的快速发展,自然资源的需求量与日俱增,保护与开发矛盾日益尖锐。一些地方未经过严格的科学论证即在保护区周边进行盲目开发,超越了自然保护区的承受能力,建设的道路、水库、水坝、水电站和房屋等,对生态环境产生严重的破坏,影响保护区的完整性,引发地方政府与自然保护区的矛盾日益尖锐。此外,由于地方政府和国家重大工程项目的需要,如修建公路、铁路、大坝、工业园区等,保护区往往不得不让位于资源开发,如四川长江合江——雷波段珍稀鱼类自然保护区由于水电工程、西双版纳自然保护区因高速公路建设被迫调整功能区等。

（五）已建自然保护区功能区结构欠合理

从近几年申报国家级自然保护区的资料来看，目前绝大多数保护区的核心区仅占保护区总面积的10%～20%，而实验区则占50%左右。实际管理工作中，实验区往往得不到应有的保护。因此，虽然我国自然保护区占国土面积的比例已达15%，但处于严格保护下的区域（核心区和缓冲区）占国土面积的比例可能还不到7%。

（六）自然保护区土地权属未能得到有效解决

土地权属是一直困扰我国自然保护区建设与管理的重大问题。1998年国土资源部印发了《关于认真做好国家级自然保护区划界立标和土地确权等工作的通知》（国土资发[1998]108号），要求有关省、直辖市土地管理部门要积极配合做好国家级自然保护区划定、保护、建设工作，利用现有土地调查成果和资料，与有关部门一道，做好自然保护区划界和保护区内部土地权属确认和登记发证工作，极大地促进了自然保护区土地确权工作。但是，部分自然保护区侵占或改变自然保护区土地现状的情况日趋严重；部分自然保护区内部人口增加，居民点扩大，过度砍伐林木、盲目开垦土地现象严重，一些自然保护区名存实亡。

二、我国自然保护区发展的相关对策

（一）尽早制定《中华人民共和国自然保护区法》，建立健全自然保护区法律体系

现行的《中华人民共和国自然保护区条例》已不能适应我国自然保护区发展的需要，应尽快组织力量，起草《中华人民共和国自然保护区法》，加快自然保护区立法进程，重视实施该法所必需的配套法律、法规、规章的制定，还应加强“一区一法”的建设，全面推动自然保护区的规范化管理，真正做到自然保护区有法可依。

从管理政策改革入手，完善保护区的法律和法规体系，理顺管理机制，强化保护区的综合管理；要协调社区发展，探索公平的惠益分配机制，建立更加完善的生态补偿改革机制。

（二）建立自然保护区投资主渠道，增加对自然保护区的投入

自然保护区建设是一项社会公益性事业，同时也是一项重要的政府行为。政府财政拨款是保护区建设与管理的主要经济来源。各级政府和有关部门应把自然保护区建设纳入国民经济和社会发展计划，承担应有的国家责任，逐步加大资金投入。政府应重视并加大财政支持，建立自然保护区的信托基金，开展生态旅游，加大社会各界的关注和参与，征收生态补偿费。

（三）健全现行的保护区管理体制

建立更加有权威的专门机构，负责统一领导和协调。制定政策、法律、管理指南，负责

开展教育培训、交流、监督检查。掌握必要的人力财力,更多地关注具有国际意义的保护区、国家级和严格自然保护区的领导。国家财政预算应该有专门管理保护区的款项,由统一协调部门负责合理分配使用。在统一规划的基础上,发挥各主管部门、地方政府,特别是非政府组织、公私企业、企业家、社会团体和社会各界人士的作用,积极争取他们参与符合自然保护区性质和要求的有关类型和级别保护区的管理,可通过委托、承包、合股、租赁和出让等不同方式实施有效的管理。

(四)加强自然保护区的管理,做到建设与管理并重

加强管理机构建设,可划定一个明确时间段解决机构建设问题,逾期未建机构的保护区取消其资格;建立自然保护区培训或研究中心,加强自然保护区管理人员的培训,重点抓好自然保护区行政负责人的上岗培训;在全国范围内,建立一批高质量的有效管理示范保护区;健全环保部门管理职能机构,提高综合管理能力;设立"自然保护区管理年",通过开展广泛的监督检查、考核等措施促进管理工作。加强自然保护的科学研究,制定一系列与自然保护区建设、管理相关的标准和指南。

拓展自然保护区的管理理念和范围,不断推进可持续发展战略。要建立既符合中国实际又与国际接轨的保护区分类管理体系;要坚持现代生态系统管理的理念和方法,加快推动生态功能保护区建设,加强陆地、水域、海洋保护区等的建设和管理,实现更大范围的生态保护和可持续发展。

(五)积极开展自然保护区、社区共管的研究和成果推广,缓解资源保护与开发利用的矛盾

我国自然保护区基本实行封闭式管理,管理人员与当地社区有时候甚至是对立的两方,在公众参与方面需要加强。通过与社区建立管理委员会,签订管理协议,建立社区互助基金,重视当地社区的利益,尽量做到惠益共享,积极推进公众参与,实施保护区社区参与共管的模式,协调自然保护与社区经济发展的关系。开展有针对性的研究和技术开发,缓解资源保护与开发利用的矛盾,争取自然生态保护更广泛的社会支持。

(六)加强自然保护区示范管理建设,推动我国自然保护区建设向高标准发展

一方面,自然保护区建设与管理是一项复杂的系统工程,需要大量的资金投入;另一方面,自然保护区管理水平的提高并不仅仅取决于经费投入的高低,很大程度上还依赖于政府决策、管理技术、管理人员素质等众多因素。因此,一、非常有必要通过建立一批有效管理的示范自然保护区以推动整个自然保护区管理水平的提高;二、通过对示范自然保护区的建立,为政府制定自然保护区管理政策提供决策依据;三、在全国范围内建立一批具有世界管理水平的自然保护区,进一步加强与国外自然保护区的交流和合作。

(七)进一步开拓自然保护区的投资渠道

通过与国家主管部门协调,争取早日解决环保、农业、国土资源、海洋等部门主管的国

家级自然保护区基本建设投资来源问题。各级政府和有关部门应把自然保护区建设纳入国民经济和社会发展计划，逐步加大资金投入。我国应积极争取有关国际公约、国际组织及双边国际援助等渠道的支持，如全球环境基金（GEF）、联合国环境规划署（UNEP）、联合国开发计划署（UNDP）、世界银行、世界自然保护联盟（IUCN）等。大力开展环境教育，加大宣传力度，争取社会投资，促进自然保护区及当地社区经济的发展。

（金鉴明　蒋明康　王　智）

第十九章 放牧家畜的牧食行为

在放牧管理中,一个重要的问题是怎样获得高效持续的放牧利用而又不至于使草地植被发生不期望的变化(Heady,1964)。因此,了解放牧家畜的食性变化及其影响因素是放牧研究的重要内容之一,我们可以根据放牧家畜的食性达到调控草地的目的,同时还可以判断草地的利用状况等。放牧家畜一年四季日粮植物学成分及其变化是进行合理放牧管理的基本信息,在资源管理上已日益成为一种相当重要的工具(McInnis et al.,1983),它可以提供有关放牧家畜营养摄入量的估测及不同放牧家畜潜在的资源竞争状况。另外,放牧家畜食性及其变化的研究,还有利于解释放牧对草原植被变化的影响,一般地认为,高强度的放牧可使放牧家畜喜食的植物或很少耐牧的植物消失,而很少被采食或有更大抗性的植物则生存下来,并替代了消失的植物;如果给予足够长的时间,这种过程将导致草原植被由较低适口性的植物所组成;进一步导致牧草供应量很低,以致放牧家畜被迫采食以前厌食的植物(汪诗平,2000,2001;Ellison,1960)。放牧家畜采食行为的研究已经成为当前放牧生态学乃至草地生态学中最活跃的领域。目前对家畜行为的研究包括:采食行为、防御行为、繁殖行为、社会行为、行为机制与预测等,其中最重要的是家畜采食行为。家畜采食行为不仅以个体与社群方式体现,也密切联系于家畜的心理与生理基础,其研究意义在于:第一,它是行为生态学的主要实验与理论问题,动物、植物界面上的采食是草地放牧系统的核心特征,作为动物与植物生产的一个关键因素,采食影响草地植被结构,采食决定草地资源转化效率,并且通过采食可以达到动物与植物之间的协同进化;第二,它是实际草地放牧管理中有价值的问题,采食行为研究可以为制定放牧策略与草地管理提供坚实的理论基础(王德利和程志茹,2002)。

第一节 牧草选择性采食的指标

放牧家畜的食性研究是放牧生态研究中动-植物关系研究的重要内容之一,主要从牧草的适口性和家畜的选择性两个角度加以考虑(Heady,1964)。

一、牧草的适口性

许多人对牧草的适口性从不同的角度加以定义过。英国著名的草地学家 Stapledon(1947)所下的拟人化的定义,即"那种有足够大的吸引力使家畜连续几天甚至几周都采食该种牧草;当选择性采食区域较大时,有种独特的味道或气味能吸引家畜采食某一类特定的牧草"。而 Marten(1978)提出了相对牧草适口性的定义,即:在植物、家畜和环境所适应的两种或多种牧草中,能刺激家畜选择性采食反应的一种或多种植物特征;这种也可描述为可获取性、喜食性、选择性和吸引力。也有人将其定义为刺激放牧家畜有选择性反应的牧草的特征或状况(Heady,1964),可用牧草的形态解剖学特征、物候期、化学成分

（蛋白质、粗纤维、木质素、单宁等的含量）等指标进行分析或综合评估，如 Westoby（1974）用下述公式进行牧草品质的综合评价：$N_i = \sum a_{ij}x_j$ ，其中，x_j 是日粮中第 j 种牧草的比例；a_{ij}是第 j 种牧草第 j 种营养成分；N_i则为所食日粮的平均营养水平。

二、家畜的喜食性

它可以定义为放牧家畜选择性采食和必要的采食行为。相对喜食性（relative preference）表明两种或更多种食物中每种食物的不同选择比例。日粮的选择性（dietary selectivity）可以用相对喜食指数（relative preference index）来计算（van Dyne and Heady，1965）或用选择性指数（index of selectivity）表示，即 $SI=D/P$，其中，SI 为选择指数；D 为日粮中某种牧草的百分比，%；P 为天然草地上同一种牧草的百分比，%。

然而，因为选择性指数并没有给出日粮中每种牧草所采食的总量，有可能在天然草地中有较高比例的牧草而在日粮中的比例却很低，反之亦然。为了表达这方面的信息，有人用采食指数（index of ingestibility）来表示放牧家畜的选择性采食（Fedele et al. ，1993），即 $II=SI\times D$，其中，II 为采食指数；SI 为选择性指数；D 为采食日粮中某牧草的百分比，%。

也有许多研究者将牧草的适口性和家畜的选择性视为同义词（Ivins，1952）。

三、植物对日粮的贡献度

Gemin 和 Pijoan（1993）用牧草对日粮的贡献度来表示放牧家畜的选择性采食，其公式为：$SCD_i = (\sum_j N_{ij}T_j/B_j \times 10) / (\sum_i \sum_{ij} N_{ij} \times T_j/B_j \times 10)$，其中，$SCD_i$为第 i 种牧草对日粮的贡献度；N_{ij}为第 j 种植被类型中所观察到的第 i 种牧草的采食口数；Ti 为在第 j 种植被类型上的采食时间，min；B_j为第 j 种植被类型 10min 内所观察到的次数，次；10 为每种类型观察 10min。

四、植物的可获得性

它是描述一种牧草被家畜所能获取的程度。Owen-Smith 和 Cooper（1987）建议，利用某一限制地点的可接受指数（site-based acceptance index，SA）来估测植物的可获得性。它可通过类似于计算选择性指数的方法估算，即在 10min 的观察时间，某一牧草被采食的次数占这段时间内家畜所采食区域内该牧草出现频率的比例。

许多研究者都认为喜食性或可获得性指数都能证明特定的环境条件下，放牧家畜日粮的选择性和不同牧草的重要性序列（Loehle and Rittenhouse，1982；Owen-smith and Cooper，1987）。尽管有人认为这些指数的应用应谨慎些（Nudds，1980），但一般认为，这些指数对于不同的草地管理决策仍是有用的工具，如用于证明草地的载畜量（Nelson，1978），研究动-植物的相互关系（Duncan，1983）和构建草原利用模型等（Rice et al. ，1984；Ellis et al. ，1976）。

第二节　放牧家畜生理特征的影响

许多研究证明放牧家畜具有“优化采食”的能力,即付出最小的能量获得最大的能量和营养的能力。然而,放牧家畜本身并不知道什么是能量和营养物质,因此我们就必须了解影响它们的采食行为,即家畜本身及环境因素是怎样影响其“优化采食”的过程的。当一个家畜决定去采食时,往往通过遗传特征和后天学习的技能去综合实现。影响食草家畜选择性采食的因素很多,Arnold 和 Dudzinski(1963)、Heady(1964)和 Marten(1978)等曾进行了较为详细的评述,一般都认为是动-植物各种特征相互作用的结果。影响家畜选择性采食的因素可以简单的概括成图 19-1。

放牧家畜
↓
生理等条件反射（注意力、饥饿感等）
↓
视觉、嗅觉、触觉和味觉
↓
牧草：种类组成、它们各自的理化特性和相对可利用性
↓
被植物环境所调节：土壤类型、土壤肥力、植物群落特征
↓
被物理环境所调节：地形（如坡度、地貌）、植物地点、植物离水源的距离、离道路和遮荫点的距离
↓
被家畜因素所调节：家畜种类、个体性能、生理状况（牧草需要量）、放牧行为、社会行为
↓
被以前的放牧经历所调节
↓
日粮组成

图 19-1　影响家畜选择性采食的因素

一、感官特征

Heady(1964)列举了家畜的触觉、嗅觉、视觉和味觉对选择性采食的影响。Arnold(1966,1978)报道,绵羊就是靠触觉采食苜蓿的叶子的,当它们的嘴部触觉区被外科手术阻挡时,它们所采食的不同牧草的适口性变化很大。许多人认为颜色对绵羊选择性采食没有影响,因为它们是色盲(Garner,1963),然而,视觉也有助于家畜选择性采食。Arnold(1966)证明绵羊的视觉主要是在空间位置的确定上帮助家畜选择采食的,而植物种类的选择是由其他感觉等决定的。嗅觉加强了味觉,因为嗅觉是远距离味觉的具体体现(Bell,1959)。当绵羊的嗅觉和味觉被外科手术阻碍时,牧草的相对适口性就会发生明显地变化(Arnold,1966)。有人发现,粪便的气味使得牛羊不愿采食粪斑上的植物(Marten,1978;Marten and Donker,1966)。

二、形态解剖学特征

目前,有许多研究者进行了不同食草动物食性的研究,且从不同角度加以解释,如适牧理论的提出(Pyke et al. ,1977;Schoener,1971)。为了将这一理论应用于放牧家畜的选择性采食,人们提出最适牧食假设,即大多数食草动物都能够按牧草的净能值(所食牧草的能量与所消耗的能量之差)进行排列。更有甚者,家畜还能根据物候期和生境的变化来调整牧草采食序列(Church,1975);Westoby(1974)强调这种假设存在许多难点,不能满意的解释大量的食性研究资料,即使可以给出解释,所涉及的参数也太多。然而,尽管我们还不能定量预测"最优日粮",但反刍动物营养学家和现今的生态学家已经形成了许多知识和理论框架来理解不同放牧家畜对食物选择和食物资源的区别。

牧草选择性的生理制约因素主要有:①身体大小;②消化系统类型(盲肠或瘤胃消化型);③瘤胃-网胃体积与体重之比;④嘴大小。总体上,体重和消化系统可以证明放牧家畜为了确保其食物所面临的时间-能量的约束。瘤胃-网胃体积可以证明反刍动物最有效的食物类型或特征。嘴大小可以证明放牧家畜选择性程度的可能机制和在选择性采食植物或植物部分的时间和能量代价。

1. 身体大小

哺乳动物的食物需要均随着体重的增大、维持和生产需要的增多而增多(Moen,1973)。然而,它不是线性增加的(Cordon et al. ,1978)。Kleiber(1961)估计,食草动物的基础代谢率为 70kg $W^{0.75}$,于是,尽管体重大的动物营养的绝对需要量比较轻的动物多,但它们的相对需要(单位体重的需要)却较低。在食物选择过程中,体重大的家畜没有太多的时间进行食物选择;其较低的相对需要又使它们用较低品质的牧草就能满足营养需要(Demment and van Soest,1985)。因而,当牧草的数量受到限制时,小体重的家畜占优势;当牧草的品质受到限制时,大体重的家畜占优势(Bell,1971)。可以用时间-能量对放牧家畜的限制程度来证明牧草是数量还是质量的制约,较小的家畜有较多的时间采食,因而有较大的食物选择性,但花更多时间采食的收益必须超过支出。放牧家畜的能量支出是采食时间的直接函数(Osuji,1974)。

2. 消化系统类型

偶蹄食草动物大都为瘤胃消化型,而奇蹄的所有食草动物均为盲肠消化型,但真正的发酵类型是类似的(Janis,1976)。瘤胃消化系统的家畜纤维素消化率和 N 的利用效率较高,但由于牧草在进入后消化道以前,必须要通过反刍和瘤胃消化成较小的食糜颗粒,故纤维化较高的牧草就限制了牧草通过消化道的速率,也就限制了牧草的进食速度(Janis,1976; Robbins et al. ,1974;Nolan and Leng,1972;Hungate,1966;Houpt,1959);相反,盲肠消化系统就不受这种因素的限制,可以允许较多的牧草通过其消化系统,但消化率和物质利用效率较低(Janis,1976)。因而瘤胃消化型食草动物,由于利用效率较高,其对营养物质的绝对需要量就较低,当牧草的量受到限制时,这类家畜占优势;相反,当牧草的品质受到限制时,盲肠消化型的家畜占优势(Janis,1976;Bell,1971)。

3. 瘤胃-网胃体积

植物中的纤维素是反刍动物的主要能量来源,为了消化纤维素,必须要在瘤胃中有足够的消化时间。相对小的瘤胃在相对短的时间内就被所采食的牧草充满,则自由采食量被大大限制,因而对采食高纤维的牧草不利(Purser and Moir,1966)。

反刍家畜瘤胃-盲肠的体积与体重的比率可以证明其最有效消化利用的牧草类型。比率大的家畜可以适应纤维素含量较高的牧草,典型的日粮由各类禾草所组成;相反,比率小的家畜则适应高细胞内容物或高木质素的牧草,典型的日粮组成为嫩禾草、杂类草和其他嫩草(Hofmann and Stewart,1972)。有人认为,典型的比率在0.10~0.25(Hanley and Hanley,1982),鹿的为0.10,绵羊和牛均为0.25。不同的瘤胃体积和食物周转率对不同家畜的食物分配有重要影响(Milchunas et al.,1978;Hungate,1966)。

4. 嘴大小

在时间-能量限制范围内,放牧家畜的选择性很大程度上可以由嘴的大小来证明。嘴小的家畜更有能力选择采食植物的不同部位(Jarman,1974)。嘴的大小与体重大小呈高度相关。当将牛羊放牧于同一草地上时,绵羊往往能采食更高品质的牧草(Cook et al.,1963)。

5. 各参数间的关系

就时间-能量的限制而言,体重大小与盲肠消化系统有类似的效应。许多研究者认为,在瘤胃周转时间、发酵速率、随体重减轻而增加的相对代谢需要等因素之间的关系表明,小反刍动物可以通过它们的小瘤胃体积、较多的食物周转时间、较高的发酵速率和选择性采食来满足它们相对高的代谢需要(Nagy et al.,1969;Hungate,1966)。但也有一些例外,如绵羊属小反刍动物(50kg左右),但它有一较大的瘤网胃体积比(两者比率为0.25),有相对长的瘤胃周转时间(Maloiy et al.,1987),采食的日粮中有很大比例的禾草(Olsen and Hansen,1977;Stuth and Winward,1977)。绵羊非常适于生存在劣质的草地上,较小的身体和瘤胃消化系统使得它将时间-能量的限制降低到最低水平,并能提供相对多的时间进行选择性采食(Arnold,1962)。

第三节　植物和群落特征的影响

影响放牧家畜选择采食的植物特征因素很多(Black,1990),大致包括:①植物种类;②化学组成;③物理或形态特征;④物候期或成熟度;⑤相对可利用性;⑥植物的气味和味道;⑦接近的难易程度等。

研究表明,牛和绵羊都愿意采食植物的叶子而不择食茎秆(Arnold,1962;Cook and Harris,1950a),喜食绿色或幼嫩的组织而不择食干的或老的组织(Reppert,1960),喜食含N量高(Weir and Tore,1959)和含P量高(Cook et al.,1956)的植物,喜食高能量低纤维的植物(O'Reagain,1993;Weir and Tore,1959;Hardison et al.,1954)。植物生长的生境(如地形、具体地点等)也影响选择性采食,因为它影响了放牧家畜接近的难易程度或可获得性(Senft et al.,1985;Mueggler,1965;Elder,1959)。许多研究表明,牧草的化学成分与它们的适口性存在密切的关系，蛋白质含量与牛羊的选择性采食存在高度正相关，而与木质素和粗纤维含量呈负相关（Cook，1959）；但也有人认为化学成分与食物选择性相关不大。尽管许多人都认为所有化学成分中以蛋白质含量高低与食物选择性的相关最好，但也有人认为牧草的总营养价值才是牧草适口性较好的指标（Cook et al.，1956；Cook，1959）。一般来讲，牧草的叶子、果实和种子中含有较丰富的蛋白质、粗脂肪和可溶性碳水化合物（Cook and Harris，1950a），所以，放牧家畜宁愿选食牧草的这些部分而不愿采食茎秆。影响牧草营养价值的主要因素是物候期，随着牧草的成熟，粗蛋白含量下降，而粗纤维和木质素含量上升，这些变化实际上是由于牧草本身的叶茎及果实之间的比例发生变化之故（O'Reagain，1993；Cook and Harris，1950b）；还与牧草的形态特征，如牧草表面是否有芒、刺、硬毛或绒毛及质地等有关。许多研究者还认为牧草的气味与食物选择性有关（Nagy et al.，1969）。

在早期的研究中，研究者试图将选择性采食解释为植物营养含量的化学特性不同所致，然而许多人用这种方法试图预测放牧家畜的选择性采食时，却遇到了一些问题（Owen-Smith Novellie，1982；Belovsky，1978；Westoby，1974）。有人发现植物的次生化合物对放牧家畜的选择性采食也有重要影响（Cooper and Owen-Smith，1985；Bryant and Kuropat，1980），但禾草中这些化合物含量很少，对选择性采食影响不大（Coughenour，1985；Stebbins，1981）。

除了牧草的季节性变化和营养限制外，草原植被的异质性也导致放牧家畜表现出强烈的选择性采食（汪诗平，2000，2001；汪诗平等，1998；Boo et al.，1993；Owens et al.，1991；Senft et al.，1987；Holechek and Vavra，1982）。在放牧家畜的食性研究方面，许多研究者发现不同牧草的选择性与草地群落结构有关，如同一种牧草在不同草地类型和不同土壤类型上，其选择性采食是不一样的（Hurd and Pond，1958），如与其他类型的草原相比，在北美矮灌丛草原上，针茅（*Stipa columbiana*）有较大的选择比例，而 *Kanthonia intermedia* 却相反，选择的比例相应较小。许多研究还表明，一些牧草在食物资源较少时，利用程度很高，而在茂密的植被中则利用很轻，如蒿（*Artemisia tridentata*）（Stoddart and Smith，1955），*Ceanothus thyrsiflous* 和冰草（*Agropyron simithii*）（Tomanek et al.，1958），这主要与不同草地类型中植物种类组成有关（Heady et al.，1959）。一方面，食物资源可利用程度的降低可以改变食物的选择性（van Dyne Heady，1965；Corbett，1960；Julander，1958；Dasmann，1949）；另一方面，牧草的相对利用率似乎与牧草的频度、丰度或生物量关系不大（Hurd and Pond，1958）。但也有研究表明，放牧率较高时，由于牧草资源的可利用性大大降低，使原先不爱吃的冷蒿或厌食的星毛委陵菜及寸草苔，均成为主要的食物，利用率大大提高；从选择性指数看，均由一般的采食或厌食变为"喜食"植物，并与牧草的频度、盖度和生物量呈高度正相关（汪诗平，2000，2001）。

在放牧研究中，为了预测放牧家畜的采食量、营养和能量供给状况，不仅有必要了解草地状况与采食量之间的关系，而且有必要了解放牧家畜对草地状况的反应和影响，以及为了达到一定的采食量所进行的适应过程和调节机制（Penning et al.，1991；Burlison et al.，1991）。家畜的牧食行为有很大的弹性，这使其能适应人们所给予的各种管理条件。春季，草层较低的草地，家畜每口采食量减少，家畜对其所做出的反应是增加采食频率，当这种行为不能单独地补偿且进食的速率仍然很低时，则家畜便会延长采食时间（Penning et al. ,1991;Jamieson and Hodgson,1979a,1979b;Allden and Whittaker,1970)。我们也发现有类似的现象,绵羊只是延长了采食时间,而无增加采食频率,相反,采食频率有所降低,这可能与绵羊在选择采食时,每次游走时间较长有关(汪诗平,1997;汪诗平和李永宏,1997a)。绵羊的采食速度与其游走时间有一定关系,一般是游走时间增长时,采食速度降低;相反,采食速度提高。但我们认为采食速率只与每次游走时间长短有关,而与游走总时间的长短关系很小。同时,我们还发现,采食速率与采食行进速度(口/步)密切相关,当采食时行进一步所采食的口数多时,采食速率就高,相反就低(汪诗平和李永宏,1997a,1997b)。由于放牧家畜的日粮采食量为进食速度(intake rate)和采食时间的乘积,而进食速度(g/min)又可表示为采食速度(口/min)和每口进食量(g/口)之积,因而,当较低放牧率的绵羊采食时间相对稳定时,其进食速度也就相对稳定。Black 和 Kenney(1984)与 Allden 和 Whittaker(1970)报道过最大进食速度,后者认为,当牧草草层平均高度在 7.7 cm 左右时才有最大进食速度,在此高度以上,由于较低的每口采食速度(bite rate)而使进食速度保持稳定;而 Penning 等(1991)则认为这种解释可能是一种误解,他们认为在放牧期间,因为各种处理绵羊颌运动的总的速度是恒定的,且这些运动可分成每口采食的运动和咀嚼的运动两种,当每口采食量增加时,则需要更大比例的颌运动用于咀嚼,因此,它导致牧食过程中每口采食的速度下降,从而保持进食速度的相对稳定。而进食速度又受采食速度和每口采食量的影响,当进食速度稳定时,则采食速度与每口采食量成反比,即采食速度快时,每口采食量小,反之亦然(汪诗平和李永宏,1997b;Penning et al. ,1991)。许多人报道,每口采食量对草地状况尤为敏感,它随着草层高度和密度的降低而减少(Burlison et al. ,1991;Forbes,1988;Forbes and Hodgson,1985;Hodgson,1985;)。当每口采食量从 200mg DM/口降到 10mg DM/口时,采食速度会增加一倍(Kenney and Black,1984;Black and Kenney,1984)。我们发现,当每口采食量从 112.62mg DM/口降到 78.79mg DM/口时,采食口数增加了 38.01%,采食速度增加了 42.25%,从而维持了其全天自由采食量的相对稳定(汪诗平和李永宏,1997b)。

反刍动物牧草采食量的代谢和物理控制因素的许多理论一般都是用舍饲家畜进行的(Penning et al. ,1991)。然而,在放牧条件下,可能有更多的控制采食量的因素,如在某些情况下,家畜采食牧草的物理能力及草地结构对采食行为的影响都可能是主要的控制因素(Hodgson,1985)。有人认为放牧家畜牧草采食量主要受 3 个方面的因素决定,即每口采食量、采食速率和采食时间(Allden and Whittaker,1970;Spedding et al. ,1966)。所有这些因素,尤其是每口采食量,已经证明对草地结构尤为敏感(汪诗平,1997;汪诗平和李永宏,1997a,1997b,1997c;Hodgson,1985)。但是在放牧条件下,很难将各草地特征(如高度、密度、产量、叶面积指数及品质)对采食行为的各自影响区别开来(因为这些参数不是独立变化的)。只是近来,Black 和 Kenney(1984)与 Burlison 和 Hodgson(1985)考虑了这些特征中的某些单独的因素对采食行为的影响,然而,这些研究者一般所利用地只是采食持续时间不超过 5min 的短期研究,特别是在建立栽培草地的环境下进行的。尽管他们的许多实验已经提供了有关草地高度和分裂密度对每口采食量和采食速率(rate of bite)的独立影响,但很明显,用这种方法不可能证明放牧时间、每天采食量或家畜及家畜生产力在时间上的适应性的影响。在更长时期内,这些研究也忽视了放牧对草地结构和牧草生产方面的许多影响(Penning et al. ,1991)。家畜牧食行为的变化是对不同放牧管理制度的反应,具有较大的可塑性。为了估计某种管理方面和经营制度对家畜的行为及生产力的影响,国外自20世纪20年代开始,从不同的角度和方面,对不同的家畜(禽)进行了较为深入细致的工作(Hughes et al.,1991;Mitchell et al.,1991;Forbes,1988;Arnold,1987;Penning,1986;韩正康和许振英,1984;Jamieson and Hodgson,1979a,1979b;Hodgson and Milne,1978)。国内自20世纪50年代开始,已充分认识到家畜行为与管理和生产力的关系极为密切,因而也相应地开展了一些初步研究(韩国栋,1993;冯忠义等,1988;曹斌云,1985;周寿荣,1964;任继周等,1954),但这些都是对山羊、水牛、牦牛的观察研究,且大多在舍饲或放牧条件下进行的,对放牧绵羊的行为研究较少(汪诗平,1997;汪诗平和李永宏,1997a,1997b,1997c)。

第四节　后天学习技能的影响

动物的采食行为与生俱来,但采食的适宜方式或最佳策略则是通过后来的学习获得的。采食的本能特征包括:采食姿态、采食速度、采食方向改变及对植物和水等食物的大致判别,其决定基础更主要是动物的形态结构(形状与比例)和生理代谢需要(饥饿与干渴)。

采食的后天学习对于动物的生存竞争与繁衍至关重要。家畜对植物的选择性采食与家畜的种类、生理状态及植物的丰富度相关,但是动物对特定植物的偏食性机制都是通过动物后天学习获得的。植物的食性选择被认为是家畜对植物营养成分与毒素摄食后,经过食后反馈效应获得的经验。家畜对植物采食后的反应与食后的营养效果和毒素富集浓度密切相关,通过负反馈,动物对所采食植物形成条件性的喜好或厌恶。事实上,不仅营养与毒素浓度对偏食性的形成有作用,植物体的特殊成分(糖含量、芳香等次生代谢物)对家畜也有特殊吸引力。家畜对含有有毒物质植物的最初识别是经历一个采食、消化、采食后感觉厌恶、再采食时避免的反馈过程,通过在采食中学习与记忆,并且在频繁的采食中实现学习记忆的优化。不同家畜个体的采食学习与记忆需要不同的时间。实验发现,年幼的羊羔总是紧随母羊进行采食(80%以上时间相伴),跟从母羊进行采食学习,识别植物种类的效率也很高。除了跟从母羊学习外,羊羔也会从同辈中学习。所以,动物采食的学习与记忆形成是经过观察学习母亲、同辈,以及自己采食后感受等多种途径获得的(王德利和程志茹,2002)。认知能力是动物对食物分布与性质的识别能力,家畜都具有这种能力。家畜的认知一般发生在采食等级的小尺度水平,只在选择地点、斑块及植物本身水平上。家畜可以通过植物的一般表现特征辨别草地斑块中的植物种类,如绵羊可以通过叶特征认知不同形态的三叶草。此外,动物对植物种类的辨别也可以通过视觉与嗅觉获得(Bailey and Sims,1998;Bailey et al.,1996)。Bazely(1990)发现,植物亮度与色彩非常显著地影响绵羊采食时间,绵羊对暗绿色黑麦草的采食时间明显地长于对明绿色黑麦草。植物的影像密度有本身的结构基础,家畜对高影像密度植物的选择的实质是趋向于营养与水分含量高的植物。有关家畜对影像密度的视觉认知也存在不同看法,因为有些家畜对颜色的反应不敏感,绵羊被认为是具有双色视觉,颜色反应对植物的视觉认知可能不起作用。家畜在采食中对植物的识别离不开嗅觉。草地上奶牛对某些草丛高、颜色绿、营养成分较高的地方尽可能避免采食,这是由于粪便的残留气味所致。家畜都有对气味和味道通过嗅觉辨别的能力。不同植物种的次生代谢物具有特殊、甚至可以散发到较远距离的气味,家畜会由此而对不同植物识别,选择性采食。

家畜的食性选择极其复杂。动物作出采食选择是由其本身的生理需求——饥饿及自身能力决定的。自身能力,特别是认知及学习判断能力,在后天的采食中不断强化,逐渐在家畜"脑中"形成某种经验性的判断,即经验法则(rule of thumb)。经验法则在家畜的食性选择中起着非常重要的作用。经验法则以家畜的"离开斑块决定"(patch-leaving decisions)为判断依据,其分析主要有以下几个方面:数量法则——采食 n 个食物后离开;时间法则——采食 t 秒后离开;放弃时间法则——进行 g 秒的不成功搜索后离开;速率法则——当瞬时采食速率达到关键值 r 时离开(王德利和程志茹,2002)。草地植被斑块变化且动物事先不能做出判断时,Iwasa 等(1981)给出了经验法则的影响或作用趋向:如果草地斑块包含同样数量的食物(随机遇见食物,草地斑块多个),数量法则将成为家畜的最佳选择;如果每一个草地斑块的食物数量有较高变异度,放牧时间法将是家畜的最佳选择;如果草地斑块中食物的数量呈现随机分布,家畜可能最喜欢采用时间法则。可见,在草地不同斑块的数量、分布等特征有差异时,放牧家畜可能会采取不同的经验法则。也有人提出"优化牧食假设",但是人们对这一概念的认识仍有一定分歧,迄今更多是对家畜优化采食模型的研究。优化采食理论提供了对评价家畜采食行为的功能性方法。优化采食理论的提出与研究目的之一也是解释家畜的采食行为机制。在草地上,家畜无论是在大尺度的生境选择,还是在中小尺度的植被斑块(包括植物种类、高度、营养、颜色、密度等)选择都涉及诸多因素。家畜优化采食,一般假定动物的适合度是与采食行为密切相关,采食行为是可以遗传的,目前关于家畜的优化采食理论研究还不多,主要是因为在研究采食行为及其对适合度(生产性能)的影响时,对家畜消化代谢等的生理过程等还不十分清楚。另外,在家畜采食过程中,无论对采食速率,还是斑块的采食停留时间都有一个限制性条件,这个限制性条件的变化将会影响优化采食行为的特征。实际上,家畜的优化采食是一种在各种限制性条件的优化采食,而不是一种绝对意义上的最佳采食。近年来,在分析与解释草地放牧动物的优化采食时,通常假定经验法则在起作用,用家畜的经验法则解决限制性条件下的优化。所以,对放牧家畜的采食行为机制的分析仍需要进一步做大量实验研究(王德利和程志茹,2002)。

放牧生态系统是以土壤-植物-家畜间动态的、等级的互作效应为特点的(Coleman et al.,1989)。在放牧条件下,当给予一定时间进行限牧时,家畜不仅要决定是否采食,而且要决定采食的地点(群落或斑块)、植物种类、采食的植物部位及采食的程度。近年来,关于有蹄类家畜的放牧策略及选择采食的机制已有许多研究(汪诗平等,1999;Arnold,1987;Senft et al.,1987;Malechek et al.,1986;Stuth and Winward,1977)。Pyke(1984)和Schoener(1971)将最优采食理论应用于大型食草动物,但尚存在一些问题(Owen-Smith and Novellie,1982;Westoby,1974)。目前对采食等级性与异质性的研究甚少(肖笃宁等,1990)。但是一些研究已将动物采食与生态学等级性密切联系在一起。生态等级性表现了放牧系统的结构特征,而采食等级性与异质性都是一个动态的生态过程,有时空特征、生态与经济效益的变化,因而采食与生态等级性也是一个功能过程(王德利和程志茹,2002)。影响采食路线选择的因素和决策机理曾有一些假设。Senft 等(1987)和 Coleman 等(1989)将有蹄动物的选择性采食划分为以下几个生态等级,即沿着地形或景观→群落

→斑块→植物→植物部分这样的顺序进行。因此,采食生态等级性是功能性的。虽然较高层次都由下一层次单位构成,但是各等级尺度的采食行为类型与特征,包括采食机制等,都有显著不同,如群落尺度上家畜对植物选择是超匹配,而在地形或景观两个尺度上仅是一般性匹配。Bailey 等也提出了采食等级系统(Bailey et al.,1996;Bailey and Sims,1998),与 Senft 等(1987)不同的是,Bailey 系统从等级尺度定义上直接表征了采食行为的意义,如每口采食行为、采食状态与采食地点等,其定义都突出了选择性采食的特征及采食与植被或环境的相关性。即便是斑块的意义也与前者不同,Bailey 系统不是植物小群落或种类聚合,而是被定义为在一个较短时间内,保持采食与运动速率相对恒定的每口采食行为。每口采食行为是采食过程的基本序列,时间短促,位置没有改变。由于采食状态中的每口采食行为各参数对采食效率影响至关重要,所以采食状态被看做是一个主要的采食尺度。斑块是采食状态的集合,其采食行为特征的改变是动物又重新选定方向,开始下一个采食过程。采食地点是家畜完成一个采食回合,存在于一个或几个植物群落,相当于 Senft 等(1987)的低等级。临时营地是供家畜饮水、休息的共同集中地,家畜滞留时间长,面积大,类似于 Senft 等(1987)的中尺度,两者都强调了水源的重要性。主牧地是具有简易设施的较大放牧区域,能够进行临时营地的迁移,与 Senft 等(1987)的地区一级相当。采食等级系统的提出是为了了解家畜的采食过程,最终揭示采食选择机制。Bailey 系统较 Senft 系统更为细致和完善,但是两者均对羊等小型草食动物的解释不足,某些等级的定义尚有争论(王德利和程志茹,2002)。

水源是影响家畜采食的最主要方面。水源位置影响家畜的空间分布,也直接对中、大尺度的生境选择起决定性作用。当植被生物量有限时,植被的利用率会随着与水源的距离的增大急剧下降。家畜还存在季节性的生境选择,选择的结果是放牧畜群尽可能避免干旱的高地,而尽可能地与河道接近。另一个影响家畜采食的生境条件是坡度。采食过程中家畜会考虑采食的经济性。地形坡度大,采食耗能多,家畜越能做出相应的选择。牛、马、驴等大型家畜一般在坡度小于 10°的草地上采食,山羊可以在 30°的坡地上放牧。草地食物的质量与空间位置也是影响家畜采食的生境条件之一。Bailey 和 Sims(1998)曾在放射状路径进行选择性实验,表明公牛对不同放牧路径中对食物的选择与食物的质量明显相关。当然,食物质量与空间位置的关联程度随时间也可能呈下降趋势。目前对生境选择性研究较少,因为生境选择性与放牧方式、人为对家畜的限定程度,以及生境空间尺度的变异有较大的相关性,而这些因素在研究中不易控制。

草地斑块高度是家畜最容易识别的标志性参数,代表生物量的丰富程度。斑块植物越高越能提供更多食物,尽管斑块较高可能不利于家畜采食,植物的营养价值或适口性也可能较低。斑块选择实验都说明家畜喜欢采食较高的斑块。Illius 等(1992)的研究表明,放牧前斑块高度(7.6cm 与 11.8cm)产生的差异分别导致了绵羊每口采食量与总采食量 49.1%与 68.3%的变异。家畜对斑块高度的选择不是随机的,在其他条件一致的状况下高度起着重要作用。Illius 等(1992)、Parsons 等(1994)的研究表明,在斑块高度相近时,绵羊选择主要受三叶草的平均含量(或比例)决定,绵羊采食速率的差异取决于白三叶草的比例(比例是高度引起变异的两倍);单播白三叶草及与黑麦草不同比例混播的情况下,绵羊对白三叶草的采食率显著地高于黑麦草,在白三叶草比例为 50%时食性选择最高。斑块成分反映了群落的营养含量,营养较高的斑块在家畜的食性选择中常常处于优先地位。而斑块密度对放牧家畜的牧食行为也有很大的影响,它反映了斑块的结构性质,也直接与斑块生物量大小等有关。此外,斑块密度直接决定家畜采食牧草的容量密度。一些实验发现,斑块的密度不仅与生物量,而且与高度呈现幂的负指数变化,符合“自疏法则”。在斑块选择性研究中,一般将密度与高度作为互作因素同时考虑,以说明高度与密度对家畜选择性行为的影响。在各种处理斑块(低矮-较密、较高-较密、低矮-较疏、较高-较疏)上家畜的采食率与口食率有显著差异,较高-较密与低矮-较密的斑块的采食率与每口采食速率最大。可见,家畜多倾向于采食较高、较密与高营养成分的斑块(王德利和程志茹,2002)。家畜对植物选择有两个趋向:一是以高营养成分的植物为优选;二是喜好低纤维含量的植物。实验表明,绵羊采食豆科植物的比例明显增大,采食的时间也相对较长。实际上,采食高营养植物也是家畜选择高营养成分斑块的直接原因。家畜选择鲜嫩的低纤维植物,不仅采食容易,采食率高,消化率也高,更重要的是家畜的适口性好。

因此,食草动物的牧食行为是反映草地状况优劣的综合指标之一,不同的放牧方式和不同的放牧率对牧食行为的影响(汪诗平,1997;汪诗平和李永宏,1997a,1997b,1997c;韩国栋,1993),归根到底是通过影响草地状况而得以实现的。因而,凡是对草地状况有影响的因素都可能影响食草动物的牧食行为。每口采食量除了受草地状况的影响外(Hughes et al.,1991;Mitchell et al.,1991;Forbes,1988;Penning,1986;Jamieson and Hodgson,1979a,1979b;Hodgson and Milne,1978),还与其他采食行为参数和采食速率等有关(Arnold,1987)。每口采食量取决于每口采食面积与采食深度,虽然每口采食面积与采食深度都是通过家畜的舌部活动形成的,但是这些参数可看作是由草丛所决定的量。草丛的水平结构特性(叶子水平分布)更大地影响采食面积,而草丛的垂直结构特性(叶子密度分布)对采食深度影响更大。决定每口采食量的容量密度也是一个草丛结构特征的参数,取决于采食家畜与草地状态。草丛高度与生育期都不同程度地影响容量密度,随草丛高度的上升,容量密度迅速增大。每口采食量与草丛高度和容量密度两者都呈一定的线性相关。每口采食面积、深度及每口采食量均与草丛表面高度呈线性增加(王德利和程志茹,2002)。通过对这些参数的感受,放牧家畜决定下一个要采食的斑块或群落。移动速率是家畜在草地不同位置的变换,在营养成分高、密度大的草丛处移动速率慢,而在营养成分低、密度小的草丛处移动速率快,在两个好坏斑块之间家畜虽各有50%的选择几率,但是采食停留时间的判别不同。显然,家畜在生物量高、草质高的斑块处尽可能长时间停留以获得更大的采食量。采食姿态是家畜的颈动角度。Bailey等(1996)认为这个本能特征对家畜从一个采食状态到另一个采食状态起着重要的移动与平衡作用。颈动角度范围在60°~80°。集约放牧时采食颈动角度变化不大,在选择新斑块时变化较大。动物采食的姿态都是一种习惯性姿态,这是家畜在采食中与植被协同进化的结果。转移频度是家畜结束原来采食状态、开始新采食状态的频率。Crawley(1983)的研究表明,家畜在营养低的斑块频繁变换采食方向,在营养丰富的斑块可以长时间采食而不改变方向,即使改变方向,也会由于附近的牧草丰富而降低其选择性。转移频度既表现为动物的本能性特征,也受到一定尺度的植被格局影响。因此,放牧家畜的牧食行为是一个复杂的生理生态学过程,包括一系列的采食过程,如采食生态等级性(不同生态尺度上放牧家畜的牧食行为及与植被和环境的相关性)、食性选择及其机制(植物种类及部位、群落斑块、水源及坡地)。因此,从草原生态系统管理和家畜生产等方面考虑,今后应该加强对放牧家畜的牧食行为与系统的功能过程及其机制的研究,如用 GPS 定位研究其与草地空间异质性的关系,探讨采食生态等级的机理。

(汪诗平)

主要参考文献

曹斌云 . 1985. 舍饲奶山羊的行为观测 . 西北农学院学报,1:49-56

冯忠义,孙效民,张建昌,等 . 1988. 同羊放牧行为的观测研究实报 . 家畜生态,2:23-25

韩国栋 . 1993. 划区轮牧和季节性连续放牧的牧食行为 . 中国草地,2:2-4

韩正康,许振英 . 1984. 家畜行为学研究进展:“动物行为学在畜牧业的应用”第一届国际学术会议论文选译 . 韩正康,许振英等译校 . 北京:科学出版社:99

任继周,李逸民,郭博,等 . 1954. 藏羊群自由放牧与分区轮牧的观察研究 . 中国畜牧兽医杂志,4:143-147

汪诗平 . 1997. 不同放牧率对绵羊牧食行为的影响 . 草业学报,1:10-17

汪诗平 . 2000. 不同放牧季节绵羊的食性及食物多样性与草地植物多样性间的关系 . 生态学报,20(6):951-957

汪诗平 . 2001. 不同放牧率下绵羊的食性及食物多样性与草地植物多样性间的关系 . 生态学报,21(2):237-243

汪诗平,李永宏 . 1997a. 不同放牧时期对绵羊牧食行为的影响 . 草业学报,2:7-13

汪诗平,李永宏 . 1997b. 放牧绵羊白天主要牧食行为参数之间的关系和变化 . 草业学报,3:8-14

汪诗平,李永宏 . 1997c. 牧食行为参数与草场状况的关系 . 草业学报,4:31-38

汪诗平,李永宏,王艳芬 . 1999. 绵羊的采食行为与草场空间异质性间的关系 . 生态学报,19(3):431-434

汪诗平,李永宏,王艳芬,等 . 1998. 不同放牧率对内蒙古冷蒿草原演替规律的影响 . 草地学报,6(4):299-305

王德利,程志茹 . 2002. 放牧家畜的采食行为理论研究//洪绂曾,任继周 . 现代草业进展 . 草业科学(增刊):114-121

肖笃宁,张启德,赵羿 . 1990. 景观生态学 . 北京:科学出版社:188-225

周寿荣 . 1964. 川西北草地几种家畜夏季放牧采食量测定 . 中国畜牧杂志,1:20-22

Allden WG, Whittaker IA. 1970. The determinants of herbage intake by grazing sheep: the interrelationship of factors influencing herbage intake and availability. Aust. J. Agric. Res. ,21:755-66

Arnold GW. 1962. Harness for the total collection of faeces from grazing ewe and wether. Sheep. Anim. Prod. ,2:169-173

Arnold GW. 1966. The special senses in grazing animals. Ⅰ. Sight and dietary habits in sheep. Aust. J. Agro. Res. ,17:521-529

Arnold GW. 1978. The special senses in grazing animals. Ⅱ. Smelt, taste, touch and dietary habits in sheep. Aust. Agro. Rese. , 29:531-542

Arnold GW. 1987. Influence of the biomass, botanical composition and sward height of annual pastures on foraging behavior by sheep. J. Applied Ecology, 24:759-772

Arnold GW, Dudzinski ML. 1963. The use of faecal nitrogen and index for estimating the consumption of herbage by grazing animals. J. Agro. Sci. ,61:33-43

Bailey DW, Gross JE, Laca EA, et al. 1996. Mechanisms that result in large herbivore grazing distribution patterns. J. Rang Manage, 49:386-400

Bailey DW, Sims PL. 1998. Association of food quality and locations by cattle. J. Range Manage, 51:2-8

Bazely DR. 1990. Rules and cues used by sheep foraging in monocultures//Hughes RN. Behavioral mechanisms of food selection. NATO ASI Series G: Ecol. Sciences, Springer-Verlag, New York, N. Y, 20:343-367

Bell RHV. 1959. The use of the herb layer by grazing ungulates in the Serengeti//Watson A. Animal populations in relation to their food resources. Symp. Brit. Ecol. Soc. (Aberdeen) Blackwell Sci. Pub. , Oxford and Edinburg:111-123

Bell RHV. 1971. A grazing ecosystem in the Serengeti. Sci. Amer. ,224:86-93

Belovsky GE. 1978. Diet optimization in a generalist herbivore: the moose. Theor. Popul. Biol. ,14:105-134

Black JL, Kenney PA. 1984. Factors affect in diet selection by sheep. Ⅱ. Height and density of pasture. Aust. J. Agric. Res. , 35:565-578

Black JL. 1990. Nutrition of the grazing ruminant. Proc. of the N. Z. Soc. Anim. Prod. ,50:7-27

Boo RM,Lindstrom LT,Elia OR,et al. 1993. Botanical composition and seasonal trends of cattle diets in central Argentina. J. Range Manage,46:479-482

Bryant JP, Kuropat PJ. 1980. Selection of winter forage by subarctic browsing vertebrates: the role of plant chemistry. Annu. Rev. Ecol. Syst. ,11:261-285

Burlison AJ,Hodgson J. 1985. The influence of sward structure on the mechanics of the grazing process in sheep. Animal Production,40:530-582

Burlison AJ,Hodgson J,Illius J. 1991. Sward canopy structure and the bite dimensions and bite weight of grazing sheep. Grass and Forage Sci. ,46:29-38

Church DC. 1975. Digestive physiology and nutrition of ruminants. Vol. 1. Digestion physiology(second edition). O&B Books, Corvallis,Ore. :350

Coleman SW,Forbes TDA,Stuth JW. 1989. Measurements of the plant animal interface in grazing research//Marten GC. Grazing research:design,methodology,and analysis:37-51

Cook CW. 1959. The effect of site on the palatability and nutritive content of seeded wheatgrasses. J. Range Manage,12:289-292

Cook CW,Harris LE. 1950a. The nutritive content of the grazing sheep diet on summer and winter ranges in Utah. Bull. Utah Agric. Sta. ,342:66

Cook CW,Harris LE. 1950b. The nutritive content of the grazing sheep's diet on summer and winter ranges of Utah. Utah Agr. Exp. Sta. Bull,344:45

Cook CW,Stoddart LA,Harris LE. 1956. Comparative nutritive value and palatability of some introduced and native forage plants for spring and summer grazing. Utah Agr. Exp. Sta. Bull. ,385:39

Cook CW,Wayne C,Blake TJ,et al. 1963. Use of esophageal-fistula cannulae for collecting forage samples from both cattle and sheep grazing in common. J. Animal Sci. ,22:579

Cooper SM, Owen-Smith N. 1985. Condensed tannins deter feeding by browsing ruminants in a South African savanna. Oecologia,67:142-146

Corbett JL. 1960. Faecal-index techniques for estimating herbage consumption by grazing animals. Proc. Int. Grassl. Cong. ,8: 438-442

Coughenour MB. 1985. Graminoid response to grazing berbivores: adaptation, exaptations, and interacting processes. Ann. Mo. Bot. Gard. ,72:852-863

Crawley MJ. 1983. Herbivory. The Dynamics of Herbivore-Plant Interactions. Blackwell Scientific Publications,Oxford,UK

Dasmann WP. 1949. Deer-livestock forage studies on the interstate winter deer range in California. J. Range Manage,2:206-212

Demment MW, van Soest PJ. 1985. A nutritional explanation for body-size patterns of ruminant and nonruminant herbivores. Am. Nat. ,125:641-672

Duncan P. 1983. Determinants of the use of habitat by horses in a Mediterranean wetland. J. Anim. Ecol. ,52:93-109

Elder NL. 1959. Vegetation of the Kaweka Range. Transactions of the Royal Society of New Zealand,87:9-26

Ellis JE,Wiens JA,Rodell CF,et al. 1976. A conceptual model of did selection as an ecosystem process. J. Theor, Biol. ,60: 93-108

Ellison L. 1960. The influence of grazing on plant succession. Botanical Review,26:1-78

Emlen JM. 1966. The role of time and energy in food preference. Ameri. Nat. ,96(916):611-617

Fedele V,Pizzillo M,Claps S,et al. 1993. Grazing behavior and diet selection of goats on native pasture in Southern Italy. Small Ruminant Research,110:305-322

Forbes TDA. 1988. Researching the plant-animal interface: the investigation of ingestive behavior in grazing animals. J. Anim. Sci. ,66:2369-2379

Forbes TDA,Hodgson J. 1985. Comparative studies of the influence of sward conditions on the ingestive behavior of cows and sheep. Grass Forage Sci. ,40:69-77

Garner FH. 1963. The palatability of herbage plants. J. Brit. Gassl. Soc. ,18:79-89

Gemin D, Pijoan AP. 1993. Seasonality of goat diet and plant acceptabilities in the coastal scrub of Baja California,

Mexico. Small Ruminant Research, 10: 1-11

Gordon GG, Southren AL, Lieber CS. 1978. The effects of alcoholic liver disease and alcohol ingestion on sex hormone levels. Alcoholism: Clin. Exp. Res., 2: 259-264

Hanley TA, Hanley KA. 1982. Food resource partitioning by sympatric ungulates on Great Basin rangeland. J. Range Manage, 35: 152-158

Hardison WA, Reid JT, Martin CM, et al. 1954. Degree of herbage selection by grazing cattle. J. Dairy Sci., 37: 89

Heady HF. 1964. Palatability of herbage and animal preference. J. Range Manage, 17: 76-82

Hodgson J. 1985. The significance of sward characteristics in the management of temperate sown pastures//Okube T, Shiyomi M. Proc. 15th Int. Grassl. Congr. Kyoto, Japan. The Natl. Grassl. Res. Inst., Nishi-narino, Japan: 63-67

Hodgson J, Milne JA. 1978. The influence of weight of herbage per unit area and per animal upon the grazing behavior of sheep. Proceedings of the European Grassland Federation, Ghent: 431-438

Hofmann RR, Stewart DRM. 1972. Grazer or browser: a classification based on the stomach structure and feeding habits of East African ruminants. Mammalia, 36: 226-240

Holechek JL, Vavra M. 1982. Forage intake by cattle of forest and grassland range. J. Range Manage, 35: 737-741

Houpt TR. 1959. Utilization of blood urea in ruminants. Amer. J. Physiol., 197: 11

Hughes TP, Sykes AR, Poppi DP, et al. 1991. The influence of sward structure on peak bite force and bite weight in sheep. Proceeding of the New Zealand Society of Anim. Prod.: 51

Hungate RE. 1966. The rumen and its microbes. New. York: Academic Press

Hurd RM, Pond FW. 1958. Relative preference and productivity of species on summer cattle ranges. bighorn Moutains, Wyoming. J. Range Manage, 11: 109-114

Illius AW, Clark DA, Hodgson J. 1992. Discrimination and patch choice by sheep grazing grass-clover swards. J. Anim. Ecol., 61: 183-194

Ivins JD. 1952. The relative palatability of herbage plants. J. Br. Grassl. Soc., 7: 43-54

Iwasa Y, Higashi M, Yamamura N. 1981. Pre distribution as a factor determining the choice of optimal foraging strategy. Am. Nat., 117: 710-723

Jamieson WS, Hodgson J. 1979a. The effects of daily herbage allowance and sward characteristics upon the ingestive behavior and herbage intake of calves under sheep-grazing management. Grass Forage Sci., 34: 261-271

Jamieson WS, Hodgson J. 1979b. The effects of variation in sward characteristics upon the ingestive behavior and herbage intake of calves and lambs under a continuous stocking management. Grass Forage Sci., 34: 272-282

Janis C. 1976. The evolutionary of the Equidae and the origins of rumen and cecal digestion. Evolution, 30: 757-774

Jarman PJ. 1974. The social organization of antelope in relation to their ecology. Behav., 48: 215-267

Julander O. 1958. Techniques in studying competition between big game and livestock. J. Range Manage, 11: 19-21

Kenney PA, Black JL. 1984. Factors affecting diet selection by sheep. Ⅰ. Potential intake rate and acceptability of feed. Aust. J. Agric. Res., 35: 551-563

Kleiber M. 1961. The fire of life: an introduction to animal energetics. New York: Wiley

Lochte C, Rittenhouse LR. 1982. An analysis of forage preference indices. J. Range Manage, 35: 316-319

Malechek JC, Balph DF, Provenza FD. 1986. Plant defense and herbivore learning: their consequences for livestock grazing systems// Gudmundsson O. Grazing research at northern latitudes. New York: Plenum Press: 12

Maloiy GMO, Warui CN, Clemens ET. 1987. Comparative gastrointestinal morphology of the kori bustard and secretary bird. Zoo Biology, 6: 243-251

Marten GC, Donker JD. 1966. Animal excrement as a factor influencing acceptability of grazed forage. Proc. of the Intern. Grassl. Cong., Helsinki, Finoand: 359-383

Marten GC. 1978. The animal-plant complex in forage palatability phenomena. J. Ani. Sci., 46: 1407-1477

McInnis ML, Vagra M, Krueger WC. 1983. A comparison of four methods used to determine the diets of large herbivores. J. Range Manage, 36: 302-306

Milchunas DG, Dyer MI, Wallmo OC, et al. 1978. *In-vivo/in-vitro* relationships of Colorado mule deer forages. Special Report

Number 43. Colorado Division of Wildlife, Fort Collins, Colorado, USA

Mitchell RL, Hodgson J, Clark DA. 1991. The effect of varying leafy sward height and bulk density on the ingestive behavior of young deer and sheep. Range Manage: 51

Moen AN. 1973. Wildlife ecology. San Francisco: W. H. Freeman and Company: 45

Mueggler WF. 1965. Cattle distribution on steep slopes. J. Range Manage, 18: 255-257

Nagy JG, Hakonson T, Knox KL. 1969. Effects of quality on food intake in deer. Ameri. Wildl. Nat. Res. Conf. Trans, 34: 146-154

Nelson JR. 1978. Maximizing mixed animal species stocking rates under proper-use management. J. Wildl. Manage., 42: 172-174

Nolan JV, Leng RA. 1972. Dynamic aspects of ammonia and urea metabolism in sheep. Br. J. Nutr., 27: 177-194

Nudds TN. 1980. Forage "preferences": theoretical considerations of diet selection by deer. J. Wildl. Manage., 44: 735-740

O'Reagain PJ. 1993. Plant structure and the acceptability of different grasses to sheep. J. Range Manage, 46: 232-236

Olsen FW, Hansen RM. 1977. Food relations of wild free-roaming horses to livestock and big game, Red Desert, Wyoming. J. Range Manage, 30: 17-20

Osuji PO. 1974. The physiology of eating and the energy expenditure of the ruminant at pasture. J. Range Manage, 27: 437-443

Owens MK, Launchbaugh KL, Holloway JW. 1991. Pasture characteristics affecting spatial distribution of utilization by cattle in mixed brow communities. J. Range Manage, 44(2): 118-123

Owen-Smith N, Cooper SM. 1987. Assessing food preferences of ungulates by acceptability indices. J. Wildl. Manage., 51: 372-378

Owen-Smith N, Novellie P. 1982. What should a clear ungulate eat. Am. Nat., 119(2): 151-178

Parsons LH, Weiss F, Koob GF. 1994. Serotonin1B receptor stimulation enhances cocaine reinforcement. The Journal of Neuroscience, 18(23): 10 078-10 089

Penning PD. 1986. Some effects of sward conditions on grazing behavior and intake by sheep//Gudmundsson O. Grazing research at northern latitudes, proceedings of a NATO advanced research at northern latitudes, proceedings of a NATO advanced research workshop, Hvanneyri, 1985. New York: Plenum Press: 219-226

Penning PD, Parsons AJ, Orr RJ, et al. 1991. Intake and behavior responses by sheep to changes in sward characteristics under continuous stocking. Grass and Forage Sci., 46: 15-28

Phllips CJ, Leaver JD. 1986. Seasonal and diurnal variation in the grazing behavior of diary cows//Frame I. Grazing. Occasional Symposium No. 19, British Grassland Society: 98-104

Purser DB, Moir RJ. 1966 Dietary effects upon concentrations of protozoa in the rumen Journal of Animal Science, 25: 668-674

Pyke GH. 1984. Optimal foraging theory: a critical review. Annu. Rev. Ecol. Syst., 15: 523-575

Pyke GH, Pulliam HR, Charnov EL. 1977. Optimal foraging: a seletive review of theory and tests. Quart. Rev. Biol., 52: 137-154

Reppert JN. 1960. Forage preference and grazing habits of cattle at the Eastern Colorado Range Station. J. Range Manage, 13: 58

Rice RW, MacNeil MD, Jenkins TG, et al. 1984. A computer simulation model of the herbage/herbivore interface//Joss PJ, Lynch PW, Williams OB. Proceeding of International Rangelands Congress. Australian Academy of Science, Canberra: 415-416

Robbins CT, Van Soest PJ, Mautz WW, et al. 1974. Feed analyses and digestion with reference to white-tailed deer. J. Wildl. Manage, 39: 67-79

Schoener TW. 1971. Theroy of feeding strategies. Annu. Res. Ecol. System, 1: 369-404

Senft RL, Coughenour MB, Bailey DW, et al. 1987. Large herbivore foraging and ecological hierarchies. Bioscience, 37(11): 789-799

Senft RL, Rittenhouse LR, Woodmanse RG. 1985. Factors influencing patterns of cattle grazing behavior on shortgrass steppe. J. Range Manage, 38: 82-87

Spedding CRW, Large RV, Kydd DD. 1966. The evaluation of herbage species by grazing animals. Proceedings of the 10th International Grassland Congress, Helsinki: 479-483

Stapledon RG. 1947. The palatability and nutritive value of herbage plants. J. Ministry Agr., 53: 427-431

Stebbins L. 1981. Coevolution of grasses and herbivores. Ann. Mo. Bot. Gard., 68: 75-86

Stoddart LA, Smith AD. 1955. Range management. 2nd Edition. McGraw-Hill Book Co., N. Y.: 433

Stuth JW, Winward AH. 1977. Livestock-deer relationships in lodgepole pinepumice region of central Oregon. J. Range Manage, 30: 110-116

Tomanek GW, Martin EP, Albertson FW. 1958. Grazing preference comparisons of six native grasses in the mixed prairie. J. Range Manage, 11: 191-193

van Dyne GM, Heady HF. 1965. Botanical composition of sheep and cattle diets on a mature annual range. Hilgardia, 36: 465-492

Weir WC, Tore UDT. 1959. Selective grazing by sheep as shown by a comparison of the chemical composition of range and pasture forage obtained by hand dipping and that collected by esophageal-fistulated sheep. J. Anim. Sci., 18: 641

Westoby M. 1974. The analysis of diet seletion by large generalist herbivores. Am. Nat., 108: 290-304

推荐阅读文献

任继周, 李逸民, 郭博, 等. 1954. 藏羊群自由放牧与分区轮牧的观察研究. 中国畜牧兽医杂志, 4: 143-147

汪诗平. 1997. 不同放牧率对绵羊牧食行为的影响. 草业学报, 1: 10-17

汪诗平. 2000. 不同放牧季节绵羊的食性及食物多样性与草地植物多样性间的关系. 生态学报, 20(6): 951-957

汪诗平. 2001. 不同放牧率下绵羊的食性及食物多样性与草地植物多样性间的关系. 生态学报, 21(2): 237-243

汪诗平, 李永宏. 1997a. 不同放牧时期对绵羊牧食行为的影响. 草业学报, 2: 7-13

汪诗平, 李永宏. 1997b. 放牧绵羊白天主要牧食行为参数之间的关系和变化. 草业学报, 3: 8-14

汪诗平, 李永宏. 1997c. 牧食行为参数与草场状况的关系. 草业学报, 4: 31-38

汪诗平, 李永宏, 王艳芬. 1999. 绵羊的采食行为与草场空间异质性间的关系. 生态学报, 19(3): 431-434

第二十章　放牧地生产能力的评定与管理

放牧是全球陆地生态系统最重要的管理方式，也是世界家畜生产的主要方式之一。它是最经济的一种家畜饲养方式。在我国西北地区粗放的放牧管理模式下，羊群放牧的生产成本只有干草饲喂的 23.8%，约为谷物饲料饲喂的 16.7%，多汁饲料饲喂的 12.5% 左右；奶牛放牧的生产成本比干草饲喂低 71.4% 左右，比谷物节约 77.8%，只有多汁饲料的 16.8%；马群放牧的生产成本只有舍饲的 5%～6%。尽管机械化能够大幅度提高劳动生产率，家畜新品种、新饲养技术不间断地提升集约化舍饲家畜的生产性能，但是家畜生产放牧与舍饲之间的成本差异仍然难于消灭（图 20-1）。放牧有利于家畜健康；放牧家畜采食青绿饲料，消化率较干草高 15%～25%，青绿饲料中各种维生素含量可比干草高 10 倍；放牧家畜自由活动，自由采食丰富的牧草种类，接受多量的日照及各种锻炼，有利于生长和发育，增加对疾病的抵抗力。放牧有利于家畜健康，必然生产高品质的畜产品，对于食品安全具有特殊意义。更何况放牧对于维护广大牧区生态安全、继承和发扬草原文化具有其他生产方式不可替代的作用。

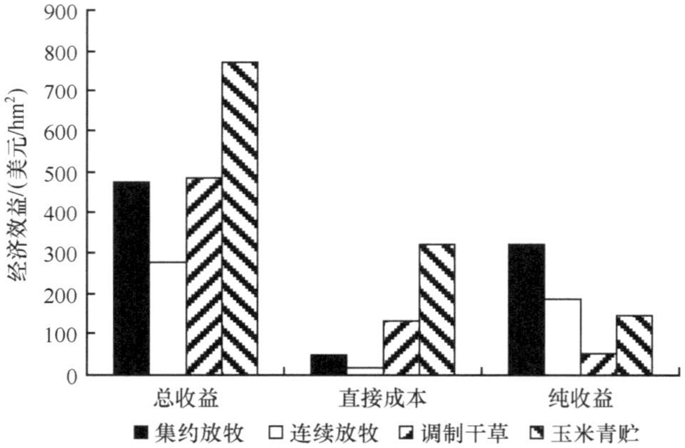

图 20-1　放牧系统的经济效益（据 Craig Saxe 改绘）

第一节　放牧生态系统生产力的形成

在特定的农业生态区域，草地和动物在人类活动的干预下相互作用形成了放牧生态系统。广义的放牧生态系统是通过放牧动物获得生态服务价值，以景观生产、植物生产、动物生产和草畜产品加工直接或间接获益；狭义或者说传统的放牧生态系统，其物质和能量沿太阳-植物-家畜这一主干有序流动，并向家畜汇聚，以收获畜产品为主要目标（侯扶江和杨中艺，2006）。放牧生态系统中，通过生物因素（牧草、家畜等）、非生物因素（土壤、大气等）和人类经济活动因素的共同作用，无机碳（CO_2）在植物体内合成有机碳，家畜采食牧草后又分解、合成为动物有机碳，最后作为产品输出生态系统，即为放牧系统的生产过程。

放牧生态系统的核心是草原、家畜、人居的相互作用（图 20-2）。这三者构成的系统内核在人类经济活动因素、生物因素和非生物因素及其相互作用的推动下,驱动放牧系统运转和发展。系统的生产力也由此发生。

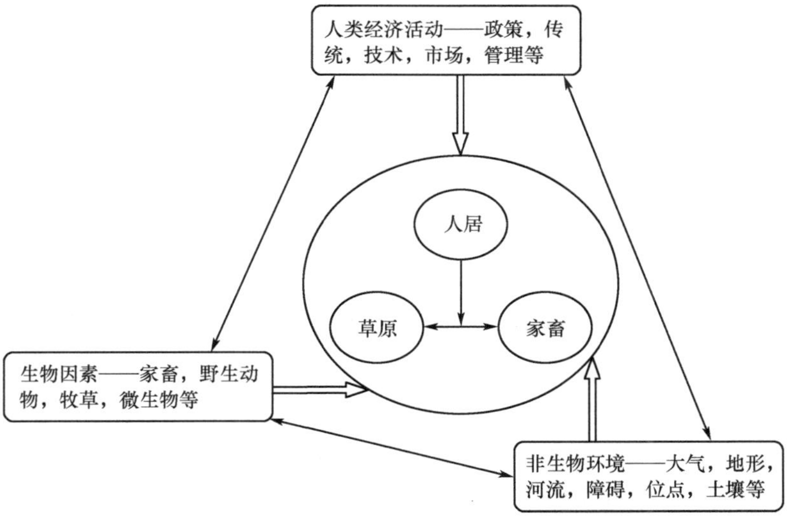

图 20-2　放牧生态系统的结构

在放牧生态系统中,把日光能及无机物转化为植物(牧草)有机物叫初级生产,从牧草转化为动物(家畜)产品叫次级生产。每个过程中包含若干转化阶,一般要经过 6 个转化阶才能生产出可用畜产品(表 20-1)。

表 20-1　放牧系统的生产流程(任继周等,1978)　(%)

项目	平均转化率	低产转化率	高产转化率
日光能+无机物			
	1~2	—	—
P_1:植物生长量(总初级生产能力)			
R_2 ↓	50~60	50	60
P_2:可食牧草(净初级生产能力)			
R_3 ↑	30~80	15	48
P_3:采食牧草			
R_4 ↓	30~80	4.5	38.4
P_4:消化营养物质			
R_5 ↑	60~85	0~2.7	32.6
P_5:动物生长量(总次级生产能力)			
R_6 ↑	0~50	0~1.35	16.3
P_6:可用畜产品(净次级生产能力)			

牧草对日光能的利用率只有 1%~2%,除去植物生命活动消耗(主要是呼吸),通过

R_1转化为初级生物生长量(总初级生产能力)。它包括植物地上部分(茎、叶、花、果实等地上器官)和地下部分(根、根茎等地下器官)。地下部分占植物株体的一半以上,一般不为家畜采食,不表现为饲用价值。通过R_2除掉这一部分,才能构成净初级生产能力,也就是作为可食牧草(P_2)的形态储存下来,这叫净初级生产能力。通俗地讲,草原牧草生产=阳光+降水+牧草。由于放牧管理水平、家畜种类、家畜需求、植物生育阶段(粗老或幼嫩等)的影响,牧草有不同的采食率,通常为30%~80%(R_3=30%~80%),这一部分才是被家畜吃去的采食牧草(P_3)。被吃去的牧草扣除不能消化的部分(R_4=30%~80%),才能成为消化营养物质(P_4)。从消化营养物质中扣除家畜的排尿、呼吸、循环、消化及维持体温和必要的活动等基本代谢的消耗,剩下的才能变成动物有机体,也就是总次级生产能力(P_5)。从消化营养物质到总次级生产能力的损耗变幅很大(R_5=60%~85%),放牧管理不得法,供给的可消化营养物质较少,只够动物本身维持生命消耗时,R_5可能接近于零,有时甚至因营养不足,不得不消耗动物体组织储存的物质来维持生命,这就发生体重下降,使R_5在一个特定时期内出现负值。这里需要特别指出,总次级生产能力并不是全部转为有经济意义的可用畜产品(P_6,净次级生产能力)。肉用家畜要除去非胴体部分,奶用家畜因饲养条件不同,可以有以零到较高的产奶量,因此这一变幅很大,为0%~50%(R_6=0%~50%)。

从P_1到P_6,经过物质的多种储存形态和多阶转化,最后可得到可用畜产品,这才是草原生产能力转化的全部过程,也就是草原生态系统中生产流程中的最后一环。

根据上述草原生产流程,可以看出R_1变幅很窄,而且一般不易控制,可以在计算中定为一个常数(K)。这样,供人类直接利用的畜产品,即净次级生产能力(P_6)可以用下式算出:

$$P_6 = \mathrm{K} \times R_2 \times R_3 \times R_4 \times R_5 \times R_6$$

如K=100%,R_6通常只有1%~2%或更低,世界先进水平也不过16%。适应不同气候区域的牧草为基础的放牧系统,温带牧草对光能的转化率虽然低于亚热带牧草,但是牧草的采食能和消化能前者远高于后者(图20-3);因为亚热带牧草,尤其是C_4牧草虽然光合

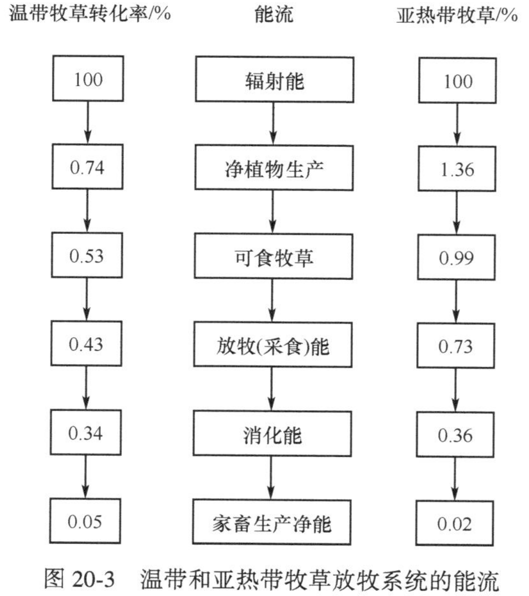

图20-3　温带和亚热带牧草放牧系统的能流
(改绘自Okubo,1993)

效率高,但利用不及时也容易迅速变粗老。而且,放牧系统的生产力也具有季节动态,一般春季,放牧系统生产力水平高,夏秋季较低(图 20-4)。

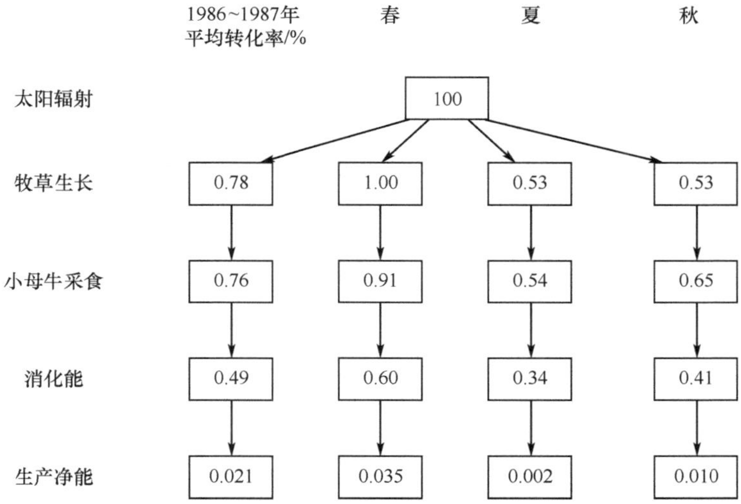

图 20-4　小母牛放牧系统能流的季节动态(改绘自 Okubo,1993)

第二节　放牧生态系统生产力评价

放牧生态系统的生产能力是草原和家畜这两种生产资料各项特性的最高概括。通过放牧生态系统生产能力的评定,可以综合地体现草原自然条件和经济条件的特点,综合地检验放牧管理措施的经济效果和技术水平。而更重要的是,通过放牧系统生产能力的评定,可以督促我们自觉地运用放牧生产的生态、经济和社会规律,科学地经营草地畜牧业,提高草地的多功能性。

放牧生态系统的生产力就是单位面积的草地于一定时期内实际收获的可用畜产品(奶、肉、毛、皮、役畜、役力等)的数量。实际生产的可食牧草可称为放牧系统的基础生产能力;采食牧草、消化营养物质和饲养的家畜数量等可称为放牧系统的中间生产能力。根据放牧生态系统结构和生产流程,它的各个组分相互关联,相互之间具有较为精确的数量关系,因此理论上测定任何组分都可以评价放牧系统的生产力。

目前,放牧系统生产力的测定方法可以根据测定对象大致分为两类:牧草产量指标法和动物生产指标法。牧草产量可直接测得,也可通过生长相关法、气候模型法和遥感监测间接获得。动物生产指标法既可间接地测定牧草可供家畜利用的营养物质产量,也可直接测定载畜量和畜产品产量。

一、牧草产量指标法

牧草的产量和品质是构成草原生产能力的基础因素之一,因此,它对评定草原生产能力具有重要的指示意义。一般来说,牧草产量的意义在于:①可以反映草原初级生产,即日光能和无机物转化为植物产品的效率和状况,可以显示在一定的时间内可以供给家畜多少牧草,这是放牧生产最重要的基础之一;②它是次级生产的基础,它的数量和质量直接影响最终产品;③通过经验积累和科学实验,可以推测牧草对最终产品的一般影响;④可以了解各个时期的草层组成及其生活力状况,判断放牧利用对草层和土壤的影响,确定放牧系统的健康水平,预测它的发展趋势。牧草产量对于评定放牧生态系统生产能力的作用与其他中间转化阶的作用相似,对于全面了解放牧生产是必要的,甚至比其他各中间转化阶更重要些,但它毕竟不能取代对放牧生产的直接评价——根据畜产品产量的评价,如果超过了这一界限,就会给生产带来损失。

目前常用的牧草产量评定方法主要有直接法和间接法两种,前者以样方法为代表,后者以遥感技术最为典型。

(一) 样方法

1. 样方的大小、形状和重复次数

样方法测定牧草产量时,样方越大,重复次数越多,准确度也就越高。但在时间、人力、物力的限制下,样方的大小和重复次数总得有个适当的限度。在荒漠草地类组的调查中,对于一般的草本、半灌木和小灌木,可在典型地段采用 $50m^2$ 的样带(表 20-2);重复次数在 6~8 次及以上时,样方面积可以减少到 $10m^2$;也可做 2m 宽、150~200m 长的样带;比较均匀和密集的蒿属草地,可用 $1m\times1m=1m^2$ 的样方重复 3 次。

表 20-2 不同草地类组样方的大小、形状和重复次数

草地类组	样方大小/m^2	重复次数/次	样方形状
荒漠草地类组	50	1~5	1m×50m、2m×25m 或 5m×10m 的狭长方形
	10	>6~8	1m×10m 或 2m×5m 的狭长方形
	300~400	1	2m×(150~200)m 的狭长方形
干旱草地类组	1	≥4	1m×1m 的正方形
	0.5	≥6	1m×0.5m 的长方形
	2	3	1m×2m 的长方形
湿润草地类组	0.5	6	1m×0.5m 的长方形
	0.25~0.5	3~5	0.5m×0.5m 的正方形
	0.5	8~10	1m×0.5m 的长方形
高山草地类组	0.25	5	0.5m×0.5m 的正方形
	0.5	3	1m×0.5m 的长方形
栽培草地类组	0.5	6~10	1m×0.5m 的长方形

干旱草地类组植被相对稠密、均匀,可用 1m×1m 的样方重复 3~10 次。羊草、丛生禾草草原可用 $0.5m^2$ 的长方形样方重复 6 次以上(杨宝珍等,1964)。

植物生长十分稠密而又均匀的湿润草地类组和高山草地类组,牧草产量测定一般采用 1m×0.5m 样方,重复 6 次。在青海铁卜加寒温潮湿(草毡土、高山草甸)草地类的研究证明,针茅+早热禾-嵩草型草地的产量测定用 0.5m×0.5m 或 $0.5m^2$ 的样方重复 3~5 次,

嵩草型草地用 0.5m² 的样方重复 8~10 次为宜。

对于生长高大灌丛或高大草本的草地，可视具体情况采用 2m×150m 或 2m×200m 的样带。株丛特别高大或十分稀疏时，甚至需用 4m×300m 或 4m×400m 的样带。

用割草机测定产量时，宽度应该是割草机刀片宽幅的数倍，一般重复 2~3 次，取样总面积为 500~1000m²。例如，割草机刀片宽幅为 1.2m，重复 3 次，它的宽度就是 3.6m。假若每一样方长为 20m，样方面积即为 72m²。在具体工作中，应该使样方面积数整齐，便于换算，如上述样方长度改为 25m，则样方面积为 3.6m×25m = 90m²，尾数为零。用割草机割草时，样方地面必须平整，否则会有大量牧草漏割和留茬高度不匀，影响测定精度。在地面平整，牧草为中等高度的草地上，割草机可以割取 80%~90% 的牧草，地面较不平整时只能割取 40%~50%，当草地有小丘时只能割取 30%~50%。

样方的形状可以是正方形、长方形和带形 3 种。正方形适用于牧草生长均匀、株本不太高大的草地；长方形适用于植被不太均匀、生长稀疏或株丛较大的草地，而样带对这样的条件来说更为合适。圆形样方在割草时不易严格遵守圆的边界，圆面积越小越如此，因此在产量测定中极少采用，一般用于测定频度。

2. 牧草不同产量的测定

牧草生长发育有明显的季节性，因此产量测定的时间应该作为经常考虑的因素。因为测定目的不同，时间规定也不一样，按时间特性来归纳，可以有下列 3 种产量的测定。

1）平均产量：第一次产量一般在草地利用的适宜时期测定。适宜时期就是牧草处于适当利用的生长发育阶段。对割草地来说，就是禾本科牧草抽穗、豆科牧草三分之一开花的时候；对放牧地来说，就是禾本科分蘖—拔节，豆科分枝—孕蕾的时期。第一次测定产量之后，牧草生长到适宜利用的高度时，再测定再生草产量。一年中，再生草可以测定一次、两次乃至多次。

各次测定的产量相加就是全年的平均产草量。

2）实际产量：在草原的利用中，并不总是在牧草适宜的利用时期测定，有时必须早于这个时期或者晚于这个时期。这样，实际利用的产量就会与平均产量有出入，就需要测定实际产量。割草地的实际产量往往与平均产量相符；只有在特殊情况下，如调制嫩干草要提前刈割或等待种子成熟后延期刈割，这就要比测定平均产量早一些或迟一些，这时的产量叫做利用时产量，或称实际产量。对放牧地来说，株高在中等高度以下的草，放牧前 5 日内测定，可以得到较为精确的结果。对高草来说，在生长旺季，为了得到较准确的结果，须在放牧前 1 日，不得已时可在前 3 日内测定。以后，每次刈割或放牧时，重复测定产量。各次测定的产量之和就是全年实际产量。

3）动态产量：动态产量是在不同时期测定的一组产量。一般在草原的典型地段，设立围栏保护定位样地，预先布置样方，定期地测定产量。要留出一些后备样方，以防意外（如啮齿类动物破坏等）干扰工作。

动态产量测定可以按牧草的生育期，也可按一定的间隔时期，如每 10 天、1 个月等。按植物生育期测定产量（表 20-3）有利于掌握各生育期的动态产量，还可以比较分析不同时期的利用对草地产量和其他方面的影响。

表 20-3　牧草动态产量测定方案

样方编号	第一次剪草	第二次剪草(或再生草)
1	草地优势植物达到下列高度时进行第一次剪草:干旱草地类组、高山湿润草地类组 8~10cm;半荒漠草地类组、湿润草地类组 12~15cm	第一次剪草后两周
2	禾本科草占优势时在禾草拔节—抽穗期剪草;豆科或杂类草占优势时,在优势植物孕蕾盛期剪草	以后当再生草达到下列高度时剪再生草:干旱草地类组、半荒漠草地类组和高山湿润草地类组 12~15cm;湿润草地类组 18~20cm;森林草地类组 20~25cm
3	优势禾本科草抽穗盛期;优势豆科草或杂类草开花初期	同 2 号样方
4	优势植物开花盛期	3 号样方剪第一次再生草时
5	结实期	达 2 号样方再生草的剪草高度时
6	仲夏时(干旱草地类组和半荒漠草地类组)	无再生草
7	种子成熟期	达 2 号样方再生草的剪草高度时
8	越冬前 20~30d	无再生草
9	12 月中旬至下旬	无再生草
10	2 月中旬至月底	无再生草
11	牧草早春开始萌发后 20~25d	1 号样方第一次剪草时
12	休闲,动态产量测定实验结束时一次剪草	不剪再生草
13~15	备用样方	—

在天然草地,需要明确优势植物。可根据当地气候条件和牧草再生能力调整,如果优势植物在开花盛期剪草后不生产再生草,或再生草达不到适宜的刈割高度,则在入冬生长停止时测定其再生草产量。休牧区应在规定实验结束的那一年入冬时剪草测定产量。若采取 3 次重复,样地内样方的排列可用近似拉丁方的布局方案(图 20-5)。样方面积 0.5~$1m^2$,样方间留 0.5~1m 的人行道,以便剪草时不影响邻近的样方。四周保护带宽度至少 1m 以上。每个样方的四角可用小木桩或小铁桩标出,在东南角背向太阳插上标牌,并按一定的比例尺绘出整个样地和样方的布局图。

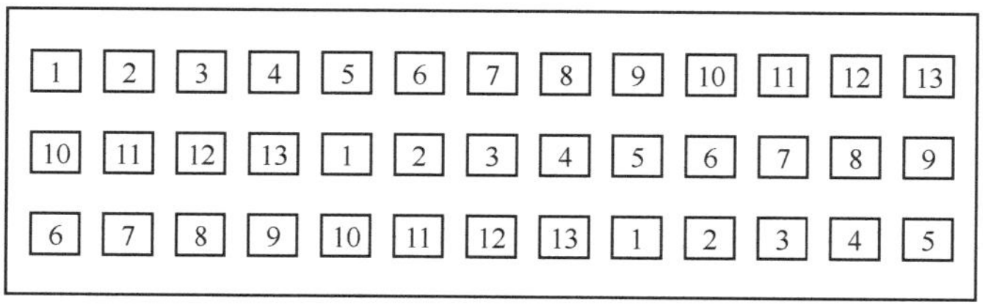

图 20-5　动态产量样方布置

动态产量样方剪得的草样可供分析牧草营养成分的动态。

3. 留茬高度

留茬高度对牧草产量和营养成分影响很大,测定牧草产量时要根据该地区实际放牧家畜种类采食的特点决定。一般在牧草高度很低的草地上,留茬高度以 2cm 为宜;中等高度的牧草,放牧地以 4~5cm 为宜,割草地以 6~7cm 为宜;对于高草地来说,留茬高度应根据可以利用的茎秆高度来考虑,一般不少于 8cm;对于再生草,留茬高度可以取上述规定的上限,也就是说留茬较高,但对用来放牧的再生草,标准仍然同上。

(二)间接方法

一般,牧草产量与其株高、气候、光反射率等有较为精确的数量关系,可以替代刈割法测定牧草产量。

1. 生长相关法

根据牧草生长量与植被特征的相关关系间接推算牧草的产量。例如,根据草地植被的高度、盖度与产量之间的定量关系,通过测定某植物种的高度与盖度,计算该牧草的产量,适用于单播的栽培草地。Castle(1976)设计了一种盘状牧草产量测定器,在快速测定草层的平均高度之后,利用高度和产量的显著相关换算产量,这种方法可以测得割草地产量变化的 80%~90%。

干重序列法(dry-weight-rank method)(Mannetje and Haydock,1963)通过估计草地主要物种的重要性并排序,建立重要性与草地产量的数量关系,以计算草地主要牧草的产量。在物种繁多(至少 3 个物种)的草地测产时,能够节约时间、提高效率。干重序列法最初由 de Vries 1933 年提出,经过 Neuteboom 等(1998)、Nijland(2000)等长期改进,准确性较高。

首先,在一个样方内通过目测依次确定三种生物量最大的物种,并排序。若一个物种占绝对优势,估计的生物量比例为 85%~95%,则同时占据第一和第二序列;若其估测生物量比例为 75%~85%,则同时占据第一序列和第三序列;若一物种估测生物量比例超过 95%,则同时占据 3 个序列(Jones and Hargreaves,1979)。若两个以上主要物种之间差距不明显,则平均占据第一序列和第二序列、第二序列和第三序列或同时平分 3 个序列。若某一序列中,几种植物同等重要,则它们平分该层级,如两个物种,则每个物种的出现频率记录为 1/2;5 个物种,则每个物种的出现频率记录为 1/5。样方要涵盖各类群落斑块或各种生产力的生物量斑块,并根据目测的斑块数量、面积配置相应的样方数量,尽可能地代表整个测产区域。首先,样方大小既要保证涵盖所有优势种,也要方便观测者能够快速准确地对物种分级,0.1m^{2}即可。一般在调查区域(如放牧小区)沿对角线确定两个以上样带,样带最好标记、固定。重复 50~100 次,统计每一物种在 3 个序列出现的频率。某物种 A 出现的概率(A_i):$A_i=n_i/N$,其中,i 为序列,$i=[1,3]$;n_i为该物种在第 i 序列出现的频率;N 为总样方数,个。与此同时,可估测样方各物种、总生物量等(Dowhower et al.,2001)。

其次,建立校准曲线/方程。测定草地生物量(常用单位:kg DM/hm^2),齐地面刈割,分别测定样方内各物种和总的生物量,作为校准样方,可与估测同时进行,也可单独测定。每个样地最少做 20 个样方,也可用其他方法测定生物量。一般,随牧草生长节律,2~3 个月测 1 次,在牧草生长旺季则 20 天至 1 个半月测 1 次,要尽可能考虑草原降水的年际变化。当多人同时观测时,每个人需要独立完成对同一样方的估测及校准样方的测定,比较各人的准确性。以草地各类生物量实测值和估计值建立线性回归方程,用以计算草地产草量,确定系数(r^2)要大于 0.7。

然后,计算每个物种的生物量比例。

通过大量的线性回归分析,在草地物种组成估计值中,第一级物种在生物量中的比例经验值为 70.2%,第二级为 21.1%,第三级为 8.7%,这些常数适用于热带、亚热带、温带和干旱地区的各种草原类型。物种 A 在 3 个层级的出现概率(A_i)乘以各自的经验系数,得到该物种生物量占总生物量估测值的比例(EDW_A,%):$EDW_A = 70.2\times A_1 + 21.1\times A_2 + 8.7\times A_3$,$EDW_A$与草地生物量的乘积为物种 A 的生物量。以此类推,可得到草地所有主要物种的生物量。如果 1 个以上的目测样方中,3 个层级均空缺,则以物种出现的频率为乘数,分别乘以经验系数的比值,作为该物种的得分(S)。以物种 A 为例:$S_A = 8.04\times n_1 + 2.41\times n_2 + n_3$,然后计算总 $DW_A = S_A/\sum S_j$,其中,S_j为物种 j 的得分,$j = \{A, B, C, \cdots\}$。

也用改进的公式计算:$EDW_j = R_{1,1} \cdot R_{1,j} + R_{1,2} \cdot R_{2,j} + R_{1,3} \cdot R_{3,j}$。$R_{i,j}$为物种 j 在层级 i 中出现的频率。即用最优势的 3 个物种在第 1 个层级出现的概率替代固定的经验值。$R_{1,j} = A_1$,$R_{2,j} = A_2$,$R_{3,j} = A_3$。

或者用优化的公式:$EDW_j = a_1 \cdot A_1 + a_2 \cdot A_2 + a_3 \cdot A_3$,其中 a_i为研究区域草地实测的相关分析回归值。

样方内牧草活体、立枯物和凋落物也可通过校准方程加以估测。

最后,计算每个物种的生物量。根据计算的各个物种的生物量比例和估测或测定的草地生物量,可计算每个物种的生物量。

2. 气候模型法

气候相关模型又称为统计模型,根据牧草生长量与气候要素的相关关系间接推算牧草的产量,常用的气候要素有降水、热量、辐射、蒸散等。首先,根据大量的实测研究建立植物量与环境因子的定量关系。其次,将气候因子(如温度、降水量等)作为自变量建立植物量与气候因子之间的简单统计回归模型。气候相关模型需要的参数简单,较为实用,尤其能较好地反映草地生产力的地带性分布。目前,应用较多的有 Miami 模型、Thornth-Waite 纪念模型、Chikugo 模型、北京模型、综合模型和分类指数模型等。估算的结果是潜在草地生产力,与草地的现实生产力有一定的差距。

在美国俄勒冈州荒漠冰草草地的实验证明,用 5~7 月的降水量和 3~5 月的平均气温资料可以推算出草地成熟产量的 64% 的变化;2 月的平均气温与 3 月的降水量可以计算出春季产量的 83% 的变化。许鹏(1979)发现牧草产量(Y, kg DM/hm^2)和降水(x, mm)的回归方程式可以计算和预报新疆天山北坡低山带冬春放牧地的牧草产量:$Y = 241.35 + 1.65x$。甘肃农业大学天祝草原试验站根据 4 月 20~30cm 土层的含水量(x,%)预测天祝寒温潮湿类草地青草产量(Y, kg FM/hm^2),计算公式为:$Y = -3673.35 + 379.20x \pm 143.33$,可在春季预报当年牧草产量,其置信度达 99%。

3. 生态系统过程模型

生态系统过程模型又称机理模型(mechanistic ecophysiological models)或生物地球化学模型(bio-geochemistry models)。它通过对植物光合作用、蒸腾作用、土壤水分、有机物分解及营养循环等生理生态过程的理解模拟估算草地产草量。其自变量包括温度、降水量、光合有效辐射、大气 CO_2浓度、土壤质地、土壤水分、土壤持水量和风速等。常用的生态系统过程模型包括:CASA、BIOME-BGC、CENTURY、BEPS、TEM、CARAIB、Forest-BGC、APSIM 等。

APSIM 是由澳大利亚农业生产系统研究小组(APSRU)研制的机理模型,用以模拟草地农业系统中的生物物理过程,适于比较准确地预测在不同的气候、品种、土壤和管理因素下牧草作物产量、水土保持作用、气候变化背景下草业生产前景等。APSIM 模型在澳大利亚昆士兰州北部的亚热带干旱气候带和西澳大利亚的地中海气候带、美国密执安州的温带大陆性气候带、新西兰和荷兰的温带海洋气候带和菲律宾的热带海洋性气候带得到很好的运用。APSIM 模型适用于不同的土壤类型:澳大利亚降水变化率大的红壤、南澳大利亚的胀缩土壤、西澳大利亚的砂黏土和黏土、菲律宾的黏红壤及欧洲大陆荷兰的粉砂壤土和粉砂黏土等。涉及小麦、玉米、桉树(*Eucalyptus grandis*)和苜蓿(*Medicago sativa*)等,对休闲系统的土壤水分和 N 也可准确模拟。APSIM 模型由 4 部分组成(图 20-6):生物模块,模拟草业的主要生物和物理过程;管理模块,发展用户定义模拟过程的管理措施和控制模拟过程;各种调用模拟过程/进出数据的模块和驱动模拟过程;中心引擎,控制传递于不同模拟信息的模型。各个模块之间通过中心引擎相互沟通。

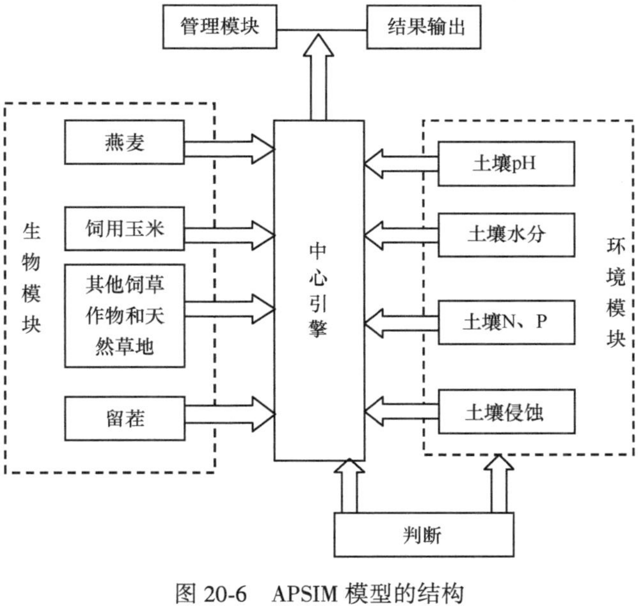

图 20-6 APSIM 模型的结构

APSIM 模型的数据库包括:①气象数据库,主要是每日最高温度、最低温度、降水量和太阳辐射等;②土壤数据库,包括土壤结构、理化性状等,尤其是萎蔫系数、作物利用下限、最大田间持水和饱和体积含水量等水分特征参数;③植物数据库,包括牧草品种、成熟期分组等,目前可以模拟苜蓿、大豆、高粱等 20 多种栽培作物。

主要的 APSIM 模块包括:①气候模块,包括长时间的气候资料与输入模型,可以直接从气候数据文件中读入实际观测的逐日气象要素数据序列,也可以利用自身附带的软件统计生成逐日气象要素序列,然后进行实时模拟研究;②土壤水分模块,基于层叠(cascade)水分平衡模型,利用了 Jones 和 Kiniry 开发的 CERES 及 Littleboy 开发的 PER-

FECT 模型中水分模块(Jones et al. ,1986),比 CERES 和 PERFECT 有所改进,可逐日、连续地模拟水分动态,计算每一土壤层中大于 DUL 的饱和含水量,模拟非饱和水流在邻近层次中运动直到达到特定的水分梯度;③土壤肥力模块,主要反映土壤 C 和 N 动态,它将土壤有机质分为活性 C、土壤微生物及其产物库和土壤有机质库,相应的 N 流由 C 库中的C/N 值决定;④地表留茬模块,主要包括留茬覆盖类型、覆盖量、分解率和覆盖时间等;⑤作物模块,可模拟一年生和多年生作物从出苗到开花、开花到成熟的逐日的生理过程,产生的干物质在根、茎、叶和储存器官中动态分配,物候由 3 基点温度控制,模拟的生命过程包括物候发育、分蘖和叶面积、根生长、作物水分关系、作物 N 状况、植物的衰老和死亡;⑥地表径流模块,采用美国土壤保持局(SCS)提出的径流曲线数字(USDA-curve number)方程,其基本公式为 $Q=\begin{cases}\dfrac{(P-0.2S)^2}{(P+0.8S)} & P\geqslant 0.2S\\ 0 & P<0.2S\end{cases}$,$S=25.4\left(\dfrac{1000}{CN}-10\right)$,其中,$P$、$Q$ 和 S 分别为降水量、径流量和下垫面的总持水量。APSIM 模型通过中心引擎与其他模块进行沟通,用户根据需要选择不同的模块组合配置 APSIM 模块,给定模型运行所需要的各个参数值,模块建立完成后,便可运行模型(图 20-7)。

其他模型也大致如此。

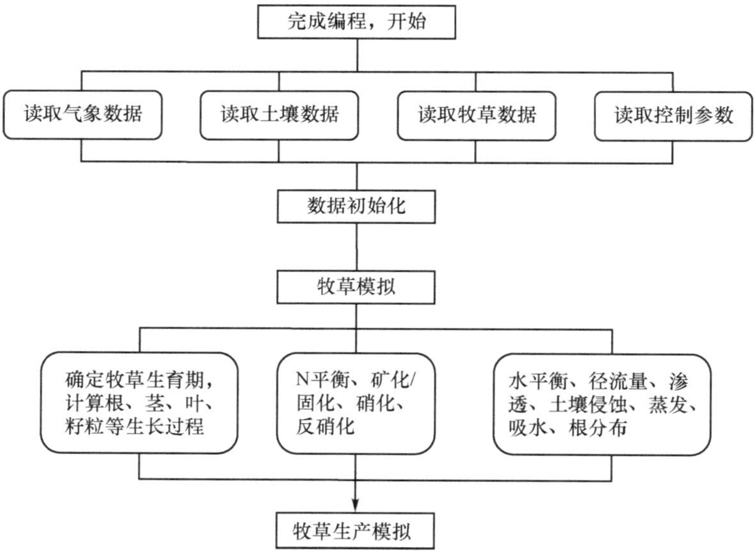

图 20-7　APSIM 运行流程

4. 遥感技术

遥感技术是利用飞机、火箭、气球、宇航等空间技术,从一定的高度用各种电磁波谱来探测草原,然后再根据接收到的电磁波的各种参数与牧草产量之间的相关性估测牧草产量。1975 年,苏联曾根据分光光度测定原理,按照土壤植被的亮度系数与牧草产量的相关性,用航空遥感和地面观测的方法,测定了哈萨克斯坦 7 个植物群落的产量,其结果和刈割法极其接近。与遥感结合使用的方法大致可分为以下几类。

下面以目前常用的 MODIS 影像资料为例介绍产草量遥感监测的原理和方法。

首先，计算 MODIS 归一化植被指数（NDVI）：$NDVI=(NIR-Red)/(NIR+Red)$，其中，NIR 和 Red 分别为红外波段和红光波段经过大气校正的地面反射率。或计算 MODIS 增强型植被指数（EVI），它是对 AVHRR-NDVI 的继承和改进：$EVI=2.5\ (NIR-Red)/(NIR+C_1\times Red-C_2\times Blue+L)$，其中，$NIR$、$Red$ 和 $Blue$ 分别为经过大气校正的近红外、红光和蓝光通道的反射值；L 为土壤调节参数，$L=1$；参数 C_1 和 C_2 分别为 6.0 和 7.5。

其次，合成每日 Terra/MODIS 植被指数 NDVI 和 EVI 有如下几个步骤。①图像投影坐标转换：使用 MRT（MODIS reprojection tools）软件，将 MOD09GA 产品 500m 分辨率的 1～7 通道地表反射率数据的地图投影 SIN 转换为 WGS84/Albers 地图投影系统，把 HDF 格式转化为 Tiff 格式；②图像数据格式转换：利用 ArcGIS 软件，将 1～7 通道地表反射率数据的 Tiff 格式转换为 ArcGIS 的 grid 格式；③每日植被指数图像的合成：利用 ArcGIS 的 GRID 模块及上述公式分别计算每日 Terra 卫星的 NDVI 和 EVI 数字图像；④多日 MODIS 模型最大植被指数图像的合成：采用最大值合成方法（maximum value composite，MVC）生成研究区特定时段的 NDVI 和 EVI 的旬、月、年最大植被指数合成数字图像。

最后，建立草地植被地上生物量遥感动态监测模型。①建立基础数据库，利用 ArcGIS 软件建立研究区地面调查样点空间分布、行政分区、草地资源类型等数据库。②提取每日地面反射率值，利用 ArcGIS 软件和地面调查样方点数据库，分别提取各样点在研究时段的每日地面反射率值，并对其进行归一化处理。③计算样点 10 日最大植被指数，利用 Excel 统计分析软件计算各样方点每日植被指数 NDVI 和 EVI 值。依据各样方点外业具体观测日期及其之前的 9 天的植被指数数据，合成 10 日最大植被指数 NDVI 和 EVI 值。④建立遥感监测模型，利用统计分析软件、各样点实测的草地鲜草产量数据及相应的 10 日最大植被指数 NDVI 和 EVI 值，建立 NDVI 和 EVI 与草地地上生物量遥感监测模型，比较分析和选择最优模型。⑤评价模型精度，利用误差统计公式：$P=100\times|L_{实测值}-L_{反演值}|\div L_{实测值}$（其中，$P$ 为平均估产误差，%；$L_{实测值}$ 和 $L_{反演值}$ 分别代表地面实测的草地产量和遥感监测模型反演的数值），对遥感监测模型的精度进行综合评价。

用遥感技术测定草原牧草产量快速、精确、经济，但其测产精度受遥感资料的时空分辨率、电磁波各种参数与牧草产量间的相关性等因素的影响，一般需要利用地面直接刈割法观测结果的验证。因此，为了进一步广泛使用遥感探测这一先进技术，直接刈割法测定产量的方法（如样地设置数量及其空间分布等）还应进一步研究和完善。

生态遥感耦合模型是新近出现的一种草地遥感测产模型。它主要通过两种方式将生态系统过程模型与遥感参数模拟结合起来。一是生态系统过程模型通过叶面积指数与遥感数据结合（如 BEPS 模型），利用 FOREST-BGC 模型的生理生态原理，结合叶面积指数（LAI）数据计算每日或每年的 NPP。这种耦合方式在参数的可获取性上有一定的改进，同时可扩大过程模型的运用范围，进行草地 NPP 时空序列的动态分析。二是光能利用率模型和过程模型的耦合，通过叶面积指数作为中间参数进行连接。例如 PEM 模型，先由入射太阳辐射量和植被冠层吸收系数确定吸收效率，再将叶面积指数（LAI）数据作为关键参数，求出自养呼吸消耗，最后从总呼吸中扣除自养呼吸消耗的部分得到净初级生产力。大部分参数可通过遥感获得，模型运行相对简单，适合区域及全球水平的草地产量估算。

5. 产量资料的校正

1）年份校正　草原牧区降水年际变化率较大,应根据调查访问或定位研究资料求得多年的平均产量,然后以一定的系数来推算旱年和湿年的牧草产量：

旱年：$M=C+\frac{M\times{}_nC}{100}$

湿年：$M=B+\frac{M\times{}_nB}{100}$

式中,M 为平年产量,kg；C 为旱年产量,kg；B 为湿年产量,kg；${}_nC$ 为旱年校正百分数,%；${}_nB$ 为湿年校正百分数,%。

2）地形校正　一般根据地形图或经纬度坐标计算草原面积,但那只表示草原的投影面积。而草地总产量在单位面积产量一定的情况下,受实际面积制约。坡度在 8°以下时,实际面积比投影面积只超过不到 1%；坡度达到 15°时,实际面积比投影面积大 3.5%；18°时,达 5%；在这个坡度以下,面积差异对于草地总产量的精度在允许范围内,可略去不计。但坡度达 25°时,差数为 10%,对产量有显著影响,因此,在进行草原调查时,坡度大于 25°的地面面积应进行校正,根据地面的坡度乘以一定的系数折算成实际面积。

3）陈草校正　在生长季测定的是牧草现存量,不包括陈草和死亡的部分。但是当冷季或放牧较重的草地,陈草仍然具有饲用价值而被家畜采食,应该测定陈草数量,将产量记录加以校正。

4）季节校正　在不同的季节,草地的实际产量是与平均产量有出入的,应该通过观测,主要是用定位研究的数据加以校正。我国各地的产草量的季节校正,可酌情参考表 20-4和表 20-5 的数据。

表 20-4　我国一些草地型风干物质储存量季节动态百分数*

草地型	春 (4~5 月)	夏 (6~8 月)	秋 (9~10 月)	冬 (11~12 月)
西伯利亚艾菊+针茅+杂类草(内蒙古呼伦贝尔)	24.4	100.0	67.8	45.7
羊草+杂类草(内蒙古呼伦贝尔)	33.3	100.0	74.8	45.2
羊草+针茅(内蒙古呼伦贝尔)	44.6	100.0	81.1	68.9
贝加尔针茅+糙隐子草(内蒙古呼伦贝尔)	45.0	100.0	95.0	61.0
差不嘎蒿+禾本科+灌丛(内蒙古呼伦贝尔)	27.3	100.0	91.4	43.5
禾本科+杂类草(内蒙古呼伦贝尔)	24.0	94.0	100.0	40.0
小针茅+隐子草+杂类草(内蒙古达茂旗伊克乌苏)	55.2	93.4	100.0	55.2
锦鸡儿+小禾草(内蒙古达茂旗伊克乌苏)	38.9	75.1	100.0	43.9
红砂+珍珠猪毛菜(内蒙古达茂旗伊克乌苏)	43.8	84.4	100.0	59.4
芨芨草(内蒙古达茂旗伊克乌苏)	42.9	71.1	100.0	51.4
锦鸡儿+针茅+糙隐子草+冷蒿(内蒙古锡林郭勒盟查干敖包)	41.5	81.1	100.0	57.9
芨芨草+薹草+羊草(内蒙古锡林郭勒盟查干敖包)	74.4	77.4	100.0	62.1
针茅+隐子草+葱属(内蒙古锡林郭勒盟查干敖包)	39.3	99.9	100.0	53.8
蒿属+针茅+隐子草+杂类草(内蒙古锡林郭勒盟查干敖包)	35.9	70.2	100.0	59.2

* 据章祖同、彭启乾、沈南英等发表资料编制；

** 内蒙古达茂旗伊克乌苏为Ⅺ~Ⅻ

表 20-5　我国各草地型储存量月动态百分数

草地型	1	2	3	4	5	6	7	8	9	10	11	12
丝颖针茅+蒿草+杂类草(西藏当雄县)	—	—	—	—	—	55.7	100.0	89.2	54.6	—	—	—
嵩草+禾草+杂类草(西藏当雄县)	—	—	—	—	—	44.9	47.5	100.0	60.1	—	—	—
藏嵩草+禾草(西藏当雄县)	—	—	—	—	—	25.8	64.4	100.0	43.6	—	—	—
针茅+早熟禾+薹草(青海铁卜加草原站)	58.5	55.2	55.2	—	7.7	38.3	70.4	91.4	100.0	64.5	59.3	58.3
嵩草(甘肃天祝县)	29.8	21.2	15.9	8.1	—	29.6	74.8	86.6	100.0	77.8	52.6	45.8
嵩草(甘肃肃南县)	—	—	—	—	—	19.1	100.0	62.2	—	—	—	—
禾本科(甘肃肃南县)	—	—	—	—	—	52.5	100.0	71.3	—	—	—	—
禾本科+莎草科+杂类草(甘肃肃南县)	—	—	—	—	—	30.2	79.0	100.0	—	—	—	—
金蜡梅+藏异燕麦+别氏嵩草(甘肃肃南县)	—	—	—	—	—	29.1	71.4	100.0	—	—	—	—
克氏针茅+短花针茅+冷蒿(甘肃天祝县)	—	—	—	—	—	86.4	100.0	97.7	82.8	64.0	49.2	—
嵩属+短柱猪毛菜(新疆巩乃斯种羊场)	—	—	—	19.5	39.7	77.9	97.8	100.0	70.2	61.7	45.5	—
针茅+狐茅(新疆紫泥泉种羊场)	—	—	70.3	61.3	78.3	100.0	97.9	45.4	75.1	73.9	—	40.3
嵩属+针茅+狐茅+薹草(新疆紫泥泉种羊场)	—	—	26.2	43.9	99.7	100.0	74.0	65.1	70.0	57.9	46.0	—
嵩属+薹草(新疆紫泥泉种羊场)	—	—	24.1	32.4	50.9	88.7	82.4	59.8	100.0	86.0	—	43.0
嵩属+木地肤(新疆紫泥泉种羊场)	—	—	9.0	14.7	49.0	100.0	—	—	88.0	—	—	—
嵩属+杂类草(新疆紫泥泉种羊场)	—	—	19.9	27.6	61.7	100.0	80.8	80.1	91.0	95.3	—	45.5
本氏针茅+胡枝子+冷蒿(宁夏盐池县)	—	—	—	—	25.9	65.8	81.5	98.1	100.0	58.9	—	—
大针茅+胡枝子+茭蒿(宁夏盐池县)	—	—	—	—	11.7	57.4	95.5	100.0	92.1	68.1	—	—
大针茅+冷蒿+百里香(宁夏盐池县)	—	—	—	—	11.0	46.8	87.5	96.5	100.0	50.2	—	—
大针茅+胡枝子+百里香(宁夏盐池县)	—	—	—	—	10.8	43.0	77.3	100.0	83.2	56.3	—	—
羊茅+矮嵩草(青海玉树县上巴塘村)	—	—	—	—	—	54.4	88.8	100.0	76.0	—	—	—
矮嵩草+杂类草(青海玉树县上巴塘村)	—	—	—	—	—	25.8	81.4	100.0	67.1	—	—	—
芨芨草(青海英德尔羊场)	—	—	—	—	7.11	43.6	89.5	100.0	—	—	—	—
紫花针茅(青海英德尔羊场)	—	—	—	—	—	59.2	94.0	100.0	—	—	—	—

二、动物生产指标法

间接方法主要用于测定牧草可供家畜利用的营养物质产量,直接方法包括载畜量和畜产品单位。

(一)牧草可利用营养物质产量指标法

根据家畜营养学,牧草可以以消化能、代谢能或生产净能及其衍生单位的含量评定其营养价值。牧草可利用营养物质产量指标法就是用家畜采食、消化吸收以后的牧草可利用营养物质评定草原生产能力,是家畜营养学在草原学中的应用,主要计算草原牧草被转化的各种形态的能量,如消化能、代谢能、生产净能或其衍生单位(如淀粉价、大麦饲料单位、燕麦饲料单位等),近似地定量草原生产过程中能用于家畜转化的植物能量和物质。与牧草产量指标法相比,这种方法计算的草原生产能力减少了 20%~70% 的误差,运用得当时,可以较准确地反映草原的最终生产能力。

1. 总可消化养分

总可消化养分(total digestible nutrient,TDN)1910 年在美国创建,是以能量为基础折算的饲料可消化养分的总和,广泛应用于世界各国反刍动物实验与饲养(Atkinson et al.,2010;Riley et al.,2010; Scramlin et al.,2010;Whitney and Luptn,2010)。动物利用饲料的能量时,最大的能量损失是未被消化而从粪排泄的部分,这一损失与饲料的种类有很大关系。因此,把损失量最大而且变动大的粪中所含的能量从饲料总能量中减去,得可消化养分,以此为基础表示能量的单位就是可消化养分总量。计算公式(Sundstöl,1993)如下

$$TDN=X_1+2.25X_2+X_3+X_4$$

式中,X_1表示可消化蛋白质含量,%;X_2表示可消化粗脂肪含量,%;X_3表示可消化粗纤维含量,%;X_4表示可消化无氮浸出物含量,%。可消化粗脂肪的系数 2.25 表示其总能(37.656kJ/g)约为可消化碳水化合物(16.736kJ/g)的 2.25 倍。

Maynard 提出了校正的总可消化养分(corrected TDN)(Maynard,1953):

$$TDN=1.36X_1+2.25X_2+X_3+X_4$$

式中,X_1表示可消化蛋白质含量,%;X_2表示可消化粗脂肪含量,%;X_3表示可消化粗纤维含量,%;X_4表示可消化无氮浸出物含量,%。因为蛋白质的能量(23.6396kJ/g)是碳水化合物的 1.36 倍。表 20-6 和表 20-7 是计算 TDN 的例子。

表 20-6 某饲料的 TDN 计算示例

饲料成分	含量/%	1kg 饲料的可消化物质=含量×消化率	TDN/%
可消化无氮浸出物	40	40×0.80	32
粗纤维	10	10×0.50	5
脂肪	5	5×0.80×2.25	9
蛋白质	45	45×0.75	33.8
合计	100	79.8	79.8

表 20-7　反刍动物常用饲料的 TDN 含量

饲料名称	TDN/%	饲料名称	TDN/%
苜蓿干草	57	棉籽粕	79
梯牧干草	60	燕麦	82
大麦	83	大豆粕	82
玉米	91		

TDN 基于牧草消化能含量计算,用百分数或重量而不用能量单位表示,因此又不能完全算作消化能的一种单位。TDN 考虑了通过粪和尿的能量损失,却未考虑呼吸的能量损失,因此过高估计了家畜对粗饲料的能量利用率。但是,TDN 具有消化能(DE)和部分代谢能(ME)的含义。TDN 可换算为 DE 或 ME: 1kg TDN =18.4MJ DE =15.1MJ ME,也可换算为净能(NE):NE(MJ/kg DM)= 0.1285×TDN(%)-3.198。因此,TDN 可以通过 DE 或 ME 与其他草原生产的评价体系换算。

2. 淀粉价单位法

20 世纪 30~40 年代,德国的 Kellner 提出淀粉价(starch value,SV)(Armsby and Fries,1919)。Kellner 发现,把 1kg 纯淀粉添加在牛的维持饲料中,牛的体脂肪增加了 248g,同样的方法添加 1kg 纯大麦时,牛的体脂肪增加了 200g,表明 1kg 纯大麦对家畜蓄积脂肪能力的贡献等同于 810g 淀粉,这就是大麦的淀粉价。可见,淀粉价是利用 100kg 饲料生产家畜脂肪时所需要的淀粉的重量,即 1kg 可消化淀粉能产生的体脂肪的量来做一个单位,是以饲料的热量值来衡量其营养价值的一种体系。这里使用淀粉价单位不是用牧草的淀粉价产量来评定草原生产能力,而是将草地的维持饲养、奶产品、家畜活体增重、繁殖的幼畜、干草和青草等按其生产需要或所含营养物质的多少折算成淀粉价,以算得一个草地生产的畜产品和牧草的淀粉价总量。此类方法有虎克(Falke)制、魏涅尔-格朗金(Wiegner-Grandjean)制、新德国制和新北欧制等(表 20-8)。它们均制订有供牧场使用的登记表、规定得很明细、具体。用淀粉价单位评定草原生产能力的方法,被广泛使用于欧洲各国。

表 20-8　淀粉价单位法标准　(单位:kg 淀粉价)

统计项目	Falke 制	Weigner-Granjean 制	新德国制	新北欧制
家畜每 100kg 活重在 24h 内的维持饲料:				
200~400kg 的阉牛和母牛	—	0.75	0.65	0.65
400~600kg 的阉牛和母牛	—	0.55	0.55	0.55
600kg 以上的阉牛和母牛	—	—	0.45	0.50
干奶牛	0.5	—	0.55	0.50
育成马	—	—	1.00	1.00
轻役马	—	—	1.00	1.00
公牛	—	—	1.00	—
中役马	—	—	1.20	1.20

续表

统计项目	Falke 制	Weigner-Granjean 制	新德国制	新北欧制
羊	—	—	0.70	—
奶产品:				
1kg 含脂率不低于 3.0% 的奶	0.20	0.20	0.24	0.23
1kg 含脂率 3.0%~3.5% 的奶	0.23	0.23	0.26	0.25
1kg 含脂率 3.5%~4.0% 的奶	0.26	0.26	0.28	0.28
1kg 含脂率高于 4.0% 的奶	0.30	0.30	0.30	0.30
活重增加:				
500kg 以下的生长家畜增重 1kg	—	2.0	2.5	2.8
500kg 以上的成年家畜增重 1kg	2.5	2.5	3.5	3.0~3.5
初生犊[如无初生犊重量,则把初生犊和胎衣认作(30+25)kg 淀粉价]	—	—	75.0	—
中等质量的干草 100kg	35.0	—	35.0	—
中等质量的青草 100kg	13.0	—	13.0	—

理查德(Richardsen,1939)曾提出过比淀粉价更为简明的单位——草地生产单位(德文缩写 GLE,英文缩写 GPU),用以评定草原的生产能力。这个单位不仅比淀粉价容易理解,而且花费的计算较少,它与草地的各种产品的折算比率规定如表 20-8。

3. 草地生产单位

1 个草地生产单位 = 1 个放牧天(活重 500kg 的家畜 1 天的维持需要)

= 1kg 活体增重

= 10kg 中等含脂率的牛奶

= 25kg 中等品质的青饲料

= 8kg 中等品质的干草

假如从一块草地上在一年的放牧季内获得了 935 个牛的放牧天,789kg 活重增重和 8574kg 牛奶,那么这块草地的生产能力就可以计算如下

935 个牛的放牧天 = 935×1 = 935GPU

789kg 活重增重 = 789×1 = 789GPU

8574kg 奶 = 8574×0.1 = 857.4GPU

总的生产能力就等于 935+789+857.4 = 2581.4GPU。草地生产单位对于生产和管理的使用十分方便,并且也容易换算为其他能量单位,如与淀粉价的比例约为 1∶2.5。

4. 牛奶单位

英国农业管理中心对英格兰威尔士奶牛场的草地生产能力的测定中,曾经以单位草地面积的产奶量——牛奶单位为标准计算草地生产能力。首先,计算本生产单位的牧草及其他饲料地面积。然后,加上购买饲料的"面积当量",即把 2.47t 精料作为 $1hm^2$,与草地的饲料面积相加即为饲养所需面积。最后,这个数字再被奶牛头数除,即为"牛面积"——每头牛所需的饲料面积,同时记录牛奶产量,就可算出每公顷产奶量。据此,可

以比较不同奶牛场的生产水平。

5. 不同评价指标的换算

淀粉价、北欧饲料单位、原苏联饲料单位各自所含的生产净能和互换系数如下所示。

1 个淀粉价=1kg 淀粉=9862kJ 生产净能

1 个北欧饲料单位=1kg 大麦籽粒=6907MJ 生产净能

1 个原苏联饲料单位=1kg 燕麦籽粒=5919MJ 生产净能

1 个淀粉价=1.43 个北欧饲料单位=1.67 个原苏联饲料单位

1 个北欧饲料单位=0.70 个淀粉价=1.17 个原苏联饲料单位

1 个原苏联饲料单位=0.60 个淀粉价=0.86 个北欧饲料单位

在进行了牧草的消化实验之后，可以根据下列公式近似地计算淀粉价：

淀粉价=0.94 可消化粗蛋白+1.00 可消化无氮浸出物(包括脂肪)-0.58 粗纤维

淀粉价=可消化有机物质-0.06 可消化粗蛋白-0.58 粗纤维

如果只进行了牧草的化学成分分析，可以根据下列公式近似地计算淀粉价：

青草淀粉价=-1.844(粗纤维-27)-1.179(灰分-10)+56.34

干草淀粉价=-1.994(粗纤维-27)-1.179(灰分-10)+52.29

但是一种牧草对不同种类，不同生产方向的家畜的营养价值是不一样的。因此，当前家畜营养学对牧草营养价值的规定为因家畜种类和生产方向的不同而有所不同。例如，苜蓿青草其干物质对牛、马、羊消化能的含量分别为 12.01MJ/kg、10.84MJ/kg 和 12.52MJ/kg；代谢能的含量分别为 9.84MJ/kg、8.92MJ/kg 和 10.26MJ/kg；生产净能用于肉牛增重为 2.97MJ/kg，用于奶牛产奶为 6.24MJ/kg。所以，我们在计算草地不同形态的能量时，还要考虑到利用草地的家畜的不同。例如，一块人工苜蓿草地，亩产苜蓿青草 4000kg，合干物质 1000kg，对不同家畜来说，其含有的不同形态的能量：

对牛的消化能为 1000kg×12.01MJ/kg=12 010MJ

对牛的代谢能为 1000kg× 9.83MJ/kg=9830MJ

对奶牛的产奶净能为 1000kg×6.24MJ/kg=6240MJ

对肉牛的增重净能为 1000kg×2.97MJ/kg=2970MJ

对马的消化能为 1000kg×10.84MJ/kg=10 840MJ

对马的代谢能为 1000kg×8.92MJ/kg=8920MJ

对羊的消化能为 1000kg×12.52MJ/kg=12 520MJ

对羊的代谢能为 1000kg×10.26MJ/kg=10 260MJ

用牧草可利用营养物质的产量来评定草原生产能力比牧草产量法合理、科学，但它需要有较完全的各种牧草营养价值的研究基础。然而，这个方法基于一种牧草对各种家畜所含的消化能或净能一致，因此，一种牧草的营养价值可用一个数值来表示，比较简明、方便，但是误差较大。

(二) 载畜量(载牧量)法

用载畜量指标来评定草原生产能力是世界使用最广泛的一种方法。它是以一定的草原面积，在放牧季内以放牧为基本利用方式(也可以适当配合割草)，在放牧适度的前提下,能够使家畜良好的生长及正常繁殖的放牧时间及放牧头数。实质上是一种理想状态下草地的承载能力,也可称理论载畜量。它说明单位面积的草原在一定的时间内,可以养活和养好的家畜头数。它更接近于草原生产能力的含义,能更有效地表示草原的真正生产能力。

根据载畜量的含义可知,载畜量所表述的草原生产能力由 3 项要素构成:①家畜头数;②放牧时间;③草原面积。在这三项要素中只要有两项不变,一项变动,即可表示载畜量。因此,载畜量可以有 3 种表示方式:①家畜单位,在一定的时间内,单位面积的草原上可以养活的家畜数目;②时间单位,单位面积的草原上,可供 1 头家畜放牧的天数或月数;③面积单位,单位时间内,1 头放牧家畜所需要的草原面积。

1. 家畜单位法

家畜单位也叫家畜当量(animal equivalent)或家畜指数(animal index),即根据其饲料消耗量,将各种家畜折合成一种标准家畜,以便进行统计学处理。目前,畜牧业生产采用的头数指标(如存栏数),以及其他以头数为基础的衍生指标(如总增率、淘汰率、净增率等)都属于此类指标。

1)适于我国的家畜折算系数

王栋教授首创并在我国广泛采用的羊单位是:体重 40kg 的母羊及其哺乳羔羊为一个标准羊单位。其他家畜可以根据其采食量与标准家畜的比值换算成羊单位。

绵羊:

繁殖母羊及其哺乳羔羊=1.0 个羊单位

公羊=1.0 个羊单位

1 岁育成羊=0.5 个羊单位

山羊:

繁殖母羊及其哺乳羔羊=0.9 个羊单位

公羊=0.9 个羊单位

1 岁育成羊=0.4 个羊单位

猪:

混合群平均=1.0 个羊单位

牛:

奶牛,日产乳 7.5kg=5.0 个羊单位

役牛,中役=5.0 个羊单位

肥育的肉用阉牛=5.0 个羊单位

6~12 月龄育成牛=2.5 个羊单位

12~18 月龄育成牛=3.5 个羊单位

18~24 月龄育成牛=4.5 个羊单位

牦牛:

混合群平均=3.0 个羊单位

繁殖母牦牛及其哺乳犊牛=4.0 个羊单位

马或骡：

成年马或骡，中役=5.0个羊单位

繁殖母马及其哺乳幼驹=5.0个羊单位

1岁育成马或骡=2.5个羊单位

2岁育成马或骡=3.5个羊单位

3岁育成马或骡=4.5个羊单位

驴：

成牛驴，中役=4.0个羊单位

繁殖母驴及其哺乳幼驹=2.0个羊单位

3岁育成驴=3.0个羊单位

骆驼：

成年骆驼=7.0个羊单位

此外，我国还有牛单位，1头体重为200kg的成年黄牛，日采食鲜草26kg，即南方草地载畜量的黄牛单位（全国第一次草地资源统一调查，1981年）。

2）美国（1946年）

美国牛单位（家畜单位）的含义是：1头体重454kg的成年母牛或与此相等的家畜，平均每天消耗牧草干物质12kg。

牛：

断奶犊牛及1岁犊牛=0.6个家畜单位

成年母牛（带犊或不带犊）和阉公牛=1.00个家畜单位

2岁及以上公牛=1.3个家畜单位

马：

1岁驹=0.75个家畜单位

2岁驹=1.00个家畜单位

3岁以上=1.25个家畜单位

绵羊和山羊：

5只断奶羔和1岁羔=0.6个家畜单位

5只带或不带哺乳羔羊的母羊=1.0个家畜单位

5只公羊=1.3个家畜单位

美国还有家畜单位月（Animal Unit Month，AUM），即以一头标准牛一个月的饲草需要量为一个AUM，所有其他家畜与其比较见表20-9。

表20-9　美国AUM当量

畜种	AUM	畜种	AUM
母牛	1.00	绵羊	0.20
公牛	1.30	山羊	0.20
断奶牛	0.50	美洲驼	0.30
成年马	1.25	红鹿	0.20
1岁马	0.75	麋鹿	0.50

3）苏联（1961 年）

苏联也用牛单位作为标准家畜。

各种年龄牛平均=(0.7~0.8)个家畜单位

母牛及其哺乳犊牛= 1.0 个家畜单位

公牛及役用牛=1.0~1.2 个家畜单位

1 岁牛=0.5~0.7 个家畜单位

1 岁以下犊牛=0.15~0.25 个家畜单位

各种年龄的绵羊、山羊平均=0.14 个家畜单位

成年绵羊和山羊=0.13~0.14 个家畜单位

各种年龄的马平均= 0.8 个家畜单位

役用马=1.0~1.1 个家畜单位

4）澳大利亚

澳大利亚在草地管理中常使用干羊单位(dry sheep equivalent,DSE)为指标,用于评价草地生产能力。1 个干羊单位规定相当于 1 只 2 岁、体重为 45kg 的美利奴绵羊(羯羊、非带羔或非怀孕母羊)每日所需维持能,约为 7.60MJ/天。各类家畜所对应的干羊单位量依次为依据分别折算(表 20-10)。

表 20-10　澳大利亚干羊单位折算　(单位:DSE)

成年绵羊	40kg	50kg	1 岁肉牛	300kg	350kg
干母羊或羯羊	0.9	1.1	日增重 250g	7	8
日增重 50g	1.2	1.4	日增重 750g	10	11
日增重 100g	1.5	1.7			
怀孕 6 周母羊(单羔)	1.4	1.6			
怀孕 6 周母羊(双羔)	1.8	2.0			
带单羔母羊	2.4	3.1			
带双羔母羊	2.8	3.3			

5）新西兰

家畜单位(livestock unit,LSU)是在新西兰被广泛使用的家畜和草地生产力评价单位(表 20-11)。1 个家畜单位等价于 1 只带单羔的 55kg 母羊每年的饲料需求,约为 520kg 高质量干草。1 只 1 岁以上羊=0.7 个 LSU,1 头娟珊奶牛=6.5 个 LSU,1 头成年红鹿=1.5~2.0 个 LSU。

表 20-11　新西兰家畜单位折算

家畜	体重/kg	家畜单位/个
绵羊		
母羊	45	0.85
母羊	55	1.00
母羊	65	1.25

续表

家畜	体重/kg	家畜单位/个
1 岁龄越冬前	30	0.70
1 岁龄越冬前	40	1.00
1 岁龄越冬前	50	1.20
肉牛		
母牛	340~400	3.70
母牛	400	4.40
母牛	450	5.30
断奶幼畜	135~270	3.50
小母牛或小公牛	200~400	3.70
小母牛或小公牛	200~465	4.60
小母牛或小公牛	350~500	4.70
小母牛或小公牛	600	6.0
奶牛		
母牛	350	6.10
母牛	400	6.8~8.0
1 岁龄娟珊牛	180~320	3.50
1 岁龄弗里赛牛	225~430	4.50
娟珊小牛	25~180	2.00
弗里赛小牛	35~225	2.50

6）南非

大家畜单位(large livestock unit,LLU)是在南非被广泛使用的草地和家畜生产力评价单位。1 个大家畜单位相当于 1 头体重 250kg 的牛每年对草地牧草的需求量,1 个大家畜单位等于 6 个小家畜单位(SLU)。

2. 时间单位法

最常用的是头日法,即在一定草原面积上,对于一定家畜可以放牧的日数。也有用月作单位的,叫家畜单位月,系指在一定草原面积上,对于一定家畜单位可以放牧的月数。

3. 面积单位法

面积单位法是单位时间内 1 头(只)家畜所需的草地面积。王栋提出的一个中国草地单位是:在放牧季中,所供给 1 头体重 40kg 的绵羊及其羔羊所需刍料,而不必加喂其他饲料的草地面积。表 20-12 是根据我国资料编制的各类型草地在正常利用率和载畜量条件下的草地单位指标。

表 20-12　我国每个羊单位所需的草地面积

地区	植被类型	草地面积/hm^2
西北荒漠区	荒漠	0. 93~1. 60
	荒漠乔木疏林	0. 60~0. 93
	灌木林	1. 60~2. 47
	泛滥地草甸	0. 33~0. 53
	山地荒漠	1. 20~2. 47
	山地灌丛	0. 93~1. 60
	山地垫状植被	2. 47
	山地草原	0. 60~0. 93
	山地森林	0. 53~0. 67
	高山草甸	0. 53~0. 67
青藏高寒区	平原低地沼泽	0. 27~0. 40
	山地灌丛	1. 40
	山地河谷灌丛	1. 00
	亚高山宽谷草甸	0. 67
	亚高山丘陵草甸	0. 53
	亚高山山脊草甸	0. 53
	亚高山山麓草甸	0. 67~1. 00
	亚高山湖滨草甸	0. 67~1. 00
	亚高山峡谷林间草甸	0. 47
	亚高山盆地草甸	0. 47
	高山灌丛草甸	0. 53
	高山山脊草甸	0. 53
	高山盆地草甸	0. 73
	高山宽谷草甸	0. 47
	高山丘陵草甸	0. 60
	高山草原	2. 67
	高山荒漠	4. 00
北方干旱草原区	河流泛滥地沼泽	0. 27~0. 40
	河流泛滥地草甸	0. 27~0. 40
	低洼地谷地草甸	0. 47~0. 60
	山地草甸	0. 67~0. 80
	草甸草原	0. 20~0. 53
	低山丘陵草原	0. 60~0. 80
	中山草原	0. 60~0. 80
	高平原草原	0. 60~0. 80
	低山丘陵半荒漠	0. 60~0. 87

续表

地区	植被类型	草地面积/hm^2
北方干旱草原区	高平原半荒漠	1.07~1.33
	高平原荒漠	1.33~2.67
	湖滨及湖盆洼地盐湿荒地	0.93~1.07
	撂荒地	0.67~0.80

注:该表根据1973年全国草原科技座谈会资料和其他资料编制

载畜量以其指标简单明确、通俗易懂、统计方便而被广泛应用于草原生产实践。当牧草能充分满足家畜的需要时,在一般的经营管理条件下,较多的家畜头数直接表现为较多的畜产品,用载畜量表示草原生产能力没有太大的问题(并非没有问题)。在草原生产流程中,动物生长量(载畜量的内涵)处于第五转化阶的位置,最接近于草原生产的最后一环——可用畜产品,因此它是比较接近于草原真实生产能力的评定方法;从理论上说,至少在消化营养物质这一转化阶的基础上消除了20%~70%的误差。可是,载畜量混淆了动物生长量(P_5)与可用畜产品(P_6)之间的界限,从放牧生态系统的流程可以发现两者之间有重大差别(表20-1)。以牛为例,存栏牛头数相当于生产资料的动物生长量;而牛肉是可用畜产品,以千克计。说明:①家畜作为生产资料,只是畜产品的基础;②这个基础通过一定的草原畜牧学措施才能部分地,永远不会是全部地变成畜产品;③由生产资料的家畜到畜产品的转化率的差别,从草原生态系统理论上看,可以从1倍到无穷大(当转化率为零的极端情况下)。这种家畜和可用畜产品之间的关系,就是我们在草原上经常遇到的,家畜存栏数增加了,却拿不出相应的畜产品;甚或在存栏数增加的同时,畜产品收获量反而下降的现象的内在原因。

不同的草原类型载畜量各异,天山西部山地草原、内蒙古短花针茅草原、宁夏典型草原、粤北岩溶山区灌丛的适宜放牧率分别为0.32羊/hm^2、1.027羊/hm^2、1.316羊/hm^2和4.9羊/hm^2(张建立等,2010;韩国栋等,2007;王进华等,2007;Yiruhan et al.,2011;马红彬和谢应忠,2011)。但是,任何草原的载畜量都不是一个固定值,它随着年际间降水和其他重要影响因素的不同而变化。这要求放牧系统管理应有必要的前瞻性和预测性,而降水等因素与载畜量的线性数量关系也为此提供了可行性。

(三)畜产品单位

上述几种方法都是通过直接用草地生产的畜产品的多少来评定草原生产能力,并使之用于实际,这是它们的基本优点。但是从真正体现草原生产能力的含意和全面应用的角度来认识它们,显然还存在下列问题:①以牧草产量作为草原生产力的指标,这样就部分地失去了用畜产品评定草原生产能力的这个最重要、最基本的原则;②把草地生产的饲料也按比例折算为畜产品,这更是欠妥的,因为直接用畜产品来评定草原生产能力,原就是为了避免用植物性的初级产品代替动物性的最终产品来评定草原生产能力,而上述的处理正好在实际上导致人们较容易地使用植物性产品统计法,而取消畜产品统计法;③上述方法由于没有解决草地生产的各种畜产品对标准单位的折算比率,而使它们在实际应用中受到很大的限制。例如,产奶草地、产肉草地和产毛草地之间,同一草地同时生产肉、奶、毛、役畜时,都因这些不同质的产品不能折算为一个统一的标准单位,而难以比较和评定它们的生产能力。

因此,从草原生产能力本身的含意出发,制订比较完善和可供普遍使用的新指标。该新指标应针对前述几种方法所存在的问题,符合下列几点原则。①草原生产能力要以具有使用价值的可用畜产品(肉、奶、毛、皮、役畜、役力等)来表明,以便明确区别于作为生产资料的家畜。对于草原的植物性初级产品的牧草,中间产品的维持饲养、幼畜及生产中的其他必要消耗,均应通过统计的畜产品来处理,而不应和畜产品并列或单独列项统计。但为了准确计算本单位的草原生产能力,出售和买进的牧草和精饲料,由于各单位生产管理水平的差异,不应规定统一的折算比率,而应按本单位的实际饲养管理水平来折算标准单位数。②直接采用一种畜产品形态作为标准单位,并核算它和其他各种畜产品的折算比率,以使标准单位具有衡量草原一切畜产品的品格,能在草原生产中普遍使用。③新的指标在实际应用时应简明、方便。

根据上述原则,可以用畜产品单位作为标准单位,用来评定草原生产能力。1 个畜产品单位规定相当于中等营养状况的放牧肥育肉牛 1kg 的增重,其能量消耗约相当于 110.9MJ 消化能,或 94.2MJ 代谢能,或 58.2MJ 增重净能,或 10 个原苏联饲料单位。其他各项畜产品根据其在放牧或以放牧为主的饲养条件下,生产单位重量的畜产品消耗的能量与 1kg 增重消耗的能量之比来确定折算比率。各种畜产品在折算为畜产品单位时,其质量标准规定是:①活重增重的畜产品形态为牛、羊等肉畜中上肥度的胴体;②奶含脂率为 4%,无氮固形物 8.9% 的标准奶;③毛为净毛;④役畜为正常育成年龄,中等体重的成品役畜;⑤役用工作均为轻役;⑥羔皮为羔皮品种羊所产的符合一般要求的羔皮;⑦裘皮为裘皮品种羊所产的符合一般要求的裘皮。

根据汇总的放牧实验和其他资料,放牧奶牛每千克的产奶所消耗的能量是肉牛 1kg 增重的 1/10,即 10kg 牛奶相当于 1 个畜产品单位。

肥育绵羊增重 1kg 所需能量和肉牛相似,故 1kg 绵羊增重也等于 1 个畜产品单位。

绵羊生产 1kg 净毛所消耗的能量约为增重 1kg 的 13 倍,故 1kg 净毛等于 13 个畜产品单位。

役用马一般 3 岁出场,把三年内消耗的营养物质的能量与 1kg 增重消耗的能量相比,每匹役马相当于 500 个畜产品单位。正在使役的马(按轻役计,下同)每年所消耗的能量约相当于 200 个畜产品单位。

役用牛一般也是 3 岁出场,1 头役牛相当于 400 个畜产品单位。正在使役的牛每年所消耗的能量约相当于 160 个畜产品单位。

役用骆驼 4 岁出场,1 峰役用骆驼相当于 750 个畜产品单位。骆驼的役用能力约相当于 1.5 匹马,1 峰正在使役的役用骆驼,每年所消耗的能量约相当于 300 个畜产品单位。

役用驴出场时可按 200 个畜产品单位计,使役一年可按 80 个畜产品单位计。

羔皮品种羊生产 1 张羔皮的能量消耗相当于 13 个畜产品单位。

裘皮品种羊生产 1 张裘皮的能量消耗相当于 15 个畜产品单位。

肉畜和役畜的皮张及可食内脏难以用能量的消耗比来确定其和畜产品单位的折算比率,可暂按 1kg 鲜皮和 1kg 可食内脏等于 1kg 增重来处理,即等于 1 个畜产品单位计。我国黄牛的鲜皮率为7%，活重280kg的牛，其鲜皮重20kg（280×7%＝19.6≈20），即1张普通的牛皮可按20个畜产品单位计。牦牛的鲜皮率也是7%左右，因此也可按上述办法处理。马的鲜皮率可按5%计，如马的活重为300kg，则每张鲜马皮重15kg，即可按15个畜产品单位计。绵羊的鲜皮率为9%，1只50kg活重的绵羊其鲜皮重4.5kg，即1张中等质量的羊皮为4.5个畜产品单位。

为了生产中使用方便，根据上述的折算比率和汇总的屠宰实验资料，制成我国中上等肥度的菜牛、菜羊屠后各部平均所占百分率表（表20-13），可以将各类畜产品与畜产品单位的折算关系扩大成表20-14，以供统计时使用。

表20-13　我国中上等肥度的菜牛、菜羊屠后各部平均所占百分率

畜别	头数/头	平均活重/kg	各部所占百分率/%					
			胴体	头蹄	内脏	血	皮	肠胃内容物
牛	79	276	50	7	13	4	7	19
羊	105	50	45	8	15	4	9	9

表20-14　各类畜产品的畜产品单位

畜产品	畜产品单位/个
1kg肥育牛增重	1.0
1个活重50kg羊的胴体	22.5（屠宰率45%）
1个活重280kg牛的胴体	140.0（屠宰率50%）
1kg可食内脏	1.0
1kg含脂率4%的标准奶	0.1
1kg各类净毛	13.0
1匹3岁出场役用马	500.0
1头3岁出场役用牛	400.0
1峰4岁出场役用骆驼	750.0
1头3岁出场役用驴	200.0
1匹役马工作一年	200.0
1头役牛工作一年	160.0
1峰役驼工作一年	300.0
1头役驴工作一年	80.0
1张羔皮（羔皮羊品种）	13.0
1张裘皮（裘皮羊品种）	15.0
1张牛皮	20.0（或以活重7%计）
1张马皮	15.0（或以活重5%计）
1张羊皮	4.5（或以活重9%计）
1头淘汰的中上肥度的菜羊（活重50kg）	34.5（或以活重的69%计）
1头淘汰的中上肥度的菜牛（活重280kg）	196.0（或以活重的70%计）

举例说明用畜产品单位评定草原生产能力的具体方法。

如甘肃省武威天祝藏族自治县某村是个纯牧业生产单位,有草原 12 000hm²,饲养有绵羊约 5000 头,牦牛约 5000 头,马 100 余匹,山羊约 700 头。以 1971 年的生产实际情况为例,计算其草原总生产能力和单位面积的生产能力。

(1) 淘汰肉食牛 565 头×175(平均活重 250kg)= 98 875 个畜产品单位

(2) 淘汰肉食羊 787 只×34.5(平均活重 50kg)= 17 250 个畜产品单位

(3) 生产牦牛奶 75 092kg×0.13(每千克牦牛奶相当于 1.3kg 标准奶)≈9762 个畜产品单位

(4) 生产净羊毛 4920kg×13 = 63 960 个畜产品单位

(5) 生产净牛毛 3082kg×13 = 40 066 个畜产品单位

(6) 出售役马 21 匹×500 = 10 500 个畜产品单位

(7) 出售役牛 20 头×400 = 8000 个畜产品单位

(8) 工作役马 20 匹×200 = 4000 个畜产品单位

(9) 工作役牛 70 头×160 = 11 200 个畜产品单位

(10) 生产牛皮 245 张(非正常死亡牛剥皮)×17.5(按 250kg 平均活重的 7% 计)= 4287.5 个畜产品单位

(11) 生产羊皮 228 张(非正常死亡羊剥皮)×4.5 = 1026 个畜产品单位

上述 11 项共计生产 268 926.5 个畜产品单位,即红疙瘩牧业队 1971 年 1.2 万 hm²草原总的生产能力为 268 926.5 个畜产品单位。草原的平均生产能力为:268 926.5 个畜产品单位÷12 000hm² = 22.4 个畜产品单位/hm²。

用畜产品单位的指标评定草原生产能力的意义和方法已作了详细的论述,为了更进一步地理解畜产品单位在评定草原生产能力这一复杂问题中所起的作用,有必要再扼要地将畜产品单位的意义作如下的概括。①它是根据草原生态系统的理论,反映生产过程中最后一个转化阶的真实情况,在草原科学的能量和物质转化过程中,提供了一个新的概念和尺度。②这个尺度不仅可以直接测定草原生产能力本身,还可以间接反映草原生产的综合科学技术水平。因为它的依据是生产流程中多阶转化的最后一阶。从理论上说,它是在此以前各个生产环节的最终的全面体现。③它把动物资源与动物产品在属性上区别开来,从而排除了长期存在的家畜头数指标在生产上所造成的假象的干扰,真实地反映了草原生产的能力。

第三节 放牧地管理

一、放牧地管理的目标

放牧生态系统的管理目标首先是维护结构和功能的完整性,其次是实现生态、经济、社会综合效益的最优化,最终确保生态系统健康管理与永续利用。

放牧系统的植被管理。首先,对于健康草地要通过合理放牧将其控制在一个稳定的状态,保证优良牧草占有绝对比例,毒害草不危害畜牧业生产;其中,对于退化草地则休牧与适度放牧结合,不断增加优良牧草种及其生物量比例。其次,通过控制合理的家畜放牧密度和畜群配置、实施有效的放牧方法，适当地限制家畜的选择性采食，维持牧草较好的适口性，提高牧草采食率和牧场植被的均匀度。通过适时适度收获、火烧、补播、划破等综合管理措施，提高放牧草地的产量和品质，改进降水等资源的利用效率。尽可能减少放牧草地上卧息反刍区、运动场、宿营地等"牺牲带"(sacrifice area)的面积。放牧管理应维持适宜的根系生长，一般地上部分采食率超过 80% 时，根系即停止生长(图 20-8)。

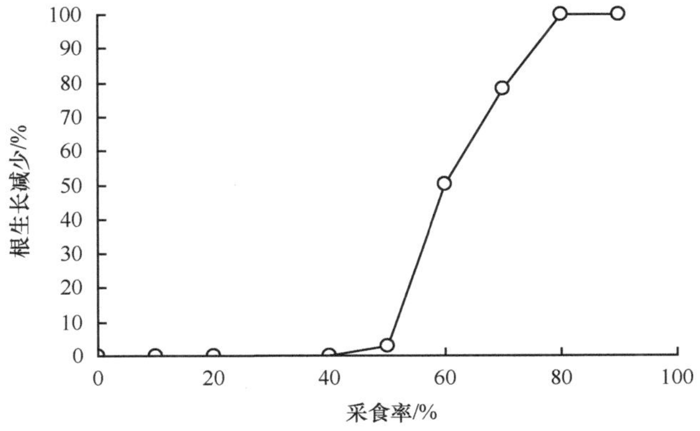

图 20-8　放牧强度对牧草根生长的影响

放牧系统的家畜管理　在载牧量合理的前提下，不影响个体家畜的生产性能，而且将提高单位面积草地的家畜生产力，这需要确定适宜的放牧率(图 20-9)。掌握市场信息，及时出栏，提升家畜生产的经济效益。保持合理的畜群结构。通过农牧耦合、补饲、防疫等提高家畜的生产水平。加强棚圈建设和畜舍管理，改进家畜的健康状况。注重保护家畜的福利。

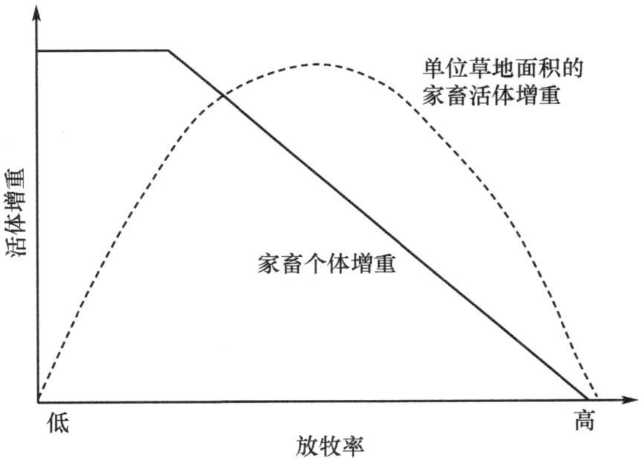

图 20-9　放牧强度与家畜生产的关系

放牧系统的土壤管理　使放牧家畜排泄物在牧场均匀分布。防止家畜践踏破坏草原土壤结构。注重畜圈厩肥的返还，维持土壤元素平衡。维护正常的生草土发育。通过放牧维持合理的地表覆盖，增加降水渗透，减少径流，避免水蚀、风蚀。

放牧系统的经济管理　尽可能利用自然地形，降低牧场建设成本；牧场建设和日常维护成本一大部分来自于围栏建设，尤其是划区轮牧系统，应该根据不同材料的使用年限和维持成本综合考虑,选择费效优的材料(表 20-15)。控制劳动力等生产成本。按市场规律经营。

表 20-15　各种围栏材料的使用寿命和维持费用

材料	使用年限/年	维持费用
木头	15~20	高
立柱栏杆	15~20	低~中
V 网	20~30	低
刺丝	15	中
高张力线	20~30	低
塑料	12	低
聚氯乙烯	20~30	低

放牧系统的人居管理　牧场中的牧户生活与家畜有完善的隔离,卫生无妨。牧户居住区要有较为完善的水、电、暖等保障设施。要建立较为完备的交通、通信等基础设施。要能够满足牧民的教育、就医、购物等生活需求。人居与周边环境和谐。

放牧系统管理的系统效应　确保放牧系统管理的新技术、新方法在区域潜在扩散中具有各类效应的正面响应。维持生态系统食物网和野生动物栖息地,保护生物多样性,增加碳沉积。减少化石燃料和机械投入。尽量避免使用化肥和杀虫剂。

二、根据功能分类管理

草地农业系统是在一定水热条件下,以土壤-植物-动物-社会产品为主干,以能量和元素转化网络为主体的农业生态系统,主要功能是在保持系统健康的前提下不断提高农业生产效益,是目前结构较为完善、技术内涵丰富、功能健全、可持续发展的农业生产模式,普遍存在于发达国家(任继周,1995)。可见,放牧生态系统是以放牧为主要管理方式、人居-草地-家畜互作为核心驱动力的一类草地农业系统。放牧生态系统具有多功能性,但是某一放牧系统或者一个放牧系统在某一时期以某一种或两种功能为主,可以根据草地农业系统 4 个生产层进行功能分类,有针对性地管理(图 20-10)(侯扶江,2000)。

放牧生态系统的前植物生产层是指在生产初级产品和动物产品之前,以草原自然、人文景观、药材、观赏植物等产生经济价值,以合理放牧涵养水源、保护水土所体现的生态价值,以草畜文明传承、传统草原价值观发展体现社会价值。广义地前植物生产还包括草原牧区人文与自然景观的雕琢与修饰,是一种草原的保护性使用。对于这类放牧地,放牧只是维持系统运转的动力,载牧量就低不就高,切忌引起草原退化,还要防范游客等压力过大导致的放牧地退化。经营管理较为粗泛,中等投入,产出较高,容易受国内外经济波动的影响。易与其他类型的生产系统开展系统耦合。

植物生产层包括草原牧草的生长、草原培育、牧草割储,以及因地制宜地发展农牧耦合,种植饲用灌木、乔木和牧草作物等,以草类植物为主要生产对象。植物生产多作为家畜生产的辅助而存在,主要是在放牧地轮换过程中的刈割、休牧,通过延迟放牧和较迟放

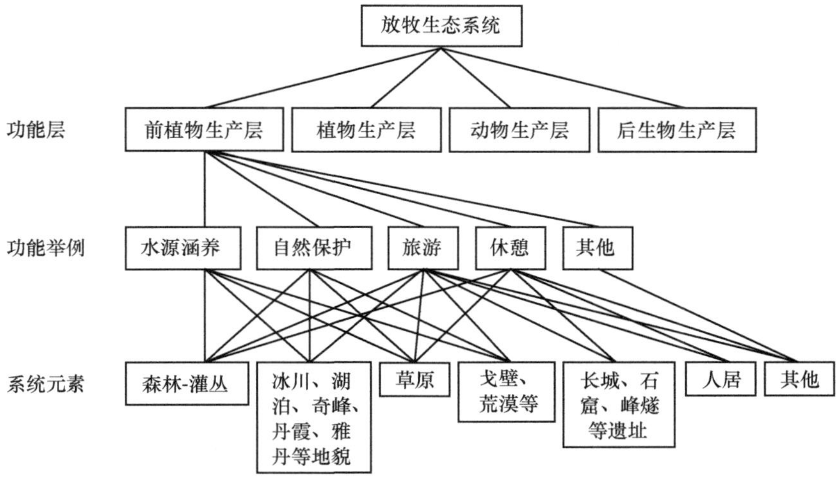

图 20-10　草原生态系统的功能分类(以前植物生产层为例)

牧开展草地培育,通过合理规划平衡饲草全年均衡供应,尤其是冷季饲草储备等。这类系统以提高放牧地牧场产量品质与产量为目标,确保放牧地可持续利用,因此要求放牧技术水平较高,劳动力投入也大。低投入,中等产出。

动物生产层是通过合理放牧收获动物及其产品,如茸、绒、毛、奶、肉、血、角、蹄、皮等。放牧系统植物生产层和动物生产层主要以适度利用为主。首先,要根据生产目标制订适宜放牧区域的轮流放牧计划。其次,要注意对家畜的补饲,如蛋白质饲料和微量元素的补给,以提高或维持动物生产的水平和畜产品的质量,常常发展成为资金密集型的放牧生态系统。高投入,中等产出,是进一步产业升级的基础,与后生物生产层结合往往引发效益倍增(侯扶江等,2004)。

后生物生产层是指畜产品和草产品的加工、流通和分配,包括以草畜为原料的工艺品、饰品,广义地后生物生产还包括草原牧区特色手工艺品制作、民族或地域特色饮食等,它是放牧系统综合效益升值的有效途径,是需要鼓励发展的方面。在提升核心牧场技术示范作用的基础上,要在较为广泛的生态条件相似的区域推广标准化的放牧管理技术,以统一产品质量、确保产量。技术与资金密集型的放牧生态系统,受市场作用强烈,高投入、高产出、高风险,对区域放牧系统的带动作用大。具有与生俱来地发展多种系统耦合的潜力。

放牧生态系统的多功能性需要通过管理得到维护和发展。譬如,森林-灌丛是前植物生产层、植物生产层和动物生产层的重要基地,禁猎后属于前植物生产层和植物生产层,禁伐后就只属于前植物生产层。通过草地农业系统耦合的调控手段,可以使这些系统元素在多个生产层释放生产潜力。再如,利用国家二级保护动物马鹿的耐粗牧、耐粗饲、适应性强的特点,将其引入森林景观中,既发展观光旅游业,又获得动物产品(如鹿茸、鹿血等),同时加速生态系统物质循环和能量流动,促进放牧系统健康发展。可见,将放牧生态系统的功能纳入分类管理体系,有助于科学地规划,实现系统资源的优化管理与利用。

三、放牧地的分级管理

在草原分类的基础上,进一步确定草原当前的生态条件和经济特点,才能更好地为正确的经营管理提供有价值的科学根据。对草原的生态条件、生物群落发展和经济现状进行等级的评价,就是草原分级。方法可以分为两大类,即根据草原基况分级和根据草原使用价值分级。

(一)根据草原基况分级

对草原进行的群落学和生态学鉴定,以说明和比较草原实际和潜在的生产能力的差异,间接和相对地表明生产能力。一般情况下,只有在同一草原类型中比较才有意义。

现有的根据草原状况对草原进行分级的方法,有以单项指标为准的,也有以综合指标为准的。单项指标在进行工作时简单、快捷,但不免失之片面,综合指标的分级当然比较全面些,但有时失之过繁,在实践中应用不便。下面分别就具有代表性的这类方法进行简略的介绍。

1. 单项指标的分级法

1)植物群落分级法　Dyksterhuis(1949)根据天然草原在放牧的条件下,植被中减少、增多和侵入成分的多少,制定了下述的草原分级方案(曾被美国水土保持协会所采用)。

优良:总盖度的75%~100%由减少的和增多的种所构成,0%~25%由侵入的种和增多的种构成。

良好:当前植被50%~75%由原生或顶极植被构成。

中等:当前植被的25%~50%由原生或顶极植被构成。

低劣:当前植被的0%~25%由原生或顶极植被构成。

草原分级图更清楚地表明在草原状况为优良、良好、中等和低劣的情况下(图20-11),各等级中顶级植被所占的比例;减少的种、增加的种(以上的种均为顶极植被原有的成分)和侵入的种在总盖度中所占的相对百分数。

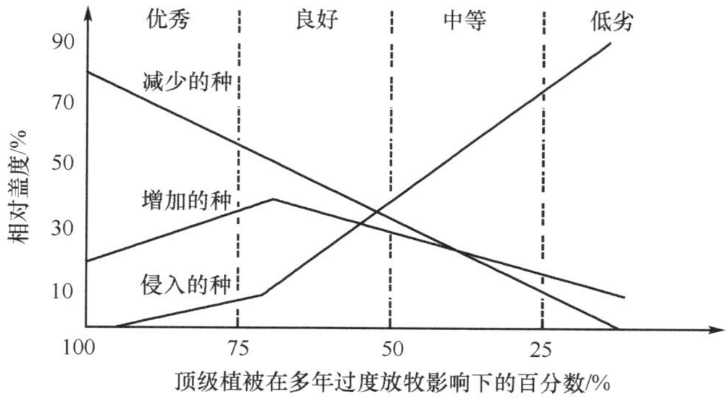

图20-11　植物群落分级法图解

2)可食牧草法　Humphrey(1949)的标准如下

优良:可利用牧草占产量的75%~100%;

良好:可利用牧草占产量的50%~75%;
中等:可利用牧草占产量的25%~50%;
低劣:可利用牧草占产量的25%以下。
内蒙古锡林郭勒市曾用于划分草原等级的标准如下
一等:以家畜喜食的优良牧草为主;
二等:家畜特别喜食的牧草不多,以一般牧草为主;
三等:家畜不喜食的牧草或有毒有害植物比例较大,一般大于40%。

3) 土壤有机质指标法　土壤对外界条件和草原状况的反映比植被稳定,Sampson(1919)的等级制见如下介绍。

第一级:土壤表面全无有机质积累;
第二级:土壤表面凋落物;
第三级:有新鲜的腐殖质层;
第四级:有成熟的腐殖质层。
自第一级到第四级逐渐变佳。

2. 综合指标的分级法

1) 综合判断法　一般,放牧越重,家畜对草原土壤的践踏越厉害(图20-12),可作为草原利用分级的依据之一。王栋和任继周1961年提出如下分级方案。

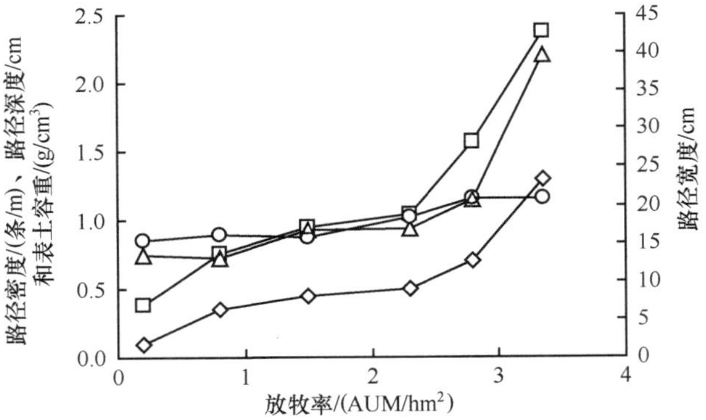

图20-12　高山草原放牧强度与家畜践踏路径的关系(据侯扶江和任继周,2003作图)

第一级:长久放牧过轻或不放牧。有倒伏或未倒伏的常年宿茎大量存在。土壤有机质增加,并表现出与此相联系的一系列生草土演变过程的劣化现象。当土壤呈酸性时,往往有柳属灌木出现。高大杂草逐渐取得优势。

第二级:放牧适度。植被正常生长,无明显畜蹄践踏痕迹,无水土流失。

第三级:放牧略过重。在干旱地区,杂类草及根茎、疏丛型禾本科草受到抑制,短小密丛禾本科草比例增大。湿润地区,早熟禾一类略受抑制,狐茅类增多。各类草原均出现家畜践踏过度所出现的沟纹,而山坡上的最为明显。植被成分与第二级没有显著差异,产量上有较明显的区别。水土流失较严重。

第四级:明显的放牧过度。株本高大的优良牧草显见减少,小型密丛禾本科和蒿属植物增加,草原矮化,毒草较多。家畜践踏过度所出现的沟纹在山坡上大量出现,平地上也普遍可见。中等雨量即出现水土流失,表土在有些地方已经全部丧失。

第五级:严重的放牧过度。优良牧草已少见,蒿属和杂类草的数量也显见减少,只有稀疏矮小的一年生或深根多年生植物,毒草大量生存。践踏过度生成的沟纹在山坡上密如鱼鳞,交错排列,平地上也很密集。由于水土流失等原因,土层已变薄,表土层流失,成土母质常常暴露,草原遭受到毁灭性的破坏。

1960 年,任继周以高山草原为例,提出了草原定量与定性相结合的分级标准(表 20-16)。

表 20-16　高山草原利用分级标准

	土			草			畜
	生草土	侵蚀	地面	可食植物比例/%	总盖度/%	饲用植物产量/%	每羊单位所需草地面积/hm^2
一级	草皮完整	无侵蚀	无	>80	>80	>90	<0. 75
二级	地面裸露	片状剥蚀,细沟侵蚀	少量	60~80	60~80	>80	0. 75~1. 25
三级	草地不完整	冲沟	较大,较多	40~60	40~60	>60	1. 25~2
四级	大量裸露	风蚀沟	大量	20~40	20~40	<40	2~2. 75
五级	完全裸露,无腐殖质	风蚀墩,风蚀槽,巷沟,新月形沙丘	密布	<20	<20	<40	>2. 75

1998 年,任继周又做了修订(表 20-17),尤其丰富了家畜行为、生长、繁殖等指标,并使之具有多种草原的普适性。

表 20-17　草原利用分级

		土壤	植被	家畜
放牧过轻		有机质积累多,可能酸化	宿草多,高大杂草多	采食时间短,游走时间多,生长繁殖正常
放牧适当			草层结构正常,牧草生长均匀	采食时间正常,采食速度适中,生长、繁殖正常
放牧过重	轻度退化	局部有机质有减少趋势,出现片状侵蚀斑	生物量减少,盖度下降,有畜蹄践踏痕迹	均匀采食,放牧时间延长,生长、繁殖正常
	明显退化	有机质明显减少,荒漠化、细沟侵蚀普遍	优良牧草减少,畜蹄践踏明显	采食过度,放牧时间延长,游走距离增加,卧息与反刍时间缩短,体重波动约 15%,繁殖正常
	严重退化	有机质明显减少	优良牧草减少,网状畜蹄践踏痕迹	体重波动在 20% 左右,繁殖率下降,低劣动物种群增加
	极度退化	有机质极度减少,荒漠化严重	优良牧草稀见,有毒、有害、不食植物大增	体重波动 25%~30%,繁殖率下降或失去繁殖能力,种群更替
	彻底破坏			不能生存

《中国农业百科全书》(1996)中有根据草地产草量和完全放牧家畜生长状况的分级标准(表20-18),它对草地产草量变化有数量规定。

表20-18　根据产草量和放牧家畜生长判断草原退化状况

	轻度退化	中度退化	重度退化
草地产草量	下降20%~30%	下降30%~40%	下降>40%
放牧家畜生长	生长、繁殖正常	冷季饲草不足,“夏壮、秋肥、冬瘦、春乏”现象严重	生长、繁殖受阻

1998年,李博也提出了草原退化分级标准,较为关注退化草地的结构和可恢复性(表20-19)。

表20-19　草原退化分级标准

退化等级	植物种类组成	地上生物量与盖度	地被物与地表状况	土壤状况	系统结构	可恢复程度
Ⅰ轻度退化	原生群落组成无重要变化,优势种个体数量减少,适口性好的种减少或消失	下降20%~35%	地被物明显减少	硬度稍增加	可恢复	围封后自然恢复较快
Ⅱ中度退化	建群种与优势种发生明显更替,但仍保留大部分原生物种	下降35%~60%	地被物消失	土壤硬度增大1倍,地表有侵蚀痕迹。低湿地段,土壤含盐量增加	无明显变化	围封后可自然恢复
Ⅲ重度退化	原生种类大半消失、种类组成单纯化。低矮、耐践踏的杂草占优势	下降60%~85%	地表裸露	硬度增加2倍,有机质明显降低,表土粗粒增加或明显盐碱化,出现碱斑	围封后自然恢复较快	自然恢复困难,需加改良措施
Ⅳ极度退化	植被消失或生长零星杂草	下降85%以上	呈现裸地或盐碱斑	失去利用价值	肉食动物减少,啮齿类增加	需重建

2)综合评分法

美国Poker和Wood Head在20世纪40年代提出根据草原植物、土壤、动物状况评分的评级标准(表20-20)。

表20-20　草原状况评分的评级标准

植物指标

生长势和状况:多年生牧草

其依据为:颜色、高度和产量与中等放牧或保护区相比

牧草茂盛、健壮、色暗绿、叶极多、繁殖枝高而多,如非特殊干旱时少见或没有死亡植株,在好年景,繁殖颇盛,生草土和密生草坚强,不见母质 ……………… =1

牧草如上具有高繁殖枝,除非在特好年景繁殖不盛,偶见状况不良斑块,生草土和密生草坚强,偶见母质 ……………… =3

续表

牧草看来健壮,但饲用作物生长不良,雨水作用较前些年为差,生草土薄,密生草松弛,易见母质 ……………	=5
牧草弱,可见淡色病色,繁殖枝少而极短,大雨也不能使其繁茂生长,种子少萌发,多死亡,根部暴露,易拔出,母质明显裸露 ……………	=7
生长势和状况:杂类植物(可食的灌木)(如果杂类植物不达20%以上可不分级)	
有新的生长基底和丰富的幼株 ……………	=1
密集的杂类植物,但不是灌层 ……………	=2
杂类植物成带状,状如篱笆 ……………	=3
显著的杂类植物带,具有许多枯枝的死株、不良植物,重牧 ……………	=5
密度:优良=1　良好=2　尚可=3　低劣=4	
组成:优良=1　良好=2　尚可=3　低劣=4	
放牧利用	
现在利用(最近的放牧年或放牧季)未利用 ……………	=0
轻牧:(格兰马草型的利用量在20%以下) ……………	=1
中牧:(格兰马草型的利用量在20%~40%) ……………	=2
重牧:(格兰马草型的利用量在40%~60%) ……………	=3
极重牧:(格兰马草型的利用量在60%以上) ……………	=4
在过去十年内从未利用到轻牧 ……………	=0
从未利用或轻牧到中等放牧 ……………	=1
从未利用或轻牧到重牧 ……………	=2
从中等放牧到重牧 ……………	=3
从重牧到极重牧 ……………	=4
一年生牧草和杂草	
极少或没有=0　多=1　很多=2	
有害的草原植物	
无=0　散生的群聚=1　丰富并分布相当多=2　很丰富=3	
土壤指标	
地被物(枯枝落叶)	
在植物之间的土壤表面,并且主要由多年生牧草繁殖枝组成	
很丰富=1　一般=2　稀少=3　没有=4	
土壤侵蚀(风)(如非风蚀不分级)	
无风蚀=0　轻度风蚀=1　中度风蚀=3　严重风蚀=5　极重风蚀(流沙和沙丘)=7	
土壤位移(水和风)	
土层或地面完全,并且被植物遗体良好覆盖无明显片蚀 ……………	=0
全部土层完整,但是在小的冲积扇可偶见土壤移动,有裸露砾石或岩石 ……………	=1
土层开始破裂为小冲积扇,在裸露的砾石和岩石上形成侵蚀淀积 ……………	=3
表层,地面被迅速移去,具有底土暴露的斑块,侵蚀淀积 ……………	=5
上层表土大量移去,侵蚀淀积显著,土壤一般坚实,底土暴露 ……………	=7
沟的形成	
无沟=0　偶见小的浅沟,但是易为植被恢复=1　偶见沟=2　偶见沟,深=3　常见沟,浅=5　常见深“V”型到“U”型沟=7	
动物指标	
家畜	
牛、繁殖母牛的平均体重和犊牛生产	
431.3kg(900磅)和80%产犊率;8月龄小牛平均体重181.6kg(400磅)以上 ……………	=1
385.9kg(850磅)和70%~80%产犊率;8月龄小牛平均体重158.9~181.6kg(350~400磅)以上 ……………	=2

续表

317. 8kg(700 磅)和 50% ~70% 产犊率;8 月龄小牛平均体重 136. 2~158. 9kg(300~350 磅)以上 …………… =3
少于 317. 8kg(700 磅)和少于 50% 产犊率;8 月小牛平均体重少于 136. 2kg(300 磅) ………………………… =4
绵羊、羊羔放牧结束时体重
29. 5kg(65 磅)以上=1　27. 2~29. 5kg(60~65 磅)=2　22. 7~27. 2kg(50~60 磅)=3　少于 22. 7kg(50 磅) …… =4
啮齿类动物和野兔
正常或偏低=1　丰富=2　更丰富=3
总分评定:
优良少于 15　良好=15~25　较差或尚可=26~35　低劣=36 以上
总计:

这一方法的评级基础为植物、土壤和动物,并最后总结成为一种总的指标,内容颇全面,对于动物的作用估计充足,如其中不仅在动物指标项内包括家畜增长情况,而且包括啮齿类动物(如野兔等为害草原较严重的小动物)。即使在植物指标项内,也是以饲用特点为主要考察标准,并且对于利用情况也加以考虑,这是颇为有益的。对于土壤状况,从植物地被物、风蚀、水蚀等方面加以评定,也抓住了问题的实质。

但具体使用中需要注意下列几项:

第一,生长势的精确评定是较为困难的,但在这里占了相当大的比例,如果处置失当,就会造成较大误差;

第二,植物密度、组成均需因地制宜地订出每一级的标准;

第三,动物指标中若干具体数字应根据各地情况重作规定。

后来,修订后的标准为美国森林协会所采用,其中放弃了其中最有用的成分之一的动物指标,已远不如原方案完善。

任继周等拟定的草原综合评分分级方案(表 20-21),这是一种定量的分级标准。

表 20-21　草原综合评分分级方案

植被指标	
1. 可食植物的组成(占重量的百分数)	
可食植物占 80% 以上	80~100 分
可食植物占 60% ~80%	60~80 分
可食植物占 40% ~60%	40~60 分
可食植物占 20% ~40%	20~40 分
可食植物占 20% 以下	0~20 分
2. 植被总盖度	
总盖度 80% 以上	80~100 分
总盖度 60% ~80%	60~80 分
总盖度 40% ~60%	40~60 分
总盖度 20% ~40%	20~40 分
总盖度 20% 以下	0~20 分

续表

3. 饲用植物产量(以调查地区的最高产量为 100%)

占最高产量的 90%以上 …… 80~100 分

占最高产量的 80%以上 …… 60~80 分

占最高产量的 60%以上 …… 40~60 分

占最高产量的 40%以上 …… 20~40 分

占最高产量的 40%以下 …… 0~20 分

土地指标

1. 生草土发育状况

草皮完整,富有弹性,有腐殖质层,植物多为根茎——疏丛型 …… 80~100 分

地面有少量裸露,富有弹性,有腐殖质层 …… 60~80 分

草皮不完整,草根絮结,草皮坚韧 …… 40~60 分

土壤大量裸露,有大量沟纹,植物以密丛型为主 …… 20~40 分

土壤完全裸露,无腐殖质积累,全为成土母质覆盖,践踏的沟纹密如蛛网 …… 0~20 分

2. 土壤侵蚀情况

无侵蚀,植被郁蔽 …… 80~100 分

轻度侵蚀,仅有片状剥蚀或细沟侵蚀 …… 60~80 分

表土有明显的剥地,有冲沟出现 …… 40~60 分

表土被侵蚀,留下较粗的颗粒,开始出现风蚀沟 …… 20~40 分

极严重侵蚀,出现风蚀墩、风蚀槽。水蚀出现巷沟。在黄土地区出现塌沟、黄土井。风沙地区有新月形沙丘、沙垄等 …… 0~20 分

3. 地面状况

无小丘、鼢鼠堆、灌丛、石块等 …… 80~100 分

小丘(高 10~20cm)少量;鼢鼠堆少量(<150 个/hm^2);有矮灌丛;石块少量 …… 60~80 分

有较大的小丘(高 40cm 以上);鼢鼠堆较多(150~300 个/hm^2);有高 1m 以上的灌丛,盖度在 50%以下;石块较多且大 …… 40~60 分

有大量的小丘;鼢鼠堆很多(300~450 个/hm^2;灌丛盖度在 50%以上;有大量大石块 …… 20~40 分

小丘密布;鼢鼠堆极多(>450 个/hm^2);灌丛几乎覆盖全部地面,或全为砾石覆盖,生草面积在 10%以下 …… 0~20 分

家畜标准

为了正常生活和繁殖,每羊单位需要的草地面积在 0.67hm^2 以下 …… 80~100 分

为了正常生活和繁殖,每羊单位需要的草地面积在 0.67~1.33hm^2 …… 60~80 分

为了正常生活和繁殖,每羊单位需要的草地面积在 1.33~2.00hm^2 …… 40~60 分

为了正常生活和繁殖,每羊单位需要的草地面积在 2.00~2.67hm^2 …… 20~40 分

为了正常生活和繁殖,每羊单位需要的草地面积在>2.67hm^2 …… 0~20 分

在上述项目评分后,按下列标准评定等级:

级别	评语	总平均分数
一级	优良	80~100 分
二级	良好	60~80 分
三级	中等	40~60 分
四级	不良	20~40 分
五级	低劣	0~20 分

我国草地退化的分级标准、草地沙化(风蚀)的分级标准和草地盐渍化的分级指标的

评价指标均与此有共同之处(表 20-22~表 20-24)。

表 20-22　我国草地退化程度的分级标准与分级指标　(%)

		草地退化程度分级监测项目	未退化	轻度退化	中度退化	重度退化
必须监测项目	植物群落特征	总盖度相对百分数的减少率	0~10	11~20	21~30	>30
		草层高度相对百分数的降低率	0~10	11~20	21~50	>50
		优势种牧草优势度值相对百分数的减少率	0~10	11~20	21~40	>40
	植物群落组成	可食草种个体数相对百分数的减少率	0~10	11~20	21~40	>40
		不可食草个体数相对百分数的增加率	0~10	11~20	21~40	>40
		毒害草个体数相对百分数的增加率	0~10	11~20	21~40	>40
	指示植物	草地退化指示植物种个体数相对百分数的增加率	0~10	11~20	21~30	>30
		草地沙化指示植物种个体数相对百分数的增加率	0~10	11~20	21~30	>30
		草地盐渍化指示植物种个体数相对百分数的增加率	0~10	11~20	21~30	>30
	草地地上部分生物产量	总生物产量相对百分数的减少率	0~10	11~20	21~50	>50
		可食草生物产量相对百分数的减少率	0~10	11~20	21~50	>50
		不可食草生物产量相对百分数的增加率	0~10	11~20	21~50	>50
	土壤养分	0~20cm 土层有机质含量相对百分数的减少率	0~10	11~20	21~40	>40
辅助监测项目	草地地表特征	浮沙堆积面积占草地面积相对百分数的增加率	0~10	11~20	21~30	>30
		风蚀面积占草地面积相对百分数的增加率	0~10	11~20	21~30	>30
		土壤侵蚀模数相对百分数的增加率	0~10	11~20	21~30	>30
		鼠洞面积占草地面积相对百分数的增加率	0~10	11~20	21~50	>50
	草地土壤理化性质	0~20cm 土层土壤容重相对百分数的增加率	0~10	11~20	21~30	>30
	土壤养分	0~20cm 土层全氮含量相对百分数的减少率	0~10	11~20	21~25	>25

表 20-23　草地沙化(风蚀)程度分级与分级指标　(%)

		监测项目	未沙化	轻度沙化	中度沙化	重度沙化
必须监测项目	植物群落特征	植被组成	沙生植物为一般伴生种或偶见种	沙生植物成为主要伴生种	沙生植物成为优势种	植被很稀疏,仅存少量沙生植物
		草地总盖度相对百分数的减少率	0~5	6~20	21~50	>50
	指示植物	草地沙漠化指示植物个体数相对百分数的增加率	0~5	6~10	11~40	>40
	生物产量	草地总产草量相对百分数的减少率	0~10	11~15	16~40	>40
		地上部分可食草产量占草地总生物产量相对百分数的减少率	0~10	11~20	21~60	>60
	地形特征		未见沙丘和风蚀坑	较平缓的沙地,固定沙丘	平缓沙地,小型风蚀坑,基本固定或半固定沙丘	中、大型沙丘,大型风蚀坑,半流动沙丘
	裸沙面积占草地地表面积相对百分数的增加率		0~10	11~15	16~40	>40

续表

监测项目				未沙化	轻度沙化	中度沙化	重度沙化
辅助监测项目	0~20cm 土层的土壤理化性质	机械组成	>0.05mm 粗砂粒含量相对百分数的增加率	0~10	11~20	21~40	>40
			<0.01mm 物理性黏粒含量相对百分数的减少率	0~10	11~20	21~40	>40
		养分含量	有机质含量相对百分数的减少率	0~10	11~20	21~40	>40
			全氮含量相对百分数的减少率	0~10	11~20	21~25	>25

(二) 根据使用价值分级

这种方法是用比较直接的经济指标,评定草原生产力能力的优劣,以表明草原的资源状况。例如,中国科学院蒙宁综合考察队,根据草原质量和其他参考指标来确定等别,再根据产草量确定级别,最后再用等和级的结合来评定草原的优劣(表 20-25,表 20-26)。

表 20-24　我国草地盐渍化程度分级标准与分级指标　(%)

检测项目			草地盐渍化程度分级			
			未盐渍化	轻度盐渍化	中度盐渍化	重度盐渍化
必须监测项目	草地群落特征	耐盐碱指示植物	少量出现	主要伴生种	绝对优势	仅存少量,其他消失
		草地相对盖度百分数的减少率	0~5	20	20~50	>40
	生物产量	地上总生物产量相对百分数的减少率	0~5	<20	20~70	>70
		可食生物产量相对百分数的减少率	0~5	<20	15~40	>40
	地表特征	盐碱斑面积占草地总面积相对百分数的增加率	0~5	<15	15~30	>30
辅助监测项目	0~30cm 土层含盐量相对百分数的增加率		0~5	<10	10~20	>20
	地下水矿化度相对百分数的增加率		0~5	<10	10~20	>20
	土壤有机质含量相对百分数的减少率		0~5	<20	20~40	>40

表 20-25 天然草地等的评定标准

评等项目		一等	二等	三等	四等	五等
主要项目	草群质量	优	良	中	低	劣
	各类草所占比例	优等草>60%	良等草 60% 优等草 40%	中等草 60% 低等草 40%	低等草 60% 劣等草 40%	劣等草>60%
参考项目	饮水半径/km	3~5	6~7	7~10	10~15	>15
	地下水埋深/m	<5	5~10	10~15	15~20	>20
	坡度	<10°	10°~20°	20°~30°	30°~35°	>35°

表 20-26 天然草地级的评定标准 （单位：t/hm^2）

评级项目	一级	二级	三级	四级	五级	六级
鲜草产量	>6.00	4.50~6.00	3.00~4.50	1.50~3.00	0.75~1.50	<0.75

上述等级 1979 年又稍作了变动，在等的评定中取消了参考项目；在级的标准中共分为八级，从第一级到第八级其鲜草产量分别为 $12t/hm^2$以上、$9\sim12t/hm^2$、$6\sim9t/hm^2$、$4.5\sim6t/hm^2$、$3\sim4.5t/hm^2$、$1.5\sim3t/hm^2$、$0.75\sim1.5t/hm^2$和 $0.75t/hm^2$以下。这样变得较为简明，适于我国南方和北方草原通用。

刘德福等(1996)根据牧草中碳营养物质和氮营养物质计算营养比(R)(表 20-27)：$R=\frac{NFE+CF+EE\times2.4}{CP}$，其中 NFE、CF、EE 和 CP 分别为无氮浸出物、粗纤维、粗脂肪和粗蛋白含量，%。结合粗灰分(A)可划分 12 个草地分型。因为无论在不同区域还是同一区域，乃至不同放牧利用强度区域，各种草地类型之间通过各种草地级过渡，因此该标准也可用于草地分级。

表 20-27 中国草地营养类型划分标准

碳氮营养比	粗灰分					
	<10%		10%~20%		>20%	
	类型	用途	类型	用途	类型	用途
<3.75	N	奶	N-A	藏羊毛肉	A-N	山羊绒、裘皮
3.76~7.25	NC	毛	NC-A		A-NC	
7.26~14.25	CN	肉	CN-A		A-CN	
>14.25	C	肉牛	C-A		A-C	

也可用草原牧草的营养价来定量划分草地的营养成分等级(任继周，1998)(表 20-28)：$V=abc$，其中，V 为粗蛋白等级数；b 为粗纤维等级数；c 为维生素等级数。草原可根据营养成分等级，分为 3 级。

表 20-28 牧草的营养成分等级

粗蛋白/%	粗纤维/%	胡萝卜素/(mg/kg)	得分
≥16	≤28	≥45	3
10~15	27~34	35~44	2
≤10	≥34	≤34	1

四、草原放牧管理的理论基础

(一) 草原适宜的放牧利用强度

适度的放牧可以增加草原牧草的产量,超过这一限度,其产量即行降低。在甘肃武威天祝县高山草原春季牧场,放牧 56 天后,根据再生草的产量发现,阴坡放牧 1~3 周 3 个处理较不放牧和放牧 4 周处理高,表明适度放牧可以刺激牧草的再生性,连续放牧 4 周以上对草原有不利影响,稍嫌过重,连续放牧 3 周不影响草原再生力。不同种类牧草的耐牧性,以莎草科牧草表现最稳定而有规律,杂类草较不耐牧,且三类草产量对应的适宜放牧强度也不同(图 20-13)。

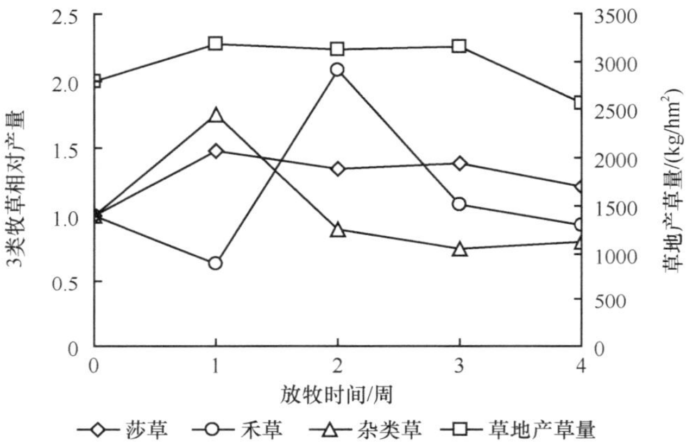

图 20-13 放牧强度对高山草原再生草产量的影响

在原苏联克列特斯克实验站,西伯利亚野麦收种 3 年,第 4 年在 $1m^2$ 以内的繁殖枝仅 33 枝,而第 3 年时放牧的试验区内,第 4 年的繁殖枝在 $1m^2$ 以内达 213 枝,比前者高出 7 倍左右。所以,适度放牧还可以增加种子的产量。

禾本科草在轻度放牧以后,叶片虽被吃去,但深藏叶鞘中的嫩茎仍完好无恙,仍可正常生长。但叶片不能相应生长,因而成为无叶的茎秆,适口性和营养价值都不高。这时如实行适度放牧予以刺激,其株丛基部的幼芽便可以大量生长,从而生出叶片丰富的株丛。灌木被放牧以后,可以强盛分枝,使其嫩枝及叶片增多,适口性及营养价值均可提高。因此,一年中适度的多次利用可以提高草原的生产力和牧草品质(图 20-14)。当放牧过度时,则会枝条短粗、密集,叶片也不易被家畜采食。

无论是天然草原,还是栽培草地,牧草适度多次利用后,可以提高产量和营养品质(图 20-12)。即便是半干旱地区,适度地多次利用紫花苜蓿草地,也可比 1 次性利用提高产量 30% 以上(表 20-29)。

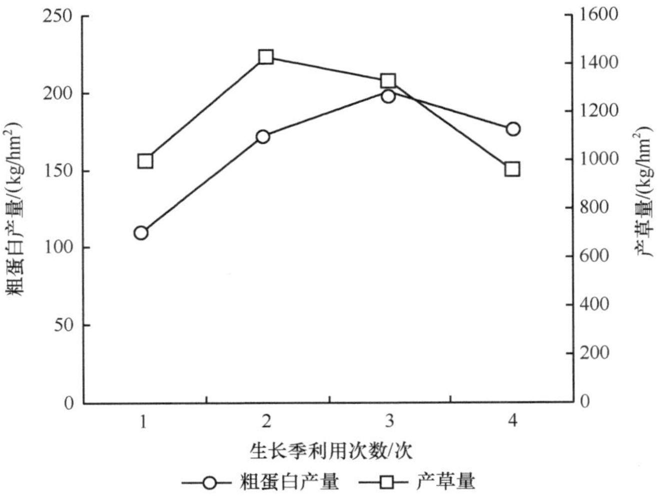

图 20-14　高寒草甸利用频率与产量和营养的关系(根据张卫国等数据绘制)

表 20-29　环县紫花苜蓿多次刈割和 1 次刈割的产量

	刈割日期	草产量/(kg/hm^2)
多次刈割	5 月 27 日	971.7
	6 月 16 日	171.3
	7 月 6 日	264.6
	7 月 26 日	428.9
	8 月 16 日	402.9
	小计	2239.4
一次刈割	8 月 16 日	1645.8

在放牧不足时,草原植被年年倒伏腐烂,使土壤有机质积蓄过量。虽然有助于土壤团粒的形成,但同时它有强大的吸水力(吸水量可以达到其本身重量的 288%),可吸收大量水分,因而降低土壤透水性与通气性——走向生草土化的高级阶段,呈现草甸土化和沼泽化,不断地降低草原生产力。因此,正确地利用牧场,对草原是必要的和有利的。

适当放牧的标准,可从采食率与利用率比较而得。利用率既是草原被适当的放牧利用的百分数,也是观察和计算草原载牧量的一个理论标准。它在下列基本因素的影响下,不断变化着。

(1) 牧草的耐牧性强时,利用率可稍高;耐牧性低者利用率应较低。而耐牧性的高低,表现于牧草种类、生长发育阶段、对当地环境的适应能力及生草土的弹性大小、草原过去的利用历史等方面。

(2) 风蚀和水蚀严重或有水土流失的危险时,利用率应降低,以便保留较多牧草,作为水土保持之用。反之,利用率可稍高。

(3) 草原植被品质不良,适口性较差时,其利用率应较低;如果利用率规定过高,优良草将受严重摧残。

(4) 在生长迟缓区域,降低利用率。在牧草生长旺季,提高利用率,防止牧草迅速老化。

(5) 牧草枯黄季节,利用率稍高,以适当清除地面,利于牧草返青、生长。

一般情况下,天然草原"吃一半、留一半"。以下为一些放牧利用时需要注意的地方,但需要根据实际情况调整。

(1) 在牧草的危机期,如早春或晚秋(早春时,牧草可塑性物质正在大量消耗,晚秋时,则正在需要储藏,以备明年再生),或在干旱、虫灾等以后,应该规定较低的利用率。这时一般为 20%~50%。

(2) 为了保持水土,不同的坡度应该有不同的利用率。坡度越大,利用率越少。把<10°的坡度草原的利用率作为 100%;则随着坡度的增加而递减的规律为:坡度 10°~30°,利用率 70%~100%;坡度 30°~60°,利用率 40%~70%;坡度>60°,利用率 0%~40%。

(3) 在正常的放牧时期,划区轮牧草地的利用率可比自由放牧草地高 10~20 个百分点。

(4) 放牧强度就是牧场被放牧利用的轻重程度,在理论上的表现是:利用率=采食率,放牧适当;利用率>采食率,放牧过轻;利用率<采食率,放牧过重。

而且,不同草地类的放牧利用率在不同季节有所差异(表 20-30)。

表 20-30　不同类型草地的放牧利用率　(%)

草地类型	夏季	春秋季	冬季	全年
寒冷潮湿多雨冻原、高山草甸类,寒冷湿润冻原、高山草甸类	40~60	30~40	60~70	35~60
寒温湿润山地草甸草原类,微温微润草甸草原类,寒温微润山地草甸草原类	45~70	35~45	60~70	45~65
微温微干温带典型草原类,寒冷微润少雨冻原、高山草甸草原类	40~60	30~40	50~60	40~50
寒冷微干干燥冻原、高山草原类,暖温干旱暖温带半荒漠类,微温干旱温带半荒漠类	40~50	20~30	50~60	35~45
寒冷干旱寒带半荒漠、高山半荒漠类,寒冷极干寒带荒漠、高山荒漠类	35~40	25~30	45~55	35~40
微温极干温带荒漠类,暖温极干暖温带荒漠类	15~30	10~20	20~30	15~25
亚热微干亚热带禾草-灌木草原类	60~80	40~50	60~80	55~75
炎热干旱热带荒漠灌丛类,炎热极干热带荒漠类	50~70	40~50	60~80	50~70

(二) 放牧时期

从适当的放牧开始时期,到适当的放牧结束时期,叫做放牧时期或放牧季。实际上家畜放牧的日期,叫做放牧日期。放牧季是理想的放牧日期,两者有本质上的区别。实际生产中,很难按照理想的时间来安排开始放牧和结束放牧的时间,但是,应该采取措施来避免或弥补这些损失,从而为草原放牧利用提供依据。

放牧开始与结束时期不应过早或过迟。放牧开始过早可以破坏草原。在早春时,牧草刚刚萌发,还不能自行制造养料,它自己所需养料还是去年入冬以前储存在根部或越冬芽里的,如果这时放牧,就会使其所储有限养料严重耗竭,丧失生机。如果在这时放牧过重,家畜喜食的优良牧草必然首先遭受淘汰,使植被成分逐渐变坏,即使在放牧并不过重的情况下,植被成分尚未变坏,也可影响再生草的产量。根据原苏联全苏饲料研究所资料,在栽培草地草丛高 5~7cm 时放牧,比 12~15cm 高时放牧时间早半个月,牧草产量要降低 8%~12%。

如果在早春时,土壤刚刚解冻,水分过多,这时放牧更可严重破坏生草土。根据柳勃斯柯依在干旱草原带的实验,土壤水分不同,放牧对土壤的破坏作用有差异(图 20-15a)。有时由于水分过多,可形成土丘与蹄坑,使草地遭受严重破坏(图 20-15b)。

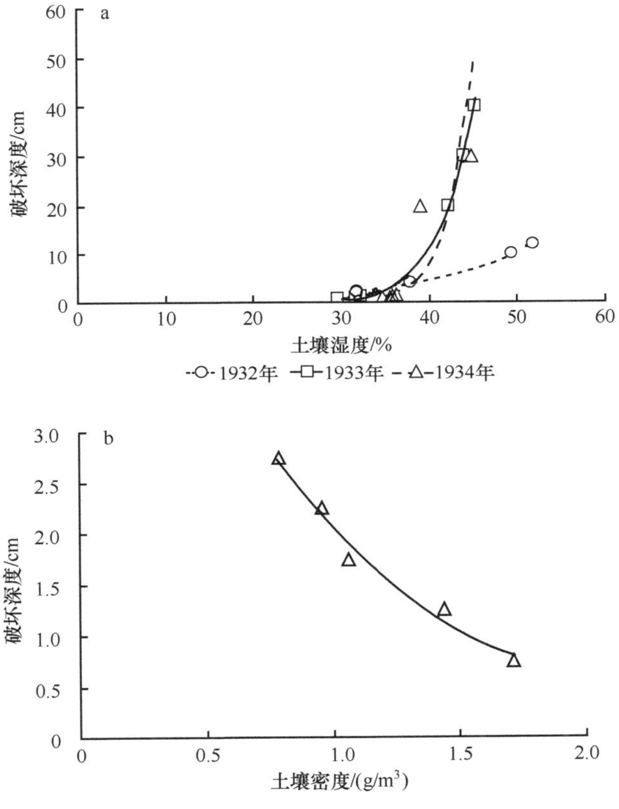

图 20-15　干旱草原生草土因土壤湿度和密度不同而被放牧破坏的情况

放牧过早除破坏草原以外,也可影响家畜健康,降低畜产品数量。牧草刚刚萌生,适口性高,但产量低。家畜对枯草尽量避而不食,只采食为数很少的幼嫩牧草,奔走竟日,不得一饱,热能消耗过多,补给不足,容易春乏致死。

放牧开始过迟,牧草变得粗老,营养价值严重降低。由分蘖期到结籽期,它的可消化蛋白质减少至 40%,饲料单位只剩 60%;营养物质有时可减少 1/3~1/2,同时其纤维质可以增加 1.5 倍以上(表 20-31)。因此,降低适口性,牧场弃牧率将大幅提高(表 20-31)。在分蘖期,牧草几乎可以被完全采食;结籽以后,其剩余牧草高度可达 3~5cm;在分蘖期,牧场弃牧率一般不高于 20%,到结籽期,弃牧率常达 50%~60%。在一年生植物较多的干旱草原上,往往表现得最突出。多年生牧草为主的草地,经常有新枝形成,可以在较长时期内(25 天左右,一般不超过 30~35 天)维持其适口性。但在茎枝粗硬的多年生牧草中夹生的嫩枝叶不易被家畜采食,可降低其适口性及采食率表 20-32。因此,在生长茎枝粗硬的牧草地上,开始放牧不宜过迟。

表 20-31　牧草营养成分因生长发育阶段不同而发生的变化　(%)

开始放牧日期	发育阶段	粗蛋白	纤维素	磷	钙
3 月 11 日	分蘖期	21.0	16.8	0.81	1.6
3 月 22 日	抽茎期	19.2	23.0	0.72	2.1
6 月 15 日	抽穗期	12.0	24.1	0.43	1.4
6 月 26 日	初花期	12.5	28.7	—	—
7 月 16 日	开花末期	8.7	30.6	—	—

注:植被成分以牛尾草为主

表 20-32　放牧开始时间不同影响家畜对牧草的采食量　(%)

草原类型	5 月初	5 月中	6 月初	6 月中	7 月初	7 月中	8 月初
干旱草原	100	—	67	—	50	—	33
干旱草原中的苜蓿	—	100	—	83	—	75	—
干旱草原中的苏丹草	—	—	—	—	100	—	75
森林草原的湿润牧场	—	100	82	74	61	—	—
森林草原的播种牧场	—	100	75~85	—	—	—	—

开始放牧过迟的另一重要缺点是再生草显著减少,影响饲料供应的全年平衡。如表 20-33 所示,5 月 21 日开始放牧者,全放牧季鲜重总产量为 31.6t/hm^2。开始放牧越迟,其产量也越少,迟 1 个月左右时,其总产量不及前者的 60%,出现青草供应极端不平衡的现象。开始放牧最迟者,第 1 次放牧时就利用了 74%,第 2 次、第 3 次放牧为数已少,以后就不能放牧(表 20-33)。而 5 月 21 日开始放牧者,可以有 5 个放牧周期。饲料全年平衡供应是任何牧场不能忽视的重要任务,特别是在广大牧区的以放牧为主的大规模家畜饲养业,由于放牧失时所造成的损失,往往于冬末春初集中表现为饲料不足,家畜乏弱,生产损失几乎无法弥补。

表 20-33　开始放牧时间对再生草鲜草产量的影响

开始放牧日期	各放牧周期产量/%					总计/(t/hm^2)
	1	2	3	4	5	
5 月 21 日	11	18	28	34	9	31.6
6 月 4 日	38	23	15	24	—	25.9
6 月 27 日	74	15	11	—	—	19.6

开始放牧的适宜时间,在放牧不破坏生草土、牧草再生力和植被成分时。

生草土的弹性较小,水分较多时,开始放牧应较迟;弹性大而水分较少时,开始放牧可以较早。土壤水分状况是决定开始放牧日期的重要因素,即使其他条件都已具备,而水分太多时,仍不宜开始放牧。在良好生草土的牧场上,水分不超过 50%～60% 为合宜。人畜在牧场上走过无脚印时,可以认为水并不过多。在年代久远的牧场上,可以稍早一些。刚播种 1～2 年的多年生牧草牧场,或经过延迟放牧、令其自然播种的牧场上,放牧应开始较迟。

决定开始放牧时期的牧草的生长发育阶段:以禾本科牧草为主的放牧地——禾本科牧草开始抽茎时;以豆科或杂类草为主的放牧地——腋芽(或侧枝)发生时;以莎草科为主的放牧地——分蘖停止或叶片生长到成熟大小时。

也可以直接从牧草高度上来判断开始放牧的适宜时期(表 20-34),从牧草萌生到开始放牧的间隔,一般不应少于 12～18 天。因为经过这样一段时间,牧草生机才比较巩固。

表 20-34　各种类型牧场开始放牧时牧草的高度

草原类型	牧场类型	牧草适宜高度/cm
森林草原带	干燥牧场	10～15
	森林带湿润牧场	15～20
湿润草原与干旱草原带	中生禾本科牧场	8～10
	旱生禾本科牧场	10～15
	播种多年生牧草场	15～20
	干旱草原	10～15
	荒漠草原	8～10
山地草原	高山草原牧场	6～7
	亚高山草原牧场	10～15
	禾本科杂类草一般牧场	20～25
一年生饲料用植物牧场	冬黑麦、莱、饲用粟、豌豆、苏丹草、大豆	2～35
	玉米、高粱	40～50
	根油菜、白芥等	15～20

我国牧民多根据节气确定开始放牧的适宜时间。甘肃北部牧民认为适宜放牧的时间是:高山草原为夏至(6 月 21 日)前后,亚高山草原为芒种(6 月 6 日)前后,湿润草原及干旱草原为小满(5 月 21 日)前后。但气候条件受多种因素的限制,而主要取决于海拔高低与纬度高低。大概海拔相差 150m,南北相差 150km,牧草生长迟早相差 4～5 天。但是,气温高低、雨水多少年年不同,因而,在确定适宜放牧时期时,节气固然有其一定的参考价值,但仍须观察牧草生长发育阶段或牧草高度。

放牧停止时期也不应过早或过迟。如果停止放牧过早,将造成牧草的浪费和由于放牧过轻所发生的一系列流弊;如果停止过迟,多年生牧草则没有足够的储蓄养料时间以备来年萌生所需,因而会严重影响第二年的牧草产量。在生长季结束以前 10～30 天割草的刈草地,第二年产量较低;而刈草时间在生长结束前 30～40 天时,或在结冰以后再行刈割,第二年产量可较前者提高 10%～40%(表 20-35)。一般,在生长季结束前 30 天左右停止放牧,较为合适。

表 20-35　前一年刈割时间对牧草产量的影响

牧草名称	前一年刈割时间			
	8 月 9 日	8 月 27 日	9 月 7 日	9 月 21 日(结冰)
苜蓿	100	79	75	106
无芒雀麦	100	102	83	138
无根茎连生草	100	66	77	107
黑麦状雀麦	100	67	81	110
混合牧草(4 个平均)	100	90	93	149

在干旱草原区,放牧结束时间适当与否影响甚至超过放牧开始时期适当与否。

在生长季节结束以后,再行放牧,对草原的影响较不显著。但在若干特殊情况下,仍可发生不利的影响。譬如对于冬季有绿色叶簇的多年生禾本科牧草(如羊茅、连生草等),冬季放牧可使第二年产量降低;而对于冬季地上部分全部枯黄的牧草,及在地面下或极近地表面的分蘖部分,危害不显著。

在荒漠与半荒漠地区,蒿属植物为主要成分,冬季放牧可对其造成显著不良影响。在高山草原,冬季完全封闭的牧场与冬季放牧的牧场相比,双子叶类型牧场可以提高产量 15%~17%,莎草型牧场可以提高 11%~22%。

在放牧季节内,牧草生长强度并不一致,有时较快,有时较慢,而家畜对饲料的需要量常是稳定的,因此牧草生产必然有时过多而有余,有时则呈现不足。这就应该在过多时,刈割干草或青贮,以备不足时补饲之用。

实际生产中,在放牧季开始前及结束后,并不能停止家畜的放牧,在牧业区尤其如此。因此应该另辟辅助牧地,以解决放牧季以外的牧场问题。可作为辅助牧扬的区域有:即将开垦的生荒地;饲料轮作中特别设计的牧场;轮作中的留茬地或放荒地等。

(三)牧后牧草留茬高度

从草原采食后留茬越低,利用率越高,浪费越少。采食后留茬高度在 4~5cm 时,其采食率在丰年(4~5t/hm^2干草)可占总产量的 90%~98%,在欠年(500~800kg/hm^2干草)占 50%~70%;采食后留茬为 7~8cm 时,其采食率分别降低到 85%~95%和 40%~65%。当采食高度为 10~15cm 时,牧草有大量废弃。

当采食高度过低时,牧草下部叶片利用过重,再生草须消耗储藏物质,植物越冬时,营养物质的储存减少,影响来年萌生强度和速度。在最初两年(很少达到 3 年)以内,产量较高;继续利用 3~4 年(有时仅为 2 年)时,其牧草产量显著降低。而且,采食过低可使牧草根量显著减少,这是草原生机转弱的象征。只有一年生牧草,一年只利用一次时,才能尽量放低其留茬标准。

在决定采食高度时,还应该考虑牧草的生物学特点、生态特点及当地气候条件等。在秋、冬季牧场采食过低,不易积雪,而豆科牧草和丛生禾草缺乏积雪覆盖很易冻伤、减产。

森林草原、湿润草原、干旱草原与半荒漠草原放牧留茬以 4~5cm 为宜。荒漠草原与高山草原放牧留茬以 2~3cm 为宜。多年生栽培草地,放牧留茬以 5~6cm 为宜;最后 2~3 年即将翻耕以前,采食高度可以低至 2~3cm。一年生牧草,若每年只利用一次,可以尽量利用时，采食到地表面；而多次利用时，采食高度不应低于5～6cm，最后一次放牧可以接近地面。各种家畜有不同的放牧习性，采食后留茬因家畜种类而不同：黄牛一般为5～6cm；马为2～3cm；羊与牦牛为1～2cm。

（四）牧场的季带划分

1. 季带划分的一般原则

季带是在一个较大的牧场范围内，适宜放牧的地段。根据季节划分放牧区域，就叫季带划分。季带的时间单位以月或季为单位。

季带划分要确保在牧草生长到一定的阶段，这时放牧不会残害牧草的生机，也不会破坏牧场土壤结构，从而保证牧草有良好的再生力或植物成分不致变坏。应该考虑以下几个原则。

（1）放牧时，避开牧草的危机期、牧场土壤过分潮湿的状态和牧场过分干旱状态。干旱时牧草生长停顿，易于呈现放牧过重，破坏草地植物。土壤冲刷现象可相继发生。

（2）考虑家畜的健康状况，给予优良牧地。在一定的季节，家畜采食不适当的植被成分，会引起消化道的机能扰乱，导致死亡，如春天的“抢青”现象。

（3）冷季牧场（如冬天或春天）因天寒草枯，饲料缺乏，载牧量标准一般应增加10%～25%，作为后备牧场。雨量年变率较大的地区，后备牧场面积可稍大；反之，可较小。冬草储备不多时，后备面积可稍大；反之，可较小。还应该为带羔母羊专留优良冷季牧场。

不同生态区域可根据上述原则划分季带。

（1）在森林草原区，首先利用干燥梁坡地（3～4月），其次利用河谷冲刷地（4～5月），最后利用低洼地（6月）。7～8月雨水较多，应再次利用干燥梁坡地的再生草；9月间洪泛已过，可再次利用河谷冲积地的再生草，而这时，低洼地过度潮湿不宜放牧，可用于刈草。地势较陡，或因其他原因不能刈草区域，留作冷季牧场。

（2）在湿润草原带，3月下旬到4月下旬期间，降雨较少，沟谷地有冬春积雪，水分较充裕，且在梁峁环抱之中，小气候条件优越，牧草萌生较早，土壤无过分潮湿现象，应先放牧。5月以后降雨渐多，沟谷地过分潮湿，溪流两岸的宽谷冲积地春泛已过，伏泛未来，是良好放牧季节，5月全月可以在这一地区放牧。6月以后雨水骤增，应在排水良好的梁峁地与坡地较干燥处进行放牧，这是草原带面积最大的区域，可以一直放牧到8月中旬。以后，降雨减少，可以利用上述区域的再生草。向阳坡地及避风的低洼地留作冬季牧场。

（3）在干旱草原带，自春季到夏初，酷寒少雨，牧草萌生不易，往往低矮稀疏，放牧家畜足以果腹，应首先利用河流两岸宽谷冲积地及沟谷地（3～5月），然后逐渐移向坡地和盆地（6月）。只有在雨季来临以后，才能到梁坡地放牧（7～8月）。在这一类型的草原放牧（除个别地区以外），一般可不必担心因水分过多而破坏草原，只需注意避免牧草的危机期，以及初春家畜“抢青”而损及健康就可以了。

（4）半荒漠与荒漠草原带应该先利用短命植物的牧场，然后依次利用杂类草牧场。蒿属植物牧场及藜科植物牧场因土壤沙质较多，易受放牧过重的损害，应特别注意放牧强度，严格遵守放牧制度。

（5）我国牧区的传统习惯，划分暖季（夏秋季）牧场和冷季（冬季）牧场，或者夏季牧场、春秋牧场及冬季牧场 3 个季带,只有特别细致地才划分冬、夏、春、秋四季牧场。但是,根据上述原则,即使划分成 4 个季带,也是太粗放了一些,应该更进一步精细划分,最好根据草原亚类和型来规划其季带。

(6) 在高大山地的草原,它的利用次序应先自下而上,然后自上而下。以祁连山北坡为例(图 20-16),放牧次序是:3 月在干旱草原带(冬季牧场);4 月上升到微干和湿润草原带(冬季牧场或春秋牧场);5~6 月,上升到森林灌丛或森林草原带(春秋牧场);7~8 月在亚高山及高山草原带(夏季牧场)上放牧。然后,又逐渐下山,9~10 月在森林灌丛或森林草原带(春秋牧场),10~11 月在微干或湿润草原带(冬季牧场或春秋牧场),12 月以后直到次年 3 月在干旱草原带(冬季牧场)放牧。在西北内陆干旱区的贺兰山、祁连山、阿尔金山、昆仑山、天山、阿尔泰山,自干旱草原带到高山草原带相对高程可以相差 1500~2000m。

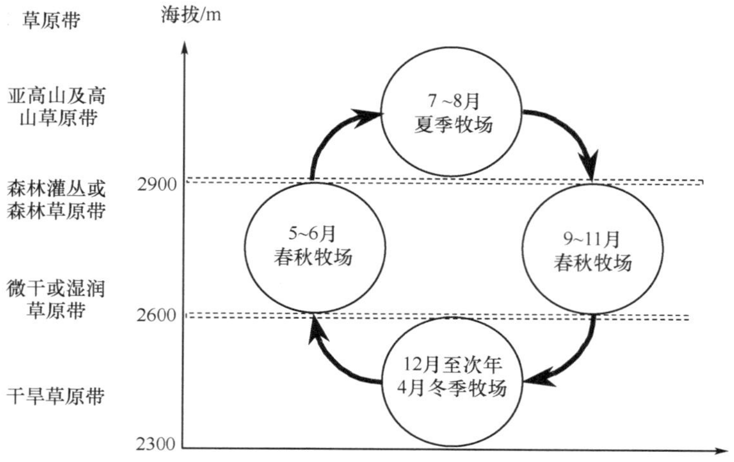

图 20-16 祁连山北坡牧区的季带

2. 季带划分需要注意的问题

除了上述一般规律以外,还要注意一些特殊地区的特殊问题。

(1) 我国西北地区及内蒙古一带冬季酷寒,应该注意冬季牧场的防寒设备及防寒条件,如地势应该背风向阳,应有不冻不枯的水源,有荫蔽家畜的棚舍及草料储备。

(2) 夏季牧场应该位于地势较高、凉爽通风、蚊虻较少、有可靠水源的地区。在山地草原,这种牧场往往因地势过高,冷季来临较早,而且气温极低(冬季在−20℃左右),因此只有夏季利用才较为适合。

(3) 我国大部分牧区地处高寒,气温较农区和农牧交错带寒冷。农区春季来临之时,大部分牧区仍在严寒笼罩之下,仍属冬季。我国西北地区、内蒙古、新疆北疆地区、青藏高原一带多暴风雪,往往积雪很厚,牧草被盖,交通被阻塞,使畜群陷于饥寒困顿之中,可能造成严重灾害,应该特别注意避风防雪。

(4) 冬春牧场与夏秋牧场之间的过渡地带,可以作为春秋牧场。这里所说的春季牧场,以牧草萌生为度,与日历上的春季不同。西北地区因地处大陆内部,牧场受严重的大陆性气候的影响,春秋季节极短(春秋两季之和尚不足 3 个月),因而牧场面积不应过大。

但考虑到这一时期,往往是草原植物的危机时期,应行轻度放牧及较多的休息,所以在规划时,应比一般牧场的标准放宽一些。

为了避免或减轻春季雪灾损失,春季放牧地还应具备以下条件。

(1) 有足够的草料储备及棚舍设施,大雪封山时有备无患。

(2) 向风方向有高地可以挡风,最好高地之下再有洼地以积聚从高地吹来的雪,而牧场却在高地和洼地之间。

(3) 如果地势没有起伏,向风方面应有树林或灌木,以便风暴发生时畜群可以临时躲避。

(4) 牧场附近应有高草地区或灌木区作为辅助牧场,以便在大雪将枯草掩盖时,可以驱赶畜群前往就食。

(5) 如果有湖泊或大河,在冰封以后,即应该在它的上风方向做畜圈,以避免水面上的雪被风吹来,加重畜圈附近的雪灾;相反,如果在冰封以前或解冰以后,畜圈应该设在湖泊或河流的下风方向,因为水面可阻拦自上风吹来的雪,以减少畜圈附近的积雪厚度。

五、放牧制度

放牧制度是草原在用于放牧时的基本利用体系,其中规定了家畜对牧场利用在时间和空间上的通盘安排。每一放牧制度包括一系列的技术措施。依靠这些措施,使放牧中的家畜、放牧场地、放牧时间有机地联系起来。因此,放牧制度不同于放牧技术。同一放牧技术,可以在不同的放牧制度中加以运用;而不同的放牧制度,则有其明显的区别而不能相互包容。

一般情况下,可以把目前的各种放牧方式归纳为自由放牧与划区轮牧两种放牧制度。

(一) 划区轮牧

把草原首先分为若干季带,再在每一季带内分成一个或若干轮牧单元,每个轮牧单元包括若干轮牧小区,按照一定次序放牧家畜逐小区采食,轮回利用一个轮牧单元中的各个小区。

划区轮牧的设计原则就是将大约可供给畜群一定时间所需牧草产量的草地作为一个轮牧小区;将若干轮牧小区组成一个轮牧单元,以满足一个轮牧周期所需的小区数量;将一个或几个轮牧单元构成一个季节轮牧区,以供给某一季节内划区轮牧的草地;几个季节轮牧区可构成全年草地轮牧地段,以供给全年不同季节的划区轮牧草地。若干不同类型的季节轮牧区可以组建年际的或年代际的草地轮换机制(图 20-17)(任继周等,2011)。

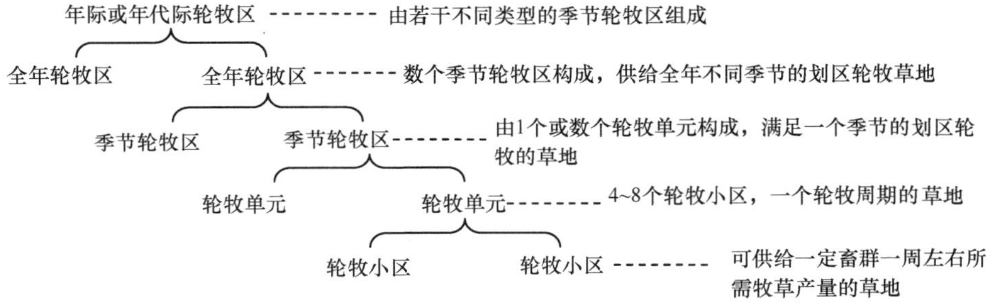

图 20-17 划区轮牧的结构

划区轮牧可以满足从几天到几个月,到几个季节,再到全年、几年,甚至几十年的放牧安排。其中包含了正常放牧、延迟放牧和一定期限的休牧,而不是禁牧。只有在 $3hm^2$ 以上才能养活一只羊的、营养源极其稀薄的土地上才实行禁牧。划区轮牧的安排应随着人类需要和社会进步加以调整、改进,更方便地与其他农业系统相连接、耦合。

1. 一般的划区轮牧

把一个季带分成若干轮牧分区,每一分区内放牧 2~6 天,几个到几十个轮牧分区为一个单元,由一个畜群利用,逐区采食,轮回利用。这一方式应用最广。集约化的轮牧一般小区数目多,放牧期短,放牧间期更长。

2. 系留放牧

以绳索或其他方式将家畜系留在牧场的一定区域,以代替划区的边界。这种放牧方式对家畜控制严密,对牧草利用也很完全,但花费人工较多,在大规模的牧场中难于应用。只放牧较贵重的大家畜,种用公羊、高产奶牛及患病不能随群放牧的家畜也可使用。

3. 一昼夜放牧

牧工与畜群在每一放牧小区只停留一昼夜,家畜可以采食最好的牧草,同时就地宿营,免去家畜往返之劳。该放牧方式可在整个牧场上均匀散布家畜粪尿,收到均匀施肥的效果。是一种集约经营的放牧方式,适用于人力充足与运输方便的优质牧场。

4. 更替放牧

不同种类的畜群依次利用。一般情况下,牛群放牧以后仍有剩余牧草,虽然不为牛群喜食,但羊群仍可利用,还能继续放牧羊群,可增加载牧量的 38%~40%。我国新疆乌恰县曾组织先放马群后放羊群的更替放牧。

在不同年份也可以组织不同畜群的轮流放牧。例如,以放牧马群为主的牧场,几年以后马喜食的牧草逐渐减少,而不喜食的杂类草逐渐增多,呈现了植被变坏的征象。为了避免这一缺点,可以组织每放牧马群 2 年或 3 年后,放牧一年羊群。轮流放牧可以防止植被变坏,并能均匀而充分地利用牧草。

5. 暖季宿营放牧(夏季野营放牧)

当牧场与厩舍的距离较远时,从早春到晚秋以放牧为主的畜群,每天经受出牧、归牧、补饲、饮水等往返辛苦,可能会降低畜产数量。这时应在放牧地附近设置畜群宿营设备,如饮水槽、食槽、青贮塔或青贮窖(在放牧季节需要补饲青贮料时),以及挤奶设备及牧工宿舍等。这种放牧方式可以使家畜经常处于空气新鲜,光照充足之中,对家畜健康至为有益。当放牧地远在 2km 以外时,即宜施行宿营放牧。

6. 永久畜圈放牧

当畜群所利用的各轮牧分区在厩舍附近(0.5~2km)时,可避免远出的缺点,照管方便,可利用长年永久畜圈,不必另设临时的暖季宿营地。

(二) 自由放牧

自由放牧也叫无系统放牧。牧场上不做轮牧分区的规划,牧群在较大的范围内任意放牧。

1. 连续放牧

在整个放牧季节内,有时甚至是全年在一个牧场连续不断地放牧。这种放牧形式往往使牧场遭受严重破坏。多存在于定居定牧的地区或半农半牧的农业区。

2. 季带轮牧

将一个牧场划分为若干季带(季节性放牧地),在一个放牧地内连续放牧较长时间,到一定时期再转移到新的牧地。有许多人误认为这是划区轮牧,但实际上是季节性轮牧。在大面积的牧场上并没有计划利用的因素,仍然是自由放牧的基本形式,但已比全年连续放牧有进步。

3. 系留放牧

在自由放牧时,牧民对于若干役畜或病畜也常常用系留放牧的办法,以便捕捉和管理。在自由放牧时,多用两脚绊或三脚绊将牲畜羁绊,使它们不便远走,但仍可在牧场上缓缓行动,自由觅食。有时也可将2~3只家畜以缰绳互相联系,使它们互相牵制,不能迅速行动,但不如三脚绊或两脚绊安全,因为有时一只牲畜发生意外时,如跌伤或腿部陷于鼠洞、地隙当中,其他家畜仍可独自行动,往往会导致危险的发生。在捕捉家畜时,牧工从一侧接近,它往往朝向一个方向迅速逃避。在用脚绊系留放牧中的家畜时,切忌暴力惊扰,以避免牲畜急于挣脱而扭伤腿部。

4. 抓膘放牧

北方牧区,在夏末秋初,多采取抓膘放牧,蒙语“走敖得尔”。青壮年驱赶畜群,携带饮食卧具,天天转移牧场,只捡最好的牧场及最好的牧草放牧,使牲畜短时间内肥硕强健,为抵抗冬春季节的艰苦条件作准备。这种放牧方式可在面积广大的牧场可以实施,如集体所有或联户放牧,对一般牧场不适宜。抓膘放牧将严重造成草料的浪费,而且会破坏草地;同时,牲畜转移频繁,容易疲劳,相对降低了草地的生产性能。

5. 就地宿营放牧

就地宿营放牧是自由放牧中比较进步的一种放牧方式,放牧地区虽然没有严格次序,但放牧到哪里住到哪里,并不返回宿圈休息。它与抓膘放牧有些相似,但对牧场选择不如抓膘放牧来得严格,放牧范围也小。从本质上来说,它是连续放牧的一种改进。例如,某经营单位的牛群,在连续放牧时,只能放牧24km^2的牧场,需要走9km路,施行就地宿营以后(当地叫“就地打盘”),可以利用36km^2的牧场,还少走3km路。经常换新宿营地,可使畜粪散布均匀,对草原有利,并可减轻螨病、腐蹄病等的感染,对家畜健康有利;又因走路较少,热能消耗较少,畜产品数量可以提高,在自由放牧中,这是值得推荐的一种方法。

(三) 划区轮牧相对于自由放牧的优点

自由放牧与划区轮牧相比是较原始、不够完满的放牧方式。自由放牧的家畜因游走较多,对草地践踏严重,适口性较好的优良牧草和幼嫩牧草被长期连续、反复啃食,导致牧草产量降低,植被易被耗竭,牧草遭受特别严酷的摧残,植被成分容易变坏;家畜不喜食的牧草则日渐粗老,很难充分利用,因而荒牧率很高(最少30%~35%);在抓膘放牧时,放牧过轻,优良牧草受到抑制,而不良的杂类草则可任意繁衍。由于这些缺点,自由放牧很难维持放牧季内饲料的供应平衡(质的或量的)。由于自由放牧时家畜可自由行动,选择优良牧草采食,奔走频繁,消耗体力,更因饲料供应极不平衡,从而降低畜产质量;放牧的后期许多牧草粗老,不复为家畜充分采食;即使在牧草生长尚称旺盛的时候,家畜在放牧中所得营养已开始下降,其畜产数量也因而降低;在长久连续放牧,对土壤发生不利影响时,加重植被急骤变坏的趋势;同时,在一地长久放牧,可以引起家畜寄生性蠕虫病的严重感染。相对而言,划区轮牧具有以下一些优点。

1. 减少牧草浪费,节省草原面积

划区轮牧把家畜局限于一个较小的放牧地上,使家畜不能在大面积上自由觅食。家畜不得不对牧草均匀利用,并且减少了践踏给草地所造成的损失。第一次放牧后,到第二个放牧周期开始时,牧场又充满了鲜嫩适口的牧草,而自由放牧时,这时已多半粗老,因而划区轮牧大大降低了荒弃率,增加了采食率。自由放牧的荒牧率不少于30%,甚至达到50%,而划区轮牧可以不超过12%~15%。据拉林教授统计,划区轮牧可提高载牧量30%。1954年,在青海三角城国营羊场,与自由放牧相比,藏羊在粗放的划区轮牧方式之下,日采食率可以提高到27.9%,留茬高度降低27.5%,牧草利用较为完全(图20-18)。

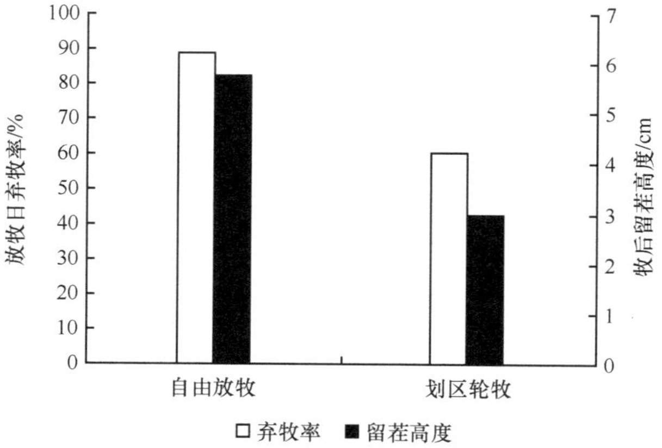

图20-18　划区轮牧与自由放牧的比较

划区轮牧可以较充分地利用牧草,可以在较小的面积上,得到较多的载牧量。根据原苏联的实验,划区轮牧较自由放牧所需草原面积可能减少25%~40%,每头奶牛在自由放

牧需 $1hm^2$ 牧地，而划区轮牧时只需 $0.4hm^2$。据拉林教授统计，一般划区轮牧可节省草原面积 16%。青海三角城羊场在施行划区轮牧以后，载牧量提高了 25% 以上。

2. 改进植被成分，提高牧草产量的品质

据原苏联全苏饲料研究所资料显示，在湿润牧场上实行牛群划区轮牧，可以提高饲料产量 22%，可消化蛋白质可增加 54%，饲料单位增加 35%。这是由于牧场植被均匀利用，抑制了杂草滋生，牧场优良牧草相对增加，产量和品质都有所改进。

3. 可以增加畜产品的数量

牧场植被成分较好；家畜控制较方便，卧息及采食时间增加，游走时间及游走距离显著减少。这就避免了家畜活动过多而损耗热能，增加了饲料的生产效益。并且划区轮牧可以在整个放牧季内，较均衡地供给家畜优质牧草，因而有效地提高了畜产品的质量。原苏联的多项实验证明，与自由放牧相比，划区轮牧可提高挤乳量 38.0%～44.2%，甚至可增加 1 倍的产奶量；犊牛活体增重可提高 38%。我国河北省张家口草原工作站的实验证明，在粗放的划区轮牧之下，羊只增重率比非划区轮牧提高了 6.2%～7.7%。

4. 便于加强牧地管理

因为放牧家畜在短时间内集中于较小的轮牧分区内，且有一定的计划，容易进行一些相当的农业措施，如刈割放牧后剩余杂草、散布畜粪等。同时由于每一畜群都有一定的放牧地，牧工的责任感大为加强。凡是清除毒草、驱除兽害、防止火灾等措施，都得到进一步推行。施行划区轮牧以后，便于对畜群细致观察，周到保护，病害、狼害、丢失等现象所造成的损失大为减轻。

5. 饲料供应易于平衡

放牧有严格的计划性，草地利用可以多样化，全年都可以吃到品质较好的牧草，饲料供应也就容易平衡。

6. 可以防止家畜寄生蠕虫病的传播

家畜寄生性蠕虫病是家畜主要的内寄生虫。家畜粪便中，常常含有寄生性蠕虫的卵，随粪便排出，大约 6 天以后才变为可感染幼虫。自由放牧时，家畜在牧地上放牧没有一定的次序，由于在一地的长期停留，极易在食草时吃下可感染幼虫，因而遭受感染。而划区轮牧则会经过妥当安排，不会在同一牧地连续放牧 6 天以上，就减少了家畜寄生性蠕虫病的传播机会（图 20-19）。但是，对连续放牧 6 天的期限不能做机械的理解。蠕虫卵或可感染幼虫，在放牧后一个半月之内仍活跃，这段时间应尽可能避免利用这一牧场。另据研究，可感染幼虫在温度超过 45℃时死亡，因而在高温地区，如半荒漠、荒漠、干旱草原的某些时期，日照强烈，土壤温度甚高，每一轮牧分区的放牧日数，也可以超过 6 天，而不加重寄生蠕虫的感染。

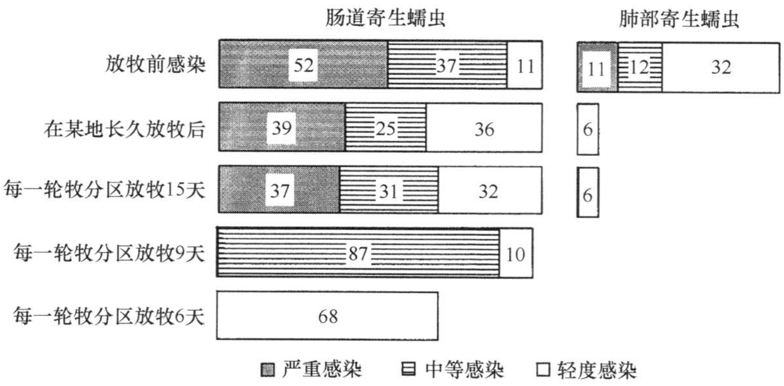

图 20-19　划区轮牧对驱逐羊只寄生性蠕虫病的影响

第四节　划 区 轮 牧

在漫长的历史进程中,人类的放牧技术经历了原始放牧、粗放放牧、集约化放牧 3 个发展阶段(表 20-36)(任继周等,2011)。西方发达国家将草原文化与农耕文化、工业文明相结合,将原始粗放的放牧方式改造为集约化的划区轮牧。这是一次综合运用多种科学技术,对原始放牧畜牧业的深刻的、具有重大历史意义的放牧畜牧业的转型。划区轮牧是现阶段集约化放牧的最高水平的体现。

表 20-36　放牧技术的发展阶段

发展阶段	方式	特点	对应的农业系统	现存区域
原始放牧	定牧	驻地附近,放牧为数不多的驯养动物	采集农业 少量的劳动力投入,生产力低下	极端落后地区
	游牧	徒步,跟随家畜,在部落的领地内转移。草地面积和畜群规模较小	饲养农业 有一定的劳动力投入,生产力低下	发展中国家
粗放放牧	游牧	骑马,或骑摩托,或开皮卡等,驱赶畜群在四季放牧地转移。草地面积大,畜群有一定规模	粗放的畜牧业 劳动力投入大,生产力中等	发展中国家
	定牧	在驻地周围,固定放牧或轮牧,冷季或带羔母畜有一定的补饲。草地面积小,畜群有一定规模	栽培农业 劳动力高强度投入,有一些技术投入,生产力中等	发展中国家
集约化放牧(划区轮牧)	大型现代化游牧	通过火车、汽车,长途搬运家畜,在季节性牧场转移,现在多从放牧地向肥育场转移。草地面积和畜群规模大	动物农业 机械投入大,有一定的技术投入,资本投入大,生产力高	发达国家
	中小型现代化定牧	用围栏划区轮牧,机械化、信息化程度高。草地面积和畜群规模大	草地农业 技术、资本与机械投入大,生产力高	发达国家

划区轮牧基本理论发源于季节畜牧业，它是一种开放的农业技术体系。通过与其他农业和工业技术的结合，针对不同的草地类型、不同的家畜类别和生产目标，发展了日臻完善的技术系列，如放牧场轮换体系、延迟放牧-休牧-轮牧体系、条带-跟进放牧体系、轮牧-舍饲体系等。划区轮牧经过国内外长期、大量的科学实验与生产实践，能够协调草原的生态功能与生产功能（侯扶江和杨中艺，2006），逐渐成为草地农业系统的核心和农业实现现代化的关键技术。

一、划区轮牧的周期及频率

在确定的轮牧系统中，各放牧小区轮回一次所需要的时间，叫做放牧周期，即某一放牧小区两次放牧所间隔的时间，取决于放牧后再生草生长的速度。放牧频率是每个放牧小区1年放牧的次数。确定草地双因子的群体阈限值对于管理划区轮牧系统具有实践价值，不同的草地类型具有不一样的阈限双值。一般，再生草生长到高8～20cm时，可再次放牧。如果利用过早，将使再生草减产；利用过迟，将使牧草粗老，降低其适口性，增加弃牧率。

表20-37　不同草原的放牧周期

草原类型	放牧周期/天
干旱草原	30～40
湿润草原	30
森林草原	25
高山草原	30～45
荒漠、半荒漠草原	30

一般年份，不同草原类型的放牧周期可以基本确定（表20-37）。干旱草原与荒漠及半荒漠草原的主要影响因素为水分，在水分不济年份，一个放牧季有时只能放牧一次。高山草原的放牧周期主要取决于温度，因温度甚低，牧草生长缓慢，放牧周期有时可达45天；但在6月到8月中旬，温度条件较好时，放牧周期可以缩短为30天左右。森林草原的个别类型，因气候条件较好，放牧周期可以缩短到18～25天。

适宜的放牧周期确定以后，还需要设计适当的轮牧小区数目及每一小区的放牧日数。

放牧周期（天）= 每一小区的放牧时间（天）×小区数

在一个放牧系统中，轮牧小区的数目一般是固定的，调整放牧周期多依靠每一小区放牧时间的伸缩。在牧草生长快、放牧周期短时，每小区放牧较少天数；反之，则在6天的范围内加以延长。

开始放牧时，牧草产量低，每小区放牧日数较少。第一个放牧周期中，假若最初几小区牧草产量相当于以后几小区生长正常时期的25%～40%，则只能放牧1.5～2.4天。因此在放牧周期中，每小区平均放牧天数以4天计较为方便，因为：[（1.5～2.4）+6]÷2=3.7～4.2。假设放牧周期为40天，则该牧场需10×（40÷4）个轮牧分区。当牧草生长正常时，每区可放牧6天，则7（≈40÷6）个小区即可，有3个小区剩余用来割草。但是，也可能第一次放牧时，牧草已充分生长，产量甚高，如我国牧区的某些夏季牧场，而以后的几次轮牧,或因气候太冷(高山地区),或因过分干旱(干旱草原、荒漠、半荒漠草原等),产量较低,这样的牧场就应根据后几次轮牧的放牧天数,来设计或另辟辅助牧场。在生草土还没有很好发育,而且水分过多的地方,连续放牧天数应该少些;反之,则可多些。这是为了防止牧场因践踏过度而造成损失。

每一轮牧单元中轮牧小区数目(X):$X=C\div T+O$,其中 C、T 和 O 分别是放牧周期(天)、每小区放牧天数(天)、用于刈草或休闲的小区数(个)。在生产中,假设每小区放牧天数(T)以 4 天较为方便,则小区数量为:$X=C\div 4+O$。在实际运用中,以 6~16 个小区较为方便,如果轮牧小区太少,则每一小区面积必须很大,放牧日期过多(在 6 天以上),一定程度上将导致自由放牧的缺点。在严重干旱和半荒漠地区,放牧频率为 1 时,小区数目可以适当增加。因为:放牧季=放牧周期×放牧频率=每一小区放牧日数×小区数×放牧频率,当放牧频率减少的时候,每一小区放牧日数变动范围有限(5~6 天),小区数目必须做较大范围的调整,才能满足放牧季的要求。如果以 8 个小区与 4 个小区相比,虽然两个轮牧单元的草原总面积相等,家畜头数也相等,但前者青草产量较后者提高了 11%,采食率提高了 15%,产奶量提高了 8%。犊牛增重率 8 个小区者较 4 个小区者提高 15%。

放牧频率是在一个放牧季内所包含的放牧周期数,即每一个轮牧小区在一个放牧季内轮流放牧的次数。在干旱草原反复利用 4~5 次,在森林草原反复放牧 6~7 次,三四年后,牧草产量严重降低。放牧频率因放牧周期、土壤及气候条件而异。我国西北地区各类型草原的放牧频率大约如表 20-38 所列。

表 20-38　放牧地适宜放牧频率　(单位:次)

分区	森林草原	湿润草原	干旱草原	半荒漠草原	荒漠草原	高山草原
分水岭	3~4	3	2~3	1~2	1~2	
湿润坡地	3~4	3	2~3	1~2	1~2	
干燥坡地	3	2	1~2	1	1	
低洼地	4~5	3~4	3	2	1~2	
中位冲积地	4~5	3~4	3	2	1~2	
沟谷地	—	3	2~3	—	—	
针茅-蒿属草原	—	—	2	1~2	1~2	
蒿属-盐蓬草原	—	—	—	1	1	
固定的砂质禾本科,莎草科	—	—	—	2	2	
阔叶类草甸	—	—	—	—	—	2
莎草科型						3~4
禾本科型草原						2
灌木-苔藓型草甸						3~4
豆科-禾本科混合草原	4~5	3~5	3	2~3	—	
苜蓿	4~5	4~5	4~5	2~3	4~5	

二、轮牧小区及其布局

轮牧小区及其布局也就是轮牧分区的大小、形状和排列。

(一) 轮牧小区的大小

首先,应根据载牧量来决定。如果畜群较大,放牧时间较长,小区面积应较大;畜群较小,放牧时间较短时,小区面积可较小(表 20-39)。各个小区应具有大体相等(不要求严格相等)的载牧量,而其面积可以不必严格相等。

表 20-39　每 100 头牛或 600 只绵羊或 75 匹马轮牧分区的适当面积

草原类型	放牧季/d	畜群需草量/kg	牧草产量/(kg/hm^2)	草地面积/hm^2			小区数/个	小区面积/hm^2
				直接利用	辅助	合计		
森林草原	130	156 000	800~2 000	78~195	31~68	109~273	14	8~18
湿润草原	160	192 000	600~1 500	138~320	51~128	179~478	16	11~28
干旱草原	200	240 000	400~1 000	24~600	96~240	336~840	24	11~35
半荒漠草原	250	300 000	300~800	375~1 000	150~400	525~1 400	30	17~47
荒漠草原	266	438 000	100~400	1 095~4 380	—	1 095~4 380	33	32~132
森林草原	130	156 000	3 000~6 000	26~52	10~21	36~73	12	3.0~6.1
湿润草原	160	192 000	2 000~4 000	48~96	19~40	67~136	16	4.2~8.5

注:①家畜日需草量以 12kg/头(只、匹)计。

②森林草原带及湿润划原带辅助草地以 40%计,35%~45%在花前刈割,调制干草,再生草放牧;干旱草原与半荒漠草原辅助草地以 40%计,因其中有 60%在开花后放牧,其养料及可食草降低 35%~50%。荒漠草原基本上利用一次,无法补充

其次,需要看牧场上家畜的密度是否适当。家畜密度是单位面积草地在同一时间内放牧家畜的头数,它不同于放牧率(图 20-20)。密度过大,家畜相互干扰,不能安静采食,并且畜蹄对草地的践踏较重;密度过小,家畜游走太多,采食率降低,家畜体力消耗过多,畜产数量降低(表 20-40)。原苏联威廉士饲料研究所的实验表明,栽培牧草地奶牛的密度为 60 头/hm^{2}时,可达到较高的放牧技术水平。

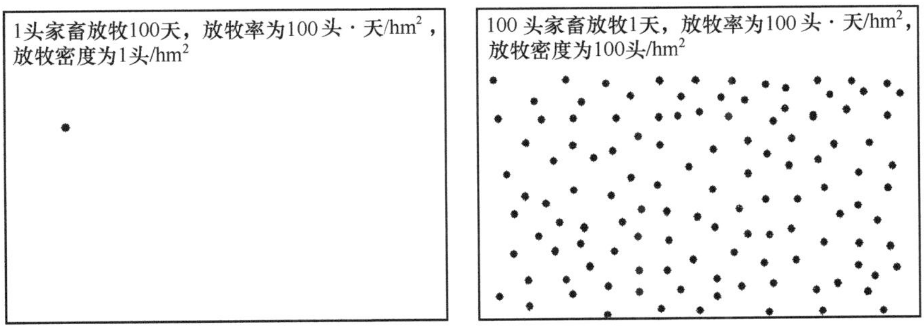

图 20-20　放牧率与放牧密度的关系

表 20-40　放牧奶牛的行为与密度的关系

密度/(头/hm^2)	放牧行为的时间比例/%				日行走距离/m	
	卧息	站立	采食	游走	采食	游走
15	19.7	15.1	54.2	11.0	1125	3291
30	17.7	10.4	64.6	2.3	1208	1995
60	25.6	2.5	66.8	5.1	1464	1229

最后,需要明确牧场上家畜的密度是否适当。为了保证在放牧中不致拥挤,通常以家畜横队前进为标准,计算出每头家畜应占有的放牧宽度(表 20-41),乘以全群头数,得到畜群需要的牧场放牧宽度。

表 20-41　分区放牧时每只家畜最小宽度

家畜	最小宽度/(m/头)
成年牛	1.5~2.0
1~2 岁犊牛	1.0~1.25
1 岁以下犊牛	0.5~1.0
成年母羊	0.4~0.5
未孕羊、是羯羊	0.3~0.4
成年马	1.5~2.0
猪	0.6~0.7

(二) 轮牧小区的形状

小区界线多利用自然条件,如森林、壕沟、溪流、湖泊、山岭等,以降低成本。因此,小区形状可能是不规则的。但是,最好为长方形,长与宽的比例大致为 2∶1 或 3∶1。家畜在轮牧小区内,可以逐渐前进采食,不必频频折返,增加畜群控制的困难。如果畜群较大,需要宽度增大时,其最大限度是宽与长相等,这时小区形状成为正方形。为了避免家畜在放牧中往返辛劳,长度不应过大,牛、马等家畜牧场不应超过 1000m,犊牛和羊群不应超过 500~600m。

(三) 轮牧小区的布局

轮牧小区的布局应该考虑以下几个原则。

(1) 从任何一个小区到达饮水点或畜圈,不应超过一定的距离(表 20-42)。如果畜群可以就地饮水、就地宿营,则可以不受距离的限制。

表 20-42　放牧小区距离饮水点或畜圈的距离

家畜	距离/km
奶牛及怀孕后期母牛	1.0~1.5
犊牛	0.5~1.0

续表

家畜	距离/km
其他牛	2.0~2.5
马群	5.0~6.0
羊群	2.5~3.0
一般母猪	0.5~1.0
哺乳母猪	0.25
幼龄猪	1.0~1.5

(2) 如轮牧单元依傍流动的河流或溪水,而且以此作为饮水来源,划区轮牧顺序最好是自下游到上游。这样可以防止在上游放牧时,将下游水源污染。

(3) 各轮牧小区之间应有牧道连接。牧道的长度应缩减到最小限度,但牧道宽度必须足够,以防拥挤。原苏联饲料研究所的研究显示,100 头的母牛群或马群不应少于 20~25m,600~700 只的羊群为 30~35m,100 头的猪群为 15m。通向牧场的主要牧道可稍宽,轮牧分区间若有牧道可较窄。牧道尽可能使其长度缩减(自系统计划上着想),并尽可能利用低产地和废地。如需架桥时,桥应与道路等宽,以防家畜过桥时发生危险。在坡度较大或经济条件较好时,应以碎石铺砌路面。

(4) 在轮牧小区建立时,应该尽量减少围篱长度,以降低成本和维修费。当牧地开阔而水源适中时,把畜圈扎在牧地中央,周围再以 1 个月为放牧周期,分为 4 个小区,每一小区放牧 1 周。当牧场面积较大时,可以把饮水处及畜圈分设两点;当牧场面积较小时则集中于一处。

(四) 畜群放牧地的配置

泌奶牛群、怀孕后期的母牛、非传染病的病畜及种用牛群,宜分配于湿润禾本科、豆科牧草地段。一般情况下,牛群采食后留茬为 4~5cm,所以牧草株本宜较高。与厩舍及水源距离,最好在 1.0~1.5km,以便照管。

5 个月以下的犊牛群需多汁、丰满、柔嫩的牧草,富含蛋白质,采食地段与厩舍及水源的距离,可在 1.0~1.5km。

5 个月以上的犊牛群与干奶牛群所需牧场条件与犊牛相同。与厩舍水源的距离,可达 2km。但小公牛与小母牛应分群放牧,以防止过早自行配种。

羊群可在地势崎岖不平,有大块石砾,杂草较多,甚至灌木丛生地区放牧。细毛羊不善跋涉,喜安静,对粗硬牧草采食率低,应分配给较优良的草地。粗毛羊较耐粗放,而山羊喜食灌木,甚至可大部分采食灌木嫩枝及叶片,只吃少量草本植物。

马群对牧草选择较严格,对粗硬牧草采食率甚低,含盐碱较重的牧草多不喜食,需分配给品质优良的豆科、禾本科草地。因马的蹄形及四肢姿势与其经济价值关系巨大,不可在过分崎岖处放牧,以免形成畸形。但马善走,可与厩舍及水源距离稍远,可达 4~6km。

猪群宜在土质疏松、根茎或块根植物丰富的牧场上放牧。许多杂类草可以作为猪的优良饲料。西北的森林草原、亚高山草原及湿润草原的许多地方,可以作猪的优良牧场。

骆驼群最耐粗放,嗜食盐类,可分配在盐碱地牧场上,即使植物有苦味或粗硬多刺,它们也能采食。同时,骆驼性耐渴,可在距水源较远处放牧,但需要定期给予饮水,距水源最好不要超过4~5km。在潮湿而炎热的环境中,容易损害它们的健康,所以在暖季放牧时,应该选择干燥通风的场所。

总之,将牧地质量最好、距离最近的牧草地段,首先分配给产奶牛群;其次是犊牛、马群、羊群。如果施行昼夜放牧,不经常返回畜圈,则距离厩舍无任何限制,但距水源仍不应超过0.5~1.5km。在某些情况下,组织其他畜群前来放牧是十分必要的。

三、各草原类型的划区轮牧规划

(一)森林草原带

每轮牧单元小区数目一般为12~24个。其中,部分小区用于正常的轮牧;预留适量小区,后面的放牧周期中,当正常轮牧小区的再生草产量降低时,作为补充放牧地。

(二)干旱草原带

自然条件较为严酷,牧草再生力较弱,所需补充放牧地与小区数目都比较多。其分区数目常不少于28~30个。在枯草季节,牧草地上部分品质下降,其营养价值只能以平均产量的1/3~1/2计。多年生牧草占多数的草原上以1/2计,多年生牧草较多、一年生牧草丰富的草原上以1/3计。

(三)湿润草原带

轮牧小区一般不少于16~17个。放牧频率为2~4次。在自然条件较好处,可以刈制干草或青贮,只用再生草放牧,其设计与森林草原相似,但附加因数不少于50%。在自然条件较差的草地,其规划与干旱草原相似。

(四)荒漠草原带

因自然条件较严酷,饲用植物产量低微,再生缓慢,轮牧分区往往大到1000hm²,且其放牧频率为1次。因而,多不采用一般的分区轮牧方式,应该施行弹性较大的、较为粗放的地段轮牧制。地段轮牧制与分区轮牧相似,所不同的是没有固定的轮牧分区的分界。放牧地段根据具体情况随时调整,但仍有其一定的、严格的次序。任一时刻都可将牧场分为3类区域:完全没有放牧过的牧场,是全新的待放牧区域;放牧一半,优良牧草已被采食,而约半数的可食牧草未被采食的区域,可以继续放牧;已经充分放牧过的区域,不宜继续放牧。每一区域都将通过放牧管理,由完全没有放牧过的区域变成不宜继续放牧的区域。畜群每次的放牧地段直径通常为800~1000m,其中,一半为放牧一半的放牧场,另一半为完全未放牧过的牧场,从放牧一半的区域开始,再到未经放牧的区域。当上一地段放牧完后,再以同样次序放牧下一地段,依次类推,由水井附近开始,逐段渐远,这样家畜返回水井饮水时,才不致践踏未放牧地的草地。

荒漠草原热季酷热,在强烈日照之下,土壤温度往往高于45℃,可以有效地杀死或削弱寄生性蠕虫的卵及可感染幼虫。在冷季来临以后,寄生虫病的传播又复减弱。除了春季以外,每小区放牧日数可不受6天的最高限制,但寄生蠕虫感染严重地区除外。

(五) 高山草原带

高山草原6月的牧草产量远比其他草原所占比例为高(表20-43),双子叶型为全年的41%~51%,7月即达82%~90%,8月为84%~90%,9月因许多牧草枯黄凋萎,下降至51%~63%。计算时可取6月40%、7~8月80%~90%、9月50%。禾本科型较耐霜冻,放牧期可稍长。莎草科型接近于其他草原类型的规律,较为平衡,放牧时期也可较长(表20-43)。灌木-苔藓型7月即达峰值,8月开始锐减。

表20-43　高山草原各型逐月生产占其全年的比例

类型及地形		比例/%				全年总产/(kg/hm²)
		6月	7月	8月	9月	
对子叶型	正南坡向	51	86	90	63	5665
	东南坡向	36	90	84	51	5900
	西南坡向	41	82	90	51	4400
禾本科型		25	51	90	71	4467
莎草科型		33	70	90	77	2695
灌木-苔藓型		59	90	53	40	3147

在双子叶型牧场上规划分区轮牧可用下列公式计算:

$$\left[\frac{A\times B\times T}{C}-\left(\frac{A\times B\times T}{C}\times F_1\right)\right]\times(1-F_2)=M$$

式中,A为放牧家畜数量;B为畜群青草日需要量,kg;T为放牧季节天数;C为牧场单位面积产量,kg/hm^2;F_1为双子叶型常数0.18;F_2是草原上灌木或杂物所占面积,hm^2;M为所需草原面积,hm^2。

划区轮牧所需草原面积:

$$\left[\frac{A\times B\times T}{C}-\left(\frac{A\times B\times T}{C}F_1\right)\right](1-F_2)=M\cdots\cdots\text{双子叶型}$$

$$\left[\frac{A\times B\times T}{C}+\left(\frac{A\times B\times T}{C}\times F_1\right)\right](1-F_2)=M\cdots\cdots\text{其他各型}$$

式中,A、B、T、C、F_2、M含义同上式,下同;F_1禾本科型常数为0.21,莎草科型、灌木-苔藓亚型为0.01。

高山夏季牧场分为3个区域。第一放牧周期放牧第一个区域;第二放牧周期先放牧第二个区域,然后依次放牧第一个区域的再生草、第三个区域、第二个区域的再生草。

高山草原区在冬季完全不放牧时,第二年的生产力最高,设为100%,冬春放牧地则下降到85.1%,而冬春完全开放者,可降低到90.7%。因此,在枯草季节设计划区轮牧仍属必要,草地利用这一间歇时间提高牧草的适口性。因家畜粪尿等污染以后的牧草,不被家畜所喜食,但在间隔一段时间,其气味淡薄后,再来放牧家畜,利用即较完全。每一轮牧分区可以放牧时间较长,以 14~20 天为宜。枯草期载牧量应该减少其应有产量的 1/3,在规划时,应有一定面积(相当于一个地段 1/3 的载牧量)的预备牧区。轮牧分区的规划面积可利用下列公式求得:

$$\frac{A \times B \times T}{C} \times (1 - F_1) = M$$

式中,因这一时期植物并不生长,可以省去 F_1 这一个常数不计。

四、牧场轮换

每一个轮牧单元中的各小区,每年的利用时间和利用方式都按照一定规律顺序变动、周期轮换,以避免每年都在同一生育期以同样的方式利用草地,保持和提高了牧场的生产性能。牧场轮换也可用于清除品质不良的、有害的或有毒的植物。

根据原苏联契卡洛夫乳肉畜牧科学研究所,在草原牧场,轮牧分区经过一年的休息,比没有休息的分区提高产量 2.5 倍;草被的成分,由禾本科的增加(89%)和艾属蒿子的减少而得到改善。把正常放牧的收获量作为 100,延迟放牧会增加到 200,休息以后增加到 260 左右(表 20-44)。

表 20-44 牧场分区的休息和延迟放牧对于次年收获量的影响

上一年利用	针茅、肥羊草和杂草的牧草		禾本科杂草的山谷牧场	
	产量/(kg/hm²)	增幅/%	产量/(kg/hm²)	增幅/%
正常放牧	600	0	270	0
延迟放牧	1430	138	1530	100
休息	1600	167	1990	158

(一)基本要求

(1)应该包括天然播种所必需的延迟放牧,即主要优良牧草结种以后再放牧。即便是无性繁殖的多年生牧草,也需要在一定期限内给以种子繁殖的机会。

(2)天然播种以后第二年,新生牧草的萌生较迟,生机较弱,应该给以巩固生机的机会。因此,需要较迟的放牧,即等其营养体充分生长以后再来放牧。

(3)在牧场适于刈草的区域,可以在划区轮牧中组织一定的刈草年限。可以与较迟放牧互相代替。

(4)条件许可时,可以组织一定的休牧年限。休牧期间,在生长季内完全不加利用,这样可使草原植物的根系发育较强,加强了分蘖芽和根茎的形成,并且在休牧年份可以进行牧场中各种设备的修理——牧草补播、施肥和整理草地地面等措施。

(二)基本方法

牧场轮换的年限因牧场类型及放牧程度而异。

以 3 年为周期:第一年,春天放牧;第二年,秋天放牧;第三年,刈草。以 5 年为周期:

第一年，延迟放牧；第二年，晚秋或冬季放牧；第三年，刈草；第四年，正规放牧；第五年，休闲。

以某草原的牧场轮换设计为例（表20-45）。轮牧单元之间也可轮换（表20-46）。

表20-45　草原牧场轮换设计示例

利用年限	放牧单元轮牧小区编号							
	Ⅰ	Ⅱ	Ⅲ	Ⅳ	Ⅴ	Ⅵ	Ⅶ	Ⅷ
n	1	2	3	4	5	6	×	△
n+1	2	3	4	5	6	×	△	1
n+2	3	4	5	6	×	△	1	2
n+3	4	5	6	×	△	1	2	3
n+4	5	6	×	△	1	2	3	4
n+5	6	×	△	1	2	3	4	5
n+6	×	△	1	2	3	4	5	6
n+7	△	1	2	3	4	5	6	×

注：利用年限 $n \geq 1$；表中的数字1~6为放牧季开始后的利用顺序；×为延迟放牧区；△为休牧区

表20-46　放牧单元之间轮换

轮牧单元	放牧小区	第1年	第2年	第3年	第4年
1	1~8	正规牧场	第一补充牧场	第二补充牧场	第三补充牧场
2	9~16	第一补充牧场	第二补充牧场	第三补充牧场	正规牧场
3	17~24	第二补充牧场	第三补充牧场	正规牧场	第一补充牧场
4	25~32	第三补充牧场	正规牧场	第一补充牧场	第二补充牧场

（侯扶江　任继周）

主要参考文献

安德列也夫．1959．饲料生产及植物学基础（上册）．汪玢，许振中译．北京：高等教育出版社：216

别古赤夫．1953．家畜的放牧．黄昌澍译．上海：永祥印书馆：177

韩国栋，焦树英，毕力格图，等．2007．短花针茅草原不同载畜率对植物多样性和草地生产力的影响．生态学报，27（1）：182-188

侯扶江，任继周．2003．甘肃马鹿冬季放牧践踏作用及其对土壤理化性质影响的评价．生态学报，23（3）：486-495

侯扶江，杨中艺．2006．放牧对草地的作用．生态学报，26（1）：244-264

金振邦．1956-06-01．乌恰县怎样培植和合理使用牧场．新疆日报，2版

吕兴业．1955．河北省张家口草原工作站轮牧总结．畜牧与兽医，（3）：103-105

马红彬，谢应忠．2011．宁夏中部干旱带草地生态农业体系建设研究．干旱地区农业研究，29（2）：180-184

任继周．1957a．关于高山草原的调查研究．南京：畜牧兽医图书出版社：37-56

任继周．1957b．高山草原生产性能的研究//任继周．关于高山草原的调查研究．南京：畜牧兽医图书出版社：37-56

任继周．1995．草地农业生态学．北京：中国农业出版社：9-18

任继周．1998．草业科学研究方法．北京：中国农业出版社

任继周,李逸民,郭博,等 . 1954. 藏羊群自由放牧与分区轮牧的观察研究 . 中国畜牧兽医杂志,(4):143-157
王栋 . 1955. 草原管理学 . 南京:畜牧兽医图书出版社
王进华,张彬宇,代成江,等 . 2007. 宁夏南部丘陵山地长芒草草原类草场放牧方式与放牧强度试验 . 草业科学,24(5):74-78
张建立,张仁平,锡文林,等 . 2010. 天山山地草原适宜放牧率评价体系初探——以新疆新源县为例 . 草业科学,27(12):134-139
Armsby HP, Fries JA. 1919. Net energy values and starch values. The Journal of Agricultural Science, 9:182-187
Atkinson RL, Toone CD, Robinson TJ, et al. 2010. Effects of ruminal protein degradability and frequency of supplementation on nitrogen retention, apparent digestibility, and nutrient flux across visceral tissues in lambs fed low-quality forage. Journal of Animal Science, 88:727-736
Dowhower SL, Teague WR, Ansley RJ, et al. 2001. Dry-weight-rank method assessment in heterogenous communities. Journal of Range Management, 54:71-76
Jones RM, Hargreaves JNG. 1979. Improvements to the dry-weight-rank method for measuring botanical composition. Grass and Forage Science, 34:181-189
Mannetje L, Haydock KP. 1963. The dry-weight-rank method for the botanical analysis of pasture. Grass and Forage Science, 18(4):268-275
Maynard LA. 1953. Total digestible nutrients as a measure of feed energy. The Journal of Nutrition, 51(4):15-21
Neuteboom JH, Lantinga EA, Struik PC. 1998. Evaluation of the dry weight rank method for botanical analysis of grassland by means of simulation. Netherlands Journal of Agricultural Science, 46:285-304
Nijland GO. 2000. A variant of the dry-weight rank method for botanical analysis of grassland with dominance-based multipliers. Grass and Forage Science, 55:309-313
NRC. 2000. Nutrient Requirements of Beef Cattle. 7th Edition. National Academy Press, Washington, DC
Okubo T. 1993. Energy balance of free-ranging animals on grazing pasture—an approach to grassland science//Li B. Proceedings of the international symposium on grassland resources. Beijing: China Agriculture Scientech Press: 67-74
Riley DG, Chase CC, Coleman SW, et al. 2010. Evaluation of tropically-adapted straightbred and crossbred beef cattle: heifer age and size at first conception and characteristics of their first calves. Journal of Animal Science, 88:3173-3182
Scramlin SM, Platter WJ, Gomez RA, et al. 2010. Comparative effects of ractopamine hydrochloride and zilpaterol hydrochloride on growth performance, carcass traits, and longissimus tenderness of finishing steers. Journal of Animal Science, 88:1823-1829
Stoddat LA, Smith AD. 1955. Range management. New Jersey: Hall Internation Editions.
Sundstöl F. 1993. Energy systems for ruminants. Icelandic Agricultural Sciences, 7:11-19
Whitney TR, Luptn CJ. 2010. Evaluating percentage of roughage in lamb finishing diets containing 40% dried distillers grains: growth, serum urea nitrogen, noneterified fatty acids, and insulin growth factor-1 concentrations and wool, carcass and fatty acids characteristics. Journal of Animal Science, 88(9):3030-3039
Ларин ИВ, 1956. Луговодство и пастбищное хозяйство. Л. : Колос
Мовснеяч АП. Использование зимых пастбищ, повыщенние урожаинвсти сенокосов и пастбищ
Смелов СП. Основные задачи преобразования естественной кормовой площади

推荐阅读文献

侯扶江,杨中艺 . 2006. 放牧对草地的作用.生态学报,26(1):244-264
任继周,侯扶江,胥刚 . 2011. 放牧管理的现代化转型——我国亟待补上的一课 . 草业科学,28(10):1745-1754

第二十一章　可持续放牧管理

第一节　基本概念

本章主要探讨可持续放牧管理的一些基本原理及其存在的问题，为了使更多的人（包括没有生态和草原管理知识背景的人）能够理解，首先有必要对一些基本概念进行介绍。

可持续放牧管理的基本概念就是为了理解动植物相互关系及怎样管理动植物使得它们沿着保护土壤、提高生产效率和生产力，并使植被演替过程朝人类所期望的方向发展。

载畜量：可解释为“一个生境或生态系统能够持续支持的最大家畜和/或野生动物的种群大小的量”，通常用最适放牧率表示。

放牧率：在特定的时间段内单位面积的草地牧草需求量，其单位包含了放牧家畜的牧草需求量、时间和面积。通常情况下其单位可以表示为家畜单位·天/单位面积或其倒数。它一直被比作一台显微镜的粗调节旋钮，也就是说，如果其不正确的话，该系统的其他任何部位都不能调节出你所需要的视野。

放牧间隔时间：即在两次放牧周期之间植物休养生息、允许植物在采食后恢复其能量储存的时间，其长短取决于植物种类、采食强度、土壤肥力、温度和土壤水分等因素。通常情况下，在植物被采食后其立即利用储存在根系和残存部位的能量（糖和淀粉等）来再生叶片，以便尽快恢复光合面积和光合能力，进而补充根系中的储存能量以备下一个循环利用。为了维持植物活力和再生，植物在被采食后必须补充能量储备，这是维持健康植物群落的最关键因素之一，如果给予足够的时间进行恢复，即使在极度放牧条件下植物也能维持其活力，但与轻度放牧相比，可能需要更长的恢复时间。对于植物被采食后剩下的残体，其可恢复性取决于生长速率，主要与温度和可利用水分有关。在快速生长季节，以免植物过度成熟，恢复期可以短些；相反，恢复期就应该较长。美国较干旱的草原地区在快速生长季节，多数情况下其恢复期为 30 天左右；而在干旱期内则长达 150 天。

过牧和过载：过牧和过载并不是相同的概念。过牧是针对个体植物而言，它是下列几种情况，如频繁的放牧、高强度放牧或恢复期太短不足以维持植物活力等的必然结果。如果持续过牧的话，则导致植物死亡。因此，甚至在很少家畜数量条件下，由于不合理的家畜分布、不合理的放牧时间或高频率的放牧等，都可能导致过牧，对于长季节放牧的草地几乎肯定导致过牧。

过载通常情况下（不是不变的）导致过牧，这是因为在短期高强度的采食后，如果给予足够的时间植物是可以恢复的。然而，过载总是导致家畜营养应激，或需要较高水平的补饲。

放牧密度：放牧密度不应该与放牧率混淆。前者是指某一时间点上（而不是时间段）单位面积内的家畜数量，其单位为家畜单位/单位面积或其倒数。因此，在一个给定的放牧率下，如果将放牧家畜集中到一个较小的面积上，则放牧密度会增大。例如，轮牧与连续放牧相比,在放牧率相同的情况下,轮牧的放牧密度要比连续放牧的高,这取决于轮牧小区数量的多少。放牧密度是一个很重要的概念,因为它与家畜的分布、选择性采食高质量牧草、牧草采食的频率和强度、牧草的采食效率及植物再生的机会等密切相关。当放牧密度增大时,通常情况下,在同样的时间段和给定的面积内家畜的分布就比较均匀。假如给定一个合理的恢复期(放牧间隔时间),如果要增加放牧密度就必须增加放牧的小区数,从而缩短每个小区的放牧时间,以避免在植物补充能量之前再一次被采食的风险,这样也可以增加牧草的生产。家畜频繁地被挪到新鲜的牧草草地上,就有更多的机会进行选择性采食和提高牧草的品质。

在可持续放牧管理中,载畜量及其表示方式——最适放牧率是两个最核心和最基本的概念,也是最主要的管理工具。然而随着放牧理论和相关学科的发展,怎样科学的量化这些指标也变得更加复杂,根据不同的管理目标将有不同的选择,因此本章着重对这两个概念的进展进行综述,并且展望未来的研究工作。

第二节　载　畜　量

一、理论的发展和实践中存在的问题

当沙尘暴席卷我国西北地区和草原退化沙化在世界范围内严重发生时,人们似乎都不约而同的归罪于放牧家畜的过牧,而在花费大量人力、物力和财力却收效甚微的时候,人们不得不开始反思指导实践的理论依据的正确与否。许多国家(包括我国)和联合国沙漠化防治项目认为,可持续容纳量的评估是任何长期努力恢复生态环境的基础(Pearce,1992)。然而,在理论上和计算方法上的缺陷使得该指标的管理作用大大削弱。

(一) 理论问题

在草原管理中容纳量也叫载畜量,该概念主要应用于干旱半干旱地区放牧家畜的食物资源大都来源于天然草原的草原管理中。自 20 世纪初开始,人们就利用该概念(Heady,1975),其理论基础是北美地区发展起来的植物演替理论(Ellison,1960;Dyksterhuis,1949;Sampson,1919;Clements,1916),该理论认为某一个地区的顶级群落取决于其土壤和气候条件,放牧对植被产生影响并使其处于亚顶级状态,因此,草原管理者的任务就是平衡植物的再生和放牧压力的大小。在平衡稳定的环境中,植被生产力和草原状况主要取决于放牧率的大小。该理论假设在干旱半干旱地区草原管理者可以掌握潜在的平衡放牧系统,该系统的破坏则由过牧引起。因此,根据该理论人们管理草原的目的就是要使其恢复到平衡状态。该理论也认识到降水量的年际变化对植被生产力的影响,但他们认为干旱对植被的影响类似于放牧的影响,所以在草原植物演替模型中,对干旱管理的反应就是降低放牧压力,以便干旱和放牧两者的压力之和尽可能地保持不变,这样两者的压力与植物演替趋势之间就会保持平衡,从而使植被状态保持稳定。该理论还假设草原状况可以连续的进行调整,并且通过调整牧压可使其发生逆转,如果时间足够的话就可以回到平衡状态。因此,草原管理的主要工具就是调整牧压水平,似乎降低或消除牧压就能使草原状况得以恢复。然而,这种假设在平衡生态环境条件下发展起来的理论遇到非平衡环境理论的严重挑战(Laycock,1989;Westoby et al.,1989;Ellis and Swift,1988)。在不稳定非平衡的环境条件下,初级生产力不可预测,年际间变化大且具有较大的时空异质性,因此需要季节性和年际间调整放牧率大小,也就是要在保护和随时调整放牧率大小之间进行决策(Scoones,1994)。因此,后者更强调放牧家畜与环境的互作,仅仅降低或消除牧压往往效果甚微(Laycock,1991)。过去 20 多年的研究表明,在不稳定干旱半干旱的草原生态系统(如澳大利亚和非洲各国,甚至南美和北美洲)经常发生的严重干旱使得在北美发展起来的演替理论显得不太适用。而在这些情况下,状态转换模型(State and transition model)(Westoby et al.,1989),以及由此而发展起来的"阈值"理论(Laycock,1991;Friedel,1991)显得很适用。该理论认为草原是以多稳态、不连续的状态存在的,不同状态之间在一定的时空范围内存在一界限"阈值",如果没有其他措施(如施肥、火烧或灌溉等),仅仅依靠减轻或消除牧压往往不能超越该"阈值"而从一种状态转换成为另一种状态(Laycock,1991;Friedel,1991)。因此,该理论假设放牧与其他因子甚至是某些偶然发生的事件(发生概率甚至只有 2%~3%)耦合才可能逆转草原的演替方向,作为草原管理者应该适时利用这些措施以达到管理的目标。

由于草原生物多样性的丧失而引起的生态学和经济学问题为重新探讨草原退化的分析提供了一个驱动力(Barbier et al.,1993)。传统意义上,通常用植被(物种组成、生产力和盖度等)指标作为草原是否退化及退化程度的判断标准,然而这些指标具有很大的不确定性,特别是在干旱半干旱的草原地区,由于气候(特别是降水)的不稳定性,常常导致物种组成、生物量和盖度等指标变化很大,因此,这些指标很难作为一个系统的功能和可恢复性的判断标准。草原植物已经适应并可以从自然扰动中自我恢复,如对干旱季节的适应。因此,当草原在短期内受到扰动时,草原植物可以在相当长的时间内保持恢复弹性并恢复它们的生产能力(Barbier et al.,1993)。可恢复性是草原生态系统在急剧或慢性干扰以后恢复它的结构的能力,或者是植物群落从被干扰的状态恢复到它原来状态的速度(Archer and Smeins,1991)。

放牧以不同的方式影响着不同的草原类型,如对于与野生偶蹄动物协同进化而来的湿润草原,往往对由放牧导致的草原退化拥有相当的抗性,如果真的发生了退化,一旦牧压降低或消除,则草原很快得以恢复,这种可预测的反应非常适合现在的次生植物演替模型(Clements,1916)。然而,对于干旱半干旱草原,这些非平衡环境使得即使牧压降低或消除了,而退化草原的恢复相当慢或不可能,降低牧压基本上没有考虑到这种在干旱半干旱环境下草原对牧压消除后所缺乏的反应(Behnke and Scoones,1993;Ellis and Swift,1988)。对于这种情况,另一种概念模型——"状态转换模型"和"阈值"理论可能会更好的解释这种草原动态变化的原因(Laycock,1991)。状态转换模型假设存在一系列的植被状态,并且在这些植被状态之间存在可能的转换状态(Walker,1995;Westoby et al.,1989)。一种可识别的状态由占据一定地点的稳定的物种组成,许多因素导致一种植被通过一个阈值并向另一种状态过渡就叫做转换(Laycock,1991)。植物物种的变化不总是连续的、可逆的或一致的(Laycock,1991;Friedel,1991;Westoby et al.,1989),因此具有高度不确定性。重牧、可变的气候或火及其他干扰因素都可以改变植物种类组成,而使得植被停留在一种稳定的状态,因此当一个群落还没有通过一个阈值而变成另一个状态时,似乎可以通过保护或轻牧或适度放牧就可以使其回到一个好的生态状态;而当其已经进入一个新的稳定状态,即使消除放牧也不会恢复到原来的邻近的植被状态(Laycock,1991)。

状态转换模型为在草原管理中充分考虑其复杂性和动态性及草原生态系统的每个特征(如降水、土壤、地形和生物组成等)提供了理论基础。它使我们认识到牧草生产随时间和空间而变化,植被的变化可能是不可逆的,以及植被组成的更替可能是某些事件,如特殊气候条件和放牧等偶然造成的(Barbier et al. ,1993)。稳定状态在许多草原植被类型上存在(Laycock,1991)。草原生态系统稳定状态和阈值的新概念,也表明单独的放牧管理是不足以改变现存的草原状态的,重新建植可能是提高草原状态的必要措施。该模型也意味着在草原管理中存在的大量不同的管理机会和危险性,其说明草原管理的基本目的就是抓住机会以避免危险,换句话说就是机会管理(Walker, 1995; Perrings and Walker,1995)。但是草原生态学家对机会管理策略的更有效性和较少的环境破坏程度持怀疑态度(Barbier et al. ,1993)。在实践中,该模型的实用性在相当程度上取决于管理者的知识和对草原生态系统的理解,以及将这些知识与该模型的框架结合应用的能力;同时管理者对该模型的预测的反应能力也很重要,他们应该能敏锐地发现导致草原生态系统恢复的所有可能的机会(Barbier et al. ,1993)。多数情况下,新的状态转换模型代表了对草原植被动态更加现实的理解(Noss and Cooperrider,1994)。然而,正如 Busby 等(1995)所指出的,无论是描述草原状况的改变和持续通过演替过程的模型,还是状态转换模型(或非平衡模型)或其他模型,最重要的是要识别草原健康状况是否能持续或已经受到威胁的具体地点特征,在发现草原已经退化的地方,政策的制定者和草原管理者必须及时地予以强调草原的退化特征和改善措施。

(二) 计算问题

载畜量的计算和评估存在严重缺陷,主要包括以下几点。①假设放牧家畜每天能够采食所计算的量,而没有考虑群落密度、牧食的时间、牧草季节性可利用性变化、家畜体重的季节性变化及各种家畜的换算比率。②基于年最大生产力水平进行估测而忽略了季节性变化和放牧的影响。③最为重要的是合适利用率的选择,其大小随生长状况、物种组成、放牧时间、家畜种类、水源的可利用性及其分布等因素的影响而变化,因此其大小的变化将使载畜量成倍的变化,因此基于载畜量大小对草原生态系统是否过牧的判断将截然不同(汪诗平,2006)。目前,在世界范围内尤其是在北美地区,则武断的规定合适利用率为可利用牧草的 50%(USDA-NRCS,1997)。④不同家畜种类之间的换算比率也对载畜量的评估产生很大影响,因为不同家畜的选择性采食差异很大,还有种群和年龄结构及肉品质组成等的差异,如果不考虑这些因素将使得这种换算比率毫无意义(Scarnecchia,1990)。目前,世界各国大多利用干物质采食量的比例进行换算,例如,一头成年牛每天干物质采食量相当于 5 只绵羊的采食量,因此换算比率为 5 : 1;然而,如果以对禾草的选择性采食而言,可能 10 只羊的禾草采食量相当于 1 头成年牛,则换算比率变为 10 : 1。因此,不同的比较目标可能会有不同的换算比率,而换算比率对于草原管理,特别是基于植物演替模型可能更为重要。⑤由于载畜量通常情况下用最适放牧率表示,然而最适放牧率的确定随着草原状况和管理者的目标的不同而有很大变化(Gillen and Sims,2002;汪诗平等,1999a,1999b)。

二、在我国草原管理中的应用现状

目前,在我国草原生态建设工程中所实行的退牧还草和围封转移等措施,虽然对抑制草原状况的恶化有一定的积极意义,然而,在调查中也发现尚有许多理论和实际操作等问题亟待解决,如怎样判断草原生态系统是否过牧及其退化程度?怎样确定不同的草原类型合适的利用率?什么程度的退化草地要围封?要围封多久?围封多年后的草地怎么利用?是否禁牧是唯一的措施?禁牧的效果如何?对这些问题的探讨和回答,无疑将决定着这些措施是否能顺利进行和能进行多久,以及能否避免以往的"建设-破坏-再建设-再破坏"的恶性循环的管理怪圈。草地作为一种自然资源,保护只能是短期的、局部的,而利用才是长期的、广泛的。即使是在保护状态下,也免不了受到野生动物(如蝗虫、啮齿动物、大型偶蹄类动物等)和气候变化的干扰。因此,任何忽视或淡化这些因素的作用,而一厢情愿的认为只要降低和/或消除牧压就可以恢复退化的草原生态系统的想法都是片面的,其效果往往甚微,同时也会带来一些社会经济问题。

我国草地面积占国土面积的41%左右,类型复杂多样。在全国草地资源调查和生产力潜力评估中,一直沿用载畜量作为判断草地是否过牧的标准,并作为草地资源规划的依据。但其理论基础存在局限性。因此,在我国草地管理中是否所有的草地类型仍然沿用已有的理论和概念,还是探索更加适用的新理论、新指标或更加科学化的计算载畜量的方法和技术,是摆在我国草原管理者和研究者面前的重大理论和实践问题。

(一)我国主要草原类型逆行演替过程的连续性

草原恢复途径是否完全是草原退化的逆过程?对该问题的回答将奠定草原管理的理论基础。尽管20世纪60年代以来,我国多数研究者大量阐述了在放牧条件下草原演替的规律(汪诗平等,1998,2001;王德利等,1996;杨利民等,1996;王仁忠和李建东,1995;李永宏,1988,1992,1993,1994;张堰青,1990;周兴民等,1987;李世英和肖运峰,1964)和恢复演替的规律(王炜等,1996a,1996b)及两者间的对应性(李永宏,1994),但郝敦元等(1997)用模型研究发现这两者的过程是不一致的。Christensen 等(2003)也用在非洲 Savanna 草原上发展起来的状态转换模型模拟了中国内蒙古典型草原100年后的演替情况,研究表明,如果继续重牧,典型草原将演替为灌丛草原,且不能自然恢复。因此,尽管两种相反演替过程比较研究的结果有限,但这是否意味着植物演替模型值得商榷,抑或的确在将来应该应用状态转换模型和"阈值"理论作为我国草原管理的理论基础?如果是,什么情况下应用?如何指导管理实践?

(二)放牧在草原管理中的重要性

草原退化仅仅由过牧引起的吗?减轻或消除牧压就可以达到恢复植被的目的吗?对这些问题的回答将有助于我们了解草原退化的真正原因及采取的恢复措施和预测恢复的效果。事实上,通过经验得知,放牧与其他因素的互作,特别是与干旱的互作才是草原退化的主要原因。例如,1999~2001年连续发生在内蒙古锡林郭勒盟大草原上的大干旱,部分地区(如西苏旗)即使全部出售或迁走家畜,也没有逃脱“赤地千里”的厄运,从而造成“生态难民”;而2003年由于春季雨水充沛且分布均匀,在同一地区又出现了几十年不遇的短花针茅(被认为是顶级群落的优势种)抽穗的草原景观,而事隔仅仅1年。这似乎说明放牧对草原植物影响的局限性及与干旱对植被影响的迥异性,因为放牧对草原植物的影响既有抑制作用又有促进作用,其真正影响取决于两者的净效应(汪诗平,2001;Mazancourt et al.,1998)。因此,这是否从另一个侧面说明植物演替理论作为我国草原管理的理论基础的局限性或片面性?

(三)牧压和其他生物因子在草原管理中的相对重要性

在2003年的样线考察中发现,内蒙古锡林郭勒盟大草原普遍实施了春季禁牧或延迟放牧措施,但在一些地区却发现效果非常不好,其主要原因是大面积发生蝗灾和鼠害。据当地政府部门估计,蝗灾发生面积达400万 hm^2,重灾区(如西苏旗和东乌旗)蝗虫密度曾达到1000多头/平方米,因此,大大影响了春季禁牧的效果。相反,由于整体牧压没有降下来,而舍饲会大大增加饲养成本,以至于造成干群关系紧张,甚至有些牧民夜晚放牧白天休息,严重影响了家畜的牧食行为和生长,而草原恢复的效果也可想而知(汪诗平等,2006)。由此也可见仅仅消除牧压对退化草原恢复作用的局限性。

基于以上国内外有关研究进展和我国目前草原管理中存在的理论和实践问题,本文特提出以下几点假设:①我国典型草原的演替模式是非连续的、多稳态的,也就是说不存在潜在的平衡放牧系统,因此,仅仅靠降低或消除牧压很难达到退化草原恢复的目的;②放牧家畜与其他食草动物一样对草原状态产生着重要的影响,其相对重要性受许多因子的影响,且由于它们之间存在生境和食物的竞争,可能存在相互作用;③放牧和环境(土壤养分、水分等)对草原状态存在互作效应;④载畜量指标在草原管理中的局限性及不准确性,使得其评估方法需要进一步发展和完善。

这些假设正确与否,需要全国草原和生态工作者利用长期的研究实验予以论证,特别是通过对已有历史资料的整理和分析,以及在此基础上补充一些相关实验,对不同草原类型的逆行演替和恢复演替的模式进行监测并用模型进行对应性分析,从而证明我国不同草原的平衡性与否。并通过放牧家畜与其他食草动物(蝗虫和啮齿动物)及其环境(土壤养分和水分)的互作性研究,揭示放牧家畜在草原生态管理中的相对重要性。同时,通过放牧家畜与草原植物相互关系的研究,为科学制定不同草原类型的适宜利用率提供定量指标,从而发展和完善载畜量的评估方法和技术,并对其适用范围予以评价。从而在此基础上,提出我国草原管理和生态建设中所应采取的主要措施的理论基础。

第三节 适宜放牧率

在可持续放牧生态系统管理中,放牧率被认为是最重要的因子,因为没有其他任何一个单独的管理措施比放牧率更能影响放牧家畜的生产和利润及生态系统的功能(Gillen and Sims,2002;汪诗平等,1999a,1999b;Holechek et al.,1998;Walker,1995;Heady and Child,1994;Hart et al.,1993)。通常情况下它被定义为在特定的放牧时间内,单位面积内特定的放牧家畜单位放牧的天数,如每公顷羊单位放牧天数等,也可以用其倒数表示。然而,对于一个给定的放牧家畜类别(如绵羊、牛等)而言,用公顷家畜单位表示放牧率更为适用,因为每个家畜单位是生产和销售的基本生产单位,并且便于进行经济分析(Gillen and Sims,2002)。按照草原家畜系统中的载畜量的概念,最适放牧率其实就是载畜量(Scarnecchia,1990),即一个草原系统的载畜量某种程度上像顶级植物群落一样,只是一种理想的概念和理论上的计算,也就是管理模式中的最适放牧率水平只是一种理论值的估计。在美国,各类草原类型的最适放牧率基本上都基于每年地上牧草现存量被适度利用(50%左右)(经济上长期适宜的),并假设放牧家畜均匀利用草地的基础上推荐的,同时还假设每年最高牧草生物量的50%的利用率对植物群落(物种丰富度等)和放牧家畜生产没有不利影响,而这种"利用一半留一半"就可以持续利用的经验性概念主要来自Crider(1955)对牧草根系生长模式的研究结果,且这种经验性概念已经被美国农业部土地保护管理局所接受(USDA-NRCS,1997)。很显然,这种牧草50%的利用率某种程度上是比较主观的。现在有一种观点认为世界范围内的大多数草原都过牧了,且能够生产的可食牧草量和家畜生产量都低于其草原生产潜力(Wilson and Macleod,1991)。因此,无论是在书籍里、文章里或会议上,最适放牧率都成为探讨的热门议题。

由于确定最适放牧率的一个最基本的问题就是不同的研究者从不同的角度有不同的分析方法,即它可以反映放牧率对不同草原生态系统的特征的影响,如植物种类组成、植被盖度、土壤侵蚀、家畜生产、净利润甚至野生动物的生境状况等方面,因此在某种意义上,任何生物学上的、经济学上和/或环境等方面的最大反应时的放牧率都可以认为是最适放牧率。到目前为止,尚未有充足的证据表明某一种方法的权威性,这表明其很难准确的定量分析,但同时也为我们对最适放牧率的讨论开启了一扇大门:最适放牧率是否只是一种理想化的而不是真实存在的?怎样定量化的分析最适放牧率及其具有什么特征?本章试图通过对国内外的有关研究进行综述,从而得出不同分析方法的理论依据及存在的问题,并在此基础上提出今后可能需要进一步研究的方向。

一、农学的观点

草原占据着地球陆地面积的50%以上,它是生物生产的最重要的自然资源之一,特别是在干旱半干旱地区的农村经济中发挥着举足轻重的作用(陈佐忠和汪诗平,2000;Holechek et al.,1998)。许多研究依据放牧率对家畜个体增重、公顷增重及净利润等放牧实验数据得出了适宜放牧率的结果(汪诗平等,2003;Gillen and Sims,2002;McCollum et al.,1999;Hart et al.,1988),但是无论是家畜方面还是草原本身的任何变化都又可能导致不同的适宜放牧率数据(汪诗平等,1999a,1999b)。

(一)家畜生产

国内外对放牧率对家畜个体及公顷增重的影响已有广泛的报道(汪诗平等,2003;Gillen and Sims,2002;McCollum et al.,1999;Coleman and Forbes,1998;Bransby et al.,1988;Hart et al.,1988;Riewe,1961),Jones和Sandland(1974)曾描述了放牧率与家畜个体及公顷增重的各种可能的关系,而放牧率与家畜公顷增重的二次方程的关系为估测适宜放牧率奠定了理论基础,即

$$Y_p = aS-bS^2 \tag{21-1}$$

式中,Yp 为单位面积内的总增重,kg/hm^2;S 为某一年的平均放牧率,羊/hm^2;a 为每个家畜单位的生长潜力,kg/羊;b 为家畜个体增重随放牧率增加的变化。根据式(21-1)可以得出当放牧率为 $a/2b$ 时,单位面积内总增重达到最大值 $a^2/4b$(汪诗平等,1999a,1999b;Wilson and Macleod,1991)。然而,许多实验结果表明,最大公顷增重时的放牧率往往导致草原的退化(汪诗平等,2003),并且随着放牧率的增大生物学反应的年际间变化也随着增大,即稳定性随着降低(汪诗平等,2003;Gillen and Sims,2002;McCollum et al.,1999;Sims and Gillen,1999)。在较高放牧率下,这种生物学反应的变化在多数情况下由于干旱等原因而被迫下降(Heitschmidt et al.,1990)。

(二)经济分析

一般认为与经济上最适放牧率(Se_{max})相比,生物学最适放牧率在实际草原管理中适用性较差(Wilson and Macleod,1991),因为对于所有草地畜牧业生产单位而言,经济目标就是获取最大的净利润。如果土地面积是主要的限制性因子的话,那么该目标可以通过获得最大单位面积内的净利润而得以实现;而当生产资金是主要的限制性因子时,则接近每个家畜单位最大利润时的放牧率的净利润可能是最大的(Bransby,1989)。Se_{max}很容易通过式(21-2)进行计算:

$$T_p = P[aS-bS^2]-cS-FC \tag{21-2}$$

式中,T_p 为单位面积内总利润;P 为畜产品单位重量的价格;c 为每个家畜单位的可变价格;FC 为单位面积的草场固定价格;而 a、b 和 S 的意义与式(21-1)相同。$P[aS-bS^2]$和$[cS+FC]$分别表示每年单位面积的草地总收入和总支出,当两者差值达到最大时 $Se_{max}=\dfrac{(a-\frac{c}{p})}{2b}$(Wilson and Macleod,1991)。

相对于单个家畜和单位面积内的净利润对放牧率变化的响应而言,单个家畜和单位面积内的净利润对放牧率变化的响应要复杂得多。在不断变化的生产、市场和金融条件的变化情况下,草地畜牧业生产者要面对目前的生产管理和未来生产计划的许多挑战。由于成本(支出)和畜产品价格(收入)的变化改变了每个家畜和单位面积内总收入和总支出的关系,从而也改变了经济上最适放牧率(Wilson and Macleod,1991)。牧场主和农场主认为影响净利润变化因素的顺序为畜产品价格、反复无常的天气及不确定的支出成本(Carande et al.,1995;Seligman et al.,1989)。在经济模型中,净利润和最适放牧率都对支出成本的变化相当敏感(Gillen and Sims,2002;Wilson and Macleod,1991;Quigley et al.,1984)。一些研究表明,随着放牧率的增大收入的变化也随着增大(汪诗平等,2003;Gillen and Sims,2002;McCollum et al.,1999;Foran et al.,1991;Riechers et al.,1989),因为可能在很高的放牧率下仍可以获取利润,而这种放牧率可能不足以维持草地状况和可持续的草地畜牧业生产(汪诗平等,2003;Hart and Ashby,1998)。已经有人将这种感知认为是归咎于利润动机谬论(blame-the-profit-motive fallacy)(Workman,1986),即总体上就是低的成本-价格差将鼓励实行较低的放牧率,反之亦然。对于一个给定的单位面积的总成本而言,经济上最适放牧率将随着固定成本对可变成本的比例的增加而增加(Seligman et al. ,1989),在极端的情况下,即所有成本都是固定成本的时候,生物学上的最适放牧率与经济上的最适放牧率是一致的(Workman,1986)。一般的产生最大净利润时的放牧率并没有生产最大公顷增重,经济上最适放牧率一般总处于适度到重度放牧率之间(汪诗平等,2003;Gillen and Sims,2002)。这与基本的放牧率和经济理论是一致的(Wilson and Macleod,1991;Torell et al. ,1991)。另外,整个放牧季节最适放牧率并不是恒定不变的(汪诗平等,2003)。Coleman 和 Forbes (1998)及汪诗平等(1999a,1999b)发现,对于暖型多年生牧草或草地而言,整个放牧季节不同时期的增重回归方程比只用整个放牧季节的平均增重所得的回归方程能更好地反应草原状况及其有关变化,利用季节性生长曲线和当时的经济情况(如季节性的畜产品价格),生产者就能确定上市的时间。

(三) 牧草生产

尽管 Scarnecchia(1994)认为牧草生产与放牧家畜需要间的多变量分析是描述放牧系统的复杂性和协同性的必要工具,但利用牧草有关特征(如生物量、草层高度、活的叶茎比)和牧草的容积等指标与家畜生产力关系的研究很少(Duru et al. ,2000;Coleman and Forbes,1998;Teague et al. ,1996;Scarnecchia and Kothmann,1986)。Torell 等(1989)通过长期的放牧实验发现,与轻度放牧相比,中度放牧使牧草生产降低了 15%,但是这种牧草生产水平是可持续的,并且可以比轻度放牧获得较高的净利润。Milchunas 等(1994)的模型预测发现,与轻牧相比,在地上牧草生物量的 60% 被利用的 50 年后,在湿润和平均降水年份,牧草生产可能分别降低 5% 和 18%。Hart 和 Ashby (1998)发现,围封的草地牧草生物量是任何放牧率下的草地生物量的两倍多,但这种差异主要是因为围封的草地里多得多的仙人掌造成的。他们通过对矮草草原 55 年的放牧实验研究表明,最适放牧率为每公顷 28 个小母牛,但是他们认为比最适放牧率低 20% 的中度放牧率似乎获得更高的利润和可持续性。

草原生产是一个动态的过程,在这个过程中,降水和价格的不确定性始终左右着生物学效率和所期望的收入,并且这种风险也影响着农场主和牧场主的决策。Carande 等(1995)认为,对于草地畜牧业生产者而言,在获得草原管理和市场政策方面,风险中性的最适模型(risk-neutral optimization models)比规避风险的最适模型(risk-averse optimization models)更有用,生产者的不同选择取决于相对于每种情况下降水和市场价格风险,以及他们规避风险的能力。根据放牧率水平和风险的程度,净利润的差异肯定符合金融分析中的高利润-高风险规则。Torell 等(1989)将动态的最适放牧率定义为不仅是基于当时的净利润,还要基于对未来牧草生产影响的放牧率,而将缺乏远见的最适放牧率(myonic OSRs)定义为仅仅基于当时利润的放牧率。他们认为基于缺乏远见的最适放牧率基础之上的家畜生产者的利润动机是不可能长期实现的,因为那往往导致草原退化。

二、植物生态学的观点

20 世纪以来,载畜量的概念一直被草原管理者应用至今,该概念是以在北美发展起来的植物演替理论为基础的(Dyksterhuis,1949;Clements,1916)。该理论假设顶级植被或潜在的天然群落取决于特定地点的土壤和气候条件(Heady,1975)。家畜放牧影响了植被生产力和植物种类组成,该理论认为某一个地区的顶级群落取决于其土壤和气候条件,放牧对植被产生影响并使其处于亚顶级状态。因此,草原管理者的任务就是平衡植物的再生和牧压大小。家畜载畜量是基于生态载畜量的理念,即种群生长受到牧草生产的限制,牧草生产的不足将降低出生率和提高死亡率(资源制约理论)。因此,家畜载畜量被定义为K值,即基于可利用牧草基础之上的种群生长曲线的间近线(Caughley,1979)。最大可持续产量的载畜量通常都位于生态载畜量放牧率的1/2~2/3处,并被定义为经济载畜量。当家畜种群增长超过经济载畜量时,其生长率将会下将并最终下降到零(Behnke and Scoones,1993)。然而,当评价放牧对植物的影响时,有必要提问"与谁相比较?",如果利用围封不利用和残存的天然草原作为比较对象则值得怀疑,因为这样的状况在现实自然界中基本上不存在(Hart and Ashby,1998)。甚至Milchunas等(1992)认为有时候不放牧的群落比放牧的群落更类似于受干扰的群落。同时,由于我们所观察变化的时间尺度通常与变化发生的时间尺度不一致,这种差异可能会在几十年或更长的时间尺度上造成在认识和估计变化发生的程度等许多不确定性问题。相对于时间概念而言,植被的反应可以在很小的尺度上发生。在生态系统中普遍存在的时间滞后现象可能掩盖了错误管理和因果关系的许多证据,并混淆了一些解释。如果发现在放牧条件下没有物种变化的草原则是令人怀疑的。Wilson和Macleod(1991)认为只有当物种的变化对将来家畜生产产生影响时,用于放牧的土地才可以被认为是"过牧了"。

植物演替模型假设所有可能存在的植被状态,都是从退化状态(重牧或早期演替群落)到良好状态(不放牧或顶级群落)单向的近乎线性的连续分布着的,所有的变化(退化或改良)都是连续发生的,并且可以沿着这个连续的状态进行逆转。然而,许多人对这种模型提出了挑战(Friedel,1991;Wilson,1989;Laycock,1989;Westoby et al.,1989;Smith,1978,1989),并用状态转换模型和"阈值"理论(threshold theory)重新描述和解释了草原的各种状态(Rietkerk and van de Koppel,1997;Tausch et al.,1993;Friedel,1991;Laycock,1989,1991;Westoby et al.,1989;May,1977)。他们认为植物群落的演替是不连续的,是在不同的状态之间存在一个阈值。例如,Friedel(1991)报道了澳大利亚草原上存在的许多有关处于较差的草原状况但却处于稳定状态的植被类型,这些类型之间就存在一个阈值;同时,Laycock(1991)也报道了在北美草原同样存在这种状态,即当草原从一种稳定状态转变为另一种稳定状态时,如果不采取人为管理措施要想跨越这个阈值靠自身进行恢复是很困难的。Christensen等(2003)利用在非洲Savanna草原上发展起来的模型对中国内蒙古草原放牧生态系统的可持续性和弹性进行了模拟研究,结果发现,0.49的放牧强度($1-\frac{g}{u}$,其中,g为放牧条件下的地上生物量;u为不放牧条件下的生物量)对于该系统是可持续的,也就是说,当放牧强度低于该值时,草原仍然以禾本草为优势种,当放牧强度超过该值时,加上干旱等因素,则草原生态系统的禾本科牧草的生产力下降,系统将转变为以灌木为主的草原且很难自然恢复,即使不放牧也不能自然恢复。

三、生态系统的观点

(一)生物多样性

放牧对群落结构和生态系统功能的影响对于无论是保护和管理而言都是一个关键问

题。草原管理者强调长期的最大畜产品生产和利润,而保护学家却追求高的生物多样性(Tilman et al.,1996)。Tilman 等(1996)证明物种的丧失将威胁生态系统的功能和可持续性。而放牧家畜的选择性采食和践踏将直接影响群落的植物种类组成和物种多样性(汪诗平等,1999c,2001;Bontti et al.,1999;Boo et al.,1993)。有关放牧对物种多样性的影响并没有得出一致性的结论,曾有许多报道认为放牧增加了或减少了物种多样性,甚至也有报道认为放牧对物种多样性没有影响(Willms et al.,2002;汪诗平等,2001;Hart,2001;Proulx and Mazumder,1998;Huston,1994),这可能是在证明群落结构多样性时生态系统的特征与放牧存在互作的缘故(Proulx and Mazumder,1998;Noy-Meir,1995;Milchunas and Lauenroth,1993)。这些特征中,初级生产力是最重要的,因为它反映了群落生物量和放牧采食两方面信息,同时还反映了植物间的互作及与群落结构的联系(Waide et al.,1999;Grace and Jutila,1999)。许多人对不同生态系统的生产力与多样性间的关系进行了研究,发现两者间也存在不确定性的关系,包括单峰型、正相关和负相关关系等(Gross et al.,2000;Grace and Jutila,1999;Waide et al.,1999)。这些不同的反应模式可以用植物生物量与物种丰富度的二次方程关系进行较好的解释,并往往归结于对不同放牧强度反应的差异,一般认为中度放牧产生最大的多样性,即中度干扰假设(Connell,1978;Grime,1973)。还有两种假设,即应激-抗性竞争假设(Tilman et al.,1996;Grime,1973)和采食-补偿性生长假设(Hilbert et al.,1981;McNaughton,1979;Noy-Meir,1975),可以用来解释单峰相关模式。放牧优化假设(Hilbert et al.,1981; McNaughton,1979)认为在到达最适放牧率以前,地上净初级生产力随放牧率的增大而增大,然后逐渐下降到不放牧的水平。目前,这种假设在陆地生态系统中仍存在很大争议(Oba et al.,2001;Olson et al.,1989;Williamson et al.,1989;Belsky,1986,1987;McNaughton,1986)。在有关放牧对生物多样性影响的讨论中往往忽略了在生态学和野生动物生境生物学等领域长期被接受的一些原理,包括:①植物是斑块分布的;②放牧通常提高了植物的斑块分布;③生境(斑块)多样性和群落交错区(不同群落类型交错的边缘)对于野生动物非常重要,并创造了景观水平上的多样性;④在一个系统内,放牧通常降低了几个物种的优势度,从而为其他物种的生存提供了更大的空间(Laycock,1991)。

(二) 草原健康和生态系统服务

草原科学家很早就认识到生态系统过程是草原功能的本质。早期评价草原状况的大多数方法,或直接或间接的利用植物群落的变量或简单的土壤变量作为这些草原过程的度量指标(Scarnecchia,1995),最近草原状况的概念不再是热门话题,而是被草原健康概念所取代(NRC,1994)。草原健康除了包括草原生态系统的生态过程要平衡和可持续外,还包括土壤、植被、水体和大气等因子的完整性,所谓完整性是指一个特定的草原其结构和功能特征的维持,包括正常的波动变化(USDA-NRCS,1997)。Pyke 等(2002)确定了三大类用来评价生态系统状况特征的多个指标:土壤或地点的稳定性、水体功能及生物群落的完整性。一个健康的系统可以提供多种多样的生态系统服务。Daily(1997)将生态系统服务定义为通过自然生态系统及构成这些系统的物种持续的提供人类生活的条件和过程。Costanza 等(1997)将生态系统服务划分为 17 个类型,包括气候调节、土壤形成、水分供给、养分循环、文化、娱乐休闲及食品生产等。因此,食品和材料生产仅仅是生态系统服务的一种形式。然而,对生态系统的经济学评价方法是以人类为中心的工具主义的一种形式。经济学家将价值分为两类:有用和没用(Edwards and Abivardi,1998)。然而,在经济市场上,草原的价值只有很少一部分体现出来了。以前有一个一般的认识认为生态系统服务是无穷无尽可以再生的,但事实证明这种认识是错误的,要代替已经损失的生态系统服务就必须付出社会和经济代价(World Resources Institute,2000)。在现实生活中,当决策土地利用方式和制定政策时,仅仅考虑了经济价值,其他的价值被低估或忽略了(Freeman,2003;de Groot et al. ,2002;Costanza et al. ,1997)。因此,很明显现在该是重新思考草原土地利用方式的时候了。

四、研究展望

许多研究预测草原畜产品生产作为管理的主要任务将成为过去,将来更多的畜产品将来源于栽培草地和改良的草地而不是天然草原(Walker,1995;Cleary,1991;Glimp,1991)。在美国俄克拉荷马州,与天然草原相比改良的草地其单位面积的畜产品生产提高了5倍(Glimp,1991)。在我国,虽然草原面积占国土面积的40%左右,但其生产的畜产品量不到全国总量的20%。因此,对于研究者、生产者和管理者而言,要做好从单一畜产品生产向生态系统服务等多种目的的方向转变(Costanza,2000;Costanza et al. ,1997;Cleary,1991)。事实上,畜产品和原材料生产功能大约只占草原生态系统服务总价值的20%(谢高地,2001;Costanza et al. ,1997)。因此,当评价草原的最适放牧率时,有必要问一问"以什么目的为依据?"。毫无疑问,由于草原的巨大面积,决定了未来数年草原依然是畜产品生产的重要来源之一,但作为研究者在未来更应该关注以下一些议题。

(一) 最适放牧率或载畜量的理论模型

尽管利用生态学的或顶级群落的方法对草原状况进行评价不时的受到质疑(Wilson,1989;Smith,1978,1989),但目前仍然在被广泛地利用。在未来数年或几十年时间内,在干旱和半干旱草原地区状态转换模型理论能完全替代植物演替理论而成为草原管理的主要工具吗?或者将两者结合起来会形成一个新的理论模型吗?Friedel(1991)认识到在干旱半干旱草原区存在两个阈值,一个是将草原与林地分开的阈值,另一个是将稳定的草原与退化的土地分开的阈值。但是多数的讨论只是集中在禾本科草原与木本物种之间的转换(Christensen et al. ,2003;Tausch et al. ,1993;Friedel,1991;Laycock,1991)。如果草原的状态还没有转换而是仍然保留在同一个状态内,那么草原的状况怎样评价呢?在这种情况下,可能植物演替理论仍然是适用的。特别需要指出的是,上面提到的许多例子中主要是基于植物群落的变化,特别是初级生产力的变化,而很少考虑到次级生产力和分解者的特征变化,尽管在草原生态系统中它们是相互作用的。Pieper和Beck(1990)建议用生态学的概念"顶级、晚期演替序列、中期演替序列和早期演替序列"来评价草原状况,并发展草原产品(如畜产品、水源等)或草原状况(如水分渗透性、稳定性、侵蚀情况等)与演替阶段或状态间的关系。这样的信息可以使土地管理者在一个特定的演替阶段或状态的草原管理与一特定的产品或服务之间的交换或补偿(tradeoffs)时进行评价。因此,对于一种植被类型,基于植物演替理论或状态转换模型会得出不同的最适放牧率。

（二）风险-利润权衡

降水的年变化是多数草原的主要特征，而降水是对草原生产力有重要影响的因素。对于畜牧业生产企业而言，如果事先知道草原生产力，那么决定最适放牧率就相对简单得多，但是往往直到生长季结束时我们才能知道这一结果，因为牧草的生产年复一年甚至每月都在变化，由此也使得最适放牧率产生相应的变化（汪诗平等，2003）。虽然我们不能在年初准确的预测牧草生产量，但是大多数情况下我们可以基于长期的监测资料为畜牧业生产企业或牧场主提供风险分析。例如，利用 STEERISK 模型（Hart，1991）可以根据牧草生产、成本和家畜价格的变化估计净利润的变化，因为多数管理决策分析都包含了一种或另一种补偿或交换分析。

（三）放牧对多样性和生产力关系的影响

很多人基于物种丰富度或均匀度对多样性与生产力的关系进行了讨论（Schwartz et al.，2000；Wilsey and Potvin，2000；Grime，1997，1998；Tilman et al.，1996，1997），然而一些报道功能群多样性与生态系统生产力和稳定性的关系更密切（Sternberg et al.，2000；McGrady-Steed and Morin，2000；Symstad，2000）。放牧家畜选择性的采食、践踏和排泄及放牧家畜的不均匀分布都将影响物种或功能群多样性与生产力和稳定性间的关系。放牧生态系统管理的关键问题，特别是基于植物演替理论基础之上的，就是植物种的演替或物种的损失是怎样影响生态系统功能过程的，因为生物多样性的功能重要性是基于对物种损失关注的核心假设（Walker and Langridge，2002）。

（四）生态系统服务和经济补偿

人类通过增加一些或减少其他的用途，从而很容易的改变生态系统及对生态系统服务的过程产生影响。由于大多数生态系统服务功能都具有公共性，一般来说，如果牧场主或畜牧业生产企业采取一些措施来改善生态环境质量往往会在短期内降低他们自己的收益，这就产生了一对矛盾：即怎样权衡和补偿公共效益与私人效益的矛盾。尽管有些困难，但是围绕生态系统服务价值的局限性和存在的问题，似乎达成了这样一个普遍的共识，即草原生态系统服务的价值往往超过其经济价值，因此对于今天的政治家、资源和社会管理者来说，保护草原生态系统服务应该是一项最重要的职责之一（Balmford et al.，2002；Salzman et al.，2001；Daily，1997）。这种理念将为牧场主或畜牧业生产者提供新的商业机会，即通过降低放牧率来提供清新的空气和水源、提高生物多样性及降低生态系统的退化而得到经济补偿，然而，这种市场怎样形成并且怎样实施将是一个未来要解决的问题。1992 年的控制温室气体排放的《日本东京条约》可能是一个很好的模式（尽管还不是所有的国家都签署了这个协议），该协议的主要措施之一就是温室气体排放多的国家向温室气体排放少的国家付费。因此，值得强调的是估计生态系统服务的目的并不是评价整个草原环境的价值，而是要评价由于放牧管理措施的变化对生态系统的收益和代价的影响。

因此，在放牧生态系统管理中，决定最适放牧率仍然是首要的问题，要解决这个问题就必须发展新的理论来权衡各方面的收益和代价。爱因斯坦曾经说过“正是理论决定了我们要解决什么”。这表明没有不确定的观察和研究,所有的资料和信息都是理论的载体(Walker,1995)。许多放牧率的经济分析大都集中在单位面积利润与放牧率的关系上。然而,放牧率本身并没有提供有关草原植被的任何信息,因此,这些研究结果很少反映草原的状况(如牧草可利用性和物种组成等)与产生最大净利润的放牧率之间的关系(Bransby,1989)。在一些情况下,物种组成可能完全改变了,但家畜生产却没有变化(Harrington and Pratchett,1974;Wilson and Leigh,1967),其结果表明,当管理的目的是生产单位面积最大畜产品产量和最大净利润时,植被往往已经退化了(汪诗平等,2003)。随着对草原价值观认识的改变,人们逐渐认识到畜产品和原材料的生产仅仅是草原生态系统服务总价值的一小部分(Costanza,2000;Costanza et al. ,1997),越来越多的研究开始关注其他非利润性质的生态系统服务,如生物多样性保护、全球变化及环境的调节等。因此,在未来最适放牧率的决策应该基于生态系统生产力与生物多样性及生态系统服务等之间的关系,以及要权衡畜牧生产与其他生态系统服务的风险和利润。要达到这个目的,就需要进行长期的综合研究。

(汪诗平)

主要参考文献

陈佐忠,汪诗平 . 2000. 中国典型草原生态系统 . 北京:科学出版社

郝敦元,刘钟龄,王炜,等 . 1997. 内蒙古草原退化群落恢复演替的研究——群落演替的数学模型 . 植物生态学报,21:503-511

李世英,肖运峰 . 1964. 内蒙古呼盟莫大木吉地区羊草草原放牧演替阶段的初步划分 . 植物生态学和地植物学学报,3(2):200-217

李永宏 . 1988. 内蒙古锡林河流域羊草草原和大针茅草原在放牧影响下的分异和趋同 . 植物生态学和地植物学学报,12(3):189-196

李永宏 . 1992. 放牧空间梯度上和恢复演替时间梯度上羊草草原的群落特征及其对应性 . 草原生态系统研究(第4集). 北京:科学出版社:1-7

李永宏 . 1993. 放牧影响下羊草草原和大针茅草原植物多样性的变化 . 植物学报,35(11):877-884

李永宏 . 1994. 内蒙古草原草场放牧退化模式研究及退化监测专家系统雏议 . 植物生态学报,18(1):68-79

汪诗平 . 2001. 刈割和放牧(刈牧)对植物形态和生理的影响 . 生态学杂志,19(6):34-39

汪诗平 . 2003. 青海省“三江源”地区植被退化原因及其保护策略 . 草业学报,12(6):1-9

汪诗平,陈佐忠,王艳芬,等 . 1999a. 内蒙古典型草原适宜放牧率的研究 . Ⅱ. 以牧草地上现存量和地上净初级生产力为管理目标 . 草地学报,7(3):192-197

汪诗平,李永宏,陈佐忠 . 1999b. 内蒙古典型草原草畜系统适宜放牧率的研究 . Ⅰ. 以绵羊增重及经济效益为管理目标 . 草地学报,7(3):183-191

汪诗平,李永宏,王艳芬 . 1999c. 放牧绵羊牧食路线与草场资源空间异质性之间的关系 . 生态学报,19(3):431-434

汪诗平,李永宏,王艳芬,等 . 1998. 不同放牧率下冷蒿小禾草草原放牧演替规律与数量分析 . 草地学报,6(4):299-305

汪诗平,李永宏,王艳芬,等 . 2001. 不同放牧率对内蒙古冷蒿草原植物多样性的影响 . 植物学报,43(1):89-96

汪诗平,王艳芬,陈佐忠 . 2003. 放牧生态系统管理 . 北京:科学出版社

王德利,吕新民,罗卫生 . 1996. 不同放牧密度对草原退化群落恢复演替的研究 . Ⅰ. 退化草原的基本特性和恢复常规替动力 . 植物生态学报,20(5):449-460

王仁忠,李建东 . 1995. 松嫩平原碱化羊草草地放牧空间演替规律的研究 . 应用生态学报,6(3):277-281

王炜,刘钟龄,郝敦元,等. 1996a. 内蒙古典型草原退化群落恢复演替的研究. Ⅰ. 退化草原的基本特征与恢复演替规律. 植物生态学报,20(5):449-459

王炜,刘钟龄,郝敦元,等. 1996b. 内蒙古典型草原退化群落恢复演替的研究. Ⅱ. 恢复演替时间进程的分析. 植物生态学报,20(5):460-471

谢高地. 2001. 中国天然草原生态系统服务价值. 自然资源学报,16:47-53

杨利民,韩梅,李建东. 1996. 松嫩平原主要草地群落放牧退化演替阶段的划分. 草地学报,4(4):281-287

张堰青. 1990. 不同放牧强度下高寒灌丛群落特征和演替规律的数量研究. 植物生态学和地植物学学报,14(4):358-365

周兴民,王启基,张堰青,等. 1987. 不同放牧强度下高寒草甸植被演替规律的数量分析. 植物生态学和植物学学报,11(4):276-285

Archer S, Smeins FE. 1991. Ecosystem-level processes//Rodney K, Stuth JW. Grazing management an ecological perspective. Portland Ore:Timber Press:109-139

Balmford A,Bruner A,Cooper P,et al. 2002. Economic reasons for conserving wild nature. Science,297:950-953

Barbier EB, Burgess JC, Aylward BA, et al. 1993. The economic linkages between the trade in tropical timber and the sustainable management of tropical forests,final report:ITTO Activity PCM(XI)/4,International Tropical Timber Organization,Yokohoma

Behnke RH,Scoones I. 1993. Rethinking range ecology:implications for rangeland management in Africa//Behnke RH,Scoones I,Kerven C. Range ecology at disequilibrium: new models of natural variability and pastoral adaptation in African savannas. ODI,London:1-30

Belsky AJ. 1986. Does herbivory benefit plants? A review of the evidence. American Naturalist,127:870-892

Belsky AJ. 1987. The effects of grazing:confounding of ecosystem,community,and organism scales. American Naturalist,129:777-783

Bontti EE,Boo RM,Lindstrom LI,et al. 1999. Botanical composition of cattle and vizcacha diets in central Argentina. Journal of Range Manage,52:370-377

Boo RM,Lindstrom LI,Elia OR,et al. 1993. Botanical composition and seasonal trends of cattle diets in central Argentina.Journal of Range Manage,46:479-482

Bransby DI. 1989. Justification for grazing intensity experiments:Economic analysis. Journal of Range Manage,42:425-430

Bransby DI,Conrad BE,Dicks HM,et al. 1988. Justification for grazing intensity experiments:Analysing and interpreting grazing data. Journal of Range Manage,41:274-279

Busby FE,Ruyle GB,Joyce LA. 1995. Minimum ecosystem function:a strategy to integrate methods to classify,inventory,and monitor rangelands//West NE. Rangelands in a sustainable biosphere. Proceedings of the Fifth International Rangeland Congress. July 23-28,1995,Salt Lake City,Utah. Society for Range Management,Denver,Co. :101-104

Carande VG, Bartlett ET, Gutierrez PH. 1995. Optimization of rangeland management strategies under rainfall and price risks. Journal of Range Manage,48:68-72

Caughley G. 1979. What is this thing called carrying capacity? //Boyce MS,Hayden-Wing LD. North American Elk:ecology,behavior and management. USA:University of Wyoming Press. 2-8

Christensen L,Coughenour MB,Ellis JE,et al. 2003. Sustainability of Inner Mongolia grasslands:Application of the Savanna model. Journal of Range Manage,56:319-327

Cleary CR. 1991. President' s Address:Rangeland is-. Journal of Range Manage,44:97-99

Clements FE. 1916. Plant succession:An analysis of the development of vegetation. Carnegie Inst. Washington Pub. 242:1-512

Coleman SW,Forbes TDA. 1998. Herbage characteristics and performance of steers grazing old world bluestem. Journal of Range Manage,51:399-407

Connell JH. 1978. Diversity in tropical rain forests and coral reefs. Science,199:1302-1310

Costanza R. 2000. Social goals and the valuation of ecosystem services. Ecosystems,3:4-10

Costanza R,d' Arge R,de Groot R,et al. 1997. The value of the world' s ecosystem service and natural capital. Nature,387:253-260

Crider FJ. 1955. Root-growth stoppage resulting from defoliation of grass. U. S. D. A. Tech. Bull. ,1102:23

Daily GC. 1997. Nature's service:societal dependence on natural ecosystems. Island Press,Washington,D. C.

de Groot RS,Wilson MA,Boumans RMJ. 2002. A typology for the classification,description,and valuation of ecosystem functions,goods,and services. Ecological Economics,41:393-408

Duru M,Ducrocq H,Bossuet L. 2000. Herbage volume per animal:a tool for rotational grazing management. Journal of Range Manage,53:395-402

Dyksterhuis EJ. 1949. Condition and management of rangeland based on quantitative ecology. Journal of Range Manage, 2: 104-115

Edwards PJ, Abivardi C. 1998. The value of biodiversity: Where ecology and economy blend. Biological Conservation, 83: 239-246

Ellis JE, Swift DM. 1988. Stability of African pastoral ecosystems: alternate paradigms and implications for development. J. Range Mange,41:450-459

Ellison L. 1960. Influence of grazing on plant succession of rangelands. Bot. Rev. ,26:1-78

Foran BD,Stafford Smith DM. 1991. Risk, biology and drought management strategies for cattle stations in central Australia. Journal of Environment Manage,33:17-33

Freeman AM. 2003. The measurement of environmental and resource values: theory and methods. Resources for the Future, Washington D. C.

Friedel MH. 1991. Range condition assessment and the concept of thresholds: a viewpoint. Journal of Range Manage, 44: 422-426

Gillen RL,Sims PL. 2002. Stocking rate and cow-calf production on sand sagebrush rangeland. Journal of Range Manage,55: 542-550

Glimp HA. 1991. Can we produce lambs for $ 0. 40/lb? Proc. Sheep Forage Production Systems Symp. ,Amer. Sheep Industry, Denver,Colorado

Grace JB,Jutila H. 1999. The relationship between species density and community biomass in grazed and ungrazed coastal meadows. Oikos,85:398-408

Grime JP. 1973. Competitive exclusion in herbaceous vegetation. Nature,242:344-347

Grime JP. 1997. Biodiversity and ecosystem function:The debate deepens. Science,277:1260-1261

Grime JP. 1998. Benefits of plant diversity to ecosystems:Immediate,filter and founder effects. Journal of Ecology,86:902-910

Gross KL,Willig MR,Gough L,et al. 2000. Patterns of species density and productivity at different spatial scales in herbaceous communities. Oikos,89:417-427

Harrington GN,Pratchett D. 1974. Stocking rate trials in Ankole,Uganda. Ⅰ. Weight gain of Ankole steers at intermediate and heavy stocking rates under different managements. Journal of Agricultural Science,82:497-506

Hart RH,Ashby MM. 1998. Grazing intensities,vegetation,and heifer gains:55 years on shortgrass. Journal of Range Manage, 51:392-398

Hart RH,Clapp S,Test PS. 1993. Grazing strategies,stocking rates,and frequency and intensity of grazing on western wheatgrass and blue grama. Journal of Range Manage,46:122-126

Hart RH,Waggoner Jr JW,Dunn TG,et al. 1988. Optimal stocking rate for cow-calf enterprises on native range and complementary improved pastures. Journal of Range Manage,41:435-441

Hart RH. 1991. Managing livestock grazing for risk:the STEERISK spread sheet. Journal of Range Manage,44:227-231

Hart RH. 2001. Plant biodiversity on shortgrass steppe after 55 years of zero,light,moderate or heavy cattle grazing. Plant Ecology, 155:109-116

Heady HF. 1975. Rangeland Management. McGraw-Hill,New York.

Heady HF,Child RD. 1994. Rangeland ecology and management. Westview Press,Boulder,Colo.

Heitschmidt RK, Conner JR, Canon SK, et al. 1990. Cow/calf production and economic returns from yearling continuous, deferred rotation and rotational grazing treatments. Journal of Production Agriculture,3:92-99

Hilbert DW,Swift DM,Detling JK,et al. 1981. Relative growth rates and the grazing optimization hypothesis. Oecologia,51:

14-18

Holechek JL, Pieper RD, Herbel CH. 1998. Range Management: Principles and Practices. 3rd Edition. Prentice-Hall, Inc., Upper Saddle River, N. J

Huston M. 1994. Biological diversity: the coexistence of species on changing landscapes. Cambridge University Press, Cambridge.

Jones RJ, Sandland RL. 1974. The relation between animal gain and stocking rate: derivation of the relation from the results of grazing trials. Journal of Agricultural Science, 83: 335-342

Laycock WA. 1989. Secondary succession and range condition criteria: Introduction to the problem//Lauenroth WK, Laycock WA. Secondary succession and the evaluation of rangeland condition. Westview Press, Boulder, Colo.: 1-15

Laycock WA. 1991. Stable state and thresholds of range condition on North American rangelands: a viewpoint. Journal of Range Manage, 44: 427-433

May RM. 1977. Thresholds and breakpoints in ecosystems with a multiplicity of stable states. Nature, 269: 471-477

Mazancourt CD, Loreau M, Abbadie L. 1998. Grazing optimization and nutrient cycling: when do herbivores enhance plant production? Ecology: 79

McCollum III FT, Gillen RL, Karges BR, et al. 1999. Stocker cattle response to grazing management in tallgrass prairie. Journal of Rang Manage, 52: 120-126

McGrady-Steed J, Morin PJ. 2000. Biodiversity, density compensation, and the dynamics of populations and functional groups. Ecology, 81: 361-373

McNaughton SJ. 1979. Grazing as an optimization process: grass-ungulate relationships in the Serengeti. American Naturalist, 113: 691-703

McNaughton SJ. 1986. On plants and herbivores. American Naturalist, 128: 767-770

Milchunas DG, Forwood JR, Lauenroth WK. 1994. Productivity of long-term grazing treatments in response to seasonal precipitation. Journal of Range Manage, 47: 133-139

Milchunas DG, Lauenroth WK. 1993. Quantitative effects of grazing on vegetation and soils over a global range of environments. Ecological Monographs, 6: 327-366

Milchunas DG, Lauenroth WK, Chapman PL. 1992. Plant competition, abiotic, and long-and short-term effects of large herbivores on demography of opportunistic species in a semiarid grassland. Oecologia, 92: 520-531

Noss RF, Cooperrider A. 1994. Saving Nature's Legacy: Protecting and Restoring Biodiversity. Defenders of Wildlife and Island Press, Washington, DC: 416

Noy-Meir I. 1975. Stability of grazing systems: an application of predator-prey graphs. Journal of Ecology, 63: 459-481

Noy-Meir I. 1995. Interactive effects of fire and grazing on structure and diversity of Mediterranean grasslands. Journal of Vegetation Science, 6: 701-710

Oba G, Vetaas OR, Stenseth NC. 2001. Relationships between biomass and plant species richness in arid-zone grazing lands. Journal of Applied Ecology, 38: 836-845

Olson BE, Senft RL, Richards JH. 1989. A test of grazing compensation and optimization of crested wheatgrass using a simulation model. Journal of Range Manage, 42: 458-467

Pearce R. 1992. Mirage of shifting sands. New Scientist, 136: 38-42

Perrings CA, Walker BH. 1995. Biodiversity loss and the economics of discontinuous change in semi-arid rangelands//Perrings CA, Mäler KG, Folke C, et al. Biodiversity loss: ecological and economic issues. Cambridge: Cambridge University Press

Pieper RD, Beck RF. 1990. Range condition from an ecological perspective: modification to recognize multiple use objectives. Journal of Range Manage, 43: 550-552

Proulx M, Mazumder A. 1998. Reversal of grazing impact on plant species richness in nutrient-poor vs. nutrient-rich ecosystems. Ecology, 79: 2581-2592

Pyke DA, Herrick JE, Shaver P, et al. 2002. Rangeland health attributes and indicators for qualitative assessment. Journal of Range Manage, 55: 584-597

Quigley TM, Skovlin JM, Workman JP. 1984. An economic analysis of two systems and three levels of grazing on ponderosa pinebunchgrass range. Journal of Range Manage, 37:309-312

Riechers RK, Conner JR, Heitschmidt RK. 1989. Economic consequences of alternative stocking rate adjustment tactics: a simulation approach. Journal of Range Manage, 42:165-171

Rietkerk M, van de Koppel J. 1997. Alternate stable states and threshold effects in semi-arid grazing systems. Oikos, 79:69-76

Riewe ME. 1961. Use of the relationship of stocking rate to gain of cattle in an experimental design for grazing trials. Agronomy Journal, 53:309-313

Salzman J, Thompson JBH, Daily GC. 2001. Protecting ecosystem service: science, economics, and law. Stanford Environmental Law Journal, 20:309-332

Sampson AW. 1919. Plant succession in relation to range management. USDA Bull:791

Scarnecchia DL. 1990. Concepts of carrying capacity and substitution ratios: a system viewpoint. J. Range Manage, 43:553-555

Scarnecchia DL. 1994. A viewpoint: using multiple variables as indicators in grazing research and management. Journal of Range Manage, 47:107-111

Scarnecchia DL. 1995. Viewpoint: the rangeland condition concept and range science's search for identity: a systems viewpoint. Journal of Range Manage, 48:181-186

Scarnecchia DL, Kothmann MM. 1986. Observations on herbage growth, disappearance and accumulation under livestock grazing. Journal of Range Manage, 39:86-87

Schwartz MW, Brigham CA, Hoeksema JD, et al. 2000. Linking biodiversity to ecosystem function: implications for conservation ecology. Oecologia, 122:297-305

Scoones I. 1994. Living with uncertainty: new directions for pastoral development in Africa. Commonwealth Secretariat, London

Seligman NG, Noy-Meir I, Gutman M. 1989. Bio-economic evaluation of stocking rate and supplementary feeding of a beef herd. Journal of Range Manage, 42:346-349

Sims PL, Gillen RL. 1999. Rangeland and steer responses to grazing in the Southern Plains. Journal of Range Mange, 52: 651-660

Smith EL. 1978. A critical evaluation of the range condition concept//Hyder DN. Proc. First Internat. Rangel. Congr. Soc. Range Manage. Denver, Colo. :266-267

Smith EL. 1989. Range condition and secondary succession: a critique//Lauenroth WK, Laycock WA. Secondary succession and the evaluation of rangeland condition. Westview Press, Boulder, Colo. :103-141

Sternberg M, Gutman M, Perevolotsky A, et al. 2000. Vegetation response to grazing management in a Mediterranean herbaceous community: a functional group approach. Journal of Applied Ecology, 37:224-237

Symstad AJ. 2000. A test of the effects of functional group richness and composition on grassland invasibility. Ecology, 81(1): 99-109

Tausch RJ, Wigand PE, Burkhardt JW. 1993. Viewpoint: plant community thresholds, multiple steady states, and multiple successional pathways: Legacy of the Quaternary? Journal of Range Manage, 46:439-447

Teague WR, Dowhower SL, Pinchak WE, et al. 1996. Increasing utilization efficiency of continuously stocked Old World bluestem pasture. Journal of Range Manage, 49:535-540

Tilman D, Knops J, Wedin D, et al. 1997. The influence of functional diversity and composition on ecosystem processes. Science, 277:1300-1302

Tilman D, Wedin D, Knops J. 1996. Productivity and sustainability influenced by biodiversity in grassland ecosystems. Nature, 379:718-720

Torell LA, Lyon KS, Godfrey EB. 1991. Long-run versus short-run planning horizons and the rangeland stocking rate decision. Amer. Journal of Agricultural Economy, 73:795-807

Torell LA, Riggs WW, Hart RH. 1989. Economic principles and intertemporal considerations for efficient grazing use of rangeland//Wagstaff F, Reesman D. Multiple users-multiple products. Soc. Range Manage, Denver, Colo. :46-80

USDA-Natural Resource Conservation Service (NRCS). 1997. National range and pasture handbook. USDA, NRCS, Grazing Lands Technol. Inst. 190-vi-NRPH, Washington, D. C.

Waide RB, Willig MR, Steiner CF, et al. 1999. The relationship between productivity and species richness. Annual Review of

Ecology and Systematics, 30: 257-300

Walker BH, Langridge JL. 2002. Measuring functional diversity in plant communities with mixed life forms: a problem of hard and soft attributes. Ecosystem, 5: 529-538

Walker JW. 1995. Viewpoint: grazing management and research now and in the next millennium. Journal of Range Manage, 48: 350-357

Westoby M, Walker B, Noy-Meir I. 1989. Opportunistic management for rangelands not at equilibrium. Journal of Range Manage, 42: 266-274

Williamson SC, Detling JK, Dodd JL, et al. 1989. Experimental evaluation of the grazing optimization hypothesis. Journal of Range Manage, 42: 149-152

Willms WD, Dormaar JF, Adams BW, et al. 2002. Response of the mixed prairie to protection from grazing. Journal of Range Manage, 55: 210-216

Wilsey BJ, Potvin C. 2000. Biodiversity and ecosystem functioning: importance of species evenness in an old field. Ecology, 81 (4): 887-892

Wilson AD, Leigh JH. 1967. Comparison of the productivity of sheep grazing natural pastures of the riverine plain. Aust. Journal of Experimental Agriculture and Animal Husbandry, 10: 549-554

Wilson AD. 1989. The development of systems of assessing the condition of rangeland in Australia//Lauenroth WK, Laycock WA. Secondary succession and the evaluation of rangeland condition. Westview Press, Boulder, Colo.: 77-102

Wilson AD, Macleod ND. 1991. Overgrazing: present or absent? Journal of Range Manage, 44: 475-482.

Workman JP. 1986. Range economics. Macmillan Publishing Company, New York.

World Resources Institute in Washington D. C. 2000. People and ecosystems: the fraying web of life. Elsevier Science Ltd, Oxford, UK

推荐阅读文献

李永宏. 1992. 放牧空间梯度上和恢复演替时间梯度上羊草草原的群落特征及其对应性. 草原生态系统研究(第4集). 北京:科学出版社:1-7

李永宏. 1993. 放牧影响下羊草草原和大针茅草原植物多样性的变化. 植物学报,35(11):877-884

李永宏. 1994. 内蒙古草原草场放牧退化模式研究及退化监测专家系统雏议. 植物生态学报,18(1):68-79

汪诗平,陈佐忠,王艳芬,等. 1999a. 内蒙古典型草原适宜放牧率的研究. Ⅱ. 以牧草地上现存量和地上净初级生产力为管理目标. 草地学报,7(3):192-197

汪诗平,李永宏,陈佐忠. 1999b. 内蒙古典型草原草畜系统适宜放牧率的研究. Ⅰ. 以绵羊增重及经济效益为管理目标. 草地学报,7(3):183-191

汪诗平,李永宏,王艳芬. 1999c. 放牧绵羊牧食路线与草场资源空间异质性之间的关系. 生态学报,19(3):431-434

汪诗平,王艳芬,陈佐忠. 2003. 放牧生态系统管理. 北京:科学出版社

第七篇　草坪建植与管理

第二十二章　草坪建植

草坪是文明生活的象征，生态环境的卫士，具有十分重要的生态、体育、美学及社会等多种功能，对加强生态文明和助推美丽中国建设有不可替代的作用，掌握和科学运用各类草坪的建植与养护管理技术，是加速草坪建设、提高草坪质量、保证草坪持续有效利用的重要手段。

第一节　草坪植物

人们通常把构成草坪的植物叫草坪草，存在于草坪中的“草”是草坪草的通称。草坪草几乎大多是质地纤细，株体低矮的禾本科草类。这里的草表示的就是茎叶纤细繁茂的草本植物，而所谓草坪指的就是此种草类密集丛生的场所，是用种草的方式形成的绿色覆盖面。

草坪植物是组成草坪的物质要素，它是在草坪科学的发展历程中，为适应学科与产业发展的需要，由草坪科学与园林科学相互交融、孕育而生的新事物、新概念。草坪植物属地面覆盖植物范畴，人类在长期的草坪业实践中，出于生产和科研的需要，习惯地将构成草坪的植物材料分为草坪草（禾本科草坪植物）和地被植物（非禾本科草坪植物）。草坪植物是指适应性较强的矮生禾草，是能够形成草皮或草坪，并能耐受定期修剪和人、物使用的一些草本植物品种或种。草坪植物原属地被植物的一部分。草坪植物是建植草坪的物质基础，了解草坪植物的类别划分，植物学基础，常见草坪植物的形态特征、生态习性、培育特点和使用特点等，对科学利用草坪植物和管理养护草坪有重要意义。

一、草坪植物的类别划分

地球上现存的植物约 50 万种，其中可以用于草坪的植物资源十分丰富，有 8000～10 000种。随着草坪业的发展、草坪用途的日益扩展和草坪草育种工作的深化，新的品种还将不断出现，但人们最常用的种大约有几十个。深入了解主要草坪植物的特征与特性，对科学利用坪草资源，做好草坪建植、养护管理、科学研究和发展草坪业具有重要意义。

长久以来，人们为了认识和利用植物，根据植物的形态构造、生活习性、利用价值等，将它们分门别类，划分为不同的等级或类别，由于人们的认识有一个发展过程，同时往往又基于某种需要，就出现了不同的分类方法，一种是人为分类法，另一种是自然分类法。前者重在应用特性，而后者重在亲缘关系。

早期的植物类别主要是根据对植物形态结构和某些器官、用途的认识，按照自己的方便，选择一个或几个特征作为分类的标准进行分类的，这种分类方法称为人为分类法，如草本、灌木、乔木，粮食作物、饲料作物、经济作物、草坪植物等。

达尔文进化论创立以后，人们认识到植物是长期演化发展形成的，各种植物之间存在着不同的亲缘关系,此时植物分类的重点为开始探讨植物进化的发展谱系与亲缘关系,这种对植物的分类称为自然分类法,以自然分类法建立的分类系统称为自然分类系统。到现在为止,这两种分类法实际上都在应用,对草坪植物的分类也不例外。

根据一定的标准将众多的草坪植物区别开来称为草坪草的类别划分。当提到草坪草的类别划分时,人们也多会想到草坪植物的自然分类方法或植物学的分类方法,即利用科、属、种的分类方法将其对号入座。在草坪学里也采用了这种方法,这样划分有利于理解草坪草本身的植物学特性、其在植物系统分类中的地位、相互之间的亲缘关系,但这不是唯一的、也不是最常用的类别划分方法。因为草坪植物是人们根据其形态与应用属性从植物中区分出来的一个特殊类群,草坪草类别划分的目的主要在于帮助使用者根据建坪的目的和用途,更为便捷、合理、有效地规划和选择草坪草种(品种),同时更有利于开展对草坪的管理和研究。因此,对草坪植物就有了多种多样的类别划分方法,如按坪草对气候的适应性、坪草的高低、叶片的宽窄、主要用途等进行类别划分等(表 22-1)。

表 22-1 草坪草类别划分简介

分类依据	类别	说明
依气候与地域分布分类	暖型草坪草	最适生长温度 26~35℃,主要分布于我国长江流域及江南地区
	冷型草坪草	最适生长温度 15~25℃,主要分布于我国华北、东北、西北等地区
依植物自然分类	禾本科草坪草	草坪草的主体,分属于羊茅亚科、黍亚科、画眉草亚科等约几十个种
	非禾本科草坪草	是具有发达匍匐茎,耐践踏,易形成草坪的草类,如白三叶、多变小冠花、马蹄金、细叶薹、异穗薹等
依草叶宽窄分类	宽叶草坪草	叶宽茎粗,生长强健,适应性强,适用于较大面积的草坪地,如结缕草、地毯草、假俭草
	细叶草坪草	茎叶纤细,可形成致密的草坪,但生长势较弱,要求光照充足、土质良好,如小糠草、细叶结缕草、早熟禾及野牛草
依植株高低分类	低型草坪草	株高一般在 20cm 以下,可形成低矮致密地草坪;具发达的匍匐茎和根茎,耐践踏,管理方便,大多数种类适于我国夏季高温多雨的气候条件;多行无性繁殖,形成草坪所需的时间长,成本较高,不适于大面积和短期形成草坪用地;常见种有结缕草、细叶结缕草、狗牙根、地毯草、假俭草等
	高型草坪草	株高通常为 30~100cm,一般为种子繁殖,速生,在短期内可形成草坪,适用大面积草坪建植;其缺点是必须经常修剪方能形成平整的草坪;常见种有高羊茅和多年生黑麦草等
依用途分类	观赏草坪草	指具有特殊优美叶丛或叶面具有美丽的条纹的一些草种,如块茎燕麦草、兰羊茅、匍匐委陵菜、马蹄金等
	固土护坡草坪草	为一些根茎和匍匐茎十分发达的具有很强的固土作用的植物,如无芒雀麦、狗牙根、多枝赖草等
	主体草坪草	指草坪的当家草种或骨干草种,适应性强,具有优良的坪用性和生长势,推广范围广,种植面积大,成为该地区的主体草种,如我国南方的细叶结缕草、地毯草、狗牙根,北方的草地早熟禾、白三叶、野牛草等
	点缀草坪草	指具美丽的色彩,散植于草坪中用来陪衬和点缀草坪的植物,多用于观赏草坪,如小冠花、百脉根等

(一)草坪植物的自然分类

按植物的自然分类系统,现在人们最常使用的草坪植物主要是禾本科中的一些种,在莎草科、豆科和其他科中也有一部分用于草坪植物。通常将它们分为禾本科草坪植物与非禾本科草坪植物两大类。在植物的自然分类中,它们都有各自的位置。以草地早熟禾为例,它在植物自然分类系统中的地位是:

界　植物界 Palantae
　门　被子植物门 Angiospermae
　　纲　单子叶植物纲 Monocotyledoneae
　　　目　禾本目 Graminales
　　　　科　禾本科 Gramineae
　　　　　属　早熟禾属 *Poa* Linn.
　　　　　　种　草地早熟禾 *Poa pratensis* Linn.

种是植物分类的基本单位,具有一定的形态结构和生理特征,又在不断的发展变化。如果在种内的某些个体之间,又有显著的差异时,可视差异的大小,分为亚种(subspecies)、变种(variety)、变型(form)等。

品种(cultivar)不是分类学的单位,在野生植物中也不应用这一名词,它是对人类在生产实践中经过定向培育得到,具有一定的经济价值和相对稳定特性的一类植物的称呼。如经过选育、审定登记的草坪植物,指的就是品种。

禾本科植物目前分为7个或9个亚科,由700属近10 000种植物组成。常用草坪植物主要分属于早熟禾亚科[Pooideae,又名羊茅亚科(Festucoideae)]、虎尾草亚科[Chloridoideae,又名画眉草亚科(Eragrostoideae)]和黍亚科(Panicoideae)。草坪草商品栽培种主要来自这几个亚科的天然选择和种内作为亲本植物选育而成。

禾本科草坪草主要分属于早熟禾亚科、虎尾草亚科和黍亚科三类,它们的形态和解剖特征的区别见表22-2。

表22-2 早熟禾亚科、虎尾草亚科、黍亚科形态和解剖特征的区别

器官	早熟禾亚科	虎尾草亚科	黍亚科
根	长和短的表皮细胞交替存在,只有短的细胞长出根毛	所有的表皮细胞相似,每一个都能长出根毛	所有的表皮细胞相似,每一个都能长出根毛
茎	茎的节间中空,被维管束包围,在节间基部没有分生组织隆起,隆起部位于叶鞘基部	茎的节间实心,在髓内分散着维管束,节间基部具分生组织隆起,在叶鞘的基部有很小或没有隆起	茎的节间实心,在髓内分散着维管束,节间基部具分生组织隆起,在叶鞘的基部有很小或没有隆起
叶	具双层维管束鞘,鞘的细胞小而壁厚,外鞘的细胞大,叶肉组织排列松散,细胞间隙大,没有小纤毛,叶舌膜状	维管束鞘外层具有大细胞,在某些禾草中,内鞘的细胞小而壁厚,叶肉细胞围着维管束放射状排列具有小纤毛,叶舌通常具有纤毛边缘	维管束鞘是典型的大细胞单层鞘,叶肉细胞间隙小,具有两细胞小纤毛,叶舌膜状
花序	小穗具一朵或几朵能孕的小花,浆片伸长到达顶部	小穗具有一朵或几朵能孕小花,浆片小	小穗具一朵能孕小花,下面有一退化小花,浆片短而平截

续表

器官	早熟禾亚科	虎尾草亚科	黍亚科
胚	中胚轴无节间,外胚叶,胚小,大约是颖果的 1/5	中胚轴具有节间,有外胚叶,胚大,为颖果的 1/7 或更大	中胚轴具节间,无外胚叶,胚大,是颖果的 1/2 或更大
染色体	染色体基数 $x=7$,染色体大	染色体基数 $x=9$ 或 10,染色体更小	染色体基数 $x=9$ 或 10,染色体小到中等大小

为了更方便的识别和选择禾本科草坪植物,下面列出了常见的草坪草检索表。

1. 叶折叠在芽内
  2. 有叶耳,小到长爪状;叶舌膜质状;叶脉显著;叶片下面有光泽,表面暗绿色,宽 2~5mm,丛生型 ……… 多年生黑麦草
  2. 无叶耳
    3. 有匍匐茎
      4. 叶片窄,在叶片基部形成一个短柄,叶鞘显著紧缩
        5. 叶舌呈一圈短毛状,叶片宽 4~10mm,尖端钝圆或圆形,叶颈光滑无毛 ……………………… 钝叶草
        5. 叶舌膜质状,顶端有短毛,叶颈有毛;叶片宽 3~5mm,接近基部边缘有毛 …………………… 假俭草
      4. 叶片基部不紧缩,叶鞘紧缩
        5. 叶舌呈一圈毛状,叶颈窄,稍有毛,叶片和叶鞘光滑或稍有毛
          6. 叶片宽 1.5~4mm,匍匐茎或根状茎,叶尖渐尖 …………………………………………… 狗牙根
          6. 叶片宽 4~10mm,顶端钝或圆形;无根状茎,节上有毛 ………………………………… 近缘地毯草
        5. 叶舌很短,膜状,叶片宽 4~8mm,近基部稍有毛,匍匐枝和根状茎短而粗 ……… 巴哈雀稗(芽内叶可卷曲)
    3. 无匍匐茎
      4. 叶片窄,卷曲,短硬毛,表面叶脉显著
        5. 有根状茎,秆基部红色;叶舌膜质状,中短,叶片光滑 ………………………………… 匍匐紫羊茅
        5. 无根状茎
          6. 叶蓝绿色,宽 0.5~1.5mm,秆绿色或基部粉红色,叶舌膜状极短,叶鞘裂开 …………………… 羊茅
          6. 叶亮绿色,宽 1~2.5mm,茎秆基部红色,叶鞘闭合几乎达到顶端 ……………… 紫羊茅(丛生型)
      4. 叶片扁平到"V"形,叶脉不显著
        5. 叶片有船型的尖端,中脉两侧有半透明的线(对光可见)
          6. 正常无根状茎
            7. 叶片通常亮绿色,叶鞘光滑,基部白色,叶舌膜状长而尖,通常有孕穗 ………… 一年生早熟禾
            7. 有细匍匐枝,叶鞘有粗糙不平的感觉,叶舌膜状,长而尖 ………………………… 普通早熟禾
          6. 无根状茎
            7. 叶片尖端渐细到船型,叶鞘明显紧缩,叶舌膜状,中短 ………………………… 加拿大早熟禾
            7. 叶片不渐尖,整片叶子同宽,叶鞘不明显紧缩,叶舌极短,膜质 ……………………… 草地早熟禾
        5. 叶片无船型的尖端,中脉两侧无半透明的线,具匍匐生长习性 …………………………… 蟋蟀草
1. 叶卷包在芽内
  2. 有叶耳
    3. 叶鞘基部红色,叶片背面有光泽
      4. 叶片边缘粗糙,叶耳短
        5. 叶耳通常无毛 ……………………………………………………………………………… 草地羊茅
        5. 叶耳和叶颈有少数短毛,叶耳很小 ………………………………………………………… 高羊茅
    3. 叶鞘基部非红色,叶片背面无光泽
      4. 有根状茎,健壮,叶耳长钩状 ……………………………………………………………… 匍匐冰草
      4. 无根状茎,叶耳长爪形状 ……………………………………………………………………… 冰草
  2. 无叶耳

3. 叶鞘圆形
 4. 叶颈稍有毛
  5. 叶鞘无毛
   6. 有匍匐枝，茁壮
    7. 叶颈有长毛，叶舌有穗状毛，叶片宽 2~5mm，具根状茎 ………………………… 结缕草
    7. 叶颈毛稀疏，叶片宽 2~3mm ……………………………………………………… 沟叶结缕草
   6. 无匍匐枝，根状茎弱，叶颈有长毛，叶宽 1~2mm ……………………………… 格兰马草
  5. 叶鞘有毛，无根状茎 ……………………………………………………………… 旱雀麦草
 4. 叶颈无毛
  5. 叶舌具穗状毛，叶颈广阔
   6. 有根状茎，叶片光滑 ……………………………………………………………… 细叶结缕草
   6. 无根状茎，有匍匐枝，叶片有毛，宽 1~3mm，灰绿色 ……………………………… 野牛草
  5. 叶舌膜质，叶颈窄
   6. 叶鞘闭合，几达顶端，叶片宽 8~12mm，光滑 ………………………………… 无芒雀麦
   6. 叶鞘开裂，边缘叠盖，叶舌尖，叶表面具显著脉纹
    7. 匍匐枝无或弱
     8. 叶片宽 3~7mm，叶舌长 …………………………………………………………… 小糠草
     8. 叶片宽 1~3mm，叶舌中等短 ……………………………………………… 细弱翦股颖
    7. 匍匐枝茁壮
     8. 叶片宽 1mm，叶舌中等短 …………………………………………………… 绒毛翦股颖
2. 叶片宽 2~3mm，叶舌中等长，匍匐茎长 …………………………………………… 匍匐翦股颖
 3. 叶鞘压缩，叶舌很短，膜质，叶片宽 4~8mm，根状茎和匍匐枝短而粗 ………………… 巴哈雀稗

（二）草坪植物的其他类别划分

植物与环境是统一的整体，在植物生活环境中，自然条件、人类和生物活动对植物的性状发生着深刻的影响。而影响最大的主要是自然条件，特别是气候条件，这是影响植物（包括草坪植物）分布的决定因素。植物长期生活在一定的自然条件下就形成了与之适应的种类。人和生物活动当然对植物也产生一定影响，但比起自然条件来却显得范围小而局部。

气候条件中，对植物性状的形成影响最大的是水和热。地球上不同地区的水热条件是不同的，纬度决定热量；靠海越近，受湿气流影响就越大，水分越多。在山区，水热条件则因海拔的高低呈有规律的变化。因此，地球上形成了明显的水平和垂直气候带。在不同气候带内形成了与之适应的植物种类。基于对气候条件与植物分布及适应性的认识，依据草坪植物对生育温度的反应，可将草坪植物划分为暖型与冷型草坪草两大类。不同类型的草坪草适应的温度范围差异很大，暖型草坪草生长的最适温度为 26~32℃，受光照强度和持续时间影响很大，主要分布于热带和亚热带地区。冷型草坪草生长的最适温度是 15~25℃，主要受季节性炎热的程度和持续期及干旱环境的制约，一般分布于温带和副极带气候带。因此，在进行草坪草种类的选择时，必须首先考虑这个因素。世界冷型与暖型草坪草中常见的禾本科草坪草见表 22-3。

表 22-3　世界常见的禾本科草坪草

类别	属	种
暖型草坪草	结缕草属	结缕草、沟叶结缕草、细叶结缕草
	狗牙根属	布拉德氏狗牙根、非洲狗牙根、狗牙根
	画眉草属	弯叶画眉草
	地毯草属	地毯草、近缘地毯草
	假俭草属	假俭草
	钝叶草属	钝叶草
	洋狗尾草属	洋狗尾草
	野牛草属	野牛草
	狼尾草属	狼尾草
冷型草坪草	翦股颖属	小糠草、匍茎翦股颖、细弱翦股颖、绒毛翦股颖
	早熟禾属	草地早熟禾、加拿大早熟禾、粗茎早熟禾、一年生早熟禾、林地早熟禾
	羊茅属	匍匐紫羊茅、紫羊茅、羊茅、高羊茅、草地狐茅
	黑麦草属	多年生黑麦草、一年生黑麦草
	雀麦属	无芒雀麦
	碱茅属	碱茅、纳托尔氏碱茅、蒙氏碱茅
	冰草属	冰草、兰茎冰草、沙生冰草
	格兰马草属	格兰马草、垂穗草

二、部分禾本科草坪植物介绍

禾本科是草本植物极重要的一个科，是草坪植物的主体和核心，有 600 多属，6000 多种，广布于世界各地。它不仅种类多，分属于不同属，而且育成品种也非常多，据报道能用于草坪的禾草约在千种。草坪草之所以主要为禾本科植物，原因在于禾本科草的形态结构最富于坪用性。因此，它也是草坪工作者研究的重点。

（一）冷型禾本科草坪植物

冷型草坪草以往多称为冷型或冷型草坪草，为适宜温带和寒温带气候的草坪植物类群，适宜在我国黄河以北的地区生长，耐寒性强，绿期长，一年中有春秋两个生长高峰期，夏季生长缓慢，并出现短期休眠现象。最适生长温度 15~25℃。多为长日照 C_3 植物，生长迅速、品质好、用途广，可用种子繁殖，也可用营养繁殖，大多数种类种子产量高，抗寒性差，抗病虫能力差，要求管理精细，使用年限较短。

冷型草坪草耐高温能力差，但某些冷型草坪草，如高羊茅、匍茎翦股颖和草地早熟禾，可在过渡带或暖型草坪区的高海拔地区生长。一般在南方越夏较困难，必须采取特别的养护措施，否则易于衰老和死亡。早熟禾和翦股颖能耐受较低的温度，高羊茅和多年生黑麦草能较好地适应非极端的低温。草地早熟禾、细叶羊茅、多年生黑麦草、小糠草和高羊茅都是我国北方最适宜的冷型草坪草。高羊茅最适宜生长在南北两地区的交接地带。

冷型草坪植物广泛分布于冷凉的湿润、半湿润及半干旱地区。某些种类的分布区可延伸至冷暖过渡带。大多数种类适于 pH 6.0~7.0 的微酸性土壤。目前，世界上常用的冷型草坪植物有20余种，主要分属于草地早熟禾属、黑麦草属、羊茅属和翦股颖属。

1. 草地早熟禾属

草地早熟禾属(*Poa*)草坪植物是最为主要而又广泛使用的冷型草坪植物之一，有200多个种，广泛地分布于温带寒冷潮湿地带和过渡气候带。常用作草坪植物的有草地早熟禾、粗茎早熟禾、加拿大早熟禾、球茎早熟禾和林地早熟禾等。

这个属的检索特征是，叶片通常狭长，条形、细长披针形或针形，无小横脉；叶鞘通常不闭合或仅在基部闭合，边缘互相覆盖。小穗宽度小于长度，小穗有柄，排列成紧缩或开展的圆锥花序。小花向上伸展；外稃3~5脉，外稃基部呈心形，外稃背部具脊，外稃的脊与边缘通常贴生柔毛，基盘有绵毛；花两性，偶见异株，子房通常无毛。

图22-1　草地早熟禾

1）草地早熟禾

草地早熟禾(*Poa pratensis*)，又名六月禾、肯塔基蓝草、蓝草、光茎蓝草、草原莓系、长叶草等(图22-1)。禾本科，早熟禾属。原产欧洲、亚洲北部及非洲北部，后来传至美洲，现遍及全球温带地区。在我国的黄河流域、东北地区、江西、四川、新疆等地均有野生种，常见于河谷、草地、林边等处。

(1)形态特征　具细根状茎，秆丛生、光滑，具2~3节，高30~60cm；叶鞘疏松包茎，具纵条纹；叶舌膜质，长1~2mm；叶片条形，宽2~4mm，密生于基部；圆锥花序开展，3~20cm，分枝下部裸露；小穗长4~6mm，含3~5朵小花；外稃基盘具稠密的白色绵毛。种子细小，千粒重0.37g。

(2)生态习性　喜光耐阴，喜温暖湿润，又具有很强的耐寒能力。抗旱性差，夏季炎热时生长停滞，春秋生长繁茂。在排水良好、土壤肥沃的湿润地上生长良好。根茎繁殖力强，再生性好，较耐践踏。播种当年只个别植株抽穗开花，大部分植株第2年才抽穗开花结实。因此，采种应在第2、第3年进行。在西北地区3~4月返青，11月上旬枯黄。在北京地区3月中下旬返青，11月下旬枯黄。水肥适宜，正常修剪，处于幼嫩生长期的草坪地，青绿期比收种子的早熟禾可延长1个月左右。

(3)培育特点　通常用种子和带土小草块两种方法进行繁殖。种子繁殖成坪快，直播40天即成新草坪。播种量6~8g/m^2。该草坪草春秋生长快，生长旺季应注意修剪，并多施肥、浇水。生长3或4年后，逐渐衰退，因此，补播草籽是管理中十分重要的工作。

(4)使用特点　生长年限较长，草质细软，颜色光亮鲜绿，绿色期长，但耐践踏性较差，适宜于公园、医院、学校等公共场所作观赏草坪。常与多年生黑麦草、小糠草、匍匐紫羊茅等混播建立运动草坪场地，效果较好。

2）粗茎早熟禾

禾本科，早熟禾属。原产于北欧，为北半球广布种，我国大多数省区及亚洲其他国家，欧美一些国家均有分布。其适应的土壤及气候范围与草地早熟禾相似。由于该种茎秆基部的叶鞘较粗糙，故称之为粗茎早熟禾(图22-2)。

图 22-2 粗茎早熟禾

(1) 形态特征 具有发达的匍匐茎,地上茎茎秆光滑,丛生,具 2~3 节,自然生长可高达 30~60cm;叶鞘疏松包茎,具纵条纹;幼叶呈折叠形,成熟的叶片为"V"形或扁平,柔软,宽 2~4mm,密生于基部;叶片有光泽,淡绿色,在中脉的两旁有两条明线;叶舌膜质,长 0.2~0.6mm,截形;无叶耳;托叶宽,裂形;具有开展的圆锥花序,长 13~20cm,分枝下部裸露;小穗长 4~6mm,含 3~5 朵小花;外稃基部具有稠密的白色绵毛。种子细小,千粒重 0.37g。

(2) 生态习性 耐阴性强,适于在气候凉爽的遮阳地种植;根系浅,抗旱性差,在灌溉条件下,可在寒冷半干旱区和干旱区生长。在阳光充足的夏季会变成褐色,出现休眠,甚至枯死,春秋季生长繁茂。在潮湿肥沃的土壤中生长良好。根茎繁殖力强,再生性好,较耐践踏。但营养繁殖能力差。在山东 2 月中下旬返青,1 月上旬枯黄。在华北地区 3 月中下旬返青,11 月下旬枯黄。在西北地区 3~4 月返青,11 月上旬枯黄。

(3) 培育特点 通常用种子直播的方法建坪。该方法成坪快,一般 10 天后即可成坪。播种量为 6~10g/m^2,一般推荐使用 7g/m^2。该草坪草绿期较长,春秋两季生长较快,夏季阳光充足时会出现褐色。在生长旺季应注意修剪、施肥和浇水。如果管理不善或受不良的环境影响,粗茎早熟禾在生长 3 或 4 年后会逐渐衰退,出现成片的枯黄甚至凸斑。因此,在管理水平较低或环境条件有限的情况下,应注意补播。另外,也可以用切断根茎和穿刺土壤的方法对草坪进行更新,以避免草坪的衰退。

(4) 使用特点 质地细软,颜色光亮鲜绿,绿期长,具有较好的耐践踏性,广泛用于家庭、公园、医院、学校等公共绿地观赏性草坪及高尔夫球场、运动场草坪,还可应用于堤坝护坡等设施草坪。另外,还常用于温暖地区冬季草坪的交播。但不宜在炎热、干旱条件下种植。

2. 黑麦草属

黑麦草属(*Lolium*)草坪草是当前草坪生产中广泛使用的冷型草坪草之一,栽培品种很多。欧亚温带地区有分布,在我国属于引种栽培。用作草坪草的主要是多年生黑麦草和一年生黑麦草。

1) 多年生黑麦草

图 22-3 多年生黑麦草

多年生黑麦草(*Lolium perenne*),又名宿根黑麦草、黑麦草(图 22-3)。禾本科,黑麦草属。原产于南欧、北非和亚洲西南部,广泛分布于世界各地的温带地区,是欧洲各国、新西兰、澳大利亚、北美应用甚广的优良牧草种,后经改良成为一种优良的草坪草。它是黑麦草属中应用最广的草坪草。我国早年从英国引入,现已广泛栽培,是一种应用广泛的草坪草。

（1）形态特征　多年生疏丛草本植物。具短根茎，茎直立；丛生，高 50～100cm；叶片窄长，边缘粗糙，深绿色，具光泽，富弹性；叶脉明显；叶舌膜质；幼叶折叠于芽中；穗状花序，稍弯曲，可达 30cm，小穗扁平无柄，互生于主轴两侧；每小穗含 3～10 朵能育小花；颖短于小穗，具 5 脉，边缘膜质；外稃披针形，无芒或有短芒；内稃与外稃等长，脊上有短纤毛。种子狭长，4～6mm，成熟后易脱落，千粒重 1.5g。

（2）生态习性　喜温暖湿润、夏季较凉爽的环境。抗寒、抗霜而不耐热，耐湿而不耐干旱，也不耐瘠薄。在肥沃、排水良好的黏土中生长较好，在瘠薄的沙土中生长不良。春季生长快，炎热的夏季呈休眠状态，秋季亦生长较好。生长最适温度为 27℃。土温 20℃左右生长最旺盛，15℃时分蘖最多。当气温低于-15℃时会产生冻害，在北京越冬率只有 50%左右。该草寿命较短，4～6 年，在精细管理下，则可延长寿命。在北京，绿色期 250 天左右。

多年生黑麦草适应土壤范围广，以中性偏酸、肥沃土壤为宜。耐践踏性较强，但耐阴性差，不耐低修剪，一般修剪高度以 4～6cm 为宜。

（3）培育特点　结实性较好，易发芽，通常用种子播种繁殖。在土壤水分充足的情况下 5～7 天即可出苗。苗期应注意供给水分和防除杂草。由于该草分蘖力强，再生快，特别是春秋季，应注意修剪。由于剪草次数多，剪后应注意灌水和施追肥料。

（4）使用特点　该草坪草种粒较大，发芽迅速，生长较快，成坪时间短。可用于多种用途的草坪建植，也可与其他草坪草（如草地早熟禾）混播，作为先锋草种，还可用作快速建坪、水土保持及暖型草坪的冬季交播。除作为短期覆盖植被以外，很少单独种植。一般情况下，多年生黑麦草在混播中种子重量不应超过总重量的 20%。该草还能抗二氧化硫等有害气体，故多用于工矿区，特别是冶炼场地建造绿地的材料。

2）一年生黑麦草

一年生黑麦草也称多花黑麦草或意大利黑麦（图 22-4），生长在欧洲南部的地中海地区，北非和亚洲部分地区。由于生命期短，用作草坪的途径较窄。

图 22-4　一年生黑麦草

（1）形态特征　与多年生黑麦草相似。主要区别：一年生黑麦草叶为卷曲式，颜色相对较浅且粗糙；外稃光滑，显著具芒，长 2～6mm；小穗含小花数较多，可达 15 朵小花，因之小穗也较长，可达 23mm。

（2）生态习性　一年生草本，但在适宜条件下，可以为两年或短命的多年生植物。因叶片颜色较浅，一般很难与草地早熟禾和紫羊茅等混播。其植株密度、整齐性和整体草坪质量都不如多年生黑麦草。根冠上的分蘖节比多年生黑麦草的低，故在幼苗阶段的叶面积较大。生长习性为直立，丛生，无根茎和匍匐茎；其根的深度和数目比多年生黑麦草的浅且少。耐寒性差，耐热性差。最适于肥沃、pH 为 6.0～7.0 的湿润土壤。

（3）培育特点　种子繁殖，建坪速度快，再生能力很差。播种量 20～25g/m^2。修剪高度为 3.8～5.0cm，修剪较差。氮肥需求量为每个生长月 2～5g/m^2。一年生黑麦草不存在结芜枝层的问题。

(4) 使用特点　常用作需快速或过渡型草坪的建植。它能快速建坪,用作暂时植被,如覆盖播种。也常用作温暖潮湿地区暖型草坪的冬季交播。常与其他冷型草坪草混播,但所占比例不宜过大。

3. 羊茅属

羊茅属(*Festuca*)约 100 个种,分布于全世界的寒温带和热带的高山区域。我国有 14 种,用作草坪草的仅几个种,包括高羊茅、紫羊茅、硬羊茅、羊茅和邱氏羊茅等。其中,高羊茅属粗叶型草坪草,其余为细叶型草坪草。

图 22-5　高羊茅

1) 高羊茅

高羊茅生长在欧洲的一种冷型草坪草(图 22-5),适应许多土壤和气候条件,应用广泛。高羊茅在植物学上一般称为苇状羊茅,而在植物学上的高羊茅(*Fexcue elata*)与草坪用高羊茅(*Festuca arundinacea*)不同,这一点应引起注意。

(1) 形态特征　叶卷叠式;叶鞘圆形,光滑或有时粗糙,开裂,边缘透明,基部红色;叶舌膜质,长 0.2~0.8mm,截平;叶耳小而狭窄;叶片扁平,坚硬,宽 5~10mm,上面接近顶端处粗糙,各脉不鲜明,但光滑,有小突起,基部也光滑,中脉明显,顶端渐尖,边缘粗糙透明;茎圆形,直立,粗壮,簇生;根颈显著,宽大,分开,常在边缘有短毛,黄绿色;圆锥花序,直立或下垂,披针形到卵圆形,有时收缩;轴和分枝粗糙,每一小穗上有 4~5 朵小花。

(2) 生态习性　高羊茅形成的草坪植株密度小,叶较其他冷型草坪草宽且粗糙,叶脉明显。虽然有短的根茎,但仍为丛生型,很难形成致密草皮。其大多数新枝由根冠产生而不是根茎的节产生,根系分布深且广泛。适宜生长在寒冷潮湿和温暖潮湿的过渡地带。在寒冷潮湿气候带的较冷地区,高羊茅易受到低温的伤害,耐寒性不及草地早熟禾。高羊茅对高温有一定的抵抗能力,在暂时高温下,叶子的生长受到限制,但仍能保持颜色和外观的一致性。高羊茅是最耐旱和最耐践踏的冷型草坪草之一,耐阴性中等,耐粗放管理。

(3) 培育特点　种子繁殖,建坪速度较快,但再生性较差。修剪高度为 4~6cm,叶子质地和性状表现较好,当修剪高度低于 3cm 时,不能保持均一的植株密度。氮肥需要量为每个生长月 0.5~1g/m^2。在寒冷潮湿地区的较冷地带,高氮肥水平会使高羊茅更易受到低温的危害。高羊茅不结枯草层,抗旱性强。

(4) 使用特点　耐践踏,适宜的范围很广,但由于叶片粗糙,限制了其应用,一般用作运动场、绿地、路旁、小道、机场及其他低质量的草坪。由于其建坪很快,根系深,耐贫乏土壤,所以能有效地用于斜坡防固。高羊茅与草地早熟禾混播产生的草坪质量比单播高羊茅的高,高羊茅与其他冷型草坪草种子混播时,其重量比不应低于 60%~70%。在温暖潮湿地带,高羊茅常与狗牙根的栽培种混播用作一般绿地草坪,或与巴哈雀稗混播用作运动场草坪。

2) 紫羊茅

紫羊茅(*Festuca rubra*),又名红狐茅、匍匐紫羊茅(图 22-6)。广泛分布于北美洲、亚欧大陆和北非地区及澳大利亚的寒冷潮湿地区,广布于北半球温寒地带。我国长江流域以北各省均有分布。

图 22-6 紫羊茅

有 3 个亚种：弱匍匐型紫羊茅（*Festuca rubra* subsp. *trachophylla*）、强匍匐型紫羊茅（*Festuca rubra* subsp. *rubra*）和丛生型紫羊茅（*Festuca rubra* subsp. *commutata*），前两者均为匍匐（型）紫羊茅，具有匍匐型根状茎，但两者有些不同，弱匍匐型紫羊茅的染色体 $2n=42$，根状茎弱而短小，扩展缓慢，而强匍匐型紫羊茅的染色体 $2n=56$，根状茎较大，较粗，比其他细叶羊茅的扩展性强，但同草地早熟禾或匍茎翦股颖相比，它的蔓延能力不强。

（1）形态特征　多年生草本植物。须根发达，具横走根状茎和短的匍匐茎；秆基部斜生或膝曲，丛生，分枝较紧密，高 40～70cm，基部红色或紫色；叶鞘基部红棕色并破碎呈纤维状，分蘖的叶鞘闭合；叶片线形、光滑柔软、对折内卷；圆锥花序狭窄，稍下垂，长 9～13cm，每节有 1～2 分枝；小穗淡绿色，先端带紫色，含 3～6 朵小花。颖果长 2.5～3.2mm，宽 1mm，千粒重 0.73g。

（2）生态习性　适应性强，抗寒、抗旱、耐酸、耐瘠，喜凉爽湿润气候，适宜生长于海拔较高的干旱地区。在新疆海拔 2000m 的著名大小尤尔都斯盆地有大面积的群落分布。在-30℃能安全越冬。在乔木下半荫处能正常生长。在 pH 6～6.5 的土壤上生长良好。以富含有机质的沙质黏土和干燥的沼泽土上生长最好。在夏季高温的情况下生长不良，出现休眠现象，春秋生长最快。紫羊茅可形成细致、高密度、整齐的优质草坪。草色中绿色至暗绿色，地上部分生长速度比大多数冷型草坪草慢，根状茎的生长速度比草地早熟禾慢。

紫羊茅寿命长，耐践踏和低修剪，覆盖力强。剪草留茬高度 2cm 仍能恢复生长。该草坪草春季返青早，秋季枯黄晚，在内蒙古呼和浩特 4 月中旬返青，11 月中旬枯黄，绿色期 210 天左右。

（3）培育特点　以种子繁殖为主，再生性较强，建坪速度较快，介于草地早熟禾和多年生黑麦草之间。管理较粗放，只需低水平的氮肥和水分。在适宜的管理水平下能够形成优质草坪。由于种子小，播前应精细整地，覆土宜浅，以不露种为宜。播种量 14～17g/m²，春秋季均可播种，但以秋季播种为好。该草坪草苗期生长慢，应注意除草。紫羊茅因系密丛型植物，随年龄老化易形成草丘，给修剪带来困难，同时还应注意通气。

紫羊茅最不耐淹，不能忍受土壤中的高湿度，但能忍耐高 P 含量。灌水过多会引起其质量下降。紫羊茅较易染病，如蠕虫菌病，有些地区红丝病也很严重，比草地早熟禾更易受到斑腐病和雪腐病的侵害。

（4）使用特点　紫羊茅是全世界应用最广的一种主要草坪植物。由于寿命长，色泽好，绿期长，耐践踏、耐阴等优点，而被广泛应用于机场、运动场、庭园、花坛、林下等，是优良观赏性草坪草。在寒冷潮湿地区，常与草地早熟禾混播，以提高草地早熟禾的建坪速度。

4. 翦股颖属

翦股颖属（*Agrostis*）草坪草由于匍匐生长，是所有冷型草坪草中最能忍受连续低剪的,其修剪高度可达 0.5cm,甚至更低,适于寒冷、潮湿和过渡性气候。常用于草坪的是匍茎翦股颖、细弱翦股颖和绒毛翦股颖。

图 22-7　匍茎翦股颖

1）匍茎翦股颖

匍茎翦股颖(*Agrostis stolonifera*),又称匍匐翦股颖、本特草(图 22-7)。禾本科,翦股颖属。分布于欧亚大陆的温带和北美。我国东北、华北、西北地区及江西、浙江等地均有分布,常见于河边和较潮湿的草地。

(1) 形态特征　多年生草本植物。秆的基部平卧地面,具长达 8cm 左右的匍匐枝,有 3~6 节,节上可生不定根,直立部分 20~50cm;叶鞘无毛,稍带紫色;叶舌膜质,长圆形,长 2.5~3.5mm,背面微粗糙;叶片扁平线形,先端尖,具小刺毛,长 5.5~8.5cm,宽 3~4mm;圆锥花序卵状长圆形,绿紫色,老叶呈紫铜色,长 11~20cm,宽 2~5cm,每节具 5 分枝;小穗长 2~2.2mm,二颖等长,先端尖;外稃顶端钝圆,基盘两侧无毛;内稃较外稃短。颖果长 1mm,宽 0.4mm,黄褐色。

(2) 生态习性　喜冷凉湿润气候,耐寒、耐热、耐瘠薄、耐低修剪,耐阴性也较好。由于匍匐枝横向蔓延能力强,能迅速覆盖地面,形成密度很大的草坪。但由于茎枝上节根扎的较浅,因而耐旱性稍差。该草坪草耐践踏力仅次于结缕草。匍匐翦股颖对土壤要求不严,在微酸至微碱性土壤上均能生长,以雨多肥沃的土壤生长最好,对紧实土壤的适应性很差。春季返青慢,在北京绿色期为 250~260 天。

(3) 培育特点　易繁殖,种子和匍匐茎繁殖均可。由于种子小,播种前必须精细整地,切忌覆土过深,以轻耙不见种子即可。出苗后应保证土壤湿度和注意除草。播种量 3~5g/m^2,春秋季播种均可。栽植匍匐茎或每株移栽成活的关键是保证土壤充足的水分。由于该草需水量较多,生长快,成坪后应注意浇水和修剪。修剪不及时,将导致草层过厚过密,基部叶片因不通风透气而变黄,甚至枯死。匍茎翦股颖修剪高度以 5~8cm 为宜,运动草坪还可降至 1cm 左右。在大陆性气候区,用它建成的草坪,每隔 3 年进行一次更新,切断其根系,使土壤透气或重新再植。

(4) 使用特点　适应性强,用途广,品质好,耐盐碱性较强,耐频繁低修剪,在低修剪下,匍茎翦股颖可形成美丽、细致的草坪,是用作高尔夫球场球洞区和发球区、草地网球场、草地保龄球场等精细草坪的首选草种,也可用于庭院、公园等养护水平较高的绿地。但由于其具有侵占性很强的匍匐茎,所以很少与草地早熟禾等冷型草坪草混播。

2）细弱翦股颖

图 22-8　细弱翦股颖

细弱翦股颖(*Agrostis tenuis*)(图 22-8),最初生长于欧洲,后来作为草坪草被引种于世界各地的寒冷潮湿地区,现已完全适合生长于太平洋西北岸、新西兰和北美洲的新英格兰地区,在我国北方湿润带和西南一部分地区也适宜生长。

(1) 形态特征　多年生草本,具短的根状茎;秆丛生,具 3~4

节,基部膝曲或弧形弯曲,上部直立,细弱,直径约 1mm;叶鞘一般长于节间,平滑;叶片窄线形,质厚,长 2~4cm,宽 1~1.5mm,干时内卷,边缘和脉上粗糙,先端渐尖;圆锥花序近椭圆形,开展;小穗紫褐色,穗梗近平滑;基盘无毛。

(2) 生态习性　广泛用于寒冷潮湿地区,抗低温性较好,但不如匍匐翦股颖。春季返青相对慢,抗热和抗水性较差,耐阴性一般,不耐践踏。低修剪下可形成细质、稠密的草坪。茎和叶子柔嫩、纤细,节间短而低,生长矮小,耐低修剪。须根系生长较浅。适应的土壤范围较广,但在肥沃、潮湿、pH 为 5.5~6.5 的细壤上生长最好。

(3) 培育特点　主要为种子繁殖,异花授粉。建坪速度快,但再生性较差。为形成一个高质量的草坪,需要较高水平的管理,修剪高度一般为 0.75~2cm。在修剪高度较高时,很容易产生腐殖质层。需水量比匍匐翦股颖少,但需要高水平的氮肥。氮肥需要量为每个生长月 1.95~4.87g/m^2。易染病,如币斑病、褐斑病、雪腐病等。对除草剂敏感。

(4) 使用特点　细弱翦股颖常与其他一些冷型草坪草混播,用作高尔夫球道和发球台草坪,有时也用于高尔夫球场球洞区及其他一些高质量、细质的草坪。

(二) 暖型禾本科草坪植物

暖型草坪草亦称暖型或暖型草坪草,在我国主要分布于长江以南的广大地区,耐热性好,一年中仅有夏季一个生长高峰期,春秋季生长较慢,冬季休眠。适宜在热带和亚热带地区生长,生长最适温度在 25~35℃。多为短日照 C_4 植物,用途广,可用种子繁殖,也可用无性繁殖,因种子产量低,常行无性繁殖。抗旱、抗病虫能力强,管理相对粗放。绿期短,品质参差不齐。

狗牙根和结缕草是暖型草坪草中较为抗寒的草种,因此,它们中的某些种能向北延伸到较寒冷的辽东半岛和山东半岛。细叶结缕草、钝叶草、假俭草对温度要求甚高,抗寒性差,主要分布于我国的南部地区。

此外,暖型草坪草均具相当强的长势和竞争力,群落一旦形成,其他草便很难侵入,因此,暖型草坪草多为单种,混合草坪则不易见到。

暖型草坪植物广泛分布于温暖湿润的热带及亚热带地区。因耐寒性较差,在北方地区越冬困难。野牛草和日本结缕草是暖型草坪草,属于画眉草亚科和黍亚科,目前常用的暖型草坪草种有十几个,分别属于野牛草属、结缕草属、构牙根属、地毯草属、蜈蚣草属、雀稗属、钝叶草属、画眉草属、狼尾草属 9 个属。

1. 野牛草属

野牛草属(*Buchloe*)仅有 1 个种即野牛草,原产于美洲,最初用于放牧地,是草食动物的一种重要牧草。20 世纪 50 年代引入我国栽培,现已成为华北和东北地区及内蒙古等北方地区的常用草坪草种。

1) 野牛草

野牛草(图 22-9)原生长于北美大平原,是半干旱、半潮湿地区的过渡型草坪草,以前为牧草,是草原上的优势种之一。现在人们已逐渐把它用作景观优美而又不需过分维护的草坪草。

(1) 形态特征　多年生草本植物。具匍匐茎,秆高 5~20cm,较细弱;叶宽 1~2mm,两

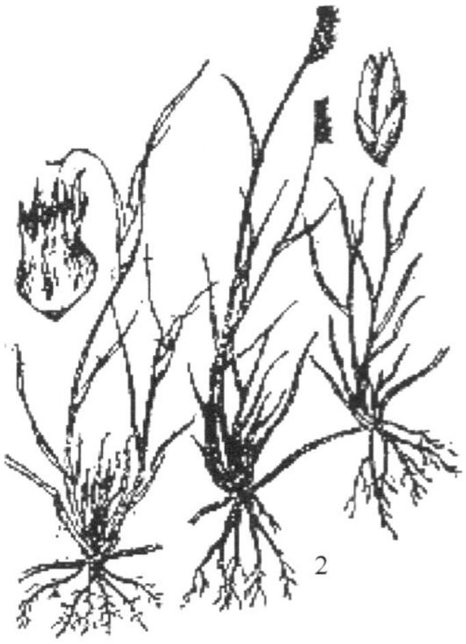

图 22-9　野牛草
1. 雌株；2. 雄株

面疏生细小柔毛，叶色绿中透白；花序 2～8，长 5～15mm，排列成总状；雄小穗含 2 朵花，无柄，成两行覆瓦状排列于穗轴的一侧；雌小穗含 1 朵花，大部分 4～5 枚簇生呈头状花序时，花序长 7～9mm。通常种子成熟，自梗上整个脱落。

(2) 生态习性　适应性强，喜光，亦能耐半阴，耐土壤瘠薄，具较强的耐寒能力，在我国东北、西北有积雪覆盖下，能在-34℃下安全越冬。夏季耐热、耐旱，在 2～3 个月严重干旱情况下，仍不致死亡。该草坪草与杂草竞争力强，具一定的耐践踏能力。在北京表现返青迟，枯黄较早，绿色期 180～190 天，在新疆乌鲁木齐种植，绿色期 160 天左右。耐碱性强，耐水淹，但不耐阴。适宜的土壤范围较广，但最适宜的土壤为细壤。

(3) 培育特点　种子和营养繁殖均可。由于结实率低且硬实率较高，目前各地均采用分株繁殖或用匍匐茎埋压。以春秋季繁殖栽培较好。栽后立即浇水，保证土壤湿度，可促进恢复生长。由于野牛草再生快，生长较慢，植株也较高，为保持平整美观，全年可修剪 3～5 次，每次留茬高度 2～5cm。施氮肥可促进野牛草密度增大，色泽变浓，每次可施尿素 15～20g/m^2。野牛草耐旱，浇水不宜过多。

(4) 使用特点　最适宜用于温暖和过渡带的半干旱、半潮湿地区。因具有植株低矮，枝叶柔软，较耐践踏，繁殖容易，养护管理简便，抗旱、耐寒等优点，目前已成为我国北方栽培面积较大的一种草坪植物，广泛用于工矿企业、公园、机关、学校、部队、医院及居住地绿化覆盖材料。由于它抗二氧化硫、氟化氢等污染气体能力较强，因此也是冶炼、化工等工业区的环境保护绿化材料。同时也可作固土护坡植物。

野牛草的缺点是绿色期较短，其雄花伸出叶层之上会破坏草坪绿色的均一性，耐阴性差，不耐长期水淹，枝叶不甚稠密，耐践踏较差等，在一定程度上影响了它更广泛的利用。

2. 结缕草属

结缕草属(*Zoysia*)草坪草是当前广泛使用的暖型草坪草之一，有 10 个种，分布于非洲、亚洲和大洋洲的热带和亚热带地区。我国现只有 5 个种和变种。其中，最常使用的是日本结缕草、沟叶结缕草、细叶结缕草、中华结缕草和大穗结缕草等。

1) 日本结缕草

日本结缕草(*Zoysia japonica*)，又名结缕草、老虎皮、锥子草、崂山草、延地青(图 22-10)。原产于亚洲东南部，主要分布于朝鲜和日本的温暖地带，北美有引种栽培。我国北起东北的辽东半岛、南至海南岛、西至陕西中部等广大地区均有野生种，其中以胶东半岛、辽东半岛分布较多。

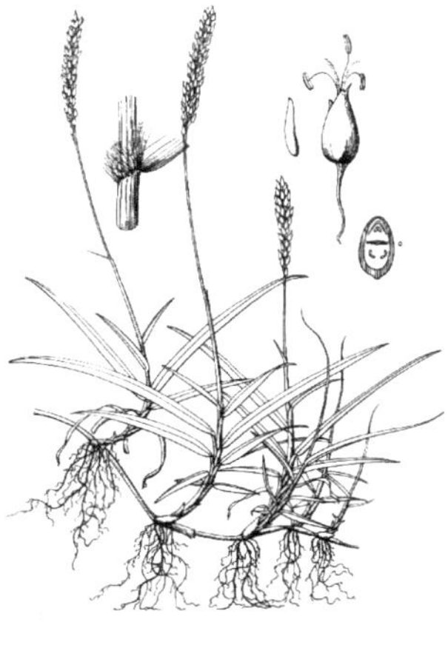
图 22-10　日本结缕草

(1) 形态特征　多年生草本植物,具发达的根状茎,株体低矮,较粗糙。属深根性植物,须根一般可深入土层达30cm以上。坚韧的地下根状茎及地上匍匐枝,于茎节上产生不定根。植株直立,茎高12~15cm;叶片革质,上面常具柔毛,长3cm,宽2~3mm,具一定的韧度,呈狭披针形,先端锐尖;叶舌不明显,表面具白色柔毛;总状花序长2~4cm,宽3~5mm。小穗卵圆形,由绿色转变为紫褐色。种子成熟后易脱落,外层附有蜡质保护物,硬实率高,不易发芽,播种前需进行处理以提高发芽率。

(2) 生态习性　适应性强,长势旺盛,喜光,抗旱、耐高温、耐瘠。抗寒性在暖型草坪草中表现得比较突出,但不能在夏季太短或冬季太冷的地方生存。喜深厚肥沃排水良好的砂质土壤。在微碱性土壤中亦能正常生长。入冬后草根在-30~-20℃能安全越冬,20~25℃生长最盛,30~32℃生长速度减弱,36℃以上生长缓慢或停止,但极少出现夏枯现象。在10~12.8℃开始退色,整个冬天保持休眠。秋季高温而干燥可提早枯萎,使绿色期缩短。

日本结缕草还具有与杂草竞争力强,容易形成单一连片平整美观的草坪,耐磨,耐践踏,病害少等优点。但不耐阴,匍匐茎生长较缓慢,蔓延能力较一般草坪草差。因此,草坪一旦出现空秃,则恢复较慢。由于种子外壳致密且具有蜡质,自然状态下种子发芽率低,使种子繁殖受到一定限制。

(3) 培育特点　种子繁殖和无性繁殖均可。由于种子具有休眠特性并且硬实率高,繁殖播种前必须进行种子处理,其方法可采用湿砂层积催芽和5%氢氧化钠溶液浸种。湿砂层积催芽法是将所需播种的种子装入纱布袋内,投入冷水缸浸泡48~72h,每隔24h换一次水。浸后用2倍于种量的砂拌匀,砂子湿度保持在70%。取40cm口径的花盆,先在其底部铺上8cm厚的河砂,再将混砂种子装入盆内摊平,然后在上面再覆上8cm厚砂,随即移到室外用草帘覆盖。5天后,将处理过的种子移到室内,在日均气温24℃、湿度70%下,每天翻拌3~4次。通常经12~30天可出芽。然后用条播法下种,覆砂厚0.3cm。

氢氧化钠溶液浸种法是用0.5%氢氧化钠溶液浸种24h,再用清水洗净,晒干后播种,10天以上发芽,20天以上出齐。结缕草的播种期北方在5月中旬前后,南方在6月梅雨初期进行。播种量6~9g/m^2。

营养繁殖一般采用分株繁殖,在生长季内均可进行。成行栽种,行距5~20cm,3~4个月覆盖地面。也可将长20cm、宽20cm,厚5~6cm的草皮块,按2~3cm的间距铺设。草皮块铺设前应按草皮块建坪要求作好土壤等准备。也可用短枝进行繁殖。

日本结缕草管理较粗放,欲保持草地经久不衰,主要应采取:①与狗牙根、假俭草混栽,以保持草层平整、色泽优美,延长绿色期,减少病虫害;②生长盛期,应定期修剪,一般每月2次,以控制草层高度,保持平整和抑制杂草;③施肥、打孔、覆土(沙)和滚压,一般在秋冬或早春进行,提高草坪抗旱、抗病、促进植物复苏力,增加其耐磨性;④运动场比赛前后浇水,增加草坪抗磨和促进因比赛断裂草茎的迅速复苏;⑤比赛的球场经常滚压,保持场地平整;⑥防治病虫害,在土壤潮湿环境下,结缕草易发生锈病,可喷洒等量或(1:1)波尔多液预防。在发病地段内,预先半个月喷洒400~600倍多菌灵稀释液。为防治蚯蚓拱地和蜗牛危害茎叶,于危害活动期内,喷洒生物农药——"青虫菌"或喷射1000~2000倍敌百虫稀释液防治。

(4) 使用特点　需要中等养护水平,其植株低矮、坚韧耐磨、耐践踏、弹性好,在适宜

图 22-11　细叶结缕草

土壤和气候条件下,可形成致密、整齐的优质草坪。广泛应用于温暖潮湿和过渡地带,在园林、庭园和高尔夫运动场地广为利用,是较理想的运动场草坪草和较好的固土护坡植物。

2）细叶结缕草

细叶结缕草(*Zoysia tenuifolia*),又名天鹅绒草、台湾草(图 22-11),主要分布于日本及朝鲜南部地区,早年引入我国,目前已在黄河流域以南地区广泛种植,是我国栽培较广的细叶型草坪草种之一。

(1) 形态特征　多年生草本,呈丛状密集生长,高 10~15cm,秆直立纤细。具地下茎和匍匐枝,节间短,节上产生不定根,须根多浅生。叶片丝状内卷,长 2~6cm,宽 0.5mm;总状花序顶生,穗轴短于叶片,故常被叶所覆盖;花果期 6~7 月,花期短;花穗长 1cm,宽 1.5mm,小穗具 1 朵花,穗状排列。种子少,成熟时易脱落,故采收困难。

(2) 生态习性　喜光,不耐阴,在强光下生长良好,与杂草竞争力极强;但耐湿、耐寒性较日本结缕草差。夏秋季生长茂盛,深绿色,能形成单一草坪。在华南地区夏、冬两季不枯黄。在华东地区于 4 月初返青,12 月初霜后枯黄。在西安、洛阳等地,绿色期可达 185 天左右。

(3) 培育特点　因种子采收困难,目前各地多采用营养繁殖。其方法是采用草皮切下的匍匐茎或带土小草块进行分栽,栽后保持一定的土壤湿度,一周后即可生根出芽。该草坪草新建植的草坪叶丛平整,不密集,形似天鹅绒一般,十分美丽,但三四年后,草丛逐渐出现馒头状突起,不仅绿色期缩短,而且有时叶尖枯焦,或因积水发生病害,影响观赏效果。因此,在养护管理上应注意以下几点。①必须定期修剪,控制草丛高度,防止出现球状平面。一般在草坪生长盛期应定期修剪 2~3 次,第 1 次 5 月中旬、下旬修剪,促进萌发新芽;第 2、第 3 次均应在夏季生长旺盛期进行。②在草坪土壤出现板结、通气不良时应进行打孔通气,使之更新复壮。③初春萌发时植株幼嫩,不宜重踏。④预防锈病发生,应注意使用石硫合剂、波尔多液。⑤注意灌水和施肥。春夏季应各施氮肥一次,每次用量 12~15g/m^2。

(4) 使用特点　因细叶结缕草色泽嫩绿,草丛密集,杂草少,外观平整美观,具弹性,易形成草皮,故常栽于花坛内作封闭式花坛草坪或用作塑造草坪造型供观赏,但需精心管护。又因其耐践踏,故也用于医院、学校、宾馆、工厂等的绿地作开放型草坪。也可植于堤坡、水池边、假山石缝等处,起到固土护坡、保持水土和绿化的作用。

3）沟叶结缕草

沟叶结缕草(*Zoysia matrella*),又名马尼拉草、半细叶结缕草(图 22-12)。分布于亚洲和大洋洲热带地区,

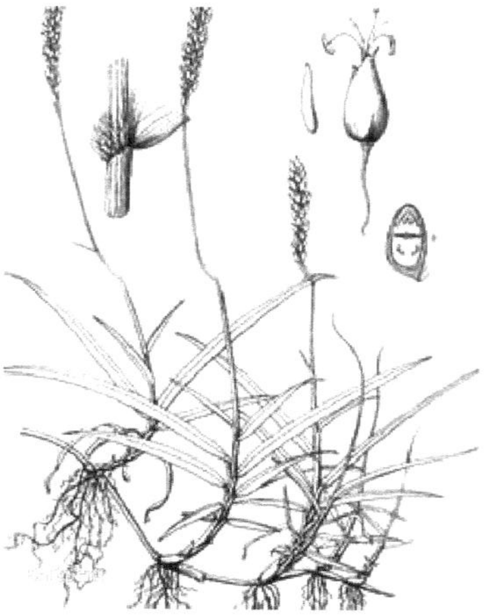

图 22-12　沟叶结缕草

产于我国台湾、广东、海南等地,生于海滩沙地上。

（1）形态特征　多年生草本植物,具横走、细弱的根茎。叶片质硬,且内卷,上面有沟,长约3cm,宽1~2mm,顶端尖锐。其叶片质地和植株密度介于日本结缕草和细叶结缕草之间。叶鞘长于节间,叶舌短而不明显,顶端撕裂。总状花序细柱形,小穗黄褐色或略带紫色。

（2）生态习性　品质好,耐践踏,抗性强,耐寒性介于日本结缕草和细叶结缕草之间,而分布的北界比细叶结缕草更靠北。在北京地区越冬时会出现冻害。其他生态习性与细叶结缕草相近。

（3）培育特点　一般采用分株栽植和铺草皮的方法建坪。坪面要平整,不得积水。生长季应注意修剪,成坪后应注意打孔通气。

（4）使用特点　因抗病性和抗杂草性较强,耐低修剪,弹性和耐践踏性好,质地优良,颜色深绿,广泛应用于庭院绿地、公共绿地和运动场草坪,也是很好的水土保持草种。

4）中华结缕草

中华结缕草(*Zoysia sinica*),又名青岛结缕草(图22-13),产于我国辽宁、河北、山东、江苏、安徽、浙江、福建和广东等地,日本也有分布。生长在海边沙滩、河岸、路旁的草丛中。

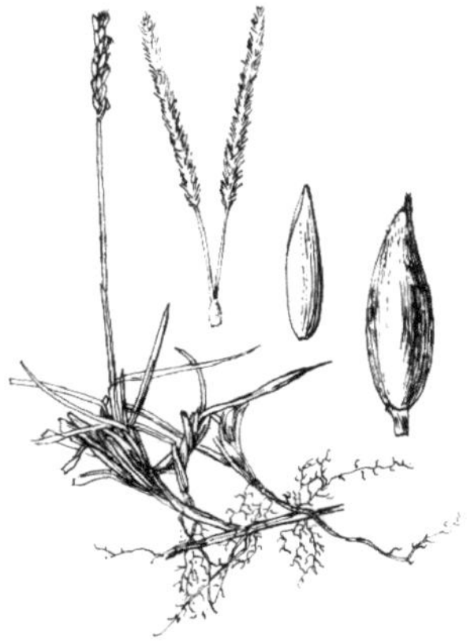

图22-13　中华结缕草

（1）形态特征　多年生草本植物,具横走根茎。秆直立,高13~30cm,茎部常具宿存枯萎的叶鞘;叶鞘无毛,鞘口具长柔毛;叶舌短而不明显;叶片淡绿或灰绿色,背面颜色较淡,长可达10cm,宽1~3mm,无毛;质地较坚硬,扁平或边缘内卷;总状花序穗形,小穗披针形或卵状披针形,黄褐色或略带紫色。花果期5~10月。

（2）生态习性　基本与日本结缕草相同,只是其种子颗粒平均大小较日本结缕草大些。

（3）培育特点　基本与日本结缕草相同,但应注意要经常修剪。

（4）使用特点　草丛密度较日本结缕草稍大,叶片也较窄,耐践踏性好,可作为运动场、庭园草坪。由于采收时,很难区分日本结缕草和中华结缕草。因此,在生产使用中大多是这两个种混在一起。

图22-14　普通狗牙根

3. 狗牙根属

狗牙根属(*Cynodon*)草坪草是最具代表性的暖型草坪草,广泛分布于欧洲、亚洲的热带及亚热带地区。用作草坪草的一般是普通狗牙根和杂交狗牙根。

1）普通狗牙根　普通狗牙根(*Cynodon dactylon*),又名百慕大草(英译名:common bermudagrass)、行仪芝(本草纲目,日名)、绊根草(上海)、爬根草(南京)、铁线草(西南地区)、天堂草(图22-14)。原产于非洲,广布于热带、亚热带和温带地区。我国黄河流域以南各地均有野生种。

(1) 形态特征　多年生草本,具根状茎和匍匐枝,茎秆细而坚韧,节间长短不一,匍匐枝可长达 1m,并于节上产生不定根和分枝,故又名爬根草;叶扁平线形,长 3.8~8cm,宽 1~2mm,先端渐尖,边缘有细齿,叶色浓绿;叶舌短小,具小纤毛;穗状花序 3~6 枚指状排列,分支长 3~4cm;小穗排列于穗轴一侧,绿色有时略带紫色,含 1 朵花,颖近等长。种子成熟易脱落。

(2) 生态习性　适合于世界各温暖潮湿和温暖半干旱地区,极耐热和抗旱,但抗寒性差,也不耐阴。在新疆乌鲁木齐有栽培,在有积雪的情况下能越冬。因根系浅,具少量须根,所以遇干旱气候容易出现匍匐茎嫩尖成片枯萎。耐践踏,喜在排水良好的肥沃土壤中生长,在轻度盐碱地上也生长较快,且侵占力强,在适宜的条件下常侵入其他草坪地生长。在华南地区用该草建成的草坪全年绿色期 270 天左右,华东、华中地区 245 天,成都 250 天左右。在乌鲁木齐秋季枯黄较早,绿色期 170 天左右。

(3) 培育特点　生长最快、建坪最快的暖型草坪草;再生力强,耐践踏,耐低修剪,修剪高度为 1.5~3cm。需要中等偏高的养护水平。由于生长快,易形成芜枝层,因此需要较频繁的垂直修剪,该措施也可提高狗牙根的低温不保绿性。因种子不易采收,所以主要通过短枝、草皮来建坪。目前多采用分根繁殖,一般在春夏季进行,栽植后须保持土壤湿润,20 天左右即能生出匍匐茎。由于根系较浅,夏季干旱时应注意经常浇水。冬季草根部应增施薄肥覆盖,夏秋季宜施氮、磷肥,施肥量为:氮肥 $8g/m^2$,磷肥 $2g/m^2$。

(4) 使用特点　一般采用单播,但由于种子不易采收,故多采用营养繁殖。因耐践踏,再生力很强,适宜建植运动场草坪,在因比赛践踏的草坪,如能在当晚立即灌水,1~2 天后即可恢复;若及时增施氮肥,即可很快投入使用。我国华北、西北、西南地区及长江中下游等地广泛用该草建植草坪,或与其他暖型草坪草及冷型草坪草(如高羊茅等)混合铺设球场。因覆盖力强,也是很好的固土护坡材料。另外,秋季在其草坪中可补播(交播)冷型草坪草,如黑麦草、紫羊茅等,来缓和因冬季休眠而造成的退色。

4. 地毯草属

地毯草属(*Axonopus*)约有 40 个种,大都产生于热带美洲。我国有 2 个种,其中用于草坪草最广泛的是地毯草。

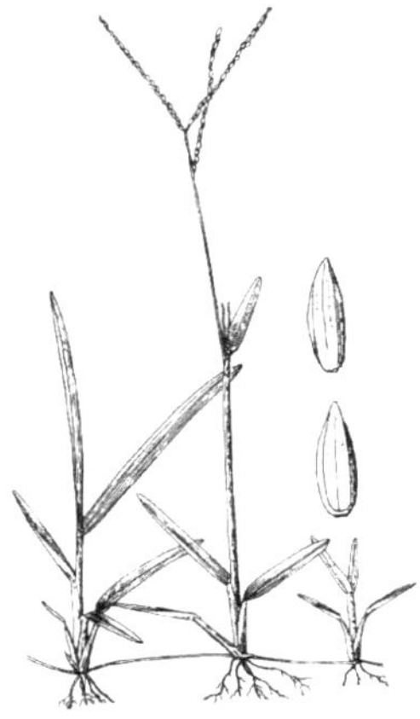

图 22-15　地毯草

1) 地毯草

通用名地毯草(*Axonopus compressus*),又名大叶油草(图 22-15)。原产于南美洲,世界各热带、亚热带地区有引种栽培。分布于巴西、阿根廷、南美诸国。我国早期从美洲引入,在台湾、广东、广西、云南等地有分布。常生于荒野、路旁较潮湿处。因其匍匐枝蔓延迅速,每节上都生根和抽出新植株,植物平铺地面成毯状,故称地毯草。

(1) 形态特征　多年生草本植物,植株低矮,具长匍匐茎。秆扁平,节上密生灰白色柔毛,高 8~30cm;叶片柔软,翠绿色,短而钝,长 4~6cm,宽 8mm 左右;总状花序,长 4~6cm,较纤细,2~3 枚近指状排列于枝顶;小穗长 2~2.5mm,排列于三角形穗轴的一侧。种子长卵形。

(2) 生态习性 适于热带、亚热带地区较温暖的地方。喜光,较耐阴,再生力强,耐践踏但不耐寒,不耐盐,抗旱性比大多数暖型草坪草差。对土壤要求不严,适宜在潮湿、沙质或低肥沙壤土上生长,但在水淹条件下生长不好。由于匍匐茎蔓延迅速,每节均能产生不定根和分蘖新枝,因此侵占力极强,容易形成稠密平坦的草层。耐寒性较差,易由于霜冻而使叶尖或半片叶子呈现枯黄,但春季返青早且速度快。夏季干旱无雨时,叶尖极易干枯。

(3) 培育使用特点 结实率和萌发率均高,可行种子繁殖,亦可行营养繁殖。在温暖湿润的春夏间,切取匍匐茎或草块埋植土中,即可生长发芽。条植行距 15cm,经 70~75 天,盖度可达 100%。较耐粗放管理,草层低,修剪次数少,修剪高度为 5cm 左右。

5. 蜈蚣草属

蜈蚣草属(*Erenochloa*)中仅有假俭草用作草坪草。

1) 假俭草

假俭草(*Erenochloa ophiuroides*),别名蜈蚣草、苏州草(上海)(图 22-16)。原产于中国南部,被称为中国草坪草。主要分布于长江流域以南各地区,常见于林边及山谷坡地等土壤肥沃湿润之地,是理想的阔叶草坪种类。现在世界各地已广泛引种。

(1) 形态特征 多年生草本,植株低矮,高 10~15cm,具贴地生长的匍匐茎。茎秆直立,线形叶基生,革质,先端略钝,长 2~5cm,宽 1.5~3mm,生于茎顶的叶多退化,常退化成一小尖头着生于叶鞘上;秋冬季抽穗开花;总状花序顶生,花穗绿色,微带棕紫色,直立或略弯曲,扁平而纤细,具长柄;穗长 4~6cm,单生于枝顶;小穗具短柄,紧贴于穗轴,呈覆瓦状排列,长约 4mm。花穗较其他草多,花期时一片棕黄色。种子入冬前成熟。

图 22-16 假俭草

(2) 生态习性 适应性较强,在轻黏土、酸性土、微碱性土中均能生长。叶片扁平,生长较缓慢,有短而粗的匍匐茎,节间较短且多叶,形成的草坪相对稠密、低矮。喜光、耐旱、耐寒、耐贫瘠,适宜重剪,较细叶结缕草耐阴湿。在排水良好,土层深厚而肥沃的土壤上生长茂盛。由于根系较少,其耐践踏性较弱。其耐淹性、耐盐性和耐碱性较差。

(3) 培育特点 营养繁殖或种子繁殖,但由于种子建坪速度慢,故常以小枝或草皮进行营养繁殖,一般 $1m^2$ 草皮可繁殖 $6 \sim 8m^2$ 草坪。种子采收后,翌春播种,发芽率甚高,故也可用种子繁殖。

(4) 使用特点 假俭草是我国南方栽培较早的优良草坪草种之一。由于株体低矮、茎叶密集、成坪后平整美观,绿期长,且具有抗二氧化硫等有害气体及吸附尘埃的功能,抗病虫害能力也比较强,因而被广泛用作庭园草坪。同时,它也是优良的固土护坡植物。因其生长较慢,耐践踏性相对较弱,故一般不用作运动场草坪。

6. 雀稗属

雀稗属(*Paspalum*)约 300 个种,分布于全世界的热带与亚热带地区,美洲最丰富。我国有 16 个种,以前大部分被用作牧草,近几年才开始用于草坪建植,其中用的最为广泛的是巴哈雀稗、海滨雀稗和两耳草。

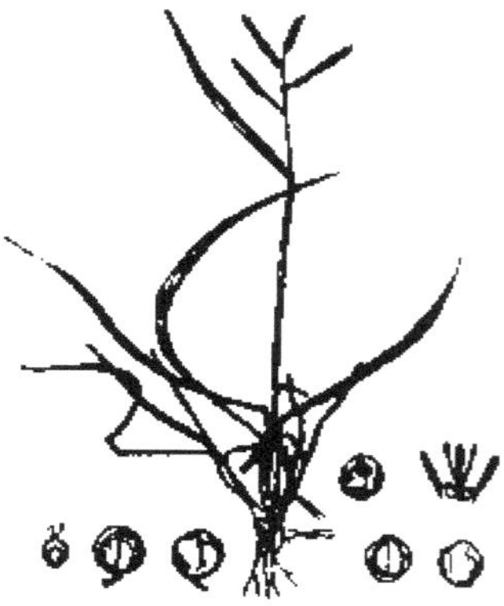

图 22-17　巴哈雀稗

1) 巴哈雀稗

巴哈雀稗(*Paspalum notatum*),又名百喜草(图 22-17),原产于南美东部的亚热带地区,它用于草坪的范围有限。但在低的养护水平下,巴哈雀稗是优秀的暖型草坪草。

(1) 形态特征　多年生草本。具粗壮、木质、多节的根状茎。秆密丛生,高约 80cm;叶鞘基部扩大,长 10～20cm,长于其节间,背部压扁成脊,无毛;叶舌膜质,极短,紧贴其叶片基部有一圈短柔毛;小穗卵形,平滑无毛,具光泽。

(2) 生态习性　茎秆直立,叶片坚硬,边缘有明显的茸毛,是草坪草中叶片最宽的草种之一,形成的草坪较粗糙。它靠短的、扁平的匍匐茎和根茎蔓生,根系粗糙,分布广而深。适于在温暖潮湿的气候区生长,不耐寒,低温保绿性较好。耐阴性强,极耐旱,干旱过后其再生性很好。适应的土壤范围很广,从干旱沙壤到排水差的细壤均可生长。尤其适宜生长于海滨地区的干旱、粗质、贫瘠的沙地,适宜的土壤 pH 为 6. 0～7. 0。耐盐,但耐淹性不好。

(3) 培育特点　因巴哈雀稗盛产种子,故主要为种子繁殖。但易产生许多大的种子柄。未经处理的种子发芽率很低,通过对种皮用苯酸或热处理可提高发芽率。种子发芽后成坪速度快。养护管理粗放,对病虫害抵抗性强,修剪高度 4 ～5cm。氮肥需要量为每个月 0. 5～2. 0g/m^2。秋季的氮肥尤其重要,可以减少芜枝层的积累。

(4) 使用特点　巴哈雀稗形成的草坪质量较低,故适于种在低质量、贫瘠的土壤上,尤其适于用在路旁、机场和类似低质量的草坪地区。

2) 海滨雀稗

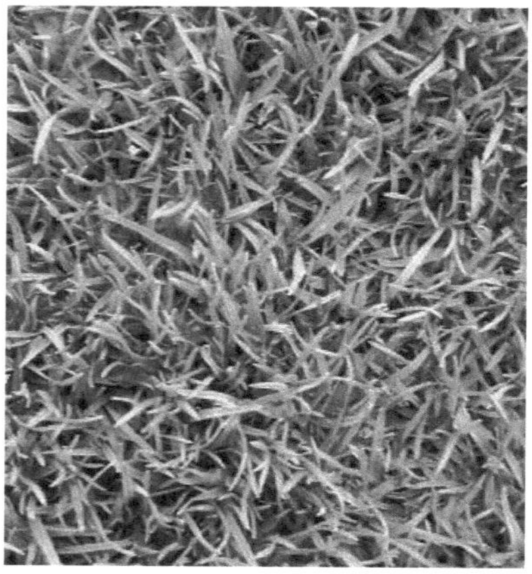

图 22-18　海滨雀稗

生长于南纬 30°与北纬 30°之间的沿海地区,源于非洲和美洲,曾作为饲料、草坪和改良受盐碱影响的土壤的草种,在世界各地引过种(图 22-18)。现广泛分布在整个热带和亚热带地区,南非地区、澳大利亚的海滨,以及美国从得克萨斯州至佛罗里达州的沿海都有野生,以能适应各种非常恶劣的环境而闻名。

(1) 形态特征　多年生草本植物,具匍匐茎和根状茎,叶片颜色深绿,宽度变化很大,总状花序穗形 2 枚,延伸长度 1. 0～6. 5cm。

(2) 生态习性　主要分布在热带和亚热带地区,生于海滨,性喜温暖。染色体数为 20。抗寒性较狗牙根差。在地温 10℃能打破休冬眠,并且返青比狗牙根提前 2～3 个星期。耐阴性中等。耐水淹性强,在遭受涨潮的海水、暴雨和水淹或水泡较长时间后,仍然正常生长。耐热和抗旱性强。耐瘠薄土壤,适应的土壤 pH 范围可达 3. 6～10. 2。具有很强的抗盐性,被认为是最耐盐的草种之一,甚至可以用海水进行灌溉。抗病虫害,但在高养护过程中也需要进行除草灭虫防病等管理。

(3) 培育特点　海滨雀稗根茎粗壮,密集,根系深,抗旱能力强,而且能利用海水直接喷灌而对草没有损害。长期被海水浇灌的草,病虫害发生的次数和施肥量都比淡水少得多,这为节水和降低成本提供了极好的条件。此外,再循环水、生活污水、混合的非饮用水等都可用作喷灌水。施肥与冷型草坪草相似,夏季少量,春秋季适量,初冬重施。耐频繁低修剪,一般修剪高度5~10mm。每年的春季和秋季凉爽的夜晚容易发生银元斑病,通过梳草,降低草的密度,能减少发病率。

(4) 使用特点　因耐频繁低修剪,修剪高度可达3~5mm,可以用于高尔夫球场的球洞区、球道、发球台和绿地区。可种植在海滨的沙丘地区,用做水土保持。也常用于受盐碱破坏的土地和受潮汐影响的土壤改良地区。

7. 钝叶草属

钝叶草属(*Stemotaphrum*)约有7或8个种,分布于太平洋各岛屿以及美洲和非洲。我国有2个种,产于南部海岸沙滩、草地或林下。最常用做草坪的种是钝叶草。

1) 钝叶草

钝叶草原产于印度,是一种使用较广泛的暖型草坪草,近几年来在我国南方已有引种,坪用性状良好(图22-19)。

图22-19　钝叶草

(1) 形态特征　多年生草本植物。叶折叠式,叶鞘压缩,有突起,疏松,顶端和边缘处有纤毛,叶舌极短,顶端有白色短纤毛,无叶耳;叶片常扁平,宽4~10mm,长5~17cm,顶端微钝,具短尖头,基部截平或近圆形,两面无毛;叶片和叶鞘相交处有一个明显的缢痕及一个扭转角度。其直立茎和匍匐茎都很扁平,花序主轴扁平呈叶状,具翼,长10~15cm,宽3~5mm,边缘微粗糙,穗状花序。穗轴三棱形,小穗互生;卵状披针形内稃厚膜质,略短于外稃,具2脉;第2外稃草质,有微毛的小尖头,边缘包卷内稃。

(2) 生态习性　适于在温暖潮湿、气候较热的地方生长,是常用的暖型草坪草中最不抗旱的。在低温下退色,变成棕黄色,休眠以度过整个冬天。其冬季保绿性能和春季返青性能不如结缕草。在温暖潮湿、气候较热的地方,可以全年保持绿色。抗旱性较好,但不如狗牙根、结缕草和巴哈雀稗。就其自身而言,它是很优秀的耐阴性暖型草坪草。适宜的土壤范围很广,但最适宜在温暖潮湿的有机土壤上生长。适宜的土壤pH为6.5~7.5。喜排水好、潮湿、肥沃、沙质的土壤,耐盐。

(3) 培育特点　可营养繁殖及种子繁殖,但主要是营养繁殖,因为它产生的种子量少且活力低。有很强的蔓生能力,建坪较快。虽然耐践踏性不如狗牙根和结缕草,但再生性很好。需要中等到中等偏下的栽培水平。作为庭园草坪,修剪高度为3.8~6.3cm。为保持较好的草坪质量,有必要进行频繁修剪。但低于2.5cm的修剪有利于杂草的侵入。氮肥需要量为每个生长月2.5~5.0g/m^2。钝叶草常缺铁,使叶子失绿变成黄色,可通过施用硫酸铁和铁的混合物来调整。在肥料不足时,芜枝层会很严重。为保持草坪的质量,应经常修剪和施肥。

钝叶草尤其易感染褐斑病、灰叶斑病、币斑病,在某些地区钝叶草的衰退病(SAD)是很严重的。在温暖潮湿地区不耐含砷的和含苯氧烃的有机除草剂,如 2,4-D。但它耐西玛通和阿特拉津,在温暖潮湿地区,钝叶草对长蝽也有很强的抗性。

(4) 使用特点　钝叶草主要用于温暖潮湿、气候较温暖地区的庭园草坪和不要求细质的草坪,可以广泛用于荫地。也是用于商品草皮生产的最主要的暖型草坪草之一,但不常用于运动场。

三、常见非禾本科草坪植物介绍

除禾本科草坪草外,某些非禾本科草类亦具有发达的匍匐茎,耐践踏、色美、易形成草皮等特性,成为较优秀的草坪草,如豆科的白三叶、小冠花、百脉根,其他科的匍匐马蹄金、白颖薹草、沿阶草等。将其中常用的部分品种介绍如下。

1) 白三叶

白三叶(*Trifolium repens*),又名荷兰翘摇、白车轴草(图 22-20)。豆科,三叶草属。原产于欧洲,现广泛分布于温带及亚热带高海拔地区。我国黑龙江、吉林、辽宁、新疆、四川、云南、贵州、湖北、江西、江苏、浙江等地均有分布。白三叶在我国一直作为牧草,近些年才用作草坪草,它形成的草坪美观、整洁,具良好的观赏价值。因此,它是一种极重要的栽培牧草和优良的草坪植物。

图 22-20　白三叶

(1) 形态特征　多年生草本植物,植株低矮。侧根发达,集中分布于表土 15cm 以内;主茎短,由茎节上长出匍匐茎,长 30 ~60cm,节上向下产生不定根,向上长叶,茎光滑细软,叶腋又可长出新的匍匐茎向四周蔓延,因而侵占性强,成坪快,单株占地面积可达 $1m^2$以上。

掌状三出复叶,互生,叶柄细长直立,长 1~20cm。小叶倒卵形或心脏形,叶缘有细齿,叶面中央有"V"形白斑;托叶小,膜质包茎;全株光滑无毛;腋生头形总状花序,着生于自叶腋抽出的比叶梗长的花梗上;花小白色或略带红色,异花授粉,荚果细小,包藏于宿存的花被内,每荚含种子 3~4 粒,黄褐色,有光泽,千粒重 0. 5~0. 7g,硬实较多。

(2) 生态习性　喜温凉湿润气候,生长适宜的温度 19~24℃,但适应性强,耐热、抗寒、耐阴、耐瘠、耐酸。幼苗和成株能忍受-6~-5℃的寒霜,在-8~-7℃时仅叶尖受害,转暖时仍可恢复生长。在有积雪覆盖的条件下,绝对最低温度达-40℃也能安全越冬。在南京炎热的盛夏,生长虽已停止,但并不枯萎,基本无夏枯现象。在遮阴的林园下也能生长。对土壤要求不严,只要排水良好,各种土壤皆能生长,尤喜富于钙质及腐殖质黏质土壤。适宜的土壤 pH 为 6~7,在土壤 pH 4. 5 时也能生长,但不耐盐碱。

白三叶为需水较多的植物,不仅生长盛期要供给充足的水分,在越冬和种子发芽时亦需要充足的水分。水分不足,叶小而稀,匍匐枝减少,颜色不绿。

(3) 培育特点　应选择水分充足而肥沃的土壤进行栽种。主要采用种子繁殖。由于种子细小,要求整地精细、平整。春秋季均可播种,但秋播宜早,迟则难以越冬。春播稍迟易受杂草危害。种子撒播,播种量 3~4. 5g/m^2,播深 1~2cm。田间管理主要是保持一定的土壤湿度，以保证出苗。生长期也应供给充足的水分。由于苗期生长缓慢，应注意除草。白三叶能固定空气中的氮元素，用根瘤菌摄取空气中的氮，因而成株可不施或少施氮元素，应以施磷钾肥为主。白三叶不耐践踏，因而应以观赏为主，设围栏保护，以防人随意进入。白三叶开花结实不一致，边熟边落，果球变黑褐色时就应及时采摘，种子产量6~7.5g/m^2。

(4) 使用特点　白三叶因具有匍匐茎，繁殖力强，绿色期长，在哈尔滨绿色期可达200天以上，在北京更长，达230天，在兰州从3月中旬至12月中旬，绿色期270天左右。因白三叶侵占性强，如与禾本科坪草混播，其种子比例应少于1/3，否则很快就会变成白三叶草坪，而禾本科坪草则难以生存。此外，易污染衣物，加之开白花，习惯上多忌之。白三叶也常用于坡面、路旁的绿地，能很快覆盖地面，以防水土流失，在疏林下绿化也较好，亦为优良的观赏草坪。

2) 百脉根

百脉根(*Lotus corniculatus*)，又名五叶草、鸟足豆、牛角花(图22-21)。豆科，百脉根属。原产于欧洲、亚洲的温暖地带。19世纪后期开始栽培，现分布于欧洲、美洲各国，印度、澳大利亚及新西兰等地。我国华南、西南、西北、华北等地均有分布，是一种优良的栽培牧草，也可作水土保持和缀花草坪植物。

(1) 形态特征　多年生草本植物。主根深长，侧根多而发达；主茎不明显，多分枝，长30~80cm，光滑半直立或匍匐；由三小叶组成的复叶，两片托叶较大，故名五叶草；花黄色，蝶形花冠，顶生成伞形花序，有小花4~8朵；荚果长角状，聚生于花梗顶端，散开，状如鸟足，故又有鸟足豆之称。每荚含种子10~15粒，种子小，橄榄色、棕色或墨绿色，千粒重1~1.2g。

图22-21　百脉根

(2) 生态习性　喜温暖湿润气候，耐寒，在乌鲁木齐引入当地野生种栽培，在有积雪覆盖下，约-30℃能安全越冬。耐热性较苜蓿强。不耐阴，弱光下地上部分和根的生长均受到抑制。宜在肥沃有灌溉的黏壤土生长，在砂壤土及土质瘠薄、微酸或微碱性土也能生长。百脉根抗旱性较白三叶好，也能在排水不良的土壤生长。百脉根耐践踏，耐修剪，再生力中等。每年可修剪2~3次。

(3) 培育特点　以种子繁殖为主，因种子小，整地应精细，覆土不宜过深(1~1.5cm)。种子硬实率高，应经过种子处理，同时必须用专性根瘤菌接种后方可播种。寒冷地区宜春播，温暖地区可夏播或秋播。播种量为撒播1.5~2.25g/m^2，条播0.75g/m^{2}左右。百脉根苗期生长慢应注意除草。百脉根除种子繁殖外，还可用根和茎切成小段进行无性繁殖。高磷可促进根的迅速发育。

(4) 使用特点　百脉根寿命长，匍匐茎和根系发达，覆盖性好，叶色嫩绿，花艳，花期长，是很好的水土保持和观赏缀花草坪植物。可以修剪甚至不修剪，管理成本低。

3) 小冠花

小冠花(*Cornilla varia*)，又名多变小冠花(图22-22)。豆科，小冠花属。原生于南欧及东地中海地区。在美国、加拿大，亚洲西部和非洲北部都有种植。我国1973年引进，在南京、山西、陕西、甘肃和北京等地种植，生长良好。

图 22-22　小冠花

(1) 形态特征　多年生草本植物。根系粗壮,侧根发达形成新植株和新的地下茎。根上有棒状根瘤,较大,有固氮能力,茎中空有条棱,柔软脆嫩,茎半匍匐生长,草层高 30~50cm;奇数羽状复叶。腋生伞形花序,花色多变,初呈粉红色,后逐渐变成紫蓝色,花期较长,荚果细长似指状,分多节,节易断,每节 1 粒种子,紫褐色,种皮坚硬,多硬实,千粒重 4.1g。

(2) 生态习性　小冠花先由第一年的越冬苗或不定芽于春季萌生,称第一次苗。当第一次苗进入盛花期后,地下茎上的不定芽再次萌发出土,称为第二次苗。气温高、水分充足时,第二次苗出土较多,但多不能开花。因此,收种应加强第一次苗的管理,采收第一批花的种子。

多变小冠花,因根系入土深,故抗旱性强。该草抗寒性叶较好,乌鲁木齐种植,在积雪覆盖下,-30℃亦能安全越冬。多变小冠花对土壤要求不严,在瘠薄土壤上也能生长,而以中性或微碱性土生长发育较好。多变小冠花耐湿性差,水淹根部易腐烂。

(3) 培育特点　多变小冠花种子繁殖和无性繁殖均可。种子繁殖时,因种子硬实率高(70%~80%),播前应擦破种皮以利吸水发芽。同时,还应进行根瘤菌接种。播前应精细整地。多变小冠花也可用根蘖或茎扦插繁殖,天气温暖,插后 5~10 天不定芽即可生根,成活率达 80%~100%。

(4) 使用特点　多变小冠花由于根系发达,繁殖力强,盖度大,能迅速形成草坪,因此它是一种很好的水土保持植物,用于草坪应适时修剪,以免生长过高而失去观赏价值。

4) 匍匐马蹄金

图 22-23　匍匐马蹄金

匍匐马蹄金(*Dichondra repens*),又名马蹄草、黄胆草、金钱草(图 22-23)。旋花科,马蹄金属。主产于美洲,世界各地均有生长。在我国主要分布于南方各省区。多生于山坡、林边或田间阴湿处。

(1) 形态特征　多年生匍匐性草本。纤细,匍匐,被白色柔毛,节上生根;叶心脏形,叶柄细长;花 1 朵,稀 2 朵,深裂,淡黄色;子房密被白色长柔白毛;蒴果,分离成两个直立果瓣,果瓣圆形,果皮薄,被柔毛。种子 1 粒,很少 2 粒,近球形,光滑,黄色至褐色。

(2) 生态习性　通常生于干燥地方,耐阴性强,属暖型草坪草,在美国加利福尼亚州南部的温暖潮湿地带有野生种。可用根孽或茎扦插的方式繁殖,也可进行根瘤菌接种。该草冬季褪色较早,绿色期较短。

(3) 培育特点　种子繁殖和无性繁殖均可,宜短刈,适宜的留茬高度 1.3~3.3cm。由于其易形成有机质层,适当增加修剪强度可起到调节的作用。

(4) 使用特点　适宜作多种草坪。既可用于花坛内作最底层的覆盖材料,也可作盆栽花卉或盆景的盆面覆盖材料。用于大面积绿地或景观草坪,十分整齐、美观。在美国南部、欧洲地区及新西兰均被广泛利用,主要用于观赏草坪,如建筑物周围、道路中央的分离带等。

5）沿阶草

沿阶草（*Ophiopgon japonicus*）,又名麦冬、麦门冬（图22-24）。百合科,麦冬属。但其与分类学上的麦冬（*Ophiopogon bodinieri*）并不是一个种。分布于东南亚诸国、印度和日本。我国的华中、华南、西南各省区均有分布。

图 22-24 沿阶草

（1）形态特征 多年生草本植物。根粗壮,常膨大成椭圆形、纺锤形的小块根;茎短缩,地下根茎细长,茎 1～2mm;叶基生,呈密丛的禾叶状,长 10～15cm,宽 1.5～3.5mm,下垂,常绿,具 3～7 脉,花葶长 6～15cm,或更长;总状花序,具 8～10 朵花,常 1～2 朵生于苞片腋内。苞片披针形,顶端急尖或钝;花白色或淡紫色。种子球形,直径 1～2mm。

（2）生态习性 为常绿暖型草坪草。喜温暖的气候条件,有一定的抗寒能力,但在绝对最低温低于零下 15℃时即不能安全越冬。该草坪草耐热性强,在南京市,绝对最高气温为 37.6℃,持续达两周的炎热天气,表现不焦不枯。沿阶草需水较多,适宜生长在年降雨量 800mm 以上的地区种植,以 900～1000mm 最为适宜。但又耐旱,耐阴和耐瘠性也较强。各种土壤均可种植。

图 22-25 细叶薹

（3）培育特点 种子繁殖和营养繁殖均可。要注意灌水,保持湿润,以迅速恢复生长。种子繁殖因易受草害,最好育苗移栽。移栽后苗期不耐杂草,要注意除草。沿阶草耐修剪性强,修剪后要随即追肥和灌水。

（4）使用特点 沿阶草是一种应用较广,园林价值较高的草坪植物。主要供草坪、花圃和林园镶边之用。该草坪草还有良好的滞尘和抗有害气体之功能和作药用。

6）细叶薹

细叶薹（*Carex onoei*）,又名羊胡子草（图 22-25）。莎草科,薹草属。广泛分布于北半球较寒冷地带。我国华北、东北及西北地区均有野生。

（1）形态特征 多年生草本植物。株体矮小,具细长的根状茎。高 5～18cm,三棱形,无节;叶基生狭细,长 8～18cm,宽约 2mm,光滑无毛;花穗单生于茎顶,长圆形或卵形,由多数小穗组成,长 1～2cm;雌雄同穗,雄花在上,柱头 2 裂。瘦果卵圆形,有小尖头,长约 3mm。

（2）生态习性 细叶薹耐干旱,常生于山坡、河畔、树荫和路旁等处,常成单纯群落。在湿润肥沃的地方生长尤茂。在祁连山东段海拔 2700m 的河滩地,常见以细叶薹占优势的草群。春天返青早,一般 3 月上旬返青,夏季进入半休眠状态。该草坪草耐践踏和低刈,是优良的草坪植物。

(3) 培育特点　以营养繁殖为主,也可种子繁殖。进行营养繁殖,可将地下根状茎剪成小段埋入 5cm 左右深的沟内,覆土后,要随即灌水,保证土壤湿度,促进恢复生长。生长季应注意修剪,以保持均一颜色和优美的外观。

(4) 使用特点　可作护坡和一般草坪。

四、国内选育登记的主要草坪草品种

20 世纪 80 年代,我国实行改革开放、草坪业在全国开始大发展以来,各地开展了一系列关于草坪草的调查、引种评价、新品种选育等工作,基本明确了各地适宜种植的草坪草主要品种,特别是通过各种途径,从当地优良的野生草坪草资源和引进的适宜品种中,经过多年选育,育成并登记了一批有我国自己知识产权的新优品种,这些品种有的在当地推广应用面积最大,有的适应性很强,有的具有很高的应用价值,已经或即将成为当地最为适宜的首选或当家品种。

截至 2006 年底,经全国草品种审定委员会(1983 年筹备,1987 年 7 月 23 日农牧渔业部发文正式成立)审定登记的牧草、饲料作物、草坪草品种共计 337 个,其中,育成品种 131 个、地方品种 39 个、引进品种 110 个、野生栽培品种 57 个。在 337 个草品种之中,主要用于草坪绿化的有 36 个,分为禾本科草坪草(25 个)与非禾本科草坪草(11 个)两大类,下面只给出相应的品种名称,具体介绍请参阅全国草品种审定委员会编写出版的《中国审定登记草品种集(1999~2006)》和全国牧草品种审定委员会编写的《中国牧草登记品种集合(修订版)》。

国内选育登记的主要草坪草品种:

粤选 1 号匍匐翦股颖 *Agrostis stolonifera* L. cv. Yuexuan No. 1
华南地毯草 *Axonopus compressus*(Sw.)Beauv. cv. Huanan
京引野牛草 *Buchloe dactyloides*(Nutt.)Engelm. cv. Jingyin
中坪 1 号野牛草 *Buchloe dactyloidies*(Nutt.)Engelm. cv. Zhongping No. 1
兰引 1 号草坪型狗牙根 *Cynodon dactylon*(L.)Pars. cv. Lanyin No. 1
喀什狗牙根 *Cynodon dactylon*(L.)Pers. cv. Kashi
南京狗牙根 *Cynodon dactylon*(L.)Pers. cv. Nanjing
新农 1 号狗牙根 *Cynodon dactylon*(L.)Pers. cv. Xinnong No. 1
新农 2 号狗牙根 *Cynodon dactylon*(L.)Pers. cv. Xinnong No. 2
凌志高羊茅 *Festuca arundinacea* Schreb. cv. Barlexas],亦称高羊茅、苇状羊茅
北山 1 号高羊茅 *Festuca arundinacea* Schreb. cv. Beishan No. 1],亦称苇状高羊茅
可奇思高羊茅 *Festuca arundinacea* Schreb. cv. Cochise],亦称苇状羊茅
美洲虎 3 号高羊茅 *Festuca arundinacea* Schreb. cv. Jaguar No. 3],亦称苇状羊茅
黔草 1 号高羊茅 *Festuca arundinacea* Schreb. cv. Qiancao No. 1],亦称苇状羊茅
顶峰多年生黑麦草 *Lolium perenne* L. cv. Pinnacre
托亚多年生黑麦草 *Lolium perenne* L. cv. Taya
菲尔金草地早熟禾 *Poa pratensis* L. cv. Fylking
肯塔基草地早熟禾 *Poa pratensis* L. cv. Kentucky

瓦巴斯草地早熟禾 *Poa pratensis* L. cv. Wabash
康尼草地早熟禾 *Poa pratensis* L. cv. Conni
午夜草地早熟禾 *Poa pratensis* L. cv. Midnight
兰引Ⅲ号草坪型结缕草 *Zoysia japonica* Steud. cv. Lanyin No. 3
青岛结缕草 *Zoysia japonica* Steud. cv. Qingdao
辽东结缕草 *Zoysia japonica* Steut. cv. Liaodong
华南半细叶结缕草 *Zoysia matrella*(L.)Merr. cv. Huanan
鄂牧 1 号白三叶 *Trifolium repens* L. cv. Emu No. 1
贵州白三叶 *Trifolium repens* L. cv. Guizhou
胡依阿白三叶 *Trifolium repens* L. cv. Huia
川引拉丁诺白三叶 *Trifolium repens* L. cv. Chuanyin Ladino
海法白三叶 *Trifolium repens* L. cv. Haifa
沙弗蕾肯尼亚白三叶 *Trifolium semipilosum* Fres. var. *glabrescens* Gillet cv. Safari
多变小冠花 *Coronilla varia* L.
宾吉夫特多变小冠花 *Coronilla varia* L. cv. Penngift
绿宝石多变小冠花 *Coronilla varia* L. cv. Emerald
宁引多变小冠花 *Coronilla varia* L. cv. Ningyin
西辐多变小冠花 *Coronilla varia* L. cv. Xifu

第二节　草 坪 建 植

草坪建植及开始工作的好坏对今后草坪的品质、功能、管理等有着极其重要的影响。建坪之初的失误,可能导致杂草入侵、病害蔓延、排水不良、草皮剥落、耐践踏力差、定植速度缓慢、坪用功能低下等问题。

建坪主要包括:场地及坪床的准备、草种的选择、种植、种植后的养护管理。

一、坪床的准备

平整。一般要进行粗平整和细平整两道工序。要挖高填低,或根据造型需要进行挖、垫,确保熟土布于床面。填方较深的地方需要镇压,加速沉降。有时可以用水造平。表面排水适宜的坡度为 1% ~2% ,在建筑物附近,坡度应是向离开建筑物的方向下降。运动场中间应是隆起的,以便向四周排水。高尔夫球场草坪,发球台和球道则应在一个或多个方向上向障碍区倾斜。在坡度较大而无法改变的地段,应在适当的部位建造挡水墙,以控制地表水的流向。种植前对坪床进行细平整,在小面积上人工用手耙平整是理想的方法,也可用一条绳拉一个钢垫拖平。大面积平整则需借助专用设备,包括土壤犁刀、耙、重钢垫(耱)、板条大耙和钉齿耙等。细平整应在播种前进行,以防止表土的板结,同时应注意土壤的湿度。

坪床土壤的水、肥、气、热是草坪草生长发育的 4 大要素。建植的成败在很大程度上取决于坪床准备的质量。建植前坪床准备主要包括:地面的清理、翻耕、平整、土壤改良、排灌系统的设置及施肥等。特别是场地的清理尤为重要,主要包括以下几个方面。

1. 树木清理

包括乔木、灌木及倒木、树桩和树根等。对于树桩和树根的清除,可以应用推土机或其他方法挖除。生长的木本植物,要根据设计要求,决定去留及移植方案,能起景观作用的树木应尽量保留;古树名木一定要保留或经过有关管理部门批准后移植;凡砍伐了的树木或灌木,做到倒树挖根。

2. 岩石、巨砾、建筑垃圾的清理

如块石、石子、砖瓦及其碎片、水泥、石灰、薄膜、塑料垃圾、建筑机械留下的油污等,在现场清理过程中应分门别类作不同处理。

3. 农业污染和生活垃圾

油污药污,尤其是机油、柴油污染的土壤,除草剂污染的土壤,可能导致一至多年寸草不生。最快最有效的办法是换土,并把污染土深埋到植物根系以下的土层。农用薄膜、塑料泡沫、化肥袋等塑料制品,不易风化,会长期留在土壤中,严重影响草坪根系的生长、吸水、吸肥,因此,必须清理出去并送废品站或垃圾场。

4. 建植前杂草的防除

杂草清除在草坪栽培管理中通常是一项艰巨而长期的任务。若草种落地发生同类杂草同步生长危害,就更加麻烦。可以采用的防除方法有:物理防除、化学防除、生物防除和综合防治。物理防除包括:人工或土壤翻耕、杂草种子已经成熟可采用收割或用火烧消灭杂草;若在杂草生长季节且尚未结籽,可以采用人工、机械翻挖用作绿肥;休闲空地可采用休闲诱导法,夏季不种任何作物,定期进行浇水、耕、耙等作业,促使杂草种子萌发,以杀死杂草可能生长出来的营养繁殖器官并反复进行几次;用草皮铺设也可以抑制一年生和两年生杂草的再生。化学防除即采用高效、低毒、残效期短、土壤残留少的灭生性内吸性或光谱性除草剂对杂草进行消除。生物防除如种植能够迅速发芽生长对杂草发生“拮抗”的植物,与杂草争光、争气、争水、争肥,从而减少或清除杂草。综合防治即采用综合应用耕作、化学、生物除草技术对杂草进行消除。

由于杂草具有季节变化,一般情况下,消除期易早或在种子成熟前为好,在清除杂草的过程中,应尽量防止新的杂草的入侵。

二、土壤耕作与改良

用于草坪建植的土壤耕作主要是犁地、旋耕、耙地等工序。

犁地或翻耕,即用犁、圆盘耙或耙等工具,对土壤进行切、翻、松、碎和混合等多种作业,能一次综合完成疏松耕层,翻埋残茬,拌混肥料,消灭病、虫、草害等多项任务。

旋耕是采用旋耕机对土壤进行耕翻、破碎,有时也与施肥结合的耕作措施,作用与犁地类似。

耙地的主要作用是疏松表土、弄碎土块、平整地面、消灭杂草、混合土肥，并可局部轻微压实土壤，也有利于促进土壤蓄水保墒和草坪草的出苗与生长。

土壤平整包括粗平整和细平整。坪地经挖方、填方、耕旋后，土表留有机械轮槽、大小起伏，小面积上常用人工搂、耙平整；大面积上需用专用设备，如刮平机械、板条大耙等进行平整。平整的具体要求是“小平大不平”，相对高差尽量要小，即除了草坪地设计中的起伏外，尽量做到平整一致。

粗平整是坪床表面的等高处理。在粗平整作业中要根据设计的标高要求，钉设标桩，按照标高标桩的要求，挖掉突起的部分和填平低洼的部分，使整个坪床达到一个理想或要求的平面。对于填方的地方，应考虑填土的沉陷因素，要适量加大填入的土方量，一般情况下，细质土通常下沉15%，在填方较深的地方，除要加大填方量外，还需要进行镇压或灌水，加速沉降速度，以在短时期内达到质量要求。坪床的坡度因不同类型的草坪而异。对于规则式草坪，为了有利于表面排水，应该设计2‰的排水坡度。在建筑物附近的草坪，其排水坡度应向建筑物外倾斜。对于面积较大的绿地草坪和运动场地的草坪地，一般应是中心地段高，两侧较低的龟背形，以使其向外侧方向排水。高尔夫球场发球台和球道则应在一个或多个方向上向障碍区倾斜。

细平整，是在粗平整的基础上，平滑坪床表面，为种植和以后的管理准备良好的基础条件。最好的办法是人工平整，也可以用半机械法，即用重量适宜的槽钢、木方两端拴绳捞平坪床表面，粉碎土块。对于面积较大的坪床，则需要借助整地的专用设备，如土壤犁刀、耙、重钢板、板条、钉齿耙、树条耙等进行作业。一般在灌底水之后和播种以前进行。细平整时应注意坪床土壤的湿度，过湿则会在坪床表土形成板结，有碍播种。

经过耕、旋、耙、平等一系列工序后，可以使地面形成5～10cm上虚下实的土壤层，这种结构有利于种子发芽。

土壤质地改良主要是在土壤中加入以有机物质为主的各种改良剂，以调节土壤的通透性及保水、保肥的能力，也可在黏土中掺沙，在沙土中掺黏土，在结构较差的土壤中主要是添加有机物质。土壤改良剂一般不宜采用像砂那样的“单质”，在生产中通常使用的是大量合成的改良剂，如泥炭。泥炭的施用厚度可达3～5cm，约为根层土壤体积的25%。泥炭在细质土壤中可降低土壤黏性，分散土粒。在粗质土壤中，可提高土壤保水、保肥的能力，在已定植的草坪上则能改良土壤的回弹力。

其他一些有机改良剂，如锯屑、堆肥等，也能起到泥炭的作用。施基肥，如堆肥、厩肥等，也是土壤改良的重要措施，但在施用前必须腐熟，以防将病、虫、草害带入土壤。

土壤酸碱度的调节。在我国南方，由于降水多，土壤中的钙、镁元素常被雨水淋洗，或者长期施用硫酸铵、氯化铵等酸性肥料，使土壤酸性增加。改良酸性土壤，一般施用石灰，如磨细的石灰石粉。使用量因土壤质地、pH高低而异，一般每100m^2大致在20～50kg。

在我国北方，由于气候干旱，降水少，蒸发强烈，土壤中的盐分向地表积累，而使土壤多呈碱性。改良碱性土壤，主要是增施有机肥、掺沙等。使用石膏、磷石膏、硫黄等，或者施用磷酸钙、硫酸铵、硫酸铁等肥料，也能起到降低土壤pH的作用。每100m^2的使用量大致在4～20kg。

三、排灌系统

水分管理贯穿于草坪建植和养护管理的整个过程,对于任何草坪都是极其重要的。因为草坪植物的根系很浅,其主要活动根系在地下 15cm 以内,尤其是幼苗期抗逆性较弱,场地一旦积水或干旱,就会导致其生长不良,甚至会出现斑秃或成片的死亡。因此,一个良好的排灌系统是保证草坪优质、长寿的主要因素之一。种植草坪的场地基础平整后,就要按照设计配置排灌系统。

如果是降水量少的干旱地区,灌水系统就很重要,若降水量多并且集中的地区,排水设施就应该放在首位。地下排灌系统的安装要根据当地的降雨情况、场地用途、资金等条件决定。

(一)排水系统

草坪草和农作物一样,如果长时间处于土壤过湿的状态下,不但生长发育受到影响,使用价值也会降低。

1. 草坪排水不良的危害

土壤过湿,人们行走不便,机器操作也较困难,车轮下陷也会伤害草坪草;草坪弹性变小,人踩踏或球的落点深,致使草坪地表有许多不规则的印迹;土温降低,春天草坪返青迟,秋季生长停止早,休眠亦早,减少草坪的使用时间;土壤内空气减少,土壤微生物活性受到抑制;草坪草根系变浅,暑天干旱时容易萎蔫;有利于杂草滋生,特别是湿生性杂草及苔藓、地衣等发生数量大,危害严重。

2. 排水的作用

排除地表多余的水分,使上层过湿的水分向下层渗透;改善土壤的通气性;有利于草坪草根系吸收营养物质;有益于草坪草根系向更深更广的层次扩展;在夏季深层根系能获得更多的水分;扩大运动场草坪的适用范围;排水还能提高地表土壤温度,特别是早春能使土壤升温较快,促进草坪植物生长。

3. 草坪排水系统

草坪的排水系统可分为地表排水(也称地表径流排水)和非地表排水(也称地下排水、渗透排水或心土排水)两种。前者可迅速排除地面多余的水分;后者是水分渗入土层内,或保留在土壤中,或转化成重力水,汇入地下水。草坪地表排水以地表径流排水为主,约占总排水量的 70% ~95% 。排水良好的草坪,可在雨后一天之内将重力水排除或基本排除。

1)地表排水方法

(1)自然排水　这种方法比较简单,在整地时,有意识使场地中心稍高,四周边缘及外围逐步向外倾斜,倾斜坡度保持在 0.2% ~0.3% ,最大不超过 0.5% 。倾斜度太大容易出现水土流失;倾斜度太小会造成积水,淹没草坪。

(2) 排水渠排水　大面积的草坪场地，特别是在坡度比较大、暴雨较多的地区，设排水渠是非常必要的。一般渠深 1.2m，渠边斜度 2∶1，这样便于调节较大的水量或持续时间较长的水流。

(3) 排水沟排水　草坪场地有一定的自然坡度，地表的水迅速地向四周排出。为了不冲坏四周地表或路面，挖排水沟是有必要的，沟的深度与宽度应根据草坪面积和水量而定。草坪地面一般应低于人行道或运动场跑道 3cm，草坪多余的水分会通过草坪边缘的排水沟流走。

(4) 排水沙槽排水　排水沙槽主要是促使水下渗，减轻土壤板结，改良土壤结构，延长草坪寿命。沙槽的设置方法：沟宽 6cm、深 25～37.5cm，间距 60cm，与地下排水系统连接；将细沙或中沙填满沟后，用碾滚压实。

2）地下排水方法

主要是在地表下 40～90cm 处挖一些底沟，铺上专用排水管后覆土，或用块石、碎石、粗沙作为盲沟。排水沟的密度应视土壤质地、草坪用途而定。一般间距 5～20m，保持 0.5%～0.7% 的坡度。在半干旱地带，为了防止地表水浅造成表土盐渍化，排水管应该深埋，可达 1.2～2m。常用的地下排水管有陶管、水泥管或有孔的 PVC 或 PE 管。在排水管周围放一定厚度的砾石，以防细土粒堵塞管道。

4. 常见的排水设施形状

(1) 管道排水　这种方法是最常采用的方法，即排水管铺设在草坪表面以下 40～90cm，管与管之间距离 5～10m。排水管有陶管和水泥管，穿孔的塑料管也被广泛使用。排水管的铺设方式有：鱼骨式，其主管与不同角度的多根支管相通，似鱼骨形态，主管的水再排入排水沟(图 22-26)；栉齿式，其排水管道的设置类型似栉齿，或呈格栅状，一般为运动场地所采用，或用于排除地下渍水和渗透水多的地方(图 22-27)。

图 22-26　鱼骨式排水配置

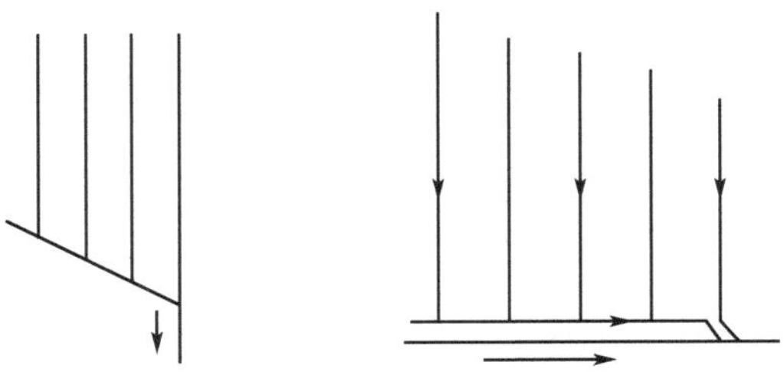

图 22-27　栉齿式排水配置

(2) 盲沟排水　盲沟排水又称暗沟排水。盲沟排水就是不用管子，而是按鱼骨型、栉齿型、扇形和鼠道型在地下 50cm 左右挖成沟，在盲沟里填上容易透水的大小不等的石头或煤渣等，再在上面铺培养土后整平、压实，这样不会影响场地整体的平整，而地下水又可通过盲沟流进排水沟。

(二) 灌溉系统

草坪建植中,除了解决排水问题之外,还要解决喷灌的问题。生长良好的草坪,需要一个科学的灌溉系统和灌溉制度。灌溉的方式有漫灌、浇灌和喷灌。好多草坪,特别是面积较小或投资较少的草坪,长期以来一直采用拉皮管的方法,这种方法看起来似乎很经济,其实从长远效果来看,这不仅操作麻烦,花费劳动力多,而且皮管在草坪上拖拉很容易损坏草坪。对草坪最好的灌溉方式是喷灌,喷灌用水量少,节约劳动力,浇水均匀。

喷灌系统结构包括水源、水泵、控制箱、阀门、干管、支管、洒水器等。灌溉制度包括草坪生育期内单位面积上的灌水量总和及每次灌水量、灌水次数和时间等。

灌溉系统的设计与建立,是根据所选的草坪草种、草坪的作用,对灌溉的要求及经济实力,选定灌溉方式,确定灌溉系统。对于冷型草坪、运动场草坪、观赏草坪、盐碱地草坪,干旱地区一般要设计喷灌系统。对于暖型草坪、游憩草坪、护坡草坪、临时草坪,可不设喷灌系统,但要有漫灌、浇灌措施。

喷灌系统的3种方式见如下介绍。

(1) 移动式喷灌　该系统要求喷灌区有天然水源(池塘、小溪、河流等),其动力(电动机、汽油发动机)水泵和干管、支管是可移动的。这种喷灌方式不需要埋设管道,投资少,机动性大,使用方便灵活。

(2) 固定式喷灌　该系统有固定的泵站、干管和支管均埋于地下,喷头可固定于竖管上,在管理条件不允许的地方也可以临时安装。这种喷灌系统具有操作方便、节省劳动力等特点,但投资较大。

(3) 半固定式喷灌　该系统的泵站和干管固定,支管可以移动。其优点介于上述两种喷灌方式之间。

四、草坪草种的选择与组合

(一) 草坪草种的选择

按当地的水、热、土地等条件和所建草坪的用途,并根据经验或实验结果,选择适当的品种。

1. 冷型草坪草种

适宜在我国黄河以北的地区生长,最适宜温度为15~25℃。草地早熟禾、细叶羊茅、多年生黑麦草、小糠草和苇状羊茅都是我国北方最适宜的冷型草坪草种。苇状羊茅最适宜生长在南北两地区的交接地带。某些抗寒性较强的暖型草坪草的栽培种,如狗牙根和结缕草也可用于冷型草坪草区靠南的地段。早熟禾和翦股颖能耐受较低的温度,高羊茅和多年生黑麦草能较好地适应非极端的低温。冷型草坪草耐高温能力差,但某些冷型草,如高羊茅、匍茎翦股颖和草地早熟禾可在过渡带或暖型草坪区的高海拔地区生长。

2. 暖型草坪草种

适宜在我国长江以南的广大地区生长,该区暖型草坪草种生长的最适宜温度为 26 ~ 32℃。暖型草坪草种仅少数种可获得种子,因此其主要进行营养繁殖。此外,暖型草坪草种均具相当强的长势和竞争力,群落一旦形成,其他草很难侵入,因此,暖型草坪草多为单种,混合播种则很少见。狗牙根和结缕草是暖型草坪草中较为抗寒的草种,它们中的某些种能向北延伸到较寒冷的辽东半岛和山东半岛。细叶结缕草、钝叶草、假俭草对温度要求甚高,抗寒性差,主要分布于我国的南部地区。

(二) 草坪草的组合方式

1. 单播

只用一种草坪草的一个品种建植草坪,称为单播。单播的好处是所建植的草坪表观整齐、均匀,适宜建植观赏草坪,播种和管理相对简便;但易受到病、虫及杂草的危害,草坪的持续性也较差。暖型草坪草单播的较多,如狗牙根、结缕草、野牛草、钝叶草等。

2. 合播

用某一种草坪草的不同品种合在一起种植草坪,称为合播。过去一般都叫混合,但与混播很容易混淆,故特别在这里提出建议,以后最好用“合播”。这样也便于与单播、混播衔接。合播的草坪相对也比较整齐、均匀,抵抗病、虫及杂草危害的能力较强。例如,不同品种的早熟禾合播,可获得十分满意的草坪。

3. 混播

用两种或两种以上草坪草种混在一起种植草坪,称为混播。混播的好处是,在生长快慢、寿命长短、各种抗性等方面,草种间可发挥取长补短的作用,也可以根据需要搭配种植比例,使草坪保持良好的持续性。缺点是建植相对麻烦,搭配不好会使草坪表面不整齐,降低美化和观赏价值。

混播组合中通常包括基本种、辅助种和临时保护种。基本种在数量上占主要地位,主要利用永久性种;辅助种能补偿基本种的一些缺点,在数量上占辅助地位;临时保护种是主要起保护作用的种,一般发芽快,生长迅速,能很快覆盖地面,可以起到保护和防止杂草的作用,但这样的草种一般寿命较短,在 1 ~ 2 年就会退化或死亡。例如,在草地早熟禾 60% +高羊茅 20% +多年生黑麦草 20% 的混播中,草地早熟禾为主要建坪种,高羊茅为辅助种,而多年生黑麦为临时保护种。多年生黑麦草播种后 3 ~ 10 天就能发芽,生长快,很快覆盖地表,起到保护种和抑制杂草的作用,而它又是短寿多年生草,2 ~ 3 年后便会逐渐衰退,留下以早熟禾和高羊茅为主的草坪。

常见的混播组合有英国典型、传统的庭院草坪(爱蒙斯,1992):多年生黑麦草 31% +细羊茅 25% +数种草地早熟禾 44%;美国较典型的一个混播组合:草地早熟禾(Touchdown, Majestic, Baron) 60% +细羊茅(Jamestown) 25% +多年生黑麦草(Manhattan) 15%。

五、种子播种建植草坪

草坪的建植通常有种子繁殖和营养繁殖两种方法。具体选用何种方法建坪,要根据成本、时间、种植材料等要求而定。

用种子播种(有性繁殖法),成本最低,但建成草坪所需时间较长。播种方法有人工、专用机械,有时也可进行喷播。要求种子均匀地撒在地表,覆盖0.3~0.8cm的土层并适当镇压。人工播种过程一般是:①把欲建坪地划分为若干等面积的条块(2~3m宽);②把种子按划分的条块数分开;③把种子分别撒播在对应的地块,也可以先按一定方向撒一遍种子,然后再按垂直方向撒一遍;④轻轻耙平,使种子与表土均匀混合;⑤必要时可加盖覆盖物。

在土壤条件良好的情况下,播下的草籽7~14天发芽。

播种量要在播种前确定好,播种量根据种子和拟建草坪种类的不同,差别很大。从理论上讲,每$1cm^2$有一株成活苗就行了,或1万~2万株/m^2。播种量多在10~20g/m^2,较大粒种子的播种量可达40g/m^2,在土壤条件良好,种子质量高时,播种量可少一些。这样可确保单位面积上长出足够数量的幼苗。以草地早熟禾为例,每克4405粒种子,当活种子占72.7%(纯度为90%,发芽率80%),$1m^2$的理论播种量应为3.13~6.26g,其幼苗的死亡率为50%以上,因此其实际播种量应为10g/m^2以上。

在播种中,如有覆盖作物,其播种量通常不应超过15%~20%。

播种时间主要根据播种时的温度和播后2~3个月的可能温度而定。冷型和暖型草坪草种子发芽和生长最适宜的温度范围分别是15~25℃和25~35℃。一般春、夏、秋三季都可播种,而以春季和秋季为好。但秋播不宜过迟,以免低温不利于种子发芽、生长及越冬。在北方,越冬前应使草坪有不少于40天时间的幼苗生长时间。

1999年,兰州园林科学院建设的兰州东方红广场草坪,其组合和播种量是:草地早熟禾午夜60%+草地早熟禾菲尔金10%+多年生黑麦草30%,合计播量25~30g/m^2。该草坪草质均一、细腻,作为广场人多地段供观赏和美化的草坪,较为美观。

六、营养繁殖建植草坪

营养繁殖是草坪繁殖的一类重要方法。一般成本较高,但成坪较快。有些草坪草常因不易获得种子而只能用营养繁殖,暖型草坪草以营养繁殖为主。

营养繁殖主要采用铺植、塞植、茎枝植等方法。

铺植草皮块是成本最高的建坪方法,但它能在一年的任何有效时间内形成"瞬时草坪",该方法用于修补更为方便。铺草皮的床土应湿润,在铺植草作业时应尽量避免过分的拉伸和撕裂。草皮块可用人工或用机器水平自动铺展。草皮块间的缝隙、相邻块间的间隙要小。草皮铺放后,应在空隙间填土并进行轻度磙压,以使其与土壤均匀接触。在坡地铺植时,每块草皮应用桩钉加以固定。铺植法有密铺法、间铺法和条铺法。

塞植包括种植从心土耕作取得的小柱状草皮柱和利用环刀或相似器械取出的大塞。通常为直径5cm、高5cm的塞柱及$5cm^2$的立方塞块。将它们以30~40cm的间距插入坪床，使顶部与土表平行，该方法最适用于结缕草，但它们同样用于匍匐茎和根茎性较强的草坪草种。也可用由草皮条上切下的部分，切割可用人工，也可用机械进行。切为直径10～20cm的大塞，主要用于修补受损害的草坪，必须用杯形刀人工挖取，深度3～4cm。

枝条与匍匐茎植，每一幼枝应具2～4节，小枝基本上不带土，因而在高温干燥的条件下极易脱水。小枝通常种在间距为15～30cm的沟内，深度为5～8cm。插植时上部的幼枝露出地表，种植后应尽可能立即填压坪床和灌溉。

匍匐枝植是将植物材料均一地撒播在湿润（但不是潮湿的）的土表，然后在坪床上表施土壤，部分地覆盖匍匐枝，或轻耙使其部分插入土壤，然后尽快进行磙压和灌溉，避免种植材料的脱水。

七、覆盖

覆盖是为了减少种子和幼苗被风蚀、水蚀或暴晒，为种子萌发和幼苗生长提供适宜的小环境；也是为了保护和固定种子，调节地表温度、湿度，减少地表蒸发，促进草坪提前返青或延迟枯黄，尤其是在坡地或水分条件差、仅依靠天然降水的场地。覆盖材料可选用各类秸秆、纤维织物、无纺材料、塑料薄膜等，以无杂草种子的作物秸秆为多，用量为0.4～0.5kg/m^2。秸秆覆盖是将秸秆均匀地撒于地表，织物平铺地表，有的需要固定，如用桩钉或土压边，顶部拉细绳等。疏松的木质覆盖物（如木质纤维素、木片、刨花、锯木屑和切碎的树皮等），大田作物某些有机物的残渣（如菜豆秧，压碎的玉米棒心、蔗渣、甜菜渣、花生壳等）亦可作覆盖材料，主要起减少侵蚀的作用。

八、新坪养护

新建草坪因为植株弱小，抗性差，坪床不稳定，尤其需要加强养护管理，如及时修剪、施肥、灌溉、表施土壤和病虫害防治。

新建草坪高度达5cm时就可以开始修剪，修剪高度应遵循“1/3规则”，新建公共草坪的保留高度为3～4cm。

修剪应在土壤较硬时进行，修剪机具刀刃要求锋利，以防幼苗被连根拔起或撕伤纤细的植物组织。最好在无露水时进行修剪。

新建草坪中如果幼苗呈淡绿色，发黄，下部叶片呈褐色，则多为缺肥所致，需要追施肥料。最好施复合肥，施肥量为5～7g/m^2。为了防止颗粒附于叶面上引起灼伤，肥料的撒施应在叶干燥时进行。也可将肥料溶于水中后，进行喷施或浇水，直到土壤湿透为止。

不及时灌溉是新草坪建植失败的主要原因之一。干旱、板结可造成新芽难以出土，从而导致幼苗窒息死亡。因此，在天然降水满足不了生长需要时，应该进行人工灌溉。

第三节　草坪养护管理

“三分种，七分管”，草坪一旦建成，随之而来的是日常和定期的培育管理工作，对于不同类型的草坪，尽管在养护管理的次数和强度上有所差异，但其养护的主要内容和措施大体是一致的,主要包括下述几个方面的内容。

一、修剪

修剪的目的主要是控制草坪高度,保持顶端生长优势,使草坪保持在营养生长状态,具有整齐、美观,有利于观赏、游息或运动的草坪表观与质量。通常修剪留茬高度与草坪种类和用途有关,一般草坪草适宜的留茬高度为 3~4cm,部分遮阴和损害较严重的草坪留茬应高一些。通常情况下,当草坪草的生长高度超出适宜留茬高度时就应该修剪,并遵循“三分之一法则”,即每次刈剪部分的高度不超过草层总高度的 1/3,或每次剪下的草屑重量不超过草层总重量的 1/3,或当草层生长高度超过适宜要求高度 1/3 时,即应修剪。对于任何一次修剪,被剪去的部分一定要在草坪草地上生长总量的 1/3 以内。如果草长得过高,不应一次就将草剪到标准高度,这样会使草坪草茎叶、生长点受到过多伤害,也会使其根部储藏的营养物质消耗过多,影响再生,降低活力,甚至迅速衰退。正确的做法是,在适当间隔时间内,增加修剪次数,逐渐修剪到要求的高度。例如,某草坪规定的留茬高度为 2cm,而草层实际高度为 6cm,应剪去 4cm 才能达到要求。正确的做法是先修剪到 3cm,然后经几周后再剪到 2cm。这种逐渐降低的方法虽然比简单的一次修剪费工、费时,但常会由于获得良好、持久的草坪而得到补偿。

草坪修剪过低时,首先会使草坪草根基受到伤害,大量生长点被剪除,使草坪草丧失再生力。其次是大量叶组织被剪除后,植物的光合作用能力受到严重限制,草坪草处于亏供状态,导致根系减少,消耗大部分储存养分,加速草坪衰败。严重的将使草坪只留下褐色的残茬和裸露的地面。草坪修剪得过高,会使顶部弯曲,叶质变粗糙,草坪密度下降,造成蓬乱、不整洁、水肿、衰老的外观,观赏或使用功能下降。

草坪修剪的次数取决于草坪草生长的季节、天气状况、草坪草种类的用途和质量要求。在温度适宜、雨量充沛的春季,冷型草坪草每周需要修剪两次,而在正常气候条件下的夏季,每周修剪 1 次即可。

修剪质量与所使用的剪草机类型和修剪时草坪的地面状况有直接关系。总的原则是在达到修剪草坪质量要求的前提下,选择经济实用的机型。滚筒式剪草机主要由旋转的滚刀和固定的刀床两部分组成。当卷轴旋转时,叶片被卷进锋利的刀床并被剪断。滚筒式剪草机较旋转式剪草机有更好的修剪性能,能将草坪修剪得十分干净。因此,滚筒式剪草机是高质草坪最通用的机型。但是,滚筒式剪草机价格较高,并需要严格的保养,所以,最流行的还是旋转式剪草机。低保养草坪和大部分绿地可用旋转式剪草机。

对同一草坪,要防止每次在同一地点、同一方向的多次重复修剪,否则,草坪草将趋于瘦弱和发生“纹理”现象。最好与上次修剪方向垂直或尽可能有较大的夹角。

修剪作业要注意剪前的准备工作,使剪草机达到良好的可作业状态,作好各种安全防护工作;修剪后剪草机要进行清洁、擦拭、保养、安全放置;长期置放剪草机时,要放出剩余的汽油、润滑油,电动机要取出电池或切断电源,保养完好后,安全放置。

二、浇水

草坪草组织由 80%~95% 的水分组成,如果水分含量下降就会引起草坪草萎蔫,当含水量下降到60%时,草坪草就会死亡。水对草坪草的作用是多方面的,除了维持细胞膨压之外,水还是草坪草光合作用和其他新陈代谢过程的必要物质,是草坪草对养分及其他物质吸收和运输的溶剂与载体,水还能保护草坪草免受不正常变温的危害,因此保证草坪水分的供给,是形成优质草坪的必要条件。据测定,草坪草每产生1g干物质需消耗500~700g的水分。当大气降水和土壤满足不了草坪草生长发育的水分需要时,就要进行灌溉。

我国各地降水量变化大,且季节的分配也不尽平衡,多数地方草坪草生长季蒸发量大于降水量,即使在湿润地区,在干旱时进行灌溉也是有益的。灌水时间,可用植株观察法、土壤含水量检测法、仪器测定法等多种方法确定。一般当草坪表土0~10cm层含水量很少时,进行灌水。灌水必须充足,使水渗入土壤深层。防止每天喷洒一点,只湿润表面而下层仍然干燥的灌水方法,因为那样会使根系向表层集中,降低草坪草的抗性,同时造成表面水的大量蒸发浪费。应该尽可能少次多量,即每次灌透而减少灌溉次数,提高灌水效果。通常,在草坪草生长季干旱时,为保持草坪草的鲜绿,每周需补充3~4cm水。在炎热而严重干旱的条件下,旺盛生长的草坪每周需补充6cm或更多的水。

灌溉水的质量取决于溶解或悬浮在水中的物质类型及浓度。过高浓度的盐分,颗粒物质、微生物及其他最终引起草坪草直接危害或通过对土壤的作用间接危害草坪草的物质对草坪将是不利的。一般灌溉水的矿化度应该小于1.7g/L,如果矿化度为1.7~3.0g/L,则必须对其中的盐类进行具体分析,若矿化度超过5g/L,则不能用于草坪的灌溉。另外,草坪草种对水质和土壤盐分反应也是不同的,如普通早熟禾、细弱翦股颖和紫羊茅对盐性反应敏感,苇状羊茅、多年生黑麦草则不太敏感,狗牙根、钝叶草和某些品种的匍匐茎翦股颖则比较耐盐。

三、施肥

施肥是为草坪草提供养料、保证草坪质量的重要手段。它与灌溉、修剪一样重要。

对于冷型草坪草,每年施两次肥比较适宜(早春和早秋)。如在3月或4月的前期施肥,草坪将提前萌发、加速返青,也有利于提高草坪草对杂草的竞争优势。秋季在8~9月施肥,除了能延长绿色期至晚秋或早冬外,还能促进草坪草分蘖和第二年生长。

暖型草坪草一年也需施两次肥,施肥的时间应在早春和仲夏(当第一次施肥量基本耗尽时)。施肥同样促进草坪草繁茂生长,提高对一年生杂草的竞争能力。

最好根据测土施肥,一般施用全价化学肥料可获得满意的效果。氮元素是草坪草需要最多、最为关键的营养物质,除碳、氢、氧外,草坪草需要的氮元素比其他15种元素均多。据测定,正常草坪草的干物质中,氮元素占总重的3%~5%。较之而言,氮元素比其他15种主要元素更为缺乏,这是因为氮元素不易被固定于土壤。当土壤中施加复合氮肥时,由于淋溶作用和挥发作用,使大量氮元素损失,如硝酸根离子(NO_3^-)是能被草坪草吸收利用的最普通的化学形态,但它易受淋溶作用影响。此外,氮元素还易以气态的形式从毛管中散失。一般而论,草坪每年施肥两次,氮∶磷∶钾=10∶6∶4(N的1/2为缓效N),一次施量为7~9kg/100m²。我国南方秋季施肥量为4~5kg/100m²,北方春季施肥量为3~4kg/100m²。如溶解追施无机肥料,应控制适宜的浓度,否则会引起草坪的灼伤。

一般情况下,硫酸钾、尿素的浓度不能高于 0.5%,过磷酸钙的浓度不超过 3%。

草坪草通常是多年生的,对肥料的要求也是持续性的,要获得好的景观而不衰,施用长效的有机质肥料尤为重要。有机质肥料不仅能够缓冲土壤酸碱度,而且能改良土壤结构,还能源源不断地向草坪草提供必需的大量元素和微量元素。所以,增施有机肥是一项对任何土壤都行之有效的改良措施。有机肥料的种类很多,主要包括农家肥料(如厩肥、堆肥、沤肥)、植物性肥料(油饼、绿肥、植物残体、泥炭等)、垃圾(处理过的)等。有机肥的特点是有机质含量高,营养元素全,肥效慢、稳、长,供肥强度弱,属迟效性肥料,施用后需经分解、转化方能供应草坪草有效养分,故宜做基肥。

在有条件的地方,可以施入经过腐熟的堆肥或厩肥等作为基肥,施用量一般为 $37.5t/hm^2$ 左右。如果坪床的土质为沙性,则可增施泥炭、锯末等,增施量为 $45\sim52.5t/hm^2$。在施放有机肥为基肥时,最好再施入一定比例的无机肥,如磷酸二铵、复合肥等,施入量为 $20\sim30g/m^2$。

作为基肥也可施混合肥或复合肥,一般为高磷、高钾、低氮,如 $1m^2$ 可施 5~10g 硫酸铵、30g 过磷酸钙、15g 硫酸钾的混合肥作基肥。若草坪是在春季建植,氮肥施量可适当增大。

在整地和地形处理后,施入基肥,然后用旋耕机以交叉方向来回旋耕,以确保所施肥料、有机质等混匀,混入的土深为 5~10cm。

四、病、虫、杂草防治

草坪病、虫、杂草防治是草坪管理与保护中一项十分重要的工作。杂草防除的方法有机械防除、化学防除、生物防除等。机械防除是通过物理与加强管理的办法,如深耕、耙地、有机肥料熟化、种子清选、人工拔除、适时修剪等,对草坪病、虫、杂草进行防治。化学防治法主要是对有杂草种子的土壤进行化学处理,常用的是用各种不同的化学除莠清除各类杂草。

(一) 杂草及防治

1. 常见杂草

在任何地方生长的任何不需要的草均称为杂草,杂草与草坪植物争阳光、营养和水分,破坏草坪的景观。

杂草无论是阔叶类(双子叶),还是禾草类(单子叶),都可进一步分为一年生、二年生和多年生。

一年生杂草:在一年内完成其生命周期。夏季型一年生杂草(如马唐)春季发芽,秋季低温来袭时死亡。生长季产生的种子留在土壤里越冬,翌年春天,当土壤温度上升时发芽。冬季型一年生杂草(如普通繁缕)夏末或秋初发芽,以休眠状态越冬,第二年春季继续生长,夏季产生种子后死亡。

二年生杂草:如野胡萝卜、牛蒡、茅草蓟可生存两年。

多年生杂草:如多数的草坪植物,可生存两年以上。一般的多年生杂草由种子繁殖,常见的有蒲公英、车前草和菊苣。蔓性多年生杂草由种子繁殖,但也能靠根状茎、匍匐枝和地下储存器官(如小球茎)蔓延,如匍匐冰草、坚果薹草、白三叶草。

2. 杂草防治

防治杂草应选择的除莠剂和适宜的施用时间,是由杂草的生命周期和杂草种类(阔叶类或禾草类)决定的。通常将杂草分成3个防治组:一年生杂草、多年生杂草和阔叶杂草。

除莠剂是防治杂草的化学药品。选择性除莠剂能杀死某种类型的植物,而不伤害其他植物,如2,4-D就是一种广泛用于防治多种阔叶杂草的选择性除莠剂。非选择性除莠剂,也叫灭生性除莠剂,可防治阔叶和禾草类杂草。

有些除莠剂,可在杂草长出前施入土壤,这种萌前除莠剂在土壤表面形成一种有毒的化学隔离层,可在杂草萌发前破坏其幼苗。这种类型的除莠剂,主要用于防治一年生杂草。萌前除莠剂不能杀死已长成的草,因为其根系在化学隔离层下面。萌后除莠剂是在土壤表面长出杂草后施用,这类除莠剂主要用于防治阔叶杂草和多年生杂草。

草坪管理者施用的大多数除莠剂属内吸型。除莠剂经过杂草的根系和叶片进入杂草体内,并由维管束输送到植株的各个部位,最后使其整株死亡。

建议使用的所有化学药品,都应认真按照厂商在容器标签上的说明去做,任何偏离标签说明的行为都是违规的。草坪管理者应进行核查,确认该药并非国家禁用的农药时方可使用。

草坪管理者也必须确知,所用除莠剂不会毒害合乎需要的草坪植物。当暖型草坪草冬季休眠时,可以安全地使用几种除莠剂处理,如果在草坪植物生长旺盛时施用,这些除莠剂,则会产生严重的危害。

(1) 一年生禾本科杂草的防治:如马唐、蟋蟀草、狗尾草、稗子、一年生早熟禾、秋黍子和田间蒺藜,可用萌前除莠剂防治。常用的萌前除莠剂有氟草胺、地散磷、恶草灵和环草隆,在春季使用,其目的是防治夏季一年生禾草。

萌前除莠剂在土壤表面形成的有毒化学隔离层,通常可持续6~12周。持续时间的长短取决于所用化学药品的种类。最后,微生物分解了这些除莠剂。垂直剪切或穿孔松土等操作,能破坏化学隔离层,在遭受破坏的地方会长出一年生禾本科杂草。

施用时间是否恰当很重要。这些除莠剂必须在种子萌芽前施用,如果在杂草萌发后使用,效果则不好。但是,在一年生禾草种子萌发前施用不宜太早,因为萌芽要持续许多周,而且如果施得太早,在发芽高峰结束以前,萌前除莠剂就已失去了药力。萌前除莠剂在种子萌芽前1~2周施用为好。防治马唐的传统方法是在连翘完全开花时施用除莠剂。一种更科学的方法是,在5cm深处的土壤温度为13℃,并连续3天或4天时施用。有些草坪管理者则等13~15℃的平均气温持续两周后施用。蟋蟀草比马唐要晚发芽数周。

液体和颗粒配制品有同等的药效,每一个生长季常常需施两次药。如果一年就达到了良好的防治效果,可隔一年再施用一次除莠剂。

防治冬季一年生禾草,应在夏末或早秋禾草萌芽前进行。一年生早熟禾是一种很难防治的冬季一年生禾草。它结籽能力强,竞争力强,在管理水平较高的草坪上也能大量生长。如果在一个大面积上主要生长着一年生早熟禾,就可以用草甘膦防治。用萌前除莠剂彻底防治一年生早熟禾是不可能的。在狗牙根草坪上施用拿草特和地散磷,效果良好。

(2) 多年生禾本科杂草的防治:因为选择性除莠剂对多年生禾草无效,所以会引起严重的杂草问题。多年生禾本科杂草与所需要草坪植物的生理学和解剖学特点很相似,因此,一种能杀死禾本科杂草的化学药品也常常能杀死草坪植物。必须使用非选择性除莠剂,如草甘膦或茅草枯,通过定位处理小片禾叶杂草来达到防治效果。在一般情况下,用手持喷雾器施用除莠剂。草坪管理者必须小心喷洒,使草甘膦或茅草枯尽可能少的喷到邻近所需草坪植物上。

草甘膦紧紧依附在土壤颗粒上,在土壤中不活动。因此,它对种子没有影响。长有多年生禾本科杂草的地方,在施用草甘膦后的短时期内仍可以再播种;为了保证草甘膦向杂草的根系移动,必须等几天后播种。有时被称为香附子的坚果薹草是莎草科而不是真正的禾本科杂草。但它是一种多年生的单子叶植物,在谈到杂草防治问题时,通常与多年生禾本科杂草归在一起。多年来,一直是使用有机含砷化合物消灭坚果薹草,但也不是完全有效,而且有机含砷化合物对草坪植物也有毒性。噻草平是一种防治坚果薹草的较新的除莠剂,这种药防治效果好,对草坪植物的毒性极小。

(3) 阔叶杂草的防治:施用除莠剂的目的大都是为了防治阔叶杂草。阔叶杂草是双子叶植物,能够用不伤害草坪植物的除莠剂杀死,所以防治草坪中的阔叶杂草相对容易些。广泛用于防治阔叶杂草的 3 种选择性除莠剂是:2,4-D、2 甲 4 氯丙酸(Mecoprop)和麦草畏。它们都可直接施用到杂草叶片上。

2,4-D 与麦草畏或 Mecoprop 结合起来使用最好。因为在草坪上生长的有些杂草草种可能对某种除莠剂有抗性,所以仅仅使用其中一种效果不佳,其混合剂则能防治多种阔叶杂草。因为 2,4-D 较便宜,对植物的毒性也小,通常混合剂内含 2,4-D 比含另外两种药量多。由于 2,4-D 的脂配制剂极易挥发,所以,2,4-D 的胺配制剂比较好。

如果附近的乔木、灌木、花果和蔬菜接触了用以杀死阔叶杂草的农药,也会受到伤害,所以用药时必须小心。草坪管理者只能在微风或无风时喷洒这些化学药品,以防吹飘药滴。麦草畏能经过土壤淋滤,所以不应该在树木和灌木根系层的上方使用,除非施用量很少;在极敏感的观赏植物根系正上方的草坪则根本不能施用。

萌后除莠剂,如 2,4-D、麦草畏和 Mecoprop,通过进入植物体内破坏植物代谢过程来杀死阔叶杂草。这些除莠剂必须在叶子上保留几个小时,甚至一整天,才能有足以致死的药物量进入叶内。因此,最好选在施用后 4h 内不下雨的时间施药。由于麦草畏是经过根和叶进入植物体内的,所以草坪管理者应等几天后再剪割草坪。

颗粒除莠剂应该在杂草叶片湿时施用。叶面湿可使干颗粒粘贴得牢固,从而使杂草叶面吸收较多的除莠剂。杀除阔叶杂草的颗粒除莠剂应在下雨或灌溉以后撒布,或在叶片沾有露珠的早晨撒布。

如果施药适当,喷雾比施用颗粒的防治效果好。因为吸收量较大,转移较快,所以在杂草生长旺盛时施药,两种方法都能收到很好的防治效果。当杂草幼嫩多汁时,除莠剂的效率特别高。但杂草也不能太小,太小时其叶表面难以接触到除莠剂。在施药前几天,草坪管理者不应在这个地方剪割,因为剪草会减少杂草的叶面积,进而减少除莠剂落在叶片上的可能性。

草坪草幼苗时对阔叶杂草的除莠剂敏感,易受伤害,所以应该延迟使用除莠剂,直到新的草坪已经刈剪2次或3次后再施用。

钝叶草对2,4-D较敏感。故一般用莠去津和西玛津防治钝叶草草坪里的阔叶杂草。在狗牙根草坪上,赛克津也用于杀除阔叶杂草。用于防治一年生禾叶杂草的萌前除莠剂,也可以杀死处于萌芽阶段的一年生阔叶杂草。

(二) 虫害及防治

以草坪植物为食物的昆虫有两种不同的口器,一种是咀嚼式口器,如蛴螬、毛虫和蛆等,其口器如颚,咀嚼植物的组织,撕裂、磨碎草的茎叶和根系;另一种是刺吸式口器,如长蝽、介壳虫和蚜虫,它们用嘴刺穿植物的组织,然后吸吮茎、叶或根的汁液。两种进食类型均能对草坪植物产生严重伤害。

昆虫体外有甲,这种保护的外壳叫做外甲(exoskeleton)。随着昆虫进食长大,必须定期脱落相对坚硬的外甲,否则会限制生长。昆虫用化学药物溶解其老的外甲,然后形成新的较大的外甲,这种过程叫做蜕皮(malting),每两次蜕皮之间的时期叫做一个龄期(instar)。

昆虫的生命周期从卵开始。卵产生在靠近食源(如草坪植物)的地方。卵孵化形成幼虫并开始吃东西,这是第一龄期。随着生长,幼虫蜕皮进入第二龄期,并继续进食和蜕皮,直到变为成虫。雌性成虫同雄性成虫交配,产卵,开始新的一代。

随着昆虫生命周期的进展,可以看到明显的外部变化。产生形态变化的生长过程叫做变态(metamorphosis)。甲虫、蛀虫和蝇类等昆虫,从卵发育到成虫时,外形变化非常大,这种生长过程叫完全变态。例如,幼年甲虫的形状与成虫阶段就大不相同。其他的昆虫,如长蝽、蝼蛄、蝗虫和蚜虫,生长发育时,外形或形态变化不大,称作不完全变态,如成虫长蝽即使长的再大,并有完全发育的翅,但形状仍像幼虫阶段。

那些经历不完全变态的虫种的幼年时期叫做若虫。充分发育到最后龄期的若虫蜕皮变为成虫。这些昆虫的生命周期有3个阶段:卵、几个若虫龄期、成虫。经历完全变态的虫种的幼年阶段称为幼虫。因为幼虫阶段和成虫阶段差别很大,充分发育到最后龄期的幼虫是不能简单的蜕皮变为成虫的,而是当幼虫进入不活动、不吃食的阶段后,其外形发生巨大变化,再变成成虫。这个过程称为化蛹(pupation)。这些虫的生命周期有4个阶段:卵、几个幼虫龄期、蛹、成虫,如金龟子(蛴螬)的生命周期(图22-28)。甲虫的幼虫叫蛴螬,蛾或蝴蝶的幼虫是毛虫,蝇类的幼虫叫蛆。

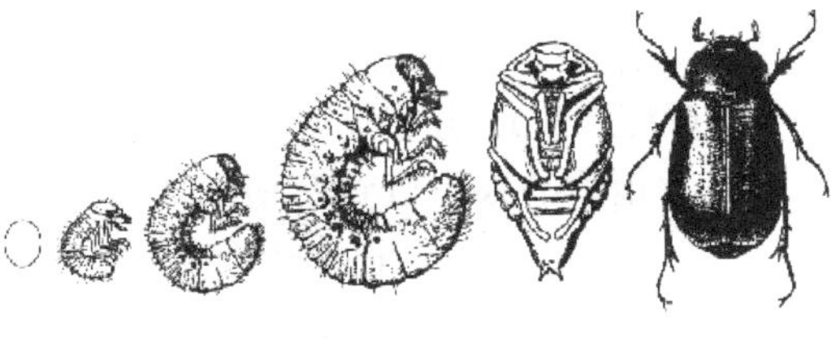

图22-28　金龟子(蛴螬)的生命周期

草坪受害的严重程度主要取决于草坪中害虫的虫口密度。每一个虫体由于其体积小,仅仅消耗少量的食物,进食的虫越多对草坪的伤害就越大。

害虫的虫口密度,受几种因素的影响。有些害虫的繁殖率很高,对于在一个相当短的时间内就能大量繁殖的高繁殖率的害虫来说,杀虫剂的使用可使虫只密度明显减小。气候对害虫虫口影响最大,不利的气候条件使虫口较少,如潮湿的春季和夏季,有利的水分条件会出现一种真菌病,这种病能杀死长蝽,使草坪中长蝽的数量大大减少。多数昆虫在高温时能以较快的速度完成其生命周期和产卵。害虫发育的适宜温度期越长,虫口密度就越大。

多数地区的害虫以休眠状态越冬,它们通常在秋天温度较低时停止进食,春季气温回升时又活动起来,并开始进食。南方最暖地区,害虫可以在整个冬季继续进食。

1. 常见虫害

1) 蛴螬

蛴螬是金龟子的幼虫。有些蛴螬在土壤里生长,以草坪植物根为食,如日本金龟子、五月(六月)金龟子、欧洲金龟子、亚洲园艺金龟子和东方金龟子等。这些幼虫充分发育后,长 1.3~3.8cm。蛴螬柔软,白色到灰色,具有坚硬的棕色头部和 6 只明显的足,通常在土壤里卷曲成“C”形。

根据蛴螬顶端覆毛区的毛或刺的排列,可以鉴别虫种。区别覆毛区类型须使用放大镜,因为一些金龟子具有不同的生命周期,所以鉴别虫种的工作重要。如果草坪管理者知道侵袭草坪植物的害虫的生命周期,就能够在蛴螬最易受伤害的时候使用杀虫剂消灭它。

在蛴螬时期为害草坪植物的害虫,其生命周期大都为 1 年,五月金龟子例外。五月金龟子完成生命周期大都为 2~4 年。日本金龟子是 1 年完成生命周期的典型例子,这种虫 1 年至少在土中度过 10 个月。夏初,蛴螬化蛹,变为成虫,离开土壤,在周围飞寻配偶;交配以后,雌成虫在草皮下的土壤中产卵,七、八月孵化出小的幼虫,开始吃草坪植物的根系。随着进食,蛴螬蜕皮并逐渐发育长大。这种快速发育持续整个秋季,直到土壤温度变得很低,停止进食为止,然后在土壤中向较深处挖坑道越冬。春季,土壤温度转暖,蛴螬向上移动,靠近土壤表面,重新恢复进食。晚春,蛴螬完全长大,进入化蛹阶段。化蛹后,成虫从土壤中出来,交配产卵,开始新的周期。

夏季的严重干旱对蛴螬虫口有很大的影响。当土壤极干旱时,许多卵脱水死去;通常在连续干旱数年的地方,蛴螬可减少到最低限度,但当仲夏土壤有了水分,其虫口又会增加。各种甲虫的蛴螬侵害许多草坪植物,但成虫不吃草坪植物,它们的主要食源是乔灌木的叶子。日本甲虫的成虫以 300 多种植物为食料。

蛴螬具有咀嚼口器,能对草坪植物根系产生大面积的危害,当蛴螬虫口密度达到 30 个/m^2就能严重地伤害草坪,而有时高达 44~80 个/m^2也不足为奇。

当草坪植物的根系遭到蛴螬的严重伤害时,植株枯萎、变成黄色或棕色,最后死掉。受害的、临近死亡的草坪呈现出不规则的斑秃。可以通过察看蛴螬对草坪的影响,了解其危害。因为如果是蛴螬危害,草皮便很容易从土壤中拔出。当蛴螬咀嚼整个根系时,草坪植物便不能再牢牢地固定在土壤里。提起草皮便暴露出蛴螬。蛴螬常常位于土壤表层 7.6cm 深处。

检查蛴螬潜在问题的一种快速方法是用铁锹挖出草坪,并检查根系层。当蛴螬的平均虫口密度大于 30 个/m^2的时候,就必须用杀虫药处理。利用高尔夫球场草坪球杯套更换器也能检查土壤。很多动物吃蛴螬。草坪上有鼹鼠或大群鸟类觅食,是土壤中有蛴螬存在的良好迹象。臭鼬和其他哺乳动物寻找蛴螬时,也会将草坪撕破。

春季(4 月、5 月)和秋季(9 月、10 月)蛴螬危害最明显,主要的防治办法是施用杀虫剂。7 月、8 月当刚孵化出幼虫时,施用杀虫剂最有效;而蛴螬长成后,便不易受杀虫剂影响。经常灌溉也有利于草坪的恢复,浇水能减少由于根部受伤而缺少水分的影响,并促进新根生长。

谷象蛴螬也吃草坪植物的根。其成虫是象鼻虫科的一种,在口鼻部的顶端,具有咀嚼口器;幼虫小于1.3cm长,无足,身体白色、粗大,头带棕色。凤凰谷象侵袭狗牙根,狩猎谷象吃结缕草,早熟禾谷象主要危害草地早熟禾草坪。

这些虫种以成虫在草坪里或附近的保护地区越冬。春季,雌成虫在草坪植物基部的较低处产卵,孵化后,幼虫在茎内进食,然后吃根颈,最后蛴螬向下移动进入土壤,危害根和根状茎;夏末或早秋变成蛹,9月、10月成虫自土壤中出来。通常一年仅有一代。

2）蝼蛄

蝼蛄是蟋蟀的一种(图22-29)。蝼蛄生活在土壤中,吃草根、匍匐枝、根状茎、昆虫和蚯蚓。蝼蛄淡棕色,被覆柔毛,具有锹状的短足,适于在土中挖土打孔。成虫长约3.8cm。蝼蛄经历的是不完全变态,幼年时叫做若虫。

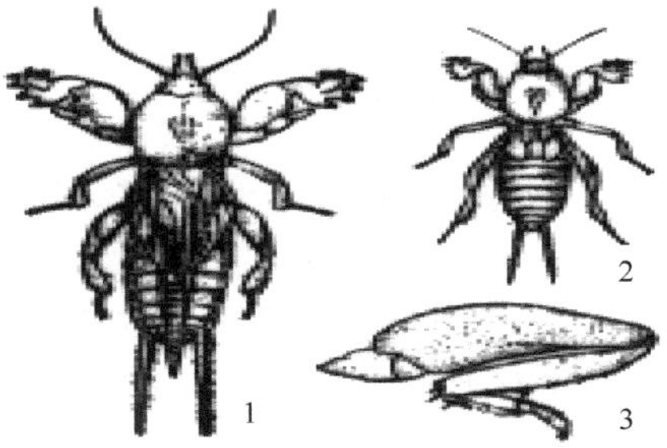

图22-29　蝼蛄

1.成虫;2.若虫;3.成虫后足

春季蝼蛄在土中产卵,5月孵化出若虫,样子像成虫而较小,缺少完全发育的翅。此后,它都生活在土壤中,在正常情况下,于翌年春季变成成虫,有时若虫在秋季变成成虫,每年一代。

由于蝼蛄食根和打孔,草坪植物会因此枯萎干死。蝼蛄打孔一般深达15.2cm,或更深一些。蝼蛄在土中打孔时,植株会连根掀起,对新播种或新栽匍匐枝的草坪危害严重。夜间,特别是下雨或灌溉后,蝼蛄往上爬到靠近土壤表面处进食。

6月,当若虫小而相对容易杀死时施用杀虫剂,能获得最好的防治效果。在草坪上撒些含有杀虫剂的诱饵,也是一种有效的防治方法。

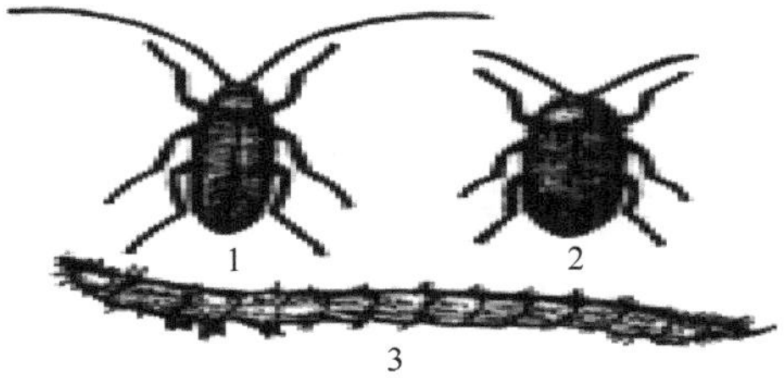

图22-30　金叶虫

1.雄成虫;2.雌成虫;3.幼虫

3）金叶虫

金叶虫是一种细长、有光泽、光滑、有硬壳、状似虫、体淡黄色至深棕色。用手触摸,有坚韧的或金属丝样的感觉,而不像许多甲虫的幼虫那样柔软。通常虫长1.3~1.5cm。成虫叫叩头虫(图22-30)。

金叶虫生活在土壤中,以根为食,在草坪植物土壤中常可看到,但其数量很少能达到产生重大伤害的程度。它们最容易发生在低洼潮湿的地方。

4）长蝽

有两种长蝽是主要的草坪植物害虫:毛长蝽,危害冷型草;南方长蝽,危害暖型草。长蝽刺吸植物幼嫩部分汁液,并将有毒汁液注入植物组织。这些汁液危害植物木质部的输水导管组织,使植物枯萎变棕色。如果天气炎热、干旱,便能使受害的草坪植物死亡。

长蝽每年发生的代数依据温度而定。寒冷区,一年仅仅有1代或2代;温暖区,一年可能有7代。在气候暖和区,长蝽能在整个冬季继续进食和活动;在寒冷地区,长蝽在高草上或其他有保护的地方以成虫越冬,并于春季开始产卵。

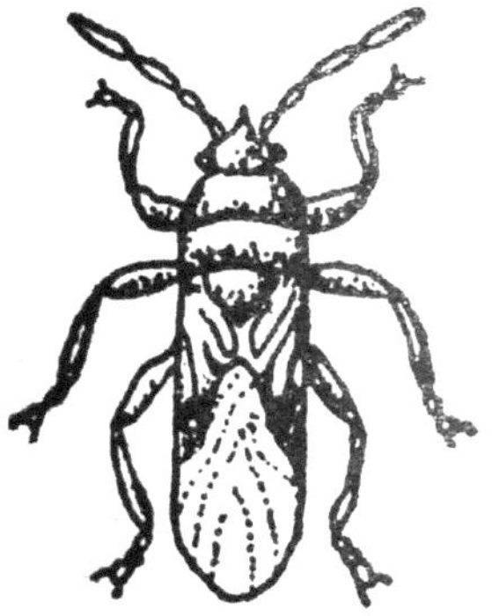
图 22-31　长蝽成虫

卵产于较低的叶鞘上或叶鞘内、匍匐枝上面或枯草层里。每一个雌虫能产 200 多个卵。卵孵化出的第一龄期的若虫,只有针头大,长 1. 3mm,亮红色,无翅,白色条纹穿过其背部。通常有 5 个若虫龄期。随着这些幼虫蜕皮长大,其颜色变为枯黄色,然后成棕色,最后龄期为黑色。尽管在最后龄期,部分条纹不明显了,但所有若虫都具有白色条纹。成虫长约 5mm,黑色,具白色折叠的翅,白色翅有黑色斑纹(图 22-31)。

长蝽通常栖息在朝阳处,虫口密度达到 2000 只/m^2 以上时,危害严重。在夏季干旱时期危害最明显。人们常把长蝽的伤害误认为是缺乏水分引起的草休眠,因为天气干热时也会使草变成黄色或棕色。当枯草在下面或灌溉后仍不能返绿时,人们才意识到这是长蝽所致。这种错判是严重的失误,因为若能早期发现长蝽危害,施用杀虫剂即可防治。

夏季,当草坪上出现可疑的黄色斑块时,草坪管理者应拨开草叶,细心检查土壤表面或枯草层有无长蝽。检查务必仔细,因为虫小不易看到,而且搅动时虫子往往隐藏起来。一种简单的检测方法是用园林取土叉,在草势衰弱,最好是草色开始变黄的地块,插入土壤中 2. 5~5. 1cm 的地方,取出土壤装入容器后充满水,如果有长蝽,6~10min 长蝽一定会漂在表面。这种方法必须加较多的水,使水面超过草高。

发现长蝽时,应立即施用杀虫剂。早期检查和防治,能使草坪避免严重的伤害。使用杀虫剂不能完全根除害虫,但能明显减少长蝽虫口。在漫长的潮湿降雨期,真菌病害能传染并杀死长蝽。还有一种吃昆虫的大眼蟑螂也可吃长蝽。

5）草皮网虫

草皮网虫实际就是毛虫,是蛾的幼虫。危害草坪的草皮网虫有几种。毛虫用其口器咀嚼草坪植物的叶子,但成虫蛾不食草坪植物。因为其常见成虫在草坪上产卵,所以通常称为草地蛾,有时也叫象鼻蛾。这种蛾灰白色到棕色,长 2. 5cm 或更小。草地蛾有两种明显的特征:成虫有像鼻状的凸出物,从头部前面伸出;不飞时,草地蛾将翅折叠在身体周围(图 22-32),而多数蛾则是在休息时将两翼张开。

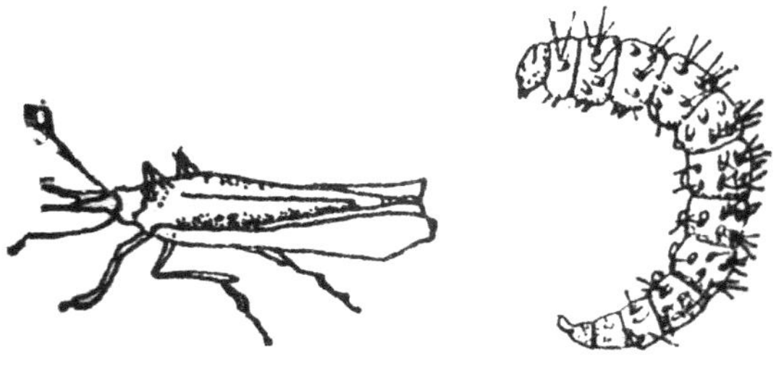
图 22-32　草地蛾(成虫)和草皮网虫(幼虫)

毛虫的头为棕色,其大小随龄期而变化,充分发育的幼虫长约 1. 9cm。草皮网虫的身体因种的不同而有棕黄色、绿色或灰色,多数身上散布着黑色或暗棕色的圆斑。

毛虫在北方通常一年有两代,在南方则有多代。这种害虫一般以幼虫越冬,春季化蛹变成成虫。黄昏时,雌蛾在草坪上空飞翔产卵,随意撒落。白天,蛾子藏在草里,或藏在靠近草坪的乔灌木里。毛虫白天藏在枯草层内,夜间吃草叶。草皮网虫发育长大时,在枯草层内建造以丝网为褥的坑道。

草皮网虫咀嚼叶子伤害草坪。如果虫口小,通常伤害不严重,受害植株可通过产生新的叶组织而恢复。但当虫口大,吃草严重时,则能使草坪质量明显下降,特别是在旱季。高尔夫球场球洞区草坪和其他低剪草坪比剪得高的草地更容易受到伤害。

如果成群的鸟常到草坪上进食,这便表明有草皮网虫或其他幼虫危害。鸟寻找幼虫时,啄出的铅笔大的洞,是可能有害虫的另一种征兆。对草坪上不规则的棕色斑块认真检查,如发现叶子已经被咀嚼时,草坪管理者就应在枯草层内寻找毛虫(白天,毛虫在靠近地表或在地表面蜷曲着)。如有绿色小球状的排泄物——虫屎,这也表明草皮网虫在此进食。

检测草皮网虫和其他毛虫,可以将家用清洁剂或洗衣粉稀释液倒在有任何可疑的棕色斑块的草坪上,去垢剂的刺激作用会把虫赶到表面,使人们容易看见。通常用的混合剂是每 3. 8L 水配 30mL 液体去垢剂。

当许多人看到大量的草地蛾傍晚在草坪上飞翔时,才意识到有草皮网虫问题,白天搅动草坪时也能看到飞出的蛾。如果草坪管理者看到许多草地蛾,可在 1~2 周后再施用杀虫剂。这是因为成虫产的卵需要这么长时间才能孵化,杀虫剂对卵无效,而很容易杀死孵化出的第一龄期的毛虫。在蛾活动高峰后的 7~14 天施用杀虫剂,可保证药品接触幼小毛虫而发挥作用。

草皮网虫随着生长期的推移,形成了群体,通常在夏末对草坪危害最大。因为生长旺盛的草坪吸引草皮网虫,所以,对管理良好的草坪最易形成危害。如果必须施用杀虫剂时,最好在傍晚使用,这时毛虫都从枯草层中出来觅食。

6) 螨

螨很像昆虫,但螨有 4 对足而不是 3 对。螨极小,观测时需要用放大镜或显微镜。由于其繁殖速度快,在短时间内能形成极大的虫口,有些种在一周内完成生命周期。常可看到数百个螨虫在单片草叶或单株草秆上进食。当螨吸吮幼苗的汁液时,叶片起斑。大量的螨继续吃食,会使叶片死掉。

狗牙根螨是一种严重的狗牙根害虫(图 22-33)。这种螨很小,长仅 0. 25mm,肉眼很难看到,所以要识别这些黄白色的像虫样的有害动物,必须用显微镜。草坪管理者常以造成草坪植物特有的伤害来判断螨的存在,如最初受害植物叶片卷曲并变成淡绿色,螨继续吃食时,叶组织隆起,茎节间变短,叶片在茎上密集一团,受害植物的外形呈丛生状。

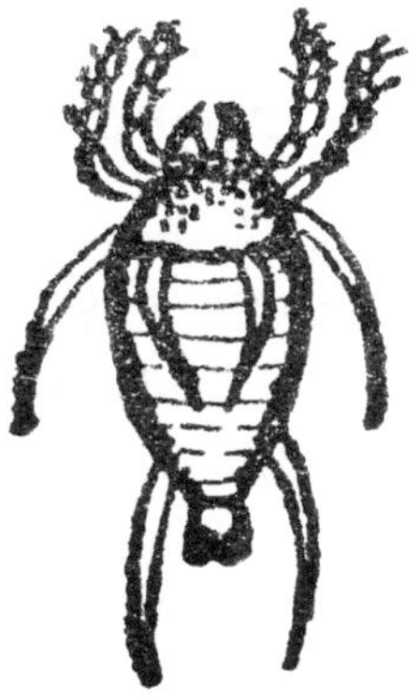
图 22-33　狗牙根螨

草木犀螨和冬季谷粒螨是另外两个螨虫,它们有时也伤害草坪植物。作为害虫,这两种螨都没有狗牙根螨重要。

杀螨剂是专门用于杀螨而研制的农药。当螨的虫口很大,草又缺水时,须使用药剂防治。

7) 介壳虫

介壳虫是一种小昆虫,它能分泌蜡质作保护层。田间珠蚧就是一种以根为食料的介壳虫,前面已经讨论过。还有两种介壳虫也危害暖型草坪,吸吮草叶和茎的汁液。

狗牙根介壳虫,卵形或圆形,直径 1~1. 7mm,覆盖一层硬而白色的蜡质外壳。无芒虎尾草介壳虫,也叫粉蚧,危害狗牙根和钝叶草,体黑球形,覆有大量的白色棉花状物质,直径 3. 2mm 或者更小。

当卵孵化时,第一龄若虫叫虱,能活动。以寻找可食茎叶的地方;然后分泌一层保护性的覆盖物,就再不移动了。由于介壳虫不移动,并有特殊的外貌,其危害很容易判断。

8）叶蝉

叶蝉是小的楔形昆虫,喜欢到处飞或跳跃。成虫一般长 1. 3cm 或更小,幼年若虫很像成虫,但较小,无翅。叶蝉很普遍,但通常不严重危害草坪。有时会大量进入草坪,吸吮幼苗的汁液,危害草坪植物,几天后又会转移到另一块草坪去。

9）蝗虫

蝗虫是咀嚼昆虫,很普遍,在牧区或牧场进食,也吃荒地上的草。一般对管理良好的草坪影响不大,除非它数量极大又缺少食物。

10）蚜虫

蚜虫是小的刺吸昆虫,是很多植物的常见害虫,但直到目前,并不认为它能对草坪植物造成严重危害。但绿蚜由于繁殖快而成为一个严重的问题。其雌虫不需要同雄虫交配,春季和夏季就能生出活的幼小蚜虫,而不是产卵。在适宜的温度下,一个绿蚜幼虫在出生一周后就能发育成一个成虫,开始繁殖后代。其虫口扩大很快,每 0. 1m^2有几千个这种蚜虫。绿蚜将口器插入叶组织,吸吮植物韧皮部的汁液,危害草坪植物。更大的危害是用嘴刺入唾液,破坏其刺孔周围的叶组织。受害的草,叶片变黄,继而橘黄色,最后呈棕色死去。绿蚜夏天对草坪的伤害最普遍,特别是被树木遮蔽的草坪。绿蚜被认为是以卵越冬。由于危害草坪植物时,大量的绿蚜存在于叶片上,因此容易判断。防治这种害虫常需要多次施用杀虫剂。杀虫剂虽能杀死许多蚜虫,但有些仍能幸存下来。绿蚜的快速繁殖能力可使其很快再形成虫口,除非重复使用杀虫剂。

2. 虫害防治

当气候条件有利于害虫虫口发育时,便有可能伤害草坪。如果虫口大得足以伤害草坪,草坪管理者就应施用杀虫剂。

某些农作物,已研究出一些非化学药物防治办法,可以选用。但就现在的情况来说,杀虫剂仍是防治草坪害虫的主要方法。将来,草坪管理者可能会得到不用杀虫剂治虫的有效方法,但遗憾的是,目前还不能立即实现。

如果使用得当,杀虫剂的确是一种很有价值的工具。其安全操作需要常识并按照标签说明进行。草坪管理者必须阅读和信守标签所载的使用方法和注意事项。如果对使用杀虫剂有疑问时,应与合作推广中心联系,请求帮助。

在虫害问题发生之前,通常不使用杀虫剂。近年来,对草坪植物普遍使用的几种杀虫剂,其杀虫力保持不了 2 周便失去效用。如果草坪受害不明显,使用这些药品,由于药物的后效期短,通常是一种时间和钱财上的浪费。不必要地使用杀虫剂,对环境也是有害的。

20 世纪 70 年代中期以前,杀虫剂氯丹被广泛用于草坪植物。这种杀虫剂后期效果长,用后 5 年或更长时间也能杀死害虫。但氯丹和其他氯化碳水化合物,因持续时间太长,又产生了环境问题,因此,被禁止使用。替代的杀虫剂是有机磷酸酯,其残效期相当短,通常对害虫仅 3 ~ 14d 有效。比较新的有机磷化学药品之一是丙胺磷,商品名为

Oftanol,其药效持续时间较长,对害虫能保持几个月的毒性。

禁用氯丹和其他持续性杀虫剂,对害虫的防治方法有很大的影响。当这些药品可以施用时,草坪管理者使用一次,可以使害虫数月或数年不形成虫口。研制一种既不污染环境、又对害虫的有效期会长于几周的杀虫剂是可能的。丙胺磷的出现,便是向这方面迈出的重大一步。

不论使用短效或长效杀虫剂,有效防治害虫的关键,是对害虫的早期诊断和处理。草坪管理者必须经常保持警惕,不断寻找害虫危害或存在的迹象,及时检查任何黄色的草或衰退的草坪,以免错过治虫机会。早期检测能使管理者在草坪发生严重伤害前对害虫进行防治。

通常,夏季的虫害问题较为严重,这时多种害虫的虫口增大,达到足以致害的程度。加之气候炎热,干旱,草势衰弱,更易遭受害虫的伤害。常见的错误是把害虫吃食引起的危害,误认为是由于夏季气候干旱、炎热而使草坪植物休眠所致。这两种症状是可以鉴别的,因为被害虫伤害的草类是由于失去液汁,被咬掉根和维管束遭破坏而表现缺水的。认真寻找危害草坪的害虫,可以避免这种误断。

草坪管理者要了解害虫的生命周期,掌握这些知识便可以预测虫情,有助于管理者安排喷药计划。适时用药有助于保证防治效果。通常情况下,在初龄期,害虫对杀虫剂更为敏感,而当幼虫或若虫成熟时,其敏感程度就降低了。因此,施药时间同卵的孵化一致时,防治效果最好。处理小的幼虫,还有其他好处。在早龄期,虫体很小,不会产生大的危害,即使杀虫剂不能根除全部害虫虫口,也会杀死许多害虫,防止其余害虫发育长大嚼食草类,造成严重伤害。

草坪管理者应该意识到,有些害虫在施用杀虫剂后仍能幸存下来,但不会多到对草坪立即形成威胁的程度,不过当其再繁殖时,便会形成足以伤害草坪的虫口。管理者应该想到并注视再发生虫害的问题,还需要再次进行处理。

要杀死害虫,必须使害虫同杀虫剂接触。接触方法有多种:将化学药剂直接施到害虫上,在许多情况下,害虫在处理过的草上、枯草层或土壤内移动,也会接触到杀虫剂;如果害虫吃粘有或含有杀虫剂的组织,也会摄入有毒的物质。

在土壤中生活并进食的害虫,是最难防治的。杀虫剂不可能直接施放到害虫身上,而必须穿过草坪、枯草层,渗进土壤中才能生效。杀虫剂要与土壤害虫接触需要较长时间,这是一个问题,特别是当药物紧紧附着在枯草层上时更是如此。短效杀虫剂在接触到蛴螬或其他土壤害虫之前,便会丧失大量毒性。而使用持续性杀虫剂如丙胺磷有助于这个问题的解决。

施杀虫剂后,浇 1.3cm 的水能加速药的移动。水可将杀虫剂沥滤到土壤中。若不能灌溉,草坪管理者应尽量设法在临大雨前或在大雨中施用杀虫药。施药后应立即灌水,如果推迟灌溉,药液则附在叶片上。如果叶片干,颗粒杀虫剂不能粘贴在叶片土,所以在处理前浇水也有好处。当枯草层湿时,杀虫剂经过此层沥滤得更快。用大量的水喷洒,有助于冲洗药液离开叶面并通过枯草层向下渗透。

吃新茎叶的害虫比栖居在土壤中的害虫容易防治。喷洒效果很快,用药后 48h 便能杀死许多害虫。午后或傍晚施药最理想,因为多数危害新茎叶的害虫在夜间进食,傍晚施用,能保证害虫最大限度地接触药物。液体药可直接接触害虫,或者干燥并附着在叶子和枯草层表面上。未被立刻杀死的害虫,在新茎叶周围活动并吃食时,也会接触到药剂。如喷药目的是要杀死吃新茎叶的害虫,则喷药后常不浇水,以免将杀虫剂冲离目标区。施药后的几天内不宜下雨,草坪管理者也不要剪草。

通常,颗粒杀虫剂不如药液那样快。颗粒材料由黏土、蛭石或谷物碎粒等惰性载体,外包以杀虫剂构成。吸收水分时,颗粒即释放出杀虫剂。施药后,进行少量灌溉,可促进杀虫剂沥滤,离开载体。颗粒剂比喷雾残存作用长,因为喷雾液体附着到叶片上可被光分解,而多数颗粒则落到枯草层表面,很少暴露在阳光下。当吃茎叶害虫爬过枯草层时,便会接触到颗粒杀虫剂。

在害虫危害后,管理良好的草坪植物,比管理不善的草坪植物幸存下来的机会要多。一旦受害,强壮旺盛的禾草能较好地得到恢复,而衰弱无力的草坪植物,则凄惨不堪,适当的施肥、剪草和浇水是有效防治害虫工作的重要部分。

(三) 病害

植物的病害是由微生物(如真菌、细菌和病毒)引起的植物生理失调。引起植物反常的微生物称作病原体(pathogens)。几乎所有的常见草坪草病害都是由真菌引起的。

引起植物病害的真菌,靠高等绿色植物(如草坪植物)摄取营养。引起病害的多数真菌,能够从活的和死的植物材料中获得营养,它们既是腐生菌又是寄生菌。

真菌没有根和输导组织,由于这种限制,真菌在气候干旱期通常是不活动的。当植株表面的水膜层存在几小时或更长时间时,植物最有可能生病。持续高温、下雨、大雾和重露,病患极易发生。同时,过量灌溉也能助长病患发生。

草坪管理者必须具备病害的识别能力,观察症状、迹象、气候条件和寄生种类。

1. 主要病害

1) 褐斑病

褐斑病(*Rhizoctonia solani*)发生在所有主要草坪植物上,以蒴股颖、多年生黑麦草、钝叶草和一年生早熟禾受害最严重。当温度为15.5℃时,病菌开始活动,在27 ~32℃时最活跃。草坪上出现粗略圆形的淡褐色小片,直径几厘米到几十厘米。早晨在这小片的边缘能观察到一种由灰黑色菌丝体形成的"烟圈"。叶、秆、根颈和根系都能受害。过多的枯草层,大量的氮肥和土壤排水不良,都可能促使患病。最近观察到,在比褐斑病发病的传统温度低的情况下,这种病也有发生。

2) 铜斑病

铜斑病是(*Gloeocercospora sorghi*)一种主要病害,在温度为20~27℃时宜发生。初期症状是叶片上出现浅红色小斑,斑增大并合生(长在一起)。叶片上可能出现淡红色或铜色孢子。整个草坪上的染病症状是直径几厘米的小型铜色或粉红色斑。

3) 银元斑病

银元斑病(*Sclerotinia homoeocarpa*)对蒴股颖、细羊茅、狗牙根和一年生早熟禾能产生严重的伤害,这种病也能发生在其他主要草坪植物上。银元斑病在15.5℃时开始活动,适宜温度为21~27℃。最初的症状是叶面上嵌以淡黄色条,这些斑具有浅红棕色边缘。由于叶片受害的结果,草坪上会出现小的白色斑点。在低剪的草坪上,首先容易观察到斑点，其大小和银元相似，形状也略似银元；在剪得较高的草坪上，通常斑点较大，形状不规整。如果仍然不加控制，多数斑点则会结合，互相交搭。早晨在受害组织的表面上可看到白色蛛网似的菌丝体。易感染的因素包括土壤水分低、肥料少和枯草层太厚。

4）仙环病（担子菌纲里的几种真菌）

仙环病是部分的或完全的圆形草带，呈暗绿色，比草坪其他部分生长快。产生仙环病的有机体在土壤中吃食有机物，当有机质腐烂可释放出氮。在菌丝体进食的小块地上生长的草坪植株能吸收这些氮元素。在每年潮湿的多雨季节，食用菌可能出现在环形带中。虽然禾草通常不受仙环病的伤害，但如果真菌分泌出有毒的化合物，或者菌丝体层变得太厚，以致水分不能透入根系时，禾草也能被杀死。

5）镰刀菌枯萎病

镰刀菌枯萎病（*Fusarium roseum*）对草地早熟禾是一个严重的威胁，对其他冷型草和俭假草也是一个问题。引起这种病的病因仍有些不明，现正进行深入研究。在炎热（27～35℃）、干旱天气最为活跃。草的枯萎斑点直径为30cm或更大些，可在几天内出现。由于根颈和根系组织受到破坏，死亡很快。在靠近土壤表面受害的组织上能看到粉红色菌丝体。镰刀菌枯萎病也叫“蛙眼病”，因为在有些干燥的中心可以找到健壮的绿色草。高氮水平和水分缺少，草坪草会受到严重侵害。

6）叶斑病

叶斑病（*Piricularia grisea*）虽然也能发生在其他暖季草种上，但它是钝叶草的主要病害。此病发育的适宜温度是21～29.5℃，开始症状为棕灰色叶斑，边缘色较深。能发生多数斑，致使受害叶片死亡。氮过量和土壤排水不良是促成患病的因素。

7）长孺孢属病

草坪管理者至今仍称之为长孺孢属病（*Drechslera* spp.）。这些病原体产生的病多数是叶斑病，但也发生枯萎病和根颈及根腐病。一般说来，叶斑病在春秋季潮湿期很普遍，而根颈和根系是在夏季受伤害。长孺孢属病主要发生在冷型草上，但狗牙根和结缕草也会受影响。该病表现为叶斑中心灰色到棕褐色，边缘浅紫色到棕色。高氮肥料、过多的灌溉、低剪和排水不良都会导致病的发育。

8）白粉病

白粉病（*Erysiphe graminis*）在草地早熟禾上最易发生，也发生在细羊茅和狗牙根上，由于叶片表面存有白色菌丝体和孢子，容易识别。该病蔓延的必需条件是：较低的温度（12～21℃）和低光照。病原体受阳光抑制，因此，此病一般发生在遮阴处。理论上这种病不会危害太大，因为粉状霉菌是一种专性寄生菌，仅吃食活组织，一般不杀死健壮的植株。但在遮阴处，草因缺少阳光并受其他不利因素影响已经衰弱时，受该病危害会相当严重。

9）腐霉枯萎病

也许没有其他病能像腐霉枯萎病（*Pyhim* spp.）那样快地破坏一片草坪。当环境条件适宜时，不到24h，整个草坪便可以被毁掉。高温（26～35℃）和阴天、潮湿、雨天有利于该病的发展。天气较冷时，这种病也能损害草坪。所有冷型草和狗牙根都受其害；剪股颖、一年生早熟禾和多年生黑麦草最易感染此病。湿度高时，受害植株呈黑色黏滑状，因此，该病有时也叫脂肪斑。另外，因为早晨可以看到叶组织上呈棉花状的灰色到白色的菌丝体，所以其另一名称叫做棉花状枯萎病。随着叶片死亡，它们变成浅红棕色，最终成淡黄色。腐霉枯萎病在施氮过量、土壤排水不良和空气不流通时最易发生。

10)锈病

各种锈病(*Puccinia* spp.)都侵害草地早熟禾、多年生黑麦草、苇状羊茅、狗牙根和结缕草的叶、茎和根颈。锈病发生的范围很广。最初的症状是被侵害的组织上有淡黄色斑,不久即成锈色(橘红色到橘棕色),子实体胀破表皮散放出来。这些含孢子的疱状突起物很容易被看见,故以此为主要的诊断特征。生长在贫瘠、遮阴、干旱条件下的草坪最易感染此病。

11)黑粉病

黑粉病(*Ustilago* spp.)通常对草地早熟禾和匍匐剪股颖产生显著伤害。适宜温度为10~18℃。受害的叶片上呈现黄色长条纹,然后变为灰色,最终表皮细胞和表皮角层破裂,暴露出黑色孢子团。由于黑粉病在叶片上的黑色条纹,所以常常被叫做条纹黑粉病。受害的叶片开裂,并从尖端向下卷曲。过量的氮和过厚的枯草层有利于该病的发育。

12)雪霉病

低温时发生,适宜温度为0~7℃,病害发生在晚秋、冬季和早春。雪霉病(*Typhula incarnata*)在较冷地区发生最普遍。所有冷型草种都能作为寄主,通常对翦股颖伤害最为严重。这种霉有无覆雪都能使受害叶片呈红棕色,在圆斑边缘常常可以看到粉红色丝体。解冻期间,在半融化的雪下面产生由雪霉病引起的灰色雪霉。早晨能看到淡灰色的菌丝体。

13)春季死斑病(病原体未鉴定)

在结束休眠后的春季,常可看到小片死亡的狗牙根,细心检查就可发现在休眠期,根、根颈和匍匐枝已经有腐烂的情况。在受害的组织上,可看到黑色的污染。休眠期越长,潜在的严重性越大,目前还不知道这种病的病原体。排水不良、过度灌溉和施肥、枯草层厚都会增加病害的严重性。晚春,由于杂草的侵入,在草坪的死斑中可呈现出绿色。控制枯草层,避免大量施氮肥,都有助于减轻危害。尽管其病原体还没有鉴定,但可以相信与真菌有关。

2. 病害防治

1)选择抗性品种

有些草坪植物的品种比另一些品种更可能遭受病的危害,这些品种没有抗病能力,易感病,而抗性品种能够在病害下继续存在而不受任何严重伤害。建造新的草坪时,为避免将来的许多病害问题,可尽量选择能抗本地区一般病的草种或品种。但随着时间的推移,一个品种可能会丧失其抗病性。例如,草地早熟禾曾经是对长蠕孢属叶斑病免疫的,但目前该品种却易感染这种病。这是由于真菌有性繁殖和突变而发生了遗传变化,以致失去造成品种抗性的机制或作用。

2)加强栽培管理

草坪管理技术适当,有助于防病。茁壮茂盛的草能够更好地抵抗病的侵害,衰弱的、养护不善的草坪,不能抵抗病原体,即使通常不严重的病也能杀死不健壮的草。给草坪施肥时,肥料中含有大量的氮而钾不足,会使禾草变得嫩而多汁。在这种情况下,禾草很容易得病。使用中等比率的氮肥和使用一种良好的复合肥料,以及必要的含钾量有助于避免这种情况的出现。施肥量少,也能引起感病。银元斑病、红螺纹病和锈病,对缺氮的草坪危害最严重。饥饿的草无力抗病。剪草不适当也是患病的一个主要原因。钝刀片剪草易把草撕破和弄碎,被撕破的伤口愈合很慢。而伤口给真菌提供了一个敞开的门,使其能够由此侵入植株。如果草剪得太低,草会十分衰弱。在其恢复期间,病原体会在植株内部充分确立起来。

过多灌溉也可促使病害的发生。一般情况下,应该避免傍晚或夜间浇水。因为多数的真菌孢子,在发芽和侵害之前,必须以水膜包围若干小时。叶片一直潮湿可促使菌丝体从一个植株蔓延到另一个植株。应在早晨浇水,因为太阳能很快晒干叶片。早上喷水,可冲掉露水和叶面渗出的丰富养分,能减少病害的发生。枯草层是由禾草产生的有机质层,它为病原体提供了食物和掩蔽所,厚的枯草层能使草坪变弱。采用垂直剪切、穿孔松土或加表土等措施,可减少枯草层的形成,也有助于防治病原体。消除或减少任何影响草坪草生长的不利环境因素,就有可能减少严重的疾病伤害。例如,减轻遮阴或人员流动频繁所产生的不良影响,可以增强草坪的抗病力。使用抗病品种是重要的,但这些品种也必须能忍受草坪所在地的其他环境条件。如果一个品种无适应能力,草坪便会衰弱并丧失其正常的抗病力。在草坪上减少过多的水分有助于防病。在经常潮湿的草坪上,改善空气环流和土壤排水,常常会减少病害问题。

3)利用杀菌剂

将非内吸性杀菌剂施用到草坪植物叶片上,使其在植物表面形成一种保护载体,可防止病原体渗入植物。要使化学载体有效,就必须将药喷洒细致、均匀。

非内吸性杀菌剂杀不死植株内的病原体,其功能是防治病的初发。如果已经患病,施用它将会阻止病蔓延到健壮的植株上。

非内吸性杀菌剂的有效期相当短,通常为几天到两周。雨水能将化学药品冲离植物表面。添加剂也叫增加剂,可以同杀菌剂混合,使药的粘贴时间更长些。剪草也会剪掉保护载体。

内吸性杀菌剂的有效期较长,多为3~6周。杀菌剂进入植物后,变为内部保护者,不会被雨水冲掉,它能经过植物组织转移,还能阻止生活在草内的病原体的蔓延。与非内吸性杀菌剂不同,内吸性杀菌剂能治愈有病的植株。

内吸性杀菌剂,一般是抑制真菌发育,而不是杀死真菌。多数内吸剂是经根进入植株的。施药后灌溉,有助于向下淋洗内吸剂使其到达根系层,达到根不断从土壤中吸收杀菌剂的效果。

由于化学药品的费用及使用化学药品所花的时间,用杀菌剂处理是很昂贵的,草坪管理者必须判断是否合算。

当某种病对草坪植物产生明显伤害时,应该使用杀菌剂;轻微伤害,通常不需要处理,除非可以断言,气候条件继续适宜病原体发育。在优质草坪上,当第一次出现病害迹象时,就应该喷药,即使伤害不严重,也不能容忍。使用抗性草坪植物品种,可减少杀菌剂的使用。

在有些高尔夫球场实施预防灭菌计划。当气候条件有利于一般病原体活动时,要在真菌病害发病前,在草坪上使用杀菌剂,球洞区草坪的养护措施,如过多施肥、天天低剪、经常灌溉等,增加了易感病性。由于球洞区草坪易感染病,即使伤害不严重也不能允许,所以通常必须预防性地施用杀菌剂。

当草坪管理者要防治一种病而不能确定使用何种药物时,植保单位能帮助介绍正确的杀菌剂。如果管理者能正确地识别病,便可以查阅植保单位的病情报告。这种报告列举了每种病的防治材料,有助于选择合适的杀菌剂。在每种杀菌剂容器的标签上,也列举了产品能有效防治的病。

当管理者不能确定是哪种病时,应该选择一种适用范围广的杀菌剂,这种药可防治所有逻辑上可能发生的病,或者同时使用两种杀菌剂。如果一种杀菌剂在使用后还看不到效果,管理者应该使用另一种药。当定期使用杀菌剂时,应该轮换或交替使用化学药品。连续使用同一材料,可能会导致病原体对药物产生抗性或免疫性。对于内吸杀菌剂来说,尤其如此。内吸药一般是通过中断一种特有的代谢过程来杀死真菌的。当化学药品只有一种作用方式时,病原体就更容易变得富有抗性,在属于同族的化学药中(如苯菌灵和托布津)用一种内吸剂代替另一种内吸剂,因其作用方式相同,效果并不好。

五、表施土壤

表施土壤是将砂、土壤和有机质适当混合,均一施入草坪的作业。表施土壤对凹凸不平的坪床可起到补低拉平、平整坪床表面的作用,在草坪草直立茎的基部敷设一层物理性状良好的土壤,对不定芽、匍匐茎的再生和生长有促进作用,对改善草坪表土的物理性状有良好的作用,能防止草坪的徒长和利于草坪的更新。

正常的草坪不进行表施处理也能旺盛生长,但对非常贫瘠的土壤、草坪表层由于不规则定植使新生草坪极不均匀、新生草皮高低不平或下陷、表面絮结严重的地段可先划破,再表施土壤,有良好的效果。

表施土壤在草坪草的萌芽期及生长期进行最好。通常暖型草坪在4~7月和9月,冷型草坪在3~6月和10~11月进行。表施土壤的次数依草坪利用的目的和草坪的生育特点的不同而异。一般情况下,普通草坪可一年一次,高尔夫球场等特殊草坪,一年2~3次。

表施土壤的材料最好是土、沙和有机物的混合物,其适当的组合为土∶沙∶有机物=1∶1∶1或2∶1∶1。

当草坪面积较小时,表施土壤可用人力进行,可用独轮车推送,用铁锹撒开后,再用帚把扫平,当面积大时,应用专用机械表土撒播机进行。施土前必须先行对草坪进行修剪,土壤材料应干燥并过筛,施肥在施土前进行,一次施用厚度不应超过0.5cm,施后必须拖平。

六、碾压

要使草坪表面平整、紧实度适当,有利于草坪的生长与管理,在草皮铺植、幼坪第一次修剪、成坪春季解冻后或生长季需要叶丛紧密平整时,适当碾压是十分必要的。碾压可用人力推重滚或用机械进行,重滚为空心的铁轮,可通过调节轮内的装水或装砂重来调节重量。镇压时手推轮重为60~200kg,机动滚轮为80~500kg。

碾压时间,若出于栽培的要求则在春夏的生育期进行较好;若出于利用的要求,则宜在建坪后不久、降霜期、早春开始修剪时进行。在土壤黏重、土壤水分过多、草坪较弱时不宜滚压。

七、通气

打孔取芯土主要是改善土壤的通气性,除芯土后,尽管洞之间、低于洞及洞之间四周和洞底部的土壤通气性没有得到改善,但是,在土壤表面留下了一系列小洞,提高了土壤的粗糙面,扩大了土壤的表面积,所以土壤的通气性和透水性均能大大改善。除芯土作业后带来的不利影响主要是暂时破坏草坪表面的完整性,由于露出了草皮土壤层,会造成部分草坪草的脱水,当条件适合杂草种子发芽时会产生大量的杂草。在草坪生长茂盛,生长条件良好的情况下进行芯土中耕是比较合适的。为了提高除芯土耕作的效果,通常在除芯土耕作后进行表面施肥、拖平或垂直刈剪等措施。

草皮的划破、穿刺、垂直刈割、松耙都可以起到通透的作用。

八、拖平

把一个重的钢丝网或其他相似的机具拉过草坪表面的作业称之为拖平。除芯土耕作之后,通过拖平可首先粉碎除芯土中耕机挖出的土块,然后均匀地拖平于草皮上,并且能刷掉粘在草叶上的土壤,便于修剪、击球或其他活动。在除芯土中耕和播种配合时,播种后通过拖平有助于提高种子的发芽率和成活率。在修剪前进行拖平可把匍匐在地上的马唐草或其他杂草的枝条带起来,便于修剪。土壤过干燥或过湿润拖平的效果不好,一般当土壤的水分含量低于湿润时适宜进行拖平操作。

九、交播

采用播种或营养繁殖法建成的暖型草坪,如结缕草、百慕大等构成的草坪,进入晚秋或初冬,会因寒冷休眠使草坪草变得生长缓慢或呈棕黄色或枯黄,使草坪景观褪色,质量全面下降,降低观赏价值,同时至第二年初夏返青的这一时期形成草坪利用间歇。为了保持冬季绿色,延长草坪绿色期(草坪全年维持绿色外观的时间。一般指草坪群落中50%植物返青之日到50%的植物枯黄持续的日数)可采用追播的办法使草坪在冬季仍然保持常绿。追播主要是在暖型草坪上追加播种冷型草坪草。由于多年生黑麦草等冷型草种耐寒冷,冬季绿期长,能够形成一个良好的过渡。到第二年原草坪返青,多年生黑麦草等冷型草坪草隐入幕后,形成一个四季常绿、使用不断的局面。这种补播更新只起临时性的填补作用,当春温回升有利于暖型草生长时,补播草种会逐渐消失。自20世纪70年代开始,该技术就在美国南部的高尔夫球场、足球场等暖型草坪上广泛使用。

由于需要大面积交播,尤其需要种子量较大,最关心的一个问题是种子的费用。所以广为使用的是普通多年生黑麦草和一年生黑麦草,通常的播种量较低,为4.9~7.3kg/hm^2。一年生黑麦草的价格低、发芽快,多年生黑麦草的草坪质量好,目前多采用。在高投资的球场,如高尔夫球场也可用一种或更多改良的草坪型多年生黑麦草和细叶羊茅进行交播,但播量很高,约为正常单播量的 5 倍。

冬季交播一般掌握在播后一个星期能出苗的时期为好,或在早霜来临前 20~30 天进行。许多草坪管理者在土壤 10 cm 深处温度为 21℃时进行播种。一般情况下,温暖地区 9 月中下旬至 10 月中旬,稍冷凉地区于 8 月下旬进行追播。黑麦草属冬性草,发芽迅速,4~5 天就能出苗,可以比其他草坪草迟播几天。

近年来,人们通过实践发现,不但冬季补播多年生黑麦草等冷型草坪草种可以取得较好成效,对于老化狗牙根草坪、其他草坪及其他在夏季过渡期有间歇休眠的草坪,也可以利用夏季补播优质狗牙根的方法解决这类草坪的更新及季节过渡问题。

播前坪床处理应首先进行低刈割,留茬高度为 1.0~2.0cm。然后在目标草坪上喷施适量的植物生长调节剂(生长控制剂、矮化剂等,如 Primo),控制现存草的生长竞争能力。草坪应进行打孔处理,交叉打孔两次,打孔深度 10cm 左右,宜分散不宜集中。打孔,一方面是坪床透气;另一方面是易于新播种子与土壤接触,加速其吸水萌发。打孔后清理坪床,用耙子或真空吸尘器清除草坪表面的枯枝和杂物,使坪床干净整洁。然后进行播种和播后管理。

十、损坏与退化草坪的修复

修补被破坏草坪的方法有两种:一是补播;二是铺装草皮。当草坪使用不紧迫时可采用补播的方法,但如果要立即起作用的草坪则需快速恢复草坪的铺装法。

补播的地段应首先将表土稍加松动,然后撒播,使种子均匀进入土壤。所用种子应与原草坪草一致,并应进行适当的催芽、拌肥、消毒等播前处理。

铺装草皮是一种耗资较大的修补方法,具有定植迅速的优点,但其工作量比补播大,修补方法是:标出受害地块;利用馒铲去掉受害草皮,翻土、施肥(施入过磷酸钙以促进草皮草根系的生长);紧实坪床;耙平土壤;用健康草坪铺装,草皮应高出坪面 6cm;施大体积表肥(50%)+堆肥和砂(50%),使之填入草皮块的间隙;铺装后确保 2~3 周草皮不干燥。如果地块较大,当草皮开始密接时,应进行适当镇压。

草坪如因草坪草群落组成的不良演替或表土介质理化性状的严重恶化而引起草坪严重退化,此时,只要在草坪等级允许的前提下,对草坪局部进行强度较小的改造和定植,即修复即可。这是一种不完全耕作土壤的部分或全部草坪的再植。

修复包括坪床的准备、草种选择、种植和植后培育 4 项。基本方法与建植或移植类似。草坪的类型多种多样,建植管理技术也各有差别,限于篇幅,本章只能就一般情况予以介绍,如果需要了解更专、更具体的问题,请进一步参阅有关专著。

(张自和　张巨明)

主要参考文献

爱蒙斯. 1992. 草坪科学与管理. 冯钟粒等译. 北京:中国林业出版社

推荐阅读文献

韩烈保 . 2004. 运动场草坪 . 北京:中国农业出版社
胡叔良 . 1999. 高尔夫球场及运动场草坪设计建植与管理 . 北京:中国林业出版社
建设部建筑设计院 . 1995. 建筑师设计手册 . 北京:中国建筑工业出版
李树清 . 2004. 足球场草坪管理与评估 . 北京:北京体育大学出版社
任继周 . 1998. 草业科学研究方法 . 北京:中国农业出版社
孙吉雄 . 2002. 草坪绿地规划设计与建植管理 . 北京:科学技术文献出版社
孙吉雄 . 2003. 草坪学(二版). 北京:中国农业出版社
孙吉雄 . 2004. 草坪工程学 . 北京:中国农业出版社

第二十三章　运动场草坪概述

运动场草坪是指以草坪为竞技、运动、游戏活动载体的专用场地，是指在人工培育的条件下生长的有承受人类体育运动能力的草本植物群落。它既包括机械性的管理条件和基本的场地设施，也包括在特定环境中良好生长并能为人类提供一个优良运动表面的致密草坪。

运动场草坪的使用价值只有通过运动的人和物创造的经济价值来体现。运动场草坪不像天然草地，生产的饲草可通过家畜转化成畜产品，来获得使用价值，而是由运动的人和物通过共同创造的精神产品，将运动场草坪的价值体现出来。任继周院士指出："良好的运动场草坪不仅是运动员优异成绩的保证条件，也是保持运动员免受损伤、维持较长时期运动寿命的重要条件"；还指出："运动场草坪以其重大的经济效益和社会效益，在草坪业各分支中始终居领先地位"。

第一节　草坪运动场的概念和特征

一、草坪运动场的特征

草坪运动场不仅具有一般运动场的功能与特征，还具有如下几方面的特征。①草坪运动场是儿童、青少户外活动的主要场地，也为成年人运动和专业运动提供场所。②每个草坪运动场应有一定的面积和规范的设计，应得到正常的维护，以保证其能满足户外活动与体育竞技运动的需要，同时还应注意与其他户外娱乐活动场地的配合。③一个草坪运动场地应包括：a. 竞技场地以外的户外活动和游戏场地；b. 具有围护设施和运动设备的场地；c. 比赛活动用的开放的草坪场地；d. 安静活动的林荫场地；e. 铺有石层的多功能场地；f. 田赛或球类比赛的专用场地；g. 完善的交通线路和缓冲地。

二、草坪运动场的位置

草坪运动场是小区开发整体中的一个重要组成部分，其位置的设置应利于迅速到达和与居民区有方便的联系条件。一个草坪运动场应设在距离住宅单元的 0.4~0.8km。

三、草坪运动场的大小

一个草坪运动场一般面积为 2 万~3 万 m^2，它能供 1000~1500 个家庭使用。能容纳基本活动场地的最小运动场面积应为 12 000m^2，可供约 250 户使用，以此为基数，约每增加 50 户，运动场面积应增加 810~16 200m^2。

四、草坪运动场的活动空间

一个完善的草坪运动场，除主赛场外，还应有多种基本活动空间与之相配套：①一定数量的树木绿化空地；②用于非正式比赛活动的开放草坪运动场；③供儿童和成年人活动、娱乐的遮阴地；④一个有铺设地面和良好灯光，可用于多用途（旱冰、跳舞、羽毛球、排球等）的场地；⑤有一个标准的并具灯光照明设备的田赛场地，该场地可供球类、径赛和田赛运动使用，亦可供非正规的活动（庆祝集会、文艺晚会、放风筝等）使用；⑥有如建筑设备、道路、带林荫的缓冲带等其他空间。

第二节　运动场草坪的功能与要求

一、运动场草坪的作用

（一）运动场草坪的使用功能

运动场草坪具有良好的缓冲性能，可以保证一定的安全性和舒适性，减少运动员因跌倒造成的伤害，对提高运动员参与的积极性、为创造优异成绩增加了保障。足球和橄榄球是高强度的对抗赛体育运动，球员受伤时有发生。这类球场的草坪对减少运动员的受伤机会和受害程度起着很大作用。

足球和网球都是直接作用于草坪的运动器具，在草坪上使用可以减少摩擦和损耗，延长使用寿命。

赛马场草坪对减轻动物损伤有重要作用。硬地虽然反作用力大，使马容易腾空跃起，但也容易造成蹄伤，使珍贵的参赛动物丧失其经济价值。

运动场草坪的使用价值只有通过运动的人和物创造的经济价值来体现。运动场草坪不像天然草地，生产的饲草可通过家畜转化成畜产品，从而获得了使用价值，而是运动的人和物通过共同创造的精神产品，将运动场草坪的价值体现出来。

（二）运动场草坪的生态功能

草坪草覆盖运动场地可保护地表免受风蚀和水蚀。一块足球场如果没有草坪草保护，晴天使用时便尘土飞扬，雨天则是一片水汪。在这样的环境下，不但运动员无竞技的积极性，观众的兴趣也不高。

运动场草坪同树木花草一样可以净化空气，减少噪声、抑制尘土飞扬、调节气候。虽然运动草坪占的面积比例不高，但它分布在人员集中、活动频繁的地段，其生态功能的作用远比一般绿地大。

绿色对于人的视觉是最舒适的颜色之一，运动员在草坪上比赛运动时，观众长时间欣赏，也不容易导致视力疲劳。如果在刺眼的泥土地或水泥地背景上观看球赛，一定会引起视觉疲劳，使观赏兴趣大减。

(三) 运动草坪的美化功能

运动场草坪面积大,为了满足观众的审美情趣,越来越多的运动场草坪除了满足运动需要之外,还通过草坪颜色变化进行艺术造型,好的草坪艺术造型往往会成为某个城市的象征,或至少是一道亮丽的风景线,成为世人欣赏的艺术品。

绿色背景增加了景物的对比度,从电视中欣赏足球赛,黑白相间的足球在绿草地上显得十分清晰,这也是草坪美化功能的最好体现。

二、运动场草坪的基本要求

几乎所有的运动项目都伴随着剧烈的运动或者高强度、高频率地践踏草坪,而且一般要求草坪场在连续比赛之后立即恢复常态,所以对运动场草坪草的共同要求是:必须具有很强的生活力、生长速度快、根系发达、耐践踏、耐修剪、再生性好、覆盖性好。

另外,不同的运动场对草坪又各有特殊的要求,如足球场草坪要求具有很强的耐践踏力,且恢复能力好;网球场草坪除耐践踏外,还应有很好的弹性;高尔夫球场的果岭要求优美精细、耐践踏、耐低修剪和高度均一的草坪。

第三节　草坪运动场规划与建植

一、草坪运动场的规划原则

草坪运动场规划应根据实际面积的大小、地形地势及场地的目的要求确定。通常它应最大限度地保留原有地被与场地特点(如林地、特别的地貌景观、小河、岩石等),并与自然环境相协调。一般规划应遵循下述几个原则。①场地应选择靠近住宅区。②非正规比赛场地、游戏场地和开放草坪地应紧靠正规场地。③儿童或成年人使用的非激烈活动的场地应紧靠树荫绿地和场地内具自然特点的处所。④正规比赛用场地要设在地势平坦,有良好排水性能的地面上,坡度不能超过 2.5%。在渗透性良好的沙质土地上、坡度可小于 1%。⑤就草坪运动场区整体而论,可作如下分划:一半用地应公园化,含正式比赛用草坪场地、非激烈活动的遮阴绿地等;另一半则含面积为 3000~4000m^2 的游戏场、专业比赛场和多用途铺装场地。⑥草坪运动场应进行全面开发。用栽树、种花美化风景,并以此作限制活动和交通的分隔管理。设置必要的生活、娱乐设施和便利人车通行的道路等。

二、草坪运动场地面的标准做法

(一) 标准地面坡度

草坪运动场为利于地表排水,通常应保持 2.0% 的坡度。在无良好地下排水的条件下，草坪场排水的最小坡度为 1.0%，最大可达 2.5%，但对棒球、垒球、曲棍球等要求较高的场地，务必使场内各处标高保持一致。

比赛场地地面的坡面设置应从一边至另一边、一端至另一端或一角至对角的一面坡（单向坡），在场的一端至另一端不宜处在两个坡面内。最小坡度为 1.2%，地面基层坡度应与地面层同向。周边应设有散水坡。

矩形运动场可采取从纵向中心线到两边线 1% 的坡度。如受条件限制，坡向可采用从一边至另一边、角至对角线的方向进行（图 23-1）。

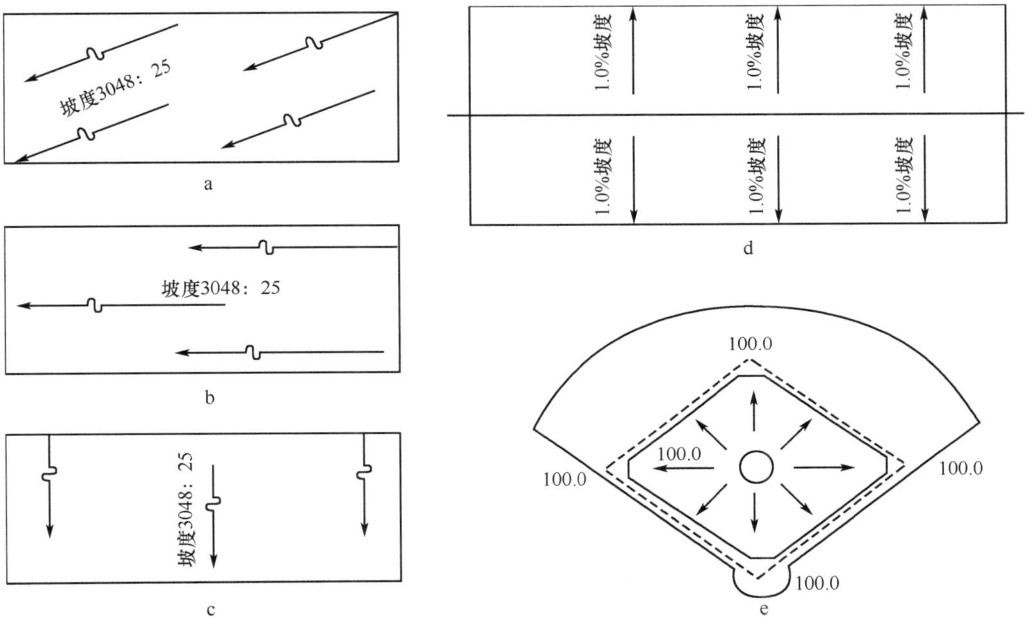

图 23-1　草坪运动场地面坡度设计（建设部建筑设计院，1995）

a.对角线；b.一端至另一端；c.一边至另一边；d.矩形；e.垒球和棒球

（二）排水

场地地下排水坡向应与地面排水坡向一致。当基层为不透水层时，需设置地下暗沟和透水层排水系统。需在地下排水处设置暗沟时，暗沟的间距要根据土壤条件和降水量决定。地下暗沟排水的坡度应不小于 0.15%（图 23-2）。

（三）草坪地面的标准做法

基土层（床土）坡度应与地面同向并至排水暗沟。当基层不透水时，则需设置 102～152mm 透水层。表面为 152mm 的沃土或 703mm 厚的人工配制土（图 23-3）。

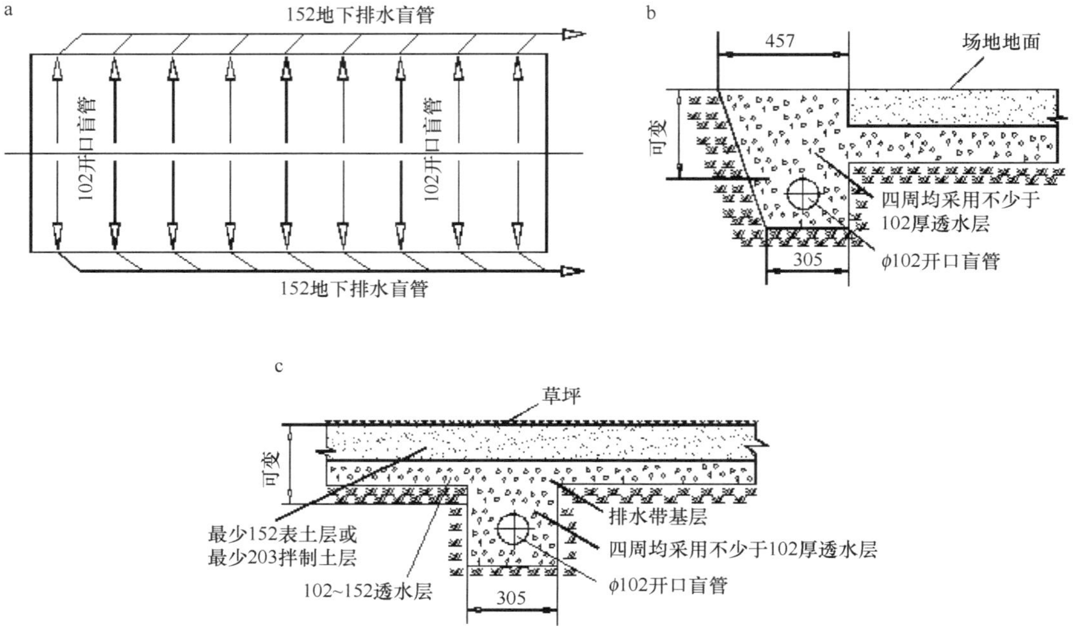

图 23-2　地下排水设计(建设部建筑设计院,1995)

a.矩形场地下排水;b.运动场周边排水剖面;c.运动场地下排水剖面

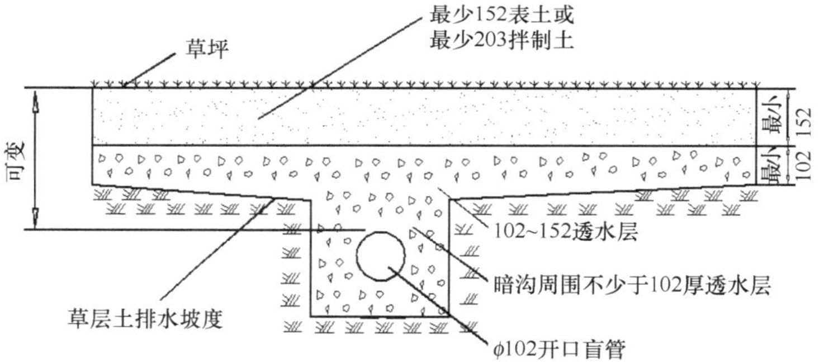

图 23-3　草坪地面做法(建设部建筑设计院,1995)

三、运动场草坪的建植管理

运动场草坪的建植任务主要包括基础调查、场地准备、选择草坪种和确定草种组合、草坪栽植过程和幼坪的养护管理 5 个主要环节。

基础调查主要是通过现场勘查和搜集资料,掌握建植地的气象条件、地形条件、土壤条件、水文条件、周围植被及历史上的病虫害发生情况,为草坪规划设计、工程施工方案的确定、选择适宜草种、采取适当建植方法提供理论依据。

场地准备主要是坪床的准备,包括坪床的清理、翻耕、平整、设置排灌系统、土壤改良、施肥和施床土改良剂,为草坪草的生长发育创造一个良好的土壤条件。

选择适宜的草种是建坪的关键之一,尤其是运动场草坪,所选用的草坪草种不仅要适合建植地域的生态环境，还要根据不同种类运动场地的要求，具有良好的耐践踏性、高的恢复能力和很强的耐修剪能力，以及长的绿色期、短的建坪周期等特性。单一草种很难满足上述要求，一般多用草坪草混播的方法来建植运动场草坪，这就需要考虑不同草种的选择与配比。

当新建草坪的幼苗开始生长发育时，就应进行幼坪的养护管理工作，主要是修剪、施肥、灌溉、表施土壤和防病虫害及杂草。

运动草坪建成后，随之而来的就是日常和定期的养护管理工作。一个高质量的运动场草坪，必须由专人进行定期、精细地管理，否则，无论坪床质量多高，草种配方多么合理，最终也会因管理不当而导致草坪质量低下及过早退化。因此，坪床准备是基础，管理选配是关键，养护管理是保证。

运动场草坪作为一类特殊草坪，一般要求高水平的精细管理，对于大面积草坪（如高尔夫球场草坪），最好能实行集约化管理。只有管理精细合理，才能使草坪时刻处于良好的生长状态，在比赛中发挥出最佳效果。

第四节　运动场草坪的质量评价

草坪质量的评定是一个复杂而困难的问题，至今尚无完全统一的方法。因草坪质量的好坏是相对的，它依草坪的利用目的、季节、个人爱好及评定方法的不同而异。但是，构成草坪质量的基本因素是一致的，如均一性、密度、叶色、光滑程度、绿色期、质地、强度、成坪速度、耐践踏性、弹性与回弹性、刚性、再生能力等，只是因草坪用途不同，各因素所占的权重不同，这就为草坪质量的评定提供了可能性（表 23-1）。

表 23-1　不同类型草坪评价指标的权重（引自韩烈保，2004）

草坪类型	10 个坪用指标的权重									
	密度	质地	叶色	均一性	绿色期	草层高度	盖度	耐践踏性	成坪速度	草坪强度
观赏草坪	0.20	0.15	0.20	0.15	0.10	0.05	0.10	0	0.05	0
游憩草坪	0.10	0.10	0.10	0.10	0.10	0.10	0.10	0.15	0.05	0.10
运动草坪	0.10	0.05	0.10	0.10	0.05	0.10	0.05	0.20	0.05	0.20
保土草坪	0.10	0.05	0.10	0.10	0.10	0.05	0.10	0	0.20	0.20

一、评定的指标与方法

运动场草坪质量可通过草坪质量特性指标来反映，通过坪床土壤特性、草坪植物特性、坪用特性进行描述（表 23-2）。

表 23-2　运动场草坪工程质量评定项目及确定方法

项目	内容	方法
一、床土质量项目		
床土养分	指床土中直接或经转化后能被植物根系吸收的矿质营养成分	用单位重量床土中所含各种营养元素所占百分数表示。用化学分析法测定

续表

项目	内容	方法
床土质地	指床土中不同粒径矿物质颗粒的组合状况	用不同粒径所含比例来表示。用土壤机械分析法确定
床土酸碱度	反映土壤溶液中氢离子浓度和土壤胶体上交换性氢离子、铝离子数量状况的一种化学特性	用土壤 pH 表示。用 pH 计直接测定,也可用 pH 指示剂或 pH 试纸比色测定
床土渗透性	指床土排水透气性能	可用床土渗透排水速度来表示。用无底量筒法测定。将无底量筒插入草坪间铲出的裸地中,把一定量水倒入无底量筒,记录水渗透完毕所需的时间,计算渗透排水速度
二、草坪植物质量项目		
颜色	对草坪反射光的量度,是进行草坪质量目测评定的重要指标	通常用草坪植物的绿度表示,测定方法有以下几种 1. 目测法 ①直接目测法:观测者根据主观印象和个人喜好给草坪颜色打分,评分方法有五分制、十分制和九分制,其中九分制较常用。在九分制中,9 分表示墨绿,1 分表示枯黄。②比色卡法:事先将由黄色到绿色的色泽范围内以 10% 的梯度逐渐增加至深绿色,并以此制成比色卡,把观测的草坪颜色与比色卡作比较来确定草坪颜色等级。在用目测法测定草坪颜色时,可在样地上随机选取一定面积的样方,以减少视觉影响。测定时间最好选在阴天或早上进行,避免太阳光太强造成的实验误差。 2. 实测法 ①叶绿素含量分光光度计测定法:测定叶绿素含量的两个主要影响因素是叶绿素提取的溶剂和测定的波长。用 80% 的丙酮溶液作提取液,用波长为 663nm 和 645nm 的光波来测叶绿素的光吸收值(即光密度值,D),叶绿素含量(mg/g)的换算方法如下 叶绿素 A　$CA=(12.7D_{663}-2.69D_{645})$ 叶绿素 B　$CB=22.94\ D_{645}-4.68\ D_{663}$ 叶绿素总含量　$CT=0.5(20.2\ D_{645}+8.02D_{663})$ 用叶绿素含量表示草坪颜色的方法有单位面积土地上叶绿素的含量即叶绿素指数(CI)和单位鲜重的叶绿素含量两种。叶绿素含量依表示方法不同其含义和数值也不同,用叶绿素指数表示的叶绿素含量一般是指地上茎、叶的叶绿素总含量,是草坪颜色的整体表现;单位鲜重的叶绿素含量是叶片叶绿素含量与叶鲜重的比值,它主要侧重于对草坪的个体颜色的反映,但为了研究方便,一般情况下多用单位叶片鲜重的叶绿素含量来反映草坪颜色。②草坪反射光测定法:用照度计测定草坪的颜色状况。照度计测得的结果为草坪反射光的强度和成分,它与人眼接受的光相同,能较好地反映草坪整体颜色状况。照度计法测定草坪颜色的仪器有多波段光谱辐射仪和反射仪。在测定时手持仪器,尽力伸出,将仪器置于地面以上 1~2m 处测量草坪的光反射量。草坪光反射量因太阳光强度的不同而不同,因此要在光线弱的条件下进行测定,为了减少误差,要在较短的时间段内完成,一般选在阴天或早上(太阳高度角在 23°~31°)时进行测量

续表

项目	内容	方法
质地	对草坪草叶宽窄与触感的量度，一般多指草坪植物叶片的宽度。通常认为叶愈窄质量愈优，叶宽以 1.5~3.3mm 为优	1. 观测法 草坪的质地由草坪草的叶宽所决定，草坪草叶宽除受栽培管理技术及密度的影响外，主要由其基因遗传特性所决定。草坪草依种和品种叶宽分级如下。①极细：细叶羊茅、绒毛翦股颖、非洲狗牙根等；②细：狗牙根、草地早熟禾、细弱翦股颖、匍茎翦股颖、细叶结缕草等；③中等：半细叶结缕草（马尼拉草）、意大利黑麦草、小糠草等；④宽：草地羊茅、结缕草等；⑤极宽：高羊茅、狼尾草、雀稗等 2. 实测法 草坪质地的测定方法较统一，多用草坪草叶的最宽处的宽度来表示，在叶宽的测定中要选叶龄与着生部位相同的叶片，测量叶片最宽处重复次数要大于 30 次
草坪高度	指草坪植物顶部及修剪后的草层平面与地表的平均距离	用直尺抽样量度法确定，样本数不应少于 30
密度	指单位面积上草坪植物个体或枝条的数量	密度的测定方法有目测法和实测法两种。草坪在生长发育过程中个体间存在种内竞争，因此草坪密度会随草坪建植后的时间而变化，随着竞争的缓和草坪密度逐步稳定，草坪密度的测定应在草坪建植后密度稳定时进行 1. 目测法 以目测估计单位面积内草坪植物的数量，并人为地划分一些密度等级，以此来对草坪密度进行分级或打分。草坪密度的目测打分多采用五分制，其中，1 分表示极差，3 分表示中等，5 分表示优。 2. 实测法 记数一定面积的样方内草坪植物的个体数。通常样方面积为 50~100cm^2。同时，为了保证其准确性和代表性，要多次重复。由于草坪种植密集，进行草坪密度实测的工作量非常大，实验的重复次数可根据实际情况而定。在样方选定后，将地上植株齐地面剪下，记数其地上植株或茎、叶数。密度实测值的表示方法有单位面积株数、茎数或叶数。在一般情况下，草坪密度多用单位面积枝条数来表示
盖度	草坪草覆盖地面的程度，用一定面积上草坪植物的垂直投影面积与草坪所占土地面积的比表示	1. 目测法 首先要制作一个面积为 1m^2 的木架，用细绳分为 100 个 1dm^2 的小格，测定时将木架放置在选定的样点上，目测计数草坪植物在每格中所占有的比例，然后将每格的观测值统计后，用百分数表示出草坪的盖度值。盖度值分级评价可采用五分制，盖度为 97.5%~100% 记 5 分；95%~97.5% 记 4 分；90%~95% 记 3 分；85%~90% 记 2 分；75%~85% 记 1 分；不足 75% 的草坪需要更新或复壮。 2. 点测法 ①将细长的针垂直或成一定角度穿过草层，重复多次，然后统计植物种及全部植物种与针接触的次数和针刺总数，二者的比值即为某一植物种的盖度和植被的总盖度；②亦可用 1m×1m 的正方形样方，将样方分为 100 个格，然后用针刺每一格，统计针接触草坪植物的次数，以百分数表示盖度，一般重复 5~10 次

续表

项目	内容	方法
均一性	对草坪平坦表示的总体评价。高质量的草坪应是高度均一,不具裸地、杂草、病虫害污点、生育型一致的草坪。草坪的均一性包含组成草坪的地上枝条和草坪表面平坦性的表观特征两项要素	可用下列植被特性测定中的相关量化指标来描述。 1. 样圆法 就是计数样圆内不同类群的数量,然后计算各自的比例和在整个草坪中的变异状况。在测定中多用直径 10cm 的样圆,重复次数依草坪面积而定,为了准确的计算样方的变异程度,一般应在 30 次以上。 2. 目测法 一般采用九分制进行打分,9 分表示完全均匀一致,6 分表示均匀一致,1 分表示差异很大。 3. 均匀度法 用草坪密度变异系数(CVD)、颜色变异系数(CVC)和质地变异系数(CVT)来计算均匀度,计算公式为:均匀度(U)= $1-(CVD+CVC+CVT)/3$。 4. 标准差法 将 10 根有刻度的针间隔 20cm 等距离置于架子上,制成简易装置,其中针可以自由的上下移动,在测定中将该装置放在草坪上,读取各针的上下移动值,重复 3 次,计算标准差,用标准差的平均值表示均一性。
植物组成	指构成草坪的植物种或品种及其比例	对草坪组成成分评价的主要依据是草坪的使用目的,在此前提下,可根据草坪的其他质量特征来评定组成成分是否合理。在实际应用中可先确定草坪是由单一种组成还是混播草坪,如果是混播草坪则要测出主要建坪草种及其频度和盖度,然后与设计要求对比,就目的、功能的要求进行对照,做分级评估,达到设计要求的给 5 分,每下降 5% 扣 1 分
草坪草生育型	是描述草坪草枝条生长特性和分枝方式的指标	草坪草的枝条包括以下 3 种。①丛生型(直立):主要是通过分蘖进行扩展,在播种量充足的条件下,能形成一致性强的草坪。②根茎型:通过地下茎进行扩展,由于根茎末端是在远离母株的位置长出地面,地上枝条与地面枝条趋于垂直,因此强壮的根茎型草坪草可形成均一的草坪。③匍匐类型:通过匍匐茎的地上水平枝条扩展。匍匐茎在某些部位常产生与地面垂直的枝条,因此,在修剪高度较高的条件下,修剪会产生明显的"纹理"现象,进而影响草坪工程的目视质量和草坪质量。 草坪草的生育型对于每种草而言是一定的,它可以用植物形态学的方法加以识别
抗逆性	草坪的抗逆性是指草坪草对寒冷、干旱、高温、水涝、盐渍及病虫害等不良环境条件及践踏、修剪等使用、养护强度的抵抗能力。草坪的抗逆性除受草坪草的遗传因素决定之外,还受草坪的管理水平和技术及混播草坪的草种配比的影响	草坪的抗逆性是一个综合特征,评价它的指标主要有形态、生理、生化和生物指标。不同用途的草坪对抗逆性要求的侧重点不同,如运动场草坪要求耐践踏、耐修剪能力强、耐高强度管理;护坡保土草坪重点要求草坪草耐干旱能力强;观赏草坪则要求抗病虫害,绿色期长
绿色期	草坪群落中 60% 的植物返青之日到 75% 的植物呈现枯黄之日的持续日数。绿色期长者为佳。较高的养护管理水平可延长草坪的绿色期,但草坪的绿色期受地理气候和草种的影响较大	评价草坪绿色期之前要获得不同草种在某地区绿色期的数据,然后对被测草坪的绿色期进行观测打分,达到标准值的计为 5 分,每缩短 5 天扣 1 分,如此确定测草坪绿色期的得分

续表

项目	内容	方法
草坪植物的生物量	草坪群落在单位时间内植物生物量的累积程度，由地上部生物量和地下部生物量两部分组成。草坪植物生物量的积累程度与草坪的再生能力、恢复能力、定植速度、草皮生产性能有密切关系	地下生物量是指草坪植物地下部分单位面积一定深度内活根的干重。草坪地下生物量的测定通常采用土钻法，土钻的直径一般为7cm或10cm，取样深度为30cm，可分3层取样。取样后用水冲洗清除杂质，烘干称重。地上生物量是草坪生长速度和再生能力的数量指标，一般以单位面积草坪在单位时间内的修剪量来表示。地上生物量可用样方刈割法测定，也可用剪下的草屑的体积来估测
三、坪用质量项目		
刚性	草坪叶片的抗压性。它与草坪的抗磨损性有关，其大小受草坪植物组成的化学成分、水分、湿度、植株密度及株体大小的影响	刚性的反面是柔软性，草坪的刚性亦可用草坪的柔软性来描述
弹性	外力作用消失后草坪恢复原来状态的能力。其受草种类别、留茬高度、床土物理性状等的影响	草坪弹性一般用反弹系数表示：反弹系数(%)=$\frac{反弹高度}{下落高度}\times 100$ 测定方法是将被测场地所使用的标准赛球在一定高度下落，目测或用摄像机记录第一次反弹高度，然后计算反弹系数。通常在不同运动类型场地应选用相应的测定用球。不同的运动项目对草坪反弹性的要求有所不同，其标准也各不相同
光滑度	草坪的表面特征，是运动场草坪工程质量的重要评定因素。草坪的光滑度可用滑动摩擦性与滚动摩擦性来量度	光滑度可目测确定，但较准确的方法是球旋转测定器法。这种方法是在一定的坡度、长度和高度的助滑道上，让球向下自由滚动，记录滚过草坪表面的球的运动状态（滑行的长度、滑行方向变化角度）以确定草坪光滑性。在测定中应选若干个具代表性的样点，多次重复，最后求其平均值。具体做法见如下详细介绍。 1. 滚动摩擦法 草坪滚动摩擦性能是指草坪和与其接触的物体在接触面上发生阻碍相对运动的力。用球在一定高度沿一定角度的测槽下滑，从接触草坪起到滚动停止时的滚动距离来表示。通常采用的高度为1m，角度多采用45°或26.6°，测定用球应为该草坪场地拟使用的标准赛球。由于草坪多具有一定的坡度，同时测定时会受风向的影响，因此在测定中要正反两个方向各测一次。草坪滚动距离的计算公式为：$DR=\frac{2S\uparrow \times S\downarrow}{S\uparrow + S\downarrow}$，式中，$DR$为滚动距离；$S\uparrow$为逆坡滚动距离；$S\downarrow$为顺坡滚动距离。 2. 滑动摩擦法 草坪滑动摩擦性能是指互相接触的物体在相对滑动时受到的阻碍作用。可用滑动距离和转动系数法测定。 滑动距离测定时采用标准测定以一定速度在草坪表面滑动的距离来反映草坪表面滑动摩擦性能。标准滑车的重量为(45±2)kg，长85mm，宽60mm，底部测脚装有运动鞋鞋钉。鞋钉的材料、形状和数量应以草坪所适用运动项目中运动员所用的鞋钉为准。测定时将滑车置于一个长150mm、高870mm、斜边角度为30°的三脚支架上使滑车下滑[滑车接触被测草坪表面地的速度应为(2.0±0.02)m/s]，直到滑车停止滑动，然后测量滑车在被测草坪表面的滑行距离，以此数值来表示草坪滑动摩擦性能。

续表

项目	内容	方法
		转动系数的测定是采用一个重量为(46±2)kg,直径为(1500±2)mm的圆盘,其底部装有运动鞋鞋钉,圆盘通过一个转动杆经固定衬套与扭力计连接,指标力矩数值,通过下列公式计算转动系数:$U=3T/WD$,式中,U为转动系数;T为圆盘转动的力矩,N·m;W为圆盘的重力,N;D为圆盘的直径,m
青绿度	草坪修剪后地上枝条剩余量的量度。在特殊的草坪基因型内,增加青绿度与增加再生力和生活力的含意是一致的。在基因型相同时,修剪高度较高时,其青绿度较高,较耐磨损	青绿度可用单位面积内枝叶数或绿度指标来描述
草皮强度	草坪耐受机械冲击、拉张、践踏能力的指标	用草坪强度计测定,也可凭经验目测打分进行评价,一般分5级,分别为强、较强、中等、较弱与弱,依次记5分、4分、3分、2分、1分
草坪硬度	草坪抵抗其他物体刻画或压入其表面的能力	最简单的方法是在球赛后用直尺测定球员脚踏入土壤表面时所造成的凹陷的深度,也可利用测定土壤物理性状的仪器来评价草坪的硬度,如土壤硬度计、土壤冲击仪等
恢复力	草坪受病原物、昆虫、交通、踏压、利用等伤害后恢复原来状态的能力	可用草坪再生速度或恢复率来表示。可用挖块法、抽条法测定,即在草坪中挖去10cm×10cm的草皮或抽出宽10cm、长30~100cm的草条,然后填入壤土,任其四周或两边的草自行生长恢复,按照恢复快慢打分

二、评定的方法和步骤

采用草坪质量模糊综合评价方法,分5步进行。第1步,根据草坪的利用目的和要求筛选出综合评定的项目,确定等级标准和分级记分值。前面列举了12个评定指标,实际上工作中,选取若干个能较好地反映目的和要求的指标即可。此外,对于有特殊要求的草坪,还应选取体现这种要求的指标如青绿度、成坪速度、草层高度等。将参评项目的测值分为5级,确定各级标准,记1~5分,5分为最佳。第2步,根据草坪的利用目的和要求确定参评各指标的权重分配,即哪些因素应重点考虑,哪些因素可放在次要地位。对于需重点考虑的因素,其权重要相对大些。一般要求同一水平的权重之和为1。目前尚无统一的权重分配标准,实际工作中应根据利用目的和要求,征求多方意见后确定。第3步,现场调查评定。一般由多个经验丰富的评审员同时进行。人手一份事先制定的“草坪质量评定调查表格”(表23-3)。评定时,采用直观目测、触感与定量测定相结合的方法,根据分级标准,为各个项目评分(1~5分),直至将所有参评项目进行完毕。对于需取样后室内测定分析的,也按分级标准评分。第4步,统计。统计各个项目中不同评审员所打的分数,作出模糊关系阵。举例来说,设有10个评审员对强度一项进行评定,其中,2人打5分,5人打4分,2人打3分,1人打2分,则其强度的关系阵为:$R=(0.2,0.5,0.2,0.1,$

0)。其他项目依次类推，得到总的模糊关系阵 R。第 5 步，计算。将各项目的权重与模糊关系阵相乘，即可得到综合评定结果 Y。由于采用 5 分制，即 5 种评价，得出的综合评定结果也成为 5 种评定，依次为优、良、中、差、很差。Y 中的 5 个数反映了评审人员用记分办法反映意见的集中离散程度，出现峰值的部位即为评审员意见集中的部位，据此可定出评定对象级别。

表 23-3　草坪质量评定调查表

草坪类型：

草坪位置：

草坪面积：

建立日期：

成坪日期：

质量评定调查日期：

品质评定员(签名)：

评定项目、分级标准和评分

1. 密度：密(　　)，较密(　　)，中等(　　)，较稀(　　)，稀疏(　　)。评分________
2. 均一性：均匀(　　)，较匀(　　)，中等(　　)，不匀(　　)，参差(　　)。评分________
3. 质地：极细(　　)，细(　　)，中等(　　)，粗(　　)，较粗(　　)。评分________
4. 盖度：97.5%～100%(　　)，95%～97.5%(　　)，90%～95%(　　)，85%～90%，75%～85%(　　)。评分________
5. 弹性与回弹性：评分________(说明：　　　　)
6. 刚性：极强(　　)，强(　　)，中等(　　)，差(　　)，极差(　　)。评分________
7. 强度：强(　　)，较强(　　)，中等(　　)，较弱(　　)，弱(　　)。评分________
8. 光滑度：评分________(说明：　　　　)
9. 绿色期：________天，评分________
10. 自行修复能力：长满 $10cm^2$ 空地________天，评分________
11. 色泽：________(均一性宜降________级)，评分________
12. 耐践踏性：评分________(说明：　　　　)
13. 芜根层厚度：________cm，评分________
14. 有机质层厚度；________cm，评分________

三、应用实例

设有 10 个评审员对某运动草坪质量进行评定。其参评项目及权重见表 23-4，经过现场调查评定，10 个评审员分别给 5 个参评项目打分统计后，其评分情况见表 23-5。据此，计算出模糊关系矩阵 R。

表 23-4　草坪质量评定指标的权重

草坪类型	密度	均一性	质地	盖度	弹性与回弹性	刚性	强度	光滑度
运动草坪	0.1	0.1	0.05	0.05	0.15	0.2	0.2	0.15

表 23-5　10 个评审员 8 因素感官质量评定表

分数(等级) / 人数 / 因素	4.1~5 分 优	3.1~4 分 良	2.1~3 分 中等	1.1~2 分 差	1 分 很差
密度	3	5	1	1	0
均一性	0	2	6	1	1
质地	0	1	5	3	1
盖度	5	4	0	1	0
弹性与回弹性	2	7	1	0	0
刚性	1	6	3	0	0
强度	1	7	2	0	0
光滑度	0	1	7	1	1

$$R=\begin{bmatrix} 0.3 & 0.5 & 0.1 & 0.1 & 0 \\ 0 & 0.2 & 0.6 & 0.1 & 0.1 \\ 0 & 0.1 & 0.5 & 0.3 & 0.1 \\ 0.5 & 0.4 & 0 & 0.1 & 0 \\ 0.2 & 0.7 & 0.1 & 0 & 0 \\ 0.1 & 0.6 & 0.3 & 0 & 0 \\ 0.1 & 0.7 & 0.2 & 0 & 0 \\ 0 & 0.1 & 0.7 & 0.1 & 0.1 \end{bmatrix}$$

又因 8 个参评项目的权重分配为

$$W=(0.1,0.1,0.05,0.15,0.2,0.2,0.15)$$

据此,求得综合评定 Y:

$$Y=\mathrm{WR}=(0.1,0.1,0.05,0.15,0.2,0.2,0.15)\begin{bmatrix} 0.3 & 0.5 & 0.1 & 0.1 & 0 \\ 0 & 0.2 & 0.6 & 0.1 & 0.1 \\ 0 & 0.1 & 0.5 & 0.3 & 0.1 \\ 0.5 & 0.4 & 0 & 0.1 & 0 \\ 0.2 & 0.7 & 0.1 & 0 & 0 \\ 0.1 & 0.6 & 0.3 & 0 & 0 \\ 0.1 & 0.7 & 0.2 & 0 & 0 \\ 0 & 0.1 & 0.7 & 0.1 & 0.1 \end{bmatrix}$$

$$=(0.125,0.475,0.315,0.055,0.03)$$

由 Y 中可以看出,评审员意见较集中的部位(即出现峰值的部位)是 Y_2,表明评审员对 Y_2这个评语较为赞同,而 Y 的评语集为优、良、中、可、差(Y_1、Y_2、Y_3、Y_4、Y_5),故该运动场草坪品质为"良"。

此外,运动场草坪质量还可依草坪类型简化评定。例如,成都体育中心运动场于1991年7月1日用种子直播法建植,翌年4月进行草坪质量评定。评定采用包括3个方面的16项量化指标,按常规法进行测定,然后定级评价,方法与结果见表23-6。

综合表23-6结果表明:在16项指标中,4项优,占25%;12项良,占75%,因此草坪总体质量评价为良好。

表 23-6 成都体育中心运动场草坪质量评定

项目	测定方法	结果	评定等级
草种组成	样方点测法	多年生黑麦草 30.1%;高羊茅 37.6%;草地早熟禾 31.1%;其他杂草 1.2%	良
盖度	样线针刺法	98.6%	优
密度	样方刈割法	2~68 株/cm^2	优
定植速度	样方法(盖度达85%所需天数)	42天(1996年7月1日至1996年8月11日)	优
均一性	样线法	98.8%(杂染度 1.2%)	优
质地	平均叶宽(量度法)	多年生黑麦草 2.8mm;高羊茅 4.2mm;草地早熟禾 2.1mm	良
生长型	观测法	多年生黑麦草疏丛型;高羊茅密丛型;草地早熟禾根茎-疏丛型	良
光滑度	球旋转测定法(足球,球高20cm,坡长80cm)	滑动平均距离 125.4cm,平均偏转角 9.8°	良
绿度	比色法	深绿色	良
恢复力	刈剪法1日平均生长高度	多年生黑麦草 0.46cm/天,高羊茅 0.35cm/天,草地早熟禾 0.22cm/天	良
夏枯	样方法(60%植株,50%部位枯黄)	极少	良
病害	观测法	8月初出现轻度锈病,9月出现少量褐斑病	良
虫害	观测法	偶见蛴螬危害	良
杂草	观测法	偶见野生狗牙根、马唐草、蒲公英等	良
坪内6h积水	观测法	无	良
分蘖能力	单株测定	多年生黑麦草 11.25 分蘖/株;高羊茅 8.4 分蘖/株;草地早熟禾 13.1 分蘖/株	良

(孙吉雄 张巨明 胡延凯 刘照辉)

主要参考文献

韩烈保. 2004. 运动场草坪. 北京:中国农业出版社

建设部建筑设计院. 1995. 建筑师设计手册. 北京:中国建筑工业出版社

推荐阅读文献

任继周. 1998. 草业科学研究方法. 北京:中国农业出版社

孙吉雄. 2002. 草坪绿地规划设计与建植管理. 北京:科学技术文献出版社

孙吉雄. 2003. 草坪学. 第二版. 北京:中国农业出版社

孙吉雄. 2004. 草坪工程学. 北京:中国农业出版社

第二十四章　足球场草坪

第一节　足球运动的发展历史

足球运动是一项古老的体育活动,其发展历史可谓源远流长。国际上通常将1863年10月26日英国足球协会成立和世界第一部统一的足球比赛规则制定之前的足球运动(或叫足球游戏)称为古代足球运动,此后的足球运动称为现代足球运动。

国际足球协会联合会(FIFA)认为,古代足球运动起源于中国。早在公元前2000年,蹴鞠在中国古代的史籍上就有记载(图24-1),蹴是用脚踢的意思,鞠指皮制的内充毛发之类弹性物的球。据有关史料的记载,在4600多年前,中原的黄帝部落通过涿鹿之战战胜了蚩尤部落并取得胜利后,擒杀了蚩尤。为发泄余恨,黄帝便将蚩尤的胃塞满了毛发,做成球让士兵们踢,这大约是中国有关足球运动的最早记载。战国时期(公元前475年至公元前221年),蹴鞠在民间已经成为相当流行的体育娱乐活动。到了汉朝,蹴鞠活动又广泛地在军队中流行,并出现了以音乐伴奏表演为主的蹴鞠舞和以对抗比赛为主的蹴鞠两种形式。后者有专门供竞赛活动的场地(图24-2),双方以直接对抗的竞赛方式进行,并有简单的规则和由裁判员参加评判,以踢进鞠域球数的多少分胜负,这已与现代足球比赛相当接近了。到了唐宋时期,已经开始用充气的球代替过去用毛发之物充填的球,并且出现了"足球艺人"和球会组织,这在一定程度上标志着足球运动的发展已经具有了一定的组织性和规模性。

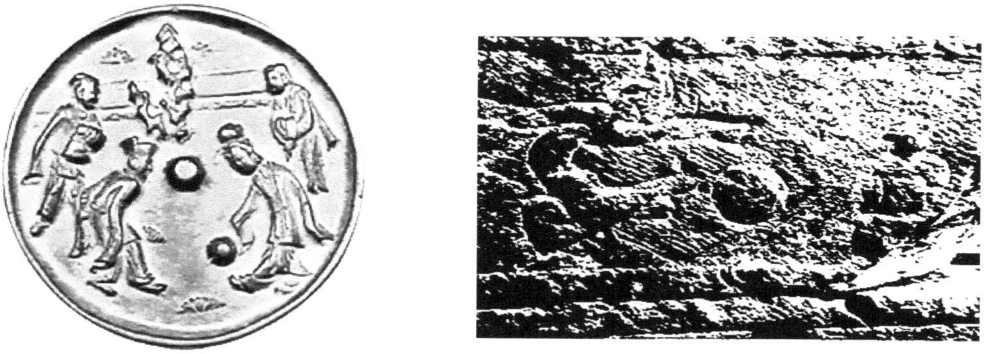

图24-1　蹴鞠纹铜镜(宋,中国国家博物馆藏品)

有关古代足球的起源还有许多说法。意大利人认为足球起源于古罗马。在中世纪以前,希腊人和罗马人已经从事一种"哈巴斯托姆"游戏。他们在一个长方形场地上,将球放在中间的白线上,用脚把球踢滚到对方场地上。

有关古代足球运动的起源,目前尚无准确的考证。但是,现代足球诞生于英国,并得到了全世界的公认。1863年10月26日,英国的11个足球俱乐部在伦敦召开会议,成立

图 24-2　蹴鞠门格范(宋,原载宋《蹴鞠源》)

了英国足球协会,从此足球运动进入了一个新的时期。后来,把这一天命名为现代足球的诞生日。同年 12 月 8 日,又召开了会议,制定了全国统一的比赛规则。尽管这个规则只有 14 条规定,比较简单,也不够完善,但它对促进现代足球运动的发展,起到了一定的积极作用,是当今足球比赛规则的基础。

1904 年 5 月 21 日,国际足球协会联合会成立,标志着足球作为一项世界性的体育运动项目登上了世界体坛。从 1900 年第二届奥运会开始,足球被列为奥运会的正式比赛项目,从此,足球运动成为世界性的体育运动项目。

第二节　足球场草坪规划设计

一、足球场的类型和场地规格

(一) 田径足球场

我国的大多数足球场都是将足球场与田径赛场建造在一起的体育场结构,足球场布置在田径场跑道中间,在这里称之为田径足球场。标准的 400m 体育场的田径跑道内圈一般为 400m 长,因此,足球场只能在周长 400m 的长椭圆形区域内加以布局,图 24-3 是典型的田径足球场布局结构。

田径足球场的面积应为 1.9 万~2.0 万 m^2,其中足球场草坪面积设置为 105m×68m 左右。设施齐备的体育场还设有观众席和防雨顶棚,在足球场两端的半圆形区域内,通常设有跳远沙坑、铅球投掷区和跳高台等竞技运动区。所以此类足球场都是非标准的足球练习场。

(二) 专用足球场

世界足球运动发达国家都建筑有专供足球比赛用的运动场地,根据国际足球协会联

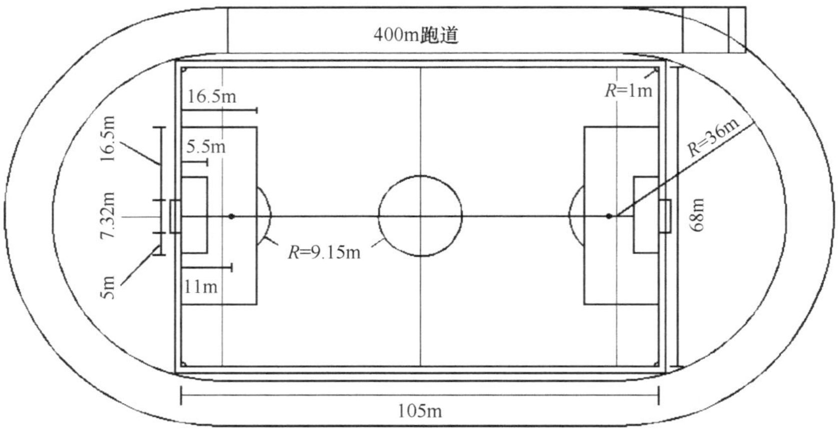

图 24-3　田径足球场的布局结构

合会规定,世界杯足球赛决赛阶段使用的足球场必须是 105m×68m。边线和端线外各有 2m 宽的草坪带,故标准足球场草坪的面积为 109m×72m。通常草坪外还有 10~15m 的缓冲地带,多用来设置商业广告和教练员及球员休息棚。

足球场的横中线将全场分为两个半场,中线的中点有一个半径为 9. 15m 的中圈;两端线的中点两侧各有 3. 66m 的球门线至球门柱,球门前有 5. 5m×18. 32m 的球门区和 16. 5m×40. 32m 的罚球区(俗称大禁区);罚球区内有一距球门线 11m 的罚球点,以罚球点为圆心,半径为 9. 15m 的弧线交于罚球区内在线,称为罚球弧;场地的四角各有半径为 0. 914m 的角旗区,是专用足球场的场地结构。

二、足球场规划设计的原则

(一) 适应性原则

草坪足球场应根据当地的气候、土壤等自然条件进行规划设计。草种选择应详细考虑对当地气候和土壤条件的适应性,盐碱度过高的地区应在坪床基部铺设隔离层,并尽量在坪床构建中少用原土;多雨地区,要注重排水系统的高效性,在坪床坡度的设计上可适当加大,以增加地表径流的效率;干旱地区,坪床结构中的排水系统则可适当简化。

(二) 适宜性原则

足球场的规划设计要根据土地可利用面积和今后运动的要求作出合理地选择。除了承接国际性足球比赛的场地外,其他足球场,特别是学校足球场的面积可根据实际情况来确定。在草种选择上要考虑其耐践踏性和恢复能力,并要求弹性和硬度适中,表面平整;作为少儿的足球场地,草坪质地也要适宜,不宜选用质地较硬的马尼拉结缕草,以避免少儿的运动受伤。

（三）经济实用原则

球场设计建造时，在满足使用要求的基础上，还要考虑球场的建造费用和日后的养护管理工作。最大程度的减低建造费用和精简养护管理工作也是球场草坪设计时的一条基本原则。

三、坪床结构的选择与设计

坪床是足球场草坪的基础，也是决定足球场草坪运动质量最主要的因子之一。良好的坪床结构不仅有利于草坪的养护管理，而且还可以为运动员创造良好的训练和比赛条件。重要的足球比赛都是按照规定日程进行，因此一个良好的足球场要求具有良好的坪床结构，在任何气候条件下都能维持一个很好的草坪运动场地，保证足球比赛的正常进行。

（一）足球场坪床结构类型

1. 无排水层结构

没有安装排水系统，表土层土壤类型为沙壤土。

2. 盲管排水结构

表层土壤类型为沙壤土，厚度为 25cm，下面是 5cm 厚的细石屑层，再下面是砾石层，管道深度 60cm，间隔距离 5m（图 24-4）。

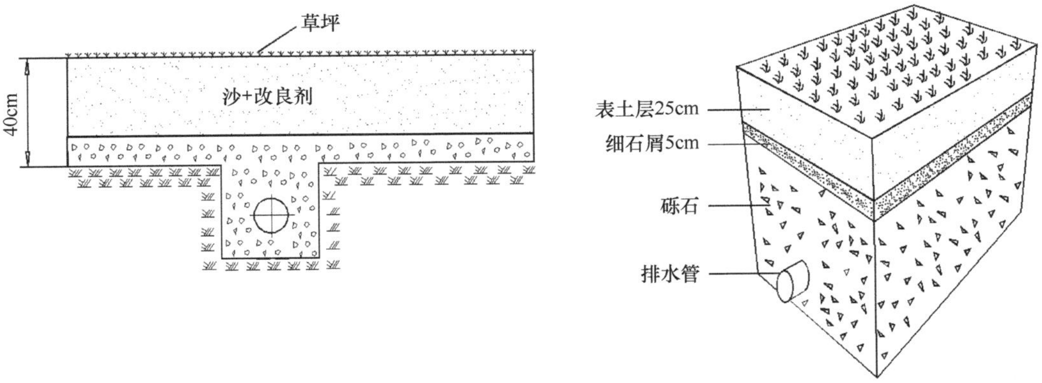

图 24-4　管道排水坪床结构

3. 裂槽式排水结构

在管道结构的基础上，在表土层每隔 1m 沿垂直于排水管道的方向开沟，其中填入 10~15cm 的粗沙和 10cm 的沙（图 24-5）。

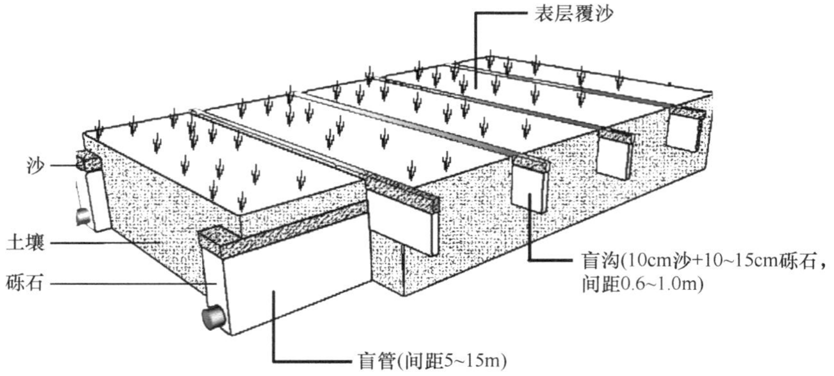

图 24-5　裂槽式排水结构坪床

4. 沙毯式结构

在裂槽式结构的基础上,再在其上铺 10~25mm 的细沙,沟距增大为 1.0~1.5m(图 24-6),渗透率≤100mm/h,全年平均积水天数≤5,使用频率 6h/周,全年使用场次可达 125~180 场。

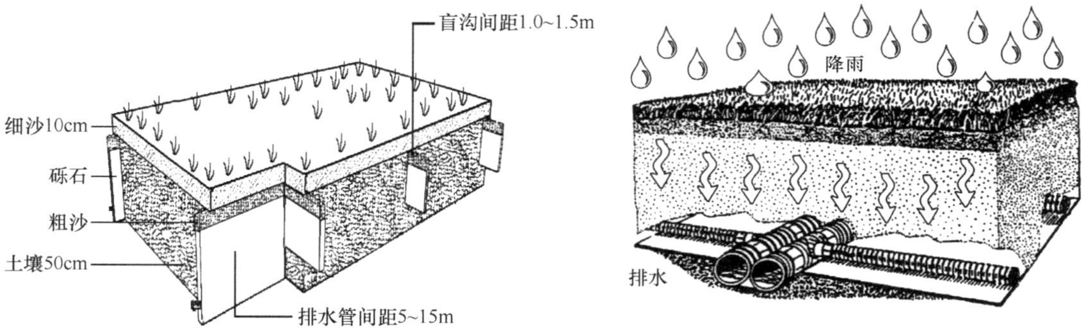

图 24-6　沙毯式结构坪床

5. 沙床结构

最上面是 25cm 中细沙组成的根系层,下面是 5cm 厚的细石屑层(2~4mm),再下面是 10cm 厚的砾石层,砾石直径为 8~10mm,基本上与高尔夫球场果岭坪床结构相似。渗透率最高为 400mm/h,使用两年后其坪床渗透率依然能达到 200mm/h,全年积水天数≤1,使用频率 9.5~10.0h/周,全年使用次数 125~180 场。

6. 加利福尼亚坪床结构

加利福尼亚坪床结构是由美国加州大学 1960 年研发应用,其具体结构分模式结构和改良结构两种。基层埋设排水瓦管,间距 3~4.5m。瓦管上铺设 50~60cm 的种植土,种植土由 90% 的沙、5%~7.5% 的沃土和 5%~7.5% 的泥炭构成。沙的粒径范围较窄,50%

以上粒径小于 0.4mm,25% 以上粒径小于 0.25mm,小于 0.1mm 粒径的比例不超过 10%。有机质混入种植土表层 10 ~13cm(图 24-7)。

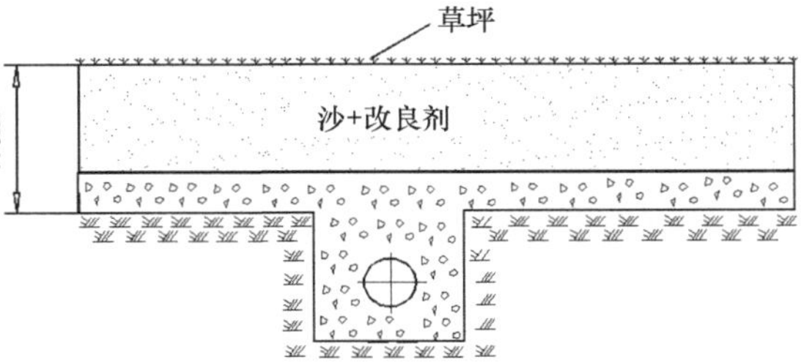

图 24-7　加利福尼亚坪床结构

7. 高尔夫球场果岭结构坪床

果岭结构坪床由美国高尔夫球协会(USGA)在大量的研究基础上于 1960 年首次提出,1973 年、1993 年和 2004 年又进行过 3 次修订,主要是针对纯沙型高尔夫球场果岭的建造而推荐的一种方法。这种结构将土壤的持水能力与排水能力很好地结合起来,在两者之间取得平衡,并将土壤的板结趋势降到最低。其结构由下往上由排水系统、砾石层、粗沙过渡层和种植层组成(图 24-8)。方法中对每一层的厚度、构成比例、每种材料的规格,以及相配套的施工方法都有明确的要求和说明。这一方法已被足球运动场地的建造广泛采用。

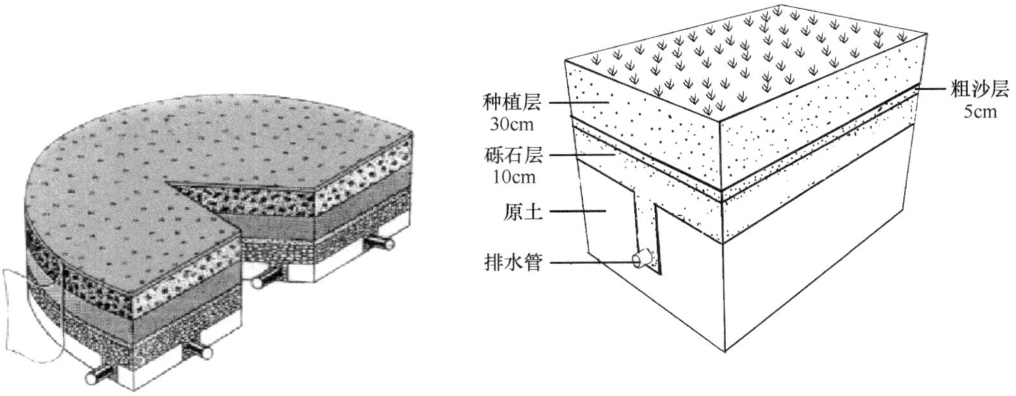

图 24-8　高尔夫球场果岭结构坪床

四、灌溉系统的设计

(一) 足球场草坪的灌溉系统类型

足球场草坪常用的灌溉方式主要为喷灌,且根据球场设计及建造需要,常见的主要有 3 种。

1. 地埋式自动升降喷灌系统

这种喷灌方式要求喷头必须为地埋、伸缩式,喷灌时喷头自动弹出,喷完后自动缩回,各级管道均应埋于地下。其优点为:全系统易于自动控制;灌溉管理操作方便,省工、省力;喷洒均匀度高,易于满足草坪草的需水要求。缺点是投资略高于其余两种。此种喷灌系统是目前足球场草坪中最为常用的一种喷灌方式。

地埋式喷灌由伸缩式喷头、输水管道、加压水泵和蓄水池组成。喷头的工作压力为5~8Pa,水泵电机功率为20~25kW,可同时启动2~12个喷头,其水流射程可达25~30m。喷水均匀性与喷头的布置和水流雾化程度有关,水流的雾化与射程成反比,要使雾化程度高,水流射程就要缩短。通常喷灌时可根据水滴分布情况,随时调节雾化机构和选择喷水角度,使灌水均匀。

2. 固定式地上喷灌系统

此种喷灌系统中多采用远射程的大喷头($R \geqslant 30$m),喷头接口固定安装在场外或场内边缘处,灌水时将喷头临时安装在固定的快速接口上,灌水完毕后再把喷头卸下,用橡皮盖将界面处盖上。这种喷灌方式要求喷头射程远、流量大。优点是场内无喷头,无伤害运动员之虞。缺点是强度大,雾化程度差,易产生地面径流,土壤侵蚀严重,均匀度不如地埋式喷灌高。

3. 移动式喷灌系统

此种喷灌系统中喷灌设备临时装在场内,灌完移走,可为移动式管道灌溉或为移动机组。管道灌溉系统比较灵活,可以任意移动喷头位置和调节灌水量,不会出现固定喷头分布不均的现象,但它的效率较低,管理麻烦,费工、费力,且灌水后的胶管在草坪上拖拉会影响草坪景观效果,专业足球场中采用不多。小型移动机组管理较方便,不会伤害运动员。但由于这种机组通常也在场外运行,必须用大射程、大流量喷头,故而均匀度及喷灌强度不理想,对土壤有侵蚀,易产生地面径流,专业足球场中采用这种灌溉方式的也不多。

(二)足球场喷头的分布

1. 无边线喷头的布置

足球场草坪在进行喷灌设计时,可以将地埋式喷头布置在比赛区域的草坪上。图24-9为在边线不布置喷头的足球场喷头布置方式,这种布置方式的特点是部分区域喷洒的水量超出草坪范围,存在一定的水量浪费,在进行草坪喷灌时,四周的跑道无法进行其他活动。但这种布置方式喷头用量较少,喷灌系统造价较低。

2. 有边线喷头的布置

与边线不布置喷头相对的就是边线布置喷头的喷头布置(图24-10),草坪足球场的灌溉水量基本达到均匀,水分浪费较少,但喷头用量较多。

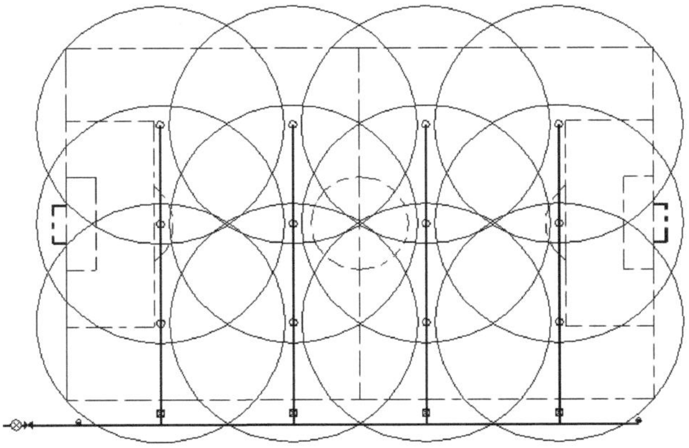

图 24-9　足球场边线不布置喷头的喷头布置方式

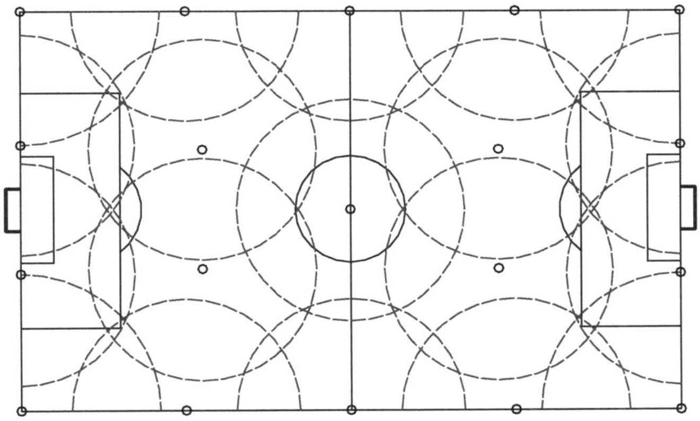

图 24-10　足球场边线布置喷头的喷头布置方式

五、排水系统的设计

排水系统是我国足球场草坪建造中最容易被忽视、但又是最重要的基础工程，一个足球运动场的好坏在很大程度都体现在其排水系统的质量和效率上。

（一）排水系统的组成

足球场排水系统包括排水砾石或砾石层、排水管道和蓄水池。排水砾石或砾石层是草坪草根系分布层的亚土层，通常厚度为 15～20cm，一般由直径为 2～10cm 的砾石构成，也是暂时存水的保水层。排水层下面是排水管道，包括排水支管和排水主管。排水支管可用埋碎石盲沟、多孔陶瓷管和有孔塑料管建造。排水主管和暗渠多用混凝土管或铸铁管，因为排水管都不承压，可用砖、石块与水泥砂浆建成。蓄水池是为了再利用足球场草坪排泄的废水灌溉草坪设置的储水构筑物。

(二) 排水系统的类型

1. 地表径流排水

利用足球场表面的坡度自然排水,一般足球场设计以纵轴为场地的最高点,向两侧设计一定的坡度,目前常用的球场表面坡度为 0.3% ~ 0.5%。在草坪场地的外沿各做一条排水沟,收集地面坡度径流。田径足球场,则在跑道内侧的道牙外边做一环形排水沟,以排除跑道和足球场的地表水。

2. 地下渗透排水

地下渗水系统与坪床结构有密切关系,目前多采用地下盲沟的方法。场地下部铺设盲沟排水管,坪床为沙质坪床。排水量可达 1500mm/h,其渗水过程为雨水—面层—沙床—砾石层—盲沟排水管网—排水管。

排水管的排列间距一般为 3 ~ 5m,降水量较大的地区,排列间距较小,而在比较干旱的地区,间距可适当增大,一般在 5m 以上。

排水管的布设形式可采用周边式或鱼骨型(图 24-11)。周边式排水管的出水口向足球场四周均匀分布,水流进入四周的暗沟。鱼骨型是在球场中心线设一条或两条主排水管,支管向两边延伸,并与主管呈一定角度相接。鱼骨型排水管很适于地势较高、排水顺畅的场地。

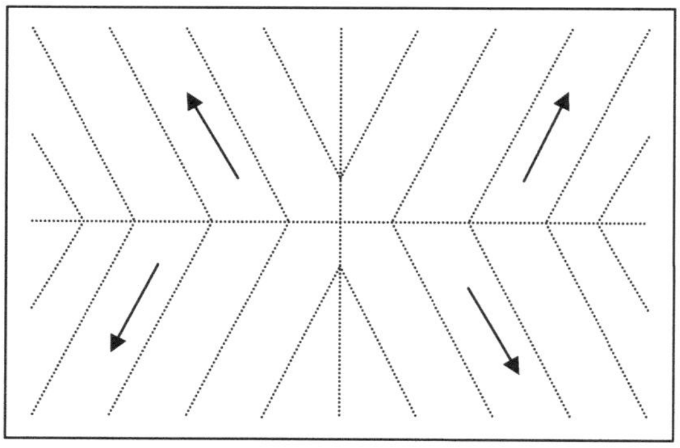

图 24-11　鱼骨型排水管的布设形式

第三节　足球场草坪建植

一、床基平整

床基坡度须与足球场的设计表面坡度一致,这样才能保证排水坡度和坪床厚度的一致。床基须建造在坪床表面 40cm 以下的位置。坪床结构中如有中间过滤层,床基须在坪床表面下 45~50cm 的位置。床基要求夯实，如果场地基础有湿软之处，必须挖出、换土和夯实，以保持场地基础的紧实。床基平整可以用大型的压路机来操作。这一过程掌握的要点是：①床基一定要夯实，以避免出现不必要的土壤沉降；②床基坡度要严格按照足球场的坡度设计执行，这样才能保证足球场有一个均匀的坪床结构和整齐的草坪表面。

二、排水系统的建造

功能良好的足球场在很大程度上取决于其排水系统功能。目前应用较多的果岭结构坪床的最大优点也在于其出众的排水系统和排水效率。足球场中所采用的排水暗管一般为多孔排水管，在管道的侧壁上有细孔使地下水进入管道。为了防止土壤进入排水管道，在管道外应设置沙石反滤层。对沙石滤料一般要求进行筛选分析，如果沙石中黏土、粉沙较多，还需要进行水洗。有些情况下，在波纹管外壁包裹一层土工布作为包裹滤料，其作用是防止土壤中的沙粒通过渗水孔进入管道。有时在土工防沙布外层管沟内填充沙砾石（或豆石），砾石外层填粗沙，这样在管道外层就形成了一个沙石反滤层，它与土工布结合可以弥补沙石级配不良的问题，从而有效地阻止土壤根系层中的土壤颗粒进入排水管道。还有一种方式是在波纹排水管周围直接填充砾石及粗沙，在粗沙层与土壤根系层相接的部位铺设一层土工防沙布，因土工布网目较细，使土壤水经过细、中、粗 3 种反滤结构层的过滤，只允许水流通过，而不能让泥沙进入管道。

塑料波纹管周围包裹沙石滤料的厚度，不论管道的直径，外围只要有 10cm 厚的沙石就足够了。具体铺设方法见图 24-12。其中图 24-12a 为管周围只包裹沙砾石滤料；图 24-12b为除沙砾石滤料外波纹管再包一层土工织物或土工防沙布；图 24-12c 将土工防沙布铺在管沟四周包括上部的草坪根系层底部，用土工防沙布将沙砾石滤料与管沟和根系基层分开。这 3 种包裹滤料的铺设方式各适用于不同质地的土壤基层和沙砾石材料的颗粒组成。如果采用化纤的土工织物作为包裹滤料的组成部分，其滤水防沙性能应当与级配沙石性能相协调，即对土工织物的孔径有一定要求。土工织物的有效孔径不能过细，以免泥沙堵塞土工织物导致排水失效，也不能过粗，过粗起不到防沙滤水的作用。

地下盲管排水系统的布置方式主要有 4 种类型：自然型、鱼骨型、平行格栅型和截流型，以及 4 种类型相互结合的其他形式。

目前，足球场采用较多的是鱼骨型布置（图 24-13），各排水管中排出的水进入草坪场地四周的明沟。

盲沟应挖 15cm 宽，最浅 20cm，沟底须彻底压实，以保证排水管道均匀倾斜。盲沟中的杂物应清除，沟底平整光滑。如果种植土与砾石层之间需加一层隔离网，须在这时铺设，但不能覆盖排水管或盲沟。在盲沟底必须铺垫一层豆石，厚度不应小于 25mm。如果必要，厚度可以增加，以保证排水管道均匀沿坡度安装。盲沟中砾石大小以 6~25mm 为宜。所有排水管都必须铺设在盲沟中的砾石床上并保证有 0.5% 的坡降，PVC 管的孔须面向上，周围用砾石填实。

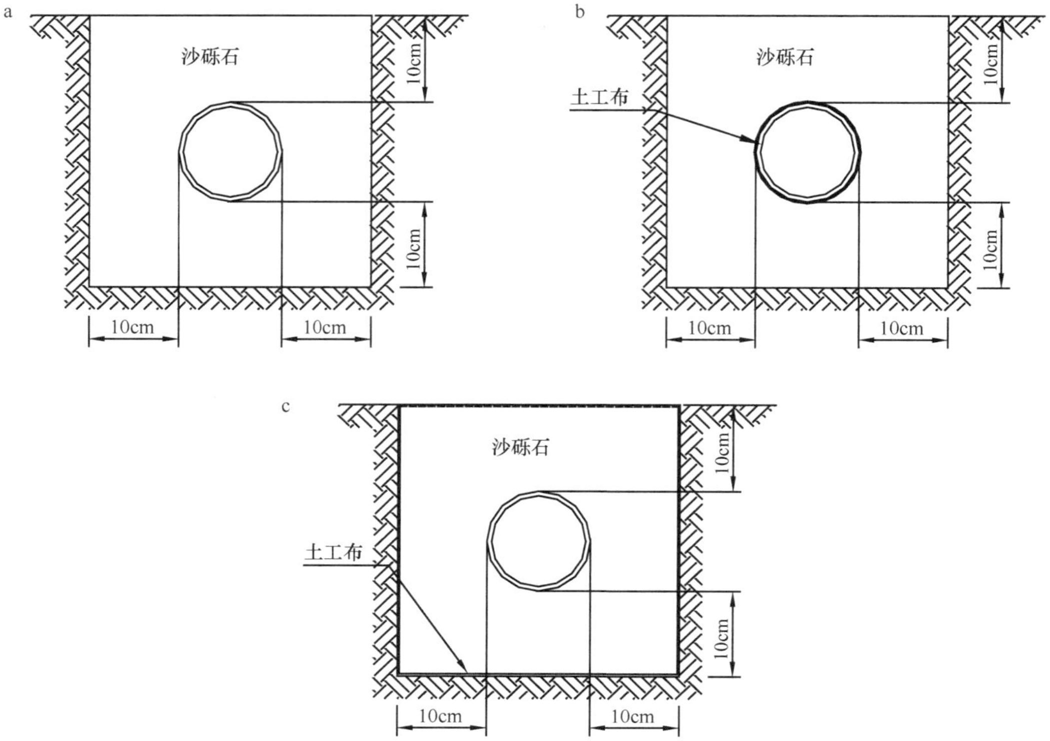

图 24-12　多孔塑料波纹排水管及其包裹滤料铺设方式

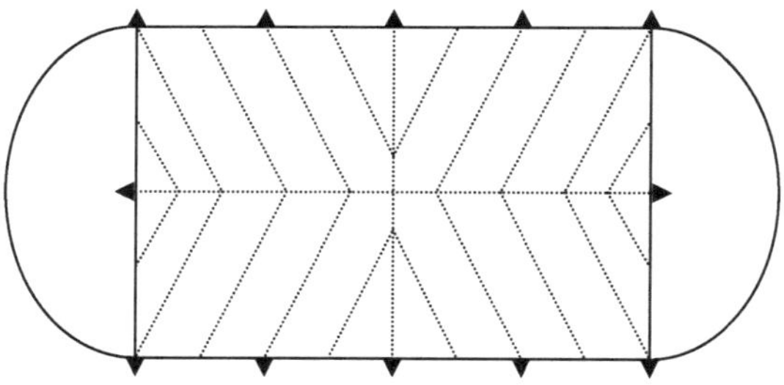

图 24-13　鱼骨型足球场地下排水系统

三、坪床土壤改良

坪床土壤的改良主要分为两个方面:化学改良和物理改良。化学改良又分为酸性土壤改良、碱性土壤改良和盐性土壤改良;物理改良主要是土壤质地和结构的改良。

(一) 酸性土壤改良

酸性土壤不利于草坪草的生长。强酸性土壤严重阻碍着草坪草残根的腐烂分解,使之不易形成有机质;在 pH5.5 以下的酸性土壤中,矿质磷和高浓度的铁、铝结合,会降低磷的有效性；酸性土壤中，细菌对有机物的分解作用减弱；强酸性土壤中活性 Al^{3+} 和还原态 Fe^{2+} 浓度增加，会毒害根系，使根系腐烂。

改良酸性土壤最常用的材料就是粉状石灰。施入适量的石灰可以提高 pH 并促进植物对养分的吸收。石灰能供给植物需要的钙和镁，同时可以减轻土壤中抑制植物根系生长的有害物质，改良土壤结构，促进土壤中有益于植物生长的微生物繁殖。pH 在 6.5 左右时的微酸性土壤，适合绝大多数草坪草生长，且对土壤中微生物的循环非常有益。pH 在 6.5 以上时，对草坪草无益，甚至有害。土壤结构的不同，其改良所需的石灰量也不同。

石灰有直接研成粉状的石灰（$CaCO_3$）、生石灰（CaO）和熟石灰（$Ca(OH)_2$），这些材料中含有大量的钙与镁，并以碳化物、氧化物或氢氧化物的形式存在。用白石灰生产的石灰就含有钙和镁，较纯的白石灰钙和镁的比率为 3∶2。直接研成粉状的石灰制品是最常用的材料，生石灰和熟石灰比直接研制成粉状的石灰见效快。但是由于它有腐蚀性，所以在草坪中一般不用。直接研成粉质的石灰经常被制成颗粒状出售，颗粒状石灰制品的优点是无尘。粉状石灰的粗细度影响着粒状石灰与土壤中酸的反应速度，颗粒越小和土壤接触的面积就越大，也就能比较快的改变土壤的 pH。通常粒状石灰细度在 100 目左右时就可满足酸性土壤的要求，细度在 20~100 目的石灰可以在一年内仍有中和作用，这种规格的石灰制品非常适合于草坪。细度在 20 目以下时，石灰反应速度非常慢，不适合用作对草坪土壤的改良。石灰使用时非常重要的一点就是一定要尽量细，以便溶解。

土壤表面的石灰其渗透率和渗透深度取决于石灰制品的种类、施量、降水量、土壤结构及有机物的含量。通常土壤表面的石灰渗透非常慢，也很浅。鉴于这种原因，校正酸性土壤的最好的办法就是在建植草坪之前将石灰均匀地拌入床土中。

如果建植草坪之前土壤的酸性没有得到校正，草坪草根系的生长和发育将会受到制约。草坪草如果没有发育充分的根系，尤其浅根状态，将会面临缺水的压力，在干旱的季节将不得不频繁地灌水，并面临营养缺乏的问题。

经过改良的土壤还要定期施石灰，沙质土每 2~3 年施一次，黏质土每 3~4 年施一次。补施石灰要看土壤的质地、降水量、所用肥料的种类及草坪是否修剪等来决定，每过 1~3 年要对土壤作一次 pH 检查，以保证其酸碱度适中。表 24-1 是多年的实验研究总结，在表中给出了要达到某个给定 pH 时需要掺入的石灰量，仅供参考。

表 24-1 将 pH 控制在 6.3~6.5 时石灰的推荐用量 （单位：g/m^3）

土壤原 pH	石灰			
	壤沙土	沙壤土	壤土	黏壤土
4.1~4.4	575	775	1200	1500
4.5~4.8	475	625	1000	1250
4.9~5.2	350	475	900	1000
5.3~5.6	225	325	600	750
5.7~6.0	125	175	300	500

施入石灰的种类要根据土壤检测结果中钙、镁的含量来决定，镁含量低时采用以白云石为原料制成的石灰，钙含量低时采用以石灰石为原料制成的石灰。石灰的年施入量不

能过量,否则不仅会抑制草坪草对养分的吸收,同时草坪草的根系也容易感染疾病。对于已建植的草坪,石灰的施入量不应该超过 250g/m^2,因为 pH 特别高的土壤中通常都缺乏铁、锌和镁。

(二) 碱性土壤改良

改良碱性土壤常用的改良剂是硫,其用量见表 24-2。硫最好在草坪覆沙时混入沙中施到草坪上,尽量避免在夏季高温时施硫。

表 24-2　将 pH 控制在 6.5 时硫的推荐用量　(单位:g/m^2)

土壤原 pH	沙土	黏土
7.5	50~70	100~120
8.0	120~170	170~250
8.5	170~250	200~250

一些肥料可以增加土壤的酸性,另一些肥料则可以减小其酸性。硫酸铵、硝酸铵、磷酸铵等能让土壤酸化。含有氰化钙、钠、钾和硝酸钙的化肥和骨粉则能减小土壤的酸性,此肥料不可用在正在碱化或者需要降低 pH 的土壤中。单一地采用氮肥来酸化土壤可能效果不显著,特别是在黏性大、有机质含量高的土壤上。如果需要快速降低 pH,那就要配合使用其他原料。表 24-3 中列出了降低 pH 所用的材料和硫的对照用量,在这些原料中硫是最常用的,且酸化土壤的能力最强,降低同样的 pH 时,其他原料的用量就大得多。

表 24-3　降低 pH 所用的材料和硫的对照用量　(单位:kg)

改良碱性土壤的原料	相当于 1kg 硫的用量
硫化钙(CaS_2)	4.2
硫酸(H_2SO_4)	3.1
硫酸亚铁($FeSO_4 \cdot 7H_2O$)	8.7
硫酸铝($Al_2(SO_4)_3 \cdot 18H_2O$)	7.0

在建植草坪前将石膏或硫拌入床土中,可以有效地改良碱性土壤。在土壤表面施的改良材料需要经过多次降雨或灌溉才能使其深入地下。在已建植的草坪上单施硫,不应超过 25g/m^2,过量施硫会烧伤草坪,年施硫量为 75g/m^2,分 3~5 次施入比较理想。在春季和秋季施硫比较安全,因为春秋两季雨水较充足,不易造成草坪灼伤。颗粒大的硫不应在草坪上使用,大的颗粒不会很快的溶解,也不易渗入土壤,反而很容易灼伤草坪。在降低 pH 之前,首先应对土壤进行测试,以免 2.5~5cm 的表层土壤 pH 被降得太低。检测的土样要在 2.5~5cm 和 5~15cm 同时取样,从不同深度的土样分析结果就可以掌握改良工作的进程。

(三) 盐性土的改良

一般来说,草坪土壤含盐量应在 0.2% 左右,含盐量的临界值为 0.5%,极限值为

0.7%，但某些耐盐性很强的草坪草，如草地早熟禾的某些品种，可在含盐量高达1.1%的土壤中生长。草坪草种的耐盐性因草种而异，同一种内，不同的品种其耐盐性也有差异。

改良盐性土通常是用水洗法，即用大水漫灌以降低土壤中可溶性盐的浓度，但前提是，灌溉的水量一定要超过蒸发的水量，才能取得效果。频繁的浅灌不仅不能将盐分洗到土壤深层，而且只会加剧表层盐分的积累。

改良钠质盐土的方法与改良碱土的方法相同，即用硫或石膏。

改良混合型盐土的方法是，先用水洗法，再使用硫和石膏等改良剂。改良剂可通过表施或加到灌溉水中进行施用。如果是表施，之后要进行灌溉，以使改良剂渗入土壤中。

在工程改良达到效果后，应选择耐盐性较强的草坪草尽快建植草坪，这样才能尽早形成景观效果并保持土壤的改良效果。

（四）土壤质地改良

理想的土壤质地应具备的条件是：不易板结，透通性好，微生物活动旺盛，弹性好，离子交换量高，保水性好。但很少有土壤能达到上述条件，对践踏强烈的草坪，通常通过加入粗沙以减轻土壤板结，改善土壤的通透性，但这是以牺牲土壤肥力和保水性作为代价的。而对于沙质土壤，通过在坪床中加入较细的材料来提高其保水性时，却降低了其通透性。因此，土壤改良的原则是，在改善土壤的通透性与保持水肥之间取得平衡。

1. 常用的改良材料

改良土壤结构的材料很多，包括有机质、沙、煅烧黏土、珍珠岩等（各种改良剂的优缺点见表24-4）。选择材料时需考虑的因素有：对土壤结构的作用，对土壤质地的作用，对土壤化学性质的作用，长期稳定性，供应状况及成本。理想的草坪土壤质地是壤质沙土、沙质壤土和壤土。

表24-4 沙质坪床中常用改良剂的优缺点

改良剂		优点	缺点
有机物	泥炭土	增加养分；水和沙缓冲性	不合适的泥炭土减少渗透性
	堆肥	增加养分；水和沙缓冲性	必须充分发酵；否则影响植物生长，并可能有毒害作用
无机物	煅烧黏土	增加毛管孔隙度和保持湿度	许多水被吸附而不能被草坪利用
	蛭石	增加可利用水分和离子交换容量	颗粒可被压缩，水分渗透性减小
	珍珠岩	增加可利用水分和总孔隙度	水的渗透性减少，颗粒稳定性变差
	煅烧硅藻土	可利用水分水量增加	充气空隙度减少，颗粒稳定性较差
	沸石	增加离子交换容量，可利用水分	颗粒稳定性不定
聚丙烯酰胺凝胶		增加可利用水分	作用不确定
聚丙烯	纤维丝	提高表面的稳定性和抗剪切强度	成本高
	纤维网	提高表面的稳定性和水分渗透性	成本高
沃土		增加表面稳定性和离子交换容量	减少水渗透性

（1）有机质　运动场草坪大多为沙质坪床，沙质坪床通气、透水性好，但持水保肥能

力差。在沙质坪床中加入富含有机质的材料可提高土壤肥力,并大大增加土壤的持水保肥能力。沃土有机质含量高,但其黏性太大,影响坪床的通透性;传统的有机肥,如家畜粪便、植物性残渣发酵肥料,因堆制方法和过程受不可控因素影响,质量难以保证。目前,最常用的土壤有机质改良剂是泥炭。常用的泥炭种类包括泥炭土、草炭土、高原沼泽泥炭和湿地沼泽泥炭 4 种(表 24-5)。我国的泥炭主要分布在东北地区、四川、福建等 20 多个省区。泥炭富含有机质和腐殖酸,有机质含量约 60%,全氮 1.5%~2.5%,P_2O_5 0.1%~0.3%,K_2O 0.35%~0.5%,pH 4.5~6.0。泥炭持水力强,比沙质土高 12~15 倍,比黏土高 7~8 倍。泥炭干燥时,吸收气体的能力强,有良好的吸氨能力,对保持肥料养分有很大意义。泥炭胶体性质明显,其表面积比矿质胶体大 3~4 倍,吸着能力强,盐基代换量大,是形成土壤团粒结构的良好物质。故泥炭被广泛用作运动场坪床土壤的改良剂,以增加坪床的持水保肥能力。

表 24-5　4 种泥炭的特性

泥炭土类型		分解状态	pH	吸水量/%	体积重量比/(kg/m^3)	含氮量/%	改良效果
泥炭土		完全	5.0~7.5	150~500	320~640	2.0~3.5	优秀
草炭土	偏碱性	中等	5.1~7.5	400~1200	160~288	2.0~3.5	良好
	偏酸性	中等	4.0~5.0	500~1200	160~240	1.5~3.0	良好
	高原沼泽土	少量	5.0~7.0	1200~1800	80~160	2.0~3.5	良好
	湿地沼泽土	少量	3.0~4.0	1500~3000	72~112	0.6~1.4	差

(2) 沙　以沙为主的坪床现在被广泛用于高尔夫球场和运动场地建设。通常,坪床由沙和不同的有机材料混合而成,如泥炭和其他有机物质。加入有机材料的目的主要是改善土壤湿度和养分储存,有时则是为了增加坪床的稳定性。

在种植土层中沙对土壤特性影响很大,它可能决定新建运动场地的成败。因此,关于沙的施用技术,有许多很好的建议,其主要目的是使草坪床土达到适当的排水率,以使充气孔隙与毛细管孔隙间的比例取得平衡。另外,对于运动场地还需考虑场地表面的稳定性,因为草坪草常常被磨损。

按照沙的形状、粒径大小和分布来区分,沙的种类很多。沙的主要功能是增加坪床的通透性,减轻土壤板结状况(表 24-6)。

表 24-6　各种沙的饱和导水率和重力排水需要的最小深度

种类	粒径/mm	重力排水需要的最小深度/cm	最小深度时饱和导水率/(cm/h)
粗沙	0.5~1	11.9	549.9
中沙	0.25~0.5	22.1	150.1
细沙	0.1~0.25	38.9	45.0
极细沙	0.05~0.1	89.9	13.0

沙的特性随着其粒径、均一性和形状的变化而改变;坪床的特性主要取决于所使用沙的特性。研究表明,排水率和孔隙度的平衡主要受沙的粒径影响,而容重、总孔隙度取决于沙的均一性。当沙粒较圆和棱角较少时,坪床土壤孔隙趋于减少。

并不是所有的沙都可用来改良土壤。在实践中,常常用粒径大小来决定沙是否可用。粒径为 0.25~1.2mm 的中粗沙较适合用作土壤改良材料。粒径为 0.25~0.5mm 的沙,持水性较好。当沙的主体粒径小于 0.2mm 时,容易板结,达不到改良土壤的作用。沙的 pH 在施用之前也需要进行测定。

不同类型的运动场草坪坪床对于沙粒大小要求也不一样。对于足球场,沙的粒径最好为 0.125~0.5mm。

(3) 煅烧黏土　一般是指砖粉。将一定粒度的砖粉与黏性较大的土壤混合,会降低土壤容重,增加土壤孔隙度、保水性和通透性。砖粉的粒径较大,有助于减轻土壤的板结。

砖粉常用于运动场和高尔夫球场果岭的改良,除减轻土壤的板结之外,可短期内大大促进草坪草根茎的生长。砖粉的种类很多,使用时应选那些坚固、不易破碎的种类。

(4) 珍珠岩　珍珠岩可显著改善土壤的通气透水性能,并增加土壤的持水能力。将珍珠岩与沙土按 1∶1 混合后,土壤最大持水量可达 60%,而对照沙土只有 39%。有些高尔夫球场用珍珠岩作为土壤改良剂,与沙混合做果岭坪床。

此外,蛭石、膨胀叶岩、胶质磷肥、草木灰和煤渣等都可用来改良土壤,其作用主要是调节土壤理化性质而不是影响土壤结构,但其长期作用尚不十分确切,其来源也有限,因而较少使用。

2. 改良方法

土壤改良分局部改良和全部改良两大类。局部改良是对现有的土壤通过加入改良物质以达到改良效果;全部改良是指重新配制坪床材料,现有土壤可用也可不用。改良的目的是改善坪床的理化性质,以满足草坪草的生长要求。

改良的坪床深度要求在 20~30cm。通过频繁地在草坪表面表施一定量的沙和泥炭,进而达到改良的目的,但如果每次仅施 0.25~0.5cm 厚的改良物质,事实上并不能达到改良土壤的作用,相反,可能有反作用。因为这样做的结果是,坪床变成由多层性质不同的层次组成,坪床土壤的结构一致性被破坏,使得土壤的透水性遭到严重破坏。改良土壤结构的有效做法是,将至少 5~10cm 的改良物质均匀混入到土壤表层下 15~20cm 深度,方能达到改良效果。

(五) 坪床土壤配置

足球场草坪根系层是草坪草生长的基础,也是坪床结构进行排水的关键。足球场草坪的根系层通常以沙为主,其在组成中所占的比例依不同地区的气候条件和管护水平而变化,一般在多雨地区或养护管理较精细时根系层中沙的比例较大(>87%);在干旱地区或管护较粗放时,沙的比例可适当降低,但一般不低于 50%。

足球场草坪的根系层厚度一般为 30~40cm。根系层配置要根据实地土壤质地和气候条件来决定土沙比例。例如,南方年降雨多在 600mm 以上,且土壤多为黏土,因此根系层中掺沙量不得少于 50%,沙子中的粗沙比例应在 10%~15%,中细沙的比例应占 70%~80%,其余为极细沙。若使用客土为壤土,其本身含沙量已达 55%~65%,只需用 15%~20% 的粗沙进行改良即可。若使用客土为沙壤土,其物理特性以满足草坪草的生长需要,就可不用再掺沙,只要施足有机肥即可。

配置好的根系层营养土需要测定总孔隙度,非毛管孔隙度,渗水速率,土壤有机质和速效 N、P、K 营养含量。总孔隙度应达到 35% ~55%,非毛管孔隙度为 15% ~25%,渗水速率为 0. 1mm/s,有机质含量为 2% ~4%。速效 N 为 20~40mg/kg 干土,速效 P(P_2O_5)为 3~5mg/kg 干土,速效 K(K_2O)为 20~40mg/kg 干土。

四、足球场草坪坪床建造

坪床准备是基础。床面要平整,床土要细碎、干净、紧实、底肥要足,排灌系统要合理。一般来说在床面平坦的前提下,以形成中间高,四周低约 2% 的龟背式排水坡度为佳。如果坡度超过 7%,会影响训练和比赛。有时可设置地表沙槽排水系统或地下盲沟鼠道式或地下盲管式排水系统;要彻底清除高等植物体及其种子和砖石等杂物,必要时对土壤进行药物处理以杀灭病、虫害污染源;土壤以矿物颗粒比较细、黏土含量较高的轻砂壤为佳;pH 应尽量接近 5. 0~6. 5;一次应施足 2~4kg/m^2腐熟的有机肥为基肥。

(一)场地的准备

若是改造场地,草皮和表土都要小心移走和堆积;新建场地其表土若有使用价值,应妥善收集堆放,以便利用。

(二)砾石层和过渡层设置

在整好的基层上,按设计标高打桩标明砾石层、过渡层和种植层。铺设 10cm 厚的干净无杂物的砾石,误差不超过 2. 5cm。若地基较为松软,可考虑在基层表面铺设一层土工布,以稳定砾石层,防止砾石下陷。

过渡层的作用主要是将种植土与砾石层隔离,以防种植土中细小的颗粒直接进入砾石层中影响排水。过渡层是否需要,要根据种植层的沙粒大小而定。如果种植层的沙粒粒径大小符合 USGA 的设计要求,过渡层可以省去。如果种植层不符合设计要求,则过渡层必须设置。

当需要过渡层时,砾石和过渡层的粒径大小见表 24-7。过渡层必须很均匀完全地铺设在砾石层上,厚度 5~10cm。过渡层的表面造型须与最终设计造型一致。

表 24-7 砾石和过渡层粒径大小

材料	描述
砾石(铺设中间层)	粒径超过 12mm 的砾石层不能超过 10%,65% 的砾石粒径须在 6~9mm,粒径小于 2mm 的砾石不能超过 10%
中间层材料	90% 的粒径需为 1~4mm

如果能得到理想的砾石(表 24-8),则在坪床结构中无需铺设过渡层,这可以节省大量的时间和经费。砾石的选择以种植层沙粒的大小为基础。

表 24-8　砾石粒径大小(无过渡层)

表现因素	建议
搭桥因素	15%的最小砾石的粒径应小于或等于 5 倍的占种植层 85%、粒径≤1.25mm 颗粒的粒径
渗透因素	15%的最小砾石的粒径应大于或等于 5 倍的占种植层 15%、粒径≥0.75mm 颗粒的粒径
均匀因素	90%的砾石粒径与 15%的最小砾石粒径之比必须小于或等于 2~5,颗粒的粒径不能超过 12mm,粒径小于 2mm 的颗粒不能超过 10%,粒径小于 1mm 的颗粒不能超过 5%

(三)种植层设置

1. 沙

种植层中沙的粒径分布须达到表 24-9 中的要求。

表 24-9　种植层材料颗粒分布

名称	粒径/mm	建议(重量)
细砾石	2.0~3.4	不能超过 10%,尤其细砾石最好没有
特粗沙	1.0~2.0	
粗沙	0.5~1.0	不能小于 60%
中沙	0.25~0.5	
细沙	0.15~0.25	不能超过 20%
特细沙	0.05~0.15	不能超过 5%
泥土	0.002~0.05	不能超过 5%
黏土	小于 0.002	不能超过 3%
总细颗粒	特细沙+泥土+黏土	最多不能超过 10%

2. 土壤

如果为种植层选用土壤,则土壤中沙的含量不少于 60%,黏土比例不超过 5%~20%。种植层最终混合物的粒径分布、物理性状应符合 USGA 建议标准。

3. 有机质

泥炭是种植层中最常用的有机质,其含量不低于 8.5%(重量比)。此外,种植层中选用的其他有机质也有许多,包括稻壳、粉碎的大麦壳和锯木等,这些材料至少经过一年的腐熟,其物理性状必须满足 USGA 标准才能选用。有机肥由于来源不同,所以必须认真选用。

4. 种植层材料混合

种植层材料可在场外或场内进行混合。在场外混合须严格按比例搅拌混合均匀。最好先按比例大致混配,再将混配材料经过卷扬机传送带传送,材料传送到顶下落成堆时即可达到混合目的。

如果在场内搅拌,将有机质、沃土、沙和肥料等分层均匀摊铺后,采用旋耕机按不同方向来回多次反复旋耕搅拌,直至坪床材料混合均匀为止。场内搅拌的均匀程度一般不及场外搅拌。种植层混合物的物理形状应符合表 24-10 中 USGA 的标准。

表 24-10　种植层混合物物理性状

物理性状		适宜范围
孔隙度	总孔隙度	35%～55%
	空气孔隙度	15%～30%
	毛管孔隙度	15%～25%
饱和渗水速度	正常范围	15～30cm/h
	超速范围	30～60cm/h

注:①在施工现场按计划抽查沙、砾石等原材料的质量,力求整场所用材料达到均匀一致;②泥炭不能过分粉碎,以免影响混合,混合时泥炭应保持湿润;③如需化肥,也应在此时与种植土混合

(四) 种植层的铺设、平整和压实

混合好的种植层原料须搬运至场地均匀铺设,厚度为 30cm,误差不应超过 1.3cm。在铺设时,混合物应保持湿润以利于压实。种植层要求紧实、平整、表面疏松、坡度达到设计要求。

1. 粗平整

这是等高处理后进行的一项初级平整,粗平是按照一定的坡度和坡向进行的。作业时把“标桩”钉在固定的坡度水平面之间,在进行填土时,每个间隔区均应设置标桩,由于细质土通常下沉 12%～15%,填土后要反复整平、压实。

足球场的地表面排水坡度一般控制在 0.3%～0.5%。运动场草坪的坡向一般是沿长轴线走向在短轴线中部隆起呈龟背式,以便从场地中心向四周排水,足球场坡向就属于这种中间高、四周低的龟背形。

2. 破除紧实层

在场地铺设过程中,由于频繁地利用重型机具,要尽量避免造成局部地区土壤的过度紧实,重型机具进出场地要尽量保持均匀和分散,不要长期从一个地方进出。一旦土壤紧实层出现,将会妨碍水分在土壤中的垂直运动,造成积水,因此应在铺设时及时给予改造。通常用簧齿耙或圆盘耙可改造这个土层状况,但如果这个紧实土层太厚,则须用重型松土机才行。

3. 细平整

用于平滑土表,为播种做准备的一项作业。通常细平整在播种前进行,以防止播种时表土板结,另外在细平整时应注意土壤的湿度。

五、草坪建植

(一) 播前施肥

坪床中的养分水平和肥力状况对建立一个优质运动场草坪起着至关重要的作用。通

常情况下,播前应对坪床土壤的养分状况进行检测,在不缺乏N、P、K的情况下,应施有机肥(即厩肥等);否则,依情况分别施用N、P、K化肥。可采用以下程序进行。

1. 基肥

结合翻地和耙地的同时,应先深施农家腐熟厩肥,施量为200~300kg/100m^2;此外,某些化肥也可作为基肥施用,注意P和K类化肥可施于土层10~15cm处,也可结合施用一些微量元素肥料,而N类化肥不能作为基肥利用,原因是N能迅速进入土壤,深施易淋失。

由于多数草坪草适于微酸性的土壤,故对于碱性或酸性过大的土壤应进行改良。常用的办法是,碱性土壤用石膏,酸性土壤用石灰,它们的用量取决于土壤pH、土壤类型及石膏和石灰的质量和细度,以及生长的草坪草种类。施用方法以一次集中施用为宜。

2. 种肥

在播种前夕,浅施氮肥于2~3cm土层中,同时结合轻耙以与土壤混合,此称为种肥。如果种肥中有一半以上为迟效N,则施N总量应为15~20g/m^2,否则最大施N量应为5~10g/m^2。

3. 播前平整

施完种肥后应立即进行最后平整,小块地常用钉齿耙完成,在较大面积上则用叶形耙、拖板、铁丝席完成。此后即可播种。注意播前平整不能与播种间隔太长。否则,遇雨易使土表板结变硬,不利于种子萌发出苗。同时,土壤养分因淋溶和流失而损失增多。

(二) 草种选择

草种选配是关键。足球场草坪要求草种好,配方佳;长势好,耐践踏;时间长,不退化;草层薄,地毯化。其中,主要要求具备生长旺盛、覆盖力强、根系发达、有弹性、耐践踏、耐修剪,绿色期长、持续性能好几个基本特点。

1. 足球场草坪的特点

(1) 耐践踏性强　草坪耐践踏性是指草坪在不同强度外力作用下保持或恢复原草坪使用特性的能力。它表达的是草坪草忍耐外来冲击、磨损、土壤紧实性等能力的综合,它是足球场草坪草必须具备的重要特征,同时也是足球场草坪运动质量稳定性的重要前提。

总体上讲,暖型草坪草在耐磨损性上要强于冷型草坪草,这是因为暖型草坪草茎叶结构粗糙、植株密度大、茎叶组织中纤维素含量较高等。

(2) 茎叶密度高,草色均一鲜艳　致密均一、美丽如画的草坪不仅可以为比赛提供良好的竞技场地,减少运动员的伤害,而且美丽的背景不会让观众在长时间的比赛欣赏中感到眼睛疲劳,因为绿色是人视觉感觉最舒适的颜色之一。

(3) 具有良好的弹性和回弹性　足球运动是一种高强度的对抗比赛项目,为了保证运动员的安全与比赛舒适性,提高运动员的比赛积极性,球场草坪的弹性及回弹性必须达到一定的标准,以保证场地良好的缓冲性能和运动质量。

(4) 生长迅速,具有较强的恢复能力　足球运动是一项对抗性较强的比赛项目,运动员在比赛中的激烈拼抢、冲顶、铲球等动作会不同程度地对草坪造成伤害,只有具有较强分蘖能力或扩展能力的草坪草,才可以在尽量短的时间内自我恢复,否则极易形成秃斑,影响比赛质量。

2. 草种选择的原则

(1) 环境和气候条件　环境和气候条件是足球场草坪草种选择时首先要考虑的因素,即所谓的适应性原则。选择的草种首先要适应当地的气候条件和环境条件,才能保证正常生长,才能发挥其使用功能。

(2) 使用特性　足球场依其使用目的不同,在草种选择上也有较大区别。专业的足球场草坪质量要求最高,为了满足球场的使用要求,在其余因素(如管护条件、建造费用等)都可以满足的条件下,草种自然是选择表现最好的。暖型草坪首选狗牙根和结缕草,冷型草坪首选草地早熟禾或草地早熟禾与多年生黑麦草混播。而一般的足球场草坪质量要求不高,在草种选择上余地较大,但一定要考虑球场的使用强度,如果球场使用强度较大,暖型草坪应以狗牙根为宜,因为结缕草恢复能力较差,一经高强度的践踏损伤,短时间内不易恢复。而地毯草和假俭草对高强度践踏适应能力较差,不适用使用频率较高的足球场。冷型草坪草中,高羊茅在高强度使用下,易形成丛状草坪,且短期内不易恢复,导致草坪摩擦力增大,均一性下降。相对于高羊茅,草地早熟禾草坪或草地早熟禾与多年生黑麦草混播草坪更耐高强度践踏。如果球场使用强度不大时,则以上草坪草都可以作为选择。

(3) 场地养护管理条件　场地管护条件也是足球场草坪草选择的重要影响因素。对于草坪来讲,后期的管理条件对于草坪质量十分关键,特别是运动场草坪,“三分种,七分管”的理念很突出。不同的草坪草对管护要求也不同。暖型草坪草中,狗牙根与结缕草相比,对管护要求较高,由于其具有较快的生长速度和发达的匍匐茎,使狗牙根草坪易形成厚厚的枯草层,如果后期的通气打孔、垂直切割等措施跟不上,则过厚的枯草层会影响到水肥的下渗,容易引发病虫害,还会降低所施药剂的效果。而如果枯草层得到很好的控制,则适宜的枯草层会减轻土壤紧实度,改善球场表面硬度,同时还对草坪草生长点具有保护作用,使草坪草免受冻害。同时,狗牙根草坪还对水肥需求较高,N 肥需求量为每个生长月 2.43~7.30g/m^2,而结缕草仅为 1~2.5g/m^2。狗牙根较低的修剪高度和较快的生长速度,使其需要频繁的修剪,才能保持其草坪的优异质量。而结缕草草坪对管护要求较低,更适合普通的足球场草坪。冷型草坪中,草地早熟禾草坪与高羊茅草坪相比,对管护的要求较高,主要是对水肥的需求,以及对病虫害的敏感性。而高羊茅由于其极强的抗热性和抗旱性,使其在过渡带地区或低养护管理条件下,成为足球场草坪的理想选择。

(4) 草种特性　在冷型草坪草中,草地早熟禾是足球场草坪的理想选择。草地早熟禾具有良好的耐磨损性,可以提供适宜的摩擦力,恢复能力和抗虫性较强,在不同水平的养护管理条件下,依然可以表现良好。此外,在纬度较高的寒冷地区,由于草地早熟禾优异的抗寒性,使得大多数建造者青睐于草地早熟禾。强壮的根状茎是草地早熟禾作为足球场草坪草具有的最显著特点,它可以产生致密的草皮,保护草坪草根颈免受损伤。此外,根状茎的快速伸展蔓延,可以使受损草皮和裸地迅速得到恢复。草地早熟禾与其他型草坪草相比，成坪慢是其最大的不足，草地早熟禾草坪至少需要180天的成坪时间，方可投入使用。如果球场建造所需时间较短，而又要选择草地早熟禾的话，则只有选择草皮铺植。建植草坪时，如果要增加草坪耐磨损性，则可选择草地早熟禾和多年生黑麦草混播，混播比例一般为7：3或8：2。这种混播组合成坪快，耐践踏性强，是冷型足球场草坪中常见的也是较为理想的选择。

多年生黑麦草在非极端温度条件下，是一种非常优异的足球场草坪草，它不仅具有极强的耐践踏性和抗病虫害能力，同时还具有极其发达的根系，使得多年生黑麦草草坪对土壤紧实的耐性较强，在激烈的比赛中其草皮也不易被鞋钉揭起。多年生黑麦草是冷型草坪草中成坪最快的草种，从播种到投入使用只需要60~90天即可，如果球场草坪建植时所需的时间较短，则多年生黑麦草无疑是最佳选择。同时由于多年生黑麦草成坪快的特点，使其成为交播的最佳选择，无论是冷型和暖型草坪。多年生黑麦草为非匍匐的丛生型草坪草，恢复慢，不易形成致密的草皮，这也是多年生黑麦草作为足球场草坪草最大的不足。同时由于其不耐极端温度，且没有草垫层的保护，多年生黑麦草在冬季易受冻害。

高羊茅由于质地较粗糙，不耐低修剪，因此在高质量足球场草坪的建植中很少使用，但随着育种技术的发展，高羊茅的这些不足已得到改进。高羊茅是冷型草坪草中抗热性和抗旱性最好的草种，同时耐践踏性也极强，但高羊茅对土壤紧实度较为敏感，在使用强度较大时，往往表现不好。因此，在那些气温相对较高、使用强度不大或灌溉条件不好的地方，高羊茅是一种不错的选择。高羊茅和草地早熟禾混播也是常见的一种选择，通常以高羊茅为建群种，草地早熟禾的比例(重量比)少于10%。

紫羊茅叶片纤细、植株密度高，在适宜的管护条件下，可形成细致、整齐的优质草坪。但由于其根茎生长较弱，再生能力差，很少用于单播建植足球场草坪。在寒冷潮湿地区，紫羊茅常与草地早熟禾混播建植足球场，不仅可以提高草坪的建植速度，而且还可以提高草坪的耐阴能力。在温暖潮湿地区，紫羊茅常用作交播草种，与多年生黑麦草相比，其在春季过渡期表现较好。

在暖温带及热带地区，狗牙根是足球场草坪建植的首选。狗牙根是暖型草坪草中生长最快，建坪最快的草坪草，恢复能力强，极耐践踏，进入晚秋后，狗牙根生长速度减缓，用其建植的草坪很容易由于过度践踏而间苗，这时可通过交播冷型草坪草(多为一年生黑麦草)来弥补。由于狗牙根具有强大的匍匐茎和根状茎，所以能在翌年春天重新形成优质的狗牙根草坪，顺利完成春季过渡。狗牙根草坪由于生长速度快，极易形成枯草层，所以狗牙根草坪养护管理中，通气打孔和表施土壤是必不可少。交播一年生黑麦草时，一般不要选择生长速度慢、抗热性强的改良品种，否则不利于狗牙根草坪的春季过渡。狗牙根草坪如果选择种子建植，一般多选择脱壳种子，未脱壳种子发芽慢，而且出苗期需要特殊的管护。在适宜的气候条件下，狗牙根草坪2~3周即可进行第一次修剪，2个月后即可投入使用。狗牙根草坪最大的不足就是耐阴性差，如果体育馆遮阴较为严重时，可考虑其他选择。

与狗牙根相比，结缕草的耐磨损性更强，对水肥的要求不高，抗病虫害能力强，弹性好，非常适宜作足球场草坪，而且其对低温的抗性是暖型草坪草中最强的，即使在北方过渡带也得到了广泛的使用。结缕草与狗牙根一样在冬季会休眠枯黄，如果在温带地区种植，枯黄期可达半年之久，因此常选用与高羊茅混播或秋季交播，两者在叶片质地和对水肥的需求具有很大的相似性。结缕草尽管也具有发达的匍匐茎和根状茎,但是其生长速度较慢,损伤后恢复能力较差。因此如果使用强度较大,结缕草并不是很好的选择。

(三) 草坪建植

1. 种子直播法

用种子播种建植足球场草坪是最理想的方式,因为便于控制草种组成、均一性和密度,缺点是成坪时间较长,幼苗期管理技术要求较高。

足球场草坪常用草坪草的播种量见表 24-11。根据理论密度计算每平方厘米有可发芽种子 2~3 粒便可保证全苗。

表 24-11　足球场草坪常用播种量

草坪草种	单播量/(g/m²)	草坪草种	单播量/(g/m²)
草地早熟禾	15~20	狗牙根	10~15
多年生黑麦草	30~40	结缕草	25~30
高羊茅	40~50		

为使种子播种均匀,目前用于播种的机械设备有手摇播种机、手推式播种机、谷物播种机和喷播机。喷播是将种子、肥料、农药和黏着剂混合并一并喷洒在坪床上的播种方式,工作效率高,种子分布均匀,适用于高质量草坪的建植,一般足球场草坪多使用手摇播种机或手推式播种机,既方便又实用。

播种后一定要进行覆土镇压,用圆形或丁齿滚筒镇压效果较理想,必要时还要对种子进行覆盖,以保证种子快速出苗或保持适宜的温度和水分。

2. 营养繁殖法

杂交狗牙根等暖型草坪不能以种子繁殖,用其根茎的营养繁殖法是这类草坪建植的常用方法,足球场的营养繁殖法通常包括种茎撒植和全坪铺植等方式。

(1) 种茎撒植法　将匍匐茎切成含有 2~3 个节的茎段,并将此材料撒在准备好的坪床上,一般 $1m^2$ 的营养枝可铺撒 $5\sim8m^2$,然后覆沙或营养土 0.5~1.0cm,要求部分茎叶露出以吸收阳光。为控制覆沙或覆土效果,可用成卷的铁丝网先压在营养枝上,然后覆土耙平,移出铁丝网,实践证明这样覆沙或覆土既可以保证覆盖厚度均一,又可以大幅度提高工作效率。此种方法适用于暖型草坪的建植。

(2) 草皮铺植法　将培育好的草皮直接铺植在坪床上的建坪方法。此种方法是足球场草坪建植中较为常用的方法,1998 年和 2002 年世界杯足球赛上,许多球场就是采用了草皮直铺的方法建造的。草皮用起草皮机切成宽 25cm、长 20m 的草皮卷,打捆后运到施工现场。为使草皮能快速生根,草皮不易切得太厚,一般不要超过 5cm,而且在铺植后马上进行镇压和浇水。虽然草皮铺植相对于种子直播,所需的时间较短,但也要留有足够的时间以使草皮新根系得到充分发育,否则不牢固的草皮极易在比赛中被掀起。

六、足球场草坪品质

(一) 草坪质量

反映一个球场质量优劣最直接的指标就是草坪质量。试想一个草坪杂乱、泥泞不堪的场地肯定不会有好的运动质量,因此,球场质量最基本的要求就是坪用质量首先要达标。一个均一、平坦、舒适、美观的场地至少在视觉上给观众以好的感觉。

国际足球协会联合会对足球场草坪质量目前尚无一个科学客观的标准,但其有一个推荐的质量标准,即草坪盖度达 99%,草坪均匀度≥90%,全年绿色期≥270 天,修剪高度≤5cm,比赛高度 2.0~2.5cm。

草坪足球场的排水能力要求良好,土壤排水能力主要包括两方面的含义:①水分入渗率,水分渗入土壤表层的速度;②水分渗透率,水分在土壤中由非毛管孔隙所决定的移动速度。国际足球协会联合会对标准足球场坪床要求入渗率≥50mm/h,渗透率为 25~100mm/h。足球场土壤 pH 应在 5.5~7.3。

标准足球场的喷灌系统必须采用地埋自动升降式,而且多采用具有较大的喷洒半径的喷头,至少应为 15m,出水量在 22.7~113.6L/min。喷头顶部必须低于地面 2cm,外加标准橡皮盖,防止运动员在快速奔跑时被坚硬的喷头绊倒受伤。

以沙为主要基质的足球场草坪,保水保肥能力差,一般足球场草坪需 N 量为 18~21g/(m^2·年),需 P 量为 2.3~4.5g/(m^2·年),需 K 量为 6.9~9g/(m^2·年)。为了增加足球场草坪坪床的保水能力,在坪床中必须加入一定量的有机质,有机质含量应为 5%~10%。

(二) 运动质量

草坪足球场的运动质量指标主要包括回弹率、滚动距离、表面硬度、滑动摩擦力及表面平整度等,这些指标是国际上用来评价足球场草坪运动质量优劣的主要依据。国际足球协会联合会和英国国家运动委员会针对各国足球场草坪质量参差不齐的现状,共同起草并推荐了足球场草坪运动质量标准,各项指标标准及测定方法见表 24-12。

表 24-12　足球场草坪运动质量主要评价标准及测定方法

主要质量指标	国际推荐标准	测定方法
盖度		每一测量区域中草坪覆盖百分比的视觉评价
土壤持水量		用和罚球区之间横切面 100mm 土层的重量测定
反弹系数	20%~50%	将一标准比赛用球(充气压力为 70kPa 的足球)放在一定高度(3m)使其自由下落,观测球的反弹高度,以反弹高度占下落高度的百分数来表示反弹率
滚动距离	3~12m	将一标准比赛用球置于一个高 1m,斜边与水平面成 45°角的三角形测平架上,使球沿滑槽下滑,测定足球从接触草坪到停止滚动后的距离
滚动速率	0.25~0.75m/s	红外线测定仪
表面硬度	20~80g	用克勒格土壤硬度测定仪测定

续表

主要质量指标	国际推荐标准	测定方法
扭动摩擦力	30~51N · m	用扭矩测量法测定
滑动摩擦系数	1.2~1.85	在天然草坪上用带有6个15mm长的钉的圆盘装置测量其划破草坪时的扭矩
表面平整度	<8mm	用平整度测定器测定

第四节　足球场草坪的养护

足球场草坪坪床构造的特殊性,使其在养护管理上也有别于其他类型的草坪。具体表现在以下几个方面。

一、及时灌水

草坪场的灌水次数和灌水量的大小取决于草种、土壤类型、季节、气温、风及用途等因素,在草坪管理中无一成不变的灌水模式,总的要求是不要使草坪草产生干旱为原则,即土壤含水量应大于地表蒸发量和草坪蒸腾量的总和。北京生长旺季每周可浇1~2次透水(渗水深度15~20cm),一般生长季每2~3周浇一次透水。

高温季节,在白天最热时可短暂喷水(5~10min/次),以降低地温,使草不被灼伤。足球场草坪要避免频繁地灌溉。

二、适时施肥

草坪施肥依土壤供肥力和草坪需肥量而定,通常是通过施肥来补充不足部分。当草坪草颜色变淡时,是需施肥的直观标志。根据运动场草坪草的特性,施肥应本着低氮、中磷、高钾的原则(氮∶磷∶钾=10∶15∶30,有效成分比)。草坪施肥量每年应达到20~40g/m^{2}的水平(化肥),肥料种类以尿素和复合肥为佳。一年中有春、夏、秋3个施肥时期,春施高氮和足够的磷、钾,施量每月可达30g/m^2,其中氮∶磷∶钾=1∶0.5∶0.5。每年至少要施1~2次有机肥(均应充分腐熟),在早春或任何时候与覆土、镇压同时进行。新生草不宜早施化肥,最少修剪3次后才能施用。

三、勤修剪

修剪是维持草坪的最有效手段,在草坪草对修剪的耐受范围内,低修剪是增加草坪密度和维持旺盛生长的有效方法。这时,适量修剪和每次保持1/2的叶片量,是草坪修剪必须遵循的原则。当草长到5~6cm高时就可修剪。剪刀要锋利,茬高4~5cm,每次剪去部分不得超过草高的1/3。当干旱时,在炎热夏季,生长初期和末期应适当提高剪草高度,可比平时留茬高1/2。修剪应注意方向,避免在同一地点,多次同向修剪。

四、覆土镇压

春初和秋末在草坪耙去芜枝层后应覆土。填土应与原土质相同,也可填100%的砂土,填土量一般应比计算量高20%。覆土后宜用1000~5000kg重压路机碾压。凹地宜在每次修剪草后逐次填土镇压,至与场地拉平为止。

五、打孔通气

当草皮形成后,为促进草坪草的营养生长和改善坪床的通气透水状况,应定期打孔或划破改良。打孔或划破宜在早春或深冬进行,实心打孔锥长10~15cm,直径1.3cm。每平方米孔数不得少于100个。过度践踏的草坪场,在春季土壤湿润时,应进行3~6次的打孔或2~3次划破处理。

六、补播

在草坪植被稀疏或产生秃斑时应及时补种。补种可用种子直播和补铺草皮的方法进行。在生长季,在运动最频繁的地方,以4~10g/m^{2}的播种量进行补播,补播种最好与原种相同,补播前作催芽处理。播前应先剪草,然后将表土耙松,下种后覆层薄土(0.3~0.5cm),再镇压(播后一次,发芽后一次,第一次修剪后和第二年春也分别镇压一次)。补播草皮高出平面0.6cm,用1∶1的泥炭砂填空。保持2~3周湿润,进行镇压。

七、及时防虫、除病

草坪真菌病的化学防治,是采取到期喷撒甲霜铜、氯化汞、氯化亚汞、孔雀石绿等来防治。汞盐用量为42~84g/100m^2,在秋、冬两季进行1~2次。用硫酸铵3份+煅烧过的硫酸铁1份+干燥惰性砂土10~20份制备成毒土。在土壤潮湿、天气温暖、草带露水的时候撒入草坪,可防治草坪藓类,全年均可进行。另外,一年应在草坪上喷撒1~2次杀虫剂。

八、草坪管理

各项养护管理措施应依季节、草种和草坪状况配合进行。

九、赛前、赛后管理

比赛前5~10天应对草坪场进行综合养护管理(施肥、灌水、修剪),使草坪处于优良状况。比赛时应有一个坚硬和干燥的表面,在比赛前24~48h应停止灌溉。

(孙吉雄　张巨明　胡延凯　刘照辉)

主要参考文献

韩烈保．2004. 运动场草坪．北京:中国农业出版社
李树青．2004. 足球场草坪管理与评估．北京:北京体育大学出版社
苏德荣．2004. 草坪灌溉与排水工程学．北京:中国农业出版社
孙吉雄．2003. 草坪学．第二版．北京:中国农业出版社
孙吉雄．2004. 草坪工程学．北京:中国农业出版社

第二十五章　草地滚球场草坪

第一节　概　　述

草地滚球也叫草地保龄球(lown bowling),是一种融合了趣味、娱乐、健身为一体的草上球类运动,它训练人们脑力和体力协调配合。这种运动并不激烈紧张,所以男女老少均可参加,对中老年人尤为适宜。“瞄准、投球、撞击目标物”的这种游戏方式与人类破坏本能的心理有密切的关系,所以,有人认为此项游戏必然自古已有。相传古时候某些部落中,常把被征服者的头盖骨作球,腿骨作目标,进行投掷,以此取乐。英国考古学家福兰达斯·培德理在挖掘出公元前5200年的埃及古墓时,发现与现代保龄球类似的大理石制作的球状物和瓶状物。据说,古埃及有将死者生前最喜欢或最重视的东西一起陪葬的风俗,因此,我们可以推测福兰达斯·培德理所发现的球与球瓶,应该是那时流行的玩具。虽然我们无法清楚地知道,古埃及时代究竟以何种规则来进行这项游戏,但是可将之断定为现代保龄球的雏形,因此,保龄球运动被誉为人类历史上最古老的运动之一。据说,位于太平洋的波利尼亚群岛上,古时候也流行着一种类似的游戏,名叫乌拉勒卡,更不可思议的是,发球的地点与瓶子摆放的地点距离正好是18.29m,与现代保龄球道的距离相差无几。

公元3~4世纪在德意志帝国的教会里,有一种被称之为“打击恶魔”的宗教仪式曾风靡一时。“打击恶魔”这个仪式在进行的时候令人感到相当具有趣味性,于是渐渐地演变成与信仰没有关联的娱乐方式,最后终于脱离教会成为以娱乐为主要目的的游戏,并且继续流传到英国、法国、荷兰等地方,以户外活动的滚球运动方式受到大众的欢迎,盛行各地。

滚球运动可称为历史悠久的活动,早在7000年前古埃及的青年已懂得用石球滚击一堆石樽群做游戏。其后类似的活动,先后在欧洲各地出现,只是在不同地方,有不同形状的木标樽,如金字塔形、圆锥形等。

在公元一世纪德国境内的修院,以此作为一种经常活动,得胜的修士更会获得教会祝福作为奖励。

6~18世纪,滚球活动继续在苏格兰、英国及一些欧陆地方流传,但规则和器材颇有差异,根据记载,石球的重量有重达18.14kg,最长的球道有36.58m,而樽群的数目有5支、9支、10支和15支不等。但游戏的形式,最终还是要击倒中间的一支主樽,以决胜负,因此有弧线滚球技术的出现。当时,此活动已广泛在社会上不同阶层流行,甚至冬天,人们亦会在冰上进行滚球比赛。

至1848年,苏格兰人米曹编写成第一份滚球运动规则,成为现代滚球的规范,然后在1892年,苏格兰组成草地滚球协会,促成了世界各地滚球运动的发展。草地滚球运动,原是英国皇家贵族的运动,草地滚球的雏形产生于7000年前的古埃及,但现代草地滚球是从遍地绿草和牛羊的苏格兰发展起来的。在19世纪以前,草地滚球只局限在英国皇室贵族范围内供少数人享用,直到1884年英国下议院才取消了这项禁令。从此,草地滚球逐渐传向世界各地。

1588 年,西班牙国王菲腊二世派遣西班牙陆军,从法兰德斯会同西班牙无敌舰队一百三十艘战船入侵英国,在普利茅斯港(Plymouth Hoe),英国舰队副司令德雷克爵士(Sir Francis Drake)兵临城下之际,仍然坚持要完成一场草地滚球比赛才上阵应战,他说:"We still have time to finish the game and thrash the Spaniards, too"。他用计谋先在上风方向放出几艘纵火船,再率领舰队冲击西班牙无敌舰队,打乱其队形使其暴露在英国舰队的重型火炮攻击下,西班牙舰队终告惨败。西班牙无敌舰队的战败使英国和荷兰免遭西班牙的吞并,德雷克爵士功不可没,更因此成为名噪一时的英雄人物。此役德雷克爵士表现出草地滚球高手应有的条件:高度集中力、自信心及智谋。

现代草地滚球是从遍地绿草和牛羊的苏格兰发展起来的。草地滚球在 21 世纪初传入中国香港。现是欧美各国、中国香港有身份地位人士喜爱的,仅次于高尔夫球档次的体育运动。也是一项增进友谊,充分享受生活、空气、阳光、绿地的休闲式的,以球会(协会、俱乐部)组织形式的活动。目前,广州、深圳、昆明等地相继建成了草地滚球场,吸引了众多体育爱好者。草地滚球可以让你亲近大自然,充分享受阳光、空气、鲜花、绿草,它兼具保龄球、门球的技术特点,又有高尔夫球的高雅和美妙环境,加上其特有的趣味性,适中的运动量,因而适合各年龄段的人参与,且单人、双人、多人均可,是一项新兴的健康娱乐项目。

第二节　草地滚球运动

一、运动方式

草地滚球是以木制的球朝着小目标球(称为 JACK)滚动,球之形体并非圆的,而是两边不平均的,使得球径成曲线进行,增加掷球的趣味。球戏可单人玩,也可以 2 人或 3 人一组玩。每一球手试着把球掷向目标球,越贴近越好,也可把对手的球撞开,使其不能接近目标球。比赛分单场赛、组队赛、擂台赛、联赛、循环赛、精英赛等多种方式。

比赛开始,球员在赛道上铺下垫子,站立于垫子上沿赛道中心线发出目标球,并将目标球移至中心线。双方球员轮流发出滚球去接近目标球,因为滚球的偏心使它以弧线接近目标球,在双方球员发出所有滚球后,最终以目测或尺量决定最近目标球之滚球,计算得分。

二、运动规则

在一块 6m×37m 的平坦草地球道上,两队以等量球员(各 1~4 人),先由一人发目标球至球道前方 20~37m,放在中心线后,球队按 1 号至 4 号球员顺序,每号队员向目标球以滚靠球或滚击球方式轮换,各滚相等数量滚球(每人 2~4 球),所有队员将手中球全部投出为一轮。每轮终了后,计分 1 次。最后比较累计总分,高分者为胜。计算分数的方法:当一轮比赛结束后,一方的球比对方距目标球最近的球更近时,即算 1 分,有 2 个更近,则得2分,依此类推。因球道上的滚球均可被后滚出的球击离原位,局势变化不定,胜败到终了才能确定。故球员投球顺序、攻防策略、投球战略、战术很有讲究,趣味性很浓。

草地滚球比赛可分为男子、女子和男女混合赛。同时,又分成单人赛、双人赛、三人队际赛和四人队际赛。单人赛,比赛双方各1名球员,每人4个球,轮流发出共8个球为一局,以先取得25分的一方为胜,不限局数。双人赛,比赛双方各2名球员,每人4个球,轮流发出共16个球为一局,比赛21局,得分高的一方为胜。三人队际赛,比赛双方各3名球员,每人3个球,轮流发出共18个球为一局,比赛18局,得分高的一方为胜。四人队际赛,比赛双方各4名球员,每人3个球,轮流发出共18个球为一局,比赛18局,得分高的一方为胜。

三、运动用球及器具

(一) 目标球

直径6cm,重0.2kg,白(黄)色圆球。

(二) 草地滚球

黑色鼓形偏心球,因重量不同分0号至7号,球投出后,因其偏心构造滚出的路线呈曲弧线,球偏斜面永远在弧线内侧。内侧以小圆圈图案,外侧以大圆圈图案在球面上表示。一套滚球4个,每套标志图案各异。

(三) 投球垫

长70(60)cm,宽40(36)cm。球员在投球时需双脚站在投球板上。至球投出时至少一只脚还需踏在投球板上,投球垫应放在离边沟2m处,投球时可移动。

(四) 鞋

无齿平底高档软牛皮运动鞋。

第三节　草坪场地的建设

一、场地

草地滚球必须在平整、高质的草坪上进行。按国际标准场地应为40m×40m的正方形。在实际中也可小到37m×37m。场内除草坪场地外,还包括通路,走道和挡板等(图25-1)。

球场面必须水平。场内分7个区,每区按顺序编码。最大容量可同时有7个组进行比赛。因此场地的周围要有较为宽的活动空间和必备的附属服务措施,如卫生间、保养馆、俱乐部及庭园等,并应用园林的手法加以美化,使参加活动的人们置身于一个优美的

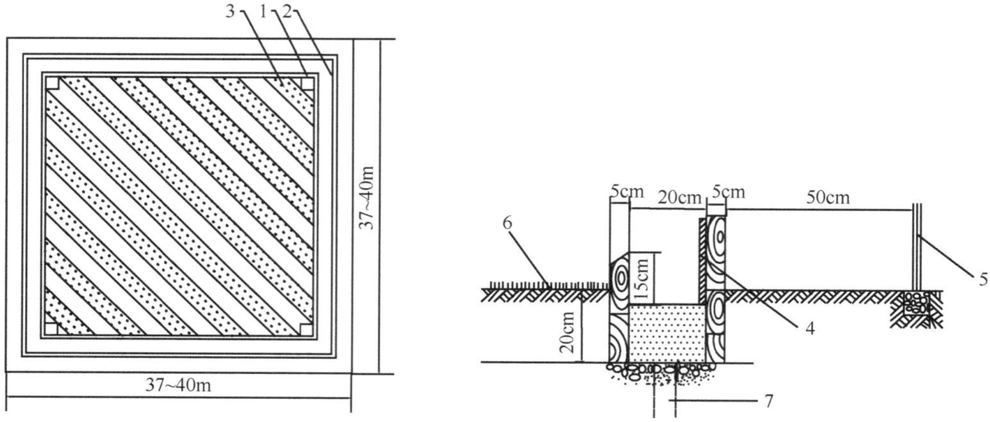

图 25-1　草地滚球场场地规格(韩烈保,1999)
1.水平桩;2.沙槽;3.草坪花纹;4.橡皮板;5.护栏;6.滚木球场草坪;7.排水孔

环境之中,让比赛及身心娱乐融为一体,增加活动的魅力。一个标准场地需要 1.2~1.4hm^{2}的土地。

二、排水系统设置

在湿润地区,排水是草坪生长良好的关键,因此,场地建设的第一步是根据建坪地的降水量和球场的位置提出正确的排水系统设置方案。

(一) 开挖铺管基础沟

在球场的范围内,按球场面定出标高,然后向下挖土,按排水需要确定排水沟的数目。一般除四周应有边渠环境外,场内应还有 5 条左右的排水沟。在地势低和降水量多的地区,可能还要设置支渠或多一些排水沟。排水沟的位置最好在实土内挖出。沟的底边与高应分别大于排水管直径的两倍以上。沟与沟之间的地形应呈龟背形的斜面。球场内排水沟呈平行排列,然后以 1∶100 的斜率通向排水口。

(二) 敷管

排水管一般是 PVC 管,可以按需要在管壁上钻孔。目前,有些国家已生产出一些带有排水孔并可屈伸的 PVC 管,在使用上更为方便。敷管之前先在沟底垫上 3~5cm 的石砾,压实并垫平,在敷管的时候除注意与边管连接外,还要把水平位置高的一端排水管延长至场外及弯向上方,以利于日后用水压法疏通管内的淤泥和沙粒,保证其排水功效。

(三) 铺设砾石

为了使多余的水量通过过滤后才流向排水管,必须按砾石直径的大小分层铺设,首先用粒径 2~3cm 的砾石填满沟内,然后整个球场铺一层厚 6cm、粒径 1.5~2cm 的砾石,再上层铺厚 4cm、粒径 0.5~0.9cm 的鱼眼砂。每层都分别要压实取平。

三、灌溉系统设计

草地滚球草坪面必须水平，否则会严重影响竞赛质量和水平，因此其灌溉系统与其他球场有所不同。通常采用的喷灌系统或多或少地会造成场地灌水不均，进而使草坪草生长状况出现微小的差异。为避免这种情况的发生，草地滚球球场的灌溉系统可采用三路地表喷灌系统，即在正方形球场的 4 个角上各安装一个可旋转 90°的喷头，在球场 4 条边的中点各安装 1 个可旋转转 180°的喷头，在场地正中心安装 1 个可全方位旋转的喷头。这样，只要水压稳定，所选喷头符合设计射程，在灌溉草坪时，场地中各处所能得到的水就能保证最大限度的一致。

四、坪床整备

（一）坪床准备

在排水层设置完成后，在其上铺设种植层。种植层是 20cm 厚的细砂层，其组成粒径 2.5mm 的砂石占 40%，8.0mm 砂石占 60%。在这 20cm 细砂层的最上 5cm 层内，应按 20：1 的比例混入经过消毒处理的泥炭土和有机肥。最后镇压取平。

（二）边界标志、边沟和后墙

预先将用水泥倒模制成的 4 个定位器分别置于球场的 4 个端角作为边界标志，其作用是帮助测量角度和水平位置，连接着环绕球场四周的边渠。渠宽 20cm，渠面比球场面略低 15cm，每隔 50cm 设一排水孔，以保证渠内积水流向下面的砾石层。渠内填满白砂。渠的边堤，一边是由木或塑料板制成，略高于球场面，高出部分成 45°角，让滚木球可顺势滚入渠内；另一边堤高于球场面 23cm，用橡胶贴住，以保证撞来的球不致被破坏。

五、草种

草地滚球场对草坪的运动性状要求较高，需要耐践踏、叶片较优质、茎秆坚硬的草。此外，还要考虑建场地的气候与立地条件选适宜的草种建坪。在冷凉地区可用翦股颖等，在暖热地区用狗牙根等，都能建成耐用性强的草地滚球场。建植方法可用种子直播，也可用营养体建植。例如，可将含 2~3 节的天堂草 419 草段撒在经充分淋水、滚压和平整的坪床上，再覆上砂与肥料比为 6：1 或 5：1 的覆盖土，厚度以根茎上的叶片可露出来为宜，最后轻度镇压即可。

六、球场草坪质量

草地滚球场中的草坪草，必须具有耐低刈割、耐强度修剪、耐磨损和叶子质地纤细的特征。一个令人满意的草地滚球场,其质量关键,是必须有最抗磨损、紧密、叶细、保持高密度以抗杂草侵害及其他废墟药草的侵入、耐低修剪及频繁修剪,以及由于比赛及其他原因恢复能力快的坚韧草坪草。

七、草坪养护管理

草坪草种植后,在正常养护管理下,约经 3 个月就能形成一个可供运动的草坪球场。日常的养护管理工作包括灌水、剪草、施肥、防治病虫害、补植、除杂草杂物、滚压、打孔、梳理和覆砂等。

无论是种子撒播还是营养体建坪,当其萌生和返青,高度超过 3cm 后就应进行第一次修剪,留茬高度为 2cm。然后是薄施,勤施含氮、钾的肥料,并在生长两周后进行修剪,此次留茬高度为 1.5cm。接着又是施肥、滚压,两周后再修剪,留茬高度为 1cm,最后再次修剪把留茬高度降至 0.5cm,以后渐次降到需要的高度,一般剪股颖留茬高度为 0.4~0.6cm,狗牙根留茬高度为 0.2cm(其他养护管理同高尔夫球)。

(一)比赛前的管理

1. 修剪除杂

在比赛的前期要及时的清除草坪场地上的杂草与杂物,否则既影响美观又不利于比赛的进行。修剪要根据比赛的要求,在赛前的修剪高度要稍低一些,以使正式比赛草坪高度能满足比赛要求。修剪的次数也要增加至一天两次,最好是每天的上午和下午各修剪一次。

2. 灌溉滚压

灌溉也是赛前准备工作中一项十分重要的措施。灌溉的总体要求是少量多次,以保证坪面坚实,打球性能好。为了确保比赛时草坪表面具有适宜的硬度和干燥度,一般在比赛前 24~48h 停止灌溉。

每一场比赛之前所需的灌水量都应按照球场草坪的实际情况来定。既要考虑实际土壤含水量情况,又要考虑坪床结构的排水性能及当时的气候条件等,进而确定当天的灌水量。一旦灌水量确定,应立即进行灌溉,以使灌水有充足时间进行渗透,以免场地过湿,对比赛产生不利影响。

灌溉时还应注意,在一些过度践踏区域(如球门区等),应避免浇水过多,因为这些区域践踏强度较大,往往土壤紧实程度大,而且这些区域草坪易退化而出现裸地,如果浇水过多,则会出现泥泞积水等现象,从而严重影响球场景观效果及使用质量,对于这些特殊区域可采用手动的方式进行浇水。

草地滚球场的滚压是一项很重要的养护措施,比赛季节一般一天滚压两次,分别在比赛的前后进行。滚压的目的是使草坪的表面更加坚实平整。

3. 画线着色

比赛的前几天,在进行必要的修剪和滚压后,赛前的最后一项准备工作就是对球场画线和着色。均匀一致而且清晰确定的标线不仅看起来美观,而且对运动规则的执行十分关键,因此要在球场地上按照比赛标准进行严格的标线。

画线时还应注意以下几点。①当草坪很湿时不宜涂漆,因为此时油漆易随水扩散而使场地界限不鲜明。②不能涂得过厚,薄薄的涂上一层就能在长时间内清晰可见。若涂得过厚,油漆便会在草皮上结成硬块,使草皮更易磨损,而且过多的油漆还会沿着纤维向下流到纤维的基部,使清洗更加困难。③在正式比赛前,一定要保证油漆完全干燥,否则未干的油漆很容易粘在运动鞋或衣服上造成污染。

4. 草坪着色

草坪着色不是一种正常的草坪养护措施,但在重大的比赛前对草坪进行适当的着色,可产生强烈的视觉效果,增加运动员的渲染度,给观众以满意的视觉效果颜色。

(二) 比赛后的管理

比赛后应及时清场,除灌溉、补肥外,还要进行修剪、损坏草皮的修补和镇压等。草皮修补常用的方法是将种子和土壤混合来覆盖损坏严重的草皮,并轻轻滚压。对于草皮严重损坏以致无法修补的草皮要除掉原草皮,重新铺植新草皮。除上述措施外,还要对赛后的草坪进行及时的灌溉和施肥,以加快草皮的恢复速度。

草地滚球的赛前赛后的管理与一般的运动场草坪有所不同。一是草坪修剪留茬高度一定不要高于2cm,以防止影响滚球的速度。二是修剪时要注意保龄球草坪的修剪要分层次进行,不可强制性的一刀剪平。因为保龄球草地既要保持表面的柔软性,又要保持地表层的厚实度,最好的修剪工具是滚刀剪草机。三是灌溉对于维护良好的草地滚球场地的问题,最好用可移动式灌溉工具。其他赛前养护措施(如着色、滚压等)也可以进行。

（孙吉雄　张巨明　胡延凯　刘照辉）

主要参考文献

韩烈保. 2004. 运动场草坪. 北京:中国农业出版社
苏德荣. 2004. 草坪灌溉与排水工程学. 北京:中国农业出版社
孙吉雄. 2003. 草坪学. 第二版. 北京:中国农业出版社
孙吉雄. 2004. 草坪工程学. 北京:中国农业出版社
向韦刘,徐松. 1990. 体育手册. 上海:少年儿童出版社

第二十六章　网球场草坪

第一节　概　　述

草地网球是一项古老的体育运动，孕育于法国，诞生于英国，开始普及和形成高潮是在美国，自诞生之日起，至今风靡无数国家和地区，成为仅次于足球运动的第二球类运动。传统意义上的草地网球是在天然草地上进行，而今较高水平的网球比赛，如男子戴维斯杯锦标赛、女子网联杯锦标赛、温布尔顿网球锦标赛等均在草坪地上进行。

一、草地网球的发展历史

早在12~13世纪，法国的传教士常常在教堂的回廊里，用手掌击打一种类似小球的物体，以此来调剂刻板的教堂生活。到了14世纪中叶，法国的一位诗人把这种球类游戏介绍到法国宫廷中，作为皇室贵族男女的消遣。当时玩这种游戏的场地是宫廷内的大厅，没有网也没有球拍，球是用布卷成圆形后用绳子绑成的。场地中间架起一条绳子为界，利用两手作球拍，把球从绳上丢来丢去，法语叫做“Tennez”，英语叫做“Take it！ Play”，意即“抓住！ 丢过去”，今天“Tennis”（网球）一词即来源于此。不久，木板的球拍被用来代替两手拍球。16世纪初，这项球类游戏被法国国民发现，出于好奇心开始仿效，很快地传播到各大城市，同时改良了用具。球制造得比较耐用，拍子由木板改为羊皮纸板，拍面面积放大了，握把的柄也加长了。场地中间的绳子，增加了无数短绳子向地面垂下，球从绳子下面经过时，可以明显地发觉。后来此项运动被法国国王路易斯下令禁止，并规定这是宫廷中的特权游戏。17世纪初，场地中间不再用绳帘，而改用小方格网子，网比帘的作用更好，拍子改用穿线的网拍，富有弹性而且轻巧方便。在法国宫廷中做这种游戏时，球场旁边放置一只金色容器，每次比赛完毕后，观众将金钱投入盘中，作为胜利者的奖品。这种方法起初的用意很好，后来渐渐演变成为一种赌博。开始时数目尚小，久而久之越赌越大，甚至有人因此倾家荡产，于是纠纷迭起，法国国王遂下令禁止此种游戏，这就是18世纪初期网球衰败的主要原因。

14世纪中叶，法国王储将这种游戏使用的球赠送给英皇亨利五世，于是这种游戏便传入英国。这种球的表面是用埃及坦尼斯镇所产的最为著名的绒布——斜纹法兰绒制作而成，英国人将这种球称为“Tennis”（网球），并流传下来，直到现在，我们使用的球还保留着一层柔软的绒面。16~17世纪是这种活动的兴旺时期，并逐渐形成了比赛。由于这种活动只是在法国和英国的宫廷中流行，所以网球运动又称为宫廷网球和皇家网球。

近代草地网球诞生于19世纪的英国，原因有两个：一是当时有大量修剪平整的草地，用于进行草地槌球游戏；一是球拍的框架已经出现。1875年，全英草地槌球俱乐部为筹集资金，选出了几块草地槌球草地作为草地网球场地，从此，草地网球的流行程度开始超越草地槌球。

1873 年,英国的温菲尔德少校改进了早期网球的打法,并将场地移向草坪地,创造了草地网球。1874 年,规定了球的大小和网的高低,把网球场地定为 23.77m×8.23m 的长方形,球网中央的高度为 99cm,同年 7 月举办了第一届温布尔顿草地网球锦标赛。

1913 年,草地网球开始在世界范围内流行起来,当时,各国网球协会共同携手,统一组织比赛成为大势所趋,因此有 12 个国家在巴黎召开了一次国际性会议,在这次会议上,成立了国际草地网球联合会(ILTF)。其创始国有 Austral-Asia(代表澳大利亚和新西兰)、奥地利、比利时、丹麦、德国、英国、荷兰、俄国、法国、南非、瑞典和瑞士。尽管西班牙没能参加会议,但经证实也获得批准成为会员。1923 年,每年一次的全会在巴黎举行,起草了正式的 ILTF 网球规则,并于 1924 年 1 月 1 日开始实施。1977 年,ILTF 去掉了名称中的"Lawn"(草地)一词,启用现在的名称——国际网球联合会(ITF)。进入 20 世纪 90 年代以后,网球运动朝着高普及率、高水平、高度职业化、高度商业化方向迅速发展。

网球运动在 19 世纪后期,由英国、美国、法国等的商人、传教士和士兵作为娱乐活动相继传入我国。1910 年举行的第一届全运会上,男子网球被列为正式的比赛项目。新中国成立后,网球运动得到进一步发展,正日益被中国大众所喜爱,"网球热"继续在我国各地升温。

二、草地网球运动比赛规则

比赛开始前,双方用掷钱币或旋转球拍的方法来决定选择场区或首先发球和接发球权,得胜者有权选择发球或接发球或者是选择场地;选择发球或接发球者,应让对方选择场区;选择场地者,应让对方选择发球或接发球。

比赛开始时,发球一方先在底线中点的右区端线后发球,发球员有两次发球权,第一次发球出界或下网为失误一次,不作失分,应在原位置上做第二次发球,第二次发球再失误则失一分,即每分有两次发球机会。第二分换在左区发球,第三分又回到右区,如此轮换区域发球,直到该局结束。第二局改由对方先发球,接球员成为发球员,发球员成为接球员。以后每局终了,均依次互相交换直到比赛结束。如发球顺序发生错误,发觉后应立即纠正,由此轮发球的球员发球,发觉错误前双方所得的分数都有效。

落在线上的任何球(压线球)均算作界内球。双方应在每盘的第一、第三、第五等单数局结束后,以及每盘结束时双方局数之和为单数时,交换场地。如果一盘结束时,双方局数之和为双数则不交换场地,须等下一盘第一局结束后再进行交换。如果发生未按正常顺序交换场地的错误,一经发现应立即纠正,按原来顺序进行比赛。

网球采用古天文学圆盘原理的记分方法,每局计分为 0(代表 0 分),15(代表 1 分),30(代表 2 分),40(代表 3 分)。因为最原始的网球运动是起源于宫廷之中,所以计分方法就地取材是可以理解的。他们拿可以拨动的时钟来计分,每得一次分就将时钟转动四分之一,也就是 15 分(a quarter,一刻),同理,得两次分就将时钟拨至 30 分,当然一切都是以他们的方便为基础。这就是 15 分、30 分的由来。至于 40 分,它比较怪异,它不是 15 的倍数。这是因为在英文中,15 分念作"fifteen",为双音节,而 30 分念作"thirty",也是双音节;但是 45 分,英文念作"forty-five",变成了三个音节,当时英国人觉得有点拗口,也不符合"方便"的原则,于是就把它改成同为双音节的 40 分(forty)。这就是看来不合逻辑的 40 分的由来。虽然这样的计分方法看来有些奇怪,但还是依循传统沿用至今,毕竟大家都已经习惯了这种来自宫廷的计分方法。网球比赛计分按分、局、盘计分。运动员每胜一球得一分,先得四分者胜一局。而双方各得三分时,则为“平分”。“平分”后,一方净胜两分才算胜一局,一方先胜六局为胜一盘。而双方各得五局时,一方必须净胜两局才算胜一盘。

正式的网球比赛分为男团体、女团体、男子单打、女子单打、男子双打、女子双打、男女混合双打7个项目。男子单打和男子双打采用5局3胜制,女子单打、女子双打与男女混合双打则采用3局2胜制;团体赛分2人团体和4人团体,分为2场单打和1场双打3个项目,均以3局2胜定胜负,而在4人团体赛中,一个运动员在一次团体赛中只能参加一次单打。

三、草地网球场的场地规格

草地网球场呈长方形,分单打和双打两种。单打场地宽为8.23m,长为23.77m;双打场地宽为10.97m,长和单打场地一样。场地两边的长线称边线,两端的短线称端线(俗称底线)。球网将球场横隔成相等的两个区域。网高0.91m,球网两侧6.4m处各有一条与端线平行的横线为发球线,两条发球线中点联结的线叫中线,中线把发球线与边线之间地面分成4个相等的发球区,自端线到发球区的长度为5.49m。球网悬挂在直径不到0.8cm的网绳或钢丝绳上,悬挂球网的网柱直径不能超过15cm,网柱中心距边线外沿0.91m,网柱高度应使网绳或钢丝绳的顶部距地面1.07m。网球场场地规格见图26-1。

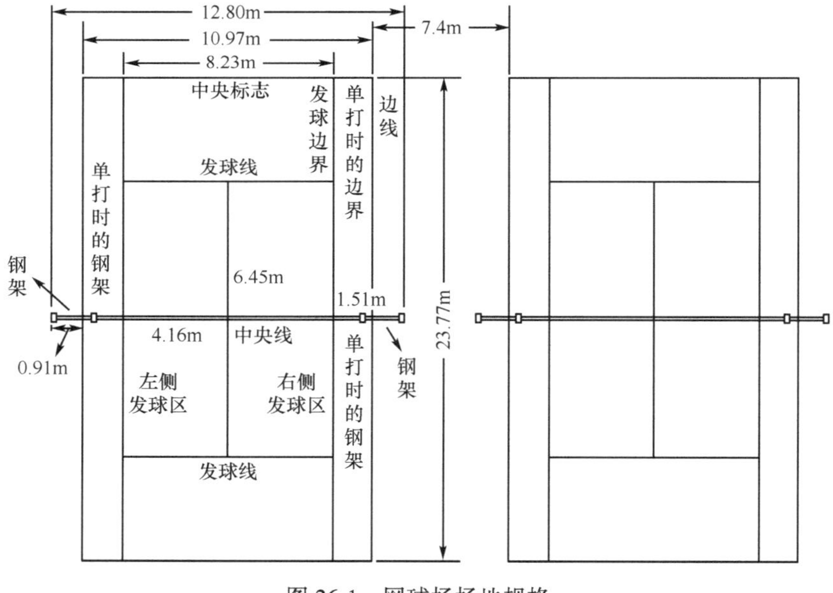

图26-1　网球场场地规格

第二节　草地网球场场地设置

一、场地布局

一般正式的用于比赛的草地网球场是由1~10个10.97m×23.77m的单个场地组合

而成的运动场,在其周围设有露天的看台及其服务设施(如运动员休息室、更衣室、卫生间、停车场等),总建筑面积为 1500~10 000m^2。

二、坪床置备

坪床是建坪的基础,坪床质量的好坏直接关系到草坪的功能及保持,准备好坪床是首要的基础工作。草地网球场的地基构造与球场表面的一致性、持久性和运动性有着密切的关系,优质草地网球场都是由同一属的草坪草构成的草坪,这些草坪的地基土壤都是通过人工处理的,并设有排水层。如果场地的土壤下层含有可以自由排水的沙砾层,通过田间调查取样和室内土壤理化性质分析,认为其水文标准可以满足建坪要求,就可以不安装排水系统。好的坪床要根据运动场草坪坪床的标准设计,并考虑草坪草生长特性,采用土壤分层,土壤过筛,掺入沙、泥灰和锯木屑等方法处理床土,并分层碾压,做出光滑、平整的床面。大致包括坪床场地处理、排水系统设置、床土回填、灌溉系统设置等内容。

(一) 坪床场地处理

坪床场地处理是指在新建草坪前对草坪的坪床土壤进行整治和改良,使坪床土壤结构和成分达到草坪植物正常生长的条件和状态的过程。

土壤的整治过程一般先有计划地清除和减少场地上的障碍物,如石头、瓦砾、树根、杂物及杂草等,这些障碍物一般都是可以用人工清除的。木本植物、岩石、瓦砾及多年生杂草清除要求比较高,木本植物要彻底清除地下的树根以避免残体腐烂后形成洼地,破坏草坪的一致性,也可防止蘑菇、马勃的发生;在清除较大岩石和瓦砾时,应注意床面以下 60cm 处的都要清除掉并用土填平,避免形成水分供给能力不均的现象;而地表下 20cm 土层内的小岩石和瓦砾,可用耙子耙除,也可用拣石机械清除;多年生杂草应使用化学药剂清除,在晴天时每立方米用 10% 的草甘磷溶液兑水喷洒地面杂草,一般用量为 0. 4ml/m^2,一周之后再喷一次。另外还要喷杀菌剂(如百菌清 0. 5g/m^2)杀菌;如果发现有害虫,要喷洒杀虫剂或毒土处理,如甲基异硫磷 7. 5kg/hm^2。为了改善土壤通透性,提高其持水能力,减少根系刺入土壤的阻力,增强抗侵性和践踏的表面稳定性,应翻耕地面,并将表层 30cm 厚的土壤均用孔径为 2cm 的筛子过筛。然后将全部筛过的土运到场外。

另外,土壤的改良一般包括酸碱度的调节,土壤成分(主要是泥和沙、有机质含量)比例的调整。对于盐和碱含量较多的土壤,一般情况下都采用放水进行水洗的方法,将过多的盐分和碱分溶解排除掉,放水时加入少量的硫酸亚铁效果更好。还可以在土壤中施入有机肥,如畜粪、堆肥泥炭,这些物质有利于缓冲土壤碱性,有利于提高土壤保水、保肥能力,改善坪床结构,增加草坪的弹性和耐践踏性,是盐碱地区坪床土壤改良的一项重要措施。对于南方地区酸性土壤,主要是施入生石灰或碳酸钙粉,其目的是调节土壤的 pH,施入的量依具体情况而定。对于南方的黏性较重的红壤而言,需要掺入部分过筛细沙,主要目的是调节土壤的通透性,改善土壤的团粒结构。

(二) 坪床设计

多雨地区建设草地网球场,因降雨强度大,地面蒸发弱,场地容易积水,所以要设计排水系统。排水方法可用过滤层、盲沟(沙沟)或是管道排水(图 26-2)。先用生石灰与原土混合,平整压实,厚度为 10~15cm,然后再埋设孔道管。坪床总厚度为 60cm,0~30cm 厚的营养土层,其配置可用塘泥 40%+细沙 40%+有机肥料 20%或是田园土 30%+河沙50%+有机肥 20%;30~40cm 为细沙层,40~50cm 为粒径小于 3mm 的粗沙层,50~60cm 为粒径小于 14mm 的砾石层,多雨地区坪床设计见图 26-2。干旱地区坪床要求无建筑垃圾、平整坚实、灌水后无下陷现象,一般只要在球场周边设置暗沟排水,无须在坪床地下埋设管道排水或是盲沟。坪床厚度不能少于 40cm,0~15cm 为施足基肥(1.0~1.5kg/m²)的营养土,15~30cm 为沙壤土(河沙土)+有机肥(1.0~1.5kg/m²),30~40cm 为粗沙或鱼眼石。每一层都要分别镇压整平。网球场的纵向坡度见图 26-3。

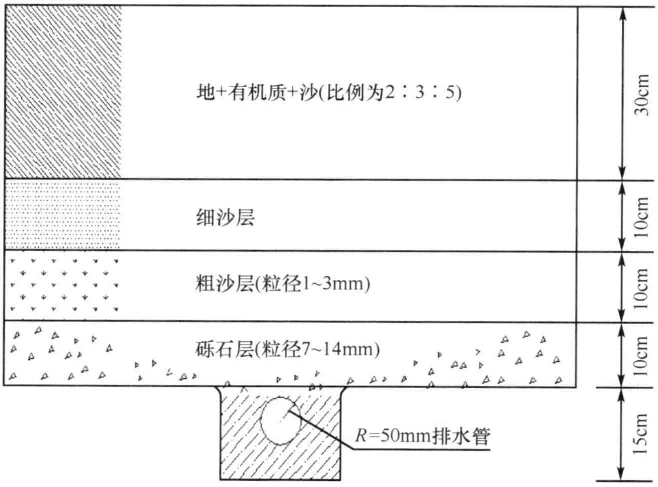

图 26-2　多雨地区坪床设计

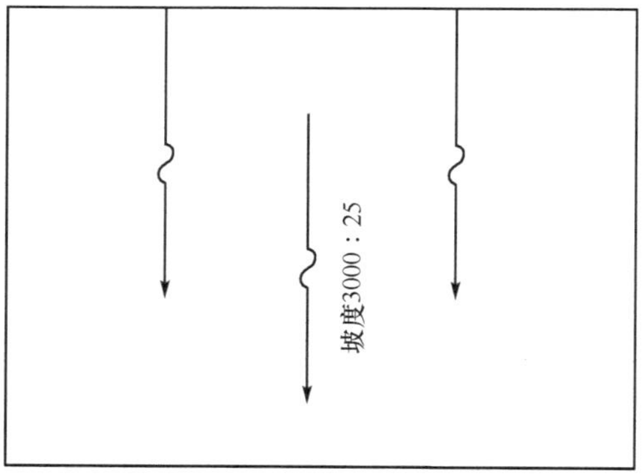

图 26-3　网球场的纵向坡度

(三) 排水系统设置

良好的排水系统是好场地必须具备的条件之一,缺少排灌系统的场地不可能成功地建植优质的网球场草坪。尤其是在一些年降水量大的地区(包括华南、华中、西南、华北和东北等部分地区）建植网球场时，优质的排水系统更是必不可少的。排水一般采用3种方式：多孔层全排水、盲沟排水和地下有孔管道排水。多孔层全排水是在场地基础整平压实后，将整个场地筑成一定的坡度，再在基础地面上铺上砾石层、粗沙层、沙壤层和营养土层。该方式一般造价比较昂贵，很少采用。盲沟排水是在坪床准备好了以后，就可以细修地面坡度，然后设置排水管道。排水管设置见图26-4。设置地下排水盲管，一般是在40~90cm深处，使用规格为直径100mm的塑料排水管，排水支管采用以“人”字形铺置并与干管连接，支管间距通常为3m，铺设坡度应不少于0.5%。在排水管端部加盖或包55cm宽的无纺布，沟内填充8~15mm粒径的砾石。有时候为防止鼠害破坏，网球场草坪还应在场地四周设硬橡胶或塑料网。待排水管和防鼠网铺设好了以后就可以回填床土了。床土从上到下依次可分为植物生长层、渗水排水层、排水管道、隔水层。草坪生长层厚度为15cm，草坪生长需要很好的土壤，而这个生长是由较好的沙质土壤加泥炭等有机物质组成的。而下面的渗水排水层则是由较粗的沙质土壤和砾石层组成，厚度为25cm，砾石层下铺排水管道，管沟开挖成18cm×18cm，沟边角要修成弧形，底部要夯实，以利于排水。最下层是隔水层，厚度为10~15cm，隔水层的上面是排水管沟，在开挖排水管沟之前要将土夯实，做到不透水或少量渗水。这样有利于地基稳定。地下有孔管道排水一般采用PVC管，但是要注意整个管网的坡度不得小于1%，坡度越大越好，越利于排水。要注意管网被淤泥阻塞的问题，应及时疏通。

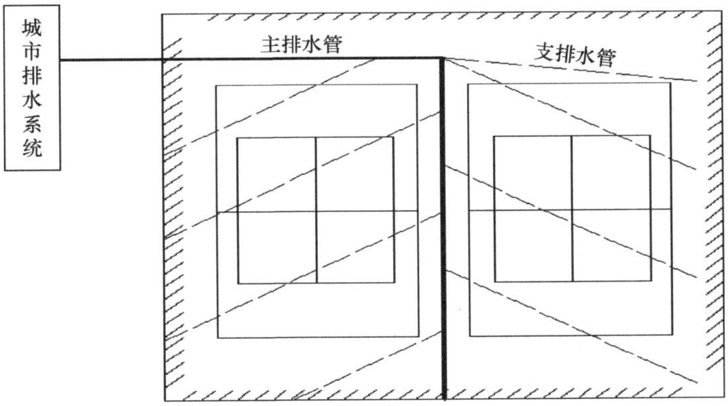

图26-4　排水管设置

（四）喷灌系统设置

喷灌系统是草地网球场在缺雨季节补充草坪生长所需要的水分，以满足草坪正常生长需要的一种设施。喷灌系统应具备以下几点要求：①要提供水量充足、水压稳定的淡水资源；②在操作、管理及维修上应方便；③布置上要与其他设施协调，井然有序，不会受干扰，也不会干扰其他设施。地埋、自动升降式系统（固定埋于运动场内地下，喷时弹出，喷完缩回）的喷头全部埋入地下，隐蔽效果好。当灌溉时，在压力水的作用下，喷头伸出高于地面（或灌木丛面）进行喷洒灌溉。灌溉完成后，喷头因无水力支撑，在重力作用下缩回地面以下，让灌溉设备隐蔽于地下。其优点为：全系统易于自动控制；灌溉管理操作方便、省工、省力；喷洒均匀度高，易于满足草的需水要求。缺点是投资高。

1. 地埋、自动升降灌溉系统安装注意事项

在地埋、自动升降灌溉系统安装中应注意以下几点。①管网一定要用 PVC 管及管件。金属管道易发生锈蚀,堵塞喷头或电磁阀。②喷头及支管间一定要用千秋架(或称铰接)连接。③必须保证喷头顶部低于地面 2cm,否则将会伤害运动员。④喷头安装是一个不断调整的过程,必须耐心。

2. 地埋式草坪喷头的安装

在安装地埋式草坪喷头时应注意以下几点。①安装前须对喷头进行预置。可调喷洒扇形角度的喷头,出厂时大多设置在 180°,因此在安装前应根据实际地形对喷洒扇形角度的要求,把喷头调节到所需角度。另外,有的喷头,如雨鸟 R-50,还应将滤网进水口号设置为与喷嘴标号一致。②喷头的顶部应与最后的地面相平。这就要求在安装喷头时,喷头顶部要低于松土地面,为以后的地面沉降留有余地;或在草坪地面不再沉降时再安装喷头。③喷头与支管的连接,最好采用铰接接头,也称千秋架。可有效防止由机械冲击(如剪草机作业)或人为活动引起的管道和喷头损坏。同时,采用铰接接头,便于施工时调整喷头的安装高度。④在管理不便的地区,可安装与喷头配套的防盗配件,以防止喷头的丢失。如雨鸟 PVRA 喷头专用防盗接头,安装在喷头进口处,当有人试图将喷头旋转拧下时,该接头与喷头一起转动而不能拧下,只有将草坪挖开,用工具才能把此接头和喷头卸下。

第三节 草坪建植

草坪网球场表面宜采用由同属的草坪草构成的草坪。草坪应种植在厚约 15cm,由粒径为 8~12mm 沙粒构成的排水层之上的根层上,根层的厚度为 10~20cm,由黏土、有机质与占土壤容积 50%~60% 的沙(粒径 1.0~0.25mm)构成。排水层下应设排水系统,地表可从一端到另一端、一侧到另一侧或一个角到另一个角对角线保持 0.83% 最小坡度。草种选择、建植与养护管理同草地滚球(保龄球)场草坪。

(孙吉雄 张巨明 胡延凯 刘照辉)

主要参考文献

韩烈保 . 2004. 运动场草坪 . 北京:中国农业出版社
苏德荣 . 2004. 草坪灌溉与排水工程学 . 北京:中国农业出版社
孙吉雄 . 2003. 草坪学 . 第二版 . 北京:中国农业出版社
孙吉雄 . 2004. 草坪工程学 . 北京:中国农业出版社
向韦刘,徐松 . 1990. 体育手册 . 上海:少年儿童出版社

第二十七章　高尔夫球场草坪

高尔夫球运动是指球手站在平坦宽阔、绿茵如织的草坪上，利用长短不一的球杆，从一系列发球台上把一个个高尔夫小球依次击打入洞的一种富有挑战性的户外运动。各种高尔夫球棒（木质、铁质和陶瓷的）都可用来打球，球的最小密度是46g（1.62 盎司），直径不小于4.27cm（1.68 英寸）。球棒一般不超过14个，球员可以根据个人技术和击打需要及击球距离选用不同的球棒。高尔夫球规则规定：①高尔夫球棒由棒柄和棒头组成；②球棒各部分都必须很好地连接成一个整体，球棒除重量外其他一切参数不能随意改动。球被击出的距离取决于击球时球棒的角度、力量、准确性、球员控球的能力和使球在距离目标适当距离处停下来的能力。

高尔夫是英文“GOLF”一词的译音，正好是由 green、oxygen、light 和 foot 4 个英文单词的第一个字母组成，因此人们将高尔夫解释为是绿地、空气、阳光和步履于一体的运动。这正好反映了高尔夫运动的真谛，即踏着青翠绿色的草坪、呼吸着清新沁人的空气、沐浴着和煦温暖的阳光、迈着矫健有力的步履进行的运动。由此可见，高尔夫运动是一项非常悠闲、高雅、有益身心的运动，为越来越多的人所喜爱并乐此不疲，这也使得高尔夫球运动成为一项极富魅力、当今世界最受欢迎、发展最快的运动项目之一。

第一节　高尔夫球运动的起源与发展

一、高尔夫运动的起源

高尔夫不像现在的许多运动（如棒球、篮球、足球等）一样有着清楚的起源时间，它确切的起源时期人们还无法确定。

有的人认为是罗马人在他们执政的时期将这项运动带入到早期的欧洲国家和英国。另有人认为高尔夫运动的起源比这要早得多。在《高尔夫艺术》一书中 Walter Simpson 这样写道：牧羊人在赶羊路上经常会碰到一些鹅卵石，他就会用手中的赶羊鞭将卵石击出去。对于一个手中拿着鞭子的人来说，打击他们脚下的石头就像他们的呼吸一样是非常自然的事情。

在智利的圣地亚哥发现了一件完成于1570~1670年的古代雕刻，其上描绘了一个智利的印第安人正在抡鞭击打地上一个圆对象的场景，其姿势同于今天的击球者。人们认为这一类雕刻是用于向欧洲展示当地人的生活方式和习俗的。

任何一种球与棒相结合的运动都可以看做是高尔夫球的前身。“golf”源于荷兰语中的“kolf”，与德语中的“kolbe”和丹麦语中的“holbe”很接近，意为高尔夫球棒。或许可以这样认为，是罗马人将他们语言中的“paganica”——球棒运动向南传播直至便及整个欧洲。在英国人们玩的是“Cambuca”，在法国是“jeu de mail”，荷兰是“het colven ”，苏格兰是“shinty”（至今，荷兰人还进行这项运动），此外还有许多其他类似的娱乐形式。在荷兰有一句古老的谚语——球在地上时,你就得击打它。

就像我们今天所知,高尔夫球运动在500年前就已经在苏格兰流行并发展起来。即便在中世纪时,圣安德鲁斯威(St. Andrews)也已经是一个古老的城市。有关资料说明它位于一个四面悬崖,周围数里视野清晰的半岛上,是一个史前的聚居地。大约在公元736年这里有一所修道院,其遗迹在圣安德鲁斯威可以见得到。大约在1160年在这里建成了一座大教堂,它已成为苏格兰基督教徒的骄傲。在中世纪,圣安德鲁斯威达到了其辉煌的顶峰,成了当时的基督教中心、港口和贸易站,其早期的贸易活动吸引了当时全世界的大量商业和船只。就是12世纪的这个时候,高尔夫球开始在苏格兰流行。

我们至今所知道的关于高尔夫球起源的最正确的看法,或许是它是由荷兰所流行的het kolven运动发展而来的。高尔夫运动中所用的一些术语很明显地来自于het kolven这种运动。荷兰人及其他一些商人为了从其港口到达圣安德鲁斯威,他们必须进行长途跋涉,穿越沙漠,经过草地。今天的古典高尔夫球场的第十八球道上我们所看到的Swilcan桥,仍然显示着它是城市和港口之间的古老通道。海岸附近的草地是荷兰贸易者进行活动锻炼的理想场地,道路上可以作为标靶的兔子洞及质地柔软的草皮好像是专门为het kolven运动而设置的。

苏格兰海岸沿线的大片草地是在"冰纪"末期的陆地上升超出海平面时形成的,其上的沼泽和沙丘形成了一种起伏不平的地势。所以说第一个高尔夫球场的设计师是大自然,细雨滋润着草地,来自北海的风抚平了起伏不平的地面。从前草地上的叶子质地也很好,柔软、光滑,干后几乎像镜面一样平整。草地上也有许多天然的障碍物,金雀花、石楠属植物、芦苇水滩及羊为了躲避寒风而刨的沙坑等都是该草地的特征。高尔夫球沿着北部海岸逐渐为人们所熟悉并发展流行起来,最终传遍了整个不列颠群岛。

15世纪和16世纪,高尔夫球运动持续发展,甚至已有了用木块粗制或是羽毛扎成的高尔夫球。圣安德鲁斯威的人们仍然继续着他们的高尔夫运动,一些人嗜好打球甚至到了顾不上国王下令进行的射箭练习的地步,即使这类射箭的练习是为了抵抗英格兰的入侵。1457年苏格兰国王詹姆斯二世在他的第十三国会之前下达了这样的法令:"法律规定,每个人必须练习射箭,今后在苏格兰全面禁止高尔夫运动。"

1471年,高尔夫球运动遭受到了第二次禁止,1497年又受到了第三次同样的遭遇。詹姆斯四世统治期间,下达过这样的命令:"除了一些旨在保卫祖国的运动练习之外,苏格兰王国内禁止进行高尔夫球或其他任何无益的运动"。尽管詹姆斯四世下达了这样的命令,但他本人后来也成了一名著名的高尔夫球员。

毫无疑问,高尔夫球在中世纪是相当盛行的,1500~1520年的艺术作品中就有这样的画面(图27-1):草坪上有3个高尔夫球员拿着球棒和高尔夫球,其中一个球员正在击球入洞。而这个画面描述的正是当时在圣安德鲁斯威因打高尔夫球而出名的苏格兰国王詹姆斯五世、苏格王后(1542~1587)及他们的女儿玛莉。

在圣安德鲁斯威,人们用大量铁丝网把这片狭带状的草坪围了起来,这个港口也因此出了名,被称为草坪城。对于这个城里的人而言,这也成了他们一出生就可以享有的财产。1552年,政府允许圣安德鲁斯威的人们在这片草地上进行高尔夫球运动及其他的游戏,也可起取草皮(用于给房子加顶),同时也给予了他们在"其上放牧"的合法权利。

在17世纪和18世纪,早期的高尔夫球运动有了很大的进展,人们用羽毛制成了高尔

图 27-1　苏格兰国王及家人打高尔夫球的场景

夫球。这种新的羽毛制球使高尔夫球运动的水平产生了惊人的飞跃，甚至达到了今天的水平。但是，这种球很容易变形而失去滚动能力、遇水极易松散开来，而且也很贵。制作这种球时要先缝一个皮套，然后将其翻过来，用一个钝头的铁柄将一定量的羽毛（一帽之容量），从皮套的开口处填塞进去，最后缝上开口，并在其上涂一层白油漆以利于防水和容易识别。显而易见，这种球很难制造，最出色的制作者每年仅能生产 1000～2000 个。但这毕竟是高尔夫球技术的开始，这种用羽毛制作的高尔夫球在球道上滚动了 225 年之久！

据说圣安德鲁斯威人对高尔夫球相当着迷，他们能从很远的距离就可以根据打球的姿势辨认出这人是谁，在他们看来每个人打球的姿势就像手指一样，没有哪两个是相同的。打球者用一把沙子开球，然后设法将球打向“球道草坪”。击球的准确性与周围的石楠属植物和金雀花等有着很重要的联系。将球击向球道后，下一个目标就是果岭——有着球洞的较为平滑的区域。最初的高尔夫球的胜利者由他超过对方的球洞的数目决定，而不是打一轮的总击球数确定。直到 1759 年，才有了以总击球数（即总杆数）决定胜负的规则。

19 世纪，高尔夫球技术的第二次大突破发生在 1845 年左右。当时有一个很大的黑色大理石神像从新加坡运到圣安德鲁斯威，交到圣安德鲁斯威大学的 Patterson 博士手中，这个神像是用马来树胶包装的。Patterson 博士的两个爱好高尔夫球的儿子用一些丢弃的马来树胶做成了一个圆球，他们认为可以用这种球来代替昂贵的羽毛制球。当时，这种想法在那些用羽毛制作高尔夫球的人们中是极不受欢迎的，但是 Patterson 博士的两个儿子继续坚持他们的想法，并不断改进和提高球的质量，1846 年他们卖出了第一批马来树胶球。仅在一两年内，这种马来树胶球就被人们广泛接受。它比羽毛制球的价格低得多，使用寿命也长得多，并且这种球的表面还有花纹，飞起来特别好看（图 27-2）。

20 世纪，高尔夫球又向前前进了两大步。第一次大进步是 1920 年美国用橡胶球代替了马来树胶球，从而进一步提高了高尔夫球运动的娱乐性和流行度。1913 年另一件事把高尔夫球运动从默默无闻提高到了整个北美人们都积极参与的地步。一位名叫 Francis Ouimet 的毫无名气的替人背球杆的球童，在马萨诸塞州（Massachusetts）的国家俱

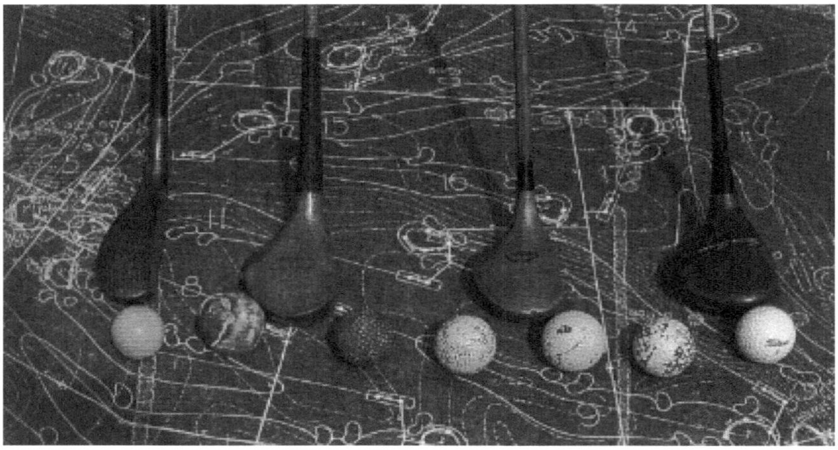

图 27-2　早期球杆和马来树胶球

乐部举行的美国冠军公开赛上击败了当时最伟大的两位高尔夫球员——英国的职业球员 Harry Varden 和 Ted Ray。由此而起,高尔夫球仅在短短的几年内就盛行起来,高尔夫球成了每个美国人都学习的一项运动。随后,在 1936 年,业余选手 Tyre Jore. Jr 获得了一个大满贯,并于同年分别在美国业余和美国公开冠军赛及英国冠军公开赛上大获全胜。

高尔夫运动是一项古老的运动,迄今已有 500 多年的历史。有关其起源也是众说纷纭,没有准确的时间或大致的年代。概括起来大致有以下 5 种说法,分别渊源于 5 个国家。

荷兰人认为,高尔夫运动起源于荷兰,后来由荷兰商人将此项运动传到苏格兰,在苏格兰得到进一步的完善和发展,才演变成为现代高尔夫运动。荷兰学者和历史学家称,大约 14 世纪中叶到 16 世纪,荷兰流行一种叫做“考尔文”(Kolven)的冰面上打球游戏,球杆及球的形状、击球方法及用语等都与高尔夫非常相似。但由于该项游戏不是以击球入洞,而是以是否击中立柱来决定胜负,因此很多学者认为荷兰不是高尔夫的发源地。

据历史记载,中国早在唐朝就出现了一种叫做“捶丸”的游戏。顾名思义,捶者击也,丸者球也,并且还是击球入窝。宋元之际,“捶丸”游戏流行于我国北方民间。元朝时期,有人著有《丸经》一书,书中对“捶丸”的游戏规则、比赛场地、技术、战术、用具等均有详细记载。中国史学家因此推断高尔夫运动起源于中国,由元朝蒙古人入侵欧洲时带入欧洲而流行开来。但有人研究有关“捶丸”的绘画(图 27-3)发现这种游戏打球者均单手击球,这与现代高尔夫双手握杆有较大区别,因而不能断定我国是高尔夫的发源地。

也有人认为高尔夫运动发源于古罗马的一种叫做“帕哥尼卡”(Paganica)的游戏,这种游戏以弯曲的球杆击打小球,与高尔夫运动有一些相似之处。有些学者据此认为此游戏是高尔夫运动的雏形。

日本人根据挖掘出的飞鸟时代壁画中飞鸟人手持球杆的画面及宫廷中进行的球戏,也声称日本是高尔夫运动的发源地。

到目前为止,大多数人认为苏格兰是高尔夫运动的发源地,而且英国人已把这一观点写入了《大不列颠百科全书》。一种说法是高尔夫运动起源于苏格兰牧童中的一种游戏,

图 27-3　中国古代“捶丸”游戏

牧童在放牧时,手持弯曲的木棍用以驱赶羊群,闲暇时便用木棍击打脚下的石头或用石头来驱赶渐渐远离同伴的羊只,久而久之成为牧童的一种游戏。还有一种说法认为,苏格兰东海岸的渔民发明了这项运动,他们在下船回家的路上打球消遣。年轻的渔民在沙坑之间起伏的草地上行走,捡起一根弯曲的木棍,对着小圆石一击,这是很自然的行为。如果向前击石,人的竞争本能会令其再击一次,看能否击得更远。如果小圆石滚入绵羊御寒避风的沙坑,他就会对这个沙坑击打。这样从下船开始击打直到进入村子,每次都在同一地方结束。尽管大家对高尔夫的起源各持己见,但是现代高尔夫运动的确具有浓浓的苏格兰味,综合来看,人们基本上倾向高尔夫运动起源于苏格兰的看法。

二、高尔夫运动的发展

高尔夫运动 500 多年前在苏格兰风行之后,在世界范围得到持续和不断地发展,并表现在如下一些方面。

(一) 高尔夫球草坪养护

圣安德鲁斯威的“老球场”(the old course)尽管仅属于这个城市的市民,但它对所有的人都开放。直到 1913 年圣安德鲁斯威才开始向参观打球者收费。由于高尔夫球运动在苏格兰人中特别流行,因此圣安德鲁斯威高尔夫球协会(即皇家古典高尔夫俱乐部的前身)在 1754 年申请在“老球场”上打球的特权,人们把这些特权看做是“起始阶段”。为了回报圣安德鲁斯威市民,该协会同意支付养护“老球场”的费用。这是一个特别有意义的历史性转折点,这说明该协会在 1754 年就开始考虑高尔夫球场的养护问题了。

早在大西洋彼岸存在高尔夫球之前,在 1832 年,就是 Andew Jackson 再次当选为美国总统的同时,圣安德鲁斯威高尔夫协会就决定重新修建一些高尔夫球场果岭。就在这一时期,缅因(美)成为了一个国家(1820 年),伊犁运河也通航了(1825 年),得克萨斯共和国宣布从墨西哥独立出来(1836 年);而在圣安德鲁斯威,安德鲁斯威高尔夫协会则忙于重建和扩建他们的一些旧果岭,把它们变成了我们今天所知的著名的“双果岭”(Double greens)。

(二) 球场的养护人员

18 世纪末期诞生了第一批高尔夫球场养护人员,人们把他们看成球场养护员而不是球盘养护员。从历史上来看,“green”这个词指的是整个高尔夫球场而不是单指球盘(putting greens)。当时的球场养护员负责为球员提供更好的服务,其职责有别于今天的球场养护员。据记载,阿伯丁高尔夫球场在 1820 年同意每年付给 Alexander Monroe 4 英镑作为看管球场、存放会员行李的报酬,同时他也要负责球洞的养护,使其完好。但是,两年后 Monroe 的工资降成了每年 3 英镑。

就这样,球场的养护开始了,球场养护员成了最早的高尔夫球场专业人员。甚至在那个年代,还没有一项工作因收入稳定而为人所知。Old Tom Morris 4 次获得英国公开赛的冠军,直至今天,人们仍然把他看做是高尔夫球的权威老人。他在 1865 年成为圣安德鲁斯威的高尔夫球场养护员,直到 1904 年才退休。他的球场草坪养护规划有两个规定。①“Mair saund Honeyman”是他对助手 Honeyman 的称呼。他总是要求 Honeyman 在果岭、发球台和球道上洒上一层细沙,并认为这样可以保持球场草坪的质量。②他要求星期日不许入场打球;哪怕是球员不休息,球场也需要休息。直到今天,“老球场”星期日仍然不打球。1869 年,Chrles Anderson 发明了第一台获得专利的草坪打孔机,并将其作为礼物赠给 Old Tom Morris。

(三) 北美的高尔夫球场

仅在几年内,高尔夫球运动就吸引了圣安德鲁斯威的所有人,随后传入不列颠群岛,直到最后引起了全世界人的兴趣。据有关记载表明,高尔夫球运动大约在 1820 年传到澳大利亚,19 世纪初传到印度。

我们可以找到 18 世纪间南美人打高尔夫球的相关数据记载。其最早的有关高尔夫球运动的介绍是在 1788 年出现在南卡罗来纳州的 Charleston 的一家报纸上,这篇文章提到了 1786 年该处一家高尔夫球俱乐部的成立。乔治亚州的 Savannah 大概在 1759 年也成立了一个高尔夫球俱乐部。后来的有关高尔夫球的文章一直到 1812 年美国南北战争期间才出现。显而易见,是这场战争结束了北美人对高尔夫球运动的积极参与,直到内战结束后这项运动才又逐渐升温。

1873 年在加拿大的魁北克省成立了皇家蒙特利高尔夫球俱乐部,它是北美无间断经营的最早的一家俱乐部。1880 年以前加拿大先后还有 4 个俱乐部成立,它们分别是:在魁北克省的皇家魁北克高尔夫球俱乐部(1874 年);安大略的多伦多高尔夫球俱乐部(1876 年)和尼亚加拉湖上高尔夫球俱乐部(1876 年)、Brandford 高尔夫球俱乐部(1879 年)。

美国第一个长期经营的高尔夫球俱乐部直到 19 世纪 80 年代才出现。1888 年在纽约的 Yonkers 成立了圣安德鲁斯威高尔夫球俱乐部,它普遍被认为是美国最早的不间断经营的高尔夫球俱乐部。同时还有其他一些俱乐部也在这个时期宣布成立，如 Verment 的 Dorset Field 俱乐部（1886 年），宾西法尼亚州的 Foxburg 乡村俱乐部（1887 年），肯塔基的 Middlerboro 高尔夫球俱乐部（1889 年）。然而，遗憾的是只有圣安德鲁斯威高尔夫球俱乐部保存有它成立时的完整档案。最早的公共高尔夫球场——van Cortlandt 公园高尔夫球俱乐部 1889 年在纽约成立，直到今天，它仍在原址经营。毫无疑问，高尔夫球运动已在北美深深扎下了根，至 1895 年，至少有 75 个俱乐部成立。为了管理这项运动，美国高尔夫球协会（USGA）于 1984 年成立，有 5 个法定会员俱乐部：纽约的圣安德鲁斯威高尔夫球俱乐部，Ahode 岛的 Newport Country 俱乐部，纽约的 Shinnecock Hill 俱乐部，马萨诸塞州的 The Country 俱乐部，伊利诺伊州的芝加哥高尔夫球俱乐部，而纽约 tuxedo 俱乐部由于联系上的疏忽未能列入其中。

（四）草坪的研究

早在 20 世纪以前，高尔夫球场草坪的养护“艺术”就已通过不断的实践而发展起来，典型的说：未经处理的粪便被用作肥料、红葡萄酒的混合物被用来控制病害、尼古丁溶液被用来控制虫害、刀具被用来防除杂草，草的高度最早利用羊、牛、兔等的放牧强度来控制，在一些草坪上也用手工刀具来割草。1830 年英国人 Edwin Budding 发明了一种机械的推动式草坪割草机并获得专利。

1880 年，密歇根农业实验站（美）的著名植物学家 W. J. Beal 博士首次发表了关于草坪的研究报告。从此以后，草坪养护科学的收益也日益明显的显示着它的优势。第一个正式的草坪公园是 1890 年由 J. B. Blcott 在 Connecticut 的南 Manchester 建立的，它一直保持到 1910 年。从 1886 年起，在 Connecticut 农业实验站的资助下，Olcott 博士在世界各地开始亲自收集草种，他曾栽培有近 500 个草种。从 1875 年开始，Rhode Island 在实验站对草坪进行了积极的研究和探索，并把这项工作一直开展到 1905 年。

1904 年，Fred W. Taylor 是一个高尔夫球运动的爱好者，也是高尔夫球运动专业的学生，在费城附近他家的土地上开始了一系列的草坪草研究。他买来了 Olcott 博士最好的草坪，并在其上进行了一系列有关种子、施肥、排水的深入实验和研究。Taylor 第一次明确提出了关于果岭建造的建议，并发表了许多关于草坪养护的论文，包括 1914 年对草坪褐斑病的鉴定。

在美国农业部（USDA）的资助下，C. V. Piper 博士和 R. A. Oakley 博士于 1916 年在弗吉尼亚州建立了弗吉尼亚草坪公园，1912 年美国高尔夫球协会的草坪部开始在这个草坪研究项目上和美国农业部联手合作。实际上，早在 1920 年以前，美国农业部和美国高尔夫球协会就开拓了在美国草坪草上的合作，但是正式的财政合作协议直到 1921 年才签订。

20 世纪 20 年代，草坪研究的主要问题是草坪在夏季和冬季由于疾病而引起的大面积死亡。在 1920 年，美国高尔夫球协会聘请美国农业部的病理学家 John Monteith 博士来研究这个问题。John Monteith 博士研发出了第一种有效的草坪杀菌剂，而且他在草坪施肥、土壤类别、杂草控制和草种选择等方面也做了大量的实验工作。在 John Monteith 博士和草坪研究人员的努力下，有关草坪、杀虫剂、疾病控制和灌溉量的扇形测定也开始发展起来。

(五)《高尔夫球场草坪》一书的出版

由于意识到了良好的打球环境对球员打球技术的发挥和打球享受的重要作用,美国高尔夫球协会 1917 年资助出版了由美国农业部的 Charles V. Piper 博士和 Russel A. Oabely 博士编写的《高尔夫球场草坪》一书。这两位作者不仅是农艺科学家,也是高尔夫球员。他们的书涉及土壤化肥、混合肥、施石灰、草种适应性、建植、养护、杂草控制、动物及害虫,甚至机具等各个方面。

他们在书中写道:“修剪机具是每个高尔夫球场最不可缺少的部分”,尽管英国人 Edwin Budding 在 1830 年发明了草坪剪草机,但是它很少被采用。在 20 世纪初期美国高尔夫球场上仍然用“羊”来“剪草”。这种方法花费很少,不但起到了割草的作用,而且还给草坪增加了肥料。Charles V. Piper 博士和 Russel A. Oabely 博士推荐使用马力牵引机具或柴油割草机。他们在书中这样介绍:“在水平起伏较小的球场上,发动机机械是特别有效的,唯一的缺点是它们较重,在黏质土壤表面会造成土壤紧实。若球道是黏质土壤则用马力牵引机具较好,因为它们较轻不易引起过度的土壤紧实”。虽然马可能会在草坪上留下不均匀的马蹄印,但这在很大程度上可以通过选择在土壤干燥时进行修剪或给马蹄上套特制的马蹄套的方法来避免。

(六) 第一个高尔夫球场草坪咨询服务机构

美国高尔夫球协会草坪部是在 1920 年 11 月成立的。它的酝酿准备工作是在 Ohio 的 Inverness 俱乐部举行美国冠军公开赛期间开始的。当时,该俱乐部的草坪委员会主席 E. J. Marshall 和草坪养护员 W. J. Rockefeller 担负着使球场环境达到一流水平的责任,然而他们发现有关高尔夫球场养护的数据和信息实在是太少了,而且在仅有的少量数据中,大多数还是与推销某一产品有关的。在搜索可靠数据的过程中,Marshall 接触了许多也需要同样数据的其他一些草坪委员会。通过这些接触,他意识到当时迫切的需要设立一个机构来开发有关高尔夫球场养护方面的信息,同时也可将它作为日益增多的高尔夫球俱乐部(当时有 2000 多家)间合作的纽带。在 1920 年的夏秋两季,Marshall 进行了广泛的接触,终于在 11 月成立了美国高尔夫球协会草坪部,美国农业部的 Charles V. Piper 博士当选为主席。

这个新起的组织主要通过以下 3 个途径为高尔夫球运动服务。①每月出一期包括养护作业、劳动、预算、种子分析、疾病、杂草及虫害等方面信息的刊物,并给每个会员邮寄一份。《草坪快报》是该刊物的第一种类型,成了 1921 年至 1933 年间的权威性草坪出版物;②专门成立一个服务机构来提供关于高尔夫球场养护与提高的及时而适用的信息,并负责草坪部的所有出版物;③每年举行一次会议并出版一本关于当前问题及实践的论文集,供公开讨论。

这样,美国高尔夫球协会草坪部成立之后,这个国家组织的作用很快就明显地显示出来。由于美国高尔夫球协会不想直接对各个高尔夫球场进行管理控制,因此它鼓励成立地方草坪委员会,这对于那些热衷于高尔夫球事业的人来说,是一件有利于合作的好事。

(七) 高尔夫球场养护委员会的成立

在20世纪20年代中期,国家高尔夫球场养护组织的作用极其明显地表现了出来。Ohio的Youngstoon country俱乐部的John W. Morley对1926年美国国家高尔夫球场养护委员会的成立起到了很大的作用。John W. Morley意识到需要一个组织来对球场养护者进行不断地培训,以此来强化他们的专业意识和技能。在1926~1932年John W. Morley担任第一任主席,到1927年已拥有400名注册会员,并且委员会开始出版《国家高尔夫球养护员杂志》。

这个组织不断发展壮大,到今天已发展成美国高尔夫球场管理委员会(GCSAA)。至1957年,会员已超过了4000名,并且在堪萨斯州的Lawrence设立了常驻领导机构。1928年该委员会资助举行了它的第一次"培训及设备展览",并且一直坚持了下来,现在叫做"国际草坪会议暨展览"。

(八) 高尔夫球现今的地位

第二次世界大战以后,高尔夫球运动在球员及设备方面都出现了空前的发展和增长。艾森豪威尔总统在普及高尔夫球运动方面做了大量的工作,还有Arnold Palmer及广泛的电视转播也为这项运动的普及做了很大的贡献。如果没有高尔夫球场作为主要的吸引力,小区活动中心也就很难发展起来。世界各处的疗养院也都发现高尔夫球场的设置能够增加其吸引力。

到20世纪50年代初,设备制造厂家开发生产出了有很大改进的新型、高效的球场养护设备;化学药品厂家也生产出了新的化学药品来防治疾病、虫害及杂草;有关新技术的资料也容易查找了,特别是从农业大学的州立农业实验站可以查到许多可用的信息。

美国高尔夫球协会草坪委员会主席Richard S. Tufis宣布,1953年2月成立隶属于美国高尔夫球协会草坪委员会的地区性草坪咨询服务所。这样,就能以最低的费用实现每年对各个球场的考察参观,其目的是通过对各个高尔夫球俱乐部的管理者的宣传教育,来帮助高尔夫球场在草坪养护管理方面赶上最新最好的发展趋势。美国高尔夫球协会草坪委员会的专家们将不再是高层管理者,他们将一视同仁的给予每一个高尔夫球俱乐部在草坪管理实践及理论中总结出的最新的信息数据。美国高尔夫球协会草坪委员会的草坪咨询服务所直到今天仍然对所有俱乐部提供最新的有关高尔夫服务的信息数据。此外,美国高尔夫球协会草坪委员会还为选定的几所美国大学在高尔夫草坪研究方面给予了大力地支持和赞助。自从美国高尔夫球协会草坪委员会在1920年成立以来,美国高尔夫球协会为其投资已超过600万美元。

到1975年,美国已有12 000多个高尔夫球场和1600多万高尔夫球员。这项运动也传遍了日本,并在澳大利亚、新西兰、西班牙、瑞典、南美洲国家很快流行起来。宇航员Alan B. Shepard还在月球上"击"出了第一个高尔夫球。

草坪养护科学在不断地进步,现在在美国开设草坪管理专业课程的州立大学已超过15所,从事草坪研究的州立实验中心也已有25个。今天的高尔夫球场养护技术水准与10年前也有很大的不同,现在,它已成为了一个大的课题。据估计,美国每年在高尔夫球场养护管理及提高上要投资 40 多亿美元。草坪管理和高尔夫球一样,是一门科学,一个人在它的研究上可能耗费毕生的时间,但这门学科却是永无止境的。

第二节　高尔夫球运动概述

一、高尔夫球运动

人们对于高尔夫球这项运动的描述有很多,但是 David R. Forgan 对其的描述是最好的:“高尔夫球是一门科学,你可能耗费毕生的时间去研究它,但这门学问却是永无止境的。它是一种考验,是一种决斗或是一种大战,需要勇气、技巧、策略和自控力。它是对性情的测试,对诚实的考验,对性格的暴露。它给人提供了扮演男人和绅士的机会。它意味着走进上帝的大门,接近大自然,呼吸新鲜空气,进行身体锻炼,它意味着卸下所有的精神包袱,对劳累的肌体进行彻底的放松。它可以解除担忧,消除顾虑。它包含着友情、社会交际、社交礼仪和对对手的友好和大度。它不仅有益于人们的身体健康,而且能够提高道德水平”。还有一些人把它描述成具有吸引力的,易激怒人心,使人迷惑疯狂的一项运动。不管怎样描述,所有那些为其深深吸引的人们都承认它是一门极具生命力的科学,真正是极具生命力的一项运动!

高尔夫球是世界上颇为流行的一种高雅球类运动,它是以棒击球入穴来完成运动的全过程。高尔夫球场一般设在风景优美的地区或公园草地上,标准球场长 5943.6~6400.8m,占地面积 50~60hm^2。球场设 18(或 9)个洞穴(洞穴数应是 18 的倍数,如 2 倍、1 倍、1/2 倍、1/3 倍……)。洞穴是埋在地下直径 10.795cm、深 10.16cm 的圆罐。各个洞穴之间为首尾相接的球道,长度为 91.44~548.64m 不等。每个洞穴的起点到终点之间有开球区、通路、障碍物和平坦的草坪。球场四周有明显的界线。常规的 18 洞高尔夫球场由 4 个标准杆数为 3 的球洞,4 个标准杆数为 5 的球洞和 10 个标准杆数为 4 的球洞组成,这样该球场的标准杆总打数为 72。

高尔夫球棒杆长约 1m,为木材或金属制成。比赛时,每位参赛者各需 14 根棒杆(木头棒杆 5 根,金属头棒杆 9 根),除一根推击棒杆(金属头)外,其余为不同斜度的弯头(击球面)棒杆,用以敲击,并根据将球击远、击近、击高的需要选用。

二、高尔夫球术语

为了确保每个人在同样的规则下打球,高尔夫规则专门制订了一些定义和规定。每年都要出版由美国高尔夫球协会及苏格兰圣安德鲁斯威的皇家古典高尔夫球俱乐部认定的《高尔夫规则》。不论是从专家还是从球员的角度来看,《高尔夫规则》中的一些定义都是特别重要的。

1. 临时出现积水区

在球员做好击球姿势前、后,都可看到暂时性的水区,它本身不是障碍物,也不包括在水障碍区之中。积雪和冰都可以看做是临时积水区,也可以认为是一般障碍区,这由球员来选择。

2. 球场

允许在其内打球的整个区域。俱乐部官员需准确的划分其边界线。

3. 旗杆

由俱乐部提供的可移动的直杆,可带有或不带有旗面,插在球洞中以标明球洞的位置,其横断面为圆形。

4. 整修区

球场中在俱乐部管理者或法定代表人的命令或申明下被圈出的区域,包括临时堆放材料的地方和球场养护人员所开的管道(即便是未标出也包括在内)。用来标明整修区的边线不属于整修区。

5. 障碍区

所有的沙坑或水体。裸地、道路、小径不属于障碍区。

6. 沙坑

通常为退化的裸地,一般为沙所覆盖,沙坑边缘的草地或其中的有草区不属于障碍区。

7. 水体

包括海、湖、池塘、河流、水沟、排水渠表面及其他的一些地面积水池(不管现在是否有水)和一些与其有相似特征的区域。

8. 侧面水障碍区

它是一个水障碍区或是水障碍区的一部分。由于其位置的特殊,球不可能或被俱乐部官员认为不可能在其后落下,而是最终会越过位于球员和球洞间的该障碍区边界。当障碍区或水障碍区的边界线不太清楚时,负责管理的球场俱乐部官员应该明确地标出其边界线。障碍区中作为水障碍区的部分应该明确地标出来。用于标明障碍区的边线部分不属于障碍区。

9. 球洞

直径应该为10.8cm(4.25英寸),深度至少为10.2cm(4英寸)。如果洞内套有内杯,杯口至少要低于球盘表面2.54cm(1英寸),当然这仅针对于其表面土壤条件允许这么做的球盘而言。球洞口的直径不应该超过10.8cm(4.25英寸)。

10. 非固定障碍物

球场上的非固定的或生长的不阻挡球的自然物,如粪堆、动物、牲畜及其排泄物等。

积雪和冰既可以看做是临时出现的水区,又可以当作非固定障碍物,这由球员选择。沙地和松软的土壤在球盘上属于非固定障碍物,但在球场的其他部位不属于非固定障碍物。

11. 障碍物

一些人为设置的物体,不管它是修建的还是放置的,或是残留在球场上的都属于障碍物。包括人工表面及道路、小径的边缘等。但以下所列的东西除外:一些标明边界的物体,如围墙、栅栏、围栏、标杆等;有水障碍区中人工的河岸、河床;当人工河岸的部分属于障碍物时还包括桥墩;由球场俱乐部官员宣布属于球场的任何建筑物。

12. 界外区

在其上不允许打球的区域。界外用标杆或栅栏标出,其界外线由最靠里边的标杆或栅栏柱的水平联机来决定,并规定它是垂直向上延伸的。当界外区用画线在地上标明时,画线本身属于界外区。当球恰好落于界外在线时,它属于出界。

13. 球盘

球洞周围专门用于推球的区域或由俱乐部官员指定专用于推球的部分。当球的任何部分和球盘接触时,认为球落在球盘上。

14. 球场的擦破

当运动的球被外力阻挡或使其发生转向时发生。

15. 发球区

击球入洞开始的地方。一般为矩形。其前部的两侧的边界以两个发球座的外边缘为线。当球完全位于规定的面积之外时才认为球在发球区之外。在发球区第一杆不论打哪种球(包括临时性击球),发球座都是不能移动的。

16. 球道区

整个球场中除发球区和所打球洞的球盘及所有障碍区之外的全部面积。

三、高尔夫球场的基本构成

标准的高尔夫球场(图 27-4)有 18 个洞,标准杆数为 72 杆。18 洞中有 4 个长杆洞,4 个短杆洞,10 个中杆洞。长杆洞男子击球距离在 430.7m 以上,女子击球距离为 366.7~525.8m。中杆洞男子击球距离为 229.5~430.7m,女子击球距离为 192.9~365.8m。短杆洞男子击球距离在 228.6m 以内,女子击球距离在 190m 以内。没有任何两个球道雷同,因此充满了刺激和挑战的乐趣。

一个洞由 4 个主体部分组成(图 27-5)。每洞以发球台为起点,中间为球道,果岭上的球洞为终点。设置有长草区、沙坑、水池等障碍。

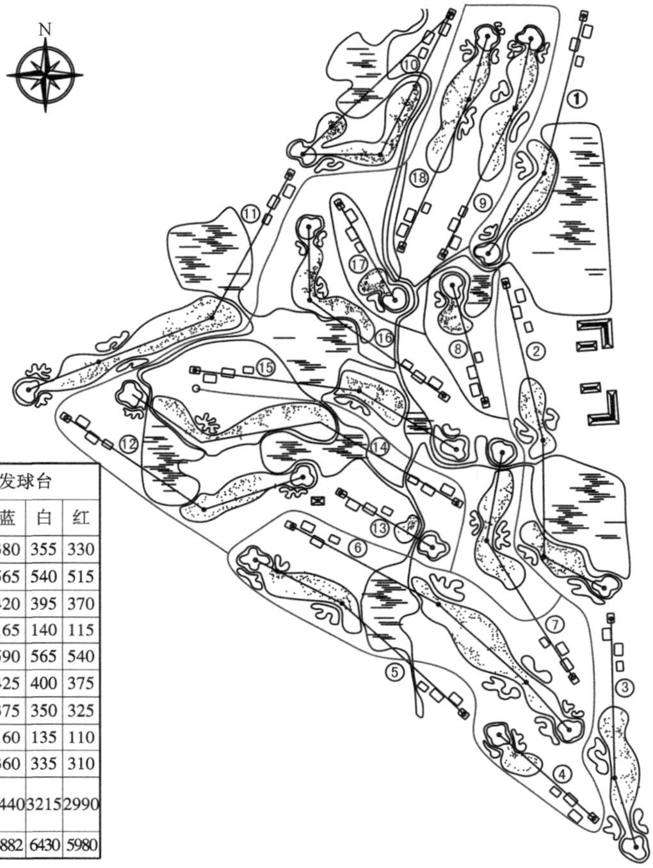

球洞码数表

球洞	标准杆	发球台				球洞	标准杆	发球台			
		黑	蓝	白	红			黑	蓝	白	红
1	4	434	409	384	358	10	4	405	380	355	330
2	5	587	562	536	512	11	5	590	565	540	515
3	4	391	366	340	315	12	4	445	420	395	370
4	3	210	185	160	135	13	3	190	165	140	115
5	4	436	410	385	360	14	5	614	590	565	540
6	5	593	567	543	518	15	4	450	425	400	375
7	4	426	400	375	350	16	4	400	375	350	325
8	3	198	173	148	123	17	3	186	160	135	110
9	4	695	370	324	319	18	4	385	360	335	310
前9洞合计	36	3673	3442	3215	2990	后9洞合计	36	3665	3440	3215	2990
总计							72	7338	6882	6430	5980

图 27-4　标准高尔夫球场平面示意(张小虎绘制)

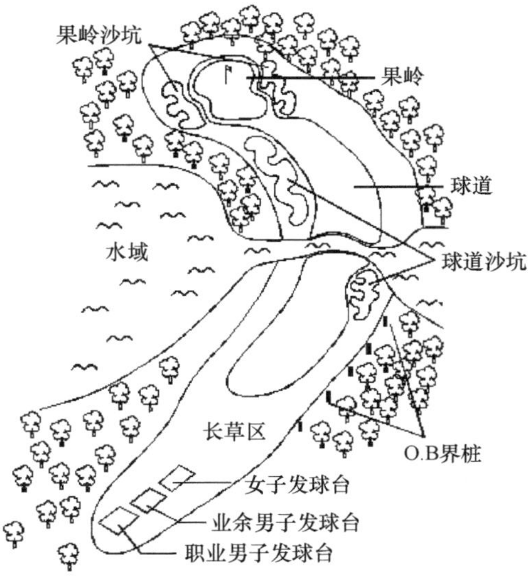

图 27-5　一个高尔夫球球洞的基本结构

(一) 发球区

亦称发球台,发球区的球座位置须根据不同球技的平均打击距离而定。一般设计3个发球台,靠近球道的是女士发球台(球座红色),中间是男士发球台(球座为白色),远离球道的是专业发球台(球座为蓝色)。3个发球台呈阶梯式或平台式,表面要有1%~2%的坡度,以利于排水。有些球场增设有锦标赛球座(球座为金黄色),其床土基质为砂。发球区通常高于球道,便于运动员击球时能看到果岭的方向和位置。

暖热地区的发球台草坪草多为狗牙根,温凉地区则为草地早熟禾和匍茎剪股颖,过渡带则多用结缕草和狗牙根。早熟禾的修剪高度为1.9cm或再高些,狗牙根、结缕草则低于1.3cm。

高尔夫球章程规定,发球台应为矩形或似矩形,与训练场同大,面积约为9.29m^2。常见的发球台面积为30~150m^2。早年在美国发球台随地形而设置,许多地方试着建立了一些木型发球台,这些发球台能用推土机移位。

(二) 果岭

也称球盘,为圆形或似圆形,面积不等为279~1115m^2,多数为465~697m^2,18个果岭的总面积一般在0.8~1.2hm^2。果岭的大小取决于球道的长短和逾越障碍区的难度。

果岭上有一个入球洞,洞内插有旗杆及旗帜以资识别。球洞由专门打孔器设置,洞内为铁制或塑料制的杯,杯口应低于地面2.5cm,距果岭环内沿4.6m以上。球洞的位置每天均需更换。

果岭的外围有果岭环与球道相接。其宽0.9~2.7m,修剪高度为1~1.9cm(稍高于果岭,但低于球道)。

果岭面向发球区的一面叫果岭区。

果岭的床土为0.3m厚的细沙(粒径0.25~0.5mm),其下为5.1cm厚的粗沙,再下是10.2cm厚的厚砾石,砾石下设排水管。土壤pH为6.0~6.5。

果岭通常采用剪股颖属(冷型)植物和狗牙根(暖型)草建坪。每天均需修剪(雨天除外),留茬高度为3~3.6mm。

(三) 球道

球道是球场中面积最大的部分。通常球道的宽度不等,常为33~109m(狭窄的球道为27.432~36.576m宽+22.86m障碍区;中等为36.576m宽+32.004m障碍区;理想球道为36.576m宽+45.72m障碍区),长137~492m,总面积为12~24hm^2。球道首尾分别与发球区和果岭相连。球道坡度平均为2%,自身坡度为0.5%~0.6%。

球道草坪养护管理标准低于果岭。在暖热地带多用狗牙根,在温凉地带则多用草地早熟禾。留茬高度为1.3~3.2cm。结缕草、野牛草、冰草等在有些地区也被利用。

球道两旁地带通称球道边沿区,其上草的修剪高度与中间球道上的草亦有所区别。

球道与发球区、果岭可成一直线，也可呈弯曲状。球道两旁多植有树木为界线。

（四）障碍区

位于球道两侧，为增加运动难度和趣味性而设置的一些障碍（池塘、沙坑等）。

靠近球道的障碍区叫半障碍区。草的留茬高度为 3.8～7.6cm，从中将球击出的难度不大。若要缩小球场面积和增加运动难度，可不设半障碍区。

离球道较远的障碍区叫远障碍区，从中将球击出难度较大。该区一般只需粗放管理，草留茬高度为 7.6～12.7cm。

有的场地设置有池塘、沙坑、树丛、河流等障碍。池塘水亦保持清洁，要用化学药剂控制水生植物的滋生。沙坑可设置于障碍区的任何部分，通常设于果岭附近。果岭附近的沙坑深而口大。沙坑边缘应当整齐，里面砂层厚度为 10～15cm，砂为粒径 0.25～0.5mm 的具棱角砂。

（五）练球区

多数高尔夫球场都设有练球场供高尔夫爱好者在其上练习发球，并在其上设有运动靶场，供球手在那里练习射击以提高击球的准确性。练习场一般应设于管理室附近。高尔夫球场亦可不设训练场。

（六）俱乐部

每个球场均设有俱乐部。俱乐部为球场接待、办公、管理、后勤供应的场所，其大小各异，复杂多样。大型的高尔夫俱乐部设备其全，具有繁多的服务（饭店、休息室、更衣室、淋浴室、会议室、服务中心——出售出租高尔夫器械、收场地费、租用小车、教授有关高尔夫球知识等）。

（七）道路

在各洞区间，有不同形式的道路相连接。

四、高尔夫球比赛

高尔夫球每打一轮为 18 洞，因此，正规的高尔夫球场为 18 洞组成。小场只有 9 洞，因此，每玩一轮需重复一次。

高尔夫球每玩一个洞是球手从发球区将球开出，经球道击入果岭上的球洞为止。以进入球洞使用杆数最少者为胜。

击球入洞的杆数取决于球道的长度。标准杆数（是优秀运动员完成一洞所需击球杆数）及其等级见表 27-1 和表 27-2。

表 27-1　标准杆数等级

标准杆数	球道长度/m		标准杆数	球道长度/m	
	男	女		男	女
3	228. 6	192. 02	5	>429. 77	366. 67~525. 78
4	229. 51~429. 77	192. 94~365. 76	6	—	>525. 78

表 27-2　标准杆数

洞号	距离/m	杆数	洞号	距离/m	杆数
1	382	4	11	183	3
2	172	3	12	432	5
3	398	4	13	149	3
4	506	5	14	466	5
5	318	4	15	341	4
6	492	5	16	334	4
7	315	4	17	136	3
8	176	3	18	466	5
9	361	4	合计	5991	72
10	364	4			

比赛一般为单打和团体两种。单打是在开赛区依次用球棒把各自球击出后,一起经通路等走向球的落点,继续击球,直至球入洞穴。团体赛规则规定每队 2 人或 2 人以上。高尔夫球每打一圈 18 个洞,比赛者为 72 洞穴时,在 18 洞穴的球场上需循环 4 次(9 洞穴循环 8 次)。计分法有两种,一为赛所有洞穴的总击球数,少者为胜;一为赛每个洞穴的击球数,包括相等数,以击球数极少,洞穴多为胜。

第三节　高尔夫球场的草坪建植

草坪既是高尔夫球场这幅“风景画”的底色,又是这个露天运动场的载体。因此,高尔夫球场草坪植被的优劣,反映了一个球场的质量和档次。高明的投资者都十分重视高尔夫球场草坪的建植与养护,而高尔夫球场草坪建植的重点是选择合适的草坪草种及科学地建坪与管理。

一、球场草坪草

目前,能用作高尔夫球场草坪草的仅只限于部分禾本科草。依其对气温的适应性,它们又归属于冷型草坪草和暖型草坪草。另外,依球场功能要求,又细分为果岭草坪草、发球台草坪草、球道草坪草、障碍区草坪草。

(一) 果岭草坪草

果岭是高尔夫球场的灵魂,果岭草坪是所有草坪类型中质量最高的一类。因此,对果岭草坪草的要求标准极高。一般来说，它必须符合以下条件：多年生、寿命长、质地优良、色感好、茎叶致密、叶片纤细、耐践踏、恢复生长快、耐低剪。果岭草坪需经常维护在4～6.4mm的高度，特殊情况下要剪到3mm。符合以上条件的草坪草不多，下面做简单介绍。

1. 果岭冷型草坪草

（1）匍茎剪股颖　匍茎翦股颖耐低剪，可低剪至3.5mm，这一特性是作果岭草坪草的最重要的条件。因此它是最多被选用的草种，其中'普特'（Putter）品种表现更为优异。

（2）欧剪股颖　该草种具匍匐茎，剪草高度为5～10mm。欧美国家及我国个别球场亦用之作果岭草种。

（3）其他草坪草　国外一些球场将某些冷型草种，如多年生黑麦草、一年生黑麦草、一年生早熟禾、细羊茅等，作为果岭冬季盖播材料。

2. 果岭暖型草坪草

（1）改良狗牙根　改良狗牙根中的'矮生天堂草'（Tifdwarf）和'天堂草328'（Tifgreen），叶片纤细，可低剪至5mm，是被较多选作暖型果岭草的草种。最好的品种为'老鹰草'（Tifeagle），可低剪至3mm以下。

（2）结缕草属的部分草种　有一些球场选用沟叶结缕草、细叶结缕草作果岭草坪草，它们的特性是植株低矮、质地纤细、耐低剪，但质地较硬、球速慢。

（二）发球台草坪草

发球台草坪修剪高度为13mm，因此，选择的草种或与果岭相同或稍次之。冷型草坪草可选匍茎翦股颖、细弱翦股颖、多年生黑麦草、草地早熟禾等，暖型草坪草可选'天堂草328'、'天堂草419'（Tifway）、'天堂草419Ⅱ'（Tifway Ⅱ）、结缕草等。

此外，最新育成的海滨雀稗的一些品种，如SeaDwarf也可作为果岭草使用。

（三）球道草坪草

高尔夫球场球道草坪修剪高度为19mm，因此，草种选择的范围更宽一些。适宜的冷型草坪草有草地早熟禾、一年生早熟禾、匍茎剪股颖、细弱翦股颖，甚至耐旱的质地较粗糙的扁穗冰草等也可入选。适宜的暖型草坪草有：'天堂草328'、'天堂草419'、'天堂草419Ⅱ'、假俭草、结缕草、美洲雀稗等。

（四）障碍区草坪草

高尔夫球场均设障碍区，场地较大者还分初级障碍区和次级障碍区，场地较小者则不设初级障碍区。

初级障碍区紧邻球道，所选草坪草往往与球道草种一致，只是修剪高度不一样，其高度在7.6cm以下。

次级障碍区草坪的留茬高度为0.76～12.7cm，加之不用浇水，亦不施肥，很少修剪，因此，几乎所有的禾本科草坪草都可以入选。

近年来,高尔夫球场冷型草坪混播形式也有出现。比较多的混播类型有:草地早熟禾-紫羊茅,匍茎翦股颖-细叶羊茅,草地早熟禾-多年生黑麦草-紫羊茅,草地早熟禾-紫羊茅-细弱翦股颖等。

二、球场植草

球场植草要十分重视植草前的坪床准备、植草的技术措施和植草方法。

(一) 坪床准备

高尔夫球场的不同部位对坪床准备工作的要求也不同。

1. 果岭坪床准备

果岭既要有平整、光滑、低矮、美观的草坪击球表面,还要能在除雷暴雨以外的任何天气状况下都可打球,并且坪面不能有积水。因此,果岭的排水和坪床结构标准很高。在此仅介绍美国、日本较常用的果岭坪床及我国一些球场所用的果岭坪床的准备工作。图27-6是美国常用的果岭坪床结构,施工方法有如下几步。①挖排水沟:地基上挖深、宽各15cm的排水沟,挖出的土运出果岭外。②铺设排水管:沟底填3cm高、粒径为0.7cm左右的砾石(砾石事先用水洗净),然后铺设直径为10cm的排水管,并用砾石填埋。③铺砾石层:在地基上铺10cm厚的砾石。④铺粗沙:在砾石层上铺5cm厚、粒径为0.5~1mm的粗沙。该层粗沙或砾石层形成一个高水位,以积聚下渗的水分,使草坪草根系可以吸收,弥补根系层沙基质持水性差的缺陷。⑤铺沙层:在如上层粗沙层上再铺30cm厚、粒径0.25~0.5mm的沙子。⑥配制营养层:在沙层上面数厘米中将泥炭等有机质均匀掺和做坪床营养层。

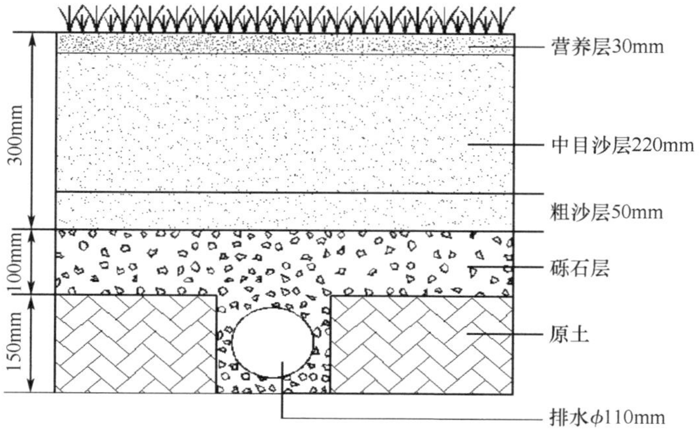

图 27-6　美国常用的果岭坪床结构

做好的果岭要高出周围地区,便于表面排水,也可扩大球员的视野。图27-7是日本常用的果岭坪床结构。建造方法有如下几步。①挖排水沟:在夯实的地基上挖深、宽各

30cm 以上、斜度为 0.5%~4%的排水沟,沟土运出果岭。排水沟整实后底部铺厚 3cm 左右、粒径 5~10mm 的粗砾石。②铺设排水管:在沟底砾石上铺设排水管(主管直径 15cm,支管直径 10cm),然后用粗砾石回填。③铺设防沙网:在排水管上面的砾石层顶铺防沙网(不可用无纺布或帆布),以防塞住土床透气孔。④铺细砾石或粗沙层:在防砂网上铺设 10cm 厚、粒径为 1~2mm 的细砾石或粗沙,并且在其中混合一些木炭。木炭有吸收溶于该层的农药毒素的作用,从而可减少或避免场地排水中农药造成的污染。这个方法也值得其他设计借鉴。⑤铺河沙层:在细砾石层上铺厚 20cm 的河沙(粒径为 0.02~2mm,其中粒径 0.25~0.7mm 的沙要占 80%以上)。⑥铺改良沙:最上层铺厚 15cm 的改良沙。改良沙就是掺和了有机肥料和土壤改良剂的沙。

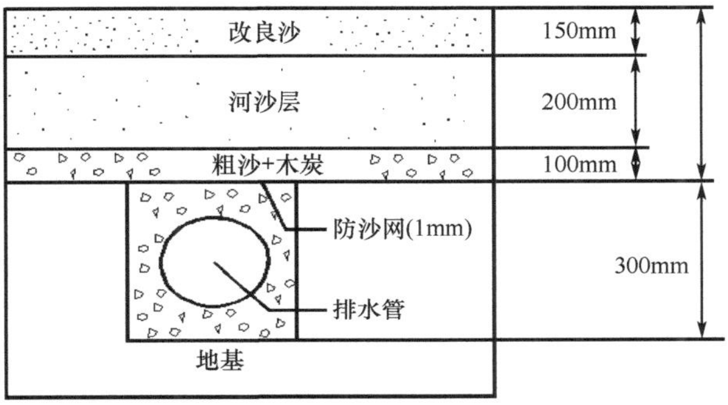

图 27-7　日本常用的果岭坪床结构

我国一些球场常用的果岭坪床结构(图 27-8),其排水施工方法有如下几步。①挖排水沟:主排水沟深、宽均为 300mm,支排水沟深、宽均为 250mm,排水沟之间距离为 4.5m,沟底铺 80mm 厚的用水冲洗干净的直径为 20mm 左右的碎石。②铺设排水管:主排水沟铺置管径为 110mm 的有孔单壁波纹管,支排水沟铺置管径为 90mm 的有孔单壁波纹管,然后用洗净碎石埋没排水管。③铺碎石层:在排水沟上再铺置 100mm 洁净的碎石层,并反复压实。④铺防沙网:碎石层上铺细目的尼龙网布,以防其后在碎石之上铺的沙漏下去。⑤铺河沙:在尼龙网上铺置经清洗过筛的粒径为 0.25~0.5mm 的河沙 350~400mm 厚,铺沙层需多次碾压紧实。⑥铺营养层:在沙层上部将泥炭、有机肥、土壤改良剂等掺和,制配成数厘米高的营养层。

2. 发球台坪床准备

发球台坪床准备因球场而异。若建设资金雄厚,则球场发球台的坪床结构可与果岭坪床相近,条件较差时,则与球道坪床一样标准,但位置要高出球道。

3. 球道坪床准备

在做球道坪床前先要建好地下排水及灌溉系统。地下排水系统中有一系列通过球道低地的单个排水管或者是鱼骨型、格型的综合管线。排水管铺置在 0.5~1m 深处,支管间距 9~18m。在排水问题较少的球道可用盲沟来排渗水。在被阻隔的凹地可挖旱井,井内填满碎石,表层有粗沙,过多的地表水很快流入井内,然后渗入土壤;或者在井底部安装排

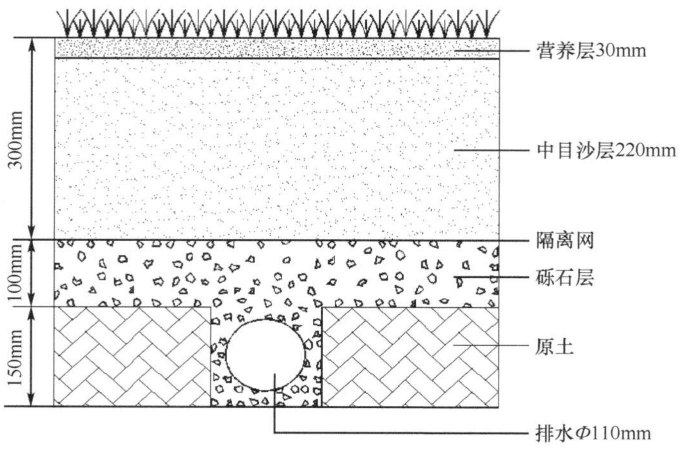

图 27-8　中国常用的果岭坪床结构

水管,水从排水管中流出。排水系统建成后,可进行球道表土重铺。由于球道经挖填而成,土壤类型复杂,改良困难,比较简单的措施是在土质的球道堆铺 10cm 厚的沙土,其中沙占 70% ~75% ,粉粒和黏沙占 25% ~30% ,石质丘陵或其他土壤母质构成的球道则堆铺 20cm 左右厚的沙土。同时有机肥等物料也需按设计数量施入,这样便形成整齐一致的球道坪床。

4. 障碍区坪床准备

初级障碍区坪床按球道坪床一样标准和工序进行施工,次级障碍区人工种草的坪床也应参照球道坪床的标准和工序进行。若利用天然植被的场地则无需重建坪床。

球场的地表排水多集中于障碍区。铺草皮的排水道通常深度为 25 ~ 60cm。当下暴雨时,短期内可将洪水泾流分散到较大的表层区域。还有用于调节较大水量的排水渠,其最浅的深度为 1. 2m。排洪沟是球场地表排水的主干道,要求既坚固又持久耐用。此外,深水池、水塘等大型水面一般也设在该区。

(二) 球场植草

高尔夫球场草坪的植草形式有两种:一种是播种,一种是栽植。

1. 播种

播种的方法有以下 3 种。①撒播:高尔夫球场各部位的播种可采用机械化或半机械化播种。②植生带种植:将夹有草种的植生带平铺于坪面的播种方法,叫做植生带种植。③液压喷播:是用液压喷播机将草坪草种和其他辅料混合喷施于坪面的播种方法。在地势陡峭的障碍区,用此法植草有良好地防止水土流失与保苗的效果。

2. 栽植

栽植的方法有以下 4 种。①插枝:将含 2~3 节的营养枝(匍匐茎或根状茎)的一端插入坪床土壤中，土外仅留1/4节段至1/2节段，利用埋入土中的茎节处生根长出幼苗。②铺茎：把截成段的茎节撒于坪面，然后碾压入土，或在茎节段上覆一层表土。③铺草皮或草坯：有的球场直接铺草皮可很快成坪。铺草坯是将草皮截成小块栽植，成坪时间比铺草皮要缓慢。④栽草塞柱：将球场打洞机取出的草塞柱再栽植于待建坪的场地上。

3. 播种或栽植后的处理

处理措施有以下几点。①浇水：播种或栽植后要经常浇水，始终保持坪面湿润，以保证生根出苗对水的需要。②滚压：为保证草种、草苗和土壤紧密结合，在完成播种或栽植后应进行滚压，出苗后还需进行滚压使坪面平整。③补种或补栽：若发生局部未出苗现象应及时进行补种或补栽，以保证全部出苗。

第四节　高尔夫球场草坪的养护和管理

一、修剪

（一）修剪高度

高尔夫球场草坪的部位不同，其修剪高度不同。

1. 果岭

为取得良好的击球面，果岭需经常维持4~6.4mm的修剪高度，特殊情况下要求修剪到3mm。草剪得越低，滚球速度越快，用相同力量击球时，滚动距离也越远。为了保证球场果岭地区能以均一相似速度击球，美国高尔夫球协会研制了一种专门仪器——果岭测速仪来测定球速，并以此来调整剪草高度。测定者把球放在测速仪的凹槽里，然后使一端缓慢升高，直到球开始下滚。滚速则由球在草坪面上滚过的距离来表示。两个方向分别测3次，求其平均值。美国高尔夫球协会推荐的用于锦标赛的果岭区速度在中速以上，滚动长度至少应该是2.6m，见表27-3。

表27-3　美国高尔夫球协会制定的果岭区速度

果岭区相对速度	平均滚动长度/m		果岭区相对速度	平均滚动长度/m	
	平常比赛	锦标赛		平常比赛	锦标赛
快	2.6	3.2	中慢	1.7	2.3
中快	2.3	2.9	慢	1.4	2.0
中	2.0	2.6			

注：百慕大类草果岭的平均滚动长度减少0.15m

2. 果岭环

紧邻果岭的果岭环一般宽0.9~2.7m，其草坪修剪高度为9~10mm。

3. 发球台草坪

发球台草坪的修剪高度一般在13mm以下。

4. 球道草坪

球道草坪的修剪高度为20mm左右,质量要求较高时为13~19mm。如果滚距短于该数,说明剪草高度还要下降。

5. 初级障碍区草坪

在比赛时初级障碍区草坪要求剪到38~76mm,次级障碍区可以不剪草,若要修剪可剪至76~127mm。

(二) 修剪频率

果岭修剪频率随球场不同而异。有的球场要求除下雨天外,天天都进行修剪。

发球台草坪草在生长旺季每周修剪2~3次,球道草坪草在生长旺季每周修剪1.5~2次。

(三) 修剪机具

果岭草坪修剪有专用果岭剪草机。发球台草坪修剪用滚筒式剪草机。球道草坪修剪用大型滚筒式剪草机,这种剪草机有三联自走式、五联自走式、七联自走式、九联自走式和牵引式。沙坑附近的草坪用自走式旋转剪草机修剪,边缘用切边机剪切整齐,延伸到沙坑的草坪要清除。

二、施肥

(一) 施肥量和施肥时间

高尔夫球场草坪的施肥量主要是根据草坪植物的自身因素和外界因素确定。草坪草的不同品种,对氮、磷、钾和其他养分的需要量也不同,如美洲雀稗、假俭草需肥量少,天堂草、匍茎剪股颖的需肥量多。外界因素有土壤吸附能力、水分淋溶作用、遮荫程度、微生物分解强弱、草坪的使用强度,以及草屑回收与否等。因此,一开始就确定一个很准确的施肥量比较困难,需要在实践中不断积累经验,修正、充实。通常被草坪植物吸收的部分占施肥量的比例为:N 31%~60%,P_2O_5 10%~20%,K_2O 30%~70%。

1. 果岭草坪

根据平常的经验,需肥中等的果岭暖型草坪全年的需肥量为:N 22~30g/m^2,P_2O_5 20~27g/m^2,K_2O 22~30g/m^2;而喜肥的天堂草(杂交狗牙根)则要远高于此,它的施肥量较之要高出1.8倍左右。冷型的匍茎剪股颖同样是喜肥植物,其施肥量稍低于天堂草。

果岭草坪施氮量一般为 4~7g/m^2,在每个生长月中要施 1~2 次。

施肥时不仅要施氮肥,同时也要注意磷肥和钾肥的搭配。当通过观察断定缺钾需要补充时,可将氧化钾与氮肥混合施用,其比例为 1∶2。

另外,还要根据果岭土壤分析结果,确定是否施用某种微量元素。为促进果岭叶色与施氮量相适应,适量地施一些硫酸亚铁会起到良好的效果。

2. 发球台草坪

一般来说发球台草坪年施肥量为果岭草坪的 50%~70%。由于发球台草坪草与果岭相似或者相同,其具体施肥时间可参照果岭的施肥时间进行。

3. 球道草坪

球道草坪的施肥量相对要少一些,年施肥量相当于果岭草坪施肥量的 40%~50%。施肥量少,相应施肥次数也少,往往一年只施几次。相比较,冷型草坪草的球道比暖型草坪草球道需肥量要少,没有灌溉条件的球道施肥量又少一些。

4. 障碍区草坪

障碍区草坪是球场管理最粗放的地域。如果施肥,其年施肥量只及果岭草坪施肥量的 20%,况且还有一些场地的次级障碍区很少或不予施肥,尤其是天然草地作次级障碍区的根本不用施肥。

(二) 施肥方法

施肥方法有撒施固体肥料和喷施液体肥料两种。通常是喷施液体肥料,因为喷施均匀,效果较好。

球场草坪管理者们有一个共识,那就是肥料是高尔夫球场最合算的投资,切不可打折扣,甚至省免。

三、浇水

高尔夫球场草坪的浇水通常需要建造自动灌溉系统,造价较高,是球场投资的重点之一。

(一) 喷灌系统组成

高尔夫球场草坪的喷灌系统由水源、泵站、配水管线(包括闸门和排水阀)、控制阀、控制线路(包括相应的控制器)、喷头等组成(图 27-9)。

(二) 喷头的布局

球场喷灌系统的使用效果取决于喷头的布局。经验证明,100%的重叠比(指喷洒器喷头覆盖区域的半径与两喷头间距之比,用百分比表示)能提供最好的整体覆盖,换句话

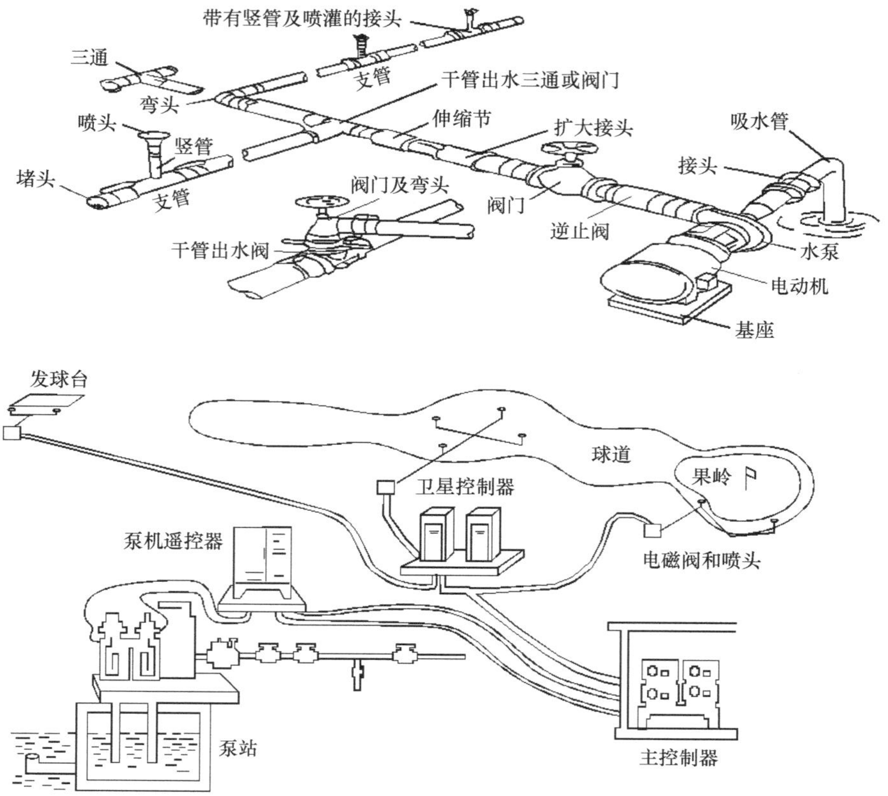

图 27-9 高尔夫球场自动灌溉系统的主要组成部分

说每只喷头喷出的水应能达到相邻喷头的根部。20~21.3m 间隔的等边三角形的布局产生的空白区最小。喷头一般选择自动弹起式。另外,在每块果岭和发球台的有水压管在线应安装快速耦合阀,在球道管在线每隔 60~91.4m 也应装一个快速耦合阀,用于局部区域浇灌和对幼树浇水,并可作后备水源和应急用水等。

(三) 浇水的原则和方法

水管理是高尔夫球场草坪管理的一项大事,该项管理工作最重要的一点是在必要的时间以必要的水分浇灌土壤,供草坪生长所用。例如,在炎热和干旱的生长季节,果岭每天都需浇水,每次浇水 15~20min,应在傍晚或夜间浇水。盛夏午间可浇几分钟水以便降温。有露水或霜时,应开启喷头洗去露珠或霜。发球台浇水方法与果岭相似。球道在干燥季节每周浇水量应在 5cm 以上,沙质土球道每星期浇 2 次。初级障碍区浇水同球道一致。

四、杂草防除

在球场草坪上,尤其是果岭和球道上若出现杂草则十分显眼,它不仅影响运动效果,而且还会有损球场声誉,因此必须及时进行清除。方法是用人工拔除或用化学除草剂清除。应严格遵循“除小、除早、除尽”的原则。化学清除的方法可参照其他运动场草坪的除草方法实施。

五、虫害防治

害虫一旦大面积突发将严重威胁球场草坪的生存。高尔夫球场草坪害虫防治的方法与一般运动场草坪相似,这里需要强调的是要设法减少或避免土壤污染。应选择残效期短(如药效在两周之内)、毒性较小的药剂。只要可能,应尽量采用生物防治的办法。据报道,美国有 3 年不使用防虫药剂的高尔夫球场草坪。

六、病害防治

高尔夫球场草坪,尤其是果岭草坪,由于频繁低剪和施重肥,又频繁浇水,加之人员流动大,故而易发生病害。防治草坪病害是球场管理者最棘手的问题之一。

(一) 病害发生的环境因素

1. 气候、土壤因素

草坪生长发育受外界环境因素,如气温、湿度、光照、风,还有土壤的温度、湿度、通气等物理性质的影响,同时它们也左右着疾病的发生、发展。如果多雨、光照不足、低温,或高温、高湿,或干旱等气候条件发生,则草坪生长缓慢,抵抗力下降,常会发生疾病。另外,土壤温度与病原菌的生育温度和感染温度(表 27-4)有着密切的关系。

表 27-4　各种病原菌的引发病、发育温度和感染温度　(单位:℃)

病原菌及其引发病		最低生育温度	最适生育温度	最高生育温度	感染温度
丝核菌属	高温型褐斑	3~14	20~33	35~42	22~24
	低温型褐斑	0	20~25	35~40	20
腐霉菌属	高温型镰刀病	5	35	45	35
	低温型立枯病,春秃病	0~12	24~36	35~42	13~30
雪霉菌属	高温型镰刀病	0~10	15~28	32~38	20~30
	低温型立枯病,春秃病	0~7	20~21	32~33	15~20
长蠕孢属		5~15	20~30	33~38	28~32

有时土壤的化学反应也影响发病。当土壤酸性或碱性程度加大时,草坪正常的发育受到抑制,但却助长了某种土壤微生物的繁殖、侵害而引起病害发生。

另外,若土壤养分不足,草坪生长缓慢,对病原菌的抵抗力下降,也容易感染病害。土壤肥力不足若同湿润、低温再联系起来,发生的病害往往严重。相反,如果肥力过剩,特别是氮、磷、钾不能保持均衡,也常常发病,尤其氮肥过多,情况会更严重。

2. 栽培管理因素

不当的栽培管理也会促使草坪发病,其主要表现在以下几项:①过度密植,单株所受光照不足,生长势弱,对病害抵抗力降低,容易发病;②过度修剪,造成草坪草伤口多,极易诱发病原菌侵入染病;③在不适宜的时间进行不适量的浇水,引起草根腐烂,而且助长了真菌孢子菌丝的发芽和伸长,造成病害;④不适量地盖细土,使同化作用受阻,加之踏压的影响,即使在休眠之前进行,也会使地温上升,促进病原菌的生育,使抗性下降,诱发病害;⑤杂草及虫害防治不彻底容易发生病害;⑥土壤板结造成草坪植物生长势弱,却为真菌提供了良好的生育条件,也易发生病害。

(二) 病害引发的病症类别

草坪植物受到真菌、细菌的侵害后,常会表现为如下几种疾病,这里一一列举出来,以便于诊断和进行对症防治。

1. 腐败病

腐败病的症状是以病原体侵入处作为中心,周围的组织细胞逐渐腐败。此病包括立枯病、根腐病、叶枯病、茎叶腐败病、枯损病、褐枯病等。

2. 斑点病

斑点病是以病原体侵入的场所为中心,在其周围局部形成病患部的疾病。此病包括污斑病、炭疽病、黑点病、云纹病、条斑病等。

3. 菌体被覆病

菌体被覆病的症状是在被侵害局部的表现,病原菌旺盛生长。此病包括白粉病、锈病、黏菌等。

4. 新器官形成病

新器官形成病是由于病原体的刺激,使细胞肥大增生。此病包括萎凋病、黑穗病、麦角病、黄化萎缩病等。

(三) 管理养护措施与病害关系

1. 施肥

若肥料中氮多钾少,会使草坪草嫩而多汁,易染病;但施氮量少也能引起另外一些病害,且饥饿的草抗病力弱。因此,正确的施肥应是施中等比率的氮肥或复合肥,含钾量至少是氮的 1/3。

2. 修剪

钝刀片剪草容易把草撕破和弄碎,真菌易从伤口侵入。齐根剪草,草会十分衰弱,在其恢复期间,病原体也会在植株内发育起来。因此,必须严格按照前面修剪部分所要求的规程进行修剪。

3. 浇灌

一般来说要避免傍晚或夜间浇水,应在早晨浇水,以便太阳很快晒干叶片,使真菌失去水膜包裹的机会。但球场又往往是夜间浇水,如果喷药措施跟上也可以。在草坪上减少过多的水分有助于防病。

4. 枯草层处理

枯草层是产生病害的温床,为病原体提供了食物和掩蔽所。厚的枯草层也使草坪长势变弱,因此要采取垂直剪切、打孔或加表土等措施,减少枯草层的形成或积累,这样有利于防治病原体。

5. 其他管理措施

减少球场草坪的树荫会增加草坪草的活力;减少非必要的人员活动,这样既减轻了对草坪的破坏,又可减少病原体的携带和传播机会。

6. 使用抗病品种

使用抗病品种是一种很好的带有根本性的防病措施,但也要注意,这些抗病品种必须能忍受草坪所在地的其他环境条件。如果一个抗病品种无适应能力,草坪便会衰弱并丧失其正常的抗病力。

七、覆沙土及枯草层处理

覆沙土是球场经常性的作业,一则可以填充凸凹不平处,增加平整度,另外还可以控制草坪枯草层。果岭每月覆沙 1~2 次,厚度 0. 8~1. 5mm。发球台每年覆沙 3~4 次,每次 3. 2~6. 4mm。球道每年覆沙 3~4 次,每次 5mm。什么时候覆沙要视实际需要而定。覆沙土往往在打孔或垂直剪切作业之后进行。

当果岭草坪枯草层达到 8mm 厚、球道草坪枯草层达到 13mm 厚时,水、肥吸收便显困难,此时即要进行枯草层处理。其方法主要为垂直剪切枯草层。垂直剪切机刀片间距为 25~76mm,切进深度为 51~76mm。刀片从草坪中疏出枯草,切断匍匐茎和根茎。该措施可刺激草坪新的生长,促进枯草分解,从而减轻土壤紧实度。

八、球场草坪打孔透气

高尔夫球场使用一段时间后必然会出现土壤紧实的问题,它会妨碍水、气、肥、药等渗入土壤,影响草坪质量,因此球场年年都要进行芯土耕作,打孔透气。具体实施:对果岭和发球台的土壤用果岭打孔机,而对球道处的土壤则用大型打孔机。打孔机有空心机和实心机两种。至于使用哪种打孔机,应根据草坪紧实状况来确定,打出的草塞由附带的收集桶收去。

九、果岭修补球疤及更换球洞

(一) 修补球疤

由于重力和旋转等原因,球落在果岭时会在坪面上出现凹陷的球疤,对之要及时进行修补。做法是:先用专用维修工具或小刀在球疤中央打一个小洞,然后将小洞四周的草挤向中央,直至平整一致。

(二) 更换球洞

果岭球洞的直径为 108mm,深 100mm 以上,圆形,内装有球洞套,球洞套材质为金属或塑料。为了避免球洞周围的草变坏,必要时球洞位置要天天更换。新的位置应远离原来的位置,以便原球洞的草坪草能少受干扰,恢复生长。更换时用专门的工具(图 27-10)进行操作。另外,球洞还须距果岭环 4.6m 以上。

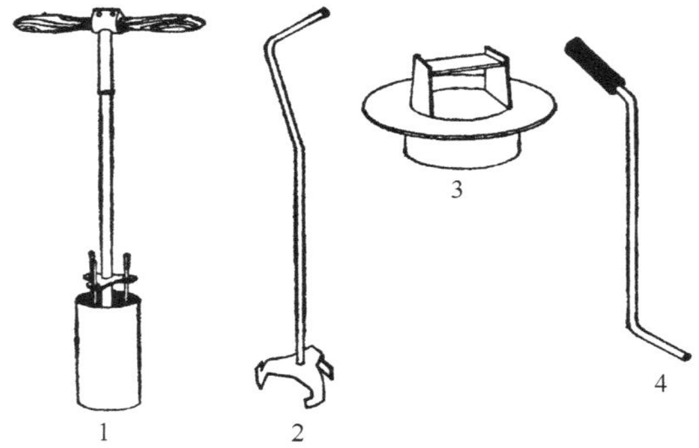

图 27-10　更换洞的工具

1. 球穴套挖掘器;2. 球穴套拉出器;3. 球穴套镶嵌器;4. 球穴套钩

第五节　高尔夫球场景观植物的配置

高尔夫球场还需要栽植多种乔木、灌木、花卉、地被植物,它们与占主体的草坪和谐配置,球场景观才能更趋完善、优美。

一、果岭周围的配置

果岭周围的乔木、灌木配置以不影响草坪生长为前提,所栽植的树木应是深根、常绿、树荫小,且不会有杂物飘落于果岭,不生害虫。此外,其枝干外延须距果岭环 10m 之外。为保证果岭草坪的光照,果岭的南侧应避免种高大的乔木。果岭到下一个发球台的沿线配置灌木、花卉,它们可为球员指示方向,并丰富场景。

二、发球台周围的配置

发球台附近的乔木、灌木配置仍以不妨碍草坪接受阳光及空气流畅为前提,同时要考虑为等待发球的球员提供避晒场所,还要顾及防止出现有碍球员观览球道的情况。在发球台周边适量地配置花卉,既能增添色彩和芳香,又能控制交通。

三、球道边的配置

球道边配置树木要体现造景的多种功能。例如,表现在竞赛功能上,可明显地分隔相邻球道,指示打球的方向和界限;表现在美学功能上,则高乔低草,植被高低错落有致,植物种类丰富多样;表现在工程功能上,球道边的乔木根深、株高、树荫稀、树型美,可有效保持水土,并有良好的遮阳、防风、防球击和安全等效果。另外,以树衬景能提高飞行中球的能见度。

四、障碍区的配置

障碍区是集中种植乔木、灌木的地区,要选择透光、病虫害少、深根性的树种。灌木丛可起到指引打球路线、防止球出界等作用,还可用之遮掩球场中的不雅观的区域。行车道边可栽植绿篱,陡峭的山坡障碍区可栽植地被植物,既可护坡又可降低养护费用。

五、水景边的配置

球场的池塘、溪、渠边应选择耐水湿、生长快、枝干矮、不易摇动、固结土壤能力强的树种,既可保护堤岸,又可陪衬水景,相映成趣。

六、会馆周边的配置

会馆是一座建筑或一组建筑群,在其周围应配置乔木、灌木、花卉等,其设计原理与宾馆、别墅有相似之处。树种的选择以树形优美、常绿、有季相变化为原则,还要顾及开花、色香、结果等欣赏效果。另外,四季中至少有三季不可缺少花卉。

七、其他地点的配置

除上述地区外,球场还设有进口处、小卖部、避雨点、网球场等场所。需根据它们的功能要求,配置乔木、灌木、花卉等。总之,要尽量营造一个清新怡人、步移景异的好环境,以吸引更多的客人,促进高尔夫球运动的发展。

第六节　球场量度和等级评估

球场量度和等级评估对高尔夫球运动来说是必不可少的,有着极其重要的作用,它们一起决定了打数标准,从而确保球员能对他们在任何给定的球场上进行的比赛能用一定的检验标准来判断,并能在任何球场上公平地运用高尔夫球协会的水平调节体系。

对高尔夫球场上的每个尺寸进行准确的量度是特别重要的。球洞尺寸是高尔夫球协会的水平调节体系中的决定性因素,也是球员打球进洞时作出所有判断的基础。高尔夫球员可以得到的唯一最大的帮助是记分卡上标出的准确尺寸。高尔夫球场设计师在一开始设计时就根据球员的要求及《高尔夫规则》中的标准打数确定好了每个洞的尺寸。同时,关于打数标准的距离问题,还应该考虑高度和空气密度对球的飞行距离的影响。其影响评估需要用 Controlled test 来测评。这样测定的结果将来在特定的区域还需对距离和打数标准的关系进行调查。

让球场所在区域的对其有管辖权的高尔夫球协会对球场进行等级评估是每个俱乐部的责任。高尔夫球协会规定同一区域内的所有高尔夫球场应由同一个俱乐部来评估以提高评估的统一性。俱乐部不能对自己的球场进行评估,因为他们往往对评估原则有不同的解释。

高尔夫球协会使用的评估体系首先强调球场的尺寸,因此,球场的评估首先从对球场进行精确地测量开始。如果对球场已进行了度量,但已经有较长一段时间了,在评估开始时仍需要对其进行测量。球场量度所发生的一些变化也会影响水平调节体系。高尔夫球协会制订了量度、评估原则和标准,对球场进行准确度量是俱乐部或俱乐部协会的责任,量度的结果就是记分卡上标明的尺寸。

一、大小的丈量

(一) 永久度量标志

在度量的标准开始点(一般为每个发球区中间)设置永久度量标志,对准确度量有着极其重要的作用。其位置一般选在球员从前一个球洞到发球台的地方,以便能被球员容易地看到。为了确保标志的永久性,它们最好用水泥,钢筋,或相似材料制成。每个标志上应用数据标明从发球区的该点到球盘中心的准确尺寸。永久尺寸标志可以帮助球员确定从球洞到发球区该标志点的距离。

(二) 量度方法

对每个球洞都应该沿设计路线进行从永久尺寸标志到球盘中心的水平(中线)度量,常用的丈量工具只有铁卷尺、测量仪、电子测距仪等。丈量应由技术人员,特别是懂得土木工程的人员进行,准确是丈量的第一要务。有拐弯的球洞应先丈量从发球台到球道拐弯处球道中心的直线距离,然后量从该处到球盘中心的直线距离。然后再除以 2 来确定球盘的大概中心位置。如果球洞共享一个以上发球台,应该对其分别进行丈量并设置永久尺寸标记。每个永久尺寸的颜色应该与相对应的发球座的颜色一致。高尔夫球协会建议发球座的颜色按以下标准来设置：后发球台——蓝色；中发球台——白色；前发球台或女士发球台——红色。

俱乐部的记分卡和布告栏应对每套永久尺寸标记的球场等级加以说明。如果只用一个球洞的一套标志来标明两个球场，则应该把两种颜色都显示出来，各占一半。在9洞的球场上进行一场18洞的比赛时，每组9个洞有其独立的发球台和发球座，所以也应该对每组9个洞进行独立的丈量，并为其设置独立的永久尺寸标志，在尺寸标记或发球座上应标上“Ⅰ”或“1”，说明它们为第一组的9个洞的标志，标上“Ⅱ”或“2”说明为第二组的9个洞的标志。

球场的丈量最好在地图上进行，而不要在航空照片上进行，因为航空照片可能会因照相机角度的不同和摄影时高度的不一致引起误差。然而，如果必须得借助航空帮助时，使用航空测量比航空照片要好，因为航空测量的结果较为准确。

如果高尔夫球场较平坦，并没有障碍区，对其进行丈量是一件比较简单的事，仅需要钢卷尺和测量轮就行了，然而实际上并非如此，还需要其他仪器设备的联合使用，包括钢卷尺、测量轮、经纬仪和电子测距仪。发球台和其他一些平坦区域仅需要钢卷尺和测量轮就可以精确测量，然而，这些仪器不能用于大面积水体，高低起伏不平的地形，也不能通过其他的一些障碍区。因为丈量时采用的是直线丈量的方法，也就是说，球场的丈量路线和打球路线是一样的；首先到球道中心，最后到球盘中心。使用经纬仪时需要一个人使用仪器另一个使用测距塔尺，两个人还需要用对讲机进行联系。电子测距仪是一种利用激光光束的新发明，这种仪器操作简单，也容易操作，它可精确到十万分之一。而这样的精确度正是高尔夫球场所希望达到的。

二、面积的丈量

每个发球台、球道、球盘的面积对这个高尔夫球场管理者来说是不可缺少的数据。因为这对他们确定所需肥料、除草剂、杀真菌剂或杀虫剂的数量来说是必需的，也是他们确定各种材料的适宜用量所不可缺少的。丈量单位在球道上一般用英亩（公制单位用公顷），而在发球台和球盘上一般以1000ft^{2}①（公制单位为100m^{2}或1公亩）为单位。如果知道所要处理作业的球盘、发球台或球道的大小和面积，就可以算出喷雾器按规定的压力和速度操作时所需要加在一满箱溶剂中的杀虫剂和化肥的用量。

许多高尔夫球场草坪的形状是不规则的，不呈明显的几何形状，因此不可能很精确地测量出每个发球台、球道、球盘的面积，所幸的是，计算化肥和农药用量并不要过高的准确度，然而，尽可能准确的丈量对于确保农药按厂家标签上的使用量高效、安全、经济的施用是很重要的。下面是一种丈量和计算不规则草坪的面积的方法。第一步，把丈量区划分成尽可能规则的圆形、矩形、三角形和梯形，在连接点处设置一系列分界标志，这样可以帮助区分边界并利于丈量；第二步，丈量每个几何图形的边线长度；第三步，在所丈量的草坪上画线，包括所用的几何图形和所得到的线性长度；第四步，计算每个几何图形的面积

① 1ft^2≈0.093m^2。

(通常用平方英尺或平方米);第五步,把每个几何图形的面积加起来求出全部面积;第六步,查检计算过程。

下面的步骤可以用来计算不规则区,特别是不规则圆形球盘的面积。第一步,在球盘上大略选定并标出一个中点。第二步,把不规则的形状分成10°或20°的小扇形。当要求的丈量精确度较高或球盘很不规则时分成10°的扇形。第三步,丈量从中点到球盘边界的距离。如果分成10°的扇形,就有36个丈量结果(半径长度),若为20°的扇形则有18个半径长度。丈量时把卷尺的顶端固定在球道上选出的中心点,然后拉紧卷尺沿球盘边线转动,确定适当的位置,记下半径的长度。第四步,把所量得的全部半径长度加起来除以半径个数,求得平均半径长度。第五步,用平均半径和公式 $A=\pi r^2$ 或 $A=\pi r$(r 为平均半径)^2 来计算面积(A)。第六步,检查计算结果。

(孙吉雄　张巨明　胡延凯　刘照辉)

主要参考文献

韩烈保. 2004. 运动场草坪. 北京:中国农业出版社
胡叔良. 1999. 高尔夫球场及运动场草坪设计建植与管理. 北京:中国林业出版社

推荐阅读文献

李树清. 2004. 足球场草坪管理与评估. 北京:北京体育大学出版社
任继周. 1998. 草业科学研究方法. 北京:中国农业出版社
孙吉雄. 2002. 草坪绿地规划设计与建植管理. 北京:科学技术文献出版社
孙吉雄. 2003. 草坪学. 第二版. 北京:中国农业出版社
孙吉雄. 2004. 草坪工程学. 北京:中国农业出版社

第二十八章　赛马场草坪

第一节　概　　述

一、赛马运动的起源

赛马是人类驾驭马匹进行的一种竞技活动，属于马术运动的一个主要项目，也是其基础项目，它是世界性的传统体育活动。在人类赛马史上，各个时代的赛马活动既前后沿袭，又不断推陈出新。各个国家和地区的赛马活动发展不尽平衡，而且呈现出了不同的风格和流派，但彼此之间不乏联系、交流和借鉴，使赛马活动千姿百态。

赛马运动是一项深受人们喜爱的体育运动，也是集体育、娱乐为一体的运动，人类对于此项运动的认识有一定的渊源。在早期的人类历史中，马匹常常被作为一种交通运输工具，在战争中也被大量使用，而在运动和娱乐方面却有一定的欠缺。古希腊诗人荷马在他所著的史诗《伊利亚特》中提到过用马牵引战车进行比赛，这是有关赛马的最早记录。公元前776年在希腊举行的首届奥林匹克运动会中，赛马就是其中的竞技项目，优胜者获以橄榄枝冠和塑像作为奖励。在我国古代，周朝有“六艺”之说，即礼、乐、射、御、书、术，其中“御”即为驾驶马车，是学校教育的重要内容。在我国古代也有“赛车”运动，即驾驭马车追逐比赛，这也是较量“御”技的一项赛事。

赛马是我国民间传统体育活动之一。在新疆、内蒙古、西藏、甘肃、青海、云南、贵州等少数民族地区尤为盛行，每逢喜庆节日便举行，具有悠久的历史，并且有较好的赛马品种，如蒙古马、伊犁马、三河马，但与国外的汉诺威马、阿拉伯马、英纯血马等相比，在体形、速度、耐力上都有很大差距。在我国的春秋战国时期，赛马运动在达官贵族中甚为流行，至今还流传着“田忌赛马”的故事。至元代，因“元起朔方，俗善骑射”，赛马之风盛行，后历代相传日渐普遍。

二、赛马运动的发展历史

赛马号称“国王的运动”，是以骑士技巧和马匹奔跑的快慢来定胜负，它历史悠久，形式变化多样。根据考证，在公元前7世纪古希腊所举行的古代奥林匹克运动会上，有四驾马车竞技，在此前双驾马车竞赛早已流行。四驾马车竞赛出现后的40多年，赛马才改由骑手驾驭进行。现在我们看到的赛马起源于英国，1174年，伦敦在史密斯菲尔星期五的马市上，首次出现比较正式的赛马活动。随着英国赛马的开展和向其他国家流传，13世纪左右，欧洲大陆兴起了赛马热，之后赛马又流传到了讲英语的国家和地区。3000多年来，从喜爱双轮马战车的亚述国王，一直到现在的英国女王伊丽莎白二世和英国王储查尔斯王子，赛马一直是贵族们非常喜爱的运动。

英国是世界上设立赛马场最早的国家,于 1540 年在奥切斯达市创办了第一所赛马场,并培育出赛跑速度为世界之冠的英纯血马种。历史上记载的最早赛马会举行于英国伦敦的史密斯菲尔德市。法国的赛马历史比英国短,法国从 16 世纪以来就热爱马匹,完善马政,将赛马同马匹改良结合起来。法国赛马的特点是全面发展,经常举办平地速力赛马、速步轻驾车赛马及跳越障碍赛马,赛马场多集中在巴黎地区。世界赛马协会设在巴黎,每年 10 月举行一次会议。美国是世界赛马大国之一,早期的赛马引自英国,并在许多方面超过英国。澳大利亚的第一次马会举行于 1810 年。1838 年,墨尔本赛马俱乐部宣告成立,但是直到 1867 年才开始举办墨尔本赛马大会,该项赛事至今还享誉全球。澳大利亚按人口平均为世界上赛马最发达的国家。原苏联也是世界赛马大国之一,赛马场最多时超过 100 所。其赛马始于 18 世纪,由于国土幅员广阔,又因军队的需要,把发展赛马视为国策。原苏联赛马业的特点是具有丰富的马匹资源。原苏联及东欧国家每两年举行一次赛马。

中国作为历史悠久的养马大国,马术运动源远流长,早在古代各种马术项目就十分丰富多彩,唐朝盛行的马球、马技运动足以说明中国的马术历史已有 1300 多年了。马球起源于波斯,经西域传于长安,在唐代长安城含元殿遗址中,就曾出土过球场的石碑和“打马球图”的壁画。马球运动在唐代贵族中曾盛极一时,皇帝、贵族、文武官员,以至文人、妇女都很爱好此项运动。

我国的现代赛马活动,始于 19 世纪 60 年代,到 20 世纪 30 年代,除了香港的赛马业迅速发展外,上海有 2 个跑马厅,天津有 3 个跑马场,全国的赛马场逐步发展到 20 多个。上海跑马厅在新中国成立前曾一度成为亚洲最大的赛马场。新中国成立后,1952 年 8 月在八一建军节 25 周年运动大会上,进行了赛马比赛,1959 年举行的第一届全国运动会,来自 13 个省市的 226 名选手参加角逐。1960 年举行了全国马术锦标赛。但是,由于历史的原因,自此之后至 1982 年之前,我国再也没有举行过赛马比赛。1982 年,我国申请加入了国际马联。从当年起每年举行一次全国马术锦标赛,赛马被列入全国锦标赛正式比赛项目,直到 1987 年全运会结束后才由于重点发展奥林匹克马术项目而被迫停止。刚刚跨入 20 世纪 90 年代,古城西安率先打响了现代赛马的第一枪,尽管搞了两场就偃旗息鼓,但毕竟开了先河。1991 年 4 月,新中国第一个赛马俱乐部在深圳诞生,第二年该部就举行了“猜头马”平地赛。1992 年 4 月 26 日,金马杯中国马王广东邀请赛在广州市郊黄村开锣。继广州这次邀请赛之后,全国各地的赛马活动此起彼伏,中国赛马运动开始升温。

今天,赛马也是一项深受社会各阶层欢迎的户外运动。目前,世界上开展赛马运动较好的国家和地区有英国、法国、美国、德国、意大利、澳大利亚、日本、中国(香港和澳门)。在中国香港,赛马已成为香港人生活不可分割的一部分,赛马日群众的投入、忘我,正是香港人的最佳写照,赛马日气氛就像旧时庙会一样热闹。

三、赛马运动的比赛规则

赛马方式有多种,包括平地赛、轻驾车赛、马术比赛和障碍赛等。因此,它们的比赛规则也不尽相同。

（一）马场马术比赛

马术比赛在于使马的体格与能力得以均衡发展。通过良好的训练，使马匹养成既沉静、顺从、轻松、柔软、灵活，又富于信赖感、注意力及机敏性，从而达到人马一体的效果。

1. 比赛要求

马匹要求步调自如规整，运动协调、轻快，不勉强，靠旺盛的奋进力，使前肢更为轻快，后躯充分踏进，并且始终保持顺从性，无紧张感和抗拒行为，受衔良好，最终达到人马和谐的效果。骑手要求按规定着装，给马匹佩带的马具也要按规定佩带，以不影响马匹的呼吸、视力、运动为准则。

2. 比赛规则

在马场马术比赛中应遵循如下比赛规则。①正式的 F、E、I 竞赛项目，完全依靠记忆进行，所有运动必须按照运动科目中规定的顺序进行。②竞赛者在竞赛中出现“违反程序”失误时（错误地回转，漏掉某一动作等），竞赛场裁判长的辅助人员，按照裁判长的命令，摇铃警告。③所有“违反程序”失误，无论摇铃与否，均应判以扣分。第 1 次失误扣 2 分；第 2 次失误扣 4 分；第 3 次失误扣 8 分；第 4 次失误，竞赛者失去竞赛权，但是演技可以继续到最后。仍按照通常的评分方法给以评分。④竞赛者出现的“运动科目的失误”（如以轻快步通过禁止轻快步处，敬礼时，没有单手持缰绳等）时必须予以扣分。原则上，竞赛者对竞赛场裁判长所示的违反程序（摇铃）认可后，再不能重复运动科目中所指定的运动。如果竞赛者在演技中，将同一动作重新进行的话，裁判员只能将其最初完成的运动作为评分对象，同时必须以违反程序予以扣分。⑤竞赛场裁判员没有确切地注意到失误时，对其疑惑之处的裁决，要有利于竞赛者。⑥过失扣分，根据竞赛场裁判员的裁判记录表，从竞赛者的总分中扣除。⑦应该实施的运动，在马场统一规定的地点进行，而且必须在竞赛者的身体到达该地点的瞬间完成。⑧出发信号发出的 90s 内，未能从入口处进入马场的竞赛者，取消竞赛权。出发信号发出前，进入马场的竞赛者，也同样取消竞赛权。⑨女子在敬礼时，必须单手持缰。⑩在人马跌倒及竞赛者落马的情况下，不取消竞赛者的竞赛权。从竞赛者跌倒的该运动的得分中或从综合观察得分中扣分。⑪从入场至由 A 处退场为止的马场马术竞赛过程中，马的四肢全部从马场跨出的马匹，取消竞赛权。⑫在竞赛者结束演技时，根据以下方面给予综合评分：步调；推进气势；顺从；骑手的姿势及骑座，扶助的正确性和效果。各综合观察分，采用由 0 分到 10 分的评分方法。10 分为优秀；9 分为极好；8 分为良好；7 分为较好；6 分为满意；5 分为及格；4 分为不足；3 分为较差；2 分为差；1 分为极差；0 分为空白。

（二）障碍赛

障碍赛是考验马匹及参赛者组合于不同情况下，在设置障碍物的场地上进行的比赛，此种考验为展示马匹的自主活动，其体能、技巧及对跳跃的服从性及参赛者之骑术技巧。参赛者若有过失，如碰倒障碍物、拒跳、超越规定时间限制等，则将受罚；比赛胜者受罚次数较少，并以最快时间完成比赛路程，或取得最高分数，当然还需视比赛类别而定。

(三) 速度赛马

1. 马匹要求

参赛马匹必须是在中国马术协会运动用马管理委员会注册登记的马匹。马匹的性别不限，对马匹的年龄在不同项目中有一定的要求。距离在1600m以下的马匹必须年满3周岁；距离在5000m以下的马匹必须年满4周岁；距离在5000m以上的马匹必须年满6周岁。

2. 运动员要求

运动员必须持有中国马术协会颁发的运动员注册证，经资格审查委员会审核批准后才能参赛。运动员着装要严格按照大会规定执行，并且要严格遵守比赛规则和纪律。

3. 比赛规则

(1) 起跑(司闸和开闸)　①所有参赛马匹和运动员到闸箱前报到后，必须听从司闸员指挥。②司闸员召唤各马入闸。单号闸位马匹先入，双号相继入闸。也可按实际情况而定，务必使各马最快捷、安全公正、合理地入闸。③若个别马匹入闸不成功，而导致赛事延误，应及时报告总裁判长，并提出处理意见。总裁判长可令该马退出比赛。④参赛马匹入闸完毕后，司闸员发出开闸信号(举旗示意)，司闸长放开闸门，完成起跑。⑤闸箱和闸门发生故障时，可以重赛。运动员第一次抢跑，发令员给予警告，第二次犯规即取消比赛资格。起跑后最初的100~200m(视场地情况而定)各马必须沿着自己的跑道前进，不得进入其他跑道内超越前面的运动员，否则以犯规论处。

(2) 途中　运动员在比赛途中如违反下列任何一款均为犯规，应取消该项比赛资格。①超越前马时不论内侧或外侧越过，应以不妨碍其他马匹为前提。马匹抢道时，距后面的马3个马位方得变道。②比赛途中不得推人、拉人、撞人或阻挡他人前进。③扬鞭策马时，应前后挥鞭，不得骚扰、妨碍或影响其他骑手，更不能用鞭子鞭打其他运动员和马匹。④比赛进行中不得使马骤停或突然转向，也不得曲折骑乘或蛇行骑乘而阻碍其他马匹前进。⑤比赛进行中运动员不得有意大声叫喊，不得互相讲话或做有暗示内容的动作，也不得与场外人谈话。⑥不得以马匹碰撞、阻挡和干扰其他马匹，以影响其争胜机会。⑦终点前200m距离内领先骑手必须直奔前方，不得斜向跑道一侧(向内侧或向外侧)以妨碍其他运动员和马匹冲刺。⑧比赛中不得以粗鲁动作或不正当方式催动马匹。⑨骑手因故落马或鞍具脱落时，必须从出事地点继续参赛，并且不得妨碍其他运动员前进。⑩若赛场跑道内沿途无拦挡设备，而马匹越出跑道进入场内时，应以越出跑道的准确位置进入跑道继续参赛，而且进入时不得妨碍其他运动员和马匹。⑪参赛马出闸后，在比赛途中若因意外及其他原因分别先后退出比赛，只剩一匹马时，该马必须跑完全程才被视为第一名。⑫严禁赛前对马匹使用违禁药物或给予违禁饲料。

(3) 终点　①以竞速方式决出名次，以最短时间跑过全程，最先通过终点者为第一名，其次为第二名，依序类推。②参赛马匹鼻尖触到终点线时，即为跑完全程。③终点裁判长根据分割式终点摄像系统或录像材料判断裁决名次。若赛场缺乏终点摄像设备或所用摄像设备发生故障不能使用时,以终点裁判长目测为准裁决名次。④终点裁判长审核比赛结果后如无争议、又无上诉时,即签发当场比赛结果,通过记录长呈总裁判长签字,并正式公布。⑤终点裁判长的裁决为最后判决,除非仲裁委员会接受抗议和上诉,而且该抗议和上诉成立,并经组委会研究重新确定名次。⑥到达终点时,运动员落马或马匹跌倒,必须人和马全部越过终点线才算跑完全程。运动员落马后假如该马通过终点线则不算跑完全程。⑦比赛中马背上没有骑手(因途中坠马或其他意外),马匹通过终点线被视为犯规,取消其名次和成绩。⑧通过终点后,运动员仍应沿跑道前进 200m 后才可离开跑道。⑨如果有 2 匹或 2 匹以上的马同时到达终点,可借助终点录像设备分辨。马匹到达终点前后相差百分之一秒之内者才被判为并列名次。经仲裁委员会审定确认为同时到达终点,并列名次成立。若终点摄像设备故障,或遇灾难性天气不能准确判断时,则以终点裁判长目测为准,判定为同时到达终点者,定为并列名次。⑩按体育竞技惯例,并列第一名时,便无第二名,有并列第二名时便无第三名,以后名次依次类推。⑪赛场如无自动计时设备时,则使用人工计时器,每匹马至少要用 3 块秒表测定成绩。由计时长领导记时员进行计时。

第二节　赛马场地的规划设计

赛马场原本是以挑选速马为目的而进行生产的地方,因此,就本质而言,赛马场是评定比赛马的优劣进行淘汰的场所。但今天,赛马变成了目的,看赛马、进行多种娱乐竞技,特别是赌马成为赛马的主要内容。近代的赛马场除包括原来赛马场(跑道)外,还包括比赛所必需的其他设施,如看台、设施内场地、胜马投票券发售台、停车场等,因此,赛马场是来场者使用设施的总称。

赛马运动无论是在国内还是在国外,都是一项有传统意义的体育竞技项目。传统的赛马多在天然草地上进行,娱乐意义大于比赛,而现代意义上的赛马因其带有了赌博的性质,使赛马运动有着严格的规则,要求在高质量的赛马场上进行。赛马场除包括原来的赛马跑道外,还包括看台、设施内场地、胜马投票券发售台、停车场、商店、酒吧等服务设施。

一、场地规格与选择

赛马场地通常与田径场地一样,长方形且两端半圆形或带有直线的椭圆形,其具体规格见图 28-1。

赛马场跑道一周的长度为 1.4～2.4km,最小不低于 800m;宽 42～50m,最小不低于 15m。赛马场末端的圆弧尤为重要,一个设计良好的跑道,其直道末端的弯曲处应尽可能的平缓,弯曲半径要尽可能大,这样,当马匹在弯道以 60km/h 的速度奔跑时,能够以变化不很大的速度安全通过弯道,奔向直道。弯道通常有 1/20～1/15 的坡度,以使马匹远离护栏,增加安全性。在设计直道时,通常有 2.5% 的坡降,在转弯处,坡降通常为 7.5%,这样在下雨时,可以使水顺坡流下,形成自然排水系统。多数赛马场跑道面积为 6～8hm^2,跑道外沿设有高 1.2m 的木栏杆,内沿设有 60～80cm 高的木栏杆(以不超过马镫高度为

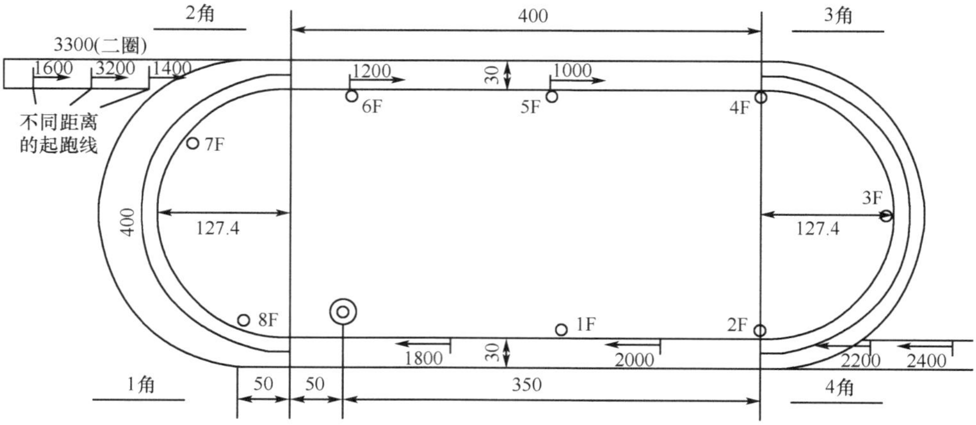

图 28-1　赛马场跑道平面设计模式(单位:m)

一周距离:1700m;宽度:30m;直线:400m;1F,…,8F:裁判站的安全岛;曲线半径:127.4m;曲线距离:400m

准),内沿栏杆的支柱必须向跑道方向倾斜,与地面成 60°~70°角,并在顶端安置活动横杆,以免碰撞发生危险。在跑道里每 100m 设置一个高达 4m 的木杆,作为距离标志。

在任何一个赛马场地,地表排水和地下排水都是十分重要的。土壤积水则不利于草坪草根系发育,而在赛马场,对草坪的践踏破坏非常严重,要求草坪草生长繁茂旺盛,根系强壮发达。此外,如果土壤表面浸水,就会限制马的奔跑速度,也有可能使马严重受伤。地表排水的坡度一般为 1∶100。而地下排水,如果在整个跑道中安装排水设备不太实际的话,那么至少也要在跑道线的周边安装排水管,最好也能在整个直线跑道的周围安装排水设施。

赛马场草坪的土壤应该能迅速排水、通气良好、水渗透率高、不易板结。传统的赛马场,其跑道土壤一般由非常细小的沙砾、泥炭和黏土混合而成,在理想状态下,这三者可形成一个良好的跑道。但是由于含有较多的细土,导致土壤容易板结,干燥状态下表面坚硬,排水不良,潮湿时,土壤中水分又太多,而且,这种坚硬的跑道表面通常没有缓冲物,这会对马腿造成伤害。正因如此,高质量的跑道不仅要提高马匹的奔跑速度,更要保证马匹和骑手的安全。

二、跑道要求

对于赛马场跑道来说,其不能在黏土上建造,建成的跑道必须坚硬、排水良好。跑道应有 2%~5% 的坡度,两侧有排水沟,有利于排除跑道积水,使赛马能在雨天也能进行。

三、坪床的准备、整理及构造

(一) 坪床的准备和整理

通过全面的土壤分析,确定土壤的 pH,以及石灰和肥料的需要量,这可为建立一个合理的坪床提供最佳的指导。如果坪床准备不合理或者在恶劣的天气或土壤水分条件下进行坪床的准备工作,有可能导致整个建植作业的失败。当土壤含水量过多时作业,尤其是有重型机械设备作业的情况下,会破坏土壤的物理结构,从而引起土壤板结、通气性下降、排水不良等诸多问题。土壤板结会阻碍肥料中的营养物质、水分和空气等在土壤中的运动和深入下层土壤。准备良好的坪床应该具有良好的团粒结构,原始土壤、石灰、肥料等混合均匀,中间没有大而疏松的孔洞、不透水气层和枯树桩、大石头等。

土壤测定的结果也可以为土壤中所应施 P 和 K 的量提供翔实的资料,因而可以为施基肥提供依据。施 P 肥、K 肥应在土壤耕翻前进行,并将其翻进土壤 10~15cm 深处,与土壤混合均匀。但土壤测试结果对于确定施 N 量并不可靠,因为测定结果只能说明在测定时土壤中的可溶性硝态氮的量。因此,最好是在播种前施入含氮肥料,混合的基肥中也可以含有 P 肥、K 肥和 N 肥。在施基肥前,坪床必须坚实,没有小块土地松软的现象。如果有这样的地块,可以通过重新整平来消除。基肥应施入土壤表面下 2.5cm 深处。

如果在计划建植赛马场草坪的地方,杂草丛生,有害生物肆虐,那么在坪床准备时就要使用杀虫剂和除草剂来处理。坪床中的杂草种子、线虫或昆虫的幼虫数量较多时,会对幼坪产生难以弥补的危害。在有线虫的地区,播种前喷施杀线虫剂可以起到明显的改善作用。在既有线虫又有杂草的地区,最好的防治方法是使用甲基溴等熏蒸剂熏蒸土壤或喷施触杀型除草剂。目前,有些国家禁止使用甲基溴,因为怀疑它有破坏臭氧层的作用。

(二) 坪床的结构

1. 坪床的结构

为了使赛马在跑道上飞快地奔跑,质量良好的坪床基础十分重要。坪床通常分 4 层,从上至下见图 28-2。

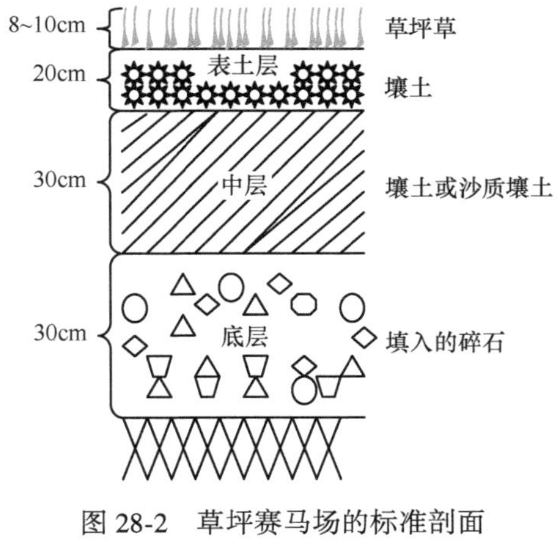

图 28-2 草坪赛马场的标准剖面

第 1 层为 8~10cm 的草坪层;第 2 层为 20cm 表土层;第 3 层为 30cm 沙壤土的底土层;第 4 层为 30cm 的砾石层,其有利于渗透水分。这 4 层总深度为 90cm 左右。新西兰、英国、美国和日本的赛马场为了使跑道基础扎实牢固,加入了百分比较高的黏土,可归纳为下面 3 类:①黏土 50%,黏壤土 25%,沙质淤泥壤土 25%;②黏土 34%,淤泥黏土 22%,淤泥黏壤土 22%,淤泥壤土 22%;③黏土 45%,沙黏土 16%,沙质黏壤土 13%,沙质壤土

13%,沙 13%。

上述土壤配方虽然可使地基稳固,但遇到降雨会使土壤处于潮湿状态,对草坪损害较大,赛马在奔跑时容易打滑,易发生事故,对人和马都不安全,所以在降雨与降雨后短期内禁止比赛。因此,对于赛马场跑道来说,土壤中的沙土比例要相对高一些,黏土的比例要小些。这不仅有利于土壤的排水和通气,缓和土壤硬度,而且可以提高马和人的安全系数。

2. 坪床基础的加固材料

随着科技的进步,应用于赛马场跑道基础的新材料有了不断地变化,这些新材料通常应用于坪床土壤加固,以提高草坪坪床基础的抗压性、抗践踏性和耐磨性。①放置整块合成纤维或地毯在坪基表层或近表层土壤内;②采用网眼 10mm×10mm,网片大小约为 5cm×10cm 地网织物碎片撒在根系层内;③使用 3~4cm 长的聚丙烯纤维撒在根层内(0~20cm 为草坪根系层)。其中第 3 项措施效果较好,它可以减少赛马时马蹄踢出的小草块。在坪床整理好后,直接随机铺于床面下 2cm 左右,再在上面播种或铺设草皮。

第三节　赛马场草坪建植与养护要点

一、赛马场使用的草坪草

在北方地区,通常多采用多年生黑麦草、高羊茅、草地早熟禾等。根据地域条件,比赛强度与举行时间,选用不同的草种(品种)、不同的混播比例、不同的播种方式来建坪。在南方地区则多采用狗牙根(T419、T57)。此外,在过渡带,尤其是我国的大部分地区还可采用结缕草和半细叶结缕草的中国野生种和栽培种。

二、赛马场草坪的养护管理

以赛马为主要目的的赛马场草坪的管理主要作业有以下几个方面。①施肥、覆土、病虫害防除、消除杂草,与一般草坪管理相同。②修剪:在非比赛期修剪留茬高度可高一些,当进入比赛期应按 7~10cm 的高度修剪。在草旺盛生长的比赛季节,一周修剪一次,并在赛前 1~2 天进行。为增进草的分蘖,也可频繁修剪。③滚压:从比赛准备期到比赛中,均应用 2~3t 压路机滚压。特别是在比赛期,一日应压 2~3 次。④通气作业:比赛时的高速踏压,压路机的滚压使土壤板结,加之草皮及芜枝层的产生,每年春天应对赛马场草坪进行适当的透气作业。以此恢复表层和路基层的弹力,以适应比赛的需要。⑤烧草:在每年春季草坪草萌生前烧草。因草较高,烧草对草坪草的生长与病虫害防除有利。⑥浇水:在比赛期,为防止尘土扬起应适量浇水。⑦更新:每年赛马场草坪的更新是很重要的作业。更新通常在春季或秋季比赛结束时进行。更新可采用移栽、移植草皮、种子补播等多种方法进行。有必要的话,应在第二次比赛时在更新地段设立栅栏,以便保护。

三、比赛前后的管理

（一）赛前管理

1. 滚压跑道

在赛马活动期间，每天使用2000～3000kg重的滚筒滚压1～2遍，以保证跑道的平坦稳固。对由枯叶层形成的凸出地面的草块更应重点滚压，增加滚压次数。若草坪湿度太大，就不宜滚压。

2. 清扫跑道

在赛马比赛前要用清扫机对跑道进行完全、彻底地清理，扫出其中的石子、石块、砖头、铁钉等杂物、硬物，并运出跑道外，以免在赛马时这些硬物刺伤或碰伤马蹄，造成不必要的伤害，甚至影响比赛的公平性和安全性。

3. 耙草皮

赛马前，可以用草皮耙轻轻地耙起草皮，使草皮的朝向与马的奔跑方向相反，这样可以增加草坪草的高度，并最大限度地减轻马匹快速奔跑而对草坪草造成的冲击和伤害。

（二）赛后管理

赛马对草坪的破坏极为严重，一场赛马过后，原本整齐一致的草坪草就会变得东倒西歪，给人以不好的视觉感受。此时需要精心养护，最大限度地恢复草坪在比赛前的生长活力。赛马后的养护作业主要包括轻耙草皮、滚压（降低草的高度）、修补变得松动的草皮、移去破坏严重且不能再度利用的草皮。而后，重新铺植草皮或补播，虽然重铺草皮耗资大，但定植迅速。

1. 补植草皮

①将破坏严重的草皮铲掉；②翻土、施肥（施入过磷酸钙以促进草坪草根系的生长）；③滚压坪床，使其紧实；④耙平土壤后铺装健康草皮，草皮应高出坪面5～6cm；⑤在草皮块间隙中填入堆肥、沙土和种子等，以免草皮干裂；⑥进行滚压，使草皮与坪床土壤紧密接触；⑦铺后2～3个星期内保证水分供应，保证草皮不干透。

2. 补播草坪

若进行重新补播草坪，则首先要铲掉已被破坏的草皮，翻松表土，然后均匀地撒播种子，轻轻耙平，使种子与表土均匀混合，并轻微滚压，使种子与土壤接触良好。如果有可能的话，可以加盖覆盖物，并保证水分供应，使地表保持湿润直至草坪草萌发。

高质量赛马场草坪的建植和养护取决于选择正确的草坪草种与品种、合理的设计和建植、有效的排水设施、肥沃的土壤和方便可行的养护计划，以及随时发现养护管理中存在的问题和缺陷所采取的有效补救措施。

第四节　赛马场草坪品质的评定

马匹与草坪之间的相互作用同其他质地粗糙的草坪场地有着显著不同。马蹄在接触草坪时要经历 3 个阶段——减速、支撑和推进。在减速阶段,马蹄与草皮之间必须有足够大的摩擦力,以防止马蹄在草皮上打滑,这就要求草皮表面既要有一定的变形又不致断裂。在支撑阶段,作用于马腿上的垂直作用力和作用于草皮上的合力,在一次支撑中大约为马匹和骑士重量之和的 2.5 倍。在推进阶段,研究表明,如果马蹄能够陷进土壤中,则在水平方向减速很小,对提高马的奔跑速度最有利。因此,赛马场跑道上的草皮必须在这 3 个阶段中既能保证马匹与骑手的安全,又能有效地提高马地奔跑速度。这就要求草皮具有足够的弹性,不仅能在马蹄接触草皮时发生一定程度的变形,还要在马蹄踏过后很快恢复原状。

一个赛马场跑道的优劣可以通过以下方法客观地估计出来,即通过测定土壤通透性来预测其冬季场地潜在表现,通过冬季毛管孔隙饱和状态及透度剂的读数来看它在冬季场地中的实际表现。使用跑道表现指标,可以为跑道管理者提供现行土壤管理计划有效性的信息。而这一信息可为管理者对赛马场表面进行必需的大幅度的土壤改良提供依据,增加信心和说服力。因此,必须了解马匹与草皮的相互作用、草皮质量、土壤类型及草皮表现等有关知识。

在草皮质量和摩擦力方面,冬季跑道表现最有说服力的指标当属在 100mba(毫巴)压力下测量的毛管孔隙容积。以前的研究表明,一年生早熟禾喜欢在通气性小于 8% 的地方生长,而有良好摩擦性的跑道所要求的通气性最小为 8%。这个 8% 截点则代表了冬季土壤孔隙饱和度小于或等于 80% 的最小孔隙容积。如果土壤孔隙饱和度高于 80%,则马匹踏过后会留下较深的痕迹,导致摩擦性差,有可能发生严重事故。

重新建造的跑道不可避免地存在着土壤通透性差、毛管孔隙饱和度高和一年生早熟禾等杂草严重的问题。随着草皮更新时对土壤结构地改良、通透性和毛管孔隙容积的提高,一年生早熟禾等杂草会自然减少。

赛马场管理者可用 Clegg(锤贯入仪)来检测土壤水分对跑道草皮质量的影响。Clegg 是一种澳大利亚装置,是将一个装有冲力仪的锤体从一定高度(一般为 30cm)处自由下落,客观地记录下锤体在接触地时的最大减速强度。通过变换冲力锤体的重量,可以用相似方法测出不同的践踏强度。当土地太干旱,跑道非常坚硬时,应该注意对人或马造成的伤害。如果土壤水分太多,跑道会太软,容易在马匹奔跑时发生变形。通过用冲力土壤测量仪,管理者可以在赛马的前几天调整灌溉计划,为赛马创造最佳条件。美国得克萨斯州草坪专家在加利福尼亚的圣安塔赛马场进行的研究表明(表 28-1),要进行这样的土壤测试,需要每周一次或每个季节的早期、中期和末期分别进行。由于土壤水分含量决定着地表硬度,因此可以在灌水或降雨后在相同的时间间隔中比较土壤硬度情况,一般以间隔 2 天为宜。

表 28-1　加利福尼亚的圣安塔草坪赛马场表现指标

草皮土壤状态	最大减速强度/%	草皮土壤状态	最大减速强度/%
硬度太大、受伤可能性高	>110	硬度适宜,速度快,受伤可能性低	50~70
硬度可以接受	90~100	硬度可以接受	30~50
硬度适宜,速度最快,受伤可能性低	70~90	硬度太小,速度低,受伤可能性高	<30

作为测量跑道硬度的硬度计,其读数也可指导管理者较准确地预测马在跑道上的奔跑速度。

硬度计可以清楚地表明土壤强度与摩擦力之间的密切关系。因为硬度计能够测出地表的松软度(硬度),而马在短距离的冲刺速度与地表松软度密不可分。硬度计一般重1kg,将它从1m高处落下,将1cm^{2}的测杆击进土壤中。当土壤孔隙饱和度超过65%时,获胜马匹的奔跑速度相差不大;不超过65%时,土壤的特性就决定了摩擦力的减小。当硬度计读数升高1cm时,在这种硬度较大的土壤上,获胜马匹奔跑的速度要远远大于在松软的沙土上奔跑的速度。

（孙吉雄　张巨明　胡延凯　刘照辉）

主要参考文献

韩烈保. 2004. 运动场草坪. 北京:中国农业出版社
孙吉雄. 2002. 草坪绿地实用技术指南. 北京:金盾出版社
孙吉雄. 2003. 草坪学. 第二版. 北京:中国农业出版社
张志国,李德伟. 2003. 现代草坪管理学. 北京:中国林业出版社
周寿荣. 2008. 现代草坪建设与养护管理. 成都:四川科学技术出版社

附表　主要运动场草坪建植特性

场地类别	一般面积	主要尺寸	场地方位	地面	排水	其他
羽毛球	150m^2	单打 5.2m×13.4m，双打 6.1m×13.4m 四周各留宽 1.5m 的无障碍带	长轴为南北向	草坪或混凝土	混凝土地面允许保持 8% 的坡降，草坪面允许坡降为 2%	
槌球	280m^2	比赛场 11m×12m 外围四周每边加 0.8m 宽的边带	无严格要求，视地形而定	为短修剪的草坪	地面最好水平最大坡度为 20%	
草地滚木球	1 207～1 618m^2 （六道场）	正方形草坪边长 34～38m，周边沟槽及保护坡宽 0.6～1.1m，球场宽 4～5.8m，球场长 34～38m	无严格要求，可任选	致密耐修剪的草坪或砂质黏土	应具有良好的地面排水	沟槽在草坪床面以下，深度为 50～200mm，宽度为 200～375mm
草地网球	669m^2	比赛场地 11m×24m，两侧加 3.6m，两端加 6.4m	长轴方向经南北为好	混凝土、沥青材料、砂黏土和草坪	含地下排水系统的地面允许有 0.83% 的坡降	场地四周可设置 3m 高的围网
棒球	12 147～15 589m^2	垒线 27m，投球距离 18m，投手板应高出本垒 254mm，至犯规线距离为 98～107m，外场垒场中心距离为 120m	从本垒穿过投球区的土墩和二垒的联机应为东北偏东向	铺植草坪	从投手区到环场边缘可保持 1%～2% 的坡降，呈龟背形	本垒后面要设挡网。青少年棒球从本垒至外场挡网各点的距离为 11m，正式棒球场本垒至挡网各点距离为 12～18m
垒球	5 860～8 361m^2	垒球线：男子和女子为 18.2m，少年为 13.7m 投球距离：男子为 14m，女子为 12m，少年为 10.7m 从本垒到犯规线之间的半径：快速男子和女子为 68.6m，慢速男子为 83.8m，慢速女子为 76.2m	投球方向与太阳照射面垂直	铺植草坪		在本垒后应设置后挡网，最小距离为 7.6m
曲棍球	5 945m^2	赛场：宽 55m，长 9.1m，四边无障碍空地宽不少于 3m	场地长轴线应取西北-东南向为准，一般应取南北向	塑料或草坪	允许以脊线为准：向两边方向保持	应设置暗沟排水

续表

场地类别	一般面积	主要尺寸	场地方位	地面	排水	其他
木球	169~261m^2	宽 3.9~5.9m,长 23.8~28m 两侧每边加 0.9m,两端各加 2.7m 的无障碍空地	长轴为南北向,但要求不甚严格	以草坪为好,亦可用条砂和黏土混合材料	草坪场可以保持 10% 的排水坡度,砂和黏土质场则利用地面渗透排水	场地四周均可设置低木围栏
槌球	280m^2	宽 11m,长 21m 四边周边地带宽 0.8m	方位无严格要求,可以依地形确定	修剪整齐的草坪	允许最大的坡降为 20%	应注意设置地下排水设备
足球	男子:6 990~8 640m^2 女子:3 381~5 946m^2	男子:宽 59~69m,长 101~110m 女子:宽 36.6~54.8m,长 73~91m	长轴取东南—西北向为最佳,一般可取南北向	草坪	从场地中点向两边可保持 1% 的坡降	应设立良好的排水和供水系统
橄榄球	3 382~7 060m^2	宽 55m,长 91m 场地两端各设一个 0.9m×54m 的球门线,以外的地区其四周设 3m 宽的无障碍空地	长轴以西北—东南向为佳,利用时间较长的场地可采取南北向	草坪	纵向中脊线至两边的坡度为 1%	应具有良好的暗沟排水系统
运动场	17 410m^2	侧面的内转变处半径为 270m,跑道宽度为 9.6m,分成 1.2m 宽的 8 条分道 场地总宽 84m,总长 183m	跑道定位必须使长轴外于从南北向至东南向的扇形幅度内。终点处设在水边的一端	跑道最好使用塑料	跑道的坡度:弯道中心处坡斜为 2%,直线道向里斜 1%,跑道方向纵坡为 0.1%	须具备良好的排水系统
赛马场	33~67km^2	跑道长度一般为 1600m,最小为 400m,最大为 2400m,跑道宽度为 20~30m,场中空地面积为 10 万 m^2	草坪跑道最好,摩擦力和弹性良好,但不能天天使用;沙地跑道,不怕蹄践踏,但表面滑动;锯末跑道,有很好弹性,便于更换和染色造型;塑料跑道,雨天可以利用,但价格较高	跑道斜 面为 2%~2.5%的倾斜	跑道两侧应设高 120cm 的栅栏	
射箭场	最小面积为 2 632m^2	射箭场长 91m,箭靶间距 3~4.6m,靶地两侧空地每边 9m,靶子后空地不少于 27.4m	运动员朝向正北方±45°范围内	草坪	要求北面平整,各处标高一致	靶场两侧应有明显标牌示警

第八篇　牧草调制与储藏

第二十九章　干　　草

第一节　干草的特点及种类

一、干草及其主要特点

干草是天然牧草或栽培的饲用植物，在量质兼优时期刈割，经自然或人工干燥调制成的可以长期保存的粗饲料。由于干草是由青绿植物制成，在调制后仍然保留一定的青绿颜色，故又称之为青干草，简称为干草。在日常生活中，人们常常将青干草和秸秆等干燥后获得的粗饲料统称为干草，本章所说的干草是指青干草。

调制青干草的目的主要是为了保存青饲料的营养成分，便于保存、运输和随时取用，以保证家畜营养需要和均衡供应。

干草具有很多优点，主要是调制简便易行、成本低，营养成分保存好、易消化、便于大量储存、方便饲喂和运输，在畜牧业生产中具有极其重要的作用，曾作为世界上对人类的生活与农牧业生产有重大影响的发明之一。在草食家畜的日粮组成中，干草的作用越来越被畜牧业生产者所重视，它不仅提供草食动物生存与生产所需的大部分能量，而且豆科牧草还作为草食动物的主要蛋白质来源，它是秸秆、农副产品等粗饲料很难替代的草食家畜饲料，对饲料的保存与均衡供应发挥着巨大的作用。

干草相对于精料，不但具有明显的价格优势，而且资源丰富；与新鲜草和青贮料相比，干草单位重量能提供更多的干物质，也符合草食家畜的消化生理，同时还能减轻对草食家畜消化道的容积压力和负担，提高生产效益。

干草不仅是一种必备的饲料，更是一种有效的调制与储备形式，可以调节青饲料供给的季节性不平衡，缓解枯草季节青饲料的不足，制备良好的干草仍保持青绿色，是为了保存青饲料的营养价值而制成的加工产品，其营养物质含量远高于秸秆。新鲜饲草调制成干草，可实现长时间保存和商品化流通，保证草料的异地异季利用，调制干草可以缓解草料在一年四季中供应的不均衡性；干草也是制作草粉、草颗粒和草块等其他草产品的主要原料。

制作干草的方法和所需设备可因地制宜，既可利用太阳能自然晒制，也可采用大型的专用设备进行人工干燥，调制技术较易掌握，制作后取用方便，是目前常用的加工保存饲草的主要方法。

干草的营养含量一般为：粗蛋白10%～20%；粗纤维22%～23%；无氮浸出物40%～54%；胡萝卜素、维生素等较为丰富，有机物质消化率为46%～79%。

二、干草的种类

可根据生产地、干燥方法和植物种类的不同，分为如下类别。

(一) 按调制干草的植物种类分

1. 豆科干草

由豆科牧草或豆科饲料作物调制而成。这类干草富含蛋白质、钙和胡萝卜素,营养价值较高,是草食家畜饲养中主要的蛋白质来源,包括苜蓿、三叶草、草木樨、毛苕子干草等。

2. 禾本科干草

由禾本科牧草或禾本科饲料作物调制而成。主要在天然草地或人工栽培的多年生草地上生产,包括羊草、冰草、多年生黑麦草、无芒雀麦、老芒麦、鸡脚草等,是牧区、半农半牧区最主要的冬季补饲饲草。

3. 谷类干草

主要由栽培的一年生禾谷类饲料作物,如青玉米、大麦、燕麦、谷子、高粱、苏丹草等,在抽穗-乳熟或蜡熟期刈割调制而成。这类作物由于可以利用农闲田或轮作倒茬种植,种类多、来源广、产量高、适口性好,是农区草食家畜冬、春季节的主要优质饲草,发展潜力巨大。

4. 混合干草

除了以上各类之外的其他牧草与饲用植物,如天然草地上混合生长的各类牧草,栽培的混播草地,以及根茎瓜类的茎叶、蔬菜及野草、野菜等调制的干草。

(二) 按生长地或栽培方式分

1. 天然草地干草

主要由生长在天然草地上的牧草调制而成,多是以禾本科牧草为主的混合型牧草,可以通过天然草地的封育、灌溉、施肥等提高产量。

2. 栽培草地干草

由单播或混播的人工栽培草地上收获的饲草调制而成,一般生长条件较好,产量较高,生长一致,便于适时收获,所调制的干草品质较高,是干草生产的重要方式与潜力所在。

(三) 按干燥方法分

1. 自然干燥干草

依靠太阳光晒制和自然风干而成,在干旱地区或少雨季节多采用自然干燥法调制干草。与人工调制的干草相比,简便易行,成本低廉,但营养物质损失往往较多。

2. 人工干燥干草

利用人工辅助能源，如常温鼓风或热空气烘干而成。烘干干草一般由于加工时间短、营养物质损失少，质量优于自然干燥的干草，是进一步加工草粉、草颗粒、草块的优质原料，但由于能源、设备等的投入，成本较高。

第二节　干草的调制

一、干草调制的原理

青饲料由于水分含量高，其中的细菌和霉菌容易生长使其发生霉变腐败。为了达到长期保存的目的在自然或人工条件下，使青饲料迅速脱水干燥，使其水分含量降为14%～17%，这时所有细菌、霉菌均不能在其中生长繁殖，从而达到安全保存干草的目的。

干草调制就是通过自然或人工干燥方法，使刈割后的新鲜饲草迅速处于生理干燥状态，细胞呼吸和酶的作用逐渐减弱直至停止，防止有害微生物对饲草所含养分的分解和可能产生的霉变，以达到快速干燥与长期保存饲草的目的。

干草调制过程一般经过如下两个阶段。第一阶段，从饲草收割到水分降至40%左右。这个阶段的特点是：细胞尚未死亡，呼吸作用继续进行，此时养分的变化是分解作用大于同化作用。为了减少此阶段的养分损失，必须尽快使水分降至40%以下，促使细胞及早死亡，这个阶段养分的损失量一般为5%～10%。第二阶段，饲草水分从40%降至17%以下。这个阶段的特点是：饲草细胞的生理作用停止，多数细胞已经死亡，呼吸作用停止，但仍有一些酶参与一些微弱的生化活动，养分受细胞内酶的作用而被分解。此时，微生物已处于生理干燥状态，繁殖活动已趋于停止，干草能够安全保存。

二、干草调制过程中营养成分的变化

刚收割的新鲜牧草由于含水量高而不易长期保存，调制干草的目的就在于在尽可能减少牧草营养物质损失的前提下，蒸发掉其大部分水分，并经过轻微的微生物发酵，制成容易保存、质地优良的干草。在干草调制过程中，其中营养物质的含量会发生一定程度的变化。

（一）水分含量减少

抽穗至开花期收割的新鲜牧草的含水量，禾本科一般为60%～90%，豆科为70%～85%。经过干草调制过程的水分蒸发作用，使干草中的水分降至14%～17%。

（二）产生芳香物质

牧草在抽穗开花期，细胞内的各种酶能将根、茎部位蓄积的芳香物质分解，运送至花部释放，使牧草具有香味。当牧草的水分降至17%以下时，一方面，细胞中的酶仍在作用,释放出芳香气味;另一方面,在 17% 以下的水分和有氧条件下,一些微生物仍能在堆积的干草中轻微发酵而产生某些有一定香味的醇类化合物。如果在调制干草时过度地蒸发水分,则牧草细胞很快死亡,一些酶和微生物因失去适宜的环境而无法产生芳香气味,这样的干草芳香味就不足。

(三) 维生素 D 的含量变化

新鲜饲草在调制成干草的过程中,饲草中麦角固醇经日光中的紫外线作用后,转化为维生素 D,可使牧草中维生素 D 的含量大大增加。

(四) 干草调制中的营养损失

调制干草的过程中,多数营养物质都有所损失,即使合理调制的干草,其干物质的损失也在 18% ~30% 。这些损失主要来自于以下几个方面。

1. 生理呼吸作用的损失

当牧草刚收割时,牧草的细胞尚未死亡,仍能通过呼吸作用分解牧草的养分以维持其生命,这部分养分损失一般在 5% ~10% 。当鲜草内的游离水分被迅速蒸发后,牧草细胞因渗透压的变化而失去生活环境,逐渐衰败死亡,可防止养分的过多损失。如果牧草干燥速度慢,因呼吸而导致的干物质损失可高达 15% 左右,这种情况发生在收割后不久就下雨或土壤水分和空气湿度较高时。夜晚收割的牧草过夜呼吸损失高达 11% 。呼吸损失主要是糖降解,由于糖几乎百分之百可消化吸收,因而这种损失可使干草质量降低。

2. 叶片脱落造成的养分损失

豆科牧草叶片中含有比茎秆中更多的粗蛋白,一般其茎和叶在相同的蒸发和干燥条件下,失水速度差异很大,叶片、叶柄和细枝等在干草调制中失水、干燥快,在翻晒、运输等过程中,极易碎裂、脱落,造成养分的大量损失。仅此一项引起的损失可使干草的饲用价值平均降低 30% 左右。禾本科牧草的叶片着生较牢固,茎中空,不易折断和脱落,在相同条件下,叶与茎的干燥速度差不多,一般有 2% ~5% 的叶片脱落,比豆科牧草养分损失较少。为了不损失过多的养分,要防止叶片脱落,在翻晒、堆积和运输过程中都应对叶片加以保护。

3. 酶的作用引起的损失

青饲料在干燥过程中,水分不断蒸发,水分含量逐渐下降,当下降到 40% ~50% 时,植物细胞濒临死亡,此时呼吸作用停止,但植物体内的酶进一步起着氧化作用,同时,依附于饲料的各种微生物产生的酶也参与氧化作用,使糖类进一步分解成 CO_2 和 H_2O,氨基酸被分解成氨。这一过程一直进行到青草水分减少到 17% 以下时才会停止。

4. 阳光照射与漂白作用引起的损失

新鲜牧草的叶片中含有较多的胡萝卜素,如果采用日晒法调制青干草,可以加快干燥速度,但因日光会使叶片中的胡萝卜素损失,叶片变黄变白。据报道,日晒超过一天,胡萝卜素损失75%,超过7天,损失96%,几乎损失殆尽。同时,维生素C也几乎全部损失。相反,维生素D的含量却因阳光的照射而显著增加,这是由于植物体内含麦角固醇,在紫外光作用下,合成了维生素D的缘故。

5. 雨淋引起的营养物质损失

在牧草刚收割时,雨露的淋湿对草的质量不会产生太大的影响,但干燥到一定程度后,雨露的浸淋会造成养分的大量损失,干物质损失可达20%~40%,磷的损失达30%,氮的损失达20%。因此,在收割饲草,特别是晒调制干草的后期,运输及储存时,应尽量避免受到雨水的直接淋洗,否则,费时、费工、费能,而且干草的营养损失巨大,且大部分的损失是易消化的可溶性物质,如糖、B族维生素和可溶性矿物质等。据统计,粗蛋白可损失40%,能量可损失50%,胡萝卜素损失约为65%,还有其他一些维生素也有很大的损失。

为了减少干草调制过程中的营养物质损失,应注意以下两项事情。①尽量缩短干燥时间。因为饲草在干燥过程中,产生一系列复杂的物理、化学变化,时间越长,能量的消耗、维生素等的损失就越多,干草的生物学价值下降也越多,因此,要尽量缩短干燥时间。②适时合理的收集和运输。应尽量在牧草细嫩部分尚未折断和不易折断时进行。防止过晒或雨露淋湿。对调制过程中或已堆放的饲草,要尽量减少阳光长时间暴晒或雨淋。

三、干草调制技术要点

饲草的干燥方法有多种(图29-1),但归纳起来主要有自然干燥法与人工干燥法两种。

饲草的干燥方法
- 自然干燥法
  - 地面干燥(晾干或冻干)
  - 草架干燥(堆状或栅栏状)
  - 发酵干燥(棕色干草发热干草)
- 人工干燥法
  - 人工通风干燥(常温风或热风)
  - 微风干燥
  - 化学干燥
  - 机械压扁脱水干燥
  - 太阳能干燥

图29-1　饲草的干燥方法

(一)自然干燥法

自然干燥法是目前应用最普遍的干草调制方法,其干燥过程一般分为以下两个阶段。

1. 地面薄层平铺暴晒

为了使刈割下来的牧草细胞迅速死亡,减少营养成分的损失,应薄层暴晒4~5h,使水分迅速蒸发。其优点是不需要额外的能源,成本低,调制方法简便,利于大量生产。如调制得当,可获得较高质量的干草。具体方法是:选择晴朗高温的天气刈割牧草,刈割后,先在草地上按3~5cm厚铺开,暴晒4~5h,在叶子开始脱落之前(含水量为35%~40%),人工用杈将草堆成小堆(30~50kg)或用集草器收集成小垅;牧草在堆或垅中再干燥1~2天就可以晒制成半干草(含水量为30%~48%)。

2. 加速晒干,使酶类活动尽快停止

要设法减少由于日光曝晒造成的维生素和胡萝卜素损失,故宜采用小堆或小垅晒制,使其逐渐干燥。堆的大小以高1m左右,直径为1.5m左右为宜。等水分下降到15%~18%时,可上垛储藏。在空气潮湿地区(如海滨)干草含水量尽可能再低一些。

(二)人工干燥法

一般可选择晴朗天气的上午刈割饲草,刈割后最好就地摊晒2~4h,使水分减少到60%以下。牧草人工干燥法基本上分为两种:人工通风干燥法和高温快速干燥法。人工通风干燥法一般需要建造干草棚,棚内设有电风扇、吹气机、送风器和各种通风道,也可在草垛的一角安装吹风机、送风器,在垛内设通风道借助送风,对刈割后在地面预干到含水50%的牧草进行不加温干燥。

高温快速干燥法是将切短的牧草快速通过高温干燥机,牧草干燥机常为水平滚筒式,多用石油或煤作燃料,将送入滚筒的空气温度加热到80℃左右,饲草在滚筒内经过2~5s,含水量从70%左右迅速降低到10%~15%,出口处温度降低到10℃。整个干燥过程由恒温器和电子仪器控制。采用高温快速干燥法调制的干草可保存牧草养分的90%以上,利用高温快速干燥法制作的干草一般采用价值较高的原料,主要是豆科牧草。

近年来,电力和太阳能广泛应用于农业生产,先进的牧草挤压脱水干燥、微波干燥和太阳能通风干燥等技术和方法在干草调制中逐渐得到应用。其中较适宜我国各地的是塑料大棚太阳能干燥法,是将待干牧草置于塑料棚内,同时吹入经太阳能加热的干燥空气,以达到干燥牧草的目的。

(三)高水分苜蓿干草的调制

国外利用无水氨、乳酸接种等方法对不同含水量苜蓿草捆进行处理研究发现,在苜蓿草捆含水量为20%~25%及25%~30%时,无水氨处理的苜蓿,其干物质量、粗蛋白量及中性洗涤纤维量是最高的;乳酸菌处理苜蓿的粗蛋白量及可溶性氮量要低于无水氨处理的苜蓿。高彩霞等研究了高水分苜蓿干草的储藏,以尿素和干草防霉剂(主要成分为丙酸、丙三醇、甘油二酯)等处理,发现在储藏过程中尿素和干草防霉剂均降低了草捆的含水量,并提高了苜蓿干草的粗蛋白含量。干草防霉剂和尿素处理苜蓿干草在储藏过程中可释放出氨,能杀死真菌,所以可以明显降低微生物的活动。这些研究都对高水分苜蓿干草的调制提供了依据。

在选择使用自然晒制法调制干草时,更应该根据当地气候、场所的实际情况,灵活运用,尽可能避开阴雨天气。在人力、物力、财力比较充裕的情况下,可以从小规模的人工干燥方法入手逐步向大规模机械化生产发展,提高所调制干草的质量。无论是何种调制方式都要尽量减少机械的和人为造成的牧草营养物质损失。在干草调制过程中,由于刈割、翻草、搬运、堆垛等一系列手工和机械操作,不可避免地造成细枝嫩叶的破碎脱落,一般情况下,叶片可能的损失达 20% ~30% ,嫩枝损失 6% ~10% 。因此,在晒草的过程中除选择合适的收割期外,应尽量减少翻动和搬运,减轻机械作用造成的损失。

(四) 减少干草调制过程营养物质的损失

为了减少干草调制过程中的营养物质损失,应注意以下事项。

1. 适时刈割并尽量缩短干燥时间

随牧草生育期的延迟,其中的营养成分含量不断发生变化。牧草何时适于刈割,要综合考虑两方面的因素:一是可利用营养物质的含量;二是产草量。这两个因素乘积最大的时候(即综合生物指标最大)为最佳刈割期。根据以上两条,标准豆科牧草一般在现蕾到初花期刈割较为适宜,禾本科牧草的适宜刈割期在抽穗到开花期。同时需要注意的是为了维持牧草良好的再生性能,在刈割的时候一般要留茬 5~10cm。

因为饲草在干燥过程中,会产生一系列复杂的物理、化学变化,时间越长,能量的消耗、维生素等的损失就越多,干草的生物学价值下降也越多,因此,要尽量及时合理的摊放、翻晒、收集运输,缩短干燥时间。

2. 尽量减少叶片和细脆部分的机械损失

通常优质牧草叶中营养物质的含量要超过茎中营养物质含量,蛋白质、矿物质成分叶要比茎中的多出 1~1.5 倍,胡萝卜素含量多 10~15 倍,粗纤维含量叶比茎少 50% ~100% ,叶比茎的消化率高 40% ,所以干草中叶含量越高,其品质也就越高。此外,牧草中的嫩枝、花序等部分中的可消化营养物质也高于茎中的相应成分。干草的调制中要经过刈割、集草、翻晒、搬运、堆垛、打捆等环节,在这些环节中易造成植物的叶片、花序、嫩枝等部分的损失,而这些部分是植物营养物质含量最高的部分。例如,苜蓿叶片损失 12%时,其蛋白质的损失约占总蛋白质含量的 40% ,特别是在自然干燥过程中,因牧草各部分干燥速度不一致,所以叶片和细嫩枝干燥快的部分特别容易折断损失。在各种造成干草营养损失的因素中,机械作用是一个主要的因素。如果人工干燥,则会大大减少这一部分的损失。在各种干燥过程中,适时翻晒、将茎秆压扁、叶片与花序快干时及时收垅再晒,保持牧草各部分均匀干燥,保持叶片等部分的完好是调制优质干草时必须关注的问题。

3. 防止光化学作用引起的损失

晒制干草时,长时间的阳光曝晒,会使植物所含的胡萝卜素、叶绿素及维生素 C 等大量损失,光化学作用损失最大的就是牧草中的维生素类物质,所以在干燥过程中,当鲜草到半干状态时要集成草垄或小草堆进行干燥,避开阳光对牧草的过度曝晒。

4. 防止雨露淋湿作用的损失

牧草遭淋湿造成营养成分的损失有两个方面。一是延长干燥时间,在调制期主要是延长了植物细胞的呼吸作用,使营养物质损失增多。在干燥后期,长时间的淋湿作用会使牧草遭受腐败微生物的侵蚀而导致腐烂破坏。二是淋湿作用会使牧草中的可溶性成分溶解而流失,调制期可溶性淀粉都会因雨淋而流失。干燥后期,因酶的活动各种复杂的营养成分都被分解成了简单的可溶性成分,因而后期遭受雨淋则更易造成营养成分的流失,包括可溶性碳水化合物、一些氨基酸、氨化物、矿物质、无机盐等成分。据报道淋湿作用引起的无机物损失可达到67%。

5. 减少微生物作用引起的损失

牧草表面存在许多的微生物,干燥的牧草含丰富的营养物质,是细菌的良好培养基,但是只有在一定的温度和湿度下,这些微生物才能繁殖起来,所以干燥不好的牧草堆藏时特别容易发霉变质。另外,在夏季雨季时,高温高湿也易引起草垛内部发霉变质。所以垛藏的干草一定要使水分不高于17%,还要注意避免雨淋保持良好通风。

第三节　干草的储存与利用

一、储存过程与方法对干草营养物质的影响

干草储存时,一般要求干草的水分含量达到14%~17%,才可以上垛或打包储存,在我国北方干燥地区可以在水分含量为17%的限度内储存;而在南方空气潮湿地区,则应以水分含量不超过14%为宜。在这样限度内储存的干草,营养成分的损失可以降到最低的限度。由于种种原因,干草上垛储存时水分含量往往在20%以上甚至30%,这些多余的水分将留在上垛以后逐渐干燥,因此,垛上干草中的化学变化也就不能完全停止,微生物与植物本身的酶还会继续起作用,干草在储存过程中还会发生如下的变化。①氧化过程使植物的叶绿素脱镁而变成脱镁叶绿素,使干草失去原有的青绿色泽,变为微黄色或褐色。在营养物质氧化降解过程中,部分六碳糖与氨基酸或蛋白质结合,形成褐色聚合物,使干草变为暗褐色,此情况在超过32℃以上的高温过程中常见到。另外,发酵过程可以使干草产生一定的香味,这也是暗褐色干草的缺点。②如果草垛中由于氧化过程中升温超过40℃,甚至达到70℃时,受微生物作用的结果,还会产生许多挥发性易燃的气体,因此,如果有空气透入,常可引发火灾。③干草一半以上的损失是在储存过程中发生的,主要是微生物的活动使草捆发热、发霉造成的。在储存条件较好的仓库中,由储存引起的干草干物质损失约为5%,以胡萝卜素的含量下降得最快。干草储存室外所造成的损失主要是由风化引起的,风化可以减少干草的饲喂价值15%~25%,以草捆形式堆放一年,干物质损失为5%~30%,而比较松散的草堆干物质损失超过15%。储存良好的干草,即使经过几年的时间,其营养物质的消化率并无明显变化,但胡萝卜素的保存时间不能太久。

干草的储藏方法不同,对营养物质造成的损失差异很大,一般散干草堆放比打捆堆放、露天堆放比干草棚堆放损失要大。散干草露天堆放,营养损失常达20%~40%,胡萝卜素损失高达50%以上,即便正确堆放,受降水、日晒影响,经9个月储藏后,垛顶、垛底和周围变质或霉烂厚度常达0.4~0.9m。而干草棚或草库堆放,营养物质损失一般不超过3%~5%,胡萝卜素损失为20%~30%。高密度草捆储藏,营养物质损失一般在1%左右,胡萝卜素损失为10%~20%。美国研究人员研究了苜蓿干草在露天堆成垛和打成大捆压实保存对干草的保存期限和质量的影响,结果表明,堆成垛的干草前7个月化学变化不明显,而营养物质损失超过10%,7个月后,干草的营养物质含量,特别是粗蛋白和胡萝卜素

含量均急剧下降；打成大捆压实保存的干草这种变化不明显。

二、干草储存方法及注意事项

干草的储存方法一般有露天堆垛、干草棚储藏和干草架保存3种。

（一）露天堆垛

在气候干燥地区可露天堆垛。散干草一般堆成圆形或长方形，而草捆多堆成长方形。露天堆垛简便易行，但易遭受日晒、雨淋、风吹等不良条件影响，使青干草褪色、营养损失甚至霉烂变质。在堆放时，垛址要选择地势高、干燥、不积水、离畜舍较近，便于饲喂。与其他各种建筑物应相隔一定的距离，特别是不要靠近高压线路，以防触电起火。草垛四周要挖好排水沟，这样可以减少风雨侵蚀。垛底最好要先垫上一层木头或树枝等，以防垛底受潮霉烂。堆垛时始终中央要高，堆实压紧，从踩底向上逐渐向外扩展，达到一定高度然后再收顶。一个草垛最好连续性当天堆垛完成，以防雨露浸湿，并形成均一的整体。

（二）干草棚储藏

在气候较湿润或多雨的地方，多用干草棚储存干草，这样可以大大减少干草的营养损失。例如，苜蓿干草分别在露天与干草棚储存8个月后，干物质损失分别为25%和10%。干草棚应该建在高燥、通风、运输方便之处，草棚的四周可以敞开，或部分敞开，堆放前在地面可铺垫秸秆或木条等防湿、隔潮的东西，堆放的干草应与棚顶有一定距离，以便通风散热；干草棚间亦应有一定的距离，既便于通风，也便于防火。

（三）干草架保存

干草数量不多，容易造成人、畜对干草损坏的地方，可以设置干草架存放干草。常用的干草架有独木架、角锥架、排梯架、幕式架等。独木架最简单，将木杆（柱）下部埋入土中，上部固定数个横木，将干草搭放在横木上；角锥架是用6根原木绑成三角锥，上部堆垛干草；幕式架结构稳固，可在两侧堆放干草，中间可空可实，通风、防湿、防雨效果好；排梯架相当于幕式架的一面，与幕式架相比稳定性较差，干草暴露面积大，养分损失较多。农户家也有将干草堆放在墙头、屋顶、树杈之上的，都可以因地、因时而用。

干草长时间良好储存的关键，是其含水量始终不高于17%，最好保持在13%～15%。堆垛干草的垛基要干燥，防止受潮，干草尽量避免与泥土接触，而用木头、树枝、灌木、石砾垫起，高出地面40～50cm，垛底周边有排水沟，深20～30cm，底宽20cm，沟口宽40cm。垛顶要防止下陷、防止雨水渗入，刚堆垛的垛顶如有下陷，要及时垫起，垫好，也可以用棚布等篷苫，通风散热，还能有效地防止火灾隐患。

第四节　干草品质的鉴定

干草品质对家畜采食量与生产性能有极大的影响，而干草的品质主要根据其营养成分含量及家畜的消化率来评定。其中,粗蛋白、胡萝卜素、粗纤维及酸性洗涤纤维和中性洗涤纤维是评定干草质量的主要指标。在实践中,常常根据一些感官鉴定与营养成分测定相结合的方法鉴定干草品质。

一、收割时期

牧草收获是否适时,可以通过所处的物候期,叶片、花序、幼穗的多少,干草的颜色、气味等加以判断。如果豆科牧草在初花期以前、禾本科牧草在抽穗以前收获,而且叶片与花序等保存完好,颜色青绿、气味芳香,品质一般上乘。

二、植物学组成的分析

植物学组成一般分为豆科、禾本科、其他可食草、不可食草和有毒植物 5 类。野干草中凡豆科草所占比例大的,属于成分优良;禾本科草和其他可食草比例大的,属成分中等;含不可食草多的,属劣等干草;有毒有害植物在干草中如超过一定限度则不宜作为饲料利用。一般为豆科牧草的比例超过 5% 为优等;禾本科及杂草占 80% 以上为中等;有毒杂草含量在 10% 以上为劣等。

鉴定其植物学组成时,先在干草中选 20 处,每处取 200~300g 草样,混合后取出其中 1/4,再按禾本科、豆科、可食性杂草、饲用价值低的杂草、有毒有害植物分为 5 类,称量计算各类所占的比例。如禾本科与豆科的比例超过 60%,则表明植物组成优良。而有毒有害植物的比例不应超过总量的 10%。

三、干草的颜色及气味

干草的颜色和气味是干草调制好坏的最明显标志。优质青干草一般呈深绿色,越淡越黄或变暗变质,质量则越差。

胡萝卜素是鲜草各类营养物质中最难保存的一种成分。干草的绿色程度愈高,不仅表示干草的胡萝卜素含量高,而且其他成分的保存也愈多。按干草的颜色,可分为以下 4 类。

①鲜绿色:表示青草刈割适时,调制过程未遭雨淋和阳光强烈暴晒,储藏过程未遇高温发酵,能较好地保存青草中的养分,属优良干草。②淡绿色(或灰绿色):表示干草的晒制与保藏基本合理,未受到雨淋发霉,营养物质无重大损失,属良好干草。③黄褐色:表示青草收割过晚,晒制过程中虽受雨淋,储藏期内曾经过高温发酵,营养成分损失严重,但尚未失去饲用价值,属次等干草。④暗褐色:表明干草的调制与保藏不合理,不仅受到雨淋,而且已发霉变质,不宜再做饲用。

干草的芳香气味,是在干草保藏过程中产生的,田间刚晒制或人工干燥的干草并无香味,只是经过堆积发酵后才产生此种气味,这可作为干草是否合理保藏的标志。可分为以下 4 个等级。①优等:色泽青绿,香味浓郁,没有霉变和雨淋。②中等:色泽灰绿,香味较淡,没有霉变。③较差:色泽黄褐,无香味,茎秆粗硬,有轻度霉变。④劣等:霉变严重。

四、干草的含叶量

干草含叶量的多少，是干草营养价值高低的最明显指标，叶片所含的蛋白质、矿物质、维生素等都远远超过茎的含量，叶片的消化性也较高。干草的叶片保有量在 75% 以上为优等；在 50% ~ 75% 为中等；低于 25% 的为劣等。干草叶量越多质量越好，禾本科干草的叶片一般不易脱落，优良豆科干草的叶量应占干草总量的 30% ~ 40%。

五、干草的含水量

干草的含水量高低，是决定干草能否长期储存不致变质的主要标志，青干草的含水量一般为 15% ~ 18%，如超过 20%，即应通风干燥，防止霉变。按含水量高低，干草可分为 4 类：干燥、中等干燥、潮、湿（表 29-1）。

表 29-1　干草的含水量分级

干湿状况	干燥	中等干燥	潮	湿
含水量/%	15	15 ~ 17	17 ~ 20	>20

六、干草分级

根据以上各项指标及几项营养指标，可以对干草进行分级，分级标准见表 29-2 所示。

表 29-2　干草的分级标准

干草分级指标	干草的分级和标准											
	人工豆科干草			人工禾本科草			天然刈割草场			豆禾混播		
	1 级	2 级	3 级	1 级	2 级	3 级	1 级	2 级	3 级	1 级	2 级	3 级
豆科草含量不低于/%	90	75	60	—	—	—	—	—	—	50	35	20
禾本科和豆科含量不低于/%	—	—	—	90	75	60	80	60	40	—	—	—
有毒有害物质含量低于/%	—	—	—	—	—	—	0.5	1.0	1.0	—	—	—
胡萝卜素含量不低于/(mg/kg)	30	20	15	20	15	10	20	15	10	25	20	15
矿物质含量高于/%	0.3	0.5	1.0	0.3	0.5	1.4	0.3	0.5	1.0	0.3	0.5	1.0
水分含量不高于/%	17	17	17	17	17	17	17	17	17	17	17	17

（张自和）

主要参考文献

豆科牧草干草质量分级.标准号 NY/T 728-2003
禾本科牧草干草质量分级.标准号 NY/T 728-2003
内蒙古农牧学院.1981.草原管理学.北京：农业出版社

第三十章　青贮饲料与半干贮饲料

青贮饲料(silage)是指将新鲜牧草或其他青饲料切碎装入密闭的青贮建筑物或其他密闭容器内,在厌氧条件下经过乳酸菌发酵作用,调制而成的可以长期保存,营养丰富,具有特殊的芳香气味,适口性好的多汁发酵饲料。

根据原料水分含量和储存原理,广义的青贮饲料可以分为3类:①高水分或鲜草青贮(high moisture silage),原料含水量在70%以上;②凋萎青贮(wilting silage),原料含水量为60%~70%;③低水分青贮(low moisture silage),原料的含水量为40%~60%。在低水分青贮饲料中,最具生产意义的是原料含水量为45%~55%的半干贮(haylage),因此本章将半干贮饲料单独列为一节叙述。

第一节　青 贮 饲 料

一、青贮饲料的特点

青贮饲料是发酵饲料的一种,在古代的中国和国外就已经广泛利用。在青贮建筑物中制作青贮饲料,虽然不知道这种加工牧草技术的确切起源,但它在北欧成功地用于调制和储存禾本科-豆科牧草,已有数百年的历史,在19世纪中叶,青贮牧草在欧洲已广泛为人所知(Jenklens,1884)。王栋教授1942年在西北农学院(现西北农林科技大学)用土窖制作了我国第一窖青贮饲料。

青贮饲料可以缓解青饲、放牧与饲草生长季节的矛盾,对提高饲草利用率,均衡青饲料供应,形成青饲料轮供体系,满足反刍动物春季营养需要等具有重要的作用。全年给家畜饲喂青贮料,如同一年四季可采食到青绿多汁饲料,从而使家畜终年保持高水平的营养状态和生产水平,特别是奶牛饲养业,青贮饲料已经成为维持和创造高产及集约化经营不可缺少的重要饲料之一。概括地说,青贮饲料具有下列优点。

(一)能够保存青绿饲料的营养特性

青绿饲料在密封厌氧条件下保藏,由于不受日晒、雨淋的影响,也无机械收割造成的损失。储藏过程中,氧化分解作用微弱,特别是粗蛋白和胡萝卜素保存较好,因而整体养分损失少,一般不超过10%。同样的鲜草如果晒制干草,有形和无形的损失为30%左右。据测定,在相同面积的饲料地,所产的全株玉米所制作的青贮料的营养价值比所产的玉米籽粒加干玉米秸秆的营养价值高出30%~50%。

(二)可以四季供给家畜青绿多汁饲料

调制良好的青贮饲料,管理得当,可储藏多年不坏,曾有30年的青贮饲料不坏的记录。青贮饲料能保持饲料富含水分、维生素含量高、颜色青绿等优点。因此,在气候寒冷、生长期短、冬春季节都缺乏青绿饲料的地方,可以保证家畜冬春吃到优良的多汁饲料。

(三) 消化性和适口性好

青贮饲料经过乳酸菌发酵,产生大量乳酸和芳香族化合物,具酸香味,柔软多汁,因而适口性好,各种家畜都喜食。青贮对提高家畜饲粮内其他饲料的消化也有良好的作用。用同类青草制成的青贮饲料和干草相比,青贮饲料的消化率有所提高(表 30-1)。

表 30-1　青贮饲料与干草消化率比较　(%)

种类	消化率				
	干物质	粗蛋白	脂肪	无氮浸出物	粗纤维
干草	65	62	53	71	65
青贮料	69	63	68	75	72

(四) 青贮饲料调制方便,可以扩大饲料资源

青贮饲料的调制方法简单,易于掌握。一些植物(如菊科类及马铃薯)茎叶在青饲时具有异味,家畜适口性差,利用率低。但经青贮后,气味改善,柔软多汁,适口性提高,成为家畜喜食的优质青绿多汁饲料。有些农副产品(如甘薯叶、萝卜叶、甜菜叶等)收获期很集中,数量很大,短时间内用不完,又不能直接存放,或因天气条件限制不易晒干,若及时调制成青贮饲料,则可充分发挥此类饲料的作用。

(五) 调制青贮饲料不受天气条件限制

制作青贮饲料雨天也可进行,工作进程不受天气条件限制,也不会导致营养物质的损失。在储藏过程中,青贮饲料不受风吹、日晒、雨淋的影响,也不会发生火灾等事故。

(六) 青贮饲料单位容积内储量大,可节约存放场地

青贮饲料储藏空间比干草小。1m^{3}青贮饲料重量为 450~700kg,含干物质 150kg,而 1m^{3}干草重量仅 70kg,约含干物质 60kg。1t 青贮苜蓿占体积 1. 25m^3,而 1t 苜蓿干草则占体积 13. 3~13. 5m^3。

(七) 可以消灭饲料的病虫及杂草

青贮饲料经发酵和储存后,可使其所带的病菌虫卵和杂草种子失去活力,家畜采食后粪便中的病菌虫卵和杂草种子便不会对草地和农田造成危害,如玉米螟的幼虫常钻入玉米秸秆越冬,翌年便孵化为成虫继续繁殖危害,故秸秆青贮是防治玉米螟的最有效措施之一。

二、青贮的原理

青贮发酵是青贮的基本原理,它是一个复杂的微生物活动和生物化学变化过程。青

贮过程为青贮原料上的乳酸菌生长繁殖创造了有利条件,它的大量繁殖,将青贮原料中可溶性糖类变成乳酸,当达到一定浓度时,抑制了有害微生物的生长,从而达到保存饲料的目的。因此,青贮的成败,主要取决于乳酸发酵的程度(王成章和王恬,2006;曹致中,2005)。

(一)青贮时各种微生物及其作用

刚刈割的青贮原料中,带有各种细菌、霉菌、酵母菌等微生物,其中腐败菌最多,乳酸菌很少。由表30-2可以看出,新鲜的原料上腐败菌的数量,远远超过乳酸菌的数量。青贮原料如不及时青贮,在田间堆放2~3天后,腐败菌大量繁殖,数量往往达数亿/克以上。因此,为促使青贮过程中有益乳酸菌的正常繁殖活动,必须了解各种微生物的活动规律和对环境的要求(表30-3),以便采取措施,抑制各种不利于青贮的微生物活动,消除一切妨碍乳酸形成的条件,创造有益于青贮乳酸菌活动的最适宜环境。

表30-2　青贮原料上各类微生物的数量(王成章和王恬,2006)

饲料种类	腐败菌($\times10^6$)/g	乳酸菌($\times10^3$)/g	酵母菌($\times10^3$)/g	酪酸菌($\times10^3$)/g
草地青草	12.0	8.0	5.0	1.0
箭筈豌豆-燕麦混播	11.9	1173.0	189.0	6.0
三叶草	8.0	10.0	5.0	1.0
甜菜茎叶	30.0	10.0	10.0	1.0
玉米	42.0	170.0	500.0	1.0

表30-3　几种微生物要求的条件(王成章和王恬,2006)

微生物种类	氧气	温度/℃	pH	微生物种类	氧气	温度/℃	pH
乳酸链球菌	±	25~35	4.2~8.6	酵母菌	+	—	4.4~7.8
乳酸杆菌	-	15~25	3.0~8.6	酪酸菌	-	35~40	4.7~8.3
枯草菌	+	—	—	醋酸菌	+	15~35	3.5~6.5
马铃薯菌	+	—	7.5~8.5	霉菌	+	—	—
变形菌	+	—	6.2~6.8				

1. 乳酸菌

乳酸菌种类很多,其中对青贮有益的,主要是乳酸链球菌(*Streptococcus lactis*)、德氏乳酸杆菌(*Lactobacillus delbruckii*),它们均为同质发酵的乳酸菌,发酵后只产生乳酸。此外,还有许多异质发酵的乳酸菌,除产生乳酸外,还产生大量的乙醇、乙酸、甘油和CO_2等。乳酸链球菌属兼性厌氧菌,在有氧或无氧条件下均能生长繁殖,耐酸能力较低,在青贮饲料中酸量达0.5%~0.8%、pH为4.2时即停止活动。乳酸杆菌为厌氧菌,只在厌氧条件下生长和繁殖,耐酸力强,青贮料中酸量达1.5%~2.4%、pH为3时才停止活动。各类乳酸菌在含有适量的水分和碳水化合物、缺氧环境条件下,生长繁殖快,可使单糖和双糖分解生成大量乳酸,其化学方程式如下

$$C_6H_{12}O_6 \longrightarrow 2CH_3CHOHCOOH$$

$$C_{12}H_{22}O_{11}+H_2O \longrightarrow 4CH_3CHOHCOOH$$

上述反应中，每摩尔六碳糖含能2832.6kJ，生成乳酸仍含能2748kJ，仅减少84.6kJ，损失不到3%。

五碳糖经乳酸发酵，在形成乳酸的同时，还产生其他酸类，如丙酸、琥珀酸等，化学方程式如下

$$C_5H_{10}O_5 \longrightarrow CH_3CHOHCOOH+CH_3COOH$$

根据乳酸菌对温度要求的不同，可分为好冷性乳酸菌和好热性乳酸菌两类。好冷性乳酸菌在25~35℃温度条件下繁殖最快，正常青贮时，主要是好冷性乳酸菌活动。好热性乳酸菌发酵的结果，可使温度达到52~54℃，如超过这个温度，则意味着还有其他好氧性腐败菌等微生物参与发酵。高温青贮养分损失大，青贮饲料品质差，应当避免。

乳酸的大量形成，一方面为乳酸菌本身生长繁殖创造了条件，另一方面产生的乳酸使其他微生物（如腐败菌、酪酸菌等）死亡。乳酸积累的结果使酸度增强，乳酸菌自身也受抑制而停止活动。在良好的青贮饲料中，乳酸含量一般占青饲料重的1%~2%，pH下降到4.2以下时，只有少量的乳酸菌存在。

2. 酪酸菌

酪酸菌也称丁酸菌，是一种厌氧、不耐酸的有害细菌，主要有丁酸梭菌、蚀果胶梭菌、巴氏固氮梭菌等。它在pH为4.7以下时不能繁殖，原料上本来不多，只有在厌氧条件下温度较高时才能繁殖。酪酸菌活动的结果，使葡萄糖和乳酸分解产生具有挥发性臭味的丁酸，也能将蛋白质分解为挥发性脂肪酸，使原料发臭变黏，化学方程式如下

$$C_6H_{12}O_6 \longrightarrow CH_3CH_2CH_2COOH+2H_2\uparrow+2CO_2$$

$$2CH_3CHOHCOOH \longrightarrow CH_3CH_2CH_2COOH+2H_2\uparrow+2CO_2\uparrow$$

当青贮饲料中丁酸含量达到万分之几时，即影响青贮料的品质。在青贮原料幼嫩、碳水化合物含量不足、含水量过高、装填过紧时，均易促使酪酸菌活动和大量繁殖。

3. 腐败菌

凡能强烈分解蛋白质的细菌统称为腐败菌。此类细菌很多，有嗜高温的，也有嗜中温或低温的；有好氧的，如枯草杆菌、马铃薯杆菌，也有厌氧的，如腐败梭菌和兼性厌氧菌（如普通变形杆菌）。它们能使蛋白质、脂肪、碳水化合物等分解产生氨、硫化氢、二氧化碳、甲烷和氢气等，使青贮原料变臭变苦，养分损失大，不能饲喂家畜，导致青贮失败。不过腐败菌只在青贮料装压不紧、残存空气较多或密封不好时才大量繁殖。在正常青贮条件下，当乳酸逐渐形成、pH下降、氧气耗尽后，腐败菌活动即迅速被抑制，以至死亡。

4. 酵母菌

酵母菌是好氧性菌，喜潮湿，不耐酸。在青贮原料切碎尚未装贮完毕之前，酵母菌只在青贮原料表层繁殖，分解可溶性糖，产生乙醇及其他芳香类物质。待封窖后，空气越来越少，其作用随即减弱。在正常青贮条件下，青贮原料装压较紧，残存氧气少，酵母菌活动时间短，所产生的少量乙醇等芳香物质，可使青贮饲料具有特殊气味。

5. 醋酸菌

它属好氧性菌,在青贮初期有空气存在的条件下,可大量繁殖。酵母或乳酸发酵产生的乙醇,乙醇再经发酵产生乙酸。乙酸产生的结果,可使 pH 下降,也能抑制各种有害不耐酸的微生物(如腐败菌、霉菌、酪酸菌)的活动与繁殖。但在不正常情况下,如青贮窖内氧气残存过多,乙酸产生过多,因乙酸有刺鼻气味,影响家畜的适口性并使饲料品质降低。

6. 霉菌

它是导致青贮变质的主要好氧性微生物,通常仅存在于青贮饲料的表层或边缘等易接触空气的地方。在正常青贮情况下,霉菌仅生存于青贮初期。但酸性环境和厌氧条件下,足以抑制霉菌的生长。霉菌能破坏有机物质,分解蛋白质产生氨,使青贮饲料发霉变质并产生酸败味,降低青贮饲料品质,甚至使其失去饲用价值。

(二) 青贮发酵过程

青贮过程受 3 个相互作用的因素控制,即青贮原料的化学成分,原料空隙中空气的数量及细菌的活性。在这 3 个因素的作用下,制作良好的青贮发酵过程可分为 3 个阶段,即好氧性微生物活动阶段、乳酸发酵阶段和稳定阶段。如果制作过程不规范,则会形成第 4 个阶段——腐败阶段。

1. 好氧性微生物活动阶段

新鲜青贮原料在青贮容器中压实密封后,植物细胞并未立即死亡,在开始的 1~3 天仍进行呼吸作用,分解有机物质,直至青贮饲料内氧气消耗尽,呈厌氧状态时才停止呼吸。

在青贮开始时,附着在原料上的酵母菌、腐败菌、霉菌和醋酸菌等好氧性微生物,利用植物细胞因受机械压榨而排出的富含可溶性碳水化合物的液汁,迅速进行繁殖。腐败菌、霉菌等繁殖最为强烈,可使青贮料中蛋白质等营养物质被破坏,形成大量吲哚和气体及少量乙酸等。好氧性微生物活动结果及植物细胞的呼吸,使得青贮原料间存在的少量氧气很快殆尽,形成厌氧环境。另外,植物细胞呼吸作用、酶氧化作用及微生物的活动还放出热量。厌氧和温暖的环境为乳酸菌发酵创造了条件。

如果青贮原料中氧气过多、植物呼吸时间过长、好氧性微生物活动旺盛,会使原料内温度升高,有时高达 60℃左右,因而削弱乳酸菌与其他微生物竞争能力,使青贮饲料营养成分损失过多,青贮饲料品质下降。因此,青贮技术的关键是尽可能缩短第一阶段的时间,通过及时青贮和切短压紧密封好来减少呼吸作用和好氧性有害微生物的繁殖,以减少养分损失,提高青贮饲料质量。

2. 乳酸发酵阶段

厌氧条件及青贮原料中的其他条件形成后,乳酸菌迅速繁殖,形成大量乳酸,使酸度增大、pH 下降,促使腐败菌、酪酸菌等活动受抑停止,甚至绝迹。当 pH 下降到 4.2 以下时,各种有害微生物都不能生存,就连乳酸链球菌的活动也受到抑制,只有乳酸杆菌存在。当 pH 为 3 时,乳酸杆菌也停止活动,乳酸发酵即基本结束。

一般情况下,糖分适宜、原料发酵5~7天后,微生物总数达高峰,其中以乳酸菌为主。玉米青贮过程中,各种微生物的变化情况见表30-4。从中可以看出,玉米青贮后半天,乳酸菌数量即达到最高峰,每克饲料中达16.0亿。第4天时下降到8.0亿,pH达4.5,而其他微生物则已全部停止繁殖而绝迹。因此,玉米青贮发酵过程比豆科牧草快,青贮品质也好,是最优良的青贮作物。

表30-4 玉米青贮发酵过程中各种微生物数量的变化(南京农学院,1989)

青贮日数/天	每克饲料中细菌数量($\times10^4$)			pH
	乳酸菌	大肠好氧性菌	酪酸菌	
开始	甚少	0.030	0.01	5.9
0.5	160 000.0	0.025	0.01	—
4	80 000.0	0	0	4.5
8	17 000.0	0	0	4.0
20	380.0	0	0	4.0

3. 稳定阶段

在此阶段pH等于或小于4.2,青贮饲料内各种微生物停止活动,只有少量乳酸菌存在,营养物质不会再损失。在一般情况下,糖分含量较高的玉米、高粱等青贮后20~30天就可以进入稳定阶段,豆科牧草则需3个月以上。若密封条件良好,青贮饲料可长久保存达数年或更多。凋萎青贮饲料由于含水量较低,在pH为4.2之前的某个阶段也可达到稳定期。

4. 腐败阶段

如果切碎的青贮原料不能及时装贮,长期暴露于空气中,大量空气存留在碎草间隙和充满茎秆空隙,则会导致在发酵阶段大量的可利用的碳水化合物损失,这样就没有足够的碳水化合物形成稳定期青贮所必需的乳酸量,不能形成稳定阶段。在这种情况下,不能形成正常的稳定阶段,而会产生产芽孢厌氧菌和乳酸发酵梭状芽孢杆菌,形成二次发酵,于是酪酸和其他不需要的酸形成,从而导致蛋白质降解和青贮饲料变坏。

三、调制优良青贮饲料应具备的条件

在制作青贮饲料时,要使乳酸菌快速生长和繁殖,必须为其创造良好的条件。有利于乳酸菌生长繁殖的条件是:青贮原料应有一定的含糖量、适宜的含水量及厌氧环境。

(一)青贮原料应有一定的含糖量

乳酸菌要产生足够数量的乳酸,必须有足够数量的可溶性糖分。若原料中可溶性糖分很少,即使其他条件都具备,也不能制成优质青贮料。此外,青贮原料中的蛋白质及碱性元素会中和一部分乳酸。只有当青贮原料中pH为4.2时,才可抑制微生物活动。因此,要使乳酸菌形成足够的乳酸,使 pH 达到 4.2 所需要的原料含糖量是十分重要的条件,通常把这一阈值称为最低需要含糖量。原料中实际含糖量大于这一阈值即为正青贮糖差;相反,原料实际含糖量小于这一阈值即为负青贮糖差。凡是青贮原料为正青贮糖差就容易青贮,且正数越大越易青贮;凡是原料为负青贮糖差就难于青贮,且差值越大越不易青贮。

最低需要含糖量是根据饲料的缓冲度计算的,计算公式如下

$$饲料最低需要含糖量(\%)=饲料缓冲度\times 1.7$$

饲料缓冲度是中和每 100g 饲料干物质中的碱性元素,并使 pH 降低到 4.2 时所需的乳酸克数。因青贮发酵消耗的葡萄糖只有 60% 变为乳酸,所以需要 100/60≈1.7 的系数,也即形成 1g 乳酸需葡萄糖 1.7g。

例如,玉米每 100g 干物质需 2.91g 乳酸,才能克服其中碱性元素和蛋白质等的缓冲作用,使其 pH 降低到 4.2,因此 2.91 是玉米的缓冲度,最低需要含糖量为 2.91%×1.7≈4.95%。玉米的实际含糖量是 26.80%,青贮糖差为 21.85%,大大超过产生必需乳酸量的需要,因而容易制作品质优良的青贮饲料。

紫花苜蓿的缓冲度是 5.58%,最低需要含糖量为 5.58%×1.7≈9.49%。因为紫花苜蓿中的实际含糖量只有 3.72%,所以青贮糖差为-5.77%。其他豆科牧草的情况也是如此,因而豆科牧草青贮时,由于原料中含糖量低,乳酸菌不能正常大量繁殖,产乳酸量少,pH 不能降到 4.2 以下,容易使腐败菌、酪酸菌等大量繁殖,导致青贮料腐败发臭,所以苜蓿和其他豆科最好制作成半干贮饲料。

因此要调制优良的青贮料,青贮原料中必须含有适当的糖量。一些青贮原料干物质的含糖量见表 30-5。

表 30-5　一些青贮原料干物质的含糖量(王成章和王恬,2006)

饲料	青贮后 pH	含糖量/%	饲料	青贮后 pH	含糖量/%
玉米植株	3.5	26.8	紫花苜蓿	6.0	3.72
高粱植株	4.2	20.6	草木犀	6.6	4.50
菊芽植株	4.1	19.1	箭筈豌豆	5.8	3.62
向日葵植株	3.9	10.9	马铃薯茎叶	5.4	8.53
胡萝卜茎叶	4.2	16.8	黄瓜蔓	5.5	6.76
饲用甘蓝	3.9	24.9	西瓜蔓	6.5	7.38
芜菁	3.8	15.3	南瓜蔓	7.8	7.03

一般说来,禾本科饲料作物和牧草含糖量高,容易青贮;豆科饲料作物和牧草含糖量低,不易青贮。易于青贮的原料有玉米、高粱、禾本科牧草、甘薯藤、南瓜、菊芋、向日葵、芜菁、饲用甘蓝等。不易青贮的原料有饲用粟、三叶草、草木犀、大豆、豌豆、紫云英、箭筈豌豆、甘草、芦苇、马铃薯茎叶、蓼草属植物、蒿属植物等。不易青贮的原料只有与其他易于青贮的原料混贮或添加富含碳水化合物的饲料,或加酸青贮才能成功。

(二)青贮原料应有适宜的含水量

青贮原料中含有一定浓度的糖液和胶状物质才能使乳酸正常发酵,因此,适量的水分

含量是保证乳酸菌正常活动的重要条件。水分含量过高或过低，均会影响青贮发酵过程和青贮饲料的品质。水分过低，青贮时难以踩紧压实，窖内留有较多空气，造成好氧性菌大量繁殖，使饲料发霉腐败。水分过多时易压实结块，利于酪酸菌的活动，同时植物细胞液汁被挤后流失，使养分损失（表 30-6）。

表 30-6　青贮原料含水量与排汁量、干物质损失的关系（王成章和王恬，2006）

原料含水量/%	干物质含量/%	每 100kg 青贮原料中		排汁中干物质损失/%
		排汁量/kg	排汁中干物质量/kg	
84.5	15.5	21.0	1.05	6.7
82.5	17.5	13.0	0.65	3.7
80.0	20.0	6.0	0.30	1.5
78.0	22.0	4.0	0.20	0.9
75.0	25.0	1.0	0.05	0.2
70.0	30.0	0	0	0

从表 30-6 可以看出，青贮原料中含水量为 84.5% 时，排汁中损失的干物质占青贮原料干物质的 6.7%，而含水量为 70% 的青贮原料，已无液汁排出，干物质不受损失。青贮原料中水分过多时，细胞液中糖分过于稀释，不能满足乳酸菌发酵所要求的一定糖分浓度，反利于酪酸菌发酵，使青贮饲料变臭、品质变坏。因此，乳酸菌繁殖活动，最适宜的含水量为 65% ~75%。豆科牧草的含水量以 60% ~70% 为好。但青贮原料适宜含水量因质地不同而有差别，质地粗硬的原料含水量可达 80%，而收割早、幼嫩多汁的原料则以 60% 较合适。判断青贮原料水分含量的简单方法是：将切碎的原料紧握手中，然后手自然松开，若仍保持球状，手有湿印，其水分含量在 68% ~75%；若草球慢慢膨胀，手上无湿印，其水分在 60% ~67%，适于豆科牧草的青贮；若手松开后，草球立即膨胀，其水分在 60% 以下，只适于做幼嫩牧草的半干贮饲料。

含水分过高或过低的青贮原料，青贮时应进行处理或调节。对于水分过多的饲料，青贮前应稍晾干凋萎，使其水分含量达到要求后再青贮。如凋萎后还不能达到适宜的含水量，应添加干料进行混合青贮。也可以将含水量高的原料和低水分原料按适当比例混合青贮，如玉米秸和甘薯藤、甘薯藤和花生秧，玉米秸和紫花苜蓿是比较好的混贮组合，但青贮的混合比例以含水量高的原料占 1/3 为宜。

（三）创造厌氧环境

为了给乳酸菌创造良好的厌氧生长繁殖条件，为此青贮时需要做到原料切短，装实压紧，密封良好。

青贮原料切短的目的是为了便于装填紧实，取用方便，家畜便于采食，且减少浪费。同时原料切短或粉碎后，青贮时易使植物细胞渗出液汁，湿润表面，糖分流出附在原料表层，有利于乳酸菌的繁殖。切短程度应视原料性质和畜禽需要来定，对牛羊来说，细茎植物如禾本科牧草、豆科牧草、草地青草、甘薯藤、幼嫩玉米苗等，切成 3 ~ 4cm 长即可；对粗茎植物或粗硬的植物如玉米、向日葵等，切成 2 ~ 3cm 较为适宜。叶菜类和幼嫩植物,也可不切短直接青贮。对猪禽来说,各种青贮原料均应切得越短越好,细碎或打浆青贮更佳。

原料切短后青贮,易装填紧实,易于窖内空气排出。否则,窖内空气过多,好氧菌大量繁殖,氧化作用强烈,温度升高(可达 60℃),使青贮饲料糖分分解、维生素破坏、蛋白质消化率降低。一般原料装填紧实适当的青贮发酵温度在 30℃左右,最高不超过 38℃。

青贮的装料过程越快越好,这样可以缩短原料在空气中暴露的时间,减少由于植物细胞呼吸作用造成的损失,也可避免好氧性菌大量繁殖。窖装满压紧后立即覆盖,造成厌氧环境,促使乳酸菌的快速繁殖和乳酸的积累,保证青贮饲料的品质。

四、青贮建筑物和设备

青贮建筑物即装贮青贮饲料的建筑物,种类很多,最常用的有青贮塔、青贮窖(壕)。这些建筑物应选择放在土质坚硬、地势高燥、地下水位低、靠近畜舍、远离水源和粪坑的地方。建筑的质量要求是整体坚固,内部表面光滑平坦,密封性好,不透气,不漏水。除了这些建筑物外,还可利用塑料薄膜制品制作青贮饲料(王成章和王恬,2006;曹致中,2005)。

(一) 青贮塔

青贮塔是圆筒形建筑,一般用砖和混凝土修建而成(图 30-1),长久耐用,青贮效果好,便于机械化装料与卸料。青贮塔的高度应不小于其直径的 2 倍,不大于直径的 3.5 倍,一般塔高 12~14m,直径 3.5~6.0m。在塔身的一侧,每隔 2m 高开一个 0.6m×0.6m 的取料窗口,填装青贮原料时关闭,取空时敞开。

图 30-1　青贮塔

(二) 青贮窖(壕)

青贮窖根据其水平位置,可以分为地上式、地下式及半地下式 3 类。地下式青贮窖适于地下水位较低、土质较好的地区;地上式或半地下式青贮窖适于地下水位较高或土质较差的地区。青贮窖以圆形或长方形为好。有条件的可建成永久性窖,窖四周用砖石砌成,水泥抹面,使其内壁光滑。不透气,不漏水,坚固耐用。圆形窖做成上大下小,便于压紧,长形青贮窖窖底应有一定坡度,以利于取用完的部分,雨水也能流出(图 30-2)。青贮窖容积,一般圆形窖直径 2m,深 3m,直径与窖深之比以 1∶(1.5~2.0)为宜。长方形窖的宽深之比为 1∶(1.5~2.0);长宽比很大,为了便于镇压和运输机械进出,宽边的一侧作为斜坡状的青贮窖称为青贮壕。

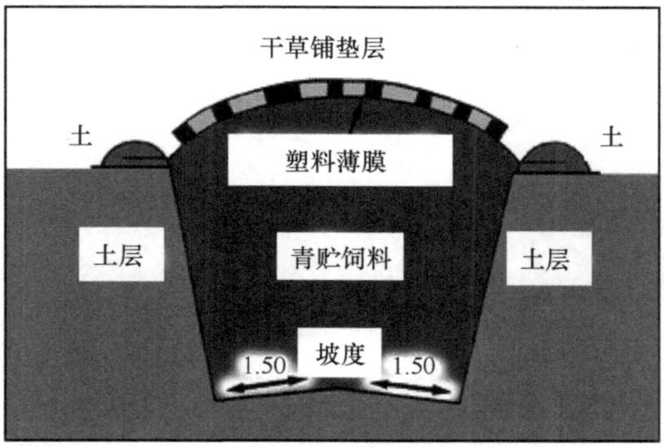

图 30-2　青贮窖

（三）塑料密封装置

根据包裹青贮原料的形式，主要有塑料袋（图 30-3）和塑料薄膜（图 30-4）两种，前者是选用厚实的塑料膜做成圆筒形，可以作为青贮容器进行少量青贮。为防穿孔，宜选用较厚结实的塑料袋，可用 2 层。袋的大小，如不移动可做得大些，如要移动，以装满青贮料后 2 人能抬动为宜。塑料袋可用土埋住或放在畜舍内，要注意防鼠防冻。后者是以大面积的塑料薄膜覆盖在地面的青贮原料大堆的表面，以隔绝空气。塑料袋或塑料薄膜的颜色以外白内黑为好，因为黑色的塑料虽可防止紫外线对塑料和饲料的破坏作用，但夏季炎热，强烈的阳光照射，可使黑色袋内的温度达 50℃ 以上，不利于乳酸菌发酵，而白色的塑料不能防止辐射对饲料的破坏作用。此外，使用棕色和蓝色的塑料效果也很好。不管使用哪种类型的塑料，都要防止各种原因的塑料破损，特别是鼠害引起的破损，以免引起二次发酵，导致青贮饲料霉坏和腐败。

图 30-3　塑料袋青贮

塑料袋青贮和半干贮的具体方法是：用打捆机将新鲜牧草打成大圆草捆或小方草捆（做半干贮饲料需要晾晒后打捆），然后分别装入相应的塑料袋，系紧袋口并密封，堆垛储存（曹致中，2005）。

图 30-4　利用塑料薄膜进行地上青贮

当前还有一种包裹式或缠裹式草捆青贮,利用专用机械操作,方法是用高拉力塑料薄膜包裹在圆草捆上,使草捆与外界空气隔绝。这种方法裹紧了草捆,塑料薄膜与牧草紧贴,内部残留空气少,有利于厌氧发酵。此外,还免去了装袋、系口等工序,提高了生产效率,也便于运输(曹致中,2005;崔国文等,2005;陈功,2001)。

(四) 青贮建筑物容积和青贮饲料容重的计算

青贮建筑物容积可参考下列公式计算:

青贮塔的容积=3.14 半径^2×深度

长方形窖的容积=长×(上底+下底)÷2×深度

塑料袋青贮和塑料薄膜地上青贮的容积也可参考上述公式计算。

各种青贮原料的单位容积重量,因原料的种类、含水量、切碎和踩实程度不同而不同。一般来说,叶菜类、紫云英、甘薯块根为 800kg/m^3,甘薯藤为 700~750kg/m^3,牧草、野草为 600kg/m^3,全株玉米为 600kg/m^3,青贮玉米秸为 450~500kg/m^3。

五、青贮的步骤和方法

饲料青贮是一项突击性工作,事先要把青贮窖、青贮切碎机或铡草机和运输车辆进行检修并组织足够人力,以便在尽可能短的时间完成。青贮的操作要点,概括起来要做到"六随三要",即随割、随运、随切、随装、随压、随封,连续进行,一次完成;原料要切短,装填要踩实,窖顶要封严。

(一) 原料的适时刈割

优质青贮原料是调制优良青贮料的物质基础。适期刈割,不但可以在单位面积上获得最大营养物质产量,而且水分和可溶性碳水化合物含量适当,有利于乳酸发酵,易于制成优质青贮料。一般刈割宁早勿迟,随收随贮。

整株玉米青贮应在蜡熟期,即在干物质含量为25%~35%时收割最好。其明显标记是,靠近籽粒尖的几层细胞变黑而形成黑层,检查方法是:在果穗中部剥下几粒,然后纵向切开或切下尖部寻找靠近尖部的黑层,如果黑层存在,就可刈割作整株玉米青贮。收果穗后的玉米秸青贮,宜在果穗成熟、玉米茎叶仅有下部1~2片叶枯黄时,立即收割玉米秸青贮,或玉米成熟时削尖后青贮,但削尖时果穗上部要保留一张叶片。

豆科牧草宜在现蕾期至开花初期进行刈割,禾本科牧草在孕穗至抽穗期刈割,甘薯藤、马铃薯茎叶在收薯前1~2天或霜前刈割。原料刈割后应立即运至青贮地点切短青贮。

4QX-12型玉米青贮收获机(图30-5)属于不分行高秆作物青贮饲料收获机,适用于青贮玉米、高粱、苏丹草等高秆作物的青贮收获,还可用于籽粒玉米秸秆黄贮收获。该机一次作业可完成两行青贮玉米的割倒、喂入、切碎、抛送和装车等多项作业。

KBK-800型<巴里西耶-800>自走式青贮饲料收获机(图30-6),发动机功率360马力。工作效率:青贮玉米140t/h,青黄贮玉米60t/h,干草55t/h,青草75t/h。

图30-5　4QX-12型玉米青贮收获机

图30-6　KBK-800型<巴里西耶-800>自走式青贮饲料收获机

(二) 切碎

少量青贮原料的切短可用人工铡草机,大规模青贮可用青贮切碎机。大型青贮料切碎机每小时可切5~6t,最高可切8~12t。小型切草机每小时可切250~800kg。若条件具备,使用青贮玉米联合收获机,在田内通过机器一次完成割、切作业,然后送回,装入青贮窖内,功效大大提高。

(三) 装填压紧

装窖前,先将窖或塔打扫干净,窖底部可填一层10~15cm厚的切短的秸秆或软草,以便吸收青贮液汁。若为土窖或四壁密封不好,可铺塑料薄膜。装填青贮原料时应逐层装入,每层装15~20cm厚,立即压实,然后再继续装填。装填时应特别注意四角与靠壁的地方,要达到弹力消失的程度,如此边装边压实,一直装满并高出窖口 70cm 左右。长方形窖或地面青贮时,可用拖拉机进行碾压,小型窖亦可用人力踏实。青贮料紧实程度是青贮成败的关键之一,青贮紧实度适当,发酵完成后饲料下沉不超过深度的 10%。

(四) 严密封窖,防止漏水漏气

这是调制优良青贮料的一个重要环节。青贮容器密封不好,进入空气或水分时,有利于腐败菌、霉菌等繁殖,使青贮料变坏。填满窖后,可覆盖一层塑料薄膜,再加盖 10~15cm 的土层或其他重物(图 30-7),中间部分应该厚一些,使其成馒头形,以便于排水。也有先在上面盖一层切短秸秆或软草(厚 20~30cm),然后再用土覆盖拍实,厚 30~50cm。青贮窖密封后,为防止雨水渗入窖内,距离四周约 1m 处应挖排水沟。以后应经常检查,窖顶下沉有裂缝时,应及时覆土压实,防止雨水渗入。

图 30-7 青贮窖装满原料后用塑料薄膜覆盖封窖并压以重物

六、青贮过程中营养物质的变化

(一) 碳水化合物

在青贮发酵过程中,由于各种微生物和植物本身酶体系的作用,使青贮原料发生一系列生物化学变化,引起营养物质的变化和损失。在青贮的饲料中,只要有氧存在,pH 不发生急剧变化,植物呼吸酶就有活性,青贮作物中的水溶性碳水化合物就会被氧化为二氧化碳和水。在正常青贮时,原料中水溶性碳水化合物,如葡萄糖和果糖,发酵成为乳酸和其他产物。另外,部分多糖也能被微生物发酵作用转化为有机酸,但纤维素仍然保持不变,半纤维素有少部分水解,生成的戊糖可发酵生成乳酸。

(二) 蛋白质

正在生长的饲料作物,总氮中有 75%~90% 的氮以蛋白氮的形式存在。收获后,植物蛋白酶会迅速将蛋白质水解为氨基酸,在 12~24h,总氮中有 20%~25% 被转化为非蛋白氮。青贮饲料中蛋白质的变化,与 pH 的高低有密切关系,当 pH 小于 4.2 时,蛋白质因植物细胞酶的作用，部分蛋白质分解为氨基酸，且较稳定，并不造成损失；但当 pH 大于 4.2 时，由于腐败菌的活动，氨基酸便分解成氨、胺等非蛋白氮，使蛋白质受到损失。

（三）色素和维生素

青贮期间最明显的变化是饲料的颜色。由于有机酸对叶绿素的作用，使其成为脱镁叶绿素，从而导致青贮饲料变为黄绿色。青贮饲料颜色的变化，通常在装贮后 3～7 天发生。窖壁和表面青贮饲料常呈黑褐色。青贮温度过高时，青贮饲料也呈黑色，不能利用。

维生素 A 前体物质 β-胡萝卜素的破坏与温度和氧化的程度有关。温度和氧化程度均高时，胡萝卜素损失较多。但储存较好的青贮料，胡萝卜素的损失一般低于 30%。

七、青贮过程中养分的损失

（一）田间损失

刈割和青贮在同一天进行时，养分的损失极微，即使萎蔫期超过了 24h，损失的养分也不足干物质的 1%～2%。萎蔫期超过 48h，则养分的损失较大，损失程度取决于当地的气候状况。在田间萎蔫 5 天后，干物质的损失达 6%。受萎蔫期影响的主要养分是水溶性碳水化合物和易被水解为氨基酸的蛋白质。

（二）氧化损失

养分的氧化损失是由于植物和微生物的酶在有氧条件下对基质（如糖）的作用生成 CO_2 和水而引起的。在迅速填满并密封的青贮窖内，植物组织中的氧无关紧要，它引起的干物质损失仅 1% 左右。持续暴露在有氧环境中的青贮作物，如青贮窖边角和上层的青贮物，会形成不可食用的堆肥样干物质（如加衬和覆盖塑料薄膜可不产生），有 75% 以上的干物质损失掉。

（三）发酵损失

在青贮过程中发生了许多化学变化，特别是可溶性碳水化合物和蛋白质变化较大，但总干物质和能量损失并未因乳酸菌的活动而有大地提高。一般干物质的损失不会超过 5%，而总能的损失则更少，这是因为形成了诸如醇类的高能化合物。在梭菌发酵中，由于产生了气体 CO_2、H_2 和 NH_3，养分的损失高于乳酸发酵。

（四）流出液损失

许多青贮窖可自由排水，这些液体或青贮流出液可带走相当量的可溶性养分。对于含水量 85% 的牧草，青贮流出物的干物质损失可达 10%，但将作物萎蔫至含水量 70% 左右时，流出液极少。

八、青贮饲料的营养价值

由于青贮饲料在青贮过程中化学变化复杂,它的化学成分与营养价值与原料相比,有许多方面的变化和不同。

(一) 化学成分

青贮饲料干物质中各种化学成分与原料有很大的差别。从表 30-7 可以看出,从常规概略养分分析看,新鲜的黑麦草与其青贮饲料没有明显差别,但从其组成的化学成分看,青贮饲料与其原料相比,则差别很大。青贮饲料中粗蛋白主要由非蛋白氮组成。而无氮浸出物中,青贮饲料中糖分极少,乳酸与乙酸则相当多。虽然这些非蛋白氮(主要是游离氨基酸)与脂肪酸使青贮饲料在养分性质上相比青饲料发生了一些改变,但对动物营养价值还是比较高的。

表 30-7 黑麦草与它的青贮饲料的化学成分比较(占干物质的百分数)(王成章和王恬,2006)

(%)

名称	黑麦草青草		黑麦草青贮	
	化学成分	消化率	化学成分	消化率
有机物质	89.9	77	88.3	75
粗蛋白	18.7	78	18.7	76
粗脂肪	3.5	64	4.8	72
粗纤维	23.6	78	25.7	78
无氮浸出物	44.1	78	39.1	72
蛋白氮	2.66	—	0.91	—
非蛋白氮	0.34	—	2.08	—
挥发氮	0	—	0.21	—
糖类	9.5	—	2.0	—
聚果糖类	5.6	—	0.1	—
半纤维素	15.9	—	13.7	—
纤维素	24.9	—	26.8	—
木质素	8.3	—	6.2	—
乳酸	0	—	8.7	—
乙酸	0	—	1.8	—
pH	6.3	—	3.9	—

(二) 营养物质的消化利用

从常规分析成分的消化率看,各种有机物质的消化率在原料和青贮饲料之间非常相近,两者无明显差别,因此它们的能量价值也是近似的。据测定,青草与其青贮饲料的代谢能分别为 10.46MJ/kg 和 10.42MJ/kg，两者非常相近。由此可根据青贮原料当时的营养价值来考虑青贮料。多年生黑麦草青贮和半干贮前后营养价值的比较见表 30-8。

表 30-8 多年生黑麦草青贮和半干贮前后营养价值的比较(赵义斌，1992)

指标	黑麦草	青贮	半干贮	指标	黑麦草	青贮	半干贮
pH	6.1	3.9	4.2	干物质消化率/%	78.4	79.4	75.2
干物质/(g/kg)	175	186	316	总能/(MJ/kg DM)	18.5	—	18.7
乳酸/(g/kg DM)	—	102	59	代谢能/(MJ/kg DM)	11.6	—	11.4
水溶性糖/(g/kg DM)	140	10	47				

青贮料同其原料相比，蛋白质的消化率较高，但是它们被用于增加动物体内氮元素的沉积效率则往往低于原料。其主要原因是由大量青贮料组成的饲粮，在反刍动物瘤胃中往往产生大量的氨，这些氨被吸收后，相当一部分以尿素形式从尿中排出。因此，为了提高青贮料对氮元素的作用，可以按照反刍动物应用尿素等非蛋白氮的方法，在饲粮中增加玉米等谷实类富含碳水化合物的比例，可获得较好的效果。如果由半干青贮或甲醛保存的青贮料来组成饲料，则可见氮元素沉积水平提高。常见青贮料的营养价值见表 30-9。

表 30-9 常见青贮饲料的营养价值(占干物质的百分数)(王成章和王恬，2006)

饲料	干物质/%	产奶净能/(MJ/kg)	奶牛能量单位/个	粗蛋白/%	粗纤维/%	钙/%	磷/%
青贮玉米	29.2	5.02	1.60	5.5	31.5	0.31	0.27
青贮苜蓿	33.7	4.82	1.53	15.7	38.4	1.48	0.30
青贮甘薯藤	33.1	4.48	1.43	6.0	18.4	1.39	0.45
青贮甜菜叶	37.5	5.78	1.84	12.3	19.4	1.04	0.26
青贮胡萝卜	23.6	5.90	1.88	8.9	18.6	1.06	0.13

(三) 动物对青贮饲料的随意采食量

动物对青贮饲料的随意采食量以干物质计比其原料和同源干草都要低，如动物对青贮料的采食量比同源的鲜草平均低 1/3，其原因主要受下列因素的影响。

1. 青贮饲料酸度

青贮料中的游离酸的浓度过高会抑制家畜对青贮料的随意采食量。用碳酸氢钠部分中和后，可提高青贮料的采食量。游离酸对采食量的影响主要是由于瘤胃中酸度增加和体液酸碱平衡的紧张所致。半干贮饲料发酵程度低，酪酸发酵也少，适口性较青贮饲料好，随意采食量较高。

2. 酪酸菌发酵

动物对青贮料的采食量与其中含有的乙酸、总挥发性脂肪酸含量及氨的浓度呈显著的负相关，而这些往往与酪酸发酵相联系。青贮质量不好，酪酸含量多，家畜采食往往较少。

3. 青贮饲料中干物质含量

一般青贮料品质良好、且含干物质较多者家畜的随意采食量较多,可以接近采食干草的中干物质量。因此,调制良好的半干贮饲料中干物质含量高,家畜随意采食量较青贮饲料高。

九、青贮饲料的品质鉴定

青贮饲料品质的优劣与青贮原料种类、刈割时期及青贮技术等密切相关。正常情况下青贮,一般经过 3 周时间的乳酸发酵,即可采样进行品质鉴定,确定青贮饲料的质量和营养价值的高低。

(一) 采样

鉴定青贮饲料的品质,首先要正确取样。为了使所采取样品的色、香、味、质地、茎叶的比例、含水量等方面都具有代表性,应从青贮塔、青贮窖或青贮袋的不同层次选取。取样的一种方法是先将表面 30cm 左右的青贮饲料除去,然后用锋利的刀切一定的饲料块(切忌用手掏取样)。采样后要立即填补封严,以免空气混入使青贮饲料霉变损失;另一种方法是在制作青贮时,将搅拌的原料装入备好的 30cm×33cm 的布口袋内,放在窖中央深 60cm 的位置(如果是青贮壕,则放置在壕一端的中央),开窖后,将小口袋刨出即可。

(二) 感官评定

这是从青贮饲料的色泽、气味和质地等方面进行感官评定,以确定其质量,评定的项目和标准见表 30-10。

表 30-10　青贮饲料的品质评定

等级	颜色	气味	结构质地
优良	绿色或黄绿色	芳香酒酸味	茎叶明显,结构良好
中等	黄褐色或暗绿色	有刺鼻酸味	茎叶部分保持原状
低劣	黑色	腐臭味或霉味	腐烂、污泥状

1. 颜色

优质的青贮饲料非常接近于原料的颜色。若青贮前作物为绿色,青贮后仍为绿色或黄绿色最佳。青贮器内原料发酵的温度是影响青贮饲料色泽的主要因素,温度越低,青贮饲料就越接近于原先的颜色。对于禾本科牧草,温度高于 30℃时,颜色变成深黄色;当温度为 45~60℃时,颜色近于棕色;超过 60℃时,由于糖分焦化,颜色近乎黑色。一般来说,品质优良的青贮饲料颜色呈黄绿色或青绿色,中等的为黄褐色或暗绿色,劣等的为褐色或黑色。

2. 气味

品质优良的青贮料具有轻微的酸味和水果香味；若有刺鼻的酸味，则乙酸较多，品质较次，腐烂腐败并有臭味的则为劣等，不宜喂食家畜。总之，芳香而喜闻者为上等，刺鼻者为中等，臭而难闻者为劣等。

3. 质地

植物的茎叶等结构应当能清晰辨认，结构破坏及呈黏滑状态是青贮腐败的标志，黏度越大，表示腐败程度越高。优良的青贮饲料，在窖内压得非常紧实，但拿起时松散柔软，略湿润，不粘手，茎叶花保持原状，容易分离。中等青贮饲料茎叶部分保持原状，柔软，水分稍多。劣等的结成一团，腐烂发黏，分不清原有结构。

（三）化学分析鉴定

化学分析鉴定包括pH、氨态氮和有机酸含量（乙酸、丙酸、酪酸、乳酸的总量和组成比例），可据此以判断发酵情况。

1. pH

它是衡量青贮饲料品质好坏的重要指标之一。在实验室测定pH，可用精密酸度计测定，生产现场可用精密石蕊试纸测定。优良的青贮饲料pH在4.2以下，超过4.2（半干贮饲料除外）说明青贮发酵过程中，腐败菌、酪酸菌等活动较为强烈。劣质青贮饲料pH在5.5~6.0，中等青贮饲料的pH介于优良与劣等之间。

2. 氨态氮

氨态氮与总氮的比值反映了青贮饲料中蛋白质及氨基酸分解的程度，比值越大，说明蛋白质分解越多，青贮质量不佳。

3. 有机酸含量

有机酸总量及其构成可以反映青贮发酵过程的好坏，其中最重要的是乳酸、乙酸和酪酸。乳酸所占比例越大越好。优良的青贮饲料，含有较多的乳酸和少量乙酸，而不含酪酸。品质差的青贮饲料，含酪酸多而乳酸少（表30-11）。

表30-11　不同青贮饲料中各种酸含量

等级	pH	乳酸/%	乙酸/%		丁酸/%	
			游离的	结合的	游离的	结合的
优良	4.0~4.2	1.2~1.5	0.7~0.8	0.1~0.15	—	—
中等	4.6~4.8	0.5~0.6	0.4~0.5	0.2~0.3	—	0.1~0.2
低劣	5.5~6.0	0.1~0.2	0.10~0.15	0.05~0.10	0.2~0.3	0.8~1.0

十、青贮饲料的利用

(一) 开窖取用时注意的事项

青贮饲料一般经过 30~40 天便能完成发酵过程,即可开窖使用。

开窖时间根据需要而定,一般要尽可能避开高温或严寒季节。因为高温季节,青贮饲料容易二次发酵或干硬变质;严寒季节青贮饲料易引起流产。一般在气温较低而又缺草的季节饲喂畜禽最为适宜。

一旦开窖利用,就必须连续取用。每天用多少取多少。不能一次取出大量青贮饲料,堆放在畜舍里慢慢饲喂。取用后及时用草席或塑料薄膜覆盖,否则会变质。

取用青贮饲料时,圆形窖应自表面一层一层地向下取,使青贮饲料始终保持一个平面,切忌一处掏取。不管哪种形式的窖,每天至少要取出 6~7cm 厚。地下窖开窖后应做好周围排水工作,以免雨水和融化的雪水流入窖内,使青贮饲料发生霉烂。如因天气太热或其他原因保存不当,表层的青贮饲料变质,应及时取出抛弃,以免引起家畜中毒或其他疾病。

青贮饲料是在厌氧条件下发酵和保存的。密封良好的青贮饲料,可长期保存,多年不坏。所以,在开窖、取用和管理上都应切忌与空气接触。

(二) 防止青贮饲料二次发酵

青贮饲料二次发酵系指青贮成功后,由于开窖或密封不严,或青贮袋破损,致使空气侵入青贮设施内,引起好气性微生物活动,分解青贮饲料中的糖、乳酸和乙酸,以及蛋白质和氨基酸,并产生热量,pH 逐渐升高,使青贮饲料品质变坏。所以也称之为好气性变质。二次发酵主要由霉菌和酵母菌的活动引起。防止二次发酵的办法是:压实和严格密封;青贮和保存过程中防止漏气;开窖后做到连续取用,每日喂多少取多少,防止污染和取后严实覆盖。此外,也可以喷洒防腐剂,以抑制霉菌和酵母菌的增殖。

(三) 饲喂技术

青贮饲料可以作为草食家畜牛羊的主要粗饲料,一般占饲粮干物质的 50% 以下。刚开始喂时家畜不喜食,喂量应由少到多,家畜逐渐适应后即可习惯采食。喂青贮料后,仍需喂精饲料和干草。训练方法是:先空腹饲喂青贮料,再饲喂其他草料;先将青贮料拌入精饲料喂,再喂其他草料;先少喂后逐渐增加;或将青贮料与其他草料拌在一起饲喂。由于青贮饲料含有大量有机酸,具有轻泻作用,因此母畜妊娠后期不宜多喂,产前 15 天停喂。劣质的青贮饲料有害畜体健康,易造成流产,不能饲喂。冰冻的青贮饲料也易引起母畜流产,应待冰融化后再喂。

成年牛每 100kg 体重日喂青贮饲料量为:泌乳牛 5.0~7.0kg,肥育牛 4.0~5.0kg,役牛 4.0~4.5kg,种公牛 1.5~2.0kg。

绵羊每 100kg 体重日喂青贮饲料量:成年羊 4.0~5.0kg,羔羊 0.4~0.6kg。

奶山羊每 100kg 体重日喂青贮饲料量:泌乳母羊 1.5~3.0kg,青年母羊 1.0~1.5kg,公羊为 1.0~1.5kg。

马的日喂青贮饲料量：役马每匹每天可喂 12.0～15.0kg，种母马和 1 岁以上的幼驹每天可喂 6.0～10.0kg。

第二节 半干贮饲料

半干贮饲料（haylage，сенаж）也称半干青贮饲料，低水分青贮料，由于它的原料是含水量为 45%～55% 的牧草，这样的牧草外观和手感已接近干草，制贮中只达到半发酵程度，因此称为半干贮饲料更接近原意与简明。半干贮饲料从 20 世纪 60 年代开始在生产中推广利用，由于它的一系列优点，很快就在原苏联、美国、加拿大、日本、北欧国家等冬季舍饲期较长的国家得到了广泛的利用（胡自治，1976）；此后我国也开展了研究和应用，1975 年胡自治和张洪涛在北京房山区长阳农场进行实验并取得成功后，便利用苜蓿、玉米等制作半干贮饲料用于生产，并在农垦系统的农场进行推广。

一、一般意义

半干贮饲料是牧草刈割后经过晾晒，当含水量降至 45%～55% 时切碎、储存在特殊的青贮建筑物中而形成的制贮饲料。与青贮饲料相比，它的干物质含量较多，不酸或酸味较淡，酪酸含量低，而含有较多的其他有机酸，因而非常芳香，对各种家畜的适口性都很好。

它是介于青草、干草和青贮饲料之间的一类饲料。与干草相比，它几乎完全保存了牧草植物的最有价值的部分——叶片和花序；与青贮饲料相比，它含有多一倍的干物质，因而具有较多的营养物质；与青草相比，它可以久储（胡自治，1976）。

半干贮饲料由于原料只含 45%～55% 的水分，发酵过程较弱，味道不酸或较淡，因此，在适口性和营养价值方面，比其他制贮饲料更接近于原来的原料——青草或青饲料。它不仅可以利用易于青贮的饲料牧草来制作，而且还可以利用难以青贮的、传统用作干草的三叶草、苜蓿、鸟足豆、大豆等豆科饲料牧草来制贮，因此扩大了这一类高蛋白质的饲料牧草加工调制的范围（常玉群和安玉海，2000）。还可以用乳熟-腊熟期的谷类和豆类饲料作物，直接调制子粒-秸秆半干贮饲料，这样比分别收子粒和藁秆饲料更经济。

二、营养价值

调制良好的半干贮饲料要在豆科草和豆科-禾本科草发育的早期进行，即豆科草的孕蕾初期，禾本科草的抽穗初期。含水量为 50% 的半干贮饲料，含粗蛋白 8%～10%，粗脂肪 1.5%～2.0%，无氮浸出物 21%～23%，粗灰分 4%～5% 和粗纤维 14%～15%。1kg 半干贮饲料含可消化蛋白质 45～55g、胡萝卜素 40～50mg、钙 6～7g、磷 1.0～2.0g，也就是说其营养价值接近于质量良好的干草。

利用小黑麦、大麦、燕麦、小麦、豌豆+大麦、箭筈豌豆+燕麦等饲料作物调制籽粒-秸秆半干贮饲料，收贮时期可以是乳熟-腊熟期或腊熟期。这时植物整体的含水量为 50%～60%，可以直接切碎装贮而不必晾晒，从而省去了费力的风干工序，并避免了营养的损失。据测定，用乳熟-腊熟期的燕麦+箭筈豌豆调制的半干贮饲料，含水量 53.9%，pH 4.54，干物质中含糖 0.6%、淀粉 13%、粗蛋白 13.0%、粗纤维 22.3%、钙 0.53%、磷 0.30%、乳酸和乙酸 3.1%、胡萝卜素至少 35mg、可消化蛋白质 35g/kg。

由大麦、燕麦、小麦等调制的半干贮饲料,其营养特点大体如上。但糖和淀粉的含量相应提高,分别达 3.5%~4% 和 24%~25%,而粗蛋白的含量有所下降。例如,用大麦制成的籽粒秸秆半干贮饲料,含水分 54%~55%,pH 4.5~4.6,干物质中含糖 4%、淀粉 25%、粗蛋白 13%、粗纤维 22%、钙 0.5%、磷 0.3%、胡萝卜素 35~40mg、可消化蛋白质 35g/kg。

籽粒-秸秆半干贮饲料的氨基酸成分,如腊熟期的燕麦较之三叶草+猫尾草的半干贮饲料为好。这两种半干贮饲料的各种氨基酸的含量分别是:赖氨酸 3.6% 和 3.1%,组氨酸 1.7% 和 1.0%,精氨酸 4.1% 和 2.7%,丝氨酸 3.5% 和 3.0%,麦酰胺酸 14.4% 和 8.1%,乙氨酸 4.2% 和 3.9%,胱氨酸 3.5% 和 0.7%,蛋氨酸 1.8% 和 0.9%,亮氨酸 6.0% 和 5.3%,酪氨酸 2.5% 和 2.2%。

三、制贮原理和生物化学损失

制贮半干贮饲料基本原理就是对微生物造成干燥和厌氧环境。

牧草在刈割后,含水量被晾晒到 45%~55% 时,细胞的渗透压达到 55×10^5~60×10^5Pa。这样的风干植物对于腐败菌、产生挥发酸类的细菌,以至乳酸菌的生命活动来说,接近于生理干燥的状态,其生命活动因受水分的限制而被抑制。因此,牧草在制贮过程中蛋白质的腐败分解很低,而且发酵过程也十分微弱。但是对能导致发霉的真菌来说,问题还没有获得解决。真菌能在含水量为 45%~55% 的条件下繁殖。为了限制真菌的活动,渗透压需要达到 250×10^5~300×10^5Pa,这种情况就是含水量为 17% 以下的干草。因此,需寻求另外一种途径来抑制真菌的活动,那就是对它造成厌氧环境。

乳酸是青贮与半干贮饲料共同的主要有机酸,半干贮饲料中可以测得的乙酸数量很少,酪酸基本不存在。半干贮饲料低水分原料的渗透压表现较高,并且其乳酸菌以喜高渗透压的形态存在,它在含有 8%~10% 的氯化钠基质中可以生存,但青贮料中的乳酸菌在含氯化钠为 6% 的条件下即停止生长,而腐败菌的生长范围为 2%~6% 的氯化钠基质。这种情况正说明了为什么在高渗透压的半干贮饲料中还有相当数量的乳酸的原因。

关于半干贮饲料的微生物学过程,可以同青贮饲料比较来说明。表 30-12 是用红三叶所作的对比实验,含水量 74% 和 64% 的为青贮,含水量 50% 和 40% 的为半干贮,它们在初始的乳酸菌数量上半干贮的原料明显较青贮的原料为多、但发酵 30 天后,青贮的乳酸菌数量增加的倍数远较半干贮的为多,因此,发酵成熟时的 pH,青贮低于半干贮。

表 30-12　不同含水量的红三叶青贮和半干贮在不同时期的乳酸菌含量和 pH 变化

含水量	74%	64%	50%	40%
初始乳酸菌数量($\times10^7$)/(个/g)	0.09	13.9	19.0	21.0
发酵 30 天乳酸菌增长倍数	132.2	9.8	2.9	0.4
发酵成熟时的 pH	4.4	4.4	5.2	5.2

籽粒-秸秆半干贮饲料在其制贮过程中,除具有生理干燥、厌氧和 CO_2 的积累外,它的含水量为 18%~26% 的籽粒还会形成 1% 的乳酸、乙酸和醇。如果籽粒中原有的水分较

多,则形成的有机酸也会增多。制贮良好的半干贮饲料营养物质的生物化学损失一般不超过10%,而籽粒-秸秆半干贮饲料甚至可以减少到5%。有实验证明,将半干贮饲料密闭于塑料袋中并储存在地下水泥窖中,其干物质的损失仅为2.2%;还有实验证明,在3个月的储存期中,半干贮饲料的干物质保存数为91%,其中,粗蛋白为93%,粗脂肪为104%,无机氮浸出物为97%,粗纤维为110%,灰分为92%。由此可见,同样的原料,营养物质的保存率半干贮大于青贮和干草。

四、建筑物和设备

制贮半干贮饲料需要的建筑物和设备与青贮饲料相同,但需要的密闭条件更高,一般以青贮塔较好。近年来,国外建造高密闭性的青贮塔,由镀锌钢板或钢筋混凝土构成,用玻璃、搪瓷或不锈钢等高级材料做内壁,密封性能和光滑性能好,易于装填和压实,制贮的半干贮饲料品质优良,取用时可以从塔顶或塔底用旋转机械进行。缺点是成本较高,只能依赖机械装填。为此,目前已可利用质量较好的砖制青贮塔、青贮窖(壕)来制作半干贮饲料,内壁需要仔细地摸一层水泥或铺衬塑料薄膜,青贮塔的取料口还应根据装填的程度用砖和水泥砌住并涂上一层沥青。

用青贮塔制作半干贮饲料在效果上一般地要比混凝土的青贮窖(壕)要好一些。据俄罗斯的实验,红三叶+猫尾草混合牧草在孕蕾-孕穗期刈割,分别在青贮塔和青贮窖中制贮半干贮饲料,7个月后取样分析,塔中的半干贮饲料粗蛋白和氨基酸含量较高,而胡萝卜素与糖的含量较低,可消化粗蛋白的含量分别为34.8g和30.6g,饲喂实验的牛奶平均产量分别为19.7kg/d和18.1kg/d。

五、生产工序

(一) 割草

制贮半干贮饲料宜用高营养的豆科-禾本科牧草、刈割时期豆科不迟于孕蕾期,禾本科不迟于抽穗期。过迟则降低营养物质的含量(表30-13)。

表30-13　牧草在不同发育阶段的半干贮饲料营养价值的比较

牧草种类	刈割时期	1kg干物质的营养价值	
		生产净能/(kJ/kg)	可消化粗蛋白/(g/kg)
三叶草-猫尾草	三叶草茎形成	5910	138
三叶草-猫尾草	三叶草孕蕾	5141	85
三叶草-猫尾草	三叶草开花	3960	62
苜蓿	孕蕾	5023	140
苜蓿	开始开花	4787	111
三叶草	开始孕蕾	4905	142
三叶草	孕蕾	5083	123
三叶草	开始开花	4491	104

牧草的收割最好在清早进行,这样可以获得最多的胡萝卜素。

牧草刈割的留茬高度以5~7cm为宜,过低虽可提高第一次刈割的产量,但却会影响再生草产量,留茬过高会严重地降低产量,尤其是对发育早期的牧草。留茬10cm和25cm,其产量只为齐地面刈割的80%和57%。

籽粒-秸秆半干贮饲料的适宜刈割时期为乳熟期或乳熟-腊熟期。在这个时期饲料作物整体的干物质含量为50%~60%,可以不经晾晒直接制作半干贮饲料。

(二)集拢与晾晒(风干)

一系列的研究确定,牧草在草行中干燥,比在草地上倒散的干燥为优。在草行中牧草除了可以大大减少因太阳直射而引起的胡萝卜素的损失外,还可以均匀地干燥以避免叶片和花序的损失。因此,牧草在割倒后,应在不迟于4h的时间内,把倒散的牧草集拢成草行。

为了使牧草在不多于30h(包括夜间时间)的时间内迅速而均匀地风干到合适的程度,草行集拢的宽度应为110~125cm,1m长的草行鲜重在湿润地区不超过4~5kg,干燥地区不超过6~7kg。过宽过厚的草行均影响风干速度。

制作半干贮饲料的原料的适宜含水量为45%~55%,但是为了减少在捡拾和装运中叶片和花序的损失,豆科草在草行中风干到55%~60%的含水量时即可捡拾装运,禾本科草可以低到40%~45%。在大田条件下含水量为55%~60%时,牧草的茎失去鲜绿色泽,叶片变柔,但不能折断和捻碎;含水量为40%~45%时,茎的表皮可用指甲刮下,叶片干燥,易折断和捻碎。

(三)捡拾、装运和铡碎

把半干草从草行中捡拾到运输工具上运走,和把铡碎的碎草装到车辆上并运到半干贮建筑物,需要大型的(车厢的容积可以大到45m^3)和有特别装置的运输工具和车辆,否则很不经济,草料的损失也较大。

制作半干贮饲料的原料,为了便于运输、装填、镇压和取用,一般都应铡碎。铡碎的长度,青贮塔的应为2~3cm,青贮窖的可以是4~5cm。在条件不允许时,如果装青贮窖也可以不铡整贮,但需十分仔细地镇压。

半干贮饲料的机械损失首先是由于最富于营养物质的叶片和花序的损失而引起,它导致饲料中蛋白质和胡萝卜素含量的大大降低;其次是由于铡草而引起的损失,这种损失往往可达机械损失的一半以上,或可达饲料收获总量的15%左右。因此,在使用铡草机、青贮切割机或吹送机时,要避免植物的细小部分(叶片、花序等)被吹走,尤其是在使用压缩蒸汽机时要注意这一点。

(四)装贮和添加剂

使用一般的青贮塔和青贮窖,原料的装贮要求是分层装填、摊匀和仔细地镇压,以便形成最良好的密封条件,整个过程要求尽可能的迅速和不间断。大型的青贮塔,为了便于排出原料中的空气,每天装填的厚度不应超过5m,全过程不超过4d。原料和青贮塔的距离为 5km 左右，在机械化程度高并组织得当的条件下，大型的塔贮可以达到每小时处理 15~20t 的效率。

在装填的过程中如发现原料水分含量超过标准，则可添加适量的饲料干物质，以使原料的水分含量达到 45%~55%。为了提高质量还可用其他添加剂。

（五）封盖

原料在青贮塔中装填和镇压好后，需覆盖一层塑料薄膜，再盖上特制的盖板，或再加上重物压紧。装填青贮窖时，应在窖底和四壁衬垫一层塑料薄膜，装填和镇压好后，在其上衬垫塑料薄膜后压土。为了防止冻结，可在塑料薄膜上再盖上一层藁秆或锯末（20~30cm）或泥炭（15~20cm）和土。

（六）生产技术的现代化

半干贮饲料的生产工艺较之青贮略为复杂，掌握好提高各生产工序的要点和效率，将大大提高产品的质量和总的生产效率。下述的半干贮饲料现代化生产技术制度将得到最佳的质量和经济效益（表 30-14）。

表 30-14　半干贮饲料现代化生产技术制度

工序	主要的技术要求	采用的机械
1. 割草	在牧草营养物质含量最高的时期刈割，播种的禾本科-豆科牧草留茬高度为 6~7cm	宽幅割草机
2. 集拢割倒的牧草为草行	不晚于刈割后 1.5~2.0h，草行宽 1m，1m 长的重量为 10~12kg	集草耙
3. 半干草捡拾与铡碎	含水量 50%~55%	青贮联合收割机，刈割-铡碎机，联合收割机
4. 运输碎草	车厢的容量不少于 $30m^3$，车厢应有防止掉失的装置	拖挂车
5. 原料的摊平和镇压	在装贮的全过程不间断	带推土铲的推土机
6. 用塑料薄膜覆盖和土封盖	薄膜上压土至少 10cm	铲土机

六、品质鉴定

制贮良好的半干贮饲料，颜色为暗绿色，具有水果的香味，味淡不酸，pH 在 5.2 左右，不含酪酸。它与青贮饲料在品质鉴定上不同的是对营养物质的含量给予了极大的重视。简明的半干贮饲料品质鉴定方法是根据对半干贮饲料鉴定的各化学指标的总评分 3 级，第一级——极好，总分为 16~20 分；第二级——良好，10~15 分；第三级——满意，7~9 分（表 30-15）。

表 30-15　豆科+禾本科牧草(豆科草含量不少于 55%)的半干贮饲料品质鉴定评分

指标	评分	指标	评分
粗蛋白含量(占干物质的百分数):		酪酸(游离的和结合的酪酸占游离酸量的百分数):	
>14.5%	6	0%~4.0%	4
14.5%~12.0%	4	4.1%~8.0%	2
11.9%~10.9%	2	8.1%~14.0%	0
<10.9%	0	>14.1%	-8
粗纤维含量(占干物质的百分数):		胡萝卜素含量(每千克干物质毫克数):	
<25.0%	6	>100	4
25.1%~27.0%	5	60~99	3
27.1%~29.0%	4	40~59	2
29.1%~31.0%	3	20~39	-4
>31.0%	2	0~19	-5

七、取用方法和饲喂

(一) 取用方法

半干贮饲料在制贮后一个月即可取用,从建筑物中抽样检查或取用,每次打开的深度不少于 20cm 的一层,但也不要多于一昼夜的用量。如果取出太多,则应装在密闭的容器中备用。

制贮的半干贮饲料如果在取用过程中发现其温度超过 37℃,则应加速取用。

1m³的半干贮饲料的重量常依制贮时期和原料的不同而有较大的差异,一般可以 400~450kg 来计算取用量。

(二) 饲喂

半干贮饲料主要用于喂牛。用半干贮饲料代替乳牛、肉牛和幼牛日粮中的青贮饲料和干草,不会降低其生产能力、产品质量和牛的健康。同时,可提高其干物质的食入量和消化率,降低产品的成本和饲料消耗。籽粒-秸秆半干贮饲料的饲喂效果也很好。

半干贮饲料的饲喂量,牛可以达到 4~5kg/100kg 活重。半干贮饲料可以作为种公牛冬季日粮的主要成分。6~15 月龄的幼牛,半干贮饲料可占日粮的 30%;15~18 月龄可占 25%。半干贮饲料应是乳牛冬季日粮的基本成分,质量良好的半干贮饲料每昼夜可以给到 20~25kg/头。条件容许时,甚至可以完全用半干贮饲料代替日粮中的干草和青贮料。

第三节　青贮和半干贮饲料添加剂

青贮和半干贮饲料添加剂是一类饲料添加剂,即少量或极少量使用的生物或非生物物质或制剂,使用的目的一是抑制窖内有害微生物活动,减少营养成分损失;二是防止青贮原料霉变、腐败,提高青贮营养价值;三是增加原料中没有或缺乏的营养成分和元素,从而提高青贮和半干贮饲料制作的成功率和营养价值(陶莲等,2008;顾锡慧等,2002;郭金双,1998;蔡敦江等,1997;AG 凯泽等,2008;Weddell et al.,1991)。

一、添加剂的意义

青贮添加剂的利用已经有 80 多年的历史。芬兰生物学家、1945 年诺贝尔奖获得者 A. I. Virtenen 早在 1930 年前后就根据青贮饲料中的各类微生物的消长规律和化学成分变化，提出了用无机酸代替乳酸发酵，同样可以达到控制微生物繁殖、减少营养物质损失的效果的方法，这就是他提出的无发酵青贮法(non-fermented silage)。他最早设计了著名的 AIV 防腐剂(92%浓度的盐酸 3 份+8%浓度的硫酸 4 份+4 倍量的水，1t 青贮原料喷洒 70~80L 混合液)，但 AIV 防腐剂由于操作复杂，容易发生家畜无机酸中毒，而且造成环境污染，因此早已停止使用。以后取而代之的是甲酸、乙酸、丙酸和甲醛等有机酸和防腐剂的混合剂。

使用青贮和半干贮饲料添加剂必须十分重视安全。新的添加剂在加入市场之前，必须通过实验证明对畜禽无毒、无副作用，尤其对瘤胃微生物中的有益菌群不能有副作用，同时不污染和破坏环境。2006 年 4 月 28 日欧盟食品安全局(FEEDAP)专门小组针对青贮和半干贮饲料添加剂的安全性及有效性评价指南的制定而指出，青贮饲料添加剂是为了提高青贮饲料品质的微生物添加剂，当前使用的是现行指南(Annex to Directive 87/153/EEC)，允许使用无机酸添加剂硫酸、盐酸、磷酸 3 类，但各国的使用情况有所不同，因此，欧盟食品安全局希望各国提交青贮饲料添加剂名单和允许使用情况，以便制定青贮饲料添加剂指南，该指南将包含青贮饲料添加剂的安全性及有效性评价在内。

二、添加剂的分类

由于青贮和半干贮饲料添加剂有其重要的功能，对饲料加工和储存具有积极意义，因此近年来得到了极大的发展。目前，全世界使用的青贮和半干贮饲料添加剂多达 200 多种。根据添加剂的功能可以将其归纳为发酵促进剂、发酵抑制剂、好气性腐败菌抑制剂和营养性添加剂 4 大类(表 30-16)。

表 30-16　青贮和半干贮饲料添加剂的分类

发酵促进剂		发酵抑制剂		好气性腐败菌抑制剂	营养性添加剂
微生物制剂	碳水化合物	有机酸类	其他类		
乳酸菌	葡萄糖	甲酸	甲醛	丙酸	尿素
链球菌	糖蜜	乙酸	对甲醛	乙酸	氢
明串珠菌	蔗糖	乳酸	亚硝酸钠	山梨酸	双缩脲
纤维菌酶	乳清	苯甲酸	二氧化硫	海松素	矿物质
		丙烯酸	偏亚硫酸钠	氨	
		氨基磺酸	二硫酸铵		
		柠檬酸	氯化钠		
		山梨酸	抗生素		
			二氧化碳		
			二硫化碳		
			乌洛托品		
			氢氧化钠		

三、不同添加剂的功能和使用

(一) 发酵促进剂

这是一类可以使乳酸菌利用饲料中的糖分和水分,迅速生长繁殖,进行无氧酵解,生成大量乳酸,使饲料酸化,从而保证青贮原料养分不受损失。发酵促进剂可分为微生物制剂和碳水化合物两类。

1. 微生物制剂

用于接种青贮和半干贮饲料的微生物,必须满足下列条件:①生长旺盛,能够同其他微生物在厌氧环境下竞争,而且占优势地位;②具有同型发酵途径以便能直接利用制贮原料的六碳糖最大量地制造乳酸;③十分耐酸,并能最后产生至少为 pH 4.0 的酸度,还应当能尽快地达到这个酸度值,以便尽快抑制其他微生物的活性;④能够利用葡萄糖、果糖和聚果糖发酵,如能利用戊糖发酵则更好;⑤不从蔗糖产生葡聚糖或从果糖产生甘露醇;⑥对有机酸能具有适应性;⑦温度的适应能够达到 60℃;⑧能够在水分含量为 40% 的(即半干贮的)原料中繁殖;⑨不分解蛋白质。目前,国内外都在大力开发发酵促进剂,效果较好的微生物接种剂有胚芽乳酸杆菌(*Lactobacillus paintarum*)、粪链球菌(*Streptococcus faecalis*)、阳膜明串珠菌(*Leuconoscos mesenteronides*)和嗜酸性乳酸杆菌(*Lactobacilus acidopilus*)等。

微生物酶制剂主要有淀粉酶、糊精酶、纤维素酶、半纤维素酶等,它们均可使青贮原料中部分多糖水解成单糖,有利于乳酸发酵。酶制剂由胜曲霉、黑曲霉、米曲霉等真菌培养物浓缩而成,按原料重量的 0.01% ~ 0.25% 添加,不仅能保持青饲料特性,而且可以减少养分的损失,提高青贮和半干贮饲料的营养价值。苜蓿、红三叶等豆科牧草添加 0.25% 黑曲霉制剂青贮,与对照相比,纤维素减少 10.0% ~ 14.4%,半纤维素减少 22.8% ~ 44.0%,果胶减少 29.1% ~ 36.4%。如酶制剂添加量增加到 0.5%,则含糖量可提高 2.48%,蛋白质提高 26.71% ~ 29.2%。上述酶制剂在实验室的条件下效果很好,但在实践中难以准确掌握用量,另外成本也很高,因而在生产中尚未得到普遍使用。

2. 碳水化合物

为了给乳酸菌的发酵提供能量,常在青贮和半干贮的原料,特别是豆科牧草中加入一些富含碳水化合物的物质或酶制剂,以便增加碳水化合物,更有利于乳酸发酵。

最经济实用的碳水化合物是糖蜜,它是甜菜和甘蔗制糖工业的副产品,其干物质含量为 70% ~ 75%,可溶性碳水化合物含量为干物质的 65%,其中主要成分为蔗糖。糖蜜添加剂可使青贮饲料中的干物质和乳酸含量增加,pH 和氨态氮水平下降,特别是对碳水化合物含量,而蛋白质含量高的豆科牧草为原料的青贮和半干贮添加的效果更好。为了取得最大效益,糖蜜的添加量应达到原料重量的 4% ~ 5%。

(二) 发酵抑制剂

发酵抑制剂的作用是抑制窖内有害微生物活动,减少营养成分损失,防止青贮原料霉变、腐败,提高青贮和半干贮饲料的质量。发酵抑制剂的种类很多,可分为有机酸类和非有机酸类两大类。

1. 有机酸类

加酸制成的青贮料,颜色鲜绿,具香味,品质好,蛋白质分解损失仅 0.3%~0.5%,而在一般青贮中达到 1%~2%。苜蓿和红三叶加酸青贮或半干贮,可使粗纤维减少 5.2%~6.4%,且减少的这部分纤维水解变成低级糖,可被动物吸收利用,而普通青贮的粗纤维仅减少 1%左右。加酸青贮时胡萝卜素、维生素 C 等损失更少。

(1) 甲酸和甲酸盐 最常用的有机酸类是甲酸和甲酸盐。甲酸为无色液体,有刺鼻的酸味,比例 1.22,浓度在 90%以上时成为易燃晶体状。甲酸为有机酸中的最强酸,在一些动植物体中也有存在。资源丰富,欧美各国普遍使用。青贮用甲酸是将浓度 85%的浓酸稀释 20 倍,用量为 8L/100kg 鲜草。甲酸的钠盐、钙盐和铵盐也作为添加剂。甲酸钠常与亚硝酸钠一起使用可以生成 NO,在发酵的早期阶段可以保护青贮,抑制有害微生物的活动。甲酸钙与亚硝酸钠一起使用也可提高发酵的质量。甲酸铵(四甲酸铵)已经发展为商品添加剂,其作用和甲酸一样有效,并具有安全易行、腐蚀性小的优点(杨富裕等,2000,2004)。

(2) 乳酸 这是人工扩大青贮原料中乳酸菌群体的方法。添加乳酸菌培养物制成的发酵剂或由乳酸菌和酵母菌培养制成的混合发酵剂青贮,可以促进青贮原料中乳酸菌的繁殖,抑制其他有害微生物的生长(万里强和李向林,2005)。应特别注意良好菌种的选择,要选用那些盛产乳酸而不产生乙酸和乙醇的同质型乳酸杆菌和球菌。一般的添加量为 1t 原料加乳酸菌培养物 0.5L 或乳酸菌制剂 450g,即 1g 原料中添加乳酸杆菌约 10 万个。

2. 非有机酸类

非有机酸类种类很多,但经济适用的是甲醛。

甲醛为无色可燃性气体,对黏膜有强烈的刺激性,易溶于水、醇、醚。40%的甲醛溶液即福尔马林,是非有机酸类发酵抑制剂最常用的制剂,可使发酵过程中没有腐败菌活动,但甲醛异味大,影响适口性。添加量为原料量的 0.15%~0.30%,禾本科原料的使用量取下限量,豆科原料取上限量,其他科的原料取中限量。Weddell 等(1991)指出,甲酸+甲醛的混合液作为添加剂,青贮饲料的饲喂效果比单用更好。杨富裕等(2004)的实验也证明,在白花草木樨半干贮时,加入甲酸+甲醛的混合液,发酵的质量更好。

(三) 好气性腐败菌抑制剂

主要有乙酸和丙酸,但乙酸有降低家畜采食量的作用,目前已经很少使用。丙酸是防霉剂和抗真菌剂,能够抑制青贮中的好氧性微生物,减少氨态氮的形成,降低青贮原料的温度,促进乳酸菌生长,还可以减少氨态氮的产生和控制青贮和半干贮饲料的温度,提高玉米青贮的采食量,添加量为青贮原料的 0.5%~1.0%,直接喷洒。但作为添加剂,丙酸抑制发酵作用的强度不如甲酸有效和经济。

(四) 营养性添加剂

营养性添加剂分非蛋白氮和矿物质两大类。

1. 非蛋白氮

尿素和氨水是青贮常用的营养性非蛋白氮添加剂。在青贮饲料中添加尿素,能提高青贮饲料的非蛋白氮的含量,给微生物菌体蛋白质的合成提供氮源。添加量一般为新鲜原料量的 0.5%,添加尿素后可使青贮饲料的 pH(但仍可低于 4.2)、乳酸含量和乙酸含量及粗蛋白含量、真蛋白含量、游离氨基酸含量提高。添加尿素还可以抑制开窖后的二次发酵。饲喂尿素青贮料可以提高采食的干物质量。氨水也可作为青贮饲料的非蛋白氮源,但氨水会迅速提高青贮饲料的 pH,因此要特别注意添加量不要过多,一般不要超过新鲜原料的 1.7%。

2. 矿物质

添加矿物质添加剂的目的主要是增加青贮和半干贮饲料中的微量元素。为了防止低镁症,可以添加硫酸镁,用量为 2.3kg/t 新鲜牧草原料。实验证明,饲喂了添加硫酸镁的青贮或半干贮饲料后,牛的血液中镁的含量明显高于对照。此外,为了增加微量元素,还可添加硫酸铜 2.5g/t、硫酸锰 6.0g/t、硫酸锌 2.0g/t、氯化钴 1g/t、碘化钾 0.1g/t。

(胡自治)

主要参考文献

AG 凯泽,JW 佩尔兹,HM 博恩斯,等. 2008. 顶级刍秣:成功的青贮. 周道玮,陈玉香,王明玖,等译. 北京:中国农业出版社

P 麦克唐纳,RA 爱德华兹,JFD 格林霍夫. 1992. 动物营养学. 赵义斌,胡令浩主译. 兰州:甘肃民族出版社:291

蔡敦江,周兴民,朱廉,等. 1997. 苜蓿添加剂青贮、半干青贮与麦秸混贮的研究. 草地学报,2(5):123-127

曹致中. 2005. 草产品学. 北京:中国农业出版社:82-91

常玉群,安玉海. 2000. 紫花苜蓿半干青贮试验. 中国畜牧杂志,36(4):20-24

陈功. 2001. 苜蓿捆裹青贮技术及其在我国应用的前景. 中国草地,23(1):72-74

崔国文,徐春阳,刘护国,等. 2005. 紫花苜蓿半干捆包青贮技术研究. 中国草地,27(4):15-19

顾锡慧,杨翔华,马学良,等. 2002. 青贮饲料添加剂的利用和研究进展. http://scholar.ilib.cn/Abstract.aspx? A=syysltjj[2002-05-14]

郭金双. 1998. 不同青贮添加剂对青贮品质的影响. 中国农业大学硕士学位论文

胡自治. 1976. 半干贮饲料(综述). 畜牧兽医文摘,(4):8-14

南京农学院. 1989. 饲料生产学. 北京:农业出版社:200

陶莲,玉柱,陈燕,等. 2008. 不同添加剂对红三叶青贮品质的影响. 草地学报,16(5):522-525

万里强,李向林. 2005. 乳酸菌复合添加剂糖分浓度对不同含水量苜蓿青贮效果的影响. 中国草地,27(1):45-51

王成章,王恬. 2006. 饲料学. 北京:中国农业出版社:124-140

杨富裕,周禾. 2000. 甲酸在青贮饲料中的应用. 中国奶牛,6:23-24

杨富裕,周禾,韩建国. 2004a. 添加甲酸对白花草木樨青贮品质的影响. 草地学报,12(1):12-16

杨富裕,周禾,韩建国,等. 2004b. 添加甲酸+甲醛对草木樨品质的影响. 草业学报,13(1):74-78

Jenklens HM. 1884. Report on the practice of ensilage at home and abroad. Journal Royal. Agriculture Science, 2(20): 126-145

Weddell JR, Henderson AR, Roberts DJ. 1991. Silage additives. SAC Technical Note T270. Scottish Agricultural College. Edingburgh

推荐阅读文献

蔡敦江,周兴民,朱廉,等 . 1997. 苜蓿添加剂青贮、半干青贮与麦秸混贮的研究 . 草地学报,(5)2:123-127
曹致中 . 2005. 草产品学 . 北京:中国农业出版社:82-91
常玉群,安玉海 . 2000. 紫花苜蓿半干青贮试验 . 中国畜牧杂志,36(4):20-24
郭金双 . 1998. 不同青贮添加剂对青贮品质的影响. 中国农业大学硕士学位论文
胡自治.1976.半干贮饲料(综述).畜牧兽医文摘,(4):8-14
南京农学院 . 1989. 饲料生产学 . 北京:中国农业出版社:200
王成章,王恬 . 2006. 饲料学 . 北京:中国农业出版社:124-140
杨富裕,周禾,韩建国 . 2004a. 添加甲酸对白花草木樨青贮品质的影响 . 草地学报,12(1):12-16
杨富裕,周禾,韩建国,等 . 2004b. 添加甲酸+甲醛对草木樨品质的影响 . 草业学报,13(1):74-78

第三十一章　压缩干草及青贮设备

第一节　概　　述

我国有草地约400万hm^2，年产干草1亿多吨。另外围栏草地约5.22万hm^2，可产鲜草约156万t。随着退耕还草的实施，畜牧业向集约化发展，压缩干草制品不断创新，对牧草收获、储藏和加工设备需求将更加迫切。

干草产品从初级至高级，依次以长散草、切碎干草、普通密度草捆、高密度草捆、草块（草饼）、草颗粒和包膜青贮球的形式出现。促成草产品逐步升级的主要因素，其一是便于装卸、运输和储存；其二是能够保存牧草更多的营养。

不同草产品的容重，以及容积为54.4m^3、额定运载量为22t的厢式货车的实际载重量，示于表31-1中，该表清楚说明了干草产品逐步升级的理由，只有高密度草捆、草块和草颗粒才能达到货运汽车的额定载重。

表31-1　不同草产品的容重及22t卡车满装的装载重量

干草产品	容重/(kg/m^3)	22t厢式货车装载量/t	与额定载重量之比/%
长散草	52	2.83	12.8
切碎散草	70	3.81	17.3
普通密度草捆	120	6.53	29.7
高密度草捆	380	20.67	94.0
草块（草饼）	700*	38.1	173.2
草颗粒	600*	32.6	148.6

*是以草块和颗粒在袋装情况下的袋装容重计算的

由于高密度草捆的压制需要高至380t的压力，机械强度高，因此整机重量大，不适宜在田间拖动工作，故先用田间捡拾打捆机打成普通密度的草捆，然后在场院再二次压缩成高密度草捆。有的二次压缩高密度打捆机也可以直接对散草进行加工。

对青草草捆进行包膜做成青贮球，是近十多年来推广开来的一项可行技术。由于它保存牧草的营养价值高，省去了建造青贮塔、青贮窖，在经济上也很合算。

从技术层面上考虑，从田间打捆、田间包膜、运输、装卸和堆放已能全盘实现机械化。但机械化的装运设备必须在大面积作业情况下才能在经济上划算，小面积装卸作业仍需利用人力。

压块和制粒设备的投资大，草块的容积相当于草捆大小的一半，制作耗能较大，但可以用流动方式输送，饲喂中浪费小，能添加其他营养物质，又能应用电子控制饲料量，使其在生产中占有一定的份额。

长牧草主要用于草产地就地饲喂。

第二节　固定作业式打捆机

打捆机问世初期多为固定作业打捆机，能将散草压紧、用手工结扎成捆。打捆机的发明和发展集中在美国。在1937年以前大量应用的是手工喂入、手工扭结铁丝来捆扎的固定作业打捆机。发展到今天，由于不像田间机械受重量限制，则多为高密度打捆机，能将散草直接打成高密度草捆，或将两个普通密度草捆二次压缩成高密度草捆。

高密度打捆机：现以内蒙古牙克石林业机械厂生产的92FY-300型高密度打捆机（图31-1）为例说明其构造和工作过程。该机装有前后轮，可由拖拉机牵引至工作场所。草捆密度可达300kg/m^3。动力可由电动机、柴油机或拖拉机动力输出设备供给，功率为17kW。工作时动力经皮带、链和齿轮子传动带动偏心轴，通过连杆带动活塞做往复运动，同时带动送料机构上下运动将散草送入压缩仓内，由活塞进行挤压，用手工捆扎成捆，捆束用3根钢丝（直径为2mm，每根长2100mm）。草捆尺寸长×宽×高=（500～650）mm×360mm×460mm，每捆重量30～35kg，活塞行程620mm，活塞每分钟往返30次，出捆每小时为50～80个。整机尺寸长×宽×高=7770mm×1500mm×2540mm，整机重量4t。

图31-1　高密度散草打捆机

二次打捆机（图31-2）专门用于将田间捡拾打捆机打成的普通密度草捆（120kg/m^3）两捆合一，打成密度大约为380kg/m^{3}的高密度捆。机器备有3个方向上的油缸。垂直油缸负责开盖，放入双捆，予以预压。水平纵向油缸将双草捆压缩成小于原单草捆的体积。水平横向油缸将高密度捆推出机外，经套袋保持其高密度状态。

图31-2　辽宁雄风公司的二次压缩打捆机

第三节　田间捡拾打捆机

一、方草捆打捆机

1936 年美国爱荷华州农民茵尼斯(Innes)发明了自动打捆机。同年宾夕法尼亚州荷兰人埃德瑙特(Ed Nolt)发明的一人操作的自动打捆机,带来牧草收获的革命。它带有田间捡拾器和自动打结器,其标准断面尺寸为 38cm×46cm,长度可调,常用 96cm。用 2 道或 3 道绳捆扎,这种小方捆的最大优点是可以人工装卸。它的重量约为 25kg。适应规模不大、机械化程度不高的农场。

就打捆机与拖拉机组成田间作业机组的形式而论,有偏置式田间捡拾打捆机和正置式田间捡拾打捆机(图 31-3,图 31-4)。

图 31-3　中国农业机械化科学研究院呼和浩特分院的正置式田间捡拾打捆机

图 31-4　北京克劳沃公司经销的偏置式田间捡拾打捆机

偏置式田间捡拾打捆机首先问世,目前仍占有市场的主要份额,它的特点是:拖拉机是行走在已被捡拾过的田面上,因此可以捡拾形成条铺的牧草,也可以捡拾平摊在地面上的牧草;其次,驾驶员可以观察到捡拾器的工作状况。缺点是草流从侧向喂入压缩室,要转换牧草流动方向,易引起草叶脱落;另外由于偏置拖拉机存在侧向力,会造成操向和挂结调整上的困难。

正置式田间捡拾打捆机是为了克服偏置的缺点而发展起来的。工作时拖拉机骑在条铺上面行走,机组机动性能好,转弯半径小,无侧向力。牧草流从底面喂入压缩室,不改变牧草的流向,减少了花叶之间的揉搓脱落。

下面以德国 Class 公司的偏置式田间捡拾打捆机为例说明其构造(图 31-5)。

作业时,由拖拉机牵引并通过动力输出轴提供动力,机器的捡拾器对准牧草条铺前进,捡拾器的弹齿将牧草捡拾起来,并连续地导向至输送喂入装置。输送喂入装置在活塞回行时把牧草从侧面喂入到压缩室内。在曲柄连杆机构的作用下,活塞作往复运动,把压缩室内的牧草压成草捆。根据要求的草捆长度,打结机构定时起作用,自动用捆绳捆绑草捆。捆好的草捆被后面陆续成捆的草捆不断地推向压缩室出口,经过放捆板落在地面上。

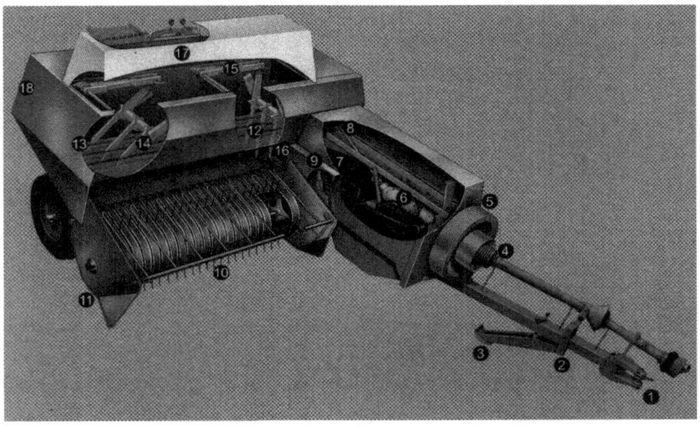

图 31-5　德国 Class 公司的偏置式田间捡拾打捆机的构造

1. 可调牵引杆可将打捆机挂接在各种拖拉机上；2. 其上装有两方向节式动力输出轴的加长牵引杆；3. 便于挂接的可调支撑座；4. 用于固定打捆机的滑移离合器和保险螺栓；5. 重型飞轮，确保平稳传动最大动力；6. 准双曲面齿轮箱，传动平稳，抗磨损；7. 备有少维护密封轴承的重型草捆压实器；8. 喂入器和打结器的传动轴；9. 经由驾驶室座位处的缆绳操纵捡拾高度调节器（可选液压高度调节）；10. 能伸缩的密布捡拾钢丝齿，能干净地捡拾作物；11. 捡拾器支撑轮和矮作物挡帘；12. 摆动的喂入器将作物正确传送到草捆压缩室喂入口；13. 可调式喂入器，能保证所有条件下的均匀喂入；14. 每个喂入器的钉齿都有一个保险螺栓保护；15. 喂入器内部装有减震器，保护喂入器免受高峰负载；16. 曲线式定刀片可降低所需的切断作物动力；17. 简单、可靠的轴传动 Class 打结器；18. 所有金属片部件均做镀锌防锈保护

该机的主要技术参数为：外形尺寸长×宽×高＝5600mm×2720mm×1450mm，配套动力为 44kW 以上拖拉机，工作速度约 5km/h，生产率 5000～8000kg/h，活塞往复次数 93 次/min，喂入量 1.5～2.5kg/次，实际工作宽度 1850mm，草捆尺寸长×宽×高＝(600～1200)mm×460mm×360mm，草捆重量 15～25kg，草捆密度 100～180kg/m^3，机器净重 1480kg。

正置式田间捡拾打捆机工作过程以中国农业机械化科学研究院呼市分院的 9YFQ-1.9 型为例(图 31-6)，其工作过程是拖拉机牵引打捆机同时横跨在同一草条上前进，通过拖拉机动力输出轴将动力传递到打捆机上，捡拾器弹齿将牧草捡拾起来由输送喂入器送入进料腔将牧草预压后再喂入压捆室，打捆机构将压缩成形的方草捆用塑料绳打捆，经过放捆板自动落在地上。

图 31-6　正置式田间捡拾打捆机的结构

1. 拖拉机动力输轴；2. 牵引销；3. 传动轴；4. 牵引杆；5. 飞轮剪切螺栓；6. 导向器；7. 捡拾器；8. 喂入拨叉剪切栓；9. 传动箱；10. 喂入拨叉；11. 活塞；12. 打捆针安全机杆；13. 打结机构总成；14. 打结器剪切螺栓；15. 草捆长度计量轮；16. 打捆针；17. 压捆室；18. 草捆密度控制柄；19. 放捆机

打捆机上的核心部件是打结器(图 31-7),它是 1896 年由美国 Appleby 发明的,直至今日仍被广泛采用。打结器的打结过程见图 31-7。

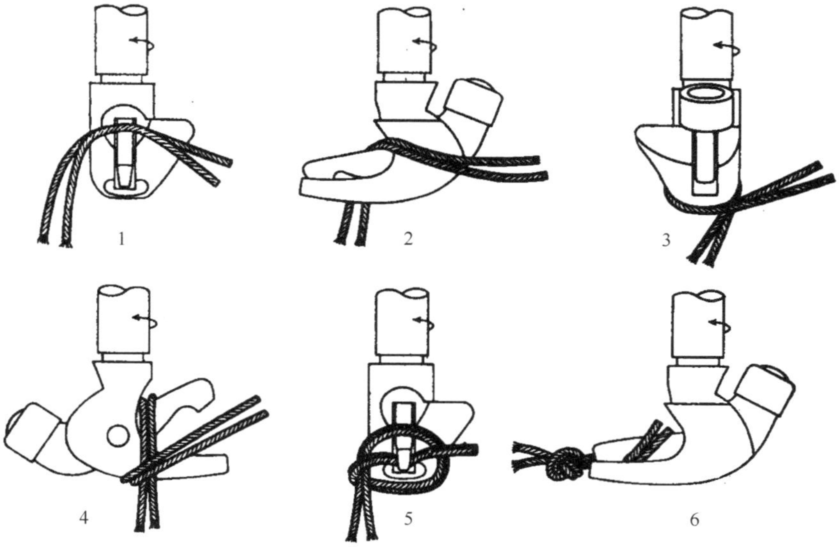

图 31-7　打结器的打结过程(Richey,1961)

1. 两绳端搭在打结嘴上;2. 打结嘴开始扭圈;3. 两绳闭合拉紧;4. 打结嘴张嘴;5. 打结嘴咬住绳头;
6. 绳圈从打结嘴上滑脱下来,打结成功

小方捆的装运原来完全靠手工从地上捡起投向拖车,再由拖车上的工人堆放整齐,后来有了草捆抛扔器,实现了一人作业。该机构有两条转动的宽幅皮带夹住草捆,并腾空抛向拖车(图 31-8)。它的进一步发展是用滑道将草捆一个接一个摆进拖车平台,然后用液压油缸猛然翻起,呈一堵墙那样堆放在拖车上(图 31-9),最后以整垛方式放置在地面上,比抛扔式减少了对草捆的破坏。

图 31-8　美国纽荷兰(New Holland)公司的方草捆抛扔装车装置

图 31-9　New Holland 公司的方草捆捡拾装载机

在正置式机组模式下，大型方草捆打捆机的上市量逐渐增加，从原来的草捆横断面尺寸（36cm×46cm）逐渐增大（120cm×80cm），可调长度也从 0.7m 增加到 1.1～2.5m，一个草捆的体积可达 2.4m^3，大方捆的重量与圆捆相当，重量可达 720～1000kg，同时捆绳也从 2 条依次增加到 4 条和 6 条，常用 6 个打结器进行捆扎。大方捆的优点是提高了作业效率，适合于大规模生产，同时减少了用绳量（约减少 20%），减少了装卸用时；缺点是装卸要依赖于装卸叉车等机械。图 31-10 为德国科恩（Krone）公司的正置式大型方草捆田间捡拾打捆机。

图 31-10　德国 Krone 公司正置式大型方草捆田间捡拾打捆机

二、圆草捆打捆机

圆草捆打捆机（圆捆机）是常用的一种打捆机。用来制作卷绕式圆柱状草捆。干草在机器内部经皮带或固定棍子或两者的组合被卷绕起来。当草捆直径大到预定的尺寸时,用捆绳或线网缠绕在圆捆外圆面上,靠摩擦力保持张紧,而不必打结。然后打开机械后门,将圆捆排放出来。通常草捆直径为 1. 5~1. 8m,宽度达 1. 5m,重达 500~1000kg。

圆草捆是在方草捆捡拾打捆机盛行的情况下发展起来的。这是由于它省去了复杂的打结机构,捆绳用量少,重量可以达到 1t 以上,很适宜于 200 头以上的养牛场。圆草捆可以立着放置于饲养场上供牛自行采食。横放时圆柱面还有疏导雨水的作用,有益于露天存放。但是由于它成圆柱形易滚动,所以要求专用的装运工具。常用装于拖拉机前方的可升降的穿针柱、双股叉或液压夹式装卸器进行装卸。

圆捆机按工作部件形式可分为长胶带式、短胶带式、链式和辊子式等,按工作原理可分为内卷绕式和外卷绕式。其中,长胶带式、链式为内卷绕式,短胶带式和辊子式为外卷绕式。

图 31-11 为一种皮带式内卷绕式捡拾打捆机。它主要由捡拾器、输送喂入装置、卷压机构、卸草后门、传动机构和液压操纵机构组成。其工作过程见图 31-12。由捡拾器将秸秆捡起,输送喂入时经过两个光辊子,牧草被压成扁平的草层进入卷压室。随着上皮带旋转,牧草靠摩擦上升到一定高度后因重量滚落到下皮带上形成草芯,草芯继续滚卷,当直径逐渐扩大到一定尺寸后离开下皮带形成一个圆形大草捆。位于卷压室两侧摇臂上的弹簧,用于保持皮带下表面对草捆施加一定的压力。随着草捆增大,压力不断增强,最后形成草捆中心密度较低,外层密度较高的草捆。内卷绕是指卷绕室容积由小变大,对牧草始终保持一定压力,它比卷绕室容积不变的外卷式形成的草捆密度高,长期存放不易变形,但其构造也相对复杂。当草捆达到预定大小时,草捆尺寸指示器被推出,指示拖拉机手操纵液压分配器,使送绳导管在输送喂入装置前来回摆动一次,让绳子随同牧草一起喂入到卷压室,成螺旋线形缠绕在草捆表面上,然后由刀片割断绳子。之后,通过液压控制机构,升起卸草后门,草捆便自动滚落在地面上。

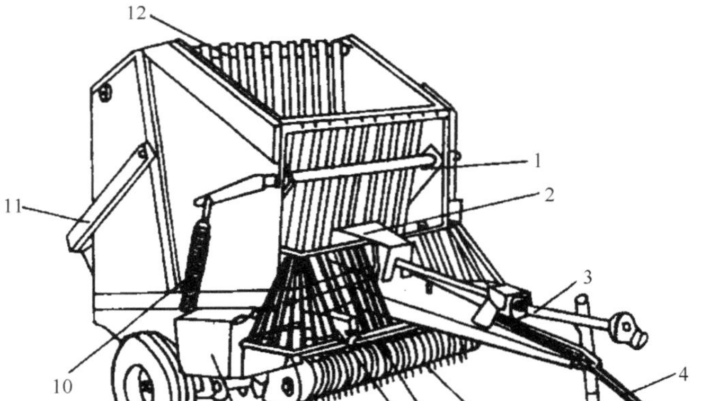

图 31-11　皮带式内卷绕式捡拾打捆机

1. 摇臂;2. 传动箱;3. 传动轴;4. 油管;5. 支架;6. 捡拾器;7. 送绳导管;8. 割绳机构;9. 绳箱;10. 张紧弹簧;11. 卸草后门;12. 卷压室皮带

新疆牧业机械厂生产的 92YG-1. 5 型圆草捆打捆机属于上述机型,其主要技术参数为:外形尺寸长×宽×高＝4850mm×2450mm×2430mm,整机净重 2040kg,配套动力为 42~53kW 的拖拉机,工作速度 5km/h,生产率 15 捆/h,草捆重量 150~250kg,草捆直径 1500mm,草捆宽度 1500mm,捡拾宽度 1400mm。

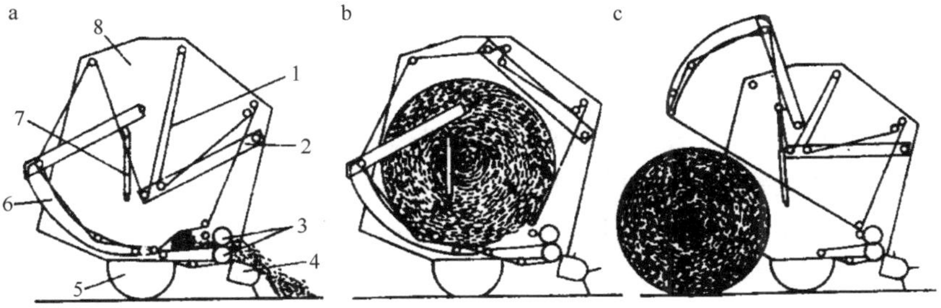

图 31-12　卷压机构的工作过程

a. 草芯形成；b. 草捆形成；c. 草捆卸出。A 中各部件为：1. 上圈皮带；2. 摇臂；3. 光辊；4. 捡拾器；5. 行走轮；6. 卸草后门；7. 油缸；8. 侧壁

图 31-13 为美国 Vicon 公司的大型圆捆机的外形照片。

图 31-13　美国 Vicon 公司的大型圆捆机

由于圆草捆重量大，装卸运输必须应用机械，国内生产的 7KY-4 型圆草捆运输车，采用液压传动，装有自动捡拾机构，可灵巧准确地将其捡起并装入运输车内。7KY-4 型圆草捆运输车一次可运载 4 个草捆。

为了适应我国多用人工装卸的情况，已有多家公司生产小型圆草捆机捆机（图 31-14），其直径多为 50cm，长度为 70cm，草捆重量为 17～20kg，适合于人工装卸和搬运。

图 31-14　上海世达尔现代农机有限公司的小型圆捆机

第四节　青贮草捆包膜机

将含水量在65%以下的萎蔫青牧草打成圆草捆,用聚乙烯拉伸塑料薄膜包裹密封起来,在厌氧条件下经乳酸菌发酵,可以制成青贮球。它能省去建青贮塔和青贮窖的费用。通常拉伸膜条带有50%的重叠,所以一次包膜包的是两层膜,要求包两次,则共有4层膜(即2+2)。它能保存大量的维生素等营养物质,也由于运输方便还能进入商品流通。新品种的拉伸膜能防紫外线,厚度仅为传统膜的50%,进一步降低了薄膜的成本。青贮球适应-30~50℃的环境,保存期可长达两年。包膜机有大型和小型,与不同规格的圆捆相配套。对应于大圆捆和小圆捆,包膜机有大型圆捆包膜机(图31-15)和小型圆捆包膜机(图31-16)。

图31-15　挪威Kverneland公司的大型圆捆包膜机

图31-16　天津尤耐特公司的小型圆捆包膜机

包膜成球应在制成圆捆之后2h内完成,而且愈快愈好。它消除了两个工艺之间的延误,提高了青贮质量。德国Krone公司上市的一种牧草圆捆打捆和包膜一体化机械也已在中国销售。

包膜青贮的缺点是对膜的刺破较为敏感,易被鼠咬、鸟啄和机械刺穿。空气从破损处进入后将破坏厌氧环境,使草捆腐烂变质。幸运的是,由于膜的压紧作用,可以阻止这种破坏的扩大。

包膜机通过三点悬挂和液压管线与拖拉机相连。以30r/min的速度缠绕草捆。弹性拉伸塑料膜以500mm幅宽为标准膜宽,也可以应用750mm宽幅膜。

方草捆也可以包膜,但需要专用部件帮助草捆翻转(图31-17)。

青贮球的质量指标随作物、地域与时间而不同,苜蓿青贮球的基本质量指标见表31-2。

表31-2　苜蓿青贮球的基本质量指标

干物质含量50%	指标	干物质含量50%	指标
pH	4.5~5.5	乙酸与干物质之比	1%
乳酸/(g/kg干物质)	0~5	孢子数	<1000
氨态氮	7%以下	蛋白质	20%+

注:最理想的状态应该是没有乳酸、氨态氮和乙酸,孢子数应为0

图 31-17　挪威 Kverneland 公司的方捆包膜装置

与德国 Krone 公司打捆包膜一体机不同，挪威 Kverneland 公司用的是打捆机与包膜机串联，包膜机带有自动操向的联合机组。机组可拆可合，包膜机也可以单独应用，它可以与市场所售的大多数打捆机配套。两者都可做到一人一次完成打捆和包膜作业。

包膜机备有独特的操向系统，它能使包膜机总是处在相对于打捆机的正确位置，即能将打好的草捆正确地落入包膜机平台正中位置(图 31-18)。这将保证拉伸膜能正确地缠绕草捆，为密封发酵创造良好条件，这种操向系统是与拖拉机的操向系统联动的。

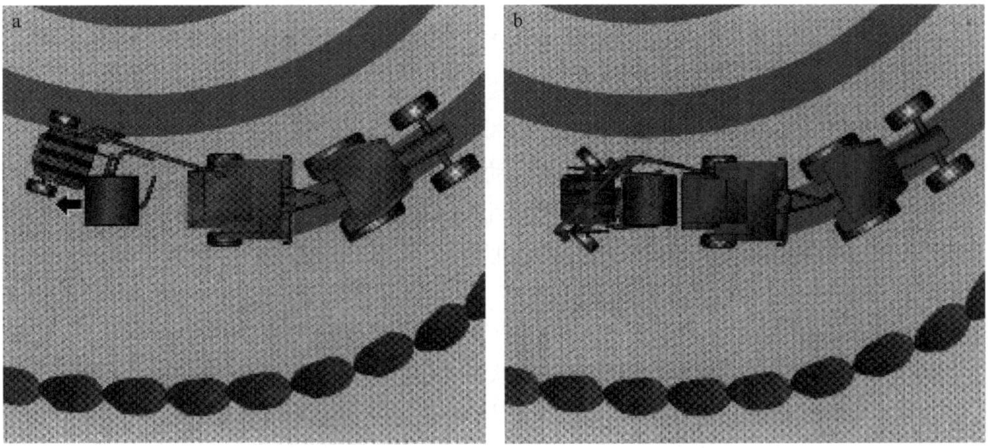

图 31-18　自动操向使在转弯状态草捆仍能进入包膜机平台的正中位置

a. 无操向；b. 自动操向

在小块地和不规则地块上弯道作业时，包膜机与打捆机的自动对正性能(图 31-18)，免除了机组倒退对正的操作。自动操向使得拖拉机+打捆机+包膜机机组，能通过原有的拖拉机+打捆机机组能通过的路况。即可以通过如大门、转弯窄道等。在转急弯时还可以避免包膜机前部与打捆机后部相碰撞。

在公路运行时，自动操向则应停用，将轮子设定在前行的正中位置。自动操作不论是在前进状态或倒退状态，均可以变为通过操纵杆进行手动操向。当要倒退时，包膜机能自动控制操向,驾驶员只需关注打捆机,包膜机将保持在打捆机的正后位置。

可以用特定程序在卸下包膜机的草捆时,将包膜机向侧面偏移(图 31-19),可以使拖拉机在下一趟不致碰到草捆,这在牧草条铺距离近,而拖拉机又使用宽轮胎时尤为重要。

图 31-19 专用程序使自动操向系统将包膜后草捆能侧向偏移卸捆,避免下趟作业时与拖拉机相碰
a. 无操向;b. 自动操向

在坡地作业时,使包膜机稍加偏离打捆机走下坡方向的一侧,而使草捆仍能落入包膜机平台的正中位置。

第五节 压 块 机

20 世纪 50 年代,人们对于生产高密度的小型干草块产生了很大的兴趣,因为它们既能保留长干草的粗饲料特性,又具有自由流动的特性,适应大量散装运输的需要。早期试验性的田间作业机型,通常生产出长宽比较小的产品(一般为圆形),它们的形状很像薄饼,称为草饼。但是现代机型可生产出更近似于长方体的产品,一般称为草块。

固定式压块设备比田间压块设备用途广,作业条件易于控制、生产率高,可掺入其他饲料添加剂,以便制得成分齐全的饲料。为了充分利用固定式压块机的全部生产能力,干草可能需运输相当长的距离,经济生产的最大运距约为 20km。

将鲜嫩牧草快速高温干燥,然后压成草块,可以最大限度地保持其中的胡萝卜素等营养物质。烘干在转筒式干燥机内进行,温度可达 800℃,时间约为 2min。

压块饲料具有如下优势和特点。①高密度($0.7\sim1.0t/m^3$)比原始堆放牧草可提高 20~30 倍,方便流通、储存,装袋以后可以码垛,有利于长途运输。②适口性好,在挤压生产过程中牧草、秸秆产生高温,可达 80~100℃,略有糊香味,牲口爱吃,采食率可达 100%。③由生变熟,有利于消化吸收。④高温高压,灭虫灭菌,饲喂安全。⑤不易燃,长期储存不变质。⑥压块饲料的标准规格[32mm×32mm×(20~80)mm]能满足反刍动物对粗纤维的需求,另有多种规格可供选择。⑦使用方便,可以与精饲料或其他粗料配合使用。既可干喂,也可湿喂。特别是供给规模化的养殖场,隔离场及牧草短缺受灾的牧场,更为方便。⑧营养比较丰富。目前市场上流通的有苜蓿草、玉米秸、豆秸、麦秸、花生秧等压块。经过实验,普通型玉米秸秆压块营养水平与东北羊草相当。⑨经济实惠。牧草、秸秆压块饲料作为粗饲料的主要配料显得特别实惠,价格便宜,成本低廉。

图 31-20 为石家庄燕峰机械公司的牧草压块机组。这类压块机组的结构主要由喂料调质器、组合压模、偏心压辊、主轴、进料装置、出料装置、除铁装置、传动装置及机架等部分组成。其工作原理是把含有一定水分的干草先行切碎,切碎长度为 35mm,以改进进入压块室的喂入性能,同时也使压出的草块比用长散草压出的更为均匀。用螺旋输送到压制室,草料在模孔中受到偏心压辊的挤压。以 24~34MPa 的压力,从径向分布的模孔中挤出成形。被挤出的草块长度由门盖上可调节锥形圈控制。在挤压成形的过程中,由于摩擦产生的热量可使压模温度升高至 80~100℃。

图 31-20 石家庄燕峰机械公司的牧草压块机组

牧草压块机组备有多种孔径的组合成形模:22mm×22mm 草块,适合于羊或小动物;32mm×32mm 草块为标准型,适合于马及多数草食家畜;32mm×72mm 为长纤维草块,适合于喂养奶牛。根据用户需要定制不同孔径及压缩比的成形模孔。尺寸的大小要兼顾各种要求,即小到足以进行最合理的饲喂和能具有令人满意的物料运输性能,但又大到足以用合理的速率和价格进行生产。

机组配置有多个液体喷头,可添加糖蜜、纤维素酶、水等液体。

组装压辊环模式压块机的工作原理见图 31-21。压辊强迫切碎的干草从排列在一个圆环上的开端压模中挤出。当主轴使辊架转动时,压辊因与干草和环模相接触而转动。一个可调节的锥形折断器安在环模的外圆周上,使挤出的干草方条弯折,断裂成 25~100mm 长的草块。有的机型上采用了两个径向对置的压辊,其直径比图中所示的压辊直径要小一些。

国内还有采用转动的凸齿对准环模模孔的压块机构,具有节能的良好效果。将整体式环模设计为块式拼装环模,可以为维修和更替节约大量成本。对于多孔模具的结构来说方形模孔比圆形模孔更为实用,它不但可使整个模具的喂入面的无用面积减小,而且易于进行机械加工。压模经过硬化和镀铬以尽量减少磨损。

环模压块机(图 31-22),可以压制牧草、农作物秸秆、树叶及农产品废弃物等多种不同的物料。

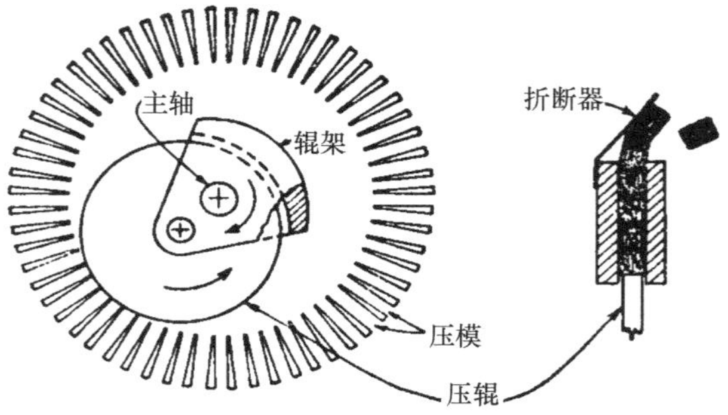

图 31-21　用挤压法制造干草块的压辊和环模的工作原理
(凯普纳等,1978)

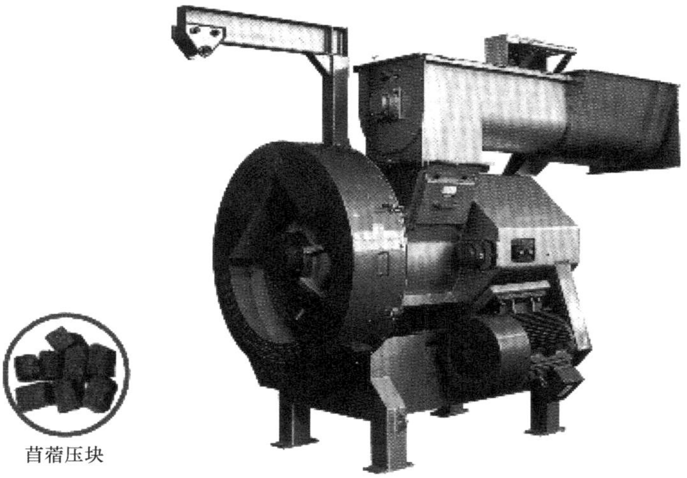

图 31-22　江苏牧羊公司压块机

为了确保最佳效果,牧草块中包含的其他非主体牧草或夹杂物应不超过 10%。为了安全储存,必要时须将草块以自然或强制通风的办法进行干燥,以使含水量降低到 14% 以下。良好的自然干燥条件对干压块作业来说是相当重要的。压块作业一般是在上午的中段时间开始并持续工作到晚上,直到由于相对湿度增加而引起干草韧化为止。

影响草块质量的两个重要指标是最终产品在装运过程中的坚实程度和密度。它们受牧草的种类和质量、压力、加压持续时间、压块室横断面积和模具结构、含水量的影响。含水量 20% 比含水量 10% 时需用双倍的压力。幼嫩的苜蓿比成熟的苜蓿能用较小的压力制成良好的草块。压块所获得的草块密度是与压力的对数值成正比的。模具长度与横断面积之比是挤压式模具的一个重要设计参数。模具的磨损也会影响草块的质量。

因为田间压块机和有关设备需要大量投资,所以必须在年利用率高的情况下,压块作业在经济上才合算。即应具有足够大的作业面积,以保证机器在牧草收获季节内能有大部分时间进行压块作业。采用专业户承包作业是一种可供选择的方案。

对于乳牛、肉牛和羊所进行的喂饲实验表明,使用草块比使用草捆能增加粗饲料的采食量和提高产量,牲畜所浪费的饲料也比用其他草料时大为减少。这些方面的节约,再加上装运和饲养人员减少这两个方面节省下来的费用,能够抵消草块多付出的差价。

第六节　制　粒　机

当牧草要作为鸡、猪等饲料时，要先制成草粉，然后再添加其他营养物质，配合成全价饲料，制成远比草块尺寸要小的草颗粒。颗粒饲料适口性好、牲畜采食量大、采食时间短、浪费少。颗粒密度为1.2~1.3g/cm^3、堆积密度约为0.60t/m^3，以便于运输等，但其设备与加工费高。整套制压设备包括制粒机、蒸汽锅炉、油脂和糖蜜添加装置、冷却装置、碎粒去处和筛分装置。

制粒机主要类型有两种，平模制粒机和环模制粒机。

一、平模制粒机

我国已生产了数种型号的平模制粒机，图31-23为一种平模制粒机结构的示意图，它由螺旋送料器、搅拌器和压粒器等组成。螺旋送料器主要用来控制喂料量，其转速可调。搅拌器位于螺旋送料器下方，在其侧壁上开有小孔，以便把蒸汽导入，对粉状饲料加热、熟化，然后送入压粒器。压粒器内装2~4个压辊和一个多孔平面板（图31-24）。工作时平模板以210r/min的速度旋转。熟化后的粉料落入压粒器内（即被匀料刮板铺平在平模板上）之后，受到压辊的挤压作用，穿过模板上的圆孔，形成圆柱形，再被平板下面的切刀切成长为10~20mm的颗粒。平模制粒机有动模式、动辊式和模辊皆动式3种。平模板孔径有4mm、6mm、8mm 3种规格，压辊直径为160~180mm。

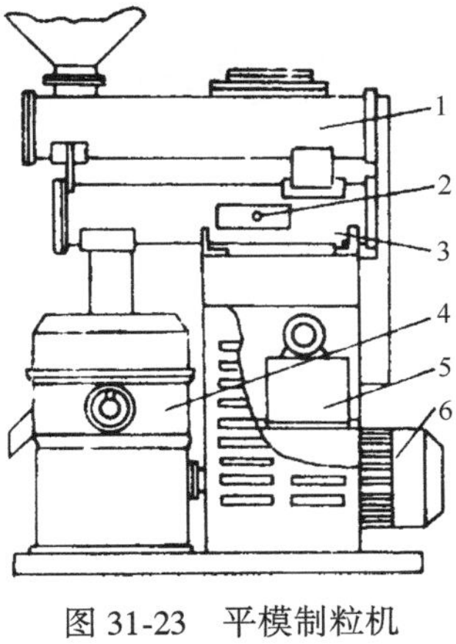

图31-23　平模制粒机

1. 螺旋送料器；2. 蒸汽管接口；3. 搅拌器；4. 压粒器；5. 蜗轮箱；6. 电机

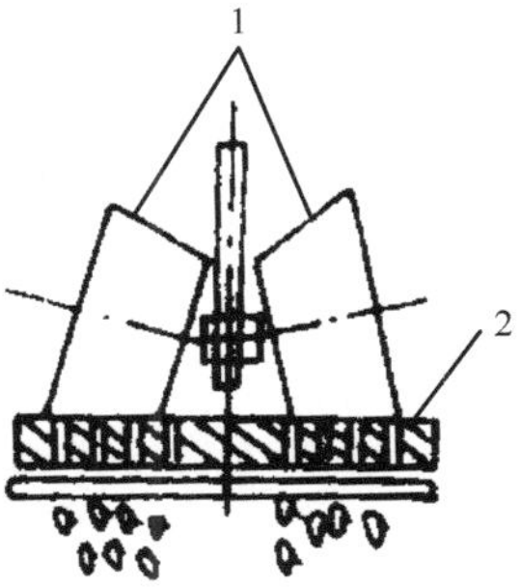

图31-24　平模制粒机工作原理

1. 压辊；2. 多孔平面板

二、环模制粒机

环模制粒机是应用最广的机型，图31-25为其工作过程示意图，它由螺旋送料器、搅拌器、压粒器和传动机等组成。

螺旋送料器用来控制进入制粒机的粉料量,其供料数量应能随制粒机负荷进行调节,一般多采用无级变速,调节范围为 0~150r/min。搅拌室的侧壁开有蒸汽导入口,粉料进到搅拌室后,与高压过饱和蒸汽相混合,有时还加一些油脂、糖蜜和其他添加剂。在条件不允许时也可以用水来代替蒸汽,但效果较差、产量下降、耗能和摩擦增大。搅拌完的粉料随即进入压粒器中。压粒器由环模和压辊组成。作业时环模转动,带动压辊旋转,于是压辊不断将粉料挤入环模的模孔中压实成圆柱形,从孔内挤出后随环模旋转,与切断刀相遇时,即被切断成颗粒。模孔的孔径愈大,产量愈高,功率消耗愈小。孔径大小由牲畜的需要决定。

图 31-26 为山东曲阜生产的制粒机外观。环模直径为 80mm,环模长为 132mm,生产率为 0.8~2.0t/h。

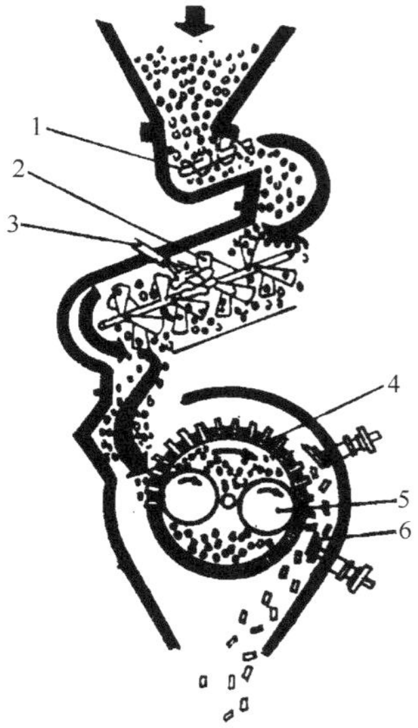

图 31-25 环模制粒机工作过程

1. 螺旋送料器;2. 搅拌器;3. 蒸汽导入口;4. 模孔;5. 压辊;6. 切断刀

图 31-26 山东曲阜科阳牌牧草制粒机

(郭佩玉)

主要参考文献

凯普纳,贝纳,巴杰. 1978. 农业机械原理. 崔引安,张德骏,何春岁,等译. 北京:机械工业出版社

Richey CB, Jacobson P, Hall CW. 1961. Agricultural Engineers' Handbook. New York: McGraw-Hill

推荐阅读文献

蒋恩臣. 2008. 畜牧业机械化. 北京:中国农业出版社

刘昭明,孙福忱. 2008. 牧草种植及草场改良机械化技术. 哈尔滨:黑龙江科学技术出版社

庞声海,郝波. 2001. 饲料加工设备与技术. 北京:科学技术文献出版社

第九篇　草类植物种子

第三十二章　草种子形成与生产

第一节　草种子及其重要性

种子是植物界从低等的菌藻植物到高等的被子植物经过长期进化而形成的产物；是植物延存的器官，又可作为新生命阶段开始的幼小植物体，在物种延续中起着桥梁作用。种子是最基本的农业生产资料，也是人类和动物不可缺少的食物来源，可以说，没有种子就不可能从事农牧业生产，也就不可能有现代文明。另外，由于种子储存了巨大遗传潜力，也是科学研发不可缺少的材料。

种子的涵义通常有两方面的解释。在植物学上，种子是指由胚珠发育而成的繁殖器官，也称真种子。在农学上，种子的涵义较为广泛，统称可直接用作播种材料的植物器官，包括植物学上的真种子、类似种子的干果，以及块根、块茎、球茎和鳞茎等各种营养繁殖器官。

真种子是由胚珠发育成的种子，如豆科牧草中的紫花苜蓿、白三叶、红三叶、百脉根等的种子。类似种子的果实是由整个子房发育而来，种子成熟后由外侧子房壁发育而来的果皮所包被，如禾本科牧草的颖果，菊科牧草的瘦果，豆科牧草中的荚果、带有附属物的真种子或干果等。营养繁殖器官是指可形成新个体的营养繁殖材料，诸如苜蓿的枝条，珠牙蓼的珠芽，红砂的劈裂的根基和不定根，沙鞭、拂子茅等的根茎等，都可用于无性繁殖。

草类植物种子是改良退化草地、建植人工草地提高我国草地畜牧业生产力的物质基础，也是干旱和半干旱地区生态工程建设、水土流失地区水土保持工程建设及城市绿地工程建设的基础材料。随着我国农村牧区产业结构的调整和三元种植结构的建立，人工草地种植面积和退化草地改良面积的迅速增加，国家对国土治理、生态建设投资规模的扩大，城市黄土不露天工程的陆续启动，牧草种子的重要作用也日益凸显。

据分析，我国目前年需要草种子在 15 万 t 左右，但国内年产量仅在 10 万 t 左右，数量严重滞后，需要从国外进口大量种子，其中 90% 以上的草坪草种子依赖进口。另外，我国的草种子质量及其管理也存在较大问题（Wang et al.，2001；王彦荣，1998）。提高我国草类植物的种子产量和质量是我国草业工作者面临的一项重要任务。随着全球经济一体化的发展，国际种子市场的交易也变得愈加频繁，草种子的需求量也在不断增加。如何满足日益增长的需求及应对来自国际种子公司的竞争，对于我国草产业及地区经济的发展可谓机遇与挑战并存。近些年来，我国草业科学工作者一方面立足本土，充分挖掘我国现有的草类种质资源，不断加强草类种子生产技术的研究；另一方面，积极与国际机构开展合作，引进国外优异的种质资源，努力寻求与国际种子公司在种子生产上的合作，学习国际先进的生产技术与管理经验等，这都将有助于提升和推动我国草类种子生产的发展。

第二节 种子的发育与成熟

被子植物的种子结构包括胚、胚乳和种皮 3 部分,分别由受精卵、受精极核和珠被发育而成。大多数植物的珠心部分在种子形成过程中被吸收利用而消失,也有少数种类的珠心继续发育,直到种子成熟,成为种子的外胚乳。对于禾本科草,通常所指的种子实际上为颖果,其果皮与种皮紧密结合,很难分离。

一、种子发育的一般模式

根据种子发育过程中含水量、鲜重与干重的变化,一般可将种子发育过程分为 3 个典型阶段:快速生长期,营养积累期和种子成熟期(表 32-1)。草类植物受精后,种子即进入快速生长期,该时期细胞分化通常已经完成,其生长主要依靠细胞的分裂;但胚尚未发育完全,种子通常不具有生活力。种子进入营养积累期后,干重持续增加,末期达到最大,而鲜重增长缓慢或维持不变,这一过程有时受环境因素影响,如在异常湿润的生长季节,黑麦草种子在整个营养积累期的鲜重持续增加(Hill and Watkin,1975)。一般认为种子在第二阶段已达到形态学、功能性和生理学的成熟,形成完全具有生活力的种子。进入种子成熟期后,干重维持不变,鲜重下降,直至其含水量与外界环境湿度达到平衡,种子在这一过程完成一系列的生理变化,对种子质量具有重要影响,如豆科植物种子,通常在种子成熟期,随其含水量的降低,种子变硬实。在不同种间,种子发育不同阶段的时期存在很大的变异。例如,白三叶在开花后 18 天可以达到种子完全有活力,第 25 天种子干重达到最大(Hyde et al. ,1985);紫花苜蓿分别为 22 天、40 天。当然,品种和环境不同也会造成种子发育的显著变化。例如,红三叶品种在不同年份种子发育表现出极相似的结果,但是它们之间仍在硬实率上有明显的差别,甚至花序上不同位置的小花所结的种子发芽率都不同,下部花的种子发芽率较高。

表 32-1 禾草发育的一般模式(以多年生黑麦草为例)(Hyde et al. ,1985)

发育阶段	生长模式	种子含水量	持续时间
1	鲜重或干重快速增加	保持在 75%~80%	大约 10 天
2	干重持续线性增加,而鲜重增加缓慢或停止	下降至约 40%	10~14 天
3	干重保持稳定,鲜重下降	下降至与环境相对湿度平衡	3~7 天

二、胚、胚乳及种皮的发育

种子在发育过程中,通常有 3 个独立的过程,即胚的发育、胚乳的发育和种皮的发育。其中禾草和豆科植物存在一定的差异。

(一) 胚的发育

胚的发育是从合子开始,经过原胚和胚的分化发育阶段,最后达到成熟。卵细胞经过受精形成合子以后,产生一层纤维素的细胞壁,进入休眠状态。休眠期的长短随草种类而异,一般在数小时至数天或更长。然后,合子不均等的横裂成两个细胞,向胚囊内的为顶细胞,靠近珠孔端的为基细胞。顶细胞和基细胞形成两细胞的原胚。之后顶细胞经多次分裂分化形成胚体,基细胞分裂成胚柄,将胚固定在胚囊壁上,并将胚推入胚囊中部。从两细胞原胚到器官分化之前的胚体发育阶段称为原胚时期,原胚继续分裂与分化,逐渐形成一个具有子叶、胚芽、胚轴和胚根的完整种胚。

(二) 胚乳的发育

初生胚乳通常不经过休眠或短暂的休眠,进行第一次分裂常比合子分裂为早。初生胚乳核形成胚乳的方式常见的有两种,即核型胚乳和细胞型胚乳。核型胚乳的特点是其初生胚乳核的第一次分裂及以后的许多次分裂,都不伴随着细胞壁的形成,使胚乳的细胞核呈游离状态。胚乳发育到一定阶段,胚乳细胞核才被细胞壁所分割而形成胚乳细胞。单子叶植物如禾本科牧草,双子叶植物如豆科牧草均属核型胚乳。禾草类植物种子胚乳的原外层分生组织层将变为糊粉层组织,一般有一层或几层细胞厚,糊粉层主要为种子萌发提供营养。而豆科牧草除三叶草属外,大多数趋向于无胚乳,即胚乳组织被发育的胚所吸收消化。但是在所有种中,胚乳是胚发育所需营养的重要来源。

(三) 种皮的发育

在胚和胚乳发育的同时,珠被也发育成种皮,包被在胚和胚乳外面,起保护作用。若胚珠只有一层珠被,只形成一层种皮;若胚珠具两层珠被,种皮通常也形成两层,即外种皮和内种皮。也有一些草类植物,其内珠被或外珠被在种子形成过程中被吸收消失,形成由内珠被或外珠被发育而来的一层种皮。种子成熟时珠被在发育上的变化及珠被的数目,使种皮的结构在不同草中差异很大。对于禾本科草,有 4 个不同的组织与其种皮形成有关,分别是珠心残余部分、珠被、子房被(果皮)和两个小花苞片(外稃和内稃),禾本科中种皮的各种变异均是这 4 种组织不同的变换。

三、种子的成熟

由于多数草类植物具有落粒性强、成熟不一致等特性,因而正确判断草种子的成熟度,选择合适的收获时间,对于提高草种子产量具有重要意义。如前所述,种子在营养积累期干重已达最大,但仍然需要经过成熟期的脱水过程才能获得具有较高活力的种子,因而,种子成熟首先要干重达到最大,其次应经过一系列生理变化,形成具有较高活力的种子。只具备其中一个条件时,就不能称为种子的真正成熟。如刚进入营养积累期的大部分草种子已经具备了发芽能力,但未达到最大干重,还没有达到形态上的成熟。有许多草种子,如高羊茅、草地早熟禾等,虽然在形态上已达到充分成熟,但给予适宜的发芽条件时,却不能正常发芽,必须再经过一定时间的储藏之后才能发芽。

完全成熟的种子应具备以下基本特点:①养料输送已经停止,种子所含干物质已不再增加,即种子的千粒重已达最高限度;②种子含水量减少到一定指标,如豆科草含水量达

35%~36%,禾本科草含水量达40%~45%;③种子的硬度增高,对不良环境的抵抗力增强;④种皮坚固,呈现种或品种固有的色泽或局部特有颜色,如二色胡枝子种皮呈黑紫色或底色为褐色且具密的黑紫色花斑;⑤种子具有较高的发芽率(85%以上),内部的生理成熟过程已完成(韩建国和毛培胜,2011)。

根据草种子外部形态特征的变化,可以将种子成熟期划分成不同的阶段,一般而言,禾本科草种子可分为乳熟期、蜡熟期和完熟期3个阶段。处于乳熟期的种子,其颖果及内外稃均呈绿色,种子内含物为白色乳汁状,此时种子已完成胚的发育,体积达最大限度,含水量较高,少数种子已具发芽能力,但种苗生长不正常。种子进入蜡熟期后,养分积累趋向缓慢,颖片和内外稃开始褪绿,颖果呈固有色泽,内含物呈蜡状,用指甲压时易破碎。蜡熟期后期,颖果逐渐硬化,稃片呈固有色泽。而在完熟期,颖果变得干燥强韧,体积缩小,内含物呈粉质或角质状,指甲不易使其破碎,稃片呈固有色泽。很多草种子开始自然落粒。

豆科种子则可划分为绿熟期、黄熟前期、黄熟后期和完熟期4个时期。绿熟期荚果和种子均呈鲜绿色,种子体积基本长足,含水量高,容易用手指挤碎。进入黄熟前期,荚果转为黄绿色,种皮仍呈绿色,但种皮变硬;转入黄熟后期,荚果褪绿,种皮呈固有色,种子体积缩小。进入完熟期,荚果干缩,呈固有色泽,种子变硬。

第三节 种子产量的构成因素及划分

与大多数农作物相比,草种子通常存在繁殖能力较弱、结实率低、成熟不一致、落粒性强等特性,限制了草种子产量的提高。为满足对草种子日益增加的需求,一方面可通过选育手段去除对种子生产不利的性状,如降低种子落粒性;另一方面可通过改良田间管理技术,改善草种子产量组成成分,从而提高草种子产量。

一、种子产量的构成因素

草种子产量可由单位面积上形成的种子数目与种子平均重量乘积所得。一般而言,草的最高种子产量是在单位面积产出最多种子数的条件下获得的,而种子的平均重量对草种子的产量贡献相对较小。如Hebblethwaite和Hampton(1982)报道,在同一个地点栽培的多年生黑麦草,单位面积种子数可以解释其种子产量变异的63%~98%。草类植物单位面积上种子数的多少主要取决于单位面积生殖枝数、每生殖枝的花序数(禾本科草为小穗)、每花序上的小花数(禾本科草为每小穗上的小花数)及每小花的种子数等。王彦荣(1986)对栽培二龄红豆草的种子产量构成因素的研究表明,每株生殖枝数与种子产量的相关性最为显著(r=0.755,P<0.001),然后是每生殖花序数、每花序种子数,而百粒重与种子产量的相关性则不显著。

(一)单位面积生殖枝数

一般在一定的生殖枝数目范围内,草种子产量随生殖枝数目的增加而增加,两者之间呈极显著的相关关系,但当生殖枝增加到一定数目之后,草种子产量不再增加,并在一个相当宽的生殖枝数目范围内生产相近的草种子产量。如 Hampton 和 Hebblethwaite(1983)报道,对于多年生黑麦草品种‘S24’,当生殖枝数目为 2000~4000 枝/m^2时,其种子产量则主要取决于每小花的坐果率。因此,在草种子生产中,应通过田间管理措施保持单位面积具有一定数量的生殖枝,使其不成为提高草种子产量的一个限制因子。不同的草种子生产,对生殖枝数目的要求也有一定的差异(表 32-2)。

表 32-2　几种温带禾草种子生产所需求的单位面积生殖枝数(Fairey and Hampton,1997)

物种名称	生殖枝密度/(枝/m^2)	物种名称	生殖枝密度/(枝/m^2)
鸭茅	600~850	多花黑麦草	1000~2000
高羊茅	600~900	草地早熟禾	800~2000
紫羊茅	1500~3000		

(二) 每生殖枝花序数(禾本科草为小穗)

通常禾本科草每个生殖枝上的小穗数目相对恒定,因此对种子产量的影响较小。例如,在不同多年生黑麦草与高羊茅品种中均发现每个生殖枝上的小穗数目与种子产量无显著相关。但也有报道认为,在秋季形成的分蘖枝较少的时候,每生殖枝的小穗数目则可能显著影响其种子产量(Hare et al.,1988)。

对于豆科植物,每生殖枝花序数可显著影响种子产量,一般随生殖枝上花序数的增加,种子产量增加。因而通过一些管理措施(如生长调节剂的使用)可增加花序数,从而达到增加种子产量的目的。

(三) 每花序小花数

禾本科草每小穗上的小花数通常与种子产量不相关,但小花数目常受环境因素、品种、生殖枝发育的时间和数量等的影响。例如,随分蘖数目的增加,每小穗小花数呈下降趋势。此外,禾本科草具有较高的小花脱落率,如多年生黑麦草小花脱落率为 25%~30%,通过外源施用赤霉素可显著降低小花的脱落。

花序生育期温度是影响豆科草每花序小花数的重要环境因子,一般较高的温度条件可促进每花序上小花数目的增加。例如,当温度从 12℃ 增加到 16℃ 时,红三叶每花序小花数也相应由 99 增加到 103。

(四) 每小花种子数

由于禾本科草的每小花中最多含有一枚胚珠,因而坐果率可以定义为形成种子数占抽穗时小花数的百分比。一般认为,低坐果率是限制大多数禾草种子产量的最重要因素,如多数研究认为禾草的坐果率小于 20%(Rolston et al.,2007;Elgersma,1990)。Hampton 和 Hebblethwaite(1983)也报道,坐果率与种子产量极显著正相关。但也有研究认为这种关系并不存在,如不同研究报道多年生黑麦草的坐果率变化范围为 8%~90%。

不同豆科草每小花含有的胚珠数不同,如草木樨、红豆草、二色胡枝子等每小花含一枚胚珠,紫花苜蓿含 8~10 枚胚珠,白三叶含 5~7 枚。但由于草自身的结构障碍、遗传特性、环境因素的影响,有近一半的胚珠不能够正常发育为种子,从而限制了草种子产量。

(五) 平均种子重量

各种草种子的重量是由遗传基础决定的,但草种子生产中,由于气候条件适宜,田间管理水平较高,可获得粒大饱满的种子,使单粒种子重量增加,进而提高草种子的总产量。

二、种子产量的划分

因草种与品种而异,草种子产量的各个组分因素对其种子产量的影响不尽一致,实际收获的种子产量与通过产量组分计算出来的种子产量也存在较大差异,因而根据种子产量组分与生产实践需要,种子产量可划分为潜在种子产量、表现种子产量与实际种子产量。

(一) 潜在种子产量

草的潜在种子产量(potential seed yield)为种植牧草的单位面积土地上花期出现的胚珠数(每一胚珠具有发育为一粒种子的潜力)乘以单粒种子的平均重量,即单位面积土地理论上能获得的最大种子数量,又称理论种子产量。由以下种子产量组成成分计算:

潜在种子产量=单位面积花序数×每花序小花数×每小花胚珠数×平均种子重量

(二) 表现种子产量

表现种子产量为单位面积土地上所实现的潜在种子产量:

表现种子产量=单位面积花序数×每花序小花数×每小花坐果率×平均种子重量

(三) 实际种子产量

实际种子产量为实际收获的种子产量,也称收获种子产量,表现种子产量中除去因落粒和收获过程中损失的种子之后的种子数量,可表示为

实际种子产量=表现种子产量-落粒损失的种子量-收获过程损失的种子量

潜在种子产量的高低主要依赖于单位土地面积上花序的数目、每一花序的小花数目及每花中胚珠数目的多少,潜在种子产量的高低取决于草开花之前的环境条件和田间管理水平。而潜在种子产量实现的百分比(表现种子产量占潜在种子产量的百分比)取决于开花、传粉、受精及种子发育过程中气候条件的好坏和管理水平的高低、传粉率的高低、受精率的高低及受精后种子发育过程中因营养或病虫情况出现的败育率的高低,最终取决于每一小花中实际成熟的种子数及平均种子重量。实际种子产量的高低除取决于决定表现种子产量高低的因素外,还取决于草开花、成熟的一致性、落粒性和收获的难易程度及收获机械等因素,如黑麦草由于落粒和收获造成的损失可达其产量的20%(Rolston et al. ,2007)。

三、潜在种子产量与实际种子产量的差距及原因

如以上述花期单位面积土地出现的胚珠数来计算草类植物潜在种子产量,那么几乎所有草类植物的潜在种子产量都相当高,但最终实际种子产量都很低,两者之间存在着很大的差距,实际种子产量常常是潜在种子产量的10%~20%或更低。其主要原因有以下几点。①传粉受精率低,受精合子败育率高。禾本科草只有60%的小花能够完成传粉和受精过程,而豆科草如果没有适宜的传粉昆虫很可能出现100%的未授粉小花。同时,胚珠在受精后,如果环境条件不能满足其发育需求,会出现细胞分化紊乱、合子分解、胚珠瓦解等现象,从而导致败育。多年生黑麦草开花10天后有20%~30%的受精小花败育,白三叶一小花胚珠可达7枚,但很少有多于2~3枚的胚珠发育为种子,常常受精后的胚珠有一半败育。②落粒性强、持留性差。大多数草种子成熟后在植株上持留性极差,种子收获前禾本科草种子常从花序上脱落,豆科草种子常从荚果中炸裂,这是造成实际种子产量低的一个重要因素。多年生黑麦草的落粒率可达30%。湿地百脉根种子成熟后荚果炸裂率为每天10%,8天之后荚果的炸裂率为7%~80%。③成熟度不一致。大部分草花期长,种子成熟度不一致,往往在收获时部分种子尚不成熟,形成空瘪种子,造成实际种子产量降低。④收获过程中的损失。草种子收获过程中的刈割、搬运、捡拾和脱粒等程序都会造成种子的损失,从而降低实际种子产量。

综上所述,要提高草种子的实际产量,一方面要通过育种措施来改良草的繁殖特性,如降低其落粒性;另一方面可通过田间管理措施来提高实际种子产量,如通过施用切叶峰来提高紫花苜蓿的传粉率,改善田间条件、降低胚珠的败育等。随着生产者素质的提高、科学研究的深入、实用技术的推广,草的实际种子产量会有大幅度的提高。

第四节　种子田管理

一、种子生产地点的选择

草种子生产与草生产不同,气候条件对种子产量和质量起决定作用。由于生产者不能控制和改变气候条件,专业化草种子生产首先需要选择适宜的生产地域。种子生产对气候的要求一般包括:①适于该草种或品种生长所需要的太阳辐射、温度、降水及灌溉条件等;②诱导开花适宜的光周期和温度;③开花过程中天气晴朗、干燥、温暖,适于传粉受精,受精后有适量的水分条件满足种子的发育和成熟;④种子成熟期少雨、多日照、无风及昼夜温差大,以利于充分的养分循环积累而产生饱满的种子;⑤种子收获后营养生长期较短等。

世界主要的草种子生产基地一般能满足上述条件,比较典型的如美国的俄勒冈州。我国西部温度适合且具有灌溉条件的干旱或半干旱地区,包括甘肃河西走廊、河套引黄灌区和新疆的绿洲灌溉农业区等,是我国温带草种子生产的理想区域。

二、种或品种的选择

在引进优良草品种和品系之前,应首先通过品比试验、生产试验,选出适应本地区、增产潜力大、抗逆性强、稳产高产、品质好的草种和品种。引种的一般规律是纬度相近、不同经度地区之间或纬度低的高海拔地区与纬度高的平原地区相互引种较易成功;而经度相近、不同纬度地区或同纬度高海拔地区和平原地区之间引种则不易成功。此外,不同生态环境应选择适应不同生产体系的高产草种和品种,如干旱地区宜选耐干旱的草种,寒冷地区宜选耐低温的草种等。品种间又有早、中、晚熟之分,可根据栽种地区生育期长短,因地制宜地选择品种。在病虫害危害严重地区亦应选用抗病性和抗虫性强的种和品种。

三、建植

种子田建植是草种子生产的第一步,是决定种子田能否高产优质的关键环节。种子田能否建植成功,与种床、播种期、播种方法、播种量及种苗生长阶段的管理等密切相关。

(一) 种床准备

种床准备的目的是为播种及种子出苗提供良好的条件,并通过苗床的精细整理防止杂交和品种混杂。

草种子田应当选择地势开阔、通风、光照充足、排灌方便、土地平整、土层深厚、肥力适中、杂草较少、病、虫、鼠、雀等危害轻,便于隔离且相对集中连片的地块。生产各个等级的审定种子,种子田的前作间隔时间和隔离距离应当符合相关审定规程或标准的规定。豆科草种子具有硬实特性,前作的豆科草种子可在土壤中存活多年,种植同一种甚至同属的豆科草要注意保持一定的前作时间间隔。

适宜的土壤类型、良好的土壤结构及适中的土壤肥力对获得高产的草种子也是十分必要的。大部分牧草喜中性土壤,除含有足够的 N、P、K 和 S 之外,还应含有牧草生殖生长所需的微量元素 P、Mo、Cu 和 Zn 等。

种子田的耕作措施应抓好深耕、浅耙、轻耱和保墒等环节。耕地一般在前茬收获后或播种前进行,耕深以 45cm 为宜。耙地可疏松表土,平整地面,耙碎土块,混合肥料,耙出杂草根茎,达到轻压保墒、苗床平整的目的。耱地在耕翻或耙后进行,具有平整地面、紧实土壤、耱碎土块,使土粒粗细均匀,土壤表层质地疏松,利于种子与土壤充分接触的作用。镇压使耕层上部形成紧密层,便于保墒和种子吸水萌发。同时还具有平土、压土和破碎土块的作用,可减少因蒸腾造成的土壤水分损失。在旱作区或干旱季节,镇压是抗旱耕作技术的重要环节,具有保墒和提墒的双重效果。

(二) 播种

播种前首先应对种子进行处理,如除去影响播种质量的杂质,如荚壳、芒等。对于具休眠的种子,应进行休眠破除处理,如具硬实的豆科草种子可通过破坏其种皮结构来解除休眠,提高种子发芽率。对有些种子可通过种子包衣提高播种质量,如将含有根瘤菌、肥料、杀菌剂、杀虫剂等物质的包衣包裹在种子外部制成丸化种子、包膜种子和颗粒种子等。

根据当地气候条件、土地种植安排、土壤墒情、草生物学特性,以及田间杂草发生规律和危害程度等因素来确定适合的播种时间。一般,一年生草种子生产田只能进行春播;多年生则可以选择春季、晚夏或早秋播种;长日照植物可进行春播;要求短日照和低温条件的植物则适合于夏末或初秋播种。考虑到播种过晚影响到幼苗的越冬问题,秋播需要考虑最晚播期。在我国北方内蒙古中东部地区,豆科草秋播最晚不超过 7 月中下旬,禾本科草不晚于 8 月下旬。甘肃河西走廊灌溉农业区,豆科和禾本科草播种不晚于 8 月 15 日。

草种子田的播种方法包括条播、穴播或撒播等,其中条播是最主要的播种方式。实行窄行条播的行距为 15cm,宽行条播的行距视草种类、栽培条件不同,分别有 30cm、45cm、60cm、90cm、120cm 的行距。一般行距过窄、播种量过高可促进营养生长,而使种子产量显著减少。对于植株高大或分蘖力强的草可采用穴播的方法,一般株行距为 60cm×60cm 和 60cm×80cm。生长期内杂草非常严重的情况下可考虑撒播,这样有利于对杂草的抑制,同时,撒播草地便于机械在雨天行走,土壤不易侵蚀,管理费用较低。

适量播种、合理密植,是保障草种子高产优质的重要条件。用于种子生产的播种量一般为用于草生产播种量的 1/10~1/3,特别是宽行条播时,播量减少更多。进行种子生产时,禾本科草希望具有较多发育良好的生殖枝。若播量太高,植株密度过大,分蘖间竞争激烈,抑制生殖枝的生长发育,不利于种子产量提高。豆科草则要求留有一定空间,以利于昆虫传粉。一年生草田间的植株密度与播种量有密切的关系,生产中常常用播种量来控制一年生草的植株密度。多年生草的分蘖可补偿建植密度的不足,因而建植密度低时不会影响种子产量。

牧草以浅播为宜。播种深度一般不应大于种子厚度的 10~15 倍,禾本科不应大于种子厚度的 15~20 倍。小粒种子(苜蓿、沙打旺、猫尾草、早熟禾)多以 1~2cm 为宜,中粒种子(红豆草、箭筈豌豆、无芒雀麦、披碱草)不超过 3~4cm。豆科草子叶出土型的播种深度较子叶留土型浅。此外,轻质土壤可深些,黏重土壤要浅些;干旱地区应适当深播。

四、施肥

合理施肥是提高种子产量和质量的重要措施之一。草的种类不同,所需要的肥料种类和数量不一样,对于禾本科草,施用氮肥可促进生殖枝的生长,并可形成更多的小穗和小花,因而应以施用氮肥为主,适当配合施用磷钾肥。对于豆科草,因其可有效利用共生的根瘤菌增加对氮的吸收,则对氮肥需要较少,而对磷、钾肥的需要量高于禾本科,故应多施磷肥,在生长早期需酌情追施少量氮肥。

草的生育时期不同,对养分的需求也不相同。一般多年生禾本科草,分蘖期应以追施氮肥为主,配合施用磷、钾肥,拔节期适量施氮肥,有利于小穗和小花的发育,促进穗大粒多;抽穗期多施磷、钾肥和少量氮肥以主攻籽粒;切忌在抽穗开花期过量追施氮肥,以免造成贪青晚熟。豆科草宜在孕蕾期至种子成熟期追施氮肥,但要注意控制数量和增加磷、钾肥比例,现蕾开花后,可在根外追施磷、钾肥。

此外,微量元素对种子生产亦具有显著的促进作用,如硼对豆科草种子生产具有重要意义。

五、灌溉

灌溉是提高种子产量和品质的重要措施之一,能调节土壤和空气湿度,防止干热风危害,并可控制土壤中养分的分解和利用,确保草种子高产稳产。灌溉时期因草的生长发育特性、气候状况和土壤条件而定。禾本科草应浇好越冬水、返青水、拔节水、抽穗开花水及籽粒灌浆水。豆科草分别于越冬前、返青期、现蕾开花期及结实期灌溉。在营养生长后期或开花初期适当缺水对增加种子产量有一定的好处,在整个开花期保持灌水,可使种子产量提高。大量实验证明,干湿交替利于草种子生产。通常追肥后结合灌水,对提高肥效有显著作用。

六、有害生物防治

(一) 杂草防治

为提高草种子纯度,减轻杂草造成的损失,种子田应进行严格的杂草防除。一般有化学防治和生态及农艺防治两种措施。化学防治主要是在种子田建植前后利用化学试剂去除杂草,这一措施的关键是选择合适的除草剂,以及把握施用除草剂的合适时机,一般可在建植前和出苗后两个阶段分别施用。生态及农艺防治则主要通过严格检疫、检验,防止危害性杂草传播,同时通过精细的田间管理,如施用腐熟肥料、清除灌溉水中杂草种子、铲除杂草、调整播种和收获时间等,一方面直接去除或预防田间杂草;另一方面促进建植草层的形成,从而抑制杂草的生长与入侵。

(二) 病虫害防治

病虫害的主要防治措施可分为农业防治、生物防治、化学防治及物理机械防治。农业防治主要是通过选用抗病虫害品种、播种前检疫,同时兼顾合理轮作、清除残茬、土壤改良、改进田间管理等措施,以预防和消灭病虫害。生物防治即利用有益的生物消灭有害的生物,或利用害虫天敌消灭害虫。化学防治则是通过施用化学杀菌剂、杀虫剂消灭危害牧草的病菌和害虫。物理机械防治则是利用物理因素和器械消灭病虫害,如灯光诱杀,曝晒、温烫种子、草把诱杀等。

七、其他管理措施

(一) 种子田的隔离

对于异花授粉植物,在种子繁殖过程中,容易产生天然杂交,引起生物学的混杂,使一些品种丧失其固有的优良特性,从而导致产量下降,质量低劣。因此,在草种子生产中,为了防止互相传粉而导致的种子纯度降低,特别要做好隔离工作。隔离除人工套袋之外,还可采用空间隔离、时间隔离、高秆作物隔离和自然屏障隔离等方式,其中空间隔离应用最为普遍。

空间隔离即通过空间距离将亲本繁殖区与其他品种隔开,以防止其他草的花粉传入。同时生产一种草的不同品种及近缘种时,种子田间应利用自然屏障隔离(山沟、建筑、果园、江河、树林等)或设置隔离带(刈割带、高秆植物、围篱等),间隔距离根据植物开花授粉方式与特点和种植面积决定。一般自花授粉植物要求的隔离距离较小,异花授粉植物种子田要求距离要大,单纯以花药开裂力量和借风力传粉的植物要求距离较小,借昆虫传粉的植物要求距离要大。如果空间隔离条件不具备,生育期又可满足要求的条件下,可通过调节播种期使亲本的花期与其周围同类草生产田的花期错开,从而避免外来花粉混入。隔离时间的长短主要由花期长短决定。一般情况下,自花授粉草相差 10~25 天,异花和常异花授粉草相差 20~30 天。

(二) 植物生长调节剂的运用

植物生长调节剂的主要作用包括:促进插条生根、种子萌发、细胞伸长;诱导花芽分化,保花,保果;通过抑制植株节间的伸长,增强抗倒伏能力;降低败育率,促进种子成熟一致,减少落粒。通过在生长的不同阶段施用植物生长剂可达到提高种子产量与质量的目的。

(三) 人工授粉

多年生草大多数属于异花授粉植物,自然授粉情况下结实率不高,如不同种类的禾本科草结实率为 20% ~ 90%。采用人工授粉可提高花粉利用率、结实率及种子的产量和质量。

第五节　种 子 收 获

生产中由于草类植物开花期较长,种子通常成熟不一致。此外,很多草在种子成熟时容易落粒,收获不及时或收获方法不当都会造成很大损失。例如,Hampton 等(1992)对绒毛草的研究表明,开花后 20 天种子发芽率达最高,开花后 21 天便开始落粒,至开花后 29 天已有 60% 的种子落粒。因此,确定适宜的种子收获时间对于既能获得充分成熟、质量优良的种子,又尽可能减少收获损失至关重要。禾本科草种子的收获多在蜡熟期进行,豆科草种子的收获则可在黄熟后期至完熟期进行。在种子生产实践中,经常以种子含水量、种皮颜色等指标作为判断种子成熟收获的依据。对于大多数种子,当其含水量达到 35% ~45% 时便可收获。此外,种皮颜色变化也是判断种子成熟的一个重要指标,但不同草种子颜色差别较大,如苜蓿 70% 以上的豆荚变褐色时可开始收获,而无芒雀麦在 50% ~60% 小穗变成黄色时收获较为合适。

草种子收获可采用人工、割草机或联合收割机收割,根据各地的实际情况和收获的植物类型,一般有直接收获、采集收获、分段收获和落地收获 4 种收获方式。对于种子较大或生殖枝高而整齐的禾本科草,如燕麦、新麦草等,株型直立并且经干燥剂处理的种类,如红三叶、紫花苜蓿等可直接在种子成熟后采用联合收割机收获种子。对于种子成熟期不一致,生殖枝非直立性生长及脱粒前要求干燥的多年生草,可将草割倒,放在田间晾晒一段时间,然后捡拾脱粒进行种子分段收获,但对于种子收获期多雨的种子生产地区不适合使用分段收获。而针对一些豆科草种子在植株上分散不成穗状、成熟期不一致且容易落粒的特点,则可等种子成熟落地后,用一些专用气吸式设备将地表的种子拾起而收获。目前,在部分豆科草地(如三叶、柱花草等)种子收获过程中应用效果良好,但这种方法需要将种植土壤平整压实。

(王彦荣　胡小文)

主要参考文献

韩建国,毛培胜. 2011. 牧草种子学. 北京:中国农业大学出版社

毛培胜. 2002. 牧草种子生产技术. 北京:中国农业科学技术出版社

王彦荣. 1986. 红豆草种子产量构成因素的分析及育种指标的讨论. 中国草原与牧草,3(3):34-37

王彦荣. 1998. 我国牧草种子业的现状与发展. 草业科学,15(5):35-38

Elgersma A. 1990. Spaced-plant traits related to seed yield in plots of perennial ryegrass(*Lolium perenne* L.). Euphytica,51:151-161

Fairey DT,Hampton JG. 1997. Forage seed production. 1. temperate species. CAB Publish House

Hampton JG,Hebblehwaite PD. 1983. Yield components of the perennial ryegrass (*Lolium perenne* L.) seed crop. Journal of AppliedSeed Production,1:23-25

Hampton JG,Wang YR,Hill M. 1992. Seed development in velvet grass(*Holcus lanatus* L.) cv. Massey basyn. Proceedings of the 4th Australian Seeds Research Conference:163-166

Hare MD,. Brown KR,Archie WJ,et al. 1988. Sowing method,growth regulators and time of nitrogen effects on seed production of spring sown prairie grass. Journal of Applied Seed Production,6:46-54

Hebblethwaite PD,Hampton JG. 1982. Physiological aspects of seed production in perennial ryegrass//van BogaertG. Breeding High Yielding Forage Varieties Combined with High Seed Yield. Eucarpia,Belgium:17-32

Hill MJ,Watkin BR. 1975. Seed production studies on perennial ryegrass,timothy and prairie grass. 1. Effect of tiller age on tiller survival,ear emergence and seedhead components. Journal of the British Grassland Society,30:63-71

Hyde EOC,McLeavey MA,Harris GS. 1985. Seed development in ryegrass and red and white clover. New Zealand Journal of Agricultural Research,2:947-952

Internatinal Seed Federation. 2002. World seed trade statistics. http://www.worldseed.org

Rolston P,Trethewey J,Mccloy B,et al. 2007. Achieving forage ryegrass seed yields of 3000kg · ha^{-1} and limitations to higher yields. Seed Production in the Northern Light. Proceedings of the Sixth International Herbage Seed Conference. Gjennestad,Norway

Wang YR,Sun JH,Yu L. 2001. Herbage seed quality control and western China development. Paper Collection of International Conference on Grassland Science and Industry. China Association of Agricultural Science Societies:52-56

推荐阅读文献

Fairey DT,Hampton JG. 1998. Forage seed production (Volume Ⅰ:Temperate Species). London:CAB

Loch DS,Ferguson JE. 1998. Forage seed production (Volume Ⅱ:Tropical and Subtropical species). London:CAB

第三十三章　草种子加工与储藏

种子收获后含水量较高，且未经清理的种子杂质较多，不利于储藏及种子生活力与活力的保持。因此，应对收获后种子进行合理的加工（如干燥、清选和包衣等）后，在适宜条件下储藏，从而提高种子质量和储藏能力。本章将重点叙述种子干燥、清选和储藏的原理与技术。

第一节　种 子 干 燥

充分干燥的种子生理代谢非常缓慢，能较长时期地保持种子优良的播种品质；种子干燥的过程中，可以促进种子的后熟作用，使种子在储藏期间生活力更加稳定；干燥还能起到杀虫和抑制微生物的作用。因而种子干燥是种子加工与储藏工作中的一项关键性技术措施。

一、种子干燥的原理

种子干燥是利用或改变空气蒸汽压，使种子内部水分散发的过程。当种子水分高于其周围环境水分，即种子内部所含水分的蒸汽压高于周围空气中的水分蒸汽压时，种子向空气中释放水分，并逐渐干燥，直到种子水分与该条件下空气相对湿度达到平衡，种子的水分才不再降低。

二、影响种子干燥的因素

影响种子干燥的因素可分为外因和内因两个方面。外因有介质的温度、相对湿度及介质的流动速度 3 个方面。在种子的一般干燥过程中，干燥空气（介质）是一个最重要的因素。它提供水分蒸发所需要的热量，把水分从种子中带走。能否有效提供蒸发所需要的热量和带走水分，则主要取决于空气的温度和相对湿度。在温度一定的情况下，相对湿度越低，干燥能力越强。除温度和湿度外，气流速度也是一个重要原因，在一定温度和湿度条件下，气流速度越高，在一定范围内干燥的进程越快，但过大的气流速度则造成动力和能源的损失。

内因包括种子本身的生理状态、化学成分和种皮结构。刚收获的新种子，水分含量较高，大部分种子尚处在后熟阶段，其生理代谢作用较旺盛，本身呼吸作用释放的热量较大，对这一类种子进行干燥时，干燥速度要缓慢些。过高的温度会使种子体积膨胀或胚乳松软，致使种子生活力丧失。此外，种子组成的化学成分不同，组织结构上也差异很大，因此，干燥时也应区别对待。淀粉类种子，主要是禾本科牧草种子，种子胚乳由淀粉组成，组织结构较疏松，籽粒内毛细管粗大，传湿力较强，因此容易干燥。在干燥时,可以采用较严的干燥条件,干燥效果也较明显。蛋白质类种子,主要是豆科牧草种子,这类种子的子叶中含有大量的蛋白质,其组织结构较致密,组成的毛细管较细,传湿力较弱;但这类种子的种皮却很疏松易失水,如果放在高温条件下快速干燥,子叶内的水分蒸发缓慢,而种皮内的水分蒸发很快,这样易使种皮破裂,失去保护作用。另外,在高温条件下,蛋白质容易变性而失去亲水性,影响种子生活力。因此这类种子干燥时,必须采用低温慢速条件。油质类种子的子叶中含有大量的脂肪,为不亲水性物质,其余为淀粉和蛋白质。相对地讲,这类种子的水分比上述两类种子容易散发,可以用高温、快速的条件进行干燥。

三、种子干燥设备

种子干燥设备常用的有两大类,即堆放分批式干燥设备和连续流动式干燥设备。堆放分批式干燥的方法是使种子在干燥过程中处于静止状态,具有建造简单、热效率较高、干燥成本较低、清扫容易等优点,但与连续流动式干燥设备相比,其生产效率比较低,劳动强度较大。因此,对于大量物料而言,采用连续流动设备则更为合适,其优点在于生产能力大,干燥质量较高,且易于与其他加工机械配套成线。但由于其输送装置及流动要求的限制,大都只适合于散粒物料。

第二节　种子清选

新收获而未经清理的种子堆成分复杂,其中不仅含有各种不同大小、不同饱满度和完整度的本品种种子,还含有相当数量的混杂物(如植物碎片、秕壳、泥沙、小石块、虫尸、微生物和杂草种子等)。这些混杂物一般带菌量大,影响湿热扩散,极易恶化储藏条件。因此,在尽可能减少净种子损失的前提下,去除种子批中的混杂物以获得高质量的草类种子批非常重要。

一、种子清选原理

清选和分离种子是根据种子的物理特性与机械运动(运转与振动)相结合的原理进行的。先了解每批种子各种特性的变异范围,根据种子群体特性及与混杂物间的差异性,确定最有利的清选方法,使生产的目标种子与其他种子和混杂物等分离开来。

由于种子与杂质或者其他品种的种子在外形尺寸上存在一定差异,因而可根据尺寸对种子进行分选。这一途径可除去大杂质和小杂质,但对与种子尺寸相似的杂质无法清除。研究表明,当物料在机械振动与气流作用下,物料颗粒按物理特性(密度、粒径)的差异,会在垂直方向形成有序排列。根据这一原理可对粒径相同、密度不同,密度相同、粒径不同的颗粒进行分层,从而达到清选的目的。此外,根据种子在气流中的漂浮速度不同,可以采用气流对种子清选;对于表面特性存在较大差异的混杂种子,如摩擦系数、颜色、外形等,可用专门的设备进行清选。

二、种子清选设备

根据清选设备的原理,种子清选设备主要可分为风筛清选机、窝眼筒清选机、比重式清选机和圆筒筛分级机4类。风筛清选机就是将风选和筛选装置有机地结合在一起形成的清选机器,目前常用的是2~4层筛和1~2条风选管路组成的风筛式清选机。窝眼筒清选机是唯一按种子长度进行分选的清选设备,能将混入种子中的长短杂质清选出去。比重式清选机顾名思义是根据种子与杂质的比重不同而进行清选的,适用于清选一些在尺寸、形状和表面特征上与生产的目标种子非常接近的其他种子和混杂物。圆筒筛分级机主要是基于对种子分级的要求而发展起来的,其主要用于对已经清选好的种子根据尺寸来分级,偶尔用于清选。

第三节　种子包衣

种子包衣技术是指以精选种子为载体,应用手工或者机械的途径在种子外面均匀包裹一层种衣剂的方法,它是在传统浸种、拌种技术的基础上发展起来的一项种子加工新技术,使种子处理更加方便、安全和有效。种衣剂通常由杀虫剂、杀菌剂、微肥、植物生长调节剂、着色剂、填充剂、成膜剂、扩散剂、稳定剂、防腐剂和成膜剂等配套助剂组成。包衣的种子播种后,种衣剂遇水吸胀但几乎不溶解,而在种子周围形成一个屏障,随着种子的萌发、成苗,有效成分缓慢有序释放,并被根系吸收传导到幼苗各部分,使药、肥得到充分利用,以增强种子及幼苗对病菌和病虫害的抗性,达到节本增效的目的。种子包衣不仅可以防治病虫害,调控作物生长,提高产量,而且省种、省药、省工,减轻环境污染,提高了农业效益。

第四节　种子储藏

尽可能地降低种子储藏期间的呼吸强度,使种子处于极度微弱的生命活动状态中,就能有效地保持种子生活力和活力,延长种子的储藏寿命。一般认为,种子在达到完全生理成熟以后即开始发生一定程度的生理劣变,从而导致种子生活力和活力的丧失。这一过程主要发生在种子的储藏中,其劣变的速度主要取决于种子的加工和储藏条件。

一、种子寿命及其影响因素

种子的寿命因草种类不同而差异悬殊,短则几小时,长可达千万年。这种差异性是由多方面因素造成的,一是由于植物的遗传特性不同;二是受环境条件的影响,包括种子留在母株上时的生态条件及收获、脱粒、干燥、加工、储藏和运输过程。因而,通常所提到的某一草类种子的寿命,是就某一具体环境条件下而言的。

种子寿命的差异性归根结底是由种子的遗传性和它所处的环境所造成。遗传性具体表现为种子的自身特性,包括种皮结构、化学成分、生理状态、物理性质及胚的形状等,这些都是影响种子寿命的重要因素。例如,种皮是空气、水分、营养物质进出种子的必然通道,也是微生物侵入种子的天然屏障。因而,一般种皮结构坚韧致密的种子寿命较长。又例如,含油量高的种子相对于淀粉和蛋白质种子而言寿命较短;含水量高的种子由于其生理状态相对活跃,呼吸作用旺盛,寿命也较短。此外,根据对种子储藏条件的长期研究,可将种子分为正常型种子和顽拗型种子。相比正常型种子,顽拗型种子具有不耐低温和脱水干燥储藏的特性。

除种子自身特性外,环境因素亦与种子寿命紧密联系,不可分割。通常改善环境因素,可使种子的寿命大大延长,反之亦然。一般可将种子储藏的环境因素分为以下几类。

(一) 湿度

种子水分是影响种子储藏最为关键的因素。Harrington(1972)指出,当种子水分为5%~14%时,种子水分每上升1%,种子寿命下降一半。由于种子在储藏过程中必定和周围环境达到一个水分平衡,如果环境湿度较高,则引起种子水分上升,最终导致种子储藏寿命下降,因此保持低湿度的储藏环境是延长种子寿命的一个重要条件。

(二) 温度

在一定温度范围内种子的呼吸作用随着温度的升高而加强,因而在水分得到控制的情况下,储藏温度越低正常型种子的寿命就越长。Harrington(1972)指出,0~50℃时,种子温度每提高5℃,种子寿命降低一半。此外,温度增高有利于仓虫和微生物活动及脂质的氧化和变质,从而导致种子的活力迅速下降。因此,温度越低越有利于正常型种子的储藏。

(三) 气体

氧气会促进种子的劣变和死亡,而氮气和二氧化碳等能延缓低水分种子的劣变过程。因而,一般在低温低湿条件下,可通过采取密闭方式储藏来延长种子寿命。但值得注意的是,对于高水分种子,若处于密闭条件下储藏,由于其旺盛的呼吸作用,很快会把种子堆内部间隙中的氧气耗尽,使种子被迫转向缺氧呼吸,易对种胚产生毒害,导致种子迅速死亡。因此,要有效地长期保持种子生活力,除干燥、低温外,进行合理的密闭或通风是必要的。

(四) 仓虫与微生物

如果储藏种子感染了仓虫和微生物,条件适宜时,仓虫和微生物便会大量繁殖。仓虫、微生物生命活动放出的大量热能和水蒸气,间接地促进了种子的呼吸强度。同时,种子、仓虫和微生物的呼吸构成种子堆的总呼吸,会消耗大量的氧气,释放大量二氧化碳,也会间接地影响种子的呼吸性质。在密闭条件下,由于仓虫本身的呼吸,氧气浓度自动降低,从而阻碍仓虫的继续发生,即所谓自动驱除。另外,在储藏过程发生仓虫和微生物危害时,通常会采用各种化学气体(如磺胺类杀菌剂、氮气和氨气等)熏蒸的方法来去除仓虫,但浓度过大时,会影响种子的发芽率。

二、种子储藏技术原理

（一）包装

对清选干燥和精选分级加工后的种子，加以合理包装，可防止种子混杂、病虫害感染、吸湿回潮，减缓种子劣变，保持种子活力，保证安全运输。防湿包装的种子必须达到包装所要求的种子含水量和净度等标准，包装容器必须防湿、清洁、无毒、不易破裂、重量轻，而且要根据不同要求确定包装数量，并在包装容器外面加印或粘贴标签。

（二）种子储藏库设计

种子仓库的设计直接影响着种子储藏的质量。种子仓库通常应具备防水、防杂、防鼠、防虫、防菌、防火的基本特点。另外，根据储藏的年限，可分为普通储藏库、冷藏库和牧草种质资源库3个类型。其中，普通储藏库是利用换气扇来调节库内温度和湿度，通常能储藏种子1~2年，应选在地势高、气候干燥、冬暖夏凉的地区或场所。由于储藏时间短，还应该具备便利的交通运输条件。冷藏库是用冷冻机和除湿机来调控库内温度和湿度，一般可储藏3~4年或更长一些。冷藏库不能开设窗户，门也必须能很好地隔热和密封。牧草种质资源库是以保存牧草种质资源为目的，采用现代化科技，建设低温、干燥、密封等理想储藏条件，用以长期保持各种种质。依据条件可保存种子生活力长达几十年、几百年乃至几千年。根据储藏年限长短又可将其分为长期库和中期库。长期库也称为基础库，通常储藏温度为-20~10℃，种子含水量5%左右，种子储藏期限是50~100年，其特点是作保险型储藏，一般不对外分发；中期库也称活期库，储藏温度不高于15℃，种子含水量9%左右，种子的储藏寿命为10~20年，可以对外分发种质材料。

（三）种子储藏期间的管理

种子是活的有机体，在储藏期间会发生许多变化，为了保持种子生活力，延缓储藏种子的衰老，储藏期间的管理至关重要。

1. 清理

入库前应对尚未储藏种子的仓库进行清理，清除散落的异种、异品种的种子、杂质和垃圾等。凡用来盛装种子的容器、木箱和麻袋都要进行彻底清理。入库前的种子要进行清选、干燥和质量分级，并使种子含水量控制在安全水分含量的范围内。根据产地、收获季节、含水量、净度等分批包装，注明种子的产地、收获期、种类、审定级别、质量指标、种子批号等。入库种子根据储藏目的、仓库条件、种子种类及种子数量等情况进行堆放，一般的堆放形式有袋装堆放和散装堆放两种。

2. 温度和湿度检测

应对种子堆内温度和水分变化规律（包括其日变化和年变化）进行监测，确保种子含水量维持在一个合理的水平。

3. 检查

储藏期间要对种子进行检查。种子的生命活动影响着仓库环境的变化,同时外界环境的变化也影响着种子堆温度和湿度的变化。为了使种子安全储藏,在储藏期间要定期检查仓库内影响种子的各种因素,以便及时处理。检查主要包括种子温度、种子水分、仓库害虫、鼠雀危害和种子发芽率。每次检查结果必须详细记录和保存,以备前后对比分析参考,便于发现问题,及时改进工作。

4. 通风

普通种子储藏库的种子入库后,无论是长期储藏还是短期储藏,都要在适当时候进行通风。通风可以降低种子的温度和水分,使种子保持较干燥和较低温度,有利于抑制种子生理活动和害虫、霉菌等危害;也可维持种子堆内温度的均衡性,不至于因温差而发生水分转移;仓内药物熏蒸之后,必须经过通风才能排除毒气;对有发热症状或经过机械烘干的种子,则更需要通风散热。

(王彦荣　胡小文　曾彦军)

主要参考文献

谷铁城,马继光. 2001. 种子加工原理与技术. 北京:中国农业大学出版社

韩建国,毛培胜. 2011. 牧草种子学. 北京:中国农业大学出版社:180-196

胡晋,谷铁城. 2001. 种子贮藏原理与技术. 北京:中国农业大学出版社:76-88,108-172

王彦荣,刘友良,沈益新. 2001. 种子劣变的生理学研究进展综述. 草地学报,9(3):159-164

祝红福,熊远福,邹应斌,等. 2008. 种子包衣肥对直播早稻秧苗生长及生化指标的影响. 中国农学通报,24(8):292-294

Harrington JF. 1972. Seed storage and longevity//Kozlowski TT. Seed Biology Kozlowski. Vol. 3. New York: Academic Press: 145-245

推荐阅读文献

Desai BB. 2004. Seeds handbook: biology, production, processing and storage. New York: Marcel Dekker Inc

第三十四章　草种子质量及其控制

第一节　种子质量及其控制概述

一、种子质量概述

优质草类种子是获得优质高产草地的生产资料，是发展草地畜牧业的重要物质基础。随着草业经济的发展，草种子生产已形成了一种产业，构成了现代农业产业的重要组分。因此，种子生产已不是传统上的以单位面积产量的高低衡量，而强调的是单位面积的优质种子产量，即不仅高产而且优质。因此，关于种子质量及其属性的研究已日益引起重视。

Esbo(1980)将种子质量定义为：与作为播种材料相关的种子重要特性的集合。Thomson(1979)建议种子质量特性应包括：种子的净度(analytical purity)、种的纯度(species purity)、品种纯度(cultivar purity)、杂草种子(weed seeds)含量、发芽力(germination capacity)、活力(vigour)、大小(size)、均一性(uniformity)、健康(health)和水分含量(moisture content)。Coolbear 和 Hill(1997)将构成种子质量的诸多特性划分为描述性(description)、卫生(hygiene)、生活力及性能表现(viability and performance)3 类，每类又包括多个不同的特性。其中，描述性包括种的真实性、品种纯度、净度和种子大小；卫生包括病原菌、储藏真菌、有害杂草种子、虫和螨的侵染；生活力及性能表现包括发芽能力、活力及实际田间表现和潜在储藏力。我国《草业大辞典》(任继周等，2008 年)中，将种子质量解释为：主要由种子的品种特性和种用特性构成的属性；其品种特性也称品种质量，指与遗传特性有关的质量指标，如品种纯度和种的真实性等；种用特性也称播种质量，指与种子播后田间出苗有关的指标，如种子发芽率、净度、活力和健康等。

上述对种子质量的描述虽不尽一致，但大同小异。可概括为：种子质量是指种子用于播种的遗传(或品种)特性和种用特性的集合，包括许多质量指标。

(一) 遗传特性

遗传特性主要包括品种纯度和种的真实性，分别指送验样品(或送验样品所代表种子批)与所提及的品种和种的符合程度。优良的草种和草品种分别是物种长期进化和育种家多年选育的结果，具有优良的遗传特性，在现代草业生产中发挥着极其重要的作用。因此，在种子生产、加工和储藏等环节，一方面应该科学管理，避免种或品种混杂；另一方面应该严格进行质量控制，以保持种的真实性和品种纯度。

种的真实性鉴定通常是通过检查种子认证标签和种子外观是否与所提及的种相符合而进行直观判定。品种纯度测定则需要标准方法和较好的设施条件。目前，虽然草类品种很多，但缺乏快速有效的标准鉴定方法，现有方法仅适合于极少数的个别种或品种。大多数测定还是在田间以形态特征鉴定为主,测定时间长、结果易受环境条件的影响。

(二) 种用特性

也称播种质量,指与种子播后田间出苗有关的种子特性。通常包括种子的发芽力、生活力、活力、净度、其他植物种子含量、水分、重量和健康等。以下介绍各主要指标的概念、与种子质量的关系及影响因素等。为便于比较,将有些相关联但有区别的指标置于同级标题叙述。

1. 种子生活力、发芽力、活力

种子生活力、发芽力和活力是3个不同的质量指标,但有着相似之处。主要共性表现在:①都可以作为种子发芽、田间出苗和储藏能力的指示指标;②除一定程度受种子的遗传特性影响外,更主要的受种子在发育过程的外界环境条件,种子成熟后的收获、干燥、加工和储藏等条件的影响;③在种子质量下降过程中都呈下降趋势。

生活力、发芽力和活力是3个不同的概念。种子生活力(seed viability)是指种子发芽的潜在能力或种胚所具有的生命力。有生活力的种子既包括能发芽的种子,也包括暂时休眠不能发芽而具有生命力的种子。一般休眠的种子难以用标准发芽方法测定种子的真实发芽能力的,或者因时间紧迫需用种子生活力测定来了解种子的潜在发芽能力。生活力的主要测定方法为四唑测定法(也称四唑染色法或四唑染色图形技术),该法1953年列入《国际种子检验规程》,起初用于林木种子,现已广泛用于包括豆科和禾本科牧草在内的许多植物种子,尤其适合种粒较大的种子。四唑测定法可快速了解种子的生活力和便于休眠种子的检验,可用于种子收购和管理过程中的质量初步判断;另外,有经验的技术人员可通过测定了解种子变质的一些原因,如热伤、虫伤和机械损伤等。

发芽力是指种子在适宜条件下发芽并能长成正常幼苗的能力,通常用发芽率表示。发芽率测定方法简单、易行;测定结果对种子质量评价具有重要的意义,因此在国际范围内被广泛应用。然而,由于发芽率是在适宜条件下测定,而田间和储藏等实际条件通常较为逆境和多变,所以很难用发芽率准确预测。因此,种子活力概念应运而生。ISTA(Perry,1977;Hampton et al.,1995)和北美洲官方种子检验协会(AOSA,1983)分别对种子活力从不同角度给出定义,其核心内容可概括为种子活力就是种子在广泛田间条件下,能快速整齐出苗及长成正常幼苗的潜在特性总和,以及在储藏和运输过程的潜在发芽力。在种子质量评价时,采用活力较发芽率似乎更为理想,但方法标准化的难度较大。所以,多年来,活力测定方法一直是国际种子检验技术研究的热点和难点之一。目前已研究提出数十种方法,但仅有适合于个别植物种的少数方法,如电导(electrical conductivity)、加速老化(accelerated aging)和控制劣变(controlled deterioration)等,被列入《国际种子检验规程》。

生活力、发芽力和活力的主要区别与联系在于,有生活力的种子发芽力与活力不一定高,发芽力高的种子,活力也不一定高,但高活力的种子一定有高的生活力与发芽力,同样,高发芽力的种子也一定有高的活力。发芽力是在适宜条件下测定的种子发芽率,条件具体，指标单一；而活力是在广泛和较为逆境条件下测定的种子发芽和出苗能力特性的总和，指标不是单一的，测定方法可以很多。

2. 种子净度、其他植物种子数

种子净度是指被检样品中除去杂质和其他植物种子后的种子（即净种子）重量占样品总重量的百分率。净种子是指报检者所叙述的种或在检验时发现的主要种，包括该种的全部变种和品种。净度分析的目的是了解检验样品或其代表种子批的清洁、干净程度及净种子、杂质和其他植物种子的含量与类别，为种子清选、分级和播种等提供依据。种子生产、收获和清选等技术水平决定了种子净度的高低。

其他植物种子数是指在送检样品中分析出送检人指出的其他植物的种子数，可包括所有其他植物种子、某一类植物种子或某种植物种子。其他植物种子数测定与净度分析的主要不同是：①检验样品量大，通常是净度分析的 10 倍；②不测定净种子和杂质；③结果用测定试验样品实际数量中发现的其他植物种子数表示，也可折算成单位重量的种子数。这项分析在国际贸易和生产流通中主要用于测定种子批中是否存在有害、有毒或恶性杂草种子。其测定方法根据需要可分为完全检验、有限检验、简化检验和简化有限检验，见本章第二节。

3. 种子水分

种子水分也称种子含水量，是指种子样品中所含水分（自由水和束缚水之和）占种子样品的重量百分率。收获后种子的水分高低，主要受种子的储藏条件影响。种子水分过高，会降低种子收获、储藏和运输的安全性；种子在收获、清选或药物处理时，水分也不宜过低，否则会引致机械损伤或药物中毒等。因此，种子水分测定对指导种子收获、清选、药物处理及种子储藏、运输和贸易都具有极其重要的作用。目前用于草类种子水分测定的主要方法为烘干法。

4. 种子重量

种子重量是反映种子大小的质量指标。种子大小主要受植物遗传特性的影响，但相同种或相同品种的种子间由于生长环境、收获时间甚至在母株上着生部位的不同等，种粒大小都会有很大变化。通常认为，相同种子批的大粒种子较小粒种子活力高，更具有迅速出苗的特点。种子重量通常以千粒重表示。

5. 种子健康

种子健康是种子带病虫的种类和危害程度。种子健康主要受种子生产、收后加工和储藏等环境条件的影响。健康测定的目的是为确定适当的处理方法和决定被检种子批的利用价值提供依据。健康测定方法很多，可根据病虫害类型及其危害程度、植物种类、研究条件和检测目的等确定。例如，检验混杂于种子间的菌核、菌瘿、虫瘿或害虫，可用肉眼或放大镜观察或采用筛法。对于侵入种子内部的病原可采用培养法、发芽法和隔离带种植等方法，而虫害检验则有解剖法、染色法、比重法和软 X 射线技术等。指示植物法和抗体技术对病毒或细菌病原检测极为有效。另外,DNA 探针技术近年来也日益广泛地用于病原菌检测。

二、种子质量控制概述

世界著名种子学家 J. E. Douglas 1980 年指出,为了保证获得优质的种子,一个国家或政府通常通过建立种子认证(seed certification)、种子检验(seed testing)和种子立法(seed legislation)等制度进行种子质量控制。上述 3 种制度如何和何时建立,可根据国家种子行业的发展程度或发展阶段而定,见表 34-1。为便于判断一个国家种子行业的发展现状,J. E. Douglas 将国家种子业的发展划分为以下 4 个典型阶段。

表 34-1　种子质量控制体系的建立与种子行业发展阶段的大致关系

质量控制体系	种子行业发展阶段			
	阶段 1	阶段 2	阶段 3	阶段 4
政府行政指令	**	*		
种子认证		*	***	******
种子检验		**	****	********
种子立法:市场控制				***
种子立法:种子检验			***	***
种子立法:种子认证			***	***
种子立法:植物品种保护				*
种子立法:植物检疫		*	***	***

* 表明已建立相应的体制,每格中的 * 越多表明体制越完善(Douglas,1980)

阶段 1:优良品种的种子仅由育种部门少量扩繁和在少数农民中应用;

阶段 2:育种部门扩繁的优良种子由指定的种子生产者进一步扩繁,但仅有少量的种子进入市场;

阶段 3:国家已制订种子行业发展的政策,已开展种子生产、营销、质量控制和培训等活动;

阶段 4:国家的种子政策在不断改进完善,重视商品种子生产和市场发展,种子法生效,种子培训工作在深入开展,种子行业的许多相关部门和机构建立了联系。

一般而言,在阶段 1 或阶段 2,启动种子检验;阶段 3,启动种子认证;而阶段 4,开始种子市场控制立法等。另外,立法的内容也应根据行业发展的现状不同而异,法律内容可涵盖市场控制、种子检验、种子认证、植物品种保护和植物检疫等。值得指出的是,各控制体制之间不是独立的,而是相辅相成促进种子行业发展。本章以下各节将分别介绍种子检验、种子认证和种子立法的涵义及其主要内容和作用等。

第二节　种 子 检 验

种子检验是指采用科学和规范的方法对种子质量进行测定,以提供种子质量如纯度、净度、发芽率、活力、生活力、千粒重、水分、健康和其他植物种子数等方面的信息。有关种子质量的概念、指标和影响因素等已在本章第一节介绍。本节将重点概述种子检验的发展现状、技术原理和在种子质量控制中的作用等。

一、种子检验的发展现状

早在1869年,德国诺培博士(Dr. Friedrich Nobbe)建立了世界上第一个种子检验室,并进行了种子的真实性、净度和发芽率等检验工作。1906年,德国举办了第一次国际种子检验大会。1908年,美国和加拿大两国成立了北美洲官方种子检验协会(AOSA)。1921年,欧洲种子检验工作者在法国举办了大会,成立了欧洲种子检验协会(ESTA)。1924年,在英国举办第四次国际种子检验大会时,正式成立了国际种子检验协会(ISTA)。

ISTA的宗旨是在世界范围内组织种子科学家制(修)订、出版和推行《国际种子检验规程》等种子检验标准程序。ISTA提供种子检验的专门证书,以适用于国际间种子贸易对种子质量评价的需要。在签发国际种子检验证书时必须依据《国际种子检验规程》进行检验,ISTA的检验证书仅要求填报种子质量的检验结果,不进行质量评价。ISTA鼓励各国官方或企业的种子检验室,创造条件加入ISTA,以促进国际间种子检验技术的标准化。

我国1989年已成为ISTA成员国,农业部等政府部门、中国农业大学、兰州大学、浙江大学、中山大学和中国科学院等的一些种子学专家和实验室等,在积极参与ISTA学术活动和在我国推行《国际种子检验规程》等方面开展了大量工作,为我国种子科学与技术发展作出了重要贡献。

我国改革开放以来,农业部已建立了20余个草种子检测中心。目前,通过农业部审查认可和国家计量认证(以下简称双认证)的中心有5个,依据双认证的先后次序分别是:农业部牧草与草坪草种子质量监督检验测试中心(呼和浩特)、农业部牧草与草坪草种子质量监督检验测试中心(兰州)、农业部牧草与草坪草种子质量监督检验测试中心(北京)、农业部牧草与草坪草种子质量监督检验测试中心(乌鲁木齐)和全国草业产品质量监督检验测试中心。这些检测中心在国家草类种子质量检验、人员培训和标准制修订等方面发挥了重要作用。

二、种子检验的主要内容及技术原理

国际种子检验规程和我国草种子检验规程等已经对种子检验的内容和程序进行了具体规定。检验工作除扦样和品种纯度测定外,大部分工作在室内开展。室内种子检验的主要流程见图34-1。

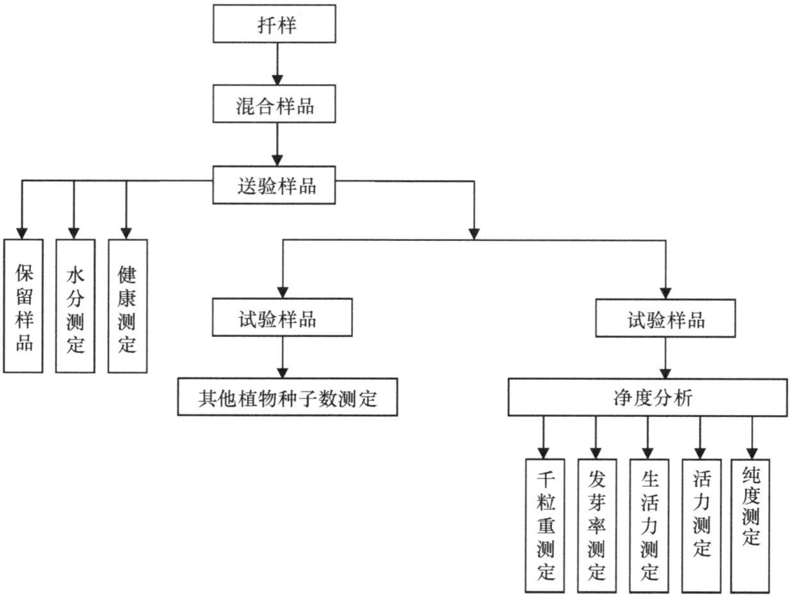

图 34-1　草种子室内检验工作流程

种子质量检验的指标、主要目的和主要方法及原理汇总于表 34-2。

表 34-2　种子质量检验的指标、主要目的和主要方法及原理

测定指标	主要目的	主要方法及原理
扦样	获得有代表性的样品	从批量的种子中,随机取得一个重量适当、有代表性的送检样品
品种纯度、种的真实性	鉴定送验样品或样品所代表种子批所属品种及种的纯度和真实性	1. 种子形态鉴定法:按其形态特征鉴别品种和种; 2. 快速化学测定:根据种子或幼苗所含的某些特殊物质或对某些化学试剂具有特殊的生理、生化或化学反应鉴定种及品种,如苯酚染色法; 3. 荧光测定法:在紫外线照射下,不同植物种、品种由于种子结构和化学成分不同,发出的荧光也有差异,据此可鉴定种子真实性和品种纯度; 4. 染色体鉴定:植物种及品种的染色体数目是恒定的,因此可以用染色体计数法鉴定植物种的真实性和品种纯度; 5. 电泳技术:蛋白质电泳后的谱带因品种或变种的储藏蛋白质分子结构和大小不同而有差异,据此可以鉴别植物种或品种
发芽率	测定送验样品或样品所代表种子批的发芽能力并估测田间出苗和储藏能力	1. 发芽势:在规定条件下的发芽实验初期,正常发芽种子数占供试种子的百分比; 2. 发芽率:在规定条件下的发芽实验末期,正常发芽种子数占供试种子的百分比
生活力	快速估测送验样品或样品所代表种子批的发芽、田间出苗和储藏能力。便于休眠种子检验	四唑测定:可被种子吸收的无色溶液四唑(2,3,5-氯化三苯基四氮唑),在种子组织参与活细胞的还原过程,最终产生红色稳定不扩散物质;从而可以区别种子红色的有生命部分和无色的死亡部分

续表

测定指标	主要目的	主要方法及原理
活力	评价送验样品或样品所代表种子批在较为逆境条件下发芽、田间出苗和储藏能力	1. 电导率测定:干种子浸水时,低活力的种子细胞膜完整性差,渗入水中的可溶性物质或电解质高,种子浸泡液的电导率高,而高活力种子相反; 2. 加速老化:在高温高湿条件下,高活力种子处理后仍能正常发芽,而低活力种子死亡或长出不正常幼苗; 3. 控制劣变(也称催腐):与加速老化法原理相似,但在处理前已将供试种样调整到一定的含水量
净度	确定送验样品或样品所代表种子批中的净种子、杂质和其他植物种子数	将送验样品分成净种子、其他植物种子和杂质 3 个部分,并测定各成分的重量百分率
其他植物种子数	确定送验样品或样品所代表种子批中其他植物种的种子数目	1. 完全检验:从整个规定送验样品中找出所有其他植物种子; 2. 有限检验:从整个规定送验样品中找出指定种; 3. 简化检验:从少于规定重量的送验样品中找出所有其他植物种子; 4. 简化有限检验:从少于规定重量的送验样品中找出指定种
水分	确定送验样品或样品所代表种子批的水分含量,为种子的运输和储藏提供依据	烘干减重法:根据样品烘干后失去水分的重量计算水分百分率
重量	确定送验样品或其所代表种子批的千粒重,为计算播种量提供依据	1. 两次平均法:由净度分析的净种子中取出 1000 粒种子,重复两次,称量每千粒重量,求其平均值; 2. 生物统计法:由净度分析的净种子中取出 100 粒种子,重复 8 次,计算方差、标准差及变异系数;
健康	鉴定种子带病虫的种类和为害程度,为确定适当的处理方法和被检种子批的利用价值提供依据	1. 直接检查:通过目测或显微镜观察,确定种皮颜色是否因罹病而变色,是否有虫孔等; 2. 吸胀种子检查:种子浸泡后,子实体更易于看到,并为孢子释放创造条件,用体视显微镜检查其表面或内部,从而确定病虫害; 3. 洗涤物检查:检验样品浸在加过湿润剂的水或乙醇中,用力振荡,将黏附在种子表面的真菌孢子、菌丝、线虫等冲洗下来后,把洗涤液进行过滤、离心、浓缩或蒸发,除去过剩的液体,并用显微镜检查提取物; 4. 解剖检查:通过解剖种子或制成切片,必要时加以透明染色,在显微镜下观察,从而了解病、虫在种子内的潜伏情况; 5. 软 X 射线检验:通过照片或直接从荧光屏上观察,统计虫害和病害情况; 6. 培养法:样品在不同的培养基上经过一段时期培养后,可检查病原体、害虫和生理障碍,以及由于这些原因所造成的伤害; 7. 植株检查:将种子培育成植株,然后检查其病症

三、种子检验的作用和意义

种子检验是种子质量控制体系的基础和重要组分,检验可服务于种子认证、种子立法、种子企业和种子消费者。种子检验虽然不能改变种子质量,但基于检验结果可以为如何提高种子质量提供指导性建议。现就种子检验的主要作用和意义概括如下。

(一) 种子检验是种子认证的需要

种子认证程序的最后环节是对种子进行检验(详见本章第三节),认证机构可根据检验机构提供的检验结果判定种子质量是否通过认证,从而保证生产和流通领域种子的品种纯度和种的真实性。

(二) 种子检验是种子执法的依据

当种子法对出售种子质量有具体规定时,流通领域的种子必须经过官方检验室的扦样和检验。种子执法部门可依据检验结果对种子质量进行控制,从而保证种子的质量和促进质量的不断提高。

(三) 种子检验可为种子公司运营提供全方位服务

种子公司在种子生产(有些公司在生产种子)、清选、干燥、加工、储藏和调运等环节都需要对种子质量进行监控检验。种子营销人员在种子收购和出售时也需要种子质量的信息;对收购的未清选种子及销售的不同质量的种子都须以质论价。为公司提供种子检验结果的种子检验室,可以是官方的,也可是公司内部设立的,种子公司可根据情况选定。

(四) 种子检验可保证农民的利益

检验可以帮助农民对自产自用的种子进行质量判定,以减少生产上因使用质量差的种子而造成损失。为保护农民的生产效益,政府可以通过补贴检验费等方式鼓励农民送检种子;与补贴检验费用比较,因使用质量差的种子而导致粮食或饲料紧缺会给政府增加更大的经济负担。

(五) 种子检验可促进科学技术发展

通常,种子检验技术人员容易在检验过程中发现生产上引起种子质量问题的原因,从而通过研究解决生产和技术问题。另外,种子技术人员在种子检验技术研究、检验标准制、修订和人员培训等方面都具有重要的作用。因此,政府应鼓励和支持种子检验技术人员从事应用性研究工作。

第三节 种子认证

一、种子认证概述

种子认证(seed certification)也称种子审定、种子登记、种子注册和种子证书等。种子认证是对农牧业生产中所采用的优良品种的种子在世代繁殖过程中的生产、收获、加工、储藏和销售等环节进行种的真实性和品种纯度检验和控制，以确保优良品种的纯度和保护使用者利益。根据需要，在认证过程，也可包括对种子种用特性（如发芽、净度和健康等）的检验。经认证合格的种子批系（贴）有官方加系的标签，以使农民和购买者确认和了解播种材料的来源、认证的代数、品种名和种子的质量等。

国际上，种子认证是伴随着19世纪末到20世纪初植物育种工作快速发展、大量品种不断产生而发展起来的。目前，世界大多数发达国家都实行种子认证制度。

我国2006年，颁布了NY/T 1210—2006《中华人民共和国农业行业标准—牧草与草坪草种子认证规程》。但由于种种原因目前还没开始实行草类种子的认证制度。

种子认证的实质是由专门的认证机构依据国家的相关法律、规程或标准等规定，对优良品种的种子在世代繁殖过程进行审定，以确保品种的基因纯度和农艺性状的一致性。

种子认证的执行机构在大多数国家，是由官方机构或官方组织进行的，少数国家由独立的机构承担。但无论哪类机构，都应独立于种子生产和营销部门，以确保种子认证的公正性。

种子认证需依据国家或地区的一系列相关规定或标准进行，这些规定通常包括：①对播种材料的规定；②对种子生产用地的规定；③对种子田的异株、其他品种和种传病害的规定；④对田间检验的规定；⑤对收获、搬运、清选和包袋的规定；⑥对繁殖代数的规定。

上述规定的具体指标常以国家或地区的种子法或种子认证规程等形式进行颁布。但一个国家所生产的认证种子要进入国际市场，必须以国家为代表加入国际经济联合与发展组织（Organization of Economic Cooperation and Development，OECD），且本国的种子认证标准至少应符合该组织的最低标准。OECD制定有国际贸易间使用的《牧草和油料作物种子的认证规程》。欧洲经济共同体（European Economic Community，EEC）制定了欧共体范围内的种子认证规程。此外，北美（主要是美国和加拿大）的种子认证机构还制定了在该区适用的种子认证标准。

一个国家开始实施种子认证时，宜先采取让种植者自愿申请的方式，当发展至一定阶段，可采取必须或强制性的方式。认证的范围应首先包括最重要的植物种，而后随着对优良品种需求的增加，范围可相应扩大（van Gastel et al.，2002）。

在种子认证中往往对不同繁殖代的种子有不同的命名，以便于区分。例如，OECD品种审定方案中将种子分为前基础种子、基础种子、认证一代种子、认证二代种子和认证三代种子或多代种子等。一般只要经认证证明种子来源和品种纯度是合格的，至于认证种子的繁殖代数是不受限制的。增加繁殖代数可扩大认证种子的数量，减少对前基础种子的需求。但对那些异花授粉的植物，因其生物学原因，往往需对其繁殖代数进行限制。

二、种子认证的内容和程序

种子认证是一项系统工作，涉及许多环节和内容。主要环节的工作内容包括：资格审查、考证种源、田间检验、收获和加工种子的扦样、室内检验、加标签及建立品种对照小区等。现分述如下。

(一) 资格审查

凡准备种植或已种植草类植物作为生产认证种子的生产者都应该向种子认证机构申请种子认证,按要求填写相关表格。种子认证机构根据认证规程等规定对申请表及申请人提供的材料进行审查,同时核查待认证的品种是否列入国家的品种认证名录。凡申请材料符合要求和品种已列入名录的,将批准进行认证。

(二) 考证种源

在播种前,应对种子来源进行考证。考证的办法是检查种子所附标签文件等是否符合作为播种材料的要求。另外,对已种植的种子田也应检查其以往世代繁殖过程的认证文件。

(三) 田间检验

由专职人员在植物生育期间,到种子繁殖地进行田间取样和检验。检验的主要内容是种子的真实性和品种纯度。此外,还需了解田间杂草、病虫感染程度、生长发育状况、前作种类、隔离情况和倒伏程度等。检验后填写《田间检验报告书》,确定该田块能否作为种子田,并提出处理意见。

(四) 收获、加工过程的扦样

由专职扦样员对合格的种子田收获、加工过的种子进行扦样,扦样方法应按《国际检验规程》(ISTA,1993)或本国《种子检验规程》进行,对扦过样的种子批要进行封缄。

(五) 室内检验

由专职检验员依据《国际种子检验规程》或本国《种子检验规程》,采用形态或生化等方法测定品种纯度,并出具检验报告。有时亦根据需要进行质量定级。

(六) 田间小区对照检验

在种子繁殖的任一阶段,如发生品种混杂,育种家经过多年辛勤培育出的品种就会迅速丢失。许多先进的种子方案都包括建立专门的田间品种检验小区,用于大田种子生产中同品种的纯度辅助认证,如 OECD 方案(OECD,1995)及丹麦等的种子质量管理体系(王彦荣,1995)等,主要做法是将待检品种的样品与相同品种的标样(一般来源于育种者提供的基础种子)隔 1 区播种,在植株最能表现其品种特性的生长时期,进行对比纯度测定。田间小区对照检验分为前对照检验和后对照检验两种,前者为在播前或播种期对播种种子进行扦样检验,而后者是对收获清选后的种子批扦样检验。

(七) 加标签

经上述一系列检验,达到一定质量标准的种子批,应由官方人员在种子批内各容器或种子袋上加标签，以作为种子质量的证明。OECD 对不同世代种子的标签有不同颜色的要求，如前基础种子、基础种子、认可一代、认可二代的种子标签分别为白色加一条紫色、白色、蓝色和红色。另外，对标签的尺寸、材料、内容和文字等亦有统一的规定。农民或购买者可根据标签一目了然地了解播种材料。

三、种子认证的作用

种子认证是政府部门监督管理种子生产和种子市场的一种手段。其相互关系见图 34-2。

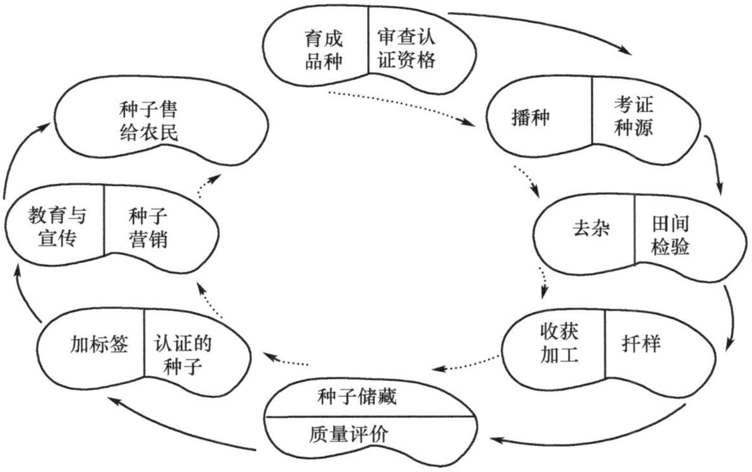

图 34-2　种子认证与种子生产和营销的关系（根据 Douglas，1980 绘制）
实线箭头指向为种子认证机构活动，虚线箭头指向为种子生产和营销活动

种子认证与种子检验有着一定的联系，但二者不能相互替代。种子认证是侧重于品种纯度和品种真实性测定，在认证中多以田间为场所，依据植株形态认证。而种子检验主要是测定种子的播种或储藏质量，如发芽、净度、水分、活力和健康状况等，是在室内依据种子生理特性和形态特性等的测定。尽管二者在扦样、室内品种测定等方面联系密切，但检验场所与技术上差别很大，所以在大多数国家都形成了并行的两个体系。

第四节　种子立法

一、种子立法的条件与类型

（一）种子立法的条件

种子立法的目的主要是要通过法律规范和强制性执行来保证种子质量，从而更好地保护育种者、种子生产者、经营者和使用者的合法权益。但一般而言，一个国家或政府部门在考虑通过立法来保证种子质量时，需要满足以下前提条件：

（1）种子生产者、经营者和使用者都重视种子生产，而且意识到种子质量在种子市场

上的重要性;

(2) 立法能使种子质量稳定在一个可操作的水平上;

(3) 立法能使种子项目发展具有可持续性;

(4) 立法有利于建立有信誉的种子公司和市场集团;

(5) 立法有利于促进优质种子的利用。

(二) 种子法的类型

种子立法的目的主要是要通过法律的规范和强制性执行进行种子质量管理。种子法可以用于建立:①作物的研究与评价体系;②种子认证体系;③市场需求的种子类别(包括出口和进口);④种子检验的职责;⑤植物品种的保护或育种者正当权益的保护;⑥植物的检疫等。

种子法可分为两种类型。一种类型是市场前控制,即在种子上市前对种子质量进行控制,要求生产上各品种的种子在销售前必须达到政府的质量规定,包括必须通过品种纯度认证和达到最低的检验质量标准等。一种类型是市场控制,立法只要求销售的种子附有一定信息的标签。购买者可根据自己的需求选择品种和质量。市场控制体系,执法部门的技术专家可通过定期对销售的种子批随机取样检测种子质量,以确定标签信息是否与实际质量相符。

市场前控制体系的优点是,质量差的种子一般不可能被种植者采用,但由于官方的检验控制程序,可能会使一些具有优良特性的品种推迟利用。而市场控制则相反。

在欧洲,市场前控制体系较多;在美国则主要采用的是市场控制体系加上自愿的种子认证;也有些国家采用二者结合的方法。譬如,认证可能是自愿或者强制性的;市场控制体系可能覆盖了所有或者部分种类的种子,而有不同程度的强制性规定。

(三) 种子法的内容

种子立法具体包含的内容与政府部门是采用市场前控制还是市场控制体系有关。

以《中华人民共和国种子法》(2004)为例,其内容分为如下几章:

第一章　总则

第二章　种质资源保护

第三章　品种选育与审定

第四章　种子生产

第五章　种子经营

第六章　种子使用

第七章　种子质量

第八章　种子进出口和对外合作

第九章　种子行政管理

第十章　法律责任

第十一章　附则

(王彦荣　胡小文　曾彦军)

主要参考文献

王彦荣. 1995. 论种子鉴定与种子质量管理的关系.种子, 2: 55-56.

Association of Official Seed Analysts (AOSA). 1983. Seed vigor testing handbook. Contribution No. 32. Association of Official Seed Analysts. Lincoln, NE, USA

Douglas JE. 1980. Successful seed programs a planning and management guide. Westview Press, Inc. Boulder, Colorado

Esbo H. 1980. Seed quality control. Advances in Research and Technology of Seeds, 5: 9-24

Hampton JG, TeKrony DM. 1995. Handbook of vigour test methods. International Seed Testing Association, Zürich, Switzerland: 117

ISTA. 1993. International rules for seed testing. Seed Science and Technology, 21(Supplement): 1-29

Perry DA. 1977. A vigor test for seeds of barley (*Hordeum vulgare*) based on measurement of plumule growth. Seed Science and Technology, 5: 709-719

Thomson JR. 1979. An introduction to seed technology. pp. 252. Leonard Hill. London.

van Gastel, Tony JG, Bill RG, et al. 2002. Seed quality control in developing countries, in seed policy, legislation and law: widening a narrow focus//Niels P. Louwaars. Food Products Press, an Imprint of The Haworth Press, Inc: 117-130

推荐阅读文献

Douglas JE. 1980. Successful seed programs a planning and management guide. Westview Press, Inc. Boulder, Colorado

第三十五章　土壤种子库

第一节　土壤种子库及其意义概述

一、土壤种子库概述

土壤种子库是指土壤表层凋落物和土壤中具有生活力的种子的总和。植物种子成熟后不管以何种方式传播,最终都会散落到地表。种子到达地表和土壤后,要么很快萌发,要么暂不萌发,这一时期位于地表或土壤中的有生活力的种子便形成土壤种子库。

关于土壤种子库的研究,通常以 19 世纪中期(1859 年)达尔文采集池塘的淤泥进行萌发研究作为开端,至今已有 150 多年的历史。此后,土壤种子库的研究停顿了很长一段时间。期间,1939 年 Milton 研究了不同海拔盐沼泽的种子库。20 世纪 70 年代末期,以 Carol. C. Baskin 和 Jerry M. Baskin 的研究为标志,土壤种子库研究逐渐得到更多关注。目前,土壤种子库的研究已成为生态学、土壤学等学科的研究热点。

迄今,国际上已对多数生境(如森林、农田、草地、牧场、沼泽、撂荒地、荒漠、湿地等)和不同植被类型的土壤种子库进行了广泛研究。研究内容涉及土壤种子库的大小、动态变化、物种组成、分类和研究方法、干扰及环境变化对土壤种子库的影响、种子库在植被恢复和植物遗传变异及进化中的意义等。针对任何一种生境或植被类型,土壤种子库的研究往往都是从它的基本特性,即土壤种子库的大小、物种构成、动态变化及与地上植被的关系等方面入手。

二、土壤种子库的时空动态

受植物生长物候(开花、结果、种子散布与萌发等)、气候变化、地理和微生物等因素的影响,土壤种子库的大小和构成在时间和空间上会发生变化,形成土壤种子库的时空动态。

土壤种子库随时间上的动态变化主要受种子的输出和输入两个过程的影响,种子库的输入主要来源于种子雨和外来种子的散布;种子库的输出因素很多,包括种子萌发、二次扩散、被取食、萌发失败、生理死亡、病原体入侵和深埋等(图 35-1)。空间动态包括水平方向和垂直方向上的分布格局。水平方向上,大多数土壤种子库呈聚集分布,即母株周围种子聚集,向外种子密度逐渐减少,但也有随机分布现象。垂直方向上,随着土层深度的增加,种子密度逐渐减少。

三、土壤种子库与地面植被的关系

土壤种子库与地面植被的关系是土壤种子库研究的一个重要方面。Whipple 早年曾

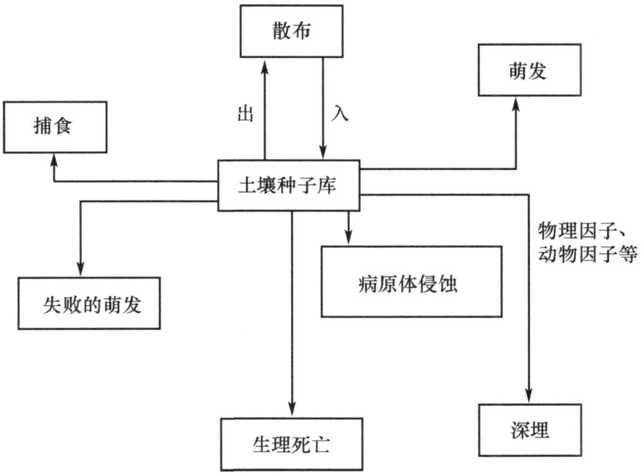

图 35-1　土壤种子库的动态(Simpson,1989)

将土壤种子库与地面植被的关系做了一个分类:①有种子也有植株,所有的环境因子适于种的建成;②有种子而没有植株,环境不适于种的建成;③有植株但土壤中没有种子;④没有植株也没有种子,造成此情形的原因可能是缺乏散布,或者是环境因子不适宜种的建成。

土壤种子库和地面植被的关系常用相似性指数来描述。一些研究表明土壤种子库构成与地上植被构成没有必然联系,而另一些研究结果则表明种子库和地上植被在种类组成上存在相当高的相似性。造成这种状况的原因多种多样,与研究的植被类型及其演替阶段有关,与物种种子本身的生物学特征有关,与环境因子和人为干扰的影响有关,也与研究方法的技术性差异有关。目前,土壤种子库与地表植被的关系还没有统一的结论。

四、研究土壤种子库的意义

土壤种子库是潜在的植物种群,是植物种群定居、生存、繁衍和扩散的基础。有些土壤种子在长时间内保持生活力,形成持久土壤种子库,对遭受严重干扰和自然灾害后植被的恢复至关重要。土壤种子库作为地上植被更新的重要种源,很大程度上决定着植被演替的进度和方向,在植被发生、演替、恢复和重建中起着重要作用。尤其是在环境恶劣的地区(如荒漠、火灾频发的干旱草原、森林),土壤种子库作用更加重要,它可以降低种群灭绝的概率。

研究土壤种子库有着重要的科学意义,不仅与植物种群维持有关,而且与许多应用领域,如生物多样性保护、种质资源储存和植物群落或物种管理相联系,还预示着未来与环境变化条件下的植被动态。土壤种子库研究在连接植物群落的过去、现在和将来方面有重要的科学价值。

对于具有持久土壤种子库的物种来说,土壤种子是由许多植物个体几代甚至百年以上的繁殖所产生的。土壤种子库相当于保存了一个“进化的记忆”。由这种持久土壤种子库所萌发长成的植物,是存在时限很不相同物种的后代,这些植物间通过开花授粉过程进行的基因交换,对种群的遗传变异、对适应环境和种群进化产生重要影响。土壤种子库研究在生物多样性保护和植物进化研究中有重要价值。

随着对土壤种子库研究的深入和扩展,土壤种子库研究的科学意义和实用价值将会不断地以新的内容呈现出来。

第二节　土壤种子库的分类

土壤种子库具有复杂的多样性,对其进行分类有利于开展针对性的研究工作,便于总结土壤种子库研究的科学价值。截至目前,国际上已陆续提出了 10 个土壤种子库的分类系统,被认可的土壤种子库分类类型的数目从 3 个到 12 个不等。但广为采用的是 Thompson 和 Grime 于 1979 年针对温带地区提出的分类系统。该分类系统将土壤种子库分为两大类 4 种类型。两大类即短暂土壤种子库(transient soil seed banks)和持久土壤种子库(persistent soil seed banks)。短暂土壤种子库的种子在土壤中存活不超过一年,持久土壤种子库的种子在土壤中存活至少一年。4 种类型中,类型Ⅰ为秋季萌发物种,土壤种子仅存在于夏季。类型Ⅱ为春季萌发物种,土壤种子主要存在于冬季。通常情况下,以上两种类型的种子在种子散布期处于休眠,在分别经历一个高温或低温期后休眠破除。类型Ⅲ是指当年生产的种子大部分在一年内萌发,有少部分种子处于休眠状态进入下一年。类型Ⅳ是指当年生产的种子仅有少量种子萌发,大部分处于休眠状态进入下一年。类型Ⅰ和类型Ⅱ均为短暂土壤种子库,类型Ⅲ和类型Ⅳ均为持久土壤种子库(图 35-2)。

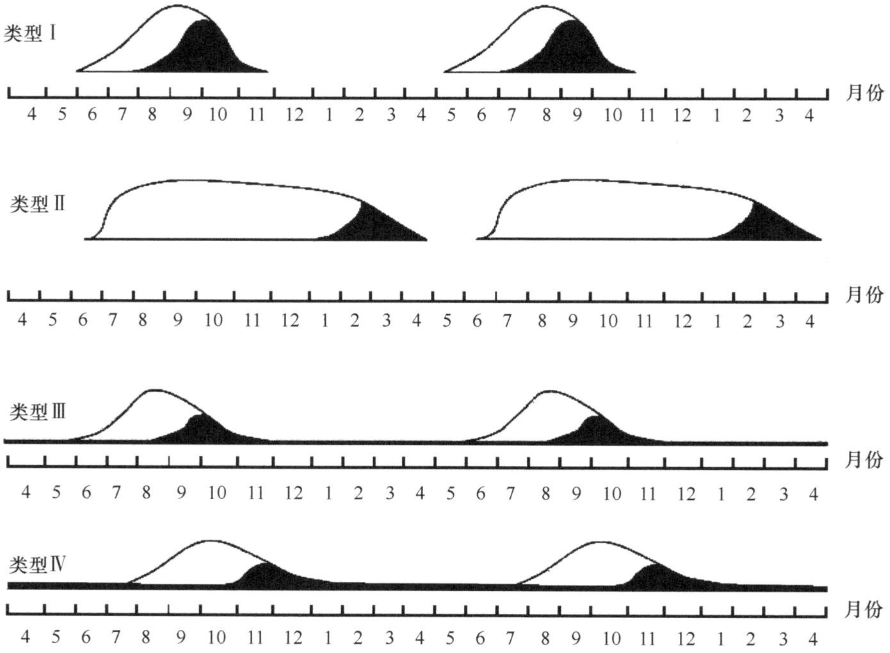

图 35-2　Thompson 和 Grime 1979 年的分类体系(Thompson and Grime,1979)

横坐标表示从当年 4 月到第三年 4 月,黑色部分表示立即可萌发的种子,白色部分表示具有生活力但处于休眠状态的种子

1993 年，Thompson 等依据种子休眠和萌发等特性再次提出了一个分类系统。根据土壤种子存活的年限将种子库分为 3 大类：短暂土壤种子库，种子在土壤中存活不超过 1 年；短期持久土壤种子库（short-term persistent soil seed bank），种子在土壤中存活 1~5 年；长期持久土壤种子库（long-term persistent soil seed bank），种子在土壤中存活至少 5 年。这就是目前生态学文献中常出现的三元分类系统。

第三节　影响土壤种子库的因素

一、生物因素

（一）地上植被

种子雨是土壤种子库的主要来源，在某种程度上种子库实际上是地上植被（已消失的和现存的）的写照，地上植被物种组成会直接影响土壤种子库物种的组成，地上植被产生的种子数量会影响种子库规模。

1. 种子大小和形状

种子库的大小与种子的大小和形状有关。通常小种子植物具有较大的土壤种子库，这可能与小种子易于被埋藏有关。种子处于地表易于萌发或被取食，被埋藏种子萌发或被取食的概率小。大多数种子取食者都是地表取食动物，有些种子的萌发需要光照条件，光照诱导种子萌发。土壤种子的垂直移动和在土层中的分布与种子大小和形状有关。大种子很难进入土壤深处，而小种子则易进入土壤深处。

2. 植冠种子库

植冠种子库（canopy seed bank）由成熟的种子宿存于植冠上形成。干旱荒漠的一些植物和火烧频发的生态系统中许多植物具有植冠种子库。植冠种子库陆续地散布种子，调节种子的萌发时机，保证种子库供应和植物对优越环境的持续占有，保护种子免受捕食等。植冠种子库是调节沙生植物种子散布时间的重要策略。内蒙古东北部移动沙丘沙蓬土壤种子库的最大值出现在 5 月底，原因是宿存于植冠上的种子在春季风力的作用下陆续散落，从而保证了在雨季来临时有足够的土壤种子。

3. 种子休眠和种子库持久性

种子休眠是影响土壤种子库的一个重要因素。许多植物种子即使遇到适宜的萌发条件，如适当的温度、湿度和种子埋藏深度等条件仍然不萌发，而是处于休眠状态，等到来年或若干年后才萌发。这一现象是植物对多变环境不确定性的一种适应性进化。有人将这种现象归属于两面下注策略（bet-hedging strategy）。例如，沙漠一年生植物的部分种子可以通过休眠来度过不利环境、分散在几年内萌发以增加其基因型保存的概率。

植物的种子在土壤中存活超过一年才被认为具有持久性,种子的持久性也是对环境的一种进化适应。持久性是环境因子和种子本身特性相互作用的结果。持久性和休眠之间没有必然的联系。休眠不是持久性产生的必要条件,也不是充分条件,很多物种的种子在土壤中存活几年甚至几十年,不是因为休眠,而是由于其他的各种因素,如种子埋藏较深、温度、水分等萌发条件未满足要求。土壤种子持久性是形成持久土壤种子库的先决条件。

(二) 动物取食、放牧和践踏

一般认为,大种子易被动物取食,小种子不易被取食;暴露于地面的种子易被取食,埋藏的种子不易被取食。但有些动物(如啮齿类动物)能够找到并取食埋藏的种子。由于动物取食种子的斑块效应,种子库比种子雨的空间斑块性更高。由于食种子动物的选择性取食,致使大种子数量在种子库中减少。

动物运动过程中的物理践踏也能对土壤种子库造成影响。有些种子被踩踏到土壤中,有些种子被翻到土壤表面。

放牧影响土壤种子库物种组成、密度和结构。放牧对土壤种子库密度的影响与放牧强度和气候条件有关,主要有以下 3 种结果:放牧提高种子库密度,放牧降低种子库密度,放牧对种子库密度无显著影响。不同放牧强度影响草地土壤种子库物种组成和土壤种子的密度。放牧对土壤种子库多样性的影响存在两种观点:过度放牧导致适口性好的物种灭绝而降低土壤种子库的物种多样性;放牧减少优势种的多度,增加伴生种多度,进而提高土壤种子库的物种多样性。封育条件下,原放牧草地的土壤种子库密度、物种丰富度、土壤种子库和地上植被的相似性呈现随围封年限的增长而增加的趋势,且一年生、二年生植物所占比例均逐渐减小,多年生植物所占比例均逐渐增加。不同的放牧方式和放牧强度对土壤种子库的影响有所不同。一般情况下,放牧草地土壤种子库密度的大小顺序为:禁牧>轮牧>过牧。

(三) 人类耕作

耕作改变种子在土壤中的垂直分布。耕作可将种子埋藏,也可把埋藏的种子翻到土壤表层。耕作较少的农田里,种子储存在地表或浅层土壤中;耕作较频繁的农田里,较多的种子埋藏在土壤深层。随着耕作强度的加大,杂草种子的留存减小,休眠程度高的种子在土壤种子库中的比例增加。耕作为土壤种子提供了一个再次分布的机会,影响土壤种子库中的种群动态。耕作措施还通过影响动物取食来影响种子库。在耕作的农田系统中,埋藏的种子降低了被动物取食的风险。

(四) 生物土壤结皮

生物土壤结皮占据了土壤表层几毫米的位置,在干旱、半干旱地区,生物土壤结皮的出现深刻地改变了土表特性,进而对土壤种子库产生影响。结皮的种类、年龄和水分特性等均影响土壤种子库的储量和物种多样性。例如,土壤种子库在苔藓结皮上的储量显著高于藻类结皮。随着生物土壤结皮的发育,苔藓结皮厚度和粗糙度逐渐增大,土壤种子库储量也增加;藻类结皮由于含有藻青菌使得结皮表层趋于光滑,减少了对植物种子的捕获量,随着藻类结皮年龄的增长,种子库储量减少。荒漠地区的生物结皮影响水分入渗和再分配,进而影响种子库密度和物种多样性。湿润条件下,结皮土壤种子库的物种多样性较干旱条件下高。

二、非生物因素

(一) 土壤特性(水分、紧实度和覆盖物)

土壤水分含量影响种子萌发从而影响土壤种子库的组成、大小和动态。土壤紧实度影响种子的埋藏速度和深度。水分是干旱区植物种子萌发和与幼苗生长的主要限制因素,对干旱区土壤种子库的影响尤为显著。

地表覆盖物及枯枝落叶层主要是通过影响地表温度、光照条件、种子埋藏及减少动物取食对土壤种子库施加影响。

(二) 自然扰动(沙漠化、洪水、火烧等)

沙漠化对土壤种子库有很大影响。土壤种子库密度和土壤种子库组成均随沙漠化程度的增加而下降。从固定到半固定沙地是种子库密度衰减最快的阶段,从半流动沙地到流动沙地是种子库组成减少最快的阶段。随着草地沙漠化程度的增加,地上植被与土壤种子库的共有物种数量逐渐减少,地上植被与土壤种子库群落组成上的相异性逐渐增大。沙漠化造成地上植被的种类减少、盖度下降从而导致种子库物种减少、物种多样性下降、生活型趋于单一,与地上植被的相似性系数逐渐降低。

洪水对土壤种子库的影响主要有远距离传播和二次散布作用。洪水冲刷流经地域的土壤种子连同泥沙一起输送到地势较低的区域。其结果是减少了被洪水暴发冲刷的土壤种子库,增加了下游地区的土壤种子库。除了水平方面的传播,在经历洪水干扰后土壤种子在垂直方向上的分布也发生变化。在干旱区,由于洪水而形成暂时性湿地的现象广泛存在,其土壤种子库因洪水的发生频率、持续时间及发生季节的不同而有很大差别。

火烧会损耗一部分土壤种子库,尤其是影响草类植物种子的密度。火烧对表层土壤种子影响较大,表层土壤种子往往由于直接烧烤或温度过高而死亡。火烧对较深层的土壤种子的影响较小。森林、草原火灾的发生使地表温度上升,浓烟及火烧后遗留的灰烬能在一定程度上解除种子休眠。火烧在破坏土壤种子的同时,也促进种子库中一些物种种子的萌发。火灾后,土壤种子库中生命史较短的种子密度增加。低强度火烧不会对种子库生活型的组成有较大改变,高强度火烧会增加一年生草本和灌木组成。有人将火烧引入废弃林地的管理中,利用适度的火烧解除原有土壤种子库中种子休眠,促进林地植被的恢复,减少突发火灾带来的严重危害。

(三) 地理和地形

一般认为,土壤种子库大小会随着纬度和海拔的升高而减小。但研究结果表明,这种推断不适合类型多样的陆地生态系统。种子库的大小与植物生物学特性有很大关系。地理纬度与地形、海拔和植被类型相互作用,共同影响土壤种子库。总体上,寒带地区植被土壤种子数量一般较少,温带和热带地区植被土壤种子数量较多。

地形复杂造成了土壤种子库空间分布的不均匀性,种子聚集于低凹地形的现象非常突出。地形对土壤种子库萌发能力也具有很大影响。微地形比宽阔平坦的地形更有利于种子定居、萌发和成苗,对植物种群保护和生态恢复具有重要意义。

第四节　土壤种子库研究方法

土壤种子库研究方法是进行土壤种子库研究的指导和科学手段。针对不同研究目的采用科学的研究方法,可以减少取样和实验误差,提高实验结果的准确性、可比性和科学价值,是开展土壤种子库研究首先遇到的问题。

一、取样

(一) 取样方法

目前,土壤种子库研究的取样方法主要有样线法、随机法和小支撑多样点法等。样线法通常是在研究的样地中设置一条或几条平行样线,样线上每隔几米设置一个小样方,在小样方内取几组土样的方法;随机法通常是在研究样地中随机地取一定量土样的方法;小支撑多样点法,即在大样方内的子样方内再分亚单位小样方,形成多级样方,土壤种子库取样点分别设在一级样方、二级样方和三级样方的中心,在整个样地上空间取样点为规则的网格结构。其中样线法和随机法较为常用。

(二) 取样时间

应根据研究目的确定具体的取样时间。例如,在多年生或夏季一年生植物占优势的群落中,研究目的为持久土壤种子库时,应在夏天种子成熟之前采集土样;研究目的为整体土壤种子库时(持久土壤种子库和短暂土壤种子库的混合),应在冬天或早春取样;研究新种子散布前的种子库时,应在每年的4~5月取样;研究新的种子散布后的土壤种子库时,应在每年的10月左右取样。在实际研究工作中,取样时间主要集中在每年的4~5月和10月。

(三) 取样量(面积、数量、土层深度)

取样量包括样方的数量、样方的大小、土层的深度3个方面。经常采用的方法有:大数量的小样方法,小数量的大样方法和大单位内子样方再分亚单位小样方法。其中,大数量的小样方法具有较高的可靠性。样方面积一般有10cm×10cm、20cm×20cm等。大部分研究的取样深度为10cm,分3层(0~3cm、3~6cm、6~10cm或0~2cm、2~5cm、5~10cm)或2层(0~5cm、5~10cm)取样,以了解种子的垂直分布特征。也有部分研究仅取一层(5cm)。研究沙地土壤种子库时,取样深度应增加,如30~50cm。

二、物种组成(种类、数量)的鉴定方法

常用的物种鉴定方法主要有种子萌发方法和物理分离方法(或称直接统计法)。种子萌发方法是把土壤样品直接或经过浓缩减量(去除大型杂质、粒径小于 0.21mm 的黏粒和粉粒)、破除休眠等处理后,置于适宜的萌发条件下(包括温度、水分、埋藏深度等)进行培养,待种子萌发后通过幼苗鉴定物种,通过统计幼苗数目来估测有生活力种子数量的方法。对于难于鉴定的幼苗,移至花盆中继续培养,直至能够准确鉴定。分段物理分离方法是应用物理方法(如水洗、漂选、筛选、吹风等),先把种子与土壤分离开来,再通过肉眼(可借助放大镜或立体显微镜)依据种子大小、形态、颜色等特征鉴定物种,并将每一物种种子分离出来单独计数的方法。物理分离法需要测定种子的生活力,常用的生活力测定方法有四唑染色法和种子萌发实验法。萌发的方法简单易行但耗费时间,还需考虑种子休眠。一般情况下,萌发条件不能满足种子库中所有物种种子的要求,尤其是当萌发试验时间较短时,试验结果会低估土壤种子库。物理分离法较为省时但不省力,而且对物种鉴定的能力有较高要求。

三、种子寿命(持久性)的研究方法

种子寿命的研究方法有人工埋藏试验法和自然埋藏种子调查法。人工埋藏试验法是将新近成熟的种子样品人工埋藏于一定深度的土层中,间隔一定的时期取出一组样品,在实验室测定种子的生活力,通过种子样品生活力的变化,明确土壤种子寿命的方法。在理论上能提供一定条件下种子寿命的数据,但实验结果会因土壤类型、埋藏深度和干扰程度而出现差异。一般情况下,埋藏深的种子比埋藏浅的种子寿命长,种子在未干扰土壤中寿命长。自然埋藏种子调查法是对一些在土壤种子库中出现但在群落中已经不存的物种,通过该物种文献资料或科学断代技术来确定种子埋藏的时间,估测种子寿命的方法。埋藏在火山灰或古老建筑物下的种子,由于频繁刈割或使用除草剂而阻止了新种子输入的土壤种子,均可提供种子寿命的证据。在自然的埋藏过程中,埋藏深的种子比埋藏浅的种子生产得要早,因此可用埋藏深的种子与埋藏浅的种子的比率,结合埋藏速度数据推算种子寿命。

(王彦荣　曾彦军　胡小文)

主要参考文献

付和平,杨泽龙,武晓东,等. 2007. 不同干扰条件荒漠区土壤种子库. 干旱区资源与环境,9(21):133-137
余进德,胡小文,王彦荣,等. 2009. 果翅对霸王种子田间萌发的影响. 西北植物学报,29(4):795-799
李洪远,莫训强,郝翠近. 2009. 30 年来土壤种子库研究的回顾与展望. 生态环境学报,18(2):731-737
于顺利,陈伟宏,郎南军. 2007. 土壤种子库的分类系统和种子在土壤中的持久性. 生态学报,27(5):2009-2108
曾彦军,王彦荣,南志标,等. 2003. 阿拉善干旱荒漠区不同植被类型土壤种子库研究. 应用生态学报,14(9):1457-1463
Baskin CC, Baskin JM. 1998. Seed: ecology, biogeography, and evolution of dormancy and germination. San Diago, Califonia:

Academic Press

Csontos P, Tamás J. 2003. Comparisons of soil seed bank classification systems. Seed Science Research, 13: 101-111

Fenner M, Thmpson K. 2005. The ecology of seeds. Cambridge: Cambridge University Press

Ma JL, Liu ZM. 2008. Spatiotemporal pattern of seed bank in the annual psammophyte *Agriophyllum squarrosum* Moq. (Chenopodiaceae) on the active sand dunes of northeastern Inner Mongolia, China. Plant Soil, 311: 97-107

Pakeman RJ, Attwood JP, Engelen J. 1998. Sources of plants colonizing experimentally disturbed patches in an acidic grassland, in eastern England. Journal of Ecology, 86: 1032-1041

Price MV, Joyner JW. 1997. What resources are available to desert granivores: seed rain or soil seed bank. Ecology, 78: 764-773

Simpson RL. 1989. Ecology of soil seed bank. San Diego: Academic Press: 149-209

Thompson K, Grime JP. 1979. Seasonal variation in the seed banks of herbaceous species in ten contrasting habitats. The Journal of Ecology, 67: 893-921

推荐阅读文献

于顺利,陈伟宏,郎南军. 2007. 土壤种子库的分类系统和种子在土壤中的持久性. 生态学报,27(5):2109-2108

曾彦军,王彦荣,南志标,等. 2003. 阿拉善干旱荒漠区不同植被类型土壤种子库研究. 应用生态学报,14(9):1457-1463

第十篇　草地有害生物防治

第三十六章　草类植物病害

第一节　我国草类植物病害概况

草类植物病害是指草地植物受到病原物的侵害或不利环境的影响，在生理和外观上表现出异常的现象。

草类植物病原物包括真菌、细菌、病毒等，由此类生物引致的病害称为侵染性病害，或称生物学病害，是草类植物病理学研究的重点。我国对草类植物病害的研究始于20世纪20年代，而在大学开设独立的课程并进行专门研究则始于20世纪70年代。经过多年的不懈努力，我国取得了可喜的进展，但距生产上的需求，还相差甚远。

一、我国草类植物病原生物

草类植物病原生物主要有真菌、病毒和细菌3大类，另外还有植原体、线虫和寄生性种子植物等。

（一）真菌

截至1994年，我国已报道的在15科903种牧草上发现的病原真菌共929种（含变种），其中锈菌300种（占总数的32.3%）、黑粉菌106种（占11.4%）、白粉菌55种（占5.9%）、霜霉菌42种（占4.5%）、半知菌268种（占28.8%）（南志标和李春杰，1994）。截至2008年底，我国17科1313种牧草上病原真菌共1592种，按寄主植物划分，危害豆科、禾本科和菊科植物的病原真菌依次为332种、561种和248种，分别占草类植物病原真菌总数的20.85%、35.24%和15.58%。按病原真菌类群划分，锈菌和黑粉菌分别占29.21%和12.88%，二者为已知担子菌的主要病原菌，占42.09%；半知菌占36.75%；子囊菌中的白粉菌占4.46%；鞭毛菌中的霜霉菌占4.40%，而鞭毛菌、子囊菌和担子菌中的其他菌占12.31%（表36-1）（南志标等未发表数据）。

表36-1　截至2008年底，我国牧草上已知的病原真菌

牧草	锈菌	白粉菌	黑粉菌	霜霉菌	半知菌	其他菌	合计	占总数的比例/%
豆科	50	28	4	11	178	61	332	20.85
禾本科	174	2	136	7	162	80	561	35.24
菊科	89	11	2	24	109	13	248	15.58
莎草科	75	0	37	0	6	7	125	7.85
藜科	9	5	0	8	20	10	52	3.27
蓼科	26	3	23	2	24	3	81	5.09

续表

牧草	锈菌	白粉菌	黑粉菌	霜霉菌	半知菌	其他菌	合计	占总数的比例/%
十字花科	0	5	0	3	3	4	15	0.94
蔷薇科	10	3	0	2	8	4	27	1.70
苋科	1	0	1	1	12	4	19	1.19
百合科	5	0	1	1	8	1	16	1.01
鸢尾科	1	0	0	0	13	1	15	0.94
车前科	3	2	0	2	10	1	18	1.13
旋花科	2	4	1	0	11	1	19	1.19
茜草科	11	3	0	4	2	2	22	1.38
蒺藜科	1	2	0	2	0	0	5	0.31
伞形科	6	1	0	2	13	3	25	1.57
唇形科	2	2	0	1	6	1	12	0.75
总计	465	71	205	70	585	196	1592	100
占总数的比例/%	29.21	4.46	12.88	4.40	36.75	12.31		

1994 年统计的牧草病原真菌引致的病害总数为 2831 种,其中以禾本科牧草上报道的病害最多,为 1289 种,占病害总数的 45.5%,其次为豆科和菊科牧草病害,分别为 764 种(27.0%)和 410 种(14.5%)(南志标和李春杰,1994)。2008 年统计的牧草病原真菌引致的病害总数为 4569 种,其中,禾本科、豆科和菊科牧草上真菌病害种类分别占所有真菌病害总数的 42.50%、22.60% 和 15.41%。锈病、白粉病、黑粉病和霜霉病 4 大类病害分别占 22.63%、9.65%、10.94% 和 4.11%,由半知菌、其他子囊菌和鞭毛菌真菌引致的病害占总数的 52.66%(表 36-2)(南志标等未发表数据)。

表 36-2 我国各类真菌性病害在各科草类植物上的分布数量

牧草科	牧草种	锈病	白粉病	黑粉病	霜霉病	其他病害	合计	占总数的比例/%
豆科	278	223	206	4	37	562	1032	22.60
禾本科	479	220	52	359	16	1295	1942	42.50
菊科	232	302	98	2	61	241	704	15.41
莎草科	97	144	0	86	0	24	254	5.56
藜科	31	8	17	0	25	53	103	2.25
蓼科	60	40	12	46	2	55	155	3.39
十字花科	22	0	6	0	23	14	43	0.94
蔷薇科	16	17	8	0	2	16	43	0.94
苋科	13	1	0	1	1	41	44	0.96
百合科	20	17	0	1	2	9	29	0.63
鸢尾科	15	15	0	0	0	20	35	0.77
车前科	10	11	10	0	8	19	48	1.05
旋花科	11	8	14	1	0	20	43	0.94

续表

牧草科	牧草种	锈病	白粉病	黑粉病	霜霉病	其他病害	合计	占总数的比例/%
茜草科	7	15	8	0	6	4	33	0.72
蒺藜科	5	2	7	0	2	0	11	0.24
伞形科	10	9	1	0	2	22	34	0.74
唇形科	7	2	2	0	1	11	16	0.35
合计	1313	1034	441	500	188	2406	4569	100
占总数的比例/%		22.63	9.65	10.94	4.11	52.66		

(二) 病毒

国际病毒分类委员会于2000年最新发表的病毒分类第七次报告所收录的植物病毒有909种(包括确定种和暂定种),分别归属于15个科72个属,其中危害草类植物的有119种,我国已发生的有苜蓿花叶病毒(alfalfa mosaic virus,AMV)病和蒲公英黄花叶病毒(Dandelion yellow mosaic virus,DaYMV)病(洪健等,2001),另有两种沙打旺病毒病尚未定种(表36-3)。

表36-3　危害我国草类植物的病毒

病毒	寄主植物	病名	分布
苜蓿花叶病毒	苜蓿属、三叶草属、野豌豆属、羽扇豆属、草木樨属牧草,以及香豌豆、鹰嘴豆等豆科牧草	苜蓿花叶病毒病	宁夏、河北(侯天爵,1994;张蓉等,2004)
蒲公英黄花叶病毒	蒲公英	蒲公英花叶病毒病	省份不祥(洪健等,2001)
沙打旺花叶病毒	沙打旺	沙打旺花叶病	江苏、北京、内蒙古(南志标和刘若,1997a)
沙打旺叶脉黄化病毒	沙打旺	沙打旺叶脉黄化病	甘肃(李彦忠,2007)

(三) 细菌

全世界已发现的植物病原细菌共69个种、亚种或致病变种(方仲达和任欣正,1992)。我国草类植物病原细菌有4种,其中2种中有7个变种,危害10种寄主植物(表36-4)。

表36-4　我国草类植物已发生的细菌性病害(汇自方仲达和任欣正,1992)

细菌	寄主	病害	分布
高粱假单胞菌(*Pseudomonas andropogonis*)	高粱	高粱细菌条斑病	河北、山东、河南、山西、江苏
苜蓿假单胞杆菌(*Pseudomonas medicaginis*)	苜蓿	苜蓿细菌性茎疫病	江苏、内蒙古

续表

细菌		寄主	病害	分布
丁香假单胞菌(*Pseudomonas syringae*)	金鱼草变种(*Pseudomonas syringae* pv. *antirrhini*)	金鱼草	金鱼草疫病	江苏
	燕麦晕斑致病变种(*Pseudomonas syringae* pv. *coronafaciens*)	燕麦	燕麦晕疫病	内蒙古
野油菜黄单胞菌(*Xan-thomonas campestris*)	苜蓿变种(*Xanthomonas campestris* pv. *alfalfae*)	紫花苜蓿	苜蓿细菌叶斑病	江苏
	谷物致病变种(*Xanthomonas campestris* pv. *cerealis*)	冰草、无芒雀麦、中间偃麦草	禾草细菌条斑病	新疆、内蒙古
	高粱致病变种或绒毛草致病变种(*Xanthomonas campestris* pv. *cerealis* pv. *holcicola*)	高粱	高粱细菌条斑病	河北、河南、山东、江苏、湖北
	李氏禾变种(*Xanthomonas campestris* pv. *leersia*)	李氏禾、稗草	李氏禾条斑病	广东、湖北、江苏、浙江、广西
	水稻和李氏禾变种(*Xanthomonas campestris* pv. *prototypus*)	稗草	李氏禾条斑病	江苏、浙江

(四)线虫

目前全世界已记载的植物线虫有200余属5000余种,其中我国有80余属500余种(谢辉,2005),在草类植物已发现48种(刘维志,2004)(表36-5)。

表36-5 我国草类植物已发现的线虫(汇自刘维志,2004)

线虫	寄主植物	分布
内茎线虫(*Ditylenchus emus*)	白三叶草、藜	辽宁、黑龙江、甘肃
瓣膜茎线虫(*Ditylenchus valveus*)	三叶草	辽宁、吉林、黑龙江、内蒙古、陕西
水稻潜根线虫(*Hirschmanniellaoryzae*)	稗草	上海、台湾、贵州、广东、云南、安徽、北京、陕西、浙江、四川、山东、江西
六裂短体线虫(*Praty-lenchus hexincisus*)	玉米	辽宁、江苏、山西、广东、贵州、天津、江西、陕西、新疆
双角螺旋线虫(*Helicoty-lenchus digonicus*)	鹰嘴豆、红三叶草、羊茅	贵州、广东、湖北、云南、四川、浙江、辽宁、吉林、内蒙古、香港
双宫螺旋线虫(*Helicoty-lenchus dihystera*)	红三叶草、白三叶草、台湾相思	贵州、四川、江西、广东、福建、广西、海南、浙江、上海、湖北、湖南、江苏、安徽、天津、辽宁、香港
刺桐螺旋线虫(*Helicoty-lenchus erythrinae*)	稗草	贵州、四川、江西、福建、湖北、浙江、山东、天津、台湾

续表

线虫	寄主植物	分布
水生螺旋线虫(*Helicotylenchus hydrophilus*)	玉米	湖南
假强壮螺旋线虫(*Helicotylenchus pseudorobustus*)	苜蓿、紫穗槐	黑龙江、辽宁、河北、山东、河南、江苏、浙江、湖北、广东、广西、江西、四川、北京、天津、台湾、内蒙古
松拟盘旋线虫(*Pararotylenchus pini*)	紫穗槐、羊蹄草	黑龙江、辽宁、吉林、内蒙古、河北、山西、山东、河南、湖北、江苏、上海
小尾盾线虫(*Scutellonema brachyurus*)	紫穗槐、藜、铁线莲、羊蹄草	辽宁、吉林、黑龙江、山东、山西、江苏、福建、湖北、河南、四川、内蒙古
燕麦胞囊线虫(*Heterodera avenae*)	燕麦、黑麦	湖北、河南、河北、山西、安徽、北京
花生根结线虫(*Meloidogyne arenaria*)	藜、三色苋、合欢、刺槐、铁线莲	河南、江苏、浙江、福建、江西、广东、广西、云南、湖南、四川、海南、山东、河北、陕西、北京、内蒙古
北方根结线虫(*Meloidogyne hapla*)	苜蓿、甘草、长叶车前、马鞭草、刺蓟、苦苣菜、大碗花、狗舌草、苍耳、刺儿菜、车前、蒲公英、铁线莲、苋菜、马刺苋、荠菜、胡枝子、唐松草、蟋蟀草、野萝卜、灰绿藜、决明、夏至草、白苏、小花鼠尾草、田角皂、鸡眼草、白头翁、附地菜	辽宁、吉林、山东、河南、江苏、福建、河北、贵州、云南、北京、山西、陕西、安徽、内蒙古
南方根结线虫(*Meloidoyne incognita*)	白草、三叶草、狗尾草、野苋、蒲公英、播麦草、酸模、扫帚苗、马唐、蟋蟀草、反枝苋、紫花地丁、小车前草、黄花蒿、附地菜、藜、灰绿藜、星星草、黄蒿、地锦、刺儿菜、苦荬菜、野萝卜、太阳花	山东、福建、浙江、江苏、湖南、湖北、广西、贵州、云南、广东、江西、四川、安徽、河南、海南、北京、内蒙古
爪哇根结线虫(*Meloidogyne javanica*)	车前草、反枝苋、马刺苋、蒲公英	广东、福建、浙江、江苏、安徽、湖南、四川、重庆、广西、江西、海南、云南、山东、河南、北京、内蒙古
吉库尤根结线虫(*Meloidogyne kikuyensis*)	狗尾草	河南、福建
小突根结线虫(*Meloidogyne microtyla*)	稗草	河南
阿扎尼亚小环线虫(*Criconemella azania*)	白三叶草、锦鸡儿、黑麦	内蒙古
弯曲小环线虫(*Criconemella curvata*)	猪毛菜、无芒雀麦、野牛草、红三叶草	辽宁、吉林、黑龙江、内蒙古、河北、四川、重庆、福建
畸形小环线虫(*Criconemella informis*)	稗草、狗尾草、猪毛蒿、蒲公英、白三叶草、锦鸡儿、紫穗槐、加拿大披碱草、苋菜、黄花蒿、洋铁酸模	辽宁、吉林、河北、内蒙古、山东、山西、甘肃、云南、陕西

续表

线虫	寄主植物	分布
微细小环线虫(*Criconemella parva*)	胡枝子、车前、紫穗槐、宽叶薹草	辽宁、黑龙江、吉林、山东、河北
加利福尼亚半轮线虫(*Hemicriconemoides californianus*)	毛连菜、紫菀	辽宁
双花针线虫(*Paratylenchus dianthus*)	加拿大披碱草、红三叶草、无芒雀麦	内蒙古、辽宁、吉林、河北、甘肃、四川
新钝头针线虫(*Paratylenchus neoamblycephalus*)	紫穗槐、蒿	辽宁、吉林、黑龙江、内蒙古
新突出针线虫(*Paratylenchus neoprojectus*)	田菁、刺儿菜、猪毛菜	辽宁、吉林
突出针线虫(*Paratylenchus projectus*)	稗草、藜、白三叶草、草决明、苣荬菜、虎尾草、黑麦、燕麦、田菁、狗尾草、隐子草、头状蓼、蒲公英、地榆、萹蓄、羊蹄酸模、萱草	辽宁、河北、黑龙江、吉林、山东、北京、山西、河南、新疆、内蒙古
斯氏细小线虫(*Gracilacus steineri*)	白花草木樨	辽宁、内蒙古
斯特林细小线虫(*Gracilacus straeleni*)	隐子草、紫穗槐、莎草、女菀	辽宁、吉林、四川、重庆
真实细小线虫(*Gracilacus vera*)	毛连菜、紫穗槐	辽宁
同形滑刃线虫(*Aphelenchus isomerus*)	蒿	辽宁、北京、山西
指尾铗拟滑刃线虫(*Aphelenchus dactylocercus*)	胡枝子	辽宁、吉林、内蒙古、陕西、山东、贵州、云南、天津、浙江
德里拟滑刃线虫(*Aphelenchoides delhiensis*)	胡枝子	辽宁、天津、黑龙江、吉林、内蒙古、甘肃、山西、云南
可疑拟滑刃线虫(*Aphelenchoides dubitus*)	藜	辽宁
艾氏拟滑刃线虫(*Aphelenchoides eltayebi*)	胡枝子	辽宁
螺旋拟滑刃线虫(*Aphelenchoides helicus*)	藜、白三叶草、马刺苋	辽宁、吉林、山东、江西、河北、甘肃、陕西、内蒙古
内卷拟滑刃线虫(*Aphelenchoides involutus*)	青绿薹草	辽宁、山东、山西、河北、安徽
大核拟滑刃线虫(*Aphelenchoides macronucleatus*)	黑麦、燕麦、猫尾草、苦苣菜	辽宁、山西
游泳拟滑刃线虫(*Aphelenchoides nechaleos*)	草地早熟禾、田菁	辽宁
甘蔗拟滑刃线虫(*Aphelenchoides sacchari*)	苜蓿	辽宁、吉林、山东、黑龙江、山西、内蒙古

续表

线虫	寄主植物	分布
腐生拟滑刃线虫(*Aphelenchoides saprophilus*)	燕麦	辽宁、吉林、山西、贵州、广东、云南、天津、北京
梯尾拟滑刃线虫(*Aphelenchoides scalacaudatus*)	虎尾草	辽宁、黑龙江
变尾拟滑刃线虫(*Aphelenchoides varicaudatus*)	三叶草、草地早熟禾	辽宁、陕西
沃恩拟滑刃线虫(*Aphelenchoides vaughani*)	马刺苋	山西、贵州、云南、海南
箭状异滑刃线虫(*Paraphelenchus acontioides*)	草地早熟禾	辽宁
柠檬长尾线虫(*Seinura citri*)	红三叶、羊蹄酸模	内蒙古、吉林、黑龙江、辽宁、山西、河北、云南
锐尾长尾线虫(*Seinura axura*)	三叶草、萱草	辽宁、山东、黑龙江、吉林、贵州
近瘦尾长尾线虫(*Seinura paratenuicaudat*)	狗尾草	辽宁、内蒙古、贵州

(五) 植原体

植原体(*Phytoplasma*)原称类菌原体(mycoplasma-like organisms, MLO)。全世界高等植物植原体病害有300余种,我国有74种,其中草类植物上已发现苜蓿丛枝病(南志标和员宝华,1994;陈耀等,1991)、假臭草丛枝病(王真辉等,2007)、狗牙根白化病(谭卫军等,2008)等,苜蓿丛枝病在新疆北部地区4~5龄草地发病率可达78.4%(南志标和员宝华,1994)。

(六) 寄生性种子植物

菟丝子为常见的寄生性种子植物,全世界有100余种,在我国分布较为普遍的有中国菟丝子(*Cuscuta chinensis*)、田野菟丝子(*Cuscuta campestris*)、五角菟丝子(*Cuscuta pentagona*)、苜蓿菟丝子(*Cuscuta approximata*)和列孟菟丝子(*Cuscuta lehmanoiana*)5种,另外,寄生性种子植物还有列当,全世界约140种,我国有25种,其中埃及列当(*Orobanche aegyptica*)、小列当(*Orobanche minor*)和向日葵列当(*Orobanche cumana*)可危害苜蓿、三叶草等牧草(刘若,2003)。

二、我国草类植物病害发生的新特点

随着我国西部大开发、退耕还草、天然草地保护、草地生态补偿、振兴奶业苜蓿种植发展行动计划等政策的实施,天然草原的利用管理方式发生了改变,栽培草地面积不断增加,草产品和草种子的内外贸易日益频繁,病害发生的社会和生态环境正发生着明显改变,草类植物病害出现了新特点。

(一) 病害种类不断增加

2008 年,我国草类植物病害总种数比 1994 年增加了 1484 种,如仅在苜蓿和沙打旺上就发现 7 种新病害,其中,沙打旺黄矮根腐病[沙打旺埃里砖格孢(*Embellisia astragali*)](Li and Nan,2007)为世界新病害,苜蓿黄萎病[黑白轮枝孢(*Verticillium albo-atrum*)](王雪薇等,1994)、苜蓿叶霉病[枝状芽枝霉(*Cladosporium cladosporioides*)](张陶和桂明英,2001)、苜蓿刈草软腐病[特异青霉(*Penicillium notatum*)、甘薯小菌核菌(*Sclerotinia bataticola*)](赵震宇和李春杰,2003)、沙打旺黑斑病[山黧豆扁裂腔菌(*Diachorella lathyri*)](侯天爵,1996)和直立黄芪黑粉病[楔孢黑粉菌属(*Thecaphora affinis*)](Wang and Guo,2002)等为国内新记录;其他国内新记录有:多年生黑麦草(*Lolium perenne*)、多花黑麦草(*Lolium multiflorum*)和梯牧草(*Phleum pratense*)的细菌性萎蔫病[野油菜黄单孢杆菌禾草致病变种(*Xanthomonas campestris* pv. *Graminis*)和梯牧草致病变种(*Xanthomonas campestris* pv. *phlei*)](王慧敏和裘维蕃,1996)、巴天酸模(*Rumex patientia*)和蒙古山莴苣(*Lactuca tatarica*)的柱格孢叶斑病[草柱格孢(*Ramularia partensis*)和山莴苣柱格孢(*Ramular mulgedii*)](雷玉明和张建文,2007)、三叶草小菌核病[罗氏整体小菌核(*Sclerotium rolfsii*)](罗禄怡等,1995)等。尤其值得注意的是,1996 年在新疆南疆地区我国首次发现了毁灭性病害——苜蓿黄萎病,为我国苜蓿生产敲响了警钟。该病 1918 年自瑞典首次发现,1940~1950 年传遍了整个欧洲,1962 年发现于加拿大,1976 年发现于美国。1996 年前,我国是世界上唯一未发现该病的苜蓿生产大国(王雪薇等,1998)。

(二) 病害危害面积加大

随着牧草栽培面积的扩大,牧草病害的危害面积不断增大,如宁夏苜蓿种植面积由 1998 年的 7.6 万 hm^2 上升至 2003 年的 20 万 hm^2,其中 90% 的面积发生苜蓿褐斑病(*Pseudopeziza medicaginis*),60% 的面积发生苜蓿霜霉病[苜蓿霜霉菌(*Peronospora aestioalis*)],30% 的面积发生苜蓿白粉病[豆科内丝白粉菌(*Leveillula leguminosarum*)、豌豆白粉菌(*Erysiphe pisi*)](张蓉等,2004)。1962 年前我国未发生柱花草炭疽病[柑桔炭疽刺盘孢菌(*Colletotrichum gloeosporioides*)],但现在却遍及我国柱花草主要种植区,成为柱花草推广种植的主要限制因素之一(易克贤,2001)。

(三) 病害危害加重

治理退化草地、封滩育草、建立高产草地是各地发展草地畜牧业生产的主要措施,但生态环境的改变对牧草病害的流行亦产生重大影响。研究发现在甘肃高山草原,不实施草地改良措施时,花苜蓿霜霉病[霜霉菌(*Peronospora trigonellae*)]发病率不及 1%,但随着灌溉、施肥、封滩育草等措施的应用,该病的发病率已达 40%~50%。原本少见的垂穗披碱草锈病[条形柄锈菌(*Puccinia striiformis*)]和黑粉病[冰草茎黑粉菌(*Urocystis agropyri*)],发病率也高达 34%~43%,成为制约当地草地生产的主要因素(南志标等,2003b)。

另外,草坪草病害已逐渐成为草坪业的主要限制因素之一(王海和付晓燕,2010)。仅在甘肃已发现34种草坪草病害,其中国内新记录18种(李春杰和南志标,1998)。因病害导致整个高尔夫球场停业修复的事件亦有发生(南志标等,2003a)。

第二节　我国重要的草类植物病害

根据病害发生范围和危害程度,暂将草类植物病害分为以下3类:第一类是目前发生于全国诸多省份,对生产有较大影响的病害;第二类是发生的普遍性不及第一类,但在某些地区已造成严重危害;第三类是具有潜在危险,一旦环境适宜,即可造成严重危害的病害(南志标和李春杰,1994)。

目前已知我国沙打旺、紫花苜蓿、草木樨(白花、黄花)、红豆草、三叶草(白、红)和禾本科牧草的病害分别有24种、36种、21种、24种、37种和1289种,主要为真菌病害,其中第一类病害分别有3种、3种、2种、2种、3种和3种(表36-6)。

表36-6　我国主要牧草的病害数及其重要性(南志标和李春杰,1994)

牧草	已知病害数	重要性		
		第一类	第二类	第三类
紫花苜蓿	36	锈病(*Uromyces striatus*) 霜霉病(*Peronospora aestivalis*) 褐斑病(*Pseudopeziza medicaginis*)	镰刀菌根腐病(*Fusarium* spp.) 轮斑病(*Stemphylium botryosum*) 炭腐病(*Sclerotium bataticola*)	炭疽病(*Colletotrichum* spp.) 白粉病(*Erysiphe pisi*) 黄萎病(*Verticillium albo-atrum*)
沙打旺	24	白粉病(*Erysiphe pisi*) 炭疽病(*Glomerella* spp.) 黄矮根腐病(*Embellisia astragali*)	黄萎病(*Verticillium dahliae*) 黑斑病(*Diachorella lathyri*) 丝核菌根腐病(*Rhizoctonia solani*)	镰刀菌根腐病(*Fusarium* spp.)
草木樨(白花、黄花)	21	白粉病(*Erysiphe pisi*) 锈病(*Uromyces baeumlerianus*)	丝核茎基腐和根腐病(*Rhizoctonia solani*) 黑茎病(*Cercospora davisii*)	黄萎病(*Verticillium dahliae*)
红豆草	24	灰霉病(*Botrytis cinerea*) 壳二孢茎斑病(*Ascochyta onobrychidis*)	锈病(*Uromyces onobrychidis*) 镰刀菌根腐病(*Fusarium* spp.)	黄萎病(*Verticillium dahliae*) 白粉病(*Erysiphe polygoni*, *Leveillula leguminosarum*)
三叶草(白、红)	37	白粉病(*Erysiphe pisi*) 污斑病(*Stemphylium sarciniiforme*) 根腐综合征(*Fusarium* spp.)	锈病(*Uromces* spp.) 轮纹病(*Phoma medicaginis*) 黑斑病(*Polythricium trifolii*) 白绢病(*Corticium centrifugum*)	褐斑病(*Pseudoeziza trifolii*) 炭疽病(*Colletotrichum trifolii*) 菌核病(*Sclerotinia ciborioides*)
禾草	1289	锈病(*Puccinia* spp.) 黑粉病(*Ustilago* spp., *Urocystis* spp.) 麦角病(*Claviceps purpurea*)	全蚀病(*Gaeumannomyces graminis*)	叶斑病(*Ascochyta sorghi*, *Phyllosticta sorghina*, *Stagono-spora arenaria*, *Dreshslera* spp., *Bipolaris sorokiniana*) 粒线虫(*Anguina agrostis*)

我国最重要的草类植物病害有如下 9 种（类），主要为第一类病害，也包括具有代表性的部分第二类和第三类病害。其中，5 种（类）危害地上部分（锈病、白粉病、霜霉病、炭疽病、苜蓿褐斑病），1 种（类）危害根部（根腐综合征），3 种（类）为系统性病害（黑粉病、沙打旺黄矮根腐病、豆科牧草黄萎病），可同时为害地上部分和根部。

一、锈病

锈病是草类植物地上部分最常见病害之一，除十字花科草类植物上未发现被该类病菌侵染之外，豆科、禾本科、菊科、莎草科、藜科、蓼科、蔷薇科、苋科、百合科、鸢尾科、车前科、旋花科、茜草科、蒺藜科、伞形科和唇形科 16 科草类植物均有发生。在禾本科牧草和草坪草上最为普遍，同一株上往往有多种锈菌发生。

病原　禾本科和豆科草类植物锈病的病原分别为担子菌的锈菌目（Uredinales）柄锈菌属（*Puccinia*）和单胞锈菌属（*Uromyces*），侵染禾本科的锈菌不能侵染豆科植物，反之亦然。

禾本科牧草锈病的病原主要有 8 种，其中禾柄锈菌、禾冠柄锈菌和条形柄锈菌的寄主范围广泛，分布于我国大部分地区（表 36-7）。

表 36-7　禾本科牧草锈病（汇自南志标和李春杰，1994）

锈菌	第一寄主	转主寄主	病害	分布
禾柄锈菌（*Puccinia graminis*）	冰草属、鹅冠草属、披碱草属、雀麦属、早熟禾属牧草	小檗属、十大功劳属牧草	秆锈病	青海、新疆、甘肃、内蒙古、河北、北京、福建、山西、江苏、广西、西藏、台湾
禾冠柄锈菌（*Puccinia coronata*）	冰草属、羊茅属、披碱草属、雀麦属、早熟禾属牧草	鼠李属牧草	冠锈病	青海、甘肃、陕西、河北、黑龙江、四川、新疆、湖北、浙江、江苏、安徽、云南、贵州
条形柄锈菌（*Puccinia striiformis*）	冰草属、鹅冠草属、披碱草属、鸭茅属等 10 余个禾本科属牧草	无	条锈病	甘肃、内蒙古、新疆、西藏、四川、陕西、吉林
隐匿柄锈菌（*Puccinia recondita*）	鹅冠草属、早熟禾属、羊茅属、雀麦属、鸭茅属牧草	唐松草属牧草、小乌头	叶锈病	黑龙江、河北、宁夏、内蒙古、北京、吉林、云南、山西、陕西、青海、台湾、四川
秦岭柄锈菌（*Puccinia tsinlingensis*）	雀麦属牧草	无	雀麦锈病	陕西、新疆、西藏
羊茅属柄锈菌（*Puccinia festucae*）	羊茅属牧草	忍冬	羊茅锈病	四川、云南、甘肃、江苏
狗牙根柄锈菌（*Puccinia cynodontis*）	蟋蟀草	车前草属牧草	蟋蟀草锈病	台湾、新疆
结缕草柄锈菌（*Puccinia zoysiae*）	结缕草属牧草	无	结缕草锈病	山东、山西、辽宁、黑龙江、台湾、北京、河北、福建

豆科牧草锈病的病原主要有 5 种（包括 1 未定种），除条纹单胞锈菌可寄生苜蓿和三叶草属牧草，且具有转主寄主之外，其余锈菌的寄主专化型较强，一般只为害一个属的牧草，无转主寄主（表 36-8）。

表 36-8　豆科牧草锈病(汇自南志标和李春杰,1994)

锈菌	第一寄主	转主寄主	病害	分布
条纹单胞锈菌(*Uromyces striatus*)	苜蓿属、三叶草属牧草	大戟属牧草	苜蓿锈病	宁夏、内蒙古、甘肃、江苏、吉林、山西、辽宁、山东、台湾、四川、河北、新疆、云南、贵州、陕西
红豆草单胞锈菌(*Uromyces onobrychidis*)	红豆草属牧草	无	红豆草锈病	新疆、甘肃、云南
三叶草单胞锈菌(*Uromyces trifolii*, *Uromyces fallens*)	三叶草属牧草	无	三叶草锈病	新疆、云南、湖南
博伊单孢锈菌(*Uromyces baeumleriamus*)	草木樨属牧草	无	草木樨锈病	江苏、甘肃、吉林、湖北、内蒙古、河北
沙打旺锈菌(*Uromyces* spp.)	沙打旺	无	沙打旺锈病	内蒙古、甘肃、陕西、河北、江苏

症状　主要为害叶片,部分锈菌还可为害茎秆和果穗。典型症状为:在病部产生突起的病斑,破裂后释放出铁锈色粉末状,即夏孢子堆,后期病斑上产生黑褐色或黑色团状物,即冬孢子堆。由于病株叶片中的叶绿素被破坏,光合作用降低,蒸腾作用增强,大量失水,叶片变黄枯死,草地提前衰退。病草适口性差,利用率低,严重时家畜采食后会产生呕吐等中毒症状。

发病规律　锈菌的生活史较复杂,完全锈菌的生活史可产生夏孢子、冬孢子、性孢子、锈孢子和担孢子 5 种孢子,但主要以冬孢子或休眠菌丝在病残体上越冬,以夏孢子随气流传播,导致病害流行。夏孢子在水膜中萌发最好,萌发适宜的温度因菌种不同而不同,苜蓿锈菌(*Uromyces striatus*)为 15~25℃,秆锈菌(*Puccicinia graminis*)为 19~25℃,叶锈病菌(*Puccicinia recondita*)为 15~25℃,条锈菌(*Puccicinia striiformis*)为 9~13℃。

二、白粉病

白粉病是草类植物常见病害,除在莎草科、苋科、百合科、鸢尾科等草类植物上未发现之外,在其他各科上均有发生(南志标和李春杰,1994)。

病原　白粉病菌的有性阶段属子囊菌白粉菌目(Erysiphales),其无性阶段属半知菌粉孢属(*Oidium*)。白粉菌的白色菌丝和白色粉末状的分生孢子生于植株表面。由禾布氏白粉菌(*Blumeria graminis*)引致剪股颖属、冰草属、雀麦属、野牛草属、狗牙根属、鸭茅属、野麦属、羊茅属、猫尾草属牧草等的 545 种禾本科牧草得白粉病。由豌豆白粉菌(*Erysiphe pisi*)引致苜蓿、草木樨、沙打旺、红豆草、百脉根、野豌豆、香豌豆等多种豆科牧草白粉病。苜蓿、红豆草、沙打旺等豆科牧草的白粉病菌还有内丝白粉菌(*Leveillula leguminosarum*)。

症状　主要侵染叶片,也可侵染茎秆、豆科牧草的叶柄和荚果、禾草的叶鞘和穗等部位。典型症状为:发病初期病部出现稀疏或稠密的白色粉状物,即为无性阶段的菌丝和分生孢子;后期病部出现肉眼可见的黄色、橙色、黑褐色颗粒状物,即为有性阶段的闭囊壳,危害部位常提早干枯,豆科牧草的叶片常提早脱落。白粉病消耗寄主水分和养分,虽不引起植株急性坏死,但严重影响植株生长发育和抗逆性,是多年生草地和草坪利用年限缩短的一个诱因。

发病规律　白粉病菌属专性寄生菌,不能脱离活体生活,在病残体上以闭囊壳越冬,或在存活寄主上以休眠菌丝体越冬,翌年产生分生孢子,借气流传播。冬季温暖、生长季节湿润而降水量不大的年份容易流行,但干旱条件下植株受害严重。

三、黑粉病

黑粉病主要发生于禾本科草类植物,另外,在莎草科、蓼科,菊科、苋科、百合科、旋花科和豆科草类植物上亦有少量种类发生。

病原　黑粉病的病原有黑粉菌属(*Urocyslis*)、腥黑粉菌属(*Tilletia*)和轴黑粉菌属(*Sphacelotheca*)等。根据危害部位和病原不同可分为条黑粉病、秆黑粉病、散黑穗病、坚黑穗病等。不同种的黑粉菌的冬孢子的大小、表面附属物和孢子萌发方式等均不同。我国禾草黑粉病菌主要有5种(表36-9)。

表 36-9　禾本科草类植物的黑粉病(汇自南志标和李春杰,1994)

黑粉菌	寄主	病害	分布
条黑粉病病菌(*Ustilago tritici*)	雀麦属、剪股颖属、鸭茅属、发草属、披碱草属、狗尾草属、早熟禾属草类植物	禾草条黑粉病	甘肃、新疆
碱草黑粉菌(*Ustilago trebouxii*)	早熟禾属、大麦属碱茅属、针茅属草类植物	散黑穗病	青海、甘肃
狗牙根散黑粉菌(*Ustilago cynodontis*)	狗牙根	散黑穗病	北京、陕西、四川、山西、江苏、浙江、安徽、江西、福建、台湾、河南、湖南、广东、贵州、云南、甘肃、河北、香港、海南、广西
雀麦黑粉菌(*Ustilago bullata*)	雀麦属、冰草属、大麦属、披碱草属、羊茅属、细坦麦属草类植物	黑穗病	新疆、吉林、内蒙古、云南
丝轴黑粉菌(*Sphacelotheca reiliana*)	苏丹草、假高粱	丝黑穗病	吉林、辽宁

症状　条黑粉病和秆黑粉病在叶片和叶鞘上产生长短不一的黄绿色条斑,后变暗和银灰色,最后破裂释放黑褐色粉状物,即冬孢子;而散黑穗病和坚黑穗病均主要为害穗部籽粒,前者产生的黑色粉状物容易散落,后者产生的黑色粉状物黏结成团,难于散开,坚黑穗病散出的粉状物腥味较重。苏丹草等牧草上还有丝轴黑粉病,也主要为害穗部,产生的黑色粉状物容易散开,但同时残留丝状的维管束组织。

所有黑粉病均属于系统性病害,虽然症状仅表现在局部组织,但影响全株的生长,如条黑粉病和秆黑粉病虽然只为害茎叶,但受害植株生长缓慢、矮小,一般不抽穗,而散黑穗病虽然主要只为害穗部,但其受害植株反而稍高于健康植株。

发病规律　受到散黑穗病危害的植株抽穗时间早于健康植株,病株穗部散落黑粉的时间与健康植株开花的时间吻合,黑粉菌的孢子随气流或雨水飞溅传播到健康植株的穗部侵染花器，其菌丝存在于籽粒中，但带菌种子外观无明显异常。其他黑粉病均在植株生长中后期产生大量黑粉（冬孢子），黑粉常可黏附于种子表面，或混杂于土壤、肥料之中，在下一个植物生长季节遇到寄主植物时再次侵染，导致植株发病。

四、霜霉病

豆科草类植物霜霉病最多，其次为菊科、藜科、十字花科和禾本科草类植物等，草类植物的霜霉病已报道188种。

病原　草类植物霜霉病的病原有霜霉菌属（*Peronospora*）和指梗霉属（*Sclerophthora*）等。夏季霜霉菌（*Peronospora aestivalis*）引起苜蓿霜霉病，全国各地均有分布。红三叶霜霉菌（*Peronospora trifoliipratensis*）和高山三叶霜霉菌（*Peronospora trifoliialpestris*）等6种霜霉菌引起三叶草霜霉病，为世界性病害，在我国主要发生于华南地区。霜霉菌属一个种（*Peronospora ruegeriae*）引起红豆草霜霉病，草木樨霜霉菌（*Peronospora meliloti*）引起草木樨霜霉病，野豌豆霜霉菌（*Peronospora viciae*）引起野豌豆霜霉病，大孢指疫霉菌（*Sclerophthora macrospora*）引起禾草霜霉病，我国各省均有报道，甘肃河西走廊禾草受害严重。

症状　霜霉病为系统性病害，受侵染植株常退绿、矮化、茎变短、扭曲畸形，发病重的豆科植物不能形成花序或花器发育不良，导致大量落花、落荚，禾草穗部颖片变肥大，呈小叶状。叶片是症状表现最典型的器官，豆科植物叶片上出现不规则的退绿斑，淡绿色或黄绿色，病斑边缘不清，随病斑扩大叶缘向下卷曲，禾草叶片出现黄白条纹。受害叶片在空气潮湿时出现白色霉层，即病菌的孢子囊和孢囊梗。霜霉病严重影响草产量和种子产量，而且显著降低抗逆性，致使植株大量死亡、草地衰退。

发病规律　病菌以菌丝体在系统侵染的病株地下器官或以卵孢子在病株体内越冬。卵孢子混入种子，可远距离传播。田间孢子囊随风雨传播。该病多发生于温凉潮湿、雨、雾、结露的气候条件。在草层过密或阴凉潮湿的草地上可造成较大损失。

五、苜蓿褐斑病

苜蓿褐斑病是苜蓿产区普遍发生的地上病害。

病原　苜蓿假盘孢菌（*Pseudopeziza medicaginis*），属子囊菌假盘孢属。

症状　可侵染各种苜蓿属植物，除侵染叶片外，也可侵染叶柄和幼茎。叶片上典型症状为圆形或近圆形病斑，病斑通常彼此不汇合，浅褐色至深褐色，边缘锯齿状。病害后期叶面病斑中央变厚，产生直径约1mm浅褐色至浅黄色突起的蜡状颗粒，成熟后突起物向四周裂开，不规则，似碗状，即病原菌子实体——子囊盘。病情严重时，病斑布满全叶，使叶片早期黄化或干枯皱缩脱落，影响草产量。另外，苜蓿感染褐斑病后，香豆醇类物质含量上升十倍乃至百倍，影响母畜繁殖。

发病规律　病菌以子囊孢子在干枯病叶病斑上的子囊盘中越冬，在次年寄主生长季节从子囊盘中弹射而出，侵染苜蓿的地上部分。阴天湿润有利于褐斑病的发生和发展。种植年限越长，发病越重。春季发病较轻，夏、秋季发病较重。

六、炭疽病

炭疽病是一类重要的病害,在多种植物上发生,其中苜蓿炭疽病是美国和法国等的毁灭性病害之一,柱花草炭疽病是澳大利亚和亚热带地区柱花草最重要的病害之一(张伟丽和郭振飞,2005)。

病原　我国草类植物炭疽病的病原有 7 个种,绝大部分为刺盘孢(表 36-10)。

表 36-10　草类植物的炭疽病(汇自南志标和李春杰,1994)

炭疽菌	寄主	病害	分布
三叶草刺盘孢(*Colletotrichum trifolii*)、毁灭刺盘孢(*Colletotrichum destructivum*)、平头刺盘孢(*Colletotrichum truncatum*)	紫花苜蓿、南苜蓿	苜蓿炭疽病	江苏、贵州、吉林、江苏、浙江
三叶草刺盘孢(*Colletotrichum trifolii*)	三叶草属草类植物	南方炭疽病	海南、甘肃
噬茎球梗孢(*Kabatiella caulivora*)	三叶草属草类植物	北方炭疽病	甘肃
刺盘孢(*Colletotrichum* sp.)	红豆草	红豆草炭疽病	甘肃
三叶草刺盘孢(*Colletotrichum trifolii*)、毁灭性刺盘孢(*Colletotrichum destructivum*)、禾生刺盘孢(*Colletotrichum graminicola*)	草木樨属草类植物	草木樨炭疽病	吉林、宁夏
胶孢炭疽病菌(*Colletotrichum gloeosporioides*)、束状刺盘孢(*Colletotrichum damatium*)	柱花草	柱花草炭疽病	广东、广西、云南、贵州、福建、四川
禾生刺盘孢(*Colletotrichum graminicola*)	剪股颖属、狗牙根属、芒属、早熟禾属草类植物,以及鸭茅、多年生黑麦草	禾草炭疽病	陕西、宁夏、湖南

症状　在豆科植物上,主要侵染茎秆,还可侵染其他部位。茎秆上出现边缘褐色、中心灰白色的卵圆形至梭形大斑,病斑上有黑色小点,即病菌的分生孢子盘。病斑扩展后可绕茎一周,此时枝条枯死。在根部可产生黑色或褐色病斑,严重发病的植株根颈部腐烂。北方炭疽病的典型症状为茎向下弯曲、叶片萎蔫、茎纵向开裂和下陷,以致折断。在禾本科植物上,病原主要侵染叶片,出现圆形、长梭形红褐色病斑,病斑汇合导致叶片枯死。

发病规律　病菌在病残体和残茬上越冬。可通过污染的种子或携带病菌碎片的机具传播。高温多湿下发病较重。

七、根腐综合征

与植株地上部分病害相比,将所有危害植物根部和根颈部的病害统称为根腐综合征,或根腐和根颈腐烂病。根部活力是植物生命的主要表征,因此,根部受害既影响地上部分产量,又影响植株寿命。对草地而言,根部受害会影响草地的使用寿命,是导致草地衰退的主要原因,属世界性病害。

病原　全世界已报道的草类植物根腐综合征的病原有真菌、细菌和线虫 3 大类(南志标,1991),仅在苜蓿上分别有23属、2属、1属,共26属。其中主要的病原真菌有如下8个属:腐霉属(*Pythium*)、疫霉属(*Phytophthora*)、镰刀菌属(*Fusarium*)、丝囊霉属(*Aphanomyces*)、核盘菌属(*Sclerotinia*)、壳多孢属(*Stagonospora*)、双胞霉属(*Cylindrocladium*)和丝核菌属(*Rhizoctonia*),其中,在我国发生的主要为6个属,每属最多达13种,如镰刀菌属(*Fusarium*)(表36-11)。

表36-11　我国草类植物根腐综合征(汇自南志标和李春杰,1994)

根腐病原真菌	寄主	病害	分布
三叶草核盘菌(*Sclerotinia trifoliorum*) 核盘菌(*Sclerotinia sclerotiorum*)	苜蓿	菌核病	江苏、南京、甘肃
草木樨壳多孢(*Stagonospora neliloti*)(无性)、草地小腔菌(*Leptosphaeria pratensis*)(有性)	苜蓿、三叶草	壳多孢叶斑、根腐病	内蒙古、山西、甘肃、云南
尖镰孢(*Fusarium oxysporium*)、腐皮镰孢(*Fusarium solani*)、燕麦镰孢(*Fusarium avenaceum*)、粉红镰孢(*Fusarium roseum*)、串珠镰孢(*Fusarium moniforme*)	野豌豆属、苜蓿属草类植物,以及鸢尾、匍匐茎剪股颖	镰孢萎蔫、根腐病	甘肃、吉林、宁夏、黑龙江、北京、云南
甘薯小核菌(*Sclerotium bataticola*)(有性)、菜豆壳球孢(*Macrophomina phaseolina*)(无性)	苜蓿	炭腐病(黑茎病)	吉林、甘肃、南京
齐整小核菌(*Sclerotium rolfsii*)(无性)、*Athelia rolfsii*(有性)	紫花苜蓿、南美藜	白绢病	吉林、西藏、贵州
立枯丝核菌(*Rhizoctonia solani*)(无性)、瓜亡革菌(*Thanatephorus cucumeris*)(有性)	紫花苜蓿、沙打旺、野大豆	丝核菌根腐病	台湾、吉林、甘肃、新疆、江苏、四川

症状　不同病原引致在根部或根颈部的症状虽有所差异,但根部腐烂是共同症状。在田间诊断中,需要挖出根部进行观察和解剖。由于植株生长多年后根部周皮加厚,组织老化,实践上,根据症状很难确定病害种类。染病植株由于根部受害,植株生长衰弱,分枝减少,植株矮化,通常并无特异性症状,因此,虽然部分苜蓿根腐病的病原可在根颈或茎基部产生霉层或产孢结构,有助于病害诊断,但分离鉴定病原和致病性测定是确定根腐病病害种类的最重要依据。

发病规律　根腐病的病原几乎全部为土壤习居性的,可长期生活在土壤中,可随土壤传播,故根病常称为土传病害,也可在田间病株上或病残体上越冬,有的可随种子传播。在田间可通过灌水和刈割等农事活动传播。不同病害对温度和湿度的要求不同。各真菌根腐病之间及与线虫根腐病之间还存在一定的互作关系。

八、沙打旺黄矮根腐病

沙打旺黄矮根腐病沙打旺黄矮根腐病是在我国新发现的系统性病害和种传新病害,在甘肃、宁夏、陕西、内蒙古等地均有发生,发病率为5.7%~82.6%(李彦忠,2007;李彦忠等,2011)。

病原　沙打旺埃里砖格孢(*Embellisia astragali*)。

症状　典型症状为叶片黄化、植株或枝条矮化、茎秆变褐、根颈和根腐烂。返青期病株新叶片基部退绿、变黄，生长中后期顶叶黄化、皱缩、卷曲、细小，叶柄上出现褐斑，生长后期茎秆变褐色、紫色或黑色，枝条顶枯，极少开花结实。根表皮红褐斑至黑色，茎基部腐烂、根颈腐烂，主根和侧根腐烂，根毛减少。病株上全部枝条或仅有个别枝条发病。死亡枝条在气候潮湿条件下产生黑色霉层，即病原物的分生孢子梗和分生孢子。生长期侵染的枝条可正常开花，但种子带菌率较高。沙打旺黄矮根腐病导致大量植株死亡，是我国北方沙打旺草地衰退的主要原因。

发病规律　病菌以菌丝在病株刈割茬内、根颈和根中越冬，也可以分生孢子在田间死亡植株或枝条表面越冬，也可种子带菌。分生孢子可随气流、雨水传播，侵染叶片和茎基部。

九、豆科牧草黄萎病

黄萎病是系统性维管束病害，在苜蓿上属于毁灭性病害，也危害红豆草、沙打旺和三叶草等豆科草类植物。

病原　病原有黑白轮枝孢菌(*Verticillium albo-atrum*)和大丽花轮枝孢菌(*Verticillium dahliae*)两种。

由黑白轮枝孢引起的苜蓿黄萎病是世界性毁灭性病害，我国新疆南部地区有发生，沙打旺等其他豆科牧草黄萎病的病原为大丽花轮枝孢菌。

症状　典型症状为黄化和萎蔫。黄化表现在叶片上，初出现在小叶顶端，呈“V”形退绿，小叶变窄、向上纵卷，后叶片干枯、脱落。变干的小叶常呈粉红色。病株在中午前后常萎蔫，早晚有所恢复，几天后全株死亡。死亡的组织在潮湿条件下产生灰色霉层，即病菌的分生孢子和分生孢子梗。病茎和根部横切面均可观察到变色。

发病规律　病菌可残留于病株上，可以菌核长期存在于土壤中，也可侵入种子内，故病害可随种子、土壤和病株移栽等多种途径传播。

第三节　草类植物病害的经济与生态意义

每种草类植物的病原生物在草地农业生态系统中均具有其特定的功能地位，反映了该病原物在物质、能量和信息交流传递上的作用。草类植物病害在社会经济和生态建设中具有重要意义，其影响涉及草地农业生态系统的 4 个生产层(任继周，1985)。

一、对前植物生产层的影响

前植物生产层以景观效益为主要社会产品，主要为人类提供户外休闲、旅游和娱乐的绿色环境条件，或生态服务功能，如防风固沙、保持水土、涵养水源、净化空气、调节大气 CO_2/O_2 的值、调节气候、维持生物多样性等(任继周等，1965)。由于草类植物是草原、自然保护区、旅游风景区、城市绿地、高尔夫球草坪等的重要植物组分，因此一旦这些植物遭受严重病害的侵害，就会影响其景观功能和生态功能的发挥。

（一）景观

旅游景观内的草类植物染病后常使茎叶提早干枯或植株死亡，减少绿色，降低观赏价值；白锈病、锈病和黑粉病等病菌的孢子易黏附在游人衣服上，还可四处飞散，降低空气洁净度，影响游人兴致。例如，在内蒙古锡林郭勒草原，大针茅黑粉病［威廉斯黑粉菌（*Ustilago williamsii*）］、茎黑粉病［茎黑粉菌（*Ustilago hypodytes*）］、叶枯病［壳二孢属多个种（*Ascochyta* spp.）］、茎枯斑病［（*Hendersonia* spp.）］和锈病［大针茅柄锈菌（*Puccinia stipae*）］等病害对景观效果产生了一定的影响（侯天爵等，1999）。

（二）草坪

病害除了影响草坪草的生态景观之外，还严重影响高尔夫球场的服务功能。草坪草病害轻者抑制草坪生长，使草坪变色、退绿、黄化、缩短绿期，重则成片死亡或形成秃斑，难以成坪或使草坪迅速衰败，甚至局部或全局被毁，严重影响其绿化、美化效果，大大地降低了草坪质量和利用年限，使草坪失去应有的观赏和利用价值，增加了高尔夫球场的维护成本，降低了其服务功能。例如，在高温高湿条件下，腐霉枯萎病（*Pythium* spp.）能在一夜之间毁灭大面积的草皮；褐腐病［立枯丝核菌（*Rhizoctonia solani*）］在草坪上形成“蛙眼”；夏季斑病［早熟禾大毁壳菌（*Magnaporthe poae*）］严重侵染草坪时，出现圆形或不规则形秃斑。狗牙根（*Cynodon dactylon*）容易受到春季死斑病［小球腔菌（*Leptosphaeria narmari*）］的感染，限制了其作为球道利用的价值。国外的‘Merion’（玛丽恩）、‘Windsor’（韦德索）和‘Flyking’等早熟禾（*Poa pratensis*）品种本身是优良草坪草品种，但由于在我国容易感染条黑粉病［条黑粉菌（*Ustilago striiformis*）］、坏死环斑病［柯拉小球腔菌（*Leptosphaeria korrae*）］等而难于大面积种植（赵美琦，2003）。

（三）生态功能

较高的生物多样性可以增加植物群落的生产力、生态系统营养的保持力和生态系统的稳定性（Mitchell et al.，2002）。病原生物是草地农业生态系统的组成部分，蕴含丰富的基因资源，本身体现了生物多样性和遗传多样性，属第一消费者，居于第二营养级（曾士迈和杨演，1986）。我国对草类植物病害的生态效应研究极少，《中国环境状况公报》（年报）中有草地鼠害和草地虫害的内容，然而尚无草地植物病害资料。国外研究了病害对植物种群数量的变化和植物种群间竞争的影响，以及病菌与寄主协调进化等。

1. 病害导致感病植物种群数量减少

旋果蚊子草（*Filipendula ulmaria*）是瑞典北部潮湿草地的优势草种，感染锈病［合叶子倒“品”字孢锈菌（*Triphragmium ulmariae*）］5 年后 89% 的植株死亡，而发病少的植株全部存活下来（Ericson et al.，2002）。如果草地植物大量死亡后没有其他植物对该生境的占有，势必导致草地裸露，增加水土流失或沙尘形成的可能性。

2. 病害干预草地植物种群间竞争

在千里光（*Senecio scandens*）和大戟（*Euphorbia pekinensis*）为主的天然植被系统中，白

车轴柄锈菌(*Puccinia lagenophorae*)对千里光的侵染,导致其营养吸收和光合作用降低、呼吸速率增加、生长量减少、单株种子减少、死亡率增加、存活植株早衰,减弱了其生长、存活、繁殖和竞争力,从而使大戟在种群中居于优势(Paul,1989)。另一研究发现,以毛茛科白头翁属植物 *Pulsatilla pratensis* 为优势种群的草地上,感染柄锈菌属一种(*Puccinia pulsatillae*)的植株虽然不能开花,但生长速度比健康植株更快,竞争力更强,因此,锈菌被认为是白头翁的互惠共生菌(Wennström and Eriscon,1991)。

3. 病害减少生态系统固碳力

须芒草锈病[柄锈菌属一种(*Puccinia andropogonis*)]、须芒草叶斑病[叶点霉属霉菌(*Phyllosticta* spp.)]、草地早熟禾壳二孢叶斑病[壳二孢属菌种(*Ascochyta* spp.)]、须芒草炭疽病[刺盘孢属菌种(*Colletotricbum* spp.)]、薹草壳针孢叶斑病[壳针孢属菌种(*Septoria* spp.)]等病害减少了植物根中碳的分配,限制了生态系统的碳储藏,对生态系统过程起到了营养调节者作用(Mitchell,2003)。

4. 病菌在协同进化中居于主导地位

病原物可通过影响植物的存活、竞争、生长和对寄生物的防御来改变寄主适应性(Jarosz and Davelos,1995)、施加其选择性压力(Burdon,1987)、改变寄主种群的基因组成和演化趋势,致使寄主植物有性繁殖保持及进化(Hamilton,1980;Jaenike,1978;Levin,1975)。病原菌的致病力和寄主的抗性都有很高的选择价值,在两者相互作用的体系中,这种选择价值是相互依赖的,任何一方基因种类和频率的改变都会导致整个选择机制的变动,两者在遗传学上相互选择、相互促进,达到螺旋式协同进化的目的(Alexander and Antonovics,1988;Thrall and Jarosz,1994)。

从保护生物多样性和生态系统稳定性的角度,保护病原微生物种类免遭灭绝十分必要,我们应该将草类植物病害的发生控制在经济允许的范围内,而不是彻底杀灭。

二、对植物生产层的影响

植物生产层是牧草、作物等生态系统的初级生产部分,是该生态系统的主体。草类植物病害对植物生产层的影响是牧草病理学研究最多和较为深入的领域。病害常使草和种子产量下降、品种变劣、粗蛋白和氨基酸等营养成分的含量降低、适口性和消化率下降、抗逆性减弱,最终导致草地提前衰败、缩短利用年限,从而影响草地畜牧业的可持续发展(南志标,2001)。在美国,病害使各类草地造成的损失为草地总产量的 26%,仅牧草产量一项,按 1976 年价格计算,损失便达 16 亿美元(James,1981)。在加拿大,病害每年可使牧草减产 12%,按 1973 年价格计算,损失为 1900 万加元(Berkenkamp,1974)。我国尚无全国范围内牧草病害引致损失的确切资料,但若以病害使栽培草地损失 10% 计算,每年全国栽培草地因病害引致的损失便高达 26 亿元(南志标和李春杰,1994)。

(一) 降低牧草及其种子的产量

在美国的各类草地上,牧草病害导致苜蓿干草产量减少 25%,种子减产 10%(南志标和李春杰,2003)。我国尚无此类经济损失评价,但有对几种重要病害造成草和种子的损失的报道(表 36-12)。

表 36-12　草类植物病害对牧草及其种子产量的影响

病害	草产量降低/%	种子产量降低/%	引自
早熟禾白粉病(*Blumeria graminis*)	36.5~42.3	—	刘若,1974
苜蓿褐斑病(*Pseudopeziza medicaginis*)	15~40	25~57	南志标等,2001
苜蓿霜霉病(*Peronospora aestivalis*)	48.3~50.3(鲜重)	57.8(生殖枝)	南志标和员宝华,1994
	10~30	94.1	吕新龙等,1976
柱花草炭疽病(*Collectotrichum gloeosporioides, Collectotrichum damatium*)	21~40	28~70	冯淑芬等,1990

注:"—"表示未测定

(二) 降低牧草及其种子的品质

牧草病害通过降低粗蛋白含量、增加粗纤维含量,进而降低消化率(表 36-13),并对各种氨基酸的含量产生显著影响(南志标,1985b,1986,1990)。

表 36-13　草类植物病害对牧草品质的影响

病害	粗蛋白含量降低/%	粗纤维含量增加/%	氨基酸总量减少/%	消化率降低/%	参考文献
苜蓿锈病(*Uromyces striatus*)	18.2	14.6	—	60.4~70.4	南志标,1985b
红豆草锈病(*Uromyces onobrychidis*)	29.65	13.00	32.53	—	南志标,1990
白花草木樨锈病(*Uromyces baeumlerianus*)	20.90	44.34	—	—	南志标,1990
箭筈豌豆锈病(*Uromyces orobi*)	37.45	27.26	34.65	—	南志标,1990
苜蓿褐斑(*Pseudopeziza medicaginis*)	25	—	—	14	南志标等,2001
草木樨白粉病(*Erysiphe pisi*)	11.27	—	8.47	—	南志标,1988
羊柴白粉病(*Leveillula leguminosarum*)	15	—	—	28~70	侯天爵,1992
沙打旺黑斑(*Diachorella lathyri*)	23	-28.2	—	—	侯天爵和王建锋,1988

注:"—"表示未测定

病害对种子品质的影响表现在两个方面,一方面,使受害植株所结籽粒秕瘦,降低发芽率和种子活力;另一方面,有些病菌可黏附于种子表面,或侵入种子之中,或随病残组织混杂于种子之间,这些带病种子可随种子的远距调运而传播病害,在流通和贸易中也受到严格限制。感染黄矮根腐病[沙打旺埃里砖格孢(*Embellisia astragali*)]的沙打旺植株多不开花结实,个别结实的籽粒也不饱满,而且种皮内多有该病病菌的分布(李彦忠,2007;Li and Nan, 2007a, 2007b; Li et al., 2007, 2008)。其他研究表明,拉伯兰单胞锈菌(*Uromyces lapponicus*)等可黏附于沙打旺种子表面(南志标和刘若,1997b),白粉病[蓼白粉菌(*Erysiphe polygoni*)]、黑斑病[扁裂腔菌属菌种(*Diachorella* spp.)]、斑枯病[壳针孢属菌种(*Septoria astragali*)]和黄斑病[壳针孢属菌种(*Septoria* spp.)]等的病菌可混杂于沙打旺种子之间(白儒和侯天爵,1990)。禾草种子中,翦股颖粒线虫(*Anguinaa agrostis*)分布于种子内(Filipjev,1936),禾草条黑粉病菌(*Urocyslis tritici*)黏附于种子表面(刘若,2003)。

(三) 降低草地持久性

人工建植的栽培草地发生病害后植株生长衰弱、密度下降、产草量减少,甚至丧失利用价值,不得不放弃利用或翻耕再种,增加了牧草生产投入。草地可持续利用特性即为草地持久性。与禾本科牧草草地相比,豆科牧草草地的持久性差是世界性的问题。现已查明,多种病原真菌是苜蓿、沙打旺等豆科牧草草地衰退的主要原因(表 36-14)。

表 36-14 影响草地持久性的病害

病菌	草地	参考文献
镰刀菌根腐病(*Fusarium* spp.)	苜蓿	李敏权等,2002;王多成,2005
	沙打旺	刘爱萍等,2003;周洪友等,2004;胡俊等,2006
沙打旺埃黄矮根腐病(*Embellisia astragali*)	沙打旺	Li and Nan,2007
沙打旺黑斑病(*Diachorella lathyri*)	沙打旺	侯天爵,1986,1988
沙打旺叶肿病(*Polystigma astragali*)	沙打旺	侯天爵,1987,2003
沙打旺白粉病(*Erysiphe pisi*)	沙打旺	刘建宁和王运琦,2000
沙打旺黄萎病(*Verticillium dahliae*)	沙打旺	侯天爵等,1989

三、对动物生产层的影响

动物生产层的生产目标是以家畜、家禽和野生动物及其产品为主的生产。病菌的侵染常扰乱牧草的正常生物化学反应的途径或强度,导致寄主植物本身含有的某些物质含量骤然升降,如苜蓿感染褐斑病后雌性激素物质香豆醇增加数十倍至上百倍,该激素的增加影响雌畜排卵和受孕(Bickoff et al. ,1967)。病菌的侵染也可能使牧草产生其本身没有的新化合物,这些物质通过动物采食作用于家畜,导致家畜中毒、死亡,或影响其生长、发育、繁殖等,如立枝丝核菌(*Rhizoctonia solani*)感染苜蓿后,苜蓿产生真菌毒素——流涎素,引致采食病草的家畜中毒,产生流涎、流泪、腹泻、尿频、厌食等症状,并可导致妊娠母畜流产(Brook and White,1966)。禾草和禾谷类麦角病(*Claviceps* spp.)可产生麦角胺(ergotamine)、麦角新碱(ergotasine)、麦角高碱(ergoloemine)3 大类 12 种生物碱,导致人畜中毒、早产、痉挛、四肢坏疽,甚至死亡(南志标和李春杰,2004;高嘉卉和南志标,2007)。用含有 20%感染黄矮根腐病的沙打旺草粉饲喂小白鼠发现,小白鼠肝脏明显增大,谷丙转氨酶等血清生化酶异常(李彦忠,2007)。

四、对后生物生产层的影响

当前牧草种子的生产和流通在世界种子贸易中已占有重要地位,但携带危险性病原物的种子则严格受到贸易限制。鸭茅黄胶病[鸭茅棒杆菌(*Corynebacterium rathayi*),异名:密执安鸭茅致病型(*Clavibacter michiganense* pv. *rathayi*, *Corynebacterium michiganense* pv. *rathayi*)]、黑麦草盲籽病(瞎种病)[睡小杯菌(*Phialea temulenta*),异名:睡粘孢(*Gloeotinia temulenia*)]、禾草香柱病[香柱菌(*Epichloe typhina*)]和羊茅茎秆眼斑病[壳尾孢属一种(*Phleospora idahoensis*)]等多种病害已被大部分国家列为检验对象(商鸿生,1987)。牧草病害也影响草产品的贸易,若苜蓿感染黄萎病(*verticillium albo-atrum*),则其草产品的贸易会受到极大影响(杨家荣等,1997)。岷山红三叶草(*Trifolium pratense*)是当地重要的经济作物,用于提取药物——异黄酮类植物雌激素,三叶草病害的发生势必影响药物提取效率。截至 2008 年,全国已有牧草加工企业 200 家,草产品有紫花苜蓿、红豆、红三叶和燕麦等草捆、草块或草颗粒等,目前虽缺少病害对其生产、流通环节影响的资料,但生产无病的高质量草产品是这些企业提高市场竞争力的有力保证。

第四节　我国草类植物病害的主要研究进展

尽管草类植物病害研究在我国起步较晚,但经过牧草病理学者长期艰苦的努力,已在病害普查、种带真菌检验、发生规律研究、损失评定和综合防治等方面取得了长足进步。

一、病原真菌物种多样性

植物上的真菌可分为病原真菌、腐生真菌和内生真菌等,通常多由真菌工作者首先发现并描述,草地病害工作者和植物病害工作者则更关注其中的病原真菌。

(一)真菌调查

我国真菌分类工作者描述或记录了大量的真菌种类,为查明我国草类植物真菌病害作出了重要而基础的贡献,戴芳澜 1979 年出版的《中国真菌总汇》全面反映了我国真菌调查的成就。在随后各省开展的工作中,亦有大量新发现,这些成果分别收录在相关省份的志书和 1987~2009 年由中国科学院主编、科学出版社出版的《中国真菌志》系列丛书,共计 39 卷,另外 2 卷为黏菌,全面收录了此前记录的我国草类植物真菌和黏菌,成为草地病害工作者最权威的参考文献。

(二)草类植物地上部分病原真菌

最早见之文献的牧草病害调查研究报告是 1956 年刘经芬和方仲达在《南京农学院学报》发表的“南京牧草试栽中病害的观察”一文。20 世纪 70 年代以来,甘肃农业大学、中国农业科学院草原研究所和甘肃草原生态研究所等均聘请了专门人员开展研究,报道了大批真菌病害,其中,较大量的有刘若和侯天爵于1984年报道了我国24种牧草上128种真菌病害,南志标于1986年报道了我国54种牧草上61个真菌病害新记录;1987年刘若和南志标报道了甘肃天祝草原植物的56种真菌病害。侯天爵等调查了内蒙古等地的牧草病害,其中不乏新病害,如侯天爵报道了121个国内病害新记录和25个世界新病害。至此,我国已在15科182属903种牧草上发生2831种真菌病害,其中紫花苜蓿、红豆草、沙打旺和三叶草(红、白)上分别有36种、24种、24种和37种,对甘肃发生的病害研究较为详细(南志标等,2003a)。

一批草地病害或与之有关的专著问世,刘若于1984年主编了我国第一本牧草病理学大学本科教材《草原保护学第三分册——牧草病理学》,南志标1985年出版了《牧草病害及其防治》,1994年南志标和李春杰根据自己的研究和已有文献资料出版了《中国牧草真菌病害名录》,并于2003年出版了《中国草类植物病理学研究进展》,刘爱萍和侯天爵于2005年主编了《草地病虫害及防治》。1993年戚佩坤等主编的《吉林省栽培植物真菌病害志》和1991年《甘肃中部种草养畜农牧结合研究》记录了当地苜蓿、红豆草等牧草的真菌病害。2008年任继周主编的《草业大词典》收录了我国牧草病害350余种。

(三) 种带真菌

种带病原真菌是病害在时间上进行延续、在空间上进行扩展的主要途径之一(南志标和刘若,1997b)。众多学者采用直接镜检、洗涤检验和分离培养等方法分离、检查了豆科牧草的种带真菌,并通过水琼脂培养测定了种带真菌的致病性及其对幼苗生长的影响,以确定致病性较强的种带真菌,其中沙打旺种带真菌34种(白儒和侯天爵,1990;李彦忠,2007;南志标和刘若,1997b;马占鸿和武新,1994)、苜蓿种带真菌53种(白儒和侯天爵,1990;李春杰和南志标,2000;马占鸿和武新,1994)、红豆草种带真菌31种(梁玉珐等,1989;陈林,2010)等,已发现的重要种带病原真菌有:沙打旺黄矮根腐病病菌[沙打旺埃里砖格孢(*Embellisia astragali*)](Li and Nan,2007)、沙打旺黄萎病病菌[大丽轮枝孢(*Verticillium dahliae*)](侯天爵,1985)和苜蓿黄萎病病菌[黑白轮枝孢(*Verticillium albo-atrum*)](杨家荣等,1997)等。

总体上存在"六多"和"六少"的局面,即对北方病害研究多,对南方病害研究少;对豆科牧草病害研究多,对其他科牧草病害研究少;对栽培草地病害研究多,对天然草地病害研究少;对种子田病害研究多,对收草田病害研究少;对牧草病害调查多,对牧草病害发病规律研究少;对病害发生研究多,对病害防治研究少。

二、病害发生与环境条件的关系研究

牧草病理工作者尝试将草原综合顺序分类法(任继周等,1965)中的湿润度(K值)用于牧草病害的发生规律研究中。一个地区的湿润度可作为预测病害的重要指标。沙打旺种子产地9~11月的湿润度K值(x)与种子带菌率(y)呈显著正相关,$y=-17.0+27.3x$ ($r^2=0.987$, $P<0.01$),因此,选择干燥的天气收获种子,对减少种带真菌和提高种子发芽率有重要意义(南志标,1998)。我国北方5省区沙打旺病害在各地发生的病害种数(y)与当地的湿润度K值(x)成显著正相关,$y=24.12+24.47x$ ($r^2=0.7323$, $P<0.05$),湿润度

越高,病害的为害越重。江苏淮阴 4 龄草地严重稀疏,而河西走廊的 5 龄草地无衰弱现象。由此可知,在气候干燥的地区种植沙打旺,可延长草地利用年限,提高牧草产量(南志标和刘若,1997a)。

多种植物病原(真菌、细菌、线虫等)可长期存在于土壤中,一旦有适合的寄主,在土壤湿度和温度适宜时,则可侵染根、根颈和茎基部(南志标,1991),如镰刀菌(*Fusarium* spp.)、丝核菌(*Rhizoctonia* spp.)等。沙打旺多种病害的发病率随着草地年龄的增加而增加,其原因是草地中的病菌长期存在,并逐年增加,而牧草在达到生活力高峰期后,活力逐年下降,抗病性下降(南志标和刘若,1997a),苜蓿病害的发病率与草地年龄也存在正相关(南志标,2001)。

三、损失评定

(一) 产量损失

牧草病害对牧草产量、种子产量和草地建植损失均产生一定影响。

苜蓿霜霉菌(*Peronospora aestivalis*)在我国已经遍布于 14 个省区(南志标和李春杰,1994;耿华珠,1995),在新疆、甘肃(临夏、河西)等地的发病率为 1%～100%(王雪薇等,1998;鲁鸿佩等,1999),单株干重下降 51.7%,生殖枝数及每生殖枝的花数分别下降 42.2%和 59.3%(侯天爵等,1989),产草量下降 10%～30%(严林和梅洁人,1996),与褐斑病、黄斑病同时发生时产草量下降可达 27%～40%(苏加楷,2001);叶片的光合作用降低,有机物储量和根系养分积累减少,植株越冬不良,建植数年之内单位面积的株数可减少 84%,草地提早衰败退化,影响苜蓿的越冬,加速草地的退化和衰败,已成为我国苜蓿生产的主要限制性病害之一(李春杰等,2000;南志标,1986;刘若和南志标,1987)。

苜蓿褐斑病[苜蓿假盘菌(*Pseudopeziza medicaginis*)]普遍发生于苜蓿各产区,西北地区最严重,一般生长季中后期对第二、第三茬苜蓿危害较大(袁庆华等,2001;刘若,2003;时永杰等,1998),温暖而潮湿的天气有利于发病,发病率一般为 30%～80%(袁庆华等,2001),新疆阿勒泰地区种子田的发病率达 100%(南志标等,2001),发病与气候、品种、栽培制度等有关。苜蓿褐斑病对苜蓿造成的损失有:落叶率 30%～60%(时永杰等,1998;陈申宽和姚国君,1990),病叶重量下降 12.5%(陈申宽,1989),草产量减少 15%～40%,种子减产 25%～57%,消化率下降 14%左右,粗蛋白含量减少 25%,病斑面积占叶面积从 13%增至 85%时,光合速率从 48%下降至 15.9%(南志标等,2001)。苜蓿褐斑病和匍柄霉叶斑病[葱叶枯匍柄霉(*Stemphyllium botryosum*)]造成的草产量损失率(Y)与病情指数(X)的相关性可用公式表示:易感品种为 $Y=6.145+1.263X$,一般感病品种为 $Y=3.429+1.550X$,较耐病品种为 $Y=3.429+1.550X$(曾亮等,2009)。

牧草病害尤以根腐病为主,在内蒙古发生的沙打旺根腐病[镰刀菌属(*Fusarium* spp.)]于 1994～2004 年导致沙打旺草地衰退面积达 5.33 余万公顷,每年直接经济损失近 3 亿元(刘爱萍等,2003)。

(二) 营养成分损失

苜蓿霜霉菌导致紫花苜蓿粗蛋白的含量显著下降,粗纤维等的含量增加,导致家畜消化率大幅度下降(南志标,1986)。苜蓿褐斑病(*Pseudopeziza medicaginis*)感染紫花苜蓿后粗蛋白含量从0级的26.92%下降至5级的20.36%,粗纤维含量则从12.10%上升至13.14%(南志标等,2001)。侵染红豆草、白花草木樨、箭筈豌豆的锈菌分别为红豆草单胞锈菌(*Uromyces onobrychidis*)、博伊单胞锈菌(*Uromyces baeumlerianus*)和香豌豆单胞锈菌(*Uromyces orobi*),受侵染的3种牧草的粗纤维含量分别上升13.00%、4.34%和27.26%,粗蛋白总量分别减少29.65%、20.90%和37.45%(南志标,1990)。

(三) 动物损失

牧草-真菌共生体与家畜的互作研究在我国一直属于空白,感染沙打旺埃里砖格孢(*Embellisia astragali*)的沙打旺病株草饲喂小白鼠(*Mus musculus*)和醉马草(*Achnatherum inebrians*)与内生真菌(*Neotyphodium gansuense*)共生体饲喂中国白兔(*Oryctolagus cuniculus*)和小尾寒羊(*Ovis aries*)的实验在该领域有所突破。

在染病沙打旺饲喂小白鼠实验中,用病株饲料、健株饲料和标准饲料3种饲料饲喂小白鼠,前两者分别在小白鼠标准饲料中加入沙打旺病株草粉和沙打旺健株草粉20%。饲喂小白鼠3周后,尽管病株饲料组小白鼠的日取食量和日饮水量均最大,但体重有所下降,而其余两组的体重增加,饲料的利用率分别为0.47%、1.37%和1.07%(表36-15)。

表36-15 小白鼠饲喂3周期间取食、吸水、体重变化(李彦忠,2007)

实验组	开始体重/g	3周后体重/g	净增重/g	总食量/g	利用率/%	日取食量/(g/d)	日饮水量/(ml/d)
病株饲料	20.48±0.24a	20.28±0.35a	−0.2±0.25a	90.78±2.5a	−0.24±0.29a	4.32±0.12a	5.37±0.24ab
健株饲料	20.47±0.47a	20.53±0.74a	0.07±0.31a	89.45±2.46a	0.05±0.34a	4.26±0.12a	5.8±0.14a
标准饲料	20.59±0.54a	20.99±0.79a	0.41±0.52a	71.91±3.12b	0.54±0.74a	3.42±0.15b	5.02±0.06b

注:①采用SPSS软件的邓肯法方差分析,同一列上数据旁标有相同字母的,表示差异不显著($P>0.05$),不同字母的,表示差异显著($P<0.05$);②小白鼠标准饲料购自北京科澳协力饲料有限公司;③病株和健株地上茎叶烘干,粉碎,加一定量的小白鼠标准饲料后采用专用设备压缩成形(直径12mm,长40mm),烘干后饲喂。表36-16和表36-17同

解剖后饲喂病株饲料的小白鼠的肝脏和脾脏的脏器系数显著增加($P<0.05$)(表36-16)。

表36-16 小白鼠饲喂3周后的脏器系数(脏器占胴体总重的比例)(李彦忠,2007) (%)

实验组	心	肝	脾	肾	胰	肺
病株饲料	0.66a	5.92a	0.51a	1.55a	0.40a	0.81a
健株饲料	0.72a	4.85b	0.37b	1.48a	0.31b	0.69a
标准饲料	0.65a	4.18c	0.32b	1.31a	0.40a	0.69a

饲喂病株饲料的小白鼠血清中谷丙转氨酶显著($P<0.05$)高于标准饲料组,但与健株饲料组无显著差异($P>0.05$)(表36-17)。

表 36-17　小白鼠饲喂 3 周后血清 6 种生化酶的变化(李彦忠,2007)　[单位:IU(μmol/min)]

实验组	α-甘露糖苷酶(AMA)	谷丙转氨酶(GPT)	谷草转氨酶(AST)	碱性磷酸酶(ALP)	尿素氮(BUN)	乳酸脱氢酶(LDH)
病株饲料	2. 203a	36. 371a	89. 014a	53. 150a	2. 146ab	269. 071a
健株饲料	2. 026a	34. 029ab	73. 014a	44. 743a	1. 709b	154. 500c
标准饲料	2. 232a	11. 257b	62. 986a	44. 543a	2. 359a	210. 043b

与健株饲料组相比,病株饲料组的血液中淋巴细胞比率显著增加($P<0.05$)、单核细胞比率和嗜酸性粒细胞比率显著减少($P<0.05$),但与标准饲料组无显著差异。组织解剖可见部分饲喂沙打旺两种饲料的小鼠肝脏有出血点和水肿,病理切片可见饲喂两种沙打旺饲料的小白鼠的各脏器出现不同程度的病变,但尤以饲喂病株饲料者明显(李彦忠,2007)。

通过醉马草-内生真菌共生体饲喂中国白兔和小尾寒羊实验,证实了使采食醉马草家畜中毒的真正原因是内生真菌侵入宿主产生麦角类生物碱所致。醉马草被内生真菌侵染后,叶片、叶鞘、茎干、种子等不同部位麦角新碱和麦角酰胺的含量存在差异(Li et al.,2006;Liang et al.,2012;Zhang et al.,2011;李春杰,2005;梁莹,2011)。

中国白兔饲喂带有内生真菌(E+)和未带菌(E-)的醉马草饲料后出现明显的临床中毒症状。主要表现为闭眼、精神委靡,流泪,静卧不动,反应迟钝,昏睡,耳朵下垂,相互拥挤、紧缩成一团,有时表现出阵发性狂奔、碰撞、打架、撕咬,身体逐渐消瘦,左右摇摆、步履不整、蹒跚如醉;体温下降、呼吸减弱、心率减慢、抽搐,最后气绝身亡,最终死亡率为66.7%,而 E-对照组全部存活(李春杰等,2009)。解剖后,饲喂 E+的家兔的脑和腹腔出现水肿和淤血,胆囊和膀胱显著($P<0.05$)大于对照组。病理切片发现,脑、心、肝、肺、脾、肾等组织或细胞可见不同程度的病变(李春杰,2005;李春杰等,2009)。醉马草内生真菌可以引起家兔肾、肝功能衰退。与 E-饲喂者相比,饲喂 E+醉马草的家兔尿素氮含量增加2~3 倍,肌肝含量增加 1~2 倍,尿酸含量增加 1~2.5 倍。与 E-饲喂者相比,饲喂 E+醉马草的家兔谷丙转氨酶含量有所降低,碱性磷酸酶含量降低 0.5~1 倍,谷酰转肽酶含量降低不到 1 倍,而谷草转氨酶含量显著增加($P<0.05$)(李春杰等,2009)。

小尾寒羊饲喂 E+醉马草后出现明显的临床中毒症状。主要表现为:精神恍惚、目光呆滞、步履不整;中毒小尾寒羊的采食量、饮水量、体重显著下降($P<0.05$),体温、心率显著升高($P<0.05$),但是体温和心率的变化均在正常范围之内,饲喂结束时心率恢复到正常;解剖和组织切片发现肝脏、肺脏、肾脏、子宫均出现病变,且脏器系数显著升高($P<0.05$),子宫的脏器系数显著降低($P<0.05$),最终死亡率达到 20%。醉马草内生真菌可以引起绵羊肾、肝功能衰退,尿素氮、肌酐和尿酸显著升高($P<0.05$)。白蛋白、球蛋白、白蛋白与球蛋白之比有下降的趋势,但是整个饲喂期间差异不显著($P>0.05$)。血清中的谷丙转氨酶、谷草转氨酶、谷酰转肽酶,随着饲喂时间的延长其活性均显著的升高($P<0.05$),而碱性磷酸酶随着时间的延长显著的降低($P<0.05$)。尿液中的酮体、潜血显著呈阳性($P<0.05$),pH 显著呈酸性($P<0.05$)。而饲喂 E-醉马草和苜蓿对照者,未发现异常现象。恢复实验发现羊的采食量、饮水量、体温、心率等各项生理指标在 3 周之内基本能够恢复到正常水平,谷丙转氨酶、谷酰转肽酶、尿素氮、总蛋白、酮体、潜血、pH 等各

项生化指标在 3 周之内也能够恢复到正常水平,但是体重、谷草转氨酶、碱性磷酸酶 3 周之内不能恢复到正常水平(Zhang et al. ,2011;梁莹,2011)。

四、防治技术

我国的牧草病害可持续管理应是从草地农业生态系统特有的结构和稳定性出发,以利用抗病品种为中心,生态防治为基础,生物防治与化学防治为辅助,通过各种措施的综合应用,将病害为害水平调节并保持在经济阈值水平之下,从而达到提高草地农业生态系统整体生产力和稳定性的目的(南志标,2000,2001)。

(一)抗病育种

1. 已育成抗病品种

我国已培育出的抗病牧草品种仅有两个,即在苜蓿上育出一个抗霜霉病的苜蓿品种——中兰 1 号苜蓿(马振宇,1998)和利用 Co 60-γ 射线 8 万伦琴处理'184 柱花草'种子并育成的抗炭疽病品种——907 柱花草(梁彩英等,1998)。

2. 种质资源抗病性评价

选育抗病牧草品种是防治病害最经济有效的措施,抗病种质资源的筛选是其基础工作,我国草病工作者主要评价了苜蓿对褐斑病、霜霉病和锈病等病害的抗性。

南志标等对 85 个紫花苜蓿、5 个杂化苜蓿和 4 个黄花苜蓿对褐斑病的抗病性进行了评价,发现仅有润布勒杂花苜蓿表现为免疫,来自加拿大的'巴瑞尔'和'阿毕卡',来自美国的'威康星',和来自我国的'兴平'、'武功'、'肇东'等 10 个品种的抗病性较强,其余均表现为感病(南志标等,2001)。袁庆华和张文淑(2000)对 250 份苜蓿种质的抗病性研究结果为:国外 172 份中,高抗、中抗、中感、高感分别占总数的 26.2%、54.7%、16.8%和 2.3%,而国内 78 份中,分别为 0%、24.4%、67.9%和 7.7%。另有研究,'呼盟苜蓿'和'润布勒'较抗病,'佳木斯苜蓿'较感病,抗病品种的茎叶比小(陈申宽和姚国君,1990)。

李春杰等在甘肃桑科草原试验站评价了 94 个国内外苜蓿品种对霜霉病的抗性,其抗性共分为 8 个类群,其中,免疫品种均为国外引进品种,有'阿尔古奎斯'、'巴瑞尔'、'阿毕卡'、'安古斯'、'日本 1 品种'、'伊鲁瑰斯'、'布韦兹'、'托尔'、'81-69 美国'、'CP4350 萨蓝纳斯'、'贝维'、'润布勒'、'兰热来恩德'和'威斯康星'14 个;'普劳勒'、'班纳'、'L2-1079 匈牙利'和'兴平'4 个品种属高抗类群,绝大多数极感品种和所有高感品种均为国内品种(李春杰等,2000)。

南志标等对 103 个紫花苜蓿品种(或群体)、4 个黄花苜蓿进行了田间抗锈性评价,发现'湛利浦'、'莫伯'、'阳高'、'富平'、'咸阳'等品种的抗性较强,而'抗旱'、'临洮'、'农科院 74-21'、'和田'等品种的抗性较弱,大多数品种抗性中等(南志标等,1991)。周淑清等(1996)对 112 个紫花苜蓿进行了抗锈性评价,综合抗锈性和丰产的性能,'阳高苜蓿'、'草原 2 号'、'爬蔓苜蓿'、'兰花苜蓿'可直接在生产中利用;高度抗病但丰产性能不佳的材料,如'鄂旗苜蓿'可作为苜蓿抗病育种的抗源材料。

3. 航天育种

航天育种柱花草变异系的26个品系中有20个品系的牧草干草产量、旱季干草产量、抗病性、长势和植株存活数表现优良（白昌军等,2009）。

（二）生物防治

用荧光假单胞拮抗菌（*Psendomonas fluorescens*）防治沙打旺镰刀菌根腐病（*Fusarium* spp.）取得了较好的防治效果（郑双悦等,2004）。深绿木霉 T_2（*Trichoderma atroviride*）在不同环境条件下对叶部病害病原菌离蠕孢（*Bipolaris sorokiniana*）具有抑制作用，可用于对草坪病害的生物防治（徐秉良和郁继华,2006;程玲娟等,2008）。

（三）生态防治

利用环境友好的措施，改善牧草、病原和环境三者之间的关系，使其有利于牧草生长发育及环境资源可持续利用，而不利于病菌的繁殖、扩散，从而达到控制病害的目的。主要措施有：品种合理布局、牧草混播、草地合理利用及焚烧残茬等。苜蓿与无芒雀麦混播，可使苜蓿病害的发病率降低50%～52%（南志标等,1986）。在陇东黄土高原，田间条件下分别建立苜蓿、红豆草单播群落，苜蓿和无芒雀麦混播，红豆草和无芒雀麦混播，苜蓿和红豆草等不同比例的混播，测定苜蓿黑茎病（*Phoma medicaginis*）、苜蓿褐斑病（*Pseudopeziza medicaginis*）、红豆草壳二孢茎斑病（*Ascochyta onobrychidis*）和红豆草匍柄霉斑病（*Stemphylium sarciniforme*）4种病害的发病率、病情指数和牧草产量，结果发现，混播组合均可大幅度降低4种病害的发病率和病情指数，增加牧草产量，与单播群落比较，发病率最高可降低32.9%～85.4%，病情指数最高可降低45.7%～85.4%，牧草产量可增加37%～113%；通过早春焚烧残茬，不仅减轻了病虫的危害，而且加速了牧草春季生长，提高牧草产量（南志标等,1991）。

（四）药剂防治

播种前用杀菌剂处理种子是化学防治牧草病害的最主要方式。在甘肃、新疆等地的实验表明，杀菌剂拌种可使苜蓿、红豆草等种子的发芽率提高115%，田间出苗率提高45%～55%，牧草产量提高一倍以上（Nan,1995;Nan et al.,1993）。不同牧草适合的杀菌剂不同，如最适于红豆草、苜蓿和沙打旺的杀菌剂分别为甲基托布津、杀毒矾和福美双（南志标和热孜别克,1995）。用多菌灵、甲基硫菌灵、枯腐宁和枯萎绝4种杀菌剂对苜蓿根腐病进行室内毒力测定，结果表明，对于致病菌镰刀菌（尖孢镰刀菌、锐顶镰刀菌和半裸镰刀菌），复配剂枯萎绝和枯腐宁具有非常明显的效果，可以通过种子处理、土壤施药控制该病发生为害（李敏权等,2002）。

对于草坪草病害，马忠华（1998）针对上海地区冷型草坪草主要8种病害提出了综合防治策略，对其中比较严重的苗期病害，研制出了成本低、效果好的种子包衣和两种浸种药剂。赵美琦等（1999）通过多年开展的药剂筛选工作，提出了草病灵系列药剂，对4种主要病害（褐斑、夏季斑、腐霉和镰刀枯萎病）有较好的抑制作用；同时研制开发了种子包衣、药剂拌种、茎叶喷雾和灌根等应用技术,并在生产上大面积推广应用,取得了很好的示范作用。南志标提出综合防治的要点与原则(南志标,1999)。采用三唑酮、福美双和甲基硫菌灵 3 种杀菌剂拌种多年生黑麦草、高羊茅和草地早熟禾后,均能显著提高出苗率,促进草坪建植(张成霞,2002;张成霞等,2003)。

第五节　展望与发展

无论与我国农作物病害研究的深度和广度,还是与国外草类植物病害的研究相比,我国草类植物病害的研究还远远不能满足生态环境保护和畜牧业发展的需求,以下几个方面有待进一步提高。

(一) 明确牧草病害在国民经济中的重要性

社会需求是推进学科发展的主要动力,与我国农作物病理学和国外牧草病理学的研究相比,我国牧草病理学起步晚、从业人员少、经费投入少,故牧草病害在国民经济中的重要性尚未得到应有重视。今后有待进一步全面评定草类植物病害的直接损失(对草和种子产量等)和间接损失(对家畜健康和生态功能的影响等),查明病害在畜牧业生产和国民经济中的地位,为草业管理和政府决策提供参考依据。

(二) 建立牧草病理学方法体系

与其他作物相比,牧草在生境、利用方式、管理方式上具有特殊性,如我国的天然草原多位于高寒或荒漠地带,生境较为严酷,草地的利用方式以放牧为主,人为干预较少,天然草地病害处于自然活动状态,无法采用施肥、灌溉、轮作等传统农业措施加以防治,而栽培草地虽然位于农区,栽培管理方式与农作物相同,但因收获的草料以饲喂动物为目的,故防治病害时对化学农药的使用有更严格的要求。结合该特点,南志标提出了以利用抗病品种为中心,生态防治为基础,生物防治与化学防治为辅助,建立我国牧草病害防治体系的理论,并采用药剂拌种、混播、焚烧等防治措施对栽培草地病害防治取得了较好防治效果。在研究方法上,种带真菌检测与致病性、病害调查与损失评定、抗病性评价等方面的技术已基本成熟,GB/T 2930. 6—2001《牧草种子检验规程　健康测定》于 2001 年制定完成,第二次修订正在进行中,《苜蓿病虫害防治技术规程》等行业标准正在制定中。

牧草病理学广纳并蓄农作物病理学及其他学科的方法技术,完善草地病理学方法体系将是未来需要加强的方面,其中地球地理信息技术和分子生物学技术将会在宏观领域和微观领域得到加强。

利用高光谱遥感获取植物的光谱信息,根据其变化规律与病害发生状况建立病害监测模型,该技术已用于稻瘟病(*Magnaporthe grisea*)(吴曙雯等,2002)、小麦条锈病(*Puccinia striiformis*)(黄木易等,2003)等农作物病害研究之中,国外用基于冠层反射光谱检测方法研究了除虫菊叶斑病(Pethybridge et al. ,2007),但该技术在国内草类植物病害尚未利用。

分子生物学技术已广泛应用于生命科学研究领域,其在鉴定微生物种类和抗病机理方面具有独特的优势，而该技术在我国草类植物病害的鉴定中利用很少。目前，多种牧草重要病害的病原存在着鉴定不准确的情况，给后续研究带来较大困难，如红豆草上已报道了两种核盘菌[三叶草核盘菌(*Sclerotinia trifoliorum*)(刘若，2003)、菌核病菌(*Sclerotinia sclerotiorum*)(Pratt et al.，1988)]和一种小菌核菌属中的菌[罗氏白绢小菌核菌(*Scerotium rolfsii*)](Woodard and Jones，1985)，红豆草上报道的两种链格孢：链格孢(*Alternaria alternate*，异名 *Alternaria tenuis*)(李琪等，1992；南志标，1985a；刘若等，1991)和红豆草链格孢(*Alternaria onobrychidis*)，同一寄主植物上有同属中的多个病原真菌种危害，且引致的病害症状相同，此多个真菌种是否为同种尚缺少分子生物学技术的确认。

(三) 加强抗病育种

选育和使用抗病牧草品种是防治牧草病害最理想的方法。早在 1990 年时，美国的 48 种苜蓿病害中危害最重的 21 个病害均已选育出了抗病品种(Stuteville and Erwin，1990)，美国在 1993~1994 年就发布了 221 个苜蓿育成品种，但我国至今仅培育出苜蓿抗霜霉病品种——‘中兰 1 号’和柱花草抗炭疽病品种——‘907 柱花草’两个抗病品种，远远不能满足生产需要。诸多研究表明，国外苜蓿品种对褐斑病、霜霉病的抗性多为免疫或高抗，直接从国外引种是短期解决我国缺乏抗病苜蓿品种的方法之一，但由于每个品种在栽培多年后其抗病性丧失，且利用国外品种存在知识产权的问题，因此，不断选育具有我国自主知识产权的抗病牧草品种是我国必须开展的长期而艰巨的任务。

(四) 加强与动物生产的结合

牧草病理学最终目标是为保障畜牧生产的高产、高效和优质，以及保障良好的生态环境，而某些微生物与牧草的互作会影响家畜生长、繁殖和畜产品质量，因此，牧草病理学研究应加强与动物生产的结合，通过染病牧草饲喂动物实验和染病牧草次生代谢产物的分离、鉴定与分析，甄别出可能对动物生产有较大影响的牧草病害，作为草类植物病害研究的重点对象，对其发生规律和防治方法进行全面研究。

(五) 加强宏观研究

牧草等草地植物不仅是畜牧生产的基础，而且具有保持水土、防风固沙、进化空气、美化环境等生态功能。从牧草与生态互作来看，一方面，牧草病害的发生、发展、流行及其病原物的存活、变异、进化均受到植物群落、气象条件等生境条件的影响；另一方面，牧草病害的发生可以改变生态演替进展，因此，在生态的大尺度上研究牧草病害及其与生态环境的互作，无论是在牧草病害防控上还是在生态环境治理上均具有重要的意义。

(李彦忠　南志标　李春杰　段廷玉)

主要参考文献

白昌军，姚庆群，刘国道．2009. 空间辐射育种技术选育柱花草抗炭疽病新品系．热带作物学报，30(8)：1168-1175
白儒，侯天爵．1990. 沙打旺和紫花苜蓿种带真菌检验初报．草业科学，7(1)：46-48

陈林 . 2010. 红豆草种带真菌的研究 . 兰州:兰州大学硕士学位论文
陈申宽 . 1989. 扎兰屯市紫花苜蓿褐斑病大流行 . 内蒙古草业,2:43
陈申宽,姚国君 . 1990. 紫苜蓿褐斑病发生危害及防治的研究初报 . 内蒙古草业,11(2):37-40,35
陈耀,陈作义,沈菊英,等 . 1991. 新疆苜蓿丛枝病病原研究 . 植物病理学报,21(3):192
程玲娟. 2008. 深绿木霉对牧草促生作用及其作用机制研究.甘肃农业大学硕士学位论文
方仲达,任欣正 . 1992. 中国植物病原细菌名录 . 南京农业大学学报,15(4):1-6
冯淑芬,李风娥,何朝族,等 . 1990. 笔花豆炭疽病的发生及流行因素调查研究 . 中国草地,1:49-51
高嘉卉,南志标 . 2007. 禾草内生真菌生物碱的研究进展 . 生态学报,26(6):2531-2546
耿华珠 . 1995. 中国苜蓿 . 北京:中国农业出版社
洪健,李德葆,周雪平 . 2001. 植物病毒分类图谱 . 北京:科学出版社
侯天爵 . 1985. 警惕豆科牧草地黄萎病 . 农业科技通讯,8:26
侯天爵. 1987. 内蒙古的主要牧草病害. 植物保护学报, (1): 17-18
侯天爵 . 1992. 羊柴白粉病的调查研究 . 中国草地,1:43-45
侯天爵 . 1994. 我国苜蓿病害现状及防治对策 . 内蒙古草业,3:3-4
侯天爵 . 1996. 中国扁裂腔孢属新记录种及有关学名订正 . 真菌学报,15(4):313-314
侯天爵. 2003. 内蒙古地区的牧草病害及防治//南志标, 李春杰. 中国草类作物病理学研究. 北京:海洋出版社:11-17
侯天爵,李魁英,刘爱萍 . 1999. 锡林郭勒草原的大针茅病害 . 中国草地,4:48-51
侯天爵,马振宇,邹胜文 . 1989. 甘肃主要产区苜蓿病害调查 . 草与畜杂志(增刊):5-8
侯天爵,王建锋 . 1988. 沙打旺黑斑病及其对牧草的影响 . 中国草地,(6):58-60
胡俊,门光耀,周洪友,等 . 2006. 沙打旺根腐病菌致病力的测定 . 中国草地学报,6:110-112
黄木易,王纪华,黄文江,等 . 2003. 冬小麦条锈病的光谱特征及遥感监测 . 农业工程学报,19(6):154-158
雷玉明,张建文 . 2007. 甘肃省草本植物上柱隔孢菌鉴定及新纪录病害 . 草业科学,27(2):52-55
李春杰 . 2005. 醉马草内生-真菌共生体生物学与生态学特性的研究 . 兰州大学博士学位论文
李春杰,南志标 . 1998. 甘肃草坪草真菌病害初报 . 草业科学,2:48-50
李春杰,南志标 . 2000. 苜蓿种带真菌及其致病性测定 . 草业学报,9(1):27-36
李春杰,南志标,王赟文,等 . 2000. 高山草原条件下苜蓿种质抗霜霉性评价 . 草业学报,9(4):44-51
李春杰,南志标,张昌吉,等 . 2009. 醉马草内生真菌对家兔的影响 . 中国农业科技导报,11(2):90-96
李敏权,杨宝生,侯军,等 . 2002. 四种杀菌剂对苜蓿根和根颈腐烂病菌的室内毒力测定 . 草地学报,10(4):270-273
李琪,袁庆华,孙建华 . 1992. 几种主要豆科牧草病害的鉴定及防治 . 甘肃畜牧兽医,22(6):7-9
李彦忠 . 2007. 沙打旺黄矮根腐病(*Embellisia astragali* nov. sp. Li and Nan)研究 . 兰州大学博士学位论文
李彦忠,南志标,张志新,等 . 2011. 沙打旺黄矮根腐病在我国北方 5 省区的分布与危害 . 草业学报,20(2):39-45
梁彩英,赖志强,腾少花,等 . 1998. 907 柱花草 . 草业科学,15(2):27-29
梁莹 . 2011. 醉马草内生真菌共生体对小尾寒羊的影响.兰州大学硕士学位论文
梁玉珐,刘若,薛福祥 . 1989. 甘肃所产红豆草种子的种传真菌 . 草业科学,6(4):5-9
刘爱萍,孙启忠,胡俊,等 . 2003. 沙打旺根腐病病原生物学的研究 . 中国草地,25(2):72-74
刘建宁,王运琦 . 2000. 沙打旺白粉病流行规律及化学防治初探 . 中国草地,3:48-49,53
刘若 . 1974. 早熟禾白粉病的初步研究 . 甘肃农业大学学报,1:69-71
刘若 . 2003. 草原保护学——植物病理学分册 . 第二版 . 北京:农业出版社
刘若,南志标 . 1987. 天祝永丰滩草原植物的真菌病害 . 中国草业科学,4(1):14-18
刘若,薛福祥,田旭文,等 . 1991. 甘肃中部干旱半干旱地区红豆草的病害 . 北京:气象出版社
刘维志 . 2004. 植物线虫志 . 北京:中国农业出版社
鲁鸿佩,孙爱华,马绍慧 . 1999. 临夏州人工草地牧草病害调查及苜蓿霜霉病防治 . 草业科学,16(6):43-46
吕新龙,艾里,殷启夫,等 . 1976. 苜蓿霜霉病的调查研究 . 甘肃农业大学学报,3:1-4
罗禄怡,沈仲宁,丁应生,等 . 1995. 三叶草新病害小粒菌核病研究初报 . 云南农业大学学报,10(2):153-154
马占鸿,武新 . 1994. 宁夏部分牧草种子带菌检验初报 . 宁夏农学院学报,15(3):13-15
马振宇 . 1998. 苜蓿抗病新品种培养研究 . 草与畜杂志,4:23-27

马忠华，蒯本科，徐传祥，等. 1998. 上海地区冷季型草坪草病害调查初报. 中国草坪，(1)：47-49
南志标 . 1985a. 牧草常见病害及其防治 . 成都:四川科技出版社
南志标 . 1985b. 锈病对紫花苜蓿营养成分的影响 . 中国草原与牧草,3(2):33-36
南志标 . 1986. 锈菌对箭筈豌豆生长和营养成分影响的测定 . 甘肃农业科技,8:21-23
南志标 . 1988. 蓼白粉菌对草木樨营养成分影响的测定 . 甘肃畜牧兽医,1:129-130
南志标 . 1990. 锈菌对豆科牧草生长及营养成分的影响 . 草业学报,1(1):83-87
南志标 . 1991. 豆科牧草根腐病 . 国外畜牧学-草原与牧草,2:5-11
南志标 . 1998. 沙打旺种带真菌——环境、致病力及防治 . 草业学报,7(1):12-18
南志标 . 1999. 草坪草病害综合防治的原则与要点 . 见:面向 21 世纪的中国草坪科学与草坪业 . 陈佐忠 .(主编). 北京:中国农业大学出版社
南志标 . 2000. 建立中国的牧草病害可持续管理体系 . 草业科学,9(2):1-9
南志标 . 2001. 我国的苜蓿病害及其综合防治体系 . 动物科学与动物医学,18(4):1-4
南志标,李春杰 . 1994. 中国牧草真菌病害名录 . 草业科学(增刊):5-28
南志标,李春杰 . 2003. 中国草类作物病理学研究 . 北京:海洋出版社
南志标,李春杰 . 2004. 禾草-内生真菌共生体在草地农业系统中的作用 . 生态学报,4(3):605-616
南志标,李春杰,白原生 . 2003a. 我国草类作物病害及其防治对策 . 中国草类作物病理学研究 . 北京:海洋出版社
南志标,李春杰,段廷玉,等 . 2003b. 甘肃草类作物病害及其防治 . 中国草类作物病理学研究 . 北京:海洋出版社
南志标,李春杰,王赟文,等 . 2001. 苜蓿褐斑病对牧草质量光合速率的影响及田间抗病性 . 草业学报,10(3):26-34
南志标,李琪,刘照辉 . 1986. 混播治理牧草病害的研究 . 中国草原与牧草,5:40-44
南志标,李琪,刘照辉 . 1991. 田间条件下苜蓿种质抗锈性评价 . 草业科学,8(2):19-22
南志标,刘若 . 1997a. 我国五省(区/市)的沙打旺病害及其分布特征 . 草业学报,14(6):30-34
南志标,刘若 . 1997b. 沙打旺种带真菌检验 . 草业学报,6(4):11-16
南志标,热孜别克 . 1995. 杀菌剂拌种对苜蓿萌发与出苗的影响 . 甘肃畜牧兽医,25(3):10-12
南志标,员宝华 . 1994. 新疆阿勒泰地区苜蓿病害 . 草业科学,11(4):14-18
任继周 . 1985. 从农业生态系统的理论来看草业的发生与发展 . 中国草原与牧草,4:5-7
任继周,胡自治,牟新待 . 1965. 我国草原类型第一级分类的生物气候指标 . 甘肃农业大学学报,2:1-17
商鸿生 . 1987. 禾本科牧草的种传病害和种子检验 . 植物保护,1:1-5
时永杰,孙晓萍,马振宇,等 . 1998. 甘肃省苜蓿的主要病害及其分布 . 青海草业,7(3):17-18
苏加楷 . 2001. 中国牧草新品种选育的回顾与展望 . 草原与草坪,4:3-9
谭卫军,陈勇,张武,等 . 2008. 狗牙根白化病植原体 16S rDNA 序列 . 微生物学报,48(10):1393-1397
王多成，孟有儒，李文明，等. 2005. 苜蓿根腐病病原菌的分离及鉴定. 草业科学，22(10)：78-81
王海,付晓燕 . 2010. 我国高尔夫的发展及北方高尔夫球场草坪的建植 . 河北林业科技,4:29-32
王慧敏,裘维蕃 . 1996. 黑麦草和梯牧草的细菌性萎蔫病 . 植物病理学报,26(1):56
王雪薇,喻宁莉,马德成 . 1998. 新疆苜蓿病害种类和分布的初步研究 . 草业学报,7(2):48-52
王雪薇,袁自清,赵震宇 . 1994. 新疆北部豆科饲用植物的寄生真菌及真菌病害的初步研究 . 草地学报,2(1):64-70
王真辉,陈秋波,郭志立,等 . 2007. 假臭草丛枝病植原体 16SrDNA 检测与 PCR-RFLP 分析 . 热带作物学报,28(4):51-56
吴曙雯,王人潮,陈晓斌,等 . 2002. 稻叶瘟对水稻光谱特性的影响研究 . 上海交通大学学报(农业科学版),20(1):73-76,84
谢辉 . 2005. 植物线虫分类学 . 北京:高等教育出版社
徐秉良，郁继华. 2006. 深绿木霉菌株 T2 对草坪草叶枯病菌的拮抗作用及机制. 草业学报，15(4)：71-75
严林,梅洁人 . 1996. 青海省紫花苜蓿病虫种类及害虫天敌的调查 . 植物保护,22(5):24-25
杨家荣,商鸿生,李玥仁 . 1997. 苜蓿黄萎病病原菌研究(简报). 草业学报,6(3):42-45
易克贤 . 2001. 柱花草炭疽病及抗病育种进展 . 中国草地,23(4):59-65
袁庆华,李向林,张文淑 . 2001. 苜蓿假盘菌及其生物学特性研究 . 植物保护,27(1):8-11
袁庆华，张文淑. 2000. 苜蓿对褐斑病抗性筛选研究. 草业学报，9(4)：52-58

曾亮,袁庆华,姚拓 . 2009. 苜蓿叶斑病产量损失预测研究 . 中国草地学报,31(1):40-44
曾士迈, 杨演. 1986. 植物病害流行学. 北京:农业出版社
张成霞 . 2002. 杀菌剂拌种防治草坪草病害的初步研究.甘肃农业大学硕士学位论文
张成霞,南志标,李春杰,等 . 2003. 数种杀菌剂防治草坪草病原真菌的药效及拌种剂量//南志标,李春杰.中国草类作物病理学研究.北京:海洋出版社:176-182
张蓉,马建华,杨芳,等 . 2004. 宁夏苜蓿主要病害田间发生规律的研究 . 石河子大学学报(自然科学版),S1:168-171
张陶, 桂明英. 2001. 云南省国外引种牧草、草坪草病害研究——豆科牧草、草坪草真菌病害//马占鸿,周雪平. 植物病理学研究进展, 北京:中国农业科技出版社:276-280
张伟丽, 郭振飞. 2005. 柱花草对炭疽病的抗病性研究进展. 草业科学, 22(3): 75-78
赵美琦 . 2003. 国内外草坪病害研究现状的比较//南志标,李春杰 . 中国草类作物病理学研究.北京:海洋出版社:126-132
赵美琦,肖悦岩,陈合明,等 . 1999. 南亚热带湿润草地病害的基本调查 . 中国草地,1:46-48
赵震宇,李春杰 . 2003. 新疆草原与饲用植物病害名录//南志标,李春杰.中国草类作物病理学研究.北京:海洋出版社:36-48
郑双悦,潘建梅,谢秉仁,等 . 2004. 沙打旺根腐病及防治 . 中国草地,26(4):57-61
周洪友,杨合同,唐文华 . 2004. 沙打旺根腐病发生及病原菌鉴定 . 草地学报,12(4):285-289
周淑清,侯天爵,白儒,等 . 1996. 苜蓿品种抗锈性评价 . 中国草地,5:28-32
Alexander HM, Antonovics J. 1988. Disease spread and population dynamics of anther infection of *Silene dioica* caused by the fungus *Ustilago violancea*. Journal of Ecology, 76:91-104
Berkenkamp B. 1974. Losses from foliage diseases of forage crops in central and northern Alberta. Canadian Plant Disease Survey, 61:337-340
Bickoff EM, Loper GM, Hanson CH, et al. 1967. Effect of common leafspot on coumestans and flavones in alfalfa. Crop Science, 7:259-261
Brook PJ, White EP. 1966. Fungus toxins affecting mammals. Ann. Rev. Phytopathology, 4:171-194
Burdon JJ. 1987. Diseases and plant population biology. Cambridge: Cambridge University Press
Ericson L, Burdon JJ, Muller WJ. 2002. The rust pathogen *Triphragmium ulmariae* as a selective force affecting its host, *Filipendula ulmaria*. Journal of Ecology, 90:167-178
Filipjev IN. 1936. The bent grass nematode, *Anguina agrostis*. Plant Diseases Reporter, 36:75-83
Hamilton WD. 1980. Sex versus non-sex versus parasite. Oikos, 35:282-290
Jaenike J. 1978. An hypothesis to account for the maintenance of sex within population of *Linum marginale* and *Melampsora lini*. II. Local and regional variation in patterns of resistance and racial structure. Evolution, 45(7):1618-1627
James WC. 1981. Estimated losses of crops from plant pathogens//Pimental D. Handbook of pest management in agriculture. USA: CRC Press:79-94
Jarosz AM, Davelos AL. 1995. Tansley review No. 81. Effects of disease in wild plant populations and the evolution of pathogen aggressiveness. New Phytologist, 129:371-387
Levin DA. 1975. Pest pressure and recombination system in plants. American Naturalist, 109:437-451
Li YZ, Nan ZB. 2007a. A new species of *Embellisia* causing a disease of standing milk-vetch in China. Mycologia, 99(3): 406-411
Li YZ, Nan ZB. 2007b. Symptomology and etiology of a new disease, yellow stunt, and root rot of standing milkvetch caused by *Embellisia* sp. in Northern China. Mycopathologia, 163(6): 327-334
Li YZ, Nan ZB. 2008. First report of yellow stunt and root rot of standing milkvetch caused by *Embellisia* sp. from China. Plant Pathology, 57(4): 780
Li YZ, Nan ZB. 2009. Nutritional study on *Embellisia astragali*, a fungal pathogen of milk vetch (*Astragalus adsurgens*). Antonie Van Leeuwenhoek, 95(3): 275-284
Li YZ, Nan ZB, Hou FJ. 2007. The roles of an *Embellisia* sp. causing yellow stunt and root rot of Astragalus adsurgens and otherfungi in the decline of legume pastures in northern China. Australasian Plant Pathology, (36): 397-402

Liang Y, Li CJ, Nan ZB, et al. 2012. *Neotyphodium gansuense* symbiotic within *Achnatherum inebrians* produces clinical symptoms and physiological effects on small-tailed Han sheep(*Ovis aries*)//Nan ZB, Li CJ. Proceedings of 8th International Symposium on Fungal Endophyte of Grasses

Mitchell CE. 2003. Trophic control of grassland production and biomass by pathogens. Ecology Letters, 6: 147-155

Mitchell CE, Tilman D, Groth JV. 2002. Effects of grassland plant species diversity, abundance and composition on foliar fungal disease. Ecology, 83: 1713-1726

Nan ZB. 1995. Fungicide seed t reatments of sainfoin for the control of seedborne and root-invading fungi. New Zealand Journal of Agricultural Research, 38: 413-420

Nan ZB, Liu ZH, Skipp RA. 1993. Effects of fungicide seed treatments on germination and establishment of sainfoin and other legumes. In: Proceedings of the XⅦ International Grassland Congress

Paul ND. 1989. The effects of *Puccinia lagenophorae* on *Senecio vulgaris* in competition with *Euphorbia peblus*. Journal of Ecology, 77: 552-564

Pethybridge SJ, Hay F, Esker P, et al. 2007. Use of a multispectral radiometer for noninvasive assessments of foliar disease caused by ray blight in pyrethrum. Plant Disease, 91: 1397-1406

Pratt RG, Dabney SM, Mays DA. 1988. New forage legume hosts of *Sclerotinia trifolirum* and *S. sclerotiorum* in the southeastern United States. Plant Disease, 72: 593-596

Stuteville D, Erwin DC. 1990. Compendium of alfalfa diseases. New York: The American Psychopathological Society Press

Thrall PH, Jarosz AM. 1994. Host-pathogen dynamics in experimental populations of *Siene alba* and *Ustilago violacea*. Ⅱ. Experimental tests of theoretical models. Journal of Ecology, 82: 561-570

Wang SR, Guo L. 2002. *Thecaphora affinis*, a smut species new to China. Mycosystema, 21(3): 452-453

Wennström A, Eriscon L. 1991. Variation in disease incidence in grazed and undgrazed sites for the system *Pulsatilla pratensis-Puccinia pulsatillae*. Oikos, 60: 35-39

Zhang XX, Li CJ, Nan ZB. 2011. Effects of salt and drought stress on alkaloid production in endophyte-infected drunken horse grass(*Achnatherum inebrians*). Biochemical Systematics and Ecology, 39: 471-476

推荐阅读文献

侯天爵. 1994. 我国苜蓿病害现状及防治对策. 内蒙古草业, 3: 3-4

南志标. 2000. 建立中国的牧草病害可持续管理体系. 草业科学, 9(2): 1-9

南志标. 2001. 我国的苜蓿病害及其综合防治体系. 动物科学与动物医学, 18(4): 1-4

南志标, 李春杰, 段廷玉, 等. 2003. 甘肃草类作物病害及其防治. 中国草类作物病理学研究. 北京: 海洋出版社

苏加楷. 2001. 中国牧草新品种选育的回顾与展望. 草原与草坪, 4: 3-9

Li YZ, Nan ZB. 2007. A new species of *Embellisia* causing a disease of standing milk-vetch in China. Mycologia, 99(3): 406-411

第三十七章　草地虫害

第一节　我国草地虫害概况

昆虫是草地生态系统的重要组成部分。据估计,每类天然草地的昆虫200余种,个体数超过1000头/m^2。我国北方10省区草地重要虫害518种(刘爱萍等,1993),宁夏草原昆虫有21目207科1374种(李剑等,1999)。

昆虫种类多,分布广,适应性强,在维护草地生态系统功能中起着十分重要的作用。许多昆虫种类以草地植物为食,构成草地生态系统中物质转化与能量循环过程中重要的环节之一。这些昆虫的暴发,可危害草地植物正常生长、发育和繁育,或者引起植物病害的流行,造成草地植被的严重损失。我们把这类由于昆虫取食活动影响植物正常生长和发育,引起草地植被破坏,在经济上和生态上造成严重损失的情况称之为虫害,把这类昆虫称为害虫。草地虫害是我国草地上严重的生物灾害之一。据统计,2000年,我国新疆、内蒙古、青海、甘肃、四川、陕西、宁夏、河北、辽宁、吉林、黑龙江、山西12省区草地鼠虫害发生面积就达4256万hm^2,成灾面积2732万hm^2(杨爱莲,2001)。

一、栽培草地虫害

我国北方主要栽培牧草的害虫种类有310余种(表37-1)。其主要种类是由于农业害虫侵入和大面积单一化种植引起的。发生特点与一般农业作物害虫相似。

表37-1　我国北方主要栽培牧草的害虫种类(白文辉等,1990)

目	科与种	主要害虫
直翅目	3科,约120种	雏蝗类、亚洲小车蝗(*Oedaleus asiaticus*)、日本菱蝗(*Tetrix bolivari*)、东方蝼蛄(*Gryllotalpa orientalis*)等
鞘翅目	11科,约80种	大黑鳃金龟(*Holotrichia diomphalia*)、黄褐丽金龟(*Anomala ecolete*)、苜蓿叶象甲(*Hypera postica*)、蒙古灰象甲(*Xylinophorus mongolicus*)、条纹根瘤象甲(*Sitona lineatus*)、白条芫菁(*Epicauta gorhami*)、苹斑芫菁(*Mylabris calida*)、柠条豆象(*Bructhnidius ptilinoides*)、沟金针虫(*Achatina fulica*)等
半翅目	7科,约50种	苜蓿盲蝽(*Adelphocoris lineolatus*)、牧草盲蝽(*Lygus pratensis*)、赤条蝽(*Trigonotylus coelestialium*)等
同翅目	7科,20余种	苜蓿蚜(*Aphis craccivora*)、玉米蚜(*Rhopalosiphum maidis*)、麦二叉蚜(*Schizaphis graminum*)、大青叶蝉(*Tettigella viridis*)、绿叶蝉(*Empoasca maligna*)、灰飞虱(*Laodelphax striatellus*)等
鳞翅目	12科,20余种	苜蓿夜蛾(*Heliothis viriplaca*)、小地老虎(*Agrotis ypsilon*)、黏虫(*Mythimna separata*)、草地螟(*Loxostege sticticalis*)、黄绿蛱蝶(*Vanessa xanthomelas*)等

续表

目	科与种	主要害虫
膜翅目	3科,5种	苜蓿籽蜂(*Bruchophagus gibbus*)、沙打旺金小蜂(*Bruchophaga* sp.)等
双翅目	2科,5种	沙打旺黑潜蝇(*Melanagromyza adsurgenis*)
缨翅目	3科,10余种	苜蓿蓟马(*Odontothrips loti*)、烟蓟马(*Thrips tabaci*)、小麦皮蓟马(*Haplothrips tritici*)等

我国南方大多省区也对栽培牧草的害虫发生进行了调查,南北方害虫类群基本一致。安徽栽培牧草有9目36科124种害虫,其中为害禾本科牧草的16种,豆科的57种,兼可为害的51种,严重为害的13种,次重的32种。江西报道栽培牧草7目50科196种。云南栽培牧草害虫42种,其中,重要种类除黏虫(*Leucania separata*)、蚜虫、盲蝽为常见种类外,种群数量较多的有短额负蝗(*Atractomorpha sinensis*)、大青叶蝉(*Tettigella viridis*)、稻叶蝉(*Inmadara oryzae*)、平肩棘缘蝽(*Cletus punctiger*)等(王风葵等,1997)。海南岛热带牧草上有害昆虫有7目31科40种,害螨6种,与其他省区不同的是优势种为银合欢异木虱(*Heterpsylla cubana*)、中华简管蓟马(*Haplothtips chinensis*)、东方黏虫(*Mythimna separate*)、花蓟马(*Frankliniella intonsa*)、印度黄脊蝗(*Patanga succincta*)、豆象和叶螨等。

(一) 饲料作物害虫

饲料作物以禾谷类为主,其中最主要的是玉米(*Zea mays*)、高粱(*Sorghum vulgara*)、粟子(*Panicum miliaceum*)等。主要害虫有:玉米螟(*Ostrinia nubilalis*)、粟灰螟(*Chilo infuscatellus*)、粟秆蝇(*Atherigona biseta*)、粟茎跳甲(*Chactocnema ingenua*)和高粱蚜(*Melanaphis sacchari*)等。玉米螟在我国北方一直是玉米、高粱和粟子的重要害虫,粟灰螟和粟茎跳甲是北方旱作区谷子(*Setaria italica*)的重要害虫。粟灰螟一般年份发生率为5%~10%,严重时达30%~40%及以上,粟茎跳甲可造成谷子缺苗达30%以上。高粱蚜和玉米蚜(*Rhopalosiphum maidis*)是高粱和玉米上的重要害虫之一,在干旱年份严重影响作物正常生长。黏虫也是这类饲料作物的重要害虫之一。1976年,内蒙古伊盟摩林河地区燕麦(*Avena sativa*)地发生黏虫灾害,虫口密度为373头/m^2,几天内大片燕麦就被啃食成光秆。1989年,内蒙古兴安盟乌兰浩特地区栽培草地上发生草地螟(*Loxostage sticticalis*)灾害,数万公顷牧草受害,产量损失达30%~40%。

双斑萤叶甲(*Monolepta hieroglyphica*)是近年来我国北方地区玉米、马铃薯等作物上的一种新的重要害虫,2007年以来连续在新疆、宁夏、陕西、甘肃等夏玉米及饲料作物上大面积发生,造成严重危害。

(二) 豆科栽培牧草害虫

豆科栽培牧草主要有苜蓿(*Medicago sativa*)、小叶锦鸡儿(*Caragana microphylla*)、沙打旺(*Astragalus adsurgens*)、蒙古岩黄芪(*Hedysarum mongolicum*)、草木樨(*Melilotus suaveolens*)、柠条锦鸡儿(*Caragana korshinskii*)等。为害地上茎叶的主要害虫有:苜蓿夜蛾(*Heliothis viriplaca*)、黏虫、草地螟,蚜虫类[包括苜蓿蚜(*Aphis medicaginis*)、苜蓿斑蚜(*Therioaphis trifolii*)]、盲蝽类[包括绿盲蝽(*Lygus lucorum*)、三点盲蝽(*Adelphocoris taeni-

phorus)、苜蓿盲蝽(*Adelphocoris lineolatus*)、牧草盲蝽(*Lygus pratensis*)、赤须盲蝽(*Trigonotylus ruficornis*)等]、蓟马类[包括烟蓟马(*Thrips tabaci*)、苜蓿蓟马(*Odontothrips phaleratus*)]害虫等。为害苜蓿籽实的有苜蓿籽蜂(*Bruchophagus gibbus*)、沙打旺黑潜蝇(*Melanagromyza adsurgenis*)、豆荚螟(*Maruca vitrata*)、柠条豆象(*Kytorhinus immixtus*)、柠条籽蜂(*Bruchophagus caragama*)等。

我国苜蓿栽培历史悠久,种植面积大,虫害较重。重要害虫有40余种。苜蓿夜蛾、黏虫、草地螟是暴发性害虫,食性杂、食量大、危害十分严重。沙打旺的害虫种类仅次于苜蓿。为害严重的主要有沙打旺黑潜蝇和苜蓿籽蜂。沙打旺黑潜蝇是一种蛀食性害虫,以幼虫蛀食沙打旺茎秆和种子,造成牧草减产和秕籽,秕籽率高达24%。苜蓿籽蜂也是为害沙打旺种子的主要害虫,种子被害率高达20%~30%。草木樨的害虫种类也较多,大体上与苜蓿害虫相同,主要有30余种。为害严重的有苜蓿夜蛾、苜蓿盲蝽、苜蓿蚜虫、苜蓿叶象甲(*Hypera postica*)等。

在北方农牧交错区草地,配合退耕还林还草及荒漠化治理等生态工程,以柠条、蒙古岩黄芪(*Hedysarum mongolicum*)、木岩黄芪(*Hedysarum fruticosum*)等豆科植物人工栽培面积很大,其虫害发生亦是十分严重。为害蒙古岩黄芪的害虫主要有蚜虫、苜蓿盲蝽、大青叶蝉、灰古斑毒蛾(*Orgyia ericae*)等。蚜虫在蒙古岩黄芪的整个生育期都能造成危害,以初花期为害最重。蚜虫以刺吸口器吸食蒙古岩黄芪植物汁液,使植物营养缺乏,生长受阻,造成品质劣、产量低。灰古斑毒蛾为暴发性食叶害虫,在荒漠区随豆科寄主植物呈点、片、带状发生,大发生时往往食光寄主叶片、嫩茎,仅留枝干。为害柠条锦鸡儿的害虫主要有苜蓿蚜、白条芫青(*Epicauta gorhami*)、苜蓿盲蝽等,对柠条锦鸡儿来说,为害最严重的是食籽实的害虫,如柠条豆象、柠条籽蜂、豆荚螟等,使柠条锦鸡儿种子的为害率高达30%~70%。1976年伊克昭盟伊金霍洛旗和杭锦后旗柠条豆象和柠条籽蜂严重发生,为害面积2万hm^2,种子被害率30%~60%,严重的颗粒无收。春尺蠖(*Apocheima cinerarius*)取食柠条锦鸡儿等植物的叶茎,主要在内蒙古西部、甘肃河西地区普遍发生。1984年在伊克昭盟部分地区发生面积达4万hm^2。此外,危害豆科牧草的还有多种金龟甲,如黑绒鳃金龟(*Maladera orientalis*)、黑皱鳃金龟(*Trematodes tenebrioides*)等食叶害虫。

我国北方部分城市常以豆科类植物,如白三叶草(*Trifolium repens*)、红三叶草(*Trifolium pratense*)、苜蓿等作为城市绿化草种植。豆科草坪植物害虫种类受寄主植物种类不同而有所不同。地上茎叶害虫受所在地区园林和农作物害虫的侵入影响,优势种害虫有所不同。白三叶草草坪害虫主要有小卷蛾和同型巴蜗牛(*Bradybaena similaris*)等,以蜗牛为主要害虫。灰巴蜗牛(*Bradybaena ravida*)和同型巴蜗牛能为害多种草坪草(以阔叶草为主)。

红花酢浆草草坪害虫,主要有点实夜蛾(*Heliothis peltigera*)、酢浆草岩螨(*Petrobia harti*)、同型巴蜗牛,以酢浆草岩螨为主要害虫。旋花科的马蹄金(*Dichondra repens*)草坪害虫主要种类有短额负蝗、黑绒鳃金龟、甘薯叶甲(*Colasposoma dauricum*)、斜纹夜蛾(*Prodenia litura*)、同型巴蜗牛等,以甘薯叶甲为主要害虫。

(三)禾本科栽培牧草害虫

禾本科栽培牧草主要有羊草(*Aneurolepidium chinense*)、披碱草(*Elymus dahuricus*)、无

芒雀麦(*Bromus inermis*)和冰草(*Agropyron cristatum*)等。对叶茎造成严重危害的害虫有：粘虫、麦秆蝇(*Meromyza saltatrix*)、稻叶蝉、条沙叶蝉(*Psammotettix strialus*)、灰飞虱(*Laodelphax striatella*)、麦二叉蚜(*Schizaphis graminum*)等。为害牧草花、种子的害虫有麦穗夜蛾(*Apamea sordens*)、小麦皮蓟马(*Haplothrips tritici*)等。

取食禾本科牧草叶茎的主要有粘虫、蝗虫类害虫。从 20 世纪 80 年代以来，粘虫先后在内蒙古、宁夏等地多次造成大面积严重危害。1984 年赤峰克什克腾旗就发生 3 万 hm^2 牧草受害，虫口密度为 10~20 头/m^2。禾本科牧草地的蝗虫主要是白边雏蝗(*Chorthippus albomarginatus*)、小翅雏蝗(*Chorthippus fallax*)和条纹鸣蝗(*Mongolotettix vittatus*)。刺吸牧草汁液的重要害虫有蚜虫，如麦长管蚜(*Macrosiphum avenae*)、麦二叉蚜，其成虫和若虫刺吸叶片、茎秆和嫩穗的汁液，影响牧草的生长和发育，最后导致牧草枯黄，同时还传播多种病毒病。还有小麦皮蓟马、赤须盲蝽(*Trigonotylus ruficornis*)、大青叶蝉等，也能造成同样危害。秆绳类害虫[如瑞典秆蝇(*Oscinosoma frit*)和麦秆蝇(*Meromyza saltatrix*)]蛀食禾本科牧草茎秆，对大麦草(*Hordeum vulgare*)、黑麦草(*Lolium perenne*)、披碱草、羊草、狗尾草(*Setaria viridis*)、赖草、鹅冠草(*Roegneria kamoji*)、雀麦(*Bromus japonicus*)、早熟禾(*Poa annus*)等均可造成危害。秆蝇大发生年份能使牧草种子减少 50%，干草减产 20%。

对羊草造成严重为害的害虫主要有粘虫、草地螟(*Loxostage sticticalis*)、麦秆蝇、麦二叉蚜、牧草盲蝽、烟蓟马、小麦皮蓟马，叶蝉类和金针虫类害虫。皱蝗类害虫的个别种类也对羊草造成毁灭性为害。披碱草和老芒麦(*Elymus sibiricus*)的害虫种类大致相同，主要有金龟甲幼虫、金针虫及粘虫、草地螟、菱蝗、盲蝽，叶蝉类和蚜虫类害虫等，为害牧草的茎和叶。无芒雀麦(*Brumus inermis*)的害虫种类与其他禾本科牧草的相同，主要种类有粘虫、蝗虫、蚜虫、叶蝉、盲蝽、象甲等。

我国草坪草主要以禾本科植物为主，分为南方暖型草种和北方冷型草种。近年来有关草坪草病虫害发生与防治技术的报道很多，已有近 10 本专著出版。据统计，禾本草坪草害虫有 80~100 种，其中主要种类有 20~30 种，按其虫害发生部位分为两类，即地下根部害虫和地上茎叶害虫。取食草坪根部和根茎部的害虫主要是金针虫类、蛴螬类和地老虎类害虫及东方蝼蛄(*Gryllotalpa orientalis*)，与人工栽培牧草地种类相差不大。取食地上部茎叶部分的害虫有：淡剑夜蛾(*Sidemia depravata*)、禾灰翅夜蛾(*Spodoptera mauritia*)、草地螟、稻切叶野螟(*Psara licarsisalis*)等。鞘翅目以粟凹胫跳甲(*Chaetocnema ingenua*)为害最重，数量多。刺吸类害虫有大青叶蝉(*Tettigella viridis*)、灰飞虱(*Laodelphax striatellus*)及蚜虫等，刺吸草坪禾草植物叶片的营养和水分，影响草坪禾草植物正常生长，严重时还能导致寄主植物生长停滞，使植株发黄直至枯萎，严重影响城市的绿化效果。

(四) 地下害虫

地下害虫在各类栽培牧草地、饲料作物地和草坪草地都有发生，造成严重危害。一般来说包括：蝼蛄类害虫[如华北蝼蛄(*Gryllotalpa unispina*)、东方蝼蛄(*Gryllotalpa orientalis*)]和金针虫类害虫[沟金针虫(*Pleonomus canaliculatus*)和细胸金针虫(*Agriotes fuscicollis*)]等，在栽培禾草草地和禾谷类饲料地都很严重，地老虎类害虫[如小地老虎(*Agrotis ypsilon*)、八字地老(虎 *Agrotis c-nigrum*)]和金龟子类害虫[如大黑鳃金龟(*Holotrichia diomphalia*)、华北大黑鳃金龟(*Holotrichia oblita*)、暗黑鳃金龟(*Holotrichia parallela*)、黄褐丽金龟(*Anomala exoleta)、黑皱鳃金龟(*Trematodes tenebrioides*)和黑绒鳃金龟(*Maladera orientalis*)]等,在豆科牧草和豆科饲料作物地较为严重。地老虎类害虫食性杂,有时也是禾谷类饲料作物地很重要的地下害虫。这些害虫在北方各类草地上均有分布,取食牧草根系及萌芽的种子,使牧草缺苗断垄。发生严重的年份常造成毁种。为害牧草地下部分的害虫,还有条纹根瘤象甲(*Sitona linealus*)和网目拟地甲(*Opatrum subaratum*)。

二、天然草地虫害

我国天然草地由于地域辽阔、地形复杂、气候多样、自然条件差异很大、植物区系复杂、植物种类繁多,导致牧草害虫种类多、分布广、为害严重。牧草害虫的发生,极大地限制了畜牧业的发展。据初步记载,北方主要草地类型区昆虫有1200余种,重要种类有518种(刘爱萍等,1993)。

(一) 典型草地

典型草地是在干旱、半干旱气候条件下形成的由旱生多年生丛生禾草、根茎禾草和蒿类半灌木为建群种的一类草地。典型草地主要分布于松嫩平原、内蒙古高平原中东部,以及我国西部荒漠区的祁连山、阿尔泰山和伊犁等山地,是我国北方草地的主体。该类草地地域辽阔,气候多变,植物种类繁多,害虫种类多、发生数量大、为害严重。在典型草地上分布的害虫有900余种,主要有直翅目的蝗虫类、鳞翅目夜蛾、螟蛾害虫,鞘翅目的金龟子类、芫菁类和天牛类害虫,同翅目的叶蝉类和蚜虫类害虫、半翅目的盲蝽类和蝽类害虫及双翅目蚊,膜翅目的小蜂类害虫等。

直翅目蝗虫是典型草地最主要的害虫,有80余种,发生数量大、为害严重的有20多种。北方雏蝗(*Chorthippus hammarstroemi*)、中华雏蝗(*Chorthippus chinensis*)、狭翅雏蝗(*Chorthippus dubius*)、小翅雏蝗(*Chorthippus Fallax*)、黑翅雏蝗(*Chorthippus aethalinus*)、亚洲小车蝗(*Oedaleus asiaticus*)、白边痂蝗(*Bryodema luctuosum luctuosum*)、毛足棒角蝗(*Dasyhippus barbipes*)、宽翅曲背蝗(*Pararcyptera microptera meridionalis*)、宽须蚁蝗(*Myrmeleotettix palpalis*)等,多分布在以禾本科牧草为主的草场上。轮纹痂蝗(*Bryodema tuberculatum dilutum*)、短星翅蝗(*Calliptamus abbreviatus*)、红翅皱膝蝗(*Angaracris rhodopa*)、鼓翅皱膝蝗(*Angaracris barabensis*)等,多分布在以冷蒿为主的草地;大赤翅蝗(*Celes skalozubovi akitanus*)、笨蝗(*Haplotropis brunneriana*)、亚洲飞蝗(*Locusta migratoria migratoria*)、贺兰山疙蝗(*Pseudotmethis alashanicus*)等,多分布在退化严重、砂石裸露的草地;大垫尖翅蝗(*Epacromius coerulipes*)、小垫尖翅蝗(*Epacromius tergestinus tergestinus*)等,多分布在低湿草地。

螽斯类害虫也是典型草地上的害虫,其食性杂、食量大,较低的种群数量可对草原形成严重威胁,主要有北方硕螽(*Deracanthu onos*)、小硕螽(*Deracanthella verrucosa*)。

鳞翅目害虫有150余种,以夜蛾科害虫为优势种群,主要有黄地老虎(*Euxoa segetum*)、小地老虎、浦地老虎(*Agrotis ripae*)、苜蓿夜蛾、粘虫等。夜蛾类害虫以幼虫为害牧草,取食牧草的根、茎、叶,造成牧草减产。草地螟也是典型草原的危险性害虫。该害虫分布广、发生数量大、食性杂,且具有很强的适应性和扩散性,一旦发生便会造成严重的损失。

鞘翅目害虫有200余种,以金龟甲类、芫菁类、天牛类害虫为优势种群。金龟甲类害虫有50余种,主要有黑绒鳃金龟、东北大黑鳃金龟、华北大黑鳃金龟、黄褐丽金龟、日本丽金龟(*Popillia japonica*)等,其成虫和幼虫都能为害牧草,取食牧草的根、茎、叶、花、果实。芫菁类害虫有20余种,主要有红头黑芫菁(*Epicauta sibirica*)、黑头黑芫菁(*Epicauta dubia*)、红头豆芫菁(*Epicauta ruficeps*)、苹斑芫菁(*Mylabris calida*)、绿芫菁(*Lytta caraganae*)等,主要取食豆科牧草的叶片。天牛类害虫有10余种,主要有红蓬草天牛(*Edodorcadion hihganicum*)、麻斑草天牛(*Edodorcadion impluviatum*)、红缘天牛(*Asias halodendri*)等,以成虫为害。

同翅目害虫主要有苜蓿蚜、玉米蚜、麦二叉蚜等。半翅目主要害虫有苜蓿盲蝽、牧草盲蝽等,多分布在牧草生长茂密的草地,多为害豆科和禾本科牧草。

在典型草地上分布较广、发生量较大的害虫还有大青叶蝉、麦秆蝇(*Meromyza saltatrix*)、苜蓿蓟马、苜蓿籽蜂等。

(二) 荒漠化草地

荒漠化草地指在荒漠气候条件下形成的以旱生丛生小禾草和旱生、超旱生小灌木为建群种的一类草地,主要分布在我国的西北地区,在内蒙古高平原分布于草原带最西侧,在我国西北山地分布于山麓及山前洪积扇,是草原向荒漠的过渡类型。由于其地处内陆,气候干燥,植被简单,牧草种类也较单纯,该类草原的昆虫区系比较简单,但种群数量大。据调查,荒漠(化)草地上害虫种类有200余种,以鞘翅目害虫为优势种群,约占害虫总数的1/3。

荒漠草地害虫与典型草地相近,仍以蝗虫类、夜蛾类、金龟甲类、芫菁类及盲蝽类害虫为优势种。在典型草地向沙漠地过渡的地带,以同翅目叶蝉类、鳞翅目夜蛾类、半翅目盲蝽类害虫为优势种。在固定或半固定沙地草地以鞘翅目的金龟甲、叶甲及象甲类害虫为优势种。

直翅目蝗虫是荒漠草地优势种群,主要有短鼻蝗(*Filchnerella pamphagides*)、贺兰山疙蝗、亚洲飞蝗、笨蝗、裴氏短鼻蝗(*Filchnerella beicki*)、宽须蚁蝗、黄胫小车蝗(*Oedaleus infernalis*)、亚洲小车蝗、黑腿星翅蝗(*Calliptamus barbarus*)、细矩蝗(*Leptopternis gracilis*)、蒙古蚍蝗(*Eremippus mongolicus*),束颈蝗类害虫[盐池束颈蝗(*Sphingonotus yenchinensis*)、宁夏束颈蝗(*Sphingonotus ningsianus*)、蒙古束颈蝗(*Sphingonotus mongolicus*)]等。

鳞翅目害虫以夜蛾科和螟蛾科害虫为主。夜蛾科害虫主要有苜蓿夜蛾(*Heliothis dipsacea*)、裳夜蛾[柳裳夜蛾(*Catocala electa*)、杨裳夜蛾(*Catocala nupta*)]、桃黄褐夜蛾(*Oraesia emarginata*)、仿爱夜蛾(*Apopestes spectrum*)、蹄斑夜蛾(*Dichromia sagitta*)、重冬夜蛾(*Cucullia duplicata*)、粘虫、地老虎等。螟蛾科害虫有网锥额野螟(*Loxostege sticticalis*)、尖锥额野螟(*Sitochroa vevticalis*)、草原斯斑螟(*Sitochroa taudingera steppicola*)、杨条斑螟(*Nephopteryx mikadella*)、花棒锯斑螟(*Pristophorodes florella*)、旱柳原野螟(*Proteuclasta stotzneri*)、草地螟、豆荚螟等。毒蛾科害虫有灰斑古毒蛾(*Orgyia ericae*)、杨雪毒蛾(*Stilprotia salicis*)。灰蝶科害虫有豆灰蝶(*Plebejus argus*)、橙灰蝶(*Thersamenia dispar*)。木蠹蛾科害虫有沙蒿木蠹蛾(*Holcocerus artemisiae*)和沙棘木蠹蛾(*Holcocerus hippophaecolus*)。鹿蛾科害虫有甘肃鹿蛾(*Amata ganssuensis*)。

同翅目害虫以蚜虫类及叶蝉类害虫为主,有 20 余种。蚜虫主要有苜蓿蚜(*Aphis laburni*)、高粱蚜(*Melanaphis sacchari*)、萝摩黄蚜(*Aphis asclepiadis*)、甘草蚜虫(*Aphis craccivora*)。叶蝉科害虫有大青叶蝉、条沙叶蝉及小绿叶蝉(*Empoasca flavescens*)等,另有角蝉科的有圆角蝉(*Gargara genistae*)等。半翅目盲蝽科害虫在荒漠草地发生较多,主要有苜蓿盲蝽、牧草盲蝽、三点盲蝽、绿狭盲蝽(*Stenodema virens*)。长蝽科害虫有巨膜长蝽(*Jakowleffia setulosa*)、红长蝽(*Lygaeus equestris*)。蝽科害虫有横纹菜蝽(*Eurydema gebleri*)、实蝽(*Antheminia pusialongiceps*)等 20 余种。

鞘翅目害虫是荒漠(化)草地的主要害虫,有 100 余种,以金龟甲类、象甲类、叶甲类、芫菁类害虫为优势种群。金龟甲类害虫有 20 余种,主要有黑绒鳃金龟、黄褐丽金龟、华北大黑鳃金龟、黑皱鳃金龟等。象甲类害虫约 20 种,主要有蒙古灰象甲(*Xylinophorus mongolicus*)、粉红锥喙象甲(*Conorrhynchus conirostris*)、甜菜象甲(*Bothynoderes punctiventris*)、苜蓿象甲(*Sitona crinitus*)、沙蒿大粒象(*Adosomus* sp.)、淡绿球象甲(*Piazomias breviusculus*)、黑条筒喙象(*Lixus nigrolinedtus*)、舌喙象(*Diglossotrox* sp.)等。叶甲科害虫有 20 余种,主要有沙蒿金叶甲(*Chrysolina aeruginosa*)、中华萝藦叶甲(*Chrysochus chinensis*)、萝藦叶甲(*Chrysochus asclepiadeus*)、杨柳光叶甲(*Smaragdina aurita*)、甘草萤叶甲(*Diorhbda tarsalis*)、白刺萤叶甲(*Diorhbda rybakowi*)等。芫菁科害虫有 10 多种,主要有红头黑芫菁、苹斑芫菁和绿芫菁等。拟步甲科害虫有蒙古高鳖甲(*Hypsosoma mongolica*)、姬小胸鳖甲(*Mierodera elegans*)、尖腹东鳖甲(*Anatolica mucronata*)、波氏东鳖甲(*Anatolica potanini*)、纳氏东鳖甲(*Anatolica nuteri*)、波氏真土甲(*Eumylada potanini*)、棕色背毛甲(*Epitrichia fucus*)、毛足宽漠甲(*Sternoplax setosa setosa*)、突角漠甲(*Trigonocnera pseudopimelia*)、卵圆琵甲(*Blaps kiritshenkei*)、长爪方土甲(*Myladina unguiculina*)等。拟步甲科昆虫在荒漠草地上分布广,发生量大,为害严重。此外,还有天牛科的内蒙古草天牛(*Eodrcadion oryx*)、齿肩草天牛(*Eodrcadion kaznakovi*),豆象科的柠条豆象(*Kytorrhinus immixtus*)、甘草豆象(*Callosobruchus chinensis*),也是荒漠草原重要的害虫。

荒漠草地上大多数害虫有较强的耐低温抗干旱的能力,且食性杂,食量大,有集中为害的特点。一旦发生将给畜牧业生产造成不可挽回的损失。

(三) 高山草地

高山草地是高海拔地区长期受寒冷和干旱的大陆性气候影响形成的以多年生耐寒抗旱丛生禾草为主要建群种的一类草地。主要分布于我国西部青藏高原的东南部、青海的环环湖地区、甘肃的甘南、四川的甘孜等地。这里的昆虫种类较单一,主要是中国-喜马拉雅区系的一些种。

高山草地上发生数量大、为害较重的害虫有鳞翅目夜蛾科和毒蛾科害虫 20 余种,主要有地老虎和草原毛虫。半翅目盲蝽类害虫有 20 余种,主要有苜蓿盲蝽、牧草盲蝽等。鞘翅目害虫以地下害虫居多,主要有黑绒金龟、黄褐丽金龟、沟金针虫、细胸金针虫等,还有天牛类、芫菁类等部分食叶害虫。直翅目蝗虫类、同翅目叶蝉类害虫及双翅目的麦秆蝇等,在高山草原经常发生。

由于高山草地地区气候、植被等影响,害虫在生活方式、习性、为害等方面表现出特殊性适应的特点,如害虫种类少,个体数量大,多数能跳善飞,可远距离传播,多数是地下害虫。

（四）南方草地

南方草地害虫国内很少报道。其生境相对分散，面积较小，害虫类型与农田、林地种类相近，种类多，种群数量较小。江西曾对本省天然和栽培牧草害虫进行调查，报道种类有 104 种（朱培尧等，1990）。常见的种类：直翅目害虫有中华稻蝗（*Oxya chinensis*）、山稻蝗（*Oxya agavisa*）、小稻蝗（*Oxya intricata*）、绿腿腹露蝗（*Fruhstorferiola viridifemorata*）、棉蝗（*Chondracris rosea*）、线斑腿蝗（*Xenocatantops brachycerus*）、长翅黑背蝗（*Shirakiacris shirakii*）、短额负蝗（*Atractomorpha sinensis*）、中华蚱蜢（*Acrida cinerea*）、花胫绿纹蝗（*Aiolopus tamulus*）、散居型东亚飞蝗（*Locusta migratoria manilensis*）、疣蝗（*Trilophidia japonica*）、东方蝼蛄（*Gryllotalpa africana*）等；半翅目害虫有二星蝽（*Eysacoris guttiger*）、广二星蝽（*Stollia ventralis*）、河北菜蝽（*Eurydema dominulus*）、横纹菜蝽（*Eurydema gebleri*）、稻绿蝽（*Nezara viridula*）、茶翅蝽（*Halyomorpha halys*）、异稻缘蝽（*Leptocorisa varicornis*）、筛豆龟蝽（*Megacopta cribrabria*）、中黑盲蝽（*Adelphocoris suturalis*）、小黑跳盲蝽（*Halticus minutus*）、大眼长蝽（*Geocoris punctipes*）；同翅目害虫有褐飞虱（*Nilaparvata lugens*）、白背飞虱（*Sogota furcifera*）、小绿叶蝉（*Empoasca flavescens*）、大青叶蝉（*Cicadella viridis*）、黑尾叶蝉（*Nephotettix bipunctatus*）、白翅叶蝉（*Thaia rubiinosa*）、八点广翅蜡蝉（*Ricania speculum*）、豆蚜（*Aphis craccivora*）、黍缢管蚜（*Phopalosiphum padi*）；缨翅目害虫有禾谷蓟马（*Franklinilla tenuicornis*）、稻蓟马（*Chloethrips oryzae*）；鞘翅目害虫有小点细铁甲（*Dicladispa armigera*）、苹果龟叶甲（*Manouria impressa*）、胸寡毛跳甲（*Luperomorpha suturalis*）、黄曲条跳甲（*Phyllotreta striolata*）、小猿甲虫（*Phaedon brassicae*）、黑额光叶甲（*Smaragdina nigrifrons*）、小斑芫菁（*Mylabris cichorii*）、大斑芫菁（*Mylabris phalerata*）、大绿象甲（*Hypomeces squamosus*）、圆筒筒喙象（*Lixus mandaranus*）、无斑弧丽金龟（*Popillia mutans*）、斜矛丽金龟（*Callistethus plagiicollis*）、异丽金龟（*Anomala* spp.）、铜绿丽金龟（*Anomala corpulenta*）、红脚丽金龟（*Anomala cupripes*）、黑绒鳃金龟（*Serica orientalis*）、鲜黄鳃金龟（*Metabolus tumidifrons*）、小黄鳃金龟（*Metabolus flarescens*）、毛黄鳃金龟（*Holotricha trichophora*）、暗黑鳃金龟（*Holotricha parallela*），其中，种群数量大、危害重的有：鲜黄鳃金龟、异丽金龟、斜矛丽金龟和小黄鳃金龟 4 种；鳞翅目害虫有玉米螟（*Ostrinia furnacalis*）、菜螟（*Crocidalomia binotalis*）、粘虫（*Mythimna separata*）、斜纹夜蛾（*Prodenia litura*）、大螟（*Sesamia inferens*）、菜蛾（*Plutella xylostella*）、直纹稻弄蝶（*Parnara guttata*）、隐纹谷弄蝶（*Pelopidas mathias*）、斑缘豆粉蝶（*Colias erate*）、橙黄粉蝶（*Colias fieldi*）、黑脉粉蝶（*Cepora nerissa*）、银灰蝶（*Curetis acuta*）、小灰蝶（*Arhopala japonica*）；双翅目害虫有油菜潜叶蝇（*Chromatomyia horticola*）等。在牧草栽培中值得注意的种类有蚜虫、粘虫、盲蝽、菜青虫、菜螟、油菜潜叶蝇、蜗牛。

南方牧场常见金龟子 10 种（游兰韶等，2006）。它们是无斑弧丽金龟、斜矛丽金龟、异丽金龟、铜绿丽金龟、红脚丽金龟、黑绒鳃金龟、鲜黄鳃金龟、小黄鳃金龟、毛黄鳃金龟和暗黑鳃金龟，其中数量大、危害重的 4 种：鲜黄鳃金龟、异丽金龟、斜矛丽金龟和小黄鳃金龟。

第二节　我国草地重要害虫

一、草地蝗虫

草地蝗虫又称土蝗，是发生于我国天然草地的各类蝗虫的总称，计130余种，能造成牧草严重损失的有30余种：亚洲小车蝗(*Oedaleus asiaticus*)、黄胫小车蝗(*Oedaleus infernalis*)、红翅皱膝蝗(*Angamracris rhodopa*)、鼓翅皱膝蝗(*Angaracris barabensis*)、宽须蚁蝗(*Myrmeleotettix palpalis*)、裴氏短鼻蝗(*Filchnerella beicki*)、贺兰山疙蝗(*Pseudetmethis alashanicus*)、大胫刺蝗(*Compsorhipis davidiana*)、短星翅蝗(*Calliptamus abbreviatus*)、西伯利亚蝗(*Gomphocerus sibiricus*)、大赤翅蝗(*Celes skalozubovi akitanus*)、大垫尖翅蝗(*Epacromius coerulipes*)、小垫尖翅蝗(*Epacromius tergestinus*)、黄胫异痂蝗(*Bryodemella holdereri boldereri*)、笨蝗、白边雏蝗(*Chorthippus albomarginatus*)、小翅雏蝗(*Chorthippus fallax*)、宽翅曲背蝗(*Pararcyptera microptera meridionalis*)和条纹鸣蝗(*Mongolotettix vittatus*)等。草地蝗虫，大多每年平均发生1代，以卵在土中越冬。

表37-2　北方草地主要蝗虫生活史

蝗虫种类	1~4月			5月			6月			7月			8月			9月			10月			11~12月		
	上	中	下	上	中	下	上	中	下	上	中	下	上	中	下	上	中	下	上	中	下	上	中	下
	⊙	⊙	⊙	⊙	⊙										⊙	⊙	⊙	⊙	⊙	⊙	⊙	⊙	⊙	⊙
亚洲小车蝗						—	—	—	—	—														
							×	×	×	×	×	×	×	×	×									
	⊙	⊙	⊙	⊙	⊙										⊙	⊙	⊙	⊙	⊙	⊙	⊙	⊙	⊙	⊙
宽须蚁蝗					—	—	—	—	—	—														
									×	×	×	×	×	×	×									
	⊙	⊙	⊙	⊙	⊙					⊙	⊙	⊙	⊙	⊙	⊙	⊙	⊙	⊙	⊙	⊙	⊙	⊙	⊙	⊙
裴氏短鼻蝗				—	—	—	—	—	—	—														
							×	×	×	×	×	×	×	×	×	×	×							
	⊙	⊙	⊙	⊙	⊙										⊙	⊙	⊙	⊙	⊙	⊙	⊙	⊙	⊙	⊙
贺兰山疙蝗						—	—	—	—	—														
									×	×	×	×	×	×	×									
	⊙	⊙	⊙	⊙	⊙	⊙						⊙	⊙	⊙	⊙	⊙	⊙	⊙	⊙	⊙	⊙	⊙	⊙	⊙
大胫刺蝗						—	—	—	—	—														
									×	×	×	×	×	×	×	×								
	⊙	⊙	⊙	⊙	⊙	⊙						⊙	⊙	⊙	⊙	⊙	⊙	⊙	⊙	⊙	⊙	⊙	⊙	⊙
红翅皱膝蝗						—	—	—	—	—														
									×	×	×	×	×	×	×	×								

注：⊙表示卵；—表示幼虫；×表示成虫；表头中的“上中下”表示上旬、中旬、下旬

二、草地螟

草地螟又名网锥额夜螟（*Loxostege sticticalis*）、甜菜网螟、黄绿条螟。草地螟是北温带干旱少雨气候区的一种暴发性害虫，分布范围广，在我国主要分布在东北、华北和西北地区。幼虫食性极杂，嗜食35科200余种植物，嗜食甜菜（*Beta vulgaris*）和豆科植物，野生寄主还有藜科、苋科和菊科杂草。当食物缺乏时，杨（*Populus*）、柳（*Salix*）、榆（*Ulmus pumila*）等幼树亦可受害，初孵幼虫在叶背剥食叶肉，2~3龄幼虫群居在心叶为害，3龄以后食量大增，可将叶片食光。大发生时，每平方米草地有虫10余头至700余头，多者达6000余头，造成作物幼苗及牧草死亡。幼虫进入4~5龄暴食期后，如果食物缺乏，可成群迁移。

在我国每年发生1~4代，随地区不同而不同。草地螟以老熟幼虫在土中结茧越冬，次年春季化蛹，羽化。在华北地区，一般年份越冬代成虫5月中、下旬出现，6月上、中旬盛发，成虫产卵前期4~5天。第一代卵发生于6月上旬至7月下旬，卵期4~6天。幼虫共5龄，第一代幼虫发生于6月中旬至7月中、下旬，6月下旬至7月上旬是严重危害期。第一代成虫7月中旬至8月为盛发期。第二代幼虫于8月上旬至9月下旬发生，幼虫期17~25天，一般危害不大，陆续入土过冬。

成虫白天潜伏在草丛及作物田内，受惊动时可做近距离飞移。成虫有远距离迁飞的习性。通常在黄昏后，微风或地表温度出现逆增现象时，成虫大量起飞，上升到距地面50~70m高，随着这个气层的气流能迁飞到200~300km的地方，在迁飞过程中完成性成熟。1979~1980年，在我国西北、华北、东北地区及内蒙古曾连续两年大发生；1982年特大发生；2002年、2004年、2007年在北方草原都有较重发生。

三、草原毛虫

草原毛虫又名红头黑头虫、草原毒蛾，属鳞翅目毒蛾科。国内有草原毛虫（*Gynaephora alpherakii*）、青海草原毛虫（*Gynaephora qinghaiensis*）、金黄草原毛虫（*Gynaephora aureata*）、若尔盖草原毛虫（*Gynaephora ruoergensis*）、小草原毛虫（*Gynaephora minorav*），主要分布在青海、甘肃、西藏、四川等地海拔3000~5000m的高山草原。在青海、西藏、甘肃造成大量为害的是青海草原毛虫，尚有金黄草原毛虫混合发生。在四川阿坝地区发生的是若尔盖草原毛虫和小草原毛虫，主要为害莎草科、禾本科、豆科、蓼科、蔷薇科等牧草，严重影响牧草生长，造成草原缺草，从而妨碍畜牧业的发展。一年发生1代。第一龄幼虫于雌茧内在草根下、土中越冬。翌年4月中、下旬或5月上旬开始活动。幼虫第二龄期长达7个月左右，其余各龄一般是15天左右。5月下旬至6月上旬为3龄幼虫盛期。7月上旬雄性幼虫开始结茧化蛹，7月下旬雌性开始结茧化蛹，7月底至8月上、中旬为化蛹盛期。8月初成虫开始羽化、交配、产卵。9月初，卵开始孵化，9月底至10月中旬为孵化盛期。孵化新的1龄幼虫时仅取食卵壳，不食害牧草，10月中下旬逐渐开始进入越冬阶段。近年来，新疆北疆地区、内蒙古阿拉善等也有草地毛虫大发生，草原像被揭去衣服般裸露出灰褐色的土地。

四、草地地下害虫

(一) 草地拟步甲

拟步甲类昆虫是荒漠或荒漠草原最常见的昆虫,在典型草原带的沙地也可见到。成虫啃食沙地新萌发的植物幼苗,并刨食地下幼茎,幼虫可在地下为害植物幼根。拟步甲主要种类有毛足宽漠甲(*Sternoplax setosa setosa*)、突角漠甲(*Trigonocnera pseudopimelia*)、卵圆琵甲(*Blaps kiritshenkei*)、长爪方土甲(*Myladina unguiculina*)、网目沙潜(*Opatrum subaratum*)、蒙古沙潜(*Gonocephalum reticulatum*)。1989 年,新疆受拟步甲严重危害面积达1.5 万 hm^2。

网目沙潜(*Opatrum subaratum*),又名网目拟步甲。一般以成虫为害作物幼苗,取食嫩茎、嫩根、嫩叶,影响作物出苗,幼虫还可钻入作物根茎内为害,造成幼苗枯萎,以致死亡。一年发生 1 代,以成虫在土中、土缝、洞穴和枯枝落叶下越冬。翌春 4 月下旬至 5 月上旬,成虫出土,土中产卵。幼虫 6~7 龄,老熟后在 5~8cm 深处作土室化蛹。成虫只能爬行,假死性特强。喜干燥,一般发生在旱地或较黏性土壤中。

(二) 金龟甲

1. 黑皱鳃金龟

分布于宁夏、内蒙古、甘肃、陕西(陕北沙区)等。该虫食性很杂,对多种草木本植物均能造成危害,为沙区植物严重危害的害虫之一。成虫于早春大量取食刚萌发的植物嫩芽,播于沙地的种子常被其全部或大部盗挖,致使播种造林失败。种子萌发后,该虫在沙层中取食未出土幼芽,幼苗出土后,由茎基处咬断。初孵幼虫在沙层下主要取食须根、主根和地下茎部。2 年 1 代,成虫于 4 月初出现,5 月中旬至 6 月中旬为成虫高峰期,卵期一个半月,成虫寿命 350 天。6 月下旬幼虫大量孵化,10 月下旬以 3 龄幼虫越冬,翌春 3 月中旬幼虫上升为害。

2. 大黑鳃金龟

分布于东北、华北和西北地区,是苗圃地内主要害虫,主要为害杨、榆、桑(*Morus alba*)等阔叶树的苗木根部。东北和西北 2 年发生 1 代,其他地区一般 1 年发生 1 代,以成虫和幼虫土下越冬。1 年 1 代者,次年 4 月中、下旬成虫开始出土活动,5~7 月为害最严重,取食树木芽、叶、花、果实,白天潜伏土中,晚上出来为害,交配、产卵,孵化的幼虫为害当年生的幼苗和 2~3 年生幼树的根部,老熟幼虫在土中作室化蛹,10 月以后越冬。2 年1 代者,以成虫或幼虫交替在土中越冬。

3. 暗黑鳃金龟

分布于我国大多数省区。成虫可取食榆、杨、柳、槐、桑、柞、苹果、梨等的树叶,最喜食榆叶,次为杨。成虫有暴食特点,一棵树上可落虫数千头,能很快将树叶吃光。幼虫主要取食花生(*Arachis hypogaea*)、大豆(*Glycine max*)及薯类、麦类等作物的地下部分。幼虫也喜食豆科植物须根、根瘤、侧根,环食主根表皮。还可将甘薯(*Ipomoea batatas*)、马铃薯(*Solanum tuberosum*)的块根、块茎咬成洞穴,引起腐烂变质。每年 1 代,绝大部分以幼虫越冬,也有以成虫越冬的。在 6 月上中旬初见,第一高峰在 6 月下旬至 7 月上旬,持续时间长,虫量大,是形成田间幼虫的主要来源。第二高峰在 8 月中旬,虫量较小。成虫有假死习性。

4. 黑绒鳃金龟

分布于东北、华北和西北各省区,除幼虫为害幼苗的根部外,主要是成虫为害各种阔叶树种的叶子,是人工林、固沙林、防护林及果园苗圃的重要害虫。一年 1 代,在北方以成虫越冬。成虫于 4 月上旬出土活动,4 月末至 6 月上旬为盛期,尤其在降雨后,有利于成虫出土。成虫食性很杂,可取食 149 种植物。5 月中旬交尾、土内产卵,喜产卵于荒地、草原、沙滩等处。

五、食豆荚、种子害虫

(一) 豆螟

1. 豆荚螟

在全国大部分地区均有分布。在荒漠草地可为害柠条锦鸡儿(*Caragana korshinskii*)、苦豆子(*Sophora alopecuroides*)、黄芪(*Astragalus membranaceus*)、小叶锦鸡儿(*Caragana microphylla*)等多种豆科植物,幼虫钻入荚内蛀食种子,将种粒吃成残缺或大部分被食,荚内充满虫粪,引起霉烂。宁夏常年柠条种子受害率达 60%,严重年份的植物豆荚被蛀食一空,严重影响种子产量。一般黄芪种子被害率达 45% 左右,严重时达 85%,直接影响药材生产和留种。发生代数随地区和当年气候变化而异。北方每年发生 2~3 代,以老熟幼虫或蛹在寄主植物附近土下结的茧内越冬。成虫白天潜伏在寄主叶背或杂草丛中,傍晚活动,有弱趋光性及较强趋绿性。幼虫老熟后在豆荚上咬一圆孔脱出,入土结茧化蛹。

2. 柠条坚荚斑螟

分布于青海,为害柠条荚果和种子。一年 1 代,个别 1 年 2 代。老龄幼虫结茧在土中越冬。翌年 4 月上旬化蛹,5 月上旬成虫出现。5 月中旬成虫产卵,5 月下旬第 1 代幼虫孵化,6 月下旬多数幼虫入土结茧。小部分幼虫 7 月上旬化蛹,7 月中旬第 2 代成虫羽化,7 月中旬第 2 代成虫产卵,7 月下旬出现幼虫,8 月中旬幼虫结茧。在青海为害柠条种子,柠条种子受害率达 5% ~6%。

(二) 豆象

1. 柠条豆象

分布于黑龙江、内蒙古、宁夏、陕西、甘肃、新疆、青海。为害小叶锦鸡儿、柠条锦鸡儿等锦鸡儿属植物的种子。1 年发生 1 代,以老熟幼虫在种子内越冬。翌春化蛹,4 月底至 5 月上、中旬羽化、产卵,5 月下旬孵出幼虫,8 月中旬幼虫越夏、过冬期。老熟幼虫有滞育现象,长达两年之久。

2. 甘草豆象

分布于宁夏、新疆、内蒙古、北京。为害甘草(*Glycyrrhiza uralensis*)。1 年 1 代,8 月中旬幼虫老熟,在豆粒中过冬。次年 3 月化蛹,下旬羽化为成虫。和柠条豆象、种子小蜂等混生,豆粒被害率为 25% ~60% 。

3. 紫穗槐豆象

在宁夏、内蒙古、甘肃、陕西等地都有分布。1 年 1 代,以幼虫危害紫穗槐(*Amorpha fruticosa*)荚果种子或仓储种子,一般年份种子被害率为 4. 5% ~6% 。

(三) 种子小蜂

1. 柠条种子小蜂

分布于宁夏、内蒙古、甘肃等地,为害小叶锦鸡儿和白柠条(*Caragana leucophloea*)种子,属常发性害虫。1 年 1 代。

2. 刺槐种子小蜂

分布于辽宁、河北、河南、山东、山西、陕西、甘肃、宁夏、湖北、江西等地。主要为害刺槐(*Robinia pseudoacacia*)、甘草等多种植物种子。刺槐种子被害率可达 80% 以上。1 年发生 2 代,以幼虫在种子内越冬。1 头幼虫一生仅为害 1 粒种子,无转移为害的习性。

3. 苜蓿种子小蜂

主要分布于新疆、甘肃、内蒙古等地,寄主植物有紫花苜蓿(*Medicago sativa*)、天蓝苜蓿(*Medicago lupulina*)、黄花苜蓿(*Medicago falcata*)、红三叶(*Trifolium pratense*)、白三叶(*Trifolium repens*)、草木樨(*Melilotus suaveolens*)、沙打旺(*Astragalus adsurgens*)、紫云英(*Astragalus sinicus*)、鹰嘴豆(*Cicer arietinum*)、百脉根(*Lotus corniculatus*)、骆驼刺(*Alhagi sparsifolia*)和棘豆(*Oxytropis falcata*)等。1 年发生 1 ~ 3 代,在条件适宜的地区,可发生 4 ~ 5 代,以幼虫在豆科牧草的种子内越冬,对种用苜蓿为害严重。一般豆荚被害率在 40%左右,种子被害率达 30% 。

六、食叶性害虫

这类害虫食性单一,其发生量与寄主的多寡有直接关系。寄主单一、局域发生,种群数量很大,为害重。

（一）鳞翅目

1. 仿爱夜蛾

宁夏、内蒙古阿盟地区荒漠草原多见。单食性，取食苦豆子叶片。1 年 1 代，以成虫越冬。在 4 月下旬及 5 月上旬成虫出现，幼虫于 6 月间盛发，为害苦豆子，以叶片为食，成熟幼虫以丝缠结枝叶作茧，7 月中旬主要为蛹期。

2. 徐长卿夜蛾

分布于宁夏（荒漠草原）。为害萝摩科徐长卿（老瓜头）（*Cynanchum komarovii*），单食性。1 年 3 代，以蛹在寄主的根茬内越冬。4 月中旬羽化，交配产卵，5 月第 1 代幼虫为害，6 月上旬结茧化蛹，中旬第 1 代成虫出现。7～8 月为第 2、第 3 代幼虫为害期，每株有虫多达 10 余头，大部分叶片被食。8 月下旬第 3 代幼虫老熟，9 月上旬结茧在寄主根茬等处越冬。

3. 灰斑古毒蛾

分布于河北、黑龙江、吉林、辽宁、青海、甘肃、陕西、宁夏等地。取食寄主为：柳、杨、桦、栎、鼠李、蔷薇、杜鹃花、花棒（*Hedysarum scoparium*）、柽柳（*Tamarix chinensis*）、沙枣（*Elaeagnus angustifolia*）、豆类植物等 100 余种。1 年 2 代，以卵在树上越冬。越冬卵 5 月中、下旬孵化，6 月下旬结束。成虫 7 月上、中旬第 1 代羽化。雌蛾翅退化，不能飞，性引诱能力特别强。在沙坡头，分布于保护区大部分防风固沙林地区，主要为害花棒、沙枣、柠条等固沙植物。

4. 天幕毛虫

分布于宁夏、内蒙古、陕西、甘肃等西部荒漠草原和荒漠地区，取食多种乔木、灌木树种，如沙柳（*Salix psammophila*）、红柳（*Tamarix ramosissima*）、青杨（*Populus cathayana*）、胡杨（*Populus euphratica*）等。以幼虫为害树木新芽和嫩叶，芽叶吃尽后，迁移它枝，结幕为害，发生严重时叶片被吃光。1 年 1 代，以卵附着于寄主枝条上越冬。翌年 4 月孵化，5 月化蛹。成虫 5、6 月开始出现，产卵于寄主小枝，成环行排列，成虫具有趋光性。该虫曾在阿拉善额济纳绿洲的胡杨林严重发生，面积达 2 万 hm^2。

5. 僧夜蛾

分布于宁夏、内蒙古、甘肃、陕北等地。只取食白刺属（*Nitraria*）植物，以幼虫取食叶片、幼芽，可吃光整个叶片、嫩梢，为害后植株只剩枝条，翌年成片死亡。1 年发生 3 代，以蛹在白刺下 5～7cm 的土中越冬。成虫于 5 月间羽化，第 1 代幼虫发生在 6 月中旬，6 月下旬老熟幼虫入土化蛹。7 月中旬第 1 代成虫羽化、产卵，7 月下旬至 8 月上旬第 2 代幼虫发生，8 月中旬入土化蛹，8 月下旬羽化产卵。9 月上旬第 3 代幼虫出现，10 月间入土化蛹越冬。成虫具趋光性。该虫在阿拉善荒漠和荒漠盐渍化低地、湖盆边缘、干河床和沙漠边缘地带的白刺草场上发生，为害面积达 24 万 hm^2。

(二) 叶甲

1. 沙蒿金叶甲

分布于宁夏、西藏、青海、甘肃、内蒙古、河北、吉林等地。只取食沙蒿属(*Artemisia*)植物。成虫取食沙蒿的生长点,使植株不能正常生长,形成"鸟巢"状丛生点。幼虫啃食新生和再生叶片,造成断叶、缺刻或整株枯干。1 年发生 1 代,以老熟幼虫在深层沙土中越冬,也以蛹或成虫越冬。越冬幼虫翌年 4 月化蛹,5 月上旬羽化成虫,6 月中旬交配,7 月下旬产卵,8 月上旬幼虫孵化,11 月中旬老熟幼虫入土越冬。

2. 白刺粗角萤叶甲

分布于内蒙古、甘肃、陕西、宁夏、新疆。主要为害大果白刺(*Nitraria roborowskii*)、西伯利亚白刺(*Nitraria sibirica*)、唐古特白刺(*Nitraria tangutorum*)。在宁夏 1 年发生 2 代,以成虫在土壤中越冬。4 月中旬越冬成虫开始出土活动,第 1 代幼虫始见于 5 月中旬,5 月下旬达盛期,6 月上旬入土化蛹,6 月中旬第 1 代成虫出现,7 月上旬至 9 月上旬为第 2 代幼虫活动期,8 月下旬第 2 代成虫出现,9 月下旬少数成虫开始越冬。该虫在阿拉善左旗南部的盐渍化低地、湖盆边缘的荒漠地带分布面积达 93 万 hm^2。

3. 萝摩叶甲

分布于宁夏、甘肃、青海及东北、华北、华中地区。食性较杂,最喜食萝摩科的牛皮消(*Cynanchum auriculatum*)。1 年 1 代,以老熟幼虫在寄主根部 10cm 以下土中,做土室越冬。次年 5 月中旬化蛹,6 月上旬羽化为成虫,取食寄主叶片。7 月上旬开始产卵,中旬为盛期。卵成块产于寄主根基土缝中,卵期约 8 天。幼虫孵化后即钻入根部啃食根皮,至 11 月间越冬。

4. 甘草萤叶甲

分布于宁夏、甘肃、内蒙古。为害甘草,是甘草上常发性食叶害虫。1 年 2~3 代,以末代成虫在土缝中越冬。4 月下旬越冬成虫开始活动,5 月为第 1 代幼虫为害期,6 月上旬第 1 代成虫羽化交配产卵,6 月中旬至 7 月上旬为第 2 代幼虫为害,7 月上中旬第 2 代成虫羽化,7 月下旬至 8 月底为第 3 代幼虫期,8 月底至 9 月初第 3 代成虫羽化。世代重叠。卵成块产于甘草株下土中,幼虫孵化后爬上寄主,啃食叶肉成网状,成虫食叶成孔或缺刻,1 株常群集成百头成虫和幼虫,可将叶片食光。

(三) 芫菁

草地芫菁常为混合种群,包括豆芫菁、红头黑芫菁、黑头黑芫菁、中华芫菁、红头芫菁、绿芫菁等。

豆芫菁,1 年发生 1~2 代,均以 5 龄幼虫在土中越冬,来年春季蜕皮为 6 龄幼虫,然后化蛹。1 年 1 代区在 6 月中旬化蛹,成虫在 6 月下旬至 8 月中旬发生,为害牧草及作物,并交尾产卵,7 月中旬卵开始孵化,幼虫生活于土中,8 月中旬发育为 5 龄幼虫,准备越冬。

1 年2 代区第一代成虫于 5~6 月出现,第二代成虫 8 月中旬出现,9 月下旬以后发生数量逐渐减少。

七、根茎钻蛀性害虫

1. 沙蒿木蠹蛾

分布于宁夏、内蒙古、陕西北部。以幼虫蛀食黑沙蒿(*Arlemisia ordosica*)、骆驼蓬(*Peganum harmala*)根部为害。2 年 1 代,以不同龄期幼虫在寄主根部越冬。幼虫老熟后在根冠中作茧化蛹,成虫于 6 月初至 7 月中旬发生。雄虫趋光性强。幼虫蛀食寄主根部,1 株根部有幼虫数头至 10 余头,根部被蛀空,造成整株枯死,对多年生固沙植物威胁较大。沙篙木蠹蛾和沙篙大粒象(*Adosomus* sp.)等往往混合发生,这些钻蛀性害虫是导致沙蒿死亡的主要原因。

2. 沙柳木蠹蛾

分布于陕西、内蒙古、新疆、甘肃、宁夏。为害沙柳(*Salix psammophila*)、蒙古岩黄芪(*Hedy-sarum mongolicum*)、沙棘(*Hippophae rhamnoides*)、毛乌柳(*Salix microstachya*)等。以生长在沙丘顶部主根或根茬外露的多年老沙柳受害最严重,危害后期,受害植物整个根内可被蛀空,充满紫红色木屑和虫粪,致整株枯死。4 年 1 代,以幼虫在被害沙柳根部的蛀道内越冬。5 月老熟幼虫出蛀道,入沙化蛹。5 月底、6 月初成虫开始羽化,中旬盛期。初孵幼虫 6 月底、7 月上旬始见,10 月下旬幼虫越冬。

3. 沙柳窄吉丁

分布于陕西、内蒙古、宁夏。为害沙柳、柠条。1 年 1 代,以老熟幼虫在枝干韧皮部越冬。翌年 4 月活动,6 月中旬在枝干髓心筑室化蛹,成虫于 7 月中旬开始羽化,下旬达盛期,8 月中旬为羽化末期。卵期 50~60 天,9 月下旬为孵化盛期。10 月上旬初孵幼虫进入皮层,10 月底幼虫在韧皮部与形成层之间越冬。

八、刺吸式害虫

1. 乌苏黑蚜

分布于宁夏、甘肃、新疆。为害甘草、苜蓿、柠条等。1 年多代,第 1 寄主(越冬)不明。5~8 月是蚜虫发生期,大发生时虫体密集被害植物叶背及嫩梢,使甘草、柠条生长受到抑制,并招致霉污,形成早期落叶(高兆宁,1999)。

2. 甘草黑蚜

又名棉黑蚜。分布于宁夏、内蒙古、甘肃、新疆等地。为害甘草、苦豆子、棉花(*Gos-sypium*)。以卵在苦豆子等寄主上越冬。5 月中、下旬有翅蚜飞迁到甘草上,孤雌生殖,蚜虫集于嫩梢为害,是甘草常发性黑蚜的种类之一。

3. 敦煌叶螨

分布于宁夏、甘肃、新疆。为害甘草、葵花(*Helianthus annuus*)、小旋花(*Calystegin hederacea*)等。7月、8月为害甘草颇重,刺吸汁液,使叶片褪色早落。9月中下旬越冬。1994年宁夏盐池县栽培甘草和葵花普遍受敦煌叶螨危害。使叶色褪绿早落(贺达汉,2004)。

第三节 草原虫害的经济和生态环境意义

草地占我国国土面积的40%。中国北方温带地区的草地面积为3.13亿 hm^2,占总草地面积的78%,与欧亚草地生态系统共同组成了东大陆板块。中国北方的草地生态系统对维持生态环境、区域社会经济与保护动植物的多样性担负着重要的角色。北方草地是肉、奶、毛皮等畜产品的主要资源地,也是少数民族的聚集地。草地对支撑社会经济发展,维护社会文明的多样性与稳定有着重要意义。

一、经济价值

(一)害虫造成的牧草的产量损失

在我国西部和北部的广大草原地区,包括新疆、青海、内蒙古、四川、宁夏等地的牧区,草原蝗虫、草原毛虫、草地螟等草地害虫直接取食牧草叶片、茎秆等地上部分,直接与家畜争夺食物,造成牧草产量的损失。这些害虫往往种群数量多,发生面积大,对牧草生长造成很大的压力,特别是在大发生的情况下,可以吃光牧草,造成牧草严重的产量损失。据统计,2003年全国草地虫害发生面积2544.65万 hm^2,严重成灾面积1331.46万 hm^2,防治面积488.16万 hm^2,占发生面积的19.18%,占严重成灾面积的17.4%。全国累计损失鲜草 3.93×10^5 万kg,折合经济损失23亿元。2003年国家和地方投入草地害虫防治费1亿元。青海1997~2003年,每年草地蝗虫发生面积达5300 hm^2,其中一半以上属中度或重度危害,每年直接经济损失达4000余万元。

草地蝗虫灾害主要发生在北方12省区的草原及农牧交错带。2003年发生面积为1795.56万 hm^2,严重成灾面积963.62万 hm^2。内蒙古2003年成灾面积1010万 hm^2,严重成灾面积533万 hm^2,其中208.47万 hm^2 的草地植被遭受毁灭性灾害。

草原毛虫发生在青海、四川、甘肃、新疆等地。2003年发生面积为185.08万 hm^2。仅四川西北草地每年草原毛虫为害损失的天然牧草,相当于100万个羊单位的全年饲料,价值数千万元。

据青海省农牧厅调查统计,2003年草原毛虫已在全省4州7县发生,受害草原面积达110.68万 hm^2。严重发生地区虫口密度可高达每平方米千头以上,牲畜根本无法放牧。经调查测算,100头5月龄草原毛虫日食鲜草1.6g,如按照平均虫口密度90头/m^2计算,仅2003年草原发生的虫害可造成牧草损失9.5亿余千克,相当于65万个羊单位一年的采食量。如果鲜草按0.1元/kg计算,造成直接经济损失9500万元。

草地螟20世纪50年代来，先后3次暴发成灾，给我国农牧业生产造成了巨大的经济损失。1982年，北方5省区草地螟发生为害面积700万hm^2，经济损失达数10亿元。自1996年进入草地螟第3个猖獗为害周期，草地螟为害范围更广，程度更重，周期持续时间更长的。其中1997年河北张家口草地螟大发生，面积达60万hm^2，直接经济损失超过214亿元。2003年在山西、内蒙古、陕西、河北、黑龙江等地暴发，成灾面积130万hm^2以上，约4.27×10^9kg的新鲜植被被吃光。2004年全国1代幼虫发生为害面积达667万hm^2（杨爱莲，2002a）。

在荒漠草原一些偶发性害虫的大发生，造成固沙灌木林地和草原牧草的严重损失。2008年，内蒙古阿左旗巴彦诺尔公苏木通格图地区天然草原1.4万hm^2的蒙古扁桃（*Amygalus monogolica*）发生不同程度的天幕毛虫（*Malacosowa neustria testacea*）虫害。据调查，发生虫害严重的地区每株有虫数最高为137只，最低为29只，平均每株89只。内蒙古宗别立镇嘎勒布斯太嘎查部分草场发生春尺蠖（*Apocheima cinerarius*）危害，植株虫口密度达每株250只，平均虫口密度每株180只。据宁夏草原虫害预测预报站点的监测，2008年全区草原虫害发生面积达70.7万hm^2，严重发生面积近27.26万hm^2，其中，草原蝗虫危害面积31.1万hm^2，沙蒿金叶甲危害面积17.41万hm^2，苦豆子夜蛾危害面积1.73万hm^2。2008年全区各地草原部门进行草地虫害药物防治面积13.67万hm^2，投入劳力16 277人（次），使用农药氯氰菊酯29.4万kg，微生物农药绿僵菌14kg、阿维菌素14kg，折合防治费用超过300万元。

在栽培草地，1988年内蒙古赤峰苜蓿夜蛾大发生，造成大面积苜蓿减产和死亡。2008年，宁夏栽培草地害虫为害面积16.39万hm^2。夜蛾科害虫地老虎、粘虫幼虫，取食禾本科牧草地上部分，其发生数量大，3龄幼虫暴食，在局部地区造大面积幼苗被食空殆尽，给禾本科牧草的生产带来很大损失。

（二）刺吸式害虫造成的牧草品质下降和引发牧草病害损失

蚜虫在干旱、高温的北方草原区普遍发生，是栽培苜蓿的主要害虫。宁夏、甘肃、内蒙古、河北、河南等大多北方省区苜蓿蚜虫发生极为普遍，为害严重。1968年，伊盟摩林河地区的苜蓿田发生苜蓿蚜虫（*Aphis laburni*）危害，产量损失达60%以上，且越冬后苜蓿大面积枯黄、不能返青，全部翻耕改种其他牧草。2004年，宁夏南部山区27万hm^2苜蓿，蚜虫为害率100%，百枝条虫量平均上千头。虫害造成苜蓿叶片扭曲、早枯、干枯、早落、植株停止生长。盲蝽类以成虫和若虫为害，刺吸牧草汁液，使花蕾凋谢、植物萎蔫、枯黄，严重影响牧草的产量和质量。

蓟马类害虫发生多、为害重的有苜蓿蓟马（*Frankliniella occidentalis*）、烟蓟马（*Thrips tabaci*）等为害豆科牧草的叶芽、嫩叶、花蕾等，以花期为害最重。在花内取食花粉、破坏柱头，吸食花器营养，造成落花落果，影响种子产量。

蚜虫、叶蝉等刺吸式口器昆虫的取食危害还在于传播牧草病害。许多牧草的真菌、细菌、病毒病害均以昆虫为媒介，其中大多数病毒病是必须以昆虫为介体的。在已知的249种植物病毒病中，仅蚜虫传播的就占159种。北方麦类黄矮病就是重要的蚜传病害。苜蓿花叶病毒病也是蚜虫、叶蝉等害虫传病害。所有这些害虫传病给生产上带来的损失，远比虫害本身要大得多，因而控制媒介昆虫发生已成为防治牧草病毒病的主要措施之一。

内蒙古阿拉善新闻网报道，2008 年阿盟草原发生大面积巨膜长蝽等虫害，受灾草原面积已达 3 万多公顷。阿右旗雅布赖西南山地丘陵草地暴发巨膜长蝽虫害，发生区平均虫口密度为 450 只/m^2，最高虫口密度达 800 只/m^2，主要发生在珍珠草（*Phyllanthus urinaria*）、红砂、盐爪爪、合头藜（*Sympema regelii*）等植物的草地，受灾面积达 1 万 hm^2，其中 0.8 万 hm^2 草地遭到严重危害。2008 年内蒙古全区巨膜长蝽为害面积 4.07 万 hm^2。内蒙古额旗苏古淖尔苏木居延海以北 40km 的戈壁草地也暴发巨膜长蝽灾害，面积约为 0.7 万hm^2，对红砂、泡泡刺（*Nitraria sphaerocarpa*）等戈壁种植物危害十分严重，草地大面积枯黄、枯死，植株生活力下降，造成该地区牧户的牲畜无草采食的局面。

（三）害虫对种子产量和质量的危害

1. 害虫对禾本科种子的取食危害

国内目前对留种地禾本科牧草种子害虫危害很少研究报道。一般情况下，害虫危害可使禾本科牧草种子减产 10% ~ 15%，严重年份减产可达 50%。据原苏联报道，雀麦潜蝇（*Dicraeus ingratus*）和潜蝇（*Dicraeus tibialis*）能危害无芒雀麦（*Bromus inermis*）颖果达 8% ~ 20%。潜蝇（*Dicraeus agropyri* 和 *Dicraeus humeralis*）对宽穗鹅冠草（*Leymus ovatus*）的种子损害达 45%。为害草地早熟禾（*Poa annua*）繁殖器官的瘿蚊，在大发生时，能吃光植株的花序。瘿蚊科的 *Contarinia* 和 *Dasyneura* 等昆虫是严重危害禾本科牧草繁殖器官的害虫。它们以花为食，在大量发生的年代，能导致无芒雀麦、狐茅草、看麦娘（*Alopecurus aequalis*）等牧草颗粒无收。如果长期种植狐茅草，瘿蚊（*Contarinia fesfucae*）会逐渐增多，经 5 ~ 6 年后，可使种子无收。雀麦瘿蚊（*Stenodiplosis bromi*）能毁落无芒雀麦花的 60%。

蓟马对禾本科牧草的危害不可低估，其种类包括小麦管蓟马（*Haplothrips tritici*）、黑麦蓟马（*Limothrip denticornis*）、梯牧草蓟马（*Limothrip angulicornis*）、田野蓟马（*Chirothrips manicotus*）、雀麦蓟马（*Limothrip conisimilis*）、看麦娘蓟马（*Chirothrips hamatus*）等。它们以花的器官为营养，造成空穗花序和籽粒不饱满，给禾本科牧草种子生产带来极大危害。在留种田，禾本科牧草遭受狐茅蚜（*Atheroides serrulatus*）、大麦蚜（*Brachycolus noxius*）、大尾蚜（*Hyalopteroides humili*）等害虫的侵袭。发生地条件适宜时，这些害虫繁殖非常快而迅速，可造成严重危害。

为害禾本科牧草的秆蝇类，钻蛀禾草茎秆，引起茎秆发白或白穗现象，有的危害相当严重。例如，瑞典秆蝇（*Oscinella frit*）的幼虫能损害 70% ~ 80% 的无芒雀麦幼苗和 20% 的茎稈。

2. 害虫对豆科植物种子的危害

在西北地区柠条种子害虫的普遍严重发生，引致种子减产、品质下降及经济损失。陈应武等（2006）对昆虫寄生对柠条种子命运的影响进行了研究，得出：柠条种子库的虫寄生率高达 69.7%，寄生虫的种类包括柠条豆象、柠条坚荚螟（*Etiella zinckenella*）、柠条种子小蜂、刺槐种子小蜂；整个种子库的发芽率为 38.35%，无虫危害的种子的发芽率为 88.6%；柠条豆象为害完全阻断了种子的发芽率，种子小蜂类害虫和柠条坚荚螟取食为害的种子发芽率分别为 19.2% 和 5.3%。柠条豆象、柠条坚荚螟和种子小蜂寄生引起种子的重量损耗分别为57.64%、49.13%和39.30%。2003年,内蒙古鄂尔多斯柠条种植面积近600万hm^2,虫害率平均为40%。虫害造成柠条种子千粒重降低,种子发芽率降低、生命力降低(罗于洋,2005)。柠条种子害虫是柠条种子产业化道路上的主要障碍(罗于洋,2005)。

苜蓿籽蜂以幼虫在豆科牧草的种子内越冬,由于幼虫在种子内蛀食,对牧草产量没有影响,但对种用牧草来说,受害则比较严重。例如苜蓿,一般豆荚被害率在40%左右,种子被害率达30%,为此,它是苜蓿种子的主要害虫之一。甘肃河西地区报道苜蓿种子被害率高达30%,呼和浩特报道苜蓿种子被害率高达26%。

二、生态及社会价值

(一) 昆虫是草地生态系统中重要的组成部分,是维护草地生物多样性的基础

在自然生态系统中,昆虫以其庞大的生物类群在生态能流的转化中起着重要作用。除少数有害昆虫外,大多数植食性昆虫取食植物,这一方面促进了植物进化,另一方面使植物糖转化为动物蛋白,形成一丰富而源源不断的营养层,供鸟类及其他动物采食,从而维护草地生态系统中物种的多样性和稳定性。昆虫种类多,个体数量大。一个蚂蚁社群可多达50万个体。吉林西部草原,蚂蚁筑巢能造成地表土壤理化性状的变化。荒漠草原针毛收获蚁(*Messor aciculatus*)对分布地植物种子的觅食、收获,能影响到分布地土壤种子库种子的组成和地表植物的分布。

草地显花植物中,85%是虫媒植物,多样的植物种类需要多样的传粉昆虫,才能实现其基因库的保存。沙冬青是亚洲中部荒漠地带唯一的常绿阔叶灌木,属于阿拉善-鄂尔多斯生物多样性中心的特有种。沙冬青的传粉昆虫数量少,传粉强度不足,是沙冬青个体数量日益减少的重要原因之一(方海涛,2003)。

昆虫蛋白食品的开发和利用近年来十分受到人们的重视(邢湘臣,1994;庞凌云等,2004)。虽然蝗虫对草原生态造成了严重的破坏,但是蝗虫也是一种宝贵的高蛋白生物种质资源,具有很高的利用价值(庞凌云等,2004;蔡青年和胡熳华,2004)。蝗虫体内蛋白质含量高达58%~65%,普遍高于人们日常生活中所食用的肉类,而且其体内脂肪含量较低,所含的氨基酸种类十分丰富,人体必需的氨基酸含量平均达47%以上,其他氨基酸的含量也大大超过了联合国粮食及农业组织规定的食品含量标准(邢湘臣,1994)。此外,蝗虫体内还含有丰富的维生素和微量元素及保幼激素、蜕皮激素和抗冻蛋白等活性成分,尤其含丰富的甲壳素(甲壳素被誉为继糖、蛋白质、脂肪、维生素、矿物质之后人体生命的第六要素)。因此,蝗虫是一种具有高蛋白、低脂肪,完全氨基酸、矿物质和维生素含量与种类都很丰富的理想动物性营养源,是尚待人们不断开发的理想高营养保健食品(庞凌云等,2004;蔡青年和胡熳华,2004)。

草地有着大量的天敌昆虫,如步甲、瓢虫、食虫虻和蝇、寄生蜂等。它们是高一级消费者,抑制着有害昆虫的暴发,在维护生态系统平衡中发挥着重要作用。昆虫群落的腐食性种类取食植物落叶、动物尸体及其代谢物,使复杂的有机物转化为简单的有机物,以便于微生物进一步分解,加快了自然能流的转化,同时还清除了废料,净化了环境。

近年来,利用昆虫群落结构和种群动态变化作生态环境恢复与重建评价的生物指示作用的研究在不断增多(贺达汉等,2009),利用昆虫群落特征评价退耕还林、还草生态工程的生态效果,评价环境质量和草地健康状况,或作为自然保护区生态环境改善的判别标准,将是草原生态工作者今后的一个重要研究方向。

(二) 草原开垦引起次生害虫的暴发往往对生态系统安全造成危害

在草地环境下,人们的不合理开发和干预,往往造成环境的恶化,引起昆虫群落结构的变化,造成草地生态系统不可逆转也无法估量的损失。例如,过度放牧和单一牧草种植会造成天敌昆虫的减少,导致有害昆虫的大发生,从而对植被造成毁灭性危害。贺达汉等(2000)报道过宁夏荒漠开垦过程中昆虫群落生态演替和50余种昆虫种群的预警监测情况。2005年以来,宁夏中部干旱带开发6万 hm^2 压砂西瓜,为宁夏贫困地区农业产业的发展带来巨大效益。2007年巨膜长蝽在宁夏海原县兴仁镇、中卫香山地区及中宁县喊叫水乡、下流水乡等半荒漠化地区大发生,受灾面积0.2万 hm^2。在宁夏海原县兴仁镇压砂瓜田,天空中到处都是飞舞的成虫,幼虫密密麻麻地爬在瓜苗上,严重的瓜穴有虫200~300头,受灾严重的田块死苗率高达60%。据分析,该虫的大面积发生,与连续多年的干旱和荒漠草原生态环境的改变有着密切的联系。内蒙古阿左旗孪井滩农业开发基地周边地区也发生了巨膜长蝽虫害,对部分西瓜苗造成严重危害。

蝗虫、草原毛虫等害虫的大面积毁灭性取食,造成草地植被分布地趋于破碎化,加剧了草地的沙化、退化;而害虫的大面积化学药剂防治,又能引起害虫的抗药性和环境的污染等。自20世纪末以来,我国北方沙尘暴的频繁出现是北方温带草地系统的退化与沙化引起的直接后果。而草地虫害暴发,是造成植被破坏,引起草地斑块化沙化、退化的重要原因之一。

(三) 虻、蚊、蝇类卫生害虫是家畜病害传播的媒介体

在草原,有许多虻、蚊、蝇类卫生害虫,它们叮吸动物的血液,是家畜病害传播的媒介体。有些刺吸式昆虫爆发可引起植病病害流行,家畜取食染病牧草后,会引起消化道等疾病。例如,蚜虫、飞虱和叶蝉等同翅目昆虫取食苜蓿汁液,传播苜蓿病毒病,导致牧草品质下降,导致家畜牛、羊不取食、少取食。

(四) 草原害虫的暴发往往给地方经济和人民生活造成巨大损失和财政困难

草原多受气候和土壤条件的限制。虫害严重地区,绝大多数为边疆少数民族地区,害虫的暴发往往又会给地方经济和人民生活造成巨大损失和财政困难。例如,内蒙古的阿巴嘎旗、锡林浩特等地区,新疆的巴里坤、阿勒泰等地,2001~2002年连续发生大规模蝗灾,累计成灾面积达850万 hm^2,累计防治面积223.1万 hm^2,防治蝗灾直接投入资金6693万元。草原毛虫、草地螟亦发生在西北地广人稀的边远地区,其暴发往往会造成这些地区畜牧业的灾害性损失,直接影响牧民生活和社会发展与稳定。

第四节 我国草地虫害的研究进展

一、草地蝗虫研究

我国草地蝗虫研究始于20世纪70~80年代,早期主要是蝗虫区系、食物选择与不同区域主要蝗虫控制策略的经济阈值等的研究(李鸿昌和邱星辉,1992)。近30年来,亦有蝗虫的生活史、化学生态学与放牧草地蝗虫生态位的变化及种群动态等多方面的研究(王杰臣和倪绍祥,2001)。利用生态学、分子生物学和基因组学等手段在揭示飞蝗型变的关键基因和其调控机制方面取得了系列性重要成果(中国科学技术协会和中国昆虫学会,2012)。北方草地蝗虫的生态学已经取得了重大进展,这些研究进展为在草地系统中改变大量使用农药和控制蝗虫种群暴发打下了坚实的基础(李万春等,2004;王杰臣和倪绍祥,2001;郝树广等,2002)。

(一)草地蝗虫生态学基础研究

1. 生活史策略与滞育特征

温度是影响蝗虫生活史与滞育特征的重要因素。草地蝗虫以卵越冬,有滞育卵,也有不滞育卵。Kang等(2007)把蝗虫胚胎发育划分为:早期孵化种、中期孵化种、后期孵化种。早期孵化的物种更适应低温发育,中期孵化种适应中温发育,后期孵化种则更适合高温发育。后期孵化种温度适应范围更宽。耐寒性是蝗虫生活史的重要特点之一。同种的蝗虫在不同发育时期卵的耐寒性不同。滞育前期与滞育期温度降到-27℃以下胚胎仍然能存活。大多数卵可以安全的过冬。滞育后的卵对低温变化非常敏感。此外,光周期也是影响蝗虫卵滞育特征的重要因子。

2. 食物选择与生态位

对于蝗虫,生境与食物资源决定其生态位。康乐和陈永林(1992b)以显微嗉囊物分析技术对31种蝗虫食性进行了分析,将蝗虫划分为:禾草取食者、禾草-杂草取食者、杂草-禾草取食者、杂草取食者与杂食者。在内蒙古草地中,锥头蝗亚科与癞蝗亚科的种类主要为杂草取食者,棒角蝗亚科与其他类群种类主要是禾草取食者。贺达汉(1998)用显微嗉囊物分析方法分析了12种宁夏草地蝗虫食谱,得出蝗虫对草地优等牧草的取食率占总取食率的80%以上,对劣等牧草取食率仅为8%。康乐和陈永林(1992a)用多元分析与多样性指数分析了内蒙古典型草原中蝗虫的时空异质性,用功能团理论把11种蝗虫划分成不同的类型。得出优势种在出现时间上有明显的分化,即早季、中季和晚季。蝗虫种类丰富度在中季最丰富,早季和晚季丰富度偏低。生态位的分析表明,一种蝗虫在某一类型生态位占据较宽,占据其他类型的生态位则较窄。旱生或地栖的蝗虫比湿生或水生的物种占据的空间生态位更宽。食物资源的隔离可以用来解释蝗虫在空间上的重叠与共同存在。蝗虫在时间生态位、空间生态位与营养生态位的不同,避免了其对资源的强烈竞争。

3. 放牧与蝗虫的种群动态

放牧能够影响蝗虫的环境条件,改变蝗虫生境的时空异质性。由放牧引起的植物群落的改变直接影响蝗虫种类的组成与群落结构。蝗虫种类丰富度与植物生物量密切相关,与植物物种多样性与丰富度相关性不大(康乐,1995)。例如,植物物种多样性在中度放牧的地区最高,而蝗虫多样性在不放牧或较少放牧的地区最高。蝗虫的发生与植物有着种间的特异性关系。斑腿蝗亚科蝗虫的生物量与高草的生物量呈正相关,与禾草与矮草的生物量呈负相关;丝角蝗亚科蝗虫生物量与高草的生物量呈负相关,与禾草和豆科杂草的生物量呈正相关。在大足蝗亚科中,一些种类与过度放牧和野花环境密切相关。土壤紧实度与水分也是影响蝗虫密度与群落结构的显著因子。中度放牧地区植物和蝗虫的物种多样性都较高,但害虫的比例较低。随着放牧强度的增加,旱生蝗虫种类增加,湿生与水生蝗虫种类急剧下降。过度放牧通常导致蝗虫种类丰富度与密度的下降。放牧对蝗虫的影响也存在着种-面积关系,合理的放牧管理能够减少旱生蝗虫的暴发(康乐,1997)。

(二) 化学感受器与信息素

1. 触角感受器

蝗虫触角感受器有毛锥状、长锥状、短锥状、细长锥状与中空锥状。不同亚科、性别、食性、生活型与生态型之间,触角感受器的数量不同。雄性比雌性有更多的触角感受器。喜欢栖息于地面的物种的触角感受器要比喜欢在植物上栖息的物种触角感受器少一些。取食杂草的种类有更多的触角感受器。通过触角电位技术研究嗅觉在定位寄主植物中的作用,发现蝗虫对寄主植物的识别具有特异性,雄性比雌性对寄主植物有更强的触角电位反应(石旺鹏等,2003)。

2. 化学信息素

许多蝗虫利用化学物质来进行种内联系或警告,或拒避天敌。按其作用对象的不同可分两类。

(1) 种内化学信息素　包括以下几种。①群集素(gregarization pheromone),沙漠蝗群集素主要活性成分为苯酚、愈创木酚、邻二甲氧基苯;对东亚飞蝗(*Locusta migratoria manilensis*)主要化学成分为环己醇、2,5-二甲基吡嗪、壬醛、苯甲醛、苯甲醇、愈创木酚等。②促成素(maturation pheromone),一些飞蝗种类中,性成熟雄虫产生信息素能促进未成熟的雌、雄成虫迅速性成熟。③促产卵素(male produced oviposition pheromone)和群集产卵素(aggregation oviposition pheromone)。④性信息素(sex pheromone)。

(2) 种间化学信息素　包括以下几种。①口腔液(regurgitation)和粪便物(defecation),许多蝗虫在被骚扰时,分泌出肠道液和口腔排出物,或在受到威胁时有排粪行为。这种口腔分液与粪便物都具有阻止捕食性天敌的作用,如口腔液的黏性和特殊气味可以驱散天敌。②腺体防卫物(glandular defensive secretions),许多锥头蝗科的种类能利用腺体分泌物防御天敌,这些种类的蝗蝻受到威胁时,会排出一种有特定气味的分泌物,对天敌有拒避作用。③内毒素(inner toxin),许多蝗虫取食有毒的芳香植物,并将这些毒素储存体内,用作自身保护。④卵的化学防卫(chemical defense of eggs),一些蝗虫的卵囊泡中包含能趋避天敌和抵抗病原微生物侵入的化学成分,这些化学成分可作为化学屏障和阻止剂,可有效阻止天敌的袭击(孙涛和龙瑞军,2008)。

(三) 飞蝗型变的分子机制与 RNAi 技术的研究

飞蝗(*Cocusta migratoria*)的型变是蝗虫暴发的主要生物学基础。群居型和散居型两种类型的转换与种群密度有关。中国科学院动物研究所康乐院士团队应用新一代高通量测序技术和 De novo 组装的转录组方法,标记了 72 977 个转录本和 11 490 个蝗虫编码蛋白质的基因,获得了飞蝗有代表性的核心基因组集合,实现了对昆虫保守基因和飞蝗基因组成的高度覆盖,发现了发育过程中两型的分化模式,并筛选出 242 条两型标记基因。他们发现两型表达差异最大的发育阶段是第 4 龄期。生物信息分析证明了多巴胺代谢途径在飞蝗群居型中稳定的高表达,找到了 *pale*、*henna*、*ebony* 和 *vatl* 等调节多巴胺合成和释放的基因,发现这些基因在蝗虫的不同生长时期呈现明显的变化,和蝗虫的型变行为有密切的相关,进一步通过基因干扰(RNAi)技术和药物干扰,证明这个代谢途径中 *henna*、*pale*、*ebony* 和 *vatl* 调控了飞蝗两型的改变和体色的改变。对散居型飞蝗注射多巴胺或多巴胺激动剂可以诱导蝗虫产生明显的群居行为,另外,注射五羟色胺也可以产生群居行为,效果较多巴胺稍差。这是第一个把特定的代谢路径和型变联系起来,首次证明了作为神经递质的多巴胺在型变的维持过程中起重要的作用。他们还发现,飞蝗两型间小 RNA 的转录差别很大,最大的差异在 27bp 左右的小 RNA 的转录。一些保守的和特有的mi RNA涉及飞蝗型变的调控。他们还鉴定了大量飞蝗特有的小 RNA,明确了两型飞蝗在小 RNA 表达差异主要是 pi RNA,为解释飞蝗两型生殖力差异提供了重要的线索(Wei et al.,2009;Zhang et al.,2011)。

飞蝗型变的引发主要是由种群密度的变化造成的,高密度可被认为是一种环境胁迫因子。围绕与环境胁迫和应激有关的转座子基因和热激蛋白的基因也开展了研究,发现转座子基因在飞蝗基因组中大量存在,并且主要在飞蝗中枢和外周神经组织中表现出型间的差异表达,显示了其在飞蝗型变的神经可塑性调控过程中具有重要作用(Guo et al.,2010)。

山西大学研究人员基于飞蝗的基因表达序列标签(expressed sequence tags,ESTs)数据库,获得了 7 个几丁质酶基因片段,采用 RNAi 进行筛选,发现其中一个几丁质酶基因参与蝗虫不同发育龄期的蜕变,影响雌虫产卵量及卵的发育。

二、苜蓿害虫研究

(一) 种类和区系研究

20 世纪 50~60 年代,《西北紫花苜蓿的调查与研究》首次对西北 4 省区苜蓿害虫进行了记载。后新疆报道苜蓿害虫 36 种,并对新疆苜蓿籽蜂、苜蓿盲蝽、苜蓿籽象(*Tychius medicaginis*)等害虫生活史和生物学特性及化学防治、草田轮作等措施进行了介绍。随后 30 年中,主要苜蓿栽培地区的害虫种类都有较多报道。冯光翰等(1991a,1991b)对甘肃中部地区的 215 种豆科牧草害虫、132 种天敌,并对作为害虫天敌的蜘蛛种群动态和种类进行了较为详细的研究。对甘肃中部干旱、半干旱地区牧草害虫的综合防治作了专题论述。鲁挺(1984)对栽培牧草昆虫群落进行了研究,列出了栽培牧草害虫 91 种、天敌昆虫 34 种。王素琴等(2002)报道了北京地区苜蓿害虫种类 20 余种,指出其主要害虫为甜菜夜蛾(*Laphygma exigua*),讨论了苜蓿害虫发生危害的特点与防治策略。杨彩霞等(2002)报道了宁夏昆虫种类 59 种,其中害虫种类 34 种、捕食性和寄生性天敌 25 种。田方文等(2003)报道了山东滨州紫花苜蓿田蝗虫种类及防治。严林等(1991)报道了青海省紫花苜蓿害虫 16 种及天敌昆虫 13 种。张志勇等(1990,1993)分别调查了河南栽培牧草的 124 种害虫,认为部分牧草害虫的发生存在着明显的地理特征,列出了河南牧草新记录害虫 17 种。龙丘陵等(1992,1998)报道了江西栽培牧草(包括苜蓿)的害虫种类及防治技术实验等,指出南昌郊区苜蓿优势种害虫有 7 种。目前大多数苜蓿栽培地区对其主要发生的害虫种类及天敌种类进行了调查,基本上明确了各地的优势种类及动态变化。

(二) 基础生物学和防治研究

21 世纪初,由于农业产业结构调整,苜蓿种植产业化快速发展,牧草病虫防治受到高度重视。新疆、甘肃、内蒙古等地在对一些主要害虫的生活史研究的基础上,在化学防治和综合治理方法上做了深入的研究(贺春贵等,2005)。鲁挺等(1988)报道了苜蓿与无芒雀麦等牧草混播时,害虫类群数量的变化,指出混播可有效地减少有害昆虫的种群数量。鲁挺和曹植中(1986)用干热法处理种子防治苜蓿籽蜂,提出 50℃处理种子 1 天的种子处理方法。吴永敷等(1990a,1990b)报道了苜蓿重要害虫蓟马的种类、分布、危害症状、生活史、活动规律、减产情况及防治方法等,并对苜蓿抗蓟马育种进行实验研究。李忠杰(2002)等报道了宁夏固原市苜蓿病虫害的发展趋势与策略。张蓉等(2003)报道了宁夏苜蓿害虫天敌种类及其田间发生规律。这些报道涵盖了栽培牧草主要害虫形态学及生物学的基础研究内容,重点介绍其生活史、发生规律及危害性。目前生活史研究较为清楚的有苜蓿斑蚜、豆无网长管蚜(*Acyrthosiphon pisum*)、牛角花齿蓟马(*Odonotothrips loti*)、苜蓿籽蜂、苜蓿籽象、牧草盲蝽(*Lygus pratensis*)等 10 多种(贺春贵等,2005)。

罗都强等(1996)利用最优分割法探讨了苜蓿田节肢动物群落的时间格局,揭示了各阶段害虫、天敌发生特点及应采取的防治措施,应用主分量分析探讨了节肢动物群落随时间的演替规律。为开展综合治理提供了有益的理论根据。张蓉等(2007)利用地理信息系统和地统计学原理,进行苜蓿斑蚜空间分布型和扩展动态的分析和数学模拟。还有一些报道在提出苜蓿地昆虫群落结构及时间动态变化特点的同时,讨论了刈割、冬灌和烧茬等对昆虫群落结构的影响,以及对苜蓿害虫群落的控制作用,积累了一定的防治经验(刘长仲和周淑荣,2004)。各地有不少报道根据当地害虫发生特点,根据对主要苜蓿害虫进行药剂防治实验,提出了综合防治技术体系。亦有不少报道把农业害虫取样及预测预报技术应用到苜蓿田生态系统,研究了苜蓿田昆虫区系与周围农田或草原昆虫区系的比较及相互关系,制定了苜蓿害虫的预测预报和防治技术方法。

(三) 分子生物学研究

国内外有不少以苜蓿害虫为对象,开展的分子生物学的研究。Guo 等(2010,2011)构建了苜蓿盲蝽(*Adelphocoris lineolatus*)雌雄两个触角的 cDNA 文库,筛选文库发现主要是气味结合蛋白(odorant binding protein,OBP)、化学感受蛋白(chemosensory protein,CSP)、触角特有蛋白(antennae-specific protein)等,鉴定出 12 个编码传统的 *BBPs* 和 2 个编码 *Plus-C OBPs* 的基因,其中,*Alin* OBP_4与牧草盲蝽(*Lygus lineolaris*)的 LAP 的相似度为 89%,rt-qPCR 显示有些 *OBP* 基因在雌雄触角中有高度差异表达。斜纹夜蛾(*Spodoptera litura*)触角里克隆了一个Ⅱ型普通气味结合蛋白(S1GOBPⅡ)的 cDNA,含有一个 489bp 的可读框,预测编码了一个 162 氨基酸的分子量为 18.2kD 等电点为 5.72 的蛋白质,S1GOBPⅡ具有典型的昆虫味结合蛋白的特性,含有 6 个保守半胱氨酸碱基,其氨基酸序与草地贪夜蛾(*Spodoptera frugiperda*)和甜菜夜蛾(*Spodoptera exigua*)的 GOBP 很相似。

我国有关昆虫线粒体基因组的序列测定有着很大进度和突破,现测定的昆虫有 14 个目 115 个昆虫线粒体基因组(GenBank 截止到 2011 年 9 月 6 日),涉及牧草的重要种类有美洲斑潜蝇、三叶草斑潜蝇、灰飞虱和车蝗。

三、草地害虫的测报研究

草原害虫测报研究多集中于草地螟和甜菜夜蛾的迁飞研究。草原蝗虫、栽培草地虫害、草原毛虫等测报与监测亦有不少研究工作。

(一)草地害虫测报与防治指标

1. 草地害虫虫情测报

草地害虫虫情测报的内容包括:①发生趋势的长期预测,包括越冬面积的调查和越冬茧密度的调查,第 1 代幼虫的中期预测,第 1 代幼虫的短期预测;②发生程度预测和发生期预测。目前,有关草原蝗虫、草地螟及人工主要害虫发生的预测预报都较为系统,农业部 1985 年制定的《草原治虫灭鼠实施规定》,使草地鼠害测报、防治工作进入标准化实施过程。近年来,农业部颁布了《草原蝗虫调查规范》、《草原鼠荒地治理技术规范》等行业标准,划分出草原主要害虫、害鼠宜生区,编发了年度草原鼠虫害监测报告标准,使草原害虫测报标准化。

2. 草地害虫危害经济阈值和防治指标

对草地蝗虫的经济阈值与防治指标国内先后有过大量的研究。范伟民等(1995)利用野外挂笼饲养与蝗虫种群动态调查相结合的方法,组建了放牧草地蝗虫种群经济阈值模型。冯光翰等(1995)以宽须蚁蝗、红翅皱膝蝗、邱式异爪蝗(*Euchorthippus cheui*)和狭翅雏蝗 4 种蝗虫代表大、中、小 3 种食量类型,建立混合种群虫口密度与其对应的牧草取食量的模型,建立野外混合种群不同密度下对牧草产量损失的模型。乔璋等(1996)测定了新疆山地草原西伯利亚蝗体重、食量和取食掉落毁损量之间的关系,得出蝗虫对牧草造成的损失量分别为 3.06g/头和 5.07g/头,防治指标为 26.8 头/m^2。李新华等(1998)以田间罩笼探讨了天山北坡中段草场蝗虫密度与牧产量的关系,提出意大利蝗(*Calliptamus italicus*)防治的经济阈值为 69 头/m^2。乌麻尔别克等(2000)对新疆山地草原红胫戟纹蝗

(*Dociostarus kraussi*)损害牧草及防治指标进行了研究,提出防治指标为 8 头/m²。邱星辉等(2004)以内蒙古草原 5 种优势蝗虫自然种群结构和数量造成的牧草损失,提出了其经济阈值(三龄蝗蝻),其中毛足棒角蝗(*Dasyhippus barbipes*)、小蛛蝗(*Aeropedellus variegatus minutus*)、亚洲小车蝗、宽须蚁蝗、狭翅雏蝗分别为 22.7 头/m²、37.4 头/m²、16.9 头/m²、34.3 头/m²、36.7 头/m²。

在草原生态系统中,蝗虫往往以种团状态发生,即在不同的生态环境通常是以数种到十几种混合发生(贺达汉,1998;李宏实,1992)。不同蝗虫种类对不同植物的取食存在一定的选择性,不同体型大小的蝗虫取食亦不相同(康乐和陈永林,1992c;贺达汉,1998)。蝗虫防治指标国内外报道很多,但制作方法标准不一,差异也较大(李鸿昌和邱星辉,1992;Torell et al.,1989;Daris et al.,1992;Quinn et al.,1993)。在实际中,蝗虫防治决策应考虑到种群密度、种团组成和结构、草地类型与植物价值、防治措施的有效性、对有益生物的影响及气候条件等。康乐和陈永林(1992c)提出以单位生物量代换单位虫口密度。廉振民和苏晓红(1995)采用等量损失系统(即以集团中某一种蝗虫的取食牧草量为标准,将其他蝗虫的取食量折合为标准的等量损失量)评价蝗虫种团对草地的取食危害。贺达汉(1998)以蝗虫对不同牧草的取食频率、牧草的饲草价值、蝗虫单位生物量和取食量等,提出复合评价模型,得出不同草地蝗虫的防治指标。经济阈值是个动态的数值,不同年度、地域变化不同,其值都不相同,如在某一年,一个特定的蝗虫种群达到了经济阈值,第二年这种种群密度可能不会达到经济阈值。

青海先后对草原毛虫幼虫的食性及其空间格局(万秀莲和张卫国,2006)、食物的选择(严林等,1995)、分布区域及危害等级(何孝德和王薇娟,2003)等开展了系统研究。四川对草原毛虫、短期测报及防治指标,新疆对苜蓿象发生期测报等的研究都取得了一定进展。

(二) 草地螟迁飞与监测

有关草地螟迁飞行为研究很多,包括草地螟一些迁飞证据,草地螟的迁飞行为特征、迁飞路径、距离、迁飞原因及各主要发生、为害区等的研究(屈西锋等,1999;曹卫菊等,2006)。

1. 迁飞的证据

迁飞的证据主要包括:雌蛾产卵前期卵巢特征和标记及回收成虫实验。草地螟直线迁飞距离可达 230km。我国先后用雷达观察到了随气流迁飞的草地螟蛾群空中飞行的情况。在种群数量动态上,草地螟上下代之间的种群数量相差悬殊,成虫数量同期突增的现象比较普遍。雌蛾的卵巢发育特征表明,迁出地成虫的卵巢发育级别以 1~2 级占优势,而迁入地成虫的卵巢发育级别以 3~4 级为主。

2. 迁飞行为与影响因子

草地螟迁飞经历起飞、运转和降落 3 个阶段。目前已摸清了草地螟一天中大量飞翔活动的时间,成虫起飞与上升气流的关系、起飞温度、起飞的机理,运转过程中的最大飞行距离及风飞行动力和方向。可以将北方气旋和锋面天气的发生、发展趋势与虫源地的情况结合作为草地螟迁入的指标。我国成虫迁飞的高度大多在距地面400m左右的高空，但会随季节的变化而异。成虫迁飞的主要能源物质是脂肪。成虫降落地的地表特征，成虫飞行的方向、速度、持续时间和着陆区的范围受气流和降雨的影响。草地螟对产卵场所的选择决定了其必须迁飞，而成虫羽化时的盛行气流则决定了其迁飞途径和目的地。主要越冬区的成虫羽化后，随着西南气流向东北迁飞，构成了东北1代幼虫的主要虫源。曹卫菊等(2006)还对草地螟一次迁飞全过程的进行了数值模拟。

3. 雷达监测与数值模拟

目前已成功应用计算机飞行数据采集系统研究，明确了成虫的飞行能力及影响成虫飞行的环境生理因子；应用昆虫雷达揭示了成虫起飞、运转和降落的行为特征；应用扩增片段长度多态性分子技术，计算机轨迹分析技术，结合地方种群动态规律分析，明确了各主要危害区的虫源关系，确定了成虫的迁飞途径。

(三) 草地害虫测报网络与监测体系

1. 蝗虫监测技术

草地蝗虫种群动态很难预测，近年来国内也开展了不少研究。倪绍祥等(2000b)利用GIS技术进行环青海湖地区草地蝗虫发生的生态环境条件、气候因子分析，以及环青海湖地区草地生境的蝗虫潜在发生的可能性评价。邓自旺等(2002)分析了青海湖地区草地蝗虫发生的气候背景，利用遥感和GIS监测蝗虫生境，对蝗虫发生的地区做出了预测。柳小妮等(2004)提出了甘肃草地蝗虫预测预报专家系统。

2. 苜蓿害虫测报网络信息系统

宁夏、甘肃等建立苜蓿病虫害预测预报和防治网络信息系统和专家系统，建立提供害虫鉴定图像、生物学基本资料、防治技术和方法的高水平网站，使最新的害虫防治技术、研究成果能够及时有效地指导苜蓿害虫的防治。2005年，甘肃提出苜蓿病虫草害诊断与防治专家系统。另外，各地在计算机网络上建立了不少有关苜蓿害虫防治的网站，如中国苜蓿网、一些省级网站登录了苜蓿病虫害的防治资料，对指导苜蓿害虫防治有一定的作用。

3. 草地螟测报技术系统

应用越冬迁飞规律的研究成果，结合预测预报调查规程的制定和应用，首次建立了以主要越冬区的虫源数量预测翌年发生危害的程度，以成虫盛发期的成虫数量及温湿系数为依据的长期和短期预测方法；包括对草地螟越冬调查发生趋势的长期预报，冬季存活率、化蛹调查和发生趋势的中期预报，以及黑光灯诱蛾对发生程度和防治适期的短期预报。现代的研究手段揭示了草地螟的越冬迁飞规律，建立了草地螟的预测预报和防治技术体系。

4. 甜菜夜蛾的监测预警技术

甜菜夜蛾是一类间歇性大发生的迁飞性害虫。在北方，甜菜夜蛾是苜蓿和三叶草等牧草地和草坪地的重要害虫之一。文礼章等对该害虫的监测预警技术进行了不少研究(文礼章和张友军,2010;文礼章等,2011)。

应用时间序列分析技术研究表明,1949~2008年,我国甜菜夜蛾各年度大尺度暴发次数(年频次)存在着非均衡性循环波动特征,并且在波动过程中呈明显的上升趋势,其中,1949~1984年为平稳低发阶段,年频次仅为0.11,而1985~2008年则为波浪式上升性高发阶段,年平均达4.83次;对第二阶段(1985~2008年)数据进行自相关系数和频谱图分析,发现甜菜夜蛾大尺度暴发存在2.8年和11.2年两种不同长度的循环周期,其暴发趋势指数对滞后1年和滞后4年的影响为正相关,而对滞后5年和滞后6年的影响则为负相关;根据甜菜夜蛾暴发指数的非均衡周期性特征,建立了以时间序列为自变量的甜菜夜蛾暴发指数非均衡周期性预测模型,经回代结果检验,理论值和实测值之间无显著差异。应用时间序列分析和逐步回归分析方法研究了我国广域温度和降水量变化趋势对我国甜菜夜蛾年暴发频度的影响规律,结果表明,1979~2008年我国甜菜夜蛾暴发频度上升趋势与我国广域温度升高趋势同向而行;从52个因素中筛选出了具有显著回归影响的10个因素代入回归模型,初步找出了能够预测广域甜菜夜蛾暴发趋势指数的温度与降水量或其组合因素,并使其模型达到99%以上的历史符合率和预测准确度。

四、草地害虫生物防治研究

(一)微孢子虫灭蝗

蝗虫微孢子虫(*Nosema locustae*)是20世纪50年代从非洲飞蝗(*Locusta migratoria migratoriodies*)体内分离并命名的原生孢子虫。蝗虫微孢子虫(*Nosemalocustae*)为专性活体寄生虫,能感染100多种蝗虫及其他直翅目昆虫。蝗虫被微孢子虫寄生感病后可显著影响其取食量、活动能力、产卵量及孵化率等,15~20天后即可死亡。我国20世纪80年代,从美国引进蝗虫微孢子虫浓缩液及繁殖技术,建立用飞蝗(*Locusta migratoria*)大量增殖微孢子虫的生产技术,年产微孢子虫制剂可供防治3×10^5 hm^2草原蝗虫(陈广文等,2005)。1986~1993年在新疆、内蒙古、青海、甘肃草地进行了防治草原蝗虫的实验与示范,面积达1116万hm^2,1994~1995年推广面积1711万hm^2,1996~2000年3313万hm^2,当年虫口减退率一般在55%以上,感染率为30%~40%,染病雌蝗产卵率下降50%,有效压低了第二代蝗虫的种群密度。问锦曾等(1996)在我国发现亚蝗微粒子虫(*Nosema asiaticus*),并在河北、新疆等地进行了野外防治实验,取得较好效果。

蝗虫危害通常为突发性,微孢子虫灭蝗的防治效果滞后。为了解决微孢子虫杀虫剂当年灭效较低的问题,研究人员采用与卡死克(Cascade)和细菌灭蝗剂(bacteria locusticide)协调或混合使用,以提高灭蝗效果。中国农业大学自20世纪90年代初就开展了以微孢子虫防治蝗虫为主的可持续治理研究,现已基本上形成了以蝗虫微孢子虫为主的我国蝗灾可持续治理对策及配套技术体系。农业部在20世纪80年代中期开始组织青海、新疆、内蒙古有关部门应用微孢子虫进行草地蝗虫防治实验,并已获得成功,目前正逐步推广应用(吕燕青等,2006)。

（二）草地害虫的微生物制剂

1. 昆虫病原线虫

病原线虫最早用于草地害虫防治的时间为20世纪30年代。目前研究应用较多的主要是两科：斯氏科（Steinernematidae）和异小杆科（Heterorhabditidae）线虫（张中润等，2004）。郝德军等（2001）报道格氏线虫（*Steinernema glaseri*）和异小杆线虫（*Heterohabditis bacteriophora*）的一些品系对东北大黑鳃金龟幼虫有明显的防治效果。杨建全等（2000）的试验得出，小卷蛾斯氏线虫（*Steinernema carpocasae*）对小地老虎（*Agrotis ypsilon*）幼虫有较强的侵染力。在适宜温度（22～27℃）和一定线虫剂量条件下，小卷蛾斯氏线虫完全可以安全、有效地控制小地老虎发生，现已经成功应用于草地害虫淡剑贪夜蛾（*Spodoptera depravata*）、早熟禾草螟（*Crambus teterrellus*）和小地老虎的防治。作为草地害虫生物防治应用前景较好的一种生物防治因子，昆虫病原线虫的生产技术和应用技术发展已经越来越成熟，现已有多家国外公司商品化生产（吕燕青等，2006）。广东省昆虫研究所已实现了昆虫病原线虫的大量生产，并已应用于高尔夫球场蛴螬的防治（张中润等，2004）。

2. 病原细菌

苏云金杆菌（*Bacillus thuringiensis*）在国内已被用于防治鳞翅目、双翅目、鞘翅目的害虫达40多种，用于防治草地害虫的不多（吕燕青等，2006）。Alm等（1997）利用从日本土壤分离出来的苏云金芽孢杆菌特异杀虫新菌株（*Bacillus thuringiensis japonensis*）Buibui菌株，在田间对日本丽金龟和东方异丽金龟（*Anomala orientails*）的2、3龄幼虫进行了防治，取得了很好的防治效果。朱文等（1995，1996）从32株苏云金杆菌亚种中筛选到1株对青海、四川草地蝗虫具有较强致死作用的菌株 *Bacillus thuringiensis* 7，对草地3龄蝗虫实验的防治效果可达70%，对草原毛虫和粘虫（*Pseudaletia separate*）也有一定的致死作用。王军华等（2003）用高效 *Bacillus thuringiensis* 对草原草地螟进行了大面积防治，防治效果达90%以上。四川报道从黄脊竹蝗（*Ceracris kiangsu*）体内分离出的假单胞菌（*Pseudomonas pseudoalcaligenes*）的室内实验表明，对蝗虫有很高的感染力和致死作用（刘世贵等，1995）。

3. 病原真菌

目前常用的蝗虫病原真菌包括白僵菌（*Beauveria bassina*）、黄绿僵菌（*Metahizium flavoviride*），以及结合菌类的蝗噬虫霉（*Entomophaga grylli*）等（Goettel，1995）。陆庆光报道了4种不同绿僵菌菌株对东亚飞蝗毒力的初步观察，室内试验表明处理后第10天，其杀虫效果均达100%（陆庆光和邓春生、1993；陆庆光等，1996）。在内蒙古、青海、新疆等地先后进行了大面积推广，对各地蝗虫优势种群防效均在74%以上，其中，对内蒙古草原蝗虫的虫口减退率达到了89%（张泽华等，2000；刘宗祥，2003）。李保平等（1999，2000）报道了用绿僵菌油剂对新疆干旱荒漠草原和山地草原蝗虫进行的防治实验，证实绿僵菌对蝗虫具有显著的控制效果。绿僵菌不仅可迅速控制高密度蝗群，还可实现长期传播控制的目的。李有志等（2005）比较了绿僵菌和化学农药对蛴螬的防治效果得出，绿僵菌作用速度相对较慢，但有长效控制蛴螬的作用。冯玉元（2003）应用白僵菌杀虫剂对草螟（*Pe-*

diasia trisectus)分别进行了室内和草地感染对比实验,得出室内草螟平均致死率为98%,草地草螟平均致死率为86%。澳大利亚和墨西哥研制的蝗虫绿僵菌(*Metarhizium acridum*)已商品化,在防治蝗虫和蟋蟀方面取得了良好的效果。

4. 病原病毒

1981年我国首次分离出新疆西伯利亚蝗痘病毒(黄传贤等,1981)。近年来,王丽英(1994)先后从新疆、内蒙古草地蝗虫分离出亚洲小车蝗痘病毒(*Oedaleus asiaticus*)、意大利蝗痘病毒(*Calliptamus kraussi*)等5种痘病毒,感染率可达60%~70%。此后,我国学者又对蝗虫痘病毒的超微结构、形态特性、生物学特性、致病力等方面开展了研究。高灵旺和谢克勉(1997)在内蒙古应用亚洲小车蝗痘病毒进行了田间杀虫效果实验,蝗虫虫口减退率达到72%~73%。王思芳等(1997)用亚洲小车蝗痘病毒对黄胫小车蝗进行了室内毒力测定,提出该病毒增殖最适接种剂量。李永丹等(2003)报道了亚洲小车蝗痘病毒对绿僵菌治蝗的增效作用。核型多角体病毒已被广泛地用于害虫的生物防治研究。秦利(2002)研究了重组苜蓿银夜蛾核型多角体病毒(Autographa californica multiple nuclear polyhedrosis virus,AcMNPV)对粘虫的毒力作用,表明重组的AcMNPV具有很强的致病性,被感染昆虫死亡率高,致死时间短。青海曾引进核型多角体病毒(GrN2PV)进行杀灭草原毛虫实验,平均灭虫率为78%,大面积灭虫以225mL/hm^{2}剂量最佳(王志远等,1997)。青海1990~1995年在环湖地区进行了大面积示范推广应用,平均灭虫率达到79%,到2000年在环湖和青海南部地区共灭治草原毛虫14 112万hm^2,大面积防效均在75%以上(王薇娟,2001;吕燕青等,2006)。

刘世贵等1983年发现并分离草原毛虫核型多角体病毒(Gynaephora ruoergensis nuclear polyhedrosis virus,GrNPV),对3龄幼虫的感染致死率达52.3%(刘世贵等,1984),后又分离出草原毛虫苏云金杆菌一亚种(subsp. *dendrolimus*,B_{13})(刘世贵等,1993)。杨志荣等(1990,1992)将GrNPV和B_{13}混合制成复合的V·B草原毛虫生物制剂(刘世贵等,1993)。经室内和田间大量实验表明,V·B草原毛虫生物制剂有效使用量为750mL/hm^2,最适防治龄期是3龄幼虫,气温20℃左右,防治效果可达85%以上。1986~1994年,四川、青海、西藏等地累积使用V·B草原毛虫生物制剂35万hm^2,平均防效均在80%以上,有效地控制了草原毛虫的发生(杨志荣等,1995)。

(三)捕食天敌的利用

草地害虫在自然界的天敌种类很多,如天敌昆虫、鸟类、蜘蛛、爬行动物及两栖动物等。郭郛等曾记载了对蝗虫有抑制作用的天敌8大类68种。其中,蜂虻科、丽蝇科、皮金龟科、食虫虻科、步甲科、拟步甲科、麻蝇科和缘腹细蜂科等天敌昆虫在治蝗中最具有价值。此外,鸟类、蜥蜴等也都是蝗虫的重要捕食天敌。

国内系统地研究了人工招引粉红椋鸟控制蝗害,取得了可喜的结果。粉红椋鸟(*Sturnus roseus*)在繁殖期和育雏期均以蝗虫为食,1只粉红椋鸟每天可取食蝗虫120~180头。新疆吉州地区人工导引粉红椋鸟,仅就3处导引点统计控制蝗虫发生地0.5万hm^2,有效灭蝗0.3万hm^2,使原来蝗虫平均密度38.5头/m^{2}下降到1.3头/m^2。新疆2001年全区牧鸡55万只,牧鸭14万只,防治面积达到4万hm^2。

在草地,牧鸡灭蝗已成为一种十分有效的生物防虫技术,在新疆、青海、内蒙古、四川、宁夏等地被广泛推广。据报道,1 只训鸡每天可以啄食中等蝗虫成虫 300 头左右。新疆(2000 年)天山草原上,1 天牧鸭约 70 万只,可达到大举灭蝗的效果。近年来,新疆、内蒙古等地利用人工饲养家禽控制蝗虫的技术已取得成功经验。

五、化学防治

化学防治包括飞机化学防治和人工地面化学防治。

(一) 飞机治蝗

在我国 40 年以上的草地蝗灾治理工作中,飞机治蝗发挥了重要作用。据不完全统计,1951~1996 年,我国累计开展飞机治蝗面积达 530 多万平方公顷,约占全国治蝗总面积的 25%,仅飞机防治一项挽回粮食损失数 10 亿 kg。目前,我国西北、华北多省区利用飞机大面积灭蝗技术已经获得成功。例如,蜜蜂型农用飞机已在牧区普遍使用。经过 10 年的摸索,现已形成一套规范有效的飞机超低量喷雾技术,并在卫星定位导航作业实验方面取得新的进展,摸索出一整套飞机灭虫的新经验。例如,20 世纪 70 年代初,我国开始使用飞机喷撒有机氯农药,到 80 年代超低量喷雾面积在蝗虫发生区逐步得到扩大应用。每架次作业面积由原喷粉的 50~100hm^2增加到 400~500hm^2,日作业面积由原来的 500~1000hm^2扩大到 3000~500hm^2,飞机防虫效率明显提高。在剂量的选用上,以禾本科为主的草地,主要为西伯利亚蝗(*Gomphocecus sibiricus*)、宽须蚁蝗(*Myrmeleotettix palpalis*)、黑条小车蝗(*Oedaleus decorus*)等,有效用药量为 30g/亩①,以菊科牧草为主的草地,主要为意大利蝗(*Calliptamus italicus italicus*)、伪星翅蝗(*Metromerus coelesyriensis*)等,有效用药量为 35~40g/亩。

(二) 机械防治

由于飞机防治成本较高,而且农药飘移所造成的浪费很大。因此,地面机械化化学防治在 20 世纪 90 年代后有了快速发展,成为最主要的灭蝗手段。喷雾器械随之发展,机型由最初的大型的 3WCD-250 型牵引式超低量喷雾机、3WCD-200、100 型拖拉机悬挂式超低量喷雾机,到小型简易的 91WZ-35、250、150 自走式超低量喷雾机系列等。另还研制出高效、防飘移的喷雾机-罩盖防飘喷雾机样机。施药量可以根据需要调节和变换。研究了农药微乳剂电导行为、活化能、粒径大小及分布与稳定性的关系,在农药高效减量使用及高风险农药低风险化使用技术研究方面亦有较大进展。

高效减量多靶标化学防治新技术研究取得重要成果,减少了化学农药用量,降低了生产成本,保护了生态环境。筛选获得了 4 种活性较高的植物源和微生物源抗菌化合物,并开展了化学农药与其他防治因子协调控制技术研究。研究了有机硅表面活性剂在农药喷雾中的应用,可以降低农药投放量 1/3,减少施药液量 1/2。

---

① 1 亩≈666.67m^2。

20 世纪 90 年代初期,内蒙古及青海的科技人员基于本地区草原宜蝗区域的特征,研制出气吸式的蝗虫捕集机(sucking pneumatic techniques for capturing locusts),由拖拉机背负和动力驱动风机产生的吸捕作用,对草原蝗蝻和成虫进行无害化的机械捕集。实验表明,该机工作效率为 20~25hm²/h,吸捕率在 82%左右,收集纯净度约为 96%。国内先后研制出多种不同结构形式的蝗虫捕集机,并通过对 4 种不同结构形式的蝗虫吸捕机的结构形式和作业特点的对比分析,找出了各自的优点和不足之处并提出了一些改进的建议,分析了每种机型所适用的作业范围。目前,气吸式蝗虫捕集机主要应用在草原上,利用拖拉机的动力带动整机工作,在拖拉机前进的过程中对草地上的蝗虫进行吸捕作业,在防治蝗虫灾害中起到很大的作用。

六、综合治理

国内对草地害虫的治理主张实行综合防治。因此,研究人员十分重视改良草地植被结构、提高草场生产能力、通过改变寄主条件来控制害虫种群的数量。例如,陕西榆林利用固沙灌木紫穗槐对黑皱鳃金龟成虫的毒性,采用带状栽植紫穗槐围隔或间隔栽植保护固沙苗木,这种方法能大量杀死黑皱鳃金龟成虫,对沙篙、花棒等多种固沙植物起到很好的保护作用。榆林市定边县等地采用沙柳平茬、搭障埋根等栽培方法,不仅有效地抑制了沙柳木蠹蛾成虫产卵,且兼治沙柳窄吉丁等其他钻蛀性害虫。滇西北藏区利用不同草地管理方式,维护草地昆虫群落多样性,控制害虫暴发。实践证明,这种以营林种草措施为主要手段的防治方法对于防治草地害虫既经济、有效,又宜于在生产上推广应用。此外,轮牧,禁止滥垦草地,取缔撩荒制,禁止滥挖中草药与滥采草籽,实行草库伦,退耕还林还草,让天然放牧牧场休养生机,也是近年来草原害虫防治的一条有效途径。例如,新疆伊犁,采用种草、围栏、灌溉、控制放牧强度的方式,结合化学防治使 5 余万平方公顷草地的虫口得到控制,草场植被也有所恢复。另外,农业害虫综合防治的一些经典方法在栽培草地、园林苗木害虫防治中已得到普遍应用。例如,宁夏采用种植抗性苜蓿品种,控治牧草病虫暴发危害;实行苗木检疫防治甘草胭蚧(*Porphyrophora ningxiana*)、沙柳木蠹蛾等重要害虫的蔓延。内蒙古采取种子熏蒸防治柠条豆象。这种以改善栽培措施为主的综合治理技术是控制草地有害生物暴发的最有效的基本方法之一。

目前,国内外十分重视景观结构对生物多样性维护的作用。人们已经清楚地认识到生物种类、种群密度与动态、营养关系及生境中群落结构都依赖大尺度的空间变化(贺达汉等,2009)。在研究群落局部格局和过程中,应充分考虑空间尺度与排列、生境的连接度与质量,以及景观基质的变化。生境面积的减少和连接度及生境间景观类型的变化,不仅影响种群密度和种群丰度,同样也影响植物-植食性昆虫、植食性昆虫-天敌及植物-植食性昆虫-天敌的相互作用。在人为干扰下,我国草地已遭到严重的破坏,形成"马赛克"式的破碎化景观格局。研究这种破碎化的草地结构对昆虫多样性变化的影响有重要价值,合理的草地格局对维护天敌群落多样性,控制草地害虫的暴发十分重要,也是今后草原保护发展的必然方向。国内利用苜蓿与棉花、牧草与小麦、牧草及田间休闲地与水稻田的区域化布局来控制农业重要害虫已取得了很好的进展。德国学者 Tscharntke 等就大尺度农田景观结构与多样性结合、作物生境与非作物生境结合对天敌资源丰富度与控害效率进行了研究,发展了景观结构与生态服务功能之间互作关系理论假设,并提出农业生境管理需要综合考虑景观结构、保护与防控对象相结合的创新理念。这些值得在草地害虫防控中借鉴。

第五节 存在的问题与展望

虽然草地虫害防治研究得到了长足进步,但由于起步较晚和恶劣而落后的特殊环境,与农林虫害研究水平相比,还存在着明显的差距。这些差距主要是,基础理论研究不够系统和深入;有关害虫与生态环境关系和害虫治理关键因子研究不够深入;在新理论和新的有效技术的应用方面较为欠缺;草地害虫病原微生物资源的研究和应用尚处于初始阶段,生产化和商品化的程度不高;害虫监测和预报手段有待提高和加强等。以草地蝗虫为例,国外早在20世纪80年代初就已将RS、GIS、GPS等技术应用于这类研究,90年代已研制了一些集成化的测报系统并投入应用,而国内利用3S技术进行监测和预报尚在起步阶段。在蝗虫种群动态变化的研究方面,国外学者已尝试利用灾变理论等多种现代数学理论来解释蝗虫种群的暴发、崩溃机制,这在国内蝗虫研究中还很不够。

在21世纪,随着科学技术的发展,展望草地害虫防治学科的发展,草地害虫防治在下列几方面将会得到更大的发展和进步。

(一) 综合治理的基础研究将得到空前的重视

有效的害虫管理必须建立在对草地生态系深入了解的基础上,只有弄清各环境因子之间的复杂关系,才能有的放矢地治理害虫,取得事半功倍的效果。在21世纪里,有关草地昆虫的多样性、生物学、生态学、生物地理学等基础研究将受到更多的关注。特别是全球气候变化下的草地植物群落演变及CO_2气体的增高对草地昆虫群落变化、重要草地害虫发生的影响机制的研究将会是关注的重点。同时,草地是昆虫多样性的重要基因库之一。研究草地昆虫物种、基因多样性及其生物多样性与演替对草地极端环境、地质地理等环境胁迫的反应,阐明草地重要资源和害虫的生态适应策略和机制,亦是今后关注的重点。

(二) 高新技术更广泛地运用于害虫管理的实践中

(1) 进一步加强害虫的检疫,开展外来有害生物预防预警、入侵机制的研究工作。草地害虫分布有强的地域性,特别是分布于荒漠地区的大多是毁灭性害虫,做好区域性的害虫检疫及有关害虫治理工作的任务更为重要。研究草地昆虫对全球变化(包括气候变化、景观格局变化)的响应特征和机制,提出全球变化背景下草地重要害虫和入侵性害虫预警、防控新技术和新方法。

(2) 预测预报系统的现代化。在应用有效的传统监测手段的基础上,雷达、卫星、遥感监测技术、计算机数据采集与分析技术、地理信息系统、全球定位系统等先进的技术与方法会逐步应用到草地害虫的监测,对灾害性昆虫发生动态的测报能力会有较大幅度的提高。

(3) 抗虫品种的选育与利用是21世纪害虫综合治理体系的重要组成部分,培育和种植自然抗虫与转基因抗虫品种将会在苜蓿等栽培牧草和草坪草生产中得到广泛应用与推广。

(4) 利用自然天敌昆虫和昆虫病原微生物是害虫治理有效、安全的方法,是在草地生态系统害虫持续治理的最有前景的途径之一。保护与利用自然生态系统中的各类天敌或释放人工增殖的天敌会使害虫治理工作取得更满意的效果。

(5) 防治蝗灾是我国一项长期而艰巨的任务,飞机治蝗有着高效快速的特点,发展飞机超低量施药技术是解决害虫暴发问题不可缺少的有效途径。机械灭蝗灭虫技术也将会进一步成熟。

(三) 持续管理思想将在草地害虫治理中得到普遍认可

数千年来,人们一直努力寻找各种办法对付害虫的危害。东亚飞蝗等重要害虫的防治经验清楚地表明,合理进行草地开发,保护草地生态环境,才是害虫综合治理的最根本途径。在天然草地,减少人为干扰,实现多样性化的草地类型和植物的格局与分布,维护草地生态系统平衡,是保护昆虫群落和种群稳定的基础。在农牧交错地区和生态工程建设地域,利用天然植物与栽培作物、作物农田与非作物农田的区域布局,植物与昆虫相互关系的"推-拉"策略(Scherber et al.,2010;Gladbach et al.,2011)等生态调控措施,研究草地景观结构对天敌昆虫发生与控害的影响作用,控制有害昆虫的暴发,是草地害虫控制持续发展的基本途径。21世纪,随着高度物质文明的国际化,害虫持续管理的策略会越来越为人们所接受,维护环境将成为人们在害虫治理和益虫利用活动中的自觉行动。

(贺达汉)

主要参考文献

白文辉,刘爱萍,宋银芳.1990. 我国北方主要栽培牧草害虫种类调查. 中国草地,5:58-60

蔡青年,胡熳华.2004. 综合利用蝗虫资源实现蝗灾可持续治理. 植物保护科学,20(2):184-185,189

曹卫菊,罗礼智,徐建祥.2006. 我国草地螟的迁飞规律及途径. 昆虫知识,43(3):279-283

陈广文,董自梅,宇文延清.2005. 蝗虫微孢子虫的生产及田间应用现状. 生物学通报,40(5):44-46

陈应武,李新荣,张景光,等.2006. 昆虫寄生对柠条种子命运的影响. 中国沙漠,26(6):2015-2020

邓自旺,倪绍祥,张洪亮,2002. 青海湖地区草地蝗虫发生的气候背景. 自然灾害学报,11(2):91-95.

邓自旺,周晓兰,倪绍祥,等.2005a. 环青海湖地区草地蝗虫发生测报的气候指标研究. 植物保护,31(2):29-33

邓自旺,周晓兰,倪绍祥,等.2005b. 环青海湖地区草地蝗虫发生遥感监测方法研究. 遥感技术与应用,20(3):326-331

范伟民,李鸿昌,邱星辉.1995. 中国典型草原牧草场蝗虫为害损失及经济阈值的估算. Entomologia Sinica,2(4):353-364

方海涛.2003. 濒危植物沙冬青传粉昆虫的研究. 内蒙古师范大学硕士学位论文

冯光翰,冯玉波,鲁建中,等.1991a. 甘肃草地害虫区系名录. Ⅱ. 半翅目、鞘翅目. 甘肃农业大学学报,26(3):302-309

冯光翰,王国胜,鲁建中.1991b. 甘肃省草地害虫区系名录. Ⅰ. 直翅目、同翅目、膜翅目、缨翅目等. 甘肃农业大学学报,26(4):388-394

冯光翰,王国胜,鲁建中,等.1995. 草原蝗虫防治指标的研究. 植物保护学报,22(1):33-37

冯玉元 . 2003. 白僵菌微生物杀虫剂基本特性及应用研究 . 玉溪师范学院学报,20(3):27-29
高灵旺,谢克勉 . 1997. 亚洲小车蝗痘病毒田间杀虫效果 . 中国生物防治,13(4):157-158
高兆宁 . 1999. 宁夏农业昆虫图志 . 第三册 . 北京:中国农业出版社
郝德军,张海林,孙家宝 . 2001. 几种昆虫病原线虫对苗圃地下害虫的毒力测定 . 林业科技,26(2):22-23
郝树广,秦启联,王辉,等 . 2002. 国际蝗虫灾害的防治策略和技术:现状与展望 . 昆虫学报,45(4):531-537
何孝德,王薇娟 . 2003. 青海省草原毛虫分布区域及危害等级划分初探 . 草业科学,20(8):45-48
贺春贵 . 2004. 苜蓿病虫草鼠害防治 . 北京:中国农业出版社
贺春贵,曹致中,吴劲锋,等 . 2005. 我国苜蓿害虫研究的历史、成就与展望 . 草业科学,22(4):75-78
贺达汉 . 1998. 荒漠草原蝗虫群落特征研究 . 银川:宁夏人民出版社
贺达汉 . 2004. 流沙治理与害虫防治 . 北京:科学出版社
贺达汉,洪波,田真,等 . 2000. 宁夏新垦区土壤昆虫生态演替及优势种种群序列演变的研究 . 宁夏农学院学报,21(3):5-10
贺达汉,赵紫华,张大治 . 2009. 草原景观下昆虫群落和种群对生境破碎化的反应 . 草业学报,18(6):235-241
黄传贤,李维琪,刘芳政 . 1981. 西伯利亚蝗的一种昆虫痘病毒 . 植物保护,5:12
康乐 . 1995. 放牧干扰下的蝗虫-植物相互作用关系 . 生态学报,15(1):1-10
康乐 . 1997. 蝗虫群落动态对草原放牧活动的反应//中科院内蒙古草原生态系统定位站 . 草原生态系统研究 . 第五集 . 北京:科学出版社:43-61
康乐,陈永林 . 1992a. 草原蝗虫时空异质性的研究//中科院内蒙古草原生态系统定位站 . 草原生态系统研究 . 第四集 . 北京:科学出版社:109-123
康乐,陈永林 . 1992b. 草原蝗虫食料植物叶片表皮显微结构的研究//中科院内蒙古草原生态系统定位站 . 草原生态系统研究 . 第四集 . 北京:科学出版社:125-139
康乐,陈永林 . 1992c. 典型草原蝗虫种群数量、生物量和能值的比较研究//中科院内蒙古草原生态系统定位站 . 草原生态系统研究 . 第四集 . 北京:科学出版社:141-150
康乐,李鸿昌,马耀,等,1990. 内蒙古草地害虫的发生与防治 . 中国草地,12(5):49-57
李保平,Roy Bateman,李国有 . 2000. 绿僵菌油剂防治新疆山地草原蝗虫的田间试验 . 中国生物防治,16(4):145-147
李保平,孙国庆,李国有 . 1999. 绿僵菌油剂防治荒漠草原蝗虫的田问试验 . 中国草地,5:53-56
李鸿昌,邱星辉 . 1992. 中国北方草地蝗虫学研究概况 . 昆虫知识,29(4):149-152
李宏实 . 1992. 吉林省西部草原蝗虫群落的集团结构 . 生态学报,11(1):73-79
李剑,任国栋,于有志 . 1999. 宁夏草原昆虫区系分析及生态地理分布特点 . 河北大学学报(自然科学版),19(4):410-415
李万春,张连庆,贾晓玲,等 . 2004. 对草原蝗虫防治工作的几点认识 . 植物保护,30(3):84-85
李新华,赵智刚,牛永绮 . 1998. 草场蝗虫的种群密度与受害程度及经济阈值的探讨 . 干旱环境监测,12(3):158-160
李永丹,覃晓春,赵朝阳,等 . 2003. 亚洲小车蝗痘病毒对绿僵菌治蝗的增效作用 . 中国生物防治,19(3):115-117
李有志 . 2005. 绿僵菌与化学农药对草坪地下害虫控制效果的比较 . 农化新世纪,10:5
李忠杰,曹永强,牛登林 . 2002. 宁夏固原地区苜蓿病虫害的发展趋势与策略 . 草业科学,19(9):582-601
廉振民,苏晓红 . 1995. 牧场蝗虫复合防治指标的研究 . 植物保护学报,22(2):171-175
刘爱萍,宋银芳,徐绍庭,等 . 1993. 我国北方草原主要类型区害虫种类的调查研究 . 中国草地,4:60-63
刘世贵,杨志荣,伍铁桥,等 . 1993. 草原毛虫病毒杀虫剂的研制及其大面积的应用 . 草业学报,2(4):47-50
刘世贵,朱文,杨志荣,等 . 1995. 一株蝗虫病原菌的分离和鉴定 . 微生物学报,35(2):88-90
刘艳,张泽华,王广军 . 2011. 草地蝗虫防治的经济阈值与生态阈值研究进展 . 草业科学,28(2):308-312
刘长仲,周淑荣 . 2004. 刈割对苜蓿人工草地昆虫群落结构及动态的影响 . 生态学报,24(3):542-547
刘宗祥 . 2003. 绿僵菌防治草原蝗虫技术推广中存在的问题及对策 . 草业科学,20(5):27-29
柳小妮,姜文至,刘晓静 . 2004. 甘肃省草地蝗虫预测预报专家系统的设计 . 草业学报,13(6):26-33
龙丘陵 . 1998. 苜蓿害虫群落结构及其多样性研究 . 江西农业学报,10(2):242-251
龙丘陵,叶正襄,彭志平,等 . 1992. 江西栽培牧草主要害虫种群动态与防治研究 . 草业科学,9(3):232-241
鲁挺 . 1984. 牧草害虫名录 . 甘肃农业大学学报,4:18-25

鲁挺,曹植中. 1986. 干热处理豆科种子防治苜蓿籽蜂的初步研究. 中国草原与牧草,1(3):26-28
鲁挺,刘岩,龙瑞军,等. 1988. 混播牧草昆虫群落的研究. 甘肃农业大学学报,22(1):95-100
陆庆光,邓春生. 1993. 四种不同绿僵菌菌株对东亚飞蝗毒力的初步观察. 生物防治通报,9(4):187
陆庆光,邓春生,陈长风. 1996. 应用绿僵菌防治东亚飞蝗田间试验. 昆虫天敌,18(4):147-150
罗都强,刘芳政. 1996. 新疆苜蓿节肢动物群落的时间格局研究. 西北农业学报,5(1):472-511
罗于洋. 2005. 柠条种子害虫对柠条生产的影响研究. 内蒙古农业大学博士学位论文
吕燕青,何余容,陈建军,等. 2006. 草地害虫生物防治研究进展. 中国生物防治,22(增刊):147-152
倪绍祥,巩爱岐,王薇娟. 2000a. 环青海湖地区草地蝗虫发生的生态环境条件分析. 农村生态环境,16(1):5-81
倪绍祥,蒋建军,王杰臣. 2000b. 遥感与 GIS 在蝗虫灾害防治研究中的应用进展. 地球科学进展,15(1):97-100
庞凌云,段玉峰,陈锦屏,等. 2004. 蝗虫的功能成分与开发前景. 动物经济学报,8(1)::54-57
乔璋,乌麻尔别克,熊玲,等. 1996. 西伯利亚蝗对草原的危害及其防治指标的研究. 草地学报,4(1):39-48
秦利,张涛,国见裕久,等. 2002. 基因重组核型多角体病毒 AcMNPV 对东方粘虫的毒力作用. 沈阳农业大学学报,33(3):191-194
邱星辉,康乐,李鸿昌. 2004. 内蒙古草原主要蝗虫的防治经济阈值. 昆虫学报,47(5):595-598
屈西锋,邵振润,王建强. 1999. 我国北方农牧区草地螟暴发周期特点及原因剖析. 昆虫知识,36(1):11-14
石旺鹏,闫跃英,严毓骅. 2003. 东亚飞蝗不同来源聚集信息素的电生理活性. 昆虫知识,40(2):145-149
孙涛,龙瑞军. 2008. 我国草原蝗虫生物防治技术及研究进展. 中国草地学报,30(3):87-93
田畴,贺达汉. 1989. 荒漠草原牧草害虫及研究进展 植物保护 5:39-41
田方文,王本琢,王者勇,等. 2003. 山东滨州市紫花苜蓿田蝗虫种类调查与分析. 草业科学,20(7):63-64
万秀莲,张卫国. 2006. 草地毛虫幼虫食性及其空间格局. 草地学报,14(1):86-90
王凤葵,仵均祥. 1997. 云南栽培牧草害虫调查初报. 中国草地,(3):66-68
王杰臣,倪绍祥. 2001. 国内外蝗虫研究发展动向初探. 干旱区研究,18(3):36-40
王军华,张学忠,王秀清,等. 2003. 生物农药高效 Bt 在灭治草地螟中的应用. 饲草饲料,8:16
王丽英. 1994. 我国草原蝗虫痘病毒资源调查. 中国农业科学,27(4):60-63
王思芳,王丽英,李永丹. 1997. 亚洲小车蝗痘病毒室内杀虫效果. 中国生物防治,13(1):17-19
王素琴,宋秀雯. 2002. 北京地区苜蓿害虫发生危害特点与防治策略. http://www.zhibao.net//jjzwlwj/bj3.htm.[2002-12-03]
王薇娟. 2001. 青海省草地鼠虫害生物防治现状及初步设想. 青海草业,10(1):33-35
王志远,高晓春,哀兴宁,等. 1997. 病毒杀虫剂防治草原毛虫的应用研究. 青海草业,6(2):16-5
文礼章,张友军. 2010. 我国甜菜夜蛾大尺度暴发频度与广域温度和广域降雨量关系的预测模型. 昆虫学报,53(12):1367-1381
文礼章,张友军,朱摇亮,等. 2011. 我国甜菜夜蛾间歇性暴发的非均衡性循环波动. 生态学报,31(11):2978-2989
问锦曾. 1996. 亚蝗微粒子虫新种记述. 动物分类学报,21(4):385-387
乌麻尔别克,张泉,乔璋. 2000. 红胫戟纹蝗损害牧草及其防治指标的评定. 草地学报,8(2):120-125
吴永敷,李秀娴. 1990. 危害苜蓿的蓟马生活史及活动规律的初步研究. 中国草地,(4):382-411
吴永敷,赵秀华,特木尔布和. 1990. 蓟马是我国苜蓿生产的主要害虫. 中国草地,(3):652-661
邢湘臣. 1994. 昆虫蛋白食品的开发和利用. 国土与自然资源研究,3:56
严林,梅杰人. 1991. 青海省紫花苜蓿病虫种类及害虫天敌调查. 植物保护,22(5):242-251
严林,刘振魁,梅洁人,等. 1995. 野外扣笼条件下草原毛虫对食物的选择. 草地学报,3(4):257-268
杨爱莲. 2001. 2001 年我国草地鼠虫害控制对策. 中国草地,23(3):70-73
杨爱莲. 2002a. 华北、西北、东北七省区草地螟暴发危害. 草业科学,19(5):73
杨爱莲. 2002b. 西藏青海部分地区草原毛虫为害严重. 草业科学,19(5):73
杨彩霞,张蓉,刘浩,等. 2002. 宁夏苜蓿昆虫资源的调查. 宁夏农林科技,1:11-13
杨建全,李芳,陈家骅,等. 2000. 小卷蛾斯氏线虫对小地老虎的侵染性试验. 福建农业大学学报,29(2):201-205
杨志荣,伍铁桥,刘世贵,等. 1995. V. B 草原毛虫生物防制剂的应用技术研究. 草地学报,3(4):317-323
游兰韶,屠敏仪,刘太勇,等. 1999. 南山草场牧草害虫金龟子的初步研究. 四川草原,(1):38-40

张富川 . 1994. 苜蓿常见病虫害的防治措施 . 四川草原,(1):592-621

张蓉,马建华,王进华,等 . 2003a. 宁夏苜蓿病虫害发生现状及防治对策 . 草业科学,20(6):40-44

张蓉,马建华,杨芳,等 . 2003b. 宁夏苜蓿害虫天敌种类及其田间发生规律的初步研究 . 草业科学,20(7):60-62

张蓉,冷允法,朱猛蒙,等 . 2007. 基于地统计学和 GIS 的苜蓿斑蚜种群空间结构分析和分布模拟 . 应用生态学报,18(11):2580-2585

张泽华,高松,张刚应,等 . 2000. 应用绿僵菌油剂防治内蒙草原蝗虫的效果 . 中国生物防治,16(2):49-52

张志勇 . 1990. 河南栽培牧草害虫初录 . 河南农业科学,10(2):272-301

张志勇,连二普,康业斌 . 1993. 河南栽培牧草害虫调查的研究 . 草业科学,10(2):412-441

张中润,韩日畴,许再福 . 2004. 草坪地下害虫蛴螬的生物防治研究进展 . 昆虫知识,41(5):387-392

中国科学技术协会,中国昆虫学会 . 2012. 昆虫学学科发展报告 . 北京:中国科学技术出版社

朱培尧,黄日宗,李利蛾,等 . 1990. 江西省天然和人工草场牧草害虫调查报告 . 江西畜牧兽医杂志,2:28-30

朱文,杨志荣,葛绍荣,等 . 1995. 苏云金杆菌防治草地蝗虫的研究 . 西南农业学报,8(2):61-64

朱文,杨志荣,刘世贵,等 . 1996. 苏云金杆菌对草地蝗虫的致病机理 . 西南农业学报,9(2):67-72

朱志伟,张晓辉,刘玉升 . 2007. 气吸式蝗虫捕集技术的发展与蝗虫的养殖利用 . 农业工程学报,23(10):126-129

Alm SR,Villani MG,Yeh T,et al. 1997. Bacillus thuringiensis serovar japonensis strain Buibui for control of Japanese and oriental beetle larvae (Coleoptera:Scarabaeidae). Appl Entomol Zool,32:477-484

Brandenburg R,Uillaui MG. 1995. Handbook of Turgrass insect Pests,Printed and Bound in the U. S. A

Bryceson KP. 1989. The use of landsat MSS data to determine the distribution of locust eggbeds in the Riverina region of New South Wales,Austalia. Int. J. Remote Sensing,102:1749-1762

Bryceson KP. 1990. Digitally processed satellite data as a tool in detecting potential Australian plague Locust outbrea areas. Journal of Environmental Management,30:191-207

Bryceson KP. 1991. Likely locust infestation areas in Western New South Wales,Australia,Located by Satellite. Satellit GEOCA RTO International,6(4):21-37

Bryceson KP,Hunter DM,Hamilton JG. 1993. Use of remotely sensed data in the Australian Plague Locust Commission//Corey SA,Dall DJ,Milne WM. Pest control and sustainable agriculture. CS IRO Pub lications,Melbourn:435-439

Chen S,Yang PC,Jiang F,et al. 2010. De novo analysis of transcriptome dynamics in the migratory locust during the development of phase traits . PLoS ONE,5:e15633

Cressman K,Dobson HM. 2001. Desert locust guidelines. Food and Agriculture Organization of the United Nations Rome

David H,Branson A,Joern AB,et al. 2006. Sword Sustainable management of insect herbivores in grassland ecosystems:new perspectives in grasshopper control. Bio Scienc,56(9):743-757

Davis RM,Skold MD,Berry JS,et al. 1992,The economic threshold for grasshoppers control on public rangelands. Journal Agric Res Econ,17:56-65

Gladbach DJ,Holzschuh A,Scherber C,et al. 2011. Crop-noncrop spillover:arable fields affect tropical interactions on wild plants in surrounding habitats. Oecologia,166(2):433-441

Goettel MS. 1995. The role of fungi in the control of grasshoppers. Journal Canadian of Botany,73(1):71-75

Guo W,Wang XH,Ma ZY,et al. 2011. CSP and takeout genes modulate the switch between attraction and repulsion during behavioral phase change in the migratory locust. PLoS Genetics,7:1-13

Guo W,Wang XH,Zhao DJ,et al. 2010. Molecular cloning and temporal-spatial expression of I element in gregarious and solitary locusts. Journal of Insect Physiology,56:943-948

Henry JE. 1971. Experiment application of Nosema locustae for control of grasshopper. Journal of Invertebrate Pathology,18:389-394

Jeffrey AL,Charles RB,Ewen AB. 1999. The history of biological control with Nosema locustae lessons for locust management. Insect Sci Aplic,19(4):333-350

Jenkins NE. 1991. Goettel MS Methods for mass production of microbial control agents of grasshoppers and locusts. Men Entomol Soc Can,171:37-48

Kang L,Han XG,Zhang ZHB,et al. 2007. Grassland ecosystems in China:review of current knowledge and research advancement. Phil Trans R Soc B,362:997-1008

Kooyman C. 1998. Application of Metarhizium flavoviride(Deuteromycotina:Hyphomycetes) spores against the tree locust,Anacridium melanorhodon (Orthoptera:Acrididae),in Sudan. Biocontrol Science and Technology,8:215-219

Ma ZY,Guo W,Guo XJ,et al. 2011. Modulation of behavioral phase changes of the migratory locust by the catecholamine metabolic pathway. Proceeding of the National Academy of Sciences USA,108:3882-3887

Magor JI,Pender J. 1997. Desert locust forecasters′ GIS:a researchers′ view//Krall S,Peveling R,Ba Diallo D. Berlin:New Strategies in Locust Control:21-26

Mark EW,Byron AW. 2003. Bt:Mode of Acation and Use. Archives of Insect Biochemistry and Physiology,54:200-211

Quinn MA,Patricia S,Charles H,et al. 1993. Effect of grasshopper(Orthoptera:Acrididae) density and plant composition on growth and destruction of grasses. Environ Ecosystem,25(5):993-1002

Schell SP,Lockwood JA. 1995. Spatial analysis optimizes grasshopper management. GIS World,8(11):68-73

Scherber C,Eisenhauer N,Weisser WW,et al. 2010. Bottom-up effects of plant diversity on multitrophic interactions in a biodiversity experiment. Nature,468(7323):553-556

Schnepf E,Crickmore N,van Rie J,et al. 1998. Bacillust huringiensis and its pesticidal crystal proteins. Microbiol Mol Biol Rev,62:775-806

Ted Deveson. 2001. Decision support for locust management using GIS to integrate multiple into rmation sources. 2001 NSW Agriculture:361-374

Torell LA,Davis JH,Huddleston EW,et al. 1989. Economic injury levels for interseasonal control of rangeland insects. J Econ Entomol. 82(5):1289-1294

Voss F,Dreiser U. 1994. Mapping of desert locust and other migratory pests habitats using remote sensing techniques. New Strategies in Locust Control:23-40

Voss F,Reynolds U. 1997. Mapping of desert locust habitats using remote sensing techniques. New Strategies in Locust Control:37-46

Wei YY,Chen S,Yang PC,et al. 2009. Characterization and comparative profiling of the small RNA transcriptomes in two phases of locust. Genome Biology,10:R6

Winqvist C,Bengtsson J,Aavik T,et al. 2011. Mixed effects of organic farming and landscape complexity on farmland biodiversity and biological control potential across Europe. Journal of Appiled Ecology,48(3):570-579

Zhang Y,Wang XH,Kang L. 2011. A k-mer scheme to predict piRNA and characterize locust piRNAs. Bioinformatics,27:771-776

推荐阅读文献

冯光翰. 1999. 草原保护学. 第二分册 草地昆虫学. 第2版. 北京:中国农业出版社

刘荣堂. 2004. 草坪有害生物及其防治. 北京:中国农业出版社

袁庆华. 2004. 牧草病虫鼠害防治技术. 北京:化学工业出版社

Brandenburg R,Uillaui MG. 1995. Handbook of turfgrass insect pests. Printed and Bound in the U. S. A

Cressman K,Dobson HM. 2001. Desert locust guidelines. Food and Agriculture Organization of the United Nations Rome

Tscharntke T,Greiler HJ. 1995. Insect communities,grasses and grasslands. Anna Rev Entomol,40:535−558

第三十八章　草地鼠害

第一节　我国草地鼠害概况

啮齿动物，俗称鼠类，是哺乳动物中种类和数量最多的一类，在草原生态系统消费者亚系统中，其作为一级消费者，在草原能量流动、物质循环、食物链中发挥着重要作用。正常情况下，鼠类的存在是草原生态系统平衡与稳定不可或缺的重要因素。然而，不合理的农业系统和全球性气候变暖、干旱加剧、火灾频繁等自然因素的作用，导致草地鼠害频繁爆发，且日趋严重，使草原生态环境及草原畜牧业可持续发展和牧民身体健康受到了严重威胁。

世界上现存啮齿动物有 1590～2000 种，分属于 28～34 科 415～426 属（Singleton et al.，2003）。我国的啮齿动物在世界陆地动物区系中分属于古北界和东洋界，而草原啮齿动物绝大多数属于古北界。关于我国究竟有多少种啮齿动物，目前尚无统一结论。综合各种观点，可划定在 178～232 种（表 38-1），分属于 13 科 66～73 属，占全世界种数的 11.2%～11.6%，其中有 49 种是我国特有种（施大钊等，2008）。我国草地鼠类的种类相对较少，其中真正可引起草地鼠害的不过 10 余种，即使加上农草、农林结合带的鼠种，也只有 30 种左右（宋凯和刘荣堂，1995）。

表 38-1　中国啮齿动物统计

目、科（亚科）	属数/属	物种数/科	目、科（亚科）	属数/属	种数/种
兔形目（Lagomorpha）	2	23～33	田鼠亚科（Microtiniae）	11～12	37～51
兔科（Leporidae）	1	7～9	沙鼠亚科（Gerbillinae）	3	7
鼠兔科（Ochotonidae）	1	16～24	刺山鼠科（Platacanthomys）	1	1
啮齿目（Rodentia）	64～71	155～199	竹鼠科（Rhizomyidae）	2	4
松鼠科（Sciuridae）	10～11	24～31	鼠科（Muridae）	12～16	38～42
鼯鼠科（Petauristidae）	7	11～16	睡鼠科（Gliridae）	2	2
河狸科（Castoridae）	1	1	林跳鼠科（Zapodidae）	2	3～6
仓鼠科（Cricetidae）	18～20	58～81	跳鼠科（Dipodidae）	7	11～12
仓鼠亚科（Cricetinae）	3～4	10～14	豪猪科（Hystricidae）	2	2～3
鼢鼠亚科（Myospalacinae）	1	4～9	总计 2 目 13 科	66～73	178～232

一、草地鼠害的特点

（一）量变性特点

草地生态系统中存在一定数量的鼠类动物是正常的现象，甚至可以认定为是草原健康的一种体征,只有当鼠类数量发生超常增长,并影响到系统各要素间平衡关系严重偏离时,鼠类才具备“害”的性质。

农业生态系统几乎完全是人类的创造,在设计规划中就没有给鼠类留有任何空间。这就决定了鼠类在农业生态系统中的非法性,同时也就决定了鼠类必然要受到人类驱逐与杀戮。与草原鼠类不同,农业鼠类天生就被烙上了“害”的印记,不存在由量变到质变的问题。

(二) 周期性特点

无论是草原鼠类还是农田鼠类,其数量总是处于不断变化之中,这是鼠类与环境协同进化的结果。农田鼠类的消长早已与农耕节律形成了高度的默契,春天播种、夏季促长、秋季收储、冬季闲适对应着春季交配、夏季繁殖、秋季蓄力、冬季休眠。尽管这只是典型农区的节律模式,在农牧交错区可能会出现较为复杂的情况,如草原与农田的规律性迁移等,但总体上依然能够代表农田鼠类数量变化或危害特点的一个大致框架,即:春季数量最低、夏季开始上升、秋季达到峰值、冬季缓慢下降。农业生产模式的相对稳定性和对非农因素的严格控制决定了农田鼠类数量变动也具有相对稳定、易于预测的特点。

鼠群数量的四季、日间乃至年际变化都是对这些自然因素长期适应的结果。但对于草原鼠类而言,它们对自然因素的依附程度要比农田鼠类大得多,除了要服从以上根本性因素外,许多次级因素往往会对草原鼠类的数量变化在总的周期性变化的框架内进行干扰性调整,使其呈现出更多的非周期性特征,其数量变化有着更大的不确定性。例如,天敌动物、降水量、其他草食动物、人类活动等因素的不确定性,就会改变鼠类既定的消长模式,使其陷入非正常波动的状态。草原鼠类的数量变化自然也会受到人类节律性活动的影响,其中最具主导性的因素就是放牧。但放牧早已成为草地生态系统中的常态因素,鼠类数量的周期性变化已经包含了对放牧因素的充分适应。只有当放牧强度和方式发生非常规变化时,如超载过牧、草原承包到户后放牧方式和路线的改变、由放牧改为圈养等,才会成为鼠类数量周期性变化的影响因素。

总之,草原鼠类种群消长机理极为复杂,除遵循基本自然因素所主导的周期性变化规律外,更多的则受制于诸多不确定因素的影响。因此,对草原鼠类种群发展方向的预期及人工调控措施具体时机的把握至今仍然是令人困惑的难题。

(三) 多元性特征

草原鼠类的危害较之于农田鼠害具有多元化特点。农田鼠类的危害集中体现在对人类劳动成果的侵占和破坏(如堤坝)上,而草原鼠类除了与人类分享自然资源、损害人类利益之外,更多地则来自于对资源的再生性、生态的健康状况和人类草原经济的可持续发展、人类某些鼠传性疾病的流行等造成的危害。显然,从本质上说,草地鼠害要比农田鼠害更具威胁力。这主要表现在鼠类“与畜争草”的本能行为上,以及破坏生态系统稳定性,导致荒漠化方面。

二、典型草原区的鼠类

典型草原区分布在我国内蒙古高原中东部干草原地带。东起大兴安岭西麓山前平原和松辽平原西部,西至北部及鄂尔多斯东部。区内东北部地势较低,一般海拔 160 ~ 190m,地势比较平缓;西部及西南部地势较高,一般海拔 600~1500m。气温属于大陆性温带气候,比其东部干燥,而且愈至西部愈甚,逐渐向荒漠过渡。年降水量从东到西由 500mm 逐渐降至 150mm。温度的年变幅大,日温差亦较大。植被以几种针茅(*Stipa* spp.)、羊草(*Aneurolepidium chinense*)、赖草(*Aneurolepidium dasystachys*)、冰草(*Agrapyron cristatum*)、芨芨草(*Achnatherum splendens*)和蒿属(*Artemisia*)植物等为主。景观开阔。

鼠类动物组成较为简单,优势现象突出。群聚性、储粮、冬眠等习性得到了充分发展。年际间数量波动剧烈,昼夜相和季节相明显。

草原啮齿动物以田鼠属(*Microtinae*)、鼢鼠属(*Myospalacinae*)、黄鼠属(*Citellus dauricus*)、旱獭属(*Marmota*)和鼠兔属(*Ochotonidae*)等属的少数种类为主要成分。区系组成及优势种的空间变化明显。在中东部地区,最突出的是两种田鼠:布氏田鼠(*Microtus brandti*)和狭颅田鼠(*Microtus gregalis*),其中又以布氏田鼠为甚。布氏田鼠几乎分布于整个内蒙古典型草原,在许多地区特别是退化干草原均为优势种,是这一区域鼠害的主要制造者。在草原带东部比较湿润的高草环境中,狭颅田鼠的数量有所上升,常以次优势种的地位存在,但数量波动较大,在高峰期也可对草原造成严重危害。在这一区域较为常见的鼠种还有草原鼢鼠(*Myospalat aspalax*)、蒙古黄鼠(*Ctellus dauricus*)、达乌尔鼠兔(*Ochotona daurica*)和草原旱獭(*Mamota sibirica*)等。前三者在多种草原均有分布,但仍以退化草原的数量居多。草原旱獭主要分布在北部低山丘陵地区。黑线毛足鼠(*Phodopus sungorus*)也见于草原,但一般不形成优势。从东北向西南,随着气候干旱程度的加深,出现荒漠草原的代表种,如长爪沙鼠(*Meriones unguiculatus*)和小毛足鼠(*Phodopus riborovskii*)等。长爪沙鼠在草原区西部的局部沙漠和轻度盐碱化地区的数量较高,特别是在新垦地区常可成为优势种,是造成农牧交错鼠害的主要鼠种。主要分布于中亚干旱地区的三趾跳鼠(*Dipus sagitta*)和五趾跳鼠(*Allactaga sibirica*),在该草原区数量不多,仅零星分布于西部区段。在东部相对湿润的环境中,黑线仓鼠(*Cricetulus barabensis*)亦甚为常见,但危害较为轻缓。此外,在大兴安岭南部向该草原区延伸的区域还分布有大林姬鼠(*Apodemus peninsulae*)和沼泽田鼠(*Microtus fortis*);在该草原的林灌环境中还有少量花鼠(*Eutamias sibiricus*)栖息;丘陵地区还可见到平颅高山䶄(*Alticola strelzowi*)和草兔(*Lepus capensis*)等。由此可知,在边缘及局部地区的草原动物群是比较复杂的。

三、高山草原区的鼠类

高山草原区分布在青藏高原及其周围毗连的包括北部的帕米尔高原、天山、祁连山,南部的喜马拉雅和东部的横断山脉等高山地带。青藏高原的东南边缘,森林与草原交错,自然环境比较复杂,啮齿动物的栖息条件较好。但从整体来看,分布最广的环境是多种类型的高山草原和高寒荒漠。

高山草原气候寒冷而风大,全年无夏。高原内部和高海拔地区,植物生长期只有3~5个月,部分区域甚至只有2~3个月,草类生长矮小,草原的分布比较分散,对啮齿动物的生活有较多的限制,种类比较贫乏。动物的穴居、冬眠、储草和迁移等习性得到进一步强化,但群聚性不及典型草原那样普遍。寒漠地带空气稀薄,气候更为严酷,栖息条件更为恶劣,啮齿动物的组成更为单调,仅由极少数适应性极强的种类组成。

青藏高原的东南边缘区域,啮齿动物的优势种和常见种主要属于草原成分。其中有些种类属于广布种,有些则属于狭布种。例如,主要生活于草原的高原兔(*Lepus oiostolus*)、喜马拉雅旱獭(*Marmota himalayana*)、高原鼢鼠(*Myospalax baileyi*)、中华鼢鼠(*Myospalax fontanieri*)、长尾仓鼠(*Cricetulus longicaudatus*)和松田鼠(*Pitymys irene*)等大都栖息于灌丛、林缘或林间草地。根田鼠(*Microtus oeconomus*)则同时栖息于森林和草地两种生境。在植被条件单纯的条件下,往往由单一种类栖居,形成栖地专一化现象,如在高山灌丛中的高山柳、小杜鹃为优势种的灌丛中往往只栖居有狭颅鼠兔(*Ochotona thomasi*),而以金露梅为主的生境(阳坡)则是根田鼠的理想家园。鼠兔的栖息地分化现象甚为明显,如在横断山脉北部至东祁连山一带,藏鼠兔栖息于林缘和林间草地;间颅鼠兔(*Ochotona cansus*)栖于草甸草原和灌丛;狭颅鼠兔栖息于高山灌丛;红耳鼠兔(*Ochotana erythrotis*)除森林外广泛栖息;高原鼠兔几乎栖息于各种环境中。环境条件是决定啮齿动物数量的重要因素,如在东祁连山区的草甸草原上,植物丰富,啮齿动物的种类较多,主要吃植物的绿色部分的营群聚生活的旱獭、鼠兔和营地下生活的鼢鼠成为优势种,其中以高原鼠兔数量最多,对草原生态系统的稳定具有中的影响。在比较湿润的草甸草原上,中华鼢鼠占据优势地位,并出现一定数量的长尾仓鼠(宋凯和刘荣堂,1995)。

高山草原区约有可利用草原1.5亿hm^2,约占我国草地面积的1/3。其中高寒草甸是广布的植被类型,是这一地区草地畜牧业得以存在和延续的重要资源依托,同时也是鼠害发生最严重的区域之一。这一区域可对草原造成严重危害的鼠种主要是高原鼠兔(*Ochotona curzoniae*)和高原鼢鼠(*Myospalax baileyi*)。据匡算,青藏高原草地至少有鼠兔6亿只,鼢鼠1.5亿只,每年消耗鲜草达1500万t,相当于1500万只羊的食量(才旦,2005)。此外,更严重、影响更深远的还在于数以亿计的害鼠成年累月的啃食、挖掘活动对植被、土壤和微地形造成的影响,其造成的水土流失及小气候的变化,从根本上威胁着人类的生态安全。这些危害的不断积累和扩大,极大地增加了治理退化草原生态系统的难度(Zhang et al.,2003a)。

四、荒漠、半荒漠草原区的鼠类

这一草原区广泛分布于内蒙古西部至新疆的荒漠、半荒漠地带,其中包括青藏高原的柴达木盆地和境内各个山地的山麓地带。境内海拔多在1000m左右,柴达木盆地海拔达3000m左右,地势较平坦而多沙漠、盆地和盐湖,大部分为内陆河流。气候具有强烈的大陆性气候的特点,不仅年温差大(33.8~40℃),而且日温差也大(可达20℃),夏季白昼炎热而夜间寒气逼人。年降水量均在250mm以下,一般都不足100mm。主要植物有白刺(*Nertraria tangutorum*)、梭梭(*Haloxylon tammodendren*)、骆驼刺(*Alhagi sparsifolia*)、红砂(*Reaumuria soongorica*)、柽柳(*Tamarix chinensis*)、沙拐枣(*Callligonum mongolicum*)、麻黄

(*Ephedra sinica*)和锦鸡儿(*Caragana* spp.)等旱生灌木。在半荒漠带以针茅(*Stipa capillata*)、狐茅属(*Festuca*)与蒿属(*Artemisia*)等植物为主。在高山山麓有雪水灌溉之处是农业发达的绿洲地带。

荒漠鼠类的穴居生活、冬眠和夏眠、储粮或善于奔跑等习性,比之草原鼠类有了进一步的发展。小型动物具有耐旱的生态生理特点,能直接从植物体中取得水分和依靠特殊的代谢获得水分,并在减少水分的消耗方面有一系列的生理生态适应机制。夜出类型的百分比较高,有些种类在特殊生境中种群密度较高,个别种的数量具有周期性变化。

荒漠、半荒漠鼠类,无论种类或数量均以沙鼠(*Gerbillinae*)和跳鼠(*Dipodidae*)两个类群为主。前者主要栖息于砾质荒漠(戈壁),后者主要栖息于沙质荒漠。沙鼠有5~6种,其中以子午沙鼠(*Meriones meridianus*)分布最广,整个荒漠、半荒漠地带均有分布,并向黄土高原北部森林草原延伸,垂直分布于海拔低于海平面150m的吐鲁番盆地至青海高原海拔3000m左右的柴达木盆地和湟水河谷,能栖息于多种环境,群体不大,在西部地区(新疆、青海和甘肃西部)为普遍的优势种,在东部地区(宁夏东部、内蒙古西部)则让位于长爪沙鼠。大沙鼠(*Rhombomys opimus*)主要分布于准噶尔盆地和河西走廊,最东至集二线一带,在梭梭灌丛中特别多,对梭梭有较大的破坏作用。柽柳沙鼠(*Meriones tamariscinus*)的分布类似于大沙鼠,但最东只分布于河西走廊西部,数量不多。红尾沙鼠(*Meriones libycus*)分布局限于天山北麓和东疆局部地区,是半荒漠的种类,常成为优势种。短耳沙鼠分布局限于塔里木盆地南缘的狭长地带,数量不多。

跳鼠有11种之多,分布广泛,数量最多的是五趾跳鼠和三趾跳鼠。五趾跳鼠在荒漠、半荒漠和干草原均有分布,并见于柴达木盆地和青海东北部高山草甸(海拔3000m以上),向南可延伸至黄土高原北部,但不见于南疆,栖息环境一般避开沙丘。三趾跳鼠的分布与五趾跳鼠大致相似,但包括南疆而不见于祁连山的高山草甸,一般多栖息于沙丘环境,其他种类如长耳跳鼠(*Euchoreutes naso*)、小地兔(*Alactagulus pygmeaus*)、小五趾跳鼠(*Allactaga elater*)、羽尾跳鼠(*Stylodipus telum*)、五趾心颅跳鼠(*Cardiocranius paradoxus*)等,分布比较狭窄,主要局限于中蒙交界的砾质荒漠、半荒漠地带,只有局部地区数量较多。

一般说来,在开阔盆地和平原的大部分地区,鼠类成分均比较单纯,除跳鼠和沙鼠以外,普遍分布的只有野兔、鼹形田鼠(*Ellobius talpinus*)、灰仓鼠(*Cricetulus migratorius*)和小毛足鼠等,通常均不形成优势。山麓和低山半荒漠地带,鼠类组成相对复杂,红尾沙鼠、兔尾鼠(*Lagurus lagurus*)、黄鼠在不同地区可成为优势种,天山山麓还有林姬鼠(*Apodemus speciosus*)、田鼠(*Microtus* spp.)自高山草原沿湿润地段下伸。兔尾鼠有数量急剧波动的特点,在内蒙古西部、准噶尔盆地周围(黄兔尾鼠)和天山西部山间盆地(草原兔尾鼠)的半荒漠环境中,均有过由于数量暴增而形成严重灾害的记载,黄鼠数量波动较小(宋凯和刘荣堂,1995)。

柴达木盆地的鼠类种类较为单纯,数量不高,有子午沙鼠、长耳跳鼠、五趾跳鼠、三趾跳鼠、荒漠毛跖鼠(*Phodapus roborovskti*)等。主要分布于青藏高原高山草甸环境的高原兔、白尾松田鼠(*Microtus leucurus*)和长尾仓鼠亦见于此。在局部水草丰富的地方,白尾松田鼠的密度较高。

绿洲环境适于许多小型兽类的栖息,子午沙鼠、红尾沙鼠、灰仓鼠、跳鼠、林姬鼠、田鼠等均甚为常见。农田的开垦使原来的荒漠动物数量减少或只保存于小片未垦地中,同时小家鼠(*Mus musculus*)、林姬鼠、灰仓鼠、普通田鼠的数量有所增加,赤颊黄鼠(*Citellus erythrogenus*)、沙鼠、跳鼠亦侵入农田。

五、南方草原区的鼠类

南方草原区主要指淮河以南广大区域中零散分布的草山、草坡极少量林线以上的山地草原。这一草原区地势西高东低,西部海拔 1000~2000m,东部多为 200~500m。自北向南暖季增长,冬季也比较温暖,年平均气温在 15℃以上,一般不超过 22℃,降水量为 800 ~2000mm,无霜期 220~245 天。天然植被是常绿阔叶林,但区内农业开发的历史悠久,绝大部分山地丘陵的原始森林早被砍伐并经人工经营,次生林地和灌丛、草坡所占面积很大。平原及谷地几乎全部为农区,大部分是水田。

亚热带森林的面貌有了极大的改变,相当面积已沦为次生林灌、草坡和农田,并普遍受到人类活动的影响。这一区域鼠类的分布特征是:狭布类型较多,季节性迁移的程度较小,繁殖的季节性表现比较清楚,数量的季节变化亦很明显,但数量的暴发则很少。

林栖鼠类只保存于少数面积不大的森林中。啮齿类的赤腹松鼠(*Callosciurus flavimanus*)、长吻松鼠(*Dremomys* spp.)、花松鼠(*Tamiope* spp.)等在许多地区为林中的优势种,由于树木稀疏,主要过着地栖生活。在这一区域的西部山地,岩松鼠亦成为林区的常见种,多栖息于高处。

已经开发的山地及丘陵次生林灌和草地,常见有短耳兔(*Lepus sinensis*),北部还有北方常见的草兔。

在农耕地区,以黑线姬鼠(*Apodemus agrarius*)、黄胸鼠(*Rattus flavipectus*)、褐家鼠(*Rattus norvegicus*)和小家鼠为优势种,在许多地方黑线姬鼠的数量较其他鼠类为高。但在这一带边缘地带情况有一些变化,数量高的鼠种在浙江南部和福建北部有黄毛鼠(*Rattus rattoides*),在贵州北部有社鼠(*Rattus niviventer*),在贵州南部的某些地方有针毛鼠(*Rattus fulvescens*),在四川盆地西部山地有山地姬鼠;在云南北部黑腹绒鼠(*Eothenomys melanogaster*)占优势;在长江以北的平原地区,常见种中出现了黑线仓鼠;在东部平原丘陵地带的一些沿河岸潮湿环境中,东方田鼠(*Microtus fortis*)可形成绝对优势种(宋凯和刘荣堂,1995)。

第二节　我国草原牧区的主要害鼠

一、布氏田鼠

布氏田鼠(*Microtus brandti*)又名白兰其田鼠、布兰德特田鼠,在分类上隶属于啮齿目(Rodentia)仓鼠科(Cricetidae)田鼠亚科(Microtinae),是典型的草原鼠种。其分布区域的植被均属中温型草原,其主体处于干旱草原带,仅在西部有一部分延伸至荒漠化草原。在草甸草原上布氏田鼠很少有分布(施大钊,1988)。在我国有两个间断的分布区,分属于内蒙古的呼伦贝尔盟和锡林郭勒盟的典型草原地区,另外,内蒙古赤峰的某些地区及河北坝上地区也有零星的分布。布氏田鼠栖息地的植被有两个显著的特点：①植被低矮开阔；②草地的植物成分以旱生、中旱生禾草类为主。

（一）生物学

布氏田鼠在不同季节里食性有明显的不同，这与栖息地内可提供的食物资源的季节变化有关。春季食物资源比较贫乏，植被的物种多样性比较低，布氏田鼠只能靠取食该季节数量较多、返青早的羊草和冰草。夏季植被的物种多样性明显增高，扩大了布氏田鼠的食物选择范围，尤其是双子叶植物，其粗纤维含量较低，而营养价值和水分含量较高。因此，在夏季，布氏田鼠转而大量取食双子叶植物，其食性得到了显著扩展。到了秋季，大批植物枯萎，单子叶植物体内含水量骤降，而此时一些低矮的双子叶植物仍含有相对高的水分；同时，由于蒿属植物体内次生代谢物含量降低，适口性增高，地面资源丰富，故转而成为布氏田鼠的主要取食和储食对象（王桂明等，1992；尹峰和房继明，1998）。

布氏田鼠的生长、发育具有明显的二相性，即在繁殖季节快速生长，进入秋冬季后则生长缓慢，接近停滞（武晓东，1990），到来年早春又重新迅速生长。幼鼠生长迅速，10 日龄即可出窝取食，12 日龄左右即完全断奶，独立取食，14 日龄即有鸣叫报警行为。雌鼠性成熟较早，约在 1 月龄时即可投入繁殖，首次产仔约在 2 月龄；而雄鼠发育则稍显滞后，约在 1.5 月龄发育成熟，当年鼠在 4 月龄时已接近稳定体重（当年鼠的稳定体重约为越冬鼠稳定体重的 2/3）。进入冷季后，生长渐趋缓慢，繁殖渐行终止，体重开始下降，并出现大量死亡现象。在自然状态下，布氏田鼠的寿命为 14 个月左右，最长者可达 18 个月。在实验室饲养条件下，布氏田鼠的寿命可达 31～33 个月（郎炳聚和张耀星，1995）。

布氏田鼠的体重增长过程受栖息地条件的影响很大。在食物资源丰富的生境里，布氏田鼠保持着较快的生长速度，其稳定体重也较高，而在食物资源贫乏的生境中，其稳定体重则相对较低。一般而言，当年 4 月龄的体重（接近其稳定体重）是衡量其栖息地食物资源优劣的良好指标。因此，若用体重来推算布氏田鼠的实际年龄，则必须结合当地的植被条件才有意义。尽管影响布氏田鼠的生长因子很多，但其体重与年龄的对应关系仍然是最基本的关系（尹峰和房继明，1998）。

布氏田鼠的繁殖季节为 3～9 月，其繁殖高峰期为 4～8 月，个别年份 2 月也有繁殖的报道。布氏田鼠的种群性比有季节性变化，7～8 月雄鼠比例略低于 5～6 月的雄鼠比例，这可能与其一雄多雌制的婚配制度有关，但总体性比接近于 1∶1，年度间差异不明显。

布氏田鼠的胎仔数在个体间差异较大，在 2 只到 15 只之间。一般说来，越冬鼠的胎仔数高于当年鼠，上半年的胎仔数高于下半年的胎仔数。布氏田鼠一年中的产仔窝数，与其年龄密切相关。据调查，分别于 4 月、5 月、6 月出生的雌鼠，其当年的产仔窝数依次为 2～3 窝、1～2 窝和 0～1 窝，7 月后所产个体当年不能参与繁殖。越冬雌鼠一年平均可产 3 窝，极少的个体能产 4 窝（郎炳聚和张耀星，1995）。

越冬雄鼠在整个繁殖期内保持性活动状态，而在当年雄鼠中，仅有 4 月和 5 月出生的个体能发育成熟并参与繁殖。因其性成熟期在 1.5 月龄之后，而 7 月中下旬时，绝大多数当年雄鼠停止繁殖进入休止状态，故其全年中性活动期只有 1 个多月。同时，因其社群等级较低，多数个体不能真正参与繁殖活动。因此，越冬雄鼠对群体繁殖的贡献极大，当年雄鼠在很大程度上只是一个潜在的后备繁殖群体，即在种群受到某些灾难性打击之后

(如灭鼠)有可能在种群恢复中起到关键作用。

(二)种群动态

在整个冬季营集群生活期间,布氏田鼠很少到地面上活动,其食物来源主要是入冬前储存的草料,3月,气温回升,积雪开始融化,布氏田鼠活动开始加强。3月中旬,布氏田鼠开始出现向邻近废弃洞群扩散的现象,越冬个体体重迅速增加,性腺开始转入活动期。3月下旬和4月中上旬,大部分越冬鼠开始交配,并逐渐向邻近地区扩散重组。5月,随着当年幼鼠的出现,种群的主要成分已为当年生幼鼠。6月和7月,当年出生的鼠陆续加入繁殖群体,所占比例逐渐增大,而越冬鼠所占比例则迅速降低。进入8月后,种群数量达到峰值。在整个繁殖期间(5~8月),布氏田鼠仍按家族方式一起生活,巢域范围扩大到邻近废弃的结构相对松散的洞群。在这个集群中,当年鼠除了一部分性成熟雄鼠外,大部分个体不离开巢域,当年生雌鼠与越冬雌鼠共同在集群中繁殖。在集群中,越冬雄鼠等级序位最高,起着维护巢域不受其他性成熟雄体侵犯的作用。部分个体有换群行为,外来雄鼠为争夺领域与本地雄鼠发生激烈争斗,丧失领域的本地越冬雄鼠多因伤残而死亡。越冬雄鼠在繁殖期的换群行为一定程度上避免了群体内部的近亲交配,这对于种群繁衍有着重要的意义。

8月下旬,繁殖活动基本结束,布氏田鼠重新集群越冬,集群成员多数来自于原家族。当原家族个体数量增至一定数量时,会在一个巢域中形成多个越冬洞群,此为秋季的分群现象;集群成员偶尔也有一部分来自于邻近洞群,即混合形成越冬洞群,此为秋季洞群的重组现象。9~10月为布氏田鼠的挖仓储草期,由于天气变冷及大量的体能消耗(挖仓和储草),大部分7月后出生的幼鼠及绝大多数越冬鼠均死于这个时期。10月的洞群成员基本上由当年生个体组成,体格健壮,死亡率较低。布氏田鼠在整个冬季(11月至来年4月)的月均死亡率为23%,10月下旬到来年5月初,整体死亡率接近80%。到来年早春,布氏田鼠的数量达到谷底。布氏田鼠种群数量年变幅很大,且有明显的负反馈调节现象,通常在种群数量爆发年份之后,都有2~3年的低数量期(钟文勤等,1985)。

布氏田鼠种群的数量动态特点还表现在空间上。布氏田鼠在一定时期内居于某一栖息地,但季节性的迁移和扩散也时有发生,在高数量年份,迁移距离可达4~10km(武晓东,1990)。在其密度较低的年份,布氏田鼠集中分布在少量的最适生境中,呈岛状分布而保持局部的高密度,一旦条件适合,其种群迅速增长,并向周围扩散而发展为弥漫性分布。因此,在布氏田鼠的栖息地经常交替出现岛状与弥漫性分布型。这是该鼠种群空间动态上的一个基本特征(房继明和孙儒泳,1991)。

(三)危害

布氏田鼠的挖掘活动对草地基质的破坏是其造成的主要危害。布氏田鼠为群居性鼠类,数量增长时可达到很高的密度。在高密度区域,其洞口数量可达3000~10 000个/hm^2,地面上洞口密布,跑道纵横。尤其是秋季的挖仓活动,大量的土被抛在洞群区,在草原上形成点斑状分布的土层“镶嵌体”,不仅导致草地盖度和生物量下降,而且随后出现的“镶嵌体”植被以一年生植物为主,多年生优质牧草的比例大大减少,这就加剧了草地的退化和沙化。此外,由于这些仓库里的储草被布氏田鼠越冬消耗后导致仓库顶壁承重力下降,春季冰雪消融、冻土层消失后,地面极易在家畜践踏下塌陷,降低草原的平整度(宛新荣等,2003)。

布氏田鼠的另一个危害表现在与牛、羊的争食上。布氏田鼠的食性广泛,草地上生长的牧草大多数都被其所食。该鼠主要取食的羊草、克氏针草和杂花苜蓿,是内蒙古典型草原区的重要牧草。平均每只布氏田鼠日消耗 40g 左右的鲜草,可对草地生产力产生较大的影响。该鼠往往在其分布区形成很高的密度(宛新荣等,2002a)。据报道,该鼠在蒙古东部 50 多万 hm^2的草地上保持着 1000~3000 只/hm^2的高密度(Allen,1940);在我国的锡林郭勒典型草原区,局部密度可达 1384 只/hm^2(钟文勤等,1991)。在鼠害严重的草地,布氏田鼠常可造成家畜因牧草不足而体质下降,成为冬春大量家畜死亡的重要原因。

另外,布氏田鼠是鼠疫疫源动物。1970 年,我国首次在锡林郭勒盟阿巴嘎旗的布氏田鼠体内分离出鼠疫菌,从而证实了我国存在着布氏田鼠鼠疫自然疫源地。1970~1972 年,在锡乌张地区(锡林郭勒盟、乌兰察布盟和张家口市)几乎同时爆发长爪沙鼠、布氏田鼠和达乌尔黄鼠(*Spermophilus dauricus*)鼠疫。1975~1976 年,锡林郭勒盟(阿巴嘎旗、东乌旗、西乌旗、苏左旗)及锡林浩特市等发生了布氏田鼠鼠疫,其中布氏田鼠占疫鼠总数的 96.9%。此外,该鼠还传播一些其他的流行性疾病,成为威胁当地人民生命与健康的一大隐患(张知彬等,1998)。

二、高原鼠兔

高原鼠兔(*Ochotona curzoniae*)又名黑唇鼠兔、鸣声鼠。在分类上属于兔形目鼠兔科鼠兔属。高原鼠兔是青藏高原特有种,高原鼠兔广布于青海、西藏、甘肃(甘南藏族自治州)及四川(西北部)的高原地区,在河谷阶地、山麓坡、山前洪积扇、低山丘陵阳坡的小蒿草和紫花针茅草原上数量较多,尤喜散布有斑块状裸地的生境,在山地阴坡的山柳灌丛草原上数量较少,在河滩地灌丛和草灌混生的灌丛草甸草原则极少有高原鼠兔栖居。

(一)生物学

高原鼠兔是典型的食植性种类,对不同植物和植物的不同部位有不同程度的选择。经扣笼法实验(皮南林,1973)表明,在 31 种植物中,喜食者占 23 种,不食或厌食者有 8 种。高原鼠兔对早熟禾(*Poa annual*)、扁穗冰草(*Agropyron cristatum*)、披碱草(*Elymus nutance*)、异穗薹草(*Carex heterostachya*)、小嵩草(*Kobrecia parva*)、针茅(*Stipa* spp.)、阿尔泰狗娃花(*Heteropappus altaicus*)、多裂委陵菜(*Potentilla multifida*)、多枝黄芪(*Astragalus prattii*)等尤为喜好。植物的叶、茎、花、种子及根均为其取食部位,但对鲜嫩多汁的绿色部位更为偏好。高原鼠兔喜食程度与植物的多度有一定关系,丰富度越大,取食的频次越高。但对有些种类,不论其处于何等多度均极少采食,如矮嵩草(*Kobresia humilis*)、唐松草(*Thalictrum* spp.)、藜(*Chenopodium album*)、披针叶黄花(*Thermopsis lanceolata*)、鸢尾(*Iridaceae* spp.)、藏兰石(*Lancea tibetica*)等。高原鼠兔对有些植物的喜食程度可随季节的变化而变化,如针茅,6 月最喜食,7 月取食较差,8 月则基本不食(刘伟等,2008)。

高原鼠兔的食量很大,一只成年鼠兔日平均采食鲜草 77.3g,是其体重的 50%左右;

而一头重 375kg 的空怀母牛,日消耗牧草 18kg,只占体重的 4.8%。1 只成年鼠兔在牧草生长季节的 4 个月中,可消耗牧草 9.5kg。56 只成年鼠兔日消耗的牧草相当于 1 头藏绵羊的日食草量(皮南林,1973)。

高原鼠兔出生时的平均体重为 8.8g,体被稀疏胎茸毛;15 日龄的幼鼠(平均体重 26.2g)可独立出洞取食。此时母鼠尽量回避幼鼠,但定时哺乳,每次哺乳约 40min;30 日龄以后的幼鼠(平均体重 80.3g)食欲旺盛,已完全独立取食。

根据高原鼠兔的形态、行为、性发育及体重的增长情况,可将高原鼠兔的生长发育分为 3 个阶段:幼鼠阶段、亚成年鼠阶段和成年鼠阶段。幼鼠阶段约为 30 天(0~29 日龄),幼鼠在此期间体重增长迅速;亚成年鼠阶段(30~80 日龄),个体体重增长速度减慢,接近成体体重;成鼠阶段(80 日龄以上),个体体重基本稳定。出生 40 天后,个体体重达到 100g 以上时,出生较早的个体可进入性活动期。值得指出的是,在年龄相同的情况下,雄鼠体重显著大于雌鼠体重。平均寿命为 119.9 天,最长寿命可达 957 天。

高原鼠兔的婚配制以一夫一妻(占 39.73%)和一夫多妻(占 45.21%)较为常见。在配偶选择过程中常有巢区以外的雌、雄鼠兔迁入、移出现象。当外来鼠兔与本巢区个体配对后,这一巢区内的原配对者或同胞兄弟、姐妹个体往往移出,并在相邻巢区寻找配偶。这种婚配关系在一定程度上避免了近亲交配,既不会引起种群中某些基因的消失,也不会阻止基因的流动。

3 月底,雌鼠卵巢开始出现成熟卵泡,子宫角肥厚,微血管增生,已具备植入受精卵的条件;雄鼠睾丸发育的明显变化也在 3 月底、4 月初,此时雄鼠睾丸普遍下降于阴囊,附睾或附睾与输精管的结合部可见大量活跃的精子。孕鼠捕获之高峰期在 4 月下旬至 6 月上旬。在海拔较高、气候条件较差的地区,高原鼠兔一般一年仅生育 1 次,但在条件较好的地区,二次或多次妊娠的现象亦较为普遍。当年出生的幼鼠在体重达到 90g 以上(约 40 日龄)时,逐渐进入性活动期,并参加到繁殖种群之中。雌鼠的怀孕率因年龄不同而存在显著差异。老年个体怀孕率最高,成年个体次之,亚成年个体最低。高原鼠兔每窝产仔 1 ~9 只,平均胎仔数为 4.55 只。雌雄比例接近于 1∶1,有时雄性略少于雌性。

(二)种群动态

高原鼠兔是昼行性动物,不冬眠。其昼夜活动有两个明显的高峰,分别在上午和下午。10 月,早上一般在 6:00 左右开始有少数鼠兔出洞活动,上午活动最频繁的时间在 9:00;一天中的第二个活动高峰出现在 18:00。7 月两个活动高峰分别向早、晚方向移动,即:日活动开始早,结束较晚。日活动由系列行为组成,主要包括摄食、挖掘、观察、护域、日光浴、追逐和社群交往等。这些行为在全天活动中的时间分配不同。摄食活动在整个活动行为中具有突出的地位,占总活动量的 63%,活动高峰时段(上午 7:00~9:00)更为明显,可占到 78%。高原鼠兔的活动范围一般距离中心洞口 20m 左右。

高原鼠兔种群在 20 日龄以前,幼鼠尚处于哺乳期,死亡率低;20~40 日龄,进入亚成体阶段,死亡率增加;40 日龄以后步入亚成体后期或成体阶段,死亡率下降;200 日龄以上(11 月已进入冬季),死亡率再次上升;300 日龄(3 月),高原鼠兔进入繁殖期,死亡率处于低水平;360 日龄以上(4 月、5 月),高原鼠兔正处于繁殖期,出现一个死亡高峰;400 日龄以上,高原鼠兔正处于育幼阶段,死亡率低;540 日龄(11 月)进入老年阶段,体质下降,又逢进入冬季，死亡率增高。

繁殖群体中82.8%的个体来自上年出生的第1、第2胎高原鼠兔，其中属第1胎的占69.0%，而上一年第3、第4胎的鼠兔在越冬前几乎全部死亡。即参加种群繁衍的群体主要来自上一年第1、第2胎出生的个体，尤其是第1胎出生的个体。因而，第1胎幼体的存活率不仅决定当年的种群数量，而且可用以测报翌年种群数量。繁殖期较长的年份，繁殖群体中雌性年生育胎次虽可增至3次以上，但亲、幼鼠兔的死亡率却大幅度升高，越冬种群数量则有大幅度的下降，次年种群数量呈下降趋势；在繁殖期短的年份，亲体及幼鼠兔的健康状况均佳，越冬种群数量较大，次年鼠兔种群数量呈上升趋势。因此，也可以把当年繁殖后期（9月）标志种群中有无第4胎出生的幼鼠作为估测来年种群数量变动趋势的指标。

高原鼠兔种群年内波动属单峰型。种群数量在每年7月达到最高峰，繁殖前期的3月、4月为种群数量的最低点，其间数量变化可达10倍以上。

灾害性气候对鼠兔的存活率有极大影响。冬季持续的降雪及长时间的积雪，对于仅靠地面取食，且不善于雪地活动的高原鼠兔而言，是导致其种群数量陡降的重要因素，一场大雪可使其种群数量降至降雪前的1/13（宗浩等，1986）。初春繁殖前期的持续降雪及冰冻，可造成初生幼鼠存活率下降，导致种群数量锐减。

（三）危害

高原鼠兔是青藏高原具有代表性的啮齿动物，据青海省草原工作总站调查，青海有高原鼠兔危害面积540万hm^2，其中在玉树藏族自治州和果洛藏族自治州约有353万hm^2，环青海湖和柴达木盆地东部地区约186.7万hm^2，高原鼠兔密度最高的地段为240只/hm^2，相应的洞口密度在2000个/hm^2以上（引自青海省畜牧厅1985年编《青海省草原灭鼠治虫资料选编》）。另据冯祚建1975年在西藏亚东帕里的调查，在邻近区域开垦有农田的高寒草原，高原鼠兔的种群密度可高达651只/hm^2，洞口密度达6200个/hm^2。

在高原鼠兔所喜食的植物中，禾本科、豆科及杂类草中的优良牧草占有很大比例，涵盖了草原家畜食物谱系的所有种类，是影响家畜食物丰度的重要因素。一般而言，成年高原鼠兔日食青草平均为66.7g，年食青草为17.4kg。以青海为例，全省的可利用草地上约有3.9亿只高原鼠兔，每年被高原鼠兔消耗掉的牧草总量达680万t，相当于467万个羊单位一年的食量，约为青海草地载畜量的1/10（青海省畜牧厅，1985；杨振宇和江小蕾，2002）。

鼠兔构建洞道的活动及在枯草期为取食牧草地下根茎而进行的挖掘活动，可将大量土壤移至地面，造成一定面积的草原因土壤覆被而丧失生产能力。部分优良牧草，如紫花针茅（*Stipa purpurea*）、羊茅、垂穗披碱草（*Elymus nutans*）、早熟禾等极易在此条件下从群落中退出，取而代之的是一些顶土能力强大或侵占性极强的杂草，形成大量伴随洞口群出现的、以极度退化为特征的植被"镶嵌体"（刘伟等，2003）。据调查，在洞口密度为795个/hm^2的轻度危害地区，鼠兔挖掘活动造成的土丘、土坑危害面积约占可利用草地总面积的15.5%。在鼠害严重的高山草甸，草皮层以下的鼠兔洞道纵横交错、重叠串通，形成许多地下空洞，每逢雨季顺坡而下的地表径流使草皮层塌陷，逐渐形成以囊吾（*Ligularia hodgsonii*）、艾菊（*Tanacetum vulgare*）、披针叶黄花等杂毒草占优势的次生植被。此类草地植被稀疏,有的寸草不生,成为次生裸地——黑土滩。据调查,青海的玉树、果洛有黑土滩约140万 hm^2。四川省农业科学院蒋光藻等1990年的调查报告提到:"自1980年以来鼠害猖獗,1987年石渠县有可放牧草地180万 hm^2,鼠害草地达78.4万 hm^2,占可放牧草地的43.5%,其中寸草不生的黑土滩达5.1万 hm^2"。

高原鼠兔的挖掘还造成了土壤含水率的下降和肥力的递减。据沈世英等在青海大武等地的调查,鼠害地的土壤水分损失达25.3%;土壤有机质含量下降1~2倍。土壤退化是导致退化草地的沙化、荒漠化的根本原因。

三、高原鼢鼠

高原鼢鼠(*Myospalax baileyi*)又名瞎瞎、瞎老、塞隆(藏名译音),在分类上隶属于啮齿目仓鼠科田鼠亚科鼢鼠属。高原鼢鼠是青藏高原特有种,主要分布于甘南高原、青海高原、川西北高原及甘肃河西走廊以南的祁连山山地等海拔2800~4200m的草原区域,主要栖居于高寒草甸、草甸化草原、草原化草甸、高寒灌丛草甸等植被类型中土层深厚、土壤湿润的河岸阶地、山间盆地、滩地和山麓缓坡地。

(一)生物学

高原鼢鼠主要以杂类草肥大的轴根、根茎和根蘖为食,也常将植物地上部分的茎叶拖入洞道内取食或用于巢内铺草。对于禾本科等单子叶植物,除偶尔食其根茎和嫩叶外,其他部分很少取食。饲喂实验(王权业等,2000)表明,在21种当地植被组成植物中,高原鼢鼠最喜食异叶青兰(*Dracocephalum heterophyllum*)、蚓果芥(*Torularia humilis*)、黄蒿(*Artemisia annua*)、多裂委陵菜、阿尔泰狗娃花、二裂委陵菜(*Potentilla bifurca*)等的根系部分,对禾本科植物的须根和少汁液的根茎根本不食或很少食。在矮嵩草草甸栖居的高原鼢鼠的食谱中,鹅绒委陵菜(*Potentilla anserina*)和细叶亚菊(*Ajania tenuifolia*)占有重要地位,前者块根和后者的地下茎是高原鼢鼠为越冬而搜集储藏的主要食物(樊乃昌等,1988;王权业等,2000)。

依不同日龄体重变化可将高原鼢鼠的生长发育划分4个阶段。①快速生长Ⅰ期(0~35日龄):出生时平均体重9.0g,35日龄时平均体重为43.28g,体重呈线性增长。②快速生长Ⅱ期(35~60日龄):平均体重达到116.0g,亦呈线性增长。此期体重增长速度超过快速生长Ⅰ期。③缓慢生长期(60~85日龄):平均体重123.0g。④中速生长期(85~100日龄):平均体重146.31g,体重虽仍有增加,但尚未达到成体体重。

初生高原鼢鼠仅能头尾摆动,头能抬起,常发出轻微的吱吱声;8日龄时可爬出巢;17日龄出现搔痒举动;22日龄仔鼠开始追随母鼠外出活动;24日龄能蹲立;30日龄可自舔肛门并开始取食;32日龄可与同窝仔鼠争食饲料;39日龄已能出巢单独活动,在巢外排泄;43日龄时巢外活动频繁;45日龄仔鼠相互打斗嬉戏;50日龄前后开始独立生活;60日龄前后出现母子分居并在相遇时打斗或相互躲避现象,新生个体与亲鼠分居期在70日龄左右。

高原鼢鼠每年繁殖1次,交配活动在3月下旬至4月中下旬进行。当地面开始出现新土丘时,表明高原鼢鼠开始出巢活动,此时,雄性的活动频率明显高于雌性。雄鼠从主巢位置向四周大量挖掘洞道，伸向邻近雌鼠巢区，洞道系统呈线形分枝状，这将增加沟通雌鼠洞道的机会。雌鼠巢区内有时会先后出现2只雄鼠，这种情形仅见于交配期，说明其婚配方式可能为杂婚式。在雄鼠出巢活动约7天后，雌鼠才相继出巢活动。雌鼠活动范围较小，每日到主巢外活动的时间亦短，一般仅2~3h，且多在黄昏前后。雄鼠则往往远离主巢，经常出现在邻近雌鼠巢区。4月中下旬是交配高峰期，此时雄鼠活动范围大、活动时间长，有时达10h以上。5月10日前后已是交配后期，雄鼠的洞道保持畅通，而雌鼠巢区内大部分洞道已被堵塞，许多活动通道成为盲洞。雌鼠在交配后封堵大部分洞道，不再与雄鼠来往。鼢鼠的交配活动一般在雌、雄鼠洞道交汇处完成（周文扬和窦丰满，1990）。产仔期集中在5月中、下旬，妊娠期31~40天（张道川等，1995），哺乳期约为50天（张道川等，1993）。平均产仔数为2.91只，变幅为1~5只。性比为1∶0.62（♀∶♂），雌鼠显著多于雄性。

在自然状态下，雌、雄高原鼢鼠在栖息地内的空间分布呈镶嵌型，这为不同性别高原鼢鼠在繁殖期中的相互接触、找寻配偶创造了良好的条件，可视为营地下生活的掘土类动物的最佳配偶对策。

（二）种群动态

由于高原鼢鼠1年仅繁殖1次，因而其种群数量的季节变化呈单峰型。一般种群数量在10月达到峰值，从10月至翌年4月数量呈递减趋势。

高原鼢鼠是非冬眠动物，一年四季均有活动，表现为觅偶繁殖、哺乳育幼、分居储粮、巢内越冬等不同的活动时期。其中，春季以繁殖活动为主，秋季以储粮为主，并且都伴有大量的挖掘活动。鼢鼠的挖掘活动主要以采食为目的，采食活动也是高原鼢鼠所有活动中最主要的活动形式。采食挖掘活动一般在距地表10~20cm的土层，夏季往往更浅，甚至紧贴地表取食。冬季，鼢鼠的活动仅局限于主巢范围，且多在黄昏前后至午夜活动。

与某些地面活动的鼠类相比，高原鼢鼠的出巢活动时间明显偏少。例如，高原鼠兔每日出入洞频次在百次以上（曾缙祥等，1985），高原鼢鼠出入主巢的次数每日仅几次至几十次，仅在秋季储粮时期较频繁。通常，高原鼢鼠的巢外活动每次持续数分钟至1~2h，但秋季有时平均2min即进出主巢1次，主要是向主巢运送储藏食物。

影响种群数量变动的因子很多，其中，动物的生理学和行为学特征是种群数量调节的关键因子（孙儒泳，2001）。性比和胎仔数是影响种群繁殖强度的内在因子。高原鼢鼠不同年份平均胎仔数之间差异不显著，性比虽有变化，但年度间的差别也不显著。因此，高原鼢鼠自然种群数量的年间波动不明显。

一般认为，气候因素也是影响啮齿动物数量变动的重要因素（Aas and Ims，2002）。然而，高原鼢鼠因终生在地下洞道中生活，其巢穴深入地下达1~2m，受天敌及气候因素的影响相对较小，因而一般的灾害性天气不会对高原鼢鼠种群数量造成太大的影响。也正因为如此，高原鼢鼠年际间种群相对稳定，属非周期性波动的鼠种。气候因素对种群数量的影响更多地体现在通过对植被的影响而产生的间接作用，如降水和温度变化引起植被成分和结构的改变，继而引起鼢鼠食物丰度的变化，最终成为影响种群数量的驱动因素。

(三) 危害

高原鼢鼠不仅啃食牧草根系,更严重的是将大量沃土推拱到地面形成大小不等的土丘,覆盖植被,致使草地生产力下降。它以终生不停的挖掘活动构筑洞道系统,并作为其觅食、储存食物、繁殖育幼和防御天敌等整个生命过程赖以进行的场所。高原鼢鼠的取食挖掘活动,发生在离地表4~16cm的土层内,而这一土层内的根系生物量占总根系生物量的90.7%(周兴民,2001),因而,这种取食性挖掘活动对植物根系破坏严重,可对部分牧草的正常生长产生严重的干扰。高原鼢鼠的挖掘活动十分强烈,每只高原鼢鼠每年平均推至地面的土丘数平均高达242.1个,推出土壤的干重达1023.8kg,平均覆盖草原面积达22.5m^2。若按高原鼢鼠土丘覆盖面积推算,在高密度地区(70只/hm^2),高原鼢鼠所形成的土丘只需6年即可将栖息地全部覆盖(王权业等,1993)。

随着草原退化的加剧,高原鼢鼠的适生地不断增加,其危害程度也随着种群密度的增加和分布面积的扩展而日趋严重。仅从青海海北藏族自治州(门源回族自治县)、祁连县、海晏县、刚察县和天峻县的调查资料显示,在上述地区386万hm^2可利用草地上,高原鼢鼠分布面积就达44.6万hm^2,占可利用草地面积的12.1%,其中高密度区达33.7万hm^2,占分布面积的73.3%(施银柱等,1994)。另据不完全统计(青海省畜牧厅,1985;周文扬和窦丰满,1990),在四川西北部高原、甘南高原及青海的黄南藏族自治州、海南等地约有高原鼢鼠危害面积200万hm^2,其中高密度危害区约占63.4%。

四、长爪沙鼠

长爪沙鼠(*Meiiones unguiculaatus*)属啮齿目仓鼠科沙鼠亚科沙鼠属的小型哺乳动物。长爪沙鼠主要分布在我国的内蒙古高原、鄂尔多斯高原、华北地区北部与陕西北部、宁夏东部、甘肃西部,以及俄罗斯的贝加尔湖,蒙古的荒漠、半荒漠草原及农牧交错地区,是造成我国北方草地鼠害的重要鼠种之一。田埂、田间草地及林地边角因不受耕作影响,除了有稳定的作物食源外,还有大量夏雨型植物,如猪毛草(*Pteris henryi*)及苍耳(*Xanthium sibiricum*)等提供保证,因而常成为长爪沙鼠优先选择的栖居环境。

(一) 生物学

在夏季长爪沙鼠主要取食植物的茎叶,在典型草原区的撂荒地生境中,其取食的主要植物种类有大籽蒿(*Artemisia sieversiana*)、变蒿(*Artemisia commtata*)、猪毛菜(*Salsola collina*)、狗尾草(*Setaria viridis*)、羊草(*Aneurolepidium chinense*)等。在秋季,植物种子在食物中占有较大比例,在冬季,主要依赖于秋季储存的草籽,主要有白刺(*Nitraria tangutorum*)、沙蓬(*Agriophyllum squarrosum*)、绵蓬(*Corispermum hyssopifolium*)、苦豆子(*Sophora alopecuroides*)和蒺藜(*Tribulus terrestris*)、大籽蒿和苍耳(*Xanthium sibiricum*)等。在农牧交错区,秋季和冬季主要以作物的种子为食,包括小麦、莜麦、糜、粟、高粱、胡麻、荞麦等的种子,日食量分别为:莜麦约5.53g、荞麦5.48g、胡麻5.03g(夏武平和王文滨,1956)、高粱5.2g、青菜叶13.0g(秦长育,1984)。沙鼠食量与环境温度变化有很大关系,在24℃时,消耗食物为1.47kJ/g体重,气温降到10~15℃时,消耗量增加50%,继续降温至0℃时,其食物消耗量比10℃时反而降低25%(Mele,1972)。

长爪沙鼠出生时的平均体重5.3g,通体无毛;16日龄(平均体重13.5g)开始睁眼,被毛;25日龄(平均体重15.5g)断乳,并开始出巢活动;30日龄(平均体重19.7g)可独立出洞取食,50日龄(平均体重43.5g)进入亚成体阶段,食欲旺盛,活动频繁。长爪沙鼠性成熟较晚,需要5~8个月的时间,当年春季出生的个体,秋季可参加繁殖,但雌性亲体的存在会延缓新生雌体参与繁殖的时间。

长爪沙鼠一年具2个繁殖高峰:春季的3~5月,秋季的9月、10月,冬季仍有部分沙鼠繁殖(夏武平等,1982;赵肯堂,1960)。在储粮活动高峰期(8月),长爪沙鼠有一个繁殖休止期。雌鼠一年繁殖2窝以上,在实验室饲养条件下可达4窝,每窝3~9只。繁殖率与食物状态密切相关。分别栖居于农作区和草原区的长爪沙鼠种群,夏季繁殖率差别甚小,但在秋季,由于农作区的食物丰富度大大高于草原区,因而其繁殖率(睾丸大小、储精囊膨大率、妊娠率)也显著高于草原区。

雌性长爪沙鼠的性成熟呈双峰型。一些个体在睁眼前阴道开孔,其他个体则发生在断奶后,而且这两种类型的比例呈波动变化。早熟雌体繁殖早,每窝个体多,生产偏雌的后代,而且其雌性后代亦常呈此繁殖特征(Clark et al.,1986)。根据长爪沙鼠分布区的环境特点,在春季出生的雌体,自然选择有利于早熟型,当年参与繁殖;而在秋季出生的雌体,自然选择有利于晚熟型,越冬后次年参与繁殖。

长爪沙鼠群体可能是母系性群体,因为雌体可与多个雄体混杂,甚至混配,而雌性幼体发育及性成熟却被同性成体所抑制(Payman and Swanson,1980)。研究发现,幼雌体与双亲笼养一起,其性成熟和性活动受到抑制。若雌亲体在非孕期,或除去第二窝幼子,都可减少对第一窝雌体的性发育的抑制。如果去掉母体,雌幼体很快性成熟,并进入繁殖状态。实验证明,雌幼体的性压抑并非由拥挤压抑造成,可能与母体尿液和腹下腺的化学信号的抑制有关,其机理尚需进一步探索(Payman and Swanson,1980)。长爪沙鼠通过性成熟的速度和性比的调整,以适应环境的变化。这种调整可能是长爪沙鼠种群调节的重要机制之一。

长爪沙鼠的种群性比在不同年龄间存在较大差异,幼体、亚成体和成体的雄性比例分别为42%、58%和68%(Agren et al.,1989)。无论农田还是草原,夏季和秋季的幼体性比均以雌性偏多,亚成体和成体则以雄性居多(周庆强等,1985)。因此,有的学者认为长爪沙鼠的扩散可能属于偏雌扩散(Agren et al.,1989)。

(二)种群动态

长爪沙鼠的活动性与温度有关(Agren et al.,1990),上午气温高于17℃时,沙鼠活动性增强,中午高温下活动减少,下午气温降低于19℃时,活动性明显开始降低。白天的活动性受阴天、风力影响很大,阴云和风力与活动性呈负相关。这或许与阴云和大风妨碍长爪沙鼠辨别猛禽类天敌的空中影像和鼓翅的低频声有关。长爪沙鼠在无云晴天呈双峰型活动,而在阴天呈单峰型活动。

在冬季,长爪沙鼠在太阳初升几小时后出洞,而在落日前几个小时进洞,趋于昼行性。夏季高温天气时,当气温低于洞温时长爪沙鼠才出洞活动,故趋于晨昏性和夜行性活动节律。

长爪沙鼠能忍耐较大幅度(0～40℃)的气温变化,可有效地通过肺皮蒸发,防止身体过热(肖增佑和孙濡泳,1988),但温度是影响其活动的最关键因子。家族内个体的活动性不同。雄性成体活动性最高,雌性成体活动性是雄性的一半,但家族群体如果失去雄性成体,雌体成体活动性会大为增加。雄性幼体活动性高于雌性幼体。成体活动性皆高于幼体。

幼体的活动性与其家庭结构有很大关系。来自无雌成体家庭的雌幼鼠活动性远大于完整家庭中的雌幼鼠,而雄幼鼠无此差别。

群体内部很少出现强烈的攻击行为,但经常可见反映支配序位的顺从行为,低序位个体常表现出从后部爬上高序位个体的背部,或尾随高序位鼠。支配者常表现为斜走一边,或威胁驱走低序位鼠。这种支配序位依次是:雄性成年鼠、雄性幼鼠、雌性成年鼠、雌性幼年鼠,而且通常是体大者的支配序位高于体小者(Agren et al. ,1989)。

长爪沙鼠年龄结构的季节变化很大,一般来说春季幼鼠比例低,夏季幼鼠比例增加,秋季幼鼠比例又下降,亚成体比例增加。年龄组成与种群密度有显著关联度。种群密度高时,幼鼠比例低;密度低时,幼鼠比例高。秋季幼鼠比例与翌年春季的密度变化呈显著相关(夏武平等,1982)。另外,在密度相当的条件下,种群年龄结构在不同生境下也表现出明显差异,如农作区和草原在春季差异较小时,均表现为幼体和亚成体比例较大,而秋季的差异却十分显著,农作区亚成体比例增高,达 43. 24%,而草原的亚成体比例仅为 13. 52%(周庆强等,1985)。

夏武平等(1982)的调查表明,长爪沙鼠的种群数量年际变化很大,可相差 20 倍以上,而季节变化则相对较小,一般不超过 1 倍。不同生境长爪沙鼠密度的年际变化趋势相同,但各具特点。农田鼠数量变化幅度相对较小,特别在低数量年份,相对其他生境密度较高。草原鼠密度在低数量年份其数量可低于农田鼠数量的 40 倍,而在高数量年份其密度接近于农田。社群性长爪沙鼠的种群数量波动具明显的内在调节机制。在种群数量高峰期及衰减初期,种群的繁殖参数明显减低,当种群数量达低数量期(1966 年、1967 年)时,繁殖参数开始增高,而至密度较高时,繁殖参数又呈随之减低的趋势。

(三) 危害

在农牧交替区,长爪沙鼠危害十分突出,严重危害年份,危害面积占总播种面积的 20%以上,严重者可达 25%以上,可造成作物减产达 20%～30%,严重者可达 50%。

长爪沙鼠是草地开垦或过度放牧造成恶性退化和沙化阶段中重要的小型哺乳动物。其密集群居,高强度的挖掘活动可造成严重的土壤风蚀,从而又加速草原退化和沙化(夏武平和钟文勤,1966;钟文勤等,1985)。控制长爪沙鼠数量是治理草原退化和沙化的前提条件。

秋季,长爪沙鼠的储粮量很大,洞系储粮量最高可达 32. 5kg,平均每洞系可达 15. 5kg(夏武平和王文滨,1956)。在荒漠草原区调查发现,长爪沙鼠每个仓库储存草籽达 5. 29kg(张万荣和祁明义,1992)。

第三节 草地鼠类的经济、生态及社会意义

草地鼠类动物是把双刃剑,数量适当有益于草原的和谐与稳定,并能为人类带来持续性经济和生态利益;数量失当,特别是种群数量的过度膨胀,则可对草原生态系统造成严重损伤,并与主导性因素(如过度放牧)一起推动草原生态系统继续向更加恶化的方向演化,最终对人类赖以生存的资源和环境带来颠覆性影响。鉴于此,本节从正反两个方面论述草原鼠类的经济与生态意义。

一、鼠类在草原生态系统中的地位

食物链是筑建生态系统最基本的结构形式,而所有生命体又无一例外地分布在形形色色、大大小小的食物链上,成为食物链的结构单元。不同的食物链又通过各自链接点(生物)间的食物关系将一根根链条结织成网,最终形成纵横交错、恢宏繁杂、浑然一体的食物网。鼠类在生态系统巨大的网络结构中占据着举足轻重的位置,担负着承上启下、连左接右、稳定全局的重要职责(Muňoz et al. ,2009)。图 38-1 是一个反映各主要生物类群在草地生态系统中相互关系的示意图,它从食物链的角度直观而形象地展示了鼠类在生态系统中的重要地位。由图 38-1 可见,鼠类兼具生产者和消费者的双重使命,居于食物链的中间位置。其主要职责是将部分植物态的能量和物质转化为动物有机体暂时储存起来,然后根据系统运转的实际需要,将部分能量和物质以动物态形式按照一定比例直接或间接地传递给各类不同的肉食性动物,同时通过自身的代谢和生命活动再将其余的能量和物质回流至土壤中,不仅为土壤微生物、某些无脊椎动物等生命形式提供了生活保障,更重要的是为植物性生产的正常运行给予了原料上的保证。因此说,鼠类的存在对于草地生态系统的能量流动和物质循环起着"中转站"和"助力器"的作用,是生态系统保持繁荣昌盛不可或缺的重要因素(Roth et al. ,2009)。

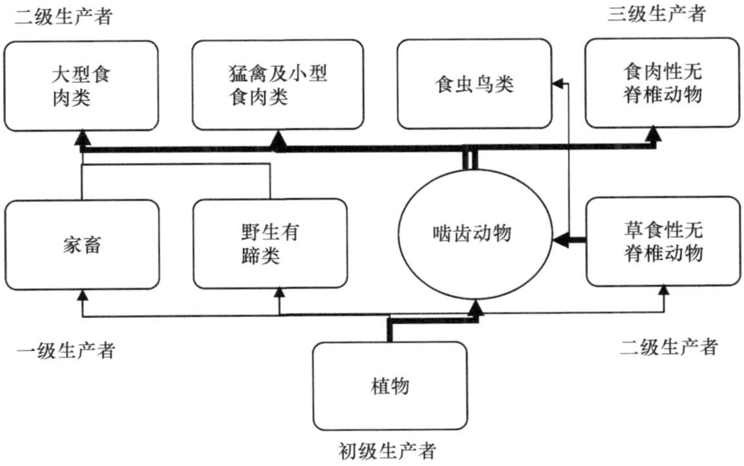

图 38-1 啮齿动物在生态系统中的地位

二、经济意义

1. 导致草原退化,载畜量下降

农业部统计,全国草地鼠害发生面积由 1996 年的 3094.2 万 hm^2增加到 2001 年的 4617.3 万 hm^2,占草原总面积的 11.8%,增幅近 50.0%;其中,严重发生面积由 1996 年的 1879.5 万 hm^2快速增加到 2001 年的 2028.3 万 hm^2,约占草原总面积的 7.0%,增幅约达 7.9%。2002 年全国草地鼠害成灾面积比近 10 年来的成灾面积平均数高出了 28.0%,鼠害分布范围已遍及青海、甘肃、宁夏、新疆、西藏、四川、内蒙古等 13 个省区,尤以长江、黄河、澜沧江源头所在的三江源地区最为严重。例如,青海草地鼠害发生面积和严重发生面积占草原总面积的比例分别为 25.4%和 19.2%,宁夏为 60.0%和 36.0%,甘肃为 30.0%和 15.0%,西藏为 26.0%和 22.0%。内蒙古地区在灾害发生高峰年,鼠类危害草场面积占可利用面积的 64.0%,即使正常年份也高达 10.0%~30.0%。

据农业部估算,全国鼠害所造成的草原鲜草损失平均达 450.0kg/hm^2,每年损失鲜草 122.4 亿 kg。在宁夏,鼠害使天然草地质量下降 60.0%,全区每年损失牧草 621.0 亿 kg。在青海,20 世纪 90 年代末期与 80 年代相比,单位面积草原产草量下降了 10.0%~40.0%,局部地区降幅达 50.0%~90.0%。四川若尔盖草原可食牧草产量由 20 世纪70年代初的 10 500~12 000kg/hm^2降到现在的 4800kg/hm^2,严重退化的草原仅为1200kg/hm^2。在鼠害严重的地区,草地植被几乎被消耗殆尽,牲畜无法得到充足的牧草,造成巨大的经济损失。害鼠既破坏草原,使草原生产力下降,又与家畜争食优良牧草,从而使草原载畜量下降,给牧区和牧民造成巨大的经济损失。据估计,全国每年鲜草损失给牧区造成的直接经济损失高达 24.5 亿元。青海的海西、果洛等牧区,鼠害草地的牧业经济效益不断下降,菜牛、菜羊平均胴体重比 20 世纪 80 年代分别下降了 26.0%和 24.3%,鼠害严重的草场平均产值已不足 750 元/hm^2。川西草原仅高原鼠兔造成的牧草损失每年就高达 10 亿 kg 以上,经济损失达 2 亿元之多(张知彬,2003)。

2. 有益于草原初级生产力

如果只是静态的观察鼠类对草地植被的影响,你所看到的只能是鼠类对牧草的消耗、鼠丘对牧草的覆盖等表面现象,所得出的结论自然是鼠类对草原初级生产力具有很大的破坏作用。但如果你再做一个动态的连续观察,你所看到的将是一个植被演替的过程,一个初级生产力和牧草质量由低到高的变化过程,你所得出的结论一定是鼠类的活动对于维持草原初级生产力始终处于较高水平具有重要的意义(张堰铭和刘季科,2002a)。

通过对高原鼢鼠分布地(退化草地)实施封闭休牧、忌牧期休牧和传统式休牧 3 种处理的研究结果表明(张卫国等,2004),高原鼢鼠分布地在实施不同休牧处理后总体植被状况无一例外地优于无高原鼢鼠分布的对照地。3 类样地的草地实际产草量依次为 5937kg/hm^2、5630kg/hm^2和 4947kg/hm^2,较对照地(4238kg/hm^2)分别约高出 40.1%、32.8%和 16.7%,差异均达极显著水平($P<0.01$)。这一结果说明,高原鼢鼠的造丘活动对草地生产力的破坏只是一种暂时的表象,在自然状态下(无或少放牧扰动),这种活动反而具有促进植被生产力恢复和增长的作用。因此,在草地因放牧过度而发生退化时,高

原鼢鼠的侵入及其种群适度的扩张,很可能是草地生态系统自我保护和调节机制的一种功能性表现(Crain and Bertness ,2006)。

研究证明,高原鼢鼠的造丘活动对于退化草地的植被恢复具有明显的促进作用(Jones et al. ,2008)。在3类样地中,土丘周边草地(丘缘地)的植被高度均显著高于距土丘较远的草地(丘间地),形成一个以土丘为中心的环状高草区,其植被高度较丘间地平均高出109.0%,较无高原鼢鼠土丘的同类草地平均高出199.5%,差异均十分显著($P<0.01$)。由此可见,高原鼢鼠的造丘活动不仅可以使丘缘地的植被高度显著增加,而且对整个高原鼢鼠分布区的植被都具有明显的促进作用。高原鼢鼠的活动对于改善植被的群落结构和组成也具有明显的促进作用。高原鼢鼠分布地在实施封育禁牧后,禾本科植物在群落中的比例普遍增加,其中丘缘地的增幅尤为显著(何俊龄等,2006)。3类样地中,丘缘地的禾草比例分别较对照高出230.2%、242.1%和166.7%,丘间地的分别高出174.6%、148.4%和69.8%,差异均达极显著水平($P<0.01$);与此同时,毒害草的比例则大幅下降,杂类草的比例也普遍有所减少,但降幅相对较小。高原鼢鼠的活动对植物多样性的影响也很明显,与对照相比,表现为多样性的显著降低。这些现象的产生与高原鼢鼠的特殊食性和活动特性密切相关。因为,高原鼢鼠喜食的植物以杂类草和毒害草居多,而这正是草地退化后群落中增加的成分,因此,高原鼢鼠的采食活动可直接减少这类植物的数量,从而使其在群落中的竞争力受到削弱,为禾草的扩张创造有利条件。

小型哺乳动物的轻度采食可刺激植物的生长,从而使草地生产力得以提高。例如,野鼠类的中度采食可刺激某些植物新枝条的产生从而提高其生产力(Smirnov and Tokmakova,1971)。与机械刈割相比,经啮齿动物啃食的黑麦草再生速度更快,因为无论是啮齿动物唾液所产生的生化作用,还是其对植物特殊部位的啃食作用,都会刺激黑麦草的再生。

三、生态意义

1. 引发草原沙化、水土流失,促使生态环境恶化

草地鼠害使原本已不堪重负的草原又平添了一层新的压力。鼠类不仅因其特定的选食习性影响植被的正常演替,而且其打洞造丘、挖掘草根等特殊习性还可对草地施加覆盖植被、破坏草皮和地表土层的影响,造成地面塌陷、水土流失、砾石裸露和沙化,甚至形成大面积寸草不生的次生裸地——黑土滩。因此,鼠害无疑是引发草原沙化、退化的重要因素之一。目前,仅四川、青海、甘肃3省的草原次生裸地面积就达660万hm^2,甘肃草原退化面积中有37%是因鼠而成,青海草原次生裸地面积已占草原总面积的8.7%。

据统计,我国草原的沙化面积正以每年2460km^2的速度延伸,我国正面临严重的荒漠化危机。大面积的草场退化和沙化导致风沙灾害频繁,一些地方甚至出现了“沙进人退”的现象,给周边地区的生态环境和经济建设带来不利的影响。近年来,沙尘暴的出现频次、强度和影响范围有明显增加之势,甚至包括北京、天津在内的我国华北地区已越来越频繁地遭受到沙尘天气的袭击,严重扰乱了人们正常的生活秩序。鼠害发生严重的内蒙古、甘肃、宁夏等地则是沙尘的主要策源地。三江源地区是世界上海拔最高、江河湿地面

积最大、生物多样性最为集中的地区之一。据报道(张知彬,2003),目前三江源地区的生态环境日趋恶化,鼠害的猖獗更使三江源地区雪上加霜,鼠害面积已达 3.24 万 km^2,占三江源总面积的 10.34%。其中,黄河源地区鼠害面积 18 452km^2,长江源地区鼠害面积 7452km^2,澜沧江源地区鼠害面积 6496km^2。据有关部门统计,三江源地区"黑土滩"面积现在已达到 119 万 hm^2,沙化面积达到 253 万 hm^2,且每年仍以 5200hm^2的速度在扩大,荒漠化速度由 20 世纪 70~80 年代的 3.9%增至 80~90 年代的 20%。这些沙化的土地现在每年会向长江、黄河输送泥沙 1 亿多吨。三江源湿地生态的整体萎缩和退化还严重影响到当地生物多样性的安全和发展,有近 15%~20%的动物物种受到严重的生态威胁,该比例明显高于世界 10%~15%的平均水平。目前,国家一级野生保护动物——藏羚羊(*Pantholops hodgsoni*)由原来的 10 万余只下降到现在的 3 万余只,马麝(*Moschus chrysogaster*)已濒临灭绝,白唇鹿(*Cervus albirostris*)、马鹿(*Cervus elaphus*)、雪豹(*Uncia uncia*)等国家级野生保护动物数量锐减。鼠害猖獗使本已十分脆弱的高原高寒自然生态系统濒临毁坏,并已构成了对长江、黄河、澜沧江中下游地区生态安全的严重威胁。

2. 改善土壤肥力和植物多样性

在高寒草甸生态系统中,土壤的有机质含量很高,但可被植物直接利用的速效养分却并不富足,甚至非常贫乏,其中一个重要的原因就是低温限制了土壤微生物的活性,大量的有机物不能被及时地分解和矿化。再如,同样由于温度过低之故,致使大量死亡的根系集聚于土壤表层而不能得以及时降解,久而久之即可形成一个致密而坚实的草根层,并成为阻隔空气上下流通的天然屏障,使土体中的氧气含量显著下降。这种情况不仅使土壤生物,特别是土壤微生物的活动受到进一步限制,同时也对植物正常的生理代谢活动产生严重的干扰。鼠类的存在就是缓解这种不协调现象的核心机制之一,而实现这一调控过程的基本手段正是基于鼠类掘洞造丘的特殊才能(王权业等,1993;Simkin et al.,2004)。

在地下活动的过程中,高原鼢鼠必须将阻碍其前进的土壤推移至地表,因而每隔一定距离就会在地表掘一洞口,将洞内之土由洞口推出,在草地上形成一个个星罗棋布的土丘。有报道称,一只高原鼢鼠一年内可形成 270 余个土丘,掘土总量可达 4.5t 以上,洞道长度至少在 600~800m(Fan et al.,1999;张堰铭和张季科,2002b;Zhang et al.,2003b)。纵横交错的洞系仿若一根根铺设于地下的管网,星罗棋布的土丘则好似一个个连接在管道上的通气孔,形成了一个宏大而精良的地下水、气网络工程,从而极大地改善了土壤的通透性,提高了土壤肥力的整体水平。同时,堆积于地面的土壤在日晒雨润的作用下,有机质的矿化速率大为提高,土壤中速效养分不足的问题便因此而得以缓解。此外,高原鼢鼠对植物根系的采食,不仅减缓了根系絮结的程度,而且还通过代谢过程缩短了根系在土壤中的降解进程。

鼠类的挖掘活动会使草地上形成许许多多斑块状的微型裸地,这些裸地一经产生便进入了向顶级群落演替的旅程,这一过程少则数年,多则十余年,乃至更长的时间。由于鼠类挖掘活动在时间上的连续性和空间上的多变性,使得草地上充满了处于不同演替阶段的斑块,从而使各种对环境条件有着不同要求的植物都能在此空间范围内觅得适于自己生存的位点。鼠类的存在不仅为植物多样性的最大化创造了条件,同时也为动物的多样性奠定了基础(Zhang et al.,2009)。因为很多动物在进化中早已与某些特定的植物建立了“同生死、共存亡”的依赖关系,失去了特定植物环境和食物的依托,这些具有高度依赖性的动物自然也就失去了生存的可能,正所谓“皮之不存,毛将焉附”。

四、社会意义

传播疾病,威胁人民身体健康是鼠类的危害之一。草原鼠类大多为致病性病原体的携带者,是人类多种烈性传染病的传播媒介。据统计,有史以来,全世界由于鼠传疾病死亡的人数,远远超过直接死于战争的人数。全世界近2000种鼠类中,与人类疾病有关的约1500种。在我国180余种中,已查明可传播疾病者为78种,几乎囊括了所有的草原鼠类。目前,已知鼠可传染的人类疾病约160种。按其病原体大致可分为5类:病毒性疾病、立克次体病、螺旋体病、细菌性疾病、寄生虫病。我国涉及鼠类的疾病有鼠疫、肾综合征出血热、钩端螺旋体病、地方性斑疹伤寒、恙虫病、莱姆病、沙门氏菌病等24种。其中,肾综合征出血热在20世纪50年代发病人数为3568人,60年代为23 164人,70年代为143 949人,80年代为69 6074人,90年代为488 330人。

由上述可见,我国草地鼠害十分严重,是严重威胁我国农牧业可持续发展、草原生物多样性保护和草原生态环境建设及人民身体健康的重要灾种。因此,加大对草地鼠害治理的投资力度,全面提升草地鼠害治理技术水平,尽快遏制草地鼠害猖獗的势头,是当前我国草地管理所面临的紧迫任务(张知彬,2003)。

第四节　主要研究进展

一、草地鼠害的成因

谈及鼠害的成因,首先须对鼠害的概念有一个明晰的认知。在以往相当长的一个历史时期内,由于受到农耕文化的影响,对草地鼠害的界定主要是以食草鼠类的存在与否为基本判定标准,即:有鼠必定有害。在我国,直至20世纪80年代以后,“有鼠无害论”开始萌芽,而后才逐渐吸纳了生态系统物种多样性(平衡)理论,甚至出现了“有益论”的认识倾向(张卫国等,2003,2004)。显而易见,无论是有害论、无害论还是有益论,都是在某一特定的观察角度所得出的结论,故而都不能客观全面的定义鼠之存在的实际意义。我们认为,草地鼠害一般是指因草原鼠类动物种群数量的异常增长所造成的对草原植被的破坏性影响。常态草原中存在一定数量的鼠类动物不仅不会给草原带来危害,反而是维持草原生态系统健康、稳定与高效运行不可或缺的重要因素(江小蕾和张卫国,1997;Reichman and Seabloom,2002;Dickman,2003)。只有在某种或多种扰动因素的刺激下鼠类数量发生异常增长时,才可在一定的时期内对草原造成破坏性影响,也只有在这种情况下,草原鼠类的存在才可被称之为鼠害。

有了对草地鼠害概念的具体框定,再来探究草地鼠害的成因问题,视野便有了适度的范围。毫无疑问,草地鼠害的形成原因是复杂而多元的,但就其机理,无外乎是生存环境发生了有利于鼠类种群扩张的变化(Sonerud,1986),或者鼠类的自然制约因素发生了弱化乃至消失的结果(Hanski et al.,2001)。具体而言,草地鼠害的诱因大致可划分为两类,即自然因素和人为因素。无论哪类因素,其作用机理都是通过影响天敌动物或植被性状的方式使鼠类生境适合度得以提升,或是引发鼠类定向迁移。

1. 自然因素

自然因素主要有地质因素、气候因素和生物因素3类,其中气候因素和生物因素的影响较为常见,属经常性因素,而地质因素(如地震、火山爆发、山体滑坡、冰川移动等)属偶发性因素,主要通过鼠类的预先感知或生境的突发性恶化迫使鼠类迁移而在特定区域引起的短期鼠害。

1)气候因素

气候因素是引发草原鼠类数量变动的经常性因素,也是决定鼠害发生的基础性因素(Previtali et al.,2009)。气候因素中的温度和降水除了可直接影响鼠类的生存环境之外,主要是通过对植被条件的作用而间接地对鼠类产生影响。例如,短时间的强降雨过程常可导致鼠类种群数量因水淹而锐减(Wiens and Rotenberry,1980),冬季的强降雪和持续低温也可对鼠类造成毁灭性打击(宗浩等,1986;孙平,2002);持续的高温与干旱气候常可造成植被在放牧条件下的严重退化,而退化的植被环境则可为某些草原鼠类(如高原鼠兔)提供良好的生存环境(韩天虎等,1999),引起种群数量急剧增长,与此同时,对另一些鼠类[如藏鼠兔(*Ochotona thibetana*)]而言,则意味着灾难的来临。

总之,正常的气候条件是鼠类保持数量稳定的基础,任何异常的气候或天气变化都将对鼠类种群数量产生或激发或抑制、或直接或间接的影响(张卫国等,1999;赵鸿和孙国武,2004)。

2)生物因素

在自然生态系统中,生物因素是草原鼠类最主要的制约因素,主要通过食物链关系实现物种间数量关系的平衡与稳定(Korpimaki and Krebs,1996)。在草原生态系统中,以鼠类为食的动物很多,如食肉兽中的犬、鼬、猫、熊,猛禽类的鹰、隼、鹫、鸮,爬行类的蛇、蜥蜴、蟒、螈,等,这些动物的数量与鼠类动物的数量始终保持一种动态平衡关系(Baladrón et al.,2009)。一旦这种平衡关系由于物种的缺失或增加、物种数量的激增或骤减而遭到破坏,物种间的制衡关系就会发生紊乱,继而引发某些物种的增长失控(Hanski et al.,2001)。其中,最典型的事例就是鼠类天敌动物由于人的干预而逐步退出草原生态系统或是数量逐渐下降而导致鼠类数量增长失去控制的现象。

在自然界中,可对鼠类造成致命性打击的生物还有致病微生物和寄生虫,这是一类杀伤力极强、有高度隐蔽性的生物。当鼠类种群密度过高时,遭受致病微生物袭击的概率便会随之增加,一旦传染病流行,常可使鼠类在较大的区域内遭遇灭顶之灾。

植被条件既是草原鼠类生存环境的结构性要件,同时也是鼠类食物的基本保障,因而,植被性状也是影响鼠类种群数量的重要因素(江小蕾,1998)。大多数草原鼠类的食性很杂,几乎所有的草原植物(包括有毒植物)都在它们的食谱之列,绝对不食或拒食的植物非常有限。也正因为如此,食物的丰富度往往并不是决定鼠群数量消长的主导性因素,即使在草原植被严重退化的情况下,也很难对鼠类产生食物胁迫,这也正是草原退化反而容易诱发鼠害的原因之一。当然,食物终究是动物生存的第一要素(Gibert and Krebs,1981),当植物生物量一旦成为限制性因素时,鼠类的空间分布格局自然也将因迁移或死亡而发生改变。

实际上,植被作为生存环境对鼠类产生的影响要胜于食物,这主要与鼠类逃避风险的策略选择有关(刘伟等,2009;Kotler and Brown,1988;Anderson,1986)。鼠类作为食物链的底层动物,如何规避捕食者随时可能出现的被捕食风险是生存进化的一个重要方向。就草原鼠类而言,常见的策略主要有两种情形,一种是尽可能选择能够及时发现捕食动物以便及时作出应急反应的环境;另一种则恰恰相反,选择的原则是尽可能不被捕食动物发现的环境(刘伟等,2009)。前者对环境植被的要求一般是地势开阔平坦、草丛低矮稀疏、视线通透无阻,如果存在一定量的斑块状裸地则尤属绝佳之栖所;后者则要求草丛高大茂密、便于隐匿的环境,尤以散生以灌丛的植被为最佳。因此,植被基本性状(盖度、高度、组成等)的变化常可对草原鼠类的兴衰、消长产生根本性的影响(武晓东等,2008),这也是植被性状的定向调控之所以能够成为鼠群数量生态调控重要技术途径之一的理论依据。

即使在一个稳定的自然生态系统中,鼠类数量的稳定也只是一个相对的概念,这种稳定的真实含义是种群数量以草原综合制约力为轴心、以草原自组织和恢复力为阈限上下波动的动态平衡(张晓爱和邓合黎,1996)。当一定的空间范围内鼠类密度过高时,天敌动物的数量和疾病的传染概率亦将随之上升,加之食物和空间资源的减少,这一切均将置鼠类于十分危险与窘迫的境地,一旦突破某种极限,鼠类数量就将在短时间内迅速回落,乃至跌入绝迹的边缘。此后,残余个体要经过一个缓慢的恢复期,在此期间,相关因子也将因鼠类的急速衰落而进入一个调整期,逐步向有利于鼠群增长的状态转化。当鼠群数量达到一定繁殖基数且被良好的发展条件所激发时,鼠群数量便会无可遏止地继续向曾经经历过的危险峰值挺进。如此周而复始,循环往复。当然,在自然界中,如此循规蹈矩式的周期性消长并不普遍,更为常见的是那些扑朔迷离的非周期性数量变化,但其消长机理却存在很大的相通性,只是增添了许多不确定因素而已(张志强和王德华,2004)。值得一提的是,当鼠类种群密度过高时,即使抛开环境制约因素,种群内部也会通过启动一种“自疏机制”(Wootton,1998)对过高的种群密度进行自我调节。这主要是通过外界压力转化为心理压力,心理压力又影响到生理活动(如内分泌异常),而异常的生理变化又导致个体行为失常所产生的结果。例如,繁殖力、免疫力下降,个体间冲突增加,大规模迁移等现象,很大程度上都来自于“自疏机制”的作用。

2. 人为因素

由于现存天然草原大都已成为人类的自然资源而被开发利用,即使是被人类认定为所谓不可利用的草原,也或多或少地受到了人类活动的间接影响(大气污染、野生动物格局变化、探险活动等)。在此背景下,鼠类作为对环境变化最为敏感的动物,必然要作出相应的响应。人类对草原鼠类的影响大都是因为对草原环境的扰动而间接造成的,直接作用于鼠类的行为也是由鼠类对环境变化的响应而引起的。

1) 放牧因素

其实,放牧并非是天然草原生态系统的新增因素,因为在天然系统中大型野生有蹄类充当的就是现如今各类家畜的角色,二者的置换虽属人类意志,但却并未造成草原生态系统结构性的改变。从这意义上来说,放牧本身并不是必然会对草原生态系统各物种间的平衡与稳定产生不良的影响,也不会触及鼠类动物的数量稳定。问题的关键是,家畜的动态为人的意志所左右,而野生有蹄类则由自然的“意志”(规律)所驱使。人的主观能动性一旦与其逐利的本性相结合,草原生态系统的和谐便无可避免地要被动荡不安的局面所取代,这也就为鼠类“乱中取胜”提供了机会。

过度放牧是人类对草原干扰的最主要方式,也是造成草原全面退化的根本原因(崔庆虎等,2007)。由于人口和物欲的持续增长,草畜平衡条件下的家畜数量已无法满足人类的实际需要,此时,超量放牧便成了人类在特定条件下的一种无奈的选择。超量放牧的本质意义是家畜数量超越了植被的自然承载能力,尽管这种情况在理论上讲不具备可持续性,但也确可延续相当长的时期,因为这种不可持续性的实质性表现是草原植被和土壤的逐渐退化。过度放牧对草原鼠类的影响主要来自于植被性状变化的间接作用,来自于种间竞争关系的直接作用相对较小(Steen et al. ,2005)。草原植被退化的基本表征主要有草丛矮化、盖度下降和杂类草、毒害草在群落中的比例上升,这些特征恰好迎合了部分鼠种对生境条件的特殊喜好,成为种群扩张和密度增加的驱动因素。最为典型的事例是高寒草甸生态系统中的高原鼠兔和高原鼢鼠,前者喜栖息于植被稀疏低矮的环境(有利于防范捕食风险),后者则对杂类草、毒害草丰盛的环境更为偏好(食源富足)。因此,草原退化的前期一般伴随着高原鼢鼠数量超常的现象,后期则伴随着高原鼠兔横行肆虐的现象(张卫国和江小蕾,1998)。关于草原退化的原因,普遍存在着一种不准确的说法,即鼠害是成因之一。其实,这是一种因果颠倒的说法,真实情况往往是草原退化在先,鼠害出现在后,而后者又是因前者所引发的。当然,当鼠害已经形成,而过牧问题仍得不到有效遏制时,鼠害的确可以成为草原进一步退化的推动因素,形成所谓“恶性循环”的局面。

2）鼠害治理

这似乎是一个与鼠害成因绝不相干的命题,鼠害治理何以能和鼠害的发生联系在一起呢?然而,某些鼠害治理措施的滥用的确已经成为当今草地鼠害的重要诱因之一。

长期以来,草地鼠害的治理方法几乎都是由传统的农田灭鼠或仓舍灭鼠借鉴而来,真正适宜于草地鼠害特点、原创于草原实践的治理方法为数甚少。直至 20 世纪 80 年代后,综合治理、生态治理等概念才逐步转化为治理实践在草原地区得以推广(Zhang et al. ,2003b),但直至现今,居于主导地位的方法依然是五花八门的物理捕杀法和化学药物毒杀法。尽管有很多人至今也不愿意承认“杀灭法”对于草地鼠害治理效果的有限性,但客观上“鼠越灭越多,危害面积越来越大”却是一个毋庸置疑的事实。对灭鼠效果的质疑,以至于得出灭鼠可促进鼠害的论断,至少存在以下两点根据。

其一,草原是一个广袤而开放的空间,局域性的灭鼠活动即使灭效高达 100%,只要其周边依然有鼠群存在,灭鼠区内依然有鼠类发展的优越条件,那么,只需很短的时间,周边的鼠就会以扩散或迁移的方式迅速填补这一空白区域,并以其超强繁殖力的优势在最短的时期内恢复至原有的种群规模。这是一个几乎无法避免的必然结果,因为,就现阶段而言,人类的财力、物力和人力还无法满足辖区内同类草原无遗漏同时灭鼠的需要,更不存在跨行政区联动的可能性。因此,这样的灭鼠活动充其量也只能解一时之需,并无实质性意义。值得关注的是,这种形式的灭鼠活动反而有助于不同种群间的基因交流,使其抗御干扰、应对逆境的能力增强,从而也就在一定程度上推动了鼠害的形成。

其二,由于技术、体制及多种社会原因的限制,大规模草原灭鼠的实际灭效一般很难达到繁殖基数(10%)以下,大都在50%~80%。从另一方面讲,鼠类对环境变化有着高度的适应能力,是解读“适者生存”法则的典范物种。因此,人类捕杀因素的存在自然会激发鼠类反捕杀能力的出现,比如抗、耐毒素能力,异物辨识能力,防范风险能力等等,都会出现一个从无到有、从弱到强的适应性过程。在这个过程中,那些适应能力差的个体极易成为最早被人捕杀的对象,之后才是那些适应能力较差的个体,最终剩下的便是种群中的“精英”个体。它们在经受了人类捕杀过程的“洗礼”之后,生命力变得更加强大,并将优良基因传递给子孙后代。由此可见,人类一次次以高昂代价兴起的灭鼠活动,在客观上起到了帮助鼠类优化种群、促进鼠类在抗衡人类打击的方向上不断进化的作用。

3）其他活动

人类在草原上的很多活动都会对鼠类的数量变化产生直接或间接的影响。这种影响有的情况下在短时间内即可引起鼠类的强烈反应,而在有的情况下则需要相对漫长的时间才会有所表现。比如垦荒种粮、建植人工草地等植被置换型活动,由于一度彻底改变了栖息地的土壤和植被条件,鼠类原有的区系结构将迅速瓦解,适合于新环境的种类随之占据优势,并形成新的区系组成及分布格局;但随着土地撂荒和草地次生演替进程的开始,新的区系和格局又将被环境的变化所动摇,重新向原有的状态回归。在这个过程中,某些具有急剧扩张潜质的鼠种总会在最有利的时机迅速增加种群数量,在短时间内形成具有超密度特征的严重鼠害。

此外,修路、开矿、居民区建设等永久性植被破坏活动,会加剧草原的破碎化程度,形成大量永久性的斑块状裸地,这种变化也是诱发草地鼠害的重要因素(Olifiers et al.,2005),这也正是道路两旁、矿区及居民点周边区域之所以鼠害严重的主要原因。

二、鼠类生态学

自20世纪90年代以来,人类对鼠类的关注已经开始从单纯的经济角度向生态全方位视野转变,特别是在如何看待鼠类挖掘活动这一焦点问题上,认识上已发生了根本上的逆转。大量的研究证明,作为生态系统工程师(Crain and Bertness,2006),草原啮齿动物对自然环境的物理性改变对于维持草原生态系统的生机和活力具有重要作用。挖掘类啮齿动物对土壤养分和生境异质性都有很大影响,其作用相当于一台小型旋耕机,可疏松土壤,增加土壤通透性,加速植物凋落物的分解,提高植物生产力,并能对植物多样性的维护产生重要影响(Zhang et al.,2003a)。

Reichman 认为,啮齿动物是自然生态系统中重要的组成部分,在人类和放牧家畜对草地生态系统形成干扰之前,啮齿动物就已经是草原的成员之一。挖掘类啮齿动物在地下挖掘洞道时,其能量消耗相当于在地面行走同样距离的360~3400倍之多,是一种能量高消耗行为。为保证如此高的能量输出,此类啮齿动物不得不大量消耗植物,主要是植物的根系,并以此对植物产生重要的影响。根据啮齿动物的挖掘深度及土丘的风蚀程度,土丘土壤的养分、水分、持水能力及有机质含量变化很大(Sherrod and Seastedt,2001;Litaor et al.,1996)。如果土丘土壤来自地表,那么,与周围斑块相比,土丘上肥力可能较高;相反,如果土丘土壤来自地下较深土层,则土丘上的肥力有可能低于周围斑块(Inouye et al.,1987;Koide et al.,1987),但在有机质含量较高的土壤中,造丘作用可能会将富含有机质的土壤翻至地表(Mielke,1977)。而土壤侵蚀作用则会使土壤可交换阳离子量及土壤 pH 下降(Sherrod and Seastedt,2001)。

地下哺乳动物的挖掘活动具有疏松土壤、增加土壤表面积的功效,可加速土壤的硝化过程和矿化过程(Sherrod and Seastedt,2001;Litaor et al. ,1996),而土丘形成后,其间植物的分解特性及分解速率将使这种过程复杂化。由于土丘底部较为潮湿,埋于土丘下的植物的分解率将会加速,从而形成养分富集斑块(Sherrod and Seastedt,2001;Cortinas,1996)。

啮齿动物对土壤的移动可改变土壤养分的矿化和硝化速率、改变土壤含水量及土壤容重,进而加速土壤相关的物理过程。其结果可导致土壤斑块在时间和空间上的动态变化。有证据表明,啮齿动物的活动对土壤的影响极大,而且这种影响构成了制约土壤动态的主要因素(Reichman and Seabloom,2002)。啮齿动物的挖掘活动是影响土壤沿坡度方向运动、土壤混合及土壤斑块状分布的重要因素。而土壤状况的变化与气候因素、植被因素交互作用,产生更加复杂的生态后果。啮齿动物所导致的复杂生态效应虽然很难精确测定,但显而易见,地下食草性哺乳动物对其生存的生态环境具有重要的影响(Huntly and Reichman,1994)。

土壤置换的重要影响与土壤的移动和放置有直接关系。例如,啮齿动物新挖掘土壤的 59% 被重新填回到旧洞穴中(Andersen,1987),这些土壤的容重较周围土壤小 15%(Huntly and Reichman,1994)。鼠丘土壤的容重则更小,较土丘下紧实土壤低 10% ~40%(Litaor et al. ,1996;Sparks et al.,1988;Seabloom et al. ,2000)。鼠丘对地表微地形有明显影响,鼠丘密度较高的地区,微地形变异性较大,地表平均高度也明显大于周围低密度区(Inouye et al. ,1997)。而鼠丘的退化及洞道的塌陷更增加了地形的多样化。

啮齿动物挖掘、回填、筑丘活动及与此相关的其他物理作用导致的土壤移动造成了土壤在 5~150cm 垂直带上的混合,同时,由于原有洞道的塌陷,又使得表层土壤与下层土壤的混合。水平方向上土壤条件的差异,从同一年不同时段形成的新土丘,到植被定植后处于不同演替阶段的老土丘,形成了土壤在空间规模上的斑块状分布。在啮齿动物的高密度区,每公顷面积内分布着数百个在养分、水分、物理性状等特性不同的土丘,极大地增加了生境的异质性。而如果再将土丘上新生的及土丘下覆盖再生的植物的影响考虑进去,则情况将变得更加复杂。啮齿动物对生境的影响过程是一个动态过程,在特定的区域内,新洞道不断地产生,老洞系被不断填充,新土丘也在不停地出现,这一活动无疑会从时间尺度和空间尺度上对生态系统产生重要影响(Reichman and Seabloom,2002)。

三、鼠类经济学

人类对鼠类特别关注的主要原因自然源于鼠类对人类经济利益的损害,如果鼠类的存在与人类的经济利益并无太大的关联,人类也自然不会以如此高涨的热情和代价倾注于鼠类的存在,更不会以高昂的付出去换取鼠类短时退却的有限利益。长期以来,人类的意志总是以主宰万物的意志为前提来设定自己的行为取向,结果却总是背离人类的初始意志,无可奈何地回归到自然法则所设定的公平与公正的轨道。近年来,随着对鼠害发生学研究的深入,人类对草原退化与鼠害发生因果关系的认识发生了根本性的转变。

直至今天,仍有人认为鼠害是造成草原退化的重要原因之一(徐世晓等,2002),因为无论如何,凡属退化草原似乎总少不了鼠害的存在,以至于鼠害已经被公认为是草原退化的标志性特征,并以此推断出鼠害是导致草原退化重要诱因的结论。然而,真理必将被人类对自然认识的不断深入所逼近。越来越多的研究(江小蕾和张卫国,1997;张堰铭和刘季科,2002b;Foster and Stubbendieck,1980)证实,草原退化的始作俑者并非鼠类,而是人类导演下的过度放牧,鼠类充其量也只能算作是一个机会主义者,而更多地却是在为退化草原的恢复承担着自然赋予的职责,同时也是对人类长久利益的一种奉献。

首先,鼠类对栖息环境的选择取向总是与退化草原的基本特征相吻合。对于主要营地面活动的高原鼠兔、布氏田鼠等典型的草原鼠类而言,总是把栖息地的环境条件是否能满足其有效规避捕食风险作为首要的条件,而食物的丰富度反倒显得不那么重要。这是因为在原初态的草原生态系统中,地面鼠所面临的天敌动物无论是种类还是数量都是最多的,几乎包括了所有肉食性动物,是导致鼠类个体死亡和种群数量下降的基本因素;至于食物因素,由于其几乎无所不食的食性特点,自然也就居于相对次要的地位。近年来,也有人把地面鼠对生境的选择取向归因于对降雪风险的规避,认为冬季降雪对草原鼠类的威胁要远大于捕食的威胁(Korslund and Steen,2006)。然而,无论鼠类对栖息地的选择出于何种原因,退化草地的植被环境总是会成为其理想的栖息场所。退化草原植被稀疏、低矮的特征即可满足鼠类对视野开阔、便于发现捕食风险和个体间视觉交流的要求,同时也有利于积雪随风移动、快速融化,保证其在最短的时间内获得食物。对于高原鼢鼠等地下鼠类而言,退化草原同样是其理想的栖居环境,这主要是受到退化草原较正常草原拥有更丰富食源的强烈诱惑。退化草原杂类草和毒害草等轴根系和根茎型植物较正常草原要高出10%~30%,而在地下鼠的食谱中恰恰对这类植物有着明显的取食偏好。总之,草地鼠害源于草原退化,而草原退化又源于人类活动对草原的强烈扰动,其中起主导作用的扰动因素便是长期的超载过牧。这是一个具有革命意义的重要结论,它不仅纠正了"鼠害造成草原退化"的传统认识,更重要的是,这一结论也将使人们对鼠害的态度和策略发生根本性的变化。关注的焦点将从如何提高灭鼠效率转向如何通过规范自身行为避免草原退化,进而从根本上杜绝鼠害发生。

其次,退化草原发展到足以引发鼠害的阶段时,说明草原的植被和土壤均遭到了严重损伤,草原的经济利用价值及其再生能力已十分有限,必须在停止放牧或限制放牧的前提下才能逐渐得以恢复。如果是在纯自然系统中,大型野生食草动物会在草原退化之前及时迁移至食物富足的区域,而作为小型食草动物的鼠类虽也会利用局部草原有所退化的有利条件有所发展,但随着植被的迅速恢复及天敌动物的同步反应,这种发展势头很快便会受到压制,将很难在更大的范围内发生种群爆发式增长的局面。但在人类控制的放牧系统中,草食家畜被强行滞留在退化草原继续牧食,草原退化不断加剧,草原环境特征开始向更有利于鼠类迁入和迅速繁衍扩张的方向转化,于是,草地鼠害的发生便成了不可避免的事件。这时,原本就已一派萧条的草原,再加以鼠类的大肆活动,这时的草原便会在一定时期内呈现出极度退化的表征,甚至在局部区域直接转化为生产力和生态功能基本丧失的"黑土滩"或"鼠荒地"。由此可见,草地鼠害之"害"其实只是草原退化到足以引发鼠类异常扩张的程度时的一种现象,而在此危害的过程中,更多的"害"依然源于人类放牧的家畜,鼠类的危害无论在持续时间上还是在危害程度上均远远不及家畜。由于家畜与人类的经济利益息息相关,因此,所有的危害便全部叠加在了鼠类头上,这也正是人们总习惯于将草原退化与鼠害联系在一起的基本原因。

我们必须要正视的一个问题是,任何一个健康的生态系统在受到外来因素的强烈扰动时,都具有自我调节、自我修复的能力(任海等,2004),那么,鼠类作为生态系统的一个重要成员,为什么在草原面临危机之时反而会出现种群扩张的响应呢?这岂不是一种"自毁家园"的行为?答案很容易推断,由于草原生态系统的崩溃绝不可能给鼠类带来任何可持续性利益,因此,鼠类的反常表现很可能受到了系统恢复机制的驱使,是系统自我调节与修复能力的一种体现。近年来,大量的研究已经从多重角度证实了这一推断的正确性,其中最具代表性和说服力的例证仍然是前面已多次提到过的、广布于高寒草甸类草原的高原鼢鼠。当草原退化发展到一定程度时,以毒杂草为代表的轴根系植物开始逐渐成为群落中的优势类群,与此同时,土壤结构趋于紧实,土壤肥力水平显著下降,植被地上生物量和牧用价值因覆盖度、高度和优良牧草的减少而显著降低;这样一种变化预示着草原生态系统已陷入严重的病态之中,必须立即启动调节机制予以修复;高原鼢鼠在这种病态特征中接收到了执行修复任务的指令,开始扩张种群规模,并通过采食(清除毒杂草)、掘土造丘(改善土壤肥力、激活土壤种子库)等活动调整植被演替机制,使之逐步向正常状态演进。研究表明(张卫国等,2004),在剔除放牧因素(1~2 年)的前提下,对于过牧型退化草地,高原鼢鼠种群数量一定程度地增长及其掘土造丘活动的加剧,在停止或减轻放牧扰动的休牧条件下,植被演替将进入以生产力显著提升为综合表征的偏途演替过程。在此过程中,植被高度、禾草+莎草组分在群落中的比例、产草量等指标均极显著地高于无鼢鼠活动的同类退化草地,并极明显地表现为丘缘地>丘间地>对照,而植物多样性则与此相反。这说明,高原鼢鼠的造丘活动在剔除放牧因素的前提下不仅不会对草地造成进一步破坏,反而对草地生产力的恢复具有积极的推动作用。尽管这只是一个高原鼢鼠的实例,但却具有很强的代表性,许多涉及其他草原鼠种的相关研究也都从不同的角度证明了草原鼠类在维护草原经济价值中的重要意义(Crain and Bertness,2006)。

四、鼠害调控

前已提及,草原鼠类在草原退化发生后的种群扩张虽然受命于系统的恢复机制,具有重要的生态和经济意义,但在特定的条件下依然会给草原牧业生产和生态安全带来一定的甚至是严重的危害。因此,为了在不影响其生态和经济功能正常发挥的前提下尽量减少副作用的危害,对草原鼠类的种群动态进行一定的人为干预也是十分必要的。

1. 调控理念的转变

近年来,随着鼠类生态学研究的深入,鼠害调控的理念也随之发生了根本性转变。由于受到农耕文化的长期熏染,"有鼠必定有害"的思想曾长期在草原管理理念中占据着主导地位,草原灭鼠成为草原管理中的一项日常性的重要工作。无论鼠情如何?成因何在?危害几许?国家每年都要拨出专款,专项用于草地鼠害的防治工作。虽说是防治,其实措施只有一个,那就是不择手段的杀灭,以求通过杀灭达到防与治的目的。结果当然不容乐观,"鼠越灭越多,危害面积越灭越大"的现状几乎覆盖了我国所有草原牧区,特别是那些一直被视为重点防治的区域。这样一种背离人类初衷的结果,促使人们开始对单纯杀灭的防治理念产生怀疑,同时也激发了科学工作者探寻新的防治途径的热情。自20世纪90年代以来,人们开始注意到生态环境变化与鼠害发生的关系,明确提出了草原退化是导致鼠害日趋严重的根本原因,同时进一步将超载过牧确定为诱发鼠害的主导因素(江小蕾和张卫国,1997)。在此基础上,以单纯杀灭为核心的鼠害防治理念开始逐步被生态防治的理念所取代;在防治措施上,有关生态保护、草原管理、合理利用等防治措施逐渐居于主导地位,杀灭措施开始退居于辅助地位。在此过程中,一个值得注意的变化是:灭鼠、鼠害治理、鼠害防治等以杀灭为主要手段的词汇,使用频率在逐步下降;而以生态措施为主要手段的综合治理、鼠害防控、鼠害调控等词汇,使用频率在逐步上升。这种变化也从另一个角度反映了我国政府和人民的生态意识正在不断地增强,“人定胜天”的理念正在被寻求人与自然和谐发展的理念所取代。

在过去相当长的历史时期内,草地鼠害治理极少考虑对环境的影响,关注点似乎只有杀灭效果,只要能在最短的时间内、以最小的经济代价获得最大的灭鼠数量,即便是明知所使用的方法将对环境产生严重的不良影响,也在所不惜。严格地说,目前仍在使用的杀鼠药物几乎没有一种是绝对安全的,不过是在毒性、二次中毒、土壤和水源污染等方面相对温和了而已。例如,目前在地面鼠防控中使用最为普遍、号称对环境和生态最为安全的C-型肉毒梭菌外毒素,同样可以引起鸟类动物的大量死亡,至于是否对其他生物也存在直接或间接、显效或潜在的影响,显然还存在着许多疑问。但无论如何,环保意识已开始成为鼠害治理的一个基本理念,日益成为鼠害治理决策不容忽视的一个重要原则,这也正是生态调控法能够得以全面推行,并成为引领鼠害治理未来走向的一个有力的支撑。

2. 调控方法的进步

必须承认,多年来在鼠害调控方法上除了理念和策略上的转变外,在具体技术方法和思路上并没有出现太多的亮点和实质性的突破,这在很大程度上与我们“重理论,轻技术”的科研取向有关。值得欣慰的是,技术方法的进步已经摆脱了只注重杀灭效果的方向,开始步入更加环保、更加生态的技术路线。在生态治理技术规程、生产管理技术规程、植物性毒饵、不孕不育、特异性病原物、生物毒素等新型技术领域取得了许多可喜的进步;在传统的物理技术领域,不再局限于简单机械原理的改进,在电、磁、声学乃至微电子技术、仿生学等物理学领域,都为物理防控技术的扩展和提升提供了广阔的空间。尽管大多数新技术、新方法由于种种原因尚未在实践中广泛应用,但却为草原鼠类调控方法的发展和进步指明了方向。

不育控制能够较长期地压低鼠群数量,抑制其超补偿性增殖(张知彬,1995),由于其在有效性、安全性及不易对环境造成污染等方面的特点,已成为控制有害动物的研究热点(张知彬和王祖望,1996)。早在1972年,Knipling和McGuire就对不育剂在鼠类防控领域的应用进行了研究,并对传统灭鼠和不育剂灭鼠两个种群的增长模型进行了比较。研究表明,在1万只个体的鼠群中,连续3代杀灭70%的个体,其种群经过26代后即可恢复到原有水平;而若使连续3代70%的个体不育,经过19代即可使种群灭绝。因此,使用不育控制比传统的灭鼠方式更能达到防治的目的(王祖望和张知彬,1996)。张知彬和张健旭,(2001)利用手术结扎和去除的方法比较了围栏内大仓鼠(*Cricetulus triton*)在两种处理方法下种群繁殖力和数量的变化,发现不育能够降低新生鼠的数量并使鼠密度明显下降。在不育剂选用方面,被证实使用效果较好的是雌性不育剂左炔诺孕酮-炔雌醚复合剂(EP-1)(霍秀芳等,2007)。此外,雷公藤制剂的使用效果也在雄性布氏田鼠的实验中得到肯定。

在生态治理和生产管理领域,具体的技术规程已经细化到不同草原类型的具体鼠种,如青藏高寒草原的高原鼠兔、内蒙古典型草原的布氏田鼠等,经过长期的研究和实践验证,都已形成切合草原实际的成熟实用的技术规程,在近年来开展的无鼠害示范区建设、天然草地保护与建设、退牧还草工程等一系列生态建设项目中发挥出重要的技术支撑作用。此外,近年来还出现了一些与牧业生产措施相关的鼠害防治技术,在理论和实践中均取得了突破性进展。其中,被称之为放牧驱鼠法(袁庆华等,2004)的研究成果在国内外均属首创,具有一定的典型意义。这种方法利用种间竞争的原理,通过对家畜放牧强度和夜晚座圈的适当控制、恶化鼠类的生存环境、扰乱其正常的活动规律,从而达到驱鼠与草的双重效果。与现行的各类方法相比,此法几乎无成本可言,更不存在对环境的负面影响,同时还可在实现对牧草资源最大限度利用的前提下,通过座圈施肥和短期封育的方式迅速提升草原生产能力,修复或改善生态环境。

3. 预测预报仍需加强

决定鼠类种群动态的因素很多,而且其相互关系错综复杂,以人类现有的认知能力,还很难对其有一个清晰的认识和准确地把握。正因为如此,鼠害预测预报始终是鼠害研究领域的一个难点和热点领域,目前,一些主要鼠种的年度内短期预报的研究已相对成熟,并正在鼠害防治实践中发挥着重要的作用,但在中长期预报方面至今仍无突破性进展。

传统的思路和方法主要以种群的繁殖基数、性比、个体和群体繁殖力、种群年龄结构、寿命、迁入迁出率等鼠类生物学特性作为预测种群未来走向的基本参数,虽然也考虑到环境因素,但多局限于气候、天敌、食物等因素,对于植被性状、生产管理方面的指标则少有考虑。而由此建立的生物数学模型(如生命表、Leslie 矩阵等)和统计模型(如回归方程、马儿柯夫链分析、时间序列分析等)必然与种群的实际变化趋势难以准确拟合。近年来,国内外许多科学家在致力于发展以种群动态规律及其调控机理为基础的研究(Tattersall et al. ,2002),探讨鼠害中长期预测预报的高敏感度指标及参数。其中,由放牧强度所决定的植被性状指标及相关参数受到了高度重视(张卫国等,2004),并在一些主要草原害鼠的测报模型中得到了应用(海淑珍等,2004),对提高测报准确率起到了关键性作用。只有在系统掌握害鼠种群动态规律及其主要影响因素的基础上,建立符合具体鼠种与其栖居草原实际特点的动态模型,才有可能准确预测种群发展趋势,并及时采取有效措施,对鼠害的发生和危害作出适时调控。这个目标还需要科技工作者继续作出长期不懈地努力才能实现。

第五节 草地鼠害的发展趋势

在草原生态系统正在经受人类深刻影响的大背景下,草地鼠害的特点也在悄然发生着改变,归纳起来,可概括为以下 3 种趋势。

一、单一化趋势

草原在人类持续不断的定向干扰下(多为功利性目标),环境多样性、景观多样性和物种多样性随之减少,呈现出单一化的发展态势。与此同时,依赖于生境异质性而存在的鼠类物种多样性也出现了显著下降的趋势,原有的区系组成及其内部结构和分布格局均在向简单化乃至单一化的方向演化。例如,甘肃省甘南藏族自治州的玛曲县草原(典型高寒草甸),啮齿动物的区系组成在20世纪80年代中期约有13个鼠种,到了21世纪的2005年,鼠种数已减少为8种,而且除了高原鼠兔、高原鼢鼠和喜马拉雅旱獭以外,其他种类已很难觅得踪迹,有些已成为稀有种而濒临灭绝(甘肃省甘南藏族自治州草原工作站2007年资料)。

鼠种单一化倾向使得优势鼠种的扩张性、危害性潜能得到了最充分的显示,同时也促进了草原不同层次多样性的加速丧失,形成恶性循环。

二、常态化趋势

在健康的草原生态系统中,鼠害总是以周期性显现为特征,也就是说除了数量高峰期产生一定的危害之外,其他时期则不表出有害性特征。这是因为在自然生态系统中,鼠类除了服从于自然因素的律动节奏之外,主要遵循着种群内部的消长规律,即使有异常因素介入而打破正常的周期节律,也只是偶然事件,不具有普遍意义。然而,随着人类的干扰性因素成为生态系统持续存在的常规性因素之后,鼠类种群数量便不再遵循原有的规律变化,常见的情况是波幅变大、周期紊乱,甚至周期消失。比如,典型草原的布氏田鼠、高寒草甸的高原鼠兔,在正常情况下的种群消长周期一般为3~5年,但若在低于70%杀灭效果的灭鼠活动干扰下,其消长周期可能将缩短为2年,甚至1年。这虽然是一复杂得多因素联动过程,但灭鼠活动打破了来自于种群内部的自然消长规律,使之始终保持高速繁殖状态,显然是重要的影响因素之一。类似的干扰因素很多,如放牧的无序化、对天敌动物的持续扰动、许多草原改良措施的使用等,都已成为作用于草原生态系统的经常性因素,因此,草地鼠害也就开始由过去的周期性发生转变成现代草原的一种常态。

三、严重化趋势

自20世纪60年代以来,我国草地鼠害始终处于不断蔓延、日益加剧的变化之中。目前,我国草地鼠害面积已达4000万hm^2,约占草原总面积的10%。其中,约有3100万hm^2的鼠害面积集中分布于内蒙古、新疆、西藏(青藏高原)等北方草原牧区约1.5亿hm^2(部分难以利用的荒漠型草原除外)的基本草原上,在这些区域,鼠害面积平均已高达20%以上(Zhang et al.,2003a)。虽然对50年前我国的鼠害面积还没有一个科学的估测数据,但仅凭草原牧区老年人的追忆性描述,按翻一番估计可能也只是个保守的数值。根据甘肃甘南藏族自治州草原站1985年和2005年的两次调查显示,20年间鼠害面积由15.0万hm^2猛增至41.9万hm^2,鼠害面积占草原总面积的比例由5.6%上升至10.6%,平均年新增鼠害面积 1.3 万 hm^2,年均递增率 0.25%(甘南藏族自治州草原工作站 2007 年资料)。这个实例虽然只是一个不足 270 万 hm^2 草原 20 年间的鼠害变化情况,但也的确是我国总体情况的一个缩影。

伴随着鼠害面积的增加,另一个基本趋势是鼠害的空间分布格局由斑块状向连片状的转变,而且种群密度也出现了由低到高的明显变化。例如,在甘南藏族自治州草原高原鼠兔典型危害区,20 年前极少有危害斑块超过 $1km^2$ 的情况,时至今日,绵延数公里乃至数十公里的连片鼠害区几乎是随处可见。目前,三江源地区鼠害面积达 541.5 万 hm^2,占可利用草地面积的 28.1%,位于黄河源头的玛多县、久治县和达日县 3 地,鼠害面积占可利用草地面积的 50% 以上,鼠洞密度普遍高达 1000 个/hm^2 以上,个别地段甚至有高达 3000 个/hm^2 以上(周立志等,2002)。

(张卫国)

主要参考文献

才旦 . 2005. 青海省主要鼠害对草地的危害及其防治 . 草业科学,23(1):79-81

崔庆虎,蒋志刚,刘季科,等 . 2007. 青藏高原草地退化原因述评 . 草业科学,24(5):20-26

樊乃昌,王权业,周文扬,等 . 1988. 高原鼢鼠种群数量与植被破坏程度的关系 . 高寒草甸生态系统国际学术讨论会论文集 . 北京:科学出版社

房继明,孙儒泳 . 1991. 布氏田鼠空间分布格局的季节动态 . 生态学报,11(2):111-116

海淑珍,杨爱莲,苏红田,等 . 2004. 草原害鼠种群的变动及预测模型的构建//我国 2003 年草原病虫鼠害发生与防治情况以及 2004 年发生趋势预测与防治对策研讨会论文集

韩天虎,张卫国,丁连生 . 1999. 高原鼢鼠栖息地的植被特征 . 草业学报,8(2):43-49

何俊龄,张金沙,张卫国 . 2006. 高原鼢鼠土丘空间格局及主要特征研究 . 草业学报,15(1):107-101

霍秀芳,施大钊,王登 . 2007. 左炔诺孕酮-炔雌醚对长爪沙鼠的不育效果 . 植物保护学报,34(3):102-106

黄彬,卫万荣,张灵菲,等 . 2013. 环境条件对啮齿动物种群的影响 . 草业科学,30(6):945-953

江小蕾 . 1998. 植被均匀度与高原鼠兔种群数量相关性研究 . 草业学报,7(1):60-64

江小蕾,张卫国 . 1997. 试论草原鼠类之定位 . 草业科学,14(5):34-35

郎炳聚,张耀星 . 1995. 饲养条件下布氏田鼠的生态学研究 . 内蒙古地方病防治研究,20:8-11

刘伟,王溪,周立,等 . 2003. 高原鼠兔对小嵩草草甸的破坏及其防治 . 兽类学报,23(3):214-219

刘伟,张毓,王溪,等 . 2008. 植物生长季节不同栖息地高原鼠兔的食物选择 . 兽类学报,28(4):358-366

刘伟,张毓,王溪,等 . 2009. 高原鼠兔刈割行为与栖息地植物群落的关系 . 兽类学报,29(1):40-49

皮南林 . 1973. 高原鼠兔的食性食量研究 . 灭鼠和鼠类生物学研究报告,1:91-102

秦长育 . 1984. 长爪沙鼠的一些生态资料 . 兽类学报,4(1):43-51

青海省畜牧厅 . 1985. 青海省草原灭鼠治虫资料选编 . 西宁:青海省畜牧厅

任海,彭少麟,陆宏芳 . 2004. 退化生态系统恢复与恢复生态学 . 生态学报,24(8):1756-1764

施大钊 . 1988. 布氏田鼠在我国的分布及其与植被和水热条件的初步探讨 . 兽类学报,8(4):299-306

施大钊,王登,高灵旺 . 2008. 啮齿动物生物学 . 北京:中国农业大学出版社

施银柱,张道川,边疆辉 . 1994. 海北州天峻县的高原鼠兔和高原鼢鼠的数量及其分布 . 中国草地,6:51-52

宋凯,刘荣堂 . 1995. 草原啮齿动物学 . 北京:中国农业出版社

孙平 . 2002. 雪后海北高寒草甸地区根田鼠种群特征的变化 . 兽类学报,22(4):318-320

孙儒泳 . 2001. 动物生态学原理 . 第三版 . 北京:北京师范大学出版社

宛新荣,刘伟,王广和,等 . 2002a. 布氏田鼠洞群贮草面积与栖息地植被条件的关系 . 生态学杂志,21(6):63-64

宛新荣,刘伟,王广和,等 . 2003b. 典型草原区布氏田鼠秋季掘土危害量的估算 . 生态学杂志,22(1):54-56

宛新荣,王梦军,王广和,等 . 2002. 布氏田鼠对主要贮草种类的选储嗜好 . 生态学杂志,21(1):68-69

王桂明,周庆强,钟文勤,等.1992. 布氏田鼠的食性.兽类学报,12(1):57-64
王权业,边疆辉,施银柱.1993. 高原鼢鼠土丘对矮嵩草草甸植被演替及土壤营养元素的作用.兽类学报,13(1):31-37
王权业,张堰铭,魏万红,等.2000. 高原鼢鼠食性的研究.兽类学报,20(3):193-199
王祖望,张知彬.1996. 鼠害治理的理论与实践.北京:科学出版社
武晓东.1990. 布氏田鼠种群生态研究.兽类学报,10(1):54-59
武晓东,阿娟,付和平,等.2008. 人为不同干扰条件下荒漠啮齿动物群落格局的动态特征——动物与植物群落的典型相关分析.生态学报,28(12):5999-6017
夏武平,廖崇惠,钟文勤,等.1982. 内蒙古阴山北部农业区长爪沙鼠的种群动态及其调节研究.兽类学报,2(1):51-69
夏武平,王文滨.1956. 长爪沙鼠的研究及其为害秋收的观察.农业学报,7(2):239-247
夏武平,钟文勤.1966. 内蒙古查干敖包荒漠草原撂荒地内鼠类和植物群落的演替趋势及相互作用.动物学报,18(2):197-207
肖增佑,孙儒泳.1988. 长爪沙鼠(*Meriones unguiculatus*)和金黄地鼠(*Mesocricetus aruatus*)的肺皮蒸发失水量研究.兽类学报,8(1):49-54
徐世晓,赵新全,孙平,等.2002. 青海省草地鼠害现状及其治理.家畜生态,23(1):47-49
杨振宇,江小蕾.2002. 高原鼠兔对草地植被的危害及防治阈值研究.草业科学,19(4):63-65
尹峰,房继明.1998. 布氏田鼠种群生态及行为生态学研究进展.生态学杂志,17(1):65-69
袁庆华,张卫国,贺春贵.2004. 牧草病虫鼠害防治技术.北京:化学工业出版社
曾缙祥,王祖望,韩永才.1985. 五种小哺乳动物活动节律初步研究.兽类学报,1(2):189-197
张道川,周文扬,张堰民.1993. 人工工饲养高原鼢鼠生长和发育的观察.兽类学报,13(4):304-306
张道川,周文扬,张堰民.1995. 高原鼢鼠的繁殖和繁殖行为研究.中国兽类生物学研究,174-179
张万荣,祁明义.1992. 长爪沙鼠粮仓食物组成与种群数量关系.中国地方病防治杂志,7:73
张卫国,江小蕾.1998. 高原鼢鼠与高原鼠兔共栖关系的研究.草业学报,7(2):43-47
张卫国,丁连生,韩天虎.1999. 降水对高原鼠兔种群消长的影响.草业科学,16(6):20-22
张卫国,江小蕾,杨振宇.2003. 草地微斑块与草地生产力关系的研究.草业学报,12(3):44-50
张卫国,江小蕾,王树茂,等.2004. 鼢鼠的造丘活动及不同休牧方式对草地植被生产力的影响.西北植物学报,24(10):1882-1887
张晓爱,邓合黎.1996. 生态系统的组织理论:食物链动态论与互惠共生——控制论.动物学研究,17:429-4361
张堰铭,刘季科.2002a. 高原鼢鼠挖掘对植物生物量的效应及其反应格局.兽类学报,22(4):292-298
张堰铭,刘季科.2002b. 地下鼠生物学特征及其在生态系统中的作用.兽类学报,22(5):144-155
张知彬.1995. 鼠类不育控制的生态学基础.兽类学报,15(3):229-234
张知彬.1996. 鼠类种群数量的波动与调节//王祖望,张知彬.鼠害治理的理论与实践.北京:科学出版社.145-160
张知彬.2003. 我国草原鼠害的严重性及防治对策.中国科学院院刊,5:343-347
张知彬,王祖望.1996. 鼠害治理的理论与实践:鼠类不育控制的技术与策略.北京:科学出版社.367-377
张知彬,王祖望.1998. 农业重要鼠害的生态学及控制对策.北京,海洋出版社:242-243
张知彬,张健旭.2001. 不育和"杀灭"对围栏内大仓鼠种群繁殖力和数量和影响.动物学报,47(3):241-248
张志强,王德华.2004. 小型哺乳动物种群周期性波动的外因调节假说.生态学报,24(6):1280-1288
赵鸿,孙国武.2004. 环境蠕变对农业病虫草鼠害的潜在影响.干旱气象,22(1):69-73
赵肯堂.1960. 长爪沙鼠的生态观察.动物学杂志,4(4):155-157
赵肯堂.1981. 内蒙古啮齿动物.呼和浩特:内蒙古人民出版社:208-209
钟文勤,周庆强,孙崇潞.1985. 布氏田鼠的生境内外选择与植被条件.草原生态系统研究,1:147-153
钟文勤,周庆强,王广和,等.1991. 布氏田鼠鼠害生态治理方法的设计及应用.兽类学报,11(3):204-212
钟文勤,周庆强,王广和,等.1992. 围栏育草措施对布氏田鼠种群的生态效应.草原生态系统研究,4:199-203
周立志,李迪强,王秀磊,等.2002. 三江源自然保护区鼠害类型、现状和防治策略.安徽大学学报(自然科学版),26(2):87-96

周庆强,钟文勤,孙崇潞 . 1985. 内蒙古阴山北部农牧区长爪沙鼠种群适应特征的比较研究 . 兽类学报,5(1):25-32
周文扬,窦丰满 . 1990. 高原鼢鼠活动与巢区的初步研究 . 兽类学报,10(1):31-39
周兴民 . 2001. 中国嵩草草甸 . 北京:科学出版社
宗浩,夏武平,孙德兴 . 1986. 一次大雪对鼠类数量的影响 . 高原生物学集刊,5:85-90
Aas, Ims. 2002. Intrinsic and climatic determinants of population demography: the winter dynamics of tundra vole. Ecology, 83: 3449-3456
Agren G, Zhong W, Zhou Q. 1990. Activity pattern in Mongolian gerbil (*Meriones unguiculatus*) in summer. In: Reports from the Inner Mongolia Grassland Ecosystem Research Station of Academia Sinica. Peking: Science Press, 239-246
Agren G, Zhou Q, Zhong W. 1989. Ecology and social behavior of Mongolian gerbil, *Meriones unguiculatus*, at Xilinhot, Iner Mongolia, China. Anim. Behav, 37: 28-32
Allen GM. 1940. Natural history of Asia (Volume XI). The mammals of China and Mongolia. Part Ⅱ. Central Asia Expedition, 887-889
Andersen DC. 1987. *Geomys bursarius* burrowing patterns: influence of season and food patch structure. Ecology, 68: 1306-1318
Anderson PK. 1986. Foraging range in a mice and voles: the role of risk. Can. J. Zoo1, 64: 2645-2653
Baladrón AV, Malizia AI, Bó MS. 2009. Predation upon the subterranean rodent*Ctenomys talarum* (tuco-tucos) by *Buteo polyosoma* (red-backed hawks) in coastal grasslands of Argentina. Studies on Neotropical Fauna and Environment, 44(2): 61-65
Black TA. 1991. Sediment transport by burrowing animals, Marin County, California. Earth Surf. Proc. Landf, 16: 163-172
Brown PR, Tuan NP, Singleton GR, et al. 2006. Ecologically based management of rodents in the real world: applied to a mixed agroecosystem in Vietnam. Ecological Applications, 16(5): 2000-2010
Clark MM, Spencer CA, Galef GB. 1986. Reproductive life history correlates of early and late sexual maturation in femate Monglian gerbils (*Meriones unguiculatus*). Anim. Behav., 34: 551-560
Cortinas MR. 1996. Short-and long-term effects of gophers (*Thomomys talpoides*) on soil organic matter dynamics in alpine tundra. Pedobiologia, 40: 162-170
Crain CM, Bertness MD. 2006. Ecosystem engineering across environmental gradients: implications for conservation and management. Bioscience, 56: 211-218
Dickman CR. 2003. Positive effects of rodents on biota in arid Australian systems//Singleton GR, Hinds LA, Krebs CJ, et al. Rats, mice and people: rodent biology and management. ACIAR monograph 96. Canberra: Australian Centre for International Agricultural Research
Dobson GS. 1995. Regulation of population size: evidence from calumbian ground squirrels. Oecologia, 102: 44-51
Fan N, Zhou W, Wei W, et al. 1999. Rodent pest management in the Qinghai-Tibet alpine meadow ecosystem//Singleton GR, Hinds LA, Leirs H, et al. Ecologically-based management of rodent pests. ACIAR Monograph No. 59. Canberra: Australian Centre for International Agricultural Research: 285-304
Foster MA, Stubbendieck J. 1980. Effects of the plains pocket gopher (*Geomys bursarius*) on rangeland. J Range Manage, 33: 74-781
Gibert BS, Krebs CJ. 1981. Effects of extra food on Peromyscus. and. Clethrionomys population in the southern Yokon. Oecologia, 51: 321-333
Hanski I, Henttonen H, Korpimäki E, et al. 2001. Small-rodent dynamics and predation. Ecology, 82(6): 1505-1520
Huntly N, Reichman OJ. 1994. Effects of subterranean mammalian herbivores on vegetation. J. Mammal, 75: 852-859
Inouye RS, Huntly NJ, Tilman D, et al. 1987. Pocket gophers (*Geomys bursarius*), vegetation, and soil nitrogen along a successional sere in east central Minnesota. Oecologia, 72: 178-184
Inouye RS, Nancy Huntly, Wasley GA, et al. 1997. Effects of pocket gophers (*Geomys bursarius*) on microtopographic variation. J. Mammal, 78: 1144-1148
Jones CC, Halpern CB, Niederer J. 2008. Plant succession on gopher mounds in western cascade meadows: Consequences for species diversity and heterogeneity. American Midland Naturalist, 159(2): 275-286
Koide RT, Huenneke LF, Mooney HA. 1987. Gopher mound soil reduces growth and affects ion uptake of two annual grassland species. Oecologia, 72: 284-290

Korpimaki E, Charles TK. 1996. Predation and populationcycles of small mammals. BioScienc, 46(10): 754-764

Korslund L, Steen H. 2006. Small rodent winter survival: snow conditions limit access to food resources. Journal of Animal Ecology, 75(1): 156-166

Kotler BP, Brown JS. 1988. Environmental heterogeneity and the coexistence of desert rodents. Ann. Rev. Ecot. Syst, 19: 261-307

Litaor MI, Mancinelli R, Halfpenny J. 1996. The influence of pocket gophers on the status of nutrients in alpine soils. Geoderma, 70: 37-48

Mele JA. 1972. Temperature regulation and bioenergetics of the Mongolian gerbil (*Meriones unguiculatus*). Am. Midl. Nat., 87: 272-282

Mielke HW. 1977. Mound building by pocket gophers (*Geomyidae*): their impact on soils and vegetation in North America. J. Biogeogr., 4: 171-180

Muňoz A, Bonal R, Díaz M. 2009. Ungulates, rodents, shrubs: interactions in a diverse Mediterranean ecosystem. Basic and Applied Ecology, 10(2): 151-160

Olifiers NI, Gentile RI, Fiszon JT. 2005. Relation between small-mammal species composition and anthropic variables in the Brazilian Atlantic Forest. Brazilian Journal of Biology, 65(3): 495-501

Payman BC, Swanson HH. 1980. Social influence on sexual maturation and breeding in the female Mongolian gerbil (*Meriones unguiculatus*). Anim. Behav., 28: 528-535

Previtali MA, Lima M, Meserve PL, et al. 2009. Population dynamics of two sympatric rodents in a variable environment: rainfall, resource availability, and predation. Ecology, 90(7): 1996-2006

Reichman OJ, Seabloom EW. 2002. The role of pocket gophers as subterranean ecosystem engineers. Trends in Ecology and Evolution, 17: 44-49

Roth GA, Whitford WG, Steinberger Y. 2009. Small mammal herbivory: Feedbacks that help maintain desertified ecosystems. Journal of Arid Environments, 73(1): 62-65

Seabloom EW, Reichman OJ, Gabet EJ. 2000. The effect of hillslope angle on pocket gopher (*Thomomys bottae*) burrow geometry. Oecologia, 125(1): 26-34

Sherrod SK, Seastedt TR. 2001. Effects of the northern pocket gopher (*Thomomys talpoides*) on alpine soil characteristics, Niwot Ridge, CO. Biogeochemistry, 55: 195-218

Simkin SM, Michener WK, Wyatt R. 2004. Mound microclimate, nutrients and seedling survival. American Midland Naturalist, 152(1): 12-24

Singleton GR, Hinds LA, Krebs CJ, et al. 2003. Rats, Mice and People: Rodent Biology and Management. ACIAR monograph 96. Canberra: Australian Centre for International Agricultural Research

Smirnov VS, Tokmakova SG. 1971. Preliminary data on the influence of different numbers of voles upon the forest tundra vegetation. Annales Zoologici Fennici, 8: 154-156

Sonerud GA. 1986. Effect of snow cover on seasonal changes in diet, habitat, and regional distribution of raptors that prey on small mammals in boreal zones of Fennoscandia. Holarct. Ecol., 9: 33-47

Sparks DW, Anderson DC. 1988. The relationship between habitat quality and mound building by a fossorial rodent, *Geomys bursarius*. J. Mammal., 69: 583-587

Steen H, Mysterud A, Austrheim G. 2005. Sheep grazing and rodent populations: evidence of negative interactions from a landscape scale experiment. Oecologia, 143: 357-364

Tattersall FH, Macdonald DW, Hart BJ, et al. 2002. Is habitat linearity important for small mammal com-munities on farmland. Journal of Applied Ecology, 39: 643-652

Wiens JA, Rotenberry JT. 1980. Patterns of morphology and ecology in grassland and shmbsteppe bird populations. Ecological Monographs, 50: 287-308

Wootton T. 1998. Effects of disturbance on species diversity: a multiteophic perspective American Naturalist, 152: 803-825

Zhang WG, Jiang XL, Yan L, et al. 2009. Patterns of change amongst plant functional groups along a successional status of zokor mounds in the Qinghai-Tibetan Plateau. New Zealand Journal of Agricultural Research, 52: 299-305

Zhang Y, Zhang Z, Liu J. 2003a. Burrowing rodents as ecosystem engineers: the ecology and management of plateau zokors *Myos-*

palax fontanierii in alpine meadow ecosystems on the Tibetan Plateau. Mammal Rev. ,33(3):284-294

Zhang ZB,Zhong WQ,Fan NC. 2003b. Rodent problems and management in the grasslandsof China//Singleton GR,Hinds LA, Krebs CJ,et al. Rats,mice and people:rodent biology and management. ACIAR monograph,96. Canberra:Australian Centre for International Agricultural Research

推荐阅读文献

Davidson AD,Detling JK,Brown JH. 2012. Ecological roles and conservation challenges of social,burrowing,herbivorous mammals in the world's grasslands. Frontiers in Ecology and the Environment,10:477-486

Douglas A,Kelt. 2011. Comparative ecology of desert small mammals:a selective review of the past 30 years. Journal of Mammalogy,92(6):1158-1178

Fox BJ. 2011. Review of small mammal trophic structure in drylands:resource availability,use,and disturbance. Journal of Mammalogy,92(6):1179-1192

Perrin MR,Kotler BP. 2005. A test of five mechanisms of species coexistence between rodents in a southern African savanna. African Zoology,40:55-61

Singleton GR,Belmain SR,Brown PR,et al. 2010. Rodent outbreaks:ecology and impacts. International Rice Research Institute

Wolff JO,Sherman PW. 2007. Rodent societies:an ecological and evolutionary perspective. Chicago:University of Chicago Press

第三十九章　草地草害——有毒植物

草地草害是指草地上生长的，对人类主导的畜牧业、农业、景观旅游、生态系统维持等产生危害的有毒或有害植物。草地杂草泛指在各种用途的草地中不希望其存在的所有植物种类；在天然草原上是指那些除了有饲用价值的植物之外，家畜不食或不愿采食，以及采食以后对家畜造成损害的所有植物的总称（邱正强等，2006）。草地草害包括两大类。①草地有毒植物，是当前草地草害最主要的组成部分。有毒植物，顾名思义，即含有有毒物质的植物，一般是指含有有毒化学成分，能引起人类和其他生物中毒的植物（陈冀胜和郑硕，1987）。在自然状况下，这些植物以青饲或干草的形式被家畜采食后，使家畜的正常生命活动产生障碍，从而引起家畜生理上产生异常变化，严重者可导致家畜的死亡（富象乾和常秉文，1985）。②有害植物，是指牲畜不能采食，但对牲畜产生机械伤害的植物。包括少数具有机械伤害作用的杂类草，如桑科的葎草（*Humulus scandens*），是一种一年生的草本植物，牛羊均不采食，但其茎、秆上的勾刺对动物而言，具有较大的伤害作用。鉴于有害植物的数量在草原生态系统中相对较少，破坏作用有限，因而本文将以有毒植物作为草地草害的代表进行论述。

第一节　我国草地有毒植物概况

有毒植物是我国草地生态系统的重要组成部分。当其数量少时，不足以形成危害，但当其在退化草地生态系统中蔓延扩展后，出现有毒植物连片分布，就会导致草地植物群落结构严重退化。当前，我国草原中由有毒植物形成的灾害面积约 3 亿亩，占我国草地总面积的 5%（史志诚，1996），有毒植物对草地的危害日趋严峻。草地的杂草化已经成为继荒漠化之后，导致草地退化的第二大灾害因子（赵宝玉等，2006）。

一、我国有毒植物的种属组成

我国幅员辽阔，植物资源十分丰富，其中有毒植物的种类也非常多。据不完全统计，我国有毒植物 140 余科 1300 余种。目前研究较清楚的有毒维管植物 101 科 943 种。有毒植物种类较多的科主要有：毛茛科（Ranunculaceae）、杜鹃花科（Ericaceae）、大戟科（Euphorbiaceae）、茄科（Solanaceae）、百合科（Liliaceae）、豆科（Leguminosae）、天南星科（Araceae）、萝摩科（Asclepiadaceae）、菊科（Compositae）、罂粟科（Papaveraceae）、芸香科（Rutaceae）、伞形科（Umbelliferae）、荨麻科（Urticaceae）、漆树科（Anacardiaceae）、夹竹桃科（Apocynaceae）等（张桂萍等，2002）。在这些不同的科里，包含了不同的种属组成。对所有有毒植物按属汇总，再将同一科的所有属汇集在一起，以每个科所含属的数目排序，结果显示，豆科、菊科、百合科、天南星科等是有毒植物分布较多的科（表 39-1）。

表 39-1　我国主要有毒植物的科属分布

科名	属数	种数	科名	属数	种数
豆科	52	119	毛茛科	13	87
菊科	19	30	芸香科	13	22
百合科	18	31	萝藦科	12	29
天南星科	17	32	伞形科	11	19
大戟科	15	42	夹竹桃科	11	18
茄科	14	33			

根据草原面积及各地的实际载畜量统计,新疆、西藏、青海、内蒙古、甘肃、四川为我国的六大牧区,除此之外,贵州、黑龙江、宁夏、福建、山西等地也是我国重要的养殖基地。由于我国地域辽阔,各地地理特征不同、生境条件迥异,因而了解不同地区草地生态系统中有毒植物的种属特征具有重要意义。基于此,我们以省、直辖市、自治区为单位,对我国主要草地分布区的有毒植物类群进行汇总(表 39-2)。结果表明,有毒植物的数量、科属分布、主要类群等均存在显著差异。围绕不同地区的有毒植物分布特征开展研究工作,对合理评价有毒植物的危害、开展有毒植物的防治具有重要意义。

表 39-2　我国主要草原区有毒植物的科属种数量及其主要植物类群

省区	科数	属数	种数	有毒植物种类	参考文献
新疆	35	92	166	主要有乌头属(*Aconitm*)、铁线莲属(*Clemati*)、唐松草属(*Thalictrum*)、翠雀花属(*Delphinum*)、龙胆属(*Gentiana*)、藜芦属(*Veratrum*)、白头翁属(*Pulsatilla*)、天仙子属(*Hyoscyamus*)、木贼属(*Equisetum*)、假木贼属(*Anabasis*)植物,以及醉马草(*Achnatherum inebrians*)、黄花棘豆(*Oxytropis ochrocephala*)、小花棘豆(*Oxytropis glabra*)、变异黄芪(*Astraga lusvariabilis*)、曼陀罗(*Datura alba*)、毒芹(*Cicuta virosa*)、凸脉飞燕草(*Consolida rugulsa*)、颠茄(*Atropa belladonna*)等	赵德云等,1997
西藏	18	33	72	种类较多的主要是龙胆科、毛茛科、瑞香科,以及豆科的黄芪属(*Astragalus*)、棘豆属(*Oxytropis*)和黄华属(*Thermopsis*)植物	余永新等,1997
甘肃	78	187	312	主要有瑞香科的狼毒(*Stellera chamaejasme*),豆科的黄花棘豆、甘肃棘豆(*Oxytropis kansuensis*)、小花棘豆(*Oxytropis glabra*),禾本科的,壳斗科的栎属(*Quercus*)植物,毛茛科、大戟科、杜鹃花科、麻黄科、马桑科、龙胆科植物,豆科的黄芪属(*Astragalus*)、百合科的萱草属(*Hemerocallis*)、藜芦属(*Veratrum*)植物,以及蕨类和裸子植物门的某些植物	何毅,2001

续表

省区	科数	属数	种数	有毒植物种类	参考文献
内蒙古	57	162	270	主要为毛茛科(36种)、豆科(29种)、菊科(23种)、百合科(14种)、萝摩科(9种)、唇形科(9种)等的植物	白云龙和张彩凤,1998
青海	16	34	211	以醉马草、狼毒(*Stellera chamaejasme*)为优势种的毒杂草型退化草地多在温性草原类草地上分布。以橐吾属(*Ligularia*)、棘豆属(*Oxytropis*)植物为优势种的毒杂草型退化草地多在高寒草甸类草地上分布,其他有毒植物均混生在各类草地中呈零星相嵌分布	范青慈,2003
福建	28	49	62	以毛茛科、天南星科、大戟科植物为最多,其次是马钱科、石蒜科、百合科、茄科等的植物	张国森,1999
贵州	100	304	480	以豆科、大戟科、杜鹃花科、萝摩科、菊科、天南星科、茄科、芸香科等的植物为优势植物	刘济明,2004
黑龙江	32	70	142	以毛茛科(42种)植物最多,其余是百合科(10种)、大戟科(9种)、豆科(7种)、木贼科(6种)植物和蕨类植物(7种)	张鹏咏,1995
宁夏	31	78	129	主要集中分布于豆科(7种)、毛茛科(21种)、大戟科(5种)、龙胆科(7种)、茄科(4种)、麻黄科(4种)、瑞香科、菊科、萝摩科、蒺藜科、天南星科、百合科等的植物	吴素琴等,2006
山西	68	154	219	主要以毛茛科(10种)、茄科(9种)、蓼科(6种)、豆科(5种)、罂粟科(5种)、大戟科(6种)、萝摩科、菊科、百合科等植物为主	张桂萍等,2002
四川	34	60	92	以棘豆属(*Oxytropis*)、橐吾属(*Ligularia*)植物,以及狼毒、紫茎泽兰(*Eupatorium adenophorum*)等为主	胡延春等,2009

二、我国有毒植物的分布状况

有毒植物主要分布于我国西部地区的典型草地和干旱半干旱地区草地。20世纪80年代初,我国西部草地有毒植物面积约占草原面积的10%。但到了2001年,西部草地有毒植物分布面积已经达到约10 000万hm^2,约占西部草地总面积的32.4%,有毒植物面积每年以3.5%的速度递增(张聪和邹军荣,2002)。进入21世纪以后,由于草地的不合理利用,草地退化面积不断增加,草地毒杂草化的速度也越来越快。其中,新疆有毒植物的覆盖率由20世纪80年代初的<20%,发展到现在的60%以上(张聪和邹军荣,2002)。

四川有毒植物的分布很广,其中阿坝藏族羌族自治州红原县是有毒植物危害最严重的地区之一。1983年全县草地资源调查表明,亚高山平坝草甸草地的地上生物量平均为397kg/亩,植物物种组成为:禾本科占27.7%,莎草科占31.2%,豆科占3.5%,毒杂草占

37.6%。而1998年的抽样测定结果显示:禾本科、莎草科、豆科牧草的比例共计下降了11.6%,每亩平均产草量降低了29kg,尤以优良禾本科牧草和豆科牧草的比例减少最多,其中禾本科牧草下降9.3%,豆科牧草下降1/3以上,而有毒杂草的比例上升至49.2%,有毒植物在草地植物群落中已经占据绝对优势,不适宜发展畜牧业生产(戴良先等,2007)。

20世纪70年代以前,青海三江源地区草畜处于相对平衡状态,草地生态系统保持稳定(景晖等,2006)。根据2005年的调查表明,该地区90%以上的草地出现了不同程度的退化。其中,中度以上的退化草地为$1.25\times10^7hm^2$,约占该区草地可利用面积的60%以上(王启基等,2005),有毒杂草退化面积为$8.5\times10^4hm^2$(李穗英等,2007)。与未退化之前相比,草地单位面积产草量下降30%~50%,优质牧草比例下降20%~30%,有毒有害杂草增加70%~80%,草地植被盖度减少15%~25%,优势牧草高度下降30%~50%,禾草高度下降20%以上(王启基等,2005)。与20世纪80年代相比,青海海北藏族自治州刚察县境内的天然草地初级生产力平均降低了26.24%,植被盖度下降了5%~30%,植被高度降低了4~12cm。2005年,青海海北藏族自治州刚察县全县退化草地总面积达$2.87\times10^5hm^2$,其中毒杂草型退化草地$1.37\times10^5hm^2$(卢华和晏玉梅,2007),占退化草地总面积的47.7%,草地毒草化的趋势日趋明显。

此外,青藏高原的"黑土滩"型草地退化也不容忽视。青藏高原高寒草甸退化草地因裸露的土壤颜色而称其为"黑土滩","黑土滩"形成以高寒原生植被消失、有毒杂草蔓延为表观标志的植被类型(马玉寿和郎百宁,1998)。当前,"黑土滩"退化草地植物种类构成中60%~80%是毒杂草,已完全丧失利用价值(马玉寿和李青云,1999)。因此,"黑土滩"型草地退化也是草地毒草型退化的一种。据资料统计,青藏高原"黑土滩"型退化草地有$1.62\times10^7hm^2$,占青藏高原全区退化草地的32.4%。研究还发现,在退化草地中优良牧草仅占25%,有毒杂草比例高达75%(兰玉蓉,2004)。据20世纪80年代统计,青海"黑土滩"型退化草地为120.14万hm^2,到20世纪90年代中期增加到213.07万hm^2,约增加了77.35%(马玉寿等,1999)。青海达日县1985年"黑土滩"型退化草地面积为$1.68\times10^5hm^2$,到1994年增到$5.75\times10^5hm^2$,平均每年以14.7%的速度递增(范青慈,2000)。四川石渠县1982年"黑土滩"型退化草地面积为$2.0\times10^5hm^2$,到1992年增加到$15.1\times10^5hm^2$,平均每年以22.4%的速度递增,已成为当地牧民发展经济、提高生活水平的严重制约因素(李希来和黄葆宁,1995)。

除了西部草原,在我国东北部的科尔沁草原也有关于有毒植物的相关报道。科尔沁草原位于我国东北部,行政区划上包括44个旗、县、市,总面积27.7万km^2,是我国北方重要的草地资源(高耀山和魏绍成,1984)。据统计,狼毒在科尔沁草地上已经出现集中连片分布,其中在内蒙古阿鲁科尔沁旗已经形成以狼毒为优势物种的植物群落约4万hm^2(黄祖杰和周淑清,1993)。

综上所述,草原的毒杂草化问题普遍存在于我国大部分草地,草地毒草化的问题已经越来越严重。

三、有毒杂草蔓延的人为因素

放牧是人类活动中影响草地生态系统最主要的因素之一,近几十年,我国广大牧区超载过牧的现象日趋严重。据青海黄南藏族自治州泽库县调查资料显示，1988 年全县理论载畜量为 104.9 万个羊单位，1988 年底实际存栏家畜为 149.9 万个羊单位，1998 年实际存栏家畜更是达到 180.24 万个羊单位（惠文森，2001）。1985 年末，青海海晏县每个羊单位占有草地面积 0.52hm^2，而到了 2005 年全县主要牲畜（马、牛、羊）达到 46.25 万头（只、匹），折合为 62.14 万个羊单位，平均每个羊单位仅占有草地面积 0.38hm^2。20 世纪 70 年代以前，青海三江源地区草畜处于相对平衡状态，草地生态系统维持稳定。而到了 20 世纪 80 年代，随着牲畜数量的急剧增加，草畜矛盾日渐突出，超载过牧严重（景晖等，2006），其中超载最为严重是海南藏族自治州，其超载率高达 126.9%（李穗英等，2007）。在内蒙古阿拉善盟，牲畜数量由 1949 年的 28.6 万头（只），发展到 1994 年的 180 万头（只）（马海波等，1996），如此巨大的牲畜数量必然造成我国各地草地生态系统的破坏和退化，为有毒植物种群的爆发提供了广阔的生态位。

在草原生态系统中，过牧或重牧必然会对草地植物群落的结构、物种组成、群落盖度、生物量及土壤理化性质产生负面影响。王玉辉等（2002）通过对松嫩平原羊草草原的研究发现，随着放牧强度的增加，优质牧草所占比例逐渐降低，而耐牧、矮小的植物数量逐渐增加。当达到过牧程度时，这些耐牧、矮小的植物种类也开始逐渐减少，最终被盐生植物所取代。不仅如此，过牧还会降低草地植物群落的地上和地下生物量，增加土壤容重，降低土壤水分含量，劣化土壤营养状况，最终导致土壤盐碱化。草地长期超载过牧的直接后果是导致草地生态系统功能退化，优良牧草种类减少，植株低矮，植被稀疏。代之而起的是草地有毒有害植物和杂类草的大量入侵（戴良先等，2007），如当前狼毒在草地生态系统中的蔓延。狼毒是一种具有发达轴根系的有毒植物，对地下水分、养分具有较强的竞争力，且对过度放牧所形成的不良生境具有较强的适应能力。放牧强度的加大改变了群落中植物种间竞争的格局，狼毒凭借其对不良生境的良好适应能力及较强的他感作用，使其个体数量不断增加，在群落中的比例也逐渐提高。伴随着狼毒盖度的增加，针茅和扁穗冰草等优良牧草的地上生物量、密度、盖度和重要值明显降低，狼毒的相对值呈上升趋势（赵成章等，2004a）。

除了超载过牧之外，人类对草原的利用方式也有其不合理之处。例如，青藏高原高寒草地严重退化，形成“黑土滩”型退化草地，除了超载过牧和鼠类的严重危害外，还有一部分原因在于有些牧民认为“黑土滩”型退化草地耕翻后播种油菜或一年生的栽培牧草（如燕麦），能获得较高的产量，而事实恰恰相反，耕翻后当年和第二年虽可以获得一定的产量，但以后则产量很低。同时由于翻耕后又重新撂荒，土壤质地变得疏松，加上地上植被的缺乏，生态系统自然恢复缓慢，或根本无法恢复，在风力和雨水的冲刷下，逐步荒漠化和沙化（惠文森，2001）。此外，人们对草地药用植物的滥砍乱挖，也对草地造成了严重的破坏，造成草地生态系统退化、毒杂草滋生蔓延。

综上所述，致使有毒杂草滋生蔓延的原因，除了气候变化等自然因素外，最主要的原因在于人类对草地资源的不合理利用。家畜的超载过牧，滥砍乱挖，加之草地管理制度不健全，管护不严，造成草地大面积的退化、有毒植物蔓延。

第二节　我国主要的草地有毒植物

陈冀胜和郑硕 1987 年主编的《中国有毒植物》概括了有毒植物的化学成分及毒理学

研究进展状况。1997 年史志诚主编的《中国草地重要有毒植物》全面反映了我国草地有毒植物研究的全貌,并首次提出毒草灾害的概念。中国幅员辽阔,植物资源十分丰富,其中有毒植物种类之多为世界各国罕见。据陈冀胜和郑硕(1987)统计,中国有毒植物 1300 余种,隶属于 140 科。目前引起大批家畜中毒死亡的重要有毒植物计 19 属 50 余种(史志诚,1996)。在我国 60 亿亩草地上,西部草地是中国有毒植物种类分布较多,且危害严重的主要地区。引起广泛关注的有毒植物主要为黄花棘豆(*Oxytropis ochrocephala*)、小花棘豆(*Oxytropis glabra*)、甘肃棘豆(*Oxytropis kansuensis*)、冰川棘豆(*Oxytropis glacialis*)、紫茎泽兰(*Eupatorium adenophorum*)、醉马草(*Achnatherum inebrians*)、狼毒、毒芹(*Cicuta virosa*)、变异黄芪(*Astragalus variabilis*)、茎直黄芪(*Astragalus strictus*),以及乌头属(*Aconitum*)和萱草属(*Hemerocallis*)植物等(赵宝玉等,2008)。

一、棘豆属植物

棘豆属植物为豆科蝶形花亚科植物,多为草本、半灌木或矮灌木,生境较广。目前全世界约有 300 种棘豆,其中我国约有 150 种,主要分布于甘肃、青海、内蒙古、宁夏、四川、西藏、山西、山东、河北、黑龙江、陕西、新疆等地,受害最重的是青海和内蒙古(汤涛等,2006)。棘豆属中主要有毒物种包括黄花棘豆、甘肃棘豆、小花棘豆、毛瓣棘豆(*Oxytropis sericopetala*)和冰川棘豆。黄花棘豆和甘肃棘豆主要分布于高山草甸草原,局部地区植被覆盖率可达 90% 以上,其生境中土壤类型以黑钙土为主,海拔在 2500m 以上,气候寒冷阴湿,主要见于甘肃、青海、四川和云南的西北及西藏的一些高寒草原(吴达等,2003a)。小花棘豆分布于海拔较低、雨量少、日照强的干旱荒漠草原,如陕西榆林、内蒙古鄂尔多斯市及新疆的一些牧区。毛瓣棘豆主要分布于西藏的日喀则地区。冰川棘豆以西藏的羌塘地区最为集中,主要见于海拔 4500~5300m 的阿里地区,尤以其东南的 3 个牧业县(措勤、改则、革吉)为多(王建华,1993)。

二、黄芪属植物

我国黄芪属植物有 300 多种,目前报道的有毒物种有 17 种,主要包括变异黄芪和茎直黄芪。茎直黄芪主要分布于海拔 2900~4600m 的西藏各地,而变异黄芪则分布于内蒙古的鄂尔多斯市、宁夏的陶乐和甘肃的民乐等荒漠半荒漠地区(吴达等,2003b)。

豆科棘豆属(*Oxytropis*)和黄芪属(*Astragalus*)的若干有毒植物统称为疯草,因动物采食这类毒草后可致其发疯,故把这类毒草称为疯草。疯草是草原生态系统中有毒杂草的一类,国内外广泛分布。疯草被认为是危害家畜最大的有毒植物之一,它不仅可以引起大批的牲畜中毒死亡,而且会影响家畜的繁殖、破坏草地生态系统的稳定性。疯草籽实繁多、根系发达、枝多叶茂,它不仅与优良牧草争地,而且竞争光照、水分和土壤中的养分,导致优良牧草逐年衰退,而疯草生长则愈加旺盛,因此,疯草的数量逐年增多,禾草比例不断缩小,从而导致草地退化。此外,牧民为了牲畜的安全起见,不敢在疯草生长区放牧生产,这也为疯草的生长提供了良好的外界环境,同时造成无疯草生长的牧场利用过度,从而进一步破坏了草地生态系统的植被结构,为疯草等有毒植物的蔓延提供了生态位(吴达等,2003a)。

三、乌头属植物

乌头属植物为毛茛科多年生草本植物。中国约有 167 种。白喉乌头(*Aconitum leucostomum*)生长在海拔 1400~2500 m 的山地草坡或山谷沟边,广泛分布于新疆伊犁、甘肃西北部等地的天然草地,是当地主要毒草之一(郭选政等,1998)。铁棒槌(*Aconitum pendulum*)、川鄂乌头(*Aconitum henryi*)、松潘乌头(*Aconitum sungpanense*)、西南乌头(*Aconitum vilmorinianum* var. *altifidum*)、岩乌头(*Aconitum racemulosum*)、巨苞乌头(*Aconitum racemulosum* var. *grand*:*bracteolatum*)、菱叶乌头(*Aconitum rhombifolium*)、康定乌头(*Aconitum tatsienense*)、伏毛铁棒槌(*Aconitum flavum*)、美丽乌头(*Aconitum pulchellum*)、甘青乌头(*Aconitum tanguticum*)、毛果乌头(*Aconitum tanguticum* var. *trichocarpum*)含乌头碱,具强烈毒性,广泛分布于四川甘孜州、阿坝州、雅安地区海拔 1000~4500m 的草坡与灌丛中(侯众,2000)。露蕊乌头(*Aconitum gymnandodrum*)广泛分布于西藏、四川西部、青海、甘肃南部,生长于海拔 1550~3800m 的山地草坡、田边草地(符华林等,2006)。

四、麻黄属植物

麻黄属隶属于麻黄科,植物的枝茎常含有多种生物碱,其中以麻黄碱为主要有效成分,其次为伪麻黄碱,具有重要的药用价值。中国有 12 种、4 变种,分布区较广,除长江下游及珠江流域各地区外,其他地区皆有分布,以我国西北地区及云南、四川、西藏等地种类较多。研究表明,青海海西地区麻黄属植物共有 7 种,主要有毒危害物种为木贼麻黄(*Ephedra equisetina*),分布于整个柴达木盆地;膜果麻黄(*Ephedra przewalskii*)和中麻黄(*Ephedra intermedia*)分布于格尔木、德令哈、都兰、大柴旦、诺木洪;山岭麻黄(*Ephedra gerardiana*)分布于天峻、格尔木、德令哈;草麻黄(*Ephedra sinica*)分布于乌兰(青海省农业资源区划办公室和中国科学院西北高原生物研究所,1998)。

五、蕨属植物

蕨属植物广泛分布于世界各地,已知的蕨属有毒植物主要是欧洲蕨(*Pteridium aquilinum*)、尾叶蕨(*Pteridium caudatum*)中的某些变种和毛叶蕨(*Pteridium revolutum*),主要危害牛等家畜(史志诚,1997)。牲畜采食过多,极易引起膀胱肿瘤性疾病。1962 年我国首次报道蕨属植物导致家畜中毒事件,在对贵州的屠宰黄牛进行随机检查时发现,其膀胱肿瘤检出率高达 18.74%,为世界上因蕨属植物危害导致发病率最高的地区之一。1980 年陕西汉中地区5 个乡发现受蕨属植物危害的病牛 121 头,死亡 30 头,解剖证实为牛膀胱肿瘤性血尿症(许乐仁,1993)。

六、萱草属植物

萱草属植物为百合科多年生草本植物。有毒物种主要为北萱草(*Hemerocallis esculenta*)、黄花菜(*Hemerocallis thunbergii*)、北黄花菜(*Hemerocallis lilio-asphodelus*)、小黄花菜(*Hemerocallis minor*)等,广泛分布于中国东北、华北地区及陕西、甘肃等地,生长于海拔2300m以下的山坡草地和灌丛之中(史志诚,1997)。根和花中含有大黄酚、大黄酸、天门冬素、秋水仙碱等物质。在早春季节,由于萱草发芽较早,羊常刨食其幼芽和根部,导致羊的瞎眼病发生(孔红,1999)。

七、毛茛属植物

毛茛属属于毛茛科,约250种,多年生草本植物。多具有块茎或须根。花单生或聚生成稀疏的花簇,萼片5枚,绿色;花瓣5枚,黄色或白色,有光泽;雄蕊和雌蕊多数。多生于林间草地、水沟边或山坡林下。我国自华南至东北广大地区均有分布;朝鲜、原苏联远东地区和日本也有。毛茛属植物全草含毛茛苷、小麦黄素、原儿茶酸、木犀草素、白头翁素等毒素,家畜采食后可以造成口腔及胃肠黏膜发炎和肿胀、抽搐等病症(陆平等,2009)。

八、紫茎泽兰

紫茎泽兰又名解放草,为菊科泽兰属多年生草本植物。紫茎泽兰是一种世界性的恶性有毒杂草,原产于南美洲,1935年在云南出现,近年来,在我国西南地区呈蔓延趋势。仅云南的发生面积就超过$3\times10^5km^2$,占全省面积的67%。紫茎泽兰以有性和无性两种方式繁殖,平均每年以10km的速度蔓延,侵占牧场、草地、废荒轮歇地、宜林荒山,入侵经济林地等。并以单优势种群成片生长方式排挤其他植物,对农业、林业、牧业的发展产生很大危害(张无敌,1996)。紫茎泽兰全株有毒,误食后能使牲畜中毒而亡。特别是在20世纪70年代后期,云南由紫茎泽兰引起马哮喘症导致大量牲畜中毒死亡,损失惨重(史志诚,1996)。

紫茎泽兰在云南、贵州、四川、广西、重庆、西藏、广东、湖南、湖北、海南等地均有广泛分布(王林和秦瑞豪,2004)。从海拔看,在海拔600~3000m的地区均有紫茎泽兰的生长(刘伦辉等,1985)。紫茎泽兰具有强烈的他感作用和竞争效应,排斥土著植物,从而对被入侵地的农牧业生产造成毁灭性的打击。紫茎泽兰适生于潮湿地或山坡路旁,有时可依树而上,高度可达2~3m,或在空旷荒野中形成单一群落,是我国的一种恶性外来入侵植物。

九、狼毒

狼毒为瑞香科狼毒属多年生有毒草本植物,主要分布于我国东北、华北、西南地区及宁夏、甘肃、青海、西藏、内蒙古等地(史志诚,1997)。狼毒全株有毒,根部毒性大,花粉剧毒(赵宝玉等,2008)。该植物凭借其对采食、践踏、过度放牧等不良环境所形成的较强适应性,以及对生存空间、水分、养分的良好竞争能力,使优良牧草的生长发育受到抑制,加之家畜的过度啃食而使优良牧草不能恢复。狼毒危害严重的天然草地上,植物群落主要物种的优势地位发生了明显变化,狼毒由伴生种成为优势种,草地由以禾本科牧草为优势种的顶级群落演替为以狼毒为优势种的次生群落,草地生产能力下降,生态系统表现为典型的毒杂草型退化(赵成章等,2004a)。

十、醉马草

醉马草为禾本科芨芨草属多年生草本植物,又名醉马芨芨、醉针茅、醉针草、马尿扫。春季出苗,花果期在夏秋季。以种子和鳞芽繁殖。根系发达,返青早,生长快,耐干旱(尚琰,2005)。醉马草植株高大,分布于 2000~3000m 的高山草地、山坡草地、草丛、高山灌丛。醉马草全草有毒,现已明确,有毒成分主要是禾草内生真菌产生的麦角类生物碱(李春杰,2005)。在干旱缺草年份,牧草返青时,家畜往往采食醉马草充饥(王发刚和贺英彩,2005)。一般在食后 1h 左右出现中毒症状,初期病畜食欲废绝,精神呆钝、流涎、频排稀粪、小便频数、不断伸腰,结膜潮红;中后期腹胀,呼吸急促,心跳加快,流涎增多,蹒跚如醉,甚至出现神经中毒症状(马松江,2008)。

醉马草在我国广泛分布于新疆、甘肃、宁夏、青海、内蒙古、陕西、西藏、四川等地,河北、山东、浙江也有分布。醉马草多生长于高山及亚高山草原、山坡草地、田边、路旁、河滩等地。适生海拔为 1700~4200m,在青藏高原海拔 3000~4200m 的草原上,有时形成大面积单一种群,是草地生态系统中一种恶性的有毒植物。

十一、藜芦

藜芦为百合科藜芦属植物,为多年生草本植物,高 60~100cm,主要分布于黑龙江、吉林、辽宁、内蒙古、陕西、甘肃和新疆等地。藜芦含多种甾体生物碱、介芬碱、伪介芬碱、玉红介芬碱、计莫林碱、秋水仙碱、藜芦酰棋盘花碱,总生物碱含量为 1%~2%。藜芦味辛、苦,性寒,全草有毒。在退化的山地草甸上,藜芦在早春时萌发较早、生长较快,吸引家畜采食而中毒(邢福和王正文,2000)。藜芦碱对黏膜有强烈的刺激作用,且极易被吸收而中毒,家畜表现为呕吐、便血、痉挛、失明、昏迷,直至死亡(彭克美等,2002)。

十二、曼陀罗

曼陀罗属茄科曼陀罗属植物,主要分布于青海省的西宁、海东和黄南等地,生长于海拔 1700~3500m 的草地、田边等较湿地带,为烈毒性植物。全株有毒,以种子毒性最大。曼陀罗主要含食若碱、东莨若碱、曼陀罗素等。各类家畜,特别是仔畜误食其茎、叶、花后均能中毒,主要症状为口干,兴奋不安,腹痛、臌气、呼吸减弱、痉挛等。家畜中毒后应先洗胃、导泻、补液,后对症治疗(范青慈,2003)。

十三、毒麦

毒麦原产于地中海地区,属禾本科黑麦草属,一年生或越年生草本植物。秆成疏丛,无毛,高 20~120cm。叶鞘较疏松,长于节间;叶舌长约 2.7mm,膜质截平,叶耳狭窄。颖果长椭圆形,长 4~6mm,宽约 2mm,褐黄色至棕色,坚硬,无光泽,腹沟较宽。现广泛分布于亚洲、欧洲、非洲、美洲、大洋洲的 38 个国家和地区。在中国,毒麦是伴随进口小麦而无意引种进入境内的,现已在黑龙江、甘肃、陕西、江苏、河南、湖北、云南等 20 多个省区发现。主要混杂在麦种中传播扩散。果实内种皮与糊粉层之间具有形成毒麦碱的菌丝,它是由真菌 *Stromatinia temulenta* 寄生于籽实糊粉层产生的麻醉性毒素,尤以未成熟多雨潮湿季节收获的毒麦毒性更强。当人、畜、禽食用了含毒麦的小麦或面粉,可能引起头晕、恶心、呕吐、昏迷、痉挛等症状(李扬汉,1965)。毒麦是草地生态系统和农田中的一种毒草,也是一种外来入侵草本植物。

十四、加拿大一枝黄花

加拿大一枝黄花又名北美一枝黄花,属菊科一枝黄花属,多年生草本植物,高 1.5~3m,茎直立,分枝少。离基 3 出脉,正面很粗糙。头状花序直径 20~40cm,聚成圆锥状,种子产量多,平均每株植物可产生种子 6000~20 000 粒。是一种原产于北美洲的菊科植物,于 1913 年作为园林花卉植物被引入我国。目前,在我国华东、华中、华北等地区已经发展成为一种广泛分布的有毒杂草,牛羊不食,被列为我国危害最严重的外来入侵种之一。加拿大一枝黄花可生长于草地、农田、公路两旁、住宅四周等,根状茎发达,繁殖力极强,传播速度快,生长优势明显,生态适应性广阔,与土著植物竞争光照、水分和土壤中的营养物质,能够产生他感物质,具有强烈的竞争效应。加拿大一枝黄花所到之处,常常导致其他植物死亡,对我国土著物种的生物多样性构成严重威胁,是我国的一种恶性入侵植物(王玉良等,2009)。

十五、大叶橐吾

大叶橐吾属菊科橐吾属植物,为多年生草本。高 50~105cm,无毛。须根多数,肉质,茎直立。基生叶具柄,长 5~10cm,下部 1/3 常成鞘状,抱茎,多呈紫褐色,上半部有翅,翅宽 6mm,向下渐窄至无,叶片长圆状或卵状长圆形,长 5~17cm,宽 5~9cm,先端钝,偶急尖边缘浅波状齿或锐齿,基部圆,下延于叶柄成翅状叶;茎生叶无柄,叶片卵状长圆形到披针形,大者长大 12cm,宽 6cm,向上渐小成披针形。在新疆布尔津,乌鲁木齐、积木乃、石河子、和布克赛尔、精河、温泉、霍城、库车等地有分布。既可以种子繁殖,又可以克隆繁殖,植物体全株有毒,牛羊不食,近年来由于超载过牧、牛羊选择性采食等原因,大叶橐吾在我国西部草地中的数量不断增长,已经称为西部地区草地的优势物种之一,对草地危害日趋严重,是我国草地生态系统中非常重要的一种有毒植物(潘艳艳和董然,2009)。

十六、其他

对我国草地造成危害的有毒杂草还有杜鹃花属(*Rhododendron*)、夹竹桃属(*Nerium*)、千里光属(*Senecio*)的一些有毒物种,以及蜡梅(*Chimonanthus praecox*)、白苏(*Perilla frutescens*)、假奓包叶(*Discoleidion rufescens*)、蓖麻(*Ricinus communis*)、毒芹(*Cicuta virosa*)、蒙古扁桃(*Prunus mongolica*)、无叶假木贼(*Anabasis aphylla*)等,但对这些物种的相关研究尚待深入开展(史志诚,1997)。

第三节　草地有毒植物的经济与生态意义

草地,不论是一种地理景观,还是植被类型,或是饲养牲畜的天然牧场,它的基本点是一种国土资源。草地在陆地生态系统中不仅是国民经济的重要基础,而且也具有重要的生态功能(杨汝荣,2002)。草地在调节气候、保持生物多样性、防风固沙、涵养水源、保持水土和维护生态平衡等方面的作用是其他自然资源不可替代的(柯明英和徐一建,2008)。由于我国很多地区长期以来对草地资源多采取自然粗放经营的方式,重利用、轻建设,重效益、轻管理,草地资源普遍存在着过度放牧、乱开滥垦的现象。草地退化、沙化、盐碱化面积日益增加,草地生态系统破坏严重,由此而产生的生态问题日益突出(王蕾等,2006)。其中,有毒植物蔓延就是草地生态系统面临的严重问题之一。有毒植物滋生,形成单优势种群,优良牧草的比例不断下降,草地质量劣化、利用价值降低,使草畜矛盾加剧,导致草地的进一步退化(柯明英和徐一建,2008)。但有毒杂草作为物种长期进化的一个组成部分,其在生态系统中的广泛存在也必然发挥了特定的生态功能,是一个非常重要的生态学研究方向,对全面认识有毒植物在草地生态系统中的作用具有重要意义。基于此,本文分别对草地有毒植物造成的经济损失与其提供的生态价值进行论述。

一、有毒植物造成的经济损失

近几十年来,草地毒杂草化的速度越来越快。有毒植物危害畜牧业的发展,家畜误食有毒植物后,轻者表现出厌食、消瘦、采食困难、惊恐等中毒症状,使家畜的健康和生长发育受到影响,严重的导致家畜死亡(戴良先等,2007)。目前,有毒植物在草地中的分布面积不断扩展,导致家畜因误食有毒植物而中毒死亡的数量逐年上升。

1958 年,宁夏南华山马场引种良种马 346 匹,因误食有毒植物死亡 210 匹,1975 年存栏数为 471 匹,到 1980 年仅剩 8 匹,严重影响了畜牧业的引种改良(曹光荣,1988)。1957~1985 年,青海先后有 27 个县(自治县)发生家畜误食疯草中毒事件,死亡牲畜总数达 5. 5 万头(吴达等,2003b)。在 1976~1979 年,西藏共有 28 个县(自治县)发生家畜误食茎直黄芪中毒事件(林克忠,1988),中毒家畜 116 752 只(头),死亡 46 630 只(头)(鲁西科等,2000)。甘肃民乐县 1976 ~ 1978 年因家畜误食变异黄芪而导致中毒家畜 1117 只,死亡 1098 只,死亡率 98. 2%(史志诚,1997)。云南部分地区自 20 世纪 70 年代后期,由紫茎泽兰引起马哮喘症而导致大量牲畜中毒死亡,其中 1974 年死亡马匹 4. 5 万匹;

1979 年发病 5015 匹,死亡 3486 匹(史志诚,1996)。内蒙古阿拉善盟荒漠草地在20 世纪 90 年代,平均每年因牲畜误食毒草而导致中毒的家畜达 30 万头(只),死亡牲畜3 万头(只),经济损失巨大(陈善科和萨仁,1992)。

根据近 50 年的相关资料,总结草地毒草对我国畜牧业造成的经济损失(表 39-3),可知近年来我国广大草原地区有毒杂草分布面积日趋扩大,毒草蔓延趋势越来越严重,牲畜采食中毒死亡数量不断上升,给我国畜牧业的发展带来重大的经济损失。

表 39-3　草地毒草对我国畜牧业造成的经济损失汇总

时间	省区	毒害发生地区	经济损失/万元	经济损失总计/万元	参考文献
20 世纪 60 年代及以前	宁夏	海原县	433.50	1 873.50	曹光荣,1988;马海波等,1996
	内蒙古	阿拉善左旗	1 440.00		
20 世纪 70 年代	西藏	日喀则市、山南地区、那曲地区,拉萨市、昌都地区等地	4 241.05	18 958.49	鲁西科等,2000;史志诚,2005;林克忠,1988;史志诚,1996
	甘肃	民乐县	32.94		
	宁夏	海原县	138.90		
	云南	41 个县	14 545.80		
20 世纪 80 年代	甘肃	天祝藏族自治县、肃南裕固族自治县	2 274.69	4 476.15	肖志国等,1990;纪亚君和王柳英,2004;黄荣福和沈颂东,1998;王建华等,1998
	青海	泽库县、共和县、湟源县	701.46		
	西藏	改则县、革吉县、曲松县	1 500.00		
20 世纪 90 年代	青海	海南藏族自治州、海北藏族自治州、黄南藏族自治州、玉树藏族自治州	1 390.00	11 372.00	黄荣福和沈颂东,1998;王建华等,1998;穆罕默德·阿不来提和程宏伟,1999;马海波等,1999
	西藏	革吉县、改则县、措勤县	3 444.00		
	新疆	哈密地区	28.00		
	内蒙古	阿拉善左旗	6 510.00		
2000~2006 年	西藏	阿里地区、山南地区、那曲地区、昌都地区	3 433.82	8 788.82	姚海潮等,2007;黄立铭,2006;谭成虎,2006;董强等,2003;仲永生等,2007
	青海	黄南藏族自治州、玉树藏族自治州、治多县	2 250.00		
	甘肃	天祝藏族自治县、肃南裕固族自治县、民勤县	405.00		
	内蒙古	阿拉善左旗、阿拉善右旗、额济纳旗	2 700.00		

注:①经济损失统计是以文献报道年代数据的总计;②损失折算,羊及未标明牲畜种类的按每只 300 元计算,马每匹按 3000 元计算

长期以来,由于对草地毒草危害未引起足够的重视,加之缺少有效的治理技术和成熟的配套措施(赵宝玉等,2008),致使我国草地生态系统中有毒杂草的危害现状十分严峻。据不完全统计,中国天然草地有毒植物危害面积约 $3.33\times10^7hm^2$,主要分布于我国的西部地区(刘宗平,2006),约占我国天然草地总面积的 5%。

草原毒草化,容易引起牲畜的大量死亡,对我国的畜牧业造成巨大的损失。西藏自治区农牧厅调查显示,2001 年全区 28 个县(自治县)发生过家畜误食疯草中毒事件,中毒家

畜达101 329头(只),其中死亡46 630头(只),占发病总数的39.90%。阿里地区东部3个牧业县,因棘豆中毒死亡的牲畜总数在53万只(头)以上,损失超过6000万元。这些地区因疯草所造成的损失占到当年收入的28%以上(王建军等,2007)。山南地区因采食茎直黄芪(*Astragalus strictus*)中毒的家畜占该地区全年死亡家畜总数的39.94%。乃东县地新和曲德贡乡,发病羊只占50%,死亡率占48.9%,造成的经济损失超过雪灾和疫病(王建军等,2007)。

截至2005年,内蒙古阿拉善盟共有$1.39\times10^6hm^2$草地的有毒植物对畜牧业造成危害,其中严重危害面积达$6.76\times10^5hm^2$,已造成13.44万头牲畜中毒(张生民等,1981)。内蒙古乌审旗草原出现$1.13\times10^5hm^2$有毒植物分布,其中严重发生面积达$8\times10^4hm^2$。新疆《草地虫鼠害情报》报道伊犁草原毒草成灾的面积已超过300万亩,拥有5000多万亩草地的伊犁草原已有1/3受有毒植物侵害。截至2008年7月底,新疆阿勒泰地区2008年发生毒害草危害面积1679万亩,其中严重危害面积1000万亩,已有1200头牛因误食毒草中毒死亡,直接经济损失700万元。因而,当前我国毒草严重影响畜牧业发展和草原生态平衡,有毒植物的危害形势已经十分严峻。

二、有毒植物的生态功能

有毒植物在自然生态系统中,不仅对牛、羊等家畜造成危害,导致经济发展的受损,同时也具有多种生态学功能,对草原生态系统的维持与稳定发挥了重要作用,主要表现在如下几个方面。

(一)维护生物多样性

有毒植物是天然草地生物多样性的组成部分之一,维持着特定环境的草地生态平衡(范青慈,2003)。一般来说,草原生态系统中的植被以禾本科、豆科和莎草科植物为主,其他植物只占很少一部分,这样的生态系统结构简单、物种组成单一,而有毒植物恰是对单一化生态系统的补充,是受损草原植被恢复的起点(张无敌和刘士清,1995)。以狼毒为例,狼毒是草原生态系统中著名的有毒杂草,其对家畜的危害性相当大,但是狼毒在草原生态系统中出现的初期并不会对周围的禾本科植物造成伤害,不足以对禾本科牧草构成竞争,之后随着狼毒生物量的增加,狼毒与牧草种间竞争逐渐产生,而狼毒凭借较强的适应性,占据较大的生存空间,在竞争中处于优势地位;相反,禾本科牧草的优势被削弱,重要值逐步减小,而狼毒的重要值逐步增加,群落的多样性指数、均匀度指数提高,密度、盖度达到最大值(赵成章等,2004b)。这说明当有毒植物出现以后,草原生态系统的生物多样性增加,系统的抗性提升。从生物多样性的角度来看,除了作为基因库的价值之外,有毒植物在生态系统及生态系统之间能量和物质的转移方面均起着重要的作用。很显然,同样大小面积的土地,人类要求的植物在没有任何杂草干扰的情况下所获得的物质和能量,绝不可能等于作物和杂草所得物质和能量的总和,而是小于(张无敌和刘士清,1995)。

(二) 维持生态系统结构与功能的稳定性

草地生态系统的可持续性和草地生产力的维持在很大程度上依赖于草地植物群落的物种多样性,物种多样性较高的草地群落对放牧扰动的抵抗力较强,草地退化速率较缓。可见,特定资源生产力水平下草地群落固有的物种多样性,是保持草地稳定和健康发展的基础,对草地生产力和稳定性的维持极其重要(邱波和罗燕江,2004)。毒杂草型退化草地不同于其他类型的退化草地,没有表现出地表裸露、植物蓄积量减少、水土流失等退化特征(赵成章等,2004a)。以狼毒为主要有毒植物的退化草地来说,狼毒为多年生中旱生草本植物,具有很强的抗旱能力和竞争力。在气候极为干旱的条件下,其他草本植物叶片干枯死亡时,狼毒却无明显脱水现象。另外,狼毒根系发达,地上丛生枝条多,种子生命力较强(邢福和王正文,2000),在防风固沙、涵养水源、遏制草地退化、降低沙化进程中起着积极有效的作用,特别是在已形成次生裸地的退化草地,毒杂草往往作为先锋植物首先定居于该区域,形成以有毒植物为优势物种的植物群落,增加草地盖度,减少水土流失(范青慈,2003)。

草地有毒植物在青藏高原生态系统极为脆弱的环境下,维系着草地生态环境的平衡。虽然在以放牧为主要生产手段的畜牧业生产中,草地有毒植物给畜牧业生产带来极大的危害、造成重大的损失。但作为世界第三极的青藏高原,其生态环境保护问题更为世人所瞩目,境内的江、河、湖泊依赖着绿色草地的涵养,草地植被是重要的草地生态屏障,草地有毒植物具有丰富草地物种的多样性,恢复裸地植被的功能(范青慈,2003)。因此,要正确认识草地有毒植物在草地生态平衡中的地位。

草地有毒植物的出现是草地植被长期逆向演替的产物,毒草和其他植物物种相比更能忍受和适应逆境条件,它们的共同特点是抗旱性强、抗寒性强、抗病虫害强、耐风沙、耐贫瘠,恶劣环境中亦能旺盛生长,有粗长的主根和发达的根系。因此,从草地生态学角度来看,有毒植物是草地生物群落的重要组成部分,对于防止恶劣气候条件下的草地退化及低质草地的进一步沙化有着重要而特殊的意义(赵宝玉等,2008)。

从生态学的角度而言,有毒植物的出现是对受损生态系统的补偿,是恢复植被的开始,有毒植物能够起到保持水土、减少阳光对地表土的直射、降低土壤水分蒸发的作用。因此,有毒植物是草地恢复的先锋物种。有毒植物作为草地生态系统中的初级生产者,存在以下优点:

(1) 固定土壤,防止水土流失;

(2) 改善土壤理化性状,增加土壤有机质;

(3) 减少田间空地漏光,提高光能利用率,活化蓄积土壤养分;

(4) 连接食物链,防止生态网络断裂;

(5) 保护天敌,抑制病虫害;

(6) 提供天然食物、饲料、中药、燃料等;

(7) 是非常重要的资源库和育种基因库;

(8) 可以吸收废气 SO_2,吸收 CO_2、制造 O_2,能够吸滞烟灰和粉尘,减少空气中的细菌数量,净化污水等。

（三）促进动植物的协同进化

协同进化是指一个物种（或种群）的遗传结构由于回应于另一个物种（或种群）遗传结构的变化而发生的相应改变（王德利，2004）。近年来，人们对协同进化概念的外延又有了扩展，协同进化泛指生物与其所处生态环境及不同生物之间在漫长的演化过程中所形成的相互依赖和相互制约的关系，这一广义的协同进化理论越来越受到重视并被普遍接受，相关研究已经深入到遗传学、进化生物学、分类学、发育生物学和生态学等不同学科领域，正在成为现代生命科学研究中新的热点之一（孟艳芬和郭宪国，2007）。有毒植物在长期进化过程中，产生和分泌具有毒害作用的化学物质，具有抑制或驱避采食动物，进行化学防御的功能，这是促进生物协同进化的一个重要因素（黄天芳，2007）。研究发现，植物在采食动物取食的选择压力下，为了自身的生存，会在次生代谢过程中产生具有防御作用的有毒物质，这些物质的存在一方面降低了植物的适口性，另一方面也对采食动物的生理机能产生负效应，进一步抑制了采食动物对该植物的采食。与此同时，采食动物为了自身生存的需要，必然要进行采食行为，为了避免受到毒素的伤害，采食动物也不断进化出新的适应机制：①不断提高自身的耐受能力；②诱导产生能够分解毒素的酶类物质，从而将有毒物质进行分解；③利用植物的有毒物质作为前体，合成动物体内的次生代谢产物；④有些动物将摄取的有毒物质储存于体内，作为自身的保护机制（康乐，1995）。由此可见，物种间的这种产生有毒物质与分解有毒物质的斗争推动了采食者与有毒植物之间的协同进化，有毒植物的存在为开展相关领域的研究工作提供了适宜的研究材料。

（四）有毒杂草可以作为草地严重退化的标志

有毒杂草的出现和危害性在一定意义上也指示着人类对生态环境的破坏程度，这种指示正好反映出自然生态系统的自控调节平衡。研究发现，在放牧过重的退化草地上，狼毒、苦参（*Sophora flavescens*）、砂引草（*Messerschmidia sibirica*）和披针叶黄华（*Thermopsis lanceolata*）等有毒植物常常大量生长（邢福和王正文，2000）。在世界范围内，杂草侵害通常是降低优良草地生命力的主要标志之一。有毒植物大量蔓延的主要原因是草地经营管理不善，牲畜数量大幅度增加，草地严重超载过牧，优良牧草被过度啃食，有毒植物乘机大量滋生，毒草的增加也是草地严重退化的重要标志（赵成章等，2004b）。一些地区采取挖除毒草的方法可以减少家畜中毒的机会，但后果是草地进一步沙化；有毒植物造成畜牧业巨大损失的原因多种多样，但人为不合理的利用草原造成生态环境破坏无疑是一个重要原因（王鲁和许乐仁，2002）。

有毒植物作为草地生态系统中的重要组成部分，可以维护生物多样性，使得单一的生态系统复杂化，提高生态系统的抵抗能力。有毒植物可以维持生态系统结构与功能的稳定性，固定土壤，防止水土流失；改善土壤理化性状，增加土壤有机质；减少田间空地漏光，提高光能利用率，活化蓄积土壤养分；在连接食物链，防止生态网络断裂；保护天敌，抑制病虫害；提供天然食物、饲料、中药、燃料及育种基因库等方面发挥着重要的作用。有毒杂草可以促进动植物的协同进化，提高草原生态系统中动植物的抵抗能力。有毒杂草还可以作为草地退化的标志。总之，必须提高对有毒植物的认识，客观地分析有毒植物，合理利用有毒植物,使其更好地为人类服务。

第四节 草地有毒植物的研究进展

当前,有关草地有毒植物的研究已在全球范围内广泛开展,主要集中在以下两个方面。其一,草地有毒植物对放牧家畜的毒理学效应,包括家畜的生理、病理、行为、繁殖等,其主要研究对象是受有毒植物危害的动物体;其二,草地有毒植物的资源化利用,其主要研究对象是有毒植物植株,研究内容主要集中在利用有毒植物生产生物农药,利用有毒植物的药用价值、营养价值等方面。

一、草地有毒植物对放牧家畜的影响

植物毒素是造成畜牧业发展重大损失的重要原因,仅巴西每年就有100万头牛因为食用有毒植物而死亡(Tokarnia et al.,2002)。在自然生态系统中有超过1000种有毒植物,有些植物在其整个生活史过程中全株有毒,而另外一些只在特定的时间条件下才产生有毒物质。因而开展有毒植物对放牧家畜的致毒效应研究,对于揭示有毒植物的致毒机理,开展家畜毒害的防治具有重要的指导意义。

(一)对动物心脏的毒害

有毒植物对家畜心脏的危害作用主要包括两类:一是造成动物心脏跳动的突然停止,使动物迅速死亡;二是慢性毒性特征,如心脏肌肉细胞的纤维化。其中导致心脏突然停止,引起动物死亡的毒害作用是牧区动物死亡的主要因素,占所有家畜非正常死亡的50%(Tokarnia et al.,2002)。研究发现,有毒植物在牲畜采食中的含量达到低剂量(0.6~2g/kg)或中剂量(5~20g/kg)条件下,健康的牲畜能在采食后几分钟倒地死亡。分析原因可能为有毒植物所含有的次生代谢物质对心脏的活动机能产生影响,导致正常心跳功能的停止,从而引起动物死亡。而有关慢性中毒致死的研究尚待深入开展(Nascimento,1991)。

(二)对家畜消化道的毒害

有毒植物对家畜消化道方面的毒害作用主要表现在对消化道机能的损伤,如菊科的*Stryphnodendron coriaceum*,鸢尾科的旱地菊(*Baccharis megapotamica*)(Jarvis et al.,1988)、*Sisyrinchium platense*,商陆科的*Phytolacca decandra*和大戟科的蓖麻(*Ricinus communis*),都会对家畜消化道的机能产生伤害。

(三)对肝脏的毒性效应

家畜在长期采食有毒植物后,会对其肝细胞产生毒害作用。研究发现,这些作用的产生不是短期效应的结果,短期采食不会产生不利影响。但在长期多次采食条件下,就会对肝细胞产生危害,如导致肝硬化的产生。研究发现对肝细胞产生危害的植物主要集中在以下4个科：茄科、菊科、紫草科和豆科。野外实验研究表明，*Cestrum laevigatum*、*Cestrum parqui*、*Cestrum corymbosum* var. *hirsutum*、*Cestrum intermedium*、*Sessea brasiliensis*、*Vernonia rubricaulis*、*Vernonia mollissima*、*Xanthium cavallinesii* 等植物均对动物肝细胞具有毒害作用（Kudo et al.，1985；Medeiros et al.，2000）。

（四）对肾脏的致毒效应

使君子科（Combretaceae）的 *Thiloa glaucocarpa* 是这类有毒植物的典型代表，*Thiloa glaucocarpa* 主要是对牛的肾细胞产生危害。在早春季节，由于该植物发芽较其他植物为早，家畜为了采食新鲜嫩叶，因而常常出现牛、羊对该植物的采食作用，导致中毒效应的产生。饲喂实验结果表明，在饲喂剂量达到5.6~20.0g/kg，饲喂期为3~30天的条件下，随着饲喂剂量的增加、饲喂期的延长，家畜肾细胞的中毒效应越来越明显（Tokarnia et al.，1981）。

（五）导致神经紊乱

研究发现，有毒植物导致动物发生神经紊乱的现象时常发生，但相对而言，这些毒害作用的危害性相对较低，一般只是在短时间内导致动物的生理、行为和行动发生异常，但很少导致家畜的死亡。而且，导致神经紊乱的现象一般很少单独发生，其危害作用多与其他的生物学性状相伴发生（Tokarnia et al.，2002）。

（六）导致肌肉的衰弱和坏死

这类有毒植物对家畜的危害主要表现在对家畜四肢运动性肌肉的危害作用，也有部分植物的毒素同时会对心肌细胞和肝细胞产生毒害作用。豆科蝶形花亚科的望江南（*Cassia occidentalis*）是一种广泛分布于热带和亚热带的植物物种。采用其种子作为饲料添加物研究发现，在饲喂剂量为10g/kg的条件下，饲喂24h之后即可表现出中毒症状，连续饲喂5~6天可导致牲畜的死亡（Bailey，1984）。

（七）导致过敏反应

在自然生态系统中，直接由有毒植物导致的过敏反应相对较少。更多的过敏反应是由于这些植物与其他的生物共同作用，或者是牲畜食用这些植物之后，通过其体内的消化吸收和生理生化反应，而产生间接作用的结果。例如，禾本科的 *Brachiaria decumbens* 在和真菌 *Pithomyces chartarum* 共生之后，能够产生对家畜具有过敏反应的物质，导致动物发病（Smith and Miles，1993）。

（八）导致骨骼钙化

有毒植物导致的钙化作用主要表现为牲畜在采食有毒植物之后，其消化系统对矿质营养的吸收不均衡，导致动物肌体受到伤害。一般而言，有毒植物导致的骨骼钙化现象是一个慢性致毒作用，而且多对1~2龄的幼畜影响较大，这些症状的表现周期一般较长，常常在采食后1~2个月才能表现出来(Barros and Gimeno,2000),但一般这种危害性不会导致家畜的死亡,而仅仅表现为家畜个体的生长受到抑制,家畜个体矮小、瘦弱。

(九)降低家畜繁殖力

目前,关于有毒植物对家畜繁殖特性的研究集中在对胎儿流产的影响。目前有关这方面的研究已经发现,含羞草亚科的 *Stryphnodendron obovatum*、金虎尾科的 *Tetrapterys multiglandulosa*、*Tetrapterys acutifolia*、*Ateleia glazioviana* 都已经被证实能够导致奶牛的流产(Cox,1978)。

(十)氰化作用

氰化作用是指某些植物具有的能够产生氢氰酸的生理生化过程。氢氰酸是一种剧毒的次生代谢物质,对特定的植物体而言,具有保护作用,但对采食的家畜而言,则具有非常不利的影响。典型的代表植物为大戟科木薯属(*Manihot*)植物,其合成的氢氰酸能够导致家畜死亡(Conn,1978)。

由有毒植物导致的牲畜病理的特征反应还有很多,如导致溶血反应、硝酸盐/亚硝酸盐反应、草酸盐反应等。鉴于有毒植物的多样性及其作用机理的复杂性,目前有关有毒植物毒害作用的研究大多集中在其表观特征方面,而对有毒植物致毒机理方面的研究尚待深入,相关的生理生化作用过程尚未完全阐释清楚,因而需要加强本领域的研究,为减轻毒杂草的危害作出贡献。

二、草地有毒植物的资源化利用

有毒植物作为草地的组成成分之一,虽然会对畜牧业的发展产生危害作用,但鉴于有毒植物体内存在特异性的次生代谢产物,以及有毒植物自身的生长特性,如何合理的利用有毒植物,已经成为草业科学相关领域的一个热点问题,围绕资源化利用有毒植物的研究成果不断涌现。

(一)开发新型药材生产

有毒植物服用剂量小就能产生较强的毒性反应,显示了其所含毒素活性成分的高效性。因而在当今植物化学领域,许多学者提出针对有毒植物所含毒素的作用机理。采用合适的生物化学机制,利用有毒植物的次生代谢产物,或对其结构进行适当改造,从而为人类生产出高效的新药、特效药(Molyneux et al.,2007)。目前,国内外的学者已经围绕本目标开展相关的研究工作,以期从有毒植物中筛选出高效的药源先导物(Agra et al.,2007)。

当前,研究人员已经从有毒植物体内分离出植物毒素1000多种,其中绝大部分属于次生代谢产物,有少数为非蛋白质氨基酸。有毒成分中非蛋白质氨基酸占5%,生物碱占10%,半萜类占1.8%,二萜类占5%。说明植物产生的有毒成分是一个丰富的资源库,作为药源先导物研究开发前景广阔。通过对有毒植物的致毒机理研究发现,有毒植物可以对人体各种器官、组织、细胞产生生物学、化学和物理作用，引起其机体损伤、功能障碍、导致突变等各种不良反应(Agra et al.,2007;王秦勇,2006)。同时，也可以利用这些机理，开展新药的开发研究。

(1) 精神性中毒作用　有毒植物中的植物毒素作用于中枢神经系统，如曼陀罗、洋金花(*D. metel*)、天仙子(*Hyoscyamus niger*)等，在阐明这些植物毒素的中毒机制后，可研究开发适用于中枢神经系统的药源先导物，如麻醉药、镇静催眠药、镇痛及中枢神经兴奋剂等(Molyneux et al.,2007)。

(2) 神经系统中毒作用　导致神经系统中毒作用的有毒植物一般有以下几种方式：①以某种化学结合方式干扰神经触头传输过程；②改变神经递质或神经调控物质的正常水平；③对受体的直接作用；④影响生物膜上离子分布浓度等。根据植物毒素对神经系统传递过程不同环节的影响，可开发出相应的新型药源先导物，如各种受体、激活剂或阻断剂、离子拮抗剂等(王秦勇,2006)。

(3) 呼吸系统中毒作用　呼吸系统中毒主要是呼吸麻痹作用。有的是外用性的，如箭毒生物碱是*N*-胆碱受体阻断剂阻断受体与乙酰胆碱结合，破坏神经冲动信息，引起肌肉松弛、麻痹，使呼吸肌受到相同作用，提示箭毒生物碱可开发为肌肉松弛剂。氰苷也具有利用价值，小剂量的苦杏仁苷有呼吸镇静作用，使呼吸运动趋于安静而镇咳，而大剂量则导致呼吸麻痹中毒，对此类有毒植物的毒性成分可考虑开发呼吸、镇静、止咳、肌肉松弛药等相关药物(Agra et al.,2007)。

(4) 免疫系统中毒作用　主要作用于免疫系统，引起过敏性变态反应或抑制免疫系统的一些环节，从而引起免疫功能低下。植物免疫过敏抗原，对于有过敏反应的人自然要避免接触，但是对于其他不产生过敏反应的人，这类有强烈生理作用的物质，能否对一些疾病有治疗作用尚待研究(王秦勇,2006)。

(二) 开发生物农药

有毒植物的毒害作用不仅表现在对家畜的危害，而且这些植物体内所含的毒素有很多具有杀虫抑菌的功效，利用有毒植物生产无公害的植物杀虫剂，用于农田、菜地、果园害虫的防治，以达到资源化利用的目的，是当前生物农药的主要发展方向之一(Orozco and Lentz,2005)。包括如下几个组成部分。

(1) 利用有毒植物所含的化学气味，达到对昆虫的驱赶作用，如薄荷(*Mentha haplocalyx*)、花椒(*Zanthoxylum bungeanum*)、香薷(*Elsholtzia ciliata*)等。

(2) 利用植物毒素对病害的防治效果，生产有效的杀菌剂、抗病毒制剂等，用于作物真菌病、细菌病和病毒病的防治。例如，大黄属植物(*Rheum* spp.)、连翘(*Forsythia suspensa*)等所含有的次生代谢产物就具有以上功效。

(3) 利用有毒物质对昆虫采食的抑制效应，将有毒制剂喷洒在作物表面，达到抑制昆虫采食的目的，保护农作物的生产。例如，从柑橘(*Citrus reticulata*)、蓼属(*Polygonum*)植物、酒饼叶属(*Desmos*)植物等体内提取的有机化合物就具有以上功效。

(4) 生产可使昆虫绝育的植物毒素。例如，从喜树属(*Camptotheca*)植物中提取的喜树碱，从肉桂(*Cinnamomum cassia*)中提取的肉桂油等均具有以上功效。利用有毒植物发展生物农药生产具有广阔的应用前景。

(三) 有毒植物的生态效应研究

当前,有毒植物集中分布的地区大多是生态环境较恶劣的干旱、半干旱、沙化、高海拔、土壤盐渍化严重的地区,这些地区有毒植物类型多样,虽然这些有毒植物在当地草地植被中所占比率较高,降低了草地质量,对畜牧业经济的正常发展产生一定的危害性。但鉴于这些有毒植物生活的生境条件恶劣,与优良牧草相比,当地有毒植物根系发达,叶丛茂密,叶层盖度大,具有耐旱、耐寒、耐贫瘠、抗病虫害、返青早、生长快、多种子、多分枝、生命力强等特点,在防风固沙、防止草原荒漠化、防止水土流失等方面有其超强的适应能力。因此,在当地的草原保护过程中,不适宜采用简单的灭除方法除掉这些植物,而应该把更多的研究投入到有毒植物的开发利用上。将有毒植物脱毒后变为可食牧草或开发其药用价值,化毒为利,避免人工挖除和化学灭除所造成的水土流失及环境污染,对减缓草地的破坏与退化、维护草地生态平衡具有巨大的社会、经济和生态效益。应该认识到在青藏高原等生态环境脆弱地区,应重点发挥有毒植物的生态保护价值,其生态学效益比放牧利用的价值更高,条件成熟的时候应该退牧还草和禁牧,归还天然草地一个本来的面貌,减少人为因素的干扰。改变利用方式、科学地利用草地有毒植物、变害为宝、变不利为有利,在人类生态保护意识越来越强的今天,在合理改善受损和退化草地脆弱的生态环境和保护好天然植被后,再对有毒植物进行开发利用,是达到人与自然长期和谐共处的客观需要。

(四) 有毒杂草潜在的经济价值

研究表明,部分有毒植物含有丰富的营养成分,是一种潜在的牧草资源。因此,依据有毒植物对动物的易感性差异,可采取改良畜种结构来降低有毒植物的危害;有些有毒植物属于季节性有毒,则可集中在无毒季节进行放牧;有些有毒杂草经过脱毒或青贮后,毒素物质被降解,可以直接饲喂家畜。例如,疯草粗蛋白含量为 11% ~ 20%,和优良苜蓿相当,可根据当地的实际情况选择性地采取间歇饲喂、日粮搭配、去毒利用、生态系统控制工程、疯草毒素疫苗预防注射、添加解毒剂等措施来加以利用(赵宝玉等,2008)。因此,从营养价值的角度而言,开展有毒植物的潜在经济价值研究具有重要意义,目前相关的研究工作已经开展,并取得了一定的成果。例如,围绕棘豆的开发利用,相关的研究结果见如下介绍。

(1) 棘豆的营养价值分析　棘豆虽然有毒,但它是一种多年生豆科草本植物,具有豆科牧草普遍具备的高营养特点。分析结果表明,青干棘豆草营养价值普遍高于可食青干野山草和青干燕麦草,更高于牧民冬季储备的、用于饲喂家畜的小麦秸秆的营养价值,与优质苜蓿青干草营养价值相近。这是棘豆可开发为家畜饲料,利用棘豆实施生态工程控制的重要条件和依据(李建科,2003)。

(2) 开发为羊饲料的研究　在小花棘豆研究方面,采用 0.29% 的工业盐水浸泡 24h,捞出后再用水清洗,晒干后,以 40% 的量加入饲草,饲喂山羊和绵羊,或加入 40% 未经处理的小花棘豆,以每饲喂 15 天停 15 天的间歇饲喂法饲喂山羊,可饲喂四五个月而不引起中毒。冬春补饲实验表明,用酸水脱毒小花棘豆补饲山羊、绵羊,平均每日每只补饲 0.3kg,补饲 125 天,用间歇法补饲山羊,平均每只每天补饲 0.3kg,补饲 120 天,效果不亚于用同量草木樨补饲的对照山羊。采用水浸泡2~3天去毒或每2周间歇采用未经去毒的黄花棘豆饲喂山羊,可饲喂70天而不出现中毒症状(李建科,2003)。

(3) 开发为牛饲料的研究 采用对棘豆不敏感的牦牛,分全量组(100%棘豆)、半量组(50%棘豆,50%普通草)和对照组(100%普通草)饲喂牦牛,经3个月实验,两实验组牦牛均无中毒表现,SGOT、SGPT及各项血液指标正常。用脱毒小花棘豆补饲土种牛,每日每头3kg,对照组补饲同量草木樨,饲喂94天,两组增重效果相近。对黑白花奶牛的补饲实验表明,实验牛每头每日补饲经稀盐酸水浸泡去毒的小花棘豆草粉3kg代替同量原饲料中的芦苇草粉,于围产期产前14~24天开始饲喂,共饲喂100天,结果除SGOT升高外,无一例出现中毒,乳脂率与该厂其他牛相同,奶中不含生物碱,无异味(李建科,2003)。

(4) 开发为猪饲料的研究 李建科在兰州种猪厂进行了良种猪添加甘肃棘豆草粉的肥育实验。结果表明,肥育的3阶段(20~35kg、35~60kg、60~90kg),分别以5%、7%、9%配入配合饲料,对照组以同阶段同剂量配入苜蓿草粉(常料成分),直至肥育出栏,实验组不产生任何不良反应,屠宰检查,肉质正常。用酸水脱毒处理的小花棘豆草粉对土种架子猪的肥育实验表明,实验组每日每头补饲0. 5kg,对照组每日每头补饲0. 5kg草木樨粉,经75天实验,实验组无中毒症状出现,增重效果与对照组相近(李建科,2003)。

三、结语

草地有毒植物的出现是草地植被长期逆向演替的产物,有毒植物和其他植物物种相比更能忍受和适应逆境条件,它们的共同特点是抗旱、抗寒、抗病虫害、耐风沙、耐贫瘠,恶劣环境中亦能旺盛生长,有粗长的主根和发达的根系(赵宝玉等,2008)。我国的有毒植物种类繁多,分布范围很广。现阶段我国有毒植物的危害已经十分严峻。由于外界环境因素和人类对自然资源的不合理利用,如超载过牧、开荒等,造成了草地退化和草地毒草化。草地毒草化不仅使草地优良牧草的数量减少,还破坏了草地生态系统,而且会降低草地的生产力,导致牲畜采食有毒杂草后大量死亡,直接影响畜牧业的可持续发展,给人民生活带来巨大的经济损失。

有毒植物对我国草地生态系统的危害已经十分严峻,但现在对有毒杂草灾害的治理尚没有一个有效的办法。以往采用的人工挖除和焚烧的缺点是破坏草地植被,造成草地沙化、退化和水土流失;化学灭除的缺点是缺乏特异性,对毒草和其他可食牧草都具有杀灭作用,而且大面积使用可造成环境污染;生物防治由于各物种间的关系错综复杂,如果安全性评价体系不完善,一旦系统外物种引入,很容易导致生物入侵,将会引起难以预料的后果(赵宝玉等,2008)。因此,对待草地毒草化应该以预防为主,坚持可持续发展的原则,实行科学管理,适度发展人工草地,建立牧业生产新体系,合理的利用草地资源。总之,对草地有毒植物的治理要坚持科学发展、适度规模、统一规划、综合治理的原则。

(金 樑)

主要参考文献

曹光荣 . 1988. 宁夏黄花棘豆中毒调查报告 . 畜牧兽医杂志,3:14-19

陈冀胜,郑硕 . 1987. 中国有毒植物 . 北京:科学出版社
陈善科,萨仁 . 1992. 阿拉善盟荒漠草场毒草分布及危害现状的调查 . 中国草地,3:60-62
戴良先,董昭林,柏正强 . 2007. 高寒牧区草地毒杂草防除及化学除杂剂筛选研究 . 草业与畜牧,3:1-5
范青慈 . 2000. 青海省退化草地现状及防治对策 . 青海草业,1:22-24
范青慈 . 2003. 青海省天然草地主要有毒植物及其有效利用 . 青海畜牧兽医杂志,33(1):22-25
符华林,李英伦,干友民,等 . 2006. 川西北高原露蕊乌头毒性作用的研究 . 黑龙江畜牧兽医,4:76-78
富象乾,常秉文 . 1985. 中国北部天然草场有毒植物综述 . 中国草原与牧草,3:18-24
高耀山,魏绍成 . 1984. 中国科尔沁草地 . 长春:吉林科学技术出版社
郭选政,赵德云,李捷,等 . 1998. 新疆乌头属毒草的分布、危害及防除 . 新疆畜牧业,1:2-4
侯众 . 2000. 四川草地有毒植物及牲畜中毒救治 . 四川畜牧兽医,27(1):28-29
黄天芳 . 2007. 生物的化学防御及其协同进化 . 孝感学院学报,23(3):23-25
黄祖杰,周淑清 . 1993. 草地重要有毒植物——狼毒 . 四川草原,3:24-27
惠文森 . 2001. "黑土型"退化草地治理的制约因素分析 . 西北民族学院学报(自然科学版),22(3):49-51
景晖,徐建龙,顾延生 . 2006. 三江源草场生态恶化原因新解 . 生态环境,15(5):1042-1045
康乐 . 1995. 植物对昆虫的化学防御 . 植物学通报,12(4):22-27
柯明英,徐一建 . 2008. 金川县草原生态环境保护初探 . 草业与畜牧,4:34-37
孔红 . 1999. 甘肃萱草属植物分类及开发价值 . 甘肃高师学报,4(2):60-62
兰玉蓉 . 2004. 青藏高原高寒草甸草地退化现状及治理对策 . 青海草业,13(1):27-30
李春杰 . 2005. 醉马草-内生真菌共生体生物学与生态学特性的研究 . 兰州大学博士研究生学位论文
李建科 . 2003. 中国疯草研究现状与展望 . 中国农业科学,36(9):1091-1099
李穗英,刘峰贵,马玉成,等 . 2007. 三江源地区草地退化现状及原因探讨 . 青海农林科技,4:29-32
李希来,黄葆宁 . 1995. 青海黑土滩草地成因及治理途径 . 中国草地,4:64-67
李扬汉 . 1965. 毒麦及其变种子实分类的研究 . 植物保护学报,4(1):43-48
林克忠 . 1988. 山羊茎直黄芪中毒调查报告 . 中国兽医杂志,14(17):14-16
刘伦辉,谢寿昌,张建华 . 1985. 紫茎泽兰在我国的分布、危害与防除途径的探讨 . 生态学报,5(1):1-6
刘宗平 . 2006. 动物中毒病学 . 北京:中国农业出版社 . 138-145
卢华,晏玉梅 . 2007. 刚察县草地退化主要原因及其治理对策 . 青海草业,16(2):50-51
鲁西科,王俊彪,卓嘎 . 2000. 西藏茎直黄芪生物学特性及危害调查 . 动物毒物学,15(1-2):33-36
陆平,梁巧玲,王文河,等 . 2009. 伊犁河谷天然草原主要有毒植物分布、危害及防除 . 杂草科学,2:41-43
马海波,满峰琰,马成夫,等 . 1999. 阿拉善左旗天然草地有毒植物及其防除 . 内蒙古草业,4:35-40
马海波,吴雨俊,马卫东 . 1996. 阿拉善天然草地有毒植物 . 草业科学,13(6):49-52
马松江 . 2008. 青海海西草原有毒植物及其经济价值 . 草业科学,25(5):98-103
马玉寿,郎百宁,王启基 . 1999a. "黑土型"退化草地研究工作的回顾与展望 . 草业科学,16(2):5-8
马玉寿,郎百宁 . 1998. 建立草业系统恢复青藏高原"黑土型"退化草地植被 . 草业科学,15(1):5-9
马玉寿,李青云 . 1999b. "黑土型"退化草地毒杂草防除试验研究 . 草业科学,16(3):46-50
孟艳芬,郭宪国 . 2007. 虱类昆虫及其宿主协同进化的证据探讨 . 国际医学寄生虫病杂志,34(3):51-56
潘艳艳,董然 . 2009. 橐吾属植物的研究进展 . 北方园艺,8:148-151
彭克美,冯悦平,程国富,等 . 2002. 三江地区藜芦和狼毒对牛胚胎发育的影响 . 中国农业科学,35(8):1002-1006
青海省农业资源区划办公室,中国科学院西北高原生物研究所 . 1998. 青海植物名录 . 西宁:青海人民出版社 . 13-323
邱波,罗燕江 . 2004. 不同施肥梯度对甘南退化高寒草甸生产力和物种多样性的影响 . 兰州大学学报(自然科学版),40(3):56-59
邱正强,马玉寿,施建军 . 2006. 三江源区"黑土型"退化草地垂穗披碱草人工草地毒杂草危害性分析 . 青海畜牧兽医杂志,36(3):1-2
尚琰 . 2005. 迭部县天然草地毒杂草防治技术初探 . 青海草业,14(3):56-57
史志诚 . 1996. 中国草地的生态环境与毒草灾害 . 动物毒物学,11(2):3-8
史志诚 . 1997. 中国草地重要有毒植物 . 北京:中国农业出版社

史志诚．2005. 生态毒理学概论．北京:高等教育出版社
汤涛,李玉玲,周青平．2006. 棘豆锈病在青海天然草地保护的可利用性浅析．中国生物防治,22(增刊):185-189
王德利．2004. 植物与草食动物之间的协同适应及进化．生态学报,24(11):2641-2648
王发刚,贺英彩．2005. 祁连县草地有毒有害植物危害及防治．青海畜牧兽医杂,35(6):37-38
王建华．1993. 动物中毒病及毒理学．西安:陕西天则出版社
王建军,赵宝玉,樊泽峰,等．2007. 西藏草原疯草分布、危害及其防治．草业与畜牧,6:36-40
王蕾,王宁,张逸．2006. 草地生态系统服务价值的研究进展．农业科学研究,27(4):50-53
王林,秦瑞豪．2004. 外来恶性杂草紫茎泽兰研究进展．西南林学院学报,24(3):72-80
王鲁,许乐仁．2002. 我国几大有毒植物造成家畜灾害性疾病的研究概况．中国兽医杂志,38(4):26-28
王启基,来德珍,景增春．2005. 三江源区资源与生态环境现状及可持续发展．兰州大学学报,41(4):51-55
王秦勇．2006. 从有毒植物中探讨新中药．河南中医学院学报,21(3):32-33
王玉辉,何兴元,周广胜．2002. 放牧强度对羊草草原的影响．草地学报,10(1):45-49
王玉良,高瑞如,余玖银．2009. 外来植物加拿大一枝黄花(*Solidago canadensis*)入侵的结构基础．生态学报,29(1):108-119
吴达,梁冰,师彦平,等．2003a. 甘肃棘豆研究进展．中国草食动物,23(1):37-39
吴达,司红丽,王建华．2003b. 疯草研究现状．草业科学,20(2):43-47
邢福,王正文．2000. 科尔沁草地有毒植物及保障家畜安全的对策．草业学报,9(3):66-73
许乐仁．1993. 蕨和与蕨相关的动物病．贵阳:贵州科技出版社
杨汝荣．2002. 我国西部草地退化原因及可持续发展分析．草业科学,19(1):23-27
张桂萍,茹文明,王兴华．2002. 山西有毒植物资源研究．山西大学学报(自然科学版),25(1):74-77
张生民,高其栋,侯德慧,等．1981. 甘肃棘豆中毒．畜牧兽医学报,12(3):145-148
张无敌．1996. 恶性有毒杂草紫茎泽兰的利用．云南林业科技,1:78-81
张无敌,刘士清．1995. 有害杂草的利用观．生命科学,7(1):30-33
赵宝玉,樊月圆,樊泽峰,等．2006. 我国西部草原疯草危害及其动物中毒病的控制．草食家畜,1:12-15
赵宝玉,刘忠艳,万学攀,等．2008. 中国西部草地毒草危害及治理对策．中国农业科学,41(10):3094-3103
赵成章,樊胜岳,殷翠琴．2004a. 喷施"灭狼毒"治理毒杂草型退化草地技术研究．草业学报,13(4):87-94
赵成章,樊胜岳,殷翠琴,等．2004b. 毒杂草型退化草地植被群落特征的研究．中国沙漠,24(4):507-512
Agra MF, Baracho GS, Nurit K, et al. 2007. Medicinal and poisonous diversity of the flora of "Cariri Paraibano", Brazil. Journal of Ethnopharmacology, 111: 383-395
Bailey EM. 1984. Myopathies associated with *Cassia* spp. Plant Toxicol. Brisbane, Australia. 395-400
Barros SS, Gimeno EJ. 2000. Cell differentiation and bone protein synthesis in the lungs of sheep with spontaneous calcinosis. Journal of Comparative Pathology, 123: 270-277
Conn EE. 1978. Cyanogenesis, the production of hydrogen cyanide, by plants. In: Keeler RF, Van Kampen KR, James LF. Eds, Effects of poisonous plants on livestock, New York: Academic Press. 301-310
Cox RI. 1978. Plant estrogens affecting livestock in Australia. In: Keeler RF, Van Kampen KR, James LF. Eds. Effects of poisonous plants on livestock. New York: Academic Press. 451-464
Jarvis BB, Midiwo JO, Bean GA, et al. 1988. The mystery of trichothecene antibiotics in Baccharis species. Journal of Natural Products, 51: 736-744
Kudo K, Kelly WR, Oelrichs PB. 1985. Experimental poisoning of mice and sheep with *Cestrum parqui*. In: Seawright AA, Hegarty MP, James LF, et al. Plant toxicology, proceedings of the Australia - USA poisonous plants. Symposium, Brisbane, Australia, Queensland Poisonous Plants Committee, Yeerongpilly, 533-540
Medeiros RMT, Tabosa I, Nobre VMT, et al. 2000. Toxic plants for ruminants in the state of Paraíba, Northeastern Brazil. 21st World Buiatrics Congress, Punta del Este, Uruguay, 10141-10150
Molyneux RJ, Lee ST, Gardner DR, et al. 2007. Phytochemicals: the good, the bad and the ugly? Phytochemistry, 68: 2973-2985
Nascimento MS. 1991. Inhaltstoffe aus *Mascagnia rigida* und *Mascagnia pubiflora*. Dissertation, Hannover, 149
Orozco OL, Lentz DL. 2005. Poisonous plants and their uses as insecticides in *Cajamarca*, Peru. Economic Botany, 59(2):

166-173

Smith BL, Miles CO. 1993. A role for Brachiaria decumbens in hepatogenous photosensitization of ruminants? Veterinary and Human Toxicology, 35: 256-257

Tokarnia CH, Döbereiner J, Peixoto PV. 2002. Poisonous plants affecting livestock in Brazil. Toxicon, 40: 1635-1660

推荐阅读文献

陈冀胜,郑硕 . 1987. 中国有毒植物 . 北京:科学出版社

史志诚 . 1997. 中国草地重要有毒植物 . 北京:中国农业出版社

Lu H, Wang SS, Zhou QW, et al. Damage and control of major poisonous plants in the western grasslands of China—a review. Rangeland Journal, 34: 329-339

Zhao BY, Liu ZY, Lu H, et al. 2010. Damage and control of poisonous weeds in western grassland of China. Agricultural Sciences in China: 1512-1521

Zhao ML, Gao XL, Wang J, et al. 2013. A review of the most economically important poisonous plants to the livestock industry on temperate grasslands of China. Journal of Applied Toxicology, 33: 9-17

附录 术 语 表

第一章 草业科学的基本结构

1. 草业科学(Pratacultural science) 草业科学是研究草地农业生态系统的科学。草业科学涵盖了从草地资源到草地农业生产的草地农业系统的全部生产过程的理论和技术。它包含了草地生态系统的发生与发展,天然草地和栽培草地的建植与管理,种质资源的发掘与改良,草地与草食动物的关系,以及草畜产品的加工和流通。草业科学是大农业科学的一个分支,是整体农业不可替代的重要组分,也是农业的一种特殊形态,因此草业科学也称为草地农业科学。

2. 三类因子群(Three elemental groups) 草地农业生态系统由生物因子群、非生物因子群和社会因子群构成。每一个因子群有其特殊内涵因子。

3. 三个主要界面(Three main interfaces) 草地农业生态系统最重要的界面有 3 个,草业发源于地境-植被界面(界面 A),经过草地-家畜界面(界面 B);达到草畜-市场界面(界面 C),草业科学系统于是最后完成。每一个界面都导致草地农业生态系统的进化,形成新的、高一级的系统。

4. 四个生产层(Four production levels) 草业包含四个生产层。它们是:①前初级生产层,其产品是草地景观。例如,风景、水土保持、自然保护区等,以草地资源这一综合体展现其生产价值,而不以取得植物或动物产品为主要目的。随着经济的高涨和文化的发展,这个生产层必将为社会带来以前难以想象的效益。②初级生产层,以牧草等饲用植物为产品,传统的种植业生产手段(如育种、灌溉、施肥、耕作等)可以大幅度改变或提高其生产水平。③次级生产层,以草食动物,特别是反刍动物为主,把植物有机物转化为毛、肉、奶、皮、畜力及动物本身等,从而取得产品,这是草业生产的重要部分,它所蕴藏的经济效益一般不低于初级生产层。人类可以通过品种改良、科学饲养、种群组合等措施大幅度提高其生产水平。④后生物生产层,是对草地植物、动物产品加工、流通的生产过程,这里蕴藏了比前 3 个生产层更为巨大的经济效益和社会效益。

第二章 草业经济生态区与基本草原划定

1.《全国草原保护建设利用总体规划》(*Grassland Protection of the Building of the National Master Plan*) 根据中国草原区的特点、存在的主要问题和保护建设利用的需要,由农业部 2007 年颁布的草原保护建设利用的法规,将全国草原划分为北方干旱半干旱草原区、青藏高寒草原区、东北华北湿润半湿润草原区和南方草地区四大区域,明确了不同区域的功能定位和主攻方向,提出了结合草原保护建设利用拟进行的重点工程及分区治理的措施。

2. 中国的草业经济生态区(Grassland ecological-economic regions in China) 根据中国草业经济生态区域的特点,将中国草业生态经济区划分了7个区域,即:蒙宁干旱草原草业生态经济区、西北荒漠灌丛草业生态经济区、青藏高寒草业生态经济区、东北森林草业生态经济区、黄土高原-黄淮海灌丛草业生态经济区、西南岩溶山地灌丛草业生态经济区、东南常绿阔叶林-丘陵灌丛草业生态经济区。本书对各区域的自然环境、草业生产现状和发展对策进行了论述。

3. 岩溶山地(Karst) 石灰岩及其他碳酸盐分布广泛、有明显沉积和喀斯特溶洞等特征的山地,又称喀斯特地貌。中国西南地区喀斯特地貌所占比例很大。

4. 基本草原(Base grass) 是指在一定时期和一定范围,根据国家生态安全与社会经济发展对草地环境与草畜生产的需求,依据法律、土地利用与草原生态保护总体规划确定的不得占做他用的草地。目的在于确保基本草原面积不减少、用途不改变、质量不下降、草原的生态与生产功能进一步提高。

5. 生态补偿(Ecological compensation) 为保护生态环境而采取的经济补偿措施。草原生态补偿是草原使用者或受益者在利用草地资源或其服务功能的过程中,为了维持草地资源的健康发展,对草地资源的所有权个人或法人付出相应的费用。目的在于支持与鼓励草原地区更好地承担保护草原生态、改善草原环境的责任,实现草原的可持续发展与永续利用。

第三章 草业系统耦合

1. 系统耦合(System coupling) 两个或两个以上性质相近似的生态系统具有互相亲和的趋势。当条件成熟时,它们可以结合为一个新的、高一级的结构功能体,这就是系统耦合。

2. 催化潜势(The catalytic potential) 在农业生产活动中最为常用而未被充分认识的催化手段就是在生态系统的适当环节上,以生产资料的形式投入能量或元素,如施肥、灌溉、耕作等农业措施,以增加其自由能的产生,是为正向催化;又如以农产品收获的方式取走能量和元素,以减少自由能在系统内部的积累,是为负向催化。

3. 位差潜势(The location different potential) 系统A与系统B之间因自由能积累的不同,产生势能位差,即位差潜势。

4. 纵向耦合(Longitudinally coupling) 前植物生产层可能与植物生产层,或动物生产层,或后动物生产层耦合构成耦合系统。其他生产层也可以与任一生产层构成耦合系统。耦合系统内部各个子系统之间存在工序先后的关系,属于纵向耦合。

5. 横向耦合(Transverse coupling) 不同系统之间的耦合没有先后次序,而是平行的空间耦合,各个子系统之间的耦合过程,不是依据时间先后的顺序,而是依据其空间位点的序参量进行的耦合,称为横向耦合。

6. 生物的时间地带性(Bio-geological temporal zonation) 可表述为生物有机体为谋求生存阈限的扩展,突破地理地带性的局限,对地理地带性加以剪裁、连缀,排除不适宜自身生存的环境时段,截取适宜自身生存的环境时段所构建的生存时空体;生物的时间地带性是生物对地球运动(自转与公转)造成的节律适应的结果。时间地带性依赖于空间地带性,不同的空间地带内,时间带谱的基带不同,并在空间地带性的基础上呈现为螺旋状往复循环,是生态要素的时间周期性变化规律的体现。

7. 系统相悖(System discordance) 所谓系统相悖,就是两个或两个以上的系统,在进行系统耦合时,所发生的系统性的、不够协调的诸多问题,它们成为系列的“相悖群”。它们既是系统耦合的障碍,也是有待克服、解放系统耦合生产潜力的关键。

第四章 前植物生产层及其生态服务

1. 前植物生产层(Pre-plant production level) 是草地农业系统发生的原发点,理论上假定还没有被人类农业活动干扰的原始状态。也可以称为农业生态系统的本底。该生产层以发挥其生态效益为特征,而不以取得植物或动物产品为目标。但在维持其生态系统健康发展的基础上,不排除收获某些自然产品,如出于保持系统健康的目的,对草地的适当放牧或割草,对林木的健康伐除,以及不伤害其群体健康的有规律的狩猎、采摘等。

2. 生态系统服务(Ecosystem services) 就是由自然生态系统的生境、物种、生物学状态、性质和生态过程所产生的物质及维持的良好生活环境对人类提供的直接福利。

3. 自然资本(Natural capital) 是能够带来生态系统服务流的生态系统,更具体些说,就是生态系统在某一时间所具有的自然物质及信息存量。自然资本与人造资本(制造业资本)和人力资本相结合产生人类的福利。

4. 边际机会成本(Marginal opportunity cost) 是由边际生产成本、边际使用成本和边际外部成本组成的。机会成本是指在其他条件相同时,把一定的资源用于生产某种产品时所放弃的生产另一种产品的价值,或利用一定的资源获得某种收入时所放弃的另一种收入。对于具有稀缺性的自然资源和生态资源而言,其价格不是由其平均机会成本决定的,而是由边际机会成本决定,它在理论上反映了收获或使用一单位自然和生态资源时全社会付出的代价。

第五章 自然保护区概论

1. 自然保护区(Nature reserve) 对有代表性的自然生态系统、珍稀濒危野生植物物种的天然集中分布区、有特殊意义的自然遗迹等保护对象所在的陆地、陆地水体或者海域,依法划出一定面积予以特殊保护和管理的区域。

第六章 草坪与绿地

1. 草坪(Lawn) 是为环保、绿化、美化和体育运动等由人工建植或天然形成并进行修剪等管理的低矮多年生草本植被。

2. 草坪草(Turfgrass) 草坪植物或草坪草就是以禾本科植物为主,包括其他科耐修剪,较低矮、纤细,可以建植或形成草坪的各种草本植物。为了有所区别,最好将建植草坪的植物个体称草坪草,而将总体称为草坪植物。

3. 草坪绿期(Turf green time,green period) 草坪全年维持绿色外观的时间。一般指草坪群落中50%的植物返青之日到50%的植物枯黄持续的日数。

4. 草坪管理的“三要素”(“Three factors” in turf management) 就是对草坪浇水、施肥、剪草三项的主要管理,即所谓“浇浇水、施施肥、剪剪草”,是通过人为的调控手段,为草坪创造良好的环境条件,从而发挥更多更好的功能。

5. 冷型草坪草(Cool season turfgrasses) 以往多称为冷地型草坪草或冷季型草坪草,适宜温带和寒温带气候的草坪植物类群,适宜在我国黄河以北的地区生长,耐寒性强,绿期长,一年中有春秋两个生长高峰期,夏季生长缓慢,并出现短期休眠现象。最适生长温度15~25℃。多为长日照C_3植物,生长较迅速、品质好、用途广,可用种子繁殖,也可用营养繁殖,要求管理精细,使用年限较短。

6. 暖型草坪草(Warm season turfgrasses) 亦称暖季型草坪草或暖地型草坪草,我国主要分布于长江以南的广大地区,耐热性好,一年中仅有夏季一个生长高峰期,春秋生长较慢,冬季休眠。适宜在热带和亚热带地区生长,生长最适温度在25~35℃。多为短日照C_4植物,用途广,可用种子繁殖,也可用无性繁殖,因种子产量低,常行无性繁殖。抗旱、抗病虫能力强,管理相对粗放。绿期短,品质参差不齐。

7.“三分之一”法则(“One-third” rule) 每一次修建都不应超过植株高度的1/3的草坪修剪原则。目的是不影响草坪草的健康生长。也有的认为每次刈剪部分的高度不应超过草层总高度的1/3,或每次剪下的草屑重量不应超过草层总重量的1/3,或当草层生长高度超过适宜要求高度1/3时,即应修剪,也就是3个“三分之一”法则。如一次修剪过多,就会使草坪草茎叶、生长点受到过多伤害,会使根部储藏的营养物质消耗过多,影响其再生,降低其活力,甚至使其迅速衰退。

8. 表施土壤(Topdressing soil) 表施土壤是将砂、土壤和有机质适当混合,均一施入草坪的作业。表施土壤,对凹凸不平的坪床可起到补低拉平、平整坪床表面的作用,在草坪草直立茎的基部敷设一层物理性状良好的土壤,对不定芽、匍匐茎的再生和生长有促进作用,对改善草坪表土的物理性状有良好的作用,能防止草坪的徒长和利于草坪的更新。

9. 交播(Overseeding) 又叫盖播、覆播、追播或补播。是延长草坪绿期或改善草坪盖度的草坪管理方法。例如,结缕草、百慕大等暖型草坪,进入晚秋或初冬,因寒冷休眠使草坪草变得生长缓慢或枯黄,质量下降,为了保持冬季绿色,可采用追播冷型草坪草的办法而使其冬季仍然保持常绿。追播主要是在暖型草坪上追加播种冷型草坪草。

第七章 植物生产层的生态系统行为

1. 植物生产层(Plant production level) 是草业系统初始物质基础,没有植物生产层其他各生产层也无从发生。因此,我们称植物生产层是草业系统的原发点,具有十分重要的地位。

2. 类(Class) 根据热量条件划分。热量指标使用>0℃年积温,共分5级,即热带、亚热带、温带、寒温带、(高)寒带类的名称用热量带命名,共分为热带栽培草地、亚热带栽培草地、温带栽培草地、寒温带栽培草地和(高)寒带栽培草地5类。

3. 亚类(Subclasses) 在划分了类的基础上,以土壤类型的土类作为指标划分栽培草地的亚类。亚类的名称用土壤类的名称命名,为了明确亚类的全面特性,可用类的热量带和亚类的土类名称连续命名，如热带砖红壤栽培草地、温带黑钙土栽培草地、高寒带高山草甸土栽培草地等。亚类的特征可以指示对栽培草地有关土壤改良及施肥等管理工作。

4. 栽培草地（Cultivated grassland） 利用综合农业技术，通过人为播种建植的栽培草本群落。栽培草地是特殊的农业用地，它是农业文明和牧业文明结合的产物。

5. 中生植物（Mesophyte） 适宜生长在水分适中的土壤，其水分适应能力在旱生植物与湿生植物之间。大多数栽培草类植物和农作物属此类型。

6. 湿生植物（Hygrophyte） 生长在潮湿环境中的植物，土壤水分常在饱和状态。其中又分阴生湿生植物和阳生湿生植物。前者生长在林下或阴坡阴湿的土壤或郁闭热带雨林中树干上（附生植物）；后者生长在日照充分的开阔地段，如饲用水稻、红花苕子、灯心草等。

7. 旱生植物（Xerophytic plant） 适应干旱环境的植物。这类植物能借助于生理和形态的某些特征，在干旱环境中保持植物体内适宜的含水量，具有较强的水应激能力。根据其适应方式，常把旱生植物分为短命植物（short-life plant）、避旱植物（drought-evaing plant）、耐旱植物（drought-enduring plant）与抗旱植物（drought-resisting plant）等。

第八章 草地的植物生产管理

1. 第一性生产（Primary production） 植物通过光合作用制造有机物的过程。所以植物被称为生态系统的第一性生产者或初级生产者。

2. 草地农业系统（Pastoral agriculture system，grassland agroecosystem） 草地农业生态系统，由生物、非生物、社会三类因素综合作用，通过地境-植物界面、草地-家畜界面和草畜-社会界面构成的包含前植物生产层、植物生产层、动物生产层和后生物生产层 4 个生产层的生态系统，兼有维持生态健康和发展生产的双重功能，是各类农业系统中包含组分复杂、管理手段丰富、产业链最长的农业生态系统。

3. 前植物生产（Pre-plant production） 草地农业系统以景观效益为主要社会产品的生产部分，如自然保护区、水土保持区、风景旅游公园等，体现系统的生态价值。

4. 动物生产（Animal production） 以草食动物为基础的家畜、家禽和野生动物及其肉、奶、蛋、皮毛及役力等动物产品为主要生产目标的部分。

5. 后生物生产（Ultra-biological production） 植物产品和动物产品的加工、流通等。

6. 植物性食物（Plant-based foods） 植物来源的食物，包括植物的营养体、种子、果实或其他部分，直接或加工以后为人类提供食品。

7. 动物性食物（Animal-based foods） 动物来源的食物，包括肉、蛋、奶等，直接或加工以后作为人类的食品。

8. 食物安全（Food security） 食物（品）的生产、加工、包装、储藏、运输、销售和消费等过程中不产生危害人体及其后代健康的毒害物质。

9. 草地初级生产力（Grassland primary productivity） 草地植物的第一性生产力，即在单位时间内，单位面积上的植物生产的有机物。

10. 光合效率（Photosynthetic efficiency） 植物总初级生产量同化的太阳能占可利用

太阳能的比例。

11. 光合有效辐射(Photosynthetic active radiation,PAR) 太阳辐射中能够用于光合作用的能量,波长范围 380~710nm。

12. 最大光合效率(Maximum photosynthetic efficiency) 植物利用光合有效辐射的潜在能力。

13. 绝对生长率(Absolute growth rate,AGR) 单位时间内单位面积的光合物质净积累量,或生物量的净积累量。

14. 相对生长率(Relative growth rate,RGR) 单位生物量单位时间内的光合物质净积累量。

15. 净同化率(Net assimilation rate,NAR) 单位叶面积在单位时间内的干物质积累量。

16. 净第一性生产力(Net primary productivity,NPP) 即净初级生产力,植物在单位面积和单位时间内所累积的有机物数量,表现为光合作用固定的有机物质总量扣除自养呼吸后的剩余部分,用于植被的生长和生殖。

17. 植物量(Phytomass) 即植物生物量,生态系统中全部植物有机物的量,包括活的部分和死的部分。地上部分植物量包括现存量(standing crop 或 standing green)、直立的死植物体、尚未从活植物体上脱落的立枯物量(standing dead)、死亡并脱落到地面的凋落物量(litter)。地下部分植物量包括活根和死根,死根可区分为未脱离根系的死根和脱离根系并处于不同分解阶段的死根,即根凋落物。

18. 总第一性生产力(Gross primary productivity,GPP) 即总初级生产力,一定面积和一定时间内光合作用固定的总太阳能或总有机物量,是植物呼吸消耗的有机物与植物净初级生产力之和。

19. 国际生物学计划(International Biological Programme,IBP) 联合国教科文组织(UNESCO)1964 年开始执行,主要研究全球生态系统的结构、功能和生产力,包括陆地生产力、淡水生产力、海洋生产力和资源利用管理等 7 个领域,是世界各国联合、综合系统研究全球自然生态系统的开端。

20. 植物根比重分离法(Plant root density separation method) 根据比重差异分离死根和活根的方法。总根样清洗干净后,用肉眼分离较明显的死根、活根和非死根,然后置于水中,悬浮和沉在容器底部的为活根,一部分半分解的死根沉在容器底部,反复淘洗后与活根分离。

21. 植被指数(Vegetation index) 将多光谱(通道)数据,经线性和非线性组合成定量指示植被特征的各种数值,可见光波段和近红外波段的组合是关键。近红外波段可灵敏地识别植物叶片的健康状况,对植被差异及植被长势反应敏感,指示光合作用能力是否正常;红光波段可被叶绿素吸收,用于光合作用。

22. 牧草产量(Forage yield) 草地上可用于家畜生产的牧草量,包括适宜利用时期产量、实际产量和动态产量等。

23. 牧草适宜利用时期产量(Forage yield of suitable use time) 在牧草适宜利用时期测定的产量,割草地是禾本科牧草抽穗、豆科牧草 1/3 开花的时期,放牧地是禾草分蘖-拔节、豆科牧草分枝-孕蕾的时期。再生草可测定多次,各次产量相加,为全年的适宜利用时期产量。

24. 牧草实际产量(Forage actual yield) 草地实际利用时测定的产量,一般在利用前2~3天测定。各次产量之和为全年的实际产量。

25. 牧草动态产量(Forage dynamic yield) 设立系列测产样方,在牧草主要生长发育期或按一定的时间间隔测定,以了解牧草产量随时间的变化或利用时期对牧草的影响。

26. 牧草留茬高度(Stubble height) 利用后,牧草地上部分的垂直高度。影响牧草当年的产量、品质、再生和以后的生长,一般根据管理目标、牧草再生能力和放牧畜种确定。

27. 草地属性(Properties of grassland) 草地作为资源所固有外在和内在的特征,包括自然属性、经济属性和社会属性。

28. 草原退化(Grassland degeneration) 由于管理不当,草原服务功能衰退的现象和过程,包括草原沙化、盐渍化、污染等。

29. 草原火灾(Grassland fire disaster) 失控的燃烧给草原生产和生态环境造成损失。

30. 草畜平衡(Feed-animal balance) 生产系统可利用饲草总量与牲畜的饲草需求量保持动态平衡。

31. 饲料地(Feed cropland) 栽培饲料作物的土地。

32. 禾谷类饲料作物(Cereal forage crops) 用于精饲料、青贮饲料和干草生产的禾本科作物,主要有玉米、燕麦、大麦、高粱、谷子、黑麦等。

33. 豆类饲料作物(Leguminous forage crops) 各种豆类作物,可用作精饲料、青饲料和干草。

34. 块根块茎类和瓜类饲料(Root tuber and cucurbit feed) 主要有块根块茎类的饲用甜菜、胡萝卜、芜菁、菊芋、马铃薯等;瓜菜类的饲用南瓜、饲用甘蓝、苦荬菜等。

35. 水生饲料植物(Aquatic feed plant) 生长在水中或某一生育期生长在水中的饲用植物,主要有水浮莲、水花生、绿萍、水竹叶、菰等,生长快,生物量大,水分含量高,茎叶柔嫩,可以青饲或制作发酵饲料、青贮饲料。

36. 填闲饲料地(Fallow feed cropland) 利用主要农作物生产间期的光热资源栽培饲草。

37. 草田轮作饲料地(Forage and crop rotation feed cropland) 有计划地将饲料作物纳入轮作系统,与其他作物进行时间轮换种植。

第九章 草地健康评价

1. 生态系统健康(Ecosystem health) 特定环境条件下,生态系统土壤、微生物、植被和动物等子系统的健康。从植被的角度可理解为群落、种群、个体等不同组织层次的生理生态过程的健康。从农业生产的角度,植物生产和动物生产的质量和数量长期稳定或有所提高的状态。对于草原,生态系统健康是土、草、畜3个子系统在人类活动的调控下,发生系统耦合、克服系统相悖的结果。

2. 生态旅游(Ecotourism) 以旅游资源可持续利用为目标,将自然景观保护、公众教育、经济社会发展有机结合的旅游活动。

3. 全球变化(Global change) 整个地球系统在人类活动参与下发生的变化,主要包括大气组成变化、海洋和水资源的变化、气候变化,以及由于人口、经济、技术和社会的压力而引起的土地利用的变化。

4. 可持续管理(Sustainable management) 对资源利用在着眼于长远利益的基础上,满足短期利益的管理活动和措施。

5. 新西兰土壤与健康协会(Soil & Health Association of New Zealand) 创立于1941年,旨在促进新西兰有机食品和农业系统发展的组织,出版《有机新西兰》(*Organic NZ*)杂志。

6. 自然资本(Natural capital) 自然生态系统提供的物质和服务。

7.《寂静的春天》(*Silent Spring*) 1962年出版,作者是美国人Rachel Carson,标志着人类开始关注可持续发展。

8. 胁迫生态学(Stress ecology) 生态学的分支之一,起源于20世纪70年代。主要研究引起生态系统发生变化、产生反应或功能失调的作用因子的变化、反应及抗衡机制。

9. 生态系统服务(Ecosystem services) 人类从生态系统获得的利益,包括供给服务(如提供食物和水)、调节服务(如控制洪水和疾病)、文化服务(如精神、娱乐和文化收益)及支持服务(如维持地球生命生存环境的养分循环)。

10. 美国生态学会(Ecological Society of America) 成立于1915年。出版《生物圈》(*Ecosphere*)、《生态学》(*Ecology*)、《生态学专论》(*Ecological Monographs*)、《生态学应用》(*Ecological Applications*)等多种杂志。

11. 世界环境与发展委员会(The United Nations World Commission on Environment and Development) 又名布伦特兰委员会,成立于1984年,由主任、委员等22名世界著名学者、政治活动家组成,主要任务是审查世界环境和发展的关键问题,创造性地提出解决这些问题的现实行动建议,提高个人、团体、企业界、研究机构和各国政府对环境与发展的认识水平。

12. 可持续草地圆桌会议(Sustainable rangelands roundtable) 2001年成立于美国,旨在整合社会因素、经济因素和生态因素,形成多角度评估草地可持续管理指标体系和分析框架。

13. 层次分析法(Analytic hierarchy process) 将复杂得多目标决策问题作为一个系统,将决策要素根据从属关系和相关性分解到若干层次,通过模糊定量等方法逐层比较各种关联因素的重要性,作为最终决策的定量依据。

14. 单因子罗列法(Single factors analysis) 从不同视角或层次审视生态系统,孤立地分析各个因素,各因素之间或独立、或重叠,缺乏有机地整合。

15. 单因子复合法(Single factors classification) 生态系统评价指标综合化的雏形和早期发展。在评价实践中,根据诸多因素的内在属性加以归纳,分门别类地分析,总体上可以分为生态学指标、生物物理指标、社会经济指标三类。

16. 功能评价法(Function evaluation method) 一种多指标的生态系统综合评价方法。根据生态系统结构与功能的对应关系,综合生态系统最本质、对结构变化最敏感的功能指标评价生态系统的状态。

17. 界面过程(Interface processes) 也称界面生态过程。界面是生态系统组分之间相互作用的区域,是功能敏感区和信息的集中区,其间的生态系统行为就是界面过程。

18. 系统相悖(System discordance) 两个或两个以上的系统,在进行系统耦合时,发生系统性的结构不完善结合和由此导致的生态系统各部分间不相协调。

19. 受损生态系统(Damaged ecosystems) 结构受到破坏、功能出现障碍的生态系统。

第十章 动物生产层的草业科学涵义

1. 动物生产层(Animal production level) 草业系统的第三个生产层,前接植物生产层,并顺延到后生物生产层。在这个生产层,草食动物以植物为食物,取得能量并制造产品,在生态学中称为次级生产;还有以草食动物为食物的肉食动物生产,称为3级生产;以此类推,可以达到多级生产。它是草业系统的传统构件和标志性组分,也是草业系统核心生产力的表达途径,其发展水平是现代化农业的标准之一。

2. 农业现代化(Agricultural modernization) 传统农业向现代农业转化的过程。用系统耦合、现代技术和管理方法,使农业生产力由落后的传统农业日益转化为满足现代人的食物结构、生态和生产两者兼顾且能持续发展的现代农业系统,即草地农业系统。

3. "有畜"农业(Animal-based agriculture) 植物生产与家畜生产相互作用的农业系统,即草地农业。

4. 耦合系统(Coupled system, integrated system) 两个或两个以上具有互作潜力的系统,在人为调控下,通过能流、物流和信息流在系统之间的输入和输出,形成新的、高一级的结构-功能体。

5. 综合生产系统(Integrated farming system, mixed farming system) 作物生产与家畜生产耦合的农业生产系统。

6. 农场外耦合(System integration outside farm) 专门化的作物农场和专门化的家畜农场通过饲料交易发生系统耦合。

7. 山地-绿洲-荒漠耦合系统(Mountain-oasis-desert coupled system) 世界内陆干旱区,依托高大山体发源的河流、山地和荒漠的家畜生产与绿洲的作物生产形成耦合系统。荒漠是耦合系统的生态背景和屏障,山地是水源涵养区,绿洲是耦合系统的能流和物流中枢。系统耦合缓解了山地和荒漠的生产压力,优化了绿洲的农业系统结构。

8. 劳动力密集型(Labor-intensive) 指生产主要依靠大量使用劳动力,而对技术和设备的依赖程度低的生产模式,在不同的社会经济发展阶段上有不同的标准。

9. 林牧复合系统(Silvopastoral system) 放牧家畜的天然林地,以家畜生产和树木生产获得效益。

10. 厩肥(Manure) 家畜粪尿与土、秸秆等垫圈材料混合发酵的肥料。

11. 温室气体(Greenhouse gases) 吸收地面的红外线辐射、导致地球温度上升的气体。

12. 肠道发酵(Enteric fermentation) 家畜体内微生物和原生动物在消化道厌氧环境中分解饲料中有机养料,产生温室气体的过程。

13. 排泄物管理(Manure management) 处理家畜排泄物,使之对人类无害或有益。

14. 荷斯坦奶牛(Holstein cows)　荷兰北部培育的优良奶牛品种。

15. 自由采食(Voluntary feed intake)　家畜充分接触饲料。

16. 限制采食(Restricted feed intake)　根据家畜的日粮需求,分时定量供应饲料。

17. 放牧系统(Grazing system)　家畜在草地采食构成的生态系统。

18. 舍饲系统(Feeding system)　人工饲喂家畜的生产系统。

19. 单播草地(Single pasture)　只有一个草类植物品种的栽培牧草。

20. 混播草地(Mixed pasture)　两个以上草类植物品种组成的栽培草地。

21. 活体增重(Live weight gain)　一段时间内,家畜活体重的变化。

22. CO_2浓度增倍(Increasing CO_2 levels)　工业革命以后,地球大气层中的CO_2增加1倍以上。

第十一章　动物生产层的生态系统行为

1. 双子叶类(Dicotyledon)　两大类被子植物之一,种子萌发后有两片子叶。

2. 牧草小型化(Herbage miniaturization)　长期过度放牧的草原,植株变矮、节间缩短、叶片变小、变窄、地上冠丛幅降低,总称为个体小型化。

3. 无性繁殖(Asexual reproduction)　不经过生殖细胞结合的受精过程,由母体的一部分直接产生子代的繁殖方法,又称“无性系”、“克隆”(clone)。包括营养繁殖、单性生殖和细胞分裂等,牧草主要是营养繁殖。

4. 根-冠比(Root-shoot ratio)　植物地下部分与地上部分的干重的比值。

5. 连续放牧(Continuous grazing)　整个放牧期内,家畜不受限制地在一块草地上自由采食,属于自由放牧,是一种粗放的放牧管理方式。

6. 放牧制度(Grazing system)　草地放牧的基本利用体系,规定了家畜在草地放牧的时间和空间格局。

7. 嗜食性(Food preference)　动物对饲草的喜好程度。

8. 放牧压力(Grazing pressure)　特定时刻,放牧家畜牧草需求与草地牧草供给的比例。

9. 放牧强度(Grazing intensity)　表征放牧家畜的采食、践踏、排泄物等对草地的综合作用强度,常用单位面积草地放牧的家畜数量表示。

10. 载畜量(Carrying capacity)　以放牧为基本利用方式,也可以适当配合割草,在保持牧草和家畜正常生长、繁殖,以及草原生态完整性和经济合理性的前提下,特定草原在一个生产周期内饲养的家畜数量,或供特定畜群的放牧时间。

11. 放牧率(Stocking rate)　特定时期内,单位面积草地放牧的家畜单位。

12. 选择性采食(Selective intake, selective foraging, selective ingestion)　家畜对植物判断后采食。家畜因种类、生活习性的不同对植物采食选择也不同。

13. 放牧期(Grazing period)　放牧草地从适当放牧开始到适当放牧结束这一段时期,叫放牧草地的放牧时期。

14. 放牧周期(Grazing cycle)　某一放牧地一次放牧开始到下次放牧开始的间隔时间,一般包括一个放牧期和一个休闲期,牧草有规律地被放牧采食和休闲再生长。

15. 栽培草地(Sown grassland, sown pasture) 过去常称作人工草地,采用农耕技术播种、管理的草地,多用作刈割、放牧、休憩、运动等。

16. 放牧抗性(Grazing resistance) 牧草抵抗家畜放牧的生存和生长能力, 包括避食性和耐牧性。

17. 光合面积(Photosynthetic area) 植物光合器官的总面积,其中处于有效利用光能状态的面积为有效光合面积。

18. 牧草再生长(Herbage regrowth) 牧草刈割或放牧后,受损器官自我修复,并替代受损器官的过程。修复的器官与原来的器官形态功能相似。

19. 避食性(Avoidance) 牧草降低被家畜采食的几率和强度等机制,一般通过形态、营养物质含量、次生代谢产物等变化。

20. 超补偿生长(Over-compensatory growth) 牧草适度刈割或放牧后,通过再生长获得的产量超过未刈割或放牧的牧草的过程。

21. 放牧优化假说(Grazing optimization hypothesis) 家畜提升放牧系统健康的观点。

22. 营养循环(Nutrient cycles) 营养物质在生态系统中的吸收、利用、转换、分配和再利用的过程。

23. 冠层辐射(Canopy radiation) 植物冠层顶部接受的太阳辐射。

24. 光合能力(Photosynthetic capacity) 植物在环境因子最适时的光合作用速率。

25. 低补偿生长(Under-compensation) 牧草生长受放牧或刈割抑制。

26. 等补偿生长(Equal compensation) 牧草产量对放牧或刈割不敏感。

27. 营养器官(Vegetative organ) 牧草的根、茎、叶等器官。

28. 生殖器官(Reproductive organs) 牧草的花、果实、种子等器官。

29. 食草动物(Herbivore) 以草本植物为食的动物,畜禽主要包括牛、绵羊、山羊、马、骆驼、牦牛、鹅等。

30. 休眠芽(Dormant bud) 生长季节到来时不萌发,处在休眠状态的芽。

31. 竞争优势(Competitive advantage) 相较于竞争对手拥有的可持续性优势。

32. 分蘖(Tiller) 禾本科牧草在地面以下或接近地面处的分枝。

33. 土壤种子库(Soil seed bank) 凋落物和土壤中全部活性种子的总和。

34. 实生苗(Seedling) 种子萌发的幼苗。

35. 成活率(Survival rate) 成活数占出生数的比例。

36. 分生组织(Meristem) 植物体中具有分裂分化能力的细胞。按来源可划分为原分生组织(urmeristem)、初生分生组织(primary meristem)和次生分生组织(secondary meristem)。按位置可划分顶端分生组织(apical meristem)、居间分生组织(intercalary meristem)、侧生分生组织(lateral meristem)和拟分生组织(meristemoid)。

37. 中度干扰假说(Intermediate disturbance hypothesis) 美国生态学家康奈尔(J. H. Connell)等于1978年提出,中等程度的干扰频率能维持较高的物种多样性。干扰频率低导致少数竞争力强的物种在群落中取得完全优势,干扰频率过高促进生长速度快、侵占能力特强的物种生存。

38. 生物多样性(Biodiversity) 一定时间内,特定区域所有生物物种及其遗传变异和生态系统的复杂性总称,包括遗传多样性、物种多样性、生态系统多样性、景观多样性等。

39. 物种丰富度(Species richness)　特定群落、景观或地区的物种数。

40. 菌根菌(Mycorhiza fungi)　土壤中某些真菌与植物根的共生体,可以扩大根系吸收面。

41. 公地悲剧(Tragedy of the commons)　1968 年,美国学者 Garrett Hardin 在《科学》发表文章 *The Tragedy of the Commons*,认为人们对公共资源多注重使用,不关注保护,常常导致资源枯竭。

42. 超载过牧(Overgrazing)　人们对草地的放牧利用超过了草地的承载能力。

43. 划区轮牧(Rotational grazing)　一种集约化的放牧制度,根据草地牧草的生长和家畜对饲草的需求,将草地划分为若干个小区,在规定时间内逐小区循序轮回放牧。

44. 双因子阈限法(Double-factor method of physiological threshold)　放牧或刈割草地的生理和生长在放牧后存在一个低限,低于这个阈值继续利用则抑制草地的恢复;草地休闲后再生长存在一个上限,如果不及时利用,草地品质变化,产品数量下降;这两个阈值可作为放牧管理的依据,或评价放牧系统健康与否的标准,称之为草地功能与健康监测的阈限双因子法。

45. 偏气候顶级群落(Plagioclimax)　由于开垦、耕种、烧荒、放牧等作用,群落演替到达气候顶极前长期稳定的状态,也称偏途顶极群落。

46. 气候顶级学说(Climax community theory)　19 世纪末、20 世纪初基本形成。H. C. Cowle 和 F. E. Clements 指出,植被演替经过迁移、定居、群聚、竞争、反应、稳定 6 个阶段,稳定阶段的群落与当地气候保持协调和平衡,是演替的终点,称为顶级演替(climax)。

47. 萨旺纳(Savanna)　热带和亚热带的稀树灌丛草原。

48. 压实效应(Compaction effect)　放牧草地土壤含水量高时,家畜践踏使上层土壤紧实,降低渗透率,容易产生地表径流。

49. 蹄耕(Hoof cultivation)　放牧草地土壤水分匮乏时,家畜践踏引起表土疏松,容易风蚀。

50. 土壤呼吸(Soil respiration)　土壤释放二氧化碳的过程,包括土壤微生物呼吸、根系呼吸、土壤动物呼吸 3 个生物过程和含碳矿物质的化学氧化作用。

51. 土壤微生物(Soil microorganism)　生活在土壤中的细菌、真菌、放线菌、藻类的总称。

52. 顺序放牧(Sequence grazing)　草原上不同(品)种和(品)种组合生长在独立的区域,按顺序放牧这些区域,可以延长放牧季节,提升牧草品质和数量。

53. 条带放牧(Strip grazing)　一种高强度和短周期的放牧方法。把家畜限制在牧场内一定区域内,短期内高强度放牧。

54. 趋前放牧(Frontal grazing)　向前移动围栏使家畜不断前进到新的区域采食牧草。

55. 系留放牧(Mooring grazing)　将名贵或疾病家畜用一定长度的绳索固定在放牧地中,放牧一定时期后,将绳索挪动到新的区域继续放牧。

56. 宿营法(Night penning method)　草地有绿色植被,为避免每天畜群往返畜圈或饮水点而损失生产力,就地宿营放牧。

57. 混合放牧(Mixed grazing)　同一放牧季,两种以上家畜同一区域放牧,以提高草地利用率。

58. 增减放牧(Put-and-take stocking) 根据预先计划,在放牧期临时增加或减少家畜数量,以达到放牧管理目标。

59. 延迟放牧(Deferred grazing) 在牧草生长和繁殖关键时期,返青期推迟放牧,生殖期提前结束放牧,为草地更新创造条件。

60. 隔栏放牧(Creep grazing) 在草地不同区域间设置隔栏,容许幼畜通过,始终采食优质牧草,大家畜不能通过。

61. 集约化放牧管理(Intensive grazing management) 通过投入资金、技术,提高放牧率,增加系统的产出。

62. 粗放的放牧管理(Extensive grazing management) 依赖于劳动力投入管理放牧系统,放牧率和产出低。

63. 生态效率(Eco-efficiency) 能量和物质产出与投入的比值,用以判断生态系统的可持续性。

第十二章 动物生产层的结构类型

1. 作物-家畜综合生产系统(Integrated crop-livestock production system) 作物生产与家畜生产相耦合的草地农业系统,也是世界最重要的食物生产系统,在全球占绝对优势。

2. 生态系统多样性(Ecosystem diversity) 一个地区的生态多样化程度,涵盖在生物圈之内现存的各种生态系统(如森林生态系统、草原生态系统),也就是在不同物理大背景中发生的各种不同的生物生态进程。

3. 原始农业(Primitive agriculture) 在原始的自然条件下,采用简陋的石器、棍棒等生产工具,从事简单农事活动的农业。原始农业依靠人力,由采集、狩猎逐步过渡而来的一种近似自然状态的农业,属世界农业发展的最初阶段。

4. 混合农业(Mixed farming) 是种植业和畜牧业相互结合、兼而有之的综合性农业。即个别地区和个别农场,同时生产农作物和牲畜两种产品。该农业类型由来已久,是在经历了植物培育和动物驯化后开始出现的。在生产力发展的初级阶段,人们以栽培农作物、从事农耕活动为主,把经营畜牧业放在次要地位,将牲畜放牧在天然草地或农耕休闲地上,以此满足自身对农畜产品的需要。在工业化带动下的农业大发展时期,发达国家开始专门种植饲草料,使种植业和畜牧业向专业化方向发展。

5. 专门化农业(Specialization of agriculture) 是指一个国家、地区或农业生产单位,根据其农业生产发展条件与优势,为适应市场需要,专门生产一种或几种有商品意义的农产品。

6. 传统的作物-家畜综合生产系统(Classically integrated crop-livestock production system) 存在于温带、亚热带或热带的季风区,以覆盖作物或作物残茬地提供家畜放牧的机会,作物副产品饲喂家畜,家畜为作物生产提供粪肥,有时提供少部分畜力为互作途径的农业系统。

7. 农场内耦合(Coupling inside farm) 农场内部自由能的积累,使系统失去平衡并去同其他生态系统结合,自由能驱使两个或两个以上的亚系统,通过会聚、超循环和耦合而联合,从而实现农场内部能量流动和物质循环,形成具有特殊结构功能的更高一级的新系统。

8. 农场外耦合(Coupling outside farms) 农场内部与外界在物质、能量和信息方面的良性循环,同时使系统更趋于稳定,实现系统的持续、高产和稳定发展的过程。

9. 作物/天然草地-家畜综合系统(Integrated crop-livestock production system based on rangeland) 主要在温带大陆性气候、热带草原气候、热带沙漠气候、苔原气候和高原气候的天然草地面积的广大区域,养分通过家畜在天然草地和作物地之间流动,以天然草地向作物地的净输出为主的农业系统。

10. 粗放系统(Extensive system) 农业中的一种经营方式,把一定量的劳动力、生产资料分散投入较多的土地上,采用粗放简作的经营方式进行生产,广种薄收的农业。

11. 草田轮作-家畜综合系统(Integrated crop-livestock production system based on crop/forage rotation) 粮食作物、经济作物与饲草轮作,或播种失败后种植饲草,生物固氮维持地力,牧草的营养体生产和作物副产品供给家畜度过旱季或冷季的农业系统。

12. 栽培草地-家畜综合系统(Integrated crop-livestock production system based sown pasture) 以栽培草地上放牧为主或刈割高产牧草供给家畜利用,集约化生产的综合系统。

13. 农林牧系统(Integrated crop-livestock production system based on woodland) 在同一土地管理单元上,人为地把多年生木本植物与其他栽培植物和动物在空间及时间上按一定顺序安排在一起而进行管理的土地利用技术系统的综合,不同组分间具有生态学和经济学上的联系。

14. 林牧综合系统(Silvopastoral system) 有目的地把多年生木本植物(乔木、灌木、棕榈和竹子等)与牧业用于同一土地经营单位并采取时空分布或短期相间的经营方式,使生态系统在不同组合之间存在着生态学和经济学上统一的相互作用。

15. 作物-家畜/基塘综合系统(Integrated crop-livestock production system based on pond) 起源并分布于降水丰富的热带雨林气候区和亚热带季风气候区,常位于江河的三角洲上。作物以水稻、甘蔗等为主,基塘通过营养物质循环融入作物-家畜系统。

16. 塘基系统(Dike-pond system) 是一种传统生态农业系统,在低洼的冲积三角洲,农民采取“挖塘抬基(田)”的方法,将洼地挖成池塘,挖出的土抬高成基而成为宽阔的田,从而根治水患,并促进了当地渔业、农业和多种经济的发展。

17. 纵向演化(Longitudinal evolution) 从时间序列上解释生物在不同世代之间具有差异的现象及其各种理论。

18. 横向演化(Transverse evolution) 从空间序列(分布)上解释生物在不同世代之间具有差异的现象及其各种理论。

第十四章 动物生产管理的原则

1. 地境(Site) 生态系统中,土壤、地形、位点等土地因子和大气等非生命环境亚系统,提供牧草的生长环境,与牧草亚系统耦合形成草地。

2. 饲料报酬(Feed conversion) 畜牧业生产表示饲料效率的指标,家畜每增加 1 公斤①活重所消耗的标准饲料数。

3. 土地因素(Land factor) 包括地形(坡度、坡向和坡位)、土壤和位点因素。

① 1 公斤 = 1kg。

4. 逆温层(Temperature inversion layer) 在山谷和盆地中,由于山坡散热快,冷空气沿山坡下沉到谷底,谷底较暖空气被冷空气抬挤上升,出现温度的倒置现象,又称为地形逆温,有利于家畜越冬。

5. 位点因子(Location) 特定生态系统所处的地理坐标,是交通的通量评价和资源密度等的函数,标志特定草地农业系统与全球市场的关联程度,是人类对生态系统实施干预时必须考虑的因素。

6. 茶马市(Tea-horse trade) 在交通不发达的时代,农耕区与畜牧区在农牧交错带形成的商品交易中心,我国起源于唐、宋时期。

7. 农耕文化(Farming culture) 种植业创造和发展的物质文化和精神文化的总和。

8. 畜牧文化(Animal husbandry culture) 草原放牧所创造和发展的物质文化和精神文化的综合。

第十五章 后生物生产层的内涵

1. 后生物生产层(Post-biological production level) 就是对植物生产层和动物生产层的产品(草、畜)的加工、流通和分配的全过程。

2. 投入产出率或投入产出纯增量(Input-output ratio) 这一指标是评价动物产品加工技术经济效益最重要的综合性指标。具体计算公式为

$$投入产出率=\frac{产出产品总价值(或实物量能量)}{投入产品总价值(或实物量能量)}\times 100\%$$

或

$$投入产出纯增量=产出产品总价值-投入产品总价值$$

这一指标数值越大,说明产品加工的技术经济效益越好,企业的经营管理水平越高。

第十六章 后生物生产层的结构类型

1. 草产品加工业(Forage product processing industry) 草产品加工业主要是指以加工草捆、草颗粒、草块等商品草为标准,以生产商品草为目的的产业。

2. 畜产品初加工业(Livestock products processing industries) 是以生产可供市场流通的畜加工产品为目标的产业,其中原料生产包括栽培饲草料种植、天然草地刈割、各类可供饲用的农林牧渔等产业的副产品收集、架子畜肥育等,经过加工增值,投放市场。加工流程包括简单的畜肉的分割、皮毛处理加工等。其中,奶业即奶类生产与加工业,具有节粮、经济、高效等特征,是畜产品初加工业的重要组成部分。

3. 龙头企业带动模式(Leading enterprises driving mode) 通常是以草畜产品加工、冷藏、销售企业为龙头,外连国内外市场,内连草畜产品生产基地,基地连农户,龙头企业通过与牛饲养户签订产销合同,提供配套技术服务等办法,形成松散型或紧密型的经济利益共同体,实行生产、加工、销售一体化经营。这种模式的形式有“供销社(流通企业)+农牧户”、“加工企业+农牧户”、“专业大户+农牧户”、“基地+农牧户”等。

4. “中介组织+农牧户”模式(“Intermediary organization + peasant households” mode)

是以中介组织为媒体，将畜产品的生产、加工、储运、销售等环节在市场机制下紧密地结合起来，实现各类生产要素的优化组合和资源的合理配置，逐步形成区域性和跨区域性的一体化企业集团。

第十七章　后生物生产层管理战略

1. 市场需求原则(Principle of market demand)　是以市场需求为导向，商品生产为目的，加工销售为纽带，原料基地为基础使生产布局区域化、加工集约化、产品标准化、经营一体化、管理企业化。

2. 生产能力(Production capacity)　是生产单位在最有效地利用生产工具、先进生产方法和劳动组织的条件下，在一定时间内生产某种产品的最大限度的能力。

3. 效率原则(The principles of efficiency)　是现代化农业的精髓和核心。生产效率的基本含意是在农业生态系统中输入物质与输出产品之比。

4. 适度规模原则(The principle of suitable scale)　草业经济产品不具有工业产品的耐存储、耐运输，没有时间、地域、气候等条件限制的属性，因此不能无限扩大规模，只能适度规模经营。应高度注重市场信息和产业链的功能及作用，按市场信息和市场环境及时扩大或缩小规模，努力将规模调整适度。从草业经济生产企业来讲，适度规模经营成为未来的主流模式。

5. 分区经营原则(The principle of regional management)　现阶段，我国草业发展区域化格局初步形成。可以分为三大区域，即西部草原畜牧区，传统农耕地带与畜牧地带之间农牧业过渡区和东部农耕区。

第十八章　自然保护区管理

1. 核心区(Core zone)　自然保护区内保存完好的天然状态的生态系统，以及珍稀、濒危动植物集中分布，需要采取最严格管理措施的区域。

2. 缓冲区(Buffer zone)　为了缓冲外来干扰对核心区的影响，在核心区外围划定的只能进入从事科学研究观测活动的区域。

3. 实验区(Experiment zone)　为了探索自然资源保护与可持续利用有效结合的途径，在缓冲区外围划出适当区域作为实验区，可以进入从事科学试验、教学实习、参观考察、旅游，以及驯化、繁殖珍稀、濒危野生动植物等活动的区域。

第十九章　放牧家畜的牧食行为

1. 牧草的适口性(Palatability)　许多人对牧草的“适口性”从不同的角度加以定义过。英国著名的草地学家 Stapledon(1947)所下的拟人化的定义，即“那种有足够大的吸引力使家畜连续几天甚至几周都采食该种牧草；当选择性采食区域较大时，有种独特的味道或气味能吸引家畜采食某一类特定的牧草”。而 Marten(1978)提出了相对牧草适口性的定义，即在植物、家畜和环境所适应的两种或多种牧草中，能刺激家畜选择性采食反应的一种或多种植物特征；这种也可描述为可获取性、喜食性、选择性和吸引力（relish）。也有人将其定义为刺激放牧家畜有选择性反应的牧草的特征或状况，可用牧草的形态解剖学特征、物候期、化学成分（蛋白质、粗纤维、木质素、单宁等含量）等指标进行分析或综合评估，如 Westoby（1974）用下述公式进行牧草品质的综合评价：$N_i=\sum a_{ij}x_j$，这里，x_j 是日粮中第 j 种牧草的比例；a_{ij} 是第 j 种牧草第 j 种营养成分；N_i 则为所食日粮的平均营养水平。

2. 家畜的喜食性（Preference） 它可以定义为放牧家畜选择性采食和必要的采食行为。相对喜食性（relative preference）表明两种或更多种食物中每种食物的不同选择比例。日粮的选择性（dietary selectivity）可以用相对喜食指数（relative preference index）来计算（Van Dyne and Heady，1965）或用选择性指数（index of selectivity）表示，即 $SI=D/P$，这里 SI 为选择指数；D 为日粮中某种牧草的百分比，%；P 为天然草地上同一种牧草的百分比，%。也有人用采食指数（index of ingestibility）来表示放牧家畜的选择性采食（Fedele et al.，1993），即 $II=SI\times D$，这里，II 为采食指数；SI 为选择性指数；D 为采食日粮中某牧草的百分比，%。

3. 植物对日粮的贡献度（Contribution to diet of species） Genin 等（1993）用牧草对日粮的贡献度来表示放牧家畜的选择性采食，其公式为：$SCD_i=(\sum_j N_{ij}T_j/B_j\times 10)/(\sum_i\sum_{ij}N_{ij}\times T_j/B_j\times 10)$，这里，$SCD_i$ 为第 i 种牧草对日粮的贡献度；N_{ij} 为第 j 种植被类型中所观察到的第 i 种牧草的采食口数；T_j 为在第 j 种植被类型上的采食时间；B_j 为第 j 种植被类型 10 分钟内所观察到的次数；10 为每种类型观察 10 分钟。

4. 植物的可获得性（Plant acceptability） 描述一种牧草被家畜所能获取的程度。Owen-Smith 和 Cooper（1987）建议，利用某一限制地点的可接受指数（SA）（site-based acceptance index）来估测植物的可获得性。它可通过类似于计算选择性指数的方法估算，即在 10 分钟的观察时间，某一牧草被采食的次数占这段时间内家畜所采食区域内该牧草出现频率的比例。

第二十章 放牧地生产能力的评定与管理

1. 陆地生态系统（Terrestrial ecosystem） 在陆地上，生物群落与环境相互作用形成的具有自我调节机制的能量转化和物质循环实体。

2. 实际产量（Actual output） 草原在利用时测定的产量，也叫利用时产量。草原测产常常早于适宜的利用时期，或者晚于这个时期，实际利用的产量与平均产量有差异。割草地的实际产量往往与平均产量相符；在特殊情况下，如调制嫩干草要提前刈割或等待种子成熟后延期刈割，比测定平均产量早一些或迟一些。

3. 动态产量（Yield changes） 在草原生长的不同时期测定的一组产量。一般在草原的典型地段，设立围栏保护定位样地，预先布置样方，定期地测定产量。

4. 干重序列法（Dry-weight-rank method） 通过估计草地主要物种的重要性并排序，建立重要性与草地产量的数量关系，以计算草地主要牧草的产量。

5. 地中海气候（Mediterranean climate） 南北纬 30°至 40°区域，暖温带大陆的西侧，

夏季干热、冬季温和多雨。

6. 温带大陆性气候(Temperate continental climate) 北纬40°至60°~65°区域,内陆与大陆东岸,冬冷夏热,年温差大,降水集中,四季分明,年降雨量较少。

7. 温带海洋气候(Temperate maritime climate) 南北纬40°到60°~65°区域,大陆西岸,全年温和常湿。最冷月平均气温0℃以上,最暖月低于22℃,年差较小。分布于西北欧、加拿大太平洋沿岸、智利南部、南非及澳大利亚东南一小部分。

8. 热带海洋性气候(Tropical maritime climate) 南北纬10°~25°信风带,大陆东岸及热带海洋的岛屿,气温年、日差较小,降水量季节分配比较均匀。

9. 家畜营养学(Domestic animal nutrition) 阐述家畜营养物质摄入与生命活动关系的学科,主要应用生物化学、生物学、生理学、生物统计学等方法,研究养分的生理作用、营养功能、养分消化吸收、饲料营养价值、家畜营养需要,是介于家畜生物化学和生理学之间的一门应用基础学科。

10. 消化能(Digestible energy) 采食总能扣除粪便中的能量。

11. 代谢能(Metabolizable energy) 采食总能扣除粪能、尿能和消化道产生的气体能量。

12. 生产净能(Net energy for production) 饲料中用于维持家畜生命和生产产品的能量,即饲料的代谢能扣除饲料在家畜体内的热消耗。

13. 燕麦饲料单位(Oat feed unit) 原苏联早期应用的饲料单位,1kg中等品质的燕麦的营养价值,用它喂阉牛可沉积150g脂肪或产生5.916MJ的热量。其他饲料以此为标准,家畜采食后,在体内积累的脂肪或产生的热量与1kg中等品质燕麦相等,则等同于1个燕麦饲料单位。

14. 大麦饲料单位(Barley fodder unit) 北欧饲料单位,1kg中等品质大麦籽粒的营养价值,等于6.904MJ生产净能或阉牛可沉积173.6g脂肪。

15. 淀粉价(Starch value) 用饲料的热值表示其营养价值。德国人Kellner于1924年创建,曾广泛用于评定饲料营养价值和动物营养需求。通过实验,测得家畜采食的饲料在体内沉积的N、C数量,推算出脂肪沉积量。1kg淀粉在阉公牛体内沉积248g脂肪,相当于9.858MJ净能,将其他饲料沉积脂肪的数量或沉积的净能与淀粉比较,得出其与淀粉的等价量。

16. 总可消化养分(Total digestible nutrient,TDN) 可消化蛋白质、粗纤维、无氮浸出物与2.25倍可消化粗脂肪的总和。计算公式为:$TDN=X_1+2.25X_2+X_3+X_4$,$X_1 \sim X_4$分别表示牧草可消化粗蛋白、粗脂肪、无氮浸出物和可消化纤维的百分比。1910年在美国创建,以后在世界各国广泛应用。

17. 可消化蛋白质(Digestible crude protein,DCP) 又称真蛋白质,饲料中粗蛋白除去非蛋白含氮化合物。一般蛋白质含氮量约为16%,故在概略分析中,常用凯氏法(Kjeldahl)测出总氮量,再乘以系数6.25来求得。

18. 面积当量(Equivalent area) 1hm^2草地提供的牧草量,相当于2.47t精饲料。

19. 家畜当量(Animal equivalent) 根据用作标准的家畜的放牧压或饲料消耗量,将其他家畜的同类项目与之比较而得出的比值。

20. 家畜指数(Animal index) 根据其饲料消耗量,将各种家畜折合成一种标准家畜，以便进行统计学处理。

21. 大家畜单位(Large livestock unit, LLU) 流行于南部非洲，1 个大家畜单位相当于 1 头体重 250kg 的牛，其他家畜可根据牧草需求量与之比较。

22. 畜产品单位(Animal product unit, APU) 根据可用畜产品的产量评定草原最终生产力的一种指标。1 个畜产品单位规定相当于中等营养状况的放牧肥育肉牛 1kg 的增重，其畜产品形态为 1kg 中等肥度的牛、羊胴体，能量消耗为 22.5MJ。

23. 毒害草(Poisonous weed) 因牧草本身特性，在整个生育期或其中一段时期，不能为家畜采食、利用的草类植物。

24. 优良牧草(Fine pasture) 适口性好、营养价值高的牧草。

25. 放牧密度(Grazing density) 某一时刻单位面积草地上放牧牲畜的数量。

26. 采食率(Intake rate) 家畜采食牧草量占牧草供给量的比例。

27. 火烧(Burning) 一种草地管理方式，自然不定期或人为定期地焚烧草地，促进牧草更新，改善牧草的组成和品质。

28. 补播(Reseeding) 在草地上播种原有的牧草种，以改变牧草组成比例，从而提高牧草产量、改善品质，或实现其他管理目标。

29. 划破(Scarification) 用工具破坏草皮，主要是为了提高草地通气性和透水性。

30. 反刍(Rumination) 家畜经过一段时间进食后将半消化的食物由瘤胃或网胃逆呕至口中咀嚼，然后再返回瘤胃。

31. 前植物生产层(Pre-plant production level) 草业系统的第一个生产层，产品是草地景观，如风景、水土保持、自然保护区等。以草地资源综合体展现其生产价值，而不以取得植物或动物产品为主要目的。

32. 轮牧(Rotational grazing) 把放牧区分隔为多个小区，家畜按照一定的顺序在放牧小区中轮流放牧，同一块草地放牧与休闲有规律地相间进行。

33. 草原基况(Range condition) 在特定环境中和管理因素作用下，草原的健康状况及其可以预见的趋势，一般根据草原的土地和植被状况来评定。

34. 指示植物(Indicative plant) 指示生长环境质量或某些环境条件及其变化的植物。

35. 可食草(Edible grass) 可以被家畜采食利用的牧草。

36. 无氮浸出物(Nitrogen free extract, NFE) 饲料中的有机物除去脂肪和粗纤维的无氮物质。

37. 粗纤维(Crude fiber) 饲料中纤维素、半纤维素、果胶和木质素等物质的总称。

38. 粗脂肪(Crude fat, CF) 动植物组织中脂溶性物质的总称。

39. 粗蛋白(Crude protein) 饲料中一种蛋白质含量的度量，饲料中的氮含量乘以系数 6.25。

40. 碳氮营养比(Carbon-nitrogen nutritive ratio) 饲料中碳元素与氮元素的比率。

41. 草地营养类型(Nutritive type of natural grassland) 生长季草地牧草营养物质及其组合特征，主要用于指导草地经营管理。

42. 留茬(Stubble) 草地放牧或刈割后的剩余部分。

43. 季带(Seasonal stripe) 以月或季为时间单位把一个牧场划分成多个不同时期的

放牧地段。

44. 更替放牧(Alternation grazing)　不同种类的畜群依次利用同一块草地。

45. 季带轮牧(Seasonal rotational grazing)　一个牧场内,家畜按一定顺序在多个季带之间轮流放牧。

46. 放牧频率(Grazing frequency)　一个生产周期中(一般是一年),家畜放牧同一草地的次数。

47. 放牧宽度(Grazing width)　畜群横队前进,每头家畜应占有的草地宽度乘以畜群数量。

第二十一章　可持续放牧管理

1. 载畜量(Carrying capacity)　可解释为"一个生境或生态系统能够持续支持的最大家畜和/或野生动物的种群大小的量",通常用最适放牧率表示。

2. 放牧率(Stocking rate)　放牧率就是在特定的时间段,单位面积内的草地牧草需求量,其单位包含了放牧家畜的牧草需求量、时间和面积。通常情况下其单位可以表示为家畜单位 · 天/单位面积或其倒数。其一直被比作一台显微镜的粗调节旋钮,也就是说,如果不正确的话,该系统的其他任何部位都不能调节出你所需要的视野。

3. 放牧间隔时间(Interval of grazing)　即在两次放牧周期之间植物休养生息、允许植物在采食后恢复其能量储存的时间。放牧间隔时间长短取决于植物种类、采食强度、土壤肥力、温度和土壤水分等因素。

4. 过牧(Overgrazing)**和过载**(Overstocking)　过牧和过载并不是相同的概念。过牧是针对个体植物而言,它是如频繁的放牧、高强度放牧或者恢复期太短不足以维持植物活力等情况的必然结果。如果持续过牧的话,则导致植物死亡。因此,甚至在很少家畜数量条件下,由于不合理的家畜分布、不合理的放牧时间或者高频率的放牧等,都可能导致过牧,对于长季节放牧的草地几乎肯定导致过牧。

过载通常情况下(不是不变的)导致过牧,这是因为在短期高强度的采食后,如果给予足够的时间,植物是可以恢复的。然而,过载总是导致家畜营养应激,或需要较高水平的补饲。

5. 放牧密度(Stock density)　放牧密度不应该与放牧率混淆。前者是指某一时间点上(而不是时间段)单位面积内的家畜数量,其单位为家畜单位/单位面积或其倒数。因此,在一个给定的放牧率下,如果将放牧家畜集中到一个较小的面积上,则放牧密度会增大。如轮牧与连续放牧相比,在放牧率相同的情况下,轮牧的放牧密度要比连续放牧的高,取决于轮牧小区数量的多少。放牧密度是一个很重要的概念,因为它与家畜的分布、选择性采食高质量牧草、牧草采食的频率和强度、牧草的采食效率及植物再生的机会等密切相关。当放牧密度增大时,通常情况下,在同样的时间段和给定的面积内家畜的分布就比较均匀。假如给定一个合理的恢复期(放牧间隔时间),如果要增加放牧密度就必须增加放牧的小区数,从而缩短每个小区的放牧时间,以避免在植物补充能量之前再一次被采食的风险,这样也可以增加牧草的生产。家畜频繁地被挪到新鲜的牧草草地上,就有更多的机会进行选择性采食和提高牧草的品质。

第二十二章 草坪建植

1. 禾本科草坪草(Poaceae turfgrass) 是草坪草的主体,主要分属于羊茅亚科、黍亚科、画眉草亚科等几十个种。

2. 非禾本科草坪草(Non-poaceae turfgrass) 指除禾本科草坪草以外的其他科的草坪植物,通常具有发达的匍匐茎、根茎或根蘖,耐践踏,易形成低矮的草层或草皮,如白三叶、多变小冠花、百脉根、马蹄金、细叶薹、异穗薹、白颖薹草、沿阶草等。

3. 宽叶草坪草(Broad leaf turfgrass) 叶宽茎粗,生长强健,适应性强,适用于较大面积的草坪地,如结缕草、地毯草、假俭草。

4. 细叶草坪草(Fine leaf turfgrass) 茎叶纤细,可形成致密的草坪,但生长势较弱,要求光照充足、土质良好,如小糠草、细叶结缕草、早熟禾及野牛草。

5. 低型草坪草(Low height turfgrass) 株高一般在 20㎝以下,可形成低矮致密地草坪;具发达的匍匐茎和根茎,耐践踏,管理方便,大多数种类适于我国夏季高温多雨的气候条件;多行无性繁殖,形成草坪所需的时间长,成本较高,不适于大面积和短期形成草坪用地;常见种有结缕草、细叶结缕草、狗牙根、地毯草、假俭草等。

6. 高型草坪草(High height turfgrass) 株高通常为 30~100cm,一般为种子繁殖,速生,在短期内可形成草坪,适用大面积草坪建植;其缺点是必须经常修剪方能形成平整的草坪;常见种有高羊茅和多年生黑麦草等。

7. 单播草坪(Mono-stand) 只用一种草坪草的一个品种建植的草坪,是草坪草的组合方式之一。单播的好处是所建植的草坪表观,整齐、均匀,适宜建植观赏草坪,播种和管理相对简便;但易受到病、虫及杂草的危害,草坪的持续性也较差。暖型草坪草单播的较多,如狗牙根、结缕草、野牛草、钝叶草等。

8. 合播草坪(Blend-stand) 用某一种草坪草的不同品种合在一起种植的草坪,是草坪草的组合方式之一。过去一般都叫混合,但与混播容易混淆,故建议最好用"合播",这样也便于与单播、混播衔接。合播的草坪相对也比较整齐、均匀,抵抗病、虫及杂草危害的能力较强。

9. 混播草坪(Poly-stand) 用两种或两种以上草坪草种混在一起种植的草坪,是草坪草的组合方式之一。混播的优点是:在生长快慢、寿命长短、各种抗性等方面,草种间发挥取长补短的作用,也可以根据需要搭配种植比例,使草坪保持良好的持续性。缺点是:建植相对麻烦,搭配不好会使草坪表面不整齐,降低美化和观赏价值。混播组合中通常包括基本种、辅助种和临时保护种。基本种在数量上占主要地位,主要利用永久性种;辅助种能补偿基本种的一些缺点,在数量上占辅助地位;临时保护种主要是起保护作用的种,一般发芽快,生长迅速,能很快覆盖地面,可以起到保护和防治杂草的作用,但这样的草种一般寿命较短,在 1~2 年就会退化或死亡。

10. 草坪营养繁殖(Vegetative planting) 是草坪繁殖的重要方式之一。相对于种子繁殖而言,一般成本较高,但成坪较快。有些草坪草常因不易获得种子而只能用营养繁殖,暖型草坪草以营养繁殖为主,营养繁殖主要采用铺植、塞植、茎枝植等方法。

11. 草坪修剪(Turfgrass mowering)　是草坪管理的主要措施之一,目的主要是控制草坪高度,保持顶端生长优势,使草坪保持在营养生长状态,具有整齐、美观,有利于观赏、游息或运动的草坪表观与质量。通常修剪留茬高度与草坪种类和用途有关,一般草坪草适宜的留茬高度为 3~4cm,部分遮荫和损害较严重的草坪留茬应高一些。通常情况下,当草坪草的生长高度超出适宜留茬高度时就应该修剪,并遵循“三分之一”法则。

第二十三章　运动场草坪概述

1. 草坪建植(Establishment)　通过播种或营养体繁殖方式,并经过各种培育措施形成一个成熟稳定的草坪的过程。

2. 场地等高线(Field contour)　即用等高线表示的场地地形变化。在运动场地中,通常要求建成中间高四周低的“龟背型”场地表面,有利于水分向四周排出。

3. 草坪质量(Turf quality)　草坪在其生长和使用期内功能的综合表现,它体现了草坪的建植技术与管理水平,是对草坪优劣程序的一种评价,它是由草坪的内在特性与外部特征构成。主要包括外观质量、生态质量、使用质量及土壤基况质量。对不同用途的草坪,质量评价的指标及其重要性不同。参见草坪质量评定。

4. 草坪回弹性(Turf rebound)　回弹性是指草坪在外力作用时保持其表面特征的能力。草坪弹性与回弹性受草坪草种、修剪高度、土壤物理形状等的影响。其在实际中不易测定,一般用反弹系数表示弹性和回弹性。反弹系数(%)= 100×(反弹高度/下落高度)。测定方法是将压强为 0.7kg/cm^2标准比赛用球从 3m 高度自由下落到被测场地,目测或用摄像机记录第一次反弹高度,然后计算反弹系数。适宜的弹性范围为 20%~50%,允许的弹性范围为 15%~55%。不同的运动项目对草坪反弹性的要求不同,标准也不同。

5. 耐践踏性(Traffic tolerance, trampling tolerance)　草坪草耐受人的踩踏和机械碾压的能力。它是一个综合指标,与草坪草的质地、生长类型、生长状态、恢复能力等因素有关,可用草坪强度来衡量。

第二十四章　足球场草坪

1. 半天然型坪床(Semi-natural turf bed)　需要采用一些工程措施改良,方能达到草坪生长和场地使用质量要求的坪床。这类场地土壤或基层排水或多或少存在一些问题。根据改良措施的不同,可将半天然型坪床分为盲管排水型、盲沟盲管排水型、沙层覆盖型等结构。

2. 部分改良(Partial modification)　在原有的土壤内掺入一些改良材料,以改善床土质地和结构。常用的改善质地的材料有沙、富含有机质的壤土;改良结构常用的材料包括:泥炭、粪肥、堆肥等。把沙子掺入黏土,以改善通气排水性。掺入富含有机质的土壤,以改善黏土或沙土的结构和增加肥力。通常将 5~10cm 的壤土均匀混入 15~20cm 的土壤上层,当原土质地改善 25~36cm 深时,能获得良好的效果。将有机质(泥炭、堆肥等)5cm 均匀地混入 10~15cm 的土壤层,可以起到产生团粒结构,改善床土和肥力的作用。

3. 土壤改良剂(Soil conditioner) 改良土壤的物理、化学和生物性质,使其更适宜于植物生长,而不是主要提供植物养分的物品与制剂,可分为无机型和有机型两类。无机型包括沙、石灰、石膏、蛭石、膨润土、沸石、珍珠岩、煅烧黏土等,有机型有泥炭、树皮纤维、锯末等。

4. 全自动灌溉(Automatic irrigation) 阀门按预先的设置定时自动开启的灌溉系统。由水力或者电力驱动。有的灌溉系统还与自动感应装置相连,自动化程度极高。它包括土壤水分、气象因子的监测,将监测到的信息经过计算机分析计算,确定具体的灌水单元。参见时序控制灌溉系统和中央计算机控制灌溉系统。

5. 草坪打孔通气(Lawn aeration) 指在草坪上通过草坪打孔机械打孔,使草坪根系层土壤通气,改善地表降雨、灌溉水的入渗条件,促进草坪根系的发育和营养吸收。同时在打孔的过程中将不可避免的切断部分草坪根系和匍匐茎,从而刺激新的根系及匍匐茎生长。还可以利用打孔进行草坪的补播。

6. 土壤划破(Scarifying) 草坪养护中一项草坪通气措施,是借助安装在圆盘上的一系列“V”形刀刺入草皮 7~10cm,以改良草坪的通气透水性的过程。此作业与打孔相似,只是穿刺的深度限制在 3cm 以内。

第二十五章 草地滚球场草坪

1. 草上运动(Grass sports) 能在草上进行的一切运动,如足球、草地网球、橄榄球、棒球、赛马、高尔夫、滑草等。

2. 滚压(Rolling) 为了求得平整紧实得坪面和使叶丛紧密而平整地生长,草坪需要适时进行滚压。滚压如出于栽培要求则宜在春夏草坪草生育期进行;若出于利用要求,则适宜在建坪后不久、霜降期、早春开始剪草时进行。滚压可用人力推动重滚或用机械进行,滚压时滚轮的重量依滚压的次数和目的而异。手推磙重一般为 60~200kg,机动磙重为 80~500kg。

3. 粗平整(Glancing leveling up) 是床面的等高处理,通常是挖掉突起部分和填平低洼部分。作业时应把标桩钉在固定的坡度水平之间,整个坪床应设一个理想的水平面。填方应考虑填土的沉陷问题,细质土通常下沉 15%(每米下沉 12~15cm),填方较深的地方除加大填量外,尚需镇压,以加速沉降。表面排水适宜的坡度约为 1‰,在建筑物附近,坡度应是离开房屋的方向。运动场则应是隆起的,以便从场地中心向四周排水。高尔夫球场草坪,发球台和球道则应在一个或多个方向上向障碍区倾斜。

4. 草皮块(Divot) 亦称草垡。从草皮上取下供无性繁殖用的带有土壤的柱状、栓状、方块状或长条状的草皮块。以进行草地更新的一种播种材料。用草皮块播种在生草土或翻耕过的土地上,可使草皮生长速度远比用种子播种为快。多于气候湿润的地区和季节使用。草坪培育尤多采用。

5. 营养繁殖(Vegetative propagation) 利用植物的根、茎、叶、芽等营养体的一部分来进行繁殖,从而获得全新个体的方法,包括扦插、分株、压条、嫁接及组织培养法等。参见无性繁殖。

6. 排水(Drainge) 通过人为的设施避免土壤积水的方法,为草类植物生长创造良好的水、气环境。一般主要采取工程的方法。常见的有铺设地下排水层排水、台地排水、坡地排水、明沟排水和暗沟排水。

第二十六章　网球场草坪

1. 草地网球场(Lawn tennis, grass court)　用非常光滑和修剪致密的草坪草建植的网球场,如英国温布尔顿草地网球场。场地呈长方形,单打场地宽为 8.23m,长为 23.77m,双打场地宽为 10.97m,长和单打场地一样。坪床总厚度 60cm,从上往下依次为:0~30cm 为营养土层,30~40cm 为细沙层,40~50cm 为直径小于 3mm 的粗沙层,50~60cm 为直径小于 14mm 的砾石层。基层设盲沟或管道排水。草坪要求细致平整,耐碱踏。草种在热带亚热带地区选择杂交狗牙根、沟叶结缕草、海滨雀稗等草种,在温带寒温带用多年生黑麦草、紫羊茅、匍匐紫羊茅、匍匐翦股颖等,多采用混播。养护强度要求很高,修剪高度 2~4mm。

2. 保护网(Protective net)　用于新建草坪的一种保护网材,种类很多,一般常用的有金属网、三维土工网垫、布鲁克网等,通过锚杆将成品网固定在岩石上,起到防护作用,一般来说,边坡坡度少于 45°的多用三维土工网垫,而当边坡大于 45°时则多用金属网和布鲁克网,金属网所用的材料多用金属材料和铅丝,一般采用 12 号或 14 号镀锌棱形铁丝网(直径 2mm),网孔 40mm×40mm,铺设面积 100%,网锚杆与网之间采用平行对接,不重复搭接,铁丝网与坡面间隙小于 19mm。布鲁克网则用钢丝绳,三维土工网垫是采用高分子材料聚乙烯及抗紫外线助剂加工而成。

3. 地埋式喷头(Pop-up sprinkler)　喷体埋在地下,喷头部分在水压驱动下可以弹出或缩回实现洒水的一种喷头。

4. 龟背造型(Turtleback shape, crowned field)　草坪在建植时,为了排水的需要,建成中间略高四周稍低,类似于龟背的造型。坡度为 0.3%~0.5%,水从场地中央流到边缘地带,有利于场地表面积水的及时排出。参见场地等高线。

第二十七章　高尔夫球场草坪

1. 高尔夫草坪(Golf turf)　满足高尔夫运动的技术需求,结合风景园林形成优美的景观,利于运动员进行高质量的比赛,满足观众审美需求和电视转播要求的草坪运动场。高尔夫草坪是所有草坪运动场中规模最大,建植管理最精细,艺术品位最高的草坪,代表了草坪科学的最高水准。

2. 美国高尔夫球协会果岭结构(USGA golf green construction recommendaton method)　又称持水型坪床结构,为美国高尔夫球协会(USGA)推荐标准。1964 年提出,至今已修订 4 次,被全世界广泛采用,也用于其他类型的运动场中。其结构上层是 30cm 的混合根系生长层,由沙和有机物质混合而成,其下是 5~10cm 厚的过渡层,过渡层下是 10cm 厚的卵石层,卵石层中铺设盲管排水系统。过渡层的作用是能够防止生长层中所含的黏粒在灌溉和使用过程中逐渐进入下层卵石层中,阻塞排水管孔洞及排水管。标准对坪床材料规格有严格的要求。

3. 俱乐部会所(Clubhouse)　俱乐部会所是接待会员聚会的场所,具备相应的服务功能。例如,高尔夫球俱乐部会所包括大堂接待厅、会客厅、观景台、更衣室、打球接待区、餐饮等附属设施。

4. 标准杆(Par) 优秀高尔夫球员正常发挥,成功完成一洞或一局(18 洞)比赛所需要击打的杆数。

5. 草坪景观(Lawn scenery) 草坪或与其他观赏植物相互组合所形成的自然景色,因所用植物不同而产生不同的观赏效果和不同的情趣,同时与四周的景物也有密切的关系,所以草坪景观的形成不是孤立的。由于设计的意图不同而有不同类型的组合:草坪花卉与草坪的组合,疏林与草坪的组合;乔、灌、草花、草坪的组合;野趣草坪;高尔夫球场式草坪;规整式草坪。

6. 长草区(Roughs) 高尔夫球场中每一个球洞除发球台、球道和果岭以外的所有草坪区域,通常称作高草区,管理较为粗放,修剪高度 3.8~10cm(依草种而定)。

7. 惩罚型设计(Penal design) 高尔夫球场的一种设计策略。设计师在球场上设计让人望而生畏的深沙坑、高长草区、树木及水障碍,使球员击球时只有一条线路。要求球员每一杆都要认真控制,准确实施,才能避免各种障碍,否则要付出惨重代价。

8. 洞杯(Hole cup) 高尔夫球场果岭球洞中的罐状器具。

9. 发球台(Tee) 高尔夫每洞开球的区域、开球位置由发球台上的两个标志物所界定。通常有 5 组发球台以供各种水平的球员选择。红色发球台供女子球员使用,白色发球台适合一般水平球员,蓝色发球台及更靠后的发球台标志则是给富有经验的高手准备的。草坪修剪高度介于果岭和球道之间,草的高度以球居于木质球座时离开草尖为宜。

第二十八章　赛马场草坪

1. 赛马场(Horse racing) 赛马和调教赛马场地的总称,有沙石马场、草坪马场和兼有两种用途的中间型马场。草种选用耐践踏、再生力强的草种。

2. 赛车场草坪(Turf for racing) 赛车场内大面积的开阔草坪。主要作为车辆事故后的缓冲,为保护运动员的安全而建植,同时大片的绿色能够增加赛车手与观众的兴趣,提高比赛成绩。

3. 赛马跑道(Horse racing track) 赛马时的比赛跑道,通常如田径场一样,为长方形,末端是圆形或者是带有直线的椭圆形。赛马场跑道一周的长度为 1.4~2.4km,最小不低于 800m;宽 42~50m,最小不低于 15m。

4. 践踏(Foot traffic) 人、动力或车辆等在草坪上行走对草坪草及其土壤产生的撕拉、压实等作用。往往造成土壤紧实。

5. 地表排水(Ground drainage) 地表排水是指从草坪地表迅速排除多余水分,因此要求地表应有一定的坡度,一般为 1∶10~1∶3,同时要求土壤具有良好的结构性,因此,以沙为主的土壤是理想的,便于排水。

6. 地下排水(Subsurface drainage, underground drainage) 通过设置于地下的排水设施达到土壤排水的目的。有盲管排水、盲沟排水和砂层排水 3 种类型。盲沟和盲管按布置方式又可分为自然式(natural)、鱼骨式(herringbone)、平行格栅式(parallel gridiron)和截流式(cutoff or interceptor)4 种。

7. 管道排水(Pipe drainage) 管道排水系统是最常采用的非地表排水方式,管道为多孔或切缝排水管,一般铺设在草皮表面以下 40~90cm 处,间距 5~20m,坡度在 0.5%~1%,以保证水在重力作用下能自由流动。排水管铺设方式有鱼骨型和平行布置两种。在半干旱地带,因地下水上升可能造成表土盐渍地,排水管可深达 1m。

第二十九章　干　草

1. 干草(Hay) 是天然牧草或栽培的饲用植物,在量质兼优时期刈割,经自然或人工干燥调制成的可以长期保存的粗饲料。由于干草是由青绿植物制成,在调制后仍然保留一定青绿颜色,故又称之为青干草,简称为干草。在日常生活中,人们常常将青干草和秸秆等干燥后获得的粗饲料统称为干草。调制青干草的目的,主要是为了保存青饲料的营养成分,便于保存、运输和随时取用,以保证家畜营养需要和均衡供应。

2. 自然干燥干草(Natural curing hay) 依靠太阳光晒制和自然风干而成的干草,在干旱地区或少雨季节多采用自然干燥法调制干草。与人工调制的干草相比,简便易行,成本低廉,但营养物质损失往往较多。

3. 人工干燥干草(Artificial dried hay) 利用人工辅助能源,如常温鼓风或热空气烘干而成的干草。烘干干草一般由于加工时间短、营养物质损失少,质量优于自然干燥的干草,是进一步加工草粉、草颗粒、草块的优质原料,但由于能源、设备等的投入,成本较高。

第三十章　青贮饲料与半干贮饲料

1. 青贮饲料(Silage) 收割后水分含量适中的牧草完整地或切碎后密封,在厌氧条件下经过乳酸菌发酵作用调制而成,可以长期保存,营养丰富,具有特殊的芳香气味,为适口性好的多汁发酵饲料。

2. 乳酸菌(Lactic acid bacteria) 发酵糖类主要产物为乳酸的一类无芽孢、革兰氏染色阳性细菌的总称。凡是能从葡萄糖或乳糖的发酵过程中产生乳酸的细菌统称为乳酸菌。目前至少有 18 个属 200 多种。

3. 酪酸菌(Butyric acid bacteria) 丁酸菌,一类厌氧、不耐酸的细菌,主要有丁酸梭菌、蚀果胶梭菌、巴氏固氮梭菌等。

4. 腐败菌(Putrefactive bacteria) 比较喜欢中性或碱性环境,容易分解蛋白质的细菌,如大肠杆菌、枯草菌。

5. 酵母菌(Yeast) 单细胞真菌,兼性厌氧菌,4~8μm 球形或卵形,可将糖类发酵成乙醇。它包括子囊菌、担子菌等。

6. 醋酸菌(Acetic acid bacteria) 即醋酸杆菌,可氧化乙醇生成醋酸,细胞从椭圆形到杆状,单生、成对或成链。

7. 霉菌(Mould) 可形成分枝菌丝的真菌的统称。

8. 青贮塔(Tower silo) 用于青贮的圆筒形建筑。一般情况下,高度是直径的 2~3.5 倍,塔高 12~14m,直径 3.5~6.0m。塔身一侧每隔 2m 高开一个 0.6m×0.6m 的取料窗口,填装青贮原料后关闭。

9. 青贮窖(壕)(Silo) 可分为地上式、地下式及半地下式 3 类,圆形或长方形。圆形窖一般直径与窖深之比为 1∶(1.5~2.0),上大下小,便于压紧。长形青贮窖宽深之比为1∶(1.5~2.0);窖底有坡度,利于排水;长宽比大,便于镇压和机械操作;宽边的一侧为斜坡状的青贮窖,称为青贮壕。地下式青贮窖适于地下水位低、土质好的区域,地上式或半地下式青贮窖适于地下水位高或土质差的区域。

10. 青贮过程的田间损失(Field loss of silage process) 刈割后萎蔫期短,养分损失极微;即使萎蔫期长达 24 小时,损失养分也不足干物质的 1%~2%;萎蔫期超过 48 小时,养分损失较大,取决于气候条件;田间萎蔫 5 天,干物质的损失可达 6%。水溶性碳水化合物和易水解的蛋白质受影响较大。

11. 青贮过程的氧化损失(Oxidation loss of silage process) 在有氧条件下引起的青贮草料养分的氧化损失。迅速密封的青贮设施内,植物组织的氧引起的干物质损失仅 1%左右;持续暴露在有氧环境中的青贮料会形成不可食用的堆肥样物质,损失 75%以上的干物质。

12. 青贮过程的发酵损失(Fermentation loss of silage process) 青贮过程中一些化学变化,特别是可溶性碳水化合物和蛋白质变化较大,但干物质损失一般不超过 5%,因为形成了诸如醇类的高能化合物,总能损失更少。梭菌发酵由于产生了 CO_2、H_2和 NH_3,养分的损失高于乳酸发酵。

13. 青贮过程的流出液损失(Effluent loss of silage process) 一般青贮设施自由排水,流出液可带走一定的可溶性养分。含水量 85%的牧草,青贮流出液的干物质损失可达 10%;萎蔫至含水量 70%左右时,流出液显著减少。

14. 半干贮饲料(Haylage) 半干青贮料、低水分青贮料,牧草青贮时含水量 40%~55%,外观和手感近似干草,制贮中半发酵,可提高动物的干物质摄取量。

15. 青贮和半干贮饲料添加剂(Silage and haylage additive) 可提高青贮和半干贮饲料制作成功率和营养价值的生物或非生物物质或制剂的统称,用量少或极少。可抑制窖内有害微生物活动,防止青贮原料霉变、腐败,增加原料中没有或缺乏的营养成分和元素。

16. 发酵促进剂(Fermentation promoter) 分为微生物制剂和碳水化合物两类。可以使乳酸菌利用饲料中的糖分和水分迅速生长繁殖,通过无氧酵解,生成乳酸,使饲料酸化,减少青贮原料的养分损失。

17. 发酵抑制剂(Fermentation inhibitor) 分为有机酸和非有机酸两大类。维持青贮窖内的 pH 在 4.2 以下,抑制植物呼吸和有害微生物活动,防止青贮原料霉变、腐败。

第三十一章 压缩干草及青贮设备

1. 打捆干草(Baling hay) 晒干的牧草压成的草捆。可压缩干草体积,便于运输和储藏。一般用专门的干草打捆机进行打捆。

2. 方草捆打捆机(Square baler) 用来制作长方体草捆的打捆机,有大小两类。小型机生产的草捆标准断面为 38cm×46cm,长度 72cm,常用重量为 25kg。大型机生产的草捆标准断面为 120~180cm,长度增大到 110~180cm,重量达 720~1000kg。

3. 方草捆捡拾压捆机(Square pickup baler) 又称方草捆捡拾打捆机。能在田间捡拾牧草条铺并打成长方体草捆的机器。工作时,从拖拉机动力输出轴将动力传至压捆机,机器沿草条前进,由捡拾器弹齿将割茬上的牧草捡拾起来并连续地输送到输送喂入器内,输送喂入器把牧草喂入压捆室,捆好的草捆被后面陆续成捆的牧草不断推向压捆室出口,经放捆板落在地面上或经抛扔机构抛入拖车车厢内。

4. 方草捆捡拾装载机(Pickup square bale loader) 与草捆运输车配套使用,实现方草捆捡拾装运的机器。

5. 圆草捆打捆机(Cylindrical baler) 用来制作卷绕式圆柱状草捆的打捆机。通常草捆直径为 1.5~1.8m,宽度达 1.5m,重量达 500~1000kg。

6. 圆捆裹包机(Cylindrical bale wrapper) 将圆草捆用拉伸膜自动裹包的机械。

7. 圆捆捡拾压捆机(Pickup cylindrical baler) 简称圆捆机。按草捆成形过程分为内卷绕式和外卷绕式两种。内卷绕式草捆有一定的紧密度,密度较高,长期存放不易变形,但其结构较复杂,要求牧草较干燥。外卷绕式草捆中心疏松,外层紧密,透气性好,易于保存,但草捆较易变形。

8. 圆草捆装载机(Cylindrical bale loaders) 装卸圆草捆的拖拉机附件。有前悬挂式和后悬挂式两种。其中前悬挂式液压圆捆装载机是与圆捆机配套使用,可以把压捆机打成的圆草捆在田间运输、堆垛,也可将草捆装到汽车或拖车上运往贮草点。

9. 草快速烘干机组(Grass fast drying unit) 对鲜嫩牧草进行快速烘干的成套机械。机组包括高温气体炉,在 800℃左右的高温下用几十秒至几分钟即可烘干。烘后牧草色泽鲜绿、味道芳香。

10. 牧草压块机(Hay cuber, hay wafer) 将长干草或通过快速高温干燥的鲜嫩牧草压制成小型长方体[标准规格为 32cm×32cm×(20~80)mm]草块的机械。压块机有固定式压块机和田间压块机两类。由于前者的作业条件易于控制,生产效率高,可加入饲料添加剂,因此生产的草块质量较好。

11. 牧草制粒机(Hay pelleter) 将添加了其他营养物质的全价草粉,压制成大小适合猪禽采食的小草颗粒的机械。草颗粒的密度为 1.2~1.3g/cm^3,堆积密度约为 0.6t/m^3。

12. 平模压粒机(Disk die pelleter) 利用多孔平面板作为模具的小草颗粒制粒机。熟化后的粉料落入压粒器内,铺平在平模板上,受到压辊的挤压,穿过模板上的圆孔,形成圆柱形,再被平板下面的切刀切成长为 10~20mm 的颗粒。平模压粒机有动模式、动辊式和模辊皆动式 3 种。

13. 环模式制粒机(Ring die pellet mill) 用压辊-带孔环模机构进行制粒的机器。作业时环模带动压辊转动,将草粉挤入环模的模孔中压实成圆柱形,再被切断刀切成小颗粒。制粒机设有液体添加系统以输入油脂或糖蜜等,以提高营养价值。

14. 圆草捆低水分青贮(半干贮饲料)(Low moisture silage of cylindrical bales) 经割草、搂草,然后采用圆草捆捡拾压捆机卷压成圆草捆,再由圆草捆装载机运至青贮地点,装入塑料袋密封或用包膜机缠上塑料薄膜密封。

15. 青贮草捆包膜机(Plastic wrapping silage packer) 用塑料拉伸薄膜对圆草捆包膜进行青贮的机械和材料。包膜所用的材料为宽 500mm、厚 0.025mm 的塑料薄膜。包膜机有固定式和行走式两种。当圆草捆完全被塑料薄膜所覆盖时,切断薄膜,扎紧顶端,将草捆放回原处。包膜机有大型和小型两种,与不同规格的圆草捆打捆机配套。

第三十二章 草种子形成与生产

1. 种子(Seed) 植物学上指由胚珠发育而来的繁殖单位,农学上通常指一切可用于繁殖的材料,既包括真种子、类似种子的果实,还包括块根、块茎、球茎和鳞茎等各种营养繁殖器官。

2. 种子产量构成因素(Seed yield components) 植物种子产量决定于单位面积上种子数与单粒种子重量的乘积。影响种子数目的因素包括:单位面积生殖枝数、每生殖枝的花序数(禾本科草为小穗)、每花序上的小花数(禾本科草为每小穗上的小花数)及每小花的种子数。上述4个因素连同单粒种子重共同构成种子产量的构成因素。

3. 潜在种子产量(Potential seed yields) 单位面积土地上花期出现的胚珠数(每一胚珠具有发育为一粒种子的潜力)乘以单粒种子的平均重量,即单位面积土地理论上能获得的最大种子数量,又称理论种子产量。

第三十三章 草种子加工与储藏

1. 种子生活力(Seed viability) 种子发芽的潜在能力或种胚所具有的生命力,一般可采用氮红四唑法进行测定。

2. 种子活力(Seed vigour) 在广泛田间条件下,能快速整齐出苗及长成正常幼苗的潜在特性总和及在储藏和运输过程的潜在发芽力。

3. 种子包衣(Seed coating) 以精选种子为载体,应用手工或者机械的途径,将杀菌剂、杀虫剂、微肥、植物生长调节剂、着色剂或填充剂等非种子材料包裹在种子外面,以达到种子成球形或者基本保持原有形状,提高抗逆性、抗病性,加快发芽,促进成苗,增加产量,提高质量的一项种子技术。

第三十四章 草种子质量及其控制

1. 种子发芽力(Seed germination) 发芽力是指种子在适宜条件下发芽并能长成正常幼苗的能力,通常用发芽率表示。

2. 种子休眠(Seed dormancy) 指具有生活力的种子一定时长内尚不萌发的现象。

3. 种子认证(Seeds authenticated) 种子认证也称种子审定、种子登记、种子注册和种子证书等。种子认证是对农牧业生产中所采用的优良品种的种子在世代繁殖过程中的生产、收获、加工、储藏和销售等环节进行种的真实性和品种纯度检验和控制以确保优良品种的纯度和保护使用者的利益。

4. (北美)官方种子分析家协会(Association of Official Seed Analysts,AOSA) 是由美国和加拿大联邦政府、州及大学实验室组成的一个机构。该机构成立于1908年,致力于制订、修订种子检验规程,规范和改进种子的检验方法,在州和联邦政府层面上协助种子法的执行。

5. 经济合作与发展组织(Organization for Economic Co-operation and Development,

OECD)　简称经合组织,是由 30 多个市场经济国家组成的政府间国际经济组织,旨在共同应对全球化带来的经济、社会和政府治理等方面的挑战,并把握全球化带来的机遇。成立于 1961 年,目前成员国总共 34 个,总部设在巴黎。

6. 国际种子检验协会(International Seed Testing Association,ISTA)　是一个由各国官方种子检验室(站)和种子技术专家组成的世界性的政府间非营利性组织。目前,已拥有包括来自世界 74 个国家的 210 个个人会员和 162 个实验室成员。其主要目标和任务有两个。①制订、修订、出版和推行国际种子检验规程。促进在国际种子贸易中广泛采用一致性的标准检验程序。发展种子科学技术的研究和培训工作。②召开世界性种子会议,讨论和修订国际种子检验规程,交流种子科技研究成果。组织与举办种子技术培训班、讨论会和研讨会。加强与其他国际机构的联系和合作。编辑和出版发行 ISTA 刊物。颁发国际种子检验证书。

第三十五章　土壤种子库

1. 土壤种子库(Soil seed bank)　土壤表层凋落物和土壤中具有生活力的种子的总和。植物种子成熟后不管以何种方式传播,最终都会散落到地表。种子到达地表和土壤后,要么很快萌发,要么暂不萌发,这一时期位于地表或土壤中的有生活力的种子便形成土壤种子库。

2. 土壤种子库时空动态(Spatial and temporal variation in soil seed bank)　受植物生长物候(开花、结果、种子散布与萌发等)、气候变化、地理和微生物等因素的影响,土壤种子库的大小和构成在时间和空间上会发生变化。

3. 土壤种子库与地面植被的关系(Relationships between soil seed bank and aboveground vegetation)　有种子也有植株,所有的环境因子适于种的建成;有种子没有植株,环境不适于种的建成;有植株但土壤中没有种子,没有植株也没有种子,造成此情形的原因可能是缺乏散布,或者是环境因子不适宜种的建成。

4. 短暂土壤种子库(Transient soil seed banks)　种子在土壤中存活不超过一年。

5. 持久土壤种子库(Persistent soil seed banks)　种子在土壤中存活至少一年。

6. 短期持久土壤种子库(Short-term persistent soil seed banks)　种子在土壤中存活 1~5 年。

7. 长期持久土壤种子库(Long-term persistent soil seed banks)　种子在土壤中存活至少 5 年。

8. 植冠种子库(Canopy seed bank)　由成熟的种子宿存于植冠上形成。干旱荒漠的一些植物和火烧频发的生态系统中许多植物具有植冠种子库。植冠种子库陆续地散布种子调节种子的萌发时机,保证种子库供应和植物对优越环境的持续占有,保护种子免受捕食等。

第三十六章　草类植物病害

1. 草类植物病害(Herbaceous plant diseases)　是与木本植物相对而言的草本类植物

受到有害生物侵害或环境条件不良等原因造成植株外观表现出异常变化的现象,即因病受害。草类植物包括天然草地和人工草地上可饲用牧草及毒草、害草和杂草等。

2. 病原(Causal agent) 导致植物病害的主要原因,包括病原生物(pathogenic organism,有真菌、细菌、病毒、类病毒、支原体、线虫等)和环境因素(environmental factor,有光照、温度、湿度、降雨、土壤肥力、气流等),其中病原生物有病原微生物(pathogenic microbe)和寄生性种子植物(parasitic seed plant)等。

3. 症状(Symptom) 指病害引致植物的异常状态,包括病状(plant normal appearance, plant disorder)和病征(sign),其中病状指植物表现出的异常(相对健康正常植株而言),而病征指病原生物本身的表现。

4. 发病规律(Disease dynamics) 指病害的侵染循环和发病流行的环境条件等基本特性。其中侵染循环(Infection cycle)包括初侵染、传播和再侵染三个环节;发病流行的环境条件包括气象条件、土壤条件、水肥条件等。

5. 种带真菌(Seed-borne fungus) 指存活于种荚、种胚、种皮及混杂于种子之间的病原菌、内生真菌和腐生菌等。

6. 损失评价(Loss evaluation) 指核定病害造成危害的过程,包括对产量、品种进行量化测定,最终确定经济损失。

7. 防治技术(Management technology) 指用于预防和控制有害生物的发生和危害的技术,包括选用抗病虫品种、轮作、合理密植、水肥管理等农业技术,利用化学农药进行药剂拌种或喷雾等。

8. 抗病品种(Resistant variety to disease) 指具有抵抗病害侵染、扩展和危害,降低病害损失的植物品种。

第三十七章 草地虫害

1. 虫害(Insect pest) 指由于昆虫取食、筑巢等生命活动影响植物正常生长和发育,引起草地植被破坏,在经济上和生态上造成严重损失的情况。把这类昆虫称为害虫,一般包括螨类、蜗牛等。

2. 耐寒性(Cold hardiness) 也称为抗寒性(cold tolerance,cold resistance),指耐受寒冷而能生存的特性。昆虫耐寒性指其越冬时体内组织液和细胞液等处于冰点以下的温度时,所表现的耐寒和耐冻特性。

3. 触角电位图(Electroantennography,EAG) 作为一种生物鉴定仪器被广泛地使用在昆虫实验上,主要用于检测那些通过触角来感知世界的昆虫。检测的方法是基于Schneider 1957 年的发现。当时 Schneider 记录了在外界激素的作用下昆虫触角的尖端和根部之间有一个很小的电压波动。一般被假定为由昆虫触角里的嗅觉神经元被电化消磁所引起的有规则的电压波动。触角电位技术就是将一活的触角的基部和顶部分别连以参考电极和记录电极,当用化学物质去刺激触角时,其上面的感受器就会产生神经脉冲。这些脉冲的累加效果可由记录电极传至放大器、记录仪等,并加以分析。EAG 方法可以被用于筛选生物学上有活性的化合物,净化萃取物,鉴定有活性的馏分,选择有活性的人造化合物,作为气相色谱分析的检测头在野外的浓度测量等。

4. 群集素(Gregarization pheromone)　又称聚集信息素。动物依靠分泌物招引同种其他个体前来一起栖息,共同取食,攻击异种对象,从而形成种群聚集。这种分泌物叫做聚集信息素。已发现许多昆虫能分泌聚集信息素,用来召唤同类。例如,沙漠蝗群集素主要活性成分为苯酚、愈创木酚、邻二甲氧基苯。东亚飞蝗(*Locusta migratoria manilensis*)主要化学成分为环已醇、2,5-二甲基吡嗪、壬醛、苯甲醛、苯甲醇、愈创木酚等。

5. 促成素(Maturation pheromone)　为一些飞蝗种类中,性成熟雄虫产生的信息素能促进未成熟的雌、雄成虫迅速性成熟。

6. 昆虫痘病毒(Entomopoxvirus, EPV)　在分类上属于痘病毒科(Poxviridae)昆虫痘病毒亚科(Entomopoxvirinea),是一类有大型包涵体(occlusion bodies)的病毒。昆虫痘病毒侵入寄主体内后,在脂肪体细胞中复制,使寄主感病而死亡。1966年Henry从血黑蝗(*Melanoplus sanguinipes*)中首次分离出蝗虫痘病毒。我国最早报道的蝗虫痘病毒是新疆西伯利亚蝗痘病毒(Gomphoceru sibiricns,EPV)。王丽英在我国新疆和内蒙古草原从病死蝗虫中分离了亚洲小车蝗等5种痘病毒。

7. 蝗虫微孢子虫(Nosema locustae)　是蝗虫等直翅目昆虫的专性寄生的单细胞原生动物。20世纪50年代从非洲飞蝗(*Locustamigratoria migratoriodies*)体内分离并命名,属于微孢子纲微孢子目微孢子科(Nosematidae)微孢子属的一种,能感染100多种蝗虫及其他直翅目昆虫。被微孢子虫寄生感病后,蝗虫取食量、活动能力、雌虫产卵量及孵化率均受到明显影响,15~20天后死亡。蝗虫微孢子虫在国内外已成功用于草地蝗灾的可持续治理中。

8. 腺体防卫物(Glandular defensive secretions)　指由昆虫腺体所分泌的一类化学物质,能以抵御天敌对自身的攻击与危害。例如,许多锥头蝗科的蝗蝻受到威胁时,排出一种有特定气味的分泌物,对天敌有拒避作用。

9. 气吸式蝗虫捕集技术(Sucking pneumatic techniques for capturing locusts)　20世纪90年代初期,内蒙古自治区及青海省的科技人员基于本地区草原宜蝗区域的特征,研制出了气吸式的草原蝗虫捕集机械。它是根据吸尘器的工作原理制成的,主要由吸口、管道、分离室、集虫室、风机及动力等几部分组成。工作时,依靠风机产生的负压,在吸口附近形成负压吸捕区,空气与蝗虫的混合流经吸口、管道进入分离室,在分离室内蝗虫沉降下来,而空气则由风机出口排出机外。

10. 细菌灭蝗剂(Bacteria locusticide)　是由四川大学研制的一种类产碱假单胞菌(*Pseudomonas pseudoaligenes*,P. pa)和一种苏云金杆菌亚种(*Bacillus thuringiensis*,Bt7)为主体成分的复合细菌杀虫剂。刘世贵等(1991)从黄脊竹蝗中分离鉴定出蝗虫病原菌-类产碱假单胞菌(*Pseudomonas pseudoalcaligenes*)的实验表明,此菌对蝗虫有很高的感染力和致死作用。朱文等从32株苏云金杆菌亚种中筛选到一株对蝗虫具有较强致死作用的菌株Bt7。

11. 卡死克(Cascade)　是德国巴斯夫公司(BASF AG)开发生产的一种酰基脲类杀虫、杀螨剂。其作用机制是抑制昆虫表皮几丁质的合成,使昆虫不能正常蜕皮或变态而死亡。通用名称:氟虫脲(flufenoxuron)制剂5%卡死克可分散液剂;理化性质:原药(纯度98%~100%)为无色固体,纯品为无色晶体,熔点169~172℃。可有效防治果树、棉花、蔬菜等植物上的鳞翅目、鞘翅目、双翅目、半翅目害虫及螨类。

12. 苜蓿银纹夜蛾核型多角体病毒(Autographa californica multiple nuclear polyhedrosis virus,AcMNPV) 是一种新型微生物源低毒杀虫剂,属昆虫病毒类,杀虫谱较广。害虫通过取食感染昆虫病毒,而后病毒在害虫体内增殖,陆续侵染至虫体全身,最终导致害虫死亡。该药药效持久,使用安全,不易被害虫产生抗性,低毒,低残留,不伤害天敌,对人、畜无毒。

13. 草原毛虫核形多角体病毒(Gynaephora ruoergensis Nuchear polyhedrosis virus, GrNPV) 属 DNA 病毒,病毒粒子包含在多角体蛋白中,称为多角体。1983 年,国内专家首次发现草原毛虫核型多角体病毒,后研发成 Grnpr 制剂。防治草原毛虫的标准为虫口密度 30 头/m^2,剂量 50~60g,兑水 10kg,调成悬液,喷雾。

第三十八章 草 地 鼠 害

1. 草原鼠害(Rodent damage in grassland) 通常是指,在草原生态系统中,某种(或多种)鼠类动物的种群数量出现了异常性增长,显著超出了正常值的阈限,从而对生态系统的平衡及人类的生产、生活造成一定危害的现象。近年来,也有人提出,当生态系统出现了鼠类动物数量过少或者缺失的情况,同样也会对生态系统的健康乃至人类的牧业生产活动构成不利影响。因为鼠类是食物链中的重要一环,其数量的减少和缺失必会导致直接关联者的相应变化,进而又以辐射的方式在整个系统中产生连锁反应,导致系统功能的紊乱;再者,鼠类的打洞、造丘等活动对保持草地的通透性和植物的多样性、促进植被的自然更新等方面也具有独特的作用,是草地畜牧业可持续发展的重要生态保障。因此,草原鼠害的概念理应将鼠类动物数量的持续性过少或缺失也作为鼠害发生的另一种非正常状态予以补充。

2. 啮齿动物(Rodent) 简而言之,啮齿动物是对哺乳动物中啮齿目和兔形目所有动物的统称。此类动物最明显,也是最重要的共同特征,是门齿异常发达,呈凿状,无齿根,可终身生长,需通过经常性磨牙来保持牙齿的适宜长度,"啮齿"一词即由此而来;无犬齿,前臼齿至门齿的间隙甚为宽阔(犬齿虚位);臼齿常因釉质嵌入齿质而将整枚牙齿分割为若干片状结构,并在牙齿表面形成由类似"3"、"△"等排列组合而成的咀嚼面图形;体型多为小型或中型,极少有大型者;多为植食性,亦有兼食昆虫等动物性食物者;繁殖能力极强,种群数量季节性和年际间波动较大,常可在较短的时期内发生骤减或骤增的极端性变化,并对生态系统的平衡与稳定造成较大影响。啮齿动物亦称鼠类,但民间所称的鼠类往往还包括了外形和习性似鼠,却并不属于啮齿目和兔形目的某些动物(如食虫目的鼹鼠、鼩鼱等),而把外形和习性与鼠差异较大的某些啮齿类排除在了鼠类之外(如河狸、水豚等)。

3. 种群密度(Population dencity) 是指某种啮齿动物在某一时期内单位空间的个体数量。种群密度有绝对密度与相对密度之分。绝对密度是指单位空间内鼠群个体实际存在的绝对数量,一般由捕尽法测得;而相对密度则是由与种群数量存在显著相关性的某些表征指标所表示的种群密度,如鼠丘数、有效洞口数、鼠斑数、鼠类天敌数、某种指示性植物的数量等。种群密度是衡量和判定鼠害程度的重要指标,也是研究和观察鼠群动态的基本参数。

4. 种群动态(Population dynamics)　是指某啮齿动物种群在单位面积或区间范围内个体数量、种群结构等种群特征随时间变化而变化的现象及演化趋势。种群动态受制于自然因素和人为因素的双重作用。前者是契合自然意志的正常变化,常表现为一定的周期性,如季节性动态、年际性动态等,有时也会因突发性、高强度自然灾害而表现出的非正常变化,如洪涝、大雪、酷热、极寒及瘟疫等灾害常可导致种群数量在短时间内急剧下降。人为因素是导致鼠类种群异常变动的主要原因,其中又以引发种群数量和分布范围异常增长和扩张最为常见。人为因素引起种群动态变化的作用机理主要源于人类行为对草地生态系统原有平衡关系的破坏。

5. 鼠害调控(Rodent regulated)　是指通过调整鼠类环境要素的协调状态,强化鼠类自然制约因素,采用物理、化学、生物等技术手段控制鼠类种群数量和分布范围,使其保持在合理无害水平的实践活动。鼠害调控与鼠害防治含义相近,但更侧重于生态手段的应用,而将传统的“灭鼠”技术置于相对次要或限制使用的辅助地位。维护系统中各相关物种间的平衡与稳定是鼠害调控的核心内容。

第三十九章　草地草害——有毒植物

1. 草地草害(The grass weeds)　指草地上生长的,对人类主导的畜牧业、农业、景观旅游、生态系统维持等产生危害的有毒或有害植物。

2. 草地杂草(Pasture weeds,meadow weeds)　泛指在各种用途的草地中不希望其存在的所有植物种类;在天然草原上是指那些除了有饲用价值的植物之外,家畜不食或不愿采食,以及采食以后对家畜造成损害的所有植物的总称。

3. 有毒植物(Poisonous plant)　指含有有毒物质的植物,一般是指含有有毒化学成分,能引起人类和其他生物中毒的植物。

4. 有害植物(Noxious plant)　是指牲畜不能采食,但对牲畜产生机械伤害的植物,包括少数具有机械伤害作用的杂类草。

5. 协同进化(Coevolution)　指一个物种(或种群)的遗传结构由于回应于另一个物种(或种群)遗传结构的变化而发生的相应改变,泛指生物与所处生态环境及不同生物之间在漫长的演化过程中所形成的相互依赖和相互制约的关系。

主题词索引

D

E

F

G

H

J

K

L

M

N

P

Q

R

S

T

Z

其他

图　　版

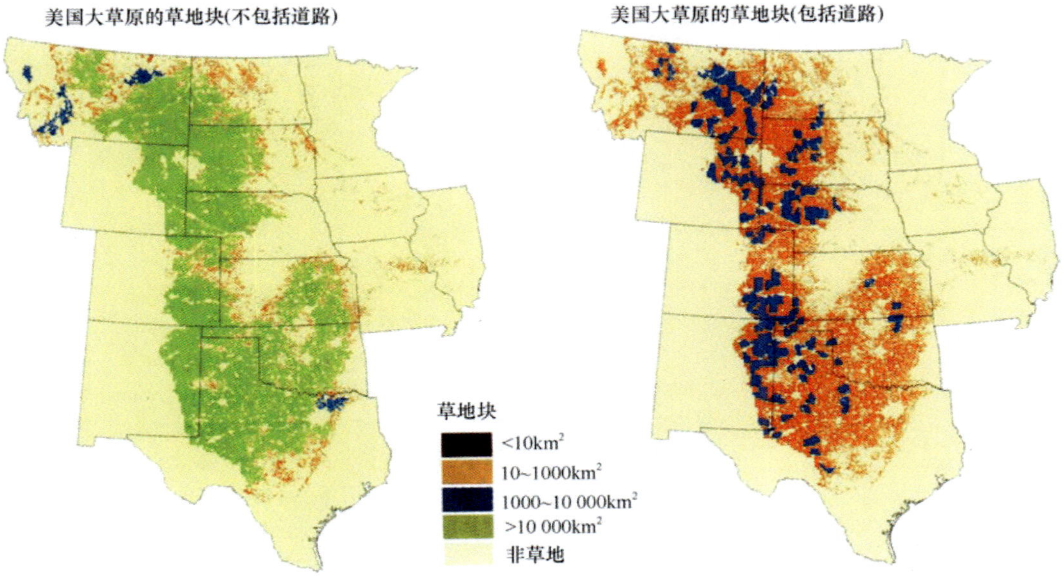

图 8-3　美国草原破碎化情况（联合国开发计划署等，2002）